마스터

신재생에너지 발전설비(태양광)
산업기사 필기

기술사 / 봉우근 편저

엔트미디어

머리말

 그린 뉴딜은 기존의 화석 에너지 중심의 에너지를 신생 에너지로 전환하면서 기후변화에 대응하고, 이를 통해 경제 위기 극복과 고용·투자 효과를 얻는 것을 전제로 한다. 그린 뉴딜은 건물, 수송, 도시 숲, 신재생에너지, 자원순환 5개의 분야에 집중되어 있다.
먼저 세계 온실가스 감축 방향에 맞춤형 온실가스 총량제와 제로 에너지 의무화는 건물과 도심, 산업 현장 등에서 발생하는 온실가스를 줄여 환경을 보호하는 것을 골자로 한다. 전문가들 역시 그린 뉴딜을 포스트 코로나의 대처법으로 공감하고 있으며, 경제적 효과 역시 기대할 수 있을 것이라 분석하며, 이산화탄소 배출을 억제하기 위해서는 과감한 에너지 절감 정책으로 에너지 수요를 줄이는 한편 태양광 등 청정에너지 비중을 획기적으로 높이려는 노력의 필요성을 강조하고 있다.

 이에 우리 정부도 2011년 국가기술자격법을 개정하여 2013년 1월 1일부터 「신재생에너지 발전설비(태양광) 자격증 시험」이 실시되고 있으며, 2017.3.31일부터 신재생에너지 발전설비(태양광) 기사/산업기사/기능사를 취득한 사람도 전기공사업 업무수행을 위한 전기공사기술자로 인정되고 있다. 아울러 본서는 2025.1.1. ~ 2028.12.31. 적용되는 산업기사 출제기준에 맞추어 집필되었으며, 현재까지 출제된 필기시험에서 본서의 내용은 높은 적중률을 나타내고 있다.

 본서는 최근 개정된 신에너지 및 재생에너지 개발·이용·보급 촉진법령, 신·재생에너지 설비의 지원 등에 관한 지침의 "태양광발전설비 시공기준", 분산형전원 배전계통 연계기술기준, 전기사업법령, 전기설비기술기준 등과 2021.1.1.부터 시행되는 한국전기설비규정(KEC)의 내용 등을 반영하여 자격시험 준비 및 현장실무의 업무처리에 혼란이 없도록 집필되었다.

 또한 2022.01.01부터 적용되는 신재생에너지발전설비(태양광) 산업기사의 출제기준 시험과목이 태양광발전 사전준비, 태양광발전시스템 구성·선정, 태양광발전 시공, 태양광발전 유지·관리로 변경되었으나, 기존 시험과목에서 없어진 이론과 관련법규는 다른 과목에 나누어 출제범위에 포함하고 있으므로 2014 ~ 2021년도 기출문제의 학습도 반드시 필요하다. 아울러 꼼꼼히 집필하였기에 태양광발전시스템을 체계적으로 배울 수 있는 대학교재로도 사용할 수 있고, 산업현장에서 실무자가 쉽게 적용할 수 있는 실용도서로 활용할 수 있도록 집필하였다.

최선을 다해 집필하였지만 뜻하지 않는 곳에서 잘못이나 미흡한 점이 있을 수도 있다. 이 점에 대해서는 독자 여러분의 넓은 이해와 양해를 구하며, 올바른 제언(提言)도 함께 부탁드리며, 잘못된 부분이나 미흡한 점은 추후 개정판에 보완할 것을 약속하고 독자 여러분들과 저자가 함께 수정, 보완하여 누구에게나 사랑받고, 디딤돌이 될 수 있는 도서가 될 수 있도록 최선의 노력을 할 것이다.

끝으로 본서는 부와 명예를 축적하기 위해 만든 것이 아닌 신재생에너지 발전시스템의 발전을 위한 소명의식과 함께 독자 여러분들의 조금 더 빠른 신재생에너지 기술의 습득과 이해를 위해서 만들어졌음을 알려드리며, 집필에 참고자료가 되었던 국내·외 여러 도서의 저자들과 출판하기까지 많은 도움과 격려를 해주신 교수님들 그리고 출판을 위해 많은 정성을 기울여주신 도서출판 엔트미디어 관계자 여러분들께 진심으로 감사의 마음을 전하는 바이다.

기술사 봉우근 편저

출제기준 (필기)

직무 분야	환경·에너지	중직무 분야	에너지·기상	자격 종목	신재생에너지발전설비 산업기사(태양광)	적용 기간	2025.1.1.~2028.12.31.

◦ **직무내용** : 신재생에너지 태양광발전의 환경분석과 태양광발전시설의 시공 및 감독, 검사 및 효율적인 운영을 위한 유지보수와 안전관리 업무를 수행하는 직무이다.

필기검정방법	객관식	문제수	80	시험시간	2시간

필기과목명	문제수	주요항목	세부항목	세세항목
태양광발전 사전검토	20	1. 기후변화 정책 분석	1. 기후변화 현상 파악	1. 기후변화 개념과 현상 2. 지구온난화
			2. 기후변화 원인과 영향 파악	1. 기후변화 원인과 영향 2. 온실가스 개념과 종류
			3. 신재생에너지 원리 및 특징	1. 태양광 2. 풍력 3. 수력 4. 연료전지 5. 기타 신재생에너지
		2. 태양광발전 사업부지 환경조사	1. 주변 기상·환경 등 요 인	1. 일조시간, 일조량, 음영분석 등 2. 위도, 경도, 방위, 고도각 3. 주변 환경조건 및 기후자료 분석 등
			2. 태양광발전부지 검토	1. 태양광발전부지 타당성 검토 2. 태양광발전부지 조사 3. 발전부지 면적과 발전설비 용량 검토 4. 공부서류 등 검토 5. 설치 가능여부 조사
			3. 태양광발전 계통연계 조사	1. 전기공급규정 2. 전력계통 검토 3. 분산형 전원배전계통연계 기술기준
		3. 태양광발전 사업부지 인허가 검토	1. 인허가 관련 법령 검토	1. 전기사업법령 2. 전기(발전)사업 허가 기준 3. 국토의 계획 및 이용에 관한 법령 4. 개발행위 인허가 검토 5. 사업계획서 검토 6. 전기공사업법령 등

필기과목명	문제수	주요항목	세부항목	세세항목
			2. 신재생에너지 관련 법령 검토	1. 신에너지 및 재생에너지 개발 · 이용 · 보급 촉진법령 2. 신에너지 및 재생에너지 설비의 지원 등에 관한 규정 및 지침 3. 신에너지 및 재생에너지 공급의 무화제도 관리 및 운영 지침
태양광발전 시스템 구성 · 선정	20	1. 태양광발전 주요장치 준비	1. 태양광발전시스템 구성요소 개요	1. 태양전지 2. 태양광발전 모듈 및 어레이 3. 태양광발전용 인버터 4. 전력저장 장치 5. 태양광발전용 접속함 6. 교류측 기기 7. 피뢰소자 등 주변장치
			2. 태양광발전 모듈 준비	1. 태양광발전 모듈의 광전변환효율 2. 태양광발전 모듈의 직병렬 어레이 구성 3. 시험조건(STC, NOCT) 4. 태양광발전 모듈 선정 5. 태양광발전 모듈의 온도계수 특성 등
			3. 태양광발전용 인버터 준비	1. 태양광발전용 인버터 동작 원리 2. 태양광발전용 인버터 종류와 용도 3. 태양광발전용 인버터의 기능과 특성 4. 태양광발전용 인버터 선정과 용량 산출 5. 태양광발전용 인버터 운전
		2. 태양광발전 계통연계장치 설계	1. 태양광발전 수배전반 설계	1. 수배전반 설계도서 작성 2. 계통연계 보호 3. 전기실 구성 등
			2. 태양광발전 관제시스템 설계	1. 방범시스템 2. 방재시스템 3. 모니터링 시스템 등
		3. 태양광발전 어레이 설계	1. 태양광발전 전기배선 설계	1. 태양광발전 모듈의 직병렬 계산 2. 전기설비기술기준 3. 한국전기설비규정(KEC) 등
			2. 태양광발전 모듈배치 설계	1. 태양광발전 모듈 배치 2. 태양광발전 모듈 배선 3. 어레이 이격거리

필기과목명	문제수	주요항목	세부항목	세세항목
			3. 태양광발전 어레이 전압강하 계산	1. 전압강하 및 전선 선정 2. 어레이 출력전압 특성
태양광발전 시공	20	1. 태양광발전 토목 공사	1. 태양광발전 토목공사 수행	1. 설계도면의 해석 2. 지질조사 지내력 3. 토목 시공 기준 4. 사용자재의 규격 5. 시방서 검토
			2. 태양광발전 토목공사 관리	1. 공정관리 2. 토목설계 내역 검토 3. 시공계획서 검토 4. 시공 상태 적합성 5. 공사현장 환경관리
		2. 태양광발전 구조물 시공	1. 태양광발전 구조물 기초공사 수행	1. 구조물 기초공사 2. 지역별 동결 특성 3. 지역별 풍속과 하중 4. 구조물기초 형태와 시공 공법 5. 구조 안전성 검토
			2. 태양광발전 구조물 시공	1. 태양광 발전용 구조물 설치 2. 구조물 형태와 시공 공법
		3. 태양광발전 전기시설 공사	1. 태양광발전 시공 관리	1. 공사 시방서 등 검토 2. 착공서류 등 검토 3. 품질관리
			2. 태양광발전 어레이 시공	1. 어레이 시공 2. 전기 배선 및 접속함 설치 기준 3. 사용자재 규격 및 적합성 등
			3. 태양광발전 계통연계장치 시공	1. 발전량 및 입출력 상태 확인 2. 인버터와 제어장치 설치 3. 수배전반 설치 4. 계동 연계 시공 5. 전기 및 위험물 관련 법규 등
			4. 전기, 전자 기초	1. 전기 기초 이론 2. 전자 기초 이론 3. 송전설비 기초 이론 4. 배전설비 기초 이론 5. 변전설비 기초 이론
			5. 배관 · 배선 공사	1. 배관 시공 2. 배선 시공 3. 케이블트레이 시공 4. 덕트 시공 등

필기과목명	문제수	주요항목	세부항목	세세항목
		4. 태양광발전 장치 준공검사	1. 태양광발전 정밀 안전 진단	1. 보호계전기 특성 및 동작시험 2. 접지 및 절연저항 3. 보호장치 종류 및 시설조건 4. 안전진단 절차 및 설비 5. 단락전류 및 지락전류 6. 낙뢰 보호설비 등
			2. 태양광발전 사용전 검사	1. 사용전 검사 준비 2. 항목별 세부검사 및 동작시험 등
태양광발전 유지·관리	20	1. 태양광발전 시스템 운영	1. 태양광발전 사업개시 신고	1. 태양광발전 사업개시 신고 2. 전기안전관리자 선임 등
			2. 태양광발전설비 설치 확인	1. 설비점검 체크리스트 2. 설치된 발전설비 부품의 성능검사 3. 발전설비 설치 확인
			3. 태양광발전시스템 운영	1. 발전시스템 점검 방법과 시기 2. 태양광 모니터링 시스템 3. 발전시스템 운영 관리 계획 4. 발전시스템 비정상 운영 시 대처 및 조치 5. SMP 및 REC 정산관리 등
		2. 태양광발전 시스템 유지	1. 태양광발전 준공 후 점검	1. 태양전지 모듈·어레이 측정 및 점검 2. 토목시설물 점검 3. 접속함, 인버터, 주변 기기·장치 점검 4. 운전, 정지, 조작, 시험 5. 준공도면 검토 등 6. 측정 및 점검 장비 등
			2. 태양광발전 점검개요	1. 일상점검 항목 및 점검요령 2. 정기점검 항목 및 점검요령
			3. 태양광발전 유지관리	1. 발전설비 유지관리 2. 송전설비 유지관리 3. 태양광발전 시스템 고장원인 4. 태양광발전 시스템 문제진단 5. 고장별 조치방법
		3. 태양광발전시 스템 보수	1. 태양광발전시스템 보수	1. 발전설비 구성요소의 내구연한 2. 설비의 이력관리 3. 이상동작과 처리
			2. 태양광발전 특별 점검	1. 특별점검 항목 및 점검요령

필기과목명	문제수	주요항목	세부항목	세세항목
		4. 태양광발전 시스템 안전관리	1. 태양광발전 시공상 안전 확인	1. 시공 안전관리 2. 안전교육의 시행과 훈련 3. 안전관리 조직 운영
			2. 태양광발전 설비상 안전 확인	1. 설비 안전관리 2. 설비보존계획 3. 작업 중 안전대책 등
			3. 태양광발전 구조상 안전 확인	1. 구조 안전관리 2. 구조물 시공 절차와 방법 3. 천재지변에 따른 구조상 안전계획 4. 안전관련 법규 등
			4. 안전관리 장비	1. 안전장비 종류 2. 안전장비 보관요령

차 례

1 과목　태양광발전 **사전검토**

1장 기후변화 정책 분석 / 18
1. 기후변화 현상 파악 ································· 18
　1.1 기후변화 개념과 현상 ······················· 18
　1.2 지구온난화 ··································· 19
2. 기후변화의 원인과 영향 파악 ···················· 20
　2.1 기후변화의 원인과 영향 ····················· 20
　2.2 온실가스 개념과 종류 ······················· 22
3. 신재생에너지 원리 및 특징 ······················ 23
　3.1 태양광 ······································ 24
　3.2 풍력 ·· 25
　3.4 수력 ·· 28
　3.4 연료전지 ····································· 30
　3.5 기타 신재생에너지 ·························· 33

2장 태양광발전사업부지 환경조사 / 42
1. 주변 기상·환경 등 요인 ························· 42
　1.1 일조시간, 일조량, 음영분석 등 ·············· 42
　1.2 위도, 경도, 방위, 고도각 ··················· 45
　1.3 주변 환경조건 및 기후자료 분석 등 ········· 47
2. 태양광발전부지 검토 ··························· 51
　2.1 태양광발전부지 타당성 검토 ················ 51
　2.2 태양광발전부지 조사 ······················· 52
　2.3 발전부지 면적과 발전설비 용량 검토 ········ 53
　2.4 공부서류 등 검토 ·························· 53
　2.5 설치 가능여부 조사 ························ 56
3. 태양광발전 계통연계 조사 ····················· 57
　3.1 전기공급규정 ································ 57
　3.2 전력계통 검토 ······························ 62
　3.3 분산형전원 배전계통연계 기술기준 ·········· 63

3장 태양광발전사업부지 인허가 검토 / 69
1. 인허가 관련 법령 검토 ························· 69
　1.1 전기사업법령 ································ 69
　1.2 전기(발전)사업 허가 기준 ··················· 85
　1.3 국토의 계획 및 이용에 관한 법령 ··········· 88
　1.4 개발행위 인허가 검토 ······················ 98
　1.5 전기사업계획서 검토 ······················ 103
　1.6 전기공사업 법령 ·························· 104

2. 신재생에너지 관련 법령 검토 ·· 111
   2.1 신에너지 및 재생에너지 개발·이용·보급 촉진법령 ················· 111
   2.2 신에너지 및 재생에너지 설비의 지원 등에 관한 규정 및 지침 ·········· 123
   2.3 신에너지 및 재생에너지 공급의무화제도 관리 및 운영 지침 ·········· 130

2 과목   태양광발전 구성·선정

1장 태양광발전 주요장치 준비 / 144
   1. 태양광발전시스템 구성요소 개요 ·· 144
      1.1 태양전지 ··· 144
      1.2 태양광발전 모듈 및 어레이 ······································ 158
      1.3 태양광발전용 인버터 ·· 172
      1.4 전력저장 장치 ·· 173
      1.5 태양광발전용 접속함 ·· 184
      1.6 교류측 기기 ·· 191
      1.7 피뢰소자 등 주변장치 ··· 192
   2. 태양광발전 모듈 준비 ·· 196
      2.1 태양광발전 모듈의 광전변환효율 ································· 196
      2.2 태양광발전 모듈의 직병렬 어레이 구성 ·························· 198
      2.3 시험조건(STC, NOCT) ··· 198
      2.4 태양광발전 모듈 선정 ··· 200
      2.5 태양광발전 모듈의 온도계수 특성 등 ···························· 202
   3. 태양광발전용 인버터 준비 ·· 207
      3.1 태양광발전용 인버터 동작원리 ··································· 207
      3.2 태양광발전용 인버터 종류와 용도 ································ 210
      3.3 태양광발전용 인버터의 기능과 특성 ······························ 211
      3.4 태양광발전용 인버터 선정과 용량산출 ···························· 218
      3.5 태양광발전용 인버터 운전 ······································· 227

2장 태양광발전 계통연계장치 설계 / 229
   1. 태양광발전 수배전반 설계 ·· 229
      1.1 수배전반 설계도서 작성 ·· 229
      1.2 계통연계 보호 ·· 238
      1.3 전기실 구성 등 ··· 240
   2. 태양광발전 관제시스템 설계 ·· 252
      2.1 방범시스템 ··· 252
      2.2 방재시스템 ··· 254
      2.3 모니터링 시스템 ·· 266

3장 태양광발전 어레이 설계 / 271
   1. 태양광발전 전기배선 설계 ·· 271
      1.1 태양광발전 모듈의 직병렬 계산 ·································· 271
      1.2 전기설비기술기준 ··· 274
      1.3 한국전기설비규정(KEC) 등 ······································ 277

2. 태양광발전 모듈배치 설계 ·· 355
   2.1 태양광발전 모듈 배치 ·· 355
   2.2 태양광발전 모듈 배선 ·· 356
   2.3 어레이 이격거리 ·· 357
3. 태양광발전 어레이 전압강하 계산 ·································· 360
   3.1 전압강하 및 전선 선정 ·· 360
   3.2 어레이 출력전압 특성 등 ······································ 365

3 과목　태양광발전 시공

1장 태양광발전 토목 공사 / 368

1. 태양광발전 토목공사 수행 ·· 368
   1.1 설계도면의 해석 ·· 368
   1.2 지질조사 지내력 ·· 370
   1.3 토목 시공 기준 ·· 374
   1.4 사용자재의 규격 ·· 376
   1.5 시방서 검토 ·· 378
2. 태양광발전 토목공사 관리 ·· 378
   2.1 공정관리 ··· 378
   2.2 토목설계 내역 검토 ·· 382
   2.3 시공계획서 검토 ·· 390
   2.4 시공 상태 적합성 ·· 393
   2.5 공사현장 환경관리 등 ·· 395

2장 태양광발전 구조물 시공 / 397

1. 태양광발전 구조물 기초공사 수행 ································ 397
   1.1 구조물 기초공사 ·· 397
   1.2 지역별 동결 특성 ·· 400
   1.3 지역별 풍속과 하중 ··· 404
   1.4 구조물기초 형태와 시공 공법 ································ 406
   1.5 구조 안전성 검토 ·· 412
2. 태양광발전 구조물 시공 ··· 415
   2.1 태양광발전용 구조물 설치 ····································· 415
   2.2 구조물 형태와 시공 공법 ······································ 415

3장 태양광발전 전기시설 시공 / 417

1. 태양광발전 시공관리 ·· 417
   1.1 공사 시방서 등 검토 ·· 417
   1.2 착공서류 등 검토 ·· 423
   1.3 품질관리 ··· 424
2. 태양광발전 어레이 시공 ··· 427
   2.1 어레이 시공 ·· 427
   2.2 전기 배선 및 접속반 설치 기준 ······························ 432
   2.3 사용자재 규격 및 적합성 ······································ 433

3. 태양광발전 계통연계장치 시공 ···································· 436
   3.1 발전량 및 입출력 상태 확인 ···························· 436
   3.2 인버터와 제어장치 설치 ······························· 440
   3.3 수배전반 설치 ·· 440
   3.4 계통 연계 시공 ······································· 441
   3.5 전기 및 위험물 관련 법규 등 ························· 442
4. 전기, 전자 기초 ·· 449
   4.1 전기 기초 이론 ······································· 449
   4.2 전자 기초 이론 ······································· 464
   4.3 송전설비 기초 이론 ··································· 469
   4.4 배전설비 기초 이론 ··································· 479
   4.5 변전설비 기초 이론 ··································· 485
5. 배관ㆍ배선 공사 ··· 492
   5.1 배관 시공 ··· 492
   5.2 배선 시공 ··· 492
   5.3 케이블트레이 시공 ··································· 499
   5.4 케이블덕팅시스템 ··································· 501

4장 태양광발전장치 준공 검사 / 505
1. 태양광발전 정밀 안전 진단 ··································· 505
   1.1 보호계전기 특성 및 동작시험 ························ 505
   1.2 접지 및 절연저항 ··································· 511
   1.3 보호장치 종류 및 시설조건 ·························· 515
   1.4 안전진단 절차 및 설비 ······························ 517
   1.5 단락전류 및 지락전류 ······························ 519
   1.6 낙뢰 보호설비 등 ··································· 527
2. 태양광발전 사용전 검사 ····································· 527
   2.1 사용전 검사 준비 ··································· 527
   2.2 항목별 세부검사 및 동작시험 등 ····················· 535

4 과목　태양광발전 유지ㆍ관리

1장 태양광발전시스템 운영 / 544
1. 태양광발전 사업개시 신고 ··································· 544
   1.1 사업개시 신고 등 ··································· 544
   1.2 전기안전관리 선임 등 ······························ 547
2. 태양광발전설비 설치 확인 ··································· 550
   2.1 설비점검 체크리스트 ································· 550
   2.2 설치된 발전설비 부품의 성능검사 ···················· 555
   2.3 발전설비 설치 확인 등 ······························ 601
3. 태양광발전시스템 운영 ····································· 602
   3.1 발전시스템 점검 방법과 시기 ························ 602
   3.2 태양광 모니터링 시스템 ····························· 604

3.3 발전시스템 운영 관리 계획 ··· 614
3.4 발전시스템 비정상 운영 시 대처 및 조치 등 ················· 616
3.5 SMP 및 REC 정산관리 등 ··· 620

2장 태양광발전시스템 유지 / 624

1. 태양광발전 준공 후 점검 ··· 624
   1.1 태양광발전 모듈·어레이 측정 및 점검 ······················· 624
   1.2 토목시설물 점검 ·· 631
   1.3 접속함, 인버터, 주변기기·장치 점검 ·························· 633
   1.4 운전, 정지, 조작, 시험 준공도면 검토 ······················· 634
   1.5 준공도면 검토 등 ·· 640
2. 태양광발전 점검개요 ·· 641
   2.1 일상점점 항목 및 점검요령 ·· 641
   2.2 정기점점 항목 및 점검요령 ·· 642
3. 태양광발전 유지관리 ·· 644
   3.1 발전설비 유지관리 ·· 644
   3.2 송전설비 유지관리 ·· 651
   3.3 태양광발전 시스템 고장원인 ······································ 663
   3.4 태양광발전시스템 문제진단 ······································· 667
   3.5 고장별 조치방법 ··· 681

3장 태양광발전시스템 보수 / 682

1. 태양광발전시스템 보수 ··· 682
   1.1 발전설비 구성요소의 내구연한 ··································· 682
   1.2 설비의 이력관리 ··· 684
   1.3 이상동작과 처리 ··· 686
2. 태양광발전 특별점검 ·· 687
   2.1 특별점검 항목 및 점검요령 ·· 687

4장 태양광발전시스템 안전관리 / 688

1. 태양광발전 시공상 안전 확인 ··· 688
   1.1 시공 안전관리 ··· 688
   1.2 안전교육의 시행과 훈련 ·· 692
   1.3 안전관리 조직운영 등 ··· 693
2. 태양광발전 설비상 안전 확인 ··· 695
   2.1 설비 안관전리 ··· 695
   2.2 설비 보존 계획 ·· 695
   2.3 작업 중 안전대책 등 ··· 699
3. 태양광발전 구조상 안전 확인 ··· 707
   3.1 구조 안전관리 ··· 707
   3.2 구조물 시공절차와 방법 ·· 708
   3.3 천재지변에 따른 구조상 안전계획 ······························ 710
   3.4 안전관련 법규 등 ·· 711
4. 안전관리 장비 ··· 719
   4.1 안전장비 종류 ··· 719
   4.2 안전장비 관리요령 ·· 725

5 과목   태양광발전시스템 **산업기사 기출문제**

▶ 태양광발전시스템 2016년 2회 산업기사 기출문제 ·················· 728
▶ 태양광발전시스템 2016년 4회 산업기사 기출문제 ·················· 744
▶ 태양광발전시스템 2017년 1회 산업기사 기출문제 ·················· 761
▶ 태양광발전시스템 2017년 2회 산업기사 기출문제 ·················· 775
▶ 태양광발전시스템 2017년 4회 산업기사 기출문제 ·················· 789
▶ 태양광발전시스템 2018년 1회 산업기사 기출문제 ·················· 804
▶ 태양광발전시스템 2018년 2회 산업기사 기출문제 ·················· 819
▶ 태양광발전시스템 2018년 4회 산업기사 기출문제 ·················· 832
▶ 태양광발전시스템 2019년 1회 산업기사 기출문제 ·················· 846
▶ 태양광발전시스템 2019년 2회 산업기사 기출문제 ·················· 860
▶ 태양광발전시스템 2019년 4회 산업기사 기출문제 ·················· 874
▶ 태양광발전시스템 2020년 1,2회 산업기사 기출문제 ·················· 889
▶ 태양광발전시스템 2020년 3회 산업기사 기출문제 ·················· 904
▶ 태양광발전시스템 2020년 4회 산업기사 기출문제 ·················· 919
▶ 태양광발전시스템 2021년 1회 산업기사 기출문제 ·················· 935
▶ 태양광발전시스템 2021년 2회 산업기사 기출문제 ·················· 952
▶ 태양광발전시스템 2021년 4회 산업기사 기출문제 ·················· 967
▶ 태양광발전시스템 2022년 1회 산업기사 기출문제 ·················· 983
▶ 태양광발전시스템 2022년 2회 산업기사 기출문제 ·················· 999
▶ 태양광발전시스템 2022년 4회 산업기사 기출문제 ·················· 1016
▶ 태양광발전시스템 2023년 1회 산업기사 예상문제 ·················· 1031
▶ 태양광발전시스템 2023년 2회 산업기사 예상문제 ·················· 1046
▶ 태양광발전시스템 2023년 4회 산업기사 예상문제 ·················· 1061
▶ 태양광발전시스템 2024년 1회 산업기사 예상문제 ·················· 1076
▶ 태양광발전시스템 2024년 2회 산업기사 예상문제 ·················· 1091
▶ 태양광발전시스템 2024년 3회 산업기사 예상문제 ·················· 1106
▶ 태양광발전시스템 2025년 1회 산업기사 예상문제 ·················· 1121
▶ 태양광발전시스템 2025년 2회 산업기사 예상문제 ·················· 1138
▶ 태양광발전시스템 2025년 3회 산업기사 예상문제 ·················· 1153

1 과목

태양광발전 사전검토

1 장 기후변화 정책 분석

1 기후변화 현상 파악

1.1 기후변화 개념과 현상

(1) 기후변화 개념

1) 날씨와 기후

① 날씨는 우리가 매일 경험하는 기온, 바람, 비 등의 대기현상

② 기후는 위도, 바다로부터의 거리, 식물, 산의 존재 또는 다른 지리적 요소에 의존하기 때문에 장소에 따라 다양하며, 또한 시간에 따라서도 다양하게 변화한다. 즉, 계절과 계절, 1년 주기, 10년 주기 그리고 빙하 시기 같은 시간 규모에 따라 변화한다.

2) 기후변화의 정의

① 장기간에 걸친 기간(대체로 수 십년 또는 그 이상) 동안 지속되면서, 기후의 평균 상태나 그 변동 속에서 통계적으로 의미 있는 변동을 일컫는 말이 기후변화이다.

② 기후변화는 자연적인 내부 과정이나 외부의 강제력에 의해서, 또는 대기의 조성에 있어서나 또는 토지 이용도에 있어서 끊임없는 인위적 변화에 의해서 일어날 수 있다.

③ 기후변화협약(UNFCCC) 제1조에서는 기후변화를 다음과 같이 정의한다.

㉮ 전 지구 대기의 조성을 변화시키는 인간의 활동이 직접적 또는 간접적으로 원인이 되어 일어나고, 충분한 기간 동안 관측된 자연적인 기후변동성에 추가하여 일어나는 기후의 변화.

㉯ 기후변화협약은 대기 조성을 변화시키는 인간 활동에 의해 야기되는 "기후변화"와 자연적 원인에 의해 야기되는 "기후변동성"을 구분한다.

(2) 기후변화 현상

1) 대기

① 대기 중 온도는 지구의 표면에서 1850년 이후 10년 동안 보다 최근 30년 동안의 전 지구 지표온도는 따뜻했다. 1983~2012년 지난 30년 동안의 온도는 북반구에서 지난 1천4백년 중 가장 따뜻했던 기간이었다.

② 전 세계적으로 육지와 해양 표면 온도가 결합된 평균 데이터는 1880~2012년 동안 0.85[℃]의 온도상승으로 나타났다.

2) 해양

① 해양 온난화는 기후 시스템에 지정된 에너지의 증가에 좌우되는데 1971~2010년 사이에 축적 된 에너지의 90[%]이상이 해양 온난화에 영향을 미친다.

3) 빙권

① 지난 20년이 넘는 기간 동안, 그린란드와 남극 빙상의 질량이 감소하였고, 전 세계적으로 빙하는 계속 감소되었고 북극 빙상과 북반구의 봄철 적설면적도 지속적으로 감소하고 있다.

② 빙상주변의 빙하를 제외하고 전 세계 빙하 얼음 손실의 감소율은 1971~2009년 동안 226 [Gt/yr], 1993~2009년 동안은 275[Gt/yr]정도로 추정된다.

③ 그린란드 빙상의 얼음 손실 평균 감소율은 실질적으로 1992~2001년에 34[Gt/yr]에서 2002~2011년에 215[Gt/yr]정도로 증가했을 것으로 추정된다.

4) 해수면

① 9세기 중반 이후의 해수면 상승률은 이전 2천년 동안의 평균 속도보다 더 컸다.

② 1901~2010년 기간 동안 전 세계 해수면의 평균 높이는 0.19[m] 상승했다.

③ 시간의 흐름에 따라 지구 평균 해수면 상승의 평균 속도는 1901~2010년 동안 1.7[mm/yr], 1971~2010년 동안 2.0[mm/yr] 그리고 1993~2010년 동안은 3.2[mm/yr]로 상승했을 것으로 추정된다.

5) 탄소 및 기타 생지 화학 순환

① 이산화탄소(CO_2), 메탄(CH_4), 이산화질소(N_2O)의 대기 중 농도는 적어도 지난 80만년 동안 전례 없는 수준을 나타냈다.

② 이산화탄소(CO_2)의 농도는 주로 화석 연료의 배출과 이차적으로는 토지 이용변화로 인한 배출에서 산업화 이후 40[%] 증가했다.

③ 해양은 해양 산성화로 인한 인위적으로 방출된 이산화탄소의 약 30[%]을 흡수했다. 온실가스 CO_2, CH_4, N_2O의 대기농도는 1750년 이후로 인간의 활동에 의해 증가했다

1.2 지구온난화

(1) 기후시스템 및 지구온난화

1) 우리가 살고 있는 지구의 기후시스템은 대기권, 수권, 빙권, 생물권, 지권 등으로 구성되어 있으며, 각 권역의 내부 혹은 권역간 복잡한 물리과정이 서로 얽혀 현재의 기후를 유지한다.

2) 기후시스템을 움직이는 에너지의 대부분(99.98[%])은 태양에서 공급되며, 기후 시스템 속에서 여러 형태의 에너지로 변하고 최종적으로는 지구 장파복사 형태로 우주로 방출된다.

3) 이산화탄소와 같은 온실가스는 태양으로부터 지구에 들어오는 짧은 파장의 태양 복사에너지는 통과시키는 반면 지구로부터 나가려는 긴 파장의 복사에너지는 흡수하므로 지표면을 보온하는 역할을 하여 지구 대기의 온도를 상승시키는 작용을 하는데 이것을 "온실효과"라고

한다.

4) 기후시스템에서 온실효과는 필요하지만 지난 산업혁명 이후 지속적으로 다량의 온실가스가 대기로 배출됨에 따라 지구 대기 중 온실가스 농도가 증가하여 지구의 지표온도가 과도하게 증가되어 지구온난화라는 현상을 초래하게 되었다.

(2) 지구온난화에 대한 향후 전망

1) 지난 130여년(1880~2012년)간 지구 연평균 기온은 0.85[℃] 상승했으며, 지구 평균 해수면은 19[cm] 상승했는데, 기후변화에 관한 정부간협의체(IPCC)는 제 5차 평가 종합보고서(2014)를 통해 21세기 기후변화의 가속화 전망을 제시하고 있습니다.

2) 현재와 같이 지구의 평균 기온상승률이 유지된다면 21세기 말 지구 평균기온은 3.7[℃] 상승하고, 해수면은 63[cm] 상승하여 전 세계 주거가능 면적의 5[%]가 침수될 것이며, 평균 지표온도가 상승함에 따라 다수의 지역에서 폭염의 발생 빈도와 강도 또한 증가하여 계절 간 강수량과 기온의 차이가 더욱 더 커질 것이라고 전망했다.

3) 지구온난화 및 기후변화에 대한 전문 연구기관인 IPCC에 따르면, 인간은 기후 시스템에 영향을 끼치고 있으며 최근 배출된 인위적 온실가스의 양은 관측 이래에 최고 수준이다.

4) 온실가스 배출이 계속됨에 따라 온난화 현상이 심화되고 기후 시스템을 이루는 모든 구성요소들이 변화하여 결과적으로 인간과 자연에 심각한 영향을 미칠 것이므로 온실가스 배출량을 줄이려는 지속적인 노력이 필요하게 된다.

2 기후변화의 원인과 영향 파악

2.1 기후변화의 원인과 영향

(1) 기후변화의 원인

1) 자연적인 원인
① 기후 시스템과의 상호작용
대기가 기후시스템의 주요 구성요소는 대기권(atmosphere), 수권(hydrosphere), 빙권(cryosphere), 지권(geosphere), 생물권(biosphere)과의 상호작용을 통해 끊임없이 변화하는 과정에서 기후변화를 유발한다.
② 태양 에너지의 변화
태양 흑점 수의 변화에 따른 태양 복사 에너지량의 변화 또는 기후변화를 유발한다. 한 예로, 유럽, 북미 대륙의 경우, 흑점이 많은(적은) 기간에는 온도가 낮았다(높았다).
③ 궤도 변화(밀란코비치 주기)
지구공전궤도의 변화로, 지구의 공전궤도의 이심률이 약 10만년을 주기로 변화하면서,

태양복사 에너지양의 변화를 일으킨다. 또한, 지구 자전축의 기울기가 41,000년을 주기로 22.1°와 24.5° 사이에서 변하면서 각 위도에서의 일사량의 변화를 유발한다. 지구 자전축의 세차운동으로 인해 태양과 지구간 근일점의 변화도 발생한다.

④ 화산폭발에 의한 태양에너지 변화

화산분출물이 성층권까지 상승하여 수개월에서 수년 동안 머물며 태양빛을 흡수하여 성층권 온도는 상승하나 대류권에 도달하는 태양빛이 감소되어 대류권 온도를 하강시킨다.

2) 인위적인 원인

① 온실가스

㉮ 인류의 활동에 의하여 발생한 지구 온실 가스(GHGs : Green House Gases) 배출량은 산업화 이전 시대부터 증가하여 왔으며, 1970년부터 2004년 사이에는 70[%]나 증가하였다.

㉯ 제3차 당사국 총회(1997년 12월)에서는 주요 6대 온실가스로 이산화탄소(CO_2), 메탄(CH_4), 아산화질소(N_2O), 수소불화탄소(HFCs), 과불화탄소(PFCs), 육불화황(SF_6)을 지정하였다.

㉰ 온실가스는 지표에서 나오는 장파 복사의 부분적 담요 역할을 한다. 이 담요효과를 자연적 온실효과(natural greenhouse effect)라고 부른다.

㉱ 인간 활동은 온실가스 방출을 통해 이 담요 효과를 강화시킨다. 한 예로, 대기의 이산화탄소(CO_2) 양은 산업 시대에 약 35[%] 증가했는데 이 증가분은 인간 활동, 그 중에서도 주로 화석 연료 연소 등 때문인 것으로 알려져 있다. 이러한 온실 가스들은 대기 중에서 장기간 또는 단기간 동안 머무르며 지구 대기의 화학적 조성을 변경시키고 기후변화를 유발하고 있다.

② 에어로졸의 영향

㉮ 에어로졸이란 기체상에 부유하는 미세입자로 액체나 고체의 입자가 주로 공기와 같은 기체 내에 미세한 형태로 균일하게 분포되어 있는 것을 말한다.

㉯ 이들의 크기, 농도, 화학적 조성은 매우 다양하다. 직접적으로 대기에 방출되는 에어로졸도 있고 방출된 화합물로부터 생성되는 에어로졸도 있다.

㉰ 화석 연료와 바이오매스 연소로 인해 황화합물, 유기화물, 검댕(black carbon)을 함유하는 에어로졸이 증가했는데 온실 가스와 마찬가지로 인간의 활동으로 인한 산업화가 대기 중 에어로졸의 양을 특히 변화시켰으며 이는 기후변화에 영향을 미치고 있다.

㉱ 인간의 활동으로 인해 발생한 에어로졸의 경우 며칠 동안만 대기 중에 남아있기 때문에 산업지역과 같은 발원지역 부근에 집중되는 경향성을 보인다.

③ 토지 피복 변화와 산림 파괴 영향

㉮ 과잉 토지이용이나 경작, 숯 채취 등에 의한 토지 이용도의 변화와 도로의 건설, 벌목, 농업 확장, 도시화 및 산업화로 인한 삼림 파괴는 지표면의 반사율 변화를 유발시켜 결국 기후변화를 야기한다.

㉑ 대규모의 산림 제거는 물 순환에 심각한 영향을 미쳐 산림의 성장이나 농업에 부정적 영향을 끼치고, 또한 산불 등에 의해 대기 중으로 이산화탄소를 배출하여 온실효과에 영향을 미치게 된다.

3) 복사강제력

① 복사강제력(RF : Radiative Forcing)이란 어떤 인자가 갖는 지구 대기 시스템에 영향을 주어 에너지 평형을 유지 및 변화시키는 영향력의 척도이다.

② 이러한 복사강제력은 잠재적인 기후변동 메커니즘의 중요한 지표이다. 양(+)의 복사 강제력은 지표면 온도를 상승시키는 경향이, 음(−)의 복사강제력은 지표면 온도를 하강시키는 경향이 있다. 즉 복사강제력이 양수이면 지표온난화가 진행되고, 음수이면 지표냉각화가 진행된다.

③ 1750년 이후 2011년까지 전체 복사강제력 중 자연적 요인이 아닌 인위적 복사강제력은 2.29[W/m^2] 이다. 이러한 결과는 최근 10년 동안이 1970년부터 2000년까지의 증가보다 더 빠르게 증가하고 있다.

④ 2011년 인류가 만든 총 복사강제력 추정값은 2005년에 AR4에 보고 된 것보다 43[%] 높은 수준이다.

⑤ 온실 가스 농도는 지속적으로 증가하였고, 약한 순 냉각 효과(음 RF)를 나타내는 에어로졸로 인한 강제력의 추정치가 개선되었기 때문이다.

(2) 기후변화의 영향

1) 건강 위협 및 사망자 증가
2) 재난 및 재해의 대규모화
3) 국제곡물 수급구조 불안
4) 산림식물의 멸종 및 산사태 및 산지토사재해 증가
5) 연안 및 해수면 상승
6) 가뭄 및 극한 홍수 등 물 문제 발생
7) 생물종의 분포권 및 종 다양성의 심각한 변화 초래
8) 국지성 기후변화 초래

2.2 온실가스 개념과 종류

(1) 온실가스의 개념

1) 정의 : 지구 온난화를 일으키는 가스

2) 지구온난화 지수(GWPs)

① 일정기간(보통 100년)동안 1[kg]의 온실가스가 야기하는 적외선 흡수 능력(가열효과)과 이산화탄소 1[kg]의 영향에 대한 비율로 측정됨.

② 복잡한 대기 중 화학 반응에 의해 방출된 기체들은 복잡성 때문에 지구온난화 지수에 의해 측정되어 왔고 온실가스는 이산화탄소 중심으로 나타내어짐.

③ IPCC는 새로운 회기마다 이 GWP를 업데이트함. 100년을 기준으로 이산화탄소를 1로 볼 때, 메탄은 21, 아산화질소는 310, HFC 1,300, PFC 7,000, 육불화황 23,900 정도가 됨.

(2) 온실가스의 종류

1) 주요 6대 온실가스

① 이산화탄소(CO_2) ② 메탄(CH_4)

③ 아산화질소(N_2O) ④ 수소불화탄소(HFCs)

⑤ 과불화탄소(PFCs) ⑥ 육불화황(SF_6)

2) 수소불화탄소(HFCs) : 불연성 무독성 가스로 냉장고 및 에어컨 냉매로 사용된다.

3) 육불화황(SF_6) : 전기제품, 변압기 등의 절연체로 사용되는 가스

4) 이산화질소(N_2O) : 자극성 냄새가 나는 갈색의 유해한 기체로 과산화질소라고도 하며, 공장 굴뚝이나 자동차 배기에서 배출되며 태양광 하에서 NO와 산소원자(O)로 분리되고 산소원자는 다시 산소분자와 결합해서 오존(O_3)을 생성한다.

3 신재생에너지 원리 및 특징

(1) 신에너지의 정의

기존의 **화석연료를 변환**시켜 이용하거나 **수소·산소** 등의 화학 반응을 통하여 전기 또는 열을 이용하는 에너지

(2) 신에너지의 종류

① 수소에너지

② 연료전지

③ 석탄을 액화·가스화한 에너지 및 중질잔사유를 가스화한 에너지

④ 그 밖에 "석유·석탄·원자력 또는 천연가스가 아닌 에너지"로서 대통령령으로 정하는 에너지

(3) 재생에너지의 정의

햇빛·물·지열·강수·생물유기체 등을 포함하는 재생 가능한 에너지를 변환시켜 이용하는 에너지

(4) 재생에너지의 종류

① 태양에너지(태양광, 태양열)

② 풍력

③ 수력

④ **해양에너지(조력발전, 조류발전, 파력발전, 온도차 발전)**
⑤ **지열에너지**
⑥ **"바이오에너지"**로서 대통령령으로 정하는 기준 및 범위에 해당하는 에너지
⑦ **"폐기물에너지"**로서 대통령령으로 정하는 기준 및 범위에 해당하는 에너지
⑧ 그 밖에 **"석유·석탄·원자력 또는 천연가스가 아닌 에너지"**로서 대통령령으로 정하는 에너지

(5) 신·재생에너지의 특징

① 지속가능한 에너지 공급체계를 위한 미래에너지원
② **공공미래에너지, 환경친화형 청정에너지, 비고갈성 에너지, 기술에너지**

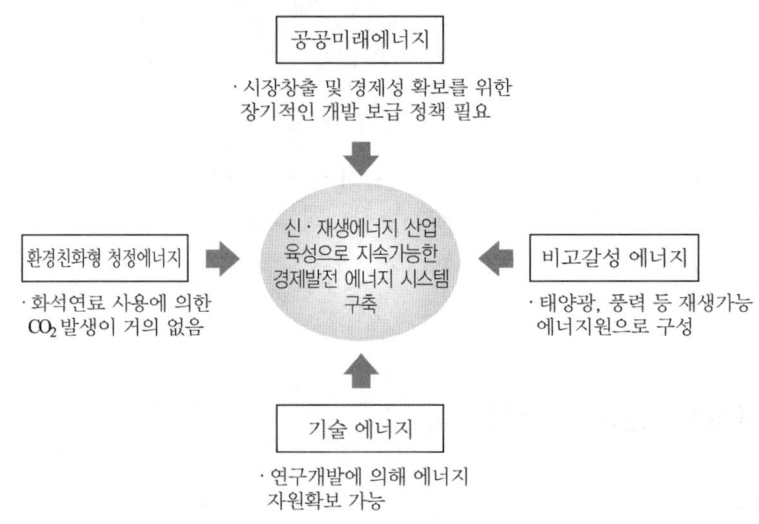

그림 1-1 신재생에너지의 특징

3.1 태양광

(1) PN접합에 의한 발전원리

1) 태양전지는 **광흡수 → 전하생성 → 전하의 분리 → 전하의 수집** 과정을 거쳐 전기를 생성한다.
  ① **광흡수** : 전기를 생산하기 위한 외부의 빛이 실리콘 내부로 흡수되는 과정이며, 흡수되는 빛의 양을 증가시키기 위하여 실리콘 표면에 반사 방지막을 증착시키거나 표면을 거칠게 하여 반사율을 감소시킨다.
  ② **전하 생성** : 흡수된 빛에 의해 실리콘 내부에 전하가 생성된다. 일반적으로 광자로부터 전자와 정공 한 쌍(EHP : Electron Hole Pair)이 생성된다.
  ③ **전하의 분리** : P형 실리콘과 N형 실리콘의 PN접합에서 만들어진 전위차에 의해 전자(−)와 정공(+)이 분리되어 전자(−)는 N형 반도체 쪽으로 이동하고, 정공(+)은 P형 반도체 쪽으로 이동한다.
  ④ **전하의 수집** : 상부전극 방향과 하부전극 방향으로 이동한 전자와 정공은 실리콘과 전극

의 계면 장벽을 넘어 각각의 전극으로 수집된다. 하부전극이 양극이 되고, 상부전극이 음극이 되어 부하에 전기를 공급하게 된다.

2) 태양전지는 전기적 성질이 다른 N(Negative)형 반도체와 P(Positive)형의 반도체를 접합시킨 구조를 하고 있으며, 2개의 반도체 경계부분을 **PN접합(PN junction)**이라고 함.

3) 이러한 태양전지에 태양빛이 닿으면 태양빛은 태양전지 속으로 흡수되며, 흡수된 태양빛이 가지고 있는 에너지에 의해 반도체내에서 전자(electron, −)와 정공(hole, +)의 전기를 갖은 입자가 발생하여 각각 자유롭게 태양전지 속을 움직이게 되지만, 전자(−)는 N형 반도체 쪽으로, 정공(+)은 P형 반도체 쪽으로 모이게 되어 전위가 발생하게 되며, 이 때문에 앞면과 뒷면에 붙여 만든 전극에 전구나 모터와 같은 부하를 연결하게 되면 전류가 흐르게 되는데 이것이 태양전지의 PN접합에 의한 태양광발전의 원리임.

(2) 태양광발전의 특징

1) 장점
   ① 태양에너지는 무한양이다.
   ② 태양에너지는 무공해자원이다.
   ③ 지역적인 편재성이 없다.
   ④ 유지보수가 용이, 무인화가 가능하다.
   ⑤ 장수명(20년 이상)이다

2) 단점
   ① 에너지의 밀도가 낮다.
   ② 태양에너지는 간헐적이다.
   ③ 전력생산량이 지역별 일사량에 의존한다.
   ④ 설치장소가 한정적이고, 시스템 비용이 고가이다.
   ⑤ 초기 투자비와 발전단가가 높다.

3.2 풍력

(1) 풍력발전 원리

풍력발전은 바람의 운동에너지를 전기에너지로 변환하는 에너지 변환 기술로 공기가 익형 위를 지날 때 양력과 항력이 발생되는 공기역학적(aero-dynamic) 특성을 통해 로터(rotor : 회전자)가 회전하게 되는데 이때 발생되는 기계적인 회전에너지를 발전기를 통해 전기에너지로 변환하게 된다.

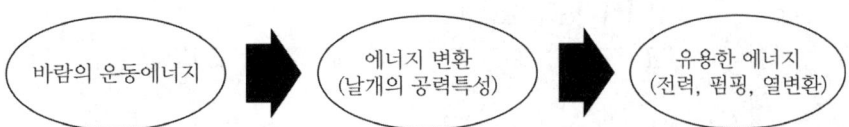

(2) 풍력발전기의 출력

1) 바람에너지

풍차의 단면적을 수직으로 통과하는 바람 에너지(P)는 다음과 같다.

$$P = \frac{1}{2}\rho A V^3 = \frac{1}{2}\rho\pi r^2 V^3 \, [\text{W}]$$

여기서, ρ : 공기의 밀도($1.225[\text{kg/m}^3]$: $15[℃]$ 바다표면에서의 대기압)
A : 풍차의 단면적$[\text{m}^2]$, r : 풍차의 반지름$[\text{m}]$, V : 풍속$[\text{m/s}]$

2) 풍력 발전량과 효율

① 전기적 발전량

$$P_{actual} = \frac{1}{2}\times\rho\times A\times V^3\times C_P$$

여기서, ρ : 공기밀도, A : 풍차의 단면적, V : 풍속, C_P : 출력계수

$$C_P = \eta_a\times\eta_m\times\eta_e = 공기역학적 효율 \times 기계적 효율 \times 전기적 효율$$

전기적 발전량을 높이려면
㉮ 풍차의 날개면적을 크게 한다.
㉯ 풍속이 높은 지역을 선정한다.
㉰ 출력계수(C_P)가 높은 발전기를 선정한다.

② 풍력발전기의 효율

㉮ 공기역학적 효율

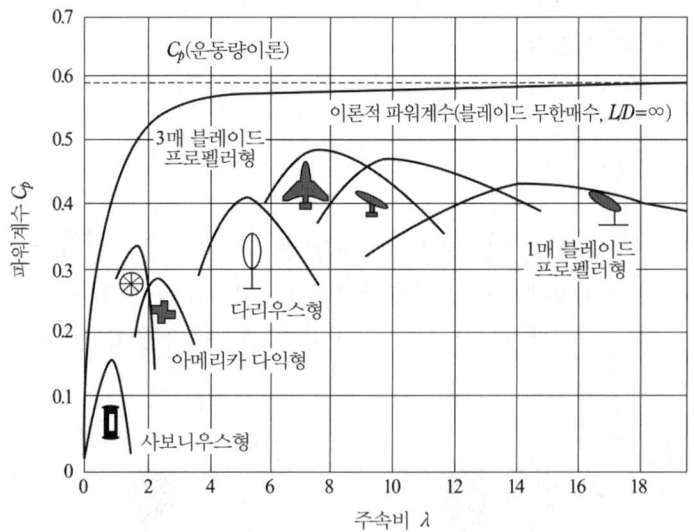

그림 1-2 풍력발전기별 파워계수

ⓐ 이론적 최대 효율 : 59.3[%] (베츠의 이론)

ⓑ 현재까지 개발된 수평축 날개(Blade) 풍력발전기 중 3매 날개(Blade) 프로펠러형이 가장 효율이 높다.(48[%])

ⓒ 현재까지 개발된 수직축 날개 풍력발전기 중 다리우스형이 가장 효율이 높다. (40[%])

ⓓ 사보니우스형 풍력터빈과 다익형 풍력터빈의 파워계수는 작지만, 토크계수는 커서 펌프구동 등에 적합한 저속회전 높은 토크타입이다.

※ **주속비 (λ, Tip speed ratio)** : 주속비는 실제 바람이 가지고 있는 에너지를 얼마만큼의 풍력발전기 날개(blade)의 회전에너지로 바꿀 수 있는 가를 파워계수로 표현한 것이다.

- 파워계수(C_p) = $f(\lambda, \theta)$ • 주속비(λ) = $\dfrac{u}{v} = \dfrac{\omega R}{v}$

  단, v : 풍속 [m/s], u : 날개 끝단속도(아래 그림 참조)

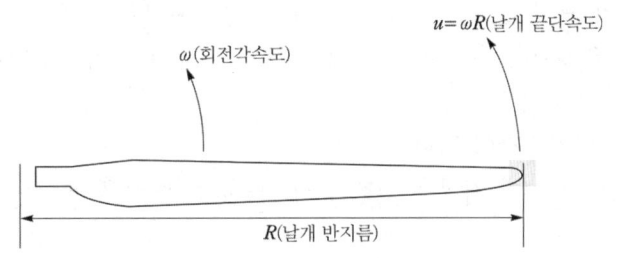

ⓔ 풍력발전기 효율

다리우스형 소형풍력발전기의 기계적, 전기적 손실은 다음 그림과 같으며, 부가장치(기어박스, 커플링, 슬립링, 인버터 등)가 늘어날수록 손실은 증가한다.

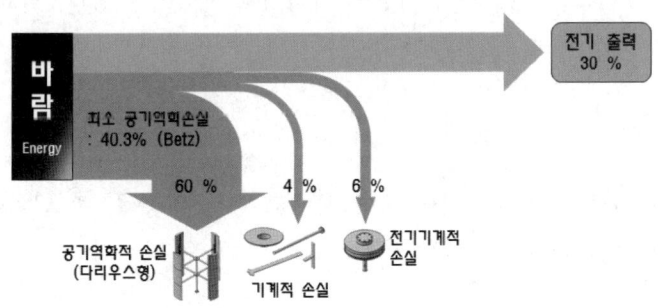

그림 1-3 풍력발전기의 손실

3) 날개 길이와 출력

날개 길이가 10[%] 증가하면 출력은 약 21[%] 증가한다.

4) 풍차의 종류
① 수직축 풍차 : 사보니우스, 다리우스, 크로스플로, 패들
② 수평축 풍차 : 프로펠러형, 세일윙, 더치형, 플레이드형

5) 풍력발전기의 출력제어 방식
① 요 제어(Yaw control) : 바람 방향을 향하도록 블레이드(날개)의 방향을 제어하는 것.
② 날개각 제어(Pitch control) : 날개의 경사각 조절로 출력을 능동적으로 제어하는 것.
③ 실속 제어(Stall control) : 한계 풍속이상이 되었을 때, 양력이 회전날개에 작용하지 못하도록 날개의 공기역학적 형상에 의해 제어하는 것.
   ㉮ 능동 실속제어(Active stall control) : 가변피치로 정확한 제어가 가능하다.
   ㉯ 수동 실속제어(Passive stall control) : 고정피치로 구조가 간단하고 견고하다.

(3) 풍력발전의 특징

1) 장점
① 연료비가 거의 없고, 대부분 무인 원격 운전되므로 유지보수 비용이 적다.
② 바람의 운동에너지를 이용으로 화석연료와 대응한 가격경쟁력을 확보할 수 있는 유일한 대체에너지이다.
③ 건설 및 설치기간이 짧다.
④ 설치 높이가 높아 지상 토지를 농사, 목축 등과 같은 용도로 활용할 수 있다.

2) 단점
① 풍력발전이 가능한 **바람의 속도는 4.5[m/s] 이상이 필요**하므로 경제성을 확보할 수 있는 장소가 제한적이다.
② 방해물 등의 자연환경 변화에 매우 민감할 수 있다.
③ 설비 이용률이 타 발전원에 비해 낮을 수 있다.
④ 소음이 발생하므로 인가와의 적당한 이격거리(50[m] 이상)가 필요하다.

3.4 수력

(1) 수력발전 원리
수력 발전은 수력원동기를 사용하여 물이 지니고 있는 원동력, 즉 위치에너지 · 속도에너지를 전력에너지로 변환시켜 전력을 생산한다.

1) 이론 출력
1초 동안에 $Q\,[\mathrm{m}^3]$의 유량이 총 낙차 $H\,[\mathrm{m}]$일 때 얻어지는 이론동력 P_0는

$$P_0 = w \cdot Q \cdot H$$
$$= 9.8 \times 10^3 \times Q \times H \,[\mathrm{kg/m^3}] \cdot [\mathrm{m/s^2}] \cdot [\mathrm{m^3/s}] \cdot [\mathrm{m}]$$

$$= 9.8 \times 10^3 \times Q \times H \,[\mathrm{kg} \cdot \mathrm{m/s^2}] \cdot [\mathrm{m/s}]$$
$$= 9.8 \times 10^3 \times Q \times H \,[\mathrm{N} \cdot \mathrm{m/s}]$$
$$= 9.8 \times 10^3 \times Q \times H \,[\mathrm{J/s}]$$
$$= 9.8 \times 10^3 \times Q \times H \,[\mathrm{W}]$$
$$= 9.8 \times Q \times H \,[\mathrm{kW}]$$

여기서, w : 물의 무게 1,000[kg·중/m³], 중 : 중력가속도(9.8[m/s²])
　　　Q : 유량[m³/s], H : 총낙차[m]

> **단위환산** : $[\mathrm{kg} \cdot \mathrm{m/s^2}]$ = [N], $[\mathrm{N} \cdot \mathrm{m}]$ = [J],   [J/s] = [W]

2) 손실낙차를 고려한 출력(P_e)

$$P_e = 9.8 \times Q \times H_e \,[\mathrm{kW}]$$

여기서, 유효낙차(H_e) = 총 낙차(H) − 손실낙차(H_l)
손실낙차(H_l)는 취수구 손실, 수로손실, 수압관 손실 등

3) 수차 및 발전기 효율을 고려한 출력(P)

$$P = 9.8 \times Q \times H_e \times \eta_t \times \eta_g \,[\mathrm{kW}]$$

여기서, η_t : 수차효율, η_g : 발전기 효율

4) 수력발전방식의 종류

분류 항목	종 류
물의 이용방식	유입식, 저수식, 조정지식, 양수식
구 조	수로식, 댐식, 댐수로식
낙 차	저낙차, 중낙차, 고낙차
기계의 배치	종축, 횡축, 사축

① 물의 이용방식에 따른 분류
　㉮ **유입식** : 하천의 자연 유량을 그대로 이용하는 발전소로서 도중에 저수지 또는 조정지가 없는 수로식 발전소로 최대 사용 수량 이상의 유량은 발전에 이용되지 못하고 방류된다.
　㉯ **조정지식** : 수 시간 또는 수일간의 부하 변동에 대처할 수 있는 조정지 용량을 가진 발전소로 국내 발전소는 대부분 조정지식이다.
　㉰ **저수지식** : 계절적인 하천의 유량 변화를 큰 저수지로 조정한 후 발전에 이용하는 발전소이다.
　㉱ **양수식** : 심야 또는 휴일의 잉여전력을 이용하여 펌프로 상부조정지 또는 저수지에 양

수하여 담수하고, 첨두부하 시에 발전하여 피크부하에 대응하는 발전소이다.

② **구조에 따른 분류**

㉮ **수로식** : 하천의 구배 및 굴곡 등의 지형을 이용하여 완만한 수로를 시설하여 낙차를 얻는 방식으로 댐이 없기 때문에 유입량 조절이 불가하고 유입량에 따라 출력이 좌우된다.

㉯ **댐식** : 하천을 가로질러 댐을 만들어 상류수위를 높여 낙차를 얻는 방식으로 구배가 완만하고 유량이 풍부한 하천의 중·하류에 설치된다.

㉰ **댐 수로식** : 수로식과 댐식 두 방식을 혼합한 방식으로 부하 급변으로 인하여 물을 차단할 경우 수격작용에 의한 수압상승에 대해 수압관이나 압력터널을 보호하기 위한 조압수조가 필요한 방식이다.

③ **수차의 종류**

㉮ 충동수차 : 펠톤 수차, 튜고 수차, 오스버그 수차

㉯ 반동수차 : 카플란수차, 프란시스수차, 프로펠러수차, 사류수차 등

(2) 수력 발전의 특징

1) 석유나 석탄 등의 다른 에너지원에 비해 이산화탄소 배출량이 매우 적은 청정 에너지로 지구온난화 방지에 가장 적합한 에너지 중의 하나이다.

2) 소수력발전은 규모가 작기 때문에 발전설비를 설치할 때 지형을 변화시키지 않으며, 사용하는 유량이 적어 하천수질이나 수생생물 등의 주변 생태계에 미치는 영향이 작으므로 환경친화형 에너지이다. 발전설비가 비교적 간단하여 단기간 건설이 가능하고, 유지관리가 용이하다.

3) **수력은 3~5분의 짧은 시간에 발전이 가능**하기 때문에 전력수요의 변화에 가장 민첩하게 대응할 수 있어, **유입식은 기저전력 공급용**으로 사용하고, **조정지식, 저수지식, 양수식은 첨두부하 공급용**으로 사용이 가능하다.

4) 수력발전의 원가구성은 자본비가 대부분이라서 인플레이션이나 연료 가격변동이 거의 없으므로 타 발전원에 비하여 발전단가가 싸고 장기적으로 안정되어 있다. 화력발전의 열효율이 30~40[%]인데 비해 **수력발전 효율은 80~90[%] 정도**로 에너지 변환효율이 높다.

3.4 연료전지

(1) 연료전지 원리

현재 상용화 단계에 이른 연료전지의 **연료는 수소**이다. 전기사용 비수요기에 물을 전기분해해서 수소를 저장해 두었다가 수요기에 연료전지를 가동하면 전기의 저장과 사용을 적절히 할 수 있다.

원리는 물의 전기분해의 역반응이다.

① 전기분해 : H_2O + 전해질(황산나트륨) $\Rightarrow$ 전기소비 $\Rightarrow$ H_2(음극) + O_2(양극)

② 수소 연료전지 : H_2(음극) + $\frac{1}{2}O_2$(양극) $\Rightarrow$ 전기생산 $\Rightarrow$ H_2O + 전해질

연료전지는 두 개의 전극으로 되어 있고 전극 사이에 전해질이 들어 있다. **연료극 – 전해질 – 공기극**으로 접합되어 있는 **단위전지(unit cell)**이며, 다수의 단위전지를 적층하여 전지본체(stack)를 구성함으로써 원하는 전압과 전류를 얻을 수 있다.

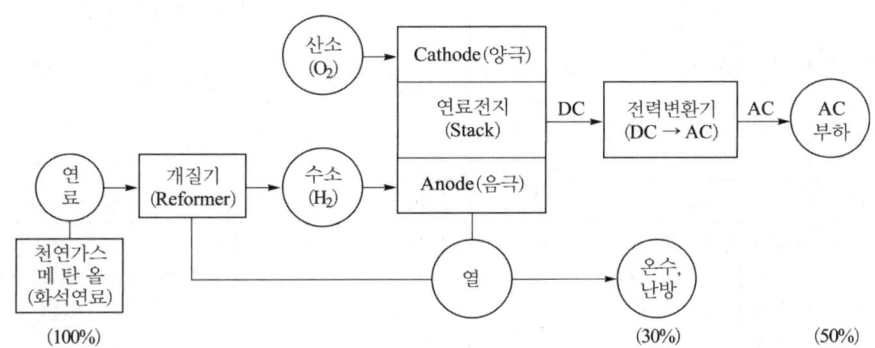

그림 1-4 수소 연료전지 발전시스템 구성도

수소(H)는 산화전극(anode)으로 공급되어 전극 촉매상에서 수소이온(H^+)과 전자(e^-)로 분해되고, 이 중 수소이온(H^+)이 선택적으로 고분자 등과 같은 전해질막을 통과하여 전달된다. 동시에 전자(e^-)는 외부도선을 통해 환원전극(cathode)으로 이동하여, 이들이 산화전극에 공급되는 산소와 반응하여 물(H_2O)을 생성한다. 이 과정에서 전자의 흐름에 의해 전류가 발생하고, 물의 생성은 발열반응이므로 온수도 얻게 된다.

1) 산성전해질 연료전지 반응

　① 수소전극(anode, −) : $2H_2 \rightarrow 4H^+ + 4e^-$

　② 산소전극(cathode, +) : $O_2 + 4H^+ + 4e^- \rightarrow 2H_2O$

　③ Overall : $2H_2 + O_2 \rightarrow 2H_2O + energy$(전기, 열)

2) 알칼리전해질 연료전지 반응

　① 수소전극(anode, −) : $H_2 + 2OH^- \rightarrow 2H_2O + 2e^-$

　② 산소전극(cathode, +) : $H_2O + \frac{1}{2}O_2 + 2e^- \rightarrow 2OH^-$

　③ 산소−수소의 **연료전지의 기전력**은 **최대 1.23[V/cell]**의 전압이 생성된다.

3) 연료전지의 종류

　연료전지의 종류별 특징은 다음 표와 같다.

표 1-1 연료전지의 종류별 특징

구 분	고분자 전해질형 (PEMFC)	알칼리형 (AFC)	인산형 (PAFC)	용융 탄산염형 (MCFC)	고체 산화물형 (SOFC)
전해질	고분자 이온교환막	수산화칼륨의 수용액	액체인산	용융탄산염(리튬, 나트륨, 탄산칼륨의 수용액)	고체전해질 (지르코늄)
시스템 출력	1~100[kW]	10~100[kW]	400[kW] (100[kW] 모듈)	300[kW]~3[MW] (300[kW] 모듈)	1[kW]~2[MW]
효 율[%]	60(수송용) 35(정치용)	60	40	45~50	60
작동온도[℃]	50~100	90~100	150~200	600~700	700~1,000
적 용	• 비상발전기 • 휴대용전원 • 분산발전 • 수송용(자동차) • 특수차량	• 군사용 • 우주용	• 분산발전	• 분산발전 • 전력계통 사업용	• 보조전원 • 전력계통 사업용 • 분산발전
장 점	• 고체 전해질의 부식과 전해질 관리문제 저감 • 저온 • 빠른 시동	• 고성능 • 저가부품	• 열병합발전 시 고효율 • 연료 불순도의 내성 강함.	• 고효율 • 연료 유연성 • 다양한 촉매 사용가능 • 열병합발전에 적합	• 고효율 • 연료 유연성 • 다양한 촉매 사용가능 • 열병합발전에 적합 • 고체전해질 • 하이브리드 G/T 사이클
단 점	• 고가의 촉매 • 연료 불순도에 민감 • 저온 폐열	• 연료와 공기에서 CO_2에 민감 • 전해질 관리	• 백금 촉매 • 긴 시동시간 • 저전류/저전력	• 전자부품의 고온 부식 및 파손 • 긴 시동시간 • 저 전력밀도	• 전자부품의 고온 부식 및 파손 • 고온작동으로 인한 긴 시동시간과 한계가 요구됨

(2) 연료전지의 특징

1) 장점

① 기존 화석연료를 이용하는 발전에 비하여 발전효율이 높다. 열병합발전을 하는 경우 효율이 80[%] 정도이다.

② 환경보존에 기여한다. 질소산화물(NOx)와 유황산화물(SOx)의 배출량이 석탄 화력발전에 비하여 매우 낮으며, 소음도 낮아 입지선정이 용이하다.

③ 전력수요량에 따라서 전극 모듈의 조립이 용이하며, 건설기간도 짧다.

④ 발전효율이 설비규모(대규모, 소규모)의 영향을 받지 않는다.

⑤ 전력수요의 변화가 25~100[%]에서도 발전효율이 일정하다.

⑥ 나프타, 등유, LNG, 메탄올 등 연료의 다양화가 가능하다.

⑦ 연료만 공급되면 연속발전이 가능하다.

1장 기후변화 정책 분석 **33**

2) 단점
  ① 연료전지의 작동온도가 저온일수록 활성이 낮아 촉매의 역할이 중요하여 고가이며, 촉매의 저가화, 장수명화 기술개발이 급선무이다.
  ② 대량생산으로 원단위를 개선함으로써 궁극적으로 경제적인 원가달성이 필요하다.
  ③ 기체 및 액체인 유체상태의 반응생성물을 연속적으로 처리할 수 있는 시스템이 구축이 요구된다.
  ④ 어떠한 작동온도에서도 전해질의 노화가 없으며, 재료의 부식이 일어나지 않는 온도로 적절히 제어하기 위해 반응열의 1/3정도는 외부로 원활히 배출하는 시스템 구성이 필요하다.
  ⑤ 고온형 연료전지에 내구성이 유지되는 재료개발이 요구된다.
  ⑥ 저가격, 무공해 에너지원을 확보하기 위해서는 물의 전기분해에 의한 수소의 조달이 필요하다.

3.5 기타 신재생에너지

(1) 태양열

1) 태양열발전의 원리
  태양열발전 시스템은 **집광열** → **축열** → **열전달** → **증기발생** → **터빈(동력)** → **발전**으로 구성되어 밀도가 낮은 태양열을 넓은 면적의 집광장치(반사경)로 집광시켜서 고온의 열에너지로 변환시키고, 이를 흡수하는 집열장치로 부터 유체 등을 이용한 열전달을 통해 증기를 만들어 축열장치에 보내면 여기서 터빈에 증기를 보내 발전을 하게 된다.
  ① 태양열발전시스템의 종류
    ㉮ **홈통형(trough)** : 기다란 오목거울이 태양에너지를 중앙의 리시버로 열에너지를 모으는 방식으로 발전, 공장의 제조 열, 흡수장치의 관 속에 폐수를 흘러 보내 폐수 정화처리에도 사용된다.
    ㉯ **파라보릭 접시형** : 여러 개의 오목거울을 이용하여 한 점으로 열에너지를 모으는 방식으로, 태양을 추적하는 시스템을 갖추고 있으며 직접 열을 이용하는 방식이다.
    ㉰ **전력타워(power tower)형** : 여러 개의 독립적인 거울로 탑 꼭대기로 에너지를 모으는 방식으로 집광비는 300~1500sun 정도이며, 온도는 1500[℃] 이상 동작이 가능하다.
    ㉱ **진공관형** : 투과체 내부를 진공으로 만들어 그 내부에 흡수판을 위치시킨 집열기로 대류와 전도에 의한 손실을 줄인 방식으로 설치면적을 줄일 수 있으며, 중 온수사용에 적합한 방식이다.
  ② 태양열발전시스템의 핵심장치
    ㉮ **집중장치(concentration)** : 볼록렌즈나 파라볼 반사판과 같이 햇빛을 한곳으로 집중시키는 기능을 수행한다.

ⓝ **흡수장치(receiver)** : 집중장치를 통해서 집중된 햇빛을 흡수한 후 그 열에너지를 작용매체로 전달하는 기능을 수행한다.

ⓓ **전달/저장장치** : 작용매체를 저장 및 에너지 변환장치로 전달한다.

ⓡ **변환장치** : 열에너지를 전기에너지 바꾸는 기능을 수행한다.

2) 태양열발전의 특징

① 장점

㉮ 무공해, 무가격, 무한한 양의 청정에너지원이다.

ⓝ 직접 에너지 비용이 들지 않는다.

ⓓ 환경오염 물질의 배출이 없는 재생 가능한 에너지원이다.

② 단점

㉮ 고급에너지이나 밀도가 낮아서 수집하여 이용하는데 경제성이 낮다.

ⓝ 이용 시 초기 장치 비용이 높게 든다.

ⓓ 에너지 생산이 간헐적이므로 계속적인 수용에 안정적 공급이 어렵다.

(2) 석탄 액화가스화 및 중질잔사유 가스화

1) 석탄 액화가스화 및 중질잔사유 가스화 원리

① 석탄의 액화

㉮ 석탄과 석유가 다른 점은 수소와 탄소의 비가 다른 것이다. 석탄의 경우 중량비로 탄소 79에 대하여 수소 1.5(중량비 52)인데 비하여,

ⓝ 중유의 경우는 탄소 62에 대하여 수소 4.7(중량비 13)이다. 석유의 평균분자량이 200인 것에 비하여 석탄은 2,000 이상으로 고체이다.

ⓓ 석탄을 석유로 바꾼다는 것은 결국 석탄에 부족한 수소를 가해 주면서 분자량이 200 ~300 정도가 되도록 석탄을 분해시켜주면 된다.

ⓡ 이 반응은 약 200[atm], 400~450[%]의 조건하에서 석탄에 수소를 반응시켜 액상생성물이 생기도록 하는 것이다.

② 석탄의 가스화

㉮ 석탄을 산소와 수증기로 반응시켜 일산화탄소와 수소의 혼합가스를 만드는 것이다.

ⓝ 반응식 : $C + H_2O$(수증기) $\rightarrow CO + H_2$(수성가스반응)

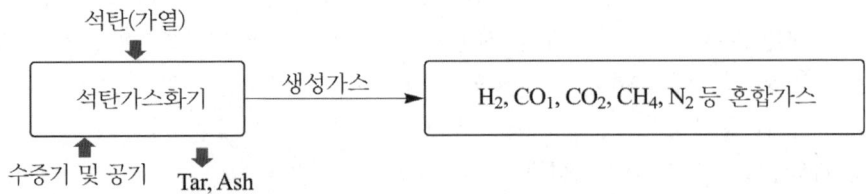

③ 석탄(중질잔사유) 가스화

가스화 복합발전기술(IGCC : Integrated Gasification Combined Cycle)은 석탄, 중질잔사유 등의 저급연료를 고온·고압의 가스화기에서 수증기와 함께 한정된 산소로 불완전연소 및 가스화시켜 **일산화탄소와 수소가 주성분인 합성가스**를 만들어 정제공정을 거친 후 **가스터빈 및 증기터빈을 구동**하여 발전하는 신기술이다.

④ 시스템의 구성

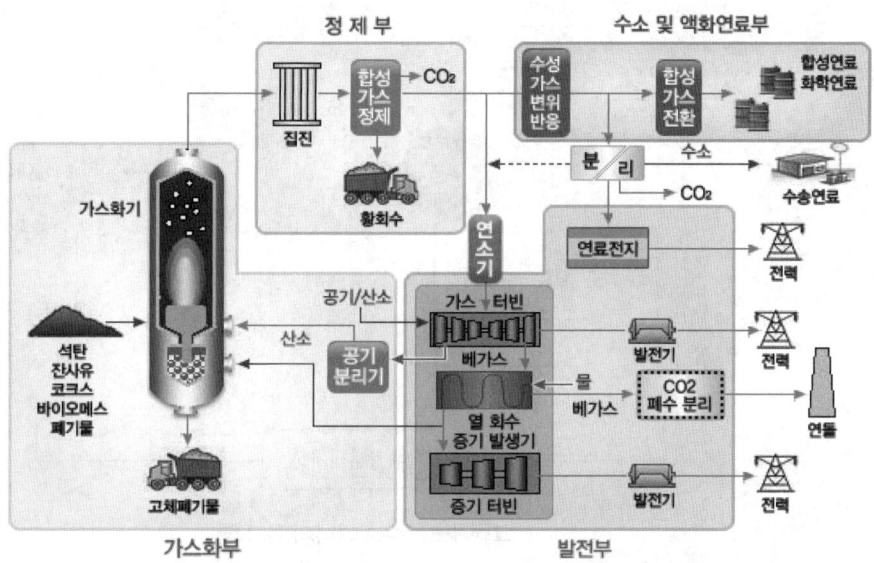

그림 1-5 석탄 액화가스화 공정의 구성

2) 석탄 액화가스화 및 중질잔사유 가스화 특징

① 장점

㉮ 고효율 발전

㉯ 황산화물(SOx)을 95[%], 질소산화물(NOx)을 90[%] 이상 저감하여 환경친화적이다.

㉰ 다양한 저급연료를 활용한 발전, 화학플랜트 활용, 액화연료 생산 등 다양한 형태의 고부가가치의 에너지화가 가능하다.

② 단점

㉮ 소요 면적이 넓은 대형장치산업으로 시스템 비용이 고가이므로 초기 투자비용이 높다.

㉯ 복합설비로 전체 설비의구성과 제어가 복잡하여 연계시스템의 최적화, 시스템 고효율화, 운영 안정화 및 저비용화가 요구된다.

(3) 수소에너지

1) 수소에너지 시스템

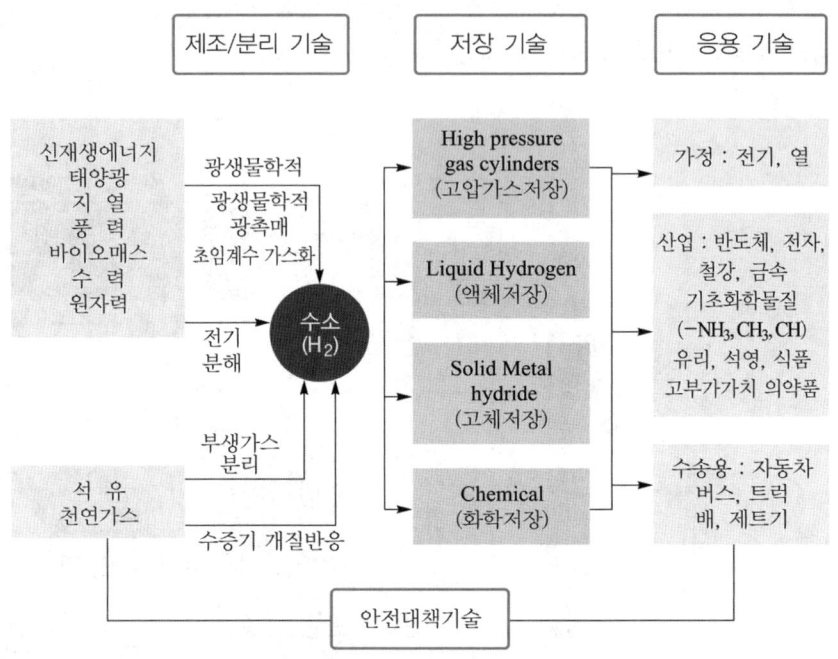

그림 1-6 수소에너지 시스템

① 수소 제조와 생산 기술
　㉮ 열분해법 : 천연가스, 석유, 석탄 등을 열분해하여 공업용 수소를 제조
　㉯ 전기분해법 : 잉여 전력을 이용하여 물을 전기분해하여 순도가 높은 수소 제조
　㉰ 태양광 분해법, 열화학 사이클법 등이 있다.
② 수소 저장 및 수송 기술
　㉮ 금속 수소 화합물 저장기술
　㉯ 액체 수소 저장 기술
　㉰ 고압가스 저장기술
　㉱ 파이프라인을 이용한 수송기술
③ 수소의 안전 대책 기술
　㉮ 폭발 재해 방지 기술
　㉯ 수소 사용 재료의 취성 방지 기술

2) 수소에너지의 특징

① 장점

㉮ 공해물질이 배출되지 않는다.

㉯ 연료가 물과 같이 풍부하다.

㉰ 수소가 연소되거나 전기로 변환되어 생성된 물의 재사용이 가능하다.

㉱ 지속적인 에너지이며, 자동공급도 가능하다.

㉲ 수소에너지 시스템은 다양한 에너지원으로부터 생산되어 저장되고 수송되며, 전기적 이용, 산업, 가정, 자동차, 비행기, 공장 등에서 사용된다.

㉳ 수소에너지는 저장과 수송이 쉽다.

② 단점

㉮ 수소에너지는 사용상 안전의 문제가 따른다.

㉯ 물을 전기분해하여 수소를 얻기 위해서는 많은 양의 전기에너지가 필요하다.

(4) 지열

1) 지열발전의 원리

지열발전은 화력발전과 같이 증기로 터빈을 돌려서 발전을 한다. 지열발전에서 사용되는 천연 증기 및 열수에는 여러 가지 화학성분(실리칼 등)의 불순물이 함유되어 있어 화력발전에 사용되는 물에 비해 100~200배 정도 많으며, 비응축성 가스는 화력발전의 수십만 배에 달해 기기의 부식, 침전물(스케일)의 문제가 발생된다. 화력발전에 비해 지열발전은 온도는 약 1/3, 압력은 1/20로 낮아 발전효율이 낮은 편이다.

① 지열발전의 종류

㉮ 건조증기발전(Dry steam power plant)

생산정(Production well)에서 증기만 분출되는 경우, 드라이 스팀(Dry steam)방식을 취하여 증기로 직접 터빈을 돌려 발전하는 방식이다.

㉯ 단일 플래시증기발전(Single flash steam power plant)

생산정(Production well)에서 증기와 열수가 동시에 분출되는 경우, 기수분리기로 증기만 추출해 터빈을 돌려 발전하는 방식

㉰ 바이너리 사이클 발전(Binary cycle power plant)

생산정(Production well)에서 분출되는 증기 및 열수의 온도가 낮아, 플래시 증기방전에 충분한 증기를 얻지 못하는 경우, 비점이 낮은 매체(펜탄, 부탄, 대체 프레온 등)를 끓여 증기를 만들어 터빈을 돌려 발전하는 방식

㉱ 이중 플래시증기발전(Double flash Power plant)

생산정(Production well)에서 증기와 열수가 동시에 분출되는 경우, 기수분리기로 증기만 추출해 터빈을 돌려 1차 발전을 하고, 기수분리기에서의 열수를 저압으로 한 번 더 끓여 증기를 만들어 저압터빈을 돌려 2차 발전을 하는 방식.

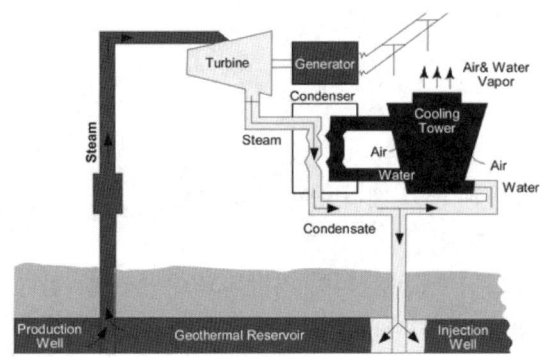

(a) Dry steam power plant

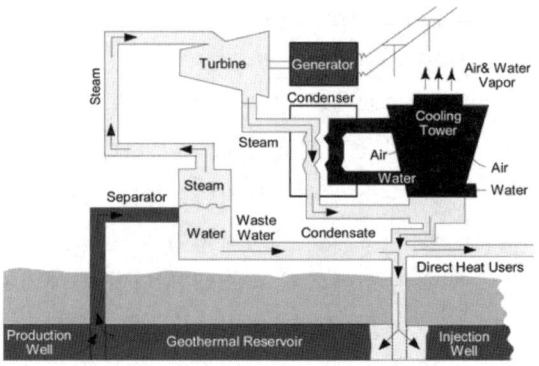

(b) Single flash steam power plant

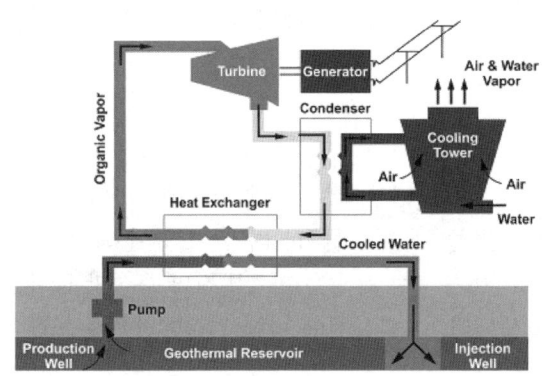

(c) Binary cycle power plant

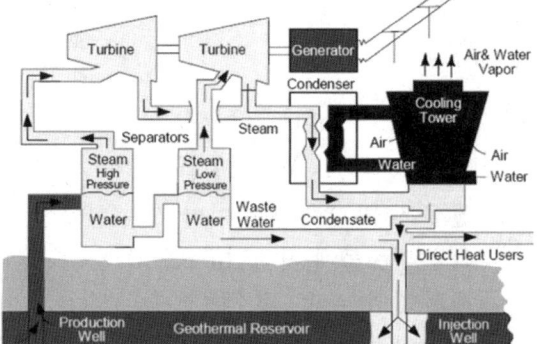

(d) Double flash Power plant

그림 1-7 지열발전의 종류

2) 지열발전의 특징

① 장점

㉮ 발전비용이 가스나 기름대비 약 40[%] 정도로 비교적 저렴하고, 운전기술이 비교적 간단하다.

㉯ 지구온난화의 주범인 CO_2, NOx, SOx 등의 배출가스가 없는 친환경적인 청정 클린에너지이다.

㉰ 가동률이 90[%] 정도로 높고, 잉여 열을 지역 에너지로 이용할 수 있다.

㉱ 고밀도 PE배관을 사용하여 반영구적이며, 석유, 가스 등 화석연료를 사용하지 않으므로 폭발, 화재 위험성이 없는 안정적인 시스템이다.

② 단점

㉮ 지형지물상 시공이 어려운 장소가 있다.

㉯ 땅의 침전이 있을 수 있고, 지중 상황 파악이 곤란하다.

ⓣ 내열성이 높은 베어링의 밀봉재가 요구된다거나, 마모에 의한 비트의 교환의 어려움 등 보수 및 유지관리에 어려움이 있다.

(5) 해양에너지

1) 조력발전

① 조력발전의 원리

바닷물이 밀물(가장 높이 올라 왔을 때)시에 물을 가두어 두었다가, 썰물(가장 많이 빠졌을 때)시에 터빈을 돌려 발전하는 방식이다. 조력 발전의 수위차는 보통 10[m] 이하로 효율이 좋은 수차를 개발이 관건이다.

② 조력발전의 특징

ⓐ 장점
- 발전지점이 결정되면 그 지점의 조위의 변화를 예측할 수 있다.
- 청정에너지이다.

ⓑ 단점
- 얻어지는 유효낙차가 적고, 조위의 변화가 연간 균일하지 않으며, 조위가 일정한 시간대에는 발전할 수 없다.
- 간만의 차가 심해야 하므로, 지역적으로 한정된 장소에만 적용할 수 있다.
- 건설 및 개발비용이 많이 들고, 유지관리비가 높으며, 해양 환경에 막대한 영향을 미친다.

2) 조류발전

① 조류발전의 원리

조류발전은 조수간만의 차로 발생하는 조류의 빠른 유속이 운동에너지(속도)를 만들고, 이 에너지를 터빈의 회전자에서 기계적 에너지로 바꾸어, 터빈 축에 발전기를 연결하여 발전하는 방식이다. 핵심기술은 조류발전량 타당성 조사, 고효율 터빈 설계 및 제조기술, 전력망 연결 제어기술 등이며, **조류의 흐름방향이 정확하게 6시간 단위로 바뀌기 때문에** 발전장치 설치기술이 필요하다.

② 조류발전의 특징

ⓐ 장점
- 조류의 흐름에 의한 운동에너지를 수차를 이용하여 전기를 생산함으로 댐이 필요 없고, 갯벌을 파괴하지 않는 친환경 발전방식이다.
- 고갈되지 않고, 오염이 없는 청정에너지이다.
- 해양생물의 이동 및 선박의 항해에 지장을 주지 않는다.
- 날씨 변화와 상관없이 계속적인 발전이 가능하여 연속적이고 예측 가능한 신뢰성 높은 에너지원이다.

ⓑ 단점
- 발전지점 선정의 어려움이 있다.

- 자연적인 조류 흐름의 세기에 따라 발전량이 좌우된다.

3) 파력발전

① 파력발전의 원리

㉮ 파도의 상하운동에너지를 전기에너지로 전환하는 것으로, 파도가 진행하는 힘 또는 파도의 상하 운동을 이용하여 공기를 압축 활용하는 방법이 있다. 파력발전 시스템의 내부는 밑 빠진 병 모양으로 아래쪽이 바다에 잠겨있어 파도가 출렁거리면서 내부 공기를 위 아래로 움직이게 하면, 위쪽의 좁은 구멍에서는 공기의 상하 운동 속도가 빨라져 이 공기가 터빈을 돌려서 발전을 한다.

㉯ **파고가 2[m]에 달하는 경우 공기의 운동 속도는 평균 17[m/s]**에 달해 강풍에 해당하는 풍속을 가지게 된다.

파력에너지 $E = 0.5 \cdot (H_e)^2 \cdot (T_e)[\text{kW}]$

여기서, H_e : 유의파고[m], T_e : 유의파의 주기[sec]

② 파력발전의 특징

㉮ 장점
- 소규모 개발이 가능하고, 방파재로 활용할 수 있어 실용성이 크다.
- 한 번 설치해 놓으면 거의 영구적으로 사용할 수 있고, 공해가 없다.

㉯ 단점
- 심한 출력변동과 대규모 발전 플랜트를 해상에 계류시키는데 기술적인 어려움이 있다.
- 현재의 기술수준으로는 초기 제작비가 많이 들며, 발전단가가 화력발전의 2배에 달한다.

4) 온도차 발전

① 온도차 발전의 원리

가열된 표면층의 뜨거운 바닷물을 파이프라인으로 끌어 올려 증기를 만드는 장치에 보내면, 끓는 점이 낮은 암모니아나 프레온가스로 증기를 만들고, 이 증기의 힘으로 터빈을 돌려 발전을 한다. 터빈을 돌리고 난 증기는 심해의 찬 바닷물로 냉각해서 다시 유체로 만들어 계속 사용한다.

② 온도차 발전의 특징

㉮ 장점
- 에너지의 공급원이 무한이며, 연료의 수송과 발전소 건설을 위한 특별한 용지를 필요로 하지 않는다.
- 유해물질을 발생시키지 않는 청정 자연에너지이다.
- 주·야간 구별 없이 전력 생산이 가능한 안정적 에너지원으로 특별한 저장 시설이 필요 없으며, 계절적인 변동을 미리 예측할 수 있어 계획발전이 가능하다.
- 발전과 동시에 응축과정에서 막대한 양의 담수, 식염마그네슘, 요오드 등의 자원을

　　　　얻을 수 있다.
　　㉯ 단점
　　　　- 막대한 양의 증기압을 얻으려면 터빈 등이 대형화 되어 시설비가 많이 소요된다.
　　　　- 발전설비를 바닷물의 부식에 강한 재료로 만들어야 한다.
　　　　- 생물 때문에 생기는 오염을 막기 위한 대책이 필요하다.
　　　　- 표층 및 심층수를 끌어 올려야하기 때문에 큰 동력이 필요하며, 복수기로부터 온수
　　　　　를 해양으로 유출시키면 표층수 온도가 높아져 온도차 확보에 어려움이 발생한다.
　　　　- 열역학시스템의 **총 효율은 2.5~3[%] 정도로 낮아** 적당한 작동유체를 개발하여 이를
　　　　　향상된 열역학 사이클에 적용하는 연구가 필요하다.

(6) 바이오에너지

1) 바이오에너지의 원리
　　광합성에 의해 생성된 각종 생물자원, 유기성 폐기물 등의 유기물질을 미생물 전환에 의해
연료용 가스와 액체연료를 생산하여 공급하는 기술과 이를 전력으로 전환하여 이용하는 기
술이다. 즉, **생물체 자체에서 일어나는 생명현상의 결과로 얻어지는 에너지 또는 이들 생물체를
처리하는 과정에서 얻어지는 에너지**이다.

2) 바이오에너지의 특징
　① 장점
　　㉮ 에너지를 저장할 수 있다.
　　㉯ 바이오매스는 재생이 가능하다. 종이나 비료 같은 다른 산물을 만들어서 재활용된다.
　　㉰ 물과 온도 조건만 맞으면 지구상 어느 곳에서나 얻을 수 있다.
　　㉱ 나무와 식물이 다시 자라는 것보다 더 빨리 베어내지 않는 한, 바이오매스는 재생에너
　　　지원이다.
　　㉲ 최소의 자본으로 이용기술의 개발이 가능하다.
　　㉳ 원자력과 비교할 때 환경 보존적이며, 안전하다.
　　㉴ 석탄과 비교하여 훨씬 적은 아황산가스와 이산화질소를 배출한다.
　② 단점
　　㉮ 바이오매스 생산에 넓은 면적의 토지가 필요하다.
　　㉯ 토지 이용 면에서 농업과 경합한다.
　　㉰ 자원 매장량의 지역차가 크다.
　　㉱ 비료, 토양, 물 그리고 에너지의 투입이 필요하다.
　　㉲ 문란하게 개발하면 환경파괴를 초래한다.
　　㉳ 바이오매스의 생산, 수집, 운반, 변환에 관련한 기술적 문제, 경제성, 에너지 균형에
　　　대한 문제도 있다.
　　㉴ 넓은 산림이나 자연 목초지를 단일 종의 바이오매스 농장으로 만드는 것은 생물 다양
　　　성의 감소를 가져온다.

2장 태양광발전사업부지 환경조사

1 주변 기상·환경 등 요인

1.1 일조시간, 일조량, 음영분석 등

(1) 일조시간

1) 가조시간 : 한 지방의 해 돋는 시각(일출)부터 해가 지는 시각(일몰)까지의 시간

2) 일조시간 : 가조시간 중 구름의 방해 없이 지표면에 태양이 비친 시간의 합

3) 일조율 $= \dfrac{\text{일조시간}}{\text{가조시간}} \times 100[\%]$

4) 가조시간 중 구름이 없을 때(청명)는 가조시간과 일조시간이 일치하므로 일조율은 1이 된다.

　※ 기상청에서는 가조시간 중 구름의 양(운량)을 퍼센트로 제공하고 있으며, 운량이 0[%]일 때 일조율이 1이 된다.

(2) 일조량(일사량)의 개념

1) 일정기간 동안 지표면에 일조강도$[W/m^2]$를 적산한 값$[Wh/m^2]$

2) 단위 : $[kWh/m^2 \cdot day]$, $[MJ/m^2 \cdot month]$, $[MJ/m^2 \cdot year]$, $[kcal/m^2 \cdot h]$

> **※ 단위 환산**
>
> $1[kWh] = 1{,}000[W] \times 3{,}600[s] = 3.6 \times 10^6[J] = 3.6[MJ]$
>
> $1[MJ/m^2 \cdot year] = 1 \times 10^6 [J/m^2 \cdot year] = \dfrac{1}{3.6}[kWh/m^2 \cdot year]$
>
> $1[kWh] = 860[kcal]$
>
> $1[J] = 0.24[cal]$
>
> $1[cal] = 4.2[J] \ (J = N \cdot m)$

3) 국내에서 일조량과 일사량은 동일한 의미로 사용.

　※ 일조량의 일본식 표현은 일사량이며 '태양광발전 용어 모음(2010 기후에너지환경부 기술표준원)'에서는 '일사량' 대신에 "일조량'으로 표현할 것을 권고

4) 기상청에서는 적산된 일조량을 일사량$[MJ/m^2 \cdot year]$으로 표현

5) 일조강도$[W/m^2]$

　① 단위 시간에 단위 넓이에 입사되는 복사에너지의 세기

　② 국내에서 일조강도를 복사강도, 일사강도로 혼용

6) 태양상수(E_0) : $1{,}367[W/m^2]$

7) 일조량(일사량)의 특징

　① 지면 위에서 관측되는 일조량은 대기권(지표면으로부터 10 km ～ 11 km)의 공기 중에 있는 먼지나 수증기에 의해 흡수, 반사, 산란되어 태양상수(E_0)의 약 70[%] 정도.

　② 하루 중의 최대 일조량은 태양고도가 가장 높을 때(남중시)이다.

　③ 1년 중 하지시가 최대

　④ 해안지역이 산악지역보다 일조량이 높음

8) 일조량의 종류

　① 직달 일조량 : 일정기간 동안 지표면에 직접 도달하는 직달광을 적산한 값

　② 산란 일조량 : 일정기간 동안 햇빛이 대기를 지나오는 동안 공기 분자, 구름, 연무(에어로졸) 입자 등에 의해 산란되어 도달하는 산란광을 적산한 값

　③ 전 일조량(수평면 일조량) : 일정기간 동안 지표면에 도달한 전 일조(직달광 + 산란광)를 적산한 값

　④ 총 일조량(경사면 일조량) : 일정기간 동안 경사면에 도달한 총 일조(직달광 + 산란광)를 적산한 값

9) 최근 20년(1997년 ～ 2016년) 일조량과 일조시간 평균값이 가장 높은 지역(도시)

　① 일조(일사)량 1위 도시 : 대전

　② 일조(일사)시간 1위 도시 : 부산

(3) 음영분석

태양전지 어레이는 태양전지 모듈이 직병렬 접속되어 구성되므로 설계 시 음영(그림자)에 의한 발전량 감소가 없도록 사전 검토가 필요하다.

1) 음영의 발생원인

　① 인접 건물, 식재 등 장애물

　② 태양전지 어레이 배치 시 남쪽에 위치한 앞 열에 의해 생성

　③ 기타 나뭇잎, 새의 배설물, 흙탕물 등

　※ 원별시공기준에 의거 전기줄, 피뢰침, 안테니 등 정미한 음영(그림자)은 상애물로 보지 아니한다.

2) 음영의 영향 : 태양전지 모듈의 전류가 급감하여 발전량이 줄어든다.

3) 음영의 대책

　① 결정한 발전시간(동지기준 10시 ～ 15시)에 어레이 앞 열에 의한 뒷 열의 그림자가 없도록 이격거리를 확보한다.

　② 대지에 설치 시 흙탕물에 의한 음영을 고려하여 어레이 하단부를 지면으로부터 0.6[m]이상으로 한다.

　③ 식재 등의 성장에 의한 음영(그림자)대책을 수립한다.

　④ 모듈에 대한 청소주기를 검토한다.

4) 그림자(음영)의 길이와 배율

① 그림자의 길이

㉮ 태양의 고도각이 h이고, 지평면(수평면)에 수직으로 세워진 높이 $L[\mathrm{m}]$인 막대기가 만든 그림자의 남북방향의 길이(L_s)는 다음 식으로 계산한다.

$$L_s = \frac{L}{\tan(h)}\,[\mathrm{m}]$$

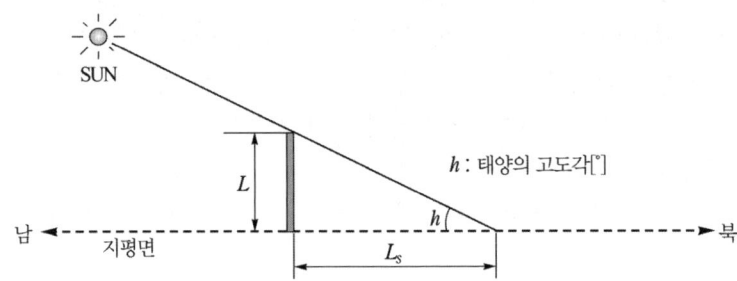

그림 2-1 그림자의 길이

② 그림자의 배율

㉮ 그림자의 배율은 막대의 높이(L)에 대한 그림자의 길이(L_s)의 비를 말한다.

㉯ 태양의 고도각이 h이고 방위각이 α일 때, 수평면에 수직으로 세워진 높이 $L[\mathrm{m}]$인 막대기가 만든 그림자의 남북방향의 길이가 $L_s[\mathrm{m}]$일 때, 그림자 배율 R은 다음 식과 같다.

$$\text{그림자의 배율}(R) = \frac{L_s}{L} = \frac{X \times \cos\alpha}{X \times \tan h} = \frac{\cos\alpha}{\tan h} = \cos\alpha \times cot\,h$$

$$※\ \tan\theta = \frac{\sin\theta}{\cos\theta},\ \sec\theta = \frac{1}{\cos\theta},\ \csc\theta = \frac{1}{\sin\theta},\ \cot\theta = \frac{1}{\tan\theta} = \frac{\cos\theta}{\sin\theta}$$

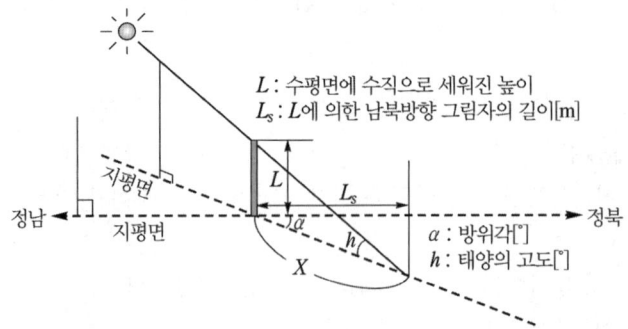

그림 2-2 그림자의 배율

1.2 위도, 경도, 방위, 고도각

(1) 위도와 경도

1) 위도

① 위도는 주어진 지구의 표면 지점의 수직선(추선)과 적도면이 이루는 각이다. 같은 위도의 지점을 연결한 선은 위선이라고 부르며 적도에 평행한 동심원이 된다. 북극은 북위 90°이다. 0° 위선은 적도이며 구면 좌표계의 기본 평면이 된다. 적도는 지구를 북반구와 남반구로 분할한다.

② 평지 고정식 어레이의 경우 연간 최대발전량(최대 출력)을 얻기 위해서는 그 지방의 위도와 같은 경사각으로 할 때 얻을 수 있다.

2) 경도

① 경도는 주어진 지구의 표면 지점을 지나 북극부터 남극까지 그은 경선과 본초 자오선이 이루는 각이다. 모든 경선은 반원을 그리며 평행되지 않고 북극과 남극에 한데 모인다.

② 런던 근교의 그리니치 천문대의 바로 밑을 통과하는 자오선(그리니치 자오선)이 본초 자오선에 선정되고 있다. 이것보다 더 동쪽에 있는 지점은 동반구, 서쪽에 있는 지점은 서반구에서 있다. 그리니치의 대척지의 경도는 서경 180°이며 동경 180°이다.

③ 평지 고정식 어레이의 경우 경도는 일출과 일몰 시간의 차이만 존재하며, 발전량에 직접적인 영향을 미치지는 않는다.

3) 위도와 경도의 기준점

위도와 경도의 기준점은 다음 그림과 같다.

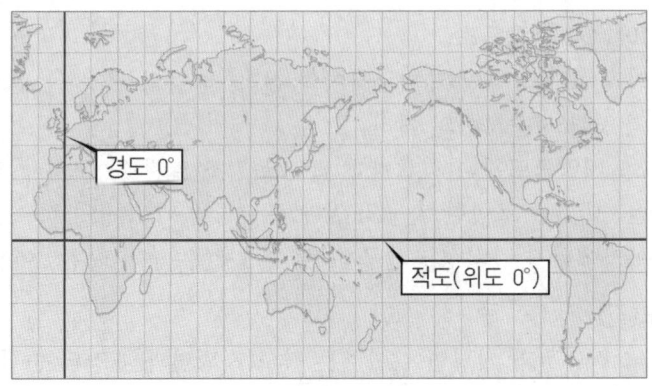

그림 2-3 지구의 북극과 남극

(2) 방위

1) 지리학에서 방위는 자오선을 기준으로 남쪽과 북쪽을 정하고, 그와 수직인 직선을 기준으로 동쪽과 서쪽을 정한다. 이렇게 정한 방위는 시계 방향으로 북ㆍ동ㆍ남ㆍ서의 순서대로 배열

되며, 다른 기준이 없다면 북쪽은 북극을 가리키고, 남쪽은 남극을 가리킨다. 그리고 남방, 북방, 동방, 서방이라고 부르기도 한다.

2) 이 동·서·남·북의 네 방향을 4방위(사방, 四方)라 하고 이를 세분하여 8방위(팔방, 八方, 북·북동·동·동남·남·남서·서·북서), 16방위, 24방위, 32방위로 이름 붙인다. 필요에 따라서 64방위, 128방위 등이 쓰이기도 하지만, 현대에 들어서는 세밀한 방위표기를 위해 각도를 대신 쓰는 것이 일반적이다.

3) 일반적으로 정북(true north)이 방위각의 기준(0)이 되며, 시계방향(동쪽)으로 수평각으로 표시하며, 고정식 태양광 어레이에서는 모듈을 정남향으로 설치하여야 최대 발전량을 얻을 수 있다.

(3) 고도각

1) 지구의 북반구와 남반구

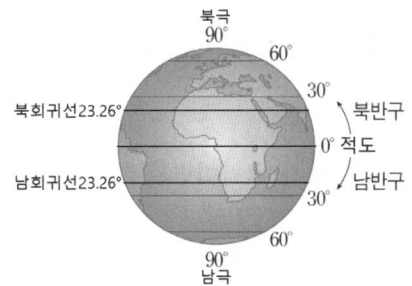

- 북반구 : 적도에서 북극까지 지역
  어레이 설치 시 남향 설치가 최적
- 남반구 : 적도에서 남극까지 지역
  어레이 설치 시 북향 설치가 최적
- 북회귀선 : 하지 때 태양이 천정을 지나는 선
- 적도 : 춘·추분 때 태양이 천정을 지나는 선
- 남회귀선 : 동지 때 태양이 천정을 지나는 선

그림 2-4 지구의 북극과 남극

2) 태양의 복사에너지 결정요소

① 천문 지리적 요소 : 태양과 지구사이의 거리, 태양의 천정각, 관측 지점의 고도, 지표면 알베도, 태양과 지구사이의 거리

※ 알베도 : 태양으로부터 지표면에 도달한 일조(일사)가 대기나 지표면에 의해서 반사되는 비율. 대기를 포함한 지구의 알베도는 평균 약 30[%] 정도

② 태양의 복사에너지 감쇠성분 : 구름, 흡수기체(수증기, 오존, 이산화탄소 등), 에어로졸

3) 태양의 고도(각)

① 고도(각) : 직달광과 지평면이 이루는 각도(지평면과 태양의 중심이 이루는 각도)

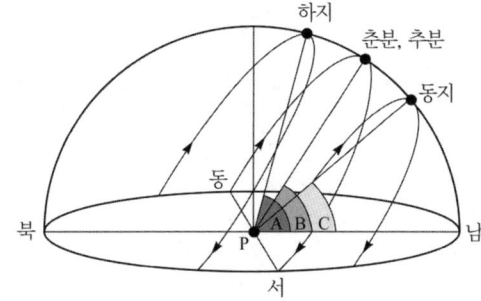

A : 하지 때 태양의 남중고도(각)
B : 춘분, 추분 때 태양의 남중고도(각)
C : 동지 때 태양의 남중고도(각)
P : 적도(위도=0도)

그림 2-5 계절별 태양의 남중고도

② 남중고도(각)

남중고도(각)는 하루 중 태양의 고도가 가장 높을 때의 고도(각)

㉮ 동지 시 남중고도(각) $= 90° - \phi - 23.5°$

㉯ 하지 시 남중고도(각) $= 90° - \phi + 23.5°$

㉰ 춘·추분 시 남중고도(각) $= 90° - \phi$ 여기서, ϕ : 그 지역의 위도[°]

※ 하지 때의 그림자의 길이가 가장 짧고, 동지 때의 그림자의 길이가 가장 길다.

예제 1 ● ● ●

위도가 36°인 지역의 동지, 하지, 춘·추분 시 태양의 남중고도(각)를 구하시오.

풀이 ▶

• 동지 시 남중고도(각) : $90° - \phi - 23.5° = 90° - 36° - 23.5° = 30.5°$
• 하지 시 남중고도(각) : $90° - \phi + 23.5° = 90° - 36° + 23.5° = 77.5°$
• 춘·추분 시 남중고도(각) : $90° - \phi = 90° - 36° = 54°$

1.3 주변 환경조건 및 기후자료 분석 등

(1) 주변 환경조건

1) 발전량에 영향을 미치는 요건

① 대상지역의 일조량이 풍부하고, 일조시간이 길어야 한다.

② 일조강도가 높고, 일조량의 변동이 적어야 한다.

③ 어레이 배치를 정남향으로 가능하여야 한다.

④ 동쪽 ~ 남쪽 ~ 서쪽까지 음영(그림자)이 없어야 한다.

⑤ 일조량은 년간 4,000[MJ] 이상이어야 한다.

⑥ 일조시간은 1일 평균 3.5시간 이상이어야 한다.

⑦ 연평균 온도가 낮은 지역일수록 발전량은 증가한다.

  • 대상 부지 주변에 물이 있으면, 주위온도를 낮추어 준다.

2) 주변 환경
① 집중호우 및 홍수의 피해 가능성 여부
② 태풍 등 기상재해 발생 여부
③ 수목에 의한 음영 발생가능성 여부
④ 공해, 염해, 오염 발생원의 유무
⑤ 새의 서식지 또는 철새의 이동경로 인지 유무
⑥ 문화재 발굴 가능성

3) 자연환경 요소 검토
① 지반 및 지질 검토 : 흙 또는 암반, 기초의 지내력 검토
② 생태 및 녹지 자연도 : 식생의 분포, 야생동물의 출몰 여부
③ 토지의 이용 : 주변 토지의 이용형태
④ 주변경관과의 조화
⑤ 진입도로(접근성) 및 민가와의 거리 등

4) 인허가 검토
① 전기(발전)사업 인·허가(지방자치단체 별 조례상이)
② 개발행위 허가(민원 고려)
③ (소규모)환경영향평가 검토
④ 지역 및 토지이용에 관한 법령 등 검토

5) 계통연계
① 송·배전용 전기설비 이용계약
② 특고압 일반선로 이용 가능성 여부
③ 연계점의 위치 및 거리
④ 500[kW] 미만 저압연계 가능성 검토(무상 부지 제공)

6) 경제성
① 부지 매입가격 및 인허가 비용, 시설공사비
② 계통한계가격(SMP), 공급인증서(REC)가중치 적용여부
③ 전력판매금액 산출
㉮ 태양광 발전전력의 판매액은 계통한계가격(SMP)과 RPS제도에 따른 공급 인증서가격(REC)에 따라 결정된다.
㉯ 계통한계가격(SMP : System Marginal Price) : 거래 시간대별로 일반발전기(원자력, 석탄 외의 발전기)의 전력량에 대해 적용하는 전력 시장가격(원/kWh)으로서, 비제약발전계획을 수립한 결과 시간대별로 출력(output)이 할당된 발전기의 유효 발전가격(변동비) 가운데 가장 높은 값으로 결정된다.

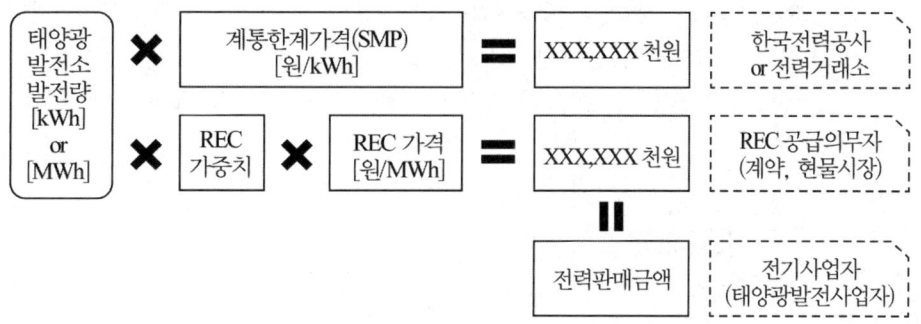

그림 2-6 전력판매금액 산출

7) 부지선정 시 고려사항

① 지리적인 조건 : 토지의 방향, 토지의 지질

② 지정학적 조건 : 연평균 일사량 및 일조시간

③ 행정상 조건 : 인허가 관련 규제

④ 건설상 조건 : 부지의 접근성 및 주변환경

⑤ 계통연계 조건 : 전력계통 인입선 위치와 계통병입 가능한 용량

⑥ 경제성 : 부지 매입비 및 공사비

(2) 기후자료 분석

1) 기상청 기상자료개방포털 이용하기

① 웹주소 : https://data.kma.go.kr/cmmn/main.do

② 제공정보

㉮ 지상, 해양, 고층, 항공관측, 위성, 레이더, 수치예보모델자료 등 총 30종류의 날씨데이터를 다운로드 받을 수 있음.

㉯ 기온, 강수량 등 찾고 싶은 지역의 날씨데이터를 지도에서 쉽게 찾을 수 있음.

㉰ 기온분석, 강수량분석, 극값순위, 기후평년값, 장마, 황사일수, 폭염일수, 열대야일수, 24절기 등 18종류의 기후통계분석정보를 이용할 수 있음.

㉱ 에너지 사업을 계획할 때, 건설 입지를 선정할 때 통계자료를 이용할 수 있음.

2) 기상관측 데이터

① 종관기상관측이란 종관규모의 날씨를 파악하기 위하여 정해진 시각에 모든 관측소에서 같은 시각에 실시하는 지상관측을 말한다.

② 종관규모는 일기도에 표현되어 있는 보통의 고기압이나 저기압의 공간적 크기 및 수명을 말하며, 주로 매일의 날씨 현상을 뜻한다.

③ 자료 형태 : 분, 시간, 일, 월, 연

④ 제공기간 : 1904년 ~ (지점별, 요소별 다름)

⑤ 제공지점 : 102개

⑥ 제공요소 : 기온, 강수, 바람, 기압, 습도, 일사, 일조, 눈, 구름, 시정, 지면상태, 지면 · 초상온도, 일기현상, 증발량, 현상번호

⑦ 서울특별시 2016년 ~ 2019년 일조시간, 일조율, 일사량 검색의 예

㉮ 검색 조건

㉯ 자료보기(검색결과)

지점	시간	합계 일조시간(hr)	일조율(%)	합계 일사량(MJ/m^2)
서울(108)	2016	2497.8	55.95	4531.22
서울(108)	2017	2606.3	59.22	4541.99
서울(108)	2018	2580.7	58.54	5063.25
서울(108)	2019	2542.2	57.24	5018.43

4) 태양광 자원지도 정보 이용하기

① 태양기상자원지도(Solar map)는 다양한 기상정보와 지형정보를 이용하여 지표면에 도달하는 태양에너지의 강도를 시공간에 대하여 통계 분석하여 표출한 자료로써 국립기상과학원에서 2009, 2010년 2년 연속으로 산정한 자료를 제공하며, 태양광에너지를 전천일사량, 직달일사량, 산란일사량으로 나누어 제공하고 있다.

② 태양광자원지도 정보검색

Home > 데이터 > 응용기상 > 기상자원지도 > 태양광자원지도

③ 데이터셋 자료보기

데이터셋			

■ 자료보기

년도	자료종류	자료용량(MB)	다운로드
2009	월누적평균일사량	84	다운로드
	연누적평균일사량	25.8	다운로드
2010	월누적평균일사량	84	다운로드
	연누적평균일사량	25.8	다운로드

④ 2010년 연 누적 평균일사량 데이터의 예

㉮ 위도 : 32도 ~ 44도

㉯ 일사량 단위 : $[MJ/m^2]$

위도	경도	누적 전천 일사량	누적 직달 일사량	누적 산란 일사량	누적 전천 일사량(지형)	누적 직달 일사량(지형)	누적 산란 일사량(지형)
37.373	125.014	4702.667	5225.392	1402.632	4702.667	5225.392	1402.632
37.373	125.034	4701.977	5224.304	1403.042	4701.977	5224.304	1403.042
37.374	125.053	4700.362	5227.468	1402.695	4700.362	5227.468	1402.695
37.374	125.073	4701.479	5228.559	1402.84	4701.479	5228.559	1402.84
37.375	125.092	4705.775	5236.317	1404.951	4705.775	5236.317	1404.951
37.375	125.112	4698.997	5227.486	1402.941	4698.997	5227.486	1402.941
37.376	125.131	4687.494	5212.359	1399.82	4687.494	5212.359	1399.82
37.376	125.15	4699.962	5230.884	1404.465	4699.962	5230.884	1404.465
37.377	125.17	4703.969	5236.664	1406.985	4703.969	5236.664	1406.985
37.377	125.189	4703.625	5239.836	1407.863	4703.625	5239.836	1407.863
37.377	125.209	4720.908	5261.254	1413.355	4720.908	5261.254	1413.355
37.378	125.228	4718.114	5258.699	1412.986	4718.114	5258.699	1412.986
37.378	125.247	4721.503	5268.629	1414.992	4721.503	5268.629	1414.992
37.379	125.267	4720.441	5267.314	1414.929	4720.441	5267.314	1414.929
37.379	125.286	4711.507	5263.775	1412.938	4711.507	5263.775	1412.938
37.38	125.305	4712.938	5266.212	1413.86	4712.938	5266.212	1413.86
37.38	125.325	4718.656	5276.732	1415.822	4718.656	5276.732	1415.822
37.38	125.344	4711.285	5268.653	1413.607	4711.285	5268.653	1413.607

2 태양광발전부지 검토

2.1 태양광발전부지 타당성 검토

(1) 지형적 여건

1) 태양광발전소 건설부지의 진입로의 있어야 한다.(진입로가 없는 맹지는 사업허가 불가)

2) 발전소 부지의 동쪽, 남쪽, 서쪽에 가조시간에 그림자가 없어야 한다.

3) 절토, 성토 등 도목 공사비가 적어야 한다.

4) 특고압 3상 배전선로 전주와 사업부지 사이의 거리가 짧아야 한다.

5) 발전사업허가가 가능해야 한다.(농업진행구역, 군사시설보호구역, 문화재보호구역 등 불가)

6) 토지 매입비용이 저렴해야 하며, 주민의 민원이 없어야 한다.

(2) 인접지 현황

1) 해당발전소 인허가 기관의 조례(지침)의 태양광발전시설의 입지기준에서 정한 이격거리의 조건을 충족하여야 한다.
　① 발전소 부지와 마을의 경계선까지의 거리
　② 발전소 부지와 주요 법정도로(국도, 지방도 등), 관광지, 문화 및 집회시설, 병원 등과의 거리
2) 축사 등 시설물과의 거리
3) 개발행위 허가 사례 등

2.2 태양광발전부지 조사

(1) 부지의 환경요소 검토요소

1) 지반 및 지질 검토
2) 경사도
3) 주변 토지의 이용 현황
4) 생태 자연도 및 녹지 자연도
5) 주변 환경과의 조화

(2) 부지의 지반 검토요소

1) 기초의 지지력(지내력) 평가
2) 구조물의 예상 침하량 평가
3) 구조물에 적합한 기초의 형식과 심도 결정
4) 지반 특성과 관련된 기초의 잠재적인 문제점 파악

(3) 부지의 진입로 검토

1) 인접 도로와의 연계성
2) 사도 개설을 위한 허가 조건 검토
3) 진입로 루트 및 규모 검토

(4) 부지의 측량

1) 부지의 고저차 파악
2) 설치 가능한 태양 전지 모듈의 수량 결정
3) 최소한의 토목 공사를 위한 기공 기면의 결정
4) 실제 부지와 지적도상의 오차 파악

2.3 발전부지 면적과 발전설비 용량 검토

(1) 발전부지 면적

1) 태양광발전소의 부지면적은 설치 부위(대지, 건축물 등), 모듈의 효율, 설치형태에 따라서 달라지므로 실제 유사한 발전소의 면적을 참고하는 것이 바람직하다.
2) 우리나라와 같이 남반구의 평지(대지)에 설치하는 경우 위도가 낮을수록 부지면적은 감소한다.
3) 이는 위도가 낮을수록 남중고도가 높아져 모듈간의 이격거리가 줄어들기 때문이다.
4) 건축물의 지붕에 설치하는 경우
   ① 경사지붕에 설치 시 : 지붕면과 동일한 각도로 붙여서 설치하는 경우 약 8$[m^2/kW]$의 면적이 필요
   ② 평지붕에 설치 시 : 평지에 설치하는 경우와 동일
5) 대지가 평지인 경우 태양광 100[kW] 발전부지 면적의 예
   ① 72셀 375[W], 모듈의 크기 2,000 × 1,000인 경우 : 약 15.5$[m^2/kW]$
   ② 72셀 400[W], 모듈의 크기 2,000 × 1,000인 경우 : 약 13.5$[m^2/kW]$

(2) 발전설비 용량 검토

1) 발전부지와 모듈의 크기가 결정되면 어레이간의 이격거리 및 어레이와 울타리간의 이격거리 등을 고려하여 발전설비 용량을 개략 산출할 수 있다.

2.4 공부서류 등 검토

(1) 지적공부의 종류

1) 토지대장 · 임야대장의 등록사항
   ① 토지대장과 임야대장에는 다음 각 호의 사항을 등록하여야 한다.
      ㉮ 토지의 소재, 지번, 지목, 면적
      ㉯ 소유자의 성명 또는 명칭, 주소 및 주민등록번호(국가, 지방자치단체, 법인, 법인 아닌 사단이나 재단 및 외국인의 경우에는 「부동산등기법」 제49조에 따라 부여된 등록번호를 말한다.)
      ㉰ 그 밖에 국토교통부령으로 정하는 사항
   ② 소유자가 둘 이상이면 공유지연명부에 다음 각 호의 사항을 등록하여야 한다.
      ㉮ 토지의 소재, 지번, 소유권 지분
      ㉯ 소유자의 성명 또는 명칭, 주소 및 주민등록번호
      ㉰ 그 밖에 국토교통부령으로 정하는 사항
   ③ 토지대장이나 임야대장에 등록하는 토지가 「부동산등기법」에 따라 대지권 등기가 되어 있는 경우에는 대지권등록부에 다음 각 호의 사항을 등록하여야 한다.

㉮ 토지의 소재, 지번, 대지권 비율

㉯ 소유자의 성명 또는 명칭, 주소 및 주민등록번호

㉰ 그 밖에 국토교통부령으로 정하는 사항

※ 지적공부의 일체성

㉮ 토지대장 등록지 : 토지대장, 지적도

㉯ 임야대장 등록지 : 임야대장, 임야도

㉰ 경계점좌표등록부 등록지 : 경계점좌표등록부, 토지대장, 지적도

4) 지적도 · 임야도

① 지적도 및 임야도에는 법에 의한 등록사항 이외에 다음 각 호의 사항을 등록하여야 한다.

㉮ 도면 연결관계를 나타내는 색인도

㉯ 제명 및 축적

㉰ 도곽선 및 도곽선수치

② 수치지적부를 비치하는 지역 내의 지적도에는 제명 끝에 "(수치)"라는 표시를 추가하고 도곽선 우측하단에 "본도에 의하여 측량을 할 수 없음"이라 기재한다.

③ 지적도 및 임야도에는 소관청의 직인을 날인하여야 한다.

④ 지적도 및 임야도의 축적은 다음 각 호에 의한다.

㉮ 지적도 : 1/500, 1/600, 1/1,000, 1/1,200, 1/2,400(주로 1/1,200)

㉯ 임야도 : 1/3,000, 1/6,000(주로 1/6,000)

5) 수치지적부

① 수치지적부에는 법에 의한 등록사항 이외에 다음 각 호의 사항을 등록하여야 한다.

㉮ 고유번호

㉯ 지적도 또는 임야도의 도호와 당해수치지적부의 매순

㉰ 부호도

② 수치지적부에는 소관청의 직인을 날인하여야 한다.

6) 공유지 연명부 등록사항

① 시행령에 의한 공유지 연명부에는 다음 각 호의 사항을 등재하여야 한다.

㉮ 고유번호

㉯ 토지의 소재 및 지번

㉰ 당해 공유지연명부의 매순

㉲ 소유지분

㉱ 소유자의 주민등록번호 및 성명

7) 일람도 및 지번색인표 등재사항

① 시행령에 의한 일람도 및 지번색인표에는 다음 사항을 등재하여야 한다.

㉮ 일람도 : 지번지역의 경계 및 명칭, 제명 및 축척, 도곽선 및 도곽선 수치, 도호, 하

천 · 도로 · 철도 · 유지 · 취락등 주요물의 표시

㉯ 지번색인표 : 도호, 지번 및 결번

8) 경계점좌표등록부

① 지적확정측량을 실시하는 지역, 축척변경측량을 실시하여 경계점을 좌표로 등록한 지역에 작성 · 비치함

② 소재, 지번, 좌표, 토지의 고유번호, 도면번호, 부호 및 부호도

③ 토지의 경계결정과 지표상의 복원은 좌표에 의함

④ 경계점좌표등록부를 비치하는 토지는 토지대장과 지적도를 함께 비치함(지적공부의 일체성)

※ 소재, 지번 : 전부 등록

㉮ 지목, 축척 : 토지(임야)대장, 도면에 등록

㉯ 소유자 : 대장에 등록

㉰ 고유번호 : 도면에는 등록 안함.

9) 지적파일

① 지역전산본부에 보관(시 · 도, 시 · 군 · 구)

10) 기타

① 일람도 : 지적도나 임야도의 배치나 그의 접속관계를 쉽게 알 수 있도록 지번부여지역단위로 작성한 도면. 지번은 등록 안 함(일람도별로 지번색인표를 별도로 작성함)

② 지적편집도

㉮ 도면을 편집한 것

㉯ 지적편집도를 간행 · 판매하고자 하는 자는 시 · 도지사에게 등록하여야 함

㉰ 시 · 도지사는 지적편집도 간행 · 판매업등록증을 교부 함

㉱ 시 · 도지사에게 등록하지 아니하고 지적편집도를 간행 · 판매하거나, 지적편집도 간행 · 판매업 등록증을 다른 사람에게 빌려준 자 및 그 상대방은 2년 이하의 징역 또는 1천만원 이하의 벌금

③ 지적공부의 반출

㉮ 가시적인 지적공부의 반출

– 천재 · 지변 등의 위난을 피하기 위하여 필요한 때

– 시 · 도지사의 승인을 얻은 때

㉯ 지적파일의 반출

– 천재 · 지변 등의 위난을 피하기 위하여 필요한 때

– 복제한 지적파일을 당해 지역전산본부 외의 안전한 장소에 보관하기 위한 경우

– 행정안전부장관의 사전승인을 얻은 때

④ 지적전산자료의 이용

㉮ 관계중앙행정기관의 장의 심사를 거쳐 행자부장관, 시·도지사, 소관청의 승인을 얻어야 함.(지자체의 장이 승인을 신청하는 경우에는 관계중앙행정기관의 장의 심사를 받지 아니하고 사용료를 면제 함)

㉯ 전국 단위 : 행정안전부장관 승인, 사용료는 수입인지

㉰ 시·도 단위 : 시·도지사 승인, 사용료는 수입증지

㉱ 시·군·구 단위 : 소관청 승인, 사용료는 수입증지

2.5 설치 가능여부 조사

(1) 태양광발전시스템 건설을 위한 흐름도

일반적으로 태양광발전시스템의 기획에서 운전까지의 흐름도는 다음과 같다.

① 현장여건분석 → ② 시스템설계 → ③ 구성요소제작 → ④ 기초공사 → ⑤ 구조물설치 →
⑥ 모듈설치 → ⑥ 간선공사 → ⑦ 인버터설치 → ⑧ 시운전 → ⑨ 운전개시

(2) 태양광발전사업 추진 시 주요 검토사항

① 사업부지 정보(방위 및 지형 조사) 및 관계법령 검토

② (소규모)환경영향평가 검토

③ 개발행위 가능 여부 검토(환경 포함), 접근 도로 확인(공사 진입로)

④ 계통연계 조사(지역 한전, 선로 인입거리)

⑤ 민원 예측(인근 마을)

⑥ 지장물 및 분묘, 음영(해가림) 여부 조사

⑦ 경사도 조사(토목 관련)

⑧ 가용 용량산정(어레이 배치)

⑨ 사업의 경제성 분석(소득세, 금융비용 포함)

(3) 사업부지 정보 및 관계법령 검토

1) 토지정보 조사 : 공시지가, 지목, 면적, 소유주, 방위, 지형

① 토지이용계획 열람, 지적공부 등을 통한 부지경계 확인

② 지목, 면적, 소유주, 공시지가, 경사도, 방위 등 해당 지번에 대한 기초정보 수집

2) 관계법령 검토 : 국토의 계획 및 이용에 관한 법률, 전기사업법, 신에너지법 등

① 해당 지역 및 지구에 대한 행위제한 검토(국토교통부 제공 토지이용 규제정보 서비스)

② 산지의 경우 산지정보조회(산림청 홈페이지)

3) 전용허가 검토 : 농지전용, 산지전용, 도로점용, 구거점용 등

3 태양광발전 계통연계 조사

3.1 전기공급규정

(1) 전기공급약관

1) 정의(제6조)

① 변전소(變電所) : 구외(構外)로부터 보내오는 전기를 구내에 시설한 변압기 등으로 전압을 높이거나 낮추어 다시 구외로 보내는 장소로서, 한전이 소유하는 것.

② 송전선로(送電線路) : 발전소 상호간, 변전소 상호간 또는 발전소와 변전소간의 전선로(통신전용선을 제외합니다)와 이에 속하는 개폐소 및 기타 전기설비로서 한전이 소유하는 것

③ 배전선로(配電線路) : 발전소, 변전소 또는 송전선로에서 다른 발전소나 변전소를 거치지 않고 수급지점에 이르는 전선로와 이에 속하는 개폐장치, 변압기 및 기타 전기설비로서 한전이 소유하는 것

④ 전선로 : 발전소, 변전소, 개폐소 등에서 전기사용장소간에 이르는 전선과 전선을 지지하는 것을 주된 목적으로 하는 설비

⑤ 지지물 : 전선 및 약전류전선을 지지하는 것을 주된 목적으로 하는 설비로서 목주, 철주, 콘크리트주, 강관주, 철탑 등의 전기설비

⑥ 인입선 : 공중 및 지중 전선로의 지지물로부터 다른 지지물을 거치지 않고 전기사용장소의 연결점이나 인입구(引入口)에 이르는 전선

⑦ 변압기설비(變壓器設備) : 고객소유 수전변압기와 이에 속하는 개폐기 등의 전기 설비로서 전기사용계약으로 정한 것

⑧ 계약전력(契約電力) : 변압기, 사용설비 또는 최대수요전력을 기준으로 고객과 한전이 협의하여 산정된 용량을 기준으로 계약한 최대전력

⑨ 최대수요전력(最大需要電力) : 최대수요전력을 계량할 수 있는 전력량계에 의히여 15분 단위로 누적 계산되는 전력

⑩ 일반공급설비(一般供給設備) : 일반 다수 고객에게 전기를 공급하기 위하여 설치하는 한전소유 공급설비

⑪ 전용공급설비(專用供給設備) : 특정 고객에게만 전기를 공급하기 위한 한전소유 공급설비

⑫ 특별공급설비(特別供給設備) : 전용공급설비, 고객의 희망에 따라 기술기준이나 한전 설계기준 등을 초과하여 시설하는 공급설비, 22,900V를 초과하는 특별고압으로 시설하는 공급설비로서 한전이 소유하는 것

⑬ 시설부담금(施設負擔金) : 고객이 새로 전기를 사용하거나 계약전력을 증가시키는 경우, 공급방식·공급전압 등을 변경하거나 기존의 한전의 공급설비를 보강·이용·철거하는

경우에 발생하는 배전선로 공사비 중 고객이 부담하는 금액

⑭ 표준시설부담금(標準施設負擔金) : 일반공급설비로 전기를 공급받는 고객에게 적용하는 시설부담금으로서 공사발생 유무나 공사내역에 관계없이 계약전력과 공사거리에 따라 일정한 단가를 적용하여 산정한 것

⑮ 설계시설부담금(設計施設負擔金) : 특별공급설비로 전기를 공급받는 고객 등에게 적용하는 시설부담금으로서 해당 고객에게 전기를 공급하기 위한 공사의 설계금액 기준으로 산정한 것

⑯ 설계조정시설부담금(設計調整施設負擔金) : 표준시설부담금 또는 설계시설부담금을 적용하는 것이 부적당한 경우에 적용하는 시설부담금으로서 해당 고객에게 전기를 공급하기 위한 공사의 설계금액에 해당 고객의 이용률을 고려하여 조정 산정한 것

⑰ 임시전력(臨時電力) : 흥행 · 임시집회 · 전람회 · 재해복구 · 건설공사 및 그 밖의 이와 유사한 용도에 일정기간만 사용하는 전력

⑱ 임시공급설비(臨時供給設備) : 임시전력을 공급하기 위한 한전소유 공급설비

⑲ 수급지점 : 고객이 한전으로부터 전기를 받는 지점으로서 한전의 전선로 또는 인입선과 고객의 전기설비와의 연결점

⑳ 역률(力率) : 피상전력(皮相電力)에 대한 유효전력(有效電力)의 비율을 말하며, 실제 전기기기에 걸리는 전압과 전류가 유효하게 일하는 비율

2) 전기사용장소(제18조)

① 전기사용장소란 원칙적으로 토지 · 건물 등을 소유자나 사용자별로 구분하여 전기를 공급하는 장소를 말하며, 1구내를 이루는 것은 1구내를, 1건물을 이루는 것은 1건물을 1전기사용장소로 한다.

② 2이상의 건물이 1구내를 형성하고 건물별로 소유자가 다를 경우에는 소유자별로 구분된 건물을 1전기사용장소로 할 수 있다.

③ 매매 · 상속 등 법률적 원인으로 전기사용장소의 변경사유가 발생하는 경우에도 고객이 희망할 경우에는 기존의 전기사용장소를 계속 유지할 수 있다.

④ 상가부분과 주거부분이 구분되는 상가부 공동주택은 상가부분과 주거부분을 각각 별도의 전기사용장소로 할 수 있다.

3) 전기사용계약단위(제18조의2)

한전은 1전기사용장소에 1전기사용계약을 체결한다. 다만, 1전기사용장소에 2이상의 계약종별이 있거나, 1전기사용장소가 세칙에서 정하는 바에 따라 2이상의 전기사용계약단위로 구분될 경우에는 2이상의 전기사용계약을 체결할 수 있다.

4) 공급방법(제22조)

한전은 1전기사용계약에 대하여 1공급방식, 1공급전압 및 1인입으로 전기를 공급합니다. 다만, 부득이한 경우에는 인입방법을 달리할 수 있다.

5) 전기공급방식(제23조)

① 고객이 새로 전기를 사용하거나 계약전력을 증가시킬 경우의 공급방식 및 공급전압은 1전기사용장소내의 계약전력 합계를 기준으로 다음 표에 따라 결정하되, 특별한 사정이 있는 경우에는 달리 적용할 수 있다. 다만, 고객이 희망할 경우에는 아래 기준 보다 상위전압으로 공급할 수 있다.

계약전력	공급방식 및 공급전압
1,000[kW]미만	교류 단상 220[V] 또는 교류 삼상 380[V] 중 한전이 적당하다고 결정한 한 가지 공급방식 및 공급전압
1,000[kW]이상 10,000[kW]이하	교류 삼상 22,900[V]
10,000[kW]이상 400,000[kW]이하	교류 삼상 154,000[V]
400,000[kW]초과	교류 삼상 345,000[V]이상

② 제1항에 따라 1,000[kW]미만까지 저압으로 공급 시에는 1전기사용계약단위의 계약전력이 500[kW] 미만이어야 하며, 공급기준은 세칙에서 정하는 바에 따른다.

③ 제1항에도 불구하고 다음 각 호의 어느 하나에 해당하는 경우에는 공급전압을 달리 적용할 수 있으며, 세부기준은 세칙에서 정하는 바에 따른다.

㉮ 신설 또는 증설 후의 계약전력이 40,000[kW]이하인 고객이 22,900[V]로 공급을 희망할 경우 한전변전소의 공급능력에 여유가 있고 전력계통의 보호협조, 선로구성 및 계량방법에 문제가 없으면 한전은 22,900V로 공급할 수 있다.

㉯ 신설 또는 증설 후의 계약전력이 400,000[kW]를 초과하는 고객이 154,000[V]로 공급을 희망할 경우 전력계통의 공급능력에 여유가 있고 전력계통의 보호협조, 선로구성 및 계량방법에 문제가 없으면 한전은 154,000[V]로 공급할 수 있다.

㉰ 제1항에 따라 고압 이상의 전압으로 공급받아야 하는 아파트고객이 저압공급을 희망하고 개폐기 · 변압기 등 한전의 공급설비 설치장소를 무상으로 제공할 경우에는 한전은 저압으로 공급할 수 있다.

㉱ 해당지역의 전기공급상황에 따라 변전소 건설이 필요한 지역에서 고객이 변전소 건설장소를 제공할 경우에는 제1항에도 불구하고 한전은 고객이 희망하는 특별고압 중 1전압으로 공급할 수 있다.

6) 한전공급설비 설치공간 확보, 제공(제24조)

① 건축법시행령 제87조(건축설비 설치의 원칙) 제6항에 따라 연면적이 500제곱미터 이상인 건축물의 대지에는 국토교통부령(건축물의 설비기준 등에 관한 규칙) 및 세칙에서 정하는 바에 따라 한전이 전기를 배전(配電)하는데 필요한 전기설비를 설치할 수 있는 공간을 확보, 제공하여야 한다.

② 고압 이상의 전기를 지중으로 공급받는 고객은 한전의 공급설비 설치장소를 제공하여야 한다.

③ 아파트 등 공동주택 고객은 기술적 또는 기타 사유로 부득이 한 경우 전기사용장소 내에 한전의 공급설비 설치장소를 제공하여야 한다.

④ 제1항부터 제3항까지의 경우 한전의 공급설비 설치장소는 고객과 협의하여 결정한다.

7) 전력량계 등의 설치 및 소유(제37조)

① 제18조의 2(전기사용계약단위)에 따라 한전과 전기사용계약을 체결한 고객의 요금계산에 필요한 전력량계와 동 부속장치(타임스위치, 시험용단자대, 계기용 변류기 등)는 한전이 시설·소유한다. 다만, 고압 이상의 전압으로 전기를 공급받는 고객의 부속장치(계기용변성기, 계기용변류기 등)와 합성계량장치는 고객이 시설·소유한다.

② 전력량계와 동 부속장치의 시설에 필요한 배선설비[전력량계함(부속장치 포함)·변성기함·변성기 배선·배선용 금속관·접지시설·가대(架臺)·부설판 등] 및 고객 구내의 통신설비는 고객이 시설·소유한다. 다만, 옥외에 시설하는 저압 단독 전력량계함은 한전이 시설·소유한다.

③ 한전은 고객으로부터 전력량계 및 동 부속장치의 설치장소를 제공받는다. 이 때 전력량계의 설치위치는 계량이 적정하게 되고 검침 및 검사를 안전하고 쉽게 받을 수 있는 장소로하며, 고객과 한전이 협의하여 결정한다. 특히 저압으로 전기를 공급받는 고객의 전력량계와 동 부속장치는 옥외에 설치함을 원칙으로 한다.

④ 전기계기 및 동 부속장치의 재검정, 시험 및 수리는 소유자가 시행한다.

⑤ 고객은 전력량계의 이상 여부 등에 대한 성능시험을 한전 또는 외부 전문기관에 요청할 수 있으며, 검사결과 계량기의 오차가 「계량에 관한 법률」에서 정한 사용공차 범위 이내일 경우에는 세칙에서 정하는 바에 따라 전력량계 성능검사 수수료를 고객이 부담한다.

8) 전기사용에 따른 보호장치 등의 시설(제39조)

① 고객이 다음 중 하나의 원인으로 다른 고객의 전기사용을 방해하거나 방해할 우려가 있을 경우 또는 한전의 전기설비에 지장을 미치거나 미칠 우려가 있을 경우에는 고객의 부담으로 한전이 인정하는 조정장치나 보호장치를 전기사용장소에 시설해야 하며, 특히 필요할 경우에는 공급설비를 변경하거나 전용공급설비를 설치한 후 전기를 사용하여야 한다.

㉮ 각 상간(各相間)의 부하가 현저하게 평형을 잃을 경우

㉯ 전압이나 주파수가 현저하게 변동할 경우

㉰ 파형(波形)에 현저한 왜곡(歪曲)이 발생할 경우

㉱ 현저한 고조파(高調波)를 발생할 경우

㉲ 기타 위에 준하는 경우

② 부득이한 사유로 전기공급이 중지되거나 결상될 경우 경제적 손실이 발생될 우려가 있는 고객은 비상용 자가발전기, 무정전전원공급장치(UPS), 결상보호장치, 정전경보장치 등 적절한 자체보호장치를 시설하여 피해가 발생하지 않도록 주의하여야 한다.

(2) 전기공급약관 세칙

1) 한전공급설비 설치공간 확보. 제공

① 약관 제24조(한전공급설비 설치공간 확보, 제공) 제1항의 국토교통부령(건축물의 설비기
준 등에 관한 규칙)이 정하는 기준은 다음과 같다.

수전전압	전력수전 용량	확보면적
특고압 또는 고압	100[kW] 이상	가로 2.8[m], 세로 2.8[m]
저압	75[kW] 이상 150[kW] 미만	가로 2.5[m], 세로 2.8[m]
	150[kW] 이상 200[kW] 미만	가로 2.8[m], 세로 2.8[m]
	200[kW] 이상 300[kW] 미만	가로 2.8[m], 세로 4.6[m]
	300[kW] 이상	가로 2.8[m]이상, 세로 4.6[m]이상

② 한전 공급설비 설치공간은 한전의 공급설비(개폐기, 변압기, 배전함, 배관, 맨홀 등)를 땅
속에 설치하는데 지장이 없고 한전 전기설비의 설치, 보수, 점검 및 조작 등 유지관리를
위한 한전 직원의 출입이 쉬운 위치에 제공해야 한다.

2) 전력량계 등의 설치기준(제24조)

① 약관 제37조(전력량계 등의 설치 및 소유) 제1항 단서에 따른 전력량계 등의 설치 및 소유
기준은 다음과 같다.

㉮ 고객 변압기설비 공동이용고객 중 저압으로 계량하는 고객의 요금계산에 필요한 전력
량계와 동 부속장치(계기용변류기 등)는 한전이 시설ㆍ소유한다. 다만, 계약전력 500
[kW]이상 고객은 고객이 시설ㆍ소유한다.

㉯ 합성계량장치는 동일 구내에서 동일 회계주체가 동일한 계약종별로 2이상 전기사용
계약을 체결하고 있는 경우로서 물리적으로 합성계량을 위한 배선이 가능한 경우에
설치 할 수 있으며, 합성계량장치를 설치한 이후에는 원칙적으로 1전기사용계약을 체
결한다.

㉰ 22.9[kV]이상 고압고객이 중성점을 접지하는 경우 3상 4선식 전력량계를 사용하여야
하며, 고객은 각 상별 개별 변류기(3CT)를 반드시 설치하여야 한다.

㉱ 고압이상의 전압으로 전기를 공급받는 고객이 구내 정전고장을 대비하여 계기용변성
기를 이중화하는 경우 합성계량장치를 설치하는 조건으로 1전기사용계약에 대하여 2
전력량계를 설치할 수 있다.

이 경우 전력량계 등의 설치 및 소유는 약관 제37조(전력량계 등의 설치 및 소유)에 따른
다.

② 약관 제38조(전력량계 등의 설치기준) 제4항의 "세칙에서 정한 고객" 이란 저압고객 중
계약전력 20[kW]이상 고객을 말한다.

③ 고객소유의 전력량계를 임시철거하는 경우에는 철거기간 중에 한전 보유의 참고용 전력
량계를 부설할 수 있다.

3) 전력량계 등의 정밀등급의 시험(제25조)

① 전력량계와 동 부속장치는 원칙적으로 다음 표에서 정한 정밀등급 이내의 것을 사용한다.

계약전력별	계량방식별	전력량계 등급	조합변성기 등급
계약전력 500[kW] 미만 고객	전력량계	2.0급(보통 전력량계)	0.5급
	최대수요전력계부 전력량계	1.0급(정밀 전력량계)	0.5급
계약전력 500[kW]이상 10,000[kW]미만 고객		0.5급(특별 정밀전력량계)	0.5급
10,000[kW]이상 고객		0.5급(특별 정밀전력량계)	0.5급

3.2 전력계통 검토

(1) 계통검토 시 적용조건

전력계통 안정성 유지 대책수립을 위한 계통검토 시에 적용하는 기준은 다음과 같다.

1) 고장 종류

① 345 kV 이하 계통 : 3상 단락고장, 필요 시 1선 지락고장

② 765 kV 계통 : 3상 단락고장, 필요시 1선 지락고장, 단순개방

2) 고장제거 시간 : 정상적인 고장제거 시간(5~6 사이클) 이내

① 345 kV 이하 계통 : 6 사이클

② 765 kV 계통 : 5 사이클

3) 전기사업자는 전력거래소가 요구하는 설비 정격, 과부하 특성 등 전력계통해석에 필요한 자
료를 제출하여야 하며, 전력거래소는 제출받은 자료의 상호 비교분석을 통하여 전력계통해
석의 정확성을 유지하도록 노력하여야 한다.

(2) 신재생 발전기에 관한 계통운영 및 관리

1) 전력거래소와 송·배전사업자는 풍력, 태양광 등 신재생발전기에 대한 출력 감시, 예측, 평
가 및 제어를 통해 전력계통을 안정적으로 운영하여야 한다.

2) 전력거래소와 송·배전사업자는 안정적인 계통운영을 위하여 제1항과 관련된 자료를 상호
공유하여야 한다.

3) 신재생에너지 발전사업자는 신재생발전기의 출력감시, 예측, 평가 및 제어에 필요한 발전설
비 특성자료, 출력정보, 예측정보, 발전단지 기상정보 등을 전력거래소와 송·배전사업자에
게 제공하여야 한다.

4) 전력거래소와 송·배전사업자는 신재생 발전기의 출력제어, 접속 관련 정보 등을 신재생발
전사업자에게 제공하여야 한다.

5) 제1항부터 제4항까지의 세부운영에 관한 사항은 전력시장운영규칙과 송·배전용 전기설비 이용규정에서 정한다.

3.3 분산형전원 배전계통연계 기술기준

(1) 계통 연계

1) 연계(interconnection) : 분산형전원을 한전계통과 병렬운전하기 위하여 계통에 전기적으로 연결하는 것.

2) 분산형전원을 계통에 연계하고자 할 경우, 공공 인축과 설비의 안전, 전력 공급 신뢰도 및 전기품질을 확보하기 위한 기술적인 제반요건이 충족되어야 한다.

3) 계통연계 유지

① 역송병렬 형태로 연계하는 분산형전원은 한전이 계통운영상 필요에 따라 요구하는 한전계통 고장 등으로 인한 전압 및 주파수 이상 시 계통연계를 유지(Fault Ride-Through) 할 수 있어야 한다.

② 상기 ①항에 따라 계통운전 유지에 협조해야하는 분산형전원은 한전계통의 비정상 전압 및 주파수에 대한 분리시간에 대한 기술요건보다 계통연계 유지 기술요건을 우선적으로 만족해야 한다.

③ 분산형전원 설치자는 계통운영자의 요구에 따라 비정상 전압 및 주파수에 대한 운전지속시간을 현장에서 조정할 수 있어야 한다.

④ 상기 ①항에 따라 전압 및 주파수에 대해 계통연계를 유지하는 분산형전원은 한전계통 고장 등에 의한 전압 및 주파수 변동 시 해당 운전지속시간 동안 의무적으로 운전을 유지해야 한다. 단, 제 13조(한전계통 이상시 분산형전원 분리 및 재병입)에서 정한 분리시간 이내에는 계통에서 분리해야 한다.

표 2-1 연계 기술검토를 위한 기술적 요건

구 분	법령 및 기준	주요내용		
전기방식	• 연계계통의 전기방식	• 저압연계 : 단상220[V] 또는 3상380[V] • 특고압연계 : 교류 3상 22.9[kV]		
동기화		〈 계통 연계를 위한 동기화 변수 제한범위 〉		
		분산형전원 정격용량 합계[kW]	주파수 차 ($\triangle f$, Hz)	전압 차 ($\triangle V$, %)	위상각 차 ($\triangle \phi$, °)
		0 ~ 500	0.3	10	20
		500 초과 ~ 1,500	0.2	5	15
		1,500 초과 ~ 20,000 미만	0.1	3	10
감시설비	• 분산형전원의 용량 90[kW]이상	• 유·무효전력 출력 • 운전역률 및 운전전압 등의 전력품질		
전기품질	• 전기품질 등의 유지	• 직류유입 제한 : 0.5[%]를 초과하지 말 것 • 역률 : 90[%]이상 • 플리커 :전기사용자에게 시각적 자극 없을 것 • 고조파 : 배전계통 고조파 관리기준에 따름		

구 분	법령 및 기준	주요내용
전압변동	• 순시전압변동 • 상시전압변동	〈 특고압 순시전압변동률 허용기준 〉 	변동빈도	순시전압변동률
---	---
1시간에 2회 초과 10회 이하	3[%]
1일 4회 초과 1시간에 2회 이하	4[%]
1일에 4회 이하	5[%]	 • 저압 순시전압변동률 : 돌입전류 필요 발전원 6[%] • 특고압 상시전압변동률 : 연계점에서의 상·하한 여유도 이내일 것 • 저압 상시전압변동률 : 3[%]이내일 것
한전계통 이상 시 분리 및 재병입		〈 비정상 전압에 대한 분산형전원 분리시간 및 운전지속시간〉 	전압 범위 (기준전압에 대한 백분율[%])	분리시간[초]	운전지속시간[초]
$V < 50$	0.5	0.15
$50 \leq V < 70$	2.00	0.16
$70 \leq V < 90$	2.00	1.5
$110 < V < 120$	1.00	0.2
$V \geq 120$	0.16	– | 〈 비정상 주파수에 대한 분산형전원 분리시간 및 운전지속시간〉 | 분산형전원 용량	주파수 범위[Hz]	분리시간[초]	운전지속시간[초]
---	---	---	---
용량무관	$f > 61.5$	0.16	–
	$f < 57.5$	300	299
	$f < 57.0$	0.16	–	 – (60 ± 1.5)[Hz] : 연속 운전 – $(58.5 \sim 57.5)$[Hz] 범위에서 최소한 20초 이상 운전상태 유지 • 전압 및 주파수가 정상 범위로 복원된 후 5분간 재병입 금지, 지연기능을 갖출 것.

(2) 단독운전 검토

1) 정의

① 단독운전(Islanding) : 한전계통의 일부가 한전계통의 전원과 전기적으로 분리된 상태에서 분산형전원에 의해서만 가압되는 상태.

② 자립운전(stand alone) : 분산형전원이 한전계통으로부터 분리된 상태에서 해당 구내계통 내의 부하에만 전력을 공급하고 있는 상태.

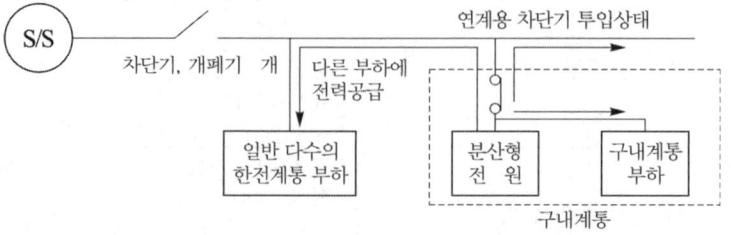

(a) 단독운전(islanding) 상태

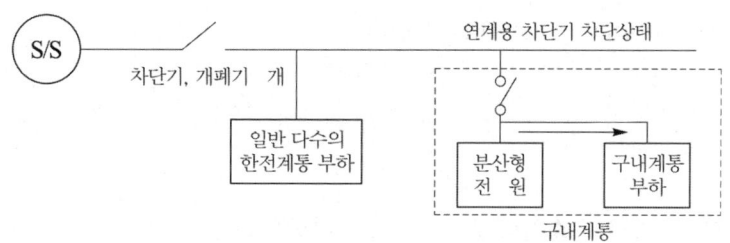

(b) 자립운전(stand-alone) 상태

그림 2-6 단독운전과 자립운전의 개념

2) 단독운전의 문제점

① 부하, 기기에 대한 안전성 : 비정상적인 전압과 주파수로 인한 문제 발생가능.

② 계통의 보호협조 문제 : 단독운전 후 계통과 동기가 맞지 않는 전원상태에서 재투입 시 위상의 불일치로 과전류가 발생되거나 재 트립(Re-Trip)으로 인한 부하기기 손상 유발 가능.

③ 감전 위험 : 차단기가 개방된 상태에서 부하측 분산형전원이 연계된 상황을 인식하지 못한 작업자의 감전사고 발생위험.

3) 단독운전 검출의 기본원리

다음 그림에서 어떤 사유(사고) 계통 측의 리클로저가 개방이 되면, 태양광발전소 부근에 연계된 부하의 유효전력 및 무효전력 특성에 따라 연계점의 전압과 주파수가 변동된다. 이때 전압과 주파수의 변동범위가 일정수준을 벗어나면, 인버터에 내장된 단독운전 검출기능(수동적 검출 방식)에 의해 과·저전압계전기, 과·저주파수계전기가 동작하여 인버터를 정지시킨다.

> ※ 전압과 주파수의 일정수준(IEEE std. 929-2000)
> (a) 전압의 정상범위 : 표준전압의 88[%]~110[%]
> (b) 주파수의 정상범위 : 표준주파수가 60[Hz]일 때 59.3[Hz]~60.5[Hz]

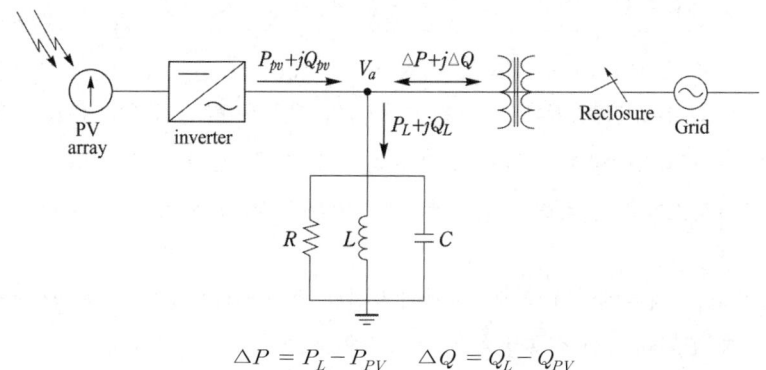

$$\triangle P = P_L - P_{PV} \qquad \triangle Q = Q_L - Q_{PV}$$

그림 2-8 계통연계형 인버터의 전력 흐름도

① 전력품질 계수(Q_f : Quality factor)

$$Q_f = \frac{\sqrt{Q_L \times Q_C}}{P_{LOAD}} \quad \text{or} \quad Q_f = R\sqrt{\frac{C}{L}}$$

여기서, 부하의 유효전력(P_L) $= \dfrac{V^2}{R}$, 지상무효전력($|Q_L|$) $= \dfrac{V_S^2}{\omega_s \cdot L}$

진상무효전력($|Q_C|$) $= \omega_s \cdot C \cdot V_S^2$

ω_s : $2\pi f$ (전기 각속도), V_S : 계통전압

② 단독운전 시 무효전력이 평형이 된 상태($Q_{PV} = Q_L$)에서 전압과 주파수 변동

  ㉮ 부하의 유효전력(P_L) > PV 발전출력(P_{PV}) : 전압과 주파수 저하(UVR, UFR 동작)

  ㉯ 부하의 유효전력(P_L) < PV 발전출력(P_{PV}) : 전압과 주파수 상승(OVR, OFR 동작)

③ 단독운전 시 유효전력이 평형이 된 상태($P_{PV} = P_L$)에서 주파수 변동

  ㉮ 부하의 역률이 PV발전 출력의 역률보다 앞서는 경우(진상) : 주파수 저하(UFR 동작)

  • 지상무효전력($|Q_L|$) < 진상무효전력($|Q_C|$)

  • 단독운전 시 주파수(f') : 주파수 저하

Q_f 값	단독운전 시 주파수(f') 계산 식
$Q_f < 1$	$f' = $ 공칭주파수(f) $\times (Q_f)$ [Hz]
$Q_f > 1$	$f' = \dfrac{\text{공칭주파수}(f)}{Q_f}$ [Hz]

  ㉯ 부하의 역률이 PV발전 출력의 역률보다 뒤지는 경우(지상) : 주파수 상승(OFR 동작)

  • 지상무효전력($|Q_L|$) > 진상무효전력($|Q_C|$)

  • 단독운전 시 주파수(f') : 주파수 상승

Q_f 값	단독운전 시 주파수(f') 계산 식
$Q_f < 1$	$f' = \dfrac{\text{공칭주파수}(f)}{Q_f}$ [Hz]
$Q_f > 1$	$f' = $ 공칭주파수(f) $\times (Q_f)$ [Hz]

④ 단독운전 시 불검출 영역(NDZ : None Detection Zone)

  ㉮ 부하의 유효전력(P_L), 무효전력(Q_L)이 태양광 발전전력의 유효전력(P_{PV}), 무효전력(Q_{PV})과 비슷하여 전압과 주파수의 일정 수준(IEEE std. 929-2000)인 경우, 태양광 발전시스템의 인버터는 단독운전을 검출할 수 없다. 이것을 불검출 영역(NDZ)이라고 한다.

  ㉯ 이러한 경우에 대비하여 태양광발전용 인버터(PCS)는 수동적 단독운전 검출방식과 능동적 단독운전 검출방식을 병용하여 대비한다.

　　㉰ 전력품질 계수(Q_f) 값이 클수록 불검출 영역(NDZ)은 넓어진다.

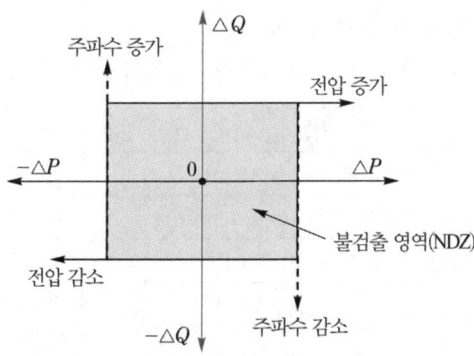

그림 2-9 단독운전 불검출 영역(NDZ)

예제 2

단독운전 방지기능이 없는 10[kW] 태양광발전시스템이 380[V], 60[Hz]의 계통전원에 연결되어 운전될 경우, 태양광발전시스템의 출력이 10[kW], 부하가 유효전력 10[kW], 지상무효전력이 +9.5[kVar], 진상무효전력이 −10[kVar]일 때 단독운전이 일어날 경우 예상되는 주파수를 구하시오.

풀이

① "지상무효전력 < 진상무효전력" 이므로 주파수는 떨어진다.

$$Q_f = \frac{\sqrt{Q_L \times Q_C}}{P_L} = \frac{\sqrt{9.5 \times 10}}{10} ≒ 0.97468$$

　※ 지상무효전력은 "+", 진상무효전력 "−"로 표기하지만, 계산 시에는 절대값으로 계산한다.

② "Q_f < 1" 이므로 단독운전 시 주파수(f')

　　$f' =$공칭주파수(f) $\times Q_f = 60 \times 0.97468 = 58.480 ≒ 58.48[\text{Hz}]$

예제 3

95[kW] 태양광발전시스템이 380[V], 60[Hz]의 계통전원에 연결되어 운전될 경우, 태양광발전시스템의 출력이 95[kW], 부하가 유효전력 95[kW], 지상무효전력(지상부하)이 105[kVar], 진상무효전력(진상부하)이 95[kVar]일 때 단독운전이 일어날 경우 예상되는 주파수를 구하시오.

풀이

① "지상무효전력 > 진상무효전력" 이므로 주파수는 상승한다.

$$Q_f = \frac{\sqrt{Q_L \times Q_C}}{P_L} = \frac{\sqrt{95 \times 105}}{95} ≒ 1.0513$$

② "Q_f < 1" 이므로 단독운전 시 주파수(f')

　　$f' =$공칭주파수(f) $\times Q_f = 60 \times 1.0513 = 63.07 ≒ 63[\text{Hz}]$

(3) 분산형전원 계통지원기능

1) 분산형전원은 안정적인 계통운영 및 전력수급을 위하여 전압변동 억제 및 주파수 제어 등의 기능을 수행할 수 있도록 협조하여야 한다.

2) 계통지원 기능을 수행하는 분산형전원은 다음의 기능을 보유하여야 한다.

구분	기능	정의
무효전력 제어기능	전압-무효전력 제어 기능 (Volt/Var)	전압변동에 따라 무효전력을 제어
	무효전력 지령치 기능 (Q set point)	무효전력 값을 일정한 크기로 운전
	고정 역률 제어 기능 (Fixed PF)	역률을 일정하게 제어
	유효전력-무효전력 제어기능 (Watt/Var)	유효전력 변동에 따라 능동적으로 무효전력을 제어
유효전력 제어기능	전압-유효전력 제어 기능 (Volt/Watt)	전압변동에 따라 유효전력을 제어
	주파수-유효전력 제어 기능 (Frequency/Watt)	주파수 변동에 따라 유효전력을 제어
	유효전력 제한 기능 (P limit)	유효전력 값을 일정한 크기 이내로 유지하여 운전
	출력 램프율 기능 (N-RAMP)	정상운전 상황에서 출력변화율을 제어
	소프트 스타트 램프율 기능 (SS-RAMP)	초기 기동 시 출력 변화율을 제어
계통운전 유지기능	전압 라이드 스루 기능 (L/HVRT)	정상/비정상 전압 상황에서 전력계통 연계 유지/분리를 결정
	주파수 라이드 스루 기능 (L/HFRT)	정상/비정상 주파수 상황에서 전력계통 연계 유지/분리를 결정
비상시 기능	출력 중단 기능 (Power Stop)	계통운영자 요구에 따라 계통연계상태를 유지하되 유효전력 발생을 중단
	계통과 전기적 분리 및 재연계 기능 (Disconnection and Reconnection)	계통운영자 요구에 따라 계통과 전기적으로 분리하거나 재연계
	단독운전방지 기능 (Anti-Islanding)	분산형전원에 의해서만 계통이 가압되는 상태를 방지

3장 태양광발전사업부지 인허가 검토

1 인허가 관련 법령 검토

1.1 전기사업법령

1.1.1 전기사업법

(1) 목적(제1조)

전기사업에 관한 기본제도를 확립하고 전기사업의 경쟁을 촉진함으로써 전기사업의 건전한 발전을 도모하고 전기사용자의 이익을 보호하여 국민경제의 발전에 이바지함을 목적으로 한다.

(2) 정의(제3조)

1) **전기사업** : 발전사업 · 송전사업 · 배전사업 · 전기판매사업 및 구역전기사업

2) **전기사업자** : 발전사업자 · 송전사업자 · 배전사업자 · 전기판매사업자 및 구역전기사업자

3) **발전사업** : 전기를 생산하여 이를 전력시장을 통하여 전기판매사업자에게 공급하는 것을 주된 목적으로 하는 사업

4) **발전사업자** : 제7조제1항에 따라 발전사업의 허가를 받은 자

5) **송전사업** : 발전소에서 생산된 전기를 배전사업자에게 송전하는 데 필요한 전기설비를 설치 · 관리하는 것을 주된 목적으로 하는 사업

6) **송전사업자** : 제7조제1항에 따라 송전사업의 허가를 받은 자

7) **배전사업** : 발전소로부터 송전된 전기를 전기사용자에게 배전하는 데 필요한 전기설비를 설치 · 운용하는 것을 주된 목적으로 하는 사업

8) **배전사업자** : 제7조세1항에 따라 배전사업의 허가를 받은 자

9) **전기판매사업** : 전기사용자에게 전기를 공급하는 것을 주된 목적으로 하는 사업(전기자동차충전사업과 재생에너지전기공급사업은 제외)

10) **전기판매사업자** : 제7조제1항에 따라 전기판매사업의 허가를 받은 자

11) **구역전기사업** : 대통령령으로 정하는 규모 이하의 발전설비를 갖추고 특정한 공급구역의 수요에 맞추어 전기를 생산하여 전력시장을 통하지 아니하고 그 공급구역의 전기사용자에게 공급하는 것을 주된 목적으로 하는 사업

12) **구역전기사업자** : 제7조제1항에 따라 구역전기사업의 허가를 받은 자

12)의2. **전기신사업** : 전기자동차충전사업, 소규모전력중개사업, 재생에너지전기공급사업, 통합발전소사업, 재생에너지전기저장판매사업 및 송전제약발생지역전기공급사업

12)의3. 전기신사업자 : 전기자동차충전사업자, 소규모전력중개사업자, 재생에너지전기공급사업자, 통합발전사업자 및 재생에너지전기저장판매사업자

12)의4. 전기자동차충전사업 :「환경친화적 자동차의 개발 및 보급 촉진에 관한 법률」제2조제3호에 따른 전기자동차(이하 "전기자동차")에 전기를 유상으로 공급하는 것을 주된 목적으로 하는 사업

12)의5. 전기자동차충전사업자 : 제7조의2제1항에 따라 전기자동차충전사업의 등록을 한 자

12)의6. 소규모전력중개사업 : 다음 각 목의 설비(이하 "소규모전력자원"이라 한다)에서 생산 또는 저장된 전력을 모아서 전력시장을 통하여 거래하는 것을 주된 목적으로 하는 사업

　　가. 대통령령으로 정하는 종류 및 규모의「신에너지 및 재생에너지 개발·이용·보급 촉진법」제2조제3호에 따른 신에너지 및 재생에너지 설비

　　나. 대통령령으로 정하는 규모의 전기저장장치

　　다. 대통령령으로 정하는 유형의 전기자동차

12)의7. 소규모전력중개사업자 : 제7조의2제1항에 따라 소규모전력중개사업의 등록을 한 자

12)의8. 재생에너지전기공급사업 :「신에너지 및 재생에너지 개발·이용·보급 촉진법」제2조제2호에 따른 재생에너지를 이용하여 생산한 전기를 전기사용자에게 공급하는 것을 주된 목적으로 하는 사업

12)의9. 재생에너지전기공급사업자 : 제7조의2제1항에 따라 재생에너지전기공급사업의 등록을 한 자

12)의10. 통합발전소사업 : 정보통신 및 자동제어 기술을 이용해 대통령령으로 정하는 에너지자원을 연결·제어하여 하나의 발전소처럼 운영하는 시스템을 활용하는 사업

12)의11. 통합발전소사업자 : 제7조의2제1항에 따라 통합발전소사업의 등록을 한 자

12)의12. 재생에너지전기저장판매사업 : 재생에너지를 이용하여 생산한 전기를 전기저장장치에 저장하여 전기사용자에게 판매하는 것을 주된 목적으로 하는 사업으로서 기후에너지환경부령으로 정하는 것

12)의13. 재생에너지전기저장판매사업자 : 제7조의2제1항에 따라 재생에너지전기저장판매사업의 등록을 한 자

12)의14. 송전제약발생지역전기공급사업 : 발전용량과 송전용량의 불일치(이하 "송전제약"이라 한다)로 인하여 전력시장을 통하여 전기판매사업자에게 공급하지 못하게 된 전기를 발전설비의 인접한 지역에 위치한 전기사용자의 신규 시설에 공급하는 것을 주된 목적으로 하는 사업

12)의15. 송전제약발생지역전기공급사업자 : 제7조의2제1항에 따라 송전제약발생지역전기공급사업의 등록을 한 자

13) **전력시장** : 전력거래를 위하여 제35조에 따라 설립된 한국전력거래소가 개설하는 시장

13)의2. 소규모전력중개시장 : 소규모전력중개사업자가 소규모전력자원을 모집·관리할 수 있도록 한국전력거래소가 개설하는 시장

14) **전력계통** : 전기의 원활한 흐름과 품질유지를 위하여 전기의 흐름을 통제·관리하는 체제

15) **보편적 공급** : 전기사용자가 언제 어디서나 적정한 요금으로 전기를 사용할 수 있도록 전기를 공급하는 것

16) **전기설비** : 발전·송전·변전·배전·전기공급 또는 전기사용을 위하여 설치하는 기계·기구·댐·수로·저수지·전선로·보안통신선로 및 그 밖의 설비(「댐건설 및 주변지역지원 등에 관한 법률」에 따라 건설되는 댐·저수지와 선박·차량 또는 항공기에 설치되는 것과 그 밖에 대통령령으로 정하는 것은 제외)로서 다음 각 목의 것을 말한다.

　　가. 전기사업용전기설비

　　나. 일반용전기설비

　　다. 자가용전기설비

16)의2. **전선로** : 발전소·변전소·개폐소 및 이에 준하는 장소와 전기를 사용하는 장소 상호 간의 전선 및 이를 지지하거나 수용하는 시설물

17) **전기사업용전기설비** : 전기설비 중 전기사업자가 전기사업에 사용하는 전기설비

18) **일반용전기설비** : 기후에너지환경부령으로 정하는 소규모의 전기설비로서 한정된 구역에서 전기를 사용하기 위하여 설치하는 전기설비

19) **자가용전기설비** : 전기사업용전기설비 및 일반용전기설비 외의 전기설비

20) **안전관리** : 국민의 생명과 재산을 보호하기 위하여 이 법 및 「전기안전관리법」에서 정하는 바에 따라 전기설비의 공사·유지 및 운용에 필요한 조치를 하는 것

21) **분산형전원** : 전력수요 지역 인근에 설치하여 송전선로[발전소 상호 간, 변전소 상호 간 및 발전소와 변전소 간을 연결하는 전선로(통신용으로 전용하는 것은 제외)]의 건설을 최소화할 수 있는 일정 규모 이하의 발전설비로서 기후에너지환경부령으로 정하는 것

(3) 정부 등의 책무(제3조)

① 기후에너지환경부장관은 이 법의 목적을 달성하기 위하여 전력수급의 안정과 전력산업의 경쟁촉진 등에 관한 기본적이고 종합적인 시책을 마련하여야 한다.

② 기후에너지환경부장관은 제1항에 따른 시책 및 전력수급기본계획을 수립할 때 전기설비의 경제성, 환경 및 국민안전에 미치는 영향 등을 종합적으로 고려하여야 한다.

③ 한국전력거래소는 전력시장 및 전력계통의 운영과 관련하여 경제성, 환경 및 국민안전에 미치는 영향 등을 종합적으로 검토하여야 한다.

④ 특별시장·광역시장·특별자치시장·도지사·특별자치도지사(이하 "시·도지사"라 한다) 및 시장·군수·구청장(구청장은 자치구의 구청장을 말한다.)은 그 관할 구역의 전기사용자가 전기를 안정적으로 공급받기 위하여 필요한 시책을 마련하여야 하며, 제1항에 따른 기후에너지환경부장관의 전력수급 안정을 위한 시책의 원활한 시행에 협력하여야 한다.

(4) 전기의 보편적 공급(제6조)

① 전기사업자등은 전기의 보편적 공급에 이바지할 의무가 있다.

② 기후에너지환경부장관은 다음 사항을 고려하여 전기의 보편적 공급의 구체적 내용을 정한다.

    1. 전기기술의 발전 정도
    2. 전기의 보급 정도
    3. 공공의 이익과 안전
    4. 사회복지의 증진

(5) 전기사업의 허가(제7조)

① 전기사업을 하려는 자는 대통령령으로 정하는 바에 따라 전기사업의 종류별 또는 규모별로 기후에너지환경부장관 또는 시·도지사(허가권자)의 허가를 받아야 한다. 허가받은 사항 중 기후에너지환경부령으로 정하는 중요 사항을 변경하려는 경우에도 또한 같다.

② 기후에너지환경부은 전기사업을 허가 또는 변경허가를 하려는 경우에는 미리 전기위원회의 심의를 거쳐야 한다.

③ 동일인에게는 두 종류 이상의 전기사업을 허가할 수 없다. 다만, 대통령령으로 정하는 경우에는 그러하지 아니하다.

④ 허가권자는 필요한 경우 사업구역 및 특정한 공급구역별로 구분하여 전기사업의 허가를 할 수 있다. 다만, 발전사업의 경우에는 발전소별로 허가할 수 있다.

⑤ 전기사업의 허가기준은 다음 각 호와 같다.
    1. 전기사업을 적정하게 수행하는 데 필요한 재무능력 및 기술능력이 있을 것
    2. 전기사업이 계획대로 수행될 수 있을 것
    3. 배전사업 및 구역전기사업의 경우 둘 이상의 배전사업자의 사업구역 또는 구역전기사업자의 특정한 공급구역 중 그 전부 또는 일부가 중복되지 아니할 것
    4. 구역전기사업의 경우 특정한 공급구역의 전력수요의 50퍼센트 이상으로서 대통령령으로 정하는 공급능력을 갖추고, 그 사업으로 인하여 인근 지역의 전기사용자에 대한 다른 전기사업자의 전기공급에 차질이 없을 것
    4의2. 발전소나 발전연료가 특정 지역에 편중되어 전력계통의 운영에 지장을 주지 아니할 것
    5. 「신에너지 및 재생에너지 개발·이용·보급 촉진법」 제2조에 따른 태양에너지 중 태양광, 풍력, 연료전지를 이용하는 발전사업의 경우 대통령령으로 정하는 바에 따라 발전사업 내용에 대한 사전고지를 통하여 주민 의견수렴 절차를 거칠 것
    6. 그 밖에 공익상 필요한 것으로서 대통령령으로 정하는 기준에 적합할 것

⑥ 제1항에 따른 허가의 세부기준·절차와 그 밖에 필요한 사항은 기후에너지환경부령으로 정한다.

(6) 전기설비의 설치 및 사업의 개시 의무(제9조)

① 전기사업자는 허가권자가 지정한 준비기간에 사업에 필요한 전기설비를 설치하고 사업을 시작하여야 한다.

② 제1항에 따른 준비기간은 10년의 범위에서 기후에너지환경부장관이 정하여 고시하는 기간을 넘을 수 없다. 다만, 허가권자가 정당한 사유가 있다고 인정하는 경우에는 준비기간을 연

장할 수 있다.

③ 허가권자는 전기사업을 허가할 때 필요하다고 인정하면 전기사업별 또는 전기설비별로 구분하여 준비기간을 지정할 수 있다.

④ 전기사업자는 사업을 시작한 경우에는 지체 없이 그 사실을 허가권자에게 신고하여야 한다. 다만, 발전사업자의 경우에는 최초로 전력거래를 한 날부터 30일 이내에 신고하여야 한다.

(7) 사업의 양수 및 법인의 분할·합병 등(제10조)

① 다음 각 호의 어느 하나에 해당하는 자는 기후에너지환경부령으로 정하는 바에 따라 허가권자의 인가를 받아야 한다.

1. 전기사업의 전부 또는 일부를 양수하려는 자
2. 전기사업자인 법인을 분할하거나 합병하려는 자
3. 전기사업자(발전설비의 규모가 2만킬로와트 미만인 발전사업자는 제외한다)의 경영권을 실질적으로 지배하려는 목적으로 주식을 취득하려는 자로서 대통령령으로 정하는 기준에 해당하는 자

② 허가권자는 제1항에 따른 인가를 하려는 경우 제7조의 절차에 따라 다음 각 호의 사항을 심사하여야 한다. 다만, 허가권자가 시·도지사인 경우에는 전기위원회의 심의를 거치지 아니한다.

1. 제7조에 따른 허가기준에 적합할 것
2. 양수 또는 분할·합병 등으로 인하여 전력수급에 지장을 주거나 전력의 품질이 낮아지는 등 공공의 이익을 현저하게 해칠 우려가 없을 것
3. 제9조제1항에 따른 준비기간에 사업을 개시하였을 것(태양광 발전사업에 한정하되, 사업 영위가 곤란한 경우 등 대통령령으로 정하는 정당한 사유가 있는 경우는 그러하지 아니하다)

③ 허가권자는 제1항에 따라 인가를 하는 경우에는 기후에너지환경부령으로 정하는 바에 따라 이를 공고하여야 한다.

(8) 사업허가의 취소(제12조)

① 허가권자는 전기사업자가 다음 각 호의 어느 하나에 해당하는 경우에는 전기위원회의 심의(허가권자가 시·도지사인 전기사업의 경우는 제외)를 거쳐 그 허가를 취소하거나 6개월 이내의 기간을 정하여 사업정지를 명할 수 있다. 다만, 제1호부터 제4호까지 또는 제4호의2의 어느 하나에 해당하는 경우에는 그 허가를 취소하여야 한다.

1. 제8조제1항 각 호의 어느 하나에 해당하게 된 경우
2. 제9조에 따른 준비기간에 전기설비의 설치 및 사업을 시작하지 아니한 경우
4. 거짓이나 그 밖의 부정한 방법으로 제7조제1항에 따른 허가 또는 변경허가를 받은 경우
4의2. 기후에너지환경부장관이 정하여 고시하는 시점까지 정당한 사유 없이 제61조제1항에 따른 공사계획 인가를 받지 못하여 공사에 착수하지 못하는 경우
5. 제10조제1항에 따른 인가를 받지 아니하고 전기사업의 전부 또는 일부를 양수하거나 법인의 분할이나 합병을 한 경우

6. 제14조를 위반하여 정당한 사유 없이 전기의 공급을 거부한 경우

7. 제15조제1항 또는 제16조제1항을 위반하여 기후에너지환경부장관의 인가 또는 변경인가를 받지 아니하고 전기설비를 이용하게 하거나 전기를 공급한 경우

8. 제18조제3항에 따른 기후에너지환경부장관의 명령을 위반한 경우

9. 제23조제1항에 따른 허가권자의 명령을 위반한 경우

10. 제29조제1항에 따른 기후에너지환경부장관의 명령을 위반한 경우

10의2. 제31조의2제2항에 따른 기후에너지환경부장관의 명령을 위반한 경우

11. 제34조제2항에 따라 차액계약을 통하여서만 전력을 거래하여야 하는 전기사업자가 같은 조 제3항에 따라 인가받은 차액계약을 통하지 아니하고 전력을 거래한 경우

12. 제61조제1항부터 제4항까지의 규정에 따라 인가를 받지 아니하거나 신고를 하지 아니한 경우

13. 제93조제1항을 위반하여 회계를 처리한 경우

14. 사업정지기간에 전기사업을 한 경우

④ 허가권자는 배전사업자가 사업구역의 일부에서 허가받은 전기사업을 하지 아니하여 제6조를 위반한 사실이 인정되는 경우에는 그 사업구역의 일부를 감소시킬 수 있다.

⑤ 허가권자는 다음 각 호의 어느 하나에 해당하는 경우로서 그 사업정지가 전기사용자 등에게 심한 불편을 주거나 공익을 해칠 우려가 있는 경우에는 대통령령으로 정하는 바에 따라 사업정지명령을 갈음하여 5천만원 이하의 과징금을 부과할 수 있다.

1. 전기사업자가 제1항제5호부터 제10호까지, 제11호부터 제14호까지의 어느 하나에 해당하는 경우

2. 전기신사업자가 제2항제4호부터 제6호까지의 어느 하나에 해당하는 경우

⑦ 허가권자는 제5항에 따른 과징금을 내야 할 자가 납부기한까지 이를 내지 아니하면 국세 체납처분의 예 또는 「지방행정제재 · 부과금의 징수 등에 관한 법률」에 따라 징수할 수 있다.

(9) 재생에너지전기공급사업자의 전기공급(제16조의5)

① 재생에너지전기공급사업자 및 재생에너지전기저장판매사업자는 재생에너지를 이용하여 생산한 전기를 전력시장을 거치지 아니하고 전기사용자에게 공급할 수 있다.

② 송전제약발생지역전기공급사업자는 다음 각 호의 요건을 갖춘 경우에 생산한 전기를 전력시장을 거치지 아니하고 전기사용자에게 공급할 수 있다. 이 경우 송전제약발생지역전기공급사업자의 전기 공급에 관한 세부사항은 기후에너지환경부장관이 정하여 고시한다.

1. 송전제약으로 발전설비의 최적 활용이 곤란한 지역에 위치한 발전설비를 이용하여 생산한 전기를 공급할 것

2. 전기사용자의 수전설비가 발전설비 인접지역에 위치하고 신규 시설일 것

③ 전기자동차충전사업자는 대통령령으로 정하는 범위에서 재생에너지를 이용하여 생산한 전기를 전력시장을 거치지 아니하고 전기자동차에 공급할 수 있다.

④ 제1항 및 제2항에 따라 재생에너지전기공급사업자, 재생에너지전기저장판매사업자 및 송전

제약발생지역전기공급사업자가 전기사용자에게 전기를 공급하는 경우 요금과 그 밖의 공급조건 등을 개별적으로 협의하여 계약할 수 있다.

⑤ 제1항부터 제3항까지에 따라 공급되는 전기는 「신에너지 및 재생에너지 개발·이용·보급 촉진법」 제12조의7제1항에 따른 신」재생에너지 공급인증서의 발급대상이 되지 아니한다.

⑥ 그 밖에 제1항부터 제3항까지에 따른 전기공급에 필요한 사항은 기후에너지환경부령으로 정한다.

(10) 전력량계의 설치관리(제19조)

전기사업법에 시간대별로 전력거래량을 측정할 수 있는 **전력량계를 설치·관리하여야 하는 자**

① 발전사업자(대통령령으로 정하는 발전사업자는 제외한다)

② 자가용전기설비를 설치한 자

③ 구역전기사업자

④ 배전사업자

⑤ 전력을 직접 구매하는 전기사용자

(11) 금지행위에 대한 과징금의 부과·징수(제24조)

허가권자는 전기사업자등이 금지행위를 한 경우에는 전기위원회의 심의(전기신사업자와 허가권자가 시·도지사인 전기사업자의 경우는 제외)를 거쳐 대통령령으로 정하는 바에 따라 그 전기사업자등의 매출액의 100분의 5의 범위에서 과징금을 부과·징수할 수 있다. 다만, 매출액이 없거나 매출액의 산정이 곤란한 경우로서 대통령령으로 정하는 경우에는 10억원 이하의 과징금을 부과·징수할 수 있다.

(12) 전력수급기본계획의 수립(제25조)

① 기후에너지환경부장관은 전력수급의 안정을 위하여 전력수급기본계획을 수립하여야 한다.

② 기후에너지환경부장관은 기본계획을 수립하거나 변경하고자 하는 때에는 관계 중앙행정기관의 장과 협의하고 공청회를 거쳐 의견을 수렴한 후 제47조의2에 따른 전력정책심의회의 심의를 거쳐 이를 확정한다. 다만, 기후에너지환경부장관이 책임질 수 없는 사유로 공청회가 정상적으로 진행되지 못하는 등 대통령령으로 정하는 사유가 있는 경우에는 공청회를 개최하지 아니할 수 있으며 이 경우 대통령령으로 정하는 바에 따라 공청회에 준하는 방법으로 의견을 들어야 한다.

③ 전력수급기본계획의 수립과 관련하여 **기본계획에 포함되어야 할 사항**

㉮ 전력수급의 기본방향에 관한 사항

㉯ 전력수급의 장기전망에 관한 사항

㉰ 발전설비계획 및 주요 송전·변전설비계획에 관한 사항

㉱ 전력수요의 관리에 관한 사항

㉲ 직전 기본계획의 평가에 관한 사항

㉳ 분산형전원의 확대에 관한 사항

④ 기후에너지환경부장관은 기본계획이 「기후위기 대응을 위한 탄소중립·녹색성장 기본법」 제 8조에 따른 중장기 국가 온실가스 감축 목표에 부합하도록 노력하여야 한다.

⑤ 기후에너지환경부장관은 기본계획의 수립을 위하여 필요한 경우에는 전기사업자, 한국전력 거래소, 그 밖에 대통령령으로 정하는 관계 기관 및 단체에 관련 자료의 제출을 요구할 수 있다.

(12) 전력거래(제31조)

1) 전기판매사업자가 전력시장운영규칙으로 정하는 바에 따라 우선적으로 구매할 수 있는 자

① 대통령령으로 정하는 규모(설비용량이 2만[kW]) 이하의 발전사업자

② 자가용전기설비를 설치한 자

③ 신에너지 및 재생에너지를 이용하여 전기를 생산하는 발전사업자

④ 발전사업의 허가를 받은 것으로 보는 집단에너지사업자

⑤ 수력발전소를 운영하는 발전사업자

(13) 전력의 직접 구매(제32조)

전기사용자는 전력시장에서 전력을 직접 구매할 수 없다. 다만, 대통령령으로 정하는 규모(**3만 [kVA]**) 이상의 전기사용자는 그러하지 아니하다.

(14) 업무(제36조)

1) 한국전력거래소의 업무

① 전력시장의 개설·운영에 관한 업무

② 전력거래에 관한 업무

③ 회원의 자격 심사에 관한 업무

④ 전력거래대금 및 전력거래에 따른 비용의 청구·정산 및 지불에 관한 업무

⑤ 전력거래량의 계량에 관한 업무

⑥ 전력시장운영규칙 등 관련 규칙의 제정·개정에 관한 업무

⑦ 전력계통의 운영에 관한 업무

⑧ 전기품질의 측정·기록·보존에 관한 업무

(15) 전기사업용전기설비의 공사계획의 인가 또는 신고(제61조)

전기사업자는 전기사업용전기설비의 설치공사 또는 변경공사로서 기후에너지환경부령으로 정하는 공사를 하려는 경우에는 그 공사계획에 대하여 기후에너지환경부**장관의 인가**를 받아야 한다.

(16) 사용전검사(제63조)

전기설비의 설치공사 또는 변경공사를 한 자는 기후에너지환경부령으로 정하는 바에 따라 허가 권자가 실시하는 검사에 합격한 후에 이를 사용하여야 한다.

(17) 벌칙(제100조)

① 다음 각 호의 어느 하나에 해당하는 자는 10년 이하의 징역 또는 1억원 이하의 벌금에 처한다.

1. 전기사업용전기설비를 손괴하거나 절취(竊取)하여 발전·송전·변전 또는 배전을 방해한 자

2. 전기사업용전기설비에 장애를 발생하게 하여 발전·송전·변전 또는 배전을 방해한 자

② 다음 각 호의 어느 하나에 해당하는 자는 5년 이하의 징역 또는 5천만원 이하의 벌금에 처한다.

1. 정당한 사유 없이 전기사업용전기설비를 조작하여 발전·송전·변전 또는 배전을 방해한 자

2. 전기사업에 종사하는 자로서 정당한 사유 없이 전기사업용전기설비의 유지 또는 운용업무를 수행하지 아니함으로써 발전·송전·변전 또는 배전에 장애가 발생하게 한 자

③ 다음 각 호의 어느 하나에 해당하는 자는 3년 이하의 징역 또는 3천만원 이하의 벌금에 처하거나 이를 병과(倂科)할 수 있다.

1. 제7조제1항을 위반하여 허가 또는 변경허가를 받지 아니하고 전기사업을 한 자

2. 제21조제1항에 따른 금지행위를 한 자

3. 제23조에 따른 명령을 이행하지 아니한 자

4. 제28조를 위반하여 승인 또는 변경승인을 받지 아니하고 원자력발전연료를 제조·공급한 자

5. 제31조제1항·제2항 또는 제32조를 위반하여 전력시장 외에서 전력거래를 한 자

6. 제70조를 위반하여 물밑선로를 손상하거나 손상하게 할 우려가 있는 행위를 한 자

④ 다음 각 호의 어느 하나에 해당하는 자는 2년 이하의 징역 또는 2천만원 이하의 벌금에 처하거나 이를 병과할 수 있다.

1. 제14조를 위반하여 정당한 사유 없이 전기공급을 거부한 자

2. 제20조제1항을 위반하여 전기설비를 차별하여 이용하게 한 자

3. 제20조제2항에 따른 대여를 받지 아니하고 전기사업용전기설비에 전기통신선로설비를 설치한 자

5. 제42조제1항(같은 조 제2항에 따라 준용하는 경우를 포함한다)을 위반하여 직무와 관련하여 알게 된 비밀을 누설 또는 도용하거나 다른 사람으로 하여금 이용하게 한 자

⑤ 제65조의2에 따른 자체 검사를 하지 아니한 자는 2천만원 이하의 벌금에 처한다.

⑥ 다음 각 호의 어느 하나에 해당하는 자는 1년 이하의 징역 또는 1천만원 이하의 벌금에 처한다.

1. 제7조의2제1항에 따른 등록 또는 변경등록을 하지 아니하고 전기신사업을 한 자

1의2. 제15조제1항에 따른 인가 또는 변경인가를 받지 아니하고 전기설비를 이용하게 한 자

2. 제16조제1항에 따른 인가 또는 변경인가를 받지 아니하고 전기를 공급한 자

2의2. 제20조의2에 따른 전기설비의 정보를 공개하지 아니하거나 거짓으로 정보를 공개한 자

3. 제41조제1항에 따른 정보를 공개하지 아니한 자 또는 같은 항에 따른 전력계통의 운영에 관한 정보를 정당한 사유 없이 변경 또는 말소하거나 조작한 자

3의2. 제61조제1항을 위반하여 전기설비의 설치공사 또는 변경공사를 한 자

1.1.2 전기사업법 시행령

(1) 구역전기사업자의 발전설비용량(제1조의2)

구역전기사업자는 **3만5천**[kW]까지 전기를 생산하여 전력시장을 통하지 않고, 그 공급구역의 전기사용자에게 전기를 공급할 수 있다.

(2) 소규모전력자원(제1조의3)

신에너지 및 재생에너지의 발전설비로서 발전설비용량 2만킬로와트 이하, 충전·방전설비용량 2만킬로와트 이하

(3) 통합발전소사업의 에너지자원(제1조의4)

대통령령으로 정하는 에너지 자원은 다음 각 호의 어느 하나에 해당하는 발전설비 등에서 생산 또는 저장된 전력 및 수요관리 사업에 이용되는 수요반응자원을 말한다.
① 신·재생에너지 발전에 이용되는 발전설비
② 구역전기사업에 이용되는 발전설비
③ 중소형 원자력 발전사업에 이용되는 발전설비
④ 집단에너지사업에 이용되는 발전설비
⑤ 전기저장장치

(4) 두 종류 이상의 전기사업의 허가(제3조)

① 배전사업과 전기판매사업을 겸업하는 경우
② 도서지역에서 전기사업을 하는 경우
③ 발전사업의 허가를 받은 것으로 보는 집단에너지사업자가 전기판매사업을 겸업하는 경우.

(5) 전기사업의 허가기준(제4조)

① 법 제7조제5항제4호에서 "대통령령으로 정하는 공급능력"이란 해당 특정한 공급구역의 전력수요의 60퍼센트 이상의 공급능력을 말한다.
② 법 제7조제5항제5호에 따라 발전사업의 허가를 받으려는 자가 거쳐야 하는 주민 의견수렴 절차는 제4조의2에 따른 절차로 한다.
③ 법 제7조제5항제6호에서 "대통령령으로 정하는 기준"이란 발전사업에 있어서 다음 각 호의 기준을 말한다.
1. 발전소가 특정 지역에 편중되어 전력계통의 운영에 지장을 주지 아니할 것
2. 발전연료가 어느 하나에 편중되어 전력수급(電力需給)에 지장을 주지 아니할 것
3. 법 제25조에 따른 전력수급기본계획에 부합할 것

    4. 「기후위기 대응을 위한 탄소중립·녹색성장 기본법」 제8조제1항에 따른 온실가스 감축
       목표의 달성에 지장을 주지 아니할 것
④ 제3항 각 호의 기준의 세부기준은 기후에너지환경부장관이 정하여 고시한다.

(6) 발전사업에 대한 의견수렴 절차(제4조의2)

① 발전사업을 하려는 자는 법에 따라 발전사업의 내용에 관해 주민의 의견을 들으려는 경우 발전소가 입지하는 해당 지역을 주된 보급지역으로 하는 일간신문에 다음 각 호의 사항을 공고하고, 발전사업의 내용을 주민이 열람할 수 있도록 해야 한다.
    1. 발전사업의 명칭, 위치 및 면적
    2. 발전사업의 주요 내용(발전설비용량, 사업개시 예정일, 사업 운영기간 등 포함)
    3. 발전사업 허가 신청자
    4. 의견제출 기간 및 방법
② 제1항에 따른 공고는 다음 각 호의 구분에 따른 날까지 해야 한다.
    1. 환경영향평가 대상사업의 경우 : 허가를 신청하는 날부터 14일 전
    2. 제1호에 해당하지 않는 사업으로서 다음 각 목의 어느 하나에 해당하는 사업의 경우 : 허가를 신청하는 날부터 7일 전
       가. 소규모 환경영향평가 대상사업
       나. 해역이용영향평가 대상사업
       다. 연료전지 발전사업(발전설비용량이 3천킬로와트를 초과하는 발전사업으로 한정한다)
③ 제1항에 따라 공고된 발전사업의 내용에 대하여 의견이 있는 자는 의견제출 기간 및 방법에 따라 의견을 제출할 수 있다.

(7) 전력수급기본계획의 수립(제15조)

전력수급기본계획은 2년 단위로 수립·시행한다.

(8) 기본계획의 경미한 사항의 변경(제15조의2)

대통령령으로 정하는 경미한 사항을 변경하는 경우란 다음 각 호의 어느 하나에 해당하는 경우를 말한다.
1. 전기설비 설치공사의 착공 또는 준공 등의 기간을 2년의 범위에서 조정하는 경우
2. 전기설비별 용량의 20퍼센트의 범위에서 그 용량을 변경하는 경우
3. 연도별 전기설비 총용량의 5퍼센트의 범위에서 그 총용량을 변경하는 경우

(9) 전기설비의 시설계획 및 전기공급계획의 신고(제17조)

전기사업자는 법에 따라 매년 12월 말까지 계획기간을 3년 이상으로 한 전기설비의 시설계획 및 전기공급계획을 작성하여 기후에너지환경부장관에게 신고하여야 한다.

(10) 기금의 사용(제34조)

① 안전관리를 위한 사업

② 자연환경 및 생활환경의 적정한 관리 · 보존을 위한 사업

③ 전기의 보편적 공급을 위한 사업

④ 전력산업기반조성사업 및 전력산업기반조성사업에 대한 기획 · 관리 및 평가

⑤ 전력산업 및 전력산업 관련 융복합 분야 전문인력의 양성 및 관리

⑥ 전력산업 분야의 시험 · 평가 및 검사시설의 구축

⑦ 전력산업의 해외진출 지원사업

⑧ 전력산업 분야 개발기술의 사업화 지원사업

(11) 권한의 위임 · 위탁(제62조)

기후에너지환경부장관은 다음 각 호의 권한을 특별시장 · 광역시장 · 도지사 또는 특별자치도 지사에게 위임한다.

① **발전시설 용량이 3천킬로와트 이하인 발전사업**에 대한 다음 각 목의 권한

㉮ **전기사업의 허가**

㉯ 준비기간의 지정 · 연장 및 **사업개시 신고의 접수**

㉰ 전기사업의 양수, 전기사업자인 법인의 분할 · 합병의 인가 및 공고 등

㉱ 사업허가의 취소 및 사업의 정지, 사업구역의 감소, 과징금의 부과 · 징수 등

㉲ 청문

② 설비용량이 1만킬로와트 미만인 발전설비, 전압이 20만볼트 미만인 송전 · 변전설비 또는 전압이 1만볼트 이상인 공동구 및 전력구의 배전선로에 대한 다음 각 목의 권한

㉮ 공사계획의 신고 및 변경신고의 접수

㉯ 기술기준에의 적합명령

③ 설비용량이 1만킬로와트 미만인 전기설비에 대한 공사 신고의 접수

1.1.3 전기사업법 시행규칙

(1) 정의(제2조)

① 변전소 : 변전소의 밖으로부터 **전압 5만볼트** 이상의 전기를 전송받아 이를 변성(전압을 올리 거나 내리는 것 또는 전기의 성질을 변경시키는 것)하여 변전소 밖의 장소로 전송할 목적으 로 설치하는 변압기와 그 밖의 전기설비 전체

② 개폐소 : 다음 각 목의 곳의 전압 5만볼트 이상의 송전선로를 연결하거나 차단하기 위한 전 기설비

㉮ 발전소 상호간

㉯ 변전소 상호간

㉰ 발전소와 변전소 간

③ 송전선로 : 다음 각 목의 곳을 연결하는 전선로와 이에 속하는 전기설비

㉮ 발전소 상호간

㉯ 변전소 상호간

㉣ 발전소와 변전소 간
④ 배전선로 : 다음 각 목의 곳을 연결하는 전선로와 이에 속하는 전기설비
　㉮ 발전소와 전기수용설비
　㉯ 변전소와 전기수용설비
　㉰ 송전선로와 전기수용설비
　㉱ 전기수용설비 상호간
⑤ 전기수용설비 : 수전설비와 구내배전설비
⑥ 수전설비 : 타인의 전기설비 또는 구내발전설비로부터 전기를 공급받아 구내배전설비로 전기를 공급하기 위한 전기설비로서 수전지점으로부터 배전반(구내배전설비로 전기를 배전하는 전기설비)까지의 설비
⑦ 구내배전설비 : 수전설비의 배전반에서부터 전기사용기기에 이르는 전선로 · 개폐기 · 차단기 · 분전함 · 콘센트 · 제어반 · 스위치 및 그 밖의 부속설비
⑧ 전압의 분류 및 범위

구 분	전압 범위
저 압	직류 1500[V] 이하, 교류 1000[V] 이하
고 압	직류 1500[V] 초과, 교류 1000[V] 초과~7천[V] 이하
특고압	7천[V] 초과

(2) 분산형전원의 범위(제3조2)

법 제2조제21호에서 "기후에너지환경부령으로 정하는 것"이란 다음 각 호의 어느 하나에 해당하는 발전설비를 말한다.
1. 발전설비용량 4만킬로와트 이하의 발전설비(제2호 각 목의 자가 설치한 발전설비는 제외한다)
2. 다음 각 목의 자가 설치한 발전설비용량 50만킬로와트 이하의 발전설비
　가. 「집단에너지사업법」 제48조에 따라 발전사업의 허가를 받은 것으로 보는 집단에너지사업자
　나. 구역전기사업자
　다. 자가용전기설비를 설치한 자

(3) 사업허가의 신청(제4조)

① 법 제7조제1항에 따라 전기사업의 허가를 신청하려는 자는 별지 제1호서식의 전기사업허가 신청서(전자문서로 된 신청서를 포함한다. 이하 같다)에 다음 각 호의 서류(전자문서를 포함한다. 이하 같다)를 첨부하여 기후에너지환경부장관에게 제출하여야 한다. 다만, 발전설비용량이 3천 킬로와트 이하인 발전사업의 허가를 받으려는 자는 특별시장 · 광역시장 · 특별자치시장 · 도지사 또는 특별자치도지사(이하 "시 · 도지사"라 한다)에게 제출하여야 한다.

1. 별표 1의 작성방법에 따라 작성한 사업계획서. 이 경우 별표 1의2에 따른 서류를 첨부하여야 한다.
  ㉮ 별표 1의 작성방법

---

1. 사업계획에 포함되어야 할 사항
  가. 사업 구분
  나. 사업계획 개요(사업자명, 전기설비의 명칭 및 위치, 발전형식 및 연료, 설비용량, 소요부지 면적, 준비기간, 사업개시 예정일 및 운영기간을 포함한다)
  다. 전기설비 개요
  라. 전기설비 건설 계획(구체적인 주요공정 추진 일정 및 건설인력 관련 계획을 포함한다)
  마. 전기설비 운영 계획(기술인력의 확보 계획을 포함한다)
  바. 부지의 확보 및 배치 계획[석탄을 이용한 화력발전의 경우 회(灰)처리장에 관한 사항을 포함한다]
  사. 전력계통의 연계 계획(발전사업 및 구역전기사업의 경우만 해당한다)
  아. 연료 및 용수 확보 계획(발전사업 및 구역전기사업의 경우만 해당한다)
  자. 온실가스 감축계획(화력발전의 경우만 해당한다)
  차. 소요금액 및 재원조달계획(「전기사업회계규칙」의 계정과목 분류에 따른 공사비 개괄 계산서를 포함한다)
  카. 사업개시 예정일부터 5년간 연도별·용도별 공급계획(전기판매사업 및 구역전기사업의 경우에만 해당한다)
2. 제1호다목의 전기설비 개요에 포함되어야 할 사항
  가. 발전설비
    1) 태양광설비
      가) 태양전지의 종류, 정격용량, 정격전압 및 정격출력
      나) 인버터(Inverter)의 종류, 입력전압, 출력전압 및 정격출력
      다) 집광판(集光板)의 면적
    2) 전기저장장치
      가) 이차전지의 종류, 입력전압, 출력전압 및 정격출력
      나) 전력변환장치의 종류 및 제어방식
    3) 그 밖의 신에너지 및 재생에너지설비의 경우에는 원동력의 종류 및 정격출력, 공급 전압, 주파수, 설비별 제원 등
  나. 송전·변전설비
    1) 변전소의 명칭 및 위치, 변압기의 종류·용량·전압·대수
    2) 송전선로의 명칭·구간 및 송전 용량
    3) 개폐소의 위치(동·리까지 적을 것)
    4) 송전선의 종류·길이·회선 수 및 굵기의 1회선당 조수(條數)

㉯ 별표 1의2에 따른 서류

구 분	구비서류
1. 재무능력 관련	가. 신청자에 대한 신용평가(「신용정보의 이용 및 보호에 관한 법률」 제2조제4호에 따른 신용정보업자가 거래신뢰도를 평가한 것을 말한다)의 의견서. 다만, 신청자가 재무능력을 평가할 수 없는 신설법인인 경우에는 신청자의 최대주주를 신청자로 본다. 나. 재원조달계획 관련 증명서류
2. 기술능력 관련	가. 전기설비 건설 및 운영 계획 관련 증명서류
3. 계획에 따른 수행 가능 여부 관련	가. 발전설비 건설 예정지역 관할 지방자치단체(「지방자치법」 제2조제1항제2호에 따른 지방자치단체를 말한다)의 발전설비와 접속설비 건설에 대한 의견서(발전설비용량이 1만킬로와트 초과인 신청자만 해당한다. 다만, 「신에너지 및 재생에너지 개발·이용·보급 촉진법」 제2조제1호나목에 따른 연료전지 또는 같은 조 제2호가목·나목에 따른 태양에너지·풍력 발전설비의 경우에는 발전설비용량이 10만킬로와트 초과인 신청자만 해당한다) 나. 발전기의 전력계통 접속에 따른 영향에 관한 한국전력공사의 의견서(발전설비용량이 1만킬로와트 초과인 신청자만 해당한다) 다. 송전관계 일람도(一覽圖) 라. 부지의 확보 및 배치 계획 관련 증명서류 마. 연료 및 용수 확보 계획 관련 증명서류(발전사업 또는 구역전기사업의 허가를 신청하는 경우만 해당한다) 바. 신청자의 과거 발전설비 준공, 포기 또는 지연 이력 및 운영 실적 사. 사업 개시 예정일부터 5년 동안의 연도별 예상사업손익산출서(별지 제2호 서식에 따른다)
4. 그 밖의 사항 관련	가. 사업구역의 경계를 명시한 5만분의 1 지형도(배전사업의 허가를 신청하는 경우만 해당한다) 나. 특정한 공급구역의 위치 및 경계를 명시한 5만분의 1 지형도(구역전기사업의 허가를 신청하는 경우만 해당한다) 다. 발전원가명세서(발전사업 또는 구역전기사업의 허가를 신청하는 경우만 해당한다) 라. 발전용 수력의 사용에 대한 「하천법」 제33조제1항의 허가 또는 발전용 원자로 및 관계시설의 건설에 대한 「원자력안전법」 제20조제1항의 허가 사실을 증명할 수 있는 허가서의 사본(전기사업용 수력발전소 또는 원자력발전소를 설치하는 경우만 해당하며, 허가 신청 중인 경우에는 그 신청서의 사본을 말한다)

2. 정관, 대차대조표 및 손익계산서(신청자가 법인인 경우만 해당하며, 설립 중인 법인의 경우에는 정관만 제출한다)

3. 신청자(발전설비용량 3천킬로와트 이하인 신청자는 제외한다. 이하 이 호에서 같다)의 주주명부. 이 경우 신청자가 재무능력을 평가할 수 없는 신설법인인 경우에는 신청자의 최대주주를 신청자로 본다.

4. 「전기사업법 시행령」(이하 "영"이라 한다) 제4조의2에 따른 의견수렴 결과(「신에너지 및 재생에너지 개발·이용·보급 촉진법」 제2조에 따른 태양에너지 중 태양광, 풍력, 연료전지를 이용하는 발전사업인 경우만 해당한다)

　5. 법 제7조의3제1항에 따라 의제받으려는 인·허가등에 관하여 해당 법률에서 정하는 관련
　　서류

② 제1항에 따른 신청을 받은 기후에너지환경부장관은 관할 지방자치단체의 장에게 제1항제4
　호에 따른 의견수렴 결과에 대한 의견(발전설비용량이 3천킬로와트를 초과하는 발전사업의
　경우로 한정한다)을 들을 수 있다.

③ 제1항에 따른 신청을 받은 기후에너지환경부장관 또는 시·도지사는 「전자정부법」 제36조
　제1항에 따른 행정정보의 공동이용을 통하여 법인 등기사항증명서(법인인 경우만 해당한다)
　를 확인하여야 한다.

(4) 전기의 품질기준(제18조)

1) 표준전압, 표준주파수 및 허용오차 [별표 3]

① 표준전압 및 허용오차

표준전압	허용오차
110볼트	110볼트의 상하로 6볼트 이내
220볼트	220볼트의 상하로 13볼트 이내
380볼트	380볼트의 상하로 38볼트 이내

② 표준주파수 및 허용오차

표준주파수	허용오차
60헤르츠	60헤르츠 상하로 0.2헤르츠 이내

(5) 전압 및 주파수의 측정(제19조)

전기사업자 및 한국전력거래소는 다음 각 목의 사항을 **매년 1회 이상** 측정하여야 하며 측정 결과
를 **3년간** 보존하여야 한다.

① 발전사업자 및 송전사업자 : **전압 및 주파수**

② 배전사업자 및 전기판매사업자 : **전압**

③ 한국전력거래소 : **주파수**

(6) 전력수급기본계획의 경미한 변경(제20조)

전력정책심의회의 심의를 거치지 아니하고 변경할 수 있는 사항

① 전기설비 설치공사의 착공·준공 또는 공사기간을 2년 이내의 범위에서 조정하는 경우

② 전기설비별 용량의 **20[%] 이내의 범위**에서 그 용량을 변경하는 경우

③ 신규건설 또는 폐지되는 연도별 전기설비용량의 5퍼센트 이내의 범위에서 전기설비용량을
　변경하는 경우

1.2 전기(발전)사업 허가 기준

(1) 전기사업 허가기준

1) 전기사업법의 허가기준 (법 제7조 5항)

⑤ 전기사업의 허가기준은 다음 각 호와 같다.

1. 전기사업을 적정하게 수행하는 데 필요한 재무능력 및 기술능력이 있을 것
2. 전기사업이 계획대로 수행될 수 있을 것
3. 배전사업 및 구역전기사업의 경우 둘 이상의 배전사업자의 사업구역 또는 구역전기사업자의 특정한 공급구역 중 그 전부 또는 일부가 중복되지 아니할 것
4. 〈생략〉
4의2. 발전소나 발전연료가 특정 지역에 편중되어 전력계통의 운영에 지장을 주지 아니할 것
5. 태양에너지 중 태양광, 풍력, 연료전지를 이용하는 발전사업의 경우 대통령령으로 정하는 바에 따라 발전사업 내용에 대한 사전고지를 통하여 주민 의견수렴 절차를 거칠 것
6. 그 밖에 공익상 필요한 것으로서 대통령령으로 정하는 기준에 적합할 것

2) 발전사업의 허가기준(시행령 제4조)

② 발전사업의 허가를 받으려는 자가 거쳐야 하는 주민 의견수렴 절차는 제4조의2에 따른 절차로 한다.

③ 발전사업에 있어서 다음 각 호의 기준을 말한다.

1. 발전소가 특정 지역에 편중되어 전력계통의 운영에 지장을 주지 아니할 것
2. 발전연료가 어느 하나에 편중되어 전력수급(電力需給)에 지장을 주지 아니할 것
3. 전력수급기본계획에 부합할 것
4. 중장기 국가 온실가스 감축 목표의 달성에 지장을 주지 아니할 것

3) 발전사업에 대한 의견수렴 절차(제4조의2)

① 발전사업을 하려는 자는 주민의 의견을 들으려는 경우 발전소가 입지하는 해당 지역을 주된 보급지역으로 하는 일간신문에 다음 각 호의 사항을 공고하고, 발전사업의 내용을 주민이 열람할 수 있도록 해야 한다.

1. 발전사업의 명칭, 위치 및 면적
2. 발전사업의 주요 내용(발전설비용량, 사업개시 예정일, 사업 운영기간 등)
3. 발전사업 허가 신청자
4. 의견제출 기간 및 방법

② 공고는 다음 각 호의 구분에 따른 날까지 해야 한다.

1. 환경영향평가 대상사업의 경우 : 허가를 신청하는 날부터 14일 전
2. 제1호에 해당하지 않는 사업으로서 다음 각 목의 어느 하나에 해당하는 사업의 경우 : 허가를 신청하는 날부터 7일 전

　　가. 소규모 환경영향평가 대상사업
　　나. 해역이용영향평가 대상사업
　　다. 연료전지 발전사업(발전설비용량이 3천킬로와트를 초과하는 발전사업으로 한정)

4) 허가의 심사기준(시행규칙 제7조)

① 재무능력

　㉮ 소요금액 및 재원조달계획이 구체적이며 실현가능할 것
　㉯ 신용평가가 양호할 것

② 기술능력 심사기준

　㉮ 전기설비 건설 계획 및 운영 계획이 구체적이며 실현가능할 것
　㉯ 전기설비를 건설하고 운영할 수 있는 기술인력 확보계획이 구체적으로 제시되어 있을 것

③ 전기사업이 계획대로 수행될 수 있는지에 대한 심사기준

　㉮ 전기설비 건설 예정지역의 수용(受用) 정도가 높을 것
　㉯ 계획이 구체적이며 실현 가능할 것
　㉰ 발전소를 적기에 준공하고, 발전사업을 지속적ㆍ안정적으로 운영할 수 있을 것

5) 발전사업 세부허가기준

① 발전사업허가 심사기준

　㉮ 재무능력

심사항목	심사기준
사업계획서상의 소요금액 및 재원조달계획이 구체적이며 실현가능할 것	◦ 총사업비 산정내용에 불합리한 점이 없을 것 ◦ 사업수행에 충분한 자금이 소요금액으로 책정되어 있을 것 ◦ 재원조달 계획 중 자기자본 비율이 15% 이상일 것 ◦ 재원조달 계획이 실현가능하고, 증빙서류(투자 확약서, 출자 증빙 서류, 대출 의향서 등)가 구비될 것 ◦ 신청자의 납입자본금이 총사업비의 1%이상일 것. ◦ 초기개발비 지출 및 조달계획이 합리적이고, 증빙서류가 구비될 것
신용평가가 양호할 것	◦ 신청자의 신용등급이 B등급 이상일 것

④ 기술능력

심사항목	심사기준
전기설비 건설 및 운영계획이 구체적이며 실현가능할 것	◦ 주요건설 공정에 대한 세부계획이 수립되어 있고, 동 내용 이행에 문제점이 없을 것 　- 전기설비의 건설 또는 운영경험이 있는 전문회사와 협력계획시, 증빙자료(계약서, 협력의향서)가 구비될 것 　 (전문회사가 투자자로 참여시 생략 가능)
전기설비를 건설하고 운영할 수 있는 기술인력 확보계획이 구체적으로 제시되어 있을 것	◦ 건설·운영 단계별로 인력확보 및 투입계획이 수립되어 있고, 동 내용 이행에 문제가 없을 것 　- 전기설비의 건설 또는 운영경험이 있는 전문회사와 협력계획시, 증빙자료(계약서, 협력의향서)가 구비될 것 　 (전문회사가 투자자로 참여시 생략 가능)

㉰ 사업이행 능력

심사항목		심사기준
전기설비 건설 예정지역의 수용(受用) 정도가 높을 것		◦ 지자체 의견의 합리성, 수용성 제고노력 등을 종합 고려하여 심사 (전원개발예정지역 지정과정·사업자간 우선순위 결정과정에서 지자체 동의서가 제출된 경우, 지자체 동의절차가 완료된 것으로 평가)
사업계획서 상의 계획이 구체적이며 실현 가능할 것	부지 확보 및 배치 계획(석탄 화력발전은 회처리장 포함)	◦ 부지 등에 대한 소유권 입증서류 또는 소유권자의 동의서가 구비될 것 (국공유지, 공유수면의 경우 명시적 반대가 없는 유보적 또는 조건부 검토의향서도 인정) ◦ 조감도 또는 기타 발전설비 배치 계획과 관련된 증명서류가 구비되고 문제가 없을 것 ◦ 육상풍력발전의 경우 환경적 측면에서 부지 확보 및 배치계획이 실현가능할 것
사업계획서 상의 계획이 구체적이며 실현 가능할 것	부지 확보 및 배치 계획(석탄 화력발전은 회처리장 포함)	◦ 육상풍력발전 사업 대상지가 산림청 소관 국유림을 포함할 경우 「산지관리법 시행령」 제6조 및 제52조에 따른 협의권자와 사전협의 결과를 제출할 것 ◦ 풍력발전의 경우는 풍황자원계측 적용기준 별표2를 충족할 것 ◦ 국공유지 및 공유수면에서 풍력발전의 부지중복 문제가 발생시 별표2를 적용하여 처리
	전력계통의 연계계획	◦ 송전관계 일람도와 전력계통 연계사항에 관하여 전문기관(한전, 전력거래소)의 의견서에 문제가 없을 것
	연료 및 용수 확보계획	◦ 연료와 용수를 제공하게 될 업체 등과의 협약서 또는 기타 확보계획과 관련된 증명서류가 구비될 것
발전소를 적기에 준공하고, 발전사업을 지속·안정적으로 운영할 수 있을 것		◦ 사업주체(별도 법인 신설시 최대주주)가 발전사업을 지속적·안정적으로 운영할 수 있는 주체일 것 ◦ 사업개시 예정일부터 5년 동안의 연도별 예상사업손익산출서가 구비되고 내용이 합리적일 것 ◦ 발전원가명세서가 구비되고 내용이 합리적일 것 ◦ 사업준비기간과 공사계획인가기간이 적합할 것

② 사업의 준비기간 등(발전사업세부허가기준 등에 관한 고시)
  ㉮ 태양광
    – 준비기간 : 3년(태양광 중 소규모환경영향평가 제외 대상은 18개월)
    – 공사계획인가기간 : 2년
  ㉯ 풍력
    – 준비기간 : 육상 6년, 해상 8년
    – 공사계획인가기간 : 육상 4년, 해상 5년
  ㉰ 연료전지
    – 준비기간 : 4년
    – 공사계획인가기간 : 2년

(2) 사업허가 신청 시 제출서류(시행규칙 제4조)
  1) 전기사업허가신청서
  2) 사업계획서
  3) 정관, 재무상태표 및 손익계산서(법인인 경우)
  4) 신청자(3천킬로와트 이하인 신청자는 제외)의 주주명부
  5) 주민의견수렴결과(태양광, 풍력, 연료전지를 이용하는 발전사업자만 해당)
  6) 인·허가 등 의제 받으려는 관련서류

1.3 국토의 계획 및 이용에 관한 법령

1.3.1 국토의 계획 및 이용에 관한 법률

(1) 국토 이용 및 관리의 기본원칙(제3조)
  ① 국토는 자연환경의 보전과 자원의 효율적 활용을 통하여 환경적으로 건전하고 지속가능한 발전을 이루기 위하여 다음 각 호의 목적을 이룰 수 있도록 이용되고 관리되어야 한다.
    1. 국민생활과 경제활동에 필요한 토지 및 각종 시설물의 효율적 이용과 원활한 공급
    2. 자연환경 및 경관의 보전과 훼손된 자연환경 및 경관의 개선 및 복원
    3. 교통·수자원·에너지 등 국민생활에 필요한 각종 기초 서비스 제공
    4. 주거 등 생활환경 개선을 통한 국민의 삶의 질 향상
    5. 지역의 정체성과 문화유산의 보전
    6. 지역 간 협력 및 균형발전을 통한 공동번영의 추구
    7. 지역경제의 발전과 지역 및 지역 내 적절한 기능 배분을 통한 사회적 비용의 최소화
    8. 기후변화에 대한 대응 및 풍수해 저감을 통한 국민의 생명과 재산의 보호
    9. 저출산·인구의 고령화에 따른 대응과 새로운 기술변화를 적용한 최적의 생활환경 제공

(2) 개발행위의 허가(제56조)

① 다음 각 호의 어느 하나에 해당하는 행위로서 대통령령으로 정하는 행위(개발행위)를 하려는 자는 특별시장 · 광역시장 · 특별자치시장 · 특별자치도지사 · 시장 또는 군수의 허가(개발행위허가)를 받아야 한다. 다만, 도시 · 군계획사업에 의한 행위는 그러하지 아니하다.

1. 건축물의 건축 또는 공작물의 설치

2. 토지의 형질 변경

3. 토석의 채취

4. 토지 분할(건축물이 있는 대지의 분할은 제외)

5. 녹지지역 · 관리지역 또는 자연환경보전지역에 물건을 1개월 이상 쌓아놓는 행위

② 개발행위허가를 받은 사항을 변경하는 경우에는 제①항을 준용한다.

③ 제①항에도 불구하고 제1항제2호 및 제3호의 개발행위 중 도시지역과 계획관리지역의 산림에서의 임도(林道) 설치와 사방사업에 관하여는 「산림자원의 조성 및 관리에 관한 법률」과 「사방사업법」에 따르고, 보전관리지역 · 생산관리지역 · 농림지역 및 자연환경보전지역의 산림에서의 제1항제2호(농업 · 임업 · 어업을 목적으로 하는 토지의 형질 변경만 해당) 및 제3호의 개발행위에 관하여는 「산지관리법」에 따른다.

④ 다음 각 호의 어느 하나에 해당하는 행위는 제①항에도 불구하고 개발행위허가를 받지 아니하고 할 수 있다. 다만, 제1호의 응급조치를 한 경우에는 1개월 이내에 특별시장 · 광역시장 · 특별자치시장 · 특별자치도지사 · 시장 또는 군수에게 신고하여야 한다.

1. 재해복구나 재난수습을 위한 응급조치

2. 「건축법」에 따라 신고하고 설치할 수 있는 건축물의 개축 · 증축 또는 재축과 이에 필요한 범위에서의 토지의 형질 변경(도시 · 군계획시설사업이 시행되지 아니하고 있는 도시 · 군계획시설의 부지인 경우만 가능하다)

3. 그 밖에 대통령령으로 정하는 경미한 행위

(3) 개발행위허가의 절차(제57조)

① 개발행위를 하려는 자는 그 개발행위에 따른 기반시설의 설치나 그에 필요한 용지의 확보, 위해(危害) 방지, 환경오염 방지, 경관, 조경 등에 관한 계획서를 첨부한 신청서를 개발행위허가권자에게 제출하여야 한다. 이 경우 개발밀도관리구역 안에서는 기반시설의 설치나 그에 필요한 용지의 확보에 관한 계획서를 제출하지 아니한다. 다만, 제56조제1항제1호의 행위 중 「건축법」의 적용을 받는 건축물의 건축 또는 공작물의 설치를 하려는 자는 「건축법」에서 정하는 절차에 따라 신청서류를 제출하여야 한다.

② 특별시장 · 광역시장 · 특별자치시장 · 특별자치도지사 · 시장 또는 군수는 제1항에 따른 개발행위허가의 신청에 대하여 특별한 사유가 없으면 대통령령으로 정하는 기간 이내에 허가 또는 불허가의 처분을 하여야 한다.

③ 특별시장 · 광역시장 · 특별자치시장 · 특별자치도지사 · 시장 또는 군수는 제2항에 따라 허가 또는 불허가의 처분을 할 때에는 지체 없이 그 신청인에게 허가내용이나 불허가처분의 사

유를 서면 또는 제128조에 따른 국토이용정보체계를 통하여 알려야 한다.

④ 특별시장 · 광역시장 · 특별자치시장 · 특별자치도지사 · 시장 또는 군수는 개발행위허가를 하는 경우에는 대통령령으로 정하는 바에 따라 그 개발행위에 따른 기반시설의 설치 또는 그에 필요한 용지의 확보, 위해 방지, 환경오염 방지, 경관, 조경 등에 관한 조치를 할 것을 조건으로 개발행위허가를 할 수 있다.

(4) 개발행위허가의 기준(제58조)

① 특별시장 · 광역시장 · 특별자치시장 · 특별자치도지사 · 시장 또는 군수는 개발행위허가의 신청 내용이 다음 각 호의 기준에 맞는 경우에만 개발행위허가 또는 변경허가를 하여야 한다.

1. 용도지역별 특성을 고려하여 대통령령으로 정하는 개발행위의 규모에 적합할 것. 다만, 개발행위가 「농어촌정비법」 제2조제4호에 따른 농어촌정비사업으로 이루어지는 경우 등 대통령령으로 정하는 경우에는 개발행위 규모의 제한을 받지 아니한다.
2. 도시 · 군관리계획 및 성장관리계획의 내용에 어긋나지 아니할 것
3. 도시 · 군계획사업의 시행에 지장이 없을 것
4. 주변지역의 토지이용실태 또는 토지이용계획, 건축물의 높이, 토지의 경사도, 수목의 상태, 물의 배수, 하천 · 호소 · 습지의 배수 등 주변환경이나 경관과 조화를 이룰 것
5. 해당 개발행위에 따른 기반시설의 설치나 그에 필요한 용지의 확보계획이 적절할 것

② 특별시장 · 광역시장 · 특별자치시장 · 특별자치도지사 · 시장 또는 군수는 개발행위허가 또는 변경허가를 하려면 그 개발행위가 도시 · 군계획사업의 시행에 지장을 주는지에 관하여 해당 지역에서 시행되는 도시 · 군계획사업의 시행자의 의견을 들어야 한다.

③ 제1항에 따라 허가할 수 있는 경우 그 허가의 기준은 지역의 특성, 지역의 개발상황, 기반시설의 현황 등을 고려하여 다음 각 호의 구분에 따라 대통령령으로 정한다.

1. 시가화 용도 : 토지의 이용 및 건축물의 용도 · 건폐율 · 용적률 · 높이 등에 대한 용도지역의 제한에 따라 개발행위허가의 기준을 적용하는 주거지역 · 상업지역 및 공업지역
2. 유보 용도 : 제59조에 따른 도시계획위원회의 심의를 통하여 개발행위허가의 기준을 강화 또는 완화하여 적용할 수 있는 계획관리지역 · 생산관리지역 및 녹지지역 중 대통령령으로 정하는 지역
3. 보전 용도 : 제59조에 따른 도시계획위원회의 심의를 통하여 개발행위허가의 기준을 강화하여 적용할 수 있는 보전관리지역 · 농림지역 · 자연환경보전지역 및 녹지지역 중 대통령령으로 정하는 지역

(5) 개발행위에 대한 도시계획위원회의 심의(제59조)

① 관계 행정기관의 장은 제56조제1항제1호부터 제3호까지의 행위 중 어느 하나에 해당하는 행위로서 대통령령으로 정하는 행위를 이 법에 따라 허가 또는 변경허가를 하거나 다른 법률에 따라 인가 · 허가 · 승인 또는 협의를 하려면 대통령령으로 정하는 바에 따라 중앙도시계획위원회나 지방도시계획위원회의 심의를 거쳐야 한다.

② 제1항에도 불구하고 다음 각 호의 어느 하나에 해당하는 개발행위는 중앙도시계획위원회와 지방도시계획위원회의 심의를 거치지 아니한다.

1. 제8조, 제9조 또는 다른 법률에 따라 도시계획위원회의 심의를 받는 구역에서 하는 개발행위
2. 지구단위계획 또는 성장관리계획을 수립한 지역에서 하는 개발행위
3. 주거지역 · 상업지역 · 공업지역에서 시행하는 개발행위 중 특별시 · 광역시 · 특별자치시 · 특별자치도 · 시 또는 군의 조례로 정하는 규모 · 위치 등에 해당하지 아니하는 개발행위
4. 「환경영향평가법」에 따라 환경영향평가를 받은 개발행위
5. 「도시교통정비 촉진법」에 따라 교통영향평가에 대한 검토를 받은 개발행위
6. 「농어촌정비법」 제2조제4호에 따른 농어촌정비사업 중 대통령령으로 정하는 사업을 위한 개발행위
7. 「산림자원의 조성 및 관리에 관한 법률」에 따른 산림사업 및 「사방사업법」에 따른 사방사업을 위한 개발행위

③ 국토교통부장관이나 지방자치단체의 장은 제2항에도 불구하고 같은 항 제2호, 제4호 및 제5호에 해당하는 개발행위가 도시 · 군계획에 포함되지 아니한 경우에는 관계 행정기관의 장에게 대통령령으로 정하는 바에 따라 중앙도시계획위원회나 지방도시계획위원회의 심의를 받도록 요청할 수 있다. 이 경우 관계 행정기관의 장은 특별한 사유가 없으면 요청에 따라야 한다.

(6) 개발행위허가의 이행 보증 등(제60조)

① 특별시장 · 광역시장 · 특별자치시장 · 특별자치도지사 · 시장 또는 군수는 기반시설의 설치나 그에 필요한 용지의 확보, 위해 방지, 환경오염 방지, 경관, 조경 등을 위하여 필요하다고 인정되는 경우로서 대통령령으로 정하는 경우에는 이의 이행을 보증하기 위하여 개발행위허가(다른 법률에 따라 개발행위허가가 의제되는 협의를 거친 인가 · 허가 · 승인 등을 포함)를 받는 자로 하여금 이행보증금을 예치하게 할 수 있다. 다만, 다음 각 호의 어느 하나에 해당하는 경우에는 그러하지 아니하다.

1. 국가나 지방자치단체가 시행하는 개발행위
2. 「공공기관의 운영에 관한 법률」에 따른 공공기관 중 대통령령으로 정하는 기관이 시행하는 개발행위
3. 그 밖에 해당 지방자치단체의 조례로 정하는 공공단체가 시행하는 개발행위

② 제1항에 따른 이행보증금의 산정 및 예치방법 등에 관하여 필요한 사항은 대통령령으로 정한다.

③ 특별시장 · 광역시장 · 특별자치시장 · 특별자치도지사 · 시장 또는 군수는 개발행위허가를 받지 아니하고 개발행위를 하거나 허가내용과 다르게 개발행위를 하는 자에게는 그 토지의 원상회복을 명할 수 있다.

④ 특별시장 · 광역시장 · 특별자치시장 · 특별자치도지사 · 시장 또는 군수는 제3항에 따른 원
상회복의 명령을 받은 자가 원상회복을 하지 아니하면 「행정대집행법」에 따른 행정대집행
에 따라 원상회복을 할 수 있다. 이 경우 행정대집행에 필요한 비용은 제1항에 따라 개발행
위허가를 받은 자가 예치한 이행보증금을 사용할 수 있다.

(7) 관련 인 · 허가 등의 의제(제61조)

① 개발행위허가 또는 변경허가를 할 때에 특별시장 · 광역시장 · 특별자치시장 · 특별자치도지
사 · 시장 또는 군수가 그 개발행위에 대한 다음 각 호의 인가 · 허가 · 승인 · 면허 · 협의 ·
해제 · 신고 또는 심사 등(인 · 허가 등)에 관하여 제3항에 따라 미리 관계 행정기관의 장과
협의한 사항에 대하여는 그 인 · 허가 등을 받은 것으로 본다.

1. 「공유수면 관리 및 매립에 관한 법률」 제8조에 따른 공유수면의 점용 · 사용허가, 같은 법
   제17조에 따른 점용 · 사용 실시계획의 승인 또는 신고, 같은 법 제28조에 따른 공유수면
   의 매립면허 및 같은 법 제38조에 따른 공유수면매립실시계획의 승인
2. 삭제
3. 「광업법」 제42조에 따른 채굴계획의 인가
4. 「농어촌정비법」 제23조에 따른 농업생산기반시설의 사용허가
5. 「농지법」 제34조에 따른 농지전용의 허가 또는 협의, 같은 법 제35조에 따른 농지전용의
   신고 및 같은 법 제36조에 따른 농지의 타용도 일시사용의 허가 또는 협의
6. 「도로법」 제36조에 따른 도로관리청이 아닌 자에 대한 도로공사 시행의 허가, 같은 법 제
   52조에 따른 도로와 다른 시설의 연결허가 및 같은 법 제61조에 따른 도로의 점용 허가
7. 「장사 등에 관한 법률」 제27조제1항에 따른 무연분묘(無緣墳墓)의 개장(改葬) 허가
8. 「사도법」 제4조에 따른 사도(私道) 개설(開設)의 허가
9. 「사방사업법」 제14조에 따른 토지의 형질 변경 등의 허가 및 같은 법 제20조에 따른 사방
   지 지정의 해제
9의2. 「산업집적활성화 및 공장설립에 관한 법률」 제13조에 따른 공장설립 등의 승인
10. 「산지관리법」 제14조 · 제15조에 따른 산지전용허가 및 산지전용신고, 같은 법 제15조의
    2에 따른 산지일시사용허가 · 신고, 같은 법 제25조제1항에 따른 토석채취허가, 같은 법
    제25조제2항에 따른 토사채취신고 및 「산림자원의 조성 및 관리에 관한 법률」 제36조제
    1항 · 제4항에 따른 입목벌채(立木伐採) 등의 허가 · 신고

② 제1항에 따른 인 · 허가 등의 의제를 받으려는 자는 개발행위허가 또는 변경허가를 신청할
   때에 해당 법률에서 정하는 관련 서류를 함께 제출하여야 한다.
③ 특별시장 · 광역시장 · 특별자치시장 · 특별자치도지사 · 시장 또는 군수는 개발행위허가 또
   는 변경허가를 할 때에 그 내용에 제1항 각 호의 어느 하나에 해당하는 사항이 있으면 미리
   관계 행정기관의 장과 협의하여야 한다.
④ 제3항에 따라 협의 요청을 받은 관계 행정기관의 장은 요청을 받은 날부터 20일 이내에 의견
   을 제출하여야 하며, 그 기간 내에 의견을 제출하지 아니하면 협의가 이루어진 것으로 본다.

⑤ 국토교통부장관은 제1항에 따라 의제되는 인·허가 등의 처리기준을 관계 중앙행정기관으로부터 제출받아 통합하여 고시하여야 한다.

(8) 개발행위복합민원 일괄협의회(제61조의2)

① 특별시장·광역시장·특별자치시장·특별자치도지사·시장 또는 군수는 제61조제3항에 따라 관계 행정기관의 장과 협의하기 위하여 대통령령으로 정하는 바에 따라 개발행위복합민원 일괄협의회를 개최하여야 한다.

② 제61조제3항에 따라 협의 요청을 받은 관계 행정기관의 장은 소속 공무원을 제1항에 따른 개발행위복합민원 일괄협의회에 참석하게 하여야 한다.

(9) 준공검사(제62조)

① 제56조제1항제1호부터 제3호까지의 행위에 대한 개발행위허가를 받은 자는 그 개발행위를 마치면 국토교통부령으로 정하는 바에 따라 특별시장·광역시장·특별자치시장·특별자치도지사·시장 또는 군수의 준공검사를 받아야 한다. 다만, 같은 항 제1호의 행위에 대하여 「건축법」 제22조에 따른 건축물의 사용승인을 받은 경우에는 그러하지 아니하다.

② 제1항에 따른 준공검사를 받은 경우에는 특별시장·광역시장·특별자치시장·특별자치도지사·시장 또는 군수가 제61조에 따라 의제되는 인·허가 등에 따른 준공검사·준공인가 등에 관하여 제4항에 따라 관계 행정기관의 장과 협의한 사항에 대하여는 그 준공검사·준공인가 등을 받은 것으로 본다.

③ 제2항에 따른 준공검사·준공인가 등의 의제를 받으려는 자는 제1항에 따른 준공검사를 신청할 때에 해당 법률에서 정하는 관련 서류를 함께 제출하여야 한다.

④ 특별시장·광역시장·특별자치시장·특별자치도지사·시장 또는 군수는 제1항에 따른 준공검사를 할 때에 그 내용에 제61조에 따라 의제되는 인·허가 등에 따른 준공검사·준공인가 등에 해당하는 사항이 있으면 미리 관계 행정기관의 장과 협의하여야 한다.

⑤ 국토교통부장관은 제2항에 따라 의제되는 준공검사·준공인가 등의 처리기준을 관계 중앙행정기관으로부터 제출받아 통합하여 고시하여야 한다.

(10) 개발행위허가의 제한(제63조)

① 국토교통부장관, 시·도지사, 시장 또는 군수는 다음 각 호의 어느 하나에 해당되는 지역으로서 도시·군관리계획상 특히 필요하다고 인정되는 지역에 대해서는 대통령령으로 정하는 바에 따라 중앙도시계획위원회나 지방도시계획위원회의 심의를 거쳐 한 차례만 3년 이내의 기간 동안 개발행위허가를 제한할 수 있다. 다만, 제3호부터 제5호까지에 해당하는 지역에 대해서는 중앙도시계획위원회나 지방도시계획위원회의 심의를 거치지 아니하고 한 차례만 2년 이내의 기간 동안 개발행위허가의 제한을 연장할 수 있다.

1. 녹지지역이나 계획관리지역으로서 수목이 집단적으로 자라고 있거나 조수류 등이 집단적으로 서식하고 있는 지역 또는 우량 농지 등으로 보전할 필요가 있는 지역

2. 개발행위로 인하여 주변의 환경·경관·미관·문화재 등이 크게 오염되거나 손상될 우려

가 있는 지역

3. 도시 · 군기본계획이나 도시 · 군관리계획을 수립하고 있는 지역으로서 그 도시 · 군기본
계획이나 도시 · 군관리계획이 결정될 경우 용도지역 · 용도지구 또는 용도구역의 변경이
예상되고 그에 따라 개발행위허가의 기준이 크게 달라질 것으로 예상되는 지역

4. 지구단위계획구역으로 지정된 지역

5. 기반시설부담구역으로 지정된 지역

② 국토교통부장관, 시 · 도지사, 시장 또는 군수는 제1항에 따라 개발행위허가를 제한하려면
대통령령으로 정하는 바에 따라 제한지역 · 제한사유 · 제한대상행위 및 제한기간을 미리 고
시하여야 한다.

③ 개발행위허가를 제한하기 위하여 제2항에 따라 개발행위허가 제한지역 등을 고시한 국토교
통부장관, 시 · 도지사, 시장 또는 군수는 해당 지역에서 개발행위를 제한할 사유가 없어진
경우에는 그 제한기간이 끝나기 전이라도 지체 없이 개발행위허가의 제한을 해제하여야 한
다. 이 경우 국토교통부장관, 시 · 도지사, 시장 또는 군수는 대통령령으로 정하는 바에 따라
해제지역 및 해제시기를 고시하여야 한다.

④ 국토교통부장관, 시 · 도지사, 시장 또는 군수가 개발행위허가를 제한하거나 개발행위허가
제한을 연장 또는 해제하는 경우 그 지역의 지형도면 고시, 지정의 효력, 주민 의견 청취 등
에 관하여는 「토지이용규제 기본법」 제8조에 따른다.

1.3.2 국토의 계획 및 이용에 관한 법률 시행령

(1) 허가를 받지 아니하여도 되는 경미한 행위(제53조)

대통령령으로 정하는 경미한 행위란 다음 각 호의 행위를 말한다. 다만, 다음 각 호에 규정된 범
위에서 특별시 · 광역시 · 특별자치시 · 특별자치도 · 시 또는 군의 도시 · 군계획조례로 따로 정
하는 경우에는 그에 따른다.

2. 공작물의 설치

가. 도시지역(또는 지구단위계획구역) : 무게가 50톤 이하, 부피가 50세제곱미터 이하, 수평
투영면적이 50제곱미터 이하인 공작물의 설치

나. 도시지역 · 자연환경보전지역 및 지구단위계획구역외의 지역 : 무게가 150톤 이하, 부피
가 150세제곱미터 이하, 수평투영면적이 150제곱미터 이하인 공작물의 설치.

3. 토지의 형질변경

가. 높이 50센티미터 이내 또는 깊이 50센티미터 이내의 절토 · 성토 · 정지 등

나. 도시지역 · 자연환경보전지역 및 지구단위계획구역 외의 지역에서 면적이 660제곱미터
이하인 토지에 대한 지목변경을 수반하지 아니하는 절토 · 성토 · 정지 · 포장 등

다. 조성이 완료된 기존 대지에 건축물이나 그 밖의 공작물을 설치하기 위한 토지의 형질변
경

5. 토지분할

　가. 「사도법」에 의한 사도개설허가를 받은 토지의 분할

　나. 토지의 일부를 공공용지 또는 공용지로 하기 위한 토지의 분할

　다. 행정재산 중 용도폐지되는 부분의 분할 또는 일반재산을 매각·교환 또는 양여하기 위한 분할

　라. 토지의 일부가 도시·군계획시설로 지형도면고시가 된 당해 토지의 분할

　마. 너비 5미터 이하로 이미 분할된 토지의「건축법」제57조제1항에 따른 분할제한면적 이상으로의 분할

(2) 개발행위허가의 규모(제55조)

① 대통령령으로 정하는 개발행위의 규모란 다음 각 호에 해당하는 토지의 형질변경면적을 말한다. 다만, 관리지역 및 농림지역에 대하여는 제2호 및 제3호의 규정에 의한 면적의 범위 안에서 당해 특별시·광역시·특별자치시·특별자치도·시 또는 군의 도시·군계획조례로 따로 정할 수 있다.

　1. 도시지역

　　가. 주거지역·상업지역·자연녹지지역·생산녹지지역 : 1만제곱미터 미만

　　나. 공업지역 : 3만제곱미터 미만

　　다. 보전녹지지역 : 5천제곱미터 미만

　2. 관리지역 : 3만제곱미터 미만

　3. 농림지역 : 3만제곱미터 미만

　4. 자연환경보전지역 : 5천제곱미터 미만

(3) 개발행위허가의 기준(제56조 관련 별표1의2)

① 분야별 검토사항

구분	검토사항
가. 공통분야	(1) 조수류·수목 등의 집단서식지가 아니고, 우량농지 등에 해당하지 아니하여 보전의 필요가 없을 것 (2) 역사적·문화적·향토적 가치, 국방상 목적 등에 따른 원형보전의 필요가 없을 것 (3) 토지의 형질변경 또는 토석채취의 경우에는 다음의 사항 중 필요한 사항에 대하여 도시·군계획조례로 정하는 기준에 적합할 것 　(가) 국토교통부령으로 정하는 방법에 따라 산정한 개발행위를 하려는 토지의 경사도 및 임상(林相) 　(나) 삭제 〈2016. 6. 30.〉 　(다) 표고, 인근 도로의 높이, 배수(排水) 등 그 밖에 필요한 사항 (4) (3)에도 불구하고 다음의 어느 하나에 해당하는 경우에는 위해 방지, 환경오염 방지, 경관 조성, 조경 등에 관한 조치가 포함된 개발행위내용에 대하여 해당 도시계획위원회(제55조제3항제3호의2 각 목 외의 부분 후단 및 제57조제4항에 따라 중앙도시계획위원회 또는 시·도도시계획위원회의 심의를 거치는 경우에는 중앙도시계획위원회 또는 시·도도시계획위원회를 말한다)의 심의를 거쳐 도시·군계획조례로 정하는 기준을 완화하여 적용할 수 있다.

구분	검토사항
	㈎ 골프장, 스키장, 기존 사찰, 풍력을 이용한 발전시설 등 개발행위의 특성상 도시·군계획조례로 정하는 기준을 그대로 적용하는 것이 불합리하다고 인정되는 경우 ㈏ 지형 여건 또는 사업수행상 도시·군계획조례로 정하는 기준을 그대로 적용하는 것이 불합리하다고 인정되는 경우
나. 도시·군 관리계획	(1) 용도지역별 개발행위의 규모 및 건축제한 기준에 적합할 것 (2) 개발행위허가제한지역에 해당하지 아니할 것
다. 도시·군 계획사업	(1) 도시·군계획사업부지에 해당하지 아니할 것 (2) 개발시기와 가설시설의 설치 등이 도시·군계획사업에 지장을 초래하지 아니할 것
라. 주변지역과의 관계	(1) 개발행위로 건축 또는 설치하는 건축물 또는 공작물이 주변의 자연경관 및 미관을 훼손하지 아니하고, 그 높이·형태 및 색채가 주변건축물과 조화를 이루어야 하며, 도시·군계획으로 경관계획이 수립되어 있는 경우에는 그에 적합할 것 (2) 개발행위로 인하여 당해 지역 및 그 주변지역에 대기오염·수질오염·토질오염·소음·진동·분진 등에 의한 환경오염·생태계파괴·위해발생 등이 발생할 우려가 없을 것. 다만, 환경오염·생태계파괴·위해발생 등의 방지가 가능하여 환경오염의 방지, 위해의 방지, 조경, 녹지의 조성, 완충지대의 설치 등을 허가의 조건으로 붙이는 경우에는 그러하지 아니하다. (3) 개발행위로 인하여 녹지축이 절단되지 아니하고, 개발행위로 배수가 변경되어 하천·호소·습지로의 유수를 막지 아니할 것
마. 기반시설	(1) 주변의 교통소통에 지장을 초래하지 아니할 것 (2) 대지와 도로의 관계는 「건축법」에 적합할 것 (3) 도시·군계획 조례로 정한 대지 규모·층수 또는 주택호수 등에 따른 도로의 너비 또는 교통소통에 관한 기준에 적합할 것

1.3.3 국토의 계획 및 이용에 관한 법률 시행규칙

(1) 개발행위허가신청서(제9조)

① 법에 의하여 개발행위를 하고자 하는 자는 별지 제5호서식의 개발행위허가신청서에 다음 각 호의 서류를 첨부하여 개발행위허가권자에게 제출하여야 한다.

1. 토지의 소유권 또는 사용권 등 신청인이 당해 토지에 개발행위를 할 수 있음을 증명하는 서류. 다만, 다른 법령에서 개발행위허가가 의제되어 개발행위허가에 관한 신청서류를 제출하는 경우에 다른 법령에 의한 인가·허가 등의 과정에서 본문의 제출서류의 내용을 확인할 수 있는 경우에는 그 확인으로 제출서류에 갈음할 수 있다.

2. 배치도 등 공사 또는 사업관련 도서(토지의 형질변경 및 토석채취인 경우)

3. 설계도서(공작물의 설치인 경우)

4. 당해 건축물의 용도 및 규모를 기재한 서류(건축물의 건축을 목적으로 하는 토지의 형질변경인 경우)

5. 개발행위의 시행으로 폐지되거나 대체 또는 새로이 설치할 공공시설의 종류·세목·소유자 등의 조서 및 도면과 예산내역서(토지의 형질변경 및 토석채취인 경우)

6. 위해방지·환경오염방지·경관·조경 등을 위한 설계도서 및 그 예산내역서(토지분할인

경우를 제외).

7. 관계 행정기관의 장과의 협의에 필요한 서류

② 제1항의 개발행위허가신청서 및 첨부서류는 국토이용정보체계를 통하여 제출할 수 있다.

(2) 개발행위 준공검사신청서(별지 6호 서식)

1) 신청내용 : 준공면적, 도로, 급수시설, 배수시설, 기타시설, 기타사항

2) 첨부서류

① 준공사진

② 지적측량성과도(토지분할이 수반되는 경우와 임야를 형질변경하는 경우로서 「공간정보의 구축 및 관리 등에 관한 법률」에 따라 등록전환 신청이 수반되는 경우)

③ 「국토의 계획 및 이용에 관한 법률」에 따른 관계 행정기관의 장과의 협의에 필요한 서류

1.3.4 개발행위허가 운영지침

(1) 개발행위허가의 절차 등

1) 개발행위의 절차는 다음과 같다.

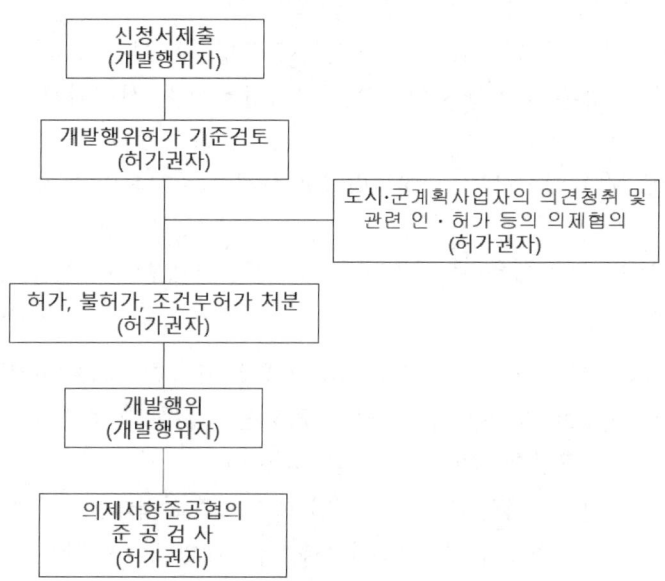

(2) 개발행위허가의 취소

1) 허가권자는 다음에 해당하는 자에게 개발행위허가의 취소, 공사의 중지, 공작물 등의 개축 또는 이전 그 밖에 필요한 처분을 하거나 조치를 명할 수 있다.

① 개발행위허가 또는 변경허가를 받지 아니하고 개발행위를 한 자

② 이행보증금을 예치하지 아니하거나 토지의 원상회복명령에 따르지 아니한 자

③ 개발행위를 끝낸 후 준공검사를 받지 아니한 자

④ 부정한 방법으로 개발행위허가, 변경허가 또는 준공검사를 받은 자

⑤ 사정이 변경되어 개발행위를 계속적으로 시행하면 현저히 공익을 해칠 우려가 있다고 인정되는 경우의 그 개발행위허가를 받은 자

⑥ 개발행위허가 또는 변경허가를 받고 그 허가받은 사업기간 동안 개발행위를 완료하지 아니한 자

1.4 개발행위 인허가 검토

1.4.1 개발행위 인허가 검토

1) 용도 / 면적별 개발행위 : 태양광발전설비는 "국토의 계획 및 이용에 관한 법률 제56조(개발행위의 허가)"에 의해 개발행위의 허가 대상임. (※ 건축법상 공작물에 해당)

　① 건축물의 건축 또는 공작물의 설치

　② 토지의 형질 변경(경작을 위한 경우로서 대통령령으로 정하는 토지의 형질 변경은 제외한다)

2) 진입로가 없는 맹지는 개발행위 허가 불가(진입로 확보 필수)

3) 산지전용 · 일시사용제한지역에서의 행위제한(산지관리법 제10조)

산지전용·일시사용제한지역에서는 다음 각 호의 어느 하나에 해당하는 행위를 하기 위하여 산지전용 또는 산지일시사용을 하는 경우를 제외하고는 산지전용 또는 산지일시사용을 할 수 없다.

　② 다음 각 목의 어느 하나에 해당하는 시설 중 대통령령으로 정하는 시설의 설치

　　가. 발전·송전시설 등 전력시설

　　나. 「신에너지 및 재생에너지 개발·이용·보급 촉진법」에 따른 신·재생에너지 설비. 다만, 태양에너지 설비는 제외한다.

4) 농지의 타용도 일시사용허가 등(농지법 36조) : 농지를 다음 각 호의 어느 하나에 해당하는 용도로 일시 사용하려는 자는 대통령령으로 정하는 바에 따라 일정 기간 사용한 후 농지로 복구한다는 조건으로 시장 · 군수 또는 자치구구청장의 허가를 받아야 한다.

　① 「전기사업법」 제2조제1호의 전기사업을 영위하기 위한 목적으로 설치하는 「신에너지 및 재생에너지 개발·이용·보급 촉진법」 제2조제2호가목에 따른 태양에너지 발전설비(이하 "태양에너지 발전설비"라 한다)로서 다음 각 목의 요건을 모두 갖춘 경우

　　㉮ 「공유수면 관리 및 매립에 관한 법률」 제2조에 따른 공유수면매립을 통하여 조성한 토지 중 토양 염도가 일정 수준 이상인 지역 등 농림축산식품부령으로 정하는 지역에 설치하는 시설일 것

　　㉯ 설치 규모, 염도 측정방법 등 농림축산식품부장관이 별도로 정한 요건에 적합하게 설치하는 시설일 것

② 설치규모(공유수면매립지 내 태양에너지 발전설비의 설치 등에 관한 규정 제3조)

　　㉮ 태양에너지 발전설비를 설치할 수 있는 규모는 설치면적 기준 10만제곱미터 이상으로 한다. 이 경우 사업구역 내 각 필지끼리는 1면 이상 연접해야 한다.

　　㉯ 제1항 전단에도 불구하고 다음 각 호의 어느 하나에 해당하는 자가 태양에너지 발전설비를 설치하는 경우에는 설치규모를 설치면적 기준 5만제곱미터 이상으로 한다.

　　　　1. 「농지법 시행령」 제3조에 따른 농업인으로서 「농어업경영체 육성 및 지원에 관한 법률」 제4조에 따른 농업경영정보를 등록한 후 2년이 경과한 자

　　　　2. 태양에너지 발전설비를 설치하려는 시·군 또는 연접 시·군에 2년 이상 주민등록이 되어 있는 자

　　　　3. 제1호 또는 제2호의 자가 전체 구성원의 100분의 80 이상이면서 업무집행권의 100분의 50 이상을 가진 법인 또는 조합

③ 농지의 타용도일시사용 허가 신청서 첨부서류(농지법 시행규칙 제34조의2)

　　㉮ 타용도로 사용하려는 기간 등이 표시된 사업계획서

　　㉯ 타용도로 사용하려는 농지의소유권을 입증하는 서류 또는 사용권을 가지고 있음을 입증하는 서류

　　㉰ 해당 농지의 타용도사용이 농지개량시설 또는 도로의 폐지 및 변경이나 토사의 유출, 폐수의 배출, 악취의 발생 등을 수반하여 인근 농지의 농업경영과 농어촌생활환경의 유지에 피해가 예상되는 경우에는 대체시설의 설치 등 피해방지계획서

　　㉱ 농지법시행령에 따른 복구계획 및 복구비용명세서

　　㉲ 변경내용을 증명할 수 있는 서류를 포함한 변경사유서(변경허가신청의 경우만 해당)

　　※ 타용도로 일시사용하려는 농지의 명세

1.4.2 관련기관 인허가 기준

(1) 전기사업용 전기설비의 공사계획 인가 또는 신고

　1) 인가 : 출력 1만[kW] 이상(기후에너지환경부장관)

　2) 신고 : 출력 1만[kW] 미만(시·도지사)

　3) 행정기관 심사 기준

　　① 신청서류 적정여부

　　② 대표자 및 임원의 결격사유 확인(등록기준지 조회)

(2) 문화재 지표조사

사업계획 지역에 대한 유적의 매장 및 분포여부를 확인하기 위함

(3) 건축물 허가

건축물의 용도 등을 정하여 건축물의 안전·기능·환경 및 미관을 향상시킴으로써 공공복리의 증진을 기하기 위함

(4) 공작물 축조 신고

일정한 공작물은 설치 전에 그 축조에 대하여 건축법에 따라 신고를 하여야 함.

(5) 자연공원의 점·사용 허가

태양광발전소를 자연공원으로 지정된 지역에 건설하고자 할 경우, 사업자가 그 건설을 위해 득해야 하는 허가사항.

(6) 군사시설 보호지역 사용에 관한 협의

태양광발전소를 군사시설보호지역으로 지정된 지역에 건설하고자 할 경우, 사업자는 관계행정기관의 장에게 필요서류를 제출하고, 관계행정기관의 장은 그 건설을 위해 국방부장관 또는 관할부대장과 협의하여야 하는 사항

(7) 유관기관 업무협의 사항

1) 송전용 전기설비 이용신청(전력회사)

전력의 안정적 공급을 위해 발전소가 건설될 지역의 송·변전 설비의 용량 등 공급신뢰도 및 안정적인 발전력 공급, 계통운용의 효율성이 고려된 한전의 송전용 전기설비의 이용 가능여부를 검토하기 위함.

2) 발전회사 등록(한국전력거래소)

민간 발전사업자가 발전사업 추진에 있어 국내 전력계통에 전력을 공급하는데 필요한 기술적·행정적 사항을 전력시장 운영기관인 전력거래소와 협의할 수 있는 창구를 마련하기 위함.

3) 전기설비의 사용전 검사(한국전기안전공사)

4) 전력수급계약

① 1[MW] 초과 : 한국전력거래소
② 1[MW] 이하 : 한국전력거래소 또는 한국전력공사

5) 사업개시신고

① 3,000[kW] 초과 : 기후에너지환경부장관
② 3,000[kW] 이하 : 시·도지사

1.4.3 제반서류 및 첨부서류 준비 등

(1) 전기사업 허가신청

1) 구비서류

① 전기사업 허가신청서 : 전기사업법 시행규칙 [별지 제1호서식]

2) 첨부서류(「전기사업법 시행규칙」 제4조제1항 관련)

①「전기사업법 시행규칙」별표 1의 작성요령에 따라 작성한 사업계획서(별표 1의2에 따른

　　서류)

② 정관, 재무상태표 및 손익계산서(신청자가 법인인 경우만 해당하며, 설립 중인 법인의 경우에는 정관만 제출)

③ 신청자(발전설비용량 3천킬로와트 이하인 신청자는 제외)의 주주명부. 이 경우 신청자가 재무능력을 평가할 수 없는 신설법인인 경우에는 신청자의 최대주주를 신청자로 본다.

④ 「전기사업법 시행령」 제4조의2에 따른 의견수렴 결과(「신에너지 및 재생에너지 개발·이용·보급 촉진법」 제2조에 따른 태양에너지 중 태양광, 풍력, 연료전지를 이용하는 발전사업인 경우만 해당)

⑤ 법 제7조의3제1항에 따라 의제받으려는 인·허가등에 관하여 해당 법률에서 정하는 관련 서류

3) 사업계획서 구비서류(제4조제1항제1호 관련)

① 재무능력 관련

　㉮ 신청자에 대한 신용평가의 의견선

　㉯ 재원조달계획 관련 증명서류

② 기술능력 관련

　㉮ 전기설비 건설 및 운영 계획 관련 증명서류

③ 계획에 따른 수행 가능 여부 관련

　㉮ 발전설비 건설 예정지역 관할 지방자치단체의 발전설비와 접속설비 건설에 대한 의견서(발전설비용량이 1만킬로와트 초과인 신청자만 해당)

　㉯ 발전기의 전력계통 접속에 따른 영향에 관한 한국전력공사의 의견서(발전설비용량이 1만킬로와트 초과인 신청자만 해당)

　㉰ 송전관계 일람도(一覽圖)

　㉱ 부지의 확보 및 배치 계획 관련 증명서류

　㉲ 연료 및 용수 확보 계획 관련 증명서류(발전사업 또는 구역전기사업의 허가를 신청하는 경우만 해당)

　㉳ 신청자의 과거 발전설비 준공, 포기 또는 지연 이력 및 운영 실적

　㉴ 사업 개시 예정일부터 5년 동안의 연도별 예상사업손익산출서(별지 제2호서식)

④ 그 밖의 사항 관련

　㉮ 사업구역의 경계를 명시한 5만분의 1 지형도(배전사업의 허가를 신청하는 경우만 해당)

　㉯ 특정한 공급구역의 위치 및 경계를 명시한 5만분의 1 지형도(구역전기사업의 허가를 신청하는 경우만 해당)

　㉰ 발전원가명세서(발전사업 또는 구역전기사업의 허가를 신청하는 경우만 해당

※ 발전설비용량이 200킬로와트 초과 3천킬로와트 이하인 발전사업의 허가를 신청하는 경우는 제②호㉮목, 제③호㉰목, 제④호㉰목 서류만 제출한다.

4) 사업대상 부지가 여러 필지일 경우 첨부서류

① 건축물대장 총괄표제부 및 설치대상건물의 건축물관리대장

② 등기사항전부증명서(말소사항 포함)-건물, 토지

③ 토지대장 및 지적도 등본

④ 토지이용계획확인서

⑤ 타인의 건물 또는 토지에 설치하는 경우 소유주의 사용승낙서

 - 지상권 등 설정된 경우 설정권자의 사용 동의서 또는 승낙서

⑥ 자금조달계획(통장사본 및 대출가능 사전확인서, 대출확약서, 기타증빙서 등)

⑦ 건물 위 설치(건축인허가시 구조검토대상 시설은 구조검토조서, 미대상일 경우 설계자의 구조물에 대한 안정도 의견 첨부)

 ※ 소규모환경성검토대상의 경우 소규모환경성검토요청서 작성제출
  (해당 시군 환경부서의 수질오염총량관리에 대한 의견 포함)

5) 첨부 도면 및 사진

① 송전관계일람도 및 계통도(단선결선도)

② 배치도(지적도 확대) → 사용면적 및 어레이(배열)사이즈, 간격 표기

③ 상세도(측면도 및 정면도) → 바닥기초 및 설치높이 등 기재

④ 위치도(발전소 위치를 알아볼 수 있는 약도)

⑤ 인근 전주(번호를 알 수 있는) 사진 및 사업부지 전경사진 등

(2) 개발행위허가 신청서

1) 구비서류

① 개발행위 허가신청서 : 국토의 계획 및 이용에 관한 법률 시행규칙[별지 제5호서식]

2) 첨부서류

① 토지의 소유권 또는 사용권 등 신청인이 당해 토지에 개발행위를 할 수 있음을 증명하는 서류. 다만, 다른 법령에서 개발행위허가가 의제되어 개발행위허가에 관한 신청서류를 제출하는 경우에 다른 법령에 의한 인가 · 허가 등의 과정에서 본문의 제출 서류의 내용을 확인할 수 있는 경우에는 그 확인으로 제출서류에 갈음할 수 있음.

② 배치도 등 공사 또는 사업관련 도서(토지의 형질변경 및 토석채취인 경우)

③ 설계도서(공작물의 설치인 경우)

④ 당해 건축물의 용도 및 규모를 기재한 서류(건축물의 건축을 목적으로 하는 토지의 형질변경인 경우)

⑤ 개발행위의 시행으로 폐지되거나 대체 또는 새로이 설치할 공공시설의 종류 · 세목 · 소유자 등의 조서 및 도면과 예산내역서(토지의 형질변경 및 토석채취인 경우)

⑥ 「국토의 계획 및 이용에 관한 법률」 제57조제1항에 따른 위해방지 · 환경오염방지 · 경관 · 조경 등을 위한 설계도서 및 그 예산내역서(토지분할인 경우는 제외). 다만, 「건설산

업기본법 시행령」 제8조제1항에 따른 경미한 건설공사를 시행하거나 옹벽 등 구조물의
설치 등을 수반하지 않는 단순한 토지형질변경의 경우에는 개략설계서로 설계도서, 견적
서 등 개략적인 내역서로 예산내역서에 갈음할 수 있음.

⑦ 「국토의 계획 및 이용에 관한 법률」 제61조제3항에 따른 관계 행정기관의 장과의 협의에
필요한 서류

1.5 전기사업계획서 검토

(1) 사업계획에 포함되어야 할 사항(시행규칙 별표1)

1) 사업 구분

2) 사업계획 개요(사업자명, 전기설비의 명칭 및 위치, 발전형식 및 연료, 설비용량, 소요부지
면적, 준비기간, 사업개시 예정일 및 운영기간을 포함)

3) 전기설비 개요

4) 전기설비 건설 계획(구체적인 주요공정 추진 일정 및 건설인력 관련 계획을 포함)

5) 전기설비 운영 계획(기술인력의 확보 계획을 포함)

6) 부지의 확보 및 배치 계획

7) 전력계통의 연계 계획(발전사업 및 구역전기사업의 경우만 해당)

8) 연료 및 용수 확보 계획(발전사업 및 구역전기사업의 경우만 해당)

9) 온실가스 감축계획(화력발전의 경우만 해당)

10) 소요금액 및 재원조달계획(「전기사업회계규칙」의 계정과목 분류에 따른 공사비 개괄 계산
서를 포함한다)

11) 사업개시 예정일부터 5년간 연도별 · 용도별 공급계획(전기판매사업 및 구역전기사업의 경
우에만 해당)

(2) 전기설비 개요에 포함되어야 할 사항

1) 발전설비

① 풍력설비

㉮ 최대 · 상시 풍속, 풍차의 운전(시동 · 정격 및 정지) 풍속, 풍차의 회전수 · 직경, 회전
날개의 수 · 길이 및 지주의 높이

㉯ 발전기의 종류 및 정격출력, 정격전압, 주파수

② 태양광설비

㉮ 태양전지의 종류, 정격용량, 정격전압 및 정격출력

㉯ 인버터(Inverter)의 종류, 입력전압, 출력전압 및 정격출력

㉰ 집광판(集光板)의 면적

③ 전기저장장치

㉮ 이차전지의 종류, 입력전압, 출력전압 및 정격출력

        ㉯ 전력변환장치의 종류 및 제어방식

    ④ 그 밖의 신에너지 및 재생에너지설비의 경우에는 원동력의 종류 및 정격출력, 공급 전압, 주파수, 설비별 제원 등

  2) 송전 · 변전설비

    ① 변전소의 명칭 및 위치, 변압기의 종류 · 용량 · 전압 · 대수

    ② 송전선로의 명칭 · 구간 및 송전 용량

    ③ 개폐소의 위치(동 · 리까지 적을 것)

    ④ 송전선의 종류 · 길이 · 회선 수 및 굵기의 1회선당 조수(條數)

1.6 전기공사업 법령

1.6.1 전기공사업법

(1) 목적(제1조)

이 법은 전기공사업과 전기공사의 시공 · 기술관리 및 도급에 관한 기본적인 사항을 정함으로써 전기공사업의 건전한 발전을 도모하고 전기공사의 안전하고 적정한 시공을 확보함을 목적으로 한다.

(2) 정의(제2조)

  ① 전기공사 : 다음 각 목의 어느 하나에 해당하는 설비 등을 설치 · 유지 · 보수하는 공사 및 이에 따른 부대공사로서 대통령령으로 정하는 것을 말한다.

    ㉮ 「전기사업법」 제2조제16호에 따른 전기설비

    ㉯ 전력 사용 장소에서 전력을 이용하기 위한 전기계장설비(電氣計裝設備)

    ㉰ 전기에 의한 신호표지

    ㉱ 「신에너지 및 재생에너지 개발 · 이용 · 보급 촉진법」 제2조제3호에 따른 신 · 재생에너지 설비 중 전기를 생산하는 설비

    ㉲ 「지능형전력망의 구축 및 이용촉진에 관한 법률」 제2조제2호에 따른 지능형전력망 중 전기설비

  ② 공사업(工事業) : 도급이나 그 밖에 어떠한 명칭이든 상관없이 전기공사를 업(業)으로 하는 것

  ③ 공사업자(工事業者) : 제4조제1항에 따라 공사업의 등록을 한 자

  ④ 발주자(發注者) : 전기공사를 공사업자에게 도급을 주는 자. 다만, 수급인으로서 도급받은 전기공사를 하도급 주는 자는 제외.

  ⑤ 도급(都給) : 원도급(原都給), 하도급, 위탁, 그 밖에 어떠한 명칭이든 상관없이 전기공사를 완성할 것을 약정하고, 상대방이 그 일의 결과에 대하여 대가를 지급할 것을 약정하는 계약

  ⑥ 하도급(下都給) : 도급받은 전기공사의 전부 또는 일부를 수급인이 제3자와 체결하는 계약

⑦ 수급인(受給人) : 발주자로부터 전기공사를 도급받은 공사업자

⑧ 하수급인(下受給人) : 수급인으로부터 전기공사를 하도급받은 자

⑨ 전기공사기술자 : 다음 각 목의 어느 하나에 해당하는 사람으로서 제17조의2에 따라 기후에너지환경부장관의 인정을 받은 사람

㉮ 「국가기술자격법」에 따른 전기 분야의 기술자격을 취득한 사람

㉯ 일정한 학력과 전기 분야에 관한 경력을 가진 사람

⑩ 전기공사관리 : 전기공사에 관한 기획, 타당성 조사·분석, 설계, 조달, 계약, 시공관리, 감리, 평가, 사후관리 등에 관한 관리를 수행하는 것

⑪ 시공책임형 전기공사관리 : 전기공사업자가 시공 이전 단계에서 전기공사관리 업무를 수행하고 아울러 시공 단계에서 발주자와 시공 및 전기공사관리에 대한 별도의 계약을 통하여 전기공사의 종합적인 계획·관리 및 조정을 하면서 미리 정한 공사금액과 공사기간 내에서 전기설비를 시공하는 것. 다만, 「전력기술관리법」에 따른 설계 및 공사감리는 시공책임형 전기공사관리 계약의 범위에서 제외

(3) 공사업의 등록(제4조)

① 공사업을 하려는 자는 기후에너지환경부령으로 정하는 바에 따라 주된 영업소의 소재지를 관할하는 특별시장·광역시장·도지사 또는 특별자치도지사에게 등록하여야 한다.

② **시·도지사**는 제1항에 따라 공사업의 등록을 받으면 **등록증 및 등록수첩을 내주어야 한다.**

(4) 전기공사의 시공관리(제16조)

① 공사업자는 전기공사기술자가 아닌 자에게 전기공사의 시공관리를 맡겨서는 아니 된다.

② 공사업자는 전기공사의 규모별로 대통령령으로 정하는 구분에 따라 전기공사기술자로 하여금 전기공사의 시공관리를 하게 하여야 한다.

(5) 시공관리책임자의 지정(제17조)

공사업자는 전기공사를 효율적으로 시공하고 관리하게 하기 위하여 전기공사기술자 중에서 시공관리책임자를 지정하고 이를 그 전기공사의 발주자에게 알려야 한다.

(6) 전기공사기술자의 인정(제17조의2)

① 전기공사기술자로 인정을 받으려는 사람은 기후에너지환경부장관에게 신청하여야 한다.

② 기후에너지환경부장관은 제①항에 따른 신청인이 각 목의 어느 하나에 해당하면 전기공사기술자로 인정하여야 한다.

③ 기후에너지환경부장관은 제①항에 따른 신청인을 전기공사기술자로 인정하면 전기공사기술자의 등급 및 경력 등에 관한 증명서(이하 "경력수첩")를 해당 전기공사기술자에게 발급하여야 한다.

④ 제①항에 따른 신청절차와 제②항에 따른 기술자격·학력·경력의 기준 및 범위 등은 **대통령령**으로 정한다.

(7) 등록취소 등(제28조)

1) 전기공사업자의 등록을 반드시 취소해야 하는 사항

① 거짓이나 그 밖의 부정한 방법으로 다음 각 목의 어느 하나에 해당하는 행위를 한 경우

　㉮ 공사업의 등록

　㉯ 공사업의 등록기준에 관한 신고

② 제5조 각 호의 결격사유 중 어느 하나에 해당하게 된 경우

③ 타인에게 성명·상호를 사용하게 하거나 등록증 또는 등록수첩을 빌려 준 경우

④ 공사업의 등록을 한 후 1년 이내에 영업을 시작하지 아니하거나 계속하여 1년 이상 공사업을 휴업한 경우

⑤ 영업정지처분기간에 영업을 하거나 최근 5년간 3회 이상 영업정지처분을 받은 경우

2) 전기공사업 6개월 영업정지 사유

① 대통령령으로 정하는 기술능력 및 자본금 등에 미달하게 된 경우.

② 공사업의 등록기준에 관한 신고를 하지 아니한 경우

③ 시정명령 또는 지시를 이행하지 아니한 경우

④ 해당 전기공사가 완료되어 같은 조에 따른 시정명령 또는 지시를 명할 수 없게 된 경우

⑤ 신고를 거짓으로 한 경우

(8) 벌칙(제42조)

다음 각 호의 어느 하나에 해당하는 자는 **1년 이하의 징역 또는 1천만원 이하의 벌금에 처한다.**

① 하도급을 주거나 다시 하도급을 준 자 및 그 상대방

② 경력수첩을 빌려 준 사람 또는 타인의 경력수첩을 빌려서 사용한 자

③ 영업정지처분기간에 영업을 한 자

④ 신고를 거짓으로 한 자

1.6.2 전기공사업법 시행령

(1) 전기공사(제2조)

1) 전기공사의 종류

① 발전·송전·변전 및 배전 설비공사

② 산업시설물, 건축물 및 구조물의 전기설비공사

③ 도로, 공항 및 항만 전기설비공사

④ 전기철도 및 철도신호 전기설비공사

⑤ ①~④까지의 규정에 따른 전기설비공사 외의 전기설비공사

⑥ ①~⑤까지의 규정에 따른 전기설비 등을 유지·보수하는 공사 및 그 부대공사

(2) 경미한 전기공사 등(제5조)

① 꽂음접속기, 소켓, 로제트, 실링블록, 접속기, 전구류, 나이프스위치, 그 밖에 개폐기의 보수 및 교환에 관한 공사

② 벨, 인터폰, 장식전구, 그 밖에 이와 비슷한 시설에 사용되는 소형변압기(2차측 전압 36[V] 이하의 것으로 한정)의 설치 및 그 2차측 공사

③ 전력량계 또는 퓨즈를 부착하거나 떼어내는 공사

④ 「전기용품 및 생활용품 안전관리법」에 따른 전기용품 중 꽂음접속기를 이용하여 사용하거나 전기기계·기구 단자에 전선을 부착하는 공사

⑤ 전압이 **600[V] 이하**이고, 전기시설 용량이 **5[kW] 이하**인 단독주택 전기시설의 개선 및 보수 공사. 다만, 전기공사기술자가 하는 경우로 한정한다.

(3) 공사업의 등록 등(제6조)

1) 공사업의 등록을 하려는 자가 갖추어야 하는 기준

① 전기공사공제조합 및 기후에너지환경부장관이 지정하는 금융기관이 다음 각목의 요건을 모두 갖추어 발급하는 보증가능금액확인서를 제출할 것.

㉮ 공제조합 등이 보증가능금액확인서의 발급을 신청하는 자의 재무상태·신용상태 등을 평가하여 제1호에 따른 자본금 기준금액의 100분의 25 이상에 해당하는 금액의 담보를 제공받거나 현금의 예치 또는 출자를 받을 것

② 전기공사업법 시행령 [별표 3] 공사업의 등록기준(제6조제1항 관련) 〈개정 2016. 12. 30.〉

항 목	공사업의 등록기준
기술능력	전기공사기술자 3명 이상(3명 중 1명 이상은 기술사, 기능장, 기사 또는 산업기사의 자격을 취득한 사람이어야 한다)
자본금	1억5천만원 이상
사무실	공사업 운영을 위한 사무실

(4) 전기공사기술자의 시공관리 구분(제12조)

1) 전기공사기술자의 시공관리 구분 [별표 4]

전기공사기술자의 구분	전기공사의 규모별 시공관리 구분
특급 전기공사기술자 또는 고급 전기공사기술자	• 모든 전기공사
중급 전기공사기술자	• 전기공사 중 사용전압이 100,000볼트 이하인 전기공사
초급 전기공사기술자	• 전기공사 중 사용전압이 1,000볼트 이하인 전기공사

(5) 양성교육훈련의 실시 등(제12조의4)

1) **양성교육훈련의 교육실시기준 [별표 4의3]**

대상자	교육 시간	교육 내용
전기공사기술자로 인정을 받으려는 사람 및 등급의 변경을 인정 받으려는 전기공사기술자	20시간	기술능력의 향상

(6) 인정정지처분의 기준(제14조의3)

1) 전기공사기술자에 대한 인정정지처분의 기준 [별표 4의4]

위반행위(다른 사람에게 경력수첩을 빌려 준 경우)	처분기준
6개월 미만 빌려 준 경우	인정정지 6개월
6개월 이상 1년 미만 빌려 준 경우	인정정지 1년
1년 이상 2년 미만 빌려 준 경우	인정정지 2년
2년 이상 빌려 준 경우	인정정지 3년

(7) 전기공사기술자의 등급(국가기술자격자)

등 급	국가기술자격자
1. 특급 전기공사기술자	기술사 또는 기능장의 자격을 취득한 사람
2. 고급 전기공사기술자	㉮ 기사의 자격을 취득한 후 5년 이상 전기공사업무를 수행한 사람 ㉯ 산업기사의 자격을 취득한 후 8년 이상 전기공사업무를 수행한 사람 ㉰ 기능사의 자격을 취득한 후 11년 이상 전기공사업무를 수행한 사람
3. 중급 전기공사기술자	㉮ 기사의 자격을 취득한 후 2년 이상 전기공사업무를 수행한 사람 ㉯ 산업기사의 자격을 취득한 후 5년 이상 전기공사업무를 수행한 사람 ㉰ 기능사의 자격을 취득한 후 8년 이상 전기공사업무를 수행한 사람
4. 초급 전기공사기술자	㉮ 산업기사 또는 기사의 자격을 취득한 사람 ㉯ 기능사의 자격을 취득한 사람

1.6.3 전기공사업법 시행규칙

(1) 등록사항 변경신고(제8조)

등록사항의 변경신고를 하려는 자는 그 사유가 발생한 날부터 **30일 이내**에 전기공사업 등록사항 변경신고서에 등록증 및 등록수첩과 구비서류를 첨부하여 지정공사업자단체에 제출하여야 한다.

(2) 행정처분 및 과징금의 부과기준[별표 1]

위 반 행 위		부과기준
1. 거짓이나 그 밖의 부정한 방법으로 다음 각 목의 어느 하나에 해당하는 행위를 한 경우 　가. 공사업의 등록 　나. 공사업 등록기준에 관한 신고		등록취소
2. 등록기준에 미치지 못하는 경우		
	가. 등록기준을 유지하지 못한 경우	영업정지 1개월 또는 과징금 200만원
	나. 가목의 사유로 영업정지처분을 받고 처분종료일까지 또는 과징급을 부과 받고, 그 부과일부터 1개월 이내에 등록기준에 미치지 못하는 사항을 보완하지 않는 경우	등록취소
2의2. 공사업의 등록기준에 관한 신고를 하지 않는 경우		
	가. 등록기준 신고기간 경과 후 90일이 지난 경우	영업정지 3개월 또는 과징금 400만원
	나. 영업정지기간 만료일 까지 등록기준에 관한 신고를 하지 않거나 과징금을 부과 받고 그 부과일부터 2개월 이내에 등록기준에 관한 신고를 하지 않은 경우	등록취소
3. 결격사유 중 어느 하나에 해당하게 된 경우		등록취소
4. 타인에게 성명·상호를 사용하게 하거나 등록증 또는 등록수첩을 빌려 준 경우		등록취소
5. 시정명령 또는 지시를 받고 이행하지 않은 경우		
	가. 법을 위반하여 하도급을 주거나 다시 하도급을 준 경우	영업정지 6개월
	나. 전기공사기술자가 아닌 자에게 전기공사의 시공관리를 맡긴 경우	영업정지 4개월 또는 과징금 600만원
	다. 전기공사의 시공관리를 하는 전기 공사기술자가 부적당하다고 인정되는 경우	
	라. 시공관리책임자를 지정하지 않거나 그 지정 사실을 알리지 않은 경우	영업정지 2개월 또는 과징금 400만원
	마. 법을 위반하여 법, 기술기준 및 설계도서에 적합하게 시공하지 않은 경우	
	바. 정당한 사유 없이 도급받은 전기공사를 시공하지 않은 경우	영업정지 2개월
	사. 법에 따른 명령을 위반한 경우	영업정지 2개월 또는 과징금 400만원
6. 전기공사가 완료되어 다음 위반행위에 대하여 시정명령 또는 지시를 명할 수 없게 된 경우		
	가. 법을 위반하여 하도급을 주거나 다시 하도급을 준 경우	영업정지 3개월
	나. 법을 위반하여 전기공사기술자가 아닌 자에게 전기공사의 시공관리를 하게 한 경우	
	다. 전기공사의 시공관리를 하는 전기공사기술자가 부적당하다고 인정되는 경우	영업정지 2개월
	라. 시공관리책임자를 지정하지 아니하거나 그 지정사실을 일 알리지 않은 경우	영업정지 1개월
	마. 법을 위반하여 법, 기술기준 및 설계도서에 적합하게 시공하지 않은 경우	영업정지 3개월

위 반 행 위		부과기준
6의2. 법에 따른 신고를 거짓으로 신고한 경우		
	가. 1회 거짓으로 신고한 경우	영업정지 6개월
	나. 2회 거짓으로 신고한 경우	등록취소
7. 공사업의 등록을 한 후 1년 이내에 영업을 개시하지 아니하거나 계속하여 1년 이상 공사업을 휴업한 경우		등록취소
8. 영업정지처분기간에 영업을 하거나 최근 5년간 3회 이상 영업정지 처분을 받은 경우		등록취소

(3) 전기공사 하도급 계약 통지서[별지 제20호서식] 첨부서류

① 하도급(재하도급)계약서 사본

② 하도급(재하도급)내용이 명시된 공사명세서

③ 공사 예정 공정표

④ 하수급인 또는 다시 하도급받은 공사업자의 전기공사기술자 보유현황

⑤ 하수급인 또는 다시 하도급받은 공사업자의 등록수첩 사본

(4) 신재생에너지 발전설비의 하자보증기간

1) 신·재생에너지 설비의 지원 등에 관한 규정 [별표1]

원 별	하자보증기간
태양광발전설비, 풍력발전설비, 소수력발전설비, 지열이용설비 태양열이용설비, 기타 신·재생에너지설비	3년
단, 융·복합지원사업 등 사업으로 설치한 설비는 5년으로 한다.	

(5) 소규모 신 · 재생에너지발전전력의 거래에 관한 지침 제3조(전력거래 방법)

발전설비용량 1000[kW] 이하의 발전사업자 및 발전설비 설치자는 생산한 전력을 전력시장을 통하지 아니하고 전기판매사업자와 거래할 수 있다.

(6) 공사하자 담보 책임기간(전기공사업법 시행령 [별표 3의2])

전기공사의 종류		하자담보책임기간
1. 발전설비공사	가. 철근콘크리트 또는 철골구조부	7년
	나. 가목 외 시설공사	3년
2. 터널식 및 개착방식 전력구 송전·배전설비공사	가. 철근콘크리트 또는 철골구조부	10년
	나. 가목 외 송전설비공사	5년
	다. 가목 외 배전설비공사	2년

전기공사의 종류		하자담보책임기간
3. 지중 송전·배전설비공사	가. 송전설비공사(케이블, 물밑송전설비공사 포함)	5년
	나. 배전설비공사	3년
4. 송전설비공사(제2호 및 제3호 외의 송전설비공사)		3년
5. 변전설비공사(전기설비 및 기기설치공사 포함)		3년
6. 배전설비공사(제2호 및 제3호 외의 배전설비공사)	가. 배전설비 철탑공사	3년
	나. 가목 외 배전설비공사	2년
7. 산업시설물, 건축물 및 구조물의 전기설비공사		1년
8. 그 밖의 전기설비공사		1년

2 신재생에너지 관련 법령 검토

2.1 신에너지 및 재생에너지 개발·이용·보급 촉진법령

2.1.1 신에너지 및 재생에너지 개발·이용·보급 촉진법

(1) 목적(제1조)

　1) 신에너지 및 재생에너지 개발 · 이용 · 보급 촉진법의 제정 목적

　　이 법은 신에너지 및 재생에너지의 기술개발 및 이용·보급 촉진과 신에너지 및 재생에너지 산업의 활성화를 통하여 에너지원을 다양화하고, 에너지의 안정적인 공급, 에너지 구조의 환경친화적 전환 및 온실가스 배출의 감소를 추진함으로써 환경의 보전, 국가경제의 건전하고 지속적인 발전 및 국민복지의 증진에 이바지함을 목적으로 한다.

(2) 정의(제2조)

　1) "신에너지"란 기존의 화석연료를 변환시켜 이용하거나 수소 · 산소 등의 화학 반응을 통하여 전기 또는 열을 이용하는 에너지로서 다음 각 목의 어느 하나에 해당하는 것을 말한다.

　　① 수소에너지

　　② 연료전지

　　③ 석탄을 액화 · 가스화한 에너지 및 중질잔사유(重質殘渣油)를 가스화한 에너지로서 대통령령으로 정하는 기준 및 범위에 해당하는 에너지

　　④ 그 밖에 석유 · 석탄 · 원자력 또는 천연가스가 아닌 에너지로서 대통령령으로 정하는 에너지

2) "재생에너지"란 햇빛 · 물 · 지열(地熱) · 강수(降水) · 생물유기체 등을 포함하는 재생 가능한 에너지를 변환시켜 이용하는 에너지로서 다음 각 목의 어느 하나에 해당하는 것을 말한다.

① 태양에너지

② 풍력

③ 수력

④ 해양에너지

⑤ 지열에너지

⑥ 생물자원을 변환시켜 이용하는 바이오에너지로서 대통령령으로 정하는 기준 및 범위에 해당하는 에너지

⑦ 폐기물에너지(비재생폐기물로부터 생산된 것은 제외)로서 대통령령으로 정하는 기준 및 범위에 해당하는 에너지

⑧ 그 밖에 석유 · 석탄 · 원자력 또는 천연가스가 아닌 에너지로서 대통령령으로 정하는 에너지

(3) 기본계획의 수립(제5조)

1) 기본계획 수립 및 계획기간

기후에너지환경부장관은 관계 중앙행정기관의 장과 협의를 한 후 신 · 재생에너지정책심의회의 심의를 거쳐 신 · 재생에너지의 기술개발 및 이용 · 보급을 촉진하기 위한 **기본계획을 5년**마다 수립하여야 하며, 기본계획의 **계획기간은 10년** 이상으로 한다.

2) 기본계획에 포함되어야 할 사항

① 기본계획의 목표 및 기간

② 신 · 재생에너지원별 기술개발 및 이용 · 보급의 목표

③ 총전력생산량 중 신 · 재생에너지 발전량이 차지하는 비율의 목표

④ 온실가스의 배출 감소 목표

⑤ 기본계획의 추진방법

⑥ 신 · 재생에너지 기술수준의 평가와 보급전망 및 기대효과

⑦ 신 · 재생에너지 기술개발 및 이용 · 보급에 관한 지원 방안

⑧ 신 · 재생에너지 분야 전문인력 양성계획

⑨ 직전 기본계획에 대한 평가

(4) 연차별 실행계획(제6조)

1) 기후에너지환경부장관은 기본계획에서 정한 목표를 달성하기 위하여 신 · 재생에너지의 종류별로 신 · 재생에너지의 기술개발 및 이용 · 보급과 신 · 재생에너지 발전에 의한 전기의 공급에 관한 실행계획을 매년 수립 · 시행하여야 한다.

2) 기후에너지환경부장관은 실행계획을 수립 · 시행하려면 미리 관계 중앙행정기관의 장과 협의하여야 한다.

3) 기후에너지환경부장관은 실행계획을 수립하였을 때에는 이를 공고하여야 한다.

(5) 신 · 재생에너지 기술개발 등에 관한 계획의 사전협의(제7조)

신 · 재생에너지 기술개발 및 이용 · 보급에 관한 계획을 수립 · 시행하려면 대통령령으로 정하는 바에 따라 미리 기후에너지환경부장관과 협의해야하는 자는 다음과 같다.

① 국가기관

② 지방자치단체

③ 공공기관

④ 정부로부터 출연금을 받은 자

⑤ 정부출연기관 또는 납입자본금의 **100분의 50** 이상을 출자 받은 자

(6) 신 · 재생에너지정책심의회(제8조)

1) 신 · 재생에너지 정책심의회의 심의사항

① 기본계획의 수립 및 변경에 관한 사항.

② 신 · 재생에너지의 기술개발 및 이용 · 보급에 관한 중요 사항

③ 신 · 재생에너지 발전에 의하여 공급되는 전기의 기준가격 및 그 변경에 관한 사항

④ 신 · 재생에너지 이용 · 보급에 필요한 관계 법령의 정비 등 제도개선에 관한 사항

⑤ 그 밖에 기후에너지환경부장관이 필요하다고 인정하는 사항

(7) 신 · 재생에너지 기술개발 및 이용 · 보급 사업비의 조성(제9조)

정부는 실행계획을 시행하는 데에 필요한 사업비를 회계연도마다 세출예산에 계상하여야 한다.

(8) 조성된 사업비의 사용(제10조)

① 신 · 재생에너지의 자원조사, 기술수요조사 및 통계작성

② 신 · 재생에너지의 연구 · 개발 및 기술평가

③ 신 · 재생에너지 공급의무화 지원

④ 신 · 재생에너지 설비의 성능평가 · 인증 및 사후관리

⑤ 신 · 재생에너지 기술정보의 수집 · 분석 및 제공

⑥ 신 · 재생에너지 분야 기술지도 및 교육 · 홍보

⑦ 신 · 재생에너지 분야 특성화대학 및 핵심기술연구센터 육성

⑧ 신 · 재생에너지 분야 전문인력 양성

⑨ 신 · 재생에너지 설비 설치전문기업의 지원

⑩ 신 · 재생에너지 시범사업 및 보급사업

⑪ 신 · 재생에너지 이용의무화 지원

⑫ 신 · 재생에너지 관련 국제협력

⑬ 신 · 재생에너지 기술의 **국제표준화 지원**

⑭ 신 · 재생에너지 설비 및 그 부품의 공용화 지원

(9) 사업의 실시(제11조)

기후에너지환경부장관은 사업을 효율적으로 추진하기 위하여 필요하다고 인정하면 다음 해당하는 자와 협약을 맺어 그 사업을 하게 할 수 있다.

① 「특정연구기관 육성법」에 따른 특정연구기관
② 「기초연구진흥 및 기술개발지원에 관한 법률」에 따라 인정받은 기업부설연구소
③ 「산업기술연구조합 육성법」에 따른 산업기술연구조합
④ 「고등교육법」에 따른 대학 또는 전문대학
⑤ 국공립연구기관
⑥ 국가기관, 지방자치단체 및 공공기관

(10) 신·재생에너지사업에의 투자권고 및 신·재생에너지 이용의무화 등(제12조)

1) 신재생에너지설비 의무화 대상 단체

① 국가 및 지방자치단체
② 공공기관
③ 정부가 대통령령으로 정하는 금액 이상을 출연한 정부출연기관
④ 「국유재산법」에 따른 정부출자기업체
⑤ 지방자치단체 및 공공기관, 정부출연기관 또는 정부출자기업체가 대통령령으로 정하는 비율 또는 금액 이상을 출자한 법인
⑥ 특별법에 따라 설립된 법인

(11) 신·재생에너지 공급의무화 등(제12조의5)

1) 기후에너지환경부장관은 신·재생에너지의 이용·보급을 촉진하고 신·재생에너지산업의 활성화를 위하여 필요하다고 인정하면 다음 각 호의 어느 하나에 해당하는 자 중 대통령령으로 정하는 자(공급의무자)에게 발전량의 일정량 이상을 의무적으로 신·재생에너지를 이용하여 공급하게 할 수 있다.

① 전기사업법에 따른 발전사업자
② 집단에너지사업법 및 전기사업법에 따른 발전사업의 허가를 받은 것으로 보는 자
③ 공공기관

2) 상기 1)항에 따라 공급의무자가 의무적으로 신·재생에너지를 이용하여 공급하여야 하는 발전량(의무공급량)의 합계는 총전력생산량의 25퍼센트 이내의 범위에서 연도별로 대통령령으로 정한다. 이 경우 균형 있는 이용·보급이 필요한 신·재생에너지에 대하여는 대통령령으로 정하는 바에 따라 총의무공급량 중 일부를 해당 신·재생에너지를 이용하여 공급하게 할 수 있다.

(12) 신·재생에너지 공급 불이행에 대한 과징금(제12조의6)

기후에너지환경부장관은 공급의무자가 의무공급량에 부족하게 신·재생에너지를 이용하여 에

너지를 공급한 경우에는 대통령령으로 정하는 바에 따라 그 부족분에 신·재생에너지 공급인증서의 해당 연도 평균거래 가격의 **100분의 150**을 곱한 금액의 범위에서 과징금을 부과할 수 있다

(13) 신·재생에너지 공급인증서 등(제12조의7)

① 신·재생에너지를 이용하여 에너지를 공급한 자는 기후에너지환경부장관이 지정하는 기관으로부터 그 공급 사실을 증명하는 인증서를 발급받을 수 있다.
② 공급인증서를 발급받으려는 자는 대통령령으로 정하는 바에 따라 공급인증서의 발급을 신청하여야 한다.
③ **공급인증서의 유효기간은 발급받은 날부터 3년**으로 한다.
④ 공급인증서를 거래하려면 공급인증기관이 개설한 거래시장에서 거래하여야 한다.

(14) 보험·공제 가입(제13조의2)

① 설비인증을 받은 자는 신·재생에너지 설비의 결함으로 인하여 제3자가 입을 수 있는 손해를 담보하기 위하여 보험 또는 공제에 가입하여야 한다.
② 제①항에 따른 보험 또는 공제의 기간·종류·대상 및 방법에 필요한 사항은 대통령령으로 정한다.

(15) 지원 중단 등(제18조②)

기후에너지환경부장관은 발전차액을 반환할 자가 **30일** 이내에 이를 반환하지 아니하면 국세 체납처분의 예에 따라 징수할 수 있다.

(16) 청문(제24조)

기후에너지환경부장관은 다음의 처분을 하려면 청문을 하여야 한다.
① 공급인증기관의 지정 취소
② 관리기관의 지정 취소

(17) 국유재산·공유재산의 임대 등(제26조)

국유재산 또는 공유재산을 임차하거나 취득한 자가 임대일 또는 **취득일부터 2년 이내**에 해당 재산에서 신·재생에너지 기술개발 및 이용·보급에 관한 사업을 시행하지 아니하는 경우에는 대부계약 또는 사용허가를 취소하거나 환매할 수 있다.

(18) 보급사업(제27조)

1) 신재생에너지의 이용·보급을 촉진하기 위한 보급 사업
① 신기술의 적용사업 및 시범사업
② 환경친화적 신·재생에너지 집적화단지 및 시범단지 조성사업
③ 지방자치단체와 연계한 보급사업
④ 실용화된 신·재생에너지 설비의 보급을 지원하는 사업

(19) 신·재생에너지 발전사업에 대한 주민 참여(제27조의2)

1) 신·재생에너지 설비가 설치된 지역의 주민은 다음 각 호의 어느 하나에 따른 방식으로 해당 지역의 신·재생에너지 발전사업에 참여할 수 있다.
① 신·재생에너지 발전사업에 출자하는 방식
② 신·재생에너지 발전사업을 목적으로 하는 협동조합(「협동조합 기본법」에 따라 설립된 협동조합을 말한다)에 조합원으로 출자하는 방식
③ 그 밖에 기후에너지환경부장관이 정하는 방식
2) 신·재생에너지 발전사업자는 발급받은 공급인증서 중 제1항에 따른 주민 참여로 인한 가중치로 발생한 수익을 지역 주민에게 제공하여야 한다.
3) 제1)항에 따른 지역의 범위 및 제2)항에 따라 지역 주민에게 제공하는 수익과 관련한 기준·절차·내용, 그 밖에 필요한 사항은 기후에너지환경부장관이 정한다.

(20) 신·재생에너지 설비에 대한 사후관리(제30조의4)

① 신·재생에너지 보급사업의 시행기관 등 대통령령으로 정하는 기관의 장은 설치된 신·재생에너지 설비 등 기후에너지환경부장관이 정하여 고시하는 신·재생에너지 설비에 대하여 사후관리에 관한 계획을 매년 수립·시행하여야 한다.
② 시행기관의 장은 제1항에 따라 고시된 신·재생에너지 설비에 대한 사후관리 계획을 수립할 때에는 신·재생에너지 설비의 시공자에게 해당 설비의 가동상태 등을 조사하여 그 결과를 보고하게 할 수 있다.
③ 제1항에 따라 고시된 신·재생에너지 설비의 시공자는 대통령령으로 정하는 바에 따라 연 1회 이상 사후관리를 의무적으로 실시하고, 그 실적을 시행기관의 장에게 보고하여야 한다.
④ 시행기관의 장은 제1항에 따른 사후관리 시행결과를 센터에 제출하여야 하고, 센터는 이를 종합하여 기후에너지환경부장관에게 보고하여야 한다.
⑤ 제1항에 따른 사후관리 계획에 포함될 점검사항 및 점검시기, 제3항 또는 제4항에 따른 보고의 절차 등에 관하여 필요한 사항은 기후에너지환경부령으로 정한다.
⑥ 기후에너지환경부장관은 제4항에 따라 센터로부터 보고받은 신·재생에너지 설비에 대한 사후관리 시행결과를 확정한 후 국회 소관 상임위원회에 제출하여야 한다.

(21) 신·재생에너지 센터(제31조)

신·재생에너지센터를 두어 신·재생에너지 분야에 관한 다음 각 호의 사업을 하게 할 수 있다.
① 신·재생에너지의 기술개발 및 이용·보급사업의 실시자에 대한 지원·관리
② 신·재생에너지 이용의무의 이행에 관한 지원·관리
③ 삭제
④ 신·재생에너지 공급의무의 이행에 관한 지원·관리
⑤ 공급인증기관의 업무에 관한 지원·관리
⑥ 설비인증에 관한 지원·관리
⑦ 이미 보급된 신·재생에너지 설비에 대한 기술지원

⑧ 신 · 재생에너지 기술의 국제표준화에 대한 지원 · 관리

⑨ 신 · 재생에너지 설비 및 그 부품의 공용화에 관한 지원 · 관리

⑩ 신 · 재생에너지 설비 설치기업에 대한 지원 · 관리

⑪ 신 · 재생에너지 연료 혼합의무의 이행에 관한 지원 · 관리

⑫ 통계관리

⑬ 신 · 재생에너지 보급사업의 지원 · 관리

⑭ 신 · 재생에너지 기술의 사업화에 관한 지원 · 관리

⑮ 교육 · 홍보 및 전문인력 양성에 관한 지원 · 관리

⑮의2 신 · 재생에너지 설비의 효율적 사용에 관한 지원 · 관리

⑯ 국내외 조사 · 연구 및 국제협력 사업

(22) 벌칙(제34조)

① 거짓이나 부정한 방법으로 발전차액을 지원받은 자와 그 사실을 알면서 발전차액을 지급한 자 : 3년 이하의 징역 또는 지원받은 금액의 3배 이하에 상당하는 벌금에 처한다.

② 거짓이나 부정한 방법으로 공급인증서를 발급받은 자와 그 사실을 알면서 공급인증서를 발급한 자 : 3년 이하의 징역 또는 3천만원 이하의 벌금에 처한다.

③ 공급인증기관이 개설한 **거래시장 외에서 공급인증서를 거래한 자 : 2년 이하의 징역 또는 2천만원 이하의 벌금**에 처한다.

(23) 과태료(제35조)

다음 각 호의 어느 하나에 해당하는 자에게는 1천만원 이하의 과태료를 부과한다.

① 보험 또는 공제에 가입하지 아니한 자

② 자료제출요구에 따르지 아니하거나 거짓 자료를 제출한 자

2.1.2 신에너지 및 재생에너지 개발·이용·보급 촉진법 시행령

(1) 석탄을 액화 · 가스화한 에너지 등의 기준 및 범위(제2조)

1) 바이오에너지 등의 기준 및 범위[별표 1]

에너지원의 종류		기준 및 범위
석탄을 액화 · 가스화한 에너지	기준	석탄을 액화 및 가스화하여 얻어지는 에너지로서 다른 화합물과 혼합되지 않은 에너지
	범위	1) 증기 공급용 에너지 2) 발전용 에너지
중질잔사유 (重質殘渣油)를 가스화한 에너지	기준	1) 중질잔사유(감압잔사유, 아스팔트, 코크, 타르 및 피치 등)를 가스화한 공정에서 얻어지는 연료 2) 1)의 연료를 연소 또는 변환하여 얻어지는 에너지
	범위	합성가스

에너지원의 종류		기준 및 범위
바이오에너지	기준	1) 생물유기체를 변환시켜 얻어지는 기체, 액체 또는 고체의 연료 2) 1)의 연료를 연소 또는 변환시켜 얻어지는 에너지 ※ 1) 또는 2)의 에너지가 신·재생에너지가 아닌 석유제품 등과 혼합된 경우에는 생물유기체로부터 생산된 부분만을 바이오에너지로 본다.
	범위	1) 생물유기체를 변환시킨 바이오가스, 바이오에탄올, 바이오액화유 및 합성가스 2) 쓰레기매립장의 유기성폐기물을 변환시킨 매립지가스 3) 동물·식물의 유지(油脂)를 변환시킨 바이오디젤 및 바이오중유 4) 생물유기체를 변환시킨 땔감, 목재칩, 펠릿 및 숯 등의 고체연료
폐기물 에너지	기준	1) 폐기물을 변환시켜 얻어지는 기체, 액체 또는 고체의 연료 2) 1)의 연료를 연소 또는 변환시켜 얻어지는 에너지 3) 폐기물의 소각열을 변환시킨 에너지
수열에너지	범위	물의 열을 히트펌프(heat pump)를 사용하여 변환시켜 얻어지는 에너지
	기준	해수(海水)의 표층 및 하천수의 열을 변환시켜 얻어지는 에너지

(2) 신·재생에너지 기술개발 등에 관한 계획의 사전협의(제3조)

1) "대통령령으로 정하는 자"란 다음 각 호의 어느 하나에 해당하는 자를 말한다.

① 정부로부터 출연금을 받은 자

② 정부출연기관 또는 제1호에 따른 자로부터 납입자본금의 100분의 50 이상을 출자받은 자

2) 법에 따라 신에너지 및 재생에너지 기술개발 및 이용·보급에 관한 계획을 협의하려는 자는 그 시행 사업연도 개시 4개월 전까지 기후에너지환경부장관에게 계획서를 제출하여야 한다.

3) 기후에너지환경부장관은 계획서를 받았을 때에는 다음사항을 검토하여 협의를 요청한 자에게 그 의견을 통보하여야 한다.

① 신·재생에너지의 기술개발 및 이용·보급을 촉진하기 위한 기본계획과의 조화성

② 시의성

③ 다른 계획과의 중복성

④ 공동연구의 가능성

(3) 신·재생에너지정책심의회의 구성(제4조)

1) 신·재생에너지정책심의회는 위원장 1명을 포함한 20명 이내의 위원으로 구성한다.

2) 신·재생에너지 정책심의회 위원으로 소속공무원을 지명할 수 있는 기관

① 재정경제부, 과학기술정보통신부, 농림축산식품부, 기후에너지환경부, 환경부, 국토교통부, 해양수산부의 3급 공무원 또는 고위공무원단에 속하는 일반직공무원 중 해당 기관의 장이 지명하는 사람 각 1명

② 신·재생에너지 분야에 관한 학식과 경험이 풍부한 사람 중 기후에너지환경부장관이 위촉하는 사람

(4) 신 · 재생에너지 전문위원회(제7조)

전문위원회의 위원은 신 · 재생에너지 분야에 관한 전문지식을 가진 사람으로서 기후에너지환경부**장관**이 위촉하는 사람으로 한다.

(5) 신 · 재생에너지 공급의무 비율 등(제15조)

1) 에너지사용량에 대한 신 · 재생에너지 공급의무 비율은 다음과 같다.

① 공공기관 건축물로서 신축 · 증축 또는 개축하는 부분의 연면적이 1천[m²] 이상인 건축물

신 · 재생에너지의 공급의무 비율(제15조제1항제1호 관련)

해당연도	2020~2021	2022~2023	2024~2025	2026~2027	2028~2029	2030 이후
공급의무비율(%)	30	32	34	36	38	40

(6) 신 · 재생에너지 설비 설치의무기관(제16조)

1) 대통령령으로 정하는 비율 또는 금액 이상을 출자한 법인

① 납입자본금의 100의 50 이상을 출자한 법인

② 납입자본금으로 50억원 이상을 출자한 법인

(7) 신 · 재생에너지 설비의 설치계획서 제출 등(제17조)

기후에너지환경부장관은 설치계획서를 받은 날부터 **30일 이내에 타당성을 검토**한 후 그 결과를 해당 설치의무기관의 장 또는 대표자에게 통보하여야 한다.

(8) 신 · 재생에너지 공급의무자(제18조3)

1) 신 · 재생에너지 공급의무자

① 50만[kW] 이상의 발전설비(신 · 재생에너지 설비는 제외)를 보유하는 자(발전자회사 등)

② 한국수자원공사

③ 한국지역난방공사

2) 연도별 신 · 재생에너지 공급의무량의 비율 (시행령 [별표 3])

연도별 의무공급량의 비율(제18조의4제1항 관련)

연 도	2019	2020	2021	2022	2023	2024	2025	2026	2027	2028	2029	2030이후
의무비율[%]	6.0	7.0	9.0	12.5	13.0	13.5	14.0	15.0	17.0	19.0	22.5	25.0

(9) 신 · 재생에너지 공급인증서의 발급 신청 등(제18조의8)

① 공급인증서를 발급받으려는 자는 공급인증서 발급 및 거래시장 운영에 관한 규칙에서 정하는 바에 따라 신 · 재생에너지를 공급한 날부터 **90일 이내**에 발급 신청을 하여야 한다.

② 발급 신청을 받은 공급인증기관은 발급 신청을 한 날부터 **30일 이내**에 공급인증서를 발급하여야 한다.

(10) 신 · 재생에너지의 가중치(제18조의9)

신 · 재생에너지의 가중치는 해당 신 · 재생에너지에 대한 다음 각 호의 사항을 고려하여 기후에너지환경부장관이 정하여 고시하는 바에 따른다.

1. 환경, 기술개발 및 산업 활성화에 미치는 영향
2. 발전 원가
3. 부존(賦存) 잠재량
4. 온실가스 배출 저감(低減)에 미치는 효과
5. 전력 수급의 안정에 미치는 영향
6. 지역주민의 수용(受容) 정도

(11) 신 · 재생에너지 연료의 기준 및 범위(제18조의12)

① 수소
② 중질잔사유를 가스화한 공정에서 얻어지는 합성가스
③ 생물유기체를 변환시킨 바이오가스, 바이오에탄올, 바이오액화유 및 합성가스
④ 동물 · 식물의 유지를 변환시킨 바이오디젤
⑤ 생물유기체를 변환시킨 목재칩, 펠릿 및 목탄 등의 **고체연료**

(12) 신 · 재생에너지 품질검사기관(제18조의13)

① 한국석유관리원
② 한국가스안전공사
③ 한국임업진흥원

(13) 보험 · 공제 가입 등(제20조의2)

1) 설비인증을 받은 자가 법에 따라 가입하여야 하는 보험 또는 공제는 다음 각 호의 기준을 모두 충족하는 것이어야 한다.
   1. 사고당 배상한도액이 1억원 이상일 것
   2. 피해자 1인당 배상한도액이 1억원 이상일 것
   3. 설비인증을 받은 신 · 재생에너지설비의 「제조물책임법」에 따른 결함으로 인한 손해를 보장하는 것일 것
2) 법에 따른 보험 또는 공제의 가입기간 및 가입대상은 다음 각 호와 같다.
   1. 가입기간 : 법에 따른 설비인증기관으로부터 부여받은 인증유효기간
   2. 가입대상: 설비인증을 받은 신 · 재생에너지설비
3) 설비인증을 받은 자는 보험증서 또는 공제증서를 설비인증기관의 장에게 제출하여야 한다.

(14) 발전차액의 지원을 위한 기준가격의 산정기준(제22조)

① 신 · 재생에너지 발전소의 표준공사비, 운전유지비, 투자보수비 및 각종 세금과 공과금
② 신 · 재생에너지 발전소의 설비 이용률, 수명 기간, 사고 보수율과 발전소에서의 신 · 재생에

너지 소비율 등의 설계치 및 실적치

③ 신 · 재생에너지 발전사업자의 송전 · 배전 선로 이용요금

④ 신 · 재생에너지 발전기술의 상용화 수준 및 시장 보급 여건

⑤ 운전 중인 신 · 재생에너지 발전사업자의 경영 여건 및 운전 실적

⑥ 전기요금 및 전력시장에서의 신 · 재생에너지 발전에 의하여 공급한 전력의 거래가격의 수준

(15) 신 · 재생에너지 설비 및 그 부품 중 공용화 품목의 지정절차 등(제24조)

기후에너지환경부장관은 공용화 품목의 개발, 제조 및 수요 · 공급 조절에 필요한 자금을 다음
각 호의 구분에 따른 범위에서 융자할 수 있다

① 중소기업자 : 필요한 자금의 80퍼센트

② 중소기업자와 동업하는 중소기업자 외의 자 : 필요한 자금의 70퍼센트

③ 그 밖에 기후에너지환경부장관이 인정하는 자 : 필요한 자금의 50퍼센트

(16) 자료제출(제26조의3)

1) 혼합의무자에게 제출을 요구하는 자료 중 신 · 재생에너지 연료 혼합시설에 대한 자료

　① 신 · 재생에너지 연료 혼합시설 현황

　② 신 · 재생에너지 연료 혼합시설 변동사항

　③ 신 · 재생에너지 연료 혼합시설의 사용실적

2) 혼합의무자에게 제출을 요구하는 자료 중 신 · 재생에너지 연료 혼합의무 이행확인에 관한
자료

　① 수송용연료의 생산량

　② 수송용연료의 내수판매량

　③ 수송용연료의 재고량

　④ 수송용연료의 수출입량

　⑤ 수송용연료의 자가소비량

(17) 자료제출(제26조의5)

신 · 재생에너지 연료 혼합의무 불이행에 대한 과징금의 통지를 받은 자는 **통지를 받은 날부터
30일 이내**에 과징금을 기후에너지환경부장관이 정하는 수납기관에 내야 한다.

(18) 신 · 재생에너지 설비에 대한 사후관리(제28조의2)

법에 따라 연 1회 이상 사후관리를 실시해야 하는 신 · 재생에너지 설비는 설치한 날부터 3년 이
내인 신 · 재생에너지 설비로 한다.

2.1.3 신에너지 및 재생에너지 개발·이용·보급 촉진법 시행규칙

(1) 신 · 재생에너지 설비(제2조)

① 수소에너지 설비 : 물이나 그 밖에 연료를 변환시켜 수소를 생산하거나 이용하는 설비

② 연료전지 설비 : 수소와 산소의 전기화학 반응을 통하여 전기 또는 열을 생산하는 설비

③ 석탄을 액화·가스화한 에너지 및 중질잔사유를 가스화한 에너지 설비 : 석탄 및 중질잔사유의 저급 연료를 액화 또는 가스화시켜 전기 또는 열을 생산하는 설비

④ 태양에너지 설비

  ㉮ 태양열 설비 : 태양의 열에너지를 변환시켜 전기를 생산하거나 에너지원으로 이용하는 설비

  ㉯ 태양광 설비 : 태양의 빛에너지를 변환시켜 전기를 생산하거나 채광(採光)에 이용하는 설비

⑤ 풍력 설비 : 바람의 에너지를 변환시켜 전기를 생산하는 설비

⑥ 수력 설비 : 물의 유동 에너지를 변환시켜 전기를 생산하는 설비

⑦ 해양에너지 설비 : 해양의 조수, 파도, 해류, 온도차 등을 변환시켜 전기 또는 열을 생산하는 설비

⑧ 지열에너지 설비 : 물, 지하수 및 지하의 열 등의 온도차를 변환시켜 에너지를 생산하는 설비

⑨ 바이오에너지 설비 : 신에너지 및 재생에너지 개발·이용·보급 촉진법 시행령 별표 1의 바이오에너지를 생산하거나 이를 에너지원으로 이용하는 설비

⑩ 폐기물에너지 설비 : 폐기물을 변환시켜 연료 및 에너지를 생산하는 설비

⑪ 수열에너지 설비 : 물의 표층의 열을 변환시켜 에너지를 생산하는 설비

⑫ 전력저장 설비 : 신에너지 및 재생에너지를 이용하여 전기를 생산하는 설비와 연계된 전력저장 설비

(2) 신·재생에너지 공급인증서의 거래 제한(제2조의2)

① 발전소별로 **5천킬로와트**를 넘는 수력을 이용하여 에너지를 공급하고 발급된 경우

② 기존 방조제를 활용하여 건설된 조력을 이용하여 에너지를 공급하고 발급된 경우

③ 석탄을 액화·가스화한 에너지 또는 중질잔사유를 가스화한 에너지를 이용하여 에너지를 공급하고 발급된 경우

④ 폐기물에너지 중 화석연료에서 부수적으로 발생하는 폐가스로부터 얻어지는 에너지를 이용하여 에너지를 공급하고 발급된 경우

(3) 발전차액의 지원 중단 및 환수절차(제11조)

기후에너지환경부장관은 신·재생에너지 발전사업자가 위법 행위를 한 경우에는 다음 각 호의 구분에 따라 조치한다.

① 위반행위를 1회 한 경우 : 경고

② 위반행위를 2회 한 경우 : 시정명령

③ 시정명령에 따르지 아니한 경우 : 발전차액의 지원 중단

(4) 신·재생에너지 설비의 사후관리 절차 등(제16조의3)

1) 법에 따른 시행기관의 장은 매년 1월 말일까지 다음 각 호의 사항을 포함하는 해당 연도의 사

후관리 계획을 수립·시행하고, 같은 항에 따라 고시된 신·재생에너지 설비의 시공자에게 통보하여 사후관리를 실시하도록 해야 한다.

1. 신·재생에너지 설비의 가동 상태, 구조물 외관 및 각종 부재의 체결 상태 등 점검사항
2. 신·재생에너지 설비별 점검시기 및 점검방법
3. 그 밖에 신·재생에너지 설비의 효율적인 사후관리를 위해 필요한 사항으로서 기후에너지환경부장관이 정하여 고시하는 사항

2) 시공자는 법에 따라 신·재생에너지 설비에 대한 사후관리 실적을 해당 연도의 5월 말일까지 시행기관의 장에게 보고해야 한다.
3) 시행기관의 장은 법에 따라 신·재생에너지 설비에 대한 사후관리 시행결과를 해당 연도의 6월 말일까지 센터에 제출해야 하고, 센터는 이를 종합하여 해당 연도의 7월 말일까지 기후에너지환경부장관에게 보고해야 한다.

2.2 신에너지 및 재생에너지 설비의 지원 등에 관한 규정 및 지침

2.2.1 신에너지 및 재생에너지 설비의 지원 등에 관한 규정

(1) 용어의 정의(제2조)

① 참여기업 : 보급사업에 참여가 가능하도록 평가·선정된 기업
② 시공자 : 다음 각 목의 어느 하나에 해당하는 자

   가. 법에 따라 설비인증을 받은 신·재생에너지 설비를 생산하는 제조기업
   나. 「건설산업기본법」에 따라 관련 건설업을 등록한 기업
   다. 「전기공사업법」에 따라 관련 공사업을 등록한 기업
   라. 「환경기술 및 환경산업 지원법」에 따라 관련 공사업을 등록한 기업
   마. 그 밖에 관계법령에 따라 관련 건설·공사·시공업을 등록한 기업

③ 상계처리 : 신·재생에너지 발전설비 소유자가 전기판매사업자로부터 공급받은 전력량에서 전기판매사업자에게 공급한 전력량을 차감한 후 전기요금을 납부하는 것
④ 재생에너지 사용 확인 : 전기소비자가 제57조제1항 각 호의 수단을 활용하여 재생에너지 전기를 사용하고 확인서를 발급받아 재생에너지 전기의 사용을 증명하는 것
⑤ 전기소비자 : 기업, 단체 등으로서 재생에너지 전기를 사용하고 "재생에너지 사용 확인서"를 발급 받는 주체
⑥ 재생에너지 사용 확인서 : 재생에너지 전기를 사용하는 전기소비자에게 발행하는 전력량(MWh) 단위의 증명서
⑦ 녹색프리미엄 : 재생에너지로 생산된 전력을 구매하고자 하는 전기소비자가 전기사업법에 따른 전기의 공급약관에서 정한 전기요금 외에 자발적으로 추가 부담하는 금원
⑧ 신·재생에너지 공급인증서 : 발전사업자가 신·재생에너지 설비를 이용하여 전기를 생산·공급하였음을 증명하는 인증서

(2) 적용범위(제3조)

① 이 규정은 보급사업(주택지원사업, 건물지원사업, 지역지원사업, 융·복합지원사업), 태양광 대여사업, 금융지원사업, 무탄소에너지보증사업, 설치의무기관의 의무화사업 등을 통한 신·재생에너지 설비 설치와 설치된 설비의 사후관리 및 재생에너지 전기의 사용 및 확인 등 에 적용한다.

② 보조금 지원 등 보급사업에 관한 사항과 융자, 보증 등 금융지원에 관한 사항은 관계법령에 서 다르게 정한 것을 제외하고는 이 규정에서 정하는 대로 따른다.

(3) 시행기관 등(제4조)

① 보급사업, 태양광대여사업, 금융지원사업의 시행기관은 센터로 한다. 다만, 일부 사업에 대 한 시행기관은 다음 각 호와 같다.
  1. 공공주택 보급사업 : 한국토지주택공사 또는 지방공기업
  2. 지역지원사업 : 지방자치단체(시·도)
  3. 융·복합지원사업 : 지방자치단체 또는 지방공기업 및 공공기관
  4. 무탄소에너지보증 : 신용보증기금
  5. 설치의무화사업 : 해당 설치의무기관

② 신·재생에너지 설비의 설치확인과 사후관리를 시행하는 기관은 센터로 한다. 다만 업무의 효율적 추진을 위해 필요한 경우 센터의 장이 따로 정하는 바에 따라 업무의 일부를 다른 기 관에 위탁할 수 있다.

③ 신·재생에너지 설비의 공사실적증명을 발급하는 기관은 한국신·재생에너지협회로 한다.

(4) 신·재생에너지 설비의 지원기준

1) 중복 지원의 금지(제10조)

시행기관의 장은 정부지원 사업 중 동일한 종류의 신·재생에너지 설비가 동일한 장소에 설 치되는 사업의 경우에는 중복하여 지원 할 수 없다. 다만, 다음 각 호의 대상은 제외한다.
  1. 지역지원사업의 사업이 종료된 이후, 설비용량을 증설하는 경우
  2. 에너지자립 인증을 받아 융·복합지원사업 등의 사업으로 고도화 사업을 추진하는 경우
  3. 불가항력적인 재해로 인하여 피해를 입은 시설에 복구 지원을 하는 경우
  4. 융자, 보증 등 금융지원사업의 경우

2) 보조금 지원방법(제11조)

① 주택지원 사업 및 건물지원 사업은 보조금 지원단가를 미리 정하여 해당 보조금을 정액 지원한다.

② 지역지원 사업은 신·재생에너지 설비가격(설계비 등을 포함)의 50[%] 이하에서 보조금 을 지원한다. 단, 보급 확대가 필요하다고 판단되는 설비에 한해 최대 70[%]이하에서 보 조금을 지원할 수 있다.

③ 융·복합지원사업은 시행기관의 장과 협약(설계비 등을 포함)된 금액(협약금액)의 50[%]
이하에서 보조금을 지원한다. 다만, 지원대상 사업 중 연료전지 및 보급확대가 필요하다
고 판단되는 설비에 한정하여 협약금액의 70[%] 이하에서 보조금을 지원할 수 있다.

(5) 설치의무기관의 신·재생에너지 설비보급

1) 설치의무기관 및 설치여부 확인 등(제50조)

① 설치의무기관은 시행령 [별표 2]에 따른 「신·재생에너지의 공급의무 비율」을 충족하기
위하여 신·재생에너지 설비를 의무적으로 설치하여야 한다.

② 센터의 장은 설치의무기관의 의무대상 건축물 여부를 연 1회 이상 확인한 후 이행 여부를
관리하여야 하며, 그 중 최근 5년간 신축, 증축 또는 개축 건축물의 신·재생에너지 설비
설치여부 결과를 장관에게 보고하여야 한다.

③ 센터의 장은 제1항에 따른 적용대상 여부를 확인하기 위하여 설치의무기관에 다음 각 호
의 증빙자료를 요구할 수 있다.

1. 출연금을 확인할 수 있는 예산서 등 증빙서류
2. 납입자본금을 확인할 수 있는 대차대조표 등 증빙서류
3. 기타 설치의무기관의 건축물이 적용 대상인지 여부를 확인할 수 있는 증빙서류

2) 설치계획서 제출 등(제51조)

① 설치의무기관의 장은 건축허가 신청 전에 신·재생에너지 설비 설치계획서를 작성하여
센터의 장에게 제출하여야 한다.

② 센터의 장은 제1항에 따라 설치계획서를 접수받은 날로부터 30일 이내에 센터의 장이 따
로 정한 절차에 따라 사업타당성 등에 대한 신·재생에너지 설비 설치계획 검토서를 설치
의무기관의 장에게 통보하여야 한다.

③ 제2항의 검토서를 받은 설치의무기관의 장은 건축허가신청서에 검토서의 내용을 반영하
여야 하며, 건축허가 신청 시 제2항의 검토서를 첨부하여 해당 건출물의 건축허가권자에
게 제출하여야 한다.

④ 설치의무기관의 장은 제3항에 따른 건축허가권자에게 제2항에 따른 검토서 내용의 반영
여부 등을 확인시켜야 한다.

(6) 융·복합지원사업 등(제35조)

융·복합지원사업은 동일한 장소(건축물 등)에 2종 이상 신·재생에너지원의 설비(전력저장장
치 포함)를 동시에 설치하거나, 주택·공공·상업(산업)건물 등 지원대상이 혼재되어 있는 특
정지역에 1종 이상 신·재생에너지원의 설비를 동시에 설치하려는 경우에 국가가 보조금을 지
원해 주는 사업을 말한다.

(7) 설비의 사후관리(제55조)

① 시행기관의 장은 보급사업, 금융지원사업, 설치의무기관의 의무화사업을 통해 설치한 신·

재생에너지 설비에 대하여 사후관리 계획을 매년 수립·시행하여야 한다. 이 경우 표본조사 등 사후관리 방법 등에 대하여는 센터의 장이 따로 정한다.

② 시행기관의 장은 제1항에 따른 계획을 수립할 때 시공자에게 신·재생에너지 설비의 가동상 태 등을 조사하여 그 결과를 보고하게 할 수 있다.

③ 제1항에 따라 시행기관의 장이 수립·시행하는 사후관리 계획은 다음 각 호의 사항을 포함하 여야 하며, 센터의 장은 제1항에 따른 다음 연도 신·재생에너지 설비의 사후관리 대상 설비 목록, 점검사항 및 사후관리방법 등을 매년 말일까지 시행기관의 장에게 제공해야 한다.

1. 신·재생에너지 설비의 가동 상태, 구조물 외관 및 각종 부재의 체결 상태 등 점검사항
2. 신·재생에너지 설비별 점검시기 및 점검방법
3. 그 밖에 신·재생에너지 설비의 효율적인 사후관리를 위해 필요한 사항으로 센터의 장이 정하는 사항

④ 센터의 장은 사후관리업무 중 설비의 A/S 지원을 위하여 고장접수지원센터를 설치·운영할 수 있다.

⑤ 소유자는 설비의 유지·보수를 성실히 수행하여야 하며, 설치된 설비에 대해 가동실적을 알 수 있는 운전데이터 등 시행기관의 장이 요구하는 자료를 성실히 제공하여야 한다.

⑥ 시공자는 제1항 각 호에 따라 설치한 신·재생에너지 설비 중 설치한 날부터 3년 이내인 설비 에 대해 연 1회 이상 사후관리를 의무적으로 실시하여, 그 실적을 해당 연도의 5월 말일까지 시행기관의 장에게 보고해야 한다.

⑦ 시행기관 장은 사후관리 시행결과를 해당 연도의 6월 말일까지 센터에 제출해야 하고, 센터 는 이를 종합하여 해당 연도의 7월 말일까지 기후에너지환경부장관에게 보고해야 한다.

(8) 신·재생에너지 공급의무 비율의 산정기준 및 방법 (제52조 관련 별표2)

1) 신·재생에너지 공급의무 비율[%]은 다음의 식으로 산정한다.

$$신·재생에너지\ 공급의무\ 비율 = \frac{신·재생에너지\ 생산량}{예상\ 에너지사용량} \times 100[\%]$$

[비고]
(1) 신·재생에너지 공급의무 비율이란 건축물에서 연간 사용이 예측되는 총에너지량 중 그 일부를 의무적으로 신·재생에너지설비를 이용하여 생산한 에너지로 공급해야 하는 비율 이다.
(2) 신·재생에너지 생산량이란 신·재생에너지를 이용하여 공급되는 에너지를 의미하며, 신· 재생에너지설비를 이용하여 연간 생산하는 에너지의 양을 보정한 값이다.
(3) 예상 에너지사용량이란 건축물에서 연간 사용이 예측되는 총에너지의 양이다.

2) 예상 에너지사용량은 다음의 식으로 산정한다.

예상 에너지사용량 = 건축 연면적 × 단위 에너지사용량 × 지역계수 [kWh]

[비고]

(1) 연면적이란 영 제15조제2항에 따른 연면적을 말한다. 단, 주차장 면적은 연면적에서 제외한다.

(2) 단위 에너지사용량이란 용도별 건축물의 단위면적당 연간 사용이 예측되는 에너지의 양이다.

(3) 지역계수란 지역별 기상조건을 고려한 계수이다.

(4) 단위 에너지사용량 및 지역계수는 다음과 같다.

단위 에너지사용량

구 분		단위에너지사용량 (kWh/m² · yr)
공공용	교정 및 군사시설	392.07
	방송통신시설	490.18
	업무시설	371.66
문교 · 사회용	문화 및 집회시설	412.03
	종교시설	257.49
	의료시설	643.52
	교육연구시설	231.33
	노유자시설	175.58
	수련시설	231.33
	운동시설	235.42
	묘지관련시설	234.99
	관광휴게시설	437.08
	장례식장	234.99
상업용	판매 및 영업시설	408.45
	운수시설	374.47
	업무시설	374.47
	숙박시설	526.55
	위락시설	400.33

지역계수

구분	지역 계수
서울	1.00
인천	0.97
경기	0.99
강원 영서	1.00
강원 영동	0.97
대전	1.00
충북	1.00
전북	1.04
충남 · 세종	0.99
광주	1.01
대구	1.04
부산	0.93
경남	1.00
울산	0.93
경북	0.98
전남	0.99
제주	0.97

3) 신 · 재생에너지 생산량은 다음의 식으로 산정한다.

신 · 재생에너지 생산량 = 원별 설치규모 × 단위 에너지생산량 × 원별 보정계수 [kWh]

[비고]

(1) 원별 설치규모란 설치계획을 수립한 신·재생에너지원의 규모를 말한다.

(2) 단위 에너지생산량이란 신·재생에너지원별 단위 설치규모에서 연간 생산되는 에너지의 양이다.

(3) 원별 보정계수란 신·재생에너지원별 연간 에너지생산량을 보정하기 위한 계수이다.

(4) 단위 에너지생산량, 원별 보정계수는 센터의 장이 정한다. 다만, 단위 에너지생산량이 현저히 낮은 신·재생에너지원의 보정계수는 다른 신·재생에너지원 보정계수의 최대치를 초과할 수 없다.

(9) 재생에너지 전기의 사용 및 확인

1) 제도의 운영(제61조)

① 장관은 자발적인 재생에너지 이용과 보급을 촉진하기 위하여 전기소비자가 제63조의 수단을 활용하여 재생에너지 전기를 사용할 수 있도록 절차와 방법을 정하여 운영할 수 있으며, 전기소비자가 재생에너지 전기를 사용한 경우에는 제64조에서 정한 절차와 방법에 따라 별지 제3호의 서식으로 「재생에너지 사용 확인서」를 발행하여야 한다.

② 장관은 제①항에 따른 재생에너지 전기의 사용을 위한 절차와 방법의 운영 및 확인서 발행 등 제반 행정사항을 전담기관에 위탁할 수 있다.

2) 전담기관 등(제62조)

① 제65조제②항에 따른 전담기관은 신·재생에너지센터로 한다.

② 전담기관은 제63조제①항의 이행을 위한 절차와 방법의 운영 및 확인서 발행, 관리시스템 운영, 통계관리 등 전기소비자의 재생에너지 사용 및 확인과 관련된 제도를 총괄 운영한다.

③ 제2항에도 불구하고 제63조제①항 각 호의 운영을 위하여 다음 각 호의 운영기관을 둔다.

   1. 녹색프리미엄 제도 운영 : 한국전력공사

   2. 전기판매사업자를 통한 전력구매계약의 체결 제도 운영 : 한국전력공사

   3. 신·재생에너지 공급인증서(REC)의 구매 및 자가소비용 재생에너지 설비의 설치 제도 운영 : 신·재생에너지센터

   4. 재생에너지전기 직접전력거래계약의 체결 제도 운영 : 한국전력거래소

3) 재생에너지 전기의 사용(제63조)

① 전기소비자는 운영기관이 정한 방법과 절차에 따라 다음 각 호의 어느 하나에 해당하는 방법으로 재생에너지 전기를 사용할 수 있다.

   1. 녹색프리미엄의 납부

   2. 전기판매사업자를 통한 전력구매계약의 체결

   3. 법 제12조의7에 따른 신 · 재생에너지 공급인증서(REC)의 구매

   4. 재생에너지전기 직접전력거래계약의 체결

5. 자가소비용 재생에너지 설비의 설치
6. 기타 전기소비자의 재생에너지 사용을 위하여 장관이 인정한 사항

2.2.2 신에너지 및 재생에너지 설비의 지원 등에 관한 지침

(1) 공사실적 신고절차(제3조)
신에너지 및 재생에너지 설비의 지원 등에 관한 규정에 따라 시공자는 설치확인 완료 후 30일 이내에 공사실적을 한국신·재생에너지협회에 신고하여야 한다. 다만, 주택지원사업의 경우에는 설치확인 완료 후 3개월 이내에 신고할 수 있다.

(2) 시공기준 등(제7조)
1) 신에너지 및 재생에너지 설비의 지원 등에 관한 규정에 따른 다음 각 호의 신·재생에너지 설비에 대한 시공기준은 [별표 1], 모니터링 설비 설치기준은 [별표 2], 설치확인 기준은 [별표 4]와 같다.

1. 태양광설비	2. 집광채광설비
3. 태양열설비(액체식, 공기식)	4. 지열에너지설비
5. 풍력설비	6. 수력설비
7. 바이오(혐기성소화)설비	8. 목재펠릿보일러
9. 폐기물에너지 회수설비	10. 연료전지설비
11. 수열에너지설비	12. 자연순환형 태양열온수기
13. 전력저장설비	

2) 제1항의 시공기준과 관련하여 참여기업은 [별표 1-1]의 시공가이드라인을 고려할 수 있다.
3) 시행기관의 장은 고시에 따라 다음 각 호의 설비에 대해 단위시설별로 에너지생산량 및 가동상태를 확인할 수 있는 모니터링 설비를 [별표 2]와 같이 설치하여야 하며 용량은 단위사업별 설비용량을 기준으로 한다. 다만, 제2장의 각 사업 공고에서 모니터링 설비 설치 대상을 따로 정하는 경우에는 해당 기준을 적용할 수 있다.
   1. 50[kW] 이상의 발전설비(수소·연료전지 : 1[kW] 초과설비)
   2. 200[m^2] 이상의 태양열설비
   3. 175[kW] 이상의 지열 및 수열에너지설비

(3) 사업변경 승인(제30조)
① 고시에서 "기타 부득이한 사정"이란 다음 각 호와 같다.
   1. 사업추진 시 민원 발생이 명확하게 예상되는 경우
   2. 설비음영 등으로 효율저하가 명확하게 예상되는 경우
   3. 예상치 못한 사업환경 변화로 사업비의 과다증가 또는 사업기간의 과다연장이 예상되는 경우
   4. 위원회의 심의를 거쳐 인정하는 사유

② 센터의 장은 다음 각 호를 제외하고는 위원회의 심의를 거쳐야 한다.
1. 고시 제31조제2항제1호의 경우
2. 협약된 예산의 범위에서 신·재생에너지 설비 용량이 증가하는 경우
3. 효율 등을 고려하여 동일주소 내에서 설치장소만 변경하는 경우
4. 최종 승인받은 설비 용량 대비 실제 설치 용량이 10% 미만으로 감소하는 경우

2.3 신에너지 및 재생에너지 공급의무화제도 관리 및 운영 지침

(1) 용어의 정의(제3조)

1) 공급의무자 : 법에 따라 발전량의 일정량 이상을 의무적으로 신·재생에너지를 이용하여 공급하여야 하는 자
2) 의무공급량 : 법에 따라 공급의무자가 연도별로 신·재생에너지 설비를 이용하여 공급하여야 하는 발전량.
3) 기준발전량 : 공급의무자별 의무공급량을 산정함에 있어 기준이 되는 발전량으로 신·재생에너지 발전량과 태양광 대여사업으로 설치된 설비에서 생산되는 발전량을 제외한 발전량
4) 공급인증기관 : 법에 따라 지정되고 법에 따른 업무를 수행하는 기관을 말하며, 법에 따른 신·재생에너지센터와 한국전력거래소
5) 신·재생에너지 공급인증서 : 법에 따라 신·재생에너지 설비를 이용하여 에너지를 공급하였음을 증명하는 인증서
6) REC(Renewable Energy Certificate) : 공급인증서의 발급 및 거래단위로서 공급인증서 발급대상 설비에서 공급된 [MWh] 기준의 신·재생에너지 전력량에 대해 가중치를 곱하여 부여하는 단위
7) 태양광 대여사업 : 태양광 대여사업자가 주택 등에 태양광 발전설비를 설치하고, 설비가 설치된 주택 등에서 납부하는 대여료와 REP 판매수입으로 투자비를 회수하는 사업
8) 신·재생에너지 생산인증서 : 신·재생에너지 설비를 이용하여 에너지를 생산하였음을 증명하는 인증서
9) REP(Renewable Energy Point) : 생산인증서의 발급 및 거래단위로서 생산인증서 발급대상 설비에서 생산된 MWh기준의 신·재생에너지 전력량에 대해 부여하는 단위
10) 신·재생에너지 개발공급협약(RPA) : 정부와 에너지공급사간에 신·재생에너지 확대 보급을 위해 체결한 협약
11) 정산기관 : 시행령에서 정의한 의무이행비용을 산정하고 공급의무자에 대한 의무이행비용 정산업무를 수행하는 기관으로서, 한국전력거래소
12) 징수기관 : 시행령에 근거하여 의무이행비용의 회수업무를 수행하는 기관으로서, 한국전력공사
13) 관리기관 : 법에 따라 지정되고 법에 따른 업무를 수행하는 기관을 말하며, 법에 따른 신·재생에너지센터와 석유사업법에 따른 한국석유관리원

14) 고정가격계약 : 신재생에너지 공급인증서 가격에 전기사업법에 따른 전력거래가격을 합산한 가격을 고정가격으로 하여 체결하는 계약을 말한다. 이 경우 신재생에너지 공급인증서의 계약단가는 고정가격에서 전력거래가격을 차감하여 매월 산정한 가격으로 하며, 전력거래가격이 고정가격을 초과하는 경우 계약단가는 '0'으로 적용한다.

15) 발전차액지원제도 전환설비 : 법에 따라 발전차액을 지원받은 신·재생에너지 발전설비로서 발전차액 지원이 종료된 후, 발전사업변경허가(변경허가대상이 아닌 경우에는 공사계획변경인가 또는 신고)를 받고 공급인증기관이 정하는 바에 따라 발전설비의 주기기를 교체한 설비.

16) 에너지 효율 : 투입된 에너지 대비 그 에너지로 생산된 열 및 전기 에너지의 비율.

(2) 공급의무자별 의무공급량 산정 및 공고(제4조)

① 기후에너지환경부장관은 법에 따라 공급의무자별 의무공급량을 매년 1월 31일까지 공고하여야 한다.

(3) 공급인증기관(제5조)

① 신 · 재생에너지센터는 법에 의한 다음 각 호의 업무를 수행한다.
  1. 공급인증서 발급, 등록, 관리 및 폐기에 관한 업무
  2. 공급인증서 발급대상 설비확인 및 사후관리에 관한 업무
  3. 공급의무화제도관련 종합적 통계관리 및 정책지원
  4. 의무공급량의 산정 및 의무이행실적 확인
  5. 공기업·준정부기관의 출연·출자 사업의 사업성 검토에 관한 업무
  6. 기타 장관이 필요하다고 인정하는 업무

② 한국전력거래소는 법에 의한 다음 각 호의 업무를 수행한다.
  1. 공급인증서 거래시장의 개설 및 운영
  2. 공급의무자의 의무이행비용 소요계획 작성, 정산 및 결제
  3. 공급인증서 거래대금의 정산 및 결제
  4. 거래시장 운영관련 통계관리 및 정책지원
  5. 기타 장관이 필요하다고 인정하는 업무

③ 공급인증기관은 상기 ①항과 ②항의 규정에 의한 업무를 효율적으로 추진하기 위하여 공동의 규정 및 전력시장운영규칙을 제정하여 운영할 수 있으며, 동 규정의 제정 및 개정은 장관의 승인을 받아야 한다.

(4) 공급인증서 가중치(제7조)

① 공급인증서의 가중치는 별표 2와 같다. 단, 장관은 3년마다 기술개발 수준, 신 · 재생에너지의 보급 목표, 운영 실적과 그 밖의 여건 변화 등을 고려하여 공급인증서 가중치를 재검토하여야 하며, 필요한 경우 재검토기간을 단축할 수 있다.

(5) 공급인증서 발급대상 설비 확인(제8조)

① 공급인증서를 발급받으려는 자는 공급인증서를 최초로 발급받기 전에 신·재생에너지센터로부터 해당 신·재생에너지설비가 공급인증서 발급대상 설비임을 확인 받아야 한다.

② 상기 ①항에 따른 공급인증서 발급 대상 설비확인을 받으려는 자는 「국토의 계획 및 이용에 관한 법률」에 따른 준공검사를 받고, 같은 법 시행규칙에 따른 개발행위 준공검사필증을 신재생에너지센터에 제출하여야 한다. 다만, 같은 법에 따른 개발행위허가를 받지 않아도 되는 경우 관련 기관으로부터 이를 확인할 수 있는 서류를 신재생에너지센터에 제출하여야 한다.

③ 상기 ②항에 따른 개발행위 준공검사필증의 제출기한은 설비확인 신청일이 속한 달 말일부터 6개월까지로 한다.

(6) 고정가격계약 경쟁입찰 제도(제10조)

① 공급의무자는 법에 따라 신재생에너지 공급인증서를 구매하는 경우에는 신·재생에너지센터에 고정가격계약 경쟁입찰 사업자 선정을 의뢰할 수 있다. 이때 계약기간은 20년을 원칙으로 하되, 필요한 경우 계약기간을 단축 또는 연장할 수 있다.

② 그룹 I 에 해당하는 공급의무자는 신·재생에너지센터가 '공급인증서 발급 및 거래시장 운영에 관한 규칙'에 근거하여 운영하는 운영위원회에서 산정한 용량에 대해 선정을 의뢰하여야 한다. 이 경우 공급의무자는 운영위원회에 참여하여 의견을 개진할 수 있으며, 보급여건을 고려하여 필요한 경우 추가로 선정을 의뢰할 수 있다.

③ 신·재생에너지센터는 제①항에 따른 경쟁입찰을 공고할 때 신·재생에너지 설비 보급 현황 등을 고려하여, 전체 선정의뢰용량에 대해 설비 용량 구간 및 비중을 설정할 수 있다.

(7) 공급의무자별 의무공급량의 산정기준〈별표 1〉

1) 공급의무자별 의무공급량

○ 의무공급량(GWh) = 기준발전량(GWh) × 조정의무비율(%)

주) 의무공급량은 소수점 넷째자리에서 반올림
- 기준발전량이 0인 공급의무자의 의무공급량(GWh)
= 기준발전량이 0인 공급의무자의 전년도 의무공급량(GWh) × (1 + 의무공급량 증가율(%))

주1) 기준발전량이 0인 공급의무자의 의무공급량은 태양광에너지만을 대상으로 한다.

주2) 의무공급량 증가율은 전년도 대비 해당연도 총 의무공급량(기준발전량이 0인 공급의무자 및 해당연도 신규 공급의무자의 의무공급량 제외)의 비율을 의미. 단, 의무공급량 증가율이 1보다 작을 경우, 0으로 적용한다.

주3) 의무공급량은 소수점 넷째자리에서 반올림

○ 조정의무비율(%)

= 영 별표3에 따른 연도별 비율 $-\ \dfrac{\text{기준발전량이 0인 공급의무자의 수력 및 조력 발전량}}{\text{공급의무자 기준발전량의 합}}$

주1) 단, 수력 및 조력은 시행규칙 제2조의2의 1, 2호에 해당하는 수력 및 조력을 의미

주2) 조정의무비율은 소수점 셋째자리에서 반올림

2) 공급의무자별 기준발전량

구 분		산 식
설비용량	**대상자**	
그룹 Ⅰ	한국수력원자력	$RPG_n^{한수원} = NG_{n-1} \times (1-\alpha_n) + G_{n-1}^{한수원}$
	한국남동발전, 한국중부발전 한국서부발전, 한국남부발전 한국동서발전	$RPG_n^i = G_{n-1}^i + \left(\dfrac{G_{n-1}^i}{\Sigma G_{n-1}^{b \geq n\cos}} \times NG_{n-1} \times \alpha_n \right)$
그룹 Ⅱ	한국지역난방공사 한국수자원공사 SK E&S, GS EPS GS 파워, 포스코에너지 엠피씨율촌전력 평택에너지서비스 대륜발전, 에스파워 포천파워, 동두천드림파워 파주에너지서비스 GS동해전력, 포천민자발전 신평택발전 나래에너지서비스 고성그린파워, 강릉에코파워 여주에너지서비스 삼척블루파워, 통영에코파워, 울산지피에스	$RPG_n^j = G_{n-1}^j$

주1) RPG : 공급의무자별 기준발전량(Reference Power Generation)

주2) NG : 원자력 발전량

주3) G : 총 발전량에서 신·재생에너지 발전량과 원자력 발전량 및 공급인증기관에 제출한 REP에 해당하는 발전량을 제외한 발전량

주4) α_n : 원자력발전량에 대한 연도별(n) 경감률

주5) n : 의무공급량 이행기간 해당년도

주6) $n-1$: 의무공급량 이행기간 직전년도

주7) $5 \geq n\cos$: Ⅰ그룹의 공급의무자 중 한국수력원자력을 제외한 공급의무자

주8) i : Ⅰ그룹의 공급의무자 중 한국수력원자력을 제외한 공급의무자 중 하나

주9) j : Ⅱ그룹에 속하는 공급의무자 중 하나

주10) 발전량은 소내소비전력 차감 후 전력시장 또는 전력판매사업자에게 판매한 전력량을 기준으로 한다.

주11) 대상자 변경시 변경내역을 반영하여 위의 산식에 따라 재 산정한다.

3) 원자력발전량에 대한 연도별(n) 경감률

연 도	2012년	2013년	2014년	2015년	2016년	2017년이후
경감률(α_n)	5%	15%	25%	35%	45%	50%

(9) 신 · 재생에너지원별 가중치〈별표2〉

구분	공급인증서 가중치	대상에너지 및 기준	
		설치유형	세부기준
태양광 에너지	1.2	일반부지에 설치하는 경우	100kw 미만
	1.0		100kW부터
	0.8		3,000kW 초과부터
	0.5	임야에 설치하는 경우	–
	1.5	건축물 등 기존 시설물을 이용하는 경우	3,000kW 이하
	1.0		3,000kW 초과부터
	1.6	유지 등의 수면에 부유하여 설치하는 경우	100kW 미만
	1.4		100kW 부터
	1.2		3,000kW 초과부터
	1.0	자가용 발전설비를 통해 전력을 거래하는 경우	
기타 신·재생 에너지	0.25	IGCC, 부생가스, 폐기물에너지(비재생폐기물로부터 생산된 것은 제외), Bio-SRF, 흑액	
	0.5	매립지가스, 목재펠릿, 목재칩	
	1.0	조력(방조제 有), 기타 바이오에너지(바이오중유, 바이오가스 등)	
	1.0~2.5	지열, 조력(방조제 無)	변동형
	1.2	육상풍력	
	1.5	수열, 미이용 산림바이오매스 혼소설비	
	1.75	조력(방조제 無, 고정형)	
	1.9	연료전지	
	2.0	연료전지, 조류, 미이용 산림바이오매스(바이오에너지 전소설비만 적용), 지열(고정형)	
	2.0	해상풍력	연안해상풍력 기본가중치
	2.5		기본가중치

[비고]

1. "건축물"이란 발전사업허가일 이전(단, 건축물의 용도가 창고시설과 동물 및 식물관련시설의 경우에 발전사업허가일로 부터 1년 이전)에 건축물 사용승인을 득하여야 하며(단, 전원개발촉진법 제5조에 따른 전원개발사업구역 내 설치된 경우 및 건물일체형 태양광시스템의 경우 제외), ㉠지붕과 외벽이 있는 구조물이며, ㉡사람이 출입할 수 있어야 하며, ㉢사람, 동·식물을 보호 또는 물건을 보관하는 건축물의 본래의 목적에 합리적으로 사용되도록 설계·설치된 구조물을 대상으로 「건축법」 등 관련규정 준수여부 및 안전성 등을 확보할 수 있도록 공급인증기관의 장이 정하는 세부 기준을 충족하는 설비를 의미한다. 다만, 관련 법령 등에 의한 공공건축물의 외벽 등은 해당 기준을 적용할 수 있다.

2. "기존 시설물"이라 함은 「도로법」에 의한 도로의 방음벽 등 고유의 목적을 가진 시설물을 대상으로 「건축법」 등 관련규정 준수여부 및 안전성 등을 확보할 수 있도록 공급인증기관의 장이 정하는 세부 기준을 충족하는 설비를 의미한다.

3. 태양광에너지 가중치와 관련하여, 일반부지에 해당하는 가중치를 적용받는 발전소 중 인근지역(설치장소의 경계가 500미터이내의 지역을 의미한다)내 동일사업자의 발전소는 해당 발전소 합산용량에 해당하는 가중치를 적용하며, 공급인증기관의 장은 다음 각 호의 어느 하나에 해당하는 경우는 해당 발전설비의 일부 또는 전부에 대하여 가중치 적용을 제한할 수 있다.

   ① 사업자 등이 태양광에너지 발전설비 설치를 위해 일정 토지를 취득 또는 임대하고, 가중치 우대를 목적으로 해당 토지를 분할하거나 발전사업 허가용량을 분할하여 다수의 발전설비로 분할 설치하는 경우는 해당 발전설비의 일부 또는 전부에 대하여 합산용량에 따른 가중치를 적용한다.

   ② 태양광에너지 발전설비의 실질 소유주가 가중치 우대를 목적으로 타인 명의로 태양광에너지 발전소를 준공하여 운영하는 것이 명백하다고 인정되는 경우는 동일사업자 규정을 적용한다.

4. 태양광에너지 가중치는 전체용량에 대하여 부여하되 소숫점 넷째자리에서 절사하며, 설치유형별 용량기준 순으로 구분하여 구간별 해당 가중치를 아래와 같이 적용한다.

   ① 일반부지에 설치하는 경우

설치용량	태양광에너지 가중치 산정식
100[kW] 미만	1.2
100[kW]부터 3,000[kW] 이하	$\dfrac{99.999 \times 1.2 + (용량 - 99.999) \times 1.0}{용량}$
3,000[kW] 초과부터	$\dfrac{99.999 \times 1.2}{용량} + \dfrac{2,900.001 \times 1.0}{용량} + \dfrac{(용량 - 3,000) \times 0.8}{용량}$

   ② 건축물 등 기존 시설물을 이용하는 경우

설치용량	태양광에너지 가중치 산정식
3,000[kW] 이하	1.5
3,000[kW] 초과부터	$\dfrac{3,000 \times 1.5 + (용량 - 3,000) \times 1.0}{용량}$

   ③ 유지 등의 수면에 부유하여 설치하는 경우

설치용량	태양광에너지 가중치 산정식
100[kW] 미만	1.6
100[kW]부터 3,000[kW] 이하	$\dfrac{99.999 \times 1.6 + (용량 - 99.999) \times 1.4}{용량}$
3,000[kW] 초과부터	$\dfrac{99.999 \times 1.6}{용량} + \dfrac{2,900.001 \times 1.4}{용량} + \dfrac{(용량 - 3,000) \times 1.2}{용량}$

5. "유지 등의 수면에 부유(浮游)하여 설치하는 경우(이하 수상태양광)"는 다음에 해당하는 경우에 한하며, 안정성, 환경성 등을 확보할 수 있도록 공급인증기관의 장이 정하는 세부 기준을 충족하는 설비를 의미한다.

① 「댐건설 및 주변지역지원 등에 관한 법률」에 따른 댐

② 「전원개발촉진법」에 따라 전원개발사업구역으로 지정된 지역의 발전용댐

③ 「농어촌정비법」에 따른 농업생산기반 정비사업에 따른 저수지 및 담수호와 농업생산기반시설로서의 방조제 내측

④ 「산업입지 및 개발에 관한 법률」에 따른 산업단지 내의 유수지

⑤ 「공유수면 관리 및 매립에 관한 법률」에 따른 공유수면 중 방조제 내측

6. "부생가스"는 2010년 4월 12일 이전에 전기사업법 제7조에 따른 발전사업 허가를 받고 2011년 12월 31일 이전에 전기사업법 제63조에 따른 사용전검사를 합격한 발전소에 한한다.

7. "IGCC", "부생가스", "수열"의 공급인증서 가중치는 공급의무자별 의무공급량의 10[%]이내 발전량에 대해서 적용하며, 이를 상회하는 발전량의 경우 공급인증서 가중치는 0을 적용한다.

8. ① '해상풍력'이란 「공유수면 관리 및 매립에 관한 법률」제2조제1호가목에 따른 바다이거나 같은 법 제2조제1호나목에 따른 바닷가 중 「해양조사와 해양정보 활용에 관한 법률」제8조제1항제2호에 따른 수심(「해양조사와 해양정보 활용에 관한 법률」제8조제1항제2호에 따른 기본수준면을 기준으로 측량한다)이 존재하는 해역에 풍력발전기를 설치하는 경우를 말한다.

② '연안해상풍력'이란 제1항에 따른 해상풍력 중에서 「공유수면 관리 및 매립에 관한 법률」제2조제3호에 따른 간석지이거나 같은 법 제2조제1호나목에 따른 바닷가 중 수심이 존재하는 해역(방조제 내측)에 풍력발전기를 설치하는 경우를 말한다.

③ 제1항 및 제2항의 해상풍력과 연안해상풍력을 제외한 나머지는 모두 '육상풍력'으로 본다. 단, 하나의 발전소 내에 육상풍력, 해상풍력, 연안해상풍력이 혼재하는 경우에는 해당 가중치를 각각 적용하며, 해당 설비별 전력공급량 계량설비를 각각 설치함을 원칙으로 한다.

④ 해상풍력 가중치 산정시 고려하는 "연계거리"란 「해양조사와 해양정보 활용에 관한 법률」제8조제1항제3호에 따른 해안선(인공해안선을 포함하되, 해상풍력발전사업과 한전이 연계되는 육지 또는 육지로부터 계통이 연결되는 섬의 해안선을 의미)과 그 해안선에서 가장 근접한 발전기의 중앙부 위치와의 직선거리를 의미한다. 다만, 공급인증기관의 장은 풍력발전단지의 산업기여도 등을 고려하여 별도의 기준을 통해 "발전단지 내부에서 각 풍력발전기간의 직선거리"를 연계거리 산정시 추가할 수 있다.

⑤ 해상풍력발전사업이 제④항에 따라 산정한 연계거리보다 최단거리에 접속 가능한 한전계통이 있을 경우에는 최단거리 한전계통을 연계점으로 하여 연계거리를 산정한다.

⑥ 해상풍력 가중치 산정시 고려하는 "수심"은 「해양조사와 해양정보 활용에 관한 법률」에 따라 기본수준면을 기준으로 측량하고, 같은 법에 따라 제작된 국립해양조사원의 전자해

도에 따른다. 단, 하나의 발전소 내에 여러 개의 풍력발전기를 설치하는 경우에는 풍력발전기들의 평균 수심을 기준으로 가중치를 적용한다.

⑦ 해상풍력 가중치는 발전단지 전체용량에 대하여 부여하되 소수점 넷째자리에서 절사하며, 연계거리 및 수심별로 구분하여 구간별 해당 가중치를 아래와 같이 적용한다.

해상풍력 가중치 기본산정식
(❶연계거리 복합가중치 + ❷수심 복합가중치) − 기본가중치

구분	❶연계거리 복합가중치
5km 이하	기본가중치
5km 초과 10km 이하	$\dfrac{(5 \times 기본가중치) + (총연계거리 - 5) \times (기본가중치 + 0.4)}{총연계거리}$
10km 초과 15km 이하	$\dfrac{(5 \times 기본가중치) + [5 \times (기본가중치 + 0.4)] + (총연계거리 - 10) \times (기본가중치 + 0.8)}{총연계거리}$
15km 초과	$\dfrac{(5 \times 기본가중치) + [5 \times (기본가중치 + 0.4)] + [5 \times (기본가중치 + 0.8)] + (총연계거리 - 15) \times (기본가중치 + 1.2)}{총연계거리}$

구분	❷수심 복합가중치
20m 이하	기본가중치
20m 초과 25m 이하	$\dfrac{(5 \times 기본가중치) + (수심 - 20) \times (기본가중치 + 0.4)}{(수심 - 15)}$
25m 초과 30m 이하	$\dfrac{(5 \times 기본가중치) + [5 \times (기본가중치 + 0.4)] + (수심 - 25) \times (기본가중치 + 0.8)}{(수심 - 15)}$
30m 초과	$\dfrac{(5 \times 기본가중치) + [5 \times (기본가중치 + 0.4)] + [5 \times (기본가중치 + 0.8)] + (수심 - 30) \times (기본가중치 + 1.2)}{(수심 - 15)}$

⑧ 지침 제8조제1항에도 불구하고 공급인증서 발급대상 설비확인을 받기 전에 공급인증서 예상 가중치의 안내를 받고자 하는 해상풍력 발전사업자는 다음 각 호의 사항을 완료하고 이를 확인할 수 있는 서류를 첨부하여 신·재생에너지센터에 제출하여야 한다.

1. 「환경영향평가법」에 따른 환경영향평가 또는 소규모 환경영향평가

2. 「해양환경관리법」에 따른 해역이용영향평가 또는 해역이용협의

⑨ 제⑦항에 따른 요청을 받은 경우에 신·재생에너지센터는 예상가중치를 검토하고 그 결과를 해상풍력 발전사업자에게 안내하여야 한다. 다만, 해당 발전사업자의 가중치는 지침 제8조제1항에 따른 설비확인이 완료되는 시점에 최종 확정하며, 예상가중치 검토 및 안내에 대한 세부 사항은 공급인증기관의 장이 정하는 바에 따른다.

9. 바이오에너지와 폐기물에너지는 영 제2조(바이오에너지 등의 기준 및 범위) 별표 1에서 정한 기준과 범위에 해당하는 에너지로서 폐기물관리법, 자원의 절약과 재활용 촉진에 관한 법률, 산림자원의 조성 및 관리에 관한 법률 등에 따라 연료로서 품질인증을 받아 적법하게

제조 · 유통 · 처리된 연료를 사용하여 생산한 에너지를 말하며, 연료의 인정을 위한 세부 사항은 공급인증기관의 장이 정하는 세부 기준을 따른다.

10. 폐기물에너지의 경우 영 별표1에 따른 생물기원(바이오매스) 부분의 비율만큼의 발전량에 가중치를 적용한다.

11. 바이오에너지 설비의 경우 건설 폐목재 및 사업장 폐목재(건설현장 폐목재, 폐목재 포장재, 폐전선드럼 등) 중 재활용이 가능한 폐목재를 연료로 사용하는 경우에는 공급인증서 발급 가중치를 적용하지 않으며, 세부 적용 기준은 공급인증기관의 장이 정하는 바에 따른다.

12. 바이오에너지 혼소설비 및 전체 열량의 10%를 초과하여 석탄 등 화석연료(화석연료에서 기원한 화학섬유, 인조가죽, 비닐 등은 제외한다)와 혼합 발전되는 폐기물에너지 설비에 대하여는 가중치를 적용하지 않는다. 단, 바이오에너지 설비에 미이용 산림바이오매스 연료를 혼소하는 경우는 제외한다.

13. 2020년 7월 1일 이전에 제8조에 따라 설비확인을 완료한 석탄화력 바이오에너지 혼소설비 중 별표1에 따른 그룹 I에 해당하는 공급의무자가 보유하고 있는 설비에 대해서는 공급인증서 가중치를 0.5로 적용한다. 단, 미이용 산림바이오매스 연료를 혼소하는 경우는 별표2의 대상에너지 및 기준에 따른 가중치를 적용한다.

14. 고정형과 변동형 가중치는 최초 설비 확인시 신청인이 선택할 수 있으나, 이 후 변경은 불가능하며 변동형 가중치는 아래와 같이 적용한다.

대상에너지 및 기준	공급인증서 가중치 및 적용기간		
	2.5	2.0	1.0
지열	1~5년차	6~15년차	16년차~
조력발전 (방조제 無)	1~10년차	11~30년차	31년차~

15. 「송 · 변전설비 주변지역의 보상 및 지원에 관한 법률」제2조에 의한 송전선로 주변지역 중 2014년 7월 29일 이후에 준공된 76만 5천 볼트 이상 송전선로의 주변지역 내 일반부지에 직접 설치하는 태양광발전소로써 주민참여율(토지출자를 포함하여 발전소 건설을 위한 총 사업비 대비 주민이 투자한 금액의 비율)이 30[%]이상인 경우에 대해서는 일반부지에 직접 설치하는 경우의 공급인증서 가중치에 1.2를 곱한 값을 공급인증서 가중치로 적용한다. 이 경우 참여주민의 자격 및 구성, 참여율 산정 방법, 사업시행주체 등 가중치 적용을 위한 세부 사항은 공급인증기관의 장이 정하는 세부 기준을 따른다.

16. 설비용량 500[kW]이상 태양광발전소와 3,000[kW]이상 풍력발전소로써 주민참여율(투자 지분율 및 총사업비 대비 주민이 투자한 금액의 비율)이 일정비율 이상이거나, 채권 또는 펀드를 통해 참여한 비율이 일정비율 이상인 경우에 대해서는 아래의 가중치를 적용한다. 참여주민은 해당 발전소로부터 반경 1[km] 이내에 소재하는 읍 · 면 · 동에 1년 이상 주민등록이 되어 있는 자로 하며, 해상풍력의 경우에는 발전기로부터 최근접 해안지점을 기준으로 반경 5[km]내의 범위에 있고, 해안선으로부터 2[km]범위내의 육지(섬은 발전기로부터 최근접 해안지점까지의 반경내에 위치한 섬)에 속하는 읍 · 면 · 동에 1년 이상 주민등록이 되

어 있는 주민, 어업권 등 관련법에 따른 피해보상 대상이 되는 주민, 어촌계 또는 조합 등 유관단체로 한다. 주민은 최소 5인 이상이 참여하고, 1인당 투자금은 전체 주민투자금의 30[%]미만이어야 하며, 주민참여율 산정 방법 등 가중치 적용을 위한 세부 사항은 공급인증기관의 장이 정하는 세부 기준을 따른다.

구분	가중치 적용기준[1]			
	500kW 이상 태양광		3,000kW 이상 육상풍력	3,000kW 이상 육상풍력
	이격거리 기준미준수	이격거리 기준준수		
총사업비의 1%이상 2%미만	(최종 가중치 부여 값)			(최종 가중치 부여 값) +0.075
총사업비의 2%이상 3%미만	(최종 가중치 부여 값) +0.08	(최종 가중치 부여 값) +0.1	(최종 가중치 부여 값) +0.1	(최종 가중치 부여 값) +0.15
총사업비의 3%이상 4%미만	(최종 가중치 부여 값) +0.12	(최종 가중치 부여 값) +0.15	(최종 가중치 부여 값) +0.15	(최종 가중치 부여 값) +0.225
총사업비의 4%이상	(최종 가중치 부여 값) +0.16	(최종 가중치 부여 값) +0.2	(최종 가중치 부여 값) +0.2	(최종 가중치 부여 값) +0.3

※ [1] 주민이 참여한 금액(지분참여의 경우 지분참여금액, 채권참여의 경우 채권발행액, 펀드참여의 경우 펀드모집액)이 총사업비의 일정비율 이상일 경우 우대가중치 적용

17. 지방자치법 제2조제1항에 따른 지방자치단체(지방공기업법에 따른 지방공사와 공단 포함)가 부지(해상포함)를 발굴 또는 제공하고, 사업자가 참여하여 이익을 공유하는 등의 지방자치단체 참여형 재생에너지 발전사업(설비용량 500[kW]이상 태양광발전소와 3,000[kW]이상 풍력발전소에 한함)의 경우에는 0.1의 추가 가중치를 부여할 수 있으며, 가중치 적용을 위한 세부사항은 공급인증기관의 장이 정하는 세부 기준을 따른다.

18. 「신에너지 및 재생에너지 개발·이용·보급 촉진법」 제27조 및 「신·재생에너지 집적화단지 조성·지원 등에 관한 지침」(이하 '집적화단지 지침'이라 한다) 제10조에 따라 장관이 인정한 지방자치단체 주도형 신·재생에너지 발전사업의 경우에는 집적화단지 지침 제3조에 따른 실시기관에 최대 0.1의 범위 내에서 우대 가중치를 부여할 수 있으며, 가중치 적용을 위한 세부사항은 공급인증기관의 장이 정하는 세부 기준을 따른다. 단, 제17호와 제18호는 중복하여 적용하지 않는다

19. 자가용 발전설비를 통해 전력을 거래하는 경우에 대한 가중치는 별표2의 대상에너지 및 기준에 따른 가중치를 적용한다. 다만, 대상에너지 및 기준에 해당하는 가중치가 1.0을 초과하는 경우에는 가중치 1.0을 적용한다.

20. 바이오에너지 전소설비에서 가중치가 다른 두 가지 이상의 바이오에너지 연료를 혼소하는 경우에는 연료별로 각각의 가중치를 적용한다.

21. ESS설비의 가중치는 RPS대상 태양광설비와 연계된 ESS설비의 경우 태양광설비로부터 6시부터 15시까지 충전하여 16시부터 23시까지 방전하는 전력량에 한하여 적용하고, RPS대상 풍력설비와 연계된 ESS 설비의 경우 아래 계절별 방전시간 기준에 따라 방전한 전력

량에 한하여 적용한다. RPS 대상 태양광 및 풍력설비와 연계된 ESS의 충방전 시간은 국내 전력수급 여건에 따라 기후에너지환경부 장관이 별도로 지정하는 경우는 그 기준을 따른다. 방전량 산정 등 공급인증서 발급에 관한 세부사항은 공급인증기관의 장이 정하는 바에 따른다.

지 역	계 절	기 간	방전 시간
육 지	봄 철	3월 17일 ~ 6월 6일	09시 ~ 12시
	여름철	6월 7일 ~ 9월 20일	13시 ~ 17시
	가을철	9월 21일 ~ 11월 14일	18시 ~ 21시
	겨울철	11월 15일 ~ 3월 16일	09시 ~ 12시
제 주	여름철	6월 7일 ~ 9월 20일	13시 ~ 15시, 19시 ~ 21시
	그 외	9월 21일 ~ 6월 6일	5시 ~ 10시 18시 ~ 23시

22. RPS대상 태양광 및 풍력설비와 연계된 ESS설비 중 기후에너지환경부의 충전율 안전조치와 시설보강조치를 이행하는 ESS설비에 대해서는 일반인이 출입하는 건물의 부속공간에 설치한 경우 방전량의 8[%]를 ESS의 방전량에 가산하고, 일반인이 출입하지 않는 독립된 전용건물에 설치한 경우 방전량의 3[%]를 가산하되, 가산 비율은 전년도 실적 등에 대한 검토를 거쳐 공급인증기관의 장이 정하는 바에 따라 조정할 수 있다. 가산기간은 해당 설비의 공급인증서 최초 발급개시일부터 15년까지로 한다.

23. ESS설비의 충전율 안전조치 이행여부 확인을 위해 사업자는 ESS 설비의 충전율 실적을 한국전기안전공사가 정하는 절차에 따라 제공하여야 한다. 한국전기안전공사는 전월의 ESS 충전율 실적과 시설보강여부를 확인하여 그 결과를 공급인증기관의 장에게 매월 23일까지 제공하여야 한다.

24. 비고 제22호에 따라 확인된 충전율 실적이 충전율 안전조치의 기준치를 초과하는 경우 해당월의 ESS 방전량에 대한 공급인증서 가중치는 0을 적용한다. 비고 제21호부터 이 호까지의 충전율 안전조치와 시설보강조치 적용 관련 세부사항은 공급인증기관의 장이 정하는 바에 따른다.

25. 태양광설비와 연계된 ESS설비는 태양광설비에서 ESS를 통하지 않고 계통으로 공급된 출력과 ESS설비의 방전출력을 합한 값이 태양광 설비용량의 70[%]이하로 유지되어야 하며, 이를 초과하는 경우 해당일의 ESS 방전량에 대한 공급인증서 가중치는 0을 적용하되, 전력수급상 필요한 경우 등 불가피한 경우는 예외로 할 수 있다. 예외사유 등 세부사항은 공급인증기관의 장이 정하는 바에 따른다.

26. 비고 제20호에 따라 운영하는 제주지역 풍력설비와 연계된 ESS설비의 경우 하계이외의 기간에는 당일 10시부터 다음날 10시까지 충전하여 방전한 량에 대해 공급인증서를 발급하되, 설비운영 과정에서 불가피하게 발생하는 ESS 설비용량의 100[%]초과 방전량에 대해

서는 ESS와 연계된 풍력설비의 가중치를 적용한다.

27. 재생에너지와 연계된 ESS설비 중 기후에너지환경부의 안전조치를 이행하기 위해 ESS 교체, 이전 등 설비를 변경한 경우 한국전기안전공사로 부터 사용전검사시 이행여부를 확인 받은 설비에 대해서는 제8조에 따른 최초 RPS 설비확인 시점의 가중치를 적용한다. 단, 공급의무자와 계약을 체결한 설비의 경우 설비변경에도 불구하고 계약기간은 최초 계약기간과 동일하게 적용한다.

28. 발전차액지원제도 전환설비로서 전력량계를 추가로 설치하여, 교체된 설비의 생산 전력량을 별도로 계량 할 수 있는 경우, 별표2의 대상에너지 및 기준에 따른 가중치 부여 값에 대하여 아래와 같이 적용한다.

발전차액지원제도 전환설비 가중치	
구분	공급인증서 가중치
발전차액지원제도 전환설비	(신 · 재생에너지원별 가중치 부여 값) − 0.2

단, 전력량계가 추가로 설치되지 않아 별도 계량되지 않는 경우, 아래의 용량비율에 따른 가중치를 적용한다.

용량비율 가중치 산정식
발전차액지원제도 전환설비 가중치 $\times \dfrac{\text{발전차액지원제도 전환설비 용량}}{\text{전체설비용량}}$

29. 연료전지 가중치의 경우 정유공정 등을 통해 부수적으로 발생하는 부생수소를 사용할 경우 0.1의 추가 가중치를 부여할 수 있고, 에너지 효율이 65[%]이상인 경우 0.2의 추가 가중치를 부여할 수 있으며, 생산된 열(증기 또는 온수)은 수요처에 열(증기 또는 온수)로서 공급되어 활용되어야 한다. 에너지 효율의 계산 방법을 포함한 가중치 적용을 위한 세부사항은 공급인증기관의 장이 정하는 세부 기준을 따른다.

Memo

태양광발전 구성 · 선정

1장 태양광발전 주요장치 준비

1 태양광발전시스템 구성요소 개요

1.1 태양전지

(1) 태양전지 종류

일반적으로 태양전지의 종류를 분류할 때에는 실리콘, 화합물반도체, 신소재, 유기물 등으로 분류되며, 재료의 형태에 따라 다음 그림과 같이 분류한다.

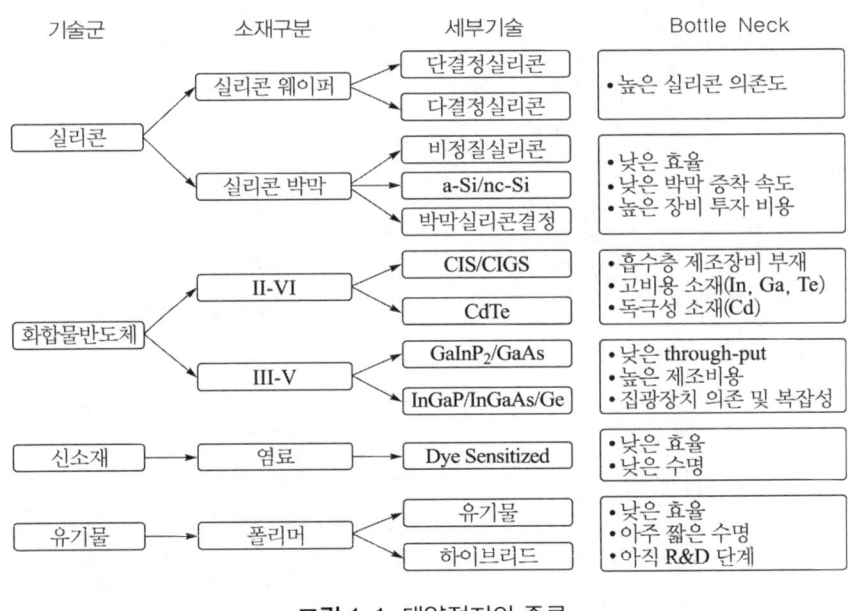

그림 1-1 태양전지의 종류

태양전지에 이용되는 반도체 재료의 종류는 다음 표와 같다.

표 1-1 태양전지에 이용되는 반도체 재료

결정질 및 비정질	실리콘계	단결정 실리콘(single-crystalline silicon)
		다결정 실리콘(multi-crystalline silicon)
		비정질 실리콘(amorphous silicon)
Compound semiconductor	Ⅲ-Ⅴ족 화합물계	GaAs, InP, GaAlAs, GaP, GaInAs 등
	Ⅱ-Ⅵ족 화합물계	$CuInSe_2$, CdS, CdTe, ZnS 등
화합물 또는 적층형	화합물/Ⅵ족 계열	GaAs/Ge, GaAlAs/Si, InP/Si 등
	화합물/화합물 계열	GaAs/InP, GaAlAs/GaAs, GaAs/$CuInSe_2$ 등

태양전지의 이용목적에 따른 재료의 종류는 다음 표와 같다.

표 1-2 태양전지의 이용 목적에 따른 재료

지상용	결정질 형	단결정 실리콘, 다결정 실리콘, GaAs/Si 등
	박막형	비정질 실리콘, CdS, CdTe, $CuInSe_2$ 등
	집광형	GaAs계열, 적층형 등
위성용	Ⅳ족	단결정 실리콘, Ge(저온용)
	GaAs 계열	GaAs/GaAs, GaAs/Ge, InP 등
	적층형(Tandem)	GaAs/Ge, GaInP/GaAs, GaAs/GaAs, GaInAs/InP, GaInAs/GaAs/Ge 등

현재의 태양전지용 반도체의 대표적인 것은 실리콘 반도체이다.

1) 화합물 태양전지(반도체)의 특징

① 고가이지만 고효율 특성

② 군사용, 우주용 등으로 사용

③ 직접 천이형으로 높은 광 흡수효율

2) 적층형 반도체의 특징

화합물 반도체의 우수한 특성과 실리콘 태양전지의 장점을 지닌 것으로 현재 개발 중에 있음.

최근 개발에 박차를 가하고 있는 분야는 염료감응형 태양전지와 유기물 태양전지로 광합성 원리와 유사한 과정으로 전기를 생산하는 것이다. 유기물 태양전지는 실리콘 태양전지에 비해 가격 경쟁력이 우위에 있으며, 예상 효율은 10[%] 이상이다.

3) 태양전지의 재료에 따른 분류

① 실리콘 태양전지

• 실리콘의 제조방법에 따라 단결정과 다결정으로 크게 분류하며,

- 최근에는 기본 태양전지 위에 수소화된 비정질 아몰퍼스상을 박막형태로 다시 결정화한 다결정 실리콘 박막태양전지까지 3종류로 분류한다.
- 단결정 태양전지는 효율이 높지만 단가가 높아, 단가가 낮은 다결정 제조기술의 진보로 단결정 효율에 근접하여 생산량이 증가하고 있다.

② 화합물 반도체 태양전지
- III−V족 화합물계 태양전지 : $GaAs$, InP, $GaAlAs$, $GaInAs$ 등
  * $GaAs$, InP는 고순도의 단결정 재료를 사용한다.
  * **$GaAs$는 태양전지로써 최고의 효율을 갖는다.**
- II−VI족 화합물계 태양전지 : $CuInSe_2$, CdS, $CdTe$, ZnS 등

③ 적층형(Tandem) 태양전지
- 효율향상을 위해 파장별로 박막을 적층한 적층형 박막 태양전지가 있다.
- 화합물 / VI족 계열 : $GaAs/Ge$, $GaAlAs/Si$, InP/Si 등

4) 태양전지의 이용목적 및 구조에 따른 분류

① 지상용 태양전지
  ㉮ 결정질형 : 단결정 태양전지, 다결정 태양전지, $GaAs$, Si등
  - 산업용으로 단결정, 다결정이 사용
  - 특수용으로 $GaAs$를 사용
  ㉯ 박막형 : 비정질 태양전지, CdS, $CdTe$, $CuInSe_2$ 등
  - 계산기나 시계 등에 주로 사용
  ㉰ 집광형 : $GaAs$계열, 적층형 등
  - 렌즈나 집광광학계를 이용하여 태양광을 집광하는 방식
  - 우수한 내온도 특성과 높은 변환 효율

② 위성용 태양전지
  ㉮ 위성용 태양전지가 갖추어야 할 특성
  - 무게대비 높은 변환 효율
  - 우수한 내 방사선, 내 우주선 특성(자외선보다 훨씬 에너지가 높은 방사선 등에 태양전지가 노출되면 광 변환 효율이 크게 떨어진다.)
  - 이러한 특성을 지녀 위성용 태양전지에 적합한 것은 $GaAs$ 이다.
  ㉯ IV족 : 단결정 실리콘, Ge 등
  ㉰ $GaAs$계열 : $GaAs$, InP 등
  ㉱ 적층형 태양전지 : $GaAs/Ge$, $GaAlAs/GaAs$, $GaInP/GaAs$ 등

5) 태양전지 밴드갭과 변환효율

① 태양전지 재료의 밴드갭 에너지 값과 태양 전지의 변환효율
  ㉮ 밴드갭 에너지 증가 → (비례적) → 개방전압 증가 → 태양전지 효율 향상
  ㉯ 밴드갭 이하의 파장을 가지는 광양자가 캐리어로 변환하지 못하고 투과되기 때문에 발

생되는 전류량 감소한다.

㉰ 이때 생성되는 전력량이 최대값이 되도록 적정 밴드갭을 설정하는 것이 매우 중요하다.

㉱ 일반적으로 밴드에너지가 1.4[eV]일 때 최대 전력을 생산한다.

㉲ 밴드갭이 낮으면 생성되는 전압값이 낮게 되고, 밴드갭에 비하여 상대적으로 고에너지의 광양자가 유입되는 셈이 되므로 에너지 손실이 증가하므로 게르마늄(Ge)과 같은 재료는 낮은 변환효율을 나타낸다.

㉳ 상용화되어 있는 태양전지의 에너지 밴드갭은 1~1.5[eV] 범위의 것이다.

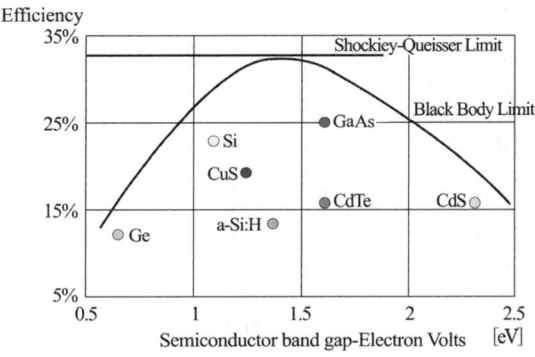

그림 1-2 태양전지 재료 별 band gap / electron voltage / efficiency

② 태양전지의 광전 변환효율

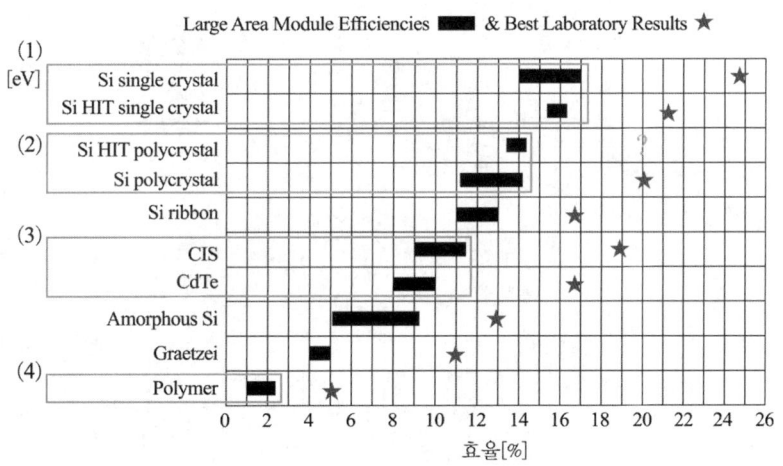

※ 수평막대 : 사용되고 있는 대형 모듈의 효율

(1) 단결정 태양 전지 : 15[%]를 넘는 모듈 변환 효율

(2) 다결정 실리콘 기반의 태양 전지 : 10[%] 이상의 변환 효율

(3) CIS와 CdS : 아몰퍼스 실리콘보다 높은 10[%] 근처의 변환 효율

(4) 폴리머를 재료로 사용한 태양 전지 : 가볍고 저비용인 매력적인 특성에도 불구하고 변환 효율이 2~3[%]로 매우 낮아 상용화가 되지 않음.

(2) 실리콘 태양전지

실리콘 태양전지는 PN동종접합(Homo Junction)으로서 태양전지에 사용된다. 기본적인 태양전지의 구조는 그림 1-3과 같다.

1) 단결정(Single crystal)실리콘 태양전지

① 단결정은 순도가 높고 결정결함밀도가 낮은 고품위의 재료이다.

② 집광장치를 사용하지 않는 경우 효율은 약 24[%]

③ 집광장치를 사용한 경우 효율은 약 28[%] 이상

④ 도달 한계 효율은 약 35[%] 이다.

2) 다결정(poly crystal)실리콘 태양전지

① 저급한 재료를 저렴한 공정으로 처리

② 현재 다결정 태양전지 생산량이 단결정 생산량을 넘어 섰다.

③ 전지효율은 약 18[%]

④ 도달 한계 효율은 약 23[%] 이다.

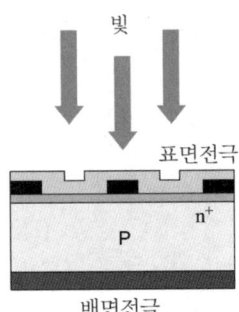

그림 1-3 Homo junction 태양전지 구조

3) 단결정 및 다결정 태양전지 셀(Cell)의 제조 공정

① 단결정 및 다결정 태양전지 셀(Cell)의 제조 공정은 다음 그림과 같다.

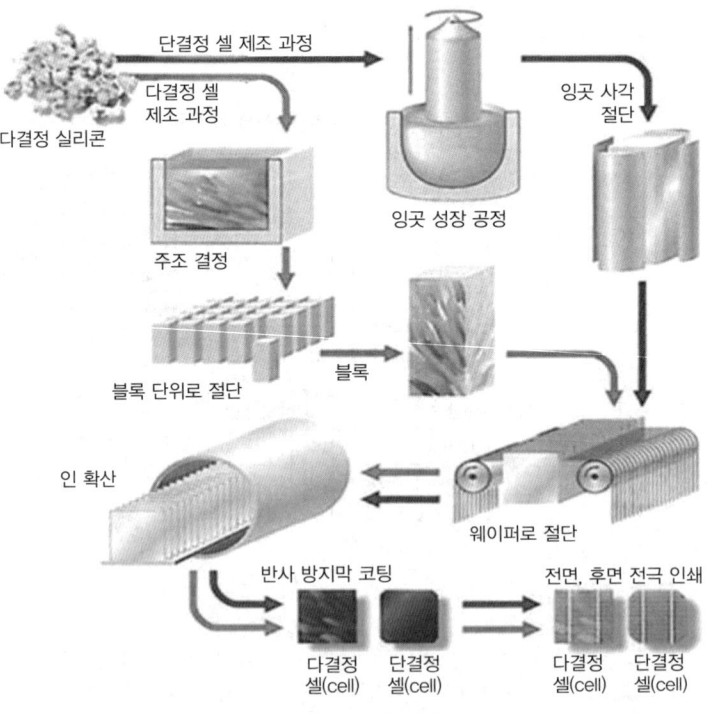

그림 1-4 단결정 및 다결정 셀 제조 공정

② 셀 제조 공정 : 웨이퍼 장착(P형) → 표면 조직화 → 인 확산 → 경계면 절연
　　　　　　　 → 반사 방지막 코팅 → 앞, 뒤면 전극인쇄

③ 모듈의 내부 구조도는 다음 그림과 같다.

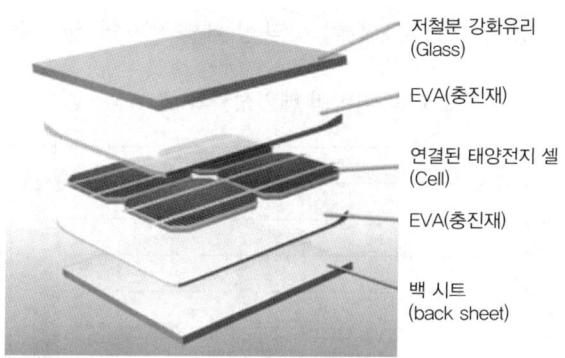

저철분 강화유리
(Glass)

EVA(충진재)

연결된 태양전지 셀
(Cell)

EVA(충진재)

백 시트
(back sheet)

※ 모듈의 구성 재료 순서 : 강화유리-EVA-태양전지-EVA-Back Sheet

그림 1-5 태양전지 모듈의 내부 구조도

4) 비정질 실리콘 태양전지

① 비정질 실리콘 태양전지는 결정화가 되지 못
한 실리콘이다. 태양전지는 결정의 반도체 기
술을 이용하기 때문에 명백한 밴드갭이 존재
하지 않는 비정질 재료는 태양전지가 되지 못
한다.

② 비정질 상태에서 실리콘 원자들은 4개 결합을
모두 채우지 못하고 결합이 끊어진 미 결합 상
태로 존재이다.

③ 미 결합 부분에 대한 해결책으로 미 결합 상태
에 수소를 첨가하여 수소화 비정질 실리콘을
형성하면 원래의 결정질 실리콘 보다 온전하
지는 못하지만 캐리어를 제어할 수 있는 정도
의 반도체 특성을 가지게 된다.

④ 전형적인 비정질 실리콘 태양전지의 구조는
다음과 같다.

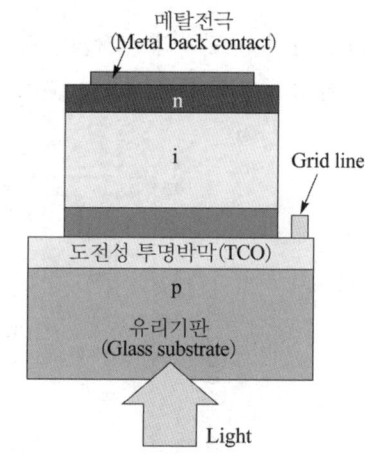

메탈전극
(Metal back contact)

n

i

Grid line

도전성 투명박막(TCO)

p

유리기판
(Glass substrate)

Light

그림 1-6 비정질 실리콘
태양전지의 구조

유기기판 위에 도전성 투명 박막층을 형성하고 Pin층을 형성한 후 배면 전극인 메탈 전극
을 형성한다.

(3) 화합물 태양전지

1) 박막형 실리콘 태양전지
① 박막형 실리콘 태양전지는 대부분 비정질 실리콘 형이다.
② 박막형 태양전지의 세계 생산량은 표 1-3과 같다.
③ 고가의 실리콘 태양전지를 대신하여 박막형 태양전지의 생산량은 더욱 증가될 것이다.

표 1-3 박막형 태양전지의 세계 생산량

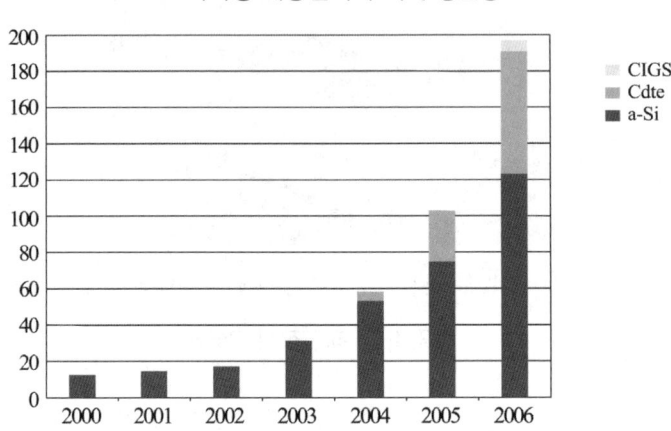

2) 화합물 반도체의 격자상수와 에너지 밴드갭
태양전지로 사용가능한 화합물 반도체의 격자상수와 에너지 밴드갭은 다음 그림과 같다.

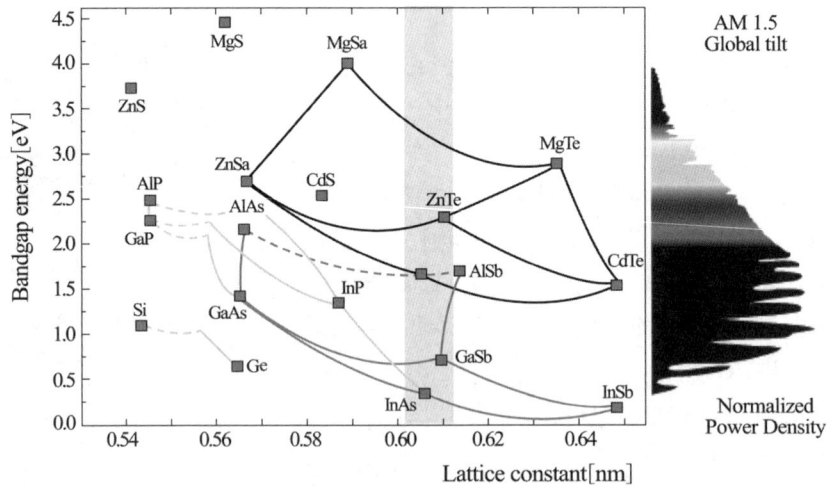

그림 1-7 화합물 반도체 격자상수와 에너지 밴드갭

① 에너지 밴드갭이 아주 낮은 InAs와 InSb는 가시광선 보다 파장이 긴 적외선 영역을 검출하는 재료로 사용된다.

② 밴드갭 에너지가 0.7[eV]를 가지는 게르마늄(Ge)은 태양전지를 적층하는 탠덤 구조 태양전지에서 기저층 역할을 한다.

③ 밴드갭 에너지가 1.0~2.0[eV]를 갖는 재료들은 단일 태양전지 재료로 활용된다.

④ CdTe는 박막으로 개발된 이후 꾸준히 생산량이 증가하고, 비 실리콘 계열의 대표적인 막막형 태양전지이다.

⑤ GaAs 계열의 태양전지는 산업용으로 거의 생산되지 않고, 우주용과 군사용으로만 사용된다.

⑥ 밴드갭 에너지 0.5~3.5[eV] 영역이 태양전지의 광변환을 위한 중요한 영역이다.

3) CdTe 태양전지

① CdTe는 II-VI족 화합물 반도체 중에서 대표적으로 산업화된 재료로 직접 천이형 에너지 대 구조의 의하여 광 흡수계수가 매우 크므로, 두께 2[μm] 정도의 얇은 박막층으로 태양전지가 만들어진다.

② CdTe 태양전지의 특성

㉮ 에너지 밴드갭이 1.45[eV]로, 태양 에너지를 효과적으로 이용할 수 있는 최적 이론값에 가까운 금지대 폭을 가지고 있다.

㉯ 또한 단일물질로 P와 N 양측의 성질을 모두 나타낼 수 있기 때문에 PN 동종 접합 형태로 태양전지를 구성한다.

㉰ CdTe 태양전지의 구조는 다음과 같다.

- 상부는 Glass와 ITO(인듐 틴 옥사이드)와 같은 도전성 투명 박막으로 전극을 형성한다.
- 동종접합에 의해서는 효율이 낮아서 2종접합의 경우에는 황화카드뮴과 같은 재료를 사용하여, 황화카드뮴 / 카드뮴 텔루라이드와 같은 2종 접합구조를 이용하여 광 활성층을 형성한다.
- 후면 전극은 니켈, 금과 같은 재료로 구성된다.

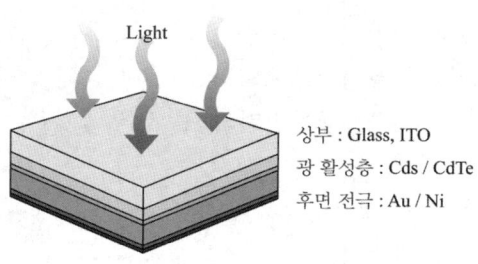

그림 1-8 CdTe 태양전지의 구조

4) CuInSe₂계 태양전지

① I-III-VI족 원소를 포함하는 태양전지 재료의 격자상수와 에너지 밴드갭 특성은 다음 그림과 같다.

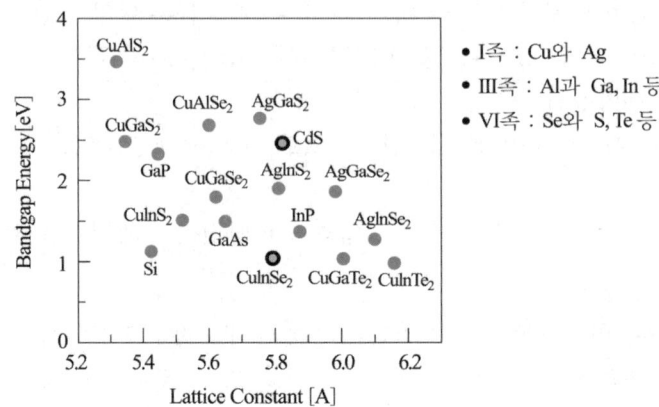

그림 1-9 I-III-VI족 태양전지 재료의 격자상수와 에너지 밴드갭

② $CuInSe_2$의 특징

㉮ 밴드갭 1.04[eV]를 가지는 직접 천이형 물질

㉯ 광흡수 계수가 매우 높아 두께 1~2[μm] 박막으로도 고효율 태양 전지제작 가능

㉰ 전기광학적인 안정성이 매우 우수하다.

③ I-III-VI족 원소를 포함하는 태양전지 재료의 특징

㉮ 같은 족의 물질 상호간에 부분치환이 가능하다.

- $CuInSe_2$에서 In은 같은 III족의 Ga로 부분치환이 가능하고,
- Se_2은 같은 VI족의 S으로 부분치환이 가능하다는 것이다.

㉯ 이러한 특징을 이용하여 3원 화합물인 CIS는 Ga와 S를 포함하는 5원 화합물로 재구성된다. 이렇게 재구성된 화합물은 원래 1.04[eV]이었던 밴드갭 에너지가 약 1.4[eV]로 증가되어 광이용 효율이 크게 높아져 가격과 성능이 우수한 태양전지가 될 수 있는 것이다.

④ CIGS 또는 CIGSS 태양전지의 구성

㉮ CuInGaSSe를 광 활성층으로 사용하는 CIGS 또는 CIGSS 태양전지의 구성은 다음 그림과 같다.

㉯ 직접 천이형 반도체로서 2.42[eV]의 에너지 밴드갭을 갖는다.

㉰ 전하 수집을 위하여 ZnO위에 Al 또는 Al/Ni 재질의 금속전극을 형성한다.

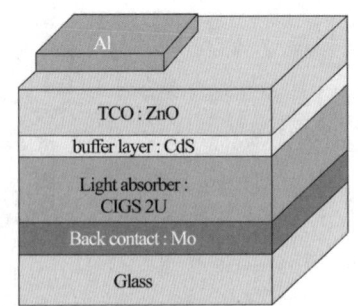

그림 1-10 CIGSS 태양전지의 구조

㉔ CIGS 태양전지는 우수한 내방사선 특성을 갖는다.

㉕ 장기간 사용해도 효율의 변화가 거의 없는 안정된 특성을 갖는다.

㉖ 실험실 변환효율은 약 19.2[%]로 현재 연구 개발에 박차를 가하고 있다.

5) GaAs계 태양전지

① III-V족 화합물 반도체를 기반으로 하는 태양전지는 40[%] 이상의 고효율 태양전지를 만들 수 있는 것으로 기대되는 태양전지 재료이다.

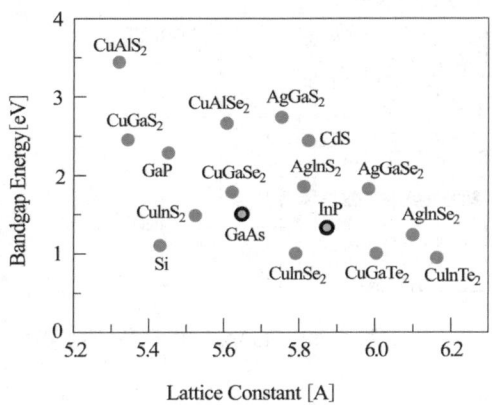

그림 1-11 III-V족 화합물 반도체 재료의 격자상수와 에너지 밴드갭

② GaAs

㉮ III-V족 화합물 반도체의 대표적인 태양전지로써

㉯ 에너지 밴드갭이 1.4[eV]로서 단일 전지로는 최대효율을 낼 수 있는 최적의 밴드갭 특성을 가지며,

㉰ 직접 천이형으로 우수한 광 흡수율을 가지고 있으며, 이종 접합형 GaAs 태양 전지 구조는 다음 그림과 같다.

- 광흡수 계수가 높고 표면 재결합 속도가 크기 때문에 표면재결합에 의한 손실이 광변환 효율에 큰 영향을 미친다.
- PN접합층 이외에 P층 상부에 GaAs보다 밴드갭이 넓은 AlGaAs층을 형성하여 표면재결합 손실을 감소시켜 효율을 증대하고 있다.

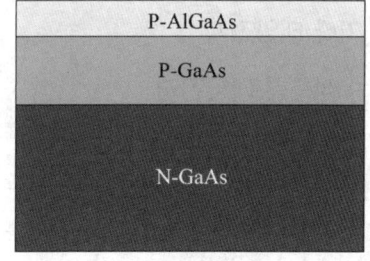

그림 1-12 이종 접합형 GaAs 태양전지 구조

㉱ GaAs기반 적층형 태양전지

- III-V족 화합물 반도체의 특징 : 비슷한 격자 상수를 가지며, 다양한 밴드갭을 가지는 많은 화합물 재료가 있다.
- 다양한 형태의 이종접합 구조를 가질 수 있다.

• 높은 에너지 밴드갭을 가지는 물질부터 낮은 에너지 밴드갭을 가지는 물질까지 차례로 적층하는 태양전지 제작이 가능(Tandem형 태양전지).

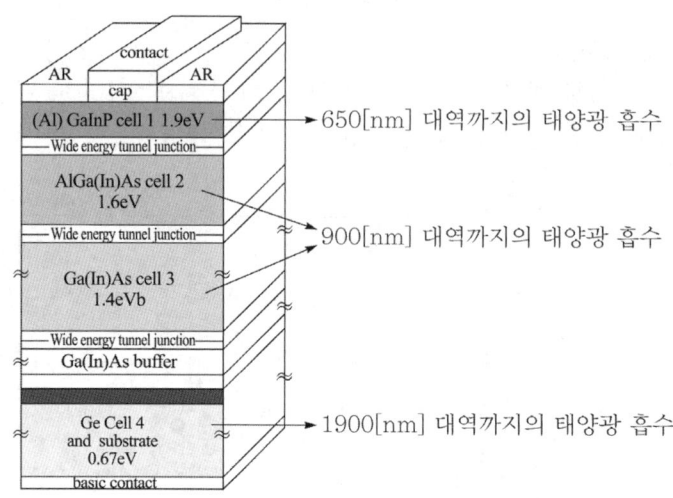

그림 1-13 GaAs 기반 적층형 태양전지의 구조

※ 전기적으로 다수의 태양전지를 직렬로 연결하는 것과 같은 효과가 있다.
※ GaAs기반 적층형 태양전지는 약 40[%] 이상의 변환효율을 갖는다.

③ InP : Ⅲ-Ⅴ족 화합물 반도체로서 밴드갭 1.35[eV]로써 GaAs에 버금가는 특성을 가지고 있지만, 고순도 GaAs 기판의 개발과 양산기술의 발달로 고효율 태양 전지는 주로 GaAs기반으로 꾸준히 발전하고 있다.
④ Ⅲ-Ⅴ족 화합물 반도체의 문제점 : 단결정 기판의 가격이 실리콘에 비하여 비싸고, 표면 재결합 속도가 크기 때문에 이론적인 효율에 아직 도달하지 못하고 있다.

(4) 기타 태양전지

1) 적층형 태양전지

① 적층형 대양전지 특성과 태양스펙트럼과 비교
  ㉮ 1.8[eV] 에너지를 갖는 태양광 에너지 스펙트럼 영역이 약 53.3[%]의 가시광선 영역에 해당되고,
  ㉯ 1.0[eV] 에너지 이상이 나머지 영역으로 전체의 37.2[%]에 해당된다.
  ㉰ 실리콘을 흡수층으로 사용하면 1.1[eV] 이상의 태양광을 흡수하지만, 생성되는 전압이 낮으므로,
  ㉱ 밴드갭 1.43[eV]를 갖는 GaAs층과 밴드갭 1.7[eV]를 갖는 AlGaAs층을 더하여 전압을 상승시킨다.

㉲ 따라서 전체 광에너지의 이용효율이 태양광 스펙트럼의 특성에 맞추어 증가하게 된다.

② 적층형 태양전지

㉮ Si → GaAs → AlGaAs 순서로 적층한다.

㉯ 적층하기 위해서는 재료와 재료 사이 격자상수와 결합밀도, 결정화 온도 등 고효율화를 위해 고려해야 할 것들이 많다.

㉰ 실리콘 계열은 실리콘 층으로 적층을 하고, GaAs는 이들 재료를 중심으로 적층해야 한다.

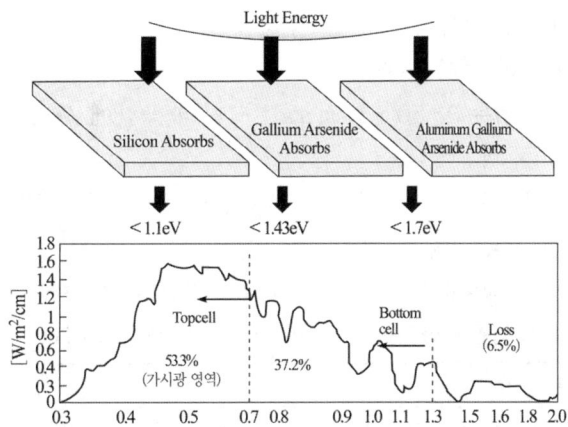

그림 1-14 적층형 태양전지 특성과 태양 스펙트럼과 비교

㉱ 상기 그림의 실리콘 태양전지는 비정질 실리콘 층을 상부층으로 하고, 나노 구조 실리콘 층을 하부층으로 구성해야 한다.

㉲ 이때 비정질 실리콘의 밴드갭은 약 1.7[eV]로 높고, 나노 결정 실리콘 박막의 밴드갭은 결정형 실리콘과 비슷한 약 1.1[eV]가 된다.

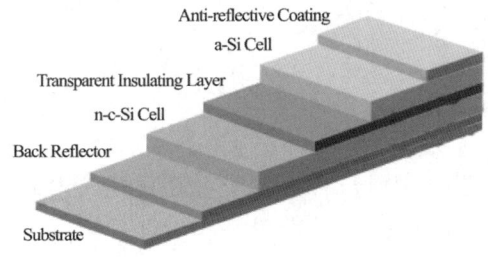

그림 1-15 적층형 태양전지의 구성 예

2) 염료감응형 태양전지

염료감응형 태양전지는 나노 크기의 염료의 산화 환원 반응을 이용하여 전기를 생산하는 태양전지로써 구조는 우측 그림과 같다.

① 광변환 효율은 약 15[%] 정도이고 단가가 매우 저렴하다.

② 광이 입사하는 면은 투명유리와 이 위에 증착된 투명 전도막으로 이루어져 있다.

③ 투명 전도막 위에 단분자의 염료 고분자로 코팅되어 있으며, **이 물질은 나노 크기의 다공질 이산화 티타늄 입자로 형성되어 있다.**

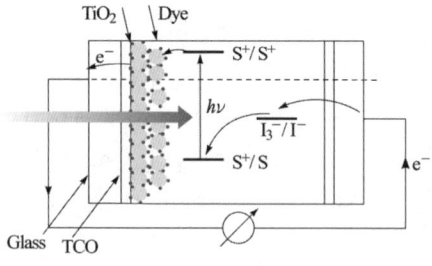

그림 1-16 염료 감응형 태양전지의 구조

④ 반대편 전극은 백금이나 투명 박막이 코팅된 투명 유리를 사용한다.

⑤ 두 전극 사이에는 약 $50 \sim 100[\mu m]$ 크기의 공간에 산화환원용 전해질 용액이 채워져 있다.

⑥ 태양에너지의 흡수는 염료가 담당하고, 전하의 이동은 반도체가 담당하여 전하의 생성과 이동하는 기능과 재료가 분리되어 있다.

⑦ **색이나 형상을 다양하게 할 수 있어 패션, 인테리어 분야에 이용할 수 있다.**

⑧ **염료감응형 태양전지와 실리콘 기반 투명 태양전지의 비교**

구 분	개 요
염료감응형 태양전지	• 1991년에 스위스 Gratzel Group이 최초로 개발 • 나노입자에 흡착된 염료(Single-molecular dye)에 의해 광기전력 발생 • 재료 가격이 저렴하고 제조공정이 단순함 • 약 15[%] 대의 변환효율 • 전해질 누설 등에 따라 화학적 안정성이 낮음 • 수명이 짧음. • 대면적화가 어려움
실리콘 기반 투명태양전지	• **실리콘 박막을 흡수층으로 사용하면서 패터닝을 이용하여 흡수층 및 후면전극을 개방함으로써 가시광선 투과율을 확보** • 투과율이 높을수록 변환 효율이 감소 • 최종 변환효율은 실리콘 박막 태양전지의 변환효율은 개방되지 않은 면적의 비율을 곱한 값임 • 염료감응형에 비해 신뢰성이 높음

3) 플라스틱 태양전지

① 플라스틱 태양전지는 실리콘 계열의 무기물 태양전지에 비하여 저렴한 가격과 우수한 기판 특성 등에 의하여 많은 장점을 가지고 있다.

② 플라스틱 태양전지의 구조를 보면

㉮ 플라스틱 기판은 투명유리나 고온 공정이 가능한 PET 필름과 같은 유기물 소재로 이루어져 있다.

㉯ 기판 위에는 광을 투과해야하는 특성상 인듐틴옥사이드나 산화주석과 같은 투명 전도막이 증착된다.

㉰ TCO위에는 광전변화에 의하여 전기를 발생시키는 Active층이 형성된다. 이 Active 층에는 폴리머나 나노물질이 사용된다.

㉱ 플라스틱 태양전지는 비교적 제조공정이 간단하고 적용범위가 넓은 편이지만 아직 변환효율이 매우 낮아 상용화까지는 많은 시간이 소용될 것이며, 구조는 다음 그림과 같다.

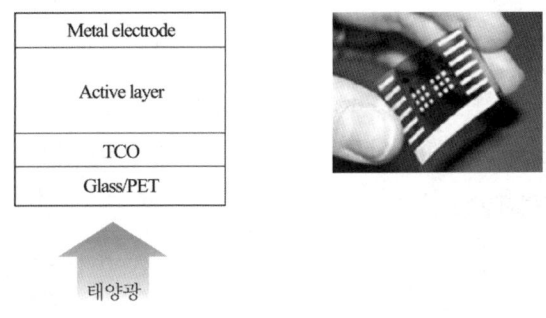

그림 1-17 플라스틱 태양전지의 구조와 형상

4) MQW 태양전지

① 광변환 효율을 극대화하기 위해서는 파장대별로 태양광 복사에너지를 흡수·변환 대역이 서로 다른 단일접합 태양전지를 다층구조로 설계함으로써 광 흡수대역을 크게 할 수 있다.

② 이렇게 양자우물 구조를 이용한 태양전지를 MQW 태양전지라고 하며 구조는 다음과 같다.

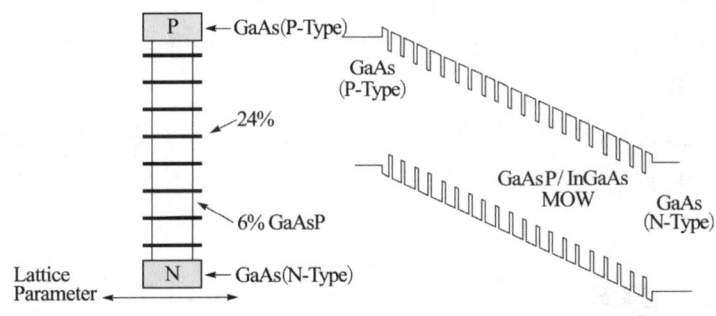

그림 1-18 MQW 태양전지의 구조

③ 이때 클래드층 역할을 하는 층의 Potential벽 두께를 매우 얇게 하면 전자는 Potential벽을 넘는 것이 아니라 Potential벽을 뚫고 이웃 우물에 존재하게 된다. 이를 터널효과라 한다.

㉮ 얇은 벽과 활성층이 하나인 것을 싱글 양자우물이라 하고, 여러 층을 적층하여 만들게

되면 다중 양자우물이라고 한다.
㉯ 양자우물 구조를 이용하면 전자들은 양자우물 내의 임의의 에너지밴드 내에 밀집되고 따라서 효율 등 전반적인 특성이 좋아지며,
㉰ 양자우물 구조는 전자와 정공의 발생효율을 증대시켜 준다.

1.2 태양광발전 모듈 및 어레이

(1) 모듈의 구조

태양전지 모듈의 구조는 일반적으로 다음과 같이 구분한다.

1) 슈퍼 스트레이트(Super Straight) Type

① 결정질 실리콘 Type

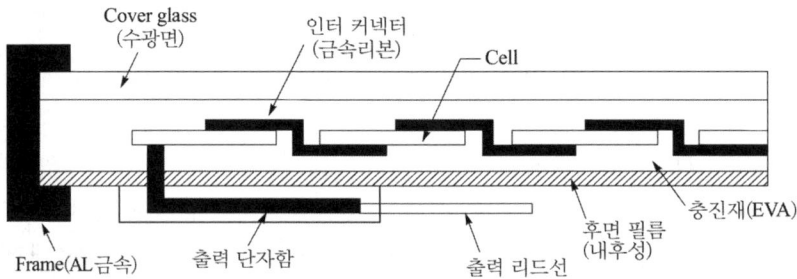

그림 1-19 슈퍼 스트레이트(Super Straight) Type : 결정질 실리콘

태양전지의 셀(Cell)사이를 인터커넥터로 연결하고, 내후성(Weather-proof)이 뛰어난 충진재(EVA)로 밀봉하여, 수광면을 내충격성이 강한 Cover-glass(수광면)와 이면에 내후성 필름으로 끼워 알루미늄 프레임으로 고정시켜 놓은 구조이다.

② 박막 실리콘 Type

Cover-glass(수광면), 투명전극, 태양전지 Cell, 표면전극을 적층하여 충진재(EVA)와 내후성 필름으로 밀봉한 후 알루미늄 프레임으로 고정시켜 놓은 구조이다.

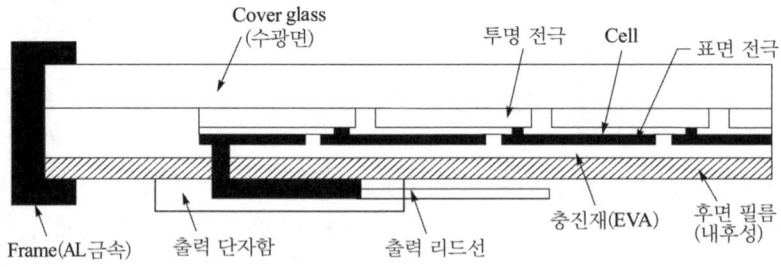

그림 1-20 슈퍼 스트레이트(Super Straight) Type : 박막 실리콘

③ CIS / CIGS Type

Glass 기판 위에 Cell을 적층하여 충진재(EVA)로 밀봉하고 수광면의 Cover glass와 이면에 내후성 이면필름으로 끼워 알루미늄 프레임으로 고정시켜 놓은 구조이다.

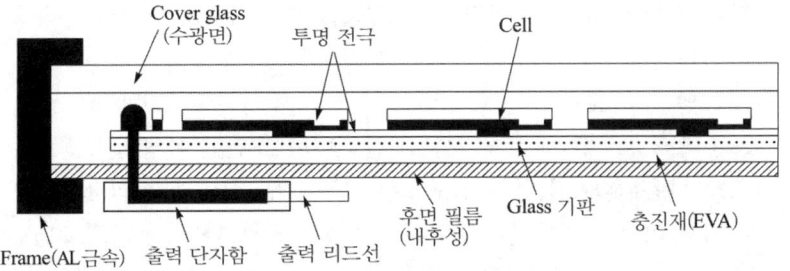

그림 1-21 슈퍼 스트레이트(Super Straight) Type : CIS / CIGS

④ 서브 스트레이트(Sub straight) Type

수광면에 투광성 필름을 이용하고, 강도는 이면의 기판이 가지는 구조이다.

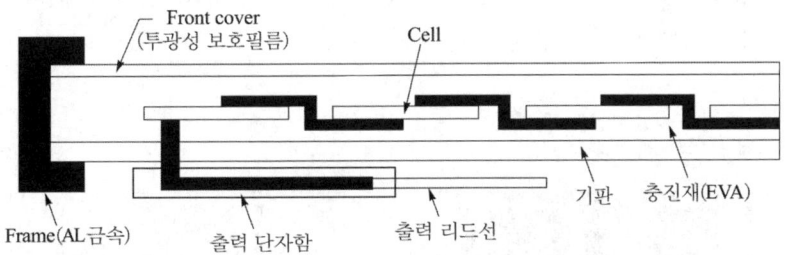

그림 1-22 서브 스트레이트(Sub Straight) Type

⑤ 강화유리 Type

전면과 이면에 유리를 사용하여 빛을 투과시키는 구조이다.

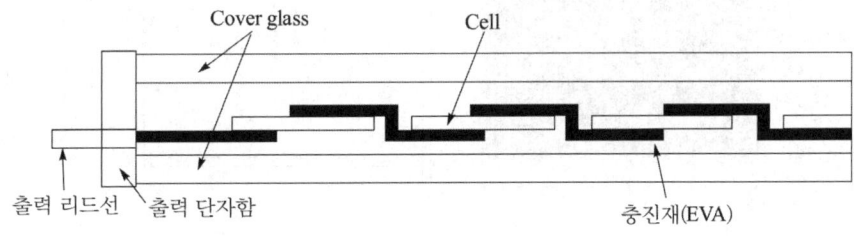

그림 1-23 강화유리 Type

㉮ 프론트 커버(Front cover)

프론트 커버에는 보통 90[%] 이상의 투과율 가지며, 높은 내충격성을 가진 약 3[mm]

두께의 저철분 유리 등이 사용된다.

프론트 커버의 품질관리를 위해 결정계 태양전지 모듈의 환경시험방법 및 내구성 시험방법, 아몰퍼스 태양전지 모듈의 환경시험방법 및 내구성 시험방법 에서 우박시험 등이 규정되어 있다. 우박시험에서는 빙구(氷球)의 충격에 대한 기계적 강도를 시험하도록 규정되어 있으며, 질량 227±2[g], 직경 약 38[mm]의 강속구를 1[m] 높이에서 낙하시키는 간이시험으로 시험하고 있다.

㉯ 프레임(Frame)

보통 알루마이트 내식처리를 한 알루미늄 표면에 아크릴 도장을 한 프레임재가 일반적으로 사용된다. 긴 방향의 구조는 크게 중공형(中空形)과 ㄷ자형의 2종류로 분류된다. 설치한 리브의 대부분은 안쪽에 설치되어 있으나 바깥쪽으로 낸 것도 있다. 특히, 주택용 모듈에서는 고정금구와 쌍이 되도록 하고 이웃하는 모듈 사이에서 겹칠 수 있도록되어 있다. 이렇게 세부구조는 모듈에 따라 다르므로, 각 모듈 제조사의 카탈로그 등을 참조하여야 한다.

㉰ 설치용 구멍

모듈을 구조물(가대) 등에 설치하기 위해서 $\phi 6.0 \sim 9.7$[mm]의 설치용 구멍과 양쪽 긴 방향 프레임에 3~4개씩 합 6~8개 정도가 필요하다. 이외에 $\phi 4.0 \sim 6.5$[mm]의 지면 설치용과 배선용 구멍을 필요로 한다.

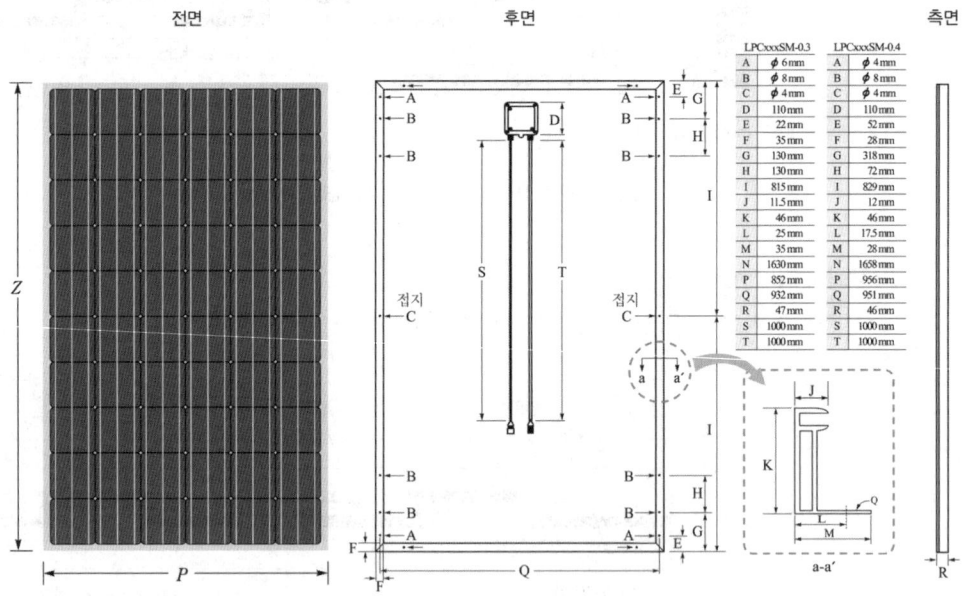

그림 1-24 태양전지 모듈의 개략도

(2) 음영특성

1) 박막계 태양전지 모듈의 음영 특성

박막계 태양전지 모듈의 부분 음영시 출력 특성은 By-pass Diode가 모듈 1장에 1개만 설치되어 있다하더라도, 음영 부분의 면적과 음영의 농도에 비례해서 출력이 저하하게 된다.

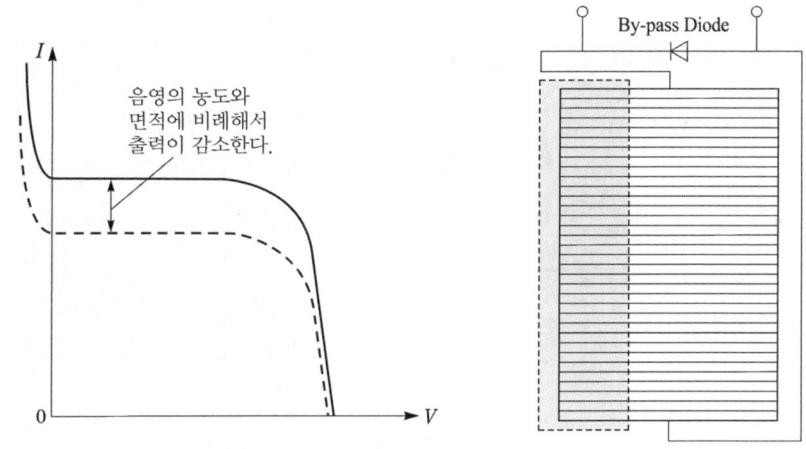

그림 1-25 음영이 있을 때 박막계 태양전지 모듈의 I-V 특성 곡선

2) 태양전지 어레이의 스트링별 음영 특성

태양전지 어레이의 스트링별 음영 발생시, 음영 면적에 비례하여 전류가 감소한다.

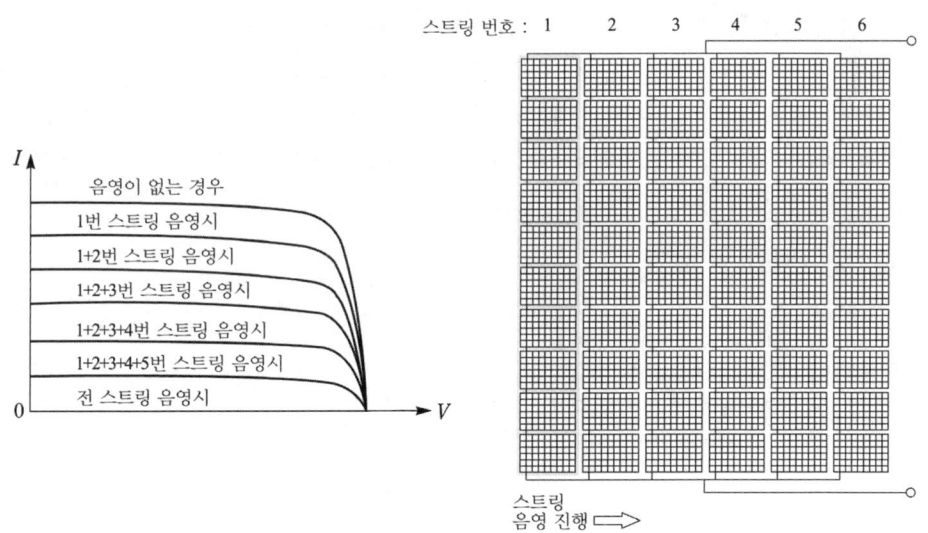

그림 1-26 어레이 스트링 음영시 I-V 특성 곡선

3) 태양전지 어레이의 열별 음영 시 특성

태양전지 어레이에서 열 단위로 음영이 발생하면 출력전압이 감소하기 때문에 파워 컨디셔너의 동작이 멈추게 된다.

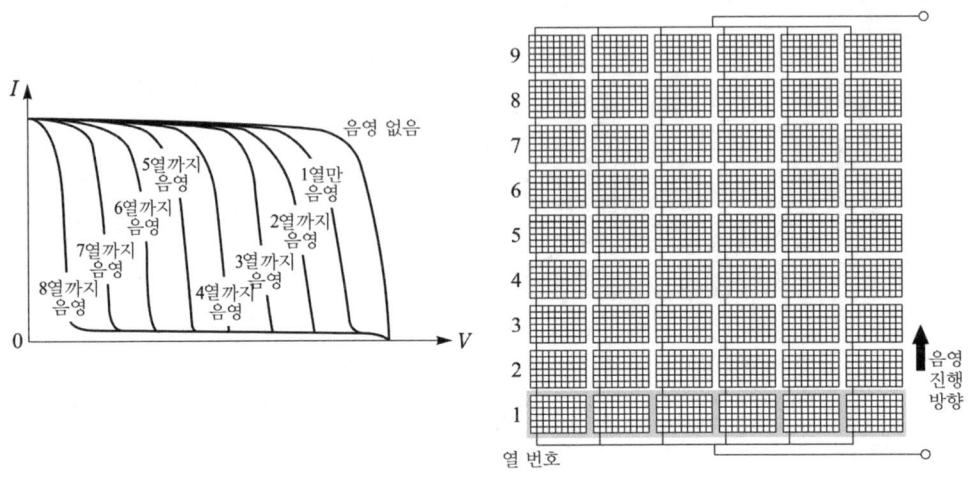

그림 1-27 어레이 열별 음영시 I-V 특성 곡선

4) 박막 태양전지의 광열화, 어닐링 효과

Amorphous 실리콘계(박막) 태양전지는 광 조사에 의해 출력이 저하하는 스테블러 론스키 (Staebler-Wronski)현상이 존재한다. 이 현상으로 인하여 공장 출하 시부터 광조사량에 비례하여 일정한 비율로 출력이 저하한다.

이러한 광열화는 열 어닐링에 의해 회복하는 특성이 있으며, 모듈 온도가 높은 경우 일정한 비율로 성능이 회복(향상)된다. 실외 환경에서는 이러한 두 가지 상반된 현상에 의해 계절의 변화시 출력에 영향을 미치게 된다. 즉, 여름철에는 출력이 높고, 겨울철에는 출력이 낮게 된다. 제품 출하 시에는 초기의 광열화를 실시하는 안정화 과정을 거쳐 출하하게 된다. 물론 박막 태양전지의 출력 표시도 안정화 이후의 성능을 표시한다.

5) CIS / CIGS 광조사 효과

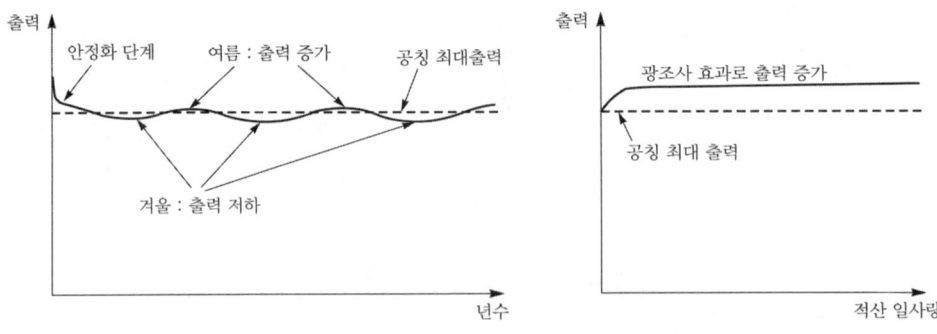

그림 1-28 박막 태양전지의 출력 변화 **그림 1-29** 광조사 효과

CIS / CIGS 태양전지에는 광조사 효과가 있다. 즉, 태양전지를 실외에 설치하여 태양광선을 쬐는 것으로 최대 출력이 증가하는 경향이 있는데 이를 광조사 효과라고 한다.

(3) 바이패스 소자

1) 바이패스 소자의 목적

① 태양전지 모듈의 일부 셀이 나뭇잎, 새 배설물 등으로 그늘(음영)이 발생하면 그 부분의 셀은 전기를 생산하지 못하고 저항이 증가하게 된다. 이 때 그늘 진 셀에는 직렬로 접속된 다른 셀들의 회로(string)의 모든 전압이 인가되어 그늘진 셀은 발열하게 된다. 이 발열 된 부분을 핫스팟(Hot spot)이라고 하며, 셀이 고온이 되면 셀과 그 주변의 충진재(EVA)가 변색되고 뒷면 커버의 팽창, 음영 셀의 파손 등을 일으킬 수 있다. 이를 방지하기 위한 목적으로 고 저항이 된 셀들과 병렬로 접속하여 음영된 셀에 흐르는 전류를 바이패스(By-pass)하도록 하는 것이 바이패스 소자이다. 대부분의 바이패스 소자는 다이오드(Diode)를 사용한다.

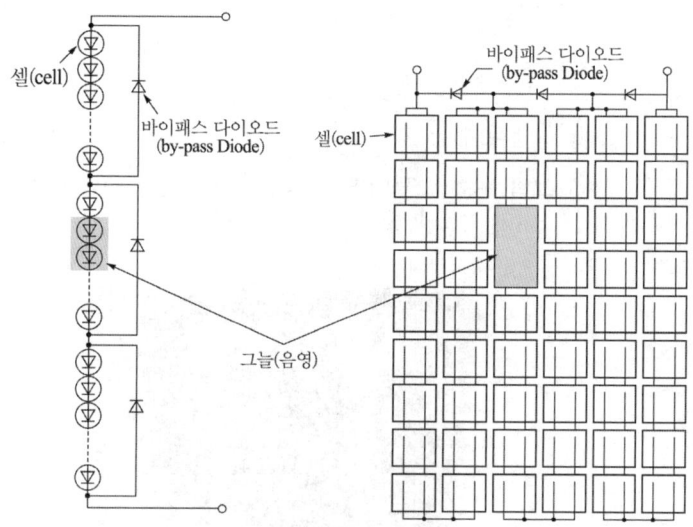

그림 1-30 결정질 태양전지 모듈의 바이패스 다이오드 설치 예

② PV 모듈을 역바이어스 및 그에 따른 열점 가열로부터 예방하기 위해 바이패스 다이오드를 사용할 수 있다. 외부 바이패스 다이오드를 사용하고 해당 다이오드가 PV 모듈 외장재 내부에 장착되지 않거나 공장 내장형 접속함의 일부가 아닌 경우, 다이오드는 다음의 요건을 준수해야 한다.(KS C IEC 62548)
- 보호되는 모듈의 개방전압의 최소 2배인 전압 정격을 갖는다.
- 모듈의 단락전류의 1.4배인 전류 정격을 갖는다.
- PV 모듈 제조사의 권장 사항에 따라 설치된다.
- 충전부가 노출되지 않는 방식으로 설치된다.
- 환경 요인으로 인한 성능 저하로부터 보호된다.

③ 다음 그림은 모듈 중앙에 위치한 셀에 진한 그늘이 없는 경우와 있는 경우 전류의 흐름을 나타낸 것이다.

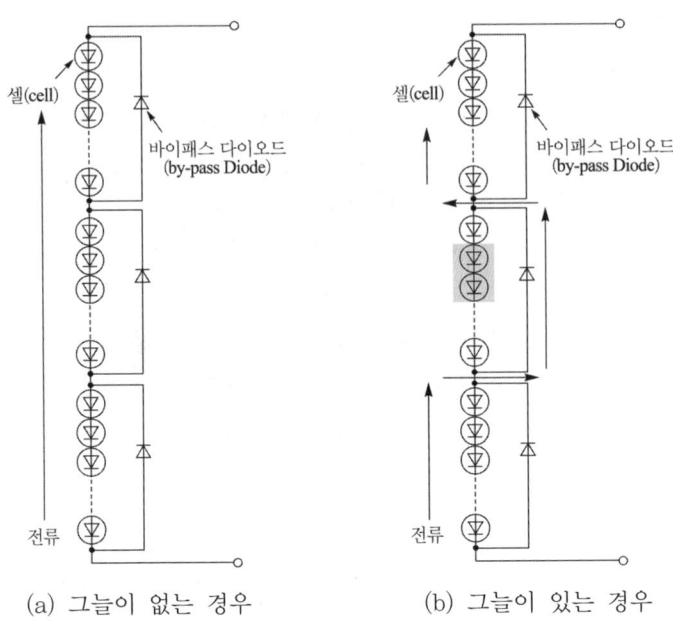

(a) 그늘이 없는 경우   (b) 그늘이 있는 경우

그림 1-31 그늘이 없는 경우와 있는 경우 전류 흐름

그림 1-32 단자함 내에 설치된 바이패스 다이오드 예

2) 바이패스 소자와 모듈의 I-V 특성

① 태양전지 모듈 표면의 1/3에 그늘(음영)이 있는 경우에 바이패스 다이오드가 있는 경우와 없는 경우의 $I-V$ 특성 곡선은 다음 그림과 같으며, 바이패스 다이오드가 설치된 경우라 하더라도 그늘로 인한 음영 셀의 전류치 감소로 출력이 감소되는 것을 알 수 있다. 이 특성 곡선으로 바이패스 다이오드의 단선, 불량을 검출할 때 유용하게 사용될 수 있는 지식이다.

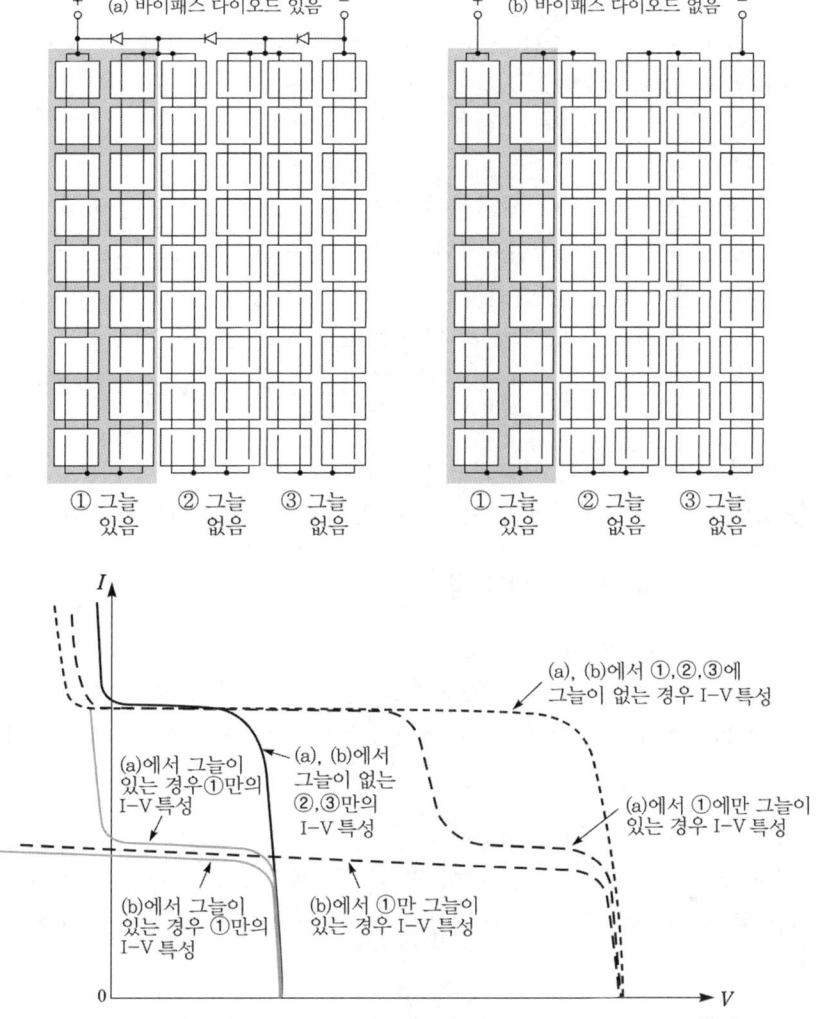

그림 1-33 바이패스 다이오드 유, 무와 음영에 따른 모듈 I-V특성 곡선

(4) 모듈의 성능 표시

KS C IEC 표준에 기초하여 다음의 항목이 모듈의 뒷면에 표시되어 있다.

- 제조업자명 또는 그 약호
- 제조년월일 및 제조번호
- 내풍압성의 등급
- 최대 시스템 전압(H 또는 L)
- 어레이의 조립형태(A 또는 B)
- 공칭 최대출력(P_{mpp})[W_p]
- 공칭 개방전압(V_{oc})[V]
- 공칭 단락전류(I_{sc})[A]
- 공칭 최대출력 동작전압(V_{mpp})[V]
- 공칭 최대출력 동작전류(I_{mpp})[A]
- 공칭 중량 [kg]
- 크기
- 역내전압 [V] : 바이패스 다이오드의 유무(Amorphous계만 해당)

(5) 기대수명

태양전지 모듈은 안전성, 내구성 확보를 위해 연구 개발 및 설계되고 있으며, 20년 이상의 내용연수가 기대된다. 이를 기대수명이라고 한다.

(6) PV 인증에 대하여

태양전지 모듈의 안전성, 성능, 신뢰성의 유지·확인을 목적으로 한 국제적인 인증제도가 마련되고 있다. 국제표준 및 한국산업표준에 적합한 제품을 인증하는 것이다.

우리나라에서는 한국에너지 기술연구원과 한국에너지공단에서 KS C IEC 표준에 기초한 인증시험 및 공장조사를 행하고 있으며, 합격한 모듈에 한해 인증을 발행하고 있다. 2009년부터는 국제인증 제품 모듈일지라도 국내의 공인인증기관에서 인증 받는 모듈을 사용하도록 규정하고 있다.

- 결정계 실리콘 지상용 태양전지 모듈 : KS C IEC 61215
- 지상용 박막 태양광 모듈의 설계 요건과 형식승인 : KS C IEC 61646

(7) 태양광발전 모듈의 일반부지 설치유형

1) 고정형 어레이(fixed array)

어레이 지지형태가 가장 값싸고 안정된 구조로써 비교적 원격 지역에 설치된 면적의 제약이 없는 곳에 많이 이용되고 있으며, 국내의 경우 도서용 태양전지 시스템에서는 고정형 시스템을 표준으로 하고 있다.

2) 반고정형 어레이(semi-fixed array)

반고정형 어레이는 태양전지 어레이 경사각을 계절 또는 월별에 따라서 상·하로 경사각을 변화시켜주는 어레이 지지방식으로 일반적으로 사계절에 한 번씩 어레이의 경사각을 변화시킨다.

3) 추적식 어레이(Tracking array)

① 추적 방향에 따른 분류

㉮ **단방향 추적식(single axis tracking)** : 태양전지 어레이가 태양의 한 축만을 추적하도록 설계된 방식으로 상·하 추적식(Y-axis tracking)과 좌·우 추적식(X-axis tracking)으로 나누어진다.

㉯ **양방향 추적식(double axis tracking)** : 태양전지판이 항상 태양의 직달 일사량(direct radiation)이 최대가 되도록 상·하, 좌·우를 동시에 추적하도록 설계된 추적장치이다.

② 추적방식에 따른 분류

㉮ **감지식 추적법(sensor tracking)** : 태양의 추적방식이 감지부(sensor)를 이용하여 최대 일사량을 추적해 가는 방식

㉯ **프로그램 추적법(program tracking)** : 어레이 설치 위치에서의 태양의 년 중 이동 궤도를 추적하는 프로그램을 내장한 컴퓨터 또는 마이크로프로세서를 이용하여 프로그램

이 지시하는 년·월·일에 따라서 태양의 위치를 추적하는 방식

　㉐ **혼합식 추적법(mixed tracking)** : 프로그램 추적법을 중심으로 운용하되 설치 위치에 따른 미세적인 편차를 감지부를 이용하여 주기적으로 수정해 주는 방식

> ※ **어레이 지지방식에 따른 효율 비교**
> 추적형 > 반고정형 > 고정형 > 건축물 일체형

(8) 태양광발전 모듈의 건축물 설치유형

1) 지붕 설치

　① 지붕 설치형(경사 지붕형) : 경사 지붕위에 지지대를 설치하고 그 위에 모듈을 설치한 형태

　② 지붕 설치형(평 지붕형) : 옥상과 같은 평지붕에 설치

　③ 지붕 건재형(지붕재 일체형) : 일반 지붕재(금속지붕, 평판기와 등)에 태양전지 모듈을 부착시킨(넣은) 형태로 방수성과 내구성을 겸비해야 함.

　④ 지붕 건재형(지붕재형) : 태양전지 모듈 자체가 지붕재로서의 기능을 보유하고 있는 것으로 신축 주택에 적용.

　⑤ 톱 라이트형 : 태양전지 유리를 천장에 설치하여 채광과 차폐효과를 얻기 위해 설치한 형태

　　㉮ 톱 라이트(top light)형 특징

　　　- 채광 및 셀에 의한 차광효과도 있다.

　　　- 셀의 배치에 따라서 개구율을 바꿀 수 있다.

　　　- 톱 라이트의 채광 및 셀에 의한 차폐기능도 있다.

　　　- 톱 라이트의 유리 부분에 맞게 태양전지 유리를 설치한 타입이다.

　　※ 지붕설치형의 풍력계수는 처마와 지붕의 형태 및 위치에 따라 달리 적용한다.

2) 벽 설치

　① 벽 설치형 : 벽에 설치된 가대에 태양전지 모듈을 설치한 형태

　② 벽 건재형 : 벽재를 대신하여 태양전지가 설치되어 벽재 기능을 수행하는 방식

　　㉮ 벽 건재형 특징

　　　- 개구율을 바꿀 수 있음

　　　- 알루미늄 새시 등 지지공법이 다양함.

　　　- 주로 커튼월(curtain wall)로 설치

　　※ curtain wall : 하중을 지지하지 않는 칸막이 구실의 바깥벽으로 고층건물에 많이 쓰임.

3) 기타 설치방식

　① 창재형 : 유리창의 기능(채광성, 투시성)을 보유하고 있는 방식으로 셀의 배치에 따라 개

구율을 바꿀 수 있음.

② 차양형 : 유리 창문 상부 등 건물 외부에 가대를 설치하고 그 위에 태양광 모듈을 설치한 형태

③ 루버형 : 건물과 별개로 그 위나 바깥에 구조물을 설치하고 블라인드 기능을 보유한 설치한 형태

④ 난간형 : 아파트 등 베란다의 난간에 수직으로 설치하는 방식

4) 태양전지의 시공·설치 방법에 따른 온도 상승과 에너지 감소율

태양전지판 주변의 음영, 열손실, 비후면 통풍, 난방입면일 경우 최적 성능의 태양광에너지의 발전량보다 10[%] 적게 전기를 생산한다. 그리고 음영을 가진 난방 벽면(입면)의 경우 70[%] 이하의 성능이 보이고 최적의 방향 계획, 단열과 후면 통풍이 되는 경우 85[%]까지 성능을 보인다.

태양전지 모듈의 온도상승은 곧 발전량의 저하를 의미한다. 아래 그림은 결정질 태양전지 후면 통풍 상황에 따라 성능이 어떻게 변화하는지를 나타낸 것이다. 태양전지 모듈에 자연 통풍을 적용하고자 한다면 **최소 10~20[cm]의 이격 공간을 확보**하여야 한다. 만일 후면통풍이 없다면 출력은 10[%] 정도 감소한다.

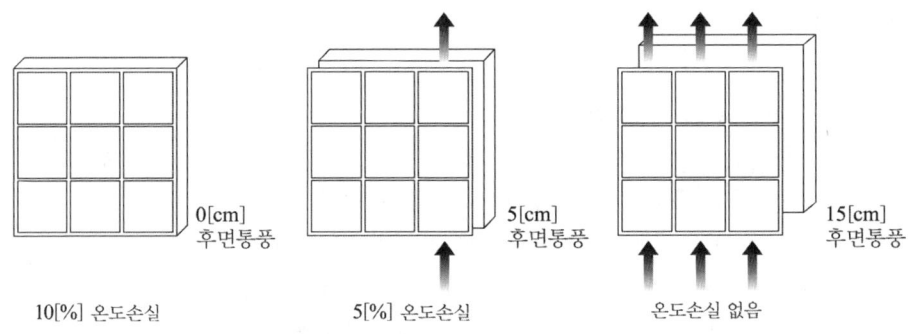

0[cm] 후면통풍   5[cm] 후면통풍   15[cm] 후면통풍

10[%] 온도손실   5[%] 온도손실   온도손실 없음

※ **태양전지(고체)의 열 손실 요소 : 전도, 대류, 복사**

그림 1-34 태양전지의 후면 환기에 따른 발전량 손실

(9) 태양광발전 모듈의 수상(물위) 설치유형

1) 수상태양광의 개요

수상태양광 발전시스템은 유휴 수면 위에 태양광발전설비를 설치하는 것으로 구조체, 계류장치, 태양광발전설비, 수중케이블 등으로 구성된다.

① 구조체(Float) : 태양광 모듈을 설치할 수 있는 수상 부유체

② 계류장치 : 수위변동에 응동 하면서 남향을 유지할 수 있도록 지지

③ 태양광 설비 : 구조체 위에 설치되는 태양광 어레이, 접속함 등 전기설비

④ 수중케이블 : 발전된 전력을 육상의 전기실까지 전송하는 전송로

2) 수상태양광 부유체 형상별 분류

① 프레임(구조물)형

㉮ 구성도

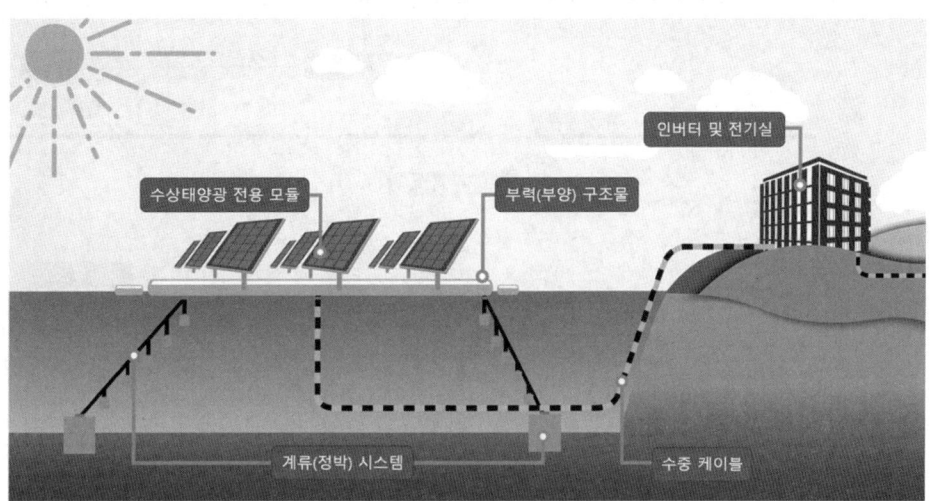

㉯ 알루미늄 프로파일 또는 FRP, H빔으로 조립하고 하부에 부력재를 연결하는 구조

㉰ 프레임형은 구조적 안정성이 높아 모듈의 경사각을 그 지방의 위도로 설계할 수 있어 발전이용률은 높으나, 건설비용이 증가한다.

② 부력일체형

㉮ 구성도

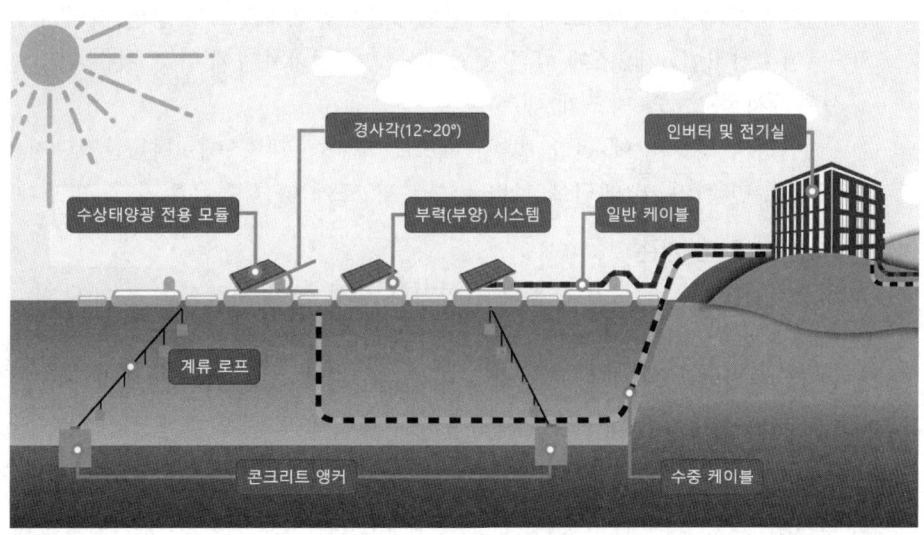

㉯ 성형이 용이한 PE재질로 부력통과 모듈을 지지하는 부유체를 일체화한 구조

㉰ 모듈의 경사각을 12~20°로 낮추어서 최대 설계 외압으로 작용하는 수직 및 수평하중

을 감소시키는 구조로 프레임형에 비해 발전이용율은 3~3.5[%] 감소하고, 건설비는 15~20[%] 정도 절감할 수 있다.

※ 콘크리트 앵커와 계류장치의 연결 구성요소

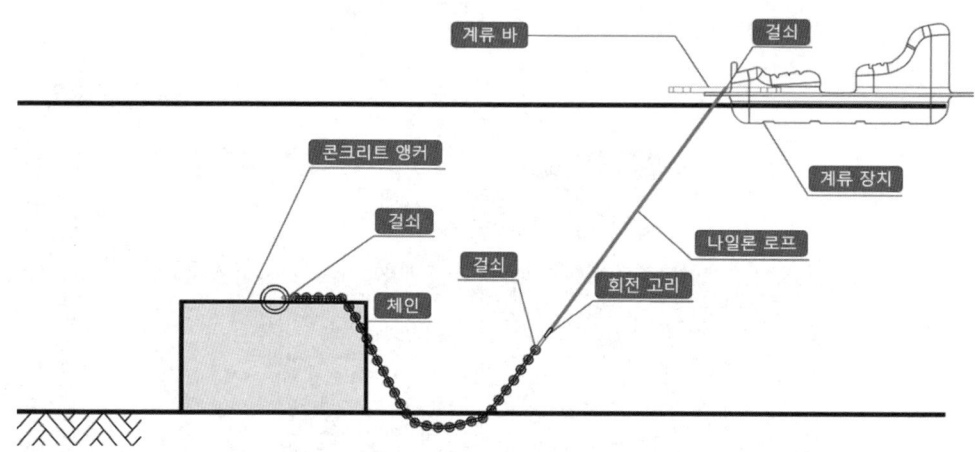

3) 수상태양광 이용 범위

유지 등의 수면에 부유(浮游)하여 설치하는 경우(이하 수상태양광)"는 다음에 해당하는 경우에 한하며, 안정성, 환경성 등을 확보할 수 있도록 공급인증기관의 장이 정하는 세부 기준을 충족하는 설비를 의미한다.

① 「댐건설 및 주변지역지원 등에 관한 법률」 제2조에 따른 댐

② 「전원개발촉진법」 제5조에 따라 전원개발사업구역으로 지정된 지역의 발전용댐

③ 「농어촌정비법」 제2조에 따른 농업생산기반 정비사업에 따른 저수지 및 담수호와 농업생산기반시설로서의 방조제 내측

④ 「산업입지 및 개발에 관한 법률」 제6조, 제7조, 제8조에 따른 산업단지 내의 유수지

⑤ 「공유수면 관리 및 매립에 관한 법률」 제2조에 따른 공유수면 중 방조제 내측

4) 수상태양광 인정 기준

① 발전소 설치 부지는 연중 유수가 있거나 상시 물이 저장되어 있어야 함

② 태양광설비 전체(인버터 및 배전선로 제외)는 수면 위에 부유식으로 설치되어야 함

③ 댐 및 저수지의 본래 목적을 훼손하지 않아야 함

④ 태양광 모듈, 지지대, 부력 자재 등은 수도법에 따른 위생안전기준을 만족해야 함

5) 수상태양광 규제 제도

① 수도법 및 상수원 관리 규칙 : 상수원 보호구역으로 지정된 댐 내 수상태양광 개발 제한

② 환경영향평가 : 환경성 평가지침에 의거 식수용 댐의 경우 사업준공 후 10년간 모니터링 실시

③ 개발행위 허가 : 수상태양광 설치수면은 개발행위 대상이며, 전기실 부지는 면적에 따라 부분 대상임.

6) 수상태양광의 장점

① 국토의 효율적 이용 : 산지 및 농지 개발훼손 없이 개발가능

② 고효율 발전 : 수면 위 냉각효과로 육상태양광과 비교하여 효율 상승

③ 생태 보호 : 그늘 형성으로 수상태양광 하부 어류 개체 수 증가 및 조류발생 억제

7) 수상태양광의 단점

① 육상 태양광발전에 비하여 설치비용 20[%] 증가

② 오염 발생 시 어류 및 농산물에 악영향

③ 소규모 저수지 준설 작업불가

④ 육상 태양광발전에 비하여 운영 및 유지보수비 약 50[%] 증가

(10) 태양전지 어레이(Array)

태양전지 모듈을 강제나 알루미늄 프레임을 이용하여 지붕이나 지상에 설치한 태양전지모듈 전체를 태양전지 어레이라고 한다. 다음 그림은 태양전지의 셀, 모듈, 어레이를 나타낸 것이다. 태양전지 어레이는 복수의 태양전지 모듈을 직렬, 병렬로 접속하여 파워컨디셔너 입력 직류전압과 필요한 발전전력을 얻을 수 있도록 구성된다.

태양전지 어레이를 구성하기 위해서는 태양전지 모듈을 조합하여 어레이형태로 견고하게 고정하기 위한 금속 철물 및 기초, 기지대 등의 가대가 사용된다. 태양전지 발전량에 따른 어레이 설치 확보 면적은, 국내 기준으로 3[kW] 태양전지 모듈을 설치하기 위해서는 약 23[m²]의 면적이 필요하며, 태양전지 모듈의 효율향상에 따라 면적이 점차 축소되고 있다.

또한, 태양광발전시스템의 용량은 표준 태양전지 어레이 출력(태양전지 모듈의 최대 출력 합계 : W_p)으로 표기된다. 태양광발전시스템의 출력은 방사조도(일사강도)의 영향을 크게 받고, 또한 태양전지 모듈 내의 태양전지 셀의 온도의 영향을 받으므로, 일사강도 1,000[W/m²], 셀 온도 25[℃], AM(Air mass) 1.5의 표준시험 조건일 때의 최대출력을 표준 태양전지 어레이 출력으로서 표시하고 있다.

(11) 태양전지 어레이의 전기적 구성

태양전지 어레이와 접속함의 전기적 회로구성은 일반적으로 다음 그림과 같다. 태양전지 모듈의 직렬 집합체로서의 스트링, 역류방지 다이오드, 바이패스 다이오드, 서지보호장치(SPD), 직류차단기, 접속함 등으로 구성된다.

여기서 스트링(String)이란 모듈의 개방전압(V_{oc})을 기준하여 파워컨디셔너의 입력전압 범위 내에서 결정되는 모듈의 직렬회로 집합을 말하며, 각 스트링에는 스트링간의 전압차로 인한 역류를 방지하기 위한 목적의 역류방지 다이오드를 스트링회로에 직렬로 접속한다. 바이패스 다이오드의 설치 목적은 모듈의 셀 일부분에 음영이 발생한 경우 전류 집중으로 인한 열점(Hot spot)으로 인한 셀의 소손을 방지하기 위하여 바이패스 다이오드(By pass Diode)를 설치한다.

접속함은 스트링 단위로 발전된 전력을 합쳐 파워컨디셔너회로에 전력을 공급하기 위하여 태양광발전 어레이와 파워컨디셔너 사이에 설치된다. 내부에는 역류방지 다이오드, 서지보호장치, 차단기, 통신장치 등이 내장된다.

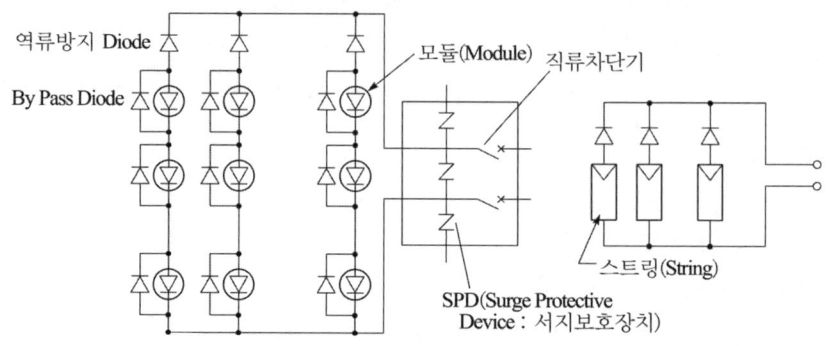

그림 1-35 어레이의 전기회로도의 예

1.3 태양광발전용 인버터

인버터는 태양전지에서 발전된 직류전력을 교류전력으로 변환하고, 교류 부하에 전력을 공급함과 동시에 잉여전력을 한전 계통으로 역송전하는 장치이다.

태양광 인버터는 단순히 직류를 교류로 변환하는 기능과 태양광 발전에서 최대출력을 추종할 수 있는 제어기능과 한전 계통과 연계 운전하기 위한 각종 보호기능을 겸비하고 있다. 한전 계통과 연계운전을 하기 위해서는 "분산형 전원 배전계통 연계 기술기준"에 규정한 보호기능을 갖추어야 하며, 한전 계통과 연계하는 방식에 따라 단상2선식과 3상3선식 인버터가 시판되고 있다.

(1) 인버터의 기능

태양광 인버터는 태양전지에서 출력되는 직류전력을 교류전력으로 변환하는 기능 외에 다음과 같은 주요 기능을 수행함으로써 태양광발전설비를 전력망에 접속을 가능하게 한다.

① 자동운전·정지 기능　　　② 최대전력추종제어 기능
③ 단독운전방지 기능　　　　④ 자동전압조정 기능
⑤ 직류검출 기능　　　　　　⑥ 직류지락검출 기능

태양광 파워컨디셔너는 상용 전원계통과 연계 운전 시에는 한국전력공사의 "분산형 전원 배전계통 연계기술기준"에 적합한 기능을 가지고 있어야 한다.

(2) 태양광 인버터의 회로방식

1) 회로방식의 종류

계통 연계용 인버터의 직류측과 교류측의 절연방법에 따른 회로방식에는 3종류가 있으며, 한국전기설비규정(503.2.2 저압계통 연계 시 직류유출방지 변압기의 시설)에 적합한 인버터 회로방식을 선정하여야 한다.

① 상용주파 절연방식
② 고주파 절연방식
③ 무변압기 방식

2) 상용주파 절연방식의 특징

PWM 제어 방식의 인버터를 이용하여 상용주파수의 교류를 만들고, 상용주파수 변압기를 이용하여 태양전지의 직류 부분을 계통과 절연한 방식으로 내뢰성과 노이즈 컷 특성은 뛰어나지만 중량이 무거운 단점이 있다.

3) 고주파 절연방식의 특징

상용주파수 변압기 절연방식에 비하여 소형, 경량인 반면, 제어회로가 복잡하다.

4) 무변압기 방식의 특징

고주파 변압기 절연방식에 비해 소형, 경량, 저가격, 신뢰성의 특성이 있지만 상용전원과 태양광 발전설비의 직류 부분과 비 절연 상태이다. 따라서 직류유출 가능성이 있으므로 직류전류 유출의 검출기능을 갖추어 안전성을 높이고 있다. 직류가 상용전원의 전력계통에 유출되는 경우에는 변압기 철심의 포화로 인한 고조파의 발생, 전력기기의 소음 및 과열, 보호계전기의 오·부동작 등 악영향을 미치므로 한국전기설비규정(503.2.2 저압계통 연계 시 직류유출방지 변압기의 시설)에서 이를 제한하고 있다.

5) 저압 계통연계 시 직류유출방지 변압기의 시설(한국전기설비규정 503.2.2)

분산형전원을 인버터를 이용하여 배전사업자의 저압 전력계통에 연계하는 경우 인버터로부터 직류가 계통으로 유출되는 것을 방지하기 위하여 접속점(접속설비와 분산형전원 설치자 측 전기설비의 접속점을 말한다)과 인버터 사이에 상용주파수 변압기(단권변압기를 제외한다)를 시설하여야 한다. 다만, 다음 각 호를 모두 충족하는 경우에는 예외로 한다.
① 인버터의 직류 측 회로가 비접지인 경우 또는 고주파 변압기를 사용하는 경우
② 인버터의 교류출력 측에 직류 검출기를 구비하고, 직류 검출시에 교류출력을 정지하는 기능을 갖춘 경우

1.4 전력저장 장치

(1) 전력저장장치

도서지방이나 산간지방 등 상용전원이 없는 곳에서 활용되는 독립형 태양광발전 시스템에는 거의 모든 시스템에 전력저장 장치(축전지)가 설치되고 있으며, 발전량 부족 시나 야간, 일조가 없을 때의 부하로 전력공급하기 위해 전력저장장치(축전지)를 설치한다. 또한, **독립형** 태양광발전 시스템에서 태양전지 **출력전압의 안정화**를 위해서 축전지를 활용하는 경우도 있다.

계통 연계형 태양광 발전 시스템에서도 축전지를 설치하여 재해 시 비상전원공급, 발전전력 급변 시의 버퍼, 전력저장, 피크 시프트 등 시스템의 적용범위를 확대함으로써 **비상전원의 확보**, **전력품질의 유지**, **경제성** 등의 목적으로 설치하는 경우도 있다.

최근에는, 다수의 태양광발전시스템이 계통에 연계되었을 때 계통전압 안정화 및 피크 제어 목적으로 축전지를 이용한 ESS(Energy Storage System)를 도입하고 있다.

축전지를 선정할 때에는 축전지의 전압전류특성 등의 전기적 성능, 비용, 용량, 중량, 수명, 보수성, 안전성, 재활용성 등을 고려하고, 경제성을 가미하여 최적의 것을 선정하여야 한다.

축전지에는 납축전지, 니켈카드뮴 축전지, 니켈수소 축전지, 리튬 2차전지 등이 실용화되어 있는데, 상기의 선정조건을 종합적으로 판단하여 태양광발전시스템용으로 납축전지가 선정되는 경우가 일반적이다.

태양광발전시스템용의 축전지로는 일반적으로 보수가 필요하지 않은 제어변식 거치 납축전지(무보수 밀폐형)가 사용되지만, 독립형 시스템 등과 같은 사이클 서비스적인 용도의 경우에는 일반적으로 거치 납축전지에 비해서 충·방전 특성이 강화된 제어변식 거치 납축전지가 사용된다.

축전지의 기대수명은 **방전심도**, **사용온도**, **방전횟수** 등에 의해 좌우되며 사용하는 축전지의 형태에 따라 약 3~15년 정도로 기대 수명의 차이가 크기 때문에, 축전지의 선정 시에는 축전지 분야 전문 기술자 또는 제조사의 자문을 받아 선정하는 것이 바람직하다.

(2) 축전지 부착 계통연계 시스템

계통연계시스템에 축전지를 사용하면 축전지가 없는 경우와 비교하면 기능의 향상을 도모할 수 있다. 축전지부착 계통연계시스템은 정전 시에 비상용 부하에 전력을 공급하는 **방재 대응형**, 전력부하 피크를 억제할 수 있는 **부하 평준화 대응형** 등으로 분류된다.

부하 평준화 대응형은 설치된 축전지 용량에 따라 일조량의 급격한 변화에 대해서 계통으로부터 부하급변의 영향을 적게 하기 위한 **일사급변 보상형**과 발전전력의 피크와 수요 피크를 수 시간 동안만 보상하기 위한 **Peak Shift형**, 태양광 발전과 야간에 충전한 축전지의 방전에서 낮의 부하를 조달하는 **야간전력 저장형** 등으로 분류할 수 있다.

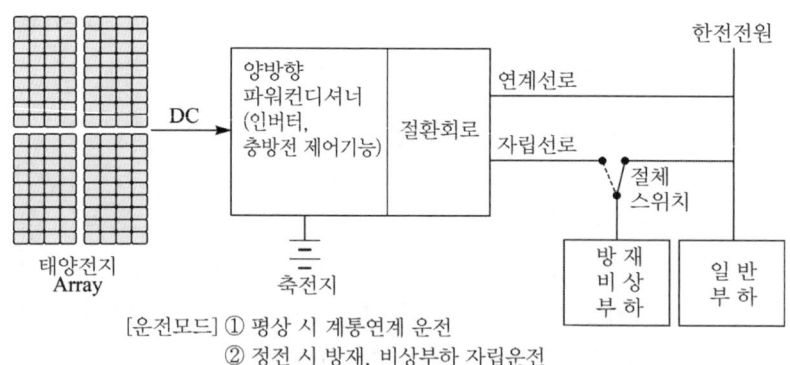

[운전모드] ① 평상 시 계통연계 운전
② 정전 시 방재, 비상부하 자립운전
③ 복전 후 및 야간 : 연계 및 충전운전

그림 1-36 방재 대응형 시스템

1) 방재 대응형

방재 대응형 시스템의 축전지 구성 예는 상기 그림과 같다. 이 시스템은 보통 계통연계시스템으로 동작하고 재해 등의 정전 시에는 파워컨디셔너를 자립 운전으로 전환함과 동시에 특정 재해대응 부하로 전력을 공급하도록 한 것이다.

2) 부하 평준화 대응형(Peak Shift형, 야간전력 저장형)

다음 그림과 같이 태양전지 출력과 축전지 출력을 병용하여 부하의 Peak시에 파워컨디셔너를 필요한 출력으로 운전하여 수전전력의 증대를 억제하고 기본전력요금을 절감시키려는 시스템이다. 이 시스템을 도입하면 수용하는 전력요금의 절감, 전력회사는 피크전력 대응의 설비투자를 절감할 수 있는 등의 큰 장점이 있다.

피크 전력을 2~4시간 정도 늦추는 축전지를 구비한 것을 Peak Shift형이라고 하고, 또한 심야전력으로 충전하고 그 충전된 전력을 주간의 Peak시에 방전하여 주간 전력을 축전지에서 공급하도록 하는 것을 야간전력 저장형이라고 한다.

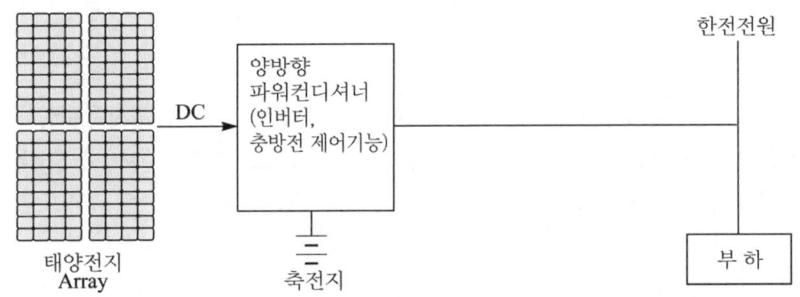

[운전모드] ① 평상 시 계통연계 운전
② 피크 시는 태양전지+축전지에 의한 피크부하 부담
③ 야간은 축전지 충전운전

그림 1-37 부하 평준화 대응형 시스템

3) 계통안정화 대응형

태양전지와 축전지를 병렬 운전하여 기후의 급변 시나 계통부하가 급변하는 경우에는 축전지를 방전하고, 태양전지 출력이 증대하여 계통전압이 상승할 때에는 축전지에 충전하여 역전류를 줄이고 전압의 상승을 방지하는 방식이다.

(3) 계통연계시스템용 축전지의 용량 산출

1) 방재 대응형 축전지의 용량 산출 순서

방재 대응형의 축전지에 대해서는 비상전원용 축전지의 설계방법에 기초하여 용량을 산출한다. 축전지의 용량을 산출할 때는 방전시간, 방전전류, 예상 최저 축전지 온도, 허용 최저전압 등을 미리 결정한 후에 행한다.

① **방전시간** : 예측되는 최장 백업시간으로 방재 대응형은 12시간에서 24시간 정도를 방전시

간으로 한다.

② **방전전류** : 방전개시에서 종료까지 부하전류의 크기와 경과 시간변화를 산출한다. 부하 전류가 변동하는 경우에는 평균값을 취하고, 이때 방전말기에 대 전류가 흐르는 경우에는 별도로 산출한다. 간략하게 방전전류를 구하지 않고 부하의 소비전력으로 산출하는 방법도 있다.

③ **예상 최저 축전지 온도** : 실내의 경우 25[℃], 옥외 외함이 있는 경우 5[℃], 외함이 없는 경우 −5[℃], 축전지 온도가 보장되는 경우에는 그 온도로 한다.

④ **허용 최저전압** : 부하기기의 최저 동작전압 중 최고값에 전압강하를 감안한 것으로 1셀당 1.8[V] 정도로 한다.

⑤ **셀 수의 선정** : 부하의 최고 허용전압 및 최저 허용전압, 축전지 방전종지전압, 태양전지로 충전할 경우 충전전압 등을 고려하여 셀의 수를 산정한다.

⑥ **용량산출의 일반식** : 방전전류가 일정한 경우, 또는 평균적인 방전전류가 산출 가능할 때의 축전지 용량의 산출은 다음의 식으로 구할 수 있다.

$$C = \frac{KI}{L}$$

단, C : 온도 25[℃]에서 정격 방전율 환산용량(축전지의 표시용량)
　　K : 방전시간, 축전지 온도, 허용최저전압으로 결정되는 용량환산시간
　　I : 평균 방전전류
　　L : 보수율(0.8)

예제 1　● ● ●

시스템 전압 24[V], 축전지 설비용량 14400[Wh]일 때 축전지용량[Ah]은 얼마인가?

풀이

$$축전지\ 용량[Ah] = \frac{축전지\ 설비용량[Wh]}{시스템\ 전압[V]} = \frac{14,400}{24} = 600[Ah]$$

단위, $P = V \times I$에서 $[W] = [V] \times [A] = [VA]$

예제 2　● ● ●

계통연계용 태양전지시스템의 방재 대응형 축전지를 다음 조건에 의해 설치하려 한다. 설치용량을 구하시오.

– 평균부하 용량 P 5[kW]	– PCS 직류입력전압 : 200[V]
– PCS 축전지 간 전압강하 : 2[V]	– PCS 효율 : 95[%]
– 보수율 : 0.8	– 용량환산시간 : 24.5

풀이

(1) 직류전류(I_d)

$$I_d = \frac{\text{평균부하용량[kW]}}{(\text{PCS 직류입력전압 + 전압강하}) \times \text{PCS 효율}} = \frac{5 \times 10^3}{(200+2) \times 0.95} = 26.06[\text{A}]$$

(2) 축전지용량(C)

$$C = \frac{KI}{L}[\text{Ah}] = \frac{\text{용량환산시간} \times \text{직류전류}}{\text{보수율}} = \frac{24.5 \times 26.06}{0.8} = 798.09 ≒ 800[\text{Ah}]$$

(4) 독립형 전원시스템용 축전지의 선정

1) 독립형 전원시스템의 축전지

태양전지의 최초 사용목적은 독립전원으로서 사용하기 위해서였다. 초기의 태양전지는 우주용, 통신용, 기상관측용 등에서 이용이 시작되었고, 그 이후에는 상용전원이 없는 곳의 전원으로 활용하는 등 그 응용분야가 점점 확대되고 있는 추세에 있다. 독립형 전원시스템의 블록도는 다음 그림과 같다.

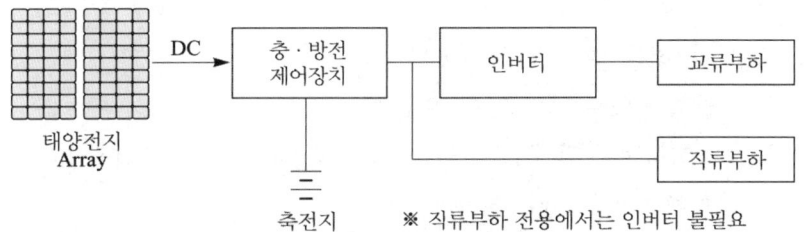

그림 1-38 독립형 전원시스템의 블록도

독립형 시스템용 축전지는 매일 충·방전을 반복하고, 기계적으로 조합하여 유지보수가 곤란한 장소에 설치되는 경우가 많다. 그리고 충전상태도 일정하지 않아 축전지 측면에서 보면, 악 조건에 놓여 있다고 볼 수 있다. 독립형 시스템용 **축전지의 기대수명**은 다음 그림에 나타난 것처럼 **방전심도(DOD)의 영향이 가장 크며**, 방전횟수, 사용온도 등의 영향을 받으며, 또한 태양광발전시스템에서는 일조량에 따라 충·방전량이 변화하기 때문에 평균적인 방전심도를 산정하여 최적의 축전지 기종을 선정해야 한다.

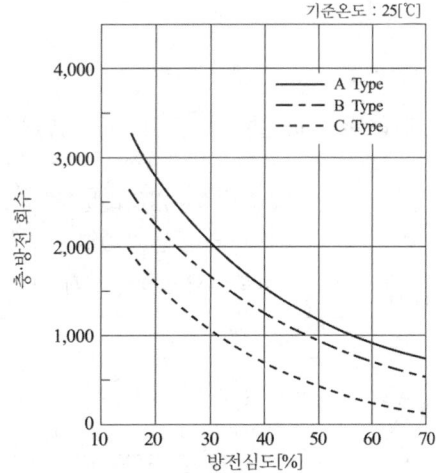

그림 1-39 축전지의 방전심도와 기대수명의 관계

2) 독립형 전원시스템용 축전지 용량 산출

독립형 전원을 경제적으로 설계하기 위해서는 우선 부하의 필요 전력량을 상세하게 검토하여 태양전지의 용량과 축전지의 용량, 충·방전 제어장치의 설정값을 어떻게 최적화 시키는가에 달려있으며, 설계순서는 다음과 같다.

① 부하에 필요한 직류입력전력량을 상세하게 검토한다. 파워컨디셔너의 입력 전력을 파악한다.

② 설치 예정 장소의 일조량 데이터를 입수한다.

③ 설치장소의 일조조건이나 부하의 중요도를 고려하여 일조가 없는 일수를 결정한다. (일반적으로 5~15일)

④ 축전지의 기대수명에서 방전심도(DOD)를 설정한다.

⑤ 일조량 최저 월에도 충전량이 부하의 방전량보다 크게 되도록 태양전지 용량 과 어레이 각도 등도 함께 고려한다.

⑥ 축전지 용량(C)을 계산한다.

$$C = \frac{L_d \times D_r \times 1,000}{L \times V_b \times N \times DOD} [\text{Ah}]$$

단, L_d : 1일 적산 부하 전력량 [kWh]

D_r : 일조가 없는 날의 일수 [일]

V_b : 공칭축전지 전압 [V] ⇒ 납축전지 2[V], 알칼리 축전지 1.2[V]

N : 축전지 개수 [개]

L : 보수율

DOD : 방전심도[%] (일조가 없는 날의 마지막 날을 기준하여 방전심도 결정)

⑦ 계산 결과로 축전지 용량을 선정한다.

예제 3 ● ● ●

다음 조건과 같은 독립형 태양광발전시스템의 축전지 용량[Ah]을 구하시오.

> – 1일 정격소비량 : 2.4[kWh]   – 보수율 : 0.8
> – 일조가 없는 날 : 10일   – 방전심도 : 65[%]
> – 공칭축전지 전압 : 2[V]   – 축전지 개수 : 48개

풀이

독립형 축전지 용량(C)은

$$C = \frac{1일소비전력량 \times 불일조일수}{보수율 \times 축전지전압 \times 방전심도} [\text{Ah}] = \frac{2.4 \times 10^3 \times 10}{0.8 \times (2.0 \times 48) \times 0.65} = 480.7 ≒ 481 [\text{Ah}]$$

(5) 축전지의 선정 시 고려사항

1) 축전지 선정 시 고려사항

① 방재 대응형은 재해로 인한 정전시에 태양전지에서 충전을 하기 때문에 충전전력량과 축전지 용량을 매칭(Matching)할 필요가 있다.

② 축전지 직렬 개수는 태양전지에서도 충전 가능한지, 파워컨디셔너 입력전압 범위에 포함되는지 확인하여 선정한다.

③ 부동 충전방법을 충분히 검토하고, 항상 축전지를 양호한 상태로 유지하도록 한다.

④ 중량물이므로 설치장소는 하중에 견딜 수 있는 장소로 선정한다.

⑤ 지진에 견딜 수 있는 구조로 한다.

2) 태양광발전용 축전지가 갖추어야 할 조건

① 자기 방전율이 낮을 것

② 에너지 저장밀도가 높을 것

③ 중량 대비 효율의 높을 것

④ 과충전 및 과방전에 강할 것

⑤ 가격이 저렴하고 장수명일 것

3) 부동충전 방식

부동충전 방식의 충전기의 2차 전류(충전전류)의 계산식은 다음과 같다.

$$충전기\ 2차\ 전류 = \frac{축전지의\ 정격용량[Ah]}{축전지의\ 표준시간율[h]} + \frac{상시부하[W]}{표준전압[V]}\ [A]$$

여기서, 연(납) 축전지의 표준시간율은 10[h], 알칼리 축전지의 표준시간율은 5[h]이다.
연(납) 축전지의 공칭전압은 2.0[V], 알칼리 축전지의 공칭전압은 1.2[V]이다.

예제 4 ● ● ●

연(납) 축전지의 정격용량 100[Ah], 상시부하 8[kW], 표준전압 100[V]인 부동충전 방식 충전기의 2차 전류(충전전류)값을 구하시오. (단, 상시부하의 역률은 1로 한다.)

풀이 ▶

$$충전기\ 2차\ 전류 = \frac{축전지의\ 정격용량[Ah]}{축전지의\ 표준시간율[h]} + \frac{상시부하[W]}{표준전압[V]} = \frac{100}{10} + \frac{8 \times 10^3}{100} = 90[A]$$

4) 납축전지와 알칼리 축전지의 특징 비교

구 분	납축전지	알칼리축전지
공칭전압(V)	2[V]	1.2[V]
표준시간율(Q)	10[h]	5[h]
충전시간(T)	길다	짧다

구 분	납축전지	알칼리축전지
수명(S)	짧다.(5~15년, 5~7년)	길다(12~20년)
종 류	클래드식(CS형), 페이스트식(HS형)	소결식, 포켓식
특 징	• 경제적: 단가가 낮다 • 축전지 필요 셀 수가 적어도 됨 • 충방전 전압 차이가 적다 • 전해액 비중으로 충방전 상태 추정 가능	• 과방전, 과전류에 강하다 • 부식성 가스 발생이 없음 • 보존이 용이 • 극판의 기계적 강도가 강하다
화학반응식	$PbO_2 + 2H_2SO_4 + Pb$ $\Leftrightarrow PbSO_4 + 2H_2O + PbSO_4$	$2NiOOH + 2H_2O + Cd$ $\Leftrightarrow 2Ni(OH)_2 + Cd(OH)_2$

(6) 전력저장장치

1) 용어의 정의

① 분산형전원 (DG, Distributed Generation)

원자력이나 대용량 화력 등과 같은 집중적이고 대용량이 아닌 소용량의 발전시스템을 일컫는 말로서 수력, 태양광, 바이오, 풍력 등의 신·재생에너지 전원, 소용량의 열병합발전시스템, 전기저장장치 등을 이용한 시스템을 예로 들 수 있다. 기존의 전력회사의 대규모 집중형 전원과는 달리 소규모로서 소비지 근방에 분산배치가 가능하다.

② 전기저장장치 (ESS, Energy Storage system)

전력계통 및 타 전원으로 부터 전기를 축전지에 에너지로 저장하였다가 필요할 때 사용하는 장치로서 다음 그림과 같이 전력변환장치(PCS), 전력관리장치(PMS), 축전지관리장치(BMS)등으로 구성하는 것이 전기저장장치이다.

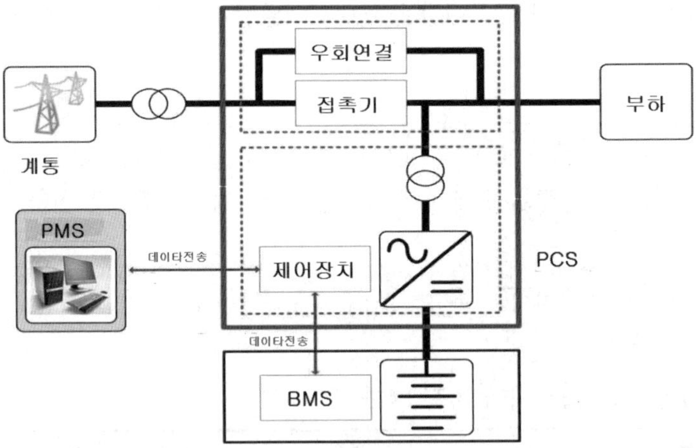

그림 1-40 전기저장장치 구성

③ 전력변환장치 (PCS, Power Conditioning System)

축전지로부터 저장된 직류 전기를 교류로 변환하여 전력계통에 공급하거나 직접 교류 부하에 전기를 공급하는 기능과 전력계통으로부터 교류 전기를 직류로 변환하여 축전지에 전기를 저장하는 기능이 모두 가능한 장치이다.

④ 축전지관리장치 (BMS, Battery Management System)

축전지 셀(cell)과의 균형을 정밀하게 잡아주며, 모든 셀이 완전 충전 상태가 될 수 있도록 하고, 저장된 전기에너지를 완벽하게 활용할 수 있도록 하는 축전지시스템의 제어 및 감시하는 장치이다.

⑤ 축전지 (storage battery)

외부의 전기 에너지를 화학 에너지의 형태로 바꾸어 저장해 두었다가 필요할 때에 전기를 만들어 내는 장치를 말한다. 여러 번 충전할 수 있다는 뜻으로 "충전식 전지"(rechargeable battery)라는 명칭도 쓰인다. 흔히 쓰이는 이차전지로는 납축전지, 니켈－카드뮴 전지(NiCd), 니켈 수소 전지(NiMH), 리튬 이온 전지(Li-ion), 리튬 이온 폴리머 전지(Li-ion polymer)가 있다.

⑥ 과충전 (over charge)

축전지의 고장을 미리 방지하고 또는 이미 고장이 난 것을 회복시킬 목적으로 비교적 적은 전류로 보통의 충전을 완료한 후 수 시간 계속 충전 하는 것을 과충전이라고 한다. 또한, 잘못 충전하여 적정충전 이상 충전하는 것도 과충전이라고 한다.

⑦ 정전압 충전 (constant potential voltage charge)

충전 초기부터 충전 완료까지 충전 전압을 일정하게 하여 충전하는 방법으로 충전이 진행되면 축전지의 역기전력이 증가하기 때문에 충전전류는 저하한다. 충전 초기에는 대전류가 흐르므로 충전설비의 용량이 커야 한다.

⑧ 전력관리장치 (PMS, Power Management System)

전기저장장치 내에서의 전기 소비를 감시하고 규제하며 전기사용을 예상하여 필요한 조정을 할 수 있는 기능 등의 전력을 관리하는 시스템이다. 전력변환장치로부터 정보를 제공받아 실시간 모니터링이 가능하며, 상위 제어기의 요구사항을 반영하여 전기저장장치에 지시 및 관리 한다.

⑨ 공통 연결점(PCC, Point of Common Coupling)

구내계통 내에서 분산형전원에 전기적으로 가장 가까운 지점이면서 동시에 구내 계통내의 다른 부하들이 존재하거나 연결 될 수 있는 지점이다

⑩ 전력계통(Area EPS, Electric Power System)

구내계통에 전기를 공급하거나 그로부터 전기를 공급받는 전기사업자의 전력계통을 말하는 것으로 접속설비를 포함한다.

⑪ 구내계통(Local EPS, Electric Power System)

분산형전원 설치자 또는 전기사용자의 단일 구내(담, 울타리, 도로 등으로 구분되고, 그 내부의 토지 또는 건물들의 소유자나 사용자가 동일한 구역을 말한다. 이하 같다) 또는 여러 구내의 집합 내에 완전히 포함되는 계통을 말한다.

⑫ 모의 전원

신재생에너지(태양광, 풍력 등)의 출력의 전기적인 특성을 모의하여 외부 환경의 영향 없이 성능 평가를 할 수 있는 장비이다. 신재생에너지별 전압, 전류의 특성을 모의 할 수 있으며, 고가의 실제 장비를 대신할 수 있다.

⑬ 계통연계 (interconnection)

분산형전원을 상용전원과 병렬운전하기 위하여 계통에 전기적으로 연결하는 것을 말한다.

⑭ 데이터통신장치 (DCU, Data Communication Unit)

ESS와 운영센터간 데이터 통신을 담당하는 단말 장치로서 시각동기화 기능이 있으며, 시각동기화 방식은 IRIG-B, IEEE 1588 또는 SNTP이다.

⑮ 통신 프로토콜(protocol)

통신 프로토콜은 컴퓨터나 원거리 통신 장비 사이에서 메시지를 주고받는 양식과 규칙의 체계이다. 통신 프로토콜은 신호 체계, 인증, 그리고 오류 감지 및 수정 기능을 포함할 수 있다. 같은 통신 프로토콜을 사용하면 기종과 모델이 달라도 컴퓨터 상호 간에 통신할 수 있게 되고, 각각의 컴퓨터상에서 다른 프로그램을 사용하고 있더라도 컴퓨터 사이에서 데이터의 의미를 일치시켜 프로그램을 동작시킬 수 있게 된다.

2) 전력저장장치의 기본 성능 확인

① 충 · 방전기능

ESS는 축전지의 SOC특성에 따라 제조자가 제시한 정격으로 충전 또는 방전할 수 있어야 하며, 충전 및 방전상태 또는 축전지 상태를 시각화하여 정보를 제공하는지 확인한다.

② 용량확인

측정한 ESS의 출력전력량(kWh)이 정격출력량(kWh)의 ±5 % 이내인지 확인한다.

※ 휴지기간 후 성능은 완전충전 후 720시간이 지난 시점에도 정상 동작하여야 한다.

③ 계통연계 성능

㉮ 동기화 조건

– 저압 계통의 경우, 계통 투입 시 돌입전류가 있어야 하는 ESS에 대해서 계통 투입에 의한 연속전압 변동률이 6%를 초과하지 않는지 확인한다.

– ESS의 역률은 90% 이상으로 유지하는지 확인한다.

– ESS는 계통의 전압, 주파수, 전압 위상각이 " 분산형전원 배전계통 연계기준 "의 전력 계통과 동기화하는지를 확인한다.

④ 계통사고 발생시 ESS 성능 확인사항

㉮ ESS의 고장 발생 시, 그 영향을 연계 계통에 파급시키지 않도록 계통에서 분리하여야 한다.

㉯ 계통 사고 시에는 계통에서 ESS를 신속 확실하게 분리하여 단독운전이 일어나지 않아야 한다. 또한, 역 충전 상태로 될 때는 계통에서 ESS가 신속 확실하게 분리하여야 한다.

  ㉲ 연계된 계통 사고로 자동재폐로 시, ESS는 계통으로부터 분리하여야 한다.

  ㉳ 연계된 계통 이외의 사고나 계통의 루프 전환 등에 의한 계통 측의 순시 전압 저하 등에 대해서는, ESS를 분리시키지 않고 계속 운전하거나 또는 자동 복귀할 수 있어야 한다.

  ㉴ ESS는 전기적 고장 발생 시 자동적으로 계통과의 연계를 분리할 수 있도록 설비를 갖추어야 한다.

  ㉵ 전력계통이 정상화된 후에도 5분 이내에는 투입되지 않도록 시설한다.

  ㉶ 역변환 장치로부터 직류가 계통으로 유출하는 것을 방지하기 위하여 원칙적으로 직류 유입 방지용 변압기 또는 동일 효과가 있는 장치를 설치하여야 한다.

  ㉷ 기타 연계선로의 보호방식은 전력회사의 검토 결과에 따른다.

⑤ 단독운전 방지

 연계된 전력계통이나 분산형전원의 고장이나 작업 등으로 인하여, 고립 단독운전 (islanding) 상태가 발생할 경우, ESS는 이러한 단독운전 상태를 검출하여 전력계통으로부터 0.5초 이내에 분리하는지 확인한다.

⑥ 역전력 계전기 설치

 단순병렬 운전하는 ESS의 경우에는 전기의 유입을 예방하기 위한 역전력 계전기를 설치하였는지 확인한다.

  ㉮ 다음의 조건에 모두 해당되는 경우에는 설치를 생략할 수 있다.

   – ESS 용량이 50[kW] 이하일 것

   – ESS 용량이 수전용 계약전력 용량 이하일 것

   – 단독운전 방지기능이 있을 것

  ㉯ 단순병렬 운전은 ESS에서 계통에 연계하여 운전하되, 생산된 전기를 자체적으로 소비하기 위한 것으로서 상용전원 측으로 유입되지 않는 병렬 형태를 말한다.

⑦ 직류성분 제한

  ㉮ ESS의 전압 및 전류 출력은 직류성분을 정격전류의 0.5% 이내인지 확인한다.

  ㉯ 내부에 변압기가 있는 경우에는 이를 직류성분을 충분히 제한하는 것으로 인정한다.

3) 통신 및 제어기능

① 통신기능

  ㉮ ESS와 시스템운영자 또는 그리드와 연계하여 정보 교환이 필요한 경우에는 감시, 제어, 계측, 고장 기록을 표준에 적합한 데이터모델과 통신서비스에 부합하여 그리드의 상호 운용성이 보장되는지 확인한다.

  ㉯ 그리드의 상호 운용성과 관련이 없는 기능들에 대한 통신 성능은 제조자 또는 사용자의 요구사항에 따라 기능을 구현하는지 확인한다.

   • 그리드는 스마트그리드와 마이크로그리드를 말한다.

   • PCC 기준으로 ESS와 상위시스템과의 통신 부분만을 다루며, 하위 통신은 운영자간 합의에 의해 따른다.

② 기능정보 시각화

ESS는 다음의 기본기능 정보를 시각적으로 제공하는지 확인한다.

㉮ 정상 동작 : 전원표시, 운전상태 정보(충전, 방전, 대기), 전지 잔량, 단전지 또는 전지 시스템의 온도

㉯ 비정상 동작 : 이상온도경보, 과충전 경보, 과방전 경보, 냉각시스템 오동작 경보

③ PMS 기능

PMS는 계측, 제어, 보호, 통신, 저장의 다음과 같은 5가지 기능이 있는지 확인한다.

㉮ 계측기능 : 전압, 전류, 주파수, 운전모드

㉯ 제어기능 : 전압과 전류 기준의 충전 제어, 전압과 전류 기준의 방전 제어

㉰ 보호기능 : 과전압, 저전압, 과전류, 저주파수

㉱ 통신기능 : 통신 프로토콜(IEC-61850 / mode bus)

㉲ 저장기능 : PMS 계측기능에 저장된 정보를 일정기간 저장

④ BMS 기능

BMS는 계측, 계산, 제어, 표시, 통신의 다음과 같은 5가지 기능이 있는지 확인한다.

㉮ 계측 기능

- 전압 / 전류 / 온도 : 시스템 별로 전류, 전압, 온도 측정
- 모듈 전압 / 전류 / 온도 : 모듈(팩)별 전류, 전압, 온도 측정

㉯ 계산 기능

- SOC 추정 : 축전지 충전상태 계산
- SOH 추정 : 축전지 수명 계산

㉰ 제어 기능

- 축전지 균등화 : 직·병렬로 연결된 전지 간 전압을 균등하게 맞추기 위해 수행하는 일련의 기능
- 축전지온도 상승(온도 한계치)시 제어기능
- 랙(rack)간의 병렬운전 중 이상(전압, 온도 등) 발생 시 제어 기능

㉱ 표시/경보 기능

- 과충전, 과방전 상태의 표시 및 경보
- 과전류, 과온도 상태의 표시 및 경보
- 축전지 균등화 상태의 표시 및 경보

㉲ 통신기능

- 표준 통신 프로토콜(IEC-61850/mode bus)

1.5 태양광발전용 접속함

접속함은 태양전지 어레이와 파워컨디셔너 사이에 설치되며, 여러 개의 태양전지 모듈의 직렬 연결된 스트링 회로를 단자대를 이용 접속하여 **보수·점검 시 회로를 분리하거나 점검의 편리성을 위해 설치**하며, 태양전지 어레이의 스트링 별 고장 시 정지 범위를 분리하여 운전을 할 수 있도

록 설치하는 것으로 점검 및 보수가 용이한 장소에 설치하여야 한다. **접속함에는** ① **태양전지 어레이측 개폐기,** ② **주 개폐기,** ③ **서지보호 장치**(SPD : Surge Protective Device), ④ **역류방지 소자,** ⑤ **출력용 단자대,** ⑥ **감시용 DCCT**(Shunt), **DCVT, T/D**(transducer) 또는 Multi power transducer 등을 설치한다. 접속함 내부회로 결선도의 예는 그림 1-41과 같다.

(1) 어레이 측 개폐기

태양전지 어레이측 개폐기는 태양전지 어레이의 점검·보수 또는 일부 태양전지 모듈의 고장 발생 시 스트링 단위로 회로를 분리시키기 위해 스트링 단위로 설치한다.

태양전지는 우리가 눈으로 감지하는 가시광선(380~760[nm])의 범위보다 넓은 파장대(300~1,200 [nm])에서 전압을 형성하고, 일조강도에 비례한 전류가 흐른다. 그러므로 태양전지 어레이측 개폐기는 모듈의 단락전류를 차단할 수 있는 용량의 것을 선택하여야 하며, 일반적으로 MCCB, Fuse, 단로기를 사용하고 있으며, 특히 단로기나 Fuse를 통해 개폐하는 경우에는 반드시 파워컨디셔너 측 주 개폐기를 먼저 차단하고 조작하여야 한다.

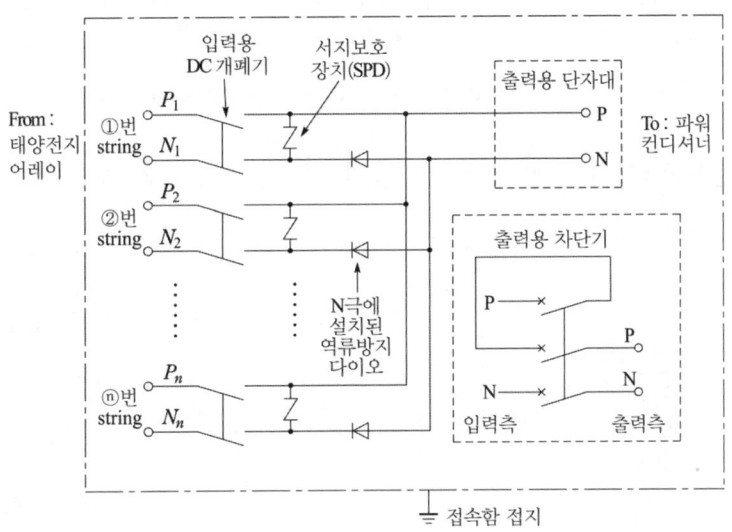

그림 1-41 접속함 내부회로 결선도의 예

또한, MCCB 선정 시 직류전용 MCCB를 적용하는 것이 바람직하나, 구입이 어려운 경우 교류/직류 MCCB를 사용하게 되는 경우 3극 차단기를 이용하여 그림 1-42와 같이 접속하여 사용한다. 이때 차단기 제조사에서 제공하는 카달로그를 참조하여 직류에서의 정격전압, 정격전류, 차단용량 등을 검토하여 적용하여야 한다.

(2) 주 개폐기

주 개폐기는 태양전지 어레이의 전체 출력을 하나로 모아 파워컨디셔너 측으로 보내는 회로 중간에 설치된다. 주 개폐기는 태양전지 어레이측 개폐기와 같은 목적이므로 태양전지 어레이가

1개 스트링으로 구성된 경우에는 생략이 가능하다. 그러나 태양전지 어레이 측 개폐기로 단로기나 Fuse를 사용하는 경우에는 반드시 주 개폐기로 MCCB를 설치하여야 한다.

주 개폐기는 태양전지 어레이의 최대 사용전압, 태양전지 어레이의 합산된 단락전류를 개폐할 수 있는 용량의 것을 선정하여야 하며, 태양전지 어레이 측의 합산 단락전류에 의해 차단되지 않도록 선정한다.

다음 그림은 한국전기안전공사의 점검 및 검사기준에 따른 주 개폐기 결선의 인정과 불인정 사례이다.

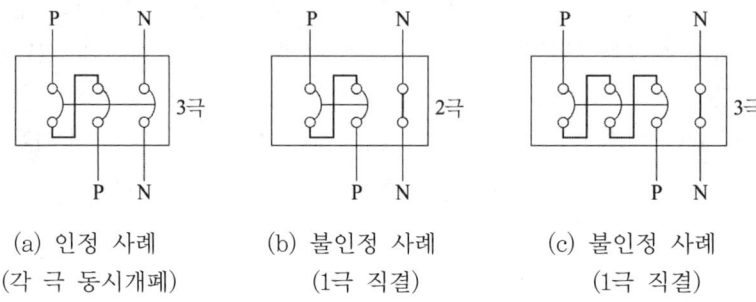

(a) 인정 사례   (b) 불인정 사례   (c) 불인정 사례
(각 극 동시개폐)   (1극 직결)   (1극 직결)

그림 1-42 AC/DC 겸용 차단기의 3극 결선 방법

태양광발전설비의 차단기 등의 설치는 다음과 그림과 같다.

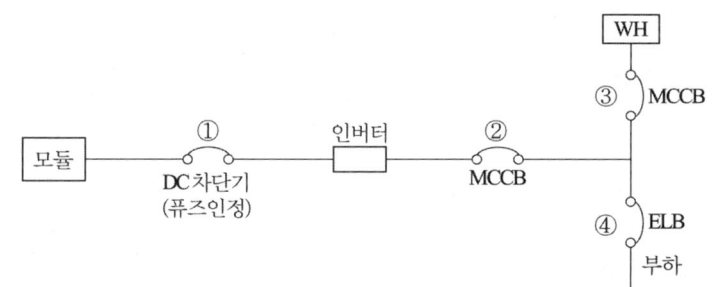

① DC차단기 또는 퓨즈인정(Fuse는 DC정격전압 및 용량에 맞게 사용하여야 함)
② 반드시 MCCB설치   ③ MCCB 설치   ④ ELB 설치

그림 1-43 태양광발전설비의 차단기 등의 설치

1) 직류차단 원리

직류의 차단은 교류(60[Hz])와 같이 8.33[ms]마다 전류 영점(Zero)이 반복되지 않기 때문에 교류에 비하여 상당히 어렵다. 직류부하 측에서 단락사고가 발생하면 차단기 내부가 접점 사이에 아크(ARC)가 발생하고 소호실내부에서 생기는 아크전압(U_{tot})이 전원전압(E)을 초과하면 단락전류는 감소하여 전류 영점에서 전류는 차단된다.

직류시스템의 보호용으로 차단기의 극을 서로 직렬로 연결하여 사용하며, 각 극이 서로 직렬로 연결되면 아크(ARC)차단은 각 극이 서로 분담하고, 계통의 아크전압은 각 극의 아크전압의 합으로 계산되어 높은 사용전압에서도 전류차단이 가능해진다.

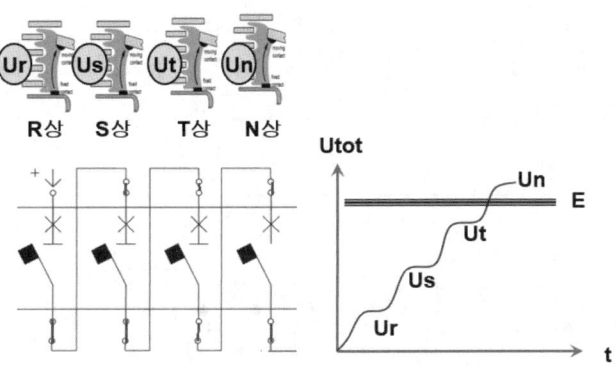

그림 1-44 차단기의 직렬연결에 의한 차단전압

상기 그림과 같이 4극 차단기를 직렬 연결할 때 아크전압(U_{tot})은 다음 식과 같다.

$$U_{tot} = U_r + U_s + U_t + U_n$$

2) 직류차단기 선정 시 고려사항

① 회로의 정격전류 : MCCB의 정격 결정
② 회로의 정격전압 : 차단에 필요한 극(Pole)수 결정
③ 최대단락전류 : MCCB의 단락용량 결정
④ 회로 계통방식

구분	중간점 접지	1극 접지	비 접지
구성도			
최대 단락전류	A-B 단락	A-B 또는 A-C 단락	A-B 단락
각 극의 차단용량	$\frac{V}{2}$에서 최대 단락전류	V에서 최대 단락전류	V에서 최대 단락전류

⑤ DC 사용전압에 따른 결선형식

DC 사용전압	회로 계통 접지방식에 따른 결선타입		
	중간점 접지	1극 접지	비 접지
250[V] 이하	A	A	A
250[V] 초과~500[V] 이하	A	B, C	A
500[V] 초과~750[V] 이하	F	C, E	B
750[V] 초과~1000[V] 이하	F	D	E, F

⑥ 결선 타입별 회로결선

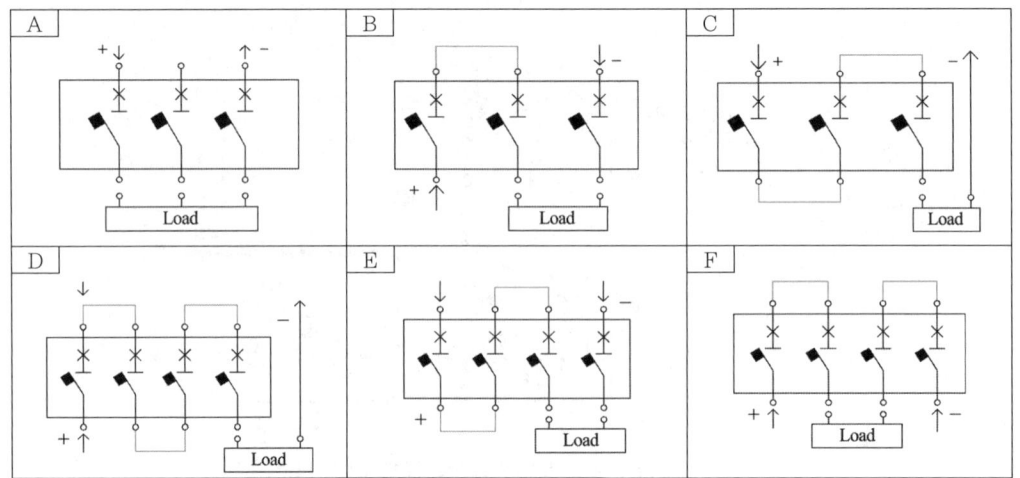

단, 4극형 제품 적용 시 N상도 과전류 보호가 되는 4P4D 제품을 적용하여야 한다.

(3) 역류방지 소자

PV 어레이 구역 내 역전류를 방지하기 위해 역류 방지 다이오드를 사용할 수 있다. 역류 방지 다이오드가 사용되는 경우 다음의 요건을 준수해야 한다. (KS C IEC 62548의 7.3.12)

① PV 어레이 최대 전압보다 최소 2배의 전압 정격을 갖는다.

② 보호용 회로의 표준 시험조건(STC)에서 단락전류 보다 최소 1.4배의 전류 정격을 갖는다.

   – PV 스트링의 경우 : 1.4 × 모듈의 단락전류

   – PV 서브어레이의 경우 : 1.4 × 서브어레이 단락전류

   – PV 어레이의 경우 : 1.4 × 어레이 단락전류

③ 충전부가 노출되지 않게 설치된다.

④ 환경 요인으로 인한 성능 저하에서 보호 된다.

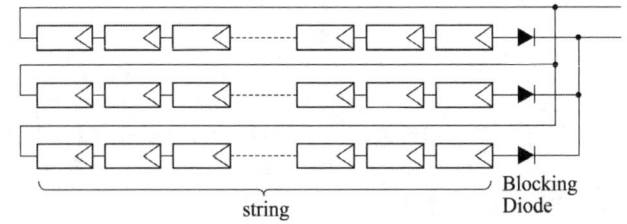

그림 1-45 역류방지 소자(Blocking Diode)

다음 그림은 역류방지 소자의 유·무와 그늘에 따른 스트링의 $I - V$ 특성곡선을 나타낸 것이다.

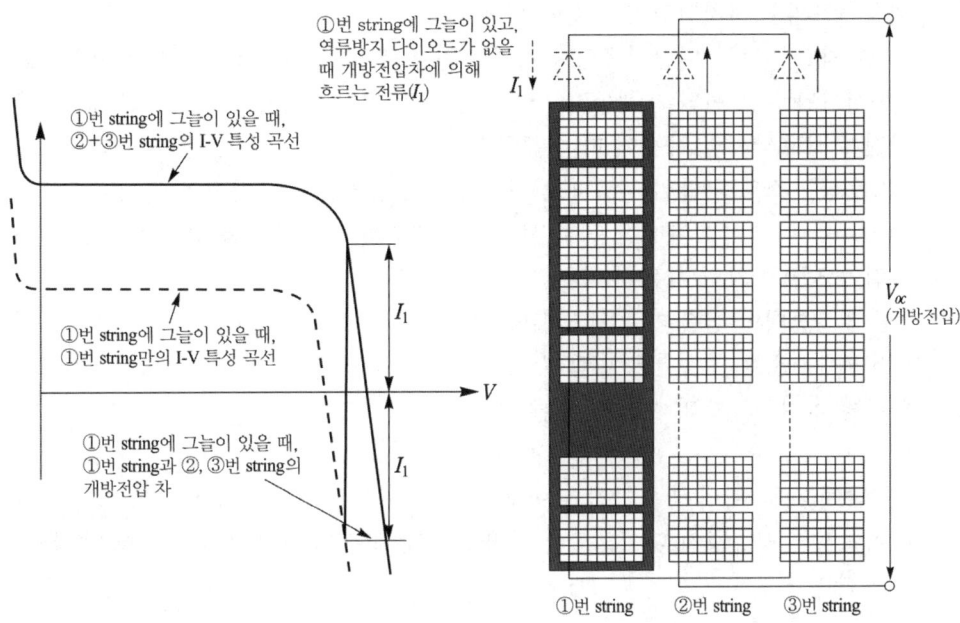

그림 1-46 역류방지 소자의 유, 무와 음영에 따른 스트링의 I-V 특성곡선

(4) 접속함 선정 시 고려사항

독립형 또는 계통연계형 태양광발전 시스템에 사용되는 개폐 장치 및 제어장치 부속품을 포함하는, 직류 1500[V]를 초과하지 않는 태양광발전용 접속함은 KS C 8567에 의한 인증 제품을 사용하여야 한다.

1) 접속함의 분류 및 보호 등급

접속함은 사용 장소, 부품 구성, 기능 등에 따라 다음 표와 같이 분류되며, 제조사는 다음 표의 각 항목에 해당내용을 확인하여 매뉴얼에 명시하여야 한다.

접속함 스트링 수	사용 장소
소형 / 중대형	실내형 / 실외형
위험선로 부하차단	과전류 보호기능
개별차단 / 동시차단	스트링 / 스트링+어레이
과전압 보호기능	역류방지 다이오드
탑재 / 미탑재	탑재 / 미탑재
모니터링 기능(외부 통신)	
지원 / 미지원	

① 접속함 스트링 수에 의한 분류
  - 소형 : 3회로 이하
  - 중대형 : 4회로 이상

② 위험선로의 부하차단장치 구성에 따른 분류
- 개별차단 : 모든 위험회로의 부하차단을 위해 두 번 이상의 개폐 동작이 필요한 경우
- 동시차단 : 한 번의 개폐동작으로 모든 위험회로 부하차단이 가능한 경우

③ 과전류 보호장치의 사용에 따른 분류
- 스트링 : 스트링 단위 선로에만 과전류 보호장치를 탑재하고 있는 경우
- 스트링+어레이 : 어레이 단위 선로에도 과전류 보호장치를 탑재하고 있는 경우

④ 과전압 보호장치의 사용에 따른 분류
- 탑재 : 중대형 접속함은 반드시 탑재해야 함.
- 미탑재 : 소형 접속함은 미탑재

⑤ 역류방지 다이오드의 사용에 따른 분류
- 탑재
- 미탑재(제품 내의 역류방지 다이오드 사용은 의무가 아니다.)

※ 여기서의 역류방지 다이오드란 개별 스트링 회로의 양극 또는 음극에 설치된 것으로 국한한다.

2) 직류(DC)용 퓨즈

모듈 및 어레이의 과전류 보호를 위해 접속함의 개별 스트링 회로의 양극 및 음극에 각각 직류(DC)용 퓨즈를 설치하여야 하며, 사용되는 퓨즈는 다음의 요건을 준수하여야 한다.

① 퓨즈는 IEC 60296-6("gPV"형)의 규격품을 사용하여야 한다.
② 퓨즈는 회로 정격전류에 대하여 135[%]의 과부하 내량을 가져야 한다.
③ 퓨즈의 과전류 보호 정격은 회로 정격전류의 1.5배 이상 2.4배 이하이어야 한다.
④ 퓨즈가 소손되는 경우 경고음 또는 램프 등을 통해 확인할 수 있어야 한다.

3) DC 개폐기(또는 차단기)

접속함의 출력회로에 DC용 개폐기가 설치되어야 하며 KS C IEC 62548의 6.3.6.3에 따라 다음의 요건을 준수하여야 한다.

① 개폐기(또는 스위치)는 IEC 60947-3의 규격품, 차단기는 KS C IEC 60947-2의 규격품을 사용하여야 한다.
② 접속함 출력 회로의 정격 전압보다 1.2배 이상의 전압 정격을 갖는다.
③ 차단기의 정격전류는 접속함 출력 회로의 정격전류보다 1.25배 초과, 2.4배 이하의 전류 정격을 갖는다.
④ 개폐기의 정격전류는 접속함 출력 회로의 정격전류보다 1.25배 초과의 전류정격을 갖는다.

4) 서지보호장치(SPD)

중대형 접속함(스트링 4회로 이상)의 경우 출력 회로에 근접하여 SPD 장치를 설치하여야 하며, SPD 최대 연속 운전전압은 600 VDC, 1500 VDC, 공칭 방전 전류(8/20μs)는 10[kA] 이상이어야 한다.

1.6 교류측 기기

(1) 분전반

분전반은 한전배전계통과 계통 연계하는 경우에 파워컨디셔너의 교류출력을 계통으로 접속할 때 사용하는 차단기를 수납하는 함체이다. 일반주택이나 빌딩의 경우 대부분 분전반이나 배전반이 설치되어 있으므로 태양광발전시스템의 정격출력전류에 적합한 차단기가 있으면 그것을 사용한다. 기 설치되어 있는 분전반내 차단기의 여유가 없을 경우에는 별도의 분전반을 설치하여야 하며, 이때는 기존에 설치된 분전반 근처에 설치하는 것이 바람직하다.

(2) 차단기

차단기는 사고 시 큰 고장전류를 신속하게 차단하여 사고의 확대를 방지하고, 안전을 확보하는 용도로 사용되며, 차단기와 유사한 개폐기는 전력기기를 운영하기 위한 스위치로 On-Off 목적으로 사용된다.

1) 차단기(Breaker)
① 고장전류(단락, 지락 등)를 신속히 차단하여 기기 보호 및 안전유지
② 부하전류의 안전통전 및 개폐(On-Off)

2) 개폐기(Switch)
① 평상 시 부하전류가 흐르는 상태에서 안전하게 개폐(On-Off)
② 부하전류를 안전하게 통전

(3) 전력퓨즈(Power Fuse)

1) 전력계통에 사용되는 퓨즈로 주로 단락보호용으로 사용된다.(한류형 퓨즈는 과부하 전류에서 용단되어서는 안 된다.)
2) 전력용 한류퓨즈는 차단기에 비하여 다음과 같은 장·단점이 있다.

장 점	단 점
• 현저한 한류특성이 있다.	• 재투입이 불가능하다.(가장 큰 단점)
• 고속도 차단을 할 수 있다.	• 차단 시 과전압을 발생한다.
• 소형으로 큰 차단용량을 가진다.	• 과전류에 의해 용단되기 쉽고, 결상을 일으킬 우려가 있다.
• 차단 시 무소음, 무방출이다.	• 용단되어도 차단되지 않는 전류범위가 있다.
• 소형, 경량이다.	• 동작 시간-전류특성을 계전기처럼 자유롭게 조정할 수 없다.

(4) 단로기(DS)

단로기는 선로로부터 기기를 분리, 구분 및 변경할 때 사용되는 개폐장치로 단순히 충전된 선로를 개폐하기 위한 용도로 사용되며, 고장전류 뿐만 아니라 부하전류도 개폐할 수 없다.

(5) 변압기

변압기는 전자유도작용을 이용하여 교류 전압과 전류를 변성하는 장치로 2개 이상의 전기회로와 1개 이상의 공통 자기회로로 이루어져 있다.

(6) 적산전력량계

1) 적산전력량계는 단순병렬 및 역송병렬 형태로 계통에 접속되는 경우 한전으로부터 수전된 전력량과 한전계통으로 송출된 전력량을 계측하여 전력회사와 요금정산을 위한 수단으로 계량법에 의한 검정을 받은 적산전력량계를 사용해야 한다.

2) 역송전 계량용 적산전력량계는 다음 그림과 같이 수요전력 계량용과는 반대로 수용가 측을 전원 측으로 접속한다. 또한 역송전 계량용 전력계량계의 비용부담은 수용가 부담이다.

(7) 보호계전기

보호계전기란 전압, 전류, 전력 등의 정정(설정)값에서 동작하여 차단기에 차단 신호를 주거나, 경보장치에 경보 신호를 주는 기기이다.

1.7 피뢰소자 등 주변장치

(1) 외부피뢰 시스템

1) 직격뢰

직격뢰는 태양전지 어레이, 저압배전선, 전기기기 및 배선 등으로의 직접 낙뢰 및 그 근방에 떨어지는 낙뢰를 말한다. 직격뢰는 그 전류 파고치가 15~20[kA] 이하가 거의 50[%]를 차지하고 있지만, 200[kA] 이상의 것도 관측되고 있다. 이처럼 에너지가 매우 크기 때문에 직격뢰에 대한 대책은 피뢰침설비로 대표하는 외부피뢰시스템을 설치한다.

2) 외부피뢰시스템

① 수뢰부 시스템 : 구조물의 뇌격을 받아들임
② 인하도선 시스템 : 뇌격전류를 안전하게 대지로 보냄
③ 접지 시스템 : 뇌격전류를 대지로 방류시킴

(2) 내부 피뢰시스템

1) 서지보호장치의 선정기준

내부피뢰시스템은 건축물의 금속구조물과 전선을 통해서 침입하는 서지(Surge)로부터 전기·전자시스템을 보호하는 것으로 서지보호소자는 유도 뇌서지가 태양전지 어레이 또는 파워컨디셔너 등에 침입한 경우에 전기설비 또는 장치를 뇌서지로부터 보호하기 위해 설치한다. 일반적으로 접속함에는 태양전지 어레이의 보호를 위해서 스트링마다 서지보호소자(SPD)를 설치하며, 낙뢰 빈도가 높은 경우에는 주개폐기 측에도 설치한다. **서지보호소자(SPD)의 접지측 배선은 접지단자에서 최대한 짧게(0.5[m]이하) 하여야 하며,** 서지보호소자의 접지측 배선을 일괄해서 접속함의 주접지단자에 접속하면 태양전지 어레이 회로의 절연저항 측정 등을 위해 접지를 일시적 분리시 편리하다. 일반적으로 뇌서지가 침입하기 쉬운 장소에는 대지 및 선간에 피뢰소자를 설치하는 것이 바람직하며, 동일회로에서도 배선이 길고 (10[m] 이상)배선의 근방에 직격뢰 또는 유도뢰를 받기 쉬운 곳에 위치한 배선은 배선의 양단(송전단, 수전

단)에 설치하여야 한다.

뇌 보호영역(LPZ : Lightning Protection Zone)별 SPD의 선택기준은 다음 표와 같으며,
설치 위치는 LPZ별 경계에 설치한다.

표 1-4 뇌 보호영역별 SPD 선택기준

구 분	파형 및 내량	적용 SPD
LPZ 0 / 1 경계	10/350[μs] 파형 기준의 임펄스 전류 I_{imp} 15[kA]~60[kA]	Class I SPD
LPZ 1 / 2 경계	8/20[μs] 파형 기준의 최대방전전류 I_{max} 40[kA]~160[kA]	Class II SPD
LPZ 2 / 3 경계	1.2/50[μs](전압), 8/20[μs](전류) 조합파 기준	Class III SPD

다음 그림은 전원시스템의 SPD 적용 예를 나타낸 것으로 LPZ 1의 경계(예: 주 배전반 MB/
ACB-panel)에는 Class I SPD 적용, LPZ 2의 경계(예: 2차 배전반 SB/P-panel)에는
Class II SPD 적용, 장비 또는 장비의 근접지역(예: 콘센트)에는 Class III SPD 적용하였다.

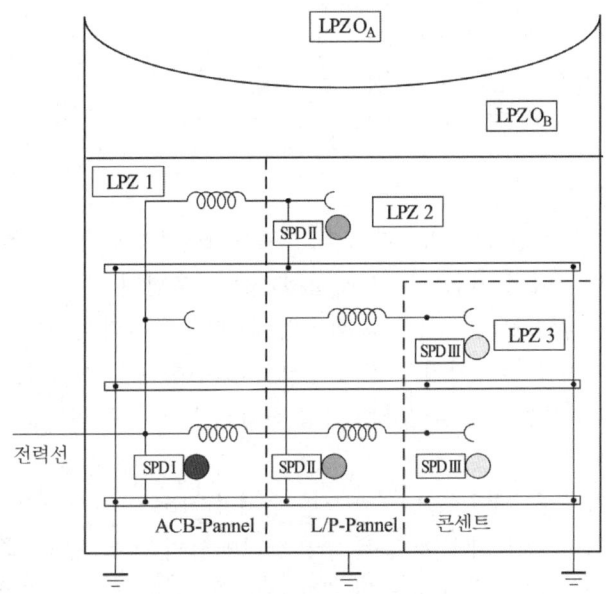

그림 1-47 전원시스템의 SPD 적용 예

2) 감전으로부터 인축의 상해를 줄이기 위한 보호대책

① 노출도전성 부분의 적절한 절연

② 메시접지시스템을 이용한 등전위화

③ 물리적 제한과 경고표시

④ 뇌등전위 본딩

3) 내부 뇌보호 대책

① 접지 및 본딩   ② 자기차폐

③ 선로의 포설경로   ④ 절연인터페이스

⑤ 협조된 SPD시스템

4) 태양광발전소 뇌서지 보호대책

태양광발전시스템 뇌서지 침입경로는 태양전지 어레이를 통한 침입 이외에 배전선이나 접지선을 통한 침입 및 그 조합에 의한 침입 등이 있다. 접지선에서의 침입은 주변의 낙뢰에 의해 대지전위가 상승하고 상대적으로 전원선측의 전위가 낮게 되어 접지선에서 전원선측으로 흐르는 경우에 발생한다. 그래서 뇌서지 등의 피해로부터 PV 시스템을 보호하기 위해 다음과 같은 대책이 필요하다.

① 피뢰소자를 어레이 주회로 내부에 분산시켜 설치하고 접속함에도 설치한다.

② 저압배전선에서 침입하는 뇌서지에 대해서는 분전반에 피뢰소자를 설치한다.

③ 뇌우 다발지역에서는 교류전원측으로 내뢰 트랜스를 설치하여 보다 안전한 대책을 세운다.

5) 피뢰기가 구비해야할 조건

① 속류의 차단능력이 충분할 것

② 상용주파 방전 개시 전압이 높을 것

③ 충격 방전 개시 전압이 낮을 것

④ 방전내량이 높고 제한 전압이 낮을 것

(3) 피뢰소자의 선정

1) 뇌보호용 부품에는 크게 피뢰소자와 내뢰트랜스의 2가지가 있으며, PV 시스템에는 일반적으로 피뢰소자인 어레스터 또는 서지업서버를 사용한다.

① 어레스터 : 낙뢰에 의한 충격성 과전압에 대하여 전기설비의 단자전압을 규정치 이내로 저감시켜 정전을 일으키지 않고 원상태로 회귀하는 장치이다.

② 서지업서버 : 전선로에 침입하는 이상 전압의 높이를 완화하고 파고치를 저하시키는 장치이다.

③ 내뢰 트랜스 : 실드부착 절연트랜스를 주체로 하고 어레스터 및 콘덴서를 부가시킨 것, 뇌서지가 침입한 경우 내부에 넣은 어레스터에서의 제어 및 1차측과 2차측 간의 고절연화, 실드에 의해 뇌서지의 흐름을 완전히 차단할 수 있도록 한 변압기이다.

2) 피뢰소자의 선정방법

접속함 내와 분전반 내에 설치하는 피뢰소자는 어레스터(방전내량이 큰 것)를 선정하고, 어레이 주회로 내에 설치하는 피뢰소자는 서지업서버(방전내량이 적은 것)를 선정한다.

① 서지보호장치(SPD)의 구체적인 선정방법

    ㉮ 최대 연속 사용전압(U_c) : 접속함 및 분전반 등의 SPD 설치장소는 제조사의 카탈로그의 정격전압 또는 제조사가 권장하는 전압의 형식의 것을 선정

㉯ 전압 방호레벨(U_p) : 공칭 방전전류(8/20[μs])에서의 전압 방호레벨(서지전류가 흘렀을 때, 서지전압이 제한되어 서지보호장치(SPD) 양 단자 간에 잔류하는 전압)이 2,500[V] 이하인 것을 선정한다. 이유는 태양전지 어레이의 임펄스 내전압(표준 뇌 임펄스 전압파형인 1.2/50[μs]를 정(+), 부(−) 각각 2회 인가했을 때에 절연파괴를 일으키지 않는 최대전압)이 4,500[V]로 규정되어 있기 때문에, 서지보호장치(SPD)의 접지선의 길이에 따라 서지임피던스의 상승분을 고려하여, 전압 방호레벨을 2,500[V] 이하로 한 것이다. 서지보호장치의 기능을 발휘하기 위해서는 가능한 접지선은 짧게 배선(0.5[m] 이내)해야 한다.

㉰ 최대 방전전류(I_{max}, 8/20[μs]) : 유도뇌 서지 전류의 크기를 최대 1,000[A] 정도가 유기 된다고 보고 있다. 이 유기된 파형은 8/20[μs] 뿐만 아니라, 이 이상의 길이를 가진 에너지의 큰 파형도 있기 때문에, 서지보호장치의 최대방전 전류(I_{max}) (실질상의 장애를 일으키지 않고 흐를 수 있는 소정의 방전 전류 파고치의 최대한도라 한다.)는 최저 10[kA] 이상으로 선정한다.

㉱ 서지보호장치는 회로에서 쉽게 탈착할 수 있는 구조의 것이 좋다. 이는 절연저항 측정 시 접지선 분리에 도움이 된다.

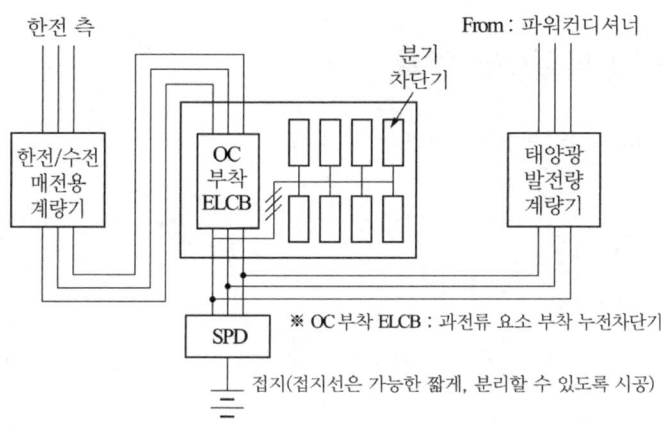

그림 1-48 분전반의 서지보호장치 설치의 예

㉲ 서지보호장치(ZnO : 산화 아연계)는 뇌전류에 의해 열화하면 최악의 경우 단락상태가 되므로 열화했을 때 자동적으로 회로에서 분리하는 기능을 가진 제품을 선정하면 보수 점검이 용이하다.

② 서지 업서버의 구체적인 선정방법

㉮ 설치하고자 하는 단자간의 최대전압을 확인하고, 제조사의 카탈로그에서 최대허용 회로전압 DC[V]란에서 그 전압 이상의 것을 선정.

㉯ 유도뢰서지 전류로서 1,000[A](8/20[μs])에서 제한전압이 2,000[V] 이하인 것을 선정

ⓓ 방전내량은 최저 4[kA] 이상인 것을 선정

ⓔ 회로에서 쉽게 탈착할 수 있는 구조인 것 선정

③ 내뢰 트랜스의 선정방법

㉮ 파워컨디셔너의 교류 측에 내뢰트랜스를 설치하면 태양광발전시스템이 상용계통과 완전히 절연성을 가질 수 있으며, 뇌서지를 완전히 차단할 수 있다. 어레스터와 서지업서버로 보호할 수 없는 경우에만 사용하는 것이 경제적이다.

㉯ 내뢰 트랜스의 선정 방법

• 1차 측, 2차 측의 전압 및 용량을 결정하고 카탈로그에 의해 형식을 선정.

• 전기특성(전압변동률, 효율, 충격파(뇌 임펄스)절연강도, 서지 감쇠량)이 양호한 것으로 선정.

• 1차 측과 2차 측간에 실드판이 있고, 이 판수가 많을수록 뇌서지에 대한 억제효과가 크기 때문에 많은 것으로 선정.

2 태양광발전 모듈 준비

2.1 태양광발전 모듈의 광전변환효율

(1) 태양전지의 전류-전압 곡선

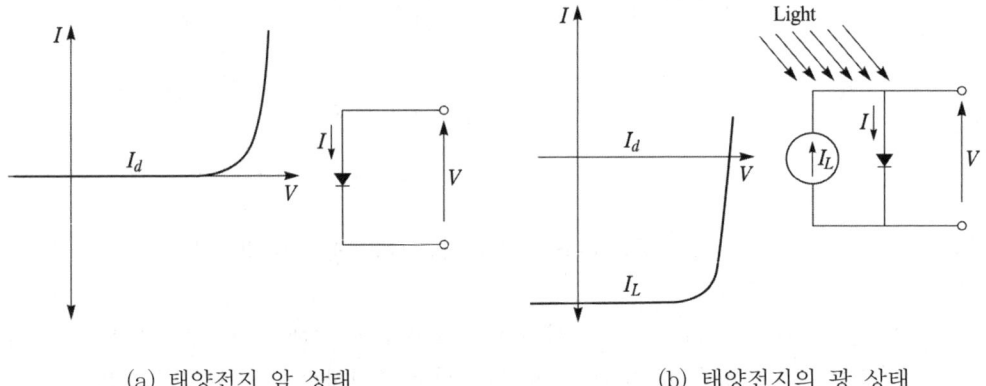

(a) 태양전지 암 상태   (b) 태양전지의 광 상태

그림 1-49 태양전지의 전류-전압곡선

태양전지는 넓은 면적의 다이오드로 볼 수 있으므로 이것의 전류-전압 특성 곡선은 암 상태에서의 다이오드 전류-전압 곡선에 광 생성전류를 중첩시키면 된다. 즉, 암 상태에서의 다이오드 전류-전압 곡선을 아래쪽으로 생성된 전류(I_L)만큼 이동시키면 된다. 이때 다이오드 방정식은 다음과 같이 주어진다.

$$I = I_d - I_L = I_0\left[\exp\left(\frac{qV}{nkT}\right) - 1\right] - I_L$$

(2) 단락 전류

단락전류(short circuit current)는 **태양전지 양단의 전압이 "0"일 때 흐르는 전류**

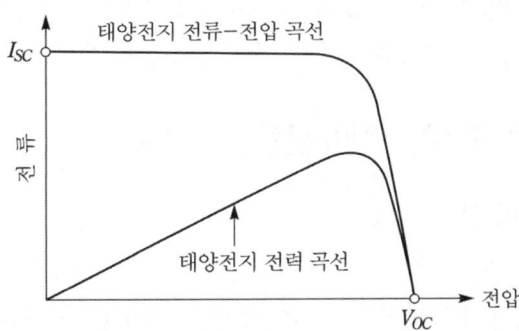

그림 1-50 태양전지 전류–전압 곡선에서의 단락전류

단락전류는 다음과 같은 요소들에 의해 영향을 받는다.
① 태양전지의 면적 : 태양전지 면적의 의존성을 없애기 위해 보통 단락전류 대신 단락전류밀
　도(short circuit current density)로 나타낸다.
② 입사광자 수 (입사광원의 출력)
③ 입사광 스펙트럼
④ 태양전지의 광학적 특성(빛의 흡수 및 반사)
⑤ 태양전지의 수집확률

(3) 개방전압

개방전압(open circuit voltage)은 **전류가 "0"일 때 태양전지 양단에 나타나는 전압**

(4) 충진율(일본식 표기 : 곡선인자)

태양전지의 충진율(Fill Factor, FF)은 개방전압과 단락전류의 곱에 대한 출력의 비비로써, 태양전지
전류–전압 특성곡선이 얼마나 사각형에 가까운가를 나타내는 지표

$$FF = \frac{I_{mpp} \cdot V_{mpp}}{I_{sc} \cdot V_{oc}} = \frac{P_{max}}{I_{sc} \cdot V_{oc}}$$

(5) 모듈의 광전변환효율

1) 효율이란 입력에너지에 대한 출력에너지의 비로 정의한다.
2) 광전변환효율은 입사되는 태양광 에너지와 태양광 발전모듈에서 출력되는 전기 에너지의 비
　율로 빛을 전기로 전환하는 비율을 의미한다.

3) 식으로 나타내면 다음과 같다.

$$광전변환효율(\eta) = \frac{전기 에너지}{태양광 에너지} \times 100[\%] = \frac{P_{max}}{E \times A} \times 100[\%]$$

여기서, P_{max} : 태양광 발전모듈의 최대출력[W]

E : 태양광 발전모듈에 입사되는 일조강도[W/m²], STC 조건은 1,000[W/m²]

A : 태양광 발전모듈의 크기(가로[m] × 세로[m])[m²]

2.2 태양광발전 모듈의 직병렬 어레이 구성

(1) 모듈의 직병렬 어레이 구성

1) 어레이 설치면적 결정

발전소 부지 내에서 태양광발전 어레이의 설치 가능한 면적을 결정한다.

2) 태양전지 모듈 및 인버터를 선정

① 태양전지의 효율, 수명, 신뢰성, 가격, 크기(가로×세로) 등을 고려하여 선정한다.

② 어레이 설치가능 면적에 적합한 용량의 인버터를 효율, 수명, 신뢰성 가격 등을 고려하여 선정한다.

3) 모듈의 직병렬 어레이 구성

① 어레이 설치가능 면적 내에서 이격거리 등을 고려하여 가로배치 수와 세로배치 수를 계산한다.

② 태양광 인버터의 직류 입력전압 범위 내에 맞추어 직렬(스트링) 수를 결정한다.

③ 인버터의 용량과 직렬 수를 고려하여 병렬 수를 결정한다.

$$병렬 수 = \frac{인버터의 입력용량}{모듈 1매의 용량 \times 직렬 수}$$

④ 모듈을 2단 또는 3단을 구성할 때 같은 단끼리 직렬(스트링)이 되도록 결선한다.

2.3 시험조건(STC, NOCT)

(1) 표준시험 조건(STC : Standard Test Conditions)

1) 소자 접합온도 : 25[℃]

2) 대기질량 지수 : AM 1.5

3) 조사강도 : 1,000[W/m²]

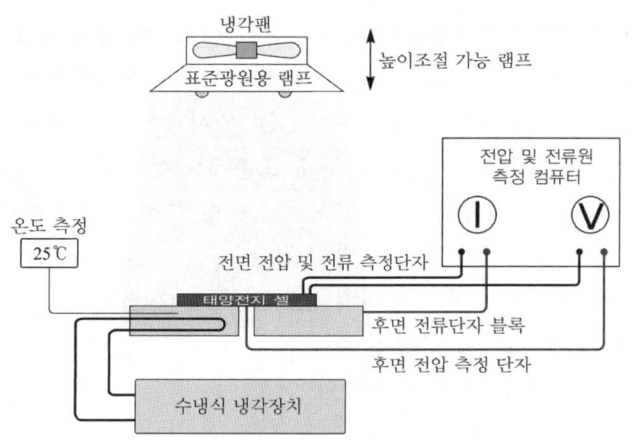

그림 1-51 태양전지 모듈의 표준시험 조건

(2) 표준 운전 조건(SOC : Standard Operating Conditions)

어레이면의 일조 강도(방사 조도)는 기준 값인 1,000[W/m²]이고, 태양광발전 소자 접합온도는 공칭작동 태양전지 온도(NOCT : Nominal Operating photovoltaic Cell Temperature)이며, 스펙트럼 조성은 대기질량 지수(AM : Air Mass Index) 1.5인 조건이다.

(3) 공칭작동 태양전지 온도(NOCT)

공칭작동 태양전지 온도(NOCT : Nominal Operating photovoltaic Cell Temperature)는 다음 조건에서 모듈을 개방회로(부하 없음)로 하였을 때 도달하는 온도이다.

1) **표면에서의 기준분광 방사조도 : 800[W/m²]**
2) **주위 온도(T_{amb}) : 20[℃]**
3) **풍속 : 1[m/s]**
4) 경사각 : 수평선상에서 45°

공칭작동 **태양전지 온도(NOCT)가 주어졌을 때 셀의 온도(T_{cell})** 계산식은 다음과 같으며, **셀의 온도(T_{cell})는 주위온도가 높을 때, 인버터의 최저 동작전압에 따른 모듈의 최소 직렬수량 산정** 시 사용된다.

$$T_{cell} = T_{amb} + \left(\left(\frac{NOCT-20}{800}\right) \times S\right) \ [℃]$$

단, T_{amb} : 주위온도(공기온도)[℃]

$NOCT$: 공칭작동 태양전지 온도[℃]

S : 일조강도[W/m²] ※ 표준일조강도=1,000[W/m²]

(4) 공칭 모듈동작 온도(NMOT : Nominal Module Operating Temperature)

1) IECEE TC82 WG 2에서 2016년 NOCT의 불확실성과 관련하여 IEC 61215 : 2005를 폐지하고 IEC 61215-2 : 2016을 제정하면서 NOCT 시험항목을 삭제하고, 공칭 모듈동작온도(NMOT)시험항목으로 대체 하였으나 국내 표준에는 현재까지 도입되지 않았다.

2) NMOT는 NOCT보다 매개변수를 다변화 하였으며, 특히 전기적 부하를 모듈에 연결하여 발전하는 전력를 소모시킨다는 점이 차별화 된다.

3) NMOT는 필터링 조건에서 풍속 범위가 1[m/s]~8[m/s]로 기존 NOCT의 풍속범위인 0.25[m/s]~1.75[m/s]에 비하여 상당이 넓다.

4) NMOT가 주어질 때 모듈의 온도 계산식

$$T_{cell} = T_{amb} + \left(\left(\frac{NMOT - 20}{800} \right) \times S \right) [℃]$$

단, T_{amb} : 공기온도(주위온도)[℃]

$NMOT$: 공칭 모듈동작 온도[℃]

S : 일조강도[W/m²] ※ 표준일조강도=1,000[W/m²]

2.4 태양광발전 모듈 선정

태양전지는 태양의 빛 에너지를 전기에너지로 변환하는 기능을 가진 최소단위인 「태양전지 셀(Cell)」 이 기본이 된다. 시판되고 있는 태양전지 셀은 10~15[cm] 각 판상의 실리콘에 PN접합을 한 반도체의 일종이다. 태양전지 셀은 1매 기준 발생전압이 약 0.6[V] 정도로 낮기 때문에 36장, 60장, 72장, 88장, 96장을 직렬로 접속하여 모듈형태로 제작되어 이용된다.

① **셀(Cell)** : 태양전지의 최소단위.
② **모듈(Module)** : 셀(Cell)을 내후성 패키지에 수 십장 모아 일정한 틀에 고정하여 구성된 것.
③ **스트링(String)** : 모듈(Module)의 직렬연결 집합 단위.
④ **어레이(Array)** : 스트링(String), 케이블(전선), 가대를 포함하는 모듈의 집합 단위.

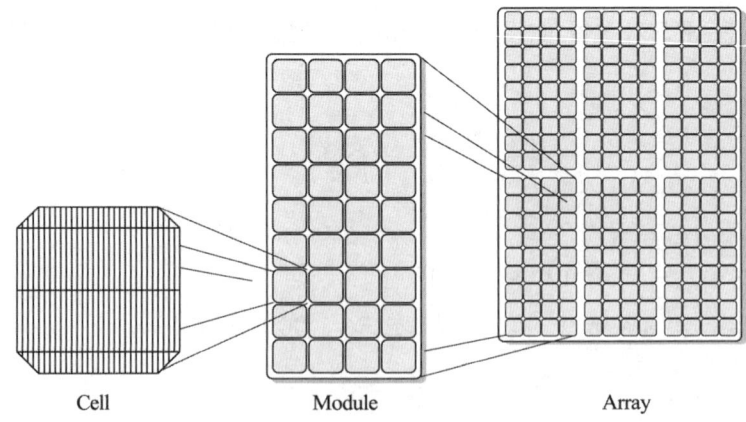

Cell   Module   Array

그림 1-52 태양전지의 셀 / 모듈 / 어레이

(1) 태양전지 모듈(Module)

태양전지 모듈은 태양전지의 최소단위인 셀을 내후성 패키지에 수 십장 모아 일정한 틀에 고정하여 구성되는 것으로, 태양전지 모듈 속에 태양전지 셀을 직렬 연결하여 소정의 전압, 출력을 얻을 수 있도록 제작된다.

일반적으로 태양전지 모듈의 변환효율과 출력온도 계수는 다음과 같다.

구 분	단결정 실리콘	다결정 실리콘	아몰퍼스 실리콘 박막	CdTe 박막	CIS 박막
STC 최대 효율	24[%]	20[%]	10[%]	14.4[%]	15.5[%]
STC 평균 효율	18[%]	16[%]	6[%]	11[%]	11[%]
출력온도계수[%/℃]	−0.3~−0.5	−0.3~−0.5	−0.2	−0.2	−0.3

태양전지 모듈의 변환효율은 기술력의 향상으로 점점 증가되고 있으며, 국내 기업에서도 단결정 실리콘 태양전지 변환효율 21[%]을 달성하여 시판하고 있다.

(2) 기능별 태양광 모듈

태양광 발전 모듈은 여러 가지 용도로 설치할 수 있으며, 이러한 용도에 따른 등급은 다음과 같다.

1) A 등급(Class A)

① 접근제한 없음, 위험한 전압, 위험한 전력용

② 직류 50[V] 이상 또는 240[W] 이상으로 동작하는 것으로, 일반인의 접근이 예상되는 곳에 사용된다.

2) B 등급(Class B)

① 접근제한, 위험한 전압, 위험한 전력용

② 울타리나 위치 등으로 공공의 접근이 금지된 시스템으로 사용이 제한된다.

3) C 등급(Class C)

① 제한된 전압, 제한된 전력용

② 직류 50[V] 미만이고, 240[W] 미만에서 동작하는 것으로, 일반인의 접근이 예상되는 곳에 사용된다.

4) 건물일체형 태양광발전(BIPV : Building Integrated Photovoltaic)시스템

건물일체형 태양광발전(BIPV : Building Integrated Photovoltaic)시스템은 "건축물의 지붕 및 입면에 외벽 마감재 대신 태양광 모듈로 건축물 마감재를 대체하는 것"으로 다음과 같은 특징이 있다.

① 건축 재료와 발전기능을 동시에 발휘한다.

② 태양광발전시스템 설계 시 건축가(건축설계자)와 사전협의가 필요하다.

③ 태양전지 모듈을 지붕·파사드·블라인드 등 건물외피에 적용한다.

④ 실리콘 태양전지에 비해 가격이 고가이고 효율이 낮아 적용실적이 낮다.

(3) 태양전지 모듈 선정 시 고려사항

1) 효율

변환효율은 단위면적당 들어오는 태양광에너지가 얼마만큼 전기에너지로 변환되는 비율을 효율이하고 하며, 높을수록 좋다.

2) Power Tolerance

① Power Tolerance(다수의 셀을 직렬 또는 병렬로 연결한 경우 각 모듈의 최대출력이 전압과 전류의 특성차이 등으로 이론상의 출력과 차이가 발생되는 것)를 검토한다.

② 모듈을 직렬로 구성할 경우 가장 낮은 전압이 발전되는 스트링(string)이 다른 높은 전압을 발생하는 스트링에 영향을 미쳐 전체적으로 발전전압이 낮아지므로 이를 검토한다.

3) 신뢰성 : 모듈은 설치 후 내용 수명동안 사용이 가능토록 높은 신뢰성을 갖추어야 한다.

4) 경제성 : 효율과 신뢰성 등이 같은 경우라면 가격이 저렴한 것을 선택한다.

5) 인증 : 국내의 공인인증기관에서 KS인증 받은 모듈을 사용해야 한다.

6) 설치 분류 : 건축물에 설치하는 태양전지 모듈은 설치 부위, 설치방식, 부가기능 등의 차이가 있으므로, 건축물의 설치여건을 고려하여 선정한다.

2.5 태양광발전 모듈의 온도계수 특성 등

(1) 결정질 실리콘 태양전지의 특성

결정질 실리콘 태양전지의 방사조도, 온도−출력특성은 그림 1−53과 같다. 그림에서와 같이 방사조도의 변화에 따라 전류가 급격히 변화하고, 모듈 표면온도 증감에 대해서는 전압이 변동함을 알 수 있다. 온도가 상승함에 따라 출력은 약 −0.45[%/℃] 감소하는 특성을 나타낸다.

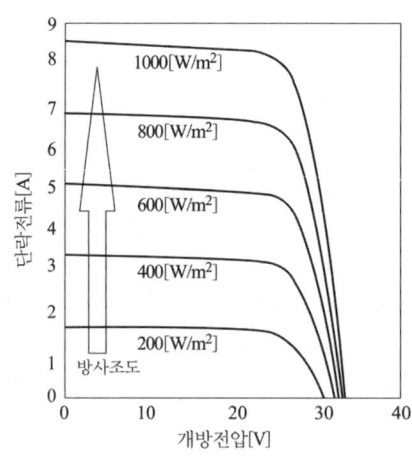
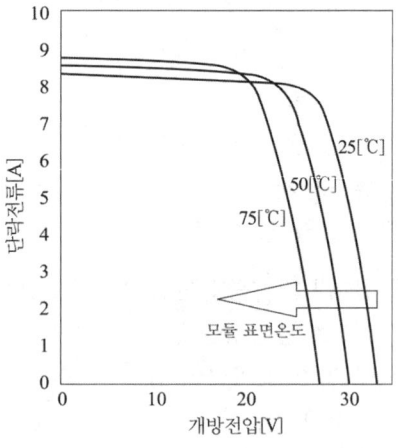

(a) 셀의 표면온도(25[℃])일정 시　　　(b) 일조강도(1,000[W/m²])일정 시

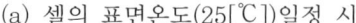

그림 1−53 결정질 태양전지 모듈의 방사조도 / 온도 특성 예

(2) 아몰퍼스(Amorphous) 실리콘 태양전지의 특성

아몰퍼스 실리콘 태양전지 모듈은 결정질 실리콘 태양전지 모듈에 비하여, 고전압, 저전류 특성을 지니며, 온도상승에 따른 출력감소율은 약 $-0.25[\%/℃]$로 결정질 실리콘 태양전지에 비하여 적어 사막지방과 같은 고온 지역에 사용할 경우 효과적이다.

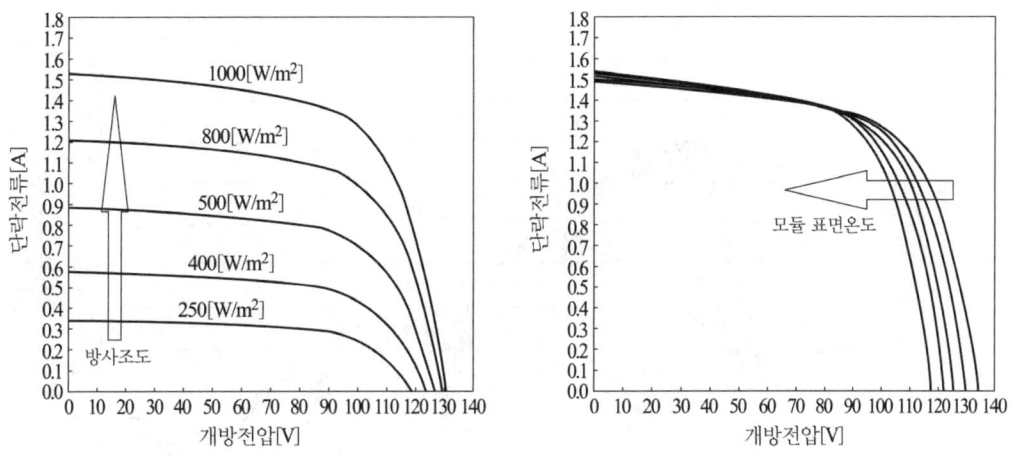

그림 1-54 아몰퍼스 실리콘 태양전지 모듈의 방사조도 / 온도 특성 예

(3) CIS/CIGS 태양전지의 특성

CIS/CIGS 태양전지 모듈은 아몰퍼스 실리콘 태양전지 모듈에 비하여, 고전압, 저전류 특성을 지닌다.

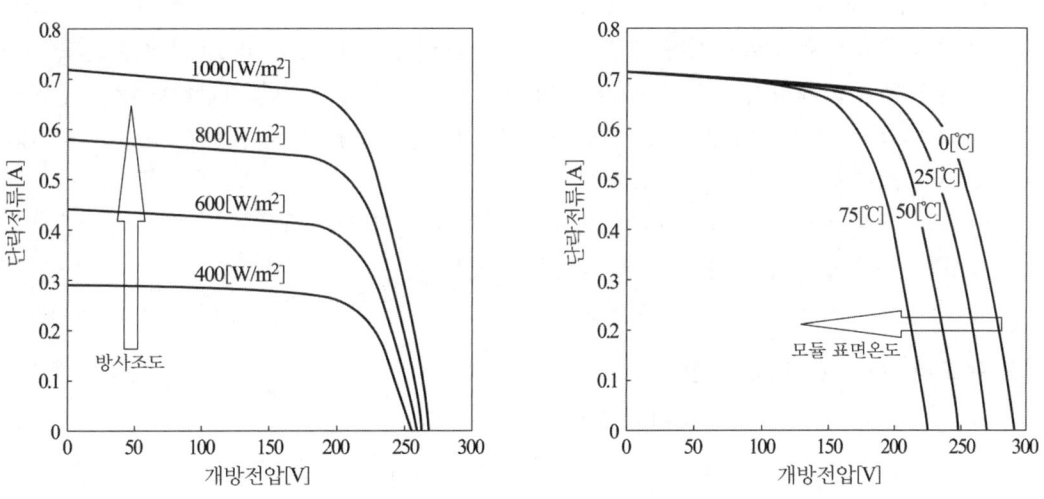

그림 1-55 CIS/CIGS 태양전지 모듈의 방사조도 / 온도 특성 예

(4) 태양전지 종류별 분광감도 특성

태양전지는 입사하는 빛의 파장에 따라 발전출력 특성도 달라진다. 분광감도 특성이란 입사하는 단색파장에 대한 단락전류를 표시한 것을 말하며, 이 특성은 태양전지 셀의 재료나 구조에 따라 다른 특성을 지닌다. 사람이 눈으로 빛을 인지하는 가시광선(380~760[nm]) 영역 범위 밖에서도 우리가 주로 사용하는 결정질 실리콘 태양전지는 발전이 됨을 알 수 있다.

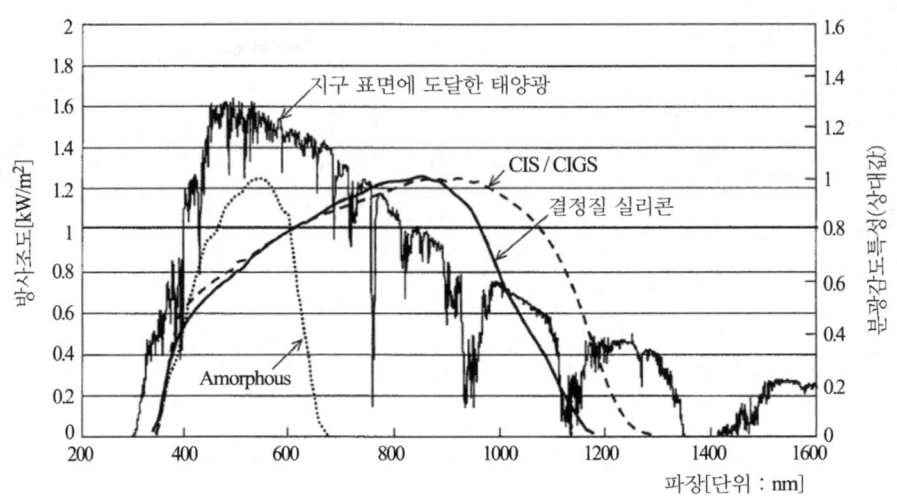

그림 1-56 태양전지 재료별 분광감도 특성

(5) 태양전지 모듈의 온도계수

1) 모듈의 온도계수

태양전지의 표준 시험조건(STC : Standard Test Conditions)의 셀의 기준온도는 25[℃]이다. 지역 및 계절적 요인에 따라 셀의 표면온도가 상승하거나 하강하면 온도계수에 따라 출력 및 전압이 변화하게 된다. 일반적으로 태양전지 모듈의 셀 온도가 상승하면 출력과 전압은 감소하게 된다.

① 온도계수는 [%/℃] 또는 [W/℃], [V/℃],[A/℃]로 주어진다.

② 출력과 전압의 온도계수는 부(−)특성을 갖는다.

③ 전류의 온도계수는 정(+)특성을 갖는다.

2) 온도계수에 따른 출력 계산

① 온도계수로 [%/℃]가 주어진 경우

$$P_{\max(\text{온도})} = P_{\max}\{1 + \gamma(\text{온도} - 25)\}\,[\text{W}]$$

여기서, $P_{\max(\text{온도})}$: 특정 온도에서의 출력[W]

$P_{\max}$: 표준시험 조건[25℃]에서의 출력[W]

γ : 출력 온도계수[%/℃]

온도 : 셀의 표면온도[℃]
② 온도계수로 [W/℃]가 주어진 경우

$$P_{\max(온도)} = P_{\max} + \{\gamma(온도 - 25)\}[W]$$

여기서, γ : 출력 온도계수[W/℃]
$P_{\max}$: 표준시험 조건[25℃]에서의 출력[W]

예제 5

어떤 태양전지 모듈의 특성 값이 다음 표와 같다. 일사강도 1000[W/m²], 분광분포가 AM 1.5, 모듈 표면온도가 50[℃]일 때, 이 모듈의 출력은 약 얼마인가?

V_{oc} : 44.90[V]	I_{sc} : 8.55[A]	V_{mpp} : 36.40[V]
I_{mpp} : 8.11[A]	$P_{\max}$ 온도계수 : −0.4[%/℃]	

풀이

표준온도 보다 높은 온도에서의 최대출력($P_{\max(온도)}$)

$$P_{\max(50℃)} = P_{\max}\{1 + (\gamma \times (50 - 25))\}[W]$$

단, γ : 최대출력($P_{\max}$) 온도 계수

$$P_{\max} = V_{mpp} \times I_{mpp} = 36.40 \times 8.11 = 295.2 \ 이므로$$
$$P_{\max(50℃)} = 295.2\{1 + (-0.004 \times (50 - 25))\} = 265.68 \fallingdotseq 266[W]$$

3) 온도계수에 따른 전압 계산
① 온도계수로 [%/℃]가 주어진 경우

$$V_{(온도)} = V\{1 + \alpha(온도 - 25)\}[V]$$

여기서, $V_{(온도)}$: 특정 온도에서의 전압[V]
V : 표준시험 조건[25℃]에서의 전압[V]
α : 전압 온도계수[%/℃]
온도 : 셀의 표면온도[℃]
② 온도계수로 [V/℃]가 주어진 경우

$$V_{(온도)} = V + \{\alpha(T_{cell} - 25)\}[V]$$

여기서, α : 전압 온도계수[V/℃]
V : 표준시험 조건[25℃]에서의 전압[V]

예제 6 ● ● ●

STC 조건에서 최대전압이 45[V], 전압온도계수가 −0.2[V/℃]인 결정질 태양전지 모듈 10장이 직렬로 연결되어 있다. 외기 온도가 50[℃]일 때 최대전압을 구하시오.

> **풀이**

(1) 외기 온도 50[℃]일 때, 모듈 1매의 최대전압($V_{oc(온도)}$)

  ※ NOCT가 주어지지 않았으므로 외기온도를 모듈 표면온도로 가정하여 계산하여야 한다.

  $V_{oc(온도)} = V_{OC} + (온도계수 \times (모듈온도 - 25)) = 45 + (-0.2 \times (50 - 25)) = 40[V]$

(2) 10장 직렬연결 시 최대전압(V_{STR})

  $V_{STR} = V_{(온도)} \times 10 = 40 \times 10 = 400[V]$

예제 7 ● ● ●

최대전압 50[V], 전압온도계수 −0.2[V/℃]인 결정질 태양전지 모듈 10장이 직렬연결 되어 있다. 태양전지 표면온도가 60[℃]일 때 최대전압[V]을 구하시오. (단, STC조건이다.)

> **풀이**

(1) 60[℃]일 때의 모듈 1매의 최대전압은

  최대전압(60℃)=최대전압 + {온도계수(60−25)} = 50 + {−0.2 \times 35} = 43[V]

(2) 모듈이 10장 직렬연결 시 최대전압은

  최대전압(60℃, 10장)= 43 \times 10 = 430[V]

4) 연간 전압 감소율에 따른 전압 계산

  ① n년 후 전압

$$V^n = V(1 + r)^n [V]$$

  여기서, V^n : n년 후 모듈 전압[V], V : 모듈 신품(출하 시)의 전압[V]

    r : 연간 전압 감소율[%]

예제 8 ● ● ●

연간 전압 감소율이 0.5[%]인 태양전지 모듈과 인버터 특성이 아래와 같이 주어질 때, 모듈온도 65[℃]에서 20년 동안 V_{mp}를 300[V] 이상 유지하기 위해 직렬연결 모듈이 최소 몇 장이 필요한지 계산하시오. (단, 태양전지 모듈 V_{mp} =29.5[V], V_{mp} 온도계수 =−0.5[%/℃], 인버터 최소입력전압=300[V] 이다.)

> **풀이**

(1) 모듈온도가 65[℃]에서 $V_{mp}(65[℃])$계산

  $V_{mp}(65[℃]) = V_{mp}(25[℃])\{1 + \alpha(65 - 25)\} = 29.5\{1 + (-0.005(65 - 25))\} = 23.6[V]$

(2) 20년 동안 연간 전압 감소율 0.5[%]일 때의 V_{mp}(20년)계산

$$V_{mp}(20년) = V_{mp}(1+r)^{20} = 23.6(1-0.005)^{20} = 21.3488[V]$$

(3) 상기 (1), (2) 조건을 만족하는 직렬 수(N_s)

$$N_s = \frac{300}{21.3488} = 14.0523 ≒ 15 \ (※ 소수점 이하는 절상한다.)$$

3 태양광발전용 인버터 준비

3.1 태양광발전용 인버터 동작원리

(1) 인버터의 동작원리

인버터는 트랜지스터와 IGBT(Insulated Gate Bipolar Transistor), MOSFET 등의 스위칭 소자로 구성되며, 스위칭 소자를 정해진 순서대로 on-off를 규칙적으로 반복함으로써 직류입력을 교류출력으로 변환한다. 단순히 on-off만으로 직류를 교류로 변환하게 되면 다수 고조파가 교류출력에 포함되어 전력계통 및 부하기기에 악영향을 끼치므로, 약 20[kHz]의 고주파 PWM (Pulse Width Modulation)제어 방식을 이용하여 정현파의 양쪽 끝에 가까운 곳은 전압 폭을 좁게 하고, 중앙부는 전압 폭을 넓게 하여 1/2 Cycle 사이에 같은 방향(정 또는 부)으로 스위칭 동작을 해서 구형파의 폭을 만든다. 이 구형파는 $L-C$ 필터를 이용해 파선형태로 나타낸 정현파 교류를 만든다.

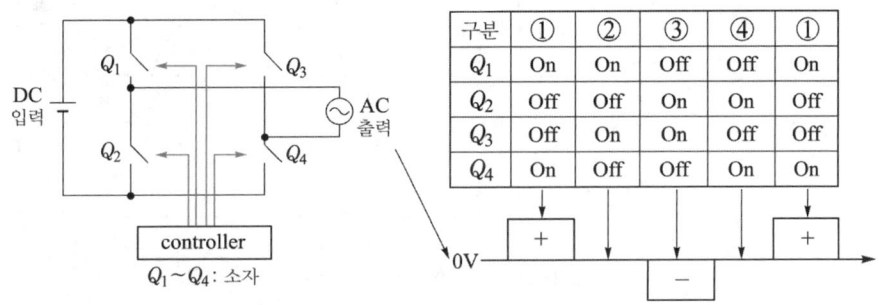

그림 1-57 인버터의 원리

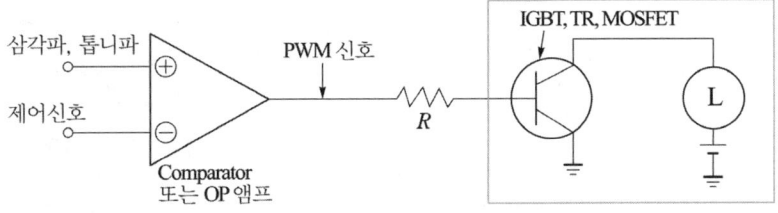

그림 1-58 제어(Controller)부

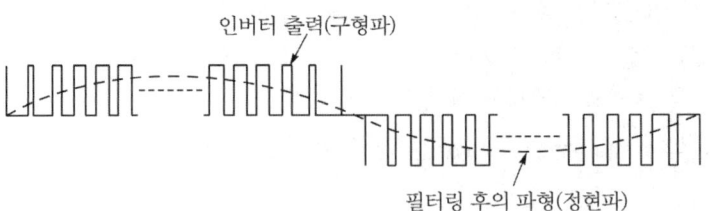

그림 1-59 PWM 인버터의 출력 파형

1) 전압형 단상 인버터

전압형 인버터는 직류전압을 교류전압으로 출력하는 것으로 부하의 역률에 따라서 위상이 변화한다. 입력전원은 내부임피던스가 "0"이 이상적이나 일반적으로 내부임피던스가 존재하므로 정류전원을 인버터의 입력으로 사용하는 경우 정류전원과 병렬로 큰 용량의 콘덴서를 병렬로 접속하여 사용한다. 다음 그림에서 $Q_1 \sim Q_4$는 트랜지스터이고, 여기에 $D_1 \sim D_4$ 4개의 다이오드를 트랜지스터와 역병렬로 접속한다. $D_1 \sim D_4$는 인덕턴스 부하인 경우 트랜지스터가 on-off 시 인덕터 양단에 나타나는 역기전력 $e = -L\dfrac{di}{dt}$ 에 의한 트랜지스터의 내전압을 초과하여 소손되는 것을 방지하기 위한 것으로 환류 다이오드(Free wheeling diode)라 한다.

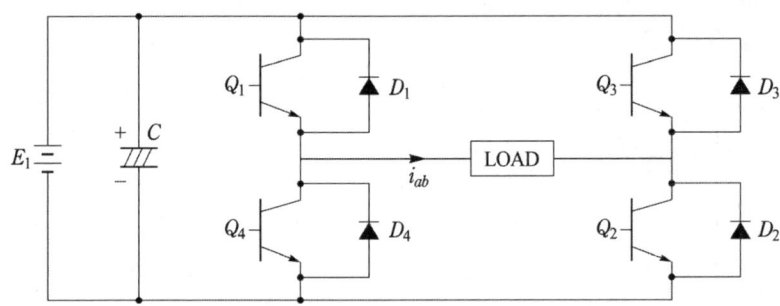

그림 1-60 전압형 단상인버터의 기본회로

2) 계통연계형 태양광 인버터의 회로도

① 상용주파 절연방식 회로도

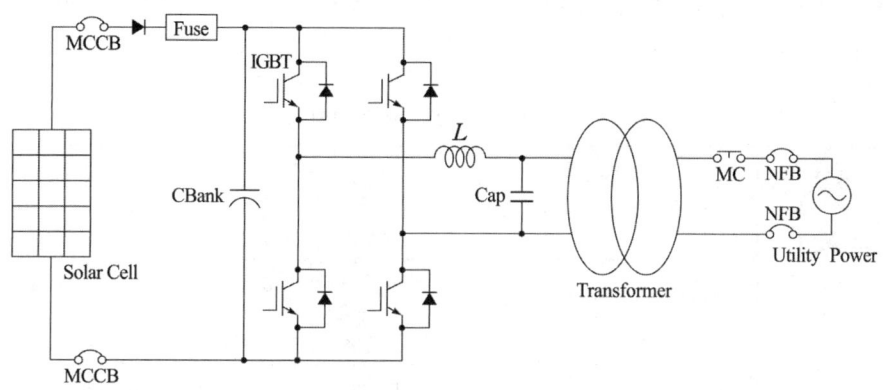

② 고주파 절연방식 회로도

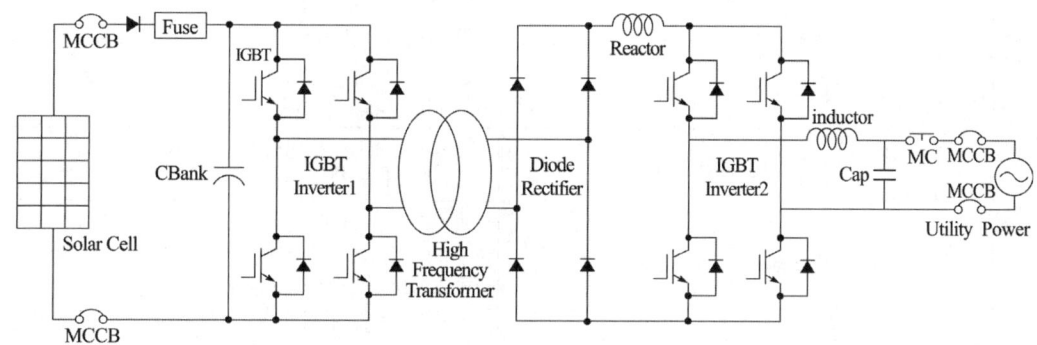

③ 무변압기방식 회로도

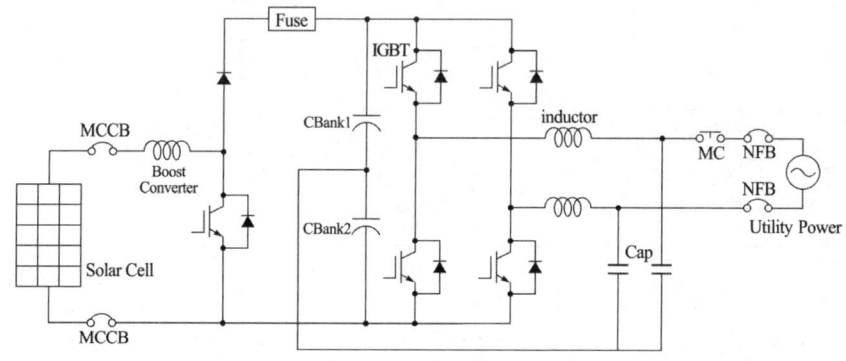

3.2 태양광발전용 인버터 종류와 용도

(1) 태양광 인버터의 종류

태양광 인버터는 전류(Commutation)방식, 제어방식, 절연방식에 따라 여러 종류가 있으며 크게 다음 표와 같이 분류할 수 있다.

표 1-5 태양광 인버터의 종류

대분류	소분류	특 징
전류(轉流, Commutation) 방식	자기 전류(Self commutation) 방식	① 전압의 크기, 주파수, 위상각 모두 일치 필요 ② 위상각 조정 가능
	강제 전류(Line Commutation) 방식	① 연계 후 계통 주파수를 따라가므로 전압 크기만 일치 필요 ② 위상각 조정 가능
제어방식	전압 제어형	① 제어 대상 : 출력전압의 크기와 위상 ② 과전류, 고장전류 억제 불리 ③ 자립운전(UPS기능)가능
	전류 제어형	① 제어 대상 : 전류의 크기와 위상 ② 과전류, 고장전류 억제 유리 ② 자립운전 불리
절연방식	상용주파 절연방식	① 뇌서지 내성 및 노이즈 차단특성 우수 ② 중량 부피가 크다
	고주파 절연방식	① 소형, 경량, 무변압기 방식에 비해 고가 ② 회로가 복잡
	무변압기 방식	① 소형, 경량, 저가 ② 비교적 신뢰성 높음 ③ 고조파 발생 및 직류 유출 가능 ④ 직류 유출의 검출 및 차단기능 반드시 필요

(2) 태양광 인버터의 절연방식에 따른 분류

태양광발전 시스템의 직류측과 교류측(상용전원 전력계통)과의 절연방식에 따른 태양광 인버터의 종류는 다음과 같다.

구 분	회 로 도	개 요
상용주파 절연방식	DC→AC PV ─ 인버터 ─ 상용주파 변압기	태양전지의 직류출력을 상용 주파의 교류로 변환한 후 상용주파 변압기로 절연한다.
고주파 절연방식	DC→AC AC→DC DC→AC PV ─ 고주파 인버터 ─ 고주파 변압기 ─ 인버터	태양전지의 직류출력을 고주파교류로 변환한 후 소형의 고주파 변압기로 절연을 하고, 그 후 직류로 변환하고 다시 상용주파의 교류로 변환한다.

구 분	회 로 도	개 요
무 변압기 방식	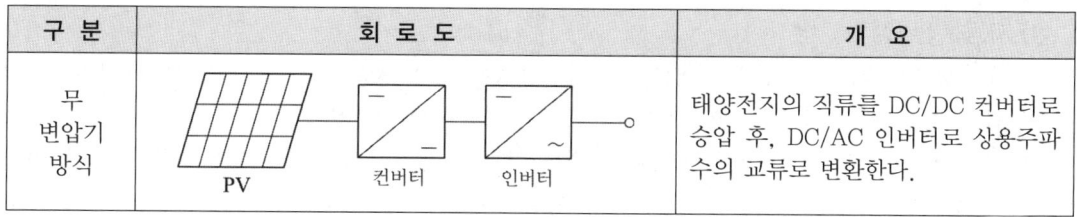	태양전지의 직류를 DC/DC 컨버터로 승압 후, DC/AC 인버터로 상용주파수의 교류로 변환한다.

그림 1-61 태양광 인버터의 절연방식에 따른 분류

(3) 인버터의 용도

1) 단상 인버터와 삼상 인버터
① 단상 인버터 : 주택 및 소규모 전기사용 장소에 적합
② 삼상 인버터 : 사업용이나 대규모 전기사용 장소에 적합

2) 단방향 인버터와 양방향 인버터
① 단방향 인버터
  ㉮ 태양광발전 어레이에서 생산된 직류전력을 교류전력으로만 변환하여 전력계통에 교류전력을 공급하는 인버터
  ㉯ 에너지저장장치(ESS)를 적용하지 않는 곳에 적합
② 양방향 인버터
  ㉮ 태양광발전 어레이에서 생산된 직류전력을 교류로 변환하여 전력계통으로 공급하거나 전력계통의 교류전력을 직류로 변환하여 배터리에 직류전력을 저장할 수 있는 인버터
  ㉯ 에너지저장장치(ESS)를 적용하는 곳에 적합

3) 회로 절연방식에 따른 용도
① 상용주파 절연방식과 고주파 절연방식 : 직류측 접지를 필요로 하는 곳에 적합
② 무변압기 절연방식 : 고효율을 추구하는 사업장 및 직류측 접지가 필요 없는 곳에 적합

3.3 태양광발전용 인버터의 기능과 특성

(1) 태양광 인버터의 기능
태양광 인버터는 직류를 교류로 변환시키는 것 이외에 태양광 발전시스템에서 최대 출력 추종 기능과 이상 상태보호기능, 계통 연계 보호협조 기능 등을 갖추고 있다.
① 태양광의 일조 변동에 따라 태양전지의 출력이 최대가 될 수 있도록 하는 **최대전력 추종제어기능**
② 아침에 해가 뜨면 발전을 시작하고, 해가 지면 정지하는 **자동운전기능**
③ 전력계통과 보호협조를 위한 **단독운전 방지기능, 자동전압 조정기능**
④ 전력계통이나 태양광 인버터에 이상이 있을 때 **안전하게 분리**하거나 태양광 인버터를 **정지시키는 기능**

1) 자동운전·정지 기능

태양광 인버터는 새벽에 태양전지 어레이에 일조량이 확보되어 태양광 인버터의 DC 입력전압의 최저 전압 이상이 되면 자동적으로 운전을 개시하여 발전을 시작하고. 일단 운전을 시작하면, 태양광 인버터는 최저 DC 입력 전압 이상범위에서는 태양전지 모듈의 DC 출력전압을 스스로 감시하여 자동운전을 한다. 일몰시에도 발전이 가능한 파장범위까지 발전을 하다가 태양광 인버터의 최저 DC 입력전압 이하가 되면 자동으로 운전을 정지한다. 이러한 기능을 태양광 인버터의 자동 운전 정지기능이라고 하며, 운전정지 후 대기상태 모드로 대기하다가 다음 날 새벽에 태양전지 어레이의 출력전압이 태양광 인버터의 DC 입력전압이 최저전압 이상이 되면 또 다시 발전을 재개하게 된다. 이 때 태양광 인버터가 운전을 정지한 상태로 태양전지 어레이의 출력전압이 운전개시 전압 범위 이하의 상태에 있는 상태를 대기상태라고하며 이때의 손실을 대기전력 손실이라고 하며 대기 전력 손실이 적은 인버터일수록 좋은 태양광 인버터라 할 수 있다.

2) 최대전력 추종(MPPT)제어 기능

태양광 인버터는 태양전지 어레이에서 발생되는 시시각각의 전압과 전류를 최대 출력으로 변환하기 위하여 **태양전지 셀의 일사강도-온도 특성 또는 태양전지 어레이의 전압-전류 특성에 따라 최대 출력운전이 될 수 있도록 추종하는 기능을 최대전력추종(MPPT : Maximum Power Point Tracking)제어**라고 한다. 제어방식에는 직접 제어식과 간접제어식이 있으며, 일조계와 모듈 표면온도계를 설치하여 일조량과 온도에 의해 최대 출력을 제어하는 것은 **직접 제어 방식**이라고 하며, 태양전지 어레이의 출력전압과 전류를 검출하여 최대 출력을 추종하는 것을 **간접제어 방식**이라고 한다. 최대출력 추종제어기능은 태양광 인버터의 직류동작전압을 일정시간 간격으로 변동시켜 그 때의 태양전지 출력전력을 계측하여 이전에 발생한 부분과 비교하여, 항상 최대전력을 얻을 수 있도록 태양광 인버터는 직류전압을 변화시킨다.

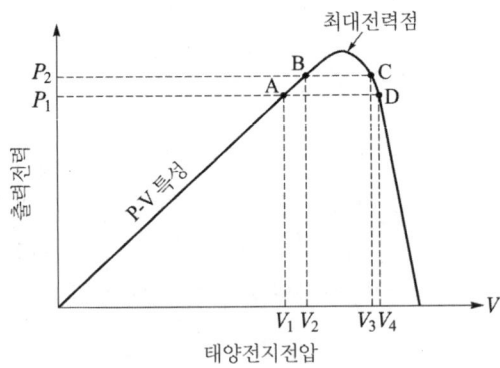

그림 1-62 최대전력 추종제어의 예

MPPT 제어는 상기 그림에서 A점에서 동작하고 있을 때, 동작전압을 V_1에서 V_2로 변화시켜 출력전력이 $P_1 < P_2$가 된 경우, 다시 V_2에서 V_1로 되돌려도 $P_1 < P_2$로 된 때 동작전압을 V_2로 변화시킨다. 또한, D점에서 동작하는 경우에는 반대로 동작전압을 V_4에서 V_3로 변화시킨다. 이같이 MPPT제어는 출력전력의 증감을 감시하여 항상 최대출력 운전점에서 동작하도록 제어하는 것이다. (최대전력점 조건 : $dP/dV = 0$)

3) 단독운전 방지기능

태양광발전시스템이 한전계통과 연계되어 발전을 하고 있는 상태에서 한전계통의 정전이 발생한 경우, 정전으로 분리된 구간의 부하전력이 태양광 발전시스템의 발전량 보다 동일하거나 작은 경우 태양광 인버터는 출력전압, 출력 주파수는 변화하지 않은 상태로 전력을 계속 공급하게 될 수 있다. 이 때 저전압, 저주파수 계전기는 정전을 검출할 수 없게 된다. 이러한 상태에서 태양광발전시스템은 한전으로부터 정전으로 분리된 계통에 전력을 계속 공급하게 되며, 이러한 운전 상태를 단독운전이라고 한다.

단독운전이 발생하게 되면 한전계통으로부터 전기적으로 끊어져 있으나, 끊어진 배전선 까지는 태양광발전시스템으로부터 전력이 공급되어, **보수점검자에게 감전 등 안전사고의 위험이 있으므로 태양광발전시스템의 운전을 정지시킬 필요**가 있지만, 분리된 구간의 부하용량보다 태양광발전시스템의 발전량이 더 큰 경우의 단독운전 상태에서는 전압계전기(OVR, UVR), 주파수 계전기(OFR, UFR)에서는 보호할 수 없다. 이러한 문제점을 해결하기 위한 기능으로 단독운전 방지기능이 설치되어 안전하게 정지할 수 있도록 하고 있다.

태양광 인버터에는 수동적 방식과 능동적 방식의 2종류의 단독운전 방지기능이 내장되어 있다. **수동적 방식**이란 연계운전에서 단독운전으로 이행했을 때의 전압파형과 위상 등의 변화를 파악하여 단독운전을 검출하도록 하는 것이며, **능동적 방식**이란 항상 태양광 인버터에 변동요인을 주어, 계통연계 운전 시에는 그 변동요인이 출력에 나타나지 않고, 단독 운전 시에만 그 이상을 검출하는 방식의 단독운전 방지 기능이 태양광 인버터의 기능 중의 하나이다. (표 1-6, 1-7 참조)

① 수동적 검출방식

단독운전 검출방식 중 가장 간단하며, 단순히 계통의 변화를 이용해 단독운전여부를 판단한다. 계통의 단독운전 검출능력을 향상시키기 위해 계통전압과 출력 전류 사이의 위상 또는 계통전압의 주파수 및 고조파를 검출하여 단독운전을 검출하는 방식이다.

㉮ 전압 및 주파수 검출방식

계통에서 전원 공급이 중단되었을 경우 일어나는 전압 및 주파수의 변화를 검출하는 방식으로 인버터의 OVR/UVR, OFR/UFR를 이용하여 계통 연계점(PCC)의 전압의 진폭 또는 주파수가 인버터 제한범위를 벗어나면 인버터의 보호기능에 의해 인버터를 정지하는 방식이다. 이 방식은 추가적인 제어회로가 불필요하고, 전력품질에 영향은 없지만, 넓은 범위의 불검출 영역(NDZ : Non Detection Zone)이 존재하는 단점이 있다.

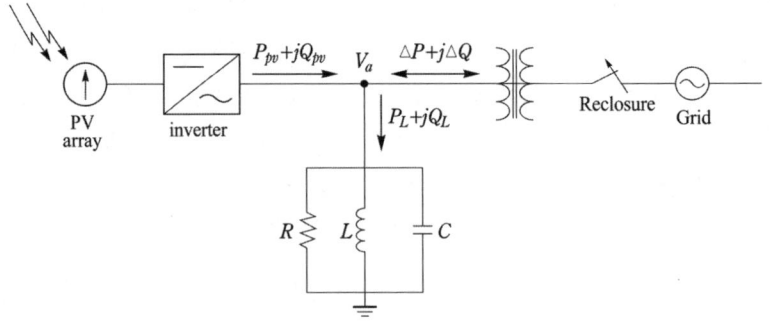

(a) 계통연계형 인버터의 전력 흐름도

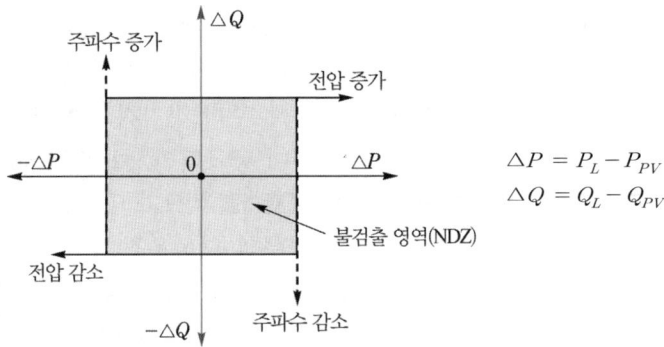

$$\triangle P = P_L - P_{PV}$$
$$\triangle Q = Q_L - Q_{PV}$$

(b) 수동적 검출방식의 불검출 영역(NDZ)

그림 1-63 계통연계형 인버터의 전력 흐름도 및 불검출 영역

- 전력품질 계수(Q_f : Quality factor)

$$Q_f = \frac{\sqrt{Q_L \times Q_C}}{P_{LOAD}}$$

여기서, Q_C : 진상무효전력, Q_L : 지상무효전력, P_{Load} : 부하의 유효전력

- 단독운전 시 무효전력이 평형이 된 상태($Q_{PV} = Q_L$)에서 전압과 주파수 변동
- 부하의 유효전력(P_L) > PV 발전출력(P_{PV}) : 전압과 주파수 저하(UVR, UFR 동작)
- 부하의 유효전력(P_L) < PV 발전출력(P_{PV}) : 전압과 주파수 상승(OVR, OFR 동작)
- 단독운전 시 유효전력이 평형이 된 상태($P_{PV} = P_L$)에서 주파수 변동
- 부하의 역률이 PV발전 출력의 역률보다 앞서는 경우(진상) : 주파수 저하(UFR 동작) : 지상무효전력(Q_L) < 진상무효전력(Q_C)
- 부하의 역률이 PV발전 출력의 역률보다 뒤지는 경우(지상) : 주파수 상승(OFR 동작) : 지상무효전력(Q_L) > 진상무효전력(Q_C)

㉯ 고조파 검출방식

계통연계점의 전압에서 고조파 종합 왜형률(THD : Total Harmonics Distortion)를 감시하여 검출하는 방식이다. 계통과 연계 운전 시 전류는 정현파이므로 근사적으로 고조파 종합 왜형률(THD)은 제로(0)이지만, 단독 운전상태가 되면 태양광 발전용 인버터에서 공급되는 전류가 비선형 부하와 연계된 경우 계통연계점 전압에 고조파가 발생되므로 이를 검출하여 단독운전여부를 검출하는 방식으로 인버터의 제한 고조파 종합 왜형률(THD)보다 낮은 고조파 종합 왜형률(THD)인 경우 검출이 불가능하게 된다.

㉰ 수동적 검출방식의 특징

표 1-6 수동적 단독운전 검출방식의 특징

검출방식	특징 (※ 검출시간 0.5초 이내, 유지시간 5~10초)
전압위상 도약검출방식	단독운전 시 태양광 인버터 출력이 역률1에서 부하의 역률로 변화하는 순간의 전압위상의 도약을 검출한다. 단독운전 시 위상변화가 발생하지 않을 때에는 검출할 수 없지만, 오동작이 적고 실용적이다.
제3고조파 전압급증 검출방식	단독운전 시 변압기의 여자전류 공급에 따른 전압 변동의 급변을 검출한다. 부하가 되는 변압기로 인하여 오작동의 확률이 비교적 높다.
주파수 변화율 검출방식	단독운전 시 발전전력과 부하의 불평형에 의한 주파수의 급변을 검출한다.

② 능동적 방식-무효전력 변동방식

태양광 인버터의 출력전압을 일정주기마다 변동시켜도, 한전계통의 용량이 매우 크기 때문에 출력주파수는 변하지 않고, 무효전력의 변화로만 나타나는 반면, 단독운전 상태에서는 일정한 주기마다 주파수의 변화로서 나타나기 때문에 이 주파수의 변화를 검출하여 단독운전 판정하는 방식을 능동적 방식이라고 하며, 이 경우 오동작을 방지하기 위하여 출력전압을 일정주기로 변동시켰을 경우에만 출력의 변동을 검출하는 방법을 취하는 것도 있다.

㉮ 능동적 검출방식의 특징

표 1-7 능동적 단독운전 검출방식의 특징

검출방식	특징 (※ 검출시한 0.5~1초)
주파수 시프트방식	태양광 인버터의 내부발진기에 주파수 바이어스를 주었을 때, 단독운전 발생 시 나타나는 주파수 변동을 검출하는 방식.
유효전력 변동방식	태양광 인버터의 출력에 주기적인 유효전력 변동을 주었을 때, 단독운전 발생 시 나타나는 전압, 전류, 또는 주파수 변동을 검출하는 방식으로 상시 출력이 변동할 가능성이 있다.
무효전력 변동방식	태양광 인버터의 출력에 주기적인 무효전력 변동을 주었을 때, 단독운전 발생 시 나타나는 주파수 변동 등을 검출하는 방식

검출방식	특징 (※ 검출시한 0.5~1초)
부하변동방식	태양광 인버터의 출력과 병렬로 임피던스를 순간적 또는 주기적으로 삽입하여 전압 또는 전류의 급변을 검출하는 방식.

4) 자동전압 조정기능

태양광발전시스템을 한전계통에 접속하여 **역송 병렬 운전을 하는 경우 전력 전송을 위한 수전점의 전압이 상승하여 한전의 전압 유지범위를 벗어날 수 있으므로 이를 방지**하기 위하여 자동전압 조정기능을 부가하여 전압의 상승을 방지하고 있다. **자동전압 조정기능에는 진상무효전력 제어기능과 출력제어기능**이 있으며, 가정용으로 사용되는 3[kW] 미만의 것에는 이 기능이 생략된 것도 있다.

① 인버터의 출력 제어

태양광 발전시스템의 인버터는 일조량 증가로 출력을 증가시킬 때는 이전상태보다 게이트(Gate) 점호각을 빠르게 하여 인버터 출력전압(E_i)의 위상을 계통전압(E_g)보다 앞선 위상이 되도록 한다. 즉, 계통전압보다 인버터 출력전압의 위상을 θ만큼 앞서게 함으로써 출력전력을 증대시킨다.

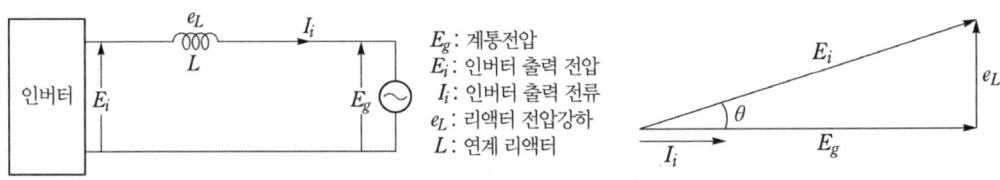

E_g : 계통전압
E_i : 인버터 출력 전압
I_i : 인버터 출력 전류
e_L : 리액터 전압강하
L : 연계 리액터

(a) 인버터의 계통연계 회로도   (b) 인버터와 계통전압, 전류의 벡터도

그림 1-64 인버터의 전압 전류 및 벡터도

인버터의 출력전류(I_i)는 계통전압(E_g)과 항상 동상이 되도록 제어되며, 리액터 전압강하(e_L)는 항상 90° 앞서도록 동작한다.

② 인버터의 출력 제어

$$\text{인버터의 출력 } P = E_g \times I_i \qquad\qquad\qquad\qquad ①식$$

리액터의 리액턴스 $X_L = 2\pi f L = \omega L$ 이므로

$$\text{인버터 출력전류 } I_i = \frac{e_L}{\omega L} \qquad\qquad\qquad\qquad ②식$$

그림 1-64(b) 벡터도에서 리액터 전압강하

$$e_L = E_i \times \sin(\theta) \qquad\qquad\qquad\qquad ③식$$

식 ①에 식 ②, ③을 대입하면,

$$인버터의 출력\ P = \frac{E_g \times E_i \times \sin(\theta)}{\omega L}\ [\text{W}] \qquad \cdots\cdots\cdots\cdots\cdots\cdots\cdots\cdots\cdots ④식$$

상기 식 ④에서 E_g 와 E_i의 위상각(θ)를 제어하면, 인버터 출력전력이 제어된다.

최대전력추종제어에서도 최대전력점을 감시하면서 위상각(θ)를 변화시켜 항상 태양전지 출력이 최대가 되도록 자동제어하고 있다.

③ 진상무효전력제어

계통연계형 인버터는 계통전압(E_g)과 인버터 출력전류(I_i)의 위상(θ)을 동상으로 하여 상시 역률 1로 운전한다. 계통연계점 전압이 상승하여 진상무효전력 제어기의 설정값 이상이 되면, 역률 1 제어를 해제하고, 인버터의 전류위상을 계통전압보다 앞서게 한다. 이로 인해 계통측에서 유입하는 전류가 늦어지는 전류가 되어 연계점의 전압은 감소하는 방향으로 작용하며, 인버터의 전류위상을 앞서게 하여 역률 0.8까지 실행되며, 이로 인해 전압상승 억제 효과는 약 2~3[%] 정도가 된다.

④ 출력제어

진상무효전력제어에 따른 전압억제 한계에 도달하고, 계통전압이 상승하는 경우에는 태양광발전시스템의 출력을 제한하여 연계점 전압상승을 방지한다. 또한 계통의 배전전압이 높을 경우 출력제어가 동작하여 발전량이 저하하므로 주의가 필요하다.

5) 직류 검출기능

태양광 인버터는 직류를 교류로 변환하기 위하여 반도체 스위칭 소자(MOSFET, IGBT)를 고주파수로 스위칭하기 때문에 소자의 불규칙 분포 등에 의해 그 출력에는 적지만 직류분이 리플(Ripple)형태로 포함된다.

상용주파수 절연변압기를 내장하고 있는 태양광 인버터에서는 이 직류분이 절연변압기를 통해 변환되지 않기 때문에 한전계통 측으로 유출되지는 않는다. 그러나 무변압기방식에서는 태양광 인버터 직류회로와 출력회로가 전기적으로 완전히 분리되어 있지 않기 때문에 교류 출력에 직류분이 포함되어 한전계통과 연계 운전되는 경우 직류가 유출될 수 있다. **교류 성분에 직류분을 함유하는 경우 주상변압기의 자기포화로 인한 고조파 발생, 계전기 등의 오·부동작 등** 한전계통 운영에 문제를 야기하게 된다.

이를 방지하기 위해서 무변압기방식의 태양광 인버터에서는 **태양광 인버터의 정격 교류 최대 출력전류의 직류성분 함유율**을 분산형 배전계통 연계기술 가이드라인에서는 **0.5[%] 초과하지 않도록 유지할 것을 규정**하고 있으며, 이에 대하여 태양광 인버터 제조업체에서는 규정치 이상의 직류분이 한전계통에 유출되는 경우 태양광 인버터를 정지시키는 보호기능을 내장하고 있다.

6) 직류 지락 검출기능

무변압기방식의 태양광 인버터에서는 태양전지어레이의 직류 측과 한전 계통의 교류 측이 전기적으로 절연되어 있지 않기 때문에 태양전지어레이의 직류측 지락사고에 대한 대책이 필요하다. 일반적으로 수·배전설비의 배전반 또는 분전반에는 누전경보기 또는 누전차단기가 설치되어 옥내 배선과 부하기기의 지락을 감시하고 있지만, 태양전지어레이의 **직류 측에서 지락사고가 발생하면 지락전류에 직류성분이 중첩되어 일반적으로 사용되고 있는 누전차단기는 이를 검출할 수 없는 상황이 발생**한다. 이런 상황에 대비하여 태양광 인버터의 내부에 직류 지락검출기를 설치하여, 태양전지 어레이측 직류지락사고를 검출하여 차단하는 기능이 필요하다. 일반적으로 **직류측 지락사고 검출 레벨은 100[mA]로 설정**되어 운전되고 있다.

3.4 태양광발전용 인버터 선정과 용량산출

(1) 태양광 인버터 시스템 방식

1) 인버터 시스템 방식의 선정

① 시스템방식은 인버터의 입력에 따라서 중앙 집중형과 분산형 시스템방식으로 나누어지며 일반적으로 중앙 집중형을 선정하나 경제성, 발전효율, 주변여건을 고려하여 선정하여야 한다.

② 스트링을 구성하는 모듈 연결과 스트링의 병렬연결은 인버터에 가장 적합 하도록 해야 한다.

③ **모듈의 허용오차**에 따라, **모듈을 스트링으로 연결할 때 미스매칭(Miss-matching)의 손실량이 결정**된다.

④ 모듈 허용오차에 모듈의 사전 분류에 대한 불일치 손실의 의존성을 계산했다.

⑤ 다음 그림은 발전량 허용오차 ±5[%]의 모듈을 분류하지 않은 채 직렬 연결한 경우 미스매칭에 의한 손실은 1[%] 정도가 된다.

⑥ 모듈을 **전류에 따라 분류하여 설치하면 미스매칭 손실은 약 0.2[%]로 감소**한다.

⑦ **발전량의 변화가 8[%] 이상이면 I_{mpp}에 의한 분류가 가장 좋다.**

⑧ 인버터는 전체시스템에 대해서는 **중앙 집중형** 인버터로, 스트링에 대해서는 **스트링** 인버터로 그리고 개별 모듈에 대해서는 **모듈** 인버터로 사용할 수 있다.

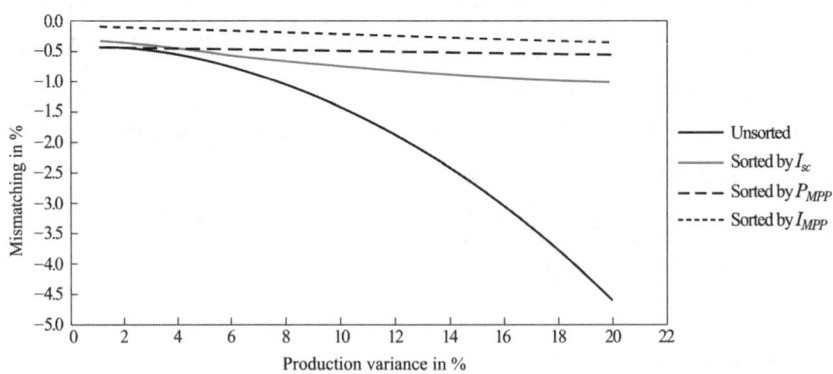

그림 1-65 발전량 변이에 따라 직렬로 연결된 150[W] 모듈 14개와
8개 스트링으로 구성된 태양전지 어레이 미스매칭

⑨ 이 세 가지 방식은 저마다 장점과 단점이 있다. 어떤 방식을 선택하느냐 하는 것은 어디에 적용하느냐에 따라 달라진다.

⑩ 방향과 경사가 서로 다른 하부 어레이들로 구성된 시스템, 또는 부분적으로 음영이 되는 시스템의 경우에는 분산형 인버터 방식이 고려되어야 한다.

2) 저전압 방식

① 표준 모듈을 3~5개 직렬 연결하여 스트링 전압을 DC 120[V] 이하로 구성된 것을 저전압 방식이라 한다.

② 저전압 방식의 장점은 음영의 영향을 적게 받는다. 이는 스트링으로 구성된 모듈 중 가장 음영이 많은 모듈에 의해 전체 스트링의 전류가 제한되기 때문이다.

③ 저전압 방식은 **보호등급 Ⅲ**에 의해 다음과 같이 설계할 수 있다.

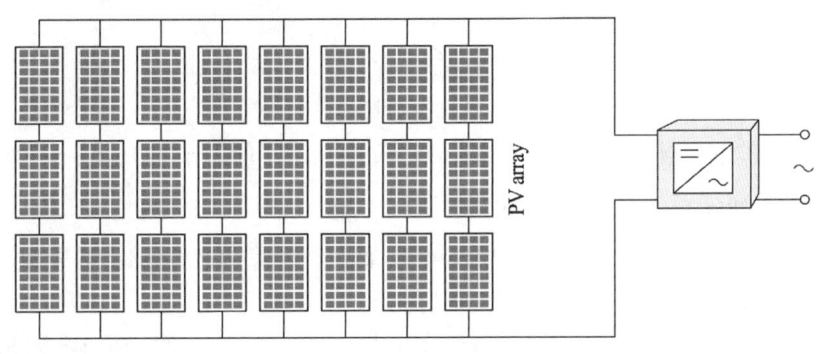

그림 1-66 중앙 집중식 인버터의 저전압 방식

표 1-8 전기설비 보호등급

보호등급		기호
등급 Ⅰ	장치 접지됨	⏚
등급 Ⅱ	보호 절연(이중/강화 절연)	▢
등급 Ⅲ	안전 특별 저전압(AC : 50[V]이하, DC : 120[V]이하)	◇

④ 저전압 방식의 단점은 중앙 집중형으로 구성 시 높은 전류가 발생하는 것이다.

⑤ **전류가 높아지면 저항손실($P_R = I^2R$)이 증가**하게 된다. 저항손실을 줄이기 위해서 굵기가 굵은 케이블 간선을 사용하여야 한다.

⑥ **저전압 방식**은 일반적으로 **건자재 일체형 태양광발전시스템(BIPV)에 주로 적용**된다.

3) 고전압 방식

① 스트링이 길고 인버터의 입력 전압이 **DC 120[V] 초과**하는 것으로 고전압 방식이라고 하며 **보호등급 II**를 적용한다.

② 고전압 방식은 전류가 낮아 케이블의 굵기를 가늘게 할 수 있다는 장점이 있다.

③ 고전압 방식의 단점은 스트링이 길기 때문에 음영손실이 높다는 것과 인버터 고장시 모듈 인버터 방식이나, 저전압 방식에 비해 발전량 손실이 매우 크다는 것이다.

④ 국내에서는 일반적으로 고전압 방식을 주로 채용하고 되고 있으나 설치 장소의 현장 여건 등을 고려하여 모듈 인버터 방식이나 저전압 방식을 채용하는 것도 검토할 필요가 있다.

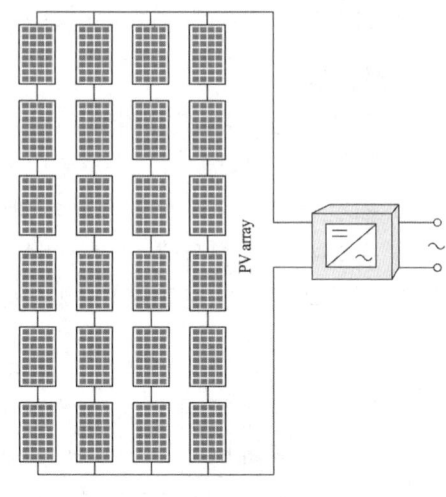

그림 1-67 중앙 집중형 고전압 방식

4) 마스터 슬래브(Master-slave) 방식

① 대용량 태양광발전 시스템은 마스터 슬래브 원리를 이용한 중앙 집중형 인버터 방식을 사용한다.

② 이 방식은 다음 그림과 같이 여러 개의 소용량의 중앙 집중형 인버터를 보통 2~3개 결합하여 구성된다.

③ 인버터 용량을 산정하기 위해서는 전체 발전전력량을 인버터 수로 나누어 산출한다.

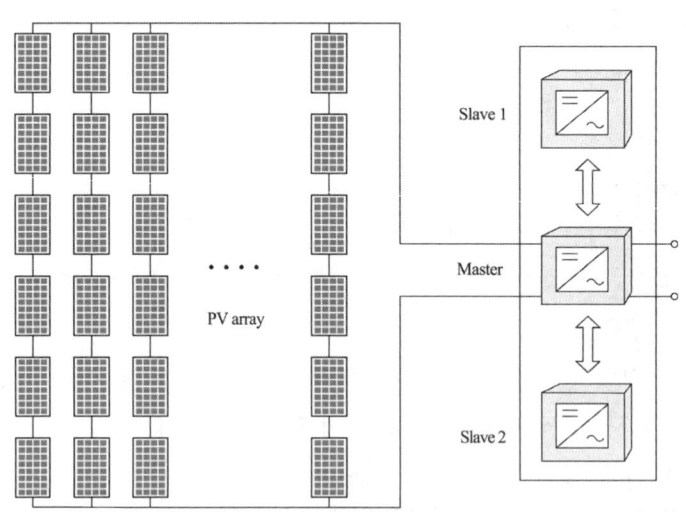

그림 1-68 중앙 집중형 인버터가 있는 마스터 슬래브 방식

④ 복사량이 증가하여 마스터 인버터의 전력한계에 도달하면 다음 슬래브 인버터가 자동 연결된다. 마스터 인버터와 슬래브 인버터를 균등 운전 시키려면 주기적으로 마스터와 슬래브 인버터를 교번 운전되도록 한다.

⑤ 이 방식의 장점은 낮은 복사량에서 한 개의 인버터(마스터)만 작동하여 중앙 집중형 인버터 1대로 구성될 때 보다 효율이 높다.

⑥ 그러나 투자비용은 중앙 집중형 인버터 1대로 구성할 때 보다 시설 투자비가 증가하는 단점이 있다.

5) 서브어레이와 스트링 인버터 방식(분산형 인버터 방식)

① 출력이 최고 3[kW]인 시스템은 일반적으로 스트링 인버터로 설치되며. 대부분의 태양전지 어레이는 한 개의 스트링을 형성한다.

② 중간 규모 시스템의 경우에는 2~3개의 스트링이 인버터에 연결되어 서브어레이 방식으로 구성된다.

③ 서브어레이의 설치 방향과 음영이 다양하므로, 서브어레이와 스트링 인버터방식은 복사량 조건에 따라 전력을 더 잘 조절할 수 있으며 분산형 인버터라고도 한다.

④ 인버터는 서브어레이별로 또는 스트링 별로 사용된다. 즉 같은 방향, 각도 그리고 비 차광 조건의 모듈들만이 스트링으로 연결되도록 한다.

⑤ 스트링이 너무 길면 음영에 따른 전력손실이 증가하게 되는데 이는 음영 영향을 가장 많이 받는 모듈 전류가 전체 스트링 전류를 결정하기 때문이다.

⑥ 스트링 인버터를 사용하면 설치가 간편해지고 설치비를 상당히 줄일 수 있다.

⑦ 인버터는 태양전지 어레이의 바로 근처에 설치되고 스트링 방식으로 연결된다. 이 인버터는 약 500~1,000[W]의 전력에서 사용 가능하다.

⑧ 인버터가 모듈 스트링에 직접 연결되므로, 중앙 집중형 인버터 방식에 비해 다음과 같은 장점과 비용 절감 효과가 있다.

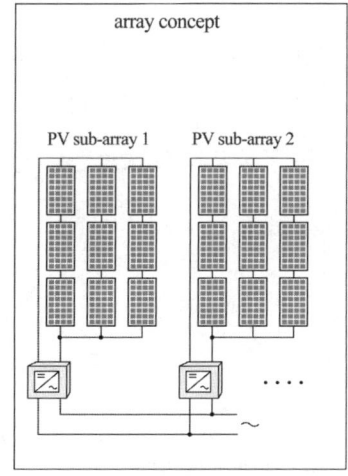
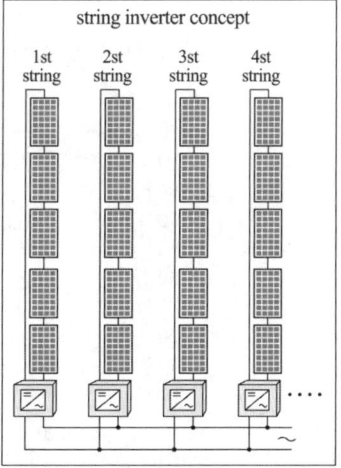

그림 1-69 서브어레이와 스트링 인버터 방식

- 태양전지 접속함 생략 가능
- 일련의 상호 연결에 사용되는 모듈 케이블양의 감소와 DC전원 케이블 생략 가능

6) 모듈 인버터 방식(AC모듈)

① 부분 음영이 있는 곳에서도 높은 시스템 효율을 얻기 위해서는 인버터를 다음 그림과 같이 태양전지 **모듈마다 제 각기 연결시키는 것**이다. 즉, **모든 모듈이 제 각기 최대전력점(MPP)에서 작동하는 것**으로 가장 유리하다.

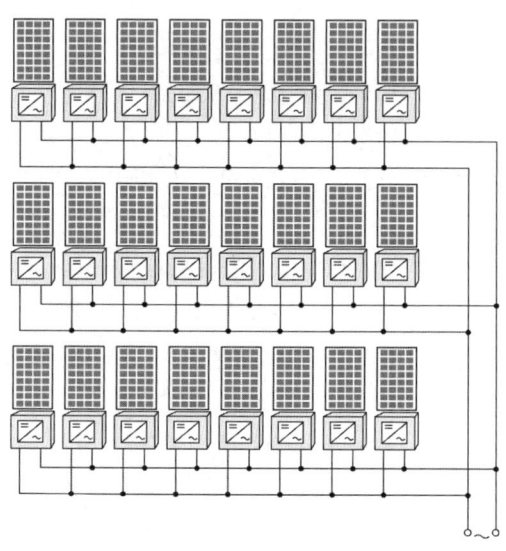

그림 1-70 모듈 인버터 방식

② MPP 일치는 태양전지 모듈과 인버터가 한 개의 창치로 구성될 경우 더 효과적이다. 이러한 모듈 인버터 장치를 AC 모듈이라고도 한다.

③ 모듈 인버터의 태양전지 시스템을 확장하기가 쉽다는 장점이 있는 반면 설비비용이 고가라는 단점이 있다.

④ 중앙 집중형 인버터와 모듈 인버터의 효율을 비교하면 다음 그림과 같다.

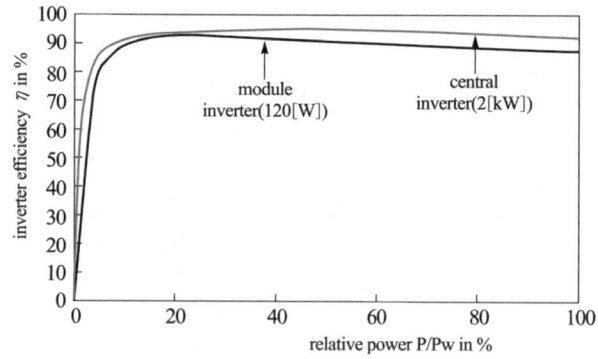

그림 1-71 중앙 집중형 인버터와 모듈 인버터의 효율곡선

⑤ 모듈인버터를 설치할 때에는 고장난 인버터를 쉽게 교체할 수 있도록 해야 한다.

⑥ 모듈인버터는 작동 데이터, 고장 신호기록 등을 저장하여 개별인버터를 감시하는 것이 중요하다.

⑦ **모듈 인버터 방식은 건물 일체형 시스템**, 특히 주변 환경 또는 facade자체의 돌출과 벽면에 의해 부분적 음영이 되는 곳에 적용하면 유리하다.

7) 병렬 운전 방식

① 인버터 병렬 운전 방식은 다음 그림과 같이 **인버터의 DC 입력 부분과 AC 출력 부분을 모두 병렬로 접속하는 방식**이다.

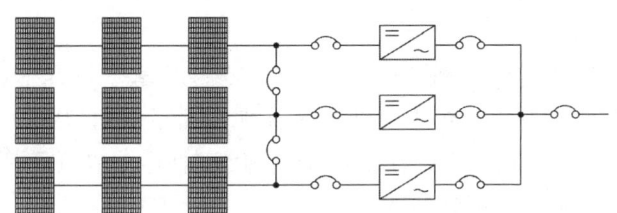

그림 1-72 인버터 병렬 운전 방식

② 병렬 운전 방식은 마스터 인버터에 의해 복사량이 최저가 되면 1대만 운전되고, 복사량이 증가하면 순차적으로 인버터 대수를 늘려서 운전하는 방식이다.

③ 병렬 운전 방식은 인버터의 운전 효율 증가와 수명을 연장할 수 있으며, 중앙 집중형 인버터에 비해 현저한 출력 증가를 가져올 수 있으나 입력측 차단기 및 보호 방식이 복잡해진다.

(2) 태양광 인버터 선정 시 고려사항

1) 계통 전기방식과 태양광 인버터

태양광발전시스템과 연계되는 한전 배전계통의 전기방식은 단상2선식, 3상(△ 및 Y결선)이 있으며, 태양광 인버터도 3[kW] 이하는 단상용과 3상용이 있고, 중 대용량은 3상용이 제작 판매되고 있다. 따라서 태양광 인버터를 선정할 때에는 연계하는 계통의 전압, 상수, 주파수, 모듈의 특성을 분석하여 가장 적합한 태양광 인버터를 선정하여야 한다.

무변압기방식의 태양광 인버터를 사용할 경우에는 조금 더 주의해야 하는데, 태양광 인버터의 구성과 연계 계통의 결선방식(△ 및 Y결선)을 일치시킬 필요가 있다.

태양전지는 셀과 프레임 간에 존재하는 정전용량에 의해 직류 측에 대지정전용량이 형성되며, 이 대지정전용량은 모듈의 표면이 젖을수록 증가하여 수 μF 용량까지 증가 될 수 있다. 따라서 **직류 측에 상용주파 대지 교류전압 성분이 존재하면 이 대지 정전용량을 충·방전하는 누설전류($I_c = \omega CE$)가 흐르게 된다.** 이 때 태양광 인버터의 절연방식에 따라 상용주파 절연방식에서는 누설전류가 흐르지 않으나, **무변압기방식에서는 태양전지 어레이 직류 측과 인버터 출력**

의 교류측이 절연되어 있지 않기 때문에 대지 정전용량에 의한 누설전류로 누전차단기의 오작동 할 수 있기 때문에 직류 측에 대지 교류전압 성분이 중첩되지 않도록 시스템을 구성할 필요가 있다. 따라서 무변압기 방식에서는 출력측이 단상 2선 인지, 3상 △결선 또는 3상 Y결선인지를 명확히 구별하여 이에 적합한 태양광 인버터를 적용하여야 한다.

2) 태양전지 전압과 태양광 인버터

태양광 인버터의 최대전력 추종제어 범위는 국내·외 각 제조사별로 다양하므로 태양광 인버터를 먼저 선정하고, 선정된 태양광 인버터의 직류 입력범위에서 상위 값을 기준하여 태양전지 스트링(모듈의 직렬연결 집합)의 전압을 결정하여야 한다. 이 스트링전압은 모듈의 개방전압을 기준으로 산정하고 이 전압 값이 태양광 인버터의 입력상위 값을 초과하지 않도록 직렬매수를 결정한다.

또한, 태양전지 모듈의 스트링은 같은 일조 조건이 되도록 하여야 한다. 만일 같은 일조 조건이 아닌 경우에는 낮은 일조에 위치한 모듈에 의해 스트링 전체의 출력이 제한되기 때문이다. 1스트링이 모듈 20개 직렬인 경우 남면에 15직렬, 서면 또는 동면에 다른 5직렬을 설치하는 것과 같은 배치를 하면 발전출력의 감소가 발생한다.

일반적으로 태양광 인버터의 효율 면에서 보면 직류전압이 높을수록 효율은 좋지만 모듈 한 장에 그림자 등이 발생한 경우 발전량이 급격히 감소하는 문제가 발생되므로 음영을 고려하여 스트링 수량을 선정하여 최대 발전량을 얻을 수 있도록 하여야 한다. 특히 소 용량의 태양광발전시스템에서는 태양전지 모듈의 직·병렬접속의 자유도가 낮기 때문에 태양광 인버터는 직류 입력전압 범위가 넓은 것을 선정하는 것이 최대 발전출력을 얻을 수 있다.

예제 9 ● ● ●

2500[W] 인버터의 입력전압 범위가 22[V]~32[V]이고 최대 출력에서 효율은 88[%]이다. 최대 정격에서 인버터의 최대입력전류와 최소입력전류를 구하시오.

풀이 ▶

출력 $P = V \cdot I \cdot \eta_{\in v}$ 에서 최대 입력전류는 입력전압이 최소일 때이므로,

- 인버터의 최대입력 전류 $I_{\max} = \dfrac{P}{V_{\min} \times \eta_{inv}} = \dfrac{2,500}{22 \times 0.88} = 129.13 ≒ 129[A]$
- 인버터의 최소입력 전류 $I_{\min} = \dfrac{2,500}{32 \times 0.88} = 88.78 ≒ 89[A]$

예제 10 ● ● ●

3[kW] 인버터의 입력전압범위가 25~35[V]이고, 최대 출력에서 효율이 89[%]이다. 최대 정격에서 인버터의 최대입력 전류[A]를 구하시오.

풀이 ▶

인버터의 최대입력 전류$(I) = \dfrac{\text{최대정격}(P)}{\text{최소입력전압}(V) \times \text{효율}(\eta)} = \dfrac{3 \times 10^3}{25 \times 0.89} = 134.83 ≒ 135[A]$

예제 11 ● ● ●

인버터의 최저 입력전압은 250[V], 효율은 90[%], 출력용량은 100[kW]이며, 직류선로의 전압
강하가 2[V]일 때, 인버터의 직류입력전류[A]를 구하시오.

풀이 ▶

직류회로의 출력(P) = 전압(V) × 전류(I) × 효율(η)

$$전류(I) = \frac{출력(P)}{(최저입력전압 + 전압강하) \times 효율} = \frac{100 \times 10^3}{(250+2) \times 0.9} = 440.91 ≒ 441[A]$$

(3) 태양광 인버터 선정의 체크 포인트

태양광 인버터는 태양광발전시스템을 구성하는 중요한 전자기기로 충분한 비교 검토하여 사용
하기 편한 기기를 선정할 필요가 있다. 다음은 선정에 있어서 고려해야 할 체크포인트이다.

1) 종합적인 체크

① 연계하는 계통 측(한전 측)과 전압 및 전기방식이 일치하고 있는가?
② 국내 · 외 인증된 제품인지?
③ 설치는 용이한가?
④ 비상 재해 시에 자립운전이 가능한가?(비상전원으로 사용할 경우)
⑤ 축전지부착 운전은 가능한가?(정전 시에도 사용하고자 할 경우)
⑥ 수명이 길고 신뢰성이 높은 기기인가?
⑦ 보호장치의 설정이나 시험은 간단한가?
⑧ 발전량을 간단하게 알 수 있는가?
⑨ 서비스 네트워크는 완전한가?

2) 태양광의 유효 이용에 관하여

① 전력변환효율이 높을 것
② 최대전력 추종(MPPT)제어에 의한 최대전력의 추출이 가능할 것
③ 야간 등의 대기 손실이 적을 것
④ 저부하시의 손실이 적을 것

3) 전력품질 · 공급 안정성

① 잡음(노이즈) 발생 및 직류유출이 적을 것
② 고조파의 발생이 적을 것
③ 기동 · 정지가 안정적일 것

(4) 태양광 인버터 선정 예

태양광발전시스템에 적용하고 태양광 인버터는 소 용량은 10[kW] 미만이며, 공공 · 산업시설
용이나 발전사업자용의 경우는 10~1,000[kW] 이다. 참고로 태양광 인버터 선정 시 반드시 확
인 하여야 할 사항으로는 다음과 같은 것들이 있다.

① 태양광 인버터 제어방식 : 전압형 전류제어방식

② 출력 기본파 역률 : 95[%] 이상

③ 전류 왜형율 : 총합 5[%] 이하, 각 차수마다 3[%] 이하

④ 최고효율 및 유로효율이 높을 것

(5) 태양광 발전시스템의 효율의 종류

구 분	내 용
최고효율 (변환효율)	전력변환(직류 → 교류, 교류 → 직류)을 행하였을 때, 최고의 변환효율을 나타내는 단위. (일반적으로 부하 70[%]에서 최고의 변환효율) $$\eta_{MAX} = \frac{AC_{power}}{DC_{power}} \times 100[\%]$$
유로효율 (Euro Efficiency)	변환기의 고효율 성능척도를 나타내는 단위로서 출력에 따른 변환효율 비중을 둬서 측정하는 단위. (예; 각 출력 5[%] / 10[%] / 20[%] / 30[%] / 50[%] / 100[%]에서 효율을 측정하여 그 비중(계수)을 0.03 / 0.06 / 0.13 / 0.10 / 0.48 / 0.20 두어 곱한 값을 합산하여 계산한 값.) $$\eta_{EURO} = 0.03 \cdot \eta_{5\%} + 0.06 \cdot \eta_{10\%} + 0.13 \cdot \eta_{20\%}$$ $$+ 0.10 \cdot \eta_{30\%} + 0.48 \cdot \eta_{50\%} + 0.20 \cdot \eta_{100\%}[\%]$$
최대전력 추적효율	최대전력 추종시험은 등가 일사 강도를 정격출력 시의 100%, 75%, 50%, 25%, 12.5%한 상태에서 인버터의 입력 전력을 측정하고 다음 식에 따라 최대전력 추종효율을 산출한다. $$최대전력\ 추적효율(\eta_{MPPT}) = \frac{P_{INV}}{P_{MAX}} \times 100[\%]$$ 단, P_{INV} : 인버터가 실제로 받아들이는 전력[W] $\quad\ P_{MAX}$: 태양전지 어레이의 I-V특성에서 결정되는 최대전력[W]

예제 12

● ● ●

인버터의 출력전력(%)별 효율 측정값 η(%)가 다음 표와 같을 때, 총 Euro 효율을 구하시오.

출력전력(%)	5	10	20	30	50	100
효율 측정값 η(%)	95.82	97.63	98.33	98.51	98.68	98.25

풀이 ▶

총 Euro 효율을 구하기 위한 출력 전력별 비중(계수)은 다음 표와 같다.

출력전력(%)	5	10	20	30	50	100
출력별 비중(계수)	0.03	0.06	0.13	0.10	0.48	0.20

(1) 출력 전력별 Euro 효율은 다음 표와 같이 계산된다.

출력전력(%)	5	10	20	30	50	100
출력별 비중(계수)	0.03	0.06	0.13	0.10	0.48	0.20
효율 측정값 η(%)	95.82	97.63	98.33	98.51	98.68	98.25
출력 전력별 Euro 효율	2.8746	5.8578	12.7829	9.8510	47.3664	19.65

(2) 총 Euro 효율 : 총 Euro 효율은 출력 전력별 Euro 효율의 합이므로,

η_{Euro} =2.8746+5.8578+12.7829+9.8510+47.3664+19.65＝98.3827≒98.38[%]

∴ 총 Euro 효율은 98.38[%]

예제 13 ● ● ●

태양광 전지에서 생산된 전력은 125[W]가 인버터에 입력되어 인버터 출력이 100[W]가 되면 인버터의 변환 효율은 몇 [%]인가?

풀이

인버터 변환효율$(\eta) = \dfrac{출력}{입력} \times 100[\%] = \dfrac{100}{125} \times 100[\%] = 80[\%]$

(6) 인버터 용량산출

1) 원별시공기준 적용 인버터 용량산출

① 신재생에너지 설비의 지원 등에 관한 지침에 따른 설비의 경우 인버터의 설치용량은 사업계획서 상의 인버터 설계용량 이상이어야 한다.

② 인버터에 연결된 모듈의 설치용량은 인버터 설치용량(직류입력)의 105[%] 이내이어야 한다.

③ 원별시공기준 적용 인버터 용량산출

총 인버터 용량 $\geq (\dfrac{총 모듈의 설치 용량}{1.05})$

3.5 태양광발전용 인버터 운전

(1) 운전 전 확인사항

1) 인버터의 배선상태, 설치상태를 확인한다.

2) 특히 인버터의 입력(직류)측 극성이 정확하게 연결 되었는지, 출력(교류)측의 연결이 올바르게 연결이 되어 있는지 확인한다.

3) 교류(AC)전원을 인버터에 공급한 후, 직류전원을 공급한다.

4) 직류전원이 공급되고 계통(교류)전원의 전압과 주파수가 정상범위로 5분(300초)동안 유지될 때 인버터는 자동운전 된다.

(2) 인버터의 자동운전

1) 인버터는 공장에서 출하 시 초기 설정은 자동 운전 모드로 설정되어 있다.

2) 일출로 태양광 어레이의 전압이 인버터 운전전압 이상으로 증가하면 인버터는 자동으로 운전을 시작한다.

3) 일몰 시 태양광 어레이의 전압이 인버터 운전전압 이하로 감소하면 인버터는 자동으로 운전을 정지한다.

4) 인버터는 계통(교류)전원을 항상 감시 하며, 계통전원 이상 시 자동으로 운전을 정지한다.

2장 태양광발전 계통연계장치 설계

1 태양광발전 수배전반 설계

1.1 수배전반 설계도서 작성

(1) 수·변전설비

① 태양광발전설비는 주간에 태양 빛이 태양전지 모듈에 비추면, 발전전력을 계통으로 역송전은 하지만, 야간에 발전을 하지 않기 때문에 전기설비에서 수·변전설비로 분류하며, 수전 및 변전(변압기)설비, 저압 배전반, 파워컨디셔너(PCS), 차단기, 보호계전기, 각종 계기류 등으로 구성된다.

② 수·변전설비의 위치는 태양광발전설비의 중심에 설치하는 것이 직류측 전압강하를 저감시켜 발전효율을 향상 할 수 있으며, 운영 및 유지보수에 유리하다.

③ 수·변전설비의 각 기기는 정격용량에 적합한 것을 선정하여야한다.

④ 일반적인 태양광발전시스템의 수변전설비의 예는 다음 그림과 같다.

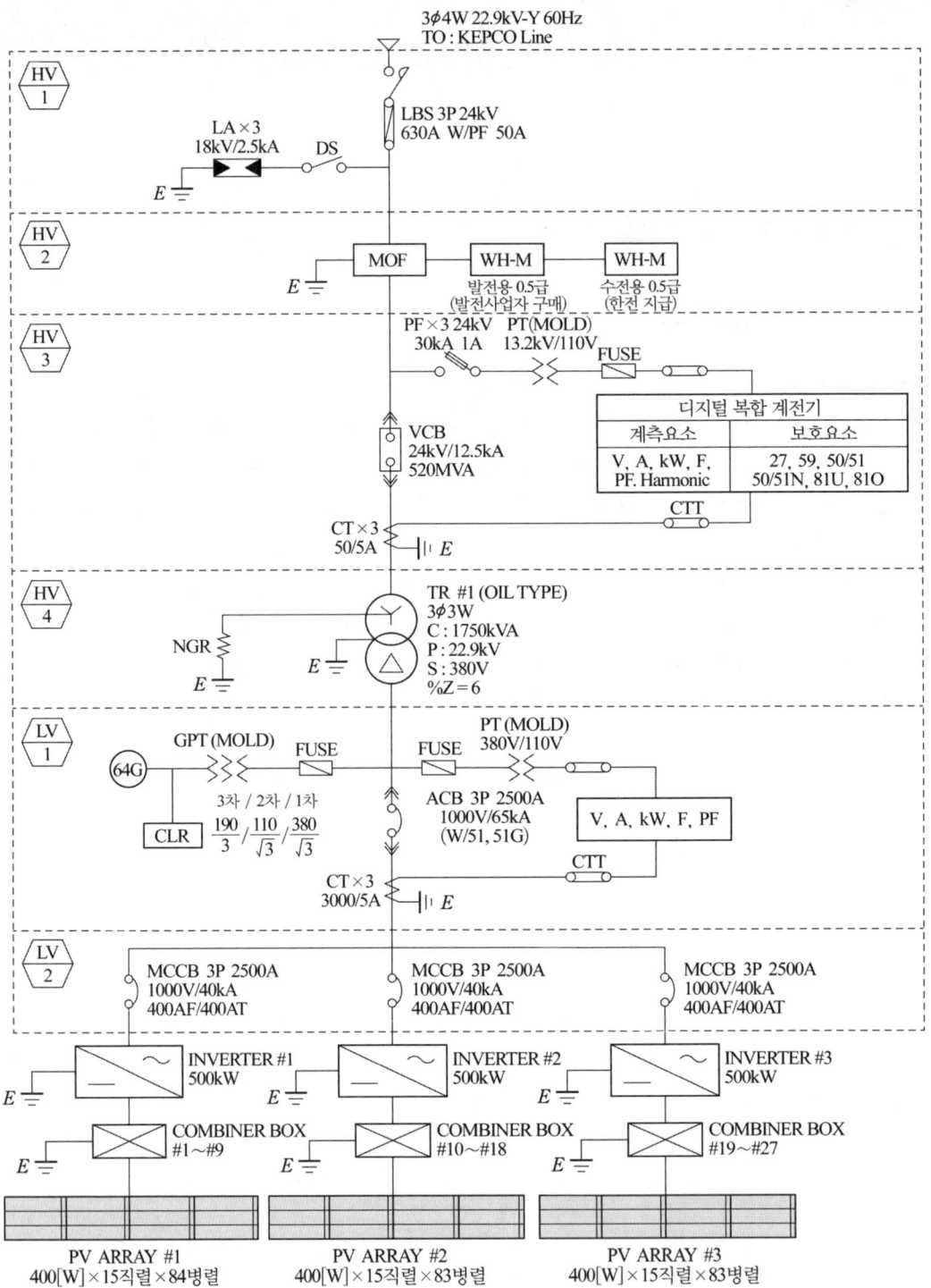

※ 2021.1.1.부터 시행되는 한국전기설비규정(KEC)에서 접지종별이 없으므로 접지종별 삭제함.

그림 2-1 수·변전설비 단선결선도

표 2-1 수·변전설비 기기의 종류 및 역할

종 류	역 할	설치 위치
책임분계점	한전과 발전사업자 간 책임분계	COS 2차측
LBS (Load Breaker Switch) : 부하개폐기	부하전류의 개폐	특고압반
PF (Power Fuse) : 전력 퓨즈	사고전류 차단 및 후비보호	특고압반
LA (Lightening Arrester) : 피뢰기	전력설비의 기기를 이상전압(개폐 시 이상전압 또는 낙뢰)로부터 보호하는 장치	특고압반
MOF (Metering Out Fitting) : 계기용변성기	계기용 변류기(CT)와 계기용 변압기(VT)를 한 상자(철제, 유입)에 넣은 것	특고압반
역송전용 특수계기	계통연계 시 역송전 전력의 계측을 위한 전력량계, 무효전력량계 등	특고압반
VCB (Vacuum Circuit Breaker) : 진공차단기	진공을 소호매질로 적용한 차단기로서 계통 사고 차단 및 부하 시 개폐	특고압반
SA (Surge Absorber) : 서지흡수기	VCB 개폐 시 발생하는 개폐서지, 순간과도전압 등 선로에서 발생하는 이상전압으로부터 기준충격절연강도가 낮은 몰드변압기 등을 보호하기 위하여 설치	특고압반
ACB (Air Circuit Breaker) : 기중차단기	공기 중에서 아크를 소호하는 차단기로서 1000[V]이하에서 사용	저압반
MOLD TR (MOLD Transformer) : 건식 변압기	권선부분을 에폭시 수지로 절연한 건식 변압기 저압(380/220[V])을 특고압(22.9[kV]로 승압)	TR반
VT(Voltage Transformer) : 계기용 변압기 CT(Current Transformer) : 계기용 변류기 ZCT(Zero Current Transformer) : 영상 변류기 GVT(Ground Voltage Transformer) : 접지변압기	VT : 계기에서 수용 가능한 전압으로 변압 CT : 계기에서 수용 가능한 전류로 변류 ZCT : 지락 시 발생하는 영상전류를 검출하기 한 변류기 GVT : 비접지 계통에서 영상지락전압을 검출하기 위한 변압기(OVGR로 지락과전압 검출)	특고압반, 저압반
각종 계기류	전압계, 전류계, 역률계, 주파수계, 전력량계 등	특고압반, 저압반
MCCB(Molded Case Circuit Breaker) : 배선용 차단기	과전류 및 사고전류를 차단	저압반, 배전반, 분전반, 접속함
[보호계전기] • UVR(27) : 부족전압계전기 • OVR(59 직류45) : 과전압계전기 • OCR(51, 51G, 51N) : 과전류계전기(G:지락, N:중성선) • SR(50, 50G, 50S) : 선택계전기(G:지락, S:단락) • UFR(81U), OFR(81O) : 부족주파수계전기, 과주파수계전기 • RDR(87T) : 비율차동계전기(변압기 보호용) • RPR(32P) : 역전력계전기(역송 전력 감지(단순병렬))		특고압반, 저압반

(2) 인입케이블

① 가공 인입 : ACSR-OC ② 지중 인입 : CNCV-W

(3) 부하개폐기(LBS)

① 부하개폐기는 한류퓨즈가 있는 것과 한류퓨즈가 없는 것이 있다.

② 한류퓨즈가 부착된 부하개폐기는 단락전류, 과전류를 보호하며, 부하전류를 개폐하는 장치이다.

③ 한류퓨즈가 부착된 부하개폐기는 스트라이커 핀(Striker Pin) 트립(Trip)방식이 적용되어 1개의 퓨즈가 용단될 때, 한류퓨즈 동작표시장치의 돌출에너지에 의해 부하개폐기의 래치를 동작시켜 3상을 동시에 개로하여 결상을 방지한다.

(4) 과전류강도

1) 계기용변성기(MOF)의 과전류강도

① 계기용변성기의 과전류강도는 기기 설치점에서 단락전류에 의하여 계산하여 적용하되, 22.9[kV]급으로 60[A]이하 계기용변압기의 최소 과전류강도는 전기사업자에 의한 75배로 하고, 계산한 값이 75배 이상인 경우에는 150배를 적용하며, 60[A]를 초과 시 계기용변성기의 과전류강도는 40배를 적용한다.

② 계기용변성기 전단에 한류형 전력퓨즈(PF)를 설치하였을 때는 그 퓨즈로 제한되는 단락전류를 기준으로 과전류강도를 계산하여 상기 ①과 같이 적용한다.

③ 다만, 수요자 또는 설계자의 요구에 의하여 MOF 또는 CT의 과전류강도를 150배 이상 요구한 경우에는 그 값을 적용한다.

2) 변류기(CT)의 과전류강도

① 변류기의 과전류강도는 기기 설치점에서 단락전류에 대한 과전류강도 계산 값을 적용한다.

3) 22.9[kV-y]계통 단락전류와 이에 필요한 과전류강도

구분		설치점[km]	0	1	3	5	7	10	15	20	25
가공 전선로	단락전류 [kA]	대칭분	7.8	6.3	4.5	3.5	2.9	2.2	1.6	1.3	1.1
		비대칭분	13.6	9.3	5.8	4.2	3.3	2.5	1.8	1.4	1.2
	단시간(PF동작) 단락전류에 대한 과전류강도(배수)	5A	–	174	130	101	85	66	51	41	35
		10A	–	115	79	59	47	36	27	22	17
		15A	–	98	61	44	35	26	19	15	13
		20A	–	74	46	33	26	20	14	11	10
지중 전선로	단락전류 [kA]	대칭분	7.8	7.2	6.1	5.3	4.7	4.0	3.2	2.6	2.2
		비대칭분	13.6	11.3	8.4	6.8	5.7	4.6	3.5	2.8	2.4
	단시간(PF동작) 단락전류에 대한 과전류강도(배수)	5A	–	196	164	142	126	107	88	73	63
		10A	–	134	107	89	76	63	51	41	35
		15A	–	119	89	72	60	49	37	30	25
		20A	–	89	66	54	45	36	28	22	19

※ 20[A]를 초과하는 계기용변성기의 과전류강도는 계산식에 의하여 산정한 것.

(5) 차단기의 용량 선정

1) 단락용량의 산출 방법

① 기준용량 선정 : 기기들의 전압 및 용량이 다르므로 기준용량을 선정한다.
→ 특고압 기준으로 일반적으로 100[MVA]를 선정

② 기기의 %Z를 기준용량에 대한 %Z' 환산

$$\text{기준용량에 대한 } \%Z' = \frac{\text{기준용량}}{\text{자기용량}} \times \text{자기용량에 대한 } \%Z$$

예제 14 ●●●

22.9[kV]/380[V], 1[MVA] Tr(변압기)의 %Z가 6[%]일 때, 기준용량을 100[MVA]로 할 경우 기준용량에 대한 %Z를 구하시오.

풀이

$$\text{기준용량에 대한 } \%Z = \frac{\text{기준용량}}{\text{자기용량}} \times \text{자기용량에 대한 } \%Z = \frac{100}{1} \times 6 = 600[\%]$$

③ 임피던스맵(Impedance map) 작성 : 임피던스맵을 작성하여 사고지점까지의 합성 %Z을 산출한다.

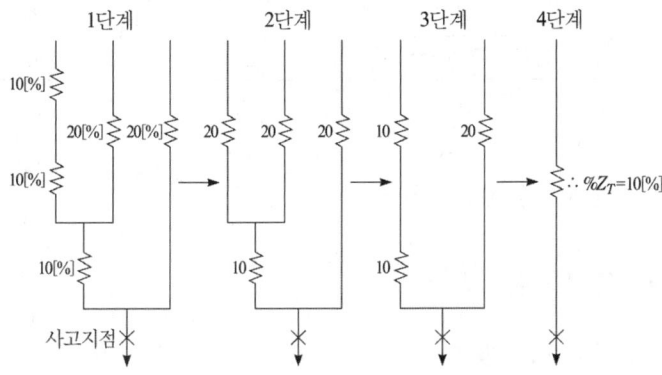

그림 2-2 임피던스맵 작성 및 합성 %임피던스 계산 예

④ 단락용량 산출

$$P_s = \frac{100}{\%Z_T} \times P_n \text{ or } P_s = \sqrt{3}\, V_s \times I_s [\text{MVA}]$$

$$(\text{단락용량}[\text{MVA}] = \sqrt{3} \times \text{공칭전압}[\text{kV}] \times \text{단락전류}[\text{kA}])$$

$$I_s = \frac{100}{\%Z_T} \times I_n [\text{kA}]$$

여기서, P_s : 단락용량[MVA]

P_n : 기준용량[MVA]

V_s : 공칭전압[kV]

I_n : 정격전류[kA]

$\%Z_T$: 사고지점에서 바라본 합성 $\%Z$

2) 정격차단용량의 선정

차단기의 정격차단용량은 그 차단기를 적용할 수 있는 계통의 3상 단락용량 한도를 뜻한다.

$$정격차단용량[MVA] = \sqrt{3} \times 차단기의\ 정격전압[kV] \times 정격차단전류[kA]$$

계통의 $\%Z$에 의한 단락전류 및 단락용량을 산출한 후, 단락용량 이상의 정격차단용량의 차단기를 선정한다.

※ 22.9[kV]용 차단기의 정격전압
 ① 미국 ANSI 규격(한국전력공사) : 25.8[kV]
 ② 국제표준 IEC 규격(전기안전공사) : 24[kV]

표 2-2 24[kV] VCB 정격

구 분		용량 구분			비 고
중·소형	정격차단전류 [kA]	12.5	16	25	24[kV] 적용
	정격차단용량 [MVA]	520	665	1040	
대형	정격차단전류 [kA]	31.5		40	24[kV] 적용
	정격차단용량 [MVA]	1309		1662	

3) 저압 차단기의 선정

'A'점에서의 정격전류를 계산하면

$$I_n = \frac{400 \times 10^3}{\sqrt{3} \times 380} ≒ 607.74[A]$$

'A'점에서의 단락전류를 계산하면

$$I_s = \frac{100}{\%Z} \times I_n = \frac{100}{5} \times 607.74$$

$$= 12,154.8[A] ≒ 12.15[kA]$$

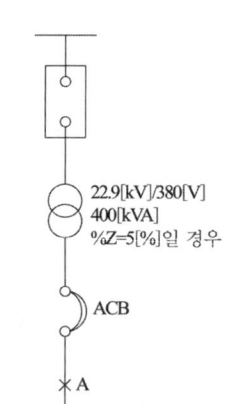

22.9[kV]/380[V]
400[kVA]
%Z=5[%]일 경우

ACB

A

그림 2-3 저압선로의 단락전류 계산 예

계산값에 안전율을 고려하여 상위의 정격차단전류[kA]의 ACB를 선정한다.

① 저압용의 경우 정격 차단전류[kA]로 차단용량을 표기한다.
② 저압 차단기 용량 선정 시 간략 계산할 때는 한전계통 측의 임피던스(소스 임피던스)는 고려하지 않지만, 정밀 계산할 때는 소스 임피던스를 고려하여 계산한다.

예제 15

22.9[kV] 3상 선로의 차단기 설치 점에서 전원측으로 바라본 합성 %Z가 100 [MVA] 기준으로 26[%]일 때, 단락전류를 산출하고 단락용량[MVA]를 구하시오. 단, 기기의 정격전압은 24[kV]로 한다.

풀이

① 단락전류 계산

단락전류 $I_s = \dfrac{100}{\%Z} \times I_n$

정격전류 $I_n = \dfrac{100 \times 10^3}{\sqrt{3} \times 22.9}$

$\therefore I_s = \dfrac{100}{26} \times \dfrac{100 \times 10^3}{\sqrt{3} \times 22.9} ≒ 9,696.85[\text{A}] = 9.7[\text{kA}]$

② 단락용량 계산

$\therefore P_s = \sqrt{3} \times 22.9[\text{kV}] \times 9.7[\text{kA}] ≒ 384.74[\text{MVA}]$

예제 16

그림에서 A점의 단락 용량[MVA]을 산출하시오.

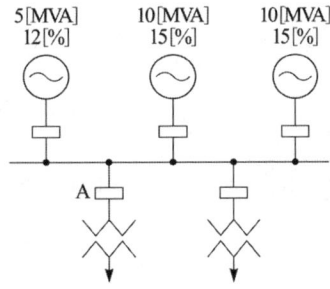

풀이

① 10[MVA]가 2대 이므로 10[MVA]를 기준용량으로 선정

② 5[MVA] 발전기의 %임피던스를 기준용량으로 환산

기준용량에 대한 $\%Z = \dfrac{\text{기준용량}}{\text{자기용량}} \times$ 자기용량에 대한 $\%Z$

$\%Z_G = \dfrac{10}{5} \times 12 = 24[\%]$

③ %Z 합산(3개 병렬)

$\%Z = \dfrac{1}{\dfrac{1}{24} + \dfrac{1}{15} + \dfrac{1}{15}} = 5.71[\%]$

④ 단락용량 계산

$\therefore$ 단락용량 $P_s = \dfrac{100 \times P_n}{\%Z} = \dfrac{100 \times 10}{5.71} ≒ 175.13[\text{MVA}]$

예제 17

한전 계통측의 %임피던스가 100[MVA]기준으로 25[%]일 때, CB#2의 단락용량[MVA]을 산출하시오.

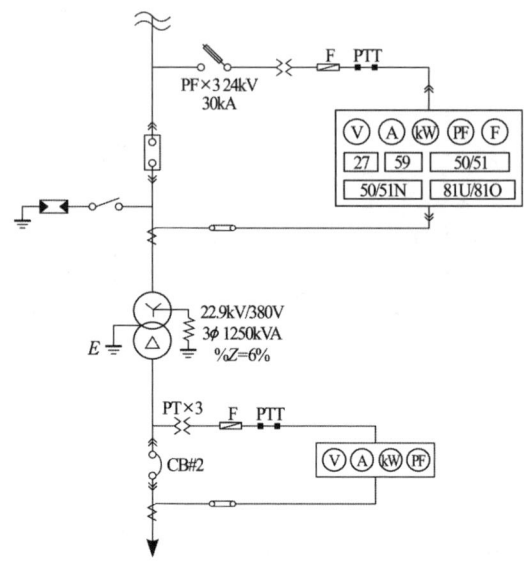

풀이

① 기준용량을 100[MVA]로 하면, 특고압측(계통측) %임피던스는

 $\%Z_{계통} = 25[\%]$이고,

② 기준용량으로 환산한 변압기 %임피던스 $\%Z_{tr}$

 기준용량에 대한 $\%Z = \dfrac{기준용량}{자기용량} \times$ 자기용량에 대한 $\%Z$

 $\%Z_{tr} = \dfrac{100}{1.25} \times 6 = 480[\%]$

③ %Z 합산

 $\%Z_T = \%Z_{계통} + \%Z_{tr} = 25 + 480 = 505[\%]$

④ 단락용량 계산

 $P_s = \dfrac{100 P_n}{\%Z_T} = \dfrac{100 \times 100}{505} ≒ 19.80[\text{MVA}]$

4) 변압기, 배전반 등 수전설비 주요부분이 유지하여야 할 거리의 기준은 원칙적으로 다음 표 (KESC 370.6)를 권장한다.

표 2-3 수전설비의 배전반 등의 최소유지거리

위치별 기기별	앞면 또는 조작 · 계측면	뒷면 또는 점검면	열상호간 (검검하는 면)	기타의 면
특고압 배전반	1.7	0.8	1.4	–
고압 배전반	1.5	0.6	1.2	–
저압 배전반	1.5	0.6	1.2	–
변압기 등	0.6	0.6	1.2	0.3

(6) 간선의 허용전류와 보호

1) 태양전지용 간선보호용 과전류 차단기

① 태양전지를 전원으로 하는 간선은 태양전지의 특성상 최대 단락전류가 정격전류의 1.1~1.2배 정도이기 때문에 간선의 허용전류를 최대 단락전류 이상으로 하여 간선의 보호가 가능하다.

② 태양전지용 간선보호용 과전류 차단기의 시설방법은 다음 그림과 같다.

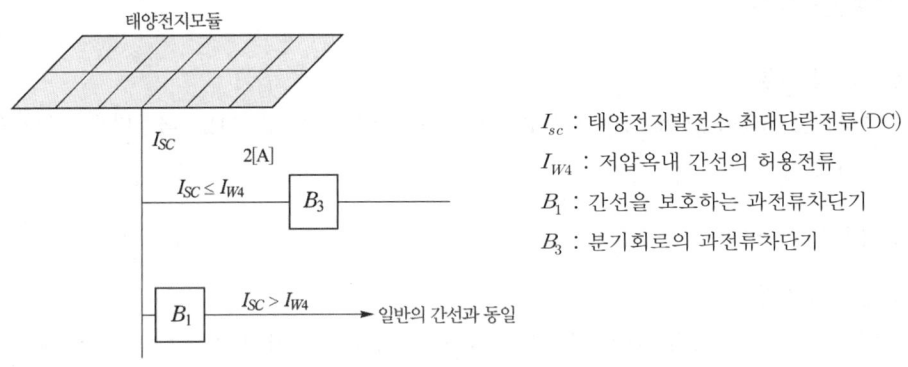

I_{sc} : 태양전지발전소 최대단락전류(DC)
I_{W4} : 저압옥내 간선의 허용전류
B_1 : 간선을 보호하는 과전류차단기
B_3 : 분기회로의 과전류차단기

그림 2-4 태양전지용 간선보호용 과전류 차단기의 시설

2) 지락 보호장치

배선에서 1선의 단선, 배선의 절연열화, 기타의 이유로 접지사고가 발생했을 경우, 그 회로를 차단 또는 검지하는 것을 지락보호, 지락경보라 한다. 접지사고가 발생하면 지락전류가 전기회로 이외의 부분에 흐르면 다음과 같은 사고가 발생한다.

① 그 회로 이외 부분의 대지전압 상승으로 인한 인축에 대한 감전사고

② 그 회로 이외 부분의 발열로 인한 화재사고

③ 그 회로 이외 부분의 전기고장 장해

④ 접지사고 개소의 확대로 인한 회로·기기 고장이 증대

누전차단기는 전로에 지락이 생겼을 때 부하기기, 금속제 외함 등에 발생하는 고장전압 또는 고장 전류를 검출하는 부분과 차단하는 부분이 일체로 조합하여 자동적으로 전로를 차단하는 것을 누전차단기라 한다. 누전차단기의 일반적인 설치장소는 다음과 같다.

① 사람이 쉽게 접촉할 우려가 있는 곳에 시설된 사용전압이 50[V]를 초과하는 저압의 금속제 외함을 갖는 기계·기구에 전기를 공급하는 전로에 지락이 발생하면 자동으로 전로를 차단하는 누전차단기 등을 시설하여야한다.

② 특고압 전로 및 고압전로의 변압기에 결합된 300[V]를 넘는 저압전로

③ 주택의 옥내에 시설하는 대지전압 150[V]초과, 300[V]이하의 저압전로 인입구

④ 화약고, 플로어 히팅, 로드 히팅, 전기온상, 풀용 수중조명등에 이르는 전로

1.2 계통연계 보호

(1) 저압연계 시스템

1) 과전압계전기(OVR), 저전압 계전기(UVR), 과주파수 계전기(OFR), 저주파수 계전기(UFR)를 설치하여야 한다.

(2) 특고압연계 시스템

1) 직접접지 계통

저압연계 보호계전기(OVR, UVR, OFR, UFR)에 추가하여 지락과전류 계전기(OCGR)를 설치하여야 한다.

2) 비접지 계통

저압연계 보호계전기(OVR, UVR, OFR, UFR)에 추가하여 지락과전압 계전기(OVGR)를 설치하여야 한다.

(3) 보호계전기의 설치장소

1) 특고압 연계

① 지락 과전류 계전기(OCGR)를 수용가 특고압 측

② 과전압, 저전압, 과주파수, 저주파수 계전기는 태양광 인버터의 출력점에 설치하는 것이

보호기능 측면에서 좋다.

③ 특고압 연계에서 한전 배전계통의 보호장치와 보호협조가 안될 경우 추가 보호장치를 설치하여야 한다.

(4) 보호계전방식 기준

1) 한국전력공사 타사 발전기 병렬운전 연계선로 보호 업무지침의 보호계전방식 기준은 표 2-4와 같다.

2) 계통연계 보호장치에 대해서는 전력회사와의 사전협의사항으로 되어 있어 충분한 협의 끝에 결정할 필요가 있다.

표 2-4 보호계전기의 검출레벨과 동작시한

계전기기	기기번호	용도	검출 레벨	동작 시한
유효전력 계전기	32P	유효전력 역송방지	상시 병렬운전 발전상태에서 전력계통 동요시 및 외부 사고시 오동작 하지 않는 범위내에서 최소값	0.5~2.0초
무효전력 계전기	32Q	단락사고 보호	배후계통 최소조건하에서 상대단 모선 2상단락 사고시 유입 무효전력의 1/3이하	0.5~2.0초 (외부 사고시 오동작하지 않도록 보호협조 정정)
부족전력 계전기	32U	부족전력 검출	상시 병렬운전 발전상태에서 전력계통 동요시 및 외부사고시 오동작하지 않는 범위 내에서 최소값, 계전기의 동작은 발전기의 운전 상태에서만 차단기를 Trip 되도록 한다.	0.5~2.0초
과전압 계전기	59	과 전 압 보 호	순시형: 정격전압의 150[%] 반한시형 : 정격전압의 115[%]	순시 정정치의 120[%]에서 2.0초
저전압 계전기	27	사고검출 또는 무전압 검출	정격전압의 80[%]	Supervising용 0.2~0.3초
주파수 계전기	81O 81U	주파수 변동 검출	과주파수 : 63.0[Hz] 저주파수 : 57.0[Hz]	0.5초 1분
과전류 계전기	50/51	과 전 류 보 호	순시 : 단락보호 한시 : 150[%]에서 과부하보호 및 후비보호	TR 2차 3상 단락시 0.6초 이하

단, 과전압계전기, 저전압계전기, 주파수계전기의 검출레벨은 단독 운전 방지용으로 적용할 경우 동작치 및 한시정정은 계통 전압의 지속시간 및 응동폭을 고려하여 계통 동요 시 오동작하지 않도록 정정하여야 한다.

3) 연계 계통 이상 시 태양광발전시스템의 분리와 투입

연계 계통의 이상 시 태양광발전시스템의 분리와 투입은 다음 조건을 만족하여야 한다.

① 단락 및 지락고장으로 인한 선로 보호 장치 설치

② 정전 복전 후 5분을 초과하여 재투입

③ 차단장치는 한전 배전계통의 정전 시에는 투입 불가능하도록 시설

④ 연계 계통 고장 시에는 0.5초 이내 분리하는 단독운전 방지 장치 설치

1.3 전기실 구성 등

1.3.1 교류측 구성기기 선정

(1) 차단기

차단기는 사고 시 큰 고장전류를 신속하게 차단하여 사고의 확대를 방지하고, 안전을 확보하는 용도로 사용되며, 차단기와 유사한 개폐기는 전력기기를 운영하기 위한 스위치로 On-Off 목적으로 사용된다.

1) 차단기(Breaker)와 개폐기(Switch)의 기능

　① 차단기(Breaker)

　　㉮ 고장전류(단락, 지락 등)를 신속히 차단하여 기기 보호 및 안전유지

　　㉯ 부하전류의 안전통전 및 개폐(On-Off)

　② 개폐기(Switch)

　　㉮ 평상 시 부하전류가 흐르는 상태에서 안전하게 개폐(On-Off)

　　㉯ 부하전류를 안전하게 통전

2) 소호원리에 따른 차단기의 종류

종류	약어	소호 원리
유입차단기	OCB	아크에 의한 절연유 분해가스의 냉각작용을 이용해서 차단
기중차단기	ACB	대기 중에서 접점의 개극거리를 길게 하여 차단 (1000[V]이하 사용)
자기차단기	MBB	대기 중에서 전자력을 이용하여 아크를 소호실내로 유도시켜 차단
공기차단기	ABB	$10\sim30[kg/cm^2]$의 압축공기를 이용하여 불어서 차단
진공차단기	VCB	진공 중의 전자발생 억제력과 발생한 전자의 진공 중으로 확산시켜 차단
가스차단기	GCB	아크에 의한 SF_6 가스의 열화학 작용과 전기적 부(−)특성을 이용하여 차단

3) 가스절연개폐장치(GIS : Gas Insulation Switchgear)의 특징

　① 충전부가 대기에 노출되지 않아 기기의 안정성, 신뢰성이 우수하다.

　② 감전사고의 위험이 적다.

　③ 밀폐형이므로 차단기 동작 소음이 작다.

　④ 소형화가 가능하다.

　⑤ SF_6 (6불화 황)가스는 무색, 무취, 무해 가스이고, 유독가스를 발생하지 않는다.

　⑥ 보수, 점검이 용이하다.

4) 차단기의 정격차단용량

$$P_s = \sqrt{3} \times \text{차단기의 정격전압(kV)} \times \text{차단기의 정격차단전류(kA)[MVA]}$$

5) 차단기의 차단시간

① 트립코일(Trip coil)의 여자시간부터 아크 소호시간까지의 시간

  정격차단 시간 = 개극시간 + 아크 소호시간

② 차단기의 정격 차단시간 : 3[Cycle], 5[Cycle], 8[Cycle]

6) 차단기의 표준동작 책무

차단기가 전력계통에서 차단(O : open)-투입(C : Close)-차단(O : open)의 동작을 할 때, 어느 시간 간격을 두고 행하여지는 일련의 동작시간을 규정하는 것을 차단기의 동작책무 (Duty Cycle)라고 한다.

① 일반용 : $\begin{cases} \text{O} - 3\text{분} - \text{CO} - 3\text{분} - \text{CO} \\ \text{CO} - 15\text{초} - \text{CO} \end{cases}$

② 고속도 재투입용 : O - 0.3초 - CO - 3분(또는 15초, 1분) - CO

7) 차단기의 트립방식

일반적으로 22.9[kV-Y]에서는 CTD 방식과 DC전압 방식이 사용되며, 66[kV]이상에서는 DC전압방식이 주로 이용된다.

① CT 2차 전류 트립방식

② DC 전압방식

③ CTD(콘덴서 트립)방식

8) 전력퓨즈(Power Fuse)

전력퓨즈는 전력계통에 사용되는 퓨즈로 주로 단락보호용으로 사용된다.(한류형 퓨즈는 과부하 전류에서 용단 되어서는 안 된다.)

① 전력용 한류퓨즈는 차단기에 비하여 다음과 같은 장·단점이 있다.

장 점	단 점
• 현저한 한류특성이 있다. • 고속도 차단을 할 수 있다. • 소형으로 큰 차단용량을 가진다. • 차단 시 무소음, 무방출이다. • 소형, 경량이다.	• 재투입이 불가능하다.(가장 큰 단점) • 차단 시 과전압을 발생한다. • 과전류에 의해 용단되기 쉽고, 결상을 일으킬 우려가 있다. • 용단되어도 차단되지 않는 전류범위가 있다. • 동작 시간-전류특성을 계전기처럼 자유롭게 조정할 수 없다.

② 퓨즈 선정 시 고려사항

  ㉮ 과부하 전류에 동작하지 말 것.

  ㉯ 변압기 여자 돌입전류에 동작하지 말 것.

  ㉰ 충전기 및 전동기 기동전류에 동작하지 말 것.

  ㉱ 보호기기와 협조를 가질 것.

③ 퓨즈의 특성

 ㉮ 용단특성

 ㉯ 단시간 허용특성

 ㉰ 전차단 특성

9) 단로기(DS)

 단로기는 선로로부터 기기를 분리, 구분 및 변경할 때 사용되는 개폐장치로 단순히 충전된 선로를 개폐하기 위한 용도로 사용되며, 고장전류 뿐만 아니라 부하전류도 개폐할 수 없다.

(2) 변압기

1) 변압기 정의

변압기는 전자유도작용을 이용하여 교류 전압과 전류를 변성하는 장치로 2개 이상의 전기회로와 1개 이상의 공통 자기회로로 이루어져 있다.

① 변압기의 기능

 ㉮ 교류(AC) 전압 및 전류 변성 : 변압기의 고유기능

 ㉯ 전기적 분리(절연) : 직류신호 차단, 안정성 향상

 ㉰ 임피던스 매칭 : 통신회로에서 이용

② 변압기 기본회로

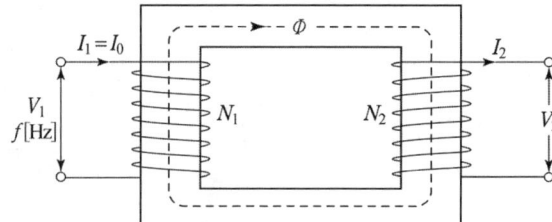

$V_1[\text{V}]$: 1차 전압, $V_2[\text{V}]$: 2차 전압
$N_1[\text{회}]$: 1차권선의 권수
$N_2[\text{회}]$: 2차권선의 권수
$I_1[\text{A}]$: 1차 전류, $I_0[\text{A}]$: 여자전류
$I_2[\text{A}]$: 2차 전류, $f[\text{Hz}]$: 주파수
$\Phi[\text{Wb}]$: 교번자속

그림 2-5 변압기 기본회로

③ 1차 및 2차 유기기전력

 ㉮ 1차 유기기전력 $E_1 = 4.44 f N_1 \Phi_m [\text{V}]$

 ㉯ 2차 유기기전력 $E_2 = 4.44 f N_2 \Phi_m [\text{V}]$

④ 자속밀도와 철심단면적, 주파수의 관계

 ㉮ 자속 $\Phi = \dfrac{V_1}{\omega N_1} = \dfrac{V_1}{2\pi f N_1} [\text{Wb}]$

 ㉯ 단자전압(V_1)이 일정한 경우 $\Phi \propto \dfrac{1}{f}$

 ㉰ $\Phi = B \times A$ 에서 $\Phi \propto B \propto A \propto \dfrac{1}{f}$

⑤ 변압기의 권수비

 변압기의 권수비(turn ratio)는 다음 식과 같다.

$$\text{권수비 } a = \frac{N_1}{N_2} = \frac{V_1}{V_2} = \frac{I_2}{I_1} = \sqrt{\frac{Z_1}{Z_L}}$$

여기서, N_1, V_1, I_1, Z_1 : 변압기 1차측의 권선수, 단자전압, 단자전류, 임피던스
$\quad\quad\quad$ N_2, V_2, I_2, Z_L : 변압기 2차측의 권선수, 단자전압, 단자전류, 부하 임피던스

예제 **18** ● ● ●

변압기에서 1차 전압이 120[V], 2차 전압이 12[V]일 때 1차 권선수가 400회라면, 2차 권선수를 구하시오.

풀이▷

변압기의 변압비$(a) = \dfrac{N_1}{N_2} = \dfrac{V_1}{V_2} = \dfrac{I_2}{I_1}$ 이므로, 2차 권선수(N_2)는

$$N_2 = \frac{N_1 \times V_2}{V_1} = \frac{400 \times 12}{120} = 40[\text{Turn}]$$

2) 변압기 결선

① △-△ 결선

㉮ 결선도

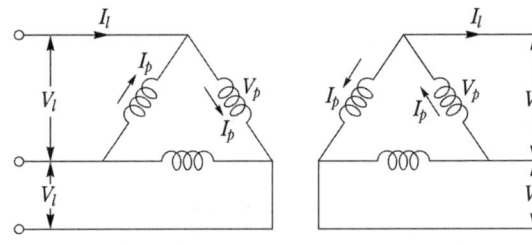

㉯ 전압과 전류

- 선간전압(V_l)과 상전압(V_P)은 크기가 같고 동상이다.($V_l = V_p \underline{/0°}$)
- 선전류(I_l)는 상전류(I_p)에 비해 크기가 $\sqrt{3}$ 배이고, 위상은 30° 뒤진다.
  ($I_l = \sqrt{3}\,I_p \underline{/-30°}$)

㉰ 장점

- 제3고조파 전류가 △결선 내를 순환하므로 정현파 교류전압을 얻을 수 있다.
- 3대 변압기 중 1대가 고장 나면 나머지 2대로 V결선 운전이 가능하다.
- 각 변압기 상전류가 선전류의 1/$\sqrt{3}$ 이 되어 대전류에 적합하다.

㉱ 단점

- 중성점을 접지할 수 없으므로 지락사고 검출이 곤란하다.
- 권수비가 다른 변압기를 결선하면 순환전류가 흐른다.

- 각 상의 임피던스가 다를 경우 3상 부하가 평형이 되어도 변압기의 부하전류는 불평형이 된다.

② Y-Y 결선
  ㉠ 결선도

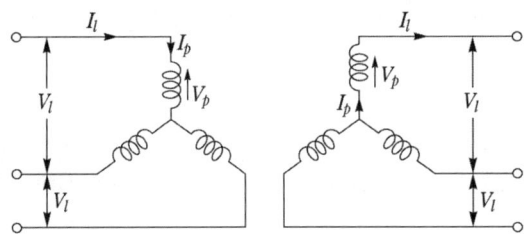

  ㉡ 전압과 전류
  - 선간전압(V_l)은 상전압(V_P)에 비해 크기가 $\sqrt{3}$ 배이고, 위상은 30° 앞선다. ($V_l = \sqrt{3}\ V_p \underline{/30°}$)
  - 선전류(I_l)는 상전류(I_p)와 크기가 같고, 위상은 동상이다.($I_l = I_p \underline{/0°}$)

  ㉢ 장점
  - 1차 전압, 2차 전압 사이에 위상차가 없다.
  - 1차, 2차 모두 중성점을 접지할 수 있으며, 고압의 경우 이상전압을 감소시킬 수 있다.
  - 상전압이 선간전압의 $1/\sqrt{3}$ 이므로 절연이 용이하고 고전압에 유리하다.

  ㉣ 단점
  - 제3고조파의 전류의 순환통로가 없으므로 기전력의 파형에 제3고조파가 포함된 왜형파가 된다.
  - 중성점을 접지하면 제3고조파 전류가 흘러 통신선에 유도장해를 일으킨다.
  - 부하의 불평형에 의하여 중성점 전위가 변동하여 3상 전압이 불평형을 일으키므로 송·배전계통에서는 거의 사용하지 않는다.

  ※ Y-Y-△ 결선의 3권선 변압기에서 3권선(△ 결선)의 용도
  ㉠ 제3고조파 제거   ㉡ 조상설비 설치   ㉢ 소내 전력공급

③ △-Y, Y-△ 결선
  ㉠ △-Y 결선도

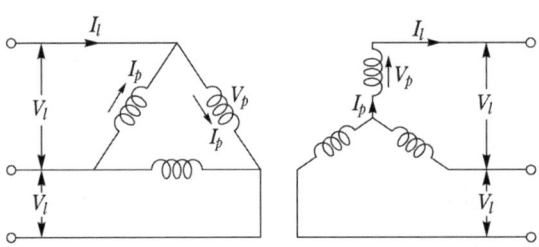

ⓝ 장점

- 한 쪽 Y결선의 중성점을 접지할 수 있다.
- Y결선의 상전압은 선간전압의 $1/\sqrt{3}$이므로 절연이 용이하다.
- 1차 또는 2차 중에 △결선이 있어 제3고조파가 제거되어 기전력 파형의 왜곡이 없다.

※ 일반 수용가는 △-Y결선에 사용하고, 태양광발전소와 같은 분산형전원은 Y-△결선이 사용된다.

ⓓ 단점

- 1차, 2차 선간전압 사이에는 30°의 위상차가 있다.
- 1상에 고장이 생기면 전원 공급이 불가능해진다.
- 중성점 접지로 인한 통신선에 유도장해를 초래한다.

3) 3상 변압기의 병렬운전

① 병렬운전 조건

ⓐ 각 변압기의 극성이 같을 것

ⓑ 각 변압기의 권수비가 같고, 1차와 2차의 정격전압이 같을 것

ⓒ 각 변압기의 %임피던스가 같을 것

ⓓ 3상 변압기는 각 변압기의 상회전 방향과 각 변위가 같을 것

※ 각 변위(위상변위) : 1차 유기전압을 기준으로 하고, 1차 유기전압에 대한 2차 유기전압의 뒤진 각을 말한다.

② 3상 변압기의 병렬운전 결선

병렬운전 가능 결선	병렬운전 불가능 결선
△-△ 와 △-△ Y-△ 와 Y-△ Y-Y 와 Y-Y △-Y 와 △-Y △-△ 와 Y-Y △-Y 와 Y-△	△-△ 와 △-Y △-Y 와 Y-Y

4) 변압기의 효율

① 실측 효율(η)

$$\eta = \frac{출력}{입력} \times 100[\%] = \frac{출력}{출력 + 손실} \times 100[\%]$$

② 규약 효율(η)

$$\eta = \frac{출력}{출력 + 철손 + 동손} \times 100[\%]$$

㉮ 정격 부하 시 효율

$$\eta = \frac{V_{2n} \times I_{2n} \times \cos\theta}{V_{2n} \times I_{2n} \times \cos\theta + P_i + I_{2n}^2 \times r_2} \times 100[\%]$$

㉯ 전 부하의 m부하로 운전 시 효율

$$\eta = \frac{m \times V_{2n} \times I_{2n} \times \cos\theta}{m \times V_{2n} \times I_{2n} \times \cos\theta + P_i + m^2 \times I_{2n}^2 \times r_2} \times 100[\%]$$

여기서, m : 부하율, V_{2n} : 변압기 2차 정격전압, I_{2n} : 변압기 2차 정격전류

$\cos\theta$: 부하의 역률, P_i : 철손, r_2 : 구리(동)의 저항

㉰ 변압기의 전일 효율

$$전일효율 = \frac{1일간의 출력전력량[kWh]}{1일간의 출력전력량[kWh] + 1일간의 손실전력량[kWh]} \times 100[\%]$$

$$= \frac{P_d}{P_d + (24 \times P_i) + P_{cd}} \times 100[\%]$$

여기서, P_d : 1일 중의 출력전력량[kWh]

P_i : 변압기의 철손[kW]

P_{cd} : 1일 중의 변압기 동손 전력량[kWh]

㉱ 최대 효율의 운전조건

- "철손=동손" 일 때 최대 효율로 운전 가능
- 부하율이 m일 때 최대 운전조건 : $P_i = m^2 P_c$

5) 고효율 변압기

① 아몰퍼스 변압기(Amorphus Transformer)

㉮ 아몰퍼스 메탈

- 철(Fe), 붕소(B), 규소(Si) 등이 혼합된 용융금속을 급냉(10^6 [℃/sec]이상)시켜서 만든 자성재료를 사용한다.
- 금속내부의 원자구조가 액체처럼 불규칙한 원자배열을 갖는 비정질이다.
- 교번자계에 따른 원자의 회전이 쉽기 때문에 결정구조인 규소강판에 비하여 히스테리시스 손실이 크게 줄어든다.
- 두께가 얇고 고유저항이 커서 와전류 손실도 감소된다.

㉯ 아몰퍼스 변압기의 특징

- 변압기 철손을 기존의 1/4~1/3 정도로 경감할 수 있다.
- 효율이 약간 높다.
- 소음이 심하다.
- 점적률이 낮다.
- 설계 자속밀도가 낮다.
- 중량이 무겁다.
- 가격이 비싸다.

② 자구 미세화 변압기(레이저 저소음 고효율 변압기)

  ㉮ 자구 미세화 강판

- 방향성 규소강판을 레이저빔으로 가공, 분자구조인 자구를 미세하게 분할함으로써 철손을 개선한 철심용 강판을 사용한 변압기를 자구 미세화 변압기라고 한다.
- 소재의 특성상 소음이 적고 가공이 용이하여 1,250[kVA]이상의 변압기 제작이 가능하다.

  ㉯ 자구 미세화 변압기의 특징

- 저손실, 고효율 : 부하손은 30[%] 저감, 무부하손은 60~70[%] 저감
- 저소음(KS 규소강판 및 아몰퍼스 철심을 사용한 변압기에 비하여 소음이 적다.)
- 가공이 용이하다.
- 대용량 제작 가능하다.
- 과부하 내량 증가로 UPS, 정류기 등의 변압기로도 적합하다.
- 고효율 기자재로 인증되어 있다.
- 아몰퍼스 변압기에 비해 저가이다.

6) 수용률, 부등률, 부하율

① 수용률 $= \dfrac{\text{최대수요전력[kW]}}{\text{부하설비합계[kW]}} \times 100[\%]$

  ※ 항상 1보다 작다.

② 부등률 $= \dfrac{\text{각 부하의 최대수요전력의 합[kW]}}{\text{합성최대전력[kW]}} \times 100[\%]$

  ※ 항상 1보다 크다.

③ 부하율 $= \dfrac{\text{평균부하[kW]}}{\text{최대부하[kW]}} \times 100[\%]$

(3) 적산전력량계

1) 적산전력량계는 단순병렬 및 역송병렬 형태로 계통에 접속되는 경우 한전으로부터 수전된 전력량과 한전계통으로 송출된 전력량을 계측하여 전력회사와 요금정산을 위한 수단으로 계량법에 의한 검정을 받은 적산전력량계를 사용해야 한다.

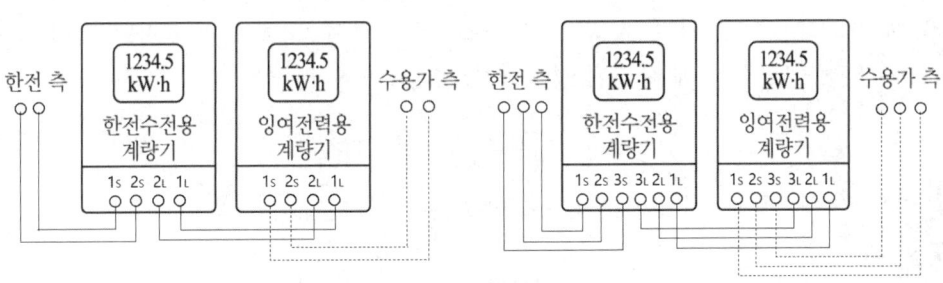

(a) 단상 2선식 계량기　　　　(b) 3상 3선식 계량기

그림 2-6 적산전력량계의 결선도

2) 역송전 계량용 적산전력량계는 그림 2-6과 같이 수요전력 계량용과는 반대로 수용가 측을 전원 측으로 접속한다. 또한 역송전 계량용 전력계량계의 비용부담은 수용가 부담이다.

3) 전력량[Wh]＝기기의 1대의 소비전력[W] × 기기의 대수 × 사용시간[h]

예제 **19**

25[W]의 전구 2개를 하루에 5시간 사용하고, 65[W] 팬(Fan)을 하루에 7시간 사용한다고 할 때, 24시간 동안의 총 전력량[Wh/day]을 구하시오.

풀이 ▶

1일 24시간동안 사용한 전력량(W)은

$$W = (25[\text{W}] \times 2\text{개} \times 5\text{시간}) + (65[\text{W}] \times 1\text{개} \times 7\text{시간}) = 705[\text{Wh/day}]$$

(4) 보호계전기

보호계전기란 전압, 전류, 전력 등의 정정(설정)값에서 동작하여 차단기에 차단 신호를 주거나, 경보장치에 경보 신호를 주는 기기이다.

1) 보호계전기(장치)의 적용 목적
① 전력설비 손상 방지 또는 최소화
② 전력설비 운전정지 시간 및 범위 최소화
③ 전력계통 고장 파급 방지 및 전력 계통의 안정도 유지

2) 보호계전기의 구비조건
① 고장상태를 식별하여 정도를 파악할 수 있을 것
② 고장 개소를 정확히 선택할 수 있을 것
③ 동작이 예민하고 오동작이 없을 것
④ 적절한 후비보호 능력이 있을 것
⑤ 경제적일 것

3) 주 보호와 후비 보호
① 주 보호 : 보호 범위 내의 고장을 가장 먼저 검출하여 선택 차단할 수 있도록 하는 보호
② 후비 보호 : 해당 기기 및 전선로의 사고 발생 시 주 보호에 의한 차단 실패 시 주 보호기기의 전단(한전측)에 설치된 보호기기의 동작에 의한 보호

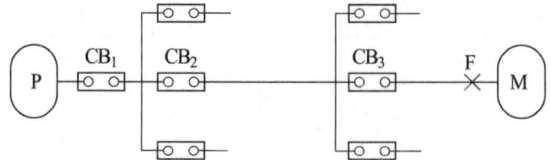

주 보호 : CB_3, 후비 보호 : CB_2

그림 2-7 주 보호와 후비 보호

4) 보호계전기의 동작특성에 따른 분류

① 정한시성 계전기 : 단락전류의 크기가 정해진 값을 초과하면 그 크기와 관계없이 정해진 시간에 동작하여 차단기를 개방하도록 하는 특성을 가진 계전기

② 반한시성 계전기 : 단락전류의 크기가 정해진 값을 초과할 경우 그 크기에 반비례해서 동작시간이 짧아지는 특성을 가진 계전기로 기울기에 따라 반한시, 강반한시, 초강반한시로 분류된다.

③ 정한시성 반한시 계전기 : 정한시성 계전기와 반한시성 계전기의 특성을 가진 계전기

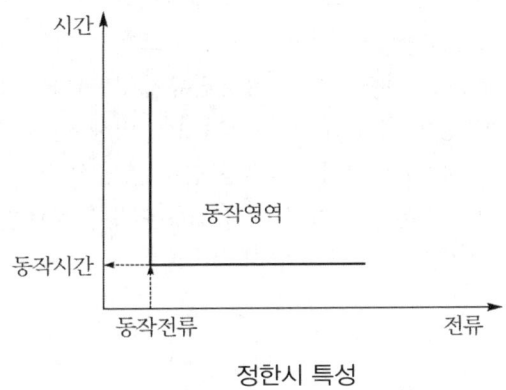

정한시 특성

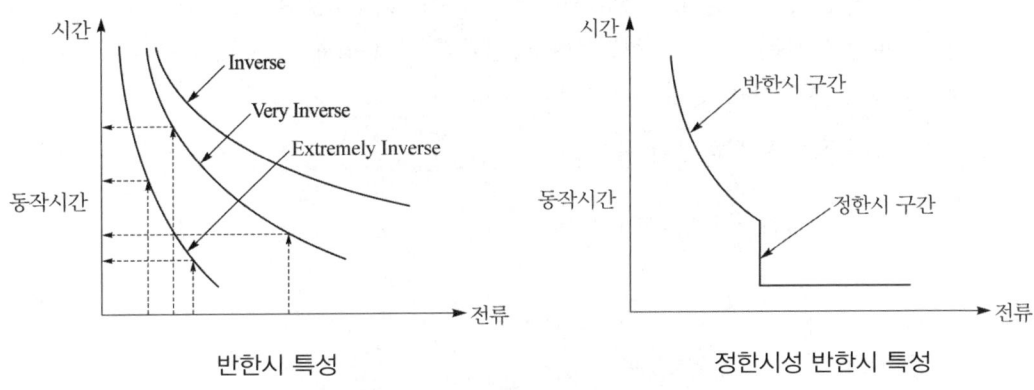

반한시 특성　　　　　　　정한시성 반한시 특성

그림 2-8 보호계전기의 동작특성

(5) 배선용 차단기

1) 정의

KS C 8321에서는 배선용차단기를 '개폐기구, 트립장치 등을 절연물의 용기 내에 일체로 조립한 것이며, 통상 사용 상태의 전로를 수동 또는 절연물 용기 외부의 전기조작장치 등에 의하여 개폐할 수가 있고, 또한 과부하 및 단락 등일 경우 자동적으로 전로를 차단하는 기구'로 정의하고 있다.

※ Molded Case Circuit Breaker(MCCB)

2) 배선용 차단기의 100AF와 75A의 의미

① 100AF : 정격사용전압, 절연성능, 온도상승, 정격차단용량 등 차단기의 제 기능에 관련한 동작기구를 같은 치수의 용기에 넣을 수 있는 최대 정격전류 값이 100A인 프레임(Frame).

② 75A : 정격전압, 정격주파수, 주위온도 40[℃]를 기준으로 연속하여 안전하게 통전 가능한 정격전류가 75A임.

3) 저압 배전선로의 MCCB간 차단 협조방식

① 선택(selective) 차단방식 : 고장전류에 대하여 상위의 주차단기보다 하위의 분기차단기의 동작시간이 빠른 특성을 이용하여 시간차보호를 하는 방식

② 캐스케이드(cascade) 차단방식 : 고장전류가 분기차단기의 차단용량을 넘을 경우(10[kA] 이상) 차단용량이 충분히 큰 주차단기에 의해 먼저 고장전류를 차단하여 에너지를 낮춘 다음(또는 동시에) 분기차단기로 차단하는 방식

③ 전 정격 차단방식 : 모든 보호기기는 설치하는 점에 흐르는 추정단락전류 이상의 차단용량을 지닌 보호 장치로 구성되는 방식

(6) 누전 차단기

1) 정의

누전차단기(RCD : Residual Current Protective Device)는 교류회로의 지락전류를 영상변류기로 검출하는 전류동작형으로 지락전류가 미리 정해 놓은 값을 초과할 경우 설정시간 내에 회로를 차단하는 장치

2) 교류 전류동작형 누전차단기 구성도

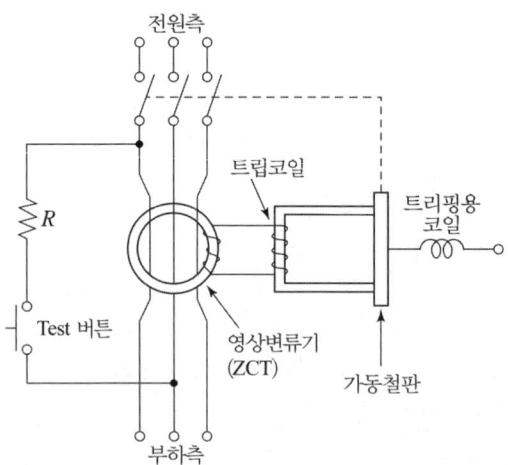

1.3.2 전기실 위치 및 면적

(1) 위치 선정 시 고려사항

1) 건축 관점의 고려사항

① 장비 반입 및 반출 통로가 확보되어야 한다.

② 장비의 배치 및 유지보수가 용이하도록 충분한 넓이와 유효높이가 확보되어야 한다.

③ 수변전관련 설비실(발전기실, 축전지실, 무정전전원장치실 등)이 있는 경우 가능한 수변 전실과 인접되어야 한다.

④ 수변전실은 불연 재료를 사용하여 구획하고, 출입구는 방화문으로 한다.

2) 환경적 고려사항

① 환기가 잘되어야 하고 고온 다습한 장소에는 설치하지 않아야 한다. 다만, 설비의 중요도 에 따라서 환기 설비, 냉방 또는 제습장치를 설치할 수 있다.

② 폭발 위험이 있는 장소에서 변전실을 설치하지 않아야 한다, 다만, 설치하고자 할 때는 산 업안전보건기준에 관한 규칙 제312조에 따른다.

③ 건축물 외부로부터의 침수 또는 내부의 배관 누수사고 등으로부터 안전한 위치에 설치하 여야한다. 특히 상부 층의 누수로 인한 사고가 발생하지 않도록 하여야 한다.

④ 수변전실의 위치 결정은 지하 공간침수방지를 위한 수방기준에 따른다.

⑤ 고압 또는 특고압의 전기기계기구, 모선 등을 시설하는 수전실 또는 이에 준하는 곳에 시 설하는 전기설비는 자중, 적재 하중, 적설 또는 풍압 및 지진, 그 밖의 진동과 충격에 대하 여 안전한 구조이어야 한다.

3) 전기적 고려사항

① 외부로부터 전원을 공급받기 위한 전선로 등의 인입이 편리한 위치로 한다.

② 사용부하의 중심에 가깝고, 간선의 배선이 용이한 곳으로 한다.

③ 용량의 증설에 대비한 면적을 확보할 수 있는 장소로 한다.

④ 수전 및 배전 거리를 짧게 하여 경제성을 고려한다.

(2) 변전실 면적

1) 변전실 면적은 계획 시 이를 추정하고 실시설계 시 확정한다. 다만, 장비 반입 및 유지보수, 향후 증설 공간 등을 고려하고, 동일 용량이라도 변전실 형식 및 기기 시방에 따라 큰 차이가 있으므로 제작 시방을 검토하여야 한다.

2) 변전실 면적에 영향을 주는 요소는 다음과 같다.

① 수전전압 및 수전방식

② 변전설비 변압방식, 변압기 용량, 수량 및 형식

③ 설치 기기와 큐비클의 종류 및 시방

④ 기기의 배치방법 및 유지보수 필요면적

⑤ 건축물의 구조적 여건

(3) 기기 배치 시 최소 이격거리

변압기, 배전반 등 설치 시 최소 이격거리는 전기설비기술기준에 따르며, 유지보수 및 교체 시를 고려하여 충분한 공간을 확보한다.

(4) 변전실의 높이

변전실의 높이는 실내에 설치되는 기기의 최고높이, 바닥의 케이블트렌치 및 무근 콘크리트 설치 여부, 천장 배선방법 및 여유율 등을 고려한 유효높이로 한다.

2 태양광발전 관제시스템 설계

2.1 방범시스템

(1) CCTV 시스템

1) CCTV 설계 시 고려사항

① 발전소 내부의 전 공간의 실시간 감시 가능
② 얼굴 식별이 가능한 최소한의 해상도
③ 최소 30일 이상의 기록이 가능한 저장장치
④ 감시 제어반에서의 통합 감시 가능(원격 모니터링)
⑤ 표준화된 장비(H/W) 및 프로그램(S/W)
⑥ 시스템 상호 운영성(통합 관제 기능)
⑦ 출입통제, 경보, 방재시스템 가동 등 타 시스템과의 연동

2) 시스템 구성요소

① 카메라 : 주야간 구분 없이 재생 시 식별 가능한 수준의 화상을 제공할 수 있어야 하며, 사각지대가 없도록 주요부지 내 전 지역의 감시가 가능하여야 한다.
② 저장장치(DVR) : 별도의 저장장치에 카메라의 해상도에 따른 용량 확보(30일 녹화가능)
③ 영상 선택기(Video Selector) : 2대 이상 여러 대의 카메라를 1대의 모니터로 선택 또는 전환하여 모니터링 할 수 있도록 하는 장치
④ 매트릭스 스위치(Matrix Switch) : 영상 선택기의 기능 확장을 위해 다수대의 모니터를 표출하도록 하는 장비
⑤ 멀티플렉서(Multiplexer) : 카메라 다수의 영상을 다중녹화 및 다양한 디스플레이모드로 설정이 가능하며 화면분할을 4~16분할 등 다중감시를 가능하게 하는 장비
⑥ 영상 분배 증폭기(VDA : Video Distribution Amplifier) : 하나의 영상신호를 입력하여 다수의 동일한 영상신호로 분배해 주는 용도로 사용
⑦ 폴 : 카메라 설치 높이, 구조, 재질 및 풍압 하중 고려

⑧ 안내판 설치 : 개인정보보호법에 따른 안내판 설치

(2) 출입통제 시설

1) 출입통제 설비 설계 시 고려사항

① 설비별 중요도를 고려한 시설 계획

② 부지의 면적, 사람 및 동물의 접근 가능성 고려

③ 감시 제어반에서의 식별 및 감시 가능(원격 모니터링)

④ 타 시스템(차량 통제시스템, CCTV 등)과의 연동

⑤ 변전실, 감시 제어반 등 주요 보안구역은 인가된 사람들만 출입이 가능하도록 철저한 출입 통제가 필요

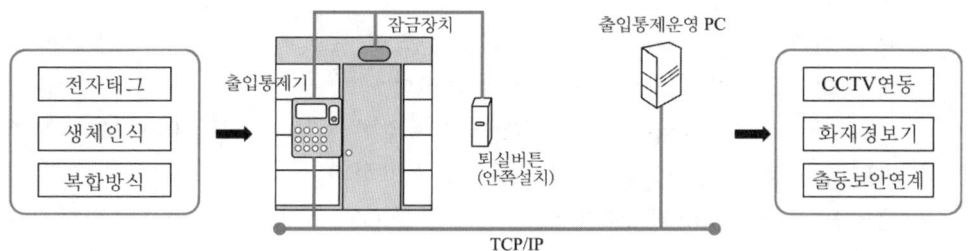

그림 2-9 출입 통제 시스템 구성도

2) 시스템 구성 방안

① **동물의 접근 통제**

㉮ 조수의 분비물 등에 의한 태양전지 모듈 오염 시 급격한 출력저하 및 국부 발열에 의한 셀 손상 발생 가능

㉯ 음향 장치, 섬광 장치 등 고려

㉰ 산짐승의 접근통제를 위한 울타리 설치

② **외부인 출입통제**

㉮ 변전실, 감시 제어반 등 주요 보안구역 출입 통제

㉯ 출입통제장치는 자기카드, 카드센서장치, IC카드, 광카드 출입관리 장치, 암호입력장치, 장형/장문 식별장치, 생체인식장치 등이 있으며 시스템 규모나 상황에 맞게 한 가지 이상의 방법을 채택하여 적용

㉰ 출입허용 대상자를 식별하고 기록할 수 있는 출입통제장치의 설치

㉱ 가급적 출입구의 수를 최소화 하고 CCTV와 병행하여 지속적인 확인과 관리가 되도록 출입통제장치를 설치

㉲ 화재발생 시 출입통제장치가 자동으로 해제(Unlock)될 수 있도록 강구

㉳ 주요시설의 열쇠 분실이나 패스워드 노출 등으로부터 보다 안전하게 하기 위하여 잠금장치를 이중화

2.2 방재시스템

태양광발전시스템의 방재시스템에는 피뢰시스템과 접지시스템이 있다.

2.2.1 피뢰시스템

(1) 개요

1) 피뢰설비의 목적

　피뢰설비는 구조물의 물리적 손상 및 전기전자시스템의 손상보호, 피뢰시스템 주위에서의 인축 상해보호를 목적으로 시설한다.

2) 피뢰설비 일반사항

① 보호성능 정도에 따라 보호등급을 구분한다.

② 대상 건축물에 적용하는 피뢰시스템의 등급 및 보호에 관한 사항은 한국산업표준(KS C IEC 62305-2)의 낙뢰리스크 평가에 의한다.

③ 서로 접속된 구조물의 철근, 강제 철골조와 같이 항상 구조물 내부에 있는 도전성 재료의 자연적 구성부재는 피뢰시스템의 일부로 사용한다.

④ 철근콘크리트 구조물 내부에 있는 강재 철골조는 전기적으로 연속성이 있고 기계적으로 낙뢰전류에 대한 충분한 강도를 가지면 인하도선으로 사용한다. 다만, 전기적 연속성은 최상부와 지표레벨사이의 전기적 저항 측정으로 결정하되 0.2[Ω] 이하이어야 한다.

3) 피뢰설비 설치기준

① KS C IEC 62305와 건축물의 설비기준 등에 관한 규칙 제20조(피뢰설비)의 규정에 의하여 낙뢰의 우려가 있는 건축물(또는 구조물) 또는 높이 20[m]이상의 건축물(또는 구조물)에는 기준에 적합하게 피뢰설비를 설치하여야한다.

② 태양광 발전설비는 야외에 상시 노출되어 있으므로 직격뢰의 위험과 접지선, 전력선을 통한 간접뢰에 대한 방지대책(SPD 설치)을 강구하여야한다.

4) 접촉전압 및 보폭전압에 의한 인축에 대한 상해를 줄이기 위한 보호대책

① 노출도전성 부분의 적절한 절연

② 메시 접지시스템을 이용한 등전위화

③ 물리적 제한과 경고표시

5) 물리적 손상을 줄이기 위한 보호대책

① 구조물의 경우 – 피뢰시스템(LPS)

㉮ LPS가 설치될 때, 등전위화는 화재, 폭발, 인체의 위험 등을 줄이는 매우 중요한 수단이며, 상세한 사항은 KS C IEC 62305-3을 참조한다.

㉯ 방화벽, 소화기, 소화전, 화재경보기, 화재소화설비와 같은 화재의 확산과 전파를 제한하는 설비는 물리적 손상을 감소시킨다.

㉰ 비상구는 인명을 보호한다.

② 인입설비의 경우- 차폐선

지중케이블, 금속 덕트가 가장 효과적인 보호가 이루어진다.

6) 전기 · 전자시스템의 고장을 줄이기 위한 보호대책

① 구조물의 경우 : 단일 또는 조합으로 구성된 LEMP 보호대책시스템(LPMS)

㉮ 접지 및 본딩 대책

㉯ 자기차폐

㉰ 선로의 경로

㉱ 협조된 SPD보호

② 인입설비의 경우

㉮ 선로의 말단과 선로상의 여러 위치에 설치된 서지보호장치(SPD)

㉯ 케이블의 자기차폐

7) 보호대책의 선정

가장 적합한 보호대책이 각종 손상의 유형과 정도, 여러 가지 보호대책의 기술적, 경제적인 관점에 따라 선정되어야 하며, 관련규격의 요구를 만족하고, 설치장소에서 발생할 것으로 예상되는 스트레스를 견딜 수 있는 보호대책이 효과적이다.

가장 적합한 보호대책의 선정과 리스크 평가의 기준은 KS C IEC 62305-2를 참조한다.

(2) 용어정의

① **피뢰시스템 LPS** (lightning protection system) : 구조물 뇌격으로 인한 물리적 손상을 줄이기 위해 사용되는 전체 시스템으로, 외부피뢰시스템과 내부피뢰시스템으로 구성된다.

② **외부피뢰시스템** (external lightning protection system) : 수뢰부시스템, 인하도선시스템, 접지극시스템으로 구성된 피뢰시스템의 일종

③ **보호대상 구조물과 분리된 외부 LPS**(external LPS isolated from the structure to be protected) 뇌전류의 경로가 보호대상 구조물과 접속되지 않도록 배치된 수뢰부와 인하도선시스템으로 구성된 피뢰시스템

④ **보호대상 구조물과 접속된 외부 LPS**(external LPS not isolated from the structure to be protected) 뇌전류의 경로가 보호대상 구조물과 접속되도록 배치된 수뢰부와 인하도선시스템으로 구성된 피뢰시스템

⑤ **내부피뢰시스템** (internal lightning protection system) : 피뢰등전위본딩 또는 외부 피뢰시스템의 전기적 절연으로 구성된 피뢰시스템의 일종

⑥ **수뢰부시스템** (Air-termination system) : 낙뢰를 포착할 목적으로 피뢰침, 망상도체, 가공지선 등과 같은 금속물체를 이용한 외부 피뢰시스템의 일부

⑦ **인하도선시스템** (down-conductor system) : 뇌전류를 수뢰부시스템에서 접지극시스템으로 흘리기 위한 외부 피뢰시스템의 일부

⑧ **환상도체** (ring conductor) : 뇌전류의 균일한 분산을 위해 인하도선을 서로 접속할 수 있도록 구조물 둘레의 루프를 형성하는 도체

⑨ **접지극시스템** (earth-termination system) : 뇌전류를 대지로 흘려 방출시키기 위한 외부 피뢰시스템의 일부

⑩ **접지극** (earthing electrode) : 대지와 직접 전기적으로 접속하고, 뇌전류를 대지로 방류시키는 접지시스템의 일부분 또는 그 집합

⑪ **환상접지극** (ring earthing electrode) : 구조물 둘레의 대지면 또는 지중에서 폐루프를 형성하는 접지극

⑫ **기초접지극** (foundation earthing electrode) : 건축물 기초 아래의 토양에 매설되거나, 가급적 건축물 기초의 콘크리트에 매입된 도전부로 일반적으로 폐루프를 형성한다. 접속재 및 추후 증설용 도전체도 포함한다.

⑬ **금속제 설비** (metal installations) : 배관구조물, 계단, 엘리베이터 가이드레일, 환기용, 난방용 및 공조용 덕트, 상호 접속된 보강용 철골 등과 같이 뇌전류의 경로를 형성할 수 있는 보호대상구조물 내의 금속제 부분

⑭ **외부도전부** (external conductive parts) : 뇌전류의 일부가 흐를 수 있는 배관, 금속케이블, 금속덕트 등과 같은 보호대상구조물에 인입 또는 인출되도록 접속된 금속물체

⑮ **전기시스템** (electrical system) : 저압 전원공급요소로 구성된 시스템

⑯ 전자시스템 (electronic system) : 통신장비, 컴퓨터, 제어계측시스템, 라디오시스템, 전력전자설비와 같이 민감한 전자소자로 구성된 시스템

⑰ 내부시스템 (internal system) : 구조물 내부의 전기 · 전자시스템

⑱ **피뢰등전위본딩** EB (lightning equipotential bonding) : 뇌전류에 의한 전위차를 감소시키기 위한 직접적인 도전접속 또는 서지보호장치를 통한 분리된 금속부의 피뢰시스템에 대한 전기적 접속

⑲ **본딩 바 (bonding bar)** : 금속제 설비, 외부도전부, 전선, 통신선 및 기타 케이블을 피뢰시스템에 전기적으로 접속할 수 있는 금속 바

⑳ **본딩 도체** (bonding conductor) : 분리된 도전부를 피뢰시스템에 접속하는 도체

㉑ 위험한 불꽃방전 (dangerous sparking) : 보호대상 구조물에 물리적 손상을 일으키는 낙뢰에 의한 전기적 방전

㉒ **이격거리** (separation distance) : 위험한 불꽃방전이 발생하지 않는 두 도전부 사이의 거리

㉓ **서지보호장치, SPD** (surge protective device) : 과도(transient) 과전압을 제한하고 서지전류를 분류시키기 위한 장치. 최소한의 한 개의 비선형 소자를 포함한다.

㉔ 피뢰시스템의 자연적 구성부재(natural component of LPS) : 피뢰의 목적으로 특별히 설치하지는 않았으나 추가로 피뢰시스템으로 사용될 수 있거나 피뢰시스템의 하나 이상의 기능을 제공하는 도전성 구성부재

– 사용 예 : 자연적 수뢰부, 자연적 인하도선, 자연적 접지극

(3) 외부피뢰시스템

1) 외부피뢰시스템의 구성요소

① 수뢰부 시스템 : 구조물의 뇌격을 받아들임

② 인하도선 시스템 : 뇌격전류를 안전하게 대지로 보냄
③ 접지 시스템 : 뇌격전류를 대지로 방류시킴

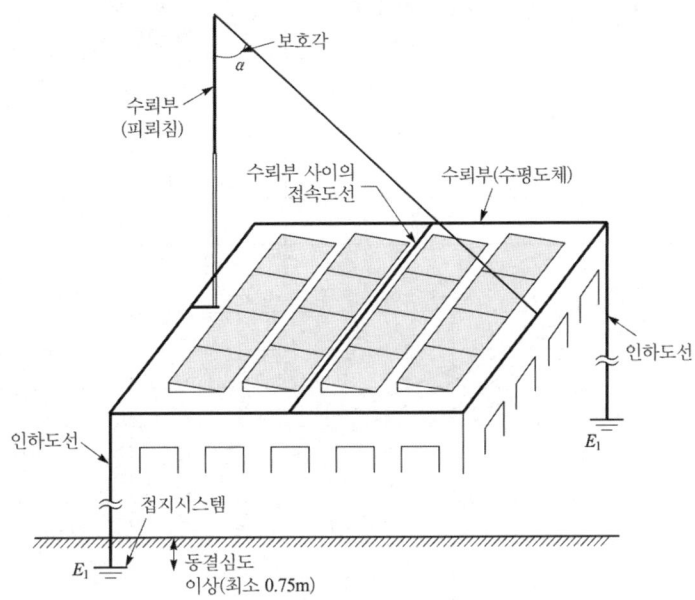

그림 2-10 외부 피뢰시스템의 구성요소

2) 수뢰부 시스템

① 수뢰부시스템을 적절하게 설계하면 뇌전류가 구조물을 관통할 확률은 상당히 감소한다. 수뢰부시스템은 다음 요소의 조합으로 구성된다.
  ㉮ 돌침(받쳐주는 구조물이 없이 세워진 지지대(마스트) 포함)
  ㉯ 수평도체
  ㉰ 그물망도체
② 모든 형태의 수뢰부는 금속 수뢰부시스템의 실제 치수만이 보호되어야 할 크기를 결정하는데 사용한다. 뇌전류가 분산되도록 각 피뢰침은 지붕 또는 옥상에서 서로 접속한다. 다만, 방사성 피뢰침의 사용은 허용되지 않는다.
③ 수뢰부의 배치
  ㉮ 구조물의 모퉁이, 뾰족한 점, 모서리(특히 용마루)에 보호각법, 회전구체법 또는 메시법 중 하나 이상의 방법으로 수뢰부시스템을 배치해야 한다.
    • 회전구체법은 모든 경우에 적용할 수 있다.
    • 보호각법은 간단한 형상의 건물에 적용할 수 있으며, 수뢰부시스템의 높이는 그림 2-11에 제시된 값에 따른다.
    • 그물망법은 보호대상 구조물의 표면이 평평한 경우 적합하다.
  ㉯ 피뢰시스템의 회전구체 반경, 그물망치수는 다음 표 2-5와 같다.

표 2-5 피뢰시스템의 등급별 회전구체 반경, 메시치수와 보호각의 최대 값

피뢰시스템의 등급	보호법		
	회전구체 반경 r[m]	그물망치수 W[m × m]	보호각 α[˚]
I	20	5×5	그림 2-11 참조
II	30	10×10	
III	45	15×15	
IV	60	20×20	

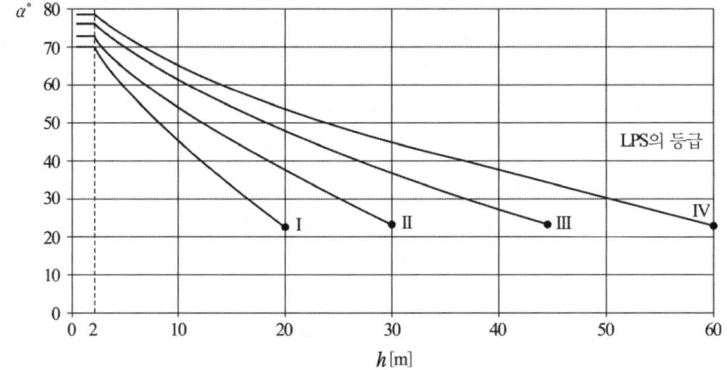

[주1] 보호각법은 ●을 넘는 범위의 높이에는 적용할 수 없으며, 회전구체법과 그물망 법만을 적용할 수 있다.
[주1] h는 보호대상 지역 기준평면으로부터의 높이이다.
[주1] 높이 h가 2[m]이하인 경우 보호각은 불변이다.

그림 2-11 피뢰시스템의 등급별 보호각

㉰ 수직피뢰침 수뢰부시스템에 의한 보호범위

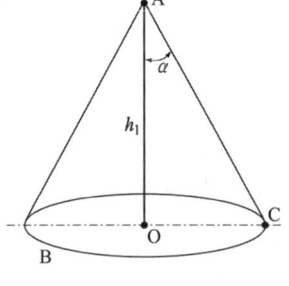

A : 수직피뢰침
B : 기준면
OC : 보호영역의 반경
h_1 : 보호를 위한 영역 기준면의 상부 수직피뢰침의 높이
α : 그림 2-11에 따른 보호각

(a) 수직피뢰침의 원추형 보호범위

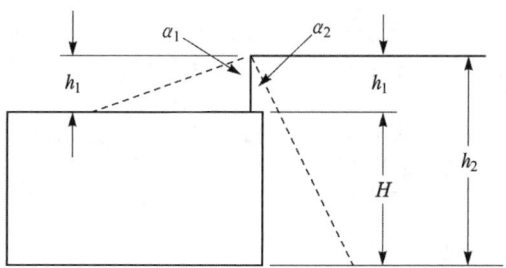

h_1 : 수직피뢰침의 물리적 높이

α_1 : 피보호 지붕표면으로부터의 수뢰부 높이 h_1에 상응하며,

보호각 α_2는 기준면인 지표면으로부터의 높이 $h_2 = h_1 + H$에 상응한다.

즉, α_1은 h_1, α_2는 h_2에 관련된다.

(b) 높이가 다른 경우 수직피뢰침의 원추형 보호범위

그림 2-12 수직피뢰침에 의한 보호범위

㉣ 회전구체법에 따른 수뢰부시스템의 설계

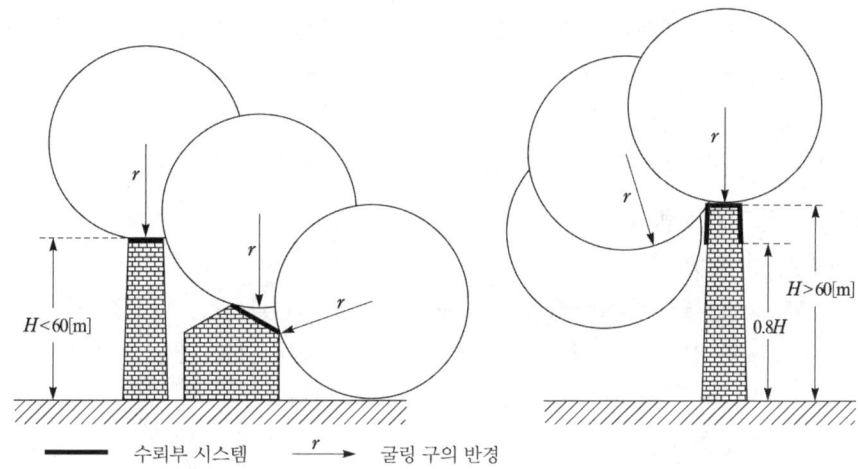

그림 2-13 회전구체법에 따른 수뢰부시스템의 설계

3) 인하도선 시스템

① 불꽃방전을 최소화

인하도선은 불꽃방전을 최소화하기 위한 대책으로 병렬 전류통로 형성, 도선 길이는 최소가 되도록 한다.

② 독립형 피뢰설비인 경우

㉮ 돌침형인 경우 각 돌침 기둥마다 1조 이상 설치한다.

㉯ 수평도체인 경우 각 말단마다 1조 이상 설치한다.

㉰ 그물망도체인 경우 각 지지점(구조물)마다 1조 이상 설치한다.

③ 독립형 피뢰설비가 아닌 경우(일반 건축물)

㉮ 보호범위 내 외부둘레에 상호간 평균 간격은 다음과 같다.

표 2-6 피뢰시스템의 등급별 대표적인 인하도선사이의 최적 간격

피뢰시스템의 등급 [m]	간격 [m]
I	10
II	10
III	15
IV	20

㉯ 인하도선은 지표면 부근과 수직높이 $10 \sim 20[m]$ 마다 수평 환상도체로 상호 접속한다.

㉰ 인하도선은 피보호물의 외부둘레에 같은 간격으로 설치하는 것이 바람직하며, 건물의 모서리 부분 가까이 설치한다.

④ 인하도선과 보호범위 내 금속제 시설물과의 이격거리

㉮ 독립형 피뢰설비인 경우 안전거리를 이격거리로 한다.

㉯ 독립형 피뢰설비가 아닌 경우에 불연성 벽체의 표면 및 내부에 시설가능하고, 가연성 벽체인 경우 인하도선 온도 상승이 위험성 없는 범위 내에서 벽의 표면에 시설하며, 위험성이 미치는 경우 $100[mm]$이상 이격한다.

㉰ 인하도선은 최단거리로 시설하고 루프가 되지 않도록 한다.

4) 피뢰용 접지시스템

① 접지극

㉮ 환상접지극, 수직접지극(접지봉), 방사성 접지극 또는 기초접지극을 사용한다.

㉯ 하나의 긴 접지도체보다 다조의 도체를 적당히 배치하는 방법으로 하고, 보호등급에 따른 접지극의 최소길이는 그림 2-14와 같다.

② 접지극의 형태

㉮ A형 접지극 배열

A형 접지극 배열은 각 인하도선에 접속된 보호대상 구조물의 외부에 설치한 수평 또는 수직 접지극으로 분류한다. A형 접지극 배열의 수는 두 개 이상이어야 한다.

각 인하도선의 하단에서부터 측정된 각 접지극의 최소길이는

• 수평접지극 : l_1

• 수직(또는 경사진)접지극 : $0.5l_1$

여기서 l_1은 다음 그림에 나타낸 관련부분에서 수평접지극의 최소길이이다.

㉯ B형 접지극 배열

B형 접지극 배열은 보호대상 구조물의 외측에 전체 길이의 최소 $80[\%]$ 이상이 지중에 설치된 환상도체 또는 기초접지극으로 이루어지며, 접지극은 그물망형이다.

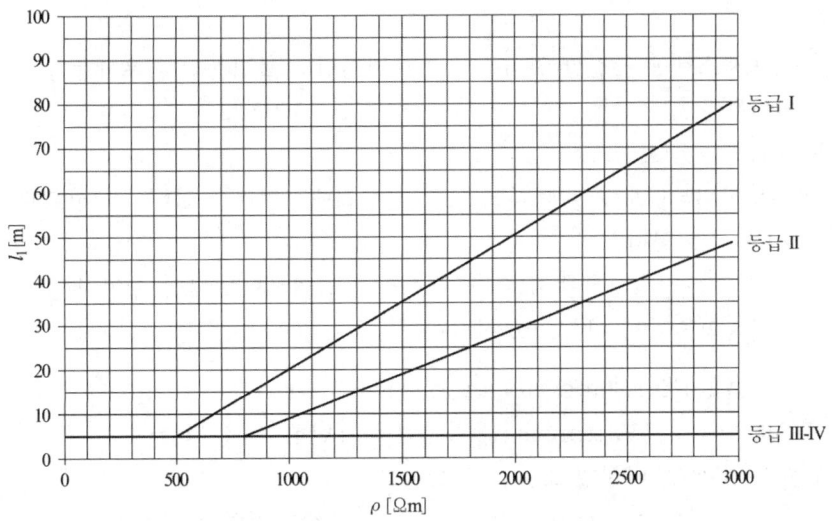

[주] 등급 III 및 IV는 대지저항률에 독립적이다.

그림 2-14 LPS 등급별 각 접지극의 최소길이 l_1

(4) 내부피뢰시스템

1) 전기·전자시스템의 고장을 줄이기 위한 보호대책(내부 뇌보호)

단일 또는 조합으로 사용되는 다음 수단으로 구성된 LEMP(뇌전자계임펄스) 보호대책시스템을 수립하여야한다.

① 접지 및 본딩 대책

② 자기차폐

③ 선로의 포설경로

④ 협조된 SPD보호

⑤ 절연 인터페이스

2) 등전위 본딩

① 피뢰설비, 금속구조체, 금속시설물, 전력계통의 도전성부분과 보호범위 내부의 전력, 약전 및 통신설비는 본딩용 도체 또는 서지보호장치(SPD)로 일괄 접속한다.

② 계통이외 도전성 부분

㉮ 계통이외 도전성 부분의 등전위본딩은 가능한 한 인입점 부근에서 한다.

㉯ 피뢰설비 대상이 아닌 금속제 시설물, 전기설비, 통신설비와 계통이외의 도전성 부분은 접지극에 접속한다.

③ 전력 및 통신설비

㉮ 건축물의 인입점 부근에서 서지보호장치(SPD)를 사용하여 등전위본딩을 한다.

㉯ 건축물 내 피뢰구역(LPZ)간의 경계에 서지보호장치(SPD)를 사용하여 등전위본딩을 한다.

④ 이격

    ㉮ 피뢰시스템에 근접한 설비로서 등전위본딩이 불가능한 경우에는 안전거리를 적용하여 이격한다.

⑤ 본딩도체

    ㉮ 주등전위본딩도체는 설비의 보호도체 최대단면적의 50[%] 이상으로 해야 하며, 최소 6[mm²]로 한다.

    ㉯ 노출된 도전성부분을 접속하는 보조 등전위본딩도체의 단면적은 사용하는 보호도체 단면적의 50[%] 이상으로 한다.

3) 서지보호장치(SPD : Surge Protection Device)

  ① SPD의 정의 : 과도(transient) 과전압을 제한하고 서지전류를 분류시키기 위한 장치. 최소한의 한 개의 비선형 소자를 포함한다.

  ② SPD 설치 목적 : 뇌서지 등으로부터 보호대상기기의 절연파괴를 방지

  ③ SPD의 기능 3가지

    ㉮ 서지가 없을 때 : 정상상태에서는 SPD는 설치된 계통에 영향을 미치지 말아야 한다.

    ㉯ 서지가 침입한 때 : 침입한 서지에 신속하게 응답하여 임피던스를 저하시켜 서지전류를 접지측으로 흘려서 서지전압을 보호대상 기기의 임펄스내전압 이하로 제한한다.

    ㉰ 서지가 소멸될 때 : 서지가 소멸된 후 SPD는 높은 임피던스상태로 복귀되며, 연속사용전압에 견디어야 한다.

  ④ SPD의 분류

표 2-7 SPD의 분류

구 분		동 작 원 리
소자의 특성에 따른 분류	전압 스위치형	일정 전압을 초과하면 단번에 낮은 전압으로 스위칭 동작 (에어갭, 가스방전관, 사이리스터형 SPD)
	전압 제한형	서지 전류와 전압이 상승하면 임피던스가 연속적으로 작아지는 SPD, 전압을 특정 level까지만 제한 (배리스터(MOV 등), 억제형 다이오드)
	복 합 형	위에 언급한 2종류의 소자를 조합해 사용 (가스방전관과 배리스터를 조합한 SPD 등)
시험에 의한 분류	Ⅰ등급 시험	(10/350[μs])의 전류 파형으로 시험하고 **직격뢰**를 가정
	Ⅱ등급 시험	(8/20[μs])의 전류 파형으로 시험하고 **유도뢰**를 가정
	Ⅲ등급 시험	복합(조합)파형 발생기에서 전압 파형(1.2/50[μs])과 전류 파형 (8/20[μs])으로 시험하고 반복 서지에 대응

  ⑤ SPD의 사양

    ㉮ SPD 사양은 각각의 타입별로 임펄스전류, 공칭방전전류, 개회로전압, 최대연속사용전압 및 전압보호수준의 규격 값을 규정하고 있다.

    ㉯ 일반적으로 타입 I은 뇌임펄스 전류가 부분적으로 전파되는 높은 뇌서지 장소(피뢰설

비에 의해 보호되고 있는 건축물에 대한 공급선 인입구)에 설치할 수 있다.

㉡ 타입 II, 타입 III는 일반적으로 낮은 뇌서지 장소에 설치할 수 있다.

표 2-8 SPD의 사양

SPD 형식	임펄스전류 I_{imp} I_{peak}[kA]	공칭방전전류 8/20 I_n[kA]	개회로전압 콤비네이션 U_{oc}[kV]	최대연속사용전압 50/60[Hz] U_c[V]	전압보호수준 1.2/50[μs] U_p[kV]
타입 I	5, 10, 20	5, 10, 20	–	110, 130, 230, 240, 420, 440	4, 2.5
타입 II	–	1, 2, 5, 10, 20	–		2.5, 1.5
타입 III	–	–	2, 4, 10, 20		1.5

⑥ SPD의 선정

㉮ 주 배전반(저압반)내에 설치하는 피뢰소자는 방전내량이 큰 것(타입 I)을 선정하고, PCS내에 설치하는 피뢰소자는 타입 II, 어레이 접속함 내에 설치하는 피뢰소자는 타입 II나 타입 III을 선정.

표 2-9 뇌 보호영역별 SPD 선택기준

구 분	파형 및 내량	적용 SPD
LPZ 0 / 1 경계	10/350[μs] 파형 기준의 임펄스 전류 I_{imp} 15[kA]~60[kA]	Class I SPD
LPZ 1 / 2 경계	8/20[μs] 파형 기준의 최대방전전류 I_{max} 40[kA]~160[kA]	Class II SPD
LPZ 2 / 3 경계	1.2/50[μs](전압), 8/20[μs](전류) 조합파 기준	Class III SPD

㉯ 전기기기의 임펄스 내(耐)전압

표 2-10 저압기기 임펄스 내(耐)전압

설비의 공칭전압*[V]		필요한 임펄스 내전압[kV]			
3상 계통	단상3선	설비 인입구의 기기 (뇌임펄스 카테고리IV)	간선 및 분기회로의 기기 (뇌임펄스 카테고리III)	부하 기기 (뇌임펄스 카테고리II)	특별히 보호된 기기 (뇌임펄스 카테고리I)
–	120-240	4	2.5	1.5	0.8
(220/380) 230/400** 277/480**	–	6	4	2.5	1.5
400/690	–	8	6	4	2.5
1,000	–	시스템 기술자가 지정한 값			

㉰ 3상 4선식 220/380[V] 저압기기 뇌임펄스 내(耐)전압과 SPD 적용

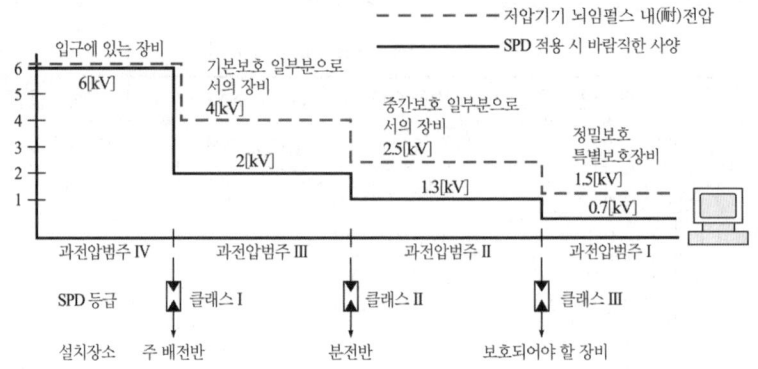

그림 2-15 저압기기 뇌임펄스 내(耐)전압과 SPD 적용

(5) 태양광발전설비의 피뢰시스템

1) 개요

뇌방전으로 인한 과도과전압으로부터 지속적 또는 단기적으로 설비의 전체 또는 일부에 전기를 공급하는 다음의 태양광발전설비를 보호하기 위해 피뢰시스템을 설치한다.

① 일반 수용가에 전기를 공급하는 계통과 분리된 설비에 전원을 공급하는 태양광발전시스템

② 일반 수용가에 전기를 공급하는 계통을 대체하여 공급받을 수 있는 설비에 전원을 공급하는 태양광발전시스템

③ 일반 수용가에 전기를 공급하는 계통과 연계로 설비에 전원을 공급하는 태양광발전시스템

④ 위의 방식이 적절히 조합된 태양광발전시스템

2) 피뢰시스템을 설치하지 않은 구조물의 태양광발전설비 구성 예

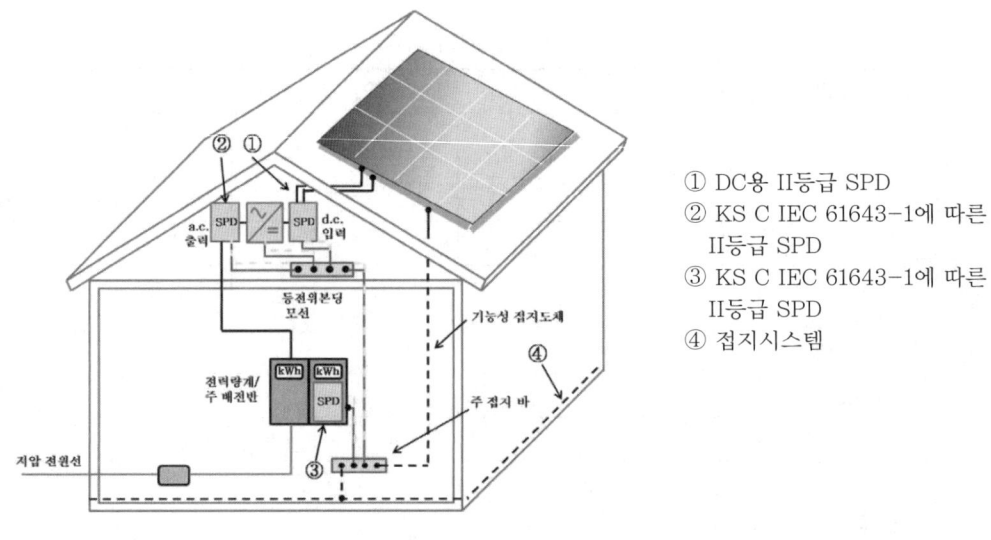

① DC용 II등급 SPD
② KS C IEC 61643-1에 따른 II등급 SPD
③ KS C IEC 61643-1에 따른 II등급 SPD
④ 접지시스템

그림 2-16 피뢰시스템을 설치하지 않은 구조물

3) 안전이격거리가 확보된 피뢰시스템이 설치된 구조물의 태양광발전설비 구성 예

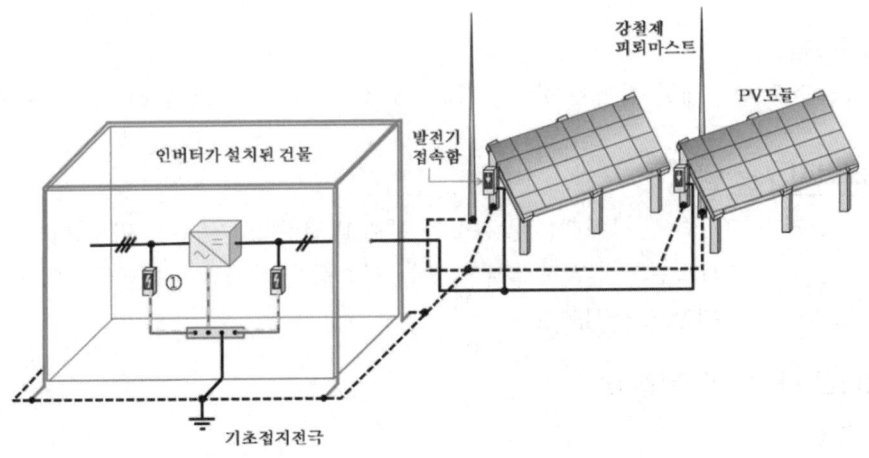

s : KS C IEC 62305-3에 따른 안전이격거리
① DC용 II등급 SPD　　　　② KS C IEC 61643-1에 따른 II등급 SPD
③ KS C IEC 61643-1에 따른 I등급 SPD　④ 수뢰부시스템
⑤ 인하도선　　　　　　　　⑥ 접지시스템

그림 2-17 안전이격거리가 확보된 피뢰시스템이 설치된 구조물

4) 확장된 태양광발전설비 구성 예

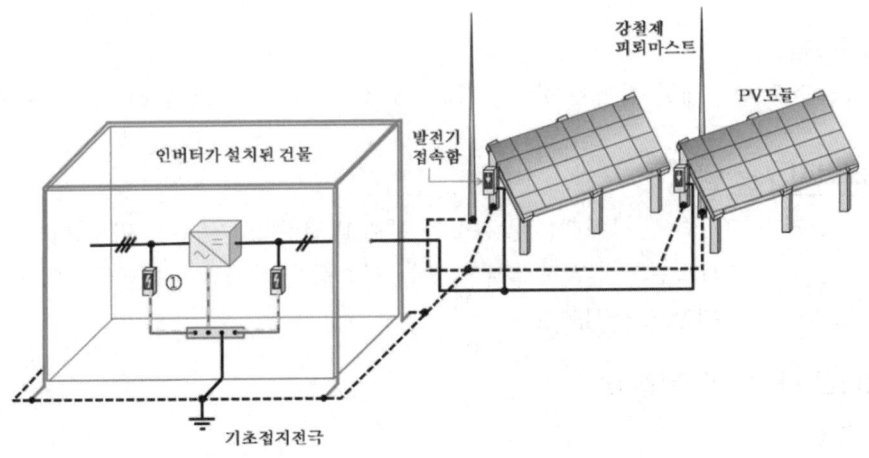

그림 2-18 확장된 PV발전시스템의 피뢰시스템

2.2.2 접지시스템

(1) 통합(IEC)접지시스템(KS C IEC 60364)

1) 통합접지 : 전기설비의 접지계통과 피뢰설비, 통신접지 등의 접지극을 공용하는 접지방식.

2) 통합접지로 하는 경우 낙뢰 등에 의한 과전압으로부터 저압 전기설비 등을 보호하기 위해 과전압보호장치 또는 서지보호장치(SPD)를 설치한다.

3) IEC 접지설비의 구성

1개의 건축물에는 그 건축물 대지전위의 기준이 되는 접지극, 접지선 및 주접지단자를 그림과 같이 구성한다. 건축 내 전기기기의 노출 도전성 부분 및 계통외 도전성부분(건축구조물의 금속제 부분 및 가스, 물, 난방 등의 금속배관설비)은 모두 주접지단자에 접속한다.

또한, 손의 접근한계 내에 있는 전기기기 상호간 및 전기기기와 계통외 도전성부분은 보조 등전위 본딩용 도체(선)로 접속한다.

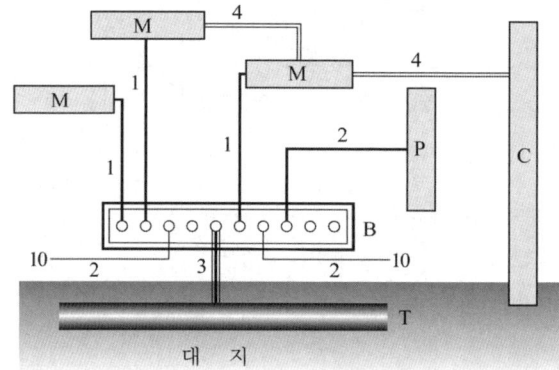

1 : 보호도체(PE)
2 : 보호 등전위 본딩용 도체
3 : 접지도체
4 : 보조 보호 등전위 본딩용 도체
10 : 기타 기기(정보통신, 피뢰시스템)
B : 주 접지단자
M : 전기기구의 노출 도전부
C : 철골, 금속덕트 등 계통외 도전부
P : 수도관, 가스관 등 계통외 도전부
T : 접지극

그림 2-19 IEC 접지설비의 개요

(2) 접지시스템

태양광발전설비에 대한 접지는 한국전기설비규정 140(접지시스템)에 적합하여야한다.

2.3 모니터링 시스템

태양광 발전소 모니터링 시스템은 발전소의 현재 발전량 및 누적량, 각 장비별 현황은 물론 방범시스템 및 방재시스템까지 발전소 내의 모든 시스템을 실시간 모니터링하여 체계적이고 효율적으로 관리하기 위한 시스템이다.

(1) 모니터링 시스템의 주요기능

1) 발전 진단

① 현재 발전전력, 누적 발전전력

② 금일 전력량, 금월 전력량, 전월전력량, 이산화탄소 절감량

③ 설비용량, 설비이용률

2) 고장 진단

① 직렬회로 상태 표시(전압, 전류, 전력, 스위치상태, 현재발전량, 평균발전율)

② 직렬회로 고장 진단, 설비 용량

③ 직렬회로 고장 진단이력(고장일자, 고장시간, 해제일자, 해제시간)

④ 직렬회로 제어 이력(제어일자, 제어시간, 제어구분, 제어방법)

⑤ 파워컨디셔너 감시, 파워컨디셔너 이상 유무 진단

⑥ 파워컨디셔너분석(직류/교류 전압, 직류/교류 전류, 직류/교류 전력, 주파수, 전력량)

⑦ 계통연계 감시 운영

3) 경보 현황 : 진행 경보 및 내역 조회(경보일자, 경보시간, 측정값, 경보내용)

4) 기록 및 통계 기능

① 시간대, 월별, 주간별, 월별 정기적 자료 기록

② 경보발생 이력에 대한 기록

5) 정보 분석

① 각 감시 요소별 아날로그 값을 라인, 막대, 면적 등 입체적으로 표시

② 파워컨디셔너 분석(전압, 전류, 전력, 전력량, 설비이용률)

③ 직렬회로 분석(전압, 전류, 전력, 평균발전량, 설비이용률)

6) 보고서 화면

① 디지털 감시 화면

㉮ 태양광, 파워컨디셔너 등의 동작상태 확인

㉯ 파워컨디셔너 보호계전기(온도, 과전류, 과/저전압, 과/저주파수) 동작상태 확인

㉰ 탄소 저감량 및 이산화탄소 저감량 표시

㉱ 주요계측요소

㉠ 태양전지 출력(직류 전류, 전압, 전력)

㉡ 파워컨디셔너 출력(R상·S상·T상 전압, 전류, 발전량, 주파수)

㉢ 기후조건(외기온도, 태양전지 표면온도, 경사면 및 수평면 일사량)

② 계통도 화면

㉮ 태양광발전에 대한 계통도를 디자인하여 계통도내에 계측사항의 표시 및 감시가 용이
하게 한다.

㉯ 주요 계측 요소별 계측치(발전전력, 외기온도, 태양전지 표면 온도, 경사면 및 수평면
일사량)

③ 경보 화면

㉮ 차단기 및 보호계전기의 동작 상태를 표시하고, 계측요소의 데이터 값이 설정치보다
높거나 이상이 발생 시에 경보화면 표시 및 자동으로 기록

㉯ 차단기의 동작시간 표시, 경보발생요소 및 시간 표시, 계측요소 상하한 계측치 표시

④ 보고서 화면

㉮ 일일 발전 현황(일보) : 일일 시간대별 태양전지 발전현황, 부하현황을 시간대로 표시 및 평균, 최소, 최대, 누적치 표시

㉯ 월간 발전 현황 (월보) : 월간 일자별 태양전지 발전 전력, 부하 소비 전력 등을 표시

㉰ 연간 발전 현황 (연보) : 연간 월별 발전전력을 표시. 월별 평균, 최대, 최소 발전량 표시

7) 추가 기능

① CCTV 시스템 연동(재생) 기능

② 자동화재탐지설비 연동 기능

③ 관리자 원격통보 기능

(2) 시스템 구성 요소

① PC : 로컬 모니터링 프로그램 내장

② 모니터 : LCD, 디지털 감시 화면, 계통도 화면, 경보화면, 보고서 화면 표시

③ 공유기

㉮ CCTV저장(DVR) 데이터, 인터넷, 직렬서버 데이터 공유

㉯ TCP/IP 유선(UTP케이블) 연결

④ 직렬서버(Serial server)

㉮ 기상수집 데이터, 발전, 고장, 경보 전력 기기 감시 등 데이터 수집, 공유기를 통해 사용자 PC로 전달

㉯ RS232/485 Serial(직렬) Port로 연결

⑤ 기상수집 I/O 통신모듈 : 일사량센서, 온도센서, 습도센서, 풍속센서 등으로부터 정보 수집

⑥ 각종 센서류 : 일사량, 온도, 습도, 풍속센서 등

(3) 모니터링 설비 설치기준

① 모니터링설비 요구사항

의무적으로 설치해야하는 모니터링설비는 다음의 사항에 따라 설치하여야 한다.

② 설비요건 : 모니터링설비의 계측설비는 다음 표를 만족하도록 설치하여야 한다.

표 2-11 계측설비별 요구사항

계측설비	요구사항	확인방법
인버터	CT 정확도 3[%]이내	·관련 내용이 명시된 설비 스펙 제시 ·인증 인버터는 면제
온도센서	정확도 ±0.3[℃](−20∼100[℃])미만	·관련 내용이 명시된 설비 스펙 제시
	정확도 ±1[℃](100∼1000[℃])이내	
유량계, 열량계	정확도 ±1.5[%]이내	·관련 내용이 명시된 설비 스펙 제시
전력량계	정확도 1[%]이내	·관련 내용이 명시된 설비 스펙 제시

③ 측정위치 및 모니터링 항목

다음 표의 요건을 만족하여 측정된 에너지 생산량 및 생산시간을 누적으로 모니터링 하여야 한다.

표 2-12 측정 및 모니터링 항목

구 분	모니터링 항목	데이터(누계치)	측정 항목
태양광, 풍력 수력, 폐기물 바이오	일일발전량[kWh]	24개(시간당)	인버터 출력
	생산시간[분]	1개(1일)	

④ 모니터링 시스템 설치 대상 : 태양광발전설비 용량 : 50[kW]이상 또는 REMS 적용사업
※ REMS : 신재생에너지 통합모니터링시스템

(4) 신재생에너지 통합모니터링시스템

1) 추진 배경

① 보급설비에 대한 사후관리를 위해 AS센터 운영 및 표본조사·샘플추적 조사 등을 추진 중 : 일정용량 이상 설비의 경우 로컬 모니터링을 실시

② 원별, 기관별 다양하게 산재되어 있는 에너지 데이터를 결합하여 공단 주도의 효율적 정보 제공 위한 신재생설비의 빅 데이터 운영체계 필요

2) 태양광설비

① 계측점 : 인버터(입력단, 출력단)

② 계측요소 : PV 전압, PV 전류, PV 출력, 출력 전압, 출력 전류, 출력, 역률, 주파수, 누적 발전량, 고장여부

③ 구성도와 계측점

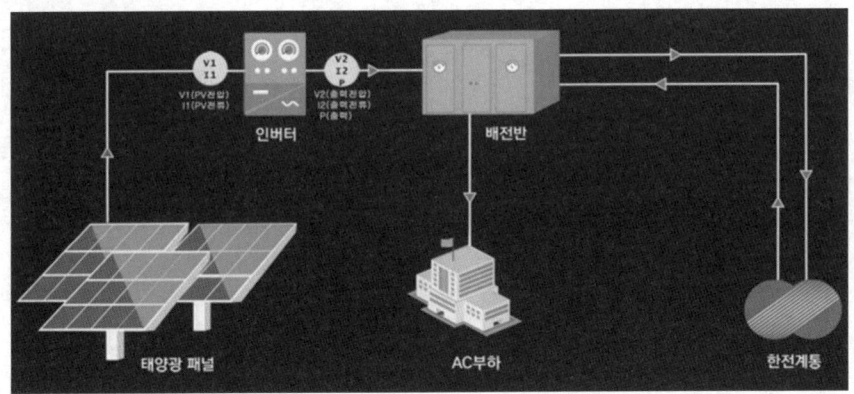

3) ESS 설비

① 계측점 : 인버터(입·출력단), 충·방전기

② 계측요소

㉮ 인버터 : (전)전압, 전류, 출력, (후)전압, 전류, 출력, 고장여부

㉯ 충·방전기 : (배터리) 상태, SOC, SOH, 온도(최고, 최저, 평균), 전압, 전류

③ 구성도와 계측점

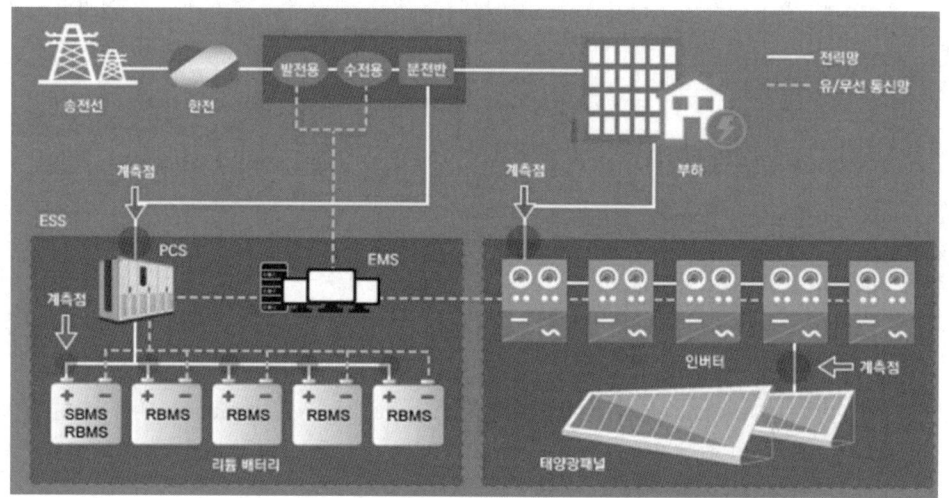

3장 태양광발전 어레이 설계

1 태양광발전 전기배선 설계

1.1 태양광발전 모듈의 직병렬 계산

(1) 태양광발전 모듈의 직병렬 계산

1) 태양광발전 모듈의 수는 설치면적과 모듈의 사양, 인버터 사양 등에 따라 결정된다.
2) 태양광발전 모듈의 직·병렬 수는 모듈의 사양(개방전압, 운전전압, 전압온도계수, NOCT 등), 인버터의 사양(입력(DC)전압의 최소값과 최대값, 최대 입력전류 등)에 따라 계산된다.
3) 일반부지에 설치되는 태양광발전시스템의 모듈수 계산 Flow는 다음 그림과 같다.

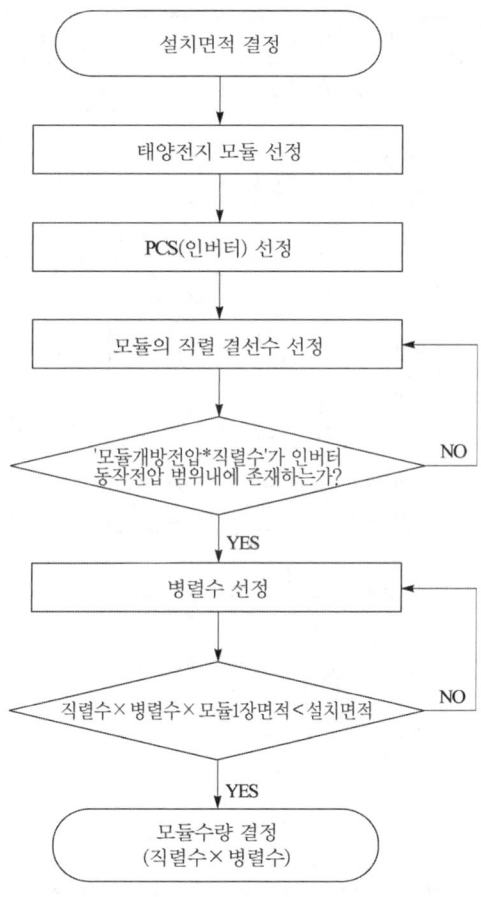

그림 3-1 태양전지 모듈수 계산 Flow

4) 모듈 및 파워컨디셔너(PCS, 태양광 인버터)의 전기적 사양(특성) 예

표 3-1 모듈 및 인버터의 사양

태양전지모듈 특성		인버터 특성	
최대 전력 P_{max}[W]	340	최대 입력 전력[kW]	110
개방 전압 V_{oc}[V]	46.4	MPP 범위[V]	470~850
단락 전류 I_{sc}[A]	9.54	최대 입력 전압[V]	900
최대 전압 V_{mpp}[V]	37.7	최대 입력 전류[A]	152
최대 전류 I_{mpp}[A]	9.02	정격 출력[kW]	100
전압 온도 변화율[%/℃]	−0.30	주파수[Hz]	60
NOCT[℃]	46		

① 켈빈온도와 섭씨온도

㉮ 켈빈온도(K)= 섭씨온도[℃]+273.15

② A, B, C 社의 모듈의 최대출력이 300[Wp]인 온도변화율 표기 예

구 분	A 社	B 社	C 社
전류온도계수(α)	0.0592[%/℃]	0.055[%/K]	4.835[mA/℃]
전압온도계수(β)	−0.3810[%/℃]	−0.310[%/K]	−97.03[mV/℃]
출력온도계수(δ)	−0.5185[%/℃]	−0.410[%/K]	−1.23[W/℃]

㉮ 모듈의 최대출력이 300[Wp]이고, 모듈의 표면온도가 70[℃]일 때, A, B, C 사의 출력을 계산하여 고온 시 출력을 비교해 보자.

- A 社 : $P_{(70℃)} = 300\left\{1+(\dfrac{-0.5185}{100})\times(70-25)\right\} = 230.00$[W]

- B 社 : $P_{(70℃)} = 300\left\{1+(\dfrac{-0.410}{100})\times(70-25)\right\} = 244.65$[W]

- C 社 : $P_{(70℃)} = 300 + \{-1.23\times(70-25)\} = 244.65$[W]

※ 계산결과 B 社와 C 社의 출력온도 계수는 같음을 알 수 있다.

5) NOCT에 의한 모듈의 표면(셀의 접합점)온도 계산

$$T_{cell} = T_{amb} + \frac{NOCT - 20}{800} \times 1,000 [℃]$$

여기서, T_{amb} : 주위온도[℃]

예제 20 ● ● ●

주위 온도 40[℃], $NOCT$ 46[℃]일 때의 모듈의 표면온도를 구하시오.

풀이 ▷

$$T_{cell} = T_{amb} + \frac{NOCT-20}{800} \times 1,000 = 40 + \frac{46-20}{800} \times 1000 = 72.5[℃]$$

6) 모듈의 최대 직렬 수

태양광발전소 설치지역의 최저온도가 −10[℃], 최고온도가 40[℃]이고, 모듈 및 인버터의 사양은 상기 4)의 내용과 같을 때, 최대 직렬 수를 구해보자.

① 최저온도일 때의 모듈의 표면온도는 설치지역의 최저온도를 적용한다.

② 최저온도(−10[℃])일 때의 개방전압 계산

$$V_{oc(-10[℃])} = V_{oc(25[℃])}\left\{1 + \left(\frac{온도변화율}{100}\right) \times (모듈표면의최저온도 - 25)\right\}[V]$$

$$= 46.4\left\{1 + (\frac{-0.30}{100}) \times (-10 - 25)\right\} = 51.272 ≒ 51.27[V]$$

③ 최대 직렬 수 $= \dfrac{인버터의 최대 입력전압}{최저온도(-10[℃])일 때의 개방전압}$

$$= \frac{900}{51.27} = 17.55 ≒ 17 \quad ※ 소수점 이하 절사.$$

※ 인버터 사양에 인버터의 최대(최고) 입력전압이 주어지지 않으면, MPP 전압의 최대값을 인버터의 최대(최고) 입력전압으로 한다.

7) 모듈의 최소 직렬 수

태양광발전소 설치지역의 최저온도가 −10[℃], 최고온도가 40[℃]이고, 모듈 및 인버터의 사양은 상기 4)의 내용과 같을 때, 최소 직렬 수를 구해보자.

① 최고온도일 때의 모듈의 표면온도는 상기 예제 20에서 계산한 온도를 적용한다.

② 최고온도(72.5[℃])일 때의 최대전압 계산

$$V_{mpp(72.5[℃])} = V_{mpp(25[℃])}\left\{1 + \left(\frac{온도변화율}{100}\right) \times (모듈표면의 최고온도 - 25)\right\}[V]$$

$$= 37.77\left\{1 + (\frac{-0.30}{100}) \times (72.5 - 25)\right\} = 32.387 ≒ 32.39[V]$$

③ 최소 직렬 수 $= \dfrac{인버터의 최소 입력전압}{최고온도(72.5[℃])일 때의 최대전압}$

$$= \frac{470}{32.39} = 14.51 ≒ 15 \quad ※ 소수점 이하 절상.$$

※ 인버터 사양에 인버터의 최소 입력전압이 주어지지 않으면, MPP 전압의 최소값을 인버터의 최소 입력전압으로 한다.

8) 최대출력을 얻기 위한 병렬 수

상기 6), 7)항에서 구한 최소 및 최대 직렬 수 범위인 15직렬, 16직렬, 17직렬일 때의 각각의 병렬수를 계산하여 소수점이하가 가장 작은 것이 최대출력을 얻기 위한 병렬 수가 된다.

① 15직렬 시 병렬 수 $= \dfrac{\text{인버터 용량[W]} \times 1.05}{\text{모듈의 최소 직렬 수} \times \text{모듈 1매분 최대출력[Wp]}}$

$= \dfrac{110[\text{kW}] \times 10^3 \times 1.05}{15 \times 340} = 22.65\,[\text{병렬}]$

- 15직렬, 22병렬 시 출력 = 15직렬 × 22병렬 × 340[W] = 112,200[W]

② 16직렬 시 병렬 수 $= \dfrac{100 \times 10^3 \times 1.05}{16 \times 340} = 21.23[\text{병렬}]$

- 16직렬, 21병렬 시 출력 = 16직렬 × 21병렬 × 340[W] = 114,240[W]

③ 17직렬 시 병렬 수 $= \dfrac{100 \times 10^3 \times 1.05}{17 \times 340} = 19.98[\text{병렬}]$

- 17직렬, 19병렬 시 출력 = 17직렬 × 19병렬 × 340[W] = 109,820[W]

∴ 상기 ①, ②, ③ 계산결과 소수점 이하가 가장 작은 값은 병렬 수가 21병렬일 때이므로 16직렬, 21병렬일 때 최대출력을 얻을 수 있다.

1.2 전기설비기술기준

(1) 목적

전기설비기술기준은 발전·송전·변전·배전 또는 전기사용을 위하여 시설하는 기계·기구·**전선로·보안통신선로** 그 밖의 시설물의 안전에 필요한 성능과 기술적 요건을 규정함을 목적으로 한다.

(2) 안전원칙

① 전기설비는 감전, 화재 그 밖에 사람에게 위해를 주거나 물건에 손상을 줄 우려가 없도록 시설하여야 한다.

② 전기설비는 사용목적에 적절하고 안전하게 작동하여야 하며, 그 손상으로 인하여 전기 공급에 지장을 주지 않도록 시설하여야 한다.

③ 전기설비는 다른 전기설비, 그 밖의 물건의 기능에 전기적 또는 자기적인 장해를 주지 않도록 시설하여야 한다.

(3) 용어의 정의

① 발전소 : 발전기·원동기·연료전지·태양전지·해양에너지발전설비·전기저장장치 그 밖의 기계기구를 시설하여 전기를 생산하는 곳

② 변전소 : 변전소의 밖으로부터 전송받은 전기를 변전소 안에 시설한 변압기·전동발전기·회전변류기·정류기 그 밖의 기계기구에 의하여 변성하는 곳으로서 변성한 전기를 다시 변전소 밖으로 전송하는 곳

③ 개폐소 : 개폐소 안에 시설한 개폐기 및 기타 장치에 의하여 전로를 개폐하는 곳으로서 발전소·변전소 및 수용장소 이외의 곳

④ 급전소 : 전력계통의 운용에 관한 지시 및 급전조작을 하는 곳

⑤ 전선 : 강전류 전기의 전송에 사용하는 전기 도체, 절연물로 피복한 전기 도체 또는 절연물로 피복한 전기 도체를 다시 보호 피복한 전기 도체

⑥ 전로 : 통상의 사용 상태에서 전기가 통하고 있는 곳

⑦ 전선로 : 발전소 · 변전소 · 개폐소, 이에 준하는 곳, 전기사용장소 상호간의 전선 및 이를 지지하거나 수용하는 시설물

⑧ 무효 전력 보상 설비 : 무효전력을 조정하는 전기기계기구

⑨ 극저주파 전자계(Extremely Low Frequency Electric and Magnetic Fields : ELF EMF) : 0[Hz]를 제외한 300[Hz]이하의 전계와 자계

⑩ 해양에너지발전설비 : 조력, 조류, 파력, 해수 온도차 등으로 해양의 조수, 해류, 파도, 온도차 등을 변환시켜 전력을 생산하는 설비

⑪ 전기저장장치 : 전기를 저장하고 공급하는 시스템

⑫ 직류전계(DC Electric Fields)란 0 Hz인 직류전로와 공간전하에 의해 형성되는 정전계(Static Electric Fields)

⑬ 직류자계(DC Magnetic Fields)란 0 Hz인 직류전로에서 형성되는 정자계(Static Magnetic Fields)

⑭ 소수력발전설비 : 물의 위치에너지 및 운동에너지를 변환시켜 전력을 생산하는 설비로 시설 용량 5,000[kW] 이하

⑮ 전압의 구분

구 분	전압 범위
저 압	직류 1500[V]이하, 교류 1000[V]이하
고 압	직류 1500[V]초과, 교류 1000[V]초과~7천[V]이하
특고압	7천[V]를 초과하는 것

(4) 적합성 판단(제4조)

이 고시에서 규정하는 안전에 필요한 성능과 기술적 요건은 다음 각 호의 기준을 충족할 경우 이 고시에 적합한 것으로 판단한다.

1. 대한전기협회에 설치된 한국전기기술기준위원회(이하 이조에서 "기준위원회"라 한다)에서 채택하여 기후에너지환경부장관의 승인을 받은 "한국전기설비규정"

2. 기준위원회에서 이 고시의 제정 취지로 보아 안전 확보에 필요한 충분한 기술적 근거가 있다고 인정되어 기후에너지환경부장관의 승인을 받은 경우

(5) 전기설비의 접지

1. 전기설비의 필요한 곳에는 이상 시 전위상승, 고전압의 침입 등에 의한 감전, 화재 그 밖에 사람에 위해를 주거나 물건에 손상을 줄 우려가 없도록 접지를 하고 그 밖에 적절한 조치를 하여야한다.

2. 전기설비를 접지하는 경우에는 전류가 안전하고 확실하게 대지로 흐를 수 있도록 하여야한다.

(6) 전기설비의 피뢰

낙뢰로부터 전기설비를 보호하기 위하여 건축물, 구조물 등에는 피뢰설비를 시설하고 그 밖에 적절한 조치를 하여야 한다.

(7) 전선의 접속

전선은 접속부분에서 전기저항이 증가되지 않도록 접속하고 절연성능의 저하 및 통상 사용 상태에서 단선의 우려가 없도록 하여야 한다.

(8) 전기기계기구의 열적강도

전로에 시설하는 전기기계기구는 통상 사용 상태에서 그 전기기계기구에 발생하는 열에 견디는 것이어야 한다.

(9) 유도장해 방지

교류 특고압 가공전선로에서 발생하는 극저주파 전자계는 지표상 1[m]에서 전계가 3.5[kV/m] 이하, 자계가 83.3[μT]이하가 되도록 시설하고, 직류 특고압 가공전선로에서 발생하는 직류전계는 지표면에서 25[kV/m]이하, 직류자계는 지표상 1[m]에서 400,000[μT]이하가 되도록 시설하는 등 상시 정전유도 및 전자유도 작용에 의하여 사람에게 위험을 줄 우려가 없도록 시설하여야한다. 다만, 논밭, 산림 그 밖에 사람의 왕래가 적은 곳에서 사람에 위험을 줄 우려가 없도록 시설하는 경우에는 그러하지 아니하다.

(10) 발전기 등의 부지시설 조건

1. 부지조성을 위해 산지를 전용할 경우에는 전용하고자 하는 산지의 평균 경사도가 25도 이하여야 하며, 산지전용면적 중 산지전용으로 발생되는 절·성토 경사면의 면적이 100분의 50을 초과해서는 아니 된다.
2. 태양광발전설비 부지조성을 위해 산지를 일시사용할 경우에는 일시사용하고자 하는 산지의 평균 경사도가 15도 이하이어야 한다.
3. 산지전용 후 발생하는 절토·성토한면의 수직높이는 15[m]이하로 한다.
4. 산지전용 후 발생하는 절토면 최하단부에서 발전 및 변전설비까지의 최소간격은 보안울타리, 외곽도로, 수림대 등을 포함하여 6[m]이상이 되어야 한다.

(11) 발전기 등의 기계적 강도

발전기·변압기·무효 전력 보상 장치·계기용변성기·모선 및 이를 지지하는 애자는 단락전류에 의하여 생기는 기계적 충격에 견디는 것이어야 한다.

(12) 전선로의 전선 및 절연성능

저압전선로 중 절연 부분의 전선과 대지 사이 및 전선의 심선 상호 간의 절연저항은 사용전압에 대한 누설전류가 최대 공급전류의 1/2,000을 넘지 않도록 하여야 한다.

(13) 저압전로의 절연성능(제52조)

1. 전기사용 장소의 사용전압이 저압인 전로의 전선 상호간 및 전로와 대지 사이의 절연저항은 개폐기 또는 과전류차단기로 구분할 수 있는 전로마다 다음 표에서 정한 값 이상이어야 한다. 다만, 전선 상호간의 절연저항은 기계기구를 쉽게 분리가 곤란한 분기회로의 경우 기기 접속 전에 측정할 수 있다.

2. 또한, 측정 시 영향을 주거나 손상을 받을 수 있는 SPD 또는 기타 기기 등은 측정 전에 분리시켜야 하고, 부득이하게 분리가 어려운 경우에는 시험전압을 250[V] DC로 낮추어 측정할 수 있지만 절연저항 값은 1[MΩ]이상이어야 한다.

전로의 사용전압[V]	DC 시험전압[V]	절연저항[MΩ]
SELV 및 PELV	250	0.5 이상
FELV를 포함한 500[V]이하	500	1.0 이상
500[V]초과	1,000	1.0 이상

※ 전기설비기술기준 용어 표준화

어려운 전문용어	쉬운 우리말	어려운 전문용어	쉬운 우리말
감안	고려	절·성토	절토·성토
디워터링시스템	수면압하장치	조상기	무효 전력 보상 장치
배연가스	공기배출가스	조상설비	무효 전력 보상 설비
법면보호	비탈면보호	조속장치	속도조절기
분진	먼지	지선(支線)	지지선
여유고	여유 높이	천정	천장
연접	이웃 연결	첨가(添架)	전선 첨가
연접인입선	이웃 연결 인입선	충수할 때	물을 채울 때
염해	염분피해	치환	바꿔놓음
유수를	흐르는 물을	탈질설비	질소산화물제거설비
유하할 수	흘려보낼 수	탈황설비	황산화물제거설비
이격거리	간격	파랑	파도
입도	입자 크기	하안(河岸)	강기슭
자중	자체중량		

1.3 한국전기설비규정(KEC) 등

(1) 한국전기설비규정의 목적

한국전기설비규정(Korea Electro-technical Code, KEC)은 전기설비기술기준에서 정하는 전기설비("발전·송전·변전·배전 또는 전기 사용을 위하여 설치하는 기계·기구·댐·수로·저수지·전선로·보안통신선로 및 그 밖의 설비"를 말한다)의 안전성능과 기술적 요구사항을 구체적으로 정하는 것을 목적으로 한다.

1.3.1 일반사항

(1) 용어 정의

1) 계통연계 : 둘 이상의 전력계통 사이를 전력이 상호 융통될 수 있도록 선로를 통하여 연결하는 것으로 전력계통 상호간을 송전선, 변압기 또는 직류-교류변환설비 등에 연결하는 것.

2) 접속설비 : 공용 전력계통으로부터 특정 분산형전원 전기설비에 이르기까지의 전선로와 이에 부속하는 개폐장치, 모선 및 기타 관련 설비.

3) 분산형전원 : 중앙급전 전원과 구분되는 것으로서 전력소비지역 부근에 분산하여 배치 가능한 전원으로, 상용전원의 정전 시에만 사용하는 비상용 예비전원은 제외하며, 신·재생에너지 발전설비, 전기저장장치 등을 포함.

4) 단독운전 : 전력계통의 일부가 전력계통의 전원과 전기적으로 분리된 상태에서 분산형전원에 의해서만 운전되는 상태.

5) 단순 병렬운전 : 자가용 발전설비 또는 저압 소용량 일반용 발전설비를 배전계통에 연계하여 운전하되, 생산한 전력의 전부를 자체적으로 소비하기 위한 것으로서 생산한 전력이 연계계통으로 송전되지 않는 병렬 형태.

6) 계통외도전부(Extraneous Conductive Part) : 전기설비의 일부는 아니지만 지면에 전위 등을 전해줄 위험이 있는 도전성 부분.

7) 노출도전부(Exposed Conductive Part) : 충전부는 아니지만 고장 시에 충전될 위험이 있고, 사람이 쉽게 접촉할 수 있는 기기의 도전성 부분.

8) 고장보호(간접접촉에 대한 보호, Protection Against Indirect Contact) : 고장 시 기기의 노출도전부에 간접 접촉함으로써 발생할 수 있는 위험으로부터 인축을 보호하는 것.

9) 기본보호(직접접촉에 대한 보호, Protection Against Direct Contact) : 정상운전 시 기기의 충전부에 직접 접촉함으로써 발생할 수 있는 위험으로부터 인축을 보호하는 것.

10) 등전위본딩망(Equipotential Bonding Network) : 구조물의 모든 도전부와 충전도체를 제외한 내부설비를 접지극에 상호 접속하는 망.

11) 등전위본딩(Equipotential Bonding) : 등전위를 형성하기 위해 도전부 상호 간을 전기적으로 연결하는 것.

12) 리플프리(Ripple-free)직류 : 교류를 직류로 변환할 때 리플성분의 실효값이 10[%]이하로 포함된 직류.

13) 보호도체(PE : Protective Conductor) : 감전에 대한 보호 등 안전을 위해 제공되는 도체.

14) 보호등전위본딩(Protective Equipotential Bonding) : 감전에 대한 보호 등과 같이 안전을 목적으로 하는 등전위본딩.

15) 보호접지(Protective Earthing) : 고장 시 감전에 대한 보호를 목적으로 기기의 한 점 또는 여러 점을 접지하는 것.

16) 계통접지(System Earthing) : 전력계통에서 돌발적으로 발생하는 이상현상에 대비하여 대지와 계통을 연결하는 것으로, 중성점을 대지에 접속하는 것.

17) 보호본딩도체(Protective Bonding Conductor) : 보호등전위본딩을 제공하는 보호도체.

18) 스트레스전압(Stress Voltage) : 지락고장 중에 접지부분 또는 기기나 장치의 외함과 기기나 장치의 다른 부분 사이에 나타나는 전압.

19) 임펄스내전압(Impulse Withstand Voltage) : 지정된 조건하에서 절연파괴를 일으키지 않는 규정된 파형 및 극성의 임펄스전압의 최대 파고 값 또는 충격내전압.

20) 옥내배선 : 건축물 내부의 전기사용장소에 고정시켜 시설하는 전선.

21) 옥외배선 : 건축물 외부의 전기사용장소에서 그 전기사용장소에서의 전기사용을 목적으로 고정시켜 시설하는 전선.

22) 옥측배선 : 건축물 외부의 전기사용장소에서 그 전기사용장소에서의 전기사용을 목적으로 조영물에 고정시켜 시설하는 전선.

23) 간격 : 떨어져야할 물체의 표면간의 최단거리.

24) 접지시스템(Earthing System) : 기기나 계통을 개별적 또는 공통으로 접지하기 위하여 필요한 접속 및 장치로 구성된 설비.

25) 접지도체 : 계통, 설비 또는 기기의 한 점과 접지극 사이의 도전성 경로 또는 그 경로의 일부가 되는 도체.

27) 접지전위 상승(EPR, Earth Potential Rise) : 접지계통과 기준대지 사이의 전위차.

28) 접촉범위(Arm's Reach) : 사람이 통상적으로 서있거나 움직일 수 있는 바닥면상의 어떤 점에서라도 보조장치의 도움 없이 손을 뻗어서 접촉이 가능한 접근구역.

29) 정격전압 : 발전기가 정격운전 상태에 있을 때, 동기기 단자에서의 전압.

30) 중성선 다중접지 방식 : 전력계통의 중성선을 대지에 다중으로 접속하고, 변압기의 중성점을 그 중성선에 연결하는 계통접지 방식.

31) 지락전류(Earth Fault Current) : 충전부에서 대지 또는 고장점(지락점)의 접지된 부분으로 흐르는 전류를 말하며, 지락에 의하여 전로의 외부로 유출되어 화재, 사람이나 동물의 감전 또는 전로나 기기의 손상 등 사고를 일으킬 우려가 있는 전류.

32) 지중 관로 : 지중 전선로 · 지중 약전류 전선로 · 지중 광섬유 케이블 선로 · 지중에 시설하는 수관 및 가스관과 이와 유사한 것 및 이들에 부속하는 지중함 등.

33) 충전부(Live Part) : 통상적인 운전 상태에서 전압이 걸리도록 되어 있는 도체 또는 도전부를 말하며, 중성선을 포함하나 PEN도체, PEM 도체 및 PEL도체는 포함하지 않음.

34) PEN도체(protective earthing conductor and neutral conductor) : 교류회로에서 중성선 겸용 보호도체.

35) PEM 도체(protective earthing conductor and a mid−point conductor) : 직류회로에서 중간도체 겸용 보호도체.

36) PEL도체(protective earthing conductor and a line conductor) : 직류회로에서 선 도체 겸용 보호도체.

37) 특별저압(ELV : Extra Low Voltage) : 인체에 위험을 초래하지 않을 정도의 저압으로, SELV (Safety Extra Low Voltage)는 비접지회로에 해당되며, PELV(Protective Extra

Low Voltage)는 접지회로에 해당됨.

① 건축전기설비의 전압밴드(KS C IEC 60449 : 2014)

구분	접지계통				비접지 또는 비유효접지 계통 [a]	
	대지간		선간		선간	
	교류	직류	교류	직류	교류	직류
밴드 I	U≤50	U≤120	U≤50	U≤120	U≤50	U≤120
밴드 II	50<U≤600	120<U≤900	50<U≤1000	120<U≤1500	50<U≤1000	120<U≤1500

U : 설비의 공칭전압[V]
 a : 중성선이 있는 경우, 1상과 중성선 간으로부터 공급되는 전기기기는 그 절연이 간선 전압에 상당하는 것을 선정할 것.
[비고1] 이 전압밴드의 분류는 개개의 규정에서 중간 전압값을 도입하는 것을 제외하는 것은 아니다.
[비고2] 이 표의 직류값은 리플 프리 직류(ripple-free d.c.)에 대한 것이다.

38) 피뢰레벨(LPL : Lightning Protection Level) : 자연적으로 발생하는 뇌방전을 초과하지 않는 최대 그리고 최소 설계 값에 대한 확률과 관련된 일련의 뇌격전류 매개변수(파라미터)로 정해지는 레벨.

39) 피뢰시스템(LPS, lightning protection system) : 구조물 뇌격으로 인한 물리적 손상을 줄이기 위해 사용되는 전체시스템을 말하며, 외부피뢰시스템과 내부피뢰시스템으로 구성.

40) 외부피뢰시스템(External Lightning Protection System) : 수뢰부시스템, 인하도선 시스템, 접지극시스템으로 구성된 피뢰시스템의 일종.

41) 수뢰부시스템(Air-termination System) : 낙뢰를 포착할 목적으로 돌침, 수평도체, 메시도체 등과 같은 금속물체를 이용한 외부피뢰시스템의 일부.

42) 인하도선시스템(Down-conductor System) : 뇌전류를 수뢰부시스템에서 접지극으로 흘리기 위한 외부피뢰시스템의 일부.

43) 피뢰시스템의 자연적 구성부재(Natural Component of LPS) : 피뢰의 목적으로 특별히 설치하지는 않았으나 추가로 피뢰시스템으로 사용될 수 있거나, 피뢰시스템의 하나 이상의 기능을 제공하는 도전성 구성부재.

44) 내부 피뢰시스템(Internal Lightning Protection System) : 등전위본딩 또는 외부피뢰시스템의 전기적 절연으로 구성된 피뢰시스템의 일부.

45) 피뢰등전위본딩(Lightning Equipotential Bonding) : 뇌전류에 의한 전위차를 줄이기 위해 직접적인 도전접속 또는 서지보호장치를 통하여 분리된 금속부를 피뢰시스템에 본딩하는 것.

46) 서지보호장치(SPD : Surge Protective Device) : 과도 과전압을 제한하고 서지전류를 분류하기 위한 장치.

47) 글로벌접지시스템(global earthing system)" 이란 근접한 국부(local)접지시스템들의 상호접속에 의해 위험한 접촉전압이 발생하지 않도록 보장하는 등가접지시스템을 말한다.

48) 보호등급(IP) : KS C IEC 60529에 의한 분진 및 물의 침투에 대한 보호

요소	수 또는 문자	기기의 보호에 대한 의미	사람 보호에 대한 의미
제1특성문자	분진의 침투에 대한 보호		
	0	비보호	비보호
	1	≥ 지름 50[mm]	손 등
	2	≥ 지름 12.5[mm]	핑 거
	3	≥ 지름 2.5[mm]	공 구
	4	≥ 지름 1.0[mm]	전 선
	5	먼지 보호	전 선
	6	방진	전 선
제2특성문자	위험한 영향을 주는 물의 침투에 대한 보호		
	0	비보호	–
	1	수직낙하	–
	2	낙하(기울기 15°)	–
	3	분무(spraying)	–
	4	튀김(splashing)	–
	5	분사(jetting)	–
	6	강한 분사	–
제2특성문자	7	일시적 침수	–
	8	연속적 침수	–
추가문자 (선택)	위험부분 접근하는 것에 대해		
	A	–	손 등
	B	–	핑 거
	C	–	공 구
	D	–	전 선
보충문자 (선택)	보충 정보		
	H	고전압 기기	–
	M	물 시험 동안 작동	–
	S	물 시험 동안 정지	–
	W	날씨 조건	–

(2) 안전을 위한 보호

1) 감전에 대한 기본보호

직접접촉을 방지하는 것으로 고장보호는 다음 중 어느 하나에 적합할 것.

① 인축의 몸을 통해 전류가 흐르는 것을 방지

② 인축의 몸에 흐르는 전류를 위험하지 않는 값 이하로 제한

2) 감전에 대한 고장보호

기본절연의 고장에 의한 간접접촉을 방지하는 것으로 고장보호는 다음 중 어느 하나에 적합할 것.

① 인축의 몸을 통해 고장전류가 흐르는 것을 방지
② 인축의 몸에 흐르는 고장전류를 위험하지 않는 값 이하로 제한
③ 인축의 몸에 흐르는 고장전류의 지속시간을 위험하지 않은 시간까지로 제한

3) 열 영향에 대한 보호

고온 또는 전기 아크로 인해 가연물이 발화 또는 손상되지 않도록 전기설비를 설치하여야한다. 또한 정상적으로 전기기기가 작동할 때 인축이 화상을 입지 않도록 할 것.

4) 과전류에 대한 보호

① 도체에서 발생할 수 있는 과전류에 의한 과열 또는 전기·기계적 응력에 의한 위험으로부터 인축의 상해를 방지하고 재산을 보호할 것.
② 과전류에 대한 보호는 과전류가 흐르는 것을 방지하거나 과전류의 지속시간을 위험 하지 않는 시간까지로 제한함으로써 보호할 수 있음.

5) 전압외란 및 전자기 장애에 대한 대책

① 회로의 충전부 사이의 결함으로 발생한 전압에 의한 고장으로 인한 인축의 상해가 없도록 보호하여야 하며, 유해한 영향으로부터 재산을 보호할 것.
② 저전압과 뒤이은 전압 회복의 영향으로 발생하는 상해로부터 인축을 보호하여야 하며, 손상에 대해 재산을 보호할 것.
③ 설비는 규정된 환경에서 그 기능을 제대로 수행하기 위해 전자기 장애로부터 견디는 성질을 가져야 한다. 설비를 설계할 때는 설비 또는 설치 기기에서 발생 되는 전자기 방사량이 설비 내의 전기사용기기와 상호 연결 기기들이 함께 사용되는데 적합한지를 고려할 것.

1.3.2 전선

(1) 전선 일반 요구사항 및 선정

1) 전선은 통상 사용 상태에서의 온도에 견디는 것이어야 한다.
2) 전선은 설치장소의 환경조건을 고려하고 발생할 수 있는 전기·기계적 응력에 견디는 능력이 있는 것을 선정하여야한다.
3) 전선은 「전기용품 및 생활용품 안전관리법」의 적용을 받는 것 이외에는 한국산업표준(이하 "KS"라 한다)에 적합하거나 동등 이상의 성능을 만족하는 것을 사용하여야 한다. 다만, KS가 없는 경우에는 국제적으로 통용되는 IEC, EN, NEC 등의 표준을 기준으로 동등 이상의 성능을 판단한다.

(2) 전선의 식별

1) 전선의 식별은 다음에 따른다.

상(문자)	L1	L2	L3	N	보호도체
색상	갈색	검은색	회색	파란색	녹색-노란색

2) 색상 식별이 종단 및 연결 지점에서만 이루어지는 나도체 등은 전선 종단부에 색상이 반영구적으로 유지될 수 있는 도색, 밴드, 색 테이프 등의 방법으로 표시할 것.

(3) 전선의 접속

1) 전선을 접속하는 경우 다음에 따를 것.

① 전선의 전기저항을 증가시키지 아니하도록 접속할 것

② 전선의 세기를 20[%]이상 감소시키지 아니할 것

③ 접속부분은 금속관 기타의 기구를 사용할 것

④ 접속부분은 절연전선의 절연물과 동등 이상의 절연효력이 있는 것으로 피복할 것

⑤ 전선 상호 접속시에는 코드 접속기, 접속함 기타의 기구를 사용할 것

⑥ 전기화학적 성질이 다른 도체를 접속하는 경우에는 접속부분에 전기적 부식이 생기지 아니하도록 할 것.

2) 두 개 이상의 전선을 병렬로 사용하는 경우에는 다음에 의하여 시설할 것.

① 병렬로 사용하는 각 전선의 굵기는 구리선 50[mm^2]이상 또는 알루미늄 70[mm^2]이상으로 하고, 전선은 같은 도체, 같은 재료, 같은 길이 및 같은 굵기의 것을 사용할 것.

② 같은 극의 각 전선은 동일한 터미널러그에 완전히 접속할 것.

③ 같은 극인 각 전선의 터미널러그는 동일한 도체에 2개 이상의 리벳 또는 2개 이상의 나사로 접속할 것.

④ 병렬로 사용하는 전선에는 각각에 퓨즈를 설치하지 말 것.

⑤ 교류회로에서 병렬로 사용하는 전선은 금속관 안에 전자적 불평형이 생기지 않도록 시설할 것.

1.3.3 전로의 절연

(1) 전로의 절연원칙

전로는 다음 이외에는 대지로부터 절연하여야한다.

① 수용장소의 인입구의 접지, 고압 또는 특고압과 저압의 혼촉에 의한 위험방지 시설, 피뢰기의 접지, 특고압 가공전선로의 지지물에 시설하는 저압 기계기구 등의 시설, 옥내에 시설하는 저압 접촉전선 공사 또는 아크 용접장치의 시설에 따라 저압전로에 접지공사를 하는 경우의 접지점

② 고압 또는 특고압과 저압의 혼촉에 의한 위험방지 시설, 전로의 중성점의 접지 또는 옥내의 네온 방전등 공사에 따라 전로의 중성점에 접지공사를 하는 경우의 접지점

③ 계기용변성기의 2차측 전로의 접지에 따라 계기용변성기의 2차측 전로에 접지공사를 하는 경우의 접지점

④ 특고압 가공전선과 저고압 가공전선의 병행 설치에 따라 저압 가공전선의 특고압 가공전선과 동일 지지물에 시설되는 부분에 접지공사를 하는 경우의 접지점

⑤ 중성점이 접지된 특고압 가공선로의 중성선에 25[kV]이하인 특고압 가공전선로의 시설에 따라 다중 접지를 하는 경우의 접지점

⑥ 파이프라인 등의 전열장치의 시설에 따라 시설하는 소구경관에 접지공사를 하는 경우의 접지점

⑦ 저압전로와 사용전압이 300[V]이하의 저압전로를 결합하는 변압기의 2차측 전로에 접지공사를 하는 경우의 접지점

⑧ 다음과 같이 절연할 수 없는 부분
가. 시험용 변압기, 기구 등의 전로의 절연내력 단서에 규정하는 전력선 반송용 결합 리액터, 전기울타리의 시설에 규정하는 전기울타리용 전원장치, 엑스선발생장치, 전기부식방지 시설에 규정하는 전기부식방지용 양극, 단선식 전기철도의 귀선 등 전로의 일부를 대지로부터 절연하지 아니하고 전기를 사용하는 것이 부득이한 것.
나. 전기욕기·전기로·전기보일러·전해조 등 대지로부터 절연하는 것이 기술상 곤란한 것.

⑨ 저압 옥내직류 전기설비의 접지에 의하여 직류계통에 접지공사를 하는 경우의 접지점

(2) 전로의 절연저항 및 절연내력

1) 사용전압이 저압인 전로의 절연성능은 기술기준 제52조를 충족하여야한다. 다만, 저압 전로에서 정전이 어려운 경우 등 절연저항 측정이 곤란한 경우 저항성분의 누설전류가 1[mA]이하이면 그 전로의 절연성능은 적합한 것으로 본다.

2) 고압 및 특고압의 전로는 다음 표에서 정한 교류시험전압(또는 시험전압의 2배의 직류전압)을 전로와 대지 사이에 연속하여 10분간 가하여 절연내력을 시험하였을 때에 이에 견디어야 한다.

3) 고압 및 특고압의 전로에 전선으로 사용하는 케이블의 절연체가 XLPE 등 고분자재료인 경우 0.1[Hz] 정현파전압을 상전압의 3배 크기로 전로와 대지사이에 연속하여 1시간 가하여 절연내력을 시험하였을 때에 이에 견디는 것에 대하여는 제2항의 규정에 따르지 아니할 수 있다.

전 로 의 종 류	시 험 전 압
1. 최대사용전압 7[kV]이하인 전로	최대사용전압의 1.5배의 전압
2. 최대사용전압 7[kV]초과 25[kV]이하인 중성점 접지식 전로(중성선을 가지는 것으로서 그 중성선을 다중접지 하는 것에 한함)	최대사용전압의 0.92배의 전압
3. 최대사용전압 7[kV]초과 60[kV]이하인 전로 (2란의 것을 제외)	최대사용전압의 1.25배의 전압 (10.5[kV]미만으로 되는 경우는 10.5[kV])
4. 최대사용전압 60[kV]초과 중성점 비접지식전로 (전위 변성기를 사용하여 접지하는 것을 포함)	최대사용전압의 1.25배의 전압
5. 최대사용전압 60[kV]초과 중성점 접지식 전로(전위 변성 기를 사용하여 접지하는 것 및 6란과 7란의 것을 제외)	최대사용전압의1.1배의 전압 (75[kV]미만으로 되는 경우에는 75[kV])
6. 최대사용전압이 60[kV]초과 중성점 직접접지식 전로 (7란의 것을 제외)	최대사용전압의 0.72배의 전압
7. 최대사용전압이 170[kV]초과 중성점 직접 접지식 전로 로서 그 중성점이 직접 접지되어 있는 발전소 또는 변전 소 혹은 이에 준하는 장소에 시설하는 것.	최대사용전압의 0.64배의 전압

(3) 회전기 및 정류기의 절연내력

회전기 및 정류기는 다음 표에서 정한 시험방법으로 절연내력을 시험하였을 때에 이에 견디어야 한다. 다만, 회전변류기 이외의 교류의 회전기로 다음 표에서 정한 시험전압의 1.6배의 직류전압으로 절연내력을 시험하였을 때 이에 견디는 것을 시설하는 경우에는 그러하지 아니하다.

종 류			시험전압	시험방법
회전기	발전기 · 전동기 · 무효 전력 보상 장치· 기타회전기(회전변류기를 제외한다)	최대사용전압 7[kV]이하	최대사용전압의 1.5배의 전압 (500[V]미 만으로 되는 경우에는 500[V])	권선과 대지 사이에 연속 하여 **10분간** 가한다.
		최대사용전압 7[kV]초과	최대사용전압의 1.25배의 전압(10,500[V] 미만으로 되는 경우에는 10,500[V])	
	회전변류기		직류측의 최대사용전압의 1배의 교류전압 (500[V]미만으로 되는 경우에는 500[V])	
정류기	최대사용전압이 60[kV]이하		직류측의 최대사용전압의 1배의 교류전압 (500[V]미만으로 되는 경우에는 500[V])	충전부분과 외함 간에 연 속하여 10분간 가한다.
	최대사용전압이 60[kV]초과		교류측의 최대사용전압의 1.1배의 교류전 압 또는 직류측의 최대사용전압의 1.1배의 직류전압	교류측 및 직류고전압측 단자와 대지 사이에 연속 하여 10분간 가한다.

(4) 연료전지 및 태양전지 모듈의 절연내력

연료전지 및 태양전지 모듈은 최대사용전압의 1.5배의 직류전압 또는 1배의 교류전압(500[V] 미만으로 되는 경우에는 500[V])을 충전부분과 대지사이에 연속하여 10분간 가하여 절연내력을 시험하였을 때에 이에 견디는 것이어야 한다.

(5) 변압기 전로의 절연내력

① 154[kV] 및 345[kV] 변압기 전로 시험전압

변압기 전로의 절연내력 시험전압		
중성점 직접접지식 (성형 전선연결)	170[kV]이하	사용전압 × 0.72
	170[kV]초과	사용전압 × 0.64

② 345[kV] 변압기 전로의 절연내력 시험전압 계산 예

345[kV] × 0.64배 = 220,800[V]

(6) 기구 등의 전로의 절연내력

1) 전로의 절연내력 시험전압

전로의 종류	시 험 전 압	최저전압
7[kV]이하	최대사용전압 × 1.5배 직류전압 (1배 교류전압)	500[V]
7[kV]초과 2.5[kV]이하 (중성점 접지식 전로)	최대사용전압 × **0.92배**	×
7[kV]초과 60[kV]이하	최대사용전압 × 1.25배	10.5[kV]
60[kV]초과 (중성점 비접지식 전로)	최대사용전압 × 1.25배	×
60[kV]초과 (중성점 접지식 전로)	최대사용전압 × 1.1배	75[kV]
170[kV]초과 (중성점 비접지식 전로)	최대사용전압 × 0.72배	×
170[kV]초과 (중성점 접지식 전로)	최대사용전압 × 0.64배	×

2) 절연내력 시험전압 예

3상 4선식 22.9[kV] 중성점 다중 접지식 가공 전선로의 전로와 대지 사이의 절연 내력 시험전압[V] = 22,900×0.92 = 21,068[V]

1.3.4 접지시스템

(1) 접지시스템의 종류 및 구성요소

1) 접지시스템의 구분 및 종류

① 접지시스템은 계통접지, 보호접지, 피뢰시스템 접지 등으로 구분한다.

② 접지시스템의 시설 종류에는 단독접지, 공통접지, 통합접지가 있다.

2) 접지시스템 구성요소

① 접지시스템은 접지극, 접지도체, 보호도체 및 기타 설비로 구성하고, 140(접지시스템)에 의하는 것 이외에는 KS C IEC 60364-5-54(저압전기설비-제5-54부:전기기기의 선

정 및 설치 - 접지설비 및 보호도체)에 의한다.

② 접지극은 접지도체를 사용하여 주접지단자에 연결하여야한다.

3) 접지시스템의 요구사항

① 접지시스템은 다음에 적합하여야한다.

㉮ 전기설비의 보호 요구사항을 충족하여야한다.

㉯ 지락전류와 보호도체 전류를 대지에 전달할 것. 다만, 열적, 열·기계적, 전기·기계적 응력 및 이러한 전류로 인한 감전 위험이 없어야 한다.

㉰ 전기설비의 기능적 요구사항을 충족하여야한다.

② 접지저항 값은 다음에 의한다.

㉮ 부식, 건조 및 동결 등 대지환경 변화에 충족할 것.

㉯ 인체감전보호를 위한 값과 전기설비의 기계적 요구에 의한 값을 만족하여야한다.

(2) 접지극의 시설 및 접지저항

1) 접지극은 다음에 따라 시설하여야한다.

① 토양 또는 콘크리트에 매입되는 접지극의 재료 및 최소 굵기 등은 KS C IEC 60364-5-54(저압전기설비-제5-54부 : 전기기기의 선정 및 설치 - 접지설비 및 보호도체)에 따라야 한다.

② 피뢰시스템의 접지는 152.1.3(피뢰시스템의 접지극시스템)을 우선 적용하여야한다.

2) 접지극은 다음의 방법 중 하나 또는 복합하여 시설할 것.

① 콘크리트에 매입된 기초 접지극

② 토양에 매설된 기초 접지극

③ 토양에 수직 또는 수평으로 직접 매설된 금속전극(봉, 전선, 테이프, 배관, 판 등)

④ 케이블의 금속외장 및 그 밖에 금속피복

⑤ 지중 금속구조물(배관 등)

⑥ 대지에 매설된 철근콘크리트의 용접된 금속 보강재. 다만, 강화콘크리트는 제외.

3) 접지극의 매설은 다음에 의한다.

① 접지극은 매설하는 토양을 오염시키지 않아야 하며, 가능한 다습한 부분에 설치한다.

② 접지극은 동결깊이를 고려하여 시설하되 접지극의 매설깊이는 지표면으로부터 지하 0.75[m] 이상으로 한다.

③ 접지도체를 철주 기타의 금속체를 따라서 시설하는 경우에는 접지극을 철주의 밑면으로부터 0.3[m] 이상의 깊이에 매설하는 경우 이외에는 접지극을 지중에서 그 금속체로부터 1[m]이상 떼어 매설할 것.

4) 접지시스템 부식에 대한 고려는 다음에 의한다.

① 접지극에 부식을 일으킬 수 있는 폐기물 집하장 및 번화한 장소에 접지극 설치는 피해야 한다.

② 서로 다른 재질의 접지극을 연결할 경우 전기부식을 고려하여야 한다.

③ 콘크리트 기초접지극에 접속하는 접지도체가 용융아연도금강제인 경우 접속부를 토양에 직접 매설해서는 안 된다.

5) 접지극을 접속하는 경우에는 발열성 용접, 눌러 붙임 접속, 클램프 또는 그 밖의 기계적 접속장치로 접속하여야 한다.

6) 가연성 액체나 가스를 운반하는 금속제 배관은 접지설비의 접지극으로 사용할 수 없다. 다만, 보호등전위본딩은 예외로 한다.

(3) 접지도체

1) 접지도체의 선정

① 접지도체의 단면적은 큰 고장전류가 접지도체를 통하여 흐르지 않을 경우 접지도체의 최소 단면적은 다음과 같다.

㉮ 구리는 6[mm^2]이상

㉯ 철제는 50[mm^2]이상

② 접지도체에 피뢰시스템이 접속되는 경우, 접지도체의 단면적은 구리 16[mm^2] 또는 철 50[mm^2]이상으로 하여야한다.

2) 접지도체와 접지극의 접속은 다음에 의한다.

① 접속은 견고하고 전기적인 연속성이 보장되도록, 접속부는 발열성 용접, 눌러 붙임 접속, 클램프 또는 그 밖에 기계적 접속장치에 의해야 한다.

② 클램프를 사용하는 경우, 접지극 또는 접지도체를 손상시키지 않아야 한다. 납땜에만 의존하는 접속은 사용해서는 안 된다.

3) 접지도체를 접지극이나 접지의 다른 수단과 연결하는 것은 견고하게 접속하고, 전기적, 기계적으로 적합하여야 하며, 부식에 대해 보호되어야 한다. 또한, 다음과 같이 매입되는 지점에는 "안전 전기 연결"라벨이 영구적으로 고정되도록 시설하여야한다.

① 접지극의 모든 접지도체 연결지점

② 외부도전성 부분의 모든 본딩도체 연결지점

③ 주 개폐기에서 분리된 주접지단자

4) 접지도체는 지하 0.75[m]부터 지표상 2[m]까지 부분은 합성수지관(두께 2[mm]미만의 합성수지제 전선관 및 가연성 콤바인덕트관은 제외) 또는 이와 동등 이상의 절연효과와 강도를 가지는 몰드로 덮어야 한다.

5) 특고압·고압 전기설비 및 변압기 중성점 접지시스템의 경우 접지도체가 사람이 접촉할 우려가 있는 곳에 시설되는 고정설비인 경우에는 다음에 따라야 한다. 다만, 발전소·변전소·개폐소 또는 이에 준하는 곳에서는 개별 요구사항에 의한다.

① 접지도체는 절연전선(옥외용 비닐절연전선은 제외) 또는 케이블(통신용 케이블은 제외)을 사용하여야한다. 다만, 접지도체를 철주 기타의 금속체를 따라서 시설하는 경우 이외의 경우에는 접지도체의 지표상 0.6[m]를 초과하는 부분에 대하여는 절연전선을 사용하

지 않을 수 있다.

6) 접지도체의 굵기는 고장 시 흐르는 전류를 안전하게 통할 수 있는 것으로서 다음에 의한다.

① 특고압·고압 전기설비용 접지도체는 단면적 6[mm²]이상의 연동선 또는 동등 이상의 단면적 및 강도를 가져야 한다.

② 중성점 접지용 접지도체는 공칭단면적 16[mm²]이상의 연동선 또는 동등 이상의 단면적 및 세기를 가져야 한다. 다만, 다음의 경우에는 공칭단면적 6[mm²]이상의 연동선 또는 동등 이상의 단면적 및 강도를 가져야 한다.

㉮ 7[kV]이하의 전로

㉯ 사용전압이 25[kV]이하인 특고압 가공전선로. 다만, 중성선 다중접지 방식의 것으로서 전로에 지락이 생겼을 때 2초 이내에 자동적으로 이를 전로로부터 차단하는 장치가 되어 있는 것.

(4) 보호도체

1) 보호도체의 최소 단면적은 다음에 의한다.

① 보호도체의 최소 단면적은 표에 의하거나 계산에 따라 선정할 수 있다.

② 보호도체의 최소 단면적은 다음 표에 따른다.

선도체의 단면적 S (mm², 구리)	보호도체의 최소 단면적(mm², 구리)	
	보호도체의 재질이 선도체와 같은 경우	보호도체의 재질이 선도체와 다른 경우
$S \leq 16$	S	$(k_1/k_2) \times S$
$16 < S \leq 35$	16[a]	$(k_1/k_2) \times 16$
$S > 35$	S[a]$/2$	$(k_1/k_2) \times (S/2)$

k_1 : 선정된 선도체에 대한 k값, k_2 : 선정된 보호도체에 대한 k값
a : PEN도체의 단면적은 중성선과 동일하게 적용한다.

③ 보호도체의 단면적은 다음의 계산 값 이상이어야 한다.

㉮ 차단시간이 5초 이하인 경우에만 다음 계산식을 적용한다.

$$S = \frac{\sqrt{I^2 t}}{k}$$

여기서, S : 단면적[mm²]

I : 보호장치를 통해 흐를 수 있는 예상 고장전류 실효값[A]

t : 자동차단을 위한 보호장치의 동작시간[s]

k : 보호도체, 절연, 기타 부위의 재질 및 초기온도와 최종온도에 따라 정해지는 계수

㉯ 계산 결과가 표의 값 이상으로 산출된 경우, 계산 값 이상의 단면적을 가진 도체를 사용하여야한다.

④ 보호도체가 케이블의 일부가 아니거나 선도체와 동일 외함에 설치되지 않으면 단면적은

다음의 굵기 이상으로 하여야한다.

㉮ 기계적 손상에 대해 보호가 되는 경우는 구리 2.5[mm²], 알루미늄 16[mm²]이상

㉯ 기계적 손상에 대해 보호가 되지 않는 경우는 구리 4[mm²], 알루미늄 16[mm²]이상

㉰ 케이블의 일부가 아니라도 전선관 및 트렁킹 내부에 설치되거나, 이와 유사한 방법으로 보호되는 경우 기계적으로 보호되는 것으로 간주한다.

2) 보호도체의 종류는 다음에 의한다.

① 보호도체는 다음 중 하나 또는 복수로 구성하여야한다.

㉮ 다심케이블의 도체

㉯ 충전도체와 같은 트렁킹에 수납된 절연도체 또는 나도체

㉰ 고정된 절연도체 또는 나도체

㉱ 금속케이블 외장, 케이블 차폐, 케이블 외장, 전선묶음(편조전선), 동심도체, 금속관

② 전기설비에 저압개폐기, 제어반 또는 버스덕트와 같은 금속제 외함을 가진 기기가 포함된 경우, 금속함이나 프레임이 다음과 같은 조건을 모두 충족하면 보호도체로 사용이 가능하다.

㉮ 구조·접속이 기계적, 화학적 또는 전기화학적 열화에 대해 보호할 수 있으며 전기적 연속성을 유지하는 경우

㉯ 도전성 조건을 충족하는 경우

㉰ 연결하고자 하는 모든 분기 접속점에서 다른 보호도체의 연결을 허용하는 경우

③ 다음과 같은 금속부분은 보호도체 또는 보호본딩도체로 사용해서는 안 된다.

㉮ 금속 수도관

㉯ 가스·액체·가루와 같은 잠재적인 인화성 물질을 포함하는 금속관

㉰ 상시 기계적 응력을 받는 지지 구조물 일부

㉱ 가요성 금속배관. 다만, 보호도체의 목적으로 설계된 경우는 예외.

㉲ 가요성 금속전선관

㉳ 지지선, 케이블트레이 및 이와 비슷한 것

3) 보호도체의 전기적 연속성은 다음에 의한다.

① 보호도체의 보호는 다음에 의한다.

㉮ 기계적인 손상, 화학적·전기화학적 열화, 전기역학적·열역학적 힘에 대해 보호되어야 한다.

㉯ 나사접속·클램프접속 등 보호도체 사이 또는 보호도체와 타 기기 사이의 접속은 전기적연속성 보장 및 기계적강도와 보호를 구비하여야한다.

㉰ 보호도체를 접속하는 나사는 다른 목적으로 겸용해서는 안 된다.

㉱ 접속부는 납땜(soldering)으로 접속해서는 안 된다.

② 보호도체의 접속부는 검사와 시험이 가능하여야한다.

4) 보호도체에는 어떠한 개폐장치를 연결해서는 안 된다.

5) 접지에 대한 전기적 감시를 위한 전용장치(동작센서, 코일, 변류기 등)를 설치하는 경우, 보호도체 경로에 직렬로 접속하면 안 된다.

6) 기기·장비의 노출도전부는 다른 기기를 위한 보호도체의 부분을 구성하는데 사용할 수 없다.

(5) 보호도체의 단면적 보강

1) 보호도체는 정상 운전상태에서 전류의 전도성 경로(전기자기간섭 보호용 필터의 접속 등으로 인한)로 사용되지 않아야 한다.

2) 전기설비의 정상 운전상태에서 보호도체에 10[mA]를 초과하는 전류가 흐르는 경우, 다음에 의해 보호도체를 증강하여 사용하여야한다.

① 보호도체가 하나인 경우 보호도체의 단면적은 전 구간에 구리 10[mm^2]이상 또는 알루미늄 16[mm^2]이상으로 하여야한다.

(6) 보호도체와 계통도체 겸용

1) 보호도체와 계통도체를 겸용하는 겸용도체(중성선과 겸용, 선도체와 겸용, 중간도체와 겸용 등)는 해당하는 계통의 기능에 대한 조건을 만족하여야 한다.

2) 겸용도체는 고정된 전기설비에서만 사용할 수 있으며 다음에 의한다.

① 단면적은 구리 10[mm^2] 또는 알루미늄 16[mm^2]이상이어야 한다.

② 중성선과 보호도체의 겸용도체는 전기설비의 부하 측으로 시설하여서는 안 된다.

③ 폭발성 분위기 장소는 보호도체를 전용으로 하여야한다.

3) 겸용도체의 성능은 다음에 의한다.

① 공칭전압과 같거나 높은 절연성능을 가져야 한다.

② 배선설비의 금속 외함은 겸용도체로 사용해서는 안 된다.

4) 겸용도체는 다음 사항을 준수하여야한다.

① 전기설비의 일부에서 중성선·중간도체·선도체 및 보호도체가 별도로 배선되는 경우, 중성선·중간도체·선도체를 전기설비의 다른 접지된 부분에 접속해서는 안 된다. 다만, 겸용도체에서 각각의 중성선·중간도체·선도체와 보호도체를 구성하는 것은 허용한다.

② 겸용도체는 보호도체용 단자 또는 바에 접속되어야 한다.

③ 계통외도전부는 겸용도체로 사용해서는 안 된다.

(7) 보호접지 및 기능접지의 겸용도체

1) 보호접지와 기능접지 도체를 겸용하여 사용할 경우 142.3.2(보호도체)에 대한 조건과 143 (감전보호용 등전위본딩) 및 153.2(피뢰시스템 등전위본딩)의 조건에도 적합하여야한다.

2) 전자통신기기에 전원공급을 위한 직류귀환 도체는 겸용도체(PEL 또는 PEM)로 사용 가능하고, 기능접지도체와 보호도체를 겸용할 수 있다.

(8) 감전보호에 따른 보호도체

과전류 보호장치를 감전에 대한 보호용으로 사용하는 경우, 보호도체는 충전도체와 같은 배선

설비에 병합시키거나 근접한 경로로 설치하여야한다.

(9) 주접지단자

1) 접지시스템은 주접지단자를 설치하고, 다음의 도체들을 접속하여야한다.

① 등전위본딩도체   ② 접지도체

③ 보호도체   ④ 관련이 있는 경우, 기능성 접지도체

2) 여러 개의 접지단자가 있는 장소는 접지단자를 상호 접속하여야 한다.

3) 주접지단자에 접속하는 각 접지도체는 개별적으로 분리할 수 있어야 하며, 접지저항을 편리 하게 측정할 수 있어야 한다. 다만, 접속은 견고해야 하며 공구에 의해서만 분리되는 방법으 로 하여야한다.

(10) 변압기 중성점 접지

1) 변압기의 중성점접지 저항 값은 다음에 의한다.

① 일반적으로 변압기의 고압·특고압측 전로 1선 지락전류로 150을 나눈 값과 같은 저항 값 이하

② 변압기의 고압·특고압측 전로 또는 사용전압이 35[kV]이하의 특고압전로가 저압측 전로 와 혼촉하고 저압전로의 대지전압이 150[V]를 초과하는 경우는 저항 값은 다음에 의한다.

㉮ 1초 초과 2초 이내에 고압·특고압 전로를 자동으로 차단하는 장치를 설치할 때는 300 을 나눈 값 이하

㉯ 1초 이내에 고압·특고압 전로를 자동으로 차단하는 장치를 설치할 때는 600을 나눈 값 이하

2) 전로의 1선 지락전류는 실측값에 의한다. 다만, 실측이 곤란한 경우에는 선로정수 등으로 계 산한 값에 의한다.

(11) 공통접지 및 통합접지

1) 고압 및 특고압과 저압 전기설비의 접지극이 서로 근접하여 시설되어 있는 변전소 또는 이와 유사한 곳에서는 다음과 같이 공통접지시스템으로 할 수 있다.

① 저압 전기설비의 접지극이 고압 및 특고압 접지극의 접지저항 형성영역에 완전히 포함되 어 있다면 위험전압이 발생하지 않도록 이들 접지극을 상호 접속하여야한다.

② 접지시스템에서 고압 및 특고압 계통의 지락사고 시 저압계통에 가해지는 상용주파 과전 압은 다음 표에서 정한 값을 초과해서는 안 된다.

표 3-2 저압설비 허용 상용주파 과전압

고압계통에서 지락고장시간[초]	저압설비 허용 상용주파 과전압[V]	비 고
>5	$U_0 + 250$	중성선 도체가 없는 계통에서 U_0
≤5	$U_0 + 1,200$	는 선간전압을 말한다.

1. 순시 상용주파 과전압에 대한 저압기기의 절연 설계기준과 관련된다.

2. 중성선이 변전소 변압기의 접지계통에 접속된 계통에서, 건축물외부에 설치한 외함이 접지되지 않은 기기의 절연에는 일시적 상용주파 과전압이 나타날 수 있다.

③ 고압 및 특고압을 수전 받는 수용가의 접지계통을 수전전원의 다중 접지된 중성선과 접속하면 "②"의 요건은 충족하는 것으로 간주할 수 있다.

④ 기타 공통접지와 관련한 사항은 KS C IEC 61936-1(교류 1[kV]초과 전력설비 – 제1부 : 공통규정)의 "10 접지시스템"에 의한다.

2) 전기설비의 접지설비, 건축물의 피뢰설비·전자통신설비 등의 접지극을 공용하는 통합접지시스템으로 하는 경우 다음과 같이 하여야한다.

① 통합접지시스템은 공통접지시스템에 의한다.

② 낙뢰에 의한 과전압 등으로부터 전기전자기기 등을 보호하기 위해 153.1(전기전자설비 보호)의 규정에 따라 서지보호장치(SPD)를 설치하여야한다.

3) 공통·통합접지시스템의 접지저항 값 측정방법

① 보조극을 일직선으로 배치하여 접지저항을 측정하는 방법

㉮ 보조극은 저항구역이 중첩되지 않도록 접지극 규모의 6.5배 이격 하거나, 접지극과 전류보조극간 80[m]이상 이격하여 측정한다.

㉯ P위치는 전위변화가 적은 E, C간 일직선상 61.8[%]지점에 설치한다.

㉰ 접지극의 저항이 참값인가를 확인하기 위해서는 P를 C의 61.8[%]지점, 71.8[%]지점 및 51.8[%]지점에 설치하여 세 측정값을 취함.

㉱ 세 측정값의 오차가 ±5[%]이하이면 세 측정값의 평균을 E의 접지 저항 값으로 판정한다.

㉲ 세 측정값의 오차가 ±5[%]초과하면 E와 C간의 거리를 늘려 시험을 반복한다.

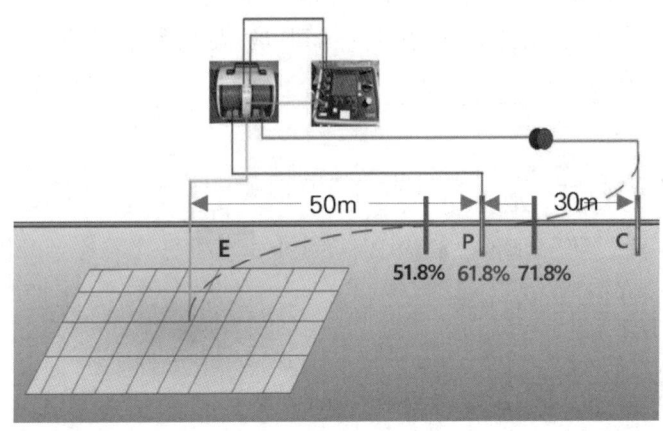

그림 3-2 보조극을 일직선으로 배치하여 접지저항을 측정하는 방법

② 보조극을 90°~180°배치하여 접지저항을 측정하는 방법

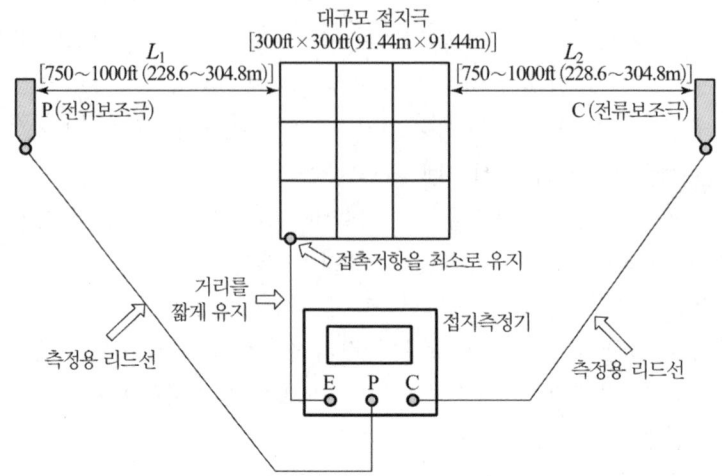

그림 3-3 보조극을 90°~180°배치하여 접지저항을 측정하는 방법

㉮ 91.44[m] × 91.44[m](300ft × 300ft) 규모의 접지극은 보조극과의 이격거리가 228.6[m]~133.8[m](750ft~1000ft)로 약 2.5배 이상되어야 한다.

㉯ C와 P를 연결하여 측정한 값과 결선을 반대로 하여 측정한 두 측정값을 취한다.

㉰ 각각의 방법으로 측정한 저항값의 차이가 15[%]이하이면 두 측정값의 평균을 E의 접지저항 값으로 판정한다.

㉱ 두 측정값의 오차가 ±15[%]초과하면 E와 C간의 거리를 늘려 시험을 반복한다.

③ 오차율 계산방법

㉮ 보조극을 일직선으로 배치하여 측정하는 방법은 오차율 ±5[%]를 적용한다.

$$R = \frac{R_{51.8\%} + R_{61.8\%} + R_{71.8\%}}{3}[\Omega]$$

오차 $\epsilon = \dfrac{R_{71.8\%} - R}{R} \times 100 \le 5[\%]$

㉯ 보조극을 90°~180° 배치하여 측정하는 방법은 오차율 ±15[%]를 적용한다.

$$R = \frac{R_{cp} + R_{pc}}{2}[\Omega]$$

오차 $\epsilon = \dfrac{R_{cp(or\,pc)} - R}{R} \times 100 \le 15[\%]$

(12) 기계기구의 철대 및 외함의 접지

1) 전로에 시설하는 기계기구의 철대 및 금속제 외함(외함이 없는 변압기 또는 계기용 변성기는 철심)에는 140(접지시스템)에 의한 접지공사를 하여야한다.

2) 다음의 어느 하나에 해당하는 경우에는 제1항의 규정에 따르지 않을 수 있다.

① 사용전압이 직류 300[V] 또는 교류 대지전압이 150[V]이하인 기계기구를 건조한 곳에 시설하는 경우

② 저압용의 기계기구를 건조한 목재의 마루 기타 이와 유사한 절연성 물건 위에서 취급하도록 시설하는 경우

③ 저압용이나 고압용의 기계기구, 특고압 전선로에 접속하는 배전용 변압기나 이에 접속하는 전선에 시설하는 기계기구 또는 특고압 가공전선로의 전로에 시설하는 기계기구를 사람이 쉽게 접촉할 우려가 없도록 목주 기타 이와 유사한 것의 위에 시설하는 경우

④ 철대 또는 외함의 주위에 절연대를 설치하는 경우

⑤ 외함이 없는 계기용변성기가 고무·합성수지 기타의 절연물로 피복한 것일 경우

⑥ 「전기용품 및 생활용품 안전관리법」의 적용을 받는 이중절연구조로 되어 있는 기계기구를 시설하는 경우

⑦ 저압용 기계기구에 전기를 공급하는 전로의 전원측에 절연변압기(2차 전압이 300[V]이하이며, 정격용량이 3[kVA]이하인 것)를 시설하고, 또한 그 절연변압기의 부하측 전로를 접지하지 않은 경우

⑧ 물기 있는 장소 이외의 장소에 시설하는 저압용의 개별 기계기구에 전기를 공급 하는 전로에 「전기용품 및 생활용품 안전관리법」의 적용을 받는 인체감전보호용 누전차단기(정격감도전류가 30[mA]이하, 동작시간이 0.03초 이하의 전류동작형)를 시설하는 경우

⑨ 외함을 충전하여 사용하는 기계기구에 사람이 접촉할 우려가 없도록 시설하거나 절연대를 시설하는 경우

(13) 감전보호용 등전위본딩

1) 보호등전위본딩 시설

① 건축물·구조물의 외부에서 내부로 들어오는 각종 금속제 배관은 다음과 같이 하여야한다.

㉮ 1개소에 집중하여 인입하고, 인입구 부근에서 서로 접속하여 등전위본딩 바에 접속하여야한다.

㉯ 대형건축물 등으로 1개소에 집중하여 인입하기 어려운 경우에는 본딩도체를 1개의 본딩 바에 연결한다.

② 수도관·가스관의 경우 내부로 인입된 최초의 밸브 후단에서 등전위본딩을 하여야한다.

③ 건축물·구조물의 철근, 철골 등 금속보강재는 등전위본딩을 하여야한다.

2) 보조 보호등전위본딩 시설

① 보조 보호등전위본딩의 대상은 전원자동차단에 의한 감전보호방식에서 고장 시 자동차단시간이 요구하는 계통별 최대차단시간을 초과하는 경우이다.

② 제①항의 차단시간을 초과하고 2.5[m]이내에 설치된 고정기기의 노출도전부와 계통외도전부는 보조 보호등전위본딩을 하여야한다. 다만, 보조 보호등전위본딩의 유효성에 관

해 의문이 생길 경우 동시에 접근 가능한 노출도전부와 계통외도전부 사이의 저항 값(R)
이 다음의 조건을 충족하는지 확인하여야한다.

• 교류 계통 : $R \leq \dfrac{50[\text{V}]}{I_a}[\Omega]$ • 직류 계통 : $R \leq \dfrac{120[\text{V}]}{I_a}[\Omega]$

I_a : 보호장치의 동작전류[A] (누전차단기의 경우 $I_{\triangle n}$(정격감도전류), 과전류보호장치의
　　경우 5초 이내 동작전류)

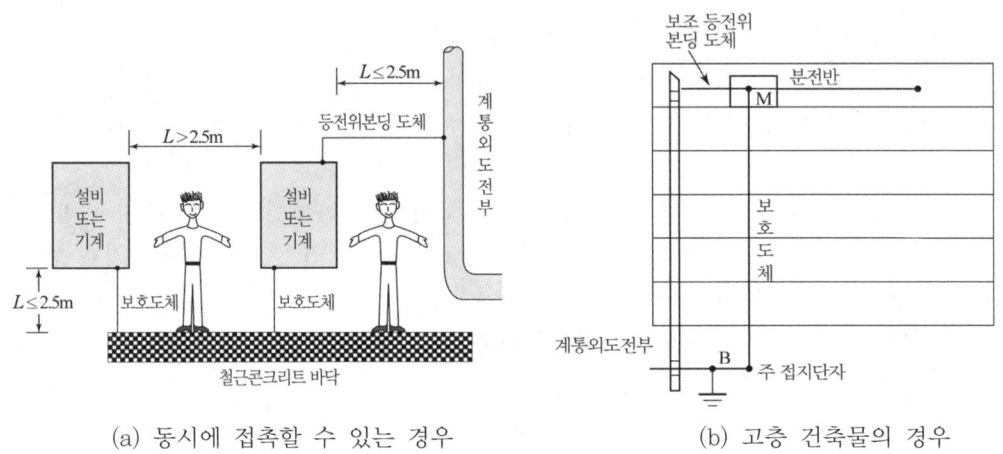

(a) 동시에 접촉할 수 있는 경우　　　　(b) 고층 건축물의 경우

그림 3-4 보조 보호등전위본딩

3) 비접지 국부등전위본딩 시설

① 절연성 바닥으로 된 비접지 장소에서 다음의 경우 국부등전위본딩을 하여야한다.

　㉮ 전기설비 상호 간이 2.5[m]이내인 경우

　㉯ 전기설비와 이를 지지하는 금속체 사이

② 전기설비 또는 계통외도전부를 통해 대지에 접촉하지 않아야 한다.

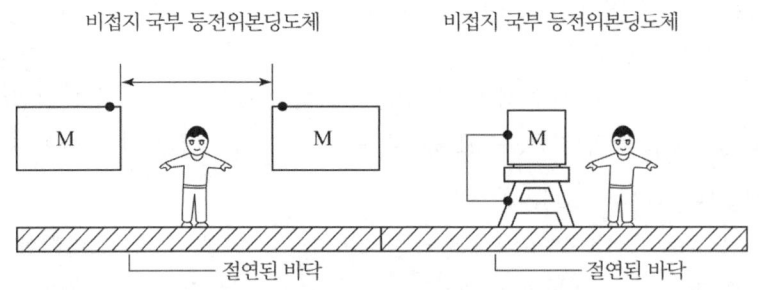

그림 3-5 비접지 국부 등전위본딩

※ 등전위본딩의 체계

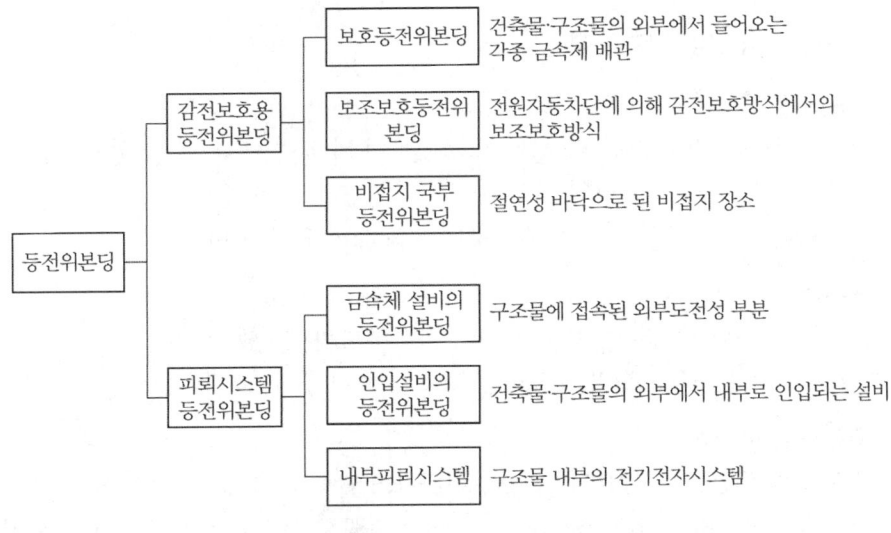

그림 3-6 등전위본딩 체계

(14) 등전위본딩 도체

1) 보호등전위본딩 도체

① 주접지단자에 접속하기 위한 등전위본딩 도체는 설비 내에 있는 가장 큰 보호접지도체 단면적의 1/2이상의 단면적을 가져야 하고 다음의 단면적 이상이어야 한다.
  ㉮ 구리도체 6[mm²]
  ㉯ 알루미늄 도체 16[mm²]
  ㉰ 강철 도체 50[mm²]
② 주접지단자에 접속하기 위한 보호본딩도체의 단면적은 구리도체 25[mm²] 또는 다른 재질의 동등한 단면적을 초과할 필요는 없다.

2) 보조 보호등전위본딩 도체

① 두 개의 노출도전부를 접속하는 경우 도전성은 노출도전부에 접속된 더 작은 보호도체의 도전성보다 커야한다.
② 노출도전부를 계통외도전부에 접속하는 경우 도전성은 같은 단면적을 갖는 보호도체의 1/2 이상이어야 한다.
③ 케이블의 일부가 아닌 경우 또는 선로도체와 함께 수납되지 않은 본딩도체는 다음 값 이상 이어야한다.
  ㉮ 기계적 보호가 된 것은 구리도체 2.5[mm²], 알루미늄 도체 16[mm²]
  ㉯ 기계적 보호가 없는 것은 구리도체 4[mm²], 알루미늄 도체 16[mm²]

1.3.5 피뢰시스템

(1) 피뢰시스템의 적용범위 및 구성

  1) 적용범위

    ① 전기전자설비가 설치된 건축물·구조물로서 낙뢰로부터 보호가 필요한 것 또는 지상으로부터 높이가 20[m]이상인 것

    ② 전기설비 및 전자설비 중 낙뢰로부터 보호가 필요한 설비

  2) 피뢰시스템의 구성

    ① 직격뢰로부터 대상물을 보호하기 위한 외부피뢰시스템

    ② 간접뢰 및 유도뢰로부터 대상물을 보호하기 위한 내부피뢰시스템

  3) 피뢰시스템 등급선정

    피뢰시스템 등급은 대상물의 특성에 따라 KS C IEC 62305-1의 "8.2 피뢰레벨", KS C IEC 62305-2, KS C IEC 62305-3의 "4.1 피뢰시스템의 등급"에 의한 피뢰레벨 따라 선정한다. 다만, 위험물의 제조소 등에 설치하는 피뢰시스템은 II등급 이상으로 하여야한다.

(2) 외부피뢰시스템의 수뢰부시스템

  1) 수뢰부시스템의 선정

    ① 돌침, 수평도체, 그물망도체의 요소 중에 한 가지 또는 이를 조합한 형식으로 시설 하여야한다.

    ② 수뢰부시스템 재료는 KS C IEC 62305-3(피뢰시스템-제3부 : 구조물의 물리적 손상 및 인명위험)의"표 6(수뢰도체, 피뢰침, 대지 인입봉과 인하도선의 재료, 형상과 최소단면적)"에 따른다.

    ③ 자연적 구성부재가 KS C IEC 62305-3의 "5.2.5 자연적 구성부재"에 적합하면 수뢰부시스템으로 사용할 수 있다.

  2) 수뢰부시스템의 배치

    ① 보호각법, 회전구체법, 그물망법 중 하나 또는 조합된 방법으로 배치하여야한다.

    ② 건축물·구조물의 뾰족한 부분, 모서리 등에 우선하여 배치한다.

  3) 지상으로부터 높이 60[m]를 초과하는 건축물·구조물에 측뢰 보호가 필요한 경우에 는 수뢰부시스템을 시설하여야 하며, 다음에 따른다.

    ① 전체 높이 60[m]를 초과하는 건축물·구조물의 최상부로부터 20[%] 부분에 한하며, 피뢰시스템 등급 IV의 요구사항에 따른다.

    ② 자연적 구성부재가 제1항의"③"에 적합하면, 측뢰 보호용 수뢰부로 사용할 수 있다.

  4) 건축물 · 구조물과 분리되지 않은 수뢰부시스템의 시설은 다음에 따른다.

    ① 지붕 마감재가 불연성 재료로 된 경우 지붕표면에 시설할 수 있다.

② 지붕 마감재가 높은 가연성 재료로 된 경우 지붕재료와 다음과 같이 이격하여 시설한다.

㉮ 초가지붕 또는 이와 유사한 경우 0.15[m]이상

㉯ 다른 재료의 가연성 재료인 경우 0.1[m]이상

5) 건축물·구조물을 구성하는 금속판 또는 금속배관 등 자연적 구성부재를 수뢰부로 사용하는 경우 제1항의 "③"조건에 충족하여야한다.

(3) 외부피뢰시스템의 인하도선시스템

1) 수뢰부시스템과 접지시스템을 전기적으로 연결

① 복수의 인하도선을 병렬로 구성해야 한다. 다만, 건축물·구조물과 분리된 피뢰시스템인 경우 예외로 할 수 있다.

② 도선경로의 길이가 최소가 되도록 한다.

③ 인하도선시스템 재료는 KS C IEC 62305-3의 "표 6(수뢰도체, 피뢰침, 대지 인입봉과 인하도선의 재료, 형상과 최소단면적)"에 따른다.

2) 인하도선시스템 배치 방법

① 건축물·구조물과 분리된 피뢰시스템인 경우

㉮ 뇌전류의 경로가 보호대상물에 접촉하지 않도록 하여야한다.

㉯ 별개의 지주에 설치되어 있는 경우 각 지주마다 1가닥 이상의 인하도선을 시설한다.

㉰ 수평도체 또는 그물망도체인 경우 지지 구조물마다 1가닥 이상의 인하도선을 시설한다.

② 건축물·구조물과 분리되지 않은 피뢰시스템인 경우

㉮ 벽이 불연성 재료로 된 경우에는 벽의 표면 또는 내부에 시설할 수 있다. 다만, 벽이 가연성 재료인 경우에는 0.1[m]이상 이격하고, 이격이 불가능한 경우에는 도체의 단면적을 100[mm^2]이상으로 한다.

㉯ 인하도선의 수는 2가닥 이상으로 한다.

㉰ 보호대상 건축물·구조물의 투영에 따른 둘레에 가능한 한 균등한 간격으로 배치한다. 다만, 노출된 모서리 부분에 우선하여 설치한다.

㉱ 병렬 인하도선의 최대간격은 피뢰시스템 등급에 따라 Ⅰ·Ⅱ등급은 10[m], Ⅲ등급은 15[m], Ⅳ등급은 20[m]로 한다.

3) 수뢰부시스템과 접지극시스템 사이에 전기적 연속성이 형성되도록 다음에 따라 시설하여야 한다.

① 경로는 가능한 한 루프 형성이 되지 않도록 하고, 최단거리로 곧게 수직으로 시설하여야 하며, 처마 또는 수직으로 설치된 홈통 내부에 시설하지 않아야 한다.

② 철근콘크리트 구조물의 철근을 자연적구성부재의 인하도선으로 사용하기 위해서는 해당 철근 전체 길이의 전기저항 값은 0.2[Ω]이하가 되어야하며, 전기적 연속성은 KS C IEC 62305-3의 "4.3 철근콘크리트 구조물에서 강제 철골조의 전기적 연속성"에 따라야 한다.

③ 시험용 접속점을 접지극시스템과 가까운 인하도선과 접지극시스템의 연결부분에 시설하고, 이 접속점은 항상 닫힌 회로가 되어야 하며 측정 시에 공구 등으로만 개방할 수 있어야 한다. 다만, 자연적 구성부재를 이용하거나, 자연적 구성부재 등과 본딩을 하는 경우에는 예외로 한다.

4) 인하도선으로 사용하는 자연적 구성부재는 KS C IEC 62305-3의 "4.3 철근콘크리트 구조물에서 강제 철골조의 전기적 연속성"과 "5.3.5 자연적 구성 부재"의 조건에 적합해야 하며 다음에 따른다.

① 각 부분의 전기적 연속성과 내구성이 확실하고, 제1항의 "③"에서 인하도선으로 규정된 값 이상인 것

② 전기적 연속성이 있는 구조물 등의 금속제 구조체(철골, 철근 등)

③ 구조물 등의 상호 접속된 강제 구조체

④ 건축물 외벽 등을 구성하는 금속 구조재의 크기가 인하도선에 대한 요구사항에 부합하고 또한 두께가 0.5[mm]이상인 금속판 또는 금속관

⑤ 인하도선을 구조물 등의 상호 접속된 철근·철골 등과 본딩하거나, 철근·철골 등을 인하도선으로 사용하는 경우 수평 환상도체는 설치하지 않아도 된다.

(4) 외부피뢰시스템의 접지극시스템

1) 뇌전류를 대지로 방류시키기 위한 접지극시스템은 다음에 의한다.

① A형 접지극(수평 또는 수직접지극) 또는 B형 접지극(환상도체 또는 기초접지극) 중 하나 또는 조합하여 시설할 수 있다.

② 접지극시스템의 재료는 KS C IEC 62305-3의"표 7(접지극의 재료, 형상과 최소치수)"에 따른다.

2) 접지극시스템 배치

① A형 접지극은 최소 2개 이상을 균등한 간격으로 배치해야 하고, KS C IEC 62305-3의 "5.4.2.1 A형 접지극 배열"에 의한 피뢰시스템 등급별 대지저항률에 따른 최소길이 이상으로 한다.

② B형 접지극은 접지극 면적을 환산한 평균반지름이 KS C IEC 62305-3의"그림 3(LPS 등급별 각 접지극의 최소길이)"에 의한 최소길이 이상으로 하여야 하며, 평균반지름이 최소길이 미만인 경우에는 해당하는 길이의 수평 또는 수직매설 접지극을 추가로 시설하여야한다. 다만, 추가하는 수평 또는 수직매설 접지극의 수는 최소 2개 이상으로 한다.

③ 접지극시스템의 접지저항이 10[Ω]이하인 경우 제2항의 "①"과 "②"에도 불구하고 최소 길이 이하로 할 수 있다.

3) 접지극은 다음에 따라 시설한다.

① 지표면에서 0.75[m]이상 깊이로 매설 하여야한다. 다만, 필요시는 해당 지역의 동결심도를 고려한 깊이로 할 수 있다.

② 대지가 암반지역으로 대지저항이 높거나 건축물·구조물이 전자통신시스템을 많이 사용하는 시설의 경우에는 환상도체접지극 또는 기초접지극으로 한다.

③ 접지극 재료는 대지에 환경오염 및 부식의 문제가 없어야 한다.

④ 철근콘크리트 기초 내부의 상호 접속된 철근 또는 금속제 지하구조물 등 자연적 구성부재는 접지극으로 사용할 수 있다.

(5) 내부피뢰시스템의 전기전자설비 보호

1) 전기전자설비의 뇌서지에 대한 보호는 다음에 따른다.

① 피뢰구역의 구분은 KS C IEC 62305-4의 "4.3[피뢰구역(LPZ)]"에 의한다.

② 피뢰구역 경계부분에서는 접지 또는 본딩을 하여야한다. 다만, 직접 본딩이 불가능한 경우에는 서지보호장치를 설치한다.

③ 서로 분리된 구조물 사이가 전력선 또는 신호선으로 연결된 경우 각각의 피뢰구역은 서로 접속한다.

2) 전기전자기기의 선정 시 정격 임펄스내전압은 KS C IEC 60364-4-44의 표 44.B(기기에 요구되는 정격 임펄스 내전압)에서 제시한 값 이상이어야 한다.

(6) 내부피뢰시스템의 전기적 절연

1) 수뢰부 또는 인하도선과 건축물·구조물의 금속부분, 내부시스템 사이의 전기적인 절연은 KS C IEC 62305-3의 "6.3 외부 피뢰시스템의 전기적 절연"에 의한 간격으로 한다.

2) 제1항에도 불구하고 건축물·구조물이 금속제 또는 전기적연속성을 가진 철근콘크리트 구조물 등의 경우에는 전기적 절연을 고려하지 않아도 된다.

(7) 내부피뢰시스템의 접지와 본딩

1) 전기전자설비를 보호하기 위한 접지와 피뢰등전위본딩은 다음에 따른다.

① 뇌서지 전류를 대지로 방류시키기 위한 접지를 시설하여야한다.

② 전위차를 해소하고 자계를 감소시키기 위한 본딩을 구성하여야한다.

2) 접지극은 152.3(접지극시스템)에 의하는 것 이외에는 다음에 적합하여야한다.

① 전자·통신설비의 접지는 환상도체접지극 또는 기초접지극으로 한다.

② 개별 접지시스템으로 된 복수의 건축물·구조물 등을 연결하는 콘크리트덕트·금속제 배관의 내부에 케이블이 있는 경우 각각의 접지 상호간은 병행 설치된 도체로 연결하여야한다. 다만, 차폐케이블인 경우는 차폐선을 양끝에서 각각의 접지시스템에 등전위본딩 하는 것으로 한다.

3) 전자·통신설비에서 위험한 전위차를 해소하고 자계를 감소시킬 필요가 있는 경우 다음에 의한 등전위본딩망을 시설하여야한다.

① 등전위본딩망은 건축물·구조물의 도전성 부분 또는 내부설비 일부분을 통합하여 시설

한다.

② 등전위본딩망은 그물망 폭이 5[m]이내가 되도록 하여 시설하고 구조물과 구조물 내부의 금속부분은 다중으로 접속한다. 다만, 금속 부분이나 도전성 설비가 피뢰구역의 경계를 지나가는 경우에는 직접 또는 서지보호장치를 통하여 본딩한다.

③ 도전성 부분의 등전위본딩은 방사형, 그물망형 또는 이들의 조합형으로 한다.

(8) 내부피뢰시스템의 서지보호장치 시설

1) 전기전자설비 등에 연결된 전선로를 통하여 서지가 유입되는 경우, 해당 선로에는 서지보호장치를 설치하여 한다.

2) 서지보호장치의 선정은 다음에 의한다.

① 전기설비의 보호는 KS C IEC 61643-12(저전압 서지 보호 장치)와 KS C IEC 60364-5 -53에 따르며, KS C IEC 61643-11(저압 서지보호장치)에 의한 제품을 사용하여야한다.

② 전자·통신설비의 보호는 KS C IEC 61643-22에 따른다.

3) 지중 저압수전의 경우, 내부에 설치하는 전기전자기기의 과전압범주별 임펄스내전압이 규정 값에 충족하는 경우는 서지보호장치를 생략할 수 있다.

(9) 피뢰 등전위본딩

1) 피뢰시스템의 등전위화는 다음과 같은 설비들을 서로 접속함으로써 이루어진다.

① 금속제 설비

② 구조물에 접속된 외부 도전성 부분

③ 내부시스템

2) 등전위본딩의 상호 접속은 다음에 의한다.

① 자연적 구성부재에 의한 전기적 연속성이 확보되지 않은 경우에는 본딩도체로 연결한다.

② 본딩도체로 직접 접속할 수 없는 장소의 경우에는 서지보호장치를 이용한다.

③ 본딩도체로 직접 접속이 허용되지 않는 장소의 경우에는 절연방전갭(ISG)을 이용한다.

(10) 금속제 설비의 등전위본딩

1) 건축물·구조물과 분리된 외부피뢰시스템의 경우, 등전위본딩은 지표면 부근에서 시행하여야 한다.

2) 건축물·구조물과 접속된 외부피뢰시스템의 경우, 피뢰등전위본딩은 다음에 따른다.

① 기초부분 또는 지표면 부근 위치에서 하여야하며, 등전위본딩도체는 등전위본딩 바에 접속하고, 등전위본딩 바는 접지시스템에 접속하여야한다. 또한 쉽게 점검할 수 있도록 하여야한다.

② 전기적 절연 요구조건에 따른 안전간격을 확보할 수 없는 경우에는 피뢰시스템과 건축물·구조물 또는 내부설비의 도전성 부분은 등전위본딩 하여야 하며, 직접 접속하거나 충전부인 경우는 서지보호장치를 경유하여 접속하여야한다. 다만, 서지보호장치를 사용하는 경우 보호레벨은 보호구간 기기의 임펄스내전압보다 작아야 한다.

3) 건축물·구조물에는 지하 0.5[m]와 높이 20[m] 마다 환상도체를 설치한다. 다만 철근콘크리트, 철골구조물의 구조체에 인하도선을 등전위본딩하는 경우 환상도체는 설치하지 않아도 된다.

(11) 인입설비의 등전위본딩

1) 건축물·구조물의 외부에서 내부로 인입되는 설비의 도전부에 대한 등전위본딩은 다음에 의한다.
　① 인입구 부근에서 143.1(등전위본딩의 적용)에 따라 등전위본딩 한다.
　② 전원선은 서지보호장치를 사용하여 등전위본딩 한다.
　③ 통신 및 제어선은 내부와의 위험한 전위차 발생을 방지하기 위해 직접 또는 서지보호장치를 통해 등전위본딩 한다.

2) 가스관 또는 수도관의 연결부가 절연체인 경우, 해당설비 공급사업자의 동의를 받아 절연방전갭 등의 공법으로 등전위본딩 하여야한다.

(12) 등전위본딩 바

1) 설치위치는 짧은 도전성경로로 접지시스템에 접속할 수 있는 위치이어야 한다.
2) 접지시스템(환상접지전극, 기초접지전극, 구조물의 접지보강재 등)에 짧은 경로로 접속하여야한다.
3) 외부 도전성 부분, 전원선과 통신선의 인입점이 다른 경우 여러 개의 등전위본딩바를 설치할 수 있다.

1.3.6 저압 전기설비

(1) 교류회로 배전방식

1) 3상 4선식의 중성선 또는 PEN도체는 충전도체는 아니지만 운전전류를 흘리는 도체이다.
2) 3상 4선식에서 파생되는 단상 2선식 배전방식의 경우 두 도체 모두가 선도체이거나 하나의 선도체와 중성선 또는 하나의 선도체와 PEN도체이다.
3) 모든 부하가 선간에 접속된 전기설비에서는 중성선의 설치가 필요하지 않을 수 있다

(2) 직류회로 배전방식

PEL과 PEM도체는 충전도체는 아니지만 운전전류를 흘리는 도체이다. 2선식 배전방식이나 3선식 배전방식을 적용한다.

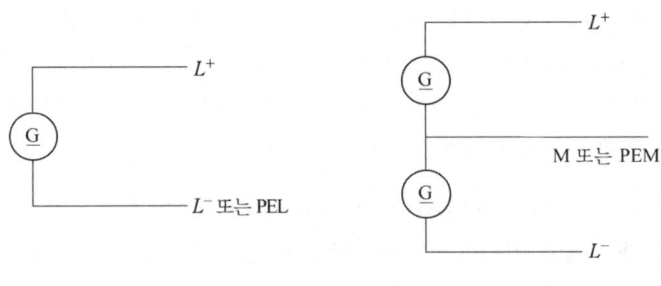

(a) 직류 2선식 배전방식   (b) 직류 3선식 배전방식

그림 3-7 직류회로 배전방식

1.3.7 저압 계통접지의 방식

(1) 계통접지 구성

1) 저압전로의 보호도체 및 중성선의 접속 방식에 따라 접지계통은 다음과 같이 분류 한다.
　① TN 계통
　② TT 계통
　③ IT 계통

2) 계통접지에서 사용되는 문자의 정의는 다음과 같다.
　① 제1문자 – 전원계통과 대지의 관계
　　㉮ T : 한 점을 대지에 직접 접속
　　㉯ I : 모든 충전부를 대지와 절연시키거나 높은 임피던스를 통하여 한 점을 대지에 직접 접속
　② 제2문자 – 전기설비의 노출도전부와 대지의 관계
　　㉮ T : 노출도전부를 대지로 직접 접속. 전원계통의 접지와는 무관
　　㉯ N : 노출도전부를 전원계통의 접지점(교류 계통에서는 통상적으로 중성점, 중성점이 없을 경우는 선도체)에 직접 접속
　③ 그 다음 문자(문자가 있을 경우) – 중성선과 보호도체의 배치(TN 계통만 해당)
　　㉮ S : 중성선 또는 접지된 선도체 외에 별도의 도체에 의해 제공되는 보호 기능
　　㉯ C : 중성선과 보호 기능을 한 개의 도체로 겸용(PEN도체)

3) 각 계통에서 나타내는 그림의 기호는 다음과 같다

표 3-3 기호 설명

기 호	설 명
	중성선(N), 중간도체(M)
	보호도체(PE)
	중성선과 보호도체겸용(PEN)

(2) TN 계통

전원측의 한 점을 직접접지하고 설비의 노출도전부를 보호도체로 접속시키는 방식으로 중성선 및 보호도체(PE도체)의 배치 및 접속방식에 따라 다음과 같이 분류한다.

1) TN-S 계통은 계통 전체에 대해 별도의 중성선 또는 PE도체를 사용한다. 배전계통 에서 PE 도체를 추가로 접지할 수 있다.

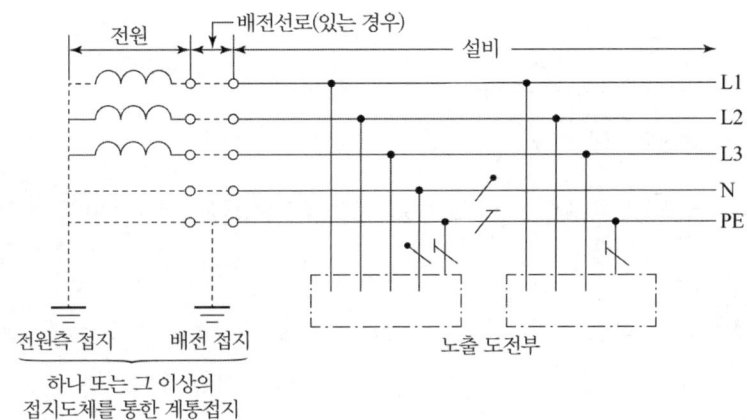

그림 3-8 계통 내에서 별도의 중성선과 보호도체가 있는 TN-S 계통

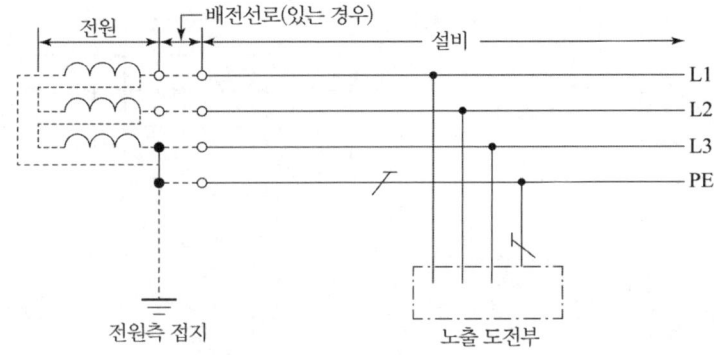

그림 3-9 계통 내에서 별도의 접지된 선도체와 보호도체가 있는 TN-S 계통

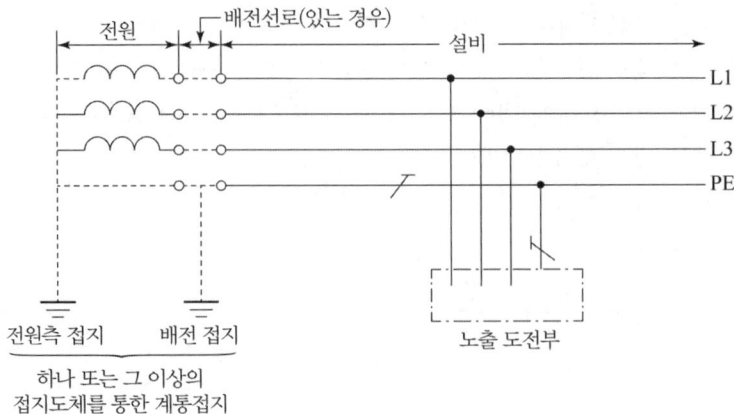

그림 3-10 계통 내에서 접지된 보호도체는 있으나 중성선의 배선이 없는 TN-S 계통

2) TN-C 계통은 그 계통 전체에 대해 중성선과 보호도체의 기능을 동일도체로 겸용한 PEN도체를 사용한다. 배전계통에서 PEN도체를 추가로 접지할 수 있다.

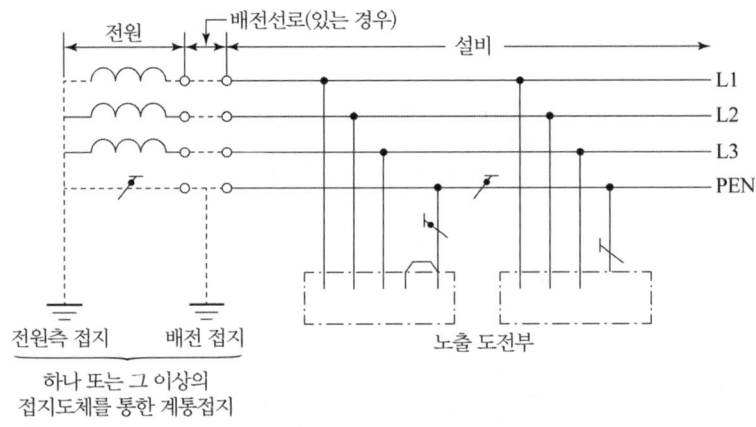

그림 3-11 TN-C 계통

3) TN-C-S계통은 계통의 일부분에서 PEN도체를 사용하거나, 중성선과 별도의 PE도체를 사용하는 방식이 있다. 배전계통에서 PEN도체와 PE도체를 추가로 접지할 수 있다.

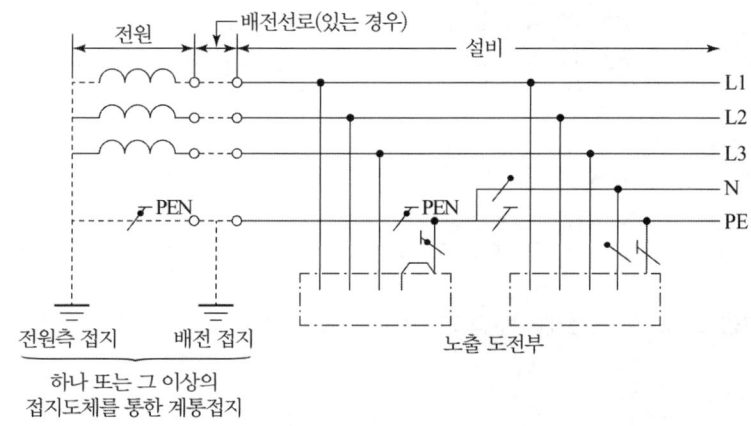

그림 3-12 설비의 어느 곳에서 PEN이 PE와 N으로 분리된 3상 4선식 TN-C-S 계통

(3) TT 계통

전원의 한 점을 직접 접지하고 설비의 노출도전부는 전원의 접지전극과 전기적으로 독립적인 접지극에 접속시킨다. 배전계통에서 PE도체를 추가로 접지할 수 있다.

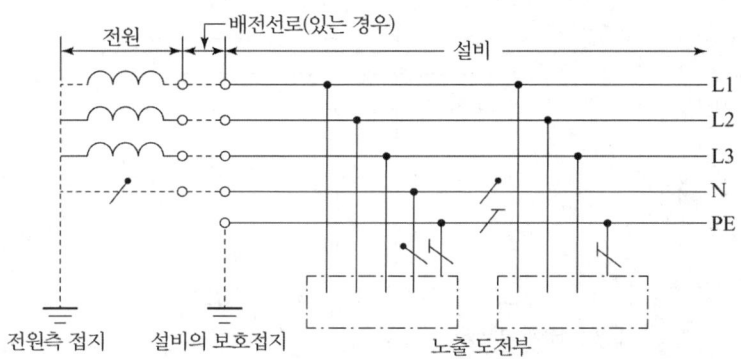

그림 3-13 설비 전체에서 별도의 중성선과 보호도체가 있는 TT 계통

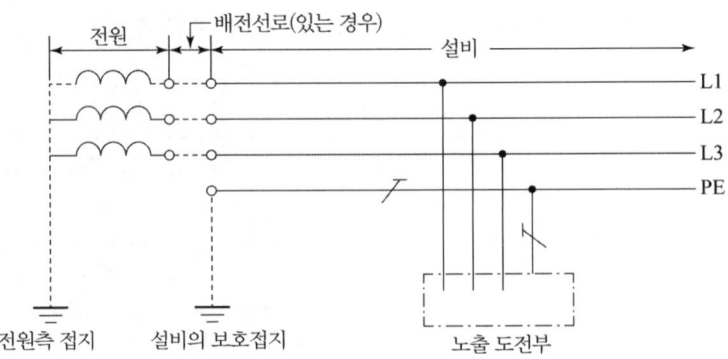

그림 3-14 설비 전체에서 접지된 보호도체가 있으나 배전용 중성선이 없는 TT 계통

(4) IT 계통

1) 충전부 전체를 대지로부터 절연시키거나, 한 점을 임피던스를 통해 대지에 접속시킨다. 전기 설비의 노출도전부를 단독 또는 일괄적으로 계통의 PE도체에 접속시킨다. 배전계통에서 추가접지가 가능하다.

2) 계통은 높은 임피던스를 통하여 접지할 수 있다. 이 접속은 중성점, 인위적 중성점, 선도체 등에서 할 수 있다. 중성선은 배선할 수도 있고, 배선하지 않을 수도 있다.

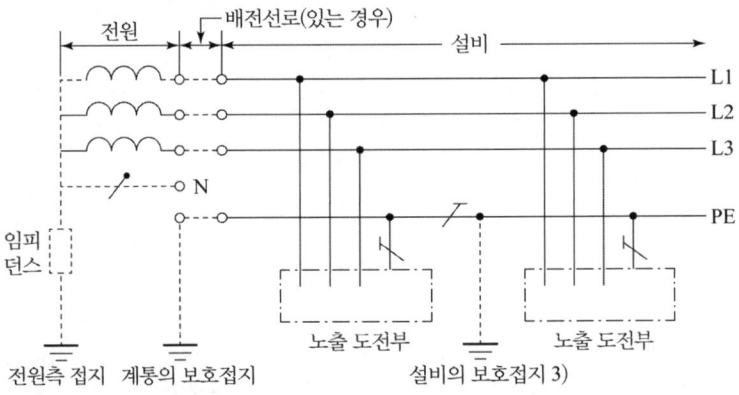

그림 3-15 계통 내의 모든 노출도전부가 보호도체에 의해 접속되어 일괄 접지된 IT 계통

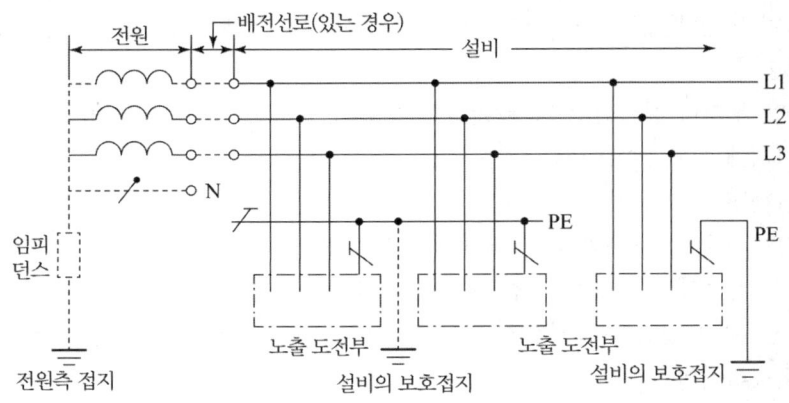

그림 3-16 노출도전부가 조합으로 또는 개별로 접지된 IT 계통

1.3.8 감전에 대한 보호

(1) 적용범위

인축에 대한 기본보호와 고장보호를 위한 필수조건을 규정하고 있다. 외부영향과 관련된 조건의 적용과 특수설비 및 특수장소의 시설에 있어서의 추가적인 보호의 적용을 위한 조건도 규정한다.

(2) 일반 요구사항

1) 안전을 위한 보호에서 별도의 언급이 없는 한 다음의 전압규정에 따른다.
   ① 교류전압은 실효값으로 한다.
   ② 직류전압은 리플프리로 한다.
2) 보호대책은 다음과 같이 구성하여야한다.
   ① 기본보호와 고장보호를 독립적으로 조합
   ② 기본보호와 고장보호를 모두 제공하는 강화된 보호 규정
   ③ 추가적 보호는 외부영향의 특정 조건과 특정한 특수설비(240)에서의 보호대책의 일부로 규정
3) 설비의 각 부분에서 하나 이상의 보호대책은 외부영향의 조건을 고려하여 적용하여야한다.
   ① 다음의 보호대책을 일반적으로 적용하여야한다.
      ㉮ 전원의 자동차단
      ㉯ 이중절연 또는 강화절연
      ㉰ 한 개의 전기사용기기에 전기를 공급하기 위한 전기적 분리
      ㉱ SELV와 PELV에 의한 특별저압
   ② 전기기기의 선정과 시공을 할 때는 설비에 적용되는 보호대책을 고려하여야한다.

4) 특수설비 또는 특수장소의 보호대책은 240(특수설비)에 해당되는 특별한 보호대책을 적용하여야한다.

5) 장애물을 두거나 접촉범위 밖에 배치하는 보호대책(211.8)은 다음과 같은 사람이 접근할 수 있는 설비에 사용하여야한다.

① 숙련자 또는 기능자

② 숙련자 또는 기능자의 감독 아래에 있는 사람

6) 숙련자와 기능자의 통제 또는 감독이 있는 설비에 적용 가능한 보호대책(211.9)은 다음과 같다. 다만, 무단 변경이 발생하지 않도록 설비는 숙련자 또는 기능자의 감독 아래에 있는 경우에 적용하여야한다.

① 비도전성 장소

② 비접지 국부등전위본딩

③ 두 개 이상의 전기사용기기에 공급하기 위한 전기적 분리

7) 보호대책의 특정조건을 충족시킬 수 없는 경우에는 보조대책을 적용하는 등 동등한 안전수준을 달성할 수 있도록 시설하여야한다.

8) 동일한 설비, 설비의 일부 또는 기기 안에서 달리 적용하는 보호대책은 한 가지 보호대책의 고장이 다른 보호대책에 나쁜 영향을 줄 수 있으므로 상호영향을 주지 않도록 하여야한다.

9) 고장보호에 관한 규정은 다음 기기에서는 생략할 수 있다.

① 건물에 부착되고 접촉범위 밖에 있는 가공선 애자의 금속 지지물

② 가공선의 철근강화콘크리트주로서 그 철근에 접근할 수 없는 것

③ 볼트, 리벳트, 명판, 케이블 클립 등과 같이 크기가 작은 경우(약 50[mm] × 50[mm]이내) 또는 배치가 손에 쥘 수 없거나 인체의 일부가 접촉할 수 없는 노출도전부로서 보호도체의 접속이 어렵거나 접속의 신뢰성이 없는 경우

④ 211.3(이중절연 또는 강화절연에 의한 보호)에 따라 전기기기를 보호하는 금속관 또는 다른 금속제 외함

(3) 전원의 자동차단에 의한 보호대책

1) 보호대책 일반 요구사항

① 전원의 자동차단에 의한 보호대책

㉮ 기본보호는 충전부의 기본절연 또는 격벽이나 외함에 의한다.

㉯ 고장보호는 보호등전위본딩 및 자동차단에 의한다.

㉰ 추가적인 보호로 누전차단기를 시설할 수 있다.

② 누설전류감시장치는 보호장치는 아니지만 전기설비의 누설전류를 감시하는데 사용된다. 다만, 누설전류감시장치는 누설전류의 설정 값을 초과하는 경우 음향 또는 음향과 시각적인 신호를 발생시켜야 한다.

2) 기본보호의 요구사항

모든 전기설비는 211.7(기본보호)의 조건에 따라야 한다. 숙련자 또는 기능자에 의해 통제

또는 감독되는 경우에는 211.8(장애물 및 접촉범위 밖에 배치)에서 규정하고 있는 조건에 따를 수 있다.

3) 고장보호의 요구사항
  ① 보호접지
    ㉮ 노출도전부는 계통접지별로 규정된 특정조건에서 보호도체에 접속하여야한다.
    ㉯ 동시에 접근 가능한 노출도전부는 개별적 또는 집합적으로 같은 접지계통에 접속하여야한다. 보호접지에 관한 도체는 140(접지시스템)에 따라야하고, 각 회로는 해당 접지단자에 접속된 보호도체를 이용하여야한다.
  ② 보호등전위본딩
    도전성부분은 보호등전위본딩으로 접속하여야 하며, 건축물 외부로부터 인입된 도전부는 건축물 안쪽의 가까운 지점에서 본딩하여야한다. 다만, 통신 케이블의 금속외피는 소유자 또는 운영자의 요구사항을 고려하여 보호등전위본딩에 접속해야 한다.
  ③ 고장시의 자동차단
    ㉮ "㉲" 및 "㉳"에서 규정하는 것을 제외하고 보호장치는 회로의 선도체와 노출도전부 또는 선도체와 기기의 보호도체 사이의 임피던스가 무시할 정도로 되는 고장의 경우 "㉯", "㉰" 또는 "㉱"에 규정된 차단시간 내에서 회로의 선도체 또는 설비의 전원을 자동으로 차단하여야한다.
    ㉯ 다음 표의 최대차단시간은 32[A]이하 분기회로에 적용한다.

표 3-4 32[A]이하 분기회로의 최대 차단시간 [단위 : 초]

계통	$50V < U_0 \leq 120V$		$120V < U_0 \leq 230V$		$230V < U_0 \leq 400V$		$U_0 > 400V$	
	교류	직류	교류	직류	교류	직류	교류	직류
TN	0.8	[비고1]	0.4	5	0.2	0.4	0.1	0.1
TT	0.3	[비고1]	0.2	0.4	0.07	0.2	0.04	0.1

TT 계통에서 차단은 과전류보호장치에 의해 이루어지고 보호등전위본딩은 설비 안의 모든 계통외도전부와 접속되는 경우 TN 계통에 적용 가능한 최대차단시간이 사용될 수 있다.
U_0는 대지에서 공칭교류전압 또는 직류 선간전압이다.

[비고1] 차단은 감전보호 외에 다른 원인에 의해 요구될 수도 있다.
[비고2] 누전차단기에 의한 차단은 211.2.4(누전차단기의 시설) 참조.

    ㉰ TN 계통에서 배전회로(간선)와 상기 "㉯"의 경우를 제외하고는 5초 이하의 차단시간을 허용한다.
    ㉱ TT 계통에서 배전회로(간선)와 상기 "㉯"의 경우를 제외하고는 1초 이하의 차단시간을 허용한다.
    ㉲ 공칭대지전압 U_0가 교류 50[V] 또는 직류 120[V]를 초과하는 계통에서 지락고장이 발생한 경우, 전원측 출력전압이 상기 "㉯", "㉰" 또는 상기 "㉱"에 따른 차단시간 이내에 교류 50[V]로 또는 직류 120[V] 이하로 감소된다면 자동차단은 요구되지 않는다. 다

만, 감전보호 외에 다른 차단요구사항에 관한 것을 고려하여야한다.

 ⎸ "⒂"에 따른 자동차단이 상기 "⒃", "⒄" 또는 "⒅"에 의해 요구되는 시간에 이루어질 수 없을 경우 추가적으로 보조 보호등전위본딩(211.6.2)을 하여야 한다.

4) 추가적인 보호

다음에 따른 교류계통에서는 누전차단기에 의한 추가적 보호를 하여야한다.

① 일반적으로 사용되며 일반인이 사용하는 정격전류 20[A]이하 콘센트

② 옥외에서 사용되는 정격전류 32[A]이하 이동용 전기기기

(4) 누전차단기의 시설

1) 전원의 자동차단에 의한 저압전로의 보호대책으로 누전차단기를 시설해야할 대상은 다음과 같다. 누전차단기의 정격 동작전류, 정격 동작시간 등은 적용대상의 전로, 기기 등에서 요구하는 조건에 따라야 한다.

① 금속제 외함을 가지는 사용전압이 50[V]를 초과하는 저압의 기계기구로서 사람이 쉽게 접촉할 우려가 있는 곳에 시설하는 것에 전기를 공급하는 전로. 다만, 다음의 어느 하나에 해당하는 경우에는 적용하지 않는다.

 ⒂ 기계기구를 발전소·변전소·개폐소 또는 이에 준하는 곳에 시설하는 경우

 ⒃ 기계기구를 건조한 곳에 시설하는 경우

 ⒄ 대지전압이 150[V]이하인 기계기구를 물기가 있는 곳 이외의 곳에 시설하는 경우

 ⒅ 「전기용품 및 생활용품 안전관리법」의 적용을 받는 이중절연구조의 기계기구를 시설하는 경우

 ⒆ 그 전로의 전원측에 절연변압기(2차 전압이 300[V]이하인 경우에 한한다)를 시설하고 또한 그 절연 변압기의 부하측의 전로에 접지하지 아니하는 경우

 ⒇ 기계기구가 고무·합성수지 기타 절연물로 피복된 경우

 ⒈ 기계기구가 유도전동기의 2차측 전로에 접속되는 것일 경우

 ⒉ 기계기구가 131의 8(절연할 수 없는 부분)에 규정하는 것일 경우

 ⒊ 기계기구내에 「전기용품 및 생활용품 안전관리법」의 적용을 받는 누전차단기를 설치하고 또한 기계기구의 전원 연결선이 손상을 받을 우려가 없도록 시설하는 경우

② 주택의 인입구 등 이 규정에서 누전차단기 설치를 요구하는 전로

③ 특고압전로, 고압전로 또는 저압전로와 변압기에 의하여 결합되는 사용전압 400[V]초과의 저압전로 또는 발전기에서 공급하는 사용전압 400[V]초과의 저압전로(발전소 및 변전소와 이에 준하는 곳에 있는 부분의 전로를 제외).

④ 다음의 전로에는 전기용품안전기준 "K60947-2의 부속서 P"의 적용을 받는 자동 복구기능을 갖는 누전차단기를 시설할 수 있다.

 ⒂ 독립된 무인 통신중계소·기지국

 ⒃ 관련법령에 의해 일반인의 출입을 금지 또는 제한하는 곳

 ⒄ 옥외의 장소에 무인으로 운전하는 통신중계기 또는 단위기기 전용회로. 단, 일반인이

특정한 목적을 위해 지체하는(머물러 있는) 장소로서 버스정류장, 횡단보도 등에는 시설할 수 없다.

2) 저압용 비상용 조명장치·비상용승강기·유도등·철도용 신호장치, 비접지 저압전로, 322.5의 6(계속적인 전력공급이 요구되는)전로, 기타 그 정지가 공공의 안전 확보에 지장을 줄 우려가 있는 기계기구에 전기를 공급하는 전로의 경우, 그 전로에서 지락이 생겼을 때에 이를 기술원 감시소에 경보하는 장치를 설치한 때에는 제1항에서 규정하는 장치를 시설하지 않을 수 있다.

3) IEC 표준을 도입한 누전차단기를 저압전로에 사용하는 경우 일반인이 접촉할 우려가 있는 장소(세대 내 분전반 및 이와 유사한 장소)에는 주택용 누전차단기를 시설 하여야 하고, 주택용 누전차단기를 정방향(세로)으로 부착할 경우에는 차단기의 위쪽이 켜짐(on)으로, 차단기의 아래쪽은 꺼짐(off)으로 시설하여야한다.

(5) TN 계통

1) TN 계통에서 설비의 접지 신뢰성은 PEN도체 또는 PE도체와 접지극과의 효과적인 접속에 의한다.

2) 접지가 공공계통 또는 다른 전원계통으로부터 제공되는 경우 그 설비의 외부 측에 필요한 조건은 전기공급자가 준수하여야한다. 조건에 포함된 예는 다음과 같다.

① PEN도체는 여러 지점에서 접지하여 PEN도체의 단선위험을 최소화할 수 있도록 한다.

② $\dfrac{R_B}{R_E} \leq \dfrac{50}{(U_0 - 50)}$

R_B : 병렬 접지극 전체의 접지저항 값[Ω]

R_E : 1선 지락이 발생할 수 있으며 보호도체와 접속되어 있지 않는 계통외도전부의 대지와의 접촉저항의 최소값[Ω]

U_0 : 공칭대지전압(실효 값)

3) 전원 공급계통의 중성점이나 중간점은 접지하여야한다. 중성점이나 중간점을 접지할 수 없는 경우에는 선도체 중 하나를 접지하여야한다. 설비의 노출도전부는 보호도체로 전원공급계통의 접지점에 접속하여야한다.

4) 다른 유효한 접지점이 있다면, 보호도체(PE 및 PEN도체)는 건물이나 구내의 인입구 또는 추가로 접지하여야한다.

5) 고정설비에서 보호도체와 중성선을 겸하여(PEN도체) 사용될 수 있다. 이러한 경우에는 PEN도체에는 어떠한 개폐장치나 단로장치가 삽입되지 않아야 하며, PEN도체는 보호도체의 조건을 충족하여야한다.

6) 보호장치의 특성과 회로의 임피던스는 다음 조건을 충족하여야한다.

$Z_s \times I_a \leq U_0$

Z_s : 다음과 같이 구성된 고장루프임피던스[Ω]

– 전원의 임피던스

– 고장점까지의 선도체 임피던스

– 고장점과 전원 사이의 보호도체 임피던스

I_a : 고장보호 요구사항의 3)의 "㉬" 또는 표 3-4(32[A]이하 분기회로 최대차단시간)에서
제시된 시간 내에 차단장치 또는 누전차단기를 자동으로 동작하게 하는 전류[A]

U_0 : 공칭대지전압(실효값)

7) TN 계통에서 과전류보호장치 및 누전차단기는 고장보호에 사용할 수 있다. 누전차단기를
사용하는 경우 과전류보호 겸용의 것을 사용해야 한다.

8) TN-C 계통에는 누전차단기를 사용해서는 아니 된다. TN-C-S 계통에 누전차단기를 설치
하는 경우에는 누전차단기의 부하측에는 PEN도체를 사용할 수 없다. 이러한 경우 PE도체
는 누전차단기의 전원측에서 PEN도체에 접속하여야 한다.

(6) TT 계통

1) 전원계통의 중성점이나 중간점은 접지하여야 한다. 중성점이나 중간점을 이용할 수 없는 경
우, 선도체 중 하나를 접지하여야 한다.

2) TT 계통은 누전차단기를 사용하여 고장보호를 하여야 하며, 누전차단기를 적용하는 경우에
는 누전차단기의 시설에 따라야 한다. 다만, 과전류보호장치에 의하여 고장전류 차단이 가능
할 정도로 고장루프임피던스가 낮을 때는 과전류보호장치에 의하여 고장보호를 할 수 있다.

3) 누전차단기를 사용하여 TT 계통의 고장보호를 하는 경우에는 다음에 적합하여야한다.

① 고장보호 요구사항의 3) "㉮" 또는 표 3-4(32[A]이하 분기회로 최대차단시간)에서 요구
하는 차단시간

② $R_A \times I_{\triangle n} \leq 50[V]$

R_A : 노출도전부에 접속된 보호도체와 접지극 저항의 합[Ω]

$I_{\triangle n}$: 누전차단기의 정격동작 전류[A]

4) 과전류보호장치를 사용하여 TT 계통의 고장보호를 할 때에는 다음의 조건을 충족하여야
한다.

$$Z_s \times I_a \leq U_0$$

Z_s : 다음과 같이 구성된 고장루프임피던스[Ω]

– 전원   – 고장점까지의 선도체

– 노출도전부의 보호도체   – 접지도체

– 설비의 접지극   – 전원의 접지극

I_a : 고장보호 요구사항의 3)의 "㉯" 또는 표 3-4(32[A]이하 분기회로 최대차단시간)에서
요구하는 차단시간 내에 차단기가 자동 작동하는 전류[A]

U_0 : 공칭대지전압[V]

(7) IT 계통

1) 노출도전부 또는 대지로 단일고장이 발생한 경우에는 고장전류가 작기 때문에 제2의 조건을 충족시키는 경우에는 고장보호 요구사항의 3)에 따른 자동차단이 절대적 요구사항은 아니다. 그러나 두 곳에서 고장발생시 동시에 접근이 가능한 노출도전부에 접촉되는 경우에는 인체에 위험을 피하기 위한 조치를 하여야한다.

2) 노출도전부는 개별 또는 집합적으로 접지하여야 하며, 다음 조건을 충족하여야 한다.

  가. 교류계통 : $R_A \times I_d \leq 50[\text{V}]$

  나. 직류계통 : $R_A \times I_d \leq 120[\text{V}]$

   R_A : 접지극과 노출도전부에 접속된 보호도체 저항의 합[Ω]

   I_d : 하나의 선도체와 노출도전부 사이에서 무시할 수 있는 임피던스로 1차 고장이 발생했을 때의 고장전류(A)로 전기설비의 누설전류와 총 접지임피던스를 고려한 값[A]

3) IT 계통은 다음과 같은 감시장치와 보호장치를 사용할 수 있으며, 1차 고장이 지속되는 동안 작동되어야 한다. 절연감시장치는 음향 및 시각신호를 갖추어야 한다.

  ① 절연감시장치   ② 누설전류감시장치
  ③ 절연고장점검출장치   ④ 과전류보호장치
  ⑤ 누전차단기

4) 1차 고장이 발생한 후 다른 충전도체에서 2차 고장이 발생하는 경우 전원자동차단 조건은 다음과 같다.

  ① 노출도전부가 같은 접지계통에 집합적으로 접지된 보호도체와 상호 접속된 경우에는 TN계통과 유사한 조건을 적용한다.

   ㉮ 중성선과 중점선이 배선되지 않은 경우에는 다음의 조건을 충족해야 한다.

    $2I_a Z_s \leq U$

   ㉯ 중성선과 중점선이 배선된 경우에는 다음 조건을 충족해야 한다.

    $2I_a Z_s' \leq U_0$

    U_0 : 선도체와 중성선 또는 중점선 사이의 공칭전압[V]

    U : 선간 공칭전압[V]

    Z_s : 회로의 선도체와 보호도체를 포함하는 고장루프임피던스[Ω]

    Z_s' : 회로의 중성선과 보호도체를 포함하는 고장루프임피던스[Ω]

    I_a : 211.2.3의 3의 "㉯" 또는 "㉰"에서 요구하는 차단시간 내에 보호장치를 동작시키는 전류[A]

  ② 노출도전부가 그룹별 또는 개별로 접지되어 있는 경우 다음의 조건을 적용하여야한다.

    $R_A \times I_d \leq 50[\text{V}]$

   R_A : 접지극과 노출도전부 접속된 보호도체와 접지극 저항의 합[Ω]

   I_d : TT계통에 대한 고장보호 요구사항의 3)의 "㉯" 또는 "㉰"에서 요구하는 차단시간 내

에 보호장치를 동작시키는 전류[A]
5) IT 계통에서 누전차단기를 이용하여 고장보호를 하고자 할 때는, 누전차단기의 시설을 준용하여야한다.

(8) 기능적 특별저압(FELV)

기능상의 이유로 교류 50[V], 직류 120[V]이하인 공칭전압을 사용하지만, SELV 또는 PELV에 대한 모든 요구조건이 충족되지 않고, SELV와 PELV가 필요치 않은 경우에는 기본보호 및 고장보호의 보장을 위해 다음에 따라야 한다. 이러한 조건의 조합을 FELV라 한다.

1) 기본보호는 다음 중 어느 하나에 따른다.
   ① 전원의 1차회로의 공칭전압에 대응하는 기본절연
   ② 격벽 또는 외함
2) 고장보호는 1차회로가 전원의 자동차단에 의한 보호가 될 경우 FELV 회로 기기의 노출도전부는 전원의 1차회로의 보호도체에 접속하여야한다.
3) FELV 계통의 전원은 최소한 단순 분리형 변압기 또는 211.5.3(SELV와 PELV용 전원)에 의한다. 만약 FELV 계통이 단권변압기 등과 같이 최소한의 단순 분리가 되지 않은 기기에 의해 높은 전압계통으로부터 공급되는 경우 FELV 계통은 높은 전압계통의 연장으로 간주되고 높은 전압계통에 적용되는 보호방법에 의해 보호해야 한다.
4) FELV 계통용 플러그와 콘센트는 다음의 모든 요구사항에 부합하여야한다.
   ① 플러그를 다른 전압 계통의 콘센트에 꽂을 수 없어야 한다.
   ② 콘센트는 다른 전압 계통의 플러그를 수용할 수 없어야 한다.
   ③ 콘센트는 보호도체에 접속하여야한다.

(9) 이중절연 또는 강화절연에 의한 보호

1) 이중 또는 강화절연은 기본절연의 고장으로 인해 전기기기의 접근 가능한 부분에 위험전압이 발생하는 것을 방지하기 위한 보호대책으로 다음에 따른다.
   ① 기본보호는 기본절연에 의하며, 고장보호는 보조절연에 의한다.
   ② 기본 및 고장보호는 충전부의 접근 가능한 부분의 강화절연에 의한다.
2) 이중 또는 강화절연에 의한 보호대책은 240(특수설비)의 몇 가지 제한사항 이외에는 모든 상황에 적용할 수 있다.
3) 이 보호대책이 유일한 보호대책으로 사용될 경우, 관련 설비 또는 회로가 정상 사용 시 보호대책의 효과를 손상시킬 수 있는 변경이 일어나지 않도록 실효성 있는 감시가 되는 것이 입증되어야 한다. 따라서 콘센트를 사용하거나 사용자가 허가 없이 부품을 변경 할 수 있는 기기가 포함된 어떠한 회로에도 적용해서는 안 된다.

(10) 전기적 분리에 의한 보호

1) 보호대책의 일반 요구사항
   ① 전기적 분리에 의한 보호대책은 다음과 같다.

㉮ 기본보호는 충전부의 기본절연 또는 격벽과 외함에 의한다.

㉯ 고장보호는 분리된 다른 회로와 대지로부터 단순한 분리에 의한다.

② 이 보호대책은 단순 분리된 하나의 비접지 전원으로부터 한 개의 전기사용기기에 공급되는 전원으로 제한된다.

③ 두 개 이상의 전기사용기기가 단순 분리된 비접지 전원으로부터 전력을 공급받을 경우 전기적 분리(211.9.3)를 충족하여야 한다.

2) 기본보호를 위한 요구사항

모든 전기기기는 기본 보호방법(211.7) 중 하나 또는 이중절연·강화절연에 의한 보호(211.3)에 따라 보호대책을 하여야한다.

3) 고장보호를 위한 요구사항 전기적 분리에 의한 고장보호는 다음에 따른다.

① 분리된 회로는 최소한 단순 분리된 전원을 통하여 공급되어야 하며, 분리된 회로의 전압은 500[V]이하이어야 한다.

② 분리된 회로의 충전부는 어떤 곳에서도 다른 회로, 대지 또는 보호도체에 접속되어서는 안 되며, 전기적 분리를 보장하기 위해 회로 간에 기본절연을 하여야한다.

③ 가요케이블과 코드는 기계적 손상을 받기 쉬운 전체 길이에 대해 육안으로 확인이 가능하여야한다.

④ 분리된 회로들에 대해서는 분리된 배선계통의 사용이 권장된다. 다만, 분리된 회로와 다른 회로가 동일 배선계통 내에 있으면 금속외장이 없는 다심케이블, 절연 전선관 내의 절연전선, 절연덕팅 또는 절연트렁킹에 의한 배선이 되어야 하며 다음의 조건을 만족하여야 한다.

㉮ 정격전압은 최대 공칭전압 이상일 것.

㉯ 각 회로는 과전류에 대한 보호를 할 것.

⑤ 분리된 회로의 노출도전부는 다른 회로의 보호도체, 노출도전부 또는 대지에 접속되어서는 아니 된다.

(11) SELV와 PELV를 적용한 특별저압에 의한 보호

1) 보호대책 일반 요구사항

① 특별저압에 의한 보호는 다음의 특별저압 계통에 의한 보호대책이다.

㉮ SELV (Safety Extra-Low Voltage)

㉯ PELV (Protective Extra-Low Voltage)

② 보호대책의 요구사항

㉮ 특별저압 계통의 전압한계는 KS C IEC 60449(건축전기설비의 전압밴드)에 의한 전압밴드 I의 상한 값인 교류 50[V]이하, 직류 120[V]이하이어야 한다.

㉯ 특별저압 회로를 제외한 모든 회로로부터 특별저압 계통을 보호분리하고, 특별저압 계통과 다른 특별저압 계통 간에는 기본절연을 하여야한다.

㉰ SELV 계통과 대지간의 기본절연을 하여야한다.

2) 기본보호와 고장보호에 관한 요구사항

다음의 조건들을 충족할 경우에는 기본보호와 고장보호가 제공되는 것으로 간주한다.

① 전압밴드 I의 상한 값을 초과하지 않는 공칭전압인 경우

② SELV와 PELV용 전원 중 하나에서 공급되는 경우

③ SELV와 PELV 회로에 대한 요구조건에 충족하는 경우

3) SELV와 PELV용 전원

특별저압 계통에는 다음의 전원을 사용해야 한다.

① 안전절연변압기 전원[KS C IEC 61558-2-6(전력용 변압기, 전원 공급 장치 및 유사 기기의 안전-제2부 : 범용 절연 변압기의 개별 요구사항에 적합한 것)]

② "①"의 안전절연변압기 및 이와 동등한 절연의 전원

③ 축전지 및 디젤발전기 등과 같은 독립전원

④ 내부고장이 발생한 경우에도 출력단자의 전압이 SELV, PELV 값을 초과하지 않도록 관련 표준에 따른 전자장치

⑤ 안전절연변압기, 전동발전기 등 저압으로 공급되는 이중 또는 강화절연된 이동용 전원

4) SELV와 PELV 회로에 대한 요구사항

① SELV 및 PELV 회로는 다음을 포함하여야한다.

㉠ 충전부와 다른 SELV와 PELV 회로 사이의 기본절연

㉡ 이중절연 또는 강화절연 또는 최고전압에 대한 기본절연 및 보호차폐에 의한 SELV 또는 PELV 이외의 회로들의 충전부로부터 보호 분리

㉢ SELV 회로는 충전부와 대지 사이에 기본절연

㉣ PELV 회로 및 PELV 회로에 의해 공급되는 기기의 노출도전부는 접지

② 기본절연이 된 다른 회로의 충전부로부터 특별저압 회로 배선계통의 보호분리는 다음의 방법 중 하나에 의한다.

㉠ SELV와 PELV 회로의 도체들은 기본절연을 하고 비금속외피 또는 절연된 외함으로 시설하여야한다.

㉡ SELV와 PELV 회로의 도체들은 전압밴드 I 보다 높은 전압 회로의 도체들로부터 접지된 금속시스 또는 접지된 금속 차폐물에 의해 분리하여야한다.

㉢ SELV와 PELV 회로의 도체들이 사용 최고전압에 대해 절연된 경우 전압밴드 I 보다 높은 전압의 다른 회로 도체들과 함께 다심케이블 또는 다른 도체그룹에 수용 할 수 있다.

③ SELV와 PELV 계통의 플러그와 콘센트는 다음에 따라야 한다.

㉠ 플러그는 다른 전압 계통의 콘센트에 꽂을 수 없어야 한다.

㉡ 콘센트는 다른 전압 계통의 플러그를 수용할 수 없어야 한다.

㉢ SELV 계통에서 플러그 및 콘센트는 보호도체에 접속하지 않아야 한다.

④ SELV 회로의 노출도전부는 대지 또는 다른 회로의 노출도전부나 보호도체에 접속하지 않아야 한다.

⑤ 공칭전압이 교류 25[V] 또는 직류 60[V]를 초과하거나 기기가 (물에)잠겨 있는 경우 기본 보호는 특별저압 회로에 대해 다음의 사항을 따라야 한다.

㉮ 절연

㉯ 격벽 또는 외함

⑥ 건조한 상태에서 다음의 경우는 기본보호를 하지 않아도 된다.

㉮ SELV 회로에서 공칭전압이 교류 25[V] 또는 직류 60[V]를 초과하지 않는 경우

㉯ PELV 회로에서 공칭전압이 교류 25[V] 또는 직류 60[V]를 초과하지 않고 노출도전 부 및 충전부가 보호도체에 의해서 주접지단자에 접속된 경우

⑦ SELV 또는 PELV 계통의 공칭전압이 교류 12[V] 또는 직류 30[V]를 초과하지 않는 경우 에는 기본보호를 하지 않아도 된다.

(12) 추가적 보호

1) 누전차단기

① 기본보호 및 고장보호를 위한 대상설비의 고장 또는 사용자의 부주의로 인하여 설비에 고 장이 발생한 경우에는 정격감도전류 30[mA]이하의 누전차단기를 사용하는 경우에는 추 가적인 보호로 본다.

② 누전차단기의 사용은 단독적인 보호대책으로 인정하지 않는다. 누전차단기는 상기 (3) ~ (11)까지에 규정된 보호대책 중 하나를 적용할 때 추가적인 보호로 사용할 수 있다.

2) 보조 보호등전위본딩

동시접근 가능한 고정기기의 노출도전부와 계통외도전부에 보조 보호등전위 본딩을 한 경우 에는 추가적인 보호로 본다.

(13) 기본보호 방법

1) 충전부의 기본절연 절연은 충전부에 접촉하는 것을 방지하기 위한 것으로 다음과 같이 하여 야한다.

① 충전부는 파괴하지 않으면 제거될 수 없는 절연물로 완전히 보호되어야 한다.

② 기기에 대한 절연은 그 기기에 관한 표준을 적용하여야한다.

2) 격벽 또는 외함 격벽 또는 외함은 인체가 충전부에 접촉하는 것을 방지하기 위한 것으로 다 음과 같이 하여야한다.

① 램프홀더 및 퓨즈와 같은 부품을 교체하는 동안 발생할 수 있는 큰 개구부 또는 기기의 관 련 요구사항에 따른 기능에 필요한 큰 개구부를 제외하고 충전부는 최소한 IPXXB 또는 IP2X 보호등급의 외함 내부 또는 격벽 뒤쪽에 있어야 한다.

㉮ 인축이 충전부에 무의식적으로 접촉하는 것을 방지하기 위한 충분한 예방대책을 강구 하여야한다.

ⓝ 사람들이 개구부를 통하여 충전부에 접촉할 수 있음을 알 수 있도록 하며 의도적으로 접촉하지 않도록 하여야한다.

ⓓ 개구부는 기능과 부품교환의 요구사항에 맞는 한 최소한으로 하여야한다.

② 쉽게 접근 가능한 격벽 또는 외함의 상부 수평면의 보호등급은 최소한 IPXXD 또는 IP4X 등급 이상으로 한다.

③ 격벽 및 외함은 완전히 고정하고 필요한 보호등급을 유지하기 위해 충분한 안정성과 내구성을 가져야 하며, 정상 사용조건에서 관련된 외부영향을 고려하여 충전부로부터 격리하여야한다.

④ 격벽을 제거 또는 외함을 열거나, 외함의 일부를 제거할 필요가 있을 때에는 다음과 같은 경우에만 가능하도록 하여야한다.

ⓐ 열쇠 또는 공구를 사용하여야한다.

ⓑ 보호를 제공하는 외함이나 격벽에 대한 충전부의 전원 차단 후 격벽이나 외함을 교체 또는 다시 닫은 후에만 전원복구가 가능하도록 한다.

ⓒ 최소한 IPXXB 또는 IP2X 보호등급을 가진 중간격벽에 의해 충전부와 접촉을 방지하는 경우에는 열쇠 또는 공구의 사용에 의해서만 중간 격벽의 제거가 가능하도록 한다.

⑤ 격벽의 뒤쪽 또는 외함의 안에서 개폐기가 열린회로가 된 후에도 위험한 충전상태가 유지되는 기기(커패시터 등)가 설치된다면 경고 표지를 해야 한다. 다만, 아크소거, 계전기의 지연 동작 등을 위해 사용하는 소용량의 커패시터는 위험한 것으로 보지 않는다.

(14) 장애물 및 접촉범위 밖에 배치

1) 목적 : 장애물을 두거나 접촉범위 밖에 배치하는 보호대책은 기본보호만 해당한다. 이 방법은 숙련자 또는 기능자에 의해 통제 또는 감독되는 설비에 적용한다.

2) 장애물

① 장애물은 충전부에 무의식적인 접촉을 방지하기 위해 시설하여야한다. 다만, 고의적 접촉까지 방지하는 것은 아니다.

② 장애물은 다음에 대한 보호를 하여야 한다.

ⓐ 충전부에 인체가 무의식적으로 접근하는 것

ⓑ 정상적인 사용상태에서 충전된 기기를 조작하는 동안 충전부에 무의식적으로 접촉하는 것

③ 장애물은 열쇠 또는 공구를 사용하지 않고 제거될 수 있지만, 비 고의적인 제거를 방지하기 위해 견고하게 고정하여야한다.

3) 접촉범위 밖에 배치

① 접촉범위 밖에 배치하는 방법에 의한 보호는 충전부에 무의식적으로 접촉하는 것을 방지하기 위함이다.

② 서로 다른 전위로 동시에 접근 가능한 부분이 접촉범위 안에 있으면 안 된다. 두 부분의 거리가 2.5[m]이하인 경우에는 동시 접근이 가능한 것으로 간주한다.

1.3.9 과전류에 대한 보호

(1) 일반사항

1) 적용범위

과전류의 영향으로부터 회로도체를 보호하기 위한 요구사항으로서 과부하 및 단락고장이 발생할 때 전원을 자동으로 차단하는 하나 이상의 장치에 의해서 회로도체를 보호하기 위한 방법을 규정한다.

2) 일반 요구사항

과전류로 인하여 회로의 도체, 절연체, 접속부, 단자부 또는 도체를 감싸는 물체 등에 유해한 열적 및 기계적인 위험이 발생되지 않도록, 그 회로의 과전류를 차단하는 보호장치를 설치해야 한다.

(2) 회로의 특성에 따른 요구사항

1) 선도체의 보호

① 과전류 검출기의 설치

㉮ 과전류의 검출은 아래 ②를 적용하는 경우를 제외하고 모든 선도체에 대하여 과전류 검출기를 설치하여 과전류가 발생할 때 전원을 안전하게 차단해야 한다.

㉯ 3상 전동기 등과 같이 단상 차단이 위험을 일으킬 수 있는 경우 보호조치를 해야 한다.

② 과전류 검출기 설치 예외

TT 계통 또는 TN 계통에서, 선도체만을 이용하여 전원을 공급하는 회로의 경우, 다음 조건들을 충족하면 선도체 중 어느 하나에는 과전류 검출기를 설치하지 않아도 된다.

㉮ 동일 회로 또는 전원 측에서 부하 불평형을 감지하고 모든 선도체를 차단하기 위한 보호장치를 갖춘 경우

㉯ "㉮"에서 규정한 보호장치의 부하 측에 위치한 회로의 인위적 중성점으로부터 중성선을 배선하지 않는 경우

2) 중성선의 보호

① TT 계통 또는 TN 계통

㉮ 중성선의 단면적이 선도체의 단면적과 동등 이상의 크기이고, 그 중성선의 전류가 선도체의 전류보다 크지 않을 것으로 예상될 경우, 중성선에는 과전류 검출기 또는 차단장치를 설치하지 않아도 된다. 중성선의 단면적이 선도체의 단면적보다 작은 경우 과전류 검출기를 설치할 필요가 있다. 검출된 과전류가 설계전류를 초과하면 선도체를 차단해야 하지만, 중성선을 차단할 필요까지는 없다.

㉯ "㉮"의 2가지 경우 모두 단락전류로부터 중성선을 보호해야 한다.

㉰ 중성선에 관한 요구사항은 차단에 관한 것을 제외하고 중성선과 보호도체 겸용(PEN) 도체에도 적용한다.

② IT 계통 : 중성선을 배선하는 경우 중성선에 과전류검출기를 설치해야하며, 과전류가 검

출되면 중성선을 포함한 해당 회로의 모든 충전도체를 차단해야 한다. 다음의 경우에는 과전류검출기를 설치하지 않아도 된다.

㉮ 설비의 전력 공급점과 같은 전원 측에 설치된 보호장치에 의해 그 중성선이 과전류에 대해 효과적으로 보호되는 경우

㉯ 정격감도전류가 해당 중성선 허용전류의 0.2배 이하인 누전차단기로 그 회로를 보호하는 경우

③ 중성선의 차단 및 재연결 : 중성선을 차단 및 재연결하는 회로의 경우에 설치하는 개폐기 및 차단기는 차단 시에는 중성선이 선도체보다 늦게 차단되어야 하며, 재연결 시에는 선도체와 동시 또는 그 이전에 재연결 되는 것을 설치하여야 한다.

(3) 보호장치의 종류 및 특성

1) 과부하전류 및 단락전류 겸용 보호장치

과부하전류 및 단락전류 모두를 보호하는 장치는 그 보호장치 설치 점에서 예상되는 단락전류를 포함한 모든 과전류를 차단 및 투입할 수 있는 능력이 있어야 한다.

2) 과부하전류 전용 보호장치

과부하전류 전용 보호장치는 과부하전류에 대한 보호(212.4)의 요구사항을 충족하여야 하며, 차단용량은 그 설치점에서의 예상 단락전류 값 미만으로 할 수 있다.

3) 단락전류 전용 보호장치

단락전류 전용 보호장치는 과부하보호를 별도의 보호장치에 의하거나, 과부하 보호장치의 생략이 허용되는 경우에 설치할 수 있다. 이 보호장치는 예상 단락전류를 차단할 수 있어야 하며, 차단기인 경우에는 이 단락전류를 투입할 수 있는 능력이 있어야 한다.

4) 보호장치의 특성

① 과전류 보호장치는 KS C 또는 KS C IEC 관련 표준(배선차단기, 누전차단기, 퓨즈 등의 표준)의 동작특성에 적합하여야한다.

② 과전류차단기로 저압전로에 사용하는 범용의 퓨즈(「전기용품 및 생활용품 안전관리법」에서 규정하는 것을 제외한다.)는 다음 표에 적합한 것이어야 한다.

표 3-5 퓨즈(gG)의 용단특성

정격전류의 구분	시 간	정격전류의 배수	
		불용단전류	용단전류
4[A]이하	60분	1.5배	2.1배
4[A]초과 16[A]미만	60분	1.5배	1.9배
16[A]이상 63[A]이하	60분	1.25배	1.6배
63[A]초과 160[A]이하	120분		
160[A]초과 400[A]이하	180분		
400[A]초과	240분		

3章 태양광발전 어레이 설계 **323**

③ 과전류차단기로 저압전로에 사용하는 산업용 배선차단기(「전기용품 및 생활용품 안전관리법」에서 규정하는 것을 제외)는 표 3-6에 주택용 배선차단기는 표 3-7 및 표 3-8에 적합한 것이어야 한다. 다만, 일반인이 접촉할 우려가 있는 장소(세대내 분전반 및 이와 유사한 장소)에는 주택용 배선차단기를 시설하여야 하고, 주택용 배선차단기를 정방향(세로)으로 부착할 경우에는 차단기의 위쪽이 켜짐(on)으로, 차단기의 아래쪽은 꺼짐(off)으로 시설하여야한다.

표 3-6 과전류트립 동작시간 및 특성(산업용 배선용 차단기)

정격전류의 구분	시 간	정격전류의 배수(모든 극에 통전)	
		부동작 전류	동작 전류
63[A]이하	60분	1.05배	1.3배
63[A]초과	120분	1.05배	1.3배

표 3-7 순시트립에 따른 구분(주택용 배선용 차단기)

형	순시트립범위
B	$3I_n$ 초과 ~ $5I_n$ 이하
C	$5I_n$ 초과 ~ $10I_n$ 이하
D	$10I_n$ 초과 ~ $20I_n$ 이하

비고 1. B, C, D : 순시트립전류에 따른 차단기 분류
   2. I_n : 차단기 정격전류

표 3-8 과전류트립 동작시간 및 특성(주택용 배선용 차단기)

정격전류의 구분	시 간	정격전류의 배수(모든 극에 통전)	
		부동작 전류	동작 전류
63[A]이하	60분	1.13배	1.45배
63[A]초과	120분	1.13배	1.45배

(4) 과부하전류에 대한 보호

1) 도체와 과부하 보호장치 사이의 협조

과부하에 대해 케이블(전선)을 보호하는 장치의 동작특성은 다음의 조건을 충족해야 한다.

$$I_B \leq I_n \leq I_Z \qquad \cdots\cdots (식1)$$

$$I_2 \leq 1.45 \times I_Z \qquad \cdots\cdots (식2)$$

I_B : 회로의 설계전류, I_Z : 케이블의 허용전류, I_n : 보호장치의 정격전류

I_2 : 보호장치가 규약시간 이내에 유효하게 동작하는 것을 보장하는 전류

① 조정할 수 있게 설계 및 제작된 보호장치의 경우, 정격전류(I_n)는 사용현장에 적합하게 조정된 전류의 설정 값이다.

② 보호장치의 유효한 동작을 보장하는 전류(I_2)는 제조자로부터 제공되거나 제품표준에 제시되어야 한다.

③ 상기 식2에 따른 보호는 조건에 따라서는 보호가 불확실한 경우가 발생할 수 있다. 이러한 경우에는 식2에 따라 선정된 케이블보다 단면적이 큰 케이블을 선정하여야한다.

④ I_B는 선도체를 흐르는 설계전류이거나, 함유율이 높은 영상분 고조파(특히 제3고조파)가 지속적으로 흐르는 경우 중성선에 흐르는 전류이다.

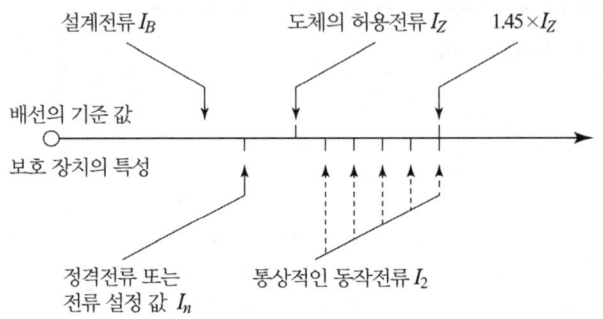

그림 3-17 과부하 보호 설계 조건도

2) 과부하 보호장치의 설치 위치

① 설치위치 : 과부하 보호장치는 전로 중 도체의 단면적, 특성, 설치방법, 구성의 변경으로 도체의 허용전류 값이 줄어드는 곳(분기점)에 설치해야 한다.

② 설치위치의 예외 : 과부하 보호장치는 분기점(O)에 설치해야 하나, 분기점(O)점과 분기회로의 과부하 보호장치의 설치점 사이의 배선 부분에 다른 분기회로나 콘센트 회로가 접속되어 있지 않고, 다음 중 하나를 충족하는 경우에는 변경이 있는 배선에 설치할 수 있다.

㉮ 다음 그림과 같이 분기회로(S_2)의 과부하 보호장치(P_2)의 전원 측에 다른 분기회로 또는 콘센트의 접속이 없고 분기회로에 대한 단락보호가 이루어지고 있는 경우, P_2는 분기회로의 분기점(O)으로부터 부하 측으로 거리에 구애받지 않고 이동하여 설치할 수 있다.

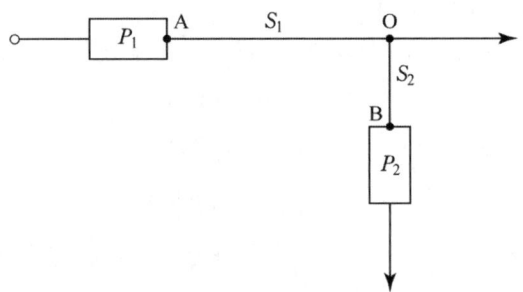

그림 3-18 분기회로(S_2)의 분기점(O)에 설치되지 않은 분기회로 과부하보호장치(P_2)

㉯ 다음 그림과 같이 분기회로(S_2)의 보호장치(P_2)는 (P_2)의 전원 측에서 분기점(O) 사이에 다른 분기회로 또는 콘센트의 접속이 없고, 단락의 위험과 화재 및 인체에 대한 위험성이 최소화 되도록 시설된 경우, 분기회로의 보호장치(P_2)는 분기회로의 분기점 (O)으로부터 3[m]까지 이동하여 설치할 수 있다.

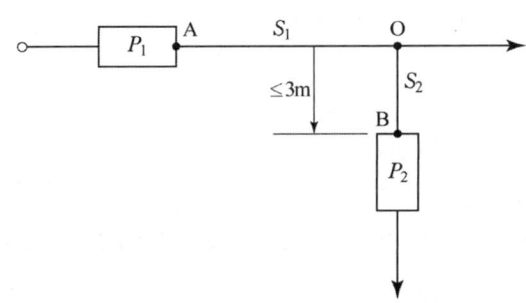

그림 3-19 분기회로(S_2)의 분기점(O)에서 3[m]이내에 설치된 과부하 보호장치(P_2)

3) 과부하보호장치의 생략

다음과 같은 경우에는 과부하보호장치를 생략할 수 있다. 다만, 화재 또는 폭발 위험성이 있는 장소에 설치되는 설비 또는 특수설비 및 특수 장소의 요구사항들을 별도로 규정하는 경우에는 과부하보호장치를 생략할 수 없다.

① 일반사항 : 다음의 어느 하나에 해당되는 경우에는 과부하보호장치 생략이 가능하다.

㉮ 분기회로의 전원 측에 설치된 보호장치에 의하여 분기회로에서 발생하는 과부하에 대해 유효하게 보호되고 있는 분기회로

㉯ 단락장치에 대한 보호(212.5)의 요구사항에 따라 단락보호가 되고 있으며, 분기점 이후의 분기회로에 다른 분기회로 및 콘센트가 접속되지 않는 분기회로 중, 부하에 설치된 과부하 보호장치가 유효하게 동작하여 과부하전류가 분기회로에 전달되지 않도록 조치를 하는 경우

㉰ 통신회로용, 제어회로용, 신호회로용 및 이와 유사한 설비

② IT 계통에서 과부하 보호장치 설치위치 변경 또는 생략

㉮ 과부하에 대해 보호가 되지 않은 각 회로가 다음과 같은 방법 중 어느 하나에 의해 보호될 경우, 설치위치 변경 또는 생략이 가능하다.

　－ 이중절연 또는 강화절연에 의한 보호수단 적용

　－ 2차 고장이 발생할 때 즉시 작동하는 누전차단기로 각 회로를 보호

　－ 지속적으로 감시되는 시스템의 경우 다음 중 어느 하나의 기능을 구비한 절연 감시 장치의 사용

　　㉠ 최초 고장이 발생한 경우 회로를 차단하는 기능

　　㉡ 고장을 나타내는 신호를 제공하는 기능. 이 고장은 운전 요구사항 또는 2차 고

장에 의한 위험을 인식하고 조치가 취해져야 한다.

㉯ 중성선이 없는 IT 계통에서 각 회로에 누전차단기가 설치된 경우에는 선도체 중의 어느 1개에는 과부하 보호장치를 생략할 수 있다.

③ 안전을 위해 과부하 보호장치를 생략할 수 있는 경우 : 사용 중 예상치 못한 회로의 개방이 위험 또는 큰 손상을 초래할 수 있는 다음과 같은 부하에 전원을 공급하는 회로에 대해서는 과부하 보호장치를 생략할 수 있다.

㉮ 회전기의 여자회로

㉯ 전자석 크레인의 전원회로

㉰ 전류변성기의 2차회로

㉱ 소방설비의 전원회로

㉲ 안전설비(주거침입경보, 가스누출경보 등)의 전원회로

4) 병렬 도체의 과부하 보호

하나의 보호장치가 여러 개의 병렬도체를 보호할 경우, 병렬도체는 분기회로, 분리, 개폐장치를 사용할 수 없다.

(5) 단락전류에 대한 보호

이 기준은 동일회로에 속하는 도체사이의 단락인 경우에만 적용하여야한다.

1) 예상 단락전류의 결정 : 설비의 모든 관련 지점에서의 예상 단락전류를 결정해야 한다. 이는 계산 또는 측정에 의하여 수행할 수 있다.

2) 단락보호장치의 설치위치

① 단락전류 보호장치는 분기점(O)에 설치해야 한다. 다만, 다음 그림과 같이 분기회로의 단락보호장치 설치점(B)과 분기점(O) 사이에 다른 분기회로 또는 콘센트의 접속이 없고 단락, 화재 및 인체에 대한 위험이 최소화될 경우, 분기회로의 단락 보호장치는 분기점(O)으로부터 3[m]까지 이동하여 설치할 수 있다.

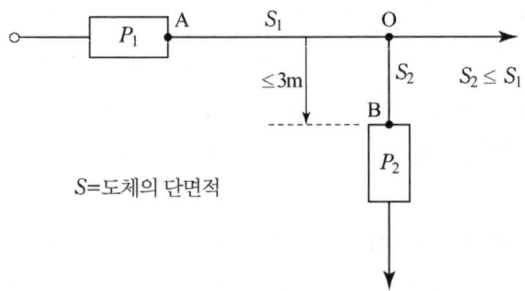

그림 3-20 분기회로 단락보호장치(P_2)의 제한된 위치 변경

② 도체의 단면적이 줄어들거나 다른 변경이 이루어진 분기회로의 시작점(O)과 이 분기회로의 단락보호장치(P_2) 사이에 있는 도체가 전원측에 설치되는 보호장치(P_1)에 의해 단락보호가 되는 경우에, P_2의 설치위치는 분기점(O)로부터 거리제한이 없이 설치할 수 있다. 단, 전원측 단락보호장치(P_1)는 부하측 배선(S_2)에 대하여 단락보호장치의 특성(212.5.5)에 따라 단락보호를 할 수 있는 특성을 가져야 한다.

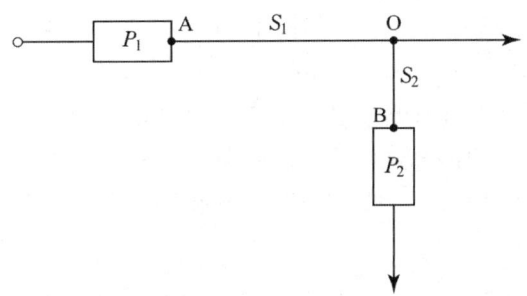

그림 3-21 분기회로 단락보호장치(P_2)의 설치 위치

3) 단락보호장치의 생략

배선을 단락위험이 최소화할 수 있는 방법과 가연성물질 근처에 설치하지 않는 조건이 모두 충족되면 다음과 같은 경우 단락보호장치를 생략할 수 있다.
① 발전기, 변압기, 정류기, 축전지와 보호장치가 설치된 제어반을 연결하는 도체
② 과부하보호장치의 생략(212.4.3)의 "③"과 같이 전원차단이 설비의 운전에 위험을 가져올 수 있는 회로
③ 특정 측정회로

4) 병렬도체의 단락보호

① 여러 개의 병렬도체를 사용하는 회로의 전원 측에 1개의 단락보호장치가 설치되어 있는 조건에서, 어느 하나의 도체에서 발생한 단락고장이라도 효과적인 동작이 보증되는 경우, 해당 보호장치 1개를 이용하여 그 병렬도체 전체의 단락보호장치로 사용할 수 있다.
② 1개의 보호장치에 의한 단락보호가 효과적이지 못하면, 다음 중 1가지 이상의 조치를 취해야 한다.
  ㉮ 배선은 기계적인 손상보호와 같은 방법으로 병렬도체에서의 단락위험을 최소화 할 수 있는 방법으로 설치하고, 화재 또는 인체에 대한 위험을 최소화 할 수 있는 방법으로 설치하여야 한다.
  ㉯ 병렬도체가 2가닥인 경우 단락보호장치를 각 병렬도체의 전원측에 설치해야 한다.
  ㉰ 병렬도체가 3가닥 이상인 경우 단락보호장치는 각 병렬도체의 전원 측과 부하 측에 설치해야 한다.

5) 단락보호장치의 특성

① 차단용량

정격차단용량은 단락전류보호장치 설치 점에서 예상되는 최대 크기의 단락전류 보다 커야한다. 다만, 전원측 전로에 단락고장전류 이상의 차단능력이 있는 과전류차단기가 설치되는 경우에는 그러하지 아니하다. 이 경우에 두 장치를 통과하는 에너지가 부하측 장치와 이 보호장치로 보호를 받는 도체가 손상을 입지 않고 견뎌낼 수 있는 에너지를 초과하지 않도록 양쪽 보호장치의 특성이 협조되도록 해야 한다.

② 케이블 등의 단락전류

회로의 임의의 지점에서 발생한 모든 단락전류는 케이블 및 절연도체의 허용온도를 초과하지 않는 시간 내에 차단되도록 해야 한다. 단락지속시간이 5초 이하인 경우, 통상 사용조건에서의 단락전류에 의해 절연체의 허용온도에 도달하기까지의 시간 t는 식3과 같이 계산할 수 있다.

$$t = \left(\frac{kS}{I}\right)^2 \qquad \cdots\cdots (식3)$$

t : 단락전류 지속시간[초], S : 도체의 단면적[mm^2]

I : 유효 단락전류[A, rms]

k : 도체 재료의 저항률, 온도계수, 열용량, 해당 초기온도와 최종온도를 고려한 계수

(6) 저압전로 중의 개폐기 및 과전류차단장치의 시설

1) 저압전로 중의 개폐기의 시설

① 저압전로 중에 개폐기를 시설하는 경우에는 그 곳의 각 극에 설치하여야한다.

② 사용전압이 다른 개폐기는 상호 식별이 용이하도록 시설하여야한다.

2) 저압 옥내전로 인입구에서의 개폐기의 시설

① 저압 옥내전로(화약류 저장소에 시설하는 것을 제외)에는 인입구에 가까운 곳으로서 쉽게 개폐할 수 있는 곳에 개폐기(개폐기의 용량이 큰 경우에는 회로를 분할하여 각 회로별로 개폐기를 시설할 수 있다. 이 경우에 각 회로별 개폐기는 집합하여 시설하여야 한다)를 각 극에 시설하여야 한다.

② 사용전압이 400[V]이하인 옥내전로로서 다른 옥내전로(정격전류가 16[A]이하인 과전류차단기 또는 정격전류가 16[A]를 초과하고 20[A]이하인 배선차단기로 보호되고 있는 것에 한한다)에 접속하는 길이 15[m]이하의 전로에서 전기의 공급을 받는 것은 상기 ①의 규정에 의하지 아니할 수 있다.

③ 저압 옥내전로에 접속하는 전원측의 전로(그 전로에 가공 부분 또는 옥상 부분이 있는 경우에는 그 가공 부분 또는 옥상 부분보다 부하측에 있는 부분에 한한다)의 그 저압 옥내전로의 인입구에 가까운 곳에 전용의 개폐기를 쉽게 개폐할 수 있는 곳의 각 극에 시설하는 경우에는 상기 ①의 규정에 의하지 아니할 수 있다.

3) 저압전로 중의 전동기 보호용 과전류보호장치의 시설

① 과전류차단기로 저압전로에 시설하는 과부하보호장치(전동기가 손상될 우려가 있는 과전류가 발생했을 경우에 자동적으로 이것을 차단하는 것에 한한다)와 단락보호 전용차단기 또는 과부하보호장치와 단락보호전용퓨즈를 조합한 장치는 전동기에만 연결하는 저압전로에 사용하고 다음 각각에 적합한 것이어야 한다.

㉮ 과부하 보호장치, 단락보호전용 차단기 및 단락보호전용 퓨즈는 「전기용품 및 생활용품 안전관리법」에 적용을 받는 것 이외에는 한국산업표준(KS)에 적합하여야 하며, 다음에 따라 시설할 것.

  − 과부하 보호장치로 전자접촉기를 사용할 경우에는 반드시 과부하계전기가 부착되어 있을 것.

  − 단락보호전용 차단기의 단락동작설정 전류 값은 전동기의 기동방식에 따른 기동돌입전류를 고려할 것.

  − 단락보호전용 퓨즈는 다음 표 3−9의 용단특성에 적합한 것일 것.

표 3−9 단락보호전용 퓨즈(aM)의 용단특성

정격전류의 배수	불용단시간	용단시간
4배	60초 이내	−
6.3배	−	60초 이내
8배	0.5초 이내	−
10배	0.2초 이내	−
12.5배	−	0.5초 이내
19배	−	0.1초 이내

㉯ 과부하 보호장치와 단락보호 전용 차단기 또는 단락보호 전용 퓨즈를 하나의 전용함 속에 넣어 시설한 것일 것.

㉰ 과부하 보호장치가 단락전류에 의하여 손상되기 전에 그 단락전류를 차단하는 능력을 가진 단락보호 전용 차단기 또는 단락보호 전용 퓨즈를 시설한 것일 것.

㉱ 과부하 보호장치와 단락보호 전용 퓨즈를 조합한 장치는 단락보호 전용 퓨즈의 정격전류가 과부하 보호장치의 설정전류(setting current) 값 이하가 되도록 시설한 것일 것.

② 저압 옥내 시설하는 보호장치의 정격전류 또는 전류 설정 값은 전동기 등이 접속되는 경우에는 그 전동기의 기동방식에 따른 기동전류와 다른 전기사용기계기구의 정격전류를 고려하여 선정하여야 한다.

③ 옥내에 시설하는 전동기(정격출력이 0.2[kW]이하인 것을 제외)에는 전동기가 손상될 우려가 있는 과전류가 생겼을 때에 자동적으로 이를 저지하거나 이를 경보하는 장치를 하여야한다. 다만, 다음의 어느 하나에 해당하는 경우에는 그러하지 아니하다.

㉮ 전동기를 운전 중 상시 취급자가 감시할 수 있는 위치에 시설하는 경우

㉯ 전동기의 구조나 부하의 성질로 보아 전동기가 손상될 수 있는 과전류가 생길 우려가

없는 경우
㉣ 단상전동기로써 그 전원측 전로에 시설하는 과전류 차단기의 정격전류가 16[A](배선
차단기는 20[A])이하인 경우

1.3.10 과전압에 대한 보호

(1) 고압계통의 지락고장으로 인한 저압설비 보호

1) 고압계통의 지락고장 시 저압계통에서의 과전압
변전소에서 고압측 지락고장의 경우, 다음 과전압의 유형들이 저압설비에 영향을 미칠 수
있다.
① 상용주파 고장전압(U_f)
② 상용주파 스트레스전압(U_1 및 U_2)

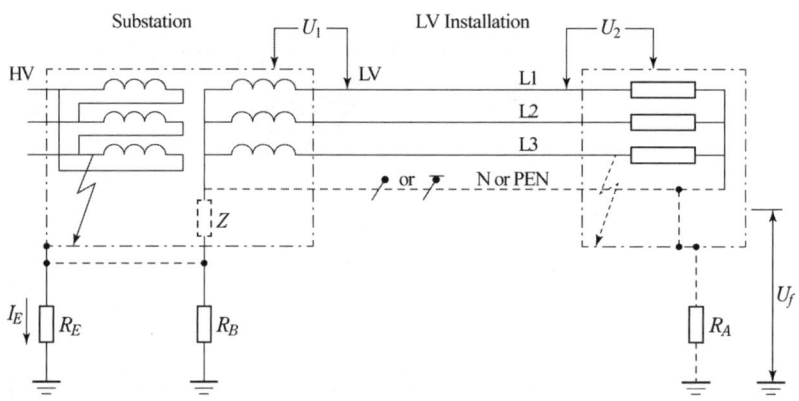

그림 3-22 고압계통의 지락고장 시 저압계통에서의 과전압 발생도

2) 상용주파 스트레스전압의 크기와 지속시간
고압계통에서의 지락으로 인한 저압설비 내의 저압기기의 상용주파 스트레스전압(U_1과
U_2)의 크기와 지속시간은 표 3-2에 주어진 요구사항들을 초과하지 않아야 한다.

(2) 낙뢰 또는 개폐에 따른 과전압 보호

1) 일반사항
배전 계통으로부터 전달되는 기상현상에 기인한 과도 과전압 및 설비 내 기기에 의해 발생하
는 개폐 과전압에 대한 전기설비의 보호를 한다.
2) 기기에 요구되는 임펄스 내전압
기기의 정격 임펄스 내전압이 최소한 표 3-10 에 제시된 필수 임펄스 내전압보다 작지 않도
록 기기를 선정하여야한다.

표 3-10 기기에 요구되는 정격 임펄스 내전압

설비의 공칭전압 [V]	교류 또는 직류 공칭전압에서 산출한 상전압 [V]	요구되는 정격 임펄스 내전압[a] (kV)			
		과전압 범주 IV (매우 높은 정격 임펄스 전압 장비)	과전압 범주 III (높은 정격 임펄스 전압 장비)	과전압 범주 II (통상 정격 임펄스 전압 장비)	과전압 범주 I (감축 정격 임펄스 전압 장비)
		예) 계기, 원격제어시스템	예) 배전반, 개폐기, 콘센트	예) 가전용 배전 전기기기 및 도구	예) 민감한 전자 장비
120/208	150	4	2.5	1.5	0.8
(220/380)[b] 230/400 277/480	300	6	4	2.5	1.5
400/690	600	8	6	4	2.5
1000	1000	12	8	6	4
1500 D.C	1500 D.C				

a. 임펄스 내전압은 충전도체와 보호도체 사이에 적용된다.
b. 현재 국내 사용전압이다.

1.3.11 전선로

(1) 저압 인입선의 시설

1) 전선은 절연전선 또는 케이블일 것.
2) 전선이 케이블인 경우 이외에는 인장강도 2.30[kN]이상의 것 또는 지름 2.6[mm]이상의 인입용 비닐절연전선일 것.
3) 전선이 옥외용 비닐절연전선인 경우에는 사람이 접촉할 우려가 없도록 시설하고, 옥외용 비닐절연전선 이외의 절연전선인 경우에는 사람이 쉽게 접촉할 우려가 없도록 시설할 것.
4) 전선의 높이는 다음에 의할 것.
   ① 도로(차도)를 횡단하는 경우에는 노면상 5[m] (기술상 부득이한 경우에 교통에 지장이 없을 때에는 3[m])이상
   ② 철도 또는 궤도를 횡단하는 경우에는 레일면상 6.5[m]이상
   ③ 횡단보도교의 위에 시설하는 경우에는 노면상 3[m]이상
   ④ ①에서 ③까지 이외의 경우에는 지표상 4[m] (기술상 부득이한 경우에 교통에 지장이 없을 때에는 2.5[m])이상
5) 저압 가공인입선 조영물의 구분에 따른 간격[m]

다른 시설물의 구분	접근형태	간 격
조영물의 상부 조영재	위쪽	2[m]
	옆쪽 또는 아래쪽	0.3[m]

(2) 이웃 연결 인입선의 시설

1) 인입선에서 분기하는 점으로부터 100[m]을 초과하는 지역에 미치지 아니할 것.

2) 폭 5[m]을 초과하는 도로를 횡단하지 아니할 것.

3) 옥내를 통과하지 아니할 것.

(3) 저압 직류 가공전선로

1) 전로에는 과전류차단기를 설치하여야 하고 이를 시설하는 곳을 통과하는 단락전류를 차단하는 능력을 가지는 것이어야 한다.

2) 낙뢰 등의 서지로부터 전로 및 기기를 보호하기 위해 서지보호장치를 설치하여야한다.

3) 기기 외함은 충전부에 일반인이 쉽게 접촉하지 못하도록 공구 또는 열쇠에 의해서만 개방할 수 있도록 설치하고, 옥외에 시설하는 기기 외함은 IPX4 이상의 방수 보호등급을 갖는 것이어야 한다.

4) 교류 전로와 동일한 지지물에 시설되는 경우 직류 전로를 구분하기 위한 표시를 하고, 모든 전로의 종단 및 접속점에서 극성을 식별하기 위한 표시(양극 - 빨간색, 음극 - 흰색, 중점선/중성선 - 파란색)를 하여야한다.

1.3.12 배선 및 조명설비 등

(1) 저압 옥내배선의 사용전선

저압 옥내배선의 전선은 단면적 2.5[mm^2] 이상의 연동선 또는 이와 동등 이상의 강도 및 굵기의 것.

(2) 중성선의 단면적

1) 다음의 경우는 중성선의 단면적은 최소한 선도체의 단면적 이상이어야 한다.

　① 2선식 단상회로

　② 선도체의 단면적이 구리선 16[mm^2], 알루미늄선 25[mm^2]이하인 다상 회로

　③ 제3고조파 및 제3고조파의 홀수배수의 고조파 전류가 흐를 가능성이 높고 전류 종합고조파왜형률이 15~33[%]인 3상회로

2) 제3고조파 및 제3고조파 홀수배수의 전류 종합고조파왜형률이 33[%]를 초과하는 경우, 중성선의 단면적을 증가시켜야 한다.

　① 다심케이블의 경우 선도체의 단면적은 중성선의 단면적과 같아야 하며, 이 단면적은 선도체의 1.45×I_B(회로 설계전류)를 흘릴 수 있는 중성선을 선정한다.

　② 단심케이블은 선도체의 단면적이 중성선 단면적보다 작을 수도 있다. 계산은 다음과 같다.

　　㉮ 선 : I_B(회로 설계전류)

　　㉯ 중성선 : 선도체의 1.45×I_B(회로 설계전류)와 동등 이상의 전류

(3) 옥내전로의 대지전압의 제한

1) 주택의 옥내전로(전기기계기구내의 전로를 제외)의 대지전압은 300[V]이하이어야 하며 다음 각 호에 따라 시설하여야한다. 다만, 대지전압 150[V]이하의 전로인 경우에는 다음에 따르지 않을 수 있다.
　① 사용전압은 400[V]이하여야 한다.

1.3.13 배선설비

(1) 배선설비 공사의 종류

표 3-11 설치방법에 해당하는 배선방법의 종류

종　류	공사방법
전선관시스템	합성수지관공사, 금속관공사, 가요전선관공사
케이블트렁킹시스템	합성수지몰드공사, 금속몰드공사, 금속트렁킹공사[a]
케이블덕팅시스템	플로어덕트공사, 셀룰러덕트공사, 금속덕트공사[b]
애자공사	애자공사
케이블트레이시스템 (래더, 브래킷 포함)	케이블트레이공사
케이블공사	고정하지 않는 방법, 직접 고정하는 방법, 지지선 방법

a. 금속본체와 덮개가 별도로 구성되어 덮개를 개폐할 수 있는 금속덕트공사를 말한다.
b. 본체와 덮개 구분 없이 하나로 구성된 금속덕트공사를 말한다.

(2) 병렬접속

두 개 이상의 선도체(충전도체) 또는 PEN도체를 계통에 병렬로 접속하는 경우, 다음에 따른다.

1) 병렬도체 사이에 부하전류가 균등하게 배분될 수 있도록 조치를 취한다. 도체가 같은 재질, 같은 단면적을 가지고, 거의 길이가 같고, 전체 길이에 분기회로가 없으며 다음과 같을 경우 이 요구사항을 충족하는 것으로 본다.
　① 병렬도체가 다심케이블, 트위스트(twist) 단심케이블 또는 절연전선인 경우
　② 병렬도체가 비트위스트(non-twist) 단심케이블 또는 삼각형태(trefoil) 혹은 직사각형 (flat) 형태의 절연전선이고 단면적이 구리 50[mm^2], 알루미늄 70[mm^2]이하인 것
　③ 병렬도체가 비트위스트(non-twist) 단심케이블 또는 삼각형태(trefoil) 혹은 직사각형 (flat) 형태의 절연전선이고 단면적이 구리 50[mm^2], 알루미늄 70[mm^2]를 초과하는 것으로 이형상에 필요한 특수배치를 적용한 것. 특수한 배치법은 다른 상 또는 극의 조합과 이격으로 구성한다.
2) 부하전류를 배분하는데 특별히 주의한다. 전류분배를 할 수 없거나 4가닥 이상의 도체를 병렬로 접속하는 경우에는 버스바트렁킹시스템의 사용을 고려한다.

(3) 전기적 접속

1) 도체상호간, 도체와 다른 기기와의 접속은 내구성이 있는 전기적 연속성이 있어야 하며, 기

계적 강도를 고려하고 갖추어야 한다.

2) 접속 방법은 다음 사항을 고려하여 선정한다.

① 도체와 절연재료

② 도체를 구성하는 소선의 가닥수와 형상

③ 도체의 단면적

④ 함께 접속되는 도체의 수

3) 접속부는 다음의 경우를 제외하고 검사, 시험과 보수를 위해 접근이 가능하여야한다.

① 지중매설용으로 설계된 접속부

② 충전재 채움 또는 캡슐 속의 접속부

③ 실링히팅시스템(천장난방설비), 플로어히팅시스템(바닥난방설비) 및 트레이스히팅 시스템(열선난방설비) 등의 발열체와 리드선과의 접속부

④ 용접(welding), 연납땜(soldering), 경납땜(brazing) 또는 적절한 눌러 붙임공구로 만든 접속부

⑤ 관련 제품표준에 적합한 기기의 일부를 구성하는 접속부

4) 통상적인 사용 시에 온도가 상승하는 접속부는 그 접속부에 연결하는 도체의 절연물 및 그 도체 지지물의 성능을 저해하지 않도록 주의해야 한다.

5) 도체접속은 접속함, 인출함 또는 제조자가 이 용도를 위해 공간을 제공한 곳 등의 적절한 외함 안에서 수행되어야 한다.

6) 전선의 접속점 및 연결점은 기계적 응력이 미치지 않아야 한다. 장력(스트레스) 완화장치는 전선의 도체와 절연체에 기계적인 손상이 가지 않도록 설계되어야 한다.

7) 외함 안에서 접속되는 경우 외함은 기계적 보호 및 관련 외부영향에 대한 보호가 이루어져야 한다.

(4) 수용가 설비에서의 전압강하

1) 다른 조건을 고려하지 않는다면 수용가 설비의 인입구로부터 기기까지의 전압강하는 다음 표의 값 이하이어야 한다.

표 3-12 수용가설비의 전압강하

설비의 유형	조명 (%)	기타 (%)
A – 저압으로 수전하는 경우	3	5
B – 고압 이상으로 수전하는 경우[a]	6	8

a 가능한 한 최종회로 내의 전압강하가 A유형의 값을 넘지 않도록 하는 것이 바람직하다. 사용자의 배선설비가 100[m]를 넘는 부분의 전압강하는 미터 당 0.005[%] 증가할 수 있으나 이러한 증가분은 0.5[%]를 넘지 않아야 한다.

2) 다음의 경우에는 상기 표 값보다 더 큰 전압강하를 허용할 수 있다.

① 기동 시간 중의 전동기

② 돌입전류가 큰 기타 기기

3) 다음과 같은 일시적인 조건은 고려하지 않는다.
 ① 과도과전압
 ② 비정상적인 사용으로 인한 전압변동
4) IEC 60364에 따른 전압 강하
 최종 부하설비에 전력을 공급하고 임피던스(Z)가 있는 선로(전기도체)의 경우 전압강하는 다음 공식에 의해 계산된다.

 ① 전압강하 $\Delta U = k \times Z \times I_b = k \times \left(\dfrac{L}{n}\right) \times (r \times cos\theta + x \times sin\theta)$

 ② 전압강하율 $\Delta U[\%] = \dfrac{\Delta U}{U_r} \times 100$

> 여기서, k : 계수로 단상 및 2상 시스템에서는 2, 3상 시스템에서는 $\sqrt{3}$
> $I_b[A]$: 부하 전류이고, 이용 가능한 정보가 없는 경우에는 케이블의 최대허용전류(I_z)
> $L[km]$: 도체의 길이
> n : 위상(phase)당 병렬 도체의 수
> $r\,[\Omega/km]$: 킬로미터당 단일 케이블의 저항
> $x\,[\Omega/km]$: 킬로미터당 단일 케이블의 리액턴스
> $cos\theta$: 부하의 역률,　　　U_r : 선로 정격 전압

(5) 절연물의 허용온도

정상적인 사용 상태에서 내용기간 중에 전선에 흘러야 할 전류는 통상적으로 다음 표에 따른 절연물의 허용온도 이하이어야 한다.

표 3-13 절연물의 종류에 대한 최고허용온도

절연물의 종류	최고허용온도[℃]
열가소성 물질(PVC)	70(도체)
열경화성 물질 [가교폴리에틸렌(XLPE) 또는 에틸렌프로필렌고무혼합물 (EPR)]	90(도체)
무기물(열가소성 물질 피복 또는 나도체로 사람이 접촉할 우려가 있는 것)	70(시스)
무기물(사람의 접촉에 노출되지 않고, 가연성 물질과 접촉할 우려가 없는 나도체)	105(시스)

(6) 합성수지관공사

1) 시설조건
 ① 전선은 절연전선(옥외용 비닐절연전선을 제외)일 것.
 ② 전선은 연선일 것. 다만, 다음의 것은 적용하지 않는다.
  ㉮ 짧고 가는 합성수지관에 넣은 것.
  ㉯ 단면적 10$[mm^2]$(알루미늄선은 단면적 16$[mm^2]$) 이하의 것.
 ③ 전선은 합성수지관 안에서 접속점이 없도록 할 것.
 ④ 중량물의 압력 또는 현저한 기계적 충격을 받을 우려가 없도록 시설할 것.

⑤ 이중천장(반자 속 포함) 내에는 시설할 수 없다.

2) 합성수지관 및 부속품의 시설

① 관 상호 간 및 박스와는 관을 삽입하는 깊이를 관의 바깥지름의 1.2배(접착제를 사용하는 경우에는 0.8배) 이상으로 하고 또한 꽂음 접속에 의하여 견고하게 접속할 것.

② 관의 지지점 간의 거리는 1.5[m]이하로 하고, 또한 그 지지점은 관의 끝·관과 박스의 접속점 및 관 상호 간의 접속점 등에 가까운 곳에 시설할 것.

③ 습기가 많은 장소 또는 물기가 있는 장소에 시설하는 경우에는 방습장치를 할 것.

④ 콤바인 덕트관은 직접 콘크리트에 매입(埋入)하여 시설하거나 옥내 전개된 장소에 시설하는 경우 이외에는 불연성 마감재 내부, 전용의 불연성 관 또는 덕트에 넣어 시설할 것.

⑤ 합성수지제 휨(가요) 전선관 상호 간은 직접 접속하지 말 것.

(7) 금속관공사

1) 시설조건

① 전선은 절연전선(옥외용 비닐절연전선을 제외)일 것.

② 전선은 연선일 것. 다만, 다음의 것은 적용하지 않는다.

㉮ 짧고 가는 금속관에 넣은 것.

㉯ 단면적 10[mm^2](알루미늄선은 단면적 16[mm^2]) 이하의 것.

③ 전선은 금속관 안에서 접속점이 없도록 할 것.

2) 관의 두께는 다음에 의할 것.

① 콘크리트에 매입하는 것은 1.2[mm]이상

② ① 이외의 것은 1[mm]이상. 다만, 이음매가 없는 길이 4[m]이하인 것을 건조하고 전개된 곳에 시설하는 경우에는 0.5[mm]까지로 감할 수 있다.

(8) 케이블트레이공사

케이블트레이공사는 케이블을 지지하기 위하여 사용하는 금속재 또는 불연성 재료로 제작된 유닛 또는 유닛의 집합체 및 그에 부속하는 부속재 등으로 구성된 견고한 구조물을 뜻함.

1) 금속제 케이블 트레이의 종류

① 사다리형 　　　② 펀칭형

③ 그물망형 　　　④ 바닥밀폐형

2) 시설조건

① 전선은 연피 케이블, 알루미늄피 케이블 등 난연성 케이블, 기타 케이블 또는 금속관 혹은 합성수지관 등에 넣은 절연전선을 사용하여야한다.

② 상기 ①호의 각 전선은 관련되는 각 규정에서 사용이 허용되는 것에 한하여 시설할 수 있다.

③ 케이블트레이 안에서 전선을 접속하는 경우에는 전선 접속부분에 사람이 접근할 수 있고 또한 그 부분이 측면 레일 위로 나오지 않도록 하고 그 부분을 절연처리 하여야한다.

④ 수평으로 포설하는 케이블 이외의 케이블은 케이블 트레이의 가로대에 견고하게 고정시켜야 한다.

⑤ 저압 케이블과 고압 또는 특고압 케이블은 동일 케이블 트레이 안에 시설하여서는 아니된다. 다만, 견고한 불연성의 격벽을 시설하는 경우 또는 금속 외장 케이블인 경우에는 그러하지 아니하다.

3) 케이블트레이의 선정

① 수용된 모든 전선을 지지할 수 있는 적합한 강도의 것이어야 한다. 이 경우 케이블트레이의 안전율은 1.5이상으로 하여야한다.

② 지지대는 트레이 자체하중과 포설된 케이블 하중을 견딜 수 있는 강도를 가져야 한다.

③ 전선의 피복 등을 손상시킬 돌기 등이 없이 매끈하여야한다.

④ 금속재의 것은 방식처리를 한 것이거나 내식성 재료의 것이어야 한다.

⑤ 측면 레일 또는 이와 유사한 구조재를 취부 하여야한다.

⑥ 배선의 방향 및 높이를 변경하는데 필요한 부속재 기타 적당한 기구를 갖춘 것이어야 한다.

⑦ 비금속제 케이블트레이는 난연성 재료의 것이어야 한다.

⑧ 케이블트레이가 방화구획의 벽, 마루, 천장 등을 관통하는 경우에 관통부는 불연성의 물질로 충전(充塡)하여야한다.

(9) 옥내에 시설하는 저압용 배분전반 등의 시설

1) 옥내에 시설하는 저압용 배·분전반의 기구 및 전선은 쉽게 점검할 수 있도록 하고 다음에 따라 시설할 것.

① 노출된 충전부가 있는 배전반 및 분전반은 취급자 이외의 사람이 쉽게 출입할 수 없도록 설치하여야한다.

② 한 개의 분전반에는 한 가지 전원(1회선의 간선)만 공급하여야한다. 다만, 안전 확보가 되도록 격벽을 설치하고 사용전압을 쉽게 식별할 수 있도록 그 회로의 과전류차단기 가까운 곳에 그 사용전압을 표시하는 경우에는 그러하지 아니하다.

③ 주택용 분전반은 노출된 장소(신발장, 옷장 등의 은폐된 장소에는 시설할 수 없다)에 시설하며 KS C 8326에 의한 것으로 앞면 판은 탈락되지 않는 구조일 것.

④ 옥내에 설치하는 배전반 및 분전반은 불연성 또는 난연성이 있도록 시설할 것.

2) 저압용 전력량계와 이를 수납하는 계기함을 사용할 경우 안전점검(누설전류 측정 등) 및 보수, 검침 등을 쉽게 할 수 있고 안전에 문제가 없도록 노출된 장소에 시설하여야 한다. 다만, 전기판매사업자용 전력량계는 바닥면으로부터 2.0[m] 이하에 설치한다.

(10) 점멸기의 시설

1) 점멸기는 전로의 비접지측에 시설하고 분기개폐기에 배선차단기를 사용하는 경우는 이것을 점멸기로 대용할 수 있다.

2) 다음의 경우에는 센서등(타임스위치 포함)을 시설하여야한다.

① 관광숙박업 또는 숙박업에 이용되는 객실의 입구등은 1분 이내에 소등되는 것.

② 일반주택 및 아파트 각 호실의 현관등은 3분 이내에 소등되는 것.

(11) 저압 가공전선로

1) 저압 가공전선의 굵기 및 종류

① 저압 가공전선은 나전선(중성선 또는 다중접지된 접지측 전선으로 사용하는 전선에 한한다), 절연전선, 다심형 전선 또는 케이블을 사용하여야한다.

② 사용전압이 400[V]이하인 저압 가공전선은 케이블인 경우를 제외하고는 인장강도 3.43 [kN]이상의 것 또는 지름 3.2[mm](절연전선인 경우는 인장강도 2.3[kN]이상의 것 또는 지름 2.6[mm]이상의 경동선)이상의 것이어야 한다.

③ 사용전압이 400[V]초과인 저압 가공전선은 케이블인 경우 이외에는 시가지에 시설하는 것은 인장강도 8.01[kN]이상의 것 또는 지름 5[mm]이상의 경동선, 시가지 외에 시설하는 것은 인장강도 5.26[kN]이상의 것 또는 지름 4[mm]이상의 경동선이어야 한다.

④ 사용전압이 400[V]초과인 저압 가공전선에는 인입용 비닐절연전선을 사용하여서는 안 된다.

2) 저압 가공전선의 높이

① 도로를 횡단하는 경우에는 지표상 6[m]이상

② 철도 또는 궤도를 횡단하는 경우에는 레일면상 6.5[m]이상

③ 횡단보도교의 위에 시설하는 경우에는 저압 가공전선은 그 노면상 3.5[m]이상

④ "①"부터 "③"까지 이외의 경우에는 지표상 5[m]이상.

(12) 저압 옥내 직류전기설비

1) 전기품질

① 저압 옥내 직류전로에 교류를 직류로 변환하여 공급하는 경우에 직류는 리플프리 직류이어야 한다.

2) 저압 직류과전류차단장치

① 저압 직류전로에 과전류차단장치를 시설하는 경우 직류단락전류를 차단하는 능력을 가지는 것이어야 하고 "직류용" 표시를 하여야 한다.

② 다중전원전로의 과전류차단기는 모든 전원을 차단할 수 있도록 시설하여야 한다.

3) 저압 직류지락차단장치

저압 직류전로에 지락이 생겼을 때 자동으로 전로를 차단하는 장치를 시설하여야 하며 "직류용" 표시를 하여야한다.

4) 저압 직류개폐장치

① 직류전로에 사용하는 개폐기는 직류전로 개폐 시 발생하는 아크에 견디는 구조이어야 한다.

② 다중전원전로의 개폐기는 개폐할 때 모든 전원이 개폐될 수 있도록 시설하여야한다.

5) 저압 직류전기설비의 전기부식 방지

저압 직류전기설비를 접지하는 경우에는 직류누설전류에 의한 전기 부식작용으로 인한 접지극이나 다른 금속체에 손상의 위험이 없도록 시설하여야한다.

6) 축전지실 등의 시설

① 30[V]를 초과하는 축전지는 비접지측 도체에 쉽게 차단할 수 있는 곳에 개폐기를 시설하여야한다.

② 옥내전로에 연계되는 축전지는 비접지측 도체에 과전류보호장치를 시설하여야한다.

③ 축전지실 등은 폭발성의 가스가 축적되지 않도록 환기장치 등을 시설하여야한다.

7) 저압 옥내 직류전기설비의 접지

① 저압 옥내 직류전기설비는 전로 보호장치의 확실한 동작의 확보, 이상전압 및 대지 전압의 억제를 위하여 직류 2선식의 임의의 한 점 또는 변환장치의 직류측 중간점, 태양전지의 중간점 등을 접지하여야한다. 다만, 직류 2선식을 다음에 따라 시설하는 경우는 그러하지 아니하다.

㉮ 사용전압이 60[V]이하인 경우

㉯ 접지검출기를 설치하고 특정구역내의 산업용 기계기구에만 공급하는 경우

㉰ 교류 전로로부터 공급을 받는 정류기에서 인출되는 직류계통

㉱ 최대전류 30[mA]이하의 직류화재경보회로

㉲ 절연감시장치 또는 절연고장점검출장치를 설치하여 관리자가 확인할 수 있도록 경보장치를 시설하는 경우

② 상기 ①의 접지공사는 140(접지시스템)의 규정에 의하여 접지하여야한다.

③ 직류전기설비를 시설하는 경우는 감전에 대한 보호를 하여야한다.

④ 직류전기설비의 접지시설은 전기부식방지를 하여야한다.

⑤ 직류접지계통은 교류접지계통과 같은 방법으로 금속제 외함, 교류접지도체 등과 본딩하여야 하며, 교류접지가 피뢰설비·통신접지 등과 통합접지되어 있는 경우는 함께 통합접지공사를 할 수 있다. 이 경우 낙뢰 등에 의한 과전압으로부터 전기설비 등을 보호하기 위해 서지보호장치(SPD)를 설치하여야한다.

1.3.14 고압·특고압 전기설비

(1) 고압·특고압 접지계통

1) 일반사항

① 고압 또는 특고압 기기는 접촉전압 및 보폭전압의 허용 값 이내의 요건을 만족하도록 시설하여야한다.

② 고압 또는 특고압 기기가 출입제한 된 전기설비 운전구역 이외의 장소에 설치되었다면 KS C IEC 61936-1(교류 1kV 초과 전력설비-제1부 : 공통규정)의 "10 접지시스템"에 의한다.

③ 모든 케이블의 금속시스(sheath)부분은 접지를 하여야한다.

2) 접지시스템

① 고압 또는 특고압과 저압 접지시스템이 서로 근접한 경우에는 다음과 같이 시공하여야한다.

㉮ 고압 또는 특고압 변전소 내에서만 사용하는 저압전원이 있을 때 저압 접지시스템이 고압 또는 특고압 접지시스템의 구역 안에 포함되어 있다면 각각의 접지시스템은 서로 접속하여야한다.

㉯ 고압 또는 특고압 변전소에서 인입 또는 인출되는 저압전원이 있을 때, 접지시스템은 다음과 같이 시공하여야한다.

- 고압 또는 특고압 변전소의 접지시스템은 공통 및 통합접지의 일부분이거나 또는 다중접지된 계통의 중성선에 접속되어야 한다. 다만, 공통 및 통합접지시스템이 아닌 경우 다음 표에 따라 각각의 접지시스템 상호 접속여부를 결정하여야 한다.

표 3-14 접지전위상승(EPR, Earth Potential Rise) 제한 값에 의한 고압 또는 특고압 및 저압 접지시스템의 상호접속의 최소요건

저압계통의 형태(a, b)		대지전위상승(EPR) 요건		
		접촉전압	스트레스 전압 [c]	
			고장지속시간 $t_f \leq 5[s]$	고장지속시간 $t_f > 5[s]$
TT		해당 없음	EPR ≤ 1200[V]	EPR ≤ 250[V]
TN		EPR ≤ $F \cdot U_{Tp}$ [d,e]	EPR ≤ 1200[V]	EPR ≤ 250[V]
IT	보호도체 있음	TN 계통에 따름	EPR ≤ 1200[V]	EPR ≤ 250[V]
	보호도체 없음	해당 없음	EPR ≤ 1200[V]	EPR ≤ 250[V]

[a] 저압계통은 계통접지의 방식(203)을 참조한다.
[b] 통신기기는 ITU 추천사항을 적용 한다.
[c] 저압기기가 설치되거나 EPR이 측정이나 계산에 근거한 국부전위차로 바꿔놓는다면 한계 값은 증가할 수 있다.
[d] F 의 기본 값은 2이다. PEN도체를 대지에 추가 접속한 경우보다 높은 F 값이 적용될 수 있다. 어떤 토양구조에서는 F 값은 5까지 될 수도 있다. 이 규정은 표토 층이 보다 높은 저항률을 가진 경우 등 층별 저항률의 차이가 현저한 토양에 적용 시 주의가 필요하다. 이 경우의 접촉전압은 EPR의 50[%]로 한다. 단, PEN 또는 저압 중간도체가 고압 또는 특고압접지계통에 접속되었다면 F의 값은 1로 한다.
[e] U_{Tp}는 허용접촉전압을 의미한다.(KS C IEC 61936-1(교류 1kV 초과 전력설비-공통규정) 그림 12(허용접촉전압 U_{Tp}) 참조)

- 고압 또는 특고압과 저압 접지시스템을 분리하는 경우의 접지극은 고압 또는 특고압 계통의 고장으로 인한 위험을 방지하기 위해 접촉전압과 보폭전압을 허용 값 이내로 하여야한다.

- 고압 및 특고압 변전소에 인접하여 시설된 저압전원의 경우, 기기가 너무 가까이 위치하여 접지계통을 분리하는 것이 불가능한 경우에는 공통 또는 통합접지로 시공하여야한다.

(2) 전로의 중성점의 접지

1) 전로의 보호장치의 확실한 동작의 확보, 이상전압의 억제 및 대지전압의 저하를 위하여 특히 필요한 경우에 전로의 중성점에 접지공사를 할 경우에는 다음에 따라야 한다.

① 접지극은 고장 시 그 근처의 대지 사이에 생기는 전위차에 의하여 사람이나 가축 또는 다른 시설물에 위험을 줄 우려가 없도록 시설할 것.

② 접지도체는 공칭단면적 16[mm²]이상의 연동선 또는 이와 동등 이상의 세기 및 굵기의 쉽게 부식하지 아니하는 금속선(저압 전로의 중성점에 시설하는 것은 공칭 단면적 6[mm²] 이상의 연동선 또는 이와 동등 이상의 세기 및 굵기의 쉽게 부식하지 않는 금속선)으로서 고장 시 흐르는 전류가 안전하게 통할 수 있는 것을 사용하고 또한 손상을 받을 우려가 없도록 시설할 것.

③ 접지도체에 접속하는 저항기 · 리액터 등은 고장 시 흐르는 전류를 안전하게 통할 수 있는 것을 사용할 것.

④ 접지도체 · 저항기 · 리액터 등은 취급자 이외의 자가 출입하지 아니하도록 설비한 곳에 시설하는 경우 이외에는 사람이 접촉할 우려가 없도록 시설할 것.

(3) 가공전선로 지지물의 철탑오름 및 전주오름 방지

가공전선로의 지지물에 취급자가 오르고 내리는데 사용하는 발판 볼트 등을 지표상 1.8[m]미만에 시설하여서는 아니 된다.

(4) 풍압하중의 종별과 적용

1) 풍압하중의 종류

① 갑종

② 을종

③ 병종

2) 풍압하중의 종별과 적용

지역구분	고온계절	저온계절
빙설이 많은 지방이외의 지방	갑종 풍압하중	병종 풍압하중
빙설이 많은 지방	갑종 풍압하중	을종 풍압하중
인가가 많이 이웃 연결되어 있는 장소에 시설하는 가공전선로 적용하는 풍압하중은 병종 풍압하중		

(5) 가공전선로 지지물의 기초의 안전율

가공전선로의 지지물에 하중이 가하여지는 경우에 그 하중을 받는 지지물의 기초의 안전율은 2 이상이어야 한다.

(6) 고압 옥측전선로의 시설

고압 옥측전선로는 전개된 장소에는 다음에 따라 시설하여야한다.

① 전선은 케이블일 것.

② 케이블은 견고한 관 또는 트로프에 넣거나 사람이 접촉할 우려가 없도록 시설할 것.

③ 케이블을 조영재의 옆면 또는 아랫면에 따라 붙일 경우에는 케이블의 지지점간의 거리를 2[m](수직으로 붙일 경우에는 6[m])이하로 하고 또한 피복을 손상하지 아니하도록 붙일 것.

④ 케이블을 조가선에 조가하여 시설하는 경우에 전선이 고압 옥측 전선로를 시설하는 조영재에 접촉하지 아니하도록 시설할 것.

⑤ 관 기타의 케이블을 넣는 방호장치의 금속제 부분·금속제의 전선 접속함 및 케이블의 피복에 사용하는 금속제에는 이들의 부식방지조치를 한 부분 및 대지와의 사이의 전기저항 값이 10[Ω]이하인 부분을 제외하고 140(접지시스템)의 규정에 준하여 접지공사를 할 것.

(7) 특고압 가공케이블의 시설

특고압 가공전선로는 그 전선에 케이블을 사용하는 경우에는 다음에 따라 시설하여야한다.

① 조가선에 행거에 의하여 시설할 것. 이 경우에 행거의 간격은 0.5[m]이하로 하여 시설하여야한다.

② 조가선에 접촉시키고 그 위에 쉽게 부식되지 아니하는 금속 테이프 등을 0.2[m]이하의 간격을 유지시켜 나선형으로 감아 붙일 것.

(8) 특고압 가공전선의 높이

사용전압의 구분	지표상의 높이
35[kV] 이하	• 지표상 : 5[m] • 철도 또는 궤도를 횡단하는 경우 : 6.5[m] • **도로를 횡단하는 경우 : 6[m]** • 횡단보도교의 위에 시설하는 경우로서 전선이 특고압절연전선 또는 케이블인 경우 : 4[m]
35[kV] 초과 160[kV] 이하	• 지표상 : 6[m] • 철도 또는 궤도를 횡단하는 경우 : 6.5[m] • 산지 등에서 사람이 쉽게 들어갈 수 없는 장소에 시설하는 경우 : 5[m] • 횡단보도교의 위에 시설하는 경우 전선이 케이블인 때는 5[m])

(9) 철탑의 종류

직선형	전선로의 직선부분(3° 이하인 수평각도를 이루는 곳을 포함한다.)에 사용하는 것
각도형	전선로 중 3°를 초과하는 수평각도를 이루는 곳에 사용하는 것
잡아 당김형	전가섭선을 인류하는 곳에 사용하는 것
내장형	전선로의 지지물 양쪽의 지지물 간의 거리의 차가 큰 곳에 사용하는 것
보강형	전선로의 직선부분에 그 보강을 위하여 사용하는 것

(10) 특고압 가공전선과 저고압 가공전선의 병행설치 시 간격

사용전압의 구분	간 격
35[kV]이하	1.2[m] (특고압 가공전선이 케이블인 경우에는 0.5[m])
35[kV]초과 60[kV]이하	2[m] (특고압 가공전선이 케이블인 경우에는 1[m])
60[kV]초과	2[m] (특고압 가공전선이 케이블인 경우에는 1[m])에 60[kV]을 초과하는 10[kV] 또는 그 단수마다 0.12[m]를 더한 값

(11) 지중전선로의 시설

1) 지중 전선로 시설방법의 종류
   ① 관로식
   ② 암거식
   ③ 직접 매설식

2) 지중 전선로 시설방법(중량물의 압력을 받을 우려가 있는 곳)

구 분	매설깊이[m]	중량물의 압력을 받을 우려가 없는 곳 매설깊이[m]
직접 매설식	1.0	0.6
관로식	1.0	0.6

(12) 수상전선로의 시설

1) 수상전선로를 시설하는 경우에는 그 사용전압은 저압 또는 고압인 것에 한하며 다음에 따르고 또한 위험의 우려가 없도록 시설하여야한다.
   ① 전선은 전선로의 사용전압이 저압인 경우에는 클로로프렌 캡타이어 케이블이어야 하며, 고압인 경우에는 캡타이어 케이블일 것.
   ② 수상전선로의 전선을 가공전선로의 전선과 접속하는 경우에는 그 부분의 전선은 접속점으로부터 전선의 절연 피복 안에 물이 스며들지 아니하도록 시설하고 또한 전선의 접속점은 다음의 높이로 지지물에 견고하게 붙일 것.
     ㉮ 접속점이 육상에 있는 경우에는 지표상 5[m]이상. 다만, 수상전선로의 사용전압이 저압인 경우에 도로상 이외의 곳에 있을 때에는 지표상 4[m]까지로 감할 수 있다.
     ㉯ 접속점이 수면상에 있는 경우에는 수상전선로의 사용전압이 저압인 경우에는 수면상 4[m] 이상, 고압인 경우에는 수면상 5[m] 이상
   ③ 수상전선로에 사용하는 부유식 구조물은 쇠사슬 등으로 견고하게 연결한 것일 것.
   ④ 수상전선로의 전선은 부유식 구조물은의 위에 지지하여 시설하고 또한 그 절연피복을 손상하지 아니하도록 시설할 것.

2) 상기 ①의 수상전선로에는 이와 접속하는 가공전선로에 전용개폐기 및 과전류 차단기를 각

극(과전류 차단기는 다선식 전로의 중성극을 제외)에 시설하고 또한 수상전 선로의 사용전 압이 고압인 경우에는 전로에 지락이 생겼을 때에 자동적으로 전로를 차단하기 위한 장치를 시설하여야한다.

(13) 물밑전선로의 시설
1) 물밑전선로는 손상을 받을 우려가 없는 곳에 위험의 우려가 없도록 시설하여야한다.
2) 특고압 물밑전선로는 다음에 따라 시설하여야한다.
   ① 전선은 케이블일 것.
   ② 케이블은 견고한 관에 넣어 시설할 것. 다만, 전선에 지름 6[mm]의 아연도철선 이상의 기계적강도가 있는 금속선으로 개장한 케이블을 사용하는 경우에는 그러하지 아니하다.

(14) 아크를 발생하는 기구의 시설
고압용 또는 특고압용의 개폐기·차단기·피뢰기 기타 이와 유사한 기구로서 동작 시에 아크가 생기는 것은 목재의 벽 또는 천장 기타의 가연성 물체로부터 다음 표에서 정한 값 이상 이격하여 시설하여야한다.

기구 등의 구분	간 격
고압용의 것	1[m]이상
특고압용의 것	2[m]이상(화재가 발생할 우려가 없도록 제한하는 경우에는 1[m]이상)

(15) 고압 및 특고압 전로 중의 과전류차단기의 시설
1) 과전류차단기로 시설하는 퓨즈 중 고압전로에 사용하는 포장 퓨즈(퓨즈 이외의 과전류 차단기와 조합하여 하나의 과전류 차단기로 사용하는 것을 제외)는 정격 전류의 1.3배의 전류에 견디고 또한 2배의 전류로 120분 안에 용단되는 것이어야 한다.
2) 과전류차단기로 시설하는 퓨즈 중 고압전로에 사용하는 비포장 퓨즈는 정격전류의 1.25배의 전류에 견디고 또한 2배의 전류로 2분 안에 용단되는 것이어야 한다.

(16) 과전류차단기의 시설 제한
접지공사의 접지도체, 다선식 전로의 중성선 및 전로의 일부에 접지공사를 한 저압 가공전선로의 접지측 전선에는 과전류차단기를 시설하여서는 안 된다.

(17) 지락차단장치 등의 시설
특고압전로 또는 고압전로에 변압기에 의하여 결합되는 사용전압 400[V]초과의 저압전로 또는 발전기에서 공급하는 사용전압 400[V]초과의 저압전로(발전소 및 변전소와 이에 준하는 곳에 있는 부분의 전로를 제외)에는 전로에 지락이 생겼을 때에 자동적으로 전로를 차단하는 장치를 시설하여야한다.

(18) 피뢰기의 시설
1) 고압 및 특고압의 전로 중 다음에 열거하는 곳 또는 이에 근접한 곳에는 피뢰기를 시설하여야

한다.

① 발전소·변전소 또는 이에 준하는 장소의 가공전선 인입구 및 인출구

② 특고압 가공전선로에 접속하는 특고압 배전용 변압기의 고압측 및 특고압측

③ 고압 및 특고압 가공전선로로부터 공급을 받는 수용장소의 인입구

④ 가공전선로와 지중전선로가 접속되는 곳

2) 다음의 어느 하나에 해당하는 경우에는 제1항의 규정에 의하지 아니할 수 있다.

① 제1항의 어느 하나에 해당되는 곳에 직접 접속하는 전선이 짧은 경우

② 제1항의 어느 하나에 해당되는 경우 피보호기기가 보호범위 내에 위치하는 경우

(19) 피뢰기의 접지

고압 및 특고압의 전로에 시설하는 피뢰기 접지저항 값은 10[Ω]이하로 하여야한다.

(20) 발전소 등의 울타리·담 등의 시설

1) 고압 또는 특고압의 기계기구·모선 등을 옥외에 시설하는 발전소·변전소·개폐소 또는 이에 준하는 곳에는 다음에 따라 구내에 취급자 이외의 사람이 들어가지 아니 하도록 시설하여야한다. 다만, 토지의 상황에 의하여 사람이 들어갈 우려가 없는 곳은 그러하지 아니하다.

① 울타리·담 등을 시설할 것.

② 출입구에는 출입금지의 표시를 할 것.

③ 출입구에는 자물쇠장치 기타 적당한 장치를 할 것.

2) 제1항의 울타리·담 등은 다음에 따라 시설하여야한다.

① 울타리·담 등의 높이는 2[m]이상으로 하고 지표면과 울타리·담 등의 하단사이의 간격은 0.15[m]이하로 할 것.

② 울타리·담 등과 고압 및 특고압의 충전 부분이 접근하는 경우에는 울타리·담 등의 높이와 울타리·담 등으로부터 충전부분까지 거리의 합계는 다음 표에서 정한 값 이상으로 할 것.

표 3-15 발전소 등의 울타리·담 등의 시설 시 이격거리

사용전압의 구분	울타리·담 등의 높이와 울타리·담 등으로부터 충전부분까지의 거리의 합계
35[kV]이하	5[m]
35[kV]초과 160[kV]이하	6[m]
160[kV]초과	6[m]에 160[kV]를 초과하는 10[kV] 또는 그 단수마다 0.12[m]를 더한 값

(21) 발전기 등의 보호장치

발전기에는 **과전류나 과전압이 생긴 경우**에 자동적으로 이를 전로로부터 차단하는 장치를 시설하여야한다.

(22) 감시 및 계측장치

발전소에서는 다음의 사항을 계측하는 장치를 시설하여야한다. 다만, 태양전지 발전소는 연계하는 전력계통에 그 발전소 이외의 전원이 없는 것에 대하여는 그러하지 아니하다.

① 발전기·연료전지 또는 태양전지 모듈(복수의 태양전지 모듈을 설치하는 경우에는 그 집합체)의 전압 및 전류 또는 전력
② 발전기의 베어링(수중 메탈을 제외) 및 고정자(固定子)의 온도
③ 주요 변압기의 전압 및 전류 또는 전력
④ 특고압용 변압기의 온도

1.3.15 분산형 전원설비

(1) 분산형전원 계통 연계설비의 시설

1) 계통 연계의 범위

분산형전원설비 등을 전력계통에 연계하는 경우에 적용하며, 여기서 전력계통이라 함은 전기판매사업자의 계통, 구내계통 및 독립전원계통 모두를 말한다.

2) 전기 공급방식 등

분산형전원설비의 전기 공급방식, 측정 장치 등은 다음에 따른다.
① 분산형전원설비의 전기 공급방식은 전력계통과 연계되는 전기 공급방식과 동일할 것 .
② 분산형전원설비 사업자의 한 사업장의 설비 용량 합계가 250[kVA]이상일 경우에는 송·배전계통과 연계지점의 연결 상태를 감시 또는 유효전력, 무효전력 및 전압을 측정할 수 있는 장치를 시설할 것.

3) 저압계통 연계 시 직류유출방지 변압기의 시설

분산형전원설비를 인버터를 이용하여 전기판매사업자의 저압 전력계통에 연계하는 경우 인버터로부터 직류가 계통으로 유출되는 것을 방지하기 위하여 접속점(접속설비와 분산형전원설비 설치자 측 전기설비의 접속점)과 인버터 사이에 상용주파수 변압기(단권변압기를 제외)를 시설하여야한다. 다만, 다음을 모두 충족하는 경우에는 예외로 한다.
① 인버터의 직류 측 회로가 비접지인 경우 또는 고주파 변압기를 사용하는 경우
② 인버터의 교류출력 측에 직류 검출기를 구비하고, 직류 검출 시에 교류출력을 정지하는 기능을 갖춘 경우

4) 단락전류 제한장치의 시설

분산형전원을 계통 연계하는 경우 전력계통의 단락용량이 다른 자의 차단기의 차단용량 또는 전선의 순시허용전류 등을 상회할 우려가 있을 때에는 그 분산형전원 설치자가 전류제한 리액터 등 단락전류를 제한하는 장치를 시설하여야 하며, 이러한 장치로도 대응할 수 없는 경우에는 그 밖에 단락전류를 제한하는 대책을 강구하여야한다.

5) 계통 연계용 보호장치의 시설
① 계통 연계하는 분산형전원설비를 설치하는 경우 다음에 해당하는 이상 또는 고장 발생 시 자동적으로 분산형전원설비를 전력계통으로부터 분리하기 위한 장치 시설 및 해당 계통과의 보호협조를 실시하여야한다.
  ㉮ 분산형전원설비의 이상 또는 고장
  ㉯ 연계한 전력계통의 이상 또는 고장
  ㉰ 단독운전 상태
② 연계한 전력계통의 이상 또는 고장 발생 시 분산형전원의 분리시점은 해당 계통의 재연결 시점 이전이어야 하며, 이상 발생 후 해당 계통의 전압 및 주파수가 정상 범위 내에 들어올 때까지 계통과의 분리상태를 유지하는 등 연계한 계통의 재연결방식과 협조를 이루어야 한다.
③ 단순 병렬운전 분산형전원설비의 경우에는 역전력 계전기를 설치한다. 단, 신·재생에너지를 이용하여 동일 전기사용장소에서 전기를 생산하는 합계 용량이 50[kW]이하의 소규모 분산형전원으로서 단독운전 방지기능을 가진 것을 단순 병렬로 연계하는 경우에는 역전력계전기 설치를 생략할 수 있다.

6) 특고압 송전계통 연계 시 분산형전원 운전제어장치의 시설
분산형전원설비를 송전사업자의 특고압 전력계통에 연계하는 경우 계통안정화 또는 조류억제 등의 이유로 운전제어가 필요할 때에는 그 분산형전원설비에 필요한 운전제어장치를 시설하여야한다.

7) 연계용 변압기 중성점의 접지
분산형전원설비를 특고압 전력계통에 연계하는 경우 연계용 변압기 중성점의 접지는 전력계통에 연결되어 있는 다른 전기설비의 정격을 초과하는 과전압을 유발하거나 전력계통의 지락고장 보호협조를 방해하지 않도록 시설하여야한다.

(2) 전기저장장치

1) 시설장소의 요구사항
① 전기저장장치의 이차전지, 제어반, 배전반의 시설은 기기 등을 조작 또는 보수·점검할 수 있는 공간을 확보하고 조명설비를 설치하여야한다.
② 전기저장장치를 시설하는 장소는 폭발성 가스의 축적을 방지하기 위한 환기시설을 갖추고 제조사가 권장하는 온도·습도·수분·먼지 등의 적정 운영환경을 상시 유지하여야한다.
③ 이차전지, 전력변환장치, 제어, 통신 및 보호설비 등은 침수 및 누수의 우려가 없도록 시설하여야 한다.
④ 전기저장장치 시설장소에는 외벽 등 확인하기 쉬운 위치에 "전기저장장치 시설장소" 표지를 하고, 일반인의 출입을 통제하기 위한 잠금장치 등을 설치하여야한다.

2) 설비의 안전 요구사항

① 충전부 등 노출부분은 설비의 안전확보 및 인체 감전보호를 위해 절연하거나 접촉방지를 위한 방호 시설물을 설치하여야 한다.

② 전기저장장치의 고장이나 외부 환경요인으로 인하여 비상상황 발생 또는 출력에 문제가 있을 경우 안전하게 작동하기 위한 비상정지 스위치 등을 시설하여야 한다.

③ 전기저장장치의 모든 부품은 내열성을 확보하여야 한다.

④ 동일 구획 내에 직병렬로 연결된 전기저장장치는 식별이 용이하도록 그룹별로 명판을 부착하고, 이차전지, 전력변환장치 및 감시·보호장치 간의 잘못 연결 되지 않도록 시설하여야 한다.

⑤ 부식환경에 노출되는 경우, 전기저장장치에 사용되는 금속제 및 부속품은 부식되지 아니하도록 녹방지 처리를 하여야 하며, 절단가공 및 용접부위는 방식처리를 하여야 한다.

3) 옥내전로의 대지전압 제한

주택의 전기저장장치의 축전지에 접속하는 부하 측 옥내배선을 다음에 따라 시설하는 경우에 주택의 옥내전로의 대지전압은 직류 600[V]까지 적용할 수 있다.

① 전로에 지락이 생겼을 때 자동적으로 전로를 차단하는 장치를 시설할 것

② 사람이 접촉할 우려가 없는 은폐된 장소에 시설하여야 하며, 합성수지관배선, 금속관배선 및 케이블배선의 규정에 준하여 시설할 것. 다만, 사람이 접촉할 우려가 있는 장소에 케이블배선에 의하여 시설하는 경우에는 전선에 적당한 방호장치를 시설할 것

4) 전기저장장치의 시설

① 전기배선

㉮ 전선은 공칭단면적 $2.5[\text{mm}^2]$이상의 연동선 또는 이와 동등 이상의 세기 및 굵기의 것일 것.

㉯ 옥내에 시설할 경우 배선설비 공사는 합성수지관공사, 금속관공사, 가요전선관공사 케이블공사 또는 배선설비와 다른 공급설비와의 접근 규정에 준하여 시설할 것.

㉰ 옥측 또는 옥외에 시설할 경우 배선설비 공사는 합성수지관공사, 금속관공사, 가요전선관공사 또는 케이블공사(수직 케이블의 포설은 제외)의 규정에 준하여 시설할 것.

㉱ 전력변환장치에 시설하는 배선의 과부하 및 단락고장에 대한 보호는 KEC 212에 따를 것.

㉲ 전기배선은 절연 파괴를 일으키는 모서리, 나사선, 돌출부분, 가동부품 등 모든 부품들과 이격하여 설치할 것.

② 단자와 접속

㉮ 단자의 접속은 기계적, 전기적 안전성을 확보하도록 하여야 한다.

㉯ 단자를 체결 또는 잠글 때 너트나 나사는 풀림방지 기능이 있는 것을 사용하여야한다.

㉰ 외부터미널과 접속하기 위해 필요한 접점의 압력이 사용기간 동안 유지되어야 한다.

㉱ 단자는 도체에 손상을 주지 않고 금속표면과 안전하게 체결되어야 한다.

③ 지지물의 시설

이차전지의 지지물은 부식성 가스 또는 용액에 의하여 부식되지 아니하도록 하고 적재하중 또는 지진 기타 진동과 충격에 대하여 안전한 구조이어야 한다.

④ 이차전지의 시설

㉮ 다음과 같이 이차전지에 대한 정보를 기록하고 관리하여야 한다.

- 교체이력 (사유, 교체일 등)

- 제조이력 (생산지, 생산시기, 용량, 제조번호 등)

㉯ 이차전지의 출력 배선은 극성별로 확인할 수 있도록 표시하여야 한다.

5) 제어 및 보호장치의 시설

① 전기저장장치의 접속점에는 쉽게 개폐할 수 있는 곳에 개방상태를 육안으로 확인할 수 있는 전용의 개폐기를 시설하여야 한다.

② 전기저장장치는 정격 운전 범위를 초과하는 다음의 경우가 발생했을 때 자동으로 전로를 차단하는 보호장치를 시설하여야 한다.

㉮ 과전압, 저전압, 과전류가 발생한 경우

㉯ 제어장치에 이상이 발생한 경우

㉰ 이차전지 모듈의 내부 온도가 상승할 경우

6) 충전 및 방전기능

① 충전기능

㉮ 전기저장장치는 이차전지의 충전특성에 따라 제조사가 제시한 정격으로 충전할 수 있어야 한다.

㉯ 충전할 때에는 전기저장장치의 충전상태 또는 이차전지 상태를 시각화하여 정보를 제공해야 한다.

② 방전기능

㉮ 전기저장장치는 이차전지의 방전특성에 따라 제조사가 제시한 정격으로 방전할 수 있어야 한다.

㉯ 방전할 때에는 전기저장장치의 방전상태 또는 이차전지 상태를 시각화하여 정보를 제공해야 한다.

7) 계측장치

전기저장장치를 시설하는 곳에는 다음의 사항을 계측하는 장치를 시설하여야 한다.

① 이차전지 출력 단자의 전압, 전류, 전력 및 충방전 상태

② 주요변압기의 전압, 전류 및 전력

1.3.16 태양광발전설비

(1) 설치장소의 요구사항

1) 인버터, 제어반, 배전반 등의 시설은 기기 등을 조작 또는 보수 점검할 수 있는 충분한 공간을 확보하고 필요한 조명설비를 시설하여야 한다.

2) 인버터 등을 수납하는 공간에는 실내온도의 과열 상승을 방지하기 위하여 온도 및 습도를 유지하도록 환기시설을 시설하여야 한다.

3) 배전반, 인버터, 접속장치 등을 옥외에 시설하는 경우 침수의 우려가 없도록 시설하여야 한다.

4) 태양전지 모듈을 지붕에 시설하는 경우 취급자에게 추락의 위험이 없도록 점검통로를 안전하게 시설하여야한다.

5) 태양전지 모듈의 직렬군 최대개방전압이 직류 750[V]초과 1500[V]이하인 시설장소는 다음에 따라 울타리 등의 안전조치를 하여야한다.

　① 태양전지 모듈을 지상에 설치하는 경우는 울타리·담 등을 시설하여야한다.

　② 태양전지 모듈을 일반인이 쉽게 출입할 수 있는 옥상 등에 시설하는 경우는 상기 "①" 또는 충전부분이 노출되지 아니하고 기계기구를 사람이 쉽게 접촉할 수 없도록 시설하여야하고 식별이 가능하도록 위험 표시를 하여야한다.

　③ 태양전지 모듈을 일반인이 쉽게 출입할 수 없는 옥상·지붕에 설치하는 경우는 모듈 프레임 등 쉽게 식별할 수 있는 위치에 위험표시를 하여야한다.

　④ 태양전지 모듈을 주차장 상부에 시설하는 경우는 "②"와 같이 시설하고 차량의 출입 등에 의한 구조물, 모듈 등의 손상이 없도록 하여야한다.

　⑤ 태양전지 모듈을 수상에 설치하는 경우는 "③"과 같이 시설하여야한다.

(2) 설비의 안전 요구사항

1) 태양전지 모듈, 전선, 개폐기 및 기타 기구는 충전부분이 노출되지 않도록 시설하여야한다.

2) 모든 접속함에는 내부의 충전부가 인버터로부터 분리된 후에도 여전히 충전상태일 수 있음을 나타내는 경고가 붙어 있어야 한다.

3) 태양광설비의 고장이나 외부 환경요인으로 인하여 계통연계에 문제가 있을 경우 회로분리를 위한 안전시스템이 있어야 한다.

(3) 옥내전로의 대지전압 제한

주택의 태양전지모듈에 접속하는 부하측 옥내배선(복수의 태양전지모듈을 시설하는 경우에는 그 집합체에 접속하는 부하 측의 배선)의 대지전압은 직류 600[V]까지 적용할 수 있다.

(4) 태양광설비 간선의 전기배선

1) 전선은 다음에 의하여 시설하여야한다.

　① 모듈 및 기타 기구에 전선을 접속하는 경우는 나사로 조이거나 기타 이와 동등 이상의 효력이 있는 방법으로 기계적·전기적으로 안전하게 접속하고, 접속점에 장력이 가해지지

않도록 할 것

② 배선시스템은 바람, 결빙, 물, 온도, 태양방사와 같이 예상되는 외부 영향을 견디도록 시설할 것

③ 모듈의 출력배선은 극성별로 확인할 수 있도록 표시할 것

④ 직렬 연결된 태양전지모듈의 배선은 과도과전압의 유도에 의한 영향을 줄이기 위하여 스트링 양극간의 배선간격이 최소가 되도록 배치할 것

(5) 태양광설비의 시설기준

1) 태양광설비에 시설하는 태양전지 모듈은 다음에 따라 시설하여야한다.

① 모듈은 자체중량, 적설, 풍압, 지진 및 기타의 진동과 충격에 대하여 탈락하지 아니하도록 지지물에 의하여 견고하게 설치할 것

② 모듈의 각 직렬군은 동일한 단락전류를 가진 모듈로 구성하여야 하며 1대의 인버터(멀티스트링 인버터의 경우 1대의 MPPT 제어기)에 연결된 모듈 직렬군이 2병렬 이상일 경우에는 각 직렬군의 출력전압 및 출력전류가 동일하게 형성되도록 배열 할 것

2) 전력변환장치의 시설

인버터, 절연변압기 및 계통 연계 보호장치 등 전력변환장치의 시설은 다음에 따라 시설하여야한다.

① 인버터는 실내·실외용을 구분할 것

② 각 직렬군의 태양전지 개방전압은 인버터 입력전압 범위 이내일 것

③ 옥외에 시설하는 경우 방수등급은 IPX4 이상일 것

3) 모듈을 지지하는 구조물 모듈의 지지물은 다음에 의하여 시설하여야한다.

① 자체중량, 적재하중, 적설 또는 풍압, 지진 및 기타의 진동과 충격에 대하여 안전한 구조일 것

② 부식환경에 의하여 부식되지 아니하도록 다음의 재질로 제작할 것

㉮ 용융아연 또는 용융아연-알루미늄-마그네슘합금 도금된 형강

㉯ 스테인리스 스틸(STS)

㉰ 알루미늄합금

㉱ 상기와 동등이상의 성능(인장강도, 항복강도, 압축강도, 내구성 등)을 가지는 재질로서 KS제품 또는 동등이상의 성능의 제품일 것

③ 모듈 지지대와 그 연결부재의 경우 용융아연도금처리 또는 녹방지 처리를 하여야 하며, 절단가공 및 용접부위는 방식처리를 할 것

④ 설치 시에는 건축물의 방수 등에 문제가 없도록 설치하여야 하며 볼트조립은 헐거움이 없이 단단히 조립하여야 하며, 모듈-지지대의 고정 볼트에는 스프링 와셔 또는 풀림방지너트 등으로 체결할 것

(6) 제어 및 보호장치 등

1) 어레이 출력 개폐기

어레이 출력 개폐기는 다음과 같이 시설하여야한다.

① 태양전지 모듈에 접속하는 부하측의 태양전지 어레이에서 전력변환장치에 이르는 전로 (복수의 태양전지 모듈을 시설한 경우에는 그 집합체에 접속하는 부하측의 전로)에는 그 접속점에 근접하여 개폐기 기타 이와 유사한 기구(부하전류를 개폐할 수 있는 것에 한한 다)를 시설할 것

② 어레이 출력개폐기는 점검이나 조작이 가능한 곳에 시설할 것

2) 과전류 및 지락 보호장치

① 모듈을 병렬로 접속하는 전로에는 그 전로에 단락전류가 발생할 경우에 전로를 보호하는 과전류차단기 또는 기타 기구를 시설하여야한다. 단, 그 전로가 단락전류에 견딜 수 있는 경우에는 그러하지 아니하다.

② 태양전지 발전설비의 직류전로에 지락이 발생했을 때 자동적으로 전로를 차단하는 장치 를 시설하여야한다.

3) 상주 감시를 하지 아니하는 태양광발전소의 시설

상주감시를 하지 아니하는 태양광발전소의 시설은 (상주 감시를 하지 아니하는 발전소)에 따른다.

4) 접지설비

① 태양전지 모듈의 프레임은 지지물과 전기적으로 완전하게 접속하여야한다.

② 수상에 시설하는 태양전지 모듈 등의 금속제는 접지를 해야 하고, 접지 시 접지극을 수중 에 띄우거나, 수중 바닥에 노출된 상태로 시설하여서는 아니 된다.

③ 기타 접지시설은 140(접지시스템)의 규정에 따른다.

5) 피뢰설비 : 태양광설비의 외부피뢰시스템은 150(피뢰시스템)의 규정에 따라 시설한다.

6) 태양광설비의 계측장치 : 태양광설비에는 전압과 전류 또는 전압과 전력을 계측하는 장치를 시설하여야 한다.

※ 한국전기설비규정(KEC) 용어 표준화

어려운 전문용어	쉬운 우리말	어려운 전문용어	쉬운 우리말
LED	발광다이오드	무기질	무기물
가선	전선 설치	미네널인슈레인션	무기물 절연
갈라지는	벌어지는	방식조치	부식방지조치
감안	고려	방청	녹방지
개거	개방 수로	방폭	폭발방지
개로	열린 회로	배기	공기배출
검사자	검사원	배연	연기배출
결선	전선연결	변대주	변압기 전주
경간	지지물 간 거리	병가	병행 설치
고역여파기	하이패스필터	부대(浮臺)	부유식 구조물
고장점	고장 위치	분말	가루
곡관	곡선관	분진	먼지
곡률반경	굽은 부분 반지름	붙이는	고정시키는
공차	허용오차	블레이드	날개
교량	다리	비원형	장원형
교점	교차점	비지속성 최고전압	최고 비영구 전압
국부적	부분적	비지속성 최저전압	최저 비영구 전압
굴곡부	굽은 부분	설부좌금	풀림방지와셔
근가	전주 버팀대	섬락	불꽃 방전
금구	금속 부속품	성상	성질•상태
끝단	끝부분	쇄정창치	잠금장치
나충전부	노출충전부	수밀형	수분 침투 방지형
내경	안지름	수트리	수분 침투 균열
내벽	안쪽 벽	수평횡하중	수평 가로 하중
내성	견디는 성질	스테인레스	스테인리스
노내	연소실 내부	스프링좌금	스프링와셔
노멀라이징	풀림	시뮬레이션	모의실험
노치 오프	속도 조절 차단	시험	검사
덤웨이터	소형물품 운반용 승강기	실측치	실측값
도괴	넘어지거나 무너짐	싸이클	주기
동선	구리선	압박접속	눌러 붙임 접속
동전선	구리선	아크혼	아킹혼
라바린스	래버린스	인류	잡아당김
리드선	연결선	인류형	잡아 당김형
만곡하중	굽힘하중	연가	전선 위치 바꿈
만충전	완전 충전	연장	단위길이
말구(末口)	위쪽 끝	연접	이웃 연결
말단	끝부분	열구배	열기울기
망상장치	그물형 장치	염해	염분 피해

어려운 전문용어	쉬운 우리말	어려운 전문용어	쉬운 우리말
메시도체	그물망도체	오결선	잘못 연결
메시법	그물망법	외경	바깥지름
명기	명확히 기록	외주	바깥둘레
몰탈	모르타르	용손	녹아서 손상
운전자	운전원	직관용	직선관용
원추	원뿔	직매	직접매설
원통상	원통 모양	직하	바로 아래
유수	흐르는 물	차륜	차바퀴
유연성전선관공사	금속제가요전선관공사	채터링	접점진동
유희용	놀이용	첨가설치	전선 첨가 설치
응동	따라 움직임	청색	파란색
응동기구	따라 움직임 기구	최종단	맨 끝
이격거리	간격	충격섬락전압	충격 불꽃 방전 전압
이도	처짐 정도	충진제	충전재
인류할 것	잡아당길 것	치환	바꾸어 놓음
자복성	자동복구성	커넥터	접속기
자소성(自燒性)	자기소화성	커버	덮개
자중	자체중량	콜렉터	컬렉터
장간애자	간 애자	콤바운드	콤파운드
장방형	직사각형	쿼드랍프렉스형	4묶음형
장식 단자	스터드 단자	키	스위치
재폐로	재연결	탈질	질소산화물제거
전력조류	전력 흐름	탈황	황산화물제거
전선의 색상은	전선의 식별은	터블렛	태블릿
전식	전기부식	템퍼링	뜨임
전용교	전용다리	트라프	트로프
점퍼선	연결선	트리프렉스형	3묶음형
접할	접촉할	폐로	닫힌 회로
제작사양	제작규격	표점장치	표시장치
제진장치	먼지제거장치	피빙	부착된 빙설
조가용선	조가선	피빙전선	빙설이 부착된 전선
조사용	빛을 쬐는 용도	필렛	필릿
조속기	속도조절기	하이임피던스	고 임피던스
조하하는	매다는	할핀	분할핀
지선	지지선	허용차	허용오차
지속성 최저전압	최저 영구 전압	황색	노란색
지지주	지지기둥	흑색	검은색

2 태양광발전 모듈배치 설계

2.1 태양광발전 모듈 배치

(1) 음영의 발생원인, 영향, 대책

태양광발전 어레이는 태양전지 모듈이 직병렬 접속되어 구성되므로 설계 시 음영(그림자)에 의한 발전량 감소가 없도록 사전 검토가 필요하다.

(2) 모듈의 깔기에 따른 출력의 변화

1) 모듈의 깔기
   ① 가로 깔기 : 모듈의 긴 쪽이 상·하가 되도록 설치하는 것(세정 효과 측면 유리)
   ② 세로 깔기 : 모듈의 긴 쪽이 좌·우가 되도록 설치하는 것(발전량 측면 유리)

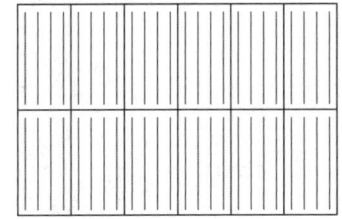 

(a) 가로 깔기(2단 적층)   (b) 세로 깔기(3단 적층)

그림 3-23 가로 깔기와 세로 깔기 예

2) 모듈 설치방식에 따른 음영 시 출력의 감소
   ① 가로 깔기와 세로 깔기 시 동일면적의 음영(그림자)이 발생 했을 때 출력 감소는 다음 그림과 같다.

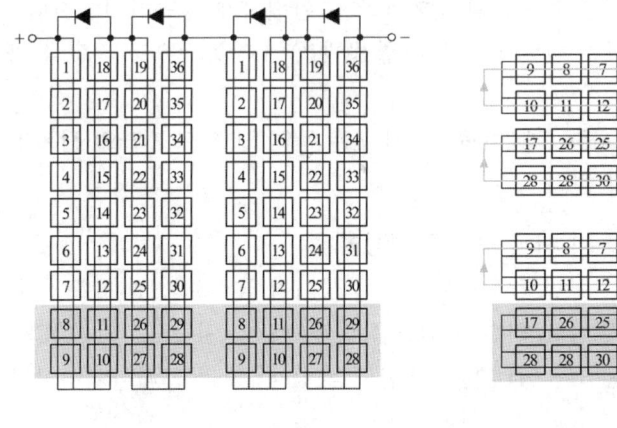

(a) 100[%] 출력 감소   (b) 25[%] 출력 감소

그림 3-24 모듈 깔기에 따른 음영 시 출력의 감소 비교

2.2 태양광발전 모듈 배선

(1) 태양광발전소 전기설비 시설

1) 태양전지 발전소에 시설하는 태양전지 모듈, 전선 및 개폐기 기타 기구는 다음의 각 호에 따라 시설하여야한다.

① 충전부분은 노출되지 아니하도록 시설할 것.

② 태양전지 모듈에 접속하는 부하측의 전로(복수의 태양전지 모듈을 시설한 경우에는 그 집합체에 접속하는 부하측의 전로)에는 그 접속점에 근접하여 개폐기 기타 이와 유사한 기구(부하전류를 개폐할 수 있는 것에 한한다)를 시설할 것.

③ 태양전지 모듈을 병렬로 접속하는 전로에는 그 전로에 단락이 생긴 경우에 전로를 보호하는 과전류차단기 기타의 기구를 시설할 것. 다만, 그 전로가 단락전류에 견딜 수 있는 경우에는 그러하지 아니하다.

④ 전선은 다음에 의하여 시설할 것. 다만, 기계기구의 구조상 그 내부에 안전하게 시설할 수 있을 경우에는 그러하지 아니하다.

㉮ 전선은 공칭단면적 2.5 $[mm^2]$이상의 연동선 또는 이와 동등 이상의 세기 및 굵기의 것일 것.

㉯ 옥내에 시설할 경우에는 합성수지관공사, 금속관공사, 가요전선관공사 또는 케이블공사로의 규정에 준하여 시설할 것.

㉰ 옥측 또는 옥외에 시설할 경우에는 합성수지관공사, 금속관공사, 가요전선관공사 또는 케이블공사로의 규정에 준하여 시설할 것.

⑤ 태양전지 모듈 및 개폐기 그 밖의 기구에 전선을 접속하는 경우에는 나사 조임 그 밖에 이와 동등 이상의 효력이 있는 방법에 의하여 견고하고 또한 전기적으로 완전하게 접속함과 동시에 접속점에 장력이 가해지지 않도록 시설하며 출력배선은 극성별로 확인 가능토록 표시할 것.

⑥ 태양전지 모듈의 프레임은 지지물과 전기적으로 완전하게 접속하여야한다.

⑦ 태양전지 발전설비의 직류 전로에 지락이 발생했을 때 자동적으로 전로를 차단하는 장치를 시설해야 한다.

2) 태양전지 모듈의 지지물은 자중, 적재하중, 적설 또는 풍압 및 지진 기타의 진동과 충격에 대하여 안전한 구조의 것이어야 한다.

3) 어레이의 배선연결 설계 시 뇌 서지 보호 결선방법

다음 그림 3-25의 (a)는 넓은 면적의 폐회로가 형성되어 낙뢰로 인한 유도전류가 쉽게 발생되어, 저압 전기설비의 과전압에 의한 피해를 유발되므로 그림 3-25의 (b)와 같이 넓은 면적의 폐회로가 형성되지 않도록 어레이의 배선도 작성 시 이를 고려하여야한다.

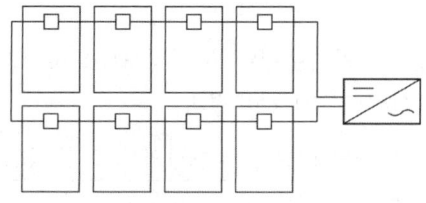

(a) 넓은 면적의 폐회로가 형성되는 결선

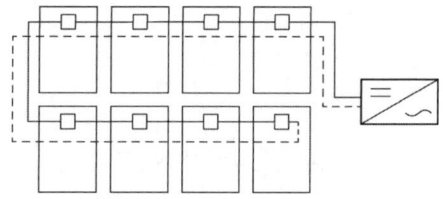

(b) 넓은 면적의 폐회로가 형성되지 않는 결선

그림 3-25 어레이 결선에 따른 폐회로 형성 유무

2.3 어레이 이격거리

(1) 발전시간의 결정

발전시간 결정 : 동지기준 10시~15시 어레이 앞 열에 의한 뒷 열에 그림자가 없도록 함.

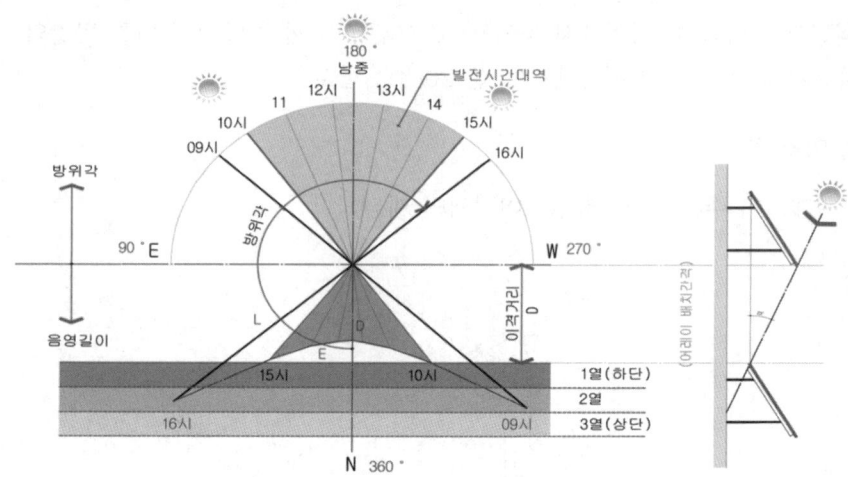

그림 3-26 동지기준 어레이 배치간격 검토 예

(2) 발전한계각 검토

1) 정보 제공처 : 한국천문연구원 천문우주지식정보(https://astro.kasi.re.kr:444/index)
2) 하루의 태양위치자료(1시간 간격) 검색결과

• **검색 내용**	2023년 12월 22일 태양의 고도 및 방위각 변화
• **현재 지역**	서울 강서구 공항대로58가길 8
• **현재 위치**	동경 126도 51분 42초 / 북위 37도 33분 5초

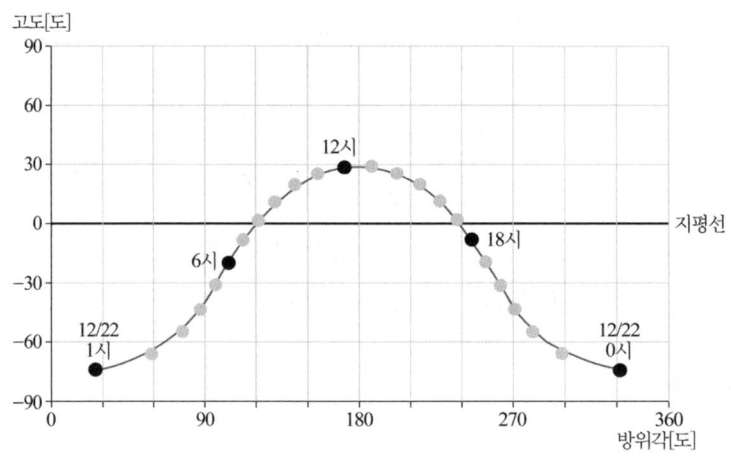

그림 3-27 동지기준 태양고도 검색결과 예

3) 검색결과에 따라 이 지역에서 동지 시 10시~15시 까지 앞열에 의한 뒷열의 그림자 없이 발전하고자 하는 경우 발전한계각(β)은 20[°]로 한다.

(3) 어레이 이격거리 계산

1) 발전한계각이 주어질 때 어레이 이격거리 계산식

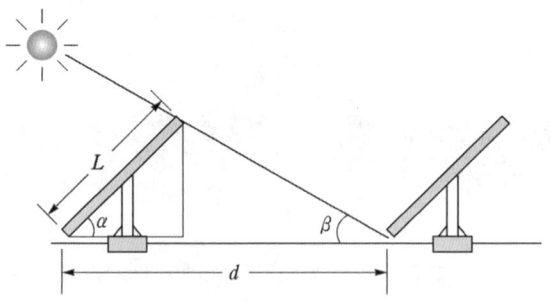

그림 3-28 PV어레이 간 이격거리 계산

① $d = L\{\cos(\alpha) + \sin(\alpha) \times \tan(90 - \beta)\}$ [m]

② $d = L \times \dfrac{\sin(180° - \alpha - \beta)}{\sin\beta} \, [\text{m}]$

③ $d = L \times \dfrac{\sin(\alpha + \beta)}{\sin(\beta)} \, [\text{m}]$

　여기서, d : 어레이의 최소 이격 거리[m], 　L : 어레이 길이[m]

　　　　α : 어레이의 경사각[°], 　β : 발전한계시각에서 태양의 고도[°]

　※ 상기 ①, ②, ③ 의 계산결과는 같다.

④ 대지이용률$(f) = \dfrac{\text{모듈의 길이}(L)}{\text{어레이 이격거리}(d)}$

2) 위도가 주어질 때 어레이 이격거리 계산식

① $d = L\{\cos(\alpha) + \sin(\alpha) \times \tan(90 - (\text{위도} + 23.5))\} \, [\text{m}]$

예제 21 ● ● ●

태양광발전소 부지 및 조건이 다음과 같을 때 물음에 답하시오. (단, 모듈은 사방에 3[m]의 이격을 두고 설치하는 것으로 하고, 소수점 셋째자리에서 절사하여 둘째자리까지 구하시오.)

모듈 경사각	36°
태양의 고도각(발전한계)	22°
모듈크기	1.65×1.00[m]
모듈 정격용량	260[Wp]
모듈 온도(최저)	−10℃
모듈 온도(최고)	70℃
온도계수 $\beta(V_{oc}, V_{mpp})$	−0.30[%/℃]
V_{oc}	37.1[V]
V_{mpp}	29.9[V]
인버터 용량[kW]	500[kW]
인버터의 MPP 전압범위	500~850[V]

(1) 모듈 간 이격거리(1단 가로깔기)를 구하시오.

　。계산 : 　　　　　　　　　　　　　　。답 :

(2) 가로 배치 가능 장수를 구하시오.

　。계산 : 　　　　　　　　　　　　　　。답 :

(3) 세로 배치 가능 열수를 구하시오.

　。계산 : 　　　　　　　　　　　　　　。답 :

(4) 총 모듈 수를 구하시오.

　。계산 : 　　　　　　　　　　　　　　。답 :

(5) 총 출력을 계산하시오.

　　◦ 계산 :　　　　　　　　　　　　　　　　　◦ 답 :

풀이

(1) ◦ 계산 : 이격거리$(d) = \dfrac{L \times sin(\alpha + \beta)}{sin(\beta)} = \dfrac{1.65 \times sin(36+22)}{sin(22)} = 3.735 ≒ 3.73[m]$

　　◦ 답 : 3.73[m]

(2) ◦ 계산 : $N_{가로} = (100-3-3) \div 1.00 = 94$　　　　　　　◦ 답 : 94 [장]

(3) ◦ 계산 : ① 마지막 1열을 제외한 세로배치 열수

　　　　　$= \dfrac{200-3-3-(1.65 \times cos(36))}{3.73} = 51.65 ≒ 51$

　　　　② 세로배치 가능 열수 $= 1+51 = 52$　　　　　　◦ 답 : 52 [열]

(4) ◦ 계산 : 총 모듈 수 $=$ 가로배치 가능 수 $\times$ 세로배치 가능 열수 $= 94 \times 52 = 4,888$

　　◦ 답 : 4,888

(5) ◦ 계산 : 총 출력 $= 4,888 \times 260 = 1,270,880[W] = 1,270.88[kW]$　　◦ 답 : 1,270.88[kW]

---

3 **태양광발전 어레이 전압강하 계산**

3.1 전압강하 및 전선 선정

(1) 전송선로(송전 및 배전 등)의 전압강하(Voltage Drop)

1) 전압강하의 정의

① 전압강하는 송전단전압(V_s)와 수전단전압(V_r)의 대수적 차($V_s - V_r$)로 표시되며, 이 값은 교류 송전선로에 있어서는 선로의 임피던스, 어드미턴스, 부하의 크기 및 역률에 따라서 변한다. 또 이 전압강하와 수전단전압의 백분율을 전압강하율이라고 한다. 즉,

$$전압강하율 = \frac{V_s - V_r}{V_r} \times 100[\%]$$

※ 출처 : 송변전 기술용어 해설집 P31, 2013.02. 한국전력공사

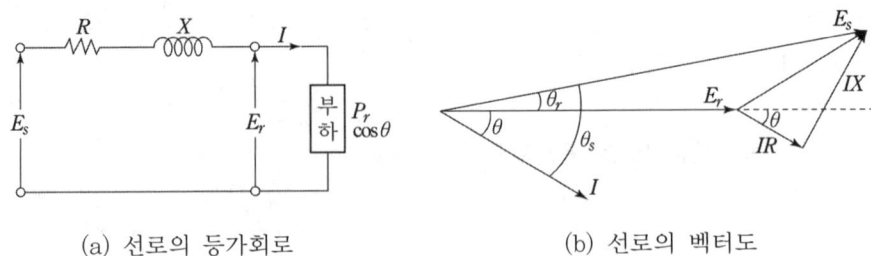

(a) 선로의 등가회로　　　　　　(b) 선로의 벡터도

그림 3-29 선로의 등가회로와 벡터도

2) 정상 전압강하 계산식(교류회로)

송전단 전압$(E_S) = (E_r + IR\cos\theta + IX\sin\theta) + j(IX\cos\theta - IR\sin\theta)$[V]

상기 식에서 j항을 무시하면, 전압강하 e는 다음 식과 같다.

$$e = E_s - E_r = K_w \times (R\cos\theta + X\sin\theta) \times I \times L\,[V]$$

단, K_w : 전기방식에 따른 계수 R : 도체저항$[\Omega/m]$

    X : 도체리액턴스$[\Omega/m]$ θ : 역률각

    I : 전류[A] L : 선로길이[m]

① 단상 2선식 $e = 2I(R\cos\theta + X\sin\theta)$[V]

② 단상 3선식, 3상 4선식 $e = I(R\cos\theta + X\sin\theta)$[V]

③ 3상 3선식

$$e = \sqrt{3}\,I(R\cos\theta + X\sin\theta) = \frac{P}{V}(R + X\tan\theta)\,[V]$$

여기서, e : 전압강하 [V] X : 전선 1선의 리액턴스 $[\Omega]$

    I : 전류 [A] R : 전선 1선의 저항 $[\Omega]$

    P : 전력 [W] V : 전압 [V]

3) 간이 전압강하 계산식

① 일반적으로 수용가 구내에서는 간이 전압강하 계산식을 적용한다.

② 전기방식에 따른 계수(K_w)가 1인, 3상 4선식(단상3선식)의 전압강하 식은

$$e = E_s - E_r = (R\cos\theta + X\sin\theta) \times I \times L\,[V]$$

③ 간이 전압강하식의 전제 조건은

역률$(\cos\theta) = 1$, 도체 리액턴스$(X) = 0$

④ 3상 4선식(단상 3선식) 간이 전압강하 $e = \dfrac{17.8LI}{1,000A}$[V]가 된다.

⑤ 전기방식에 따른 계수를 사용한 전압강하 $e = K_w\dfrac{17.8LI}{1,000A}$[V]

단, K_w : 전기 방식에 따른 계수

표 3-16 전기방식에 따른 전압강하

전기방식	K_w	전압강하 [V]
• 단상 2선식 • 직류 2선식	2	$e = \dfrac{35.6LI}{1,000A}$
• 3상3선식	$\sqrt{3}$	$e = \dfrac{30.8LI}{1,000A}$
• 단상 3선식 • 직류 3선식 • 3상4선식	1	$e = \dfrac{17.8LI}{1,000A}$

※ 상기 전압강하 약산식은 선로길이가 짧은 수용가 AC설비에서도 적용한다.

4) 전압강하 계산 예

① 전제 조건

㉮ 전기방식 : 직류 2선식

㉯ 전압 : 모듈의 스트링 전압(모듈의 최대출력 동작전압[V] × 모듈 직렬 수)

= 624[Vdc](= $31.2\,Vdc \times 20$개)

㉰ 전류 : 모듈의 최대출력 동작전류 = 8.46[A]

㉱ 선로 길이 : 어레이 → 접속함 = 200[m]

㉲ 전압강하율(%e) : 2[%]이내

$$\text{전압 강하}(e) = \frac{V_s \times \%e}{100 + \%e} = \frac{624 \times 2}{100 + 2} = 12.24[\text{V}]\text{이내}$$

> ※ 송전단전압과 전압강하율이 주어질 때, 전압강하(e) 공식 유도
>
> ▶ 전압강하 $e = V_s - V_r$[V]　　　…… ① 식
>
> 　여기서, V_s : 송전단 전압[V], V_r : 수전단 전압[V]
>
> ▶ 전압강하율 $\%e = \dfrac{e}{V_r} \times 100[\%]$　　…… ②식
>
> ▶ ①식을 수전단 전압(V_r)으로 정리하면,
>
> 　$V_r = V_s - e$ [V]　　　　　…… ③식
>
> ▶ ③식을 ②식에 대입하여 정리하면,
>
> 　$\%e = \dfrac{e}{V_s - e} \times 100[\%]$,　$\%e(V_s - e) = 100\,e$
>
> 　$(V_s \cdot \%e) - (e \cdot \%e) = 100\,e$
>
> 　$(V_s \cdot \%e) = 100\,e + (e \cdot \%e)$
>
> 　$(V_s \cdot \%e) = (100 + \%e)\,e$　　　…… ④식
>
> ▶ ④식을 송전단전압과 전압강하율로 전압강하(e)에 대하여 정리하면,
>
> 　∴ 전압강하$(e) = \dfrac{V_s \times \%e}{100 + \%e}$[V]가 된다.

㉳ 어레이~접속함까지 전압강하율 2[%]이내를 만족하기 위한 전선의 굵기 산정

$$A = \frac{35.6 \times L \times I}{1{,}000 \times e}[\text{mm}^2] = \frac{35.6 \times 200 \times 8.46}{1{,}000 \times 12.24} = 4.92[\text{mm}^2]$$

∴ 전선의 단면적은 IEC 표준전선의 굵기인 6[mm²]로 선정

(2) 전압강하율

1) 허용 전압강하율 결정 시 고려사항

① 부하 기능을 손상시키지 않을 것

② 부하 단자전압의 변동 폭을 작게 할 것

③ 각 부하 단자전압은 동일하게 할 것

④ 배선 중의 전력손실을 줄일 것

⑤ 비경제적이지 않을 것

2) 전압강하율(Percentage Voltage Drop)

전송선로(송전 및 배전 등)에서 송전단과 수전단 간의 전압의 차이를 선로의 전압강하라 하고, 전압강하율은 선로전압 강하를 수전단 전압으로 나누어 [%]로 나타낸 것이다.

배전설비별 전압강하율 한도는 아래와 같다.

구 분	전압강하율(%)
특고압 선로	10
변압기	2
저압 선로	6
인입선	2

※ 출처 : 송변전 기술용어 해설집 P437, 2013.02. 한국전력공사

(3) 케이블의 종류 및 굵기 선정

1) 케이블의 종류 및 굵기 선정

① 케이블의 종류별 특징

케이블 종류	최대도체온도[℃]	내연성	열변형성	내후성
CV	90	○	○	○
VV	80	○	■	○
PNCT	85	◎	■	○

[주] ◎(우수), ○(양호), ■(가능)

※ 내연성이 가장 우수한 케이블 : PNCT(고무 절연 클로로플렌 시스 캡타이어 케이블)

2) 전선의 단면적(굵기) 선정

① 전압강하 계산식으로부터 전선의 단면적(굵기) 계산식은 다음과 같다.

전기방식	K_w	전압강하 [V]	전선 단면적[mm²]
• 단상 2선식 • 직류 2선식	2	$e = \dfrac{35.6LI}{1,000A}$	$A = \dfrac{35.6LI}{1,000e}$
• 3상3선식	$\sqrt{3}$	$e = \dfrac{30.8LI}{1,000A}$	$A = \dfrac{30.8LI}{1,000e}$
• 단상 3선식 • 직류 3선식 • 3상4선식	1	$e = \dfrac{17.8LI}{1,000A}$	$A = \dfrac{17.8LI}{1,000e}$

※ 상기 전압강하 약산식은 선로길이가 짧은 수용가 AC설비에서도 적용한다.

② 전선의 공칭단면적 : 1.5 / 2.5 / 4 / 6 / 10 / 16 / 25 / 35 / 50 / 70 / 95 / 120 / 150 / 185 / 240 / 300

③ 계산한 단면적보다 큰 공칭단면적으로 선정해야 한다.

3) 전선재료의 구비조건

① 도전율이 클 것 ② 비중이 작을 것
③ 가요성이 클 것 ④ 기계적 강도가 클 것
⑤ 부식성이 작을 것 ⑥ 내구성이 클 것
⑦ 경제적일 것

4) 전선의 굵기 선정 시 고려사항

① 기계적 강도 ② 허용전류
③ 전압강하 ④ 전압규격
⑤ 고조파 ⑥ 손실 및 전압강하

예제 22 ● ● ●

250[W] 태양전지(7.7[A], 34[V])가 16개 직렬, 10 병렬로 설치된 PV어레이 단자함에서 파워컨디셔너 설치 위치까지의 거리가 100[m], 전선의 단면적이 25[mm²]일 때 전압강하율[%]을 구하시오. 단, 어레이에서 단자함까지의 모듈 1장당 평균 전압강하는 0.5[V]이다.

풀이 ▶

- 전압강하율$(\%e) = \dfrac{송전단전압 - 수전단전압}{수전단전압} = \dfrac{V_s - V_r}{V_r} = \dfrac{e}{송전단전압 - e}$

- 단자함 출력전류 $I = 7.7 \times 10 = 77[A]$

- 단자함 출력전압(송전단) $E = 33.5 \times 16 = 536[V]$

- $e = \dfrac{35.6 \times L \times I}{1000 \times A} = \dfrac{35.6 \times 100 \times 77}{1000 \times 25} = 10.96[V]$

- 전압강하율$(\%e) = \dfrac{전압강하(e)}{송전단전압 - 전압강하(e)} \times 100[\%] = \dfrac{10.96}{536 - 10.96} \times 100 \fallingdotseq 2.09[\%]$

예제 23 ● ● ●

다음 조건에서 전압강하 간이 계산식에 의한 전선의 최소 공칭단면적을 구하시오.

〈조건〉 ① 전압강하율 : 2[%]
② 전선의 길이 : 25[m]
③ 정격 용량 : 4.4[kW]
④ 교류 전압 : 220[V]
⑤ 전류감소계수 : 0.7

풀이 ▷

① 전압강하 $e = \dfrac{35.6LI}{1000A \times 감소계수}$

　　　※ 전류감소계수 : 전선을 금속관, PVC관 등에 배선 시 관의 종류, 매입 방법, 회선 수 등에 따라 적용되는 계수

② 전선의 단면적 $A = \dfrac{35.6LI}{1000e \times 감소계수} = \dfrac{35.6 \times 25 \times \dfrac{4.4 \times 1000}{220}}{1000 \times (220 \times 0.02) \times 0.7} ≒ 5.779[\text{mm}^2]$

③ 최소 공칭단면적 : $6[\text{mm}^2]$

3.2 어레이 출력전압 특성 등

(1) 전압 온도계수

1) 태양광전지의 출력전압

① 태양광전지의 출력전압은 일조강도의 변화에 대하여 민감하지 않으며, 온도의 변화에 민감하게 변화한다.

② 표준시험조건(STC)인 25[℃] 보다 낮으면 태양전지의 출력전압은 상승하고, 높으면 태양전지의 출력전압은 감소한다.

③ 태양전지의 출력전압인 개방전압(V_{oc})과 최대출력 시 최대전압(V_{mpp})도 동일한 특성을 지닌다.

2) 전압온도계수가 [%/℃]로 주어질 때, 개방전압과 최대전압 계산식

① 개방전압

$$V_{oc(셀의\,온도[℃])} = V_{oc(25[℃])}\left\{1 + \left(\frac{전압\,온도계수[\%/℃]}{100}\right) \times (셀의\,온도 - 25)\right\}[\text{V}]$$

② 최대전압

$$V_{mpp(셀의\,온도[℃])} = V_{mpp(25[℃])}\left\{1 + \left(\frac{전압\,온도계수[\%/℃]}{100}\right) \times (셀의\,온도 - 25)\right\}[\text{V}]$$

3) 전압온도계수가 [V/℃]로 주어질 때, 개방전압과 최대전압 계산식

① 개방전압

$$V_{oc(셀의\,온도[℃])} = V_{oc(25[℃])} + \{전압\,온도계수[V/℃] \times (셀의\,온도 - 25)\}[\text{V}]$$

② 최대전압

$$V_{mpp(셀의\,온도[℃])} = V_{mpp(25[℃])} + \{전압\,온도계수[V/℃] \times (셀의\,온도 - 25)\}[\text{V}]$$

Memo

3과목

태양광발전 시공

1_장 태양광발전 토목 공사

1 태양광발전 토목공사 수행

1.1 설계도면의 해석

(1) 설계도면의 검토 목적

건설공사 설계도서의 검토·확인업무는 가장 중요한 업무로 건설공사의 품질확보에 결정적으로 영향력 을 행사하는 핵심적인 사항이다. 아울러, 시공과정에서 기술적인 견해차이로 불필요한 마찰 및 설계도서의 부실(누락, 불일치, 오류, 시공성 결여 등) 문제로 인하여 공정, 품질, 원가관리에 영향을 미치는 결과를 초래함을 인지하여야 한다. 설계도서의 이해 및 검토는 전문지식과 집중력을 요구하기 때문에 사업주체의 설계지침과 설계기준, 각종 설계조건에 대한 충분한 사전지식을 보유하고 설계도서의 모든 내용을 빠짐없이 검토하고 확인하여야 한다.

(2) 검토 대상
① 건설 관련법령·설계기준 및 시공기준에의 적합성 검토
② 구조물의 설치형태 및 건설공법 선정의 적정성 검토
③ 사용재료 선정의 적정성 검토
④ 설계내용의 시공가능성에 대한 사전 검토
⑤ 구조계산의 적정성 검토
⑥ 측량 및 지반조사의 적정성 검토
⑦ 설계공정의 관리
⑧ 공사기간 및 공사비의 적정성 검토
⑨ 설계의 경제성 검토
⑩ 설계안의 적정성 검토
⑪ 설계도면 및 공사시방서 작성의 적정성 검토
⑫ 설계검토에 대한 결과보고서의 작성

(3) 설계도서 검토

1) 관련도서의 목록
① 설계도면 및 시방서
② 구조계산서 및 각종계산서
③ 계약내역서 및 산출근거(사업주체와 시공자가 다를 경우)

④ 공사계약서(사업주체와 시공자가 다를 경우)

⑤ 사업계획 승인조건 등

2) 구조검토서의 검토 실시

① 구조계산서, 구조도면의 Revision 표기, 작성일자, 책임구조기술자 서명 여부

② 구조계산서와 구조도면이 해독 가능한지 여부

③ 구조계산서와 구조도면의 일치성 여부

④ 사용된 정보가 정확하고 일관성이 있는지 여부

⑤ 각 분야(건축, 토목, 기계설비, 전기, 소방, 통신 등)에서 수정설계 된 내용이 구조기술자에게 모두 통보가 되고 반영이 되었는지 여부

⑥ 구조 상세도면은 누락 없이 작성되었는지 여부

  ㉮ 힘의 원활한 전달과 분배

  ㉯ 과도한 응력 집중의 방지

  ㉰ 내구성 확보

  ㉱ 균열제어 방안

⑦ 구조도면과 건축, 구조물, 전기도면 등과 대조하여 상이한 사항이 있는지 여부

3) 설계도면의 검토

① 공통사항

  ㉮ 사업승인(전기사업)조건과 설계도면과의 일치여부 확인

  ㉯ 기본설계와 실시설계 비교

  ㉰ 공사설계서 상호간의 모순되는 사항 : 특기시방서, 구조계산서 등

  ㉱ 현장실정과의 부합 여부

  ㉲ 건축, 구조, 설비, 전기, 토목, 소방 등의 상호 Cross Check

  ㉳ 발주기관 결정을 필요로 하는 Item 발췌

  ㉴ 실제 시공 가능 여부

  ㉵ 설계도서에 누락, 오류 등 불명확한 부분의 존재 여부

  ㉶ 시공 시 예상 문제점

  ㉷ 산출 내역서상의 수량과 도면 수량과의 일치 여부

  ㉸ 사용재료 및 제작기간의 적정성

  ㉹ 도면상의 치수, 메모(note), 축척표기, 북향표기, 약호 및 기호에 대한 정확성, 일관성

  ㉺ 공법 및 시공자의 능력

  ㉻ 필요한 상세 도면의 누락여부

② 토목, 건축부문 설계검토

  ㉮ 기본 및 실시설계 보고서, 지반조사 보고서, 구조계산서, 기타 현장조사 보고서 등을 참조하여 기본조사 Data가 충분한지, Data의 적용은 적절한지를 검토

  ㉯ 적용된 설계표준 또는 설계시방의 일치여부를 검토

ⓓ 구조계산서에 적용된 구조계(System)의 적정성 여부를 검토

ⓔ 하중계산의 적합성 여부를 검토

ⓕ 구조계산(Modeling)의 적정성 여부를 검토

ⓖ 선정재료의 적합성 여부를 검토

ⓗ 공종별 채택 시방서와 현장조건의 일치여부를 검토

ⓘ 적용공법 및 사용재료의 시방규격 적합성 여부를 검토

ⓙ 현장조건 대비 설계시방의 일치여부를 검토

1.2 지질조사 지내력

(1) 지질조사

1) 일반사항

기초의 설계에 필요한 자료를 얻기 위한 지반조사는 예비조사와 본조사로 나누어 실시한다.

2) 예비조사

① 예비조사는 기초의 형식을 구상하고, 본조사의 계획을 세우기 위하여 시행하는 것으로 서, 대지 내의 개략적인 지반구성, 층을 구성하는 토질의 단단함과 연함 및 지하수의 위치 등을 파악하는 것이다.

② 예비조사는 기초의 지반조사 자료의 수집, 지형에 따른 지반개황의 판단 및 부근 건축구 조물 등의 기초에 관한 제조사를 시행하는 것으로 이것이 불충분하다고 생각될 때에는 대 지조건에 따라 천공조사, 표준관입시험, 샘플링, 물리탐사, 시굴 등을 적절히 실시하는 것이다.

3) 본조사

① 본조사는 기초의 설계 및 시공에 필요한 제반 자료를 얻기 위하여 시행하는 것으로 천공 조사 및 기타 방법에 따라 대지 내의 지반구성과 기초의 지지력, 침하(沈下) 및 시공에 영 향을 미치는 범위 내의 지반의 여러 성질과 지하수의 상태를 조사하는 것이다.

② 본조사에서의 조사범위 및 조사항목은 다음에 따른다.

ⓐ 조사간격, 조사지점 및 조사깊이는 예비조사에서 추정되는 지반상황과 건축구조물 등 의 규모, 종류에 따라 정하는 것으로 한다.

ⓑ 지반의 상황에 따라서 적절한 원위치시험과 토질시험을 하고, 지지력 및 침하량의 계 산과 기초공사의 시공에 필요한 지반의 성질을 구하는 것으로 한다.

4) 조사방법

토질시험, 표준관입시험, 샘플링, 원위치시험 및 지하수에 관한 조사는 다음과 같이 한다.

ⓐ 토질시험, 샘플링의 방법은 한국산업규격(KS)에 따른다.

ⓑ 평판재하시험의 재하판은 지름 300[mm]를 표준으로 하고, 최대 재하하중은 지반의 극 한지지력 또는 예상되는 설계하중의 3배로 한다. 재하는 5단계 이상으로 나누어 시행하

고 각 하중 단계에 있어서 침하가 정지되었다고 인정된 상태에서 하중을 증가한다.

ⓓ 말뚝재하시험은 KDS 41 10 10(10)에 따르고, 말뚝의 재하시험에서 최대하중은 원칙적으로 말뚝의 극한지지력 또는 예상되는 설계하중의 3배로 한다.

ⓔ 말뚝박기시험에 있어서는 말뚝박기기계를 적절히 선택하고 필요한 깊이에서 매회의 관입량과 리바운드량을 측정하는 것을 원칙으로 한다.

ⓕ 지하수에 관한 조사는 각 지층별로 수위 및 투수계수를 측정한다.

(2) 지반조사 계획

1) 기초설계에 필요한 지반정보를 얻기 위하여 건설이 예정된 부지조건 및 구조물의 조건을 고려한 지반조사를 계획하여야 한다.

2) 기초구조의 성능을 만족할 수 있는 다음의 검토항목을 선정하고 효과적인 지반조사계획을 세워야 한다.
  ① 지지력 및 침하
  ② 지반의 동적특성
  ③ 수압 및 액상화

(3) 지반의 안전성

1) 지반조사 또는 현장답사 등에 근거하여 지반의 특징을 정확히 파악하여야 한다.

2) 다음의 사항에 대해 사전에 평가 및 검토를 하거나 필요에 따라서 지반개량 등의 대책공법을 검토하여야 한다.
  ① 지반침하에 따른 영향
  ② 경사지에서의 부지를 포함한 사면의 붕괴나 변형의 가능성
  ③ 지진 시 액상화 발생의 가능성

(4) 지지지반의 선정

기초는 양호한 지반에 지지하는 것을 원칙으로 한다.

(5) 기초형식의 선정

1) 구조성능, 시공성, 경제성 등을 검토하여 합리적으로 기초형식을 선정하여야 한다.

2) 기초는 상부구조의 규모, 형상, 구조, 강성 등을 함께 고려해야하고, 대지의 상황 및 지반의 조건에 적합하며, 유해한 장해가 생기지 않아야 한다.

3) 기초형식 선정 시 부지 주변에 미치는 영향을 충분히 고려하여야하며, 또한 장래 인접대지에 건설되는 구조물과 그 시공에 따른 영향까지도 함께 고려하는 것이 바람직하다.

4) 동일 구조물의 기초에서는 가능한 한 이종형식기초의 병용을 피하여야 한다.

(6) 지반침하

1) 침하예측

기초는 과도한 침하, 기울어짐 등이 일어나지 않도록 검토하여야 한다. 따라서 기존의 지반

관련 자료나 지반조사결과를 검토하여 지반침하의 유무, 크기, 발생가능성 등을 예측하여야 한다.

2) 침하대책 수립

① 예상되는 지반침하에 대하여 구조물은 안전성과 사용성을 확보하여야 한다.

② 지반침하가 구조물에 손상을 야기할 가능성이 있는 경우 다음 중 하나의 대책을 세워야 한다.

㉮ 지반침하에 따라 발생되는 응력에 대해 기초가 충분한 강도를 가지도록 한다.

㉯ 지반침하에 따라 기초도 변형하도록 한다.

㉰ 지반침하의 진행에 따라 침하량을 조절하는 장치를 기초구조에 사용한다.

(7) 경사지반

1) 건축부지의 경사면 특히 구조물의 공사과정에서 생길 수 있는 사면은 반드시 안정성을 확보하여야 한다.

2) 기초형식은 구조물의 규모, 형상, 구조를 고려하여 선정하되 특히 경사지반 특유의 지형과 지반의 상황에 적합하도록 하여야 한다.

3) 기초를 설계할 때 경사지반 특유의 작용하중과 지형 및 지반의 상황에 유의하여야 하고, 지반의 지지력과 말뚝의 수평저항 등은 사면의 영향을 고려하여 평가하여야 한다.

(8) 지반개량

1) 연약지반에 구조물을 세우는 경우 시공과정이나 후에 여러 가지 문제가 발생하므로 연약지반의 공학적 조사와 더불어 개량공법 등의 대책을 수립하여야 한다.

2) 개량공법을 선정할 때는 각 공법의 타당성을 충분히 검토하여 지반의 특성 및 주위상황에 적합한 공법을 선정하여야 한다.

(9) 지반의 액상화

1) 포화모래지반 등 액상화 발생 가능성이 높은 지반 위에 놓이는 기초는 액상화의 피해를 입지 않도록 액상화 발생 가능성을 검토하여야 한다.

2) 액상화 발생 가능성이 있는 지반에 대해서는 KDS 41 17 00에서 정의한 설계지진 규모 및 지반가속도를 사용하여 내진등급에 따라 현장시험결과를 이용하여 액상화를 평가하여야 한다.

3) 액상화평가결과 대책이 필요한 지반의 경우는 지반개량공법 등을 적용하여 액상화 저항능력을 증대시키도록 하여야 한다.

(10) 허용지내력과 기초의 크기

1) 지내력의 영향요인

① 기초의 형태와 깊이   ② 상부하중의 크기

③ 지하수의 위치   ④ 토질의 종류

2) 기초의 지압파괴 : 기초 하부의 지반이 이동하는 현상

3) 허용 지내력

① 평판재하시험, 표준관입시험 등에 의해 결정(※ 지질조사보고서에 명시)

② 극한지내력(q_{ult}) : 기초의 지압파괴 시의 토압

③ 허용지내력(q_a) : $q_a = \dfrac{q_{ult}}{안전율}$

　단, 안전율(FS: Factor of Safety) : 침하를 허용한계 이내로 유지하기 위한 계수
　일반적으로 FS = 2.5~3.0 적용

4) 지반의 허용 지내력(q_a)

표 1-1 지반의 허용 지내력

지 반		허용응력도 [kN/m^2]
경반암	화강암, 석록암, 편마암, 암산암 등의 화성암 및 굳은 연암 등의 암반	4,000
연반암	편암, 평안 등의 수성암의 암반	2,000
	혈암, 토단반 등의 암반	1,000
자갈		300
자갈과 모래의 혼합물		200
모래 섞인 점토 또는 룸토		150
모래 섞인 점토		100

① 지내력 : 흙의 특성에 따라 지반이 받을 수 있는 저항력

② 토압 : 상부구조물의 하중에 따라 지반으로 부터 기초에 작용하는 외력

5) 기초의 크기 결정

① 원칙 : 단위면적 당 하중 < 허용 지내력(q_a)

② 기초가 지지하는 하중

　㉠ 고정하중(D : Dead Load) : 구조물 자체의 무게나 구조물의 존재기간 중 지속적으로 작용하는 하중(모듈의 무게 + 구조물 무게)

　㉡ 활하중(L : Live Load) : 작용위치와 크기가 시간에 따라 변화하는 하중

　㉢ 지붕활하중(Lr : Roof Live Load) : 지붕에서 작용위치와 크기가 시간에 따라 변화하는 하중

　㉣ 적설하중(S : Snow Load) : 서울 50[kg/m^2], 속초 200[kg/m^2], 강릉 300[kg/m^2]

　㉤ 풍하중(W : Wind Load) 또는 지진하중(E : Earthquake Load)

　㉥ 기초의 자중(D_b)

　㉦ 기초 위에 채워지는 흙 및 흙 위의 상재하중(D_s)

③ 기초의 크기 : A_1과　A_2 중 큰 값을 적용

$$A_1 \geq \frac{D + D_b + D_s + L}{q_a}, \quad A_2 \geq \frac{0.75\{(D + D_b + D_s)\} + L + W(\text{or } E)}{q_a}$$

④ 유효 허용 지내력(q_e) : 기초의 자중(D_b)과 기초 위에 채워지는 흙 및 흙 위의 상재하중 (D_s)의 영향을 분리함.

㉮ $q_e = q_a - \left(\dfrac{D_b + D_s}{A} \right)$

㉯ 유효허용 지내력을 고려한 기초의 크기

$$A_1 \geq \frac{D+L}{q_e} \text{ 또는 } A_2 \geq \frac{0.75\{D+L+W(\text{or } E)\}}{q_e} \text{ 중 큰 값을 적용}$$

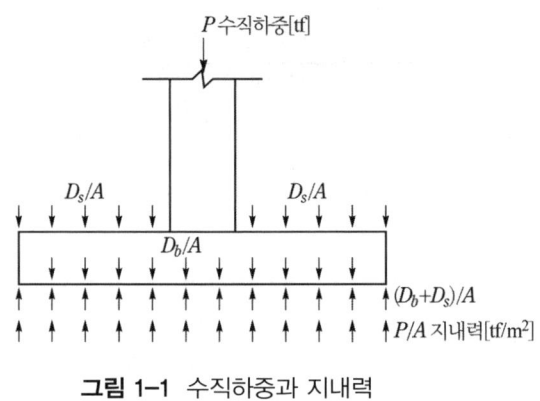

그림 1-1 수직하중과 지내력

예제 1 ● ● ●

허용 지내력 15[tf/m²], 기초의 면적을 1.5[m] × 1.5[m]로 설계되었는데, 기초의 현장 지내력 시험결과 10[tf/m²]이었다. 정사각형 기초의 면적을 얼마로 하여야 하는가? 단, 구조물에 작용하는 수직하중은 33[tf]이다.

풀이 ▶

① 기초의 면적[m²] $\geq \dfrac{\text{수직하중[tf]}}{\text{허용 지내력[tf/m}^2\text{]}}$

② 기초의 면적[m²] $\geq \dfrac{33[\text{tf}]}{10[\text{tf/m}^2]} = 3.3[\text{m}^2]$

③ 정사각형 기초의 한 변의 길이 $\geq \sqrt{3.3} = 1.8162 \fallingdotseq 1.82[\text{m}]$

④ 정사각형 기초의 크기 $= 1.82[\text{m}] \times 1.82[\text{m}]$

1.3 토목 시공 기준

(1) 땅 파기 및 땅 깍기

1) 시공 준비

① 측선, 기면, 등고선 및 기준면을 확인하여야 한다.

② 기존설비시설은 위치와 상태를 확인하고 손상되지 않게 보호하여야 한다.

③ 설비시설의 철거 및 이설을 위해서는 설비관리자에게 통지하여야 한다.

④ 수목, 잔디, 노두암, 최종조경의 일부로 남게 될 기타 물건은 보호하여야 한다.

⑤ 수준점, 측량기준점, 기존구조물, 기타 구역내 시설물은 땅파기 장비 또는 자동차통행으로 손상되지 않게 보호하여야 한다.

⑥ 안전규정을 준수하고 작업원에 대한 안전교육을 실시한 후 땅파기 하여야 한다.

2) 구조물의 기초 터파기

① 땅파기 공사로 손상될 수 있는 인접구조물은 변위가 발생하지 않도록 밑바치기지보(언더피닝) 등의 정정공법으로 보강하여야 한다.

② 본바닥은 구조물 기초와 시공작업에 맞추어 땅파기를 하여야 한다.

③ 말뚝박기 공사에는 시공기면까지 파내어야 한다.

④ 기초를 지지하는 본바닥이 흐트러진 경우는 당초의 지내력까지 뒤채우기의 요건에 따라 다져야 한다.

⑤ 기계로 땅파기한 벽면의 비탈은 지보공을 설치할 때까지는 흙의 안식각 이하가 되게 하여야 한다.

⑥ 구조물 기초의 가장자리에서 45° 지지각을 침범해서 땅파기를 해서는 안 된다.

⑦ 지표수가 파낸 구덩이로 유입하지 않도록 땅파기 둘레의 지면은 역경사지게 하여야 한다.

⑧ 땅파기한 벽면과 바닥면은 인력으로 다듬고, 마르거나 우수에 침식되지 않도록 보호하며 이완된 재료는 제거하여야 한다.

⑨ 덩어리진 흙, 역석, 부피가 $0.25[m^3]$인 바위 등은 제거하고, 이보다 큰 바위는 현장준비공의 해당요건에 따라 제거하여야 한다.

⑩ 예상하지 못한 지중조건이 발견되면 감리자에게 통지하고, 작업재개 지시가 있을 때까지는 해당 구역의 작업을 중지하여야 한다.

⑪ 과도하게 파낸 구역은 뒤채우기의 요건에 따라 시정하여야 한다.

⑫ 파낸 재료는 흙재료의 요건에 따라 현장에서 지정된 장소에 임시 쌓기해 두고, 부적합하거나 남는 흙은 현장에서 반출하여 제거하여야 한다.

(2) 토공

1) 흙 제거

① 표토와 본바닥 흙재료는 지정된 구역에서 깎거나 파내어야 한다.

② 덩어리진 흙, 돌, 암 등은 제거하여야 한다.

③ 깎거나 파낸 흙은 현장에서 지정된 장소에 임시 쌓기해 두고, 유용하지 않고 남는 흙은 현장에서 제거하여야 한다.

2) 임시 쌓기

① 사용하지 않는 재료는 현장에서 감리자가 지정하는 장소에 반듯하게 다져서 임시 쌓기해 두어야 한다.

② 임시 쌓기해 둔 흙은 공사일정과 요건을 충족할 수 있는 수량이어야 한다.

③ 특성이 다른 흙은 분리해서 쌓고, 서로 섞이지 않게 하여야 한다.

④ 흙은 다른 종류의 흙이나 오물과 섞이지 않게 하여야 한다.

⑤ 흙 재료가 지표수에 의해 세굴 또는 훼손하지 않도록 임시 쌓기한 장소에서 멀리 떨어져 흐르도록 유도하여야 한다.

⑥ 임시 쌓기를 해둔 재료가 치워지면, 그 구역을 깨끗하고 정연하게 청소하고, 지표수가 고이지 않도록 지면을 고루어야 한다.

3) 세굴방지

① 개착한 땅파기, 도랑파기, 둑쌓기 등은 폭우유출로 흙이 노출된 구역과 파낸 흙더미가 세굴되는 것을 방지하는데 필요한 대로 방호벽, 낮은 둑, 보통제방, 방수막 덮개 등으로 보호하여야 한다.

② 임시 쌓기한 흙재료는 세굴되지 않게 보호하여야 한다.

③ 자연배수로가 시공활동으로 차단된 경우에는 현장에서의 유출이나 시공활동에서 생긴 물이 자연배수로에 유입되지 않도록 수로를 보호하여야 한다.

4) 퇴사방지

① 유사침전지는 폭우 유출시에 개천, 배수계통 및 하수도로 유사가 유입하는 것을 방지하기 위하여 경제적인 수단이 될 때만 만들어야 한다.

② 유사는 땅파기와 되메우기 및 효과적인 억제수단을 계획해서 억제하여야 한다.

③ 구조물의 철거 : 세굴 및 유사방지 구조물과 시설물은 해당 작업이 완료되면 현장에서 제거하여야 한다.

1.4 사용자재의 규격

(1) 사용자재의 적정성 검토

1) 건설사업관리기술자(또는 감리자)는 시공자로 하여금 공정계획에 따라 사전에 주요 기자재(레미콘 · 아스콘 · 철근 · H형강 · 시멘트 등) 공급원 승인요청서를 자재반입 10일 전까지 제출토록 하여야 하며 관련법령의 규정에 의하여 품질검사를 받았거나, 품질을 인정받은 재료에 대하여는 예외로 한다.

2) 건설사업관리기술자(또는 감리자)는 시험성과표가 품질기준을 만족하는지 여부를 검토하여 공사감독자에게 보고하고 공사감독자는 품명, 공급원, 납품실적, 건설사업관리기술자(또는 감리자)의 검토의견 등을 고려하여 적합한 것으로 판단될 경우에는 이를 승인한다.

3) 건설사업관리기술자(또는 감리자)는 KS 마크가 표시된 제품 등 양질의 자재를 선정하도록 시공자를 관리하여야 한다.

4) 건설사업관리기술자(또는 감리자)는 레미콘, 아스콘의 공급원 승인요청이 있을 경우 생산공장에서 저장한 골재의 품질 즉, 입도, 마모율, 조립율, 염분함유량 등에 대한 품질시험을 직접 실시하거나 국립 · 공립 시험기관 또는 품질검사를 대행하는 건설기술용역업자에 의뢰,

실시하여 합격여부를 판단하여야 하며 공급원의 일일생산량, 기계의 성능, 각종 계기의 정상적인 작동 유무, 사용재료의 골재원 확보 여부, 동일골재(품질, 형상 등)로 지속적인 사용 가능 여부, 현장도착 소요시간 등에 대하여 사전에 충분히 조사하여 공사기간 중 지속적인 품질관리에 지장이 없도록 하여야 한다.

5) 건설사업관리기술자(또는 감리자)는 공급원 승인 후에도 반입사용자재에 대한 품질관리시험 및 품질변화 여부 등에 대하여 수시 확인하여야 한다.

6) 건설사업관리기술자(또는 감리자)는 공급원 승인요청을 제출 받을 때에는 특별한 사유가 없으면 2개 이상의 공급원을 제출받아 제품의 생산중지 등 부득이 한 경우에도 예비적으로 사용할 수 있도록 하여야 한다.

7) 건설사업관리기술자(또는 감리자)는 시공자로 하여금 공급원 승인요청서에 다음 각 호의 관계서류를 첨부토록 하여야 한다.
① 국립 · 공립 시험기관 및 건설기술용역업자의 시험성과
② 납품실적 증명
③ 시험성과 대비표

8) 건설사업관리기술자(또는 감리자)는 시공자로 하여금 공정계획에 따라 사전에 주요자재 수급계획을 수립하여 자재가 적기에 현장에 반입되도록 검토하며 공사감독자에게 보고하여야 한다.

9) 「건설폐기물의 재활용촉진에 관한 법률」에 따른 순환골재 등 의무사용 건설공사에 해당하는 경우 건설사업관리기술자(또는 감리자)는 시공자가 품질기준에 적합한 순환골재 및 순환골재 재활용제품을 사용하도록 하여야 한다.

10) 건설사업관리기술자(또는 감리자)는 시공자가 순환골재 및 순환골재 재활용제품 사용계획서 상의 사용용도 및 규격 등에 맞게 사용하는지 확인하여야 한다.

(2) 사용자재의 검수 · 관리

1) 건설사업관리기술자(또는 감리자)는 공사 목적물을 구성하는 주요기계, 설비, 제조품, 자재 등의 주요 기자재가 공급원 승인을 받은 후 현장에 반입되면 시공자로부터 송장 사본을 접수함과 동시에 반입된 기자재를 검수하고 그 결과를 검수부에 기록 · 비치하여야 한다.

2) 건설사업관리기술자(또는 감리자)는 시공자로 하여금 현장에 반입된 기자재가 도난 또는 우천에 훼손 또는 유실되지 않게 품목별, 규격별로 관리 · 저장하도록 하여야 하고 공사현장에 반입된 모든 주요자재는 시공자 임의로 공사현장 외로 반출하지 못하도록 하고 주요자재 검사 및 수불부를 작성하여 관리하여야 한다.

3) 건설사업관리기술자(또는 감리자)는 현장에서 품질시험을 실시할 수 없는 자재에 대하여는 시공자와 공동 입회하여 생산공장에서 시험을 실시하거나 의뢰시험을 요청하여 시험성과를 사전에 검토하여 품질을 확인하여야 한다.

4) 건설사업관리기술자(또는 감리자)는 자재가 현장에 반입되면 송장 또는 납품서를 확인하고 수량, 치수 등을 검사하여야 하며, 공사현장이 아닌 장소에서 가공 또는 조립되어 반입되는

자재가 있는 경우 반입자재의 가공 또는 조립에 사용된 각각의 재료 또는 부품 등이 설계도서 및 시방서의 관련규정에 적합한지 여부를 확인해야 한다.

5) 건설사업관리기술자(또는 감리자)는 이형봉강, 벌크시멘트 등은 필요시 공인계량소에서 계량하여 반입량을 확인한다.

6) 건건설사업관리기술자(또는 감리자)는 지급자재에 대한 검수조서를 작성할 때는 시공자가 입회·날인토록 하고, 공사감독자에게 보고하여야 한다.

7) 건설사업관리기술자(또는 감리자)는 공정계획, 공기 등을 감안하여 시공자의 요청으로 입체 또는 대체 사용이 불가피 하다고 판단될 경우에는 공사감독자의 승인을 득한 후 이를 허용하도록 한다.

8) 건설사업관리기술자(또는 감리자)는 잉여지급자재가 발생하였을 때는 품명, 수량 등을 조사하여 공사감독자에게 보고하여야 하며, 시공자로 하여금 지정장소에 반납하도록 하여야 한다.

1.5 시방서 검토

(1) 시방서 검토

① 시방서가 사업주체의 지침(Concept) 및 요구사항, 설계기준 등과 일치하고 있는지 여부
② 모든 정보 및 자료의 정확성, 완성도 및 일관성 여부
③ 관계법령 및 규정, 기준 등이 적절하게 언급되었는지 여부
④ 시방서 내용이 제반법규 및 규정과 기준 등에 적합하게 적용되었는지 여부
⑤ 관련된 다른 시방서 내용과 일관성 및 일치성 여부
⑥ 시방서 내용 상호 조항간에 일관성 및 일치성 적합 여부
⑦ 시방서 내용이 시공성, 운전성, 유지관리 편의성, 설치의 완성도 등
⑧ 설계도면, 계산서, 공사내역서 등과 일치성 여부
⑨ 주요자재 및 특수한 장비와 제작품 등의 경우 제작업체의 도면, 제품사양 및 견본품과의 일치여부

② 태양광발전 토목공사 관리

2.1 공정관리

(1) 공정관리의 기능과 내용

① 공정관리의 목적 : 계약 공기 내에 소정의 설계도 및 설계서에 상응하는 구체적 성과품을 창출하는 데 있어 가장 중요한 관리대상인 공정의 계획과 통제

② 단위 조작을 조합 ⇒ 단위 공정을 구성 ⇒ 유기적인 종합공정으로 조립 ⇒ 전체 공정을 계획 ⇒ 재료, 노무, 건설기계 및 예산을 순서 있게 수배·운영 ⇒ 소정의 공기 내에 완성되도록 진척 상황을 파악⇒ 계획과 실시를 대조하여 필요한 경우 계획의 수정

(2) 공정관리 기법의 종류

1) 막대그림표
공정을 종축에, 공기를 횡축에 취하여 각각의 공사 기간을 선으로 표시한 것으로서 일차대전 중 Gantt가 고안하여 Gantt(Bar) chart 라고도 한다.

2) 좌표식 공정표
직각 좌표축의 횡축에 공사 기간을, 종축에 공사량·위치 등을 취하여 좌표로 표시하는 방법 으로서 노선공사, 단일 공정의 공사에 효율적으로 사용할 수 있다.

3) 네트워크 공정표
공사의 상호관계를 명백하게 표시하기 위해 네트워크를 작성하고 관련 계산을 시도하여 여러 가지 검토가 가능한 관리기법이다.

(3) 네트워크 기법

1) 네트워크 기법의 분류
① PERT : Program Evaluation and Review Technique(공정, 평가 검토, 기법)의 약자
미 해군이 잠수함용 유도탄(polaris missile)을 개발할 때 연구·개발한 것으로 불확실성의 문제를 해결하기 위한 것이 그 주된 목적이었다.
② CPM : Critical Path Method(주요경로관리 기법)의 약자
1950년 대 Morgan R. Walker(Dupont사)와 James E. Kelly(Remington사)에 의해 연구 개발되어 보수나 건설 및 설계를 포함한 복잡한 내용의 사업에 이용되었다.
③ Multi-Project
미국의 CEIR사와 Dupont 사가 공동 개발한 것으로 복수의 project를 취급하여 종합적으로 완성을 기하는 사업에서 각 project간의 자원을 효과적으로 이용하는 것을 목적으로 하는 수법이다.

2) 네트워크의 특징
① 공사의 종합적인 진척 상황을 파악하기 쉽고, 개념적인 것이 숫자화되어 신뢰도가 높아 시공주와의 공정 회의 때 편리하다.
② 각 작업의 완급 정도에 대한 상호관계가 확실하여 애로공정에 대한 집중관리, 감독원의 중점배치에 의해 중점관리가 가능하다.
③ 공정에 대한 인식이 높아져서 동일 목표 아래 효율적인 분야별 작업완수가 가능하고 관리 자의 의향이 내부직원에게 충분히 전달된다.
④ 각 작업별 소요 일정이 무시되지 않고, 공사의 진척·지연 상황이 즉시 판명되므로 회복

이 빠르며, 공사 착수 시기가 예정되므로 사전에 충분한 계획을 세울 수 있다.

3) 용어

① Activity : 작업 실시, 자재 반입 등의 시간적 요소를 화살표로 표시한 것

② Event : Activity의 착수 · 완료 점(mode)

③ Dummy : 시간과 비용에 관계없이 작업의 진행방향만을 표시하는 activity

④ 여유(Float) : 공기에 영향이 없는 지연 또는 대기 시간

⑤ 애로공정(Critical path) : 전혀 여유가 없는 공정노선으로서 여유가 0 인 activity만을 연결하여 생긴 경로이다. 따라서 이 경로는 최장의 경로가 된다.

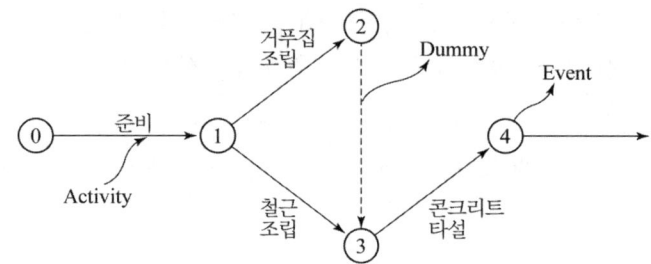

그림 1-2 Network의 명칭

4) 작성 규칙

① 작업 실시, 자재 반입 등 시간적 요소는 화살표(→)를 사용하여 표시하는데 화살표는 다만 작업의 진행방향만을 표시하며, 소요 시간은 화살표 밑에 기입

② 이벤트는 ○ 또는 □ 로 표시하고 기호 내에 작업순서를 나타내는 번호를 기입하는데 ⓘ → ⓙ에서 i는 해당 작업시점을, j는 작업완료시점을 나타낸다.

③ Event에서는 그 Event에서 끝나야할 선행 작업이 끝나지 않으면, 다음 작업을 시작하지 못한다.

④ Event에 붙이는 번호는 같은 번호가 2개 이상 있어서는 안 되고 일반적으로 $i < j$를 만족하도록 번호를 매기며, 흐름방향은 한 방향이어야 한다.

⑤ 동일 Event 사이에 2 개의 화살표는 이을 수 없지만 하나의 Event에서 나가고 들어오는 화살표는 몇 개가 있어도 무방하다.(동시작업의 표시)

⑥ 작업 A를 작업 C의 선행작업이라 하고, 작업 B는 작업 A의 일부가 진행된 후 시작 가능하다고 하면, 작업 A를 A1, A2 로 분할하여 표시할 수 있다.(분할 작업의 표시)

⑦ 몇 개의 작업군을 하나의 대작업으로 볼 수 있는 경우에는 이 작업군을 하나의 작업으로 치환하여 대세를 파악하기 위한 마스터 네트워크를 작성한다. 실제작업에서는 마스터 네트워크를 먼저 짠 다음 이에 의해 세분화된 네트워크를 구성한다.(집약작업의 표시)

⑧ 비용과 시간에 관계없이 작업의 진행방향만을 표시할 때는 더미를 사용하는데 특히 작업의 연속성을 나타내는 더미를 사용할 때는 주의를 요한다.

⑨ A, D 의 선행작업이 C, D 의 후속작업에 모두 종속되면, 동시작업의 표시원리를 이용하여 나타내나(종속의 표시), 작업 C는 A, B 모두에 종속되고 작업 D는 B에만 종속될 때는 더미를 사용하여 표시한다.(독립의 표시)

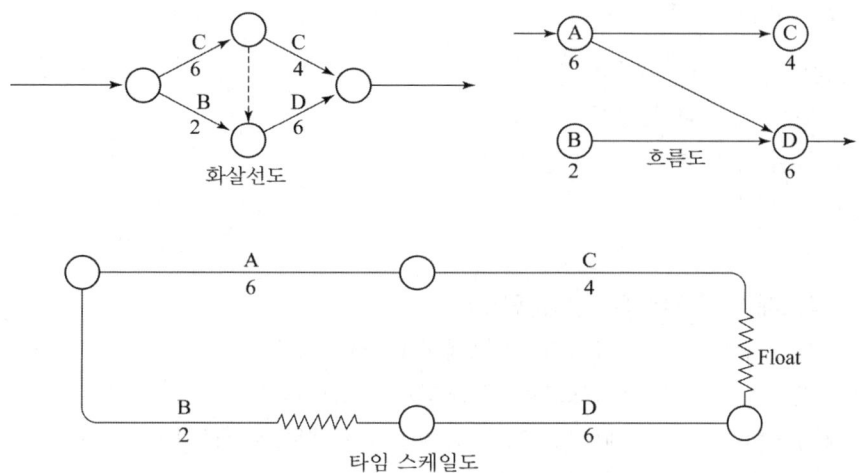

그림 1-3 Network의 형태 예시

5) 네트워크의 형태

① 화살선도(Arrow diagram) : 각 Activity의 진행방향만을 상세하게 나타내는 것이 주목적으로 가장 많이 사용되는 형태

② 흐름도(Event diagram) : 전체적인 대세의 흐름방향을 명확히 파악하기 위하여 사용되고 있는 형태.

③ 타임스케일도(Time scale diagram) : 각 Activity에서의 여유를 중점적으로 나타내기 위한 형태

6) 네트워크의 작도

① Arrow diagramming(Activity on Arrow : AOA) : 화살표로 Activity를 표시

② Precedence diagramming(Activity on Node : AON) : 결절점에 Activity를 표시

③ AOA 법과 AON 법의 비교

항목	AOA	AON
단순성	숙달 필요	단순
번호 부여방법 (numbering system)	이중 번호 부여 방법 (dual numbering system)	단순 부여 방법 (single numbering system)
전산 소요 시간	더미에 의해 계산 시간 증가	
검토	어렵다	쉽다

2.2 토목설계 내역 검토

2.2.1 토목설계 내역서

(1) 소요장비 내역서 검토

1) 토공장비 선정 시 고려요소
① 굴토할 흙의 굴착 깊이
② 굴착된 흙의 처리
③ 흙의 종류
④ 토공사 기간

2) 작업용도에 따른 건설장비의 분류
① 토목장비 : 불도저, 굴삭기, 스크레이퍼, 로우터 등
② 운반장비 : 지게차, 덤프트럭, 콘크리트 믹서트럭 등
③ 포장장비 : 모터 그레이더, 로울러, 아스팔트 피니셔, 골재살포기 등
④ 기타장비 : 쇄석기, 사리채취기, 준설선 등

3) 배토 · 정지용 장비
① 불도저(Bulldozer) : 운반거리 50~60[m] 이내의 배토작업
② 앵글도저(Angledozer) : 산허리 등 깎는데 유용, 배토판 30° 회전 가능
③ 그레이더(Grader) : 정지작업(땅고르기, 노면정리)에 적당
④ 스크레이퍼(Scraper) : 토사의 운반과 100~150[m]의 중거리 정지공사에 적당

4) 상차작업
① 로더 : 굴착토사의 상차작업(토사적재)에 적당

5) 흙의 다짐장비

Rammer   소형진동 Roller   Plate Compactor

그림 1-4 흙의 다짐장비

(2) 토량의 계산 검토

1) 토량 환산계수

토공사에 있어 토질을 시험하여 적용하는 것을 원칙으로 하나, 소량의 토량인 경우에는 토량 환산 계수를 적용할 수 있다.

① 흐트러진 상태(Lose)의 토량의 변화율

$$L = \frac{\text{흐트러진 상태의 토량}[\text{m}^3]}{\text{자연 상태의 토량}[\text{m}^3]} \Rightarrow \text{잔토처리(배토)시 적용}$$

② 다져진 상태(Compact)의 토량의 변화율

$$C = \frac{\text{다져진 상태의 토량}[\text{m}^3]}{\text{자연 상태의 토량}[\text{m}^3]} \Rightarrow \text{흙 돋우기(다짐)시 적용}$$

③ 토량환산계수의 적용 예

토량의 변화는 기준이 되는 처음 상태(q)를 분모로 하고 구하고자 하는 나중 상태(Q)를 분자로 하여 계산한다. 만약 $C = 0.9$, $L = 1.2$라고 하면 토량의 변화는 다음과 같다.

㉮ 자연 상태 $100[\text{m}^3]$을 흐트러진 상태로 하면

$$100 \times \frac{Q}{q} = 100 \times \frac{1.2}{1} = 120[\text{m}^3]$$

㉯ 다져진 상태 $100[\text{m}^3]$을 흐트러진 상태로 하면,

$$100 \times \frac{Q}{q} = 100 \times \frac{1.2}{0.9} = 133.33[\text{m}^3]$$

2) 독립기초 터파기량

$$\text{터파기량}(V) = \frac{h}{6}\{(2a + a')b + (2a' + a)b'\}[\text{m}^3]$$

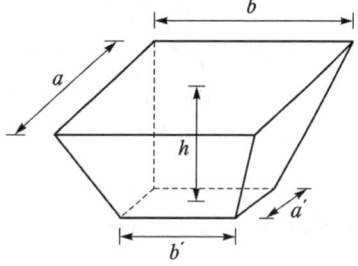

3) 줄기초 터파기량

$$\text{터파기량}(V) = \left(\frac{a+b}{2}\right) \times h \times \text{줄기초의 길이 }[\text{m}^3]$$

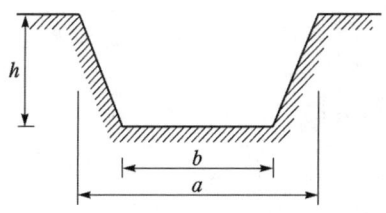

4) 흙 되메우기량 토량

흙 되메우기 토량 = 흙파기 체적 − 기초 구조부 체적(GL 이하)$[\text{m}^3]$

5) 잔토 처리량

① 흙 되메우고 흙 돋우기할 때(L과 C가 모두 주어진 경우)

$$잔토처리량 = \{흙파기\ 체적 - (되메우기\ 체적 + 돋우기\ 체적)\} \times 토량환산계수(L)$$

$$= \{흙파기\ 체적 - (되메우기\ 체적 \times \frac{1}{C})\} \times 토량환산계수(L)[\text{m}^3]$$

단, L : 흐트러진 상태(Lose)의 토량의 변화율

C : 다져진 상태(Compact)의 토량의 변화율

② 흙 되메우기만 할 때(L만 주어진 경우)

$$잔토처리량 = (흙파기\ 체적 - 되메우기\ 체적) \times 토량환산계수(L)$$

$$= 기초\ 구조부\ 체적(\text{G.L 이하}) \times 토량환산계수(L)[\text{m}^3]$$

③ 흙 파기량을 전부 잔토 처리할 때

$$잔토처리량 = 흙파기\ 체적 \times 토량환산계수[\text{m}^3]$$

6) 흙 돋우기량 산출

$$흙\ 돋우기량 = 흙\ 돋우기\ 체적 \times 토량환산계수[\text{m}^3]$$

7) 터파기량(V), 되메우기량($V-S$), 잔토처리량(S')의 관계

되메우기량 계산시는 제외
기초콘크리트 계산시는 포함

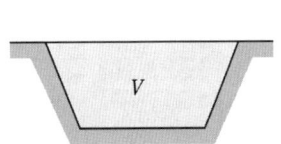 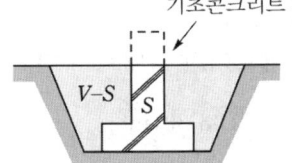 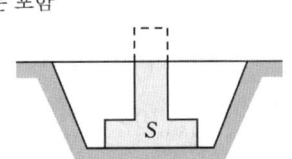

① 터파기량(V) ② G.L 이하 기초구조부 체적(S) ③ 되메우기량($V-S$)

④ 잔토처리량(S') = $S \times$ 토량환산계수

그림 1-5 흙 돋우기량 산출도

(3) 토공장비의 작업량 검토

1) 불도저 작업량

$$불도저\ 작업량\ Q = \frac{60 \times q \times f \times E}{C_m}[\text{m}^3/\text{hr}]$$

단, q : 1회의 굴착 압토량[m^3], f : 토량 환산 계수

E : 불도저의 작업 효율, C_m : 사이클 타임[min]

2) 셔블계 굴착기 작업량

$$굴착기\ 작업량\ Q = \frac{3,600 \times q \times K \times f \times E}{C_m}[\text{m}^3/\text{hr}]$$

단, q : 버킷 또는 딥퍼 용량[m^3] K : 버킷 또는 딥퍼 계수

f : 토량 환산 계수 E : 작업 효율

C_m : 사이클 타임[sec]

3) 덤프 트럭(dump truck) 작업량

덤프 트럭 작업량 $Q = \dfrac{60 \times q \times f \times E}{C_m}$ [m³/hr]

단, q : 흐트러진 상태의 1회 적재량[m³]

f : 토량 환산 계수

E : 작업 효율

C_m : 1회의 사이클 타임[min]

4) 토공, 지정, 기초공사 세부공정(예시)

품 명	규 격	단위	수량	재료비	노무비	경비	합계
인력터파기	보통토사	m³	*				
터파기	백호우0.7M3	m³	*				
터파기	백호0.7(기계90%,인력10%)	m³	*				
터파기(연암)	백호0.7+대형브레이커	m³	*				
되메우기	인력	m³	*				
되메우기	백호0.7(기계90%,인력10%)	m³	*				
되메우고다지기	백호0.7*래머80,다짐30cm	m³	*				
잔토처리(인력)	소운반,고르기	m³	*				
잔토처리,10km	로우다1.34M3+덤프15ton	m³	*				
잡석깔기지정	백호0.7M3+콤펙트1.5ton	m³	*				
발포폴리스티렌 바닥깔기	#0.03, 50mm	m³	*				
콘크리트파일(PHC)	Φ400 L:10m	본	*				
파일항타	Φ400, SIP(공법명시)	M	*				
장비조립,해체		회	*				
파일조인트캡		개소	*				
CONC말뚝머리정리	φ400	본	*				

① 검토 시 유의사항

㉮ 인력터파기, 인력되메우기, 인력잔토처리는 소량 또는 작업조건상 불가피할 경우에 적용할 수 있으므로 이를 검토.

㉯ 터파기, 되메우기, 잔토처리 등은 가급적 건설기계사용 산출방식을 적용하되 작업조건(토질계수, 현장조건)을 일관성 있게 적용하고 규격란에 공법에 적용되는 중기종류 및 규격을 명시하고, 잔토처리는 운반거리까지 명시, 기계와 인력이 혼용으로 작업 시 해당부분의 비율 명시(예, 기계90% + 인력10%)되었는지 검토.

㉰ 잔토처리는 운반거리 명시 되었는지 검토.

㉱ 파일항타 및 장비조립 해체비는 일위대가표로 작성되었는지 검토.

(4) 소요자재 내역서 검토

1) 공사비 계산방법 검토

① 요소단위에 대한 공사비 견적

기본설계인 경우 공사의 주요 구성요소(기초, 구체, 형식, 용량, 면적 등)가 대체로 정의
→ 유사공사에서 도출한 요소단위 공사비 적용해서 추정

2) 계수에 의한 공사비 견적 : 기본설계에 적용

① 구조적인 형식에 따라 자재수량을 면적, 용적, 용량 등에 의해서 개략적인 측정단위로 정의
② 각 요소에 대하여 부재, 기기 등의 주요 품목을 구분하고, 그 비용구성을 요소별로 추정
③ 단위가격을 적용하여 비용계산
④ 과거실적에 근거하여 장비시간, 노무시간, 가설비, 현장경비 등 추산

3) 수량명세에 의한 공사비 견적 : 상세설계에 적용

① 설계도서가 완벽하게 정의된 공사실시 단계
② 상세견적은 공사를 기초공사, 모듈설치공사, 인버터설치공사 등의 작업공종으로 세분해서 분할하고, 각 작업공종에 대하여 소요되는 재료비, 노무비, 장비의 소요수량을 결정하고, 각각에 해당 단위가격을 곱해서 요소비용과 공종금액을 계산

4) 공사시행단계와 견적방법

① 기획단계 : 계획수요에 따라 정해지는 최초의 추정치. 발전량, 주요기능에 관련된 결정, 물가변동을 통계적으로 반영
② 예비조사단계 : 공사비는 어떤 종류의 시설단위로 변환될 수 있으며, 경우에 따라 요소단위 또는 계수에 의한 견적방법도 적용가능
③ 타당성조사단계 : 기본설계가 완료되므로 평면배치도와 입면도 및 계통도가 제시되고, 부지평면도가 사용될 수 있으므로, 공간계획을 통해 구조물에 대해서 수량집계가 가능
④ 실시설계단계 : 많은 상세도면이 완성되어 있으므로 적산은 모든 영역에 대하여 수량명세를 기준으로 하는 상세적산으로 할 수 있으며, 설계자가 예정공사비를 작성할 때 수량명세의 형식으로 적산
⑤ 시공단계 : 예정 공사비 내역서에 비하여 비목 구성이 매우 구체적이며, 실제비용을 기준으로 적산.
⑥ 공사 시행단계별 견적방법

견적방법	공사시행단계					비 고
	사업기획	기본조사	타당성조사	실시설계	시공단계	
시설단위견적	○	○				개략견적공사비
계수견적		○	○			개산견적공사비
요소단위견적		○	○			개산견적공사비
조합견적			○			개산견적공사비
상세견적			○	○	○	상세공사비

5) 자원기반 적산방식

① 1962년 제정된 표준품셈에 의거 노무 또는 장비를 사용하여 무엇을 만드는데 필요한 단위당 노무 및 장비의 능력, 재료량을 구분하여 집계하는 물량 산정표로서 공사의 단위당 비용(단가)을 산출

② 단위 작업당 소요되는 재료수량, 노무량, 장비사용 등을 수치로 표시한 표준품셈을 근간으로 현재의 단가(일위대가표)를 고려하여 예정가격을 산정하는 방법

③ 자원기반 적산방식의 예정가격 산출방법

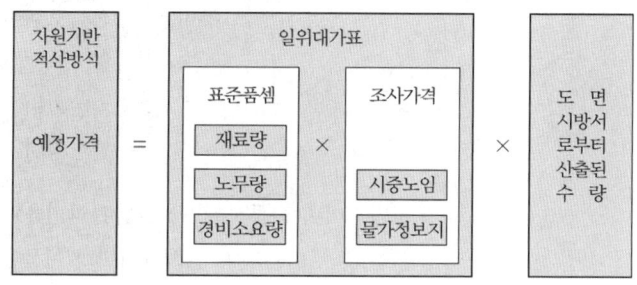

㉮ 적산절차

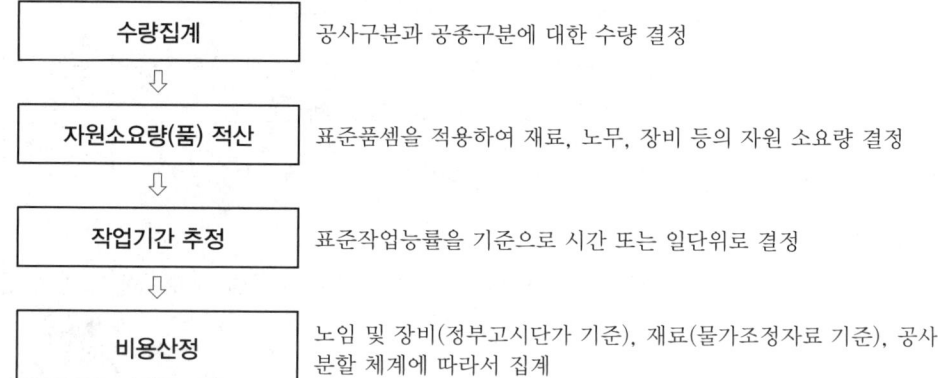

㉯ 적산 절차도

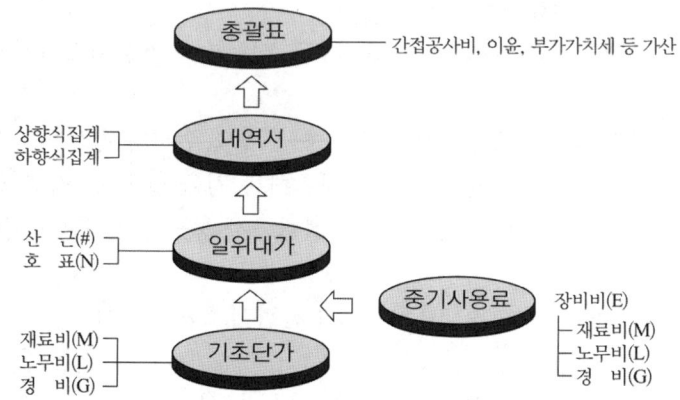

단, 산근(#) : 산출근거, 호표(N) : 일위대가 번호

그림 1-6 자원기반 적산 절차도

2.2.2 설계 내역서

(1) 공사원가계산서

1) 공사원가라 함은 공사시공과정에서 발생하는 재료비, 노무비, 경비의 합계액을 말한다.

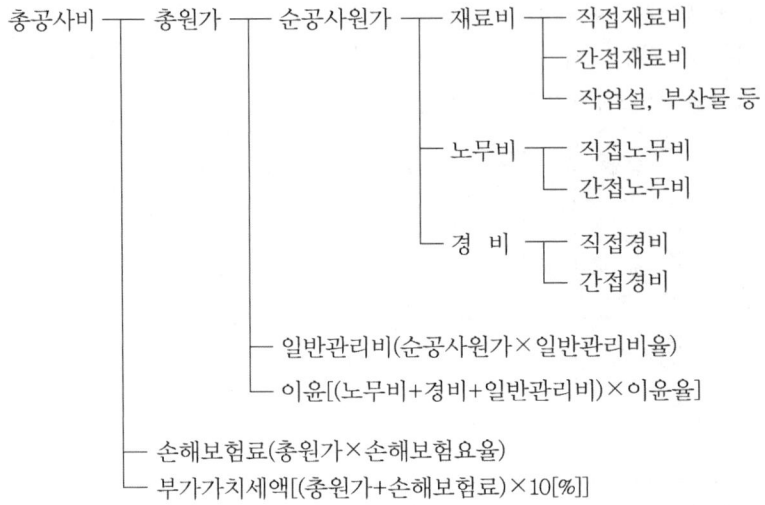

2) 원가계산에 의한 가격(총원가)은 계약의 목적이 되는 물품·공사·용역 등을 구성하는 재료비·노무비·경비와 일반관리비 및 이윤으로 이를 계산한다.

(2) 순공사원가의 구성 항목

1) 재료비

① 계약목적물의 제조·시공 또는 용역 등에 소요되는 규격별 재료량에 그 단위당 가격을 곱한 금액

㉮ 재료비＝재료량×단가(단위당 가격)

② 재료비는 공사원가를 구성하는 직접재료비 및 간접재료비로 한다.

㉮ 직접재료비＝주요재료비 + 부분품비

㉯ 간접재료비＝소모재료비 + 소모공구·기구·비품비 + 가설재료비

③ 공구손료

㉮ 공구손료는 일반공구·통신공사용 특수공구 및 특수시험 검사용, 시험용 계측기구류의 손료로서 공사 중 상시 일반적으로 사용하는 것을 말하며, 직접노무비의 3[%]까지 계상하며, 특수공구(철골공사, 석공사, 설비공사 등) 및 검사용 특수계측기구류의 손료는 별도 계상

㉯ 공구손료＝직접인건비(할증 전)×3[%] : 간접재료비에 포함.

④ 작업설(부산물)

㉮ 철근, PIPE 고재 등 공사목적물의 시공 중에 발생하는 작업설, 부산물, 연산품 등은 그 매각액 또는 이용 가치를 추산하여 재료비로부터 공제하여 계산

(3) 노무비

1) 노무비 계산

① 직접노무비 = 노무량 × 노임단가

② 간접노무비 = 직접노무비 × 간접노무비율

③ 노무비 = 직접노무비+간접노무비

2) 직접노무비

건설현장에서 계약목적물을 완성하기 위하여 직접작업에 종사하는 종업원 및 노무자에 의하여 제공되는 노동력의 대가로서 기본급, 제 수당, 상여금, 퇴직급여충당금의 합.

3) 간접노무비

직접 작업에는 종사하지는 않으나, 작업현장에서 보조 작업에 종사하는 노무자, 종업원과 현장감독자 등의 기본급과 제수당, 상여금, 퇴직급여충당금의 합.

① 간접노무비율

구 분	공사종류별	간접노무비율
공사 종류별	건 축 공 사	14.5
	토 목 공 사	15
	특수공사(포장, 준설 등)	15.5
	기타(전문, 전기, 통신 등)	15
공사 규모별	5억원 미만	14
	5~30억원 미만	15
	30억원 이상	16
공사 기간별	6개월 미만	13
	6~12개월 미만	15
	12개월 이상	17

(4) 경비

경비는 공사의 시공을 위하여 소요되는 공사원가 중 재료비, 노무비를 제외한 원가를 말하며, 기업의 유지를 위한 관리활동부문에서 발생하는 일반관리비와 구분된다.

(5) 일반관리비

1) 기업의 유지를 위한 관리활동부문에서 발생하는 제비용으로서 제조(또는 공사)원가에 속하지 아니하는 모든 영업비용중 판매비 등을 제외한 비용, 즉, 임원급료, 사무실직원의 급료, 제수당, 퇴직급여충당금, 복리후생비, 여비, 교통·통신비, 수도광열비, 세금과공과, 지급임차료, 감가상각비, 운반비, 차량비, 경상시험연구개발비, 보험료 등을 말하며 기업손익계산서를 기준하여 산정한다.

2) 일반관리비는 순공사원가에는 해당되지 않는다.

3) 일반관리비 = 순공사원가(재료비 + 노무비 + 경비) × 요율

① 일반관리비 요율 (※ 전문·전기·통신·소방·기타) : 순공사원가(재료비 + 노무비 + 경비)에 따라 일반관리비 요율 적용

구분(순공사원가)	5억 미만	5~30억 미만	30억~100억 미만	100억 이상
일반관리비 요율[%]	6.0	5.5	5.0	4.5

(6) 이윤

1) 이윤 = (노무비 + 경비+일반관리비) × 이윤율
2) 이윤율 : 금액(노무비 + 경비+일반관리비)에 따라 이윤율 적용

구분(금액)	50억 미만	50~300억 미만	300억~1000억 미만	1000억 이상
이윤율[%]	15.0	12.0	10.0	9.0

2.3 시공계획서 검토

(1) 시공계획서 검토 업무 흐름도(토목공사)

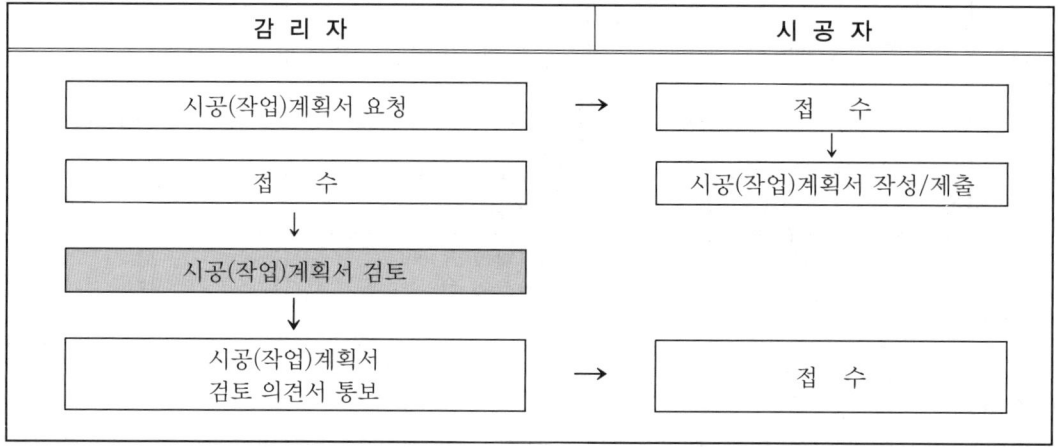

(2) 책임과 권한

1) 감리자 : 시공자의 시공(작업)계획서를 제출 받아 검토할 의무와 책임이 있다.
2) 시공자 : 감리자가 요청하는 시공(작업)계획서를 작성 제출할 의무가 있다.

(3) 시공계획서(토목공사)의 검토

1) 감리자는 시공자에게 본격적인 공사착수 전 전체공사 실행(시공)계획을 수립하여, 감리자의 검토를 받도록 요청하고 아울러 전체공사 실행(시공)계획에 따라 공종별 작업착수 전에 공종별 시공(작업)계획서도 제출토록 요청한다.
2) 시공자의 전체공사 실행(시공)계획서는 공사착수 후 60일 이내에, 공종별 시공(작업)계획서는 해당 공종 작업착수 7일전에 제출토록 지도한다.

3) 감리자는 시공자의 시공계획서가 다음 내용으로 작성될 수 있도록 지도한다.
  ① 전체공사 실행(시공)계획서
    ㉮ 공사개요
    ㉯ 현장기구 조직 및 공구분할계획
    ㉰ 가설공사계획(진입도로, 가설전기, 가설용수, 가설울타리, 현장내 작업도로, 자재야
       적장, 가설주차장 등)
    ㉱ 양중 및 시공장비계획
    ㉲ 예정공정표
    ㉳ 주요 공종(기초공사, 골조공사 등)시공계획
    ㉴ 품질보증(시험)계획
    ㉵ 주요 자재반입계획
    ㉶ 안전 및 환경관리계획
    ㉷ 민원방지대책
    ㉸ 대관업무계획(상·하수도 인입 및 관로, 도시가스 인입, 소방시설 등)
    ㉹ 기타 현장여건상 필요한 사항
  ② 공종별 시공(작업)계획서
    ㉮ 현장작업반 조직표
    ㉯ 해당 시공(작업)계획서의 시공(작업)범위
    ㉰ 작업방법
    ㉱ 가시설물 설치계획
    ㉲ 자재반입, 동원장비, 인력투입계획
    ㉳ 작업일정표
    ㉴ 시공상세도(Shop Drowing)
    ㉵ 기타 해당 공종 작업에 특기할 사항 등
4) 감리자는 시공자의 시공(작업)계획서를 다음과 같은 기준으로 검토하고 적절하지 않은 부분
  을 보완토록 요청한다.
  ① 전체공사 실행(시공)계획서
    ㉮ 설계도서, 사업계획승인조건에 부합되는지 여부
    ㉯ 공사착공계(신고서) 제출서류(예정공정표, 품질보증 또는 시험계획, 안전 및 환경관리
       계획 등)와 일치하는지 여부
    ㉰ 현장규모(대지면적, 건축면적, 연면적, 지하실깊이, 건물최고 높이 등)에 부합되는
       현장조직 및 공구 분할정도, 가설공사계획, 양중 및 시공장비계획이 수립되어 있는지
       여부
    ㉱ 예정공정표와 주요 공종 시공계획의 수립은 적절한지 여부
    ㉲ 민원방지대책은 사전 예방적인 구체적 계획으로 수립되어 있는지와 민원이 발생되었
       을 때의 조치계획이 포함되어 있는지 여부

ⓑ 대관업무 처리계획은 예정공정계획과 상호 모순은 없는지 여부

ⓢ 기타 현장의 특성상 예상되는 문제점에 대한 조치 계획의 수립 여부 등

② 공종별 시공(작업)계획서

ⓐ 해당 시공(작업)계획서의 시공(작업)범위 적정성 검토

- 해당 공종의 세부작업별 정확한 작업구간 및 작업물량
- 해당 공종의 세부작업별 선작업과 후속작업의 한계
- 해당 공종의 작업내용이 설계도서의 작업범위와 일치하는지 여부
- 현장조건 대비 시공범위 설정이 안전관리상 문제점이 없는지 검토

ⓑ 작업방법 및 가시설물 설치 계획

- 작업방법이 소요 품질을 확보할 수 있는지 여부
- 가시설물 위치와 시공대상물과의 간섭관계
- 작업인력, 장비의 동선 등이 작업방법 및 현장조건과 일치하는지 여부
- 작업방법과 장비, 인력의 동선계획과 안전시설 설치 및 환경보건시설 설치 가능 여부

ⓒ 세부 작업별 동원장비 검토

- 작업량 대비 장비규격, 투입량(양중 자재의 중량대비 크레인 규격 등)
- 안전 및 환경 관계법령 대비 장비규격(주거지역의 고출력 디젤엔진 장비 등)

ⓓ 세부작업별 동원 인력 검토

- 작업종류 대비 작업원 경력 또는 실적
- 작업량 대비 인력투입계획

ⓔ 세부 작업별 공구 및 자재 사용계획 검토

- 품질시방 대비 사용공구 종류 및 규격 검토(철근 가공기기 등)
- 현장조건 대비 자재사용 절차 및 계획 검토(원거리 콘크리트 등)
- 공사여건 대비 자재수급계획 검토(계절관련 자재 파동 등)
- 공구 및 자재의 사용방법에 대한 안전장구와 환경 저해 검토

ⓕ 시공 상세도(Shop Drawing)검토

- 설계도서 또는 관계규정에 일치하는지 여부
- 현장기술자, 기능공이 명확하게 이해할 수 있는지 여부
- 실제 시공가능한지 여부
- 안전성의 확보 여부
- 계산의 정확성
- 제도의 품질 및 선명성, 도면작성 표준에 일치 여부
- 도면으로 표시 곤란한 내용은 시공 시 유의사항으로 작성되었는가 여부

ⓖ 작업일정표 검토

- 상세 공정계획표 대비 작업일정의 부합성
- 작업방법 대비 작업순서의 일치

- 계획 대비 생산성의 가능여부(일일 작업량 검토)

5) 감리자의 시공상세도(Shop Drowing)검토는 시공(작업)계획서에서 분리하여 별도로 검토할 수 있으며, 이 경우 감리자는 시공자에게 작업착수 7일전에 검토 요청서를 제출토록 지도하여야하며, 감리자는 접수 후 7일 이내에 검토를 완료하고 검토 결과를 통보한다.

6) 감리자는 시공(작업)계획서 검토 결과에 따라 검토의견서를 작성, 시공자에게 통보한다. 검토 결과 감리자 의견이 없는 경우 검토 의견을 생략할 수 있으며, 검토 의견이 있는 경우는 전체공사 실행(시공)계획서는 접수 후 14일 이내, 공종별 시공(작업)계획서는 접수 후 7일 이내에 검토 의견서를 회신해야 한다.

7) 감리자는 공사 착수 전 또는 착수 후에도 시공(작업)계획의 변경이 있을 경우 시공자로부터 변경 부분의 계획을 서면 제출 받아 검토하고 그 결과를 통보한다.

2.4 시공 상태 적합성

(1) 시공 확인

1) 감리원은 다음 각 호의 현장시공 확인업무를 수행하여야 한다.

① 공사 목적물을 제조, 조립, 설치하는 시공과정에서 가시설공사와 영구시설물 공사의 모든 작업단계의 시공상태

② 시공확인하여야 할 구체적인 사항은 당해 공사의 설계도면, 시방서 및 관계규정에 정한 공종을 반드시 확인

③ 시공자가 측량하여 말뚝 등으로 표시한 시설물의 배치위치를 야장 또는 측량성과를 시공자로부터 제출 받아 시설물의 위치, 표고, 치수의 정확도확인

④ 수중 또는 지하에서 행하여지는 공사나 외부에서 확인하기 곤란한 시공에는 반드시 직접 검측하여 시공당시 상세한 경과기록 및 사진촬영 등의 방법으로 그 시공 내용을 명확히 입증할 수 있는 자료를 작성하여 비치하고, 발주청 등의 요구가 있을 때에는 이를 제시

2) 감리원은 단계적인 검측으로 현장확인이 곤란한 콘크리트 타설공사는 반드시 입회·확인하여 시공토록 하여야 하며, 콘크리트 운반송장은 감리원의 확인서명이 있는 것만 기성으로 인정하여야 한다.

3) 감리원은 콘크리트 품질을 저하시키는 행위 등이 없도록 생산, 운반, 타설의 전 과정을 관리해야하며 콘크리트의 품질저하생위 발생시 해당 구조물의 재시공, 관련자교체, 공급원교체 등의 제재조치를 취하고 시공자로 하여금 재발방지대책을 수립이행토록 조치해야한다. 또한 구조물별 콘크리트 타설현황을 작성하여 감리보고서에 수록하여야 한다.

4) 감리원은 당해 공사의 시방서 및 관계규정에서 정한 시험, 측정기구 및 방법, 감리원의 기술적 판단에 따라 확인하고 평가함을 원칙으로 하며, 검측업무 절차에 따라 수행하여야 한다.

5) 감리원은 시공확인을 위하여 X-Ray 촬영, 도막두께 측정, 기계설비의 성능시험, 수중촬영 등의 특수한 방법이 필요한 경우 외부 전문기관에 확인을 의뢰할 수 있으며 필요한 비용은 설계 변경시 반영한다.

(2) 검측업무

1) 감리원은 시공계획서에 의한 일정단계의 작업이 완료되면 시공자로부터 검측요청서를 제출 받아 그 시공상태를 확인하는 것을 원칙으로 하고, 가능한 한 공사의 효율적인 추진을 위하여 시공과정에서 수시 입회·확인토록 하여야 한다.

2) 감리원은 다음 각 호의 사항이 유지될 수 있도록 검측체크리스트를 작성하여야 한다.

① 체계적이고 객관성 있는 현장 확인과 승인

② 부주의, 착오, 미확인에 의한 실수를 사전 예방하여 충실한 현장 확인 업무를 유도

③ 검측작업의 표준화로 작업원들에게 작업의 기준 및 주안점을 정확히 주지시켜 품질향상을 도모

④ 객관적이고 명확한 검측결과를 시공자에게 제시하여 현장에서의 불필요한 시비를 방지하는 등의 효율적인 검측업무를 도모

3) 감리원은 다음 각 호의 검측업무 수행 기본방향에 따라 검측업무를 수행하여야 한다.

① 현장에서의 시공확인을 위한 검측은 당해 공사의 규모와 현장조건을 감안한 「검측업무지침」을 현장별로 작성·수립하여 발주청의 승인을 득한 후 이를 근거로 검측업무를 수행. 단, 검측업무지침은 검측하여야 할 세부공종, 검측절차, 검측시기 또는 검측빈도, 검측체크리스트 등의 내용을 포함

② 수립된 검측업무지침은 모든 시공관련자에게 배포하여 주지시켜야 하고, 보다 확실한 이행을 위한 교육 실시

③ 현장에서의 검측은 체크리스트를 사용하여 수행하고, 그 결과를 검측체크리스트에 기록한 후 시공자에게 통보하여 후속 공정의 승인여부와 지적사항을 명확히 전달

④ 검측체크리스트에는 검사항목에 대한 시공기준 또는 합격기준을 기재하여 검측결과의 합격 여부를 합리적으로 신속히 판정

⑤ 단계적인 검측으로는 현장확인이 곤란한 콘크리트 생산, 타설과 같은 공종의 시공 중 감리원의 계속적인 입회 확인하에 시행

⑥ 시공자가 검측요청서를 제출할 때 공사참여자 실명부가 첨부 되었는지를 확인

⑦ 시공자가 요청한 검측일에 감리자 사정으로 검측을 못할 경우 공정추진에 지장이 없도록 요청한 날 이전 또는 휴일검측을 하여야 하며 이때 발생하는 감리대가는 감리자 부담으로 한다.

4) 감리원은 다음 각 호의 검측절차에 따라 검측업무를 수행하여야 한다.

① 검측체크리스트에 의한 검측은 1차적으로 시공자의 담당기술자가 검측체크리스트를 첨부하여 검측요청서를 감리원에게 제출하면 감리원은 그 내용을 검토하여 현장확인검측을 실시하고 감리원의 서명 후 현장에서 시공자에게 통지

② 검측결과 불합격인 경우는 그 불합격된 내용을 시공자가 명확히 이해할 수 있도록 상세하게 통보하고 보완시공 후 재검측 받도록 조치한 후 감리보고서에 기록

5) 건설기술관리법령, 이 지침 등의 관계규정 내용을 기준하여 구체적인 내용으로 작성하며 공사목적물을 소정의 규격과 품질로 완성하는데 필수적인 사항을 포함하여 점검항목을 결정하

여야 한다.

6) 감리원은 검측할 세부공종과 시기를 작업단계별로 정확히 파악하여 검측하여야 한다.

2.5 공사현장 환경관리 등

(1) 소음 대책

① 소음 : 공기의 진동에 의한 음파 중에서 가청적인 것으로서 인간이 감각적으로 바람직하지 않다고 느끼는 소리

② 음원의 강도 : 데시벨에 의해 나타내는데 어떤 음원의 음향 파워가 W 일 때, 기준 음향 파워 W_o (보통 $10-12W$를 기준)와의 대수비를 파워 레벨이라 하고 이에 10을 곱한 값이 데시벨이 된다.

$$dB = 10\log10(W/W_o)$$

③ 소음에 의한 피해의 종류 : 불쾌감(주택지역 50[dB] 이상), 수면 방해(20~25[dB] 이상), 회화 방해(50[dB] 이상), 작업 방해(70[dB] 이상 주의력 저하), 청력장해

④ 소음 방지 대책 : 음원, 전파경로, 수음점 대책으로 요약할 수 있는데 대표적 소음 방지 대책 사례를 예시해 보면 다음 표와 같고 건설공사에서의 소음 방지 대책

㉮ 소음을 최소화하기 위한 시공법 및 건설기계의 선택

㉯ 공사 지점에서의 작업에 의미가 있는 것을 제외한 나머지 기계에 대해서는 주변 주택과의 거리를 두어 소음을 줄일 수 있도록 배려

㉰ 반사면과 기계 동시사용에 의한 레벨 상승을 고려한 작업 계획 작성

㉱ 방음 덮개나 적절한 벽재료 선택에 의한 음원의 밀폐

㉲ 장애물, 방음벽에 의한 전파경로의 차단

(2) 진동 대책

① 진동 : 기계, 기구의 사용으로 인하여 발생되는 강한 흔들림

② 진동에 대한 평가기준 : 진동 물리량으로서 가속도나 진동속도로 표시되어 있는 것이 많고 규제법에서의 진동가속도 레벨, 진동 레벨을 연관 지어 둘 필요가 있는데 이를 정리해 보면 다음 표와 같다.

③ 건설 분야의 진동 방지 대상 : 진동 레벨 75[dB] 이며 이는 지진 진도계 Ⅲ, 진동가속도 레벨 75~85[dB], 진동속도 0.3~2.4[mm/s]에 해당된다.

④ 진동에 미치는 영향 : 인체감각 및 생리적 영향과 기계류 및 건물에 미치는 영향

⑤ 인체감각 및 생리적인 측면 : 생리 기능(심장, 소화기, 내분기계, 척수 및 청각, 시각장애), 작업능률(피로, 평형감각 저하, 촉각신경 둔화), 일상생활(불쾌, 불안정, 수면 및 생활 방해) 등에 영향을 미치고, 심한 경우 국소 장애, 전신 장애와 기계성능의 저하 및 파손, 재료의 피로, 배관 접합 부분의 균열, 기초의 경사 및 침하, 건축물 파손 등의 영향을 미친다.

⑥ 진동은 진동 발생원 → 지반진동으로의 에너지 교환 → 지반에서의 진동 전파 → 건물로의 진동 전달 → 인간의 감각 및 건물 피해의 경로를 거치므로 각 단계에서의 진동 방지 대책강구가 필요하며 건설공사의 경우에 대해 그 내용을 요약하면 다음과 같다.

㉮ 진동 발생이 적은 기계 및 공법의 채용 또는 병행

㉯ 완충물의 부설, 예정 굴착 단면에 대한 cutting face 삽입, 시차적 시공, 유압 기계의 사용, 방진장치 설치 등에 의한 진동 감소

㉰ 시공기계의 배치장소 적정화에 따른 진동 거리 감쇄효과 도모

㉱ 고무, 금속 및 공기 스프링 등이 가진 진동수에 따라 보다 효과적인 방진 재료·장치의 사용

㉲ 고유진동수를 피해를 받는 쪽에서 물려 놓아 방진효과를 증진하고, 작업 시간의 조정, 피해자에 대한 공사내용의 설명 등에 의한 구제책 시행

(3) 분진 대책

① 분진 : 토사의 굴착이나 적재, 운반 등의 작업 시 발생

② 분진의 입경 : $0.01 \sim 10[\mu m]$ 정도

③ 건설공사의 대기 오염 : 터널공사와 같이 공사현장이 폐쇄공간일 경우 위생 면에서 문제

④ 분진 : 영향력이 크기 때문에 개방공간에서 문제가 되고 있어 분진 발생시설의 사용 및 관리방법, 분진 방지시설의 설치가 의무화되고 있다.

⑤ 폐쇄공간에서의 분진 대책

㉮ 환기가 기본이며,

㉯ 살수에 의한 분진의 조기 침강

㉰ 물 댐퍼에 의한 발파공의 메움

⑥ 개방공간에서의 분진대책

㉮ 가리개, 시트, 철망에 의한 분진 발생장소 차단

㉯ 살수

㉰ 주행로의 포장

㉱ 바람이 강하거나 풍향이 마땅치 않을 경우 작업 일시 중지

2장 태양광발전 구조물 시공

1 태양광발전 구조물 기초공사 수행

1.1 구조물 기초공사

(1) 기초공사

1) 기초모양에 의한 터파기 분류
   ① 구덩이 파기 : 독립기초 등에서 국부적으로 파는 기초
   ② 줄파기 : 지중 보, 벽 구조 등에서 도랑모양으로 파는 기초

2) 기초파기의 일반사항
   ① 흙막이를 설치하지 않은 경우 흙파기 경사각(ϕ)은 휴식각의 2배로 한다.
   ② 휴식각 : 흙 입자 간의 응집력, 부착력을 무시한 때, 즉 마찰력만으로서 중력에 대해 정지하는 흙의 사면각도

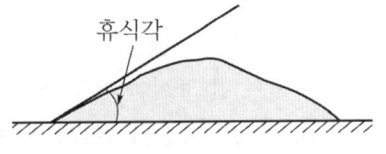

   ③ 굴착에 의한 증량비[%]

암석	점토+모래+자갈	점토 또는 부식토	모래 또는 자갈
75	30	25	15

3) 흙파기 공법의 종류

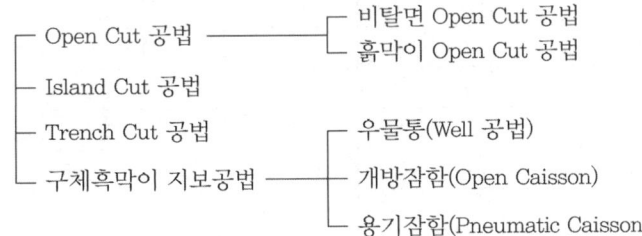

   ① 비탈면 Open Cut 공법 : 흙막이 지보공(버팀대)이 필요 없이 굴착면을 경사지게 파내는 공법
   ② 흙막이 Open Cut 공법
      ㉮ 자립공법 : 토압을 흙막이 벽의 휨 저항으로 지지하는 공법

④ 버팀대(Strut)공법 : 흙막이널에 띠장을 대고 버팀대를 설치하여 토압을 지지하는 공법

④ 어스앵커 공법 : 버팀대 대신 PC 강선의 인장력에 의해 토압을 지지하는 공법

4) 터파기 경사도 및 나비

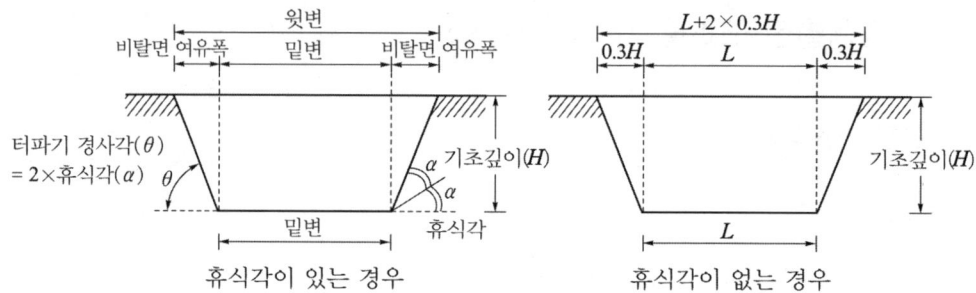

그림 2-1 터파기 경사도 및 나비

① 흙파기 경사는 토질의 치밀 상태, 지하수위 및 유출상황에 따라 다르지만, 일반적으로 흙의 휴식각의 2배 정도로 한다.
② 휴식각이 없는 경우 비탈 수평길이(비탈면 여유폭)는 $0.3 \times$ 기초깊이(H)로 한다.
③ 특수한 토질을 제외하고는 터파기에 있어서 깊이가 1[m] 미만일 때에는 휴식각을 고려하지 않고, 수직터파기로 계산함을 원칙으로 한다.

5) 흙의 휴식각

① 토질시험에 의하여 결정한 흙의 휴식각을 적용하는 것을 원칙으로 한다.
② 토질시험에 의하지 아니하는 경우에 있어서의 토질에 따른 휴식각은 다음을 표준으로 한다.

표 2-1 흙의 휴식각

토 질		휴식각(도)	비탈수평길이(L)	비 고
모 래	건조	20~35	2.7H~1.4H	
	습기	30~45	1.7H~1.0H	
	포화	20~40	2.7H~1.2H	
보통 흙	건조	20~45	2.7H~1.0H	
	습기	25~45	2.1H~1.0H	
	포화	25~30	2.1H~1.0H	
진 흙	건조	40~50	1.2H~0.8H	
	습기	30	1.7H	
	포화	20~25	2.7H~2.1H	
자 갈	일반	30~25	1.7H~1.4H	
	모래, 진흙, 반섞임	20~25	2.7H~2.1H	

③ 터파기 유형과 여유폭(**D**)의 결정

다음 그림에서 A기초의 터파기 유형은 터파기 깊이가 1[m] 미만이므로 휴식각에 상관없는 수직터파기이고, B기초의 터파기 유형은 터파기 깊이가 1[m] 이상이므로 경사파기이다. 하지만 터파기 여유폭은 모두 1[m] 이하이므로 기초판 측면에서 20[cm]로 한다.

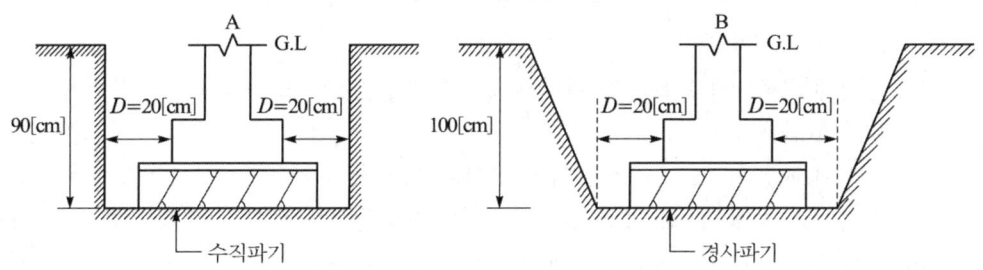

그림 2-2 터파기 유형과 여유폭

(2) 거푸집 공사

1) 거푸집의 역할
① 콘크리트의 일정한 형상 및 치수 유지
② 경화에 필요한 수분 노출 방지
③ 외기의 영향 방지

2) 거푸집의 구비조건
① 거푸집의 조립·해체·운반이 용이할 것
② 최소한의 재료로 여러 번 사용할 수 있는 형상과 크기일 것
③ 수분이나 모르타르의 누출을 방지할 수 있게 수밀할 것
④ 시공정확도를 유지하고 변형이 생기지 않는 구조일 것
⑤ 충격 및 작업하중에 견디고, 변형을 일으키지 않는 강도를 가질 것
⑥ 구성재 종류가 적고 청소·보수·뒷정리가 쉬울 것

3) 거푸집의 시공 상 주의사항
① 형상·치수가 정확하고 처짐·배부름·뒤틀림 등의 변형이 없을 것
② 외력에 충분히 안전할 것
③ 조립·제거할 때 파손·손상되지 않을 것
④ 소요자재가 절약되고, 반복사용이 가능할 것
⑤ 시멘트 풀이 새지 않게 수밀할 것.

4) 거푸집 구성 재료
① 거푸집 널 : 목재, 합판, 패널(Panel) 등을 사용
② 띠장(장선) : 거푸집을 지지하고 콘크리트 측압을 멍에에 전달
③ 멍에(장선받이) : 장선 및 띠장의 하중을 긴결재 또는 받침기둥에 전달

④ 동바리(Support) : 멍에, 장선받이 등을 받아 그 하중을 지반 또는 바닥판에 전달하는 받침기둥

5) 거푸집 부속자재 및 기구

① 긴결재(Form Tie) : 거푸집의 간격을 유지하며 벌어지는 것을 방지하는 긴장재
② 격리제(Separator) : 거푸집 상호간의 간격을 유지하게 하는 것으로 철제와 파이프제, 몰탈제 등이 있다.
③ 간격제(Spacer) : 철근이 거푸집에 밀착하는 것을 방지하여 피복간격을 확보하기 위한 간격재(굄재)
④ 박리제(Form Oil) : 거푸집의 박리를 용이하게 하기 위하여 거푸집에 바르는 약제
⑤ 와이어 클리퍼(Wire Clipper) : 거푸집 긴장철선을 콘크리트 경화 후 절단하는 절단기
⑥ 드롭 헤드(Drop Head) : 철재 거푸집(유로 폼 ; Euro Form)에서 지주를 제거하지 않고 슬래브 거푸집만 제거할 수 있도록 사용되는 철물
⑦ 인서트(Insert) : 콘크리트에 달대와 같은 설치물을 고정하기 위하여 매입하는 철물

6) 철근 간격재(Spacer) 종류

① 철재 간격재
② 모르타르 간격재
③ 플라스틱 간격재

1.2 지역별 동결 특성

(1) 동결작용

1) 동결작용은 흙 중에 포화되어 있는 수분의 성질이 변화하여 일어나는 현상으로 비교적 입자가 작은 실트질 흙에서 일어나기 쉽다.
2) 동결지역에서 포장을 설계할 때에는 동결작용에 의한 과도한 노면의 변위 발생을 방지하고 동결 해빙기간 중 적절한 지지력을 확보하여야 한다.

(2) 동결지수

1) 동결지수(frost index)는 포장내의 동결관입 깊이를 산정하기 위한 대표적 척도로서, 포장구조와 노상토를 동결시키는 대기온도의 강도와 지속기간의 누가영향(cumulative effect)으로 표시된다.
2) 동결지수의 단위는 온도·일[℃·일, °F·일]이며, 어느 동결계절 동안의 누가 온도·일에 대한 시간 곡선상의 최고점과 최저점의 차이로 나타낸다.
3) 그림 2-3에서 얻어지는 동결지수 값은 측후소 위치에서 관측한 값을 토대로 한 것이므로, 설계 노선의 표고에 대한 보정은 식①을 이용하여 계산한다.

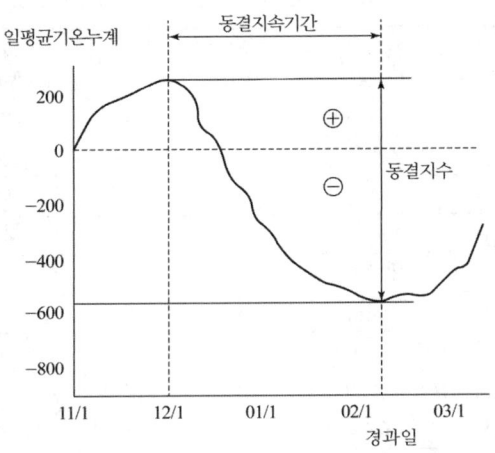

그림 2-3 동결지수 결정방법

① 동결지수가 [℃·일] 경우는 다음 식 적용

$$수정동결지수[℃·일] = 동결지수 + 0.5 \times 동결기간 \times \frac{표고차[m]}{100} \qquad \cdots\cdots 식①$$

여기서, 표고차[m]＝설계노선 최고표고[m] ― 측후소 지반고[m]

② 동결지수가 ℉·일 경우는 다음식 적용

$$수정동결지수[℉·일] = 동결지수 + 0.9 \times 동결기간 \times \frac{표고차[m]}{100}$$

③ 남한의 지역별 동결지수와 동결기간은 표 2-2와 같다.

표 2-2 남한지역 동결지수 및 동결기간

지 역	측후소 지반고(m)	동결지수 (℃·일)	동결기간 (일)	지 역	측후소 지반고(m)	동결지수 (℃·일)	동결기간 (일)
속초	17.6	181.6	66	합천	32.1	193.0	62
대관령	842.0	873.8	127	거창	224.9	278.2	74
춘천	74.0	539.0	92	영천	91.3	237.8	64
강릉	26.0	167.2	57	구미	45.5	278.1	76
서울	85.5	380.9	80	의성	73.0	425.2	78
인천	68.9	354.7	78	영덕	40.5	138.8	57
원주	149.8	613.0	94	문경	172.1	279.4	55
울릉도	221.1	129.3	32	영주	208.0	417.8	77
수원	36.9	468.4	79	성산포	17.5	−	−
충주	69.4	528.4	89	고흥	60.0	83.5	49
서산	26.4	313.2	76	해남	22.1	102.6	49
울진	49.5	121.6	57	장흥	43.0	130.1	52
청주	59.0	411.6	78	순천	74.0	179.9	64
대전	67.2	317.7	68	남원	89.6	272.4	67
추풍령	245.9	303.9	78	정읍	40.5	223.9	61
포항	2.5	98.5	52	임실	244.0	420.3	86
군산	26.3	194.9	61	부안	7.0	244.7	61
대구	57.8	160.9	54	금산	170.7	372.5	77
전주	51.2	233.5	61	부여	16.0	330.0	74
울산	31.5	83.6	46	보령	15.1	254.8	76
광주	73.9	141.4	55	천안	24.5	405.4	78
부산	69.2	49.6	27	보은	170.0	461.7	76
통영	25.0	37.4	27	제천	264.4	610.2	91
목포	36.5	75.6	33	홍천	141.0	635.4	98
여수	67.0	62.2	31	인제	199.7	614.5	91
완도	37.5	38.1	26	이천	68.5	511.0	89
제주	22.0	4.1	3	양평	49.0	619.7	91
남해	49.8	148.9	38	강화	46.4	486.2	89
거제	41.5	52.1	39	진주	21.5	132.8	51
산청	141.8	141.8	49	서귀포	51.9	−	−
밀양	12.5	180.2	62	철원	154.9	685.0	109

4) 이와 같이 산출된 수정동결지수를 동결심도 산정모델에 적용하여 해당지역의 설계 동결깊이를 결정하게 된다. 전국의 지역별 동결지수선도는 그림 2-4와 같다.

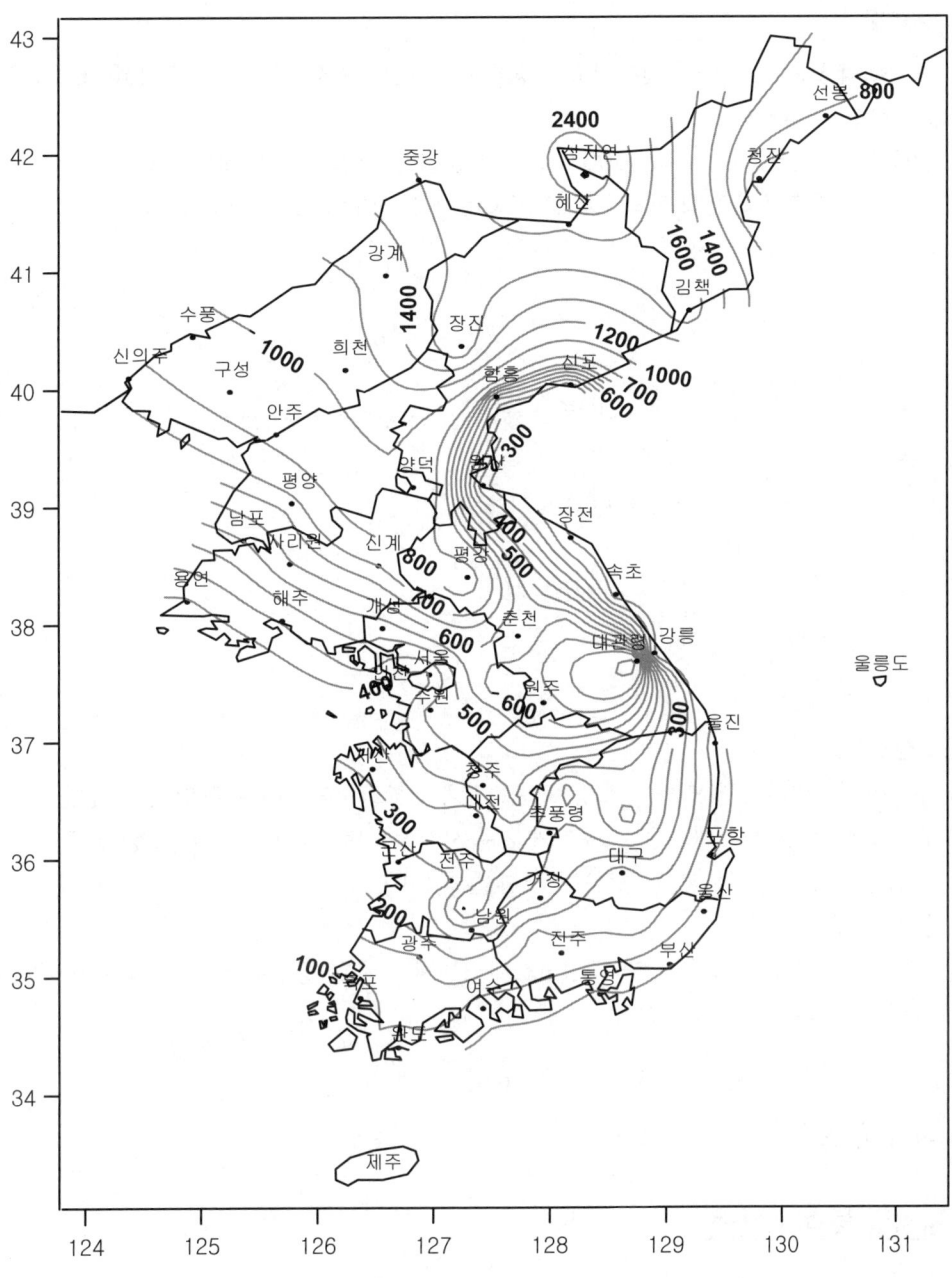

그림 2-4 전국동결지수선도

예제 2 ● ● ●

측후소의 표고는 모두 동일하다고 가정하고, 기존의 측후소인 A, B, C지점 사이에 D지점의 동결지수를 구하시오.

〈조건〉 · 동결지수 : A지점 300℃·일, B지점 400℃·일, C지점 500℃·일

· 측후소까지의 거리 : A-D 20km, B-D 40km, C-D 30km

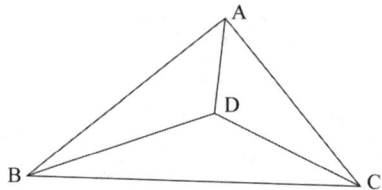

풀이

D지점의 동결지수(F_D) 는 다음과 같이 구할 수 있다.

$$F_D = \frac{\left(\dfrac{300}{20} + \dfrac{400}{40} + \dfrac{500}{30}\right)}{\left(\dfrac{1}{20} + \dfrac{1}{40} + \dfrac{1}{30}\right)} = 384[℃\cdot 일]$$

(3) 동결심도

1) 동결심도는 0[℃] 온도선이 포장 표면으로부터 포장층 아래로 관입되는 깊이

2) 동결심도는 영하의 대기온도 크기와 지속시간, 노상토의 재료성질(통상 밀도), 노상토 내의 동결 가능한 수분의 양(함수량)에 영향을 받는다.

3) 동결깊이 산관식

1980년~1989년 10년간 전국 1,358 개소에서 관측한 동결관입 깊이 조사자료를 토대로 작성된 상관식은 식 ②와 같다.

$$동결깊이(Z) = 14 \cdot F^{0.33} [cm] \qquad\qquad \cdots\cdots 식 ②$$

여기서, F : 동결 지수 [℃·일]

1.3 지역별 풍속과 하중

(1) 지역별 기본풍속

기본풍속 V_0는 지표면상태가 풍속고도분포계수에서 정한 지표면조도구분 C인 경우, 지상 10[m] 높이에서 10분간 평균풍속의 재현기간 500년 값으로 하고, 건설대상지의 지리적 위치에 따라 다음 그림 2-5에 의해 정한다. 바람은 항상 수평방향에서 불어오는 것으로 가정한다.

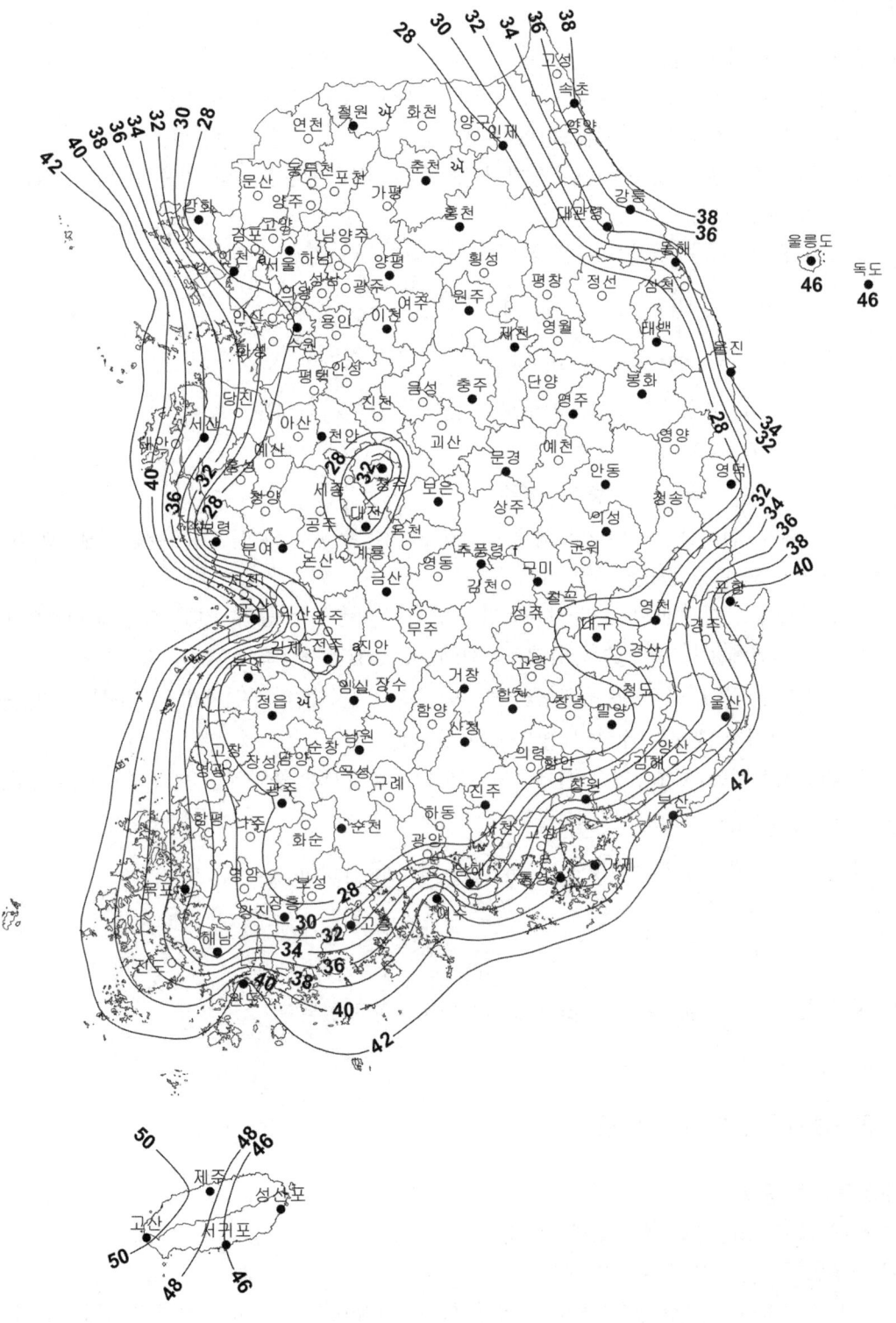

그림 2-5 기본풍속 V_0(재현기간 500년 풍속) [m/s]

(2) 풍하중

1) 풍하중 산정 기본방침

① 풍하중은 주골조설계용 수평풍하중·지붕풍하중과 외장재설계용 풍하중으로 구분한다. 풍하중은 각각의 설계풍압에 유효수압면적을 곱하여 산정한다.

② 주골조설계용 수평풍하중은 풍방향풍하중, 풍직각방향풍하중, 비틀림풍하중으로 구분하여 산정한다.

③ 풍하중(설계풍속 V_H)은 다음 식으로 산정한다.

$$V_H = V_0 K_{zr} K_{zt} I_w \, [\text{m/s}]$$

여기서, V_0 : 기본풍속[m/s]

K_{zr} : 풍속고도분포계수로 기준높이 H에서의 값

K_{zt} : 지형계수

I_w : 건축물의 중요도계수

④ 통상적인 건축물에서는 지붕의 평균높이를 기준높이로 하며, 그 기준높이에서의 속도압을 기준으로 풍하중을 산정한다.

⑤ 풍하중을 산정할 때에는 각 건물표면의 양면에 작용하는 풍압의 대수합을 고려해야 한다.

⑥ 주골조설계용 설계풍압은 설계속도압(q_H), 풍방향가스트영향계수(G_D), 주골조설계용 풍압계수(C_{pe}), 풍력계수(C_D)를 곱하여 산정한다. 다만, 부분개방형건축물 및 지붕풍하중을 산정할 때에는 내압의 영향도 고려한다.

⑦ 외장재설계용 설계풍압은 설계속도압에 외장재설계용 풍압계수을 곱하여 산정한다.

2) 설계속도압(q_H)

기준높이 H에서의 설계속도압 q_H는 다음 식으로 산정한다.

$$q_H = \frac{1}{2} \rho V_H^2 \, [\text{N/m}^2]$$

여기서, ρ : 공기밀도로서 균일하게 1.22[kg/m³]로 한다.

V_H : 설계풍속[m/s]

1.4 구조물기초 형태와 시공 공법

(1) 구조물기초 용어

1) 강재말뚝 : 강관말뚝 또는 H형강말뚝

2) 기성말뚝 : 공장에서 미리 제작된 콘크리트말뚝

3) 기초 : 기초판과 지정 등을 뜻하며, 상부구조에 대응하여 부를 때는 기초구조라고하기도 한다.

4) 나무말뚝 : 생나무로 다듬어 만든 말뚝

5) 독립기초 : 기둥으로부터의 축력을 독립으로 지반 또는 지정에 전달토록 하는 기초

6) 마찰말뚝 : 지지력의 대부분을 주면의 마찰로 지지하는 말뚝

7) 말뚝 : 기초판으로부터의 하중을 지반에 전달하도록 하기 위하여 기초판 아래의 지반 중에 만들어진 기둥 모양의 지정지반에 전달하도록 하는 형식의 기초

8) 말뚝전면복합기초 : 병용기초 중 직접기초와 말뚝기초가 복합적으로 상부구조를 지지하는 기초형식

9) 병용기초 : 서로 다른 기초를 병용한 기초형식의 총칭

10) 말뚝의 극한지지력 : 말뚝이 지지할 수 있는 최대의 수직방향 하중

11) 말뚝의 허용지내력 : 말뚝의 허용지지력 내에서 침하 또는 부등침하가 허용한도 내로 될 수 있게 하는 하중

12) 말뚝의 허용지지력 : 말뚝의 극한지지력을 안전율로 나눈 값

13) 매입말뚝 : 기성말뚝의 전장을 굴착한 지반 속에 매입한 말뚝

14) 복합기초 : 2개 또는 그 이상의 기둥으로부터의 응력을 하나의 기초판을 통해 지반 또는 지정에 전달토록 하는 기초

15) 부마찰력 : 지지층에 근입된 말뚝의 주위 지반이 침하하는 경우 말뚝 주면에 하향으로 작용하는 마찰력

16) 분사현상 : 모래층에서 수압차로 인하여 모래입자가 부풀어 오르는 현상. 보일링

17) 사운딩 : 로드에 연결한 저항체를 지반 중에 삽입하여 관입, 회전 및 인발 등에 대한 저항으로부터 지반의 성상을 조사하는 방법

18) 성능설계법 : 건축구조물 등을 설정한 외력에 대해 사용한계상태, 손상한계상태, 극한한계상태에서의 소요성능을 만족하도록 설계하는 방법

19) 슬라임 : 지반을 천공할 때 공벽 또는 공저에 모인 흙의 찌꺼기

20) 액상화현상 : 물에 포화된 느슨한 모래가 진동, 충격 등에 의하여 간극수압이 급격히 상승하기 때문에 전단저항을 잃어버리는 현상

21) 연성(軟性)옹벽 : 옹벽 전면이 여러 개의 콘크리트 판, 블록, 돌망태, 자연석등의 형태로 구성되어 있고 배면에는 인장력이 강한 보강재(Geogrid, Strap 등)로 저항하거나 자중에 의하여 토압에 저항하며 각각의 구성 요소가 횡 토압에 대하여 독립된 변형 거동을 하는 옹벽 구조

22) 온통기초 : 상부구조의 광범위한 면적 내의 응력을 단일 기초판으로 연결하여 지반 또는 지정에 전달하도록 하는 기초

23) 원위치시험 : 대상 현장의 위치에서 지표 또는 보링공 등을 이용하여 지반의 특성을 직접 조사하는 시험

24) 융기현상 : 연약한 점성토 지반에서 땅파기 외측의 흙의 중량으로 인하여 땅파기 된 저면이 부풀어 오르는 현상. 히빙

25) 이음말뚝 : 2개 이상의 동종말뚝을 이음한 말뚝

26 접지압 : 직접기초에 따른 기초판 또는 말뚝기초에서 선단과 지반 간에 작용하는 압력

27) 줄기초, 연속기초 : 벽 또는 일련의 기둥으로부터의 응력을 띠모양으로 하여 지반 또는 지정에 전달토록 하는 기초

28) 지반의 개량 : 지반의 지지력 증대 또는 침하의 억제에 필요한 토질의 개선을 목적으로 흙다짐, 탈수 및 환토 등으로 공학적 능력을 개선시키는 것

29) 지반의 극한지지력 : 구조물을 지지할 수 있는 지반의 최대저항력

30) 지반의 허용지지력 : 지반의 극한지지력을 안전율로 나눈 값

31) 지정 : 기초판을 지지하기 위하여 그보다 하부에 제공되는 자갈, 잡석 및 말뚝 등의 부분

32) 지지말뚝 : 연약한 지층을 관통하여 굳은 지반이나 암층까지 도달시켜 지지력의 대부분을 말뚝 선단의 저항으로 지지하는 말뚝

33) 직접기초 : 기둥이나 벽체의 밑면을 기초판으로 확대하여 상부구조의 하중을 지반에 직접 전달하는 기초형식으로서 기초판 저면지반의 전단저항력으로 하중을 지지한다. 일반적으로 기초판의 두께가 기초판의 폭보다 크지 않으며 독립기초, 줄기초, 복합기초, 온통기초 등이 있다.

34) 측압 : 수평방향으로 작용하는 토압과 수압

35) 케이슨 : 지반을 굴삭하면서 중공대형의 구조물을 지지층까지 침하시켜 만든 기초형식구조물의 지하부분을 지상에서 구축한 다음 이것을 지지층까지 침하시켰을 경우의 지하부분

36) 타입말뚝 : 기성말뚝의 전장을 지반 중에 타입 또는 압입한 말뚝

37) 허용지내력: 지반의 허용지지력 내에서 침하 또는 부등침하가 허용한도 내로 될 수 있게 하는 하중

38) 현장타설콘크리트말뚝 : 지반에 구멍을 미리 뚫어놓고 콘크리트를 현장에서 타설하여 조성하는 말뚝

39) 흙막이구조물 : 땅파기에 있어 지반의 붕괴 및 주변의 침하, 위험 등을 방지하기 위하여 설치하는 구조물

40) 흙파기: 구조물의 기초 또는 지하 부분을 구축하기 위하여 행하는 지반의 굴삭

(2) 얕은기초 시공

1) 공사착수 전 조사 및 확인사항

① 지하매설물 및 지상 장애물을 사전에 조사하여 굴착 중 파손, 민원 등 시공 시 발생할 수 있는 문제에 대한 대책 방법을 강구하여야 한다.

② 지반조건 : 설계 시에 행하였던 지반조사 결과에 관하여는 충분히 검토하고, 하부구조의 기초형식이나 지반의 상황에 따라 정밀한 시추조사와 함께 각종 시험을 실시하여 보다 면밀한 조사를 시행하여야 한다.

③ 지지층 아래 압축성이 큰 토층이 있다면 깊은기초를 선택하거나 지반개량을 전제로 한 얕은기초를 고려하여야 한다.

2) 기존시설물의 처리

① 공사착수 전에 관련되는 모든 기존시설에 대한 설치깊이와 규모를 확인하여 토공작업으로 인한 피해가 없도록 하여야 한다.

② 도면에 표시되지 않은 사용 중인 지하시설물이 발견되면 공사감독자에게 통보하고 적법한 절차에 따라 이설하여야 한다.

3) 기초터파기 및 바닥면 마무리

① 기초터파기 경사는 토질조건과 지하수의 상태 등에 따라 안전한 굴착면 경사를 유지하여야 하고 필요시 가설흙막이벽을 설치하여야 한다.

② 기초바닥면은 평탄하게 마무리하여야 한다.

③ 기초바닥재로 지름 80[mm]이상의 조약돌을 포설할 경우에는 막자갈 또는 쇄석 등의 채움재료로 간극을 메우고 소형 롤러 또는 램머 등으로 다짐을 하여야 한다.

④ 기초바닥재로 자갈 또는 모래를 포설할 경우, 설계 포설면까지 재료를 포설한 후 소형 롤러, 램머 등으로 다짐을 하여야 하며, 설계 포설두께가 20[cm]이상으로 두꺼울 경우에는 한 층 다짐두께를 20[cm]이하로 층 다짐하여야 한다.

⑤ 암반지지 기초의 경우 바닥면의 경사가 1 : 4 이상인 경우 계단식 또는 톱니식으로 마무리하여야 한다.

⑥ 바닥면에 용수, 우수 등의 유입이 우려될 경우에는 배수처리를 하여야 한다.

⑦ 바닥면이 암반일 경우에는 돌부스러기 등 이물질을 완전히 제거하여야 하고 토사일 경우에는 적절한 다짐장비로 충분한 다짐을 하여야 한다.

⑧ 기초 터파기 부분은 기초 설치 후 설계서에서 정하는 바에 따라 되메우기를 하여야 하며, 설계서에서 별도로 정하지 않은 경우, 주변 배수여건 변화를 고려하여 원래 상태로 복구되도록 되메우기를 하여야 한다.

4) 비탈면 안정

① 경사가 급한 위치에 놓이는 구조물의 기초터파기에 있어서는 시공 중이나 구조물 완성 후 비탈면 안정에 대한 검토를 하여야 한다.

② 비탈면의 기초터파기 지반은 기초설치 후 원래 상태의 비탈면이 형성되도록 복구하고 식재 등 비탈면 보호공법을 적용하여 표면 유실방지를 위한 조치를 하여야 한다.

5) 지지층 검사

① 기초바닥면의 실제조건과 지반조사 자료를 비교·검토하고 공사감독자의 검사를 받아야 한다.

② 얕은기초 바닥면 하부지반을 쇄석 등으로 치환하는 경우에는 재하판 크기로 인한 응력 영향범위가 치환층을 충분히 포함하도록 KS F 2444에 따라 평판재하시험을 실시하여야 하며, 시험평판의 크기는 가급적 큰 것을 사용하고 최소지름이 치환두께의 1/2이상 되는 것을 사용하여야 한다.

③ 지지층의 안전성은 평판재하시험(KS F 2444) 결과에 기초의 크기효과(scale effect; 시험평판과 실제 기초의 크기 차이로 인하여 발생하는 지지력 및 침하 차이)를 고려하여 확인하여야 하며, 지반공학적 측면에서 평판재하시험 외에 공내재하시험에 의한 평가도 가능하다.

④ 지지층 검사가 끝나면 즉시 고르기(lean) 콘크리트를 타설할 수 있도록 준비하여야 한다.

5) 시공기록 포함사항

① 공사명, 공사개소, 사업주체, 시공자, 시행공정

② 완성된 기초공의 제원, 배치도, 구조도, 지반의 개요

③ 임시가설비의 배치와 능력, 시공방법, 기계기구

④ 각종 조사 및 시험성과

⑤ 환경대책 및 안전대책

⑥ 시공 중에 발생한 특수상황과 그 대책

⑦ 각 공정의 시공기록, 사진 등

(3) 특수기초 시공

1) 시공계획서

① 공사를 착수하기 전에 지반조사에 의한 지층, 지하수, 해수, 인근 우물의 사용현황 등 주위의 상황에 대한 자세한 조사를 실시한 후 시공계획서를 작성하여 공사감독자의 승인을 받는다. 지하연속벽의 최소 두께는 구조물의 응력해석에 따라 0.6~1.5[m] 또는 그 이상으로 결정하여야 한다.

② 파이핑, 히빙 및 보일링이 우려되는 지반조건에서는 그에 대한 검토 및 보강계획을 반영하여야 한다.

③ 지반조사, 지하수의 조사, 기존 구조물, 매설물, 주변상황 등 필요한 조사계획을 포함하여야 한다.

④ 안전하고 원활한 공사를 위하여 필요에 따라서 공사감독자가 제시한 설계변경 또는 시공법의 변경을 수용하여야 한다.

⑤ 공사 중 지장 또는 손상의 우려가 있는 기존의 수도관, 가스관 등의 설비는 관계기관과의 협의 하에 공사감독자의 지시에 따라 처리할 수 있도록 시공계획에 반영하여야 한다.

⑥ 굴착 중 출토물이 발생할 경우 공사감독자의 지시에 따라 처리할 수 있도록 시공계획에 반영하여야 한다.

⑦ 안내벽은 굴착기 등의 중량에 의한 표면 흙의 붕괴를 방지할 수 있도록 시공계획에 반영하여야 한다.

⑧ 시공기계 및 장치는 다음 사항에 주의하여 선정하여야 한다.

㉮ 시공기계는 지반조건, 굴착깊이, 그 외 현장의 조건에 맞는 기계를 선정하여야 한다.

㉯ 안정액 제조 및 재생장치는 소요의 안정액을 만들기 위하여 충분한 성능과 용량의 기계설비를 갖추어야 한다.

2) 자재

① 타설되는 콘크리트는 공사시방서에 따르며, 달리 명시된 것이 없는 경우에는 다음을 따른다.

  ㉮ 시멘트는 KS L 5201에 적합한 포틀랜드 시멘트이어야 한다. 시멘트계 고화재 및 혼화재에 대해서는 공사시방서에 따른다.

  ㉯ 골재 치수는 13 ~ 25[mm]를 표준으로 한다.

  ㉰ 공기 함유율은 (4.5 ± 1.5)[%]를 표준으로 한다.

  ㉱ 단위 시멘트량은 350[kg/m³]이상, 물·시멘트 비는 50[%]이하로 한다.

  ㉲ 슬럼프값은 18 ~ 21 cm를 표준으로 한다.

  ㉳ 배합강도는 설계강도의 125% 이상으로 한다.

  ㉴ 팽창제, AE제 또는 감수제의 배합비율은 제조자의 시방서에 따른다.

② 철근은 KS D 3504에 적합한 이형철근이어야 한다.

③ 슬러리는 천연산의 분말 벤토나이트로서 입도는 90[%]가 0.850[mm]보다 가늘고, 0.075 [mm]보다 가는 것은 10[%]미만이어야 한다.

④ 물에 혼합된 벤토나이트 슬러리는 분말 벤토나이트가 안정된 부유 상태에 있어야 하고, 이 때 비중은 1.04 ~ 1.36 범위이어야 한다.

⑤ 프리팩트 콘크리트 말뚝 시공에 있어서 주입(부어넣기) 모르타르의 재료, 배합 및 굵은골재의 크기 등은 공사시방서에 따른다.

⑥ 기타의 자재 등은 관련 시방서에 따른다.

3) 프리팩트 콘크리트 말뚝 시공

① 말뚝에 사용하는 철근의 배근, 지름, 이음방법 및 피복두께와 철골 등은 설계서에 따른다.

② 나선철근 및 띠철근과 주철근의 교차점은 결속선으로 고정시키고 주철근의 길이 1[m]이내마다 점용접을 한다.

③ 굵은골재를 투입할 때나 모르타르를 주입할 때에 흙과 모래가 혼입되지 않도록 하며 필요에 따라서는 케이싱 등을 사용한다.

④ 굴착 후 철근 또는 철골을 삽입한 다음에는 모르타르 주입관을 넣고 그 사이에 자갈을 채운다.

⑤ 모르타르 주입관의 이음은 방수를 하고, 관의 끝부분은 항상 주입 모르타르의 표면 이하에 두고 관 내에 물이 침입하지 않도록 배려한다.

⑥ 구멍 안에 자갈을 채운 후 주입관을 이용하여 밑에서부터 모르타르를 주입하는데, 모르타르 주입 전에 자갈에 물기가 없을 경우에는 물을 부어 자갈이 물에 잠기도록 하고, 모르타르 주입 완료시에는 말뚝머리 부분에 굵은골재를 두께 500[mm]이상 여분으로 넣은 뒤 철판으로 누르고 그 후에 모르타르가 굳으면 떼어낸다.

⑦ 말뚝 매 1개의 모르타르 주입작업은 중단하지 않고 완료하여야 한다.

⑧ 모르타르를 주입할 때의 채움 상승속도는 매분 1[m]이하로 한다.

⑨ 오거, 모르타르 믹서, 모르타르 펌프 및 모르타르 주입관 등에 대하여 공사감독자의 승인을 받는다.

⑩ 기타의 공법 및 공기구에 대해서는 공사시방서에 따른다.

4) PIP말뚝 및 유사계통의 말뚝 시공

① 철근의 조립은 KCS 14 20 11에 따른다.

② 주입속도와 오거의 끌어올리기 속도와의 관계는 오거의 밑바닥에 공극이 생기지 않도록 주의하여 조작하되, 오거 끝부분에서의 수압 및 토압을 고려하여 이것에 상당하는 압력으로 주입하고 과다한 고압 또는 저압으로 작업하여서는 안 된다.

③ 철근의 삽입은 철근과 구멍 둘레 벽에 손상을 주지 않도록 모르타르 주입 후 신속히 실시한다.

④ 기타의 공법 및 공기구에 대하여서는 공사시방서에 따른다.

5) 합성말뚝 시공

① 기성 콘크리트 말뚝은 KCS 11 50 15에 따른다.

② 강재말뚝은 KCS 11 50 15에 따른다.

③ 현장타설 콘크리트말뚝은 KCS 11 50 10에 따른다.

④ 시공치수, 형상 등은 설계서에 따르며, 이음부분의 맞춤도 그에 따라 정밀하게 맞춘다.

⑤ 상하 말뚝의 중심은 일직선이 되도록 박는다.

6) 기타 특수말뚝 시공

① 공사시방서에서 지정한 공법에 따라 시공한다.

1.5 구조 안전성 검토

(1) 구조설계 검토절차

공사초기에 구조물에 대한 안전성, 경제성, 시공성에 대한적합여부를판단하기위하여선행되어야할절차로서, 각도서의 적정성, 도서간의 연계성, 도서와 현장여건의 일치성 등이 검토되어져야만 한다. 그 결과로서 공사 중의 시공오류를 최소화하고, 원가절감 및 공기단축의 효과를 기대할 수 있다. 구조물의 설계는 설계단계에서 각 분야(건축, 구조, 전기, 설비, 토목 등) 설계자 간의 협의를 통하여 기본설계도면이 작성되고, 이 기본설계도면과 지질조사보고서를 근간으로 하여 구조설계자가 구조물을 설계하며, 구조설계 검토 절차는 다음 그림과 같다.

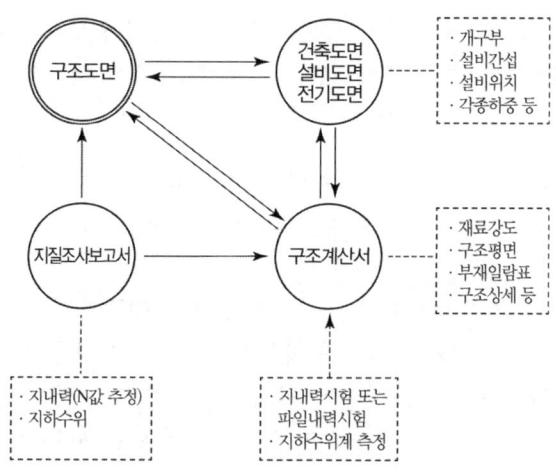

그림 2-6 구조설계 검토절차

(2) 구조설계 관련 검토용 도서

1) 설계단계 : 구조도면, 구조계산서, 지질조사보고서, 특기시방서, 각 관련도면 등

2) 공사단계 : 지내력 또는 파일내력 시험보고서, 지하수위 측정보고서 등

(3) 구조설계 검토용 도서의 검토내용

1) 구조도면

① 건축, 설비, 전기도면의 각종 요구사항 반영여부 확인 : 각종 개구부, 하중조건(장비 및 설비 위치, 중량), 층고확보, 설비와의 간섭 등

② 구조계산서상의 재료강도, 구조 Frame, 부재번호, 부재 일람표, 구조 상세 등이 올바르게 반영되어 있는지 확인. 설계 변경된 경우 구조계산서 검토확인

③ 지질조사보고서상의 지내력(또는 파일내력), 지하수위가 올바르게 반영되어 있는지 확인

④ 각 부재 및 접합부의 시공성과 구입/제조가 용이한지 여부를 확인.

⑤ 일반사항의 필요 없는 상세 제거, 정착 및 이음길이 수치 확인

⑥ 평면해독이 어려운 부분의 단면상세 추가필요 여부 확인

⑦ 대지경계선과 본 구조물의 간섭여부 확인.(지하외벽, 토목옹벽, 도로, 근접거리 등)

⑧ 주요구조부재의 크기가 설비간섭 또는 환경기준(소음, 진동)에 적합한지 확인

2) 구조계산서

① 건축구조기술사의 날인 확인.

② 재료의 특성 확인 : 강도의 적정성, 제조 및 구입용이 여부 등

③ 지질조사보고서상의 지내력(또는 파일내력), 지하수위가 올바르게 반영되어 있는지 확인

④ 하중조건 확인 : 각 실의 하중, 지진하중, 풍하중, 지하층의 토압 및 수압 등

⑤ 부재설계의 적정성 확인 : 각 구조부재의 과다, 과소여부 확인

⑥ 필요한 구조상세의 누락 또는 시공용이 여부 확인

⑦ 시설물중 구조계산이 수행되지 않은 부분이 있는지 확인.

⑧ 기타 Note상의 표기 중 애매모호한 부분이 없는지 확인

3) 지질조사보고서

① 시추 Boring 규격 : NX −Type을 기본으로 하고, 지층선 확인정도의 경우는 BX−Type 도 가능. NX−type이 BX−type보다 구경이 크고 더 정확한 지질자료를 찾아낼 수 있으나 가격이 비쌈.

② 조사심도 : 연암층 2[m] 이상, 또는 지반의 상대밀도가 50회/10cm 관입되는 풍화암 5[m] 이상 깊이까지 조사하여 기초하부 레벨의 지질 상태를 확인.

③ N값 확인 : N값은 표준관입시험에 의한 결과값으로 토질의 지지력을 추정할 수 있는 기본자료로써 구조설계 시 기초하부 지내력 가정용으로 사용하며. 차후 평판재하시험을 통한 실제지내력을 확인필요

④ 지하수위 : 지질조사보고서상의 지하수위는 연중 일부기간에 대한 수위로서 구조계산 시이 지하수위를 기본으로 지하외벽 및 지하층바닥 슬래브 설계 시 수압에 대한 하중자료로서 활용함. 성수기, 갈수기의 자료인지 확인하고, 차후 공사 중 지하수위의 변화를 측정하여 구조계산서 상의 지하수위이하인지 확인.

4) 지내력 또는 파일내력시험보고서

① 시험위치는 가장 하중이 큰 기초의 하부로 한다.

② 지내력 시험 : 평판재하시험으로 실시. 지내력은 극한지내력의 1/3과 항복지내력의 1/2 중 작은 값으로 한다.

③ 파일내력시험 : 정재하시험과 동재하시험을 각각 실시하며, 두 개의 시험결과를 종합하여 실제 파일내력 확인.

④ 상기 시험을 통하여 구조도면상의 필요지내력 또는 파일내력 보다 현장시험에 의한 실제 지내력 또는 파일내력이 큰지 확인하고, 작을 경우 설계자와 협의하여 별도의 구조변경 또는 보강조치를 하여야 한다.

5) 공사수행 관련 검토사항

① 시공 중 지하수위에 의한 부력검토 : 시공 중에는 상부자중이 작아 부력에 취약할 수 있으며, 지형에 따른 구조물의 위치가 좋지 않아 홍수기의 우수에 의하여 구조물이 부상할 수 있으므로 사전조치를 위한 검토가 필요하다.

② 문제가 있는 경우, 필히 발주처 및 설계자와 협의하고, 해당근거를 공식적인 문서로 접수하여, 차후 문제발생 시 대비가 필요하다.

2 태양광발전 구조물 시공

2.1 태양광발전용 구조물 설치

(1) 구조물 설치

　1) 지지대 제작

　　① 지지대의 재질 및 제작은 설계도면에 따른다.

　　② 제작치수는 반드시 현장 확인하고, 현장여건에 의한 변경이 필요한 경우에는 감독원(감리원)과 협의한다.

　　③ 철 구조물은 부식방지(용융아연도금처리) 처리를 한다.

　2) 구조물의 설치 순서

　　① 어레이 기초공사 → ② 어레이 가대공사 → ③ 어레이 설치공사 → ④ 배선공사 → ⑤ 점검 및 검사

　3) 지지대 설치

　　① 지지대의 설치/조립은 도면에 의거 설치하고, 현장여건에 의한 변경이 필요한 경우에는 감독원(감리원)과 협의한다.

　　② 지지대는 자중, 적재하중, 적설, 풍압, 지진, 진동 및 충격 등에 대하여 안전한 구조이어야 한다.

　　③ 지지대 조립은 스테인리스 제품의 볼트, 너트, 와셔로 느슨함이 없도록 단단하게 조립/시공한다.

　　④ 지지대 조립 시 파손, 긁힘, 흠집 등의 문제가 발생하지 않도록 한다.

　　⑤ 지지대는 건축물 또는 구조물에 고정하며, 앵커볼트 또는 케미컬 앵커볼트로 고정될 경우에는 볼트캡을 부착하여야 한다.

　　⑥ 태양전지 모듈의 유지보수를 위한 공간과 작업안전을 위한 발판 및 안전난간을 설치해야 한다. 단, 안전성이 확보된 설비인 경우에는 예외로 한다.

2.2 구조물 형태와 시공 공법

(1) 준비 및 주의사항

　① 태양광 어레이 기초면 확인용 수평기, 수평줄, 수직추를 확보한다.

　② 지지대 및 가대(강재) 운반용 크레인 및 유자격 크레인공을 확인한다.

　③ 태양광 어레이 지지대, 고정용 앵커볼트, 설계도 등을 준비한다.

　④ 가대 및 지지대는 현장 용접을 절대 피한다.

　⑤ 지지대 기초 앵커볼트의 유지 및 매립은 강제프레임 등에 의하여 고정하는 방식으로 하고 콘크리트 타설시 이동, 변형이 발생하지 않도록 한다.

⑥ 지지대 기초앵커볼트의 조임은 바로 세우기 완료 후, 앵커볼트의 장력이 균일하게 되도록 한다.

⑦ 너트의 풀림방지는 이중너트를 사용하고 스프링 와셔를 체결한다.

(2) 태양전지 어레이용 가대 시공

1) 태양전지 어레이용 가대 및 지지대 설치

① 설치상태 : 태양광설비 지지대는 자중, 적재하중 및 구조하중은 물론 풍압, 적설 및 지진 기타의 진동과 충격에 견딜 수 있는 안전한 구조의 것이어야 한다. 모든 볼트는 와셔 등을 사용하여 헐겁지 않도록 단단히 조립되어야 하며, 특히 지붕설치형의 경우에는 건물의 방수 등에 문제가 없도록 설치해야 한다.

② 체결용 볼트, 너트, 와셔(볼트캡 포함) : 용융아연도금처리 또는 동등 이상의 녹 방지 처리를 해야 하며 기초 콘크리트 앵커볼트의 돌출부분에는 볼트캡을 부착해야 한다.

2) 앵커의 종류

① 선 설치앵커 (Cast-in-place anchor)

㉮ 헤드볼트, 헤드스터드, 갈고리볼트

㉯ 나사형 강봉 : 강판을 콘크리트 면과 일치되도록 설치하기 위함 (볼트단부 너트형태)

② 후 설치앵커(Post-installed anchor)

㉮ 기계적 앵커 : 확장앵커, 언더컷앵커

㉯ 부착식 후설치 앵커 : 부착식 캡슐형 앵커 (접착제 및 볼트 사용)

㉰ 부착식 주입형 앵커(케미컬 앵커)

3장 태양광발전 전기시설 시공

1 태양광발전 시공관리

1.1 공사 시방서 등 검토

(1) 시방서 운영체계

1) 표준시방서 : 시설물의 안전 및 공사시행의 적정성과 품질확보 등을 위하여 시설물별로 정한 표준적인 시공기준
2) 전문시방서 : 시설물별 표준시방서를 기본으로 모든 공종을 대상으로 하여 특정한 공사의 시공기준
3) 공사시방서 : 공사별로 건설공사 수행을 위한 기준으로서 계약문서의 일부가 되며, 설계도면에 표시하기 곤란하거나 불편한 내용과 당해 공사의 수행을 위한 재료, 공법, 품질시험 및 검사 등 품질관리, 안전관리계획 등에 관한 사항을 기술하고, 당해 공사의 특수성, 지역여건, 공사방법 등을 고려하여 공사별, 공종별로 정하여 시행하는 시공기준

(2) 공사시방서의 역할

1) 공사시방서는 계약문서에 포함되는 설계도서의 하나로서, 계약적 구속력을 가지며, 공사의 질적 요구조건을 규정하는 문서이다.
2) 공사에 필요한 시공방법, 시공품질, 허용오차 등 기술적 사항을 규정한다.
3) 발주자와 수급인 사이의 책임 범위와 한계를 명시한다.
4) 공사감독자 및 수급인에게는 시공을 위한 사전준비, 시공 중의 점검, 시공완료 후의 점검을 위한 지침서로 사용할 수 있다.

(3) 시공계획서의 검토 · 확인

1) 감리원은 공사업자가 작성 · 제출한 시공계획서를 공사 시작일부터 30일 이내에 제출받아 이를 검토 · 확인하여 7일 이내에 승인하여 시공하도록 하여야 하고, 시공계획서의 보완이 필요한 경우에는 그 내용과 사유를 문서로서 공사업자에게 통보하여야 한다. 시공계획서에는 시공계획서의 작성기준과 함께 다음 각 호의 내용이 포함되어야 한다.
   ① 현장 조직표
   ② 공사 세부공정표
   ③ 주요 공정의 시공 절차 및 방법
   ④ 시공일정

⑤ 주요 장비 동원계획

⑥ 주요 기자재 및 인력투입 계획

⑦ 주요 설비

⑧ 품질 · 안전 · 환경관리 대책 등

2) 감리원은 시공계획서를 공사 착공신고서와 별도로 실제 공사시작 전에 제출받아야 하며, 공사 중 시공계획서에 중요한 내용변경이 발생할 경우에는 그 때마다 변경 시공계획서를 제출받은 후 5일 이내에 검토 · 확인하여 승인한 후 시공하도록 하여야 한다.

(4) 시공상세도 승인

1) 감리원은 공사업자로부터 시공상세도를 사전에 제출받아 다음 각 호의 사항을 고려하여 공사업자가 제출한 날부터 7일 이내에 검토 · 확인하여 승인 한 후 시공할 수 있도록 하여야 한다. 다만, 7일 이내에 검토 · 확인이 불가능한 때에는 사유 등을 명시하여 통보하고, 통보사항이 없는 때에는 승인한 것으로 본다.

① 설계도면, 설계설명서 또는 관계 규정에 일치하는지 여부

② 현장의 시공기술자가 명확하게 이해할 수 있는지 여부

③ 실제시공 가능 여부

④ 안정성의 확보 여부

⑤ 계산의 정확성

⑥ 제도의 품질 및 선명성, 도면작성 표준에 일치 여부

⑦ 도면으로 표시 곤란한 내용은 시공시 유의사항으로 작성되었는지 등의 검토

2) 시공상세도는 설계도면 및 설계설명서 등에 불명확한 부분을 명확하게 해줌으로써 시공 상의 착오방지 및 공사의 품질을 확보하기 위한 수단으로 다음 각 호의 사항에 대한 것과 공사 설계설명서에서 작성하도록 명시한 시공상세도에 대하여 작성하였는지를 확인한다. 다만, 발주자가 특별 설계설명서에 명시한 사항과 공사 조건에 따라 감리원과 공사업자가 필요한 시공상세도를 조정할 수 있다.

① 시설물의 연결 · 이음부분의 시공 상세도

② 매몰시설물의 처리도

③ 주요 기기 설치도

④ 규격, 치수 등이 불명확하여 시공에 어려움이 예상되는 부위의 각종 상세도면

3) 공사업자는 감리원이 시공 상 필요하다고 인정하는 경우에는 시공상세도를 제출하여야 하며, 감리원이 시공상세도(Shop Drawing)를 검토 · 확인하여 승인할 때까지 시공을 해서는 아니 된다.

(5) 금일 작업실적 및 계획서의 검토 · 확인

1) 감리원은 공사업자로부터 명일 작업계획서를 제출받아 공사업자와 그 시행상의 가능성 및 각자가 수행하여야 할 사항을 협의하여야 하고 명일 작업계획의 공종 및 위치에 따라 감리원의 배치, 감리시간 등의 일일 감리업무 수행을 검토 · 확인하고 이를 감리일지에 기록하여야

한다.

2) 감리원은 공사업자로부터 금일 작업실적이 포함된 공사업자의 공사일지 또는 작업일지 사본 (공사업자 자체양식)을 제출받아 계획대로 작업이 추진되었는지 여부를 확인하고 금일 작업 실적과 사용자재량, 품질관리 시험회수 및 성과 등이 서로 일치하는지 여부를 검토·확인하 고 이를 감리일지에 기록하여야 한다.

(6) 시공확인

감리원은 다음 각 호의 시공 확인업무를 수행하여야 한다.

① 공사목적물을 제조, 조립, 설치하는 시공과정에서 가설시설물공사와 영구시설물공사의 모 든 작업단계의 시공상태 확인

② 시공·확인하여야 할 구체적인 사항은 해당 공사의 설계도면, 설계설명서 및 관계 규정에 정한 공종을 반드시 확인

③ 공사업자가 측량하여 말뚝 등으로 표시한 시설물의 배치 위치를 공사업자로부터 제출받아 시설물의 위치, 표고, 치수의 정확도 확인

④ 수중 또는 지하에서 수행하는 시공이나 외부에서 확인하기 곤란한 시공에는 반드시 검사하 여 시공 당시 상세한 경과기록 및 사진촬영 등의 방법으로 그 시공내용을 명확히 입증할 수 있는 자료를 작성하여 비치하고, 발주자 등의 요구가 있을 때에는 제시

(7) 검사업무

1) 감리원은 다음 각 호의 검사업무 수행 기본방향에 따라 검사업무를 수행하여야 한다.

① 감리원은 현장에서의 시공확인을 위한 검사는 해당 공사와 현장조건을 감안한 "검사업무 지침"을 현장별로 작성·수립하여 발주자의 승인을 받은 후 이를 근거로 검사업무를 수행 함을 원칙으로 한다. 검사업무지침은 검사하여야 할 세부공종, 검사절차, 검사시기 또는 검사빈도, 검사 체크리스트 등의 내용을 포함하여야 한다.

② 수립된 검사업무지침은 모든 시공 관련자에게 배포하고 주지시켜야 하며, 보다 확실한 이 행을 위하여 교육한다.

③ 현장에서의 검사는 체크리스트를 사용하여 수행하고, 그 결과를 검사 체크리스트에 기록 한 후 공사업자에게 통보하여 후속 공정의 승인여부와 지적사항을 명확히 전달한다.

④ 검사 체크리스트에는 검사항목에 대한 시공기준 또는 합격기준을 기재하여 검사결과의 합격여부를 합리적으로 신속 판정한다.

⑤ 단계적인 검사로는 현장 확인이 곤란한 공종은 시공 중 감리원의 계속적인 입회·확인으 로 시행한다.

⑥ 공사업자가 검사요청서를 제출할 때 시공기술자 실명부가 첨부되었는지를 확인한다.

⑧ 공사업자가 요청한 검사일에 감리원이 정당한 사유 없이 검사를 하지 않는 경우에는 공정 추진에 지장이 없도록 요청한 날 이전 또는 휴일 검사를 하여야 하며 이때 발생하는 감리 대가는 감리업자가 부담한다.

2) 감리원은 다음 각 호의 사항이 유지될 수 있도록 검사 체크리스트를 작성하여야 한다.
  ① 체계적이고 객관성 있는 현장 확인과 승인
  ② 부주의, 착오, 미확인에 따른 실수를 사전 예방하여 충실한 현장 확인업무 유도
  ③ 확인·검사의 표준화로 현장의 시공기술자에게 작업의 기준 및 주안점을 정확히 주지시켜 품질향상을 도모
  ④ 객관적이고 명확한 검사결과를 공사업자에게 제시하여 현장에서의 불필요한 시비를 방지하는 등의 효율적인 확인·검사업무 도모

3) 감리원은 다음 각 호의 검사절차에 따라 검사업무를 수행하여야 한다.
  ① 검사 체크리스트에 따른 검사는 1차적으로 시공관리책임자가 검사하여 합격된 것을 확인한 후 그 확인한 검사 체크리스트를 첨부하여 검사 요청서를 감리원에게 제출하면 감리원은 1차 점검내용을 검토한 후, 현장 확인 검사를 실시하고 검사결과 통보서를 시공관리책임자에게 통보한다.
  ② 검사결과 불합격인 경우에는 그 불합격된 내용을 공사업자가 명확히 이해할 수 있도록 상세하게 불합격 내용을 첨부하여 통보하고, 보완시공 후 재검사를 받도록 조치한 후 감리일지와 감리보고서에 반드시 기록하고 공사업자가 재검사를 요청할 때에는 잘못 시공한 시공기술자의 서명을 받아 그 명단을 첨부하도록 하여야 한다.

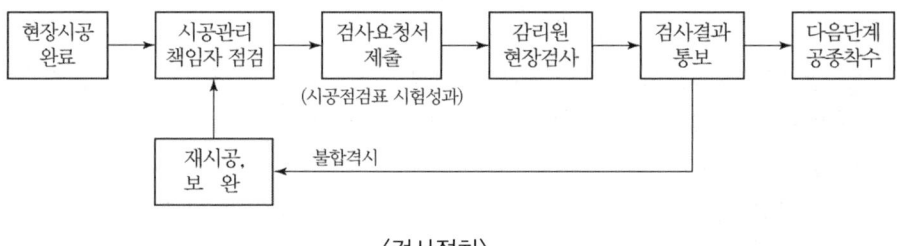

〈검사절차〉

4) 감리원은 검사할 검사항목(Check Point)을 계약설계도면, 설계설명서, 기술기준, 지침 등의 관련 규정을 기준으로 작성하며 공사 목적물을 소정의 규격과 품질로 완성하는데 필수적인 사항을 포함하여 검사항목을 결정하여야 한다.
5) 감리원은 시공계획서에 따른 일정 단계의 작업이 완료되면 공사업자로부터 검사 요청서를 제출받아 그 시공상태를 확인·검사하는 것을 원칙으로 하고, 가능한 한 공사의 효율적인 추진을 위하여 시공과정에서 수시 입회하여 확인·검사하도록 한다.
6) 감리원은 검사할 세부공종과 시기를 작업 단계별로 정확히 파악하여 검사를 수행하여야 한다.

(8) 특수공법 검토
감리원은 특수한 공법이 적용되는 경우의 기술검토 및 시공상 문제점 등을 검토할 때마다 비상주감리원 등을 활용하고, 필요시 발주자와 협의하여 외부 전문가의 자문을 받아 검토의견을 제

시할 수 있으며 특수한 공종에 대하여 외부 전문가의 감리 참여가 필요하다고 판단될 경우에는 발주자와 협의하여 조치할 수 있다.

(9) 기술검토 의견서

1) 감리원은 시공 중 발생되는 기술적 문제점, 설계변경사항, 공사계획 및 공법변경 문제, 설계도면과 설계설명서 상호 간의 차이, 모순 등의 문제점, 그 밖에 공사업자가 시공 중 당면하는 문제점 및 발주자가 해당 공사의 기술검토를 요청한 사항에 대하여 현지실정을 충분히 조사, 검토, 분석하여 공사업자가 공사를 원활히 수행할 수 있는 해결방안을 제시하여야 한다.

2) 기술검토는 반드시 기술검토서를 작성 · 제출하여야 하고 상세 기술검토 내역 또는 근거가 첨부되어야 한다.

(10) 주요 기자재 공급원의 검토 · 승인

1) 감리원은 공사업자에게 공정계획에 따라 사전에 주요기자재(KS의무화 품목 등) 공급원 승인 신청서를 기자재 반입 7일 전까지 제출하도록 하여야 한다. 다만, 관련 법령에 따라 품질검사를 받았거나, 품질을 인정받은 기자재에 대하여는 예외로 한다.

2) 감리원은 시험성적서가 품질기준을 만족하는지 여부를 확인하고 품명, 공급원, 납품실적 등을 고려하여 적합한 것으로 판단될 경우에는 주요기자재 공급승인 요청서를 제출받은 날부터 7일 이내에 검토하여 승인하여야 한다.

3) 감리원은 공사업자에게 KS마크가 표시된 양질의 기자재를 선정하도록 감리하여야 한다.

4) 감리원은 주요기자재 공급원 승인 후에도 반입 사용자재에 대한 품질관리시험 및 품질변화 여부 등에 대하여도 수시로 확인하여야 한다.

5) 감리원은 주요기자재 공급승인 요청서를 공사업자로부터 제출받을 때 주요기자재에 대하여는 생산중지 등 부득이한 경우에 대처할 수 있도록 대책을 마련할 것을 지시하여야 한다.

6) 감리원은 주요기자재 공급승인 요청서에 다음 각 호의 관계 서류를 첨부하도록 하여야 한다.
   ① 품질시험 대행 국 · 공립시험기관의 시험성과
   ② 납품실적 증명
   ③ 시험성과 대비표

시험항목	시방기준	시험성과	판정, 비고

(11) 주요기자재 및 지급자재의 검수 및 관리

1) 감리원은 공사업자에게 공정계획에 따라 사전에 주요기자재 수급계획을 수립하여 기자재가 적기에 현장에 반입되도록 검토하고, 지급기자재의 수급계획에 대하여는 발주자에 보고하

여 기자재의 수급차질에 따른 공정지연이 발생하지 않도록 하여야 한다.

2) 감리원은 주요기자재 수급계획이 공정계획과 부합되는지 확인하고 미비점이 있으면 공사업 자에게 계획을 수정하도록 하여야 한다.

3) 감리원은 공사 목적물을 구성하는 주요기기, 설비, 제조품, 자재 등의 주요기자재가 공급원 승인을 받은 후 현장에 반입되면 공사업자로부터 송장 사본을 접수함과 동시에 반입된 기자 재를 검수하고, 그 결과를 검수부에 기록 · 비치하여야 한다.

4) 감리원은 계약 품질조건과의 일치여부를 확인하는 기자재 검수를 할 때에 규격, 성능, 수량 뿐만 아니라 반드시 품질의 변질여부를 확인하여야 하고, 변질되었을 때에는 즉시 현장에서 반출하도록 하고 반출여부를 확인하여야 하며 의심스러운 것은 별도 보관하도록 한 후 품질 시험 결과에 따라 검수여부를 확정하여야 한다.

5) 감리원은 공사업자에게 현장에 반입된 기자재가 도난 및 우천에 따른 훼손 또는 유실되지 않 게 품목별, 규격별로 관리 · 저장하도록 하여야 하고 공사현장에 반입된 검수기자재 또는 시 험합격 기자재는 공사업자 임의로 공사현장 이외로 반출하지 못하도록 하여야 하고 주요기 자재 검수 및 수불부에 기록 · 관리하여야 한다.

6) 감리원은 수급 요청한 기자재가 배정되면 납품지시서에 기록된 품명, 수량, 인도장소 등을 확인하고, 공사업자에게 인수 준비 후 인수하도록 하여야 한다.

7) 감리원은 현장에서 품질시험 · 검사를 실시할 수 없는 기자재는 공사업자와 공동 입회하여 생산 공장에서 시험 · 검사를 실시하거나 의뢰시험을 요청하여 시험결과를 사전에 검토하여 품질을 확인하여야 한다.

8) 감리원은 기자재가 현장에 반입되면 송장 또는 납품서를 확인하고 수량, 규격, 외관상태 등 을 검사하며, 주요기자재 운반차량의 송장을 확인하여 과적차량으로 확인되면 반입을 금지 시켜야 한다.

9) 감리원은 지급기자재의 현장 반입검사 이후 이의 제기 등을 예방하기 위하여 공사업자가 검 사에 입회하도록 한다.

10) 감리원은 지급기자재에 대한 검수조서를 작성할 때에는 공사업자가 입회하여 날인하도록 하고, 검수조서는 발주자에게 보고하여야 한다.

11) 공사업자는 현지 사정에 따라 지급기자재가 적기에 공급되지 못하여 공사 추진에 지장이 발 생한 경우에는 대체 사용요청을 할 수 있다.

12) 감리원은 공정계획, 공기 등을 감안하여 공사업자의 요청으로 대체 사용이 불가피하다고 판단될 경우에는 발주자의 승인을 받은 후 허용하도록 한다.

13) 감리원은 대체 사용 기자재에 대하여도 품질, 규격 등을 확인하고 검수를 해야 한다.

14) 감리원은 잉여지급 기자재가 발생하였을 때에는 품명, 수량 등을 조사하여 발주자에게 보 고하여야 하며, 공사업자에게 지정장소에 반납하도록 하여야 한다.

1.2 착공서류 등 검토

(1) 설계도서 등의 검토

1) 감리원은 설계도면, 설계설명서, 공사비 산출내역서, 기술계산서, 공사계약서의 계약내용과 해당 공사의 조사 설계보고서 등의 내용을 완전히 숙지하여 새로운 방향의 공법개선 및 예산 절감을 도모하도록 노력하여야 한다.

2) 감리원은 설계도서 등에 대하여 공사계약문서 상호 간의 모순되는 사항, 현장 실정과의 부합 여부 등 현장 시공을 주안으로 하여 해당 공사 시작 전에 검토하여야 하며 검토내용에는 다음 각 호의 사항 등이 포함되어야 한다.

① 현장조건에 부합 여부

② 시공의 실제가능 여부

③ 다른 사업 또는 다른 공정과의 상호부합 여부

④ 설계도면, 설계설명서, 기술계산서, 산출내역서 등의 내용에 대한 상호일치 여부

⑤ 설계도서의 누락, 오류 등 불명확한 부분의 존재여부

⑥ 발주자가 제공한 물량 내역서와 공사업자가 제출한 산출내역서의 수량일치 여부

⑦ 시공 상의 예상 문제점 및 대책 등

3) 감리원 제2항의 검토결과 불합리한 부분, 착오, 불명확하거나 의문사항이 있을 때에는 그 내용과 의견을 발주자에게 보고하여야 한다. 또한, 공사업자에게도 설계도서 및 산출내역서 등을 검토하도록 하여 검토결과를 보고 받아야 한다.

(2) 착공신고서 검토 및 보고

1) 감리원은 공사가 시작된 경우에는 공사업자로부터 다음 각 호의 서류가 포함된 착공신고서를 제출받아 적정성 여부를 검토하여 7일 이내에 발주자에게 보고하여야 한다.

① 시공관리책임자 지정통지서(현장관리조직, 안전관리자)

② 공사 예정공정표

③ 품질관리계획서

④ 공사도급 계약서 사본 및 산출내역서

⑤ 공사 시작 전 사진

⑥ 현장기술자 경력사항 확인서 및 자격증 사본

⑦ 안전관리계획서

⑧ 작업인원 및 장비투입 계획서

⑨ 그 밖에 발주자가 지정한 사항

2) 감리원은 다음 각 호를 참고하여 착공신고서의 적정여부를 검토하여야 한다.

① 계약내용의 확인

㉮ 공사기간(착공 ~ 준공)

㉯ 공사비 지급조건 및 방법(선급금, 기성부분 지급, 준공금 등)

   ㉐ 그 밖에 공사계약문서에 정한 사항
  ② 현장기술자의 적격여부
   ㉮ 시공관리책임자 : 「전기공사업법」 제17조
   ㉯ 안전관리자 : 「산업안전보건법」 제15조
  ③ 공사 예정공정표 : 작업 간 선행·동시 및 완료 등 공사 전·후 간의 연관성이 명시되어 작성되고, 예정 공정률이 적정하게 작성되었는지 확인
  ④ 품질관리계획 : 공사 예정공정표에 따라 공사용 자재의 투입시기와 시험방법, 빈도 등이 적정하게 반영되었는지 확인
  ⑤ 공사 시작 전 사진 : 전경이 잘 나타나도록 촬영되었는지 확인
  ⑥ 안전관리계획 : 산업안전보건법령에 따른 해당 규정 반영여부
  ⑦ 작업인원 및 장비투입 계획 : 공사의 규모 및 성격, 특성에 맞는 장비형식이나 수량의 적정여부 등

1.3 품질관리

(1) 품질관리 관련 감리업무

1) 감리원은 공사업자가 공사계약문서에서 정한 품질관리계획대로 품질에 영향을 미치는 모든 작업을 성실하게 수행하는지 검사·확인 및 관리할 책임이 있다.
2) 감리원은 공사업자가 품질관리계획 이행을 위해 제출하는 문서를 검토·확인 후 필요한 경우에는 발주자에게 승인을 요청하여야 한다.
3) 감리원은 품질관리계획이 발주자로부터 승인되기 전까지는 공사업자에게 해당 업무를 수행하게 하여서는 아니 된다.
4) 감리원이 품질관리계획과 관련하여 검토·확인하여야 할 문서는 계획서, 절차 및 지침서 등을 말한다.
5) 감리원은 공사업자가 작성 제출한 품질관리계획서에 따라 품질관리 업무를 적정하게 수행하였는지 여부를 검사·확인하여야 하며, 검사결과 시정이 필요한 경우에는 공사업자에게 시정을 요구할 수 있으며, 시정을 요구받은 공사업자는 지체없이 시정하여야 한다.
6) 감리원은 부실시공으로 인하여 재시공 또는 보완 시공되지 않도록 가급적 품질상태를 수시로 검사·확인하여 부실공사가 사전에 방지되도록 적극 노력하여야 한다.

(2) 중점 품질관리

1) 감리원은 해당 공사의 설계도서, 설계설명서, 공정계획 등을 검토하여 품질관리가 소홀해지기 쉽거나 하자발생 빈도가 높으며 시공 후 시정이 어렵고 많은 노력과 경비가 소요되는 공종 또는 부위를 중점 품질관리 대상으로 선정하여 다른 공종에 비하여 우선적으로 품질관리 상태를 입회, 확인하여야 하며 중점 품질관리 공종 선정 시 고려해야 할 사항은 다음 각 호와 같다.

① 공정계획에 따른 월별, 공종별 시험 종목 및 시험회수
② 공사업자의 품질관리 요원 및 공정에 따른 충원계획
③ 품질관리 담당 감리원이 직접 입회, 확인이 가능한 적정시험 회수
④ 공정의 특성상 품질관리 상태를 육안 등으로 간접 확인할 수 있는지 여부
⑤ 작업조건의 양호, 불량상태
⑥ 다른 현장의 시공사례에서 하자발생 빈도가 높은 공종인지 여부
⑦ 품질관리 불량부위의 시정이 용이한지 여부
⑧ 시공 후 지중에 매몰되어 추후 품질확인이 어렵고 재시공이 곤란한지 여부
⑨ 품질 불량 시 인근 부위 또는 다른 공종에 미치는 영향의 대소
⑩ 시공이 광활한 지역에서 이루어져 접근이 용이한지 여부

2) 감리원은 선정된 중점 품질관리 공종별로 관리방안을 수립하여 공사업자에게 실행하도록 지시하고 실행결과를 수시로 확인하여야 한다. 중점 품질관리방안 수집 시 다음 각 호의 내용이 포함되어야 한다.
① 중점 품질관리 공종의 선정
② 중점 품질관리 공종별로 시공 중 및 시공 후 발생되는 예상 문제점
③ 각 문제점에 대한 대책방안 및 시공지침
④ 중점 품질관리 대상 시설물, 시공부분, 하자발생 가능성이 큰 지역 또는 부분을 선정
⑤ 중점 품질관리 대상의 세부관리 항목의 선정
⑥ 중점 품질관리 공종의 품질확인 지침
⑦ 중점 품질관리 대장을 작성, 기록 · 관리하고 확인하는 절차

3) 감리원은 중점 품질관리 대상으로 선정된 공종은 효율적인 품질관리를 위하여 다음 각 호와 같이 관리하여야 한다.
① 감리원은 중점 품질관리 대상으로 선정된 공종에 대한 관리방안을 수립하여 시행 전에 발주자에게 보고하고 공사업자에게도 통보한다.
② 해당 공종 및 시공부위는 상황판이나 도면 등에 표기하여 업무담당자, 감리원, 공사업자 모두가 항상 숙지하도록 한다.
③ 공정계획 시 중점 품질관리 대상 공종이 동시에 여러 개소에서 시공되거나 공휴일, 야간 등 관리가 소홀해질 수 있는 시기에 시공되지 않도록 조정한다.
④ 필요시 해당 부위에 "중점 품질관리 공종" 팻말을 설치하고 주의사항을 명기한다.
⑤ 시공 중 감리원은 물론 시공관리책임자가 반드시 입회하도록 한다.

(3) 성능시험 계획
1) 감리원은 공사업자에게 각 공정마다 준비과정에서부터 작업완료까지의 각 과정마다 품질확보를 위한 수단, 절차 등을 규정한 총체적 품질관리계획서(TQC : Total Quality Control)를 작성 · 제출하도록 하고 이를 검토 · 확인하여야 한다.

2) 감리원은 해당 공사에 사용될 전기기계·기구 및 자재가 규격에 적합한 것이 선정되고 시공 시 품질관리가 효과적으로 수행되어 하자발생을 사전에 예방할 수 있도록 품질관리 계획을 다음 각 호와 같이 지도한다.

① 공정계획에 따라 시험 종목을 선정하여 공사업자가 적정 품질관리를 할 수 있도록 사전에 지도한다.

② 공인기관에 의뢰시험을 실시해야 할 종목과 현장에서 실시 가능한 종목으로 구분하여 시험계획을 수립하고 의뢰시험의 경우에는 의뢰시험기관을 사전에 선정하여 소요 시험기간을 확인하며 현장시험의 경우에는 공정계획에 따라 소요 시험 장비를 사전에 현장 시험실에 비치하도록 한다.

③ 각종 시험기록 서식은 해당 공사의 특성에 적합하도록 결정하고 공사업자가 공정계획서를 제출할 때에는 품질관리에 필요한 시험요원수와 시험장비 등을 명시한 품질관리계획서를 첨부하도록 하여 효율적인 품질관리가 이루어질 수 있도록 사전 점검한다.

④ 공사업자가 품질관리 시험요원의 자격이나 능력을 보유하고 있는지 확인하고 미흡한 부분은 사전에 교육·지도하며, 품질관리에 부적합한 자를 형식적으로 배치하였을 경우에는 교체하도록 한다.

⑤ 1일 공정계획에 따른 품질관리 시험계획서를 접수하면 공종별, 시험 종목별 품질관리 시험요원을 확인하고 중점 품질관리 대상인 경우에는 품질관리 시험이 우선적으로 이루어질 수 있도록 지도한다.

⑥ 공사업자의 품질관리책임자는 책임기술자를 임명하여 품질관리에 대한 책임과 권한이 시공관리책임자와 동등 수준이 되어 실질적인 품질관리가 이루어질 수 있도록 확인한다.

⑦ 발주자는 품질관리시험의 비용과 시험장비 구입손료 등을 공사비에 계상하여야 하며, 누락되었을 경우에는 설계변경시 반영하도록 한다.

(4) 품질관리 · 검사 요령

1) 감리원은 공사업자가 작성·제출한 품질관리계획서에 따라 검사·확인이 실시되는지를 확인하여야 한다.

2) 감리원은 품질관리를 위한 검사·확인은「전기사업법」에 따른 전기설비기술기준 및「산업표준화법」에 따른 한국산업규격에 따라 실시되는지 확인하여야 한다.

3) 감리원은 발주자 또는 공사업자가 품질검사·확인을 외부 전문기관 등에 대행시키고자 할 때에는 그 적정성 여부를 검토·확인하여야 한다.

(5) 검사성과에 관한 확인

감리원은 해당 공사의 품질관리를 효율적으로 수행하기 위하여 공정별 검사종목과 측정방법 및 품질관리기준을 숙지하고 공사업자가 제출한 품질관리 검사성과를 확인하여야 하며, 검사성과표를 다음 각 호와 같이 활용하여야 한다.

① 감리원은 공사업자에게 공사의 검사성과표가 준공검사 완료까지 기록·보관되도록 하고 이를 기성검사, 준공검사 등에 활용하여야 한다.

② 감리원은 검사결과 미비점이 발견되거나 불합격으로 판정되어 재검사를 실시하였을 경우에는 당초 검사성과표를 반드시 첨부하고 이를 모두 정비·보관하여야 한다.

③ 발주자는 지형·지세에 따라 달라지는 대지저항율과 접지저항측정 등의 확인·기록 및 입회 절차를 생략하고 매몰하는 행위를 발견하였을 때에는 해당 부위에 대한 각종 시험 등을 무효로 처리하고 필요시 재시험을 할 수 있으며, 설계도서 및 관계 법령에 적합하게 유지·관리되도록 하여야 한다.

2 태양광발전 어레이 시공

2.1 어레이 시공

(1) 설치유형에 대한 정의

1) 지상형 : 지표면에 태양광설비를 설치하는 형태

① 일반지상형 : 지표면에 고정하여 설치하는 것으로서 산지관리법 및 농지법의 적용을 받지 않는 태양광설비의 유형

② 산지형 : 산지전용허가(신고) 또는 산지일시사용허가 등 산지관리법에 따른 인·허가 등을 받아 설치하는 태양광 설비의 유형

③ 농지형 : 농지전용허가(신고) 또는 농지의 타용도 일시사용허가 등 농지법에 따른 인·허가 등을 받아 설치하는 태양광설비의 유형

2) 건물형 : 건축물에 태양광설비를 설치하는 형태

① 건물설치형 : 건축물 옥상 등에 설치하는 태양광설비의 유형

② 건물부착형(이하 "BAPV형 : Building Attached PhotoVoltaic") : 건축물 경사 지붕 또는 외벽 등에 밀착하여 설치하는 태양광설비의 유형

③ 건물일체형(이하 "BIPV형 : Building Integrated PhotoVoltaic") : 태양광모듈을 건축물에 설치하여 건축 부자재의 역할 및 기능과 전력생산을 동시에 할 수 있는 태양광설비로 창호, 스팬드럴, 커튼월, 이중파사드, 외벽, 지붕재 등 건축물을 일부 또는 완전히 둘러싸는 벽, 창, 지붕 형태로 모듈이 제거될 경우 건물 외피의 핵심기능이 상실 또는 훼손될 수 있어 다른 건축자재로 대체되어야 하는 구조

3) 수상형

댐건설 및 주변지역지원 등에 관한 법률 제2조에 따른 댐, 전원개발촉진법 제5조에 따라 전원개발사업구역으로 지정된 지역의 발전용 댐, 농어촌정비법 제2조의 농업생산기반 정비사업에 따른 저수지 및 담수호와 농업생산기반시설로서의 방조제 내측, 산업입지 및 개발에 관

한 법률 제6조 내지 제8조에 따른 산업단지 내의 유수지, 공유수면 관리 및 매립에 관한 법률 제2조에 따른 공유수면 중 방조제 내측 위에 부유식으로 설치하는 태양광설비 유형

(2) 설치 유형별 준수 사항

1) 지상형(일반지상, 산지, 농지) 공통 준수사항
   ① 용어정의
      ㉮ 스파이럴(Spiral) 공법 : 콘크리트 기초와 다르게 토지에 직접 스파이럴 파일(나선형 구조물)을 삽입하는 공법
      ㉯ 스크류(Screw) 공법 : 토지에 직접 스크류 파일을 삽입하는 공법
      ㉰ 레이밍 파일(Ramming pile) 공법 : 토지에 직접 U형, C형, H형 단면 등의 파일 기초를 삽입하는 공법
      ㉱ 보링그라우팅 공법 : 지반이 연약하여 흙과 흙 사이에 시멘트풀을 넣어서 지반을 튼튼하게 하는 공법(보링(Boring)이란 땅에 기계로 구멍을 내면서 땅의 지질 상태를 조사하는 것이며, 그라우팅(Grouting)은 자갈과 자갈 사이 또는 흙의 공극을 시멘트풀로 채워주는 것을 말함)
      ㉲ 굴착심도 : 땅속 깊게 파 들어가는 정도
   ② 일반사항
      ㉮ 배수는 용이하여야 하며 태양광설비의 구조물과 기초, 지반 및 절·성토 사면 등은 안전성을 확보하여야 한다.
      ㉯ 발전실 등의 전기설비는 집중호우 시 침수 피해방지를 위해 지상보다 높게 위치하도록 시공하고 주변에 배수시설을 설치하여야 한다.
      ㉰ 설치 지역 및 장소, 형상 등에 따라 상정되는 하중이 다르므로 현장상황을 고려하여 상세설계를 시행하여야 하며 설계도면과 일치하도록 시공하여야 한다.
   ③ 기초 공사
      ㉮ 토질상태와 지반여건 등을 고려하여 현장에 적합한 기초 공법을 선정하여야 한다.
      ㉯ 지지대 기초는 기본적으로 콘크리트 기초로 시공하여야 하며, 이 경우 베이스판, 볼트류, 볼트캡 등 자재는 부식을 방지하기 위하여 지표면 이상 높이에 위치하여야 한다. 다만, 주차장 등 입지 여건에 따라 지표면에 노출이 곤란할 경우에는 매립할 수 있으며, 이 경우 매립을 확인할 수 있는 사진을 설비(설치)확인 신청시 센터에 제출하여야 한다.
      ㉰ 콘크리트 기초로 시공이 곤란한 경우에는 스파이럴, 스크류, 레이밍 파일, 보링그라우팅 공법 등으로 할 수 있으며 기초의 깊이는 설계 굴착심도 이상으로 계획하고 시공하여야 한다. 이 경우 안전성 및 적정성이 확보되었음을 관계전문기술자로부터 확인을 받아야 하며 확인받은 바에 따라 시공하여야 한다.
   ④ 배수로 공사
      배수관로를 포함한 배수시설은 유량, 유속, 도달 시간 등을 고려하여 규모를 산정하고 배

수에 문제가 없도록 계획하고 설치하여야 한다.

⑤ 기타

기타 설계 및 시공 시 각호의 법령 및 기준을 준수하여야 한다.

㉮ 행정안전부 '자연재해대책법'

㉯ 환경부 '환경영향평가법'

㉰ 국토교통부 '국토의 계획 및 이용에 관한 법률'

㉱ 산림청 '산지관리법'

㉲ 농림축산식품부 '농지법'

㉳ 국토교통부 '건축법(건축구조기준 포함)'

㉴ 국토교통부 '토목공사표준시방서' 등

2) 산지 및 농지형 준수사항

① 유속 완화 및 토사유출 방지

㉮ 급경사지에 배수로를 설치하는 경우에는 유속 완화 시설과 낙차에 의한 세굴 및 침식 방지 시설을 설치하여야 한다.

㉯ 우천시 우수의 유출과 토사유출에 의한 태양광 발전설비 주변 수로 및 하류에 위치한 소하천 등의 범람, 퇴적 등을 방지하기 위해 임시 또는 영구 우수 저류조 등 저감시설 을 설치하여야 한다. 이 경우 설치 및 유지관리는 자연재해대책법 및 우수유출저감시 설의 종류·구조·설치 및 유지관리 기준 등을 따른다.

② 지반과 사면의 안전성 확보

㉮ 절토와 성토를 통해 부지를 조성할 경우에는 단계별로 충분히 다짐하여 지지력과 안전 성을 확보하여야 한다.

㉯ 절토 및 성토 비탈면의 경우 완만하게 시공하여야 하며 침식방지 및 비탈면 보호를 위 한 녹화 등을 통해 비탈면의 안전을 도모하고 산사태를 방지할 수 있도록 하여야 한다. 비탈면에 구조물(콘크리트 옹벽, 보강토 옹벽, 석축 등)을 설치할 경우에는 설계기준에 맞춰 계획하고 시공되도록 하여야 한다.

③ 기타

농지법에 따른 농지전용허가(신고) 또는 농지의 타용도 일시사용허가, 산지관리법에 따 른 산지전용허가(신고) 또는 산지일시사용허가 기준에 부합하도록 계획하고 시공하여야 한다.

3) 건물설치형 준수사항

① 평지붕에 지지대를 설치하기 위하여 앵커를 타공 할 경우에는 옥상 방수층이 깨지지 않도 록 해야 한다.

② 건물 옥상 난간대 등으로 인하여 모듈에 음영이 발생하지 않도록 충분한 이격거리를 두는 등의 방법으로 설비를 설치하여야 한다.

4) BAPV형 준수사항

① 모듈 배면의 배선이 배수 또는 이물질에 노출될 수 있으므로 경사지붕 및 외벽 표면에 전선이 닿지 않도록 견고하게 고정하여야 하며 태양광설비 부착 시 경사지붕 및 외벽 표면에 크랙이 생기지 않도록 하고 방수 등에 문제가 없도록 설치하여야 한다.

② 배면환기를 위해 모듈의 프레임 밑면(프레임 없는 방식은 모듈의 가장 밑면)부터 가장 가까운 지붕면 및 외벽의 이격거리는 10[cm]이상이어야 하며 배선처리는 바닥에 닿지 않도록 단단하게 고정해야 한다.

5) BIPV형 준수사항

신청자(소유자, 발주처 등을 포함), 설계자 및 시공자는 모듈 온도 상승에 따른 건축물 부자재 파괴방지, 발전량 저감 최소화 방안 및 방수계획을 수립하여 설계하고 시공하여야 하며 감리원은 이를 확인하여야 한다.

6) 건물설치형 및 BAPV형 준수사항

① 3.3[kW]를 초과하는 태양광설비의 경우 건축구조기준에 따른 안전성과 적정성이 확보되었음을 관계전문기술자로부터 확인 받아야 하며 확인받은 바에 따라 시공하여야 한다.

② 태양광설비를 주택 및 건물 등 구조물에 설치하고자 할 경우에는 태양광설비의 하중을 지지할 수 있는 콘크리트 또는 철제 구조물 등에 직접 고정하여야 한다. 태양광설비의 하중을 지지할 수 있는 구조물에 직접 고정이 불가능한 경우에는 해당 태양광 설비(건축물 등에 고정되는 지지대 등을 포함한 전체 설비)가 현행 건축구조기준에 따라 안전성과 적정성이 확보되었음을 관계전문기술자로부터 확인 받아야 하며 확인받은 바에 따라 시공하여야 한다.

③ 태양광설비를 주택 및 건물 등의 상부에 설치할 경우 태양광설비의 눈·얼음이 보행자에게 낙하하는 것을 방지하기 위하여 모든 모듈 끝선이 건물의 외벽 마감선(건축법에 따라 적법하게 설치된 부문)을 벗어나지 않도록 설치하여야 한다.

7) 수상형 준수사항

① 용어정의

㉮ 수상형 태양광 설비 : 수상 환경에 부유식으로 설치된 태양광 발전 설비

㉯ 수상형 태양광 지지대 : 수상 태양광 모듈을 지지하기 위하여 부력설비를 수상에 설치하고 그 위에 수상 태양광 모듈을 설치할 수 있도록 구성된 구조물

② 일반사항

㉮ 태양광 모듈 설치상태

태양광 모듈은 파랑, 파고 등의 영향을 고려하여 물에 접촉되지 않도록 수면으로부터 충분한 높이를 확보하여야 한다.

㉯ 지지대, 부력체 등 부속자재

㉠ 지지대, 이동통로, 부력체(충진재 포함), 계류장치, 체결용 볼트(볼트캡 포함), 너트, 와셔, 수상케이블 등 수상형 태양광설비에 사용되는 모든 기자재는 수도법 제

14조 및 같은 법 시행령 제24조에 따른 위생안전기준에 적합한 자재를 사용(해수에 설치되는 경우 제외)하여야 한다.

ⓛ 지지대는 STS, 전기 산화피막 처리된 알루미늄 합금 또는 UV 방지 처리된 FRP 등 내식성이 높은 재질(해수의 경우 STS 제외)로 제작·설치하여야 하며 각종 하중 및 기타 진동과 충격에 대하여 안전한 구조이어야 한다.

ⓒ 유지관리용 이동통로는 음영 발생 여부 등을 고려하여 계획하고 설치하여야 한다. 이동통로는 PE, 용융아연-알루미늄-마그네슘합금 도금 강, STS, 알루미늄 합금 또는 FRP 등 내식성이 높은 재질로 제작·설치되어야 하며 각종 하중 및 기타 진동과 충격에 대하여 안전한 구조이어야 한다.

ⓓ 전기배선 및 접속함

　ⓐ 접속함과 인버터 간 수중 포설 방식을 사용하는 경우에는 수중케이블을 사용하고 외부에 전선관을 설치하여 케이블을 보호하여야 하며 수위변동, 풍속에 의해 구조물이 이동하는 등 외부적인 요인으로 가해지는 힘이 수중케이블에 직접 영향을 주지 않도록 설치하여야 한다.

　ⓑ 전기배선은 부력체 면에 선이 닿지 않도록 전선관, 배관, 덕트 등으로 보호하고 구조물 등에 단단하게 고정하여야 하며 모듈 간 배선은 내후성, 내식성 등이 확보된 자재로 단단히 고정하여야 한다.

　ⓒ 접속함의 최하단은 수면 위로부터 파고, 파랑 등을 고려하여 물이 접촉되지 않도록 충분한 높이를 확보하도록 설치하여야 하며 접속함의 배선 처리는 부력체에 닿지 않도록 단단하게 고정하여야 한다.

　ⓓ 모듈에서 접속함에 사용되는 모든 케이블은 난연 차수 케이블(FW)을 사용하여야 한다.

③ 설비 시공사항

ⓐ 일반사항

　ⓐ 부력체, 지지대를 포함한 태양광설비 및 계류장치 등에 대해서는 안전성 및 적정성이 확보되었음을 관계전문기술자로부터 확인을 받아야 하며 확인받은 바에 따라 시공하여야 한다.

　ⓑ 수상 태양광 발전설비(지지대, 부력체, 계류장치, 앵커시설, 송변전설비 등)를 설치할 때는 건축구조기준, 항만 및 어항 설계기준, 선박안전법 등 해당법령에 따라 풍하중, 적설하중, 자중, 군중하중, 파랑, 조류 등을 포함한 외력 등을 고려하여 안전성이 확보되도록 하여야 한다.

ⓑ 부력체

　ⓐ 전체 부력체는 부분 파손의 경우에도 부력 손실을 최소화 할 수 있는 구조이어야 하며 부력체 외피 및 충진재는 수질 환경에 유해한 물질을 사용하지 않아야 한다.

　ⓑ 부력체는 부력의 불균형이 발생하지 않도록 균일하고 적절하게 배치되어야 하며 온도차, 수면의 결빙, 유속 및 부유물 등의 외부환경 변화에 대해 충분한 강도를 유지

할 수 있는 재질과 충분한 내구성을 확보해야 한다.

 ⓒ 지지대(부력체, 계류장치 및 모듈을 제외한 부재)

  지지대는 계류별 유닛 단위로 설계 검토되어야 하고 외부 하중을 포함하여 전체 지지대에 작용하는 하중을 고려하여 안전하게 설치되어야 한다.

 ⓔ 계류장치

  ㉠ 계류장치 연결 접속부의 연결 철물은 STS304(해수는 STS316) 재질 이상의 내식성이 확보되어야 한다.

  ㉡ 바람, 유수 및 파랑 등의 외력에 대해 설치 방위각이 평수위 기준 10도 이내로 유지될 수 있는 구조로 설치되어야 하고 수심변화에 따른 계류장치의 느슨함으로 인해 타 시설물과 부딪치지 않도록 설계하고 시공하여야 한다.

  ㉢ 계류선은 자외선(UV), 빙압이 영향을 미치는 환경에서는 이에 대한 저항성을 가지는 재질로 설치하여야 한다.

 ⓜ 연결철물(힌지 등) 및 부속장치

  지지대 및 이동통로간 연결철물은 STS304(해수는 STS316) 재질 이상의 내식성과 내구성이 확보 가능한 재질로 설치하여야 하고 부재간 상대 운동이 발생하는 유동부위는 마모에 대한 내구성이 확보 가능한 구조로 설치되어야 한다.

 ⓑ 야간에 수상태양광 구조물을 인지할 수 있도록 시인성 확보 시설을 설치하여야 한다.

2.2 전기 배선 및 접속반 설치 기준

(1) 전기배선

 1) 전기배선

  ① 수상형을 제외한 모든 유형의 경우 모듈에서 인버터에 이르는 배선에 사용되는 케이블은 모듈 전용선 또는 단심(1C) 난연성 케이블(TFR-CV, F-CV, FR-CV 등)을 사용하여야 하며 케이블이 지면 위에 설치되거나 포설되는 경우에는 피복에 손상이 발생되지 않게 가요전선관, 금속 덕트 또는 몰드 등을 시설하여야 한다.

  ② 모듈 간 배선은 바람에 흔들림이 없도록 코팅된 와이어 또는 동등이상(내구성) 재질의 타이(Tie)로 단단히 고정하여야 하며 가공 전선로를 시설하는 경우에는 목주, 철주, 콘크리트주 등 지지물을 설치하여 케이블의 장력 등을 분산시켜야 한다. 모듈의 출력배선은 군별 및 극성별로 확인할 수 있도록 표시하여야 한다.

 2) 모듈의 직렬 또는 병렬 상태

  모듈 간 직렬군은 동일한 단락전류를 가진 모듈로 구성하여야 하며 1대의 인버터(멀티스트링의 경우 1대의 최대 출력점 추종제어기(MPPT))에 연결된 태양광모듈 직렬군이 2개 이상 병렬일 경우에는 각 직렬군의 출력전압 및 출력전류가 동일하게 형성되도록 배열하여야 한다.

3) 케이블

① 케이블은 가능한 음영지역에 설치하고 빗물이 고이지 않도록 설치한다.

② 케이블은 가능한 피뢰 도체와 떨어진 상태로 포설하며 피뢰 도체와 교차시공하지 않도록 한다.

③ 케이블이 바닥에 노출되는 경우에는 사람이 밟고 지나다니거나 날카로운 모서리에 직접 닿지 않도록 몰딩 등의 처리를 하여야 한다.

(2) 접속반 설치 기준

1) 제품

① 접속함 및 접속함 일체형 인버터는 KS 인증제품을 설치하여야 한다. 다만, 신제품 · 융합제품 활성화 등을 위해 센터장이 인정하는 경우에는 예외로 할 수 있다.

② 접속함 일체형 인버터 중 인버터의 용량이 250[kW]를 초과하는 경우에는 접속함은 품질기준(KS C 8567)을 만족하고, 인버터는 품질기준(KS C 8565)에 따라 「절연성능」, 「보호기능」, 「정상특성」 등을 만족하는 시험결과가 포함된 시험성적서를 설비(설치)확인 신청시 센터에 제출할 경우에는 사용할 수 있다.

2) 접속함은 지락, 낙뢰, 단락 등으로 인해 태양광설비가 이상(異常)현상이 발생한 경우 경보등이 켜지거나 경보장치가 작동하여 즉시 외부에서 육안확인이 가능하여야 한다. 다만, 실내에서 확인 가능한 경우에는 예외로 한다.

3) 직사광선 노출이 적고, 소유자의 접근 및 육안확인이 용이한 장소에 설치하여야 한다.

2.3 사용자재 규격 및 적합성

(1) 태양광발전 모듈

1) 제품

① 태양광발전 모듈(이하 "모듈")은 한국산업표준(이하 "KS")에 따른 인증제품(수상형 태양광 모듈의 경우에는 고내구성·친환경 제품)을 설치하여야 한다. 다만, 신제품 · 융합제품 활성화 등을 위해 신재생에너지센터의 장(이하 "센터장")이 인정하는 경우에는 예외로 할 수 있다.

② BIPV형 모듈은 센터장이 별도로 정하는 품질기준(KS C 8561 또는 8562 일부준용)에 따라 '발전성능' 및 '내구성' 등을 만족하는 시험결과가 포함된 시험성적서를 설비(설치)확인 신청시 신재생에너지센터(이하 "센터")에 제출할 경우에는 사용할 수 있다.

2) 모듈 설치용량

신재생에너지 설비의 지원 등에 관한 지침에 따른 설비의 경우 모듈의 설치용량은 사업계획서 상의 모듈 설계용량과 동일하여야 한다. 다만, 단위 모듈당 용량에 따라 설계용량과 동일하게 설치할 수 없는 경우에는 설계용량의 110[%] 범위 내에서 설치할 수 있다.

3) 설치상태

① 공급인증서 발급 및 거래시장 운영에 관한 규칙에 따른 설비를 제외한 모든 태양광 모듈의 일조면은 원칙적으로 정남향 방향으로 설치하여야한다. 다만, 다음 각 호의 경우에는 예외로 한다.

㉮ 정남향으로 설치가 불가능할 경우에 한하여 정남향을 기준으로 동쪽 또는 서쪽 방향으로 45도 이내로 설치하여야 한다.

㉯ 건축물의 지붕, 벽체 등과 평행하게 태양광 설비(BAPV형 또는 BIPV형)를 설치하는 경우에는 정남향을 기준으로 동쪽 또는 서쪽으로 90도 이내에 설치할 수 있다.

② 지붕 등 경사가 있는 건축물(공작물 포함)에 건물설치형 태양광 설비를 설치할 경우에는 모듈의 경사 및 방향이 건축물의 경사 및 방향과 최대한 일치되도록 설치하는 것을 권장한다.

③ 모듈의 일조시간은 장애물로 인한 음영에도 불구하고 1일 5시간[춘계(3～5월)·추계(9～11월)기준] 이상이어야 하며 전선, 피뢰침, 안테나 등 경미한 음영은 장애물로 보지 않는다.

④ 모듈 설치 열이 2열 이상일 경우 앞 열은 뒷 열에 음영이지지 않도록 설치하여야 한다.

(2) 태양광 발전용 인버터

1) 제품

① 태양광 발전용 인버터(이하 "인버터")는 KS 인증제품을 설치하여야 한다. 다만, 신제품·융합제품 활성화 등을 위해 센터장이 인정하는 경우에는 예외로 할 수 있다.

② 인버터의 용량이 250[kW]를 초과하는 경우에는 품질기준(KS C 8565)에 따라 「절연성능」, 「보호기능」, 「정상특성」 등을 만족하는 시험결과가 포함된 시험성적서를 설비(설치)확인 신청시 센터에 제출할 경우에는 사용할 수 있다.

2) 설치용량

① 신재생에너지 설비의 지원 등에 관한 지침에 따른 설비의 경우 인버터의 설치용량은 사업계획서 상의 인버터 설계용량 이상이어야 한다.

② 인버터에 연결된 모듈의 설치용량은 인버터 설치용량의 105[%] 이내이어야 하며 각 직렬군의 태양전지 개방전압은 인버터 입력전압 범위 안에 있어야 한다.

3) 설치상태

인버터는 실내 및 실외용을 구분하여 설치하여야 한다. 다만, 실외용은 실내에 설치할 수 있다.

4) 표시사항

입력단(모듈출력)의 전압, 전류, 전력과 출력단(인버터출력)의 전압, 전류, 전력, 주파수, 누적발전량, 최대출력량(peak)이 표시되어야 한다.

(3) 지지대, 부속자재 등

1) 설치상태

① 태양광설비 지지대(이하 "지지대")는 건축구조기준 등의 관련기준에 맞게 자중, 적재하중, 적설하중, 풍압하중 등을 포함한 구조하중 및 기타의 진동과 충격에 대하여 안전한 구조이어야 한다.

② 볼트조립은 헐거움이 없이 단단히 조립하여야 하며 모듈과 지지대의 고정 볼트에는 스프링 와셔 또는 풀림방지너트 등으로 체결해야 한다.

③ 풍하중에 의한 모듈 이탈을 방지하기 위하여 모듈과 모듈을 체결하거나 모듈을 블록화하는 등 추가적인 시공을 실시하는 것을 권장한다.

④ 풍하중 등에 취약한 켄틸레버보(한쪽 끝은 고정되고 다른 쪽 끝이 자유로운 보) 구간의 경우 안전성을 추가적으로 확보하기 위해 가새 등을 설치할 수 있다.

2) 지지대, 연결부, 기초(용접부위 포함)

① 지지대는 다음 각 호의 재질로 제작하여야 한다. 지지대간 연결 및 모듈-지지대 연결은 가능한 볼트로 체결하되, 절단가공 및 용접부위(도금처리제품 한정)는 용융아연도금처리를 하거나 에폭시-아연페인트를 2회 이상 도포하여야 한다.

㉮ 용융아연 또는 용융아연-알루미늄-마그네슘합금 도금된 형강(단, 수상형의 경우 별도 규정 준수)

㉯ 스테인리스 스틸(이하 "STS")

㉰ 알루미늄합금

㉱ ㉮호 내지 ㉰호와 동등이상의 성능(인장강도, 항복강도, 압축강도, 내구성 등)을 가지는 재질로서 KS 인증대상 제품인 경우에는 KS인증서 및 시험성적서를 설비(설치)확인 신청시 센터에 제출하여야 하며 KS 인증대상 제품이 아닌 경우에는 동등 이상의 성능임을 명시한 국가 공인시험기관의 시험성적서(KOLAS 인정마크 표시)와 건축법 제67조에 따른 관계전문기술자(이하 "관계전문기술자")로부터 연결부위를 포함하여 풍하중, 적설하중 등 구조하중에 견딜 수 있는 구조임을 확인받은 서류를 설비(설치)확인 신청시 센터에 제출하여야 한다.

② 지지대는 주위의 구조물과 조화될 수 있도록 적정 높이로 설치하고 건축물 또는 구조물 등에 고정하여야 한다. 앵커볼트 또는 케미컬 앵커볼트로 고정할 경우에는 볼트캡을 부착하여야 한다.

3) 체결용 볼트, 너트, 와셔(볼트캡 포함)

용융아연도금(단, 수상형은 제외), STS, 알루미늄합금 재질(볼트캡은 플라스틱 재질도 가능)로 하고 볼트규격에 맞는 스프링와셔 또는 풀림방지너트로 체결하여야 한다.

(4) 기 타

1) 명판

① 모든 기기는 원제조사 및 원제조국, 제조일자, 모델명, 일련번호, 제품사양 등 주요사항 및 그 외 기기별로 나타내어야 할 사항이 명시된 명판(KS인증 명판 등)을 부착하여야 한다.

② 신재생에너지 설비의 지원 등에 관한 지침에 따른 설비의 경우 [별표 5] 「신·재생에너지 설비 명판 설치기준」에 따른 명판을 제작하여 인버터 전면에 부착하여야 한다.

2) 가동상태

인버터, 전력량계, 모니터링 설비 등 모든 설비가 정상작동을 하여야 한다.

3) 모니터링 설비

신재생에너지 설비의 지원 등에 관한 지침에 따른 설비의 경우 [별표 2] 「모니터링시스템 설치기준」에 적합하게 설치하여야 한다.

4) 운전교육

시공업체는 설비 소유자에게 소비자 주의사항 및 운전매뉴얼을 제공하여야 하며 운전교육을 실시하여야 한다.

5) 안전사고 방지시설

① 설비시공 및 설치확인, 유지보수시 안전사고 예방을 위한 작업공간(이동통로, 발판, 안전난간 등의 포함) 및 접근장치(계단, 사다리, 사다리차 등)를 확보하여야 한다.

② 설치시에는 산업안전보건기준에 관한 규칙 제45조를 준수하여 지붕위에서 작업하는 근로자의 안전에 항상 유의해야 한다.

③ 태양광발전 계통연계장치 시공

3.1 발전량 및 입출력 상태 확인

(1) 모듈의 출력량 확인

1) 계측장비

① 온도 측정 : 적외선 온도계, 열화상 카메라

② 전압 측정 : 직류전압계, 멀티 테스터기

③ 전류 측정 : 직류전류계, 멀티 테스터기

④ 출력 측정 : 직류전력계

⑤ 일조강도 측정 : 일조계

⑥ 모듈 특성분석 : 모듈 I-V curve 측정기

2) 일조량(또는 일사량) 변화에 따른 모듈의 단락전류, 개방전압 특성

　① 모듈 제조사에서 제공하는 태양전지 모듈의 일조량변화에 따른 단락전류, 개방전압 특성
　　곡선을 준비한다.

　② 일조량계로 모듈 표면의 일조량을 측정한다.

　③ 모듈의 단자에서 개방전압과 단락전류를 측정한다.

　④ 측정시의 일조량계로 측정한 일조량에 따른 단락전류와 개방전압이 모듈 제조사에서 제
　　공한 특성곡선과 일치하는지를 점검한다.

　⑤ 모듈 제조사에서 제공하는 일조량의 변화에 따른 단락전류, 개방전압의 특성곡선의 예는
　　다음 그림과 같다.

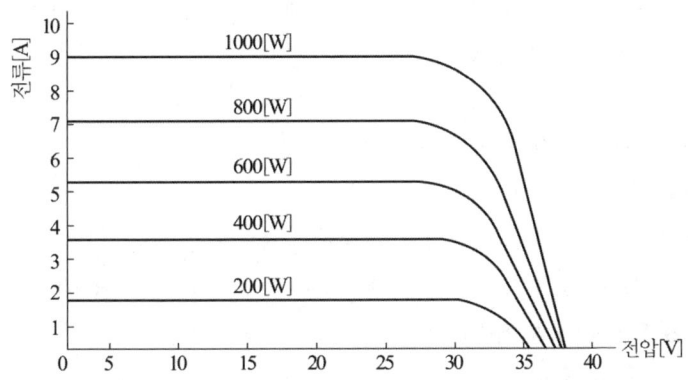

그림 3-1 일조량변화에 따른 단락전류 개방전압 특성곡선 예

　⑥ 일조량의 순간전력 환산

　　㉮ 1시간 누적 전천 일조량의 단위는 $[MJ/m^2]$

　　㉯ $1[W] = 1[J]/1[sec] = 1[J/sec]$

　　㉰ 만약, 1시간 동안 측정된 일조량이 $3[MJ/m^2]$인 경우, 단위 면적$[m^2]$의 초당 순간전력
　　　$[W/m^2]$으로 환산을 하면,

$$초당 \ 순간전력 = \frac{3,000,000[J/m^2]}{3,600[sec]} = 833.3[W/m^2]이 \ 된다.$$

3) 온도변화에 따른 모듈의 최대출력, 단락전류, 개방전압

　① 모듈 제조사에서 제공하는 태양전지 모듈의 온도변화에 따른 단락전류, 개방전압 특성곡
　　선을 준비한다.

　② 모듈 제조사에서 제공하는 태양전지 모듈의 온도변화에 따른 온도 특성계수를 확인한다.

　③ 모듈 표면의 온도를 적외선 온도계 또는 열화상카메라로 측정한다.

　④ 모듈 단자의 출력, 개방전압, 단락전류를 측정한다.

　⑤ 온도 변화에 따른 온도 특성계수(출력 온도계수, 전압 온도계수, 전류 온도계수)와 실측
　　모듈 표면온도와 표준 시험조건 온도(STC 온도 : 25℃)의 온도 편차를 구하여 태양전지

모듈의 최대출력, 개방전압, 단락전류를 계산한다.

⑥ 온도변화에 따른 최대출력($P_{\max(\text{온도})}$)계산

㉮ 온도계수가 [%/℃]로 주어질 때 : $P_{\max(\text{온도})} = P_{\max(25℃)}\{1+(\gamma \times \theta)\}$[W]

㉯ 온도계수가 [W/℃]로 주어질 때 : $P_{\max(\text{온도})} = P_{\max(25℃)} + (\gamma^{'} \times \theta)$[W]

단, γ : 출력 온도계수[%/℃]

$\gamma^{'}$: 출력 온도계수[W/℃]

θ : STC 조건 온도 편차[℃]

⑦ 온도변화에 따른 개방전압($V_{oc(\text{온도})}$)

㉮ 온도계수가 [%/℃]로 주어질 때 : $V_{oc(\text{온도})} = V_{oc(25℃)}\{1+(\beta \times \theta)\}$[V]

㉯ 온도계수가 [V/℃]로 주어질 때 : $V_{oc(\text{온도})} = V_{oc(25℃)} + (\beta^{'} \times \theta)$[V]

단, β : 전압 온도계수[%/℃]

$\beta^{'}$: 전압 온도계수[V/℃]

θ : STC 조건 온도 편차[℃]

⑧ 온도변화에 따른 단락전류($I_{sc(\text{온도})}$)

㉮ 온도계수가 [%/℃]로 주어질 때 : $I_{sc(\text{온도})} = I_{sc(25℃)}\{1+(\alpha \times \theta)\}$[A]

㉯ 온도계수가 [A/℃]로 주어질 때 : $I_{sc(\text{온도})} = I_{sc(25℃)} + (\alpha^{'} \times \theta)$[A]

단, α : 전류 온도계수[%/℃]

$\alpha^{'}$: 전류 온도계수[A/℃]

θ : STC 조건 온도 편차[℃]

(2) 인버터의 입력전력 및 출력전력 확인

1) 직류전력(P_{dc}) : 입력전력

$$P_{dc} = V_{dc-INv} \times I_{dc-INv}[W_{dc}]$$

단, V_{dc-INv} : 인버터 입력 직류전압[V_{dc}]

I_{dc-INv} : 인버터 입력 직류전류[A_{dc}]

2) 교류전력(P_{ac})

① 단상 교류전력($P_{1\phi-ac}$)

$$P_{1\phi-ac} = V_{ac-INv} \times I_{ac-INv}[VA]$$

단, V_{ac-INv} : 인버터 출력 교류전압[V_{ac}]

I_{ac-INv} : 인버터 출력 교류전류[A_{ac}]

② 삼상 교류전력($P_{3\phi-ac}$)

$$P_{3\phi-ac} = \sqrt{3} \times V_{ac-INv} \times I_{ac-INv}[\text{VA}]$$

단, V_{ac-INv} : 인버터 출력 교류전압 $[V_{ac}]$

$\quad\quad I_{ac-INv}$: 인버터 출력 교류전류 $[A_{ac}]$

3) 직류전력과 교류전력

① 직류전력(P_{dc})과 단상 교류전력($P_{1\phi-ac}$)

$$P_{dc} = P_{1\phi-ac}$$

$$V_{dc-INv} \times I_{dc-INv}\,[W_{dc}] = \frac{V_{ac-INv} \times I_{ac-INv}}{\eta_{INv}}[\text{VA}]$$

단, η_{INv} : 인버터 변환효율

② 직류전력(P_{dc})과 삼상 교류전력($P_{3\phi-ac}$)

$$P_{dc} = P_{3\phi-ac}$$

$$V_{dc-INv} \times I_{dc-INv}\,[W_{dc}] = \frac{\sqrt{3} \times V_{ac-INv} \times I_{ac-INv}}{\eta_{INv}}[\text{VA}]$$

4) 인버터의 입력전압 및 입력전류

① 인버터 입력전압

㉮ 대기상태 : 인버터 입력전압 = 접속함 출력개폐기 개방전압의 평균값

단, 접속함 출력개폐기 개방전압의 평균값은 n개의 접속함으로부터 인버터 입력으로 연결된 경우임.

㉯ 운전 중 : 인버터 입력전압 = 접속함 최대출력 운전전압

단, 접속함 최대출력 운전전압

$= \dfrac{\text{STC 조건 모듈 최대출력전압}}{\text{STC 조건 모듈 개방전압}} \times$ 접속함 출력개폐기 개방전압의 평균값

② 인버터 입력전류

㉮ 대기상태 : 인버터 입력전류 = 접속함 출력개폐기 단락전류의 합

㉯ 운전 중 : 인버터 입력전류 = 접속함 최대출력 운전전류

단, 접속함 최대출력 운전전류

$= \dfrac{\text{STC 조건 모듈 최대출력전류}}{\text{STC 조건 모듈 단락전류}} \times$ 접속함 출력개폐기 단락전류의 합

③ 인버터 입력전력

㉮ 입력전력 = 접속함 최대출력 운전전압 × 접속함 최대출력 운전전류

3.2 인버터와 제어장치 설치

(1) 인버터 설치

① 인버터는 보수점검에 편리하도록 시설하여야 한다.

② 국부적인 온도상승이나 직사광을 피하여 시설하여야 한다.

③ 장치의 발열량을 검토하여 필요 시 환기설비 또는 공조설비를 하여야 한다.

④ 배전반 등은 기초 및 설치대 등에 앵커볼트로 확실히 고정하고, 배전반의 형상에 따라 천장 또는 벽 등에 지지하여야 한다.

⑤ 지진 시 수평이동 및 전도 등 사고를 방지할 수 있도록 내진시공을 하여야 한다.

⑥ 인버터 시공의 상세사항은 공사시방서에 따른다.

(2) 계통연계제어반 설치

① 계통연계제어반은 설비의 고장 또는 전력계통 사고 시에 사고의 제거 및 사고 범위의 최소화 등을 행하기 위한 계통연계 보호기능을 보유하여야 한다.

② 계통연계제어반의 상세사항은 설계도 및 공사시방서에 따른다.

3.3 수배전반 설치

(1) 배전반 및 기기 설치 시 고려 사항

① 전기 기기가 옥외에 설치될 경우에는 침수에 주의하여야 한다.

② 기기의 조작, 취급에 주의할 사항이 있는 경우에는 잘 보이는 위치에 취급 또는 조작주의 명판을 설치해야 한다.

③ 고압 기기 및 전선은 사람이 쉽게 접촉할 염려가 없도록 시설하여야 한다.

④ 전기 기기로부터 발열 등으로 실온이 상승될 염려가 있는 경우에는 환기 구멍 또는 환기 장치를 설치하여야 한다.

⑤ 기기 및 기초의 계산 하중을 구하여 부등 침하가 일어나지 않도록 바닥 강도를 확인하여야 한다.

⑥ 수배전반 등 각종 폐쇄 배전반은 견고하게 설치하고, 수직 수평이 되도록 하여야 하며, 제작하기 전에 장비의 진입 경로와 진입로 상의 개구부의 크기, 높이 및 계단 여부 등을 확인하여 자재 반입이 가능토록 하여야 한다. 또한 설치 후 임시전원을 이용하여 기기의 투입 및 차단 시험을 하여 이상 유무를 확인하여야 한다.

⑦ 습기 또는 결로 등에 의한 절연 저하의 염려가 있는 경우에는 Space Heater를 설치하여야 하며, Space Heater는 습도 감지기에 의하여 동작되어야 한다.

⑧ 대지 전압이 150[V]를 넘는 회로에 콘센트를 설치하는 경우에는 접지극이 있는 것을 사용하여야 한다.

(2) 변압기 설치

1) 일반 사항

① 변압기의 진동 방지를 위하여 방진고무(두께12[mm] 이상)를 설치하여야 한다.

② 변압기와 동대의 접속은 가요 도체를 사용하여 변압기의 진동이 모선에 전달되지 아니하도록 한 여야 한다.

③ 예비용 변압기는 먼지 또는 습기로 인한 손상이 없도록 보호 시설을 하여야 한다.

2) 기초 공사

기기의 기초는 시공 도면대로 설치되었는지를 확인하고 콘크리트 바닥면의 수평도를 조사하여 수평이 되도록 하고 돌기면이 없도록 하여야 한다.

① 기초의 제작

설치용 기초는 판넬 또는 앵글로 제작하고 기초 콘크리트에 매입되는 것은 녹막이 도장을 하지 않아야 한다.

② 설치용 기초의 마감

기초 설정 후의 마감은 배전반의 밑 부분과 바닥면이 완전 밀착될 수 있도록 해서 배전반 구조에 악영향을 주지 않도록 해야 한다.

3) 설치

기기의 설치는 앙카 볼트 설치 등으로 바닥과 고정이 되도록 하여 내진에 대비하여야 한다. 기기의 반입은 작업 능률을 높이기 위하여 시공 도면을 검토하여 반입구측에서 먼 쪽의 기기부터 반입 설치를 하고, 기기는 운반 중에 손상을 막기 위해 포장상태로 반입해서 실내에서 해체하여야 한다. 설치 순서는 변압기 후 변압기반 외함이 설치되어야 한다.

3.4 계통 연계 시공

(1) 저압 계통연계 시 직류유출방지 변압기의 시설

분산형전원을 인버터를 이용하여 전기판매사업자의 저압 전력계통에 연계하는 경우 인버터로부터 직류가 계통으로 유출되는 것을 방지하기 위하여 접속점(접속설비와 분산형전원설비 설치자 측 전기설비의 접속점을 말한다)과 인버터 사이에 상용주파수 변압기(단권변압기를 제외한다)를 시설하여야 한다. 다만, 다음을 모두 충족하는 경우에는 예외로 한다.

① 인버터의 직류 측 회로가 비접지인 경우 또는 고주파 변압기를 사용하는 경우

② 인버터의 교류출력 측에 직류 검출기를 구비하고, 직류 검출 시에 교류출력을 정지하는 기능을 갖춘 경우

(2) 단락전류 제한장치의 시설

분산형전원을 계통 연계하는 경우 전력계통의 단락용량이 다른 자의 차단기의 차단용량 또는 전선의 순시허용전류 등을 상회할 우려가 있을 때에는 그 분산형전원 설치자가 전류제한리액터 등 단락전류 제한장치를 시설하여야 하며, 이러한 장치로도 대응할 수 없는 경우에는 그 밖에

단락전류 제한대책을 강구하여야 한다.

(3) 계통연계용 보호장치의 시설
1) 계통 연계하는 분산형전원설비를 설치하는 경우 다음에 해당하는 이상 또는 고장 발생 시 자동적으로 분산형전원설비를 전력계통으로부터 분리하기 위한 장치 시설 및 해당 계통과의 보호협조를 실시하여야 한다.
   ① 분산형전원설비의 이상 또는 고장
   ② 연계한 전력계통의 이상 또는 고장
   ③ 단독운전 상태
2) 상기 1)의 ②에 따라 연계한 전력계통의 이상 또는 고장발생 시 분산형전원의 분리시점은 해당 계통의 재연결 시점 이전이어야 하며, 이상 발생 후 해당 계통의 전압 및 주파수가 정상 범위 내에 들어올 때까지 계통과의 분리 상태를 유지하는 등 연계한 계통의 재연결 방식과 협조를 이루는 시설하여야 한다.
3) 단순 병렬운전 분산형전원설비의 경우에는 역전력계전기를 설치하여야 한다. 단, 신에너지 및 재생에너지 개발·이용·보급촉진법에 의한 신·재생에너지를 이용하여 동일 전기사용장소에서 전기를 생산하는 합계 용량이 50[kW] 이하의 소규모 분산형 전원(단, 해당 구내계통 내의 전기사용 부하의 수전 계약전력이 분산형전원 용량을 초과하는 경우에 한한다)으로서 단독운전 방지기능을 가진 단순 병렬로 연계하는 경우에는 역전력계전기 설치를 생략할 수 있다.

(4) 특고압 송전 계통연계 시 분산형전원 운전제어 장치의 시설
분산형전원설비를 송전사업자의 특고압 전력계통에 연계하는 경우 계통안정화 또는 조류억제 등의 이유로 운전제어가 필요할 때에는 그 분산형전원설비에 필요한 운전제어 장치를 시설하여야 한다.

(5) 연계용 변압기 중성점의 접지
분산형전원설비를 특고압 전력계통에 계통연계하는 경우 연계용 변압기 중성점의 접지는 전력계통에 연결되어 있는 다른 전기설비의 정격을 초과하는 과전압을 유발하거나 전력계통의 지락 고장 보호협조를 방해하지 않도록 시설하여야 한다.

3.5 전기 및 위험물 관련 법규 등

(1) 폭연성 먼지 위험장소
1) 폭연성 먼지(마그네슘, 알루미늄, 티탄, 지르코늄 등의 먼지가 쌓여있는 상태에서 불이 붙었을 때에 폭발할 우려가 있는 것을 말한다.) 또는 화약류의 분말이 전기설비가 발화원이 되어 폭발할 우려가 있는 곳에 시설하는 저압 옥내 전기설비(사용전압이 400[V] 초과인 방전등을 제외한다.)는 다음 각 호에 따르고 또한 위험의 우려가 없도록 시설하여야 한다.

① 저압 옥내배선, 저압 관등회로 배선, 소세력 회로의 전선 및 출퇴 표시등 회로의 전선은 금속관 공사 또는 케이블 공사(캡타이어 케이블을 사용하는 것을 제외한다)에 의할 것.

② 금속관 공사에 의하는 때에는 다음에 의하여 시설할 것.

㉮ 금속관은 박강 전선관 또는 이와 동등 이상의 강도를 가지는 것일 것.

㉯ 박스 기타의 부속품 및 풀박스는 쉽게 마모·부식 기타의 손상을 일으킬 우려가 없는 패킹을 사용하여 먼지가 내부에 침입하지 아니하도록 시설할 것.

㉰ 관 상호 간 및 관과 박스 기타의 부속품·풀박스 또는 전기기계기구와는 5턱 이상 나사조임으로 접속하는 방법 기타 이와 동등 이상의 효력이 있는 방법에 의하여 견고하게 접속하고 또한 내부에 먼지가 침입하지 아니하도록 접속할 것.

㉱ 전동기에 접속하는 부분에서 가요성을 필요로 하는 부분의 배선에는 제184조제2항제1호 단서에 규정하는 폭발방지형의 부속품 중 분진 방폭형 플렉시블 피팅을 사용할 것.

③ 케이블 공사에 의하는 때에는 다음에 의하여 시설할 것.

㉮ 전선은 개장된 케이블 또는 미네럴인슈레이션(MI)케이블을 사용하는 경우 이외에는 관 기타의 방호 장치에 넣어 사용할 것.

㉯ 전선을 전기기계기구에 끌어넣을 때에는 패킹 또는 충진제를 사용하여 인입구로부터 먼지가 내부에 침입하지 아니하도록 하고 또한 인입구에서 전선이 손상될 우려가 없도록 시설할 것.

④ 이동 전선은 제③호"㉯"의 규정에 준하여 시설하는 이외에 접속점이 없는 0.6/1 kV EP 고무절연 클로로프렌 캡타이어케이블을 사용하고 또한 손상을 받을 우려가 없도록 시설할 것.

⑤ 전선과 전기기계기구는 진동에 의하여 헐거워지지 아니하도록 견고하고 또한 전기적으로 완전하게 접속할 것.

⑥ 전기기계기구는 제④항에서 정하는 표준에 적합한 먼지 폭발방지 특수 방진구조로 되어 있을 것.

⑦ 백열전등 및 방전등용 전등기구는 조영재에 직접 견고하게 붙이거나 또는 전등을 다는 관·전등 완관(電燈脘管) 등에 의하여 조영재에 견고하게 붙일 것.

⑧ 전동기는 과전류가 생겼을 때에 폭연성 분진에 착화할 우려가 없도록 시설할 것.

2) 가연성 먼지(소맥분·전분·유황 기타 가연성의 먼지로 공중에 떠다니는 상태에서 착화하였을 때에 폭발할 우려가 있는 것)에 전기설비가 발화원이 되어 폭발할 우려가 있는 곳에 시설하는 저압 옥내 전기설비는 다음 각 호에 따르고 또한 위험의 우려가 없도록 시설하여야 한다.

① 저압 옥내배선 등은 합성수지관 공사(두께 2[mm] 미만의 합성수지 전선관 및 난연성이 없는 콤바인 덕트관을 사용하는 것을 제외한다)·금속관 공사 또는 케이블 공사에 의할 것.

② 합성수지관 공사에 의하는 때에는 다음에 의하여 시설할 것.

㉮ 합성수지관 및 박스 기타의 부속품은 손상을 받을 우려가 없도록 시설할 것.

㉯ 박스 기타의 부속품 및 풀박스는 쉽게 마모, 부식 기타의 손상이 생길 우려가 없는 패킹을 사용하는 방법, 틈새의 깊이를 길게 하는 방법, 기타 방법에 의하여 먼지가 내부

에 침입하지 아니하도록 시설할 것.

    ㉰ 관과 전기기계기구는 규정에 준하여 접속할 것.

    ㉱ 전동기에 접속하는 부분에서 가요성을 필요로 하는 부분의 배선에는 분진방폭형 플레시블 피팅을 사용할 것.

③ 금속관 공사에 의하는 때에는 제1)항 제②호 "㉮" 및 "㉱"와 제2)호 "㉯"의 규정에 준하여 시설하는 이외에 관 상호 간 및 관과 박스 기타 부속품·풀박스 또는 전기기계기구와는 5턱 이상 나사 조임으로 접속하는 방법 기타 이와 동등 이상의 효력이 있는 방법에 의하여 견고하게 접속할 것.

④ 케이블 공사에 의하는 때에는 제1)항 제③호 "㉮"의 규정에 준하여 시설하는 이외에 전선을 전기기계기구에 끌어넣을 때에는 인입구에서 먼지가 내부로 침입하지 아니하도록 하고 또한 인입구에서 전선이 손상될 우려가 없도록 시설할 것.

⑤ 이동 전선은 제④호(제1)항 제③호 "㉮"의 규정을 준용하는 부분을 제외한다)의 규정에 준하여 시설하는 외에 접속점이 없는 0.6/1 kV EP 고무 절연 클로로프렌 캡타이어 케이블 또는 0.6/1 kV 비닐 절연 비닐캡타이어 케이블을 사용하고 또한 손상을 받을 우려가 없도록 시설할 것.

⑥ 전기기계기구는 제⑤항에서 정하는 표준에 적합한 분진방폭형 보통 방진구조로 되어 있을 것.

3) 먼지가 많은 곳에 시설하는 저압 옥내전기설비는 제1)항 제⑤호의 규정에 준하여 시설하는 이외에 다음 각 호에 따라 시설하여야 한다. 다만, 유효한 먼지제거장치를 시설하는 경우에는 그러하지 아니하다.

① 저압 옥내배선 등은 애자사용 공사·합성수지관 공사·금속관 공사·가요전선관 공사·금속덕트 공사·버스덕트 공사(환기형의 덕트를 사용하는 것을 제외한다) 또는 케이블 공사에 의하여 시설할 것.

② 전기기계기구로서 먼지가 부착함으로서 온도가 비정상적으로 상승하거나 절연성능 또는 개폐 기구의 성능이 나빠질 우려가 있는 것에는 방진장치를 할 것.

③ 면, 마, 견, 기타 타기 쉬운 섬유의 먼지가 있는 곳에 전기기계기구를 시설하는 경우에는 먼지가 착화할 우려가 없도록 시설할 것.

4) 먼지 폭발방지 특수 방진구조

① 용기는 전폐구조로서 전기가 통하는 부분이 외부로부터 손상을 받지 아니하도록 한 것일 것.

② 용기의 전부 또는 일부에 유리, 합성수지 등 손상을 받기 쉬운 재료가 사용되고 있는 경우에는 이들의 재료가 사용되고 있는 곳을 보호하는 장치를 붙일 것. 다만, 그 부분의 재료가 강화유리, 접합유리나 이들과 동등 이상의 강도를 가지는 것일 경우 또는 그 부분이 용기의 구조상 외부로부터 손상을 받을 우려가 없는 위치에 있을 경우에는 그러하지 아니하다.

③ 볼트, 너트, 작은 나사, 틀어 끼는 덮개 등의 부재로서 용기의 폭발방지 성능의 유지를 위하여 필요한 것은 일반 공구를 가지고는 쉽게 풀거나 조작할 수 없도록 한 구조여야 하며

또한 그 부재가 사용 중 헐거워질 우려가 있는 경우에는 스톱너트, 스프링와셔·풀림방지와셔 또는 분할핀을 사용하는 등의 방법에 의하여 그 부재에 헐거워짐 방지를 한 구조(이하 이 조에서 "헐거워짐 방지구조"라 한다)일 것.

④ 접합면은 패킹을 붙이고 또한 그 패킹이 이탈하거나 헐거워질 우려가 없도록 하는 방법, 18-S 이상으로 다듬질하고 그 들어가는 깊이를 15 [mm]이상으로 하고 또한 상호 간 밀접시키는 방법 등에 의하여 외부로부터 먼지가 침입하지 아니하도록 한 구조일 것.

⑤ 조작축과 용기사이의 접합면은 그 들어가는 깊이를 10 [mm]이상으로 하고 또한 패킹 누르기를 사용하여 그 접합면에 패킹을 붙이는 방법 또는 이와 동등 이상의 폭발방지 성능을 유지할 수 있는 방법으로 외부로부터 먼지가 침입하지 아니하도록 한 구조일 것.

⑥ 회전기축과 용기사이의 접합면은 패킹을 2단 이상 붙이는 방법, 간격이 0.5[mm]이하이고 들어가는 깊이가 45[mm]이상인 래버린스 구조로 하는 방법 등으로 외부로부터 먼지가 침입하지 아니하도록 한 구조일 것.

⑦ 용기의 일부에 관통나사를 사용하거나 용기의 일부가 틀어 끼는 결합방식으로 결합되어 있는 것으로서 나사 결합부분을 통하여 외부로부터 먼지가 침입할 우려가 있는 경우에는 5턱 이상의 나사결합이나 패킹 또는 스톱너트를 사용하는 등의 방법으로 외부로부터 먼지가 침입하지 아니하도록 한 구조일 것.

⑧ 용기외면의 온도상승 한도의 값은 용기외부의 폭연성 먼지에 착화할 우려가 없는 값일 것.

⑨ 단자함은 부재상호 간의 접합면에 패킹을 붙이는 방법 또는 이와 동등 이상의 폭발방지 성능을 유지할 수 있는 방법으로 외부로부터 먼지가 침입하지 아니하도록 한 구조의 것일 것.

⑩ 전선이 관통하는 부분의 용기의 구조는 전선과 외함 간에 절연물의 충전하든가 패킹을 붙이고 또한 전선, 절연물, 패킹 및 외함 상호의 접촉면에 들어가는 깊이를 표 3-1에서 정한 값 이상으로 하는 등의 방법으로 외부로부터 먼지가 침입하지 아니하도록 한 것일 것.

표 3-1 접촉면에 들어가는 깊이

접촉면의 바깥둘레의 구분	접촉면에 들어가는 깊이
0.3[m] 이하	5 mm
0.3[m] 초과 0.5[m] 이하	8 mm
0.5[m]를 초과하는 것	10 mm

⑪ 전기를 통하는 부분 상호 간은 나사 조임, 리벳 조임, 슬리브 또는 바인드선으로 보강한 납땜, 용접 등의 방법으로 견고히 접속한 것일 것.

⑫ 전기를 통하는 부분에 대한 연면거리(沿面距離) 및 절연 공간거리는 그 부분의 정격전압 및 절연물의 종류에 따라 필요한 절연효력을 유지 할 수 있는 값일 것.

⑬ 패킹은 다음에 적합한 것일 것.
　㉮ 재료는 접합면의 온도상승에 의한 열에 견디고 또한 쉽게 마모되거나 부식되는 등의

손상이 생기지 아니하는 것일 것.

㉯ 접합면의 형상에 적합한 형상의 것일 것.

⑭ 전기기계기구는 그 보기 쉬운 곳에 그 전기기계기구가 먼지 폭발방지 특수 방진 구조임을 표시한 것일 것.

5) 분진 방폭형 보통 방진구조

① 용기는 전폐구조(全閉構造)로서 전기를 통하는 부분이 외부로부터 손상을 받지 아니하도록 한 구조일 것.

② 용기의 전부 또는 일부에 유리·합성수지 등 손상을 받기 쉬운 재료가 사용되고 있는 경우에는 이들의 재료가 사용되고 있는 곳을 보호하는 장치를 붙일 것. 다만, 그 곳의 재료가 "강화유리"에 적합한 강화유리, "접합유리"에 적합한 접합유리나 이와 동등 이상의 강도를 가지는 것일 경우 또는 그곳이 그 용기의 구조상 외부로부터 손상을 받을 우려가 없는 위치에 있는 경우에는 그러하지 아니하다.

③ 볼트·너트·작은 나사·틀어 끼는 덮개 등의 부재로 용기의 성능을 유지하기 위하여 필요한 것으로서 사용 중 헐거워질 우려가 있는 것은 헐거워짐 방지구조로 한 것일 것.

④ 접합면은 패킹을 붙이고 또한 그 패킹이 이탈하거나 헐거워질 우려가 없도록 하는 방법, 35-S 이상으로 다듬질하고 그 들어가는 깊이를 10 [mm] (푸시버튼스위치 기타 정격용량이 적은 전기기계기구의 접합면에 대하여는 18-S 이상으로 다듬질하는 경우에는 6 [mm])이상으로 하고 또한 상호 간 밀접시키는 방법 등에 의하여 외부로부터 먼지가 침입하지 아니하도록 한 구조일 것.

⑤ 조작축과 용기사이의 접합면은 패킹누르기 또는 패킹 눌리개를 사용하여 그 접합면에 패킹을 붙이는 방법, 조작축의 바깥쪽에 고무 카버를 붙이는 방법 등에 의하여 외부로부터 먼지가 침입하지 아니하도록 한 구조일 것.

⑥ 회전기축과 용기사이 접합면은 패킹을 붙이는 방법, 래버린스 구조로 하는 방법 등에 의하여 외부로부터 먼지가 침입하지 아니하도록 한 구조일 것.

⑦ 용기를 관통하는 나사구멍과 볼트 또는 작은 나사와는 5턱 이상의 나사 결합으로 된 것일 것.

⑧ 용기바깥면의 온도 상승한도의 값은 용기외부의 가연성먼지에 착화할 우려가 없는 것일 것.

⑨ 단자함은 부재상호 간의 접합면에 패킹을 붙이는 방법 또는 이와 동등 이상의 폭발방지 성능을 유지할 수 있는 방법으로 외부로부터 먼지가 침입하지 아니하도록 한 구조의 것일 것.

⑩ 전선이 관통하는 부분의 용기의 구조는 전선과 외함 간에 절연물을 충전하는 방법, 패킹을 붙이는 방법, 전선과 외함 사이의 접합면의 들어가는 깊이를 길게 하는 방법 등에 의하여 외부로부터 먼지가 침입하지 아니하도록 한 것일 것.

⑪ 패킹은 다음에 적합한 것일 것.

㉮ 재료는 접합면의 온도상승에 의한 열에 견디고 또한 쉽게 마모되거나 부식되는 등의

손상이 생기지 아니하는 것일 것.

㉯ 접합면의 형상에 적합한 형상의 것일 것.

⑫ 전기기계기구는 그 보기 쉬운 곳에 그 전기기계기구가 분진방폭 보통방진 구조임을 표시한 것일 것.

(2) 가연성 가스 등의 위험장소

1) 가연성 가스 또는 인화성 물질의 증기(이하 "가스 등"이라 한다)가 새거나 체류하여 전기설비가 발화원이 되어 폭발할 우려가 있는 곳(프로판 가스 등의 가연성 액화 가스를 다른 용기에 옮기거나 나누는 등의 작업을 하는 곳, 에탄올 및 메탄올 등의 인화성 액체를 옮기는 곳 등)에 있는 저압 옥내전기설비는 다음 각 호에 따르고 또한 위험의 우려가 없도록 시설하여야 한다.

① 금속관 공사에 의하는 때에는 다음에 의할 것.

㉮ 관 상호 간 및 관과 박스 기타의 부속품, 풀박스 또는 전기기계기구와는 5턱 이상 나사 조임으로 접속하는 방법 기타 이와 동등 이상의 효력이 있는 방법에 의하여 견고하게 접속할 것.

㉯ 전동기에 접속하는 부분으로 가요성을 필요로 하는 부분의 배선에는 폭발방지의 부속품 중 내압(耐壓)의 폭발방지형 또는 유입(油入)폭발방지구조의 유연성 부속을 사용할 것.

② 케이블 공사에 의하는 때에는 전선을 전기기계기구에 끌어넣는 때에는 인입구에서 전선이 손상될 우려가 없도록 할 것.

③ 저압 옥내배선 등을 넣는 관 또는 덕트는 이들을 통하여 가스 등이 이 조에서 규정하는 장소 이외의 장소에 새지 아니하도록 시설할 것.

④ 이동 전선은 접속점이 없는 0.6/1[kV] EP 고무 절연 클로로프렌 캡타이어케이블을 사용하는 이외에 규정에 준하여 시설할 것.

⑤ 전기기계기구의 폭발방지구조는 내압(耐壓) 폭발방지구조(d), 압력 폭발방지구조(p)나 유입(油入)폭발방지구조(o) 또는 이들의 구조와 다른 구조로서 이와 동등 이상의 폭발방지 성능을 가지는 구조로 되어 있는 것. 다만, 통상의 상태에서 불꽃 또는 아크를 일으키거나 가스 등에 착화할 수 있는 온도에 달한 우려가 없는 부분은 안전증 폭발방지구조(e)라고 할 수 있다.

2) 내압(耐壓)폭발방지구조의 표준은 KS C IEC 60079-1 방폭기기 제1부(내압방폭구조 "d")의 기기의 구조 및 시험에 관한 요구사항에 적합하여야 한다.

3) 압력폭발방지구조의 표준은 KS C IEC 60079-2 폭발성 분위기 제2부(압력방폭구조 "p")의 전기기기의 구조와 시험에 관한 요구 사항에 적합하여야 한다.

4) 유입(油入)폭발방지의 표준은 KS C IEC 60079-6 방폭기기 제6부(유입방폭구조 "o")의 폭발성가스·증기·입자 등에 의한 잠재적인 위험분위기에서 사용하는 유입방폭구조(o)의 기기 및 그 일부 방폭 부품 등의 설치와 시험에 관한 요구사항에 적합하여야 한다.

5) 안전증 폭발방지구조의 표준 KS C IEC 60079-7 제7부(안전증 방폭구조 "e")는 폭발성 가스 분위기에서 사용하는 안전증 방폭구조의 기기의 설계, 구조, 시험, 표시에 관한 요구사항(직류 및 교류 11[kV] 실효 값 이하인 기기에 한함)에 적합하여야 한다.

6) KS C IEC 60079-14의 표준에 의하여 폭발위험장소에서의 전기설비의 설계·선정 및 설치에 관한 요구사항에 따라 시공한 경우에는 제1)항의 규정에 따르지 않을 수 있다. 다만, 다음의 장소에서는 적용하지 않는다.

① 폭발성 메탄가스가 존재할 우려가 있는 광산. 다만, 광산의 지상에 설치하는 전기설비 및 폭발성 메탄가스 이외의 폭발성가스가 존재할 우려가 있는 광산은 제외한다.

② 가연성 먼지 또는 섬유가 존재하는 지역(먼지폭발 위험장소)

③ 폭발성 물질의 제조 및 취급 공정과 같은 근원적인 폭발 위험장소

④ 의학적인 목적으로 하는 진료실 등

(3) 위험물 등이 있는 장소의 저압의 시설

1) 셀룰로이드, 성냥, 석유류 기타 타기 쉬운 위험한 물질(이하 이 조에서 "위험물"이라 한다)을 제조하거나 저장하는 곳에 시설하는 저압 옥내 전기설비는 규정에 준하여 시설하는 이외에 다음 각 호에 따르고 또한 위험의 우려가 없도록 시설하여야 한다.

① 이동전선은 접속점이 없는 0.6/1[kV] EP 고무 절연 클로로프렌 캡타이어 케이블 또는 0.6/1[kV] 비닐 절연 비닐캡타이어 케이블을 사용하고 또한 손상을 받을 우려가 없도록 시설하는 이외에 이동전선을 전기기계기구에 끌어넣을 때에는 인입구에서 손상을 받을 우려가 없도록 시설할 것.

② 통상의 사용 상태에서 불꽃 또는 아크를 일으키거나 온도가 현저히 상승할 우려가 있는 전기기계기구는 위험물에 착화할 우려가 없도록 시설할 것.

2) 화약류를 제조하는 건물 내로서 화약류가 있는 장소에 시설하는 저압 옥내 전기설비는 제1항의 규정에 준하여 시설하는 이외에 다음 각 호에 따라야 한다.

① 전열 기구 이외의 전기기계기구는 전폐형(全閉型)의 것일 것.

② 전열 기구는 사이즈선 기타의 충전부가 노출되어 있지 아니한 발열체를 사용한 것이어야 하며 또한 온도의 현저한 상승 기타의 위험이 생길 우려가 있는 경우에 전로를 자동적으로 차단하는 장치가 되어 있는 것일 것.

(4) 화약류 저장소에서 전기설비의 시설

1) 화약류 저장소(「총포·도검·화약류 등 단속법」 제24조에 규정하는 화약류 저장소(이하 이 조에서 "화약류 저장소"라 한다) 안에는 전기설비를 시설하여서는 아니된다. 다만, 백열전등이나 형광등 또는 이들에 전기를 공급하기 위한 전기설비(개폐기 및 과전류 차단기를 제외한다)는 다음 각 호에 따라 시설하는 경우에는 그러하지 아니하다.

① 전로에 대지전압은 300 V 이하일 것.

② 전기기계기구는 전폐형의 것일 것.

③ 케이블을 전기기계기구에 인입할 때에는 인입구에서 케이블이 손상될 우려가 없도록 시

설할 것.

2) 화약류 저장소 안의 전기설비에 전기를 공급하는 전로에는 화약류 저장소 이외의 곳에 전용 개폐기 및 과전류 차단기를 각 극(과전류 차단기는 다선식 전로의 중성극을 제외한다)에 취급자 이외의 자가 쉽게 조작할 수 없도록 시설하고 또한 전로에 지락이 생겼을 때에 자동적으로 전로를 차단하거나 경보하는 장치를 시설하여야 한다.

4 전기, 전자 기초

4.1 전기 기초 이론

(1) R, L, C 회로

1) R만의 회로

임피던스 $Z = R = R \underline{/0°}$

어드미턴스 $Y = \dfrac{1}{Z} = \dfrac{1}{R}$

전압 $v = i \cdot R \ (V = I \cdot R)$

전류 $i = \dfrac{v}{R} \ \left(I = \dfrac{V}{R} \right)$

전력량 $W = p \cdot t [\text{W} \cdot \text{sec}] = VIt = I^2 Rt = \dfrac{V^2}{R} t [\text{J}]$

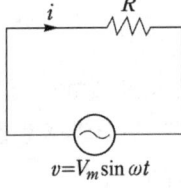

2) L만의 회로

$Z = j\omega L = \omega L \underline{/90°} \ (X_L : \text{유도성 리액턴스})$

$Y = \dfrac{1}{Z} = \dfrac{1}{j\omega L} = -j\dfrac{1}{\omega L}$

$v = L\dfrac{di}{dt} \qquad i = \dfrac{1}{L}\int v\,dt$

자기 축적에너지 $W_L = \dfrac{1}{2}LI^2 [\text{J}]$

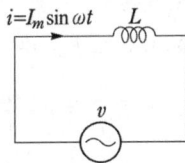

3) C만의 회로

$Z = \dfrac{1}{j\omega C} = -j\dfrac{1}{\omega C} = \dfrac{1}{\omega C} \underline{/-90°} \ (X_C : \text{용량성 리액턴스})$

$Y = \dfrac{1}{Z} = j\omega C \ (B : \text{용량 서셉턴스})$

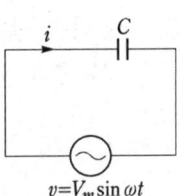

$$v = \frac{1}{C} \int i\, dt \qquad i = C \frac{dv}{dt}$$

정전 축적에너지 : $W_C = \frac{1}{2} CV^2 [\text{J}]$

(2) 저항(R)

1) 저항 : 전류의 흐름을 방해하는 전기적인 양을 말한다.

　　　MKS 단위로는 오옴(Ohm, 기호[Ω])을 사용한다.

$$R = \frac{V}{I} [\Omega], \qquad G = \frac{1}{R} [\mho] \text{ 또는 } [\text{s} : \text{siemens}]$$

2) 도선의 저항 $R = \rho \dfrac{l}{A} [\Omega]$

여기서, ρ : 저항률, l : 길이[m], A : 단면적[mm^2]

3) 고유저항의 단위

$$1[\Omega \cdot \text{m}] = 1[\Omega \cdot \text{m}^2/\text{m}] = 1 [\Omega \cdot (10^3 \cdot \text{mm})^2/\text{m}] = 1 \times 10^6 [\Omega \cdot \text{mm}^2/\text{m}]$$

예제 3 ● ● ●

반지름 2[mm], 길이 100[m]인 도선의 저항은 약 몇 [Ω]인가?

(단, 도선의 저항률은 $3.14 \times 10^{-8} [\Omega \cdot \text{m}]$ 이다.)

풀이 ▶

도선의 저항$(R) = \rho \dfrac{l}{A} = \rho \dfrac{l}{\pi r^2} = 3.14 \times 10^{-8} \times \dfrac{100}{3.14 \times 0.002^2} = 0.25 [\Omega]$

예제 4 ● ● ●

도선의 길이가 3배로 늘어나고 반지름이 1/3로 줄어든 경우 그 도선의 저항은 어떻게 되는가?

풀이 ▶

도선의 저항(R)은 $R = \rho \dfrac{l}{A} = \rho \dfrac{l}{\pi r^2}$ 에서 l, r을 제외한 모든 변수를 k로 치환하여 계산하면

$R' = k \dfrac{l}{r^2} = k \dfrac{3l}{\left(\dfrac{1}{3}r\right)^2} = 27R \qquad \therefore$ 저항은 27배 증가한다.

---

4) 저항의 접속

　① 직렬접속(전류 일정)

　　$R_0 = R_1 + R_2$

　　$I = \dfrac{V}{R_0} = \dfrac{V}{R_1 + R_2} [\text{A}]$

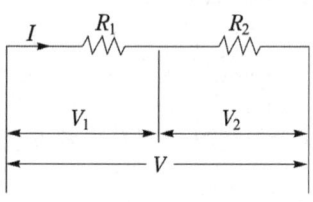

$$V_1 = R_1 \cdot I = \frac{R_1}{R_1 + R_2} V [\mathrm{V}]$$

$$V_2 = R_2 \cdot I = \frac{R_2}{R_1 + R_2} V [\mathrm{V}]$$

② 병렬접속(전압 일정)

$$R_0 = \frac{R_1 \cdot R_2}{R_1 + R_2}$$

$$V = I \cdot R_0 = \frac{R_1 \cdot R_2}{R_1 + R_2} I$$

$$I_1 = \frac{V}{R_1} = \frac{1}{R_1} \cdot \frac{R_1 \cdot R_2}{R_1 + R_2} I = \frac{R_2}{R_1 + R_2} I [\mathrm{A}]$$

$$I_2 = \frac{V}{R_2} = \frac{1}{R_2} \cdot \frac{R_1 \cdot R_2}{R_1 + R_2} I = \frac{R_1}{R_1 + R_2} I [\mathrm{A}]$$

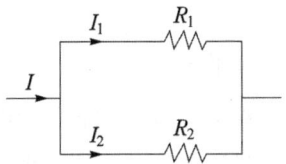

예제 5 ● ● ●

2[Ω], 3[Ω], 5[Ω]의 저항 3개가 직렬로 접속된 회로에 5[A]의 전류가 흐르면 공급 전압은 몇 [V]인가?

풀이

옴의 법칙에 의거 $V = IR [\mathrm{V}] = 5(2+3+5) = 50[\mathrm{V}]$

5) 콘덕턴스의 접속

콘덕턴스(G)는 저항(R)의 역수이다.

① 직렬접속

$$G = \frac{G_1 \cdot G_2}{G_1 + G_2}$$

$$V_1 = \frac{G_2}{G_1 + G_2} V [\mathrm{V}]$$

$$V_2 = \frac{G_1}{G_1 + G_2} V [\mathrm{V}]$$

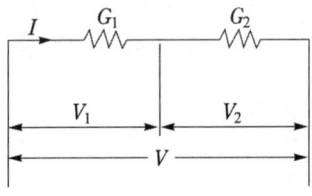

② 병렬접속

$$G_0 = G_1 + G_2$$

$$I_1 = \frac{G_1}{G_1 + G_2} I [\mathrm{A}]$$

$$I_2 = \frac{G_2}{G_1 + G_2} I [\mathrm{A}]$$

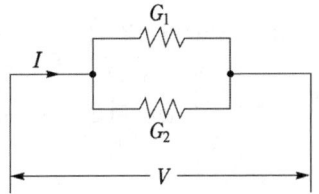

6) 옴의 법칙(Ohm's law)

"전류는 전압에 비례하고 저항에 반비례 한다"는 것이 옴의 법칙으로서, 전압(V), 전류(I), 저항(R)의 관계는 다음 식으로 된다.

$$I = \frac{V}{R}[A]$$

예제 6

일정 전압의 직류전원에 저항을 접속하고 전류를 흘릴 때, 이 전류값을 20[%] 증가시키기 위해서는 저항값을 어떻게 하면 되는가?

풀이

옴의 법칙에 의거 전압(V) = 전류(I) × 저항(R)에서 전류를 1.2배로 하기 위해서는 저항값을 1.2배로 감소시켜 주어야 한다.

$V = 1.2I \times \dfrac{R}{1.2}$ 이므로, 저항값은 $\dfrac{1}{1.2}R = 0.83R$

즉, 저항값을 83[%]로 감소시켜야 한다.

7) 줄(joule)의 법칙

① 도선에 전류가 흐를 때에 도체의 저항 손실, 유전체 손실, 자성체 손실 등에 의해 발생하는 가열(줄 열, Joule Heat)에 대한 법칙, 즉, 도선의 저항 R과 도선에 흐르는 전류(I)에 의해 발생 열량이 결정된다는 법칙 (※ 전기에너지가 열에너지로 변환 방출됨)

② 전류가 t초 동안에 흘러 발생한 열량(Q)

$$Q = I^2 Rt[J] = 0.24 I^2 Rt[cal]$$

③ 에너지 단위 : 줄[J(joule)]

㉮ $1[J] = 1[N \cdot m] = 1[kg \cdot m^2/s^2] = 0.24[cal] = 1[W \cdot s] = 1[Volt\ Coulomb]$

㉯ 1[J]은 1[N(뉴튼)]의 힘으로 물체를 1[m] 만큼 움직이는 일 또는 필요한 에너지

(3) 인덕턴스(L)

1) 정의

① 회로를 흐르고 있는 전류의 변화에 의해 전자기유도로 생기는 역기전력의 비율을 나타내는 양

$$1차\ 역기전력\ e_1 = -L\frac{di}{dt}$$

$$2차\ 유도기전력\ e_2 = -M\frac{di}{dt}$$

② 2차 측에서는 L 대신 M이 사용된다.

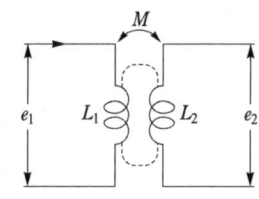

$$M = k\sqrt{L_1 L_2}$$

여기서, $L_1 L_2$: 자기 인덕턴스

M : 상호 인덕턴스

k : 결합계수

③ 상호 인덕턴스는 1차 측에 쇄교된 자속이 2차 측에 얼마만큼 수용되었나를 나타내는 계수

2) 인덕턴스의 직렬결합

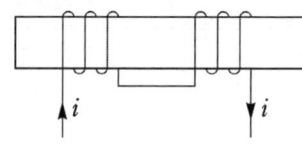 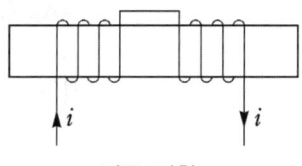

가동 결합 차동 결합

$$L = L_1 + L_2 \pm 2M = L_1 + L_2 \pm 2k\sqrt{L_2 \cdot L_2}$$

$$(\because M = k\sqrt{L_1 \cdot L_2})$$

⊕ 가동 결합 •이 같은 방향

⊖ 차동 결합 •이 다른 방향

3) 인덕턴스의 병렬연결

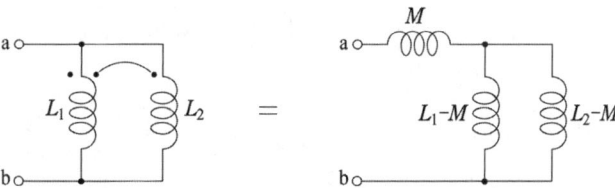

합성 인덕턴스 $L_0 = M + \dfrac{(L_1 - M) \cdot (L_2 - M)}{(L_1 - M) + (L_2 - M)}$

$$= M + \frac{L_1 L_2 - M(L_1 + L_2) + M^2}{L_1 + L_2 - 2M}$$

$$= \frac{M(L_1 + L_2) - 2M^2 + L_1 L_2 - M(L_1 + L_2) + M^2}{L_1 + L_2 - 2M}$$

$$= \frac{L_1 L_2 - M^2}{L_1 + L_2 \mp 2M}[\text{H}]$$

(4) 커패시턴스(C)

1) 정의

전압을 가했을 때 축적되는 전하량의 비율을 나타내는 양

$$전하량 \ Q = CV[C]$$

여기서, C : 커패시턴스(정전용량)[F]
V : 전압[V]

2) 커패시턴스의 접속

항 목	직렬접속	병렬접속
결 선	C_1　C_2	C_1　C_2
합 성 정전용량	• $C_0 = \dfrac{C_1 C_2}{C_1 + C_2}$ • 저항의 병렬결선과 동일 방법 • 접속되는 콘덴서가 증가할수록 합성정전 용량은 감소	• $C_0 = C_1 + C_2$ • 저항의 직렬결선과 동일 방법 • 접속되는 콘덴서가 증가할수록 합성정전 용량은 증가

(5) 복소수 계산

1) 직각 좌표

복소수의 표현 : 직각좌표 → 극좌표 → 삼각함수 좌표 → 직각좌표

$Z = 3 + j4$ (직각좌표계)

$\quad = \sqrt{실수^2 + 허수^2} \angle \tan^{-1} \dfrac{허수}{실수}$

$\quad = \sqrt{3^2 + 4^2} \angle tan^{-1} \dfrac{4}{3}$

$\quad = 5 \angle 53.13°$ (극좌표)　⟹ 곱셈($\times$), 나눗셈($\div$)에서 주로 사용

$\quad = 5(\cos 53.13° + j \sin 53.13°)$ (삼각함수 좌표)

$\quad = 3 + j4$ (직각좌표)

2) $R - L$ 직렬회로

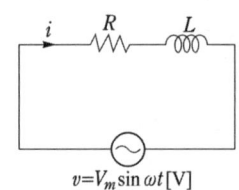
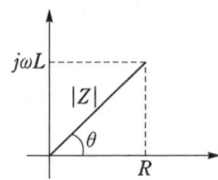

① 임피던스 $Z = R + j\omega L = \sqrt{R^2 + (\omega L)^2} \angle \tan^{-1}\dfrac{\omega L}{R}$

　단, $\omega = 2\pi f$ $(f : 주파수)$

② $R-L$ 직렬회로의 역률

$$\cos\theta = \frac{R}{Z} \times 100[\%] = \frac{R}{\sqrt{R^2 + X^2}} \times 100[\%]$$

인덕턴스에 의한 리액턴스 $(X_L) = \omega L = 2\pi f L[\Omega]$

예제 **7** ● ● ●

저항 50[Ω], 인덕턴스 200[mH]의 직렬회로에 주파수 50[Hz]의 교류를 접속하였다면, 이 회로의 역률[%]을 구하시오.

풀이▶

임피던스 회로에서의 역률($\cos\theta$)은

$$\cos\theta = \frac{R}{Z} \times 100[\%] = \frac{R}{\sqrt{R^2 + X_L^2}} \times 100[\%]$$

인덕턴스에 의한 리액턴스$(X_L) = 2\pi f L = 2 \times 3.14 \times 50 \times 200 \times 10^{-3} = 62.8[\Omega]$

$$\therefore \cos\theta = \frac{50}{\sqrt{50^2 + 62.8^2}} \times 100 = 62.287 \fallingdotseq 62.3[\%]$$

예제 **8** ● ● ●

RL 직렬회로에 $v = 100\sin(120\pi t)[V]$의 전원을 연결하여 $i = 2\sin(120\pi t - 45°)[A]$의 전류가 흐르도록 하려면 저항 $R[\Omega]$은?

풀이▶

$v = 100\sin(120\pi t)[V]$와 $i = 2\sin(120\pi t - 45°)[A]$ 식의 의미는 전류가 전압보다 45° 늦음을 뜻함.

임피던스 $Z = \dfrac{v}{i} = \dfrac{100\sin(120\pi t)}{2\sin(120\pi t - 45°)} = 50\underline{/45}$

$\qquad = 50(\cos(45) + j\sin(45)) = \dfrac{50}{\sqrt{2}} + j\dfrac{50}{\sqrt{2}}$

에서 $\therefore R = \dfrac{50}{\sqrt{2}}[\Omega]$

[참고] 리액턴스 $X_L = \dfrac{50}{\sqrt{2}}[\Omega]$

　　　임피던스 $Z = \sqrt{R^2 + X_L^2} = 50[\Omega]$

예제 **9** ● ● ●

역률이 50[%]이고, 1상의 임피던스가 60[Ω]인 유도성 부하를 △로 결선하고 여기에 병렬로 저항 20[Ω]을 Y결선으로 하여 3상 선간전압 200[V]를 가할 때, 소비전력[W]은?

풀이

부하의 결선이 각각 △, Y결선이고, 선간전압이 주어졌으므로 Y결선을 △결선으로 변경하여 병렬합성저항을 구하고, 이 합성저항을 통해 회로전류를 구하여 소비전력을 구하여야 한다.

(1) 역률 50[%], $Z = 60[\Omega]$을 저항성분과 리액턴스 성분으로 나타내면,

$$Z = Z\cos\phi + jZ\sin\phi = 60 \times 0.5 + j60 \times \sqrt{1 - 0.5^2} = 30 + j30\sqrt{3}$$

(2) Y결선의 저항을 △결선의 저항으로 변경

$$R_Y = \frac{R_\triangle}{3}, \ R_\triangle = 3R_Y \text{ 식에서 } R_\triangle = 3 \times 20 = 60[\Omega]$$

(3) 2개 부하가 병렬이므로

병렬 합성저항 $Z_T = \dfrac{Z \times R_\triangle}{Z + R_\triangle} = \dfrac{(30 + j30\sqrt{3}) \times 60}{30 + j30\sqrt{3} + 60} = 30 + j17.32[\Omega]$

(4) △결선의 선로전류 $I_L = \sqrt{3}\,I_P = \sqrt{3} \times \dfrac{200}{30 + j17.32}[A]$

(5) 피상전력 $P_a = \sqrt{3} \times V_L \times I_L = \sqrt{3} \times 200 \times \dfrac{\sqrt{3} \times 200}{30 + j17.32} = 3000.04 - j1732.03[VA]$

∴ 소비전력(유효분)은 3000[W], 무효분 전력은 1732[Var]가 된다.

3) $R - C$ 직렬회로

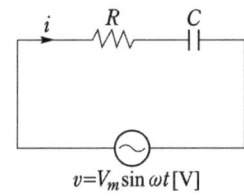 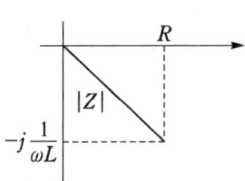

① 합성 임피턴스 $Z = R - j\dfrac{1}{\omega C} = \sqrt{R^2 + \left(\dfrac{1}{\omega C}\right)^2} \angle -\tan^{-1}\dfrac{1}{R\omega C}$

예제 10 ●●●

저항 1[kΩ], 커패시터 5,000[μF]의 R-C직렬회로에 100[V] 전압을 인가하였을 때, 시정수는 몇 [sec]인가?

풀이

$R - C$ 직렬회로의 시정수 $\tau = RC = 1 \times 10^3[\Omega] \times 5,000 \times 10^{-6}[F] = 5[sec]$

4) $R - L - C$ 직렬회로

① LC의 좌표계

㉮ $\omega L > \dfrac{1}{\omega C} \rightarrow 1$ 상한

㉯ $\omega L < \dfrac{1}{\omega C} \rightarrow 4$ 상한

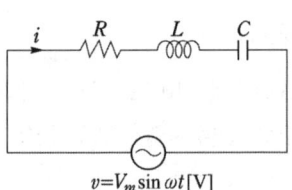

ⓗ LC 직렬공진 $\omega L = \dfrac{1}{\omega C}$: 임피던스 $Z \fallingdotseq 0$

② $\omega L > \dfrac{1}{\omega C}$

㉮ 임피던스 $Z = R + j\left(\omega L - \dfrac{1}{\omega C}\right) = \sqrt{R^2 + \left(\omega L - \dfrac{1}{\omega C}\right)^2} \angle \tan^{-1} \dfrac{\omega L - \dfrac{1}{\omega C}}{R}$

③ $\omega L < \dfrac{1}{\omega C}$

㉮ 임피던스 $Z = R - j\left(\dfrac{1}{\omega C} - \omega L\right) = \sqrt{R^2 + \left(\dfrac{1}{\omega C} - \omega L\right)^2} \angle \tan^{-1} \dfrac{\dfrac{1}{\omega C} - \omega L}{R}$

5) $R - L$ 병렬 회로

① 어드미턴스 $Y = Y_1 + Y_2 = \dfrac{1}{R} - j\dfrac{1}{\omega L}$

$Y = \dfrac{1}{R} - j\dfrac{1}{\omega L} = \sqrt{\left(\dfrac{1}{R}\right)^2 + \left(\dfrac{1}{\omega L}\right)^2} \angle -\tan^{-1}\dfrac{R}{\omega L}$

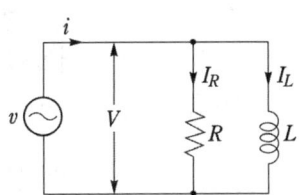

6) $R - C$ 병렬 회로

① $Y = Y_1 + Y_2 = \dfrac{1}{R} + \dfrac{1}{\dfrac{1}{j\omega C}} = \dfrac{1}{R} + j\omega C$

$Y = \sqrt{\left(\dfrac{1}{R}\right)^2 + (\omega C)^2} \angle \tan^{-1} R\omega C$

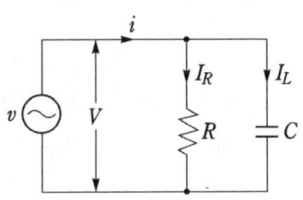

7) $R - L - C$ 병렬 회로

① 어드미턴스 $Y = Y_1 + Y_2 + Y_3$

$= \dfrac{1}{R} - j\dfrac{1}{\omega L} + j\omega C$

$= \dfrac{1}{R} + j\left(\omega C - \dfrac{1}{\omega L}\right)$

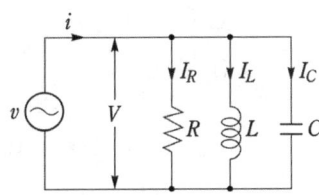

(6) 교류회로의 파형률, 파고율, 왜형률

1) 교류회로의 파형률과 파고율

① 교류(AC) : 전압, 전류의 크기와 방향이 시간에 따라 계속 변화하는 것.

(※ 직류(DC) : 전압, 전류의 크기와 방향이 시간이 지나도 일정.)

② 주파수와 주기의 관계 : 교류파형의 1회의 변화를 1사이클(cycle)이라고 하고, 1사이클의 변화에 필요한 시간을 주기(period)라고 하며, 주파수(frequency)는 1초 동안의 사이클의 수를 말한다.

㉮ **주파수와 주기의 관계식**은 다음과 같다.

$$주파수 \ f = \frac{1}{T}[\text{Hz}]$$

$$주 \ 기 \ T = \frac{1}{f}[\text{s}]$$

③ 위상 : 주파수가 같은 교류 파형 간에 시간적인 차이를 위상(phase)으로 나타내며, 위상 차(phase difference)를 수식으로 나타내면 다음과 같다.

$$v_1 = V_m \sin \omega t [\text{V}]$$

$$v_2 = V_m \sin(\omega t - \theta)[\text{V}]$$

상기 식의 의미는 v_1전압에 비해 v_2전압이 θ만큼 뒤진다는 것을 나타낸다.

④ 순시값 : 교류 전압의 값이 시간에 따라 매순간 변화하는 것.

⑤ 최대값(V_m : maximum value) : **순시값 중에서 최대의 전압값**.

$$v = V_m \sin \omega t [\text{V}]$$

여기서, v : 순시값, V_m : 최대값

⑥ 실효값($V = V_{rms}$) : 어떤 직류전압에 의한 발열량과 같은 발열량을 발생하는 교류전압 의 크기를 그 교류전압을 실효값이라고 하며, 교류회로 대표전압으로 사용된다. (예, AC 220[V]는 실효값이다.)

$$V = \frac{최대값}{\sqrt{2}} = \frac{V_m}{\sqrt{2}} \fallingdotseq 0.707 \ V_m [\text{V}]$$

⑦ 평균값(V_a) : 교류 파형의 반주기 동안의 평균을 취한 값

$$V_a = \frac{2}{\pi} \times 최대값 = \frac{2 V_m}{\pi} \fallingdotseq 0.637 \ V_m [\text{V}]$$

$$V_a = \frac{2}{\pi} V_m [\text{V}]$$

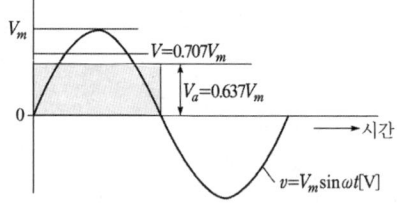

⑧ **파고율(Crest Factor = Peak Factor)** : 교류 파형의 날카로움 정도의 비율

$$파고율 = \frac{최대값}{실효값} = \frac{V_m}{V}$$

⑨ **파형률(Form Factor)** : 교류 파형에 포함된 출렁이는 성분의 비율.

$$파형률 = \frac{실효값}{평균값} = \frac{V}{V_a}$$

예제 11 ● ● ●

$v = 100\sqrt{2}\sin\left(120\pi t + \dfrac{\pi}{3}\right)$[V]인 정현파 교류전압의 실효값과 주파수를 구하시오.

풀이 ▶

$v = V_m\sin(\omega t + \theta)$에서 V_m : 최대값

$$\text{실효값} = \frac{V_m}{\sqrt{2}} = \frac{100\sqrt{2}}{\sqrt{2}} = 100[\text{V}]$$

전기 각속도 $\omega = 2\pi f t$에서, 주파수 $f = \dfrac{120\pi t}{2\pi t} = 60[\text{Hz}]$

∴ 실효값 $= 100[\text{V}]$, 주파수 $= 60[\text{Hz}]$

예제 12 ● ● ●

실효값이 220[V]인 교류전압을 1.2[kΩ]의 저항에 인가할 경우 소비되는 전력은 약 몇 [W]인가?

풀이 ▶

소비전력 $P = I^2 \times R = \dfrac{V^2}{R} = \dfrac{220^2}{1.2 \times 10^3} = 40.33 \fallingdotseq 40.3[\text{W}]$

2) 교류회로의 왜형률

왜형파(고조파)의 찌그러짐 정도를 나타내는데 왜형률을 사용한다.

① 전압 왜형률 $= \dfrac{\text{전압 고조파의 실효값}}{\text{전압 기본파의 실효값}} = \dfrac{\sqrt{\displaystyle\sum_{n=2}^{\infty} V_n^2}}{V_1}$

② 전류 왜형률 $= \dfrac{\text{전류 고조파의 실효값}}{\text{전류 기본파의 실효값}} = \dfrac{\sqrt{\displaystyle\sum_{n=2}^{\infty} I_n^2}}{I_1}$

(7) 키르히호프의 법칙

1) 키르히호프의 제1법칙

① 제1법칙(전류법칙) : 회로의 한 접속점에서 흘러들어오는 전류의 합과 흘러나가는 전류의 합은 같다.

② $\sum$ 유입전류 $= \sum$ 유출전류

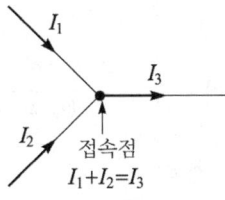

접속점
$I_1 + I_2 = I_3$

2) 키르히호프의 제2법칙

① 제2법칙(전압법칙) : 회로망 중의 임의의 폐회로 내에서 일주 방향에 따른 전압강하의 합은 기전력의 합과 같다.

② $\sum$ 기전력 $= \sum$ 전압강하

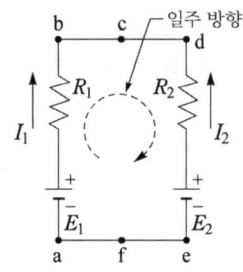

③ $E_1 - E_2 = (I_1 \cdot R_1) - (I_2 \cdot R_2)$

(8) 회로망 정리

1) 중첩의 원리

① 중첩의 원리 : 2개 이상의 기전력을 포함한 회로망에서 어떤 점의 전위 또는 전류는 각 기전력이 각각 단독으로 존재한다고 할 때, 그 점의 전위 또는 전류의 합과 같다.

② 전압원과 전류원 : 전원이 작동하기 않도록 할 때(즉, 전압원과 전류원을 분리하여 계산할 때), 전압원은 단락회로로, 전류원은 개방회로로 보고 계산한다.

③ 중첩의 원리 적용 : 중첩의 원리는 R, L, C 등 선형소자에만 적용

2) 테브난의 정리

① 테브난의 정리는 2개의 독립된 회로망을 접속하였을 때, 전원회로를 하나의 전압원과 직렬저항으로 대치할 수 있다.

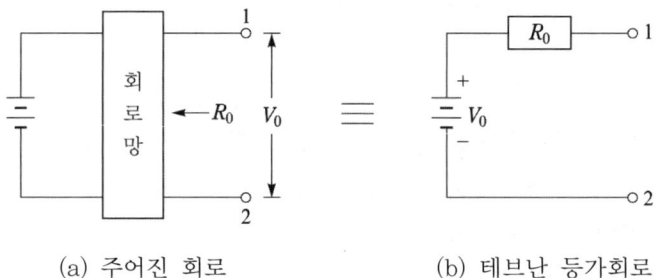

(a) 주어진 회로   (b) 테브난 등가회로

② 여기서, $R_0 = \dfrac{(a)\text{회로의 개방전압}(V_0)}{(a)\text{회로의 단락전류}(I_s)}$ $[\Omega]$

3) 노튼의 정리

① 노튼의 정리는 2개의 독립된 회로망을 접속하였을 때, 전원회로를 하나의 전류원과 병렬저항으로 대치할 수 있다.

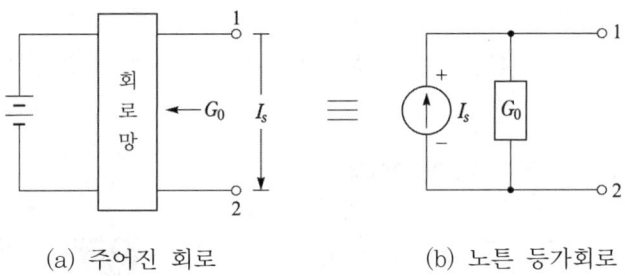

(a) 주어진 회로　　　　　　　(b) 노튼 등가회로

② 콘덕턴스(G_0)는 전류원을 개방하고, 출력단에서 구한 합성저항의 역수.

(9) 전압, 전류의 측정

1) 직류계통의 전압, 전류 측정

① 전압측정 : 회로와 병렬로 연결하여 측정

계측기의 **내부저항이 높을수록 정밀측정** 가능(**진공관 전압계**, 정전 전압계)

② 전류측정 : 회로와 직렬로 연결하여 측정

㉮ 계측기의 **내부저항이 낮을수록 정밀측정** 가능.

㉯ 최근에는 직류 클램프 타입의 직류전류 측정기가 시판되고 있음.

2) 교류계통의 전압, 전류 측정

① 전압측정 : 고압이상에서는 계기용·변압기(VT) 2차측에 병렬로 연결하여 측정

계측기의 **내부저항이 높을수록 정밀측정** 가능(**진공관 전압계**, 정전 전압계)

② 전류측정 : 고압이상에서는 계기용 변류기(CT) 2차측에 직렬로 연결하여 측정

㉮ 계측기의 **내부저항이 낮을수록 정밀측정** 가능.

㉯ 저압에서는 클램프 타입의 전류측정기로 측정.

(10) 축전지 / 태양전지의 직·병렬 접속

1) 직렬접속

전류의 변화는 없고, 전압은 1개 전압에 연결개수를 곱한 만큼 증가한다.

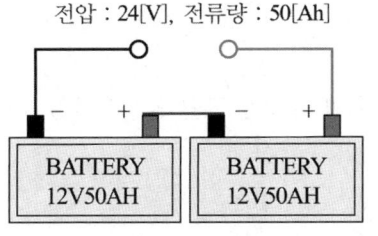

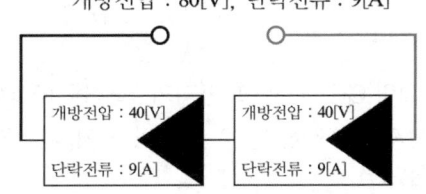

(a) 축전지의 직렬연결　　　　(b) 태양전지 모듈의 직렬연결

2) 병렬접속

전압의 변화는 없고, 전류는 1개 전류에 연결개수를 곱한 만큼 증가한다.

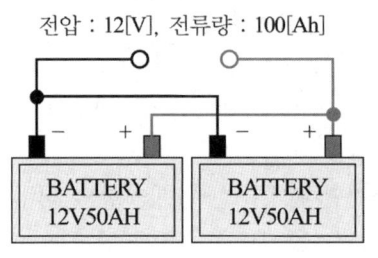

전압 : 12[V], 전류량 : 100[Ah]

BATTERY 12V50AH   BATTERY 12V50AH

(a) 축전지의 병렬연결

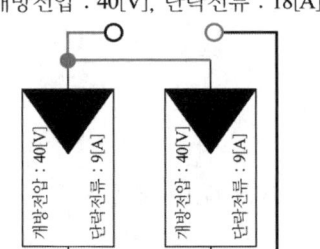

개방전압 : 40[V], 단락전류 : 18[A]

(b) 태양전지 모듈의 병렬연결

예제 13 ● ● ●

다음 그림과 같이 축전지회로가 구성되어 있다. 단자 A, B 사이에 나타나는 출력전압과 축전지 용량은?

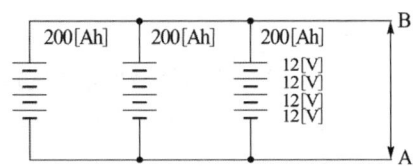

풀이

축전지의 직렬회로는 전압을 합산하고, 병렬회로에서는 전류를 합산한다.
① A, B 출력전압 $= DC\,12 \times 4 = DC\,48[V]$
② A, B 축전지 용량$= 200[Ah] \times 3 = 600[Ah]$

예제 14 ● ● ●

부하의 허용 최저전압이 92[V], 축전지와 부하간 접속선의 전압강하가 3[V]일 때 직렬로 접속한 축전지의 개수가 50개라면 축전지 한 개의 허용 최저전압은 몇 [V]인가?

풀이

축전지 1개의 허용 최저전압($V_{\min}$)

$$V_{\min} = \frac{\text{부하의 허용최저전압} + \text{전압강하}}{\text{축전지의 개수}} = \frac{92+3}{50} = 1.9[\text{V/cell}]$$

예제 15 ● ● ●

12[V]의 GEL 타입 축전지의 용량을 100[Ah]라 할 때 5시간 동안 일정전류를 부하에 공급하여 축전지가 방전된 경우 전류의 크기[A]는?

풀이

축전지의 방전전류(I) $= \dfrac{\text{축전지 용량}[\text{Ah}]}{\text{방전시간}[\text{h}]} = \dfrac{100}{5} = 20[\text{A}]$

※ 방전전류의 크기는 축전지 타입(GEL, Liquid, Solid)과는 무관하다.

3) 전지의 내부 기전력

예제 16 ● ● ●

어떤 전지의 외부회로 저항은 5[Ω]이고 전류는 8[A]가 흐른다. 외부회로에 5[Ω] 대신에 15[Ω]의 저항을 접속하면 4[A]로 떨어진다. 전지의 기전력을 구하시오.

풀이 ▷

전류(I) $=\dfrac{V}{R+r}$[A] 에서 내부저항(r)을 먼저 구하여야 한다.

$I_1(R_1+r) = I_2(R_2+r)$ 에서

$8(5+r) = 4(15+r)$, $40+8r = 60+4r$

$r = \dfrac{20}{4} = 5[\Omega]$

$\therefore V = I_1(R_1+r) = I_2(R_2+r) = 8(5+5) = 4(15+5) = 80[V]$

예제 17 ● ● ●

내부저항이 각각 0.3[Ω] 및 0.2[Ω]인 1.5[V]의 두 전지를 직렬로 연결한 후에 외부에 2.5[Ω]의 저항 부하를 직렬로 연결하였다. 이 회로에 흐르는 전류는 몇 [A]인가?

풀이 ▷

(1) 회로의 직렬 합성저항 $= 0.3+0.2+2.5 = 3[\Omega]$

(2) 회로의 직렬 전압 $= 1.5+1.5 = 3[V]$

(3) 회로의 전류 $= \dfrac{3}{3} = 1.0[A]$

(11) 배율기와 분류기

1) 배율기(Multiplier)

① 전압의 측정 범위를 넓히기 위해 전압계에 직렬로 달아주는 저항을 배율기 저항이라고 하며, 회로는 다음과 같다.

I : 전압계에 흐르는 전류[A]

R_o : 전압계 내부저항[Ω]

R_m : 배율기의 저항[Ω]

V : 측정하고자 하는 전압[V]

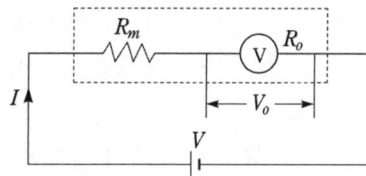

② 측정전압과 전압계 전압의 관계식은 $\dfrac{V}{V_o} = 1 + \dfrac{R_m}{R_o}$ 이며, 전압계 보다 높은 전압(V)을 측정하기 위한 배율기의 저항(R_m) 계산식은 다음과 같다.

$$R_m = \left(\dfrac{V}{V_o} - 1\right) \times R_o[\Omega]$$

예제 18   ● ● ●

최대눈금이 50[V]인 직류전압계가 있다. 이 전압계를 사용하여 150[V]의 전압을 측정하려면 배율기의 저항은 몇 [Ω]을 사용하면 되는가? (단, 전압계의 내부저항은 5,000[Ω] 이다.)

풀이 ▶

배율기의 저항 $R_m = \left(\dfrac{V}{V_0} - 1\right) \times R_o = \left(\dfrac{150}{50} - 1\right) \times 5,000 = 10,000[\Omega]$

2) 분류기(Shunt)

① 전류계의 측정 범위를 넓히기 위해 전류계와 병렬로 달아주는 저항을 분류기 저항이라고 하며, 회로는 다음과 같다.

I_o : 전류계에 흐르는 전류[A]

I_s : 분류기 저항에 흐르는 전류[A]

I : 측정하고자 하는 전류[A]

R_o : 전류계 내부 저항[Ω]

R_s : 분류기 저항[Ω]

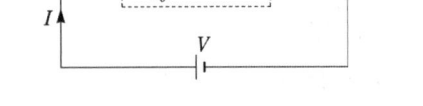

② 전류계 보다 높은 전류(I)를 측정하기 위한 분류기의 저항(R_s)계산식은 다음과 같다.

$$R_s = \frac{I_o \times R_o}{I - I_o}[\Omega]$$

4.2 전자 기초 이론

(1) 고체 내의 전자 운동

1) 금속 내의 전자와 전류

① 전위의 기울기가 크면 전자의 속도가 빨라진다.(전류가 커진다.)

② 평균 자유 행정(mean free path) : 전도 전자가 한 번 충돌한 다음, 다시 충돌할 때까지의 운동 거리의 평균값. 전자가 이동하는 자유도를 나타내는 것. (금속 도체 -10^{-4}[m] 정도)

③ 1초 동안에 도체의 단면을 통과하는 전자의 수 $N = nAv$[개]

단, n : 도체 중의 전자밀도 [개/m^3], A : 도체의 단면적[m^2]

v : 전자의 평균 이동속도[m/s]

④ 전류 $I = -enAv$[A] ($-e$: 전자의 전하[C])

⑤ 전류는 전자의 평균속도 v에 비례, 평균 속도 v는 전위차, 즉 전압에 비례)

2) 에너지대 이론에서 본 도체, 반도체, 절연체

① 에너지준위에 따른 대역 구분

㉮ 허용대(allowable band) : 전자가 존재할 수 있는 에너지대.

㉯ 금지대(forbidden band) : 전자가 존재할 수 없는 에너지대(= 에너지 갭(energy gap)).

㉰ 전도대(conduction band) : 전자가 자유로이 이용되는 허용대.

㉱ 충만대(filled band) : 들어갈 수 있는 전자의 수가 전부 들어가서 전자가 이동할 여지가 없는 허용대.

㉲ 공핍대(exhaustion band, empty band) : 보통의 상태에서는 전자가 존재하지 않는 허용대.

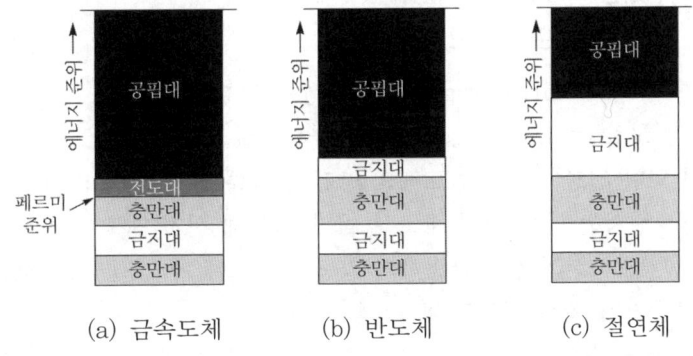

그림 3-2 도체, 반도체, 절연체의 충만대와 공핍대

② 금속 도체 : 충만대에 공핍대가 접해 있어 공핍대에서는 충만대로부터 전도 전자가 옮겨져서 전도대를 형성하고 있기 때문에 전기 전도가 매우 높다.

③ 반도체 : 보통 때에는 공핍대에는 전자가 없으며, 또 상위의 충만대와 공핍대와의 사이에 금지대의 폭이 좁다. → 충만대의 일부 전자는 적은 에너지(1[eV] 정도)에서도 비교적 용이하게 금지대를 넘어서 공핍대에 올라갈 수 있다.

④ 절연체 : 전자의 움직임은 반도체와 같다고 보나, 충만대와 공핍대 사이의 에너지 갭이 크므로 상당히 큰 에너지(6~7[eV])를 가하지 않으면 충만대의 전자는 공핍대에 올라갈 수 없다.

3) 반도체 내의 전자의 성질

① 대표적인 반도체 재료 : 규소(Si), 게르마늄(Ge)

② 진성 반도체(intrinsic semiconductor) : 규소 이외의 다른 물질의 혼입이 없고 안정된 상태에 있는 반도체.

③ 정공(positive hole) 또는 홀(hole) : 처음 중성인 상태로부터 전자를 잃어서 만들어진 구멍. 양의 전하

④ 반송자(carrier) : 전하의 운반체. 즉, 정공과 전도 전자

⑤ 전도대에 옮겨진 전자와 충만대에 있는 정공의 수가 같으므로 진성 반도체의 페르미 준위는 대략 금지대의 중앙에 위치

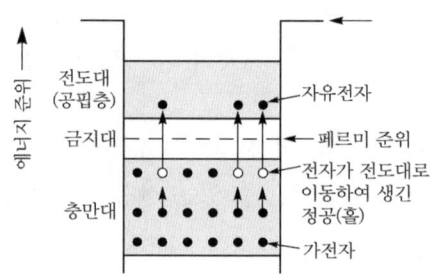

그림 3-3 진성반도체의 에너지대 구조

4) 반도체의 전기 전도

① 반도체내의 전기 전도

㉮ 드리프트 전류(drift current) : 전기장에 의한 전류

㉯ 확산 전류(diffusion current) : 반송자의 밀도차에 따른 전류

② 전기장에 의한 전도 : 진성 반도체의 양단에 직류 전압[V]를 가하면 정공은 음의 단자 쪽으로 이동, 전자는 양의 단자 쪽으로 각각 이동해 전기 전도가 이루어진다.

③ 밀도 기울기에 의한 확산 : 반송자의 밀도가 장소에 따라 달라질 때에는 밀도가 균일하게 되도록 반송자가 확산 이동된다.

④ 저항률의 온도 측정

㉮ 금속은 온도가 상승함에 따라 저항 값이 증가한다.(저항의 온도 계수는 양(+)이 된다.)

㉯ 반도체는 온도가 상승함에 따라 저항 값이 감소한다.(저항의 온도 계수는 음(−)이 된다.)

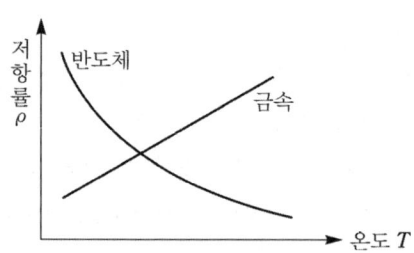

그림 3-4 금속, 반도체의 저항률−온도특성

5) 열전효과

① 제벅 효과(Seebeck effect) : 서로 다른 두 종류의 금속을 접촉하여 두 접점의 온도를 다르게 하면 온도차에 의해서 열기전력이 발생하고 미소한 전류가 흐르는 현상

② 펠티에 효과(Peltier effect) : 두 종류의 금속을 접촉하여 전류를 흘리면 그 접점의 접합부에서 열의 발생 및 흡수 현상이 생기는 현상. 전자 냉동기에 응용

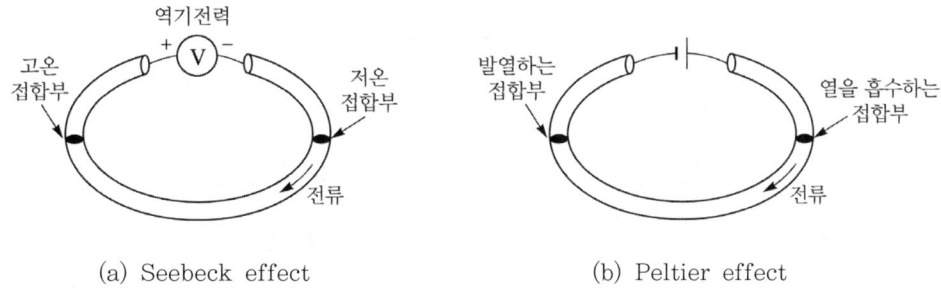

(a) Seebeck effect   (b) Peltier effect

그림 3-5 Seebeck & Peltier effect

(2) 전자 회로 소자

1) 다이오드

다이오드는 "+"의 전기를 많이 가지고 있는 P형 물질과 "－"의 전기를 많이 가지고 있는 N형 물질을 접합하여 만든 것으로서, 한쪽 방향으로는 쉽게 전자를 통과시키지만 다른 방향으로는 통과시키지 않는 특성을 가지고 있다.

① PN 접합과 정류작용

㉮ 전압을 가하지 않을 때 : PN 접합면에 정공이나 전자의 이동을 방해하는 전기장이 생김

㉯ 순방향 전압을 가했을 때 (N형에 －, P형에 +의 전압을 가했을 때)

- N형 반도체내의 전자는 전원의 －에 의해서 반발 당하고 전원의 +측에서는 끌어당기므로 전자는 N형에서 P형 쪽으로 이동.
- P형 반도체내의 정공은 전원의 +에 의해서 반발 당하고 전원의 －측에서는 끌어당기므로 정공은 P형에서 N형 쪽으로 이동
- 이와 같이, 순방향 전압에 의해 내부에 형성된 전기장을 약하게 함으로써 정공이나 전자는 이동하기 쉬워져 P형에서 N형 쪽으로 전류가 흐른다.

㉰ 역방향 전압을 가했을 때 (N형에 +, P형에 － 전압을 가했을 때)

- 정공은 (+) 성질을 띠고 있으므로 전원의 －측에 끌려가고 전자는 (－)성질을 띠고 있으므로 전원의 +측에 끌려간다.
- 이와 같이 역방향 전압에 의해 형성되어 있는 전기장을 더욱 강하게 함으로써 정공이나 전자의 이동이 없으므로 전류는 거의 흐르지 않는다.

㉱ 정류 작용 : 한방으로만 전류를 흐르게 함.

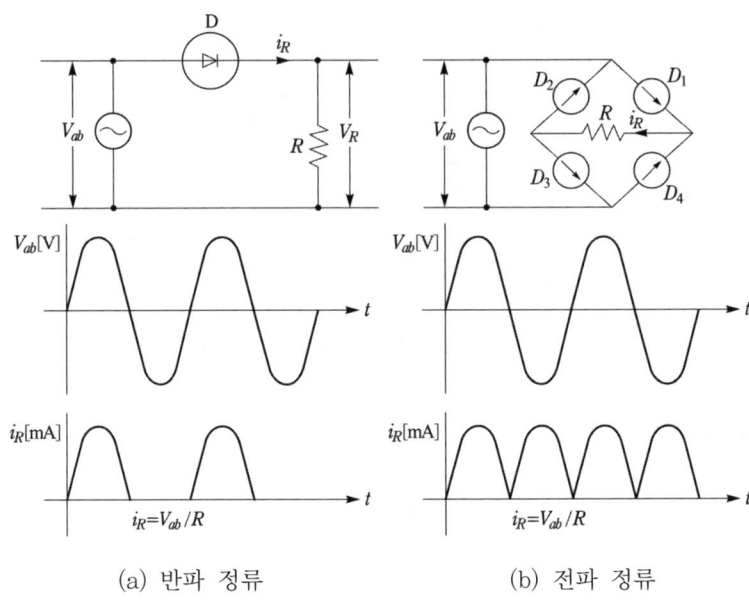

(a) 반파 정류   (b) 전파 정류

그림 3-6 반파 정류와 전파 정류의 회로 및 파형

2) 트랜지스터

① 트랜지스터의 구조 및 기호

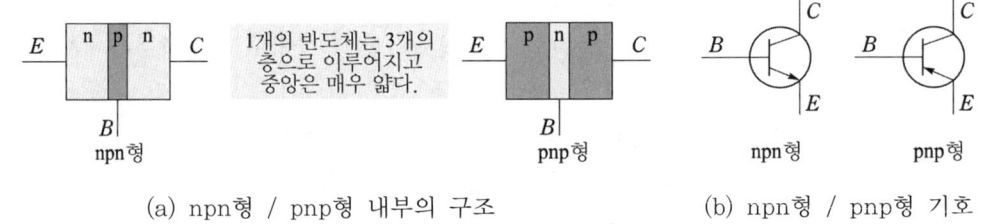

(a) npn형 / pnp형 내부의 구조   (b) npn형 / pnp형 기호

그림 3-7 트랜지스터의 구조 및 기호

② npn형 트랜지스터에 흐르는 전류

㉮ 전압을 가하는 방법

- B와 E간의 PN접합면 … V_{BE} ⇒ 순방향 전압
- C와 B간의 PN접합면 … $V_{CB} = V_{CE} - V_{BE}$

  ⇒ 역방향 전압

EBJ	CBJ	상 태	응 용
순방향	역방향	능동 상태	증폭 작용
역방향	역방향	차단 상태	스위칭 작용
순방향	순방향	포화 상태	

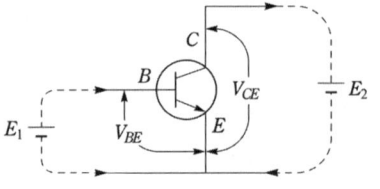

V_{BE}는 보통 0.3~0.8[V]정도의 작은 전압이고,
V_{CE}는 수[V]에서 수십[V]까지이다.

㉯ 전류의 흐름

- I_C는 I_B에 의해 크게 변화
- I_C는 V_{CE}에 의해 크게 변화 않는다.
- I_B는 V_{BE}에 의해 크게 변화
- $I_E = I_B + I_C$

③ 트랜지스터의 형명의 표시법

▸ 표시 형식

㉮ 숫자 S	㉯ 문자	㉰ 숫자	㉱ 문자

㉮의 숫자 : 반도체의 접합면수

0 : 광트랜지스터, 광다이오드

1 : 각종 다이오드, 정류기

2 : 트랜지스터, 전기장 효과 트랜지스터, 사이리스터 단접합 트랜지스터

3 : 전기장 효과 트랜지스터로 게이트가 2개 나온 것

S : 반도체(Semiconductor)의 머리 문자

㉯의 문자 : A, B, C, D 등 9개의 문자

A : pnp형의 고주파용   B : pnp형의 저주파형

C : npn형의 고주파형   D : npn형의 저주파용

F : pnpn사이리스터   G : npnp 사이리스터

H : 단접합 트랜지스터

J : p채널 전기장 효과 트랜지스터

K : n채널 전기장 효과 트랜지스터)

㉰의 숫자 : 등록 순서에 따른 번호. 11부터 시작.

㉱의 문자 : 보통은 붙지 않으나, 특히 개량품이 생길 경우에 A, B, …, J까지의 알파벳 문자를 붙여 개량 부품임을 나타냄.

예) 2SC316A → npn형의 개량형 고주파용 트랜지스터

4.3 송전설비 기초 이론

(1) 전력계통의 개요

① 전력계통 : 전기의 원활한 흐름과 품질유지를 위하여 전기의 흐름을 통제 · 관리하는 체제

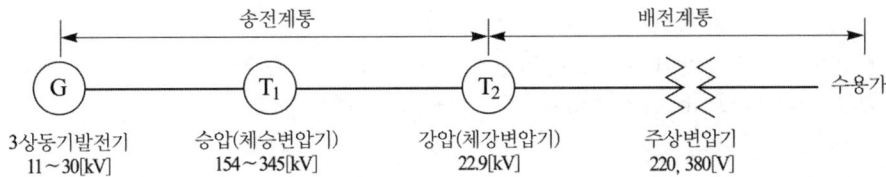

그림 3-8 송전 및 배전계통

② 발전소 : 발전기 · 원동기 · 연료전지 · 태양전지 · 해양에너지발전설비 · 전기저장장치 그 밖의 기계기구를 시설하여 전기를 생산하는 곳

③ 변전소 : 변전소의 밖으로부터 전송받은 전기를 변전소 안에 시설한 변압기 · 전동발전기 · 회전변류기 · 정류기 그 밖의 기계기구에 의하여 변성하는 곳으로서 변성한 전기를 다시 변전소 밖으로 전송하는 곳

④ 개폐소 : 개폐소 안에 시설한 개폐기 및 기타 장치에 의하여 전로를 개폐하는 곳으로서 발전소 · 변전소 및 수용장소 이외의 곳

⑤ 전선로 : 발전소 · 변전소 · 개폐소, 이에 준하는 곳, 전기사용장소 상호간의 전선 및 이를 지지하거나 수용하는 시설물

(2) 가공 전선로

1) 가공 전선로 구성 : 전선, 애자, 지지물, 지선

2) 가공전선의 구비조건

① 경제적일 것   ② 기계적 강도가 클 것
③ 도전율(허용전류)이 클 것   ④ 비중(밀도)이 작을 것
⑤ 가요성이 있을 것   ⑥ 부식성이 작을 것
⑦ 내구성이 클 것

3) 구성형태에 의한 분류

① 단선 : 심선이 한 가닥인 전선 → 직경(지름) : $d[\text{mm}]$
② 연선 : 심선 여러 가닥을 꼬아서 만든 전선 → 공칭단면적 : $A[\text{mm}^2]$
③ 중공연선 : 단면적은 증가시키지 않고 직경만 키운 전선

4) 전선의 종류 및 용도

① 연동선
  ㉮ 가요성이 있는 전선(부드러운 전선)
  ㉯ 용도 : 옥내 배선, 지중전선로
  ㉰ 도전율 : $C = 100[\%]$ → 기준이 되는 전선
  ㉱ 고유저항 : $\rho = \dfrac{1}{58}[\Omega \cdot \text{mm}^2/\text{m}]$

② 경동선
  ㉮ 가요성이 없는 전선(딱딱한 전선)
  ㉯ 용도 : 옥외 배선, 인입선 및 저압 가공전선로
  ㉰ 약호 : DV (인입용 비닐절연전선) → 인입선
  ㉱ OW (옥외용 비닐절연전선) → 저압 가공전선로
  ㉲ 도전율 : $C = 97[\%]$
  ㉳ 고유저항 : $\rho = \dfrac{1}{55}[\Omega \cdot \text{mm}^2/\text{m}]$

③ 알루미늄선

㉮ 도전율 : $C = 61\,[\%]$

㉯ 고유저항 : $\rho = \dfrac{1}{35}\,[\Omega \cdot mm^2/m]$

④ ACSR : 강심 알루미늄연선 → 바깥지름은 크게 하고, 중량은 작게 한 전선

용도 : 22.9[kV] 배전선로 전압선 및 중성선 송전선로 전압선 및 가공선로 전압선

⑤ 동복강선 : 66[kV] 배전선로

5) 전선의 굵기 선정 시 고려사항

① 허용전류

② 전압강하

③ 기계적 강도

④ 코로나 손실

⑤ 경제성

6) 전력계통 관련 효과 및 현상

① 표피효과(Skin Effect) : 주파수가 높아짐에 따라 전류가 도선의 바깥쪽으로 흐르려는 성질

② 코로나 현상(Corona Phenomenon) : 전선로나 애자 부근에 임계전압 이상의 전압이 가해지면 공기의 절연이 부분적으로 파괴되어 낮은 소리나 엷은 빛을 내면서 방전되는 현상

③ 역섬락 현상 : 낙뢰 전류가 철탑으로 흐를 때 철탑에서부터 전선으로 불꽃이 거꾸로 일어나는 현상

④ 페란티 현상(ferranti Phenomenon) : 경부하 또는 무부하 시 수전단 전압이 송전단 전압보다 높아지는 현상

(3) 애자

1) 설치목적

① 전선로를 지지한다.

② 전선로와 지지물과의 절연간격을 유지한다.

2) 구비조건

① 충분한 절연 내력을 가질 것

② 충분한 절연 저항을 가질 것

③ 기계적 강도가 클 것

④ 누설전류가 적을 것

⑤ 온도의 급변에 잘 견디고 습기를 흡수하지 말 것

⑥ 경제적일 것

3) 애자의 종류 및 용도

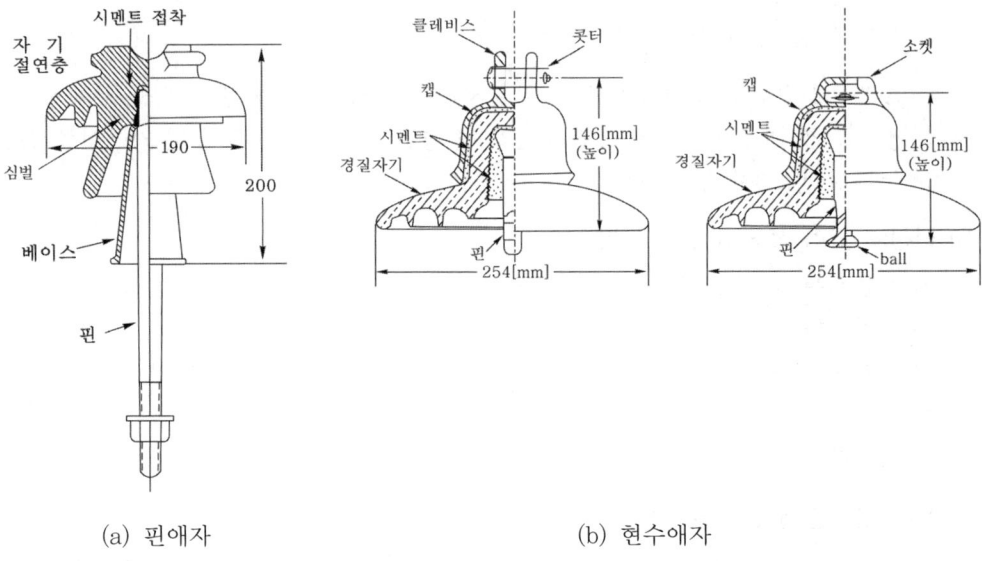

(a) 핀애자   (b) 현수애자

그림 3-9 핀애자와 현수애자

▶ **종류** : • 송전선로 : 핀애자, 현수애자, 장간애자, 내무애자
　　　　　• 배전선로 : 핀애자, 현수애자, 라인 포스트애자, 인류애자

① 핀애자
  • 사용전압 : 30[kV] 이하
  • 용도 : 인입선 및 저압가공전선로, 22.9[kV] 배전선로 직선주지지
  • 구조 : 갓이 2~4개

② 현수애자
  • 크기 : 자기 부분의 지름
　　　　　– 고압 191[mm]
　　　　　– 특고압 254[mm]
  • 용도 : 배전선로 및 송전선로
  • 전압별 애자 개수

표 3-2 전압별 애자 개수

전압[KV]	22.9	66	154	345	765
애자 수	2~3	4~6	9~11	19~23	약 40

③ 장간애자 : 경간이 큰 개소
④ 내무애자 : 절연 내력이 저하되기 쉬운 장소 → 경제성을 고려하여 자주 세척한다.(해안
　　지역, 먼지가 많은 공장 지역)
　　※ 해안가 지방에 많이 쓰이는 나전선 : 동선

4) 애자련의 보호

이상전압(섬락)으로부터 애자련 보호, 애자련의 전압 분담 균등화

① 아킹혼 : 소호각(초호각)

② 아킹링 : 소호환(초호환)

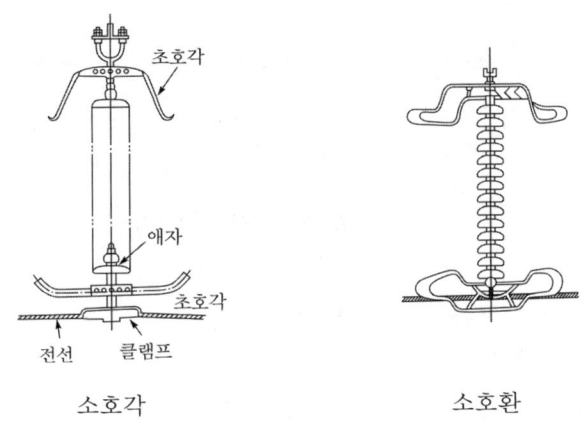

소호각   소호환

그림 3-10 소호각과 소호환

5) 애자의 절연내력시험(절연 파괴시험) 전압 : 22.9[kV] 기준

① 건조 섬락전압 : 80[kV]

② 주수 섬락전압 : 50[kV]

③ 충격 파괴전압 : 125[kV]

④ 유중 파괴전압 : 150[kV]

(4) 지지물 및 처짐정도(이도)계산

1) 지지물(철탑)

① 직선형 : 선로의 직선부분에 시설하는 지지물

② 각도형 : 수평각도 3도를 초과하는 장소에 시설하는 지지물

③ 잡아당김형 : 전 가섭선을 인류하는 장소에 시설하는 지지물

※ 전 가섭선 : 전선, 가공지선, 공가·첨가 통신선 등 지지물에 가설되는 선류의 총칭

④ 보강형 : 전선로를 보강하기 위하여 시설하는 지지물

⑤ 내장형 : 경간의 차가 큰 장소에 시설하는 지지물

※ 철탑시설시 10기 이하마다 1기씩 내장형 애자장치를 한 철탑 시설

2) 하중

① 수직하중(W_1) : 전선자중(W_i), 빙설의 하중(W_c)

② 수평하중(W_2) : 풍압하중(W_p)

㉮ 전선로 쪽 : 수평 종하중

㉯ 전선로와 직각 : 수평 횡하중

3) 처짐정도(이도) : 전선의 늘어진 정도(전선은 온도에 따라 길이가 변화하므로 처짐정도(이도)가 필요하다.)

그림 3-11 처짐정도(이도)

① 처짐정도(이도)를 크게 할 경우 단점

㉮ 지지물이 높아진다.

㉯ 단선의 우려가 있다.

㉰ 진동이 커진다.

㉱ 전선의 접촉사고가 커진다.

4) 전선 배열

① 수직배열 : 오프셋(off-set) → 상하선의 혼촉 방지(단락방지)

② 수평배열 : 최소 절연간격 → 900[mm], 표준 절연간격 → 1400[mm]

5) 전선의 진동 방지 : 댐퍼(damper)

① stock bridge damper : 전선의 좌·우 진동방지

② torsional damper : 전선의 상·하 도약 현상방지

③ bate damper : 클램프 전후에 첨선을 감아 진동을 방지하는 것.

6) 전선 지지점에서의 단선 방지 : 아머로드(armor rod)

7) 전선의 도약

① 피빙 도약에 의한 상·하부 전선의 단락사고 방지 : 오프셋(off-set)

② 오프셋(off-set)이란 전선의 도약에 의한 단락사고를 방지하기 위하여 전선의 배열을 위, 아래 전선 간에 수평으로 간격을 두어 설치하는 것.

(5) 지지선

1) 설치목적

지지물에 가하는 하중을 일부 분담하여 지지물의 강도를 보강하여 전도사고 방지(지지물 강도보강) → 철탑은 제외

2) 구비조건

① 안전율 : 2.5

② 소선의 굵기 : 2.6[mm]이상

③ 소선수 : 3가닥이상 연선

④ 인장하중 : 4.31[kN] 이상 → 440[kg] 이상

3) 종류

① 보통지지선 : 일반적으로 사용

② 수평지지선 : 도로나 하천을 지나가는 경우

③ 공동지지선 : 지지물 상호거리가 비교적 근접해 있는 경우

④ Y 지지선 : 다단의 완철이 설치된 경우 장력의 불균형이 큰 경우

⑤ 궁지지선 : 비교적 장력이 작고 협소한 장소

(6) 지중 전선로

1) 지중 전선로의 장·단점

① 장점

㉮ 도시의 미관상 좋다.

㉯ 기상조건에 대한 영향이 적다.

㉰ 화재 발생이 적다.

㉱ 통신선 유도장해가 적다.

㉲ 보안상의 위험이 적다.

㉳ 설비의 안정성에 있어 유리하다.

㉴ 가공선로에 비해 고장이 적다.

② 단점

㉮ 시설비가 비싸다.

㉯ 고장의 발견, 보수가 어렵다.

2) 구조 및 명칭

① 구조

㉮ 전선로 손실의 크기 : 저항손 > 연피손(시스손) > 유전체손

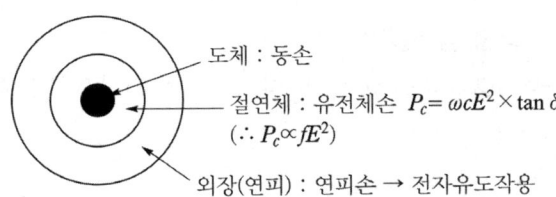

도체 : 동손

절연체 : 유전체손 $P_c = \omega c E^2 \times \tan \delta$

$(\therefore P_c \propto f E^2)$

외장(연피) : 연피손 → 전자유도작용

그림 3-12 전선의 구조별 손실

② 약호 및 명칭

㉮ CN-CV : 동심 중성선 차수형 전력케이블

㉯ CNCV-W : 동심중성선 수밀형 전력케이블(현재 3상 4선식 22.9[kV]에 사용)

㉰ FR CNCO-W :동심 중성선 무독성 난연성 전력케이블

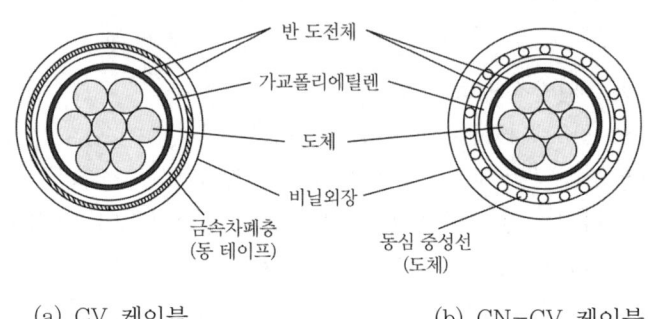

(a) CV 케이블   (b) CN-CV 케이블

그림 3-13 CV, CN-CV 케이블 구조

3) 매설방법

① 직접매설방식

② 관로식(맨홀방식)

③ 암거식(공동 부설식)

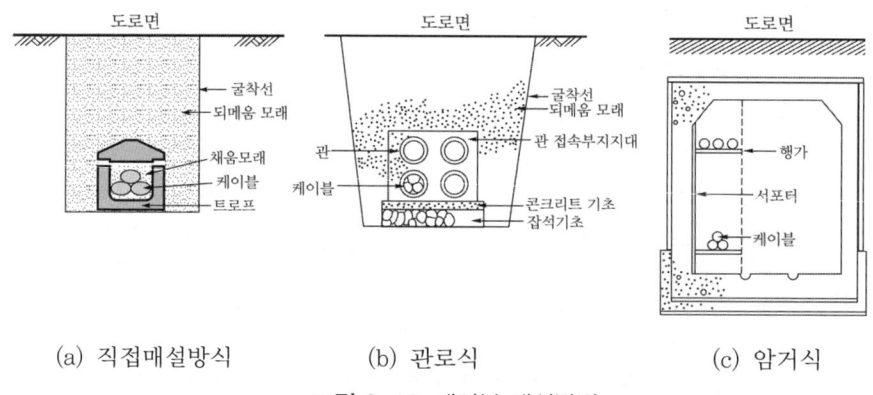

(a) 직접매설방식   (b) 관로식   (c) 암거식

그림 3-14 케이블 매설방법

4) 지중 케이블 고장점 검출방법

① 머레이 루프법(휘스톤 브리지법 이용) : 1선 지락사고검출

② 펄스인가법

③ 수색코일법

④ 정전용량법

5) 절연저항 측정법 : 절연저항 측정법(메거법)

(7) 송전(배전)방식

1) 직류송전(배전) 방식의 장·단점

장 점	단 점
• 송전(배전)효율이 좋다 • 안정도가 좋다 • 절연레벨을 경감할 수 있다.(절연비용 감소) • 계통 연계가 쉽다.(전압 크기만 고려) • 유도장해가 적다.	• 회전자계를 쉽게 얻을 수 없다. • 전류 0점이 없어 차단이 어렵다. • 승압 및 강압이 곤란하다.

※ 국내 적용 : 해남-제주(HVDC 180[kV]), 진도-제주(HVDC 250[kV])

2) 교류송전(배전) 방식의 장·단점

장 점	단 점
• 변압기로 승압 및 강압이 용이하다. • 회전자계를 쉽게 얻을 수 있다. • 운용의 일관성을 기할 수 있다. • 직류에 비해 차단이 쉽다.	• 표피효과 및 코로나 발생 등 손실이 증가 • 직류송전방식에 비해 절연비용 상승 • 직류송전방식에 비해 안정도 저하 • 페란티 현상 발생 및 통신선 유도장해 유발

3) 송전선로의 안정도 증진방법(대책)

① 계통의 직렬리액턴스를 감소시킨다.(복도체 및 다도체 사용, 병렬회선수 증가, 직렬 콘덴서 삽입)

② 전압변동을 적게 한다.(계통 연계, 속응여자방식 채택)

③ 중간 조상방식을 채택한다.

④ 고장전류를 줄이고, 고장구간을 신속히 차단한다.

⑤ 고장 시 발전기 입·출력의 불평형을 작게 한다.

4) 분산전원의 전력계통 연계 시 특징

장 점	단 점
• 배전계통 이용률 향상 및 운영비 감소 • 부하율의 향상 • 공급신뢰도 향상 • 첨두부하에 대한 대응력 향상 • 송전손실 감소	• 사고시(고장시) 단락용량 증가 • 계통 운영상의 문제(보호협조, 안전, 보안) • 출력 불안정에 따른 전압, 주파수 유지 문제 • 역률 제어 문제 • 단상 인버터 연계 시 상불평형 발생

(8) 선로정수

1) 저항 : R [Ω/m]

① 저항 : $R = \rho \dfrac{l}{A}$ [Ω]

② 고유저항 : $\rho[\Omega \cdot m] = \left[\dfrac{\Omega \cdot 10^6 \, mm^2}{m} \right]$

2) 인덕턴스 : L [H/m], [mH/km]

자속 쇄교수를 도체의 전류로 나눈 값 $L = \dfrac{d\phi}{di}$ [H]

(전류가 흘렀을 때 전자 유도되는 크기를 정수화 시킨 값)

3) 정전용량 : C [F/m], [μF/km]

전하량을 전위차로 나눈 값 $C = \dfrac{Q}{V}$ [F]

(전위차 존재 시 그전위차에 대한 정전 유도되는 크기를 정수화 시킨 값)

4) 콘덕턴스 : G [℧/m]

콘덕턴스 : $G = \dfrac{1}{R\,(절연저항)}$ [℧]

(9) 복도체(다도체) : 1상의 도체를 2~6개로 나누어 시설하는 전선

1) 특징
① 초고압 송전선로에 시설
② 코로나 방지
③ 인덕턴스(L)는 감소하고, 정전용량(C)이 증가하여 송전용량 증가
④ 전류 방향이 같을 경우 소도체간 흡입력 발생
⑤ 전선표면 손상방지 : 스페이서 설치

2) 복도체 방식의 장·단점
① 장점
㉮ 인덕턴스는 감소되고, 정전용량은 증가해서 송전용량을 증대시킬 수 있다.
㉯ 전선표면의 전위 경도를 감소시켜 코로나 개시전압이 높아지므로 코로나 손실을 줄 일 수 있다.
㉰ 안정도를 증대시킬 수 있다.
㉱ 전선의 허용전류는 증대한다.
② 단점
㉮ 정전용량이 커지기 때문에 페란티 현상 발생 → 분로리액터 설치
㉯ 풍압하중, 빙설의 하중으로 진동발생 → 댐퍼설치
㉰ 각 소도체 간에 흡입력이 작용, 스티킹(sticking) 발생 → 스페이서 설치

(10) 전선의 위치 바꿈(연가)

전선로 각상의 선로정수를 평형 되도록 선로 전체의 길이를 3등분하여 각 상의 위치를 개폐소나 연가철탑을 통하여 바꾸어 주는 것
① 전선의 위치 바꿈의 목적 : 선로정수 평형(L, C 평형) → 무효분 평형 → 각상의 전압강하 평형 → 각상의 수전전압 평형 → 중성점의 전압이 0[V]
② 전선의 위치 바꿈의 효과 : 선로정수의 평형, 유도장해의 방지, 직렬공진 방지

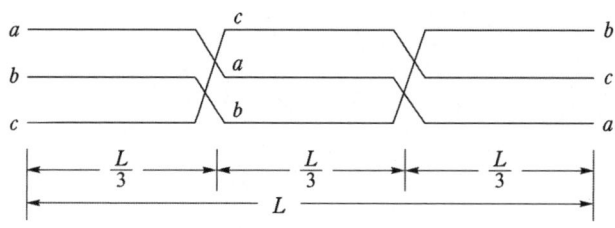

그림 3-15 전선의 위치 바꿈

(11) 코로나

전선 표면의 전위 경도가 증가하는 경우 전선 주위의 공기의 절연이 부분적으로 파괴되는 현상

1) 종류 (발생지점)
① 기중 코로나 : 전선로 주변에서 파괴
② 연면 코로나 : 전선로와 애자 접속 주변에서 파괴

2) 임계전압 (코로나 방전 개시전압)
① 직류 : 30[kV/cm]
② 교류 : 21.1[kV/cm]

3) 영향
① 전선의 부식 발생 (오존 + 습기 + 질소 = 초산(NHO_3) 발생)
② 잡음으로 인한 전파장해 발생
③ 고주파로 인한 통신선의 유도장해 발생

4) 방지대책
① 전선의 직경을 크게 한다.
② 복(다)도체 방식을 채용한다.
③ 가선금구를 개량한다.
④ 가선시에 전선 표면에 손상이 생기지 않도록 주의한다.
※ 코로나 발생의 이점 : 송전선에 낙뢰 등으로 이상 전압이 들어올 때 이상 전압 진행파의 파고 값을 코로나의 저항 작용으로 빨리 감쇠시킨다.

4.4 배전설비 기초 이론

(1) 배전 계통의 구성
① 급전선 : 발·변전소에서 수용가에 이르는 배전선로 중 부하가 없는 선로
② 간선 : 부하분포에 따라 급전선에 접속하여 각 수용가에 공급하는 주요 배전선
③ 분기선 : 간선과 실제 부하사이의 선로

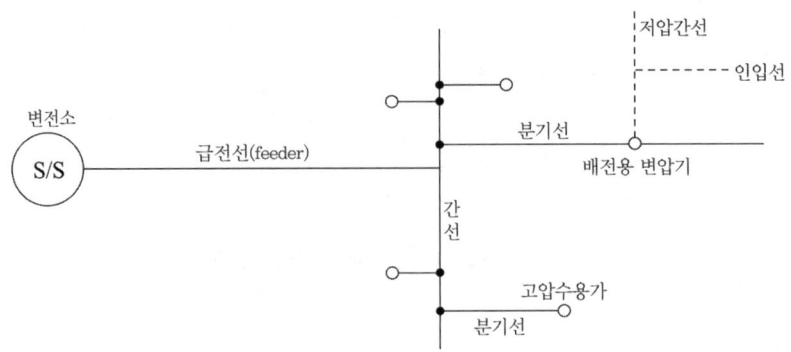

그림 3-16 계통도

(2) 배전 방식의 종류

1) **가지식(수지상식, 방사상식)** : 변전소에서 인출된 배전선이 나뭇가지 형상으로 분기선을 내면서 뻗어가는 방식
    ① 장점 : • 시설비가 싸다.
           • 용량 증설이 용이하다.
    ② 단점 : • 인입선의 길이가 길다.
           • 전압강하가 크다.
           • 전력손실이 크다.
           • 정전범위가 넓다.
           • 플리커 현상 발생 (방지책 : 공급 전압을 낮춘다.)

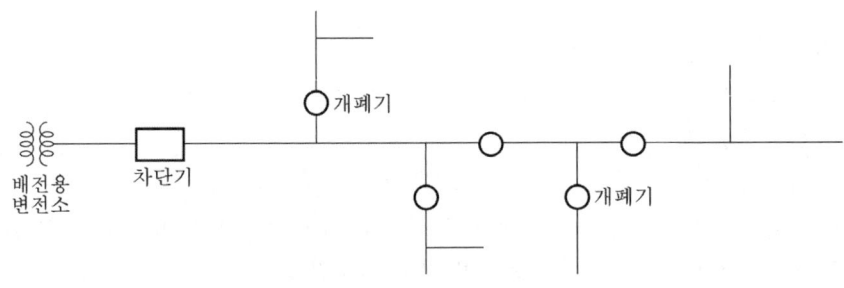

그림 3-17 가지식 배전방식

2) **환상식(Loop식)** : 배전간선을 하나의 루프로 구성하고, 임의로 분기선을 내어 전력을 공급하는 방식
    ① 장점 : • 가지식에 비해 전압강하 및 정전의 범위가 작다.
           • 고장 개소의 분리 조작이 용이
    ② 단점 : 설비가 복잡하고 증설이 어렵다.

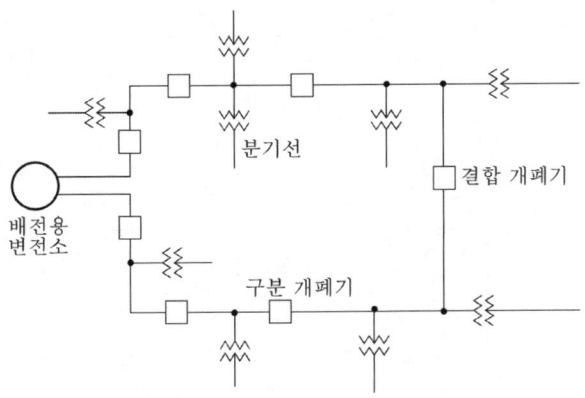

그림 3-18 환상식 배전방식

3) **저압 뱅킹방식** : 고압 배전선로에 접속되어 있는 2대 이상의 배전용 변압기의 저압측을 병렬로 접속하는 방식

① 장점
- 변압기의 공급전력을 서로 융통시킴으로서 변압기의 용량을 줄일 수 있다.
- 전압변동 및 전력손실이 경감된다.
- 부하의 증대에 대응할 수 있는 탄력성이 좋다.
- 고장보호방식이 적당할 때 공급신뢰도가 높다.

② 단점
병렬로 접속하는 1차, 2차측에 Fuse 등의 보호장치가 없으면, 어떤 장소에서 발생한 사고가 제거되지 않아 사고범위가 확대되는 캐스케이팅(cascading) 현상이 발생한다.
※ 캐스케이팅(cascading) 현상
변압기 또는 선로의 사고에 의해서 뱅킹 내의 건전한 변압기의 일부 혹은 전부가 연쇄적으로 회로로부터 차단되는 현상

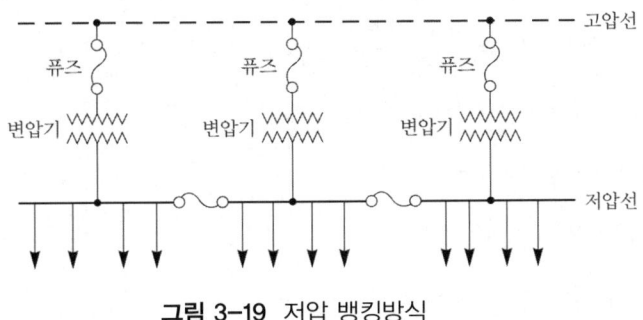

그림 3-19 저압 뱅킹방식

4) **저압 네트워크방식(망상식)** : 배전간선을 망상으로 연결하고, 이 망상 계통의 수 개소의 접속점에 급전선(부하)를 접속한 방식

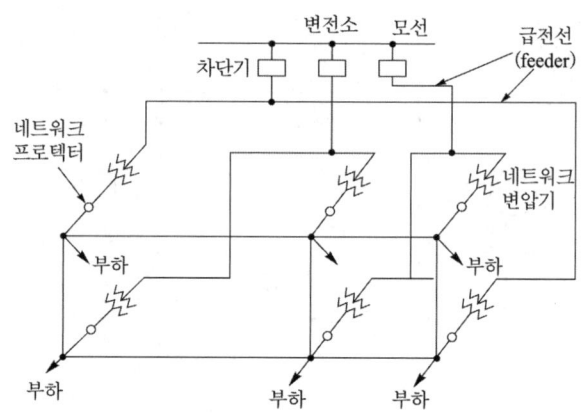

그림 3-20 저압 네트워크 배전방식

① 저압 네트워크방식(망상식)의 특징
- 무정전 공급 가능하므로 공급 신뢰도가 높다
- 플리커, 전압 변동률이 적다
- 전력 손실 감소
- 기기의 이용률 향상
- 부하 증가에 대한 적응성이 좋음
- 변전소 수를 줄일 수 있다
- 건설비가 비싸다
- 특별한 보호 장치 필요(저압용 차단기, 방향성 계전기, Fuse)

(3) 저압 배전선로의 전기방식 비교

1) 1선당 공급전력 비교

① 단상 2선식 (1ϕ2W)

$$P = VI\cos\theta$$

1선당 전력 : $P' = \dfrac{VI\cos\theta}{2} = \dfrac{1}{2}\,VI = 0.5\,VI$

단, V : 상 전압

② 단상 3선식 (1ϕ3W)

$$P = 2\,VI\cos\theta$$

단, V : 상 전압

1선당 전력 : $P' = \dfrac{2\,VI\cos\theta}{3} = \dfrac{2}{3}\,VI = 0.67\,VI$

비교 $= \dfrac{\text{단상 3선식}}{\text{단상 2선식}} = \dfrac{0.67\,VI}{0.5\,VI} = 1.33$배

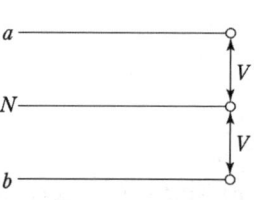

그림 3-21 단상 3선식

③ 3상 3선식 (3φ3W) → 송전선로 전기방식

$$P = \sqrt{3}\, VI\cos\theta$$

단, V : 선간 전압

1선당 전력 : $P' = \dfrac{\sqrt{3}\, VI\cos\theta}{3} = \dfrac{\sqrt{3}}{3}\, VI = 0.57\, VI$

비교 $= \dfrac{3상\ 3선식}{단상\ 2선식} = \dfrac{0.57\, VI}{0.5\, VI} = 1.15배$

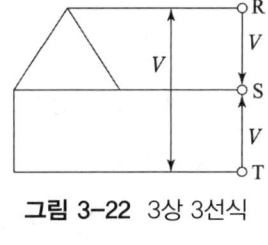

그림 3-22 3상 3선식

④ 3상 4선식 (3φ4W) → 배전선로 전기방식
(부하 불평형 시 전력손실 최대)

$$P = 3\, VI\cos$$

단, V : 상 전압

1선당 전력 : $P' = \dfrac{3\, VI\cos\theta}{4} = \dfrac{3}{4}\, VI = 0.75\, VI$

비교 $= \dfrac{3상\ 4선식}{단상\ 2선식} = \dfrac{0.75\, VI}{0.5\, VI} = 1.5배$

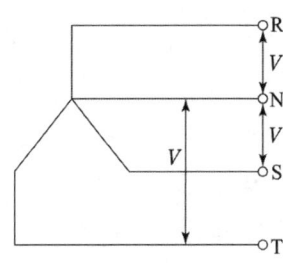

그림 3-23 3상 4선식

(4) 배전선로의 전압조정

배전선로의 전압변동률

$$\left.\begin{array}{l} 220[\text{V}] \pm 13[\text{V}] \\[2mm] 380[\text{V}] \pm 38[\text{V}] \end{array}\right\} \ 일정전압유지 \left[\begin{array}{l} ① \ 주상변압기의 1차 탭변환 \\ ② \ 승압기(단권변압기) \\ ③ \ 유도전압조정기 \end{array}\right.$$

(5) 무효전력보상(조상)설비

1) 무효전력보상(조상)설비의 종류

콘덴서, 분로리액터, 동기동기 무효전력 보상장치, 정지형 무효전력 보상장치(SVC : Static Var Compensator)

2) 전력용(진상용, 병렬) 콘덴서

- 부하와 병렬로 접속하여 부하의 역률을 개선하기 위해 설치
- 역률 : 전압과 전류의 위상차(각)에 코사인을 취한 것($\cos\theta$)

$$역률(\cos\theta) = \frac{유효전력}{피상전력} \times 100[\%]$$

① 역률개선의 필요성
(역률이 나쁠 경우의 문제점)
㉮ 전력손실이 증가한다.
㉯ 전압강하가 커진다.

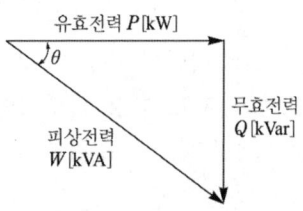

그림 3-24 역률의 개념

㉐ 수전 설비 용량이 증가한다.

변압기 용량 : $P_a = \dfrac{P}{\cos\theta}\,[\text{kVA}]$

㉑ 전기요금이 증가한다.

② 역률개선의 원리 및 콘덴서 용량

$$\therefore\ Q_C = P(\tan\theta_1 - \tan\theta_2)$$

$$= P\left(\dfrac{\sin\theta_1}{\cos\theta_1} - \dfrac{\sin\theta_2}{\cos\theta_2}\right)$$

$$= P\left(\dfrac{\sqrt{1-\cos^2\theta_1}}{\cos\theta_1} - \dfrac{\sqrt{1-\cos^2\theta_2}}{\cos\theta_2}\right)[\text{kVAR}]$$

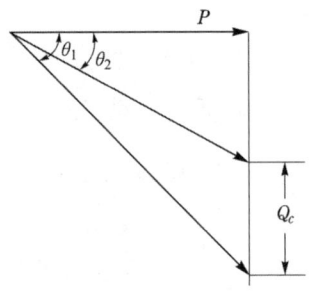

그림 3-25 콘덴서 필요 용량

예제 19 ●●●

역률 0.8, 소비전력 480[kW]의 부하에 전원을 공급하는 변전소에 전력용 콘덴서 220[kVA]를 설치하면 역률은 몇 [%]로 개선할 수 있는가?

풀이 ▶

㉮ 콘덴서 설치 전 무효전력 $Q = \sqrt{P_a^2 - P^2}\,[\text{kVAR}]$

여기서, P_a : 피상전력, P : 유효전력

• 피상전력 $P_a = \dfrac{P}{\cos\theta} = \dfrac{480}{0.8} = 600[\text{kVA}]$

$$\therefore\ Q = \sqrt{P_a^2 - P^2} = \sqrt{600^2 - 480^2} = 360[\text{kVAR}]$$

㉯ 콘덴서 설치 후 무효전력 $Q' = 360 - 220 = 140[\text{kVAR}]$

㉰ 콘덴서 설치 후 역률 $\cos\theta' = \dfrac{P}{\sqrt{P^2 + Q^2}} \times 100[\%] = \dfrac{480}{\sqrt{480^2 + 140^2}} \times 100 = 96[\%]$

③ 전력용 콘덴서의 결선 방법

㉮ 직렬 리액터(SR) : 투입 시 돌입전류 억제

㉯ 제5고조파 공진조건

$$5\omega_o L = \dfrac{1}{5\omega_o C}$$

$$\omega_o L = \dfrac{1}{25} \times \dfrac{1}{\omega_o C} = 0.04 \times \dfrac{1}{\omega_o C}$$

∴ 리액터 용량 = 콘덴서 용량의 4[%]

㉰ 제5고조파용 직렬리액터의 용량

: 유도성으로 하기 위해 콘덴서 용량의 5~6[%]로 선정

㉱ 방전 코일(DC) : 콘덴서의 잔류전하 방전

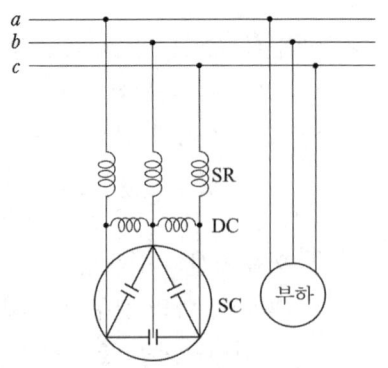

그림 3-26 콘덴서의 결선

㉰ 전력용 콘덴서의 결선 : △결선

3) 동기 무효전력 보상장치

무부하로 운전하는 동기 전동기의 여자전류를 변화시켜 진상 또는 지상 전류를 공급 함으로서 부하의 역률을 개선하는 장치

① 여자 전류(I_f) 증가 ┌ 진상전류(앞선역률)
└ 전기자 전류(I_a) 감소

② 여자 전류(I_f) 감소 ┌ 지상전류(뒤진역률)
└ 전기자 전류(I_a) 증가

표 3-3 전력용 콘덴서와 동기조상기의 비교

전력용 콘덴서	동기조상기
① 진상전류만 공급이 가능하다	① 진상, 지상전류 모두 공급이 가능하다.
② 전류의 조정이 계단적이다.	② 전류의 조정이 연속적이다.
③ 소형, 경량이므로 가격이 싸고 손실이 적다.	③ 대형, 중량이므로 가격이 비싸고 손실이 크다.
④ 용량 변경이 쉽다.	④ 선로의 시충전 운전이 가능하다.

(6) 저압계통 보호기기

① 누전차단기(RCD : Residual Current Device) : 전로의 지락을 검출하여 차단하는 장치
② 서지보호장치(SPD : Surge Protection Device) : 과도 과전압을 제한하고 서지전류를 우회시키는 장치
③ 배선용차단기(MCCB: Molded Case Circuit Breaker) : 전선이나 케이블의 과부하 단락을 보호하는 장치

4.5 변전설비 기초 이론

(1) 변전소의 설치 목적

① 발전전력 집중 연계
② 수용가에 배분하고 정전의 최소화
③ 전압을 승압 또는 강압
④ 전력조류 제어
⑤ 송배전선로 보호
⑥ 전력손실 감소.
※ 발전소는 전력의 생산(발생)과 계통의 주파수를 일정값으로 유지시킨다.

(2) 변압기 결선방식

1) 3상 변압기 병렬운전 결선방식
① 병렬운전을 위해서는 변압기간 각 변위를 일치시켜야 한다.

② 병렬운전 가능 조합과 불가능 조합

병렬운전이 가능한 조합		병렬운전이 불가능한 조합	
A 변압기	B 변압기	A 변압기	B 변압기
△-△	△-△	△-△	△-Y
Y-Y	Y-Y	Y-Y	Y-△
△-△	Y-Y	-	-
△-Y	△-Y	-	-
△-Y	Y-△	-	-
Y-△	Y-△	-	-

2) 3권선 변압기(Y-Y-△)를 사용하는 이유 : 3고조파를 △권선 내에 순환시켜 제거하기 위함
3) 분산형 전원을 배전계통 연계 시 승압용 변압기의 1차(한전)측 결선방식은 Y결선, 2차(수용가)측 결선방식은 △결선방식의 절연변압기를 사용한다. 즉 Y-△ 결선방식이다.

(3) 변압기 용량계산

1) 수용률(설비이용률) : 단독 수용가 변압기 용량 산출

① 수용률 $= \dfrac{\text{최대수용전력[kVA]}}{\text{총설비용량[kVA]}} \times 100[\%]$

② 변압기 용량[kVA] $= \dfrac{\text{수용률} \times \text{총 설비용량[kVA]}}{\cos\theta}$

예제 20　　　　　　　　　　　　　　　　　　　　　　● ● ●

최대수용전력 1,000[kVA]이고 설비용량은 전등부하 500[kW], 동력부하 700[kVA] 이다. 이 때 수용률은?

풀이▷

수용률 $= \dfrac{\text{최대수용전력[kVA]}}{\text{총 설비용량[kVA]}} \times 100[\%] = \dfrac{1,000[kVA]}{(500+700)[kVA]} \times 100[\%]$

$= 83.33 ≒ 83.3[\%]$

2) 부등률 : 전력소비기기를 동시에 사용되는 정도, 다수 수용가 변압기 용량 산출

① 부등률 $= \dfrac{\text{각 부하의 최대수요전력의 합[kW]}}{\text{합성최대수요전력[kW]}} \geq 1$ (※ 항상 1이상이다.)

② 변압기 용량[kVA] $= \dfrac{\text{개별수용 최대전력(수용률 × 설비용량)의 합 [kW]}}{\text{부등률} \times \cos\theta \times \text{효율}}$

3) 부하율(F) : 임의의 기간 동안 부하의 변동 상태파악

① 부하율 $= \dfrac{\text{평균전력[kW]}}{\text{최대전력[kW]}} \times 100 = \dfrac{\text{사용전력량[kWh] / 시간[h]}}{\text{최대전력[kW]}} \times 100[\%]$

② 사용전력량[kWh] = 최대수용전력(수용률 × 총 설비용량)[kW] × 부하율 × 시간[h]

4) 비례관계

$$부하율 \propto 부등률 \propto \frac{1}{수용률}$$

(4) 중성점 접지 방식

1) 중성점 접지의 목적

① 직접접지의 목적

㉮ 1선 지락 시 전위상승을 억제하여 기계기구의 절연보호

㉯ 단절연이 가능하므로 절연레벨을 낮출 수 있다.

㉰ 보호 계전기의 동작이 신속하다.

② 비접지의 목적

㉮ 과도 안정도 증진

㉯ 1선 지락 시에도 전기공급이 가능하다.

2) 접지 임피던스에 의한 중성점 접지방식 종류

① $Z_n \fallingdotseq 0$ (직접접지)

② $Z_n = R$ (저항접지)

③ $Z_n = \infty$ (비접지)

(5) 유도장해

전력선에 통신선이 근접해 있는 경우 통신선에 전압, 전류가 유도되는 현상

1) **정전유도장해** : 송전선로의 영상전압과 통신선과의 상호 정전용량의 불평형에 의해 통신선에 전압이 유도되는 현상

2) **전자유도장해** : 전력선과 통신선 사이의 상호 인덕턴스에 의해 발생(영상전류)

3) **유도장해 방지법**

① 전력선측 : • 충분한 연가를 한다.

• 소호리액터 접지방식을 채용한다.

• 고속도 차단방식을 채용한다.

• 차폐선을 설치한다. → 30~50[%] 감소

• 전력선과 통신선과의 이격거리를 크게 한다.

• 전력선과 통신선을 수직으로 교차시킨다.

② 통신선측 : • 절연 변압기 채용

• 연피케이블을 사용

• 특성이 양호한 피뢰기를 설치한다.

• 통신 장비 내에 배류코일을 설치한다.

• 통신선 및 기기의 절연 강화

(6) 이상전압 및 방호대책

1) 이상전압의 종류

① 내부이상전압

㉮ 개폐서지 : 선로 개폐 시 전위상승 (최대 6배 : 무 부하 충전전류 개로 시 최대) → 차단기 내부에 저항기 설치(서지 억제 저항기, 개폐 저항기)

㉯ 1선 지락 시 전위상승 → 중성점 접지방식 채용

㉰ 무부하시 전위 상승(페란티 현상) → 분로(병렬)리액터 설치

㉱ 잔류전압에 의한 전위상승 → 연가

② 외부 이상전압

㉮ 직격뇌 : 선로에 직격되는 뇌

㉯ 유도뇌 : 정전유도에 의해 뇌운이 대지로 방전 시 인접한 전선로에 유도되는 뇌

2) 이상전압 방호대책 (뇌해 방지)

① 가공지선 : 전주, 철탑의 상부에 설치하여 직격뇌 차폐, 유도뇌 차폐, 통신선의 유도장해 경감

② 매설지선 : 철탑 저항값(탑각 접지저항값)을 감소시켜 역섬락 방지

※ 역섬락 : 뇌 전류가 철탑에서 대지로 방전 시 철탑의 접지 저항값이 클 경우 대지가 아닌 송전선에 섬락을 일으키는 현상

③ 소호장치 : 아킹혼, 아킹링 → 뇌로부터 애자련을 보호

④ 피뢰기 : 뇌 전류를 방전, 속류를 차단하여 기계기구 절연보호

⑤ 피뢰침 : 건축물과 구조물 및 인축에 대하여 직격뢰로부터 보호

(7) 피뢰기 : 절연 협조의 기본

1) 피뢰기(LA) : 유도뢰로부터 전력기기 보호(변압기)

2) 서지 흡수기(SA) : 개폐서지로 전력기기 보호, VCB + 몰드변압기 구성 시 반드시 적용

3) 피뢰기의 역할과 기능

이상전압 내습 시 뇌 전류를 방전하고 속류를 차단하여 기계 기구의 절연보호

4) 피뢰기의 설치장소

① 발·변전소 인입구 및 인출구

② 배전용 변압기 고압측 및 특고압측

③ 고압 및 특고압을 수전받는 수용가 인입구

④ 가공전선과 지중전선 접속점

5) 피뢰기 구비조건

① 상용주파 방전개시 전압은 높을 것.

② 충격 방전개시 전압은 낮을 것.

③ 방전 내량은 크고, 제한 전압은 낮을 것.

④ 속류 차단 능력은 클 것.

6) **피뢰기의 정격전압** : 속류가 차단되는 교류의 최고 전압

7) **피뢰기의 제한전압** : 피뢰기 동작 중(방전 중) 단자전압의 파고치

　※ 절연협조의 기본이 되는 전압

8) **절연 협조** : 보호기와 피 보호기와의 상호절연 협력관계

　※ 계통전체의 신뢰도를 높이고 경제적, 합리적으로 설계를 한다.

　① 절연협조 순서(크기)

　　피뢰기 제한전압 < 변압기(BIL) < 기기의 부싱 < 결합 콘덴서 < 전선로의 애자

　② 피뢰기와 피보호기(변압기) 이격거리 $\begin{cases} 154[\mathrm{kV}] \ : \ 65[\mathrm{m}] \ 이내 \\ 22.9[\mathrm{kV}] \ : \ 20[\mathrm{m}] \ 이내 \end{cases}$

　③ BIL(기준충격 절연강도) : 기기의 절연을 표준화하고 통일된 절연체계를 구성하기 위한 절연 계급 설정 → 피뢰기 제한전압 기준

　　※ 기준충격 절연강도 = 절연계급 × 5배 + 50[kV] (※ 유입변압기 기준)

　　※ 22.9[kV] 유입변압기의 BIL : 150[kV], 22.9[kV] 몰드변압기의 BIL : 95[kV]

(8) 보호 계전기

1) **보호계전기의 구비조건**

　① 고장의 정도 및 위치를 정확히 파악할 것.

　② 고장 개소를 정확히 선택할 것.

　③ 동작이 예민하고 오동작이 없을 것.

　④ 소비전력이 적고, 경제적일 것.

　⑤ 후비 보호능력이 있을 것.

2) **동작시간에 의한 분류**

　① 순한시(순시) 계전기 : 규정된 이상의 전류가 흐르면 즉시 동작(0.3초 이내)

　　※ 고속도 계전기 : 0.5~2[Hz]내에 동작하는 계전기

　② 정한시 계전기 : 규정된 이상의 전류가 흐를 때 전류의 크기와 관계없이 일정 시간 후 동작

　③ 반한시 계전기 : 전류가 크면 동작시간은 짧고, 전류가 작으면 동작시간은 길어지는 계전기(반대로 동작)

　④ 반한시−정한시 계전기 : 전류가 작은 구간은 반한시 특성, 전류가 일정범위를 넘으면 정한시 특성을 갖는 계전기

3) **기능(용도)상의 분류**

　① 단락보호용

　　㉮ 과전류 계전기(OCR, 51) : 과부하전류, 단락전류 검출시 동작

　　　(OCR 탭 전류 = 부하전류 $\times \dfrac{1}{CT \, 비} \times 1.2$ → 계전기 최소 동작 전류)

　　㉯ 부족전압계전기(UVR, 27) : 전압이 정격전압보다 부족할 경우 동작

    ④ 단락방향계전기(DSR, 67S) : 단락된 방향을 검출하여 동작

    ④ 선택단락계전기(SSR, 50S) : 단락된 회선을 검출하여 동작

    ⑪ 거리계전기→임피던스(선로) 계전기 : 전압과 전류비가 바뀌었을 때 동작

      (기억작용 : 고장 후에도 일정시간동안 건전상 전압을 기억하는 작용)

② 지락보호용 : 지락계전기(GR) → 영상변류기(ZCT)와 조합하여 사용

    ㉮ 선택지락계전기(SGR) : 2회선 이상(다회선) 사고난 회선만 선택차단

    ㉯ 방향지락계전기(DGR) : 환상선로 지락사고 보호

③ 계기용 계전기

    ㉮ 계기용변압기(VT) : 고전압을 저전압으로 변성하는 기기

      • 2차측에 전압계 설치

      • 2차 전압 : 110[V]

      • 점검시 : 2차측 개방

    ㉯ 계기용변류기(CT) : 대전류를 소전류로 변류하는 기기

      • 2차측에 전류계 설치

      • 2차 전류 : 5[A]

      • 점검시 : 2차측 단락(이유: 2차측 절연보호)

    ㉰ 계기용 변압 변류기(MOF, VCT) : 한 탱크에 VT와 CT조합

    ㉱ 영상 변류기(ZCT) : 영상 전류를 검출하여 지락(접지) 계전기에 공급

    ㉲ 계기용 접지 변압기(GVT) : 영상 전압을 검출하여 지락(접지) 계전기에 공급

(9) 개폐기 : 사고 발생 시 사고구간을 신속하게 구분, 제거

1) 개폐기 종류

    ① 단로기(DS) : 무부하 전류 개폐 → 기기 보수, 점검 시 전원으로부터 회로 분리

    ② 개폐기(OS, AS) : 무부하, 부하전류 개폐 → 배전선로 보수, 점검 시 정전구간 축소

    ③ 차단기(CB) : 무부하 전류, 부하 전류 및 고장전류 차단

표 3-4 개폐기의 종류에 따른 개폐 능력

구 분	무 부하전류	부하전류	고장전류
단로기	○	×	×
개폐기	○	○	×
차단기	○	○	○

2) 차단기 소호 매질에 의한 분류

    ① 유입 차단기(OCB) : 절연유 사용, 방음 창치는 필요 없다(소음이 없다). 부싱 변류기 사용

    ② 공기차단기(ABB) : 10기압 이상의 압축공기를 이용. (차단만 가능)

      ※ 차단과 투입 모두 압축공기를 이용 → 임펄스 차단기

    ③ 가스차단기(GCB) : SF_6가스 사용, 소음이 작다. → 154[kV]급 이상 변전소에 사용

(SF$_6$가스 : 무색, 무미, 무취, 무해이고 불연성이며 소호능력 및 절연내력이 크다.)

보호 장치 : 가스 압력계, 가스 밀도 검출계, 조작 압력계

④ 진공차단기(VCB) : 진공상태에서 전류개폐, 소음이 작다. → 22.9[kV] 계통에 가장 많이 사용

⑤ 자기차단기(MBB) : 전자력을 이용. (주파수에 영향을 받지 않는다.)

※ ㎝ ACB : 기중차단기 → 옥내 간선 보호
　 MCCB : 배선용차단기 → 옥내 분기선 보호

3) 정격차단 시간

트립코일 여자로(개극시간)부터 아크 소호(아크시간)까지 걸리는 시간 → 3~8[Hz]

4) 차단기 용량 (차단기의 정격차단 용량)$= \sqrt{3} \times$ 정격전압 $\times$ 정격차단전류

5) 차단기와 단로기 조작 순서

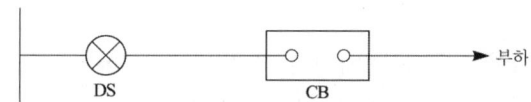

그림 3-27 단로기와 차단기의 연결

① 정전 : CB → DS
② 급전 : DS → CB
③ 인터록 : 차단기가 열려 있어야만 단로기 개폐가능(상대 동작 금지 회로)
④ 주상 변압기
  • 1차측 보호 : 컷 아웃 스위치(COS)
  • 2차측 보호 : 캣치 홀더(저압 퓨즈)

6) 개폐기류

① 리클로져(R/C) : 가공 배전선로 사고의 대부분은 조류 및 수목에 의한 접촉, 강풍, 낙뢰 등에 의한 플래시 오버사고로서 이런 사고 발생 시 신속하게 고장구간을 차단하고 사고점의 아크를 소멸시킨 후 즉시 재투입이 가능한 개폐장치
② 선로개폐기(LS) : 보안상의 책임 분기점에는 보수 점검 시 전로를 구분하기 위하여 설치하는 개폐기
③ 자동고장 구분개폐기(ASS) : 선로 구분기능을 갖고 있는 개폐기에 수용가 측의 사고 발생 시 사고전류를 감지하여 자동으로 접점을 분리시켜 사고구간을 분리하는 개폐기
④ 자동부하 전환개폐기(ALTS) : 2회선 수전방식에서 주선로의 전원이 정전시 예비선로로 자동전환되는 3상 일괄조작 방식의 자동부하 전환 개폐기

5 배관 · 배선 공사

5.1 배관 시공

(1) 합성수지관 공사
　1) 합성수지관 공사에 의한 저압 옥내배선은 다음 각 호에 따라 시설하여야 한다.
　　① 전선은 절연전선(옥외용 비닐절연전선을 제외)일 것.
　　② 전선은 연선일 것. 다만, 다음의 것은 적용하지 않는다.
　　　㉮ 짧고 가는 합성수지관에 넣은 것.
　　　㉯ 단면적 10[mm²](알루미늄선은 단면적 16[mm²])이하일 것.
　　③ 전선은 합성수지관 안에서 접속점이 없도록 할 것.

(2) 금속관 공사
　1) 금속관 공사에 의한 저압 옥내배선은 다음 각 호에 따라 시설하여야 한다.
　　① 전선은 절연전선(옥외용 비닐절연전선을 제외)일 것.
　　② 전선은 연선일 것. 다만, 다음의 것은 적용하지 않는다.
　　　㉮ 짧고 가는 금속관에 넣은 것.
　　　㉯ 단면적 10[mm²](알루미늄선은 단면적 16[mm²])이하일 것.
　　③ 전선은 금속관 안에서 접속점이 없도록 할 것.
　　④ 중량물의 압력 또는 현저한 기계적 충격을 받을 우려가 없도록 시설할 것.
　　⑤ 이중천장(반자 속 포함) 내에는 시설할 수 없다.

5.2 배선 시공

(1) 케이블 선정 및 접속
　① 수상형을 제외한 모든 유형의 경우 모듈에서 인버터에 이르는 배선에 사용되는 케이블은 모듈 전용선 또는 단심(1C) 난연성 케이블(TFR-CV, F-CV, FR-CV 등)을 사용하여야 하며 케이블이 지면 위에 설치되거나 포설되는 경우에는 피복에 손상이 발생되지 않게 가요전선관, 금속 덕트 또는 몰드 등을 시설하여야 한다.
　② 모듈 간 배선은 바람에 흔들림이 없도록 코팅된 와이어 또는 동등이상(내구성) 재질의 타이(Tie)로 단단히 고정하여야 하며 가공 전선로를 시설하는 경우에는 목주, 철주, 콘크리트주 등 지지물을 설치하여 케이블의 장력 등을 분산시켜야 한다. 모듈의 출력배선은 군별 및 극성별로 확인할 수 있도록 표시하여야 한다.

③ 태양광발전 시스템용 케이블의 구조

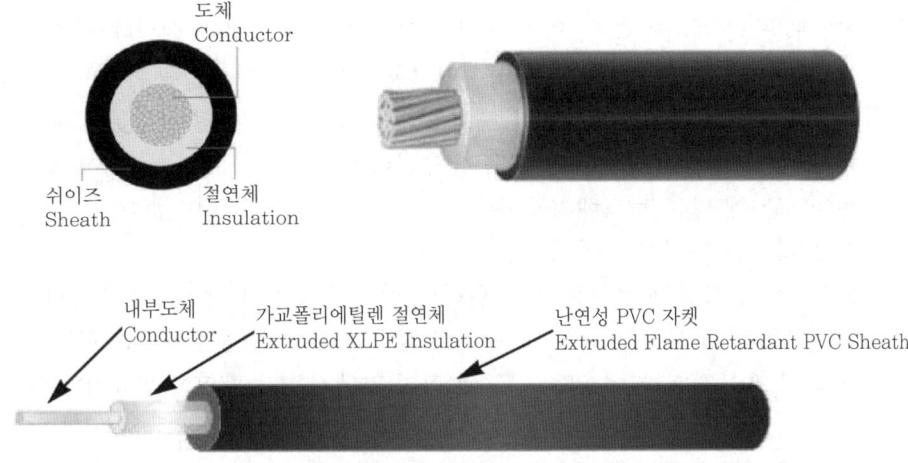

그림 3-28 저압 XLPE 케이블의 구조

그림 3-29 태양광발전시스템용 직류 케이블의 구조

(2) 태양전지 모듈의 전선(케이블) 시공방법

기계기구의 구조상 그 내부에 안전하게 시설할 수 있는 경우를 제외하고는 다음의 방법에 따라 시공해야 한다.

① 모듈간의 배선은 공칭단면적 2.5[mm²] 이상의 연동선 또는 이와 동등 이상의 세기 및 굵기 의 것이어야 한다.

② 옥내에 시설할 경우에는 합성수지관공사, 금속관 공사, 금속제 가요전선관공사 또는 케이블 공사로 한국전기설비규정에 따라 시설해야 한다.

③ 옥측 또는 옥외에 시설할 경우에는 합성수지관공사, 금속관공사, 금속제 가요전선관 공사 또는 케이블공사로 한국전기설비규정(KEC)에 따라 시설해야 한다.

(3) 기기 단자와 케이블 접속방법

1) 기기 단자 접속방법

태양전지 모듈 및 개폐기 그 밖의 기구에 전선을 접속하는 경우에는 나사 조임 그밖에 이와 동등 이상의 효력이 있는 방법에 의하여 견고하고 또한 전기적으로 완전하게 접속함과 동시에 접속점에 장력이 가해지지 않도록 해야 한다. 또한, 모선의 접속 부분은 조임의 경우 지정된 재료, 부품을 정확히 사용하고 다음에 유의하여 접속한다.

① 볼트의 크기에 맞는 토크렌치를 사용하여 규정된 힘으로 조여 준다.

② 조임은 너트를 돌려서 조여 준다.

③ 2개 이상의 볼트를 사용하는 경우 한쪽만 심하게 조이지 않도록 주의한다.

④ 토크렌치의 힘이 부족할 경우 또는 조임 작업을 하지 않는 경우에는 사고가 일어날 위험이 있으므로, 토크렌치에 의해 규정된 힘이 가해졌는지 확인할 필요가 있다.

표 3-5 모선 볼트의 크기에 따른 토크렌치 힘의 적용

볼트의 크기	M6	M8	M10	M12	M16
힘 [kg/cm²]	50	120	240	400	850

2) 케이블(전선) 상호 및 전선과 다른 기기간의 전기적 접속 시 고려사항

① 전선의 전기저항을 증가시키지 아니하도록 접속할 것

② 전선의 세기를 20[%] 이상 감소시키지 아니할 것

③ 접속부분은 금속관 기타의 기구를 사용할 것

④ 접속부분은 절연전선의 절연물과 동등 이상의 절연효력이 있는 것으로 피복할 것

⑤ 전선 상호 접속시에는 코드 접속기, 접속함 기타의 기구를 사용할 것

⑥ 전기화학적 성질이 다른 도체를 접속하는 경우에는 접속부분에 전기적 부식이 생기지 아니하도록 할 것.

(4) 케이블의 단말처리

1) 전선의 피복을 벗겨내어 상호 접속하는 경우, 접속부의 절연물은 케이블의 절연물과 동등 이상의 절연효과가 있는 재료로 접속해야 한다.

2) XLPE(CV)케이블의 절연체는 내후성이 약하므로, 비닐시스가 벗겨져 절연체가 노출된 채로 장기간 사용하면 절연체에 균열이 생겨 절연불량을 야기하는 원인이 된다. 이것을 방지하기 위해서는 자기융착 절연테이프 및 보호테이프를 절연체에 감아 내후성을 향상시켜야 한다. 절연테이프의 종류는 다음과 같다.

① **자기융착 절연테이프** : 자기융착 절연테이프는 시공 시 테이프 폭이 3/4으로부터 2/3 정도로 중첩해 감아놓으면 시간이 지남에 따라 융착하여 일체화한다. 자기융착 절연테이프에는 부틸고무제와 폴리에틸렌 부틸고무가 합성된 제품이 있으며, 저압의 경우에는 폴리에틸렌 부틸고무제가 일반적으로 사용된다.

② **보호 테이프** : 자기융착 절연테이프의 열화를 방지하기 위해 자기융착 절연테이프 위에 다시 한 번 감아 주는 것이 보호테이프이다.

③ **비닐 절연테이프** : 비닐절연테이프는 장기간 사용하면 점착력이 떨어질 가능성이 있기 때문에 태양광발전시스템처럼 장기간 사용하는 설비에는 적합하지 않다.

3) 케이블의 단말처리 방법의 순서

① 케이블의 피복을 벗겨낸다 → ② 쌍관을 케이블에 삽입한다 → ③ 점착성 절연테이프를 감는다 → ④ 보호테이프를 반폭 이상 겹치도록 1회 이상 감는다 → ⑤ 케이블 종단에 극성을 표시한다.

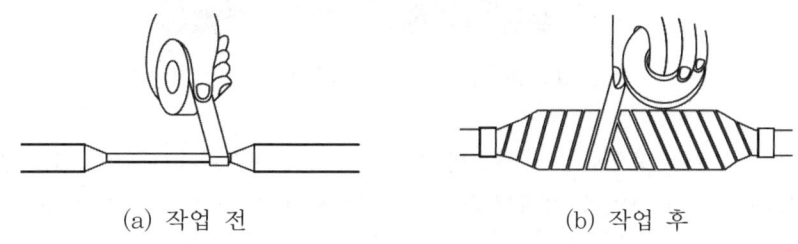

(a) 작업 전   (b) 작업 후

그림 3-30 자기융착 절연테이프의 작업사진

(5) 커넥터(접속함 배선)

① 태양전지 모듈의 프레임은 냉간 압연강판 또는 알루미늄 재질을 사용하여 밀봉 처리되어 빗물 침입을 방지하는 구조이어야 하며 부착할 경우에는 흔들림이 없도록 견고하게 고정되어야 한다.

그림 3-31 접속 배선함 및 커넥터

② 태양전지 모듈 결선 시에 접속 배선함 구멍에 맞추어 압착단자를 사용하여 견고하게 전선을 연결해야 하며, 접속배선함 연결부위는 방수용 커넥터를 사용한다.

(6) 전기 배선 기준

① 태양전지 모듈의 뒷면으로부터 접속용 케이블 2가닥씩 이므로 반드시 극성을 확인하여 결선한다.

② 케이블은 건물마감이나 런닝보드의 표면에 가깝게 시공해야 하며, 필요할 경우 전선관을 이용하여 물리적 손상으로부터 보호해야 한다.

③ 태양전지 모듈은 파워컨디셔너 입력전압 범위 내에서 스트링 필요매수를 직렬 결선하고, 어레이 지지대 위에 조립한다.

그림 3-32 전선관에 의한 보호 방법 적용 예

④ 케이블을 각 스트링으로부터 접속함까지 배선하여 접속함 내에서 병렬로 결선한다. 이 경우 케이블에 스트링 번호를 기입해 두면 차후의 점검 및 보수 시 편리하다.

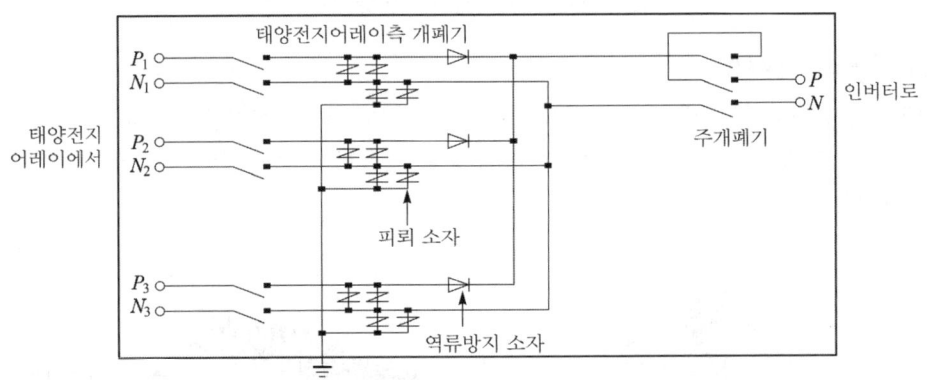

그림 3-33 접속함 내부 결선도

⑤ 옥상 또는 지붕위에 설치한 태양전지 어레이로부터 처마 밑 접속함으로 배선할 경우, 다음 그림과 같이 물의 침입을 방지하기 위한 물빼기를 반드시 해야 한다.

⑥ 케이블 차수 시공의 예는 다음과 같다.

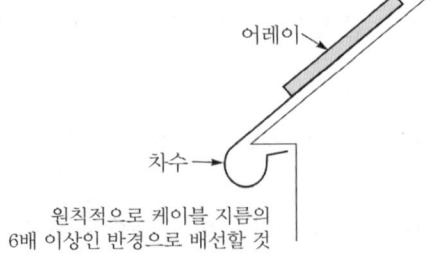

그림 3-34 케이블 차수 방안

⑦ 엔트런스 캡에 의한 차수 시공과 전선관의 전선(케이블) 수용률

   ㉮ 굵기가 다른 케이블일 경우 : 전선의 피복 절연물을 포함한 단면적이 전선관의 32[%] 이하

   ㉯ 굵기가 동일한 케이블일 경우 : 전선의 피복 절연물을 포함한 단면적이 전선관의 48[%] 이하

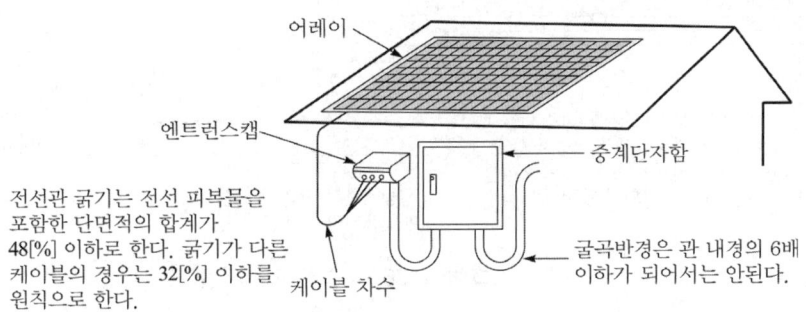

그림 3-35 케이블의 물빼기 및 엔트런스캡에 의한 탈수

⑧ 접속함은 일반적으로 어레이 근처에 설치한다. 그러나 건물의 구조나 미관상 설치 장소가 제한될 수 있으며, 이때에는 점검 및 유지보수 등으로 고려하여 설치해야 한다.

⑨ 태양광발전시스템의 직류전원과 교류전원은 격벽에 분리되거나 함께 접속되어 있지 않은 경우 동일한 전선관, 케이블 트레이, 접속함 내에 시설하지 않아야 한다.

⑩ 접속함으로부터 파워컨디셔너까지의 배선은 전압강하율 2[%] 이하로 상정한다.

   ㉮ 전압강하율

$$전압강하율(\%e) = \frac{전압강하}{수전단전압} \times 100[\%]$$

$$전압강하율(\%e) = \frac{송전단전압 - 수전단전압}{수전단전압} \times 100[\%] = \frac{e}{송전단전압 - e} \times 100[\%]$$

여기서, e : 전압강하[V], A : 전선의 단면적[mm^2]

            L : 전선의 길이[m], I : 전류[A]

   ㉯ 전압변동률

    분산형전원의 **저압 한전계통 연계 시 상시 전압변동률 기준은 3[%]이내, 순시 전압변동률 기준은 3[%] 이내**이다.

⑪ 태양전지 어레이를 지상에 설치하는 경우에는 지중배선을 할 수 있다. 이때의 시공방법은 다음 그림과 같이 시공한다.

   ㉮ 지중 전선로 시공방식 : 직접 매설식, 관로식, 암거식

   ㉯ 직접 매설식에 의하여 시설하는 경우 : 중량물의 압력을 받을 우려가 있는 경우 1.0[m] 이상, 일반장소는 0.6[m] 이상 깊이로 시설할 것

   ㉰ 관로식에 의하여 시설하는 경우 : 중량물의 압력을 받을 우려가 있는 경우 1.0[m] 이상,

일반장소는 0.6[m] 이상 깊이로 시설할 것.

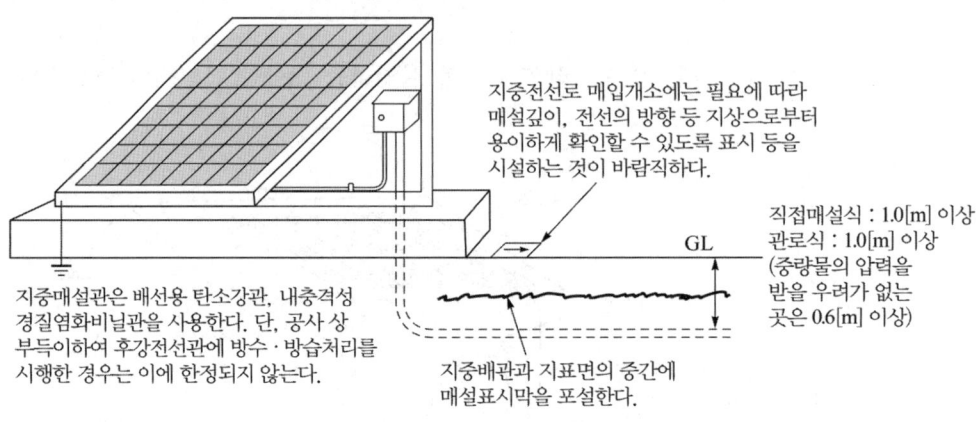

지중전선로 매입개소에는 필요에 따라
매설깊이, 전선의 방향 등 지상으로부터
용이하게 확인할 수 있도록 표시 등을
시설하는 것이 바람직하다.

직접매설식 : 1.0[m] 이상
관로식 : 1.0[m] 이상
(중량물의 압력을
받을 우려가 없는
곳은 0.6[m] 이상)

GL

지중매설관은 배선용 탄소강관, 내충격성
경질염화비닐관을 사용한다. 단, 공사 상
부득이하여 후강전선관에 방수·방습처리를
시행한 경우는 이에 한정되지 않는다.

지중배관과 지표면의 중간에
매설표시막을 포설한다.

그림 3-36 지중배선의 시설

⑫ 지중 매설케이블의 보호방법은 다음 그림과 같다.

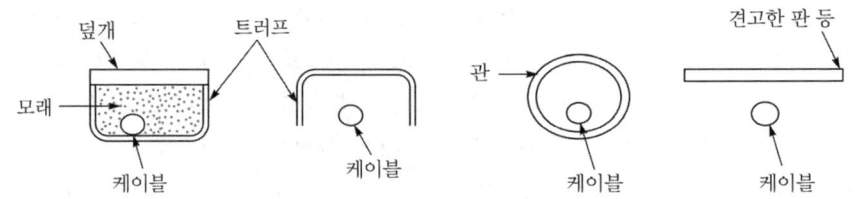

덮개   트러프   견고한 판 등
모래   관
케이블   케이블   케이블   케이블

그림 3-37 매설케이블의 보호방법

⑬ 지반 침하 등으로부터의 배선보호 방법은 다음 그림과 같다.

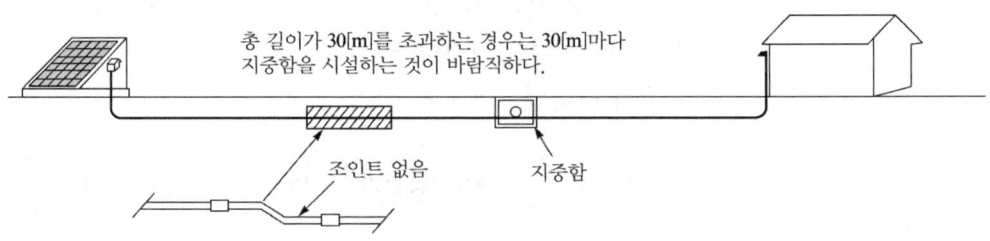

총 길이가 30[m]를 초과하는 경우는 30[m]마다
지중함을 시설하는 것이 바람직하다.

조인트 없음   지중함

[주] 지반 침하 등이 발생해도 배관이 도중에 손상, 절단되지 않도록 배관 도중에
조인트가 없는 시공을 하고 또한 지중함 내에는 케이블 길이에 여유를 둘 것.

그림 3-38 지반 침하 등으로부터의 배선 보호방법

⑭ 지중 배선 또는 지중 배관은 중량물의 압력을 받을 우려가 없도록 하고 그 길이가 30[m]를
초과하는 경우는 중간 개소에 지중함을 설치할 수 있다.

5.3 케이블트레이 시공

(1) 케이블트레이 공사

케이블트레이공사는 케이블을 지지하기 위하여 사용하는 금속재 또는 불연성 재료로 제작된 유 닛 또는 유닛의 집합체 및 그에 부속하는 부속재 등으로 구성된 견고한 구조물을 말하며 사다리 형, 펀칭형, 그물망형, 바닥밀폐형 기타 이와 유사한 구조물을 포함한다.

(2) 시설 조건

1) 전선은 연피케이블, 알루미늄피 케이블 등 난연성 케이블 또는 기타 케이블(적당한 간격으로 연소(延燒)방지 조치를 하여야 한다) 또는 금속관 혹은 합성수지관 등에 넣은 절연전선을 사 용하여야 한다.
2) 상기 1)의 각 전선은 관련되는 각 규정에서 사용이 허용되는 것에 한하여 시설할 수 있다.
3) 케이블트레이 안에서 전선을 접속하는 경우에는 전선 접속부분에 사람이 접근할 수 있고 또 한 그 부분이 측면 레일 위로 나오지 않도록 하고 그 부분을 절연처리 하여야 한다.
4) 수평으로 포설하는 케이블 이외의 케이블은 케이블 트레이의 가로대에 케이블 타이 등으로 견고하게 고정시켜야 한다.
5) 저압 케이블과 고압 또는 특고압 케이블은 동일 케이블 트레이 안에 포설하여서는 아니 된 다. 다만, 견고한 불연성의 격벽을 시설하는 경우 또는 금속외장 케이블인 경우에는 그러하 지 아니하다.
6) 수평 트레이에 다심케이블을 포설 시 다음에 적합하여야 한다.
   ① 사다리형, 바닥밀폐형, 펀칭형, 그물망형 케이블트레이 내에 다심케이블을 포설하는 경 우 이들 케이블의 지름(케이블의 완성품의 바깥지름)의 합계는 트레이의 내측폭 이하로 하고 단층으로 시설할 것.
   ② 벽면과의 간격은 20[mm]이상 이격하여 설치하여야 한다.

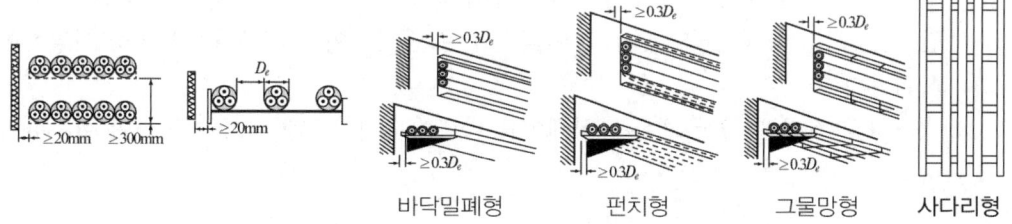

그림 3-39 수평트레이의 다심케이블 공사방법 예시

7) 수평 트레이에 단심케이블을 포설 시 다음에 적합하여야 한다.
   ① 사다리형, 바닥밀폐형, 펀칭형, 그물망형 케이블 트레이 내에 단심케이블을 포설하는 경 우 이들 케이블의 지름의 합계는 트레이의 내측폭 이하로 하고 단층으로 포설하여야 한 다. 단, 삼각포설 시에는 묶음단위 사이의 간격은 단심케이블 지름의 2배 이상 이격하여 포설하여야 한다.

② 벽면과의 간격은 20[mm]이상 이격하여 설치하여야 한다.

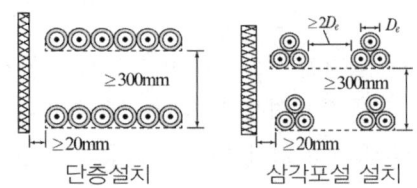

단층설치   삼각포설 설치

그림 3-40 수평트레이의 단심케이블 공사방법 예시

8) 수직 트레이에 다심케이블을 포설 시 다음에 적합하여야 한다.
　① 사다리형, 바닥밀폐형, 펀칭형, 그물망형 케이블트레이 내에 다심케이블을 포설하는 경우 이들 케이블의 지름의 합계는 트레이의 내측폭 이하로 하고 단층으로 포설하여야 한다.
　② 벽면과의 간격은 가장 굵은 케이블의 바깥지름의 0.3배 이상 이격하여 설치하여야 한다.

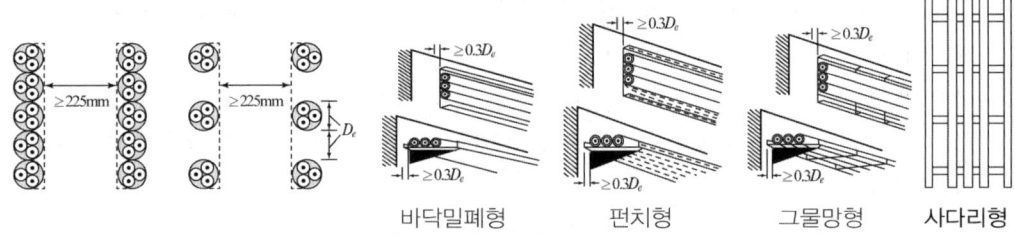

바닥밀폐형   펀칭형   그물망형   사다리형

그림 3-41 수직트레이의 다심케이블 공사방법 예시

9) 수직 트레이에 단심케이블을 포설 시 다음에 적합하여야 한다.
　① 사다리형, 바닥밀폐형, 펀칭형, 그물망형 케이블 트레이 내에 단심케이블을 포설하는 경우 이들 케이블 지름의 합계는 트레이의 내측폭 이하로 하고 단층으로 포설 하여야 한다. 단, 삼각포설 시에는 묶음단위 사이의 간격은 단심케이블 지름의 2배 이상 이격하여 설치하여야 한다.
　② 벽면과의 간격은 가장 굵은 단심케이블 바깥지름의 0.3배 이상 이격하여 설치하여야 한다.

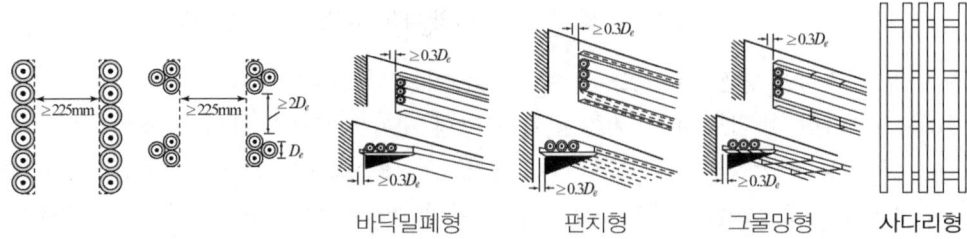

바닥밀폐형   펀칭형   그물망형   사다리형

그림 3-42 수직트레이의 단심케이블 공사방법 예시

(3) 케이블트레이의 선정

1) 수용된 모든 전선을 지지할 수 있는 적합한 강도의 것이어야 한다. 이 경우 케이블 트레이의 안전율은 1.5 이상으로 하여야 한다.
2) 지지대는 트레이 자체 하중과 포설된 케이블 하중을 충분히 견딜 수 있는 강도를 가져야 한다.
3) 전선의 피복 등을 손상시킬 돌기 등이 없이 매끈하여야 한다.
4) 금속재의 것은 적절한 방식처리를 한 것이거나 내식성 재료의 것이어야 한다.
5) 측면 레일 또는 이와 유사한 구조재를 부착하여야 한다.
6) 배선의 방향 및 높이를 변경하는데 필요한 부속재 또는 기타 적당한 기구를 갖춘 것이어야 한다.
7) 비금속제 케이블 트레이는 난연성 재료의 것이어야 한다.
8) 금속제 케이블트레이시스템은 기계적 및 전기적으로 완전하게 접속하여야 하며 금속제 트레이는 감전에 대한 보호(211)와 접지시스템(140)에 준하여 접지공사를 하여야 한다.
9) 케이블이 케이블트레이시스템에서 금속관, 합성수지관 등 또는 함으로 옮겨가는 개소에는 케이블에 압력이 가하여지지 않도록 지지하여야 한다.
10) 별도로 방호를 필요로 하는 배선부분에는 필요한 방호력이 있는 불연성의 커버 등을 사용하여야 한다.
11) 케이블트레이가 방화구획의 벽, 마루, 천장 등을 관통하는 경우에 관통부는 불연성의 물질로 충전(充填)하여야 한다.

(4) 케이블 트레이 시공방식의 장·단점

1) 장점
   ① 방열특성이 좋다.
   ② 허용전류가 크다
   ③ 장래부하 증설 및 시공이 용이하다.
   ④ 경제적이다.
2) 단점 : 케이블의 노출에 따른 재해를 받을 수 있다.

5.4 케이블덕팅시스템

(1) 금속덕트공사

1) 시설조건
   ① 전선은 절연전선(옥외용 비닐절연전선을 제외)일 것.
   ② 금속덕트에 넣은 전선의 단면적(절연피복의 단면적을 포함)의 합계는 덕트의 내부 단면적의 20[%](전광표시장치 기타 이와 유사한 장치 또는 제어회로 등의 배선만을 넣는 경

우에는 50[%]) 이하일 것.

③ 금속덕트 안에는 전선에 접속점이 없도록 할 것. 다만, 전선을 분기하는 경우에는 그 접속점을 쉽게 점검할 수 있는 때에는 그러하지 아니하다.

④ 금속덕트 안의 전선을 외부로 인출하는 부분은 금속덕트의 관통부분에서 전선이 손상될 우려가 없도록 시설할 것.

⑤ 금속덕트 안에는 전선의 피복을 손상할 우려가 있는 것을 넣지 아니할 것.

⑥ 금속덕트에 의하여 저압 옥내배선이 건축물의 방화구획을 관통하거나 인접 조영물로 연장되는 경우에는 그 방화벽 또는 조영물 벽면의 덕트 내부는 불연성의 물질로 차폐하여야 함.

2) 금속덕트의 선정

① 폭이 40[mm]이상, 두께가 1.2[mm]이상인 철판 또는 동등 이상의 기계적 강도를 가지는 금속제의 것으로 견고하게 제작한 것일 것.

② 안쪽 면은 전선의 피복을 손상시키는 돌기(突起)가 없는 것일 것.

③ 안쪽 면 및 바깥 면에는 산화 방지를 위하여 아연도금 또는 이와 동등 이상의 효과를 가지는 도장을 한 것일 것.

3) 금속덕트의 시설

① 덕트 상호 간은 견고하고 또한 전기적으로 완전하게 접속할 것.

② 덕트를 조영재에 붙이는 경우에는 덕트의 지지점 간의 거리를 3[m](취급자 이외의 자가 출입할 수 없도록 설비한 곳에서 수직으로 붙이는 경우에는 6[m]) 이하로 하고 또한 견고하게 붙일 것.

③ 덕트의 본체와 구분하여 뚜껑을 설치하는 경우에는 쉽게 열리지 아니하도록 시설할 것.

④ 덕트의 끝부분은 막을 것.

⑤ 덕트 안에 먼지가 침입하지 아니하도록 할 것.

⑥ 덕트는 물이 고이는 낮은 부분을 만들지 않도록 시설할 것.

⑦ 덕트는 감전에 대한 보호(211)와 접지시스템(140)에 준하여 접지공사를 할 것.

(2) 케이블공사

1) 시설조건

케이블공사에 의한 저압 옥내배선은 다음에 따라 시설하여야 한다.

① 전선은 케이블 및 캡타이어케이블일 것.

② 중량물의 압력 또는 현저한 기계적 충격을 받을 우려가 있는 곳에 시설하는 케이블에는 적당한 방호 장치를 할 것.

③ 전선을 조영재의 아랫면 또는 옆면에 따라 붙이는 경우에는 전선의 지지점 간의 거리를 케이블은 2[m](사람이 접촉할 우려가 없는 곳에서 수직으로 붙이는 경우에는 6[m]) 이하 캡타이어케이블은 1[m]이하로 하고 또한 그 피복을 손상하지 아니하도록 붙일 것.

④ 관 기타의 전선을 넣는 방호 장치의 금속제 부분·금속제의 전선 접속함 및 전선의 피복에 사용하는 금속체에는 감전에 대한 보호(211)와 접지시스템(140)에 준하여 접지공사를 할 것. 다만, 사용전압이 400[V]이하로서 다음 중 하나에 해당할 경우에는 관 기타의 전선을 넣는 방호 장치의 금속제 부분에 대하여는 그러하지 아니하다.

㉮ 방호 장치의 금속제 부분의 길이가 4[m]이하인 것을 건조한 곳에 시설하는 경우

㉯ 옥내배선의 사용전압이 직류 300[V] 또는 교류 대지 전압이 150[V]이하로서 방호 장치의 금속제 부분의 길이가 8[m]이하인 것을 사람이 쉽게 접촉할 우려가 없도록 시설하는 경우 또는 건조한 것에 시설하는 경우

2) 콘크리트 직접매설용 포설

상기 케이블공사에 의한 저압 옥내배선은 ④의 규정에 준하여 시설하는 이외에 다음에 따라 시설하여야 한다.

① 전선은 콘크리트 직접매설용 케이블 또는 334.1의 4의 "마"에서 "사"까지 정하는 구조의 개장을 한 케이블일 것.

② 공사에 사용하는 박스는 「전기용품 및 생활용품 안전관리법」의 적용을 받는 금속제이거나 합성 수지제의 것 또는 황동이나 동으로 견고하게 제작한 것일 것.

③ 전선을 박스 또는 풀박스 안에 인입하는 경우는 물이 박스 또는 풀박스 안으로 침입하지 아니하도록 적당한 구조의 부싱 또는 이와 유사한 것을 사용할 것.

④ 콘크리트 안에는 전선에 접속점을 만들지 아니할 것.

3) 수직 케이블의 포설

전선을 건조물의 전기 배선용의 파이프 샤프트 안에 수직으로 매어 달아 시설하는 저압 옥내배선은 케이블공사(232.51.1의 2 및 4)의 규정에 준하여 시설하는 이외의 다음에 따라 시설하여야 한다.

① 전선은 다음 중 하나에 적합한 케이블일 것.

㉮ KS C IEC 60502(정격전압 1[kV]~30[kV] 압출 성형 절연 전력케이블 및 그 부속품)에 적합한 비닐외장케이블 또는 클로로프렌외장케이블(도체에 연알루미늄선, 반경 알루미늄선 또는 알루미늄 성형단선을 사용하는 것 및 ②에 규정하는 강심알루미늄 도체 케이블을 제외)로서 도체에 동을 사용하는 경우는 공칭단면적 25[mm^2]이상, 도체에 알루미늄을 사용한 경우는 공칭단면적 35[mm^2]이상의 것.

㉯ 강심알루미늄 도체 케이블은 「전기용품 및 생활용품 안전관리법」에 적합할 것.

㉰ 수직조가선 부(付) 케이블로서 다음에 적합할 것.

- 케이블은 인장강도 5.93[kN]이상의 금속선 또는 단면적이 22[mm^2] 아연도강연선으로서 단면적 5.3[mm^2]이상의 조가선을 비닐외장케이블 또는 클로로프렌외장케이블의 외장에 견고하게 붙인 것일 것.

- 조가선은 케이블의 중량(조가선의 중량을 제외한다)의 4배의 인장강도에 견디도록 붙인 것일 것.

㉑ KS C IEC 60502(정격전압 1[kV]～30[kV] 압출 성형 절연전력케이블 및 그 부속품) 에 적합한 비닐외장케이블 또는 클로로프렌외장케이블의 외장 위에 그 외장을 손상하 지 아니하도록 좌상(座床)을 시설하고 또 그 위에 아연도금을 한 철선으로서 인장강도 294[N]이상의 것 또는 지름 1[mm]이상의 금속선을 조밀하게 연합한 철선 개장 케이 블

② 전선 및 그 지지부분의 안전율은 4 이상일 것.

③ 전선 및 그 지지부분은 충전부분이 노출되지 아니하도록 시설할 것.

④ 전선과의 분기부분에 시설하는 분기선은 케이블일 것.

⑤ 분기선은 장력이 가하여지지 아니하도록 시설하고 또한 전선과의 분기부분에는 진동 방 지장치를 시설할 것.

⑥ "⑤"의 규정에 의하여 시설하여도 전선에 손상을 입힐 우려가 있을 경우에는 적당한 개소 에 진동 방지장치를 더 시설할 것.

4장 태양광발전장치 준공 검사

1 태양광발전 정밀 안전 진단

1.1 보호계전기 특성 및 동작시험

(1) 용어정의

    1) 보호계전기(Protective Relay)

      전력계통에서 단락이나 접지사고가 발생했을 경우 또는 과부하나 기타의 원인으로 이상상태가 발생했을 때에 검출하여 신속하게 계통으로부터 분리되도록 지령을 내리는 목적을 가진 기구를 보호계전기라고 한다.

    2) 계전기의 정격

      계전기가 정상으로 작동하는 조건의 총칭

    3) 부담(Impedance)

      계전기 입력회로의 임피던스를 말하며, 소비 VA, 소비전력, 부담 임피던스중의 하나로 표시한다. 부담을 나타낼 때에 변류기(CT)를 사용하는 전류회로와 계기용변압기(VT)를 사용하는 전압회로의 부담은 정격 VA로, 직류회로의 부담은 정격치 소비전력으로 그 외의 회로부담은 부담 임피던스로 표시함을 원칙으로 한다.

    4) 정정(Setting)

      보호계전기가 보호할 구간에서 어떠한 이상 상태가 발생했을 때 이에 적절히 작동하도록 조정(調整)장치(예 : Tap, Lever 등)에 의해 작동기준치를 정하는 것을 말한다.

    5) 응동

      보호계전기에 전기적 입력의 변화(크기나 위상의 변화)를 주었을 때, 계전기의 작동기구가 작동하여 접점을 개로 또는 폐로하여 이를 출력으로 꺼낼 수 있는 것을 말한다.

    6) 과전류계전기(Over Current Relay : OCR) : 50/51

      전류의 크기가 일정치 이상으로 되었을 때 작동하는 계전기이며 특별히 지락사고 시 지락전류의 크기에 응동하도록 한 것을 지락과전류계전기(OCGR : Over Current Ground Relay)라고 한다.

    7) 과전압계전기(Over Voltage Relay : OVR) : 59

      전압의 크기가 일정치 이상으로 되었을 때 작동하는 계전기이며, 지락사고 시 발생되는 영상

전압의 크기에 응동하도록 한 것은 지락과전압계전기(Over Voltage Ground Relay : OVGR)라 한다.

8) 부족전압계전기(Under Voltage Relay) : 27

전압의 크기가 일정치 이하로 되었을 때 작동하는 계전기이며 부족저전압계전기라고도 한다.

9) 전력계전기(Power Relay)

전력의 크기가 일정치 이상으로 되었을 때 작동하는 계전기로 교류용은 유효전력(kW)계전기와 무효전력(Var)계전기 두 종류가 있다

10) 방향계전기(Directional Relay) : 67N

전압 Vector를 기준으로 전류의 흐르는 방향이 일정범위 안에 있을 때 응동하는 계전기이며 일반적으로 전류의 방향이 작동범위 이내에서도 전압·전류의 적(積)이 일정치 이상에 달했을 때 작동하도록 되어 있어 전력방향계전기라 한다.

11) 방향과전류계전기(Directional Over Current Relay : DOCR)

선간전압을 기준으로 전류의 방향이 일정범위 안에 있을 때 응동하는 것으로 루프계통의 단락사고 보호용으로 사용된다.

12) 지락방향과전류계전기(Directional Over Current Ground Relay : DOCGR)

영상전압(또는 일정방향의 영상전류)을 기준으로 지락고장전류의 방향이 일정범위에 있을 때 작동하는 계전기이며 루프계통의 지락사고 보호용으로 사용된다.

13) 차동계전기(Differential Relay : DR) 87

피보호설비(또는 구간)에 유입하는 어떤 입력의 크기와 유출되는 출력의 크기간의 차이가 일정치 이상이 되면 작동하는 계전기를 일괄하여 차동계전기라 하며 전류차동계전기, 비율차동계전기, 전압차동계전기 등이 있다.

14) 비율차동계전기(Ratio Differential Relay : RDR) 87

총 입력전류와 총 출력전류간의 차이가 총 입력전류에 대하여 일정비율 이상으로 되었을 때 작동하는 계전기이며 많은 전력기기들의 주된 보호계전기로 사용된다.

15) 역상계전기(Negative Sequence Relay : NSR) 46

역상분 전압 또는 전류의 크기에 따라 응동하는 계전기로 역상분만을 통과시키는 Filter 회로를 가지며 작동부분은 일반의 전압 또는 전류계전기와 같은 것으로 각각 역상과전압계전기 및 역상과전류계전기라 하며 전력설비의 불평형 운전 또는 차상 운전 방지를 위한 보호계전기로 사용된다.

16) 주파수계전기(Frequency Relay : FR) 81

교류의 주파수에 따라 응동하는 계전기이며 주파수가 일정치보다 높을 경우 작동하는 것을 과주파수계전기(over frequency relay)라 하며, 낮을 때 작동하는 것을 저주파수계전기

(under frequency relay)라 하고 전력계통보호용으로는 저주파수계전기가 많이 사용되고 과주파수계전기는 주로 회전기기의 과속도 운전에 대한 보호용으로 사용된다.

17) 결상계전기(Phase Open Relay : POR)

3상 회로에 설치된 기기에 평형 3상 입력이 가해지지 않는 경우에(3상 중 1상의 입력이 가해지지 않은 경우) 기기 또는 회로를 보호하기 위해 결상상태를 검출하여 차단 또는 경보하도록 하는 계전기를 말한다.

18) 선택지락계전기(Selective Ground Relay : SGR) 67G

비접지 계통의 배전선 지락사고를 검출하여 사고회로만을 선택차단하는 방향성 계전기로서 지락사고시 계전기 설치점에 나타나는 영상전압과 영상지락고장전류(비접지 계통에서는 지락고장시 계통충전전류 및 GVT(= GPT) 3차 CLR의 저항값에 따라 고장전류가 제한된다)를 검출하여 선택 차단한다. 계전기에 도입되는 영상전압은 모선에 설치하는 GVT 3차측 권선을 개방 델타(△)결선하여 사용하고 영상고장전류는 선로에 설치하는 영상변류기(ZCT)를 사용한다.

(2) 외관점검

1) 보호계전기가 파손되거나 오손되지 않았는지 확인한다.
2) 설치상태의 적정여부를 확인한다.
3) 내부 이물질 여부 및 스프링 변형 등의 적정여부를 확인한다.
4) 배선상태가 밴드(Band)로 묶거나 덕트 등에 수납하여 배선이 눌리거나 손상의 우려는 없는지 확인한다.
5) 시험용단자는 보호계전기나 계기 등의 시험에 간편하도록 계기용변압기 및 변류기(VT, CT) 2차 회로에 플러그인(Plug in) 시험단자를 판넬 전면에 구비 하였는지와 결선의 적정여부 및 VT, CT의 명판을 부착하였는지 확인한다.
6) 변성기류와의 결선상태의 적정여부를 확인한다.
7) 전원공급 방식과 결선 또는 계전기의 종류가 적합한 것인지를 확인한다.
8) 경보용 또는 차단용인지를 확인한다.
9) 변성기 2차 접지 위치를 확인한다.
10) 제어전원은 계전기의 작동에 필요한 전원이 올바르게 공급되어 있는지 확인한다.
11) 디지털계전기는 표시장치를 판독할 수 있는 장소에 설치되었는지 확인한다.
12) 정지형 또는 디지털계전기의 경우 시험버튼의 유무를 확인한다.
13) 문(door) 개폐 시 및 점검 시 계전기, 계측장치 등의 충전부 접촉에 의한 인체감전, 단락 등의 사고우려가 없도록 안전덮개가 설치되었는지 확인한다.

(3) 회로점검

1) 정격퓨즈가 들어있는지 확인한다.
2) DC를 통전하여 각 부분이 이상 없는지 확인한다.

3) 수동으로 계전기 접점(개로형의 경우)을 부쳐 보아 차단기가 작동되는가를 확인한다.

4) 3)를 확인하고 계전기 작동표시기(Target)가 작동하는지 확인한다.

5) 3)를 확인하고 해당 계전기의 작동 표시램프 및 벨(bell)이 작동하는지 확인한다.

(4) 확인사항

1) 계전기 종류, 정정 탭 및 레버, 형식을 확인한다.

OCR, OCGR, SGR, DGR, GR, OVGR, OVR, UVR, RDR, 복합형계전기

2) 제작사, 제작년월, 제작번호를 확인한다.

3) 설치장소, 사용개소 CT(과전류정수, 과전류강도, 정격부담, 비율), VT, 결합차단기의 종류, 차단시간을 확인한다.

※ CT가 보호계전기용인지 계측기용인지 확인한다.

(5) 보호계전장치

1) 보호계전장치의 역할

전력계통, 전기기기의 이상상태를 신속히 제거함으로서 사람의 안전, 설비의 손상방지, 2차 재해방지를 도모하는 동시에 다른 전력계통에의 파급을 막고, 전력공급의 안정과 신뢰도 향상을 도모하기 위해 설치된 보호계전기를 중심으로 한 장치를 말한다.

2) 보호계전장치의 구비조건

① 신뢰성 : 피보호설비 고장 시 확실히 작동과 오부작동이 없을 것.

② 선택성 : 고장구간만 차단하며, 건전구간이 정지되지 않을 것.

③ 협조성 : 무 보호 구간이 없어야 하며, 즉시 작동할 것인가, 시간을 갖고 작동할 것인가를 판단하여 작동할 것.

④ 후비성 : 후비보호기능을 구비할 것.

⑤ 작동감도 : 작동조건이 만족되면 확실한 작동이 될 것.

3) 보호계전방식의 구성도

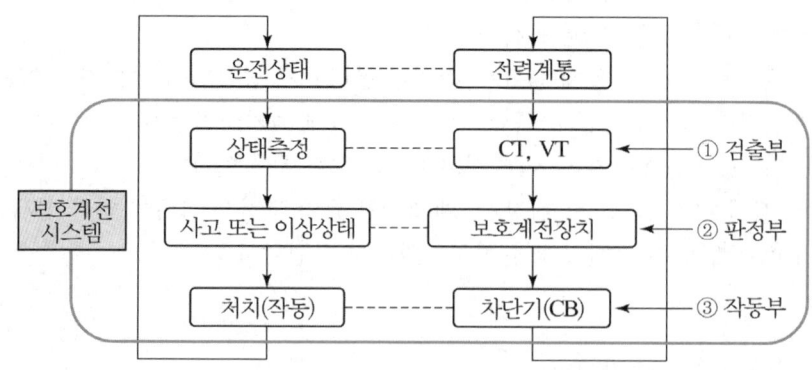

그림 4-1 보호계전방식의 구성도

4) 보호계전기의 정정은 다음의 경우에 시행한다.

① 전력설비 신·증설시

② 계통조건이 변경되었을 때

③ 계전기용 변성기(CT, VT 등)교체 또는 변압, 변류비 변경 시

5) 보호계전장치의 절연저항 및 절연내력 시험값은 다음 표와 같다.

표 4-1 보호계전장치의 절연저항 및 절연내력 시험값

항 목	측정장비	측정구간	측정기준치
절연저항 측정	DC 500[V] 메거	전기회로 – 외함	10[MΩ] 이상
		전기회로–상호간	5[MΩ] 이상
절연내력 시험	절연내력 시험기	전기회로 – 외함	2,000[V] 1분간
		전기회로–상호간	1,000[V] 1분간

6) 주 보호계전기와 후비 보호계전기의 목적

① 주 보호계전기(Main Protection Relay) 목적

㉮ 보호범위 내의 사고를 다른 어떤 계전기보다 빨리 제거하는 기능

㉯ 정전범위를 최소화할 수 있도록 다른 계전기와 시간협조

② 후비 보호계전기(Back-up Protection Relay) 목적

㉮ 주보호장치가 제 기능을 수행하지 못하고 작동실패에 대비하여 2차적인 보호

(6) 보호계전기의 동작 특성

1) 한시(Time Delay)

응동시간이 늦어지도록 고려한 경우의 응동을 말한다.

① 정한시형 : 입력의 크기에 관계없이 정해진 시간에 작동하는 것.

② 반한시형 : 입력이 커질수록 짧은 시간에 작동하는 것.

③ 정반한시형 : 입력이 커질수록 짧은 시간에 작동하나 입력이 어떤 범위를 넘으면 일정시간에 작동하는 것.

④ 계단한시형 : 입력의 일정 범위별로 일정 시간에 계단식으로 작동하는 것.

2) 순시(Instantaneous)

① 응동시간에 대해 특히 고려하지 않는 경우의 응동.

② 일반적으로 일정입력(200%)에서 0.2초 이내로 작동하는 경우.

3) 고속도(High Speed)

① 응동시간이 빨라지도록 특히 고려한 경우의 응동.

② 일반적으로 일정입력(200%)에서 0.04초 이내로 작동하는 경우.

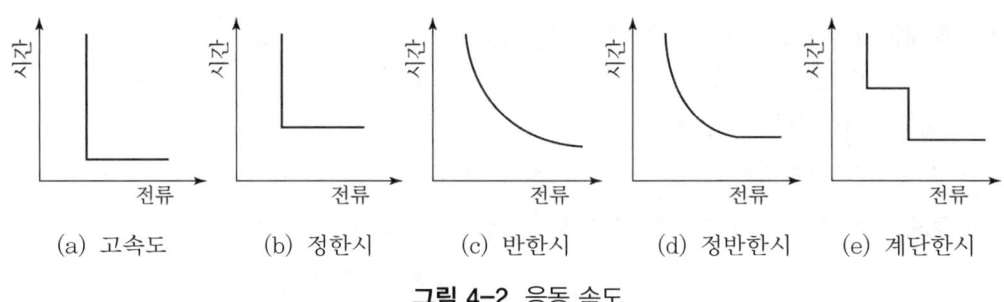

그림 4-2 응동 속도

(7) 보호계전기 시험

1) 시험 시 유의사항

① 시험 전 유의사항

㉮ 책임구분을 명확히 한다.

㉯ 시험목적 인식과 계전기 작동원리를 이해하고 시험방법과 시험회로의 조건을 충분히 검토한다.

㉰ 작업순서를 설정한다.

㉱ 설비정지 및 차단회로 분리방법과 후비보호대책을 고려한다.

㉲ 시험장비 전원의 극성 및 공급상태를 확인한다.

㉳ 계전기의 이면배선 탈락, 접속단자의 과열, 변색, 이완 여부를 확인한다.

㉴ 시험전원이 교류일 때 정전압, 정주파에 가깝고 직류인 경우 정류기의 맥동에 유의한다.

② 시험 중 유의사항

㉮ 계전기 시험기의 부담을 고려하여 전류 및 저항 레인지를 적정하게 선택한다.

㉯ 자체시험 중 최소 작동치 시험 시 AS, VS의 지시상태가 적정한지 확인한다.

– 시한특성 시험의 경우 100[%]이상의 전압, 전류를 인가하므로 지시계기에 부담을 주지 않도록 OFF 상태로 둔다.

㉰ 계전기 특성시험(자체시험) 결과가 특성곡선에 적합한지 확인한다.

– 특성시험 시 기설의 경우에는 계전기 단자에서 시험하고, 신설 또는 변경의 경우에는 결선확인을 위해 CT, VT, GVT, ZCT 2차측에서 시험한다.

㉱ 시험 시 변류기 2차가 개방되지 않도록 주의한다.

– CT 2차 회로측의 절연파괴를 일으키게 된다.

㉲ 반도체 사용회로의 조작전원 적정여부를 확인한다.

③ 시험 후 유의사항

㉮ 변성기 회로의 극성 확인한다.

㉯ 전압전류의 각상 평형 및 상회전을 확인한다.

㉰ 각 계전기의 작동, 복귀여부를 확인한다.

㉱ 각 계전기의 탭(Tap)과 래버(Lever)값을 확인한다.

ⓜ 시험 후 계전기 및 차단기의 상태가 원상태로 복구되었는지 확인한다.
– 계전기의 배선이 바뀌지 않도록 주의하여야 한다.
ⓑ 시험장비 복귀여부를 확인한다.
ⓢ 시험 중에 발생한 특이사항은 빠짐없이 비고란에 기입한다.

(8) 보호계전기 작동특성

1) 작동치(Tap) 정정 : 전기설비의 용량이나 특성에 맞게 보호계전기의 작동치(전류, 전압 등)가 정정되어 있는지 확인한다.
2) 작동시한(Lever) 정정 : 전기설비 고장발생시 계전기가 작동하여야 할 시한(순시 및 한시)이 바르게 정정되어 있는지 확인한다. 수전설비의 보호계전기가 정정되지 않은 고객은 관할 한전과 협조하여 정정토록 하며 배전용 보호계전기는 부하설비, CT 배율 등을 고려하여 적정치로 정정하여야 한다.
3) 작동시험 : 보호계전기별로 계전기시험기를 이용하여 정정상태에서 최소작동시험 및 시한특성시험을 실시한다.

1.2 접지 및 절연저항

(1) 접지저항의 측정

1) 2020.12.31. 이전에 공사계획신고 및 사용전 검사를 받은 설비는 접지공사 종류별(제1종, 제2종, 제3종, 특별 제3종)로 측정한다.
2) 접지측정은 접지단자함에서 측정한다. 접지단자함이 설치되어 있지 않은 경우에는 각각의 접지선을 쉽게 분리할 수 있는 곳에서 측정 확인한다.
3) 공통·통합접지공사를 한 경우는 본 교재 "태양광발전시스템 구성·선정" 3장 1.3.4(접지시스템)의 (11) 공통접지 및 통합접지에 따라 측정한다.
4) 접지저항의 측정방법

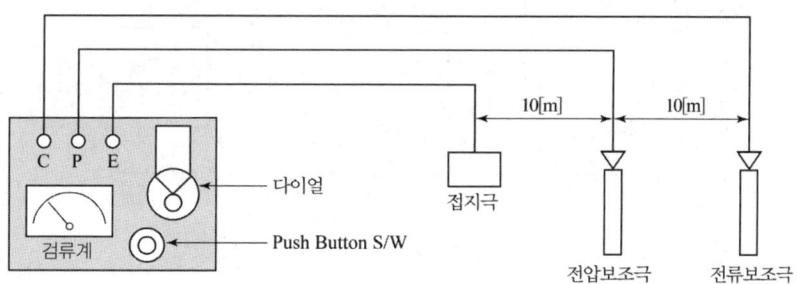

그림 4-3 접지저항 측정방법

① 계측기를 수평으로 놓는다.
② 보조 접지극을 습기가 있는 곳에 직선으로 10[m] 이상 간격을 두고 박는다.

③ E 단자의 리드선을 접지극(접지선)에 접속한다.

④ P, C 단자를 보조 접지극에 접속한다.

⑤ Push Button을 누르면서 다이얼을 돌려 검류계의 눈금이 중앙(0)을 지시할 때 다이얼의 값을 읽는다.

(2) 절연저항의 측정

태양광 발전 시스템의 각 부분의 절연상태를 운전하기 전에 충분히 확인할 필요가 있다. 운전 개시나 정기점검의 경우는 물론 사고 시에도 불량개소를 판정하고자 하는 경우에 실시한다. 한편, 운전 개시에 측정된 절연저항 값이 이후의 절연상태의 기준이 되므로 측정결과를 기록하여 보관해 두어야 한다.

1) 태양전지 회로

① 태양전지는 낮에 전압을 발생하고 있으므로 사전에 주의하여 절연저항을 측정해야 하며 이와 같은 상태에서 절연저항 측정에 적당한 측정장치가 개발되기까지는 다음의 방법으로 절연저항을 측정하는 것을 권장한다. 측정할 때는 낙뢰 보호를 위해 어레스터 등의 피뢰소자가 태양전지 어레이의 출력단에 설치되어 있는 경우가 많으므로 측정 시 그런 소자들의 접지측을 분리 시킨다. 또한 절연저항은 기온이나 습도에 영향을 받으므로 절연저항 측정 시 기온, 온도 등도 측정값과 함께 기록해 둔다. 아울러 우천 시나 비가 갠 직후의 절연저항 측정은 피하는 것이 좋다.

② 시험기자재 : 절연저항계(메거), 온도계, 습도계, 단락용 개폐기

③ 회로도 : 절연저항 측정회로

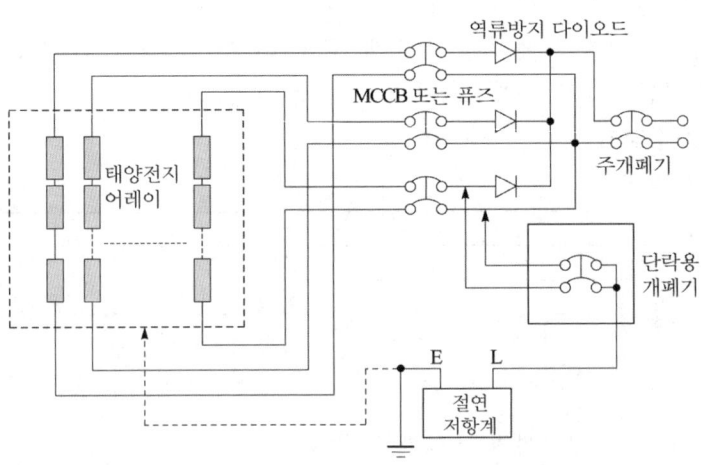

그림 4-4 절연저항 측정회로 예

④ 측정순서

㉮ 출력개폐기를 개방(Off)한다. 출력개폐기의 입력부에 SPD를 취부하고 있는 경우는 접지단자를 분리시킨다.

㉯ 단락용 개폐기(태양전지의 개방전압에서 차단전압이 높고 출력개폐기와 동등 이상의 전류 차단능력을 가진 전류개폐기의 2차측을 단락하여 1차측에 각각 클립을 취부한 것)을 개방(Off)한다.

㉰ 전체 스트링의 MCCB 또는 퓨즈를 개방(off)한다.

㉱ 단락용 개폐기의 1차측(+) 및 (−)의 클립을, 역류방지 다이오드와 태양전지측 MCCB 또는 퓨즈의 사이에 각각 접속한다. 접속 후 대상으로 하는 스트링의 MCCB 또는 퓨즈를 투입(On)한다. 마지막으로 단락용 개폐기를 투입(On)한다.

㉲ 절연저항계(메거)의 E측을 접지단자에, L측을 단락용 개폐기의 2차측에 접속하고 절연저항계를 투입(On)하여 저항값을 측정한다.

㉳ 측정 종료 후에 반드시 단락용 개폐기를 개방(Off)하고 어레이측 MCCB 또는 퓨즈, 단로기를 개방(Off)한 후 마지막에 스트링의 클립을 제거한다. 이 순서를 반드시 지켜야 한다. 특히 단로기는 단락전류를 차단하는 기능이 없으며 또한 단락상태에서 클립을 제거하면 아크방전이 발생하여 측정자가 화상을 입을 가능성이 있다.

㉴ SPD의 접지측 단자를 복원하여 대지전압을 측정해서 잔류전하의 방전상태를 확인한다.

㉵ 측정결과의 판정은 전기설비기술기준에 따라 판정한다.

⑤ 측정 시 유의사항

㉮ 일사가 있을 때 측정하는 것은 큰 단락전류가 흘러 매우 위험하므로 단락용 개폐기를 이용할 수 없는 경우에는 절대 측정하지 말아야 한다.

㉯ 태양전지의 직렬수가 많아 전압이 높은 경우에는 예측할 수 없는 위험이 발생 할 수 있으므로 측정하지 말아야 한다.

㉰ 측정 시에는 태양전지 모듈에 커버를 씌워 태양전지 셀의 출력을 저하시키면 보다 안전하게 측정할 수 있다.

㉱ 단락용 개폐기 및 전선은 고무절연판 등으로 대지절연을 유지함으로써 보다 정확한 측정값을 얻을 수 있다. 따라서 측정자의 안전을 보장하기 위해 전기용(절연)고무장갑을 착용하여야 한다.

2) 인버터 회로(절연변압기 부착)

① 시험기자재

㉮ 인버터 정격전압 300[V] 이하 : 500[V] 절연저항계(메거)

㉯ 인버터 정격전압 300[V] 초과 600[V] 이하 : 1,000[V] 절연저항계(메거)

② 회로도 : 인버터의 절연저항 측정회로

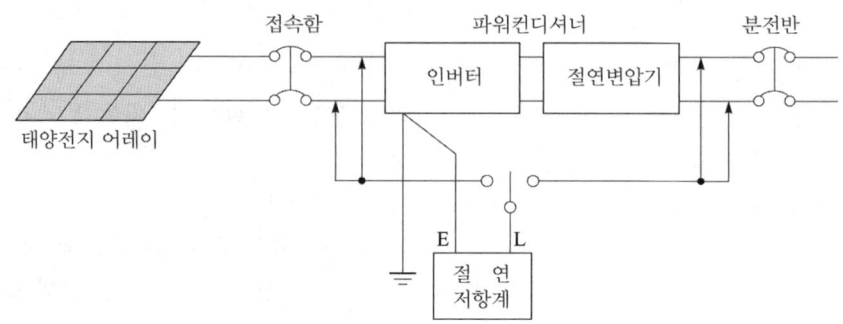

그림 4-5 인버터의 절연저항 측정회로

③ 측정방법 및 측정순서

측정개소	측정방법 및 측정순서
입력회로	**측정방법** • 태양전지 회로를 접속함에서 분리하여 인버터의 입출력단자를 각각 단락하면서 입력단자와 대지 간의 절연저항을 측정한다. • 접속함까지의 전로를 포함하여 절연저항을 측정하는 것으로 한다.
	측정순서 ① 태양전지 회로를 접속함에서 분리한다. ② 분전반 내의 분기차단기를 개방한다. ③ 직류측의 모든 입력단자 및 교류측의 전체 출력단자를 각각 단락한다. ④ 직류단자와 대지 간의 절연저항을 측정한다. ⑤ 측정결과의 판정은 전기설비기술기준에 따라 판정한다.
출력회로	**측정방법** • 인버터의 입·출력단자를 단락하여 출력단자와 대지 간의 절연저항을 측정한다. • 교류측 회로를 분전반 위치에서 분리하여 측정하기 위해 분전반까지의 전로를 포함하여 절연저항을 측정하게 된다. • 절연변압기가 별도로 설치된 경우에는 이를 포함하여 측정한다.
	측정순서 ① 태양전지 회로를 접속함에서 분리한다. ② 분전반 내의 분기차단기를 개방한다. ③ 직류측의 모든 입력단자 및 교류측의 전체 출력단자를 각각 단락한다. ④ 교류단자와 대지 간의 절연저항을 측정한다. ⑤ 측정결과의 판정은 전기설비기술기준에 따라 판정한다.

④ 측정 시 유의사항

㉮ 정격전압이 입·출력과 다를 때는 높은 측의 전압을 절연저항계의 선택기준으로 한다.

㉯ 입·출력단자에 주회로 이외의 제어단자 등이 있는 경우는 이것을 포함해서 측정한다.

㉰ 측정할 때는 SPD 등의 정격에 약한 회로들은 회로에서 분리시킨다.

㉴ 절연변압기를 장착하지 않은 인버터의 경우에는 제조업자가 권장하는 방법에 따라 측정한다.

(3) 절연내력의 측정

일반적으로 저압회로의 절연은 제작회사에서 충분히 검토하여 제작되고 있다. 또한 절연저항의 측정을 실시하여 확인할 수 있는 것들이 많으므로 설치장소에서의 절연내력 시험은 생략되는 것이 일반적이다. 절연내력 시험을 실시할 필요가 있는 경우에는 다음과 같은 방법에 의한다.

1) 태양전지 어레이 회로

① 절연저항 측정과 같은 회로조건으로서 표준 태양전지 어레이 개방전압을 최대 사용전압으로 간주하여 최대 사용전압의 1.5배의 직류전압이나 1배의 교류전압(500[V] 미만일 때는 500[V])을 10분간 인가하여 절연파괴 등의 이상이 발생되지 않음을 확인한다.
② 태양전지 스트링의 출력회로에 삽입되어 있는 피뢰소자는 절연내력 측정 시 분리하여야 한다.

2) 인버터 회로

① 절연저항 측정과 같은 회로조건으로서 시험전압은 태양전지 어레이 회로의 절연내력 시험과 같이 시험전압을 10분간 인가하여 절연파괴 등의 이상이 생기지 않는 것을 확인한다.
② 인버터 내에는 SPD 등의 접지된 부품이 있으므로 제조사에서 지시하는 방법으로 실시한다.

1.3 보호장치 종류 및 시설조건

(1) 과전류 보호장치

1) 적용범위

과전류의 영향으로부터 회로도체를 보호하기 위한 요구사항으로서 과부하 및 단락고장이 발생할 때 전원을 자동으로 차단하는 하나 이상의 장치에 의해서 회로도체를 보호하기 위한 방법을 규정한다.

2) 일반 요구사항

과전류로 인하여 회로의 도체, 절연체, 접속부, 단자부 또는 도체를 감싸는 물체 등에 유해한 열적 및 기계적인 위험이 발생되지 않도록, 그 회로의 과전류를 차단하는 보호장치를 설치해야 한다.

3) 저압 계통의 과전류 보호장치는 본 교재의 설계과목 3장 1.3.9(과전류에 대한 보호)에 따라 설치한다.

4) 고압 및 특고압 전로 중의 과전류차단기의 시설

① 과전류차단기로 시설하는 퓨즈 중 고압전로에 사용하는 포장 퓨즈(퓨즈 이외의 과전류 차단기와 조합하여 하나의 과전류 차단기로 사용하는 것을 제외)는 정격전류의 1.3배의 전류에 견디고 또한 2배의 전류로 120분 안에 용단되는 것 또는 고압전류제한퓨즈이어야 한다.

② 과전류차단기로 시설하는 퓨즈 중 고압전로에 사용하는 비포장 퓨즈는 정격전류의 1.25배의 전류에 견디고 또한 2배의 전류로 2분 안에 용단되는 것이어야 한다.

③ 고압 또는 특고압의 전로에 단락이 생긴 경우에 동작하는 과전류차단기는 이것을 시설하는 곳을 통과하는 단락전류를 차단하는 능력을 가지는 것이어야 한다.

④ 고압 또는 특고압의 과전류차단기는 그 동작에 따라 그 개폐상태를 표시하는 장치가 되어 있는 것이어야 한다. 다만, 그 개폐상태가 쉽게 확인될 수 있는 것은 적용하지 않는다.

5) 과전류차단기의 시설 제한

접지공사의 접지선, 다선식 전로의 중성선 및 전로의 일부에 접지공사를 한 저압 가공전선로의 접지측 전선에는 과전류차단기를 시설하여서는 안 된다.

(2) 계통연계용 보호장치의 시설

① 계통연계하는 분산형전원을 설치하는 경우 다음 각 호의 1에 해당하는 이상 또는 고장 발생시 자동적으로 분산형전원을 전력계통으로부터 분리하기 위한 장치 시설 및 해당 계통과의 보호협조를 실시하여야 한다.

㉮ 분산형전원의 이상 또는 고장

㉯ 연계한 전력계통의 이상 또는 고장

㉰ 단독운전 상태

② 연계한 전력계통의 이상 또는 고장 발생시 분산형전원의 분리시점은 해당 계통의 재폐로 시점 이전이어야 하며, 이상 발생 후 해당 계통의 전압 및 주파수가 정상 범위 내에 들어올 때까지 계통과의 분리상태를 유지하는 등 연계한 계통의 재폐로방식과 협조를 이루어야 한다.

③ 단순 병렬운전 분산형전원의 경우에는 역전력 계전기를 설치한다. 단, 신에너지 및 재생에너지 개발·이용·보급촉진법에 의한 신·재생에너지를 이용하여 동일 전기사용장소에서 전기를 생산하는 합계 용량이 50[kW]이하의 소규모 분산형 전원(단, 해당 구내계통 내의 전기사용 부하의 수전계약전력이 분산형전원 용량을 초과하는 경우에 한한다)으로서 단독운전 방지기능을 가진 것을 단순 병렬로 연계하는 경우에는 역전력계전기 설치를 생략할 수 있다.

(4) 저압 직류과전류차단장치

① 직류전로에 과전류차단기를 설치하는 경우 직류단락전류를 차단하는 능력을 가지는 것이어야 하고 "직류용" 표시를 하여야 한다.

② 다중전원전로의 과전류차단기는 모든 전원을 차단할 수 있도록 시설하여야 한다.

(5) 저압 직류지락차단장치

① 직류전로에는 지락이 생겼을 때에 자동으로 전로를 차단하는 장치를 시설하여야 하며, "직류용" 표시를 하여야 한다.

1.4 안전진단 절차 및 설비

(1) 안전진단의 개요

전기설비의 6대 항목(절연저항, 인입구 배선, 누전차단기, 개폐기. 차단기, 옥내배선, 접지저항)에 대하여 설비의 상태에 따라 적합, 부적합을 판정하며, 경미한 부적합인 경우 현장에서 시설 개선활동 실시, 최종 점검 후 전기 설비 점검기록표를 작성하여 고객에게 통보하는 것을 안전진단이라고 한다.

(2) 전기설비 안전진단의 종류

1) 일반용 전기설비 안전진단

가로등, 신호등, 보안등, 주택, 상가 등 전압 600[V]이하로서 용량75[kW](제조업 및 심야전력은 100[kW])미만의 전력을 수전하는 일반용전기설비에 대하여 전기설비의 이상 유무를 확인하여 진단결과를 제공한다.

2) 자가용 전기설비 안전진단

공장, 빌딩, 아파트, 의료기관 등 자가용전기설비에 대하여 우수한 전문 기술력과 첨단 계측장비를 활용하여 고객의 전기설비에 대한 공신력 있는 진단결과를 제공하고, 전기설비의 이상 유무 및 운영상의 문제점을 도출하여 전기설비 개·보수를 위한 최적의 운영방안을 제시하는 진단이다.

3) 전기설비 정밀 안전진단

고객의 요청으로 전기설비에 대한 정밀진단결과를 제공하고, 전기설비의 사고를 사전에 예방하며, 사고로 인한 생산손실을 최소화 하고자 최첨단 장비, 전기설비의 고장해석프로그램을 활용하여 고객의 전기설비에 대한 안정성과 적합성을 검증하는 진단이다.

(3) 전기설비 안전진단의 종류별 진단항목과 진단내용

1) 일반용 안전진단

진 단 항 목	진 단 장 비	진 단 내 용
설비계통 및 운영상태		• 차단기정류, 정격전류 및 용량, 전선종류 및 굵기, 공사방법, 분기별 회로 부하 전류 등 설비계통 및 운영상태
절연저항	다기능계측기 누설전류계 누설전압전류계 누전점탐지기	• 개폐기, 차단기별 절연저항 측정 및 기록, 회로별 누설전류측정
인입구 배선	케이블매설측정기	• 규격전선사용, 전선접속상태, 피복손상, 배선공사 방법, 지상고(도로횡단, 가공지선 등)
누전차단기	누전차단시험기	• 설치여부, 작동여부, 열화 및 손상여부, 차단기 동작특성 및 정격차단전류 등 보호기기 동작상태
개폐기 · 차단기	비접촉식온도계	• 개폐기의 설치여부, 설치위치의 적합여부, 정격퓨즈 사용여부, 개폐기 결선상태, 다선식 전로의 각 극 개폐장치 여부, 접속점 열화여부 및 정격차단전류 등 보호기기 동작상태
옥내 · 외 배선	누설전압전류계	• 규격전선 사용여부, 전선피복의 손상여부, 배선공사 방법의 적합여부, 접속점 대지전압 및 누설전류, 지상고, 수목 · 타물과의 이격거리, 전선굵기, 금구류와 접속상태, 단말처리 등
접지상태	다기능계측기 접지저항측정기	• 접지대상별 접지저항측정 및 시공상태 • 접지선, 접지극 적정 여부
기타		• 분전함, 계량기, 접속함, 등주 등 전기설비 지지물에 대한 사용상태 확인 • 접속함 내 토사, 침전물 등 배수상태, 접속점 대지 전압 및 누설전류 확인 • 고객이 요청한 사항

2) 자가용 안전진단

진 단 항 목	진 단 장 비	진 단 내 용
케이블	비파괴절연진단장비	• 절연내력 시험
변압기	적외선열화상진단장비 절연유가스분석기 절연유내압시험기 초음파코로나탐지기	• 내부열화 이상발열 상태 • 유중가스 성분 분석 • 절연유 내압 기준치 미 여부 측정 • 기기 및 선로 연결부분 이상 음 발견
차단기	차단기동작시험기 VCB시험기	• 투입시 극간 접촉저항 측정 등 • 차단기 진공도 측정
보호장치	종합계전기시험기	• 동작특성 시험
전력계통	전원품질분석계	• 부하율 및 최대전력, 고조파 분석 등
절연 및 접지	디지털멀티메타	• 절연 및 접지저항 측정

1.5 단락전류 및 지락전류

(1) 단락전류

단락전류는 단락지점으로 일시에 대전류가 흐르게 되어 전력계통에 가장 심각한 파급영향을 미치며 신속히 고장구간을 선택하여 차단하지 않으면, 전 계통으로 파급되어 예기치 못한 정전사고로 발전하게 된다.

1) 단락전류의 개념

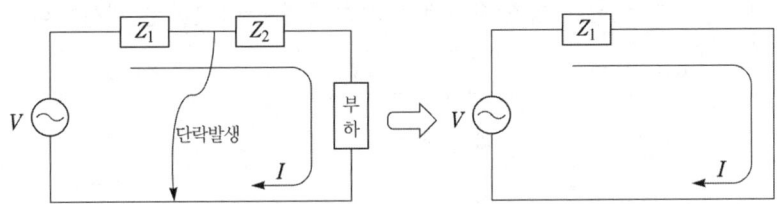

그림 4-6 단락발생 회로의 등가모델

전력계통에서 단락(Short Circuit)이란 회로의 임피던스가 감소하였다는 의미로 단락고장이 발생하면 원래 정상적인 회로의 기능을 잃고, 단락 지점까지만 회로로 취급할 수 있다.

2) 단락전류 계산의 목적
① 차단기 용량 결정
② 전력기기의 과전류 강도 및 정격 결정
③ 보호 계전기 정정 : 3상 단락전류 및 2상 단락전류
④ 통신선 유도장애 검토
⑤ 계통 구성결정
⑥ 유효접지 조건 검토 및 154[kV] 계통 변압기 중성점 운영 방식 결정

3) 단락전류의 계산
단락전류의 계산중에서도 계통에 가장 가혹한 조건은 3상 단락고장이며, 3상 단락고장 이외의 고장이 발생되었을 경우 이들의 개략적인 크기를 접지방식에 의해 구분하면 다음과 같다.

표 4-2 3상 단락전류와 지락전류에 대한 개략 값

접지방식 고장종류	직접접지	저항접지	비접지
3상 단락	100[%]	100[%]	100[%]
1선 지락	40[%] 이내	저항 값에 의함	0[%]
2선 지락	90[%] 이내	86.6[%] 이상	86.6[%]
2선 단락	86.6[%]	86.6[%]	86.6[%]

① 3상 단락전류계산의 기본가정

㉮ 한전의 수전 모선을 무한 모선으로 함

㉯ 3상은 평형 되어있고, 따라서 어느 한 상만을 계산의 기준으로 하여 수행함.

㉰ 모든 임피던스는 한곳에 집중되어 있는 임피던스 소자로 취급함.

㉱ 계산의 기준이 되는 모선들의 임피던스 및 각 선로의 정전용량 성분에 의한 임피던스는 무시함.

㉲ 역기전력을 갖는 유도전동기가 공급하는 단락전류는 일괄 취급함.

위와 같은 가정을 기준으로 주어진 전력계통을 우리에게 익숙한 1개의 전압원과 1개의 임피던스 소자를 갖는 단상회로로 등가화하여 단락전류를 계산한다.

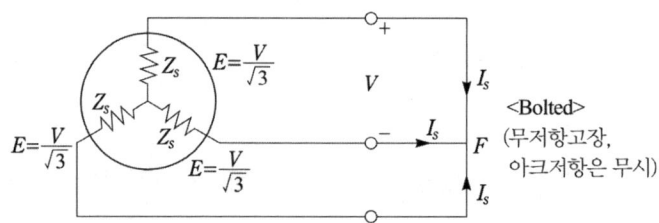

그림 4-7 3상 단락 회로도

② 단락전류계산 방법

전력계통의 고장계산 방법으로는 임피던스법, 대칭좌표법 등이 있으며, 임피던스법에는 Ω법, %임피던스법 및 단위법(Per Unit[PU])법이 있으며, 일반적으로 가장 많이 사용되는 %임피던스법에 대하여 설명한다.

㉮ %임피던스법에 의한 계산

전력계통에서는 임피던스의 크기를 Ω값 대신에 %임피던스값으로 나타낸다. 정격전류를 I_n[A], 정격 대지전압을 E[V]라 하면

$$\%Z = \frac{Z[\Omega]I_n}{E} \times 100[\%]$$

$$\therefore Z[\Omega] = \frac{\%Z \cdot E}{100 I_n} \times 100[\Omega]$$

$$I_s = \frac{E}{Z[\Omega]} = \frac{E}{\dfrac{\%Z \cdot E}{100 I_n}} = \frac{100}{\%Z} \times I_n[A]$$

$$P_s = \frac{100}{\%Z} \times \sqrt{3}\,VI_n = \frac{100}{\%Z} \times P_n[\text{kVA}]$$

여기서, $P_s = \sqrt{3}\,VI_s$: 3상 단락용량[kVA]

$P_n = \sqrt{3}\,VI_n$: 정격용량[kVA]

3상 단락전류 I_s의 크기는 정격전류 I_n의 $\dfrac{100}{\%Z}$배, 즉 100을 $\%Z$로 나누어 주기만 하면 정격전류의 몇 배가 단락전류로 흐르게 되는가를 쉽게 알 수 있다. 만약 정격전류를 모르더라도 고장점에서 본 전계통의 $\%Z$가 얻어지면 바로 단락전류가 정격전류의 몇 배인가를 알 수 있으므로 실용상 아주 편리하다. $\%$임피던스법에는 정격전류 I_n이 식 속에 포함되어 있으므로 전력계통의 각 부분의 [kVA]용량이 서로 다른 경우에는 먼저 $\%Z$을 기준용량에 대해 환산한 다음에 고장점에서 계산해야 한다.

(2) 지락전류

1) 지락보호계전시스템

① 지락보호계전 시스템은 전력계통에서 지락고장이 발생하였을 때, 고장전로를 효과적으로 차단하여 사고의 확대를 방지하기 위하여 접지계통에 따라 지락보호방식을 사용하여야 한다.

② 지락보호계전 시스템의 설계, 적용은 영상전류와 영상전압의 검출조건에 따라 다르게 적용되어야 한다.

㉮ 직접접지계통은 계통에 연결된 변압기의 중성점을 도체로 대지에 직접 접속하는 방식을 말한다.

㉯ 저항접지 계통은 중성점과 대지의 접지점 사이에 저항을 설치한 것을 말하며, 저항의 크기에 따라 고저항 또는 저저항 접지방식으로 구분된다. 고저항 접지방식은 대개 1선 지락고장전류의 크기가 200[A] 이내인 것을 말한다.

㉰ 비접지 계통은 전력계통의 전압이 낮거나 단거리 송전선에서 계통의 단순화를 위하여 주로 채용한다.

2) 직접접지계통 지락전류 검출방법

① Y잔류회로 OCGR 방식

다음 그림과 같이 CT 3개를 Y 결선한 중성선을 잔류회로라 하며, 이 잔류회로에 소세력 과전류계전기를 설치하여 지락보호를 하는데 이를 잔류회로를 이용한 방식이라 한다. 이러한 방식은 전로의 중성점이 접지되었을 경우에만 사용할 수 있다.

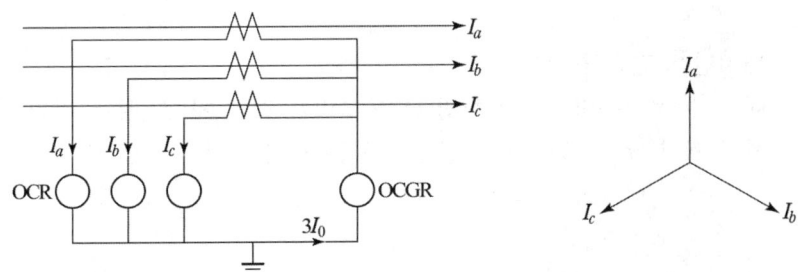

그림 4-8 잔류회로 이용 지락전류 검출회로

② 중성선 검출방식

직접접지계통의 중성점 접지선을 이용하여 지락전류를 검출하는 방식으로 중성점 접지선에는 영상전류의 3배가 흐르게 된다.

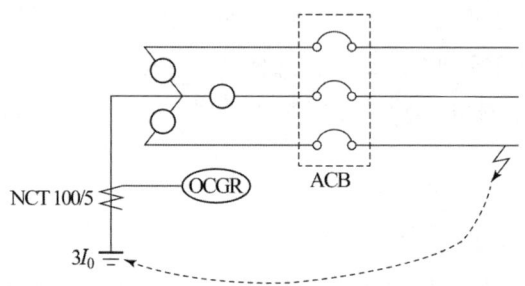

그림 4-9 중성점 지락전류 검출회로

3) 저항접지계통 지락전류 검출방법

① 변압기 Y결선 중성점 접지회로

중성점 접지선을 이용하여 소세력 지락계전기를 이용하는 것으로 중성점 접지선에는 영상전류의 3배가 흐르게 된다. 중성점 저항접지계통의 1선 지락전류의 계산은 각상과 대지 간 충전전류가 없을 때와 있을 때를 구분하여 산정하여 계산한다.

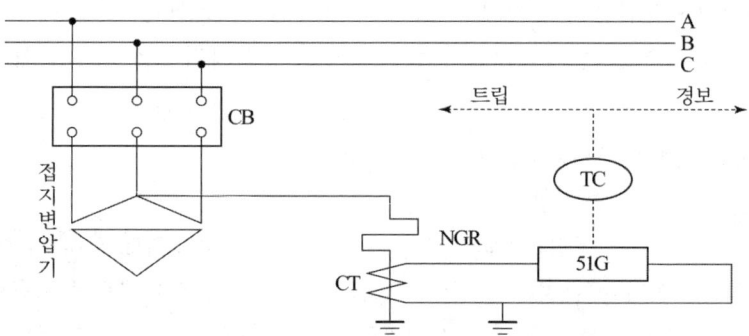

그림 4-10 Y결선 중성점 접지 이용 지락전류 검출회로

㉮ 대지간 정전용량을 무시한 경우

대지 간 정전용량을 무시하면 다음 그림과 같이 지락전류는 전원 변압기 중성점에 설치된 저항 R_N을 통과하는 전류만 있는 것이 된다.

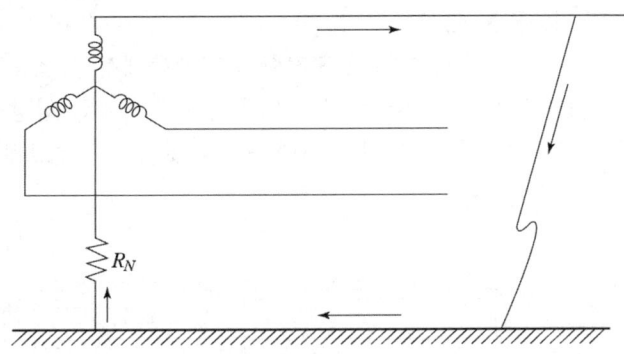

그림 4-11 대지 간 정전용량을 무시한 경우 지락전류 흐름

이때 지락점의 저항을 무시하면, 지락전류 I_g는 다음 식에 의하여 계산한다.

$$I_g = \frac{3E_a}{Z_0} = \frac{3E_a}{3R_N} = \frac{E_a}{R_N} = [\text{A}]$$

여기서, E_a : 지락 발생 전의 a상의 대지전압

Z_0 : 지락점에서 계통을 본 영상 임피던스

㉯ 대지 정전용량을 고려한 경우

자가용전기설비의 배전계통은 대부분 케이블 전선로이며 케이블 전선로 총 길이가 길어지면 대지 간 정전용량이 커진다.

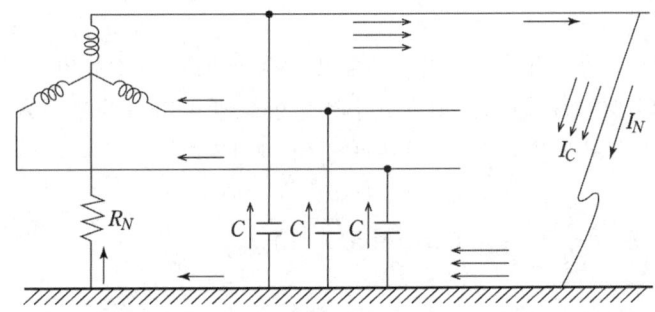

그림 4-12 대지 간 정전용량을 고려한 경우 지락전류 흐름

대지 정정용량을 고려한 경우 지락전류 I_g는 다음 식에 의하여 계산한다.

$$I_N = \frac{E_a}{R_N}, \ I_C = \omega C_0 E_a$$

$$I_g = I_N + j I_C$$

여기서, C_0 : 3상 일괄 대지정전용량

② 3권선 CT 이용(3차 영상분로 접속)

계통접지 전류 수백 [A] 이하인 고저항 접지계통에서의 영상전류 검출에 많이 사용된다. 변류비가 크면 잔류회로에서는 계전기의 작동에 필요한 영상전류를 얻지 못할 경우 다음 그림 과 같이 변류기에 3차 권선을 만들고 이것을 영상분로로 접속함으로써 필요한 영상 전류를 얻을 수 있다.

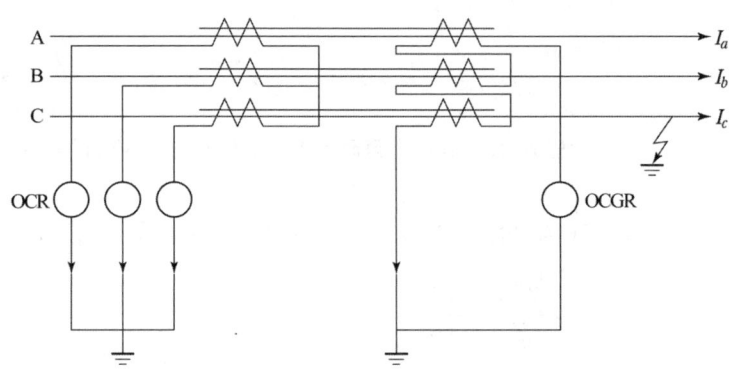

그림 4-13 3권선 CT 이용 지락전류 검출회로

4) 비접지계통 지락전류

중성점 비접지 계통에서 1선 지락고장이 발생하면 지락전류는 중성점을 통하여 흐르는 전류가 없기 때문에 대지 간 정전용량에 의하여 발생하는 전류만 흐르게 되고, 건전상의 대지전위는 상승하게 된다. 따라서 지락전압도 계산해야 한다.

① 1선 지락전류

㉮ 비접지 계통에서 1선 지락고장이 발생하면, 지락전류의 크기는 전로의 대지정전용량에 의하여 결정되고, 지락전류의 방향성에 따라 보호방식을 적용한다.

이때의 지락전류(I_g)는 다음과 같이 계산된다.

$$I_g = \frac{E_a}{R_N} + j\,\omega C_0 E_a = \sqrt{{I_N}^2 + {I_c}^2}$$

여기서, E_a : 상전압

R_f : 지락점의 저항

C : 1상당 대지정전용량

Z_0 : 영상임피던스

C_0 : 3상 일괄 대지 충전전류

R_N : 제한저항을 1차로 환산한 등가저항

I_N : GVT 1차 중성점을 통하여 흐르는 전류

I_c : 3상 일괄 대지충전전류

㉯ 지락전류에 의한 방향지락 방식

- 비접지계 배전선의 선택지락보호에 사용되고 있는 것은 유도원판형의 방향지락계전기 로서 영상변류기와 조합해서 미소 지락전류를 검출한다.
- 영상변성기(GVT)의 1차측은 Y결선으로 중성점을 직접 접지하고, 3차측에 전류제한 저항기(CLR)를 접속한다.
- 비접지 선로의 GVT에 설치할 CLR은 3차 정격전압 190[V]로 하는 경우 3.3[kV] 계통에서는 저항값 50[Ω] 용량은 1[kW]로 하고, 6.6[kV] 계통에서는 저항값 25[Ω] 용량은 2[kW]를 설치한다.
- 충전전류는 사고시에 발생하는 영상전압(Vo)에 대해 90°진상전류가 되고, 사고선로의 사고점에 흐르는 전체 지락전류는 영상전압(Vo)에 대하여 진상이 된다.
- 작동원리는 일종의 전력방향계전기로 전압과 전류 및 그 위상각의 곱으로 회전력을 발생한다. 고장전류의 방향을 영상전압을 기준으로 해서 판정하도록 하여 방향성을 갖도록 한 것이 방향성 지락계전방식의 원리이다.

㉰ 지락전류에 의한 비방향지락 방식

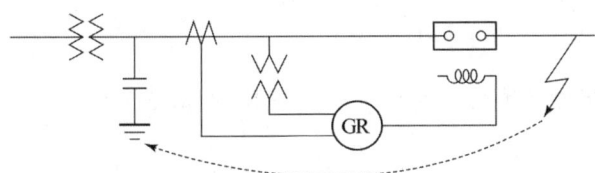

그림 4-14 부하측 지락사고 시 지락전류의 경로

- 다음 그림과 같은 접지콘덴서를 통한 귀환 회로에서 영상변류기(ZCT)의 부하측 고압회로에 지락사고가 발생하면 지락전류는 전원측 배전선로의 대지간 정전용량을 통하여 지락전류회로를 형성하여 흐르게 된다. 이때 흐르는 전류가 ZCT를 관통하여 흐르므로 영상변류기 2차에 유기되는 2차 전류가 지락계전기를 작동시켜 차단기를 개방한다.
- 절연변압기 2차측과 ZCT 사이에 콘덴서 3대를 Y접속하고, 중성점을 접지하여 계전기 작동에 필요한 영상전류의 통로 및 작동전류를 확보한다.
- 접지콘덴서는 6.6[kV] 계통에서 0.3[μF], 3.3[kV] 계통에서 0.6[μF]를 사용한다.
- 부하측 전로에 긍장이 긴 케이블이 시설된 계통일 경우에 전원측에서 지락사고가 발생하거나 영상잔류전류가 클 때 계전기가 오작동하는지 확인한다.

② 지락전압

㉮ 다음 그림과 같이 단상 계기용변압기 3대로 1차측을 Y접속하여 그 중성점을 접지하고, 2차측은 개방삼각 결선하여 영상전압을 검출한다.

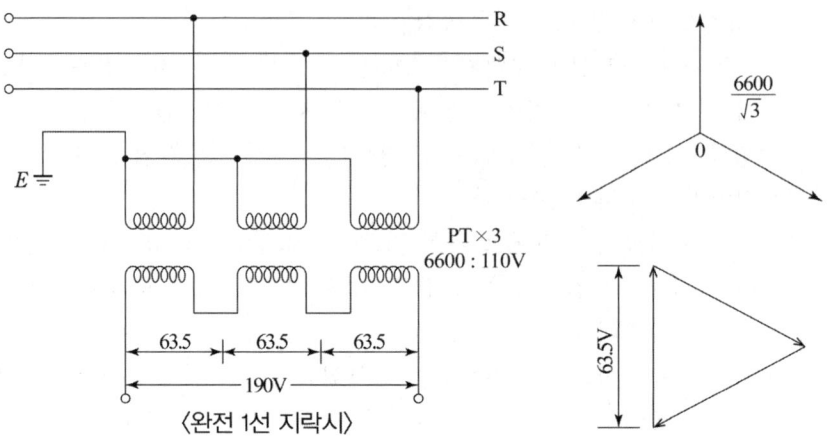

그림 4-15 단상 계기용변압기 3대에 의한 영상전압 검출

㉯ 지락 시 GVT 1차 측에 나타나는 대지전압인 영상전압(V_0)은

$$V_0 = \frac{E_a}{(1 + \frac{R_f}{R_N}) + j3\omega C R_f} \text{ [V] 이며,}$$

㉰ GVT 2차 또는 3차 측에 나타나는 영상전압(v_0)은

$$v_0 = \frac{3}{n} \times V_0 = \frac{3}{n} \times \frac{E_a}{(1 + \frac{R_f}{R_N}) + j3\omega C R_f} \text{ [V]}$$

여기서, n : GVT의 권수비

㉱ 이때 발생된 전압을 이용하여 지락 과전압방식에 적용한다.

③ 지락 과전압보호 방식

㉮ 지락 과전압계전기에는 통상 유도원판형의 과전압계전기가 사용된다.

㉯ 정격전압은 110[V]의 것과 190[V]의 것이 있으며, 접지형 계기용변압기(GVT)의 정격 영상 3차 전압에 맞추어 선정한다. 계전기의 조정 눈금범위는 110[V]용에서는 20~60[V], 190[V]에서는 40~120[V]를 사용한다.

㉰ 작동시간은 순시작동의 것이 사용되며 필요에 따라 한시계전기와 조합하며, 작동시간을 단축할 필요가 있을 때는 유도원통형 또는 힌지형 등의 고속도형 계전기를 사용한다.

㉱ 모선의 주보호와 배전선의 후비보호용으로는 한시계전기와 조합해서 2~5초의 시한을 설정하고 변압기 2차 차단기를 트립한다.

㉲ 지락 과전압계전기는 GVT Open Delta 양단이나 발전기 중성선 삽입 VT에서 지락시 영상전압이 나타나는데 이 영상전압에 의해서 지락을 검출한다.

㉳ 동일회로 내의 지락사고에 대하여는 영상전압이 발생할 때 어느 모선의 사고인지 선택성이 없으므로 차단기 트립보다는 경보용으로 사용하는 것이 좋다.

1.6 낙뢰 보호설비 등

(1) 피뢰설비

1) 외부피뢰시스템의 구성요소
   ① 수뢰부 시스템 : 구조물의 뇌격을 받아들임
   ② 인하도선 시스템 : 뇌격전류를 안전하게 대지로 보냄
   ③ 접지 시스템 : 뇌격전류를 대지로 방류시킴

2) 내부 피뢰시스템
   ① 뇌방전으로 인한 과전압으로부터 전기설비의 손상, 감전 또는 화재의 우려가 없도록 피뢰설비를 시설하고 그 밖에 적절한 조치를 하여야 한다.
   ② 태양광전지 모듈을 건물의 옥상, 들판, 산간지방 등 낙뢰피해가 우려되는 곳에 설치하는 경우 별도로 피뢰침 설비와 뇌보호에 적합한 SPD 같은 피뢰소자를 설치하여야 한다. 피뢰침 설비는 낙뢰로부터 직접적인 손상을 보호하는 설비를 말하고, 피뢰소자는 뇌서지가 태양전지 어레이 혹은 파워컨디셔너 등에 침입한 경우 이러한 기기나 장치 등을 뇌서지에 대하여 보호하기 위한 장치이다.

3) 설치기준 등은 본 교재 "태양광발전시스템 구성·선정" 3장 1.3.5(피뢰시스템)을 참조한다.

---

2 태양광발전 사용전 검사

2.1 사용전 검사 준비

(1) 사용전검사 일반

1) 사용전검사 기준
   ① 전기설비의 사용전검사, 정기검사, 일반용전기설비의 점검, 여러 사람이 이용하는 시설 등에 대한 전기안전점검, 공동주택 등의 안전점검, 특별안전점검 및 응급조치 업무처리에 관하여는 「전기설비 검사 및 점검의 방법·절차 등에 관한 고시」에 따른다.

2) 사용전검사를 받는 시기
   ① 공사계획에 따른 설비의 일부가 완성되어 그 완성된 설비만을 사용하려고 할 때
   ② 전체 공사가 완료된 때

3) 검사대상의 범위

표 4-3 사용전 점검 및 검사 대상

구 분	검사종류	용 량	선 임
일반용	사용전점검	10[kW] 이하	미선임
자가용	사용전검사 (저압설비 공사계획 미신고)	10[kW] 초과	대행업체 대행가능 (1,000[kW] 미만)
사업용	사용전검사 (시·도에 공사계획 신고)	전용량 대상	대행업체 대행가능 (20[kW] 이하 미선임 가능)

4) 검사실시전 준비 사항(제17조)

검사자는 검사를 실시하기 전에 다음 각 호의 사항을 신청인에게 안내하여 검사가 원활하게 실시될 수 있도록 한다.

① 전기안전관리자의 입회

② 사용전검사의 경우에는 시공관리책임자(공사 공정별로 공사업체가 다른 경우에는 각각의 공사업체의 시공관리책임자) 및 감리원 입회

③ 고압 이상 전기기계·기구는 별표8에 따른 시험성적서, 기술규격서(설계서, 계약서, 도면 등) 및 주요 설비 수리내역 등 해당 검사에 필요한 서류의 준비

④ 별표7(자가용전기설비의 검사항목) 및 별표8(사업용전기설비의 검사항목) 수검자 준비자료

⑤ 상기 ④호에 따른 수검자 준비자료는 사용전검사 또는 정기검사일까지 제출한다. 다만, 정기검사 제출서류의 유효기간은 다음에 따른다.

㉮ 발전설비의 정기검사 시 성적서 등 제출된 서류는 발행 6개월 이내의 것으로 한다.

㉯ 구역전기사업자와 신재생에너지 발전사업자의 송전·변전·배전설비 및 자가용 전기설비의 정기검사 준비자료는 발행 1년 이내의 것으로 한다.

5) 검사전·후 회의실시(제18조)

검사자는 검사를 실시하기 전이나 후에 신청인 및 전기안전관리자 등 검사입회자에게 다음 각 호의 사항을 설명하고 확인하기 위해서 회의를 실시할 수 있다.

① 검사의 목적과 내용

② 작업 안전수칙

③ 검사의 절차 및 방법

④ 검사에 필요한 기술자료 검토 및 확인

⑤ 검사 결과 부적합 사항의 조치내용 및 개수방법·기술적인 조언 및 권고

⑥ 준공표지판 설치

⑦ 검사 대상인 전기설비가 안전과 품질을 보장하는 사항을 위반하거나 그 기준에 미치지 못할 때에는 전기설비 검사결과지적서(별지 제8호 서식) 발행

⑧ 압력용기 명판 설치 안내

6) 검사실시(제19조)

① 검사자는 공사계획인가 또는 신고된 도면을 기준으로 검사범위를 확인하고 검사항목 및 검사기준에 따라 검사하며, 수검자 준비 자료를 검사 결과에 반영할 수 있다. 다만, 중요 기기의 절연내력시험에 대하여는 전기설비 설치자가 제출 또는 가지고 있는 공인시험기 관의 증명으로 검사를 갈음 할 수 있다.

② 검사자는 고압 이상 전기기계·기구에 대하여 별표 8에 따른 시험성적서를 확인하여야 하며, 고정 설치된 저압 전기기계·기구 중 「전기용품 및 생활용품 안전관리법」에 적용을 받는 품목은 KC인증서(인증마크)를 확인하고 「산업표준화법」에 의한 KS표준에 적합 하도록 기술기준 등에 규정된 품목은 KS인증서(인증마크) 또는 성적서를 확인한다. 다만, 한국산업표준(KS)에 기준·규격·요건 등의 미비로 KS인증을 취득할 수 없는 경우에는 KS표준과 같은 수준 이상의 국제표준에 의한 성적서(인증서) 또는 제조사 시험성적서를 확인한다.

③ 구내배전설비의 사용전검사는 공사계획인가 또는 신고된 설계도서와 동일하게 시공되어 있어야 한다. 다만, 다음의 경우는 그러하지 아니하다.

㉮ 전등시설은 배선기구까지 시공이 완료되었을 경우에는 조명기구 부착과 관계 없이 검사할 수 있다.

㉯ 동력시설은 현장조작개폐기까지 완료되었을 경우 검사할 수 있으며, 이때에 기계기구(모터 등)가 미설치 되었을 경우는 검사확인증 발행 시 안전상 필요한 사항을 기록하고 알린다.

④ 그 밖에 검사에 관한 세부사항은 제25조에서 정한 기준에 따른다.

⑤ 무정전검사에서 확인하지 못하는 사항은 해당 법정 검사시기 또는 무정전검사 실시월 앞 뒤 2월 이내에 확인하여 검사를 마친다. 다만, 전기 사용상황상 정전할 수 없는 특별한 사유가 인정되는 경우에는 정기검사 신청서와 전기설비 정전계획서(Overhaul 등)를 제출 받아 전체 검사기간이 1년을 초과하지 않는 범위에서 연장할 수 있다.

7) 자가용전기설비의 사용전 검사항목(고시 별표7)

검사항목	검사세부 종목	수검자 준비자료
1. 외관	○ 전선의 이격거리 및 높이 ○ 전선 접속상태 ○ 전선의 배선방법 ○ 과전류보호장치와 전선 단면적 보호협조 ○ 지지물의 경간, 이도, 지지금구류 ○ 지지물의 기초 및 재료구성 ○ 애자련 검사 ○ 지중전선로 직선접속부 및 단말부분 처리상태 ○ 지중전선로 방재 조치사항 ○ 아크발생기구 이격거리 ○ 충전부분 방호 및 이격거리 ○ 개폐기·차단기 설치 및 개폐 상태	○ 시험성적서 (대상 품목에 한함) ○ 전선의 단면적 선정 계산서 ○ 과전류보호장치 정격 선정 계산서

검사항목	검사세부 종목	수검자 준비자료
	○ 접지시스템 적용 및 접지도체, 보호도체, 본딩도체 굵기 및 시설상태 ○ 지락차단장치 또는 경보장치 ○ 감전보호의 적정성 ○ 계통보호방식 시설상태 ○ 기계ㆍ기구 보호장치 ○ 계측장치 및 공기압축기 시설상태 ○ 절연유 구외유출방지시설 ○ 감시 및 조작에 필요한 조명시설 ○ 특고압 전로의 상별표시상태 ○ 전력휴즈 용량 및 설치상태 ○ 비상용 예비전원 시설상태 ○ 보호울타리 및 위험표시상태 ○ 제품규격 확인 ○ 공사계획인가(신고) 내용의 확인	○ 접지계산서 및 설계도 ○ 대지저항율 실측 또는 토질분석 자료 ○ 감전보호 계산서
2. 접지저항 측정	○ 접지시스템별 접지저항 측정 ○ 매설지선 등의 시설상태	○ 감리보고서 또는 점검 기록표
3. 절연저항 측정	○ 모선, 배선, 전선로 및 기기 ○ 변압기, 발전기 등의 절연저항 ○ 케이블의 절연저항	○ 감리보고서 또는 점검 기록표
4. 절연내력 시험	○ 변압기 및 발전기 등 기계기구 ○ 케이블 등 ○ 모선 및 이에 부속되는 개폐기, 차단기	○ 시험성적서 ○ 감리보고서 또는 점검 기록표
5. 절연유 시험 및 측정	○ 내압시험 ○ 산가측정	○ 시험성적서 ○ 감리보고서 또는 점검 기록표
6. 보호장치 시험	○ 과전류차단장치 ○ 지락차단장치 ○ 변압기 보호 장치 – 경보장치 및 차단장치 – 계측장치 ○ 공기압축 장치 – 공기압축기 용량 및 동작상태 – 안전밸브 – 공기탱크압력 회복장치 – 수압시험검사 ○ 전력용 콘덴서 또는 분로리액터 – 경보장치 및 차단장치 ○ 보호 장치 특성시험 – 최소동작시험 – 한시특성시험 – 연동시험 ○ 전선로 보호 장치	○ 시험성적서 ○ 감리보고서 또는 점검 기록표 ○ 안전밸브규격서
7. 계측장치	○ 주요변압기의 전압, 전류, 전력 ○ 특고압 변압기의 온도 ○ 공기압축기 압력	

검사항목	검사세부 종목	수검자 준비자료
8. 제어회로 동작 및 기기조작시험	○ 차단기관련 시험검사 　－ 개폐동작시험 　－ 인터록시험 ○ 수전설비와 발전설비의 연동시험 ○ 종합 연동시험	○ 설계 도면 ○ 인터록 도면
9. 전선로	○ 외관검사 　－ 전선로 각도에 따른 지지물설치상태 　－ 전선로 지상고, 이도 및 경간 　－ 콘크리트주, 목주, 지선, 전선 및 가공지선의 설치 상태 　－ 애자련 및 지지물 설치상태 　－ 전선의 이격거리 　－ 철탑의 기초 및 재료구성 　－ 직선접속부 및 단말부분의 처리상태 　－ 유입케이블의 누유여부 및 가압장치 　－ 지중함의 크기, 환기장치 및 배수구조 　－ 지중전선로내의 조명설비 ○ 가공전선로 시험검사 　－ 접지저항 측정 　－ 절연저항 측정 　－ 보호장치 및 동작상태 　－ 전파의 허용한도 ○ 지중전선로 시험검사 　－ 토목구조물 검사(사업용 검사항목에 준함) 　－ 접지저항 측정 　－ 절연저항 측정 　－ 보호장치 및 동작상태 　－ 가압장치시험 　－ 전선로 도통시험	○ 철주, 강관주, 철탑의 규격서 ○ 전파방해파 측정 기록서 ○ 감리보고서 또는 점검 기록표
10. 기타 검사에 필요한 사항	○ 기타 검사기준에 적합여부	

8) 사업용전기설비의 사용전 검사항목(고시 별표9)

① 전기설비의 일부가 완성되어 그 완성된 설비만을 사용하려고 할 때 또는 전체의 공사가 완료된 때

② 자가용 태양광발전설비의 사용전 검사항목은 사업용 태양광발전설비 검사항목에 따른다.

③ 사업용 태양광발전설비 검사항목

검사항목	세부검사내용	수검자 준비자료
1. 태양광 발전설비표	• 태양광 발전설비표 작성	• 공사계획인가(신고)서 • 태양광 발전설비 개요 • 감리보고서 ○ 토지(임야)대장 (지목 변경사항 포함)
2. 태양광 전지 검사		
• 일반 규격	• 규격 확인	• 태양광전지 규격서
• 본체	• 외관검사 • 전지 전기적 특성시험 　– 최대출력 　– 개방전압 　– 단락전류 　– 최대 출력전압 및 전류 　– 충진율 　– 전력변환효율 • 어레이 　– 절연저항 　– 접지저항	• 단선결선도 • 태양전지 트립 인터록 도면 • 시퀀스 도면 • 제품 시험성적서 • 측정 및 점검기록표 　– 보호장치 및 계전기 시험성적서 　– 개방저압시험 성적서 　– 절연저항시험 성적서 　– 접지저항시험 성적서 • 접지계산서 및 설계도
3. 전력변환장치 검사		
• 일반 규격	• 규격 확인	• 전력변환장치 규격서
• 본체	• 외관검사 • 접지 시공상태 • 절연저항 • 절연내력 • 제어회로 및 경보장치 • 전력조절부/static 스위치 자동·수동절체시험 • 역방향운전 제어시험 • 단독운전 방지 시험	• 단선결선도 • 시퀀스 도면 • 제품 시험성적서 • 측정 및 점검기록표 　– 보호장치 및 계전기시험 성적서 　– 절연저항시험 성적서 　– 접지저항시험 성적서 　– 절연내력시험 성적서 　– 경보회로시험 성적서 　– 부대설비시험 성적서 • 접지계산서 및 설계도 • DC지락차단장치 공인시험기관 시험성적서
• 보호장치	• 외관검사 • 절연저항 • 보호장치 시험	

검사항목	세부검사내용	수검자 준비자료
4. 변압기		
• 일반 규격	• 규격 확인	• 공사계획인가(신고)서 • 변압기 및 부대설비 규격서 • 단선결선도 • 시퀀스 도면 • 절연유 유출방지 시설도면 • 제품 시험성적서 • 특성시험 성적서 • 보호장치 및 계전기시험 성적서 • 상회전 및 Loop시험 성적서 • 절연내력시험 성적서 • 절연유 내압시험 성적서 • 절연저항시험 성적서 • 계기교정시험 성적서 • 경보회로시험 성적서 • 부대설비시험 성적서 • 접지저항시험 성적서 • 접지계산서 및 설계도
• 본체	• 외관검사 • 접지 시공상태 • 절연저항 • 절연내력 • 특성시험 • 절연유 내압시험 • Tap 절환장치시험 • 상회전 및 Loop시험 • 충전시험	
• 보호장치	• 외관검사 • 절연저항 • 보호장치 및 계전기시험	
• 제어 및 경보장치	• 외관검사 • 절연저항 • 경보장치 • 제어장치 • 계측장치	
• 부대설비	• 절연유 유출방지 시설 • 피뢰장치 • 계기용 변성기 • 중성점 접지장치 • 접지 시공상태 • 위험표시 • 상표시 • 울타리, 담 등의 시설상태	
5. 차단기		
• 일반 규격	• 규격 확인	• 공사계획인가(신고)서 • 차단기 및 부대설비 규격서 • 단선결선도 • 시퀀스 도면 • 제품 시험성적서 • 특성시험 성적서 • 보호장치 및 계전기시험 성적서 • 상회전 및 Loop시험 성적서 • 절연내력시험 성적서
• 본체	• 외관검사 • 접지 시공상태 • 절연저항 • 절연내력 • 특성시험 • 절연유 내압시험(OCB) • 상회전 및 Loop시험 • 충전시험	
• 보호장치	• 외관검사 • 절연저항 • 결상보호장치 • 보호장치 및 계전기시험	

검사항목	세부검사내용	수검자 준비자료
• 제어 및 경보장치	• 외관검사 • 절연저항 • 개폐기 인터록 • 개폐표시 • 조작용 압축장치 • 가스절연장치 • 계측장치	• 절연유 내압시험 성적서(OCB) • 절연저항시험 성적서 • 계기교정시험 성적서 • 경보회로시험 성적서 • 부대설비시험 성적서 • 접지저항시험 성적서 • 접지계산서 및 설계도
• 부대설비	• 외함 접지시설 • 상표시 및 위험표시 • 계기용 변성기 • 단로기 및 접지단로기	
6. 전선로(모선)		
• 일반 규격	• 규격 확인	• 공사계획인가(신고)서 • 전선로 및 부대설비 규격서 • 단선결선도 • 보호계전기 결선도 • 시퀀스 도면 • 제품 시험성적서 • 보호장치 및 계전기시험 성적서 • 상회전 및 Loop시험 성적서 • 절연내력시험 성적서 • 절연저항시험 성적서 • 경보회로시험 성적서 • 부대설비시험 성적서 • 물밑전선로 경과지도 • 물밑전선로 매설 점검기록서 • 물밑전선로 보호설비 점검기록서 • 감리보고서
• 전선로(가공, 지중, GIB, 기타)	• 규격확인 • 외관검사 • 보호장치 및 계전기시험 • 절연저항 측정 • 절연내력시험 • 충전시험	
• 부대설비	• 피뢰장치 • 계기용 변성기 • 위험표시 • 울타리, 담 등의 시설상태 • 상별 및 모의모선 표시상태 • 물밑전선로 위치 표시상태 • 물밑전선로 매설상태 • 물밑전선로 보호설비 설치상태	
7. 접지설비		
• 일반 규격	• 규격 확인	• 접지설계 내역 및 시공도면 • 접지저항시험 성적서 • 접지계산서 • 감리보고서
• 접지	• 접지 공사내역 • 접지저항 측정 • 외관검사	
8. 계측장치	• 전압, 전류 또는 전압, 전력	
9. 종합연동시험		• 종합 인터록 도면
10. 부하운전시험	• 검사시 일사량을 기준으로 가능출력을 확인하고 발전량의 이상유무 확인(30분) • 부하운전시험의견	

검사항목	세부검사내용	수검자 준비자료
11. 구조물	• 기초상태 • 외관상태 • 시공상태	• 지지물의 설계도서 및 구조계산서 • 구조안전확인서(에너지공단 제출 범위에 한함) 또는 구조물 점검기록표
12. 부지	• 배수로 시공상태 • 부지 시공상태	

13. BIPV(건물일체형) 또는 BAPV(건물부착형) 등	• 외관검사
	  −장착부 등 구조적 안전성
	  − BIPV 성능상태
	• 방위각 설치상태
		• 구조물 점검기록표
		• 방수 시공상태 점검기록표
		• 안전성능 시험성적서

14. 추락방지장치	• 점검통로 상태확인 • 위험표시 확인	• 추락방지장치 점검기록표

15. 수상형 구조물	• 부력체 안전성
	  − 태양전지 부력체
	  − 기타설비 부력체
		• 안전성능 시험성적서
		• 시공상태 점검기록표

2.2 항목별 세부검사 및 동작시험 등

(1) 사용전검사 항목

1) 태양광 발전설비표

자가용 태양광 발전설비에 대해 사용전검사를 실시하는 검사자는 수검자로부터 다음의 자료를 제출받아 태양광 발전설비표를 작성해야 한다.

① 공사계획인가(신고)서 : 공사계획인가(신고)서는 전기설비의 설치 및 변경공사 내용이 전기사업법 제61조에 의하여 인가 또는 신고를 한 공사계획에 적합해야 한다.

② 시험성적서의 제출내용 확인 : 검사자는 수검자로부터 다음 설비에 대한 시험성적서를 제출받아 확인한다.

㉮ 변압기 ㉯ 차단기 ㉰ 보호계전기류
㉱ 보호설비류 ㉲ 피뢰기류 ㉳ 변성기류
㉴ 개폐기류 ㉵ 콘덴서, 모터, 기동기, 케이블 및 케이블 접속재
㉶ 발전설비 ㉷ 상기 이외의 전기기계기구와 보호장치

③ 시험성적서 확인방법

㉮ 공인시험기관에 의한 시험성적서와 기관에 의한 인증서 확인을 확인한다.

㉯ 고압 이상 전기기계기구의 시험성적서는 국내생산품과 수입품 모두 동일하게 국내 공인시험기관의 시험성적서를 확인함을 원칙으로 한다. 다만, 다음의 경우에는 제작회사의 자체 시험성적서를 확인한다.

㉠ 산업표준화법에 의한 KS 표시품, 케이블, 콘덴서, 전동기, 기동기, 20[kV]급 케이블 종단접속재 이외의 케이블 접속재

ⓛ 국가표준기본법에 의한 공인제품 인증기관의 안전인증 표시품

ⓒ 중전기기 시험기준 및 방법에 관한 요령 고시에 의한 공인시험기관의 인증시험이 면제된 제품

ⓔ 국내 공인시험기관에서 시험이 불가능한 품목 및 검사기관에서 인정한 품목

ⓜ 국내 공인시험기관의 시험설비 미비, 관련규격이 없는 경우, 수리품 및 국내 미생산품 인 경우는 공인시험기관의 참고 시험성적서를 확인한다.

2) 태양전지 검사

① 태양전지의 일반 규격 : 검사자는 수검자로부터 제출받은 태양전지 규격서 상의 규격이 설치된 태양전지와 일치하는지 확인한다.

② 태양전지의 외관검사 : 검사자는 태양전지 셀 및 모듈을 비롯한 시스템에 대해 다음의 사항을 중심으로 외관을 검사한다.

㉮ 태양전지 모듈 또는 패널의 점검 : 검사자는 모듈의 유형과 설치개수 등을 1,000[lux] 이상의 밝은 조명 아래에서 육안으로 점검한다. 지상설치형 어레이의 경우에는 지상에서 육안으로 점검하며 지붕설치형 어레이는 수검자가 제공한 낙상 보호조치를 확인한 후 검사자가 직접 지붕에 올라 어레이를 검사한다. 지붕의 경사가 심해 검사자가 직접 오를 수 없는 경우에는 수검자가 제공한 사다리나 승강장치에 올라 정확한 모듈과 어레이의 설치개수를 세어 설계도면과 일치하는지 확인한다. 정확한 모듈 개수의 확인은 전압과 전류 출력에 영향을 미치므로 매우 중요하다. 간혹 현장의 모듈이 인가서 상의 모듈 모델번호와 다른 경우가 있으므로 각 모듈의 모델번호 역시 설계도면과 일치하는지 확인한다. 지붕에 설치된 모듈은 모델번호를 확인하기 곤란한 경우가 많으므로 수검자가 카메라로 찍은 사진을 근거로 확인한다. 사용전검사 시 공사계획인가(신고)서의 내용과 일치하는지 태양전지 모듈의 정격용량을 확인하여 이를 사용전검사필증에 표시하고 다음 사항을 확인한다.

ㄱ 셀 용량 : 태양전지 셀 제작사가 설계 설명서에 제시한 용량을 기록한다.

ㄴ 셀 온도 : 태양전지 셀 제작사가 설계 설명서에 제시한 셀의 발전시 온도를 기록한다.

ㄷ 셀 크기 : 제작자의 설계서상 셀의 크기를 기록한다.

ㄹ 셀 수량 : 공사계획서 상 출력을 발생할 수 있도록 설치된 셀의 전체수량을 기록한다.

㉯ 태양전지 셀, 모듈, 패널, 어레이에 대한 외관검사

ㄱ 공사계획인가(신고)서 내용과 일치하는지 확인하고 태양전지 셀의 제작번호를 확인

ㄴ 태양전지 셀의 제작, 운송 및 설치과정에서의 변색, 파손, 오염 등의 결함 여부를 1,000[lux] 이상의 조도에서 아래 사항을 중심으로 육안 점검하고 단자대의 누수, 부식 및 절연재의 이상을 확인한다. 모듈의 개수와 모델번호를 확인하고 나면 마지막으로 각 모듈과 어레이의 배치가 설계도면과 일치하는지 확인한다.

- 모듈 외관 : 크랙, 구부러짐, 갈라짐 등이 없는 것
- 태양전지 : 깨짐, 크랙이 없는 것
- 태양전지 간 접속 및 다른 접속 부분에 결함이 없는 것
- 태양전지와 태양전지, 태양전지와 프레임의 접촉이 없는 것
- 접착에 결함이 없는 것
- 태양전지와 모듈 끝 부분을 연결하는 기포 또는 박리가 없는 것 등

ⓒ 배선 점검

ⓔ 접속단자의 조임상태 확인

③ 태양전지의 전기적 특성 확인

㉠ 최대출력 : 태양광 발전소에 설치된 태양전지 셀의 셀당 최대출력을 기록한다.

㉯ 개방전압 및 단락전류 : 검사자는 모듈 간이 제대로 접속되었는지 확인하기 위해 개방전압이나 단락전류 등을 확인한다.

㉰ 최대출력 전압 및 전류 : 태양광 발전소 검사 시 모니터링 감시장치 등을 통해 하루 중 순간 최대출력이 발생할 때의 파워컨디셔너의 교류전압 및 전류를 기록한다.

㉱ 충진율 : 개방전압과 단락전류와의 곱에 대한 최대출력의 비(충진율)를 태양전지 규격서로부터 확인하여 기록한다.

㉲ 전력변환 효율 : 기기의 효율을 제작사의 시험성적서 등을 확인하여 기록한다.

이 밖에도 수검자로부터 제출받은 태양광 발전시스템의 단선결선도, 태양전지 트립인터록 도면, 시퀀스 도면, 보호장치 및 계전기 시험성적서가 태양광 발전설비의 시공 또는 동작상태와 일치하는지 확인한다.

④ 태양전지 어레이 : 검사자는 수검자로부터 제출받은 절연저항시험 성적서에 기재된 값으로부터 현장에서 실측한 값과 일치하는지 확인한다.

㉠ 절연저항 : 검사자는 운전 개시 전에 태양광 회로의 절연상태를 확인하고 통전 여부를 판단하기 위해 절연저항을 측정한다. 이 측정값은 운전개시 후의 절연상태의 기준이 된다.

㉯ 접지저항 : 검사자는 접지선의 탈락, 부식 여부를 확인하고 접지저항 값이 전기설비기술기준이나 제작사 적용 코드에 정해진 접지저항이 확보되어 있는지를 접지저항 측정기로 확인한다.

3) 전력변환장치 검사

① 전력변환장치의 일반 규격 : 검사자는 수검자로부터 제출받은 공사계획인가(신고)서 상의 전력변환장치 규격이 시험성적서 및 이 현장에 시공된 장치의 규격과 일치하는지 확인한다.

㉠ 형식 : 파워컨디셔너 모델 형식을 기록한다.

㉯ 용량 : 파워컨디셔너의 용량이 공사계획인가(신고) 내용과 일치하는지를 확인해야 하며, 다만 파워컨디셔너의 여유율을 감안하여 파워컨디셔너에 접속된 모듈의 정격용량은 파워컨디셔너 용량의 105[%]이내로 할 수 있다.

ⓒ 정격 입·출력 전압 : 파워컨디셔너의 입·출력 전압을 확인한다.

ⓓ 제작사 및 제작번호 : 제작사 및 기기 일련번호를 기록한다.

② 전력변환장치 검사

㉮ 외관검사

  ㉠ 검사자는 전력변환장치의 파손이나 변형 등의 유무를 확인한다.

  ㉡ 배전반(보호 및 제어)의 계기, 경보장치 등의 이상 유무를 확인한다.

  ㉢ 배전반의 절연간격 및 배선의 결선상태를 확인한다.

  ㉣ 필요한 개소에 소정의 접지가 되어 있는지 확인하고, 접지선의 접속상태가 양호한 지 확인한다.

㉯ 절연저항 : 검사자는 운전 개시 전에 공장 및 현장에서 측정한 절연저항 측정성적서를 검토하거나 실제 측정함으로써 전력변환장치 직류회로 및 교류회로의 절연상태가 기술기준이나 제작사 적용코드에서 규정한 기준값 내에 드는지 확인한다. 이 측정값은 운전 개시 후의절연상태의 기준이 된다.

㉰ 절연내력 : 절연내력 시험은 검사자 입회하에 실제 사용전압을 가압하여 이상 유무를 확인하는 것이 원칙이지만 시험성적서로 갈음할 수 있으며, 절연내력시험이 곤란할 경우에는 절연저항(500[V] 절연저항계)측정으로 갈음할 수 있다.

㉱ 제어회로 및 경보장치 : 전력변환장치의 각종 제어회로 및 보호기능 등을 동작시켜 경보상태를 확인한다.

㉲ 전력조절부/static 스위치 자동·수동절체시험 : 전력조절부의 시스템 상태에 따른 static 스위치의 절체시간을 확인한다.

㉳ 역방향운전 제어시험 : 태양광 발전부에서 발전하지 못하거나 발전한 전력이 부하공급에 부족할 경우, 계통으로부터 부족한 전력공급 유무를 확인한다.

㉴ 단독운전 방지시험 : 계통측 정전 시 태양광 발전설비에서 생산된 전력이 배전선로로 역송되지 않도록 태양광 발전설비 단독운전 기능의 정상동작 유무(0.5초 내 정지, 5분 이후 재투입)를 확인한다.

㉵ 파워컨디셔너 자동·수동 절체시험 : 파워컨디셔너 자동·수동 절체시험을 실시하여 운전 중인 파워컨디셔너의 이상여부를 확인한다.

㉶ 충전 기능시험

  ㉠ 공장에서 실시한 용량검사 내용을 확인한다.

  ㉡ 초 충전, 부동충전, 균등충전 시험성적서를 확인한다.

  ㉢ 임의로 충전모드를 선택, 충전모드별 출력전압 및 전류 등은 운전값의 가변이 가능한지를 확인한다.

③ 보호장치 검사

㉮ 외관검사

㉯ 절연저항

㉰ 보호장치 시험 : 검사자는 전력회사와의 협의를 통해 정해진 보호협조에 맞는 설정이

되어 있는지를 확인한다.

    ㉠ 전력변환장치의 보호계전기 정정값 및 시험성적서를 대조한 후 보호장치와 관련기기의 연동 상태를 점검함으로써 보호계전기의 동작특성을 확인한다.

    ㉡ 보호장치가 인터록 도면대로 동작하는지와 단독운전 방지시스템의 기능을 확인한다.

④ 축전지 검사 : 검사자는 축전지 및 기타 주변장치에 대해 다음의 사항을 확인해야 한다.

    ㉮ 시설상태 확인

    ㉯ 전해액 확인

    ㉰ 환기시설 확인 : 환기팬의 설치 및 배기상태를 확인한다.

⑤ 종합연동시험 검사 : 검사자는 수검자로부터 제출받은 종합인터록도면을 참고하여 보호계전기의 종합연동 상태가 정상적인지 검사해야 한다.

⑥ 부하운전시험 검사 : 검사자는 수검자로부터 제출받은 출력기록지를 참고하여 부하운전 상태를 검사해야 한다.

    ㉮ 부하운전시험 검사 : 검사 시 일사량을 기준으로 30분간의 가능출력을 확인하고 일사량특성곡선과 발전량의 이상 유무를 확인한다.

    ㉯ 부하운전시험 의견 : 기력발전소에 대한 사용전검사 부하운전시험 의견서 작성방법에 따른다.

⑦ 기타 부속설비 : 검사자는 수검자로부터 제출받은 자료를 참고로 전기수용설비 항목을 준용하여 기타 부속설비를 검사해야 한다.

(2) 시험 및 검사

1) 개방전압(V_{OC}) 측정

① 접속함에서 태양전지 어레이의 각 스트링의 개방전압을 측정하여 개방전압의 불균일 발생여부를 확인한다.

    ㉮ 측정방법은 기준 일사량 및 온도 조건하에서 회로를 개방하고 두 단자(P, N)간 측정한다.

    ㉯ 태양전지의 모듈의 불량 또는 모듈간의 접속불량 등이 발생하면 개방전압 전압 측정치가 불균일할 수 있다.

2) 직류회로의 절연저항 측정

① 접속함에서 태양광전지 스트링의 양극과 음극을 단락시키고, 이 부분(DC전로)과 대지(접지) 간에 500[V] 또는 1,000[V] 절연저항측정기로 절연저항을 측정하여 전기설비기준기준 제52조(저압전로의 절연성능) 기준 값 이상을 유지하여야 한다.

    ㉮ 측정 전에 반드시 주 차단기를 개방하고, 피측정 회로에 접속된 SA, SPD가 있으면 접지단자를 분리한다.

3) 제어회로 및 경보장치 시험

각종 보호계전기 제어기능 등을 모의(수동) 동작시켜 차단 및 경보 상태를 확인한다.

4) 전력조절부 / Static 스위치 자동·수동 절체시험

제작사 자체 또는 시험기관에서 제시한 설정 값에서 전력조절부와 Static 스위치의 자동·수동 절체동작을 확인한다.

5) 역방향운전 제어시험

태양광발전에서 발전하지 못하거나 발전한 전력이 부하공급에 부족할 경우, 부족한 전력을 계통으로부터 공급 가능여부를 확인한다.

6) 단독운전 방지시험

한전선로 정전 시 배전선로에 역송되지 않도록 태양광발전설비만 단독운전 방지기능에 의한 계통연계 차단기 차단여부를 확인한다.

7) 전력변환장치 자동·수동 자동 절체시험

자동·수동 절체시험을 실시하여 운전 중인 전력변환장치의 이상 여부나 과부하 시 대기 중인 전력변환장치로 무순단 절체 되는지를 확인한다.

8) 충전기능시험

축전지의 공장에서 용량검사 내용을 확인 및 임의로 충전 모드를 선택, 충전모드별 출력전압, 출력전류 등 운전 값의 가변이 가능한지 확인한다.

9) 절연내력시험

① 태양광전지 모듈

태양광전지 모듈은 최대사용전압의 1.5 배의 직류전압 또는 1 배의 교류전압(500[V] 미만일 경우에는 500[V])을 충전부와 대지사이에 연속하여 10 분간 가하여 절연내력시험을 하였을 때에 견디어야 한다.

② 고압이상 전로 및 변압기

고압 및 특고압 전로, 변압기는 다음 표에서 정한 시험전압을 피시험 전로 변압기(전로)와 대지 사이에 연속하여 10 분간 가하여 절연내력시험 하였을 때 견디어야 한다.

표 4-4 케이블 등 전로의 절연내력 시험전압

공칭전압	최대사용전압	시험전압
6.6[kV](비접지)	6.9[kV]	11[kV]
22.9[kV] 중성점 다중접지계통	24.2[kV]	23[kV]
154[kV] 중성점 다중접지계통	161[kV]	116[kV]

[비고] 케이블은 2배 직류전압으로 시험가능하다.

10) 접지저항 측정

① 2020.12.31. 이전에 공사계획신고 및 사용전 검사를 받은 설비의 기계기구의 철대 및 금속제 외함 등의 접지저항을 측정하여 측정값이 다음 표의 접지저항값 이하이어야 한다.

표 4-5 금속제 외함 및 철대 외함의 접지저항 값

외함 구분	접지저항 값	비고
400[V] 이하의 저압용의 것	100[Ω] 이하	제3종 접지공사
400[V] 초과 ~ 600[V] 이하	10[Ω] 이하	특별 제3종 접지공사
고압용 및 특고압용의 것	10[Ω] 이하	제1종 접지공사

[비고] 여기서 전압은 개방전압(V_{oc})을 말한다.

② 2021.1.1 이후 한국전기설비규정에 따른 접지저항값은 다음을 따른다.

㉮ 고압이상 및 공통접지 : 접촉전압[보폭전압] ≤ 허용접촉전압

㉯ 특고압과 고압의 혼촉방지시설 : 10[Ω] 이하

㉰ 피뢰기 : 10[Ω] 이하

㉱ 변압기 중성점접지 : $\dfrac{150(300, 600)}{I_g(1선\,지락전류)}[Ω]$ 이하

㉲ 상기 ㉯ ~ ㉱의 규정은 공통(통합)접지 적용 시 적용하지 않음.

㉳ 공통(통합)접지 적용 시 다음 조건을 만족하여야 한다.

 − 저압 : 허용 접촉전압과 허용 스트레스전압을 만족할 것.

 − 저압계통 보호접지로 감전보호를 만족할 것.

Memo

4과목

태양광발전 유지·관리

1장 태양광발전시스템 운영

1 태양광발전 사업개시 신고

1.1 사업개시 신고 등

(1) 사업개시 신고

1) 개요
① 전기사업자 등이 전기설비의 설치완료 후 사용전검사가 완료되면 준공 이후 전기사업법에 의거하여 사업개시신고를 하여야 함.(최초 전력거래일부터 30일 이내 신고서 제출)
② 신고기관은 발전사업허가 기관과 동일
㉮ 3000[kW] 초과 : 기후에너지환경부 장관
㉯ 3000[kW] 이하 : 시·도지사
③ 사업자는 사업개시신고를 하기 위해 사업개시를 증명할 수 있는 서류에 대한 준비가 필요
④ 사업개시신고가 완료되면 전기사업법상 발전사업을 위해 필요한 인허가 절차가 완료 됨.

2) 처리기한 : 14일

3) 처리절차

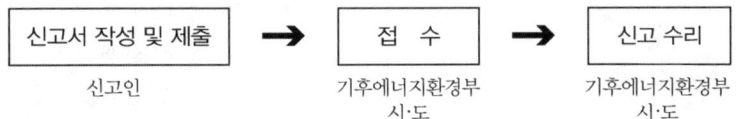

| 신고서 작성 및 제출 | → | 접 수 | → | 신고 수리 |

신고인　　　　　　　기후에너지환경부　　　　기후에너지환경부
　　　　　　　　　　시·도　　　　　　　　　시·도

4) 사업개시신고 첨부서류
① 사업개시를 증명할 수 있는 서류(발전사업자의 경우에는 최초로 전력거래를 한 사실을 증명할 수 있는 서류)
㉮ 발전전력수급계약서　　　　　㉯ 안전관리자 선임 신고 증명서
㉰ 사용전 검사필증　　　　　　　㉱ 준공사진
②「산지관리법」제39조제2항에 따른 중간복구명령(이에 따른 복구준공검사를 포함)의 이행을 전력거래 전에 완료하였음을 증명하는 서류(「산지관리법」제39조제2항에 따른 중간복구명령을 받은 발전사업자만 해당)

(2) 전력수급계약

1) 전력수급 계약 대상기관
① 1000[kW] 초과 발전사업자 : 한국전력거래소
② 1000[kW] 이하 발전사업자 : 한국전력거래소(선택) 또는 한국전력공사

2) 전력 수급계약 신청

① 전력 수급계약 신청 절차(한국전력의 경우 해당)

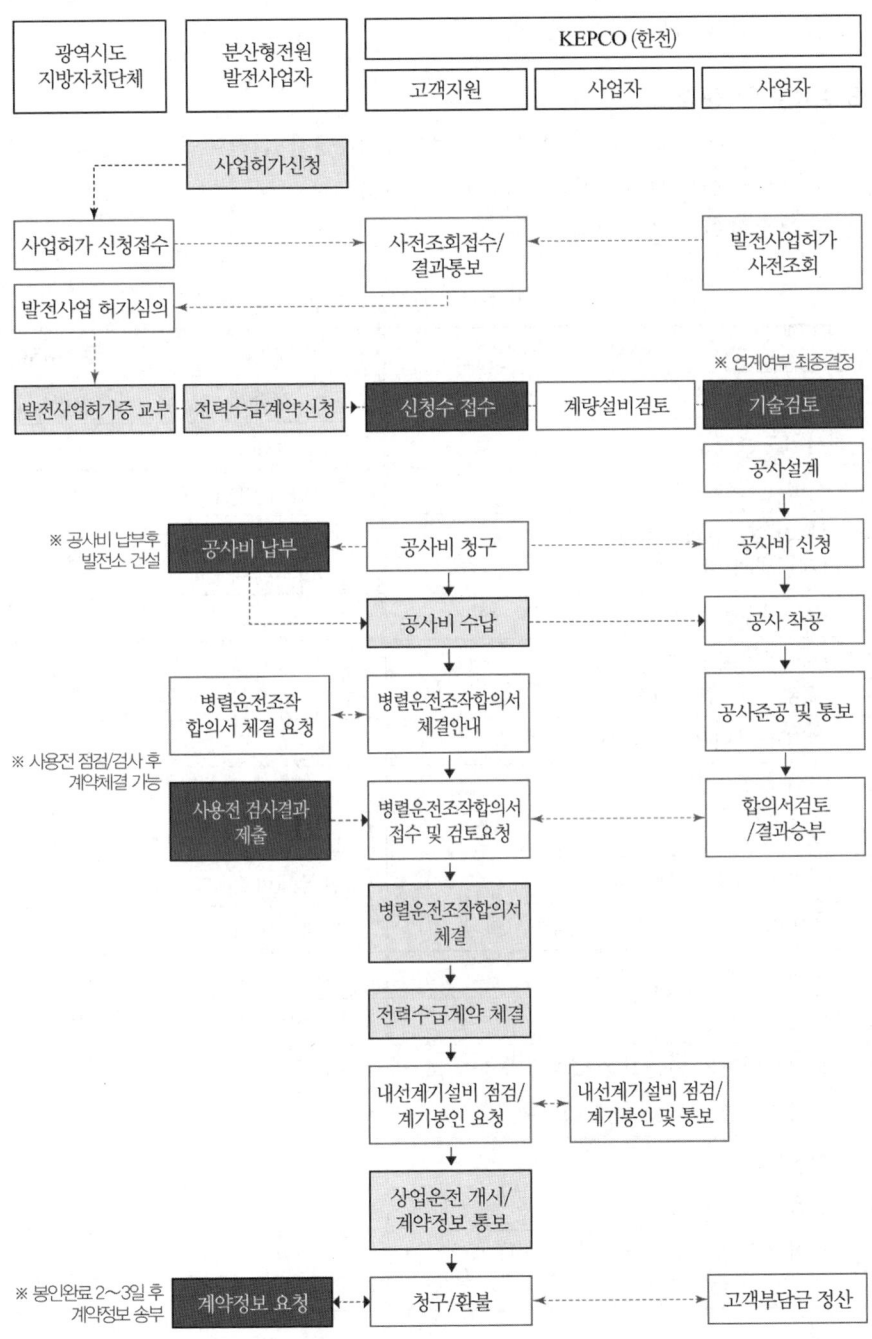

그림 1-1 한국전력공사 전력수급 절차

② 전력수급계약 신청서류(예) : ㉮ 전력수급계약(PPA)신청서, ㉯ 전기사용 신청서, ㉰ 계좌이체 약정서, ㉱ 발전사업 허가증 사본, ㉲ 사업자 등록증, ㉳ 통장사본, ㉴ 인감증명서, ㉵ 사업계획서, ㉶ 모듈 인증서 및 시험성적서, ㉷ 인버터 인증서 및 시험성적서, ㉸ 송·수전 관계일람도 / 단선 결선도, ㉹ 전기공사 등록증, ㉺ 개발행위 허가서,

(3) RPS 설비확인 신청

1) 신청 대상 : 태양광발전소 건설이 완료되고 RPS사업 참여를 원하는 사업자
2) 신청 기관 : 한국에너지공단(신재생에너지 센터)
3) RPS 설비확인 신청 서류

표 1-1 RPS 설비확인 신청 서류

서류명	발급처	필수여부	비고
발전사업허가증	지자체	필수	
사업자등록증	국세청	필수	
사용전검사 확인증	한국전기 안전공사	필수	
계약번호/상업운전개시일 (체결일자) 확인서류	한국전력공사 전력거래소	필수	
정보제공동의서		필수	
총사업비에 대한 무상지원비율확인서		필수	
견적서 / 비용 산출 내역서 사본		필수	자체작성
설치현장사진		필수	자체작성
단선결선도		필수	자체작성
태양전지 모듈 인증서 사본	한국에너지공단	필수	
인버터 인증서 사본 또는 시험성적서	한국에너지공단	필수	
토지대장 및 지적도 등본	지자체	필수	
토지등기부등본	등기소	해당시	
동일사업자의 인근지역 설치용량 확인서		해당시	자체작성
태양광발전소 분할 여부 확인서		해당시	자체작성
설치도면		필수	자체작성
건축물 관리대장		해당시	자체발급
토지사용승낙서 또는 건축물 임대계약서, 승낙자 인감증명서		해당시	자체작성

1.2 전기안전관리 선임 등

(1) 안전관리자 선임
안전관리란 국민의 생명과 재산을 보호하기 위하여 전기사업법에서 정하는 바에 따라 전기설비의 공사 · 유지 및 운용에 필요한 조치를 하는 것이며, 태양광발전시스템도 전기설비에 포함되므로 안전관리자가 선임되어야 한다.

1) 안전관리자의 선임(전기안전관리법 제22조)

전기사업자나 자가용전기설비의 소유자 또는 점유자는 전기설비(휴지 중인 전기설비는 제외한다)의 공사 · 유지 및 운용에 관한 전기안전관리업무를 수행하게 하기 위하여 기후에너지환경부령령으로 정하는 바에 따라 「국가기술자격법」에 따른 전기 · 기계 · 토목 분야의 기술자격을 취득한 사람 중에서 각 분야별로 전기안전관리자를 선임하여야 한다.
  ① **용량 1,000[kW] 이상 : 상주 안전관리자 선임(상주)**
  ② **용량 20[kW] 초과 ~ 1,000[kW]**(원격감시 및 제어기능을 갖춘 경우 용량 3천킬로와트) **미만 : 안전공사 및 대행사업자 위탁 가능**
  ③ **용량 20[kW] 초과 ~ 250[kW]**(원격감시 및 제어기능을 갖춘 경우 용량 750킬로와트) **미만 : 개인 대행자 가능**
  ④ **용량 20[kW] 이하 : 미선임 가능**
  ⑤ 선임시기 : **전기설비 사용전 검사 신청 전** 또는 **사업개시 전** (전기설비 또는 사업장마다 안전관리자와 안전관리보조원으로 구분하여 선임)
  ※ 전기안전관리자 선임은 상주와 대행으로 구분된다.

2) 안전관리업무 대행 자격 요건(전기안전관리법 제22조 제3항)

기후에너지환경부령으로 정하는 규모 이하의 전기설비(자가용전기설비와 「신에너지 및 재생에너지 개발 · 이용 · 보급 촉진법」 제2조에 따른 태양에너지 및 연료전지를 이용하여 전기를 생산하는 발전설비만 해당한다)의 소유자 또는 점유자는 다음 각 호의 어느 하나에 해당하는 자에게 기후에너지환경부령으로 정하는 바에 따라 전기안전관리업무를 대행하게 할 수 있고, 전기안전관리업무를 대행하는 자는 전기안전관리자로 선임된 것으로 본다. 다만, 제1호에 따른 안전공사는 격지, 오지 등 기후에너지환경부령으로 정하는 지역으로서 기후에너지환경부장관이 정하는 전기설비에 한정하여 대행할 수 있다.
  ① 안전공사
  ② 자본금, 기술인력 등 대통령령으로 정하는 요건을 갖춘 전기안전관리대행사업자
  ③ 전기 분야의 기술자격을 취득한 사람으로서 대통령령으로 정하는 장비를 보유하고 있는 자

3) 사용전 점검 및 사용전 검사 대상

   ① 사용전 점검 대상 : 10[kW] 이하

   ② 사용전 검사 대상 : 10[kW] 초과

4) 전기안전관리자의 점검횟수 및 점검간격(안전관리자의 직무에 관한 고시 제4조)

용 량 별		점검횟수	점검 간격
저압	1~300[kW]이하	월1회	20일 이상
	300[kW]초과	월2회	10일 이상
고압	1~300[kW]이하	월1회	20일 이상
	300[kW]초과~500[kW]이하	월2회	10일 이상
	500[kW]초과~700[kW]이하	월3회	7일 이상
	700[kW]초과~1,500[kW]이하	월4회	5일 이상
	1,500[kW]초과~2,000[kW]이하	월5회	4일 이상
	2,000[kW]초과	월6회	3일 이상

5) 전기안전관리업무를 대행하는 자가 갖추어야할 장비

장 비	수 량
1. 절연저항 측정기(500V, 100[MΩ])	1
2. 절연저항 측정기(1,000V, 2,000[MΩ])	1
3. 접지저항 측정기	1
4. 클램프미터	1
5. 저압검전기	1
6. 고압 및 특고압검전기	1
7. 계전기 시험기	1
8. 적외선 열화상 카메라(적외선 실화상 기능을 갖추고 측정온도 250[℃] 이상, 해상도 1만 픽셀 이상일 것)	1

(2) 점검 항목

태양광 발전 시스템은 무인 자동 운전되는 것을 전제로 설계·제작되어 일상적인 보수점검은 불필요한 것처럼 보이나, 시간이 지남에 따라 경년변화에 따른 열화 및 고장이 예상되고 태양광 발전 시스템도 법적으로 발전설비로 분류되어 법규 등에 따른 정기적인 점검이 의무화되어 있다.

설비 종류	점검 부위	점검 분류	점검 방법	점검[1] 주기	점검내용
태양 전지	모 듈	일상	육안	●	유리 등 표면의 오염 및 파손 확인
	가 대	일상	육안	●	가대의 부식 및 녹 확인
	배 선	일상	육안	●	외부배선(접속케이블)의 손상 확인
	접지선	정기	육안	◎	접지선의 접속 및 접속단자 풀림 확인
		정기	측정	◎	태양전지 ↔ 접지선 절연저항 측정
접속함	외 함	일상	육안	●	외함의 부식 및 파손 확인
		정기	육안	◎	
	배 선	일상	육안	●	외부배선(접속케이블)의 손상 확인
		정기	육안	◎	외부배선의 손상 및 접속단자의 풀림 확인
	접지선	정기	육안	◎	접지선의 손상 및 접지단자의 풀림 확인
		정기	측정	◎	출력단자 ↔ 접지선 절연저항 측정
	기 타	정기	시험	◎	각 회로마다 개방전압 측정(극성 등 확인)
파워 컨디셔너	외 함	일상	육안	●	외함의 부식 및 파손 확인
		정기	육안	◎	
	배 선	일상	육안	●	외부배선(접속케이블)의 손상 확인
		정기	육안	◎	외부배선의 손상 및 접속단자의 풀림 확인
	접지선	정기	육안	◎	접지선의 손상 및 접지단자의 풀림 확인
		정기	측정	◎	입·출력단자 ↔ 접지선 절연저항 측정
	환기구	일상	육안	●	환기구, 환기필터 등의 환기 확인
		정기	육안	◎	
	표시부	일상	육안	●	표시부의 이상 표시
		정기	시험	◎	표시부의 동작 확인(충전전력 등)
	타이머	정기	시험	◎	투입저지 시한 타이머 동작시험 확인
	기 타	일상	육안	●	발전상황 확인
		일상	육안	●	이상음, 악취, 발연, 이상과열 확인
		정기	육안	◎	운전시 이상음, 악취, 진동 등 확인
기 타	개폐기	정기	육안	○	개폐기의 접속단자 풀림 확인
		정기	측정	◎	절연저항 측정(DC 500[V] 측정시 0.1[MΩ] 이상)

[주 1] ● : 월 1회 실시

(3) 태양광 발전 시스템 운영 시 갖추어야 할 목록

① 태양광 발전 시스템 계약서 사본

② 태양광 발전 시스템 시방서

③ 태양광 발전 시스템 건설 관련 도면(토목, 건축, 기계, 전기도면 등)

④ 태양광 발전 시스템 구조물의 구조 계산서

⑤ 태양광 발전 시스템 운영 매뉴얼

⑥ 태양광 발전 시스템의 한전 계통 연계 관련 서류

⑦ 태양광 발전 시스템에 사용된 핵심기기의 매뉴얼(인버터, PCS 등)

⑧ 태양광 발전 시스템에 사용된 기기 및 부품의 카탈로그

⑨ 태양광 발전 시스템 일반 점검표

⑩ 태양광 발전 시스템 긴급복구 안내문

⑪ 태양광 발전 시스템 안전교육 표지판

⑫ 전기안전 관련 주의 명판 및 안전 경고표시 위치도

⑬ 전기안전 관리용 정기 점검표

2 태양광발전설비 설치 확인

2.1 설비점검 체크리스트

(1) 설비의 설치확인 절차 (지침 제13조)

1) 고시 제20조제2항에 따라 신·재생에너지설비의 설치확인을 받고자 하는 자는 설비설치가 완료된 날부터 30일 이내에 [별지 제28호 서식]의 「신·재생에너지 설비 설치확인 신청서」를 작성하여 센터의 장에게 신청하여야 한다.

2) 센터의 장은 제1)항의 「신·재생에너지설비 설치확인신청서」를 받은 날부터 7일 이내에 [별표 4]에서 규정한 사항에 대해 서류검토를 하여야 하며, 서류검토 완료 후 14일 이내에 [별지 제25호 서식]의 「설치확인 현장점검표」에 따라 현장확인을 하여야 한다.

3) 제2)항과 관련하여 다음 각 호의 설비에 대하여는 [별지 제24호 서식]의 「자체설치확인보고서」를 제출받아 [별표 4]에서 규정한 사항을 확인할 수 있다.

① 지역지원사업으로 설치한 설비중 지방자치단체장이 신청하는 설비

② 융·복합지원사업으로 설치한 설비중 센터의 장이 지정하는 설비

4) 제3)항제①호의 경우 제2)항의 서류검토 및 현장확인 절차는 적용하지 아니하며, 지방자치단체장은 「자체설치확인보고서」를 작성하여 센터의 장에게 제출하여야 한다. 또한 설치확인된 설비에 대하여는 설치확인 후 15일 이내에 [별지 제29호 서식]의「보급사업 실적보고서」를 센터의 장에게 제출하여야 한다.

5) 참여기업 등 시공자는 설치완료 후 설치된 신·재생에너지설비에 대하여 [별표 5]에 따라 해당설비의 표시사항 및 A/S연락처 등을 기재한 명판을 부착하여야 한다.

(2) 설치확인 현장점검표 : 신재생에너지 설비의 지원 등에 관한 지침[별지 제25호 서식]

1) 설치개요

확 인 사 항		내　　용				
설 치 형 태		□연계형 □독립형/□고정형 □추적형/□PV □BIPV □BAPV				
설치경사각 및 방향	모듈1	방위각 (　)도, 경사각 (　)도 (북0, 동90, 남180, 서270)				
	모듈2	방위각 (　)도, 경사각 (　)도 (북0, 동90, 남180, 서270)				
설 치 위 치		□옥외 □옥상 □경사지붕 □건물일체형 □기타(　　　　　　)				
모듈1	모델명		출력(Wp)		수량(매)	
모듈2	모델명		출력(Wp)		수량(매)	
인버터1	모델명		정격용량(kW)		수량(매)	
인버터2	모델명		정격용량(kW)		수량(매)	
설치 모듈(1)	수량	W × 매				
	직렬수(단)	(　)직렬		병렬수(열)		(　)병렬
설치 모듈(2)	수량	W × 매				
	병렬수(단)	(　)직렬		병렬수(열)		(　)병렬
총 설치용량	모듈	kW		인버터	kW	
계통연계 방식		□ 저압연계		□ 고압연계		
REMS(RTU)	업체명		통신방식		CID No.	
	CID No.		CID No.		CID No.	

2) 가동상태

종 류	확 인 사 항		내　　용
동작상태 확 인	확 인 일 시		20 ． ． ． 시 분~ 시 분
	확 인 항 목		외기온도(　℃) 날씨(　　　)
	인버터1		전압AC(　V), 전류AC(　A), 주파수(　Hz), 일사량(　W/㎡)
	인버터2		전압AC(　V), 전류AC(　A), 주파수(　Hz), 일사량(　W/㎡)
	인버터 출력	인버터1	kW (　　시　분)
		인버터2	kW (　　시　분)
	가동 후 총 누적발전량	인버터1	kWh, 총 가동일 (　)일
		인버터2	kWh, 총 가동일 (　)일

3) 설치상태

NO	항목		점검위치	점검방법	판정기준	판정
1	태양광 모듈	태양광발전 모듈 (BIPV포함)	◦ 모듈 후면 또는 측면	◦ 명판의 모델, 용량 확인 ◦ 서류 및 육안 확인	◦ KS 인증제품 또는 시험성적서 (※ BIPV의 경우, 서류로 확인 가능) ◦ 모듈 온도 상승에 따른 건축물 부자재 파괴방지, 발전량 저감 최소화 방안 수립 여부(BIPV) ◦ 방수계획 수립 여부(BIPV)	☐ 적합 ☐ 부적합 ☐ 제외
		설치용량	◦ 모듈 전면	◦ 모듈매수확인	◦ 설계용량 동일여부 – 부득이한 경우 110%이내	☐ 적합 ☐ 부적합 ☐ 제외
		음영발생	◦ 모듈 전면	◦ 육안 확인	◦ 음영 발생 여부	☐ 적합 ☐ 부적합 ☐ 제외
		설치	◦ 설치장소	◦ 육안 확인 ◦ (해당시) 구조 안전확인서 등 서류확인	◦ 주택 및 건물 등 구조물에 설치 시 설비의 하중을 지지할 수 있는 콘크리트 또는 철제구조물 등에 직접 고정 여부 확인 – 직접 고정이 아닐 경우, 건축법 제67조에 따른 관계전문기술자(이하 "관계전문기술자") 확인 필요(지지대 및 지지대–건축물 고정부위 등을 포함한 전체 설비가 건축구조기준에 따라 안정성, 적정성을 확보한 내용 포함) ◦ (건물설치형 및 BAPV형) 3.3kW를 초과할 경우, 관계전문기술자로부터 확인 필요 ◦ 건물 마감선(건축법에 따라 적법하게 설치된 부문)을 벗어나지 않도록 설치 ◦ BAPV형 설치시 이격거리 – 모듈 프레임 밑면(프레임 없는 방식은 모듈의 가장 밑면)–지붕면 및 외벽의 이격거리 최소간격10cm 이상 여부 ◦ 지상형의 경우, 콘크리트 기초로 시공 및 지표면 위에 자재(베이스판, 볼트류, 볼트캡 등) 설치	☐ 적합 ☐ 부적합 ☐ 제외
2	지지대 (※ BIPV의 경우, 서류확인 가능)	설치상태 (BAPV포함)	◦ 지지대 후면	◦ 서류 및 육안 확인	◦ 건축구조기준 등의 관련 기준에 맞게 자중, 적재하중, 적설하중, 풍압하중 등을 포함한 구조하중 및 기타 진동, 충격에 대해 안전한 구조로 설치 ◦ 고정볼트에 스프링와셔 또는 풀림방지너트 등으로 체결 ◦ 경사지붕 및 외벽 표면 균열 발생여부	☐ 적합 ☐ 부적합 ☐ 제외

NO	항목		점검위치	점검방법	판정기준	판정
2	지지대 (※ BIPV의 경우, 서류확인 가능)	지지대, 연결부, 기초 (용접부위 포함)	◦ 지지대 후면	◦ 육안 확인 ◦ Mill Sheet 확인	◦ 재질 확인 – 용융아연도금 – 용융아연 알루미늄 마그네슘합금도금 – 스테인리스 스틸 – 알루미늄 합금 ◦ 기초부분의 앵커 볼트, 너트는 볼트캡 착용(해당 시) ◦ 절단면, 용접부위 방식처리	□ 적합 □ 부적합 □ 제외
		체결용 볼트, 너트, 와셔	◦ 지지대 후면	◦ 육안 확인	◦ 용융아연도금, STS, 알루미늄 합금재질 사용(볼트캡은 플라스틱 재질도 가능) ◦ 제규격의 볼트, 너트, 스프링와셔 삽입	□ 적합 □ 부적합 □ 제외
3	전기 배선	모듈- 인버터 배선	◦ 설치장소	◦ 육안 확인	◦ 모듈전용선 또는 단심(1C) 난연성 케이 블(TFR-CV, F-CV, FR-CV 등) – 지면포설시 피복손상 방지조치 (가요전선관, 금속 덕트 또는 몰드)	□ 적합 □ 부적합 □ 제외
		모듈 배선	◦ 모듈 후면	◦ 육안 확인	◦ 바람에 흔들림이 없게 단단히 고정(코팅 된 와이어 또는 동등이상(내구성) 재질 의 타이) ◦ 가공전선로 지지물 설치 ◦ 군별, 극성별로 별도 표시 ◦ 배선 보호를 위해 경사지붕 및 외벽 표면 에 전선처리 여부(BAPV)	□ 적합 □ 부적합 □ 제외
		케이블	◦ 설치장소	◦ 육안 확인	◦ 가능한 음영지역, 빗물이 고이지 않도록 설치 ◦ 가능한 피뢰 도체와 떨어진 상태로 포 설, 피뢰도체와 교차시공하지 않도록 ◦ 바닥에 노출되는 경우 몰딩 등의 처리	□ 적합 □ 부적합 □ 제외
		접속함	◦ 접속함	◦ 육안 확인	◦ KS 인증제품	□ 적합 □ 부적합 □ 제외
					◦ DC용 퓨즈(gPV 타입)시설 및 DC차단 기(또는 계폐기) 설치 및 지락, 낙뢰, 단 락 등으로 설비 이상(異常)현상 시 경보 등 또는 경보장치 커지는지 확인(실내에 서 확인 가능한 경우 예외) ◦ 직사광선 노출이 적고, 접근 및 육안확 인 용이한 장소 설치여부	□ 적합 □ 부적합 □ 제외
4	인버터	사양	◦ 인버터 전면 또는 측면	◦ 명판의 모델, 정격용량,	◦ KS 인증제품 250[kW]를 초과 시 품질기준에 따른 시 험성적서 제출	□ 적합 □ 부적합 □ 제외
					◦ 사업계획서의 인버터 설계용량 이상	□ 적합 □ 부적합 □ 제외

NO	항목		점검위치	점검방법	판정기준	판정
4	인버터	설치상태	◦ 설치장소	◦ 실내 · 실외용 확인	◦ 실내·실외용을 구분하여 설치 －실외용은 실내에 설치가능	☐ 적합 ☐ 부적합 ☐ 제외
		인버터 설치용량 및 입력전압	◦ 인버터 및 모듈	◦ 인버터 입력 및 모듈출력 확인	◦ 모듈 설치용량이 인버터설치용량 의 105% 이내 ◦ 모듈 개방전압(후면명판)은 인버터 입력전압(인증서, 시험성적서)의 범위 이내	☐ 적합 ☐ 부적합 ☐ 제외
		표시사항	◦ 인버터 또는 별도 표시창	◦ 육안 확인	◦ 모듈 및 인버터의 출력 전압, 전류, 전력, 주파수, Peak, 누적발전량	☐ 적합 ☐ 부적합 ☐ 제외
5	통합 명판	표시항목	◦ 인버터 전면 에 부착	◦ 육안 확인	◦ [별표 5]신·재생에너지 설비 명판 설치기준에 제작 및 인버터 전면에 적합하게 부착되어 있는지 여부	☐ 적합 ☐ 부적합 ☐ 제외
	통합 명판 (REMS 적용사업)	표시항목	◦ RTU 외함에 부착	◦ 육안 확인	◦ CID번호, 모델명, 모니터링업체명, 제조년월일, 통신방식이 REMS 시 스템과 일치하는지 여부	☐ 적합 ☐ 부적합 ☐ 제외
6	모니터링 대상설비 (50[kW]이상 또는 REMS 적용사업)	정상작동	◦ 인버터	◦ 육안확인	◦ [별표 2]「모니터링시스템 설치기 준」에 적합하게 설치 ◦ 일일발전량, 생산시간 등	☐ 적합 ☐ 부적합 ☐ 제외
		REMS	◦ REMS 시스템 화면	◦ 육안확인	◦ REMS 시스템 실시간 계측정보	☐ 적합 ☐ 부적합 ☐ 제외
7	가동상태	정상조건 시에	◦ 인버터, 전력량계 등	◦ 육안 확인	◦ 모든 설비(인버터, 전력량계 등)정 상작동 여부	☐ 적합 ☐ 부적합 ☐ 제외
8	운전교육	운전매뉴얼	◦ 점검현장	◦ 신청자와의 면담	◦ 소비자 주의사항 및 운전매뉴얼 제 공, 교육 실시여부	☐ 적합 ☐ 부적합 ☐ 제외
9	설치확인		◦ 점검현장	◦ 육안확인	◦ 안전사고 방지위한 작업공간(이동 통로, 발판 등) 및 접근장치(계단 등) 확보	☐ 적합 ☐ 부적합 ☐ 제외
10	기초지반		◦ 점검현장	◦ 육안확인	◦ (일반지상형, 산지형, 농지형의 경 우) 태양광설비 기초 구조물 등의 설치위치 및 규격 등 적정 여부	☐ 적합 ☐ 부적합 ☐ 제외
					◦ (일반지상형, 산지형, 농지형의 경 우) 충분한 다짐을 통한 기초 지반 의 지지력 및 안전성 확보 여부	☐ 적합 ☐ 부적합 ☐ 제외

NO	항목	점검위치	점검방법	판정기준	판정
	기초지반	◦ 점검현장	◦ 육안확인	◦ (산지형, 농지형의 경우) – 절·성토 사면의 안전성 확보여부(필요시 녹화 포함) – 비탈면 구조물(옹벽 등)의 설치위치 및 규격 등 적정여부	☐ 적합 ☐ 부적합 ☐ 제외
				◦ (산지형, 농지형의 경우) 배수로 규격 및 설치 위치 등 적정여부	☐ 적합 ☐ 부적합 ☐ 제외

2.2 설치된 발전설비 부품의 성능검사

2.2.1 성능평가 개념

태양광 발전 시스템 설치 시 시공방법, 설치장소, 설치확대와 동시에 설치가격 저감, 신뢰성 확보를 통하여 일반인에게 태양광 발전 시스템의 유효성을 인식시켜 보다 적극적인 태양광 발전 시스템의 도입 확대를 위한 성능평가 분석이 요구되고 있다. 성능평가 분석은 태양광 발전 시스템의 전반적인 사이트 개요, 설치가격, 발전성능, 신뢰성 등으로 분류하여 평가 분석할 필요가 있으며, 발전성능은 시스템의 전체적 성능과 구성요소의 성능으로 분류하여 평가 분석할 필요가 있다. 성능평가 분석이란 태양광 발전 시스템의 계측 및 모니터링(Monitoring)만 하는 것이 아니고, 계측과 모니터링 된 데이터를 구체적으로 정밀 분석하여 기술개발로 피드백(Feedback)시키는 산업화 기술로 연계되는 중요한 기술이다.

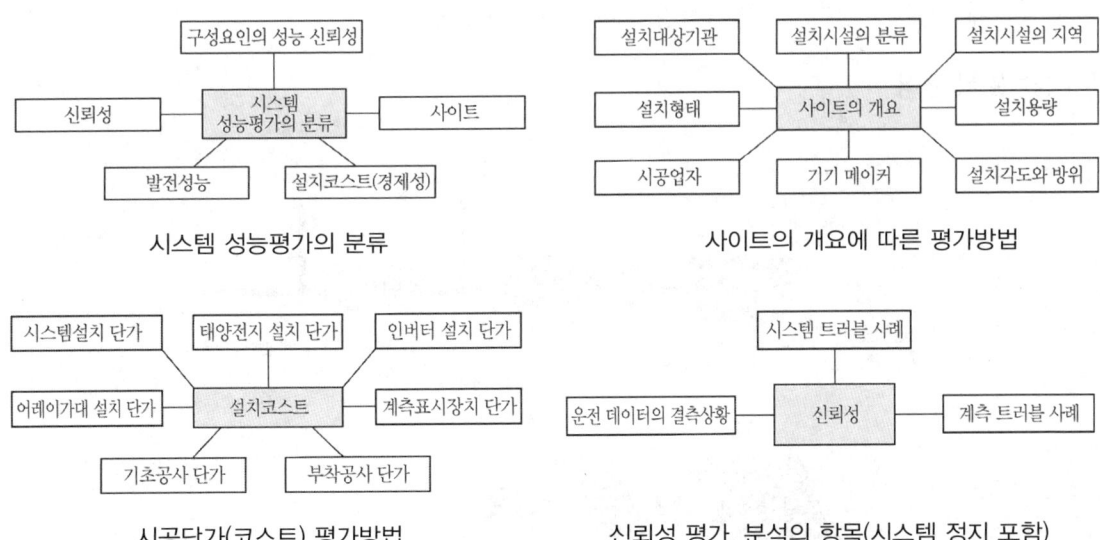

시스템 성능평가의 분류

사이트의 개요에 따른 평가방법

시공단가(코스트) 평가방법

신뢰성 평가, 분석의 항목(시스템 정지 포함)

그림 1-2 태양광발전시스템 성능평가

2.2.2 성능평가를 위한 측정요소

(1) 성능평가의 분류

1) 시스템 성능평가의 대분류

① **구성요인의 성능·신뢰성**　　② **사이트**

③ **발전성능**　　　　　　　　　④ **신뢰성**　　　⑤ **설치비용(경제성)**

2) 사이트 평가방법

① 설치 대상기관　　② 설치 시설의 분류　　③ 설치 시설의 지역

④ 설치 형태　　　　⑤ 설치 용량　　　　　 ⑥ 설치 각도와 방위

⑦ 시공업자　　　　⑧ 기기 제조사

3) 설치가격(코스트) 평가 방법

① 시스템 설치 단가　　② 태양전지 설치 단가

③ 파워컨디셔너 설치 단가　　④ 어레이 가대 설치 단가

⑤ 계측표시장치 단가　　⑥ 기초공사 단가　　⑦ 부착시공 단가

4) 신뢰성 평가 분석 항목

① 트러블(Trouble)

㉮ 시스템 트러블 : 인버터 정지, 직류지락, 계통지락, RCD트립, 원인불명 등에 의한 시스템 운전정지 등

㉯ 계측 트러블 : 컴퓨터 전원의 차단, 컴퓨터의 조작오류, 기타 원인불명

② 운전 데이터의 결측 상황

③ 계획정지 : 정전 등 (정기점검·개수정전, 계통 정전)

(2) 성능분석 용어

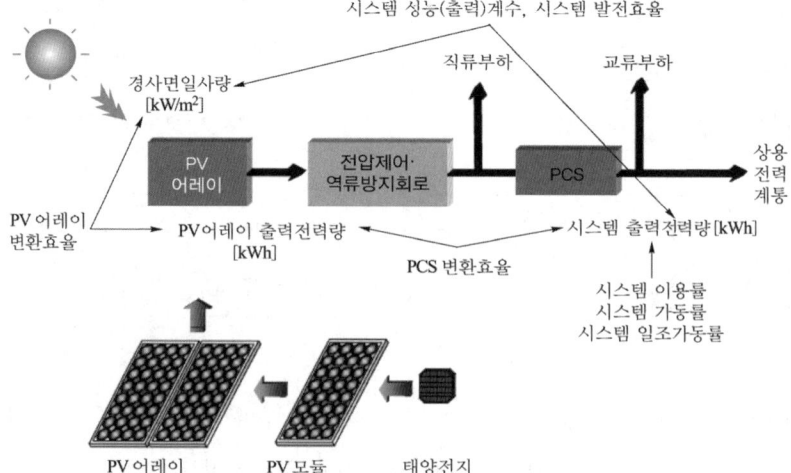

그림 1-3 성능분석 용어 개념도

성능분석 용어	산출방법
태양광 어레이 변환효율	$\dfrac{\text{태양전지 어레이 출력전력[kW]}}{\text{표준 일사강도}[kW/m^2] \times \text{태양전지 어레이 면적}[m^2]}$
시스템 발전효율	$\dfrac{\text{시스템 발전 전력[kW]}}{\text{경사면 일사량}[kW/m^2] \times \text{태양전지 어레이 면적}[m^2]}$
태양에너지 의존율	$\dfrac{\text{시스템의 평균 발전전력[kW] 또는 전력량[kWh]}}{\text{부하소비전력[kW] 또는 전력량[kWh]}}$
시스템 이용률	$\dfrac{\text{시스템 발전 전력량[kWh]}}{24[h] \times \text{운전일수} \times \text{태양전지 어레이 설계용량(표준상태)}}$
시스템 성능(출력)계수[1]	$\dfrac{\text{시스템 발전 전력량}[kWh] \times \text{표준 일사강도}[kW/m^2]}{\text{태양전지 어레이 설계용량(표준상태)}[kW] \times \text{경사면 누적일사량}[kWh/m^2]}$
시스템 가동률	$\dfrac{\text{시스템 동작시간[h]}}{24[h] \times \text{운전일수}}$
시스템 일조가동률	$\dfrac{\text{시스템 동작시간[h]}}{\text{가조시간[2]}}$

① 시스템 성능(출력)계수

$$\dfrac{\text{시스템 발전 전력량}[kWh]}{\text{경사면 누적일사량}[kWh/m^2] \times \text{태양전지 어레이 면적}[m^2] \times \text{태양전지 어레이 변환효율(표준상태)}}$$

② 가조시간 – 태양에서 오는 직사광선, 즉 일조를 기대할 수 있는 시간

(3) 구성요소 성능평가

1) PV 모듈 성능특성

① 평균 출력

② 출력 오차

③ 최대 전압

④ 최대 전류

⑤ 셀 효율

⑥ 모듈 효율

2) PCS 성능특성

① 변환 효율

② 종합 왜형률

③ 역률

④ 최대출력 추종

2.2.3 KS 표준 및 인증대상 설비

표 준 번 호	인증대상	표 준 명
KS C 8525:2014		결정계 태양 전지 셀 분광 감도 특성 측정 방법(폐지)
KS C 8526:2020		결정계 태양 전지 모듈 출력 측정 방법
KS C 8527:2014		결정계 태양 전지 셀 모듈측정용 솔라 시뮬레이터(폐지)
KS C 8528:2020		결정계 태양 전지 셀 출력 측정 방법
KS C 8529:2020		결정계 태양 전지 셀 모듈의 출력 전압 출력 전류의 온도 계수 측정방법
KS C 8532:2020		태양광 발전용 납축전지의 잔존 용량 측정 방법
KS C 8533:2018		태양광 발전용 파워 컨디셔너의 효율 측정 방법
KS C 8534:2018		태양 전지 어레이 출력의 온 사이트 측정 방법
KS C 8535:2020		태양광발전 시스템 운전 특성의 측정 방법
KS C 8536:2020		독립형 태양광발전 시스템 통칙
KS C 8537:2014		2차 기준 결정계 태양 전지 셀(폐지)
KS C 8538:2020		어모퍼스 태양 전지 셀 출력 측정 방법
KS C 8539:2020		태양광 발전용 장시간율 납축전지의 시험 방법
KS C 8540:2020		소출력 태양광 발전용 타워 조절기의 시험 방법
KS C 8568:2020		태양광집광채광기
KS C 8567:2019	○	태양광발전용 접속함
KS C 8566:2020	○	태양전지
KS C 8575:2021	○	태양광 시스템용 이차전지(리튬제외)
KS C 8574:2021	○	충전제어시스템
KS C 8569:2020		연료전지 시스템
KS C 8565:2021	○	태양광발전용 인버터(계통연계형, 독립형)
KS C 8563:2020	○	태양광발전(PV)모듈(안전)
KS C 8562:2021	○	박막 태양전지 모듈(성능)
KS C 8561:2020	○	결정질 실리콘 태양광발전 모듈(성능)

2.2.4 IEC 표준

2002년부터 IEC표준을 국내환경에 부합화시켜 사용하고 있다.

표준번호	표준명
KS C IEC 60364-7-712:2020	건축 전기 설비-제7-712부: 특수 설비 또는 특수 장소에 대한 요구 사항 -태양전지(PV) 전원 시스템
KS C IEC 60891:2017	결정계 실리콘 태양전지 소자의 측정된 I-V 특성의 온도 및 방사조도 보정절차
KS C IEC 60904-1:2020	태양전지 소자-제1부: 태양 전지 전류-전압 특성측정
KS C IEC 60904-2:2020	태양전지 소자 -제2부: 기준 태양전지 셀의 요구사항
KS C IEC 60904-3:2020	태양전지 소자-제3부: 기준 분광 방사조도 데이트를 이용한 지상용 태양전지(PV) 소자의 측정원리
KS C IEC 60904-4:2017	태양광발전 소자-제4부: 기준 태양광 소자-교정 소급성의 확립과정
KS C IEC 60904-5:2018	태양전지 소자-제5부: 개방전압 방법을 이용한 태양전지(PV) 소자의 등가 셀 온도(ECT) 결정
KS C IEC 60904-6:2015	태양광 발전 소자-제6부: 기준 태양광 모듈의 필요조건(폐지)
KS C IEC 60904-7:2020	태양전지 소자-제7부: 태양전지 소자의 시험에서 발생된 스펙트럼 미스매치 오차계산
KS C IEC 60904-8:2020	태양전지 소자-제8부: 태양전지(PV) 소자의 스펙트럼 응답측정
KS C IEC 60904-9:2020	태양전지 소자-제9부: 솔라 시뮬레이터의 성능 요구사항
KS C IEC 60904-10:2020	태양광발전 소자-제10부: 선형성 측정 방법
KS C IEC 61173:2015	태양광발전 시스템의 과전압 방지책(폐지)
KS C IEC 61194:2017	독립형 태양광발전 시스템의 개별요구사항
KS C IEC 61215:2021	지상 설치용 결정계 실리콘 태양전지(PV) 모듈-설계 적격성 확인 및 형식 승인 요구 사항

※ 참조

- **PV 인증제도** : PV 인증제도란 신에너지 및 재생에너지 개발·이용·보급 촉진법 제13조 및 국가표준기본법 제21조(적합성 평가체계의 구축)에 따라 신·재생에너지설비의 보급촉진을 위하여 일정기준 이상의 신·재생에너지설비에 대하여 인증하는 제도
- **인증 신청자 대상** : 국내 제조사 및 수입사
  ① 국제규격 및 한국공업규격에 적합한 제품을 인증하는 것
  ② 국내에서는 한국에너지기술원과 에너지관리공단에서 KS C IEC 규격에 기초한 인증시험 및 공장조사를 행하고 있으며 합격한 모듈에 한해 이증을 발행하고 있다.
  ③ 2009년부터는 국제인증 제품 모듈일지라도 국내 공인인증기관에서 KS인증 받은 모듈을 사용하도록 규정하고 있다.
  ④ 결정계는 KS C IEC 61215, 박막계는 KS C IEC 61646에 적합하여야 한다.

2.2.5 결정질 실리콘 태양광발전 모듈(성능) : KS C 8561

(1) 적용범위

이 표준은 결정질 실리콘 태양광발전 모듈(일반, 고내구성·친환경) 성능의 특성에 대하여 규정한다.

(2) 정의

1) 정격 출력(rated power)

지정된 조건에서 제조자가 보장하는 출력.

2) 고내구성·친환경 태양광발전 모듈(high durability & eco-friendly PV module)

고내구성·친환경 태양광발전 모듈의 시험기준(고온·고습시험, 습윤 누설전류 시험, 기계적 하중 시험, 환경영향 평가 등)을 만족하는 제품.

3) 양면 태양광발전 모듈

모듈의 전·후면으로 광이 조사되어 광전효과 발전이 가능한 모듈(양면성 계수가 20[%] 이상인 모듈)

4) 양면성 계수

양면 소자의 전·후면 주요 특성에 대한 비율적 표현

5) 양면 명판 방사조도

양면 모듈의 명판성능이 검증되는 전면 $1,000[W/m^2]$와 후면 $135[W/m^2]$에서의 방사조도

6) 양면 피로 방사조도

양면 모듈의 피로를 발생시키는 전류에 해당하는 전면 $1,000[W/m^2]$와 후면 $300[W/m^2]$에서의 방사조도

(3) 시험장치

1) 솔라 시뮬레이터

솔라 시뮬레이터는 태양광발전 모듈의 발전성능을 옥내에서 시험하기 위한 인공광원이며, KS C IEC 60904-9에서 규정한 방사 조도 ±2[%] 이내, 광원 균일도 ±2[%] 이내의 A등급 이상으로 한다.

2) 항온 항습 장치

태양광발전 모듈의 온도 사이클 시험, 습도-동결 시험, 고온·고습 시험을 하기 위한 환경 챔버이며, KS C IEC 61215에서 규정하는 온도 ± 2[℃] 이내, 습도 ± 5[%] 이내이어야 한다.

3) 염수 분무 장치

태양광발전 모듈의 구성 재료 및 패키지의 염분에 대한 내구성을 시험하기 위한 환경 챔버.

4) UV 시험 장치

태양광발전 모듈이 태양광에 노출되는 경우에 따라서 유기되는 열화 정도를 시험하기 위한

장치

5) 기계적 하중 시험 장치

태양광발전 모듈에 대하여 바람, 눈 및 얼음에 의한 하중에 대한 기계적 내구성을 조사하기 위한 장치

6) 우박 시험 장치

우박의 충격에 대한 태양광발전 모듈의 기계적 강도를 조사하기위한 장치

7) 단자 강도 시험 장치

태양광발전 모듈의 단자 부분이 모듈의 부착, 배선 또는 사용 중에 가해지는 외력에 대하여 충분한 강도가 있는지 조사하기 위한 장치

(4) 외관 검사

1) 검사 방법

1000[lux] 이상의 광 조사 상태에서 모듈의 외관, 태양전지 등에 크랙, 구부러짐, 갈라짐 등이 없는지를 확인하고, 태양전지 간 접속 및 다른 접속부분에 결함이 없는지, 태양전지와 태양전지, 태양전지와 프레임상의 접촉이 없는지, 접착에 결함이 없는지, 태양전지와 모듈 끝 부분을 연결하는 기포 또는 박리가 없는지 등을 검사한다.

2) 품질기준

태양전지, Glass, J-box, 프레임, 기타 사항(접지 단자, 출력 단자) 등의 이상이 없을 것.
① 모듈 외관 : 크랙, 구부러짐, 갈라짐 등이 없을 것.
② 태양전지 : 깨짐, 크랙이 없을 것.
③ 태양전지 간 접속 및 다른 접속 부분에 결함이 없을 것.
④ 태양전지와 태양전지, 태양전지와 프레임의 접촉이 없을 것.
⑤ 접착에 결함이 없을 것.
⑥ 태양전지와 모듈 끝 부분을 연결하는 기포 또는 박리가 없을 것 등.

(5) 최대 출력 결정 시험

1) 결정방법

이 시험은 환경시험 전후에 모듈의 최대 출력을 결정하는 시험으로 인공광원에 의해 태양광 발전 모듈의 I-V 특성시험을 수행하며, AM 1.5, 방사조도 1$[kW/m^2]$ 이다.

온도 25[℃] 조건에서 기준 태양전지를 이용하여 시험을 실시하여 개방전압(V_{oc}), 단락전류(I_{sc}), 최대전압(V_{max}), 최대전류(I_{max}), 최대출력(P_{max}), 곡선율(FF), 효율(E_{ff})을 측정한다.

다만, 양면 태양광발전 모듈의 경우, 동일 조건에서 후면을 차광한 상태에서 시험하고, 양면 면판 방사조도에서 시험한다. 양면성 계수도 측정하여 최종 최대 출력 결정시험 이전까지 적용한다.

2) 품질기준

① 해당 태양광발전 모듈의 최대 출력을 측정하되, 시험 시료의 평균출력은 정격출력 이상일 것.

② 시험 시료의 출력 균일도는 평균 출력의 ± 3[%] 이내일 것.

③ 태양광발전 모듈의 효율은 17.5[%] 이상일 것.

④ 시험 시료의 최종 환경시험 후 최대출력의 열화는 최초 최대출력의 −8[%]를 초과하지 않을 것.

⑤ 양면성 계수가 20[%] 이상이면 양면 태양광 모듈 시험방법에 따라 시험할 것.

⑥ 양면 태양광발전 모듈의 경우, 각 시험의 품질기준 판전 시 양면 명판 방사조도에서 최대 출력 적용할 것.

(6) 절연 시험

1) 시험방법

① 절연내력 시험은 최대 시스템 전압의 두 배에 1,000[V]를 더한 것과 같은 전압을, 최대 500[V/s] 이하의 상승률로 태양광발전 모듈의 출력단자와 모듈 또는 접지단자(프레임)에 1분간 유지한다. 다만, 최대 시스템 전압이 50[V] 이하일 때는 인가전압은 500[V]로 한다.

② 절연저항 시험은 시험기 전압을 500[V/s]를 초과하지 않는 상승률로 500[V] 또는 모듈 시스템의 최대 전압이 500[V]보다 큰 경우, 모듈의 최대 시스템 전압까지 올린 후 2분간 유지하여 시험한다.

2) 품질기준

① 시험 동안 절연파괴 또는 표면 균열이 없어야 한다.

② 모듈의 측정 면적에 따라 0.1[m^2] 미만에서는 400[MΩ] 이상일 것

③ 모듈의 시험 면적에 따라 0.1[m^2] 이상에서는 측정값과 면적의 곱이 40[MΩ·m^2] 이상일 것

(7) 옥외 노출 시험

1) 시험방법

모듈의 옥외 시험 조건에서의 내구성을 일차적으로 평가하고, 또 시험소의 시험에서는 검출될 수 없는 복합적 열화의 영향을 파악하는 것을 목적으로 하고, 태양광발전 모듈을 적산 일사계로 측정한 적산 일사량이 60[kWh/m^2]에 도달할 때까지 시험한다.

2) 품질기준

① 최대출력 : 시험 전 값의 95[%]이상일 것.

② 절연저항 시험의 품질기준을 만족할 것.

③ 외관 : 두드러진 이상이 없고, 표시는 판독할 수 있을 것.

(8) 열점 내구성 시험

1) 시험방법

태양광발전 모듈이 과열점 가열의 영향에 대한 내구성을 결정하는 것을 목적으로 한다. 이 결함은 태양전지의 부정합, 균열, 내부 접속 불량, 부분적인 그늘 또는 오손에 의해 유발할 수 있다.

2) 품질기준

① 최대출력 : 시험 전 값의 95[%]이상일 것.
② 절연저항 시험의 품질기준을 만족할 것.
③ 외관 : 두드러진 이상이 없고, 표시는 판독할 수 있을 것.

(9) UV 전처리 시험

1) 시험방법

태양광발전 모듈이 태양광에 노출되는 경우에 따라서 유기되는 열화정도를 시험한다. 제논 아크등을 사용하여 모듈 온도(60 ± 5)[℃]의 건조한 조건을 유지하고, 파장범위 280[nm]~320[nm]까지 방사조도 5[kWh/m^2], 또는 파장범위 280[nm]~385[nm]까지 방사조도 15[kWh/m^2]에서 시험한다.

2) 품질기준

① 최대출력 : 시험 전 값의 95[%] 이상일 것.
② 절연저항 시험의 품질기준을 만족할 것.
③ 외관 : 두드러진 이상이 없고, 표시는 판독할 수 있을 것.

(10) 온도 사이클 시험

1) 시험방법

환경 온도의 불규칙한 반복에서, 구조나 재료 간의 열전도나 열팽창률의 차이에 의한 스트레스의 내구성을 시험한다. 고온 측(85 ± 2)[℃] 및 저온 측(-40 ± 2)[℃]로 10분 이상 유지하고, 고온에서 저온으로 또는 저온에서 고온으로 최대 100[℃/h]의 비율로 온도를 변화시킨다. 이것을 1사이클로 하여 6시간 이내에 하고, 특별히 규정이 없는 한 UV 전처리 시험 후 온도 사이클 시험 50회, 습윤 누설 전류 시험 후 온도 사이클 시험 200회를 실시한다.

2) 품질기준

① 최대출력 : 시험 전 값의 95[%]이상일 것.
② 절연저항 시험의 품질기준을 만족할 것.
③ 외관 : 두드러진 이상이 없고, 표시는 판독할 수 있을 것.
④ 시험 도중에 회로가 단선되지 않을 것.

(11) 습도−동결 시험

1) 시험방법

① 고온·고습, 영하의 저온 등의 가혹한 자연 환경에 반복 장시간 놓았을 때, 열팽창률의 차이나 수분의 침입·확산, 호흡 작용 등에 의한 구조나 재료의 영향을 시험한다.

② 고온 측 온도조건을 $(85 \pm 2)[℃]$, 상대습도 $(85 \pm 5)[\%]$에서 20시간 유지하고, 저온 측 온도조건을 $(-40 \pm 2)[℃]$ 조건에서 0.5시간 유지한다.

③ 상기 조건을 1사이클로 하여 24시간 이내에 하고 10회 실시한다.

2) 품질기준

① 최대출력 : 시험 전 값의 95[%]이상일 것.

② 절연저항 시험의 품질기준을 만족할 것.

③ 외관 : 두드러진 이상이 없고, 표시는 판독할 수 있을 것.

(12) 고온·고습 시험

1) 시험방법

① 고온·고습 상태에서의 사용 및 저장하는 경우의 태양광발전 모듈의 열적 스트레스와 적성을 시험한다. 이때 접합 재료의 밀착력의 저하를 관찰한다.

② 시험조 내의 태양광발전 모듈의 출력 단자를 개방 상태로 유지하고, 방수를 위하여 염화비닐제의 절연테이프로 피복하여 온도 $(85 \pm 2)[℃]$, 상대습도 $(85 \pm 5)[\%]$로 1,000시간 시험한다.

③ 다만, 고내구성·친환경 태양광발전 모듈의 경우 온도 $(85 \pm 2)[℃]$, 상대습도 $(85 \pm 5)[\%]$로 3,000시간 시험한다.

2) 품질기준

① 최대출력 : 시험 전 값의 95[%]이상일 것.

② 절연저항 시험의 품질기준을 만족할 것.

③ 습윤 누설전류 시험의 품질기준을 만족할 것.

④ 외관 : 두드러진 이상이 없고, 표시는 판독할 수 있을 것.

(13) 습윤 누설전류 시험

1) 시험방법

① 모듈이 옥외에서 강우에 노출되는 경우 적성을 시험한다.

② 다만, 고내구성·친환경 태양광발전 모듈의 경우 IP 67 등급을 적용하여 시험한다.

2) 품질기준

① 모듈의 측정 면적에 따라 $0.1[m^2]$ 미만에서는 절연저항 측정값이 $400[MΩ]$ 이상일 것.

② 모듈의 시험 면적에 따라 $0.1[m^2]$ 이상에서는 측정값과 면적의 곱이 $40[MΩ \cdot m^2]$ 이상일 것.

(14) 바이패스 다이오드 열 시험

1) 시험방법

① 태양광발전 모듈의 열점(hot spot) 현상에 대한 유해한 결과를 제한하기 위해 사용된 바이패스 다이오드가 열에 대한 내성 설계가 얼마나 잘되어 있는지, 유사한 환경에서 장시간 사용할 경우 신뢰선이 확보되었는지를 평가하는 것을 목적으로 한다.

② 표준 온도 조건에서 단락전류 1.25배의 전류로 시험한다.

2) 품질기준

① 최대출력 : 시험 전 값의 95[%]이상일 것.

② 절연저항 시험의 품질기준을 만족할 것.

③ 외관 : 두드러진 이상이 없고, 표시는 판독할 수 있을 것.

④ 시험이 끝난 후에도 다이오드의 기능을 유지할 것.

⑤ 다이오드 접합 온도는 다이오드 제조자가 제시한 정격 최대 접합(junction) 온도를 초과하지 않을 것.

(15) 모듈의 제조 및 사용 표시

1) 업체명 및 소재지   2) 설비명 및 모델명

3) 제품의 주요 사양   4) 제조일 및 제조 번호

5) 인증 부여 번호   6) 인증 표지

7) 단면 고내구성·친환경 태양광모듈의 경우 "고내구성·친환경"을 표시하여야 한다.

8) 양면 태양광발전 모듈의 경우, "양면"을 표시하여야 한다.

9) 단면 태양광발전 모듈은 표준시험 조건에서 측정된 단락전류(I_{sc}), 개방전압(V_{oc}), 최대출력(P_{max}) 값을 표시하여야 한다.

10) 양면 태양광발전 모듈은 표준시험 조건과 명판 방사조도 조건에서 측정된 단락전류(I_{sc}), 개방전압(V_{oc}), 최대출력(P_{max}) 값을 표시하여야 한다.

11) 양면 태양광발전 모듈은 단락전류 양면성 계수(ϕI_{sc}), 개방전압 양면성 계수(ϕV_{oc}), 최대출력 양면성 계수(ϕP_{max}) 값을 표시하여야 한다.

12) 기타사항

2.2.6 태양광발전용 인버터(계통연계형, 독립형) : KS C 8565

(1) 적용범위

이 표준은 정격출력 1[kW] 초과 1000[kW] 이하(직류 입력 전압 1,500[V] 이하, 교류출력전압 1,000[V] 이하)인 태양광발전용 인버터(계통 연계형, 독립형)의 시험 방법 및 평가기준에 대해 규정한다. 다만, 정격 출력 1[kW] 이하인 경우라도 직류 입력 전압이 150[V]를 초과하는 경우에는 이 표준을 적용한다.

(2) 용어와 정의

1) 최대 입력 전압(Vdcmax) : 인버터 입력으로 허용되는 최대 전압

2) 최소 입력 전압(Vdcmin) : 계통연계운전 또는 독립운전을 위한 최소 입력 전압

3) 시동 전압(Vdcstsrt) : 인버터가 계통에 연계되어 발전을 시작하는 전압

4) 정격 입력 전압(Vdc,r) : 제조사가 명시하는 최적 입력전압으로 사양서에 명시되는 다른 값들이 참조로 하는 전압

5) MPP 최대 전압(Vmpp,max) : 인버터가 정격 출력으로 운전할 수 있는 최대 전압

6) MPP 최소 전압(Vmpp,min) : 인버터가 정격 출력으로 운전할 수 있는 최소 전압

7) 최대 입력 전류(Idcmax) : 인버터가 동작하는 상태에서 흐를 수 있는 최대 입력 전류, 인버터가 2개 이상의 MPPT 입력 채널을 갖는 경우 MPPT 1개 채널에 해당하는 최대 입력 전류를 Idcmax 값으로 한다.

8) 정격 출력 전압(Vac,r) : 제조사가 명시하는 최적 출력 전압으로 사양서에 명시되는 다른 값들이 참조하는 전압. 다만, 3상 인버터의 경우 상전압과 선간전압을 구분하여 명시해야 한다.

9) 최대 출력 전류(Iacmax) : 인버터에 흐를 수 있는 최대 출력 전류. 다만, 3상 인버터의 경우 일반적으로 한 상에 흐르는 전류를 명시한다.

10) 정격 출력(Pac,r) : 인버터가 연속적으로 생산할 수 있는 유효 전력

11) 정격 주파수(fr) : 제조사가 명시하는 최적 주파수로 사양서에 명시되는 다른 값들이 참조로 하는 주파수

12) 역률 : 정격 출력으로 운전할 때의 인버터 역률

13) 갈바닉 절연 : 두 부분 사이에 직접적인 전기 연결이 없어 전기적으로 분리된 것을 의미하며, 두 부분 사이에 전류가 흐르지는 않지만 전기 신호 또는 전력이 이동할 수 있다.

14) 강화 절연 : 충전부에 적용되는 단일 절연시스템, 명시된 조건하에서 감전에 대해 이중 절연과 동등한 수준의 보호를 제공하게 된다.

15) 거시 환경 : 기기가 설치되어 있거나 사용되는 환경

16) 결정 전압 등급(DVC) : 위험 전압의 수준 및 각 회로에 대해 최소한의 보호 수준을 결정하기 위해 정의된 전압의 등급

17) 공간거리 : 두 개의 도전부 사이의 공간을 통과하는 최단거리

18) 과도 과전압 : 수 [ms] 혹은 그 이하는 짧은 지속 시간을 갖는 과전압

19) 과전압 범주(OVC) : 과도 과전압 범주의 등급을 정의하는 수로 표기된 명명

20) 기능 절연(FI) : 장비의 정확한 동작을 위해서만 필요한 절연으로 전기적인 감전에 대해서는 보호되지 않고, 점화 및 화재의 가능성은 줄일 수 있다.

21) 기본절연 : 고장이 없는 조건하에서, 감전에 대해 단일 레벨의 보호를 제공하는 절연

22) 내전압 : 절연파괴난 섬락을 유발하지 않으면서 규정된 시험조건 하에서 가해지는 전압

23) 동작 전압 : 적격 사용 전압을 가했을 때 절연부 간에 걸릴 수 있는 교류 전압의 최대 실효값 또는 직류전압의 최대 실효값

24) 미시 환경 : 연면 거리 치수 결정에 특히 영향을 주는 절연체에 바로 인접한 환경

25) 보호 등급 1(1종 기기) : 접근 가능 도전부의 기본 절연과 보호 접지를 통해 감전을 보호한다.

26) 보호 등급 2(2종 기기) : 감전에 대해 기본 절연에만 의지하지 않고, 이중 절연 또는 강화 절연과 같은 추가적인 안전 예방책이 제공되지만, 보호 접지가 제공되지 않거나 설치 상태에 의존하지 않는다.

27) 보호 등급 3(3종 기기) : 감전에 대한 보호를 DVC A 전원에 의존하는 장비이며, 위험 전압이 발생되지 않는다.

28) 보호 본딩 : 보호 도체 단자에 전기적인 연속성을 제공하기 위한 보호용 차폐막 또는 접근 가능 도전부의 전기적인 연결

29) 보호 분리 : 단일 고장이 발생한 경우에도 다른 보호 수준을 가진 회로 사이의 분리를 유지하기 위한 구성 수단. 즉 기본과 부가적인 보호 수단(기본 절연 + 부가 절연 또는 보호용 차폐) 또는 동등한 보호 제공(강화절연 또는 보호 임피던스)에 의해 회로 사이를 분리하는 것을 말한다.

30) 보호 임피던스 : 전류 또는 전압 제한 소자의 조합 또는 구성 요소의 집합체

31) 보호 접지 : 안전성을 위한 장비 혹은 시스템 내 한 지점의 접지

32) 본딩 : 등전위를 만들기 위해 도전부 사이에 제공되는 전기적인 결선

33) 부가 절연 : 기본 절연에서 고장이 일어날 경우 감전에 대한 보호를 제공하기 위해 절연에 더해지도록 적용되는 독립적인 절연.

34) 비교 트래킹 지수(CTI) : KS C IEC 60112에서 명시된 조건하에서 측정된 전압으로 30초 간격으로 50방울의 전해액 시료에 떨어뜨렸을 때, 전기적으로 영속적 전도성 탄소 깊이를 야기하는 전압.

35) 서비스 영역 : 작업 수행 시 노출될 수 있는 위험에 대해 기술적인 훈련을 받고 경험을 가지고 서비스 요원의 작업 영역

36) 연면거리 : 두 개의 도전부 사이에서 절연물 표면을 통한 최단거리.

37) 오염도 : 장비 주변 또는 미시 환경 내에서 예상되는 오염의 정도를 분류하는 체계.

① 오염도 1 : 오염이나 건조, 비전도성 오염이 발생하지 않는다. 오염이 영향을 미치지 않는다.

② 오염도 2 : 응축으로 인해 가끔 일시적인 도전성이 예상되는 경우를 제외하면 비전도성 오염만 발생한다.

③ 오염도 3 : 전도성 오염이 발생하거나 응축으로 인해 전도성이 될 것으로 예상되는 건조한 비전도성 오염이 발생한다.

④ 오염도 4 : 오염은 전도성 먼지 또는 비나 눈으로 인해 발생한 지속적인 전도성이 발생시킨다.

38) 위험 전압 : DVC A의 한계값을 초과하는 전압

39) 이중 절연(DI) : 기본 절연과 부가 절연으로 구성되는 절연

40) 임시 과전압 : 비교적 긴 지속 시간의 사용 주파 과전압

41) 임펄스 내전압 : 규정 조건하에서 절연 파괴를 일으키지 않는 규정된 형태와 극성의 임펄스 전압 최대 첨두값

42) 임펄스 정격 전압 : 제조업체에서 기기에 지정한 임펄스 내전압

43) 차폐 : 전기장을 케이블 내로 국한시키거나 외부의 전기적 영향으로부터 보호하기 위해 주변에 접지가 된 금속 층

44) 충전부 : 중성 도체를 포함하여, 정상 사용 시 동력을 공급받는 도체 또는 도전 부위

45) IP등급 : 기기의 외함에 대하여 침범 요소(손과 손가락 등의 신체 일부), 먼지, 돌발적인 접촉, 수분에 대항하여 제공되는 보호 등급

46) 시스템 전압 : 절연 요구사항을 결정하는 데 사용되는 전압으로 아래와 같이 계산된다.

　① PV 회로의 경우 : 최대 개방 전압

　② AC 회로의 경우 : TN 시스템과 TT 시스템에서는 한 상과 접지 사이의 정격전압의 실효값(r.m.s)

　③ 3상과 IT 방식의 경우

　　– 임펄스 정격 전압 결정 시, 한 상과 가상의 중성점 사이 정격전압의 실효값

　　– 임시 과전압 결정 시, 선간 전압의 실효값

(3) 태양광 발전용 인버터 분류

기본적으로 용도에 따라 독립형과 계통 연계형으로 다음 표와 같이 분리한다.

용도	형식	설치 장소	비고
계통연계형	3상	실내/실외	실내형 : IP20 이상 실외형 : IP44 이상 (KS C IEC 62093)
독립형	3상	실내/실외	
[비고] 사용환경의 온도 범위가 +0℃ ~ +40℃ 이내, 상대 습도 범위가 5% ~ 85% 이내에 들어올 경우에만 실내형으로 선언 가능하며, 이러한 사용 환경 조건을 매뉴얼에 명시하고 있어야 한다.			

(4) 시험 회로

시험 회로는 그림 1-4 또는 그림 1-5에 따른다. 독립형이며 교류출력인 경우는 그림 1-4, 계통연계형의 통상적인 시험과 외부사고 시험의 경우 그림 1-5(a)와 1-5(b)를 사용한다. 그림 1-4는 단상 2선식 교류출력의 경우의 표준 시험 회로를 나타낸 것이며, 3상의 경우는 여기에 준한다.

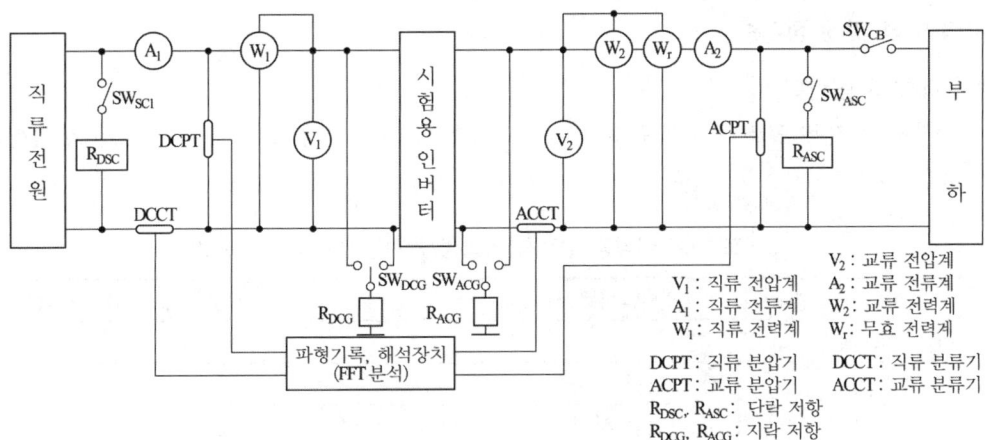

V₁ : 직류 전압계   V₂ : 교류 전압계
A₁ : 직류 전류계   A₂ : 교류 전류계
W₁ : 직류 전력계   W₂ : 교류 전력계
                  Wᵣ : 무효 전력계

DCPT : 직류 분압기   DCCT : 직류 분류기
ACPT : 교류 분압기   ACCT : 교류 분류기
R_{DSC}, R_{ASC} : 단락 저항
R_{DCG}, R_{ACG} : 지락 저항

그림 1-4 태양광발전용 독립형 인버터 시험회로

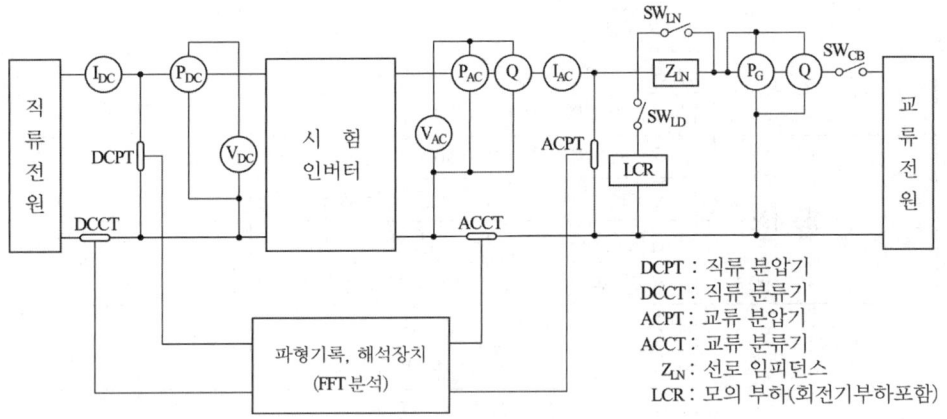

DCPT : 직류 분압기
DCCT : 직류 분류기
ACPT : 교류 분압기
ACCT : 교류 분류기
Z_{LN} : 선로 임피던스
LCR : 모의 부하(회전기부하포함)

그림 1-5(a) 태양광발전용 계통연계형 인버터 시험회로 I

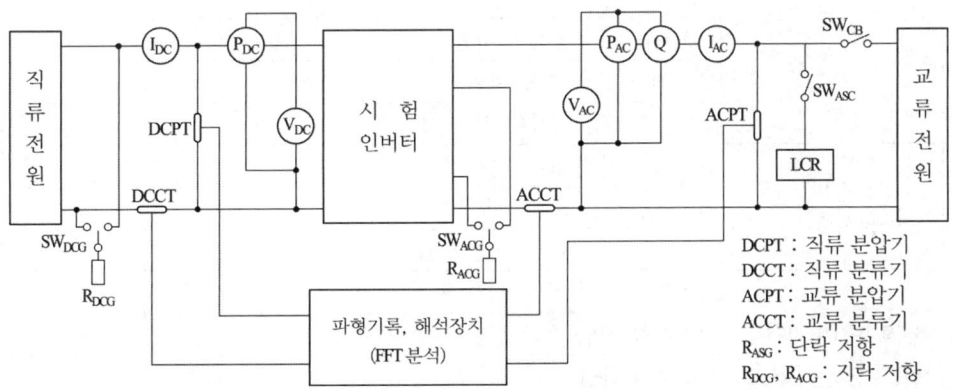

DCPT : 직류 분압기
DCCT : 직류 분류기
ACPT : 교류 분압기
ACCT : 교류 분류기
R_{ASG} : 단락 저항
R_{DCG}, R_{ACG} : 지락 저항

그림 1-5(b) 태양광발전용 계통연계형 인버터 시험회로 II

(5) 시험 방법 및 판정기준

1) 형태별 시험항목

태양광 발전용 인버터의 독립형과 계통연계형에 따라 다음 표 1-2에 제시된 시험항목을 적용한다.

표 1-2 태양광 발전용 독립형/연계형 인버터의 시험항목

시험항목		독립형	계통연계형	구 분
1. 구조시험		○	○	
2. 절연성능시험	a) 절연저항 시험	○	○	
	b) 내전압 시험	○	○	
	c) 임펄스 내전압 시험	○	○	
	d) 접촉 전류 시험	○	○	
	e) 액세스 프로브 시험	○	○	
	f) IP시험	○	○	비고1
	g) 보호 본딩 시험(접지연속성 시험)	○	○	
	h) 공간거리와 연면거리 시험	○	○	
3. 보호기능 시험	a) 출력 과전압 및 부족전압 보호기능 시험	×	○	
	b) 주파수 상승 및 저하 보호기능 시험	×	○	
	c) 단독운전 방지 기능 시험	×	○	
	d) 복전 후 일정시간 투입 방지 기능 시험	×	○	
4. 정상특성시험	a) 측정 오차 정확도 시험	○	○	
	b) 교류 전압, 주파수 추종 범위 시험	×	○	
	c) 교류 출력 전류 왜형률 시험	×	○	
	d) 온도 상승 시험	○	○	
	e) 효율 시험	○	○	
	f) 대기 손실 시험	×	○	
	g) 자동 기동·정지 시험	×	○	
	h) 최대 전력 추종 시험	×	○	
	i) 출력 전류 직류분 검출 시험	×	○	
5. 과도응답 특성시험	a) 입력 전력 급변 시험	○	○	
	b) 계통전압 급변시험	×	○	
	c) 계통 전압 위상 급변 시험	×	○	
6. 외부사고시험	a) 출력측 단락 시험	○	○	
	b) 계통 전압 순간 정전·강하시험	×	○	
	c) 부하 차단 시험	○	○	
7. 내전기 환경시험	a) 계통 전압 왜형률 내량 시험	×	○	
	b) 계통 전압 불평형 시험	×	○	

시험항목		독립형	계통연계형	구 분
	c) 부하 불평형 시험	○	×	비고 2
8. 내주위 환경시험	a) 습도 시험	○	○	
	b) 온습도 사이클 시험	○	○	
9. 전자기적합성 (EMC)	a) 전자파 장애(EMI)	○	○	비고 3
	b) 전자파 내성(EMS)	○	○	비고 3

비고 1. IP시험은 KOLAS 공인 시험기관에서 시험한 시험 성적서로 대체할 수 있다.
비고 2. 부하 불평형 시험은 3상 인버터만 적용한다.
비고 3. 8.전자기적합성(EMC)은 정격출력 10[kW] 초과 1000[kW] 이하 제품의 경우 인증 시험 항목으로는 한시적으로 제외한다.

2) 절연 성능 시험

① 절연 저항 시험

㉮ 시험방법 : 입력 단자 및 출력 단자를 각각 단락하고, 그 단자와 대지간의 절연 저항을 측정한다. 시험품의 직류단자는 시스템 전압, 교류단자는 사용전압에 따라 500[V] 미만에서는 500[V] 절연저항계, 500[V] 이상 1000[V] 이하에서는 1000[V] 절연저항계를 사용하여 측정한다. 1000[V] 초과 1500[V] 이하에서는 2500[V] 절연저항계를 사용하여 측정한다. 다만, 바리스터, SPD 등 과전압 보호 장치가 연결된 경우, 시험 중 보호 접지 쪽으로 전류를 흐르게 하여 절연 파괴가 발생한 것처럼 보일 수 있으므로 이를 제거한 상태에서 시험하는 것이 허용된다.

㉯ 품질기준 : 절연 저항은 1[MΩ] 이상일 것.

② 내전압 시험

㉮ 시험방법 : 내전압 시험은 60[Hz]의 주파수를 가진 정현파 전압으로 실시하며 그 대상은 다음과 같다.
- PV 회로 – 외함
- PV 회로 – 접근 가능 회로(예 통신회로)
- 교류회로 – 외함
- 교류회로 – 접근 가능 회로(예 통신회로)

시험 전압은 실시 대상이 연결되는 위험 회로 및 이로부터 만족해야 할 절연 등급이 기본 절연인지 강화절연인지에 따라 결정된다. 기본 결연의 경우, 위험 회로의 시스템 전압에 1200[V]를 더한 값을 시험 전압의 실효값(r.m.s.)이 되도록 하며, 강화 절연이 요구되는 회로에 대해서는 위험 회로의 시스템 전압에 1200[V]를 더한 값의 2배를 인가한다.

시험 대상이 커패시터를 포함하고 있는 경우 교류 내전압 시험 대신 직류 내전압 시험을 실시할 수 있는데, 이때의 시험 전압은 교류 내전압 시험에서 첨두값에 해당하는 값이 되도록 한다.

시험 전압은 1분 동안 인가되어야 한다. 시험 전압을 서서히 상승시키는 것도 가능하나 요구되는 시험 전압에 도달한 상태에서 1분을 유지하는 것이 요구된다.

      ⓝ 품질기준 : 시험 중 절연 파괴가 발생하지 않을 것.

③ 임펄스 내전압 시험

      ㉠ 시험방법 : 임펄스 내전압 시험은 KS C IEC 60664-1의 1.2/50[μs] 파형을 가진 전압으로 실시하며 그 대상은 다음과 같다.

- PV 회로 - 외함
- PV 회로 - 접근 가능 회로(예 통신회로)
- 교류회로 - 외함
- 교류회로 - 접근 가능 회로(예 통신회로)

      시험 전압은 실시 대상이 연결되는 위험 회로 및 이로부터 만족해야 할 절연 등급이 기본 절연인지 강화절연인지 에 따라 결정한다.

      시험은 1.2/50[μs] 임펄스 전압을 1초 이상의 간격으로 5회 인가한다.

      ⓝ 품질기준 : 관통, 섬락 또는 스파크가 발생하지 않을 것.

④ 접촉 전류 시험

      ㉠ 시험방법 : 인버터를 외부 보호 접지와 연결하지 않은 상태에서 정격 출력으로 동작시킨다. 이러한 조건하에서 KS C IEC 60990 그림 4의 측정 네트워크를 외부 보호 접지을 위한 인버터 단자와 외부 보호 접지 사이에 연결하여 접촉전류를 측정한다.

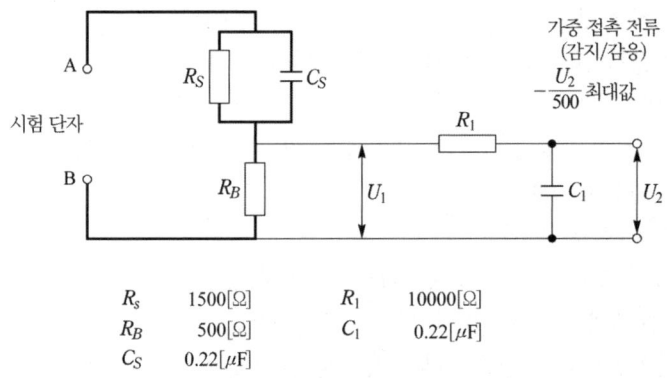

R_s	1500[Ω]	R_1	10000[Ω]
R_B	500[Ω]	C_1	0.22[μF]
C_S	0.22[μF]		

KS C IEC 60990(접촉전류와 보호도체의 전류측정법)의 그림4의 회로

- 중성점이 접지되는 계통 접지방식에 연결되는 인버터를 시험하는 경우, 시험 장소 주전원의 중성점을 외부 보호 접지와 연결한 상태에서 시험한다.
- 고립 접지방식(IT 계통)에 연결되는 인버터를 시험하는 경우, 시험 장소 주전원의 중성점은 1[kΩ]의 저항을 통해 외부 보호 도체와 연결되도록 하고, 외부 보호 접지 도체를 주전원의 각 상에 번갈아가며 연결시킨 상태에서 시험한다. 이 중, 가장 높은 값을 결과값으로 정한다.

- 인버터가 코너 접지시스템(델타 결선에서 한상을 접지시키는 방식)에 연결되는 경우, 외부 보호 접지 도체를 주전원의 각 상에 번갈아가며 연결시킨 상태에서 시험한다. 이 중, 가장 높은 값을 결과값으로 한다.
- 위에 규정하지 않은 접지방식에 연결되는 인버터의 경우, 해당 되는 계통 접지방식을 구성하여 시험을 실시해야 한다.
- 인버터가 한 개 이상의 계통 접지방식에 연결되는 경우, 해당되는 접지방식에 따라 시험을 실시한 후 가장 높은 값을 결과값으로 정한다.

위의 시험을 통해 결정된 접촉 전류가 교류 3.5[mA] 또는 직류 10[mA]를 초과할 경우에는, 인버터가 아래 ⓐ ～ ⓒ의 요구사항을 만족하고, '위험경고' 표시가 인버터 외함에 부착되었는지 확인해야 한다.

ⓐ 보호 접지 도체의 단면적은 구리의 경우 최소 10[mm^2], 알루미늄의 경우 최소 16[mm^2]가 되도록 사용, 또는

ⓑ 보호 접지 도체가 단선될 경우 전원 자동 차단, 또는

ⓒ 기본의 보호 접지 도체와 동일한 단면적

㉯ 품질기준 : 교류 3.5[mA] 또는 직류 10[mA]를 초과하지 않을 것.

⑤ 액세스 프로브 시험

⑥ IP시험

⑦ 보호 본딩 시험(접지연속성 시험)

⑧ 공간거리와 연면거리 시험

4) 보호기능 시험

① 출력 과전압 및 부족 전압 보호기능 시험(독립형 제외)

㉮ 시험방법 : 인버터를 정격 입력 전압, 정격 출력 전압, 정격 주파수 및 정격 출력으로 운전한 상태에서 표 1-3에서 규정한 기준전압 범위 및 시간을 만족하는지 시험한다.

ⓐ 모의 계통 전원을 조정하여 출력 전압을 기준 전압에서부터 상승시켜, 인버터가 정지하는 등급(출력 과전압 보호 등급, 기준 전압의 110[%] 경계에 해당하는 등급)을 측정한다.

ⓑ 출력 전압을 정격 전압에서 각 과전압 보호 범위에 해당하는 전압까지 계단 함수 형태로 인가한 후, 인버터가 정지하는 시간을 측정한다.

ⓒ 모의 계통 전원을 조정하여 출력 전압을 정격에서부터 하강시켜, 인버터가 정지하는 등급(출력 부족 전압 보호 등급, 기준전압의 90[%] 경계에 해당하는 등급)을 측정한다.

ⓓ 출력 전압을 정격 전압에서 각 부족 전압 보호 범위에 해당하는 전압까지 계단 함수 형태로 인가한 후, 인버터가 정지하는 시간을 측정한다.

표 1-3 전압범위별 고장 제거시간

전압 범위 (기준전압에 대한 백분율) [%]	운전지속시간 [초]	분리시간[초]
$V < 50$	0.15	0.50
$50 \leq V < 70$	0.16	2.00
$70 \leq V < 90$	1.50	2.00
$110 < V < 120$	0.20	1.00
$V \geq 120$	–	0.16

※ 기준전압 : 계통의 공칭전압

㉯ 품질기준 : 출력 과전압 보호등급은 기준전압의 +10[%](허용오차는 ±2[%]), 출력 부족전압 보호등급은 기준전압의 −10[%](허용오차는 ±2[%])로 로 하고, 운전지속시간 및 분리시간은 상기 표 1-3에서 규정한 시간에 따른다.

② 주파수 상승 및 저하 보호 기능 시험(독립형 제외)

㉮ 시험방법 : 인버터를 정격 입력 전압, 정격 출력 전압, 정격 주파수 및 정격 출력으로 운전하는 상태에서 표 1-4에서 규정한 주파수 범위 및 시간을 만족하는지 시험 한다.

표 1-4 비정상 주파수에 대한 분산형 전원 분리시간

주파수 범위 [Hz]	운전지속시간[초]	분리시간[초]
$f > 61.5$	–	0.16
$f < 57.5$	299	300
$f < 57.0$	–	0.16

ⓐ 모의 계통전원을 조정하여 출력전압의 주파수를 정격에서부터 상승시켜, 인버터가 정지하는 등급(주파수 상승 보호 등급, 61.5[Hz] 경계에 해당하는 등급)을 측정한다.

ⓑ 주파수를 정격 주파수에서 과주파수 보호 범위까지 계단 함수 형태로 인가한 후 인버터가 정지하는 시간을 측정한다.

ⓒ 모의 계통전원을 조정하여 출력전압의 주파수를 정격에서부터 하강시켜, 인버터가 정지하는 등급(주파수 저하 보호 등급, 57.5[Hz] 경계에 해당하는 등급)을 측정한다.

ⓓ 주파수를 정격 주파수에서 각 부족주파수 보호 범위에 해당하는 주파수까지 계단 함수 형태로 인가한 후, 인버터가 정지하는 시간을 측정한다.

㉯ 품질기준 : 주파수 상승 보호등급은 표준 주파수의 +1.5[Hz](허용오차는 ±0.15Hz)로 하고, 주파수 저하 보호등급은 표준주파수의 −2.5[Hz](허용오차는 ±0.25Hz)로 하고, 운전지속시간 및 분리시간은 표 1-4에서 규정한 시간에 따른다.

③ 단독운전 방지기능 시험

㉮ 시험방법 : 시험회로는 그림 1-5(a)로 하고, 그림 1-6을 참조한다. 공진 지수(Q_f, Quality Factor)는 1로 지정하며, 수식은 다음과 같다.

$$Q_f = \frac{\sqrt{Q_L \times Q_C}}{P_R}$$

여기서, $P_R = R$에서 소비하는 유효전력

$Q_L = L$에서 발생하는 무효전력

$Q_c = C$에서 발생하는 무효전력

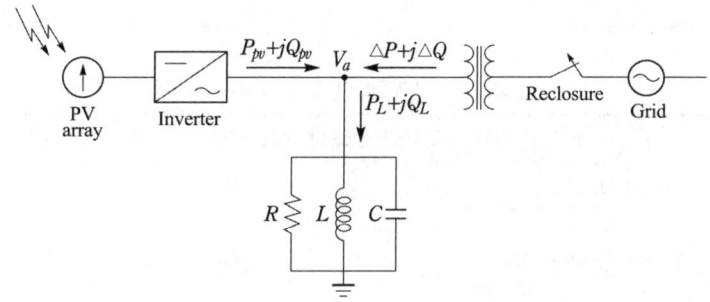

그림 1-6 계통 연계형 인버터 단독운전 회로

ⓐ 인버터의 출력을 표 1-5의 시험 조건이 되도록 설정하여 다음을 시행한다.

ⓑ 스위치 SW$_{LD}$를 투입하고 R 부하를 조정하여 부하 소모전력과 인버터와 유효전력
차이인 $\triangle P$가 표 1-5와 표1-6이 되도록 한다. $(\triangle P = P_{PV} - P_L)$

ⓒ L에 발생하는 무효전력의 크기가 R에서 소비되는 소비전력의 크기와 같도록 C부하
를 조정한다. 이와 동시에 C부하를 조정하여 $\triangle Q$가 표 1-5 ~ 1-7이 되도록 한다.

ⓓ 표 1-5의 시험조건 A에 대해서는, 인버터 정격출력전력에 대한 유효 전력($\triangle P$)와
무효전력($\triangle Q$)의 비(%)를 표 1-6이 되도록 각각 설정한 뒤, SW_{CB}를 개방하여 인
버터가 정지하기까지의 시간을 각각 측정한다.

ⓔ 표 1-5의 시험조건 B와 C에 대해서는, 인버터 정격 출력전력에 대한 유효전력 $\triangle P$
와 무효전력 $\triangle Q$의 비(%)를 표 1-7이 되도록 각각 설정한 뒤, SW$_{CB}$를 개방하여 인
버터가 정지하기까지의 시간을 각각 측정한다.

표 1-5 시험 조건

조건	출 력	입력전압 [a]
A	정격	> 범위의 75[%]
B	정격의 50~66 [%]	범위의 50[%] ±10[%]
C	정격의 25~33 [%]	< 범위의 20[%]
[a] 입력 전압 범위의 75[%]는 $X + 0.75 \times (Y - X)$와 같이 계산한다. 이 때 X는 인버터의 최소 입력 전압, Vdcmin으로 하고, Y는 Vmpp,max로 하되 $0.8 \times$ Vdcmax를 넘지 않도록 한다.		

표 1-6 시험 조건 A의 유효 전력, 무효전력의 차이

인버터 정격 출력전력에 대한 유효 전력($\triangle P$)와 무효 전력($\triangle Q$)의 비 [%]				
-10, +10	-5, +10	0, +10	+5, +10	+10, +10
-10, +5	-5, +5	0, +5	+5, +5	+10, +5
-10, 0	-5, 0	0, 0	+5, 0	+10, 0
-10, -5	-5, -5	0, -5	+5, -5	+10, -5
-10, -10	-5, -10	0, -10	+5, -10	+10, -10

표 1-7 시험조건 B & C의 유효전력, 무효전력의 차이

인버터 정격 출력전력에 대한 유효 전력($\triangle P$)와 무효 전력($\triangle Q$)의 비(%)										
0, -5	0, -4	0, -3	0, -2	0, -1	0, 0	0, 1	0, 2	0, 3	0, 4	0, 5

㉯ 품질기준 : 단독운전을 검출하여 0.5초 이내에 개폐기 개방 또는 게이트 블록 기능이 동작할 것.

④ 복전 후 일정시간 투입 방지 기능 시험

㉮ 시험방법 : 계통이 정전에서 복전한 후 일정시간동안 인버터의 재투입 방지 기능 특성에 관해서 시험한다.

ⓐ 인버터를 정격 출력에서 운전한다.

ⓑ SW$_{CB}$를 개방하여 정전을 발생시킨 후 10초 동안 유지한다.

ⓒ SW$_{CB}$를 투입하여 복전시킨다.

ⓓ 복전 후 재운전 시간과 교류 출력 전압, 전류를 측정한다.

㉯ 품질기준 : 복전해도 5분 이상 재운전하지 않을 것.(한전 "분산형전원 배전계통연계 기술기준" 참조)

5) 정상 특성 시험

① 측정 오차 정확도 시험

㉮ 시험방법 : 출력 계측을 위한 장치(CT 등)의 오차는 3[%] 이내이어야 한다.

㉯ 품질기준 : 출력 전력, 전압, 전류는 실제값과 오차가 3[%] 이내일 것.

② 교류 전압, 주파수 추종 범위 시험

㉮ 시험방법 : 인버터를 정격 입력 전압, 정격 출력 전압, 정격 주파수 및 정격 출력으로 운전하도록 교류 전원과 직류 전원을 설정한다.

ⓐ 계통 전압의 크기를 공칭전압에서 천천히 변화시켜 공칭전압의 +8[%]와 -8[%]의 전압에서 교류출력 전류의 왜형률, 역률 등을 측정한다.

ⓑ 정격주파수 60[Hz]에서 천천히 변화시켜, 61.45[Hz]와 57.55[Hz]에서 교류출력 전력, 전류 왜형률, 역률 등을 측정한다.

㉯ 품질기준

ⓐ 기준범위 내의 계통전압변화에 추종하여 안정하게 운전할 것.

ⓑ 출력 전류의 종합 왜형률은 5[%] 이내, 각 차수별 왜형률이 3[%] 이내일 것.

ⓒ 출력 역률이 0.95 이상일 것

③ 교류 출력 전류 왜형율 시험

㉮ 시험방법

ⓐ 인버터를 정격 입력 전압, 정격 출력 전압, 정격 주파수 및 정격 출력으로 운전한다.

ⓑ 인버터의 출력 전류에 포함되는 차수별 고조파 전류 성분 i_{ACn}을 측정하고, 다음 식에 따라서 전류의 종합 왜형률 THD를 산출 한다.

$$THD = \frac{\sqrt{\Sigma i_{ACn}^2}}{I_{AC1}} \times 100[\%]$$

여기서, i_{ACn} : 인버터 출력 전류의 n차 고조파 전류 성분 실효값[A]

n : 고조파 차수 20 ~ 40차로 한다.

I_{AC1} : 인버터 출력 전류의 기본파 실효값[A]

㉯ 품질기준 : 교류 출력 전류 종합 왜형률이 5[%] 이내, 각 차수별 왜형률이 3[%] 이내일 것

④ 온도 상승 시험

㉮ 시험방법 : 재료 및 부품은 제품의 사용 환경 및 사양을 고려했을 때 예상 가능한 가혹한 조건에서도 아래의 허용온도를 초과하지 않도록 선정되어야 한다.

ⓐ 인버터를 정격 입력 전압, 정격 출력 전압, 정격 주파수 및 정격 출력으로 운전한다.

ⓑ 제조사가 선언한 주위온도가 50[℃]이하인 경우, 온도 상승 시험을 15[℃] ~ 40[℃]의 환경에서 수행할 수 있다. 제조사가 선언한 주위온도가 50[℃]이상인 인버터의 경우에는 온도 상승 시험이 제조사가 선언한 주위 온도범위 상한의 ±5[℃] 이내에 해당되는 환경에서 시험이 실시되어야 한다. 시험 결과에는 실제 시험이 이루어진 주위온도가 포함되어야 하며, 자동 디레이팅이 이루어진 제품의 경우 이에 대한 내용을 기재 하도록 한다.

㉯ 품질기준 : 각 부품에 대한 온도 상승 제한값은 아래와 같이 정한다.

• 코일류 및 이로 구성되는 절연시스템은 표 1-8의 온도 제한값이 적용된다.

• 그 외 부품에 대해서는 a) 또는 b)를 적용한다. a)와 b)가 모두 존재하지 않을 경우 표 1-9의 온도 제한값을 적용한다.

a) 관련 국제표준에서 규정하고 있는 온도 제한값

b) 부품 제조사가 규정하고 있는 정격 사용 온도

상기 b)에 있어서 부품 제조사가 부품의 주위 온도를 정격 사용 온도로 규정하고 있다면 냉각 장치의 영향, 주위에 열을 발산하는 부품의 존재여부 등을 고려하여 온도가 높을 것으로 예상되는 부품 주변의 공기온도를 측정해야 한다.

표 1-8 변압기, 인덕터 및 기타 코일류 및 이의 절연 시스템에 대한 온도 제한

절연 등급 (KS C IEC 60085:2007)	열전대로 측정했을 때의 제한 온도 [℃]	저항 상승법으로 측정했을 때의 제한 온도 [℃]
등급 A종(105℃)	90	95
등급 E종(120℃)	105	110
등급 B종(130℃)	110	120
등급 F종(155℃)	130	140
등급 H종(180℃)	150	160
등급 N종(200℃)	165	175
등급 R종(220℃)	180	190
등급 S종(240℃)	195	205

[비고] 코일류 및 이로 구성된 절연 시스템의 온도를 측정할 때에는 아래의 저항 상승법을 사용할 수 있다.

저항 상승법으로 측정된 온도는 다음 공식을 사용해야 한다.

$$T = \frac{R_2}{R_1}(k + t_1)(k + t_2)$$

여기서, T : 섭씨(℃) 단위의 온도상승

R_1 : 시험 시작 시 코일의 저항

t_1 : 시험 시작 시 섭씨 단위의 실내온도

R_2 : 시험 종료 시 코일의 저항

t_2 : 시험 종료 시 섭씨 단위의 실내온도

k : 구리 $k = 234.5$, 알루미늄 $k = 225.0$

표 1-9 부품 제조사가 규정하고 있는 정격 사용 온도가 없을 때 각 부품별 온도 제한

재료 및 부품	제한 온도[℃]
커패시터 – 전해질 타입	65
커패시터– 전해질 타입 외	90
외부 연결을 위한 결선 단자대	60[a]
외부 연결을 위한 도체가 존재하는 단자함 내 모든 지점	60[a]
절연이 된 도체	도체의 정격 온도
퓨즈	90
인쇄 회로 기판(PCB)	105
절연물	90
구리 부스바 및 도체	(105+ 제조사가 선언한 주위 온도 범위 상한)[b]
알루미늄 부스바 및 도체	(55+ 제조사가 선언한 주위 온도 범위 상한)[c]

a 외부 결선을 위한 단자 또는 단자함 내 임의의 지점은 제조사가 규정한 온도를 기준으로 판정한다.
b 단, 140[℃]를 넘지 않도록 한다.
c 단, 90[℃]를 넘지 않도록 한다.

표 1-10 외함 및 스위치 등 사용자 접촉 부위에 적용되는 제한 온도

부 품	제한 온도[℃]		
	금속	유리, 자기 및 유리와 같은 물질a)	플라스틱과 고무b)
사용자가 지속적으로 접촉하게 되는 부품 (노브, 손잡이, 스위치, 디스플레이 등)	55	65	75
사용자가 짧은 시간 동안 접촉하게 되는 부품 (노브, 손잡이, 스위치, 디스플레이 등)	60	70	85
우연하게 접촉할 수 있는 외함 파트	70	80	95

a) 금속의 경우 제조사가 화상 위험에 대한 경고표시의 요구사항에 따라 기호의 마킹 처리를 하는 경우, 규정된 온도를 초과하는 것이 허용되지만, 비금속 재질은 위에서 규정된 온도를 초과하면 안 된다.
b) 방열판과 같이 발열의 기능을 갖는 부품은 화상 위험에 대한 경고표시의 요구사항에 따라 기호의 마킹 처리를 하는 경우, 최대 100[℃]까지의 온도 상승이 허용된다.

⑤ 효율 시험

㉮ 시험방법 : 교류 전원을 정격 출력 전압 및 정격 주파수로 운전한다. 운전시작 후 최소한 2시간 이후에 측정한다.

ⓐ 출력전력이 정격 출력의 5[%], 10[%], 20[%], 30[%], 50[%], 100[%]일 때의 각각의 전력 변환효율($\eta_{5\%}$, $\eta_{10\%}$, $\eta_{20\%}$, $\eta_{30\%}$, $\eta_{50\%}$, $\eta_{100\%}$)을 각 출력[%]에서 효율을 측정한다.

ⓑ 직류입력을 정격 입력 전압으로 두고 측정한다.

ⓒ 독립형 인버터의 경우에는 정격 출력에서 효율을 측정한다.

㉯ 품질기준

ⓐ 계통 연계형 인버터의 경우, Euro 변환 효율(η_{EU})을 계산하여 정격 출력이 1[kW] 초과 30[kW] 이하에서는 90[%] 이상, 30[kW] 초과 100[kW] 이하에서는 92[%] 이상, 100[kW] 초과에서는 94[%]이상일 것.

($\eta_{EU} = 0.03\eta_{5\%} + 0.06\eta_{10\%} + 0.13\eta_{20\%} + 0.10\eta_{30\%} + 0.48\eta_{50\%} + 0.20\eta_{100\%}$)

ⓑ 독립형 인버터의 경우, 정격 출력에서의 효율을 측정하여 정격 출력이 1[kW] 초과 10[kW] 이하에서는 85[%] 이상, 10[kW] 초과 30[kW] 이하에서는 88[%], 30[kW] 초과 100[kW] 이하에서는 90[%] 이상, 100[kW] 초과에서는 92[%] 이상일 것.

⑥ 대기 손실 시험

㉮ 시험방법 : 계통연계형인 경우 인버터가 운전하지 않을 때 상용 전력계통에서 수전하는 전력손실이다. 인버터의 운전을 정지하고 교류 출력 전압 및 정격 주파수로 설정 했

4과목 태양광발전 유지·관리

을 때 계통에서 공급되는 전력을 전력계로 측정한다.

④ 품질기준 : 대기 손실 전력값은 다음의 표를 만족할 것. 250[kW] 초과 인버터의 경우, 제조사는 매뉴얼에 제조사가 제시 값을 명시하고 있을 것.

정격 출력	대기 손실 전력
1[kW] 초과 10[kW] 이하	정격 출력값의 2[%] 이하일 것
10[kW] 초과 250[kW] 이하	100[W] 이하일 것
250[kW] 초과	제조사가 제시한 값 이하일 것

⑦ 정지·기동 전압 확인 시험

㉮ 시험방법 : 인버터가 제조사가 선언하는 정지 전압 및 기동 전압을 확인한 후, 태양전지 어레이 모의 전원 장치의 전압을 다음과 같이 설정하여 시험을 실시한다.

ⓐ 제품이 운전하는 상태에서 입력전압을 서서히 하강시켜 정지 전압 및 정지 절차의 이상 여부를 확인한다.

ⓑ 입력전압을 정지전압 이하의 상태에서 서서히 상승시켜 기동 전압 및 기동 절차의 이상 여부를 확인한다.

㉯ 품질기준 : 기동·정지 절차가 설정된 방법대로 동작할 것.

⑧ 최대 전력 추종 시험

㉮ 시험방법

ⓐ 인버터 정격 출력 시의 태양 전지 어레이 모의 전원 장치의 최대 출력 동작 전압을 인버터 정격 입력 전압값으로 설정하고 다음 시험을 실시한다.

ⓑ 등가 일사 강도를 정격출력시의 100[%], 75[%], 50[%], 25[%], 12.5[%]로 한 상태에서 인버터의 입력 전력을 측정하고 다음의 식에 따라서 최대 전력 추종 효율 η_{MPPT}를 산출한다.

$$\eta_{MPPT} = \frac{\Sigma P_{INV}}{\Sigma P_{MPP}} \times 100[\%]$$

여기서, P_{MPP} : 태양전지 배열의 I-V 특성에서 결정되는 최대전력[W]

P_{INV} : 인버터가 실제로 받아들이는 전력[W]

㉯ 품질기준 : 최대 전력 추종 효율이 95[%] 이상일 것

⑨ 출력 전류 직류분 검출 시험

㉮ 시험방법 : 인버터를 정격 입력 전압, 정격 출력 전압, 정격 주파수 및 정격 출력으로 운전한다. 인버터의 출력전류를 계측하여 출력전류의 직류 분을 측정한다. 해당 시험은 상용주파수 변압기를 사용한 인버터를 제외한 모든 인버터에 적용한다.

㉯ 품질기준 : 출력 전류의 직류 성분이 정격 전류의 0.5[%] 이내일 것.

6) 과도 응답 특성 시험

① 입력 전력 급변 시험

㉮ 시험방법

ⓐ 인버터를 정격 출력 전압, 정격 출력 주파수로 운전하고, 태양전지 어레이 모의 전원장치를 이용하여 정격 출력의 50[%]로 운전하도록 한다.

ⓑ 인버터의 입력 전력을 인버터가 정격 출력의 75[%]로 운전하도록 계단함수 형태(상승시간 0.1초 이하)로 올려서 10초 동안 유지한 후 ⓐ의 상태로 되돌린다.

ⓒ 인버터를 정격 출력의 50[%]로 운전하도록 한다.

ⓓ 인버터의 입력 전력을 인버터가 정격 출력의 25[%]로 운전하도록 계단함수 형태로 내려서(하강시간 0.1초 이하) 10초 동안 유지한 후 ⓐ의 상태로 되돌린다.

ⓔ 입력 및 출력의 전압 파형과 전류 파형을 확인한다.

㉯ 품질기준 : 인버터가 직류입력 전력의 급속한 변화에 추종하여 정상적으로 동작할 것.

② 계통전압 급변 시험

㉮ 시험방법 : 교류 전원을 정격 출력 전압 및 정격 주파수에서 운전한다. 태양전지 어레이 모의 전원장치는 인버터 출력이 정격 출력이 되도록 설정한다.

ⓐ 인버터를 정격 출력에서 운전한다.

ⓑ 계통전압을 "교류 전압 및 주파수 추종 범위 시험"에서 규정한 시험 최대 전압값으로 계단함수 형태(상승시간 1주기 이하)로 급격히 변화시켜 10초 동안 유지한 후, 다시 정격 전압으로 되돌린다.

ⓒ 계통 전압을 정격으로 운전한다.

ⓓ 계통 전압을 "교류 전압 및 주파수 추종 범위 시험"에서 규정한 시험 최소 전압값으로 계단함수 형태(하강시간 1주기 이하)로 급격히 변화시켜 10초 동안 유지한 후, 다시 정격 전압으로 되돌린다.

ⓔ 입력 및 출력의 전압 파형과 전류 파형을 확인한다.

㉯ 품질기준 : 인버터가 계통전압의 급속한 변동에 추종해서 안정적으로 운전 할 것.

③ 계통 전압 위상 급변 시험

㉮ 시험방법 : 교류전원을 정격 전압 및 정격 주파수에서 운전 한다. 태양전지 어레이 모의 전원장치는 인버터 출력이 정격 출력이 되도록 설정한다.

ⓐ 정상 운전 상태의 인버터 출력 전압 위상을 기준으로 하여 0°로 한다.

ⓑ 계통전압의 위상을 0°에서 +10°까지 계단 함수 형태로 변화시켜서 10초 동안 유지한 후, 다시 계단 함수 형태로 0°로 되돌린다.

ⓒ 계통전압의 위상을 0°에서 −10°까지 계단 함수 형태로 변화시켜서 10초 동안 유지한 후, 다시 계단 함수 형태로 0°로 되돌린다.

ⓓ ⓑ의 위상 변화값 +10°를 +120°로 변경하고, ⓑ의 시험을 반복한다. 출력 전압 및 전류 파형을 확인한다.

㉯ 품질기준

ⓐ ±10° 위상 급변 시 인버터가 급격히 변화하는 계통전압 위상에 추종하여 안정하게 운전할 것.

ⓑ +120° 위상 급변 시 인버터가 급격히 변화하는 계통전압 위상에 추종하여 안정하게 운전을 계속하거나 또는 안전하게 정지하여 어떠한 부위에도 손상이 없으며, 운전을 정지한 경우 자동기동 할 것

7) 외부 사고 시험

① 출력측 단락 시험

㉮ 시험방법 : 시험회로는 그림 1-5로 한다. 교류전원으로 순서 ⓐ에서 나타내는 전류값을 발생할 수 있는 것을 사용한다. 이 이외의 장치를 사용하는 경우에는 당사자 사이의 협의에 따른다.

ⓐ 인버터를 정격 출력 전압, 정격 출력 주파수 및 정격 출력에서 운전한다. 그리고 교류 전원장치는 단락 전류를 검출하여, 사고 발생 후 0.3초 이내에 개방하도록 설정한다. 단락 저항 R_{ASC}를 정격 전류의 10배 이상에 해당하는 부하와 같은 값으로 설정한다.

ⓑ 스위치 SW_{ASC}를 폐로하여 단락 상태를 만들며, 이 때 인버터의 출력 전류와 차단 또는 정지 시간을 측정한다.

㉯ 품질기준 : 인버터가 안전하게 정지하고 어떤 부위에도 손상이 없을 것.

② 계통 전압 순간 정전·순간 강하 시험

㉮ 시험방법 : 교류전원은 정격 전압 및 정격 주파수에서 운전한다. 태양전지 어레이 모의 전원장치는 인버터 출력이 정격 출력이 되도록 설정한다.

ⓐ 인버터를 정격 출력에서 운전한다.

ⓑ 교류 전원측에 0.3초의 순간 정전(정격의 0[%])을 발생시킨다.

ⓒ 순간 정전의 위상 투입각을 0°, 45°, 90°로 하며, 각 위상 투입각의 시험을 2회 실시한다.

ⓓ 교류 전원측에 0.3초의 순간 전압 강하(정격의 60[%])를 발생시킨다.

ⓔ 순간 강하의 위상 투입각을 0°, 45°, 90°로 하며, 각 위상 투입각의 시험을 2회 실시한다. 이때 출력전압 파형, 출력전류 파형을 확인한다.

㉯ 품질기준 : 순간 정전·전압강하에 대해서 안정하게 정지하거나, 운전을 계속한다. 만일 정지한 경우에는 복전 후 5분 이후에 운전을 재개할 것.

③ 부하 차단 시험

㉮ 시험방법

ⓐ 인버터 정격 출력 전압, 정격 출력주파수 및 정격 출력에서 운전한다. 모의부하는 접속하지 않는다.

ⓑ 그림 1-5의 스위치 SW_{CB}을 개방한다.

ⓒ 출력 전압 파형, 출력 전류 파형을 기록하여 전압의 변화 및 정지 시간을 측정한다.

㉯ 품질기준 : 부하차단을 검출하여 개폐기 개방 및 게이트블록 기능을 동작할 것.

8) 내전기 환경 시험

① 계통 전압 왜형률 내량 시험

㉮ 시험방법 : 교류 전원은 정격 출력 전압 및 주파수로 운전한다. 전압의 종합 왜형률이 대략 8[%](3차=5[%], 5차=6[%])가 되도록 기본파 전압에 중첩시킨다. 태양전지 어레이 모의 전원장치는 인버터가 정격 출력이 되도록 설정한다. 다만, 중첩된 교류전압이 인버터의 출력 과전압 보호 기능의 상한 보호 등급을 초과하는 경우에는, 상한 보호 등급 미만이 되도록 교류 전원의 출력 전압값을 조정한다.

ⓐ 인버터를 정격 출력으로 운전한다.

ⓑ 계통 전압에 종합 왜형률 8[%]의 고조파를 중첩한 상태에서 역률을 측정한다.

㉯ 품질기준

ⓐ 인버터가 정상적으로 동작할 것.

ⓑ 역률이 0.95 이상일 것.

② 계통 전압 불평형 시험

㉮ 시험방법 : 인버터의 배전방식이 3상4선식인 경우에 대하여 적용한다. 태양 전지 모의 전원 장치는 인버터 출력이 정격 출력이 되도록 설정한다. 교류 전원은 정격 전압 및 정격 주파수로 운전한다. 이후 상전압의 불평형이 U상 : 220∠0[°][V], V상 : 205∠−120[°], W상 : 227∠120[°][V]가 되도록 조정한다. 태양전지 어레이 모의 전원장치 인버터 출력이 정격출력이 되도록 설정한다.

ⓐ 인버터를 정격 출력으로 운전한다.

ⓑ 불평형을 발생시킨 상태에서 역률, 출력 전류 왜형률을 측정한다.

㉯ 품질기준

ⓐ 정격출력에서 정상적으로 동작할 것.

ⓑ 역률이 0.95 이상일 것.

ⓒ 출력 전류 종합 왜형률이 5[%] 이하, 각 차수별 왜형률이 3[%] 이하일 것.

③ 부하 불평형 시험

㉮ 시험방법 : 3상 독립형 인버터에 적용한다. 정격용량에 해당하는 부하를 연결한 후 U상, V상, W상 중 한상의 부하를 무부하 상태로 조정한 후 30분 동안 운전한다.

㉯ 품질기준 : 30분 동안 안정하게 운전할 것.

9) 내주위 환경 시험

① 습도 시험(실내용 인버터에 적용)

㉮ 시험방법

ⓐ 상대습도 92.5[%] RH ± 2.5[%] RH 환경의 채임버에서 시험한다.

ⓑ 채임버의 온도는 40[℃] ± 2[℃]를 유지한다.

ⓒ 습도를 인가하기 전에 42[℃] ± 2[℃]의 온도에서 4시간 이상 방치한다.

ⓓ 48시간 동안 채임버에 방치한 후, (15 ~ 40)[℃], (5 ~ 75)[%] R.H.의 환경에서 2시간 동안 회복 주기를 갖는다. 이 때 제품의 덮개를 열어 두는 것이 허용된다.

ⓔ 충전부와 비충전 금속부 및 외장(외장이 절연물인 경우는 외장에 밀착한 금속박)과의 사이의 절연저항 및 내전압을 "절연저항 시험" 및 "내전압 시험"에서 정하는 방법으로 시험한다.

㉯ 품질기준

ⓐ 절연저항은 1[MΩ] 이상일 것.

ⓑ 상용 주파수 내전압에 1분간 견딜 것.

② 온습도 사이클 시험(실외용 인버터에 적용)

㉮ 시험방법 : KS C IEC 60068-2-38의 6.4.1에 나타내는 저온 서브 사이클을 포함한 24시간의 사이클을 5회 실시한다. 전처리 구간 및 최종 사이클 구간은 제외된다.

㉯ 최종 측정은 5회 사이클이 끝난 뒤 24시간 뒤 상온에서 실시한다. 충전부와 비충전 금속부 및 외장(외장이 절연물인 경우는 외장에 밀착한 금속박)과의 사이의 절연 저항 및 내전압 시험을 규정된 방법으로 시험한다.

㉰ 품질기준

ⓐ 절연저항은 1[MΩ] 이상일 것.

ⓑ 상용 주파수 내전압에 1분간 견딜 것.

10) 전자기 적합성(EMC) 시험

① 전자파 장해(EMI)

주거용, 상업용 및 경공업 산업 환경에서 사용하는 기기의 전자파 방출 표준은 KS C 9610-3에 만족하여야 하고, 산업용 환경에 사용되는 기기의 전자파 방출 표준은 KS C 9610-4에 만족하여야 한다.

㉮ 동작 조건

- 피시험기기는 통상적인 운용에 부합하되 측정 주파수 대역에서 가장 큰 방해를 발생하는 동작 모드에서 시험해야 한다.
- 측정하는 동안에 동작 모드는 시험성적서에 정확히 기술되어야 한다.

② 전자파 내성(EMS)

- 전자기 적합성 중 전자파 내성(EMS)은 정전기 방전 내성시험(KS C 9610 -4-2), 방사성 RF 전자기장 내성시험(KS C 9610-4-3), 전기적 빠른 과도현상 내성 시험 (KS C 9610-4-4), 서지 내성시험(KS C 9610-4-5), 전도성 RF 전자기장 내성 시험(KS C 9610-4-6) 항목을 적용한다.
- 또한, 사용목적에 따라 주거, 상업 및 경공업 환경에서 사용하는 기기의 전자파 내성은 KS C 9610-6-1에 만족하여야 하고, 산업 환경에 사용하는 기기의 전자파 내성표준은 KS C 9610-6-2에 만족하여야 한다.
- 입·출력 직류 전원 케이블의 길이가 30[m]를 초과하는 경우 전자파 내성시험 항목 중 서지 내성 시험(KS C 9610-4-5)을 만족해야 한다.
- 별도의 보조기기(모니터링 시스템)와 연결되는 신호 및 제어 케이블의 길이가 30[m]를 초과하는 경우 전자파 내성시험 항목 중 서지 내성 시험(KS C 9610-4-5)을 만족해야

한다.
㉮ 동작 조건
- 피시험기기는 한정된 사전 시험 등을 실시하여 예상되는 가장 취약한 동작 모드에서 시험해야 하며, 이 동작 모드는 일반적으로 사용되는 것과 같아야 한다.
- 시험하는 동안 동작 모드와 구성은 시험성적서에 정확히 기술되어야 한다.

(6) 명판 및 매뉴얼 작성에 대한 요구사항

1) 공통 요구사항

① 가독성
a) 모든 기호는 최소 2.75[mm] 높이여야 한다.
b) 모든 문자는 최소 1.5[mm] 크기여야 하고, 배경 색상과 대조되어야 한다.
c) 몰딩 및 압인, 각인의 방식으로 새겨진 모든 문자 또는 기호는 최소 2.0[mm] 높이여야 하며, 배경 색상과 대조되지 않을 경우, 최소 0.5[mm]의 깊이 또는 높이를 가져야 한다.

② 표시의 내구성
이소프로필알콜을 묻힌 천을 30초 동안 손으로 과도한 압력을 가하지 않고 빠르게 문지르는 표시의 내구성 시험을 진행한 이후에도 그 내용이 명확하게 읽힐 수 있어야 하며, 가장자리가 헐거워지거나 밀려들어가는 안 된다.

2) 명판에 대한 요구사항

① 제품의 식별
a) 제조사 또는 공급사의 상호 또는 상표
b) 모델이 식별이 가능케 하는 모델 번호 또는 모델명
c) 제조일자(연월일 모두 표기)

② 전기적 사양
a) 최대 입력 전압
b) 최소 입력 전압
c) 정격 입력 전압
d) MPP 최대 전압
e) MPP 최소 전압
f) 최대 입력 전류 및 최대 입력 전류의 총합
g) MPPT 채널 수
h) MPPT 채널당 스트링 수
i) 정격 출력 전압(상전압과 선간전압 구분하여 명시)
j) 최대 출력 전류(3상 인버터의 경우 한 상에 흐르는 전류)
k) 정격 출력
l) 정격 주파수

m) 상수(중성선)　※ 단상, 3상, 3상 4선식의 표기
③ 사용 환경 및 IP등급
　a) 사용 환경 구분(실내형 / 실외형)
　b) IP등급

3) 명판 이외의 경고 표시에 대한 요구사항
① 결선방법 표시
인버터의 각 입력 및 출력 단자에는 올바른 결선을 위해 아래의 경고 표시가 부착되어야
하며, 이는 제품 외부의 케이블 엔트리 또는 내부의 결선 단자 옆에 부착되어야 한다.
- 단자에 연결되는 케이블의 최소 온도 정격 및 크기, 또는
- 결선에 사용되는 커넥터에 대한 정보, 또는
- 매뉴얼 상의 결선방법에 대한 내용을 참고하라는 문구
② 단자 극성 표시
인버터의 입력 및 출력 단자에는 결선 실수를 방지하기 위해 아래의 마킹이 부착되어야
하며, 이는 제품 외부의 케이블 엔트리 또는 내부의 결선 단자 옆에 부착될 수 있다. 마킹
대신 요구사항에 부합하는 색상의 케이블을 사용하여도 된다.
　a) 직류 단자의 경우,
　　- 양극은 적색, 음극은 백색 색상으로 구분, 또는
　　- 양극에 "+"표기, 음극에 "−"표기, 또는
　　- 양극과 음극을 명확히 구분할 수 있는 기호 또는 문자
　b) 교류 단자의 경우,
　　- 3상 단자의 각 상을 갈색, 흑색, 회색 색상으로 구분, 또는
　　- 각 상에 "U", "V", "W" 표기, 또는
　　- 각 상을 명확히 구분할 수 있는 기호 또는 문자
　c) 교류 단자의 중성선의 경우,
　　- 청색 색상으로 표시, 또는
　　- "N"표기, 또는
　　- 중성선을 명확히 구분할 수 있는 기호 또는 문자
③ 보호 접지 단자 표시
제품이 1종 기기에 해당할 경우에는 보호 접지 단자에 아래의 마킹이 부착되어야 하며, 이
는 제품 외부의 케이블 엔트리 또는 내부의 보호 접지 단자 옆에 부착될 수 있다.
- 녹색−노란색 색상으로 표시, 또는
- 문자 "PE" 표기, 또는
- 보호 접지 단자임을 명확히 구분할 수 있는 기호 또는 문자

4) 매뉴얼 작성에 대한 요구사항
① 일반사양

매뉴얼은 인버터 사양과 관련이 있는 다음 내용을 모두 포함하고 있어야 한다.

a) 명판 이외의 경고 표시에 대한 요구사항에서 요구되어 부착되는 모든 경고 표시 및 문구에 대한 설명

b) 외부와의 연결에 필요한 모든 단자의 위치 및 기능

c) 제품 사용에 필요한 조작 장치의 위치 및 기능

d) 전기적 사양(명판에 대한 요구사항과 동일)

e) 통신 방식에 대한 내용

f) 제품 사용 환경에 대한 내용
- 실내형 / 실외형 구분
- 주위 온도 및 상대 습도 범위
- IP등급

g) 기기 보호 등급 및 보호 접지 사용 여부

h) 돌출물을 포함한 제품의 사이즈 및 무게

i) 냉각 방식

j) 디레이팅 운전조건 및 운전 특성

k) 한국전기설비규정(KEC)에 따라 분류되는 TT, TN, IT 접지방식 중 제품과 호환 가능한 접지방식

② 사용 언어 : 국문

③ 문서 형식 : 매뉴얼은 인쇄된 형태로 제공되어야 하고, 제품 출하 시 사용자에게 전달되어야 한다.

④ 결선 관련 정보

제조사는 제품매뉴얼에 외부와 연결되는 모든 케이블의 결선 작업에 필요한 정보를 제공해야 하며, 이는 아래 내용을 모두 포함하고 있어야 한다.

a) PV 회로, AC 회로, 통신 회로, 보호 접지 케이블 등 외부와 연결되는 모든 케이블의 결선, 식별에 대한 정보
- 결선 단자의 위치
- 케이블의 사이즈(size)
- PV 회로 및 AC 회로에 대하여, 케이블의 최소 온도사양

b) 케이블의 극성 표기(명판 이외의 경고 표시에 대한 요구사항과 동일)

c) 케이블 글랜드, 커넥터 등 케이블 엔트리의 올바른 사용방법
- 각 케이블 엔트리에 대응되는 회로 종류
- 각 케이블 엔트리에 요구되는 케이블의 종류 및 사이즈
- 커넥터의 경우, 짝을 이루는 커넥터의 종류
- IP등급 유지를 위해 사용하지 않는 케이블 엔트리에 요구되는 밀봉방법

5) 유지 보수방법

제조사는 유지 보수와 관련하여, 수동조작, 동작확인, 유지보수 등 공구 또는 키를 통해 제

품의 외함을 연 상태에서 수행되는 모든 작업은 감전위험에 대한 내용을 숙지하고 있는 서비스 요원을 통해 이루어져야 한다는 문구를 매뉴얼에 기재해야 한다.

6) 보호 접지 단자
- 제조사에서는 1종 기기에 대하여, 보호 접지 연결 시 보호 접지 도체의 단면적이 한국전기설비규정(KEC)의 보호도체 내용에서 요구하는 최소 단면적에 부합해야 한다는 것을 매뉴얼에 명시해야 한다.
- 접촉 전류 시험을 통해 측정된 접촉 전류가 교류 3.5[mA] 또는 직류 10[mA]를 초과할 경우에는, 다음의 내용을 매뉴얼에 기재해야 한다.
- 보호 접지 도체는 영구적으로 연결되어 있어야 한다는 내용, 그리고
  a) 보호 접지 도체의 단면적이 구리의 경우 최소 10[mm^2], 알루미늄의 경우 최소 16 [mm^2] 이상이어야 한다는 내용, 또는
  b) 보호 접지 도체가 단선될 경우 제품의 전원이 자동 차단된다는 내용, 또는
  c) 기존의 보호 접지 도체와 동일한 단면적의 2차 보호 접지 도체 연결을 위한 추가 단자 제공과 2차 보호 접지 도체를 연결해야 한다는 내용.

2.2.7 태양광발전용 접속함(Photovoltaic combiner box) : KS C 8567

(1) 적용범위

이 표준은 주로 독립형 또는 계통연계형 태양광발전 시스템에 사용되는 개폐 장치 및 제어 장치 부속품을 포함하는, 직류 1500[V]를 초과하지 않는 태양광발전용 접속함에 관한 성능요구사항에 대하여 규정한다.

(2) 정의

이 표준의 목적을 위하여 다음의 용어와 정의를 적용한다.
① 태양광발전 어레이 : 전기적으로 상호 연결된 태양광 모듈, 태양광 모듈 스트링의 조립체
② 접속함 최대전류(I_{MAX}) : 제조사가 규정하는 접속함에 흐를 수 있는 최대 전류
③ 접속함 스트링 최대전류($I_{MAX\,STRING}$) : 제조사에서 규정하는 접속함에 동일한 양의 전류가 흐르는 N_{STRING}개의 스트링 회로가 연결될 때, 개별 스트링 회로에 흐를 수 있는 최대 전류($I_{MAX\,STRING} = I_{MAX} / N_{STRING}$)
④ 접속함 스트링 수(N_{STRING}) : 제조사에서 규정하는 접속함의 스트링 회로 수
⑤ 표준 시험 조건(STC)
- PV 셀 접합 온도가 25[℃]
- 동일 평면상 방사 조도의 기준 값이 Gl.ref = 1,000[W/m^2]
- 대기 질량이 AM = 1.5
⑥ 접속함 최대전압(V_{MAX}) : 제조사에서 규정하는 접속함에 인가될 수 있는 최대 전압

(3) 설치 및 사용에 관한 일반사항

1) 접속함 분류

접속함 스트링 수	사용 장소
소형 / 중대형	실내형 / 실외형
위험선로 부하차단	**과전류 보호기능**
개별차단 / 동시차단	스트링 / 스트링+어레이
과전압 보호기능	**역류방지 다이오드**
탑재 / 미탑재	탑재 / 미탑재
모니터링 기능(외부 통신)	
지원 / 미지원	

① 접속함 스트링 수에 의한 분류
- 소형 : 3회로 이하
- 중대형 : 4회로 이상

② 위험선로의 부하차단장치 구성에 따른 분류
- 개별차단 : 모든 위험회로의 부하차단을 위해 두 번 이상의 개폐 동작이 필요한 경우
- 동시차단 : 한 번의 개폐동작으로 모든 위험회로 부하차단이 가능한 경우

③ 과전류 보호장치의 사용에 따른 분류
- 스트링 : 스트링 단위 선로에만 과전류 보호장치를 탑재하고 있는 경우
- 스트링+어레이 : 어레이 단위 선로에도 과전류 보호장치를 탑재하고 있는 경우

④ 과전압 보호장치의 사용에 따른 분류
- 탑재 : 중대형 접속함은 반드시 탑재해야 함.
- 미탑재 : 소형 접속함은 미탑재

⑤ 역류방지 다이오드의 사용에 따른 분류
- 탑재
- 미탑재(제품 내의 역류방지 다이오드 사용은 의무가 아니다.)
- ※ 여기서의 역류방지 다이오드란 개별 스트링 회로의 양극 또는 음극에 설치된 것으로 국한한다.

2) 제품의 전기적 사양

제조사는 접속함에 대하여 아래의 파라미터를 선언하고, 이를 명판 및 매뉴얼에 명시해야 한다.
- N_{STRING}
- V_{MAX}
- I_{MAX}
- $I_{MAX\,STRING}$

3) 제품의 사용 환경

제조사는 제품의 사용 환경을 실내형 / 실외형으로 구분하여 이를 명판에 기재하고, 사용 환경의 온도 및 상대습도 범위를 제품 매뉴얼에 명시해야 한다. 접속함을 실외형으로 선언할

경우 사용 환경 온도 범위의 상한은 최소 40[℃]이상으로 설정되어야 한다.

추가적으로, 주위 온도에 따라 자동 디레이팅(derating)이 이루어지는 제품의 경우 자동 디레이팅 운전조건 및 운전특성을 제품매뉴얼에 명시해야 한다.

4) IP등급 및 내 / 외부의 오염도

제조사는 제품의 IP등급과 제품의 내 / 외부의 오염도를 선언해야 하며, 이중 IP등급은 명판 및 제품매뉴얼에 기재되어야 한다.

- 오염도 1 : 오염이나 건조, 비전도성 오염이 발생하지 않는다. 오염이 영향을 미치지 않는다.
- 오염도 2 : 응축으로 인해 가끔 일시적인 전도성이 예상되는 경우를 제외하면 비전도성 오염만 발생한다.
- 오염도 3 : 전도성 오염이 발생하거나 응축으로 인해 전도성이 될 것으로 예상되는 건조한 비전도성 오염이 발생한다.
- 오염도 4 : 오염은 전도성 먼지 또는 비나 눈으로 인해 발생한 지속적인 전도성을 발생시킨다.

단, 제품이 아래 세 가지 조건 중 하나라도 만족하지 않을 경우 제품 외부의 오염도는 3이상으로 선언되어야 하며, IP54등급 이상의 외함 설계가 요구된다.

- 실내형 제품
- 사용 환경의 온도 범위가 +0[℃] ~ +40[℃] 이내에 들어올 것
- 사용 환경의 상대 습도 범위가 5[%] ~ 85[%] 범위 이내에 들어올 것

아래 두 가지 조건 중 하나 이상을 만족하는 외함 설계가 이루어질 경우, 외함 내부에 해당하는 미시환경의 오염도는 외함 밖의 오염도에서 1을 뺀 값으로 선언할 수 있다.

- IP5X 요건
- IPX7 또는 IPX8 요건

5) 전원 및 통신회로의 사용여부

제조사는 접속함에 연결되는, PV 회로를 제외한 모든 기타 회로에 대한 정보를 규정하고, 제품매뉴얼상에 관련 내용을 기재해야 한다.

6) 기기의 보호 등급

제조사는 기기의 보호 등급을 선언해야 한다. 기기의 보호 등급은 1종 기기, 2종 기기, 3종 기기 총 세 가지로 나뉜다. 제품이 1종 기기에 해당된다면, 설치될 때 반드시 보호 접지 연결이 이루어져야 한다.

7) 고장 알림

접속함은 근접 고장 알림 수단 또는 원격 고장 알림 수단을 제공해야 하며, 이는 최소 아래 두 가지에 대한 알림 기능을 탑재하고 있어야 한다. 제조사는 이러한 고장 알림방법에 대한 내용을 매뉴얼에 기술하여야 한다.

- 제품에 탑재된 과전압 보호장치가 과전압이나 반복적인 임펄스 전압으로 인해 손상을 입고, 그로 인해 과전압을 감소시키는 능력이 약해지는 경우
- 제품에 탑재된 스트링 단위 과전류 보호장치가 그 기능을 상실하는 경우

① 근접 고장 알림

근접 고장 알림이란 시각적 또는 청각적 고장 알림 기능을 의미한다. 알림 장치의 형태는 아래 둘 중 하나의 형태를 갖는다.
- 제품에 내장된 형태, 또는
- 현장에 존재하는 별도의 장치

② 원격 고장 알림

원격 고장 알림이란 시스템 운영자가 해당 설비에 접근하지 않고도 확인 가능한 알림 기능을 의미한다. 알림 기능은 아래의 형태를 지닌다.
- 원거리의 시각적 또는 청각적 알림 장치 제어를 가능케 하는 접점 또는 신호, 또는
- RS485, 이메일, 문자메시지 등 전자통신, 또는
- 원격 고장 알림 기능을 구현하는 기타 장치

(4) 명판 및 매뉴얼 작성에 대한 요구사항

1) 공통 요구사항

① 가독성 : KS C 8565(태양광발전용 인버터(계통연계형, 독립형))와 동일
② 표시의 내구성 : KS C 8565(태양광발전용 인버터(계통연계형, 독립형))와 동일

2) 명판에 대한 요구사항

명판은 KS인증심사시준에서 권장하는 양식을 따르도록 한다.
① 제품의 식별 : KS C 8565(태양광발전용 인버터(계통연계형, 독립형))와 동일
② 전기적 사양 : N_{STRING}, V_{MAX}, I_{MAX}, $I_{MAX\,STRING}$에 대한 값을 명판에 명시해야 한다. 추가적으로, 제품이 PV회로 이외의 전원 회로에 연결되는 경우, 해당 회로에 대해 전원의 형태(직류 / 교류), 사용 전압, 사용 전류를 명시해야 한다.
③ 사용 환경 및 IP등급 : KS C 8565(태양광발전용 인버터(계통연계형, 독립형))와 동일

3) 명판 이외의 경고 표시에 대한 요구사항

① 결선방법 표시 : KS C 8565(태양광발전용 인버터(계통연계형, 독립형))와 동일
② 단자 극성 표시 : KS C 8565(태양광발전용 인버터(계통연계형, 독립형))와 동일
③ 보호 접지 단자 표시 : KS C 8565(태양광발전용 인버터(계통연계형, 독립형))와 동일
④ 화상 위험에 대한 경고 표시
    a) 금속 재질의 외함 및 접근 가능부에서 발열이 그 기능으로 요구되는 방열판과 같은 부품은 그 주위에 "열 표면 경고" 마킹을 가질 경우, 최대 100[℃]까지의 온도 상승이 허용된다.

b) 외부 결선을 위한 단자, 또는 단자함 내 임의의 지점이 '부품제조사가 규정하고 있는 정격 사용온도가 없을 때 각 부품별 제한온도'에서 규정하고 있는 허용온도를 초과할 경우에는 단자 주위에 연결된 케이블의 최소 온도 정격을 충분히 높게 정하여 표시하거나 결선 시 매뉴얼에 따라야 한다는 문구를 부착해야 한다.

⑤ 접촉 전류 위험에 대한 경고 표시

보호 접지 도체에 고장이 발생할 경우에 대비하여 "위험 경고" 기호를 외함에 부착해야 한다.

⑥ 위험 회로에 대한 경고 표시

제품의 외함을 연 상태에서 공구 사용 없이 접근 가능한 위험 회로의 도전부가 있다면 "감전 위험 경고" 마킹 처리가 이루어져야 한다. 마킹의 개수는 최소 제품에 연결되는 위험회로 수 이상이 되도록 하여야 하며, 가능하다면 단자대와 같이 서비스 요원이 접근할 가능성이 높은 부위에 부착해야 한다.

⑦ 부하차단 기능이 없는 개폐장치 사용에 대한 경고 표시

부하차단 기능이 없는 모든 개폐장치 주위에는 " 전류가 흐르는 상태에서 회로를 차단할 수 없음"이라는 문구가 부착되어야 한다.

⑧ 2개 이상의 전원 회로에 연결되는 기기

PV회로 및 PV회로를 제외한 별도의 전원회로와도 연결되는 기기는 외함에 "감전 위험 경고" 마킹 처리를 하는 것이 요구된다.

⑨ 접지되지 않는 방열판과 기타 부품

접지되지 않는 방열판처럼 접지가 되어야 하는 것으로 오해를 일으킬 수 있으면서 감전 위험과도 연관이 있는 부품은 "감전 위험 경고" 마킹 처리가 이루어져야 한다.

(5) 매뉴얼 작성에 대한 요구사항

1) 일반 사항

매뉴얼은 접속함의 사양과 관련이 있는 다음 내용을 모두 포함하고 있어야 한다.

a) 모든 경고 표시 및 문구에 대한 설명

b) 외부와의 연결에 필요한 모든 단자의 위치 및 기능

c) 제품 사용에 필요한 조작 장치의 위치 및 기능

d) PV 회로 및 이를 제외한 전원에 대한 전기적 사양

- 전원 형태(직류 / 교류)
- 사용 전압
- 사용 전류

e) ~ j) KS C 8565(태양광발전용 인버터(계통연계형, 독립형))와 동일

2) ~ 5) KS C 8565(태양광발전용 인버터(계통연계형, 독립형))와 동일

6) 위험 회로 차단방법

제조사는 작업시의 안전을 위해 매뉴얼에 제품에 연결되는 모든 위험 회로의 차단방법에 대

한 내용을 기재해야 하며, 이는 아래 내용을 모두 포함하고 있어야 한다.

a) 제품에 전류가 흐르고 있는 상태에서는 부하차단 기능이 있는 장치를 먼저 개방한 후 부하차단장치가 아닌 개폐장치를 개방해야 한다는 내용

b) 두 개 이상의 부하차단장치가 존재하는 경우, 모든 부하차단장치를 개방해야 한다는 내용과 모든 부하차단장치의 위치

c) 모든 부하차단장치를 개방하더라도 부하차단장치가 아닌 개폐장치를 개방하지 않는다면 위험 전압이 인가된 노출된 충전부가 존재할 수 있다는 내용과 모든 개폐장치의 위치

d) 위험 전압이 인가되는 노출된 도전부가 없도록 하기 위해서 조작이 필요한 모든 개폐 장치의 위치

e) 제품의 모든 개폐 장치를 개방한다고 하더라도 인버터 출력측의 주전원 회로로부터 유입되는 위험 전압 인가 회로가 존재할 수 있다는 내용

7) 부품의 정격

매뉴얼은 제품에 존재하는 아래 부품들의 정격사양에 대한 내용을 포함하고 있어야 한다.

a) 스트링 과전류 보호장치

b) 어레이 과전류 보호장치

c) 제품에 존재하는 모든 부하차단장치

d) 과전압 보호장치

e) 역류방지 다이오드

※ b), d), e) 제품들에 대해서는 접속함에 장착되어 있는 경우에만 적용된다.

8) 고장 알림방법

제조사는 제품의 고장 알림방법을 제품에서 어떻게 구현하고 있는지 매뉴얼에 기재해야 한다.

9) PV 어레이 연결시의 주의사항

올바른 PV 시스템 구성을 위해 제조사는 사용자가 접속함의 전기적 사양을 정확히 이해할 수 있도록 아래의 내용을 매뉴얼에 기재하고 있어야 한다.

a) V_{MAX}는 (태양광 모듈의 명판에 기재되는 V_{oc} × 태양광 모듈의 직렬연결 개수)와 구분되며, 태양광 모듈 명판에 기재된 V_{oc}는 표준시험조건(STC)에서의 개방전압을 의미하는 것으로서 주위온도, 일사량 등의 조건에 의해 이보다 더 큰 전압이 생성될 수 있다는 문구

b) $I_{MAX\ STRING}$은 태양광 모듈 명판에 기재된 I_{sc}와 구분되며, 태양광 모듈 명판에 기재된 I_{sc}는 표준시험조건(STC)에서의 단락전류를 위미하는 것으로서 주위온도, 일사량 등의 조건에 의해 보다 큰 전류가 생성될 수 있다는 문구

10) 보호 접지 단자.

KS C 8565(태양광발전용 인버터(계통연계형, 독립형))와 동일

(6) 부품에 대한 요구사항

1) 공통 요구사항

접속함의 분류방법 내용과 관련이 있는 개폐 장치, 위험선로 부하차단장치, PV선로 과전류 보호장치, PV선로 과전압 보호장치, PV선로 역류방지 다이오드는 모두 아래 요구사항에 부합하는 것이어야 한다.

a) 부품의 정격전압은 제조사가 선언하는 값 이상이어야 한다.

b) 부품의 정격전류은 제조사가 선언하는 값 이상이어야 한다.

c) 달리 명시되지 않는 한 전기용품 안전기준 또는 KS표준 또는 IEC를 비롯한 관련 국제표준 요구사항을 준수하고 있어야 한다.

d) DC 회로에 사용되는 부품의 경우, 해당 부품이 DC 회로용이거나, AC 회로용으로 제시된 부품 사양이 DC 회로용으로 쓰일 때에도 변함없다는 것을 확인할 수 있어야 한다.

e) 제품의 사용 환경, 전기적 사양 등을 고려하였을 때 온도 사양이 충분히 높아야 한다.

2) 개폐장치에 대한 요구사항

① 개폐장치에 대한 공통 요구사항

수동 조작을 통한 회로 개폐가 가능한 부품을 개폐 장치라 하며, 개폐 장치의 종류는 커넥터, 퓨즈홀더, 개폐기, 차단기 등이 있다. 이러한 개폐 장치 및 개폐 장치의 구성은 아래 두 가지 내용을 모두 만족해야 한다.

a) 모든 개폐 장치가 개방 상태일 때, 위험 전압이 인가될 수 있는 노출된 도전부가 존재하지 않아야 한다.

b) 수동 조작을 통한 회로 개폐 시 안전한 조작(touch-safe)이 가능해야 한다.

② 부하차단 기능이 없는 개폐 장치

부하차단장치에 대한 요구사항에 따라 부하차단장치로 분류되지 않는 개폐 장치는 그 주위에 경고 마킹 처리가 이루어져야 한다.

③ 부하차단장치에 대한 요구사항

부하차단장치는 아래의 내용을 모두 만족해야 한다.

a) 아래 명시된 국제 표준의 요구사항에 부합해야 한다.

- 개폐기 : KS C IEC 60947-1 및 IEC 60947-3
- 차단기 : KS C IEC 60947-3

b) 연결된 회로의 양극과 음극을 동시에 차단할 수 있어야 한다.

3) 과전류 보호장치에 대한 요구사항

① 과전류 보호장치 구성에 대한 요구사항

제조사는 PV 회로의 과전류 보호를 위하여 모든 스트링 단위 회로에 과전류 보호장치를 반드시 사용해야 하며, 아래의 내용을 모두 만족해야 한다.

a) 양극과 음극에 모두 사용되어야 한다.

b) 소손된 경우 고장 알림 기능이 구현되어야 한다.

c) 사용되는 장치는 차단기 또는 퓨즈의 요구사항에 부합해야 한다.

② 차단기

PV 회로의 과전류 보호를 위해 사용되는 차단기는 KS C IEC 60947-2 표준의 요구사항에 부합해야 한다.

③ 퓨즈

a) 퓨즈

PV 회로의 과전류 보호를 위해 사용되는 퓨즈는 KS C IEC 60269-6 표준의 요구사항에 부합해야 한다.

b) 퓨즈 베이스 및 홀더

PV 회로의 과전류 보호를 위해 사용되는 퓨즈 베이스 및 퓨즈 홀더는 퓨즈 링크 정격 이상의 전류 정격을 가져야 한다.

4) 과전압 보호장치에 대한 요구사항

PV 회로의 과전압 보호를 위해 사용되는 서지보호장치, 바리스터 등은 KS표준 또는 IEC를 비롯한 관련 국제표준 요구사항을 준수하고 있어야 한다.

복수의 개별 소자를 사용하여 과전압 보호 기능을 구현하고 있는 경우, 제조사는 그 조합이 공통 요구사항을 만족하고 있음을 보장해야 한다.

(7) 감전에 대한 보호

- 접속함은 직접적인 접촉에 대한 보호, 간접적인 접촉에 대한 보호, 직접 접촉시의 보호요건을 만족하도록 설계되어야 한다.
- 직접적인 접촉에 대한 보호란 외함, 배리어, 절연물 등을 사용하여 위험이 존재하는 도전부와의 접촉을 방지하는 것을 의미한다.
- 간접적인 접촉에 대한 보호는 절연 파괴로 인해 발생할 수 있는 위험이 존재하는 도전부와의 접촉을 방지하는 것을 의미한다. 1종 기기의 경우, 직접적인 접촉에 대한 보호를 위한 설계 이외에도 보호접지 및 보호 본딩에 대한 요구사항을 만족해야 한다.
- 직접 접촉시의 보호란 갈바닉 절연, 보호 임피던스, 전압 분배 회로 등을 사용하여 통신회로와 같이 사람이 접촉 가능한 회로로부터 발생할 수 있는 감전을 방지하는 것을 의미한다.

1) 일반사항

감전에 대한 보호 요건을 규정하기 위해서는 먼저 접속함을 구성하는 모든 회로들에 대하여 결정전압등급(DVC)를 부여하는 것이 필요하다.

2) 결정 전압 등급별 동작 전압의 한계값

결정 전압 등급 (DVC)	동작 전압 한계값[V]		
	교류 전압 실효값(r.m.s.) U_{ACL}	교류 전압 첨두값 U_{ACPL}	직류 전압 평균값 U_{DCL}
A	≤ 25	≤ 35.4	≤ 60
B	50	71	120
C	> 50	> 71	> 120

3) 인접 회로와의 절연 및 분리

결정 전압 등급을 산정하고자 하는 회로의 DVC	동작 전압 한계값[V]		
	DVC A 회로와의 최소 절연 요건	DVC B 회로와의 최소 절연 요건	DVC C 회로와의 최소 절연 요건
A	FI	P	P
B		BI	BI
C			BI
FI : 기능 절연, BI : 기본 절연, P : 보호 분리			

4) 간접적인 접촉에 대한 보호

간접적인 접촉에 대한 보호는 절연파괴가 일어났을 때 접근 가능부로부터 위험 전류가 흘러 감전이 되는 사고를 예방하기 위함이다. 제품의 접근 가능부가 다음 중의 하나의 요건을 만족할 때 보호 요건을 충족한다고 인정된다.

- 1종기기 : 기본절연 및 보호접지
- 2종기기 : 이중 또는 강화절연
- 3종기기 : DVC A 회로로부터 전원을 공급받아 제한된 전압을 갖는 기기

① 보호 본딩 및 보호 접지

1종 기기는 기기 외부 대지와의 연결을 위한 보호 접지 단자를 제공해야 하며, 이러한 외부 보호 접지 단자는 도전성을 갖는 기기의 접근 가능부로부터 적절한 보호 본딩 처리를 통해 연결 되어야 한다.

② 보호 본딩 요구사항

- 접속함과 하위 어셈블리 또는 별도 유닛이 전원 케이블로 연결되어 있으면서 보호 접지 케이블 또는 연결 되어 있는 경우, 임피던스 측정에 보호 접지 케이블의 저항을 포함하지 않아도 된다.

ⓐ 과전류 보호 장치가 있는 전원 케이블의 경우

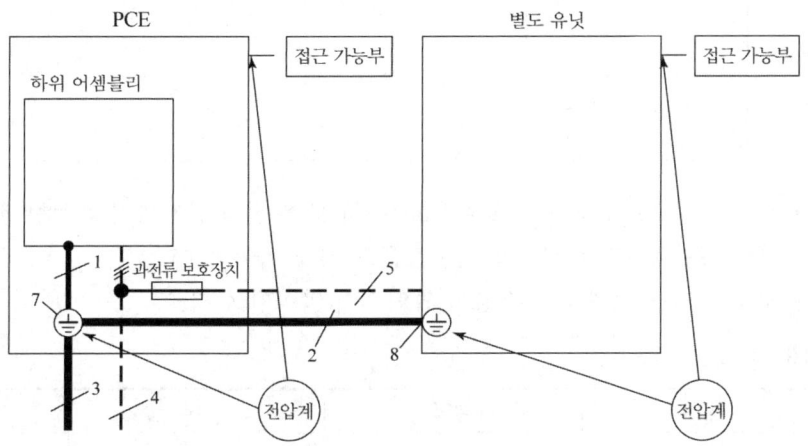

ⓑ 과전류 보호장치가 없는 전원 케이블의 경우

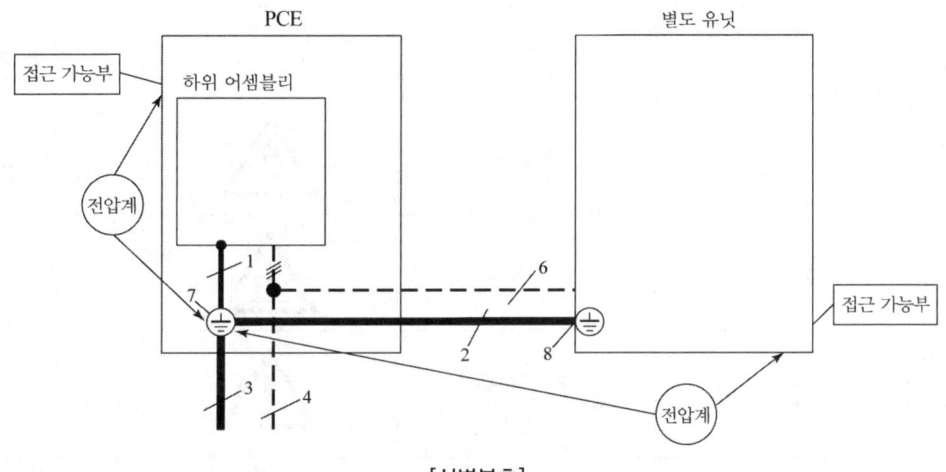

[식별부호]

1. 보호 본딩	5. 과전류 보호장치가 있는 전원 케이블
2. 별도 유닛의 보호 접지 도체	6. 과전류 보호장치가 없는 전원 케이블
3. 접속함의 보호 접지 도체	7. 외부 보호 접지 도체 단자
4. Main 전원 케이블	8. 별도 유닛 보호 접지 도체 단자

• 보호 본딩의 적합성은 다음에 명시된 시간 주기 동안 본딩을 따라 시험전류를 통과 시킴
  으로써 확인한다.
  ⓐ 시험 전류 : 제품 내부에 존재하는 모든 과전류 보호장치 전류 정격의 200[%]에 해
    당하는 값으로 정한다.(예, 20[A] 정격의 퓨즈가 존재하는 개별 스트링 회로 20개가
    묶여서 하나의 선로를 구성하고 있는 경우, 시험전류는 800[A]가 된다.)
  ⓑ 시험 지속시간 : 시험 전류는 출력이 접지 되지 않는 직류 또는 교류 전력 공급원으
    로부터 인가하며, 시험 지속시간은 다음과 같다.

과전류 보호 장치 정격[A]	시험 지속시간[분]
~ 32	2
33 ~ 63	4
64 ~ 100	6
101 ~ 200	8
201 ~	10

- 보호 본딩으로 고려되는 모든 위치에서 보호 접지 단자까지 측정한 전압이 시험을 진행하는 동안 DVC A의 전압 제한값을 넘지 않아야 한다.
- 보호 본딩에 외관상의 손상이 확인되지 않아야 한다.

5) 안내 및 경고 기호

기호	설명	기호	설명
 — — — — —	직류	 |	전원 연결
 ∿	교류	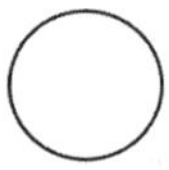 ◯	전원 끊김
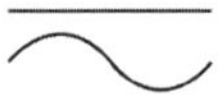 ≋	직교류	⚡	감전 위험 경고
 3∿	3상 교류	♨	열 표면 경고
 3N∿	중성 3상 교류 (3상 4선식 교류)	 ⚠	위험 경고
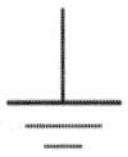 ⏚	접지 단자	�topbox	푸시 버튼 IN 상태
 ⏚(○)	보호 접지 단자	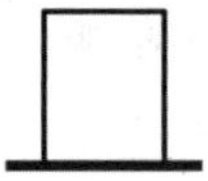 ⎕	푸시 버튼 OUT 상태

※ 태양광발전 설비 예(하나의 어레이를 가진 PV설비) : IEC 60364-7-712

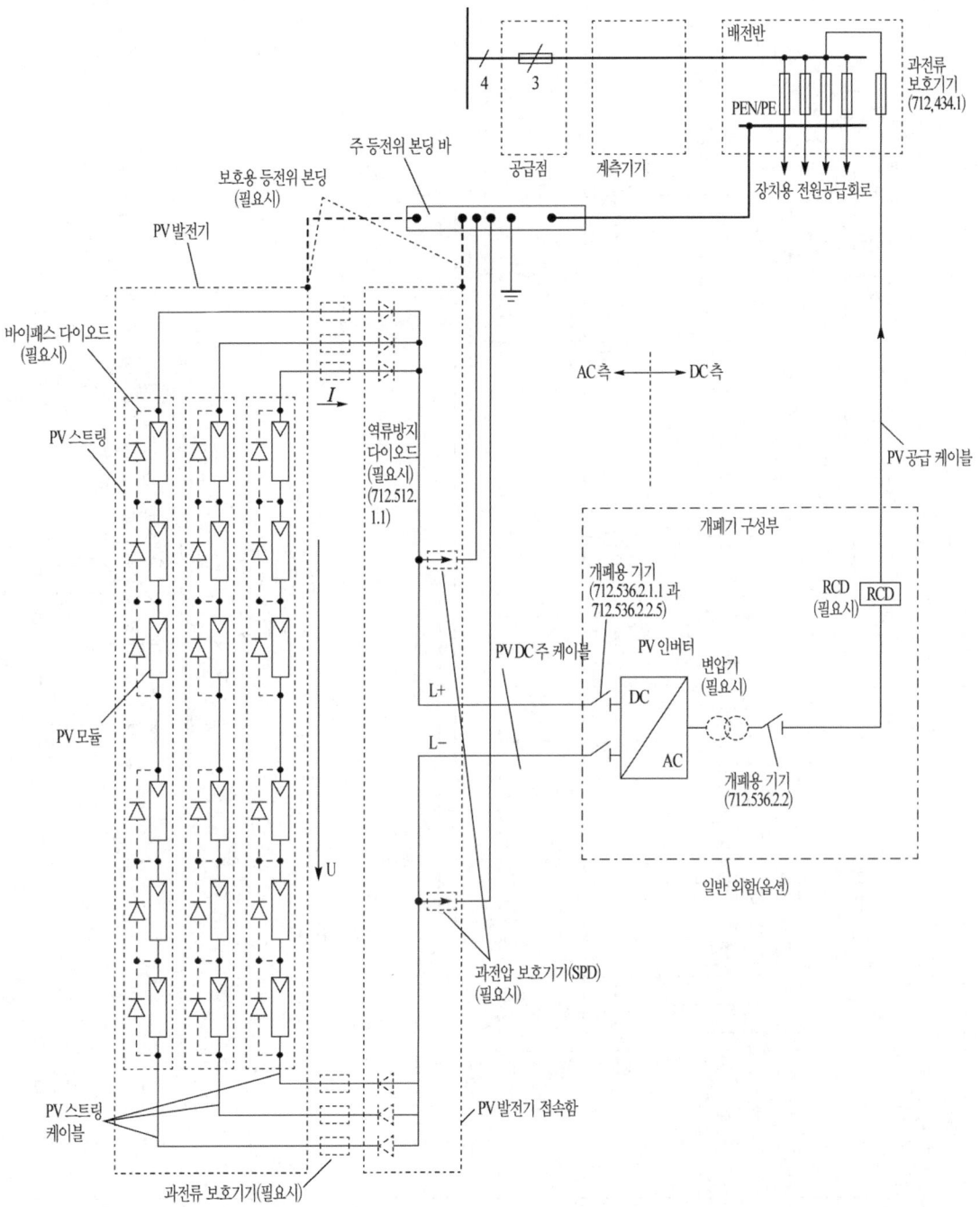

※ 태양광발전 설비 예(여러 개의 어레이를 가진 PV설비) : IEC 60364-7-712

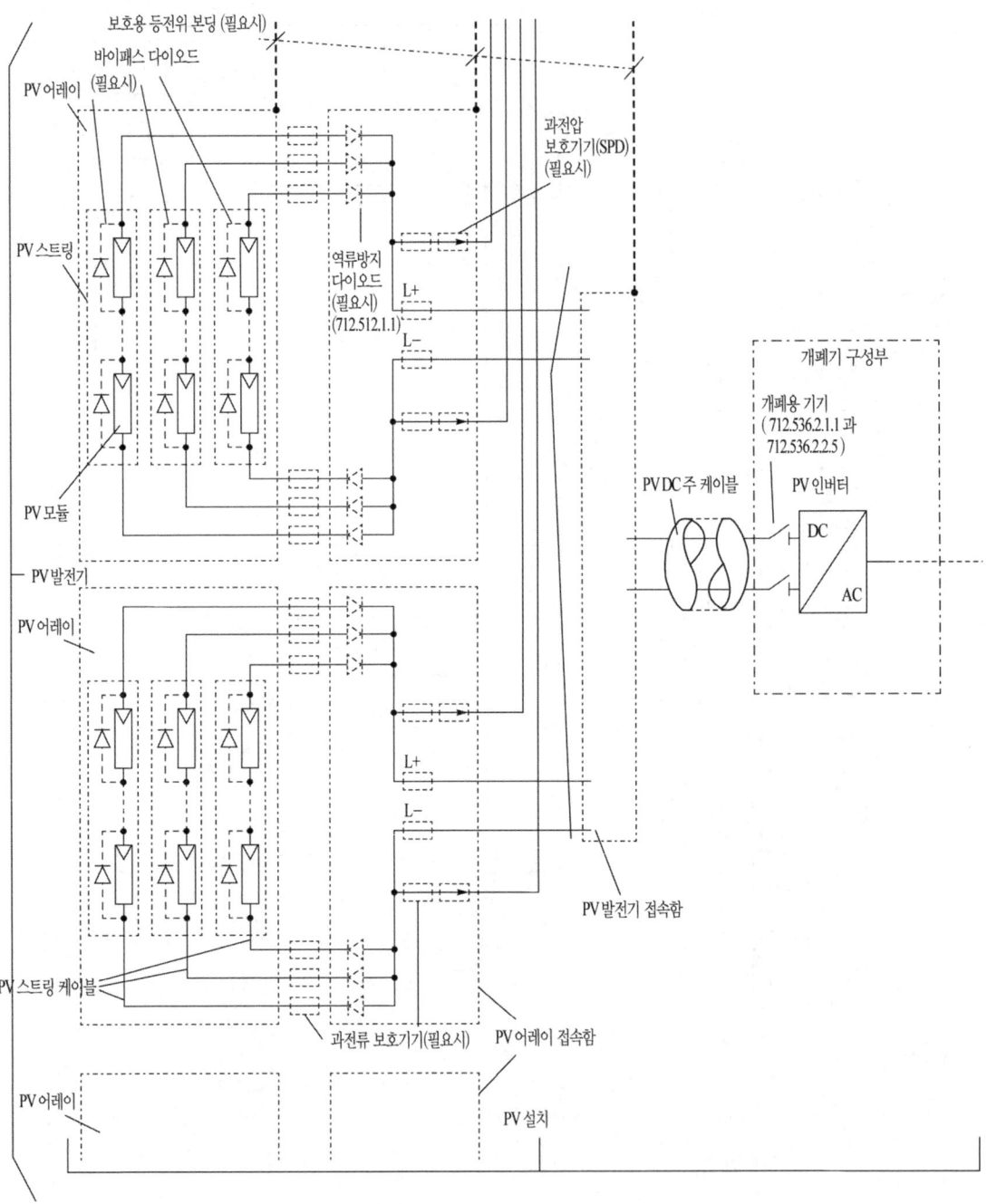

2.3 발전설비 설치 확인 등

(1) 신 · 재생에너지 설비 설치확인 기준[별표 4]

구 분	확 인 기 준
1. 일반사항	◦ 소유자 및 시공자 일반사항 – 성명, 연락처, 설비용량, 설치주소 등

2. 시공 및 가동 상태	◦ 시공상태
	   – [별지 제25호 서식] 설치확인 현장점검표 참조
	◦ 정상가동 여부
	   – 시스템 동작 상태, 제어장치 및 안전장치 등
	◦ 안전사고 방지시설 설치여부
	   – 작업공간 및 접근장치 등

3. 주요설비	◦ 우선 적용 제품 사용 여부 – 설비사양(제조국, 모델명, 용량) ◦ 사업계획서 제출시 첨부된 주요자재의 형식 및 설치용량 적합여부
4. 하자보증	◦ 하자보증서의 적정성 여부 – 고시 [별표 1]의 하자보증기간 참조 ※ 시공자가 하도급 받은 경우, 원도급자를 대상으로 하는 하자보증서 인정
5. 기타, 설치확인 중복 사항 생략	◦ 전기사업법(제63조, 제66조)의 사용전 점검 또는 사용전 검사를 받은 신재생에너지 설비에 대하여는 [별지 제25호 서식]의 설치확인 현장점검표 중 중복사항에 대한 확인을 생략할 수 있다.

(2) 모니터링설비 설치기준[별표 2]

1) 모니터링설비 요구사항

의무적으로 설치해야하는 모니터링설비는 다음의 사항에 따라 설치하여야 한다.

2) 설비요건

모니터링설비의 계측설비는 다음 표를 만족하도록 설치하여야 한다.

표 1–13 계측설비별 요구사항

계측설비	요구사항	확인방법
인버터	CT 정확도 3% 이내	◦ 관련 내용이 명시된 설비 스펙 제시 ◦ 인증 인버터는 면제
온도센서	정확도 ±0.3℃(−20~100℃)미만	◦ 관련 내용이 명시된 설비 스펙 제시
온도센서	정확도 ±1℃(100~1000℃)이내	◦ 관련 내용이 명시된 설비 스펙 제시
유량계, 열량계	정확도 ±1.5% 이내	◦ 관련 내용이 명시된 설비 스펙 제시
전력량계	정확도 1% 이내	◦ 관련 내용이 명시된 설비 스펙 제시

3) 측정위치 및 모니터링 항목

측정된 에너지 생산량 및 생산시간을 누적으로 모니터링 하여야 한다.

표 1-14 측정 및 모니터링 항목

구분	모니터링 항목	데이터(누계치)	측정 항목
태양광, 풍력 수력, 폐기물 바이오	일일발전량(kWh)	24개(시간당)	인버터 출력
	생산시간(분)	1개(1일)	

(3) 신 · 재생에너지 설비 명판 설치기준 및 단위에너지 생산량

1) 태양광 표시사항

설치용량(모듈용량 및 대수), 인버터 용량 및 대수

2) 태양광 단위에너지 생산량 및 원별 보정계수[별표 10]

표 1-15 태양광 단위에너지 생산량 및 원별 보정계수

신 · 재생에너지원		단위 에너지생산량		원별 보정계수
태양광	고정식	1,358		0.95
	추적식	1,765	kWh/kW · yr	1.47
	BIPV	923		6.12

3 태양광발전시스템 운영

3.1 발전시스템 점검 방법과 시기

(1) 태양광발전시스템 점검 방법과 시기

① 태양광발전시스템은 무인 자동 운전되는 것을 전제로 설계·제작되어 일상적인 보수점검은 불필요한 것처럼 보이나, 시간이 지남에 따라 경년변화에 따른 열화 및 고장이 예상되고 태양광 발전 시스템도 법적으로 발전설비로 분류되어 법규 등에 따른 정기적인 점검이 의무화되어 있다.

② 법적검사에는 준공 시 사용전 검사와 4년 이내마다 실시하는 정기검사로 구분된다.

③ **태양광발전 시스템의 유지보수 관점의 점검**은 일상점검, 정기점검, 임시점검으로 구별된다.

(2) 점검방법과 유의사항

1) 태양전지 어레이

① 태양전지 모듈은 일반적으로 특별한 관리는 불필요하지만, 자체 일상점검은 1개월에 한 번, 자체 정기점검은 1년 또는 수년에 한 번씩 모듈의 오염, 유리의 금이 간 부분의 손상

에 관하여 육안으로 점검을 실시한다.

② 가대는 일반적으로 특별한 관리는 불필요하지만 자체 일상점검으로 1개월에 한번, 자체 정기점검으로 1년 또는 수년에 한 번씩 녹의 발생, 손상의 유무, 심하게 조인 부분의 이완 등에 관해서 육안으로 점검을 실시한다.

③ 절연저항과 접지저항은 자체 정기점검 시 측정하여 점검을 실시한다.

기기명	점검부위	점검종류	주기	점검내용
태양전지	모 듈 가 대 MCCB 서지보호장치 배 선 접지선	일상점검	1개월	외관점검
		정기점검	설치 후 1년~수년	외관점검 각부의 청소 볼트배선, 접속단자 등의 이완 태양전지 출력전압·전류측정 절연저항 측정 접지저항 측정

2) 파워컨디셔너

파워컨디셔너는 정지기기이기 때문에 정기적으로 부품의 교체 등 복잡한 작업을 행할 필요가 없지만, 장기적으로 안전하게 사용하기 위해서는 아래와 같은 보수점검을 행할 필요가 있다.

기기명	점검부위	점검종류	주기	점검내용
파워컨디셔너	각종 제어용전원 인버터 주회로 제어 보드 냉각용 팬 서지보호장치 전자 접촉기 각종 저항기 LCD 표시기	일상점검	1개월	외관점검(이음, 악취) 상태표시 LED 확인 내부 수납기기 탈락 파손·변색
		정기점검	설치 후 1년~수년	외관점검 커넥터 접속 상태 점검 절연저항 측정 냉각용 팬 운전 상태 점검 서지보호장치 상태 육안 점검 제어 전원 전압 측정 전자 접촉기 육안 점검 발전상황 육안 점검 청소 보호요소 동작 특성, 시한 특성 측정 인버터 전해 콘덴서 냉각용 팬 점검 인버터 본체 냉각용 팬 점검

3) 연계 보호장치

연계 보호장치도 파워컨디셔너와 동일하게 정지기기이기 때문에 정기적으로 부품의 교체 등 복잡한 작업을 행할 필요가 없지만, 장기적으로 안전하게 사용하기 위해서는 아래와 같은 보수점검을 행할 필요가 있다.

기기명	점검부위	점검종류	주기	점검내용
연　계 보호장치	보호 릴레이, 트랜스 듀서, 제어 전원, 보조 릴레이, 냉각팬, 히터	일상점검	1개월	외관점검 보호 릴레이 디지털 미터 표시 무정전 전원장치 축전지 일충전 상태 팬 히터 동작
		정기점검	설치 후 1년 및 4년	외관점검 외부청소 볼트 배선 등 느슨함 환기공 필터 점검 절연저항 측정 동작(시퀀스) 시험 보호 릴레이 동작 특성 시험 무정전 전원 백업 시간 제어전원 전압 확인

3.2 태양광 모니터링 시스템

(1) 태양광 발전 시스템 계측

태양광발전시스템의 계측기구나 표시장치는 시스템의 운전상태 감시, 발전 전력량 파악, 성능 평가를 위한 데이터의 수집 등을 목적으로 설치한다.

1) 계측기구 및 표시장치의 설치 목적

① **시스템의 운전상태를 감시**하기위한 계측 또는 표시

② **시스템에 의한 발전 전력량**을 **파악**위한 계측

③ **시스템 기기 또는 시스템 종합평가**를 위한 계측

④ **시스템의 운전상황을 견학하는 사람 등에게 보여주고, 시스템의 홍보**를 위한 계측 또는 표시

(2) 계측기구 및 표시장치의 구성요소

태양광발전시스템의 경우에는 일사강도가 시시각각 변화하고 두꺼운 구름이 갑자기 태양을 막으면 발전출력도 단시간에 크게 변동하므로 계측 샘플링 주기나 연산을 적절하게 하지 않으면 계측오차가 발생하는 요인이 된다.

1) 계측기구·표시장치

계측·표시시스템에는 **검출기(센서), 신호변환기(트랜스듀서), 연산장치, 기억장치, 표시장치** 등이 있다.

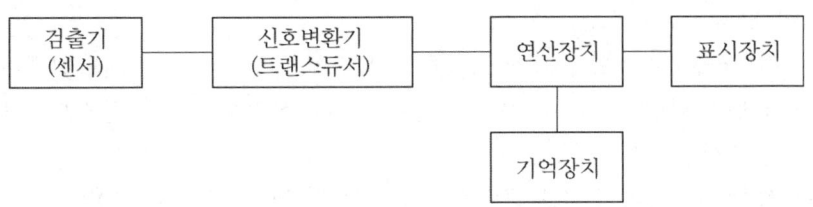

그림 1-7 계측 및 표시장치의 구성도

① 검출기(센서)
  ㉮ 직류회로의 전압은 직접 또는 분압기로 분압하여 검출하며, 직류회로의 전류는 직접
     또는 분류기를 사용하여 검출한다.
  ㉯ 교류회로의 전압, 전류 및 전력, 역률, 주파수의 계측은 직접 또는 VT, CT를 통해서
     검출하고, 지시계기 또는 신호변환기 등에 신호를 공급한다.
  ㉰ 일사강도(수평면 또는 태양전지 어레이의 설치각도와 같은 경사면에서의 경사면 일사
     강도), 기온, 태양전지 어레이의 온도, 풍향, 습도 등의 검출기를 필요에 따라 설치한
     다.
② 신호변환기(트랜스듀서)
  ㉮ 신호변환기는 검출기로 검출된 데이터를 컴퓨터 및 먼 거리에 설치된 표시장치에 전송
     하는 경우에 사용한다.
  ㉯ 신호변환기는 각종 검출 데이터(전압, 전류, 전력 등)에 적합한 것이 시판되고 있으므
     로 그중에서 필요한 것을 선택하며, 신호변환기의 출력신호도 입력 신호 0~100[%]에
     대하여 0~5[V], 1~5[V], 4~20[mA] 등 여러 가지 것이 시판되고 있으므로 그 중에
     서 최적인 것을 선택한다.
  ㉰ 신호출력은 노이즈가 혼입되지 않도록 실드선을 사용하여 전송하도록 한다.(4~20
     [mA]의 전류신호로 전송하면 노이즈의 염려가 줄어든다.)
③ 연산장치
  ㉮ 연산장치에는 직류전력처럼 검출 데이터를 연산해야 하는 것에 사용하는 것과 짧은
     시간의 계측 데이터를 적산하여 일정기간마다의 평균값 또는 적산 값을 얻는 것이 있
     다.
  ㉯ 필요로 하는 데이터가 많을 경우에는 컴퓨터를 이용하여 연산하고, 단독 또는 매우 적
     은 데이터를 연산할 경우에는 개별적으로 연산기를 준비하도록 한다.
④ 기억장치
  ㉮ 기억장치는 연산장치로서 컴퓨터를 사용하는 경우 그 메모리를 활용하여 기억하고, 필
     요하면 데이터를 복사하여 보존하는 방법이 일반적이다.
  ㉯ 최근에는 계측장치 자체에 기억장치가 있는 것이 있고, 컴퓨터를 이용하지 않고도 메
     모리 카드 등에 데이터를 기록할 수 있는 형태의 계측기도 있다.

⑤ 표시장치

㉮ 견학하는 사람 등을 대상으로 한 표시장치를 설치하는 경우가 있으며, 순시 발전량이나 누적 발전량 또는 석유 절약량이나 CO_2 삭감량과 같은 환경보존에 대한 공헌도 등의 표시를 한다.

㉯ 계측 데이터의 수집은 트랜스듀서 또는 컴퓨터의 출력을 사용하는 경우가 많지만, 이경우 표시 수치의 자리수나 표시 변환 간격 등에 주의해야 한다. 예를 들어, 표시의 변환 간격이 길면 태양이 구름에 가려져도 표시되는 발전량은 변화하지 않았거나, 반대로 표시 절환이 너무 빨라 일사강도나 다른 데이터와의 관련을 취하기 어려워지는 등의 문제가 있다.

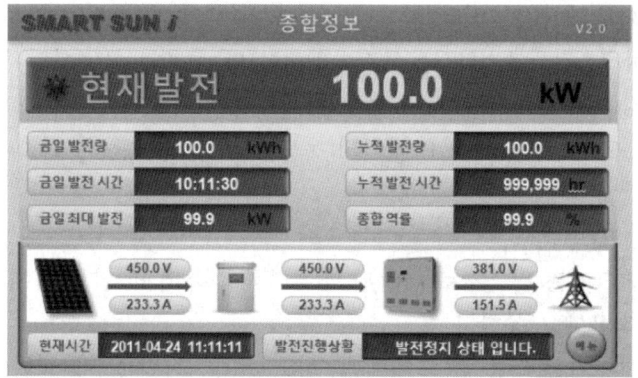

그림 1-8 표시장치의 예

㉰ 최근에는 액정 모니터 등 얇은 형태의 표시장치를 사용하며, 계측 데이터에 더해 설치되어 있는 태양광 발전 시스템의 사진이나 전기에너지의 흐름을 동시에 보여주는 등 시각적으로 효과적인 표시 방법도 채택되고 있다.

2) 주택용 시스템의 경우

① 주택용 시스템의 경우에는 전력회사에서 공급받는 전력량과 설치자가 전력회사로 역조류한 잉여전력량을 계량하기 위해 2대의 전력량계(수전용, 잉여전력용)가 설치된다.

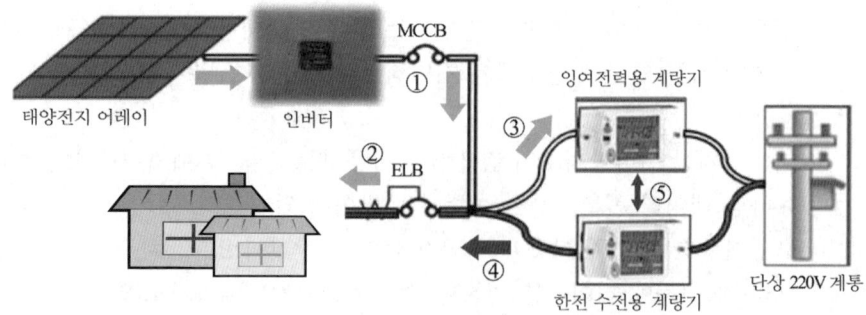

그림 1-9 한전 배전용, 수전용 전력량계

② 주택용 파워컨디셔너에는 운전상태를 감시하기위해 발전전력의 검출기능과 그 계측결과를 표시하기위한 LED나 액정디스플레이 등의 표시장치를 갖추고 있다.

③ 최근에는 파워컨디셔너와는 별도로 표시장치를 설치하고, 거실 등의 떨어진 위치에서 태양광 발전 시스템의 운전상태를 모니터링 할 수 있는 제품이 있으며, 이 같은 장치 속에는 특정의 발전량을 곱하거나 CO_2의 삭감량을 표시하는 등 다양한 표시기능을 갖추고 있다.

3) 계측을 위한 소비전력

① 계측기기는 미소하지만 어느 정도의 전력을 24시간 지속적으로 소비하게 된다. 예컨대, 주택용의 경우 컴퓨터 등을 사용하여 계측하면 25[W] × 24시간에서 약 600[Wh/일]의 전력을 소비하는 것이 되고, **3[kW]의 주택용 태양광발전 시스템**에서는 평균적으로 1일 발전전력량의 약 5[%]이상을 소비하는 것이 된다.

② 계측장치의 소비전력을 억제하기 위해서, 특히 소규모 시스템의 경우 계측항목을 최소화하는 것이 필요하다.

4) 프로그램의 기능

기 능	설 명
데이터 수집기능	각각의 인버터에서 서버로 전송되는 데이터는 데이터 수집 프로그램에 의하여 인버터로부터 전송받아 데이터를 가공 후 데이터베이스에 저장한다. 10초 간격으로 전송받은 데이터는 태양전지 출력전압, 출력전류, 인버터의 각상전류, 각상전압, 출력전력, 주파수, 역률, 누적전력량, 외기온도, 모듈표면온도, 수평면일사량, 경사면일사량 등 각각의 데이터로 분리하고, 데이터베이스의 실시간 테이블 형식에 맞도록 데이터를 수집한다.
데이터 저장기능	데이터베이스의 실시간 테이블 형식에 맞도록 수집된 데이터는 데이터베이스에 실시간 테이블로 저장되며, 매 10분마다 60개의 저장된 데이터를 읽어 산술평균값을 구한 뒤 10분 평균값으로 10분 평균데이터를 저장하는 테이블에 데이터를 저장한다.
데이터 분석기능	데이터베이스에 저장된 데이터를 표로 작성하여 각각의 계측요소마다 일일 평균값과 시간에 따른 각 계측값의 변화를 알 수 있도록 표의 테이블 형식으로 데이터를 제공한다.
데이터 통계기능	데이터베이스에 저장된 데이터를 일간과 월간의 통계기능을 구현하여 엑셀에서 지정 날짜 또는 지정 월의 통계 데이터를 출력한다.

(3) 태양광발전 모니터링 시스템

1) 모니터링시스템(KS C 8576 : 모니터링설비)

① 개요

신재생에너지설비 모니터링 시스템은 전국적으로 광범위하게 설치되는 신재생에너지설비의 에너지 생산량 및 가동 현황을 웹(web)기반으로 모니터링하는 시스템이다. 데이터를 전송하는 클라이언트와 전송된 데이터를 수집·저장 및 관리하는 중앙 서버는 범용 인터넷망을 통해 서로 연결하며, 미리 정의된 프로토콜을 사용하여 데이터를 송수신한다.

② 구성요소

신재생에너지설비 모니터링시스템은 에너지 생산량 데이터를 송신하는 클라이언트, 에너지 생산량을 계측 및 송·수신하는 계측설비와 전송장치, 데이터 수신·저장 및 전반적인 관리를 담당하는 중앙서버로 구성된다.

③ 적용 대상

발전설비, 태양열설비, 지열설비는 이 기준에서 정한 송·수신 통신 표준 및 관련 요구사항을 준수하여, 중앙서버로 에너지 생산량, 가동 현황 등을 전송할 수 있다.

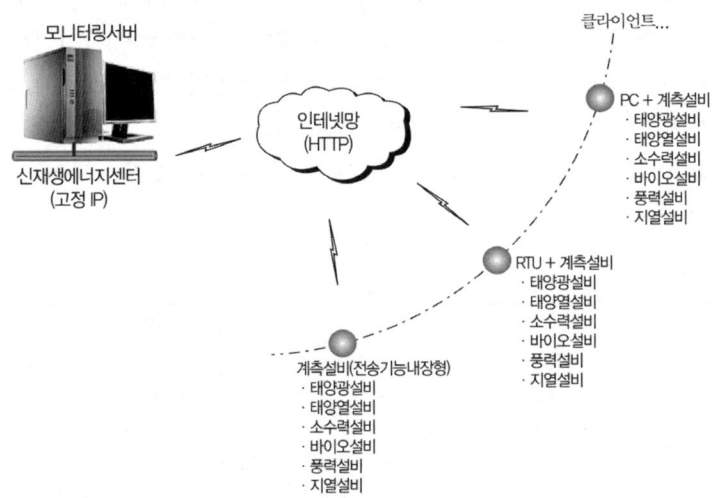

그림 1-10 모니터링시스템 구성요소

2) 용어정의

① 계측설비 : 인버터나 열량계 등 신재생에너지설비의 에너지 생산량을 측정하는 설비

② 로컬서버(Local server) : 단일 또는 다수 클라이언트의 데이터를 수집, 저장하여 중앙서버로 전송할 수 있는 서버(PC 포함)

③ 모니터링시스템(Monitoring system) : 클라이언트와 중앙 서버 간의 송·수신 및 부가기능을 구현하기 위해 설치되는 설비들의 조합

④ 전송 장치 : 계측설비로부터 수신된 데이터를 변환/저장하여 중앙 서버로 전송하고, 중앙서버의 메시지를 처리하는 설비를 말하여, 외장형 RTU(Remote Terminal Unit)와 계측설비에 내장된 형태의 슬롯형, 온보드형이 있다.

⑤ 중앙 서버(central server) : 다양한 통신방식을 통해 데이터를 송·수신하는 통합 서버로, 데이터 전송을 위해 접속하는 클라이언트(client)들에 대한 통신 인증기능 및 전송된 데이터의 수집·저장·관리하는 시스템이 설치되어 있는 기기

⑥ 클라이언트(client) : 중앙 서버로 데이터를 전송하는 신재생에너지 설비 및 로컬서버

⑦ 통신 ID : 전송장치, 로컬서버에 부여되는 고유한 제품번호로, 중앙 서버와의 통신 시 단위 사업별 데이터를 구분하는 통신 인증 코드

⑧ SOAP(Simple Object Access Protocol) : 어떠한 플랫폼에서도 웹(web)상의 개체 및 서비스에 액세스할 수 있도록 하는 XML / HTTP 기반 프로토콜.

    [비고] SOAP는 HTTP(Hyper Text Transfer Protocol)를 사용하여 인터넷(Internet)을 통해 이동하는 메시지를 XML 형식으로 정의한다.

⑨ XML(e-Xtensible Markup Language) : 웹이나 인트라넷 환경에서 데이터 교환과 공유의 수단으로 매우 편리하며, HTML(Hyper Text Markup Language)을 획기적으로 개선한 차세대 정보 포맷 표준

    [비고] TCP/IP가 인터넷을 위한 범용 연결을 제공하고, HTML이 다양한 플랫폼(platform)에서 정보를 표시할 수 있도록 표준화된 언어를 제공한다면, XML은 사용을 자동화하면서 데이터를 교환할 수 있도록 표준화된 언어를 제공한다.

3) 클라이언트의 종류

클라이언트는 중앙서버로 접속하는 형태에 따라 3가지로 구분되며, 모니터링시스템 구축 대상에 포함된 소유자(업체)는 선택적으로 구현하여 중앙서버로 에너지 생산량, 가동현황 등을 전송할 수 있다.

① 전송 기능이 내장된 계측설비의 접속

    인버터, 열량계 등 계측설비에 카드나 온보드 형태로 중앙서버와 데이터 송·수신 장치가 내장되어 자체적으로 통신할 수 있을 때 적용하는 방식

② 로컬서버(PC포함)의 접속

    시리얼 통신으로 데이터를 수집하는 일반 PC나 다수 설비의 데이터를 수집하여, 일괄적으로 중앙서버로 데이터를 송신할 수 있는 로컬서버를 적용하여 통신하는 방식

③ 외장형 전송장치의 접속

    전송기능을 갖추지 못한 계측설비에 외장형 전송장치(RTU) 등을 연결하여 중앙서버로 데이터를 송신하는 통신설비

4) 전송 데이터의 종류

신재생에너지설비는 1일 에너지 총생산량을 확인할 수 있는 데이터를 중앙서버가 요구하는 시간에 중앙서버로 전송할 수 있다.

① 태양광 등 발전분야 : 시간대별 발전량[kWh]단위 데이터

5) 통신 ID 코드 부여 체계

전송장치 및 로컬서버(PC 포함)에 부여되는 고유한 제품번호로, 데이터 전송 시에 통신 인증코드가 되며, 설치 확인을 받는 단위 사업별로 고유하다.

① 통신 ID : XX-000000

    ㉮ XX : RTU 업체, 로컬서버 업체, 기타 등에서 부여되는 코드 두 자리(alphanumeric code)

    ㉯ 000000 : 6자리 일련보호 제조업체나 로컬서버 운영업체에서 자율적으로 사용

6) 중앙서버 송·수신을 위한 기능 및 요구사항

데이터 전송을 위한 클라이언트는 다음 각 항에 적합하여야 한다.

① 클라이언트는 인터넷을 통해 중앙서버와 연결되며, TCP/IP 프로토콜을 지원해야 한다.

② 클라이언트(유동 또는 고정 IP)는 중앙서버(고정 IP)로 데이터를 전송할 수 있어야 한다.

③ 클라이언트는 중앙서버와 통신 시, 부속서에 정의된 프로토콜(PIRP)을 지원해야 한다.

④ 클라이언트는 중앙서버와 시간 동기화가 가능해야 한다.

⑤ 클라이언트는 수집된 1일 데이터[시간대별 발전량[kWh] 24개 및 시스템 구동전력 소비량을 중앙서버가 요청하는 시간에 중앙서버로 전송할 수 있어야 한다.

⑥ 클라이언트는 중앙서버로 전송되는 데이터의 종류가 변경되었을 경우, 클라이언트는 이를 수용할 수 있어야 한다.

⑦ 클라이언트는 저장된 1일 계측 데이터를 중앙서버로 전송하는 시간을 자체적으로 설정할 수 있어야 한다.

⑧ 클라이언트는 최소 1개월 이상의 데이터를 저장하고 있어야 하며, 중앙서버 및 통신선로 복구이후 중앙서버로 전송할 수 있어야 한다.

7) 클라이언트와 중앙서버의 통신표준

클라이언트와 중앙 서버간의 통신은 클라이언트 시스템의 구현 및 향후 모니터링시스템의 발전 가능성을 최대한 보장하기 위해 전송할 데이터를 XML로 표현하고 HTTP 프로토콜을 통해 전송하며, 이에 필요한 상세한 내용은 KS C 8576 부속서 A(PIRP : 플랫폼 독립형 리포팅 프로토콜)를 참조한다.

※ ① PIRP(Platform Independent Reporting Protocol) : "신재생에너지설비 모니터링시스템"의 모니터링서버와, 이 서버에 연결되는 각종 클라이언트 간의 데이터 전달에 사용되는 XML 기반의 개방형 프로토콜.

② XML(Extensible Markup Language)은 W3C에서 개발된, 다른 특수한 목적을 갖는 마크업 언어를 만드는데 사용하도록 권장하는 다목적 마크업 언어이다. XML은 SGML의 단순화된 부분집합으로, 다른 많은 종류의 데이터를 기술하는 데 사용할 수 있다. XML은 주로 다른 종류의 시스템, 특히 인터넷에 연결된 시스템끼리 데이터를 쉽게 주고받을 수 있게 하여 HTML의 한계를 극복할 목적으로 만들어졌다.

③ HTTP(HyperText Transfer Protocol, 하이퍼본문전송규약)는 WWW(World-Wide Web) 상에서 정보를 주고받을 수 있는 프로토콜이다. HTTP는 클라이언트와 서버 사이에 이루어지는 요청/응답(request/response) 프로토콜이다.

8) 전송장치

전송장치는 계측설비가 중앙서버로의 전송기능을 갖추지 못할 때, 계측설비와의 실시간 통신을 통하여 데이터를 수집·변환·저장하고, 중앙서버로 데이터를 전송할 수 있는 설비를 중앙서버 사이에 연결하여 송·수신을 담당한다.

① 전송장치의 분류

기본적으로 외장형 설비(RTU : Remote Terminal Umit)와 계측설비에 내장된 형태의 슬롯형(slot type)과 온보드형(on board type)으로 분류된다.

② 하위 통신기능

㉮ 계측설비와의 실시간 통신 기능

㉯ 계측 데이터의 수집 기능

㉰ 계측 데이터의 변환 기능

㉱ 계측 데이터의 저장 및 보관 기능

③ 상위 통신기능

㉮ 서버 접속 및 재접속 기능

㉯ 데이터 전송 · 재전송 기능

㉰ 서버 지시 처리 기능 : 시각 동기화, 통신해제, 오류처리

④ 동작 기능

㉮ 통신환경 설정기능(직렬 통신 및 LAN 통신)

㉯ 전원 상실 시의 시스템 유지 기능

- 시스템 백업 및 데이터 백업 기능

- 시간 유지 기능

㉰ CPU 감시 및 AUTO 부팅 기능(워치독 타이머 기능)

⑤ 직렬(serial) 통신

외장형 전송장치는 계측설비와 직렬 통신을 통하여 현장의 계측 데이터를 수집 · 변환 및 저장할 수 있어야 하며, 통신 인터페이스는 RS232, RS422, RS485 통신방식을 지원하여 다음의 사항을 만족해야 한다.

㉮ 통신 포트로는 1:1 통신이 가능해야 한다.

㉯ 통신 속도(4800 BPS, 9600 BPS, 19200 BPS, 38400 BPS)는 가변이 가능해야 한다.

㉰ Parity Bit는 NONE으로 한다.

㉱ Stop Bit는 1Bit로 한다.

㉲ 통신포트의 연결은 DSUB-9핀으로 한다.

㉳ 데이터 형태는 ASCII 타입으로 한다.

㉴ 통신방법으로는 반이중 방식으로 한다.

⑥ 하위(계측기) 통신 프로토콜(Protocol)의 데이터 정의

㉮ 헤더 : 프레임의 시작을 알리는 제어문자로써 STX(0x02) 또는 ENQ(0x05)로 시작하여야 한다.

㉯ 국번 : RTU에 연결되어 있는 계측기의 수에 따라 0~31의 국번까지 선택 가능하도록 하여야 한다.

㉰ 명령어 : 계측기에 지령을 내리는 명령어

- WINS : 전력량 순시값 Read 명령어

    – WACC : 전력량 적산값 Read 명령어

  ㉣ DATA : RTU와 계측기가 서로 주고받을 수 있는 데이터

    – 전력 순시치(2 Word, 단위 kW)

    – 전력 적산치(2 Word, 단위 kWh)

  ㉤ 테일 : 통신 한 프레임의 끝을 나타내는 문자

    – 데이터 요구 시 : ETX(0x03)

    – 데이터 응답 시 : EOT(0x04)

  ㉥ BCC : 통신 데이터의 오류를 측정할 수 있도록 하는 역할을 하여야 한다. 헤더부터 테일까지 XOR한 뒤 그 결과에 0x20을 OR한 값

⑦ 데이터 읽기 프레임(RTU ↔ 계측기)

  ㉮ 요구(RTU → 계측기)

STX(1)	국번(2)	명령어(4)	ETX(1)	BCC(1)

  ㉯ 응답(RTU ← 계측기)

ENQ(1)	국번(2)	DATA(n)	EOT(1)	BCC(1)

⑧ 데이터의 특징

  ㉮ 전력 순시치

    – 단위 : kW

    – 범위 : 0 ~ 0xFFFFFFFF(0 ~ 4294967295)

  ㉯ 전력 적산치

    – 단위 : kWh

    – 범위 : 0 ~ 0xFFFFFFFF(0 ~ 4294967295)

  ㉰ 1일 에너지 생산 시간

    – 단위 : 분

    – 데이터는 설치확인 신청 시, 단위 사업별 SUM 값을 기준으로 한다.

⑨ LAN 통신

RTU는 모니터링 서버로 접속 및 데이터 전송을 할 수 있어야 한다.

  ㉮ 권장 사양

    – CPU : 8Bit급 마이크로프로세서(권장 32Bit급)

    – 운영체제 : RTU 전용 OS

    – 메모리 : FLASH, SDRAM, EPROM 등

    – 저장 데이터 보관 : 최소 1개월 유지(SRAM 영역)

  ㉯ 직렬 통신 기능 : 기본 2채널 이상

    – DSUB-9, RS232, RS422, RS485(선택 가능)

    – 통신속도 : 4800 BPS, 9600 BPS, 19200 BPS, 38400 BPS(선택 가능)

  ㉰ LAN 통신 : TCP/IP 10/100 MBPS

㉣ 시스템 및 데이터 백업

㉤ RTC 기능 : RTC(실시간 시계) 칩 내용

㉥ 기타 : 워치독 기능 내장

㉦ 주위 환경

    – 사용 온도 : -20[℃] ~ 70[℃]

    – 보관 온도 : -30[℃] ~ 85[℃]

    – 사용 습도 : 5[%] R.H. ~ 95[%] R.H.

    – 보관 습도 : 5[%] R.H. ~ 95[%] R.H.

    – 주위 환경 : 부식성 가스, 먼지가 없을 것

9) 모니터링 서버 전송장치의 시험

① 측정기 : 아날로그 계기 또는 디지털 계기 중 어느 한쪽을 사용하거나 또는 두 가지 기기를 병용한다. 측정기의 정확도는 파형 기록 장치를 제외하고 0.5급 이상으로 한다. 파형 기록 장치는 1급 이상으로 한다. 필요할 경우, 다른 계측기(오실로스코프 등)를 적절히 병용한다.

② 데이터 송·수신 시험용 오프라인 시뮬레이터

계측설비용 시뮬레이터 MMI와 중앙 서버용 시뮬레이터 프로그램을 이용하여 RTU를 실제 계통에 적용하는 것처럼 구성하여 시험한다.

㉮ 계측설비용 시뮬레이터 : MMI를 설치한 컴퓨터

㉯ 모니터링 서버용 시뮬레이터 : 프로그램을 설치한 컴퓨터

㉰ 케이블(시리얼 및 LAN)

③ 시험항목

시험 항목			슬롯형	보드형	RTU
1. 데이터 송·수신 기능 및 동작 시험	a) 하위 통신 기능 시험	1) 계측설비와 실시간 통신 기능	○	○	○
		2) 계측 데이터 수집 기능	○	○	○
		3) 계측 데이터 변환 기능	○	○	○
		4) 계측 데이터 저장 및 보관 기능	○	○	○
	b) 상위 통신 기능 시험	1) 서버 접속 및 재접속 기능	○	○	○
		2) 데이터 전송·재전송 기능	○	○	○
		3) 서버 지시 처리 기능 (1) 시각 동기화	○	○	○
		(2) 통신 해제	○	○	○
		(3) 오류 처리	○	○	○
	c) 동작 기능 시험	1) 통신환경 설정기능(직렬 및 LAN통신)	○	○	○
		2) 전원 상실 시 시스템 유지기능			
		(1) 시스템 백업 및 데이터 백업 기능	○	○	○
		(2) 시간 유지 기능	○	○	○
		(3) CPU 감시 및 AUTO 부팅 기능 (워치독 타이머 기능)	○	○	○

시험 항목			슬롯형	보드형	RTU
2. 절연 및 환경 시험	a) 절연 성능 시험	1) 절연저항 시험	○	○	○
		2) 내전압 시험	○	○	○
	b) 환경 시험	1) 서지 시험 (1) 서지 시험	○	○	○
		1) 서지 시험 (2) 노이즈 시험	○	○	○
		2) 내진동 시험	×	×	○
		3) 내충격 시험	×	×	○
		4) 내열성 시험	○	○	○
		5) 내한성 시험	○	○	○
		6) 온도 사이클 시험	○	○	○
		7) 온·습도 사이클 시험	○	○	○

3.3 발전시스템 운영 관리 계획

(1) 전기설비 안전관리업무의 운영체계

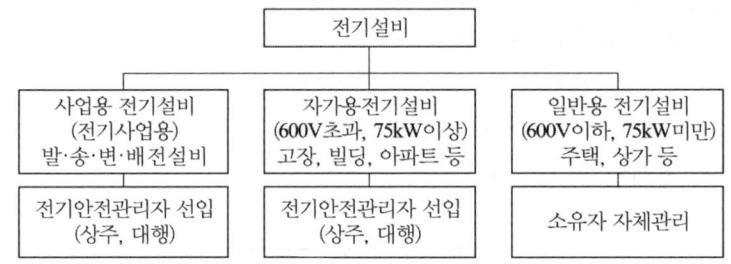

그림 1-11 전기설비의 분류에 따른 전기안전관리자

1) 안전관리 업무조직

전기설비의 공사·유지 및 운영에 관한 책임의 소재와 지휘명령계통 및 연락계통을 명확하게 정하기 위하여 안전관리활동을 수행하는 조직을 구성하여야 한다.

2) 소유자 및 종사자의 의무

① 전기설비의 안전관리에 관한 사항을 결정하거나 시행할 때에는 전기안전관리자의 자문, 의견을 참고하여야 한다.

② 법 및 관련법에 따라 전기설비의 검사 또는 점검을 받을 때에는 전기안전관리자를 입회시켜야 하며, 검사 또는 점검에 따른 조치사항을 충실히 이행하여야 한다.

③ 해당 전기설비의 공사·유지 및 운영업무에 종사하는 자는 전기안전관리자가 전기설비의 안전 확보를 위해 지시하는 사항을 따라야 한다.

3) 전기안전관리자의 의무

① 전기안전관리자는 전기설비의 공사·유지 및 운영업무 및 전기안전관리의 감독업무를 성실히 수행하여야 한다.

② 전기안전관리자는 해당 고객에 대한 연간 점검계획을 수립하여야 하며, 점검계획을 준수하여야 한다.

③ 전기안전관리법 제25조 및 동법 시행규칙 제37조에서 정하는 바에 따라 다음 표와 같이 안전관리교육을 받아야 한다.

표 1-16 전기안전관리자 교육과정, 대상 및 주기

교육과정	교육대상자	교육 주기(시기)	교육내용
전기안전관리 기술교육(Ⅰ)	전기안전관리자 선임기간이 5년 미만인 사람	3년마다 1회 이상	• 전기관계법령 및 전력산업정책 • 전력설비 안전관리 • 전력계통 및 시스템 운영 • 전기안전사고 방지 및 대책 • 에너지의 효율적인 이용 및 신기술·신공법의 활용
전기안전관리 기술교육(Ⅱ)	전기안전관리자 선임기간이 5년 미만인 사람		
특별교육	전기안전관리자로 처음 선임된 사람	선임된 날로부터 6개월 이내	

4) 직무 대행자의 지정

전기설비 소유자는 전기안전관리자가 일시적으로 그 직무를 수행할 수 없거나, 해임된 경우에는 다른 전기안전관리자를 선임하기 전까지 다음의 어느 하나에 해당하는 자격 또는 경력을 가진 사람을 직무대행자로 지정하여야 하며, 직무대행기간은 30일을 초과할 수 없다.

① 국가기술자격법에 따른 전기·토목·기계분야 기능사 이상의 자격소지자

② 초·중등교육법에 따른 고등학교 전기·토목·기계관련 학과 졸업이상의 학력소지자로서 해당분야에서 1년 이상의 실무경력이 있는 자

③ 해당 전기설비의 일상적인 운용을 위한 운전·조작 또는 이에 대한 업무의 감독이 가능한 자

5) 전기안전관리자의 직무

① 전기설비의 공사·유지 및 운영에 관한 업무 및 이에 종사하는 사람에 대한 안전교육

② 전기설비의 안전관리를 위한 확인, 점검 및 이에 대한 업무의 감독

③ 전기설비의 운전, 조작 또는 이에 대한 업무의 감독

④ 전기설비의 안전관리에 관한 기록 및 그 기록의 보존

⑤ 공사계획의 인가 신청 또는 신고에 필요한 서류의 검토

⑥ 전기설비 설치 및 변경공사의 감리업무

⑦ 전리설비의 일상점검·정기점검·정밀점검의 절차, 방법 및 기준에 대한 안전관리규정의 작성

⑧ 전기재해 발생을 예방하거나 그 피해를 줄이기 위하여 필요한 응급조치

(2) 태양광 발전 시스템의 운영방법

1) 시설용량 및 발전량

① 시설용량은 부하의 용도 및 적정 사용량을 합산한 월평균 사용량에 따라 결정된다.

② 발전량은 봄, 가을에 많이 발생되며, 여름과 겨울에는 기후여건에 따라 현저하게 감소된다. 상대적으로 박막형은 온도에 덜 민감하다.

2) 모듈 관리

① 모듈 표면은 특수 처리된 강화유리로 되어 있어 강한 충격이 있을 시 파손될 우려가 있으므로 충격이 발생되지 않도록 주의가 필요하다.

② 모듈 표면에 그늘이 지거나 황사나 먼지, 공해물질이 쌓이고 나뭇잎 등이 떨어진 경우 전체적인 발전효율이 저하되므로 고압 분사기를 이용하여 정기적으로 물을 뿌려주거나 부드러운 천으로 이물질을 제거해주면 발전효율을 높일 수 있다. 이때 모듈 표면에 흠이 생기지 않도록 주의해야 한다.

③ 모듈 표면의 온도가 높을수록 발전효율이 저하되므로 태양광에 의해 모듈온도가 상승할 경우에는 살수장치 등을 사용하여 정기적으로 물을 뿌려 온도를 조절해 주면 발전효율을 높일 수 있다.

④ 풍압이나 진동으로 인해 모듈과 형강의 체결부위가 느슨해지는 경우가 있으므로 정기적인 점검이 필요하다.

3) 파워컨디셔너 및 접속함 관리

① 태양광 발전설비의 고장요인은 대부분 인버터에서 발생하므로 정상 가동여부를 정기적인 점검으로 확인해야 한다.

② 접속함에는 역류방지 다이오드, 차단기, T/D, VT, CT, 단자대 등이 내장되어 있으므로 누수나 습기침투 여부에 대한 정기적 점검이 필요하다.

4) 강구조물 및 전선 관리

① 강구조물이나 구조물 접합자재는 아연용융도금이 되어 있어 녹이 슬지 않지만 장기간 노출될 경우에는 녹이 스는 경우도 있다. 녹이 슨 경우에는 녹을 제거한 다음 방청페인트 도료를 칠한 후 원색으로 도장을 해주면 장기간 안전하게 사용할 수 있다.

② 전선 피복부나 연결부에 문제가 없는지 정기적으로 점검하고 문제가 발생한 경우 반드시 보수해야 한다.

3.4 발전시스템 비정상 운영 시 대처 및 조치 등

(1) 인버터 응급 조치방법

1) 태양광 발전설비(시스템)가 작동되지 않는 경우

① 접속함 내부 DC 차단기 개방(Off)

② AC 차단기 개방(Off)

③ 인버터 정지 확인[제어 전원 S/W가 있는 경우 제어 전용 S/W 개방(Off)]

④ 인버터 점검

2) 점검 완료 후 복귀 순서 – 점검 완료 후에는 역으로 투입한다.

① 제어 전원 S/W가 있는 경우 제어 전용 S/W 투입(On)

② AC 차단기 투입(On)

③ 접속함 내부 DC 차단기 투입(On)

(2) 수 · 변전 설비 조작(고압 이상 개폐기 및 차단기)

① 고압 이상 개폐기 및 차단기의 조작은 책임자의 승인을 받고 담당자가 조작순서에 의해 조작한다.

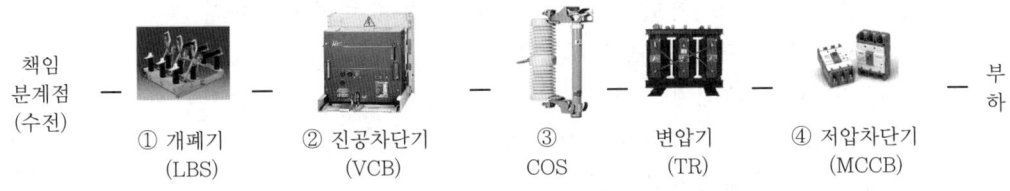

| 책임
분계점
(수전) | ① 개폐기
(LBS) | ② 진공차단기
(VCB) | ③
COS | 변압기
(TR) | ④ 저압차단기
(MCCB) | 부
하 |

㉮ **차단순서** : ④ → ② → ③ → ①

㉯ **투입순서** : ③ → ① → ② → ④

② 고압 이상 개폐기 조작은 반드시 무부하 상태에서 실시하고 개폐기 조작 후 잔류전하 방전상태를 검전기로 꼭 확인한다.

③ 고압 이상의 전기설비는 꼭 안전장구(고압고무장갑, 안전화 등)를 착용한 후 조작한다.

④ 비상용 발전기 가동 전 비상전원 공급구간을 반드시 재확인하여 역 송전으로 인한 감전 사고에 주의 한다.

⑤ 작업완료 후 전기설비의 이상 유무를 확인한 후 통전한다.

(3) 태양광 발전 시스템 운전 시 조작방법

① Main VCB반 전압 확인

② 접속함, 인버터 DC전압 확인

③ AC측 차단기 On, DC용 차단기 On

④ 5분 후 인버터 정상작동여부 확인

(4) 태양광 발전 시스템 정전 시 조작방법

① Main VCB반 전압확인 및 계전기를 확인하여 정전여부 확인, 부저 Off

② 태양광 인버터 상태 확인(정지)

③ 한전 전원 복구여부 확인

④ 인버터 DC전압 확인 후 운전시 조작 방법에 의해 재시동

(5) 전기사고 대응대책

1) 비상연락망의 게시

전기재해 발생에 대비하여 비상연락망을 구성하고 연락방법, 응급조치 방법 등을 전기안전관리자, 연락책임자, 종사자들이 보기 쉬운 장소에 게시하여야 한다.

2) 비상조치

① 전기재해가 발생한 경우에는 전기안전관리자의 지시에 따라 비상조치를 하여야 한다.

② 전기안전관리자는 전기재해 발생과 더불어 위험하다고 인정될 때에는 전기 공급정지 등의 필요한 조치를 하여야 한다.

3) 재해대책

① 전기설비의 안전을 확보하기 위한 재해대책을 수립하여야 한다.

㉮ 지휘명령 및 정보 전달경로를 확인한다.

㉯ 전기설비의 재해예방 강화대책을 수립한다.

㉰ 인원 및 기자재의 정비를 확인한다.

㉱ 재해의 복구대책을 수립한다.

② 전기안전관리자는 비상재해 발생 시 전기설비의 안전 확보를 위한 지휘 감독을 하여야 한다.

③ 전기안전관리자는 재해의 발생으로 위험하다고 인정될 때에는 즉시 전기 공급을 중지할 수 있다.

④ 정전 후 전기의 재공급에 대비하여 전기설비에 대한 점검을 실시한다.

(6) 전기사고 대처요령

1) 사고처리

① 전기설비 사고발생 시 사고유형을 확인하고, 이에 대한 적절한 응급조치를 실시한다.

② 전기안전관리자는 전기설비 사고에 관련된 모든 참고사항을 조사하고 가능한 한 사고 상태를 그대로 유지하여 조사가 완전하고 정확히 될 수 있도록 하여야 한다.

③ 필요시 한국전기안전공사(1588-7500) 또는 한전(국번 없이 123)에 연락하여 조언을 받는다.

2) 관련서류 및 안전장구 준비

① 전기설비 또는 특징에 대한 기본사항을 숙지하고 있거나, 관련 서류를 준비하여 이동하는 동안 숙지하여 최대한 빠른 시간 내에 복구할 수 있도록 하여야한다.

② 현장에서 활용할 수 있는 계측장비 및 공구와 안전장구를 준비한다.

3) 현장출동

사고현장에 도착하여 안전을 확보한다.

4) 안전구역 지정

① 정전 시에는 검전기를 이용하여 설비의 정전상태를 확인한다.

② 저압검전은 큐비클식 고압수전설비의 문손잡이를 개방하기 전에 저압검전기를 사용해서 전압의 유무를 확인한다.

③ 저압전로의 지락고장 등에 의해 큐비클 외관의 전위가 상승하여 감전위험이 있을 수 있으므로 반드시 외관의 검전을 수행한다.

④ 고압검전은 정전 시 내부설비의 활선여부를 판단하기 위하여 고압검전기를 이용하여 검전을 수행한다.

5) 사고별 대처요령

① 정전 사고

㉮ 한국전력공사에 전화(국번 없이 123)하여 정전지역을 확인한다.

㉯ 정전이 확인되면 곧바로 비상예비전원이 공급되는지 확인한다.

㉰ 구내 정전 안내방송 등 상황을 전파한다.

㉱ 전기설비의 이상 유무를 확인한다.

㉲ 한전의 정전상황 확인 및 설비 점검 등을 통한 전기공급 재개에 대비한다.

㉳ 기타 정전사고 조치는 매뉴얼에 따라 절차대로 진행한다.

② 감전 사고

㉮ 최우선적으로 전원스위치부터 차단해야 한다.

• 차단이 불가능한 경우 정전 등 감전부위로부터 감전사고자를 분리해야 한다.

㉯ 감전자 구출

• 감전사고시에는 응급조치가 필요하므로 우선 피해자(감전자)가 접촉된 충전부나 누전된 기기의 전원을 차단하고 위험지역에서 안전한 장소로 신속히 대피시켜야 한다. 그렇지 않으면 구출자도 감전재해를 당할 가능성이 커진다.

㉰ 감전자의 상태확인

• 피해자의 의식상태, 호흡상태, 맥박상태 확인을 신속·정확하게 관찰한다.

• 옥외 H-변대주와 같이 높은 곳에서 추락한 경우 출혈상태, 골절의 유무를 확인한다.

③ 전기설비 사고

㉮ 전기설비사고 유형을 확인하고 현장으로 출동을 한다.

• 관련 서류를 준비하고 이동하는 동안 숙지하여 최대한 빠른 시간 내에 복구할 수 있도록 한다.

• 현장에서 활용할 수 있는 계측장비 및 공구와 안전장구를 준비한다.

㉯ 목격자 진술 및 육안점검을 실시한다.

• 목격자로부터 사고내용에 대한 진술을 청취하고, 사고설비에 대해 육안점검을 실시한다.

• 책임분계점(차단기 등) 개방을 확인한다.

ⓒ 안전구역을 지정하고 검전기로 정전상태를 확인한다.
- 사고가 발생한 전기설비를 중심으로 안전구역을 지정하고 표지판을 설치한다. 이때 관계자외 일반인의 출입을 통제한다.
- 검전기를 이용하여 전기설비의 충전상태를 확인한다.
ⓓ 이후 각 전기설비별 점검을 실시한다.

3.5 SMP 및 REC 정산관리 등

(1) SMP 정산관리

1) 전력거래

① 전기사업자는 전력시장을 통해 전력을 거래해야 한다. 다만, 1,000[kW] 이하의 발전설비를 갖추고 생산된 전력을 판매할 경우, 전력시장에 참여하거나 한국전력공사와 전력수급계약(PPA)을 체결하여 거래할 수 있다.

② 전력거래 절차

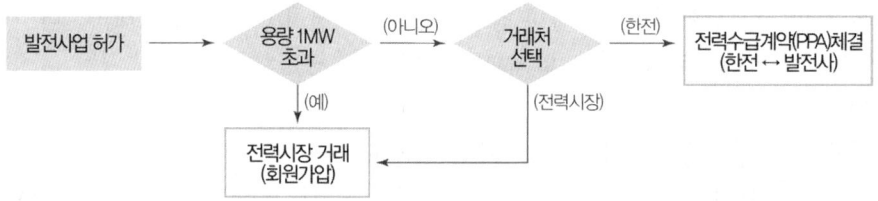

2) 계통한계가격(SMP) 결정절차

① 시장가격 결정을 위한 "발전계획 프로그램"은 공급입찰에 참여한 발전기의 비용 최소화 원칙에 따라 발전기 가동여부와 발전출력을 결정하고, 이 중 가장 높은 발전비용의 발전기를 한계가격 결정 발전기(Marginal Plant)로 처리하고, 이 한계가격(SMP : System Marginal Price)을 그 시간대의 시장가격으로 결정한다.

② 계통한계가격(SMP) 결정절차

3) SMP와 가중평균 SMP

① SMP(계통한계가격) : 전력량에 대해 전력거래 시간대별로 적용되는 전력시장가격

② 가중평균SMP : 시간대별 SMP를 시간대별 전력수요예측량으로 가중 평균한 전력시장가격

③ 월 가중평균SMP 사용

㉮ SMP는 전력거래가격으로 시간별로 산정되어 하루에 24개의 SMP값이 있음.

㉯ SMP 추이 또는 수준 정도를 파악하기 위해서는 매시간별 SMP보다는 일, 월, 연 평균 값을 사용하는 것이 편리함.

㉰ 단순평균SMP는 SMP의 대표 값으로 사용하기에 부적절하므로 전력수요에 대한 가중 평균값을 사용하고 있음.

㉱ 즉, 전력시장에서는 월가중평균SMP가 실제 정산 등에 사용되는 값은 아니며, SMP에 대한 참고 값일 뿐이다.

㉲ 기후에너지환경부고시 "소규모 신·재생에너지발전전력 등의 거래에 관한 지침"에 따라, 전기판매사업자가 전기공급자에게 지급할 요금산정 및 발전차액지원금 산정에 월가중 평균SMP 사용하게 된다.

㉳ 전력통계정보시스템(epsis.kpx.or.kr)에서 전력시장가격의 참고자료로 전력수요에 대 해 가중한 가중평균SMP 값을 제공하고 있다.

④ 가중평균SMP의 가중값 산정방법

㉮ 가중평균SMP의 가중값은 전력수요 값으로 각 시간의 SMP와 각 시간의 수요를 곱한 값을 더하고 총 전력수요로 나눈 값이다.

㉯ SMP1 = 01시의 SMP … SMP24 = 24시의 SMP, 수요1 = 01시의 전력수요 … 수요24 = 24시의 전력수요로 표기하고, 일 가중평균SMP를 식으로 나타내면 다음과 같다.

$$일\ 가중평균\ SMP = \frac{(SMP1 \times 수요1 + SMP2 \times 수요2 + \cdots + SMP24 \times 수요24)}{(수요1 + 수요2 + \cdots + 수요24)}$$

㉰ 월 가중평균SMP는 시간수를 월간시간수로, 연 가중평균SMP는 연간시간(8760)으로 하여 계산한다.

㉱ 육지와 제주도의 SMP가 다르므로 육지의 가중평균SMP와 제주의 가중평균SMP를 계 산한다.

4) 전력거래소의 SMP 정산

① 신·재생에너지 발전사업자가 전력거래를 할 때 갖춰야 할 요건 및 준비사항

㉮ 발전설비용량 1,000[kW] 이하는 전력시장을 통하지 않고, 전기판매업자(한전)와 전 력거래를 하거나 전력거래소의 회원으로 가입하여 전력시장에서 전력거래를 할 수 있 음.

㉯ 전력시장에서 전력거래를 하고자 할 경우, 거래개시 6개월 전까지 전력거래소 회원가 입 신청을 해야 함.

② 회원가입 시 제출서류

회원가입신청서, 사업자등록증 사본, 서약서, 전력거래기초자료, 전기사업허가증 사본

③ 전력시장에서 전력거래를 하고자 하는 경우 준비사항

계량설비 설치, 전력거래용 정보공개 인증서 발급 신청 협의

④ 한국전력거래소는 시간대별 SMP 단가를 적용하며, 1개월 단위로 정산함.

⑤ SMP 정산금액 = 시간대별 SMP단가 × 발전량[kWh]

　여기서, 발전량[kWh] = 당월지침－전월지침－차감지침

⑥ 전력거래를 전력거래소와 거래하고자 하는 경우, 전 전기사업의 절차는 다음 표와 같다.

표 1-17 전력거래소와 거래하고자 하는 경우 전기사업 절차

업무 구분	사업자	비 고
발전사업허가		발전소 소재지 지자체 (3MW 초과는 기후에너지환경부)
사업자등록 신청		관할 세무서
이파워마켓 계정 신청 (프로그램 설치)		전력IT 서비스센터 (T. 1661-6590)
개발행위허가		발전소 소재지 지자체
공사계획신고/인가		발전소 소재지 지자체 (10MW 초과는 기후에너지환경부)
발전소 시공		시공사
전력거래소 회원 가입 신청 전력거래자 등록 신청	서류제출 및 신청등록 진행	이파워마켓 메뉴 「전력거래자등록/변경」－「거래자 및 최초발전기 등록」의 서류제출, 신청등록
	회원가입 신청서류, 전력거래자·발전기 등록 신청서류 우편 발송	계량등록팀(KPX)
송배전선로 이용 계약	송·배전용 전기설비이용계약 신청	한국전력공사 해당 지사
계량설비(무선모뎀) 구매	계량기 업체를 통해 구매	남전사, 서창전기통신, 파워텍 등
– 회원가입 승인 – 전력거래자 등록		계량등록팀(KPX)
신규설비(발전기, ESS) 등록	사업자가 신규설비 등록	이파워마켓 메뉴 「전력거래자등록/변경」－「거래자 및 최초발전기 등록」의 신규설비등록
신규설비 코드부여		계량등록팀(KPX)
전력량 계량설비 봉인신청		이파워마켓 메뉴 「전력거래자등록/변경」－「계량기봉인」
최초계통연결 승인 요청	공문 작성 및 스캔본 업로드	이파워마켓 메뉴 「전력거래자등록/변경」－「최초계통연결」서류 제출, 신청등록
계량설비 봉인일 협의	사용전검사일 익일로 봉인일정 협의	계량등록팀(KPX)
사용전검사		전기안전공사
전력량 계량설비 봉인	송·배전용 전기설비이용계약서 제출	계량등록팀
봉인완료 통지	• 사용전검사 필증 • 봉인완료 통지서 • 송배전용 전기설비이용계약서 첨부	이파워마켓 메뉴 「전력거래자등록/변경」－「최초계통연결」의 봉인통지

업무 구분	사업자	비 고
최초 계통연결 승인 (전력거래 시작)		계량등록팀
최초계통연결 승인 공문 수령	승인공문을 내려 받아 신재생설비 설치 확인 및 사업개시 신고시 제출	이파워마켓 메뉴 「전력거래자등록/변경」 - 「보조서비스」 - 「문서보관함」
신재생에너지 설비 설치 확인		한국에너지공단
사업개시신고		3MW 초과 : 기후에너지환경부 3MW 이하 : 발전소 소재지 지자체
공급인증서(REC) 발급		한국에너지공단
공급인증서 회원가입	회원가입 신청	신재생시장팀(KPX)
공급인증서(REC) 등록		신재생 원스톱 통합포털 (www.onerec.kmos.kr)

5) 한국전력공사의 SMP 정산

① 한국전력공사는 가중평균SMP 단가를 적용하며, 1개월 단위로 정산함.

② SMP 정산금액 = 월 가중평균 SMP단가 × 발전량[kWh]

여기서, 발전량[kWh] = 당월지침−전월지침−차감지침

③ 한국전력공사에서는 매월 문자메시지와 e−mail로 "신재생에너지 요금안내"를 해주며, 구입전력금액(공급가액+부가세)을 확인한다.

④ 국세청 이세로(www.esero.go.kr) 를 통해 세금계산서 청구로 발급받아 한국전력공사에 구입전력금액을 청구한다.

1 태양광발전 준공 후 점검

1.1 태양광발전 모듈·어레이 측정 및 점검

(1) 태양광발전 어레이의 출력확인

태양광 발전 시스템은 소정의 출력을 얻기 위해 다수의 태양전지 모듈을 직·병렬로 접속하여 태양전지 어레이를 구성한다. 따라서 설치장소에서 접속작업을 하는 개소가 있고 이런 접속이 틀리지 않았는지 정확히 확인할 필요가 있다. 또한 정기점검의 경우에도 태양전지 어레이의 출력을 확인하여 불량한 태양전지 모듈이나 배선 결함 등을 사전에 발견해야 한다.

1) 개방전압의 측정

① 일사량, 온도 변화에 따른 개방전압 특성곡선 : 태양광 발전 시스템의 단결정 모듈의 일사량, 온도 변화에 따른 개방전압 특성은 다음 그래프와 같다.

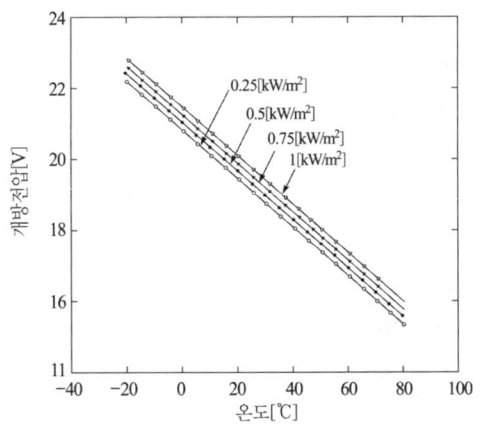

그림 2-1 일사량, 온도 변화에 따른 개방전압 특성곡선

상기 특성곡선에서 알 수 있는 바와 같이 일사량에 차이에 의한 모듈의 출력전압의 변화는 거의 없으나, 모듈 표면의 온도에 따라 개방전압이 달라지므로 측정 시 이를 고려하여야 한다.

② 측정 목적

㉮ 태양전지 어레이의 각 스트링의 개방전압을 측정하여 개방전압의 불균일에 따라 동작

불량의 스트링이나 태양전지 모듈의 검출 및 직렬 접속선의 결선누락 등을 검출한다.

㉯ 예를 들면 태양전지 어레이 하나의 스트링 내에 극성을 다르게 접속한 태양전지 모듈이 있으면 스트링 전체의 출력전압은 올바르게 접속한 경우의 개방전압보다 상당히 낮은 전압이 측정된다.

㉰ 따라서 제대로 접속된 경우의 개방전압은 카탈로그나 설명서에서 대조한 후 측정값과 비교하면 극성이 다른 태양전지 모듈이 있는지를 쉽게 확인할 수 있다.

㉱ 일사조건이 나쁜 경우 카탈로그 등에서 계산한 개방전압과 다소 차이가 있는 경우에도 다른 스트링의 측정결과와 비교하면 오접속의 태양전지 모듈의 유무를 판단할 수 있다.

③ 측정 방법

㉮ 시험기자재 : 직류전압계(테스터)

㉯ 회로도 : 개방전압 측정회로

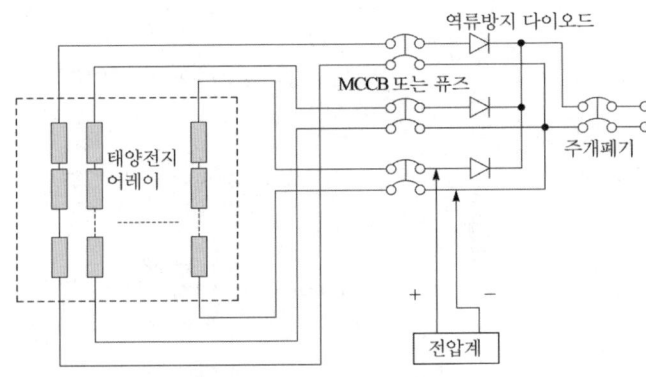

그림 2-2 개방전압 측정회로 예

㉰ 측정순서

㉠ 접속함의 출력 개폐기를 개방(Off)한다.

㉡ 접속함의 각 스트링 단로스위치(MCCB 또는 퓨즈)가 있는 경우의 MCCB 또는 퓨즈를 개방(Off)한다.

㉢ 각 모듈이 그늘 져 있지 않은지 확인한다.

㉣ 측정하는 스트링의 MCCB 또는 퓨즈를 투입(On)한다.

㉤ 직류전압계로 각 스트링의 P-N 단자 간의 전압을 측정한다. 테스터 이용 시 실수로 전류 측정 레인지에 놓고 측정하면 단락전류가 흐를 위험이 있으므로 주의해야 한다. 또한, 디지털 테스터를 이용할 경우에는 극성을 확인해야 한다.

㉱ 평가

㉠ 각 스트링의 개방전압 값이 측정 시의 조건 하에서 타당한 값인지 확인한다.

㉡ 각 스트링의 전압 차가 모듈 1매분 개방전압의 1/2보다 적은 것을 목표로 한다.

④ 측정 시 유의사항

㉮ 태양전지 어레이의 표면을 청소할 필요가 있다.

㉯ 각 스트링의 측정은 안정된 일사강도가 얻어질 때 실시한다.

㉰ 측정시각은 일사강도, 온도의 변동을 극히 적게 하기위해 맑을 때, 남쪽에 있을 때의 전후 1시간에 실시하는 것이 바람직하다.

㉱ 태양전지 셀은 비오는 날에도 미소한 전압을 발생하고 있으므로 매우 주의해서 측정해야 한다.

2) 단락전류의 확인

① 일사량, 온도 변화에 따른 단락전류 특성곡선

태양광 발전시스템의 단결정 모듈의 일사량, 온도 변화에 따른 단락전류 특성은 다음 그래프와 같다.

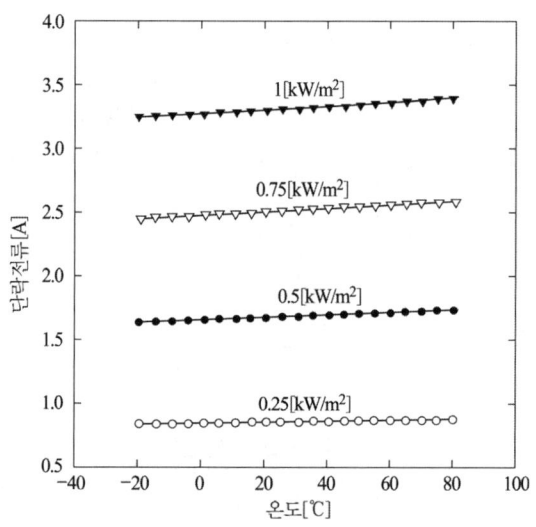

그림 2-3 일사량, 온도 변화에 따른 단락전류 특성곡선

상기 특성곡선에서 알 수 있는 바와 같이 모듈 표면의 온도변화에 따른 단락전류의 변화는 거의 없으나, 일사량에 차이에 의한 모듈의 단락전류 변화는 상당히 크므로 측정 시 이를 고려하여야 한다.

② 태양전지 어레이의 단락전류를 측정함으로써 태양전지 모듈의 이상 유무를 검출할 수 있다.

③ 태양전지 모듈의 단락전류는 일사강도에 따라 크게 변하므로 설치장소의 단락 전류 측정 값으로 판단하기는 어려우나 동일 회로조건의 스트링이 있는 경우는 스트링 상호의 비교에 의해 어느 정도 판단이 가능하다.

④ 이 경우에도 안정한 일사강도가 얻어질 때 실시하는 것이 바람직하다.

(2) 태양전지 어레이 절연저항의 측정

PV 어레이에 대한 절연저항 측정(시험)방법은 다음과 같이 2가지 방법이 있다.

① 시험방법 1 : 어레이 음극과 접지사이의 시험 후, 어레이 양극과 접지사이를 시험.

② 시험방법 2 : 어레이 양극과 음극을 단락시키고, 이 부분과 접지사이를 시험.

1) 태양전지 어레이 음극과 접지 사이의 시험 후, 양극과 접지사이를 측정(측정방법 1)

　① 시험기자재 : 절연저항계, 온도계, 습도계

　② 회로도 : 절연저항 측정회로

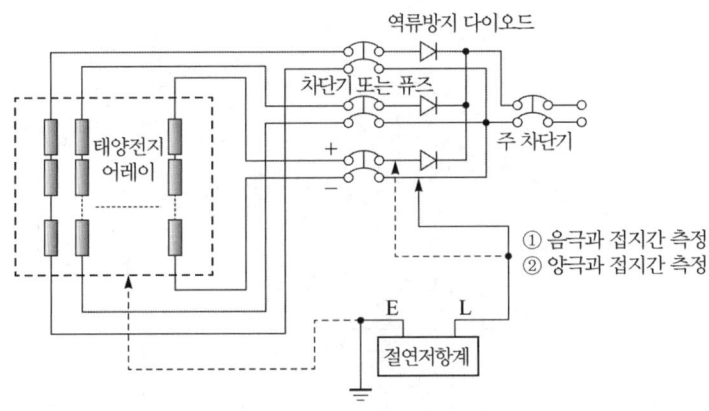

그림 2-4 어레이 절연저항 측정회로(1)

　③ 측정방법 : 이 순서를 반드시 지킬 것. (20.12 KESCO KEC 검사판정기준)

　　㉮ 주 차단기 개방(Off), SA 또는 SPD가 있는 경우 접지단자 분리.

　　㉯ 전체 스트링의 차단기 또는 퓨즈 개방.

　　㉰ 측정회로 스트링의 차단기 또는 퓨즈 투입(On).

　　㉱ 절연저항계의 E측을 접지단자에, L측을 음(−)극에 접속하여 절연저항 측정.

　　㉲ 절연저항계의 E측을 접지단자에, L측을 양(+)극에 접속하여 절연저항 측정.

　　㉳ 음극과 접지간, 양극과 접지간 절연저항 측정값 중 낮은 값을 기록

　　㉴ 측정결과의 판정은 다음 표 2-1에 주어진 최소 절연저항 값보다 큰 절연저항을 갖고 있으면 만족한다.

표 2-1 최소 절연 저항값(KS C IEC 62446)

시험방법	시스템 전압($V_{ocstc} \times 1.25$)[V]	시험전압[V]	최소 절연저항[MΩ]
시험방법 1 어레이 양극과 어레이 음극 분리 시험	< 120	250	0.5
	120 ~ 500	500	1
	> 500	1000	1

시험방법	시스템 전압($V_{ocstc} \times 1.25$)[V]	시험전압[V]	최소 절연저항[MΩ]
시험방법 2 어레이 양극과 음극을 단락시켜 시험	< 120	250	0.5
	120 ~ 500	500	1
	> 500	1000	1

2) 태양전지 어레이 양극과 음극을 단락시키고 이 부분과 접지사이를 측정(측정방법 2)

① 시험기자재 : 절연저항계, 온도계, 습도계, 단락용 차단기

② 회로도 : 절연저항 측정회로

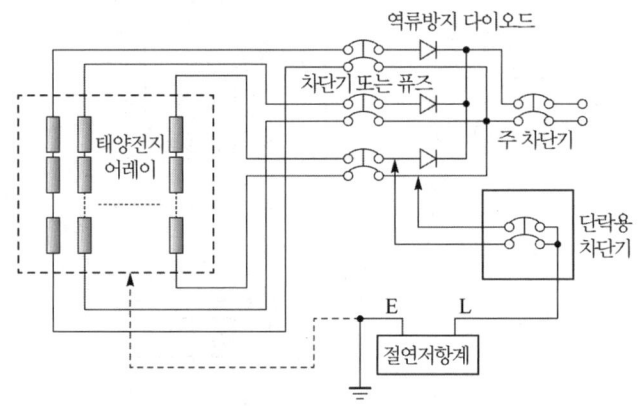

그림 2-5 어레이 절연저항 측정회로(2)

③ 측정방법 : 이 순서를 반드시 지킬 것. (20.12 KESCO KEC 검사판정기준)

㉮ 주 차단기 개방(Off), SA 또는 SPD가 있는 경우 접지단자 분리.

㉯ 단락용 차단기 개방.

㉰ 전체 스트링의 차단기 또는 퓨즈 개방.

㉱ 단락용 차단기의 1차 측(+) 및 (−)의 클립을 차단기 또는 퓨즈와 역전류 방지다이오드 사이에 각각 접속.

㉲ 측정회로 스트링의 차단기 또는 퓨즈 투입(On).

㉳ 단락용 차단기 투입.

㉴ 절연저항계의 E측을 접지단자에, L측을 단락용 개폐기의 2차측에 접속하고 절연저항 측정

㉵ 측정 후에 반드시 단락용 차단기를 개방.

㉶ 마지막에 스트링으로 스트링의 클립 제거, SA 또는 SPD 접지단자 복원.

㉷ 측정결과의 판정은 상기 표 2-1에 주어진 최소 절연저항 값보다 큰 절연저항을 갖고 있으면 만족한다.

④ 측정 시 유의사항

㉮ 일사가 있을 때 측정하는 것은 큰 단락전류가 흘러 매우 위험하므로 단락용 개폐기를 이용할 수 없는 경우에는 절대 측정하지 말아야 한다.

㉯ 태양전지의 직렬수가 많아 전압이 높은 경우에는 예측할 수 없는 위험이 발생 할 수 있으므로 측정하지 말아야 한다.

㉰ 측정 시에는 태양전지 모듈에 커버를 씌워 태양전지 셀의 출력을 저하시키면 보다 안전하게 측정할 수 있다.

㉱ 단락용 개폐기 및 전선은 고무절연판 등으로 대지절연을 유지함으로써 보다 정확한 측정값을 얻을 수 있다. 따라서 측정자의 안전을 보장하기 위해 전기용(절연)고무장갑을 착용하여야 한다.

2) 인버터 회로(절연변압기 부착)

① 시험기자재

㉮ 인버터 정격전압 300[V] 이하 : 500[V] 절연저항계(메거)

㉯ 인버터 정격전압 300[V] 초과 600[V] 이하 : 1,000[V] 절연저항계(메거)

② 회로도 : 인버터의 절연저항 측정회로

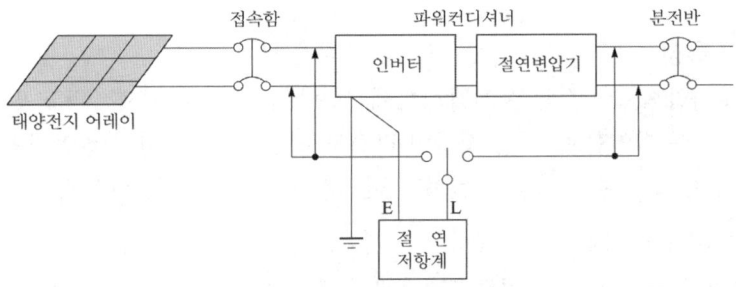

그림 2-6 인버터의 절연저항 측정회로

③ 측정방법 및 측정순서

측정개소	측정방법 및 측정순서
입력회로	**측정방법** • 태양전지 회로를 접속함에서 분리하여 인버터의 입출력단자를 각각 단락하면서 입력단자와 대지 간의 절연저항을 측정한다. • 접속함까지의 전로를 포함하여 절연저항을 측정하는 것으로 한다. **측정순서** ① 태양전지 회로를 접속함에서 분리한다. ② 분전반 내의 분기차단기를 개방한다. ③ 직류측의 모든 입력단자 및 교류측의 전체 출력단자를 각각 단락한다. ④ 직류단자와 대지 간의 절연저항을 측정한다. ⑤ 측정결과의 판정은 전기설비기술기준에 따라 판정한다.

측정개소	측정방법 및 측정순서
출력회로	**측정방법** • 인버터의 입·출력단자를 단락하여 출력단자와 대지 간의 절연저항을 측정한다. • 교류측 회로를 분전반 위치에서 분리하여 측정하기 위해 분전반까지의 전로를 포함하여 절연저항을 측정하게 된다. • 절연변압기가 별도로 설치된 경우에는 이를 포함하여 측정한다.
	측정순서 ① 태양전지 회로를 접속함에서 분리한다. ② 분전반 내의 분기차단기를 개방한다. ③ 직류측의 모든 입력단자 및 교류측의 전체 출력단자를 각각 단락한다. ④ 교류단자와 대지 간의 절연저항을 측정한다. ⑤ 측정결과의 판정은 전기설비기술기준에 따라 판정한다.

④ 측정 시 유의사항

㉮ 정격전압이 입·출력과 다를 때는 높은 측의 전압을 절연저항계의 선택기준으로 한다.

㉯ 입·출력단자에 주회로 이외의 제어단자 등이 있는 경우는 이것을 포함해서 측정한다.

㉰ 측정할 때는 SPD 등의 정격에 약한 회로들은 회로에서 분리시킨다.

㉱ 절연변압기를 장착하지 않은 인버터의 경우에는 제조업자가 권장하는 방법에 따라 측정한다.

(3) 절연내력의 측정

일반적으로 저압회로의 절연은 제작회사에서 충분히 검토하여 제작되고 있다. 또한 절연저항의 측정을 실시하여 확인할 수 있는 것들이 많으므로 설치장소에서의 절연내력 시험은 생략되는 것이 일반적이다. 절연내력 시험을 실시할 필요가 있는 경우에는 다음과 같은 방법에 의한다.

1) 태양전지 어레이 회로

① 절연저항 측정과 같은 회로조건으로서 표준 태양전지 어레이 개방전압을 최대 사용전압으로 간주하여 최대 사용전압의 1.5배의 직류전압이나 1배의 교류전압(500[V] 미만일 때는 500[V])을 10분간 인가하여 절연파괴 등의 이상이 발생되지 않음을 확인한다.

② 태양전지 스트링의 출력회로에 삽입되어 있는 피뢰소자는 절연내력 측정 시 분리하여야 한다.

2) 인버터 회로

① 절연저항 측정과 같은 회로조건으로서 시험전압은 태양전지 어레이 회로의 절연내력 시험과 같이 시험전압을 10분간 인가하여 절연파괴 등의 이상이 생기지 않는 것을 확인한다.

② 인버터 내에는 SPD 등의 접지된 부품이 있으므로 제조사에서 지시하는 방법으로 실시한다.

(4) 접지저항의 측정순서

① 계측기를 수평으로 놓는다.

② 보조 접지극을 습기가 있는 곳에 직선으로 10[m] 이상 간격을 두고 박는다.

③ E 단자의 리드선을 접지극(접지선)에 접속한다.

④ P, C 단자를 보조 접지극에 접속한다.

⑤ Push Button을 누르면서 다이얼을 돌려 검류계의 눈금이 중앙(0)을 지시할 때 다이얼의 값을 읽는다.

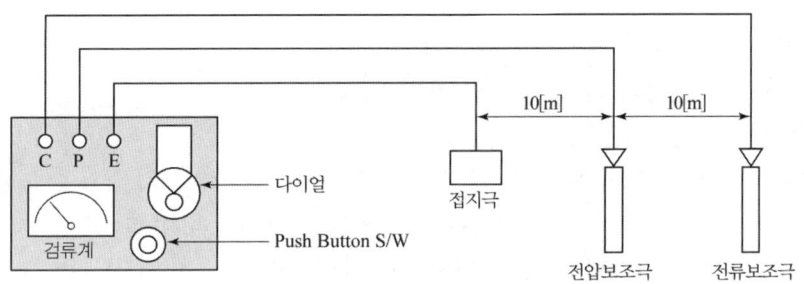

그림 2-7 접지저항 측정방법

(5) 어레이 점검

1) 준공 시 어레이 점검항목

구 분		점검항목	점검요령
태양전지 어레이	육안 점검	표면의 오염 및 파손	**오염 및 파손이 없을 것**
		프레임 파손 및 변형	**파손 및 뚜렷한 변형이 없을 것**
		가대의 부식 및 녹	**가대의 부식 및 녹이 없을 것** (녹의 진행이 없는 도금강판의 끝단부는 제외)
		가대의 고정	볼트 및 너트의 풀림이 없을 것
		가대의 접지	배선공사 및 접지의 접속이 확실할 것
		코킹	**코킹의 파손 및 불량이 없을 것**
		지붕재 파손	지붕재의 파손, 어긋남, 균열이 없을 것
	측정	접지저항	한국전기설비규정의 접지시스템(140)에 따른다.
		가대고정	볼트가 규정된 토크 수치로 조여져 있을 것

1.2 토목시설물 점검

(1) 기초 지반 및 절토부, 굴착사면

1) 기초지반

① 맨홀, 공동구, 지하구조물 등 깊은 터파기 구간 경사면 지반 연약화로 붕괴 여부

② 주변 구조물 균열 발생과 변형(배부름 등)발생 여부

③ 세굴, 활동 발생 유무

④ 침하 발생 유무

2) 절토부

    ① 인장균열 발생 여부

    ② 침하 발생 여부

    ③ 급격한 지하수 용출 여부

    ④ 지속적인 낙석 발생 여부

3) 굴착 사면

    ① 붕괴 또는 낙하위험이 있는 부석 및 나무 제거 여부

    ② 굴착 단부의 출입금지 조치 여부

    ③ 산마루 측구 설치 여부

    ④ 굴착면 적정 구배준수 및 표면수 유입방지용 배수로설치 여부

    ⑤ 굴착 단부의 건설장비, 중량물 자재 등의 적치 여부

    ⑥ 높이 5[m]마다 최소 2[m] 이상의 소단 설치 여부

(2) 옹벽, 석축 등

1) 콘크리트 옹벽

    ① 옹벽 파손 및 손상, 균열 발생 여부

    ② 누수, 층 분리 및 박락, 백태 발생 여부

    ③ 철근 노출 발생 여부

    ④ 배수공 막힘 여부

2) 보강토 옹벽 및 석축

    ① 파손 및 손상 , 균열 발생 여부

    ② 블록(판넬) 유실 여부

    ③ 블록(판넬) 이격 발생 여부

    ④ 견칫돌 발생의 여부

    ⑤ 견칫돌 유실 여부

    ⑥ 견칫돌 이격 발생 유무

3) 게비온 옹벽

    ① 채움재 유실 여부

    ② 와이어 메시(wire mesh)의 파손 여부

4) 주변시설

    ① 주변시설(배수로, 측구)의 존재 여부

    ② 주변 배수시설의 관리 상태

    ③ 도로융기 발생 여부(도로시설)

    ④ 침하의 발생 여부(상부지반)

    ⑤ 주변 시설 변형 여부

⑥ 시설물 파손 여부

⑦ 배수시설의 배수기능 유지 여부

1.3 접속함, 인버터, 주변기기·장치 점검

(1) 준공 시 접속함 점검항목

구 분		점검항목	점검요령
접속함	육안 점검	외함의 부식 및 파손	부식 및 파손이 없을 것
		방수처리	전선인입구가 실리콘 등으로 방수처리 될 것
		배선의 극성	태양전지에서 배선의 극성이 바뀌지 않을 것
		단자대 나사 풀림	확실히 취부되고 나사의 풀림이 없을 것
	측정	절연저항 (태양전지−접지간)	DC 500[V] 메거로 측정시 1[MΩ] 이상
		절연저항 (각 출력단자−접지간)	DC 500[V] 메거로 측정시 1[MΩ] 이상
		개방전압 및 극성	규정된 전압범위이내이고 극성이 올바를 것 (각 회로마다 모두 측정)

(2) 준공 시 인버터 점검항목

구분		점검항목	점검요령
인버터	육안 점검	외함의 부식 및 파손	부식 및 파손이 없을 것
		취부	• 견고하게 고정되어 있을 것 • 유지보수에 충분한 공간이 확보되어 있을 것 • 옥내용 : 과도한 습기, 기름 습기, 연기, 부식성 가스, 가연가스, 먼지, 염분, 화기 등이 존재하지 않은 장소일 것 • 옥외용 : 눈이 쌓이거나 침수의 우려가 없을 것 • 화기, 가연가스 및 인화물이 없을 것
		배선의 극성	• P는 태양전지(+), N은 태양전지(−) • V, O, W는 계통측 배선(단상 3선식 220[V]) [V−O, O−W간 220[V](O는 중성선)] • 자립 운전용 배선은 전용 콘센트 또는 단자에 의해 전용배선으로 하고 용량은 15[A] 이상일 것
		단자대 나사의 풀림	확실히 취부되고 나사의 풀림이 없을 것
		접지단자와의 접속	접지와 바르게 접속되어 있을 것 (접지봉 및 인버터 '접지단자'와 접속)
	측정	절연저항(인터버 입출력단자−접지간)	DC 500[V] 메거로 측정시 1[MΩ] 이상
		접지저항	한국전기설비규정의 접지시스템(140)에 따른다.

(3) 준공 시 주변기기 점검항목

구분		점검항목	점검요령
기타	육안 점검	태양광발전용 개폐기	'태양광발전용'이라 표시되어 있을 것
		주간선 개폐기	역접속 가능형으로 나사의 풀림이 없을 것
		전력량계	발전사업자의 경우 전력회사에서 지급한 전력량계 사용
운전 정지	조작 및 육안 점검	보호계전기능의 설정	전력회사 정정치를 확인할 것
		운전	운전스위치 '운전'에서 운전할 것
		정지	운전스위치 '정지'에서 정지할 것
		투입저지 시한타이머 동작시험	인버터가 정지하여 5분 후 자동 기동할 것
		자립운전	자립운전으로 전환할 때, 자립운전용 콘센트에서 사양서의 규정전압이 출력될 것
		표시부의 동작확인	표시가 정상으로 표시되어 있을 것
		이상음 등	운전 중 이상음, 이상진동, 악취 등의 발생이 없을 것
	측정	발생전압 (태양전지 모듈)	태양전지의 동작전압이 정상일 것 (동작전압 판정 일람표에서 확인)
발전 전력	육안 점검	인버터의 출력표시	인버터 운전 중 전력표시부에 사양대로 표시될 것
		전력량계(한전 배전 시)	회전을 확인할 것
		전력량계(수전 시)	정지를 확인할 것

1.4 운전, 정지, 조작, 시험 준공도면 검토

(1) 태양광발전소 운전, 정지, 조작 시 주의사항

1) 기동 및 정지는 2인 1조로 수행함을 원칙으로 한다.

2) 전기실이 정전되면 실내가 어둡기 때문에 휴대용랜턴을 준비해야 한다.

3) 전기실 기동 및 정전조작은 가능한 야간시간대를 피해서 조작한다.

4) 정전이 장기간 유지되어 소내 직류전원공급설비의 전류용량이 감소될 경우, 차단기(VCB, ACB 등)의 투입 또는 개방을 수동으로 조작해야 한다.

5) 기동 및 정전조작은 아래를 참조하여 절차에 기술된 순서대로 해야 한다.

① 모든 기기의 기동(투입)은 수전단에서 부하측으로 조작(On)해야 된다.

LBS	VCB	ACB	MCCB	인버터
①	②	③	④	⑤

② 모든 기기의 정지(개방)는 부하측에서 수전단으로 조작(Off)해야 한다.

인버터	MCCB	ACB	VCB	LBS
①	②	③	④	⑤

6) 기동 전/후, 정지 전/후에는 발주처(전기사업주)보고 및 관련사(인버터제작사, 보안업체)에

통보해야 한다.

7) 발전소가 장기간 정지된 이후 기동할 경우 한전 배전선로를 관할하는 한전지사의 담당자에게 선로의 이상유무를 확인 후 기동해야 한다.

8) 한전 배전선로 이상(정전)으로 발전소가 정지될 경우 보호신호가 발생된 원인을 관할 한전지사의 담당자에게 확인 후 기동해야 한다.

9) 한전 배전선로 이상(정전)으로 발전소가 정지될 경우 원인을 파악하고 문제를 해결한 이후 발주처(발전소 사업주)의 승인 후 재기동해야 한다.

(2) 태양광 발전소의 기동

1) 초기조건 확인

① 배전선로의 22.9[kV]가 LBS 전단까지 가압되어 있고, 각 상에 설치된 통전 표시기의 운전상태 표시창에 "통전중" 표시가 깜박이고 있어야 한다.

② 인버터는 운전가능상태이이고 PV측 차단기(직류측 차단기), 저압선로차단기(교류측 차단기)는 개방되어 있다.

③ 현장 접속함의 MCCB가 투입되어 태양광모듈에서 발생되는 전력이 인버터 차단기(직류측 차단기)전단까지 가압되어 있어야 한다.

④ 전기실 운전상태를 감시하는 모니터링설비가 운전가능상태이어야 한다.

⑤ 소내 직류전원공급설비는 축전지에 의해 직류제어전원을 공급중이다.

⑥ 수배전반 운전상태 표시창에는 경보발생이 없어야 한다.

⑦ 저압전로 ACB는 투입가능상태이어야 하고 녹색등이 점등되어 있어야 한다.

⑧ 특고압전로 VCB는 차단가능상태이어야 하고 녹색등이 점등되어 있어야 한다.

⑨ 특고압전로 LBS는 투입가능상태이어야 하고 녹색등이 점등되어 있어야 한다.

⑩ 저압 선로보호용 디지털복합계전기 운전상태 표시창에 이상메시지가 없어야 하고 정상동작중이어야 한다.

⑪ 특고압 선로보호용 디지털복합계전기 운전상태 표시창에 이상메시지가 없어야 하고 정상상태이어야 한다.

⑫ 송전용 전력량계, 수전용 전력량계가 정상상태이어야 한다.

⑬ 저압배전반에 있는 모든 MCCB는 차단상태이어야 한다.

⑭ 전력용변압기와 디지털 온도감시기는 정상상태이어야 한다.

2) LBS 투입(On)

① 수배전반 도어를 개방 후 LBS 전단에 설치된 통전표시기의 운전상태 표시창에 "통전중"이 깜박이는지 확인한다.

② LBS 캠 스위치(CS)핸들을 앞으로 잡아 당겨 우측으로 돌리면 LBS가 약 30초 후 투입(On)되고, 적색등이 점등되는지 확인한다.

③ LBS의 투입(On)상태가 기계적으로 잘 결합되었는지 확인하고 수배전반 도어를 닫는다.

④ 운전상태 표시창에 이상경보가 없는지 확인한다.

3) VCB 투입(On)

① 디지털복합계전기 운전상태 표시창에 선간전압 22.9[kV]가 지시되는지 확인한다.

② VCB 캠 스위치(CS)핸들을 앞으로 잡아 당겨 우측으로 돌리면 VCB가 즉시 투입(On)되고, 적색등이 점등되는지 확인한다.

③ 운전상태 표시창에 이상경보가 없는지 확인한다.

④ 디지털복합계전기 전면에 비정상 LED가 없는지 확인한다.

4) ACB 투입(On)

① 디지털복합계전기 운전상태 표시창에 선간전압 380[V]가 지시되는지 확인한다.

② ACB 캠 스위치(CS)핸들을 앞으로 잡아 당겨 우측으로 돌리면 ACB가 즉시 투입(On)되고, 적색등이 점등되는지 확인한다.

③ 운전상태 표시창에 이상경보가 없는지 확인한다.

④ 디지털복합계전기 운전상태 표시창에 비정상 LED가 없는지 확인한다.

5) MCCB 투입(On)

① 저압배전반에 위치한 모든 MCCB를 순차적으로 투입(On)한다.

② 소내 전원용 분전반에 위치한 모든 MCCB를 순차적으로 투입(On)한다.

③ 인버터의 제어전원이 공급되는지 확인한다.

④ 전기실내 형광등이 점등되는지 확인한다.

⑤ 모니터링설비용 컴퓨터가 부팅되는지 확인한다.

⑥ 저압, 특고압 운전상태 표시창에 이상경보가 없는지 확인한다.

⑦ 각 인버터의 MMI가 부팅되는지 확인한다.

⑧ 전력용변압기 온도감시기의 온도지시가 되는지 확인한다.

6) 인버터(계통 연계형) 기동

① 각 인버터 출력차단기(교류측 차단기)를 투입(On)한다.

② 각 인버터의 PV측 차단기(직류측 차단기)를 투입(On)한다.

③ 각 인버터 MMI 상에서 고장경보를 리셋(Reset)한다.

④ 각 인버터 MMI 의 초기화면에서 "ON" 버튼을 누른 후 "Starting" 문자가 깜박거리는지 확인한다.

⑤ 각 인버터의 기동되고 5분후에 전자접촉기(M/C)가 투입(On)되어 교류전력을 생산하는지 확인한다.

⑥ 약 10분정도 운전상태를 감시한 후 이상유무를 판정한다.

7) 운전상태 감시

① 각 기기의 운전상태가 정상인지 육안, 이음, 이취 등으로 확인한다.

② 모니터링 설비로 각 기기의 운전상태와 변수값이 정상으로 지시되는지 확인한다.

③ 각 인버터의 냉각팬은 정상으로 동작되고 이상 메시지가 없는지 확인한다.

④ 송전용, 수전용 전력량계는 정상 동작되는지 확인한다.

⑤ 전력용변압기에서 이음이나 진동이 없는지 확인한다.

⑥ 약 30분정도 전기실내 각 기기의 운전상태를 감시한 후 이상유무를 종합 판정한다.

(3) 태양광발전소의 정지(순간정전)

1) 초기조건

① 전기실내 조명이 꺼진 상태이다.

② LBS가 정상적으로 투입(On)되어 있고, 각 상에 설치된 통전표시기의 운전상태 표시창에 "통전중"이 깜박이고 있어야 한다.

③ 저압 또는 특고압수배전반에 있는 경보기가 경보음을 발생하고 있다.

④ 디지털복합계전기에 비정상 LED가 점등되어 있다.

⑤ 소내 직류전원공급설비는 축전지에 의해 직류제어전원을 공급 중이다.

2) 정지원인 확인

① 비정상 LED가 점등된 디지털복합계전기를 확인한다.

② 비정상 경보가 발생된 운전상태 표시창을 확인하고 경보음을 정지시킨다.

③ 경보신호가 발생된 디지털복합계전기가 확인되면 디지털보호계전기의 동작시간과 경보 (고장)내용을 기록한다.

동작시간	경보(고장) 내용

④ 수배전반 도어를 개방하여 내부에 이상이 없는지 육안 점검한다.

⑤ 발주처(발전소 사업주)에 전기실 정전을 통보하고, 송전선로를 관할하는 한전지사의 담당자에게 선로의 이상유무를 확인한다.

3) 태양광발전소의 재 기동

① 송전선로의 일시적인 원인에 의해 정전이 되었다고 판단되면 디지털복합계전기에서 리셋 (Reset)시킨 후 경보가 제거되는지 확인한다.

② 발주처(발전소 사업주)에 재 기동계획을 통보하고 발전소 기동절차에 따라 재 기동한다.

(4) 태양광발전소 계획정지

1) 초기조건

① 전기실 정전일정을 사전에 통보받아야 한다.

② 전기실 정기점검을 위한 정지일 경우 사전에 작업계획서가 수립되어 있어야 한다.

2) 인버터 정지

① 각 인버터 MMI의 초기화면에서 "OFF" 버튼을 누르고 인버터가 정지 되는지 확인한다.

② 각 인버터의 PV측 차단기(직류측 차단기)를 개방(Off)한다.

③ 각 인버터 출력차단기(교류측 차단기)를 개방(Off)한다.

3) MCCB 개방(Off)

① 저압배전반에 위치한 모든 MCCB를 순차적으로 개방(Off)한다.

② 소내 전원용 분전반에 위치한 모든 MCCB를 순차적으로 개방(Off)한다.

③ 전기실내 형광등이 소등되는지 확인한다.

4) ACB 개방(Off)

① ACB 캠 스위치(CS)핸들을 앞으로 당겨 좌측으로 돌리면 ACB가 즉시 개방(Off)되고, 녹색등이 점등되는지 확인한다.

② 운전상태 표시창에 이상경보가 없는지 확인한다.

③ 디지털복합계전기 운전상태 표시창에 비정상 LED가 없는지 확인한다.

5) VCB 개방(Off)

① VCB 캠 스위치(CS)핸들을 앞으로 당겨 좌측으로 돌리면 VCB가 즉시 개방(Off)되고, 녹색등이 점등되는지 확인한다.

② 운전상태 표시창에 저전압계전기(UVR) 경보가 발생되는지 확인하고 경보음이 발생하면 경보음을 정지시킨다.

6) LBS 개방(Off)

① LBS 캠 스위치(CS)핸들을 앞으로 당겨 좌측으로 돌리면, LBS가 개방(Off)되고, 녹색등이 점등되는지 확인한다.

② LBS의 접촉부위가 기계적으로 잘 분리되었는지 확인하고 수배전반 도어를 닫는다.

③ 발주처(발전소 사업주) 및 관련사에 정지되었음을 통보한다.

(5) 준공검사 등의 절차

1) 감리원은 해당 공사 완료 후 준공검사 전에 사전 시운전 등이 필요한 부분에 대하여는 공사업자에게 다음 각 호의 사항이 포함된 시운전을 위한 계획을 수립하여 시운전 30일 이내에 제출하도록 하고, 이를 검토하여 발주자에게 제출하여야 한다.

① 시운전 일정

② 시운전 항목 및 종류

③ 시운전 절차

④ 시험장비 확보 및 보정

⑤ 기계·기구 사용계획

⑥ 운전요원 및 검사요원 선임계획

2) 감리원은 공사업자로부터 시운전 계획서를 제출받아 검토, 확정하여 시운전 20일 이내에 발주자 및 공사업자에게 통보하여야 한다.

3) 감리원은 공사업자에게 다음 각 호와 같이 시운전 절차를 준비하도록 하여야 하며 시운전에 입회하여야 한다.

    ① 기기점검   ② 예비운전

    ③ 시운전   ④ 성능보장운전

    ⑤ 검수   ⑥ 운전인도

4) 감리원은 시운전 완료 후에 다음 각 호의 성과품을 공사업자로부터 제출받아 검토 후 발주자에게 인계하여야 한다.

    ① 운전개시, 가동절차 및 방법

    ② 점검항목 점검표

    ③ 운전지침

    ④ 기기류 단독 시운전 방법 검토 및 계획서

    ⑤ 실가동 Diagram

    ⑥ 시험구분, 방법, 사용매체 검토 및 계획서

    ⑦ 시험성적서

    ⑧ 성능시험 성적서(성능시험 보고서)

(6) 예비준공검사

1) 공사현장에 주요공사가 완료되고 현장이 정리단계에 있을 때에는 준공예정일 2개월 전에 준공기한 내 준공가능 여부 및 미진한 사항의 사전 보완을 위해 예비 준공검사를 실시하여야 한다. 다만, 소규모 공사인 경우에는 발주자와 협의하여 생략할 수 있다.

2) 감리업자는 전체공사 준공시에는 책임감리원, 비상주감리원 중에서 고급감리원 이상으로 검사자를 지정하여 합동으로 검사하도록 하여야 하며, 필요시 지원업무담당자 또는 시설물 유지관리 직원 등을 입회하도록 하여야 한다. 연차별로 시행하는 장기계속공사의 예비준공검사의 경우에는 해당 책임감리원을 검사자로 지정할 수 있다.

3) 예비준공검사는 감리원이 확인한 정산설계도서 등에 따라 검사하여야 하며, 그 검사내용은 준공검사에 준하여 철저히 시행되어야 한다.

4) 책임감리원은 예비준공검사를 실시하는 경우에는 공사업자가 제출한 품질시험·검사총괄표의 내용을 검토하여야 한다.

5) 예비준공 검사자는 검사를 행한 후 보완사항에 대하여는 공사업자에게 보완을 지시하고 준공검사자가 검사시 확인할 수 있도록 감리업자 및 발주자에게 검사결과를 제출하여야 한다. 공사업자는 예비준공검사의 지적사항 등을 완전히 보완하고 책임감리원의 확인을 받은 후 준공 검사원을 제출하여야 한다.

(7) 준공검사

1) 완공된 시설물이 설계도서대로 시공되었는지의 여부
2) 시공시 현장 상주감리원이 작성 비치한 제 기록에 대한 검토
3) 폐품 또는 발생물의 유무 및 처리의 적정여부
4) 지급 기자재의 사용적부와 잉여자재의 유무 및 그 처리의 적정여부
5) 제반 가설시설물의 제거와 원상복구 정리 상황
6) 감리원의 준공 검사원에 대한 검토의견서
7) 그 밖에 검사자가 필요하다고 인정하는 사항

1.5 준공도면 검토 등

(1) 준공도면 등의 검토 · 확인

1) 감리원은 준공 설계도서 등을 검토 · 확인하고 완공된 목적물이 발주자에게 차질없이 인계될 수 있도록 지도 · 감독하여야 한다. 감리원은 공사업자로부터 가능한 한 준공예정일 2개월 전까지 준공 설계도서를 제출받아 검토 · 확인하여야 한다.
2) 감리원은 공사업자가 작성 · 제출한 준공도면이 실제 시공된 대로 작성되었는지 여부를 검토 · 확인하여 발주자에게 제출하여야 한다. 준공도면은 계약서에 정한 방법으로 작성되어야 하며, 모든 준공도면에는 감리원의 확인 · 서명이 있어야 한다.
3) 준공 전 도면 검토 사항
   ① 실제 공사 현황 및 도면의 불일치
   ② 도면 상호간의 불일치
   ③ 법규 위반 및 민원 예상 항목 적출
   ④ 시방서, 시공상세도, 자재승인서, 수량산출서 등의 부실은 결과적으로 미 시공, 변경시공에 따른 막대한 손해를 초래 한다.

(2) 준공표지의 설치

감리원은 공사업자가 「전기공사업법」 제24조에 따라 준공 표지판을 설치할 때에는 보기 쉬운 곳에 영구적인 시설물로 준공 표지판을 설치하도록 조치하여야 한다.

2 태양광발전 점검개요

2.1 일상점점 항목 및 점검요령

(1) 개요

① 일상점검은 주로 **육안점검에 의해서 매월 1회 정도 실시**한다.

② 권장하는 점검항목은 다음과 같으며 점검결과 이상이 확인되면 전문기술자에게 상담을 구한다.

(2) 어레이 일상점검 항목 및 점검요령

구 분		점검항목	점검요령
태양전지 어레이	육안 점검	표면의 오염 및 파손	현저한 오염 및 파손이 없을 것
		지지대의 부식 및 녹	부식 및 녹이 없을 것
		외부배선 (접속케이블)의 손상	접속케이블에 손상이 없을 것

(3) 접속함 일상점검 항목 및 점검요령

구 분		점검항목	점검요령
접속함	육안 점검	외부의 부식 및 파손	부식 및 파손이 없을 것
		외부배선 (접속케이블)의 손상	접속케이블에 손상이 없을 것

(4) 인버터 일상점검 항목 및 점검요령

구 분		점검항목	점검요령
인버터	육안 점검	외함의 부식 및 파손	부식 및 녹이 없고 충전부가 노출되어 있지 않을 것
		외부배선 (접속케이블)의 손상	인버터로 접속되는 케이블에 손상이 없을 것
		통풍 확인 (통풍구, 환기필터 등)	통풍구가 막혀 있지 않을 것
		이음, 이취, 연기 발생 및 이상 과열	운전 시 이상음, 이상 진동, 이취 및 이상 과열이 없을 것
		표시부의 이상표시	표시부에 이상코드, 이상을 나타내는 램프의 점등, 점멸 등이 없을 것
		발전상황	표시부의 발전상황에 이상이 없을 것

(5) 기타 기기 일상점검 항목 및 점검요령

구 분		점검항목	점검요령
축전지	육안 점검	변색, 변형, 팽창, 손상, 액면 저하, 온도 상승, 이취, 단자부 풀림 등	부하에 급전한 상태에서 실시할 것

2.2 정기점점 항목 및 점검요령

(1) 개요

① 자가용 및 사업용 태양광 발전설비로 구분되는 태양광 발전설비의 소유자 또는 점유자는 전기설비의 공사·유지 및 운용에 관한 안전관리업무를 수행하기 위해 전기안전관리법 제22조(전기안전관리자 선임)에서 규정하고 있는 안전관리자를 선임해야 하며, 태양광 발전설비로서 용량 1,000[kW] 미만의 것은 안전관리 업무를 외부에 대행시킬 수 있다.

② 일반 가정 등에 설치하는 3[kW] 미만의 소출력 태양광 발전 시스템의 경우에는 일반용 전기설비로 법적으로는 정기점검을 하지 않아도 되지만 자위적으로 점검하는 것이 바람직하다.

③ 점검시험은 원칙적으로 지상에서 하지만 개별 시스템에서의 설치환경이나 그 외의 이유에 따라 점검자가 필요하다고 판단한 경우에는 안전을 확인하고 지붕이나 옥상에서 점검을 실시한다. 만약, 이상이 발생되면 제작사나 전문기술자에게 기술자문을 받는 것이 중요하다.

④ 태양광 발전설비의 자체 정기점검 주기는 설비용량에 따라 월 1~4회 이상 실시하며, 권장하는 점검 항목은 다음과 같다.

(2) 어레이 정기점검 항목 및 점검요령

구 분		점검항목	점검요령
태양전지 어레이	육안 점검	접지선의 접속 및 접속단자 이완	접지선이 확실하게 접속되어 있을 것 나사의 풀림이 없을 것

(3) 접속함 정기점검 항목 및 점검요령

구 분		점검항목	점검요령
접속함	육안 점검	외함의 부식 및 파손	부식 및 파손이 없을 것
		외부배선의 손상 및 접속단자 이완	배선에 이상이 없을 것 나사의 풀림이 없을 것
		접지선의 손상 및 접속단자 이완	접지선에 이상이 없을 것 나사의 풀림이 없을 것
	측정 및 시험	절연저항	〈태양전지 모듈-접지선〉 1[MΩ] 이상, DC 측정전압 500[V](각 회로마다 모두 측정) 〈출력단자-접지간〉 1[MΩ] 이상, DC 측정전압 500[V]
		개방전압	규정전압일 것 극성이 올바를 것(각 회로마다 모두 측정)

(4) 인버터 정기점검 항목 및 점검요령

구 분		점검항목	점검요령
인버터	육안점검	외함의 부식 및 파손	부식 및 파손이 없을 것
		외부배선의 손상 및 접속단자 이완	배선에 이상이 없을 것 나사의 풀림이 없을 것
		접지선의 손상 및 접속단자 이완	접지선에 이상이 없을 것 나사의 풀림이 없을 것
		통풍 확인(통풍구, 환기필터 등)	통풍구가 막혀있지 않을 것
		운전 시 이상음, 이취 및 진동 유무	운전 시 이상음, 이상 진동, 이취 등이 없을 것
	측정 및 시험	절연저항(인버터 입출력 단자−접지간)	1[MΩ] 이상, DC 측정전압 500[V]
		표시부 동작 확인 (표시부 표시, 발전전력 등)	표시상황 및 발전상황에 이상이 없을 것
		투입(On)저지 시한 타이머 동작 시험	한전전원이 정전되면 0.5초 이내 정지하고, 복전되면 5분 후에 자동으로 시동될 것

(5) 기타 기기 정기점검 항목 및 점검요령

구 분		점검항목	점검요령
축전지	육안점검	외관점검, 전해액 비중, 전해액면 저하	부하로의 급전을 정지한 상태에서 실시할 것
	측정 및 시험	단자전압 (총 전압/셀 전압)	
기타 태양광 발전용 개폐기	육안, 접촉 등	태양광 발전용 개폐기의 접속단자 이완	나사에 풀림이 없을 것
	측정	절연저항	1[MΩ] 이상, DC 측정전압 500[V]
태양전지 어레이	육안점검	접지선의 접속 및 접속단자 이완	접지선이 확실하게 접속되어 있을 것 나사의 풀림이 없을 것
접속함	육안점검	외함의 부식 및 파손	부식 및 파손이 없을 것
		외부배선의 손상 및 접속단자 이완	배선에 이상이 없을 것 나사의 풀림이 없을 것
		접지선의 손상 및 접속단자 이완	접지선에 이상이 없을 것 나사의 풀림이 없을 것
	측정 및 시험	절연저항	〈태양전지 모듈−접지선〉 1[MΩ] 이상, DC 측정전압 500[V](각 회로마다 모두 측정) 〈출력단자−접지간〉 1[MΩ] 이상, DC 측정전압 500[V]
		개방전압	규정전압일 것 극성이 올바를 것(각 회로마다 모두 측정)

구 분		점검항목	점검요령
인버터	육안 점검	외함의 부식 및 파손	부식 및 파손이 없을 것
		외부배선의 손상 및 접속단자 이완	배선에 이상이 없을 것, 나사의 풀림이 없을 것
		접지선의 손상 및 접속단자 이완	접지선에 이상이 없을 것, 나사의 풀림이 없을 것
		통풍 확인(통풍구, 환기필터 등)	통풍구가 막혀있지 않을 것
		운전 시 이상음, 이취 및 진동 유무	운전 시 이상음, 이상 진동, 이취 등이 없을 것
	측정 및 시험	절연저항(인버터 입출력 단자−접지간)	1[MΩ] 이상, DC 측정전압 500[V]
		표시부 동작 확인 (표시부 표시, 발전전력 등)	표시상황 및 발전상황에 이상이 없을 것
		투입(On)저지 시한 타이머 동작 시험	한전전원이 정전되면 0.5초 이내 정지하고, 복전되면 5분 후에 자동으로 시동될 것
축전지	육안 점검	외관점검, 전해액 비중 전해액면 저하	부하로의 급전을 정지한 상태에서 실시할 것
	측정 및 시험	단자전압 (총 전압/셀 전압)	
기타 태양광 발전용 개폐기	육안, 접촉 등	태양광 발전용 개폐기의 접속단자 이완	나사에 풀림이 없을 것
	측정	절연저항	1[MΩ] 이상, DC 측정전압 500[V]

3 태양광발전 유지관리

3.1 발전설비 유지관리

(1) 개요

태양광 발전 시스템의 유지관리는 초기에 변형이나 결함을 정확히 파악하여 가장 적절한 대책을 수립하는 것이므로 결함의 예측, 점검, 평가 및 판정, 대책, 기록 등을 합리적으로 조합시켜 순서에 따라 대처하여야 한다.

유지관리 절차 시 고려해야할 사항을 나타내면 다음과 같다.

① 시설물별 적절한 유지관리계획서를 작성한다.

② 유지관리자는 유지관리계획서에 따라 시설물의 점검을 실시하며, 점검결과는 점검기록부(또는 일지)에 기록, 보관하여야 한다.

③ 점검결과에 따라 발견된 결함의 진행성 여부, 발생 시기, 결함의 형태나 발생위치, 원인과 장해추이를 정확히 평가·판정한다.

④ 점검결과에 의한 평가·판정 후 적절한 대책을 수립하여야 한다.

상기 사항을 고려한 태양광 발전 시스템에서 유지관리 절차를 나타내면 그림 2−8과 같다.

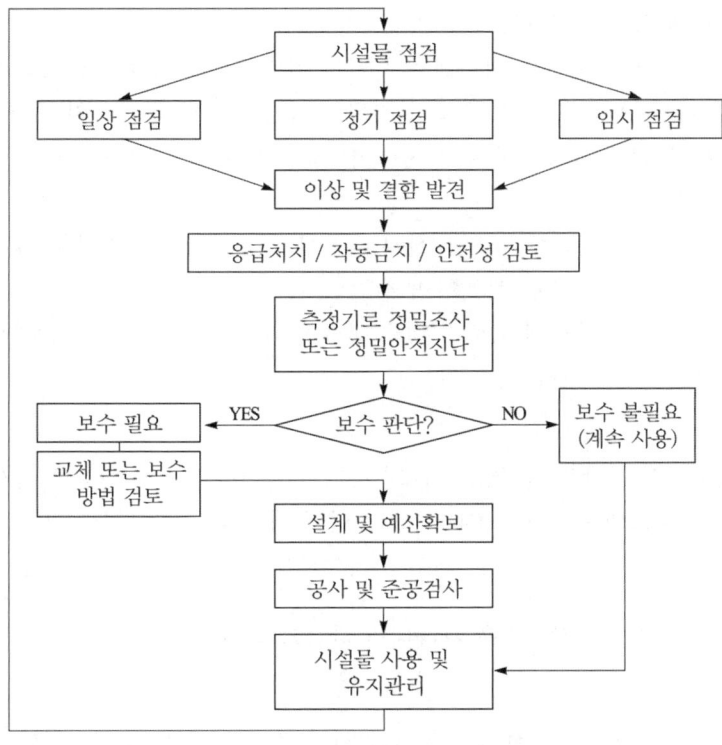

그림 2-8 태양광 발전 시스템 유지관리 절차도

(2) 점검 종류

태양광 발전 시스템의 점검은 일반적으로 준공시의 점검, 일상점검, 정기점검의 3가지로 구별되나 유지보수 관점에서의 점검의 종류에는 **일상점검, 정기정점, 임시점검**으로 재분류 된다.

1) 일상점검

① 태양광 발전시스템의 기능 또는 성능을 유지하고, 내용 연한을 연장시키기 위해서는 태양광 모듈의 청소, 대지의 잡초제거, 시설물의 상태 점검, 설비기기의 운전, 가동부분의 주유, 소모품의 교환 등의 일상점검을 유지관리 체크리스트를 활용하여 행하여야 한다.

② 일상점검은 주로 점검자의 감각(오감)을 통해 실시하는 것으로 이상한 소리, 냄새, 손상 등을 점검 항목에 따라서 행하여야 한다.

③ 이상 상태를 발견한 경우에는 배전반 등의 문을 열고 이상 정도를 확인한다.

④ 이상의 상태가 직접 운전을 하지 못할 정도로 전개된 경우를 제외하고는 이상상태의 내용을 기록하여 정기점검 시에 참고자료로 활용한다.

2) 정기점검

① 사업용 전기설비나 자가용 전기설비로 구분되는 태양광 발전설비의 소유자 또는 점유자는 전기설비의 공사, 유지 및 운용에 관한 안전관리업무를 수행하기 위해 전기안전관리법 제22조(전기안전관리자 선임)에서 규정하고 있는 전기안전관리자를 선임하여야 한다. 다만, 태양광 발전설비 용량이 1,000[kW] 미만의 것은 안전관리업무를 대행기관 또는 대

행업체에 일임할 수 있다.

② 태양광 발전설비의 자체 정기점검 주기는 설비용량에 따라 년1~2회 이상 실시한다.

③ 정부지원금(주택지원 사업)으로 설치된 태양광 발전설비는 설치 공사업체가 하자보수기 간인 3년 동안 년 1회 점검을 실시하여 신재생에너지 센터에 점검결과를 보고하여야 한다.

④ 정기점검은 원칙적으로 정전을 시켜놓고 무전압 상태에서 기기의 이상 상태를 점검하고 필요에 따라서는 기기를 분리하여 점검한다.

⑤ 태양광 발전 시스템을 정전하지 않고 점검을 하여야 할 경우에는 안전사고가 일어나지 않도록 주의 하여야 한다.

3) 임시점검

일상점검 등에서 이상을 발견한 경우 및 사고가 발생한 경우의 점검을 임시점검이라고 하며, 각 설비별로 사고의 원인 및 영향, 발전출력에 영향을 줄 수 있는 설비 등을 점검한다.

(3) 점검 방법

유지보수 관점에 따른 점검방법을 나타내면 다음과 같다.

1) 일상점검

일상점검이란 기능을 유지하기 위한 점검이며, 다음 요령으로 실시한다.

① 유지보수 요원의 감각기관에 의거, 시각 점검(변색, 파손, 단자 이완 등), 비정상적인 소리, 냄새 등을 통해 시설물의 외부에서 점검 항목별로 점검한다.

② 이상 상태가 발견된 경우에는 시설물의 문을 열고 이상의 정도를 확인한다.

③ 이상 상태가 직접 운전이 불가할 정도인 경우를 제외하고는 이상 상태의 내용을 일지 및 점검 기록부에 기록하여 운전 중 및 정기 점검시 점검에 참고 한다.

2) 정기점검

정기점검이란 법적으로 정해진 점검과 시설물의 기능을 확인하고 유지하기 위한 점검이며, 계획을 수립하여 다음 요령으로 실시한다.

① 원칙적으로 정전을 시키고, 무 전압 상태에서 기기의 이상상태를 점검하고, 필요 시 기기를 분해하여 점검 한다.

② 태양광 발전시스템이 계통에 연계되어 운영 중인 상태에서 점검할 경우에는 안전(감전) 사고가 일어나지 않도록 주의 하여야 한다.

3) 임시점검

임시 점검이란 일상 점검 등에서 발견된 이상 등의 문제나 사고가 발생한 경우의 점검으로 대형 사고가 발생된 경우에는 사고의 원인, 영향(사고의 파급, 발전 출력의 감소 등)분석, 대책을 수립하여 보수 조치하여야 한다.

(4) 점검주기

점검을 하기위해서는 제약조건이 필요하며 제약조건과 점검종류에 대한 사항을 정리하면 다음 표와 같다.

제약조건 점검분류	Door 개방	Cover 개방	무정전	회로 정전	모선 정전	차단기인출	점검 주기
일상점검			○				매일
	○		○				1회/월
정기점검	○	○		○		○	1회/반기
	○	○		○	○	○	1회/3년
임시점검	○	○		○	○	○	필요시

① 점검주기는 대상기기의 환경조건, 운전조건, 설비의 중요성, 사용 연수 등을 고려하여 선정한다.

② 모선정전은 별로 없으나 심각한 사고를 방지하기 위해 3년에 1회 정도 점검하는 것이 좋다.

(5) 보수작업 및 점검 시 주의사항

작업자 및 점검자의 안전을 위하여 기기의 구조 및 운전에 관한 내용을 반드시 숙지하여야 하며 안전사고에 대한 예방조치를 한 후 2인 1조로 보수점검에 임해야 한다.

1) 점검 전 유의사항

① **준비 철저** : 응급처치방법 및 작업주변의 정리, 준공도면, 계측장비, 안전장비 등

② 사전에 **면밀한 계획**을 **수립**하여 필요한 공구 등을 준비하여야 한다.

③ **회로도에 의한 검토**

㉮ 태양전지 모듈은 햇빛을 받으면 발전하므로, 사전에 통전유무를 점검하여 감전사고에 유의한다.

㉯ 전원계통이 역으로 돌아서 통전되는 경우 반내 각종 전원을 확인하고, 차단기 1차 측이 살아 있는가의 유무와 접지선을 확인한다.

④ **연락처** : 관련회사의 관련부서나 관계자와 긴밀하고 신속 정확하게 연락할 수 있는지를 확인한다.

⑤ **무전압 상태확인 및 안전조치** : 주 회로를 점검할 때, 안전을 위하여 다음 사항을 점검한다.

㉮ 원격지 무인감시 제어시스템의 경우 원격지에서 차단기가 투입되지 않도록 연동장치를 쇄정한다.

㉯ 관련된 차단기, 단로기를 열고 주 회로에 무전압이 되게 한다.

㉰ 검전기로 무전압 상태를 확인하고, 필요 개소에 접지를 하고 점검 또는 작업을 한다.

㉱ 차단기는 모선에서 분리된 상태가 되도록 인출하고 "점검중"이라는 표지판을 부착한다.

㉲ 단로기 조작은 쇄정시킨다. 쇄정장치가 없는 경우 "점검중"이라는 표지판을 부착한다.

㉳ 각 접속함의 차단기가 OFF 상태일 때도 태양광 어레이의 각 군은 발전 중이므로 감전사고에 유의한다.

⑥ **잔류 전압에 대한 주의**

㉮ 어레이 회로를 점검 할 경우에 잔류 전압의 유무를 확인 후 점검한다.

㉯ 콘덴서 및 케이블 접속부를 점검할 경우에는 잔류전압을 방전시키고 접지를 실시한다.

⑦ **오조작 방지** : 전원(차단기 및 스위치류)의 쇄정 및 주의표시를 부착한다.

⑧ **쥐, 곤충 등의 침입 대책** : 쥐, 곤충류 등이 배전반에 침입할 수 없도록 별도의 대책을 세운다.

⑨ **절연용 보호기구 준비**한다.

2) 점검 중 유의사항

① 태양광 발전 모듈은 햇빛을 받으면 발전하는 소자로 구성되어있어 접속함의 차단기를 개방시켰다 하더라도 전압이 유기되고 있으므로 감전에 주의하여야 한다.

② 태양광 발전 시스템의 인버터는 계통(한전 측)전원을 OFF시키면 자동으로 정지하게 되어 있으나 인버터 정지를 확인 후 점검을 실시한다.

③ 흐린 날, 낮은 구름이 많은 날 등은 일사량의 급격한 변화가 있으므로 인버터의 MPPT제어의 실패로 인한 인버터 정지현상이 발생할 수 있으며, 인버터는 일정시간(5분)이 경과 후 자동으로 재 기동된다. 인버터 고장이 의심되더라도 이러한 현상이 있음을 유의하고 점검을 실시한다.

④ 태양광 어레이 부근에서 건축공사 등을 시행하는 경우에는 먼지나 이물질 등이 태양전지 모듈에 부착되면 전력생산의 저하와 수명에 직접적인 영향을 주므로 주의해야 한다.

3) 점검 후 유의사항

① **접지선의 제거** : 점검 시 안전을 위하여 접지한 부분이 있으면 점검 후에는 반드시 제거해야 한다.

② **최종확인** : 최종 작업자는 다음의 사항을 확인한다.

㉮ 작업자가 태양광 발전 시스템 및 송·배전반 내에서 작업 중인지를 확인한다.

㉯ 점검을 위해 임시로 설치한 설치물의 철거가 지연되고 있지 않은지 확인한다.

㉰ 볼트 조임 작업을 모두 재점검 한다.

㉱ 공구 등이 시설물 내부에 방치되어 있지 않은지 확인한다.

㉲ 쥐, 곤충 등이 침입하지 않았는지 확인한다.

4) 점검의 기록

일상점검, 정기점검 또는 임시점검 할 때에는 반드시 점검 및 수리한 요점 및 고장상황, 일자 등을 기록하여 차기 점검에 활용한다.

(6) 점검결과에 대한 조치

1) 일상점검에 대한 조치 흐름도

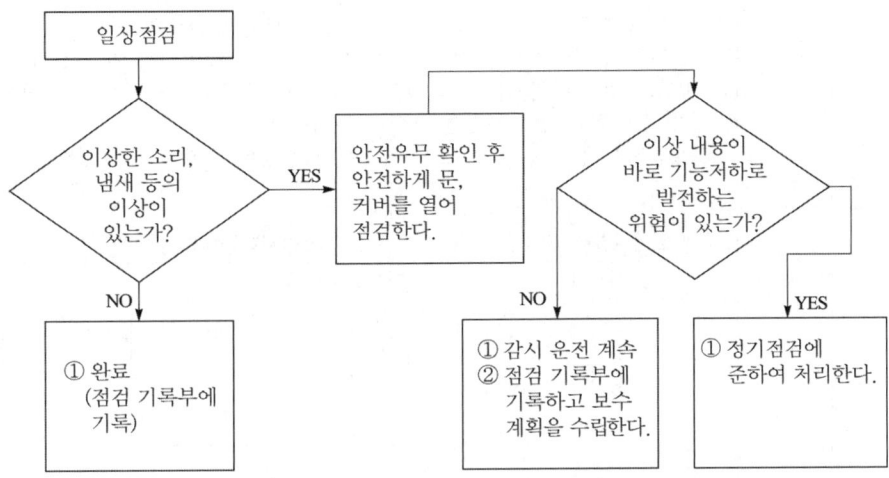

그림 2-9 일상점검에 대한 조치 흐름도

2) 일상점검에 대한 조치

대 상		조치방법 및 유의사항
청 소		① 공기를 사용하는 경우에는 흡입방식을 추천하며, 토출방식을 사용하는 경우에는 공기의 습도(제습필터), 압력에 주의한다. ② 문, 커버 등을 열기 전에는 배전반 상부의 먼지나 이물질을 제거한다. ③ 절연물은 충전부 간을 가로지르는 방향으로 청소한다. ④ 청소걸레는 화학적으로 중성인 것을 사용하고 섬유의 올이 풀린다든지, 습기(물기) 등에 주의한다.
볼트 조임	모 선	① 조임 방법 : 조임은 지정된 재료, 부품을 정확히 사용하고 다음 항목에 주의한다. · 볼트의 크기에 맞는 토크렌치를 사용하여 규정된 힘으로 조여 준다. · 조임은 너트를 돌려서 조여 준다. · 2개 이상의 볼트를 사용하는 경우 한쪽만 심하게 조이지 않도록 주의 한다. ② 조임 확인 : 토크렌치의 힘이 부족할 경우 또는 조임 작업을 하지 않는 경우에는 접촉저항에 의해 열이 발생하여 사고가 발생할 수 있으므로 반드시 규정된 힘으로 조여 졌는지 확인하여야 한다. ③ 볼트 크기별 조이는 힘
	구조물	① 구조물(태양광 가대 등)의 볼트 크기별 조이는 힘

모 선 ③ 볼트 크기별 조이는 힘

볼트 크기	M6	M8	M10	M12	M16
힘 [kg/m^2]	50	120	240	400	850

구조물 ① 구조물(태양광 가대 등)의 볼트 크기별 조이는 힘

볼트 크기	M3	M4	M5	M6	M8	M10	M12	M16
힘 [kg/m^2]	7	18	35	58	135	270	480	1,180

대 상		조치방법 및 유의사항
절연물 보수	공통	① 자기성 절연물에 오손 및 이물질이 부착된 경우에는 상기표의 청소방법에 따라 청소한다. ② 합성수지 적층판, 목재 등이 오래되어 헐거움이 발생되는 경우에는 부품을 교환한다. ③ 절연물에 균열, 파손, 변형이 있는 경우 부품을 교환한다. ④ 절연물의 절연저항이 떨어진 경우에는 종래의 데이터를 기초로 하여 계열적으로 비교 검토한다(구간, 부품 별로 분리하여 측정한다). 동시에 접속되어 있는 각 기기 등을 체크하여 원인을 규명하고 처리한다. ⑤ 절연저항값은 온도, 습도 및 표면의 오손상태에 따라 크게 영향을 받는다.

절연물 보수 / 절연저항(참고값)

① 배전반(온도 20[℃], 상대습도 65[%])

회로구분	절연저항값[MΩ]		
고압회로	5[MΩ] 이상(각상 일괄-대지간)		
저압회로	전로의 사용전압[V]	DC 시험전압[V]	절연저항[MΩ]
	SELV 및 PELV	250	0.5 이상
	FELV를 포함한 500[V] 이하	500	1.0 이상
	500[V] 초과	1,000	1.0 이상

② 주회로 차단기, 단로기(부하개폐기 포함)

구 분	측정 장비	절연저항값[MΩ]
주도전부	1,000[V] 메거	500이상
저압 제어회로	500[V] 메거	2이상

③ 변성기

절연저항값[MΩ]

절 연 구 분	측정개소 \ 주위온도[℃]	20	30	40
유입형	1차권선과 2차권선 외함일괄	500	250	130
	2차권선과 외함		2	
몰드형	1차권선과 2차권선 외함일괄	200	100	50
	2차권선과 외함		2	

④ 변압기

절연저항값[MΩ]

절 연 구 분	전압 [kV]	측정개소 \ 주위온도[℃]	20	30	40	50	60
유입형	22 이상	1차권선과 2차권선	300	150	70	40	25
	22 미만	철심(대지)간	250	120	60	40	25
		1차권선과 2차권선, 철심(대지)간					5
건식형	전압[kV]	1이하	3	6	10	20	
	절연저항	5	20	20	30	50	

⑤ 유입리액터
 유온 40[℃] 이하에서 단자일괄과 외함간 : 100[MΩ]

3.2 송전설비 유지관리

수·변전설비의 유지관리는 배전반과 배전반 내의 내장기기 및 부속기기에 대해 일상점검과 정기점검으로 유지보수 과정을 이행하는 것이다.(※ 태양광발전시스템은 수·변전설비로 본다.)

(1) 일상 점검

1) 배전반

대상	점검개소	목적	점검내용
외 함	외부 일부 (문, 외함)	볼트조임 이완	볼트의 조임 이완 및 바닥 탈락 여부 확인
		손 상	문의 개폐상태 이상여부 확인
			점검창 등의 패킹 열화에 의한 손상 여부 확인
		이상한 소리	볼트류 등의 조임 이완에 따른 진동음 유무 확인
		오 손	점검창 등의 오손에 따른 내부 관찰여부 확인
	명 판	손 상	명판의 탈락, 파손 및 불분명 여부 확인
	인출기구 조작기구	위 치	인출기기의 접촉위치 및 단로 위치 여부 확인
	반출기구 (고정장치)	위 치	적당한 위치 여부 확인
모 선 및 지지물	모 선 전 반	이상한 소리	볼트류 등의 조임 이완에 따른 진동음 유무 확인
			코로나(CORONA) 방전에 의한 이상음 여부 확인
		이상한 냄새	코로나(CORONA) 방전 또는 과열에 의한 이상한 냄새 발생 여부 확인
주회로 인 입 인출부	폐쇄모선의 접 속 부	이상한 소리	볼트류 등의 조임 이완에 따른 진동음 유무 확인
	부 싱	손 상	균열, 파손 여부 확인
		이상한 소리	코로나(CORONA) 방전에 의한 이상음 여부 확인
	케이블 단말부 및 접속부, 케이블 관통부	이상한 소리	볼트류 등의 조임 이완에 따른 진동음 유무 확인
		이상한 냄새	코로나(CORONA) 방전 또는 과열에 의한 이상한 냄새 발생 여부 확인
		손 상	케이블 막이판의 떨어짐 또는 간격의 벌어짐 유무확인
		쥐, 곤충 등의 침 입	쥐, 곤충 등의 침입여부 확인
제 어 회로의 배 선	배선 전반	손 상	가동부 등의 연결전선의 절연피복 손상여부 확인
			전선 지지물의 탈락여부 확인
		이상한 냄새	과열에 의한 이상한 냄새 여부 확인
단자대	외부 일반	조임의 이완	조임부의 이완여부 확인
		손 상	절연물 등 균열, 파손 여부 확인
접 지	접지단자 접 지 선	손 상	접지선의 부식 또는 단선 유무 확인
		표 시	표시 부착물의 탈락여부 확인

2) 내장기기 및 부속기기

대상	점검개소	목적	점검내용
주회로용 차단기 GCB VCB ACB	외부 일반	이상한 소리	코로나 방전 등에 의한 이상한 소리는 없는가
		이상한 냄새	코로나 방전, 과열에 의한 이상한 냄새 유무 확인
		누 출	GCB의 경우 가스 누출은 없는가
	개폐 표시기	지 시	표시의 정확 유무 확인
	개폐 표시등	표 시	표시의 정확 유무 확인
	개폐 도수계	표 시	기계적인 수명 회수에 도달하여 있지는 않는가
배선용 차단기, 누 전 차단기	외부일반	이상한냄새	과열에 의한 이상한 냄새는 없는가
	조작장치	표 시	동작 상태를 표시하는 부분이 잘 보이는가
			개폐기구의 핸들과 표시등의 상태는 올바른가
단로기	외부일반	이상한 소리	코로나 방전에 의한 이상한 소리는 없는가
		이상한 냄새	코로나 방전 또는 과열에 의한 이상한 냄새는 나지 않는가
		누 출	절연유를 내장한 부하개폐기의 경우 기름의 누출은 없는가
	개폐 표시기	지 시	표시의 정확 유무 확인
	개폐 표시등	표 시	표시의 정확 유무 확인
변성기	외부 일반	이상한 소리	코로나 방전에 의한 이상한 소리는 없는가
		이상한 냄새	코로나 방전에 의한 이상한 냄새는 나지 않는가
변압기 리액터	외부일반	이상한 소리	코로나 등에 의한 이상한 소리는 없는가
		이상한 냄새	코로나 방전 또는 과열에 의한 이상한 냄새는 없는가
		누 출	절연유의 누출은 없는가
	온도계	지시표시	지시는 소정의 범위 내에 들어가 있는가
	유면계 가스압력계	지 시 표 시	유면은 적당한 위치에 있는가
			가스의 압력은 규정치보다 낮지 않는가(질소봉입의 경우)
주회로용 퓨 즈	외부 일반	손 상	퓨즈 통, 애자 등의 균열, 파손 및 변형은 없는가
		이상한 소리	코로나 방전에 의한 이상한 소리는 없는가
		이상한 냄새	코로나 방전 또는 과열에 의한 이상한 냄새는 나지 않는가

(2) 정기 점검

1) 배전반

대 상	점검개소	목적	점검내용
외 함	외부 일반 (문, 외함)	볼트조임 이완	볼트의 조임 이완 및 바닥 탈락 여부 확인
		손 상	패킹류의 열화 손상은 없는가
		오 손[1]	반내에 비의 침투 또는 결로의 흔적여부 확인
		환 기	환기구 필터 등의 탈락여부 확인
		설 치[2]	바닥의 이상 침하 또는 융기에 의한 경사 및 균형의 뒤틀림 여부 확인
	문	볼트조임 이완	경첩, 스토퍼(Stopper) 등의 볼트의 조임 이완은 없는가
		동 작	• 손잡이는 확실히 동작 하는가 • 문 쇄정장치의 동작은 정확한가
	격벽	볼트조임 이완	볼트류의 조임 이완은 없는가
		손 상	변형 또는 파손은 없는가
	주회로 단자부 (접지접촉 단자 포함)	볼트조임 이완	볼트의 조임 이완 및 바닥 탈락 여부 확인
		손 상	부싱, 전선 등이 파손, 단선 및 변형은 없는가
		접 촉[3]	접촉 상태는 양호한가
		변 색	도체의 과열에 의한 변색은 없는가
		오 손	이물질 또는 먼지 등이 부착 되지 않았는가
배전반	제어회로 단자부	볼트조임 이완	가동, 고정측의 볼트 조임의 이완은 없는가
		손 상	플러그, 전선 등의 파손, 단선 변형 등은 없는가
		접 촉	접촉 상태는 양호한가
	리미트 스위치	손 상	레버 또는 본체의 파손, 변형은 없는가
	셔 터	손 상	볼트류의 조임 이완에 의한 변형 및 바닥에 떨어져 있지 않은가
		동 작	동작은 확실한가
	인출기구 (차단기, 유니트 등)	볼트조임 이완	볼트류의 조임 이완에 의한 변형 및 탈락은 없는가
		손 상	레일 또는 스토퍼(Stopper)의 변형은 없는가
		동 작	인출기기가 정해진 위치에 이동하는가
	기구조작 (단로기 등)	볼트조임 이완	볼트류의 조임 이완에 의한 변형 및 탈락은 없는가
		동 작	동작은 확실한가
	명판과 표시물	손 상	볼트류의 조임 이완에 의한 변형 및 파손, 바닥에 떨어져 있지는 않은가
		오 손	먼지 등의 부착 또는 오손에 의하여 잘 보이지 않는 부분은 없는가

1) 주회로 절연물의 상황에 주의한다.
2) 차단기와 주회로 단로부에 영향이 없는지에 주의한다.
3) 접촉부의 접점은 그리스를 바른다.

대상	점검개소	목적	점검내용
모 선 및 지지물	모선전반	볼트조임 이완	볼트류의 조임 이완에 의한 변형 및 파손, 바닥에 떨어져 있지는 않은가
		손 상	애자 등의 균열, 파손 변형은 없는가
		변 색	과열에 의한 접속부 또는 절연물의 변색은 없는가
	애 자, 부 싱 절연지지물	손 상	애자 등의 균열, 파손 변형은 없는가
		변 색	과열에 의한 절연물의 변색은 없는가
		오 손	이물질이나 먼지 등이 부착되어 있지 않은가
	플렉시블 모선	손 상	단선이나 꺾여져 있는 부분은 없는가
		변 색	표면에 특이할 만한 변색은 없는가
주회로 인 입 인출부	폐쇄 모선의 접 속 부	볼트조임 이완	볼트의 조임 이완 및 바닥 탈락 여부 확인
		손 상	옥외용 패킹류의 열화는 없는가
		변 색	과열에 의한 접속부, 절연물의 변색 여부 확인
	부 싱	볼트조임 이완	볼트류의 조임 이완은 없는가
		손 상	절연물의 균열, 파손은 없는가
		변 색	과열에 의한 접속부, 절연물의 변색 여부 확인
		오 손	이물질 또는 먼지의 부착이 많은가
	케 이 블 단 말 부 또 는 접 속 부	볼트조임 이완	볼트류의 조임 이완은 없는가
		손 상	절연테이프 등이 벗겨져 손상은 없는가
		컴파운드 탈락	컴파운드 등이 떨어져 있지는 않은가
		오 손	이물질 또는 먼지의 부착은 없는가
배 선	전 선 일 반	볼트조임 이완	접속부 등의 볼트 조임 이완은 없는가
		손 상	가동부 등에 연결되는 전선의 절연부 손상은 없는가
		변 색	절연물의 과열에 의한 변색은 없는가
	전 선 지 지 대	손 상	• 배선닥트 속배선 밴드 등이 파열에 의한 손상은 없는가 • 전선 지지대가 떨어져 있는 것은 아닌가 • 과열 또는 경년열화 등에 의한 변형, 탈락은 없는가
		오 손	먼지 등에 의한 잘 보이지 않는 부분은 없는가
단자대	외 부 일 반	볼트조임 이완	단자부의 볼트 조임의 이완은 없는가
		손 상	절연물의 균열, 파손은 없는가
		변 색	과열에 의한 절연물의 변색은 없는가
		오 손	단자부에 오손 및 이물의 부착은 없는가
접 지	접지단자 접지선 접지모선	볼트조임 이완	접속부에 볼트조임이 이완없이 확실히 접지되어 있는가
		오 손	단자부의 오손 및 이물질이 부착되어 있지는 않은가

대상	점검개소	목적	점검내용
장치 일반	주회로	주회로의 열화	주회로 및 제어 회로의 절연저항은 설치 시에 측정치와 측정조건을 기록, 정기점검 시 항목별로 기록한다. • 고압회로 : 1,000[V] 메거 이상 • 저압회로 : 500[V] 메거
		절연저항값	측정하고 절연물을 마른 수건으로 청소한다.
	제어회로	회로의 정상동작	• VT, CT로부터 전압, 전류가 정상적으로 공급되는가를 절연 개폐기로 확인한다. • 제어 개폐기에 의한 조작시험기기가 정상적으로 동작하는 가를 제어 개폐기를 조작함으로써 개폐기 동작에 따른 상태 표시를 확인한다. • 계전기로써 동작확인 계전기 주 접점을 동작시킴으로써 차단기가 차단되는가를 시험하고 개폐표시등 및 고장 표시기가 정상적으로 동작하는가를 확인한다. 또한 계전기 자체의 고장표시기 및 보조접촉기의 동작을 확인한다.
	인 터 록	전기적, 기계적	인터록 상호 간을 제어회로에 따라서 조건을 만족하는 가를 확인한다.
		동작확인	인터록 기구에 대해서 동작을 확인한다.
			리미트 스위치 등의 이상은 없는가

2) 내장기기 및 부속기기

대상	점검개소	목 적	점검내용
주회로용 차단기	외부일반	볼트조임 이완	주회로 단자부의 볼트의 조임 이완 여부 확인
		손 상	절연물 등의 균열, 파손, 변형은 없는가
		변 색	단자부 및 접촉부의 과열에 의한 변색은 없는가
		오 손	절연애자 등에 이물질, 먼지 등이 부착되어 있지 않은가
		누 출	진공도와 가스압은 저하되지 않았는가
		마 모	접점의 마모 상태는 어떤가 (외부에서 판정할 수 있는 부분)
	개폐표시기	동 작	정상적으로 동작하는가
	개폐표시등	동 작	정상적으로 동작하는가
	개폐도수계	동 작	정상적으로 동작하는가
	조작장치	손 상	• 스프링 등에 녹 발생, 파손, 변형은 없는가 • 각 연결부, 핀의 구부러짐, 떨어짐은 없는가 • 코일 등의 단선은 없는가
		주 유	주유상태는 충분한가
	저 압 조작회로	볼트조임 이완	제어회로 단자부의 볼트류의 조임 이완은 없는가
		손 상	제어회로의 플러그의 접촉은 양호한가

대상	점검개소	목 적	점검내용
배선용 차단기	외부일반	볼트조임 이완	단자부의 볼트류의 조임 이완은 없는가
		손 상	절연물 등의 균열, 파손, 변형은 없는가
		변 색	단자부 및 접촉부의 파열에 의한 변색은 없는가
		오 손	절연물에 이물질 또는 먼지 등이 부착되어 있지 않은가
	조작 장치	동 작	개폐동작은 정상인가
		지시표시	개폐표시는 정상인가
단로기 LBS	외부일반	볼트조임 이완	주회로 단자부의 볼트 조임 이완은 없는가
		손 상	• 절연물 등이 균열,파손 및 변형은 없는가 • 조작레버 등에 손상은 없는가 • 스프링 등에 녹 발생, 파손, 변형은 없는가
		변 색	단자부의 접촉에 의한 변색은 없는가
		오 손	절연애자 등에 이물질, 먼지 등이 부착되어 있지는 않은가
		누 출	유입개폐기의 경우 절연유의 누출은 없는가
	주접촉부	볼트조임 이완	• 자력접촉의 경우 고정접점이 저절로 열리는 경우는 없는가 • 타력접촉의 경우 스프링 등에 탄력성이 있는가
		접 촉	접촉상태는 양호한가
	조작장치	손 상	• 스프링 등에 녹 발생, 파손, 변형은 없는가 • 각 연결부, 핀의 구부러짐, 떨어짐은 없는가 • 기중부하개폐기의 경우 소호실에 이상 없는가
		동 작	• 투입, 개폐가 원활한가 • 클램프 등의 연결부는 정상인가
		주 유	주유상태는 충분한가
		지시표시	개폐표시는 정상인가
	저 압 조작회로	볼트조임 이완	• 단자부의 볼트 조임 이완은 없는가 • 열리는 경우는 없는가
	안전점검	동 작	단로기의 개로상태에서 Crush는 확실한가
변성기	외부일반	볼트조임 이완	단자부의 볼트류의 조임 이완은 없는가
		손 상	• 절연물 등에 균열, 파손, 손상은 없는가 • 철심에 녹의 발생 손상은 없는가 (외부에서 판정이 가능한 경우에만 적용)
		변 색	부싱 단자부에 변색은 없는가
		오 손	부싱 등에 이물질 및 먼지 등이 부착되어 있지 않은가

대상	점검개소	목 적	점검내용
변 압 기	외부일반	볼트조임 이완	단자부의 볼트조임 이완은 없는가
		손 상	• 부싱 등의 균열, 파손, 변형은 없는가 • 유면계, 온도계의 파손은 없는가 • 건식형인 경우 코일, 절연물의 손상은 없는가
		변 색	건식형인 경우 코일, 절연물의 과열에 의한 변색은 없는가
		오 손	부싱 등에 이물질, 먼지 등이 부착되어 있지는 않은가
		누 출	유입형인 경우 절연유의 누출은 없는가
	유 면 계 가스압력계	지시표시	• 자력접촉의 경우 고정접점이 저절로 열리는 경우는 없는가 • 타력접촉의 경우 스프링 등에 탄력성이 있는가
	냉 각 팬	오 손	필터는 막히지 않았는가
		동 작	동작은 정상인가
		주 유	주유는 정상인가
		운전상태	자동운전의 경우는 운전상태를 확인한다.
	온 도 계	지시표시	지시표시는 정상인가
		동 작	경보회로는 정상인가
주회로용 퓨 즈	외부일반	볼트조임 이완	단자부의 볼트류 및 접촉부에 조임이완은 없는가
		손 상	퓨즈통, 애자 등에 균열, 변형은 없는가
		변 색	퓨즈통, 퓨즈 홀더의 단자부에 변색은 없는가
		오 손	애자 등에 이물질, 먼지 등이 부착되어 있지 않은가
		동 작	단로기 타입은 개폐조작에 이상은 없는가
피 뢰 기	외부일반	볼트조임 이완	단자부의 볼트류의 조임 이완은 없는가
		손 상	• 애자 등의 균열, 파손, 변형은 없는가 • 리드선 단자 등에 손상은 없는가
		오 손	애자 등에 이물질, 먼지 등이 부착되지 않았는가
		방전흔적	내부 컴파운드의 분출, 밀봉금속 뚜껑 등의 파손, 팽창, 섬락 등의 흔적은 없는가
전 력 용 콘 덴 서	외부일반	볼트조임 이완	단자부의 볼트류의 조임 이완은 없는가
		손 상	부싱부의 균열, 파손이나 외함의 변형은 없는가
		변 색	부싱, 단자부 등의 균열에 의한 변색은 없는가
		오 손	부싱부의 이물질, 먼지 등의 부착은 없는가
표 시 등 표 시 기 경 보 기	외부일반	볼트조임 이완	단자부의 볼트 조임 이완은 없는가
		동 작	동작, 점멸은 정상인가
	부속저항기 부속변압기	변 색	단자부 등에 과열에 의한 변색은 없는가
		위 치	발열부에 제어 배선이 접근하여 있지 않은가
시 험 용 단 자	외부일반	헐거움	단자부에 헐거움은 없는가
		접 촉	접촉상태는 양호한가
		손 상	절연물 등에 균열, 파손, 변형은 없는가

대상	점검개소	목 적	점검내용
지시 계기	외부일반	볼트조임 이완	단자부의 볼트류의 조임 이완은 없는가
		손 상	부싱부의 균열, 파손이나 외함의 변형은 없는가
		오 손	이물질, 먼지 등의 부착은 없는가
		지시표시	영점 조정은 잘 되어 있는가
	기 계 부	손 상	스프링류에 녹의 발생, 파손, 변형은 없는가
		동 작	• 제동장치의 마찰에 의한 접촉은 없는가 • 축수의 헐거움 편심은 없는가
	부속기구	손 상	분류기, 배율기, 보조CT 등의 소손, 단선은 없는가
	기 록 부	동 작	팬의 구동, 기록지의 감김은 정상인가
	기 록 지	잔 량	잉크, 기록지의 잔량은 정상인가
계전기	외부일반	볼트조임 이완	• 단자부의 볼트 이완은 없는가 • 납땜부의 떨어짐은 없는가
		손 상	• 패킹류의 떨어짐은 없는가 • 커버의 파손은 없는가
		오 손	이물질, 먼지 등의 접착은 없는가
	접 점 부 도 전 부	손 상	• 접점 표면이 거칠어지지는 않았는가 • 혼촉, 단선, 절연파괴는 없는가 • 코일의 소손, 중간 단락, 절연파괴는 없는가
		접 촉	• 접점의 접촉상태는 양호한가 • 테스트 플러그를 빼는 경우 CT 2차회로가 개방은 되지 않는가
	기 계 부	동 작	• 가동부의 회전장치, 표시기 등의 동작 복귀는 정상인가 • 기어의 마찰에 의한 헐거움은 없는가 • 회전부에 덜거덕거림은 없는가
	정 정 부	볼트조임 이완	정정탭은 흔들리지 않는가
		정 정	정정탭, 정정레버 등은 조임 이완은 없는가
조작 개폐기 절연 개폐기	외부일반	볼트조임 이완	단자부의 볼트 조임 이완은 없는가
		손 상	• 절연물 등의 균열, 파손, 변형은 없는가 • 스프링 등에 녹이 슬거나 파손, 변형은 없는가
		동 작	• 개폐동작은 정상인가 • 로커기구, 잔류접점 기구는 정상인가
		지시표시	손잡이 등의 표시는 정상인가
	냉 각 팬	손 상	접점에 손상은 없는가
제어회로용 저항기히터	외부일반	헐거움	단자부에 헐거움은 없는가
		변 색	단자부에 과열에 의한 변색은 없는가
		위 치	발열부에 제어 배선이 접근하여 있지 않은가
제어회로용 퓨즈	외부일반	헐거움	단자부에 헐거움은 없는가
		동 작	용단되어 있지는 않은가
	명 판	볼트조임 이완	지정된 형식, 정격의 퓨즈가 사용되고 있는가
부속 기기	냉 각 팬	오 손	필터, 환기구의 오손 및 떨어져 있지는 않은가

대상	점검개소	목적	점검내용
고압전자접촉기	외부일반	헐거움	주회로 단자부에 볼트류의 헐거움은 없는가
		손 상	절연물 등의 균열, 파손, 변형은 없는가
		변 색	단자부 및 접촉부 과열에 의한 변색은 없는가
		오 손	절연애자 등에 이물질이나 먼지 등이 부착되어 있지는 않은가
		누 출	진공접촉기의 경우 진공도가 떨어져 있지는 않은가
	주접촉부	손 상	• 접점이 거칠어지지는 않았는가 • 소호실에 이상은 없는가(기중 접촉기의 경우)
	개폐표시기	동 작	정상적으로 동작하는가
	개폐표시등	동 작	정상적으로 동작하는가
	개폐도수계	동 작	정상적으로 동작하는가
	조작장치	손 상	• 스프링 등에 발청, 파손, 변형은 없는가 • 연결부 핀의 부러짐, 탈락은 없는가 • 전자석에 이상음은 없는가
		동 작	보조개폐기는 정상인가
		주 유	주유는 충분한가
	저 압 조작회로	헐거움	제어회로 단자부에 볼트의 헐거움은 없는가
		접 촉	저압 조작회로의 플러그의 접촉은 양호한가
저 압 전 자 접촉기	외부일반	헐거움	단자부의 볼트류의 헐거움은 없는가
		손 상	절연물 등의 균열, 파손, 변형은 없는가
		변 색	단자부 및 접촉부의 과열에 의한 변색은 없는가
		오 손	절연물 등에 이물질이나 먼지 등이 부착되어 있지는 않은가
	주접촉부	오 손	• 접점의 거칠어짐은 없는가 • 소호실에 이상은 없는가
	조작장치	동 작	개폐동작은 정상인가
		지시표시	개폐표시는 정상인가
		손 상	스프링의 발청, 파손, 변형은 없는가
반 외 부 속 기 기	인출장치	동 작	• 동작은 확실한가 • 와이어의 인양장치 동작은 정상인가
	후크봉 각종 조작핸들 테스트 플러그 제어 점퍼	손 상	심한 파손, 변형은 없는가
예비품	표 시 등 퓨 즈 류	손 상	파손, 변형, 단선은 없는가
		수 량	소정의 수량이 있는가
	기 타	품 목	각각의 제품별로 매회 예비품으로 책정한 수량과 예비품표와 비교한다.

(3) 특고압 기기의 종류

1) 기기의 종류

종 류	역할	설치 위치
책임분계점	한전과 발전사업자간 책임 분계	COS 2차측
부하개폐기[LBS(Load Breaker Switch)]		
	부하전류의 개폐	특고압반
전력 퓨즈[PF(Power Fuse)]		
	사고전류 차단 및 후비보호	특고압반
피뢰기[LA(Lightning Arrester)]		
	전력설비의 기기를 이상전압(개폐시 이상전압 또는 낙뢰)으로부터 보호하는 장치	특고압반
계기용 변성기[VCT(Voltage Current Transformer)]		
	계기용 변압기(VT)와 계기용 변류기(CT)를 한 상자(철제, 유입)에 넣은 것	특고압반
진공차단기[VCB(Vacuum Circuit Breaker)]		
	진공을 소호매질로 적용한 차단기로서 계통 사고 차단 및 부하시 개폐	특고압반
기중차단기[ACB(Air Circuit Breaker)]		
	공기중에서 아크를 소호하는 차단기로서 1,000[V] 이하에서 사용	저압반
몰드 변압기[MOLD TR(MOLD Transformer)]		
	권선부분을 에폭시 수지로 절연한 변압기 저압(380/220[V])을 특고압(22.9[kV])로 승압	TR반

종류	역할	설치 위치
계기용 변압기[VT(Voltage Transformer)]		
	계기에서 수용 가능한 전압으로 변압	특고압반, 저압반
계기용 변류기[CT(Current Transformer)]		
	계기에서 수용 가능한 전류로 변류	특고압반, 저압반
영상변류기[ZCT(Zero Current Transformer)]		
	지락시 발생하는 영상전류를 검출	특고압반, 저압반
배선용 차단기[MCCB(Mold Case Circuit Breaker)]–NFB(No Fuse Breaker)라고도 함		
	과전류 및 사고전류를 차단	저압반, 배전반, 분전반
역전력 계전기	역방향 유효전력계전기로 연계선로의 사고 시에 발전기에서 사고점으로 공급하는 무효 전력을 검출하여 발전기에서 공급하는 고장 전력을 차단하기 위한 계전기	특고압반, 저압반, 배전반
각종 계기류	전압계, 전류계, 역률계, 주파수계, 전력량계 등	
보호계전기류		
UVR(27)	부족전압계전기	특고압반, 저압반
OVR(59 직류45)	과전압계전기	
OCR(51, 51G, 51N)	과전류계전기(G:지락,N:중성선)	
SR(50, 50G, 50S)	선택계전기(G:지락,S:단락)	
UFR(81U), OFR(81O)	과주파수계전기, 부족주파수계전기	
RDR(87)	비율차동계전기(87T:변압기 내부고장보호)	

(4) 배전선로 개폐기 및 차단기

종 류	역 할	특 징
25.8[kV] 부하개폐기		
	22.9[kV-Y] 가공배전선로에 설치하여 배전선로 고장복구, 휴전작업, 부하전환 등 필요시에 배전선로 개폐용으로 사용하는 부하 개폐기	• 개폐기는 삼상 일괄조작 단위 탱크형으로서 본체, 취부금구, 제어함으로 구성 • 상가, 변화가 등 부하 밀집지역에서 선로 고장시 신속한 고장구간 분리 및 고장개소 색출이 특별히 필요한 개소에 설치
25.8[kV] 리클로저[R/C(Recloser)] : 후비보호기능이 있음		
	22.9[kV-Y] 가공배전선로에서 사용하는 디지털(Digital) 제어 진공차단 방식의 선로 보호기기	• 최소동작전류 이상의 과전류 발생 시 정정된 Sequence에 따라 차단과 투입동작을 반복한 후 Lock out • R/C는 직렬로 설치되어 있는 다른 R/C나 S/E와 기능 협조 가능
자동 선로구분 개폐기[S/E(Sectionalizer)] : 후비보호기능이 없음		
	22.9[kV-Y] 배전선로의 보호를 위해 후비 리클로저와 조합하여 사용하는 선로구분 개폐기	• 부하측 선로에 고장전류가 흐르면 이를 검출하고, 또한 후비보호장치(R/C)에 의한 차단동작횟수를 기억하여 미리 정정된 동작횟수까지 계수되면, 후비보호장치에 의해 선로가 무전압된 상태에서 접점을 개방하여 고장구간을 분리
25.8[kV] 고장구간 자동 개폐기[ASS(Automatic Section Switch)]		
	22.9[kV-Y] 배전선로에서 변전소 CB 또는 Recloser 부하측에 부하용량 4,000[kVA] 이하인 지점 또는 수용가와의 책임 분계점에 설치, 후비보호장치와 협조하여 고장구간을 자동적으로 구분, 분리하는 개폐기	• 800[A] 이하의 과부하 및 이상전류 자동차단 • 고장전류가 800[A]를 초과할 경우 변전소의 CB 또는 선로Recloser가 동작, 선로가 무전압 상태에서 고장구간을 계통으로부터 자동분리
25.8[kV] 자동부하 전환 개폐기[ALTS(Automatic Load Transfer Switch)]		
	22.9[kV-Y] 배전선로에서 주 공급선로의 정전시 예비선로로 자동 전환되는 3상 일괄 조작방식의 자동부하전환 개폐기	• 순간정전으로 인한 전환을 방지하기 위한 전환시간 지연 기능 • 주전원 복구시 자동적으로 주전원으로 재전환되는 기능 및 재전환시간 조정 기능
25.8[kV] 고장구간 자동검출 개폐기[FAS(Feeder Automation Switch]		
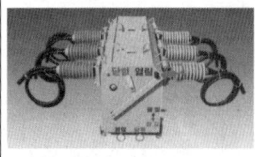	22.9[kV-Y] 가공배전선로에 설치하여 선로 고장시 후비보호 장치와 협조하여 스스로 고장구간을 구분, 분리시키고 건전구간을 자동적으로 정상 회복시키는 개폐기	• 수지상/Loop 복합선로에서 후비보호장치와 협조하여 선로 고장시 후비보호장치의 총 동작횟수 이내에 고장구간의 양단을 분리하고, 타이용 개폐기는 건전구간에 대하여는 재한전 배전 되어 고장 구간을 최소화하게 된다.
인터럽터 스위치[Int.SW(Interrupter Switch)] : 단로기로 보호협조 기기가 아님.		
	22.9[kV-Y] 선로에서 책임분계점의 개폐기로 수전용량 300[kVA] 이하의 인입개폐기로 ASS대신 사용한다.	• 수동 조작만 가능하고, 과부하시 자동으로 개폐할 수 없고, 돌입전류 억제기능도 가지고 있지 않다.

3.3 태양광발전 시스템 고장원인

(1) 태양광발전시스템의 고장 원인

1) 고장 원인과 빈도

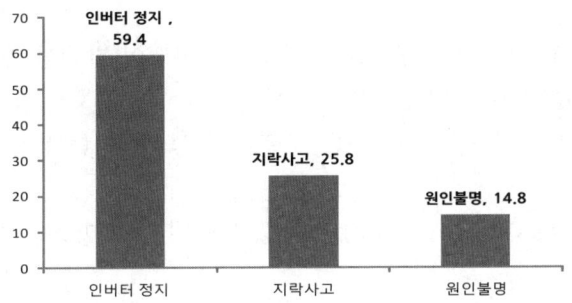

① 태양광 발전 시스템의 고장원인이 가장 많은 곳 : 인버터
② 태양광 발전 시스템의 고장빈도가 높은 원인 : 인버터의 고장

2) 모듈의 고장 원인
① 제조 결함
② 시공 불량
③ 운영과정에서의 외상
④ 전기적, 기계적 스트레스에 의한 셀의 파손
⑤ 경년 열화에 의한 셀 및 리본의 노화
⑥ 주변 환경(염해, 부식성 가스 등)에 의한 부식

(2) 인버터의 고장원인

1) 부품고장모드
① 인버터는 IC, 저항, 콘덴서, 트랜지스터 등의 전자부품과 냉각팬, 릴레이 등 다수의 부품에 의해 구성되고 있다. 이들 부품은 영구적으로 수명을 갖고 있지 않기 때문에 내용(耐用)연수가 존재한다.
② 일반적으로 부품의 고장 패턴은 다음 그림과 같이 초기고장, 우발고장, 마모고장기간으로 나뉜다.

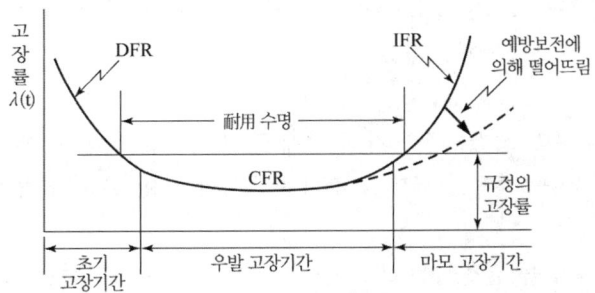

그림 2-10 Bath-tub Curve

㉮ 초기 고장기간

초기 고장기간은 부품의 단체검사로 인해 불량품으로 추출되지 않은 것이 포함 되거나 납땜이 정상적으로 되어있지 않는 등 제조상 불량이 있는 경우, 초기 단계에서 고장이 발생하는 기간이다.

㉯ 우발고장기간

- 우발고장기간은 초기고장이 지난 후, 일정한 확률로 고장이 발생할 기간으로 우발고장기간이라고 불린다. 우발고장은 낙뢰 등 돌발적인 환경 변화에 의한 것과 부품 내부 결함의 내재가 요인이 된다. 이 우발적 고장 기간의 길이를 유효수명(또는 내용연수)라고 부른다.

- 우발고장기간이 지난 후 부품은 열화고장의 양상을 띠게 되고 마모고장기간으로 들어간다.

㉰ 마모고장기간

마모고장기간에는 시간의 경과와 함께 고장률이 상승하는 것이 특징이다.

③ IC등 반도체 부품의 고장은 일반적으로 내용연수가 길어 장치부품 중에서는 고장률로 취급되는 것에 반해 알루미늄 전해콘덴서나 냉각팬, 릴레이 등은 유효수명부품의 대표적인 것으로 취급된다.

④ 내용연수 또는 수명은 사용조건에 크게 좌우되지만, 특히 알루미늄 전해콘덴서는 그 수명이 아레니우스(Arrhenius)의 법칙($10[℃]$ 2배 법칙 : 주변 온도를 $10[℃]$ 저하하는 것으로 수명이 2배 늘어난다)에 따른다.

⑤ 릴레이류는 사용전압, 전류에 따라 수명이 거의 결정된다. 이 때문에 인버터 설치환경 및 사용조건에는 충분한 주의가 필요하다.

2) 각 부품의 수명과 영향요인

① 알루미늄 전해콘덴서

㉮ 알루미늄 전해콘덴서 수명은 앞에서 설명한 아레니우스의 법칙에 따라 $10[℃]$ 온도가 내려가면 수명이 2배로 된다.

㉯ 제조회사에서 수명에 대한 설계방법이 달라지는 경우도 있지만, 인버터 사용조건에서 따라 그 수명은 크게 달라진다. 콘덴서 온도를 좌우하는 조건으로는 인버터 주변온도 및 부하율을 들 수 있다.

㉰ 인버터 주변온도가 높고 부하량이 클수록 인버터에 가하는 가혹한 사용조건이 되고 콘덴서의 수명도 짧아진다.

② 냉각팬

볼베어링의 그리스 건조정도가 수명에 크게 영향을 끼친다. 따라서 팬 수명에도 사용온도가 수명에 영향을 줘, 알루미늄 전해콘덴서와 같이 온도가 높을수록 수명이 짧아진다.

③ 릴레이

㉮ 릴레이 수명을 결정하는 것은 동작 시 가동부분에 가하는 물리적 스트레스로 결정되는 기계적 수명과 접점에 흐르는 전류, 전압의 차단에 의한 전기적 수명으로 나뉘는데, 일

반적으로는 전기적 수명으로 그 수명이 결정되는 경우가 많다.

ᄨ 전기적 수명을 좌우하는 것은 사용전압 및 전류이다. 이들의 정격보다 저감시켜 사용함으로써 장수명화를 기대할 수 있다.

ᄩ 컨트롤러 기판에서 인버터 동작상태를 검출하는 경우는 계전기보다도 오랜 수명을 기대할 수 있는 포토커플러(photo-coupler) 출력을 이용하는 편이 유리하다.

④ 트랜지스터, 퓨즈

ᄭ 주회로 부품으로 이용되고 있는 트랜지스터나 퓨즈에서도 수명은 존재한다. 이들의 수명을 결정하는 요인은 온도 사이클이다.

ᄮ 운전과 정지를 빈번하게 반복하는 운전이나 부하가 지속적으로 인가된 용도에 사용되는 경우, 부품은 온도상승과 하강을 반복하게 된다. 온도의 상·하강이 부품을 구성하고 있는 재료의 열팽창율의 차이에 따른 뒤틀림이 발생해 물리적 열화를 부르는 것이다.

ᄯ 최근에는 온도 사이클에 대한 수명도 검사하고 있기 때문에 제조회사로 문의해 기대하는 수명을 확보할 수 있는 인버터를 선정할 필요가 있다.

⑤ 기타 부품

CPU를 비롯한 IC, 케이스를 구성하는 플라스틱케이스 및 판금부품에도 수명은 존재한다. 전자는 알루미늄 마이그레이션(migration)으로 대표되고 후자는 사용 환경이나 진동 등이 영향을 미친다. 어느 쪽이든 사용온도나 환경에 유의하는 것으로 장수명화가 가능하다.

3) 예방보전

① 초기고장은 제작 후의 검사와 디버깅(debugging)에 따라 제조회사에서 출하되기 전에 제거되는 것이 일반적이다. 따라서 보전을 검사하기 위해서는 우발고장기간 이후를 검사하면 좋다.

② 우발고장은 고장이 돌발적으로 발생하기 때문에 앞서 대책을 세우는 것은 일반적으로 어렵다. 그 때문에 FMEA(Failure mode and effects analysis)등을 비롯해 고장해석 방법을 이용해 사전에 그 대책을 세우는 것으로 성과를 올리고 있다.

③ 또 고장률이나 부품의 평균고장간격(MTBF)등 총 합량에 의해 보수부품의 상비화와 고장 시 바이패스회로를 준비하는 등 꼼꼼한 대책을 세우는 것도 유효한 대책이 된다.

④ 마모고장은 내용수명 후에 발생하고 고장의 발생이 시간의 경과와 함께 증가한다. 또 마모고장기간 전에 해당부품의 신제품으로 교환 등을 하는 것으로 생산의 유지 및 설비의 장수명화가 실현할 수 있게 된다.

⑤ 인버터를 아래의 조건에서 사용하는 경우는 부품의 열화가 앞당겨 질 가능성이 있기 때문에 주의가 필요하다.

ᄭ 온도, 습도가 높은 장소 혹은 그 변화가 심한 장소에서 사용하는 경우

ᄮ 운전, 정지를 빈번하게 반복하는 경우

ᄯ 전원(전압, 주파수, 파형변형 등)이나 일조량의 변동이 큰 경우

㉃ 진동, 충격이 많은 장소에 설치된 경우

4) 부품열화와 인버터 현상

부품이 열화한 경우 인버터의 움직임에 변화가 나타나게 된다. 이 변화를 빨리 발견해 보전함으로써 안전운전을 유지할 수 있다.

① 주회로 알루미늄 전해콘덴서

㉠ 알루미늄 전해콘덴서가 열화한 경우는 tanδ(손실각의 정접)이 상승하고, 정전용량이 감소한다. 이 때 인버터 현상은 다음과 같다.

- 인버터 출력전류가 뒤틀리고, 고조파 발생량이 증가한다.
- 정지 시 인버터 직류모선의 과전압보호가 동작하기 쉽게 된다.

㉡ 이와 같은 징후가 나타났을 경우, 주회로 알루미늄 전해콘덴서를 체크할 필요가 있다.

㉢ 열화의 정도를 파악하기 어려울 때는 전해콘덴서 제조회사에 반송해 상세조사를 하는 것으로 열화정도를 확인하는 것이 가능하다.

② 냉각팬

㉠ 인버터에 사용되고 있는 부품 중에서 가장 수명이 짧은 부품의 하나로 꼽을 수 있다. 일반적으로 냉각팬 수명은 회전수의 저하에 따라 규정되고 있는 것이 많다. 열화되면 회전수가 감소해 그 풍량이 저하한다.

㉡ 냉각팬의 회전수가 감소할 때 인버터의 현상은 다음과 같다.

- 주변온도가 상승한 경우 또는 부하가 클 때 냉각팬의 오버히트 이상이 검출된다.
- 냉각팬의 베어링부에서 이상음이 발생한다.

㉢ 이러한 경우는 팬 교환을 한 후, 대상 팬을 제조회사로 보내 조사확인을 한다.

③ 릴레이

㉠ 특히 컨트롤러 기반의 인버터 내부 상태를 출력하는 릴레이는 고빈도로 사용되는 경우가 있다. 릴레이가 열화한 경우 접점이 거칠어지고, 이것이 원인이 되어 접점의 접촉불량이 발생하는 경우가 있다.

㉡ 릴레이의 개폐 수명 데이터도 쉽게 구할 수 있기 때문에, 사용빈도를 고려해 예방보전을 하는 것이 바람직하다.

④ 트랜지스터, 퓨즈

㉠ 트랜지스터 온도 사이클에 따른 열화를 진단하기 위해서는 제조회사에 의해 트랜지스터 개봉조사가 필요하기 때문에 조기에 발견하는 것은 일반적으로는 어렵다.

㉡ 온도 사이클 내량을 제조사에 문의하여 주기적으로 적외선 온도계나 열화상 카메라로 온도를 검사하여 온도내량 범위에서 운전되고 있는지를 관리해야 한다.

㉢ 퓨즈에 관해서는 퓨즈 저항치를 측정하는 것으로 열화를 판정하는 것이 가능하다.

㉃ 퓨즈의 성능보증은 평상시 운전 상태에서는 발열이 없어야 하며, 퓨즈의 성능보증은 5년이므로, 중요한 퓨즈는 5년마다 교체하는 것이 운전 중 정지나 정상운전 시 단선사고를 방지할 수 있다.

3.4 태양광발전시스템 문제진단

(1) 누설전류(Leakage current)의 측정

1) 누설전류의 정의

누설전류란 보호도체 금속으로부터 대지면으로 향하여 흐르는 전류와 보호도체가 결선되어 있지 않으면 도전체나 비도전체의 표면과 대지사이의 정전용량에 의해 흐르는 전류이다.

2) 누설전류의 문제점

전기전자 설비는 일반적으로 절연체의 열화에 의하여 발생되는 지락으로부터 인체감전을 보호하기 위한 보호도체를 제공한다. 보호도체는 대지와 전기전자설비를 연결하는 도전체로서 설비에 지락이 발생된 경우 대지를 향하여 전류를 흘려 인체감전보호를 한다. 만일 설비의 절연열화로 대지로 흐르는 전류의 경로가 없다면 인체가 설비에 접촉할 때 인체를 통하여 전류경로가 형성됨으로 인하여 심실세동 등의 감전사고를 유발하거나 화재를 일으키는 원인이 된다.

3) 누설전류의 발생원인

교류 누설전류와 직류 누설전류가 있으며, 직류 누설전류는 설비에서 발생되고, 교류 누설전류는 전압 발생원과 장비의 보호도체에서 커패시터(정전용량)성분과 직류 저항의 병렬 조합에 의하여 발생한다. 직류 저항에 의한 누설전류는 다양한 병렬 커패시터 성분에 의한 교류 임피던스와 비교하여 심각한 성분은 아니다. 커패시터 성분은 의도적(L-C 필터)인 것과 절연체의 비의도적 성분 등에 의해 발생된다.

4) 누설전류의 측정

누설전류는 특별히 제작된 계측기로 측정이 가능하며, 설비에 보호도체가 있는 경우 보호도체를 통하여 흐르는 누설전류는 보호도체에 계측기를 연결하여 측정할 수 있다. 정보통신처리 장비는 접지단자를 개방하고 전원의 중성선에 흐르는 전류를 측정하며, 접지되지 않았거나 2중 절연구조의 설비는 외부 도전부와 보호도체(PE)간의 누설전류를 측정한다. 만일 설비의 외함이 절연체인 경우에는 특정한 크기의 구리호일로 케이스를 감싸고, 구리호일과 보호도체(PE)간의 누설전류를 측정한다.

5) 누설전류의 안전 한계값

비 의료 전기설비에 대한 최대 허용 누설전류는 다음 표와 같다.

표 2-2 IEC 950 안전표준에 의한 비 의료 전기설비 최대 허용 누설전류

설 비	형 식	최대 허용 누설전류
이중 절연	모든 형식	0.25[mA]
보호도체 설치 설비	휴대용	0.75[mA]
	이동형	3.5[mA]
	고정형(영구부착)	3.5[mA]

(2) 계측기의 실효값(RMS)과 실제 실효값(True-RMS)

태양광발전시스템의 전력계통뿐만 아니라, 산업현장, 사무실, 가정에서 사용되고 있는 전기설비 및 기구는 모두 비선형 소자를 사용하여 순수한 사인파라고 할 수 없으며, 고조파를 포함한 왜형파가 대부분이다. 이러한 왜형파에서 전기량을 측정하기 위해서는 실제 실효값(True-RMS)을 측정할 수 있는 계측기를 사용하여야 한다.

1) 평균값 측정방법

교류(AC)전류 값은 실효발열 또는 전류의 실효값(RMS : Root mean Square)을 의미한다. 교류 전류의 실효값은 측정되는 AC 전류와 같은 발열을 내는 DC 전류값과 같은 에너지 량이다. 실효값(RMS)을 측정하는 가장 일반적인 방법은 교류전류를 정류하고 정류된 신호의 평균값을 계산하여 1.1배수를 곱하여 실효값으로 표시하는 것이다. 1.1배수는 순수한 사인파의 평균값과 실효값의 상관관계를 나타내며, 이 상관관계는 순수한 사인파가 아닌 왜형파에서는 성립되지 않는다. 이것은 전기량 측정 시 부정확한 측정값의 원인이 된다.

2) 선형 및 비선형 부하

저항, 인덕턴스, 커패시터로만 구성된 부하를 선형 부하라고 하며, 이 선형부하의 전류는 항상 순수한 사인파 전류를 발생하므로 측정에서 오차가 발생하지 않지만(그림 2-11(a)), 주파수 가변 구동장치나 정류기와 같은 비선형부하는 왜곡된 사인파(그림 2-11(b))를 만든다.

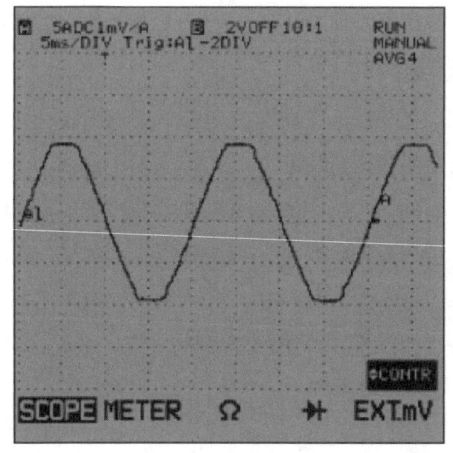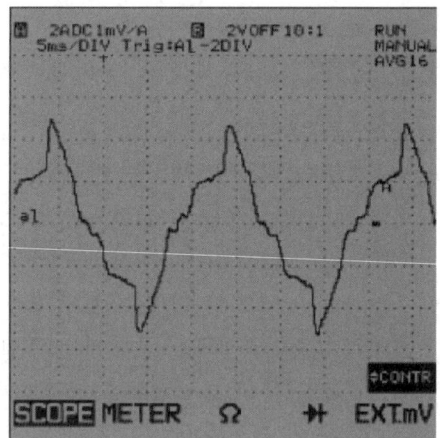

(a) 순수한 사인파(선형부하)　　(b) 왜곡된 사인파(비선형부하)

그림 2-11 순수한 사인파와 왜곡된 사인파

일반적인 실효값 측정방법으로 왜곡된 사인파 전류의 실효값을 측정하면 실제보다 50%정도 적은 값이 측정될 수 있다. 다음 그림은 두 종류의 클램프미터로 같은 곳의 전류를 측정 하였음에도 RMS 계측기는 8.4[A], True-RMS 계측기는 12.3[A]로 서로 다른 값을 지시하고 있다.

(a) RMS 계측기   (b) True-RMS 계측기

그림 2-12 RMS 계측기와 True-RMS계측기의 비선형 부하전류 측정값 비교

RMS 계측기와 True-RMS 계측기를 이용하여 순수한 사인파, 구형파, 왜형파를 측정할 때 계측값의 오차와 정확도를 나타낸 것은 다음 표와 같다.

표 2-3 RMS 계측기와 True-RMS 계측기의 파형별 오차

계측기 형식	순수 사인파	구형파	왜형파
RMS 계측기 오차	오차 없음	10[%] 높게 측정	50[%] 정도 낮게 측정
True-RMS 계측기 오차	오차 없음	오차 없음	오차 없음

상기 표에서와 같이 순수사인파를 포함하여 구형파, 왜형파(고조파)가 함유된 전류파형을 측정하여 정확한 계측을 하고자 할 때는 True-RMS 계측기를 사용하여야 실제 실효값을 측정할 수 있다.

3) 파고율(Crest factor)

전기량 측정기로 True-RMS 계측기를 선정할 때 고려하여야 할 사항은 파고율이다. 파고율은 파형이 얼마나 왜곡 되었는지를 나타내며, 전류의 최대값을 True-RMS값으로 나누어 계산된다. 순수한 사인파의 파고율은 다음 그림과 같이 실효값의 $\sqrt{2}$배(1.414배)이지만, 신호왜곡이 큰 경우에는 파고율은 더욱더 커지게 된다.

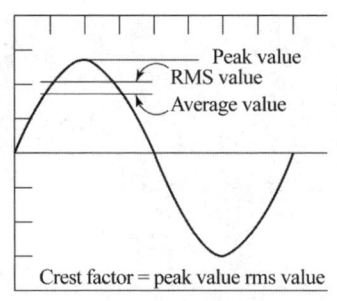

$$\text{Peak Value} = \text{RMS Value} \times \sqrt{2}$$
$$\text{RMS Value} = \text{Average Value} \times 1.1$$

그림 2-13 순수 사인파의 최대값, 실효값, 평균값의 관계

다음 그림과 같이 파형의 왜곡이 심할수록 더 뾰쪽한 최대값으로 인해 파고율은 더욱 커지게 되고, 최대 파고율 1.5의 True-RMS 계측기는 왜곡파형을 정확하게 측정할 수 없으므로 전력분야에서 파고율을 측정하고자 할 때는 파고율 3까지 측장 가능한 True-RMS 계측기를 사용하는 것이 바람직하다.

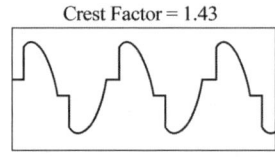
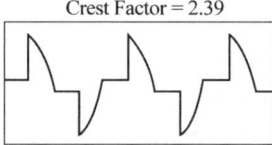
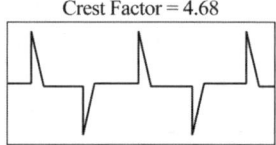

그림 2-14 파고율이 다른 전류 파형의 예

4) 밴드폭(Bandwidth)

전기량 측정용 계측기의 특성 중 파고율과 밀접한 관계가 있는 것이 밴드폭이다.

밴드폭은 테스터가 정확한 측정을 할 수 있는 전류의 주파수 범위로써 국내의 경우에는 60[Hz] 주파수만 측정하는 것으로 생각할 수 있지만 주파수 분석기로 왜곡된 파형을 분석하면 실제로는 60[Hz]의 기본 주파수와 비선형 부하가 포함된 계통에서는 기본주파수의 배수 주파수를 가진 고조파 신호들의 합으로 구성되어 있다. 다음 그림은 컴퓨터 부하인 경우 제3고조파(180[Hz]), 제5고조파(300[Hz]), 제7고조파(420[Hz]) 성분이 포함된 전류파형의 예이다.

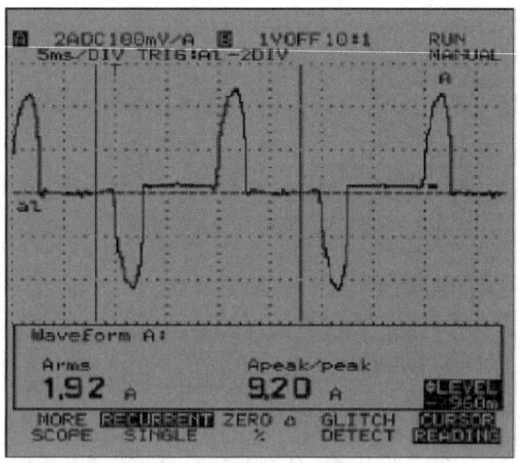

그림 2-15 제3,5,7 고조파가 포함된 전류 파형의 예

이러한 고조파가 포함된 전류파형을 단지 60[Hz] 밴드폭의 True-RMS 계측기로 측정하면 60[Hz]를 넘는 주파수의 신호를 측정할 수 없기 때문에 정확한 계측이 불가능하게 된다. 일반적으로 고조파 성분이 포함된 전류값을 측정하기 위해서는 적어도 1[kHz] 밴드폭의 True-RMS 계측기를 사용하여야 한다.

(3) 전력품질 분석

전력품질 분석계는 단상, 3상3선식, 3상4선식 전력계통의 전력품질을 측정하는 계측기이다.

1) 계측가능 요소

① 전압 : True-RMS(실제 실효값), 피크, 파고율

② 전류 : True-RMS(실제 실효값), 피크, 파고율

③ 전력 : 피상전력, 유효전력, 무효전력, 각상의 역률(역률 평균값)

④ IEEE 1459 항목 : 유효, 비유효(무효), Fundamental(기본파), 고조파, 부하불균형

⑤ 고조파 : 제50차까지 고조파 함유율, 파형 일그러짐(Distortion)

⑥ 적산전력 : 유효, 무효, 발전, 소비

⑦ 기록기능 : 돌입전류(Surge), 전원이벤트(Sag, Swell, Interruption), 파형(전압, 전류)

⑧ 기타 : 온도, 전압변동률, 플리커

2) 측정방법

① 측정 센서의 연결 단자

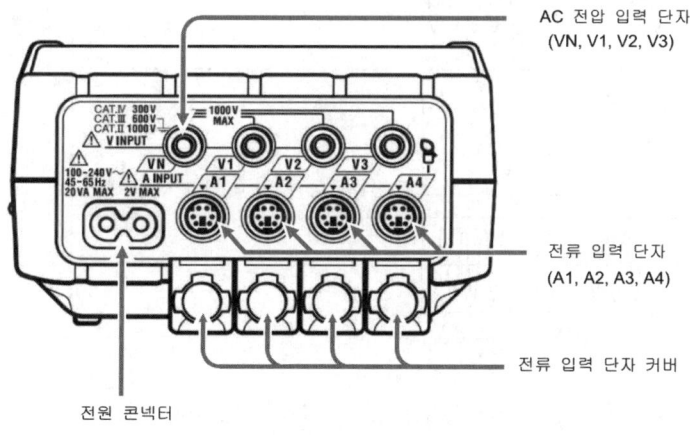

그림 2-16 전력품질 분석계 센서의 연결 단자

② 전력품질을 저하시키는 요소와 그 현상

㉮ Harmonics, Swell, Dip, Interruption

전원 품질	파형	주요 현상	주요 폐해
고조파		기기의 제어 회로는 인버터 회로(콘덴서 입력형 정류 회로) 및 사이리스터 제어 회로(위상 제어회로)를 사용하고 있습니다. 이들 회로는 전류에 왜곡을 일으켜, 이 왜곡이 고조파를 발생시킵니다.	고조파 전류가 흐르면 진상 콘덴서 및 리액터의 소손, 변압기에 소리, 브레이커의 오작동, TV 영상의 깜빡임, 스테레오 등에 잡음의 영향이 있습니다.
전압 Swell		전력 라인의 개폐기의 전원 투입 시에 돌입 전류가 발생하여, 순간적으로 전압이 상승합니다.	
전압 Dip		모터 부하 등의 기동시에 돌입 전류가 발생하여, 전류 강하를 발생시킵니다.	기기/용접 로봇 등의 동작 정지나 컴퓨터 등의 OA 기기에 리셋을 일으킵니다.
전압 순정		낙뢰 등에 의해 전력 공급이 순간 정지 상태가 됩니다.	

㉯ Surge, Inrush current, Ratio of Unbalance, Flicker

전원 품질	파형	주요 현상	주요 폐해
과도현상, 과전압 (임펄스)		브레이커, 마그넷, 릴레이의 접점 불량 등에 의해 발생합니다.	급격한 전압 변화(스파이크)로 인하여 기기의 전원을 파괴, 리셋 동작을 일으킵니다.

전원 품질	파형	주요 현상	주요 폐해
돌입 전류		모터, 백열등, 대용량의 평활 코일 콘덴서를 가진 기기 등의 기동시 등에 일시적으로 흐르는 대전류(서지 전류)입니다.	전원 스위치 접점의 용접, 퓨즈의 용단, 브레이커의 트립, 정류 회로 등에 악영향, 전원 전압의 불안정화를 일으킵니다.
불평형률		동력 라인 부하의 증감, 또는 편협한 설비 기기 증설 등에 의해, 특정한 상이 중(重)부하가 됩니다. 이 때문에 전압, 전류 파형의 왜곡, 또는 전압 강하 및 역상 전압이 발생합니다.	전압, 전류의 불균형, 모터의 회전 차이, 역상 전압, 고조파 등이 발생합니다.
플리커		동력 라인 등 각 상마다 접속된 부하의 증감이나 편협한 설비 기기의 가동에 의해, 특정한 상에만 부하가 가중되어 전압강하가 발생합니다.	전압의 불균형, 역상 전압, 고조파의 발생 등에 의해 모터의 회전 차이나 브레이커의 트립, 변압기의 과부하 발열 등의 사고로 이어질 수 있습니다.

③ 단상 측정

전압은 병렬로 연결하고, 전류는 한 회로만 연결한다. 측정 목적에 따라 사용되는 전력을 다채널로 측정이 가능하다. 일반적으로 전력분석계는 전압 3개 채널, 전류 4개 채널까지 측정할 수 있다. 다음 그림은 단상 1채널과 단상 4채널 측정결선을 나타낸 것이다.

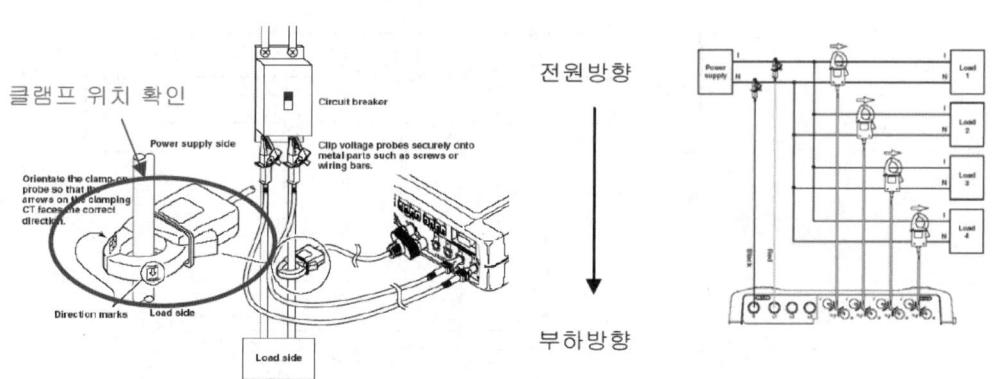

(a) 단상 1채널의 결선 예   (b) 단상 4채널 측정 예

그림 2-17 전력 분석계 단상측정의 결선 예

④ 3상 측정

3상 부하에 대한 전력 분석계의 결선방식에 따라 측정 목적이 다르게 된다.

㉮ 2전력계법(3상3선식) : 3상3선 2전력계법으로 측정할 경우 2채널 측정가능

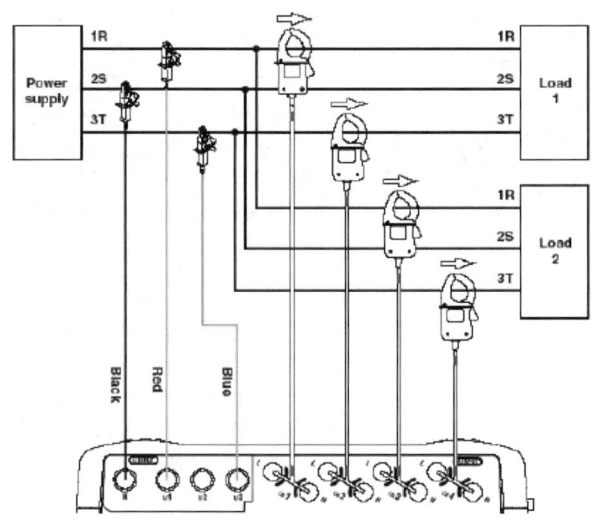

그림 2-18 2전력계법 3상 2채널 측정 예

㉯ 3전력계법(3상3선식) : 3상3선 3전력계법으로 측정할 경우 불평형 전류 측정가능

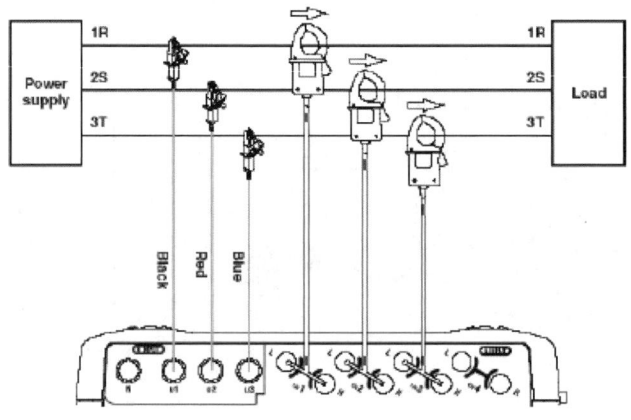

그림 2-19 3전력계법 불평형전류 측정 예

㉰ 3상4선식(Y결선) : 3상4선식 방식으로 측정할 경우 N상의 누설전류 측정가능

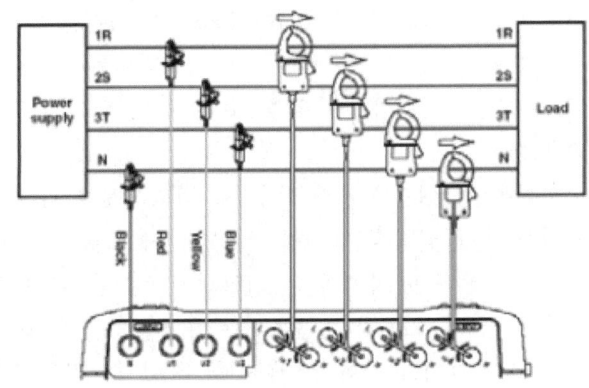

그림 2-20 3상4선식 방식으로 N상 누설전류 측정 예

(4) 열화상 카메라

1) 열화상 카메라의 원리

열화상 카메라는 물체에서 나오는 적외선 에너지(A)가 광학렌즈(B)를 통해 적외선 탐지기
(C)에 집중시킨다. 감지기는 이미지를 처리하기 위해 이 정보를 센서(D)로 보내 감지기로부
터 나오는 데이터를 표준 비디오 모니터나 LCD화면의 뷰파인더에서 볼 수 있도록 이미지
(E)로 변환하여 사람이 볼 수 있도록 이미지화 한다.

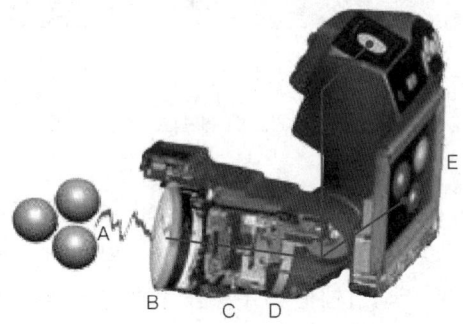

그림 2-21 열화상 카메라의 원리

2) 태양광발전시스템 모듈의 열화상 카메라의 활용

① 열화상 카메라를 이용하여 모듈의 핫스팟(Hot spot), 바이패스 소자의 결함, 셀의 균열
등을 검사할 수 있으며, 전기설비의 단자 접속부의 발열, 기기의 발열온도 등을 검사할 수
있다.

② 열화상 카메라로 태양전지 모듈을 측정할 때 주의사항은 다음과 같다.

㉮ 태양전지 모듈을 검사할 때 충분한 열적 콘트라스트를 얻으려면 태양의 복사열량 (Irradiance)이 최소 500[W/m²]이상이어야 하며, 정확한 측정을 위해서는 700 [W/m²]이상일 때가 측정하는 것이 바람직하다. 복사열량의 측정은 일사량계(전역태양복사) 또는 직달일사량계로 측정할 수 있으며, 외기 온도가 낮으면 열적 콘트라스트가 더 높아진다.

㉯ 태양전지 모듈의 상부는 유리로 되어있어 적외선을 투과하지 못한다. 태양전지 모듈을 앞쪽에서 검사할 때 열화상 카메라는 태양전지 모듈의 표면에 있는 온도 분포를 측정하는 것이며, 유리 표면 뒤에 있는 태양전지(셀)의 온도를 간접적으로 측정하는 것이다. 따라서 태양전지 모듈의 표면온도는 유리온도를 통해 간접적으로 측정하게 된다. 유리 표면의 온도 차이를 열화상 카메라에서 인식하려면 검사에 사용되는 열화상 카메라의 온도 분해능이 0.08[℃] 이하라야 하며, 미소한 온도 차이를 열화상에 나타내려면 카메라의 레벨과 스팬을 수동으로 조절할 수 있어야 한다.

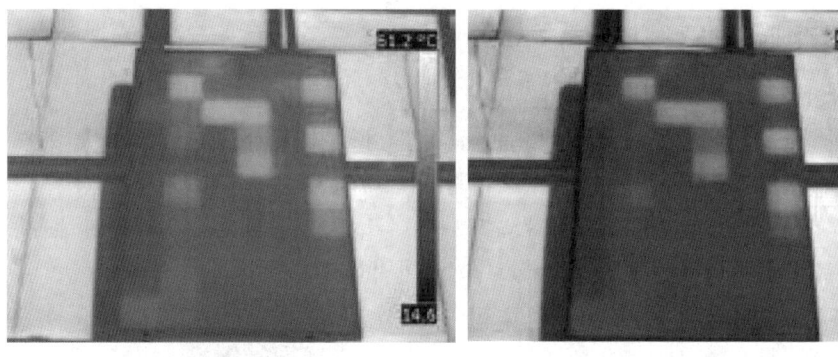

(a) 레벨과 스팬의 자동 모드   (b) 레벨과 스팬의 수동 모드

그림 2-22 열화상 카메라의 레벨과 스팬의 자동 / 수동 모드

㉰ 태양전지 모듈의 프레임(Frame)은 반사율이 높은 알루미늄으로 제작되어 태양의 적외선을 반사하므로 열화상에 온도가 낮은 부분으로 나타난다. 따라서 모듈을 열화상 카메라로 검사할 때 열화상에는 알루미늄 프레임은 온도가 영하로 나타나게 되므로 열화상 카메라의 디스플레이를 조절하는 알고리즘은 자동적으로 최고 및 최저온도에 맞추어 지므로, 차이가 크지 않는 열적이상은 열화상에서 검사할 수 없게 된다. 그러므로 높은 열적 콘트라스트(Contrast)를 얻기 위해서는 레벨과 스팬을 계속 수동으로 보정해 주어야 한다. 이러한 문제는 디지털 화질개선(DDE : Digital Detail Enhancement)기술로 해결할 수 있으므로 열화상 카메라의 성능 중 DDE기능이 있는 것을 사용하면 정확하고 신속하게 태양전지 모듈을 검사할 수 있다.

(a) DDE 기능이 없는 경우　　　　　　　(b) DDE 기능이 있는 경우

그림 2-23 DDE 기능에 따른 열화상 비교

㉰ 반사와 방사율을 고려한 카메라의 위치 결정

- 태양전지 모듈 표면의 유리는 스펙트럼 $8 \sim 14[\mu m]$에서 $0.85 \sim 0.90$ 범위의 방사율 (Emissivity)을 가지고 있지만 유리 표면을 열적으로 측정하여 온도를 정확히 측정하는 것을 어렵다. 이는 유리의 반사 때문에 주위에 있는 여러 물체들이 열화상에 나타나게 되어, 열화상의 해석의 오류가 생기고 측정값의 오차가 발생하게 된다.

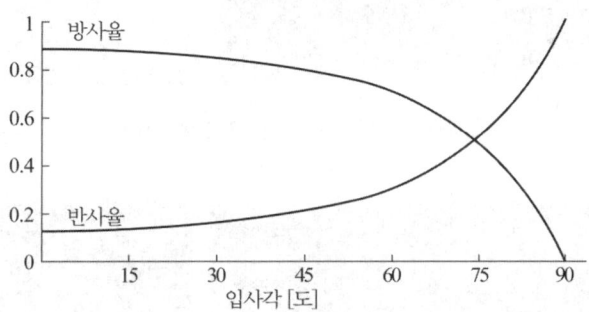

그림 2-24 입사각도에 따른 유리의 방사율 차이

- 유리 표면에서 열화상 카메라와 측정하는 사람에 의한 반사를 피하려면 태양전지 모듈의 표면에 대하여 열화상 카메라가 $5 \sim 60°$정도의 시야각에서 측정하여야 한다.

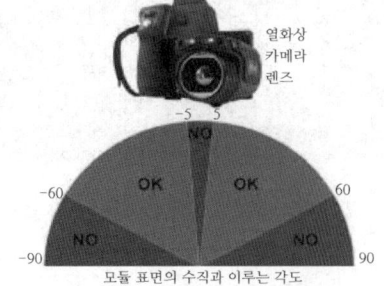

그림 2-25 열화상 카메라로 모듈 표면 측정 시 바람직한 시야각도

㉲ 원거리 측정

검사 및 측정 시 열화상 카메라는 삼각대를 사용하여 측정하는 것이 가장 바람직한 측정방법이다. 그러나 헬리콥터나 드론을 이용하여 넓은 면적을 원거리에서 측정하고자 하는 경우에는 열화상 카메라의 분해능이 640 × 480 픽셀 이상의 것을 사용하여야 하며, 렌즈를 교환할 수 있는 모델을 선택하고 망원렌즈를 사용하여 원거리 측정하는 것이 바람직하다. 분해능이 낮은 열화상 카메라에 망원렌즈를 장착하여 측정하는 경우 미세한 온도 차이는 구분할 수 없게 된다.

㉳ 모듈 후면에서 측정

태양전지 모듈의 후면을 열화상 카메라로 측정하면 반사광의 간섭을 피할 수 있을 뿐만 아니라 유리를 통하여 측정하는 것보다 태양전지 온도를 정확하게 측정할 수 있다.

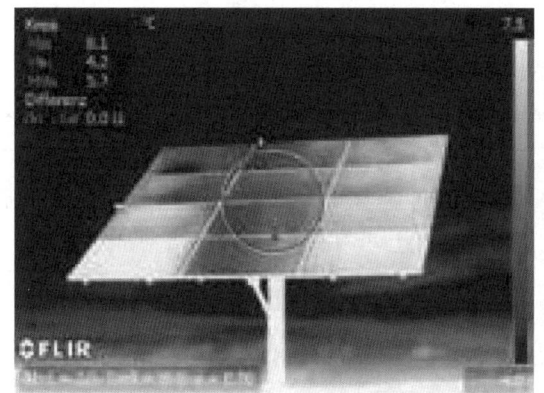

(a) 전면 측정 시 구름 반사에 의한 고온 부분

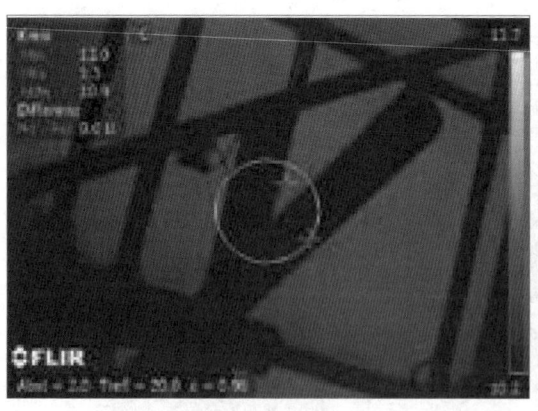

(b) 모듈 후면 검사 시 구름 반사에 의한 오류가 없음

그림 2-26 모듈의 전면 검사와 후면 검사 시 오류제거

㉒ 주위 환경과 측정조건

열화상 카메라를 사용하여 태양전지 모듈을 검사할 때 하늘에 구름이 있으면 태양복사의 열량감소와 반사로 인한 간섭이 발생한다. 또한 태양전지 모듈 표면에 공기 유통이 있으면 대류에 의한 냉각이 생겨서 온도 차이가 감소하게 되므로 바람이 없는 날씨에 측정하는 것이 바람직하며, 주위 온도가 낮을수록 모듈의 셀간 온도차이가 많아지므로 좀 더 정확한 검사를 위해서는 바람이 없는 날 이른 아침에 열화상 카메라를 사용하여 검사하는 것이 좋다.

㉓ 바이패스 다이오드의 손상 확인

태양전지 모듈의 후면을 측정하여 셀이 줄 단위로 높은 온도가 측정되면 바이패스 다이오드의 손상, 내부의 회로 단락, 전지의 미스매치(Mismatch) 등의 원인에 의한 것이다. 다음 그림은 두 줄의 셀이 높은 온도로 측정되는 것으로 바이패스 다이오드가 손상된 경우의 모듈의 열화상이다.

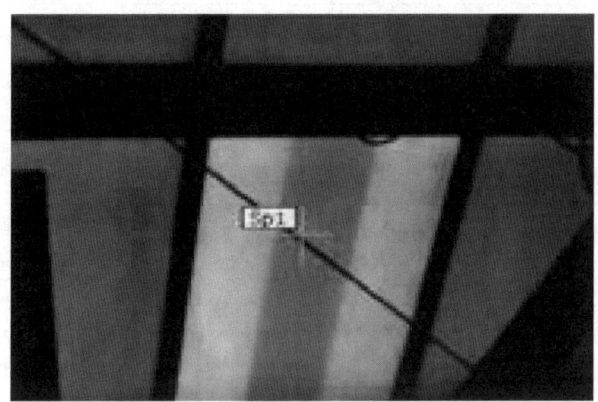

그림 2-27 바이패스 다이오드 손상 시 열화상

㉔ 모듈내부 셀의 균열

태양전지 모듈에 그늘(음영), 균열이 생기면 열화상에 온도가 높은 점 또는 다각형으로 열화상이 측정된다. 이러한 경우 태양전지 모듈을 부하에서 분리하여 모듈을 단자를 개방상태로 하여 태양의 복사열만으로 모듈이 가열되도록 한 상태의 측정과 이후 부하를 연결하여 태양전지 모듈이 태양복사와 전력생산 시 발생되는 열을 측정 비교함으로써 좀 더 정확한 모듈의 문제점을 확인 할 수 있으며, 열화상과 모듈의 전기적 특성시험, 육안검사를 함께 하여 결함을 발견하는 것이 바람직하다.

㉕ 측정오차

측정오차는 일반적으로 카메라의 위치가 부적당하거나 광학적 환경, 측정 조건 등에 의해 발생되며 대표적인 측정오차는 다음과 같은 원인에 의해 발생된다.

- 시야각이 너무 좁을 때
- 태양의 복사에너지가 시간에 따라 변화할 때(구름이 지나갈 때)

- 반사광(예, 태양, 구름, 측정 대상의 위치보다 높은 건축물이 주위에 있을 때)
- 부분적인 그림자(주위 건축물 또는 구조물 등의 그림자)

㉮ 정확한 측정을 위한 조건
- 적합한 규격의 열화상 카메라와 부속 장치(망원렌즈 등)를 사용한다.
- 충분한 태양 복사에너지($700[\mathrm{W/m^2}]$)가 있을 때 측정한다.
- 모듈의 전면에서 측정 시 시야각이 모듈 표면의 수직에서 5~60°범위에서 측정한다.
- 그림자와 반사광을 피하여 측정한다.

③ 모듈의 결함과 열화상에 나타나는 현상

모듈의 결함	원 인	열화상에 나타나는 현상
제작상의 결함	접합 층의 불순물과 기공	고온 Spot 또는 저온 Spot
	태양전지 셀의 균열	셀이 고온으로 길게 나타남.
손 상	모듈의 균열	셀이 고온으로 길게 나타남.
	셀의 균열	셀의 일부가 고온으로 나타남.
일시적인 그늘(음영)	오염물질	고온 핫 스팟(Hot spot)
	새의 배설물	
	수분	
바이패스 다이오드 결함 (회로 과열, 회로 손상)	해당 없음	줄무늬 형태 고온 핫 스팟(Hot spot)
모듈의 연결 불량	하나 또는 여러 개의 모듈의 연결 불량	하나 또는 여러 개의 모듈이 전체적으로 고온 핫 스팟(Hot spot)

④ 전기설비의 검사

열화상 카메라는 태양광발전시스템의 인버터, 케이블과 전선, 전기 커넥터, 배터리, 단자대의 접속부 등 전기설비에 대해서도 검사를 할 수 있다. 특히 전기 접속부의 과열, 기기의 과열 등을 운전 중 발열 상태를 검사하여 화재 등 전기설비의 사고를 사전에 예방할 수 있다. 다음 그림은 전자접촉기 및 퓨즈 접속부의 과열상태를 측정한 열화상이다.

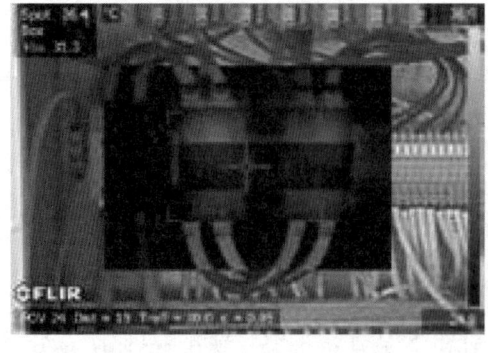

(a) 전자접촉기의 검사   (b) 퓨즈 접속부의 검사

그림 2-28 전기설비의 열화상 검사 예

3.5 고장별 조치방법

(1) 태양광발전용 인버터의 고장별 조치방법

모니터링	파워컨디셔너 표시	현상 설명	조치사항
태양전지 과전압	Solar cell OV fault	태양전지 전압이 규정 이상일 때 발생, H/W	태양전지 전압 점검 후 정상 시 5분후 재기동
태양전지 저전압	Solar cell UV fault	태양전지 전압이 규정 이하일 때 발생, H/W	태양전지 전압 점검 후 정상 시 5분후 재기동
태양전지 과전압제한초과	Solar cell OV limit fault	태양전지 전압이 규정 이상일 때 발생, S/W	태양전지 전압 점검 후 정상 시 5분후 재기동
태양전지 저전압제한초과	Solar cell UV limit fault	태양전지 전압이 규정 이하일 때 발생, S/W	태양전지 전압 점검 후 정상 시 5분후 재기동
한전계통 역상	Line phase sequence fault	계통전압이 역상일 때 발생	상회전 확인 후 정상 시 재운전
한전계통 R상	Line R phase fault	R상 결상 시 발생	R상 확인 후 정상 시 재운전
한전계통 S상	Line S phase fault	S상 결상 시 발생	S상 확인 후 정상 시 재운전
한전계통 T상	Line T phase fault	T상 결상 시 발생	T상 확인 후 정상 시 재운전
한전계통 정전	Utilty line fault	정전 시 발생	계통전압 확인 후 정상시 5분 후 재가동
한전계통 과전압	Line over voltage fault	계통전압이 규정값 이상일 때 발생	계통전압 확인 후 정상시 5분 후 재가동
한전계통 부족전압	Line under voltage fault	계통전압이 규정값 이하일 때 발생	계통전압 확인 후 정상시 5분 후 재가동
한전계통 저주파수	Line under frequency fault	계통주파수가 규정값 이하일 때 발생	계통주파수 점검 후 정상 시 5분 후 재가동
한전계통 고주파수	Line over frequency fault	계통주파수가 규정값 이상일 때 발생	계통주파수 점검 후 정상 시 5분 후 재기동
인버터 과전류	Inverter over current fault	인버터 전류가 규정값 이상으로 흐를 때 발생	시스템 정지 후 고장부분 수리 또는 계통 점검 후 운전
인버터 과온	Inverter over temperature	인버터 과온 시 발생	인버터 팬 점검 후 운전
인버터 MC 이상	Inverter M/C fault	전자접촉기 고장	전자접촉기 교체 점검 후 운전
인버터 출력전압	Inverter voltage fault	인버터 전압이 규정값을 벗어났을 때 발생	인버터 및 계통전압 점검 후 운전
인버터 퓨즈	Inverter fuse fault	인버터 퓨즈 소손	퓨즈 교체 점검 후 운전
위상 : 한전−인버터	Line inverter async fault	인버터와 계통 주파수가 동기화되지 않았을 때 발생	인버터 점검 또는 계통주파수 점검 후 운전
누전 발생	Inverter ground fault	인버터 누전이 발생했을 때 발생	인버터 및 부하의 고장부분을 수리 또는 접지저항 확인 후 운전
RTU 통신계통 이상	Serial communication fault	인버터와 MMI의 통신이 되지 않는 경우 발생	연결단자 점검 (인버터는 정상운전)

1 태양광발전시스템 보수

1.1 발전설비 구성요소의 내구연한

(1) 태양광발전설비 구성요소

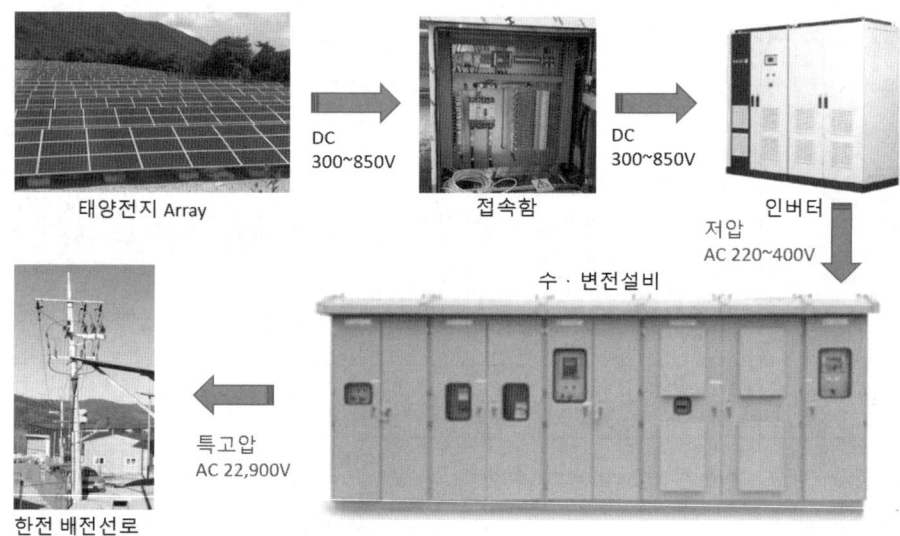

그림 3-1 태양광발전시스템 구성요소

(2) 내구연한

1) 정의 : 어떠한 물체를 그 상태 그대로 사용할 수 있는 기간

2) 관련규정 :「물품관리법」제16조의2에 따른 조달청 고시 제2018-14호

3) 세부지침

① 이 내용연수표에 게재되지 아니한 물품으로써 각 중앙관서의 장이 별도로 내용연수를 책정하지 않은 물품에 대하여는 유사분류 물품의 내용연수를 적용할 수 있다.

예) 진공성형기 → 사출성형기 : 11년

② 불용처분과 관련하여

㉮ 내용연수가 경과하였더라도 사용에 지장이 없는 물품은 계속 사용한다.

㉯ 내용연수가 경과하지 않았더라도 경제적 수리한계가 초과되었거나,「에너지이용 합리

화법」등에 따른 에너지 절약 제품으로 교체하는 것이 경제적으로 유리한 경우에는 처분할 수 있다.

㉺ 필요한 기능을 실현하기 위하여 관련된 여러 가지의 품목이 하나로 조합된 장비(시스템 장비)는 주된 장비를 교체할 때 부속 장비를 함께 교체하는 것이 경제적으로 유리한 경우에는 내용연수가 경과하지 않았더라도 부속 장비를 처분할 수 있다.

4) 태양광발전설비 구성요소 및 장비의 내용연수

일련번호	물품분류번호	품명	내용연수
267	26111607	태양광발전장치	11
269	26111699	태양전지조절기	10
270	26111704	충전장치	8
271	26111719	배터리시험기	9
317	32121701	정류기	11
334	39121002	전력용변압기	10
335	39121004	전원공급장치	10
336	39121006	파워어댑터또는인버터	10
337	39121007	주파수변환기	10
338	39121008	신호변환기	10
339	39121011	무정전전원장치	10
340	39121026	전력제어용변압기	10
343	39121101	분전반	10
344	39121103	배전반	11
346	39121106	전력감시또는제어장치	11
348	39121198	프로그래머블로직컨트롤러(PLC)	10
353	39121610	서지방지장치	8
354	39121621	피뢰장치및액세서리	9
355	39121635	전압조정기	11
698	41113612	접지저항측정기	9
699	41113614	전자기장측정기	11
700	41113619	검류계	11
701	41113621	임피던스측정기	11
702	41113623	절연저항측정기	10
703	41113624	절연시험기	10
704	41113630	멀티미터	10
705	41113631	저항계	11
706	41113632	오실로그래프	10
707	41113633	전위차계	11
708	41113637	전압또는전류측정기	11

일련번호	물품분류번호	품명	내용연수
709	41113638	오실로스코프	11
711	41113640	유효전력계	11
712	41113642	회로검사장치	11
713	41113643	수요전력계또는기록계	11
717	41113661	전압조정기시험기	10
718	41113671	콘덴서시험기	10
719	41113672	계전기시험기	10
721	41113675	전류분류기	10
722	41113677	내전압시험기	9
723	41113682	전력시험기	10
724	41113686	클램프테스터	8
725	41113689	종합계측기	9
726	41113692	전압전류계교정장치	10
727	41113693	정전기측정기	10
736	41113708	전력계	10
795	41114410	기상관측장비	10
1575	60104798	신재생에너지실험장치	10

1.2 설비의 이력관리

(1) 설비의 이력관리

설비를 설치하여 폐기할 때까지 고장일시, 고장내역, 조치(수리)내역, 교체내역 등을 관리함으로써 관리직원이 변경되더라도 그 장비의 이력을 곧바로 확인할 수 있으므로 설비의 보존 측면에서 매우 중요하다.

1) 태양광발전설비의 이력관리는 일반적으로 정기점검 또는 고장이 발생할 때에 이력정보를 기록 및 관리하게 된다.

2) 설비 이력카드 예

발전소 명칭	설비 이력카드		설비명		
	〈설비 사진〉	관리번호			
		모 델 명			
		제 조 사			
		일련번호			
		구 입 처			
		연 락 처			
		구입일자			
		구입가격			
		규 격			
		용 량			
		특 징			
		Spare Part List	부품명	사양	여유수량
설치위치					

<h2 align="center">설비 이력</h2>

일자	구분	관리 내역	담당자(업체명), 연락처	비용	확인자

1.3 이상동작과 처리

(1) 이상동작 시 처리방법

1) 태양광발전소 전기설비의 이상동작이 발생하면 즉시 보고하고,
2) 각부의 상태에 따라 처리하는 방법과 순서는 약간 다를 수 있으나 기본적으로 전력계통을 차단하여 전력계통에 사고가 파급되지 않도록 하고,
3) 태양광 어레이에서 출력되는 직류전원을 차단하여 시스템을 보호하여야 한다.
4) 이상 동작 시 업무처리 흐름도

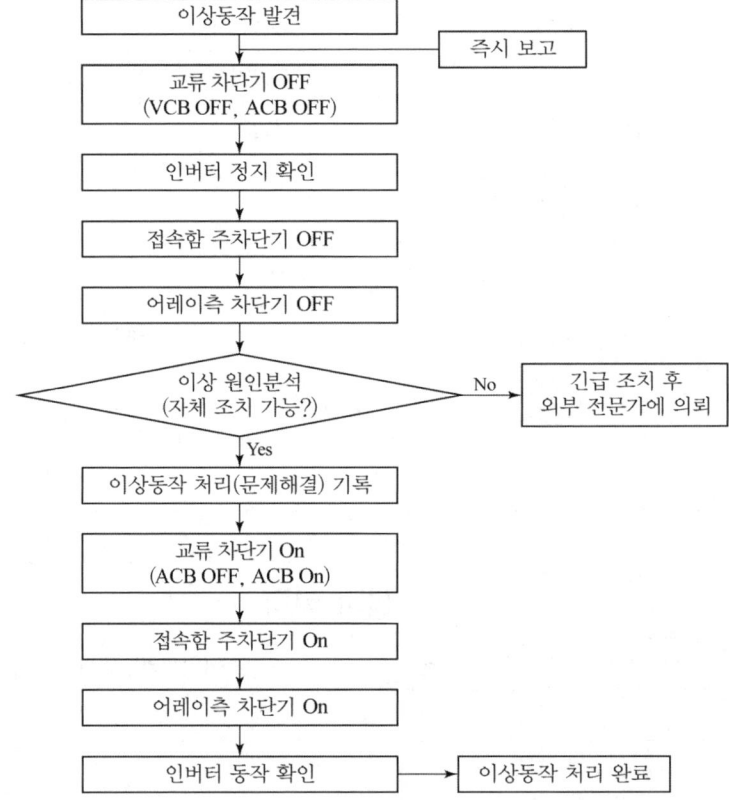

2 태양광발전 특별점검

2.1 특별점검 항목 및 점검요령

(1) 특별점검 시기

1) 기계, 기구, 설비의 신설변경 또는 고장, 수리 등을 할 경우

2) 정기점검기간을 초과하여 사용하지 않던 전기설비를 다시 사용하고자 할 경우

3) 집중호우, 태풍(순간풍속 30[m/s] 초과) 또는 지진(중진 이상 지진) 등의 천재지변 전/후

(2) 태양광발전 특별점검 항목 및 점검요령

점검항목	점검요령	점검결과
구조물	기초주변의 토사 유출은 없는지 확인 지반-기초 결합(고정) 상태 확인 기초-지지대 체결 볼트의 조임 상태 확인 볼트캡의 흔들림이 없는지 확인 구조물의 부식이 없는지 확인 구조물 주변에 위험한 물건이 없는지 확인	
모듈	지지대-모듈 체결 볼트의 조임 상태 확인 모듈의 파손, 균열, 이물질 등 육안 확인 전선의 피복손상 유무 확인 옥상 설비의 경우 비례 우려개소는 없는지 확인	
접속함	정상작동 유무 확인 전선의 피복손상 유무 확인 침수위험성 확인	
인버터	정상작동 유무 확인 배선의 피복손상 유무 확인 침수위험성 확인	
배수로	배수로 이물질로 인한 막힘은 없는지 확인 토사의 유실이 없는지 확인	
옹벽	균열이나 토사유실은 없는지 확인	

4장 태양광발전시스템 안전관리

1 태양광발전 시공상 안전 확인

1.1 시공 안전관리

안전 관리의 목표는 공사를 안전하고 성공적으로 수행하기 위하여 시공 과정의 위험요소를 사전에 검토하고 안전 대책을 수립하는 동시에 개선책을 적용함으로써 인명과 재산상의 손실을 최소화하여 무재해 현장을 구현하는데 목적이 있다.

(1) 안전관리 예방업무와 긴급조치

1) 예방업무
   ① 시설물 및 작업장 위험 방지(펜스 등 위험 방지시설 설치, 점검, 정비)
   ② 안전장치, 보호구, 소화 설비 설치, 정비점검 · 안전작업 관련 훈련 및 교육
   ③ 소화 및 피난 훈련

2) 긴급조치 및 일반 업무
   ① 사고 원인 및 경위 조사와 대책 수립
   ② 안전 관리 인원 감독
   ③ 현장 안전일지 등 기록의 작성 비치
   ④ 산재 관련 업무
   ⑤ 근로자 재해사항 업무 처리
   ⑥ 안전 관리비 실행 집행 및 관리
   ⑦ 기타 안전 보건 관리 규정에서 정한 사항

(2) 재해의 종류

1) 인재
   ① 작업자나 운전자가 작업 중 부상 또는 사망하는 것
   ② 사고가 발생할 경우 사업주와 현장 책임자는 직접 · 간접 책임이 따르며, 사고의 유형에 따라 행정 처분과 민 · 형사상의 처분을 받는다.

2) 물적 피해
   ① 안전 수칙 불이행으로 작업자의 부주의, 자재의 불량 등으로 발생
   ② 기기, 자재, 시설이 파손되어 공사 지연 또는 금전적 손실 발생
   ③ 인재를 발생시키는 원인이 된다.

(3) 산업현장 4대 필수 안전수칙

1) 보호구 지급 착용(안전 보호구 착용)
2) 안전 보건표지 부착(위험을 보여주는 안전표지 부착)
3) 안전보건 교육실시(안전을 배우는 안전교육 실시)
4) 안전작업 절차 지키기(작업 시 위험예방 안전 작업절차 지키기)

(4) 안전 용품

1) 보호구
① 보호구는 재해나 건강 장애를 방지하기 위한 목적으로, 작업자가 착용하여 작업을 하는 기구나 장치를 의미한다.
② 태양광발전시스템 공사에서 모든 작업자는 금속 구조물과 전기 작업에 대한 안전을 위한 긴팔 상의 및 바지를 착용한다. (짧은 상의, 반바지 착용금지)

2) 보호구의 구비 요건
① 착용하여 작업하기 쉬울 것
② 유해 위험물로부터 보호성능이 충분할 것
③ 사용되는 재료는 작업자에게 해로운 영향을 주지 않을 것
④ 마무리가 양호할 것
⑤ 외관이나 디자인이 양호할 것

3) 보호구의 종류
작업자는 자신의 안전 확보와 2차 재해방지를 위해 작업에 적합한 복장을 갖춰 작업에 임해야 한다.
① 안전모 : 낙하, 감전, 추락 방지용(AE 형 또는 ABE 형)
② 안전대 : 건축물이나 구조물 공사 시 작업자 작업 자세 유지, 추락 억제, 작업제한 등의 기능을 한다.
③ 안전화 : 태양광발전 시공에서는 절연화(미끄럼 방지의 효과가 있는 신발)를 사용한다.
④ 안전 장갑 : 공종에 따라 절연장갑과 보호장갑을 사용한다.
⑤ 방진 마스크 : 비산 먼지로부터 보호(현장 상황에 따라 사용)
⑥ 보안경 : 비산물로부터 보호 및 자외선 차단 목적으로 착용
⑦ 안전 허리띠 : 공구, 공사부재의 낙하방지를 위해 사용

(5) 태양광발전설비 예비품

- 예비용 모듈
- 역전류 방지다이오드
- 서지보호장치(SPD : Surge protective device)
- 일사량계(경사, 수평)
- 온도계(모듈표면, 대기)
- 추적 장치의 광센서 및 관련 부품
- 모듈 단자용 전선
- 모듈 바이패스 다이오드

- 모듈 전용선용 커넥터
- 볼트류   • 너트류
- 와셔류   • 오일류

(6) 시공 안전관리

1) 시공 계획서상 안전관리

실시 설계도면과 시공 계획서, 매일 또는 주간 공정표를 보고 위험요소를 파악하여 별도의 안전 관리 계획서를 작성하고 관리 및 시행한다. 안전 관리자는 분석된 자료를 가지고 안전 용품점검과 안전교육을 실시한다. 다음은 안전 관리자가 시공 계획서를 보고 분석하고 작성 할 내용이다.

① 각 공정 단위 위험 요소 파악
② 각 공정 단위 안전 점검을 위한 표시(취급 주의 사항)
③ 각 공정 단위 안전 시공을 위한 지침서 작성
④ 각 공정 단위 검수 시 안전 점검을 위한 지침서 작성
⑤ 각 공정 단위 안전 점검을 위한 지침서 작성
⑥ 특수한 위험 요소는 안전 시공을 위한 지침서 작성
⑦ 차량 등 건설 기계 작업계획서 작성
⑧ 장비 안전 작업계획서 작성
⑨ 안전 보건 교육계획서 작성
⑩ 작업장 순회 점검일지 작성
⑪ 안전 관리자 작업계획서 작성
⑫ 중량물 취급 작업계획서 작성

2) 토목 공사 안전관리

① 건설 안전기준에 준하여 시공
② 장비와 사람의 작업 동선이 겹치지 않게 한다.
③ 장비의 사전점검을 시행한다.
④ 작업자의 안전교육을 실시하고, 건강을 체크한다.
⑤ 다른 공사나 공정의 동선과 겹치지 않게 또는 시간을 조정한다.
⑥ 위험 요소가 발견될 시 즉시 보고 후 승인 처리한다.

3) 건축물 공사 안전관리

① 건축물에 태양광발전설비 설치공사, 전기실 공사 등
② 건축물 태양광발전설비 설치공사
  ㉮ 작업 반경이 협소하여 위험 : 안전대 필수
  ㉯ 건축물 위의 구조물에서 자재 낙하 또는 추락사고 위험 : 대비 철저
③ 전기실 공사

　㉮ 저압 공사 안전대비

　㉯ 자재 낙하 또는 추락사고 위험 : 대비 철저

④ 위험 요소가 발견될 시 즉시보고 및 승인 후 조치

4) 구조물 공사 안전관리

① 구조물은 대부분 강재이므로 장비나 사람에 의해 운반한다.

② 안전 복장 및 규정을 지키도록 한다.

③ 강재의 가공면이 위험 요소이므로 이에 주의한다.

④ 강재는 변형이나 파손되지 않도록 한다.

⑤ 현장에서 강재의 임의가공은 불허한다.

⑥ 위험 요소가 발견될 시 즉시 보고 및 승인 후 조치한다.

5) 전기 공사 안전관리

전기안전에 적합한 안전복장(필요에 따라 접지띠나 활선 경보기 착용)

① 저압 공사

　㉮ 모듈 배선 공사 : 모듈은 햇빛을 받으면 활선상태이므로 감전에 유의하여 작업

　㉯ 접속함 공사 : 차단기 및 퓨즈 OFF상태에서 작업

　㉰ 인버터 공사 :

　　 - 접속함 및 저압, 고압 차단기 OFF상태에서 작업

　　 - 접지와 3상 동기

② 고압 공사

　㉮ 인버터 및 저압, 고압 차단기 OFF상태에서 작업

　㉯ 절연, 접지, 3상 동기

③ 비접속 케이블 단말은 커버해 준다.

④ 케이블 접속부 및 피복 상태를 확인한다.

⑤ 위험 표지판 및 안내문 상시 게시한다.

⑥ 고압 주변에는 접근 제한 및 거리를 표시한다.

⑦ 큐비클은 반드시 잠김 상태로 둔다.

⑧ 전기 담당자만 사용하도록 제한한다.

⑨ 감전에 주의한다.

　㉮ 태양전지 모듈은 햇빛을 받으면 활선상태이므로 감전에 주의

　㉯ 태양전지 모듈의 절연저항 및 접지저항 측정

　㉰ 일몰 후에 절연저항 측정

⑩ 전기공사 안전용품

㉮ 안전 표지판	㉯ 안내 표지판	㉰ 안전 차단봉
㉱ 소화기	㉲ 손전등	㉳ 활선 경보기
㉴ 접지띠	㉵ 적외선 온도계	㉶ 검전기

(7) 시공 후 안전관리

1) 시공사는 준공 후 인수·인계서류에 시설물 관리를 위한 매뉴얼을 작성하여 인계한다.
　　① 장비별 사용 매뉴얼 및 간단 조작법
　　② 소모성 부품 일부
　　③ 시설안전 및 유지관리를 위한 지침서 등

2) 발전소 운영주체는 발전소의 정상운전을 위하여 시공사로부터 운전조작 및 시설 안전관리 및 유지보수를 위한 안내교육을 받는다.

3) 발전소 운영주체는 연간 안전관리를 위한 전기안전관리와 시설관리를 위한 계획을 수립한다.
　　① 소형 발전소는 대부분 자비로 건설한 경우가 많으므로 계획을 수립할 수가 없으므로 별도의 교육을 받아서 수립하는 것이 좋다.
　　② 중대형 발전소는 금융기관의 대출을 받아 건설한 경우가 많으므로 금융 기관에서 요구 서류에 포함되어 있다.

4) 사후 안전 관리대책에는 두 가지 측면에서 수립한다.
　　① 전기 안전관리
　　　　전기안전관리는 전기안전관리법에 따라 용량별로 안전 관리자를 선임한다.
　　② 시설 안전관리
　　　　㉮ 시설관리는 정기적인 점검방법으로 해야 한다.
　　　　㉯ 용량에 따라 다르게 계획을 세워야 하지만, 통상 1일 또는 1주일에 한번 실시한다.
　　　　㉰ 비오기 전후에 1회를 권장한다.

1.2 안전교육의 시행과 훈련

산업안전보건법에 따라 안전교육 계획을 수립하고 현장여건에 따라 특별교육을 실시한다.

1) 안전보건 교육
　　① 정기교육
　　　　㉮ 근로자 : 매월 2시간 이상
　　　　㉯ 관리 감독자 : 반기 8시간 이상 또는 연간 16시간 이상
　　② 수시 교육
　　　　㉮ 신규 채용 : 1시간 이상
　　　　㉯ 작업 내용 변경 : 1시간 이상
　　③ 특별 교육 : 2시간 이상
　　④ 벌칙 사항 : 500만원 이하의 과태료

2) 관리 책임자 등에 대한 교육
　　① 안전보건 관리책임자 : 신규 및 보수교육은 6시간 이상
　　② 안전 관리자 및 보건 관리자 : 신규교육은 34시간 이상, 보수교육은 24시간 이상

③ 안전보건 관리담당자 : 보수교육은 8시간 이상

④ 벌칙 사항 : 500만원 이하의 과태료

3) 특별교육 대상작업

① 밀폐된 장소나 습한 장소에서 행하는 용접작업

(예 : 공동구, BOX·탱크 내, 집수정 주위 등)

② 1톤 이상의 크레인을 사용하는 작업(고정식, 이동식)

③ 전압 75볼트이상 정전 및 활선작업(예 : 수전 설비, 분전함, 고압선로 방호구 설치, 가설 전기, 발전기 설치 등)

④ 비계의 조립, 해체 작업(예 : 각종 비계, 낙하물 방호 선반 등)

⑤ 골조, 교량 상부, 탑의 5[m]이상 금속 부재의 조립해체

(예 : 철골 건립, 타워 크레인, 송전 선로 철탑, 교회 종탑 등)

⑥ 목재 가공 기계(휴대용 제외)를 5대 이상 보유한 작업장에서 당해 기계에 의한 작업

⑦ 리프트, 곤도라를 이용하는 작업

⑧ 깊이 2[m]이상의 지반굴착공사

⑨ 굴착면의 높이가 2[m]이상 되는 암석 굴착작업

⑩ 산소, LPG 등을 이용한 금속의 용접, 용단, 가열작업

⑪ 타워크레인을 설치(상승 작업포함)·해체작업 등

1.3 안전관리 조직운영 등

(1) 안전관리 계획서의 목적

안전 관리계획서는 전기공사 시 체계적이고 효율적인 안전관리를 정착시키고 부실공사를 방지하여 공사 목적물의 품질확보가 이루어질 수 있도록 하는 데 목적이 있고, 또한 전기공사의 사전 안전성 평가를 위한 공사 착수 전에 구체적인 안전 관리계획을 수립하고 계획서를 작성함으로서 안전 관리 업무를 원활하게 수행토록 함을 목적으로 한다.

(2) 안전관리 계획서의 작성

1) 안전 관리계획서에 포함되어야 하는 항목

① 공사 개요

② 안전관리 조직

③ 공정별 안전점검 계획

④ 안전교육 계획

⑤ 통행 안전시설 설치 및 교통안전 계획

⑥ 안전 관리비 사용계획

⑦ 비상시 긴급조치 계획

⑧ 보호구 지급 및 안전표지 설치계획

⑨ 공사장 및 주변안전 관리계획

(3) 세부 작성 요령

1) 공사 개요
공사 개요서, 공정표 작성

2) 안전 관리 조직
① 안전 관계자 선임계
② 안전조직도 : 안전 관계자 직무, 안전 관리책임자(현장 대리인), 안전 관리자(자격증 소지)

3) 공정별 안전 점검계획
공정별 작업 전, 작업 중, 작업 후 안전 점검계획

4) 안전 교육 계획
① 안전 교육의 종류별 내용, 대상, 실시자, 시간 등의 계획
② 신규 채용자 안전교육 계획
③ 정기 안전교육 계획
④ 일상(작업 전)안전 교육계획

5) 통행 안전시설 설치 및 교통안전 계획
① 통행 안전시설 설치
② 각종 표지판 및 경보 장치 등 설치계획
③ 교통안전 계획
④ 유도원, 교통 안내원 등의 배치계획
⑤ 공사 현장 주변의 도로상황

6) 안전 관리비 사용계획

7) 비상시 긴급조치 계획
① 직원 비상연락망 작성
② 대외 관계기관 비상연락망 작성
③ 긴급조치 사항

8) 보호장구 지급 및 안전표지 설치계획
① 작업별 보호구 지급계획을 작성
② 용도에 따른 안전표지 설치계획

9) 공사장 및 주변 안전 관리를 계획
① 공사 현장 주변의 지하 매설물 보호 조치계획
② 인접 시설 보호 조치계획
③ 인접 주민에 대한 대책

(4) 안전관리 조직

태양광발전소의 설비용량에 따라 전기안전 관리자는 1명 이상 선임한다. 선임은 상주와 대행으로 구분되며, 일반적인 태양광발전소의 안전관리 조직도는 다음과 같다.

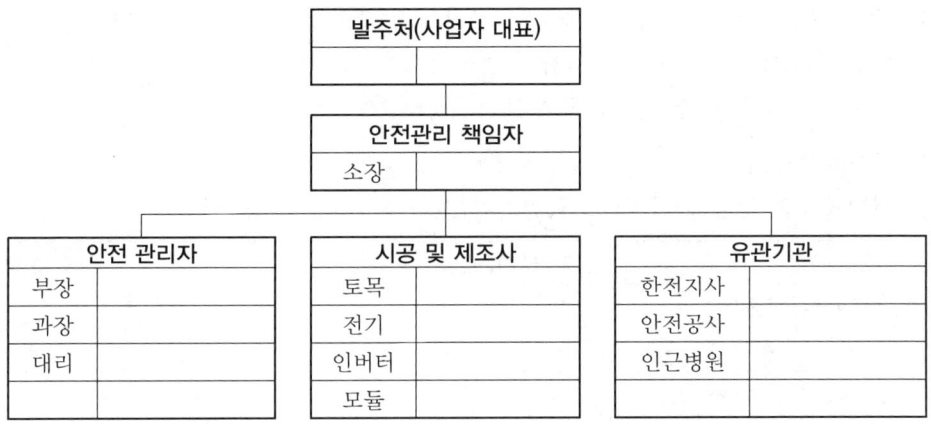

② 태양광발전 설비상 안전 확인

2.1 설비 안관전리

(1) 설비 안전을 위한 자재검수

1) 차량 및 건설 기계 반입 : 차량 및 건설기계 활용계획서 확인
2) 각 공정에서 사용되는 주요 자재 : 품목별 반입시기, 수량, 위험도, 관리계획
3) 안전 용품 또는 보호구 : 절연성, 낙하방지, 추락방지, 위험표지판, 위험안내판, 차단봉 등
4) 현장에서 사용되는 위험 물질 : 인화성 물질, 오염물질, 독성 물질, 변질 가능성물질
5) 소음방지, 비산 먼지대책
6) 통신 장비 : 전화기, 무전기
7) 보건 물품 : 위생 또는 구급약품, 간이 화장실

2.2 설비 보존 계획

(1) 하자보수

1) 검사 대상 : 준공된 태양광 발전소 건설부지 및 전기설비 중 하자보증기간 내에 있는 모든 공사

2) 검사 시기 : **년간 2회 이상**

3) 하자발생시 조치사항

① 하자발견 즉시 도급자에 서면 통보하여 하자 보수토록 요청

② 하자보수 요청 후 미 이행시는 하자보증 보험사 또는 연대 보증사에 서면 통보하여 조치 (이 경우 발주자는 하자보수 불이행에 따른 도급자에 행정처벌 조치)

③ 도급자는 하자보수 착공계 제출 후 공사에 임하여야 하며, 하자보수를 완료한 경우 하자보수 준공계를 제출하여 감독자의 준공검사를 득해야 처리가 완료된다.

④ 하자보수 및 검사를 완료한 경우에는 하자보수 관리부를 작성하여 보관한다.

4) 하자담보 책임기간

① 전기공사의 종류별 하자담보책임기간(전기공사업법 시행령 [별표 3의2])

전기공사의 종류	하자담보책임기간
1. 발전설비공사	
가. 철근콘크리트 또는 철골구조부	7년
나. 가목 외 시설공사	3년
2. 터널식 및 개착방식(땅을 뚫거나 파는 방식을 말한다) 전력구 송전·배전설비공사	
가. 철근콘크리트 또는 철골구조부	10년
나. 가목 외 송전설비공사	5년
다. 가목 외 배전설비공사	2년
3. 지중 송전·배전설비공사	
가. 송전설비공사(케이블공사 및 물밑 송전설비공사를 포함한다)	5년
나. 배전설비공사	3년
4. 송전설비공사(제2호 및 제3호 외의 송전설비공사를 말한다)	3년
5. 변전설비공사(전기설비 및 기기설치공사를 포함한다)	3년
6. 배전설비공사(제2호 및 제3호 외의 배전설비공사를 말한다)	
가. 배전설비 철탑공사	3년
나. 가목 외 배전설비공사	2년
7. 산업시설물, 건축물 및 구조물의 전기설비공사	1년
8. 그 밖의 전기설비공사	1년

② 신재생에너지 발전설비의 하자담보책임기간(신·재생에너지 설비의 지원 등에 관한 규정 [별표1])

원　별	하자보증기간
태양광발전설비, 풍력발전설비, 소수력발전설비, 지열이용설비 태양열이용설비, 기타 신·재생에너지설비	3년
단, 융·복합지원사업 등 사업으로 설치한 설비는 5년으로 한다.	

(2) 설비보존 계획 시 고려사항

1) 점검계획

시설물의 준공 후 유지관리자는 일상점검 또는 정기점검 계획을 수립하여 계획에 따라 적절히 점검을 시행하여, 점검계획을 수립할 때는 다음과 같은 사항들이 고려되어야 한다.

① 시설물의 종류, 범위, 항목, 방법 및 장비

② 점검대상 부위의 설계자료, 과거이력 파악

③ 시설물의 구조적 특성 및 특별한 문제점 파악

④ 시설물의 규모 및 점검의 난이도

⑤ 점검당시의 주변여건

⑥ 점검표의 작성

⑦ 기타 관련사항

2) 점검계획 시 고려사항 (점검 주기 및 점검 내용)

① **설비의 사용 기간** : 일반적으로 신설 설비보다 오래된 설비가 고장 발생의 확률이 높기 때문에 점검내용을 세분화하고 주기를 단축해야 한다.

② **설비의 중요도** : 설비에는 중요설비와 비교적 중요하지 않은 설비가 있다. 예를 들면, 한전 배전용 변압기에 고장이 발생하면 발전전원의 한전 배전이 중단되지만, 모듈이 불량인 경우에는 해당 스트링만 발전을 하지 못하게 된다. 즉, 설비의 중요도에 따라 점검내용과 주기를 검토해야 한다.

③ **환경조건** : 설비가 설치되어 있는 곳의 환경은 좋은가? 나쁜가? 옥내인가? 옥외인가? 분진지역인가? 염해지역인가? 환기의 양부, 습기의 다소, 특수가스 유무, 진동유무 등에 의하여 절연물의 열화, 금속의 부식, 과열, 수명단축 등의 영향을 받으므로 환경조건에 따른 점검내용과 주기를 검토해야 한다.

④ **고장이력** : 환경조건의 불량 등에 의하여 고장을 많이 일으키는 설비가 있는데, 이와 같은 설비는 재발방지를 위하여 점검을 강화해야한다.

⑤ **부하상태** : 사용빈도가 높은 설비, 부하의 증가, 환경조건의 악화 등으로 과부하 상태로 된 설비 등은 점검의 주기를 단축해야 하며, 과부하 설비 및 선로가 없도록 해야 한다.

3) 유지관리 경제성

① 유지관리비의 구성요소

유지관리의 경제적 기본원칙은 종합적 비용을 최소부담으로 수행해야 하는 것이다. 종합적 비용에는 기획·설계비, 건설비, 유지관리비 및 폐기처분비 등 모든 비용을 종합적으로 검토하여야 한다. 유지관리비의 구성요소는 유지비, 보수비, 개량비, 일반관리비, 운용지원비로 분류한다.

㉮ 유지비 : 시설물을 관리하기 위해서 실시하는 일상점검, 정기점검, 청소, 보안, 식재관리, 제설 등에 필요한 유지점검에 관련된 비용이 포함된다.

㉯ 보수비와 개량비 : 파손개소, 결함이 발생한 부분에 대한 사후보전을 위해 보수하는

비용과 개조 등을 위해 지출하는 비용이다.

　㉓ 일반관리비 : 시설물을 유지하는데 지출되는 제반 관리비로서 행정비, 관련세금, 보험료, 감가상각, 업무위탁에 필요한 사무비 및 위탁업무의 검사에 필요한 경비 등이 포함된다.

　㉔ 운용지원비 : 유지관리에 필요한 기술자료의 수집, 기술의 연수, 보전기술개발의 제반 비용 등이다.

② 내용 연수

내용 연수를 나타내는 방법은 여러 가지가 있지만 일반적으로 물리적 내용 연수, 기능적 내용 연수, 사회적 내용 연수, 법정 내용 연수 4가지로 대별된다.

　㉮ 물리적 내용 연수 : 시설물과 부대설비가 건설 후 사용함에 따라서 또는 세월이 지남에 따라 손상, 열화(劣化) 등의 변질현상이 진행되어 그 시설물을 이용하기에 위험한 상태에 이르기까지의 기간이다.

　㉯ 기능적 내용 연수 : 시설물의 기능이 사회 및 경제활동의 진전, 생활양식의 변화 등에 따른 변화에 대응하지 못하고, 기능의 상대적 저하가 시설물로서의 편익과 효용을 현저하게 저하시켜 그 기능을 발휘하기 어려운 상태에 이르기까지의 기간을 말한다.

　㉰ 사회적 내용 연수 : 시설물의 제 기능저하보다는 사회적 환경변화에 적응이 불가능하기 때문에 야기되는 효용성의 감소를 말한다. 즉, 도로의 신설·확장 등에 의한 시설물의 일부 또는 전체의 훼손, 도시재개발사업에 의한 시설물의 철거, 지가상승으로 인한 고수익익의 시설물로 교체하는 경우 등이 해당된다.

　㉱ 법정 내용 연수 : 시설물이 안전을 유지하고 그 기능을 지닐 수 있는 기간으로 물리적 마모, 기능상, 경제상의 조건 등을 고려하여 각 시설물이나 부대시설에 대해 규정한 연수를 말한다.

상기의 4가지 내용 연수 중에서 시설물의 유지관리 측면에서는 기능적 내용 연수를 고려하여 경제적 평가의 기준으로 함이 타당하다.

③ 기록 및 보고

　㉮ 일반사항

　　- 작업의 통제나 조직의 운영을 위한 각종 기록은 보고를 하여야 하며 대장이나 각종 도표 등은 조사를 하거나 변경되었을 경우 반드시 기록하여야 한다.

　　- 유지관리 기록 및 보고를 위해서는 순찰일지, 작업일지, 자재수급일지, 취업표 등을 기록하여 상부기관에 보고하여야 한다.

　　- 기록체계는 많은 기능들을 잘 포함할 수 있도록 수립되어야 하며, 효과적인 기록체계를 이루려면 수립과정에 앞서 예상되는 의문사항들이 밝혀져야 한다.

　㉯ 기록 보존기간

　　- 유지관리 기록은 시설물을 사용하는 기간 동안 보존하는 것을 원칙으로 한다.

　　- 기록은 효율적이고 합리적인 유지관리를 위한 자료이므로 유지관리를 계속 행할 필요가 있는 동안은 보존하는 것이 원칙이다.

- 시설물의 사용기간이 지난 후에도 다른 시설물의 유지관리 자료로 사용하기 위해 보존하는 것이 바람직하다.
  ㉓ 기록 항목
    - 기록해야 할 항목으로는 주요제원, 일반도, 주변환경, 점검계획과 결과, 평가·판정의 결과, 대책계획과 향후 추진계획 등으로 한다.
    - 기록해야 할 항목으로 유지관리에 필요한 항목을 효율적으로 선정한다.
④ 유지관리에 필요한 자료
  ㉮ 주변지역의 현황도 및 관계서류
  ㉯ 지반조사 보고서 및 실험 보고서
  ㉰ 준공시점에서의 설계도, 구조계산서, 설계도면, 표준시방서, 특별시방서, 견적서
  ㉱ 보수, 개수(改修)시의 상기 설계도서류 및 작업기록
  ㉲ 공사계약서, 시공도, 사용재료의 업체명 및 품명
  ㉳ 공정사진, 준공사진
  ㉴ 관련된 인허가(認許可) 서류 등

2.3 작업 중 안전대책 등

(1) 공종별 안전관리

1) 토목공사
  공사 전반에 대한 개략을 파악하기 위한 위치도, 공사 개요, 전체 공정표 및 설계도서 (평면도, 단면도, 측면도 등 구조물의 전체 개요도면 및 서류)를 확인한다.
① 차량 또는 건설 기계(공통)
  ㉮ 운행 경로, 작업 방법, 작업 계획서, 신호 방법숙지 및 교육
  ㉯ 주요 위험요인 : 끼임, 부딪힘, 떨어짐
  ㉰ 작업장 및 이동 경로 지반상태를 확인
  ㉱ 안전모 안전화, 안전대, 보안경을 착용
  ㉲ 관계자 외 출입통제
  ㉳ 장비 유도원(신호수) 배치 : 작업 반경 내 근로자 접근 방지조치
  ㉴ 건설 장비는 매일 점검실시
  ㉵ 작업 후엔 주변을 청소, 정리정돈
② 지반공사
  ㉮ 토질의 형상, 지질 등의 상태에 따른 적정 굴착 경사유지
  ㉯ 토사 유출방지
③ 비산 먼지 방지 시설점검
④ 소음 대책

2) 건축 공사

① 경사 지붕 위 공사

㉮ 2[m]이상의 높은 곳에서 작업 시 안전한 작업 발판설치

㉯ 안전대 부착 설비를 설치, 작업자는 안전대를 착용하여 부착 설비에 걸고 작업 또는 이동

㉰ 개인 보호구 착용 철저

3) 구조물 공사

① 모듈 설치 공사

㉮ 작업자의 보호구 착용점검(안전모, 안전대, 안전화, 보안경, 안전 장갑 등)

㉯ 작업자의 복장이 안전한지 점검(짧은 상의, 반바지 착용 불가)

㉰ 공정 순서와 안전 수칙을 수행하는지 점검

㉱ 모듈 이송 시 파손 주의 : 두 사람이 마주 잡고 이동

㉲ 사다리를 사용하거나 장비 이용할 때 낙하 및 추락주의

② 어레이 구조물 공사

㉮ 작업자의 보호구 착용점검(안전모, 안전대, 안전화, 보안경, 안전 장갑 등)

㉯ 작업자의 복장이 안전한지 점검(짧은 상의, 반바지 착용 불가)

㉰ 공정순서와 안전수칙을 수행하는지 점검

㉱ 철 구조물에 충돌 방지점검 및 교육

4) 전기공사

① 배선 공사

㉮ 모듈 배선 공사 시 모듈 출력선은 활선상태이므로 단자 노출 및 혼촉 주의

㉯ 모듈의 배선도와 전선의 규격확인

㉰ 모듈 연장 접속 시 전용 커넥터 사용

㉱ 배선의 피복상태

㉲ 노출 배선의 커버상태(자외선 차단 커버 또는 배관처리)

㉳ 모듈 배관의 방수처리

② 접속반 접속 공사

㉮ 보호구 착용

㉯ 모듈 어레이 배선은 활선 상태이므로 감전 및 접촉주의

㉰ 주개폐기와 퓨즈는 개방(OFF) 상태에서 작업

③ 인버터 설치 공사

㉮ 보호구 착용

㉯ 입력(직류)측 연결 시 주의사항

 – 검전기로 통전확인

 – 모든 접속반의 주개폐기를 개방(OFF)한 상태에서 연결작업

㉰ 출력(교류)측 연결 시 주의사항

　　　　- 3상 상회전 검출기로 R, S, T상 구분하여 동상끼리 연결
　　　　- 연결 작업은 차단기 개방(OFF)후 작업
　④ 정전 작업 시 안전 수칙 준수 상태
　　㉮ 전기 스위치에 통전 금지 표시
　　㉯ 전기 작업책임자 임명 및 표시 유무
　　㉰ 정전 작업 장소 명시
　　㉱ 개폐기에 잠금장치 및 열쇠 보관 방법 적정 유무
　　㉲ 정전작업 중임을 작업근로자에게 통지 유무
　⑤ 활선 근접 작업 시 안전수칙 준수상태
　　㉮ 저압 충전선로 근접장소 감전위험 여부 확인
　　㉯ 절연용 보호구 착용상태
　　㉰ 가공 전선에 접촉 또는 접근 시 안전 조치 유무 : 이동식 크레인, 항타기, 카고 트럭 등
　　㉱ 작업자 주위의 충전전로에 절연용 방호구 설치 유무
　　㉲ 접촉 사고 발생위험이 있는 저압 및 고압 활선에 방호관 설치 유무
　　㉳ 접촉 사고 발생위험이 있는 특고압 이설 유무
　　㉴ 활선 작업 및 활선 근접작업 시 감시인 배치 유무

5) 작업용 임시전력 안전점검
　① 임시 분전반의 설치 및 사용 시 안전수칙 준수상태
　　㉮ 분전반 옥외 설치 시 비, 바람, 눈으로부터 안전한 옥외형 설치
　　㉯ 전기 안전담당자 명시
　　㉰ 충전부에 내부 보호판 설치 등 보호조치
　　㉱ 콘센트에 전압표시
　　㉲ 외함 접지상태
　　㉳ 누전차단기 설치 및 작동상태
　　㉴ 전기 인출 시 누전차단기 연결 유무
　　㉵ 콘센트와 플러그에 의한 전원인출 유무
　　㉶ 분전반 내 청결상태
　　㉷ 외함에 회로도, 회로명 표시
　　㉸ 절연 및 접지상태 정기점검 유무
　　㉹ 외함 잠금장치 및 안전 표지판 부착
　② 개폐기의 설치, 사용 시 안전수칙 준수상태
　　㉮ 스위치 불량 유무
　　㉯ 절연 피복 손상유무
　　㉰ 커버나이프 스위치, 적정 퓨즈 유무
　　㉱ 1회로 1개소 스위치 사용 및 용도 명시

③ 전기 기계기구의 사용 시 안전수칙 준수상태
- 전선, 접점, 단자, 스위치 등 전기가 통하는 곳의 피복상태
- 작업 전 점검 및 정기점검 유무
- 전기·기계 기구 접지
- 공구 외함 접지
- 전원별 전용 접지 유무
- 이중 절연 구조
- 누전차단기 부착 또는 누전차단형 콘센트 사용 유무
- 이동용 조명기구 및 매달기식 전등의 보호망 유무
- 투광등 전선 인입부 절연 고무 손상 유무
- 작업 종료 시 전원 플러그를 뽑아 전원차단 유무
- 충전부 등 절연유무
- 전선의 노후화 및 손상 유무
- 작업자 절연용 보호구 착용 유무
- 문어발식 배선 유무
- 임시 전선 정격용량의 규격품 사용 유무
- 전선 정리정돈 상태
④ 이동전선 및 가설 배선의 설치 상태
㉮ 배선의 가공설치 등 작업장 바닥에 전선 방치 유무
㉯ 전선의 철골, 철재에 직접 부착 유무
㉰ 전선이 차량 등 중량물의 통로 상에 노출 유무
㉱ 전선 피복 파손 유무
㉲ 사용하지 않는 전선 방치 유무
㉳ 전선 접속 및 연결방법 적정 유무
㉴ 습윤 장소에 적합한 전선 및 접속기의 사용 유무
㉵ 충전부 노출 유무
㉶ 전선이 고인물에 인접 또는 접촉 유무
⑤ 공사장주변 안전 관리계획
㉮ 지하 매설물의 방호, 인접 시설물의 보호 등 공사장 및 공사 현장 주변의 안전관리
㉯ 화재 위험물 안전관리
⑥ 통행 안전시설 설치 및 교통소통 계획
㉮ 공사장 주변의 교통소통 대책, 교통안전 시설물, 교통사고 예방 대책 등 교통안전 관리

(2) 전기재해와 감전

1) 전기재해의 종류
전기재해는 매체 경로를 통하여 물적 피해나 인체에 전기가 통하여 감전 사고가 나는 것을

말한다.

① 전격 재해 : 감전 사망, 아크 화상, 전격으로 인한 추락

② 전기 화재 : 단락, 전기 불꽃, 누전, 절연 불량 등

③ 정전기 재해 : 화재, 폭발, 전격으로 인한 2차재해, 전자 제품 파손 등

④ 낙뢰 재해 : 직격뢰, 유도뢰

⑤ 전자파 재해 : 정밀급 기기 오동작, 유해 전자파 등

⑥ 폭발 : 인화성 물질, 가연성 가스

2) 감전과 인체 영향

① 감전

감전이란 인체의 일부 또는 전체에 전류가 흘렀을 때 인체 내에서 일어나는 생리적 현상으로 전류의 크기에 따라서 따끔거리는 정도에서 근육 수축, 호흡 곤란, 심실세동 등으로 인해 사망하거나 추락, 전도 등의 2차적 재해를 유발하는 현상을 말한다.

② 감전의 특징

㉮ 인체 실험이 불가하다.

㉯ 실험 결과에 대한 검증이 어렵다.

㉰ 재해 당시 상황 재현이 어렵다.

㉱ 눈에 보이지 않는다.

㉲ 전기 작업자보다 알반 작업자, 고압보다 저압 취급 작업에서 더 많이 발생한다.

③ 감전 위험을 결정하는 인자 : 통전 전류의 크기, 통전시간, 통전 경로, 전원의 종류, 인체 저항, 전압의 크기

④ 감전에 의해 사망에 이르는 주요 현상

㉮ 전류가 심장 부위로 흘러 심실세동으로 인한 심장 마비

㉯ 전류가 뇌의 호흡 중추부로 흘러 호흡기능 장애

㉰ 전류가 가슴 부위로 흘러 흉부 수축에 의한 질식

⑤ 감전에 의한 부상

㉮ 수천[℃]의 전기 아크 및 불꽃에 의한 고열 화상

㉯ 전류 줄열(인체 저항($5[k\Omega]$))에 의한 화상 및 조직의 파괴

㉰ 쇼크(shock)로 인한 추락, 전도 등 2차재해 발생

㉱ 그 외 다양한 형태가 있음

3) 감전사고 발생 형태

① 충전부 양단 간 접촉, 충전부와 대지 간의 접촉

㉮ 전선이나 전기기기의 전위차가 있는 두 부분의 노출된 충전부의 양단간에 인체가 접촉되어 인체가 통전회로를 구성하는 경우

㉯ 통전 경로

- 충전부(A) → 오른손 → 심장 → 왼손 → 충전부(B)

- 충전부(A) → 오른손 → 심장 → 왼발 → 대지(B)

ⓒ 절연 보호구의 착용 여부에 의해 결정

ⓓ 발생 가능 작업 : 전기 작업자에 의한 특고압 및 고압, 저압 활선작업

ⓔ 예방 대책
- 정전 작업 수행
- 각종 절연 보호구 착용 및 방호구 사용
- 충전부 방호 철저
- 분기회로에 감전 방지용 누전차단기 설치(저압 회로)

② 누전 부위의 접촉

ⓐ 누전되는 전기설비의 금속제 외함에 인체의 한 부위가 접촉되고, 인체의 다른 한 부분이 대지(땅)나 접지된 금속제에 접촉되어 인체가 지락회로의 일부로 구성하는 경우

ⓑ 통전 경로 : 누전되는 금속제 외함 → 오른손 → 심장 → 발 → 대지

ⓒ 금속제 외함의 접지 저항값이 변압기 중성점 접지 저항값과 같은 수준인 5[Ω] 정도가 되어야 감전예방이 가능

ⓓ 예방 대책 : 충전부 양단 간 접촉, 충전부와 대지 간의 접촉의 예방대책과 동일

③ 감전사고 예방 기본원리

ⓐ 전기기기 접지

ⓑ 자동 전격방지기 설치

ⓒ 전기 기기, 전선의 절연, 충전부의 방호

ⓓ 절연용 보호구, 방호구 사용

ⓔ 이중 절연구조

ⓕ 비접지식 전로(절연 변압기, 혼촉 방지판 부착 변압기)

ⓖ 젖은 손 사용금지

ⓗ 누전차단기의 사용

④ 전기 작업자의 제한(유해 위험 작업의 취업 제한) : 고압선 정전 작업 및 활선 작업

ⓐ 전기 기능사 이상

ⓑ 고등학교 전기학과 졸업자 이상

ⓒ 직업 능력 개발 훈련 이수자

ⓓ 관련 법령에 따라 해당 작업 허용자

⑤ 충전 전로 작업 안전 조치

ⓐ 충전 전로 방호 조치 작업 : 직접 및 간접 접촉금지

ⓑ 충전 전로 취급 작업 : 절연용 보호구 착용

ⓒ 충전 전로 근접 작업 : 절연용 방호구(저압인 경우 절연용 보호구 착용하고, 충전전로 접촉 우려 없을시 방호구 미설치)

ⓓ 고압 및 특별 고압 작업 : 절연 보호구 착용 및 절연용 방호구 설치

ⓔ 절연용 방호구 설치 및 해체 작업 : 절연용 보호구 또는 활선 작업용 기구 및 장치

ⓕ 미 자격자 작업 시 : 대지전압 50[kV]이하 300[cm] 이격

⑥ 충전전로 사용 전압별 접근한계 거리

충전전로의 선간전압 [kV]	충전전로에 대한 접계한계거리[cm]	충전전로의 선간전압 [kV]	충전전로에 대한 접계한계거리[cm]
0.3이하	접촉금지	121초과 145이하	150
0.3초과 0.75이하	30	145초과 169이하	170
0.75초과 2이하	45	169초과 242이하	230
2초과 15이하	60	242초과 362이하	380
15초과 37이하	90	362초과 550이하	550
37초과 88이하	110	550초과 800이하	790
88초과 121이하	130		

4) 모듈 배선 공사 시 감전대책

① 모든 전원 도면, 배선도 등으로 확인
② 모듈은 태양 빛이 비추면 활선상태가 된다.
③ 작업자 보호구 착용
④ 모듈 배선 연장 연결 작업
  ㉮ 전용 커넥터 사용
  ㉯ 슬리브 접속법 사용
⑤ 어레이 배선 종단은 절연 보호 테이프 마감
  ㉮ 접속반 연결 부위
  ㉯ 어레이 번호 표시
  ㉰ 극성 표시
⑥ 구조물에 배선 고정 타이작업
  ㉮ 구조물로 인하여 전선이 손상되지 않게 작업
  ㉯ 배선의 고정 타이의 강도는 늘어지지 않을 정도의 흔들림 없이 고정
  ㉰ 전선 보호관 사용
⑦ 접속반까지 배선 작업
  ㉮ 전선 보호관 사용
  ㉯ 전선 보호관 사용 시 방수 마감
  ㉰ 지중 매설관 사용 또는 지상 덕트로 보호하여 연결
  ㉱ 지중 선로나 덕트로 연결시 적합한 전선 보호관을 사용
⑧ 작업 후 주변 정리

5) 접속반 배선 공사

① 모든 전원 도면, 배선도 등으로 확인
② 어레이 인입선은 활선 상태
③ 작업자 보호구 착용
④ 퓨즈나 주개폐기 개방(OFF) 상태에서 작업

⑤ 어레이 단자대 접속

㉮ 테스터로 극성을 확인한다.

㉯ 어레이 넘버링 튜브를 삽입한다.

㉰ 칼라 튜브를 삽입하여 극성 구분할 수 있도록 한다.

㉱ 종단은 터미널 또는 러그를 끼워 압착 후 접속한다.

⑥ 주개폐기의 출력선 극성에 맞게 연결

⑦ 주개폐기의 출력선과 인버터 입력 쪽 배선에 접속반 번호와 극성 표시

⑧ 어레이 결속 마감 후에도 다시 전압과 극성 확인

⑨ 배선 연결 후 규정에 따라 절연저항 측정

⑩ 작업 후 주변 정리와 표지판 철거

6) 인버터 배선 공사 시 감전 대책

① 모든 전원 도면, 배선도 등으로 확인

② 작업자 보호구 착용

③ 차단기(ACB, VCB) 개방(OFF) 확인

④ 접속반 주개폐기 개방(OFF) 상태 확인

⑤ 인버터 1차 입력 인입 단자대에 접속함 전선 연결

㉮ 테스터로 극성을 확인한다.

㉯ 접속함 전로번호 확인 후 단자대에 접속

㉰ 극성 구분할 수 있도록 한다.

⑥ 어레이 결속 마감 후에도 다시 전압과 극성 확인

⑦ 2차 교류 3상(R, S, T)출력선과 차단기측의 3상(R, S, T)과 상 검출기의 단자에 연결

⑧ 3상 검출기로 동상을 확인 후 동상끼리 표시

⑨ 표시된 3상(R, S, T)을 인버터 출력단에 접속

⑩ 배선 연결 후에 전기설비기술기준에 따라 절연저항 측정

⑪ 작업 후 주변정리와 표지판 철거

7) 전기실 배선 공사 시 감전 대책

① 모든 전원 도면, 배선도 등으로 확인

② 작업자 절연 보호구(고압용) 착용

③ 활선 경보기 착용

④ 출입 통제 및 안내 표지판 설치

⑤ LBS 및 차단기(ACB, VCB) 개방(OFF) 확인

⑥ 인버터 개방(OFF) 상태 확인

⑦ 3상 검출기를 이용하여 R, S, R 상 확인

⑧ 모든 배선은 R, S, T상을 구분할 수 있는 칼라 튜브 삽입

⑨ 내부 근접전로는 대부분 버스(BUS)바를 사용

⑩ 배선 연결 후에 전기설비기술기준에 따라 절연저항 측정

⑪ 작업 후 주변 정리와 표지판 철거

⑫ 전로의 절연 저항값

3   태양광발전 구조상 안전 확인

3.1 구조 안전관리

(1) 설비안전을 위한 자재검수

1) 단위별 도면 이해

  ① 최소 단위의 구조 도면을 보고 각 부위별 기능과 역할을 이해하고, 기본 공정순서를 파악한다.

  ② 기본 공정에서 작업자나 자재의 결합과정에서 작업자의 안전과 자재파손의 위험요소를 파악한다.

2) 설치 전체 도면 이해

  ① 시공 계획서와 도면을 보고 구조물 설치 공정계획서를 확인한다.

  ② 기초 공사 → 자재 반입 → 자재 검수 → 설치 작업의 순서로 이루어지며, 현장 여건에 따라 변경 될 수 있다. 그러나 반드시 설치 전 자재 검수가 완료된 것만 사용한다.

  ③ 도면 해석 시 반드시 장비 동선과 작업자의 동선을 파악하여 위험요소를 분석하고, 안전 계획서 또는 지침서를 작성한다.

  ④ 위험 요소가 있는 곳에는 반드시 다음과 같은 조치를 취한다.

    ㉮ 안전 난간 설치

    ㉯ 안전 표지판 설치

    ㉰ 안전 유도원 또는 신호수 배치

    ㉱ 작업자의 보호구 검사

(2) 구조 안전 계산서 및 확인서

1) 구조 안전 계산서

  ① 건축 구조기술사는 구조물 설계자가 설계한 도면과 표준 자재 리스트를 보고 시뮬레이션 프로그램에 입력한다.

  ②「건축물의 구조 기준에 관한 규칙」및「건축 구조 설계 기준」에 따른 지역과 환경에 맞는 계수를 입력하여 구조물의 안전도 계산을 한다.

2) 구조 안전 확인서

① 건축물 위에 태양광발전시스템을 설치할 때는 구조안전 확인서를 제출해야 한다.

② 중대형 태양광발전시스템에서도 인허가시에 제출한다.

③ 발전시설 구조물이 장기간 사용에 문제가 없음을 확인하는 내용이다.

④ 적용되는 수치나 계수는 「건축물의 구조 기준에 관한 규칙」 및 「건축 구조 설계 기준」에 따른다.

(3) 구조물 시공 시 안전관리

1) 일반사항

① 각 단위 공정별 위험요소를 파악하여 별도의 안전관리 지침을 만든다.

② 원자재 취급 시 위험요소에 사전 안전조치를 취한다.

③ 작업자의 작업 전 사전 안전교육 및 보호구 착용

④ 장비의 동선에 따라 안전조치

2) 대지 위 구조물 시공 시 안전관리

① 구조물

㉮ 구조물 위험도 확인 및 표시

㉯ 안전표지판 설치

㉰ 작업자 동선에 위험물 확인 및 표시

② 작업자

㉮ 안전 보호구 착용 ㉯ 안전대 착용

㉰ 안전 교육 ㉱ 보건 교육 및 건강 체크

③ 장비 및 차량

㉮ 작업 동선 준수 ㉯ 작업 반경 내 작업자 확인

㉰ 신호수 또는 유도수 확인 ㉱ 안전 수칙 이행

3) 건축물 위 구조물 시공 시 안전관리

① 안전 난간설치 ② 안전 워킹 레일설치

③ 안전망 설치 ④ 안전표지판 설치

⑤ 작업자 동선에 위험물 확인 및 표시

3.2 구조물 시공절차와 방법

(1) 공통사항

1) 태양광설비를 일반 부지에 설치 시에는 배수가 용이하고 태양광설비의 구조물과 기초의 안전성을 확보해야 하며, 건축물 또는 구조물 등에 설치 시에는 방수 등에 문제가 없도록 설치하여야 한다.

2) 태양광설비를 주택 지붕, 조립식패널, 목조 구조물, 지상에 고정된 컨테이너 등에 설치하고자 할 경우에는 지붕 또는 구조물 하부의 콘크리트 또는 철제 구조물에 직접 고정하여야 한다. 다만, 지붕이나 구조물 하부의 콘크리트 또는 철제 구조물에 직접 고정이 불가능한 경우에 한하여 해당 태양광발전설비(지지대, 지지대가 건축물 등에 고정되는 부분 등을 포함한 전체 설비)가 현행 건축구조기준(국토교통부고시)에 따라 안전성 및 적정성을 확보하였음을 건축구조기술사 또는 토목구조기술사로부터 확인을 받아 설치할 수 있다.

3) 태양광설비를 건물(주택 포함) 상부에 설치할 경우 태양광설비의 눈·얼음이 보행자에게 낙하하는 것을 방지하기 위하여 모든 모듈 끝선이 건물의 외벽 마감선을 벗어나지 않도록 설치하여야 한다.

4) 모듈을 지붕에 직접 설치하는 경우 배면환기를 위하여 모듈의 프레임 밑면부터 가장 가까운 지붕면의 이격거리는 10[cm]이상이어야 하며, 배선처리는 바닥에 닿지 않도록 단단하게 고정해야 한다.

5) 지상 고정형인 경우 지지대 기초는 콘크리트 기초로 시공하여야 한다. 베이스판, 볼트류, 볼트캡 등 자재는 부식을 방지하기 위하여 지표면 이상 높이에 위치하여야 한다.

(2) 지지대 및 부속자재

1) 설치상태

① 태양광설비 지지대(이하 지지대)는 자중, 적재하중, 적설하중, 풍압하중 등을 포함한 구조하중 및 기타의 진동과 충격에 대하여 안전한 구조이어야 한다.

② 볼트조립은 헐거움이 없이 단단히 조립하여야 한다. 다만 모듈과 지지대의 고정 볼트에는 스프링 와셔 또는 풀림방지너트 등으로 체결해야 한다.

2) 지지대, 연결부, 기초(용접부위 포함)

① 지지대는 다음 각 호의 재질로 제작하여야 한다. 지지대간 연결 및 모듈-지지대 연결은 가능한 볼트로 체결하되, 절단가공 및 용접부위(도금처리제품 한정)는 용융아연도금처리를 하거나 에폭시-아연페인트를 2회이상 도포하여야 한다.

㉮ 용융아연 또는 용융아연-알루미늄-마그네슘합금 도금된 형강

㉯ 스테인리스 스틸(STS)

㉰ 알루미늄합금

㉱ ㉮호부터 ㉰호까지 동등이상 성능(인장강도, 항복강도, 압축강도, 내구성 등)을 가지는 재질로서 KS인증 대상제품인 경우, KS인증서 및 시험성적서, KS인증 대상제품이 아닌 경우에는 동성능 이상임을 명시한 국가 공인시험기관의 시험성적서(KOLAS 인정마크 표시)를 센터로 제출·담당자 확인을 거친 것. 단, 해당재질로 모듈 지지대를 설치하는 경우, 건축 또는 토목 구조기술사로부터 연결부위를 포함하여 풍하중, 적설하중 등 구조하중에 견딜 수 있는 구조임을 확인받아 설치확인 신청시 센터에 제출하여야 한다.

② 지지대는 건축물 또는 구조물에 고정하며, 앵커볼트 또는 케미컬 앵커볼트로 고정될 경우에는 볼트캡을 부착하여야 한다.

3) 체결용 볼트, 너트, 와셔(볼트캡 포함)

용융아연도금, STS, 알루미늄합금 재질로 하고, 볼트규격에 맞는 스프링와셔 또는 풀림방지너트로 체결하여야 한다.

3.3 천재지변에 따른 구조상 안전계획

(1) 개요

태양광발전시스템의 구조물은 설계자가 관련법규에 근거로 건축 또는 토목 구조기술사의 검토를 거쳐 사용되는 금속자재의 수직하중과 수평하중을 고려하여 설계되어 설치된다. 그러나 구조 설계에는 표준 권고 기준 값을 근거로 설계되므로, 발전소 준공 후 시간이 경과함에 따라 지반 침하나 구조물의 용접부분이나 볼트의 체결부위가 안전 설계지수를 벗어날 수 있으므로 태풍, 장마, 지진 등에 대비한 안전계획의 수립이 필요하다.

(2) 천재지변

지진, 홍수(폭우), 태풍 따위의 자연현상으로 인해 발생되는 재앙을 천재지변이라고 한다.

(3) 지진 또는 폭우

1) 우리나라는 지진에 대한 안전지대라고 할 수 있으나 지진 발생 시 한전전원을 차단하여 전기설비의 전도 등에 의한 사고로 발생되는 2차재해가 발생되지 않도록 하여야 한다.

2) 연약 지반위에 설치하였거나, 성토층에 설치하였을 경우 폭우 시 지반침하가 발생한다. 지반 침하로 인한 기초의 지내력이 상실되어 구조물의 전도가 발생하므로, 장마 대비 및 해빙기 점검 시 구조상 안전점검과 2차재해(전도, 감전)의 피해를 최소화할 수 있도록 대비하여야 한다.

3) 지반침하로 구조물이 전도될 경우, 모듈의 케이블(전선)에 장력이 작용하여 케이블이 끊어져 누전 등이 발생할 수 있으므로 한전 전원을 차단하여 발전소의 운전을 중지하여야 한다.

(4) 태풍

1) 태양광발전시스템의 모듈은 태풍에 의한 하중을 고려하여 설계 및 시공되지만 시간이 경과함에 따라 프레임 고정용 볼트 및 앵커볼트 풀림이 발생하므로 태풍 대비 점검 시 볼트의 조임 상태를 토크렌치로 확인하여 규정치 이하인 경우 재조임을 하여야 한다.

2) 건물 지붕에 설치된 태양전지 모듈은 태풍에 의한 모듈의 이탈이 발생하여 주변을 지나는 행인에 상해를 유발할 수 있으므로 근접지역의 통행을 제한하여야 한다.

3) 태풍에 의해 모듈이 이탈할 경우, 모듈의 케이블(전선)에 장력이 작용하여 케이블이 끊어져 누전 등이 발생할 수 있으므로 한전 전원을 차단하여 발전소의 운전을 중지하여야 한다.

3.4 안전관련 법규 등

3.4.1 전기안전관리법

(1) 목적(제1조)

전기재해의 예방과 전기설비 안전관리에 필요한 사항을 규정함으로써 국민의 생명과 재산을 보호하고 공공의 안전을 확보함을 목적으로 한다.

(2) 용어 정의(제2조)

1) 전기안전관리 : 국민의 생명과 재산을 보호하기 위하여 전기설비의 공사·유지·관리 및 운용에 필요한 조치를 하는 것
2) 전기재해 : 전기화재, 감전사고 등으로 인하여 사람의 생명과 재산의 피해가 발생하는 것
3) 원격점검 : 전기설비의 과전압·과전류 및 누설 전류 등을 검출하여 이를 데이터로 수집, 분석 및 전송함으로써 전기설비의 안전 상태 등을 점검하는 것

(3) 전기안전관리 기본계획 수립 등(제5조)

1) 기후에너지환경부장관은 전기재해 예방 등 체계적인 전기안전관리를 위하여 5년마다 전기안전관리에 관한 기본계획을 수립·시행하여야 한다.
2) 기본계획에는 다음 각 호의 사항이 포함되어야 한다.
   ① 전기안전관리에 관한 중·장기 정책에 관한 사항
   ② 전기설비의 안전관리제도 개선에 관한 사항
   ③ 전기재해 예방을 위한 교육·홍보 및 기술개발에 관한 사항
   ④ 전기설비의 안전관리를 위한 인력 양성에 관한 사항
   ⑤ 사회적 취약계층에 대한 전기안전 복지서비스에 관한 사항
   ⑥ 그 밖에 전기설비의 안전관리 수준 향상을 위하여 필요한 사항

(4) 자가용전기설비의 공사계획의 인가 또는 신고(제8조)

1) 자가용전기설비의 설치공사 또는 변경공사로서 기후에너지환경부령으로 정하는 공사를 하려는 자는 그 공사계획에 대하여 기후에너지환경부장관의 인가를 받아야 한다. 인가받은 사항을 변경하려는 경우에도 또한 같다.
2) 제1항에 따라 인가를 받아야 하는 공사 외의 자가용전기설비의 설치 또는 변경공사로서 기후에너지환경부령으로 정하는 공사를 하려는 자는 공사를 시작하기 전에 시·도지사에게 신고하여야 한다. 신고한 사항을 변경하려는 경우에도 또한 같다.
3) 제2항 전단에도 불구하고 기후에너지환경부령으로 정하는 저압(低壓)에 해당하는 자가용전기설비의 설치 또는 변경공사의 경우에는 제9조에 따른 사용전검사(使用前檢査) 신청으로 공사계획신고를 갈음할 수 있다.
4) 자가용전기설비의 소유자 또는 점유자는 전기설비가 사고·재해 또는 그 밖의 사유로 멸실·파손되거나 전시·사변 등 비상사태가 발생하여 부득이하게 공사를 하여야 하는 경우에는 제

1항 및 제2항에도 불구하고 기후에너지환경부령으로 정하는 바에 따라 공사를 시작한 후 지체 없이 그 사실을 기후에너지환경부장관 또는 시·도지사에게 신고하여야 한다.

(5) 사용전검사(제9조)

제8조에 따라 자가용전기설비의 설치공사 또는 변경공사를 한 자는 기후에너지환경부령으로 정하는 바에 따라 기후에너지환경부장관 또는 시·도지사가 실시하는 검사에 합격한 후에 이를 사용하여야 한다.

(6) 정기검사(제11조)

전기사업자 및 자가용전기설비의 소유자 또는 점유자는 기후에너지환경부령으로 정하는 전기설비에 대하여 기후에너지환경부령으로 정하는 바에 따라 기후에너지환경부장관 또는 시·도지사로부터 정기적으로 검사를 받아야 한다.

(7) 특별안전점검 및 응급조치(제15조)

기후에너지환경부장관은 다음 각 호의 시설에 설치된 전기설비가 기술기준에 적합한지 여부에 대하여 안전공사로 하여금 특별안전점검을 하게 할 수 있다.

① 태풍·폭설 등의 재난으로 전기사고가 발생하거나 발생할 우려가 있는 시설
② 장마철·동절기 등 계절적인 요인으로 인한 취약시기에 전기사고가 발생할 우려가 있는 시설
③ 국가 또는 지방자치단체가 화재예방을 위하여 관계 행정기관과 합동으로 안전점검을 하는 경우 그 대상 시설
④ 국가 또는 지방자치단체가 주관하는 행사 관련 시설

(8) 전기안전관리자의 선임 등(제22조)

1) 전기사업자나 자가용전기설비의 소유자 또는 점유자는 전기설비(휴지 중인 전기설비는 제외)의 공사·유지 및 운용에 관한 전기안전관리업무를 수행하게 하기 위하여 기후에너지환경부령으로 정하는 바에 따라 「국가기술자격법」에 따른 전기·기계·토목 분야의 기술자격을 취득한 사람 중에서 각 분야별로 전기안전관리자를 선임하여야 한다.
2) 제1항에도 불구하고 자가용전기설비의 소유자 또는 점유자는 전기안전관리에 관한 업무를 다음 각 호의 자에게 위탁할 수 있다. 이 경우 안전관리업무를 위탁받은 자는 제1항에 따른 분야별 전기안전관리자를 선임하여야 한다.
   ① 전기안전관리업무를 전문으로 하는 자로서 자본금, 기술인력, 장비 등 대통령령으로 정하는 요건을 갖춘 자
   ② 시설물관리를 전문으로 하는 자로서 자본금, 기술인력, 장비 등 대통령령으로 정하는 요건을 갖춘 자
3) 제1항에도 불구하고 기후에너지환경부령으로 정하는 규모 이하의 전기설비(자가용전기설비와 「신에너지 및 재생에너지 개발·이용·보급 촉진법」 제2조제1호 및 2호에 따른 신에너지와 재생에너지를 이용하여 전기를 생산하는 발전설비만 해당)의 소유자 또는 점유자는 다음 각 호의 어느 하나에 해당하는 자에게 기후에너지환경부령으로 정하는 바에 따라 전기안전

관리업무를 대행하게 할 수 있고, 전기안전관리업무를 대행하는 자는 전기안전관리자로 선임된 것으로 본다. 다만, 제1호에 따른 안전공사는 격지, 오지 등 기후에너지환경부령으로 정하는 지역으로서 기후에너지환경부장관이 정하는 전기설비에 한정하여 대행할 수 있다.

① 안전공사

② 자본금, 기술인력 등 대통령령으로 정하는 요건을 갖춘 전기안전관리대행사업자

③ 전기 분야의 기술자격을 취득한 사람으로서 대통령령으로 정하는 장비를 보유하고 있는 자

(9) 전기안전관리자의 성실의무 등(제24조)

1) 전기안전관리자는 제22조제6항에 따른 직무를 성실히 수행하여야 한다.

2) 전기사업자 및 자가용전기설비의 소유자 또는 점유자(제22조제2항에 따라 전기안전관리업무를 위탁받은 자를 포함한다)와 그 종업원은 전기안전관리자의 전기안전관리에 관한 의견에 따라야 한다.

3) 전기안전관리자는 기후에너지환경부령으로 정하는 바에 따라 전기안전관리에 관한 기록을 작성·보존 및 제출하여야 한다.

4) 전기안전관리자는 전기설비가 기술기준에 적합하지 아니하다고 인정되는 경우에는 지체 없이 해당 전기사업자 및 자가용전기설비의 소유자 또는 점유자에게 그 전기설비의 수리·개조·이전 등 필요한 조치를 요구하여야 한다.

5) 전기안전관리자로부터 제4항에 따른 조치요구를 받은 해당 전기사업자 및 자가용전기설비의 소유자 또는 점유자는 지체 없이 이에 따라야 한다. 이 경우 이에 따른 조치요구를 이유로 전기안전관리자를 해임하거나 보수의 지급을 거부하는 등 불이익한 처우를 하여서는 아니된다.

(10) 전기안전관리자의 교육 등(제25조)

1) 전기안전관리자 및 「전기공사업법」 제17조에 따른 시공관리책임자(이하 "시공관리책임자"라 한다)는 기후에너지환경부장관이 실시하는 다음 각 호에 따라 교육(이하 "전기안전교육"이라 한다)을 받아야 한다.

① 전기안전관리자 : 전기설비의 유지 및 운용에 관한 안전관리교육

② 시공관리책임자 : 전기설비의 공사 및 시공관리에 관한 안전시공교육

2) 기후에너지환경부장관은 필요한 경우 이론교육과 실습교육을 병행하여 전기안전교육을 실시할 수 있다.

3) 제1항에 따라 전기안전교육을 수료한 전기안전관리자 또는 시공관리책임자에 대하여 교육수료증을 발급할 수 있다.

4) 전기안전관리자를 선임한 자는 정당한 사유 없이 전기안전교육을 받지 아니한 전기안전관리자를 해임하여야 한다.

5) 「전기공사업법」 제2조제3호에 따른 공사업자는 정당한 사유 없이 안전시공교육을 받지 아니한 시공관리책임자의 지정을 취소하여야 한다.

6) 그 밖에 전기안전교육의 실시에 필요한 사항은 기후에너지환경부령으로 정한다.

3.4.2 전기안전관리법 시행령

(1) 전기안전관리 기본계획의 수립·변경 등(제2조)

1) 「전기안전관리법」(이하 "법"이라 한다) 제5조제3항 단서에서 "대통령령으로 정하는 경미한 사항을 변경하려는 경우"란 다음 각 호의 경우를 말한다.

① 법 제5조제1항에 따른 전기안전관리에 관한 기본계획(이하 "기본계획"이라 한다)에서 정한 부문별 사업규모의 100분의 15 범위에서 변경하려는 경우

② 기본계획에서 정한 부문별 사업기간을 1년의 범위에서 변경하려는 경우

③ 계산 착오, 오기, 누락 또는 이에 준하는 명백한 오류를 수정하려는 경우

④ 그 밖에 기본계획의 목적 및 방향에 영향을 미치지 않는 사항을 변경하는 경우로서 기후에너지환경부장관이 고시하는 사항을 변경하려는 경우

(2) 공사계획의 인가(제5조)

기후에너지환경부장관은 법 제8조제1항에 따라 전기설비의 설치공사 또는 변경공사에 관한 계획을 인가할 때에는 해당 계획이 「전기사업법」 제67조에 따른 기술기준에 적합한 경우에만 인가해야 한다.

(3) 전기사고의 조사대상(제15조)

1) 법 제40조제3항에서 "대통령령으로 정하는 전기사고"란 다음 각 호의 사고를 말한다.

① 법 제40조제1항에 따른 중대한 사고

② 전기로 인하여 발생한 것으로 추정되는 다음 각 목의 사고

㉮ 사망자가 2명 이상이거나 부상자가 3명 이상인 화재사고

㉯ 재산피해[해당 화재사고에 대하여 경찰관서나 소방관서에서 추정한 가액(價額)에 따른다]가 3억원 이상인 화재사고

㉰ 그 밖에 제1호, 가목 또는 나목과 유사한 규모의 사고로서 해당 사고의 재발 방지를 위하여 사고의 원인·경위 등에 관한 조사가 필요하다고 인정하여 기후에너지환경부장관이 지정하는 화재사고

3.4.3 전기안전관리법 시행규칙

(1) 인가 및 신고를 해야 하는 공사계획(제3조)

1) 「전기안전관리법」제8조제1항 전단 및 같은 조 제2항 전단에 따른 자가용전기설비의 설치공사계획 또는 변경공사계획에 대한 인가 및 신고의 대상은 별표 1과 같다.

[별표 1] 자가용 전기설비 공사계획의 인가 및 신고 대상

공사의 종류	인가가 필요한 것	신고가 필요한 것
1. 발전설비 　가. 설치공사	출력 1만킬로와트 이상의 발전설비 설치	출력 1만킬로와트 미만의 발전설비 설치.
다) 신재생에너지 발전설비 등 　　⑴ 태양광설비 　　⑰ 태양전지	출력 1만킬로와트 이상의 태양전지의 설치 또는 전체 모듈의 2분의 1이상의 대체	출력 1만킬로와트 미만의 태양전지의 설치 또는 전체 모듈의 2분의 1이상의 대체
⑭ 전력변환장치	출력 1만킬로와트 이상의 전력변환장치의 설치 또는 대체	출력 1만킬로와트 미만의 전력변환장치의 설치 또는 대체

2) 법 제8조제3항에서 "기후에너지환경부령으로 정하는 저압(低壓)에 해당하는 자가용전기설비"란 저압에 해당하는 자가용전기설비(전기저장장치와 무정전전원장치는 제외)를 말한다.

(2) 공사계획 인가 등의 신청(제4조)

1) 법 제8조제1항에 따른 공사계획의 인가 또는 변경인가를 신청하려는 자는 별지 제1호서식의 공사계획 인가(변경인가) 신청서에 별표 2에 따른 공사계획의 인가(변경인가)신청 방법에 따라 작성한 서류를 첨부하여 기후에너지환경부장관에게 제출해야 한다.

① 공사계획신고(변경신고)서 첨부서류

　㉮ 공사계획서 1부

　㉯ 전기설비의 종류에 따라 별표 2의 제2호에 따른 사항을 적은 서류 및 기술자료 1부

　㉰ 「전력기술관리법」에 따른 설계도서 1부

　㉱ 공사공정표 1부

　㉲ 기술시방서 1부

　㉳ 전기안전공사 사전기술검토서(제출대상 기관이 기후에너지환경부장관인 경우) 1부

　㉴ 「전력기술관리법」에 따른 감리원 배치확인서(공사감리대상인 경우만 해당). 다만, 전기안전관리자가 자체감리를 하는 경우에는 자체감리를 확인할 수 있는 서류 1부

　㉵ 공사계획을 변경하는 경우에는 변경이유서 및 변경내용을 적은 서류 1부

② 한국전기설비규정(KEC) 설계 시 추가첨부서류

　㉮ 접지설계도면 : 전지설비계통도(계통접지방식 포함), 전지설비평면도(접지극 형상 및 제원 포함), 접지상세도(PE도체, 주등전위본딩, SPD설치위치 및 제원포함)

　㉯ 접지설계 계산서 : 대지저항률 측정 또는 지질 분석자료, 접지계산 Factor 요약표, 접지설계 결과서(상용프로그램 또는 수기계산)

　㉰ 저압 보호장치 및 전선의 단면적 선정 계산서 : 회로별 감전보호 및 과전류보호 계산서, 회로별 전선의 단면적 선정서.

③ 기후에너지환경부·지자체 공사계획 신고 시 전기안전공사로부터 기술검토를 받아야 하는 대상설비

구분	사전기술검토 신청 대상
사업용 발전설비	1. 태양광발전설비(용량 500[kW]미만 설비로서 저압으로 전력계통에 연계되는 경우에는 제외)

2) 법 제8조제2항에 따른 공사계획의 신고 또는 변경신고를 하려는 자는 별지 제2호서식의 공사계획 신고서(변경신고서)에 별표 2에 따른 공사계획의 신고(변경신고)방법에 따라 작성한 서류를 첨부하여 법 제30조에 따른 한국전기안전공사에 제출해야 한다.

(3) 사용전검사의 대상·기준 및 절차 등(제6조)

1) 법 제9조에 따른 사용전검사를 받아야 하는 전기설비는 법 제8조에 따라 공사계획의 인가를 받거나 신고를 하고 설치 또는 변경공사를 하는 전기설비로 한다. 다만, 다음 각 호의 어느 하나에 해당하는 경우에는 사용전검사를 받지 않을 수 있다.
   ① 전기설비를 시험하기 위하여 일시 사용하는 경우
   ② 전기설비의 일부가 완성된 경우에 다른 전기설비를 시험하기 위하여 그 완성된 부분을 일시 사용할 필요가 있는 경우
   ③ 전기설비의 공사내용과 설치장소의 상황을 고려할 때 기후에너지환경부장관이 안전상 지장이 없다고 인정하여 고시하는 경우
2) 사용전검사의 기준은 다음 각 호와 같다.
   ① 전기설비의 설치 및 변경공사 내용이 법에 따라 인가 또는 신고를 한 공사계획에 적합할 것
   ② 「전기사업법」에 따른 기술기준에 적합할 것
   ③ 법에 따라 기후에너지환경부장관이 고시하는 검사·점검의 방법·절차 등에 적합할 것
3) 태양광발전소 사용전검사의 시기는 다음과 같다.
   ① 공사계획에 따른 설비의 일부가 완성되어 그 완성된 설비만을 사용하려고 할 때
   ② 전체 공사가 완료된 때
4) 사용전검사를 받으려는 자는 별지 제4호서식의 사용전검사 신청서에 다음 각 호의 서류를 첨부하여 검사를 받으려는 날의 7일 전까지 안전공사에 제출해야 한다.
   ① 공사계획인가서 또는 신고수리서 사본(저압 자가용전기설비의 경우는 제외한다)
   ② 「전력기술관리법」에 따른 설계도서 및 같은 법에 따른 감리배치확인서(저압 자가용전기설비의 설치공사인 경우만을 말하며, 저압 자가용전기설비의 증설공사 및 변경공사의 경우는 제외)
   ③ 자체감리를 확인할 수 있는 서류(전기안전관리자가 자체감리를 하는 경우만 해당)
   ④ 전기안전관리자 선임신고증명서 사본

(4) 전기안전관리자의 선임 등(제25조)

1) 법에 따라 전기안전관리자를 선임해야 하는 전기설비는 다음 각 호의 전기설비 외의 전기설비를 말한다.

① 저압에 해당하는 전기수용설비(「전기사업법 시행규칙」 제3조제2항 각 호에 따른 전기설비는 제외)로서 제조업 및 「기업활동 규제완화에 관한 특별조치법 시행령」 제2조에 따른 제조업 관련 서비스업에 설치하는 전기수용설비

② 심야전력을 이용하는 전기설비로서 저압에 해당하는 전기수용설비

③ 휴지(休止) 중인 다음 각 목의 전기설비

㉮ 전기설비의 소유자 또는 점유자가 전기사업자에게 전기설비의 휴지를 통지한 전기설비

㉯ 심야전력 전기설비(전기공급계약에 따라 사용을 중지한 경우만 해당)

㉰ 농사용 전기설비(전기를 공급받는 지점에서부터 사용설비까지의 모든 전기설비를 사용하지 않는 경우만 해당)

④ 설비용량 20킬로와트 이하의 발전설비

2) 법에 따라 전기안전관리자를 선임해야 하는 자는 전기설비의 사용전검사 신청 전 또는 사업 개시 전에 별표 8에 따라 전기설비 또는 사업장마다 전기안전관리자와 안전관리보조원으로 구분하여 전기안전관리자를 선임해야 한다.

3) 법 제22조제1항 · 제2항 및 제4항에 따라 선임되는 전기안전관리자는 그 전기설비의 소유자 · 점유자 또는 그 전기설비의 소유자 · 점유자로부터 전기안전관리업무를 위탁받은 자(「농어촌 전기공급사업 촉진법」 제2조제2호에 따른 전기사업자로부터 전기안전관리업무를 위탁받은 자를 포함)의 소속 기술인력으로서 전기설비의 설치장소의 사업장에 상시 근무를 해야 하고, 다른 사업장의 전기설비의 전기안전관리자로 선임될 수 없다. 다만, 법 제22조제1항 또는 제4항에 따라 선임되는 전기안전관리자는 다음 각 호의 어느 하나에 해당하는 전기설비에 한정하여 전기안전관리업무를 1명이 할 수 있다.

① 1천미터 이내에 있는 2개소의 유수지 배수펌프용 전기설비

② 농사용으로 동일 수계에 설치된 4개소 이하의 양수 및 배수펌프용 전기설비

③ 동일 노선의 고속국도 또는 국도에 설치된 2개소(터널 전기설비를 원격감시 및 제어할 수 있는 교통관제시설을 갖춘 고속국도는 4개소)의 터널용 전기설비

④ 다음 각 목의 요건을 모두 갖춘 전기설비

㉮ 동일 산업단지(「산업입지 및 개발에 관한 법률」 제2조제8호에 따른 산업단지를 말하며, 이하 이 조에서 "산업단지"라 한다) 내에 2개 이상의 사업장을 운영 중인 동일 사업자의 설비일 것

㉯ 설비용량(동일 산업단지 내 사업장에 설치된 전기설비의 설비용량만을 말한다)의 합계가 2천 500킬로와트 미만일 것

⑤ 「전기사업법」에 따른 전기자동차충전사업자(자가용전기설비의 소유자 또는 점유자에 해당하는 경우)의 경우 동일 사업자의 60개소 이하의 전기자동차 충전소 전기설비

⑥ 「농어촌 전기공급사업 촉진법」 제2조제2호에 따른 전기사업자(자가발전시설에 의하여 전기를 공급하는 지역은 시장 · 군수를 말한다)가 관리하는 동일 도서 지역의 4개소 이하의 전기설비

(5) 전기안전관리업무의 대행규모(제26조)

법 제22조제3항에 따라 안전공사, 같은 항 제2호에 따른 전기안전관리대행사업자(이하 "대행사업자"라 한다) 및 같은 항 제3호에 따른 자(이하 "개인대행자"라 한다)가 전기안전관리업무를 대행할 수 있는 전기설비의 규모는 다음 각 호의 구분에 따른다.

① 안전공사 및 대행사업자 : 다음 각 목의 어느 하나에 해당하는 전기설비(둘 이상의 전기설비 용량의 합계가 4천 500킬로와트 미만 경우로 한정한다)

㉮ 전기수용설비 : 용량 1천킬로와트 미만인 것

㉯ 「신에너지 및 재생에너지 개발·이용·보급 촉진법」 제2조제1호 및 제2호에 따른 신에너지와 재생에너지를 이용하여 전기를 생산하는 발전설비(이하 이 조에서 "신재생에너지 발전설비"라 한다) 중 태양광발전설비 : 용량 1천킬로와트(원격감시·제어기능을 갖춘 경우 용량 3천킬로와트) 미만인 것

㉰ 용량 1천킬로와트(원격감시 및 제어기능을 갖춘 경우 용량 3천킬로와트) 미만의 태양광발전설비

㉱ 그 밖의 발전설비(전기사업용 신재생에너지 발전설비의 경우 원격감시·제어기능을 갖춘 것으로 한정한다) : 용량 300킬로와트(비상용 예비발전설비의 경우에는 용량 500킬로와트) 미만인 것

② 개인대행자 : 다음 각 목의 어느 하나에 해당하는 전기설비(둘 이상의 용량의 합계가 1천 550킬로와트 미만인 전기설비로 한정한다)

㉮ 전기수용설비 : 용량 500킬로와트 미만인 것

㉯ 재생에너지 발전설비 중 태양광발전설비 : 용량 250킬로와트(원격감시·제어기능을 갖춘 경우 용량 750킬로와트) 미만인 것

㉰ 전기사업용 신재생에너지 발전설비 중 연료전지발전설비(원격감시·제어기능을 갖춘 것으로 한정한다) : 용량 250킬로와트 미만인 것

㉱ 그 밖의 발전설비(전기사업용 신재생에너지 발전설비의 경우 원격감시·제어기능을 갖춘 것으로 한정한다) : 용량 150킬로와트(비상용 예비발전설비의 경우에는 용량 300킬로와트) 미만인 것

(6) 전기안전관리 장비(제33조)

법에 따라 전기안전관리자를 선임한 자가 보유해야 하는 전기안전관리에 필요한 장비는 다음과 같다.

장 비	수량	장 비	수 량
1. 절연저항 측정기(500V, 100 MΩ)	1	7. 특고압검전기	1
2. 절연저항 측정기(1,000V, 2,000 MΩ)	1	8. 저압검전기	1
3. 클램프메타	1	9. 특고압 COS 조작봉	1
4. 접지저항측정기	1	10. 고압절연장갑	1
5. 멀티테스터기	1	11. 절연장화	1
6. 비접촉식 적외선 온도계	1	12. 절연안전모	1

비고 : 두 가지 이상의 기능을 함께 가지고 있는 장비를 갖춘 경우에는 각각의 장비를 갖춘 것으로 본다.

4 안전관리 장비

4.1 안전장비 종류

(1) 절연용 보호구(절연 보호구의 선정 및 사용에 관한 기술지침(E-115-2011)

　1) 용도 : 7,000[V] 이하의 전로의 활선작업 또는 활선 근접작업을 할 때 작업자의 감전사고를 방지하기 위해 작업자 몸에 착용하는 것

　2) 종류 : 전기용 안전모, 전기용 고무장갑, 전기용 고무장화 등

　　① 전기용 안전모 : 물체의 낙하·비래, 추락 등에 의한 위험을 방지하고, 작업자 머리 부분의 감전에 의한 위험으로부터 보호하기 위하여 전압 7,000 V 이하에서 사용한다.

종류		사 용 구 분	모체의 재질
일 반 작업용	A	물체의 낙하 및 비래에 의한 위험 방지 또는 경감시키기 위한 것	합성수지 금속
	B	추락에 의한 위험을 방지 또는 경감시키기 위한 것	합성수지
	AB	물체의 낙하 또는 비래, 추락에 의한 위험을 방지 또는 경감시키기 위한 것	합성수지
전 기 작업용	AE	물체의 낙하 및 비래에 의한 위험을 방지 또는 경감하고 머리부위의 감전위험을 방지하기 위한 것	합성수지
	ABE	물체의 낙하 또는 비래, 추락에 의한 위험을 방지 또는 경감하고 머리부위의 감전위험을 방지하기 위한 것	합성수지

　　　㉮ 전기용 안전모 사용범위

　　　　㉠ 충전부에 근접하여 머리에 전기적 충격을 받을 우려가 있는 장소

　　　　㉡ 활선과 근접한 주상, 철구상, 사다리, 나무 벌채 등 고소작업의 경우

　　　　㉢ 건설현장 등 낙하물이 있는 장소

　　　　㉣ 기타 머리에 상해가 우려될 때

　　　㉯ 전기용 안전모 사용 시 주의사항

　　　　㉠ 착용 전

　　　　　- 보호구 관리요령에 따라 정기점검을 받았는지 여부

　　　　　- 흙, 기름, 물기 등이 있는지 또는 건조한 지 여부

　　　　　- 충격의 흔적이 있는지 여부

　　　　　- 변색되거나 변형되었는지 여부

　　　　　- 장착제, 충격 흡수재 등의 손상이나 더러움 여부

　　　　㉡ 착용 시

　　　　　- 머리에 적합하도록 헤드밴드를 조절

　　　　　- 턱끈을 단단히 조임

– 한번이라도 큰 충격을 받았으면 사용하지 않음.

(a) 전기용 안전모   (b) 절연 장화

그림 3-2 전기용 안전모와 절연 장화

② 전기용 안전화

㉮ 정전기 대전방지용 안전화 : 정전기의 인체대전을 방지하기 위한 것으로 대전방지 성능에 따라 1종과 2종으로 구분하고 있다.

종 류	1개당 전기저항 [MΩ]	착화 에너지[mJ]
1종	0.1~100	0.1 이상의 가연성 물질 또는 증기 (메탄, 프로판 등)
2종	0.1~10	0.1 미만의 가연성 물질 (수소, 아세틸렌 등 취급)

㉯ 절연화 : 물체의 낙하, 충격 및 날카로운 물체에 의한 찔림 위험으로부터 발을 보호하고 아울러 저압의 전기에 의한 감전을 방지하기 위한 것.(직류 750[V], 교류 600[V]이하)

㉰ 절연 장화 : 고압에 의한 감전을 방지하고 아울러 방수를 겸한 것. 절연장화의 종류는 전압에 따라 다음과 같이 나타낸다.

종 류	용 도
A종	300[V]를 초과하고, 교류 600[V], 직류 750[V] 이하의 작업에 사용하는 것
B종	교류 600[V], 직류 750[V]를 초과하고, 3,500[V] 이하의 작업에 사용하는 것
C종	3,500[V]를 초과하고, 교류 7,000[V] 이하의 작업에 사용하는 것

③ 절연 고무장갑 : 전선로나 전기기계·기구의 충전부에 손이 접촉되어 감전되는 것을 방지하기 위하여 착용하며. 성능에 따라 A, B, C 3종으로 나눈다.

종 류	용 도
A종	300[V]를 초과하고, 교류 600[V], 직류 750[V] 이하의 작업에 사용하는 것
B종	교류 600[V], 직류 750[V]를 초과하고, 3,500[V] 이하의 작업에 사용하는 것
C종	3,500[V]를 초과하고, 교류 7,000[V] 이하의 작업에 사용하는 것

㉮ 절연 고무장갑의 사용범위

　㉠ 활선상태의 배전용 지지물에 누설전류가 흐를 우려가 있는 경우

　㉡ 충전부의 접속, 절단 및 점검, 보수 등의 작업 시

　㉢ 습기가 많은 장소에서의 개폐기 개방, 투입의 경우

　㉣ 정전 작업 시 역 송전이 우려되는 선로나 기기에 단락접지를 하는 경우

　㉤ 도체에 임시로 보호접지를 실시하거나 이동시 또는 활선공구 사용 시

　㉥ 기타 감전이 우려되는 경우

㉯ 절연 고무장갑 사용 시 주의사항

　㉠ B종 및 C종의 절연 고무장갑을 사용할 때는 고무장갑을 보호하기 위한 가죽장갑을 바깥쪽에 착용하여야 한다.

　㉡ 절연 고무장갑은 시간이 경과하면 열화가 되어 수명이 다하게 되므로 사용 시 특별한 주의를 기울여야 한다.

　㉢ 규정된 전기적 시험에 통과하더라도 물리적 특성이 나쁘면 사용하지 못하므로 검사를 자주해야 한다.

　㉣ 절연 고무장갑의 일상점검은 책임자의 감독 하에 실시한다.

　㉤ 활선작업자가 승주하기 전에 공기테스트를 하는 것이 좋다.

　㉥ 절연 고무장갑은 절대로 안팎을 뒤집은 채 사용하면 안 된다.

　㉦ 더운 날씨나 추운날씨에는 절연 고무장갑 안에 면장갑을 착용한다.

　㉧ 절연 고무장갑이 젖어 있거나 더러워진 상태로 방치해서는 안 된다. 불가피해서 이런 상태로 임시로 두더라도 반드시 깨끗이 닦고 건조시켜야 하며, 기름이나 그리스가 묻어 있으면 즉시 닦아낸다.

　㉨ 열, 햇빛, 기름, 변형 등은 고무재질에는 치명적이므로 이러한 요인이 영향을 주지 않도록 최대한 보호해야 한다.

④ 보호용 가죽장갑

고무장갑의 손상을 방지하기 위하여 외부에 착용하는 것으로 사용 시 주의사항은 다음과 같다.

㉮ 가죽장갑은 고압용 고무장갑을 착용한 후 그 외부에 착용할 것

㉯ 가죽장갑은 사용 전에 열화상태를 점검하여 이상이 없는지 확인한 후 사용할 것

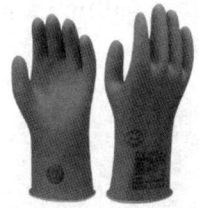
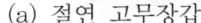
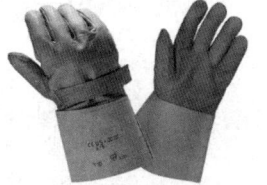

(a) 절연 고무장갑　　　　(b) 가죽장갑

그림 3-3 절연 고무장갑과 보호용 가죽장갑

3) 작업시작 전 점검사항

① 전기용 고무장갑이나 고무장화에 대해서는 공기점검을 실시한다.

② 고무소매 또는 절연복 등은 육안점검을 실시한다.

③ 활선접근 경보기는 시험단추를 눌러 소리가 나는지 확인한다.

(2) 절연용 방호구

1) 용도

25,000[V] 이하의 전로의 활선작업 또는 활선근접 작업시 감전사고 방지를 위해 전로의 충전부에 장착하는 것(고압 충전부로부터 머리 30[cm], 발밑 60[cm] 이내 접근 시 사용)

2) 종류 : 고무판, 절연관, 절연시트, 절연커버, 애자커버 등

① 고무판 : 충전부 작업 중에 접지면을 절연시켜 인체가 통전경로가 되지 않도록 하기 위해 사용한다.

㉮ 사용범위

㉠ 배전반 내에서의 계전기, 모선 등의 점검, 보수 작업 시

㉡ 노출충전부가 있는 배전반 및 스위치 조작이나 이 부분의 작업 시

㉢ 절연내력 시험 시

㉣ 운전 중인 회전기의 정류자면, 브러시면을 점검, 조정 작업 시

㉯ 사용 시 주의 사항 : 습기나 먼지 등이 있는 상태에서는 사용하지 않는다.

② 절연관 : 고·저압 전선로의 충전부를 방호하여 작업자의 감전보호를 위해 사용된다.

㉮ 사용범위

㉠ 충전 중인 고·저압 전선로에 접촉 또는 근접하여 하는 작업

㉡ 작업 중 선간 또는 고·저압 부분의 혼촉이 우려되는 작업

㉢ 기타 고·저압 충전 중인 선로에 접근하여 감전될 우려가 있는 경우

㉯ 사용 시 주의사항

㉠ 사용에 앞서 손상 유무를 확인 할 것

㉡ 장기간 설치하여 방치하지 말 것

㉢ 방호관을 올리고 내릴 때 손상되지 않도록 주의할 것

3) 선로커버, 애자커버 등

고·저압 선로 또는 애자의 방호용으로 사용되며, 사용범위, 주의사항 등은 절연관에 준한다.

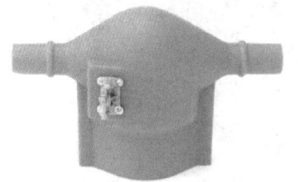

그림 3-4 절연용 방호구(애자커버)

(3) 기타 절연용 기구

품 명	용 도	종 류
활선작업용 기구	손으로 잡는 부분이 절연재료로 만들어진 봉상의 절연물로서 절연용 보호구를 착용하지 않고 전로의 활선작업 실시	핫스틱, 후크봉, 불량애자 검출기, 절연점검미러 등
활선작업용 장치	활선 또는 활선근접 작업시 작업자를 대지로부터 절연시키기 위해 사용하는 것	고소작업차, 절연사다리, 활선애자 세정장치 등
작업용 구획용구	작업범위나 위험범위 등을 명확히 구분하여 작업자 이외의 사람은 작업범위 이내로의 출입을 금지하고 작업자의 순간적인 착각으로 위험범위 내의 출입을 못하도록 하는 것	안전망, 구획로프, 구획봉 등 (황, 흑색으로 도색)
작업표시	시설의 상황을 표시하여 작업관계자 및 공중에 대해 주의를 환기시키기 위해 사용	단락접지중, 투입금지, 시험중, 충전중 등

(4) 검출용구

검출용구는 정전작업 시 작업하고자 하는 전로의 정전 여부를 확인하기 위한 것으로, 전압에 따라 저압과 특고압용으로 구분한다.

1) 저압 및 고압용 검전기
① 사용범위
  ㉮ 보수작업 시행 시 저압 또는 고압 충전 유무 확인
  ㉯ 고·저압회로의 기기 및 설비 등의 정전 확인
  ㉰ 지지물, 기타 기기의 부속부위의 고·저압 충전 유무 확인
② 사용 시의 주의사항
  ㉮ 습기가 있는 장소로서 위험이 예상되는 경우에는 고압 고무장갑을 착용
  ㉯ 검전기의 정격전압을 초과하여 사용하는 것은 금지
  ㉰ 검전기의 사용이 부적당한 경우에는 조작봉으로 대용

2) 특고압 검전기
① 사용 범위
  ㉮ 특고압설비(기기 포함)의 충전 유무의 확인
  ㉯ 특고압 회로의 충전 유무의 확인
② 사용시의 주의사항
  ㉮ 습기가 있는 장소로서 위험이 예상되는 경우에는 고압 고무장갑을 착용
  ㉯ 검전기의 정격전압을 초과하여 사용하는 것은 금지
  ㉰ 검전기의 사용이 부적당한 경우에는 조작봉으로 대응

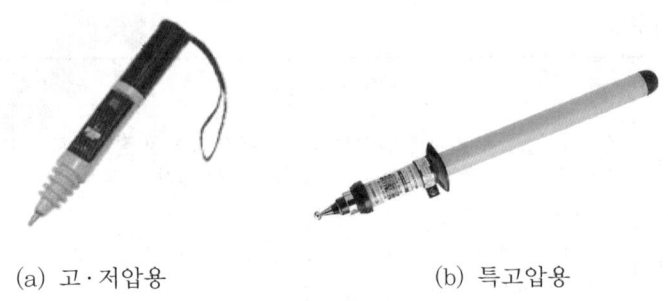

(a) 고·저압용   (b) 특고압용

그림 3-5 검전기

3) 활선접근경보기

전기작업자의 착각·오인·오판 등으로 충전된 기기나 전선로에 근접하는 경우에 경고음을 발생하여 접근 위험경고 및 감전재해를 방지하기 위해 사용되는 것이다.

① 사용범위

㉮ 정전 작업장소에 사선구간과 활선구간이 공존되어 있는 장소

㉯ 활선에 근접하여 작업하는 경우

㉰ 변전소에서 22.9[kV] D/L(배전선로), 차단기 점검·보수작업의 경우

㉱ 기타 착각·오인 등에 의해 감전이 우려되는 경우

② 사용 시 주의사항

㉮ 활선접근경보기를 검전기 대용으로 사용하지 말 것

㉯ 사용 전 시험용 버튼을 눌러 경보음 발생 횟수(매분 110~130회) 및 발생 음향의 강도가 정상인지 확인할 것(발생음이 약할 경우에는 배터리를 교체)

㉰ 불필요하게 안전모에 부착하지 말 것

㉱ 사용 중 활선접근경보기에 물이 들어가지 않도록 할 것

㉲ 변전소의 실내 또는 큐비클 내부에서는 사용하지 말 것(부동작 또는 오동작됨)

㉳ 안테나가 안전모 정면이 되도록 착용할 것

㉴ 팔에 착용할 때에는 안테나가 충전부의 정면이 되도록 착용할 것

㉵ 과도한 충격을 가하지 말 것

그림 3-6 활선접근경보기

(5) 접지용구

고압 이상의 전로에서 정전작업을 할 때 잘못된 전원 인가나 역가압에 의해 충전될 시에는 전원 측의 보호장치가 동작되어 전원을 차단시키게 함으로써 작업자가 감전되는 것을 방지하기 위한 단락접지용구이다. 따라서 접지저항값을 가능한 한 적게 하고 단락전류에 용단하지 않도록 충분한 전류용량을 가져야 한다.

1) 접지용구의 종류

종 류	사용 범위
갑 종	• 발전소, 변전소 및 개폐소에서 작업시 • 지중 한전 배전선로의 작업
을 종	• 가공 한전 배전선로에서 작업시 • 지중 한전 배전로에서 가공한전 배전선로의 접속점
병 종	• 특고압 및 고압배전선의 정전 작업시 • 유도전압에 의한 위험 예상시 • 수용가설비의 전원측 접지시

2) 접지용구 사용 시의 주의사항

① 접지용구를 설치하거나 철거할 때에는 접지도선이 자신이나 타인의 신체는 물론 전선, 기기 등에 접촉하지 않도록 주의한다.

② 접지용구의 취급은 작업책임자의 책임 하에 행하여야 한다.

③ 접지용구의 설치 및 철거는 다음 순서로 행하여야 한다.

㉮ 접지설치 전에 관계 개폐기에 개방을 확인하고 검전기 기타 방법으로 충전 여부를 확인하여야 한다.

㉯ 접지설치 순서는 접지측 금구에 접지선을 접속하고 전선금구를 기기 또는 전선에 확실하게 부착한다.

㉰ 접지용구의 철거는 설치의 역순으로 한다.

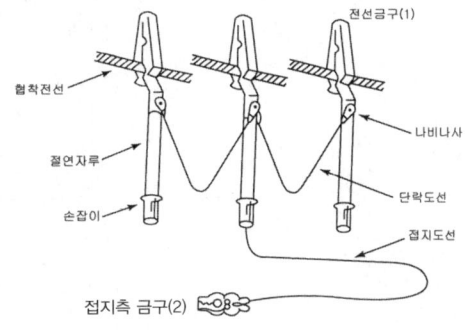

그림 3-7 단락접지기구

4.2 안전장비 관리요령

(1) 관리요령

1) 안전장비 중 검사장비 및 측정장비 등은 전기·전자 기기로서 습기에 약하므로 습기를 피하여 건조한 곳에 보관하도록 한다.

2) 안전모와 안전장갑, 방진 마스크 등의 개인보호구는 언제든지 사용할 수 있는 상태로 손질하여 놓아야 한다.

3) 정기점검 관리 보관 요령

① 한 달에 한번 이상 책임 있는 감독자가 점검을 할 것

② 청결하고 습기가 없는 장소에 보관할 것

③ 보호구 사용 후에는 손질하여 항상 깨끗이 보관할 것

④ 세척한 후에는 완전히 건조시켜 보관할 것

(2) 오염된 절연장갑의 세척방법

1) 순한 비누나 세제와 물로 세척해야 한다.

2) 세정제는 절연장갑의 절연성능을 저하시키지 않아야 한다.

3) 비누, 세제. 표백제는 고무 표면에 침식하거나 해를 입히지 않을 정도로 사용해야 한다.

4) 세척 후 절연장갑은 비누나 세제를 물로 완전히 행군 후 건조시킨다.

5) 텀블형 세척기기를 사용할 수 있으나, 절연장갑의 표면이나 모서리에 끼임, 절단, 마모, 구멍이 생기는 것을 주의해야 한다.

5과목

태양광발전시스템 산업기사 기출(예상)문제

※ 관련법령의 개정 및 한국전기설비규정(KEC)의 시행에 따라 기출문제의 내용을 개정 및 변경된 것으로 수정한 것입니다. 따라서 엔트미디어를 통해 제공되는 기출풀이 동영상(2013~2022)은 내용이 다를 수 있습니다. 따라서 본 교재의 내용으로 학습하시기 바랍니다.

1과목 — 태양광발전시스템 이론

01 박막 실리콘 태양전지 설명 중 틀린 것은?
① 재료는 인듐을 사용한다.
② 실리콘의 사용량이 적어 저렴하다.
③ 아몰퍼스 실리콘 박막을 적층한 방식이다.
④ 텐덤형 실리콘 태양전지의 변환효율은 12 [%] 정도이다.

풀이 ◉
박막 실리콘 태양전지의 재료는 실리콘(Si)을 사용한다. **[답]** ①

02 태양전지의 효율은 설치된 출력의 실제적 이용 상태를 말하는 것으로, 실제 100[W]의 일사량에서 효율이 15[%], 태양전지의 출력이 15[W]이면 변환효율은 몇 [%]가 되는가?
① 30
② 20
③ 15
④ 10

풀이 ◉
태양전지의 효율은 표준시험 조건에 따라 측정된 효율을 나타내므로 동일 태양전지에서 일사량 변화에 따라 출력이 변화한다고 하여도 변환효율의 변화는 없다.
[답] ③

03 최대눈금이 50[V]인 직류전압계가 있다. 이 전압계를 사용하여 150[V]의 전압을 측정하려면 배율기의 저항은 몇 [Ω]을 사용하면 되는가? (단, 전압계의 내부저항은 5,000[Ω] 이다.)
① 1,000
② 5,000
③ 10,000
④ 15,000

풀이 ◉
배율기(multiplier)의 저항 : 전압의 측정 범위를 넓히기 위해 전압계에 직렬로 달아주는 저항을 배율기 저항이라고 하며, 회로는 다음과 같다.

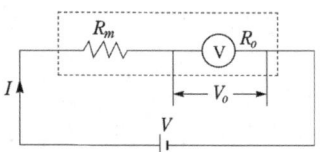

여기서, I : 전압계에 흐르는 전류[A]
R_o : 전압계 내부저항[Ω]
R_m : 배율기의 저항[Ω]
V : 측정하고자 하는 전압

$\dfrac{V}{V_o} = 1 + \dfrac{R_m}{R_o}$ 식으로부터

배율기의 저항 $R_m = \left(\dfrac{V}{V_0} - 1 \right) \times R_o = \left(\dfrac{150}{50} - 1 \right) \times 5,000$
$= 10,000 [\Omega]$ **[답]** ③

04 실리콘 태양전지 중 변환효율이 가장 높은 것은?
① 아몰퍼스 Si
② 박막 Si
③ 다결정 Si
④ 단결정 Si

풀이 ◉
실리콘 태양전지의 변환효율 : 단결정 > 다결정 > 박막 > 아몰퍼스 **[답]** ④

05 뇌 서지 등의 피해로부터 태양광발전시스템을 보호하기 위한 대책으로 적절하지 않은 것은?
① 뇌우 다발지역에서는 교류전원측으로 내뢰트랜스를 설치한다.
② 피뢰소자의 접지측 배선은 되도록 길게 유지하면서 설치한다.

③ 저압배전선에서 침입하는 뇌 서지에 대해서는 분전반에 피뢰소자를 설치한다.

④ 피뢰소자를 어레이 주회로 내부에 분산시켜 설치하고 접속함에도 설치한다.

풀이 ⊙

피뢰소자의 접지측 배선은 되도록 짧게 설치하여야 하며, 다음 그림의 $a+b=0.5[m]$ 이내로 하여야 한다. 이 때에도 약 $1[kV/m]$이므로 $0.5[kV]$ 정도 전압상승을 고려하여야 한다.

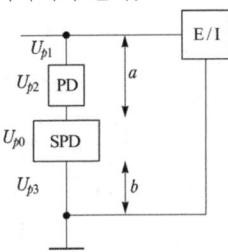

[답] ②

06 태양전지에 입사되는 빛을 흡수함으로써 효율을 증가시킬 수 있다. 이를 위한 광학적 손실을 줄이는 대책으로 틀린 것은?

① 표면 반사방지 코팅

② 전극 면적 최소화

③ 웨이퍼 두께 감소

④ 표면 조직화

풀이 ⊙

태양전지에서 광학적 손실을 줄이기 위한 대책으로는 표면 반사방지 코팅, 전극 면적의 최소화, 표면에 요철을 형성하는 표면 조직화 방법이 사용되며, 전기적 손실을 줄이기 위한 대책으로는 PN접합의 개선, 표면과 계면의 패시베이션 형성, 결정 품질의 개선에 의한 캐리어의 재결합 손실의 저감, 전극의 높은 도전율 재료를 사용하여 저항손실 저감 등이 있다. [답] ③

07 태양전지를 재료에 의하여 분류한 것으로 틀린 것은?

① 잉곳/웨이퍼

② 염료감응형

③ 화합물

④ 유기물

풀이 ⊙

잉곳/웨이퍼는 결정질 실리콘 태양전지 셀(Cell)을 만드는 공정의 요소명칭이다. [답] ①

08 태양광 발전시스템의 발전효율을 극대화하기 위한 시스템은?

① 건물일체형 시스템

② 고정형 시스템

③ 반고정형 시스템

④ 추적형 시스템

풀이 ⊙

태양광발전시스템의 발전효율을 극대화하기 위하여 태양을 상·하·좌·우로 추적하는 시스템을 추적형 시스템이라고 한다. [답] ④

09 태양광발전시스템의 축전지 기능을 모두 나타낸 것은?

ⓐ 전력저장
ⓑ 재해 시 전력의 공급
ⓒ 태양전지 출력전압 안정화
ⓓ 발전전력 급변시의 버퍼 역할
---

① ⓐ, ⓑ, ⓒ

② ⓐ, ⓒ, ⓓ

③ ⓑ, ⓒ, ⓓ

④ ⓐ, ⓑ, ⓒ, ⓓ

풀이 ⊙

태양광발전시스템의 축전지(배터리)의 기능은 전력저장, 재해 시 전력의 공급, 태양전지 출력전압 안정화, 발전전력 급변시의 버퍼 역할 등을 수행한다. [답] ④

10 태양광발전시스템의 특징이 아닌 것은?

① 국지적인 전력수요에 대응

② 에너지의 안정적인 공급

③ 최대부하전력 절감

④ 송전손실의 증가

풀이 ⊙

태양광발전시스템은 수요지 근처에 설치할 수 있으므로 송전손실은 감소한다. [답] ④

11 다음 〈보기〉에서 태양광 모듈의 설치가 가능한 위치를 모두 나타낸 것은?

ⓐ 유리창   ⓑ 경사지붕
ⓒ 벽   ⓓ 평면지붕
---

① ⓐ, ⓑ, ⓒ   ② ⓐ, ⓒ, ⓓ

③ ⓑ, ⓒ, ⓓ   ④ ⓐ, ⓑ, ⓒ, ⓓ

풀이 ◎

건축물에 태양광 모듈의 설치 가능한 위치는 보기 항목 모두 설치가 가능하다.   **[답] ④**

12 역률이 50[%]이고, 1상의 임피던스가 60[Ω] 인 유도성 부하를 △로 결선하고 여기에 병렬로 저항 20[Ω]을 Y결선으로 하여 3상 선간전압 200 [V]를 가할 때, 소비전력[W]은?

① 3,000   ② 2,500

③ 2,000   ④ 1,500

풀이 ◎

부하의 결선이 각각 △, Y결선이고, 선간전압이 주어졌으므로 Y결선을 △결선으로 변경하여 병렬합성저항을 구하고, 이 합성저항을 통해 회로전류를 구하여 소비전력을 구하여야 한다.

- 역률 50[%], $Z=60[Ω]$을 저항성분과 리액턴스 성분으로 나타내면,

$$Z = Z\cos\phi + jZ\sin\phi = 60 \times 0.5 + j60 \times \sqrt{1-0.5^2}$$
$$= 30 + j30\sqrt{3}$$

- Y결선의 저항을 △결선의 저항으로 변경

$$R_Y = \frac{R_\triangle}{3}, \ R_\triangle = 3R_Y 식에서 \ R_\triangle = 3 \times 20 = 60[Ω]$$

- 2개 부하가 병렬이므로 병렬 합성저항

$$Z_T = \frac{Z \times R_\triangle}{Z + R_\triangle} = \frac{(30 + j30\sqrt{3}) \times 60}{30 + j30\sqrt{3} + 60} = 30 + j17.32[Ω]$$

- △결선의 선로전류 $I_L = \sqrt{3} I_P = \sqrt{3} \times \dfrac{200}{30 + j17.32}[A]$

- 피상전력 $P_a = \sqrt{3} \times V_L \times I_L$

$$= \sqrt{3} \times 200 \times \frac{\sqrt{3} \times 200}{30 + j17.32}$$
$$= 3000.04 - j1732.03[VA]$$

∴ 소비전력(유효분)은 3000[W], 무효분 전력은 1732 [Var]가 된다.   **[답] ①**

13 태양광 모듈의 뒷면 표시사항에 해당되지 않는 것은?

① 내풍압성의 등급   ② 공칭 단락전류

③ 내진 등급   ④ 공칭 중량

풀이 ◎

KS C IEC 표준에 따라 다음의 항목이 모듈의 뒷면에 표시되어 있다.

- 제조업자명 또는 그 약호
- 제조년월일 및 제조번호
- 내풍압성의 등급
- 최대 시스템 전압(H 또는 L)
- 어레이의 조립형태(A 또는 B)
- 공칭 최대출력(P_{mpp})[W_p]
- 공칭 개방전압(V_{oc})[V]
- 공칭 단락전류(I_{sc})[A]
- 공칭 최대출력 동작전압(V_{mpp})[V]
- 공칭 최대출력 동작전류(I_{mpp})[A]
- 공칭 중량 [kg]
- 크기
- 역내전압 [V] : 바이패스 다이오드의 유무 (Amorphous계만 해당)   **[답] ③**

14 태양전지 모듈의 열 발생 원인으로 틀린 것은?

① 모듈상부 표면으로부터의 반사

② 셀에서 적외선 흡수

③ 모듈의 전기적 동작

④ 정적하중

풀이 ◎

정적하중은 모듈의 열 발생원인과는 무관하다.   **[답] ④**

15 태양전지의 발전원리에 관한 설명으로 틀린 것은?

① 반도체가 빛을 흡수하면 입자가 생겨 태양전지 내부의 전자를 이동시켜 전기를 발생한다.

② n형 반도체는 실리콘 원자 1개의 전자가 부족한 상태를 이용한다.

③ 태양전지는 n형 반도체와 p형 반도체를 이어 맞춘 구조이다.

④ 빛이 흡수되면 전자는 n형 반도체에, 정공은 p형 반도체에 모인다.

풀이 ◎

n형 반도체는 실리콘 원자 1개의 전자가 남는 상태이

고, p형 반도체는 실리콘 원자 1개의 전자가 부족한 상태를 이용한다. [답] ②

16 태양광 발전의 핵심요소기술로서 틀린 것은?
① BOS(Balance of system) 기술
② 전력변환장치(PCS) 기술
③ 태양전지 제조기술
④ 회전체 작동기술

풀이 ●
태양전지는 태양의 빛에너지를 전기에너지로 직접 변환하는 전지로 회전체가 없다. [답] ④

17 인산형 연료전지 발전시스템의 주요 구성기기가 아닌 것은?
① 연료전지 본체　　② 제어장치
③ 축전지　　　　　④ 인버터

풀이 ●
인산형 연료전지 발전시스템의 주요 구성기기에는 개질기, 연료전지 본체, 제어장치, 인버터로 구성되어 있다. [답] ③

18 신재생에너지의 중요성에 관한 내용으로 거리가 먼 것은?
① 화석연료의 고갈문제 해결
② 최근 유가의 불안정
③ 기후변화협약 대응
④ 발전에너지의 높은 효율

풀이 ●
신재생에너지의 중요성은 최근 유가의 불안정, 기후변화협약 대응, 화석연료의 고갈 문제 해결 등이다. [답] ④

19 PN접합 다이오드에 공핍층이 생기는 경우는?
① 다수 전송파가 많이 모여 있는 순간에 생긴다.
② 전자와 정공의 확산에 의해 생긴다.
③ 전압을 가하지 않을 때 생긴다.
④ (−) 전압만 인가할 때 생긴다.

풀이 ●
공핍층(공간전하층)은 n형측의 전자와 p형측의 정공이 확산(Diffusion)에 의하여, n형 반도체 지역에는 정공이, p형 반도체 지역에는 전자가 확산되어 공핍층이 형성된다. [답] ②

20 역류방지 다이오드의 용량은 모듈 단락전류의 몇 배 이상이어야 하는가?
① 1.25배　　　　② 1.4배
③ 2.0배　　　　④ 2.5배

풀이 ●
역류방지 다이오드의 용량은 모듈 (합성)단락전류의 1.4배 이상이어야 한다. [답] ②

2과목 태양광발전시스템 **시공**

21 역률을 개선하였을 경우 그 효과로 맞지 않는 것은?
① 전력손실의 감소
② 전압강하의 감소
③ 설비용량의 무효분 증가
④ 각종기기의 수명연장

풀이 ●
역률을 개선 효과 : 전력손실의 감소, 설비용량의 여유도 증대, 전압강하의 감소, 각종기기의 수명연장, 전기요금의 절감, 설비용량의 무효분 감소 [답] ③

22 책임감리원은 최종감리보고서를 감리기간 종료 후 며칠 이내에 발주자에게 제출하여야 하는가?
① 3일 이내
② 7일 이내
③ 14일 이내
④ 30일 이내

풀이 ○

전력시설물 공사감리업무 수행지침 제17조(감리보고 등)

③ 책임감리원은 다음 각 호의 사항이 포함된 최종감리보고서를 감리기간 종료 후 14일 이내에 발주자에게 제출하여야 한다.

1. 공사 및 감리용역 개요 등(사업목적, 공사개요, 감리용역 개요, 설계용역 개요)
2. 공사추진 실적현황(기성 및 준공검사 현황, 공종별 추진실적, 설계변경 현황, 공사현장 실정보고 및 처리현황, 지시사항 처리, 주요인력 및 장비투입현황, 하도급 현황, 감리원 투입현황)
3. 품질관리 실적(검사요청 및 결과통보현황, 각종 측정기록 및 조사표, 시험장비 사용현황, 품질관리 및 측정자 현황, 기술검토실적 현황 등)
4. 주요기자재 사용실적(기자재 공급원 승인현황, 주요기자재 투입현황, 사용자재 투입현황)
5. 안전관리 실적(안전관리조직, 교육실적, 안전점검 실적, 안전관리비 사용실적)
6. 환경관리 실적(폐기물발생 및 처리실적)
7. 종합분석   [답] ③

23 인버터의 직류측 회로를 비접지로 하는 경우 비접지의 확인방법 아닌 것은?

① 테스터로 확인
② 검전기로 확인
③ 간이측정기 사용
④ 활선접근경보장치사용

풀이 ○

태양전지 모듈 2차측 회로를 비접지 방법 : 검전기로 확인, 회로시험기(멀티테스터)로 확인, 간이 측정기로 확인

※ 접지와 모듈 2차측(+, −) 단자간의 전압을 측정하여 전압이 검출되지 않으면, 비접지이다.   [답] ④

24 태양전지 모듈의 시공기준에 대한 설명으로 틀린 것은?

① 전기줄, 피뢰침, 안테나 등의 미약한 음영도 장애물로 본다.
② 태양전지 모듈 설치열이 2열 이상인 경우 앞열은 뒷열에 음영이 지지 않도록 설치하여야 한다.
③ 장애물로 인한 음영에도 불구하고 일조시간

은 1일 5시간(춘계(3~5월), 추계(9~11월)기준) 이상이어야 한다.

④ 설치용량은 사업계획서상의 모듈의 설계용량과 동일하여야 한다. 다만, 단위 모듈당 용량에 따라 설계용량과 동일하게 할 수 없는 경우에 한하여 설계용량의 110[%] 이내까지 가능하다.

풀이 ○

태양광발전설비 시공기준 : 모듈의 일조시간은 장애물로 인한 음영에도 불구하고 일조시간은 1일 5시간(춘계(3~5월)·추계(9~11월)기준) 이상이어야 한다. 다만, 전기줄, 피뢰침, 안테나 등 경미한 음영은 장애물로 보지 아니한다.   [답] ①

25 태양전지 모듈의 배선을 지중으로 시공하는 경우의 설명으로 틀린 것은?

① 지중배선과 지표면의 중간에 매설표시 시트를 포설한다.
② 지중배관 시 중량물의 압력을 받는 경우 0.6[m] 이상의 깊이로 매설한다.
③ 지중매설배관은 배선용 탄소강 강관, 내충격성 경화비닐 전선관을 사용한다.
④ 지중전선로의 매설개소에는 필요에 따라 매설 깊이, 전선방향 등을 지상에 표시한다.

풀이 ○

지중전선로의 매설(KEC 334.1)

• 직접 매설식에 의하여 시설하는 경우 : 중량물의 압력을 받을 우려가 있는 경우 1.0[m] 이상, 일반장소는 0.6[m] 이상 깊이로 시설할 것
• 관로식에 의하여 시설하는 경우 : 중량물의 압력을 받을 우려가 있는 경우 1.0[m] 이상, 일반장소는 0.6[m] 이상 깊이로 시설할 것   [답] ②

26 피뢰기의 정격전압이란?

① 충격파의 방전 개시 전압
② 상용 주파수의 방전 개시 전압
③ 속류의 차단이 되는 최고의 교류 전압
④ 충격 방전 전류를 통하고 있을 때의 단자전압

풀이 O

피뢰기의 정격전압 : 속류가 차단되는 교류의 최고 전압

[답] ③

27 감리원은 매 분기마다 공사업자로부터 안전관리 결과 보고서를 제출받아 이를 검토하고 미비한 사항이 있을 때에는 시정하도록 조치하여야 한다. 안전관리결과 보고서에 포함되는 서류가 아닌 것은?

① 안전관리 조직표 ② 직원 건강기록부
③ 안전교육 실적표 ④ 안전보건 관리체계

풀이 O

전력시설물 공사감리수행 업무지침 제49조(안전관리결과 보고서의 검토)

감리원은 매 분기마다 공사업자로부터 안전관리 결과보고서를 제출받아 이를 검토하고 미비한 사항이 있을 때에는 시정하도록 조치하여야 하며, 안전관리결과보고서에는 다음 각 호와 같은 서류가 포함되어야 한다.

1. 안전관리 조직표   2. 안전보건 관리체제
3. 재해발생 현황   4. 산재요양신청서 사본
5. 안전교육 실적표   **[답] ②**

28 감리원은 공사업자의 시공기술자 등이 공사현장에 적합하지 않다고 인정되는 경우에는 시정을 요구하고 발주자에게 그 실정을 보고하여 교체사유가 인정되면 공사업자는 교체요구에 응하여야 한다. 교체사유로서 틀린 것은?

① 시공관리책임자가 불법 하도급을 하거나 이를 방치하였을 때
② 시공관리책임자가 시공능력이 준수하다고 인정되나 정당한 사유없이 기성공정이 예정공정보다 빠를 때
③ 시공관리 책임자가 감리원과 발주자의 사전승낙을 받지 아니하고 정당한 사유없이 해당 공사현장을 이탈한 때
④ 시공관리 책임자가 고의 또는 과실로 공사를 조잡하게 시공하거나 부실시공을 하여 일반인에게 위해를 끼친 때

풀이 O

전력시설물 공사감리업무 수행지침 제20조(시공기술자 등의 교체)

② 감리원으로부터 시공기술자의 실정보고를 받은 발주자는 지원업무담당자에게 실정 등을 조사·검토하게 하여 교체사유가 인정될 경우에는 공사업자에게 시공기술자의 교체를 요구하여야 한다. 이 경우 교체요구를 받은 공사업자는 특별한 사유가 없으면 신속히 교체요구에 응하여야 한다.

1. 시공기술자 및 안전관리자가 관계 법령에 따른 배치기준, 겸직금지, 보수교육 이수 및 품질관리 등의 법규를 위반하였을 때
2. 시공관리책임자가 감리원과 발주자의 사전 승낙을 받지 아니하고 정당한 사유 없이 해당 공사현장을 이탈한 때
3. 시공관리책임자가 고의 또는 과실로 공사를 조잡하게 시공하거나 부실시공을 하여 일반인에게 위해(危害)를 끼친 때
4. 시공관리책임자가 계약에 따른 시공 및 기술능력이 부족하다고 인정되거나 정당한 사유 없이 **기성공정이 예정공정에 현격히 미달한 때**
5. 시공관리책임자가 불법 하도급을 하거나 이를 방치하였을 때
6. 시공기술자의 기술능력이 부족하여 시공에 차질을 초래하거나 감리원의 정당한 지시에 응하지 아니할 때
7. 시공관리책임자가 감리원의 검사·확인 등 승인을 받지 아니하고 후속공정을 진행하거나 정당한 사유 없이 공사를 중단할 때   **[답] ②**

29 지붕설치형 태양광 발전방식의 설치에 대한 설명으로 틀린 것은?

① 태양전지는 지붕 중앙부에 놓는 것이 바람직하다.
② 태양전지 모듈의 접속은 전선 또는 커넥터 부착 전선 등을 사용한다.
③ 건축물은 고정하중, 적재하중, 적설하중, 지진 등에 대하여 안전한 구조를 가져야 한다.
④ 건축물을 건축하거나 대수선하는 경우에는 지방자치단체장이 정하는 바에 따라 구조의 안전을 확인한다.

풀이 O

건축법 시행령 제32조(구조 안전의 확인)

① 건축물을 건축하거나 대수선하는 경우 해당 건축물의 설계자는 **국토교통부령으로 정하는** 구조기준 등에 따라 그 구조의 안전을 확인하여야 한다. 　**[답]** ④

30 전력계통에서 3권선 변압기(Y−Y−△)를 사용하는 주된 이유는?

① 노이즈 제거　　② 전력손실 감소
③ 2가지 용량 사용　④ 제3고조파 제거

풀이 ●

송·배전 전력계통에서 변압기의 결선방법은 Y−Y−△이며, 이유는 제3고조파를 △권선 내에 순환시켜 제거하기 위함이다. 　**[답]** ④

31 태양광 발전시스템의 발전형태별 태양전지 어레이 설치 시 준비 및 주의사항으로 틀린 것은?

① 가대 및 지지대는 현장에서 직접 용접한다.
② 태양전지 어레이 기초면 수평기, 수평줄을 확보한다.
③ 너트의 풀림방지는 이중너트를 사용하고 스프링 와서를 체결한다.
④ 지지대 기초 앵커볼트의 유지 및 매립은 강제 프레임 등에 의하여 고정하는 방식으로 한다.

풀이 ●

구조물(가대 및 지지대)는 용융아연도금 처리되어 있으므로 절단 및 현장용접을 하면 안 된다.
※ 절단 또는 용접을 하면, 곧 바로 부식이 진행된다.
　[답] ①

32 태양광발전시스템 시공 시 작업의 종류에 따른 필요 공구가 잘못 연결된 것은?

① 도통시험 − 레벨메터
② 프레임 컷팅 − 스피드 커터
③ 앵커 구멍 천공 − 앵커 드릴
④ 절삭부분 가공 − 핸드 그라인더

풀이 ●

도통시험 : 멀티테스터, 후크온 메타
※ 저항을 측정할 수 있는 계기로 도통시험을 한다. **[답]** ①

33 감리원의 공사시행 단계에서의 감리업무가 아닌 것은?

① 인허가 관련 업무
② 품질관리 관련 업무
③ 공정관리 관련 업무
④ 환경관리 관련 업무

풀이 ●

전력시설물 공사감리업무 수행지침 제3조(정의)
1. "공사감리"란 법 제2조제4호에 따라 공사에 대하여 발주자의 위탁을 받은 감리업자가 설계도서, 그 밖의 관계 서류의 내용대로 시공되는지 여부를 확인하고, 품질관리 · 공사관리 및 안전관리, 환경관리 등에 대한 기술지도를 하며, 관계 법령에 따라 발주자의 권한을 대행하는 것을 말한다.
※ 인허가 관련업무 : 전기사업 허가단계의 업무 **[답]** ①

34 태양전지 어레이를 설치하기 위한 기초의 요구 조건으로 틀린 것은?

① 허용 침하량 이상의 침하
② 설계하중에 대한 안정성 확보
③ 현장여건을 고려한 시공 가능성
④ 환경변화, 국부적 지반 쇄굴 등에 대한 저항

풀이 ●

기초의 요구조건
• 구조적 안정성 확보 : 설계하중에 대한 안정성 확보
• 허용침하량 이내 : 구조물의 허용 침하량 이내의 침하
• 최소의 근입깊이를 가질 것 : 환경변화, 국지적 지반 세굴 등에 저항
• 시공가능성 : 현장 여건 고려 　　　　　**[답]** ①

35 설계 감리원의 기본임무 수행 사항이 아닌 것은?

① 과업지시서에 따라 업무를 성실히 수행하고 설계의 품질향상에 노력하여야 한다.
② 설계용역 계약 및 설계감리용역 계약내용이 충실히 이행될 수 있도록 하여야 한다.
③ 설계 및 설계감리용역 시행에 따른 업무연락, 문제점 파악 및 민원해결 등을 성실히 수행하여야 한다.

④ 설계공정의 진척에 따라 설계자로부터 필요한 자료 등을 제출받아 설계용역이 원활히 추진될 수 있도록 설계감리 업무를 수행하여야 한다.

풀이 ○

설계감리업무 수행지침 제5조(발주자, 설계감리원 및 설계자의 기본임무)

② 설계감리원은 다음 각 호의 기본임무를 수행하여야 한다.

1. 설계용역 계약 및 설계감리용역 계약내용이 충실히 이행될 수 있도록 하여야 한다.
2. 해당 설계용역이 관련 법령 및 전기설비기술기준 등에 적합한 내용대로 설계되는지의 여부를 확인 및 설계의 경제성 검토를 실시하고, 기술지도 등을 하여야 한다.
3. 설계공정의 진척에 따라 설계자로부터 필요한 자료 등을 제출받아 설계용역이 원활히 추진될 수 있도록 설계감리 업무를 수행하여야 한다.
4. 과업지시서에 따라 업무를 성실히 수행하고 설계의 품질향상에 따라 노력하여야 한다. **[답] ③**

36 태양전지 모듈 시공 시의 안전대책에 대한 고려사항으로 적절하지 않은 것은?

① 절연된 공구를 사용한다.
② 강우 시에는 반드시 우비를 착용하고 작업에 임한다.
③ 안전모, 안전대, 안전화, 안전허리띠 등을 반드시 착용한다.
④ 작업자는 자신의 안전확보와 2차 재해방지를 위해 작업에 적합한 복장을 갖춰 작업에 임해야 한다.

풀이 ○

1. 추락방지용 안전장구 착용(안전확보와 2차 재해방지) : 안전모, 안전화, 안전대, 안전허리띠
2. 태양광 모듈 설치 시 감전사고 예방대책
   ① 작업전에 태양전지 표면에 차광막을 씌워 태양광을 차폐한다.
   ② 저압 절연장갑을 착용한다.
   ③ 절연처리된 공구를 사용한다.
   ④ 강우 시에는 작업을 금지한다. **[답] ②**

37 어떤 건물에서 총 설비 부하용량이 850[kW], 수용률 60[%]라면, 변압기의 용량은 최소 몇 [kVA]로 하여야 하는가? 단, 설비부하의 종합역률은 0.75 이다.

① 510 　　　　② 620
③ 680 　　　　④ 740

풀이 ○

$$변압기\ 용량 = \frac{총\ 설비\ 부하용량[kW] \times 수용률[\%]}{종합역률[\%]}$$

$$= \frac{850 \times 60}{75} = 680[kVA]$$　　**[답] ③**

38 간선의 굵기를 산정하는 결정요소가 아닌 것은?

① 허용전류 　　　② 기계적 강도
③ 전압강하 　　　④ 불평형 전류

풀이 ○

간선의 굵기를 산정하는 데 결정요소 : 전선의 허용전류, 전압강하, 고조파, 기계적강도, 연결점의 허용온도, 열방산 조건, 장래 예비사용 또는 증설에 대한 여유율, 부하수용률 **[답] ④**

39 배전선로의 손실 경감과 관계없는 것은?

① 승압
② 역률 개선
③ 다중접지방식 채용
④ 부하의 불평형 방지

풀이 ○

배전선로의 손실 경감 : 승압, 부하의 불평형 방지, 역률개선, 고조파 저감
※ 다중접지방식의 채용 : 1선 지락 시 전위상승 억제 (절연비용 절감) **[답] ③**

40 태양광 발전시스템의 어레이 설치 종류가 아닌 것은?

① 양축식 　　　② 일자식
③ 단축식 　　　④ 고정식

풀이 ○

태양광발전시스템 (어레이)구조물의 종류 : 고정식, 경사가변식, 단축식, 양축식   **[답] ②**

3과목
태양광발전시스템 운영

41 태양광 발전사업의 허가를 받기 위해 전기사업허가신청서와 함께 제출하는 사업계획서 내용 중 전기설비 개요에 포함되어야 할 사항으로 틀린 것은?
① 태양전지의 종류
② 인버터의 입력전압
③ 집광판의 설치단가
④ 태양전지의 정격출력

풀이 ○

사업계획서 내용 중 발전설비 개요
① 태양전지의 종류, 정격용량, 정력전압 및 정격출력
② 인버터의 종류, 입력전압, 출력전압 및 정력출력
③ 집광판의 면적
④ 발전소의 명칭 및 위치   **[답] ③**

42 태양광발전시스템 보수점검 작업 시 점검 전 유의사항이 아닌 것은?
① 회로도 검토   ② 오조작 방지
③ 접지선 제거   ④ 무전압 상태확인

풀이 ○

점검 전의 유의사항
① 준비작업 : 응급처치 방법 및 설비, 기계의 안전을 확인한다.
② 회로도의 검토 : 전원계통이 Loop가 형성되는 경우를 대비하여 태양광 발전시스템의 각종 전원스위치의 차단상태 및 접지선의 접속상태를 확인한다.
③ 연락처 : 관련부서와 긴밀하고 확실하게 연락할 수 있도록 비상연락망을 사전 확인하여 만일의 사태에 신속히 대처할 수 있도록 한다.
④ 무전압 상태확인 및 안전조치
　⑦ 관련된 차단기, 단로기를 열어 무전압 상태로 만든다.

　⑭ 검전기를 사용하여 무전압 상태를 확인하고 필요한 개소는 접지를 실시한다.
　⑮ 특고압 및 고압 차단기는 개방하여 Test Position 위치로 인출하고, "점검 중" 이라는 표찰을 부착하여야 한다.
　⑯ 단로기는 쇄정시킨 후 "점검 중" 표찰을 부착한다.
　⑰ 특히, 수배전반 또는 모선 연락반은 전원이 되돌아와서 살아있는 경우가 있으므로 상기 ⑮, ⑯항의 조치를 취하여야 한다.
⑤ 잔류전압에 대한 주의 : 콘덴서 및 Cable의 접속부를 점검할 경우에는 잔류전하를 방전시키고 접지를 실시한다.
⑥ 오조작 방지 : 인출형 차단기 및 단로기는 쇄정 후 "점검 중" 표찰을 부착한다.
※ 접지선의 제거는 점검 완료 후의 작업사항이다.
                    [답] ③

43 태양광발전용 독립형 인버터에서 정상 특성 시험 시 시험항목으로 틀린 것은?
① 측정 오차 정확도 시험
② 누설전류 시험
③ 대기 손실 시험
④ 온도 상승 시험

풀이 ○

중대형 태양광발전용 독립형/연계형 인버터 시험항목

시험항목	독립형	계통연계형
a) 측정 오차 정확도 시험	○	○
b) 교류 전압, 주파수 추종 범위 시험	×	○
c) 교류 출력 전류 왜형률 시험	×	○
d) 온도 상승 시험	○	○
e) 효율 시험	○	○
f) 대기 손실 시험	×	○
g) 자동 기동·정지 시험	×	○
h) 최대 전력 추종 시험	×	○
i) 출력 전류 직류분 검출 시험	×	○

                    [답] ③

44 검출기에 의해 측정된 데이터를 컴퓨터 및 먼 거리로 전송하는 것은?
① 연산장치   ② 표시장치
③ 기억장치   ④ 신호변환기

풀이 ○

신호변환기(트랜스듀서)는 검출기(센서)로 검출된 데이터를 컴퓨터 및 먼 거리에 설치된 표시장치에 전송하는 경우에 사용한다. **[답]** ④

45 발전설비용량이 1,000[kW]인 경우 발전사업 허가권자는?

① 시·도지사
② 한국전력공사
③ 한국전기안전공사
④ 기후에너지환경부장관

풀이 ○

전기(발전) 사업 허가권자
① 3,000[kW] 초과 설비 : 기후에너지환경부 장관
② 3,000[kW] 이하 설비 : 시 · 도지사
단, 제주특별자치도는 3,000[kW] 이상도 제주 특별자치도지사의 허가사항임 **[답]** ①

46 결정질 태양전지 모듈이 태양광에 노출되는 경우에 따라 유기되는 열화정도를 테스트할 수 있는 장치로 옳은 것은?

① UV 시험장치
② 항온항습 장치
③ 염수분무 장치
④ 솔라시뮬레이터

풀이 ○

결정질 태양전지 모듈의 시험장치

시험장치	설 명
UV 시험장치	태양광발전 모듈이 태양광에 노출되는 경우에 따라서 유기되는 열화정도를 시험하기 위한 장치
항온항습 장치	태양광발전 모듈의 온도 사이클 시험, 습도-동결 시험, 고온고습 시험을 하기 위한 환경 챔버
염수분무 장치	태양광발전 모듈의 구성재료 및 패키지의 염분에 대한 내구성을 시험하기 위한 환경 챔버
솔라 시뮬레이터	태양광발전 모듈의 발전성능을 옥내에서 시험하기 위한 인공광원
기계적 하중시험 장치	태양광발전 모듈에 대하여 바람, 눈 및 얼음에 의한 하중에 대한 기계적 내구성을 조사하기 위한 장치
우박시험 장치	우박의 충격에 대한 태양광발전 모듈의 기계적 강도를 조사하기 위한 시험 장치
단자강도 시험 장치	태양광발전 모듈의 단자 부분이 모듈의 부착, 배선 또는 사용 중에 가해지는 외력에 대하여 충분한 강도가 있는지를 조사하기 위한 장치

[답] ①

47 접지저항의 측정방법이 아닌 것은?

① 보호 접지저항계 측정법
② 전위차계 접지저항계 측정법
③ 클램프 온(Clamp On) 측정법
④ 콜라우시(Kohlrausch) 브리지법

풀이 ○

접지저항 측정방법 : 전위차계 접지저항계, 간이 접지저항계, 클램프 온, 콜라우시 브리지법 등 **[답]** ①

48 전기사업 허가신청서의 처리절차로 옳은 것은?

① 신청서 작성 및 제출 → 검토 → 접수 → 전기위원회 심의 → 허가증 발급
② 신청서 작성 및 제출 → 접수 → 검토 → 전기위원회 심의 → 허가증 발급
③ 신청서 작성 및 제출 → 전기위원회 심의 → 검토 → 접수 → 허가증 발급
④ 신청서 작성 및 제출 → 접수 → 전기위원회 심의 → 검토 → 허가증 발급

풀이 ○

전기(발전)사업 허가 절차도

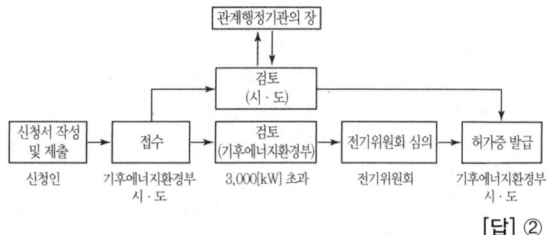

[답] ②

49 태양광 발전설비의 안전관리를 위해 안전관리자가 보유하여야 할 장비로 적당하지 않은 것은?

① 검전기
② 각도계
③ 전압 Tester
④ Earth Tester

풀이 ○

• 공용 전기안전관리 장비 : ① 절연저항 측정기(1,000[V], 2,000[MΩ]), ② 계전기 시험기, ③ 절연유 내압 시험기, ④ 절연유 산가 측정기, ⑤ 특고압 COS 조작봉, ⑥ 적외선 열화상 카메라(온도측정), 전기품질

분석기(전압, 전류, 전력, 역률, 고조파의 측정)
- 개인 전기안전관리 장비 : ① 절연저항 측정기(500[V], 100[MΩ]), ② 접지저항 측정기(Earth Tester), ③ 클램프미터, ④ 저압검전기, ⑤ 고압·특고압 검전기

※ 각도계는 시공 시 필요하며, 안전관리자가 보유해야 할 장비가 아니다.   **[답] ②**

50 결정질 실리콘 태양전지모듈의 최대 출력 결정 시 품질기준으로 틀린 것은?

① 시험 시료의 출력균일도는 평균출력의 ±3[%] 이내일 것
② 시험시료의 최종 환경시험 후 최대출력의 열화는 최초 최대출력의 −8[%]를 초과하지 않을 것
③ 해당 태양전지모듈의 최대 출력을 측정하되, 시험시료의 평균출력은 정격출력 이상일 것
④ 최대 시스템 전압의 두 배에 1000[V]를 더한 것과 같은 전압을 최대 500[V/s] 이하의 상승률로 태양전지모듈의 출력단자와 패널 또는 접지단자(프레임)에 1분 간 유지할 것

풀이 ○
결정질 실리콘 태양전지모듈의 최대출력 결정 품질기준 (KS C 8561_2016 6.2.2)
① 해당 태양광 모듈의 최대 출력을 측정하되, 시험시료의 평균출력은 정격출격 이상일 것
② 시험시료의 출력 균일도는 평균 출력의 ±3[%] 이내일 것
③ 시험시료의 최종 환경시험 후 최대출력의 열화는 최초 최대출력의 −8[%]를 초과하지 않을 것   **[답] ④**

51 태양광발전시스템의 일상점검 점검항목이 아닌 것은?

① 인버터 – 통풍 확인
② 접속함 – 절연저항 측정
③ 인버터 – 표시부의 이상표시
④ 태양전지모듈 – 표면의 오염 및 파손

풀이 ○
일상점검은 계측기나 공구를 사용하지 않고 인간의 오감에 의해서 실시하는 점검이다. 절연저항을 측정하기 위해서는 절연저항계(메거)가 필요하다.
※ 접속함의 절연저항 측정은 정기점검 항목이다.
    [답] ②

52 시스템 성능평가의 분류로 틀린 것은?

① 신뢰성
② 사이트
③ 발전성능
④ 분석가격

풀이 ○
시스템 성능평가의 분류
① 구성요인의 성능·신뢰성 ② 사이트
③ 발전성능 ④ 신뢰성 ⑤ 설치가격(경제성)   **[답] ④**

53 직독식 접지저항계에 의한 접지저항 측정 시 E단자를 접지극에 접속하고 일직선상으로 몇 [m] 이상 떨어져 보조접지봉을 박는가?

① 5
② 10
③ 15
④ 20

풀이 ○
접지저항계 사용 방법

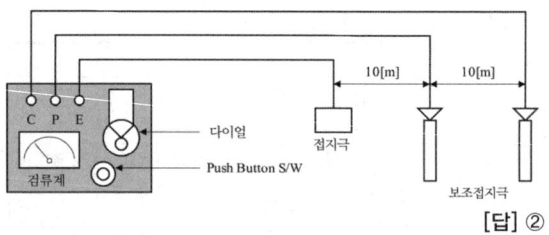

    [답] ②

54 송전설비공사의 하자 보수 책임기간은 몇 년인가?

① 1년   ② 2년
③ 3년   ④ 4년

풀이 ○
공사하자 담보 책임기간
(지방계약법 시행규칙 제68조 별표1)

관련법령	대상 공정		책임기간
전 기 공사업법	발전설비공사	철근콘크리트 또는 철골구조부	7년
		그 밖의 시설	3년
	지중 송배전 설비공사	송전설비공사(케이블, 물밑송전설비공사포함)	5년
		배전설비공사	3년
	송전설비공사		**3년**
	변전설비공사(전기설비 및 기기설치공사 포함)		3년
	배전설비공사	배전설비 철탑공사	3년
		그 밖의 배전설비공사	2년
	그 밖의 전기설비공사		1년

[답] ③

55 독립형 태양광 발전시스템의 주요 구성장치가 아닌 것은?

① 인버터

② 태양전지모듈

③ 충방전 제어기

④ 송전설비 및 배전시스템

풀이 ◉

독립형 태양광 발전시스템의 주요 구성장치

① AC(교류) 부하 : 모듈, 접속함, 충·방전 제어기, 축전지, 인버터

② DC(직류) 부하 : 모듈, 접속함, 충·방전 제어기, 축전지

※ 송전설비 및 배전시스템은 전력계통(교류) 설비이다.

[답] ④

56 절연변압기가 부착된 태양광인버터의 정격전압의 600[V]일 때 절연저항측정 시 사용하는 절연저항계는 몇 [V]용을 이용하는가?

① 500

② 1,000

③ 2,000

④ 3,000

풀이 ◉

절연변압기 부착된 인버터 회로의 시험 기자재

㉮ 인버터 정격전압 300[V] 이하 : 500[V] 절연저항계(메가)

㉯ 인버터 정격전압 300[V] 초과 600[V] 이하
: 1,000[V] 절연저항계(메가)

[답] ②

57 기후에너지환경부장관의 허가가 필요한 발전설비용량[kW]은?

① 2,000

② 2,500

③ 3,000

④ 3,500

풀이 ◉

전기(발전) 사업 허가권자

① 3,000[kW] 초과 설비 : 기후에너지환경부 장관

② 3,000[kW] 이하 설비 : 시·도지사

단, 제주특별자치도는 3,000[kW] 이상도 제주 특별자치도지사의 허가사항임

[답] ④

58

[2021.1.1.부터 한국전기설비규정(KEC) 시행과
출제기준 제외문항으로 삭제

59 정기점검 시 주회로용 퓨즈의 외부일반 점검목적과 점검내용으로 틀린 것은?

① 지시 표시 – 영점조정은 잘 되어 있는지 확인

② 손상 – 퓨즈통, 애자 등에 균열, 변형 여부 확인

③ 변색 – 퓨즈통, 퓨즈 홀더의 단자부에 변색 여부 확인

④ 볼트의 조임 이완 – 단자부의 볼트 조임의 이완 여부 확인

풀이 ◉

정기점검(주회로용 퓨즈)

대상	점검개소	목 적	점검내용
주회로용 퓨 즈	외부 일반	볼트조임 이완	단자부의 볼트류 및 접촉부에 조임이완 은 없는가
		손 상	퓨즈통, 애자 등에 균열, 변형은 없는 가
		변 색	퓨즈통, 퓨즈 홀더의 단자부에 변색은 없는가

[답] ①

60 송전설비의 배전반에서 주회로의 인입부분 및 인출부분에 대한 일상점검의 내용이 아닌 것은?

① 볼트 종류의 이완상태에 따른 진동음 발생 여부를 점검한다.

② 케이블의 접속부분에서 과열현상에 의한 이상한 냄새의 발생 여부를 점검한다.

③ 케이블의 관통부분에서 곤충이나 벌레 등의 침입 가능성이 있는지 점검한다.

④ 부싱부분에서 접지 및 절연저항 값을 측정하고 점검한다.

풀이 ○

송전설비 배전반 주회로의 인입 인출부 일상점검 내용

대상	점검개소	목적	점검내용
주회로 인 입 인출부	폐쇄모선의 접속부	이상한 소리	볼트류 등의 조임 이완에 따른 진동음 유무 확인
	부 싱	손 상	균열, 파손 여부 확인
		이상한 소리	코로나(CORONA) 방전에 의한 이상음 여부 확인
	케이블 단말부 및 접속부, 케이블 관통부	이상한 소리	볼트류 등의 조임 이완에 따른 진동음 유무 확인
		이상한 냄새	코로나(CORONA) 방전 또는 과열에 의한 이상한 냄새 발생 여부 확인
		손 상	케이블 막이판의 떨어짐 또는 간격의 벌어짐 유무확인
		쥐, 곤충 등의 침 입	쥐, 곤충 등의 침입여부 확인

[답] ④

4과목
신재생에너지 관련법규

61 안전공사 및 전기판매사업자는 일반용 전기 설비의 점검 또는 점검 결과의 통지를 한 경우 서류 또는 자료를 몇 년간 보존해야 하는가?

① 1년　　　　② 2년

③ 3년　　　　④ 5년

풀이 ○

안전공사 및 전기판매사업자는 일반용전기설비의 점검 또는 점검 결과의 통지를 한 경우에는 다음 각 호의 사항을 적은 서류 또는 자료를 3년간 보존하여야 한다.

[답] ③

62 전로의 중성점을 접지하는 목적에 해당하지 않는 것은?

① 이상전압의 억제

② 대지전압의 저하

③ 보호장치의 확실한 동작의 확보

④ 부하전류의 일부를 대지로 흐르게 함으로써 전선의 절약

풀이 ○

전로의 중성점을 접지하는 목적

① 보호 장치의 확실한 동작의 확보

② 이상 전압의 억제

③ 대지전압의 저하　　　　　　　　　[답] ④

63 7000[V]를 초과하는 전압은?

① 저압　　　　② 고압

③ 특고압　　　④ 초고압

풀이 ○

구분	전압 범위 〈21.1.1.부터 시행〉
저 압	직류 1500[V] 이하, 교류 1000[V] 이하
고 압	직류 1500[V] 초과, 교류 1000[V] 초과~7천[V] 이하
특고압	7천[V]를 초과

[답] ③

64 가공전선로에 사용하는 지지물의 강도 계산에 적용하는 풍압하중의 종류는?

① 1종, 2종, 3종

② A종, B종, C종

③ 수평, 수직, 각도

④ 갑종, 을종, 병종

풀이 ○

가공 전선로에 사용하는 지지물의 강도 계산에 적용하는 풍압하중은 3종(갑종, 을종, 병종)으로 한다. [답] ④

65 전기공사업의 등록기준으로 옳은 것은?

※ 개정으로 학습 불필요 〈풀이 참조〉

① 자본금 1억원 이상, 전기공사기술자 2명 이상, 공부상 면적이 20[m²] 이상 사무실 확보

② 자본금 2억원 이상, 전기공사기술자 3명 이상, 공부상 면적이 25$[m^2]$ 이상 사무실 확보

③ 자본금 3억원 이상, 전기공사기술자 3명 이상, 공부상 면적이 30$[m^2]$ 이상 사무실 확보

④ 자본금 4억원 이상, 전기공사기술자 2명 이상, 공부상 면적이 25$[m^2]$ 이상 사무실 확보

풀이 ○

항목	공사업의 등록기준
기술능력	전기공사기술자 3명 이상(3명 중 1명 이상은 기술사, 기능장, 기사 또는 산업기사의 자격을 취득한 사람이어야 한다)
자본금	1억5천만원 이상
사무실	공사업 운영을 위한 사무실

▶ 전기공사업법 시행령 [별표 3] 공사업의 등록기준(제6조제1항 관련) 〈개정 2016. 12. 30.〉 **[답] 없음**

66 국가기관, 지방자치단체, 공공기관, 그 밖에 대통령령으로 정하는 자가 신·재생에너지 기술개발 및 이용·보급에 관한 계획을 수립·시행하려면 대통령령으로 정하는 바에 따라 미리 누구와 협의를 하여야 하는가?

① 시·도지사

② 국가기술표준원장

③ 한국전력공사사장

④ 기후에너지환경부장관

풀이 ○

국가기관, 지방자치단체, 공공기관, 그 밖에 대통령령으로 정하는 자가 신·재생에너지 기술개발 및 이용·보급에 관한 계획을 수립·시행하려면 대통령령으로 정하는 바에 따라 미리 기후에너지환경부장관과 협의하여야 한다. **[답] ④**

67 수소와 산소의 전기화학 반응을 통하여 전기 또는 열을 생산하는 설비는?

① 연료전지 설비

② 산소에너지 설비

③ 수소에너지 설비

④ 수소 및 산소에너지 설비

풀이 ○

• 연료전지 설비 : 수소와 산소의 전기화학 반응을 통하여 전기 또는 열을 생산하는 설비 **[답] ①**

68 발전량의 일정량 이상을 의무적으로 신·재생에너지를 이용하여 공급하는 자로서 대통령령으로 정하는 자가 아닌 자는?

① 한국광물공사

② 한국수자원공사

③ 한국지역난방공사

④ 50만 킬로와트 이상의 발전설비(신·재생에너지 설비는 제외한다)를 보유하는 자

풀이 ○

신재생에너지법 제18조의3(신·재생에너지 공급의무자)
1. 50만$[kW]$ 이상의 발전설비(신·재생에너지 설비는 제외한다)를 보유하는 자(발전자회사 등)
2. 한국수자원공사
3. 한국지역난방공사 **[답] ①**

69 온실가스의 종류가 아닌 것은?

① 메탄

② 질소

③ 아산화질소

④ 수소불화탄소

풀이 ○

• 온실가스 : 이산화탄소(CO_2), 메탄(CH_4), 아산화질소(N_2O), 수소불화탄소(HFCs), 과불화탄소(PFCs), 육불화황(SF_6) **[답] ②**

70 전기사업법에서 정의하는 용어의 뜻이 틀린 것은?

① '전기사업'이란 발전사업·송전사업·배전사업·전기판매업 및 구역전기사업을 말한다.

② '전력시장'이란 전력거래를 위하여 한국전력거래소가 개설하는 시장을 말한다.

③ 보편적 공급이란 전기사용자가 언제 어디서나 최소한의 요금으로 전기를 사용할 수 있도록 전기를 공급하는 것을 말한다.

④ '발전사업'이란 전기를 생산하여 이를 전력시

장을 통하여 전기판매사업자에게 공급하는 것을 주된 목적으로 하는 사업을 말한다.

풀이 ○
• 보편적 공급 : 전기사용자가 언제 어디서나 적정한 요금으로 전기를 사용할 수 있도록 전기를 공급하는 것
[답] ③

71 신·재생에너지의 이용·보급을 촉진하기 위한 보급사업의 종류가 아닌 것은?
① 신기술의 적용사업 및 시범사업
② 지방자치단체와 연계한 보급사업
③ 실증단계의 신·재생에너지 설비의 보급을 지원하는 사업
④ 환경친화적 신·재생에너지 집적화단지 및 시범단지 조성사업

풀이 ○
신재생에너지법 제27조(보급사업)
1. 신기술의 적용사업 및 시범사업
2. 환경친화적 신·재생에너지 집적화단지 및 시범단지 조성사업
3. 지방자치단체와 연계한 보급사업
4. 실용화된 신·재생에너지 설비의 보급을 지원하는 사업
[답] ③

72

> [2021.1.1.부터 한국전기설비규정(KEC) 시행과 출제기준 제외문항으로 삭제

73 전기판매사업자가 전력시장운영규칙으로 정하는 바에 따라 우선적으로 구매할 수 있는 대상으로 틀린 것은?
① 자가용전기설비를 설치한 자
② 수력발전소를 운영하는 발전사업자
③ 설비용량이 3만 킬로와트 이하인 발전사업자
④ 발전사업의 허가를 받은 것으로 보는 집단에너지사업자

풀이 ○
전기판매사업자가 전력시장운영규칙으로 정하는 바에 따라 우선적으로 구매할 수 있는 대상
1. 대통령령으로 정하는 규모(설비용량이 2만[kW]) 이하의 발전사업자
2. 자가용전기설비를 설치한 자
3. 신에너지 및 재생에너지를 이용하여 전기를 생산하는 발전사업자
4. 발전사업의 허가를 받은 것으로 보는 집단에너지사업자
5. 수력발전소를 운영하는 발전사업자
[답] ③

74 신재생에너지 개발·이용·보급 촉진법에 의해 공급인증기관이 개설한 거래시장 외에서 공급인증서를 거래한 자에게 부과하는 벌칙으로 옳은 것은?
① 1년 이하의 징역 또는 1천만 원 이하의 벌금
② 2년 이하의 징역 또는 2천만 원 이하의 벌금
③ 3년 이하의 징역 또는 3천만 원 이하의 벌금
④ 3년 이상의 징역 또는 지원받은 금액의 3배 이상에 상당하는 벌금

풀이 ○
공급인증기관이 개설한 거래시장 외에서 공급인증서를 거래한 자는 2년 이하의 징역 또는 2천만원 이하의 벌금에 처한다.
[답] ②

75 탄소중립기본법에 따른 책무사항으로 틀린 것은?
① 국가와 지방자치단체는 탄소중립 사회로의 이행과 녹색성장의 추진 등 기후위기 대응에 필요한 전문인력의 양성에 노력하여야 한다.
② 공공기관은 탄소중립 사회로의 이행을 위한 국가의 시책에만 적극 협조하여야 한다.
③ 사업자는 녹색경영을 통하여 사업활동으로 인한 온실가스 배출을 최소화하고 녹색기술 연구개발과 녹색산업에 대한 투자 및 고용을 확대하도록 노력하여야 한다.
④ 국민은 가정과 학교 및 사업장 등에서 녹색생활을 적극 실천하여야 한다.

풀이 ○

공공기관은 탄소중립 사회로의 이행을 위한 국가 및 지방자치단체의 시책에 적극 협조하여야 한다. **[답] ②**

76 전력계통에 연계하는 태양전지 발전소에 시설하는 계측 장치로 옳은 것은?

① 주요변압기의 전압 및 전류 또는 전력

② 주요변압기의 전압 및 전류 또는 온도

③ 주요변압기의 전압 및 전류 또는 역률

④ 주요변압기의 전압 및 유온 또는 주파수

풀이 ○

발전소에는 다음 각 호의 사항을 계측하는 장치를 시설하여야 한다. (계측장치 : 351.6)

① 발전기 · 연료전지 또는 태양전지 모듈(복수의 태양전지 모듈을 설치하는 경우에는 그 집합체)의 전압 및 전류 또는 전력

② 주요 변압기의 전압 및 전류 또는 전력

③ 특고압용 변압기의 온도 **[답] ①**

77 저압 가공전선이 위쪽에서 상부 조영재와 접근하는 경우의 전선과 상부 조영재 상호간의 최소 이격거리[m]는?

① 1.0 ② 1.2

③ 2.0 ④ 2.5

풀이 ○

저압 가공인입선 조영물의 구분에 따른 이격거리 (221.1-1)

다른 시설물의 구분	접근형태	이격거리
조영물의 상부 조영재	위쪽	2[m]
	옆쪽 또는 아래쪽	0.3[m]

[답] ③

78 동일인이 두 종류 이상의 전기사업을 할 수 있는 경우가 아닌 것은?

① 도서지역에서 전기사업을 하는 경우

② 발전사업과 전기판매사업을 겸업하는 경우

③ 배전사업과 전기판매사업을 겸업하는 경우

④ 발전사업의 허가를 받은 것으로 보는 집단에너지사업자가 전기판매사업을 겸업하는 경우

풀이 ○

전기사업법 시행령 제3조(두 종류 이상의 전기사업의 허가)

① 배전사업과 전기판매사업을 겸업하는 경우

② 도서지역에서 전기사업을 하는 경우

③ 발전사업의 허가를 받은 것으로 보는 집단에너지사업자가 전기판매사업을 겸업하는 경우. **[답] ②**

79 고압전로에 사용하는 포장퓨즈는 정격전류의 몇 배에 견디어야 하는가?

① 1.10 ② 1.25

③ 1.30 ④ 2.00

풀이 ○

과전류차단기로 시설하는 퓨즈 중 고압전로에 사용하는 포장 퓨즈는 정격 전류의 1.3배의 전류에 견디고 또한 2배의 전류로 120분 안에 용단되는 것 **[답] ③**

80 공급의무자와 의무공급량 중 일정부분은 기후에너지환경부장관이 균형 있는 이용 · 보급이 필요하여 이 에너지로 공급하도록 규정하고 있는데 다음 중 어떤 에너지인가?

① 태양의 빛에너지를 변환시켜 전기를 생산하는 방식의 태양에너지

② 바람의 에너지를 변환시켜 전기를 생산하는 방식의 풍력에너지

③ 해양의 조수 · 파도 · 해류 · 온도차 등을 변환시켜 전기를 생산하는 방식의 해양에너지

④ 바이오에너지를 변환시켜 전기를 생산하는 방식의 바이오에너지

풀이 ○

신재생에너지법 시행령 [별표 4] 신재생에너지의 종류 및 의무공급량(제18조의4제3항 전단관련)

1. 종류 : 태양에너지(태양의 빛에너지를 변환시켜 전기를 생산하는 방식에 한정한다)

※ 2016년 이후 태양광 별도의무공급량은 1,577(GWh)로 유지(타 신재생에너지와 경쟁유도) **[답] ①**

※ 관련법령의 개정 및 한국전기설비규정(KEC)의 시행에 따라 기출문제의 내용을 개정 및 변경된 것으로 수정한 것입니다. 따라서 엔트미디어를 통해 제공되는 기출풀이 동영상(2013~2022)은 내용이 다를 수 있습니다. 따라서 본 교재의 내용으로 학습하시기 바랍니다.

1과목
태양광발전시스템 이론

01 50[kW] 이상의 태양광발전설비에 의무적으로 설치하여야하는 모니터링설비의 계측설비 중 전력량계의 정확도 기준으로 옳은 것은?
① 0.5[%] 이내
② 1.0[%] 이내
③ 1.5[%] 이내
④ 2.0[%] 이내

풀이 ○
모니터링 시스템의 계측설비별 요구사항으로 인버터의 CT 정확도는 3[%] 이내, 전력량계의 정확도는 1[%] 이내이다.　　　　　　　　　　　　　　　**[답]** ②

02 PN접합 다이오드의 P형 반도체에 (+)바이어스를 가하고, N형 반도체에 (−)바이어스를 가할 때 나타나는 현상은?
① 공핍층의 폭이 작아진다.
② 전류는 소수캐리어에 의해 발생한다.
③ 공핍층 내부의 전기장이 증가한다.
④ 다이오드는 부도체와 같은 특성을 보인다.

풀이 ○
P형 반도체에 (+)바이어스를 가하고, N형 반도체에 (−)바이어스를 가하는 것은 정(순)방향 바이어스라고 하며, 이 때 공핍층의 폭이 작아져 전류가 흐를 수 있도록 한다.　　　　　　　　　　　　　　　**[답]** ①

03 개방전압의 측정순서를 올바르게 나타낸 것은?

> ⓐ 측정하는 스트링의 단로 스위치만 ON하여(단로 스위치가 있는 경우) 직류전압계로 각 스트링의 P−N단자간의 전압 측정.
> ⓑ 태양전지 모듈에 음영이 발생되는 부분이 없는지 확인.
> ⓒ 접속함의 출력개폐기를 OFF.
> ⓓ 접속함 각 스트링의 단로 스위치를 모두 OFF(단로 스위치가 있는 경우)

① ⓒ−ⓓ−ⓑ−ⓐ　　　② ⓑ−ⓐ−ⓒ−ⓓ
③ ⓑ−ⓐ−ⓓ−ⓒ　　　④ ⓐ−ⓑ−ⓒ−ⓓ

풀이 ○
개방전압의 측정 시험기자재, 회로도, 측정 방법은 다음과 같다.
㉮ 시험기자재 : 직류전압계(테스터)
㉯ 회로도 : 개방전압 측정회로

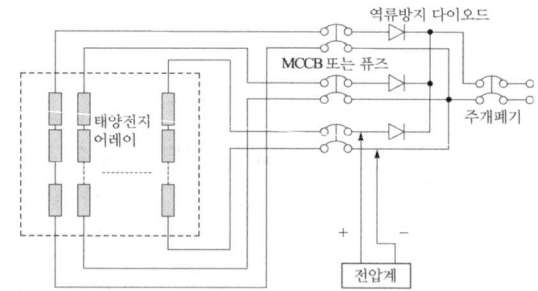

㉰ 측정순서
　㉠ 접속함의 출력 개폐기를 개방(Off)한다.
　㉡ 접속함 각 스트링의 단로 스위치를 모두 OFF(단로 스위치가 있는 경우)
　㉢ 각 모듈이 그늘 져 있지 않은지 확인한다.
　㉣ 측정하는 스트링의 단로 스위치만 ON하여(단로 스위치가 있는 경우) 직류전압계로 각 스트링의 P−N단자간의 전압 측정.　　　　**[답]** ①

04 태양광 모듈의 단면을 보면 여러 층으로 이루어져 있다. 이러한 층을 이루는 재료 중에 태양전지를 외부의 습기와 먼지로부터 차단하기 위하여 현재 가장 일반적으로 사용하는 충진재는?

① Glass   ② EVA

③ Tedlar   ④ FRP

풀이 ◉

태양전지 모듈에서 태양전지를 외부의 습기와 먼지로부터 차단하기 위하여 현재 가장 일반적으로 사용하는 충진재는 EVA이다.   **[답] ②**

05 풍력발전기와 독립형 태양광발전시스템을 연계하여 발전하는 방식은?

① 추적식   ② 독립형

③ 계통연계형   ④ 하이브리드형

풀이 ◉

태양광발전시스템과 다른 발전원(풍력, 연료전지 등)이 연계하여 발전하는 방식을 하이브리드형이라고 한다.   **[답] ④**

06 태양전지의 변환효율에 영향을 주는 요인이 아닌 것은?

① 방사조도

② 표면온도

③ 기압

④ 분광분포(Air mass)

풀이 ◉

태양전지의 변환효율에 영향을 주는 요인은 방사조도, 분광분포(스펙트럼), 표면온도의 영향을 받는다.   **[답] ③**

07 220[V], 60[Hz] 교류전원을 변압기를 사용하여 24[V]의 교류전원으로 바꾸려고 한다. 이 변압기의 1차 코일의 권선수가 300회일 때, 2차 코일의 권선수는 몇 회로 하면 되는가?

① 약 33회   ② 약 44회

③ 약 55회   ④ 약 66회

풀이 ◉

(1) 변압기의 권수비(turn ratio) a는 다음 식과 같다.

$$a = \frac{N_1}{N_2} = \frac{V_1}{V_2} = \frac{I_2}{I_1} = \sqrt{\frac{Z_1}{Z_L}}$$

단, N_1, V_1, I_1, Z_1 : 변압기 1차측의 권선수, 단자전압, 단자전류, 임피던스

N_2, V_2, I_2, Z_L : 변압기 2차측의 권선수, 단자전압, 단자전류, 부하 임피던스

(2) $\dfrac{N_1}{N_2} = \dfrac{V_1}{V_2}$ 에 대입하여 N_2를 구하면,

$$N_2 = \frac{V_2}{V_1} \times N_1 = \frac{24}{220} \times 300 = 32.73 \fallingdotseq 33[회]$$ **[답] ①**

08 그림의 회로는 축전지 회로 구성을 나타낸 것이다. 축전지 전체 출력단자 A와 B 사이의 전압과 축전지 용량은 각각 얼마인가? (단, 1개의 축전지 용량은 12[V], 150[Ah] 이다.)

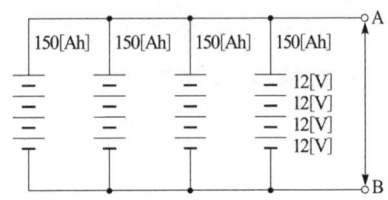

① DC 48[V], 150[Ah]

② DC 24[V], 150[Ah]

③ DC 48[V], 600[Ah]

④ DC 24[V], 600[Ah]

풀이 ◉

배터리 및 모듈의 직렬연결 시에는 전압이 가산되고, 병렬연결 시에는 전류가 가산된다.

따라서 전압(V) = 12[V]×4 = 48[V],

전류(I) = 150[Ah]×4 = 600[Ah]   **[답] ③**

09 태양전지의 열손실 요소가 아닌 것은?

① 복사   ② 풍속

③ 대류   ④ 전도

풀이 ◉

태양전지(고체)의 열손실 요소는 전도, 대류, 복사이다.   **[답] ②**

10 뇌서지 등에 의한 피해로부터 태양광발전시스템을 보호하기 위한 대책으로 틀린 것은?

① 뇌서지가 내부로 침입하지 못하도록 피뢰소자를 설비 인입구에서 먼 장소에 설치한다.

② 저압 배전선으로부터 침입하는 뇌서지에 대해서는 분전반에도 피뢰소자를 설치한다.

③ 피뢰소자를 어레이 주회로 내에 분산시켜 설치함과 동시에 접속함에도 설치한다.

④ 뇌우의 발생지역에서는 교류 내뢰 트랜스를 설치한다.

풀이 ○

뇌서지가 내부로 침입하지 못하도록 피뢰소자를 설비 인입구에서 가까운 장소에 설치한다. **[답]** ①

11 내부저항이 각각 0.3[Ω] 및 0.2[Ω]인 1.5[V]의 두 전지를 직렬로 연결한 후에 외부에 2.5[Ω]의 저항 부하를 직렬로 연결하였다. 이 회로에 흐르는 전류는 몇 [A]인가?

① 0.2   ② 0.5

③ 0.7   ④ 1.0

풀이 ○

1) 회로의 직렬 합성저항 $= 0.3 + 0.2 + 2.5 = 3[\Omega]$
2) 회로의 직렬 전압 $= 1.5 + 1.5 = 3[V]$
3) 회로의 전류 $= \dfrac{3}{3} = 1.0[A]$ **[답]** ④

12 실효값이 220[V]인 교류전압을 1.2[kΩ]의 저항에 인가할 경우 소비되는 전력은 약 몇 [W]인가?

① 26.4   ② 40.3

③ 57.7   ④ 60.2

풀이 ○

소비전력

$$P = I^2 \times R = \frac{V^2}{R} = \frac{220^2}{1.2 \times 10^3} = 40.33 \fallingdotseq 40.3[W] \qquad \textbf{[답]} ②$$

13 태양광발전의 기본원리로서 1939년 dmond Bequerel에 의해 최초로 발견된 현상은?

① 광전도 효과   ② 광자기장 효과

③ 광기전력 효과   ④ 광흡수 효과

풀이 ○

1939년 에드몬드 베크렐(Edmond Bequerel)은 빛이 전기로 바뀌는 광기전력 효과(Photovoltaic effect)를 세계 최초로 발견하였다. **[답]** ③

14 신재생에너지 중 재생에너지의 특징이 아닌 것은?

① 시설투자가 적은 에너지이다.

② 친환경 청정에너지이다.

③ 기술주도형 자원이다.

④ 비고갈 에너지이다.

풀이 ○

신재생에너지의 특징은 공공의 미래에너지, 환경친화형 청정에너지, 비고갈성 에너지, 기술에너지, 시설 투자가 많은 에너지이다. **[답]** ①

15 태양광발전시스템의 인버터에 대한 설명으로 틀린 것은?

① 잉여전력을 계통으로 역송전할 수 있다.

② 직류를 교류로 변환하는 장치이다.

③ 자립운전 기능도 가능하다.

④ 옥내형만 가능하다.

풀이 ○

태양광발전시스템의 인버터는 옥내형과 옥외형이 있다. **[답]** ④

16 연료전지 구성요소 중 개질기(Reformer)에 대한 설명으로 옳은 것은?

① 원하는 전기출력을 얻기 위해 단위전지를 수십에서 수백 장을 직렬로 쌓아 올린 본체

② 전해질이 함유된 전해질 판, 연료극, 공기극으로 구성된 장치

③ 수소가 함유된 일반연료(천연가스, 메탄올, 석탄 등)로부터 수소를 발생시키는 장치

④ 연료전지에서 나오는 직류를 교류로 변환시키는 장치

풀이 ⊙

개질기(Reformer)는 수소가 함유된 일반연료(천연가스, 메탄올, 석탄 등)로부터 수소를 발생시키는 장치이다. [답] ③

---

17 실리콘(Si)에 도너(Donor) 불순물을 첨가하여 만든 반도체는?

① 진성 반도체　　　② P-N접합 다이오드
③ P형 반도체　　　④ N형 반도체

풀이 ⊙

1) N형 반도체는 도너(인, 비소, 안티몬)와 같은 불순물을 첨가하여 만든다.
2) P형 반도체는 억셉터(알루미늄, 붕소, 갈륨)와 같은 불순물을 첨가하여 만든다. [답] ④

---

18 열점(Hot spot)의 발생원인과 대책에 대한 설명으로 틀린 것은?

① 나뭇잎, 새의 배설물 등의 그늘로 인한 태양전지 셀 내부열화로 발생한다.
② 바이패스 소자를 셀 구간마다 접속하여 역전류가 발생하면 우회시킨다.
③ 태양전지 셀의 결함, 특성으로 국부적 과열로 발생한다.
④ 태양전지 모듈마다 SPD를 설치하여 전압의 파고치를 저하한다.

풀이 ⊙

SPD(서지보호장치)는 뇌서지 등으로부터 태양광발전시스템을 보호하기 위해 사용된다. [답] ④

---

19 계통연계형 인버터에서 유럽의 기후에 대해 가중된 동적 효율을 무엇이라고 하는가?

① 유로효율(η_{Euro})
② 추적효율(η_{Tr})
③ 변환효율(η_{Con})
④ 정격효율(η_{INV})

풀이 ⊙

유로효율은 변환기의 고효율 성능척도를 나타내는 단위로서 출력에 따른 변환효율에 비중을 둬서 측정하는 단위. (예; 각 출력 5[%] / 10[%] / 20[%] / 30[%] / 50[%] / 100[%]에서 효율을 측정하여 그 비중(계수)을 0.03 / 0.06 / 0.13 / 0.10 / 0.48 / 0.20 두어 곱한 값을 합산하여 계산한 값.)

$$\eta_{EURO} = 0.03 \cdot \eta_{5\%} + 0.06 \cdot \eta_{10\%} + 0.13 \cdot \eta_{20\%}$$
$$+ 0.10 \cdot \eta_{30\%} + 0.48 \cdot \eta_{50\%} + 0.20 \cdot \eta_{100\%} \,[\%]$$

[답] ①

---

20 태양광발전시스템의 접속함을 설치할 때 주의사항으로 틀린 것은?

① 노출된 장소에 설치되는 경우 빗물, 먼지 등이 함에 침입하지 않는 구조로 한다.
② 접속함의 정격전압은 태양전지 스트링의 개방시의 최대직류전압으로 선정한다.
③ 접속함 내부는 최소한의 공간을 차지하도록 한다.
④ 정격입력전류는 최대전류를 기준으로 선정한다.

풀이 ⊙

접속함 내부는 점검 및 보수를 위하여 충분한 공간이 있어야 한다. [답] ③

2과목
태양광발전시스템 **시공**

21 설계도서 적용 시 고려사항으로 볼 수 없는 것은?

① 도면상 축적으로 잰 치수가 숫자로 나타낸 치수보다 우선한다.
② 특별시방서는 당해 공사에 한하여 일반시방서에 우선한다.
③ 특별시방서 및 도면에 기재되지 않은 사항은 일반시방서에 의한다.
④ 설계도면 및 시방서의 어느 한 쪽에 기재되어 있는 것은 그 양쪽에 기재되어 있는 사항과 동일하게 다룬다.

풀이 ⊙

설계도서 적용 시 고려사항
- 도면상 축적으로 잰 치수보다 숫자가 우선한다.
- 특별시방서는 당해 공사에 한하여 일반시방서에 우선한다.
- 특별시방서 및 도면에 기재되지 않은 사항은 일반시방서에 의한다.
- 설계도면 및 시방서의 어느 한쪽에 기재되어 있는 것은 그 양쪽에 기재되어 있는 사항과 동일하게 다룬다.

[답] ①

22 태양전지 가대의 구조 설계 시 상정하중이 아닌 것은?

① 적설하중　　　　② 지진하중
③ 고정하중　　　　④ 온도하중

풀이 ⊙

- 수직하중 : 고정하중(영구적으로 작용하는 하중), 적설하중, 활 하중
- 수평하중 : 풍 하중, 지진하중
※ 온도하중은 상정하중이 아님.　　　　[답] ④

23 태양광 발전소를 설치하는 수용가의 공통접속 점에서의 역률은 몇 [%] 이상이어야 하는가?

① 75[%]　　　　② 80[%]
③ 85[%]　　　　④ 90[%]

풀이 ⊙

파워컨디셔너의 역률은
- 태양광 PCS(인버터) 설치 후 출력 기본파 역률(내전기 환경시험 역률) : 95[%]이상
- 분산형전원 배전계통 연계기술 Guideline의 분산형전원의 역률(연계점 역률) : 90[%]이상　　[답] ④

24 저압 배전선로의 구성 중 방사상 방식의 특징이 아닌 것은?

① 구성이 단순하다.
② 공사비가 저렴하다.
③ 전압변동 및 전력손실이 크다.
④ 사고에 의한 정전 범위가 좁다.

풀이 ⊙

방사상(수지식, Tree system)방식의 특징

- 배전변전소로부터 1회선을 인출하여 수용가에 공급
- 구성이 단순하다.
- 공사비가 저렴하다.
- 전압변동 및 전력손실이 크다.
- 정전범위가 넓다.
- 신규부하 증설이 쉽다.　　　　　　　[답] ④

25 비상주감리원의 업무가 아닌 것은?

① 기성 및 준공검사
② 설계도서 등의 검토
③ 근무상황판에 현장근무위치와 업무내용 기록
④ 공사와 관련하여 발주자가 요구한 기술적 사항 등에 대한 검토

풀이 ⊙

전력시설물 공사감리업무 수행지침 제5조(감리원의 근무수칙)
⑤ 비상주감리원은 다음 각 호에 따라 업무를 수행하여야 한다.
1. 설계도서 등의 검토
2. 상주감리원이 수행하지 못하는 현장 조사분석 및 시공상의 문제점에 대한 기술검토와 민원사항에 대한 현지조사 및 해결방안 검토
3. 중요한 설계변경에 대한 기술검토
4. 설계변경 및 계약금액 조정의 심사
5. 기성 및 준공검사
6. 정기적(분기 또는 월별)으로 현장 시공상태를 종합적으로 점검·확인·평가하고 기술지도
7. 공사와 관련하여 발주자(지원업무수행자 포함)가 요구한 기술적 사항 등에 대한 검토
8. 그 밖에 감리업무 추진에 필요한 기술지원 업무

[답] ③

26 건축물에 피뢰설비가 설치되어야 하는 높이는 몇 [m] 이상인가?

① 10　　　　② 15
③ 20　　　　④ 25

풀이 ⊙

건축물의 설비기준 등에 관한 규칙 20조(피뢰설비)
낙뢰의 우려가 있는 건축물, **높이 20미터 이상의 건축물** 또는 높이 20미터 이상의 공작물에는 피뢰설비를 설치하여야 한다.　　　　　　　　　　　[답] ③

27 화재 시 전선배관의 관통부분에서의 방화구획 조치가 아닌 것은?

① 충전재 사용

② 난연 레진 사용

③ 난연 테이프 사용

④ 폴리에틸렌(PE) 케이블 사용

풀이 ◉

방화구획 관통부의 처리재료는 난연성과 내열성을 갖춘 내화구조이어야 한다.

• **난연성** : 관통부분의 충전재, 배관재의 변형 탈락, 파손, 소실 등으로 인해 뒷면에 화염이나 연기가 발생하지 않을 것

• **내열성** : 관통부분의 충전재, 내열실재의 전열에 의해 뒷면이 연소할 위험이 있는 온도가 되지 않을 것

※ 폴리에틸렌(PE) 케이블 사용은 관통부 방화구획 조치가 아니다.　　　　　　　　　　　**[답]** ④

28 접지저항은 대지저항률에 따라 크게 좌우된다. 대지저항률에 영향을 주는 요인으로 틀린 것은?

① 물리적 영향

② 온도적 영향

③ 계절적 영향

④ 흙의 종류나 수분의 영향

풀이 ◉

대지저항률에 영향을 주는 요인 : 흙의 종류, 함수율, 온도(계절적)영향, 수분에 용해되어 있는 물질의 농도, 토양의 입자크기, 입자의 조밀성.　　　**[답]** ①

29 지붕에 설치하는 태양전지 모듈의 설치방법으로 틀린 것은?

① 시공, 유지보수 등의 작업을 하기 쉽도록 한다.

② 온도상승을 방지하기 위해 지붕과 모듈 간에는 간격을 둔다.

③ 모듈 고정용 볼트, 너트 등은 상부에서 조일 수 있어야 한다.

④ 태양전지 모듈의 설치방법 중 세로 깔기는 모듈의 긴 쪽이 상하가 되도록 한다.

풀이 ◉

• 가로설치(깔기) : 모듈의 긴쪽이 상하가 되도록 배치하는 것

• 세로설치(깔기) : 모듈의 긴쪽이 좌우가 되도록 배치하는 것　　　　　　　　　　　　　　　**[답]** ④

30 태양광발전시스템의 시공절차와 주의사항에 대한 설명으로 틀린 것은?

① 주철가대, 금속제 외함 및 금속배관 등은 누전사고 방지를 위한 접지공사가 필요하다.

② 태양광 발전시스템의 전기공사는 태양전지 모듈의 설치와 병행하여 진행한다.

③ 공사용 자재 반입 시 레커차를 사용할 경우, 레커차의 암 선단이 배전선에 근접할 때, 절연전선 또는 전력케이블에 보호관을 씌운 후 전력회사에 통보한다.

④ 태양전지 모듈의 배열 및 결선방법은 모듈의 출력 전압과 설치장소에 따라 다르기 때문에 체크리스트를 이용하여 시공 전과 후에도 확인하는 것이 바람직하다.

풀이 ◉

크레인 사용 시 암 선단이 배전선에 근접할 때, 절연전선 또는 전력케이블에 보호관을 씌워 줄 것을 한전에 요청한다.

※ 레커차 : 차량을 견인하는 차량.　　**[답]** ③

31 지중전선로는 도시의 미관, 자연재해의 사고에 대한 고신뢰도 등이 요구되는 경우에 사용된다. 지중전선로의 특징으로 옳은 것은?

① 건설비가 싸다.

② 송전용량이 적다.

③ 건설기간이 짧다.

④ 사고복구를 단시간에 할 수 있다.

풀이 ◉

① 지중 전선로의 장점

• 도시의 미관상 좋다.

• 기상조건(뇌, 풍수해)에 의한 영향이 적다.

• 통신선에 대한 유도장해가 작다.

• 전선로 통과지(경과지)의 확보가 용이하다.

- 보안상의 위험이 적다.
- 설비의 안정성에 있어서 유리하다.
- 가공전선로에 비해 고장이 적다.
- ※ 송전용량의 크고, 적음은 비교 불가하다.
② 지중 전선로의 단점
- 공사비가 비싸다.
- 고장의 발견, 보수가 어렵다. [답] ②

32 지붕에 설치하는 태양광발전 형태로 틀린 것은?

① 창재형   ② 지붕설치형
③ 톱라이트형   ④ 지붕건재형

풀이 ○

설치 부위	설치 방식	부가 기능
지 붕	지붕설치형	경사 지붕형
		평 지붕형
	지붕건재형	지붕재 일체형
		지붕재 형
	톱라이트 형	

※ 기타 설치형 : 창재형, 차양형, 루버형   [답] ①

33 태양광발전시스템의 전기배선공사는 직류배선공사와 교류배선공사를 들 수 있다. 직류배선공사의 특징으로 옳은 것은?

① 교류배선공사보다 효율이 좋다.
② 감전위험이 크다.
③ 절연비용이 비싸다.
④ 아크소호에 유리하다.

풀이 ○

직류송전(배전)방식의 장·단점

장점	단점
• 송전(배전)효율이 좋다	• 회전자계를 쉽게 얻을 수 없다.
• 안정도가 좋다	
• 절연레벨을 경감할 수 있다.(절연비용 감소)	• 전류 0점이 없어 차단이 어렵다.
• 계통 연계가 쉽다. (전압 크기만 고려)	• 승압 및 강압이 곤란하다.
• 유도장해가 적다.	

[답] ①

34 태양전지 어레이의 출력 확인 방법이 아닌 것은?

① 단락전류의 확인
② 절연저항의 측정
③ 모듈의 정격전압 측정
④ 모듈의 정격전류 측정

풀이 ○

태양전지 모듈의 배선 후 확인할 사항 중 태양전지 어레이 검사항목 : 극성확인, 전압확인, 단락전류확인, 비접지 확인
※ 절연저항의 측정은 태양광발전소 공사가 완료될 때 측정항목이다. [답] ②

35 감리원은 매 분기마다 공사업자로부터 안전관리 결과보고서를 제출받아 이를 검토하고 미비한 사항이 있을 때에는 시정하도록 조치하여야 한다. 이때 공사업자가 제출하는 안전관리결과 보고서에 포함되는 서류가 아닌 것은?

① 안전보건 관리체계
② 안전관리 조직표
③ 안전교육 실적표
④ 건강 진단서

풀이 ○

전력시설물 공사감리업무 수행지침 제49조(안전관리결과 보고서의 검토)
감리원은 매 분기마다 공사업자로부터 안전관리 결과보고서를 제출받아 이를 검토하고 미비한 사항이 있을 때에는 시정하도록 조치하여야 하며, 안전관리결과보고서에는 다음 각 호와 같은 서류가 포함되어야 한다.
1. 안전관리 조직표
2. 안전보건 관리체제
3. 재해발생 현황
4. 산재요양신청서 사본
5. 안전교육 실적표   [답] ④

36 지붕 설치형 태양전지 모듈과 가대 지지기구의 재료에 관한 설명으로 틀린 것은?

① 태양전지 모듈은 지붕 위에서 취급이 쉽도록 짧은 변은 1[m] 이하, 중량은 15[kg] 정도 이하로 한다.

② 가대 지지기구의 재료는 장기간 옥외 사용에 견딜 수 있도록 일반 강재를 이용하여 제작한다.

③ 태양전지 셀의 색은 기본적으로 단결정은 흑색계, 다결정은 청색계, 아몰퍼스는 갈색계통 이다.

④ 태양전지 모듈은 작업성을 고려하여 매수를 적게 하기 위해 출력이 큰 대형사이즈가 사용된다.

(풀이)◎
태양광발전설비 시공기준 : 지지대, 연결부, 기초(용접부위 포함)
모듈 지지대는 다음 각 호의 재질로 제작하여야 한다. 지지대간 연결 및 모듈–지지대 연결은 가능한 볼트로 체결하되, 절단가공 및 용접부위(도금처리제품 한정)는 용융아연도금처리를 하거나 에폭시–아연페인트를 2회 이상 도포하여야 한다.
① 용융아연 또는 용융아연 – 알루미늄 – 마그네슘합금 도금된 형강
② 스테인리스 스틸(STS)
③ 알루미늄합금
※ 일반 강재는 부식(녹)이 발생되어 강도가 저하한다.
**[답]② **

37 변전실의 면적에 영향을 주는 요소로 틀린 것은?
① 수전전압 및 수전방식
② 변전실의 접지방식
③ 변전설비 시스템 방식
④ 건축물의 구조적 요건

(풀이)◎
변전실의 면적에 영향을 주는 요소 : 수전전압 및 수전방식, 건축물의 구조적 요건, 변전설비 시스템 방식(변전설비 변압방식, 변압기 용량, 수량 및 형식), 설치기기와 큐비클의 종류 및 시방, 기기의 배치방법 및 유지보수 면적
**[답]② **

38 태양전지 모듈 설치 시 감전방지책으로 옳은 것은?
① 작업 시에는 일반 장갑을 착용한다.

② 강우 시 발전이 없기 때문에 작업을 해도 무관하다.

③ 태양광 모듈을 수리할 경우 표면을 차광시트로 씌워야 한다.

④ 태양전지 모듈은 저압이기 때문에 공구는 반드시 절연처리될 필요가 없다.

(풀이)◎
태양광 모듈 설치 시 감전사고 예방대책
① 작업전에 태양전지 표면에 차광막을 씌워 태양광을 차폐한다.
② 저압 절연장갑을 착용한다.
③ 절연처리된 공구를 사용한다.
④ 강우 시에는 작업을 금지한다.
⑤ 누전 위험장소에는 누전차단기 설치한다.   **[답]③ **

39 책임 감리원이 분기보고서를 발주자에게 제출하는 기간은 매 분기 말 다음 달 며칠 이내로 제출하여야 하는가?
① 5일   ② 7일
③ 10일   ④ 15일

(풀이)◎
전력시설물 공사감리업무 수행지침 제17조(감리보고 등)
② 책임감리원은 다음 각 호의 사항이 포함된 분기보고서를 작성하여 발주자에게 제출하여야 한다. 보고서는 매 분기말 다음 달 7일 이내로 제출한다.
1. 공사추진 현황(공사계획의 개요와 공사추진계획 및 실적, 공정현황, 감리용역현황, 감리조직, 감리원 조치내역 등)
2. 감리원 업무일지
3. 품질검사 및 관리현황
4. 검사요청 및 결과통보내용
5. 주요기자재 검사 및 수불내용(주요기자재 검사 및 입·출고가 명시된 수불현황)
6. 설계변경 현황   **[답]② **

40 태양광설비 시공기준에 관한 설명으로 틀린 것은?
① 인버터는 실내 및 실외용으로 구분하여 설치하여야 한다. 다만, 실외용은 실내에 설치할 수 있다.

② 모듈에서 인버터에 이르는 배선에 사용되는 케이블은 모듈 전용선 또는 단심(1C) 난연성 케이블(TFR-CV, F-CV, FR-CV 등)을 사용하여야 한다.

③ 태양전지 모듈에서 인버터 입력단자간의 전압강하는 10[%]를 초과하여서는 안 된다.

④ 역전류방지다이오드 용량은 모듈 단락전류(I_{sc})의 1.4배 이상, 개방전압(V_{oc})의 1.2배 이상이어야 하며, 현장에서 확인할 수 있도록 표시하여야 한다.

풀이 ○

태양광발전설비 시공기준
1. 전압강하 : 모듈에서 인버터입력단간 및 인버터출력단과 계통연계점간의 전압강하는 각 3[%]를 초과하여서는 아니 된다.
2. 역전류방지다이오드
　① 모듈 보호를 위해 독립형 태양광설비 또는 2차 전지와 연결되는 태양광설비는 역전류방지다이오드가 시설된 접속함을 사용하여야 한다.
　② 역전류방지다이오드 용량은 모듈 단락전류(I_{sc})의 1.4배 이상, 개방전압(V_{oc})의 1.2배 이상이어야 하며, 현장에서 확인할 수 있도록 표시하여야 한다.
3. 전기배선
　① 모듈에서 인버터에 이르는 배선에 사용되는 케이블은 모듈 전용선 또는 단심(1C) 난연성 케이블(TFR-CV, F-CV, FR-CV 등)을 사용하여야 하며, 케이블이 지면 위에 설치되거나 포설되는 경우에는 피복에 손상이 발생되지 않게 별도의 조치를 취해야 한다.
　② 모듈간 배선은 바람에 흔들림이 없도록 코팅된 와이어 또는 동등이상(내구성) 재질의 타이(Tie)로 단단히 고정하여야 하며 태양전지판의 출력배선은 군별·극성별로 확인할 수 있도록 표시하여야 한다. **[답] ③**

3과목
태양광발전시스템 **운영**

41 태양광발전시스템의 접지공사에 사용되는 접지선의 표시는 주로 무슨 색으로 하는가?
① 적색　　　　　② 백색
③ 흑색　　　　　④ 녹색

풀이 ○
접지선의 표시 : 녹색　　　　　　　　　　**[답] ④**

42 기후에너지환경부장관이 전기사업을 허가 또는 변경허가를 하려는 경우 심의를 거쳐야 하는 기관은?
① 전기위원회　　　　② 전력거래소
③ 한국전력공사　　　④ 전기안전공사

풀이 ○
전기(발전)사업 허가 절차도

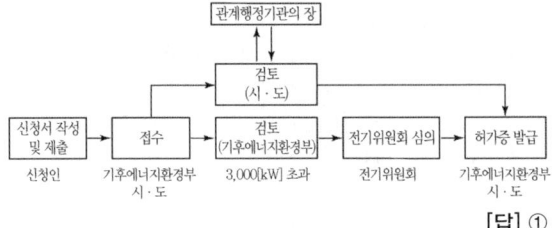

[답] ①

43 인버터 출력회로의 절연저항 측정방법으로 틀린 것은?
① 분전반 내의 분기 차단기를 개방
② 태양전지 회로를 접속함에서 분리
③ 직류단자와 대지 간의 절연저항 측정
④ 직류 측의 모든 입력단자 및 교류 측의 전체 출력단자를 각각 단락

풀이 ○
인버터 출력 회로의 절연저항 측정순서
① 태양전지 회로를 접속함에서 분리한다.
② 분전반 내의 분기차단기를 개방한다.
③ 직류측의 모든 입력단자 및 교류측의 전체 출력단자를 각각 단락한다.
④ 교류단자와 대지 간의 절연저항을 측정한다.
⑤ 측정결과의 판정기준을 전기설비기술기준에 따라 표시한다. **[답] ③**

44 결정질 태양전지모듈 외관검사에서 태양전지모듈 외관, 셀 등의 크랙, 구부러짐, 갈라짐 등의 이상유무를 확인하기 위해 몇 [lx] 이상의 광 조사 상태에서 검사하는가?

① 800   ② 900

③ 1,000   ④ 1,100

풀이 ○

결정질 태양전지모듈 외관검사(KS C 8561−2016 6.1.1 검사방법)

1,000[lx] 이상의 광 조사상태에서 모듈외관, 태양전지 등의 크랙, 구부러짐, 갈라짐 등이 없는지를 확인하고, 태양전지 간 접속 및 다른 접속부분에 결함이 없는지, 태양전지와 태양전지, 태양전지와 프레임상의 접촉이 없는지, 접착에 결함이 없는지, 태양전지와 모듈 끝부분을 연결하는 기포 또는 박리가 없는지 등을 검사한다.

[답] ③

45 사업용 태양광발전설비 정기검사 중 변압기 검사 수검자 준비 자료에 해당하는 것은?

① 계기교정시험 성적서

② 안전밸브시험 성적서

③ 접지저항시험 성적서

④ 태양전지 트립 인터록 도면

풀이 ○

사업용 태양광발전설비 정기검사 항목 및 세부검사 내용

검사항목	세부검사내용	수검자 준비자료
3. 변압기 검사		
◦ 변압기 일반규격	◦ 규격확인	◦ 전회 검사 성적서
		◦ 시퀀스 도면
◦ 변압기 시험검사 (기동, 소내변압기 포함)	◦ 외관검사 ◦ 조작용 전원 및 회로점검 ◦ 보호장치 및 계전기 시험 ◦ 절연저항 측정	◦ 보호계전기시험 성적서 ◦ 계기교정시험 성적서 ◦ 경보회로시험 성적서 ◦ 절연저항시험 성적서

[답] ①

46 보기 중 결정질 실리콘 태양전지모듈 성능시험항목의 내용을 모두 나타낸 것은?

㉠ 우박 시험	㉡ 절연 시험
㉢ 실내노출 시험	㉣ 고온고습 시험

① ㉠, ㉡, ㉢   ② ㉠, ㉡, ㉣

③ ㉠, ㉢, ㉣   ④ ㉡, ㉢, ㉣

풀이 ○

결정질 태양전지 모듈의 시험장치

시험장치	설 명
UV 시험장치	태양광발전 모듈이 태양광에 노출되는 경우에 따라서 유기되는 열화정도를 시험하기 위한 장치
항온항습 장치	태양광발전 모듈의 온도 사이클 시험, 습도−동결 시험, 고온고습 시험을 하기 위한 환경 챔버
염수분무 장치	태양광발전 모듈의 구성재료 및 패키지의 염분에 대한 내구성을 시험하기 위한 환경 챔버
솔라 시뮬레이터	태양광발전 모듈의 발전성능을 옥내에서 시험하기 위한 인공광원
기계적 하중시험 장치	태양광발전 모듈에 대하여 바람, 눈 및 얼음에 의한 하중에 대한 기계적 내구성을 조사하기 위한 장치
우박시험 장치	우박의 충격에 대한 태양광발전 모듈의 기계적 강도를 조사하기 위한 시험 장치
단자강도 시험 장치	태양광발전 모듈의 단자 부분이 모듈의 부착, 배선 또는 사용 중에 가해지는 외력에 대하여 충분한 강도가 있는지를 조사하기 위한 장치

[답] ②

47 태양광발전시스템의 유지보수를 위한 점검 계획 시 고려해야 할 사항이 아닌 것은?

① 설비의 사용 기간   ② 설비의 상호 배치

③ 설비의 주위 환경   ④ 설비의 고장 이력

풀이 ○

점검계획 시 고려사항

① 설비의 사용기간   ② 설비의 중요도

③ 환경조건   ④ 고장이력

⑤ 부하상태   [답] ②

48 태양광 발전설비의 접속함 점검 사항이 아닌 것은?

① 퓨즈 상태 확인

② 조도계 센서 동작여부

③ 역전류 방지 다이오드 이상 유무

④ 접속부의 볼트 조임 상태 및 발열 상태

풀이 ○

• 접속함에는 ① 태양전지 어레이측 개폐기(MCCB 또는 퓨즈), ② 주 개폐기, ③ 서지보호 장치(SPD : Surge Protected Device), ④ 역류방지 소자, ⑤ 출력용 단자대, ⑥ 감시용 DCCT(Shunt), DCPT, T/D(transducer) 또는 Multi power transducer 등이 설치되므로 이에 대한 점검이 필요하다.

※ 조도계 센서는 접속함에 설치되지 않는다.   [답] ②

49 인버터에 'Line Over Frequency Fault'로 표시되었을 경우의 현상 설명으로 옳은 것은?

① 계통전압이 규정치 이상일 때
② 계통전압이 규정치 이하일 때
③ 계통주파수가 규정치 이상일 때
④ 계통주파수가 규정치 이하일 때

풀이 ○

파워컨디셔너의 이상신호 조치 방법

모니터링	파워컨디셔너 표시	현상 설명	조치사항
한전계통 고주파수	Line over frequency fault	계통주파수가 규정값 이상일 때 발생	계통전압 확인 후 정상시 5분 후 재가동

[답] ③

50 절연내압측정 시 최대사용전압은 태양광발전시스템에서 어떤 전압을 말하는가?

① 개방전압
② 동작전압
③ 인버터 출력전압
④ 인버터 입력전압

풀이 ○

태양광 어레이의 절연내압측정 방법은 표준 태양광 어레이 **개방전압**을 최대 사용전압으로 보고, 최대사용전압의 **1.5배**의 **직류전압** 또는 1배의 **교류전압**(500[V] 미만으로 되는 경우에는 500[V])을 충전부분과 대지 사이에 연속하여 **10분**간 가하여 절연내력을 시험하였을 때 견디는 것이어야 한다. **[답] ①**

51 자가용 태양광발전설비의 전력변환장치의 사용 전 검사 항목이 아닌 것은?

① 절연저항
② 절연내력
③ 접지 시공 상태
④ 역방향운전 제어시험

풀이 ○

자가용 태양광발전설비의 전력변환장치 사용전 검사 항목 : 외관검사, 절연저항, 절연내력, 제어회로 및 경보장치, 전력조절부/static 스위치, 자동·수동절체시험, 역방향운전 제어시험, 단독운전 방지 시험, 인버터 자동·수동절체시험, 충전기능 시험 **[답] ③**

52 절연용 방호구로 틀린 것은?

① 검전기
② 고무판
③ 절연시트
④ 애자커버

풀이 ○

절연용 방호구 : 고무판, 절연관, 절연시트, 애카커버 등이 있다. **[답] ①**

53 태양광발전시스템 계측에 관한 설명 중 틀린 것은?

① 풍향·풍속 등도 중요하므로 이에 대한 계측도 필요하다.
② 직류회로의 전압은 직접 또는 PT, CT를 통해서 검출한다.
③ 태양전지는 온도에 따라 변환효율이 변동되므로 온도계측도 이루어진다.
④ 일사계는 보통 대지에 수평으로 설치되나 어레이와 같은 각도로 설치하는 경우도 있다.

풀이 ○

• 직류회로의 전압 : 직접 또는 분압기로 분압하여 검출
• 직류회로의 전류 : 직접 또는 분류기를 사용하여 검출 **[답] ②**

54 인버터 절연저항 측정시 주의사항으로 틀린 것은?

① 정격에 약한 회로들은 회로에서 분리하여 측정한다.
② 정격전압의 입·출력이 다를 때는 낮은 측의 전압을 선택기준으로 한다.
③ 입·출력단자에 주 회로 이외의 제어단자 등이 있는 경우 이것을 포함해서 측정한다.
④ 절연변압기를 장착하지 않은 인버터는 제조사가 추천하는 방법에 따라 측정한다.

풀이 ○

인버터 절연저항 측정 시 주의사항
① 정격전압이 입·출력과 다를 때는 높은 측의 전압을 절연저항계의 선택기준으로 한다.
② 입·출력단자에 주회로 이외의 제어단자 등이 있는 경우는 이것을 포함해서 측정한다.

③ 측정할 때는 SPD 등의 정격에 약한 회로들은 회로에서 분리시킨다.
④ 절연변압기를 장착하지 않은 인버터의 경우에는 제조업자가 권장하는 방법에 따라 측정한다. **[답] ②**

55 태양광발전용 인버터의 시험 중 절연성능 시험 항목이 아닌 것은?
① 내전압 시험
② 접촉 전류 시험
③ 누설전류 시험
④ 절연저항 시험

풀이 ●

인버터의 절연성능 시험 항목 : 절연저항 시험, 내전압 시험, 임펄스 내전압 시험, 접촉 전류 시험, 액세스 프로브 시험, IP시험, 보호 본딩 시험(접지연속성 시험), 공간거리와 연면거리 시험. **[답] ③**

56 태양광발전모듈의 고장원인이 아닌 것은?
① 제조결함 ② 시공불량
③ 동결파손 ④ 새의 배설물

풀이 ●

태양광 발전시스템의 고장원인 중 모듈의 고장원인
① 제조 결함
② 시공 불량
③ 운영과정에서의 외상
④ 전기적, 기계적 스트레스에 의한 셀의 파손
⑤ 경년 열화에 의한 셀 및 리본의 노화
⑥ 주변 환경(염해, 부식성 가스 등)에 의한 부식 **[답] ③**

57 태양광발전시스템의 계측·표시에 관한 설명으로 틀린 것은?
① 시스템의 소비전력을 낮추기 위한 계측
② 시스템에 의한 발전전력량을 알기 위한 계측
③ 시스템의 운전상태 감시를 위한 계측 또는 표시
④ 시스템의 기기 및 시스템의 종합평가를 위한 계측

풀이 ●

계측기기·표시장치의 설치 목적
① **시스템의 운전상태를 감시**하기위한 계측 또는 표시
② **시스템에 의한 발전 전력량**을 파악위한 계측
③ **시스템 기기 또는 시스템 종합평가**를 위한 계측
④ **시스템의 운전상황을 견학하는 사람 등에게 보여주고, 시스템의 홍보**를 위한 계측 또는 표시 **[답] ①**

58 태양광발전시스템의 정전 시 운영조작 순서를 올바르게 나열한 것은?

> ㉠ 한전 전원 복구 여부 확인
> ㉡ 태양광 인버터 DC 전압 확인 후 운전 시 조작 방법에 의한 재시동
> ㉢ 메인 VCB반 전압 확인 및 계전기를 확인하여 정전여부 확인 및 부저 OFF
> ㉣ 태양광 인버터 상태 확인(정지)

① ㉣ → ㉢ → ㉠ → ㉡
② ㉣ → ㉡ → ㉠ → ㉢
③ ㉢ → ㉠ → ㉡ → ㉣
④ ㉢ → ㉣ → ㉠ → ㉡

풀이 ●

태양광 발전 시스템의 응급조치 방법
① 태양광 발전설비가 작동되지 않는 경우
  ㉮ 접속함 내부 DC 차단기 개방(Off)
  ㉯ AC 차단기 개방(Off)
  ㉰ 인버터 정지 확인[제어 전원 S/W가 있는 경우 제어 전용 S/W 개방(Off)]
  ㉱ 인버터 점검
② 점검 완료 후 복귀 순서 – 점검 완료 후에는 역으로 투입한다.
  ㉮ 제어 전원 S/W가 있는 경우 제어 전용 S/W 투입(On)
  ㉯ AC 차단기 투입(On)
  ㉰ 접속함 내부 DC 차단기 투입(On) **[답] ④**

59 태양전지모듈 어레이의 일상점검 설명 중 가장 틀린 것은?
① 접속케이블에 손상 유무 점검
② 가대의 부식 및 녹 발생 여부 점검
③ 표면의 오염 및 파손 점검
④ 접지선의 접속 및 접속단자의 풀림 여부 점검

풀이 O

태양광 발전시스템의 일상점검 항목

구분		점검항목	점검요령
태양전지 어레이	육안 점검	표면의 오염 및 파손	현저한 오염 및 파손이 없을 것
		지지대의 부식 및 녹	부식 및 녹이 없을 것
		외부배선(접속케이블)의 손상	접속케이블에 손상이 없을 것

[답] ④

60 태양광발전설비 운영 매뉴얼 내용으로 틀린 것은?

① 황사나 먼지 등에 의해 발전효율이 저하된다.

② 풍압에 의해 모듈과 형강의 체결부위가 느슨해질 수 있다.

③ 모듈 표면은 강화유리로 제작되어 외부충격에 파손되지 않는다.

④ 고압 분사기를 이용하여 모듈 표면에 정기적으로 물을 뿌려 이물질을 제거해 준다.

풀이 O

모듈 표면은 특수 처리된 강화유리로 되어 있어 강한 충격이 있을 시 파손될 우려가 있으므로 충격이 발생되지 않도록 주의가 필요하다. [답] ③

4과목
신재생에너지 관련법규

61 신에너지 및 재생에너지 개발·이용·보급촉진법에서 기본계획의 계획기간은 몇 년 이상으로 하는가?

① 1년
② 3년
③ 5년
④ 10년

풀이 O

기후에너지환경부장관은 관계 중앙행정기관의 장과 협의를 한 후 제8조에 따른 신·재생에너지정책심의회의 심의를 거쳐 신·재생에너지의 기술개발 및 이용·보급을 촉진하기 위한 기본계획을 5년마다 수립하여야 하며, 기본계획의 계획기간은 10년 이상으로 한다.

[답] ④

62 기후에너지환경부장관이 혼합의무의 이행 여부를 확인하기 위하여 혼합의무자에게 대통령령으로 정하는 바에 따라 필요한 자료의 제출을 요구하였으나 따르지 아니하거나 거짓 자료를 제출한 자에게는 얼마 이하의 과태료를 부과하는가?

① 1천만원
② 2천만원
③ 3천만원
④ 4천만원

풀이 O

자료제출요구에 따르지 아니하거나 거짓 자료를 제출한 자 : 1,000만원 이하의 과태료 부과 [답] ①

63 전기사업법에서 대통령령으로 정하는 기본계획의 경미한 사항을 변경하는 경우 중 전기설비별 용량의 몇 [%]의 범위에서 그 용량을 변경하는 경우를 말하는가?

① 10
② 20
③ 30
④ 40

풀이 O

전력정책심의회의 심의를 거치지 아니하고 변경할 수 있는 경미한 사항은 다음과 같다.

① 전기설비 설치공사의 착공·준공 또는 공사기간을 2년 이내의 범위에서 조정하는 경우

② 전기설비별 용량의 20[%] 이내의 범위에서 그 용량을 변경하는 경우

③ 신규건설 또는 폐지되는 연도별 전기설비용량의 5퍼센트 이내의 범위에서 전기설비용량을 변경하는 경우 [답] ②

64 다음 (   )에 들어갈 내용으로 옳은 것은?

정부는 국가의 기후위기 적응에 관한 대책(기후위기적응대책)을 (   )년마다 수립·시행하여야 한다.

① 3
② 4
③ 5
④ 10

풀이 O

정부는 국가의 기후위기 적응에 관한 대책(기후위기적응대책)을 5년마다 수립·시행하여야 한다. [답] ③

65 주무부처 장관의 허가를 받아 두 종류 이상의 전기사업을 할 수 있는 경우가 아닌 것은?

① 도서지역에서 전기사업을 하는 경우
② 발전사업자가 전기판매사업을 하는 경우
③ 배전사업과 전기판매사업을 겸업하는 경우
④ 발전사업의 허가를 받은 것으로 보는 집단에너지사업자가 전기판매사업을 겸업하는 경우

풀이 ○
전기사업법 시행령 제3조(두 종류 이상의 전기사업의 허가)
① 배전사업과 전기판매사업을 겸업하는 경우
② 도서지역에서 전기사업을 하는 경우
③ 발전사업의 허가를 받은 것으로 보는 집단에너지사업자가 전기판매사업을 겸업하는 경우　　**[답]②**

66 기후에너지환경부장관이 신·재생에너지의 이용·보급을 촉진하기 위하여 필요하다고 인정하면 대통령령으로 정하는 바에 따라 진행하는 보급사업으로 틀린 것은?

① 정부와 연계한 보급사업
② 신기술의 적용사업 및 시범사업
③ 실용화된 신·재생에너지 설비의 보급을 지원하는 사업
④ 환경친화적 신·재생에너지 집적화단지 및 시범단지 조성사업

풀이 ○
신재생에너지법 제27조(보급사업)
① 신기술의 적용사업 및 시범사업
② 환경친화적 신·재생에너지 집적화단지 및 시범단지 조성사업
③ 지방자치단체와 연계한 보급사업
④ 실용화된 신·재생에너지 설비의 보급을 지원하는 사업　　**[답]①**

67 태양전지 모듈은 최대사용전압 몇 배의 직류전압을 충전부분과 대지사이에 연속하여 10분간 가하여 절연내력을 시험하였을 때 이에 견디어야 하는가?

① 0.92　　　　　　② 1
③ 1.25　　　　　　④ 1.5

풀이 ○
연료전지 및 태양전지 모듈은 최대사용전압의 1.5배의 직류전압 또는 1배의 교류전압을 충전부분과 대지사이에 연속하여 10분간 가하여 절연내력을 시험하였을 때에 이에 견디는 것이어야 한다.　　**[답]④**

68 전기사업자는 전기사업용전기설비의 설치공사 또는 변경공사로서 기후에너지환경부령으로 정하는 공사를 하려는 경우에는 그 공사계획에 대하여 누구에게 인가를 받아야 하는가?

① 대통령
② 시·도지사
③ 전기위원회
④ 기후에너지환경부장관

풀이 ○
전기사업자는 전기사업용전기설비의 설치공사 또는 변경공사로서 기후에너지환경부령으로 정하는 공사를 하려는 경우에는 그 공사계획에 대하여 기후에너지환경부장관의 인가를 받아야 한다.　　**[답]④**

69 신에너지 및 재생에너지 기술개발 및 이용·보급에 관한 계획을 협의하려는 자는 그 시행 사업연도 개시 몇 개월 전까지 기후에너지환경부장관에게 계획서를 제출하여야 하는가?

① 1개월 전　　　　② 3개월 전
③ 4개월 전　　　　④ 6개월 전

풀이 ○
신에너지 및 재생에너지 기술개발 및 이용·보급에 관한 계획을 협의하려는 자는 그 시행 사업연도 개시 4개월 전까지 기후에너지환경부장관에게 계획서를 제출하여야 한다.　　**[답]③**

70 공사업을 하려는 자는 기후에너지환경부령으로 정하는 바에 따라 누구에게 등록하여야 하는가?

① 시·도지사
② 전기공사협회
③ 한국전기기술인협회
④ 기후에너지환경부장관

풀이 ○

공사업을 하려는 자는 기후에너지환경부령으로 정하는 바에 따라 주된 영업소의 소재지를 관할하는 특별시장·광역시장·도지사 또는 특별자치도지사에게 등록하여야 한다. **[답]** ①

71 기후에너지환경부장관은 전기사업자가 금지행위를 한 경우에는 전기위원회의 심의를 거쳐 대통령령으로 정하는 바에 따라 그 전기사업자의 매출액의 얼마 범위에서 과징금을 부과·징수할 수 있는가?

① 100분의 5
② 100분의 10
③ 100분의 20
④ 100분의 40

풀이 ○

기후에너지환경부장관은 전기사업자가 금지행위를 한 경우에는 전기위원회의 심의를 거쳐 대통령령으로 정하는 바에 따라 그 전기사업자의 매출액의 100분의 5의 범위에서 과징금을 부과·징수할 수 있다. **[답]** ①

72 기후에너지환경부장관이 혼합의무의 이행 여부를 확인하기 위하여 혼합의무자에게 대통령령으로 정하는 바에 따라 필요한 자료의 제출을 요구할 경우 신·재생에너지 연료 혼합의무 이행확인에 관한 자료로 틀린 것은?

① 수송용연료의 생산량
② 수송용연료의 수출입량
③ 수송용연료의 해외판매량
④ 수송용연료의 자가소비량

풀이 ○

기후에너지환경부장관은 혼합의무자에게 다음 자료 제출을 요구할 수 있다.
1. 신·재생에너지 연료 혼합의무 이행확인에 관한 다음 각 목의 자료
   ① 수송용연료의 생산량
   ② 수송용연료의 내수판매량
   ③ 수송용연료의 재고량
   ④ 수송용연료의 수출입량
   ⑤ 수송용연료의 자가소비량 **[답]** ③

73 기후에너지환경부장관이 정하여 고시하는 신·재생에너지의 가중치의 산정 시 고려 사항으로 틀린 것은?

① 전력 판매가
② 지역주민의 수용 정도
③ 전력 수급의 안정에 미치는 영향
④ 온실가스 배출 저감에 미치는 효과

풀이 ○

신재생에너지 가중치 결정 시 고려사항
① 환경, 기술개발 및 산업 활성화에 미치는 영향
② 발전 원가
③ 부존(賦存) 잠재량
④ 온실가스 배출 저감(低減)에 미치는 효과
⑤ 전력 수급의 안정에 미치는 영향
⑥ 지역주민의 수용(受容) 정도 **[답]** ①

74 전기사업의 허가를 신청하는 자가 사업계획서를 작성할 때 태양광설비의 개요로 기재하여야 할 내용이 아닌 것은?

① 집광판(集光板)의 면적
② 태양전지 및 인버터의 효율, 변환방식, 교류 주파수
③ 인버터의 종류, 입력전압, 출력전압 및 정격 출력
④ 태양전지의 종류, 정격용량, 정격전압 및 정격출력

풀이 ○

사업계획서를 작성할 때 태양광설비의 개요에 포함되어야 할 내용
① 태양전지의 종류, 정격용량, 정격전압 및 정격출력
② 인버터(Inverter)의 종류, 입력전압, 출력전압 및 정격출력
③ 집광판(集光板)의 면적 **[답]** ②

75 기후위기 대응을 위한 탄소중립·녹색성장 기본법에서 정한 기본원칙이라 할 수 없는 것은?

① 미래세대의 생존을 보장하기 위하여 현재 세대가 져야 할 책임이라는 세대 간 형평성의 원칙과 지속가능발전의 원칙에 입각한다.

② 기후변화에 대한 과학적 예측과 분석에 기반하고, 기후위기에 영향을 미치거나 기후위기로부터 영향을 받는 모든 영역과 분야를 포괄적으로 고려하여 온실가스 감축과 기후위기 적응에 관한 정책을 수립한다.

③ 환경오염이나 온실가스 배출로 인한 경제적 비용이 재화 또는 서비스의 시장가격에 합리적으로 반영되도록 조세체계와 금융체계 등을 개편하여 오염자 부담의 원칙이 구현되도록 노력한다.

④ 탄소중립 사회로의 이행과 녹색성장의 추진 과정에서 모든 국민은 의무적으로 참여해야 한다.

풀이 ○

탄소중립 사회로의 이행과 녹색성장의 추진 과정에서 모든 국민의 민주적 참여를 보장한다. **[답] ④**

76 발전기·연료전지 또는 태양전지 모듈(복수의 태양전지 모듈을 설치하는 경우에는 그 집합체)에 시설되는 계측하는 장치를 사용하여 측정하는 사항으로 틀린 것은?

① 전압 ② 전류
③ 전력 ④ 역률

풀이 ○

발전소에는 다음 각 호의 사항을 계측하는 장치를 시설하여야 한다.

① 발전기·연료전지 또는 태양전지 모듈(복수의 태양전지 모듈을 설치하는 경우에는 그 집합체)의 전압 및 전류 또는 전력
② 주요 변압기의 전압 및 전류 또는 전력
③ 특고압용 변압기의 온도 **[답] ④**

77 공사업자의 등록취소사항에 해당되지 않는 것은?

① 부정한 방법으로 공사업의 등록을 한 경우
② 시정명령 또는 지시를 이행하지 아니한 경우
③ 최근 5년간 3회 이상 영업정지 처분을 받은 경우

④ 공사업을 등록한 후 1년 이내에 영업을 시작하지 아니한 경우

풀이 ○

• 전기공사업 등록취소 사유
① 거짓이나 그 밖의 부정한 방법으로 "공사업의 등록" 및 "공사업의 등록기준에 관한 신고" 행위를 한 경우
② 타인에게 성명·상호를 사용하게 하거나 등록증 또는 등록수첩을 빌려 준 경우
③ 공사업의 등록을 한 후 1년 이내에 영업을 시작하지 아니하거나 계속하여 1년 이상 공사업을 휴업한 경우
④ 영업정지처분기간에 영업을 하거나 최근 5년간 3회 이상 영업정지처분을 받은 경우
• 전기공사업 6개월 영업정지 사유
① 대통령령으로 정하는 기술능력 및 자본금 등에 미달하게 된 경우.
② 공사업의 등록기준에 관한 신고를 하지 아니한 경우
③ 시정명령 또는 지시를 이행하지 아니한 경우
④ 해당 전기공사가 완료되어 같은 조에 따른 시정명령 또는 지시를 명할 수 없게 된 경우
⑤ 신고를 거짓으로 한 경우 **[답] ②**

78 전기의 원활한 흐름과 품질유지를 위하여 전기의 흐름을 통제·관리하는 체제를 무엇이라 하는가?

① 전기관리 ② 전력계통
③ 전력시스템 ④ 전력거래사업

풀이 ○

• 전력계통 : 전기의 원활한 흐름과 품질유지를 위하여 전기의 흐름을 통제·관리하는 체제 **[답] ②**

79 개인대행자가 안전관리업무를 대행할 수 있는 태양광발전설비의 규모는 몇 [kW] 미만인가?

① 100 ② 250
③ 500 ④ 1000

풀이 ○

전기안전관리업무를 개인대행자가 대행할 수 있는 태양광발전설비의 용량 : 용량 250킬로와트(원격감시 및 제어기능을 갖춘 경우 용량 750킬로와트) 미만의 태양광발전설비 **[답] ②**

80 대지전압이 150[V] 초과 300[V] 이하인 경우에 절연저항 값은 몇 [MΩ] 이상이어야 하는가?

※ 21.1.1부터 「전기설비기술기준」 제52조(저압전로의 절연성능)가 변경되어 학습 불필요하여 삭제하고 변경된 내용을 기술함.

전로의 사용전압[V]	DC 시험전압[V]	절연저항[MΩ]
SELV 및 PELV	250	0.5 이상
FELV를 포함한 500[V] 이하	500	1.0 이상
500[V] 초과	1,000	1.0 이상

※ 관련법령의 개정 및 한국전기설비규정(KEC)의 시행에 따라 기출문제의 내용을 개정 및 변경된 것으로 수정한 것입니다. 따라서 엔트미디어를 통해 제공되는 기출풀이 동영상(2013~2022)은 내용이 다를 수 있습니다. 따라서 본 교재의 내용으로 학습하시기 바랍니다.

1과목 — 태양광발전시스템 이론

01 태양전지 모듈의 가로가 1.6[m] 세로가 1[m]이고, 변환효율이 10[%]인 경우의 충진율(FF)은? (단, $V_{oc} = 40$[V], $I_{sc} = 8$[A]이고, 표준시험 조건이다.)

① 0.50
② 0.65
③ 0.70
④ 0.80

풀이 ⊙

$$FF = \frac{P_{max}}{V_{oc} \times I_{sc}} = \frac{1,000 \times 1.6 \times 1 \times 0.1}{40 \times 8} = 0.50$$

$P_{max} = 1,000 \times$ 면적[A] $\times$ 효율(η)

[답] ①

02 태양전지 모듈 내에 태양전지 셀의 결함 또는 열화로 인한 출력저하를 방지하고 발열을 억제하기 위하여 사용하는 것은?

① 리드선
② 충진재
③ 바이패스 소자
④ 알루미늄 프레임

풀이 ⊙

모듈 내의 셀의 결함 또는 열화로 인한 출력 저하를 방지 및 발열을 억제하기 위해 설치하는 소자는 바이패스(By-pass)소자이다.

[답] ③

03 궤도전자가 강한 에너지를 받아서 원자 s의 궤도를 이탈하여 자유전자가 되는 것은?

① 방사
② 전리
③ 공진
④ 여기

풀이 ⊙

• 전리 : 외부의 어떤 힘으로 인하여 궤도전자가 핵의 구속력으로부터 벗어나 자유전자가 되는 것.

• 여기 : 원자내의 궤도 전자가 핵의 구속력 범위 내에서 에너지가 높은 궤도로 이동하는 것. **[답] ②**

04 다음 중 결정질 태양전지의 에너지 손실에서 가장 큰 부분은?

① 전면 접촉으로 초래된 반사와 차광
② 공간 전하 영역에서의 전지의 전위차
③ 장파장 복사에서 너무 낮은 광자 에너지
④ 단파장 복사에서 너무 높은 광자 에너지

풀이 ⊙

실리콘 결정질 태양전지의 에너지 손실
단파장 과잉 에너지(약 32[%]) > 장파장 투과(약 24[%]) > 전압인자 손실(약 16[%] > 반사와 차광(약 3~6[%])

[답] ④

05 전기설비의 안전에 관한 일반적인 사항이 아닌 것은?

① 전기설비의 접지와 건축물의 피뢰설비 및 통신설비 들을 통합접지공사를 할 수 있다.
② 전선배관 등의 관통부는 화재 확산을 방지하기 위해서 관통부 처리를 하여야 한다.
③ 전기실의 소화설비로는 이산화탄소, 청정소화약제 등을 사용할 수 있다.
④ 유입 변압기는 반드시 옥내 설치가 권장된다.

풀이 ⊙

유입변압기는 옥내, 옥외 설치가 가능하며, 일반적으로 건축물의 화재 확산 방지를 고려하여 옥외설치를 권장되고 있다. **[답] ④**

06 태양광발전시스템의 구성요소 중 인버터의 역할은?

① 직류 → 교류로 변환
② 교류 → 직류로 변환
③ 교류 → 교류로 변환
④ 직류 → 직류로 변환

풀이 ⊙
• 인버터 : 직류 → 교류로 변환
• 정류기 : 교류 → 직류로 변환 　　　　　　　[답] ①

07 태양광 모듈의 최대출력($P_{\max}$)의 의미는?

① $V \times I$
② $V_{oc} \times I_{sc}$
③ $V_{oc} \times I_{mpp}$
④ $V_{mpp} \times I_{mpp}$

풀이 ⊙
태양광 모듈의 최대출력($P_{\max}$) = $V_{mpp} \times I_{mpp}$ 이다.
　　　　　　　[답] ④

08 다음 중 지구 대기의 영향을 받지 않는 우주에서의 태양복사에너지 대기 질량(AM)은 무엇인가?

① AM0
② AM1
③ AM2
④ AM3

풀이 ⊙
우주에서의 대기질량은 AM 0이고, 표준시험 조건의 대기질량은 AM 1.5이다. 　　　　　　　[답] ①

09 N형 반도체의 다수캐리어는?

① 양성자
② 중성자
③ 정공
④ 전자

풀이 ⊙
P형 반도체의 다수캐리어는 정공이고, N형 반도체의 다수캐리어는 전자이다. 　　　　　　　[답] ④

10 반동수차의 종류가 아닌 것은?

① 펠톤수차
② 카플란수차
③ 프로펠러수차
④ 프란시스수차

풀이 ⊙
• 충동수차 : 펠톤 수차, 튜고 수차, 오스버그 수차
• 반동수차 : 카플란 수차, 프란시스 수차, 프로펠러 수차, 사류 수차 등 　　　　　　　[답] ①

11 단결정 실리콘 태양전지의 특징이 아닌 것은?

① 제조에 필요한 온도는 약 1400[℃] 이다.
② 단단하고, 구부러지지 않는다.
③ 무늬가 다양하다.
④ 색이 검은색이다.

풀이 ⊙
단결정 실리콘 태양전지는 무늬가 다양하지 못하다.
　　　　　　　[답] ③

12 직격뢰와 유도뢰에 대한 설명이 아닌 것은?

① 직격뢰는 에너지가 매우 작다.
② 유도뢰에 의한 순간적인 전압상승을 뇌서지라고 한다.
③ 정전유도에 의한 유도뢰는 케이블에 유도된 플러스 전하가 낙뢰로 인한 지표면 전하의 중화에 의해 뇌서지가 된다.
④ 전자유도에 의한 유도뢰는 케이블 부근에 낙뢰로 인한 뇌 전류에 따라 케이블에 유도되어 뇌서지가 된다.

풀이 ⊙
직격뢰는 에너지가 매우 크다. 　　　　　　　[답] ①

13 실시간으로 변화하는 일사강도에 따라 태양광인버터가 최대 출력점에서 동작하도록 하는 기능은?

① 자동운전정지 기능
② 단독운전방지 기능
③ 자동전류조전 기능
④ 최대전력 추종제어 기능

풀이 ⊙
실시간으로 변화하는 일사강도에 따라 태양광인버터가 최대 출력점에서 동작하도록 하는 기능은 최대전력 추종제어 기능이다. 　　　　　　　[답] ④

14 피뢰소자 중 내뢰트랜스의 선정방법으로 옳지 않은 것은?

① 전기특성이 양호한 것으로 선정한다.

② 1차측, 2차측의 전압 및 용량을 결정하고 카탈로그에 의해 형식을 선정한다.

③ 내뢰트랜스로 보호할 수 없는 경우에만 어레스터와 서지업서버를 사용한다.

④ 1차측과 2차측 간에 실드판이 있고, 이 판수가 많을수록 뇌서지에 대한 억제 효과도 높아지므로 많은 것을 선정한다.

풀이 ○

어레스터와 서지업서버로 보호할 수 없는 경우에는 내뢰트랜스로 보호한다. **[답] ③**

15 고주파 변압기 절연방식과 트랜스리스 방식의 계통연계 인버터는 출력전류에 중첩되는 직류분이 정격교류 최대 몇 [%]이하로 유지해야 하는가?

① 0.5[%]   ② 5[%]
③ 10[%]   ④ 20[%]

풀이 ○

고주파 변압기 절연방식과 트랜스리스 방식의 계통연계 인버터는 출력전류에 중첩되는 직류분이 정격교류 최대 전류의 0.5[%]이하이어야 한다. **[답] ①**

16 부하의 허용 최저전압이 92[V], 축전지와 부하간 접속선의 전압강하가 3[V]일 때, 직렬로 접속한 축전지의 개수가 50개라면 축전지 한 개의 허용 최저 전압은 몇 [V/Cell] 인가?

① 1.9[V/Cell]   ② 1.8[V/Cell]
③ 1.6[V/Cell]   ④ 1.5[V/Cell]

풀이 ○

축전지 1개의 허용최저전압

$= \dfrac{\text{부하의 허용최저전압} + \text{전압강하}}{\text{직렬 접속축전지의 수}} = \dfrac{92+3}{50}$

$= 1.9[\text{V/Cell}]$ **[답] ①**

17 장거리 전력 전송에 고전압이 사용되는 이유가 아닌 것은?

① 송전용량이 증가한다.

② 전력손실이 감소한다.

③ 선로절연이 낮아지므로 건설비가 감소한다.

④ 동일 용량의 전력을 송전할 경우 송전선의 굵기를 줄일 수 있다.

풀이 ○

고전압을 사용하면 선로 절연비용이 높아져 건설비가 증가한다. **[답] ③**

18 다음 중 재생에너지에 해당하지 않는 것은?

① 풍력
② 지열 에너지
③ 태양 에너지
④ 수소 에너지

풀이 ○

신에너지 : 연료전지, 수소에너지, 석탄을 액화·가스화 에너지 및 중질잔사유를 가스화한 에너지 **[답] ④**

19 뇌서지 내성 및 노이즈 차단특성이 우수하나, 중량부피가 큰 인버터 절연방식은?

① 상용주파 절연방식
② 무변압기 절연방식
③ 고주파 절연방식
④ 접지 절연방식

풀이 ○

소분류	특 징
상용주파 절연방식	① 뇌서지 내성 및 노이즈 차단특성 우수 ② 중량 부피가 크다
고주파 절연방식	① 소형, 경량, 무변압기 방식에 비해 고가 ② 회로가 복잡
무변압기 방식	① 소형, 경량, 저가 ② 비교적 신뢰성 높음 ③ 고조파 발생 및 직류 유출 가능 ④ 직류 유출의 검출 및 차단기능 반드시 필요

[답] ①

20 방사조도가 1000 [W/m²]이고, 태양전지의 출력이 36[W]일 때, 태양전지의 광전변환 효율 [%]은? (단, 태양전지의 면적은 0.5[m²]이다.)

① 1.8   ② 3.6

③ 7.2   ④ 9.6

풀이 ○

태양전지의 광전변환효율(η)은

$$\eta = \frac{\text{출력}(P_{\max})}{\text{방사조도}(E) \times \text{면적}(A)} \times 100[\%]$$

$$= \frac{36}{1000 \times 0.5} \times 100 = 7.2[\%] \qquad \text{[답] ③}$$

2과목

태양광발전시스템 시공

21 설계감리 업무 수행 시 설계감리원이 비치하여 설계감리 과정을 기록하여야 하는 문서가 아닌 것은?

① 근무상황부

② 설계감리일지

③ 안전교육실적표

④ 설계감리 검토의견 및 조치 결과서

풀이 ○

설계감리업무 수행지침 제8조(설계용역의 관리)

② 설계감리원은 필요한 경우 다음 각 호의 문서를 비치하고, 그 세부양식은 발주자의 승인을 받아 설계감리 과정을 기록하여야 하며, 설계감리 완료와 동시에 발주자에게 제출하여야 하며, 필요한 경우 전자매체(CD-ROM)로 제출할 수 있다.

1. 근무상황부
2. 설계감리일지
3. 설계감리지시부
4. 설계감리기록부
5. 설계자와 협의사항 기록부
6. 설계감리 추진현황
7. 설계감리 검토의견 및 조치 결과서
8. 설계감리 주요검토결과
9. 설계도서 검토의견서
10. 설계도서(내역서, 수량산출 및 도면 등)를 검토한 근거서류
11. 해당 용역관련 수 · 발신 공문서 및 서류 **[답] ③**

22 감리용역 계약문서가 아닌 것은?

① 과업지시서

② 공사입찰 유의서

③ 감리비 산출내역서

④ 기술용역계약 일반조건

풀이 ○

전력시설물 공사감리업무 수행지침 제3조(정의)
• 감리용역 계약문서 : 감리용역 계약서, 기술용역입찰 유의서, 기술용역계약 일반조건, 감리용역계약 특수조건, 과업지시서, 감리비 산출내역서 등으로 구성되며 상호 보완의 효력을 가진 문서 **[답] ②**

23 태양광발전설비의 준공검사 시 확인사항이 아닌 것은?

① 시설물의 유지관리 방법

② 감리원의 준공 검사원에 대한 검토의견서

③ 제반 가설시설물의 제거와 원상복구 정리 상황

④ 완공된 시설물이 설계도서대로 시공되었는지 여부

풀이 ○

전력시설물 공사감리업무 수행지침 제57조(기성 및 준공검사)

① 검사자는 해당 공사 검사시에 상주감리원 및 공사업자 또는 시공관리책임자 등을 입회하게 하여 계약서, 설계설명서, 설계도서, 그 밖의 관계 서류에 따라 다음 각 호의 사항을 검사하여야 한다. 다만, 「국가를 당사자로 하는 계약에 관한 법률 시행령」 제55조제7항 본문에 따른 약식 기성검사의 경우에는 책임감리원의 감리조사와 기성부분 내역서에 대한 확인으로 갈음할 수 있다.

2. 준공검사
   가. 완공된 시설물이 설계도서대로 시공되었는지의 여부
   나. 시공시 현장 상주감리원이 작성 비치한 제 기록에 대한 검토
   다. 폐품 또는 발생물의 유무 및 처리의 적정여부
   라. 지급 기자재의 사용적부와 잉여자재의 유무 및 그 처리의 적정여부
   마. 제반 가설시설물의 제거와 원상복구 정리 상황
   바. 감리원의 준공 검사원에 대한 검토의견서 **[답] ①**

24 비상주 감리원의 업무에 해당하지 않는 것은?

① 중요한 설계변경에 대한 기술검토
② 설계변경 및 계약금액 조정의 심사
③ 근무상황판에 현장근무위치와 업무내용 기록
④ 정기적(분기 또는 월별)으로 현장 시공상태를 종합적으로 점검 · 확인 · 평가하고 기술지도

풀이 ○

전력시설물 공사감리업무 수행지침 제5조(감리원의 근무수칙)
⑤ 비상주감리원은 다음 각 호에 따라 업무를 수행하여야 한다.
1. 설계도서 등의 검토
2. 상주감리원이 수행하지 못하는 현장 조사분석 및 시공상의 문제점에 대한 기술검토와 민원사항에 대한 현지조사 및 해결방안 검토
3. 중요한 설계변경에 대한 기술검토
4. 설계변경 및 계약금액 조정의 심사
5. 기성 및 준공검사
6. 정기적(분기 또는 월별)으로 현장 시공상태를 종합적으로 점검 · 확인 · 평가하고 기술지도
7. 공사와 관련하여 발주자(지원업무수행자 포함)가 요구한 기술적 사항 등에 대한 검토　　**[답] ③**

25 태양광발전시스템의 일반적인 시공 순서로 옳은 것은?

┌─────────────────────────────┐
│ ㉠ 모듈　　㉡ 어레이　　㉢ 인버터 │
│ ㉣ 접속반　㉤ 기기 간 배선 │
└─────────────────────────────┘

① ㉠ → ㉡ → ㉣ → ㉢ → ㉤
② ㉠ → ㉤ → ㉢ → ㉡ → ㉣
③ ㉠ → ㉣ → ㉤ → ㉡ → ㉢
④ ㉠ → ㉢ → ㉤ → ㉣ → ㉡

풀이 ○

태양광발전시스템의 시공 순서 : 기초공사 → 모듈 → 어레이 설치 → 접속반 설치 → 인버터 설치 → 기기 간 배선　　**[답] ①**

26 3상 3선 전압강하 계산식으로 옳은 것은? (단, A : 전선의 단면적[mm^2], I : 전류[A], L : 전선 1가닥의 길이[m] 이다.)

① $\dfrac{35.6 \times L \times I}{1000 \times A}$　　② $\dfrac{30.8 \times L \times I}{1000 \times A}$

③ $\dfrac{15.6 \times L \times I}{1000 \times A}$　　④ $\dfrac{24.6 \times L \times I}{1000 \times A}$

풀이 ○

전선의 길이가 짧고 가는 경우의 전압강하계산식(간략식)

$$전압강하\ e = \frac{K_1 \times 17.8 \times L \times I}{1,000 \times A}$$

여기서, K_1 : 배선방식에 따른 계수(단상3선식 및 3상4선식 : 1, 3상3선식 : $\sqrt{3}$, 직류2선식 및 단상2선식 : 2)
3상3선식이므로 전압강하

$$e = \frac{\sqrt{3} \times 17.8 \times L \times I}{1,000 \times A} = \frac{30.8 \times L \times I}{1,000 \times A} \qquad \textbf{[답] ②}$$

27 수전단 전압이 송전단 전압보다 높아지는 현상은?

① 표피효과　　　　② 코로나 현상
③ 역섬락 현상　　④ 페란티 현상

풀이 ○

• 표피효과(Skin Effect) : 주파수가 높아짐에 따라 전류가 도선의 바깥쪽으로 흐르려는 성질
• 코로나 현상(Corona Phenomenon) : 전선로나 애자 부근에 임계전압 이상의 전압이 가해지면 공기의 절연이 부분적으로 파괴되어 낮은 소리나 엷은 빛을 내면서 방전되는 현상
• 역섬락 현상 : 낙뢰 전류가 철탑으로 흐를 때 철탑에서부터 전선으로 불꽃이 거꾸로 일어나는 현상
• 페란티 현상(ferranti Phenomenon) : 경부하 또는 무부하 시 수전단 전압이 송전단 전압보다 높아지는 현상　　**[답] ④**

28 창문 상부 등 건물 외부에 가대를 설치하고 그 위에 태양광 모듈을 설치한 형태는?

① 경사지붕형　　② 벽 건재형
③ 루버형　　　　④ 차양형

풀이 ○

• 경사지붕형 : 경사 지붕위에 지지대를 설치하고 그 위에 모듈을 설치한 형태

- 벽 건재형 : 벽 자체에 모듈을 설치한 형태
- 차양형 : 유리 창문 상부 등 건물 외부에 가대를 설치하고 그 위에 태양광 모듈을 설치한 형태
- 루버형 : 건물과 별개로 그 위나 바깥에 구조물을 설치하고 블라인드처럼 설치한 형태
- 톱 라이트형 : 태양전지 유리를 천장에 설치하여 채광과 차폐효과를 얻기 위해 설치한 형태 **[답]** ④

29 태양전지 모듈 및 어레이 설치 후 확인 및 점검사항이 아닌 것은?

① 비접지 확인 ② 개방전류 측정
③ 전압극성의 확인 ④ 모듈전압의 확인

풀이 ○

태양전지 모듈의 배선 후 확인할 사항 중 태양전지 어레이 검사항목 : 극성확인, 전압확인, 단락전류확인, 비접지 확인
※ 파워컨디셔너(PCS)의 회로방식으로 무변압기 방식을 많이 사용하기 때문에 계통측으로 직류유출 방지 목적으로 직류측 회로를 비접지로 한다. **[답]** ②

30 다음 ( )안의 알맞은 내용으로 옳은 것은?

> 태양광발전시스템은 상용 전력계통 연계 유·무에 따라 독립형과 ( )으로 구분한다.

① 단독연계형 ② 병렬연계형
③ 복합연계형 ④ 계통연계형

풀이 ○

상용 전력계통(한전 배전선로)과 연계 유·무에 따라 독립형과 (계통연계형)으로 구분한다. **[답]** ④

31 변전소에서 무효전력을 조정하는 전기설비로 옳은 것은?

① 변성기 ② 피뢰기
③ 축전지 ④ 조상설비

풀이 ○

배전 변전소에서 무효전력을 조정하는 전기설비 : 콘덴서, 분로리액터, 동기조상기, 정지형 무효전력 보상장치(SVC :Static Var Compensator)
※ 이러한 설비의 총칭이 조상설비 임 **[답]** ④

32 가공송전 선로에 사용되는 전선의 구비 조건이 아닌 것은?

① 내구성이 있을 것
② 비중(밀도)이 높을 것
③ 도전율이 높을 것
④ 가선작업이 용이할 것

풀이 ○

가공송전(배전) 선로에 사용되는 전선의 구비조건
- 도전율이 높을 것 - 기계적인 강도가 클 것
- 내구성이 있을 것 - 비중(밀도)이 작을 것
- 가선작업이 용이할 것
- 가격이 저렴할 것 **[답]** ②

33 태양광발전시스템에 있어서 방화구획 관통부를 처리하는 주된 목적은?

① 방화설비의 사용 용이
② 전선관 및 배선의 보호
③ 화재감지기 오작동 방지
④ 다른 설비로의 화재 확산 방지

풀이 ○

방화구획 관통부 처리 목적 : 화재(연기) 확산방지, 화열의 제한, 인명의 안전대피 **[답]** ④

34 최대수용전력이 600[kVA] 이고 설비용량은 전등부하 350[kVA], 동력부하 500[kVA] 이다. 이때 수용률[%]은?

① 52.62 ② 70.58
③ 75.33 ④ 79.62

풀이 ○

$$수용률 = \frac{최대수용전력[kW]}{설비용량의 합[kW]} \times 100[\%]$$
$$= \frac{600}{350+500} \times 100[\%] ≒ 70.58[\%]$$ **[답]** ②

35 태양전지 어레이의 구조물을 지상에 설치하기 위한 기초의 종류 중 지지층이 얕은 경우 쓰이는 방식은?

① 말뚝기초 ② 직접기초
③ 피어기초 ④ 케이슨기초

풀이 ○

지지층의 깊이에 따른 기초의 분류

• 얕은 기초(지지층이 얕은 곳) : 직접기초(독립기초), 복합기초, 전면기초, 연속기초, 확대기초, 독립 푸팅 기초, 복합 푸팅 기초

• 깊은 기초(지지층이 깊은 곳) : 케이슨 기초, 말뚝 기초, 피어 기초　　　　　　　　　　 **[답] ②**

36 직류 송전방식의 장점이 아닌 것은?

① 안정도가 좋다.

② 송전효율이 좋다.

③ 절연계급을 낮출 수 있다.

④ 회전자계를 쉽게 얻을 수 있다.

풀이 ○

직류송전(배전)방식의 장·단점

장점	단점
• 송전(배전)효율이 좋다 • 안정도가 좋다 • 절연레벨을 경감할 수 있다.(절연비용 감소) • 계통 연계가 쉽다. (전압 크기만 고려) • 유도장해가 적다.	• 회전자계를 쉽게 얻을 수 없다. • 전류 0점이 없어 차단이 어렵다. • 승압 및 강압이 곤란하다.

[답] ④

37 옥내용 태양광 인버터를 옥외에 설치할 수 있는 용량은 몇 [kW] 이상인가?

[※ 학습 불필요]

① 1　　　　　　　　② 2

③ 3　　　　　　　　④ 5

풀이 ○

태양광발전설비 시공기준(19.04.05 개정)

인버터는 실내 및 실외용을 구분하여 설치하여야 한다, 다만 실외용은 실내에 설치할 수 있다.

38 접지극에 사용되지 않는 것은?

① 동판　　　　　　　② 탄소피복강

③ 알루미늄봉　　　　④ 동피복강봉

풀이 ○

알루미늄은 부(-)도체로 수소기준 전위가 -1662[mV]로 전기부식이 심하여 사용되지 않는다.　 **[답] ③**

39

[2021.1.1.부터 한국전기설비규정(KEC) 시행과 출제기준 제외문항으로 삭제

40 지붕에 설치하는 태양광발전시스템 중 톱 라이트의 특징이 아닌 것은?

① 채광 및 셀에 의한 차광효과도 있다.

② 중·고층 건물의 벽면을 유효하게 이용한다.

③ 셀의 배치에 따라서 개구율을 바꿀 수 있다.

④ 톱 라이트의 유리 부분에 맞게 태양전지 유리를 설치한 타입이다.

풀이 ○

톱 라이트는 벽이 아닌 천장에 설치한 것이다.　**[답] ②**

3과목
　　　　　태양광발전시스템 **운영**

41 접지용구 사용 시 주의사항이 아닌 것은?

① 접지용구의 철거는 설치의 역순으로 한다.

② 접지 설치 전에 관계 개폐기의 개방을 확인하여야 한다.

③ 접지용구 설치·철거 시에는 접지도선이 신체에 접촉하지 않도록 주의한다.

④ 접지용구의 취급은 반드시 전기 안전관리자의 책임하에 행하여야 한다.

풀이 ○

접지용구의 취급은 작업책임자의 책임 하에 행하여야 한다.　　　　　　　　　　　　　　 **[답] ④**

42 태양광발전시스템의 점검에서 유지보수 점검 종류가 아닌 것은?

① 일상점검　　　　　② 일시점검

③ 정기점검　　　　　④ 임시점검

풀이 ○

태양광발전시스템의 유지보수 점검의 종류 : 일상점검, 정기점검, 임시점검　　　　　　　　 **[답] ②**

43

[2021.1.1.부터 한국전기설비규정(KEC) 시행과
출제기준 제외문항으로 삭제

44 중간단자함(접속함)의 육안점검 항목으로 틀린 것은?

① 배선의 극성
② 개방전압 및 극성
③ 외함의 부식 및 파손
④ 단자대 나사의 풀림

풀이 ○

육안점검은 계측기나 공구를 사용하지 않는 점검이다.
※ 개방전압을 측정하기 위해서는 직류전압계, 멀티 미터 등의 계측기가 필요하다. **[답] ②**

45 정전작업 중 조치사항에 대한 설명으로 틀린 것은?

① 개폐기 관리
② 작업지휘자에 의한 작업지시
③ 단락접지기구의 철거
④ 근접 활선에 대한 방호상태의 관리

풀이 ○

정전작업 전 / 중 / 후 조치사항

구 분	조치사항
정전작업 전	㉠ 전로의 개로개폐기에 시건장치 및 통전금지 표지판 설치
	㉡ 전력 케이블, 전력 콘덴서 등의 잔류전하의 방전
	㉢ 검전기로 개로된 전로의 충전 여부 확인
	㉣ 단락접지기구로 단락접지
정전작업 중	㉠ 작업지휘자에 의한 작업지휘
	㉡ 개폐기의 관리
	㉢ 단락접지의 수시 확인
	㉣ 근접 활선에 대한 방호상태의 관리
정전작업 후	㉠ 단락접지기구의 철거
	㉡ 시건장치 또는 표지판 철거
	㉢ 작업자에 대한 위험이 없는 것을 최종 확인
	㉣ 개폐기 투입으로 송전 재개

[답] ③

46 배전반 제어회로의 배선에서 일상점검 항목이 아닌 것은?

① 전선 지지물의 탈락 여부 확인
② 조임부의 이완 여부 확인
③ 과열에 의한 이상한 냄새 여부 확인
④ 가동부 등의 연결전선의 절연피복 손상 여부 확인

풀이 ○

배전반 제어회로의 배선의 일상점검 항목

대상	점검개소	목적	점검내용
제어 회로의 배선	배선 전반	손 상	가동부 등의 연결전선의 절연피복 손상여부 확인
			전선 지지물의 탈락여부 확인
		이상한 냄새	과열에 의한 이상한 냄새 여부 확인

[답] ②

47 태양광발전시스템 인버터의 일상점검 항목으로 틀린 것은?

① 절연저항 측정
② 외함의 부식 및 파손
③ 이음, 이취, 연기 발생, 이상 과열
④ 외부배선(접속케이블)의 손상

풀이 ○

일상점검은 무 정전(통전) 상태에서 계측기나 공구를 사용하지 않고, 인간의 감각(오감)에 의해 행하는 점검이다. **[답] ①**

48 결정질 실리콘 태양광발전 모듈의 인증 제품에 대한 표시사항으로 틀린 것은?

① 제품의 단가
② 인증부여 번호
③ 제품의 주요 사양
④ 설비명 및 모델명

풀이 ○

KS C IEC 표준에 따른 모듈의 인증 제품에 대한 표시사항
• 제조업자명 또는 그 약호
• 제조년월일 및 제조번호
• 내풍압성의 등급
• 최대 시스템 전압(H 또는 L)
• 어레이의 조립형태(A 또는 B)
• 공칭 최대출력(P_{mpp})[W_p]
• 공칭 개방전압(V_{oc})[V]

- 공칭 단락전류(I_{sc})[A]
- 공칭 최대출력 동작전압(V_{mpp})[V]
- 공칭 최대출력 동작전류(I_{mpp})[A]
- 공칭 중량 [kg]
- 크기
- 역내전압 [V] : 바이패스 다이오드의 유무
  (Amorphous계만 해당)   **[답] ①**

49 태양광발전시스템 모듈의 고장으로 틀린 것은?

① 핫 스팟
② 백화현상
③ 부스바 과열
④ 프레임 변형

풀이 ○

모듈의 부스바는 단락전류에 충분히 견딜 수 있도록 설계되어 있어 과열이 발생하지 않는다.   **[답] ③**

50 신재생에너지설비 KS인증 대상 품목 중 태양광 설비의 대상 품목이 아닌 것은?

① 박막 태양광발전 모듈(성능)
② 소형 태양광 발전용 인버터
③ 특대형 태양광 발전용 인버터
④ 결정질 실리콘 태양광발전 모듈(성능)

풀이 ○

KS인증 대상 품목 중 태양광 설비의 대상 품목

KS C 8567:2019	태양광발전용 접속함
KS C 8566:2020	태양전지
KS C 8575:2021	태양광 시스템용 이차전지(리튬제외)
KS C 8574:2021	충전제어시스템
KS C 8569:2020	연료전지 시스템
KS C 8565:2021	태양광발전용 인버터 (계통연계형, 독립형)
KS C 8563:2020	태양광발전(PV)모듈(안전)
KS C 8562:2021	박막 태양전지 모듈(성능)

[답] ③

51 인버터 입력회로 절연저항 측정방법에 대한 설명으로 틀린 것은?

① 분전반 내의 분기차단기를 개방한다.
② 접속함까지의 전로를 포함하여 절연저항을 측정하는 것으로 한다.
③ 직류측 전체의 입력단자와 교류측 전체 출력단자를 각각 단락한다.
④ 태양전지 회로를 접속함에서 분리하여 인버터의 입력단자 및 출력단자를 각각 단락하면서 출력단자와 대지 간의 절연저항을 측정한다.

풀이 ○

입력회로 절연저항 측정이므로 입력단자와 대지 간의 절연저항을 측정하여야한다.   **[답] ④**

52 동작 불량의 스트링이나 태양전지 모듈의 검출 및 직렬 접속선의 결선 누락사고 등을 검출하기 위한 측정으로 옳은 것은?

① 단락전류 측정
② 개방전압 측정
③ 절연저항 측정
④ 정격전류 측정

풀이 ○

- 개방전압 : 동작 불량의 스트링이나 태양전지 모듈의 검출 및 직렬 접속선의 결선 누락사고 등을 검출하기 위한 측정
- 절연저항 : 모듈의 절연상태 확인을 위한 측정
- 단락전류 : 모듈의 오염, 크랙, 음영에 의한 전류감소 등을 확인하기 위한 측정   **[답] ②**

53 모니터링 시스템의 운영 점검사항으로 틀린 것은?

① 센서 접속 이상 유무
② 가대 등의 녹 발생 유무
③ 인터넷 접속상태 및 통신단자 이상 유무
④ 인버터 모니터링 데이터 이상 유무

풀이 ○

가대 등의 녹 발생 유무는 어레이의 일상점검 항목이다.   **[답] ②**

54 자가용 태양광 발전설비 정기검사 항목이 아닌 것은?

① 변압기 검사
② 태양광 전지 검사
③ 전력변환장치 검사
④ 부하 운전시험 검사

풀이 ○

태양광발전설비는 어레이, 접속함, 인버터(전력변환장치), 배전반까지이며, 부하 운전시험은 인버터의 발전전력을 확인하는 것이다. 변압기는 수변전설비에 해당된다. **[답] ①**

55 바이패스 다이오드 열 시험을 진행 시 STC에서 단락전류의 몇 배와 같은 전류를 적용하는가?

① 2
② 1.5
③ 1.25
④ 1

풀이 ○

KS C 8561에 의한 바이패스 다이오드의 열 시험(Bypass diode thermal test)은 STC(표준 시험조건)에서 단락전류의 1.25배와 같은 전류를 적용한다. **[답] ③**

56 송 · 변전 설비 중 배전반에서 주회로 인입 · 인출부의 일상 점검 내용이 아닌 것은?

① 볼트류 등의 조임 상태 확인
② 표시기, 표시등의 정확 유무 확인
③ 쥐, 곤충 등의 침입 여부 확인
④ 코로나 방전에 의한 이상음 여부 확인

풀이 ○

배전반에서 주회로 인입 · 인출부에는 표시기, 표시등이 없다. **[답] ②**

57 전기사업의 허가기준으로 틀린 것은?

① 전기사업이 계획대로 수행 될 수 있을 것
② 전기사업을 적정하게 수행하는 데 필요한 재무능력 및 기술능력이 있을 것
③ 그 밖에 공익상 필요한 것으로서 기후에너지환경부령으로 정하는 기준에 적합할 것

④ 발전소나 발전연료가 특정 지역에 편중되어 전력계통의 운영에 지장을 주지 아니할 것

풀이 ○

전기(발전)사업의 허가기준
• 전기사업 수행에 필요한 재무능력 및 기술능력이 있을 것
• 전기사업이 계획대로 수행될 수 있을 것
• 발전소가 특정지역에 편중되어 전력계통의 운영에 지장을 초래하여서는 아니 할 것
• 발전연료가 어느 하나에 편중되어 전력수급에 지장을 초래하여서는 아니 할 것 **[답] ③**

58 태양광발전시스템 인버터의 시험항목으로 틀린 것은?

① 정상특성시험
② 절연성능시험
③ 전기자기적합성
④ 과열점 내구성 시험

풀이 ○

태양광발전시스템 인버터의 시험항목 : 절연성능 시험, 보호기능 시험, 정상특성시험, 과도응답특성 시험, 외부사고 시험, 내전기 환경시험, 내주위 환경시험, 전자기적합성(EMS) **[답] ④**

59 태양광 모듈의 유지관리 사항이 아닌 것은?

① 모듈의 유리표면 청결 유지
② 셀이 병렬로 연결되었는지 여부
③ 음영이 생기지 않도록 주변정리
④ 케이블 극성 유의 및 방수 커넥터 사용 여부

풀이 ○

태양전지 모듈의 태양전지 셀은 직렬로 연결되어 있다. **[답] ②**

60 태양광발전시스템 성능평가를 위한 사이트 평가방법이 아닌 것은?

① 설치용량
② 발전성능
③ 시공업자
④ 설치대상기관

풀이 ○

• 사이트 평가방법 : 설치 대상기관, 설치 시설의 분류, 설치 시설의 지역, 설치 형태, 설치 용량, 설치 각도와 방위, 시공업자, 기기 제조사 **[답] ②**

4과목

신재생에너지 **관련법규**

61 전기공사기술자가 다른 사람에게 경력수첩을 6개월 미만 빌려 준 경우 받게 되는 처분기준은?

① 인정정지 1년　　② 인정정지 2년
③ 인정정지 3년　　④ 인정정지 6개월

풀이 ○

위반행위 (다른 사람에게 경력수첩을 빌려 준 경우)	처분기준
6개월 미만 빌려 준 경우	인정정지 6개월
6개월 이상 1년 미만 빌려 준 경우	인정정지 1년
1년 이상 2년 미만 빌려 준 경우	인정정지 2년
2년 이상 빌려 준 경우	인정정지 3년

[답] ④

62 물의 표층의 열을 변환시켜 에너지를 생산하는 설비는?

① 전력저장 설비　　② 수열에너지 설비
③ 해양에너지 설비　　④ 폐기물에너지 설비

풀이 ○

수열에너지 설비 : 물의 표층의 열을 변환시켜 에너지를 생산하는 설비　　[답] ②

63 온실가스를 배출하는 화석에너지의 사용을 대체하고 에너지와 자원 사용의 효율을 높이며, 환경을 개선할 수 있는 재화의 생산과 서비스의 제공 등을 통하여 탄소중립을 이루고 녹색성장을 촉진하기 위한 모든 산업은?

① 환경산업　　② 녹색산업
③ 미래산업　　④ 첨단산업

풀이 ○

• 녹색산업 : 온실가스를 배출하는 화석에너지의 사용을 대체하고 에너지와 자원 사용의 효율을 높이며, 환경을 개선할 수 있는 재화의 생산과 서비스의 제공 등을 통하여 탄소중립을 이루고 녹색성장을 촉진하기 위한 모든 산업　　[답] ②

64 신재생에너지 설비 설치의무기관 중 대통령령으로 정하는 비율 또는 금액 이상을 출자한 법인이란?

① 납입자본금의 100분의 10 이상을 출자한 법인
② 납입자본금의 100분의 30 이상을 출자한 법인
③ 납입자본금의 100분의 50 이상을 출자한 법인
④ 납입자본금의 100분의 70 이상을 출자한 법인

풀이 ○

"대통령령으로 정하는 비율 또는 금액 이상을 출자한 법인"이란 다음의 법인을 말한다.
① 납입자본금의 100의 50 이상을 출자한 법인
② 납입자본금으로 50억원 이상을 출자한 법인 [답] ③

65 케이블 트레이공사에 사용하는 케이블 트레이에 대한 설명으로 틀린 것은?

① 비금속제 케이블 트레이는 난연성 재료의 것이어야 한다.
② 전선의 피복 등을 손상시킬 돌기 등이 없이 매끈해야 한다.
③ 수용된 모든 전선을 지지할 수 있는 적합한 강도로 케이블 트레이의 안전율은 1.3 이상으로 하여야 한다.
④ 케이블 트레이가 방화구획의 벽, 마루, 천장 등을 관통하는 경우에 관통부는 불연성의 물질로 충전하여야 한다.

풀이 ○

케이블트레이의 선정(232.41.2)
1. 수용된 모든 전선을 지지할 수 있는 적합한 강도의 것이어야 한다. 이 경우 케이블 트레이의 안전율은 1.5 이상으로 하여야 한다.
2. 지지대는 트레이 자체 하중과 포설된 케이블 하중을 충분히 견딜 수 있는 강도를 가져야 한다.
3. 전선의 피복 등을 손상시킬 돌기 등이 없이 매끈하여야 한다.
4. 금속재의 것은 적절한 방식처리를 한 것이거나 내식성 재료의 것이어야 한다.
5. 측면 레일 또는 이와 유사한 구조재를 부착하여야 한다.
6. 배선의 방향 및 높이를 변경하는데 필요한 부속재 기타 적당한 기구를 갖춘 것이어야 한다.
7. 비금속제 케이블 트레이는 난연성 재료의 것이어야 한다.　　[답] ③

66 전기안전관리자의 선임신고사항 변경신고에서 기후에너지환경부령으로 정하는 사항으로 전기사업자나 자가용전기설비의 소유자 또는 점유자에 관한 사항으로 틀린 것은?

① 회사명 또는 상호
② 전기설비의 설치단가
③ 전기설비 설치장소의 주소
④ 전기설비의 용량 또는 전압

풀이 ◉

전기안전관리자의 선임신고사항 변경신고사항
① 회사명 또는 상호
② 대표자 성명
③ 전기설비 설치장소의 주소
④ 전기설비의 용량 또는 전압 　　　　　**[답]** ②

67 옥내에 시설하는 저압용 배전반 및 분전반의 시설 방법으로 틀린 것은?

① 한 개의 분전반에는 두 가지 전원(2회선의 간선)만 공급할 것
② 노출하여 시설되는 배전반 및 분전반은 불연성 또는 난연성의 것을 시설할 것
③ 배전반 및 분전반은 전기를 쉽게 조작할 수 있고 쉽게 점검할 수 있는 장소에 시설할 것
④ 노출된 충전부가 있는 배전반 및 분전반은 취급자 이외의 사람이 쉽게 출입할 수 없도록 시설할 것

풀이 ◉

옥내에 시설하는 저압용 배·분전반의 기구 및 전선은 쉽게 점검할 수 있도록 하고, 한 개의 분전반에는 한 가지 전원(1회선의 간선)만 공급하여야 한다. 　　**[답]** ①

68 기후에너지환경부장관은 신·재생에너지 설비의 설치계획서 제출에 대하여 2016년 1월 1일을 기준으로 몇 년마다 그 타당성을 검토하여 개선 등의 조치를 하여야 하는가?

① 2
② 3
③ 5
④ 10

풀이 ◉

기후에너지환경부장관은 신·재생에너지 설비의 설치계획서 제출에 대하여 2016년 1월 1일을 기준으로 5년마다 그 타당성을 검토하여 개선 등의 조치를 하여야 한다. 　　　　　**[답]** ③

69 기후에너지환경부장관은 발전차액을 반환할 자가 며칠 이내에 이를 반환하지 아니하면 국세 체납처분의 예에 따라 징수할 수 있는가?

① 15
② 30
③ 45
④ 60

풀이 ◉

기후에너지환경부장관은 발전차액을 반환할 자가 30일 이내에 이를 반환하지 아니하면 국세 체납처분의 예에 따라 징수할 수 있다. 　　　　**[답]** ②

70 계통연계하는 분산형전원을 설치하는 경우 이상 또는 고장발생의 경우가 아닌 것은?

① 단독운전 상태
② 분산형전원의 이상 또는 고장
③ 연계형 변압기 중성점 접지시설
④ 연계한 전력계통의 이상 또는 고장

풀이 ◉

계통연계하는 분산형전원을 설치하는 경우 다음에 해당하는 이상 또는 고장 발생시 자동적으로 분산형전원을 전력계통으로부터 분리하기 위한 장치시설 및 해당 계통과의 보호협조를 실시하여야 한다.
① 분산형전원의 이상 또는 고장
② 연계한 전력계통의 이상 또는 고장
③ 단독운전 상태 　　　　　　　　　　　**[답]** ③

71 피뢰기 설치장소로 틀린 것은?

① 가공전선로와 지중전선로가 접속하는 곳
② 저압 가공전선로로부터 공급을 받는 수용장소의 인입구
③ 고압 및 특고압 가공전선로로부터 공급을 받는 수용장소의 인입구
④ 발전소·변전소 또는 이에 준하는 장소의 가공전선 인입구 및 인출구

풀이

피뢰기의 시설(341.13)

가. 발전소·변전소 또는 이에 준하는 장소의 가공전선 인입구 및 인출구

나. 특고압 가공전선로에 접속하는 341.2의 배전용 변압기의 고압측 및 특고압측

다. 고압 및 특고압 가공전선로로부터 공급을 받는 수용 장소의 인입구

라. 가공전선로와 지중전선로가 접속되는 곳　　**[답] ②**

---

72 탄소중립기본법에 따른 책무사항으로 틀린 것은?

① 국가와 지방자치단체는 탄소중립 사회로의 이행과 녹색성장의 추진 등 기후위기 대응에 필요한 전문인력의 양성에 노력하여야 한다.

② 공공기관은 탄소중립 사회로의 이행을 위한 국가의 시책에만 적극 협조하여야 한다.

③ 사업자는 녹색경영을 통하여 사업활동으로 인한 온실가스 배출을 최소화하고 녹색기술 연구개발과 녹색산업에 대한 투자 및 고용을 확대하도록 노력하여야 한다.

④ 국민은 가정과 학교 및 사업장 등에서 녹색생활을 적극 실천하여야 한다.

풀이

공공기관은 탄소중립 사회로의 이행을 위한 국가 및 지방자치단체의 시책에 적극 협조하여야 한다.　　**[답] ②**

---

73 연료전지 및 태양전지 모듈은 최대사용전압의 1.5배의 직류전압 또는 1배의 교류전압(500[V]미만으로 되는 경우에는 500[V])을 충전부분과 대지 사이에 연속하여 몇 분간 가하여 절연내력을 시험하였을 때에 이에 견디는 것이어야 하는가?

① 5
② 10
③ 15
④ 20

풀이

연료전지 및 태양전지 모듈은 최대사용전압의 1.5배의 직류전압 또는 1배의 교류전압을 충전부분과 대지사이에 연속하여 10분간 가하여 절연내력을 시험하였을 때에 이에 견디는 것이어야 한다.　　**[답] ②**

---

74 전력수급의 안정을 위하여 대통령령으로 정하는 기본계획의 경미한 사항을 변경하는 경우로 틀린 것은?

① 전기설비별 용량의 20[%]의 범위에서 그 용량을 변경하는 경우

② 연도별 전기설비 총용량의 5[%]의 범위에서 그 총용량을 변경하는 경우

③ 전기설비 설치공사의 착공 또는 준공 등의 기간을 2년의 범위에서 조정하는 경우

④ 전기설비 설치공사 시 총공사비의 10[%]의 범위에서 그 총공사비를 변경하는 경우

풀이

전력정책심의회의 심의를 거치지 아니하고 변경할 수 있는 사항은 다음과 같다.

① 전기설비 설치공사의 착공·준공 또는 공사기간을 2년 이내의 범위에서 조정하는 경우

② 전기설비별 용량의 20퍼센트 이내의 범위에서 그 용량을 변경하는 경우

③ 신규건설 또는 폐지되는 연도별 전기설비용량의 5[%] 이내의 범위에서 전기설비용량을 변경하는 경우
　　[답] ④

---

75 저압 및 고압 가공전선로(전기철도용 급전선로는 제외)와 기설 가공약전류전선로가 병행하는 경우 유도작용에 의하여 통신상의 장해가 생기지 않도록 전선과 기설 약전류 전선 간의 이격거리는 최소 몇 [m] 이상으로 하여야 하는가?

① 0.5
② 1
③ 1.5
④ 2

풀이

저압 가공전선로 또는 고압 가공전선로와 기설 가공약전류전선로가 병행하는 경우에는 유도작용에 의하여 통신상의 장해가 생기지 아니하도록 전선과 기설 약전류 전선간의 이격거리는 2[m] 이상이어야 한다.　　**[답] ④**

76 기후에너지환경부장관이 혼합의무자에게 제출을 요구할 수 있는 자료 중 신·재생에너지 연료 혼합의무 이행확인에 관한 자료의 내용이 아닌 것은?

① 수송용연료의 생산량
② 수송용연료의 수출입량
③ 수송용연료의 내수판매량
④ 수송용연료의 자가발전량

풀이 ◉
기후에너지환경부장관은 혼합의무자에게 다음 자료 제출을 요구할 수 있다.
1. 신·재생에너지 연료 혼합의무 이행확인에 관한 다음 각 목의 자료
　① 수송용연료의 생산량
　② 수송용연료의 내수판매량
　③ 수송용연료의 재고량
　④ 수송용연료의 수출입량
　⑤ 수송용연료의 자가소비량　　　　　**[답] ④**

77 저압 옥내배선에 사용하는 연동선의 최소 굵기는 몇 [mm²] 이상인가?

① 2　　　　　　　　② 2.5
③ 4　　　　　　　　④ 6

풀이 ◉
저압 옥내배선의 사용전선(231.3.1)
저압 옥내배선의 전선은 단면적 2.5[mm²] 이상의 연동선 또는 이와 동등 이상의 강도 및 굵기의 것. **[답] ②**

78 타인의 전기설비 또는 구내발전설비로부터 전기를 공급받아 구내배전설비로 전기를 공급하기 위한 전기설비로서 수전지점으로부터 배전반(구내배전설비로 전기를 배전하는 전기설비를 말한다.)까지의 설비는?

① 발전설비　　　　　② 송전설비
③ 보호설비　　　　　④ 수전설비

풀이 ◉
• 수전설비 : 타인의 전기설비 또는 구내발전설비로부터 전기를 공급받아 구내배전설비로 전기를 공급하기 위한 전기설비로서 수전지점으로부터 배전반까지의 설비　　　　　　　　　　　**[답] ④**

79 대통령령으로 정하는 신·재생에너지 연료의 기준 및 범위에 해당하는 연료로 틀린 것은?

① 액화석유가스
② 동물·식물의 유지(油脂)를 변화시킨 바이오디젤
③ 중질잔사유를 가스화한 공정에서 얻어지는 합성가스
④ 생물유기체를 변환시킨 바이오가스, 바이오에탄올, 바이오액화유 및 합성가스

풀이 ◉
대통령령으로 정하는 신·재생에너지 연료의 기준 및 범위에 해당하는 연료
① 수소
② 중질잔사유를 가스화한 공정에서 얻어지는 합성가스
③ 생물유기체를 변환시킨 바이오가스, 바이오에탄올, 바이오액화유 및 합성가스
④ 동물·식물의 유지(油脂)를 변환시킨 바이오디젤
⑤ 생물유기체를 변환시킨 목재칩, 펠릿 및 목탄 등의 고체연료　　　　　　　　　　　**[답] ①**

80 발전기·변압기·조상기·계기용변성기·모선 및 애자는 어떤 전류에 의하여 생기는 기계적 충격에 견디어야 하는가?

① 충전전류　　　　　② 정격전류
③ 단락전류　　　　　④ 유도전류

풀이 ◉
발전기·변압기·조상기·계기용변성기·모선 및 이를 지지하는 애자는 단락전류에 의하여 생기는 기계적 충격에 견디는 것이어야 한다.　　　　**[답] ③**

※ 관련법령의 개정 및 한국전기설비규정(KEC)의 시행에 따라 기출문제의 내용을 개정 및 변경된 것으로 수정한 것입니다. 따라서 엔트미디어를 통해 제공되는 기출풀이 동영상(2013~2022)은 내용이 다를 수 있습니다. 따라서 본 교재의 내용으로 학습하시기 바랍니다.

1과목
태양광발전시스템 이론

01 재생에너지의 장점에 대한 일반적인 설명으로 틀린 것은?

① 대부분의 재생에너지는 매우 저렴한 비용으로 얻을 수 있다.

② 대부분의 재생에너지는 공해가 적거나 거의 없다.

③ 재생에너지원은 지속적으로 존재하며 고갈되지 않는다.

④ 재생에너지원은 지역적으로 개발되는 특성을 가진다.

풀이 ◉

재생에너지(태양, 풍력, 수력, 해양, 지열, 바이오, 폐기물)는 환경 친화적 에너지이지만, 시설비가 매우 높은 편이다. [답] ①

02 태양광발전시스템을 분류하는 방법으로 일반적인 기준이 아닌 것은?

① 부하의 형태　　② 계통연계 유무

③ 축전지의 유무　　④ 태양전지의 종류

풀이 ◉

태양광발전시스템을 분류하는 방법은 계통연계 유무, 축전지의 유무, 부하의 형태(직류, 교류)에 따라 분류된다. [답] ④

03 축전지의 기대수명 결정요소와 거리가 먼 것은?

① 축전지 용량　　② 방전심도(DOD)

③ 방전횟수　　④ 사용온도

풀이 ◉

축전지의 기대수명 결정요소에는 방전심도, 방전횟수, 사용온도가 있으며, 이 중 방전심도의 영향을 가장 많이 받는다. [답] ①

04 태양광발전설비 용량 3[MWp], 일일 평균발전시간이 4.6시간인 경우 연간발전량은 몇 [MWh]인가? (단, 1년은 365일, 효율은 100[%]로 한다.)

① 5,037　　② 3,280

③ 1,096　　④ 650

풀이 ◉

연간발전량 = 발전 설비용량×1일 평균발전시간
$$\qquad\qquad ×365일×효율$$
$$\qquad = 3[MWp]×4.6[h/day]×365[day]×1$$
$$\qquad = 5,037[MWh]$$ [답] ①

05 뇌보호형 부품이 아닌 것은

① 서지흡수기(SA)

② 내뢰트랜스

③ 단로기

④ 피뢰기(LA)

풀이 ◉

단로기(DS)는 무부하 전로만 개폐할 수 있는 개폐기로 회로 분리목적으로만 사용된다. [답] ③

06 태양광발전에 영향을 주는 인자끼리 바르게 묶인 것은?

① 전압-온도, 전류-풍량

② 전압-온도, 전류-일사량

③ 전압-풍량, 전류-일사량

④ 전압-일사량, 전류-온도

풀이 ◉

태양광발전에 영향을 주는 인자로 전압은 온도에 반비례하고, 전류는 일사량에 비례한다. **[답] ②**

07 도선의 길이가 2배로 늘어나고, 지름이 1/2로 줄어들 경우 그 도선의 저항은?

① 4배 증가   ② 4배 감소
③ 8배 증가   ④ 8배 감소

풀이 ◉

도선의 저항(R)은 $R = \rho \dfrac{l}{A} = \rho \dfrac{l}{\dfrac{\pi D^2}{4}}$ 에서

l, D를 제외한 모든 변수를 k로 치환하여 계산하면,

$R' = k\dfrac{l}{D^2} = k\dfrac{2l}{(\frac{1}{2}D)^2} = 8R$

∴ 저항은 8배 증가한다. **[답] ③**

08 태양전지의 효율적인 반응을 위한 에너지 밴드갭(eV)은?

① 0~0.5   ② 0.5~1.0
③ 1~1.5   ④ 1.5~2

풀이 ◉

태양전지의 효율적인 반응을 위한 에너지 밴드갭(eV)은 1.0 ~1.5[eV]이다. **[답] ③**

09 태양전지에서 생산된 전력 3[kW]가 인버터에 입력되어 인버터 출력이 2.4[kW]가 되면 인버터의 변환 효율은 몇 [%]인가?

① 70   ② 80
③ 90   ④ 95

풀이 ◉

인버터의 효율(η) $= \dfrac{\text{출력(AC)전력}}{\text{입력(DC)전력}} \times 100[\%]$

$= \dfrac{2.4}{3} \times 100[\%] = 80[\%]$ **[답] ②**

10 위도가 36.5[°]일 때, 동지 시 남중고도는?

① 45°   ② 40.5°
③ 35°   ④ 30°

풀이 ◉

절기별 태양의 남중고도
1) 춘·추분 시 남중고도 = 90°−위도
2) 하지 시 남중고도 = 90°−위도+23.5°
3) 동지 시 남중고도 = 90°−위도−23.5°
∴ 동지 시 남중고도=90°−36.5°−23.5°=30° **[답] ④**

11 저항 1[kΩ], 커패시터 5,000[μF]의 R−C직렬회로에 100[V] 전압을 인가하였을 때, 시정수는 몇 [sec]인가?

① 0.5   ② 5
③ 10   ④ 15

풀이 ◉

$R-C$ 직렬회로의 시정수
$\tau = RC = 1 \times 10^3[\Omega] \times 5,000 \times 10^{-6}[F] = 5[sec]$ **[답] ②**

12 다음 중 수평축 풍력발전시스템은?

① 사보니우스형   ② 다리우스형
③ 파워타워형   ④ 프로펠러형

풀이 ◉

1) 수평축 풍력발전 : 프로펠라형, 더치형, 세일윙형, 플레이드형
2) 수직축 풍력발전 : 다리우스형, 사보니우스형, 크로스 플로우형, 패들형 **[답] ④**

13 다음에 설명하는 목질계 바이오매스는?

목재 가공과정에서 발생하는 건조된 목재 잔재를 압축하여 생산하는 작은 원통모양의 표준화된 목질계 연료이다.

① 목질 브리켓   ② 목질칩
③ 목질 펠릿   ④ 목탄

풀이 ◉

1) 목질 펠릿 : 톱밥이나 목피 및 폐목재를 균일하게 파쇄하고 압축하여 생산하는 원통모양의 표준화된 목질계 연료로 크기는 지름 6~15[mm], 길이 32[mm] 이하로 제한하는 목질계 연료(고위발열량)
2) 목재 브리켓 : 유해물질에 의해 오염되지 않은 목재를 파쇄하고 압축하여 생산하는 원통형, 직사각형,

직육면체, 굴곡있는 원통형 등 여러 모양으로 만들어진 목질계 연료(저위발열량)

3) 목질(우드)칩 : 뿌리, 가지, 임목 부산물을 분쇄하여 제조된 목질계 연료

4) 목탄 : 나무 따위의 유기물을 불완전 연소시켜서 만든 목질계 연료 **[답]** ③

14 태양광 인버터의 기능이 아닌 것은?

① 자동운전 정지 기능
② 최대전력 추종제어 기능
③ 전압자동 조정 기능
④ 교류를 직류로 변환하는 기능

풀이 ◎

태양광 인버터는 직류를 교류로 변환하는 기능이 있으며, 교류를 직류로 변환하는 기능을 갖는 것은 정류기이다. **[답]** ④

15 PN접합 다이오드의 순 바이어스란?

① 인가전압의 극성과는 관계가 없다.
② 반도체의 종류에 관계없이 같은 극성의 전압을 인가한다.
③ P형 반도체에 +, N형 반도체에 – 의 전압을 인가한다.
④ P형 반도체에 –, N형 반도체에 + 의 전압을 인가한다.

풀이 ◎

1) 순 바이어스 : P형 반도체에 +, N형 반도체에 – 의 전압을 인가
2) 역 바이어스 : P형 반도체에 –, N형 반도체에 + 의 전압을 인가 **[답]** ③

16 태양광발전시스템을 상용전원과 병렬운전하고자 할 때, 파워컨디셔너(PCS)의 일치조건이 아닌 것은?

① 전압   ② 주파수
③ 전류   ④ 위상

풀이 ◎

태양광발전시스템의 인버터를 상용전원(계통)과 연계할 때에는 전압, 주파수, 위상을 일치시켜야 한다. **[답]** ③

17 그림은 PV(Photovoltaic) 어레이의 구성도를 나타낸 것이다. 전류 I[A]와 단자 A, B 사이의 전압[V]은?

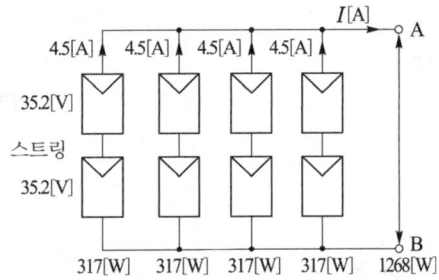

① 4.5[A], 35.2[V]
② 4.5[A], 70.4[V]
③ 18[A], 35.2[V]
④ 18[A], 70.4[V]

풀이 ◎

직렬연결은 전압이 상승하고, 병렬연결은 전류가 상승한다.
전류 = 4.5[A] × 4개 병렬 = 18[A],
전압 = 35.2[V] × 2개 직렬 = 70.4[V] **[답]** ④

18 태양전지 모듈의 표준시험에 사용되는 대기질량지수(AM)는?

① 0.0   ② 0.5
③ 1.0   ④ 1.5

풀이 ◎

태양전지 모듈의 표준시험에 사용되는 대기질량지수(AM)는 1.5이다. **[답]** ④

19 같은 발전용량을 생산하기 위해 태양광 전지의 재료의 종류 중 가장 큰 대지 또는 지붕 면적이 필요한 재료는?

① CIS   ② 단결정
③ 다결정   ④ 비정질 실리콘

풀이 ◎

효율이 가장 낮은 것을 사용할 때 가장 큰 면적이 필요하다.
태양전지 재료의 효율 : 단결정 > 다결정 > 화합물(CIS) > 비정질 실리콘 **[답]** ④

20 다음 중 접속함 내부의 구성기기가 아닌 것은?

① 주 개폐기 ② 단자대
③ 바이패스소자 ④ 역류방지소자

[풀이]
바이패스 소자는 모듈의 단자함에 설치된다. **[답] ③**

2과목
태양광발전시스템 시공

21 태양광발전시스템에 사용하는 CV 케이블의 최고 허용온도는 몇 [℃]인가?

① 60 ② 90
③ 100 ④ 150

[풀이]
CV(=XLPE) 케이블의 최고 허용온도 : 90[℃] **[답] ②**

22 태양전지 모듈 설치 시 감전사고 방지를 위한 대책이 아닌 것은?

① 태양전지 모듈 표면에 차광시트를 제거한다.
② 강우 또는 강설 시는 작업을 하지 않는다.
③ 절연처리 된 공구를 사용한다.
④ 절연장갑을 착용한다.

[풀이]
태양광 모듈 설치 시 감전사고 예방대책
① 작업전에 태양전지 표면에 차광막을 씌워 태양광을 차폐한다.
② 저압 절연장갑을 착용한다.
③ 절연처리된 공구를 사용한다.
④ 강우 시에는 작업을 금지한다.
⑤ 누전 위험장소에는 누전차단기 설치한다. **[답] ①**

23 수상태양광발전설비에 대한 설명으로 잘못된 것은?

① 수상태양광발전설비 모듈과 함께 인버터를 설치한다.

② 상부에 설치된 자재 및 작업자의 총량을 고려한 부력을 가져야 한다.
③ 홍수, 태풍, 주위변화 등에도 안전성을 유지하기 위해 계류장치를 사용한다.
④ 수상에 설치된 발전설비는 수중생태 등의 환경에 대한 고려가 있어야 한다.

[풀이]
인버터는 점검이 용이한 지상에 설치한다. **[답] ①**

24 감리원의 공사 진도관리와 관련하여 ( )안에 들어갈 알맞은 내용은?

> 감리원은 공사업자로부터 전체 실시공정표에 따른 월간, 주간 상세공정표를 작업착수 며칠 전에 제출받아 검토, 확인하여야 한다.
> (1) 월간 상세공정표 : 작업 착수 (㉠)일전 제출
> (2) 주간 상세공정표 : 작업 착수 (㉡)일전 제출

① ㉠ : 7, ㉡ : 4 ② ㉠ : 4, ㉡ : 7
③ ㉠ : 3, ㉡ : 8 ④ ㉠ : 8, ㉡ : 3

[풀이]
전력시설물 공사감리업무 수행지침 제44조(공사진도 관리)
① 감리원은 공사업자로부터 전체 실시공정표에 따른 월간, 주간 상세공정표를 사전에 제출받아 검토·확인하여야 한다.
  1. 월간 상세공정표 : 작업 착수 7일전 제출
  2. 주간 상세공정표 : 작업 착수 4일전 제출 **[답] ①**

25 피뢰시스템 중 뇌격전류를 안전하게 대지로 전송하는 것은?

① 돌침 ② 감시시스템
③ 수뢰부시스템 ④ 인하도선시스템

[풀이]
KS C IEC 62305-3(구조물의 물리적 손상 및 인명위험)
3. 용어와 정의
• 수뢰부시스템 : 낙뢰를 포착할 목적으로 피뢰침, 망상도체, 가공지선과 같은 금속 물체
• 인하도선시스템 : 뇌전류를 수뢰부시스템에서 접지극시스템으로 흘리기 위한 도체
• 접지극시스템 : 뇌전류를 대지로 흘려 방출시키기 위한 도체 또는 금속 물체 **[답] ④**

26 태양광발전시스템의 기획 및 설계 시 조사할 항목과 연결이 잘못된 것은?

① 사전조사 - 각 지자체 조례 등
② 환경조건의 조사 - 빛, 염해, 공해
③ 설계조건의 검토 - 전기안전관리자 이력검토
④ 설치조건의 조사 - 설치장소, 재료의 반입경로

풀이 ○

설계조건의 검토 : 부지의 면적, 지형 조건(방위, 경사도), 계통연계 가능용량, 지질 및 지반의 상태, 배선의 경로 검토 등 **[답] ③**

27 저압배전 선로의 역조류가 있는 경우에 인버터의 단독운전을 검출하는 계전 요소가 아닌 것은?

① 거리 계전기
② 과전압 계전기
③ 주파수 계전기
④ 부족전압 계전기

풀이 ○

단독운전을 검출하는 계전 요소 : 과전압 계전기(OVR), 부족전압 계전기(UVR), 과주파수 계전기(OFR), 저주파수 계전기(UFR)
※ 거리계전기 : 송전선에 지락사고가 발생했을 때 고장구간의 고장전류를 검출하여 차단기 또는 개폐기에 차단(Trip)명령을 내리는 계전기. **[답] ①**

28 태양광 모듈의 전기배선 및 접속함 시공방법으로 틀린 것은?

① 접속 배선함 연결부위는 일체형 전용 커넥터를 사용
② 역전류방지 다이오드의 용량은 모듈 단락전류의 2배 이상일 것
③ 전선의 지면을 통과하는 경우에는 피복에 손상이 발생되지 않도록 조치
④ 1대의 인버터에 연결된 태양전지 직렬군이 2병렬 이상일 경우에는 각 직렬군의 출력 전류가 동일하도록 배열

풀이 ○

1대의 인버터에 연결된 태양전지 직렬군이 2병렬 이상일 경우에는 각 직렬군의 **출력 전압이** 동일하도록 배열해야 한다.
※ 원별시공기준에서는 전류방지 다이오드의 용량은 모듈 단락전류의 2배 이상일 것.(인증 표준으로 개정예정)
※ 접속함 인증 표준인 KS C 8567(2017.08)에서는 역전류 방지 다이오드의 용량은 모듈 단락전류의 1.4배 이상으로 하여야 한다. **[답] ④**

29 공사감리업무를 수행하는 감리원에 대한 설명으로 틀린 것은?

① 공사업자의 의무와 책임을 면제시킬 수 있다.
② 계약조건과 다른 지시나 조치 또는 결정을 하여서는 안 된다.
③ 공사가 끝난 후 발주자와 출석요구가 있을 경우 이에 응하여야 한다.
④ 공사의 품질확보 및 질적 향상을 위하여 기술지도와 지원에 노력하여야 한다.

풀이 ○

감리원은 공사업자의 의무와 책임을 면제시킬 권한이 없다. **[답] ①**

30 태양광발전시스템의 일반적인 시공 절차에 대한 순서로 옳은 것은?

① 반입 재재 검수 → 토목공사 → 기기설치공사 → 전기배관배선공사 → 점검 및 검사
② 토목공사 → 반입 자재 검수 → 기기설치공사 → 전기배관배선공사 → 점검 및 검사
③ 반입 재재 검수 → 토목공사 → 전기배관배선공사 → 기기설치공사 → 점검 및 검사
④ 토목공사 → 반입 자재 검수 → 전기배관배선공사 → 기기설치공사 → 점검 및 검사

풀이 ○

시공 절차 : 토목공사 → 반입 자재 검수 → 기기설치공사 → 전기배관배선공사 → 점검 및 검사 **[답] ②**

31 접지극의 물리적인 접지저항 저감방법 중 수직공법인 것은?

① 보링공법
② MESH 공법
③ 접지극의 치수확대
④ 접지극의 병렬접속

풀이 ⊙

물리적인 접지저항 저감방법
• 수평공법 : 접지극의 병렬접속, 접지극의 치수확대, 매설지선 접지극 설치, 다중접지 시이트 설치, 메시(Mesh)공법
• 수직공법 : 접지봉 깊이 박기, 보링공법 **[답] ①**

32 코로나 현상으로 발생되는 영향이 아닌 것은?

① 통신선 유도장해 발생 증가
② 소호리액터 소호능력 증가
③ 송전효율 저하
④ 잡음 발생

풀이 ⊙

코로나 현상으로 발생되는 영향
• 통신선에 고조파로 인한 유도장해 발생 증가
• 코로나 손실에 의해 송전효율 저하
• 소호리액터의 소호능력 저하
• 전선의 부식(전식)을 촉진
• 코로나 잡음이 발생
• 디지털 계전기의 오·부동작 발생 **[답] ②**

33 과도 과전압을 제한하고 서지전류를 우회시키는 장치의 약어는?

① DS
② SPD
③ ELB
④ MCCB

풀이 ⊙

• 단로기(DS : Disconnector Switch) : 전로의 접속 또는 분리 목적으로 사용하며 무전압, 무전류상태에서 전로를 개폐하는 장치
• 누전차단기(ELB : Earth Leakage Breaker) : 전로의 지락을 검출하여 차단하는 장치
• 서지보호장치(SPD : Surge Protection Device) : 과도 과전압을 제한하고 서지전류를 우회시키는 장치

• 배선용차단기(MCCB: Molded Case Circuit Breaker) : 전선이나 케이블의 과부하 단락을 보호하는 장치 **[답] ②**

34 변전소의 설치 목적이 아닌 것은?

① 송배전선로 보호
② 전력 조류의 제어
③ 전압의 변성과 조정
④ 전력의 발생과 분배

풀이 ⊙

변전소의 설치 목적 : 발전전력 집중 연계, 수용가에 배분하고 정전의 최소화, 전압을 승압 또는 강압, 전력조류 제어, 송배전선로 보호. 전력손실 감소.
※ 발전소는 전력의 생산(발생)과 계통의 주파수를 일정 값으로 유지시킨다. **[답] ④**

35 감리원의 수행업무 방법으로 옳지 않은 것은?

① 검사업무지침을 현장별로 수립한다.
② 시공기술자 실명부 확인은 생략한다.
③ 현장에서의 검사는 체크리스트를 사용한다.
④ 검사업무 지침은 시공 관련자에게 배포한다.

풀이 ⊙

전력시설물 공사감리 수행지침 제34조(검사업무)
1. 감리원은 현장에서의 시공확인을 위한 검사는 해당 공사와 현장조건을 감안한 "검사업무지침"을 현장별로 작성·수립하여 발주자의 승인을 받은 후 이를 근거로 검사업무를 수행함을 원칙으로 한다. 검사업무지침은 검사하여야 할 세부공종, 검사절차, 검사시기 또는 검사빈도, 검사 체크리스트 등의 내용을 포함하여야 한다.
2. 수립된 검사업무지침은 모든 시공 관련자에게 배포하고 주지시켜야 하며, 보다 확실한 이행을 위하여 교육한다.
3. 현장에서의 검사는 체크리스트를 사용하여 수행하고, 그 결과를 검사 체크리스트에 기록한 후 공사업자에게 통보하여 후속 공정의 승인여부와 지적사항을 명확히 전달한다.
4. 검사 체크리스트에는 검사항목에 대한 시공기준 또는 합격기준을 기재하여 검사결과의 합격여부를 합리적으로 신속 판정한다.
5. 단계적인 검사로는 현장 확인이 곤란한 공종은 시공 중 감리원의 계속적인 입회·확인으로 시행한다.

6. 공사업자가 검사요청서를 제출할 때 시공기술자 실명부가 첨부되었는지를 확인한다.
7. 공사업자가 요청한 검사일에 감리원이 정당한 사유 없이 검사를 하지 않는 경우에는 공정추진에 지장이 없도록 요청한 날 이전 또는 휴일 검사를 하여야 하며 이때 발생하는 감리대가는 감리업자가 부담한다.

[답] ②

36 태양광시스템에서 방화구획 관통부를 처리하는 주된 목적은?

① 다른 설비로의 화재확산 방지
② 배전반 및 분전반 보호
③ 태양전지 어레이 보호
④ 인버터 보호

풀이 ◉

방화구획 관통부 처리 목적 : 화재(연기) 확산방지, 화열의 제한, 인명의 안전대피   **[답] ①**

37 설계감리를 받아야 할 전력시설물이 아닌 것은?

① 용량 80만[kW] 이상의 발전설비
② 전압 30만[V] 이상의 송전 및 변전설비
③ 전압 10만[V] 이상의 수전설비, 구내배전설비, 전력사용설비
④ 11층 이상이거나 연면적 30000[m²] 이상인 건축물의 전력시설물

풀이 ◉

전력기술관리법 시행령 제18조(설계감리 등)
1. 용량 80만킬로와트 이상의 발전설비
2. 전압 30만볼트 이상의 송전 · 변전설비
3. 전압 10만볼트 이상의 수전설비 · 구내배전설비 · 전력사용설비
4. 전기철도의 수전설비 · 철도신호설비 · 구내배전설비 · 전차선설비 · 전력사용설비
5. 국제공항의 수전설비 · 구내배전설비 · 전력사용설비
6. 21층 이상이거나 연면적 5만제곱미터 이상인 건축물의 전력시설물. 다만, 「주택법」 제2조제3호에 따른 공동주택의 전력시설물은 제외한다.   **[답] ④**

38 감리원이 준공 후 발주자에게 인계할 주요 문서목록으로 거리가 가장 먼 것은?

① 준공도면
② 준공사진첩
③ 시설물 인수 · 인계서
④ 성능보증서 또는 인증서

풀이 ◉

전력시설물 공사감리업무 수행지침 제64조(현장문서 인수 · 인계)
1. 준공사진첩
2. 준공도면
3. 품질시험 및 검사성과 총괄표
4. 기자재 구매서류
5. 시설물 인수 · 인계서   **[답] ④**

39 지상에 태양전지 어레이를 설치하기 위한 기초 형식 중 지지층이 얕은 경우에 사용하는 방식이 아닌 것은?

① 말뚝 기초
② 직접 기초
③ 독립 푸팅 기초
④ 복합 푸팅 기초

풀이 ◉

• 얕은 기초(지지층이 얕은 곳) : 직접기초(독립기초), 복합기초, 전면기초, 연속기초, 확대기초, 독립 푸팅 기초, 복합 푸팅 기초.
• 깊은 기초(지지층이 깊은 곳) : 케이슨 기초, 말뚝 기초, 피어 기초   **[답] ①**

40 3상 변압기 병렬운전 결선방식이 아닌 것은?

① △−△와 △−△
② Y−△와 Y−△
③ △−Y와 Y−△
④ Y−△와 Y−Y

풀이 ◉

3상 변압기 병렬운전 1차와 2차의 결선방식이 같아야 병렬운전을 할 수 있다. Y−△와 Y−Y 결선방식병렬운전이 불가능하다.   **[답] ④**

3과목

태양광발전시스템 운영

41 태양광발전시스템에 사용되는 축전지의 일상점검 중 육안점검의 항목으로 틀린 것은?

① 전해액면 저하   ② 전해액의 변색
③ 외함의 변형   ④ 단자전압

풀이 ○

일상점검 중 육안점검은 공구, 계측기를 사용하지 않는 점검이다. **[답] ④**

42 다음은 성능평가 측정 중 시험장치에 관한 설명이다. ( )에 들어갈 내용으로 옳은 것은?

> 솔라 시뮬레이터는 태양광발전 모듈의 성능을 (⒜)에서 시험하기 위한 인공광원이며, KS C IEC 60904-9에서 규정하는 방사조도 (⒝) 이내, 광원 균일도 (⒞) 이내의 A등급 이상으로 한다.

① ⒜ 옥내, ⒝ ±1[%], ⒞ ±1[%]
② ⒜ 옥내, ⒝ ±2[%], ⒞ ±2[%]
③ ⒜ 옥외, ⒝ ±1[%], ⒞ ±1[%]
④ ⒜ 옥외, ⒝ ±2[%], ⒞ ±2[%]

풀이 ○

KS C 8561(결정질 실리콘 태양광발전 모듈(성능))의 시험장치 중 솔라 시뮬레이터는 태양광발전 모듈의 성능을 옥내에서 시험하기 위한 인공광원이며, KS C IEC 60904-9에서 규정하는 방사조도 ±2[%] 이내, 광원 균일도 ±2[%] 이내의 A등급 이상으로 한다. **[답] ②**

43 태양전지 어레이의 일상점검 항목 중 육안점검 내용으로 틀린 것은?

① 표면의 오염 및 파손
② 보호계전기의 설정
③ 지지대의 부식 및 녹
④ 외부배선(접속케이블)의 손상

풀이 ○

태양전지의 어레이 육안점검 항목

점검항목	점검요령
표면의 오염 및 파손	오염 및 파손이 없을 것
프레임 파손 및 변형	파손 및 뚜렷한 변형이 없을 것
가대의 부식 및 녹	가대의 부식 및 녹이 없을 것(녹의 진행이 없는 도금강판의 끝단부는 제외)
가대의 고정	볼트 및 너트의 풀림이 없을 것
가대의 접지	배선공사 및 접지의 접속이 확실할 것

※ 보호계전기는 전력계통의 고장을 검출하여 차단기에 차단(Trip) 명령을 내리는 기기이다. **[답] ②**

44 태양광발전 모니터링 프로그램의 기본 기능으로 틀린 것은?

① 데이터 연산기능   ② 데이터 수집기능
③ 데이터 저장기능   ④ 데이터 분석기능

풀이 ○

태양광발전 모니터링 프로그램의 기본 기능 : 데이터 수집기능, 데이터 저장기능, 데이터 분석기능, 데이터 통계기능 **[답] ①**

45 자가용 태양광발전설비의 정기검사 항목이 아닌 것은?

① 종합연동시험 검사
② 부하운전시험 검사
③ 전력변환장치 검사
④ 변압기본체 검사

풀이 ○

자가용 태양광발전설비의 정기검사 항목 : 태양광전지 검사, 전력변환장치 검사, 종합연동시험 검사, 부하운전시험 검사 **[답] ④**

46 발전설비용량 200[kW] 초과 3,000[kW] 이하인 발전사업의 허가를 신청하는 경우 사업계획서 구비서류로 틀린 것은?

① 발전원가명세서(발전사업 또는 구역전기사업의 허가를 신청하는 경우만 해당한다.)
② 전기설비 건설 및 운영 계획 관련 증명서류
③ 부지의 확보 및 배치 계획 관련 증명서류
④ 송전관계 일람도

풀이 ○

전기사업법 시행규칙[별표1의 2] 사업계획서 구비서류
(제4조제1항제1호 관련)

- 구비서류 : 전기설비 건설 및 운영 계획 관련 증명서
류, 송전관계 일람도, 발전원가 명세서 **[답] ③**

47 태양광발전용 인버터의 효율시험에서 교류
전원을 정격전압 및 정격 주파수로 운전하고, 운
전 시작 후 최소한 몇 시간 이후에 측정하여야 하
는가?

① 2 ② 3
③ 4 ④ 5

풀이 ○

KS C 8565(태양광발전용 인버터) 8.5.5.1 효율시험 방
법에서 교류 전원을 정격전압 및 정격 주파수로 운전하
고, 운전 시작 후 최소한 2시간 이후에 측정한다.
 [답] ①

48 태양광발전시스템에 대한 정기점검에서, 접
속함 출력단자와 접지 간의 절연상태 이상여부를
판정하는 절연저항 값이 기준치는 최소 몇 [MΩ]
이상인가? (단, 절연저항계(메거)의 측정전압은
직류 500 [V] 이다.)

① 0.5 ② 1
③ 1.5 ④ 2

풀이 ○

접속함 출력단자와 접지 간의 절연상태 이상여부를 판
정하는 절연저항 값이 기준치는 최소 1[MΩ] 이상이어
야 한다.(500[V] 절연저항계) **[답] ②**

49 태양광발전시스템의 신뢰성 평가 분석 항목
에서 계측 트러블에 속하는 것은?

① 계통지락
② 직류지락
③ 인버터의 정지
④ 컴퓨터의 조작오류

풀이 ○

신뢰성 평가 분석항목

- 시스템 트러블 : 인버터 정지, 직류지락, 계통지락,
RCD (=ELB) 트립, 원인불명 등에 의한 시스템의 정지
- 계측 트러블 : 컴퓨터 전원의 차단, 컴퓨터의 조작오
류, 기타 원인불명 **[답] ④**

50 태양광발전용 인버터의 자동 기동·정지 시험
시 품질기준 중 채터링은 몇 회 이내이어야 하는
가?

① 2 ② 3
③ 4 ④ 5

풀이 ○

KS C 8565(태양광 발전용 인버터) 8.5.7.2 자동 기동·
정지 시험의 품질기준에 의거 채터링은 3회 이내일 것.
(채터링 : 자동 기동·정지 시에 인버터가 기동, 정지를
불안정하게 반복되는 현상) **[답] ②**

51 태양광발전시스템의 응급조치순서 중 차단
과 투입순서가 옳은 것은?

> Ⓐ 한전차단기
> Ⓑ 접속함 내부 차단기
> Ⓒ 인버터

① Ⓒ → Ⓑ → Ⓐ, Ⓐ → Ⓑ → Ⓒ
② Ⓒ → Ⓑ → Ⓐ, Ⓐ → Ⓑ → Ⓒ
③ Ⓑ → Ⓒ → Ⓐ, Ⓐ → Ⓒ → Ⓑ
④ Ⓐ → Ⓑ → Ⓒ, Ⓐ → Ⓑ → Ⓒ

풀이 ○

태양광발전시스템의 응급조치순서
- 차단순서 : 접속함 내부 차단기 → 인버터 → 한전차
단기
- 투입순서 : 한전차단기 → 인버터 → 접속함 내부 차
단기 **[답] ③**

52 인버터(파워컨디셔너)의 일상점검 항목이 아
닌 것은?

① 외부배선(접속케이블)의 손상
② 가대의 부식 및 오염 상태
③ 외함의 부식 및 파손
④ 표시부의 이상표시

풀이 ○

가대는 태양전지 어레이의 구성항목이다. **[답]** ②

53 변압기에 대한 일상점검의 항목으로 틀린 것은?

① 온도계의 표시가 적정 온도범위에서 유지되는지 여부

② 코로나에 의한 이상한 소리의 발생 여부

③ 과열에 의한 이상한 냄새의 발생 여부

④ 냉각팬 필터부분의 막힘 여부

풀이 ○

냉각팬 필터부분의 막힘 여부 점검은 인버터의 일상점검 항목이다. **[답]** ④

54 감전의 위험을 방지하기 위해 정전작업 시에 작성하는 정전작업요령에 포함되는 사항이 아닌 것은?

① 정전확인순서에 관한 사항

② 단독 근무 시 필요한 사항

③ 단락접지실시에 관한 사항

④ 시운전을 위한 일시운전에 관한 사항

풀이 ○

정전작업 요령에 포함되어야할 사항

• 작업책임자의 임명, 정전범위 및 절연용 보호구의 작업시작 전 점검 등 작업시 작업에 필요한 사항

• 전로 또는 설비의 정전순서에 관한 사항

• 개폐기 관리 및 표지판 부착에 관한 사항

• 정전확인순서에 관한 사항

• 단락접지실시에 관한 사항

• 전원 재투입순서에 관한 사항

• 점검 또는 시운전을 위한 일시운전에 관한 사항

[답] ②

55 운전상태에서 점검이 가능한 점검분류는 무엇인가?

① 정기점검(보통) ② 정기점검(세밀)

③ 임시점검 ④ 일상점검

풀이 ○

운전(통전)상태에서 점검이 가능한 점검은 일상점검이다. **[답]** ④

56 전기사업용 태양광발전소의 태양전지·전기설비계통은 정기검사를 몇 년 이내에 받아야 하는가?

① 3 ② 4

③ 5 ④ 10

풀이 ○

전기안전관리법 시행규칙 [별표 4]에 의거 "태양광·전기설비 계통"의 정기검사 시기는 4년 이내 이다. **[답]** ②

57 점검계획의 수립에 있어서 고려해야 할 사항으로 틀린 것은?

① 설비의 중요도에 대해서는 설비에는 중요설비와 비교적 중요하지 않은 설비가 있으므로 그 중요도에 따라서 점검내용 및 점검주기를 검토하여야 한다.

② 부하상태에 대해서는 사용빈도가 높은 설비, 부하의 증가, 환경조건의 악화 등 과부하 상태로 된 설비 등은 점검주기를 단축시킬 필요는 없다.

③ 점검내용 및 점검주기는 설비의 사용기간, 설비의 중요도, 환경조건, 고장이력, 부하상태 등의 조건을 고려하여 결정한다.

④ 설비의 사용기간에 대해서는 장시간 사용한 설비의 고장확률이 높으므로 점검내용을 세분화하고 점검주기를 단축한다.

풀이 ○

부하상태에 대해서는 사용빈도가 높은 설비, 부하의 증가, 환경조건의 악화 등 과부하 상태로 된 설비 등은 점검주기를 단축한다. **[답]** ②

58 충전전로를 취급하는 근로자가 착용하는 절연용 보호구가 아닌 것은?

① 절연 고무장갑 ② 절연 안전모

③ 절연 담요 ④ 절연화

풀이 ○

작업자의 감전사고를 방지하기 위해 작업자가 착용하는 절연용 보호구 : 전기용(절연)안전모, 전기용(절연) 고무장갑, 전기용(절연) 고무장화(=절연화) **[답]** ③

59 태양광발전시스템의 개방전압을 측정할 때 유의해야 할 사항으로 틀린 것은?

① 태양전지 어레이의 표면은 청소하지 않아도 된다.

② 태양전지 셀은 비오는 날에도 미소한 전압을 발생하고 있으므로 매우 주의하여 측정하여야 한다.

③ 각 스트링의 측정은 안정된 일사강도 얻어질 때 실시한다.

④ 측정시각은 일사강도, 온도의 변동을 극히 적게 하기 위해 맑을 때, 남쪽에 있을 때의 전후 1시간에 실시하는 것이 바람직하다.

풀이 ◎

개방전압을 측정 전에 태양전지 어레이의 표면을 청소할 필요가 있다.   [답] ①

60 박막 태양광발전 모듈의 최대 출력 결정 시 품질기준으로 시험시료의 출력 균일도는 평균 출력의 몇 [%] 이내이어야 하는가?

① ±1   ② ±2
③ ±3   ④ ±4

풀이 ◎

KS C 8562(박막 태양전지 모듈) 6.2.2 품질기준(초기)에서 시험시료의 출력 균일도는 평균 출력의 ±3[%] 이내일 것   [답] ③

4과목
신재생에너지 **관련법규**

61 전기를 생산하여 이를 전력시장을 통하여 전기판매사업자에게 공급하는 것을 주된 목적으로 하는 사업은?

① 배전사업   ② 송전사업
③ 발전사업   ④ 변전사업

풀이 ◎

전기사업법 제2조(정의)

전기사업	발전사업·송전사업·배전사업·전기판매사업 및 구역전기사업
송전사업	발전소에서 생산된 전기를 배전사업자에게 송전하는 데 필요한 전기설비를 설치·관리하는 것을 주된 목적으로 하는 사업
배전사업	발전소로부터 송전된 전기를 전기사용자에게 배전하는 데 필요한 전기설비를 설치·운용하는 것을 주된 목적으로 하는 사업
발전사업	전기를 생산하여 이를 전력시장을 통하여 전기판매사업자에게 공급하는 것을 주된 목적으로 하는 사업
※ 변전사업은 없음.	

[답] ③

62

[2021.1.1.부터 한국전기설비규정(KEC) 시행과 출제기준 제외문항으로 삭제]

63 태양의 빛에너지를 변환시켜 전기를 생산하거나 채광(採光)에 이용하는 설비는?

① 풍력 설비

② 태양광 설비

③ 태양열 설비

④ 바이오에너지 설비

풀이 ◎

태양열 설비	태양의 열에너지를 변환시켜 전기를 생산하거나 에너지원으로 이용하는 설비
태양광 설비	태양의 빛에너지를 변환시켜 전기를 생산하거나 채광(採光)에 이용하는 설비

[답] ②

64 온실가스에 해당되지 않는 것은?

① 질소(N_2)

② 메탄(CH_4)

③ 육불화황(SF_6)

④ 이산화탄소(CO_2)

풀이 ◎

• 온실가스 : 이산화탄소(CO_2), 메탄(CH_4), 아산화질소(N_2O), 수소불화탄소(HFCs), 과불화탄소(OFCs), 육불화황(SF_6)   [답] ①

65 녹색기술 또는 녹색산업 관련기업은 녹색기술 또는 녹색사업의 이전, 관련 제품의 제조 등에 의한 매출액이 인증을 신청하는 날이 속하는 해의 전년도를 기준으로 총매출액의 최소 얼마이상인 기업으로 하는가?

① 10/100 ② 20/100
③ 25/100 ④ 30/100

(풀이 ●)
녹색기술 또는 녹색산업 관련 기업은 제2항에 따른 녹색기술 또는 녹색사업의 이전, 관련 제품의 제조 등에 의한 매출액이 인증을 신청하는 날이 속하는 해의 전년도를 기준으로 총매출액의 100분의 30 이상인 기업으로 한다. **[답] ④**

66 전기사업법에 따라 전력시장에 전력을 직접 구매할 수 있는 전기사용자의 수전설비 용량은 몇 [kVA] 이상인가?

① 10000 ② 20000
③ 30000 ④ 50000

(풀이 ●)
전기사용자는 전력시장에서 전력을 직접 구매할 수 없다. 다만, 대통령령으로 정하는 규모(3만[kVA]) 이상의 전기사용자는 그러하지 아니하다. **[답] ③**

67 신·재생에너지 정책심의회 위원으로 소속 공무원을 지명할 수 없는 기관은?

① 재정경제부 ② 보건복지부
③ 국토교통부 ④ 농림축산식품부

(풀이 ●)
신·재생에너지 정책심의회 위원으로 소속공무원을 지명할 수 있는 기관
재정경제부, 과학기술정보통신부, 농림축산식품부, 기후에너지환경부, 국토교통부, 해양수산부 **[답] ②**

68 신·재생에너지 공급의무화제도에서 공급의무자가 아닌 것은?

① 한국석유공사 ② 한국남부발전
③ 한국수자원공사 ④ 한국지역난방공사

(풀이 ●)
신재생에너지법 제18조의3(신·재생에너지 공급의무자)
1. 50만[kW] 이상의 발전설비(신·재생에너지 설비는 제외한다)를 보유하는 자(발전자회사 등)
2. 한국수자원공사
3. 한국지역난방공사 **[답] ①**

69 전기사업법에서 정의하는 용어 중 전기설비의 종류가 아닌 것은?

① 일반용 전기설비
② 자가용 전기설비
③ 전기사업용 전기설비
④ 항공기에서 사용하는 전기설비

(풀이 ●)
"전기설비"란 발전·송전·변전·배전 또는 전기사용을 위하여 설치하는 기계·기구·댐·수로·저수지·전선로·보안통신선로 및 그 밖의 설비로서 다음 전기설비를 말 한다.
① 전기사업용 전기설비
② 일반용 전기설비
③ 자가용 전기설비 **[답] ④**

70 연료전지 및 태양전지 모듈의 절연내력에 대한 설명 중 ( )안에 들어갈 내용으로 옳은 것은?

> 연료전지 및 태양전지 모듈로 최대사용전압의
> (ⓐ)의 직류전압 또는 1배의 교류전압(500[V] 미만으로 되는 경우에는 500[V])을 충전부분과 대지 사이에 연속하여 (ⓑ)간 가하여 절연내력을 시험하였을 때 견디는 것

① ⓐ : 1.5배, ⓑ : 10분
② ⓐ : 1.5배, ⓑ : 15분
③ ⓐ : 2배, ⓑ : 10분
④ ⓐ : 2배, ⓑ : 15분

(풀이 ●)
연료전지 및 태양전지 모듈은 최대사용전압의 1.5배의 직류전압 또는 1배의 교류전압을 충전부분과 대지사이에 연속하여 10분간 가하여 절연내력을 시험하였을 때에 이에 견디는 것이어야 한다. **[답] ①**

71 빙설이 많고 인가가 많이 연결되어 있는 장소에 시설하는 고압 가공전선로의 지지물에 적용되는 풍압하중은?

① 갑종 풍압하중

② 을종 풍압하중

③ 병종 풍압하중

④ 갑종 풍압하중과 을종 풍압하중을 각 설비에 따라 혼용

풀이 ◉

풍압하중의 종별과 적용

지역구분	고온계절	저온계절
빙설이 많은 지방이외의 지방	갑종 풍압하중	병종 풍압하중
빙설이 많은 지방	갑종 풍압하중	을종 풍압하중
인가가 많이 연접되어 있는 장소에 시설하는 가공전선로 적용하는 풍압하중은 병종 풍압하중		

[답] ③

72 한국전기설비규정에서 관광숙박업에 이용되는 객실의 입구에 조명용 전등을 설치할 경우 몇 분 이내에 소등되는 타임스위치를 시설해야 하는가?

① 1　　　　　　② 2

③ 3　　　　　　④ 5

풀이 ◉

점멸기의 시설(234.6) : 다음의 경우에는 센서등(타임스위치 포함)을 시설하여야 한다.

가. 관광숙박업 또는 숙박업(여인숙업을 제외)에 이용되는 객실의 입구등은 1분 이내에 소등되는 것.

나. 일반주택 및 아파트 각 호실의 현관등은 3분 이내에 소등되는 것.　　　　[답] ①

73 한국전기설비규정에서 태양전지 발전소에 시설하는 전선의 굵기는 연동선인 경우 몇 [mm²] 이상이어야 하는가?

① 1.6　　　　　② 2.5

③ 3.5　　　　　④ 5.5

풀이 ◉

전기배선(512.1.1)

저압 옥내배선의 전선은 단면적 2.5[mm²] 이상의 연동선 또는 이와 동등 이상의 강도 및 굵기의 것.　[답] ②

74 한국전기설비규정에서 지중전선로에 케이블을 사용하여 관로식으로 시설할 경우 매설깊이를 몇 [m] 이상으로 하여야 하는가?

① 0.3　　　　　　② 0.6

③ 0.8　　　　　　④ 1.0

풀이 ◉

구분	매설깊이 [m]	중량물의 압력을 받을 우려가 없는 곳 매설깊이[m]
직접 매설식	1.0	0.6
관로식	1.0	0.6

[답] ④

75 신에너지 및 재생에너지 개발 · 이용 · 보급 촉진법에서 정의하고 있는 신 · 재생에너지에 포함되지 않는 것은?

① 원자력

② 연료전지

③ 수소에너지

④ 태양에너지

풀이 ◉

• 신에너지 : 연료전지, 석탄액화가스화 및 중질잔사유 가스화, 수소에너지

• 재생에너지 : 태양(태양광, 태양열), 바이오, 풍력, 수력, 해양, 폐기물, 지열　　　　　　[답] ①

76 전기공사기술자로 인정을 받으려는 사람을 전기공사기술자로 인정하면 전기공사기술자의 등급 및 경력 등에 관한 증명서를 해당 전기공사기술자에게 발급하는 자는?

① 시 · 도지사

② 전기공사협회장

③ 기후에너지환경부장관

④ 한국산업인력공단 이사장

풀이 ◉

기후에너지환경부장관은 신청인을 전기공사기술자로 인정하면 전기공사기술자의 등급 및 경력 등에 관한 증명서를 해당 전기공사기술자에게 발급하여야 한다.

[답] ③

77 신·재생에너지 품질검사기관이 아닌 곳은?

① 한국전력공사   ② 한국석유관리원
③ 한국임업진흥원   ④ 한국가스안전공사

풀이 ⊙

대통령령으로 정하는 신·재생에너지 품질검사기관
① 한국석유관리원
② 한국가스안전공사
③ 한국임업진흥원   **[답] ①**

78 전선의 접속방법으로 틀린 것은?

① 접속부분의 전기저항을 증가시킬 것
② 접속부분은 접속관 기타의 기구를 사용할 것
③ 전선의 세기를 20[%] 이상 감소시키지 아니
   할 것
④ 전기 화학적 성질이 다른 도체를 접속하는 경
   우에는 접속부분에 전기적 부식이 생기지 아
   니하도록 할 것

풀이 ⊙

전선의 접속(123)
• 전선의 전기저항을 증가 시키지 아니하도록 접속할
  것
• 전선의 세기를 20[%] 이상 감소시키지 아니할 것.
• 접속부분은 금속관 기타의 기구를 사용할 것
• 접속부분은 절연전선의 절연물과 동등 이상의 절연효
  력이 있는 것으로 피복할 것
• 전선 상호 접속시에는 코드 접속기, 접속함 기타의 기
  구를 사용할 것
• 전기화학적 성질이 다른 도체를 접속하는 경우에는
  접속부분에 전기적 부식이 생기지 아니하도록 할 것.
                                                [답] ①

79 기후위기 대응을 위한 탄소중립·녹색성장 기본법의 목적에서 언급하고 있지 않은 것은?

① 온실가스 감축
② 전기사업의 경쟁 촉진
③ 기후위기 적응대책을 강화
④ 생태계와 기후체계를 보호

풀이 ⊙

기후위기 대응을 위한 탄소중립·녹색성장 기본법 제1
조(목적) 이 법은 기후위기의 심각한 영향을 예방하기
위하여

① 온실가스 감축
② 기후위기 적응대책을 강화하고
③ 탄소중립 사회로의 이행 과정에서 발생할 수 있는 경
   제적·환경적·사회적 불평등을 해소하며
④ 녹색기술과 녹색산업의 육성·촉진·활성화를 통하
   여
⑤ 경제와 환경의 조화로운 발전을 도모함으로써,
⑥ 현재 세대와 미래 세대의 삶의 질을 높이고
⑦ 생태계와 기후체계를 보호하며 국제사회의 지속가
   능발전에 이바지하는 것을 목적으로 한다.   **[답] ②**

80 저압 연접 인입선의 시설 규정을 준수하지 않은 것은?

① 옥내를 통과하지 않도록 했다.
② 폭 4[m]을 초과하는 도로를 횡단하였다.
③ 경간이 20[m]인 곳에서 ACSR을 사용하였다.
④ 인입선에서 분기하는 점으로부터 100[m]을
   초과하지 않았다.

풀이 ⊙

• 연접 인입선의 시설(221.1.2)
저압 연접(이웃 연결) 인입선은 221.1.1의 규정에 준하
여 시설하는 이외에 다음에 따라 시설 하여야 한다.
가. 인입선에서 분기하는 점으로부터 100[m]를 초과하
    는 지역에 미치지 아니할 것.
나. 폭 5[m]를 초과하는 도로를 횡단하지 아니할 것.
다. 옥내를 통과하지 아니할 것.   **[답] ③**

※ 관련법령의 개정 및 한국전기설비규정(KEC)의 시행에 따라 기출문제의 내용을 개정 및 변경된 것으로 수정한 것입니다. 따라서 엔트미디어를 통해 제공되는 기출풀이 동영상(2013~2022)은 내용이 다를 수 있습니다. 따라서 본 교재의 내용으로 학습하시기 바랍니다.

1과목
태양광발전시스템 이론

01 신·재생에너지의 설명 중 올바른 것은?

① 수소에너지는 신에너지와 재생에너지 중 재생에너지에 속한다.

② 수력발전은 표층과 심층의 해수온도차를 이용한 것이다.

③ 해양에너지는 조력, 수력, 해양온도차 발전 등이 있다.

④ 폐기물에너지는 가연성 폐기물에서 발생되는 발열량을 이용한 것이다.

풀이 ○

1) 수소에너지는 신에너지이다.

2) 표층과 심층의 해수온도차를 이용한 것은 해양에너지(온도차 발전)이다.

3) 해양에너지는 조력, 조류, 해양온도차, 파력발전이 있다. **[답] ④**

02 최대전력 추종(MPPT)제어에 있어서 P & O (Perturb&Observe)방식에 대한 설명으로 옳은 것은?

① 직접제어방식이다.

② 계산량이 많아서 빠른 프로세서가 요구된다.

③ 태양전지 출력의 컨덕턴스와 증분 컨덕턴스를 비교하여 최대 전력점을 찾는다.

④ 최대 전력점 부근에서 진동이 발생하여 손실이 발생한다.

풀이 ○

구 분		장 점	단 점
직접제어		• 구성이 간단 • 즉각적인 대응 가능	• 성능이 떨어짐
간접제어	P & O	• 제어가 간단.	• 출력전압이 연속적으로 진동하여 손실발생
	IncCond	• 최대 출력점에서 안정	• 많은 연산이 필요
	Hysteresis –band	• 일사량 변화시 효율이 높다.	• IncCond 방식보다 전반적으로 성능이 낮다.

[답] ④

03 다음은 어느 신·재생에너지에 대한 설명으로 적합한 발전 방식은?

바닷물이 가장 높이 올라왔을 때 댐을 만들어 물을 가두었다가, 물이 빠지는 힘을 이용하여 발전기기를 돌리는 방식이다.

① 조류발전
② 조력발전
③ 파력발전
④ 해류발전

풀이 ○

1) 조력발전 : 바닷물이 밀물(가장 높이 올라 왔을 때)시에 물을 가두어 두었다가, 썰물(가장 많이 빠졌을 때)시에 터빈을 돌려 발전하는 방식

2) 조류발전 : **조수간만에 의해 발생되는 해수의 흐름을 이용하여 발전**하는 방식

3) 파력발전 : 파랑에너지를 에너지 변환장치를 통하여 기계적인 회전운동 또는 축 방향 운동에너지로 변화시킨 후, 전기에너지로 변환시키는 발전방식 **[답] ②**

04 고강도 재료로 만들어진 회전체에 운동에너지 상태로 저장한 후 필요 시 발전기를 작동시켜 전기에너지로 변환하는 저장시스템은 무엇인가?

① CAES
② NaS
③ LiB
④ Flywheel

풀이 ○

1) CAES(압축공기저장) : 심야 경부하시 잉여전력으로 압축공기를 만들어 지하공동에 저장하였다가, 피크부하 시에 연료와 함께 연소시켜서 가스터빈으로 발전하는 방식
2) NaS(나트륨 황전지) : 음극재료로 나트륨, 양극재료로 유황을 사용하고, 전해질로 고체전해질(베타알루미나 세라믹스)을 사용하는 2차 전지
3) LiB(리튬이온전지) : 방전 시 리튬이온이 음극에서 양극으로 이동하고, 충전 시 리튬이온이 양극에서 음극으로 이동하여 재사용이 가능한 2차 전지
4) Flywheel(플라이휠) : 고강도 재료로 만들어진 회전체에 운동에너지 상태로 저장한 후 필요 시 발전기를 작동시켜 전기에너지로 변환하는 에너지 저장장치

[답] ④

05 계통연계 시스템용 방재대응형 축전지를 설계하고자 한다. 평균 방전전류가 132[A], 용량환산계수가 26.7, 보수율이 0.8인 축전지의 용량은?

① 504.30[Ah] ② 440.55[Ah]
③ 373.75[Ah] ④ 281.95[Ah]

풀이 ○

방재대응형 축전지의 용량

$C = \dfrac{KI}{L} = \dfrac{26.7 \times 13.2}{0.8} = 440.55[Ah]$ **[답] ②**

06 건축물에 설치된 태양광설비를 직접적인 낙뢰로부터 보호하기 위한 외부 뇌보호시스템이 아닌 것은?

① 수뢰부 시스템 ② 인하도선 시스템
③ 접지 시스템 ④ SPD 시스템

풀이 ○

외부 뇌보호시스템 : 수뢰부 시스템, 인하도선 시스템, 접지 시스템 **[답] ④**

07 계통연계 보호장치 중 역송전이 있는 저압연계시스템에서 설치가 필요한 계전기가 아닌 것은?

① 저전압 계전기 ② 과전압 계전기
③ 과주파수 계전기 ④ 지락 과전압계전기

풀이 ○

• 저압 연계시스템의 계통연계 보호장치 : UVR(저전압계전기), OVR(과전압계전기), UFR(저주파수계전기), OFR(과주파수계전기)
• 특고압 연계시스템은 저압 계통연계 보호장치에 추가로 OVGR(지락과전압계전기) 또는 OCGR(지락과전류계전기)이 필요하다. **[답] ④**

08 태양광발전설비에서 1스트링(String)의 직렬매수 산정식에 해당하는 것은? (단, 주변온도를 고려하지 않은 경우이다.)

① $\dfrac{\text{인버터의 직류입력전류}}{\text{모듈최대출력동작전압}}$

② $\dfrac{\text{인버터의 직류입력전압}}{\text{모듈최대출력동작전압}}$

③ $\dfrac{\text{인버터의 직류입력전압}}{\text{모듈최대출력동작전류}}$

④ $\dfrac{\text{인버터의 직류입력전류}}{\text{모듈최대출력동작전류}}$

풀이 ○

1) 온도를 무시한 모듈의 1 스트링(String)의 직렬 매수
산정식 $= \dfrac{\text{인버터의 직류입력전압}}{\text{모듈최대출력동작전압}}$ 이다.
2) 셀의 온도를 고려한 최대 직렬수
$= \dfrac{\text{인버터의 최고입력전압}}{\text{최저온도일 때의 개방전압}}$
3) 셀의 온도를 고려한 최소 직렬수
$= \dfrac{\text{인버터의 최저입력전압}}{\text{최고온도일 때의 운전전압}}$ **[답] ②**

09 다음 중 도체의 저항과 관계없는 것은?

① 도체의 도전율
② 도체의 길이
③ 도체의 고유저항
④ 도체의 단면적 형태

풀이 ○

도체의 저항 $R = \rho\dfrac{l}{A} = \dfrac{l}{\sigma A}$ 으로 고유저항(ρ) $= \dfrac{1}{\sigma}$ 도전율(σ), 길이(l), 단면적(A)과 관계가 있으며, 단면적 형태와는 관계가 없다. **[답] ④**

10 태양광발전시스템의 단독운전 검출방식 중 능동적 검출방식으로만 묶인 것은?

① 주파수 시프트방식, 유효전력변동방식, 무효전력변동방식, 부하변동방식

② 전압위상 도약검출방식, 제3고조파 전압급증 검출방식, 주파수변화율 검출방식

③ 주파수 시프트방식, 전압위상 도약검출방식, 무효전력변동방식, 부하변동방식

④ 주파수변화율 검출방식, 전압위상 도약검출방식, 무효전력변동방식, 부하변동방식

풀이 ◉

1) 수동검출방식 : 전압위상 도약검출방식, 제3고조파 전압급증 검출방식, 주파수 변화율 검출방식

2) 능동검출방식 : 주파수 시프트방식, 유효전력변동방식, 무효전력변동방식, 부하변동방식　　**[답] ①**

11 RL직렬회로에 $v = 100\sin(120\pi t)$[V]의 전원을 연결하여 $i = 2\sin(120\pi t - 45°)$[A]의 전류가 흐르도록 하려면 저항은 몇 [Ω]인가?

① 50　　　　　　② 100

③ $50\sqrt{2}$　　　　④ $\dfrac{50}{\sqrt{2}}$

풀이 ◉

$v = 100\sin(120\pi t)$[V]와 $i = 2\sin(120\pi t - 45°)$[A] 식의 의미는 전류가 전압보다 45° 늦음을 의미하고,

임피던스 $Z = \dfrac{v}{i} = \dfrac{100\sin(120\pi t)}{2\sin(120\pi t - 45°)} = 50\angle 45°$

$= 50(\cos(45°) + j\sin(45°)) = \dfrac{50}{\sqrt{2}} + j\dfrac{50}{\sqrt{2}}$

에서 ∴ 저항 $R = \dfrac{50}{\sqrt{2}}$[Ω]

[참고] 리액턴스 $X_L = \dfrac{50}{\sqrt{2}}$[Ω],

임피던스 $Z = \sqrt{R^2 + X_L^2} = 50$[Ω]　　**[답] ④**

12 다음 그림과 같은 인버터의 회로방식은 무엇인가?

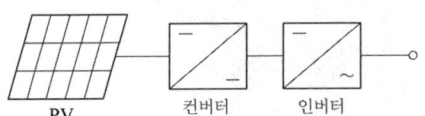

① 상용주파 변압기 절연방식

② 고주파 변압기 절연방식

③ 고조파 변압기 절연방식

④ 트랜스리스 방식

풀이 ◉

무변압기(트랜스리스)방식의 회로도이다.　　**[답] ④**

13 송전선로의 선로정수에 포함되지 않는 것은?

① 저항　　　　　② 정전용량

③ 리액턴스　　　④ 누설 컨덕턴스

풀이 ◉

송전선로의 선로정수 : R(저항), L(인덕턴스), G(누설 컨덕턴스), C(정전용량)　　**[답] ③**

14 실리콘 태양전지 모듈의 출력 특성에 대한 설명이다. 틀린 것은?

① 표면온도가 높아지면 출력이 상승하는 정(+) 온도특성을 가진다.

② 방사조도가 동일하면 여름철에 비해 겨울철이 출력이 크다.

③ 방사조도가 동일하고 모듈 온도가 상승한 경우 개방전압, 최대출력도 저하한다.

④ 모듈 온도가 동일하고 방사조도가 변화할 경우 단락전류가 방사조도에 비례하는 특성을 나타낸다.

풀이 ◉

1) 실리콘 결정질 태양전지는 셀의 표면온도가 상승하면, 출력과 전압은 감소하는 부(−)특성, 전류는 증가하는 정(+)특성을 갖는다.

2) 단락전류는 방사조도에 비례하는 특성을 갖는다.
　　[답] ①

15 지표면에서의 태양 일조강도가 영향을 줄 수 있는 대기효과에 대한 설명으로 틀린 것은?

① 대기에서 흡수, 반사, 산란으로 인하여 태양복사가 감소한다.

② 태양복사가 감소하는 주원인은 공기분자, 먼지입자, 또는 오염물질에 의한 흡수이다.

③ 최대 일사량은 구름이 조금 낀 맑은 날에 발생한다.

④ 오염물질에 의한 산란은 구름 상태와 태양의 고도에 따라 심하게 변한다.

풀이 ○

공기분자, 먼지입자, 구름, 오염물질 등은 대기에서의 국부적인 변화의 원인으로 입사에너지, 스펙트럼, 방향성에 추가적인 영향을 미치며, 태양복사가 감소하는 주 원인은 아니다. **[답] ②**

16 계통연계형 인버터 기능에 해당하지 않는 것은?

① 충·방전 조정기능

② 단독운전 방지기능

③ 자동운전 정지기능

④ 최대전력 추종제어 기능

풀이 ○

충·방전 조정기능은 독립형 태양광발전용 인버터의 기능에 해당된다. **[답] ①**

17 아몰퍼스 실리콘 태양전지의 특징 중 틀린 것은?

① 실리콘 부족의 우려가 없다.

② 구부러지기 쉽다.

③ 제조에 필요한 온도는 200[℃] 정도로 낮다.

④ 여름철에는 출력이 결정질 실리콘에 비해 적다.

풀이 ○

아몰퍼스 실리콘 태양전지의 출력은 계절에 무관하게 결정질 실리콘 태양전지에 비해 적다. **[답] ④**

18 태양광발전시스템의 교류측 기기에 속하지 않는 것은?

① 접속함

② 분전반

③ 적산전력량계

④ 지락과전류차단기

풀이 ○

접속함은 직류측 기기에 해당된다. **[답] ①**

19 전기의 수요는 시간에 따라 변화하고, 재생에너지원에 의해 발생되는 전력 또한 시간에 따라 변화하는 특징이 있다. 다음의 에너지원 중 피크부하에 가장 잘 대응할 수 있는 것은?

① 풍력에너지   ② 태양에너지

③ 수력에너지   ④ 파력에너지

풀이 ○

피크부하에 대응하기 위해서는 발전이 안정적으로 지속가능하고 기동시간이 짧아야 한다. 풍력, 태양, 파력에너지는 간헐적 발전으로 피크부하에 대응이 불가능하고, 수력에너지는 안정적으로 지속가능한 발전으로 기동시간이 1~10분 정도로 짧아 피크부하에 가장 잘 대응할 수 있다. **[답] ③**

20 태양전지 변환효율(η)과 직접적인 관계가 없는 것은?

① 태양전지 면적

② 단락전류

③ 주변온도

④ Fill Factor

풀이 ○

$$\text{태양전지 변환효율}(\eta) = \frac{P_{max}}{E \times A} \times 100[\%]$$

$$= \frac{V_{mpp} \times I_{mpp}}{E \times A} \times 100[\%]$$

$$= \frac{V_{oc} \times I_{SC}}{E \times A} \times FF \times 100[\%]$$

단, P_{max} : 최대출력[Wp],

E : 일조강도[W/m^2],

A : 태양전지 면적[m^2],

V_{mpp} : 최대 출력시 전압[V],

I_{mpp} : 최대 출력시 전류[A],

V_{oc} : 개방전압[V]

I_{sc} : 단락전류[A], FF(Fill Factor) : 충진율

[답] ③

2과목
태양광발전시스템 **시공**

21 태양광발전시스템의 시공절차에 포함되지 않는 것은?

① 접지공사

② 어레이 기초공사

③ 인버터 설치공사

④ 태양광 어레이의 발전량 산출

(풀이 ○)

태양광발전시스템의 시공절차 Flow

현장여건분석(설치조건, 환경여건, 전력여건) → 시스템설계(시스템 구성, 구조설계, 전기설계) → 구성요소제작(기자재 구입) → 기초공사(접지공사) → 구조물설치(가대 설치) → 모듈설치 → 간선공사 (배선공사)→ 인버터(PCS)설치 → 시운전 → 운전개시　　　**[답] ④**

22

> [2021.1.1.부터 한국전기설비규정(KEC) 시행과 출제기준 제외문항으로 삭제

23 태양광발전 시스템 시공 작업 중에 발생할 수 있는 감전사고로부터 보호하기 위한 방지대책으로 틀린 것은?

① 절연장갑을 낀다.

② 절연처리가 된 공구를 사용한다.

③ 태양전지 모듈의 표면에 차광시트를 붙여 태양광을 차단한다.

④ 강우 시에는 발전하지 않으니 미끄러짐을 주의하여 작업을 진행한다.

(풀이 ○)

태양광 모듈 설치 시 감전사고 예방대책

① 작업전에 태양전지 표면에 차광막을 씌워 태양광을 차폐한다.

② 저압 절연장갑을 착용한다.

③ 절연처리된 공구를 사용한다.

④ 강우 시에는 작업을 금지한다.

⑤ 누전 위험장소에는 누전차단기 설치한다.　　**[답] ④**

24 태양전지 모듈과 인버터 간의 지중 전선로를 직접매설식으로 시설하는 경우 알맞은 공사 방법은?

① 중량물의 압력을 받을 우려가 있는 경우 1.0 [m] 이상 일반장소는 0.5[m] 이상 깊이로 매설한다.

② 중량물의 압력을 받을 우려가 있는 경우 1.2 [m] 이상 일반장소는 0.5[m] 이상 깊이로 매설한다.

③ 중량물의 압력을 받을 우려가 있는 경우 1.0 [m] 이상 일반장소는 0.6[m] 이상 깊이로 매설한다.

④ 중량물의 압력을 받을 우려가 있는 경우 1.2 [m] 이상 일반장소는 0.6[m] 이상 깊이로 매설한다.

(풀이 ○)

지중전선로의 매설(한국전기설비규정 334.1)

• 직접 매설식에 의하여 시설하는 경우 : 중량물의 압력을 받을 우려가 있는 경우 1.0[m] 이상, 일반장소는 0.6[m] 이상 깊이로 시설할 것

• 관로식에 의하여 시설하는 경우 : 중량물의 압력을 받을 우려가 있는 경우 1.0[m] 이상, 일반장소는 0.6 [m] 이상 깊이로 시설할 것　　　　**[답] ③**

25 사업용 태양광 발전설비 정기검사 항목이 아닌 것은?

① 변압기 검사　　　② 접속함 검사

③ 태양전지 검사　　④ 전력변환장치검사

(풀이 ○)

사업용 태양광 발전설비 정기검사 항목 : 태양전지 검사, 전력변환장치 검사, 변압기 검사, 차단기 검사, 전선로(모선) 검사, 접지설비 검사, 종합연동시험 검사　　　　　　　　　　　　　　　**[답] ②**

26 계산값이 항상 1이상인 것은?

① 수용률

② 부등률

③ 부하율

④ 전압 강하율

풀이 ○

- 수용률(Demand Factor)
$$= \frac{\text{최대수요전력[kW]}}{\text{총 부하설비 용량[kW]}} \times 100[\%]$$

- 부등률(Diversity Factor)
$$= \frac{\text{각 부하의 최대수요전력의 합[kW]}}{\text{합성 최대수요전력[kW]}} \geq 1 \ (\text{항상 1이상})$$

- 부하율(Load Factor) $= \dfrac{\text{기간 중 평균전력[kW]}}{\text{기간 중 최대전력[kW]}} \times 100[\%]$

- 전압강하율 $= \dfrac{\text{송전단전압[V]} - \text{수전단전압[V]}}{\text{수전단전압[V]}} \times 100[\%]$

[답] ②

27 태양광발전시스템과 분산전원의 전력계통 연계 시 특징이 아닌 것은?
① 부하율이 향상된다.
② 공급 신뢰도가 향상된다.
③ 배전선로 이용률이 향상된다.
④ 고장시의 단락 용량이 줄어든다.

풀이 ○

분산전원의 전력계통 연계 시 특징

장 점	단 점
• 배전계통 이용률 향상 및 운영비 감소	• 사고시(고장시) 단락용량 증가
• 부하율의 향상	• 계통 운영상의 문제(보호협조, 안전, 보안)
• 공급신뢰도 향상	• 출력 불안정에 따른 전압, 주파수 유지 문제
• 첨두부하에 대한 대응력 향상	• 역률 제어 문제
• 송전손실 감소	• 단상 인버터 연계 시 상불평형 발생

[답] ④

28 태양전지 어레이용 지지대의 재질로서 사용되지 않는 것은?
① 티타늄
② 알루미늄 합금
③ 스테인리스 스틸
④ 용융아연 도금된 형강

풀이 ○

티타늄은 경량, 고가 재료로 비행기 동체 재료로 사용되며, 태양전지 어레이용 지지대의 재질로는 사용되지 않는다.

[답] ①

29 방화구획 관통부의 방화벽 또는 방화바닥 설치 시 시공방법으로 틀린 것은?
① 일반 실리콘 폼을 양쪽 불연 내화판넬 사이에 빈틈이 없이 충전한다.
② 관통벽에 미리 시설해 놓은 틀에 불연성 내화판넬을 앵커볼트로 고정시킨다.
③ 불연성 내화판넬과 케이블 트레이, 케이블 사이에 빈틈과 주위를 밀폐재로 봉한다.
④ 방화판을 관통구의 크기에 맞도록 케이블트레이의 중심 양쪽으로 2장을 만든다.

풀이 ○

방화구획 관통부의 처리재료는 난연성과 내열성을 갖춘 내화구조이어야 한다.

- **난연성** : 관통부분의 충전재, 배관재의 변형 탈락, 파손, 소실 등으로 인해 뒷면에 화염이나 연기가 발생하지 않을 것
- **내열성** : 관통부분의 충전재, 내열실재의 전열에 의해 뒷면이 연소할 위험이 있는 온도가 되지 않을 것
※ 일반 실리콘 폼은 난연성 및 내열성을 갖추고 있지 않음.

[답] ①

30 태양전지 어레이용 지지대에 영구적으로 작용하는 상정하중은?
① 고정하중
② 풍압하중
③ 적설하중
④ 지진하중

풀이 ○

- 수직하중 : 고정하중(영구적으로 작용하는 하중), 적설하중, 활 하중
- 수평하중 : 풍 하중, 지진하중

[답] ①

31 선로 구분 기능을 갖고 있는 개폐기에 수용가측의 사고 발생 시 사고전류를 감지하여 자동으로 접점을 분리시켜 사고구간을 분리하는 것은?
① 리클로져(R/C)
② 선로개폐기(LS)
③ 자동고장 구분 개폐기(ASS)
④ 자동부하 전환 개폐기(ALTS)

풀이 ○

- 리클로져(R/C) : 가공 배전선로 사고의 대부분은 조류 및 수목에 의한 접촉, 강풍, 낙뢰 등에 의한 플래시 오버사고로서 이런 사고 발생 시 신속하게 고장구간을 차단하고 사고점의 아크를 소멸시킨 후 즉시 재투입이 가능한 개폐장치.
- 선로개폐기(LS) : 보안상의 책임 분기점에는 보수 점검 시 전로를 구분하기 위하여 설치하는 개폐기.
- 자동고장 구분개폐기(ASS) : 선로 구분 기능을 갖고 있는 개폐기에 수용가 측의 사고 발생 시 사고전류를 감지하여 자동으로 접점을 분리시켜 사고구간을 분리하는 개폐기
- 자동부하 전환개폐기(ALTS) : 2회선 수전방식에서 주선로의 전원이 정전시 예비선로로 자동전환되는 3상 일괄조작 방식의 자동부하 전환 개폐기　　　**[답] ③**

32 설계도서 적용 시 고려사항이다. 옳지 않은 것은?

① 숫자로 나타낸 치수는 도면상 축척으로 잰 치수보다 우선한다.
② 특별시방서 및 도면에 기재되지 않은 사항은 일반시방서에 의한다.
③ 특별시방서는 당해공사에 한하여 일반시방서에 우선하여 적용한다.
④ 공사계약서 상호 간에 차이와 문제가 있는 경우 발주자의 의견을 참조하여 감리원이 최종적으로 결정한다.

풀이 ○

공사계약서 상호 간에 차이와 문제가 있는 경우에는 계약 당사자 간의 협의를 통해 최종적으로 결정한다.
　　　[답] ④

33 태양전지 모듈 및 어레이 설치 후 확인사항이 아닌 것은?

① 극성　　　　　　② 전압
③ 단락전류　　　　④ 개방전류

풀이 ○

태양전지 모듈(어레이)의 배선 후 확인할 사항 중 태양전지 어레이 검사항목 : 극성확인, 전압확인, 단락전류확인, 비접지 확인
※ 개방전류, 단락전압는 모두 "0"이며, 이러한 용어는 사용하지 않음.　　　**[답] ④**

34 태양광발전시스템의 일반적인 시공절차에 대한 순서로 옳은 것은?

① 기초공사 → 자재주문 → 시스템 설계 → 모듈설치 → 간선공사 → 시운전 및 점검
② 시스템 설계 → 자재주문 → 간선공사 → 모듈설치 → 기초공사 → 시운전 및 점검
③ 자재주문 → 시스템 설계 → 기초공사 → 모듈설치 → 간선공사 → 시운전 및 점검
④ 시스템 설계 → 자재주문 → 기초공사 → 모듈설치 → 간선공사 → 시운전 및 점검

풀이 ○

태양광발전시스템의 시공절차 Flow
현장여건분석(설치조건, 환경여건, 전력여건) → 시스템설계(시스템 구성, 구조설계, 전기설계) → 구성요소제작(기자재 구입) → 기초공사(접지공사) → 구조물설치(가대 설치) → 모듈설치 → 간선공사 (배선공사)→ 인버터(PCS)설치 → 시운전 → 운전개시　　　**[답] ④**

35 태양광 발전설비의 접지공사 시 접지선의 색은?

① 청색　　　　　　② 녹색
③ 백색　　　　　　④ 노랑색

풀이 ○

중선선(N)과 보호선(접지선)의 식별
① 중성선(N) 또는 중간선(M)의 식별에는 청록색 또는 흰색이 사용 된다.
② 보호선(접지선 : PE)의 식별에는 녹/황 조합 또는 녹색이 사용된다.
③ PEN선의 식별은 다음 중 하나로 표시한다.
- 선의 전체 표시는 녹색/노란색, 선의 끝부분 표시는 청록색으로 한다.
- 선의 전체 표시는 청록색, 선의 끝부분 표시는 녹색/노란색으로 한다.　　　**[답] ②**

36 태양광발전시스템의 시공 시 태양전지 모듈의 설치를 위하여 운반하는 경우 주의사항으로 옳은 것은?

① 태양전지 모듈의 보호막을 벗겨서 운반한다.
② 태양전지 모듈을 인력으로 이동할 때에는 1인 1조로 한다.

③ 태양전지 모듈의 파손방지를 위해 충격이 가해지지 않도록 한다.

④ 접속되어진 모듈의 리드선은 빗물 등 이물질이 유입되어도 된다.

[풀이 ●]

태양전지 모듈 운반 시 주의사항
• 태양전지 모듈의 보호막을 씌워서 운반한다.
• 태양전지 모듈의 파손방지를 위해 충격이 가해지지 않도록 한다.
• 태양전지 모듈의 인력 이동시 2인 1조로 한다.
• 접속하지 않은 모듈의 리드선은 빗물 등 이물질이 유입되지 않도록 조치한다.　　　　**[답] ③**

37 태양광발전설비의 사용전 검사에 필요한 서류가 아닌 것은?

① 시공계획서
② 감리원 배치 확인서
③ 사용전 검사 신청서
④ 공사계획인가(신고)서

[풀이 ●]

태양광 발전설비 사용전 검사에 필요한 서류
• 사용전 검사 신청서
• 사용전 검사 신청서 첨부 서류 : 공사계획인가(신고)서, 설계도서 및 감리원 배치확인서, 전기안전관리자 선임신고증명서, 태양광전지 및 인버터 규격서 및 시험성적서, 단선결선도, 태양전지 트립 인터록 도면, 시퀀스 도면, 보호장치 및 계전기 시험성적서, 절연저항 시험성적서　　　　**[답] ①**

38 공사업자가 감리원에게 제출하는 시공 상세도에 포함되지 않는 것은?

① 실제 시공 가능 여부
② 공사추진 실적현황
③ 현장의 시공 기술자가 명확하게 이해할 수 있는지 여부
④ 설계도면, 설계 설명서 또는 관계 규정에 일치하는지 여부

[풀이 ●]

전력시설물 공사감리업무 수행지침 제31조
(시공상세도 승인)

1. 설계도면, 설계설명서 또는 관계 규정에 일치하는지 여부
2. 현장의 시공기술자가 명확하게 이해할 수 있는지 여부
3. 실제시공 가능 여부
4. 안정성의 확보 여부
5. 계산의 정확성
6. 제도의 품질 및 선명성, 도면작성 표준에 일치 여부
7. 도면으로 표시 곤란한 내용은 시공시 유의사항으로 작성되었는지 등의 검토　　　　**[답] ②**

39 공사감리원 배치시기로 적절한 것은?

① 착공 7일 후
② 착공 10일 후
③ 공사 시작 전
④ 현장여건에 따른 적당한 시기

[풀이 ●]

전력기술관리법 제12조의2(감리원의 배치 등)
공사감리를 하려는 경우에는 기후에너지환경부장관이 정하여 고시하는 감리원 배치 기준에 따라 소속 감리원을 **공사 시작 전에 배치**하여야 한다.　　**[답] ③**

40 기성 검사 절차에서 계약자가 단위업무별 가중치와 월별 공정률을 표시하여 공사 착공 전에 발주처에 사전검토 및 확인을 받아야 하는 것은?

① 감리일지
② 설계감리 확인서
③ 시공 예정공정표
④ 투입인원 건강기록부

[풀이 ●]

공사 착공 전에 발주처에 사전검토 및 확인을 받아야 하는 것 : 시공(공사) 예정공정표　　　　**[답] ③**

3과목
태양광발전시스템 운영

41 태양전지 어레이의 동작 불량 스트링이나 태양전지 모듈의 검출 및 직렬 접속선의 결선누락 사고, 잘못 연결된 극성 등을 검출하기 위해 측정하는 것은?

① 누설전류   ② 개방전압

③ 접지저항   ④ 절연저항

풀이 ○

개방전압의 측정 목적은 동작 불량 스트링이나 태양전지 모듈의 검출 및 직렬 접속선의 결선누락 사고, 잘못 연결된 극성을 검출하기 위해서 측정한다.   **[답] ②**

42 태양광발전시스템이 작동되지 않는 경우 응급조치 순서로 옳은 것은?

① 인버터 Off → 접속함 내부 차단기 Off 후 점검 → 점검 후 접속함 내부차단기 On → 인버터 On

② 접속함 내부 차단기 Off → 인버터 Off 후 점검 → 점검 후 인버터 On → 접속함 내부차단기 On

③ 인버터 Off → 접속함 내부 차단기 Off 후 점검 → 점검 후 인버터 On → 접속함 내부차단기 On

④ 접속함 내부 차단기 Off → 인버터 Off 후 점검 → 점검 후 접속함 내부차단기 On → 인버터 On

풀이 ○

태양광발전시스템 응급조치 순서 : 접속함 내부 차단기 Off → 인버터 Off 후 점검 → 점검 후 인버터 On → 접속함 내부차단기 On   **[답] ②**

43 태양광발전용 축전지의 측정 항목으로 틀린 것은?

① 일사량   ② 충전전류

③ 방전전류   ④ 단자전압

풀이 ○

일사량의 측정은 축전지의 측정항목과 무관하다.

     [답] ①

44 한국설비규정에 따라 고압 이상으로 수전하는 경우이고, 수용가 설비의 인입구로부터 기기까지의 거리가 120[m]일 때, 전압강하는 몇 [%]이하로 하여야 하는가? (단, 부하설비는 전동기이고, 기타 조건은 무시한다.)

① 3.2   ② 5.1

③ 6.2   ④ 8.1

풀이 ○

수용가설비의 전압강하(KEC 232.3.9)

다른 조건을 고려하지 않는다면 수용가 설비의 인입구로부터 기기까지의 전압강하는 다음 표의 값 이하이어야 한다.

설비의 유형	조명(%)	기타(%)
A – 저압으로 수전하는 경우	3	5
B – 고압 이상으로 수전하는 경우[a]	6	8

[a] 가능한 한 최종회로 내의 전압강하가 A 유형의 값을 넘지 않도록 하는 것이 바람직하다.
사용자의 배선설비가 100[m]를 넘는 부분의 전압강하는 미터 당 0.005[%] 증가할 수 있으나 이러한 증가분은 0.5[%]를 넘지 않아야 한다.

전압강하 $= 8 + (120 - 100) \times 0.005 = 8.1[\%]$ **[답] ④**

45 태양광발전시스템 고장으로 문제점이 발견된 경우 판단 및 조치사항에 대한 설명으로 틀린 것은?

① 불량 모듈을 교체할 때에는 동일 규격제품으로 교체하고, 그렇지 못한 경우에는 더 작은 단락전류 값을 가진 모듈로 교체해야 안전하다.

② 파워컨디셔너가 고장인 경우에는 유지보수 담당자가 직접 수리보수 하지 않도록 하고, 제조업체에 AS를 의뢰하여 보수해야 한다.

③ 태양전지 모듈에서 음영이 들지 않았음에도 불구하고, 단락전류 값이 갑자기 작아지면 즉시 모듈을 교체하여야 한다.

④ 태양전지 셀 및 바이패스 다이오드가 손상된 경우, 태양전지 모듈을 교체한다.

풀이 ⊙

불량 모듈을 교체할 때에는 동일 규격제품으로 교체하고, 그렇지 못한 경우에는 더 큰 단락전류 값을 가진 모듈로 교체해야 출력저하가 발생되지 않는다.　**[답] ①**

46 태양광발전용 인버터의 정상 특성 시험항목 중 독립형인 경우에는 해당되지 않는 시험 항목은?

① 측정 오차 정확도 시험
② 온도상승 시험
③ 누설전류 시험
④ 효율 시험

풀이 ⊙

태양광발전용 인버터의 정상 특성 시험항목

시험항목	독립형	계통연계형
a) 측정 오차 정확도 시험	○	○
b) 교류 전압, 주파수 추종 범위 시험	×	○
c) 교류 출력 전류 왜형률 시험	×	○
d) 온도 상승 시험	○	○
e) 효율 시험	○	○
f) 대기 손실 시험	×	○
g) 자동 기동 · 정지 시험	×	○
h) 최대 전력 추종 시험	×	○
i) 출력 전류 직류분 검출 시험	×	○

[답] ③

47 모듈외관, 태양전지 등에 크랙, 구부러짐, 갈라짐 등을 확인하기 위한 외관검사 시 최소 몇 [Lux] 이상의 광 조사상태에서 진행해야 하는가?

① 300　　② 500
③ 750　　④ 1,000

풀이 ⊙

KS C 8561(결정질 태양전지 모듈)표준 6.1.1 외관검사 방법에 의거, 1,000[Lux=Lx] 이상의 광 조사상태에서 모듈외관, 태양전지 등에 크랙, 구부러짐, 갈라짐 등이 없는지 확인한다.　**[답] ④**

48 태양광발전시스템의 접속함 정기점검 시 육안점검 항목으로 틀린 것은?

① 외부배선의 손상
② 전해액면 저하
③ 접지선의 손상
④ 외함의 부식 및 파손

풀이 ⊙

전해액면 저하는 축전지의 육안점검 항목이다.　**[답] ②**

49 태양광발전시스템의 유지관리를 위한 일상점검 및 정기점검에 관한 내용으로 틀린 것은?

① 출력 3[kW] 미만의 소형 태양광발전시스템의 경우에 대해서는 정기점검을 하지 않아도 무방하다.
② 일상점검은 점검담당자가 육안에 의해 실시하는 것으로 일상점검의 점검주기는 매월 1회 정도이다.
③ 축전지에 대한 일상점검은 부하를 차단한 상태에서 변색, 부풀음, 온도상승, 냄새 등의 점검을 실시해야 한다.
④ 정기점검은 지상에서 실시해야 함을 원칙으로 하지만, 필요에 따라 지붕이나 옥상 위에서 점검을 실시할 수도 있다.

풀이 ⊙

출력 3[kW] 미만의 소형 태양광발전시스템의 경우에도 정기점검을 실시하여야 한다.　**[답] ①**

50 주로 정지상태에서 행하는 점검으로 제어운전 장치의 기계 점검, 절연저항의 측정 등을 실시할 때 하는 점검은?

① 일상점검
② 임시점검
③ 정기점검
④ 완공 시 점검

풀이 ⊙

정기점검은 정지(정전)상태에서 행하는 점검으로 제어운전 장치의 기계 점검, 절연저항의 측정 등을 측정한다.　**[답] ③**

51 운전개시나 정기점검의 경우는 물론 사고 시에도 불량개소를 판정하고자 하는 경우 실시하는 측정은?

① 단락전류　　　　② 절연저항
③ 개방전압　　　　④ 발전전력

풀이 ●

전기설비의 불량개소를 판정하기 위한 측정은 절연저항 측정이다.
[답] ②

52 모니터링 프로그램의 기능 중 틀린 것은?

① 데이터 수집기능　　② 데이터 저장기능
③ 데이터 통계기능　　④ 데이터 계산기능

풀이 ●

태양광발전 모니터링 프로그램의 기능 : 데이터 수집기능, 데이터 저장기능, 데이터 분석기능, 데이터 통계기능
[답] ④

53 정전 작업 전 조치사항에 대한 설명 중 틀린 것은?

① 전로의 개로된 개폐기에 시건장치 및 통전금지 표지판 설치
② 전력 케이블, 전력 콘덴서 등의 잔류전하 방전
③ 점전기로 개로된 전로의 충전 여부 확인
④ 단락접지기구의 철거

풀이 ●

정전 작업 전 조치사항
• 전로의 개로개폐기에 시건장치 및 통전금지 표지판 설치
• 전력 케이블, 전력 콘덴서 등의 잔류전하의 방전
• 검전기로 개로된 전로의 충전 여부 확인
• 단락접지기구로 단락접지
[답] ④

54 태양광발전시스템 유지보수 계획 시 고려사항으로 틀린 것은?

① 설비의 사용기간　　② 설비의 중요도
③ 설비의 단가　　　　④ 환경조건

풀이 ●

태양광발전시스템 점검 계획 시 고려사항 : 설비의 사용기간, 설비의 중요도, 환경조건, 고장이력, 부하상태
[답] ③

55 성능평가를 위한 측정요소 중 설치코스트 평가방법에 해당하지 않는 것은?

① 유지·보수 단가
② 기초공사 단가
③ 계측표시장치 단가
④ 태양전지 설치 단가

풀이 ●

성능평가를 위한 측정요소 중 설치코스트 평가방법 : 시스템 설치 단가, 태양전지 설치 단가, 파워컨디셔너 설치단가, 어레이 가대 설치 단가, 계측표시장치 단가, 기초공사단가, 부착시공 단가
[답] ①

56 태양광발전시스템의 유지보수 관점에서 말하는 점검의 종류로 틀린 것은?

① 일상점검　　　　② 정기점검
③ 임시점검　　　　④ 준공 시 점검

풀이 ●

태양광발전시스템의 유지보수 점검의 종류 : 일상점검, 정기점검, 임시점검
[답] ④

57 태양광발전 모듈의 고장원인으로 제조공정상 불량이 아닌 것은?

① 핫 스팟(Hot spot)　② 적화현상
③ 백화현상　　　　　④ 프레임 변형

풀이 ●

프레임 변형은 출하 후 물리적 힘에 의해 발생된다.
[답] ④

58 인버터 출력회로 절연저항 측정방법 중 틀린 것은?

① 태양전지 회로를 접속함에서 분리한다.
② 직류측의 전체 입력단자 및 교류측의 전체 출력단자를 각각 단락한다.

③ 절연변압기가 별도로 설치된 경우에는 이를 분리하여 측정한다.

④ 인버터의 입·출력단자를 단락하여 출력단자와 대지 간의 절연저항을 측정한다.

풀이 ○

절연변압기가 별도로 설치된 경우에도 이를 포함하여 측정한다. [답] ③

---

59 사업계획서 작성 시 사업계획의 개요에 포함될 사항으로 틀린 것은?

① 전기설비의 작업자 수

② 사업개시 예정일

③ 전기설비의 명칭

④ 소요부지 면적

풀이 ○

전기사업법 시행규칙 [별표1] "사업계획서 작성방법" 중 태양광발전설비의 전기설비 개요에 포함되어야 할 사항

• 태양전지의 종류, 정격용량, 정격전압 및 정격출력
• 인버터의 종류, 입력전압, 출력전압 및 정격출력
• 집광판의 면적 [답] ①

---

60 태양광발전시스템 성능평가를 위한 신뢰성 평가·분석항목 중 트러블에 관한 연결이 틀린 것은?

① 계측 트러블 : 컴퓨터 전원의 차단

② 시스템 트러블 : 인버터 정지

③ 시스템 트러블 : 계통 지락

④ 계측 트러블 : ELB 트립

풀이 ○

신뢰성 평가 분석항목

• 시스템 트러블 : 인버터 정지, 직류지락, 계통지락, RCD (=ELB) 트립, 원인불명 등에 의한 시스템의 정지
• 계측 트러블 : 컴퓨터 전원의 차단, 컴퓨터의 조작오류, 기타 원인불명 [답] ④

4과목 신재생에너지 **관련법규**

61 한국전기설비규정에서 특고압 가공전선로의 지지물로 사용하는 철탑의 종류별 시공방법이 틀린 것은?

① 인류형을 전가섭선을 인류하는 곳에 설치

② 보강형을 전선로의 직선부분에 그 보강을 위하여 설치

③ 내장형을 전선로의 지지물 양쪽의 경간의 차가 큰 곳에 설치

④ 직선형을 전선로의 5도 이하인 수평각도를 이루는 곳에 설치

풀이 ○

직선형	전선로의 직선부분(3도 이하인 수평각도를 이루는 곳을 포함한다.)에 사용하는 것
각도형	전선로 중 3도를 초과하는 수평각도를 이루는 곳에 사용하는 것
인류형	전가섭선을 인류하는 곳에 사용하는 것
내장형	전선로의 지지물 양쪽의 경간의 차가 큰 곳에 사용하는 것
보강형	전선로의 직선부분에 그 보강을 위하여 사용하는 것

[답] ④

62

[2021.1.1.부터 한국전기설비규정(KEC) 시행과 출제기준 제외문항으로 삭제]

---

63 에너지 자원의 투입과 온실가스 및 오염물질의 발생을 최소화하는 제품은?

① 녹색제품

② 온실가스 제품

③ 에너지자원 제품

④ 오염물질의 제품

풀이 ○

• 녹색제품 : 에너지·자원의 투입과 온실가스 및 오염물질의 발생을 최소화하는 제품 [답] ①

64 대통령령으로 정하는 규모 이하의 발전설비를 갖추고 특정한 공급구역의 수요에 맞추어 전기를 생산하여 전력시장을 통하지 아니하고 그 공급구역의 전기사용자에게 공급하는 것을 주된 목적으로 하는 사업을 무엇이라 하는가?

① 전기사업   ② 송전사업
③ 배전사업   ④ 구역전기사업

풀이 ◉

전기사업	발전사업·송전사업·배전사업·전기판매사업 및 구역전기사업
송전사업	발전소에서 생산된 전기를 배전사업자에게 송전하는 데 필요한 전기설비를 설치·관리하는 것을 주된 목적으로 하는 사업
배전사업	발전소로부터 송전된 전기를 전기사용자에게 배전하는 데 필요한 전기설비를 설치·운용하는 것을 주된 목적으로 하는 사업
구역전기사업	대통령령으로 정하는 규모 이하의 발전설비를 갖추고 특정한 공급구역의 수요에 맞추어 전기를 생산하여 전력시장을 통하지 아니하고 그 공급구역의 전기사용자에게 공급하는 것을 주된 목적으로 하는 사업

[답] ④

65 전기공사기술자로 인정을 받으려는 사람은 누구에게 신청하여야 하는가?

① 고용노동부장관
② 재정경제부장관
③ 국토교통부장관
④ 기후에너지환경부장관

풀이 ◉

전기공사기술자로 인정을 받으려는 사람은 기후에너지환경부장관에게 신청하여야 한다.   [답] ④

66 거짓이나 부정한 방법으로 공급인증서를 발급받은 자와 그 사실을 알면서 공급인증서를 발급한 자는 3년 이하의 징역 또는 얼마 이하의 벌금에 처하는가?

① 2년 이하의 징역 또는 3천만원 이하의 벌금
② 2년 이하의 징역 또는 5천만원 이하의 벌금
③ 3년 이하의 징역 또는 3천만원 이하의 벌금
④ 3년 이하의 징역 또는 5천만원 이하의 벌금

풀이 ◉

거짓이나 부정한 방법으로 공급인증서를 발급받은 자와 그 사실을 알면서 공급인증서를 발급한 자는 3년 이하의 징역 또는 3천만원 이하의 벌금에 처한다.   [답] ③

67 신·재생에너지 공급인증서의 유효기간은 발급받은 날부터 몇 년으로 하는가?

① 1   ② 3
③ 5   ④ 10

풀이 ◉

공급인증서의 유효기간은 발급받은 날부터 3년으로 한다.   [답] ②

68 신에너지 및 재생에너지 개발·이용·보급 촉진법의 제정 목적으로 틀린 것은?

① 에너지원의 단일화
② 온실가스 배출의 감소
③ 에너지의 안정적인 공급
④ 에너지 구조의 환경친화적 전환

풀이 ◉

신에너지 및 재생에너지 개발·이용·보급 촉진법의 제정 목적
① 에너지원을 다양화하고
② 에너지의 안정적인 공급
③ 에너지 구조의 환경친화적 전환
④ 온실가스 배출의 감소   [답] ①

69

[2021.1.1.부터 한국전기설비규정(KEC) 시행과 출제기준 제외문항으로 삭제]

70 햇빛·물·지열(地熱)·강수(降水)·생물유기체 등을 포함하는 재생 가능한 에너지를 변환시켜 이용하는 에너지에 해당하지 않는 것은?

① 해양에너지   ② 지열에너지
③ 수소에너지   ④ 태양에너지

풀이 ○

• 신에너지 : 연료전지, 석탄액화가스화 및 중질잔사유 가스화, 수소에너지
• 재생에너지 : 태양(태양광, 태양열), 바이오, 풍력, 수력, 해양, 폐기물, 지열   **[답] ③**

71 온실가스에 해당되지 않는 것은?

① 메탄(CH_4)
② 일산화탄소(CO)
③ 아산화질소(N_2O)
④ 수소불화탄소($HFCs$)

풀이 ○

• 온실가스 : 이산화탄소(CO_2), 메탄(CH_4), 아산화질소(N_2O), 수소불화탄소($HFCs$), 과불화탄소($PFCs$), 육불화황(SF_6)   **[답] ②**

72 신·재생에너지 연료 혼합의무 불이행에 대한 과징금의 통지를 받은 날로부터 며칠 이내에 과징금을 기후에너지환경부장관이 정하는 수납기관에 내야 하는가?

① 30   ② 60
③ 90   ④ 120

풀이 ○

신·재생에너지 연료 혼합의무 불이행에 대한 과징금의 통지를 받은 자는 통지를 받은 날부터 30일 이내에 과징금을 기후에너지환경부장관이 정하는 수납기관에 내야 한다.   **[답] ①**

73

[2021.1.1.부터 한국전기설비규정(KEC) 시행과 출제기준 제외문항으로 삭제]

74 전기사업법에서 기후에너지환경부장관은 대통령령으로 정하는 바에 따라 매년 몇 회 이상 전기안전관리업무에 대한 실태조사를 실시하여야 하는가?

① 1   ② 2
③ 3   ④ 4

풀이 ○

기후에너지환경부장관은 대통령령으로 정하는 바에 따라 매년 1회 이상 전기안전관리업무에 대한 실태조사를 실시하여야 한다.   **[답] ①**

75 한국전기설비규정에서 저압 옥내배선을 금속관공사로 시공할 때 그 방법이 틀린 것은?

① 금속관 내에서 전선은 접속점을 만들어서는 안 된다.
② 금속관 배선은 절연전선(옥외용 비닐절연전선을 제외)을 사용해야 한다.
③ 교류회로는 1회로의 전선 전부를 동일 관내에 넣는 것을 원칙으로 한다.
④ 금속관을 콘크리트에 매설하는 경우 관의 두께는 1.0[mm] 이상을 사용해야 한다.

풀이 ○

금속관을 콘크리트에 매설하는 경우 관의 두께는 1.2[mm] 이상을 사용해야 한다.   **[답] ④**

76 태양의 빛에너지를 변환시켜 전기를 생산하거나 채광(採光)에 이용하는 설비는?

① 풍력 설비
② 지열 설비
③ 태양열 설비
④ 태양광 설비

풀이 ○

태양열 설비	태양의 열에너지를 변환시켜 전기를 생산하거나 에너지원으로 이용하는 설비
태양광 설비	태양의 빛에너지를 변환시켜 전기를 생산하거나 채광(採光)에 이용하는 설비

[답] ④

77 전기설비기술기준에서 전압을 구분하는 경우 고압에서 직류의 범위로 옳은 것은?

① 1000[V] 이상 7000[V] 이하
② 1000[V] 초과 7000[V] 이하
③ 1500[V] 초과 7000[V] 이하
④ 1500[V] 이상 7000[V] 이하

풀이 ⊙

구분	전압 범위 〈21.1.1.부터 시행〉
저 압	직류 1500[V] 이하, 교류 1000[V] 이하
고 압	직류 1500[V] 초과, 교류 1000[V] 초과~7천[V] 이하
특고압	7천[V]를 초과

[답] ③

78 한국전기설비규정에서 발전기, 전동기 등 회전기의 절연내력은 규정된 시험전압을 권선과 대지에 연속하여 몇 분간 가하여 견디어야 하는가?

① 5분   ② 10분
③ 15분   ④ 20분

풀이 ⊙

발전기, 전동기 등 회전기의 절연내력은 규정된 시험전압을 권선과 대치에 연속하여 10분간 가하여 견디어야 한다.   [답] ②

79 전기사업자 및 한국전력거래소가 측정기준·측정방법 및 보존방법 등을 정하여 기후에너지환경부장관에게 제출하여야 하는 대상은?

① 전류 및 전압   ② 전력 및 역률
③ 역률 및 주파수   ④ 전압 및 주파수

풀이 ⊙

전기사업자 및 한국전력거래소는 다음 각 목의 사항을 매년 1회 이상 측정하여야 하며 측정 결과를 3년간 보존하여야 한다.
① 발전사업자 및 송전사업자의 경우에는 전압 및 주파수
② 배전사업자 및 전기판매사업자의 경우에는 전압
③ 한국전력거래소의 경우에는 주파수   [답] ④

80 한국전기설비규정에서 사용전압이 저압인 전로에서 정전이 어려운 경우 등 절연저항 측정이 곤란한 경우에는 누설전류를 몇 [mA] 이하로 유지해야 하는가?

① 1   ② 2
③ 5   ④ 10

풀이 ⊙

사용전압이 저압인 전로에서 정전이 어려운 경우 등 절연저항 측정이 곤란한 경우에는 누설전류를 1[mA] 이하로 유지하여야 한다.   [답] ①

※ 관련법령의 개정 및 한국전기설비규정(KEC)의 시행에 따라 기출문제의 내용을 개정 및 변경된 것으로 수정한 것입니다. 따라서 엔트미디어를 통해 제공되는 기출풀이 동영상(2013~2022)은 내용이 다를 수 있습니다. 따라서 본 교재의 내용으로 학습하시기 바랍니다.

1과목 태양광발전시스템 이론

01 공칭작동 태양전지 온도(NOCT)의 영향요소가 아닌 것은?

① 풍속
② 주위온도
③ 주변습도
④ 전지표면의 방사조도

풀이 ●

공칭작동 태양전지 온도(NOCT)의 영향요소
① 표면에서의 기준분광 방사조도 : 800[W/m²]
② 공기 온도(T_{Air}) : 20[℃]
③ 풍속 : 1[m/s]
④ 경사각 : 수평선상에서 45°   [답] ③

02 바이패스 다이오드에 대한 설명 중 틀린 것은?

① 차광된 태양전지에서 발생할 수 있는 열점을 방지
② 모듈 접속함에 부착되며, 실리콘으로 밀폐되기도 함
③ 배터리로부터 태양광 어레이로 전류가 흐르는 것을 방지
④ 태양전지에 음영이 있을 때 발전하지 않는 태양전지로 전류가 흐르는 것을 방지

풀이 ●

배터리로부터 태양광 어레이로 전류가 흐르는 것을 방지하기 위해 설치하는 것은 역류방지 다이오드이다.
[답] ③

03 인버터의 내부에 내장되어 있는 계통연계 보호 장치에 해당되지 않는 것은?

① OVR
② UVR
③ IGBT
④ OCGR

풀이 ●

• 인버터의 내부에 내장되어 있는 계통연계 보호 장치 : OVR, UVR, OFR, UFR, OCGR(또는 OVGR)
※ IGBT : 전력용 반도체 스위칭소자이다.   [답] ③

04 다음 그림의 태양광발전시스템에서 A의 명칭?

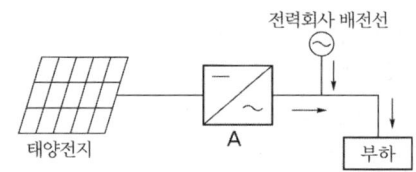

① 축전지
② 어레이
③ 인버터
④ 컨버터

풀이 ●

계통 연계형 태양광발전시스템의 구성방식

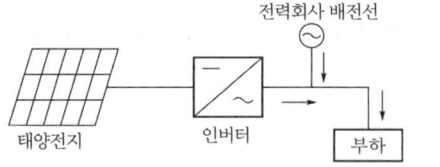

[답] ③

05 반지름 2[mm], 길이 100[m]인 도선의 저항은 약 몇 [Ω]인가? (단, 도선의 저항률은 3.14 × 10^{-8}[Ω·m] 이다.)

① 0.2
② 0.25
③ 0.3
④ 0.35

풀이 ○

도선의 저항

$(R) = \rho \dfrac{l}{A} = \rho \dfrac{l}{\pi r^2} = 3.14 \times 10^{-8} \times \dfrac{100}{3.14 \times 0.002^2} = 0.25[\Omega]$

[답] ②

06 태양광발전시스템용 인버터 선정 시 전력품질 및 공급 안정성에 대한 고려사항이 아닌 것은?

① 교류분이 적을 것

② 노이즈의 발생이 적을 것

③ 고조파의 발생이 적을 것

④ 기동, 정지가 안정적일 것

풀이 ○

인버터 선정 시 전력품질 및 공급 안정성에 대한 고려사항

① **잡음(노이즈)발생 및 직류유출이 적을 것**

② **고조파의 발생이 적을 것**

③ **기동 · 정지가 안정적일 것**

[답] ①

07 계통연계용 축전지 용량을 산출하기 위해 필요한 값이 아닌 것은?

① 보수율   ② 변환효율

③ 평균방전전류   ④ 용량환산시간

풀이 ○

• 계통연계용 축전지 용량$(C) = \dfrac{KI}{L}$

단, C : 온도 25[℃]에서 정격 방전율 환산용량

    (축전지의 표시용량)

  K : 방전시간, 축전지 온도, 허용최저전압으로 결정되는 용량환산시간

  I : 평균 방전전류

  L : 보수율(0.8)

[답] ②

08 신재생에너지에 대한 설명으로 옳은 것은?

① 해양에너지는 수력, 조력, 조류발전 등이 있다.

② 폐기물에너지는 비가연성 폐기물의 화학분해를 이용한 것이다.

③ 태양광발전은 태양광에너지를 직접 전기로 변환시키는 기술을 이용한다.

④ 조력발전은 해안으로 들어오는 파력에너지를 회전력으로 변환하는 것이다.

풀이 ○

1) 해양에너지는 조력, 조류, 온도차, 파력발전 등이 있다.

2) 폐기물에너지는 가연성 폐기물의 화학분해를 이용한 것이다.

3) 조력발전은 바닷물이 밀물(가장 높이 올라 왔을 때) 시에 물을 가두어 두었다가, 썰물(가장 많이 빠졌을 때)시에 터빈을 돌려 발전하는 방식

4) 파력발전은 해안으로 들어오는 파력에너지를 회전력으로 변환하는 것

[답] ③

09 역류방지소자에 관한 내용 중 틀린 것은?

① 회로의 최대 역전압에 충분히 견딜 수 있어야 한다.

② 역류방지소자는 반드시 접속함 내에 설치해야 한다.

③ 역전류방지소자는 설치할 회로의 최대전류를 흘릴 수 있어야 한다.

④ 모듈 방향으로 흐르는 역전류를 방지하기 위해 각 스트링마다 역류방지소자를 설치해야 한다.

풀이 ○

역류방지소자는 계통연계형의 경우 생략할 수 있으며, 역류방지소자를 설치할 때 반드시 접속함에 설치할 필요는 없다.

[답] ②

10 태양광모듈의 표면재료에 쓰이는 강화유리의 조건이 아닌 것은?

① 광 투과도가 높을 것

② 광 반사 및 흡수도가 높을 것

③ 기계적 강화를 위해 열처리를 수행할 것

④ 반사손실을 낮추기 위한 처리가 되어 있을 것

풀이 ○

강화유리는 광 반사 및 흡수도가 낮아야, 광 투과도가 높아야 한다.

[답] ②

11　수소에너지에 대한 설명 중 틀린 것은?

① 공해 물질이 소량으로 배출되며, 제조과정이
　쉽고 경제적이다.

② 수소에너지 사용 시 폭발방지 기술, 취성방지
　기술 등이 필요하다.

③ 물을 분해하여 수소를 얻기 위해서는 많은 양
　의 에너지가 필요하다.

④ 수소가 연소되거나 전기로 변환되어 산출된
　물을 다시 사용 가능하다.

풀이 ●

수소에너지는 공해물질이 없으며, 고가이다.　　[답] ①

12　12[V]의 GEL 타입 축전지의 용량을 100[Ah]
라 할 때 5시간 동안 일정전류를 부하에 공급하여
축전지가 방전된 경우 전류의 크기[A]는?

① 15　　　　　　　　② 20
③ 30　　　　　　　　④ 50

풀이 ●

축전지의 방전전류(I) = $\dfrac{축전지 용량[Ah]}{방전시간[h]}$ = $\dfrac{100}{5}$ = 20[A]

※ 방전전류의 크기는 축전지 타입(GEL, Liquid, Solid)
　과는 무관하다.　　　　　　　　　　　　[답] ②

13　도선의 길이가 3배로 늘어나고 반지름이 1/3
로 줄어들 경우 그 도선의 저항은 어떻게 변하겠
는가?

① 9배 증가　　　　　② $\dfrac{1}{9}$로 감소

③ 27배 증가　　　　　④ $\dfrac{1}{27}$로 감소

풀이 ●

도선의 저항(R)은 $R = \rho\dfrac{l}{A} = \rho\dfrac{l}{\pi r^2}$

에서 l, r를 제외한 모든 변수를 k로 치환하여 계산하면

$R' = k\dfrac{3l}{\left(\frac{1}{3}r\right)^2} = 27R$

∴ 저항은 27배 증가한다.　　　　　　　　[답] ③

14　파워컨디셔너(PCS) 시스템 구성 방식 중 모
든 모듈에 인버터를 설치하고, 각 인버터의 교류
출력을 병렬로 연결하여 사용하는 구성방식은?

① 모듈 인버터 방식
② 스트링 인버터 방식
③ 마스터 슬레이브 방식
④ 중앙 집중형 인버터 방식

풀이 ●

모든 모듈에 인버터를 설치방식은 모듈 인버터(AC 모
듈) 방식이다.　　　　　　　　　　　　　[답] ①

15　태양광발전시스템에서 인버터 회로방식이
아닌 것은?

① 트랜스리스 방식
② 주파수 시프트 방식
③ 고주파 변압기 절연방식
④ 상용주파 변압기 절연방식

풀이 ●

인버터 회로방식의 종류 : 상용주파 변압기 절연방식,
고주파 변압기 절연방식, 트랜스 리스방식.

※ 주파수 시프트 방식은 인버터 단독운전 검출방식 중
　능동적 검출방식 중 하나임.　　　　　　[답] ②

16　연료전지에 사용하는 전해질의 종류가 아닌
것은?

① 인산　　　　　　　② 알칼리
③ 실리콘　　　　　　④ 용융탄산염

풀이 ●

연료전지 전해질의 종류 : 고분자 이온교환막, 수산화
칼륨의 수용액, 인산, 용융탄산염, 지르코늄

※ 실리콘은 결정질 태양전지 셀을 제조하는 원소이다.
　　　　　　　　　　　　　　　　　　　[답] ③

17　축전지 용량 4[Ah]을 전하량(Q)으로 환산
하면 얼마인가?

① 1,230　　　　　　② 1,485
③ 3,600　　　　　　④ 14,400

풀이 ○

전하량$(Q) = I[A] \times t[sec] = 4 \times 3600 = 14,400[C]$

※ 1[h]=3,600[sec]　　　　　　　　　　　　**[답]** ④

18 다음 〈보기〉의 특징을 만족하는 태양전지는?

〈보기〉
㉠ 박막 형태로 태양전지를 제작.
㉡ 빛 흡수층의 밴드갭에너지는 1.04~1.2[eV] 정도 임.
㉢ 직접천이형 반도체로서 빛 흡수율이 뛰어남.
㉣ 환경오염 문제는 상대적으로 낮지만 향후 원료 물질의 부족문제가 존재.

① GaAs 태양전지
② CIGS 태양전지
③ 박막 실리콘 태양전지
④ 단결정 실리콘 태양전지

풀이 ○

〈보기〉내용은 CIGS 태양전지에 대한 설명이다. **[답]** ②

19 다음 중 태양전지의 양자효율의 정의에 해당하는 것은?

① 개방전압과 단락전류의 곱에 대한의 출력 비
② 태양으로부터 입사된 에너지에 대한 출력에너지의 비
③ 입사되는 전력에 대한 태양전지에 의해 생성되는 전류비
④ 입사되는 광자수에 대한 전지 내에서 생성되는 전자수의 비

풀이 ○

• 충진율(FF) : 개방전압과 단락전류의 곱에 대한의 출력 비
• 모듈(셀)의 효율 : 태양으로부터 입사된 에너지에 대한 출력에너지의 비
• 양자효율 : 입사되는 광자수에 대한 태양전지 내에서 생성되는 전자수의 비　　　**[답]** ④

20 태양광발전시스템을 완성하기 위하여 필요한 모듈을 직·병렬로 구성하게 되는데, 이때 직렬로 접속된 모듈의 집합체의 회로를 무엇이라 하는가?

① 셀
② 모듈
③ 스트링
④ 어레이

풀이 ○

• 스트링 : 직렬로 접속된 모듈의 집합체의 회로　**[답]** ③

2과목　　태양광발전시스템 **시공**

21 감전을 방지하는 방법으로 전기기기의 접지선을 전원 공급선과 함께 3심 코드를 사용하는 방식은?

① 보호접지선방식
② 이중절연방식
③ 누전차단방식
④ 전용접지선방식

풀이 ○

단상 저압에서 3심 코드를 사용하는 방식은 전용접지선방식의 감전방지이다.　　　　　　　　　　**[답]** ④

22 다음 중 태양광발전용 옥외 배선에 쓰이는 자외선에 내구성이 강한 전선으로 옳은 것은?

① 모듈용 전선
② 직류용 전선
③ UV 케이블
④ XLPE 케이블

풀이 ○

태양광발전용 옥외 배선에 쓰이는 자외선(UV : Ultra Violet) 케이블이 자외선에 내구성이 강한 전선이다.
　　　　　　　　　　　　　　　　　　　[답] ③

23 접지저항을 저감시키는 시공방법으로 틀린 것은?

① 접지전극의 크기를 작게 한다.
② 접지전극의 상호간격을 크게 한다.
③ 접지전극을 땅속에 깊게 매설한다.
④ 접지전극 주변의 매설토양을 개량한다.

풀이 O

접지저항을 저감시키기 위해서는 접지전극의 크기를 크게 하여야 한다.   **[답] ①**

24 3,000[kW]이하인 태양광에너지의 설치 시 건축물 등 기존시설물을 이용할 경우 공급인증서 가중치는?

① 0.7
② 1.0
③ 1.2
④ 1.5

풀이 O

구 분	공급인증서 가중치	대상에너지 및 기준	
		설치유형	세부기준
태양광 에너지	1.2	일반부지에 설치하는 경우	100[kW]미만
	1.0		100[kW]부터 3,000[kW]이하
	0.8		3,000[kW]초과부터
	0.5	임야에 설치하는 경우	
	1.5	건축물 등 기존 시설물을 이용하는 경우	3,000[kW]이하
	1.0		3,000[kW]초과부터
	1.6	유지의 수면에 부유하여 설치하는 경우	100[kW]미만
	1.4		100[kW]부터 3,000[kW]이하
	1.2		3,000[kW]초과부터

[답] ④

25 책임감리원이 발주자에게 제출하는 최종감리 보고서 중 공사추진 실적현황과 관련이 없는 것은?

① 하도급 현황
② 지시사항 처리
③ 감리용역 개요
④ 기성 및 준공검사 현황

풀이 O

책임감리원은 다음 각 호의 사항이 포함된 최종감리보고서를 감리기간 종료 후 14일 이내에 발주자에게 제출하여야 한다.
① 공사 및 감리용역 개요 등(사업목적, 공사개요, 감리용역 개요, 설계용역 개요)
② 공사추진 실적현황(기성 및 준공검사 현황, 공종별 추진실적, 설계변경 현황, 공사현장 실정보고 및 처리현황, 지시사항 처리, 주요인력 및 장비투입현황, 하도급 현황, 감리원 투입현황)
③ 품질관리 실적(검사요청 및 결과통보현황, 각종 측정기록 및 조사표, 시험장비 사용현황, 품질관리 및 측정자 현황, 기술검토실적 현황 등)
④ 주요기자재 사용실적(기자재 공급원 승인현황, 주요 기자재 투입현황, 사용자재 투입현황)
⑤ 안전관리 실적(안전관리조직, 교육실적, 안전점검실적, 안전관리비 사용실적)
⑥ 환경관리 실적(폐기물발생 및 처리실적)
⑦ 종합분석   **[답] ③**

26 태양광발전시스템의 직류전로(어레이 주회로)의 접지방법은?

① 접지저항 1[Ω]이하로 접지
② 접지저항 10[Ω]이하로 접지
③ 접지저항 100[Ω]이하로 접지
④ 접지공사를 하지 않는다.

풀이 O

태양광발전시스템 직류전로(어레이 주회로)의 접지를 하지 않는다. 이유는 인버터로 무변압기방식의 회로방식을 사용하기 때문에 계통측으로 직류유출을 방지하기 위해서 접지를 하지 않는다.   **[답] ④**

27 국내에서 태양광발전시스템의 모듈을 고정식으로 설치할 때 최적 경사각은 일반적으로 몇 도 정도인가?

① 5~15
② 24~36
③ 55~60
③ 60~70

풀이 O

태양광발전설비 원별시공기준에서는 모듈을 고정식으로 설치할 때, 최적 경사각 일반적 최적 경사각인 그 지방의 위도에 근접토록 하고 있음. (제주 위도 : 24도, 서울 위도 : 37도)   **[답] ②**

28 공사현장에 주요공사가 완료되고 현장이 정리단계에 있을 때 예비준공검사를 실시하는 시기는?

① 준공예정 15일 전
② 준공예정 1개월 전
③ 준공예정 2개월 전
④ 준공예정 3개월 전

풀이 ○

공사현장에 주요공사가 완료되고 현장이 정리단계에 있을 때에는 준공예정일 2개월 전에 준공기한 내 준공가능 여부 및 미진한사항의 사전보완을 위해 예비 준공검사를 실시하여야 한다.　　　　　　　　**[답] ③**

29 태양광발전시스템 관련 기기의 반입검사에 대한 내용으로 틀린 것은?

① 공장검수 시 합격된 자재에 한하여 현장에 반입한다.

② 시공사와 제작업자의 경제적 사정을 고려하여 생략할 수도 있다.

③ 책임감리원이 검토·승인한 기자재(공급원승인제품)에 한하여 현장에 반입한다.

④ 현장자재 반입검사는 공급원승인제품, 품질적합내용, 내역물량수량, 반입 시 손상여부 등에 대해 전수검사를 원칙으로 한다.

풀이 ○

태양광발전시스템 관련 기기의 반입검사 내용

① 책임 감리원이 검토 승인된 기자재(공급원 승인제품)에 한해서 현장 반입한다.

② 공장검수 시 합격된 자재에 한해 현장 반입한다.

③ 현장자재 반입검사는 공급원승인제품, 품질적합내용, 내역물량수량, 반입 시 손상여부 등에 대해 전수검사를 시행한다.　　　　　　　　**[답] ②**

30 다음 〈보기〉에서 태양광발전시스템에서 전기흐름을 고려한 배선 순서로 옳게 나열한 것은?

> 〈보기〉　㉠ 인버터에서 분전반 배선
> 　　　　㉡ 어레이와 접속함 배선
> 　　　　㉢ 모듈 배선
> 　　　　㉣ 접속함에서 인버터 배선

① ㉠ → ㉡ → ㉢ → ㉣

② ㉢ → ㉡ → ㉣ → ㉠

③ ㉠ → ㉢ → ㉡ → ㉣

④ ㉣ → ㉢ → ㉡ → ㉠

풀이 ○

• 전기흐름을 고려한 배선 순서

① 모듈 배선 → ② 어레이와 접속함 배선 → ③ 접속함에서 인버터 배선 → ④ 인버터에서 분전반 배선
　　　　　　　　[답] ②

31 전기설비에서 축전지용량 계산을 하기 위한 검토항목이 아닌 것은?

① 방전전류　　　　　② 방전시간

③ 허용최저전압　　　④ 최대수용전력

풀이 ○

축전지용량 $C = \dfrac{KI}{L}$ [Ah]

단, C : 온도 25[℃]에서 정격 방전율 환산용량(축전지의 표시 용량)

　　K : 방전시간, 축전지 온도, 허용최저전압으로 결정되는 용량환산계수

　　I : 평균 방전전류

　　L : 보수율　　　　　　　　**[답] ④**

32 설계감리 용역의 기성 및 준공 처리 시 제출서류가 아닌 것은?

① 시공 상세도

② 설계감리 기록부

② 설계감리 결과보고서

④ 설계용력 기성부분 내역서

풀이 ○

책임 설계감리원이 설계감리의 기성 및 준공을 처리할 때에는 다음 각 호의 준공서류를 구비하여 발주자에게 제출하여야 한다.

① 설계용역 기성부분 검사원 또는 설계용역 준공검사원

② 설계용역 기성부분 내역서

③ 설계감리 결과보고서

④ 감리 기록서류　　　　　　　　**[답] ①**

33 공사감리원의 감리업무가 아닌 것은?

① 발주자의 감독 권한 대행

② 설계도서대로 시공되는지 확인

③ 공사의 계획, 발주, 설계, 시공 등 전반 업무 총괄

④ 품질관리, 공사관리, 안전관리 등에 대한 기술지도

풀이 ○

- 공사감리 : 전력시설물의 설치·보수 공사에 대하여 발주자의 위탁을 받은 공사감리업체가 설계도서나 그 밖의 관계 서류의 내용대로 시공되는지 여부를 확인하고, 품질관리·공사관리 및 안전관리 등에 대한 기술지도를 하며, 관계 법령에 따라 발주자의 권한을 대행하는 것
- 발주자 : 공사의 계획·발주·설계·시공·감리 등 전반을 총괄하고, 지원업무담당자를 지정하여 감리수행에 따른 업무연락 및 문제점 파악, 민원해결, 감리원에 대한 지도·관리 등의 업무를 수행하게 할 수 있다. **[답] ③**

34 분산형전원 발전설비의 빈번한 출력변동 및 병렬 분리에 의한 플리커 가혹도 지수는 특고압 계통연계점에서 단시간(10분) 및 장시간(2시간)의 Epsti를 최대 얼마 이하로 제한하는가?

① 단시간 : 0.25 이하, 장시간 : 0.15 이하
② 단시간 : 0.25 이하, 장시간 : 0.25 이하
③ 단시간 : 0.35 이하, 장시간 : 0.15 이하
④ 단시간 : 0.35 이하, 장시간 : 0.25 이하

풀이 ○

- 분산형전원 배전계통 연계 기술 Guideline(18.04.09)에서는 다음과 같이 설명하고 있음.
  플리커는 단지 "백열전등 조명 강도의 인지 가능한 변화"라는 결과를 나타내는 용어일 뿐이며, 사실상 기술검토 시 실제적으로 다루어야 하는 내용은 그 원인이 되는 전압요동(voltage fluctuation)이라 할 수 있다.(※ 삭제된 내용이 출제된 것임.)
- 송배전용 전기설비이용규정(16.10.11)에도 관련 내용 없음.
- 전력계통 신뢰도 및 전기품질 유지기준(15.6.10)에도 관련 내용 없음. **[답] ④**

35 태양광구조물의 상정하중 계산 중 수직하중이 아닌 것은?

① 활하중 ② 풍하중
③ 고정하중 ④ 적설하중

풀이 ○

- 수직하중 : 고정하중(영구적으로 작용하는 하중), 적설하중, 활하중
- 수평하중 : 풍 하중, 지진하중 **[답] ②**

36 태양전지 모듈에서 인버터 입력단간 및 인버터 출력단과 계통연계점의 전압강하는 몇[%]를 초과하여서는 안 되는가? (단, 전선의 길이가 60[m] 이하인 경우이다.)

① 1 ② 3
③ 5 ④ 7

풀이 ○

태양전지 모듈에서 인버터 입력단 간 및 인버터 출력단과 계통연계점 간의 전압강하는 「내선규정」(대한전기협회)에 따라 각 3[%]를 초과하여서는 아니 된다. **[답] ②**

37 태양광모듈 배선이 끝난 후 검사하는 항목이 아닌 것은?

① 극성확인 ② 전압확인
③ 단락전류 측정 ④ 일사량 측정

풀이 ○

태양광모듈 배선이 끝난 후 검사하는 항목 : 전압확인, 극성확인, 단락전류 측정, 비접지 확인 **[답] ④**

38 태양광발전시스템 시공 시 필요한 장비 목록에서 검사장비에 해당되는 것은?

① 레벨기 ② 헤머드릴
③ 클램프 미터 ④ 콤프레셔

풀이 ○

- 시공 시 필요한 공구 : 레벨기, 헤머 드릴, 임펙트 렌치, 헤머 뿌레카, 터미널 압착기, 앵글 천공기, 각종 수공구 등
- 시공 시 필요한 소형장비 : 컴프레서(compressor), 발전기, 사다리 외
- 시공 시 필요한 대형장비 : 굴삭기, 크레인, 지게차 **[답] ③**

39 저압 배전선로의 저압 네트워크 방식에 대한 설명으로 틀린 것은?

① 전력손실이 감소한다.
② 플리커 전압변동률이 적다.
③ 특별한 보호장치가 필요 없다.
④ 무정전 공급이 가능해서 공급 신뢰도가 높다.

풀이 ○

저압 배전선로의 저압 네트워크 방식(Network System)의 특징
① 무정전 공급 가능하므로 공급 신뢰도가 높다
② 플리커, 전압 변동률이 적다
③ 전력 손실 감소
④ 기기의 이용률 향상
⑤ 부하 증가에 대한 적응성이 좋음
⑥ 변전소 수를 줄일 수 있다
⑦ 건설비가 비싸다
⑧ 특별한 보호 장치 필요(저압용 차단기, 방향성 계전기, Fuse) **[답] ③**

40 태양광발전시스템의 설계도서가 아닌 것은?
① 설계도면 ② 시방서
③ 품질관리계획서 ④ 공사비산출내역서

풀이 ○

설계도서 : 공사계약에 있어 발주자로부터 제시된 도면 및 그 시공기준을 정한 시방서류로서 설계도면, 공사비산출내역서, 표준시방서, 특기시방서, 현장설명서 및 현장설명에 대한 질문 회답서 등을 총칭하는 것 **[답] ③**

3과목

태양광발전시스템 운영

41 태양광발전시스템의 성능평가의 대분류로 틀린 것은?
① 태양광발전시스템의 신뢰성
② 태양광발전시스템의 사이트
③ 태양광발전시스템의 발전전력 생산능력
④ 태양광발전시스템의 설비 폐기 비용

풀이 ○

시스템 성능평가의 대분류
① 구성요인의 성능·신뢰성
② 사이트
③ 발전성능
④ 신뢰성
⑤ 설치비용(경제성) **[답] ④**

42 배전반 제어회로의 배선에서 일상점검 항목이 아닌 것은?
① 전선의 지지물의 탈락 여부 확인
② 주유상태 이상 여부 확인
③ 과열에 의한 이상한 냄새 여부 확인
④ 가동부 등의 연결 전선의 절연피복 손상 여부 확인

풀이 ○

배전반 제어회로의 배선에는 주유(윤활유 또는 그리스를 주입하는 것)개소가 없다. **[답] ②**

43 태양광발전시스템에 사용되는 배선용차단기의 점검내용으로 틀린 것은?
① 부싱 단자부의 변색 여부
② 개폐 동작의 정상 여부
③ 절연물 등의 균열, 파손, 변형 여부
④ 단자부의 볼트류의 조임 이완 여부

풀이 ○

배선용차단기에는 부싱 단자부가 없으며, 유입변압기, 전력용 콘덴서에 부싱 단자부가 있다. **[답] ①**

44 태양광발전시스템의 계측과 표시의 목적으로 틀린 것은?
① 시스템의 발전 전력량을 알기 위한 계측
② 사업자가 추가 설비 투자 산출을 위한 계측
③ 시스템의 운전상태 감시를 위한 계측 또는 표시
④ 시스템 기기 또는 시스템 종합평가를 위한 계측

풀이 ○

계측과 표시의 목적은 다음과 같다.
① 시스템의 운전상태를 감시하기 위한 계측 또는 표시
② 시스템에 의한 발전 전력량을 알기위한 계측
③ 시스템 기기 또는 시스템 종합평가를 위한 계측
④ 시스템의 운전상황을 견학하는 사람 등에게 보여주고, 시스템의 홍보를 위한 계측 또는 표시 **[답] ②**

45 우박의 충격에 대한 결정질 실리콘 태양광발전 모듈의 기계적 강도를 시험할 경우 품질기준으로 최대 출력은 시험 전 값의 최소 몇 [%] 이상이어야 하는가?

① 88   ② 91
③ 95   ④ 97

풀이 ○

KS C IEC 61215(지상 설치용 결정계 실리콘 태양전지(PV)모듈) 10.17.5에 의하면, 우박시험의 품질기준은 STC에서 최대출력전력의 저하가 시험 이전에 측정된 값의 5[%]를 초과해서는 안 된다. 즉 95[%]이상 이어야 한다.   **[답] ③**

46 태양광발전시스템의 유지관리를 지원하기 위해 제공되는 운전 지침서에 기술되어야 하는 사항으로 적합하지 않는 것은?

① 성능 규격   ② 운전에 관한 사항
③ 비품 및 공구 list   ④ 기동에 관한 사항

풀이 ○

운전 지침서에 기술되어야 하는 사항 : 성능 규격, 운전에 관한 사항, 기동에 관한 사항, 이상발생시 조치방법 등   **[답] ③**

47 정전작업 전 조치사항으로 틀린 것은?

① 잔류전하의 방전
② 단락접지기구의 철거
③ 검전기에 의한 정전 확인
④ 개로개폐기의 시건 또는 표시

풀이 ○

단락접지기구의 철거는 정전작업 후 조치사항이다.
          [답] ②

48 태양광발전시스템의 시스템 트러블에 해당되지 않는 것은?

① ELB 트립
② 계통지락
③ 인버터의 운전정지
④ 컴퓨터의 조작오류

풀이 ○

• 시스템 트러블 : 인버터 정지, 직류지락, 계통지락, RCD (ELB)트립, 원인불명 등에 의한 시스템 운전정지
• 계측 트러블 : 컴퓨터 전원의 차단, 컴퓨터의 조작오류, 기타 원인불명   **[답] ④**

49 접속함의 육안점검 항목으로 틀린 것은?

① 접지선의 손상
② 개방전압 측정
③ 단자대 나사의 풀림
④ 외함의 부식 및 파손

풀이 ○

육안점검은 계측기, 공구를 사용하지 않는 점검방법이다. 개방전압 측정은 계측기가 필요하다.   **[답] ②**

50 태양광 발전용 인버터 중 계통연계형의 경우 교류 전원을 정격 전압과 정격 주파수로 운전한 상태에서 인버터의 출력전류를 계측하여 출력전류의 직류성분 측정 시 정격전류의 최대 몇 [%] 이내이어야 하는가?

① 0.2   ② 0.5
③ 0.7   ④ 1.0

풀이 ○

출력전류 직류분 검출시험의 품질기준 : 출력전류의 직류성분이 정격전류의 0.5[%] 이내일 것.   **[답] ②**

51 태양광발전 모듈 점검 시의 유의사항으로 틀린 것은?

① 날씨가 맑은 날 정오 전후에 한다.
② 모듈 표면이 오염되었을 경우 청소 후 측정검사를 한다.
③ 모듈 표면은 특수 처리된 강화유리로 되어 있어 강한 충격에도 파손되지 않는다.
④ 강한 금속 구조물에 되어 있어 작업자가 충돌 시 위험하므로 안전모, 안전복장, 안전화를 착용한다.

풀이 ○

강화유리는 일반유리보다 강도를 조금 높인 유리이므로 강한 충격을 받으면 파손된다. **[답] ③**

52 태양광발전 모듈의 고장으로 틀린 것은?

① 핫 스팟

② 전선관 침수

③ 프레임 변형

④ 백시트 에어 버블링

풀이 ○

모듈과 전선관은 관련이 없다. **[답] ②**

53 접지저항의 측정에 관한 사항 중 틀린 것은?

① 접지전극과 보조전극의 간격은 최소한 5[m] 이상으로 한다.

② 접지저항의 측정방법에는 전위차계식과 간이 측정법 등이 있다.

③ 접지전극은 E 단자에 접속하고, 보조전극은 P, C 단자에 접속한다.

④ 접지저항계의 지침은 '0'이 되도록 다이얼을 조정하고 그 때의 눈금을 읽어 접지저항 값을 측정한다.

풀이 ○

접지전극과 보조전극의 간격은 최소한 10[m]이상으로 한다. **[답] ①**

54 통상적인 태양광발전용 접속함의 병렬 스트링 수에 의한 분류에서 소형(3회로 이하)일 경우 충전부와 접촉, 고체 이물질과 액체의 침입에 대비하여 접속함이 제공하는 보호등급으로 옳은 것은?

① IP20 이상

② IP33 이상

③ IP44 이상

④ IP54 이상

풀이 ○

접속함의 병렬 스트링 수에 의한 분류 및 보호등급

병렬 스트링 수에 의한 분류	설치장소에 의한 분류
소형(3회로 이하)	실내형 : IP54 이상
	실외형 : IP54 이상
중대형(4회로 이상)	실내형 : IP20 이상
	실외형 : IP54 이상

[답] ④

55 태양광발전시스템 점검 중 투입저지 시한 타이머 동작시험에서 인버터가 정지하여 최소 몇 분 후에 자동으로 기동하여야 하는가?

① 1분 　　　　 ② 3분

③ 5분 　　　　 ④ 10분

풀이 ○

투입저지 시한타이머동작 : 인버터가 정지하여 5분 후 자동 기동할 것. **[답] ③**

56 태양광발전시스템 설치 시 안전관리 대책에 대한 설명으로 틀린 것은?

① 구조물 설치 시 안전 난간대를 설치한다.

② 모듈 설치 시 안전모, 안전화, 안전벨트를 착용한다.

③ 접속함, 인버터 등 연결 시 절연장갑을 착용한다.

④ 임시 배선 작업 시 누전위험장소에는 배선용 차단기를 설치한다.

풀이 ○

임시 배선 작업 시 누전위험장소에는 누전차단기(RCD = ELB)를 설치한다. **[답] ④**

57 태양광발전시스템에서 모니터링 프로그램의 기능이 아닌 것은?

① 데이터 수집 기능

② 데이터 분석 기능

③ 데이터 저장 기능

④ 데이터 연산 기능

풀이 ○

모니터링 프로그램의 기능 : 데이터 수집 / 저장 / 분석 / 통계 기능. **[답] ④**

58 태양광발전시스템이 운전되지 않을 경우 응급조치를 하여야 하는데, 운전 조작 방법의 순서로 옳은 것은?

> ㉠ 접속함 내부 직류차단기 투입(ON)
> ㉡ 교류차단기 투입(ON)
> ㉢ 접속함 내부 직류차단기 개방(OFF)
> ㉣ 교류차단기 개방(OFF)
> ㉤ 인버터 정지 후 점검하고 정상 시 재운전

① ㉠ → ㉡ → ㉢ → ㉣ → ㉤
② ㉡ → ㉠ → ㉢ → ㉣ → ㉤
③ ㉢ → ㉣ → ㉤ → ㉡ → ㉠
④ ㉢ → ㉣ → ㉤ → ㉠ → ㉡

풀이 ◎
응급조치 운전조작 순서
① 접속함 내부 직류차단기 개방(OFF) → ② 교류차단기 개방(OFF) → ③ 인버터 정지 후 점검하고 정상 시 재운전 → ④ 교류차단기 투입(ON) → ⑤ 접속함 내부 직류차단기 투입(ON) **[답] ③**

59 자가용 태양광발전설비의 정기검사 항목 중 전력변환장치의 검사세부 종목에 해당하지 않는 것은?

① 외관검사 　　　② 절연저항
③ 환기시설상태 　④ 단독운전방지시험

풀이 ◎
전력변환장치의 환기시설상태 점검은 일상점검항목이다. **[답] ③**

60 전기사업의 허가를 신청 시 허가신청서는 어디의 심의를 거쳐야 하는가?

① 전기위원회 　　　② 한국전력거래소
③ 한국에너지공단 　④ 기후에너지환경부

풀이 ◎
전기사업 (변경)허가신청서 처리절차

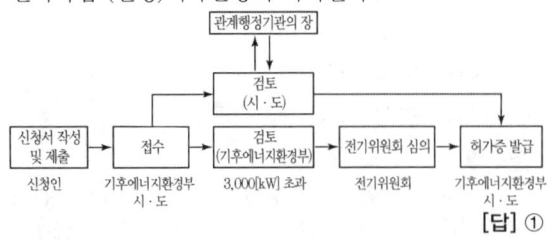

[답] ①

4과목
신재생에너지 **관련법규**

61 서울시 교육청이 연면적 1500제곱미터의 공공도서관을 신축하기 위해 2026년 4월 건축허가를 신청하려고 한다. 이 건물의 설계 시 산출된 예상 에너지사용량의 최소 몇 [%] 이상을 신·재생에너지를 이용하여 공급되는 에너지를 사용하여야 하는가?

① 32 　　　② 34
③ 36 　　　④ 38

풀이 ◎
공공기관의 에너지사용량에 대한 신·재생에너지 공급의무 비율은 다음과 같다.
대상 : 건축물로서 신축·증축 또는 개축하는 부분의 연면적이 1천[m²] 이상인 건축물

신·재생에너지의 공급의무 비율(제15조제1항제1호 관련)

해당연도	2020 ~ 2021	2022 ~ 2023	2024 ~ 2025	2026 ~ 2027	2028 ~ 2029	2030 이후
공급의무 비율(%)	30	32	34	36	38	40

[답] ③

62 설비인증을 받은 자는 신·재생에너지 설비의 결함으로 인하여 제3자가 입을 수 있는 손해를 담보하기 위하여 보험 또는 공제의 기간·종류·대상 및 방법에 필요한 사항은 무엇으로 정하는가?

① 기후에너지환경부령
② 과학기술정보통신부령
③ 국토교통부령
④ 대통령령

풀이 ◎
① 설비인증을 받은 자는 신·재생에너지 설비의 결함으로 인하여 제3자가 입을 수 있는 손해를 담보하기 위하여 보험 또는 공제에 가입하여야 한다.
② 제①항에 따른 보험 또는 공제의 기간·종류·대상 및 방법에 필요한 사항은 대통령령으로 정한다.
[답] ④

63 사용전압이 35[kV] 이하인 특고압 가공전선과 가공약전류 전선을 동일 지지물에 시설하는 경우 특고압 가공전선로의 보안공사는?

① 제1종 특고압 보안공사
② 제2종 특고압 보안공사
③ 제3종 특고압 보안공사
④ 고압 보안공사

풀이 ●

사용전압이 35[kV] 이하인 특고압 가공전선과 가공약전류 전선 등을 동일 지지물에 시설하는 경우에는 특고압 가공전선로는 제2종 특고압 보안공사에 의할 것.

[답] ②

64 저압 옥내 직류 전기설비의 접지목적에 해당하지 않는 것은?

① 이상전압의 억제
② 과전류의 대지 방출
③ 대지전압의 억제
④ 전로보호장치의 확실한 동작

풀이 ●

저압 옥내 직류, 교류 모두 전기설비의 접지목적은 같으며, 과전류의 대지방출 목적으로 접지를 하는 것이 아니다.

[답] ②

65 중량물의 압력을 받을 우려가 있는 곳의 지중 전선로를 관로식에 의하여 시설하는 경우 매설깊이를 최소 몇 [m] 이상으로 하는가?

① 1.0
② 1.5
③ 2.0
④ 3.0

풀이 ●

구 분	매설깊이 [m]	중량물의 압력을 받을 우려가 없는 곳 매설깊이[m]
직접 매설식	1.0	0.6
관로식	1.0	0.6

[답] ①

66 기후에너지환경부령으로 정하는 소규모의 전기설비로서 한정된 구역에서 전기를 사용하기 위하여 설치하는 전기설비는?

① 지역전기설비
② 일반용전기설비
③ 자가용전기설비
④ 전기사업용전기설비

풀이 ●

• 일반용전기설비 : 기후에너지환경부령으로 정하는 소규모의 전기설비로서 한정된 구역에서 전기를 사용하기 위하여 설치하는 전기설비.
• 구역전기사업 : 대통령령으로 정하는 규모 이하의 발전설비를 갖추고 특정한 공급구역의 수요에 맞추어 전기를 생산하여 전력시장을 통하지 아니하고 그 공급구역의 전기사용자에게 공급하는 것을 주된 목적으로 하는 사업.

[답] ②

67 기후위기 대응을 위한 탄소중립·녹색성장기본법에서 정한 온실가스에 속하지 않는 것은?

① 이산화탄소
② 육불화황
③ 과산화수소
④ 아산화질소

풀이 ●

• 온실가스 : 적외선 복사열을 흡수하거나 재방출하여 온실효과를 유발하는 대기 중의 가스 상태의 물질로서 이산화탄소(CO_2), 메탄(CH_4), 아산화질소(N_2O), 수소불화탄소(HFCs), 과불화탄소(PFCs), 육불화황(SF_6)

[답] ③

68 녹색성장위원회의 정기회의는 반기별로 몇 회 개최하는 것을 원칙으로 하는가?

① 1
② 2
③ 3
④ 6

풀이 ●

녹색성장위원회의 정기회의는 반기별로 1회 개최하는 것을 원칙으로 한다.

[답] ①

69 태양광발전소에 시설하는 모듈, 전선 및 개폐기 기타 기구의 시설방법으로 틀린 것은?

① 충전부분은 노출되지 않도록 시설할 것
② 태양전지 모듈의 출력배선은 극성별로 확인 가능토록 표시할 것
③ 전선은 공칭단면적 1.5[mm²] 이상의 연동선 또는 이와 동등 이상의 세기 및 굵기의 것일 것

④ 태양전지 모듈의 프레임은 지지물과 전기적으로 완전하게 접속할 것

풀이 ◉
태양전지 모듈의 전선은 공칭단면적 2.5[mm²] 이상의 연동선 또는 이와 동등 이상의 세기 및 굵기의 것일 것
[답] ③

70 중질잔사유를 가스화한 에너지의 범위로 옳은 것은?

① 메탄가스   ② 합성가스
③ 고체가스   ④ 바이오가스

풀이 ◉
신·재생에너지 연료의 기준 및 범위
1. 수소
2. 중질잔사유를 가스화한 공정에서 얻어지는 합성가스
3. 생물유기체를 변환시킨 바이오가스, 바이오에탄올, 바이오액화유 및 합성가스
4. 동물·식물의 유지(油脂)를 변환시킨 바이오디젤
5. 생물유기체를 변환시킨 목재칩, 펠릿 및 목탄 등의 고체연료
[답] ②

71 수소와 산소의 전기화학 반응을 통하여 전기 또는 열을 생산하는 설비는?

① 태양열설비   ② 전력저장설비
③ 연료전지설비   ④ 해양에너지설비

풀이 ◉
• 태양열 설비 : 태양의 열에너지를 변환시켜 전기를 생산하거나 에너지원으로 이용하는 설비
• 전력저장 설비 : 신에너지 및 재생에너지를 이용하여 전기를 생산하는 설비와 연계된 전력저장 설비
• 연료전지 설비 : 수소와 산소의 전기화학 반응을 통하여 전기 또는 열을 생산하는 설비
• 해양에너지 설비 : 해양의 조수, 파도, 해류, 온도차 등을 변환시켜 전기 또는 열을 생산하는 설비 **[답]** ③

72 저압전로에서 정전이 어려운 경우 등 절연저항 측정이 곤란한 경우 누설전류는 최대 몇 [mA] 이하로 유지하여야 하는가?

① 1   ② 3
③ 5   ④ 10

풀이 ◉
사용전압이 저압인 전로에서 정전이 어려운 경우 등 절연저항 측정이 곤란한 경우에는 누설전류를 1[mA] 이하로 유지하여야 한다.
[답] ①

73 태양전지 모듈의 절연내력 시험을 하는 경우 시험전압을 연속하여 몇 분간 가하여 견디어야 하는가?

① 1
② 3
③ 5
④ 10

풀이 ◉
연료전지 및 태양전지 모듈은 최대사용전압의 1.5배의 직류전압 또는 1배의 교류전압(500[V] 미만으로 되는 경우에는 500[V])을 충전부분과 대지사이에 연속하여 10분간 가하여 절연내력을 시험하였을 때에 이에 견디는 것이어야 한다.
[답] ④

74 3,000[kW] 태양광 발전사업자가 사업개시의 신고를 하려고 할 때 사업개시신고서를 누구에게 제출하여야 하는가?

① 시·도지사
② 한국전력공사 이사장
③ 한국에너지공단 이사장
④ 기후에너지환경부장관

풀이 ◉
기후에너지환경부장관은 다음 각 호의 권한을 특별시장·광역시장·도지사 또는 특별자치도지사(이하 "시·도지사"라 한다)에게 위임한다.
① 발전시설 용량이 3천킬로와트 이하인 발전사업에 대한 다음 각 목의 권한
  ㉮ 전기사업의 허가
  ㉯ 준비기간의 지정·연장 및 사업개시 신고의 접수
  ㉰ 전기사업의 양수, 전기사업자인 법인의 분할·합병의 인가 및 공고 등
  ㉱ 사업허가의 취소 및 사업의 정지, 사업구역의 감소, 과징금의 부과·징수 등
[답] ①

75 신·재생에너지 공급인증서에 관한 아래의 설명 중 옳은 것만 고른 것은?

> ㉠ 신·재생에너지 공급인증서는 공급인증기관만 발급할 수 있다.
> ㉡ 공급인증서를 발급받은 자는 신·재생에너지를 공급한 날부터 90일 이내에 발급 신청하여야 한다.
> ㉢ 공급인증서의 유효기간은 발급받은 날로부터 5년이다.
> ㉣ 공급인증서는 공급인증기관이 개설한 거래시장에서 거래할 수 있다.

① ㉠, ㉡, ㉢, ㉣   ② ㉠, ㉡, ㉢
③ ㉡, ㉢, ㉣   ④ ㉠, ㉡, ㉣

풀이 ◎
공급인증서의 유효기간은 발급받은 날로부터 3년이다.
[답] ④

76 전기공사의 시공 및 기술 관리의 내용으로 틀린 것은?

① 전기공사기술자의 기술자격·학력·경력의 기준 및 범위 등은 기후에너지환경부장관이 정한다.
② 공사업자는 전기공사기술자가 아닌 자에게 전기공사의 시공관리를 맡겨서는 아니된다.
③ 전기공사기술자로 인정을 받으려는 사람은 기후에너지환경부장관에게 신청하여야 한다.
④ 공사업자는 전기공사의 규모별로 전기공사 시공관리책임자를 지정한다.

풀이 ◎
▶ 전기공사업법 제17조(시공관리)
• 공사업자는 전기공사기술자가 아닌 자에게 전기공사의 시공관리를 맡겨서는 아니 된다.
• 공사업자는 전기공사의 규모별로 대통령령으로 정하는 구분에 따라 전기공사기술자로 하여금 전기공사의 시공관리를 하게 하여야 한다.
▶ 전기공사업법 제17조(시공관리책임자의 지정)
• 공사업자는 전기공사를 효율적으로 시공하고 관리하게 하기 위하여 전기공사기술자 중에서 시공관리책임자를 지정하고 이를 그 전기공사의 발주자에게 알려야 한다.

▶ 전기공사업법 제17조의2(전기공사기술자의 인정)
• 공사기술자의 기술자격·학력·경력의 기준 및 범위 등은 대통령령으로 정한다.
[답] ①

77 기후에너지환경부장관은 신·재생에너지 연료 혼합의무의 이행 여부를 확인하기 위하여 혼합의무자에게 대통령령으로 정하는 바에 따라 필요한 자료를 요구할 수 있다. 이때 자료제출 요구에 따르지 않거나 거짓자료 제출로 1회 위반할 경우 과태료 금액은?

① 100만원   ② 300만원
③ 500만원   ④ 1000만원

풀이 ◎

위반행위	과태료 금액	
	1회 위반	2회 이상 위반
보험 또는 공제에 가입하지 않은 경우	200만원	500만원
자료제출 요구에 따르지 않거나 거짓 자료를 제출한 경우	300만원	500만원

[답] ②

78 특고압 옥내배선이 저압 옥내전선·관등회로의 배선·약전류 전선 등 또는 수도관·가스관이나 이와 유사한 것과 접근하거나 교차하는 경우, 특고압 옥내배선과 저압 옥내전선·관등회로의 배선 또는 고압 옥내전선 사이의 이격거리는 최소 몇 [m] 이상으로 하여야 하는가?

① 0.2   ② 0.4
③ 0.6   ④ 1.0

풀이 ◎
특고압 옥내배선이 저압 옥내전선·관등회로의 배선·고압 옥내전선·약전류 전선 등 또는 수관·가스관이나 이와 유사한 것과 접근하거나 교차하는 경우에는 다음 각 호에 따라야 한다.
① 특고압 옥내배선과 저압 옥내전선·관등회로의 배선 또는 고압 옥내전선 사이의 이격거리는 0.6[m] 이상일 것.
② 특고압 옥내배선과 약전류 전선 등 또는 수관·가스관이나 이와 유사한 것과 접촉하지 아니하도록 시설할 것.
[답] ③

79 전기사업자가 및 한국전력거래소는 전압 및 주파수의 측정기준·측정방법 및 보존방법 등을 정하여 산업통상부장관에게 제출하고, 매년 최소 몇 회 이상 측정하고 그 측정 결과를 몇 년간 보존하여야 하는가?

① 1회, 2년　　　　② 1회, 3년
③ 2회, 2년　　　　④ 2회, 3년

풀이 ○

전기사업자 및 한국전력거래소는 다음 각 목의 사항을 매년 1회 이상 측정하여야 하며 측정 결과를 3년간 보존하여야 한다.
① 발전사업자 및 송전사업자의 경우에는 전압 및 주파수
② 배전사업자 및 전기판매사업자의 경우에는 전압
③ 한국전력거래소의 경우에는 주파수　　　**[답] ②**

80

[2021.1.1.부터 한국전기설비규정(KEC) 시행과 출제기준 제외문항으로 삭제

태양광발전시스템
2018년 2회 산업기사 기출문제

※ 관련법령의 개정 및 한국전기설비규정(KEC)의 시행에 따라 기출문제의 내용을 개정 및 변경된 것으로 수정한 것입니다. 따라서 엔트미디어를 통해 제공되는 기출풀이 동영상(2013~2022)은 내용이 다를 수 있습니다. 따라서 본 교재의 내용으로 학습하시기 바랍니다.

1과목
태양광발전시스템 이론

01 태양전지 모듈 스트링과 연결된 접속함에 설치하는 기기 및 부품이 아닌 것은?
① 어레이측 개폐기 ② 바이패스 소자
③ 서지보호장치 ④ 역류방지 소자

풀이 ⊙
바이패스 소자는 태양전지 모듈의 단자함에 설치된다.
[답] ②

02 수십 장의 태양전지 셀을 직렬로 연결한 후 일정한 틀에 고정하여 구성한 것은?
① 태양전지 모듈 ② 태양전지 스트링
③ 태양전지 어레이 ④ 태양전지 단자함

풀이 ⊙
수십 장의 태양전지 셀을 직렬로 연결한 후 일정한 틀에 고정하여 구성한 것은 태양전지 모듈이다. [답] ①

03 다음 중 인버터의 회로방식이 아닌 것은?
① 부하변동 방식
② 상용주파변압기 절연방식
③ 고주파변압기 절연방식
④ 트랜스리스 방식

풀이 ⊙
인버터의 회로방식 : 상용주파 변압기 절연방식, 고주파 변압기 절연방식, 무변압기(트랜스리스) 방식 [답] ①

04 반동수차의 종류가 아닌 것은?
① 펠톤 수차 ② 카플란 수차
③ 프로펠러 수차 ④ 프란시스 수차

풀이 ⊙
• 충동수차 : 펠톤 수차, 튜고 수차, 오스버그 수차
• 반동수차 : 카플란 수차, 프란시스 수차, 프로펠러 수차, 사류 수차 등 [답] ①

05 태양광발전시스템의 인버터 기능이 아닌 것은?
① 자동운전 정지기능
② 단독운전 방지기능
③ 자동온도 조정기능
④ 자동전압 조정기능

풀이 ⊙
• 단독운전 방지기능 : 한전계통으로부터 전기적으로 끊겨져 있으나, 끊어진 배전선 까지는 태양광발전시스템으로부터 전력이 공급되어, 보수 점검자에게 감전 등 안전사고의 위험이 있으므로 한전계통의 분리를 수동적, 능동적 검출방식으로 검출하여 자동으로 정지하는 기능
• 자동운전 정지기능 : 일조량이 확보되어 파워컨디셔너의 최저 구동전압 이상이 되면 자동으로 운전을 시작하고, 최저 구동전압이하로 일조량이 감소하면 자동으로 정지하여 대기모드 상태로 제어되는 기능
• 계통연계 보호기능 : 자가용 발전설비 고장의 영향이 연계계통에 파급되지 않도록 발전설비를 즉시 전력계통과 분리시키는 기능
• 자동전압 조정기능 : 태양광발전소의 계통연계점의 전압이 한전이 유지해야할 전압의 유지범위를 벗어날 우려가 있을 때는 역송전 전력을 줄여 전압유지범위가 되도록 제어하는 기능. [답] ③

06 연료전지에 대한 설명 중 틀린 것은?
① 배터리와 같이 에너지 저장장치이다.
② 기존 화석연료를 이용하는 발전에 비해 발전 효율이 높다.

③ 수소와 산소의 전기화학 반응을 통해 전기를 생산한다.

④ 최종 반응은 수소와 산소로부터 물이 생성되는 반응을 한다.

풀이 〇

연료전지는 에너지 저장장치가 아니라 발전설비이다.

[답] ①

07 시스템 전압 24[V], 축전지 설비용량 14400 [Wh]일 때 축전지용량(Ah)은?

① 300　　　　　　　　② 400

③ 500　　　　　　　　④ 600

풀이 〇

축전지용량 $= \dfrac{\text{축전지설비용량}}{\text{시스템전압}} = \dfrac{14400[\text{Wh}]}{24[\text{V}]} = 600[\text{Ah}]$

[답] ④

08 NOCT 조건에서 셀 온도가 45[℃]인 태양전지 모듈에 태양복사가 1200[W/m²]가 입사될 때, 20[℃] 외기온도 조건에서 모듈의 셀 온도[℃]는?

① 53.5　　　　　　　② 55.5

③ 57.5　　　　　　　④ 59.5

풀이 〇

셀 온도 = 주위(외기)온도 $+ \dfrac{NOCT-20}{800} \times$ 태양복사

$= 20 + \dfrac{45-20}{800} \times 1200 = 57.5[℃]$

[답] ③

09 태양전지에 음영이 발생하였을 때 출력감소를 최소화하기 위한 반도체 소자는?

① 피뢰기

② 발광 다이오드

③ 바이패스 소자

④ 역류방지 소자

풀이 〇

태양전지에 음영이 발생하였을 때 출력감소를 최소화하기 위한 반도체 소자는 바이패스 소자이다.　　[답] ③

10 태양광발전설비의 어레이 추적방식에 따른 분류에 해당되지 않는 것은?

① 프로그램 추적법　　② 혼합식 추적법

③ 감지식 추적법　　　④ 양방향 추적법

풀이 〇

• 어레이 추적제어 방식에 따른 분류 : 감지식 추적법, 프로그램 추적법, 혼합식 추적법.

• 추적 방향에 따른 분류 : 단방향 추적법, 양방향 추적법　　[답] ④

11 태양전지 모듈의 전류-전압 및 전력-전압 특성곡선을 통해 알 수 없는 변수는?

① 개방전압(V_{oc})　　　② 단락전류(I_{sc})

③ 최대출력(P_{max})　　　④ 모듈온도(T_{cell})

풀이 〇

• 모듈의 전류-전압 및 전력-전압 특성곡선으로 알 수 있는 것은 최대출력(P_{max}), 개방전압(V_{oc}), 단락전류(I_{sc}), 최대전압(V_{mpp}), 최대전류(I_{mpp})

• 모듈온도(T_{cell})는 온도계로 측정하거나 계산식에 의해 구할 수 있다.　　[답] ④

12 태양광 모듈의 일부 지점에 그늘이 발생하여 그 부분의 셀이 발전되지 않아 저항이 커지게 되었을 때 문제점으로 적절하지 않은 것은?

① 모듈의 손상

② 모듈 효율의 저하

③ 모듈 전압의 상승

④ 모듈 수명의 단축

풀이 〇

태양광 모듈의 일부 지점에 그늘이 발생하여 그 부분의 셀이 발전되지 않아 저항이 커지게 되었을 때 모듈의 전압은 감소한다.　　[답] ③

13 부동 충전방식의 축전지용량 산정 시 필요한 용량환산시간(K)의 선정에 고려되는 요소가 아닌 것은?

① 보수율　　　　　　② 축전지 온도

③ 방전시간　　　　　④ 허용최저전압

풀이 ○
축전지 용량환산시간(K)은 방전시간, 축전지 온도, 허용최저 전압에 의해 선정된다. **[답] ①**

14 태양광발전시스템의 인버터에 내장된 단독운전 방지기능에서 능동적 검출방식이 아닌 것은?
① 주파수 시프트방식
② 유효전력 변동방식
③ 무효전력 변동방식
④ 전압위상 도약검출방식

풀이 ○
1) 수동검출방식 : 전압위상 도약검출방식, 제3고조파 전압급증 검출방식, 주파수 변화율 검출방식
2) 능동검출방식 : 주파수 시프트방식, 유효전력변동방식, 무효전력변동방식, 부하변동방식 **[답] ④**

15 그림은 하나의 태양전지 모듈의 스트링 연결부에서 지락이 발생하여 쇼트상태가 되었다. 단자 A와 B 사이의 전압[V]은?

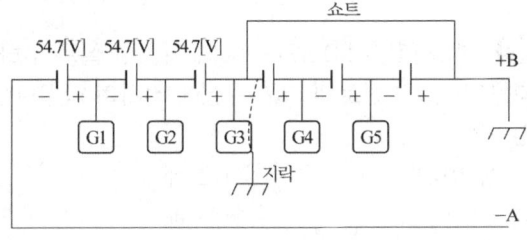

① 0.0
② 109.4
③ 164.1
④ 328.2

풀이 ○
단자사이 전압 = 전지전압×직렬 수
$$= 54.7[V] \times 3 = 164.1[V]$$
※ 지락으로 단락(쇼트)된 회로전압은 0[V]가 된다. **[답] ③**

16 화석연료를 사용하는 국내발전사업자가 2012년부터 총 발전량의 일정 비율을 신재생에너지로 의무화해야 하는 제도는?

① FIT(Feed In Tariff)
② RPS(Renewable portfolio Standard)
③ REC(Renewable Energy Certificate)
④ FERC(Federal Energy Regulatory Commission)

풀이 ○
• FIT(Feed In Tariff) : 발전차액지원제도
• REC(Renewable Energy Certificate) : 신재생에너지 공급인증서의 발급 및 거래단위로서 공급인증서 발급대상설비에서 공급된 MWh 기준의 신재생에너지 전력량에 대해 가중치를 곱하여 부여하는 단위
• RPS(Renewable Portfolio Standard) : 화석연료를 사용하는 국내발전사업자가 2012년부터 총 발전량의 일정비율을 신재생에너지로 공급하도록 한 의무화 제도
• FERC(Federal Energy Regulatory Commission) : 미국 연방 에너지규제위원회 **[답] ②**

17 다음 [보기] 중 태양광발전의 특징을 모두 나열한 것은?

〈보기〉
㉠ 가동부분이 없고 공해가 없는 청정에너지를 생산함
㉡ 외부의 기후환경에 의한 영향 없이 에너지를 생산함
㉢ 유지가 간편하고 자동화 및 무인화가 용이함
㉣ 적용 규모의 대소에 따른 모듈화가 편리함

① ㉠, ㉡, ㉢
② ㉠, ㉢, ㉣
③ ㉠, ㉡, ㉣
④ ㉡, ㉢, ㉣

풀이 ○
태양광발전은 기후환경(날씨, 온도)에 따라 발전량의 영향을 받는다. **[답] ②**

18 전력변환 장치 중 AC-AC 컨버터(교류변환)의 명칭은?
① 초퍼
② 인버터
③ 정류기
④ 사이클로 컨버터

풀이 ○
• AC - DC Converter (순변환) : 정류기
• AC - AC Converter (교류변환) : 사이클로 컨버터
• DC - DC Converter (직류변환) : 초퍼
• DC - AC Converter (역변환) : 인버터 **[답] ④**

19 브리지정류기에 대한 설명 중 틀린 것은?

① 전파 정류기이다.

② 맥류주파수는 입력주파수의 2배이다.

③ 4개의 다이오드가 필요하다.

④ DC 전압을 AC 전압으로 변환하기 위해 사용한다.

풀이 ○

브리지 정류기는 AC 전압을 DC전압으로 변환하는 것이다.　　　　　　　　　　　　　　　　[답] ④

20 동일 출력전압(V_c) 특성을 가지는 N_s개의 태양전지를 같은 일사 조건에서 서로 직렬로 연결했을 경우의 출력전압(V_a)에 대한 계산식은?

① $V_a = N_s / V_c$

② $V_a = N_s \times V_c$

③ $V_a = V_c^2 \times N_s$

④ $V_a = N_s^2 \times V_c$

풀이 ○

태양전지 출력전압(V_a)=직렬 수(N_s)×태양전지 출력전압(V_c)　　　　　　　　　　　　　　[답] ②

2과목
태양광발전시스템 **시공**

21 태양광발전시스템을 전력계통과 연계하기 위한 변압기의 결선방법으로 가장 적당한 것은? (단, 인버터는 절연변압기를 사용하고 있는 경우이다.)

① Y-Y　　　　　　② Y-△

③ △-△　　　　　④ △-Y

풀이 ○

• 태양광발전소 전력계통 연계 변압기 결선 : Y-△

• 일반 수용가 변압기 결선 : △-Y　　　　[답] ②

22 태양광 설치 공사 중 태양전지 모듈의 설치 시 추락방지에 대한 안전대책이 아닌 것은?

① 안전대 착용

② 안전모 착용

③ 저압 절연장갑 착용

④ 안전화 착용

풀이 ○

• 추락방지용 안전장구 : 안전모, 안전화, 안전대, 안전허리띠

• 저압 절연장갑을 착용은 감전방지대책이다.　　[답] ③

23 가교폴리에틸렌 케이블 단말처리를 위해 사용하는 절연 테이프의 종류는?

① 고무 절연테이프

② 비닐 절연테이프

③ 폴리에틸렌 절연테이프

④ 자기융착 절연테이프

풀이 ○

가교폴리에틸렌 케이블 단말처리를 위해 사용하는 절연테이프는 자기융착 절연테이프이다.　　　[답] ④

24 부하 역률이 0.8인 선로의 저항 손실은 부하 역률이 0.9인 선로의 저항 손실에 비하여 약 몇 배인가?

① 동일하다.　　　　　② 1.2 배

③ 1.3 배　　　　　　④ 1.5 배

풀이 ○

선로의 저항손실(P_l) $= I^2 \times R$ [W] ·········① 식

전류(I) $= \dfrac{P}{V \times \cos(\theta)}$ [A] ···············② 식

②식을 ①식에 대입하면

$P_l \propto \left(\dfrac{P}{V \times \cos\theta} \right)^2 \propto \left(\dfrac{1}{\cos\theta} \right)^2$

$\therefore P_l \propto \left(\dfrac{\frac{1}{0.8}}{\frac{1}{0.9}} \right)^2 = \left(\dfrac{0.9}{0.8} \right)^2 = 1.265 \fallingdotseq 1.3$배　　　[답] ③

25 태양전지 모듈, 전선 및 개폐기 등의 시설 시 적합하지 않은 것은?

① 충전부분은 노출되지 아니하도록 시설할 것

② 태양전지 모듈의 프레임은 지지물과 전기적으로 완전하게 접속할 것

③ 태양전지 모듈은 병렬로 접속하는 전로에는 그 전로에 단락이 생긴 경우에 전로를 보호하는 과전류 차단기, 기타의 기구를 시설할 것

④ 태양전지 모듈에 접속하는 부하측의 전로에는 그 접속점에 근접하여 개폐기 기타 유사한 기구를 시설하지 않을 것

풀이 ●

태양전지 모듈에 접속하는 부하측의 전로에는 그 접속점에 근접하여 개폐기 기타 유사한 기구를 시설하여야 한다. **[답]** ④

26 태양광발전시스템의 절연저항측정을 위한 측정회로(P-N 간을 단락하는 방법)는 그림과 같다. 절연저항 측정회로에서 절연저항 측정방법 중 옳지 않은 것은? (단, 일사량이 없고, 위험예방 작업을 한 경우이다.)

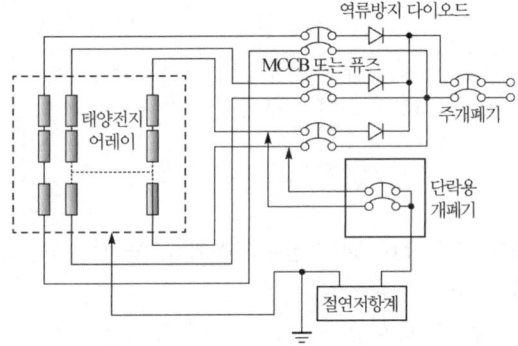

① 주개폐기를 개방(OFF)한다.

② 태양전지 스트링의 MCCB 또는 퓨즈를 개방 (OFF)한다.

③ 측정 종료 후에는 단락용 측정기를 반드시 OFF한다.

④ 절연저항계의 L측을 접지단자에, E측을 단락용개폐기의 2차측에 접속하고 저항값을 측정한다.

풀이 ●

절연저항계의 L측을 단락용개폐기의 2차측에, E측을 접지단자에 접속하고 저항값을 측정한다. **[답]** ④

27 태양광발전설비 사용 전 검사에 필요한 서류가 아닌 것은?

① 공사 내역서

② 감리원 배치 확인서

③ 공사 계획신고서

④ 태양광 전지 규격서 및 성적서

풀이 ●

태양광 발전설비 사용 전 검사에 필요한 서류

• 사용전 검사 신청서

• 사용전 검사 신청서 첨부 서류 : 공사계획인가(신고)서, 설계도서 및 감리원 배치확인서, 전기안전관리자 선임신고증명서, 태양광전지 및 인버터 규격서 및 시험성적서, 단선결선도, 태양전지 트립 인터록 도면, 시퀀스 도면, 보호장치 및 계전기 시험성적서, 절연저항 시험 성적서 **[답]** ①

28 태양광발전용 철 구조물의 방식 방법으로 사용되는 용융아연 도금의 수명을 도서나 해안지역에서 20~30년으로 하기 위해서는 아연도금량은 몇 $[g/m^2]$ 이상으로 하여야 하는가?

① $100[g/m^2]$ 이상 ② $300[g/m^2]$ 이상

③ $500[g/m^2]$ 이상 ④ $600[g/m^2]$ 이상

풀이 ●

철 구조물 도금의 수명 20~30년 유지 아연도금량

• 중공업지역, 해안지대 : $600[g/m^2]$

• 교외지역 : $400[g/m^2]$ **[답]** ④

29 태양전지 모듈의 배선공사가 끝나고 확인할 사항이 아닌 것은?

① 전압 확인 ② 극성 확인

③ 단락전류 확인 ④ 양극접지 확인

풀이 ●

태양전지 모듈의 배선 후 확인할 사항 : 극성확인, 전압확인, 단락전류확인, 비접지 확인 **[답]** ④

30 지붕설치형 태양전지 모듈의 설치방법 중 유의할 사항이 아닌 것은?

① 모듈 교환이 쉬울 것
② 지지기구 등의 노출부를 가능한 줄일 것
③ 적설량이 많은 곳에서는 적설하중을 고려할 것
④ 지붕과 태양전지 모듈의 간격이 없도록 할 것

풀이 ○
태양전지 모듈의 자연통풍을 시켜 온도상승에 의한 출력저하 방지를 위해 지붕과 태양전지 모듈의 간격은 10~20[cm]의 이격 공간을 확보한다. **[답] ④**

31 다음 중 시방서의 종류가 아닌 것은?

① 공사시방서   ② 표준시방서
③ 전문시방서   ④ 설계시방서

풀이 ○
• 공사시방서 - 특정 공사를 위해 작성
• 표준시방서 - 모든 공사의 공통적인 사항을 규정
• 기술시방서 - 공사전반에 기술적인 사항을 규정
• 전문시방서 : 시설물별 표준시방서를 기본으로 모든 공종을 대상으로 하여 특정한 공사의 시공 또는 공사시방서의 작성에 활용하기 위한 종합적인 시공기준 규정 **[답] ④**

32 태양광 발전설비의 유지관리에 있어 인버터의 이상신호에 따른 조치가 틀린 것은?

① 한전 과전압(Line over voltage fault)−계통전압 확인 후 정상 시 5분후 재가동
② 인버터 출력전압(Inverter voltage fault)−인버터 및 계통전압 점검 후 운전
③ 인버터 과전류(Inverter over current fault)−계통전류 확인 후 정상 시 5분후 재가동
④ 한전 저주파수(Line under frequency fault)−계통주파수 확인 후 정상 시 5분후 재가동

풀이 ○
인버터 과전류(Inverter over current fault)−시스템 정지 후 고장부분 수리 또는 계통 점검 후 운전 **[답] ③**

33 태양광설비의 설치·보수공사에 관한 설계도서에 포함되지 않는 것은?

① 설계도면   ② 공사 계획서
③ 기술 계산서   ④ 공사비 산출내역서

풀이 ○
실시설계 성과물은 설계도면, 시방서, 공사비적산서, 각종계산서, 기타 협의기록서 등 **[답] ②**

34 400[V] 미만의 옥내장소에서 전개된 장소(건조한 장소)로 적합하지 않은 공사는?

① 금속몰드 공사
② 플로어덕트 공사
③ 합성수지몰드 공사
④ 금속덕트 공사

풀이 ○

시설장소＼사용전압		400[V] 미만	400[V] 이상
전개된 장소	건조한 장소	애자사용공사·합성수지몰드공사·금속몰드 공사·금속덕트공사·버스덕트공사 또는 라이팅 덕트공사	애자사용공사·금속덕트공사 또는 버스덕트공사
	기타 장소	애자사용공사, 버스덕트공사	애자사용공사

※ 플로어덕트 공사는 옥내의 건조한 콘크리트 또는 신더 콘크리트 플로어 내에 매입할 경우에 한하여 설치할 수 있다. **[답] ②**

35 설계 감리원이 발주자에게 제출하는 준공서류가 아닌 것은?

① 감리기록서류
② 설계용역 준공검사원
③ 설계도서 검토의견서
④ 설계감리 결과보고서

풀이 ○
설계감리 준공서류
1. 설계용역 준공검사원
2. 설계감리 결과보고서
3. 감리기록서류(설계감리일지, 설계감리지시부, 설계감리기록부, 설계감리요청서, 설계자와 협의사항 기록부) **[답] ③**

36 전력계통의 안정도 향상대책으로 틀린 것은?

① 제동저항기를 설치한다.

② 전압변동을 작게 한다.

③ 직렬 리액턴스를 크게 한다.

④ 고속도 차단방식을 채용한다.

풀이 ○

안정도 향상대책

• 직렬리액턴스(X)를 작게 한다. (기기의 리액턴스를 적게, 복도체 방식, 직렬콘덴서)

• 전압변동을 작게 한다 .(속응여자 방식, 계통의 연계)

• 계통에 주는 충격의 경감. (고속재폐로 방식, 차단기의 고속화, 중간 개폐소, 제동저항기 설치)

• 고장시 발전기 입출력의 불평형을 작게 한다. **[답] ③**

37 태양광발전시스템의 시공·설계 시 고려하여 검토된 하중의 크기순으로 바르게 나열한 것은?

① 폭풍 시 > 적설 시 > 지진 시

② 지진 시 > 폭풍 시 > 적설 시

③ 폭풍 시 > 지진 시 > 적설 시

④ 지진 시 > 적설 시 > 폭풍 시

풀이 ○

국내 태양광 구조물 적용 하중의 크기 : 폭풍 시 > 적설 시 > 지진 시 **[답] ①**

38 감리원은 공사하도급 계약통지서에 관한 적정성 여부를 검토하여 발주자에게 며칠 이내에 의견을 제출하는가?

① 3일 이내

② 7일 이내

③ 14일 이내

④ 30일 이내

풀이 ○

감리원은 공사하도급 계약통지서에 관한 적정성 여부를 검토하여 발주자에게 7일 이내에 의견을 제출하여야 한다. **[답] ②**

39

[2021.1.1.부터 한국전기설비규정(KEC) 시행과 출제기준 제외문항으로 삭제

40 피뢰시스템 중 뇌격전류를 안전하게 대지로 전송하는 시스템은 무엇인가?

① 수뢰 시스템

② 인하도선 시스템

③ 감시 시스템

④ 비상경보 시스템

풀이 ○

뇌격전류를 안전하게 대지로 전송하는 시스템은 인하도선 시스템이다. **[답] ②**

3과목 태양광발전시스템 운영

41 유지보수 관점에서 태양광발전시스템의 점검 종류로 틀린 것은?

① 일상점검

② 정기점검

③ 임시점검

④ 특별점검

풀이 ○

유지보수 관점의 점검의 종류 : 일상점검, 정기점검, 임시점검 **[답] ④**

42 태양광 발전용 인버터의 누설전류 시험 시 품질기준으로 직류 몇 [mA]를 초과하지 않아야 하는가?

① 3

② 5

③ 7

④ 10

풀이 ○

태양광 발전용 인버터의 누설전류 시험 시 품질기준으로 교류 3.5[mA] 또는 직류 10[mA]를 초과하지 않아야 한다. **[답] ④**

43 결정질 실리콘 태양광발전 모듈의 성능시험 중 바이패스 다이오드 열 시험 시 STC 조건에서 몇 배의 단락전류를 적용하는가?

① 1.2

② 1.25

③ 1.3

④ 1.5

풀이 ○

결정질 실리콘 태양광발전 모듈의 성능시험 중 바이패스 다이오드 열 시험 시 STC 조건에서 1.25배의 단락전류를 적용한다. **[답] ②**

44 박막 태양광발전 모듈의 성능시험으로 틀린 것은?

① 고온고습 시험

② 단자강도 시험

③ 열점 내구성 시험

④ 전기자기 적합성 시험

풀이 ○

전자기 적합성(EMC) 시험은 태양광발전용 인버터 시험항목이다. **[답]** ④

45 태양광발전시스템 화재의 원인으로 틀린 것은?

① 단락   ② 누전

③ 저전압   ④ 접촉부 과열

풀이 ○

전기화재의 원인 : 누전, 단락, 접촉부 과열, 아크 **[답]** ③

46 태양광발전시스템의 감전사고 예방대책이 아닌 것은?

① 고무장갑 착용

② 전선피복 상태 관리

③ 누전발생 우려 장소에 누전차단기 설치

④ 태양전지 모듈 및 인버터 전원 개방

풀이 ○

고무장갑은 절연성능을 보증할 수 없어, 감전사고 예방대책이 될 수 없다. **[답]** ①

47 태양광발전시스템의 부품교환에 대한 설명으로 틀린 것은?

① 부품 교환 시 타입 및 기능을 충분히 조사한다.

② 납땜 작업 등은 숙련자에게 맡긴다.

③ 조정설정이 필요한 부품은 교환 전 확실히 설정한다.

④ 부품 교환 시 접속이 물리지 않도록 하며, 볼트 조임 등을 잊어버리지 않도록 주의한다.

풀이 ○

조정설정이 필요한 부품은 교환 후 설정한다. **[답]** ③

48 태양광발전시스템이 작동되지 않았을 때 응급조치 방법이 아닌 것은?

① 접속함 내부 DC 차단기 개방

② AC 차단기 개방

③ 태양광 모듈 분리

④ 인버터 정지 후 점검

풀이 ○

태양광발전시스템 응급조치 방법

• 접속함 내부 DC 차단기 개방(OFF)

• AC차단기 개방(OFF)

• 인버터 정지 후 점검 **[답]** ③

49 작업자의 안전을 위하여 안전점검 전 준비 및 조치내용 중 틀린 것은?

① 사전에 면밀한 계획수립 및 필요공구 등을 준비한다.

② 안전을 위하여 접지한 부분이 있으면 반드시 제거해야 한다.

③ 검전기로 무전압 상태를 확인하고 필요 개소에 접지한다.

④ 태양광발전모듈의 경우 햇빛을 받으면 발전되므로 각 접속반의 차단기 차단시에도 감전사고에 유의한다.

풀이 ○

접지선의 제거는 안전점검 후의 조치내용이다. **[답]** ②

50 태양광발전사업을 하기 위하여 전기사업허가신청서를 제출할 때 같이 제출하는 첨부서류로 틀린 것은?

① 사업계획서

② 송전관계일람도

③ 전기안전점검신청서

④ 발전원가명세서

풀이 ●

전기안전점검신청서는 한국전기안전공사에 전기안전점검 신청시 제출서류이다. **[답]** ③

51 자가용전기설비의 검사항목 중 태양광발전시스템의 정기검사 항목으로 틀린 것은?

① 보호장치검사　　　② 내연기관검사
③ 종합연동시험검사　④ 부하운전시험검사

풀이 ●

내연기관(엔진)은 디젤발전기와 같은 설비의 정기검사 항목이다. **[답]** ②

52 인버터의 일상점검 항목으로 틀린 것은?

① 외함의 부식 및 파손
② 이상음, 이상 진동 및 과열 상태
③ 가대의 부식 및 오염 상태
④ 외부배선(접속케이블)의 손상여부

풀이 ●

가대의 부식 및 오염 상태는 어레이의 일상점검 항목이다. **[답]** ③

53 국제사회안전협회 5대 안전수칙 준수사항이 아닌 것은?

① 작업 후 전원차단
② 전원투입 방지
③ 작업장소의 무전압 여부 확인
④ 단락접지

풀이 ●

국제사회안전협회(ISSA)의 5대 정전작업 안전수칙
• 작업 전 전원차단　　• 전원투입의 방지
• 작업장소의 무전압 여부 확인
• 단락접지　　　　　• 작업장소의 보호 **[답]** ①

54 태양광발전모듈의 발전성능을 옥내에서 시험하기 위해 사용하는 인공광원은?

① 염수분무 장치　　　② UV시험 장치
③ 항온항습 장치　　　④ 솔라 시뮬레이터

풀이 ●

• 염수분무 장치 : 모듈의 구성재료와 패키지 등의 구성품을 대상으로 염수에 대한 내구성을 시험하기 위한 환경 챔버
• UV시험 장치 : 모듈이 태양광에 노출되는 경우에 따라서 유기되는 열화정도를 시험하기 위한 장치
• 항온항습 장치 : 모듈의 온도사이클 시험, 온습도 사이클 시험, 내열-내습성 시험을 하기 위한 환경 챔버
• 솔라 시뮬레이터 : 모듈의 발전성능을 옥내에서 시험하기 위한 인공광원 **[답]** ④

55 배선 케이블의 육안점검 사항으로 틀린 것은?

① 배선의 늘어짐　　　② 배선의 환기 상태
③ 배선의 변색 변형　④ 배선의 위험 노출

풀이 ●

배선케이블에는 환기설비가 없다. **[답]** ②

56 태양광발전시스템 성능평가를 위한 측정요소 중 사이트 평가방법으로 틀린 것은?

① 기기 제조사　　　　② 기초공사 단가
③ 설치시설의 지역　④ 설치시설의 분류

풀이 ●

• 사이트 평가방법 : 설치 대상기관, 설치 시설의 분류, 설치 시설의 지역, 설치 형태, 설치 용량, 설치 각도와 방위, 시공업자, 기기 제조사 **[답]** ②

57 태양광발전시스템의 운영방법에 대한 설명으로 틀린 것은?

① 태양광발전시스템의 발전량은 계절에 상관없이 일정하게 유지된다.
② 태양광발전모듈 표면은 특수 처리된 강화유리로 되어 있어 강한 충격이 있을 시 파손될 수 있다.
③ 설치된 태양광발전시스템의 용량은 부하의 용도 및 적정사용량을 합산하여 월평균 사용량에 따라 결정된다.

④ 구조물에 부분적인 발청현상이 있을 경우 페인트, 은분, 스프레이 등으로 도포 처리를 해 주면 장기간 안전하게 사용할 수 있다.

풀이 ○

태양광발전시스템의 발전량은 계절에 따라 가조시간, 온도 등이 다르므로 일정하게 발전되지 않는다.

[답] ①

58 태양광발전시스템 어레이의 일상점검 시 육안점검 항목이 아닌 것은?

① 접지저항
② 지지대의 부식 및 녹
③ 표면의 오염 및 파손
④ 외부배선(접속케이블)의 손상

풀이 ○

일상점검은 계측기나 공구를 사용하지 않고 하는 점검이다. 접지저항은 접지저항측정기가 필요하다. [답] ①

59 선간전압이 100[kV]인 충전전로 인근에서 유자격자가 작업하는 경우 노출 충전부에 접근 한계거리 몇 [cm] 이내로 접근하거나 절연 손잡이가 없는 도전체에 접근할 수 없도록 하여야 하는가?

① 90
② 110
③ 130
④ 150

풀이 ○

유자격자가 충전전로 인근에서 작업하는 경우 접근한계거리

충전전로의 선간전압[kV]	충전전로에 대한 접근 한계거리[cm]
0.3이하	접촉금지
0.3초과 0.75이하	30
0.75초과 2이하	45
2초과 15이하	60
15초과 37이하	90
37초과 88이하	110
88초과 121이하	130
121초과 145이하	150
145초과 169이하	170

[답] ③

60

[2021.1.1.부터 한국전기설비규정(KEC) 시행과 출제기준 제외문항으로 삭제

4과목
신재생에너지 관련법규

61 다음 중 예외적으로 전력시장에서 전기를 직접 구매할 수 있는 전기사용자는 수전설비의 용량이 몇 킬로볼트암페어 이상인 경우인가?

① 2만
② 3만
③ 4만
④ 5만

풀이 ○

예외적으로 전력시장에서 전기를 직접 구매할 수 있는 전기사용자는 수전설비의 용량 : 3만 킬로볼트암페어 이상

[답] ②

62 지중 또는 수중에 시설되는 금속체(이하 "피방식체"라 한다)의 부식을 방지하기 위한 시설 방법이 틀린 것은?

① 양극은 지중에 매설하거나 수중에서 쉽게 접촉할 우려가 없는 곳에 시설할 것
② 지중에 매설하는 양극의 매설깊이는 0.75[m] 이상일 것
③ 전기부식방지 회로의 사용전압은 직류 100 [V] 이하일 것
④ 수중에 시설하는 양극과 그 주위 1[m] 이내의 거리에 있는 임의점과의 사이의 전위치는 10 [V]를 넘지 않을 것

풀이 ○

전기부식방지 회로의 사용전압은 직류 60[V] 이하일 것

[답] ③

63 한국전기설비규정에따라 접지공사에 사용하는 접지선을 사람이 접촉할 우려가 있는 곳에 시설하는 경우 그 방법이 틀린 것은?

① 접지극은 동결 깊이를 감안하여 시설하되 고압 이상의 전기설비와 142.5에 의하여 시설하는 접지극의 매설깊이는 지표면으로부터 지하 0.75[m] 이상으로 한다.

② 접지극을 접속하는 경우에는 발열성 용접, 압착접속, 클램프 또는 그 밖의 적절한 기계적 접속장치로 접속하여야 한다.

③ 접지도체는 지하 0.3[m]부터 지표 상 2[m]까지 부분은 합성수지관 또는 이와 동등 이상의 절연효과와 강도를 가지는 몰드로 덮어야 한다.

④ 접지도체를 철주 기타의 금속체를 따라서 시설하는 경우에는 접지극을 철주의 밑면으로부터 0.3[m] 이상의 깊이에 매설하는 경우 이외에는 접지극을 지중에서 그 금속체로부터 1[m] 이상 떼어 매설하여야 한다.

풀이 ◎
접지도체는 지하 0.75[m]부터 지표 상 2[m]까지 부분은 합성수지관 또는 이와 동등 이상의 절연효과와 강도를 가지는 몰드로 덮어야 한다. **[답]** ③

64 최대사용전압 7[kV] 이하인 전로에서 절연내력 시험전압은 최대사용전압의 몇 배 전압으로 시험하는가?

① 0.72　　② 0.92
③ 1.5　　④ 2.0

풀이 ◎

전로의 종류		시 험 전 압
7,000[V] 이하		최대사용전압 × 1.5배
비접지식	7,000[V] 초과	최대사용전압 × 1.25배
중성점 다중접지식	7,000[V] 초과 25,000[V] 이하	최대사용전압 × **0.92배**
중성점 접지식	60,000[V] 초과	최대사용전압 × 1.1배
중성점 직접접지식	170,000[V] 이하	최대사용전압 × 0.72배
	170,000[V] 넘는 구내에서만 적용	최대사용전압 × 0.64배

[답] ③

65 신·재생에너지의 기술개발 및 이용 보급을 하기 위한 기본계획의 계획기간으로 옳은 것은?

① 10년 이상
② 15년 이상
③ 20년 이상
④ 30년 이상

풀이 ◎
신·재생에너지의 기술개발 및 이용·보급을 촉진하기 위한 기본계획을 5년마다 수립하여야 하며, 기본계획의 계획기간은 10년 이상으로 한다. **[답]** ①

66 탄소중립기본법령에 따른 온실가스 종합정보센터의 업무가 아닌 것은?

① 온실가스 종합정보관리체계의 구축 및 운영
② 온실가스종합정보체계 구축 관련 국제기구·단체 및 선진국과의 협력
③ 관계 중앙행정기관·지방자치단체에 대한 관련 정보 및 통계 제공
④ 온실가스 관련 각종 정보 및 통계의 개발·분석·검증·작성·관리

풀이 ◎
온실가스종합정보체계 구축 관련 국제기구·단체 및 개발도상국과의 협력 **[답]** ②

67

[2021.1.1.부터 한국전기설비규정(KEC) 시행과 출제기준 제외문항으로 삭제]

68 극저주파 전자계라 함은 0[Hz]를 제외한 몇 [Hz]이하의 전계와 자계를 말하는가?

① 60　　② 100
③ 200　　④ 300

풀이 ◎
극저주파 전자계(ELF) : 0[Hz]를 제외한 300[Hz] 이하의 전계와 자계 **[답]** ④

69 신 · 재생에너지 기술의 사업화에 대한 설명으로 틀린 것은?

① 시험제품 제작 및 설비투자에 드는 자금의 융자

② 개발된 신 · 재생에너지 기술의 교육 및 홍보

③ 신 · 재생에너지 기술의 개발사업을 하여 정부가 취득한 산업재산권의 무상 양도

④ 신 · 재생에너지 기술을 사업화하기 위하여 필요하다고 인정하여 대통령이 정하는 지원 사업

풀이

신 · 재생에너지 기술의 사업화 지원
• 시험제품 제작 및 설비투자에 드는 자금의 융자
• 신 · 재생에너지 기술개발사업을 하여 정부가 취득한 산업재산권의 무상 양도
• 개발된 신 · 재생에너지 기술의 교육 및 홍보
• 그 밖에 개발된 신 · 재생에너지 기술을 사업화하기 위하여 필요하다고 인정하여 기후에너지환경부장관이 정하는 지원사업 **[답] ④**

70 탄소중립기본법에 따른 녹색기술에 해당되지 않는 것은?

① 원자력 발전기술

② 온실가스 감축기술

③ 에너지 이용 효율화 기술

④ 자원순환 및 친환경 기술

풀이

녹색기술 : ① 기후변화대응 기술, ② 에너지 이용 효율화 기술, ③ 청정생산기술, ④ 신·재생에너지 기술 ⑤ 자원순환 및 친환경 기술 **[답] ①**

71 신 · 재생에너지 발전에 의한 발전차액 지원 기준가격의 산정기준에 해당하지 않는 것은?

① 신 · 재생에너지 발전사업자의 구내 전력 사용량

② 운전 중인 신 · 재생에너지 발전사업자의 경영여건 및 운전 실적

③ 신 · 재생에너지 발전기술의 상용화 수준 및 시장 보급 여건

④ 전기요금 및 전력시장에서의 신 · 재생에너지 발전에 의하여 공급한 전력의 거래가격 수준

풀이

발전차액 지원 기준가격의 산정기준 : 기후에너지환경부 장관은 유가변동, 기술수준의 발전, 상용화수준 및 시장보급 여건, 전력거래실적, 발전사업자의 경영여건 및 운전실적 등을 검토하여 기준가격과 적용기간을 조정할 수 있다. **[답] ①**

72 바이오에너지를 생산하거나 이를 에너지원으로 이용하는 설비는?

① 태양광 설비   ② 수소에너지 설비

③ 태양열 설비   ④ 바이오에너지 설비

풀이

• 태양열 설비: 태양의 열에너지를 변환시켜 전기를 생산하거나 에너지원으로 이용하는 설비
• 태양광 설비: 태양의 빛에너지를 변환시켜 전기를 생산하거나 채광(採光)에 이용하는 설비
• 수소에너지 설비: 물이나 그 밖에 연료를 변환시켜 수소를 생산하거나 이용하는 설비
• 바이오에너지 설비 : 바이오에너지를 생산하거나 이를 에너지원으로 이용하는 설비 **[답] ④**

73 전기사업법의 목적이 아닌 것은?

① 전기사업에 관한 기본제도 확립

② 전기공급자의 이익 보호

③ 전기사업의 건전한 발전 도모

④ 전기사업의 경쟁을 촉진

풀이

전기사업법의 목적 : 전기사업에 관한 기본제도를 확립하고 전기사업의 경쟁을 촉진함으로써 전기사업의 건전한 발전을 도모하고 전기사용자의 이익을 보호하여 국민경제의 발전에 이바지함을 목적으로 한다. **[답] ②**

74 기후에너지환경부장관이 전기의 보편적 공급을 위하여 고려해야할 구체적 내용이 아닌 것은?

① 사회복지의 증진

② 전기의 보급 정도

③ 전기사업자 보호

④ 전기기술의 발전 정도

풀이
기후에너지환경부장관은 다음 사항을 고려하여 전기의 보편적 공급의 구체적 내용을 정한다.
1. 전기기술의 발전 정도
2. 전기의 보급 정도
3. 공공의 이익과 안전
4. 사회복지의 증진규모 [답] ③

75
[2021.1.1.부터 한국전기설비규정(KEC) 시행과 출제기준 제외문항으로 삭제]

76 신재생에너지센터는 다음 중 어느 부설기관인가?
① 한국에너지공단 ② 한국원자력발전
③ 한국전력공사 ④ 신재생에너지협회

풀이
신재생에너지센터는 한국에너지공단의 부설기관이다.
[답] ①

77 사용전압이 35[kV] 이하인 특고압 가공전선과 가공약전류 전선 등(전력보안 통신선 및 전기철도의 전용부지 안에 시설하는 전기철도용 통신선 제외) 사이의 이격 거리는 몇 [m] 이상으로 하여야 하는가?
① 0.5 ② 1
③ 2 ④ 3

풀이
특고압 가공전선과 가공약전류 전선 등 사이의 이격거리는 2[m] 이상으로 할 것. 다만, 특고압 가공전선이 케이블인 경우에는 50[cm]까지로 감할 수 있다. [답] ③

78 내연기관 및 그 부속설비에서 과도한 압력이 발생할 우려가 있는 것에 대하여 그 압력을 방출하기 위해 설치해야 하는 것은?
① 조속장치 ② 비상정지장치
③ 계측장치 ④ 과압방지장치

풀이
내연기관 및 그 부속설비에서 과도한 압력이 발생할 우려가 있는 것에 대하여 그 압력을 방출하기 위해 과압방지장치를 설치하여야 한다. [답] ④

79 50[kV] 이상의 송전선로를 연결하거나 차단하기 위한 "개폐소"를 정의할 때 해당하지 않는 곳은?
① 발전소 상호간
② 변전소 상호간
③ 발전소와 변전소간
④ 송전선로와 전기수용설비간

풀이
개폐소 : 다음 각 목의 전압 5만볼트 이상의 송전선로를 연결하거나 차단하기 위한 전기설비
㉮ 발전소 상호간 ㉯ 변전소 상호간
㉰ 발전소와 변전소 간 [답] ④

80 기후에너지환경부장관이 신·재생에너지의 이용, 보급을 촉진하고자 신축·증축 또는 개축하는 건축물에 대하여 설계 시 산출된 예상에너지 사용량의 일정비율 이상을 신재생에너지를 이용하도록 신재생에너지설비를 의무적으로 설치하게 할 수 있는 단체에 해당하지 않는 것은?
① 정부출자기업체
② 국가 및 지방자치단체
③ 정부가 대통령령이 정하는 금액 이상을 출연한 정부출연기관
④ 신재생에너지 발전사업자

풀이
공공기관의 신재생에너지 설치의무화 대상기관
• 국가기관 및 지방자치단체
• 「공공기관의 운영에 관한 법률」 제4조에 따른 공공기관
• 정부가 연간 50억 이상 출연한 정부출연기관
• 「국유재산법」 제2조제6호에 따른 정부출자기업체
• 지방자치단체 및 제2호부터 제4호까지의 규정에 따른 공공기관, 정부출연기관 또는 정부 출자기업체가 대통령령으로 정하는 비율 또는 금액이상을 출자한 법인 납입자본금의 100분의 50 이상을 출자한 법인
• 납입자본금으로 50억원 이상을 출자한 법인
• 특별법에 따라 설립된 법인 [답] ④

※ 관련법령의 개정 및 한국전기설비규정(KEC)의 시행에 따라 기출문제의 내용을 개정 및 변경된 것으로 수정한 것입니다. 따라서 엔트미디어를 통해 제공되는 기출풀이 동영상(2013~2022)은 내용이 다를 수 있습니다. 따라서 본 교재의 내용으로 학습하시기 바랍니다.

1과목
태양광발전시스템 이론

01 도체에 빛을 조사하면 그 표면에서 전자를 방출하는 현상은?

① 쇼트키 효과   ② 광전효과
③ 페르미 준위   ④ 터널링 효과

풀이 ○

광전효과 : 도체에 빛을 조사하면 그 표면에서 전자를 방출하는 현상   [답] ②

02 태양전지 모듈의 배선 후 각 모듈의 확인 사항이 아닌 것은?

① 전압 확인   ② 극성 확인
③ 단락전류 확인   ④ 절연저항 확인

풀이 ○

태양전지 모듈 결선(배선) 후 점검 사항 : 극성 확인, 전압 확인, 단락전류 확인, 비접지 확인   [답] ④

03 다음 [보기]는 태양광 인버터 최대전력추종 시험방법이다. ( )에 들어갈 수 없는 기준 값은?

〈보기〉
등가 일사 강도를 정격 출력 시의 ( )[%], ( )[%], ( )[%], ( )[%], ( )[%]로 한 상태에서 인버터의 입력 전력을 측정한다.

① 12.5   ② 25
③ 50   ④ 90

풀이 ○

최대전력 추종시험은 등가 일사강도를 정격출력 시의

100[%], 75[%], 50[%], 25[%], 12.5[%] 한 상태에서 인버터의 입력전력을 측정한다.   [답] ④

04 다결정 실리콘 태양전지 제조과정에 포함되지 않는 공정은?

① 방향성 고결   ② 웨이퍼로 켜기
③ 인발 공정   ④ 블록으로 절단

풀이 ○

인발공정은 단결정 실리콘 태양전지 제조공정 중 잉곳을 성장하는 공정이다.   [답] ③

05 인버터 출력 데이터 중 모니터링시스템에 전송되는 것이 아닌 것은?

① 발전량
② 일사량
③ 입력측 전압, 전류, 전력
④ 출력측 전압, 전류, 전력

풀이 ○

• 인버터 입력(직류) 데이터 : 전압, 전류, 전력
• 인버터 출력(교류) 데이터 : 전압, 전류, 전력, 주파수, 누적 발전량, 최대출력량
※ 일사량과 온도는 환경(기상) 데이터이다.   [답] ②

06 STC 조건 하에서 다음과 같은 특성을 가진 결정질 태양전지 모듈의 표면온도가 −13[℃]일 때, 최대 전압은 몇 V인가?
(단, 최대동작전압(V_{mpp}) = 36.7[V], 전압 온도계수(a_{vmpp}) = −0.25[V/℃] 이다.)

① 35.2   ② 46.2
③ 49.9   ④ 55.9

풀이 ○

최대전압(−13[℃])
=최대동작전압(STC)+(전압 온도계수×온도차)
$= 36.7 + ((-0.25) \times (-13 - 25)) = 46.2[V]$ [답] ②

07 태양광발전 시스템을 계통에 접속하여 역송전 운전을 하는 경우에 전력전송을 위한 수전점의 전압이 상승하여 전력회사의 운용범위를 넘지 못하게 하는 인버터의 기능은?

① 자동운전 정지기능
② 계통연계 보호기능
③ 자동전압 조정기능
④ 단독운전 방지기능

풀이 ○

태양광발전시스템을 계통에 접속하여 운전을 하는 경우에 전력전송 중 수전점의 전압이 상승하여 전력회사의 운용범위(220+13V)를 넘지 못하게 하는 인버터의 기능은 자동전압조정기능이다. [답] ③

08 태양광발전시스템에서 개별 손실 인자가 아닌 것은?

① 음영
② AC손실
③ 모듈의 오손
④ 일사량 조건

풀이 ○

개별 손실은 태양광발전시스템 구성요소 단일의 손실로 일사량 조건은 개별손실이 아니고 시스템 손실이다. [답]④

09 저항에 대한 설명 중 틀린 것은?

① 도선의 저항은 길이에 비례한다.
② 도선의 저항은 단면적에 반비례한다.
③ 옴의 법칙에서 전압은 저항에 반비례한다
④ 온도의 상승에 따라 도체의 전기저항은 증가한다.

풀이 ○

전압=전류×저항과 같이 옴의 법칙에서 전압은 저항에 비례한다. [답] ③

10 인버터에 관한 사항으로 틀린 것은?

① 인버터 설치용량은 설계용량 이상
② 인버터에 연결된 모듈 설치용량은 인버터 설치 용량의 110[%] 이내
③ 인버터는 실내 및 실외용은 구분하여 설치한다. 다만 실외용은 실내에 설치할 수 있다.
④ 각 직렬군의 태양전지 개방전압은 인버터 입력전압 범위 안에 존재

풀이 ○

• 원별 시공기준에 의거 인버터에 연결된 모듈의 용량은 인버터 용량의 105[%]이내 이어야 한다.
• 18년 개정된 원별 시공기준에 따라 ③번 문항 변경 [답] ②

11 계통연계형 태양광발전 시스템의 교류측 분전반에 포함되어야 하는 항목은?

① 단자대
② 과전류차단기
③ 역류방지장치
④ 진공차단기

풀이 ○

계통연계형 태양광발전시스템의 교류측 분전반에는 과전류 차단기를 반드시 포함하여야 한다. [답] ②

12 N형 실리콘을 위한 도핑 원소로 적합하지 않은 것은?

① 인(P)
② 비소(As)
③ 갈륨(Ga)
④ 안티몬(Sb)

풀이 ○

• N형 반도체 도핑원소(도너) : 인(P), 비소(As), 안티몬(Sb), 비스무스(Bi)
• P형 반도체 도핑원소(억셉터) : 알루미늄인(Al), 붕소(B), 갈륨(Ga), 인듐(In), 질소(N) [답] ③

13 태양광인버터 입력단 표시사항이 아닌 것은?

① 전압
② 주파수
③ 전력
④ 전류

풀이 ○

• 인버터 입력(직류) 데이터 : 전압, 전류, 전력
• 인버터 출력(교류) 데이터 : 전압, 전류, 전력, 주파수, 누적 발전량, 최대출력량 [답] ②

14 바이오에너지의 범위에 대한 설명 중 틀린 것은?

① 동 · 식물의 유지를 변화시킨 바이오디젤
② 쓰레기매립장의 무기성폐기물을 변환시킨 매립지가스
③ 생명유기체를 변환시킨 바이오가스, 바이오에탄올, 바이오액화유 및 합성가스
④ 생물유기체를 변환시킨 땔감, 우드칩, 펠렛 및 목탄 등의 고체연료

풀이 ○

쓰레기매립장의 유기성폐기물을 변환시킨 매립지가스가 바이오 에너지이다. **[답]** ②

15 다음 [보기]와 같이 기타 조건이 주어질 때 부하평준화 대응형 축전지의 설치용량으로 가장 적합한 것은?

〈보기〉 – 평균부하 용량 : 100[kWh]
  – PCS 직류입력전압 : 200[V]
  – PCS 축전지 간 전압강하 : 2[V]
  – PCS 효율 : 95[%]
  – 보수율 : 0.8
  – 용량환산시간(K) : 24.5

① 약 13000 Ah
② 약 14000 Ah
③ 약 16000 Ah
④ 약 18000 Ah

풀이 ○

1) 평균 부하전류
$$= \frac{\text{평균부하용량}}{(\text{PCS직류입력전압} + \text{전압강하}) \times \text{효율}}$$
$$= \frac{100[kWh] \times 10^3}{(200+2)[V] \times 0.95} = 521.1[A]$$

2) 축전지 용량 $= \frac{\text{용량환산시간} \times \text{평균부하전류}}{\text{보수율}(0.8)}$

$$= \frac{24.5 \times 521.1}{0.8} = 15958 ≒ 16000[Ah]$$

[답] ③

16 아래와 같은 방식의 설치 방식은?

〈보기〉
– 지붕재에 태양전지모듈을 부착시키는 타입
– 주변 지붕재와 같은 형상으로 지붕과 일체감이 있으며 건축의 디자인을 손상시키지 않는 미감 실현
– 지붕의 방수성, 내구성 등의 여러 기능 겸비

① 지붕재 일체형   ② 지붕재형
③ 경사지붕형   ④ 평지붕형

풀이 ○

문제의 설명은 지붕재 일체형이다. **[답]** ①

17 72개 전지로 구성된 결정질 실리콘 태양전지 모듈의 개방전압이 43.2[V]일 때 내부 태양전지 개방전압(V_{oc})과 충진율(Fill Factor)에 가장 근접한 값은?

① 개방전압은 0.6[V], 충진율은 0.7~0.8
② 개방전압은 0.7[V], 충진율은 0.7~0.8
③ 개방전압은 0.8[V], 충진율은 0.8~1.0
④ 개방전압은 1.0[V], 충진율은 0.9~1.0

풀이 ○

실리콘 태양전지의 개방전압 : 0.6[V], 충진율 : 0.7~0.8 **[답]** ①

18 2[Ω], 3[Ω], 5[Ω]의 저항 3개가 직렬로 접속된 회로에 5[A]의 전류가 흐르면 공급 전압은 몇 [V]인가?

① 20   ② 30
③ 40   ④ 50

풀이 ○

전압 = 전류 × 저항 = 5 × (2+3+5) = 50[V] **[답]** ④

19 태양전지의 직렬저항 증가에 따른 영향으로 옳은 것은?

① 충진율 감소   ② 누설전류 증가
③ 단락전류 증가   ④ 개방전압 감소

풀이 ○

직렬저항이 증가하면 충진율은 감소한다.　　**[답]** ①

20 태양열 시스템 활용온도에 따른 분류 중 자연형의 온도 조건은?

① 60℃ 이하　　　② 90℃ 이하
③ 150℃ 이하　　　④ 200℃ 이하

풀이 ○

태양열 시스템 활용온도에 따른 분류 중 자연형(집광과 가열이 없는)은 온수를 사용할 수 있는 60[℃]이하이다.　　**[답]** ①

2과목
태양광발전시스템 시공

21 태양전지 모듈 시공 시의 안전대책에 대한 고려사항으로 적절하지 않은 것은?

① 절연된 공구를 사용한다.
② 안전모, 안전대, 안전화, 안전허리띠 등을 반드시 착용한다.
③ 강우 시에는 반드시 우비를 착용하고 작업에 임한다.
④ 작업자는 자신의 안전확보와 2차 재해방지를 위해 작업에 적합한 복장을 갖춰 작업에 임해야 한다.

풀이 ○

강우 시 전기설비 작업은 감전위험이 매우 높으므로 작업을 금지한다.　　**[답]** ③

22 태양광발전시스템에서 태양전지 어레이용 가대 및 지지대 설치 고려 사항이 아닌 것은?

① 지지물의 자중, 적재하중 및 구조하중에 맞게 안전한 구조의 것으로 설치한다.
② 태양전지 모듈의 유지보수를 위한 공간과 작업 안전을 위해 발판, 안전난간을 설치한다.

③ 태양광전지 어레이용 가대 및 지지대의 설치 순서, 양중방법 등의 설치계획을 결정한다.
④ 구조물의 자재 중 강제류는 현장에서 절단, 용융아연도금 하여 조립함을 원칙으로 한다.

풀이 ○

구조물(가대 및 지지대)은 용융아연도금 처리되어 있으므로 절단 및 현장용접을 하면 안 된다.
※ 현장에서 용융아연도금 처리를 할 수 없다.　　**[답]** ④

23 태양광발전시스템 시공 중 감전방지책에 대한 설명으로 틀린 것은?

① 강우시 작업을 중단한다.
② 저압전로용 절연장갑을 착용한다.
③ 이중절연처리가 된 공구를 사용한다.
④ 작업 종료 후 태양전지 모듈의 표면에 차광시트를 붙인다.

풀이 ○

시공 작업 종류 후에는 모듈의 표면에 차광시트를 제거한다.　　**[답]** ④

24 3000[kW] 이하의 전기발전사업 허가권자는?

① 시 · 도지사
② 한국전력공사
③ 한국에너지 공단
④ 기후에너지환경부 장관

풀이 ○

전기사업 허가권자
• 3,000[kW] 초과설비 : 기후에너지환경부 장관
• 3,000[kW] 이하설비 : 시 · 도지사　　**[답]** ①

25 태양광 발전 공정 계획이 올바르게 연결된 것은?

① 자재 구매 → 기자재 제작 및 공장검사 → 반입 및 기자재 설치 → 교육훈련 → 시운전
② 기자재 제작 및 공장검사 → 자재 구매 → 반입 및 기자재 설치 → 교육훈련 → 시운전

③ 자재 구매 → 기자재 제작 및 공장검사 → 반입 및 기자재 설치 → 시운전 → 교육훈련

④ 기자재 제작 및 공장검사 → 자재 구매 → 반입 및 기자재 설치 → 시운전 → 교육훈련

풀이 ○

태양광발전 공정계획 : 자재 구매 → 기자재 제작 및 공장검사 → 반입 및 기자재 설치 → 시운전 → 교육훈련   **[답] ③**

26 자가용 전기설비의 검사를 받으려면 신청인은 한국전기안전공사에 검사희망일 며칠 전까지 사용 전 검사를 신청하여야 하는가?

① 3일   ② 7일
③ 15일   ④ 30일

풀이 ○

자가용 전기설비의 검사(사용전 검사 및 정기검사)를 받으려는 자(신청인)는 안전공사에 검사희망일 7일 전까지 검사를 신청하여야 한다.   **[답] ②**

27 다음 중 개폐장치의 종류가 아닌 것은?

① 단로기   ② ATS
③ 진공 차단기   ④ 전류 계전기

풀이 ○

개폐장치는 차단기, 스위치, 단로기 등이며, 전류 계전기는 개폐장치가 아니다.   **[답] ④**

28 직류 전기를 교류로 변환하는 것은?

① 초퍼   ② 정류기
③ 인버터   ④ 변압기

풀이 ○

• AC – DC Converter (순변환) : 정류기
• AC – AC Converter (교류변환) : 사이클로 컨버터
• DC – DC Converter (직류변환) : 초퍼
• DC – AC Converter (역변환) : 인버터   **[답] ③**

29 태양전지 모듈의 배선이 끝난 후 확인 사항이 아닌 것은?

① 비접지 확인   ② 개방전류 확인
③ 단락전류 확인   ④ 전압극성 확인

풀이 ○

태양광모듈 배선이 끝난 후 검사하는 항목 : 전압확인, 극성확인, 단락전류 측정, 비접지 확인
※ 개방전류는 "0"으로 측정할 필요가 없다.   **[답] ②**

30 지상에 구조물 설치를 위한 기초의 종류 중 지지층이 얕을 경우 적용하는 기초방식은?

① 말뚝기초   ② 직접기초
③ 연속기초   ④ 케이슨기초

풀이 ○

• 지지층이 얕을 경우 적용하는 기초 : 직접기초(독립기초, 연속기초, 복합기초)
• 지지층이 깊을 경우 적용하는 기초 : 말뚝기초, 케이슨기초   **[답] ②, ③**

31 감리용역 착수 시 감리업자가 제출하여야 하는 서류가 아닌 것은?

① 감리수행계획서
② 감리비 산출내역서
③ 감리원의 경력확인서
④ 시공책임자의 경력확인서

풀이 ○

감리업자는 감리용역 착수시 다음 각 호의 서류를 첨부한 착수신고서를 제출하여 발주자의 승인을 받아야 한다.
1. 감리업무 수행계획서
2. 감리비 산출내역서
3. 상주, 비상주 감리원 배치계획서와 감리원의 경력확인서
4. 감리원 조직 구성내용과 감리원별 투입기간 및 담당업무   **[답] ④**

32 설계감리원이 수행하여야 할 업무 범위로 틀린 것은?

① 시공성 및 유지관리의 용이성 검토
② 설계업무의 공정 및 기성관리의 검토
③ 주요 설계용역 업무에 대한 기술자문
④ 설계관계자간에 이견 시 공사관계자에게 보고

풀이 ◉

설계관계자간에 이견이 있을 시에는 발주자에게 보고한다. **[답] ④**

---

33 전력케이블의 방화 시 대책인 난연성도료의 구비조건으로 틀린 것은?

① 케이블 외피에 부착성이 좋아야 한다.

② 난연재는 솔벤트 성분이 있어야 한다.

③ 수성이어야 하며 습기가 스며들지 않아야 한다.

④ 자외선 및 방사선 노출에 영향을 받지 않도록 한다.

풀이 ◉

솔벤트는 휘발성이 높은 물질이므로 난연성 도료로 사용할 수 없다. **[답] ②**

---

34 다음 중 태양광발전 전기공사 중 옥외공사에 해당하지 않는 것은 무엇인가?

① 분전함 설치

② 분전반 개조(신설)

③ 접속함에서 인버터까지 배선

④ 전력량계 설치

풀이 ◉

분전함은 옥외용으로 쓸 수 있으며, 분전반은 옥내용이므로 분전반 개조는 옥내공사에 해당된다. **[답] ②**

---

35 태양광 발전설비의 유지관리에 있어 인버터의 이상신호 및 조치시에 인버터를 정지 후 5분 뒤에 재가동하여야 되는 경우가 아닌 것은?

① 정전 발생 시 한전계통 입력전원

② 계통 주파수가 규정치 이상 또는 이하일 때

③ 계통 전압이 규정치 이상 또는 이하일 때

④ 인버터 출력전압이 규정 전압을 벗어났을 때

풀이 ◉

인버터 출력전압이 규정 전압을 벗어났을 때에는 인버터와 계통전압을 점검한 후에 운전하여야 한다. **[답] ④**

---

36 전기(발전)사업의 허가 관련 업무절차 순서로 가장 옳은 것은? (단, 발전용량은 3000[kW]를 초과한다.)

① 신청서 작성 및 제출 → 접수 및 검토→ 전기위원회 심의 → 발전사업허가증 발급

② 신청서 작성 및 제출 → 접수 → 전기안전공사 심의 → 검토 → 발전사업 허가증 발급

③ 신청서 작성 및 제출 → 접수 → 전기안전협회 심의 → 검토 → 발전사업 허가증 발급

④ 신청서 작성 및 제출 → 접수 → 검토 → 신재생에너지협회 심의 → 발전사업 허가증 발급

풀이 ◉

전기(발전)사업 허가관련 업무처리 절차 : 신청서 작성 및 제출(신청인) → 접수(기후에너지환경부) → 검토(기후에너지환경부) → 전기위원회 심의 → 발전사업 허가증 발급(기후에너지환경부) **[답] ①**

---

37 기초절연의 고장으로 인해 전기기기의 접근이 가능한 부분에 위험한 전압이 발생하는 것을 방지하기 위한 이중절연 또는 강화절연의 전기적 보호등급은?

① CLASS Ⅰ ② CLASS Ⅱ

③ CLASS Ⅲ ④ CLASS Ⅳ

풀이 ◉

전기적인 보호등급		기호
Class I	장치 접지됨	⏚
Class II	보호 절연(이중/강화 절연)	◻
Class III	안전 특별 저전압 (AC : 50[V]이하, DC : 120[V]이하)	◁Ⅲ

[답] ②

38

[2021.1.1.부터 한국전기설비규정(KEC) 시행과 출제기준 제외문항으로 삭제]

39 인접한 전력시설물공사의 현장이 3개소 이하로서 발주자가 통합하여 공사 감리를 시행할 경우 공사 현장 간 이동거리가 몇 [km] 미만이어야 하는가? (단, 공사현장은 서울특별시에 소재한다.)

① 10 　　　　　　 ② 15
③ 20 　　　　　　 ④ 30

풀이 ○

인접한 전력시설물공사의 현장이 3개소 이하로서 공사 현장 간에 이동거리가 30[km](특별시 및 광역시인 경우에는 10[km])미만인 경우로 한다. **[답] ①**

40 다음 중 구내배전설비에 해당하지 않는 것은?

① 개폐소 　　　　　 ② 분전함
③ 차단기 　　　　　 ④ 전선로

풀이 ○

• 구내배전설비 : 수전설비의 배전반에서부터 전기사용기기에 이르는 전선로 · 개폐기 · 차단기 · 분전함 · 콘센트 · 제어반 · 스위치 및 그 밖의 부속설비
• 개폐소 : 전압 5만볼트 이상의 송전선로를 연결하거나 차단하기 위한 전기설비 **[답] ①**

3과목

태양광발전시스템 운영

41 태양광 발전설비의 운영 계획에서 계통연계가 필요한 경우 한국전력공사 지역 지점과 사전협의를 하여야 하는데 저압연계의 경우 몇 [kW]를 기준으로 하는가?

① 100[kW] 미만
② 500[kW] 미만
③ 100[kW] 이상
④ 500[kW] 이상

풀이 ○

분산형전원 배전계통 연계 기술기준 제4조(연계 요건 및 연계의 구분)에 의거 저압연계용량은 500[kW] 미만이다. **[답] ②**

42 절연용 방호구가 아닌 것은?

① 핫스틱 　　　　　 ② 애자커버
③ 절연고무판 　　　 ④ 절연시트

풀이 ○

절연용 방호구는 전로를 취급할 때 감전방지를 위해 충전선로에 설치하는 장구로써 절연고무판, 선로커버(덮개), 애자커버(덮개), 완금커버(덮개), 방호관, 절연시트 등 **[답] ①**

43 계통이상시 태양광전원의 발전설비 분리와 관련된 사항 중 틀린 것은?

① 단락 및 지락고장으로 인한 선로 보호장치 설치
② 계통고장시 역충전 방지를 위해 전원을 0.5초 이내 분리하는 단독운전 방지장치 설치
③ 차단장치는 배전계통 정지 중에는 투입 불가능하도록 시설
④ 정전 복구 후 자동으로 즉시 투입되도록 시설

풀이 ○

정전 복전 후 전압과 주파수가 정상상태로 5분을 경과하여 투입되도록 시설해야 한다. **[답] ④**

44 태양광발전시스템 정기점검 사항 중 접속함의 점검항목이 아닌 것은?

① 절연저항 　　　　 ② 통풍확인
③ 개방전압 　　　　 ④ 외함의 부식

풀이 ○

정기점검 시 접속함의 점검항목

육안 점검	외함의 부식 및 파손
	외부배선의 손상 및 접속단자 이완
	접지선의 손상 및 접속단자 이완
측정 및 시험	절연저항
	개방전압

[답] ②

45 태양광발전 시스템 공사계획을 사전인가 받아야 하는 설비용량은 몇 [kW]인가?

① 1000 　　　　　 ② 3000
③ 5000 　　　　　 ④ 10000

풀이 ⊙

태양광발전시스템 공사계획 인가대상 : 10,000[kW]
이상   **[답] ④**

46 실리콘 단결정과 다결정 태양전지의 일반적
인 설명 중 틀린 것은?
① 단결정의 직렬저항성분이 작다.
② 다결정 전지의 병렬성분이 작다.
③ 고온 작동시 다결정의 출력감소가 크다.
④ V_{oc}(Open Circuit Voltage) 크기의 차는 작다.

풀이 ⊙

실리콘 단결정과 다결정 태양전지는 고온 작동 시 출력
감소는 동일하다.   **[답] ③**

47 독립형 태양광 발전시스템에서 부조일수의
설명으로 가장 옳은 것은?
① 유지 보수를 위한 일수를 말한다.
② 정전된 일수를 말한다.
③ 연속적으로 발전이 가능한 일수를 말한다.
④ 연속적으로 발전이 불가능한 일수를 말한다.

풀이 ⊙

부조일수 : 연속적으로 발전이 불가능한 일수   **[답] ④**

48

> [2021.1.1.부터 한국전기설비규정(KEC) 시행과
> 출제기준 제외문항으로 삭제

49 주회로를 점검 할 때 안전을 위하여 점검하
는 사항이 아닌 것은?
① 단로기를 투입시킨다.
② 검전기로 무전압 상태를 확인하고 접지 및 점
   검 작업을 한다.
③ 관련된 차단기를 열고 주회로 무전압이 되게
   한다.
④ 차단기는 단로상태가 되도록 인출하고 "점검
   중"이라는 표지판을 부착한다.

풀이 ⊙

단로기는 회로를 분리하는 기능으로 사용되는 것으로
주 회로를 점검할 때는 분리(OFF)되어야 한다. **[답] ①**

50

> [2021.1.1.부터 한국전기설비규정(KEC) 시행과
> 출제기준 제외문항으로 삭제

51 태양광 모듈에 설치되어 있는 바이패스 다이
오드(Bypass Diode)의 역할과 가장 거리가 먼 것
은?
① 내부의 직렬저항이 커질 때 작동한다.
② 그림자 효과가 발생할 때 쉽게 작동한다.
③ 전지 내부의 병렬저항이 작아질 때 쉽게 작동
   한다.
④ 병렬 다이오드(Diode)의 개수가 증가할수록
   쉽게 작동한다.

풀이 ⊙

바이패스 다이오드는 다음 그림과 같이 셀에 그림자가
생겨 순방향 바이어스가 될 때 흐르며, 병렬 다이오드
수량 증가는 의미가 없다.

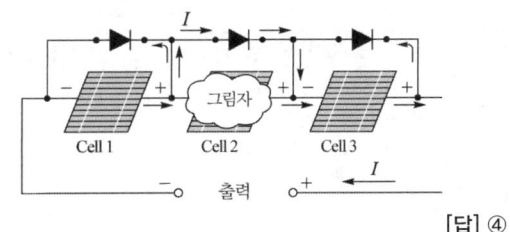

                                              [답] ④

52 태양광 모듈 성능시험을 위한 표준 시험조건
중 일사강도[W/m²] 기준은?
① 800
② 1000
③ 1200
④ 1500

풀이 ⊙

모듈의 표준시험 조건의 일사강도 : 1000[W/m²]
                                              [답] ②

53 태양광 발전소 정기점검요령으로 틀린 것은?

① 인버터 절연저항이 1[MΩ] 이상일 것

② 접속함 나사는 적정하게 풀려 있을 것

③ 태양전지 어레이 접지선이 확실하게 접속되어 있을 것

④ 태양전지 모듈-접지선 절연저항은 0.2[MΩ] 이상일 것

풀이◎

접속함의 나사풀림은 없어야 한다. [답] ②

54

[2021.1.1.부터 한국전기설비규정(KEC) 시행과 출제기준 제외문항으로 삭제]

55 큐비클 이외의 발전설비와 축전지설비의 보안거리는?

① 1[m]   ② 1.2[m]

③ 1.5[m]   ④ 2.0[m]

풀이◎

축전지설비의 이격거리는 다음 표와 같다.

이격거리를 확보해야 할 부분	이격거리[m]
큐비클 이외의 발전설비와의 사이	1.0
큐비클 이외의 변전설비와의 거리	1.0
옥외에 설치할 경우 건물과의 사이	2.0
전면 또는 조작면	1.0
점검면	0.6
환기면*	0.2

[답]①

56 다음 중 태양광 발전 시스템의 신뢰성 평가 분석 항목이 아닌 것은?

① 경제성

② 트러블

③ 운전 데이터 결측 상황

④ 계획 정지

풀이◎

신뢰성 평가 분석 항목

① 시스템 트러블 : 인버터 정지, 직류지락, 계통지락, RCD트립, 원인불명 등에 의한 시스템 운전정지 등

② 계측 트러블 : 컴퓨터 전원의 차단, 컴퓨터의 조작오류, 기타 원인불명

③ 운전 데이터의 결측 상황

④ 계획정지 : 정전 등(정기점검·개수정전, 계통 정전) [답] ①

57 태양광 발전설비 중 사업용 전기 설비의 사용전 검사 시 제출 필요서류 목록이 잘못된 것은?

① 사용전검사 신청서

② 전기사업허가서

③ 공사계획신고서

④ 전기안전관리담당자 선임신고필증

풀이◎

사업용 전기설비의 사용전검사 시 제출 필요서류

1) 사용전검사 신청서

2) 첨부서류 :
  • 공사계획인가서 또는 신고수리서 사본
  • 감리원 배치확인서
  • 자체감리를 확인할 수 있는 서류(전기안전관리자가 자체감리를 하는 경우만 해당)
  • 전기안전관리자 선임신고증명서 사본 1부 [답] ②

58 태양광발전용 인버터(계통연계형, 독립형) 정상특성시험에 해당하지 않는 것은?

① 내전압시험

② 측정 오차 정확도 시험

③ 온도상승 시험

④ 자동가동·정지시험

풀이◎

태양광발전용 인버터 정상특성시험 항목

시험 항목	독립형	계통 연계형
a) 측정 오차 정확도 시험	○	○
b) 교류 전압, 주파수 추종 범위 시험	×	○
c) 교류 출력 전류 왜형률 시험	×	○
d) 온도 상승 시험	○	○
e) 효율 시험	○	○
f) 대기 손실 시험	×	○
g) 자동 기동·정지 시험	×	○
h) 최대 전력 추종 시험	×	○

시험 항목	독립형	계통 연계형
i) 출력 전류 직류분 검출 시험	×	○

[답] ①

59 시스템 성능평가 분류 중 사이트 평가방법 항목으로 틀린 것은?

① 설치 용량
② 설치 형태
③ 설치 단가
④ 설치 대상기관

풀이 ○

• 사이트 평가방법 : 설치 대상기관, 설치 시설의 분류, 설치 시설의 지역, 설치 형태, 설치 용량, 설치 각도와 방위, 시공업자, 기기 제조사   [답] ③

60 피뢰기의 점검 내용이 아닌 것은?

① 단자부의 볼트 조임의 이완 여부
② 애자 등의 균열, 파손, 변형 손상 여부
③ 밀봉금속 뚜껑 등의 파손, 팽창, 섬락(Flash Over) 등의 흔적 여부
④ 부하의 용도 및 부하의 적정사용량을 합산하여 설치용량 산정 여부

풀이 ○

피뢰기의 점검내용

목 적	점검내용
볼트조임 이완	단자부의 볼트류의 조임 이완 여부
손 상	• 애자 등의 균열, 파손, 변형 여부 • 리드선 단자 등에 손상 여부
오 손	애자 등에 이물질, 먼지 등의 부착 여부
방전흔적	내부 컴파운드의 분출, 밀봉금속 뚜껑 등의 파손, 팽창, 섬락 등의 흔적 여부

[답] ④

4과목 신재생에너지 **관련법규**

61 한국전기설비규정에서 154[kV] 변전소의 울타리·담 등의 시설에 대한 사항으로 틀린 것은?

① 울타리·담 등의 높이는 2[m]이상으로 할 것
② 울타리 출입구에는 출입금지의 표시를 할 것
③ 울타리의 높이와 울타리로부터 충전부분까지의 거리의 합계를 6[m]이상으로 할 것
④ 지표면과 울타리·담 등의 하단 사이의 간격을 0.2[m]이하로 할 것

풀이 ○

발전소 등의 울타리·담 등의 시설(351.1)
• 출입구에는 출입금지의 표시를 할 것.
• 출입구에는 자물쇠장치 기타 적당한 장치를 할 것.
• 울타리·담 등의 높이는 2[m] 이상으로 하고 지표면과 울타리·담 등의 하단사이의 간격은 0.15[m] 이하로 할 것.
• 발전소 등의 울타리·담 등의 시설 시 이격거리
  – 35[kV] 이하 : 5[m]
  – 35[kV] 초과 160[kV] 이하 : 6[m]   [답] ④

62 한국전기설비규정에서 22.9[kV] 특고압 가공전선로에서 건조물의 상부 조영재 옆쪽 또는 아래쪽에서 접근상태로 시설하는 경우 특고압 절연전선(다중접지를 한 중성선 제외)과 건조물의 조영재 사이의 최소이격거리[m]는?

① 0.5   ② 1.0
③ 1.2   ④ 1.5

풀이 ○

25[kV] 이하인 특고압 가공전선로의 시설(KEC 333.32)
특고압 가공전선(다중접지를 한 중성선을 제외)이 건조물과 접근하는 경우에특고압 가공전선과 건조물의 조영재 사이의 간격은 다음 표에서 정한 값 이상일 것.

[표] 15[kV] 초과 25[kV] 이하 특고압 가공전선로 간격

건조물의 조영재	접근형태	전선의 종류	간격
상부 조영재	위쪽	나전선	3[m]
		특고압 절연전선	2.5[m]
		케이블	1.2[m]
	옆쪽 또는 아래쪽	나전선	1.5[m]
		특고압 절연전선	1.0[m]
		케이블	0.5[m]
기타의 조영재		나전선	1.5[m]
		특고압 절연전선	1.0[m]
		케이블	0.5[m]

[답] ②

63 전기판매사업자가 전기요금과 그 밖의 공급조건에 관한 약관을 작성하여 누구에게 인가를 받아야하는가?
① 대통령
② 시·도지사
③ 한국전력공사사장
④ 기후에너지환경부장관

풀이 ◉
전기판매사업자는 대통령령으로 정하는 바에 따라 전기요금과 그 밖의 공급조건에 관한 약관을 작성하여 기후에너지환경부장관의 인가를 받아야 한다. **[답] ④**

64 한국전기설비규정에서 저압 옥내배선이 약전류 전선 등 또는 수관·가스관이나 이와 유사한 것과 접근하거나 교차하는 경우에 저압 옥내배선을 애자사용 공사에 의하여 시설하는 때에는 저압 옥내배선과 약전류 전선 등 또는 수관·가스관이나 이와 유사한 것과의 이격거리는 몇 [m] 이상 하여야 하는가?(단, 전선이 나전선인 경우가 아님)
① 0.1
② 0.3
③ 0.5
④ 0.75

풀이 ◉
저압 옥내배선과 약전류전선 등 또는 수관·가스관이나 이와 유사한 것과의 이격거리는 0.1[m](전선이 나전선인 경우에 0.3[m]) 이상이어야 한다.(232.3.7) **[답] ①**

65 한국전기설비규정에서 사용전압 35[kV] 이하 특고압용 기계기구(이에 부속하는 특고압의 전기로 충전하는 전선으로서 케이블 이외의 것을 포함한다)를 시설하는 경우 울타리의 높이와 울타리로부터 충전부분까지의 거리의 합계 또는 지표상의 높이는 몇 [m] 이상으로 하여야 하는가?
① 5
② 6
③ 7
④ 10

풀이 ◉

사용전압의 구분	울타리의 높이와 울타리로부터 충전부분까지의 거리의 합계 또는 지표상의 높이
35[kV] 이하	5[m]
35[kV] 초과 160[kV] 이하	6[m]
160[kV] 초과	6[m]에 160[kV]를 초과하는 10[kV] 또는 그 단수마다 12[cm]를 더한 값

[답] ①

66 신·재생에너지 공급의무자에 해당되지 않는 것은?
① 50만킬로와트 이상의 발전설비를 보유한 자
② 「집단에너지사업법」에 따른 한국지역난방공사
③ 「국토기본법」에 따른 한국토지주택공사
④ 「한국수자원공사법」에 따는 한국수자원공사

풀이 ◉
신·재생에너지 공급의무자
• 50만[kW] 이상의 발전설비를 보유하는 자
• 한국수자원공사
• 한국지역난방공사 **[답] ③**

67 재생에너지의 종류에 해당되지 않는 것은?
① 태양에너지
② 수소에너지
③ 풍력
④ 해양에너지

풀이 ◉
• 신에너지 : 연료전지, 석탄액화가스화 및 중질잔사유 가스화, 수소에너지
• 재생에너지 : 태양(태양광, 태양열), 바이오, 풍력, 수력, 해양, 폐기물, 지열 **[답] ②**

68 한국전기설비규정에서 저압 옥내배선으로 금속덕트 공사 시 금속덕트에 넣은 전선의 단면적의 합계는 덕트의 내부 단면적의 몇 [%] 이하로 하여야 하는가?

① 10
② 20
③ 30
④ 40

풀이 ◯

금속덕트에 넣은 전선의 단면적(절연피복의 단면적을 포함한다)의 합계는 덕트의 내부 단면적의 20[%](전광표시장치 기타 이와 유사한 장치 또는 제어회로 등의 배선만을 넣는 경우에는 50[%]) 이하일 것.(232.31.1)

[답] ②

69 기후위기 대응을 위한 탄소중립 녹색성장 기본법에서 사용하는 용어 중 적외선 복사열을 흡수하거나 재방출하여 온실효과를 유발하는 대기 중의 가스 상태의 물질을 말하는 것은?

① 기후변화
② 온실가스 배출
③ 지구온난화
④ 온실가스

풀이 ◯

온실가스 : 적외선 복사열을 흡수하거나 재방출하여 온실효과를 유발하는 대기 중의 가스 상태의 물질로서 이산화탄소(CO_2), 메탄(CH_4), 아산화질소(N_2O), 수소불화탄소($HFCs$), 과불화탄소($PFCs$), 육불화황(SF_6) 및 그 밖에 대통령령으로 정하는 것

[답] ④

70 전기안전관리대행사업자가 전기안전관리업무를 대행할 수 있는 전기설비의 규모가 아닌 것은?

① 용량 500킬로와트 미만의 발전설비
② 용량 1천킬로와트 미만의 전기수용설비
③ 용량 1천킬로와트 미만의 태양광발전설비
④ 용량 500킬로와트 미만의 비상용 예비발전설비

풀이 ◯

전기안전관리업무 대행사업자 대행 범위
• 용량 1천킬로와트 미만의 전기수용설비
• 용량 300킬로와트 미만의 발전설비(비상용 예비발전설비는 용량 500킬로와트 미만)
• 태양에너지를 이용하는 발전설비(이하"태양광발전설

비"라 함)로서 용량 1천킬로와트(원격감시 및 제어기능을 갖춘 경우 용량 3천킬로와트) 미만인 것 [답] ①

71 한국전기설비규정에서 과전류차단기로 저압전로에 사용하는 범용퓨즈의 전류가 16[A]이상인 경우 불용단전류는 정격전류의 몇 배인가?

① 1.1배
② 1.25배
③ 1.3배
④ 1.5배

풀이 ◯

과전류차단기로 저압전로에 사용하는 범용의 퓨즈의 불용단전류 및 용단전류

정격전류의 구분	시 간	정격전류의 배수	
		불용단전류	용단전류
4 A 이하	60분	1.5배	2.1배
4 A 초과 16 A 미만	60분	1.5배	1.9배
16 A 이상 63 A 이하	60분	1.25배	1.6배
63 A 초과 160 A 이하	120분	1.25배	1.6배
160 A 초과 400 A 이하	180분	1.25배	1.6배
400 A 초과	240분	1.25배	1.6배

[답] ②

72 신에너지 및 재생에너지 개발 · 이용 · 보급 촉진법의 목적으로 적당하지 않은 것은?

① 온실가스 배출의 감소
② 에너지 소비의 다양화
③ 에너지 구조의 환경친화적 전환
④ 에너지의 안정적인 공급

풀이 ◯

신에너지 및 재생에너지 개발 · 이용 · 보급 촉진법의 제정 목적
• 에너지원을 다양화
• 에너지의 안정적인 공급
• 에너지 구조의 환경친화적 전환
• 온실가스 배출의 감소

[답] ②

73 교육연구시설(제2종 근린생활시설에 해당하는 것은 제외한다)의 용도의 건축물로서 신축·증축 또는 개축하는 부분의 연면적 1천제곱미터 이상의 건축물을 대상으로 예상 에너지사용량에 대한 신·재생에너지 공급의무 비율이 36[%]에 해당하는 연도는?

① 2022~2023년
② 2024~2025년
③ 2026~2027년
④ 2028~2029년

풀이 ○

신·재생에너지의 공급의무 비율(제15조제1항제1호 관련)

해당연도	2020 ~2021	2022 ~2023	2024 ~2025	2026 ~2027	2028 ~2029	2030 이후
공급의무 비율(%)	30	32	34	36	38	40

[답] ③

74 녹색산업투자회사의 등록을 취소할 수 있는 기관은?

① 한국에너지공단
② 녹색성장위원회
③ 금융위원회
④ 한국신재생에너지협회

풀이 ○

금융위원회는 공공기관이 출자하는 녹색산업투자회사의 등록 신청을 받은 경우에는 관계 중앙행정기관의 장에게 그 내용을 통보하고, 등록 결정에 관하여 협의를 할 수 있다.

[답] ③

75 한국전기설비규정에서 최대사용전압 7[kV] 초과 25[kV] 이하인 중성점 접지식 전로(중성선을 가지는 것으로서 그 중성선을 다중접지 하는 것에 한한다)의 절연내력 시험전압은 최대사용전압의 몇 배 전압으로 시험하는가?

① 0.92   ② 1.0
③ 1.25   ④ 1.3

풀이 ○

전로의 종류		시 험 전 압
7,000[V] 이하		최대사용전압×1.5배
비접지식	7,000[V] 초과	최대사용전압×1.25배
중성점 다중접지식	7,000[V] 초과 25,000[V] 이하	최대사용전압×0.92배
중성점 접지식	60,000[V] 초과	최대사용전압×1.1배
중성점 직접접지식	170,000[V] 이하	최대사용전압×0.72배
	170,000[V] 넘는 구내에서만 적용	최대사용전압×0.64배

[답] ①

76 전기사업자가 유지하여야 하는 표준주파수의 허용오차는?

① 60[Hz] 상하로 0.1[Hz] 이내
② 60[Hz] 상하로 0.2[Hz] 이내
③ 60[Hz] 상하로 0.3[Hz] 이내
④ 60[Hz] 상하로 0.4[Hz] 이내

풀이 ○

표준주파수	허용오차
60헤르츠	60헤르츠 상하로 0.2헤르츠 이내

[답] ②

77 신·재생에너지정책심의회의 심의를 거쳐 신·재생에너지의 기술개발 및 이용·보급을 촉진하기 위한 기본계획 목표수립으로 틀린 것은?

① 신·재생에너지 기술수준의 평가와 보급전망 및 기대효과
② 신·재생에너지 기술개발 및 이용·보급에 관한 지원 방안
③ 신·재생에너지 분야 전문인력 양성계획
④ 기본계획의 계획기간은 5년 이상으로 수립

풀이 ○

1) 신·재생에너지정책심의회의 심의를 거쳐 신·재생에너지의 기술개발 및 이용·보급을 촉진하기 위한 기본계획을 5년마다 수립하여야 하며, 기본계획의 계획기간은 10년 이상으로 한다.
2) 기본계획에 포함되어야 할 사항
   • 기본계획의 목표 및 기간
   • 신·재생에너지원별 기술개발 및 이용·보급의 목표

- 총전력생산량 중 신 · 재생에너지 발전량이 차지하는 비율의 목표
- 온실가스의 배출 감소 목표
- 기본계획의 추진방법
- 신 · 재생에너지 기술수준의 평가와 보급전망 및 기대효과
- 신 · 재생에너지 기술개발 및 이용 · 보급에 관한 지원 방안
- 신 · 재생에너지 분야 전문인력 양성계획　　**[답] ④**

78 신 · 재생에너지 설비 설치의무기관으로서 대통령령으로 정하는 비율 또는 금액 이상을 출자한 법인에 해당하는 것은?

① 납입자본금으로 10억원 이상을 출자한 법인
② 납입자본금으로 30억원 이상을 출자한 법인
③ 납입자본금으로 100분의 25 이상을 출자한 법인
④ 납입자본금으로 100분의 50 이상을 출자한 법인

풀이 ◉

설치의무기관으로서 대통령령으로 정하는 비율 또는 금액 이상을 출자한 법인
- 납입자본금의 100의 50 이상을 출자한 법인
- 납입자본금으로 50억원 이상을 출자한 법인　　**[답] ④**

79 전기공사기술자의 인정기준 중 기사의 자격을 취득한 후 5년 이상 전기공사업무를 수행한 전기공사기술자는?

① 초급전기공사기술자
② 중급전기공사기술자
③ 고급전기공사기술자
④ 특급전기공사기술자

풀이 ◉

전기공사기술자의 인정기준

등급	국가기술자격자
1. 특급	기술사 또는 기능장의 자격을 취득한 사람
2. 고급	가. 기사의 자격을 취득한 후 5년 이상 전기공사 업무를 수행한 사람 나. 산업기사의 자격을 취득한 후 8년 이상 전기공사업무를 수행한 사람 다. 기능사의 자격을 취득한 후 11년 이상 전기공사업무를 수행한 사람
3. 중급	가. 기사의 자격을 취득한 후 2년 이상 전기공사 업무를 수행한 사람 나. 산업기사의 자격을 취득한 후 5년 이상 전기공사업무를 수행한 사람 다. 기능사의 자격을 취득한 후 8년 이상 전기공사업무를 수행한 사람
4. 초급	가. 산업기사 또는 기사의 자격을 취득한 사람 나. 기능사의 자격을 취득한 사람

[답] ③

80 한국전기설비규정에서 태양전지모듈은 최대사용전압의 몇 배의 직류전압을 충전부분과 대지사이에 연속하여 10분간 가하여 절연내력을 시험하였을 때 견디어야 하는가?

① 1.0　　　　② 1.5
③ 2.0　　　　④ 2.5

풀이 ◉

태양전지 모듈은 최대사용전압의 **1.5배의 직류전압 또는 1배의 교류전압**을 충전부분과 대지사이에 연속하여 10분간 가하여 절연내력을 시험하였을 때에 이에 견디는 것이어야 한다.　　**[답] ②**

※ 관련법령의 개정 및 한국전기설비규정(KEC)의 시행에 따라 기출문제의 내용을 개정 및 변경된 것으로 수정한 것입니다. 따라서 엔트미디어를 통해 제공되는 기출풀이 동영상(2013~2022)은 내용이 다를 수 있습니다. 따라서 본 교재의 내용으로 학습하시기 바랍니다.

1과목 — 태양광발전시스템 이론

01 태양광발전시스템을 계통과 연계하기 위한 인버터의 인자가 아닌 것은?

① 위상 ② 전류
③ 전압 ④ 주파수

풀이 ●
• 계통과 연계하기위한 인버터의 인자 : 전압, 주파수, 위상
• 전류는 발전량과 부하량에 따라 변화하는 요소
[답] ②

02 250W 태양광발전 모듈의 가로와 세로 길이가 각각 1650[mm]와 960[mm]일 경우 변환효율은 약 몇 [%] 인가? (단, STC조건을 기준으로 한다)

① 14.45 ② 15.07
③ 15.37 ④ 15.78

풀이 ●

모듈의 변환효율 $\eta = \dfrac{\text{최대출력}}{\text{일조강도} \times \text{모듈의 면적}} \times 100[\%]$

$\eta = \dfrac{250}{1000 \times (1.65 \times 0.96)} \times 100 = 15.78[\%]$
[답] ④

03 태양광발전 모듈에 설치하는 바이패스 소자에 대한 설명으로 틀린 것은?

① 바이패스 소자로 대부분 다이오드를 사용한다.
② 일반적으로 모듈 뒷면의 단자함에 설치한다.
③ 고저항의 셀에 전류가 흘러 발열하게 되는 것을 방지 한다.

④ 바이패스 소자는 태양광 발전 모듈 내의 셀과 직렬로 접속하여 사용한다.

풀이 ●
바이패스 소자는 태양광 발전 모듈 내의 셀과 병렬로 접속하여 사용한다.
[답] ④

04 다음 전지 중 광기전력 효과에 의해 빛에너지를 직접 변환해서 전기에너지를 얻을 수 있는 것은?

① 2차전지 ② 태양전지
③ 연료전지 ④ 인산전지

풀이 ●
광기전력 효과에 의해 빛에너지를 직접 변환해서 전기에너지를 얻을 수 있는 전지는 태양전지이다. **[답] ②**

05 태양광발전 전지의 열손실 요소가 아닌 것은?

① 전도 ② 대류
③ 복사 ④ 풍속

풀이 ●
태양광발전 전지의 열손실 요소 : 전도, 대류, 복사
[답] ④

06 실효값이 220[V]인 교류전압을 1.2[kΩ]의 저항에 인가 할 경우 소비되는 전력은 약 몇 [W]인가?

① 14.5 ② 18.9
③ 32.4 ④ 40.3

풀이 ●

소비전력 $P = \dfrac{V^2}{R} = \dfrac{220^2}{1.2 \times 10^3} = 40.3[\text{W}]$
[답] ④

07 P-N 접합에 의한 태양광발전의 진행단계가 아닌 것은?

① 광흡수
② 전하수집
③ 단락전류
④ 전하생성

풀이 ⦿

태양광발전 전지의 발전 진행단계 :
광흡수 → 전하생성 → 전하분리 → 전하수집 [답] ③

08 옴의 법칙에서 전류에 대한 설명으로 옳은 것은?

① 저항에 반비례하고, 전압에 비례한다.
② 저항에 비례하고, 전압에도 비례한다.
③ 저항에 비례하고, 전압에 반비례한다.
④ 저항에 반비례하고, 전압에도 반비례한다.

풀이 ⦿

옴의 법칙에서의 전류 $I = \dfrac{V}{R}$, 즉 저항에 반비례하고 전압에 비례한다. [답] ①

09 뇌서지 등에 의한 피해로부터 태양광발전시스템을 보호하기 위한 대책으로 틀린 것은?

① 뇌우 발생지역에서는 교류전원측에 내뢰 트랜스를 설치한다.
② 저압 배전선으로부터 침입하는 뇌서지에 대해서는 분전반에 피뢰 소자를 설치한다.
③ 피뢰 소자를 어레이 주회로 내에 분산시켜 설치함과 동시에 접속함에도 설치한다.
④ 뇌서지가 내부로 침입하지 못하도록 피뢰소자를 설비 인입구에서 먼 장소에 설치한다.

풀이 ⦿

피뢰소자는 설비 인입구에서 가까운 장소에 설치해야 한다. [답] ④

10 수 개 또는 수십 개의 태양광발전 전지를 직렬로 연결하기 위해서 납땜하는 제조 공정은?

① Lay-Up 공정
② 시뮬레이터 공정
③ Lamination 공정
④ Tabbing & String 공정

풀이 ⦿

• Tabbing & String : 태양광발전 전지를 직렬로 연결하기 위해서 납땜하는 제조 공정
• Lamination 공정 : 모듈을 수명을 최대로 하기위해 진공 상태에서 열을 가하여 밀봉하는 공정 [답] ④

11 일의 단위로 틀린 것은?

① J
② W · s
③ N · m
④ kgf · m/s

풀이 ⦿

일의 단위 : J = W · s = N · m [답] ④

12 그림과 같은 태양광 인버터 회로 방식은?

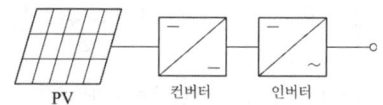

① 트랜스 방식
② 트랜스리스 방식
③ 상용주파 변압기 절연방식
④ 고주파 변압기 절연방식

풀이 ⦿

그림은 무변압기(트랜스리스)방식 인버터의 회로도이다. [답] ②

13 n개의 태양광발전 전지를 직·병렬로 접속한 경우의 설명으로 옳은 것은?

① 태양광발전 전지를 직렬로 접속하면 전압은 n배로 높아진다.
② 태양광발전 전지를 병렬로 접속하면 전류는 변하지 않는다.
③ 태양광발전 전지를 병렬로 접속하면 전압은 n배로 높아진다.
④ 태양광발전 전지를 직렬로 접속하면 전류는 n배로 높아진다.

(풀이) O

• 직렬연결 : 전압증가($V_a = n \times V$)
• 병렬연결 : 전류증가($I_a = n \times I$)　　　　[답] ①

14 태양광발전시스템 중 타 에너지원의 발전시스템과 결합하여 전력을 공급하는 방식은?
① 독립형　　　　　② 건물일체형
③ 계통연계형　　　④ 하이브리드형

(풀이) O

하이브리드형 태양광발전시스템은 태양광발전시스템에 풍력 발전, 열병합 발전, 디젤 발전 등 타 에너지원의 발전 시스템과 결합하여 축전지, 부하 또는 상용계통에 전력을 공급하는 시스템이다.　　　　[답] ④

15 수평축 풍력발전기로 분류되는 것은?
① 튜블러형　　　　② 다리우스형
③ 프로펠러형　　　④ 사보니우스형

(풀이) O

• 수평축 풍력발전기 : 프로펠라형, 다익형
• 수직축발전기 : 다리우스형, 사보니우스형, 튜블러형
　　　　　　　　　　　　　　　　　　　　[답] ③

16 계통연계형 태양광발전시스템 중 방재대응형 축전지 용량 산출 시 고려되는 항목이 아닌 것은?
① 보수율　　　　　② 방전시간
③ 평균방전전류　　④ 허용최대전압

(풀이) O

방재대응형 축전지 용량 산출 시 고려되는 항목 : 보수율, 평균방전전류, 방전시간, 허용최저전압, 사용온도
　　　　　　　　　　　　　　　　　　　　[답] ④

17 인버터의 정격효율을 계산하는 식은?
① 변환효율 × 추적효율
② 유로효율 × 최대출력
③ 변환효율 × 유로효율
④ 추적효율 × 유로효율

(풀이) O

인버터의 정격효율 = 변환효율 × 추적효율　[답] ①

18 "임의의 폐회로에서 기전력의 총합은 저항에서 발생하는 전압강하의 총합과 같다."는 법칙은?
① 페러데이의 법칙
② 플레밍의 오른손 법칙
③ 키르히호프의 제1법칙
④ 키르히호프의 제2법칙

(풀이) O

1) 키르히호프의 제1법칙 : 회로의 한 접속점에서 흘러 들어 오는 전류의 합과 흘러나가는 전류의 합은 같다.
2) 키르히호프의 제2법칙 : 임의의 폐회로에서 기전력의 총합은 저항에서 발생하는 전압강하의 총합과 같다.　　　　　　　　　　　　　　　　　　[답] ④

19 전력변환장치(PCS)의 자동 운전 정지 기능에 대한 설명 중 틀린 것은?
① 해가 완전히 없어지면 운전을 정지한다.
② 흐린 날이나 비가 오는 날에는 운전을 하지 않는다.
③ 태양광발전 모듈의 출력을 얻을 수 있는 조건이 되면 자동적으로 운전을 시작한다.
④ 태양광발전 모듈의 출력을 스스로 감시하여 자동적으로 운전한다.

(풀이) O

태양광발전용 전력변환장치(PCS)는 흐린 날이나 비가 오는 날에도 발전량은 적지만 운전한다.　　[답] ②

20 태양광발전 모듈의 뒷면 표시사항에 해당되지 않는 것은?
① 공칭중량　　　　② 공칭 단락전류
③ 내진등급　　　　④ 내풍압성의 등급

(풀이) O

KS C IEC 표준에 따라 다음의 항목이 모듈의 뒷면에 표시되어 있다.
• 제조업자명 또는 그 약호
• 제조년월일 및 제조번호
• 내풍압성의 등급
• 최대 시스템 전압(H 또는 L)
• 어레이의 조립형태(A 또는 B)
• 공칭 최대출력(P_{mpp})[W_p]

- 공칭 개방전압(V_{oc})[V]
- 공칭 단락전류(I_{sc})[A]
- 공칭 최대출력 동작전압(V_{mpp})[V]
- 공칭 최대출력 동작전류(I_{mpp})[A]
- 공칭 중량 [kg]
- 크기　　　　　　　　　　　　　[답] ③

2과목 태양광발전시스템 시공

21

[2021.1.1.부터 한국전기설비규정(KEC) 시행과 출제기준 제외문항으로 삭제]

22 감리보고와 관련하여 분기보고서는 누가 작성하여 누구에게 제출 보고하여야 하는가?
① 공사업자가 작성하여 발주자에게 제출
② 공사업자가 작성하여 감리업자에게 제출
③ 책임감리원이 작성하여 발주자에게 제출
④ 책임감리원이 작성하여 감리업자에게 제출

풀이 ○
책임감리원은 분기보고서를 작성하여 발주자에게 제출하여야 한다. 보고서는 매 분기말 다음 달 7일 이내로 제출한다.　　　　　　　　[답] ③

23 전압 동요에 의한 플리커의 경감대책으로 전력 공급측에 실시하는 대책으로 틀린 것은?
① 공급 전압을 승압한다.
② 전용 변압기로 공급한다.
③ 전용 계통으로 공급한다.
④ 단락용량이 적은 계통에서 공급한다.

풀이 ○
플리커를 경감하기 위해서는 단락용량이 큰 계통에서 공급하여야 한다.　　　　　　　[답] ④

24 태양광발전시스템에 적용하는 피뢰방식이 아닌 것은?
① 접지방식
② 돌침방식
③ 그물망도체방식
④ 수평도체방식

풀이 ○
피뢰시스템의 수뢰부 시설방법(피뢰방식)의 종류 : 돌침방식, 수평도체방식, 물망(메시)도체방식　[답] ①

25

[2021.1.1.부터 한국전기설비규정(KEC) 시행과 출제기준 제외문항으로 삭제]

26 금속관의 굵기는 전선의 피복절연물을 포함한 단면적의 총합계가 관내 단면적의 최대 몇 [%] 이하가 되어야 하는가? (단, 동일 굵기의 절연전선을 동일 관내에 넣는 경우이다.)
① 32　　　　　② 42
③ 48　　　　　④ 50

풀이 ○
전선관의 전선(케이블) 수용률
- 굵기가 다른 케이블을 배선할 경우 : 전선의 피복 절연물을 포함한 단면적이 전선관의 32[%] 이하
- 굵기가 동일한 케이블을 배선할 경우 : 전선의 피복 절연물을 포함한 단면적이 전선관의 48[%] 이하
　　　　　　　　　　　　　[답] ③

27 가공 전선로와 비교하여 지중 전선로의 장점으로 틀린 것은?
① 고장이 적다.
② 공사 및 보수가 용이하다.
③ 보안상의 위험이 적다.
④ 설비의 안정성에 있어서 유리하다.

풀이 ○
지중전선로는 땅을 굴착하여 매설하는 방식으로 가공전선로에 비하여 공사비가 많이 들고 보수가 어렵다.
　　　　　　　　　　　　　[답] ②

28 태양광발전 어레이의 출력이 500[W] 이하일 때 접지선의 굵기는 몇 [mm²] 인가?

① 0.75 　　　　 ② 1.0

③ 1.5 　　　　 ④ 2.0

풀이 ○

일본자료를 번역하여 ○○협회지에서 연재된 내용(태양전지 어레이출력에 따른 접지선의 굵기)

태양전지 어레이 출력	접지선의 굵기[mm²]
500[W] 이하	1.5
500[W]를 넘고 2[kW] 이하	2.5
2[kW]를 넘는 경우	4

※ 국내 전기설비기술기준, 한국전기설비규정, 산업안전보건법, 전기용품 및 생활용품 안전관리법, 내선규정, 전기안전공사 점검 및 검사업무처리지침 등에서는 접지선의 최소 굵기는 2.5[mm²]로 규정하고 있음

[답] ③

29 태양광발전시스템 구성기기 간의 배선공사가 아닌 것은?

① 태양광발전 모듈 간의 배선

② 태양광발전 전지 간의 배선

③ 접속함과 인버터 간의 배선

④ 태양광발전 어레이와 접속함 간의 배선

풀이 ○

태양광발전 전지 간의 직렬연결은 모듈의 제조공정에 해당된다.

[답] ②

30 전력계통의 무효전력을 조정하여 전압조정 및 전력손실의 경감을 도모하기 위한 설비는?

① 조상설비

② 계기용변성기

③ 보호계전장치

④ 부하시 Tap 절환장치

풀이 ○

전력계통의 무효전력을 조정하여 전압조정 및 전력손실의 경감하기 위해 설치하는 설비를 조상설비라고 하며, 종류에는 전력용 콘덴서, 리액터, 동기조상기, 정지형 무효전력보상장치(SVC) 등이 있다.

[답] ①

31 공사업자가 감리원에게 제출하는 착공신고 서류에 포함되지 않는 것은?

① 공사 준공사진

② 안전관리계획서

③ 품질관리계획서

④ 공사 예정공정표

풀이 ○

착공신고서는 공사가 시작된 경우에 제출하는 서류이다. 따라서 공사 준공사진이 아니라 공사 전 사진을 제출하여야 한다.

[답] ①

32 태양광발전시스템의 지지대 부속자재의 설치 시 고려사항으로 틀린 것은?

① 볼트 조립은 헐거움이 없이 단단히 조립한다.

② 건축물의 방수 등에 문제가 없도록 설치한다.

③ 바람, 적설하중 및 구조하중은 고려하지 않고 설치한다.

④ 모듈지지대의 고정 볼트에는 스프링 와셔 또는 풀림방지너트 등으로 체결한다.

풀이 ○

지지대 및 부속자재는 바람, 적설하중 및 구조하중에 견딜 수 있도록 설치하여야 한다.

[답] ③

33 태양광발전시스템 시공 시 필요한 대형장비에 해당하지 않는 것은?

① 굴삭기 　　　　 ② 크레인

③ 컴프레서 　　　　 ④ 지게차

풀이 ○

• 태양광발전시스템 시공 시 필요한 대형장비 : 굴삭기, 크레인, 지게차 등

• 태양광발전시스템 시공 시 필요한 소형장비 : 컴프레서, 발전기, 사다리 등

[답] ③

34 태양광발전 모듈과 인버터, 인버터와 계통연계점 간의 전압강하는 각 최대 몇 [%]를 초과하지 않아야 하는가?

① 3 　　　　 ② 5

③ 6 　　　　 ④ 7

풀이 ○

태양광발전 모듈과 인버터, 인버터와 계통연계점 간의 전압강하는 각 3[%]를 초과하여서는 아니 된다.(60[m] 이내)

[답] ①

35 태양광발전시스템 시공 완료 후 검사에 필요하지 않은 장비는?

① 모듈테스터　　　② 절연저항계

③ 디지털멀티미터　④ 레이저거리측정기

풀이 ○

태양광발전시스템 시공 완료 후 검사에 필요 계측기 : 모듈테스터, 절연저항계, 접지저항계, 디지털멀티미터

[답] ④

36 태양광발전시스템의 공사감리의 법적 근거는?

① 전기사업법　　　② 전기공사업법

③ 전기설비기술기준　④ 전력기술관리법

풀이 ○

태양광발전시스템의 공사감리의 법적 근거 : 전력기술관리법

[답] ④

37 계통연계형 태양광 발전의 송·변전설비 중 저압에서 사용되는 차단기는?

① 유입차단기　　　② 기중차단기

③ 공기차단기　　　④ 진공차단기

풀이 ○

• 특고압 차단기 : 가스차단기(GCB), 진공차단기(VCB), 유입차단기(OCB), 공기차단기(ABB)

• 저압 차단기 : 기중차단기(ACB)

[답] ②

38 태양광발전시스템의 사용전 검사 시 태양광 발전 전지 검사 중 전지 전기적 특성시험이 아닌 것은?

① 개방전압

② 충진율(곡선인자)

③ 단독운전방지 시험

④ 최대 출력전압 및 전류

풀이 ○

전지 전기적 특성(I-V)시험검사 항목 : 개방전압, 단락전류, 충진율(곡선인자), 최대출력 전압, 최대출력 전류, 최대출력

[답] ③

39 태양광발전시스템의 시공절차로 옳은 것은?

① 모듈설치 → 기초공사 → 가대설치 → 기기설치 → 배관배선 → 시운전

② 기초공사 → 가대설치 → 모듈설치 → 기기설치 → 배관배선 → 시운전

③ 기초공사 → 모듈설치 → 배관배선 → 가대설치 → 기기설치 → 시운전

④ 모듈설치 → 가대설치 → 기초공사 → 배관배선 → 기기설치 → 시운전

풀이 ○

태양광발전시스템의 시공절차 : 기초공사 → 가대설치 → 모듈설치 → 기기설치 → 배관배선 → 시운전

[답] ②

40 설계감리원이 설계도면의 적정성을 검토할 때 확인사항으로 틀린 것은?

① 도면상에 사업명을 부여했는지 여부

② 설계입력 자료가 도면에 맞게 표시되었는지 여부

③ 발주자 및 설계자가 설계수행을 위하여 요청하는 사항이 표시되었는지 여부

④ 도면작성이 의도하는 대로 경제성, 정확성 및 적정성 등을 가졌는지 여부

풀이 ○

설계감리원은 설계도면의 적정성을 검토함에 있어 다음 각 호의 사항을 확인하여야 한다.

1. 도면작성이 의도하는 대로 경제성, 정확성 및 적정성 등을 가졌는지 여부
2. 설계 입력 자료가 도면에 맞게 표시되었는지 여부
3. 설계결과물(도면)이 입력 자료와 비교해서 합리적으로 되었는지 여부
4. 관련 도면들과 다른 관련 문서들의 관계가 명확하게 표시되었는지 여부
5. 도면이 적정하게, 해석 가능하게, 실시 가능하며 지속성 있게 표현되었는지 여부
6. 도면상에 사업명을 부여 했는지 여부

[답] ③

3과목

태양광발전시스템 운영

41 태양광발전시스템 계측에 관한 설명 중 틀린 것은?

① 풍향 · 풍속 등도 중요하므로 이에 대한 계측도 필요하다.

② 직류회로의 전압은 직접 또는 PT, CT를 통해서 검출한다.

③ 일사계는 보통 대지에 수평으로 설치되나 어레이와 같은 각도로 설치하는 경우도 있다.

④ 태양광발전 전지는 온도에 따라 변환효율이 변동되므로 온도 계측도 이루어진다.

(풀이 ○)

직류회로의 전압은 직접 또는 분압기로 분압하여 검출하며, 직류회로의 전류는 직접 또는 분류기를 사용하여 검출한다.   **[답] ②**

42 일상점검을 할 때 볼트 조임 방법이 틀린 것은?

① 조임은 너트를 돌려서 조여 준다.

② 조임은 지정된 재료, 부품을 정확히 사용한다.

③ 볼트의 크기에 맞는 파이프렌치를 사용하여 규정된 힘으로 조여 준다.

④ 2개 이사의 볼트를 사용하는 경우 한쪽만 심하게 조이지 않도록 주의한다.

(풀이 ○)

볼트의 크기에 맞는 토오크렌치를 사용하여 규정된 힘으로 조여 준다.   **[답] ③**

43 태양광발전시스템의 계측 · 표시에 관한 설명으로 틀린 것은?

① 시스템의 소비전력을 낮추기 위한 계측

② 시스템에 의한 발전 전력량을 알기 위한 계측

③ 시스템의 기기 및 시스템의 종합평가를 위한 계측

④ 시스템의 운전상태 감시를 위한 계측 또는 표시

(풀이 ○)

태양광발전시스템의 계측표시는 소비전력을 높이는 역할을 한다.   **[답] ①**

44 태양광발전시스템의 성능평가를 위한 사이트 평가방법으로 틀린 것은?

① 설치용량   ② 설치지역의 기후

③ 설치시설의 지역   ④ 설치각도와 방위

(풀이 ○)

• 사이트 평가방법 : 설치 대상기관, 설치 시설의 분류, 설치 시설의 지역, 설치 형태, 설치 용량, 설치 각도와 방위, 시공업자, 기기 제조사   **[답] ②**

45 성능평가 측정 중 시험 장치에 관한 설명이다. ( )안의 ㉠, ㉡에 들어갈 내용으로 옳은 것은?

> 항온항습장치는 태양광발전 모듈의 온도 사이클 시험, 습도 · 동결 시험, 고온고습 시험을 하기 위한 환경 챔버이며, KS C IEC 61215에서 규정하는 온도 (㉠)이내, 습도 (㉡) 이내이어야 한다.

① ㉠ ±2[℃], ㉡ ±2[%]

② ㉠ ±3[℃], ㉡ ±2[%]

③ ㉠ ±2[℃], ㉡ ±5[%]

④ ㉠ ±3[℃], ㉡ ±5[%]

(풀이 ○)

항온항습장치는 KS C IEC 61215에서 규정하는 온도 ±2[℃] 이내, 습도 ±5[%] 이내이어야 한다.   **[답] ③**

46 태양광발전 전지의 개방전압의 측정과 관련하여 틀린 것은?

① 교류전압계를 사용하여 측정한다.

② 각 스트링의 P-N 단자 간의 전압을 측정한다.

③ 측정하고자 하는 스트링의 MCCB 또는 퓨즈를 개방(off)한 상태에서 측정한다.

④ 각 모듈이 그림자에 의해 영향을 받지 않는 상황에서 측정한다.

풀이 ○

태양광발전 전지의 출력이 직류이므로 개방전압의 측정은 직류전압계를 사용하여야 한다.   [답] ①

47 고압 활선작업 시의 안전조치사항이 아닌 것은?

① 절연용 방호구 설치
② 절연용 보호구 착용
③ 단락접지기구의 철거
④ 활선작업용 기구 사용

풀이 ○

단락접지기구의 설치 및 철거는 정전작업 시 감전사고 위험에 대한 안전조치사항이다.   [답] ③

48 태양광발전시스템이 작동되지 않는 경우 응급조치 순서는?

> 가. 인버터 OFF 후 점검
> 나. 접속함 내부 차단기 OFF
> 다. 접속함 내부 차단기 ON
> 라. 인버터 ON

① 가 → 다 → 나 → 라
② 나 → 가 → 라 → 다
③ 다 → 라 → 가 → 나
④ 라 → 가 → 나 → 다

풀이 ○

태양광발전시스템 정지 시 응급조치 순서 : 접속함 내부차단기 OFF → 인버터 Off 후 점검 → 인버터 On → 접속함 차단기 On   [답] ②

49 태양광전지(KS C 8566:2015)에서 솔라 시뮬레이터 측정용 분광 복사계의 파장 간격은 몇 [nm] 이하이어야 하는가?

① 3
② 5
③ 6
④ 7

풀이 ○

솔라 시뮬레이터 측정용 분광 복사계의 파장 간격은 5[nm] 이하이어야 한다.   [답] ②

50 태양광발전시스템에서 발전하지 못하거나 발전한 전력이 부하공급에 부족할 경우, 계통으로부터 부족한 전력 공급 유무를 확인할 수 있는 시험은?

① 제어회로 경보장치
② 단독운전 방지시험
③ 역방향운전 제어시험
④ 전력변환장치 자동·수동 절체시험

풀이 ○

태양광발전시스템에서 발전하지 못하거나 발전한 전력이 부하공급에 부족할 경우, 계통으로부터 부족한 전력 공급 유무를 확인할 수 있는 시험은 역방향운전 제어시험이다.   [답] ③

51 의무안전인증이 필요한 보호구가 아닌 것은?

① 안전모
② 안전대
③ 안전화
④ 안전장갑

풀이 ○

의무안전인증이 필요한 보호구 : 추락 및 감전 위험 방지용 안전모, 안전화, 안전장갑, 방진마스크, 방독마스크, 송기마스크, 전동식 호흡보호구, 보호복, 안전대, 차광 및 비산물 위험방지용 보안경, 용접용, 보안면, 방음용 귀마개 또는 귀덮개
※ 추락 및 감전 위험 방지용 안전모는 의무안전 인증 대상이나 일반 안전모는 의무안전인증 대상이 아니다.   [답] ①

52 태양광발전설비 운영 매뉴얼 내용으로 틀린 것은?

① 황사나 먼지 등에 의해 발전효율이 저하된다.
② 풍압에 의해 모듈과 형강의 체결부위가 느슨해질 수 있다.
③ 고압 분사기를 이용하여 모듈 표면에 정기적으로 물을 뿌려 이물질을 제거해 준다.
④ 모듈 표면은 강화유리로 제작되어 외부충격에 파손되지 않는다.

풀이 ○

모듈 표면은 강화유리는 일반유리에 비하여 강도를 약간 높인 것으로 외부충격에 파손될 수 있다.   [답] ④

53 태양광발전시스템 접속함에 DC 500[V] 메거로 측정 시 태양광발전 전지와 접지 간 최소 절연저항 값은?

① 0.1 [MΩ] ② 0.2 [MΩ]
③ 0.5 [MΩ] ④ 1.0 [MΩ]

풀이 ◉

DC 500[V] 메거로 측정 시 태양광발전 전지와 접지 간 최소 절연저항 값은 0.2[MΩ] 이상이어야 한다. **[답]** ②

54 결정질 실리콘 태양광 발전 모듈 (성능) (KS C 8561:2016)에서 최대 출력 결정 시험의 품질기준으로 틀린 것은?

① 시험시료의 출력균일도는 평균출력의 ±3[%] 이내일 것
② 해당 태양광발전 모듈의 최대 출력을 측정하되, 시험시료의 평균 출력은 정격 출력 이상일 것
③ 시험시료의 최종 환경시험 후 최대 출력의 열화는 최초 출력의 −8[%]를 초과하지 않을 것
④ 최대 시스템 전압의 두 배에 1000[V]를 더한 것과 같은 전압을 최대 500[V/s] 이하의 상승률로 태양전지 모듈의 출력단자와 패널 또는 접지단자(프레임)에 1분간 유지할 것

풀이 ◉

• 최대 출력 결정 품질기준 : 상기 ①, ②, ③ 내용
• 절연시험 시험방법 : 최대 시스템 전압의 두 배에 1000[V]를 더한 것과 같은 전압을 최대 500[V/s] 이하의 상승률로 태양전지 모듈의 출력단자와 패널 또는 접지단자(프레임)에 1분간 유지하여야 한다.
[답] ④

55 태양광발전시스템의 일상점검 점검항목이 아닌 것은?

① 인버터 - 통풍 확인
② 접속함 - 절연저항 측정
③ 태양광발전 모듈 - 표면의 오염 및 파손
④ 인버터 - 표시부의 이상표시

풀이 ◉

절연저항 측정은 정기검사 항목이다. **[답]** ②

56 정전을 시켜놓고 무 전압 상태에서 기기의 이상(異常) 상태를 점검하고, 필요한 경우 기기를 분리하여 점검을 수행해야 하는 점검은?

① 일상점검 ② 최종점검
③ 정기점검 ④ 임시점검

풀이 ◉

• 정기점검은 원칙적으로 정전을 시켜놓고 무전압 상태에서 기기의 이상 상태를 점검하고 필요에 따라서는 기기를 분리하여 점검한다.
• 일상점검은 주로 점검자의 감각(오감)을 통해 실시하는 것으로 이상한 소리, 냄새, 손상 등을 점검 항목에 따라서 행하여야 한다.
[답] ③

57 발전소 허가기준에 포함되지 않는 것은?

① 전기사업이 계획대로 수행될 수 있을 것
② 전기사업을 적정하게 수행하는 데 필요한 재무능력 및 기술능력이 있을 것
③ 발전소가 해당지역에 집중되어 전력계통의 운영이 용이할 것
④ 구역전기사업의 경우 특정한 공급구역 전력수요의 50퍼센트 이상으로서 대통령령으로 정하는 공급능력을 갖출 것

풀이 ◉

발전소가 특정지역에 편중되어 전력계통의 운영에 지장을 초래하여서는 아니 될 것. **[답]** ③

58 전기안전관리자의 직무에 의거하여 태양광발전시스템 전기안전관리를 수행하기 위하여 계측장비를 주기적으로 교정하고 안전장구의 성능을 유지하여야 한다. 권장교정 및 시험 주기가 틀린 것은?

① 고압절연장갑 - 1년
② 절연안전모 - 2년
③ 저압검전기 - 1년
④ 고압 · 특고압 검전기 - 1년

풀이 ◉

전기안전관리를 수행하기 위하여 계측장비를 주기적으로 교정하고 안전장구의 성능을 유지하여야 하며, 권장교정 및 시험주기는 1년이다. **[답]** ②

59 태양광발전 모듈의 고장 원인이 아닌 것은?

① 시공불량　　　　② 제조결함

③ 동결파손　　　　④ 새의 배설물

풀이 ◎

태양광 발전시스템의 고장원인 중 모듈의 고장원인

① 제조 결함

② 시공 불량

③ 운영과정에서의 외상

④ 전기적, 기계적 스트레스에 의한 셀의 파손

⑤ 경년 열화에 의한 셀 및 리본의 노화

⑥ 주변 환경(염해, 부식성 가스 등)에 의한 부식

[답] ③

60 태양광발전시스템에 사용되는 인버터 중 계통연계형 인버터의 시험항목이 아닌 것은?

① 부하 불평형 시험

② 최대 전압 추종 시험

③ 입력 전압 급변 시험

④ 출력 전류 직류분 검출 시험

풀이 ◎

독립형 인버터 시험항목에는 포함되고, 계통연계형 인버터의 시험항목에서 제외되는 한 가지는 부하 불평형 시험이다.　　　　　　　　　　**[답] ①**

4과목

신재생에너지 **관련법규**

61 신에너지 및 재생에너지 개발 · 이용 · 보급 촉진법에 의거하여 기후에너지환경부장관은 몇 년마다 신 · 재생에너지 관련 기술 개발의 수준 등을 고려하여 연도별 의무공급량의 비율을 재검토하여야 하는가?

① 1년　　　　② 3년

③ 5년　　　　④ 10년

풀이 ◎

기후에너지환경부장관은 3년마다 신 · 재생에너지 관련 기술 개발의 수준 등을 고려하여 별표 3(연도별 의무공급량)에 따른 비율을 재검토하여야 한다.　　**[답] ②**

62 최대 사용전압이 22.9[kV]인 중성선 접지식 가공전선로는 약 몇 [V] 의 절연내력 시험전압에 견디어야 하는가?

① 17488　　　　② 21068

③ 28525　　　　④ 34650

풀이 ◎

전로의 종류		시험 전압
7,000[V] 이하		최대사용전압 × 1.5배
비접지식	7,000[V] 초과	최대사용전압 × 1.25배
중성점 다중접지식	7,000[V] 초과 25,000[V] 이하	최대사용전압 × **0.92배**

시험전압 $= 22900 \times 0.92 = 21068[V]$　　　　**[답] ②**

63 한국전기설비규정에서 정의하는 "리플프리직류"는 교류를 직류로 변환할 때 리플성분이 몇 [%](실효값) 이하 포함한 직류를 말하는가?

① 10　　　　② 13

③ 15　　　　④ 17

풀이 ◎

"리플프리직류"는 교류를 직류로 변환할 때 리플성분의 실효값이 10 [%]이하로 포함된 직류를 말한다.　**[답] ①**

64 전기사업법에서 전력수급의 안정을 위하여 전력수급기본계획을 수립하는 자는?

① 구청장

② 대통령

③ 시 · 도지사

④ 기후에너지환경부 장관

풀이 ◎

기후에너지환경부장관은 시책 및 전력수급기본계획을 수립할 때 전기설비의 경제성, 환경 및 국민안전에 미치는 영향 등을 종합적으로 고려하여야 한다.　**[답] ④**

65 한국전기설비규정에 의거 저압연접 인입선의 시설에 대한 설명으로 틀린 것은?

① 옥내를 통과하지 아니할 것

② 폭 5[m]을 초과하는 도로를 횡단하지 아니할 것

③ 인입선에서 분기하는 점으로부터 100[m]을 초과하는 지역에 미치지 아니할 것

④ 전선의 높이는 도로를 횡단하는 경우 노면상 2.5[m] 이상일 것

풀이 ○

연접 인입선의 시설(221.1.2)

저압 연접(이웃 연결) 인입선은 제221.1.1의 규정에 준하여 시설하는 이외에 다음 각 호에 따라 시설하여야 한다.

가. 인입선에서 분기하는 점으로부터 100[m]를 초과하는 지역에 미치지 아니할 것.

나. 폭 5[m]를 초과하는 도로를 횡단하지 아니할 것.

다. 옥내를 통과하지 아니할 것.　　　　**[답]** ④

66 신에너지 및 재생에너지 개발 · 이용 · 보급 촉진법에 의거 기후에너지환경부 장관이 청문을 통하여 내리는 처분으로 옳은 것은?

① 건축물 인증 취소

② 송전설비의 지정 취소

③ 발전설비의 지정 취소

④ 공급인증기관의 지정 취소

풀이 ○

기후에너지환경부 장관은 다음 각 호에 해당하는 처분을 하려면 청문을 하여야 한다.

1. 공급인증기관의 지정 취소

2. 삭제

3. 관리기관의 지정 취소　　　　　　**[답]** ④

67 한국전기설비규정에 의거하여 고압 옥측전선로의 전선으로 사용할 수 있는 것은?

① 케이블　　　　　② 절연전선

③ 나경동선　　　　④ 다심형 전선

풀이 ○

고압 옥측전선로의 시설(331.13.1)

가. 전선은 케이블일 것.

나. 케이블은 견고한 관 또는 트라프에 넣거나 사람이 접촉할 우려가 없도록 시설할 것.

다. 케이블을 조영재의 옆면 또는 아랫면에 따라 붙일 경우에는 케이블의 지지점 간의 거리를 2[m] (수직으로 붙일 경우에는 6[m])이하로 하고 또한 피복을 손상하지 아니하도록 붙일 것.　　**[답]** ①

68 신에너지 및 재생에너지 개발 · 이용 · 보급 촉진법에 따른 기후에너지환경부 장관의 권한을 그 일부를 대통령령으로 정하는 바에 따라 위임할 수 있다. 위임받을 수 있는 자가 아닌 것은?

① 특별시장

② 특별자치도지사

③ 소속 기관의 장

④ 신 · 재생에너지 발전사업자

풀이 ○

기후에너지환경부 장관의 권한은 그 일부를 대통령령으로 정하는 바에 따라 소속 기관의 장, 특별시장 · 광역시장 · 도지사 또는 특별자치도지사(이하 "시 · 도지사"라 한다)에게 위임할 수 있다.　　　　**[답]** ④

69 한국전기설비규정에 의거하여 ( ) 안의 ㉮, ㉯에 들어갈 내용으로 옳은 것은?

> 두 개 이상의 전선을 병렬로 사용하는 경우 각 전선의 굵기는 동선 (㉮) [mm²] 이상 또는 알루미늄 (㉯) [mm²] 이상으로 하고, 전선은 같은 도체, 같은 재료, 같은 길이 및 같은 굵기의 것을 사용하여야 한다.

① ㉮ 20, ㉯ 30　　　② ㉮ 30, ㉯ 40

③ ㉮ 50, ㉯ 70　　　④ ㉮ 70, ㉯ 90

풀이 ○

두 개 이상의 전선을 병렬로 사용하는 경우에는 다음에 의하여 시설할 것.(123)

가. 병렬로 사용하는 각 전선의 굵기는 동선 50 [mm²] 이상 또는 알루미늄 70[mm²]이상으로 하고, 전선은 같은 도체, 같은 재료, 같은 길이 및 같은 굵기의 것을 사용할 것

나. 같은 극의 각 전선은 동일한 터미널러그에 완전히 접속할 것

다. 같은 극인 각 전선의 터미널러그는 동일한 도체에 2개 이상의 리벳 또는 2개 이상의 나사로 접속할 것

라. 병렬로 사용하는 전선에는 각각에 퓨즈를 설치하지 말 것

마. 교류회로에서 병렬로 사용하는 전선은 금속관 안에 전자적 불평형이 생기지 않도록 시설할 것　**[답]** ③

70 직류 1500[V] 이하, 교류 1000[V] 이하의 전압을 무엇이라 하는가?

① 저압 ② 고압

③ 초고압 ④ 특고압

풀이 ◉

[시행일 : 2021.1.1.]"저압"이란 직류에서는 1500볼트 이하의 전압을 말하고, 교류에서는 1000볼트 이하의 전압을 말한다. **[답] ①**

71 국가기관, 지방자치단체, 공공기관, 그 밖에 대통령령으로 정하는 자가 신·재생에너지 기술개발 및 이용·보급에 관한 계획을 수립·시행하려면 대통령령으로 정하는 바에 따라 미리 누구와 협의를 하여야 하는가?

① 시·도지사

② 한국전력공사사장

③ 국가기술표준원장

④ 기후에너지환경부장관

풀이 ◉

신·재생에너지 기술개발 및 이용·보급에 관한 계획을 수립·시행하려면 대통령령으로 정하는 바에 따라 미리 기후에너지환경부장관과 협의해야하는 자는 다음과 같다.

① 국가기관

② 지방자치단체

③ 공공기관

④ 정부로부터 출연금을 받은 자

⑤ 정부출연기관 또는 납입자본금의 100분의 50 이상을 출자 받은 자 **[답] ④**

72 한국전기설비규정에 의거한 전기부식방지 시설의 시설 기준으로 틀린 것은?

① 회로의 사용전압 직류 30 [V]이하 일 것

② 전기부식방지용 전원장치에 전기를 공급하는 전로의 사용전압은 저압일 것

③ 지중에 매설하는 양극의 매설깊이는 0.75[m] 이상일 것

④ 지중 전선로를 직접 매설식에 의하여 시설하는 경우에는 매설 깊이를 차량 기타 중량물의

압력을 받을 우려가 있는 장소에는 1.0[m] 이상, 기타 장소에는 0.6[m] 이상으로 매설할 것

풀이 ◉

전기부식방지 회로의 전압 등(241.16.3)

1. 전기부식방지 회로의 사용전압은 직류 60[V] 이하일 것.

2. 양극(陽極)은 지중에 매설하거나 수중에서 쉽게 접촉할 우려가 없는 곳에 시설할 것.

3. 지중에 매설하는 양극의 매설깊이는 0.75 [m] 이상일 것. **[답] ①**

73 신에너지 및 재생에너지 개발·이용·보급 촉진법에 의거 신재생에너지 공급 의무자에 해당하지 않는 것은?

① 한국석유공사

② 한국지역난방공사

③ 한국수자원공사

④ 50만[kW]이상의 발전설비(신·재생에너지 설비는 제외한다)를 보유하는 자

풀이 ◉

대통령령으로 정하는 신재생에너지 공급 의무자

1. 50만 킬로와트[kW] 이상의 발전설비(신·재생에너지 설비는 제외한다)를 보유하는 자

2. 한국수자원공사

3. 한국지역난방공사 **[답] ①**

74 신에너지 및 재생에너지 개발·이용·보급 촉진법에 의거하여 기후에너지환경부장관이 정하여 고시하는 신·재생에너지의 가중치의 산정 시 고려 사항으로 틀린 것은?

① 전력 판매가

② 지역주민의 수용 정도

③ 온실가스 배출 저감에 미치는 효과

④ 전력수급의 안정에 미치는 영향

풀이 ◉

신재생에너지 가중치 산정(결정) 시 고려사항

① 환경, 기술개발 및 산업 활성화에 미치는 영향

② 발전 원가

③ 부존(賦存) 잠재량

④ 온실가스 배출 저감(低減)에 미치는 효과
⑤ 전력 수급의 안정에 미치는 영향
⑥ 지역주민의 수용(受容) 정도   [답] ①

75 탄소중립 사회로의 이행과 녹색성장의 추진을 위한 대책을 수립 · 시행할 때 지역적 특성과 여건 등을 고려하여야 하는 기관은?
① 공급인증기관
② 품질검사기관
③ 지방자치단체
④ 신 · 재생에너지센터

풀이 ○
지방자치단체는 탄소중립 사회로의 이행과 녹색성장의 추진을 위한 대책을 수립 · 시행할 때 해당 지방자치단체의 지역적 특성과 여건 등을 고려하여야 한다. [답] ③

76 전기사업법에서 대통령으로 정하는 기본계획의 경미한 사항을 변경하는 경우 중 전기설비별 용량의 몇 [%]의 범위에서 그 용량을 변경하는 경우를 말하는가?
① 20   ② 23
③ 25   ④ 30

풀이 ○
전력정책심의회의 심의를 거치지 아니하고 변경할 수 있는 경미한 사항은 다음과 같다.
① 전기설비 설치공사의 착공 · 준공 또는 공사기간을 2년 이내의 범위에서 조정하는 경우
② 전기설비별 용량의 20[%] 이내의 범위에서 그 용량을 변경하는 경우
③ 신규건설 또는 폐지되는 연도별 전기설비용량의 5퍼센트 이내의 범위에서 전기설비용량을 변경하는 경우   [답] ①

77 한국전기설비규정에 의거하여 특정 기술을 이용한 전기저장장치의 시설에 대한 설명 중 이차전지는 전력변환장치(PCS) 등의 다른 전기설비와 분리된 격실에 설치하고 따라야 하는 사항으로 틀린 것은? (개정된 내용으로 문제를 변경하였음.)

① 이차전지실 내부에는 가연성 물질을 두지 않아야 한다.
② 이차전지를 시설하는 장소는 보수점검을 위한 최소한의 작업공간을 확보하고 조명설비를 시설할 것
③ 이차전지와 물리적으로 인접 시설해야 하는 제어장치 및 보조설비(공조설비 및 조명설비 등)는 이차전지실 내에 설치할 수 있다.
④ 전기저장장치 시설장소의 바닥, 천장(지붕), 벽면 재료는 「건축물의 피난·방화구조 등의 기준에 관한 규칙」에 따른 불연재료이어야 한다. 단, 단열재는 준불연재료 또는 이와 동등 이상의 것을 사용할 수 있다.

풀이 ○
이차전지는 전력변환장치(PCS) 등의 다른 전기설비와 분리된 격실에 설치하고 다음에 따라야 한다.(515.2.1)
가. 전기저장장치 시설장소의 바닥, 천장(지붕), 벽면 재료는 「건축물의 피난·방화구조 등의 기준에 관한 규칙」에 따른 불연재료이어야 한다. 단, 단열재는 준불연재료 또는 이와 동등 이상의 것을 사용할 수 있다.
나. 이차전지는 벽면으로부터 1[m] 이상 이격하여 설치하여야 한다. 단, 옥외의 전용 컨테이너에서 적정 거리를 이격한 경우에는 규정에 의하지 아니할 수 있다.
다. 이차전지와 물리적으로 인접 시설해야 하는 제어장치 및 보조설비(공조설비 및 조명설비 등)는 이차전지실 내에 설치할 수 있다.
라. 이차전지실 내부에는 가연성 물질을 두지 않아야 한다.   [답] ②

78 기후위기 대응을 위한 탄소중립 · 녹색성장 기본법에서 정한 온실가스에 속하지 않는 것은?
① 이산화탄소   ② 육불화황
③ 과산화수소   ④ 아산화질소

풀이 ○
• 온실가스 : 적외선 복사열을 흡수하거나 재방출하여 온실효과를 유발하는 대기 중의 가스 상태의 물질로서 이산화탄소(CO_2), 메탄(CH_4), 아산화질소(N_2O), 수소불화탄소(HFCs), 과불화탄소(PFCs), 육불화황(SF_6)   [답] ③

79 전기사업법에서 정의하는 "전기사업"의 구분으로 틀린 것은?

① 송전사업   ② 발전사업

③ 변전사업   ④ 구역전기사업

풀이 ●

'전기사업'이란 발전사업·송전사업·배전사업·전기판매업 및 구역전기사업을 말한다.   **[답] ③**

80 전기설비기술기준의 의거하여 발전용 출력설비 중 풍력터빈의 구조에 대한 설명으로 틀린 것은?

① 태양광에 대하여 구조상 안전할 것

② 분진 등에 의한 손모를 고려할 것

③ 운전 중 풍력터빈에 손상을 주는 진동이 없도록 할 것

④ 부하를 차단하였을 때에도 최대속도에 대하여 구조상 안전할 것

풀이 ●

풍력터빈의 구조는 다음 각 호에 따라 시설하여야 한다.

1. 부하를 차단하였을 때에도 최대속도에 대하여 구조상 안전할 것.
2. 풍압에 대하여 구조상 안전할 것.
3. 운전 중 풍력터빈에 손상을 주는 진동이 없도록 할 것.
4. 설계허용 최대풍속에 있어서 취급자의 의도와 다르게 풍력터빈이 기동하지 않도록 할 것.
5. 운전 중에 다른 시설물, 식물 등에 접촉하지 않도록 할 것.
6. 풍력터빈의 점검 또는 수리를 위하여 회전부의 정지 및 고정할 수 있는 구조일 것.
7. 한랭지에 시설하는 경우 눈·비에 의한 착빙을 고려할 것.
8. 분진 등에 의한 손모를 고려할 것.
9. 지진에 대하여 안전할 것.
10. 해상 및 해안가에 시설하는 경우 염분 및 파랑하중에 대한 영향을 고려할 것.   **[답] ①**

※ 관련법령의 개정 및 한국전기설비규정(KEC)의 시행에 따라 기출문제의 내용을 개정 및 변경된 것으로 수정한 것입니다. 따라서 엔트미디어를 통해 제공되는 기출풀이 동영상(2013~2022)은 내용이 다를 수 있습니다. 따라서 본 교재의 내용으로 학습하시기 바랍니다.

1과목 태양광발전시스템 이론

01 인버터의 교류 출력을 저압계통으로 접속할 때 사용하는 차단기를 수납하는 것은?

① 분전반 ② 접속함
③ 송수전반 ④ 적산전력량계

풀이 ○

교류 저압계통에서 차단기를 수납하는 것은 분전반이다. **[답] ①**

02 부하의 허용 최저전압이 92[V], 축전지와 부하간 접속선의 전압강하가 3[V]일 때, 직렬로 접속한 축전지의 개수가 50개라면 축전지 한 개의 허용 최저전압은 몇 [V/cell] 인가?

① 1.9 V/cell ② 1.8 V/cell
③ 1.7 V/cell ④ 1.6 V/cell

풀이 ○

축전지 1개의 허용 최저전압(V_{min})

$$V_{min} = \frac{\text{부하의 허용최저전압} + \text{전압강하}}{\text{축전지의 개수}}$$

$$= \frac{92+3}{50} = 1.9[\text{V/cell}]$$ **[답] ①**

03 무 변압기형 인버터의 장점이 아닌 것은?

① 크기 감소 ② 무게 감소
③ 높은 효율 ④ 전자기 간섭 감소

풀이 ○

무변압기형 인버터의 단점은 전자기 간섭의 증가이다. **[답] ④**

04 P형 반도체에 대한 설명으로 옳은 것은?

① 정공을 다수 캐리어로 가진다.
② 불순물이 거의 없거나 매우 적다.
③ 자유전자의 밀도가 정공 밀도보다 높다.
④ 인, 비소, 안티몬과 같은 5가 원소를 첨가한다.

풀이 ○

• 정공의 수를 증가시키기 위해서는 알루미늄, 붕소, 갈륨, 인듐 등 3가 원소를 첨가하며, 정공의 밀도가 자유전자 밀도보다 높아진다.
• 진성반도체 실리콘에 억셉터인 붕소를 첨가하면 정공(Hole)이 만들어져 P형 반도체가 되며, 이때의 정공을 다수캐리어라고 한다. **[답] ①**

05 박막 실리콘 태양광발전 전지에 대한 설명 중 틀린 것은?

① 재료는 인듐을 사용한다.
② 아몰퍼스 실리콘 박막을 적층한 방식이다.
③ 실리콘의 사용량이 적어 저렴하다.
④ 턴뎀형 실리콘 태양광발전 전지의 변환효율은 12[%] 정도이다.

풀이 ○

박막 실리콘 태양광발전 전지의 재료는 실리콘이다. **[답] ①**

06 연료전지의 특징으로 틀린 것은?

① 저렴한 재료 사용으로 경제성 및 효율성이 뛰어난다.
② 천연가스, 메탄올, 석탄가스 등 다양한 연료 사용이 가능하다.
③ 발전 효율이 40~60[%] 이며, 열병합 발전 시 80[%] 이상의 효율이 가능하다.

④ 도심 부근에 설치가 가능하며 송ㆍ배전 시의 설비 및 전력 손실이 적다.

풀이 ◎

연료전지의 작동온도가 저온일수록 활성이 낮아 촉매의 역할이 중요하며, 촉매 재료의 가격이 고가이다.

[답] ①

---

07 최대눈금이 50[V]인 직류전압계가 있다. 이 전압계를 사용하여 150[V]의 전압을 측정하려면 배율기의 저항은 몇 [Ω]을 사용하면 되는가? (단, 전압계의 내부저항은 5000[Ω] 이다.)

① 2,500

② 5,000

③ 10,000

④ 50,000

풀이 ◎

배율기(multiplier)의 저항 : 전압의 측정 범위를 넓히기 위해 전압계에 직렬로 달아주는 저항을 배율기 저항이라고 하며, 회로는 다음과 같다.

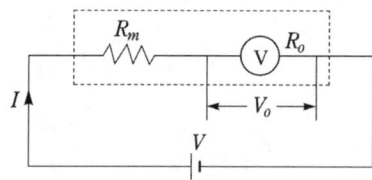

여기서, I : 전압계에 흐르는 전류[A]

R_o : 전압계 내부저항[Ω]

R_m : 배율기의 저항[Ω]

V : 측정하고자 하는 전압

$\dfrac{V}{V_o} = 1 + \dfrac{R_m}{R_o}$ 식으로부터

배율기의 저항 $R_m = \left(\dfrac{V}{V_0} - 1 \right) \times R_o = \left(\dfrac{150}{50} - 1 \right) \times 5,000$

$= 10,000 [\Omega]$

[답] ③

---

08 결정질 태양광발전 전지에서 에너지 손실이 가장 큰 부분은?

① 공간 전하 영역에서의 전지 전위차

② 전면 접촉으로 초래된 반사와 차광

③ 단파장 복사에서 너무 높은 광자에너지

④ 장파장 복사에서 너무 낮은 광자에너지

풀이 ◎

실리콘 결정질 태양전지의 에너지 손실 :

단파장 과잉 에너지(약 32[%]) > 장파장 투과(약 24[%]) > 전압인자 손실(약 16[%]) > 반사와 차광(약 3~6[%])

[답] ③

---

09 뇌, 서지 등의 피해로부터 태양광발전시스템을 보호하기 위한 대책으로 적절하지 않은 것은?

① 피뢰소자의 접지측 배선은 되도록 길게 유지하면서 설치한다.

② 뇌우 다발 지역에서는 교류 전원측에 내뢰트랜스를 설치한다.

③ 피뢰소자를 접속함 어레이 주회로 내부에 분산시켜 설치한다.

④ 저압 배전선으로 침입하는 뇌, 서지에 대해서는 분전반에 피뢰소자를 설치한다.

풀이 ◎

피뢰소자의 접지측 배선은 되도록 짧게(0.5[m] 이내) 설치하여야 하며, 이때에도 약 1[kV/m]이므로 0.5[kV] 정도 전압상승을 고려하여야 한다.

[답] ①

---

10 연료전지 구성요소 중 개질기에 대한 설명으로 옳은 것은?

① 연료전지에서 나오는 직류를 교류로 변환시키는 장치

② 전해질이 함유된 전해질 판, 연료극, 공기극으로 구성된 장치

③ 원하는 전기출력을 얻기 위해 단위전지 수십에서 수백 장을 직렬로 쌓아 올린 본체

④ 수소가 함유된 일반연료(천연가스, 메탄올, 석탄 등)로부터 수소를 발생시키는 장치

풀이 ◎

개질기(Reformer)는 수소가 함유된 일반연료(천연가스, 메탄올, 석탄 등)로부터 수소를 발생시키는 장치이다.

[답] ④

11 PN 접합 다이오드에 공핍층이 생기는 경우는?

① 전압을 가하지 않을 때 생긴다.
② (−) 전압만 인가할 때 생긴다.
③ 전자와 정공의 확산에 의해 생긴다.
④ 다수 전송파가 많이 모여 있는 순간에 생긴다.

풀이 ○

PN접합 다이오드의 N형 반도체 지역에는 (+)인 정공이, P형 반도체 지역에는 (−)인 전자가 확산(Diffusion)되어 공핍층(공간전하층)이 생긴다. **[답] ③**

12 점전하를 정전계와 반대방향으로 1[m] 이동시키는데 360[J]의 에너지가 소모되었다. 두 점 사이의 전위치가 60[V]라면 점전하의 전하량[C]은?

① 2   ② 4
③ 6   ④ 8

풀이 ○

정전계의 에너지 $W = qV$ [J]에서

점전하의 전하량 $q = \dfrac{W}{V} = \dfrac{360}{60} = 6$[C] **[답] ③**

13 인버터의 단독운전방지 기능 중 능동적 방식에 해당하지 않는 것은?

① 부하 변동방식
② 주파수 시프트 방식
③ 무효전력 변동방식
④ 전압위상 도약 검출방식

풀이 ○

• 인버터의 단독운전방지 검출방식
1) 능동적인 검출방식 : 주파수 시프트 방식, 유효전력 변동 방식, 무효전력 변동 방식, 부하 변동 방식
2) 수동적 검출방식 : 전압위상 도약검출방식, 제3고조파 전압급증 검출방식, 주파수 변화율 검출방식 **[답] ④**

14 풍력발전시스템에서 한계 풍속 이상이 되었을 때 양력이 회전날개에 작용하지 못하도록 하는 날개의 공기역학적 형상에 의한 제어방식은?

① 피치제어(pitch control)
② 브레이크제어(brake control)
③ 요제어(yaw control)
④ 스톨제어(stall control)

풀이 ○

1) 요 제어(Yaw control) : 바람 방향을 향하도록 블레이드(날개)의 방향을 제어하는 것.
2) 날개각 제어(Pitch control) : 날개의 경사각 조절로 출력을 능동적으로 제어하는 것.
3) 스톨 제어(Stall control) : 한계 풍속이상이 되었을 때, 양력이 회전날개에 작용하지 못하도록 날개의 공기역학적 형상에 의해 제어하는 것. **[답] ④**

15 태양광발전 모듈에서 최대출력(P_{mpp})의 의미는?

① $I_{sc} \times V_{oc}$ ② $I_{mpp} \times V_{oc}$
③ $I_{mpp} \times V_{mpp}$ ④ $I_{sc} \times V_{mpp}$

풀이 ○

모듈의 최대출력 $P_{\max} = I_{mpp} \times V_{mpp}$[W] **[답] ③**

16 태양광발전 전지의 전류–전압 곡선에 대한 설명 중 옳은 것을 모두 고른 것은?

〈보기〉
ㄱ. 전압이 0인 경우에 흐르는 전류를 단락전류라 한다.
ㄴ. 생산되는 전력이 최대인 경우의 전압을 개방전압이라 한다.
ㄷ. 곡선인자(fill factor)가 클수록 변환효율이 높아진다.
ㄹ. 부하저항이 클수록 변환효율이 높아진다.

① ㄱ, ㄴ
② ㄱ, ㄷ
③ ㄱ, ㄴ, ㄷ
④ ㄱ, ㄴ, ㄷ, ㄹ

풀이 ◉

- 전압이 0인 경우에 흐르는 전류를 단락전류라 한다.
- 전류가 0인 경우의 전압을 개방전압이라 한다.
- 곡선인자(fill factor)가 클수록 변환효율이 높아진다.   [답] ②

17 내부저항이 각각 0.3[Ω], 0.2[Ω] 인 1.5[V] 두 개 전지를 직렬로 연결한 후에 외부에 2.5[Ω]의 저항 부하를 직렬로 연결하였다. 이 회로에 흐르는 전류는 몇 [A]인가?

① 0.5   ② 1.0
③ 1.5   ④ 2.0

풀이 ◉

전류 $I = \dfrac{V}{R} = \dfrac{1.5 \times 2}{0.3 + 0.2 + 2.5} = 1[A]$ [답] ②

18 태양광발전에 대한 설명으로 틀린 것은?
① 무한 청정에너지이다.
② 발전량은 계절에 관계없이 일정하다.
③ 주간에만 발전이 가능하다.
④ 일사량과 관계는 있지만 어느 지역이나 이용 가능하다.

풀이 ◉

태양광발전량은 계절에 따라 일조시간과 일조량, 온도 등이 다르기 때문에 일정하지 않다.   [답] ②

19 음영이 있는 외벽 등에 설치된 소형 태양광발전시스템에 가장 적절한 인버터는?
① 모듈 인버터
② 고전압 방식의 인버터
③ 중앙 집중식 인버터
④ 마스터-슬레이브 제어형 인버터

풀이 ◉

모듈 인버터 방식(AC모듈)은 태양전지 모듈과 인버터가 통합된 형태의 모듈로 제 각기 최대전력추종제어 기능을 갖추고 있으며, 태양광발전시스템의 확장이 쉽고, 음영에 대한 영향을 최소화 할 수 있는 방식이다.   [답] ①

20 태양광발전 모듈로부터 발생한 직류 전력을 교류 전력으로 바꾸어 주는 역할을 하는 것은?
① 퓨즈
② 축전지
③ 태양광발전용 인버터
④ 태양광발전 어레이

풀이 ◉

직류를 교류로 바꾸어 주는 것은 인버터이다.   [답] ③

2과목   태양광발전시스템 **시공**

21 지붕형 태양광발전 어레이 기초공사에 포함되는 것은?
① 접지공사   ② 방수공사
③ 구조물공사   ④ 모듈 설치공사

풀이 ◉

지붕형 태양광발전 어레이 기초공사에 방수공사를 포함하여야 한다.   [답] ②

22 인버터 선정 시 검토사항으로 틀린 것은?
① 소음 발생이 적을 것
② 기동·정지의 안정적일 것
③ 고조파의 발생이 적을 것
④ 야간의 대기전력 손실이 클 것

풀이 ◉

인버터는 야간의 대기전력 손실이 작아야 한다. [답] ④

23 태양광발전시스템의 점검기록표에 작성하는 내용으로 틀린 것은?
① 태양광발전 전지의 판매가격
② 태양광발전용 전력변환장치의 정격용량
③ 태양광발전 전지의 최대동작전압
④ 태양광발전용 전력변환장치의 입력전압범위

풀이 ◎

태양광발전시스템의 점검기록표에 태양전지의 판매가격은 작성내용이 아니다. **[답] ①**

24 기초의 형식 결정을 위한 고려사항 중 지반 조건으로 틀린 것은?

① 지하수위   ② 지반종류
③ 지반의 균일성   ④ 지반의 대지저항률

풀이 ◎

기초의 형식 결정을 위한 고려사항 중 지반 조건 : 지반 종류, 지하수위, 지반의 균일성, 암반의 깊이   **[답] ④**

25 사용전검사 실시 전 준비사항으로 틀린 것은?

① 시공관리책임자의 입회
② 전기안전관리자의 입회
③ 시험성적서 등 해당 검사에 필요한 서류준비
④ 감리원의 기성검사원에 대한 사전검토 의견서

풀이 ◎

감리원의 기성검사원에 대한 사전검토 의견서는 기성검사와 관련된 업무로 사용전검사와 관련이 없다. **[답] ④**

26

[2021.1.1.부터 한국전기설비규정(KEC) 시행과 출제기준 제외문항으로 삭제]

27 피뢰기의 정격전압이란?

① 충격파의 방전 개시 전압
② 속류가 차단되는 최고의 교류전압
③ 상용주파수의 방전 개시 전압
④ 충격 방전전류가 통하고 있을 때의 단자전압

풀이 ◎

피뢰기의 정격전압 : 속류가 차단되는 최고의 교류전압(실효값) **[답] ②**

28 태양광발전시스템 시공기준 중 인버터에 관한 설명으로 옳은 것은?

① 인버터의 출력단 표시사항은 전압, 전류만 표시된다.
② 각 직렬군의 태양광발전 전지 최대전압은 입력전압 범위 안에 있어야 한다.
③ 옥내용을 옥외에 설치하는 경우는 10[kW] 이상이어야 한다.
④ 인버터에 연결된 모듈의 설치용량은 인버터 설치용량의 105[%] 이내이어야 한다.

풀이 ◎

• 인버터의 출력(교류)단 표시사항 : 전압, 전류, 전력, 주파수, 누적발전량, 최대출력량(peak)
• 각 직렬군의 태양전지 개방전압은 인버터의 입력전압 범위 안에 있어야 한다.
• 실내용과 실외용을 구분하여 설치하여야 한다. 다만 실외용은 실내에 설치할 수 있다. **[답] ④**

29 태양광발전 전지에서 인버터까지의 직류전류(어레이 주회로) 접지에 대하여 옳은 것은?

① 제1종 접지공사
② 제3종 접지공사
③ 특별 제3종 접지공사
④ 원칙적으로 접지공사를 하지 않는다.

풀이 ◎

태양광발전시스템 직류전로(어레이에서 인버터)의 접지를 하지 않는다. 이유는 인버터로 무변압기방식의 회로방식을 사용하기 때문에 계통측으로 직류유출을 방지하기 위해서 접지를 하지 않는다. **[답] ④**

30 설계업자로부터 설계감리원이 착수신고서를 제출받고 적정성 여부를 검토할 서류는?

① 착수신고서   ② 예정공정표
③ 검사요청서   ④ 상세공정표

풀이 ◎

설계감리원은 설계업자로부터 착수신고서를 제출받아 다음 각 호의 사항에 대한 적정성 여부를 검토하여 보고하여야 한다.
① 예정공정표
② 과업수행계획 등 그 밖에 필요한 사항 **[답] ②**

31 태양광발전에 쓰이는 케이블의 단말처리를 할 때 사용하는 절연테이프의 종류가 아닌 것은?

① 보호 테이프
② 고무 절연테이프
③ 비닐 절연테이프
④ 자기 융착 절연테이프

풀이 ●
케이블의 단말처리를 할 때 사용하는 절연테이프의 종류
: 자기융착 절연테이프, 비닐 절연테이프, 보호테이프
[답] ②

32 감리원은 공사업자로부터 월간, 주간 상세공정표를 어느 시기에 제출받아 검토·확인하여야 하는가?

① 월간 상세공정표 : 작업 착수 3일 전 제출, 주간 상세공정표 : 작업 착수 3일 전 제출
② 월간 상세공정표 : 작업 착수 7일 전 제출, 주간 상세공정표 : 작업 착수 4일 전 제출
③ 월간 상세공정표 : 작업 착수 7일 전 제출, 주간 상세공정표 : 작업 착수 5일 전 제출
④ 월간 상세공정표 : 작업 착수 10일 전 제출, 주간 상세공정표 : 작업 착수 7일 전 제출

풀이 ●
감리원은 공사업자로부터 전체 실시공정표에 따른 월간, 주간 상세공정표를 사전에 제출받아 검토·확인하여야 한다.
1. 월간 상세공정표 : 작업 착수 7일전 제출
2. 주간 상세공정표 : 작업 착수 4일전 제출   [답] ②

33 설계감리원이 필요한 경우 비치하여야 할 문서가 아닌 것은?

① 근무상황부   ② 준공검사부
③ 설계감리기록부   ④ 설계감리지시부

풀이 ●
설계감리원이 필요한 경우 비치하여야 할 문서
① 근무 상황부
② 설계감리 일지
③ 설계감리 지시부
④ 설계감리 기록부
⑤ 설계자와 협의사항 기록부

⑥ 설계감리 추진현황
⑦ 설계감리 검토의견 및 조치 결과서
⑧ 설계감리 주요검토결과
⑨ 설계도서 검토의견서
⑩ 설계도서(내역서, 수량산출 및 도면 등)를 검토한 근거서류
⑪ 해당 용역관련 수·발신 공문서 및 서류
※ **준공검사부는 공사감리 비치서류이다.**   [답] ②

34 역률을 개선하였을 경우 그 효과로 틀린 것은?

① 전압강하의 감소
② 전력손실의 감소
③ 설비용량의 여유분 증가
④ 설비용량의 무효분 증가

풀이 ●
역률개선의 효과 : 전압강하의 감소, 전력손실의 감소, 설비용량의 여유분 증가, 전기요금 절감, 설비용량 유효분 증가, 설비용량 무효분 감소.   [답] ④

35 태양광발전 모듈의 시공기준에 대한 설명으로 틀린 것은?

① 전선, 피뢰침, 안테나 등의 경미한 음영도 장애물로 본다.
② 일조시간은 장애물로 인한 음영에도 불구하고 1일 5시간(춘계(3~5월), 추계(9~11월) 기준) 이상이어야 한다.
③ 모듈 설치 열이 2열 이상일 경우 앞열은 뒷열에 음영이 지지 않도록 설치하여야 한다.
④ 모듈의 설치용량은 사업계획서상 모듈 설계용량과 동일하여야 하나 동일하게 설치할 수 없는 경우에 한하여 설계용량의 110[%] 이내까지 가능하다.

풀이 ●
전선, 피뢰침, 안테나 등의 경미한 음영도 장애물로 보지 아니한다.   [답] ①

36 송전방식 중 교류방식의 장점이 아닌 것은?
① 송전효율이 좋다.
② 전압의 승압, 강압 변경이 용이하다.
③ 회전자계를 쉽게 얻을 수 있다.
④ 교류방식으로 일관된 운용을 기할 수 있다.

풀이 ◉
교류 송전방식은 유전체 손실이 있어, 직류송전(HVDC) 방식에 비하여 효율이 나쁘다.　　　**[답] ①**

37 태양광발전시스템 시공 시 추락 방지 및 감전 방지대책에 아닌 것은?
① 절연 처리된 공구를 사용한다.
② 저압 절연장갑을 사용한다.
③ 강우 시 미끄러짐에 유의하여 작업을 한다.
④ 안전모, 안전대, 안전화, 안전 허리띠 등을 반드시 착용한다.

풀이 ◉
태양광발전시스템 공사와 같은 전기공사는 강우 시에 작업을 중지하여야 한다.　　　**[답] ③**

38 감리원의 공사시행 단계에서의 감리업무가 아닌 것은?
① 인허가 관련업무
② 공정관리 관련업무
③ 품질관리 관련업무
④ 환경관리 관련업무

풀이 ◉
공사시행 단계에서의 감리업무 : 품질관리, 시공관리, 공정관리, 안전관리, 환경관리
※ 인허가 관련업무는 기획단계의 업무이다.　　**[답] ①**

39 전력계통에서 3권선 변압기(Y-Y-△)를 사용하는 주된 이유는?
① 노이즈 제거　　　② 제3고조파 제거
③ 전력손실 감소　　④ 2가지 용량 사용

풀이 ◉
송·배전 전력계통에서 변압기의 결선방법은 Y-Y-△이

며, 이유는 제3고조파를 △권선 내에 순환시켜 제거하기 위함이다.　　　**[답] ②**

40 태양광발전시스템 공사가 설계도서 및 관계 규정 등에 적합하게 시공되는지 여부를 확인하는 감리업무는?
① 안전관리　　　② 시공관리
③ 품질관리　　　④ 공정관리

풀이 ◉
공사가 설계도서 및 관계 규정 등에 적합하게 시공되는지 여부를 확인하는 감리업무는 시공관리업무이다.
　　　[답] ②

⟨ 3과목 태양광발전시스템 **운영** **⟩**

41 태양광발전 모듈의 유지관리 사항이 아닌 것은?
① 모듈의 유리표면 청결유지
② 방수커넥터의 접속 상태 및 케이블의 극성확인
③ 셀이 병렬로 연결되었는지 여부 확인
④ 나무 등 외부물질에 의한 음영이 발생하지 않도록 주변 정리

풀이 ◉
태양광발전 모듈의 셀은 모두 직렬로 연결되어 있다.
　　　[답] ③

42 태양광발전시스템 보수점검 작업 시 점검 전 유의사항이 아닌 것은?
① 오조작 방지　　　② 회로도 검토
③ 접지선 제거　　　④ 무전압 상태확인

풀이 ◉
접지선의 제거는 태양광발전시스템 보수점검 작업 시 점검 후 유의사항이다.　　　**[답] ③**

43 송전설비의 배전반에서 주회로의 인입부분 및 인출부분에 대한 일상점검의 내용이 아닌 것은?

① 부싱부분에서 접지 및 절연저항 값을 측정하고 점검한다.

② 볼트 종류의 이완상태에 따른 진동음 발생 여부를 점검한다.

③ 케이블의 관통부분에서 곤충이나 벌레 등의 침입 가능성이 있는지 점검한다.

④ 케이블의 접소구분에서 과열현상에 의한 이상한 냄새의 발생 여부를 점검한다.

풀이 ○

계측기를 이용한 접지 및 절연저항 값을 측정하는 것은 정기점검 항목이다. **[답] ①**

44 태양광발전시스템용 축전지의 일상점검 시 육안점검 항목으로 틀린 것은?

① 팽창   ② 변색

③ 단자 전압   ④ 액면 저하

풀이 ○

계측기를 이용한 단자전압측정은 정기점검 항목이다. **[답] ③**

45 태양광발전시스템용 인버터의 일상점검 항목으로 틀린 것은?

① 절연저항 측정

② 외부배선(접속케이블)의 손상

③ 외함의 부식 및 파손

④ 이음, 이취, 연기 발생 및 이상 과열

풀이 ○

계측기를 이용한 절연저항 측정은 정기점검 항목이다. **[답] ①**

46 태양광 발전용 파워 컨디셔너의 효율 측정 방법 관련 기준은?

① KS C 8521   ② KS C 8533

③ KS C 8541   ④ KS C 6683

풀이 ○

• KS C 8521 : 고정형 니켈 카드뮴 알칼리 축전지(폐지)

• KS C 8533 : 태양광 발전용 파워 컨디셔너의 효율 측정 방법

• KS C 8541 : 리튬2차 전지 통칙(폐지)

• KS C 8565 : 태양광발전용 인버터 (계통 연계형, 독립형) **[답] ②**

47 접지용구 사용 시 주의사항이 아닌 것은?

① 접지용구의 철거는 설치의 역순으로 한다.

② 접지 설치 전에 관계 개폐기의 개방을 확인하여야 한다.

③ 접지용구 설치 · 철거 시에는 접지도선이 신체에 접촉하지 않도록 주의한다.

④ 접지용구의 취급은 반드시 전기 안전관리자의 책임하에 행하여야 한다.

풀이 ○

접지용구의 취급은 반드시 작업책임자의 책임하에 행하여야 한다. **[답] ④**

48 정전 작업 시 정전절차에 대한 국제사회안전협회(ISSA)의 5대 안전수칙이 아닌 것은?

① 단락접지

② 보호장구의 착용

③ 작업 전 전원차단

④ 전원투입의 방지

풀이 ○

국제사회안전협회(ISSA)의 5대 정전작업 안전수칙

• 작업 전 전원차단

• 전원투입의 방지

• 작업장소의 무전압 여부 확인

• 단락접지

• 작업장소의 보호 **[답] ②**

49 태양광발전시스템 중 접속함의 고장원인이 아닌 것은?

① 퓨즈 고장   ② 결합상태 불량

③ 이상 진동음   ④ 다이오드 불량

풀이 ○

접속함에는 구동부품이 없으므로 이상진동음이 발생할 수 없다.　　　　　　　　　　　　　　　**[답] ③**

50 태양광발전(PV) 모듈 안전 조건–제2부 : 시험 요건(KS C IEC 61730–2 : 2014)에 해당하지 않는 것은?
① 화재 위험 시험
② 역전압 과부하 시험
③ 기계적 응력 시험
④ 전기 충격 위험 시험

풀이 ○

태양광발전(PV) 모듈 안전 조건–제2부 : 시험 요건 (KS C IEC 61730–2 : 2014)
• 전기 충격 위험 시험　　• 화재 위험 시험
• 기계적 응력 시험　　　• 구성 부품 시험　　**[답] ②**

51 태양광발전 모듈의 고장원인으로 적당하지 않은 것은?
① 습기 및 수분침투에 의한 내부회로의 단락
② 염해, 부식성 가스 등 주변 환경에 의한 부식
③ 기계적 스트레스에 의한 태양전지 셀의 파손
④ 경년 열화에 의한 태양전지 셀 및 리본의 노화

풀이 ○

태양광발전 모듈은 라미네이션(Lamination) 제조과정에서 진공처리 되므로 습기 및 수분이 침투 할 수 없다.　　　　　　　　　　　　　　　**[답] ①**

52 태양광발전시스템 운전 중 설비의 안정성 확보를 위하여 전기안전관리법에 따라 정기검사를 신청한다. 이때 검사를 하는 기관으로 옳은 것은?
① 한국전력공사
② 한국전기안전공사
③ 한국전기기술인협회
④ 한국에너지관리공단

풀이 ○

정기 검사(또는 사용전 검사) 신청 절차 : 검사를 받고자 하는 날의 7일전까지 **한국전기안전공사**로 신청
　　　　　　　　　　　　　　　[답] ②

53 태양광발전용 인버터가 고장으로 정지 시 원인제거 후 재 기동 지연시간은?
① 즉시 기동　　　　　② 1분
③ 1분　　　　　　　　④ 5분

풀이 ○

태양광발전용 인버터가 고장으로 정지 시 원인제거 후 재 기동 지연시간은 5분이다.　　　　**[답] ④**

54 태양광발전시스템용 배전반의 무정전 문제 진단을 위한 일상점검 시 작업요령으로 틀린 것은?
① 이상한 냄새 유무를 맡아 본다.
② 보호계전기 Alarm 이력을 확인한다.
③ 과열로 인한 변색 유무를 관찰한다.
④ LBS 접촉부 볼트 조임이 느슨한지 조여 본다.

풀이 ○

일상점검은 통전상태에서 시행하는 것으로 LBS 접촉부 볼트 조임이 느슨한지 조여 보는 것은 감전위험을 수반하므로 정전을 수반하는 정기점검 시 작업요령이다.
　　　　　　　　　　　　　　　[답] ④

55 절연 고무장갑의 종류 및 사용전압에 대한 내용으로 틀린 것은?
① A종 : 300[V]를 초과하고 교류 600[V] 또는 직류 750[V] 이하의 작업에 사용
② B종 : 교류 600[V] 또는 직류 750[V]를 초과하고 3500 [V] 이하의 작업에 사용
③ C종 : 3500[V]를 초과하고 교류 7000[V] 이하의 작업에 사용
④ H종 : 7000[V]를 초과하고 10000[V] 이하의 작업에 사용

풀이 ○

절연 고무장갑 및 절연 고무장화의 종별

종류	용 도
A종	300[V]를 초과하고, 교류 600[V], 직류 750[V] 이하의 작업에 사용하는 것
B종	교류 600[V], 직류 750[V]를 초과하고, 3,500[V] 이하의 작업에 사용하는 것
C종	3,500[V]를 초과하고, 교류 7,000[V] 이하의 작업에 사용하는 것

[답] ④

56 태양광발전시스템의 정전 시 운영조작 순서를 옳게 나열한 것은?

> ㄱ. 한전 전원 복구 여부 확인
> ㄴ. 태양광발전용 인버터 DC전압 확인 후 운전 시 조작 방법에 의한 재시동
> ㄷ. 메인 VCB반 전압 확인 및 계전기를 확인하여 정전여부 확인 및 부저 OFF
> ㄹ. 태양광발전용 인버터 상태 확인(정지)

① ㄹ → ㄷ → ㄱ → ㄴ
② ㄷ → ㄹ → ㄱ → ㄴ
③ ㄷ → ㄱ → ㄴ → ㄹ
④ ㄹ → ㄴ → ㄱ → ㄷ

풀이 ○

정전 시 운영조작 순서
① 메인 VCB반 전압 확인 및 계전기를 확인하여 정전 여부 확인 및 부저 OFF
② 태양광발전용 인버터 상태 확인(정지)
③ 한전 전원 복구 여부 확인
④ 태양광발전용 인버터 DC전압 확인 후 운전 시 조작 방법에 의한 재시동

[답] ②

57 태양광발전시스템의 유지보수를 위한 점검계획 시 고려해야 할 사항이 아닌 것은?

① 설비의 사용 기간
② 설비의 상호 배치
③ 설비의 고장 이력
④ 설비의 주위 환경

풀이 ○

태양광발전시스템 점검 계획 시 고려사항 : 설비의 사용기간, 설비의 중요도, 환경조건, 고장이력, 부하상태

[답] ②

58 태양광 발전용 인버터(KS C 8565: 2024)의 시험 중 절연성능 시험 항목이 아닌 것은?

① 내전압 시험
② 접촉 전류 시험
③ 보호 본딩 시험
④ 누설전류 시험

풀이 ○

인버터의 절연성능 시험 항목 : 절연저항 시험, 내전압 시험, 임펄스 내전압 시험, 접촉 전류 시험, 액세스 프로브 시험, IP시험, 보호 본딩 시험(접지연속성 시험), 공간거리와 연면거리 시험.

[답] ④

59 태양광발전 접속함(KS C 8567 : 2017)에 사용되는 직류(DC)용 퓨즈는 회로 정격전류에 대하여 몇 [%]의 과부하 내량을 가져야 하는가?

① 110
② 120
③ 135
④ 155

풀이 ○

• 퓨즈는 회로 정격 전류에 대하여 135 [%]의 과부하 내량을 가져야 한다.
• 퓨즈의 과전류 보호 정격은 회로 정격 전류의 1.5배 이상 2.4배 이하이여야 한다.

[답] ③

60 태양광발전용 인버터(KS C 8565 : 2016) 표준의 적용 범위로 틀린 것은?

① 정격 출력 1[kW] 초과 1,000[kW] 이하
② 직류 입력 전압 1500[V] 이하
③ 교류 출력 전압 1,500[V] 이하
④ 정격 출력 1[kW] 이하이고, 직류 입력전압이 150[V]를 초과하는 경우

풀이 ○

태양광 발전용 인버터 적용 범위 : 정격 출력 1[kW] 초과 1,000[kW](직류 입력 전압 1500[V] 이하, 교류 출력 전압 1000[V] 이하)이하인 태양광 발전용 인버터의 시험방법 및 평가기준에 대하여 규정한다. 다만, 격 출력 1[kW] 이하인 경우라도 직류 입력전압이 150[V]를 초과하는 경우에는 이 표준을 적용한다.

[답] ③

4과목
신재생에너지 관련법규

61 신·재생에너지 개발·이용·보급 촉진법에서 정한 신·재생에너지 설비가 아닌 것은?

① 풍력 설비
② 태양에너지 설비
③ 전기에너지 설비
④ 바이오에너지 설비

풀이 ○

신·재생에너지 설비 : 수소에너지 설비, 연료전지 설비, 석탄을 액화·가스화한 에너지 및 중질잔사유(重質殘渣油)를 가스화한 에너지 설비, 태양에너지 설비(태양열 설비, 태양광 설비), 풍력 설비, 수력 설비, 해양에너지 설비, 지열에너지 설비, 바이오에너지 설비, 폐기물에너지 설비, 수열에너지 설비, 전력저장 설비 **[답] ③**

62 신에너지 및 재생에너지 개발·이용·보급 촉진법에 의거하여 정부는 어떤 대상의 자발적인 신·재생에너지 기술개발 및 이용·보급을 장려하고 보호·육성하여야 한다. 그 대상에 해당되지 않는 것은?

① 기업체
② 외국기관
③ 공공기관
④ 지방자치단체

풀이 ○

정부는 지방자치단체, 공공기관, 기업체 등의 자발적인 신·재생에너지 기술개발 및 이용·보급을 장려하고 보호·육성하여야 한다. **[답] ②**

63 한국전기설비규정에서 합성수지관 공사 시 관 상호간 및 박스와의 접속은 관에 삽입 깊이를 관의 바깥지름 몇 배 이상으로 하여야 하는가? (단, 접착제를 사용하는 경우는 제외한다.)

① 0.8배
② 1.0배
③ 1.2배
④ 1.5배

풀이 ○

관 상호간 및 박스와는 관을 삽입하는 깊이를 관의 바깥지름의 1.2배(접착제를 사용 하는 경우에는 0.8배) 이상으로 하고 또한 꽂음 접속에 의하여 견고하게 접속할 것. **[답] ③**

64 한국전기설비규정에서 저압 가공전선(다중 접지된 중성선은 제외한다)과 고압 가공전선을 동일 지지물에 시설하는 경우 저압 가공전선과 고압 가공전선 사이의 이격거리는 몇 [m]이상이어야 하는가?

① 0.5
② 1.0
③ 1.2
④ 1.5

풀이 ○

저압 가공전선과 고압 가공전선 사이의 이격거리는 0.5[m] 이상일 것. 다만, 각도 주(角度柱)·분기주(分岐柱) 등에서 혼촉(混觸)의 우려가 없도록 시설하는 경우에 는 그러하지 아니하다.(332.8) **[답] ①**

65

[2021.1.1.부터 한국전기설비규정(KEC) 시행과 출제기준 제외문항으로 삭제

66 전기공사업법에 의거 전기공사 수급인의 하자담보책임 기간의 범위는?

① 전기공사의 완공일부터 5년
② 전기공사의 완공일부터 7년
③ 전기공사의 완공일부터 10년
④ 전기공사의 완공일부터 15년

풀이 ○

수급인은 발주자에 대하여 전기공사의 완공일부터 10년의 범위에서 전기공사의 종류별로 대통령령으로 정하는 기간에 해당 전기공사에서 발생하는 하자에 대하여 담보책임이 있다. **[답] ③**

67 신에너지 및 재생에너지 개발·이용·보급 촉진법에 의한 신·재생에너지의 기술개발 및 이용·보급을 촉진하기 위한 기본계획에 대한 설명으로 틀린 것은?

① 신·재생에너지 분야 전문인력 양성계획이 포함된다.
② 기본계획의 계획기간은 10년 이상으로 한다.

③ 「에너지법」에 따른 온실가스의 배출 감소 목표가 포함된다.

④ 신·재생에너지 기술수준과 평가와 개발전망 및 기대효과가 포함된다.

풀이 ○

기본계획의 계획기간은 10년 이상으로 하며, 기본계획에는 다음 각 호의 사항이 포함되어야 한다.
1. 기본계획의 목표 및 기간
2. 신·재생에너지원별 기술개발 및 이용·보급의 목표
3. 총전력생산량 중 신·재생에너지 발전량이 차지하는 비율의 목표
4. 온실가스의 배출 감소 목표
5. 기본계획의 추진방법
6. 신·재생에너지 기술수준의 평가와 보급전망 및 기대효과
7. 신·재생에너지 기술개발 및 이용·보급에 관한 지원 방안
8. 신·재생에너지 분야 전문인력 양성계획　　**[답]** ④

68 한국전기설비규정에서 두 개 이상의 전선을 병렬로 사용하는 경우에 전선의 접속방법으로 틀린 것은?

① 병렬로 사용하는 전선에는 각각에 퓨즈를 설치할 것
② 같은 극인 각 전선의 터미널러그는 동일한 도체에 2개 이상의 리벳 또는 2개 이상의 나사로 접속할 것
③ 같은 극의 각 전선은 동일한 터미널러그에 완전히 접속할 것
④ 병렬로 사용하는 동선의 굵기는 50[mm²] 이상으로 하고 전선은 같은 도체, 같은 재료, 같은 길이 및 같은 굵기의 것을 사용할 것

풀이 ○

두 개 이상의 전선을 병렬로 사용하는 경우에는 다음에 의하여 시설할 것.(123)
가. 병렬로 사용하는 각 전선의 굵기는 동선 50[mm²] 이상 또는 알루미늄[mm²] 이상으로 하고, 전선은 같은 도체, 같은 재료, 같은 길이 및 같은 굵기의 것을 사용할 것.
나. 같은 극의 각 전선은 동일한 터미널러그에 완전히 접속할 것.

다. 같은 극인 각 전선의 터미널러그는 동일한 도체에 2개 이상의 리벳 또는 2개 이상의 나사로 접속할 것.
라. 병렬로 사용하는 전선에는 각각에 퓨즈를 설치하지 말 것.
마. 교류회로에서 병렬로 사용하는 전선은 금속관 안에 전자적 불평형이 생기지 않도록 시설할 것.　**[답]** ①

69 탄소중립기본법에 의해 정부의 탄소중립 사회로의 이행과 녹색성장의 추진을 주요 정책 및 계획에 관한 사항을 심의·의결하기 위해 대통령 소속으로 두는 2050 탄소중립녹색성장위원회의 구성으로 옳은 것은?

① 위원장 1명을 포함한 30명 이상 60명 이내의 위원으로 구성한다.
② 위원장 1명을 포함한 50명 이상 100명 이내의 위원으로 구성한다.
③ 위원장 2명을 포함한 30명 이상 60명 이내의 위원으로 구성한다.
④ 위원장 2명을 포함한 50명 이상 100명 이내의 위원으로 구성한다.

풀이 ○

녹색성장위원회의 구성 : 위원장 2명을 포함한 50명 이상 100명 이내의 위원으로 구성한다.　**[답]** ④

70 한국전기설비규정에서 금속제 외함을 가지는 사용전압이 50[V]를 초과하는 저압의 기계기구로서 사람이 쉽게 접촉할 우려가 있는 곳에 시설하는 것에 전기를 공급하는 전로에 누전차단기를 생략할 수 없는 것은?

① 기계기구를 건조한 곳에 시설하는 경우
② 기계기구가 고무·합성수지 기타 절연물로 피복된 경우
③ 기계기구를 발전소·변전소·개폐소 또는 이에 준하는 곳에 시설하는 경우
④ 대지전압이 220[V] 이상인 기계기구를 물기가 있는 곳 이외의 곳에 시설하는 경우

풀이 ○

대지전압이 150 [V] 이하인 기계기구를 물기가 있는 곳 이외의 곳에 시설하는 경우　**[답]** ④

71 전기사업법에 의거 기후에너지환경부장관은 전기사업자가 파산선고를 받고 복권되지 않은 경우 전기위원회의 심의를 거쳐 그 허가를 취소하거나 몇 개월 이내의 기간을 정하여 사업정지를 명할 수 있는가?

① 4　　　　　　　　② 5
③ 6　　　　　　　　④ 7

(풀이)
기후에너지환경부장관은 전기사업자가 다음 각 호의 어느 하나에 해당하는 경우에는 전기위원회의 심의를 거쳐 그 허가를 취소하거나 6개월 이내의 기간을 정하여 사업정지를 명할 수 있다.
1. 제8조제1항 각 호의 어느 하나에 해당하게 된 경우
  • 파산선고를 받고 복권되지 아니한 자
2. 제9조에 따른 준비기간에 전기설비의 설치 및 사업을 시작하지 아니한 경우　　　　[답] ③

72 한국전기설비규정에서 최대사용전압이 23000 [V]인 중성선 다중접지계통에 접속된 변압기 전로의 절연내력 시험전압은 몇 [V]인가?

① 20600　　　　　　② 21160
③ 24350　　　　　　④ 25330

(풀이)

전로의 종류		시 험 전 압
7,000[V] 이하		최대사용전압 × 1.5배
비접지식	7,000[V] 초과	최대사용전압 × 1.25배
중성점 다중접지식	7,000[V] 초과 25,000[V] 이하	최대사용전압 × **0.92배**

시험전압 = 23000 × 0.92 = 21160[V]　　　[답] ②

73 신에너지 및 재생에너지 개발 · 이용 · 보급 촉진법에서 기후에너지환경부장관은 신 · 재생에너지 설비의 설치계획서를 받은 날부터 며칠 이내에 타당성을 검토한 후 그 결과를 해당 설치의무 기관의 장 또는 대표자에게 통보하여야 하는가?

① 15일　　　　　　② 30일
③ 45일　　　　　　④ 60일

(풀이)
기후에너지환경부장관은 설치계획서를 받은 날부터 30

일 이내에 타당성을 검토한 후 그 결과를 해당 설치의무 기관의 장 또는 대표자에게 통보하여야 한다.　　[답] ②

74

[2021.1.1.부터 한국전기설비규정(KEC) 시행과 출제기준 제외문항으로 삭제]

75 신에너지 및 재생에너지 개발 · 이용 · 보급 촉진법에 따라 신 · 재생에너지 공급인증서를 발급받으려는 자는 공급인증서 발급 및 거래시장 운영에 관한 규칙에 의거 신 · 재생에너지를 공급한 날부터 며칠 이내에 공급인증서 발급 신청을 하여야 하는가?

① 30일　　　　　　② 60일
③ 90일　　　　　　④ 120일

(풀이)
신 · 재생에너지 공급인증서를 발급받으려는 자는 공급인증서 발급 및 거래시장 운영에 관한 규칙에 의거 신 · 재생에너지를 공급한 날부터 90일 이내에 발급 신청을 하여야 한다.　　　　　　[답] ③

76 전기사업법에서 전기의 원활한 흐름과 품질 유지를 위하여 전기의 흐름을 통제 · 관리하는 체제는?

① 전기사업　　　　② 전기설비
③ 전력계통　　　　④ 전력시장

(풀이)
"전력계통"이란 전기의 원활한 흐름과 품질유지를 위하여 전기의 흐름을 통제 · 관리하는 체제를 말한다.
　　　　　　　　　　　　　　　[답] ③

77 전기사업에 종사하는 자로서 정당한 사유 없이 전기사업용전기설비의 유지 또는 운용업무를 수행하지 아니함으로써 발전 · 송전 · 변전 또는 배전에 장애가 발생하게 한 자에 대한 전기사업법상 벌칙 기준은?

① 2년 이하의 징역 또는 2천만원 이하의 벌금

② 2년 이하의 징역 또는 3천만원 이하의 벌금

③ 5년 이하의 징역 또는 5천만원 이하의 벌금

④ 5년 이하의 징역 또는 8천만원 이하의 벌금

풀이 ◎

다음 각 호의 어느 하나에 해당하는 자는 5년 이하의 징역 또는 5천만원 이하의 벌금에 처한다.

1. 정당한 사유 없이 전기사업용전기설비를 조작하여 발전·송전·변전 또는 배전을 방해한 자
2. 전기사업에 종사하는 자로서 정당한 사유 없이 전기사업용전기설비의 유지 또는 운용업무를 수행하지 아니함으로써 발전·송전·변전 또는 배전에 장애가 발생하게 한 자 **[답]** ③

78 신에너지에 해당되지 않는 것은?

① 연료전지

② 수소에너지

③ 해양에너지

④ 석탄을 액화·가스화한 에너지

풀이 ◎

• 신에너지 : 연료전지, 석탄액화가스화 및 중질잔사유 가스화, 수소에너지
• 재생에너지 : 태양(태양광, 태양열), 바이오, 풍력, 수력, 해양, 폐기물, 지열 **[답]** ③

79 한국전기설비규정에서 차량 기타 중량물의 압력을 받을 우려가 있는 장소에 지중 전선로를 직접 매설식에 의하여 시설하는 경우 매설 깊이는 몇 [m] 이상으로 하여야 하는가?

① 0.75 ② 1.0

③ 1.25 ④ 1.5

풀이 ◎

구 분	매설깊이 [m]	중량물의 압력을 받을 우려가 없는 곳 매설깊이[m]
직접 매설식	1.0	0.6
관로식	1.0	0.6

[답] ②

80 탄소중립기본법에서 정의하는 녹색기술에 해당하지 않는 것은?

① 청정생산기술

② 청정소비기술

③ 온실가스 감축기술

④ 에너지 이용 효율화 기술

풀이 ◎

녹색기술 : ① 기술변화대응 기술, ② 에너지 이용 효율화 기술, ③ 청정생산기술, ④ 청정에너지 기술, ⑤ 신·재생에너지 기술, ⑥ 자원순환 및 친환경 기술 **[답]** ②

※ 관련법령의 개정 및 한국전기설비규정(KEC)의 시행에 따라 기출문제의 내용을 개정 및 변경된 것으로 수정한 것입니다. 따라서 엔트미디어를 통해 제공되는 기출풀이 동영상(2013~2022)은 내용이 다를 수 있습니다. 따라서 본 교재의 내용으로 학습하시기 바랍니다.

1과목
태양광발전시스템 이론

01 바이패스 다이오드에 대한 설명으로 틀린 것은?

① 열점(Hot spot)의 손상을 피할 수 있다.
② 태양광발전 모듈의 스트링과 직렬로 연결한다.
③ 스트링의 공칭 최대출력 동작전압의 1.5배 이상의 역내전압을 가져야 한다.
④ 태양광발전 모듈 단자함 출력의 정(+)극과 부(−)극 간에 설치한다.

풀이 ◎
바이패스 다이오드(소자)는 태양광 발전 모듈 내의 셀과 병렬로 접속하여 사용한다.　　　　**[답]** ②

02 파워컨디셔너시스템(PCS)의 구성방식 중 모든 모듈에 인버터를 설치하고, 각 인버터의 교류 출력을 병렬로 연결하여 사용하는 구성방식은?

① 모듈 인버터 방식
② 마스터 슬레이브 방식
③ 스트링 인버터 방식
④ 중앙 집중형 인버터 방식

풀이 ◎
모듈 인버터 방식(AC모듈)은 태양전지 모듈과 인버터가 통합된 형태의 모듈로 제 각기 최대전력추종제어 기능을 갖추고 있으며, 태양광발전시스템의 확장이 쉽고, 음영에 대한 영향을 최소화 할 수 있는 방식이다.
[답] ①

03 줄의 법칙에서 발열량[cal] 계산식으로 옳은 것은? (단, I : 전류[A], R : 저항[Ω], t : 시간[s]을 나타낸다.)

① $H = 0.24I^2R$
② $H = 0.24I^2t$
③ $H = 0.24I^2Rt$
④ $H = 0.24I^2R^2t$

풀이 ◎
줄의 법칙 발열량 $H = 0.24I^2Rt$[cal]　　　　**[답]** ③

04 태양광발전용 인버터의 기능에 대한 설명으로 틀린 것은?

① 일조량의 변화에 따른 자동운전·정지기능
② 계통 정전에 따른 단독운전 방지기능
③ 계통에 고조파 영향을 주지 않기 위한 직류지락 검출기능
④ 날씨 변동에서도 최대출력이 가능하게 하는 최대출력 주종제어기능

풀이 ◎
직류지락 검출기능은 무변압기 방식의 인버터를 사용한 태양광발전소의 어레이측 지락사고에 대하여 교류측 누전차단기로 검출이 불가능하기 때문에 인버터가 어레이측 직류지락 검출기능을 가지고 있어야 한다.　**[답]** ③

05 태양광발전 모듈 전면적 1,000[m²]에서 일조강도가 1,000[W/m²]이고, 최대출력이 100[kW]이면 변환효율은 몇 [%]인가?

① 10
② 13
③ 15
④ 18

풀이 ◎
모듈의 변환효율 $\eta = \dfrac{P_{max}}{E \times A} \times 100$[%]

$= \dfrac{100 \times 10^3}{1000 \times 1000} \times 100 = 10$[%]　**[답]** ①

06 축전지의 사용연수 경과 및 사용조건에 따라 용량이 변화되는 것을 보상하는 보정값은 무엇인가?

① 보수율 ② 방전심도

③ 용량환산시간 ④ 방전종지전압

풀이 ○

축전지의 사용연수 경과 및 사용조건에 따라 용량이 변화되는 것을 보상하는 보정값은 보수율이다. **[답] ①**

07 어떤 도선을 통과하는 전하량이 64[ms] 마다 0.32[C]이다. 이때 흐르는 전류는 몇 [A]인가?

① 2 ② 3

③ 5 ④ 10

풀이 ○

전류 $I = \dfrac{Q[\text{C}]}{t[\text{s}]} = \dfrac{0.32}{64 \times 10^{-3}} = 5[\text{A}]$ **[답] ③**

08 태양광발전 전지의 표면에 입사한 태양에너지를 전기에너지로 변환하는 효율은?

① 압전변환효율 ② 광전변환효율

③ 충전변환효율 ④ 방전변환효율

풀이 ○

광전변환효율 $= \dfrac{\text{출력전기에너지}}{\text{입사광에너지}} \times 100[\%]$ **[답] ②**

09 선로에 들어오는 이상전압의 크기를 완화하고 파고값을 낮추기 위하여 설치하는 것은?

① 피뢰침

② 서지흡수기

③ 종단 저항

④ 역류방지 소자

풀이 ○

전선로에 들어오는 이상전압의 크기를 완화하고 파고값을 낮추기 위해 설치하는 것은 서지흡수기(Surge Absorber)이다. **[답] ②**

10 어느 회로에 전압과 전류의 실효값이 각각 50 [V], 10[A]이고 역률이 0.8일 때, 소비전력은 몇 [W]인가?

① 350 ② 400

③ 450 ④ 500

풀이 ○

소비전력 $P = V \times I \times cos\theta = 50 \times 10 \times 0.8 = 400[\text{W}]$ **[답] ②**

11 태양광발전시스템의 접속함에 대한 설명으로 틀린 것은?

① 피뢰기(LA)가 설치되어 있다.

② 역류방지 소자가 설치되어 있다.

③ 스트링 배선을 하나로 모아 인버터에 보내는 역할을 한다.

④ 보수, 점검 시 회로를 분리하여 점검을 용이하게 한다.

풀이 ○

피뢰기(LA)는 특고압용 뇌서지 보호용 소자이다.

[답] ①

12 태양광발전 모듈의 단면을 보면 여러 층으로 이루어져 있다. 이러한 층을 이루는 재료 중에 태양광발전 전지를 외부의 습기와 먼지로부터 차단하기 위하여 현재 가장 일반적으로 사용하는 충진재는?

① FRP ② Class

③ EVA ④ Back Sheet

풀이 ○

• 전지(셀)를 외부의 습기와 먼지로부터 차단하기 위하여 현재 가장 일반적으로 사용하는 충진재는 EVA (Ethylene Vinyl Acetate)이다.

• 충진재의 역할

① 셀을 충격으로부터 보호해 주는 역할

② 셀, 글라스, 백시트를 하나의 유닛으로 부착하는 역할

③ 습기 침투 및 태양전지 전극의 부식방지 역할

[답] ③

13 트랜스리스 방식의 인버터 회로 구성요소가 아닌 것은?

① 인버터   ② 컨버터
③ 변압기   ④ 개폐기

풀이 ⊙
트랜스리스(무변압기) 방식은 변압기가 없다.   **[답] ③**

14 실리콘 결정계 태양광발전 전지에 해당되지 않는 것은?

① 리본   ② 구형
③ HIT   ④ 턴뎀형

풀이 ⊙
• 실리콘 결정계 태양전지의 종류 : 단결정, 다결정, 리본, 구형, HIT
• 실리콘 박막 태양전지의 종류 : 아몰퍼스, 턴뎀형   **[답] ④**

15 단결정 실리콘 제조공정 순서로 옳은 것은?

① 실리콘 입자 → 웨이퍼 슬라이스 → 잉곳 → 셀 → 모듈
② 실리콘 입자 → 잉곳 → 셀 → 웨이퍼 슬라이스 → 모듈
③ 실리콘 입자 → 잉곳 → 웨이퍼 슬라이스 → 모듈
④ 실리콘 입자 → 잉곳 → 웨이퍼 슬라이스 → 셀 → 모듈

풀이 ⊙
• 단결정 제조공정 : 실리콘 입자 → 잉곳 → 웨이퍼 슬라이스 → 셀 → 모듈   **[답] ④**

16 태양광발전용 인버터의 단독운전 이행 시 발전전력과 부하 사용전력 사이의 불균형에 따른 주파수 급변을 검출하는 방식은?

① 부하변동방식
② 주파수 변화율 검출방식
③ 주파수 시프트방식
④ 고조파 전압급증 검출방식

풀이 ⊙
인버터의 단독운전 이행 시 발전전력과 부하 사용전력 사이의 불균형에 따른 주파수 급변을 검출하는 방식은 주파수 변화율 검출방식이다.   **[답] ②**

17 PN접합 다이오드의 P형 반도체에 (+)바이어스를 가하고, N형 반도체에 (−)바이어스를 가할 때 나타나는 현상은?

① 공핍층의 폭이 작아진다.
② 공핍층의 폭이 넓어진다.
③ 공핍층 내부의 전기장이 증가한다.
④ 다이오드는 부도체와 같은 특성을 보인다.

풀이 ⊙
P형 반도체에 (+)바이어스를 가하고, N형 반도체에 (−)바이어스를 가하는 것이 순방향 바이어스로 공간전하 영역(공핍층)이 좁아지고, 내부전계와 전위장벽이 낮아지며, 커패시턴스가 커져서 도체와 같은 특성을 나타낸다.   **[답] ①**

18 연료전지발전의 원리에 대한 설명으로 틀린 것은?

① 열과 전기에너지 발생.
② 반응 생성물로 물이 생성
③ 연료극에 공급된 수소이온과 전자가 결합
④ 수소이온이 전해질 층을 통해 공기극으로 이동

풀이 ⊙
연료전지는 물의 전기분해 역반응을 이용한 것으로 연료극에 공급된 수소이온과 공기극에서 공급된 산소가 결합하여 전기를 생산한다.   **[답] ③**

19 해양에너지에 대한 설명으로 틀린 것은?

① 파력발전은 파도에 의한 해면의 상하운동을 이용한 것이다.
② 소수력발전은 밀물과 썰물로 발생하는 조류를 이용한 것이다.
③ 조력발전은 밀물과 썰물 사이의 낮은 낙차를 이용한 것이다.

④ 해양온도차발전은 해수 표층과 심층과의 온도차를 이용한 것이다.

풀이 ●

소수력발전은 해양에너지가 아니며, 밀물과 썰물로 발생하는 조류를 이용하는 발전은 조류발전이다. **[답]** ②

20 풍력발전시스템에서 저속 블레이드 회전수를 발전기용 고속 회전수로 변환시키는 장치는?

① 나셀(Nacelle)

② 로터(Rotor)

③ 증속기(Gearbox)

④ 인버터(Inverter)

풀이 ●

저속 블레이드 회전수를 발전기용 고속 회전수로 변환시키는 장치는 증속기(Gearbox)이다. **[답]** ③

2과목 태양광발전시스템 시공

21 화재 시 전선배관의 관통부분에서의 방화구획 조치가 아닌 것은?

① 난연 레진 사용

② 충전재 사용

③ 난연 테이프 사용

④ 폴리에틸렌(PE) 케이블 사용

풀이 ●

방화구획 관통부의 처리재료는 난연성과 내열성을 갖춘 내화구조이어야 한다.

• **난연성** : 관통부분의 충전재, 배관재의 변형 탈락, 파손, 소실 등으로 인해 뒷면에 화염이나 연기가 발생하지 않을 것

• **내열성** : 관통부분의 충전재, 내열실재의 전열에 의해 뒷면이 연소할 위험이 있는 온도가 되지 않을 것

※ 폴리에틸렌(PE) 케이블 사용은 관통부 방화구획 조치가 아니다. **[답]** ④

22 저압 배전선로의 구성 중 저압 뱅킹방식의 특징이 아닌 것은?

① 전압변동 및 전력손실이 크다.

② 변압기의 용량을 저감할 수 있다.

③ 고장 보호방식이 적당할 때 공급 신뢰도는 향상된다.

④ 부하의 증가에 대응할 수 있는 탄력성이 향상된다.

풀이 ●

저압 뱅킹방식의 특징

• 전압변동 및 전력손실이 경감된다.

• 부하의 증대에 대응할 수 있는 탄력성이 좋다.

• 고장보호방식이 적당할 때 공급신뢰도가 높다.

• 변압기의 공급전력을 서로 융통시킴으로서 변압기의 용량을 줄일 수 있다. **[답]** ①

23 케이블 트레이 및 부속재 선정 시 고려사항으로 옳은 것은?

① 전선의 피복에 돌기 등이 있어도 된다.

② 케이블 트레이의 안전율은 0.5이상으로 하여야 한다.

③ 비금속제 케이블 트레이는 방식성 재료의 것이어야 한다.

④ 옆면 레일 또는 이와 유사한 구조재를 설치하여야 한다.

풀이 ●

케이블 트레이공사에 사용하는 케이블 트레이는 다음 각 호에 적합하여야 한다.

1. 수용된 모든 전선을 지지할 수 있는 적합한 강도의 것이어야 한다. 이 경우 케이블 트레이의 안전율은 1.5 이상으로 하여야 한다.

2. 지지대는 트레이 자체하중과 포설된 케이블 하중을 충분히 견딜 수 있는 강도를 가져야 한다.

3. 전선의 피복 등을 손상시킬 돌기 등이 없이 매끈하여야 한다.

4. 금속재의 것은 적절한 방식처리를 한 것이거나 내식성 재료의 것이어야 한다.

5. 측면(옆면) 레일 또는 이와 유사한 구조재를 취부 하여야 한다.

6. 배선의 방향 및 높이를 변경하는데 필요한 부속재 기타 적당한 기구를 갖춘 것이어야 한다.

7. 비금속제 케이블 트레이는 난연성 재료의 것이어야 한다. **[답]** ④

24 태양광발전 어레이 설치 후 확인 점검이 필요한 항목만으로 짝지어진 것은?

① 전압·극성의 확인, 단락전류의 측정, 비접지 확인
② 전압·극성의 확인, 단락전류의 측정, 대지저항률 측정
③ 전압·극성의 확인, 단락전류의 측정, 소음발생정도 확인
④ 전압·극성의 확인, 단락전류의 측정, 진동 발생정도 확인

풀이 ○
태양전지 모듈의 배선 후 확인할 사항 중 태양전지 어레이 검사항목 : 전압·극성확인, 단락전류확인, 비접지확인 **[답]** ①

25 전력시설물 공사감리업무 수행에 의해 상주감리원은 공사현장(공사와 관련한 외부 현장점검, 확인 등 포함)에서 운영요령에 따라 배치된 일수를 상주하여야 하며, 다른 업무 또는 부득이한 사유로 며칠 이상 현장을 이탈하는 경우에는 반드시 감리업무일지에 기록하고, 발주자(지원업무 담당자)의 승인(부재 시 유선보고)을 받아야 하는가?

① 1일　　　　② 2일
③ 3일　　　　④ 5일

풀이 ○
상주감리원은 공사현장(공사와 관련한 외부 현장점검, 확인 등 포함)에서 운영요령에 따라 배치된 일수를 상주하여야 하며, 다른 업무 또는 부득이한 사유로 1일 이상 현장을 이탈하는 경우에는 반드시 감리업무일지에 기록하고, 발주자(지원업무담당자)의 승인(부재시 유선보고)을 받아야 한다. **[답]** ①

26 설계감리업무 수행지침에 따른 설계감리의 업무범위가 아닌 것은?

① 설계감리 결과보고서의 작성
② 시공성 및 유지관리의 용이성 검토
③ 주요 기자재 및 지급자재의 검수 및 관리
④ 사업기획 및 타당성조사 등 전 단계 용역수행 내용의 검토

풀이 ○
설계감리원이 수행하여야 할 업무범위
1. 주요 설계용역 업무에 대한 기술자문
2. 사업기획 및 타당성조사 등 전 단계 용역 수행 내용의 검토
3. 시공성 및 유지관리의 용이성 검토
4. 설계도서의 누락, 오류, 불명확한 부분에 대한 추가 및 정정 지시 및 확인
5. 설계업무의 공정 및 기성관리의 검토·확인
6. 설계감리 결과보고서의 작성
※ 주요 기자재 및 지급자재의 검수 및 관리는 공사감리의 업무이다. **[답]** ③

27 한국전기설비규정에 따라 접지공사에 사용하는 접지선을 사람이 접촉할 우려가 있는 곳에 시설하는 경우 접지극은 지하 몇 [m] 이상으로 동결깊이를 감안하여 매설하여야 하는가?

① 0.3　　　　② 0.5
③ 0.75　　　　④ 1.0

풀이 ○
접지극은 지하 0.75[m] 이상으로 하되 동결깊이를 감안하여 매설하여야 한다. **[답]** ③

28 전력시설물 공사감리업무 수행지침에 따라 감리원이 준공 후 발주자에게 인계할 주요 문서목록이 아닌 것은?

① 준공도면
② 준공사진첩
③ 착공신고서
④ 시설물 인수·인계서

풀이 ○
감리원이 준공후 발주자에게 인계할 주요문서
1. 준공사진첩
2. 준공도면
3. 품질시험 및 검사성과 총괄표
4. 기자재 구매서류
5. 시설물 인수·인계서
※ 착공신고서는 공사가 시작된 경우에 공사업자가 감리원에게 제출하는 서류이다. **[답]** ③

29 수전단 전압이 송전단 전압보다 높아지는 현상은?

① 표피효과
② 역섬락 현상
③ 페란티 현상
④ 코로나 현상

풀이 ●

수전단 전압이 송전단 전압보다 높아지는 현상을 "페란티 현상"이라고 한다. **[답] ③**

30 3상 변압기의 병렬운전 결선방식이 아닌 것은?

① △-△와 △-△
② △-△와 Y-Y
③ Y-△와 Y-△
④ Y-△와 Y-Y

풀이 ●

3상 변압기의 병렬운전 가능 결선은 Y 또는 △의 결선 개수의 숫자 합이 짝수이어야 한다. **[답] ④**

31 전력시설물 공사감리업무 수행지침에 따라 감리원은 매 분기마다 공사업자로부터 안전관리 결과 보고서를 제출받아 이를 검토하고 미비한 사항이 있을 때에는 시정하도록 조치하여야 한다. 안전관리 결과 보고서에 포함되는 서류가 아닌 것은?

① 안전관리 조직표
② 직원 건강기록부
③ 안전교육 실적표
④ 안전보건 관리체계

풀이 ●

안전관리결과보고서에 포함되는 서류
1. 안전관리 조직표
2. 안전보건 관리체제
3. 재해발생 현황
4. 산재요양신청서 사본
5. 안전교육 실적표 **[답] ②**

32 한국전기설비규정에 따라 대지와의 사이에 전기저항 값이 몇 [Ω] 이하인 값을 유지하는 건축물·구조물의 철골 기타의 금속제는 이를 비접지식 고압전로에 시설하는 기계기구의 철대 또는 금속제 외함의 접지공사 또는 비접지식 고압전로와 저압전로 를 결합하는 변압기의 저압전로의 접지공사의 접지극으로 사용할 수 있는가?

① 2
② 3
③ 5
④ 10

풀이 ●

건축물·구조물의 철골 기타의 금속제는 이를 비접지식 고압전로에 시설하는 기 계기구의 철대 또는 금속제 외함의 접지공사 또는 비접지식 고압전로와 저압전로 를 결합하는 변압기의 저압전로의 접지공사의 접지극으로 사용할 수 있다. 다만, 대지와의 사이에 전기저항 값이 2[Ω] 이하인 값을 유지하는 경우에 한한다. **[답] ①**

33 태양광발전시스템 시공 시 감전방지 대책이 아닌 것은?

① 안전띠를 착용한다.
② 강우 시 작업을 하지 않는다.
③ 지압신로용 절연장갑을 착용한다.
④ 모듈 표면에 차광시트를 부착한다.

풀이 ●

안전띠를 착용하는 것은 추락방지 대책이다. **[답] ①**

34 한국설비규정에 따라 고압 이상으로 수전하는 경우이고, 수용가 설비의 인입구로부터 기기까지의 거리가 100[m]일 때, 전압강하는 몇 [%]이하로 하여야 하는가? (단, 부하설비는 전동기이고, 기타 조건은 무시한다.)

① 3.0
② 5.0
③ 6.0
④ 8.0

풀이 ●

수용가설비의 전압강하(KEC 232.3.9)
다른 조건을 고려하지 않는다면 수용가 설비의 인입구로부터 기기까지의 전압강하는 다음 표의 값 이하이어야 한다.

설비의 유형	조명(%)	기타(%)
A – 저압으로 수전하는 경우	3	5
B – 고압 이상으로 수전하는 경우[a]	6	8

[a] 가능한 한 최종회로 내의 전압강하가 A 유형의 값을 넘지 않도록 하는 것이 바람직하다.

사용자의 배선설비가 100[m]를 넘는 부분의 전압강하는 미터 당 0.005[%] 증가할 수 있으나 이러한 증가분은 0.5[%]를 넘지 않아야 한다.

[답] ④

35 태양광발전 모듈 가대의 구조 설계 시 고려하는 상정하중이 아닌 것은?

① 고정하중
② 온도하중
③ 적설하중
④ 지진하중

풀이 ●

가대의 구조 설계 시 고려하는 상정하중
• 수직하중 : 고정하중, 적설하중, 활하중
• 수평하중 : 풍하중, 지진하중

[답] ②

36 모듈에서 접속함까지의 직류 배선길이가 50[m]이며, 모듈 전압이 600[V], 전류가 8[A]일 때, 전압강하는 몇 [V]인가?
(단, 전선의 단면적은 4[mm²]이다.)

① 1.55
② 2.55
③ 3.56
④ 4.56

풀이 ●

전압강하 $e = \dfrac{35.6 \times L \times I}{1000 \times A} = \dfrac{35.6 \times 50 \times 8}{1000 \times 4} = 3.56[V]$

※ 태양전지는 직류 2선식 회로이다. [답] ③

37 전력시설물 공사감리업무 수행지침에 따라 감리업자는 공사감리업을 수행하기 위해서는 누구에게 등록을 해야 하는가?

① 시·도지사
② 기후에너지환경부 장관
③ 한국전기안전공사 사장
④ 한국전기기술인 협회장

풀이 ●

전력기술관리법 제14조(설계업·감리업의 등록 등)

① 다음 각 호의 어느 하나에 해당하는 영업을 하려는 자는 그 영업의 종류별로 시·도지사에게 등록하여야 한다.
1. 전력시설물의 설계업
2. 전력시설물의 공사감리업 [답] ①

38 태양광발전 모듈의 단락전류를 측정하는 계측기는?

① 저항계
② 교류 전류계
③ 직류전압계
④ 직류 전류계

풀이 ●

태양광발전 모듈에서 생산된 전력은 직류이므로 단락전류의 측정은 직류전류계로 측정한다. [답] ④

39 전력시설물 공사감리업무 수행지침에 따라 감리원은 공사 시작과 동시에 공사업자에게 가설물의 면적, 위치 등을 표시한 가설시설물 설치계획표를 작성하여 제출하도록 하여야 한다. 이 가설시설물에 포함되지 않는 것은?

① 공사용 임시전력
② 자재 야적장
③ 공사용 도로(발·변전설비, 송·배전설비 제외)
④ 가설사무소, 작업장, 창고, 숙소, 식당 및 그 밖에 부대설비

풀이 ●

가설시설물 설치계획표에 포함되어야 할 내용
① 공사용도로(발·변전설비, 송·배전설비에 해당)
② 가설사무소, 작업장, 창고, 숙소, 식당 및 그 밖의 부대설비
③ 자재 야적장
④ 공사용 임시전력 [답] ③

40 설비용량 1,000[kVA]인 오피스빌딩의 변압기 용량을 결정하고자 한다. 설비의 수용률 60[%], 부등률은 1.2이다. 이 때 변압기 용량[kVA]은 얼마인가?

① 250
② 500
③ 750
④ 1,000

풀이 ◉

$$변압기 용량 = \frac{설비용량 \times 수용률}{부등률} = \frac{1000 \times 0.6}{1.2}$$
$$= 500[kVA] \qquad \text{[답] ②}$$

3과목

태양광발전시스템 운영

41 안전모의 종류 중 물체의 낙하 또는 비래 및 추락에 의한 위험을 방지 또는 경감하고, 머리부위 감전에 의한 위험을 방지하기 위한 것은?

① AB

② AE

③ ABK

④ ABE

풀이 ◉

• ABE : 물체의 낙하 또는 비래, 추락에 의한 위험을 방지 또는 경감하고 머리부위의 감전위험을 방지하기 위한 것

• AE : 물체의 낙하 및 비래에 의한 위험을 방지 또는 경감하고 머리부위의 감전위험을 방지하기 위한 것

[답] ④

42 고온·고습, 영하의 저온 등의 가혹한 자연환경에 반복 장시간 놓았을 때, 열팽창률의 차이나 수분의 침입·확산, 호흡작용 등에 의한 구조나 재료의 영향을 시험하는 것은?

① 습도·동결 시험

② 고온·고습 시험

③ 열점 내구성 시험

④ 온도 사이클 시험

풀이 ◉

고온·고습, 영하의 저온 등의 가혹한 자연환경에 반복 장시간 놓았을 때, 열팽창률의 차이나 수분의 침입·확산, 호흡작용 등에 의한 구조나 재료의 영향을 시험하는 것은 습도·동결 시험이다.

[답] ①

43 태양광 발전용 인버터(KS C 8564 : 2016)의 자동 기동·정지 시험 시 품질기준 중 채터링은 몇 회 이내이어야 하는가?

① 1

② 3

③ 5

④ 7

풀이 ◉

KS C 8565(태양광 발전용 인버터) 8.5.7.2 자동 기동·정지 시험의 품질기준에 의거 채터링은 3회 이내일 것.

※ 채터링 : 자동 기동·정지 시에 인버터가 기동, 정지를 불안정하게 반복되는 현상

[답] ②

44 인버터(파워컨디셔너)의 일상점검 항목이 아닌 것은?

① 외함의 부식 및 파손

② 가대의 부식 및 오염 상태

③ 통풍 확인(통풍구, 환기필터 등)

④ 외부배선(접속케이블)의 손상

풀이 ◉

가대의 부식 및 오염 상태 점검은 어레이의 일상점검 항목이다.

[답] ②

45 태양광발전시스템용 접속함의 점검사항이 아닌 것은?

① 퓨즈상태 확인

② 조도계 센서 동작여부

③ 역전류 방지 다이오드 이상유·무

④ 접속부의 볼트 조임 상태 및 발열 상태

풀이 ◉

접속함에는 조도계 센서를 설치하지 않는다.　[답] ②

46 일반적으로 태양광발전시스템의 유지보수를 위하여 비치하는 물품으로 틀린 것은?

① 절연저항계　　② 멀티테스터

③ 스페이서 댐퍼　　④ 적외선 온도측정기

풀이 ◉

스페이서 댐퍼(spacer damper)는 가공 송전과 관련된 장치로, 각 도체의 간격을 유지시키는 스페이서(spacer)

역할과 충격을 흡수하는 댐퍼(damper)가 합쳐진 구조이다. **[답] ③**

47 태양광발전 접속함(KS C 8567 : 2019)에서 통상적으로 태양광발전 접속함을 실외에 설치할 때 보호등급으로 옳은 것은?

① IP20 이상   ② IP35 이상
③ IP45 이상   ④ IP54 이상

풀이 ◉
접속함의 병렬 스트링 수에 의한 분류 및 보호등급

병렬 스트링 수에 의한 분류	설치장소에 의한 분류
소형(3회로 이하)	실내형 : IP54 이상
	실외형 : IP54 이상
중대형(4회로 이상)	실내형 : IP20 이상
	실외형 : IP54 이상

[답] ④

48 전기사업용 전기설비 중 태양광 전기설비계통의 정기검사 시기는?

① 1년 이내   ② 2년 이내
③ 3년 이내   ④ 4년 이내

풀이 ◉
전기사업법 시행규칙 [별표 10]에 의거 "태양광·전기설비 계통"의 정기검사 시기는 4년 이내 이다. **[답] ④**

49 태양광발전시스템의 배선에 대한 고장으로 보기 어려운 것은?

① 핫스팟   ② 표면 크랙
③ 전선 경화   ④ 전선의 늘어짐

풀이 ◉
핫스팟(Hot spot)은 모듈의 고장 시 발생하는 현상이다. **[답] ①**

50 단락 접지기구를 설치하거나 철거할 경우 주의사항으로 틀린 것은?

① 설치하기 전 도체 내에 끊어진 연선이 있는지, 클램프의 결함이 있는지 등을 검사한다.

② 개폐장치 내부에 설치된 단락 접지기구는 문이나 덮개로 가려서는 안 된다.
③ 케이블 및 클램프의 용량, 상세한 정보에 대하여는 점검자가 직접 측정하여 기록한 후 보관한다.
④ 정전된 가공전로 도체에 단락 접지기구를 설치하거나 철거할 때에는 절연봉, 절연장갑 또는 기타 유사한 보호구를 사용한다.

풀이 ◉
단락 접지기구의 케이블 및 클램프의 용량은 제조자의 사용 매뉴얼을 참조하여 기록한다. **[답] ③**

51 태양광발전시스템 운영에 대한 설명으로 틀린 것은?

① 태양광발전시스템의 일상점검, 정기점검 등 주기에 맞춰 점검한다.
② 태양광발전시스템의 발전량은 여름철이 봄철, 가을철보다 많다.
③ 태양광발전 모듈 표면의 온도가 높을수록 발전효율이 저하되므로 정기적으로 물을 뿌려 온도를 조절해 준다.
④ 태양광발전시스템의 고장요인은 대부분 인버터에서 발생하므로 정기적으로 정상가동 유무를 확인한다.

풀이 ◉
여름철은 일사량이 1년 중 제일 많지만, 온도상승에 따른 출력감소로 전체 발전량은 감소하므로, 봄철, 가을철 발전량보다 작게 된다. **[답] ②**

52 태양광발전 모듈에서 발생하는 고장으로 틀린 것은?

① 백화 현상
② 황색 변이
③ 전선관 침수
④ 프레임 변형

풀이 ◉
백화현상, 황색변이, 갈색변이, 프레임 변형 등은 모듈에서 발생하는 고장이다. **[답] ③**

53 전기사업 허가신청서의 작성내용 중 신청내용에 해당되지 않는 것은?

① 설치장소
② 사업에 필요한 준비기간
③ 전기신사업의 종류
④ 전기사업용 전기설비에 관한 사항

풀이 ○

전기사업 허가신청서의 작성내용 중 신청내용 : 사업의 종류, 설치장소, 사업구역 또는 특정한 공급구역, 전기사업용 전기설비에 관한 사항, 사업에 필요한 준비기간

[답] ③

54 바이패스 다이오드(Bypass Diode)의 고장 원인이 아닌 것은?

① 외부의 충격
② 빈번한 차광
③ 낙뢰 및 서지
④ 인버터 용량과다

풀이 ○

바이패스 다이오드(Bypass Diode)의 고장원인 : 빈번한 차광, 외부의 충격, 낙뢰 및 서지

[답] ④

55 태양광발전 모듈의 육안점검 항목으로 틀린 것은?

① 프레임 파손 및 변형확인
② 가대의 부식 및 녹 확인
③ 유리 등 표면의 오염 및 파손확인
④ 볼트가 규정된 토크 수치로 조여있는지 확인

풀이 ○

육안점검 항목은 계측기나 공구를 사용하지 않는 점검이다.

[답] ④

56 태양광 발전용 인버터(KS C 8565 : 2016)에서 교류 출력 전류 변형률 시험의 품질기준에 대한 설명으로 옳은 것은?

① 교류출력 전류 종합왜형률은 3[%] 이내, 각 차수별 왜형률은 3[%] 이내일 것.
② 교류출력 전류 종합왜형률은 5[%] 이내, 각 차수별 왜형률은 3[%] 이내일 것.
③ 교류출력 전류 종합왜형률은 3[%] 이내, 각 차수별 왜형률은 5[%] 이내일 것.
④ 교류출력 전류 종합왜형률은 5[%] 이내, 각 차수별 왜형률은 5[%] 이내일 것.

풀이 ○

교류 출력 전류 변형률 시험의 품질기준 : 교류출력 전류 종합왜형률은 5[%] 이내, 각 차수별 왜형률은 3[%] 이내일 것.

[답] ②

57 태양광발전시스템의 유지보수 기본계획 수립 시 고려사항이 아닌 것은?

① 토지매입
② 고장이력
③ 환경조건
④ 설비의 사용기간

풀이 ○

태양광발전시스템 유지보수 기본 계획 수립 시 고려사항 : 설비의 사용기간, 설비의 중요도, 환경조건, 고장이력, 부하상태

[답] ①

58 인버터 출력회로의 절연저항 측정방법으로 틀린 것은?

① 태양전지 회로를 접속함에서 분리
② 분전반 내의 분기차단기를 개방
③ 직류단자와 대지 간의 절연저항 측정
④ 직류 측의 모든 입력단자 및 교류 측의 모든 출력 단자를 각각 단락

풀이 ○

인버터 출력회로는 교류이므로 교류단자와 대지 간의 절연저항을 측정한다.

[답] ③

59 건물일체형 태양광 모듈(BIPV)–성능평가 요구사항(KS C 8577 : 2016)에서 최대 출력 결정 시험의 품질기준 중 박막 BIPV 모듈의 경우로 틀린 것은?

① 해당 태양광 모듈의 최대 출력을 측정하되, 시험시료의 평균출력은 정격출력 이상일 것

② 시험시료의 출력 균일도는 평균출력의 ±3[%] 이내일 것

③ 광조사 시험 후 STC 조건에서의 균일도는 10[%] 이내일 것

④ 광조사 시험 후 STC 조건에서의 측정값은 제조자가 표시한 정격출력 최소값의 90[%] 이상일 것

풀이 ○

광조사 시험 후 STC 조건에서의 측정값은 제조자가 표시한 정격 출력 최소값의 90[%]이상일 것. 균일도는 5[%] 이내일 것　　　　　　　　**[답] ③**

60 오염된 절연장갑의 세척방법으로 틀린 것은?

① 순한 비누나 세제와 물로 세척해야 한다.

② 비누, 세제. 표백제는 고무 표면에 침식하거나 해를 입히지 않을 정도로 사용해야 한다.

③ 세정제는 절연장갑의 절연성능을 저하시키지 않아야 한다.

④ 세척 후 절연장갑은 비누나 세제를 물로 완전히 행군 후 고온의 건조기를 이용하여 신속하게 건조시켜야 한다.

풀이 ○

오염된 절연장갑의 세척방법
• 순한 비누나 세제와 물로 세척해야 한다.
• 세정제는 절연장갑의 절연성능을 저하시키지 않아야 한다.
• 비누, 세제. 표백제는 고무 표면에 침식하거나 해를 입히지 않을 정도로 사용해야 한다.
• 세척 후 절연장갑은 비누나 세제를 물로 완전히 행군 후 건조시킨다.
• 텀블형 세척기기를 사용할 수 있으나, 절연장갑의 표면이나 모서리에 끼임, 절단, 마모, 구멍이 생기는 것을 주의해야 한다.　　　　**[답] ④**

4과목
신재생에너지 관련법규

61 한국전기설비규정에서 저압 및 고압 가공전선로(전기철도용 급전선로는 제외)와 기설 가공 약전류 전선로가 병행하는 경우 유도작용에 의하여 통신상의 장해가 생기지 않도록 전선과 기설 약전류 전선 간의 이격거리는 몇 [m] 이상으로 하여야 하는가?

① 1.0　　　　　② 1.25
③ 1.5　　　　　④ 2

풀이 ○

저압 가공전선로(전기철도용 급전선로는 제외) 또는 고압 가공전선로(전기철도용 급전선로는 제외)와 기설 가공약전류전선로가 병행하는 경우에는 유도작용에 의하여 통신상의 장해가 생기지 않도록 전선과 기설 약전류 전선 간의 이격거리 는 2[m] 이상이어야 한다. **[답] ④**

62 전기설비기술기준에 따라 발전기·변압기·조상기·계기용변성기·모선 및 애자는 어떤 전류에 의하여 생기는 기계적 충격에 견디어야 하는가?

① 단락전류　　　② 정격전류
③ 유도전류　　　④ 충전전류

풀이 ○

발전기 · 변압기 · 조상기 · 계기용변성기 · 모선 및 이를 지지하는 애자는 단락전류에 의하여 생기는 기계적 충격에 견디는 것이어야 한다. **[답] ①**

63 한국전기설비규정에 따라 피뢰기의 설치장소로 틀린 것은?

① 가공전선로와 지중전선로가 접속하는 곳

② 저압 가공전선로로부터 공급을 받는 수용장소의 인입구

③ 발전소 · 변전소 또는 이에 준하는 장소의 가공전선 인입구 및 인출구

④ 고압 및 특고압 가공전선로로부터 공급을 받는 수용장소의 인입구

풀이 ●

피뢰기의 시설(341.13)

가. 발전소·변전소 또는 이에 준하는 장소의 가공전선 인입구 및 인출구

나. 특고압 가공전선로에 접속하는 341.2의 배전용 변압기의 고압측 및 특고압측

다. 고압 및 특고압 가공전선로로부터 공급을 받는 수용장소의 인입구

라. 가공전선로와 지중전선로가 접속되는 곳　**[답] ②**

64 신에너지 및 재생에너지 개발·이용·보급촉진법에 따라 공급의무자가 의무적으로 신재생에너지를 이용하여 공급하여야 하는 발전량의 합계는 총전력생산량의 몇 [%]이내의 범위에서 연도별로 대통령령으로 정하는가?

① 3　　　　　　　② 5

③ 7.5　　　　　　④ 10

풀이 ●

신·재생에너지 공급의무화에서 공급의무자가 의무적으로 신·재생에너지를 이용하여 공급하여야 하는 발전량의 합계는 총전력생산량의 10[%] 이내의 범위에서 연도별로 대통령령으로 정한다.　**[답] ④**

65 전기사업법에 따라 소규모전력자원 중 "대통령령으로 정하는 종류 및 규모"란 「신에너지 및 재생에너지 개발·이용·보급촉진법」에 따른 신에너지 및 재생에너지의 발전설비로서 발전설비용량이 몇 [kW] 이하를 말하는가?

① 1000　　　　　② 2000

③ 3000　　　　　④ 7000

풀이 ●

소규모전력자원이란 신에너지 및 재생에너지의 발전설비로서 발전설비용량 1천킬로와트 이하를 말한다.　**[답] ①**

66 한국전기설비규정에 따라 저압 가공전선과 도로 등의 접근 또는 교차하는 경우 저압 가공전선과 도로·횡단보도교·철도 또는 궤도 등의 이격거리(도로나 횡단보도교의 노면상 또는 철도나 궤도 레일면상의 이격거리는 제외)는 몇 [m] 이상으로 하여야 하는가?

① 1　　　　　　　② 3

③ 5.5　　　　　　④ 7.5

풀이 ●

저압 가공전선과 도로 등의 접근 또는 교차 이격거리

도로 등의 구분	이격거리
도로·횡단보도교·철도 또는 궤도	3[m]
삭도나 그 지주 또는 저압 전차선	60[cm] (전선이 고압 절연전선, 특고압 절연전선 또는 케이블인 경우에는 30[cm])
저압 전차선로의 지지물	30[cm]

[답] ②

67 전기사업법에서 정의하는 용어의 뜻이 틀린 것은?

① '전기사업'이란 발전사업·송전사업·배전사업·전기판매업 및 구역전기사업을 말한다.

② '전력시장'이란 전력거래를 위하여 한국전력거래소가 개설하는 시장을 말한다.

③ 보편적 공급이란 전기사용자가 언제 어디서나 최소한의 요금으로 전기를 사용할 수 있도록 전기를 공급하는 것을 말한다.

④ '발전사업'이란 전기를 생산하여 이를 전력시장을 통하여 전기판매사업자에게 공급하는 것을 주된 목적으로 하는 사업을 말한다.

풀이 ●

• 보편적 공급 : 전기사용자가 언제 어디서나 적정한 요금으로 전기를 사용할 수 있도록 전기를 공급하는 것

[답] ③

68 신에너지 및 재생에너지 개발·이용·보급촉진법에 따라 신재생에너지의 공급인증서에 포함되어야 하는 기재사항이 아닌 것은?

① 유효기간

② 신재생에너지 공급자

③ 수요전력의 예상량

④ 신재생에너지의 종류별 공급량 및 공급기간

풀이 ○

공급인증기관은 발급신청을 받은 경우에는 신·재생에너지의 종류별 공급량 및 공급기간 등을 확인한 후 다음 각 호의 기재사항을 포함한 공급인증서를 발급하여야 한다.

1. 신·재생에너지 공급자
2. 신·재생에너지의 종류별 공급량 및 공급기간
3. 유효기간   [답] ③

69 신에너지 및 재생에너지 개발·이용·보급촉진법에 따라 하자보수의 대상이 되는 신재생에너지 설비 및 하자보수 기간 등은 무엇으로 정하는가?
① 대통령령   ② 행정안전부령
③ 재정경제부령   ④ 기후에너지환경부령

풀이 ○

하자보수의 대상이 되는 신·재생에너지 설비 및 하자보수 기간 등은 기후에너지환경부령으로 정한다.
                                        [답] ④

70 한국전기설비규정에 따라 가공전선로의 지지물에 하중이 가하여지는 경우에 그 하중을 받는 지지물의 기초의 안전율은 얼마이상이어야 하는가?
① 1.5   ② 2
③ 5   ④ 7

풀이 ○

가공전선로의 지지물에 하중이 가하여지는 경우에 그 하중을 받는 지지물의 기초의 안전율은 2 이상이어야 한다.
                                        [답] ②

71 신에너지 및 재생에너지 개발·이용·보급촉진법에 따른 기본계획의 계획기간은?
① 1년 이상   ② 3년 이상
③ 5년 이상   ④ 10년 이상

풀이 ○

신·재생에너지의 기술개발 및 이용·보급을 촉진하기 위한 기본계획을 5년마다 수립하여야 하며, 기본계획의 계획기간은 10년 이상으로 한다.   [답] ④

72 온실가스를 배출하는 화석에너지의 사용을 대체하고 에너지와 자원 사용의 효율을 높이며, 환경을 개선할 수 있는 재화의 생산과 서비스의 제공 등을 통하여 탄소중립을 이루고 녹색성장을 촉진하기 위한 모든 산업은?
① 환경산업   ② 녹색산업
③ 미래산업   ④ 첨단산업

풀이 ○

• 녹색산업 : 온실가스를 배출하는 화석에너지의 사용을 대체하고 에너지와 자원 사용의 효율을 높이며, 환경을 개선할 수 있는 재화의 생산과 서비스의 제공 등을 통하여 탄소중립을 이루고 녹색성장을 촉진하기 위한 모든 산업   [답] ②

73 전기사업법에 따라 전기공급의 의무와 관련하여 대통령령으로 정하는 정당한 사유 없이 전기의 공급을 거부하여서는 안 되는 사업자로 틀린 것은?
① 발전사업자
② 구역전기사업자
③ 전기판매사업자
④ 전기자동차 충전사업자

풀이 ○

전기공급의 의무 : 발전사업자, 전기판매사업자 및 전기자동차충전사업자는 대통령령으로 정하는 정당한 사유 없이 전기의 공급을 거부하여서는 아니 된다 [답] ②

74 기후위기 대응을 위한 탄소중립·녹색성장 기본법에서 정한 기본원칙이라 할 수 없는 것은?
① 미래세대의 생존을 보장하기 위하여 현재 세대가 져야 할 책임이라는 세대 간 형평성의 원칙과 지속가능발전의 원칙에 입각한다.
② 기후변화에 대한 과학적 예측과 분석에 기반하고, 기후위기에 영향을 미치거나 기후위기로부터 영향을 받는 모든 영역과 분야를 포괄적으로 고려하여 온실가스 감축과 기후위기 적응에 관한 정책을 수립한다.

③ 환경오염이나 온실가스 배출로 인한 경제적 비용이 재화 또는 서비스의 시장가격에 합리적으로 반영되도록 조세체계와 금융체계 등을 개편하여 오염자 부담의 원칙이 구현되도록 노력한다.

④ 탄소중립 사회로의 이행과 녹색성장의 추진 과정에서 모든 국민은 의무적으로 참여해야 한다.

풀이 ◉
탄소중립 사회로의 이행과 녹색성장의 추진 과정에서 모든 국민의 민주적 참여를 보장한다.　　　**[답] ④**

75 한국전기설비규정에 따라 주택의 태양전지 모듈에 접속하는 부하측의 옥내배선에 지락이 생겼을 때 자동적으로 전로를 차단하는 장치를 시설하는 경우 옥내전로의 대지전압은 직류 몇 [V] 까지 적용할 수 있는가?

① 150　　　　　　　② 300
③ 450　　　　　　　④ 600

풀이 ◉
주택의 전기저장장치(태양전지 포함)의 축전지에 접속하는 부하 측 옥내배선을 다음에 따라 시설하는 경우에 주택의 옥내전로의 대지전압은 직류 600[V] 까지 적용할 수 있다.　　　**[답] ④**

76 전기공사업법에 따른 전기공사에 해당하지 않는 것은?

① 공항 전기설비공사
② 건축물 및 구조물의 전기설비공사
③ 저수지에 수반되는 구조물의 공사
④ 발전·송전·변전 및 배전 설비공사

풀이 ◉
"전기공사"란 다음 각 호의 공사(저수지, 수로 및 이에 수반되는 구조물의 공사는 제외한다)로 한다.
1. 발전·송전·변전 및 배전 설비공사
2. 산업시설물, 건축물 및 구조물의 전기설비공사
3. 도로, 공항 및 항만 전기설비공사
4. 전기철도 및 철도신호 전기설비공사　　**[답] ③**

77 신에너지 및 재생에너지 개발·이용·보급촉진법에 따라 신재생에너지 공급의무에 있어 공급의무자가 다음 연도로 공급의무의 이행을 연기할 수 있는 양은? (단, 공급의무의 이행이 연기된 의무공급량은 포함하지 아니한다.)

① 연도별 의무공급량의 100분의 10이내
② 연도별 의무공급량의 100분의 15이내
③ 연도별 의무공급량의 100분의 20이내
④ 연도별 의무공급량의 100분의 25이내

풀이 ◉
공급의무자는 법에 따라 연도별 의무공급량의 100분의 20을 넘지 아니하는 범위에서 공급의무의 이행을 연기할 수 있다.　　　**[답] ③**

78 전기설비기술기준에 따라 중성점 직접접지식 전로에 접속하는 변압기를 설치하는 곳에 절연유의 구외 유출 및 지하 침투를 방지하기 위한 설비를 갖추어야 하는 경우, 이 때 중성점 직접접지식 전로의 사용전압은 몇 [kV] 이상인가?

① 35　　　　　　　② 50
③ 80　　　　　　　④ 100

풀이 ◉
사용전압이 100[kV] 이상의 중성점 직접접지식 전로에 접속하는 변압기를 설치하는 곳에는 절연유의 구외 유출 및 지하 침투를 방지하기 위한 설비를 갖추어야 한다.　　　**[답] ④**

79 한국전기설비규정에 따라 이동형의 용접전극을 사용하는 아크용접장치의 시설 방법으로 틀린 것은?

① 용접변압기는 절연변압기일 것
② 용접변압기의 1차측 전로의 대지전압은 300 [V] 이하일 것
③ 피용접재 또는 이와 전기적으로 접속되는 받침대·정반 등의 금속체에는 제1종 접지공사를 할 것
④ 용접변압기는 절연변압기의 1차측 전로에는 용접변압기에 가까운 곳에 쉽게 개폐할 수 있는 개폐기를 시설할 것

풀이 ◉

이동형의 용접 전극을 사용하는 아크 용접장치는 다음에 따라 시설하여야 한다. (241.10)

가. 용접변압기는 절연변압기일 것.

나. 용접변압기의 1차측 전로의 대지전압은 300[V] 이하일 것.

다. 용접변압기의 1차측 전로에는 용접변압기에 가까운 곳에 쉽게 개폐할 수 있는 개폐기를 시설할 것.

라. 용접변압기의 2차측 전로 중 용접변압기로부터 용접전극에 이르는 부분 및 용접변압기로부터 피용접재에 이르는 부분(전기기계기구 안의 전로를 제외한다)은 다음에 의하여 시설할 것. **[답] ③**

80 탄소중립기본법에 따라 정부는 국가 온실가스 배출량을 2030년까지 2018년의 국가 온실가스 배출량 대비 몇 퍼센트 이상의 범위에서 대통령령으로 정하는 비율만큼 감축하는 것을 중장기 국가 온실가스 감축 목표로 하는가?

① 25
② 30
③ 35
④ 40

풀이 ◉

정부는 국가 온실가스 배출량을 2030년까지 2018년의 국가 온실가스 배출량 대비 35퍼센트 이상의 범위에서 대통령령으로 정하는 비율만큼 감축하는 것을 중장기 국가 온실가스 감축 목표로 한다. **[답] ③**

※ 관련법령의 개정 및 한국전기설비규정(KEC)의 시행에 따라 기출문제의 내용을 개정 및 변경된 것으로 수정한 것입니다. 따라서 엔트미디어를 통해 제공되는 기출풀이 동영상(2013~2022)은 내용이 다를 수 있습니다. 따라서 본 교재의 내용으로 학습하시기 바랍니다.

1과목 — 태양광발전시스템 이론

01 태양광발전 모듈의 가로가 1.6[m], 세로가 1[m]이고, 변환효율이 10[%]인 경우 충진율(FF)은? (단, $V_{oc} = 40$[V], $I_{sc} = 8$[A]이고, 표준시험조건이다.)

① 0.5 ② 0.64
③ 0.71 ④ 0.81

풀이 ●

$$FF = \frac{P_{max}}{V_{oc} \times I_{sc}} = \frac{1,000 \times (1.6 \times 1) \times 0.1}{40 \times 8} = 0.50$$

$P_{max} = 1,000 \times$ 면적[A] × 효율(η)

[답] ①

02 사이리스터에 대한 설명으로 틀린 것은?

① 4개의 단자를 갖는 4층 구조의 반도체소자이다.
② 주 전극은 캐소드와 애노드로 PNPN 구조의 스위칭 소자이다.
③ 제어단자 연경에 따라 N-게이트 사이리스터와 P-게이트 사이리스터로 분류된다.
④ 애노드와 캐소드 간의 순방향 전압이 브레이크-오버 전압을 초과하면 도통된다.

풀이 ●

사이리스터(Thyristor)란, 제어단자(G)로부터 음극(K)에 전류를 흘리는 것으로, 양극(A)과 음극(K) 사이를 도통(導通)시킬 수 있는 3단자의 반도체 소자이다. 실리콘제어정류기(Silicon Controlled Rectifier, SCR)라고도 하며, PNPN의 4중 구조를 하고 있다. **[답] ①**

03 태양광발전용 인버터의 회로방식 중 트랜스리스 방식의 출력전류에 중첩하는 직류분을 억제하기 위하여 적용하는 인버터의 주요기능은?

① 직류검출 기능
② 직류지락검출 기능
③ 자동전압조정 기능
④ 자동운전·정지 기능

풀이 ●

무변압기방식의 파워컨디셔너에서는 **파워컨디셔너의 정격 교류 최대 출력전류의 직류성분 함유율**을 분산형 배전계통 연계기술 가이드라인에서는 **0.5[%] 초과하지 않도록 유지할 것을 규정**하고 있으며, 이에 대하여 파워컨디셔너 제조업체에서는 규정치 이상의 직류분이 한전계통에 유출되는 경우 파워컨디셔너를 정지시키는 직류검출 기능을 내장하고 있다. **[답] ①**

04 다음 그림과 같은 인버터의 회로방식은?

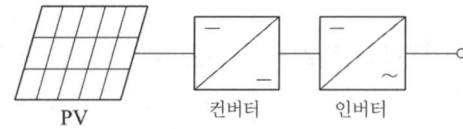

① 트랜스리스 방식(무변압기 방식)
② 주파수 시프트 방식
③ 고주파 변압기 절연방식
④ 상용주파 변압기 절연방식

풀이 ●

무변압기(트랜스리스)방식의 회로도이다. **[답] ①**

05 어떤 두 점 사이를 4[C]의 전하가 이동하여 400[J]의 일을 했을 때, 두 점 사이의 전위채[V]는?

① 4.04 ② 56.01
③ 100 ④ 1600

풀이 ⊙

일 $W[J] = Q[C] \times V[V]$ 에서

전위차 $V = \dfrac{W}{Q} = \dfrac{400[J]}{4[C]} = 100[V]$　　　**[답] ③**

06 태양광발전 어레이에 그림과 같이 음영(그림자)이 발생하였다면 출력전력은 몇 [W]인가?

① 1,860　　　　　② 1,890
③ 1,945　　　　　④ 1,999

풀이 ⊙

출력전력 $= (85 \times 4) + (80 \times 4) + (100 \times 4 \times 3) = 1,860[W]$

※ 모듈의 직렬회로에서는 최소로 발전되는 모듈에 의해 출력이 제한된다.　　　**[답] ①**

07 조도의 단위로 옳은 것은?

① W　　　　　② J
③ lx　　　　　④ A

풀이 ⊙

• 전력의 단위 : W　　• 일의 단위 : J
• 전류의 단위 : A　　• 조도의 단위 : lx　　**[답] ③**

08 축전지의 기대수명 결정요소와 관계가 적은 것은?

① 방전횟수　　　　② 방전심도
③ 사용온도　　　　④ 축전지용량

풀이 ⊙

축전지의 기대수명은 **방전심도, 사용온도, 방전횟수** 등에 의해 좌우된다.　　　**[답] ④**

09 변환효율이 가장 좋은 태양전지의 종류는?

① 다결정　　　　　② 단결정
③ CIGS　　　　　④ 아몰퍼스

풀이 ⊙

태양전지의 변환효율 : 단결정 > 다결정 > 아몰퍼스 > 화합물반도체(CIGS)　　　**[답] ②**

10 소수력발전시스템에서 충동수차의 종류가 아닌 것은?

① 튜고 수차　　　　② 펠톤 수차
③ 프란시스 수차　　④ 오스버그 수차

풀이 ⊙

• 충동수차 : 펠톤 수차, 튜고 수차, 오스버그 수차
• 반동수차 : 카플란 수차, 프란시스 수차, 프로펠러 수차, 사류 수차 등　　　**[답] ③**

11 용융탄산염형 연료전지의 동작온도 범위는 약 얼마인가?

① 100 ~ 150[℃]
② 150 ~ 250[℃]
③ 600 ~ 700[℃]
④ 700[℃] 이상

풀이 ⊙

연료전지의 동작온도

구분	고분자 전해질형 (PEMFC)	알칼리형 (AFC)	인산형 (PAFC)	용융 탄산염형 (MCFC)	고체 산화물형 (SOFC)
동작온도[℃]	50~100	90~100	150~200	600~700	700~1,000

[답] ③

12 태양광발전 모듈의 NOCT(공칭작동 태양전지 온도) 측정조건에 대한 설명으로 틀린 것은?

① 풍속 1.0[m/s]
② 공기온도 25[℃]
③ 방사조도 800[W/m²]
④ 모듈 후면 개방상태

풀이 ⊙

공기온도 20[℃]이다.　　　**[답] ②**

13 인버터의 유로(Euro)효율에 대한 관계식으로 옳은 것은?

① $\eta_{Euro} = 0.01 \cdot \eta_{5\%} + 0.05 \cdot \eta_{10\%} + 0.13 \cdot \eta_{20\%}$
$\qquad + 0.10 \cdot \eta_{30\%} + 0.48 \cdot \eta_{50\%} + 0.20 \cdot \eta_{100\%}$

② $\eta_{Euro} = 0.02 \cdot \eta_{5\%} + 0.08 \cdot \eta_{10\%} + 0.13 \cdot \eta_{20\%}$
$\qquad + 0.10 \cdot \eta_{30\%} + 0.48 \cdot \eta_{50\%} + 0.20 \cdot \eta_{100\%}$

③ $\eta_{Euro} = 0.03 \cdot \eta_{5\%} + 0.06 \cdot \eta_{10\%} + 0.13 \cdot \eta_{20\%}$
$\qquad + 0.10 \cdot \eta_{30\%} + 0.48 \cdot \eta_{50\%} + 0.20 \cdot \eta_{100\%}$

④ $\eta_{Euro} = 0.03 \cdot \eta_{5\%} + 0.06 \cdot \eta_{10\%} + 0.13 \cdot \eta_{20\%}$
$\qquad + 0.10 \cdot \eta_{30\%} + 0.38 \cdot \eta_{50\%} + 0.30 \cdot \eta_{100\%}$

풀이 ⊙
$\eta_{EURO} = 0.03 \cdot \eta_{5\%} + 0.06 \cdot \eta_{10\%} + 0.13 \cdot \eta_{20\%} + 0.10 \cdot \eta_{30\%}$
$+ 0.48 \cdot \eta_{50\%} + 0.20 \cdot \eta_{100\%} [\%]$　　　　**[답]** ③

14 태양광발전용 축전지의 기능을 모두 나타낸 것은?

〈보기〉
ㄱ. 발전전력 급변 시의 버퍼(Buffer) 역할
ㄴ. 태양전지 출력전압의 안정화
ㄷ. 재해 시 전력의 공급
ㄹ. 전력저장

① ㄱ, ㄴ ㄷ
② ㄱ, ㄷ, ㄹ
③ ㄴ, ㄷ, ㄹ
④ ㄱ, ㄴ, ㄷ, ㄹ

풀이 ⊙
보기 내용은 전부 축전지의 기능이다.　　　　**[답]** ④

15 접속함 내부의 구성기기가 아닌 것은?
① 단자대
② 주개폐기
③ 역류방지 다이오드
④ 바이패스 다이오드

풀이 ⊙
바이패스 다이오드는 모듈의 단자함에 설치된다.
　　　　[답] ④

16 n형 반도체를 만들기 위해 첨가되는 원자로 틀린 것은?
① P　　　　　② B
③ As　　　　　④ Sb

풀이 ⊙
• N형 반도체는 도너(P, As, Sb)와 같은 불순물을 첨가하여 만든다.
• P형 반도체는 억셉터(Al, B, Ga)와 같은 불순물을 첨가하여 만든다.　　　　**[답]** ②

17 태양광발전 모듈의 출력전압과 출력전류에 영향을 주는 각 인자와의 연결로 옳은 것은?
① 전류 – 풍량, 전압 – 풍량
② 전류 – 일사량, 전압 – 일사량
③ 전류 – 일사량, 전압 – 온도
④ 전류 – 온도, 전압 – 일사량

풀이 ⊙
결정질 실리콘 태양전지의 전류, 전압 영향인자
• 전류 : 일사량
• 전압 : 온도　　　　**[답]** ③

18 신재생에너지에 대한 설명으로 옳은 것은?
① 해양에너지는 조력, 수력, 해양온도차발전 등이 있다.
② 수력발전은 표층과 심층의 해수 온도차를 이용한 것이다.
③ 수소에너지는 신재생에너지와 재생에너지 중 재생에너지에 속한다.
④ 폐기물에너지는 가연성 폐기물에서 발생하는 발열량을 이용한 것이다.

풀이 ⊙
• 수소에너지는 신에너지이다.
• 표층과 심층의 해수온도차를 이용한 것은 해양에너지(온도차 발전)이다.
• 해양에너지는 조력, 조류, 해양온도차, 파력발전이 있다.　　　　**[답]** ④

19 계통연계형 인버터의 주요기능에 해당하지 않는 것은?

① 충·방전 조정기능
② 단독운전 방지기능
③ 자동운전·정지기능
④ 최대전력 추종제어기능

풀이 ○

충·방전 조정기능은 독립형 인버터의 주요기능이다.
[답] ①

20 태양전지의 기본 동작원리인 광기전력효과를 최초로 발견한 사람은?

① charles Frits
② Neville Mott
③ Walter Schottky
④ Alexandre-admond Becquerel

풀이 ○

1839년 프랑스의 Alexandre-admond Becquerel이 최초로 광기전력 효과를 발견하였음.
[답] ④

2과목
태양광발전시스템 시공

21 고소작업차 안전운전에 관한 기술지침에 따른 안전수칙에 대한 설명으로 틀린 것은?

① 고소작업차를 임의변경 또는 개조하지 말아야 한다.
② 조작레버는 중립 또는 차단상태에서 시동을 걸어야 한다.
③ 고소작업차 운전자에게는 실기교육을 실시하여야 한다.
④ 붐이나 작업대는 다른 구조물을 지지할 수 있도록 하여야 한다.

풀이 ○

고소작업차의 붐은 작업자와 그들의 장비를 받쳐주는 용도 이외에는 사용하지 않는다.
[답] ④

22 태양광발전소 공사의 경우 사용전검사를 받는 시기는?

① 공사가 착공된 때
② 전체 공사가 완료된 때
③ 내압시험을 할 수 있는 상태가 된 때
④ 태양광발전 어레이 공사가 완료된 때

풀이 ○

태양광발전소 공사의 경우 사용전검사를 받는 시기
가. 공사계획에 따른 설비의 일부가 완성되어 그 완성된 설비만을 사용하려고 할 때
나. 전체 공사가 완료된 때
[답] ②

23 가공전선의 구비조건으로 틀린 것은?

① 비중이 클 것
② 내구성이 있을 것
③ 도전율이 높을 것
④ 기계적 강도가 클 것

풀이 ○

가공전선의 구비조건
• 경제적일 것
• 도전율(허용전류)이 클 것
• 가요성이 있을 것
• 내구성이 클 것
• 기계적 강도가 클 것
• 비중(밀도)이 작을 것
• 부식성이 작을 것
[답] ①

24 변전실의 면적에 영향을 주는 요소로 틀린 것은?

① 변전실의 접지방식
② 건축물의 구조적 여건
③ 수전전압 및 수전방식
④ 변전설비의 변압방식, 변압기 용량, 수량 및 형식

풀이 ○

변전실의 접지방식은 면적에 영향을 주지 않는다.
[답] ①

25 금속제 케이블트레이의 종류로 틀린 것은?

① 사다리형
② 바닥 밀폐형
③ 통풍 채널형
④ 바닥 개방형

풀이 ○

케이블트레이 의 종류 : 사다리형, 펀칭형, 통풍 채널형, 바닥밀폐형, 메시형 **[답] ④**

26 전력시설물 공사감리업무 수행지침에 의해 책임감리원이 분기보고서를 발주자에게 제출하는 기간은 매 분기 말 다음 달 며칠이내 제출하여야 하는가?

① 3일 ② 5일
③ 7일 ④ 14일

풀이 ○

책임감리원은 분기보고서를 작성하여 발주자에게 제출하여야 한다. 보고서는 매 분기말 다음 달 7일 이내로 제출한다. **[답] ③**

27 시설물별 표준적인 시공기준으로 발주처 또는 설계 등 용역업자가 공사시방서를 작성하는 경우 활용하기 위한 시공기준을 규정한 시방서는?

① 표준시방서 ② 특기시방서
③ 전문시방서 ④ 기술시방서

풀이 ○

건축전기설비공사 일반사항(KCS 31 10 21 : 2019)
• KCS 코드(표준시방서) : 건설기술진흥법령에 의하여 시설물의 안전 및 공사시행의 적정성과 품질확보 등을 위하여 시설물별로 정한 표준적인 시공기준으로서 전문시방서 작성과 설계자가 공사시방서를 작성하는 경우에 활용하기 위한 시공기준을 말한다.
• OCS 코드(전문시방서) : 건설기술진흥법령에 의하여 시설물별 표준시방서를 기본으로 모든 공종을 대상으로 하여 특정한 공사의 시공 또는 공사시방서의 작성에 활용하기 위한 종합적인 시공기준을 말한다.
• 공사시방서 : 건설기술진흥법령에 의하여 KCS 코드(표준시방서) 및 OCS 코드(전문시방서)를 기본으로 하여, 각 현장별 공사의 특수성·지역여건·공사방법 등을 고려하여 기본설계 및 실시설계도에 구체적으로 표시할 수 없는 내용과 공사수행을 위한 시공방법·자재의 성능·규격 및 공법, 품질시험 및 검사 등 품질관리, 안전관리계획 등에 관한 사항을 기술한 것을 말한다. **[답] ①**

28

[2021.1.1.부터 한국전기설비규정(KEC) 시행과 출제기준 제외문항으로 삭제]

29 가공전선로와 비교하여 지중전선로의 특징으로 옳은 것은?

① 건설비가 싸다.
② 사고복구를 단시간에 할 수 있다.
③ 건설기간이 짧다.
④ 외부 기상조건의 영향을 거의 받지 않는다.

풀이 ○

① 지중 전선로의 장점
• 도시의 미관상 좋다.
• 기상조건(뇌, 풍수해)에 의한 영향이 적다.
• 통신선에 대한 유도장해가 작다.
• 전선로 통과지(경과지)의 확보가 용이하다.
• 보안상의 위험이 적다.
• 설비의 안정성에 있어서 유리하다.
• 가공전선로에 비해 고장이 적다.
※ 송전용량의 크고, 적음은 비교 불가하다.
② 지중 전선로의 단점
• 공사비가 비싸다.
• 고장의 발견, 보수가 어렵다. **[답] ④**

30 전력시설물 공사감리업무 수행지침에 따라 기자재공급승인 요청서에 첨부되어 제출하는 서류가 아닌 것은?

① 납품실적 증명서
② 현장테스트 사진
③ 시험성과 대비표
④ 품질시험 대행 국·공립시험기관 시험성과

풀이 ○

감리원은 주요기자재 공급승인 요청서에 다음 각 호의 관계 서류를 첨부하도록 하여야 한다.
1. 품질시험 대행 국·공립시험기관의 시험성과
2. 납품실적 증명
3. 시험성과 대비표 **[답] ②**

31 한국설비규정에 따라 고압 이상으로 수전하는 경우이고, 수용가 설비의 인입구로부터 기기까지의 거리가 150[m]일 때, 전압강하는 몇 [%]이하로 하여야 하는가? (단, 부하설비는 전동기이고, 기타 조건은 무시한다.)

① 3.50 ② 5.23
③ 6.50 ④ 8.25

풀이 ○

수용가설비의 전압강하(KEC 232.3.9)
다른 조건을 고려하지 않는다면 수용가 설비의 인입구로부터 기기까지의 전압강하는 다음 표의 값 이하이어야 한다.

설비의 유형	조명(%)	기타(%)
A – 저압으로 수전하는 경우	3	5
B – 고압 이상으로 수전하는 경우[a]	6	8

[a] 가능한 한 최종회로 내의 전압강하가 A 유형의 값을 넘지 않도록 하는 것이 바람직하다.
사용자의 배선설비가 100[m]를 넘는 부분의 전압강하는 미터 당 0.005[%] 증가할 수 있으나 이러한 증가분은 0.5[%]를 넘지 않아야 한다.

전압강하$= 8 + (150 - 100) \times 0.005 = 8.25$[%] **[답]** ④

32 태양광발전 모듈의 설치구조물의 구조설계 시 일반적으로 적용되는 상정하중에 해당하지 않는 것은?

① 고정하중 ② 적설하중
③ 지진하중 ④ 온도하중

풀이 ○

- 수직 하중 : 고정하중(D), 활하중(L), 지붕활하중(Lr), 적설하중(S)
- 수평 하중 : 풍하중(W), 지진하중(E) **[답]** ④

33 전력시설물 공사감리업무 수행지침에 따라 감리원은 공사업자의 시공기술자 등이 공사현장에 적합하지 않다고 인정되는 경우에는 시정을 요구하고 이에 불응하는 때에는 그 실정을 보고하여 교체사유가 인정되면 공사업자는 교체요구에 응하여야 한다. 이 경우 교체사유로 틀린 것은?

① 시공관리책임자가 불법 하도급을 하거나 이를 방치하였을 때
② 시공관리책임자가 시공능력이 준수하다고 인정되나 정당한 사유 없이 기성공정이 예정 공정보다 빠를 때
③ 시공관리책임자가 고의 또는 과실로 공사를 조잡하게 시공하거나 부실시공을 하여 일반인에게 위해를 끼친 때
④ 시공관리책임자가 감리원과 발주자의 사전 승낙을 받지 아니하고 정당한 사유 없이 해당 공사현장을 이탈한 때

풀이 ○

공사업자의 시공기술자 등 교체 사유
1. 시공기술자 및 안전관리자가 관계 법령에 따른 배치기준, 겸직금지, 보수교육 이수 및 품질관리 등의 법규를 위반하였을 때
2. 시공관리책임자가 감리원과 발주자의 사전 승낙을 받지 아니하고 정당한 사유 없이 해당 공사현장을 이탈한 때
3. 시공관리책임자가 고의 또는 과실로 공사를 조잡하게 시공하거나 부실시공을 하여 일반인에게 위해(危害)를 끼친 때
4. 시공관리책임자가 계약에 따른 시공 및 기술능력이 부족하다고 인정되거나 정당한 사유 없이 기성 공정이 예정공정에 현격히 미달한 때
5. 시공관리책임자가 불법 하도급을 하거나 이를 방치하였을 때
6. 시공기술자의 기술능력이 부족하여 시공에 차질을 초래하거나 감리원의 정당한 지시에 응하지 아니할 때
7. 시공관리책임자가 감리원의 검사확인 등 승인을 받지 아니하고 후속공정을 진행하거나 정당한 사유 없이 공사를 중단할 때 **[답]** ②

34 수공구 사용 안전지침에 따른 조립공구에 속하지 않는 것은?

① 끌 ② 렌치
③ 플라이어 ④ 드라이버

풀이 ○

- 조립공구 : 렌치, 드라이버, 플라이어 등
- 절단공구 : 칼, 톱, 가위, 끌 등
- 고정공구 : 클램프, 바이스 등 **[답]** ①

35 배전선로 전력손실 경감과 관계가 없는 것은?
① 승압
② 역률 개선
③ 부하의 불평형 방지
④ 다중접지방식 채용

풀이 ◉

접지방식과 배선선로 전력손실 경감과는 무관함.

[답] ④

36

[2021.1.1.부터 한국전기설비규정(KEC) 시행과
출제기준 제외문항으로 삭제

37 설계감리업무 수행지침에 따른 설계감리원의 기본임무 수행 사항이 아닌 것은?
① 설계용역 계약 및 설계감리용역 계약내용이 충실히 이행될 수 있도록 하여야 한다.
② 과업지시서에 따라 업무를 성실히 수행하고 설계의 품질향상에 따라 노력하여야 한다.
③ 설계 및 설계감리용역 시행에 따른 업무연락, 문제점 파악 및 민원해결 등을 성실히 수행하여야 한다.
④ 설계공정의 진척에 따라 설계자로부터 필요한 자료 등을 제출받아 설계용역이 원활히 추진될 수 있도록 설계감리 업무를 수행하여야 한다.

풀이 ◉

설계감리원의 기본임무 수행 사항
1. 설계용역 계약 및 설계감리용역 계약내용이 충실히 이행될 수 있도록 하여야 한다.
2. 해당 설계용역이 관련 법령 및 전기설비기술기준 등에 적합한 내용대로 설계되는지의 여부를 확인 및 설계의 경제성 검토를 실시하고, 기술지도 등을 하여야 한다.
3. 설계공정의 진척에 따라 설계자로부터 필요한 자료 등을 제출받아 설계용역이 원활히 추진될 수 있도록 설계감리 업무를 수행하여야 한다.
4. 과업지시서에 따라 업무를 성실히 수행하고 설계의 품질향상에 따라 노력하여야 한다.
※ 민원해결은 공사감리원의 업무이다. [답] ③

38 태양광발전시스템의 시공절차와 주의사항에 대한 설명으로 틀린 것은?
① 태양광발전시스템의 전기공사는 태양광발전 모듈의 설치와 병행하여 진행한다.
② 주철가대, 금속제 외함 및 금속배관 등은 누전사고 방지를 위한 접지공사가 필요하다.
③ 공사용 자재 반입 시 레커차를 사용할 경우, 레커차의 암 선단이 배전선에 근접할 때, 절연전선 또는 전력케이블에 보호관을 씌운 후 전력회사에 통보한다.
④ 태양광발전 모듈의 배열 및 결선방법은 모듈의 출력전압과 설치장소에 따라 다르기 때문에 체크리스트를 이용하여 시공 전과 시공 후에도 확인하는 것이 바람직하다.

풀이 ◉

크레인 사용 시 암 선단이 배전선에 근접할 때, 절연전선 또는 전력케이블에 보호관을 씌워 줄 것을 한전에 요청한다.
※ 레커차 : 차량을 견인하는 차량. [답] ③

39 지붕에 설치하는 태양광발전 형태는?
① 차양형
② 루버형
③ 창재형
④ 톱 라이트형

풀이 ◉

• 지붕에 설치하는 형태 : 경사지붕형, 평지붕형, 톱라이트형
• 기타 설치하는 형태 : 차양형, 루버형, 창재형 [답] ④

40 태양광발전시스템의 일반적인 시공 순서로 옳은 것은?

㉠ 모듈	㉡ 어레이
㉢ 인버터	㉣ 접속함
㉤ 계통 간 간선	

① ㉠ → ㉡ → ㉣ → ㉢ → ㉤
② ㉠ → ㉤ → ㉣ → ㉢ → ㉡
③ ㉠ → ㉣ → ㉤ → ㉢ → ㉡
④ ㉠ → ㉡ → ㉢ → ㉣ → ㉤

풀이 ○

태양광발전시스템의 시공 순서 : 모듈 → 어레이 → 접
속함 → 인버터 → 계통 간 간선　　　　　　**[답] ①**

3과목
태양광발전시스템 운영

41 태양광발전시스템의 유지보수에서 연계보
호장치의 점검 부위가 아닌 것은?

① 보호릴레이　　　　② 보조릴레이
③ 전자접촉기　　　　④ 냉각팬 히터

풀이 ○

연계보호장치 점검부위 : 보호릴레이, 트랜스 듀서, 제
어전원, 보조릴레이, 냉각팬 히터　　　　**[답] ③**

42 태양광발전시스템의 개방전압을 측정할 때
유의해야 할 사항으로 틀린 것은?

① 태양광발전 어레이의 표면은 청소하지 않아
　도 된다.
② 각 스트링의 측정은 안정된 일사강도가 얻어
　질 때 실시한다.
③ 측정시각은 일사강도, 온도의 변동을 극히 적
　게 하기 위해 맑을 때, 남쪽에 있을 때의 전후
　1시간에 실시하는 것이 바람직하다.
④ 태양광발전 모듈은 비오는 날에도 미소한 전
　압을 발생하고 있으므로 매우 주의해서 측정
　해야 한다.

풀이 ○

태양전지 어레이의 표면을 청소할 필요가 있다. **[답] ①**

43 태양광발전용 접속함의 고장과 원인의 연결
로 틀린 것은?

① 퓨즈 홀더 변형 – 과열
② 환기 팬 소음 – 환기팬 노화
③ 어레이 단자 변형 – 환기불량
④ 다이오드 과열 – 과전류 지속

풀이 ○

환기불량에 의해 어레이 단자의 변형은 발생되지 않는
다.　　　　　　　　　　　　　　　　　**[답] ③**

44 전기설비 검사 및 점검의 방법·절차 등에
관한 고시에 따라 정기검사 시 태양광 발전설비
전력변환장치의 검사세부 종목이 아닌 것은?

① 규격 확인
② 부하운전 시험
③ 충전기능 시험
④ 제어회로 및 경보장치

풀이 ○

태양광 발전설비 전력변환장치의 검사세부 종목
• 규격확인　　　　　　　• 외관검사
• 절연저항　　　　　　　• 절연내력
• 제어회로 및 경보장치
• 전력조절부/Static 스위치 자동·수동절체시험
• 역방향운전 제어시험　　• 단독 운전 방지 시험
• 인버터 자동·수동 절체시험　• 충전기능시험
※ 부하운전시험은 검사항목이다.　　　　**[답] ②**

45 인버터의 절연저항 측정 시 주의사항으로 틀
린 것은?

① SPD(SA) 등의 정격이 약한 회로들은 회로에
　서 분리하여 측정한다.
② 정격전압이 입·출력이 다를 때는 낮은 측의
　전압을 선택기준으로 한다.
③ 입·출력단자에 주회로 이외의 제어단자 등
　이 있는 경우 이것을 포함해서 측정한다.
④ 절연변압기를 장착하지 않은 인버터는 제조
　사가 추천하는 방법에 따라 측정한다.

풀이 ○

정격전압이 입·출력이 다를 때는 높은 측의 전압을 선
택기준으로 한다.　　　　　　　　　　　**[답] ②**

46 충전선로를 취급하는 근로자가 착용하여야
하는 절연용 보호구가 아닌 것은?

① 절연화　　　　　　② 절연 담요
③ 절연 고무장갑　　　④ 절연 안전모

풀이 O

절연 담요, 고무판, 절연관, 절연시트, 절연커버, 애자커버 등은 절연용 방호구이다. [답] ②

---

47 절연 안전모의 착용 시 주의사항으로 틀린 것은?

① 턱끈을 단단히 조임
② 머리에 적합하도록 헤드밴드를 조절
③ 금속이나 도전성이 뛰어난 재료를 사용한 것을 사용
④ 한번이라도 큰 충격을 받았으면 사용하지 않음

풀이 O

금속이나 도전성이 뛰어난 재료는 절연이 되지 않아 절연 안전모가 될 수 없다. [답] ③

---

48 발전 또는 구역전기 사업허가증의 사업규모에 작성되는 내용으로 틀린 것은?

① 주파수
② 설비용량
③ 공급단가
④ 공급전압

풀이 O

(발전, 구역전기) 사업허가증의 사업규모
• 원동력의 종류
• 설비용량
• 공급전압
• 주파수 [답] ③

---

49 분산형전압 배전계통 연계 기술기준에 따라 분산형전원 및 그 연계 시스템은 분산형전원 연결점에서 최대 정격 출력전류의 몇 [%]를 초과하는 직류전류를 계통으로 유입시켜서는 안 되는가?

① 0.2
② 0.3
③ 0.4
④ 0.5

풀이 O

직류유입제한 : 분산형전원 및 그 연계 시스템은 분산형전원 연결점에서 최대 정격 출력전류의 0.5[%]를 초과하는 직류 전류를 계통으로 유입시켜서는 안 된다. [답] ④

---

50 결정질 실리콘 태양광발전 모듈(성능)(KS C 8561 : 2020)에 따른 외관검사에서 모듈 외관, 태양전지 등의 크랙, 구부러짐, 갈라짐 등의 이상 유무를 확인하기 위해 몇 [lx]이상의 광 조사상태에서 검사하는가?

① 200
② 500
③ 700
④ 1000

풀이 O

외관검사 방법 : 1000[Lux=lx] 이상의 광 조사 상태에서 모듈 외관, 태양전지 등에 크랙, 구부러짐, 갈라짐이 없는지를 확인하여야 한다. [답] ④

---

51 태양광 발전용 인버터(계통연계형, 독립형)(KS C 8565 : 2024)에 따른 인버터의 시험항목으로 틀린 것은?

① 정상특성 시험
② 절연성능 시험
③ 전자기 적합성
④ 과열점 내구성 시험

풀이 O

태양광 발전용 인버터의 시험항목
• 구조 시험
• 절연성능 시험
• 보호기능 시험
• 정상특성 시험
• 과도 응답특성 시험
• 외부사고 시험
• 내전기 환경 시험
• 내주위 환경 시험
• 전기자기(전자기) 적합성 시험 [답] ④

---

52 감전의 위험을 방지하기 위해 정전작업 시에 작성하는 정전작업요령에 포함되는 사항이 아닌 것은?

① 단락접지 실시에 관한 사항
② 정전 확인순서에 관한 사항
③ 단독 근무 시 필요한 사항
④ 시운전을 위한 일시운전에 관한 사항

풀이 O

정전작업 요령에 포함되어어야할 사항
• 작업책임자의 임명, 정전범위 및 절연용 보호구의 작업시작 전 점검 등 작업시 작업에 필요한 사항
• 전로 또는 설비의 정전순서에 관한 사항
• 개폐기 관리 및 표지판 부착에 관한 사항
• 정전확인순서에 관한 사항
• 단락접지실시에 관한 사항

- 전원 재투입순서에 관한 사항
- 점검 또는 시운전을 위한 일시운전에 관한 사항

[답] ③

53 건물일체형 태양광 모듈(BIPV)-성능평가 요구사항(KS C 8577 : 2016)에 따라 절연시험 시 모듈의 측정면적에 따라 0.1[m²]미만에서는 몇[MΩ]이상이어야 하는가?

① 0.4 ② 4
③ 40 ④ 400

풀이 ⊙
건물일체형 태양광 모듈(BIPV) 절연시험 품질기준
- 시험 동안 절연파괴 또는 표면 균열이 없어야 한다.
- 모듈의 측정 면적에 따라 0.1[m²] 미만에서는 400[MΩ] 이상일 것
- 모듈의 시험 면적에 따라 0.1[m²] 이상에서는 측정값과 면적의 곱이 40[MΩ·m²] 이상일 것 [답] ④

54 태양광발전 어레이의 육안점검 사항으로 틀린 것은?

① 환기
② 외부 배선(접속케이블)
③ 가대의 부식과 녹슴
④ 유리 등의 표면 오염과 파손

풀이 ⊙
태양광발전 어레이는 환기장치가 없다. [답] ①

55 태양광발전용 인버터의 표시부에 "Line Inverter Async Fault"가 나타난 경우 조치사항으로 옳은 것은?

① 계통 주파수 점검 후 운전
② 퓨즈 교체 점검 후 운전
③ 인버터 전압 점검 후 운전
④ 전자접촉기 교체 점검 후 운전

풀이 ⊙
Line Inverter Async Fault(위상이 계통과 인버터가 동기화 되지 않음) 조치 : 계통 주파수 점검 후 운전

[답] ①

56 태양광발전시스템의 신뢰성 평가·분석항목에서 계측 트러블에 속하는 것은?

① 계통지락 ② 직류지락
③ 인버터 정지 ④ 컴퓨터의 조작오류

풀이 ⊙
신뢰성 평가 분석항목
- 시스템 트러블 : 인버터 정지, 직류지락, 계통지락, RCD (=ELB) 트립, 원인불명 등에 의한 시스템의 정지
- 계측 트러블 : 컴퓨터 전원의 차단, 컴퓨터의 조작오류, 기타 원인불명 [답] ④

57 태양광발전 모듈의 유지관리 사항이 아닌 것은?

① 모듈의 유리표면 청결유지
② 셀이 병렬로 연결되었는지 여부
③ 음영이 생기지 않도록 주변정리
④ 케이블 극성 유의 및 방수 커넥터 사용 여부

풀이 ⊙
모든 태양전지 모듈 내의 셀은 직렬로 연결된다.

[답] ②

58 태양광발전시스템의 성능평가를 위한 사이트 평가방법이 아닌 것은?

① 설치 용량 ② 설치시설의 지역
③ 설치 대상 기관 ④ 설치 가격의 경제성

풀이 ⊙
사이트 평가방법
① 설치 대상기관 ② 설치 시설의 분류
③ 설치 시설의 지역 ④ 설치 형태
⑤ 설치 용량 ⑥ 설치 각도와 방위
⑦ 시공업자 ⑧ 기기 제조사 [답] ④

59 중간단자함(접속함)의 육안점검 항목으로 틀린 것은?

① 개방전압
② 배선의 극성
③ 외함의 부식 및 파손
④ 단자대 나사의 풀림

풀이 ●
개방전압은 계측기로 측정하는 것으로 육안점검 항목이
아니다.　　　　　　　　　　　　　　　**[답] ①**

60 박막 태양광발전 모듈(성능)(KS C 8562 :
2015)에 따라 모듈의 자외선 열화에 민감한 재질
과 압착본드의 특성을 검사하기 위해 자외선을 모
듈에 사전 조사하는 것을 목적으로 하는 시험은?
① 옥외노출 시험　　　② 고온고습 시험
③ UV 전처리 시험　　④ 온도 사이클 시험
풀이 ●
• 옥외노출 시험 : 모듈의 옥외 조건에서의 내구성을 사
  전확인하고 또한 시험소에서 검출될 수 없는 복합적
  인 열화의 영향을 파악하는 것.
• 고온고습 시험 : 습도의 장기간 침투에 대한 모듈의
  내구성을 조사하는 것.
• UV 전처리 시험 : 모듈의 자외선(UV) 열화에 민감한
  재질과 압착본드의 특성을 검사하기 위해 자외선을
  모듈에 사전 조사하는 것.
• 온도 사이클 시험 : 온도 변화의 반복에 따라 일어나
  는 열적 부정합, 피로, 기타 스트레스에 대한 모듈의
  내구성을 조사하는 것.　　　　　　　**[답] ③**

4과목 신재생에너지 관련법규

61 전기사업법의 용어정의에서 전기를 생산하
여 이를 전력시장을 통하여 전기판매사업자에게
공급하는 것을 주된 목적으로 하는 사업은?
① 발전사업　　　　② 변전사업
③ 배전사업　　　　④ 송전사업
풀이 ●

전기사업	발전사업·송전사업·배전사업·전기판매사업 및 구역전기사업
송전사업	발전소에서 생산된 전기를 배전사업자에게 송전하는 데 필요한 전기설비를 설치·관리하는 것을 주된 목적으로 하는 사업
배전사업	발전소로부터 송전된 전기를 전기사용자에게 배전하는 데 필요한 전기설비를 설치·운용하는 것을 주된 목적으로 하는 사업
발전사업	전기를 생산하여 이를 전력시장을 통하여 전기판매사업자에게 공급하는 것을 주된 목적으로 하는 사업
※ 변전사업은 없음.	

[답] ①

62 한국전기설비규정에 따라 저압 접촉전선을
옥측 또는 옥외에 시설하는 경우 시설하는 공사로
틀린 것은? (단, 기계기구에 시설하는 경우 이외
이다.)
① 버스덕트 공사
② 애자사용 공사
③ 합성수지관 공사
④ 절연 트롤리 공사
풀이 ●
옥측 또는 옥외에 시설하는 접촉전선의 시설(235.4)
저압 접촉전선을 옥측 또는 옥외에 시설하는 경우에는
기계기구에 시설하는 경우 이외에는 애자공사, 버스덕
트공사 또는 절연트롤리공사에 의하여 시설하여야 한
다.　　　　　　　　　　　　　　　　**[답] ③**

63 신에너지 및 재생에너지 개발·이용·보급
촉진법에 따라 기후에너지환경부장관이 혼합의
무자에게 요구할 수 있는 제출자료 중 신·재생에
너지 연료 혼합시설에 관한 사항으로 틀린 것은?
① 신·재생에너지 연료 혼합시설의 현황
② 신·재생에너지 연료 혼합시설의 사용실적
③ 신·재생에너지 연료 혼합시설의 변동사항
④ 신·재생에너지 연료 혼합시설의 근로자 안전
　교육 실적
풀이 ●
기후에너지환경부장관은 법 제23조의2제2항에 따라 혼
합의무자에게 다음 각 호의 자료제출을 요구할 수 있다.
2. 신·재생에너지 연료 혼합시설에 관한 다음 각 목의
　자료
가. 신·재생에너지 연료 혼합시설 현황
나. 신·재생에너지 연료 혼합시설 변동사항
다. 신·재생에너지 연료 혼합시설의 사용실적　**[답] ④**

64 신에너지 및 재생에너지 개발·이용·보급 촉진법에 따라 햇빛·물·지열(地熱)·강수(降水)·생물유기체 등을 포함하는 재생 가능한 에너지를 변환시켜 이용하는 에너지에 해당하지 않는 것은?

① 풍력　　　　　② 연료전지
③ 태양에너지　　　④ 해양에너지

풀이 ⊙

재생에너지란 햇빛·물·지열(地熱)·강수(降水)·생물유기체 등을 포함하는 재생 가능한 에너지를 변환시켜 이용하는 에너지로서 다음 각 목의 어느 하나에 해당하는 것을 말한다.
가. 태양에너지　　　나. 풍력
다. 수력　　　　　　라. 해양에너지
마. 지열에너지
바. 생물자원을 변환시켜 이용하는 바이오에너지로서 대통령령으로 정하는 기준 및 범위에 해당하는 에너지
사. 폐기물에너지(비재생폐기물로부터 생산된 것은 제외한다)로서 대통령령으로 정하는 기준 및 범위에 해당하는 에너지　　　　　　[답] ②

65 전기사업법에 따라 전기사업자는 전기사업용 전기설비의 설치공사 또는 변경공사로서 기후에너지환경부령으로 정하는 공사를 하려는 경우에는 그 공사계획에 대하여 누구에게 인가를 받아야 하는가?

① 대통령
② 전기위원회
③ 시·도지사
④ 기후에너지환경부장관

풀이 ⊙

기후에너지환경부장관은 전기설비의 설치공사 또는 변경공사에 관한 계획을 인가할 때에는 해당 계획이 법 제67조에 따른 기술기준에 적합한 경우에만 인가하여야 한다.　　　　　　[답] ④

66 한국전기설비규정에 따라 고압 옥내배선공사로 할 수 없는 공사방법은?

① 케이블 공사
② 케이블 트레이 공사
③ 버스덕트 공사
④ 애자사용공사(건조한 장소로서 전개된 장소에 한함)

풀이 ⊙

고압 옥내배선은 다음 중 하나에 의하여 시설할 것 (342.1)
가. 애자사용 공사(건조한 장소로서 전개된 장소에 한한다)
나. 케이블 공사
다. 케이블 트레이 공사　　　　　　[답] ③

67 전기공사업법에 따라 이해관계인이 시·도지사에게 공사업자에 대한 조치를 요구하려고 할 때 서면으로 밝혀야 하는 구체적인 사항에 해당되지 않는 것은?

① 공사명　　　　② 공사업자명
③ 공사업자 주소　④ 법령 위반사항

풀이 ⊙

법 제29조에 따라 이해관계인이 시·도지사에게 공사업자에 대한 조치를 요구하려면 다음 각 호의 사항을 구체적으로 밝힌 서면으로 하여야 한다.
1. 공사업자명
2. 공사명
3. 공사장소
4. 법령 위반사항
5. 요구사항　　　　　　[답] ③

68 한국전기설비규정에 따라 의료장소의 전로에는 정격 감도전류 30[mA]이하, 동작시간 0.03초 이내의 누전차단기를 생략할 수 있는 경우로 틀린 것은?

① 의료 IT계통의 전로
② 의료장소의 바닥으로부터 2.0[m]를 초과하는 높이에 설치된 조명기구의 전원회로
③ 건조한 장소에 설치하는 의료용 전기기기의 전원회로
④ TT 계통 또는 TN 계통에서 전원자동차단에 의한 보호가 의료행위에 중대한 지장을 초래할 우려가 있는 회로에 누전경보기를 시설하는 경우

풀이 ○

의료장소의 전로에는 정격 감도전류 30 mA 이하, 동작시간 0.03초 이내의 누전차단기를 설치할 것. 다만, 다음의 경우는 그러하지 아니하다.(242.10.3)

가. 의료 IT 계통의 전로

나. TT 계통 또는 TN 계통에서 전원자동차단에 의한 보호가 의료행위에 중대한 지장을 초래할 우려가 있는 회로에 누전경보기를 시설하는 경우

다. 의료장소의 바닥으로부터 2.5[m]를 초과하는 높이에 설치된 조명기구의 전원회로

라. 건조한 장소에 설치하는 의료용 전기기기의 전원회로 **[답] ②**

69 한국전기설비규정에 따라 몇 [V]를 초과하는 축전지는 비접지측 도체에 쉽게 차단할 수 있는 곳에 개폐기를 시설하여야 하는가?

① 30 ② 60
③ 120 ④ 150

풀이 ○

축전지실 등의 시설(243.1.7)

1. 30[V]를 초과하는 축전지는 비접지측 도체에 쉽게 차단할 수 있는 곳에 개폐기를 시설하여야 한다.

2. 옥내전로에 연계되는 축전지는 비접지측 도체에 과전류보호장치를 시설하여야 한다.

3. 축전지실 등은 폭발성의 가스가 축적되지 않도록 환기장치 등을 시설하여야 한다. **[답] ①**

70 탄소중립기본법에 다음(㉠), (㉡)에 들어갈 내용으로 옳은 것은?

> 정부는 국가 온실가스 배출량을 2030년까지 (㉠)년의 국가 온실가스 배출량 대비 (㉡)퍼센트 이상의 범위에서 대통령령으로 정하는 비율만큼 감축하는 것을 중장기 국가 온실가스 감축 목표로 한다.

① ㉠ : 2017, ㉡ : 35
② ㉠ : 2017, ㉡ : 40
③ ㉠ : 2018, ㉡ : 35
④ ㉠ : 2018, ㉡ : 40

풀이 ○

정부는 국가 온실가스 배출량을 2030년까지 2018년의 국가 온실가스 배출량 대비 35퍼센트 이상의 범위에서

대통령령으로 정하는 비율만큼 감축하는 것을 중장기 국가 온실가스 감축 목표로 한다. **[답] ③**

71 전기사업법의 용어 정의에서 대통령령으로 정하는 규모 이하의 발전설비를 갖추고 특정한 공급한 구역의 수요에 맞추어 전기를 생산하여 전력시장을 통하지 아니하고 그 공급구역의 전기사용자에게 공급하는 것을 주된 목적으로 하는 전기사업은?

① 송전사업 ② 배전사업
③ 발전사업 ④ 구역전기사업

풀이 ○

구역전기사업 : 대통령령으로 정하는 규모 이하의 발전설비를 갖추고 특정한 공급구역의 수요에 맞추어 전기를 생산하여 전력시장을 통하지 아니하고 그 공급구역의 전기사용자에게 공급하는 것을 주된 목적으로 하는 사업을 말한다. **[답] ④**

72 신에너지 및 재생에너지 개발·이용·보급 촉진법에 따라 물의 표층의 열을 변환시켜 에너지를 생산하는 설비는?

① 전력저장 설비 ② 해양에너지 설비
③ 수열에너지 설비 ④ 바이오에너지 설비

풀이 ○

• 수열에너지 설비: 물의 열을 변환시켜 에너지를 생산하는 설비

• 전력저장 설비: 신에너지 및 재생에너지(신·재생에너지)를 이용하여 전기를 생산하는 설비와 연계된 전력저장 설비 **[답] ③**

73 전기설비기술기준에 따른 발전소 등의 부지 시설조건에서 산지전용 후 발생하는 절토면 최하단부에서 발전 및 변전설비까지의 최소이격거리는 몇 [m]이상이 되어야 하는가?
(단, 옥내변전소와 옹벽, 낙석방지망 등 안전대책을 수립한 경우가 아닌 경우이다.)

① 3 ② 4
③ 5 ④ 6

풀이 ○

산지전용 후 발생하는 절토면 최하단부에서 발전 및 변전설비까지의 최소이격거리는 보안울타리, 외곽도로, 수림대 등을 포함하여 6[m]이상이 되어야 한다. 다만, 옥내변전소와 옹벽, 낙석방지망 등 안전대책을 수립한 시설의 경우에는 예외로 한다. [답] ④

74 탄소중립기본법에 따른 대기 중에 배출·방출 또는 누출되는 온실가스의 양에서 온실가스 흡수의 양을 상쇄한 순배출량이 영(零)이 되는 상태의 용어는?

① 기후변화
② 탄소중립
③ 녹색산업
④ 친환경기술

풀이 ○

• 탄소중립 : 대기 중에 배출·방출 또는 누출되는 온실가스의 양에서 온실가스 흡수의 양을 상쇄한 순배출량이 영(零)이 되는 상태
• 기후변화"란 사람의 활동으로 인하여 온실가스의 농도가 변함으로써 상당 기간 관찰되어 온 자연적인 기후변동에 추가적으로 일어나는 기후체계의 변화 [답] ②

75 한국전기설비규정에 따라 연료전지는 자동적으로 이를 전로에서 차단하고 연료전지에 연료가스 공급을 자동적으로 차단하여 연료전지 내의 연료가스를 자동적으로 배제하는 장치를 시설하여야 하는 경우로 틀린 것은?

① 연료전지에 과전류가 생긴 경우
② 연료전지의 온도가 현저하게 상승한 경우
③ 공기 출구에서의 연료가스 농도가 현저히 저하된 경우
④ 발전요소(發電要素)의 발전전압에 이상이 생겼을 경우

풀이 ○

연료전지설비의 보호장치(542.2.1
가. 연료전지에 과전류가 생긴 경우
나. 발전요소(發電要素)의 발전전압에 이상이 생겼을 경우 또는 연료가스 출구에서의 산소농도 또는 공기 출구에서의 연료가스 농도가 현저히 상승한 경우
다. 연료전지의 온도가 현저하게 상승한 경우 [답] ③

76 신에너지 및 재생에너지 개발·이용·보급 촉진법에 따라 거짓이나 부정한 방법으로 공급인증서를 발급받은 자와 그 사실을 알면서 공급인증서를 발급한 자에게 적용되는 벌칙으로 옳은 것은?

① 1년 이하의 징역 또는 1천만원 이하의 벌금
② 1년 이하의 징역 또는 2천만원 이하의 벌금
③ 2년 이하의 징역 또는 2천만원 이하의 벌금
④ 3년 이하의 징역 또는 3천만원 이하의 벌금

풀이 ○

• 거짓이나 부정한 방법으로 발전차액을 지원받은 자와 그 사실을 알면서 발전차액을 지급한 자는 3년 이하의 징역 또는 지원받은 금액의 3배 이하에 상당하는 벌금에 처한다.
• 거짓이나 부정한 방법으로 공급인증서를 발급받은 자와 그 사실을 알면서 공급인증서를 발급받은 자는 3년 이하의 징역 또는 3천만원 이하의 벌금에 처한다.
• 공급인증기관이 개설한 거래시장 외에서 공급인증서를 거래한 자는 2년 이하의 징역 또는 2천만원 이하의 벌금에 처한다. [답] ④

77 신에너지 및 재생에너지 개발·이용·보급 촉진법에 따라 태양의 빛에너지를 변환시켜 전기를 생산하거나 채광(採光)에 이용하는 설비는?

① 지열 설비
② 풍력 설비
③ 태양광 설비
④ 태양열 설비

풀이 ○

• 태양열 설비: 태양의 열에너지를 변환시켜 전기를 생산하거나 에너지원으로 이용하는 설비
• 태양광 설비: 태양의 빛에너지를 변환시켜 전기를 생산하거나 채광(採光)에 이용하는 설비 [답] ③

78

[2021.1.1.부터 한국전기설비규정(KEC) 시행과 출제기준 제외문항으로 삭제

79 신에너지 및 재생에너지 개발·이용·보급 촉진법에 따라 신·재생에너지 설비 및 그 부품 중 공용화 품목의 지정을 요청하려는 자는 지정요청서와 첨부서류들을 누구에게 제출하여야 하는가?

① 국기기술표준원장
② 기후에너지환경부장관
③ 한국전기안전공사장
④ 신재생에너지센터 소장

풀이 ●

신·재생에너지 설비 및 그 부품 중 공용화 품목의 지정을 요청하려는 자는 지정요청서와 첨부서류들을 국기기술표준원장에게 제출하여야 한다.　　　　　**[답]** ①

80 한국전기설비규정에 따라 특고압 옥내배선이 저압 옥내전선·관등회로의 배선·고압 옥내전선·약전류 전선 등 또는 수관·가스관이나 이와 유사한 것과 접근하거나 교차하는 경우 특고압 옥내배선과 저압 옥내전선·관등회로의 배선 또는 고압 옥내전선 사이의 이격거리는 몇 [m]이상으로 하여야 하는가?

① 0.2　　　　② 0.3
③ 0.6　　　　④ 1.2

풀이 ●

특고압 옥내 전기설비의 시설(342.4)
특고압 옥내배선과 저압 옥내전선·관등회로의 배선 또는 고압 옥내전선 사이의 이격거리는 0.6[m] 이상일 것. 다만, 상호 간에 견고한 내화성의 격벽을 시설할 경우에는 그러하지 아니하다.　　　　　**[답]** ③

태양광발전시스템
2020년 3회 산업기사 기출문제

※ 관련법령의 개정 및 한국전기설비규정(KEC)의 시행에 따라 기출문제의 내용을 개정 및 변경된 것으로 수정한 것입니다. 따라서 엔트미디어를 통해 제공되는 기출풀이 동영상(2013~2022)은 내용이 다를 수 있습니다. 따라서 본 교재의 내용으로 학습하시기 바랍니다.

1과목 — 태양광발전시스템 이론

01 일반적인 태양전지의 온도특성에 대하여 옳게 설명한 것은?
① 온도가 내려가면 단락전류는 감소하고 개방전압은 상승한다.
② 온도가 내려가면 단락전류는 상승하고 개방전압은 감소한다.
③ 온도가 올라가면 단락전류는 감소하고 개방전압은 상승한다.
④ 온도가 올라가면 단락전류는 상승하고 개방전압도 상승한다.

풀이 ◎
결정질실리콘 태양전지의 온도특성은 온도가 내려가면 단락전류는 감소하고 개방전압은 상승한다. **[답] ①**

02 태양광발전시스템에서 인버터 회로방식이 아닌 것은?
① 트랜스리스 방식
② 주파수 시프트 방식
③ 고주파 변압기 절연방식
④ 상용주파 변압기 절연방식

풀이 ◎
인버터 회로방식의 종류 : 상용주파 변압기 절연방식, 고주파 변압기 절연방식, 트랜스 리스방식.
※ 주파수 시프트 방식은 인버터 단독운전 검출방식 중 능동적 검출방식 중 하나임. **[답] ②**

03 연료전지발전시스템의 구성요소로 틀린 것은?
① 개질기
② 증기터빈
③ 스택(stack)
④ 전력변환장치(인버터)

풀이 ◎
연료전지의 구성요소 : 개질기, 스택, 전력변환장치(인버터)
※ 증기터빈은 화력발전의 구성요소이다. **[답] ②**

04 봉지재는 태양광발전 모듈에서 태양전지와 상단 층, 후면 층 사이에 접착을 위해 사용된다. 봉지재로 가장 많이 사용되는 것은?
① 아크릴(Acrylic)
② 테들러(Tedlar)
③ 폴리머(Polymers)
④ EVA(Ethyl Vinyl Acetate)

풀이 ◎
모듈에서 태양전지와 상단 층, 후면 층 사이에 접착을 위해 가장 많이 사용되는 봉지재는 EVA(Ethyl Vinyl Acetate)이다. **[답] ④**

05 다음 그림의 다이오드 명칭으로 옳은 것은?
① 포토 다이오드
② 발광 다이오드
③ 정류 다이오드
④ 제너 다이오드

Anode ▶| Cathode

풀이 ◎

정류(범용)다이오드	Anode ▷ Cathode
	(+) (−)

제너(정전압) 다이오드	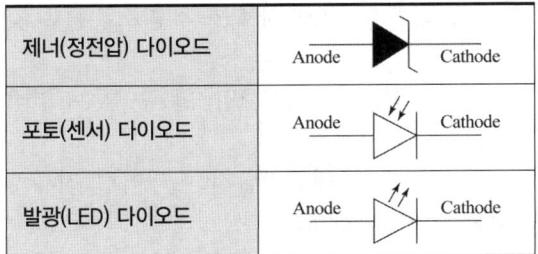 Anode ▶ Cathode
포토(센서) 다이오드	Anode ↗↗ Cathode
발광(LED) 다이오드	Anode ↗↗ Cathode

[답] ④

06 기와, 착색 슬레이트, 금속지붕 등의 지붕재에 전용 지지기구와 받침대를 설치하여 그 위에 태양광발전 모듈을 설치하는 형태를 무엇이라고 하는가?

① 평지붕형   ② 경사 지붕형
③ 톱라이트형   ④ 지붕재 일체형

풀이 ○
기와, 착색 슬레이트, 금속지붕 등의 지붕재에 전용 지지기구와 받침대를 설치하여 그 위에 태양광발전 모듈을 설치하는 형태는 경사지붕형이다.   [답] ②

07 다음 보기에서 태양광발전 모듈의 설치가 가능한 위치를 모두 나타낸 것은?

〈보기〉 ㉠ 벽   ㉡ 유리창
         ㉢ 평면지붕   ㉣ 경사지붕

① ㉠, ㉡, ㉢
② ㉠, ㉢, ㉣
③ ㉠, ㉡, ㉣
④ ㉠, ㉡, ㉢, ㉣

풀이 ○
보기의 전체에 모듈의 설치가 가능하다.   [답] ④

08 계통측과 인버터 측에 이상이 발생할 경우 저압 연계시스템에 설치되는 보호계전기가 아닌 것은?

① AVR   ② OVR
③ UVR   ④ OFR

풀이 ○
저압연계 시스템에서는 과전압계전기(OVR), 저전압계전기(UVR), 과주파수 계전기(OFR), 저주파수 계전기(UFR)가 설치된다.   [답] ①

09 태양광발전용 인버터(PCS)의 기능이 아닌 것은?

① 자동운전 정지기능
② 최대출력 추종제어기능
③ 단독운전 방지기능
④ 교류를 직류로 변환하는 기능

풀이 ○
인버터의 기능은 다음과 같다.
① 자동운전·정지 기능   ② 최대전력 추종제어 기능
③ 단독운전 방지 기능   ④ 자동전압 조정 기능
⑤ 직류 검출 기능   ⑥ 직류 지락검출 기능
※ 인버터는 직류를 교류로 변환하는 것이고, 정류기는 교류를 직류로 변환하는 것이다.   [답] ④

10 납(연)축전지의 공칭전압은 몇 [V/cell]인가?

① 1.2   ② 2.0
③ 3.7   ④ 4.2

풀이 ○
납(연)축전지의 공칭전압은 2.0[V], 알칼리 축전지의 공칭전압은 1.2[V]이다.   [답] ②

11 송전단 전압 66[kV], 부하 시 수전단 전압 60 [kV], 무부하 시 수전단 전압 63[kV]인 경우 전압변동률은 몇 [%]인가?

① 4.87   ② 5.0
③ 9.21   ④ 10.0

풀이 ○
전압변동률
$$= \frac{무부하시\ 수전단\ 전압 - 부하시\ 수전단\ 전압}{부하시\ 수전단\ 전압} \times 100[\%]$$
$$= \frac{63-60}{60} \times 100 = 5.0[\%]$$ [답] ②

12 풍력발전의 출력제어 방식 중 바람방향을 향하도록 블레이드의 방향을 조절하는 제어방식은?

① 날개각 제어(pitch control)

② 위상 제어(Phase control)

③ 요 제어(yaw control)

④ 실속 제어(stall control)

풀이 ○

• 요 제어(Yaw control) : 바람 방향을 향하도록 블레이드(날개)의 방향을 제어하는 것.

• 날개각 제어(Pitch control) : 날개의 경사각 조절로 출력을 능동적으로 제어하는 것.

• 실속 제어(Stall control) : 한계 풍속이상이 되었을 때, 양력이 회전날개에 작용하지 못하도록 날개의 공기역학적 형상에 의해 제어하는 것. **[답] ③**

13 지구의 대기 영향을 받지 않는 우주에서의 태양복사에너지 대기질량(Air Mass)은?

① AM 0

② AM 1.0

③ AM 1.25

④ AM 1.5

풀이 ○

지구의 대기 영향을 받지 않는 우주에서의 태양복사에너지 대기질량(Air Mass)는 AM 0이다. **[답] ①**

14 역률 0.7, 30[kW]인 유도전동기와 25[kW]인 전열기가 있다. 이 부하에 공급할 주상변압기의 용량은 약 몇 [kVA]인가?

① 51   ② 59

③ 68   ④ 95

풀이 ○

주상변압기의 용량 $= \dfrac{30}{0.7} + 25 = 67.86 ≒ 68[kVA]$

• 전동기 피상전력$[kVA] = \dfrac{\text{유효전력}[kW]}{\text{역률}}$

• 전열기의 피상전류$[kVA] = \text{유효전력}[kW]$ **[답] ③**

15 바이패스 다이오드에 대한 설명으로 틀린 것은?

① 차광된 태양전지에서 발생할 수 있는 열점(Hot spot)을 방지

② 배터리로부터 태양광발전 어레이로 전류가 흐르는 것을 방지

③ 태양광발전 모듈용 접속함에 부착되며, 실리콘으로 밀폐되기도 함.

④ 태양전지에 음영이 있을 때 발전하지 않는 태양전지로 전류가 흐르는 것을 방지

풀이 ○

배터리로부터 태양광발전 어레이로 전류가 흐르는 것을 방지하는 역전류방지 다이오드이다. **[답] ②**

16 200[kWp] 태양광발전시스템 효율이 83[%]인 발전소의 1년간 경사면의 일사량이 1560 [kWh/m²]일 경우 시스템의 이용률은 약 몇[%] 인가?

① 14.34   ② 14.78

③ 15.07   ④ 15.47

풀이 ○

• 시스템의 발전전력량

$$= \frac{\text{설치용량}[kW] \times \text{경사면의 일사량}[kWh/m^2] \times \text{효율}}{\text{표준일조강도}[kW/m^2]}$$

$$= \frac{200 \times 1560 \times 0.83}{1} = 258,960[kWh/년]$$

• 시스템 이용률 $= \dfrac{\text{시스템 발전전력량}[kWh/년]}{24[h] \times 365[일] \times \text{설치용량}[kW]} \times 100[\%]$

$$= \frac{258,960}{24 \times 365 \times 200} \times 100 = 14.78[\%]$$ **[답] ②**

17 부동 충전방식의 축전지용량 산정 시 필요한 용량환산시간(K)의 선정에 고려되는 요소가 아닌 것은?

① 보수율   ② 축전지 온도

③ 방전시간   ④ 허용최저전압

풀이 ○

축전지 용량환산시간(K)은 방전시간, 축전지 온도, 허용최저전압에 의해 선정된다. **[답] ①**

18 태양광발전 설비용량이 3[MWp], 일일발전 시간이 4.6시간인 경우 연간발전량은 몇 [MWh] 인가? (단, 1년 365일 동안 동일한 발전량으로 발전하며, 효율은 100[%]로 가정한다.)

① 1630   ② 2356
③ 3985   ④ 5037

풀이 ◎

연간발전량 = 설비용량×일일발전시간×1년 발전일수
　　　　　= 3[MW]×4.6[h]×365=5037[MWh]

[답] ④

19 반동수차의 종류가 아닌 것은?

① 펠톤 수차   ② 카플란 수차
③ 프로펠러 수차   ④ 프란시스 수차

풀이 ◎

• 충동수차 : 펠톤 수차, 튜고 수차, 오스버그 수차
• 반동수차 : 카플란 수차, 프란시스 수차, 프로펠러 수차, 사류 수차 등

[답] ①

20 N형 반도체의 다수캐리어는?

① 양성자   ② 중성자
③ 정공   ④ 전자

풀이 ◎

P형 반도체의 다수캐리어는 정공이고, N형 반도체의 다수캐리어는 전자이다.

[답] ④

2과목　태양광발전시스템 시공

21 전압 33000[V], 주파수 60[Hz], 선로길이 7 [km] 1회선의 지중 송전선로가 있다. 이 선로의 충전전류는 약 몇[A]인가? (단, 케이블의 1심선 1선당의 정전용량은 0.4[μF/km] 이다.)

① 15.2   ② 20.1
③ 30.4   ④ 40.2

풀이 ◎

충전전류 $I_c = \omega CE = 2\pi fC \dfrac{V}{\sqrt{3}}$

$\qquad = 2\pi \times 60 \times (0.4 \times 10^{-6} \times 7) \times \dfrac{33000}{\sqrt{3}}$

$\qquad = 20.11 \fallingdotseq 20.1[A]$

[답] ②

22 이동식 비계 설치 및 사용안전 기술지침에 따른 사용상의 주의사항으로 틀린 것은?

① 이동식 비계는 가능한 작업 장소 가까이에 설치하여야 한다.
② 작업발판에는 3인 이상이 탑승하여 작업하지 않도록 하여야 한다.
③ 근로자가 탑승한 상태에서 이동식 비계를 이동 시키지 말아야 한다.
④ 이동식 비계에는 최소적재하중 등의 안전표지를 잘 보이는 위치에 부착하여야 한다.

풀이 ◎

이동식 비계에는 최대적재하중 등의 안전표지를 잘 보이는 위치에 부착하여야 한다.

[답] ④

23 태양광발전 모듈 설치 시 감전방지대책으로 옳은 것은?

① 작업 시에는 일반 장갑을 착용한다.
② 태양광발전 모듈을 수리할 경우 표면을 차광시트를 씌워야 한다.
③ 강우 시에는 발전이 없기 때문에 작업을 해도 무관하다.
④ 태양광발전 모듈은 저압이기 때문에 공구는 반드시 절연 처리될 필요가 없다.

풀이 ◎

모듈 설치 시 감전방지 대책
• 작업 전 태양전지 모듈 표면에 차광막을 씌워 태양광을 차폐한다.
• 저압 절연장갑을 착용한다.
• 절연 처리된 공구를 사용한다.
• 강우 시에는 감전사고 뿐만 아니라 미끄러짐으로 인한 추락사고로 이어질 우려가 있으므로 작업을 금지한다.
• 누전 위험장소에는 누전차단기 설치한다.

[답] ②

24 전력시설물 공사감리업무 수행지침에 따라 감리원은 공사업자에게 해당 공사의 예비준공검사(부분 준공, 발주자의 필요에 따른 기성부분 포함) 완료 후 며칠 이내에 시설물의 인수·인계를 위한 계획을 수립하도록 하고 이를 검토하여야 하는가?

① 5   ② 7
③ 15   ④ 30

풀이 ●

감리원은 공사업자에게 해당 공사의 예비준공검사(부분 준공, 발주자의 필요에 따른 기성부분 포함) 완료 후 30일 이내에 다음의 사항이 포함된 시설물의 인수·인계를 위한 계획을 수립하도록 하고 이를 검토하여야 한다.
1. 일반사항(공사개요 등)
2. 운영지침서(필요한 경우)
   가. 시설물의 규격 및 기능점검 항목
   나. 기능점검 절차
   다. Test 장비 확보 및 보정
   라. 기자재 운전지침서
   마. 제작도면·절차서 등 관련 자료
3. 시운전 결과 보고서(시운전 실적이 있는 경우)
4. 예비 준공검사결과
5. 특기사항   **[답] ④**

25 시설물의 안전 및 공사시행의 적정성과 품질확보 등을 위하여 시설별로 정한 시공기준으로서 발주청 또는 설계 등 용역업자가 공사시방서를 작성하는 경우에 활용하기 위한 시공기준으로 옳은 것은?

① 일반시방서
② 공사시방서
③ 전문시방서
④ 표준시방서

풀이 ●

건축전기설비공사 일반사항(KCS 31 10 21 : 2019)
• KCS 코드(표준시방서): 건설기술진흥법령에 의하여 시설물의 안전 및 공사시행의 적정성과 품질확보 등을 위하여 시설물별로 정한 표준적인 시공기준으로서 전문시방서 작성과 설계자가 공사시방서를 작성하는 경우에 활용하기 위한 시공기준을 말한다.   **[답] ④**

26 전력시설물 공사감리업무 수행지침에 따른 부진공정 만회대책에 대한 내용이다. 다음 (   )안에 들어갈 내용으로 옳은 것은?

> 감리원은 공사 진도율이 계획공정 대비 월간 공정 실적이 (㉠)[%] 이상 지연되거나, 누계 공정 실적이 (㉡)[%] 이상 지연될 때에는 공사업자에게 부진사유 분석, 만회대책 및 만회공정표를 수립하여 제출하도록 지시하여야 한다.

① ㉠ 5, ㉡ 10   ② ㉠ 10, ㉡ 5
③ ㉠ 5, ㉡ 15   ④ ㉠ 15, ㉡ 5

풀이 ●

감리원은 공사 진도율이 계획공정 대비 월간 공정실적이 10[%] 이상 지연되거나, 누계공정 실적이 5[%] 이상 지연될 때에는 공사업자에게 부진사유 분석, 만회대책 및 만회공정표를 수립하여 제출하도록 지시하여야 한다.   **[답] ②**

27 전력시설물 공사감리업무 수행지침에 따라 시공된 공사가 품질확보 미흡 또는 위해를 발생시킬 우려가 있다고 판단되거나, 감리원의 확인·검사에 대한 승인을 받지 아니하고 후속공정을 진행한 경우와 관계 규정에 맞지 아니하게 시공한 경우 감리원이 할 수 있는 조치는?

① 경고   ② 재시공
③ 부분중지   ④ 전면중지

풀이 ●

공사중지 및 재시공 지시 등의 적용한계는 다음과 같다.
• 재시공 : 시공된 공사가 품질확보 미흡 또는 위해를 발생시킬 우려가 있다고 판단되거나, 감리원의 확인·검사에 대한 승인을 받지 아니하고 후속 공정을 진행한 경우와 관계 규정에 맞지 아니하게 시공한 경우
• 공사중지 : 시공된 공사가 품질확보 미흡 또는 중대한 위해를 발생시킬 우려가 있다고 판단되거나, 안전상 중대한 위험이 발견된 경우에는 공사중지를 지시할 수 있으며 공사중지는 부분중지와 전면중지로 구분한다.   **[답] ②**

28 설계감리업무 수행지침에 따른 용어정의에서 설계용역 또는 설계감리업무가 원활하게 이루어지도록 하기 위하여 설계자, 설계감리원 및 발

주자가 사전에 충분한 검토와 협의를 통해 관련자 모두가 동의하는 조치가 이루어지도록 하는 것은?

① 작성　　　　　　　② 확인

③ 조정　　　　　　　④ 승인

풀이 ○

- "조정"이란 설계용역 또는 설계감리업무가 원활하게 이루어지도록 하기 위하여 설계자, 설계감리원 및 발주자가 사전에 충분한 검토와 협의를 통해 관련자 모두가 동의하는 조치가 이루어지도록 하는 것.
- "승인"이란 설계감리원 및 설계자가 승인 요청한 사항 등에 대하여 발주자가 설계감리원 및 설계자에게 또는 설계감리원이 설계자에게 서면으로 동의하는 것

[답] ③

29 금속관을 구부릴 때 금속관의 단면이 심하게 변형되지 않도록 구부려야 하며, 그 안측의 반지름은 관 안지름의 몇 배 이상이 되어야 하는가?

① 4　　　　　　　　② 5

③ 6　　　　　　　　④ 7

풀이 ○

금속관을 구부릴 때 금속관의 단면이 심하게 변형되지 않도록 구부려야 하며, 그 안측의 반지름은 관 안지름의 6 배 이상이어야 한다.　　　　**[답] ③**

30 3상 3선식 배전방식의 전압강하 계산식으로 옳은 것은?

① $e = \dfrac{17.8 \times L \times I}{1000 \times A}$　② $e = \dfrac{30.8 \times L \times I}{1000 \times A}$

③ $e = \dfrac{35.6 \times L \times I}{1000 \times A}$　④ $e = \dfrac{50.2 \times L \times I}{1000 \times A}$

풀이 ○

전선의 길이가 짧고 가는 경우의 전압강하계산식 (간략식)

$$\text{전압강하 } e = \frac{K_1 \times 17.8 \times L \times I}{1,000 \times A}$$

여기서, K_1 : 배선방식에 따른 계수(단상 3선식 및 3상4선식 : 1, 3상3선식 : $\sqrt{3}$, 직류2선식 및 단상2선식 : 2) 3상3선식이므로

$$\text{전압강하 } e = \frac{\sqrt{3} \times 17.8 \times L \times I}{1,000 \times A} = \frac{30.8 \times L \times I}{1,000 \times A}$$　**[답] ②**

31 부하 역률이 0.8인 선로의 저항 손실은 부하 역률이 0.9인 선로의 저항 손실에 비하여 약 몇 배인가?

① 1.1　　　　　　　② 1.2

③ 1.3　　　　　　　④ 1.5

풀이 ○

선로의 저항손실$(P_l) = I^2 \times R\,[\text{W}]$　　　…… ① 식

전류$(I) = \dfrac{P}{V \times \cos(\theta)}\,[\text{A}]$　　　…… ② 식

②식을 ①식에 대입하면

$$P_l \propto \left(\frac{P}{V \times \cos\theta}\right)^2 \propto \left(\frac{1}{\cos\theta}\right)^2$$

$$\therefore\ P_l \propto \left(\frac{\dfrac{1}{0.8}}{\dfrac{1}{0.9}}\right)^2 = \left(\frac{0.9}{0.8}\right)^2 = 1.265 \fallingdotseq 1.3\text{배}$$　**[답] ③**

32 전력시설물 공사감리업무 수행지침에 따라 감리원은 공사업자가 작성 제출한 시공계획서를 공사 시작일부터 며칠 이내에 제출받아 검토 확인하여야 하는가?

① 7　　　　　　　　② 10

③ 15　　　　　　　　④ 30

풀이 ○

감리원은 공사업자가 작성·제출한 시공계획서를 공사 시작일부터 30일 이내에 제출받아 이를 검토·확인하여 7일 이내에 승인하여 시공하도록 하여야 한다.　**[답] ④**

33 직류 송전방식의 장점이 아닌 것은?

① 안정도가 좋다.

② 송전효율이 좋다.

③ 절연계급을 낮출 수 있다.

④ 회전자계를 쉽게 얻을 수 있다.

풀이 ○

직류송전(배전)방식의 장·단점

장 점	단 점

• 송전(배전)효율이 좋다
• 안정도가 좋다
• 절연레벨을 경감할 수 있다.
  (절연비용 감소)
• 계통 연계가 쉽다.
  (전압 크기만 고려)
• 유도장해가 적다.
	• 회전자계를 쉽게 얻을 수 없다.
	• 전류 0점이 없어 차단이 어렵다.
	• 승압 및 강압이 곤란하다.

[답] ④

34

[2021.1.1.부터 한국전기설비규정(KEC) 시행과 출제기준 제외문항으로 삭제

35 금속관 공사 시 금속관을 절단한 후 절단면을 다듬기 위하여 사용하는 공구는?

① 리머 ② 오스터
③ 파이프 밴더 ④ 와이어스트리퍼

(풀이 ●)
• 리머 : 금속관을 절단한 후 절단면을 다듬기 위하여 사용
• 오스터 : 금속 전선관의 나사를 낼 때 사용
• 와이어스트리퍼 : 전선의 피복을 제거할 때 사용
• 파이프 밴더 : 금속관을 구부릴 때 사용 [답] ①

36 태양광발전시스템에서 사용하는 0.6/1 kV TFR-CV 케이블의 최고 허용온도는 몇 [℃]인가?

① 60 ② 75
③ 90 ④ 105

(풀이 ●)
절연물의 종류에 대한 최고허용온도

절연물의 종류	최고허용온도
열가소성 물질[폴리염화비닐(PVC)]	70[℃](도체)
열경화성 물질[가교폴리에틸렌(XLPE) 또는 에틸렌프로필렌고무 (EPR) 혼합물]	90[℃](도체)
무기물(열가소성 물질 피복 또는 나도체로 사람이 접촉할 우려가 있는 것)	70[℃](시스)

절연물의 종류	최고허용온도
무기물(사람의 접촉에 노출되지 않고, 가연성 물질과 접촉할 우려가 없는 나도체)	105[℃](시스)

※ XLPE = CV [답] ③

37 계산 값이 항상 1 이상은 것은?

① 수용률 ② 부등률
③ 부하율 ④ 전압 변동률

(풀이 ●)
• 부등률(Diversity Factor)
$$= \frac{\text{각 부하의 최대수요전력의 합[kW]}}{\text{합성최대수요전력[kW]}} \geq 1 \text{ (항상 1이상)}$$
[답] ②

38 태양광발전시스템 관련 기기 반입 시 주의사항이 아닌 것은?

① 작업감시자 배치
② 단락접지기 사용
③ 충전된 선로에 대해 충분한 안전거리 확보
④ 전력회사와 사전 협의 하에 절연전선 및 케이블에 보호관 조치

(풀이 ●)
단락접지기는 전선로를 정전시킨 후 전선로와 대지를 연결하여 작업자의 안전을 위해 설치하는 것으로 기기 반입과는 관련사항이 없음. [답] ②

39 접지극의 물리적인 접지저항 저감방법 중에서 수평공법이 아닌 것은?

① 보링 공법 ② 접지극 병렬접속
③ 메시(Mesh) 공법 ④ 접지극 치수확대

(풀이 ●)
보링공법은 수직공법이다. [답] ①

40 태양광발전시스템의 구조물 상정하중 중 수직하중이 아닌 것은?

① 풍하중 ② 활하중
③ 적설하중 ④ 고정하중

풀이 ○
- 수직하중 : 고정하중(영구적으로 작용하는 하중), 적설하중, 활 하중
- 수평하중 : 풍 하중, 지진하중　　　　　**[답] ①**

3과목
태양광발전시스템 운영

41 정전작업에 관한 기술지침에 따른 단락접지 시에 고려사항으로 틀린 것은?

① 단락접지를 한 지점은 누구나 용이하게 알 수 있도록 접지표지를 부착하여야 한다.
② 단락접지기구는 단락 시 용단되지 않도록 충분한 전류용량을 가지는 것을 사용하여야 한다.
③ 대지에 접지봉을 매설할 때에는 수분이 없는 장소를 선택하여 접지저항이 충분히 작도록 한다.
④ 저압선과 고압선이 병가되어 있는 때에는 저압 접지선을 이용하여 접지하는 방법을 고려할 수 있다.

풀이 ○
대지에 접지봉을 매설할 때에는 수분이 많은 장소를 선택하여 접지저항이 충분히 작도록 한다.　**[답] ③**

42 태양광발전시스템 화재의 원인으로 맞지 않는 것은?

① 단락　　　　　　② 누전
③ 저전압　　　　　④ 접촉부 과열

풀이 ○
전기화재의 원인 : 단락, 과전류, 지락, 누전, 접촉부의 과열, 스파크, 절연열화, 열적경과, 정전기, 낙뢰 등
　　　　　　　　　　　　　　　　　[답] ③

43 태양광발전시스템에 사용하는 배터리 충전 컨트롤러–성능 및 기능(KS C IEC 62509 : 2009)

에 따라 배터리 충전 컨트롤러(BCC)는 태양광(PV)발전기로부터 받는 전체 정격전류의 몇 [%]까지 과전류에 손상되지 않아야 하는가?

① 102　　　　　　② 110
③ 125　　　　　　④ 150

풀이 ○
배터리 충전 컨트롤러(BCC)는 태양광(PV)발전기로부터 받는 전체 정격전류의 125[%]까지 과전류에 의해 손상되지 않아야 한다.　　　　　**[답] ③**

44 결정질 실리콘 태양광발전 모듈(성능)(KS C 8561 : 2020)에 따라 모듈외관, 태양전지 등에 크랙, 구부러짐, 갈라짐 등을 확인하기 위한 외관검사 시 몇 [lx] 이상의 광 조사상태에서 진행하여야 하는가?

① 300　　　　　　② 500
③ 750　　　　　　④ 1000

풀이 ○
외관검사 방법 : 1000[Lux=lx] 이상의 광 조사 상태에서 모듈 외관, 태양전지 등에 크랙, 구부러짐, 갈라짐이 없는지를 확인하여야 한다.　　　　**[답] ④**

45 태양광발전시스템 유지보수 계획 시 고려해야 할 사항이 아닌 것은?

① 고장이력　　　　② 환경조건
③ 설비의 종류　　　④ 설비의 중요도

풀이 ○
태양광발전시스템 점검 계획 시 고려사항 : 설비의 사용기간, 설비의 중요도, 환경조건, 고장이력, 부하상태
　　　　　　　　　　　　　　　　　[답] ③

46 인버터의 이상신호 중 "Line phase sequence fault" 표시는 어떤 상태에 대한 표시인가?

① T상이 결상일 경우
② 계통전압이 역상일 경우
③ 계통주파수가 규정값 이상일 경우
④ 계통과 인버터의 주파수가 동기화되지 않는 경우

풀이 ○

Line phase sequence Fault(계통전압 역상) 조치 : 상 회전 확인 후 정상 시 재 운전 **[답] ②**

47 태양광발전 어레이의 동작 불량 스트링이나 태양광발전 모듈의 검출 및 직렬 접속선의 결선 누락 사고, 연결된 극성 등을 검출하기 위해 측정 하는 것은?

① 발전량
② 접지저항
③ 개방전압
④ 절연저항

풀이 ○

개방전압 측정 목적 : 태양전지 어레이의 각 스트링의 개방전압을 측정하여 개방전압의 불균일에 따라 동작 불량의 스트링이나 태양전지 모듈의 검출 및 직렬 접속 선의 결선 누락 등을 검출하기 위함이다. **[답] ③**

48 태양광발전 모듈의 발전성능을 옥내에서 시 험하기 위해 사용하는 인공광원은?

① 염수분무 장치
② 항온항습 장치
③ UV시험 장치
④ 솔라 시뮬레이터

풀이 ○

결정질 태양전지 모듈의 시험장치

시험장치	설 명
UV 시험장치	태양광발전 모듈이 태양광에 노출되는 경우에 따라 서 유기되는 열화정도를 시험하기 위한 장치
항온항습 장치	태양광발전 모듈의 온도 사이클 시험, 습도-동결 시험, 고온고습 시험을 하기 위한 환경 챔버
염수분무 장치	태양광발전 모듈의 구성재료 및 패키지의 염분에 대 한 내구성을 시험하기 위한 환경 챔버
솔라 시뮬레이터	태양광발전 모듈의 발전성능을 옥내에서 시험하기 위한 인공광원
기계적 하중 시험 장치	태양광발전 모듈에 대하여 바람, 눈 및 얼음에 의한 하중에 대한 기계적 내구성을 조사하기 위한 장치
우박시험 장치	우박의 충격에 대한 태양광발전 모듈의 기계적 강도 를 조사하기 위한 시험 장치
단자강도 시험 장치	태양광발전 모듈의 단자 부분이 모듈의 부착, 배선 또는 사용 중에 가해지는 외력에 대하여 충분한 강 도가 있는지를 조사하기 위한 장치

[답] ④

49 유지관리비의 구성요소가 아닌 것은?

① 일반관리비
② 부지매각비
③ 운용지원비
④ 보수비와 개량비

풀이 ○

부지매각비는 유지관리비항목이 아니다. **[답] ②**

50 박막 태양광발전 모듈(성능)(KS C 8562 : 2015)에 따른 최대 출력 결정 시 품질기준으로 시 험시료의 출력 균일도는 평균 출력의 몇 [%]이내 이어야 하는가?

① ± 2
② ± 3
③ ± 5
④ ± 7

풀이 ○

최대 출력 결정 시 품질기준 : 시험시료의 출력 균일도 는 ±3[%] 이내일 것. **[답] ②**

51 배선용차단기, 누전차단기의 정기점검 내용 으로 틀린 것은?

① 유면은 적당한 위치에 있는지 확인
② 동작상태를 표시하는 부분이 잘 보이는지 확 인
③ 과열에 의한 이상한 냄새는 없는지 확인
④ 개폐기구의 핸들과 표시등의 상태는 올바른 지 확인

풀이 ○

배선용차단기에는 절연유를 사용하지 않으며, 유입변 압기 등 일상점검 시 유면을 확인한다. **[답] ①**

52 개인보호구의 사용 및 관리에 관한 기술지 침에 따라 안전화 중 고압에 의한 감전 방지 및 방 수를 겸한 것은?

① 절연화
② 절연장화
③ 발등안전화
④ 정전기안전화

풀이 ○

기술지침에 따른 안전화의 종류

종류	성능구분
정전기안전화	물체의 낙하, 충격 또는 날카로운 물체에 의한 찔림 위험으로부터 발을 보호하고 정전기의 인체대전을 방지하기 위한 것
발등안전화	물체의 낙하, 충격 또는 날카로운 물체에 의한 찔림 위험으로부터 발 및 발등을 보호하기 위한 것
절연화	물체의 낙하, 충격 또는 날카로운 물체에 의한 찔림 위험으로부터 발을 보호하고 저압의 전기에 의한 감전을 방지하기 위한 것
절연장화	고압에 의한 감전을 방지 및 방수를 겸한 것

[답] ②

53 태양광 발전용 인버터(계통연계형, 독립형) (KS C 8565 : 2020)의 효율 시험에서 교류 전원을 정격전압 및 정격주파수로 운전하고, 운전 시작 후 최소한 몇 시간 이후에 측정하여야 하는가?
① 0.5 ② 1
③ 2 ④ 3

풀이◉
KS C 8565(태양광발전용 인버터) 8.5.5.1 효율시험 방법에서 교류 전원을 정격전압 및 정격 주파수로 운전하고, 운전 시작 후 최소한 2시간 이후에 측정한다.
[답] ③

54 태양광발전시스템 고장으로 문제점이 발견된 경우 판단 및 조치사항으로 적합하지 않는 것은?
① 불량 모듈을 교체할 때는 동일 단락전류의 것으로 교체한다.
② 태양전지 셀 및 바이패스 다이오드가 손상된 경우 태양전지 모듈을 교체한다.
③ 파워컨디셔너(PCS)가 고장인 경우에는 유지보호 담당자가 직접 수리보수 한다.
④ 태양광발전 모듈에서 음영이 들지 않았음에도 불구하고 정격전류 값이 갑자기 작아지면 즉시 모듈을 교체하여야 한다.

풀이◉
파워컨디셔너(PCS)가 고장인 경우에는 PCS 제조업체에 보수 의뢰한다.
[답] ③

55 태양광발전 모듈의 고장으로 틀린 것은?
① 백화현상 ② 핫스팟(Hot spot)
③ 프레임 변형 ④ 부스바 과열

풀이◉
모듈의 부스바는 단락전류에 충분히 견딜 수 있도록 설계되어 있어 과열이 발생하지 않는다. [답] ④

56 태양광발전시스템의 성능평가를 위한 사이트 평가방법이 아닌 것은?
① 시공업자 ② 설치용량
③ 발전성능 ④ 설치대상기관

풀이◉
사이트 평가방법
① 설치 대상기관 ② 설치 시설의 분류
③ 설치 시설의 지역 ④ 설치 형태
⑤ 설치 용량 ⑥ 설치 각도와 방위
⑦ 시공업자 ⑧ 기기 제조사 [답] ③

57 선간전압이 100[kV]인 충전선로 인근에서 유자격자가 작업하는 경우 노출 충전부에 접근 한계거리 몇 [cm] 이내로 접근하거나 절연손잡이가 없는 도전체에 접근할 수 없도록 하는가? (단, 근로자 및 노출 충전부에 대한 안전대책이 없는 경우이다.)
① 110 ② 120
③ 130 ④ 150

풀이◉
유자격자가 충전전로 인근에서 작업하는 경우 접근한계거리

충전전로의 선간전압[kV]	충전전로에 대한 접근 한계거리[cm]
0.3이하	접촉금지
0.3초과 0.75이하	30
0.75초과 2이하	45
2초과 15이하	60
15초과 37이하	90
37초과 88이하	110
88초과 121이하	130
121초과 145이하	150
145초과 169이하	170

[답] ③

58 태양광발전 모듈의 점검항목이 아닌 것은?

① 가대의 접지 상태

② 전력량계 설치 유무

③ 프레임 파손 및 변형유무

④ 표면의 오염 및 파손상태

풀이 ○

• 태양전지 어레이의 구성요소는 태양전지 모듈(스트 링), 케이블(전선), 구조물(가대)이다.

• 전력량계는 교류측 기기이다.　　　　**[답] ②**

59 전기안전관리자의 직무고시에 따른 태양광 발전시스템의 점검에서 유지보수 시 점검의 종류 가 아닌 것은?

① 일시점검　　　　② 정기점검

③ 일상점검　　　　④ 정밀점검

풀이 ○

전기안전관리자의 직무고시에 따른 점검 : 전기설비의 안전성을 확보하기 위하여 전기안전관리자가 육안 또는 장비 등을 활용하여 확인·측정하는 등의 활동으로써 일상점검, 정기점검, 정밀점검, 공사 중 점검 등 **[답] ①**

60 전기사업법에 따라 태양광발전소 전기사업 허가신청서를 제출할 때 기후에너지환경부장관 에게 제출하여야 하는 발전설비의 용량기준은?

① 2000[kW] 이하

② 2000[kW] 초과

③ 2000[kW] 이하

④ 3000[kW] 초과

풀이 ○

전기(발전) 사업 허가권자

① 3,000[kW] 초과 설비 : 기후에너지환경부장관

② 3,000[kW] 이하 설비 : 시·도지사　　　　**[답] ④**

4과목
신재생에너지 관련법규

61 탄소중립기본법령에 따라 녹색성장위원회의 사무를 처리하게 하기 위하여 2050 탄소중립녹색 성장위원회에 두는 간사위원은?

① 국무조정실장

② 신재생에너지센터장

③ 금융위원회위원장

④ 방송통신위원회위원장

풀이 ○

법 제15조제6항에 따른 간사위원은 국무조정실장이 된다.　　　　**[답] ①**

62

> [2021.1.1.부터 한국전기설비규정(KEC) 시행과 출제기준 제외문항으로 삭제

63 탄소중립기본법령에 따른 국가는 국가비전 을 달성하기 위한 국가탄소중립녹색성장전략 수 립 시 포함되어야 하는 사항이 아닌 것은?

① 국가비전 등 정책목표에 관한 사항

② 국가비전의 달성을 위한 부문별 전략 및 중점 추진과제

③ 환경·에너지·국토·해양 등 관련 정책과의 연계에 관한 사항

④ 신·재생에너지 발전과 수출을 위한 정책에 관한 사항

풀이 ○

①~③항외에 그 밖에 재원조달, 조세·금융, 인력양 성, 교육·홍보 등 탄소중립 사회로의 이행을 위하여 필 요하다고 인정되는 사항　　　　**[답] ④**

64 신에너지 및 재생에너지 개발·이용·보급 촉진법에 따라 기후에너지환경부장관이 혼합의무자에게 제출을 요구할 경우 자료 중 신·재생에너지 연료 혼합의무 이행확인에 관한 자료로 틀린 것은?
① 수송용연료의 생산량
② 수송용연료의 수출입량
③ 수송용연료의 자가발전량
④ 수송용연료의 내수판매량

(풀이) ○
기후에너지환경부장관은 혼합의무자에게 다음 자료 제출을 요구할 수 있다.
1. 신·재생에너지 연료 혼합의무 이행확인에 관한 다음 각 목의 자료
① 수송용연료의 생산량
② 수송용연료의 내수판매량
③ 수송용연료의 재고량
④ 수송용연료의 수출입량
⑤ 수송용연료의 자가소비량　　　　**[답]** ③

65 전기설비기술기준에서 정의하는 전압의 구분으로 옳은 것은?
① 저압 : 직류는 600[V]이하, 교류는 600[V]이하
② 고압 : 직류는 750[V]를, 교류는 750[V]를 초과하고 7[kV] 이하
③ 고압 : 직류는 750[V]를, 교류는 500[V]를 초과하고 5[kV] 이하
④ 특고압 : 7[kV]를 초과

(풀이) ○

구분	전압 범위 〈21.1.1.부터 시행〉
저 압	직류 1500[V] 이하, 교류 1000[V] 이하
고 압	직류 1500[V] 초과, 교류 1000[V] 초과~7천[V] 이하
특고압	7천[V]를 초과

[답] ④

66 전기공사업법령에 따라 공사업을 하려는 자는 기후에너지환경부령으로 정하는 바에 따라 누구에게 등록 하여야 하는가?

① 시·도지사
② 기후에너지환경부장관
③ 한국전기공사협회장
④ 한국전기기술인협회장

(풀이) ○
공사업을 하려는 자는 기후에너지환경부령으로 정하는 바에 따라 주된 영업소의 소재지를 관할하는 특별시장·광역시장·특별자치시장·도지사 또는 특별자치도지사(이하 "시·도지사"라 한다)에게 등록하여야 한다.
[답] ①

67 전기사업법령에 따라 전력정책심의회의 심의를 거치지 아니하고 변경할 수 있는 기본계획의 경미한 변경사항으로 틀린 것은?
① 전력산업기반조성계획을 수립하려는 경우
② 전기설비 설치공사의 착공·준공 또는 공사기간을 2년 이내의 범위에서 조정하는 경우
③ 전력설비별 용량의 20퍼센트 이내의 범위에서 그 용량을 변경하는 경우
④ 신규건설 또는 폐지되는 연도별 전기설비용량의 5퍼센트 이내의 범위에서 전기설비용량을 변경하는 경우

(풀이) ○
경미한 사항을 변경하는 경우란 다음 각 호의 어느 하나에 해당하는 경우를 말한다.
1. 전기설비 설치공사의 착공 또는 준공 등의 기간을 2년의 범위에서 조정하는 경우
2. 전기설비별 용량의 20퍼센트의 범위에서 그 용량을 변경하는 경우
3. 연도별 전기설비 총용량의 5퍼센트의 범위에서 그 총용량을 변경하는 경우　　**[답]** ①

68 한국전기설비규정에 따라 발전기·연료전지 또는 태양전지 모듈(복수의 태양전지 모듈을 설치하는 경우에는 그 집합체)에 시설되는 계측하는 장치로 측정하는 대상이 아닌 것은?
① 전력　　　　② 역률
③ 전압　　　　④ 전류

풀이 ●

계측장치(351.6)

발전기 · 연료전지 또는 태양전지 모듈(복수의 태양전지 모듈을 설치하는 경우에 는 그 집합체)의 전압 및 전류 또는 전력   **[답] ②**

69 한국전기설비규정에 따라 피뢰기를 설치하지 않아도 되는 곳은?

① 가공전선로와 지중전선로가 접속되는 곳

② 고압 가공전선로로부터 공급을 받는 수용장소의 인입구

③ 변전소의 가공전선 인입구 중 보호범위 내의 피보호 기기

④ 특고압 가공전선로로부터 공급을 받는 수용장소의 인입구

풀이 ●

피뢰기의 시설(341.13)

가. 발전소·변전소 또는 이에 준하는 장소의 가공전선 인입구 및 인출구

나. 특고압 가공전선로에 접속하는 341.2의 배전용 변압기의 고압측 및 특고압측

다. 고압 및 특고압 가공전선로로부터 공급을 받는 수용장소의 인입구

라. 가공전선로와 지중전선로가 접속되는 곳   **[답] ③**

70 전기사업법령에 따라 전기안전관리자를 선임하지 아니한 자는 얼마 이하의 벌금에 처하는가?

① 500만원   ② 1000만원

③ 1500만원   ④ 2000만원

풀이 ●

전기사업법 제73조제1항부터 제4항까지의 규정을 위반하여 전기안전관리자를 선임하지 아니한 자는 500만원 이하의 벌금에 처한다.   **[답] ①**

71 한국전기설비규정에 따른 전기울타리의 시설기준으로 틀린 것은?

① 전선과 이를 지지하는 기둥 사이의 이격거리는 25[mm] 이상일 것

② 전기울타리는 사람이 쉽게 출입하지 아니하는 곳에 시설할 것

③ 전선은 인장강도 1.38[kN] 이상의 것 또는 2[mm] 이상의 경동선일 것

④ 전선과 다른 시설물(가공 전선을 제외한다.) 또는 수목 사이의 이격거리는 0.1[m] 이상일 것

풀이 ●

전기울타리의 시설(241.1.3)

1. 전기울타리는 사람이 쉽게 출입하지 아니하는 곳에 시설할 것.

2. 전선은 인장강도 1.38[kN] 이상의 것 또는 지름 2[mm] 이상의 경동선일 것.

3. 전선과 이를 지지하는 기둥 사이의 이격거리는 25[mm] 이상일 것.

4. 전선과 다른 시설물(가공 전선을 제외한다) 또는 수목과의 이격거리는 0.3[m] 이상일 것.   **[답] ④**

72 신에너지 및 재생에너지 개발 · 이용 · 보급 촉진법령에서 기본계획의 계획기간은 몇 년 이상으로 하는가?

① 3년   ② 5년

③ 7년   ④ 10년

풀이 ●

신 · 재생에너지의 기술개발 및 이용 · 보급을 촉진하기 위한 **기본계획을 5년**마다 수립하여야 하며, 기본계획의 **계획기간은 10년** 이상으로 한다.   **[답] ④**

73 신에너지 및 재생에너지 개발·이용·보급 촉진법령에 따라 공급인증서를 발급받으려는 자는 공급인증서 발급 및 거래시장 운영에 관한 규칙에서 정하는 바에 따라 신·재생에너지를 공급한 날부터 며칠 이내에 발급을 신청하여야 하는가?

① 30   ② 45

③ 60   ④ 90

풀이 ●

공급인증서를 발급받으려는 자는 공급인증서 발급 및 거래시장 운영에 관한 규칙에서 정하는 바에 따라 신·재생에너지를 공급한 날부터 90일 이내에 발급을 신청하여야 한다.   **[답] ④**

74 전기사업법령에 따라 전기사용자는 전력시장에서 전력을 직접 구매할 수 없으나 대통령령으로 정하는 규모 이상의 전기사용자는 그러하지 아니한다. 대통령령으로 정하는 규모로 옳은 것은?

① 수전설비(受電設備)의 용량이 3천킬로볼트암페어 이상인 전기사용자

② 수전설비(受電設備)의 용량이 5천킬로볼트암페어 이상인 전기사용자

③ 수전설비(受電設備)의 용량이 1만킬로볼트암페어 이상인 전기사용자

④ 수전설비(受電設備)의 용량이 3만킬로볼트암페어 이상인 전기사용자

풀이 ◎

"대통령령으로 정하는 규모 이상의 전기사용자"란 수전설비(受電設備)의 용량이 3만킬로볼트암페어 이상인 전기사용자를 말한다. **[답] ④**

75 신에너지 및 재생에너지 개발 · 이용 · 보급 촉진법령에 따라 기후에너지환경부장관은 발전차액을 반환할 자가 며칠 이내에 이를 반환하지 아니하면 국세 체납처분에 따라 징수할 수 있는가?

① 7 ② 15
③ 30 ④ 45

풀이 ◎

기후에너지환경부장관은 발전차액을 반환할 자가 30일 이내에 이를 반환하지 아니하면 국세 체납처분의 예에 따라 징수할 수 있다. **[답] ③**

76 신에너지 및 재생에너지 개발 · 이용 · 보급 촉진법령에 따라 발전량의 일정량 이상을 의무적으로 신재생에너지를 이용하여 공급하는 자로서 대통령령으로 정하는 자가 아닌 자는?

① 한국광물공사

② 한국지역난방공사

③ 한국수자원공사

④ 발전사업자로 50만킬로와트 이상의 발전설비(신재생에너지 설비는 제외한다.)를 보유한 자

풀이 ◎

신 · 재생에너지 공급의무자(시행령 제18조의3)

1. 발전사업자로서 50만킬로와트 이상의 발전설비(신 · 재생에너지 설비는 제외한다)를 보유하는 자

2. 한국수자원공사

3. 한국지역난방공사 **[답] ①**

77 신에너지 및 재생에너지 개발·이용·보급 촉진법령에 따라 신재생에너지 연료의 연도별 의무 혼합량 계산 시 적용되는 연도별 혼합의무비율은 신재생에너지 기술개발 수준, 연료 수급 상황 등을 고려하여 2015년 7월 31일 기준으로 몇 년마다 재검토를 해야 하는가?

① 1

② 2

③ 3

④ 5

풀이 ◎

연도별 혼합의무비율은 신 · 재생에너지 기술개발 수준, 연료 수급 상황 등을 고려하여 2015년 7월 31일을 기준으로 3년마다(매 3년이 되는 해의 7월 31일 전까지를 말한다) 재검토한다. **[답] ③**

78 한국전기설비규정에 따라 관광 숙박업에 이용하는 객실의 입구에 조명용 전등을 설치 할 경우 몇 분 이내 소등되는 타임스위치를 시설해야 하는가?

① 1분

② 2분

③ 3분

④ 5분

풀이 ◎

점멸기의 시설(234.6) : 다음의 경우에는 센서등(타임스위치 포함)을 시설하여야 한다.

가. 관광숙박업 또는 숙박업(여인숙업을 제외)에 이용되는 객실의 입구등은 1분 이내에 소등되는 것.

나. 일반주택 및 아파트 각 호실의 현관등은 3분 이내에 소등되는 것. **[답] ①**

79 전기설비기술기준에 따라 특고압 가공전선로에서 발생하는 극저주파 전자계는 지표상 1[m]에서 전계가 몇 [kV/m] 이하, 자계가 몇 [μT] 이하가 되도록 시설하여야 하는가?

① 3.5[kV/m] 이하, 63.3[μT] 이하

② 3.5[kV/m] 이하, 83.3[μT] 이하

③ 4.5[kV/m] 이하, 63.3[μT] 이하

④ 4.5[kV/m] 이하, 83.3[μT] 이하

풀이 ●
교류 특고압 가공전선로에서 발생하는 극저주파 전자계는 지표상 1[m]에서 전계가 3.5[kV/m] 이하, 자계가 83.3[μT] 이하가 되도록 시설하고, 직류 특고압 가공전선로에서 발생하는 직류전계는 지표면에서 25[kV/m] 이하, 직류자계는 지표상 1[m]에서 400,000[μT] 이하가 되도록 시설하는 등 상시 정전유도(靜電誘導) 및 전자유도(電磁誘導) 작용에 의하여 사람에게 위험을 줄 우려가 없도록 시설하여야 한다. **[답]** ②

80 한국전기설비규정에 따라 연료전지 및 태양전지 모듈은 최대사용전압의 1.5배의 직류전압 또는 1배의 교류전압(500[V] 미만으로 되는 경우에는 500[V])을 충전부분과 대지 사이에 연속하여 몇 분간 가하여 절연내력을 시험하였을 때에 이에 견디는 것이어야 하는가?

① 3   ② 5

③ 10   ④ 20

풀이 ●
연료전지 및 태양전지 모듈은 최대사용전압의 1.5배의 직류전압 또는 1배의 교류전압 (500[V] 미만으로 되는 경우에는 500[V])을 충전부분과 대지사이에 연속하여 10분간 가하여 절연내력을 시험하였을 때에 이에 견디는 것이어야 한다. **[답]** ③

※ 관련법령의 개정 및 한국전기설비규정(KEC)의 시행에 따라 기출문제의 내용을 개정 및 변경된 것으로 수정한 것입니다. 따라서 엔트미디어를 통해 제공되는 기출풀이 동영상(2013~2022)은 내용이 다를 수 있습니다. 따라서 본 교재의 내용으로 학습하시기 바랍니다.

1과목 — 태양광발전시스템 이론

01 낙뢰로 인한 내부 전기·전자 시스템을 보호하기 위한 LPMS의 기본보호 대책이 아닌 것은?

① 접지 및 본딩
② 협조된 SPD 보호
③ 수뢰부 System
④ 자기차폐

풀이 ●

- 뇌전자계 임펄스(LEMP : Lightning Electro Magnetic Impulse) : 서지 및 방사성 전자계를 발생시키는 저항성, 유도성 및 용량성 결합을 통한 뇌전류에 의한 모든 전자기 영향.
- 낙뢰로 인한 내부 전기·전자 시스템을 보호하기 위한 LPMS의 기본보호 대책은 접지와 본딩, 협조된 SPD 보호, 자기차폐와 선로경로이다.
- 수뢰부 System은 외부 피뢰시스템이다. **[답] ③**

02 태양전지의 전류-전압 특성의 측정으로부터 계산되는 파라미터가 아닌 것은?

① 직렬저항(series resistance)
② 개방전압(open circuit voltage)
③ 단락전류(short circuit current)
④ 곡선인자(fill factor)

풀이 ●

태양전지의 전류-전압 특성의 측정으로부터 계산되는 파라메터는 다음과 같다.

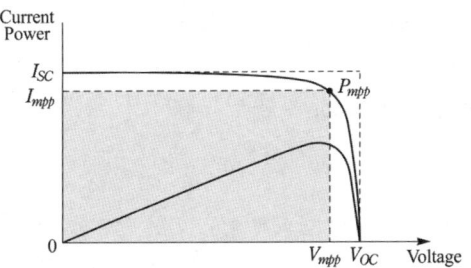

I_{SC} : 단락전류(short circuit current)
I_{mpp} : 최대출력 시 전류
V_{OC} : 개방전압(open circuit voltage)
V_{mpp} : 최대출력 시 전압
P_{mpp} : 최대출력
충진율(곡선인자, FF : fill factor)

$$FF = \frac{최대출력(P_{mpp})}{단락전류(I_{SC}) \times 개방전압(V_{OC})}$$

$$= \frac{I_{mpp} \times V_{mpp}}{단락전류(I_{SC}) \times 개방전압(V_{OC})}$$

[답] ①

03 분산형 전원 배전계통 연계기술 기준 중 단독운전 방지를 위한 가압중지 시간은 몇 초 이내로 하여야 하는가?

① 0.1
② 0.2
③ 0.5
④ 1.0

풀이 ●

분산형 전원 배전계통 연계기술 기준 제17조(단독운전)에 의거 단독운전 상태가 발생할 경우 해당 분산형 연계시스템은 이를 감지하여 단독운전 발생 후 최대 0.5초 이내에 한전계통에 대한 가압을 중지해야 한다. **[답] ③**

04 종합출력에 영향을 미치는 손실 요소가 아닌 것은?

① 모듈의 온도
② MPP 불일치
③ 실측 경사면 일사량
④ 인버터 손실

풀이 ●

태양광발전시스템의 출력에 영향을 미치는 요소는 모듈의 온도, MPP 불일치, 인버터 손실, 전압강하 손실, 모듈의 오염, 태양전지의 성능저하 등이다. **[답] ③**

05 각종 태양전지의 특징 중 장점이 아닌 것은?

① CIGS는 실리콘 재료에 영향을 받지 않고 색이 좋다.
② 염료감응형은 색을 선택할 수 있고 저렴하다.
③ HIT는 변환효율이 낮다.
④ 단결정 실리콘은 변환효율이 높다.

풀이 ●
실리콘 계열의 HIT(Hetero-junction with Intrinsic Thin)는 변환효율이 25[%]정도로 가장 높다. **[답] ③**

06 다음 설명 중 틀린 것은?

① 도선의 저항은 길이에 비례하고 단면적은 반비례한다.
② 온도의 상승에 따라 도체의 전기저항은 증가한다.
③ 옴의 법칙에서 전압은 저항에 반비례함을 의미한다.
④ 전기가 누설되지 않도록 하는 것을 절연이라고 하며, 그 재료를 절연물이라고 한다.

풀이 ●
(1) 옴의 법칙은 $V = IR$ 로 전압은 전류에 비례한다.
(2) 도체의 전기저항은 온도 상승에 따라 증가한다.
 $(R_T = R_0\{1 + \alpha(T - T_0)\}[\Omega])$
(3) 도선의 저항 $R = \rho \dfrac{l}{A}[\Omega]$로 길이에 비례하고, 단면적에 반비례한다. **[답] ③**

07 지표면 1[m²]당 도달하는 태양광 에너지의 양을 나타낸 것은?

① 방사각
② 방사조도
③ 분광분포
④ 대기통과량

풀이 ●
(1) 방사각 : 태양광이 계절 및 위·경도에 따라 지구 표면에 방사되는 각도
(2) 방사조도 : 지표면 1[m²]당 도달하는 태양광 에너지의 양
(3) 분광분포 : 태양광의 단위 파장 당 방사량(기준값)의 파장에 대한 분포

(4) 대기통과량 : 대기권을 통과하여 지표면에 도달한 태양광 에너지의 양 **[답] ②**

08 태양전지 모듈 선정 시 고려사항에 해당되지 않는 것은?

① 경제성
② 태양전지 셀의 크기
③ 변환효율
④ 신뢰성

풀이 ●
태양전지 모듈 선정 시 고려사항은 경제성, 신뢰성, 변환효율, Power Tolerance, 인증 등이다. **[답] ②**

09 재생에너지의 장점에 대한 일반적인 설명으로 틀린 것은?

① 대부분의 재생에너지는 매우 저렴한 비용으로 얻을 수 있다.
② 대부분의 재생에너지는 공해가 적거나 거의 없다.
③ 재생에너지원은 지속적으로 존재하며 고갈되지 않는다.
④ 재생에너지원은 지역적으로 개발되는 특성을 가진다.

풀이 ●
재생에너지(태양, 풍력, 수력, 해양, 지열, 바이오, 폐기물)는 환경 친화적 에너지이지만, 시설비가 매우 높은 편이다. **[답] ①**

10 PN접합 다이오드의 순 바이어스란?

① 인가전압의 극성과는 관계가 없다.
② 반도체의 종류에 관계없이 같은 극성의 전압을 인가한다.
③ P형 반도체에 +, N형 반도체에 - 의 전압을 인가한다.
④ P형 반도체에 -, N형 반도체에 + 의 전압을 인가한다.

풀이 ●
1) 순 바이어스 : P형 반도체에 +, N형 반도체에 - 의 전압을 인가

2) 역 바이어스 : P형 반도체에 −, N형 반도체에 + 의 전압을 인가 [답] ③

11 저항 1[kΩ], 커패시터 5,000[μF]의 R-C직렬회로에 100[V] 전압을 인가하였을 때, 시정수는 몇 [sec]인가?

① 0.5 ② 5
③ 10 ④ 15

풀이 ○

$R-C$ 직렬회로의 시정수
$\tau = RC = 1 \times 10^3 [\Omega] \times 5,000 \times 10^{-6}[F] = 5[sec]$ [답] ②

12 고강도 재료로 만들어진 회전체에 운동에너지 상태로 저장한 후 필요 시 발전기를 작동시켜 전기에너지로 변환하는 저장시스템은 무엇인가?

① CAES ② NaS
③ LiB ④ Flywheel

풀이 ○

1) CAES(압축공기저장) : 심야 경부하시 잉여전력으로 압축공기를 만들어 지하공동에 저장하였다가, 피크부하 시에 연료와 함께 연소시켜서 가스터빈으로 발전하는 방식
2) NaS(나트륨 황전지) : 음극재료로 나트륨, 양극재료로 유황을 사용하고, 전해질로 고체전해질(베타알루미나 세라믹스)을 사용하는 2차 전지
3) LiB(리튬이온전지) : 방전 시 리튬이온이 음극에서 양극으로 이동하고, 충전 시 리튬이온이 양극에서 음극으로 이동하여 재사용이 가능한 2차 전지
4) Flywheel(플라이휠) : 고강도 재료로 만들어진 회전체에 운동에너지 상태로 저장한 후 필요 시 발전기를 작동시켜 전기에너지로 변환하는 에너지 저장장치 [답] ④

13 송전선로의 선로정수에 포함되지 않는 것은?

① 저항 ② 정전용량
③ 리액턴스 ④ 누설 컨덕턴스

풀이 ○

송전선로의 선로정수 : R(저항), L(인덕턴스), G(누설컨덕턴스), C(정전용량) [답] ③

14 계통연계용 축전지 용량을 산출하기 위해 필요한 값이 아닌 것은?

① 보수율
② 변환효율
③ 평균방전전류
④ 용량환산시간

풀이 ○

계통연계용 축전지 용량$(C) = \dfrac{KI}{L}$

단, C : 온도 25[℃]에서 정격 방전율 환산용량 (축전지의 표시용량)
K : 방전시간, 축전지 온도, 허용최저전압으로 결정되는 용량환산시간
I : 평균 방전전류
L : 보수율(0.8) [답] ②

15 NOCT 조건에서 셀 온도가 45[℃]인 태양전지 모듈에 태양복사가 1200[W/m²]가 입사될 때, 20[℃] 외기온도 조건에서 모듈의 셀 온도[℃]는?

① 53.5 ② 55.5
③ 57.5 ④ 59.5

풀이 ○

셀 온도＝주위(외기)온도＋$\dfrac{NOCT-20}{800}$ × 태양복사
$= 20 + \dfrac{45-20}{800} \times 1200 = 57.5[℃]$ [답] ③

16 연료전지에 사용하는 전해질의 종류가 아닌 것은?

① 인산 ② 알칼리
③ 실리콘 ④ 용융탄산염

풀이 ○

연료전지 전해질의 종류 : 고분자 이온교환막, 수산화칼륨의 수용액, 인산, 용융탄산염, 지르코늄
※ 실리콘은 결정질 태양전지 셀을 제조하는 원소이다. [답] ③

17 인버터 출력 데이터 중 모니터링시스템에 전송되는 것이 아닌 것은?

① 발전량

② 일사량

③ 입력측 전압, 전류, 전력

④ 출력측 전압, 전류, 전력

풀이 ○

- 인버터 입력(직류) 데이터 : 전압, 전류, 전력
- 인버터 출력(교류) 데이터 : 전압, 전류, 전력, 주파수, 누적 발전량, 최대출력량

※ 일사량과 온도는 환경(기상) 데이터이다. **[답] ②**

18 브리지정류기에 대한 설명 중 틀린 것은?

① 전파 정류기이다.

② 맥류주파수는 입력주파수의 2배이다.

③ 4개의 다이오드가 필요하다.

④ DC 전압을 AC 전압으로 변환하기 위해 사용한다.

풀이 ○

브리지 정류기는 AC 전압을 DC전압으로 변환하는 것이다. **[답] ④**

19 STC 조건 하에서 다음과 같은 특성을 가진 결정질 태양전지 모듈의 표면온도가 −13[℃]일 때, 최대 전압은 몇 V인가?

(단, 최대동작전압(V_{mpp}) = 36.7[V], 전압 온도계수(a_{vmpp}) = −0.25[V/℃] 이다.)

① 35.2

② 46.2

③ 49.9

④ 55.9

풀이 ○

최대전압(−13[℃])

 = 최대동작전압(STC)+(전압 온도계수×온도차)

 = 36.7+((−0.25)×(−13−25)) = 46.2[V] **[답] ②**

20 도선의 길이가 3배로 늘어나고 반지름이 1/3로 줄어들 경우 그 도선의 저항은 어떻게 변하겠는가?

① 9배 증가

② $\frac{1}{9}$로 감소

③ 27배 증가

④ $\frac{1}{27}$로 감소

풀이 ○

도선의 저항(R)은 $R = \rho \dfrac{l}{A} = \rho \dfrac{l}{\pi r^2}$

에서 l, r를 제외한 모든 변수를 k로 치환하여 계산하면

$R' = k \dfrac{3l}{\left(\dfrac{1}{3} r\right)^2} = 27R$

∴ 저항은 27배 증가한다. **[답] ③**

2과목 태양광발전시스템 **시공**

21 태양광발전설비 시공기준에 따라 설치유형에 대한 정의 중 지표면에 태양광설비를 설치하는 지상형의 형태로 틀린 것은?

① 산지형

② 농지형

③ 일반지상형

④ 특수지상형

풀이 ○

- 지상형 : 일반지상형, 산지형, 농지형
- 건물형 : 건물 설치형, 건물부착형, 건물일체형 **[답] ④**

22 모듈의 일조면은 원칙적으로 정남향으로 설치하여야 하며, 정남향으로 설치가 불가할 경우에 한하여 정남향을 기준으로 몇 도 이내로 설치하여야 하는가?

① 45

② 60

③ 90

④ 120

풀이 ○

모듈의 일조면은 원칙적으로 정남향 방향으로 설치하여야 한다. 정남향으로 설치가 불가능할 경우에 한하여 정남향을 기준으로 동쪽 또는 서쪽 방향으로 45도 이내(RPS의 경우 60도 이내)로 설치하여야 한다. 다만, BIPV, 방음벽 태양광 등의 경우에는 정남향을 기준으로 동쪽 또는 서쪽 방향으로 90도 이내에 설치할 수 있다. **[답] ①**

23 감리원은 공사업자로부터 월간, 주간 상세공정표를 어느 시기에 제출받아 검토·확인하여야 하는가?

① 월간 상세공정표 : 작업 착수 3일 전 제출,
　　주간 상세공정표 : 작업 착수 3일 전 제출
② 월간 상세공정표 : 작업 착수 7일 전 제출,
　　주간 상세공정표 : 작업 착수 4일 전 제출
③ 월간 상세공정표 : 작업 착수 7일 전 제출,
　　주간 상세공정표 : 작업 착수 5일 전 제출
④ 월간 상세공정표 : 작업 착수 10일 전 제출,
　　주간 상세공정표 : 작업 착수 7일 전 제출

풀이 ○

감리원은 공사업자로부터 전체 실시공정표에 따른 월간, 주간 상세공정표를 사전에 제출받아 검토·확인하여야 한다.
1. 월간 상세공정표 : 작업 착수 7일전 제출
2. 주간 상세공정표 : 작업 착수 4일전 제출　　**[답] ②**

24 태양전지 모듈과 인버터 간을 관로식으로 지중 배선 시 알맞은 공사 방법은?

① 중량물의 압력을 받을 우려가 있는 경우 1.0 [m] 이상 일반장소는 0.5[m] 이상 깊이로 매설한다.
② 중량물의 압력을 받을 우려가 있는 경우 1.2 [m] 이상 일반장소는 0.5[m] 이상 깊이로 매설한다.
③ 중량물의 압력을 받을 우려가 있는 경우 1.0 [m] 이상 일반장소는 0.6[m] 이상 깊이로 매설한다.
④ 중량물의 압력을 받을 우려가 있는 경우 1.2 [m] 이상 일반장소는 0.6[m] 이상 깊이로 매설한다.

풀이 ○

지중전선로의 매설(한국전기설비규정 334.1)
• 직접 매설식에 의하여 시설하는 경우 : 중량물의 압력을 받을 우려가 있는 경우 1.0[m] 이상, 일반장소는 0.6[m] 이상 깊이로 시설할 것
• 관로식에 의하여 시설하는 경우 : 중량물의 압력을 받을 우려가 있는 경우 1.0[m] 이상, 일반장소는 0.6 [m] 이상 깊이로 시설할 것　　**[답] ③**

25 역률을 개선하였을 경우 그 효과로 맞지 않는 것은?

① 전력손실의 감소
② 각종기기의 수명연장
③ 전압강하의 감소
④ 설비용량의 무효분 증가

풀이 ○

역률을 개선 효과 : 전력손실의 감소, 설비용량의 여유도 증대, 전압강하의 감소, 각종기기의 수명연장, 전기요금의 절감, 설비용량의 무효분 감소　　**[답] ④**

26 모듈에서 접속함 직류배선이 50[m] 이며, 모듈 어레이 전압이 600[V], 전류가 8[A]일 때, 전압강하는 몇 [V]인가? (단, 전선의 단면적은 4.0 [mm²] 이다.)

① 1.56[V]　　　　② 2.56[V]
③ 3.56[V]　　　　④ 4.56[V]

풀이 ○

태양광 모듈에서 인버터까지는 직류 2선식이므로,

전압강하 $e = \dfrac{35.6 \times L \times I}{1,000 \times A} = \dfrac{35.6 \times 50 \times 8}{1,000 \times 4} = 3.56[V]$

[답] ③

27 경사도 계수 0.7, 노출계수 0.9, 기본 지붕적설하중 0.7이고 적설면적이 100[m²]일 때 적설하중은 얼마인가?

① 40.1　　　　② 42.8
③ 44.1　　　　④ 48.2

풀이 ○

적설하중(S_s)은

$$S_s = C_s \cdot (C_b \cdot C_e \cdot C_t \cdot I_s \cdot S_g) \cdot A[kN]$$

여기서, C_s : 지붕경사도계수
　　　　C_b : 기본 적설하중계수,
　　　　C_e : 노출계수
　　　　C_t : 온도계수
　　　　I_s : 중요도 계수,
　　　　S_g : 지상적설 하중
　　　　A : 적설면적[m²]

$\therefore S_s = 100 \times 0.7 \times 0.9 \times 0.7 = 44.1[kN]$　　**[답] ③**

28 건설공사에 관한 기획, 타당성 조사, 분석, 설계, 조달, 계약, 시공관리, 감리평가, 사후관리 등에 관한 업무의 전부 또는 일부를 수행하는 건설용역업은?

① Construction Management
② Project Management
③ Agency Management
④ Design Management

풀이 ○

건설사업관리(CM : Construction Management) : 건설공사에 관한 기획, 타당성 조사, 분석, 설계, 조달, 계약, 시공관리, 감리평가, 사후관리 등에 관한 업무의 전부 또는 일부를 수행하는 건설용역업 **[답]** ①

29 선로 구분 기능을 갖고 있는 개폐기에 수용가 측의 사고 발생 시 사고전류를 감지하여 자동으로 접점을 분리시켜 사고구간을 분리하는 것은?

① 자동부하 전환개폐기(ALTS)
② 자동고장 구분개폐기(ASS)
③ 리클로져(R/C)
④ 선로개폐기(LS)

풀이 ○

• 자동부하 전환개폐기(ALTS) : 2회선 수전방식에서 주선로의 전원이 정전시 예비선로로 자동전환되는 3상 일괄조작 방식의 자동부하 전환 개폐기
• 자동고장 구분개폐기(ASS) : 선로 구분 기능을 갖고 있는 개폐기에 수용가 측의 사고 발생 시 사고전류를 감지하여 자동으로 접점을 분리시켜 사고구간을 분리하는 개폐기
• 리클로져(R/C) : 가공 배전선로 사고의 대부분은 조류 및 수목에 의한 접촉, 강풍, 낙뢰 등에 의한 플래시오버사고로서 이런 사고 발생 시 신속하게 고장구간을 차단하고 사고점의 아크를 소멸시킨 후 즉시 재투입이 가능한 개폐장치
• 선로개폐기(LS) : 보안상의 책임 분기점에는 보수 점검 시 전로를 구분하기 위하여 설치하는 개폐기 **[답]** ②

30 감리원은 공사가 시작된 경우에는 공사업자로부터 착공신고서를 제출받아 적정성 여부를 검토해야 한다. 그 서류가 아닌 것은?

① 품질관리계획서
② 안전관리계획서
③ 공사도급 계약서 사본 및 산출내역서
④ 기술계산서

풀이 ○

전력시설물 공사감리업무 수행지침 제11조(착공신고서 검토 및 보고)
① 감리원은 공사가 시작된 경우에는 공사업자로부터 다음 각 호의 서류가 포함된 착공신고서를 제출받아 적정성 여부를 검토하여 7일 이내에 발주자에게 보고하여야 한다.
  1. 시공관리책임자 지정통지서(현장관리조직, 안전관리자)
  2. 공사 예정공정표
  3. 품질관리계획서
  4. 공사도급 계약서 사본 및 산출내역서
  5. 공사 시작 전 사진
  6. 현장기술자 경력사항 확인서 및 자격증 사본
  7. 안전관리계획서 **[답]** ④

31 전력계통의 무효전력을 조정하여 전압조정 및 전력손실의 경감을 도모하기 위한 설비는?

① 조상설비
② 보호계전장치
③ 계기용변성기
④ 부하시 Tap 절환장치

풀이 ○

• 조상설비 : 전력계통의 무효전력을 조정하여 전압조정 및 전력손실의 경감을 도모하기 위한 설비
• **보호계전장치** : 고장 상태를 검출하여 차단기에 차단(Trip)명령을 내리는 장치
• **계기용변성기** : 전력량을 검출하기 위해 PT와 CT를 하나의 함체에 담은 장치 **[답]** ①

32 방화구획 관통부의 처리에 관한 설명으로 틀린 것은?

① 전배관의 관통부에서는 다른 설비로 불길이 번지거나 확대를 방지하는 것이다.
② 관통부의 충전재, 내열씰재의 전열에 의해 뒷면이 연소할 위험이 있는 온도가 되지 않아야 한다.

③ 내열성이란 관통부의 충전재, 케이블, 배관재의 변형, 파손, 탈락, 소실로 뒷면에 화염, 연기가 발생하지 않도록 하는 것이다.

④ 내화구조물 배선, 배관 등으로 관통한 경우의 되메우기 충전재는 관통하기 전과 같거나 그 이상의 내화구조로 하지 않으면 안 된다.

풀이 ◎

방화구획 관통부의 처리재료는 난연성과 내열성을 갖춘 내화구조이어야 한다.
- **난연성** : 관통부분의 충전재, 배관재의 변형 탈락, 파손, 소실 등으로 인해 뒷면에 화염이나 연기가 발생하지 않을 것
- **내열성** : 관통부분의 충전재, 내열실재의 전열에 의해 뒷면이 연소할 위험이 있는 온도가 되지 않을 것 **[답] ③**

33 인버터 선정 시 검토사항으로 틀린 것은?

① 소음 발생이 적을 것
② 고조파의 발생이 적을 것
③ 기동·정지가 안정적일 것
④ 야간의 대기전력 손실이 클 것

풀이 ◎

인버터 선정 시 검토사항

태양광의 유효 이용	전력품질 · 공급 안정성
① 전력변환효율이 높을 것	① 잡음 발생 및 직류유출이 적을 것
② 최대전력 추종제어(MPPT)에 의한 최대전력의 추출이 가능할 것	② 고조파의 발생이 적을 것
③ 야간 등의 대기 손실이 적을 것	③ 기동 · 정지가 안정적일 것
④ 저부하시의 손실이 적을 것	

※ 기타 : 소음 발생이 적을 것 **[답] ④**

34 어떤 건물에서 총 설비 부하용량이 850 [kW], 수용률 60[%]라면, 변압기의 용량은 최소 몇 [kVA]로 하여야 하는가? 단, 설비부하의 종합역률은 0.75 이다.

① 510
② 620
③ 680
④ 740

풀이 ◎

$$변압기 용량 = \frac{총\ 설비\ 부하용량[kW] \times 수용률[\%]}{종합역률[\%]}$$

$$= \frac{850 \times 60}{75} = 680[kVA]$$ **[답] ③**

35 감리원은 매 분기마다 공사업자로부터 안전관리 결과보고서를 제출받아 이를 검토하고 미비한 사항이 있을 때에는 시정하도록 조치하여야 한다. 이때 공사업자가 제출하는 안전관리결과 보고서에 포함되는 서류가 아닌 것은?

① 안전보건 관리체계
② 안전관리 조직표
③ 안전교육 실적표
④ 건강 진단서

풀이 ◎

전력시설물 공사감리업무 수행지침 제49조(안전관리결과 보고서의 검토)

감리원은 매 분기마다 공사업자로부터 안전관리 결과보고서를 제출받아 이를 검토하고 미비한 사항이 있을 때에는 시정하도록 조치하여야 하며, 안전관리결과보고서에는 다음 각 호와 같은 서류가 포함되어야 한다.
1. 안전관리 조직표
2. 안전보건 관리체제
3. 재해발생 현황
4. 산재요양신청서 사본
5. 안전교육 실적표 **[답] ④**

36 변전소의 설치 목적이 아닌 것은?

① 송배전선로 보호
② 전력 조류의 제어
③ 전압의 변성과 조정
④ 전력의 발생과 분배

풀이 ◎

변전소의 설치 목적 : 발전전력 집중 연계, 수용가에 배분하고 정전의 최소화, 전압을 승압 또는 강압, 전력조류 제어, 송배전선로 보호. 전력손실 감소.
※ 발전소는 전력의 생산(발생)과 계통의 주파수를 일정 값으로 유지시킨다. **[답] ④**

37 설계감리를 받아야 할 전력시설물이 아닌 것은?

① 용량 80만[kW] 이상의 발전설비
② 전압 30만[V] 이상의 송전 및 변전설비
③ 전압 10만[V] 이상의 수전설비, 구내배전설비, 전력사용설비

④ 11층 이상이거나 연면적 $30000[\text{m}^2]$ 이상인 건축물의 전력시설물

풀이 ○

전력기술관리법 시행령 제18조(설계감리 등)

1. 용량 80만킬로와트 이상의 발전설비
2. 전압 30만볼트 이상의 송전·변전설비
3. 전압 10만볼트 이상의 수전설비·구내배전설비·전력사용설비
4. 전기철도의 수전설비·철도신호설비·구내배전설비·전차선설비·전력사용설비
5. 국제공항의 수전설비·구내배전설비·전력사용설비
6. 21층 이상이거나 연면적 5만제곱미터 이상인 건축물의 전력시설물. 다만, 「주택법」 제2조제3호에 따른 공동주택의 전력시설물은 제외한다. **[답] ④**

38 설계도서 적용 시 고려사항이다. 옳지 않은 것은?

① 숫자로 나타낸 치수는 도면상 축척으로 잰 치수보다 우선한다.
② 특별시방서 및 도면에 기재되지 않은 사항은 일반시방서에 의한다.
③ 특별시방서는 당해공사에 한하여 일반시방서에 우선하여 적용한다.
④ 공사계약서 상호 간에 차이와 문제가 있는 경우 발주자의 의견을 참조하여 감리원이 최종적으로 결정한다.

풀이 ○

공사계약서 상호 간에 차이와 문제가 있는 경우에는 계약 당사자 간의 협의를 통해 최종적으로 결정한다.
[답] ④

39 태양광모듈 배선이 끝난 후 검사하는 항목이 아닌 것은?

① 극성확인
② 전압확인
③ 단락전류 측정
④ 일사량 측정

풀이 ○

태양광모듈 배선이 끝난 후 검사하는 항목 : 전압확인, 극성확인, 단락전류 측정, 비접지 확인 **[답] ④**

40 태양광발전시스템의 사용전 검사 시 태양광발전 전지 검사 중 전지 전기적 특성시험이 아닌 것은?

① 개방전압
② 충진율(곡선인자)
③ 단독운전방지 시험
④ 최대 출력전압 및 전류

풀이 ○

전지 전기적 특성(I-V)시험검사 항목 : 개방전압, 단락전류, 충진율(곡선인자), 최대출력 전압, 최대출력 전류, 최대출력 **[답] ③**

3과목

태양광발전시스템 **운영**

41 박막 태양광발전 모듈(성능)(KS C 8562 : 2015)에 따른 시리즈 모델 인증은 기본모델의 정격 출력의 몇 [%] 범위 내의 모델에 대하여 적용하는가?

① ± 3
② ± 5
③ ± 7
④ ± 10

풀이 ○

시리즈 인증은 기본모델(시리즈기본모델)의 정격출력 ±10 [%] 범위 내의 모델에 대하여 적용한다. **[답] ④**

42 사업용 태양광발전시스템의 정기검사 항목 중 부하운전 시험은 검사 시 일사량을 기준으로 가능출력을 확인하고 발전량 이상유무 확인을 몇 분간 하여야 하는가?

① 10
② 20
③ 30
④ 60

풀이 ○

부하운전 시험 검사 시 일사량을 기준으로 가능출력을 확인하고 30분간 운전하여 발전량의 이상유무 확인을 한다. **[답] ③**

43 태양광 모듈의 고장 원인이 아닌 것은?
① 모듈 극성의 오결선
② 유리표면의 오염
③ 외부 충력
④ 낙뢰 및 서지

풀이 ●

태양광 모듈의 고장원인은 다음과 같다.
① 제조 결함
② 시공 불량
③ 운영과정에서의 외상
④ 전기적, 기계적 스트레스에 의한 셀의 파손
⑤ 경년 열화에 의한 셀 및 리본의 노화
⑥ 주변 환경(염해, 부식성 가스 등)에 의한 부식
※ 유리표면의 오염은 태양광 모듈의 고장원인은 아니다. [답] ②

44 태양광발전시스템의 계측과 표시의 목적으로 잘못된 것은?
① 시스템의 운전상태 감시를 위한 계측 또는 표시
② 사업자의 추가 설비 투자 산출을 위한 계측
③ 시스템에 의한 발전 전력량을 알기 위한 계측
④ 시스템 기기 또는 시스템 종합 평가를 위한 계측

풀이 ●

계측기구·표시장치의 설치 목적
① 시스템의 운전상태를 감시하기 위한 계측 또는 표시
② 시스템에 의한 발전 전력량을 알기위한 계측
③ 시스템 기기 또는 시스템 종합평가를 위한 계측
④ 시스템의 운전상황을 견학하는 사람 등에게 보여주고, 시스템의 홍보를 위한 계측 또는 표시 [답] ②

45 태양광 시스템이 설치되면 사용 전에 허가를 받아야 한다. 이 때 받아야 하는 검사는 무엇인가?
① 정기 검사   ② 일상 점검
③ 특별 검사   ④ 사용전 검사

풀이 ●

태양광발전시스템의 모든 공사가 끝나면 사용전 검사를 받아야 설비확인 및 전기사업을 개시할 수 있다. [답] ④

47 태양광 발전설비 운영자 숙지사항 중 옳은 것은?
① 계통연계형의 경우 한전전원이 OFF될 때 역송전이 불가능 하다.
② 계통연계형의 경우 한전전원이 OFF일 때 인버터가 자동정지하고 한전이 복전되었을 때 즉시 재기동한다.
③ 접속함 차단기를 차단하면 전압이 유기되지 않으므로 감전에 주의할 필요가 없다.
④ 먼지나 이물질이 태양전지에 부착된 경우 전력생산의 저하 및 수명에 영향을 미치지 않는다.

풀이 ●

• 계통연계형의 경우 한전전원이 OFF될 때, 인버터가 정지되므로 역송전이 불가능하다.
• 한전이 복전되었을 때 5분 후에 재기동 한다.
• 접속함의 어레이측은 차단기를 차단하여도 태양전지는 햇빛에 의해 전압이 형성되므로 감전의 원인이 된다.
• 먼지나 이물질이 태양전지에 부착된 경우 전력생산의 저하 및 수명에 영향을 미친다. [답] ①

48 발전 또는 구역전기 사업허가증의 사업규모에 작성되는 내용으로 틀린 것은?
① 주파수   ② 설비용량
③ 공급단가   ④ 공급전압

풀이 ●

발전 또는 구역전기 사업허가증의 사업규모 작성내용 : 원동력의 종류, 설비용량, 공급전압, 주파수 [답] ③

49 태양광발전시스템의 운전상태에 따른 인버터의 운전으로 틀린 것은?
① 태양전지 전압이 저전압이 되면 경보발생 후 인버터는 정지한다.
② 태양전지 전압이 과전압이 되면 경보발생 후 인버터는 정지한다.
③ 정상운전 시 태양전지로부터 전력을 받아 인버터가 계통전압과 동기로 운전한다.

④ 인버터 이상발생 시 인버터는 수동으로 정지된다.

(풀이 ●)

인버터 이상발생 시 인버터는 자동으로 정지된다. **[답]** ④

50 태양광발전시스템 중 접속함의 고장원인이 아닌 것은?
① 방수처리 불량　　② 결합상태 불량
③ 다이오드 불량　　④ 퓨즈 고장

(풀이 ●)

• 접속함의 고장원인 : 단자대 결합상태 불량, 역류방지 다이오드 불량, 어레이측 퓨즈 고장 등
• 옥외용 접속함은 방수기능이 갖추어진 제품이 설치되므로 방수의 문제는 없다. **[답]** ①

51 검출기에 의해 측정된 데이터를 컴퓨터 및 먼 거리로 전송하는 것은?
① 연산장치　　　　② 표시장치
③ 기억장치　　　　④ 신호변환기

(풀이 ●)

신호변환기(트랜스듀서)는 검출기(센서)로 검출된 데이터를 컴퓨터 및 먼 거리에 설치된 표시장치에 전송하는 경우에 사용한다. **[답]** ④

52 태양광 발전설비의 안전관리를 위해 안전관리자가 보유하여야 할 장비로 적당하지 않은 것은?
① 검전기　　　　　② 각도계
③ 전압 Tester　　　④ Earth Tester

(풀이 ●)

• 공용 전기안전관리 장비 : ① 절연저항 측정기(1,000 [V], 2,000[MΩ]), ② 계전기 시험기, ③ 절연유 내압 시험기, ④ 절연유 산가 측정기, ⑤ 특고압 COS 조작봉, ⑥ 적외선 열화상 카메라(온도측정), 전기품질 분석기(전압, 전류, 전력, 역률, 고조파의 측정)
• 개인 전기안전관리 장비 : ① 절연저항 측정기(500[V], 100[MΩ]), ② 접지저항 측정기(Earth Tester), ③ 클램프미터, ④ 저압검전기, ⑤ 고압·특고압 검전기
※ 각도계는 시공 시 필요하며, 안전관리자가 보유해야 할 장비가 아니다. **[답]** ②

53 정기점검 시 주회로용 퓨즈의 외부일반 점검 목적과 점검내용으로 틀린 것은?
① 지시 표시 – 영점조정은 잘 되어 있는지 확인
② 손상 – 퓨즈통, 애자 등에 균열, 변형 여부 확인
③ 변색 – 퓨즈통, 퓨즈 홀더의 단자부에 변색 여부 확인
④ 볼트의 조임 이완 – 단자부의 볼트 조임의 이완 여부 확인

(풀이 ●)

정기점검(주회로용 퓨즈)

대상	점검개소	목적	점검내용
주회로용 퓨즈	외부 일반	볼트조임 이완	단자부의 볼트류 및 접촉부에 조임이완은 없는가
		손상	퓨즈통, 애자 등에 균열, 변형은 없는가
		변색	퓨즈통, 퓨즈 홀더의 단자부에 변색은 없는가

[답] ①

54 태양광발전시스템의 정전 시 운영조작 순서를 올바르게 나열한 것은?

> ㉠ 한전 전원 복구 여부 확인
> ㉡ 태양광 인버터 DC 전압 확인 후 운전 시 조작 방법에 의한 재시동
> ㉢ 메인 VCB반 전압 확인 및 계전기를 확인하여 정전여부 확인 및 부저 OFF
> ㉣ 태양광 인버터 상태 확인(정지)

① ㉣ → ㉢ → ㉠ → ㉡
② ㉣ → ㉡ → ㉠ → ㉢
③ ㉢ → ㉠ → ㉡ → ㉣
④ ㉢ → ㉣ → ㉠ → ㉡

(풀이 ●)

태양광 발전 시스템의 응급조치 방법
① 태양광 발전설비가 작동되지 않는 경우
　㉮ 접속함 내부 DC 차단기 개방(Off)
　㉯ AC 차단기 개방(Off)
　㉰ 인버터 정지 확인[제어 전원 S/W가 있는 경우 제어 전용 S/W 개방(Off)]
　㉱ 인버터 점검

② 점검 완료 후 복귀 순서 – 점검 완료 후에는 역으로 투입한다.
　㉮ 제어 전원 S/W가 있는 경우 제어 전용 S/W 투입 (On)
　㉯ AC 차단기 투입(On)
　㉰ 접속함 내부 DC 차단기 투입(On)　　**[답] ④**

55 변압기에 대한 일상점검의 항목으로 틀린 것은?
① 온도계의 표시가 적정 온도범위에서 유지되는지 여부
② 코로나에 의한 이상한 소리의 발생 여부
③ 과열에 의한 이상한 냄새의 발생 여부
④ 냉각팬 필터부분의 막힘 여부

풀이 ○
냉각팬 필터부분의 막힘 여부 점검은 인버터의 일상점검 항목이다.　　**[답] ④**

56 자가용 태양광 발전설비 정기검사 항목이 아닌 것은?
① 변압기 검사
② 태양광 전지 검사
③ 전력변환장치 검사
④ 부하 운전시험 검사

풀이 ○
태양광발전설비는 어레이, 접속함, 인버터(전력변환장치), 배전반까지이며, 부하 운전시험은 인버터의 발전전력을 확인하는 것이다. 변압기는 수변전설비에 해당된다.　　**[답] ①**

57 다음은 성능평가 측정 중 시험장치에 관한 설명이다. (　)에 들어갈 내용으로 옳은 것은?

솔라 시뮬레이터는 태양광발전 모듈의 성능을 (Ⓐ)에서 시험하기 위한 인공광원이며, KS C IEC 60904-9에서 규정하는 방사조도 (Ⓑ) 이내, 광원 균일도 (Ⓒ) 이내의 A등급 이상으로 한다.

① Ⓐ 옥내, Ⓑ ±1[%], Ⓒ ±1[%]
② Ⓐ 옥내, Ⓑ ±2[%], Ⓒ ±2[%]
③ Ⓐ 옥외, Ⓑ ±1[%], Ⓒ ±1[%]
④ Ⓐ 옥외, Ⓑ ±2[%], Ⓒ ±2[%]

풀이 ○
KS C 8561(결정질 실리콘 태양광발전 모듈(성능))의 시험장치 중 솔라 시뮬레이터는 태양광발전 모듈의 성능을 옥내에서 시험하기 위한 인공광원이며, KS C IEC 60904-9에서 규정하는 방사조도 ±2[%] 이내, 광원 균일도 ±2[%] 이내의 A등급 이상으로 한다.　**[답] ②**

58 배전반 제어회로의 배선에서 일상점검 항목이 아닌 것은?
① 전선의 지지물의 탈락 여부 확인
② 주유상태 이상 여부 확인
③ 과열에 의한 이상한 냄새 여부 확인
④ 가동부 등의 연결 전선의 절연피복 손상 여부 확인

풀이 ○
배전반 제어회로의 배선에는 주유(윤활유 또는 그리스를 주입하는 것)개소가 없다.　　**[답] ②**

59 우박의 충격에 대한 결정질 실리콘 태양광발전 모듈의 기계적 강도를 시험할 경우 품질기준으로 최대 출력은 시험 전 값의 최소 몇 [%] 이상이어야 하는가?
① 88　　② 91
③ 95　　④ 97

풀이 ○
KS C IEC 61215(지상 설치용 결정계 실리콘 태양전지(PV)모듈) 10.17.5에 의하면, 우박시험의 품질기준은 STC에서 최대출력전력의 저하가 시험 이전에 측정된 값의 5[%]를 초과해서는 안 된다. 즉 95[%]이상 이어야 한다.　　**[답] ③**

60 분산형전원 배전계통연계 기술기준에 따라 비정상 전압이 "V < 50"에 해당하는 분산형 전원의 분리시간은 최대 몇 초인가?
(단, V는 기준전압(저압의 공칭전압)에 대한 백분율[%]이며, 전압 범위 정정치와 분리시간을 현장에서 조정하는 경우는 제외한다.)

① 0.16초   ② 0.3초
③ 0.5초   ④ 1.0초

풀이 ✪

비정상 전압에 대한 분산형전원 분리시간 및 운전지속시간〈20.06.29 개정〉

전압 범위 (기준전압에 대한 백분율[%])	분리시간 [초]	운전지속시간 [초]
V < 50	0.5	0.15
50 ≤ V < 70	2.00	0.16
70 ≤ V < 90	2.00	1.5
110 < V < 120	1.00	0.2
V ≥ 120	0.16	–

[답] ③

4과목
신재생에너지 **관련법규**

61 전기설비기술기준의 소수력발전설비란 물의 위치에너지 및 운동에너지를 변환시켜 전력을 생산하는 설비로 시설용량 몇 [kW] 이하를 말하는가?

① 3,000
② 5,000
③ 7,000
④ 10,000

풀이 ✪

"소수력발전설비"란 물의 위치에너지 및 운동에너지를 변환시켜 전력을 생산하는 설비로 시설용량 5,000[kW] 이하를 말한다.   [답] ②

---

62 신에너지 및 재생에너지 개발 · 이용 · 보급 촉진법령에 따른 신 · 재생에너지 공급의무자의 2026년도 의무공급량의 비율[%]은?

① 14.0[%]
② 15.0[%]
③ 17.0[%]
④ 19.0[%]

풀이 ✪

신에너지 및 재생에너지 개발 · 이용 · 보급 촉진법 시행령 [별표 3]

연도별 의무공급량의 비율

연 도	2025	2026	2027	2028	2029	2030이후
의무비율[%]	14.0	15.0	17.0	19.0	22.5	25.0

[답] ②

---

63 신에너지 및 재생에너지 개발 · 이용 · 보급 촉진법에 의한 신 · 재생에너지의 기술개발 및 이용 · 보급을 촉진하기 위한 기본계획에 대한 설명으로 틀린 것은?

① 신 · 재생에너지 분야 전문인력 양성계획이 포함된다.
② 기본계획의 계획기간은 10년 이상으로 한다.
③ 「에너지법」에 따른 온실가스의 배출 감소 목표가 포함된다.
④ 신 · 재생에너지 기술수준과 평가와 개발전망 및 기대효과가 포함된다.

풀이 ✪

기본계획의 계획기간은 10년 이상으로 하며, 기본계획에는 다음 각 호의 사항이 포함되어야 한다.
1. 기본계획의 목표 및 기간
2. 신 · 재생에너지원별 기술개발 및 이용 · 보급의 목표
3. 총전력생산량 중 신 · 재생에너지 발전량이 차지하는 비율의 목표
4. 온실가스의 배출 감소 목표
5. 기본계획의 추진방법
6. 신 · 재생에너지 기술수준의 평가와 보급전망 및 기대효과
7. 신 · 재생에너지 기술개발 및 이용 · 보급에 관한 지원 방안
8. 신 · 재생에너지 분야 전문인력 양성계획   [답] ④

64 신에너지 및 재생에너지 개발·이용·보급 촉진법에 따른 신재생에너지 설치 의무화제도에 대한 설명으로 틀린 것은?

① 2021년도 공급의무 비율은 30[%]이다.
② 학교시설은 대상에 포함된다.
③ 공급의무 비율 용량산정 기준은 건축비이다.
④ 대상 건축물의 신축·증축 또는 개축하는 부분의 연면적 기준은 1,000[m²] 이상이다.

풀이 ○
공급의무 비율 용량산정 기준은 에너지사용량이다.
[답] ③

65 한국전기설비규정에 따라 태양전지 발전소에 시설하는 태양전지 모듈, 간선 및 개폐기 기타 기구를 옥내에 시설한 경우 이용할 수 없는 공사 방법은?

① 케이블 공사   ② 합성수지관 공사
③ 가요전선관 공사   ④ 애자사용 공사

풀이 ○
저압 옥내배선은 합성수지관 공사·금속관 공사·가요전선관(可撓電線管) 공사나 케이블 공사에 의하여 시설하여야 한다.
[답] ④

66 전력기술관리법령에 따라 설계업자는 그가 작성하거나 제공한 실시 설계도서를 해당 전력시설물의 준공된 후 몇 년간 보관하여야 하는가?

① 3년   ② 5년
③ 7년   ④ 10년

풀이 ○
설계도서의 보관의무 : 전력시설물의 설계도서는 다음 각 호의 기준에 따라 보관해야 한다.
1. 전력시설물의 소유자 및 관리주체는 전력시설물에 대한 실시설계도서 및 준공설계도서를 시설물이 폐지될 때까지 보관할 것
2. 설계업자는 그가 작성하거나 제공한 실시설계도서를 해당 전력시설물이 준공된 후 5년간 보관할 것
3. 감리업자는 그가 공사감리한 준공설계도서를 하자담보책임기간이 끝날 때까지 보관할 것
[답] ②

67 전기사업법령에 따라 기후에너지환경부장관이 전기의 보편적 공급의 구체적 내용을 정할 때 고려하는 사항으로 틀린 것은?

① 전기의 보급 정도
② 사회복지의 증진
③ 공공의 이익과 안전
④ 의무이행 관련 정보의 수집

풀이 ○
다음 각 호의 사항을 고려하여 전기의 보편적 공급의 구체적 내용을 정한다.
1. 전기기술의 발전 정도
2. 전기의 보급 정도
3. 공공의 이익과 안전
4. 사회복지의 증진
[답] ④

68 전기사업법령에 따라 태양광 발전소의 태양광·전기설비 계통의 정기검사 시기는?

① 2년 이내   ② 3년 이내
③ 4년 이내   ④ 5년 이내

풀이 ○
태양광발전소 전기설비 및 검사시기

구분	대상	시기
전기사업용 및 자가용 전기설비	• 태양광·전기설비 계통	4년 이내
	• 전기저장장치·전기설비 계통 (가) 여러 사람이 이용할 수 있는 건물 안에 설치된 설비 또는 이차전지 용량이 1,000킬로와트 이상인 설비	1년 이내
	(나) (가) 외의 설비	2년 이내

[답] ③

69 전력시설물 공사감리업무 수행지침에 따라 감리원은 공사가 시작된 경우 공사업자로부터 착공신고서를 제출받아 적정성 여부를 검토하여 며칠 이내에 발주자에게 보고하여야 하는가?

① 3일   ② 7일
③ 15일   ④ 30일

풀이 ○
감리원은 공사가 시작된 경우에는 공사업자로부터 착공신고서를 제출받아 적정성 여부를 검토하여 7일 이내에 발주자에게 보고하여야 한다.
[답] ②

70 고정전기기계기구에 부속하는 코드 및 캡타이어 케이블의 시설기준으로 틀린 것은?

① 코드 및 캡타이어 케이블은 가급적 길게 할 것

② 코드 및 캡타이어 케이블은 부득이 지지하여야 할 경우 단지 그 이동을 방지할 수 있을 정도로 그칠 것

③ 코드 및 캡타이어 케이블은 현저한 충격을 받지 않도록 할 것

④ 코드 및 캡타이어 케이블의 외상을 예방하기 위해 금속관 등의 내부에 배선할 경우 관 또는 몰드의 말단에 적당한 부싱을 사용할 것

풀이 ◎
고정전기기계기구에 부속하는 코드 및 캡타이어 케이블은 가급적 짧게 하여야 한다.(234.4.3)　　　**[답]** ①

71 전기안전관리자의 직무고시에 따라 태양광발전소 안전관리자가 갖추어야 할 안전장비와 그 장비의 권장 교정 및 시험주기로 옳은 것은?

① 절연장화 1년　　② 절연안전모 2년
③ 고압검전기 2년　　④ 고압절연장갑 3년

풀이 ◎
안전관리자가 갖추어야 할 안전장비와 그 장비의 권장 교정 및 시험주기 : 계측 및 안전 장구 전체 1년
　　　[답] ①

72 전기사업법에 따라 전력수급기본계획의 수립 시 기본계획에 포함되어야 할 사항으로 틀린 것은?

① 분산형전원의 개발에 관한 사항
② 분산형전원의 확대에 관한 사항
③ 전력수급의 기본방향에 관한 사항
④ 주요 송전·변전설비의 계획에 관한 사항

풀이 ◎
기본계획에는 다음 각 호의 사항이 포함되어야 한다.
1. 전력수급의 기본방향에 관한 사항
2. 전력수급의 장기전망에 관한 사항
3. 발전설비계획 및 주요 송전·변전설비계획에 관한 사항

4. 전력수요의 관리에 관한 사항
5. 직전 기본계획의 평가에 관한 사항
5의2. 분산형전원의 확대에 관한 사항　　　**[답]** ①

73 전기사업법에서 정의하는 전기설비에 포함되지 않는 것은?

① 배전설비
② 송전설비
③ 전기사용을 위하여 설치하는 기계·기구
④ 댐건설 및 주변지역자원 등에 관한 법률에 따라 건설되는 댐

풀이 ◎
"전기설비"란 발전·송전·변전·배전·전기공급 또는 전기사용을 위하여 설치하는 기계·기구·댐·수로·저수지·전선로·보안통신선로 및 그 밖의 설비(「댐건설 및 주변지역지원 등에 관한 법률」에 따라 건설되는 댐·저수지와 선박·차량 또는 항공기에 설치되는 것과 그 밖에 대통령령으로 정하는 것은 제외한다)로서 다음 각 목의 것을 말한다.
가. 전기사업용전기설비
나. 일반용전기설비
다. 자가용전기설비　　　**[답]** ④

74 기후위기 대응을 위한 탄소중립·녹색성장 기본법의 목적에서 언급하고 있지 않은 것은?

① 온실가스 감축
② 전기사업의 경쟁 촉진
③ 기후위기 적응대책을 강화
④ 생태계와 기후체계를 보호

풀이 ◎
기후위기 대응을 위한 탄소중립·녹색성장 기본법 제1조(목적) 이 법은 기후위기의 심각한 영향을 예방하기 위하여
① 온실가스 감축
② 기후위기 적응대책을 강화하고
③ 탄소중립 사회로의 이행 과정에서 발생할 수 있는 경제적·환경적·사회적 불평등을 해소하며
④ 녹색기술과 녹색산업의 육성·촉진·활성화를 통하여
⑤ 경제와 환경의 조화로운 발전을 도모함으로써,
⑥ 현재 세대와 미래 세대의 삶의 질을 높이고
⑦ 생태계와 기후체계를 보호하며 국제사회의 지속가능발전에 이바지하는 것을 목적으로 한다.　　**[답]** ②

75 탄소중립기본법에 따른 책무사항으로 틀린 것은?

① 국가와 지방자치단체는 탄소중립 사회로의 이행과 녹색성장의 추진 등 기후위기 대응에 필요한 전문인력의 양성에 노력하여야 한다.

② 공공기관은 탄소중립 사회로의 이행을 위한 국가의 시책에만 적극 협조하여야 한다.

③ 사업자는 녹색경영을 통하여 사업활동으로 인한 온실가스 배출을 최소화하고 녹색기술 연구개발과 녹색산업에 대한 투자 및 고용을 확대하도록 노력하여야 한다.

④ 국민은 가정과 학교 및 사업장 등에서 녹색생활을 적극 실천하여야 한다.

풀이 ⊙

공공기관은 탄소중립 사회로의 이행을 위한 국가 및 지방자치단체의 시책에 적극 협조하여야 한다.　　**[답] ②**

76 한국전기설비규정에서 사용전압이 저압인 전로에 정전이 어려운 경우 등 절연저항 측정이 곤란한 경우 저항성분의 누설전류가 몇 [mA] 이하이면 그 전로의 절연성능은 적합한 것으로 보는가?

① 1　　　　　　　② 2

③ 3　　　　　　　④ 5

풀이 ⊙

사용전압이 저압인 전로에서 정전이 어려운 경우 등 절연저항 측정이 곤란한 경우에는 누설전류를 1[mA] 이하로 유지하여야 한다.　　**[답] ①**

77 신에너지 및 재생에너지 개발 · 이용 · 보급 촉진법에서 신 · 재생에너지의 기술개발 및 이용 · 보급을 촉진하기 위한 기본계획의 계획기간은 몇 년 이상인가?

① 5년　　　　　　② 7년

③ 10년　　　　　④ 20년

풀이 ⊙

① 기후에너지환경부장관은 관계 중앙행정기관의 장과 협의를 한 후 신 · 재생에너지정책심의회의 심의를 거쳐 신 · 재생에너지의 기술개발 및 이용 · 보급을 촉진하기 위한 기본계획을 5년마다 수립하여야 한다.

② 기본계획의 계획기간은 10년 이상으로 한다. **[답] ③**

78 기후에너지환경부장관이 신 · 재생에너지 관련 통계의 조사 · 작성 · 분석 및 관리에 관한 업무의 전부 또는 일부를 하게 할 수 있도록 기후에너지 환경부령으로 정하는 바에 따라 지정하는 전문성이 있는 기관은?

① 통계청

② 신 · 재생에너지센터

③ 한국전기안전공사

④ 한국에너지기술연구원

풀이 ⊙

기후에너지환경부장관이 신 · 재생에너지 관련 통계의 조사 · 작성 · 분석 및 관리에 관한 업무의 전부 또는 일부를 하게 할 수 있도록 기후에너지환경부령으로 정하는 바에 따라 지정하는 전문성이 있는 기관은 신 · 재생에너지센터이다.　　**[답] ②**

79 전기사업법에서 정하는 전기위원회의 구성으로 옳은 것은?

① 위원장 1명을 포함한 5명 이내의 위원

② 위원장 1명을 포함한 9명 이내의 위원

③ 위원장 1명을 포함한 15명 이내의 위원

④ 위원장 1명을 포함한 30명 이내의 위원

풀이 ⊙

전기위원회는 위원장 1명을 포함한 9명 이내의 위원으로 구성하되, 위원 중 대통령령으로 정하는 수의 위원은 상임으로 한다.　　**[답] ②**

80 저압 옥내 직류 2선식 전기설비에서 반드시 접지를 해야 하는 경우는?

① 최대전류 30[mA] 이하의 직류화재경보회로

② 사용전압이 400[V] 이상인 경우

③ 접지검출기를 설치하고 특정구역내의 산업용 기계기구에만 공급하는 경우

④ 고압 또는 특고압과 저압의 혼촉에 의한 위험
　방지 시설을 적용한 교류계통으로부터 공급
　을 받는 정류기에서 인출되는 직류계통

풀이 ◉

저압 옥내직류 전기설비는 전로보호장치의 확실한 동작
의 확보, 이상전압 및 대지전압의 억제를 위하여 직류 2
선식의 임의의 한 점 또는 변환장치의 직류측 중간점,
태양전지의 중간점 등을 접지하여야 한다. 다만, 직류 2
선식을 다음 각 호에 의하여 시설하는 경우는 그러하지
아니하다.
1. 사용전압이 60[V] 이하인 경우
2. 접지검출기를 설치하고 특정구역내의 산업용 기계기
　구에만 공급하는 경우
3. 교류전로로부터 공급을 받는 정류기에서 인출되는
　직류계통
4. 최대전류 30[mA] 이하의 직류화재경보회로
5. 절연감시장치 또는 절연고장점검출장치를 설치하
　여 관리자가 확인할 수 있도록 경보장치를 시설하
　는 경우　　　　　　　　　　　　　　**[답] ②**

※ 관련법령의 개정 및 한국전기설비규정(KEC)의 시행에 따라 기출문제의 내용을 개정 및 변경된 것으로 수정한 것입니다. 따라서 엔트미디어를 통해 제공되는 기출풀이 동영상(2013~2022)은 내용이 다를 수 있습니다. 따라서 본 교재의 내용으로 학습하시기 바랍니다.

1과목 ─ 태양광발전시스템 이론

01 지상형 태양광발전시스템 구조물의 종류가 아닌 것은?

① 고정식   ② 양축식

③ 단축식   ④ 부유식

풀이 ●

부유식은 수상형 태양광발전시스템의 구조물이다.

[답] ④

02 전기사업법령에 따라 사업계획서 작성 시 전기설비 개요에 포함되어야 할 태양광설비에 대한 사항으로 틀린 것은?

① 태양전지의 종류

② 집광판의 면적

③ 접속함의 설치장소

④ 인버터의 종류

풀이 ●

사업계획서 작성 시 전기설비 개요에 포함되어야 할 사항(태양광설비)

- 태양전지의 종류, 정격용량, 정격전압 및 정격출력
- 인버터(Inverter)의 종류, 입력전압, 출력전압 및 정격출력
- 집광판(集光板)의 면적

[답] ③

03 증폭기의 입력전압이 5[mV], 출력전압이 5[V]일 때 전압이득[dB]은?

① 10   ② 60

③ 100   ④ 120

풀이 ●

$$전압이득 = 20\log\left(\frac{출력전압}{입력전압}\right) = 20\log\left(\frac{5}{5\times10^{-3}}\right) = 60[dB]$$

$$※ \ 전력이득 = 10\log\left(\frac{출력전력}{입력전력}\right)[dB]$$

[답] ②

04 어떤 부하에 전압을 10[%] 낮추면 전력은 몇 [%] 감소하는가?

① 11   ② 15

③ 19   ④ 25

풀이 ●

$$전력 = \frac{V^2}{R} \propto V^2 = (1-0.1)^2 = 0.81$$

전력 감소율 $= 1 - 0.81 = 0.19 = 19[\%]$

[답] ③

05 설비용량 999.999[kW]인 태양광발전설비를 염전에 설치하였을 때 적용받을 수 있는 가중치는?

① 1.0   ② 1.019

③ 1.045   ④ 1.129

풀이 ●

발전설비용량 3,000[kW]이하 가중치 계산식

$$가중치 = \frac{(99.999 \times 1.2) + (발전설비용량 - 99.999) \times 1.0}{발전설비용량}$$

$$= \frac{(99.999 \times 1.2) + (999.999 - 99.999) \times 1.0}{999.999}$$

$$= 1.01999 \fallingdotseq 1.019$$

※ 가중치는 소수점이하 넷째자리에서 절사.

[답] ②

06 태양을 올려보는 각도가 30°인 경우 AM(air mass) 값은?

① 1.0   ② 1.25

③ 1.5   ④ 2.0

풀이 ⊙

지표면에서 태양을 올려 보는 각을 θ라 할 때, AM(air mass)값은 다음과 같다.

$$AM = \frac{1}{\sin(\theta)} = \frac{1}{\sin(30)} = \frac{1}{0.5} = 2.0 \qquad \text{[답] ④}$$

07 테브난의 정리와 등가변환 관계에 있는 것은?

① 중첩의 정리   ② 노튼의 정리
③ 밀만의 정리   ④ 보상의 정리

풀이 ⊙

- 테브난의 정리 : 어떠한 전압, 전류 전원과 저항이 포함된 회로를 하나의 전압 전원과 이에 직렬로 연결된 저항으로 나타낸 등가회로로 변환한 것
- 노튼의 정리 : 어떠한 전압, 전류 전원과 저항이 포함된 회로를 하나의 전류 전원과 이에 병렬로 연결된 저항으로 나타낸 등가회로로 변환한 것
- 테브난의 정리와 노튼의 정리는 서로 등가변환 관계에 있다.

[답] ②

08 금속으로부터 전자를 진공으로 이탈시키는 데 필요한 최소에너지는?

① 일함수   ② 기저준위
③ 에너지준위   ④ 페르미준위

풀이 ⊙

- 일함수 : 금속으로부터 전자를 진공으로 이탈시키는 데 필요한 최소에너지
- 기저준위 : 핵자들이 양자역학적 규칙에 따라 완벽하게 배열되어 상태에서 원자핵이 가지는 특정에너지 값
- 에너지준위 : 원자 및 분자가 갖는 에너지의 값
- 페르미준위 : 절대온도 0[K]에서 최외각 전자가 가지는 에너지 높이

[답] ①

09 태양광발전 접속함(KS C 8567 : 2019)에 따라 서지 보호 장치(SPD)에 대한 설명으로 틀린 것은?

① 공칭 방전 전류(I_n, 8/20)는 모든 경우에 대해 10[kA]이상이어야 한다.

② 서지 보호장치 최대 연속 사용 전압은 접속함 회로 정격전압의 1.2배 이상이어야 한다.
③ 중대형 접속함(스트링 4회로 이상)의 경우, 출력 회로에 근접하여 서지 보호장치를 설치하여야 한다.
④ 소형 접속함(스트링 2회로 이하)의 경우, 출력 회로에 근접하여 서지 보호장치를 설치하여야 한다.

풀이 ⊙

소형 접속함(스트링 3회로 이하)의 경우, 서지 보호장치를 설치하지 않아도 된다. [답] ④

10 다음 그림은 직류입력으로부터 교류출력을 얻어내는 인버터의 동작원리를 설명하고 있다 아래와 같은 출력파형을 얻기 위해 ⓒ 신호에 들어갈 스위치 상태를 $S_1 - S_2 - S_3 - S_4$의 순서에 맞게 나열한 것은?

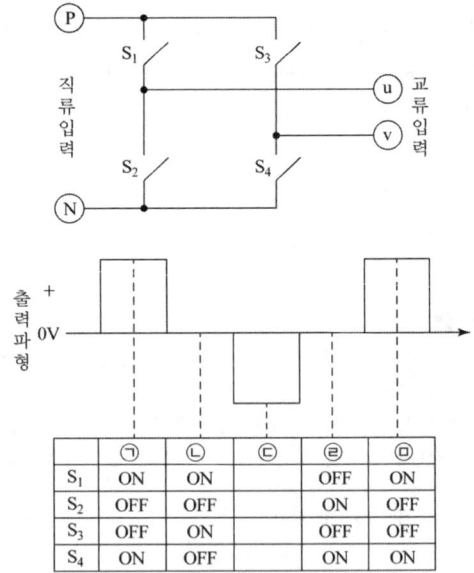

	㉠	㉡	㉢	㉣	㉤
S_1	ON	ON		OFF	ON
S_2	OFF	OFF		ON	OFF
S_3	OFF	ON		OFF	OFF
S_4	ON	OFF		ON	ON

① ON−ON−OFF−OFF
② ON−OFF−OFF−ON
③ OFF−ON−ON−OFF
④ OFF−OFF−ON−ON

풀이 ◉

구분	㉠	㉡	㉢	㉣	㉤
S_1	on	on	off	off	on
S_2	off	off	on	on	off
S_3	off	on	off	off	off
S_4	on	off	off	on	on

[답] ③

11 다음 조건에서 월간 발전량은 약 몇 [kWh] 인가? (단, 종합설계계수는 0.66을 적용하며, 기타 조건은 무시한다.)

〈조건〉
• 태양전기 어레이 출력 : 10,800[W]
• 월 적산어레이 경사면 일사량
  : 115.94[kWh/m²·월]
• 표준상태의 일사강도 : 1 [kW/m²]

① 826.4 ② 853.4
③ 987.3 ④ 1120.9

풀이 ◉

• 월간 발전량(E_{PM}) $= P_{AS} \times \left(\dfrac{H_{AM}}{G_S} \right) \times K$ [kWh/월]

$$= 10.8[\text{kW}] \times \dfrac{115.94[\text{kWh/m}^2 \cdot \text{월}]}{1[\text{kW/m}^2]} \times 0.66$$

$$= 826.42 \fallingdotseq 826.4[\text{kWh/월}]$$

여기서 P_{AS} : 어레이 출력

H_{AM} : 월별 적산 경사면 일사량[kWh/m²·월]

G_s : 표준상태의 일조강도(1[kW/m²]) **[답] ①**

12 외기온도 30[℃]에서 태양광발전 모듈의 최대 출력전압은 약 몇[V]인가?

V_{mpp} : 41.3[V],	I_{mpp} : 7.74[A]
NOCT : 47[℃],	전압온도계수 : 0.31[%/℃]

① 36.34 ② 38.32
③ 40.54 ④ 42.35

풀이 ◉

• $T_{cell} = T_{amb} + \dfrac{NOCT - 20}{800} \times 1000$

$$= 30 + \dfrac{47 - 20}{800} \times 1000 = 63.75[℃]$$

• $V_{mpp(63.75℃)} = V_{mpp}\{1 + 온도계수(63.75 - 25)\}$

$$= 41.3\{1 + (-0.0031(63.75 - 25))\}$$

$$= 36.338 \fallingdotseq 36.34[\text{V}]$$

※ 전압과 출력의 온도계수는 부(−)특성이므로 문제에서 부호가 없더라도 −부호로 계산하여야 한다.

[답] ①

13 태양전지의 계산식

$$T_{cell} = T_{amb} + \left(\dfrac{NOCT - 20}{800} \right) \times S \text{에서 NOCT}$$

는 무엇인가? (단, T_{cell} 은 태양전지 온도[℃], T_{amb} 은 주위온도[℃], S는 방사조도[kW/m²]이다.)

① 일조량
② 개방전압
③ 공기온도
④ 공칭작동 태양전지 온도

풀이 ◉

NOCT(Nominal Operating photovoltaic Cell Temperature)
: 공칭작동 태양전지 온도 **[답] ④**

14 변환효율 13[%]의 100[W] 태양광발전 모듈을 이용하여 10[kW] 태양광발전 어레이를 구성하는 필요한 설치면적[m²]으로 적당한 것은?
(단, STC 조건이다.)

① 76 ② 77
③ 78 ④ 79

풀이 ◉

• STC(표준시험조건)의 일조강도는 1,000[W/m²]이고,

• 효율 $= \dfrac{P_{\max}}{\text{일조강도} \times \text{면적}}$ 에서

면적 $= \dfrac{P_{\max}}{\text{일조강도} \times \text{효율}} = \dfrac{10 \times 10^3}{1000 \times 0.13} = 76.93 \fallingdotseq 77[\text{m}^2]$

[답] ②

15 태양광발전을 위한 부지선정 시 일반적인 고려사항이 아닌 것은?

① 계통연계 가능성
② 일조량과 일조시간
③ 인근 태양광발전소와의 거리
④ 자연재해의 발생 가능 여부

풀이 ●

인근 태양광발전소와의 거리는 부지선정 시 일반적인 고려사항이 아니다. [답] ③

16 태양광발전 어레이에서 생산된 전력 125 [W]가 인버터에 입력되어 인버터 출력이 100[W]가 되면 인버터의 변환효율은 몇 [%]인가?

① 60
② 70
③ 80
④ 90

풀이 ●

인버터 변환효율$(\eta) = \dfrac{출력}{입력} \times 100[\%] = \dfrac{100}{125} \times 100[\%]$
$= 80[\%]$ [답] ③

17 독립형 태양광발전시스템의 설계 시 1일 부하량이 5000[Wh]이고, 부조일수가 10일, 보수율이 80[%], 방전심도가 60[%]일 때 축전지 용량은 약 몇 [Ah]인가?
(단, 축전지의 공칭전압은 2[V/cell], 축전지 셀 수는 24개이다.)

① 2170
② 2325
③ 2575
④ 2763

풀이 ●

독립형 축전지 용량 C[Ah]산출식
$C = \dfrac{1일 부하량 \times 부조일수}{보수율 \times 축전지 공칭전압 \times 축전지 셀수 \times 방전심도}$
$= \dfrac{5000 \times 10}{0.8 \times 2 \times 24 \times 0.6} = 2170.14 ≒ 2170$ [답] ①

18 접속함에 설치되는 부품을 모두 나열한 것은?

> ㉠ 직류출력 개폐기 ㉡ 피뢰소자
> ㉢ 역류방지 소자 ㉣ 바이패스 소자
> ㉤ 과전압 계전기

① ㉠, ㉡, ㉢
② ㉠, ㉢, ㉣
③ ㉢, ㉣, ㉤
④ ㉠, ㉣, ㉤

풀이 ●

접속함에는 직류출력 개폐기, 피뢰소자, 역류방지 소자, 어레이측 개폐기 또는 퓨즈가 설치되며, 바이패스 소자는 모듈의 후면 단자함에 설치되고, 과전압계전기는 수전 Panel에 설치된다. [답] ①

19 신에너지 및 재생에너지 개발·이용·보급촉진법령에 따른 재생에너지의 종류로 틀린 것은?

① 수소에너지
② 해양에너지
③ 태양에너지
④ 지열에너지

풀이 ●

• 신에너지 : 연료전지, 석탄액화가스화 및 중질잔사유 가스화, 수소에너지
• 재생에너지 : 태양(태양광, 태양열), 바이오, 풍력, 수력, 해양, 폐기물, 지열에너지 [답] ①

20 저전압 서지 보호장치-제12부 : 저압 배전 계통 보호용-선정 및 지침(KS C IEC 61643-12 : 2007)에 따른 SPD의 종류로 틀린 것은?

① 조합형 SPD
② 전압 제한형 SPD
③ 전류 제한형 SPD
④ 전압 스위칭형 SPD

풀이 ●

• 전압 제한형 SPD : 서지가 없는 경우 고임피던스를 나타내지만, 서지 전류와 전압이 상승하면 임피던스가 연속적으로 감소하는 특성을 지님.
• 전압 스위칭형 SPD : 서지가 없을 때에는 고임피던스를 나타내지만, 전압 서지에 대해 임피던스가 급격하게 낮아지는 특성을 지님.
• 조합형 SPD : 전압 스위칭형 부품과 전압 제한형 부품 모두를 포함하는 SPD. [답] ③

2과목
태양광발전시스템 **시공**

21 간선의 굵기를 산정하는 데 결정요소가 아닌 것은?

① 고조파　　　　② 허용전류
③ 전압강하　　　④ 불평형 전류

풀이 ●
간선의 굵기를 산정하는 데 결정요소 : 전선의 허용전류, 전압강하, 고조파, 기계적강도, 연결점의 허용온도, 열방산 조건, 장래 예비사용 또는 증설에 대한 여유율, 부하수용률　　　　　　　　　　　　**[답] ④**

22 전력시설물 공사감리업무 수행지침에 따라 감리원은 공사가 시작된 경우에 공사업자로부터 착공신고서를 제출받아 적정성 여부를 검토 후 며칠 이내에 발주자에게 보고하여야 하는가?

① 3일　　　　② 7일
③ 15일　　　④ 30일

풀이 ●
감리원은 공사가 시작된 경우에 공사업자로부터 착공신고서를 제출받아 적정성 여부를 검토 후 7일 이내에 발주자에게 보고하여야 한다.　　　**[답] ②**

23 건축물 기초구조 설계기준(KDS 41 20 00 : 2019)에 따른 기초형식의 선정에 대한 설명으로 틀린 것은?

① 기초형식 선정 시 부지 주변에 미치는 영향을 충분히 고려하여야 한다.
② 기초는 하부구조의 규모, 형상, 구조, 강성 등을 함께 고려하여야 한다.
③ 동일 구조물의 기초에서는 가능한 한 이종형식기초의 병용을 피해야 한다.
④ 구조성능, 시공성, 경제성 등을 검토하여 합리적으로 기초형식을 선정하여야 한다.

풀이 ●
기초는 상부구조의 규모, 형상, 구조, 강성 등을 함께 고려해야하고, 대지의 상황 및 지반의 조건에 적합하며, 유해한 장해가 생기지 않아야 한다.　**[답] ②**

24 계약자가 단위업무별 가중치와 월별 공정률을 표시하여 공사 착공 전에 발주처에 사전검토 및 확인을 받아야 하는 것은?

① 투입인원 건강기록부
② 설계감리 확인서
③ 시공 예정공정표
④ 감리일지

풀이 ●
전력시설물 공사감리업무 수행지침 제11조(착공신고서 검토 및 보고)
① 감리원은 공사가 시작된 경우에는 공사업자로부터 다음 각 호의 서류가 포함된 착공신고서를 제출받아 적정성 여부를 검토하여 7일 이내에 발주자에게 보고하여야 한다.
　1. 시공관리책임자 지정통지서(현장관리조직, 안전관리자)
　2. 공사 예정공정표
　3. 품질관리계획서
　4. 공사도급 계약서 사본 및 산출내역서
　5. 공사 시작 전 사진
　6. 현장기술자 경력사항 확인서 및 자격증 사본
　7. 안전관리계획서　　　　　　**[답] ③**

25 지붕공사 안전보건작업 기술지침에 따라 지붕경사가 20° 이상인 경우 지붕작업발판의 설치 기준으로 옳은 것은 ?

① 작업발판 폭은 100[mm] 이상이어야 한다.
② 작업발판의 길이는 1[m] 이상이어야 한다.
③ 미끄러지는 것과 옆으로 움직이는 것을 방지하는 구조이어야 한다.
④ 작업자 및 자재 등을 제외한 하중에 충분히 견딜 수 있는 구조이어야 한다.

풀이 ●
• 지붕경사가 20° 이상 일 때 지붕작업발판은 다음과 같이 설치하여야 한다.
① 작업발판 길이는 3[m] 이상이어야 한다.
② 작업발판 폭은 300[mm] 이상이어야 한다.
③ 미끄러지는 것과 옆으로 움직이는 것을 방지하는 구조이어야 한다.
④ 작업자 및 자재 등을 포함한 하중에 충분히 견딜 수 있는 구조이어야 한다.
⑤ 디딤발판 간격은 500[mm]이내 이어야 한다.

⑥ 목재 두께는 35[mm] 이상 이어야 하며 동등 이상의 강도를 가진 미끄러짐이 없는 재질이어야 한다. **[답]** ③

26 가교 폴리에틸렌 절연 비닐 시스 케이블을 나타내는 약호는?

① CV
② DV
③ GV
④ OC

풀이 ◉

• CV(=XLPE) : 가교 폴리에틸렌 비닐 시스 케이블
• DV : 인입용 비닐 절연전선
• GV : 접지용 비닐 절연전선
• OC : 옥외용 가교 폴리에틸렌 절연전선　　**[답]** ①

27 지상 무효분 공급으로 페란티 현상 방지를 위해 설치하는 리액터는?

① 한류 리액터
② 직렬 리액터
③ 소호 리액터
④ 병렬 리액터

풀이 ◉

• 한류 리액터 : 사고에 의한 큰 고장 전류 억제를 위한 것으로 과전류로부터 전력설비 보호를 위해 사용.
• 직렬 리액터 : 기동용 리액터, 한류 리액터 등으로 전력계통과 직렬로 연결되어 사용.
• 소호 리액터 : 접지용 리액터로 1선 지락 시 지락전류를 소호 이상전압 방지를 위해 사용.
• 병렬(분로) 리액터 : 야간 및 경부하시 페란티현상에 의한 수전 측 전압상승 억제를 위해 송전선로에 병렬 연결되어 사용　　**[답]** ④

28 접지저항을 감소시키는 접지저항 저감제가 갖추어야할 조건이 아닌 것은?

① 사람과 가축에 안전할 것
② 접지전극을 부식시키지 않은 것
③ 전기적으로 양호한 부도체일 것
④ 계절에 따른 접지저항값의 변동이 적을 것

풀이 ◉

전기적으로 양호한 도체일 것.
※ 부도체 = 절연체　　**[답]** ③

29 한국전기설비규정에 따라 분산형전원을 계통에 연계하는 경우 전력계통의 단락용량이 다른 자의 차단기의 차단용량 또는 전선의 순시허용전류 등을 상회할 우려가 있을 때에는 그 분산형전원 설치자가 설치하여야 하는 것은?

① 영상변류기
② 지락차단기
③ 계기용변압기
④ 전류제한리액터

풀이 ◉

분산형전원을 계통 연계하는 경우 전력계통의 단락용량이 다른 자의 차단기의 차단용량 또는 전선의 순시허용전류 등을 상회할 우려가 있을 때에는 그 분산형전원 설치자가 전류제한리액터 등 단락전류를 제한하는 장치를 시설하여야 한다.　　**[답]** ④

30 지반조사(KDS 11 10 10 : 2018)에 따른 예비조사의 목적으로 틀린 것은?

① 구조물 시공으로 발생될 변화 예측
② 구조물 입지로서의 적합성 평가
③ 시공방법 계획수립에 필요한 정보를 제공
④ 구조물의 거동에 중요한 영향을 미치는 지반의 구성 및 특성 파악

풀이 ◉

지반조사에 따른 예비조사 목적
① 구조물 입지로서의 적합성 평가
② 대안 부지가 있는 경우, 대안 부지의 적합성 비교 검토
③ 구조물 시공으로 발생될 변화 예측
④ 구조물의 거동에 중요한 영향을 미치는 지반의 구성 및 특성 파악
⑤ 상기 조사를 근거로 한 본조사 계획
⑥ 필요시 공사에 필요한 골재원(레미콘, 아스콘, 세골재, 조골재) 및 토취장 확인　　**[답]** ③

31 신재생발전기 계통연계기준에 따라 태양광 발전기 계통운영자가 지시하는 기능을 수행하기 위해 구비하여야 하는 무효전력 제어방식에 해당하지 않는 것은?

① 일정 입력전류 제어
② 일정 역률 제어
③ 일정 무효전력 출력제어
④ 전압 조정을 위한 무효전력 제어

풀이 ⊙

태양광발전기 계통운영자가 지시하는 기능을 수행하기 위해 구비하여야 하는 무효전력 제어방식 : 일정 역률 제어, 일정 무효전력 출력제어, 전압 조정을 위한 무효 전력 제어　　　　　　　　　　　　　　**[답] ①**

32 역률을 개선하였을 경우 그 효과로 맞지 않는 것은?

① 전력손실의 감소
② 각종기기의 수명연장
③ 전압강하의 감소
④ 설비용량의 무효분 증가

풀이 ⊙

역률을 개선 효과 : 전력손실의 감소, 설비용량의 여유도 증대, 전압강하의 감소, 각종기기의 수명연장, 전기요금의 절감, 설비용량의 무효분 감소　　　**[답] ④**

33 한국전기설비규정에 따라 태양광발전설비에서 사용하는 전선의 시공방법이 아닌 것은?

① 충전부분이 노출되지 아니하도록 시설할 것
② 접속점에 장력이 가해지도록 할 것
③ 모듈의 출력배선은 극성별로 확인할 수 있도록 표시할 것
④ 모듈 및 기타 기구에 전선을 접속하는 경우는 나사로 조이고, 기타 이와 동등 이상의 효력이 있는 방법으로 기계적·전기적으로 안전하게 접속할 것

풀이 ⊙

접속점에 장력이 가해지지 않도록 할 것　　**[답] ②**

34 시방서에 대한 설명으로 틀린 것은?

① 공사시방서는 견적내역서를 기본으로 하여 작성한다.
② 공사시방서는 계약문서의 일부가 되기도 하며, 공사별, 공종별로 정하여 시행하는 시공기준이 된다.
③ 발주처가 공사시방서를 작성하는 경우에 활용하

기 위한 시공기준은 표준시방서에 따른다.
④ 특별한 공사의 시공 또는 공사시방서의 작성에 활용하기 위한 종합적인 시공의 기준이 되는 것은 전문시방서이다.

풀이 ⊙

공사시방서는 표준시방서를 기본으로 작성한다.**[답] ①**

35 한국전기설비규정에 따라 금속덕트에 전선을 시설 시, 전광표시장치 기타 이와 유사한 장치 또는 제어회로 등의 배선만을 넣는 경우 전선 단면적(절연피복의 단면적을 포함한다.)의 합계는 덕트의 내부 단면적의 몇 [%] 이하이어야 하는가?

① 20　　　　　　　　② 30
③ 48　　　　　　　　④ 50

풀이 ⊙

금속덕트에 넣은 전선의 단면적(절연피복의 단면적을 포함한다)의 합계는 덕트의 내부 단면적의 20%(전광표시장치 기타 이와 유사한 장치 또는 제어회로 등의 배선만을 넣는 경우에는 50%) 이하일 것.　　**[답] ④**

36 부지선정 검토 시 법적 인허가 및 신고사항에 포함되지 않는 것은?

① 공작물 축조신고
② 무연분묘 개장허가
③ 사도개설의 허가
④ 공급인증서 발급허가

풀이 ⊙

공급인증서 발급허가는 없고 , 공급인증서 발급신청은 태양광발전소 준공 후 운영업무이다.　　　**[답] ④**

37 태양광발전설비의 시공 전 진행하는 시방서의 검토 내용이 아닌 것은?

① 제반 법규 및 규정의 적합성
② 재해 예방을 위한 검사
③ 설계도면, 구조계산서, 공사내역서 일치 여부
④ 주요 자재 설비와 제품 등의 제품사양서 일치 여부

풀이 ⊙

재해예방을 위한 검사는 공사 진행 전의 업무이고, 시방서 검토 내용은 아니다. **[답] ②**

38 전력시설물 공사감리업무 수행지침에 따라 감리원은 해당 공사와 관련하여 공사업자의 공법 변경요구 등 중요한 기술적인 사항에 대하여 요구한 날부터 며칠 이내에 이를 검토하고 의견서를 첨부하여 발주자에게 보고하여야 하는가?

① 3
② 7
③ 10
④ 15

풀이 ⊙

감리원은 해당 공사와 관련하여 공사업자의 공법 변경 요구 등 중요한 기술적인 사항에 대하여 요구한 날부터 7일 이내에 이를 검토하고 의견서를 첨부하여 발주자에게 보고하여야 하며, 전문성이 요구되는 경우에는 요구가 있는 날부터 14일 이내에 비상주감리의 검토의견서를 첨부하여 발주자에 보고하여야 한다. **[답] ②**

39 굴착공사 계측관리 기술지침에 따른 일반적인 계측기 선정 원리로 틀린 것은?

① 구조가 간단하고 설치가 용이할 것
② 온도와 습도의 영향을 적게 받거나 보정이 간단할 것
③ 계기의 오차가 적고 이상 유무의 발견이 쉬울 것
④ 예상 변위나 응력의 크기보다 계측기의 측정 범위가 좁을 것

풀이 ⊙

• 예상 변위나 응력의 크기보다 계측기의 측정 범위가 넓을 것
• 계측기의 정밀도, 계측 범위 및 신뢰도가 계측 목적에 적합할 것 **[답] ④**

40 수변전설비공사(KCS 31 60 10 : 2019)에 따른 수변전기기 시공에 대한 설명으로 틀린 것은?

① 전기실 바닥 트렌치·트레이 및 풀박스는 전압 및 회선별로 정리하여 배선하고, 회선별로 표

찰을 부착하여야 한다.
② 전기실에 설치하는 수변전설비는 특성·품질·시공방법 등을 검토하여야 하며, 감리자의 승인을 얻은 후 설치 및 시공하여야 한다.
③ 모선 및 기기 접속도체의 접속은 전기적·기계적으로 완전하게 시공하여야 하며, 접속점은 최대한으로 하여야 한다.
④ 변압기 등과 같이 진동이 있는 기기와 모선을 접촉할 경우는 기기의 진동이 모선에 전달되지 않도록 가요성 도체 등을 설치하여야 한다.

풀이 ⊙

모선 및 기기 접속도체의 접속은 전기적·기계적으로 완전하게 시공하여야 하며, 접속점은 최소한으로 하여야 한다. **[답] ③**

3과목
태양광발전시스템 **운영**

41 태양광발전시스템의 계측에 사용되는 기기 중 검출된 데이터를 컴퓨터 및 먼 거리에 설치된 표시장치에 전송하는 경우에 사용되는 장치는?

① 검출기
② 기억장치
③ 연산장치
④ 신호변환기

풀이 ⊙

검출된 데이터를 컴퓨터 및 먼 거리에 설치된 표시장치에 전송하는 경우에 사용되는 장치는 신호변환기이다. **[답] ④**

42 태양광발전용 인버터(계통연계형, 독립형)(KS C 8565 : 2020)에 따라 3상 독립형 인버터의 경우 부하 불평형 시험 시 정격 용량에 해당하는 부하를 연결한 후 U상, V상, W상 중 한 상의 부하를 0으로 조정한 후 몇 분 동안 운전하는가?

① 5
② 10
③ 20
④ 30

풀이 ○

3상 독립형 인버터의 경우 부하 불평형 시험 시 정격 용량에 해당하는 부하를 연결한 후 U상, V상, W상 중 한 상의 부하를 0으로 조정한 후 30분 동안 운전한다.

[답] ④

43 태양광발전용 변압기의 정기점검 내용으로 틀린 것은?

① 부싱 등의 균열, 파손, 변형 여부
② 유면계, 온도계의 파손여부
③ 퓨즈통, 애자 등에 균열, 변형 여부
④ 건식형인 경우 코일, 절연물의 과열에 의한 손상 여부

풀이 ○

변압기에는 퓨즈통이 없다.

[답] ③

44 어떤 변전소의 부하가 10[MVA], 역률이 0.75일 때, 역률을 0.9로 개선하려면 필요한 전력용 커패시터의 용량은 약 몇 [kVAR]인가?

① 1000　　　　　② 2000
③ 3000　　　　　④ 4000

풀이 ○

• 부하의 단위가 피상전력[MVA]이므로, 유효전력[MW] 단위로 변환

유효전력=피상전력[MVA]×역률
$$= 10 \times 0.75 = 7.5[MW]$$

• 커패시터 용량(Q)

$$=유효전력[MW] \times \left(\frac{\sqrt{1-\cos\theta_0^2}}{\cos\theta_0} - \frac{\sqrt{1-\cos\theta_1^2}}{\cos\theta_1} \right)[MVAR]$$

※ $\cos\theta_0$: 개선 전 역률, $\cos\theta_1$: 개선 후 역률

$$= 7.5 \times \left(\frac{\sqrt{1-0.75^2}}{0.75} - \frac{\sqrt{1-0.9^2}}{0.9} \right) = 2.98 = 3[MVAR]$$
$$= 3000[kVAR]$$

[답] ③

45 태양광발전시스템의 점검 시 비치해야 하는 전기안전관리 장비가 아닌 것은?

① 측량계　　　　② 클램프 미터
③ 멀티미터　　　④ 적외선 온도측정기

풀이 ○

측량계는 대지 측량 시 사용하는 장비이다.

[답] ①

46 태양광발전시스템 점검 계획 시 고려하는 사항으로 옳은 것은?

① 신설설비는 고장발생 확률이 높기 때문에 점검 주기를 단축하였다.
② 고장이력을 검토하여 고장이 빈번한 기기는 점검 계획에서 제외하였다.
③ 중요한 설비와 비교적 중요하지 않은 설비를 구별하여 반영하였다.
④ 기기부하 상태를 확인하여 저부하 상태의 설비는 점검 주기를 단축하였다.

풀이 ○

• 노후설비는 고장발생 확률이 높기 때문에 점검주기를 단축하여야 한다.
• 고장이 빈번한 기기는 점검주기를 단축하여야 한다.
• 과부하 상태의 설비는 점검주기를 단축하여야 한다.

[답] ③

47 태양광발전시스템의 점검 중 일상점검에 관한 내용으로 틀린 것은?

① 이상 상태를 발견한 경우 배전반 등의 문을 열고 이상 정도를 확인한다.
② 주로 점검자의 감각(오감)을 통해서 실시하는 것으로 이상한 소리, 냄새, 손상 등을 점검 항목에 따라서 행하여야 한다.
③ 원칙적으로 정전을 시켜놓고 무전압 상태에서 기기의 이상상태를 점검하고 필요에 따라서는 기기를 분리하여 점검한다.
④ 이상 상태가 직접 운전을 하지 못할 정도로 전개된 경우를 제외하고는 이상 상태의 내용을 정기점검 시에 참고자료로 활용한다.

풀이 ○

원칙적으로 정전을 시켜 놓고 하는 점검은 정기점검이다.

[답] ③

48 인버터의 이상신호 조치 방법 중 태양전지의 전압이 과전압의 경우 조치사항은?

① 연결단자 점검

② 인버터 및 팬 점검 후 운전

③ 시스템 정지 후 고장 부분 수리 또는 계통 점검 후 운전

④ 태양전지 전압 점검 후 정상 시 5분 후 재가동

풀이 ○

태양전지의 전압이 과전압인 경우 태양전지 전압을 점검 후 정상 시 5분 후 재가동한다.　　　　**[답]** ④

49 절연보호구의 선정 및 사용에 관한 기술지침에 따라 사용전압이 300[V]를 초과하고 교류 600[V] 또는 직류 750[V]이하의 작업에 사용하는 절연 고무장갑의 종별로 옳은 것은?

① D종　　　　　② C종

③ B종　　　　　④ A종

풀이 ○

• A종 : 사용전압이 300[V]를 초과하고 교류 600[V] 또는 직류 750[V]이하의 작업에 사용.

• B종 : 교류 600[V] 또는 직류 750[V]를 초과하고 3,500[V]이하의 작업에 사용

• C종 : 3,500[V]를 초과하고 7,000[V]이하의 작업에 사용　　　　**[답]** ④

50 태양광발전시스템에서 유지보수 전의 안전조치로 틀린 것은?

① 잔류전하를 방전시키고 접지시킨다.

② 검전기로 무전압 상태를 확인한다.

③ 차단기 앞에 "점검중" 표지판을 설치한다.

④ 해당 단로기를 닫고 주회로가 무전압이 되게 한다.

풀이 ○

해당 단로기를 열고 주회로가 무전압이 되게 한다.　　　　**[답]** ④

51 태양광발전시스템에서 발생하는 고장 종류와 원인의 연결로 틀린 것은?

① 환기팬 소음 – 환기팬 노화

② 모듈 백화, 적화 현상 – 제조 공정상 불량

③ 케이블의 변색 – 불량품, 적외선 과다노출

④ 모듈 단자함 불량 – 방수 불량, 전선 납땜 불량

풀이 ○

케이블의 변색은 자외선 과다 노출 시 발생한다. **[답]** ③

52 태양광발전(PV) 모듈(안전)(KS C 8563 : 2015)에서 플라스틱 등 특정 용도로 적용할 때 그 사용 용도의 적합성 여부를 미리 예측할 수 있도록 플라스틱 가연성을 시험하는 장치는?

① IP 시험기

② 트래킹 시험기

③ 난연성 시험기

④ Hot wire coil ignition 시험기

풀이 ○

• IP 시험기 : 옥외에 사용하는 부품에 대해 방수 등급을 결정하기 위한 장치

• 트래킹 시험기 : 액체 오염 물질에 표면이 노출될 때 600[V]에 이르는 전압의 트래킹에 대한 고체 전기 절연 재료의 절연물의 내성을 측정하는 장치

• 난연성 시험기 : 플라스틱 등 특정 용도로 적용할 때 그 사용 용도의 적합성 여부를 미리 예측할 수 있도록 플라스틱 가연성을 시험하는 장치

• Hot wire coil ignition 시험기 : 시료의 발화를 일으키는 요구 시간을 특정함으로써 고체 전기 절연 재료의 절연성을 시험하기 위한 장치　　　**[답]** ③

53 가공 송전선에 댐퍼를 설치하는 이유는 ?

① 코로나 방지

② 전선의 진동방지

③ 전자유도 감소

④ 현수애자 경사방지

풀이 ○

가공 송전선의 4도체 이상에서 전선 간의 간격유지 및 진동방지 목적으로 스페이스 댐퍼(Damper)를 설치한다.　　　　**[답]** ②

54 그림과 같은 SPD의 접속도체의 총 길이 (a+b)는 몇 [m]이하로 하여야 하는가?

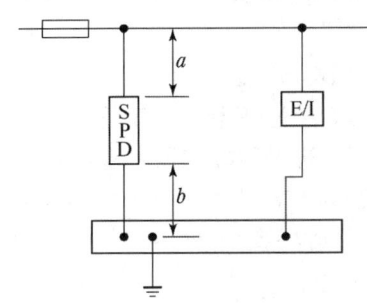

① 0.5   ② 0.75
③ 1.0   ④ 1.5

풀이 ●

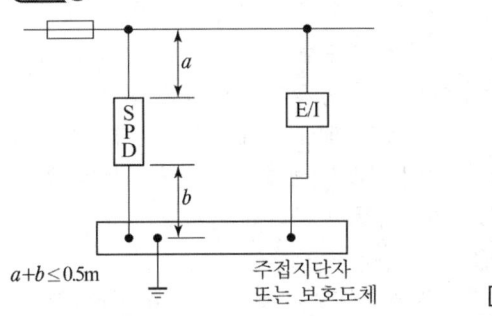

$a+b \leq 0.5m$ 주접지단자
또는 보호도체   **[답] ①**

55 보호계전장치의 구비조건에 해당하지 않는 것은?

① 협조성   ② 신뢰성
③ 불연성   ④ 후비성

풀이 ●

보호계전장치의 구비조건
• 신뢰성 : 정확한 동작으로 오동작이 없어야 함
• 선택성 : 선택차단 및 복구로 정전구간 최소화
• 협조성 : 전, 후위 계전기 간 협조가 용이해야 함
• 기타 : 취급, 보수, 점검, 정정, 변경 등이 쉬울 것
[답] ③

56 태양광발전 어레이의 구조물 설치 시 지반상태에 따른 해결책이 아닌 것은?

① 연약층이 깊을 경우 독립기초로 한다.
② 배면토의 강도정수가 부족할 경우 저판폭을 증가시키거나 사면경사도를 완화한다.

③ 지반의 허용지지력이 부족할 경우 저판폭을 증가시키거나 지반을 치환한다.
④ 지반의 지하수위가 높을 경우 지지력 저하로 침하가 발생할 수 있으므로 배수공을 설치한다.

풀이 ●

연약층이 깊을 경우 마찰말뚝을 사용한다.   **[답] ①**

57 태양광발전설비의 사용전검사 신청서 제출 시 첨부하는 서류가 아닌 것은?

① 설계도서
② 감리원 배치확인서
③ 접지설계계산서
④ 전기안전관리자 선임신고 증명서

풀이 ●

• 사용전검사를 받으려는 자는 사용전검사 신청서에 다음 각 호의 서류를 첨부하여 검사를 받으려는 날의 7일 전까지 안전공사에 제출해야 한다.
  1. 공사계획인가서
  2. 설계도서 및 감리배치확인서
  3. 전기안전관리자 선임신고증명서 사본   **[답] ③**

58 터파기(KCS 11 20 15 : 2018)에 따른 현장 품질관리에 대한 설명으로 틀린 것은?

① 파낸 바닥면과 기초에 접하거나 아래에 있는 흙은 동해를 입지 않도록 보호해야 한다.
② 터파기공사 중 토질에 변화가 생길 때에는 즉시 공사감독자에게 보고하여 승인을 받은 후 시공하여야 한다.
③ 지반변위나 이완된 흙이 터파기 바닥면으로 떨어지는 것을 방지하고 시공 중 지반 안정을 유지해야 한다.
④ 예상하지 못한 지중조건이 발견되면 공사감독자에게 통지하고 작업 중지 지시가 있을 때까지는 해당구역의 작업을 계속 진행해야 한다.

풀이 ○

예상하지 못한 지중조건이 발견되면 공사감독자에게 통지하고 작업재개 지시가 있을 때까지는 해당구역의 작업을 중지해야 한다.　　　　　　　　　　　**[답]** ④

59 신전원설비공사(KCS 31 60 30 : 2019)에 따른 태양광발전 어레이 및 접속함 시설방법으로 틀린 것은?

① 태양광발전 모듈은 교체가 용이한 구조이어야 한다.

② 태양광발전 모듈은 스테인리스 부속자재(볼트, 너트, 와셔 등)로 견고하게 조립하고 시공하여야 한다.

③ 태양광전지 어레이 및 접속함은 장기간 사용에 충분한 난연성이 있어야 한다.

④ 태양광발전 어레이 및 접속함은 자중·적설·풍압·지진·진동·충격 등에 대하여 안전한 구조이어야 한다.

풀이 ○

태양전지어레이 및 접속함은 장기간 사용에 충분한 내후성이 있어야 한다.　　　　　　　　**[답]** ③

60 전기설비 검사 및 점검 방법·절차 등에 관한 기술고시에 따라 태양광발전설비에서 전력변환장치의 정기검사 시 세부검사 내용으로 틀린 것은?

① 개방전압　　　　　② 절연저항

③ 외관검사　　　　　④ 접지저항

풀이 ○

전력변환장치의 정기검사 시 세부검사 내용 : 규격확인, 외관검사, 절연저항, 접지저항, 제어회로 및 경보장치, 단독 운전 방지시험, 인버터 운전시험　　**[답]** ①

4과목
신재생에너지 관련법규

61 신에너지 및 재생에너지 개발·이용 보급 촉진법령에 따른 신·재생에너지 공급 인증서의 거래 제한 사유에 해당하지 않는 것은?

① 공급인증서가 기존 방조제를 활용하고 건설된 조력(潮力)을 이용하여 에너지를 공급하고 발급된 경우

② 공급인증서가 발전소별 5천킬로와트 이내의 수력(水力)을 이용하여 에너지를 공급하고 발급된 경우

③ 공급인증서가 석탄을 액화·가스화한 에너지 또는 중질잔사유를 가스화한 에너지를 이용하여 에너지를 공급하고 발급된 경우

④ 공급인증서가 폐기물 에너지 중 화석연료에서 부수적으로 발생하는 폐가스로부터 얻어지는 에너지를 공급하고 발급된 경우

풀이 ○

공급인증서가 발전소별로 5천킬로와트를 넘는 수력을 이용하여 에너지를 공급하고 발급된 경우　　**[답]** ②

62 신에너지 및 재생에너지 개발·이용·보급 촉진법령에 따라 태양에너지(태양의 빛에너지를 변환시켜 전기를 생산하는 방식에 한정한다.)의 2015년 이후 의무공급량은 몇 [GWh]인가?

① 987　　　　　　　② 1345

③ 1971　　　　　　　④ 2425

풀이 ○

태양에너지 연도별 의무공급량

해당연도	2014년	2015년 이후
의무공급량[GWh]	1,353	1,971

　　　　　　　　　　　　　　　　[답] ③

63 전기사업법령에 따라 전기사업을 하려는 자가 허가 받은 사항을 변경하려고 할 때 "기후에너지환경부령으로 정하는 중요 사항"에 해당되지 않는 것은?

① 공급전압 변경
② 사업구역 변경
③ 발전설비 설치장소 내에서 인버터의 설치위치 변경
④ 허가를 받은 발전설비용량의 100분의 10을 초과한 설비용량 변경

풀이 ○

기후에너지환경부령으로 정하는 중요 사항
• 사업구역 또는 특정한 공급구역
• 공급전압
• 발전사업 또는 구역전기사업의 경우 발전용 전기설비에 관한 다음 각 목의 어느 하나에 해당하는 사항
　가. 설치장소(동일한 읍·면·동에서 설치장소를 변경하는 경우는 제외한다)
　나. 설비용량(변경 정도가 허가 또는 변경허가를 받은 설비용량의 100분의 10 이하인 경우는 제외한다)
　다. 원동력의 종류(허가 또는 변경허가를 받은 설비용량이 30만킬로와트 이상인 발전용 전기설비에「신에너지 및 재생에너지 개발·이용·보급 촉진법」제2조에 따른 신·재생에너지를 이용하는 발전용 전기설비를 추가로 설치하는 경우는 제외한다)
　　　　　　　　　　　　　　　[답] ③

64 전력기술관리법령에 따른 감리원에 대한 시정조치에 대한 설명이다. 다음(　)에 들어갈 내용으로 옳은 것은?

> 발주자는 감리원이 업무를 성실하게 수행하지 아니하여 전력시설물공사가 부실하게 될 우려가 있을 때에는 (　　)으로 정하는 바에 따라 그 감리원에 대하여 시정지시 등 필요한 조치를 하여야 한다.

① 대통령령
② 시·도지사령
③ 국무총리령
④ 기후에너지환경부령

풀이 ○

발주자는 감리원이 업무를 성실하게 수행하지 아니하여 전력시설물공사가 부실하게 될 우려가 있을 때에는 기후에너지환경부령으로 정하는 바에 따라 그 감리원에 대하여 시정지시 등 필요한 조치를 하여야 한다.
　　　　　　　　　　　　　　　[답] ④

65 전기공사업법령에 따라 전기공사업자가 전기공사를 하도급 주기 위하여 미리 해당 전기공사의 발주자에게 이를 알리기 위하여 작성하는 하도급 통지서에 첨부하는 서류로 틀린 것은?
① 하도급(재하도급)계약서 사본
② 공사예정공정표
③ 하수급인 또는 다시 하도급 받은 공사업자의 등록수첩 사본
④ 하수급인 또는 다시 하도급 받은 공사업자의 전기공사 자재 보유현황

풀이 ○

하도급 통지서에는 다음 각 호의 서류를 첨부하여야 한다.
1. 하도급(재하도급)계약서 사본
2. 하도급(재하도급) 내용이 명시된 공사명세서
3. 공사 예정 공정표
4. 하수급인 또는 다시 하도급 받은 공사업자의 전기공사기술자 보유현황
5. 하수급인 또는 다시 하도급 받은 공사업자의 등록수첩 사본　　**[답] ④**

66 한국전기설비규정에 따라 사용전압이 저압인 전로에 정전이 어려운 경우 등 절연저항 측정이 곤란한 경우 저항성분의 누설전류가 몇 [mA] 이하이면 그 전로의 절연성능은 적합한 것으로 보는가?
① 1　　　　② 3
③ 5　　　　④ 7

풀이 ○

저압 전로에서 정전이 어려운 경우 등 절연저항 측정이 곤란한 경우 저항성분의 누설전류가 1 [mA] 이하이면 그 전로의 절연성능은 적합한 것으로 본다.　**[답] ①**

67 산업안전보건기준에 관한 규칙에 따라 사업주가 근로자에게 미칠 위험성을 미리 제거하기 위하여 안전진단 등 안전성 평가를 진행하여야 하는 경우에 해당되지 않는 것은?
① 화재 등으로 구축물 또는 이와 유사한 시설물의 내력(耐力)이 개선되었을 경우

② 구축물 또는 이와 유사한 시설물의 인근에서 굴착·항타작업 등으로 침하·균열 등이 발생하여 붕괴의 위험이 예상될 때

③ 구축물 또는 이와 유사한 시설물에 지닌, 동해(凍害), 부동침하(不動沈下)등으로 균열·비틀림 등이 발생하였을 경우

④ 구조물, 건축물, 그 밖의 시설물이 그 자체의 무게·적설·풍압 또는 그 밖에 부가되는 하중 등으로 붕괴 등의 위험이 있을 경우

풀이 ◐
- 화재 등으로 구축물 또는 이와 유사한 시설물의 내력(耐力)이 심하게 저하되었을 경우
- 오랜 기간 사용하지 아니하던 구축물 또는 이와 유사한 시설물을 재사용하게 되어 안전성을 검토하여야 하는 경우
- 그 밖의 잠재위험이 예상될 경우　　　**[답]①**

---

68 태양광발전시스템에 설치하는 CCTV에 대한 설명으로 틀린 것은?

① 감시구역에 설치하는 카메라와 제어실(또는 방재센터)에 설치하는 모니터 및 전원장치 등을 기본구성으로 한다.

② 카메라의 특성에 맞는 휘도를 확보하여야 하며, 화각 내 고휘도 광원, 물체, 햇빛직사 등을 피해야 하며, 파괴하기 어려운 위치에 설치한다.

③ 일반적으로 컬러형과 흑백형, 고정형과 회전형(수평, 수직), 옥내형과 옥외형, 노출형과 매입형 등으로 구분하고, 외부에 드러나지 않게하는 은폐형이 있다.

④ 전체 경계구역을 효율적인 화각(촬영 범위)이 내가 되도록 이중거리, 초점거리, 촬영방식, 유효 화소수, 해상도, 최저 피사체 조도 등을 고려하여 선정하여야 한다.

풀이 ◐
카메라에는 적외선 램프가 장착되어 있어 별도의 휘도를 확보할 필요는 없다.　　　**[답]②**

---

69 전력기술관리법령에 따라 기후에너지환경부장관 또는 시·도지사는 검사(질문을 포함한다.)를 하려면 검사일 며칠 전까지 검사 일시, 검사 목적, 검사 내용 등의 검사계획을 검사대상자에게 알려야 하는가?

① 3일　　　　　② 7일
③ 10일　　　　④ 15일

풀이 ◐
기후에너지환경부장관 또는 시·도지사는 제1항에 따라 검사(질문을 포함한다.)를 하려면 검사일 7일 전까지 검사 일시, 검사 목적, 검사 내용 등의 검사계획을 검사 대상자에게 알려야 한다.　　　**[답]②**

---

70 국토의 계획 및 이용에 관한 법령에 따라 허가를 받지 않아도 되는 경미한 행위에 해당하지 않는 것은?

① 농림지역 안에서 농림어업용 비닐하우스 안에 육상어류양식장의 설치

② 토지의 일부를 공공용지 또는 공용지로 하기 위한 토지의 분할

③ 지구단위계획구역에서 채취면적이 25제곱미터 이하인 토지에서의 부피 50세제곱미터 이하의 토석채취

④ 지구단위계획구역에서 물건을 쌓아놓는 면적이 25제곱미터 이하는 토지에서의 부피 50세제곱미터 이하로 물건을 쌓아놓는 행위

풀이 ◐
허가를 받지 아니하여도 되는 경미한 행위
2. 공작물의 설치
　가. 도시지역 또는 지구단위계획구역에서 무게가 50톤 이하, 부피가 50세제곱미터 이하, 수평투영면적이 50제곱미터 이하인 공작물의 설치. 다만, 「건축법 시행령」 제118조제1항 각 호의 어느 하나에 해당하는 공작물의 설치는 제외한다.
　나. 도시지역·자연환경보전지역 및 지구단위계획구역외의 지역에서 무게가 150톤 이하, 부피가 150세제곱미터 이하, 수평투영면적이 150제곱미터 이하인 공작물의 설치. 다만, 「건축법 시행령」 제118조제1항 각 호의 어느 하나에 해당하는 공작물의 설치는 제외한다.

다. 녹지지역 · 관리지역 또는 농림지역안에서의 농림어업용 비닐하우스(비닐하우스안에 설치하는 육상어류양식장을 제외한다)의 설치   **[답] ①**

---

71 전기사업법령에 따라 대통령령으로 정하는 규모이하의 발전설비를 갖추고 특정한 공급구역의 수요에 맞추어 전기를 생산하여 전력시장을 통하지 아니하고 그 공급구역의 전기사용자에게 공급하는 것을 주된 목적으로 하는 사업을 말하는 것은?

① 배전사업   ② 송전사업
③ 중개거래사업   ④ 구역전기사업

풀이 ○

전기사업	발전사업 · 송전사업 · 배전사업 · 전기판매사업 및 구역전기사업
송전사업	발전소에서 생산된 전기를 배전사업자에게 송전하는 데 필요한 전기설비를 설치·관리하는 것을 주된 목적으로 하는 사업
배전사업	발전소로부터 송전된 전기를 전기사용자에게 배전하는 데 필요한 전기설비를 설치·운용하는 것을 주된 목적으로 하는 사업
구역전기 사업	대통령령으로 정하는 규모 이하의 발전설비를 갖추고 특정한 공급구역의 수요에 맞추어 전기를 생산하여 전력시장을 통하지 아니하고 그 공급구역의 전기사용자에게 공급하는 것을 주된 목적으로 하는 사업

[답] ④

---

72 전기안전관리자의 직무에 관한 고시에 따라 전기설비의 주요 구성품이 동작시험 및 계기측정 등을 통해 전기설비기술기준에 적합한지 여부를 매년 정기적으로 정밀하게 점검하는 것은?

① 일상점검   ② 공사 중 점검
③ 사용전 점검   ④ 정밀(연차)점검

풀이 ○

• 일상점검 : 전기설비의 외관점검, 작동점검, 기능점검 등을 실시하여 이상 유무를 확인하기 위하여 평상시 점검하는 것
• 정기점검 : 월차, 분기, 반기 등의 일정한 주기를 기준으로 전기설비의 이상 유무를 점검하는 것
• 정밀(연차)점검 : 전기설비의 주요 구성품이 동작시험

및 계기측정 등을 통해 전기설비기술기준에 적합한지 여부를 매년 정기적으로 정밀하게 점검하는 것
• 공사 중 점검 : 전기설비를 설치 또는 변경 중인 공사의 경우 매주 1회 이상 점검하는 것   **[답] ④**

---

73 한국전기설비규정에 따라 사용전압 35[kV]이하의 특고압 가공전선이 도로를 횡단하는 경우 지표상 높이는 몇 [m] 이상이어야 하는가?

① 5.0   ② 5.5
③ 6.0   ④ 6.5

풀이 ○

사용전압 35[kV]이하 특고압 가공전선의 높이

사용전압의 구분	지표상의 높이
35[kV] 이하	5[m] (철도 또는 궤도를 횡단하는 경우에는 6.5 [m], 도로를 횡단하는 경우에는 6 [m], 횡단보도교의 위에 시설하는 경우로서 전선이 특고압 절연전선 또는 케이블인 경우에는 4 [m])

[답] ③

---

74 한국전기설비규정에 따라 합성수지관 상호 간 및 박스와는 관을 삽입하는 깊이는 관의 바깥지름의 몇 배 이상으로 하여야 하는가?
(단, 접착제를 사용하지 않은 경우이다.)

① 0.8   ② 1.0
③ 1.2   ④ 1.5

풀이 ○

합성수지관 상호 간 및 박스와는 관을 삽입하는 깊이를 관의 바깥지름의 1.2배(접착제를 사용하는 경우에는 0.8배) 이상으로 하고 또한 꽂음 접속에 의하여 견고하게 접속할 것.   **[답] ③**

---

75 전기안전관리법령에 따라 전기안전관리자를 선임하지 않아도 되는 발전설비 용량으로 옳은 것은?

① 20[kW]이하   ② 30[kW]이하
③ 50[kW]이하   ④ 75[kW]이하

풀이 ○

설비용량 20킬로와트 이하의 발전설비는 전기안전관리자 선임하지 않아도 된다. **[답] ①**

76 전기공사업법령에 따른 공사업자의 등록취소에 해당하지 않는 경우는?

① 거짓으로 공사업을 등록한 경우
② 타인에게 등록증 또는 등록수첩을 빌려준 경우
③ 공사업의 등록을 한 후 1년 이내에 영업을 시작하지 아니한 경우
④ 전기공사기술자가 아닌 자에게 전기공사의 시공관리를 맡긴 경우

풀이 ○

• 전기공사업 등록취소 사유
① 거짓이나 그 밖의 부정한 방법으로 "공사업의 등록" 및 "공사업의 등록기준에 관한 신고" 행위를 한 경우
② 타인에게 성명·상호를 사용하게 하거나 등록증 또는 등록수첩을 빌려 준 경우
③ 공사업의 등록을 한 후 1년 이내에 영업을 시작하지 아니하거나 계속하여 1년 이상 공사업을 휴업한 경우
④ 영업정지처분기간에 영업을 하거나 최근 5년간 3회 이상 영업정지처분을 받은 경우 **[답] ④**

77 전기사업자는 전기사업용전기설비의 설치공사 또는 변경공사로서 기후에너지환경부령으로 정하는 공사를 하려는 경우에는 그 공사계획에 대하여 누구에게 인가를 받아야 하는가?

① 대통령
② 시·도지사
③ 전기위원회
④ 기후에너지환경부장관

풀이 ○

전기사업자는 전기사업용전기설비의 설치공사 또는 변경공사로서 기후에너지환경부령으로 정하는 공사를 하려는 경우에는 그 공사계획에 대하여 기후에너지환경부장관의 인가를 받아야 한다. **[답] ④**

78 전기설비기술기준에 따라 사용전압이 400 [kV] 이상의 특고압 가공전선과 건조물 사이의 수평거리는 그 건조물의 화재로 인한 그 전선의 손상 등에 의하여 전기사업에 관련된 전기의 원활한 공급에 지장을 줄 우려가 없도록 몇[m]이상 이격하여야 하는가? (단, 가공전선과 건조물 상부와의 수직거리가 28[m] 미만인 경우이다.)

① 0.7
② 1.5
③ 3.0
④ 5.0

풀이 ○

사용전압이 400[kV]이상의 특고압 가공전선과 건조물 사이의 수평거리는 그 건조물의 화재로 인한 그 전선의 손상 등에 의하여 전기사업에 관련된 전기의 원활한 공급에 지장을 줄 우려가 없도록 3[m] 이상 이격하여야 한다. **[답] ③**

79 분산형전원 배전계통연계 기술기준에 따라 분산형전원 연계시스템은 안정상태의 한전계통 전압 및 주파수가 정상범위로 복원된 후 그 범위 내에서 몇 분간 유지되지 않는 한 분산형전원의 재병입이 발생하지 않도록 하는 지연기능을 갖추어야 하는가?

① 1분
② 3분
③ 5분
④ 10분

풀이 ○

분산형전원 연계시스템은 안정상태의 한전계통 전압 및 주파수가 정상범위로 복원된 후 그 범위 내에서 5분간 유지되지 않는 한 분산형전원의 재병입이 발생하지 않도록 하는 지연기능을 갖추어야 한다. **[답] ③**

80 전력계통에 연계하는 태양전지 발전소에 시설하는 계측 장치로 옳은 것은?

① 주요변압기의 전압 및 전류 또는 전력
② 주요변압기의 전압 및 전류 또는 온도
③ 주요변압기의 전압 및 전류 또는 역률
④ 주요변압기의 전압 및 유온 또는 주파수

풀이 ○

발전소에는 다음 각 호의 사항을 계측하는 장치를 시설하여야 한다. (계측장치 : 351.6)

① 발전기 · 연료전지 또는 태양전지 모듈(복수의 태양
전지 모듈을 설치하는 경우에는 그 집합체)의 전압
및 전류 또는 전력
② 주요 변압기의 전압 및 전류 또는 전력
③ 특고압용 변압기의 온도　　　　　　　　**[답]** ①

※ 관련법령의 개정 및 한국전기설비규정(KEC)의 시행에 따라 기출문제의 내용을 개정 및 변경된 것으로 수정한 것입니다. 따라서 엔트미디어를 통해 제공되는 기출풀이 동영상(2013~2022)은 내용이 다를 수 있습니다. 따라서 본 교재의 내용으로 학습하시기 바랍니다.

1과목 ─ 태양광발전시스템 이론

01 전류의 이동으로 발생하는 현상이 아닌 것은?

① 화학작용 ② 발열작용
③ 탄화작용 ④ 자기작용

풀이 ⊙

전류의 이동으로 발생하는 현상 3가지 : 자기작용, 발열작용, 화학작용 **[답] ③**

02 트랜지스터의 컬렉터의 누설전류가 주위온도가 변화함에 따라 20[μA]에서 100[μA]로 증가할 때 컬렉터 전류가 0.8[mA]에서 1.2[mA]로 증가하였다면 안정계수 S는 얼마인가?

① 0.5 ② 2.5
③ 5 ④ 20

풀이 ⊙

안정계수 $S = \dfrac{\triangle 컬렉터\ 전류}{\triangle 누설전류}$, $\triangle$: 변화분

$= \dfrac{(1.2-0.8)\times 10^3 [\mu A]}{(100-20)[\mu A]} = \dfrac{400}{80} = 5$ **[답] ③**

03 다음과 같은 조건에서 독립형 태양광발전용 축전지 용량은 약 몇 [Ah]인가?

〈조건〉 – 1일 적산부하량 : 2.4[kWh]
– 일조가 없는 날 : 10일
– 공칭축전지 전압 : 2[V/cell]
– 보수율 : 0.8
– 축전지 직렬개수 : 48개
– 방전심도 : 65[%]

① 394 ② 481
③ 540 ④ 601

풀이 ⊙

독립형 태양광 발전용 축전지 용량

$C = \dfrac{L_d \times 10^3 \times D_r}{L \times V_b \times N \times DOD}$ [Ah]

$= \dfrac{2.4 \times 10^3 \times 10}{0.8 \times 2.0 \times 48 \times 0.65} = 480.77 ≒ 481$[Ah]

여기서 L_d : 1일 적산 부하 전력량 [kWh]
(※ 단위가 [kWh]이므로 10^3을 곱한 것임.)
D_r : 일조가 없는 날의 일수 [일]
L : 보수율(0.8)
V_b : 축전지 공칭전압 [V] (※ 납축전지 2.0[V])
N : 축전지 개수
DOD : 방전심도 [%] **[답] ②**

04 태양복사에 대한 설명으로 틀린 것은?

① 태양복사량의 평균값을 태양상수라고 하며 약 1367[W/m²]이다.
② 매우 흐린 날 특히 겨울에는 태양복사는 거의 모두 산란복사 된다.
③ 산란복사는 태양복사가 구름이나 대기 중의 먼지에 의해 반사되지 않고 확산된 성분이다.
④ 직달복사는 태양으로부터 지표면에 직접 도달되는 복사로 물체에 강한 그림자를 만드는 성분이다.

풀이 ⊙

산란복사는 대기 중의 먼지에 의해 반사되고, 수분에 의해 확산되는 성분이다. **[답] ③**

05 계통연계형 태양광발전용 인버터 방식 중 중앙 집중형 인버터의 분류방식이 아닌 것은?

① 고전압 방식

② 저전압 방식

③ 모듈 인버터 방식

④ 마스터–슬레이브 방식

풀이 ○

- 중앙 집중형 인버터 방식 : 고전압 방식, 저전압 방식, 마스터–슬레이브 방식
- 분산형 인버터 방식 : 서브어레이 방식, 스트링 방식, 모듈 인버터 방식 **[답]** ③

06 동일 출력전류(I)를 가지는 N개의 태양전지를 같은 일사조건에서 서로 병렬로 연결 했을 경우 출력전류 I_a에 대한 계산식으로 맞는 것은?

① $I_a = I \times N$

② $I_a = I^2 \times N$

③ $I_a = \dfrac{I}{N}$

④ $I_a = \dfrac{I^2}{N}$

풀이 ○

태양전지의 직렬연결 시 전압이 직렬연결 수만큼 증가하고, 병렬연결 시 전류가 병렬연결 수만큼 증가한다. **[답]** ①

07 일정전압의 직류전원에 저항을 접속하고 전류를 흘릴 때, 이 전류 값을 20[%] 증가시키기 위해서는 저항 값을 어떻게 하면 되는가?
(단, 변경 전 저항 R_1, 변경 후 저항 R_2이다.)

① $R_2 \fallingdotseq 0.47 \times R_1$

② $R_2 \fallingdotseq 0.56 \times R_1$

③ $R_2 \fallingdotseq 0.67 \times R_1$

④ $R_2 \fallingdotseq 0.83 \times R_1$

풀이 ○

옴의 법칙에 의거 전압(V)=전류(I)×저항(R)에서 전류를 1.2배로 하기 위해서는 저항값을 1.2배로 감소시켜 주어야 한다.

$V = 1.2I \times \dfrac{R}{1.2}$ 이므로

$R_2 = \dfrac{1}{1.2} R_1 = 0.83 R_1$ **[답]** ④

08 다음과 같은 조건에 적합한 독립형 태양광발전시스템의 설치용량은 약 몇 [kWp]인가?
(단, STC 조건을 기준으로 한다.)

- 연 일사량 : 1356[kWh/m^2]
- 연 부하소비량 : 3000[kWh]
- 부하의 태양광발전시스템 의존율 : 50[%]
- 설계여유 계수 : 20[%]
- 종합설계 계수 : 80[%]

① 1.33

② 1.66

③ 2.55

④ 2.99

풀이 ○

독립형 태양광발전시스템 설치 용량(P_{AD})

$$P_{AD} = \frac{E_L \times D \times R}{\left(\dfrac{H_A}{G_S}\right) \times K} = \frac{3000 \times 0.5 \times 1.2}{\left(\dfrac{1356}{1}\right) \times 0.8} = 1.659 \fallingdotseq 1.66$$

여기서, H_A : 연 일사량[kWh/m^2]
G_S : STC 조건 일조강도(=1[kW/m^2])
E_L : 연 부하소비전력량[kWh/기간]
D : 부하의 태양광발전시스템에 대한 의존율
R : 설계여유계수
K : 종합설계계수 **[답]** ②

09 결정계 태양광발전 모듈의 면적 1.0[m^2], 표면온도 65[℃], 변환효율 15[%]인 경우 일사강도 0.8[kW/m^2]일 때 출력은 약 몇 [kW]인가?
(단, 결정계 태양광발전 전지 온도 보정계수(α)는 −0.4[%/℃]이다.)

① 0.10

② 0.13

③ 0.16

④ 0.20

풀이 ○

- 모듈의 최대출력
$P_{\max} = E \times A \times \eta = 0.8 \times 1 \times 0.15 = 0.12$[kW]
- 65[℃]일 때 최대출력
$P_{\max(65℃)} = P_{\max}\{1 + \alpha(65 - 25)\}$
$= 0.12\{1 + (-0.004(65 - 25))\}$
$= 0.100 \fallingdotseq 0.10$ **[답]** ①

10 다음에서 설명하고 있는 운전상태는?

> 태양광발전시스템이 계통과 연계되어 있는 상태에서 계통측에서 정전이 발생하면 부하전력이 인버터의 출력과 동일하게 되므로 인버터의 출력전압, 주파수는 변하지 않고 전압, 주파수 계전기에서는 정전을 검출할 수 없게 된다. 그 때문에 계속해서 태양광발전시스템에서 계통으로 전력이 공급될 가능성이 있게 된다.

① 단독운전   ② 자동운전
③ 병렬운전   ④ 추종운전

풀이 ○
태양광발전시스템의 계통연계 운전 중 단독운전에 대한 설명이다. 인버터의 기능에는 이러한 단독운전을 방지 기능이 내장되어 있다. **[답] ①**

11 태양광 모듈 내부의 전지를 기계적 충격 온도 및 습도로부터 보호하고 전기적으로 절연시키기 위해 사용되는 캡슐화 재료가 아닌 것은?

① PVB(Poly-Vinyl Butyral)
② EVA(Ethylene-Vinyl Acetate)
③ PVF(Poly-Vinyl Fluoride)
④ PO(Poly-Olefin)

풀이 ○
모듈 내부의 태양전지 셀의 기계적 충격, 온도 및 습도로부터 보호, 전기적 절연재료로 사용되는 재료에는 에틸비닐아세테이트(EVA : Ethylene-Vinyl Acetate), 폴리비닐부티랄(PVB : Poly Vinyl Butyral), 폴리올레핀(PO : Poly- Olefin) 등이 사용된다. **[답] ③**

12 특수 목적 다이오드 중 다음 내용에 해당하는 것은?

> 역방향 항복 영역에서도 동작하도록 설계 되었다는 점에서 일반 정류 다이오드와는 다른 실리콘 PN접합 소자이다. 주로 부하에 일정한 전압을 공급하기 위한 정전압 회로에 사용된다.

① 제너 다이오드   ② 발광 다이오드
③ 역류방지 다이오드   ④ 바이패스 다이오드

풀이 ○
부하에 일정한 전압을 공급하기 위한 정전압 회로에 사용하는 다이오드는 제너 다이오드이다. **[답] ①**

13 결정질 실리콘 태양광발전 모듈(성능)(KS C 8561 : 2020)에 따라 외관검사 시 몇 [lx]이상의 광 조사상태에서 진행하는가?

① 1000   ② 1500
③ 2000   ④ 2500

풀이 ○
외관검사 : 1000[lx=Lux] 이상의 광 조사 상태에서 모듈 외관, 태양전지 등에 크랙, 구부러짐, 갈라짐 등이 없는지 확인한다. **[답] ①**

14 태양광발전소의 높은 시스템 전압으로 인하여 태양광발전 모듈과 대지와의 전위차가 모듈의 열화를 가속시킴으로써 출력이 감소하는 현상에 대한 설명으로 틀린 것은?

① 직렬저항이 감소하여 누설전류가 증가한다.
② 온도와 습도가 높을수록 쉽게 발생한다.
③ 웨이퍼의 저항, 이미터 면저항에 영향을 받는다.
④ N타입, P타입 태양광발전 모듈에서 모두 발생할 수 있다.

풀이 ○
병렬저항이 감소하여 누설전류가 증가한다. **[답] ①**

15 다음 설명 중 틀린 것은?

① 도선의 저항은 길이에 비례하고 단면적은 반비례한다.
② 온도의 상승에 따라 도체의 전기저항은 증가한다.
③ 옴의 법칙에서 전압은 저항에 반비례함을 의미한다.
④ 전기가 누설되지 않도록 하는 것을 절연이라고 하며, 그 재료를 절연물이라고 한다.

풀이 ○

(1) 옴의 법칙은 $V = IR$로 전압은 전류에 비례한다.

(2) 도체의 전기저항은 온도 상승에 따라 증가한다.

$(R_T = R_0\{1 + \alpha(T - T_0)\}[\Omega])$

(3) 도선의 저항 $R = \rho \dfrac{l}{A}[\Omega]$로 길이에 비례하고, 단면 적에 반비례한다.　　　　　　　　**[답] ③**

16 태양광발전 어레이에 뇌 서지가 침입할 우려가 있는 장소의 대지와 회로 간에 설치하는 것은?

① SPD　　　　　　② ZCT

③ RCD　　　　　　④ MCCB

풀이 ○

저압회로의 뇌 서지가 침입할 우려가 있는 장소에 대지와 회로 간에 설치되는 것은 서지보호장치(SPD)이다.　　**[답] ①**

17 태양광발전시스템 운전 특성의 측정 방법 (KS C8535 : 2005)에 따른 용어 정의 중 다른 전원에서의 보충 전력량을 의미하는 것은?

① 표준 전력량　　　② 백업 전력량

③ 역조류 전력량　　④ 계통 수전 전력량

풀이 ○

• 백업 전력량 : 다른 전원에서의 보충 전력량

• 계통 수전 전력량 : 상용 전력 계통에서의 수전 전력량

• 역조류 전력량 : 수용가에서 상용전력계통으로 향하는 전력량

• 어레이면 일사량 : 어레이면에 들어오는 직달 일사량 및 산란 일사량이 있는 기간의 총량　　**[답] ②**

18 태양광발전시스템 설치장소 선정 시 고려사항과 관계가 없는 것은?

① 도로 접근성이 용이하여야 한다.

② 설치장소의 고도 및 기압을 고려해야 한다.

③ 일사량 및 일조시간을 고려해야 한다.

④ 전력계통 연계조건이 어떠한지 살펴야 한다.

풀이 ○

설치장소의 고도 및 기압은 설치장소 선정 시 고려사항이 아니다.　　　　　　　　　　　**[답] ②**

19 인버터 Data 중 모니터링 화면에 전송되는 것이 아닌 것은?

① 발전량

② 일사량

③ 입력측 전압, 전류, 전력

④ 출력측 전압, 전류, 전력

풀이 ○

인버터 Data는 입력(DC)측의 전압, 전류, 전력과 출력 (AC)측의 전압, 전류, 전력, 주파수, 발전량, 누적발전량 등을 모니터링 화면에 전송한다.　　**[답] ②**

20 태양광발전설비용 인버터 선정 시 전력품질 안정성 부분에 대한 고려사항이 아닌 것은?

① 기동, 정지가 안정적일 것

② 노이즈의 발생이 적을 것

③ 고조파의 발생이 적을 것

④ 교류분이 적을 것

풀이 ○

전력품질 · 공급 안정성부분에 대한 고려사항.

1) 잡음 발생 및 직류유출이 적을 것

2) 고조파의 발생이 적을 것

3) 기동 · 정지가 안정적일 것　　　　**[답] ④**

2과목　　태양광발전시스템 **시공**

21 자연상태의 토량 1,000[m³]를 흐트러진 상태로 하면 토량은 몇 [m³]로 되는가? (단, 흐트러진 상태의 토량 변화율은 1.2, 다져진 상태의 토량 변화율은 0.9이다.)

① 883　　　　　　② 900

③ 1200　　　　　　④ 1333

풀이 ○

흐트러진 상태의 토량

= 자연상태의 토량 × 흐트러진 상태의 토량 변화율

= 1,000[m³] × 1.2 = 1,200[m³]　　　**[답] ③**

22 얕은기초의 침하량에 대한 설명으로 틀린 것은?

① 얕은기초의 침하는 즉시침하, 일차압밀침하, 이차압밀침하를 합한 것을 말한다.

② 일차압밀침하는 지반의 압축특성, 유효응력 변화, 지반의 투수성, 경계조건 등을 고려하여 계산한다.

③ 이차압밀침하는 즉시침하 완료 후의 시간 침하관계곡선의 기울기를 적용하여 계산한다.

④ 기초하중에 의해 발생된 지중응력의 증가량이 초기응력에 비해 상대적으로 작지 않은 영향 깊이 내 지반을 대상으로 침하를 계산한다.

풀이 ○
• 이차압밀침하는 일차압밀침하 완료 후의 시간－침하관계 곡선의 기울기를 적용하여 계산한다.　**[답] ③**

23 한국전기설비규정에 따라 금속관을 콘크리트에 매입하는 것은 관의 두께가 몇 [mm] 이상이어야 하는가?

① 1.0　　　　　② 1.2

③ 1.6　　　　　④ 2.0

풀이 ○
금속전선관을 콘크리트에 매입하는 것은 1.2[mm] 이상, 그 이외의 것은 1[mm] 이상　　**[답] ②**

24 태양전지 어레이 설치공사의 주의사항으로 틀린 것은?

① 구조물 및 지지대는 현장용접을 한다.

② 너트의 풀림방지는 이중너트를 사용하고 스프링와셔를 체결한다.

③ 태양광 어레이 기초면 확인을 위해 수평기, 수평줄, 수직추를 확보한다.

④ 지지대의 기초앵커볼트의 조임은 바로세우기 완료 후, 앵커볼트의 장력이 균일하게 되도록 한다.

풀이 ○
구조물(가대 및 지지대)은 용융아연도금 처리되어 있으므로 절단 및 현장용접을 하면 안 된다.
※ 절단 또는 용접을 하면, 곧 바로 부식이 진행된다.
[답] ①

25 전력시설물 공사감리업무 수행지침에 따라 공사가 시작된 경우 공사업자가 감리원에게 제출하는 착공신고서에 포함되지 않는 것은?
(단, 그 밖에 발주자의 지정한 사항이 없는 경우이다.)

① 작업인원 및 장비투입 계획서

② 공사도급 계약서 사본 및 산출내역서

③ 관계자 회의 및 협의사항 기록 대장

④ 현장기술자 경력사항 확인서 및 자격증 사본

풀이 ○
감리원은 공사가 시작된 경우에는 공사업자로부터 다음 각 호의 서류가 포함된 착공신고서를 제출받아 적정성 여부를 검토하여 7일 이내에 발주자에게 보고하여야 한다.
1. 시공관리책임자 지정통지서(현장관리조직, 안전관리자)
2. 공사 예정공정표
3. 품질관리계획서
4. 공사도급 계약서 사본 및 산출내역서
5. 공사 시작 전 사진
6. 현장기술자 경력사항 확인서 및 자격증 사본
7. 안전관리계획서
8. 작업인원 및 장비투입 계획서　　**[답] ③**

26 한국전기설비규정에 따른 전기울타리의 시설기준에 대한 설명으로 틀린 것은?

① 전기울타리는 사람이 쉽게 출입하지 아니하는 곳에 설치할 것

② 전선은 인장강도 1.38[kN] 이상의 것 또는 지름 2[mm]이상의 경동선일 것

③ 전선과 이를 지지하는 기둥 사이의 이격거리는 25[mm]이상일 것

④ 전선과 다른 시설물(가공 전선을 제외한다) 또는 수목과의 이격거리는 0.5[m]이상일 것

풀이 ○
전선과 다른 시설물(가공 전선을 제외한다) 또는 수목과의 이격거리는 0.3[m]이상일 것.　　**[답] ④**

27 태양광발전 어레이의 세로길이 L이 1.95[m], 어레이 경사각 25°, 태양의 고도각 21°로 하여 북위 37° 지방에서 태양광발전시스템을 설치하고자 할 때 어레이 간 최소 이격거리는 약 몇 [m] 인가?

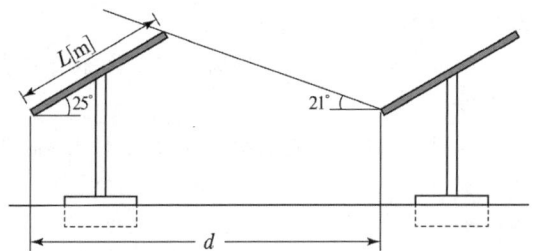

① 2.98   ② 3.13
③ 3.91   ④ 4.45

풀이 ○

• 이격거리 $d = \dfrac{\text{모듈의 길이} \times sin(\text{경사각} + \text{태양고도각})}{sin(\text{태양고도각})}$

$$= \frac{1.95 \times sin(25 + 21)}{sin(21)} = 3.914 ≒ 3.91 \text{[m]}$$

[답] ③

28 한국전기설비규정에 따른 저압 옥내 직류 전기설비에 대한 시설기준으로 틀린 것은?

① 축전지실 등은 폭발성의 가스가 축적되지 않도록 환기장치 등을 시설하여야 한다.
② 옥내전로에 연결되는 축전지는 접지측 도체에 과전압보호장치를 시설하여야 한다.
③ 저압 직류전로에 과전류차단기를 설치하는 경우 직류 단락전류를 차단하는 능력을 가지는 것이어야 하고 "직류용" 표시를 하여야 한다.
④ 저압 직류전기설비를 접지하는 경우에는 직류누설전류에 의한 전기부식작용으로 인한 접지극이나 다른 금속체에 손상의 위험이 없도록 시설하여야 한다.

풀이 ○
옥내전로에 연계되는 축전지는 비접지측 도체에 과전류보호장치를 시설하여야 한다.
[답] ②

29 전력시설물 공사감리업무 수행지침에 따라 부분중지를 지시할 수 있는 사유가 아닌 것은?

① 동일 공정에 있어 2회 이상 경고가 있었음에도 이행되지 않을 때
② 동일 공정에 있어 2회 이상 시정지시가 이행되지 않을 때
③ 안전시공상 중대한 위험이 예상되어 물적, 인적 중대한 피해가 예견될 때
④ 재시공 지시가 이행되지 않는 상태에서는 다음 단계의 공정이 진행됨으로써 하자발생이 될 수 있다고 판단될 때

풀이 ○
동일 공정에 있어 3회 이상 시정지시가 이행되지 않을 때
[답] ②

30 신재생에너지 설비의 지원 등에 관한 지침에 따라 태양광발전 접속함의 설치에 대한 설명으로 틀린 것은?

① 직사광선 노출이 적고, 소유자의 접근 및 육안확인이 용이한 장소에 설치하여야 한다.
② 접속함 및 접속함 일체형 인버터는 KS 인증제품을 설치하여야 한다.
③ 접속함 일체형 인버터 중 인버터의 용량이 100[kW]를 초과하는 경우에는 접속함 품질기준(KS C 8565)을 만족하여야 한다.
④ 지락, 낙뢰, 단락 등으로 인해 태양광발전설비가 이상(異常)현상이 발생한 경우 경보등이 켜지거나 외부에서 육안확인이 가능하여야 한다.

풀이 ○
접속함 일체형 인버터 중 인버터의 용량이 250[kW]를 초과하는 경우에는 접속함은 품질기준(KS C 8567)을 만족하여야 한다.
[답] ③

31 단상 3선식 간선의 전압강하(e) 계산식으로 옳은 것은? (단, A : 전선의 단면적[mm²], I : 전류[A], L : 전선 1가닥의 길이[m] 이다.)

① $e = \dfrac{17.8 \times L \times I}{1,000 \times A}$ ② $e = \dfrac{30.8 \times L \times I}{1,000 \times A}$

③ $e = \dfrac{32.6 \times L \times I}{1,000 \times A}$ ④ $e = \dfrac{35.6 \times L \times I}{1,000 \times A}$

풀이 ○

전기방식별 간선의 전압강하 및 전선의 단면적 계산식은 다음 표와 같다.

전기방식	전압강하[V]	전선의 단면적 [mm²]
직류 2선식 교류 2선식	$e = \dfrac{35.6 \times L \times I}{1000 \times A}$	$A = \dfrac{35.6 \times L \times I}{1000 \times e}$
단상 3선식 3상 4선식	$e = \dfrac{17.8 \times L \times I}{1000 \times A}$	$A = \dfrac{17.8 \times L \times I}{1000 \times e}$
3상 3선식	$e = \dfrac{30.8 \times L \times I}{1000 \times A}$	$A = \dfrac{30.8 \times L \times I}{1000 \times e}$

[답] ①

32 태양광발전시스템에서 작업 중 감전방지 대책으로 틀린 것은?

① 절연 처리된 공구를 사용한다.
② 절연 고무장갑을 착용한다.
③ 강우 시에는 작업을 하지 않는다.
④ 작업 중 태양광발전 모듈 표면에 차광막을 벗긴다.

풀이 ○

작업 중 태양광발전 모듈 표면에 차광막을 씌운다.

[답] ④

33 분산형전원 배전계통연계 기술기준에 따라 Hybrid 분산형전원의 변동 빈도를 정의하기 어렵다고 판단되는 경우 순시전압변동률은 몇 [%]를 적용하여야 하는가?

① 1   ② 2
③ 3   ④ 5

풀이 ○

Hybrid 분산형전원의 변동 빈도를 정의하기 어렵다고 판단되는 경우에는 순시전압변동률 3[%]를 적용한다.

[답] ③

34 설계감리업무 수행지침에 따라 설계감리원이 설계업자로부터 착수신고서를 제출받아 어떤 사항에 대하여 적정성 여부를 검토하여 보고하는가?

① 설계감리일지, 근무상황부
② 설계감리일지, 예정공정표
③ 예정공정표, 과업수행계획 등 그 밖에 필요한 사항
④ 설계감리기록부, 과업수행계획 등 그 밖에 필요한 사항

풀이 ○

설계감리원은 설계업자로부터 착수신고서를 제출받아 다음 각 호의 사항에 대한 적정성 여부를 검토하여 보고하여야 한다.
1. 예정공정표
2. 과업수행계획 등 그 밖에 필요한 사항

[답] ③

35 분산형전원 배전계통연계 기술기준의 용어 정의 중 다음 설명에 해당하는 것은?

한전계통 상에서 검토 대상 분산형전원으로 부터 전기적으로 가장 가까운 지점으로서 다른 분산형전원 또는 전기사용부하가 존재하거나 연결될 수 있는 지점을 말한다.

① 접속점
② 공통 연결점
③ 분산형전원 검토점
④ 분산형전원 연결점

풀이 ○

• 접속점 : 접속설비와 분산형전원 설치자측 전기설비가 연결되는 지점.
• 분산형전원 연결점 : 구내계통 내에서 검토 대상 분산형전원이 존재하거나 연결될 수 있는 지점.
• 검토점 : 분산형전원 연계 시 이 기준에서 정한 기술요건들이 충족되는지를 검토하는 데 있어 기준이 되는 지점.

[답] ②

36 전기시설물 설계 시 설계도서의 실시설계 성과물로 묶이지 않은 것은?

① 내역서, 산출서, 견적서

② 설계도면, 공사시방서, 설계설명서

③ 용량계산서, 간선계산서, 부하계산서

④ 공사비 내역서, 용량계획서, 시스템선정 검토서

풀이 ◉

실시설계 성과물의 종류

· 설계도서 : 설계설명서, 설계도면, 공사시방서

· 공사비 적산서 : 내역서, 산출서, 견적서

· 설계계산서 : 용량계산서, 부하계산서, 간선계산서, 전압강하계산서

※ 기본설계 성과물 : 공사비 내역서, 용량 계획서(추정 계산서), 시스템선정 검토서 **[답] ④**

37 한국전기설비규정에 따라 저압 가공전선로의 지지물은 목주인 경우, 풍압하중의 몇 배의 하중에 견디는 강도를 가지는 것이어야 하는가?

① 1.1   ② 1.2

③ 1.5   ④ 1.8

풀이 ◉

저압 가공전선로의 지지물은 목주인 경우에는 풍압하중의 1.2배의 하중, 기타의 경우에는 풍압하중에 견디는 강도를 가지는 것이어야 한다. **[답] ②**

38 한국전기설비규정에 따라 라이팅덕트공사에 의한 저압 옥내배선의 시설기준으로 틀린 것은?

① 덕트는 조영재에 견고하게 붙일 것

② 덕트의 개구부는 위로 향하여 시설할 것

③ 덕트는 조영재를 관통하여 시설하지 아니할 것

④ 덕트의 지지점 간의 거리는 2[m]이하로 할 것

풀이 ◉

라이팅덕트의 개구부는 아래를 향하여 시설할 것 **[답] ②**

39 구조물 이격거리 산정 시 고려사항이 아닌 것은?

① 상부구조물의 하중

② 설치될 장소의 경사도

③ 가대의 경사도와 높이

④ 동지 시 발전 가능 한계 시간에서 태양의 고도

풀이 ◉

구조물의 이격거리

$$d = L \times \{\cos(\alpha) + \sin(\alpha) \times tan(90-\beta)\}[m]$$

여기서, L : 어레이의 길이, $L \times \sin(\alpha)$: 가대의 높이

$L \times \sin(\alpha) \times tan(90-\beta)$: 그림자의 길이

α : 가대의 경사도(경사각)

β : 발전 한계고도(각)

※ 상부구조물의 하중은 구조계산서의 구조검토 시 필요요건이다. **[답] ①**

40 전기실의 면적에 영향을 주는 요소로 틀린 것은?

① 변압기 용량

② 건축물의 구조적 여건

③ 기기의 배치방법

④ 태양광발전 모듈의 배선방법

풀이 ◉

태양광발전 모듈의 배선방법은 전기실 면적에 영향을 주지 않는다. **[답] ④**

3과목 태양광발전시스템 **운영**

41 태양광발전시스템 점검 계획 시 고려해야 할 사항이 아닌 것은?

① 고장 이력   ② 환경 조건

③ 부하 종류   ④ 설비의 중요도

풀이 ◉

태양광발전시스템 점검 계획 시 고려사항 : 설비의 사용기간, 설비의 중요도, 환경조건, 고장이력, 부하상태 **[답] ③**

42 태양광발전시스템에 계측기구 및 표시장치의 설치목적으로 틀린 것은?

① 시스템의 홍보
② 시스템의 운전 상태를 감시
③ 시스템에서 생산된 전력 판매량 파악
④ 시스템 기기 또는 시스템 종합평가

풀이 ◯

시스템에서 생산된 전력량을 파악하기 위함이지, 전력 판매량 파악의 목적이 아니다.　　　　　**[답]** ③

43 태양광발전시스템에 사용된 스트링다이오드의 결함을 점검하기 위한 방법으로 옳은 것은?

① 육안검사　　　　② 접지저항 측정
③ 입출력 측정　　　④ 전력망 분석

풀이 ◯

스트링다이오드는 역류방지다이오드의 또 다른 명칭이며, 결함을 점검하기위해 입출력 측정을 한다.　**[답]** ③

44 송전설비의 유지관리를 위한 육안점검 사항 중 배전반 주회로 인입·인출부에 대한 점검개소와 점검 내용에 관한 설명으로 틀린 것은?

① 부싱 : 코로나 방전에 의한 이상음 여부 확인
② 부싱 : 레일 또는 스토퍼의 변형 여부 확인
③ 케이블 단말부 및 접속부, 관통부 : 쥐, 곤충 등의 침입 여부 확인
④ 케이블 단말부 및 접속부, 관통부 : 케이블 막이판의 떨어짐 또는 간격의 벌어짐 유무 확인

풀이 ◯

부싱에는 레일 또는 스토퍼가 없다.　　　**[답]** ②

45 개방전압 측정 시 유의사항으로 틀린 것은?

① 태양광발전 모듈 표면의 이물질, 먼지 등을 청소하는 것이 필요하다.
② 각 스트링의 측정은 안정된 일사강도가 얻어

질 때 하도록 한다.
③ 개방전압 측정 시 안전을 위해 우천 시 또는 흐린 날에 측정하도록 한다.
④ 태양광발전 모듈의 개방전압 측정 시 접속함에서 주차단기를 반드시 차단하고 측정한다.

풀이 ◯

측정시각은 일사강도, 온도의 변동을 극히 적게 하기위해 맑을 때, 남쪽에 있을 때의 전후 1시간에 실시하는 것이 바람직하다.　　　　　**[답]** ③

46 전력계통에 순간정전이 발생하여 태양광발전용 인버터가 정지할 때 동작되는 계전기는?

① 역전력계전기　　② 과전압계전기
③ 저전압계전기　　④ 과전류계전기

풀이 ◯

순간정전이 발생하면 저전압계전기가 동작하여 인버터가 정지한다.　　　　　**[답]** ③

47 차단기의 트립방식으로 틀린 것은?

① CT 트립방식　　　② 저항 트립방식
③ 콘덴서 트립방식　④ 부족전압 트립방식

풀이 ◯

• 차단기의 트립방식 : CT 트립방식, 콘덴서 트립방식, 부족전압 트립방식, 축전지(배터리) 트립방식 **[답]** ②

48 태양광 발전용 인버터(계통연계형, 독립형) (KS C 8565 : 2024)에 따라 독립형 시험 항목으로 옳은 것은?

① 출력측 단락 시험
② 자동 기동·정지 시험
③ 교류 출력전류 변형률 시험
④ 단독 운전 방지 기능시험

풀이 ◯

• 계통연계형, 독립형 : 출력측 단락 시험
• 계통연계형 : 자동 기동·정지 시험, 교류 출력전류 변형률 시험, 단독 운전 방지 기능시험　**[답]** ①

49 일반적으로 고장전류 중 가장 큰 전류는?

① 1선 지락전류   ② 선간 단락전류

③ 2선 지락전류   ④ 3상 단락전류

풀이 ⊙

고장전류의 크기 : 3상 단락전류 > 선간 단락전류
> 2선 지락전류 > 1선 지락전류   **[답]** ④

50 인버터의 이상표시신호에 따른 조치방법에 대한 설명으로 틀린 것은?

① Line Phase Sequence Fault : 상전압 확인 후 재운전

② Line Inverter Async Fault : 계통 주파수 점검 후 운전

③ Inverter Ground Fault : 인버터 고장부분 수리 또는 접지저항 확인 후 운전

④ Line Over Voltage Fault : 계통 전압 확인 후 정상 시 5분 후 재가동

풀이 ⊙

Line Phase Sequence Fault : 상회전 확인 후 정상 시 재 운전   **[답]** ①

51 태양광발전 어레이의 육안점검 시 점검내용으로 틀린 것은?

① 나사의 풀림 여부

② 유리 등 표면의 오염 및 파손

③ 가대의 부식 및 녹 발생 여부

④ 절연저항 측정 및 접지, 본딩선 접속상태

풀이 ⊙

육안점검은 계측기를 사용하지 않는 점검이며, 절연저항 측정은 절연저항 측정기가 필요하다.   **[답]** ④

52 태양광발전 접속함(KS C 8567 : 2019)에 따라 소형 접속함의 외함 보호 등급(IP)으로 적합한 것은?

① IP 20 이상   ② IP 33 이상

③ IP 45 이상   ④ IP 54 이상

풀이 ⊙

소형(3회로 이하)접속함의 보호등급은 옥내형 및 옥외형 모두 IP54 이상이다.   **[답]** ④

53 절연 고무장갑의 사용범위에 대한 설명으로 틀린 것은?

① 습기가 많은 장소에서의 개폐기 개방, 투입의 경우

② 충전부에 근접하여 머리에 전기적 충격을 받을 우려가 있는 경우

③ 활선상태의 배전용 지지물에 누설전류의 발생 우려가 있는 경우

④ 정전 작업 시 역 송전이 우려되는 선로나 기기에 단락접지를 하는 경우

풀이 ⊙

충전부에 근접하여 머리에 전기적 충격을 받을 우려가 있는 경우에는 사용하는 것은 전기안전모이다. **[답]** ②

54 태양광발전시스템의 피뢰설비를 회전구체법으로 할 경우 회전구체 반지름(r)은 몇 [m]인가? (단, 보호레벨은 Ⅳ등급으로 한다.)

① 20   ② 30

③ 45   ④ 60

풀이 ⊙

회전구체법으로 할 경우 보호레벨에 따른 회전구체 반지름

보호등급	회전구체 반경 r[m]
Ⅰ	20
Ⅱ	30
Ⅲ	45
Ⅳ	60

[답] ④

55 태양광발전소 운전 시 모듈에서 Hot spot 발생의 원인과 설명으로 가장 적절한 것은?

① 전지의 직렬(R_s) 및 병렬(R_{sh}) 저항이 증가한다.

② 전지의 직렬(R_s) 및 병렬(R_{sh}) 저항이 감소한다.

③ 전지의 직렬(R_s) 저항이 증가하고, 병렬(R_{sh}) 저항이 감소한다.

④ 전지의 직렬(R_s) 저항이 감소하고, 병렬(R_{sh}) 저항이 증가한다.

풀이 ○

• 태양전지 모듈에서 태양전지 셀에 그늘(음영)이 발생하면, 직렬저항은 증가하고 병렬저항은 감소하여 핫 스팟(Hot spot)이 발생된다. **[답] ③**

56 인버터의 정기점검 항목 중 육안점검 항목으로 틀린 것은?

① 통풍 확인

② 운전 시 이상음

③ 접지선 손상

④ 투입저지 시한 타이머 동작시험

풀이 ○

투입저지 시한 타이머 동작시험은 육안점검 항목이 아니다. **[답] ④**

57 송전선로의 안정도 증진방법으로 틀린 것은?

① 전압변동을 작게 한다.

② 직렬 리액턴스를 크게 한다.

③ 중간 조상방식을 채택한다.

④ 고장 시 발전기 입·출력의 불평형을 작게 한다.

풀이 ○

안정도 증진을 위해서는 직렬 리액턴스를 작게 해야 한다. **[답] ②**

58 태양광 모듈의 고장 원인이 아닌 것은?

① 모듈 극성의 오결선

② 유리표면의 오염

③ 외부 충격

④ 낙뢰 및 서지

풀이 ○

태양광 모듈의 고장원인은 다음과 같다.

① 제조 결함

② 시공 불량

③ 운영과정에서의 외상

④ 전기적, 기계적 스트레스에 의한 셀의 파손

⑤ 경년 열화에 의한 셀 및 리본의 노화

⑥ 주변 환경(염해, 부식성 가스 등)에 의한 부식

※ 유리표면의 오염은 태양광 모듈의 고장원인은 아니다. **[답] ②**

59 최대수용전력 1000[kVA]이고, 설비용량은 전등부하 500[kW], 동력부하 700[kVA]이다. 이때 수용률은 약 몇 [%]인가?

① 83.3 ② 84.4

③ 88.3 ④ 94.4

풀이 ○

$$수용률 = \frac{최대수용전력[kVA]}{총\ 설비용량[kVA]} \times 100[\%]$$

$$= \frac{1,000[kVA]}{(500+700)[kVA]} \times 100[\%]$$

$$= 83.33 \fallingdotseq 83.3[\%]$$

※ 역률이 주어지지 않는 경우 : [kW]=[kVA] **[답] ①**

60 한국전기설비규정에 따른 지중전선로에 사용하는 케이블의 시설 방법이 아닌 것은?

① 관로식 ② 암거식

③ 간접매설식 ④ 직접매설식

풀이 ○

지중전선로 케이블의 시설 방법 : 직접매설식, 관로식, 암거식 **[답] ③**

4과목 신재생에너지 관련법규

61 전기사업법령에 따라 전기사업자 및 한국전력거래소가 전기의 품질을 유지하기 위해 매년 1회 이상 측정하여야 하는 대상의 연결로 틀린 것은?

① 한국전력거래소 - 주파수

② 전기판매사업자 - 전압

③ 송전사업자 - 전압 및 주파수

④ 배전사업자 - 전압 및 주파수

풀이 ◉

전기사업자 및 한국전력거래소는 다음 각 목의 사항을 매년 1회 이상 측정하여야 하며, 측정 결과를 3년간 보존하여야 한다.

1. 발전사업자 및 송전사업자의 경우에는 전압 및 주파수
2. 배전사업자 및 전기판매사업자의 경우에는 전압
3. 한국전력거래소의 경우에는 주파수 **[답] ④**

62 배선기구의 정비에 관한 기술지침에 따라 플러그에 대한 설명으로 틀린 것은?

① 플러그의 절연부에 균열, 파손, 탈색 등의 결함이 있는 부품은 교체하여야 한다.

② 절연체의 탈색이나 접촉면의 패임에 대해 육안 점검을 하고, 다른 부분도 탈색이나 패인 곳이 있으면 점검 한다.

③ 도체 소선은 과열을 방지하기 위해 묶음 헤드나사를 사용하는 경우, 납땜을 사용하여야 한다.

④ 정기적으로 각 도체의 조립품을 단자까지 점검하되, 개별 도체 소선은 적절하게 수납되어야 하고, 단자 부위는 단단하게 조여야 한다.

풀이 ◉

도체 소선은 과열을 방지하기 위해 묶음 헤드나사를 사용하는 경우, 납땜을 사용하지 않아야 한다. **[답] ③**

63 환경영향평가법령에 따라 태양광 발전소의 경우 환경영향평가를 받아야 하는 발전시설용량은 몇 [kW] 이상 인가?

① 5,000

② 10,000

③ 100,000

④ 500,000

풀이 ◉

시행령 별표4에 따라 태양력 · 풍력 또는 연료전지발전소의 경우에는 발전시설용량이 10만 킬로와트 이상인 것 **[답] ③**

64 전기공사업법령에 따른 전기공사기술자의 시공관리 구분에서 사용전압이 22.9[kV]인 전기공사의 시공관리를 할 수 있는 기술자의 최소등급은?

① 특급 전기공사 기술자

② 고급 전기공사 기술자

③ 중급 전기공사 기술자

④ 초급 전기공사 기술자

풀이 ◉

전기공사기술자의 구분	규모별 시공관리 구분
특급 전기공사기술자 또는 고급 전기공사기술자	모든 전기공사
중급 전기공사기술자	전기공사 중 사용전압이 100,000 볼트 이하인 전기공사
초급 전기공사기술자	전기공사 중 사용전압이 1,000볼트 이하인 전기공사

[답] ③

65 전기설비기술기준에 따라 저압전선로 중 절연부분의 전선과 대지 사이 및 전선의 심선 상호 간의 절연저항은 사용전압에 대한 누설전류가 최대 공급전류의 얼마를 넘지 않도록 하여야 하는가?

① 1/1500

② 1/2000

③ 1/2500

④ 1/3000

풀이 ◉

저압전선로 중 절연 부분의 전선과 대지 사이 및 전선의 심선 상호 간의 절연저항은 사용전압에 대한 누설전류가 최대 공급전류의 1/2,000을 넘지 않도록 하여야한다. **[답] ②**

66 전력기술관리법령에 따라 전문 감리업 면허 보유자가 수행할 수 있는 감리업의 영업 범위는?

① 발전설비용량 5만 kW 미만의 전력시설물

② 발전설비용량 10만 kW 미만의 전력시설물

③ 발전설비용량 15만 kW 미만의 전력시설물

④ 발전설비용량 20만 kW 미만의 전력시설물

풀이 ◉

• 전문감리업 : 발전 · 변전설비 용량 10만킬로와트 미만의 전력시설물, 전압 10만볼트 미만의 송전 · 배전

선로 20킬로미터 미만의 전력시설물, 용량 5천킬로와트 미만의 전기수용설비, 연면적 3만제곱미터 미만인 건축물의 전력시설물 [답] ②

67 전기공사업법령에 따라 전기공사업 등록증 및 등록수첩을 발급하는 자는?

① 시·도지사
② 전기안전공사사장
③ 기후에너지환경부장관
④ 지정공사업자단체장

풀이 ○

전기공사업법 제4조에 따라 시·도지사는 제1항에 따라 공사업의 등록을 받으면 등록증 및 등록수첩을 내주어야 한다. [답] ①

68 전기사업법령에 따라 태양광발전시스템 정기점검에 대한 설명으로 틀린 것은?

① 저압이고 용량 50킬로와트 초과 100킬로와트 이하의 경우는 매월 1회 이상 점검하여야 한다.
② 저압이고 용량 200킬로와트 초과 300킬로와트 이하의 경우는 매월 2회 이상 점검하여야 한다.
③ 고압이고 용량 500킬로와트 초과 600킬로와트 이하의 경우는 매월 3회 이상 점검하여야 한다.
④ 고압이고 용량 600킬로와트 초과 700킬로와트 이하의 경우는 매월 3회 이상 점검하여야 한다.

풀이 ○

용량별 점검횟수

용 량 별		점검횟수
저압	1 ~ 300[kW] 이하	월 1회
	300[kW] 초과	월 2회
고압	1 ~ 300[kW] 이하	월 1회
	300[kW] 초과 ~ 500[kW] 이하	월 2회
	500[kW] 초과 ~ 700[kW] 이하	월 3회
	700[kW] 초과 ~ 1,500[kW] 이하	월 4회
	1,500[kW] 초과 ~ 2,000[kW] 이하	월 5회
	2,000[kW] 초과 ~ 2,500[kW] 미만	월 6회

[답] ②

69 전기사업법령에 따라 허가 받은 사항 중 기후에너지환경부령으로 정하는 중요 사항을 변경하려는 경우 기후에너지환경부장관의 허가를 받아야 한다. 이 중요 사항에 포함되지 않는 것은?

① 사업자가 변경되는 경우
② 공급전압이 변경되는 경우
③ 사업구역이 변경되는 경우
④ 특정한 공급구역이 변경되는 경우

풀이 ○

시행규칙 제5조(변경허가사항 등)
1. 사업구역 또는 특정한 공급구역
2. 공급전압
3. 발전사업 또는 구역전기사업의 경우 발전용 전기설비에 관한 다음 각 목의 어느 하나에 해당하는 사항
　가. 설치장소(동일한 읍·면·동에서 설치장소를 변경하는 경우는 제외)
　나. 설비용량(변경 정도가 허가 또는 변경허가를 받은 설비용량의 100분의 10 이하인 경우는 제외)
　다. 원동력의 종류 [답] ①

70 전기사업법령에 따라 기초조사에 포함되어야 할 사항 중 경제·사회 분야의 세부항목으로 옳은 것은?

① 발전사업에 따른 지역경제 활성화 방안
② 발전설비에 대한 환경규제 및 기준에 관한 사항
③ 발전설비 건설에 따른 환경오염 최소화 방안
④ 발전사업에 따른 인구 전출 유발효과에 관한 사항

풀이 ○

기초조사에 포함되어야 할 사항(제16조의2제1항 관련) 중 경제·사회 분야의 세부항목
가. 발전사업에 따른 지역경제 활성화 방안
나. 발전사업에 따른 인구 유입 및 고용 유발 효과에 관한 사항 [답] ①

71 전기사업법령에 따라 발전시설용량이 3천킬로와트 이하인 발전사업의 사업개시의 신고를 하려는 자는 사업개시신고서를 누구에게 제출하여야 하는가?

① 시·도지사

② 기후에너지환경부장관

③ 한국전력공사 사장

④ 한국전기안전공사 사장

풀이 ○
- 3천킬로와트 이하 : 시·도지사
- 3천킬로와트 초과 : 기후에너지환경부장관 **[답]** ①

72 전력기술관리법령에 따른 감리원의 업무범위가 아닌 것은?

① 현장 조사·분석

② 공사 단계별 기성(旣成) 확인

③ 현장 시공상태의 평가 및 기술지도

④ 입찰참가자 자격심사 기준 작성

풀이 ○
시행규칙 제22조(감리원의 업무 등) ① 영 제23조제1항 제14호에서 "기후에너지환경부령으로 정하는 사항"이란 다음 각 호의 업무를 말한다.
1. 현장 조사·분석
2. 공사 단계별 기성(旣成) 확인
3. 행정지원업무
4. 현장 시공상태의 평가 및 기술지도
5. 공사감리업무에 관련되는 각종 일지 작성 및 부대 업무 **[답]** ④

73 산업안전보건기준에 관한 규칙에 따라 꽂음접속기를 설치하거나 사용하는 경우 준수하여야 하는 사항으로 틀린 것은?

① 서로 같은 전압의 꽂음 접속기는 서로 접속되지 아니한 구조의 것을 사용할 것

② 해당 꽂음 접속기에 잠금장치가 있는 경우에는 접속 후 잠그고 사용할 것

③ 근로자가 해당 꽂음 접속기를 접속시킬 경우에는 땀 등으로 젖은 손으로 취급하지 않도록 할 것

④ 습윤한 장소에 사용되는 꽂음 접속기는 방수형 등 그 장소에 적합한 것을 사용할 것

풀이 ○
서로 다른 전압의 꽂음 접속기는 서로 접속되지 아니한 구조의 것을 사용할 것 **[답]** ①

74 신에너지 및 재생에너지 개발·이용·보급 촉진법령에 따른 신·재생에너지 공급의무자의 2026년도 의무공급량의 비율[%]은?

① 14.0[%]

② 15.0[%]

③ 17.0[%]

④ 19.0[%]

풀이 ○
신에너지 및 재생에너지 개발·이용·보급 촉진법 시행령 [별표 3]

연도별 의무공급량의 비율

연 도	2025	2026	2027	2028	2029	2030이후
의무비율[%]	14.0	15.0	17.0	19.0	22.5	25.0

[답] ②

75 신에너지 및 재생에너지 개발·이용·보급 촉진법령에 따른 신재생에너지 정책심의회의 심의 사항이 아닌 것은?

① 신·재생에너지의 기술개발 및 이용·보급에 관한 중요 사항

② 신·재생에너지 발전에 의하여 공급되는 전기의 기준가격 및 그 변경에 관한 사항

③ 기후변화 대응 기본계획, 에너지 기본계획 및 지속가능 발전 기본계획에 관한 사항

④ 대통령령으로 정하는 경미한 사항을 변경하는 경우를 제외한 기본계획의 수립 및 변경에 관한 사항

풀이 ○
심의회는 다음 각 호의 사항을 심의한다.
1. 기본계획의 수립 및 변경에 관한 사항. 다만, 기본계획의 내용 중 대통령령으로 정하는 경미한 사항을 변경하는 경우는 제외한다.
2. 신·재생에너지의 기술개발 및 이용·보급에 관한 중요 사항
3. 신·재생에너지 발전에 의하여 공급되는 전기의 기준가격 및 그 변경에 관한 사항
4. 신·재생에너지 이용·보급에 필요한 관계 법령의 정비 등 제도개선에 관한 사항 **[답]** ③

76 태양광발전시스템의 안전관리 예방업무가 아닌 것은?

① 시설물 및 작업장 위험방지
② 안전관리비 실행 집행 및 관리
③ 안전작업 관련 훈련 및 교육
④ 안전장구, 보호구, 소화설비의 설치, 점검, 정비

풀이 ○

안전관리비 실행 집행 및 관리는 예산관리이다. **[답]** ②

77 신에너지 및 재생에너지 개발·이용·보급 촉진법령에 따라 공급인증기관이 제정하는 공급인증서 발급 및 거래시장 운영에 관한 규칙에 포함되는 사항으로 틀린 것은?

① 공급인증서의 거래방법에 관한 사항
② 신·재생에너지 공급량의 증명에 관한 사항
③ 공급인증서 가격의 결정방법에 관한 사항
④ 저탄소 녹색성장과 관련된 법제도에 관한 사항

풀이 ○

저탄소 녹색성장과 관련된 법제도에 관한 사항은 신에너지 및 재생에너지 개발·이용·보급 촉진법령과 무관함. **[답]** ④

78 태양광발전시스템 공사에 적용될 기본풍속에 대한 설명으로 틀린 것은?

① 10분간의 평균풍속이다.
② 재현기간 100년의 풍속이다.
③ 개활지의 지상 10[m]에서의 풍속이다.
④ 지역별 풍속에는 서로 차이가 없다.

풀이 ○

기본풍속은 지역별로 차이가 있다. **[답]** ④

79 신·재생에너지 공급의무화제도 및 연료 혼합의무화제도 관리·운영지침에 따른 용어의 정의 중 정부와 에너지 공급사간에 신·재생에너지 확대 보급을 위해 체결한 협약을 말하는 용어의 약어로 옳은 것은?

① REC   ② RFS
③ RPA   ④ REP

풀이 ○

• REC(Renewable Energy Certificate) : 공급인증서의 발급 및 거래단위로서 공급인증서 발급대상 설비에서 공급된 MWh 기준의 신·재생에너지 전력량에 대해 가중치를 곱하여 부여하는 단위
• REP(Renewable Energy Point)"란 생산인증서의 발급 및 거래단위로서 생산인증서 발급대상 설비에서 생산된 MWh기준의 신·재생에너지 전력량에 대해 부여하는 단위
• 신·재생에너지 개발공급협약(RPA) : 정부와 에너지 공급사간에 신·재생에너지 확대 보급을 위해 체결한 협약 **[답]** ③

80 전기사업법령에 따라 전기사업자는 허가권자가 지정한 준비기간에 사업에 필요한 전기설비를 설치하고 사업을 시작하여야 한다. 그 준비기간은 몇 년의 범위에서 기후에너지환경부장관이 정하여 고시하는 기간을 넘을 수 없는가?

① 5   ② 7
③ 10   ④ 15

풀이 ○

전기사업자는 기후에너지환경부장관이 지정한 준비기간에 사업에 필요한 전기설비를 설치하고 사업을 시작하여야 하며, 준비기간은 10년을 넘을 수 없다. **[답]** ③

※ 관련법령의 개정 및 한국전기설비규정(KEC)의 시행에 따라 기출문제의 내용을 개정 및 변경된 것으로 수정한 것입니다. 따라서 엔트미디어를 통해 제공되는 기출풀이 동영상(2013~2022)은 내용이 다를 수 있습니다. 따라서 본 교재의 내용으로 학습하시기 바랍니다.

1과목 태양광발전시스템 이론

01 어떤 태양광발전 모듈의 최대전력은 100[W]이고, STC 조건에서 측정한 값이다. 태양광발전 모듈의 표면온도가 45[℃]일 때, 태양광발전 모듈의 최대출력[W]은? (단, 태양광발전 모듈의 온도보정계수(α)는 −0.5[%/℃]이다.)

① 85 　　　　② 90
③ 100 　　　　④ 105

풀이 ⊙

$$P_{\max(45℃)} = P_{\max}\{1+\alpha(45-25)\}$$
$$= 100\{1-0.005(45-25)\} = 90[\text{W}]$$　　[답] ②

02 위도 36.5° 지역의 하지 시 남중고도는?

① 33° 　　　　② 45°
③ 66° 　　　　④ 77°

풀이 ⊙

위도가 36.5인 지역의 하지 시 남중고도
$= 90° - 위도 + 23.5° = 90° - 36.5° + 23.5° = 77°$　　[답] ④

03 태양광발전 모듈의 온도에 대한 일반적인 특성이 아닌 것은?
① 계절에 따른 온도변화로 출력이 변동한다.
② 태양광발전 모듈의 출력은 정(+)의 온도 특성이 있다.
③ 태양광발전 모듈의 표면온도는 외기온도에 비례해서 맑은 날은 20~40[℃]정도 높다.
④ 태양광발전 모듈은 온도가 상승할 경우 개방전압과 최대출력은 저하한다.

풀이 ⊙

태양광발전 모듈의 출력은 부(−)의 온도 특성이 있다. 즉, 온도가 올라가면 출력이 저하한다.　　[답] ②

04 태양광발전 모듈 설치 시 태양을 향한 방향에 높이 3[m]인 장애물이 있을 경우 장애물로부터 최소 이격거리[m]는? (단, 발전가능 한계시각에서의 태양의 고도각은 20°이다.)

① 약 8.2 　　　　② 약 9.5
③ 약 10.5 　　　　④ 약 14.1

풀이 ⊙

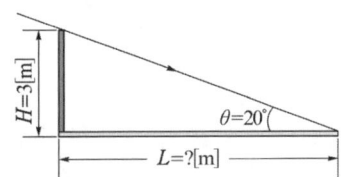

상기 그림에서 $\tan(20) = \dfrac{3}{L}$ 이므로,

이격거리$(L) = \dfrac{3}{\tan(20)} = 8.24 ≒ 8.2[\text{m}]$　　[답] ①

05 축전지의 용량환산시간(K)을 구하기 위해 필요한 값이 아닌 것은?
① 방전시간
② 축전지 보수율
③ 축전지 온도
④ 허용 최저전압

풀이 ⊙

축전지의 용량환산시간(K)을 구하기 위해 필요한 값 : 방전시간, 축전지 온도, 허용 최저전압　　[답] ②

06 태양광발전시스템을 뇌서지의 피해로부터 보호하기 위한 대책으로 적절하지 않은 것은?
① 뇌우 다발지역에서는 교류 전원측에 내뢰 트랜스를 설치한다.
② 피뢰소자를 어레이 주회로 내부에 분산시켜 설치하고 접속함에도 설치한다.
③ 접지선에서의 침입을 막기 위해 전원측 전압을 항상 낮게 유지한다.
④ 저압 배전선으로 침입하는 뇌서지에 대해서는 분전반에 피뢰소자를 설치한다.

(풀이)⦿
전원측 전압을 낮게 유지하는 것으로 접지선으로 침입하는 뇌서지를 막을 수 없으며, 서지보호장치의 접지선은 되도록 짧게 하여야 한다. (0.5[m]이내)   **[답]** ③

07 수소원자에서 기저상태(주양자수 $n=1$)에 있는 전자를 $n=2$인 궤도로 옮기는데 필요한 에너지[eV]는?
① 3.38   ② 6.82
③ 10.19   ④ 13.57

(풀이)⦿
• 수소원자의 궤도의 에너지$(E_n) = -\dfrac{13.60}{n^2}$[eV]
• $n=1$일 때 에너지$(E_1) = -\dfrac{13.60}{1^2} = -13.6$[eV]
• $n=2$일 때 에너지$(E_2) = -\dfrac{13.60}{2^2} = -3.4$[eV]
• 필요한 에너지(E) : $-13.6 + E = -3.4$
  $E = -3.4 + 13.6 = 10.20 ≒ 10.19$ **[답]** ③

08 태양전지의 P−N접합에 의한 태양광발전 원리로 옳은 것은?
① 광흡수 → 전하수집 → 전하분리 → 전하생성
② 광흡수 → 전하생성 → 전하분리 → 전하수집
③ 광흡수 → 전하분리 → 전하수집 → 전하생성
④ 광흡수 → 전하생성 → 전하수집 → 전하분리

(풀이)⦿
P−N접합에 의한 태양광발전 원리 : 광흡수 → 전하생성 → 전하분리 → 전하수집   **[답]** ②

09 태양광발전시스템에서 개별 손실 인자가 아닌 것은?
① 음영   ② AC손실
③ 모듈의 오손   ④ 일사량 조건

(풀이)⦿
개별 손실은 태양광발전시스템 구성요소 단일의 손실로 일사량 조건은 개별손실이 아니고 시스템 손실이다.
   [답] ④

10 전압−전류의 특성이 비직선적인 저항소자로, 전압의 변화에 따라 전기저항 값이 크게 변화하는 소자는?
① 서미스터(Thermistor)
② 배리스터(Varistor)
③ 압전소자(Piezo element)
④ 열전소자(Thermo element)

(풀이)⦿
• 서미스터(Thermistor) : 온도에 따라 물질의 저항이 변화하는 성질을 이용한 전기적 장치이다. 주로 회로의 전류가 일정 이상으로 오르는 것을 방지하거나, 회로의 온도를 감지하는 센서로써 이용된다.
• 배리스터(Varistor) : 전압−전류의 특성이 비직선적인 저항소자로, 전압의 변화에 따라 전기저항 값이 크게 변화하는 소자이다.
• 압전소자(Piezo element) : 압전 소자는 힘 (압력)을 가함으로써 전압을 발생 (압전 효과)시키거나, 전압을 가함으로써 변형 (역압전 효과)시키는 소자이다.
• 열전소자(Thermo element) : 열에너지를 전기에너지로, 전기에너지를 열에너지로 직접 변환하는 효과를 이용한 소자이다.   **[답]** ②

11 교류의 파형률을 나타내는 관계식으로 옳은 것은?
① $\dfrac{실효값}{최대값}$ ② $\dfrac{최대값}{실효값}$
③ $\dfrac{실효값}{평균값}$ ④ $\dfrac{평균값}{실효값}$

(풀이)⦿
• 교류의 파형률 $= \dfrac{실효값}{평균값}$
• 교류의 파고율 $= \dfrac{최대값}{실효값}$ **[답]** ③

12 10[A]의 전류를 흘렸을 때의 전력이 50[W]인 저항에 20[A]의 전류를 흘렸다면 소비전력은 몇 [W]인가?

① 120　　　　② 200
③ 300　　　　④ 350

풀이 ○

- 소비전력(P) $= I^2 \times R$[W]에서 저항값(동일 기기에서의 저항값은 같음)을 구하면,

$$R = \frac{P}{I^2}[\Omega] = \frac{50}{10^2} = 0.5[\Omega]$$

- 저항에 20[A] 전류가 흐를 때 소비전력

$$(P_{20}) = 20^2 \times 0.5 = 200[W]$$

[답] ②

13 태양광발전용 축전지가 갖추어야 할 요구조건이 아닌 것은?

① 과충전 및 과방전에 강할 것
② 에너지 저장 밀도가 높을 것
③ 중량 대비 효율이 높을 것
④ 자기 방전율이 높을 것

풀이 ○

축전지가 갖추어야 할 조건
① 자기 방전율이 낮을 것
② 에너지 저장밀도가 높을 것
③ 중량 대비 효율이 높을 것
④ 과충전 및 과방전에 강할 것
⑤ 가격이 저렴하고 장수명일 것

[답] ④

14 태양전지의 효율은 설치된 출력의 실제적 이용 상태를 말하는 것으로, 실제 100[W]의 일사량에서 효율이 15[%], 태양전지의 출력이 15[W]이면 변환효율은 몇 [%]가 되는가?

① 30　　　　② 20
③ 15　　　　④ 10

풀이 ○

태양전지의 효율은 표준시험 조건에 따라 측정된 효율을 나타내므로 동일 태양전지에서 일사량 변화에 따라 출력이 변화한다고 하여도 변환효율의 변화는 없다.

[답] ③

15 태양광발전 접속함(KS C 8567 : 2019)에 따라 직류(DC)용 퓨즈는 IEC 60296-6의 관련 요구사항을 만족하는 어떤 타입을 사용하여야 하는가?

① aPV 타입　　② gPV 타입
③ qPV 타입　　④ sPV 타입

풀이 ○

태양광발전 접속함(KS C 8567 : 2019)에 따라 직류(DC)용 퓨즈는 gPV 타입을 사용한다.

[답] ②

16 태양전지에 입사되는 빛을 흡수함으로써 효율을 증가시킬 수 있다. 이를 위한 광학적 손실을 줄이는 대책으로 틀린 것은?

① 표면 반사방지 코팅
② 전극 면적 최소화
③ 웨이퍼 두께 감소
④ 표면 조직화

풀이 ○

태양전지에서 광학적 손실을 줄이기 위한 대책으로는 표면 반사방지 코팅, 전극 면적의 최소화, 표면에 요철을 형성하는 표면 조직화 방법이 사용되며, 전기적 손실을 줄이기 위한 대책으로는 PN접합의 개선, 표면과 계면의 패시베이션 형성, 결정 품질의 개선에 의한 캐리어의 재결합 손실의 저감, 전극의 높은 도전율 재료를 사용하여 저항손실 저감 등이 있다.

[답] ③

17 PN접합 다이오드의 P형 반도체에 (+)바이어스를 가하고, N형 반도체에 (−)바이어스를 가할 때 나타나는 현상은?

① 공핍층의 폭이 작아진다.
② 전류는 소수캐리어에 의해 발생한다.
③ 공핍층 내부의 전기장이 증가한다.
④ 다이오드는 부도체와 같은 특성을 보인다.

풀이 ○

P형 반도체에 (+)바이어스를 가하고, N형 반도체에 (−)바이어스를 가하는 것은 정(순)방향 바이어스라고 하며, 이 때 공핍층의 폭이 작아져 전류가 흐를 수 있도록 한다.

[답] ①

18 인버터의 기능 중 계통보호를 위한 기능으로만 묶인 것은?

① 단독운전 방지기능, 자동전압조정기능
② 단독운전 방지기능, 자동운전·정지기능
③ 최대전력 추종제어기능, 자동운전·정지기능
④ 최대전력 추종제어기능, 자동전압조정기능

풀이 ◉

태양광발전용 인버터의 기능 중 계통보호를 위한 기능
: 단독운전 방지기능, 자동전압조정기능　　**[답]** ①

19 태양광발전시스템 이용률이 15.5[%]일 때, 일평균 발전시간[h/day]은 약 몇 시간인가?

① 3.42　　　　② 3.55
③ 3.65　　　　④ 3.72

풀이 ◉

일평균 발전시간=24[h]×0.155=3.72[h/day]　**[답]** ④

20 면적이 250[cm²]이고, 변환효율이 20[%]인 결정질 실리콘 태양전지의 표준조건에서의 출력[W]은?

① 2.4　　　　② 3.1
③ 4.0　　　　④ 5.0

풀이 ◉

태양전지 출력 = 표준일조강도×면적×효율
$$= 1000[W/m^2] \times 250 \times 10^{-4}[m^2] \times 0.2$$
$$= 5.0[W]　　\text{[답] ④}$$

2과목　태양광발전시스템 **시공**

21 수변전설비공사(KCS 31 60 10 : 2019)에 따른 전력퓨즈에 대한 설명으로 틀린 것은?

① 퓨즈가 차단할 수 있는 단락전류의 최대 전류 값으로 표시하여야 한다.
② 차단용량을 표시하는 경우 교류분의 대칭 실

효값을 나타내어야 한다.
③ 정격전압은 3상 회로에서 사용가능한 전압한도를 표시하는 것으로 퓨즈의 정격전압은 계통 최대 상전압으로 선정한다.
④ 정격전류는 전력퓨즈가 온도상승 한도를 넘지 않고 연속으로 흘러 보낼 수 있는 전류 값이며 실효값으로 표시하여야 한다.

풀이 ◉

퓨즈의 정격전압은 계통 최대 선간전압으로 선정한다.
　　[답] ③

22 공사시방서에 대한 설명으로 틀린 것은?

① 주요기자재에 대한 규격, 수량 및 납기일을 기재한다.
② 계약문서에 포함되는 설계도서의 하나로, 계약적 구속력을 가지며, 공사의 질적 요구조건을 규정하는 문서이다.
③ 공사에 필요한 시공방법, 시공품질, 허용오차 등 기술적 사항을 규정한다.
④ 공사감독자 및 수급인에게는 시공을 위한 사전준비, 시공 중의 점검, 시공완료 후의 점검을 위한 지침서로 사용할 수 있다.

풀이 ◉

시방서에는 주요 기자재에 대한 규격, 수량 등은 기재하고, 납기일은 주요 기자재 납품 승인 시에 명기한다.
　　[답] ①

23 전력시설물 공사감리업무 수행지침에 따라 감리원이 착공신고서의 적정여부를 검토하기 위해 참고하는 사항으로 틀린 것은?

① 안전관리계획 : 전기공사업법에 따른 해당 규정 반영 여부 확인
② 공사 시작 전 사진 : 전경이 잘 나타나도록 촬영되었는지 확인
③ 품질관리계획 : 공사 예정공정표에 따라 공사용 자재의 투입시기와 시험방법, 빈도 등이 적정하게 반영되었는지 확인

④ 작업인원 및 장비투입 계획 : 공사의 규모 및 성격, 특성에 맞는 장비형식이나 수량의 적정 여부 확인

풀이 ○

안전관리계획 : 산업안전보건법령에 따른 해당 규정 반영여부 **[답]** ①

24 태양광발전 모듈 설치 및 조립 시 주의사항으로 틀린 것은?

① 태양광발전 모듈과 가대의 접합 시 부식방지용 개스킷(Gasket)을 적용한다.
② 태양광발전 모듈의 파손방지를 위해 충격이 가지 않도록 한다.
③ 태양광발전 모듈을 가대의 하단에서 상단으로 순차적으로 조립한다.
④ 태양광발전 모듈의 필요 정격전압이 되도록 1 스트링의 직렬매수를 선정한다.

풀이 ○

• 1 스트링의 태양전지 개방전압은 인버터 입력전압 범위 안에 있어야 한다. **[답]** ④

25 분산형전원 배전계통 연계 기술기준에 따라 저압계통의 경우, 계통 병입 시 돌입전류를 필요로하는 발전원에 대해서 계통 병입에 의한 순시전압변동률이 몇 [%]를 초과하지 않아야 하는가?

① 4 ② 5
③ 6 ④ 7

풀이 ○

저압계통의 경우, 계통 병입시 돌입전류를 필요로 하는 발전원에 대해서 계통 병입에 의한 순시전압변동률이 6[%]를 초과하지 않아야 한다. **[답]** ③

26 저압전기설비-제5-54부 : 전기기기의 선정 및 설치-접지설비-5-54 : 2014)에 따른 보조본딩을 위한 보호본딩도체에 대한 설명이다. 다음 (   )에 들어갈 내용으로 옳은 것은?

계통외도전부에 노출도전부를 접속하는 보호본딩도체의 컨덕턴스는 상응하는 단면적을 갖는 보호도체 컨덕턴스의 (   )이상이어야 한다.

① 1/2 ② 1/5
③ 1/7 ④ 1/10

풀이 ○

계통외도전부에 노출도전부를 접속하는 보호본딩도체의 컨덕턴스는 상응하는 단면적을 갖는 보호도체 컨덕턴스의 1/2이상이어야 한다. **[답]** ①

27 태양광발전 모듈에서 인버터에 이르는 배선에 대한 설명으로 틀린 것은?

① 태양광발전 모듈에서 인버터에 이르는 배선은 극성별로 확인할 수 있도록 표시한다.
② 태양광발전 모듈에서 인버터에 이르는 배선에 사용되는 케이블은 피뢰도체와 교차 시공한다.
③ 태양광발전 어레이의 출력배선을 중량물의 압력을 받는 장소에 지중으로 직접매설식에 의해 시설하는 경우 1[m]이상의 매설깊이로 한다.
④ 태양광발전 모듈 간의 배선은 2.5[mm²] 이상의 연동선 또는 이와 동등 이상의 세기 및 굵기의 것을 사용한다.

풀이 ○

태양광발전 모듈에서 인버터에 이르는 배선에 사용되는 케이블은 가능한 피뢰 도체와 떨어진 상태로 포설하며, 피뢰 도체와 교차시공하지 않도록 한다. **[답]** ②

28 산업안전보건법령에 따라 금속절단기에 설치하는 방호장치로 옳은 것은?

① 백레스트
② 압력방출장치
③ 회전체 접촉 예방장치
④ 날접촉 예방장치

풀이 ○

금속절단기의 톱날부위에는 고정식, 조절식 또는 연동

식 날접촉 예방장치를 설치하여야 한다. [답] ④

29 전력시설물 공사감리업무 수행지침에 따른 용어의 정의에서 감리업체에 근무하면서 상주감리원의 업무를 기술적·행정적으로 지원하는 사람을 무엇이라고 하는가?

① 보조감리원　　　② 책임감리원
③ 비상주감리원　　④ 지원업무 담당자

풀이 ○

- 책임감리원 : 감리업자를 대표하여 현장에 상주하면서 해당 공사 전반에 관하여 책임감리 등의 업무를 총괄하는 사람을 말한다.
- 보조감리원 : 책임감리원을 보좌하는 사람으로서 담당 감리업무를 책임감리원과 연대하여 책임지는 사람을 말한다.
- 상주감리원 : 현장에 상주하면서 감리업무를 수행하는 사람으로서 책임감리원과 보조감리원을 말한다.
- 비상주감리원 : 감리업체에 근무하면서 상주감리원의 업무를 기술적·행정적으로 지원하는 사람을 말한다.
- 지원업무담당자 : 감리업무 수행에 따른 업무 연락 및 문제점 파악, 민원해결, 용지보상 지원 그 밖에 필요한 업무를 수행하게 하기 위하여 발주자가 지정한 발주자의 소속 직원을 말한다. [답] ③

30 한국전기설비규정에 따라 모듈을 병렬로 접속하는 전로에는 그 전로에 단락전류가 발생할 경우에 전로를 보호하는 무엇을 설치하여야 하는가?

① 단로기　　　　　② 개폐기
③ 전류검출기　　　④ 과전류차단기

풀이 ○

모듈을 병렬로 접속하는 전로에는 그 전로에 단락전류가 발생할 경우에 전로를 보호하는 과전류차단기 또는 기타 기구를 시설하여야 한다. [답] ④

31 태양광발전시스템의 시공절차와 주의사항에 대한 설명으로 틀린 것은?

① 주철가대, 금속제 외함 및 금속배관 등은 누전사고 방지를 위한 접지공사가 필요하다.

② 태양광 발전시스템의 전기공사는 태양전지 모듈의 설치와 병행하여 진행한다.

③ 공사용 자재 반입 시 레커차를 사용할 경우, 레커차의 암 선단이 배전선에 근접할 때, 절연전선 또는 전력케이블에 보호관을 씌운 후 전력회사에 통보한다.

④ 태양전지 모듈의 배열 및 결선방법은 모듈의 출력 전압과 설치장소에 따라 다르기 때문에 체크리스트를 이용하여 시공 전과 후에도 확인하는 것이 바람직하다.

풀이 ○

크레인 사용 시 암 선단이 배전선에 근접할 때, 절연전선 또는 전력케이블에 보호관을 씌워 줄 것을 한전에 요청한다.
※ 레커차 : 차량을 견인하는 차량. [답] ③

32 가공전선로에서 발생할 수 있는 코로나 현상의 방지 대책이 아닌 것은?

① 가선금구를 개량한다.
② 복도체를 사용한다.
③ 선간거리를 크게 한다.
④ 바깥지름이 작은 전선을 사용한다.

풀이 ○

- 코로나 현상 : 전선로나 애자 부근에 임계전압 이상의 전압이 가해지면 공기의 절연이 부분적으로 파괴되어 낮은 소리나 엷은 빛을 내면서 방전되는 현상
- 전선의 바깥지름을 크게 한다. [답] ④

33 전기설비 관련 시설공간(KDS 31 10 21 : 2019)에 따라 수변전실의 위치 결정 시 전기적 고려사항에 해당하지 않는 것은?

① 용량의 증설에 대비한 면적을 확보할 수 있는 장소로 한다.

② 수전 및 배전 거리를 짧게 하여 경제성을 고려한다.

③ 사용부하의 중심에서 멀고, 간선의 배선이 용이한 곳으로 한다.

④ 외부로부터 전원을 공급받기 위한 전선로 등

의 인입이 편리한 위치로 한다.

풀이 ⊙

사용부하의 중심에서 가깝고, 간선의 배선이 용이한 곳
으로 한다. [답] ③

34 20[MVA], %임피던스 8[%]인 3상 변압기가
2차측에서 3상 단락이 되었을 때 단락용량[MVA]
은?

① 170   ② 200

③ 250   ④ 315

풀이 ⊙

$$단락용량 = \frac{100}{\%임피던스} \times 기준용량 = \frac{100}{8} \times 20 = 250$$

[답] ③

35 피뢰시스템 구성요소(LPSC)-제2부 : 도체
및 접지극에 관한 요구사항(KS C IEC 62561-2 :
2014)에 따라 대지와 직접 전기적으로 접속하고
뇌전류를 대지로 방류시키는 접지시스템의 일부
분 또는 그 집합을 정의하는 것은?

① 수뢰부   ② 피뢰침

③ 접지극   ④ 인하도선

풀이 ⊙

• 수뢰부 : 낙뢰를 포착할 목적으로 피뢰침, 망상 도체,
가공지선 등과 같은 금속 물체
• 피뢰침 : 구조물 직격뢰를 포착하여 전도하기 위한 것
• 인하도선 : 뇌전류를 수뢰부에 접지극으로 흘리기 위
한 것
• 접지극 : 대지와 직접 전기적으로 접속하고 뇌전류를
대지로 방류시키는 접지시스템의 일부분 또는 그 집
합 [답] ③

36 전면기초가 우선적으로 고려되어야 할 경우
로 틀린 것은?

① 지반조건이 좋지 않고, 부등침하가 발생하기
쉬운 지형

② 양압력이 확대기초로 견딜 수 있는 크기 이하
인 경우

③ 건물의 하부면적이 기초면적의 2/3 이상인
경우로 지반조건이 불향할 때

④ 구조물에 불균등하게 작용하는 수평하중의
독립기초와 말뚝머리에 불균등한 변위가 예
상될 때

풀이 ⊙

• 양압력 : 구조물이 지하수위 이하에 작용하는 경우 구
조물 저부에 작용하는 상향수압.
• 양압력에 저항하기 위해서는 기초에 말뚝기초로 시공
한다. [답] ②

37 역률 개선을 통하여 얻을 수 있는 효과가 아
닌 것은?

① 전압강하의 경감

② 설비용량의 여유분 증가

③ 배전선 및 변압기의 손실경감

④ 수용가의 전기요금(기본요금) 증가

풀이 ⊙

수용가의 전기요금(기본요금) 경감 [답] ④

38 건축구조기준 설계하중(KDS 41 10 15 : 2019)
에 따른 최소 지상적설하중은 몇 [kN/m²]로 하는
가?

① 0.3   ② 0.5

③ 0.75   ④ 1.0

풀이 ⊙

최소 지상적설하중은 $0.5\,[\text{kN/m}^2]$로 한다. [답] ②

39 케이블트레이공사 시 케이블을 지지하기 위
하여 사용하는 금속재 또는 불연성 재료로 제작된
유닛 또는 유닛의 집합체 및 그에 부속하는 부속
재 등으로 구성된 견고한 구조물 중 일체식 또는
분리식으로 모든 면에서 통풍구가 있는 그물형 조
립 금속구조는?

① 메시형   ② 펀칭형

③ 사다리형   ④ 바닥밀폐형

(풀이 ○)

- 메시형 : 일체식 또는 분리식으로 모든 면에서 통풍구가 있는 그물형 조립 금속구조
- 펀칭형 : 일체식 또는 분리식으로 바닥에 통풍구가 있는 구조
- 사다리형 : 길이 방향의 양 측면 레일에 각각의 가로방향 부재로 연결한 구조
- 바닥밀폐형 : 일체식 또는 분리식으로 바닥에 통풍구가 없는 구조 **[답] ①**

40 태양광발전시스템 구조물의 설치공사 순서를 보기에서 찾아 옳게 나열한 것은?

〈보기〉 ㉠ 어레이 가대공사
㉡ 어레이 기초공사
㉢ 어레이 설치공사
㉣ 점검 및 검사
㉤ 배선공사

① ㉠ → ㉡ → ㉢ → ㉣ → ㉤
② ㉡ → ㉠ → ㉢ → ㉤ → ㉣
③ ㉢ → ㉤ → ㉣ → ㉡ → ㉠
④ ㉢ → ㉣ → ㉤ → ㉠ → ㉡

(풀이 ○)

구조물설치공사 순서 : 어레이 기초공사 → 어레이 가대공사 → 어레이 설치공사 → 배선공사 → 점검 및 검사 **[답] ②**

3과목

태양광발전시스템 **운영**

41 태양광 시스템용 이차전지(KS C 8575 : 2021)에 따른 권장 시험방법 중 형식시험에 해당하지 않는 것은?

① 저온방전 시험 ② 용량 시험
③ 재단파 충격 시험 ④ 사이클 내구성 시험

(풀이 ○)

시험방법 : 용량 시험, 사이클 내구성 시험, 용량 보존 시험, 저온방전 시험, **[답] ③**

---

42 태양광발전설비의 준공검사 시 확인사항이 아닌 것은?

① 시설물의 유지관리 방법
② 감리원의 준공 검사원에 대한 검토의견서
③ 제반 가설시설물의 제거와 원상복구 정리 상황
④ 완공된 시설물이 설계도서대로 시공되었는지 여부

(풀이 ○)

전력시설물 공사감리업무 수행지침 제57조(기성 및 준공검사)

① 검사자는 해당 공사 검사시에 상주감리원 및 공사업자 또는 시공관리책임자 등을 입회하게 하여 계약서, 설계설명서, 설계도서, 그 밖의 관계 서류에 따라 다음 각 호의 사항을 검사하여야 한다. 다만, 「국가를 당사자로 하는 계약에 관한 법률 시행령」 제55조제7항 본문에 따른 약식 기성검사의 경우에는 책임감리원의 감리조서와 기성부분 내역서에 대한 확인으로 갈음할 수 있다.
2. 준공검사
가. 완공된 시설물이 설계도서대로 시공되었는지의 여부
나. 시공시 현장 상주감리원이 작성 비치한 제 기록에 대한 검토
다. 폐품 또는 발생물의 유무 및 처리의 적정여부
라. 지급 기자재의 사용적부와 잉여자재의 유무 및 그 처리의 적정여부
마. 제반 가설시설물의 제거와 원상복구 정리 상황
바. 감리원의 준공 검사원에 대한 검토의견서 **[답] ①**

43 전기안전관리법령에 따라 사용전 검사를 받으려는 자는 사용전검사 신청서에 필요서류를 첨부하여 검사를 받으려는 날의 며칠 전까지 한국전기안전공사에 제출하여야 하는가?

① 7일 ② 15일
③ 20일 ④ 30일

(풀이 ○)

사용전 검사를 받으려는 자는 사용전검사 신청서에 필요서류를 첨부하여 검사를 받으려는 날의 7일 전까지 한국전기안전공사에 제출하여야 한다. **[답] ①**

44 태양광 발전용 인버터(계통연계형, 독립형)(KS C 8565 : 2020)에 따른 정상특성시험 항목이 아닌 것은 ?

① 효율시험

② 내전압시험

③ 온도상승시험

④ 측정 오차 정확도 시험

풀이 〇

- 정상특성시험 : 측정 오차 정확도 시험, 교류 전압·주파수 추종 범위시험, 교류 출력 전류 변형률 시험, 온도상승시험, 효율시험, 대기손실시험, 자동 기동·정지시험, 최대전력추종시험, 출력전류 직류분 검출시험

- 내전압 시험은 절연성능시험이다. **[답] ②**

45 태양광발전 모듈 단락전류 9[A], 스트링 4병렬일 때, 직류(DC) 차단기의 정격전류 범위로 옳은 것은?

① 43.1[A] < 직류차단기 정격전류 ≤ 86.4[A]

② 45[A] < 직류차단기 정격전류 ≤ 86.4[A]

③ 43.1[A] < 직류차단기 정격전류 ≤ 90[A]

④ 45[A] < 직류차단기 정격전류 ≤ 90[A]

풀이 〇

- 직류 차단기의 정격전류 범위 :
  $1.25 I_b < I_{n-DC} \leq 2.4 I_b$

- $I_b = 9 \times 4 = 36[A]$, $1.25 \times 36 < I_{n-DC} \leq 2.4 \times 36$
  ∴ 45[A] < 직류차단기 정격전류 ≤ 86.4 **[답] ②**

46 태양광발전시스템이 작동되지 않을 때 응급조치 순서로 옳은 것은?

① 접속함 내부 차단기 투입 → 인버터 개방 → 설비 점검

② 접속함 내부 차단기 투입 → 인버터 투입 → 설비 점검

③ 접속함 내부 차단기 개방 → 인버터 개방 → 설비 점검

④ 접속함 내부 차단기 개방 → 인버터 투입 → 설비 점검

풀이 〇

응급조치 방법 : 접속함 내부 차단기 개방 → 인버터 개방 → (인버터 정지 후) 설비 점검 **[답] ③**

47 전기설비 검사 및 점검의 방법·절차 등에 관한 고시에 따른 태양광발전설비 중 전력변환장치의 정기검사 시 세부검사내용에 해당하는 것은?

① 개방전압

② 위험표시

③ 보호장치시험

④ 울타리, 담 등의 시설상태

풀이 〇

- 전력변환장치의 정기검사 세부내용 : 보호장치시험

- 모듈의 정기검사 세부내용 : 개방전압

- 부대설비 정기검사 세부내용 : 위험표시, 울타리·담 등의 시설상태 **[답] ③**

48 전기설비 검사 및 점검의 방법·절차 등에 관한 고시에 따른 태양광발전설비에서 전선로(가공, 지중, GIB, 기타)의 정기검사 시 세부검사내용으로 틀린 것은?

① 절연내력시험

② 절연저항측정

③ 보호장치시험

④ 환기시설상태

풀이 〇

- 전선로(가공, 지중, GIB, 기타)의 정기검사 시 세부검사내용 : 외관검사, 보호장치 및 계전기시험, 절연저항 측정, 절연내력시험, 충전시험

- GIB(Gas Insulated Bus) : SF_6 가스로 절연한 모선 **[답] ④**

49 결정질 실리콘 태양광발전 모듈(성능)(KS C 8561 : 2020)에 따른 습도-동결 시험에서 품질기준 중 최대 출력에 대한 내용으로 옳은 것은?

① 시험 전 값의 80[%] 이상일 것

② 시험 전 값의 85[%] 이상일 것

③ 시험 전 값의 90[%] 이상일 것

④ 시험 전 값의 95[%] 이상일 것

풀이 ◉

습도−동결 시험에서 품질기준 : 최대 출력은 시험 전 값의 95[%] 이상일 것   **[답]** ④

50 수변전설비의 설치와 유지관리에 관한 기술지침에 따른 충전부 보호에서 방호범위에 대한 설명으로 틀린 것은?
① 작업자들은 공구나 열쇠 등과 같은 금속체를 휴대해서는 안 된다.
② 전기설비의 활선부분과 작업자의 신체 보호장비는 충분한 이격거리를 유지해야 한다.
③ 신속한 유지관리를 위해 수변전실 유자격자의 주된 근무 장소와 전기설비는 서로 같은 공간이어야 한다.
④ 통로, 복도, 창고와 같이 물건들이 이동하는 곳에는 추가 이격거리 확보와 방호조치를 하여야 한다.

풀이 ◉

부주의한 접촉을 방지하기 위해 수변전실 유자격자의 주된 근무 장소와 전기설비는 서로 독립된 공간이어야 한다.   **[답]** ③

51 태양광발전소의 전기안전관리를 수행하기 위하여 계측장비를 주기적으로 교정하고 안전장구의 성능을 유지하여야 한다. 전기안전관리자의 직무 고시에 따른 안전장구의 권장 시험주기가 아닌 것은?
① 저압검전기 1년
② 절연안전모 1년
③ 고압절연장갑 1년
④ 고압·특고압 검전기 6개월

풀이 ◉

계측장비의 교정주기 및 안전장구의 권장 시험주기는 모두 1년이다.   **[답]** ④

52 태양광발전용 인버터의 육안점검 항목에 해당하지 않는 것은?
① 배선의 극성
② 지붕재의 파손
③ 접지단자와의 접속
④ 단자대의 나사 풀림

풀이 ◉

지붕재의 파손은 인버터의 육안점검과 무관하다. **[답]** ②

53 발전설비의 유지관리를 위한 일상점검 시 배전반 주회로 인입·인출부에 대한 점검항목과 점검 내용으로 틀린 것은?
① 부싱−코로나 방전에 의한 이상음 여부
② 태양광발전용 개폐기−"태양광발전용"이란 표시 여부
③ 케이블 접속부−과열에 의한 이상한 냄새 발생 여부
④ 폐쇄 모선 접속부−볼트류 등의 조임 이완에 따른 진동음 유무

풀이 ◉

태양광발전용 개폐기−"태양광발전용"이란 표시 여부는 준공 시 육안점검 항목이다.   **[답]** ②

54 인버터의 입·출력 단자와 접지 간의 절연저항 측정 시 몇 [MΩ] 이상이어야 하는가?
(단, DC 500[V] 메거로 측정한 경우이다.)
① 0.2   ② 0.4
③ 0.5   ④ 1.0

풀이 ◉

• 2021.01.01부터 시행되는 전기설비기술기준 제52조(저압전로의 절연성능)는 다음과 같다.

전로의 사용전압[V]	DC 시험전압[V]	절연저항[MΩ]
SELV 및 PELV	250	0.5 이상
FELV를 포함한 500[V] 이하	500	1.0 이상
500[V] 초과	1,000	1.0 이상

[답] ④

55 태양광발전시스템의 계측기구 및 표시장치의 구성으로 틀린 것은?
① 검출기　　② 연산장치
③ 감시장치　　④ 신호변환기

풀이 ○
계측기구 및 표시장치의 구성도

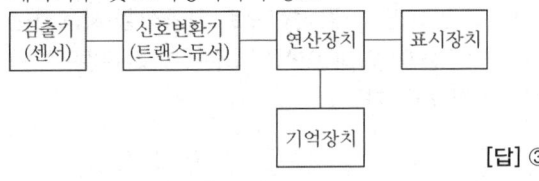

[답] ③

56 태양광발전용 독립형 인버터에서 정상 특성시험 시 시험항목으로 틀린 것은?
① 측정 오차 정확도 시험
② 온도상승 시험
③ 누설전류 시험
④ 효율 시험

풀이 ○
태양광발전용 인버터의 정상 특성 시험항목

시험항목	독립형	계통연계형
a) 측정 오차 정확도 시험	○	○
b) 교류 전압, 주파수 추종 범위 시험	×	○
c) 교류 출력 전류 왜형률 시험	×	○
d) 온도 상승 시험	○	○
e) 효율 시험	○	○
f) 대기 손실 시험	×	○
g) 자동 기동·정지 시험	×	○
h) 최대 전력 추종 시험	×	○
i) 출력 전류 직류분 검출 시험	×	○

[답] ③

57 태양광발전시스템의 유지관리 시 보수점검 작업 후 유의사항으로 틀린 것은?
① 쥐, 곤충 등이 침입되어 있지 않은지 확인한다.
② 볼트 조임작업을 완벽하게 하였는지 확인한다.
③ 검전기로 무전압 상태를 확인하고 필요개소에 접지한다.
④ 점검을 위해 임시로 설치한 가설물 등의 철거가 지연되고 있지 않은지 확인한다.

풀이 ○
검전기로 무전압 상태를 확인하고 필요개소에 접지하는 것은 점검 작업 전의 업무이다. [답] ③

58 전기사업 허가신청서의 처리절차로 옳은 것은?
① 신청서 작성 및 제출 → 검토 → 접수 → 전기위원회 심의 → 허가증 발급
② 신청서 작성 및 제출 → 접수 → 검토 → 전기위원회 심의 → 허가증 발급
③ 신청서 작성 및 제출 → 전기위원회 심의 → 검토 → 접수 → 허가증 발급
④ 신청서 작성 및 제출 → 접수 → 전기위원회 심의 → 검토 → 허가증 발급

풀이 ○
전기(발전)사업 허가 절차도

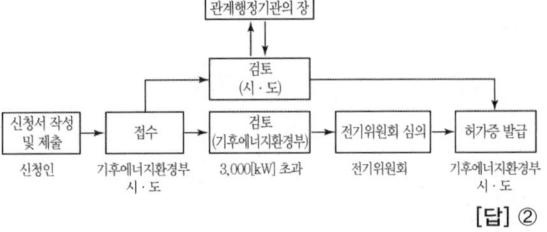

[답] ②

59 태양광발전시스템 고장원인 중 모듈의 제조공정상 불량에 해당하지 않는 것은?
① 적화 현상　　② 황색 변이
③ 백화 현상　　④ 유리 적색 착색

풀이 ○
유리 적색 착색은 모듈 청소 시 철(Fe) 성분이 함유된 지하수를 사용하는 경우 발생한다. [답] ④

60 한국전기설비규정에 따라 태양광발전 모듈에 접속하는 부하측의 전로를 옥내에 시설할 경우 적용할 수 있는 합성수지관 공사에서 사용하는 관(합성수지제 휨(가요) 전선관 제외)의 최소 두께 [mm]는?
① 1.0　　② 1.25
③ 1.5　　④ 2.0

풀이 ○

태양광발전 모듈에 접속하는 부하측의 전로를 옥내에 시설할 경우 적용할 수 있는 합성수지관 공사에서 사용하는 관(합성수지제 휨(가요) 전선관 제외)의 최소 두께는 2[mm] 이상이어야 한다. **[답] ④**

4과목 신재생에너지 관련법규

61 신에너지 및 재생에너지 개발·이용·보급촉진법령에 따라 국가 또는 지방자치단체가 신·재생에너지 기술개발 및 이용·보급에 관한 사업을 하는 자에게 국유재산 또는 공유재산을 임대하는 경우 「국유재산법」 또는 「공유재산 및 물품관리법」에도 불구하고 임대료를 얼마의 범위에서 경감할 수 있는가?

① $\dfrac{20}{100}$ ② $\dfrac{30}{100}$

③ $\dfrac{50}{100}$ ④ $\dfrac{80}{100}$

풀이 ○

국가 또는 지방자치단체가 국유재산 또는 공유재산을 임대하는 경우에는 「국유재산법」 또는 「공유재산 및 물품관리법」에도 불구하고 임대료를 100분의 50의 범위에서 경감할 수 있다. **[답] ③**

62 신에너지 및 재생에너지 개발·이용·보급촉진법령에 따라 신·재생에너지 설비를 설치한 시공자는 해당 설비에 대하여 성실하게 무상으로 하자보수를 실시하여야 하며, 그 이행을 보증하는 증서를 신·재생에너지 소유자 또는 산업통상부령으로 정하는 자에게 제공하여야 한다. 이 때 하자보수의 기간은 몇 년의 범위에서 기후에너지환경부 장관이 정하여 고시하는가?

① 1   ② 3

③ 5   ④ 7

풀이 ○

하자보수의 기간은 5년의 범위에서 기후에너지환경부 장관이 정하여 고시한다. **[답] ③**

63 한국전기설비규정에 따라 사용전압이 400[V] 초과인 저압 가공전선으로 경동선을 사용하는 경우 안전율이 얼마 이상이 되는 이도(弛度)로 시설하여야 하는가?

① 1.2   ② 1.5

③ 2.2   ④ 2.4

풀이 ○

가공전선은 케이블인 경우 이외에는 그 안전율이 경동선 또는 내열 동합금선은 2.2 이상, 그 밖의 전선은 2.5 이상이 되는 이도(弛度)로 시설하여야 한다. **[답] ③**

64 한국전기설비규정에 따라 고압 가공전선이 다른 고압 가공 전선과 접근되거나 교차하여 시설되는 경우 고압 가공전선 상호 간의 이격거리는 몇 [m] 이상이어야 하는가? (단, 어느 한쪽의 전선이 케이블이 아닌 경우이다.)

① 0.8   ② 0.9

③ 1.0   ④ 1.2

풀이 ○

고압 가공전선 상호 간의 이격거리는 0.8[m] (어느 한쪽의 전선이 케이블인 경우에는 0.4[m]) 이상, 하나의 고압 가공전선과 다른 고압 가공전선로의 지지물 사이의 이격거리는 0.6[m] (전선이 케이블인 경우에는 0.3[m]) 이상일 것. **[답] ①**

65 전기사업법령에 따라 전기사업 등의 공정한 경쟁 환경조성 및 전기사용자의 권익 보호에 관한 사항의 심의와 전기사업 등과 관련된 분쟁의 재정(裁定)을 위하여 기후에너지환경부에 무엇을 두는가?

① 전기위원회
② 녹색성장위원회
③ 신·재생에너지정책심의회
④ 한국전기기술기준위원회

풀이 ○

전기사업 등의 공정한 경쟁 환경 조성 및 전기사용자의 권익 보호에 관한 사항의 심의와 전기사업등과 관련된 분쟁의 재정(裁定)을 위하여 기후에너지환경부에 전기위원회를 둔다. **[답] ①**

66 전기사업법령에 따라 사업계획에 포함되어야 할 사항 중 전기설비 개요에 포함되어야 할 사항에 해당하지 않는 것은? (단, 전기설비가 태양광설비인 경우이다.)

① 집광판의 면적 ② 인버터의 종류
③ 태양전지의 종류 ④ 이차전지의 종류

풀이 ○

• 태양광설비의 개요에 포함되어야 할 내용
1. 태양전지의 종류, 정격용량, 정격전압 및 정격출력
2. 인버터(Inverter)의 종류, 입력전압, 출력전압 및 정격출력
3. 집광판(集光板)의 면적 **[답] ④**

67 전기사업법령에 따라 전기사업의 허가기준으로 옳지 않은 것은?

① 전기사업이 계획대로 수행될 수 있을 것
② 발전소나 발전연료가 특정 지역에 편중되어 전력계통의 운영에 지장을 주지 아니할 것
③ 전기사업을 적정하게 수행되는 데 필요한 재무능력이 있을 것
④ 배전사업의 경우 둘 이상의 배전사업자의 사업구역 중 그 전부 또는 일부가 중복되게 할 것

풀이 ○

전기사업의 허가기준은 다음 각 호와 같다.
1. 전기사업을 적정하게 수행하는 데 필요한 재무능력 및 기술능력이 있을 것
2. 전기사업이 계획대로 수행될 수 있을 것
3. 배전사업 및 구역전기사업의 경우 둘 이상의 배전사업자의 사업구역 또는 구역전기사업자의 특정한 공급구역 중 그 전부 또는 일부가 중복되지 아니할 것
4. 구역전기사업의 경우 특정한 공급구역의 전력수요의 50퍼센트 이상으로서 대통령령으로 정하는 공급능력을 갖추고, 그 사업으로 인하여 인근 지역의 전기

사용자에 대한 다른 전기사업자의 전기공급에 차질이 없을 것
4의2. 발전소나 발전연료가 특정 지역에 편중되어 전력계통의 운영에 지장을 주지 아니할 것
5. 「신에너지 및 재생에너지 개발·이용·보급 촉진법」 제2조에 따른 태양에너지 중 태양광, 풍력, 연료전지를 이용하는 발전사업의 경우 대통령령으로 정하는 바에 따라 발전사업 내용에 대한 사전고지를 통하여 주민 의견수렴 절차를 거칠 것 **[답] ④**

68 전기안전관리법령에 따른 전기사업용 전기설비 공사계획의 인가 및 신고의 대상에서 발전소의 설치공사 시 인가가 필요한 발전소의 출력은 몇 [kW] 이상인가?

① 10,000 ② 30,000
③ 50,000 ④ 100,000

풀이 ○

• 인가 : 출력 1만킬로와트 이상의 발전소 설치
• 신고 : 출력 1만킬로와트 미만의 발전소 설치 **[답] ①**

69 전기공사업법령에 따라 대통령령으로 정하는 경미한 전기공사가 아닌 것은?

① 전력량계를 부착하거나 떼어내는 공사
② 퓨즈를 부착하거나 떼어내는 공사
③ 꽂음접속기의 보수 및 교환에 관한 공사
④ 벨에 사용되는 소형변압기(2차측 전압 60볼트 이하의 것으로 한정한다)의 설치공사

풀이 ○

"대통령령으로 정하는 경미한 전기공사"란 다음 각 호의 공사를 말한다.
1. 꽂음접속기, 소켓, 로제트, 실링블록, 접속기, 전구류, 나이프스위치, 그 밖에 개폐기의 보수 및 교환에 관한 공사
2. 벨, 인터폰, 장식전구, 그 밖에 이와 비슷한 시설에 사용되는 소형변압기(2차측 전압 36볼트 이하의 것으로 한정한다)의 설치 및 그 2차측 공사
3. 전력량계 또는 퓨즈를 부착하거나 떼어내는 공사
4. 「전기용품 및 생활용품 안전관리법」에 따른 전기용품 중 꽂음접속기를 이용하여 사용하거나 전기기계·기구(배선기구는 제외한다. 이하 같다) 단자에 전선[코드, 캡타이어케이블(경질고무케이블) 및 케이블을 포함한다. 이하 같다]을 부착하는 공사

5. 전압이 600볼트 이하이고, 전기시설 용량이 5킬로 와트 이하인 단독주택 전기시설의 개선 및 보수 공사. 다만, 전기공사기술자가 하는 경우로 한정한다.
[답] ④

70 전기안전관리법령에 따라 선임된 전기안전 관리자의 직무 범위로 틀린 것은?
① 전기설비의 안전관리를 위한 확인·점검 및 이에 대한 업무의 감독
② 전기재해의 발생을 예방하거나 그 피해를 줄이기 위하여 필요한 응급조치
③ 비상용 예비발전설비의 설치·변경공사로서 총공사비가 1억원 미만인 공사의 감리업무
④ 전기수용설비의 증설 또는 변경공사로서 총공사비가 1억원 미만인 공사의 감리업무

풀이 ◉
전기수용설비의 증설 또는 변경공사로서 총공사비가 5천만원 미만인 공사
[답] ④

71 신재생발전기 계통연계기준에 따라 태양광 발전기 인버터는 계통운영자의 지시에 따라 유효 전력 출력 증감율 속도를 정격의 몇 [%]이내/분 까지 제한하는 것이 가능한 제어성능을 구비해야 하는가?
① 3   ② 5
③ 7   ④ 10

풀이 ◉
• 송·배전용전기설비 이용규정 [별표6]
풍력 및 태양광 발전기 인버터는 계통운영자의 지시에 따라 유효전력 출력 증감율 속도를 정격의 10[%] 이내/분까지 제한하는 것이 가능한 제어 성능을 구비해야 함.
[답] ④

72 전력기술관리법령에 따라 감리업자 등은 그가 시행한 공사감리 용역이 끝났을 때에는 공사감리 완료보고서를 며칠 이내에 시·도지사에게 제출하여야 하는가?
① 7일   ② 15일
③ 20일   ④ 30일

풀이 ◉
전력기술관리법 제12조의2(감리원의 배치 등)
③ 감리업자 등은 그가 시행한 공사감리 용역이 끝났을 때에는 공사감리 완료보고서를 30일 이내에 시·도 지사에게 제출하여야 한다.
[답] ④

73 한국전기설비규정에 따라 케이블트레이공사 중 수평 트레이에 단심 케이블을 포설 시 벽면과의 간격은 몇 [mm] 이상 이격 설치하여야 하는가?
① 7   ② 12
③ 15   ④ 20

풀이 ◉
수평 트레이에 단심케이블을 포설 시 벽면과의 간격은 20[mm] 이상 이격하여 설치하여야 한다.
[답] ④

74 신에너지 및 재생에너지 개발·이용·보급 촉 진법령에 따라 집적화단지 조성사업의 실시기관으로 선정되려는 지방자치단체의 장이 기후에너지환경부장관에게 제출해야 하는 집적화단지 개발계획에 포함되는 사항으로 틀린 것은?
① 집적화단지의 위치 및 면적
② 집적화단지 조성사업의 개요 및 시행방법
③ 집적화단지 조성사업에 대한 주민수용성 및 친환경성 확보계획
④ 집적화단지 조성 및 기반시설 설치에 필요한 부지의 판매 계획

풀이 ◉
집적화단지 조성 및 기반시설 설치에 필요한 부지 확보 계획
[답] ④

75 신·재생에너지 설비의 지원 등에 관한 규정에 따라 주택지원사업은 신·재생에너지 설비를 주택에 설치하려는 경우 설치비의 일부를 국가가 보조금을 지원해 주는 사업을 말한다. 그 범위 및 대상으로 틀린 것은?
① 아파트   ② 기숙사
③ 공공주택   ④ 단독주택

풀이 ○

주택지원사업의 범위 및 대상

1. 「건축법」 및 동법 시행령 에 따른 단독 · 공동주택(기숙사는 제외한다)
2. 공공주택 [답] ②

76 한국전기설비규정에 따라 태양전지 모듈은 최대사용전압의 몇 배의 직류전압을 충전부분과 대지 사이에 연속하여 10분간 가하여 절연내력을 시험하였을 때에 이에 견디는 것이어야 하는가?

① 1.2
② 1.5
③ 1.75
④ 2.0

풀이 ○

연료전지 및 태양전지 모듈은 최대사용전압의 1.5배의 직류전압 또는 1배의 교류전압 (500[V] 미만으로 되는 경우에는 500[V])을 충전부분과 대지사이에 연속하여 10분간 가하여 절연내력을 시험하였을 때에 이에 견디는 것이어야 한다. [답] ②

77 전기 작업계획서의 작성에 관한 기술지침에 따라 작업계획서에 작성하는 내용으로 틀린 것은?

① 작업의 목적
② 작업자의 자격 및 적정 인원
③ 작업자의 인적사항
④ 교대 근무 시 근무 인계에 관한 사항

풀이 ○

• 작업계획서의 내용
① 작업의 목적 및 내용
② 작업자의 자격 및 적정인원
③ 작업 범위, 작업책임자 임명, 전격 · 아크 섬광 · 아크 폭발 등 전기 위험 요인 파악, 접근 한계거리, 활선접근 경보장치 휴대 등 작업시작 전에 필요한 사항
④ 전로차단에 관한 작업계획 및 전원(電源) 재투입 절차 등 작업 상황에 필요한 안 전 작업 요령
⑤ 절연용 보호구 및 방호구, 활선작업용 기구 · 장치 등의 준비 · 점검 · 착용 · 사용 등에 관한 사항
⑥ 점검 · 시운전을 위한 일시 운전, 작업 중단 등에 관한 사항
⑦ 교대 근무 시 근무 인계(引繼)에 관한 사항
⑧ 전기작업 장소에 대한 관계 근로자가 아닌 사람의 출입금지에 관한 사항

⑨ 전기안전작업계획서를 해당 근로자에게 교육할 수 있는 방법과 작성된 전기안전 작업계획서의 평가 · 관리계획
⑩ 전기 도면, 기기 세부 사항 등 작업과 관련되는 자료 등 [답] ③

78 국토의 계획 및 이용에 관한 법령에 따라 도시 · 군관리계획 시 개발행위허가기준에 대한 설명으로 옳은 것은?

① 대지와 도로의 관계는 「건축법」에 적합할 것
② 주변의 교통소통에 지장을 초래하지 아니할 것
③ 용도지역별 개발행위의 규모 및 건축제한 기준에 적합할 것
④ 공유수면매립의 경우 매립목적이 도시 · 군계획에 적합할 것

풀이 ○

국토의 계획 및 이용에 관한 법률 시행령 [별표 1의2]
• 개발행위허가기준의 도시 · 군관리계획 분야
1) 용도지역별 개발행위의 규모 및 건축제한 기준에 적합할 것
2) 개발행위허가제한지역에 해당하지 아니할 것 [답] ③

79 전기사업법에서 정의하는 용어의 뜻이 틀린 것은?

① '전기사업'이란 발전사업 · 송전사업 · 배전사업 · 전기판매업 및 구역전기사업을 말한다.
② '전력시장'이란 전력거래를 위하여 한국전력거래소가 개설하는 시장을 말한다.
③ 보편적 공급이란 전기사용자가 언제 어디서나 최소한의 요금으로 전기를 사용할 수 있도록 전기를 공급하는 것을 말한다.
④ '발전사업'이란 전기를 생산하여 이를 전력시장을 통하여 전기판매사업자에게 공급하는 것을 주된 목적으로 하는 사업을 말한다.

풀이 ○

• 보편적 공급 : 전기사용자가 언제 어디서나 적정한 요금으로 전기를 사용할 수 있도록 전기를 공급하는 것 [답] ③

80 전기공사업법령에 따라 공사업자는 공사업을 폐업한 경우 누구에게 그 사실을 신고하여야 하는가?

① 대통령
② 시·도지사
③ 한국전기공사협회장
④ 기후에너지환경부장관

(풀이) ○

공사업의 폐업신고를 하려는 자는 전기공사업 폐업신고서(전자문서로 된 신고서를 포함한다)에 등록증 및 등록수첩을 첨부하여 시·도지사에게 제출하여야 한다.

[답] ②

※ 관련법령의 개정 및 한국전기설비규정(KEC)의 시행에 따라 기출문제의 내용을 개정 및 변경된 것으로 수정한 것입니다. 따라서 엔트미디어를 통해 제공되는 기출풀이 동영상(2013~2022)은 내용이 다를 수 있습니다. 따라서 본 교재의 내용으로 학습하시기 바랍니다.

1과목
태양광발전 사전검토

01 서울의 위도가 37.34°일 때, 하지 시 태양의 남중고도로 옳은 것은?

① 31.16
② 51.66
③ 76.16
④ 80.66

풀이 ○

태양의 남중고도
- 춘·추분 시 남중고도 = 90°−위도
- 동지 시 남중고도 = 90°−위도−23.5
- 하지 시 남중고도 = 90°−위도+23.5
  = 90−37.34+23.5 = 76.16 **[답] ③**

02 독립형 ESS용 축전지의 설계 시 1일 적산부하전력량 2.4[kWh], 부조일수 10일, 보수율 0.8, 방전심도 65[%], 축전지 셀 수가 48개일 때, 축전지 용량은 약 몇 [Ah]인가? (단, 축전지 공칭전압은 2[V/cell]이다.)

① 291
② 385
③ 481
④ 585

풀이 ○

독립형 ESS용 축전지 용량

$$= \frac{1일\ 적산부하전력량[W] \times 부조일수}{보수율 \times 축전지\ 공칭전압[V] \times 축전지\ 개수 \times 방전심도}[Ah]$$

$$= \frac{2.4 \times 10^3 \times 10}{0.8 \times 2 \times 48 \times 0.65} = 480.77 ≒ 481[Ah]$$

[답] ③

03 신에너지 및 재생에너지 개발·이용·보급 촉진법령에 따라 공용화 품목의 지정을 요청하려는 자가 국가기술표준원장에게 제출하여야 하는 지정요청서에 첨부하는 서류로 틀린 것은?

① 대상 품목의 명칭·규격 및 설명서
② 공용화 품목으로 지정받으려는 사유
③ 공용화 품목으로 지정될 경우의 기대효과
④ 공용화 품목으로 지정된 후 진행할 사업계획서

풀이 ○

지정요청서에 첨부하는 서류는 상기 ①~③항 뿐이다.
[답] ④

04 신·재생에너지 설비의 지원 등에 관한 지침에 따라 주택지원사업의 경우 시공자는 설치확인 완료 후 공사실적을 한국신·재생에너지협회에 신고할 수 있는 기간은 최대 몇 개월 이내인가?

① 1
② 2
③ 3
④ 6

풀이 ○

지침 제3조(공사실적 신고절차)
시공자는 설치확인 완료 후 30일 이내에 공사실적을 한국신·재생에너지협회에 신고하여야 한다. 다만, 주택지원사업의 경우에는 설치 확인 완료 후 3개월 이내에 신고할 수 있다.
[답] ③

05 전기사업법령에 따라 태양광발전소 사업허가를 위한 계획서 작성 시 포함되어야 할 사항으로 틀린 것은?

① 사업계획 개요
② 전기설비 운영 계획
③ 전기설비 건설 계획
④ 온실가스 감축 계획

풀이 ○

상기 ①~③항 이외
- 사업 구분, 전기설비 개요, 부지의 확보 및 배치 계획,

전력계통의 연계 계획, 온실가스 감축계획(화력발전의 경우만 해당한다.), 소요금액 및 재원조달 계획

[답] ④

06 전기사업법령에 따라 전기사업자가 공급하는 전기의 표준전압 및 표준주파수의 허용오차 범위기준에 관한 설명으로 틀린 것은?

① 60헤르츠의 상하로 0.2헤르츠 이내
② 110볼트의 상하로 6볼트 이내
③ 220볼트의 상하로 15볼트 이내
④ 380볼트의 상하로 38볼트 이내

풀이 ○

220볼트의 상하로 13볼트 이내   **[답] ③**

07 다음의 전력–전압 특성을 가지는 태양광발전 모듈에서 최대전력(Maximum Power, Pmax)을 얻기 위한 조건은?

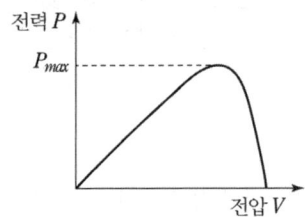

① $\dfrac{dP}{dV} > 0$ ② $\dfrac{dP}{dV} < 0$

③ $\dfrac{dP}{dV} = 0$ ④ $\dfrac{dP}{dV} = 1$

풀이 ○

태양광발전 모듈에서 최대전력(P_{max})을 얻기 위한 조건

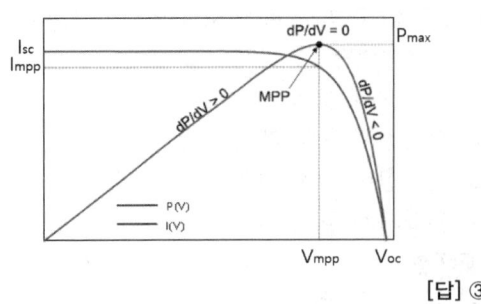

[답] ③

08 전기공사업법에서 기후에너지환경부장관 또는 시·도지사의 권한 중 대통령령으로 정하는 바에 따라 공사업자단체에 위탁할 수 있는 업무에 대한 설명으로 틀린 것은?

① 공사업의 등록에 따른 등록신청의 접수
② 공사업의 양도에 따른 신고의 수리
③ 전기공사의 필요한 자재 등 전기공사 관련 정보의 종합관리 및 제공
④ 등록사항 중 산업통산자원부령으로 정하는 중요 사항의 변경에 따른 등록사항 변경신고의 수리

풀이 ○

공사업자단체에 위탁할 수 있는 업무 : 상기 ① ~ ③항 이외
• 공사업의 등록기준에 관한 신고의 수리
• 공사업의 등록사항 변경신고의 수리
• 공사업 관련정보 자료의 제출 요청
• 공사업자의 시공능력의 평가 및 공시
• 공사업 관련정보 신고의 접수
• 전기공사종합정보시스템의 구축·운영   **[답] ④**

09 아몰퍼스 실리콘(Si) 태양전지의 특징이 아닌 것은?

① 구부러지기 쉽다.
② 제조에 필요한 온도가 약 1400[℃]로 높다.
③ 경량의 기판 위에 형성이 가능하다.
④ 초기에 결정이 열화하여 효율이 감소된다.

풀이 ○

실리콘 태양전지 제조에 필요한 온도
• 단결정 실리콘 : 약 1400[℃]
• 다결정 실리콘 : 약 800~1000[℃]
• 아몰퍼스 실리콘 : 약 200[℃]   **[답] ②**

10 신에너지 및 재생에너지 개발·이용·보급 촉진법령에 따라 조성된 사업비의 사용 용도로 틀린 것은?

① 신·재생에너지 특성 산업단지 육성
② 신·재생에너지 설비의 성능평가·인증
③ 신·재생에너지 시범사업 및 보급사업
④ 신·재생에너지의 연구·개발 및 기술평가

풀이 ◐

사업비의 사용용도 : 상기 ② ~ ④항 이외

- 신·재생에너지의 자원조사, 기술수요 조사 및 통계 작성
- 신·재생에너지 공급의무화 지원
- 신·재생에너지 기술정보의 수집·분석 및 제공
- 신·재생에너지 분야 기술지도 및 교육·홍보
- 신·재생에너지 분야 특성화대학 및 핵심기술연구센터 육성
- 신·재생에너지 분야 전문인력 양성
- 신·재생에너지 설비 설치기업의 지원
- 신·재생에너지 이용의무화 지원
- 신·재생에너지 관련 국제협력
- 신·재생에너지 설비 및 그 부품의 공용화 지원
- 신·재생에너지 기술의 국제표준화 지원　　　**[답] ①**

11 전기공사업법령에 따른 전기공사업 등록기준 항목 중 자본금은 얼마 이상이어야 하는가?

① 1억2천만원　　　　② 1억5천만원
③ 2억원　　　　　　 ④ 2억5천만원

풀이 ◐

항목	공사업의 등록기준
기술능력	전기공사기술자 3명 이상(3명 중 1명 이상은 별표 4의2 비고 제1호에 따른 기술사, 기능장, 기사 또는 산업기사의 자격을 취득한 사람이어야 한다)
자본금	1억5천만원 이상
사무실	공사업 운영을 위한 사무실

[답] ②

12 전기사업법령에 따른 전기사업의 허가기준에 대한 내용이다. 다음 ( )에 들어갈 내용으로 옳은 것은?

> 법 제7조 제5항 제4호에서 "대통령령으로 정하는 공급능력"이란 해당 특정한 공급구역의 전력수요의 ( )퍼센트 이상의 공급능력을 말한다.

① 40　　　　　　　② 50
③ 60　　　　　　　④ 70

풀이 ◐

제4조(전기사업의 허가기준) ① 법 제7조제5항제4호에서 "대통령령으로 정하는 공급능력"이란 해당 특정한 공급구역의 전력수요의 60퍼센트 이상의 공급능력을 말한다.　　　　　　　　　　**[답] ③**

13 태양광발전시스템의 교류측 기기인 적산전력량계에 대한 설명으로 틀린 것은?

① 역송전한 전력량계를 계측하여 전력요금을 산출한다.
② 역송전한 전력량계만을 분리계측하기 위하여 역전력방지장치가 부착된 것을 사용한다.
③ 역송전 계량용 적산전력량계는 전력회사측을 전원측으로 접속한다.
④ 적산전력량계는 계량법에 의한 검정을 받은 적산전력량계를 사용한다.

풀이 ◐

역송전 계량용 적산전력량계는 태양광발전소측을 전원측으로 접속한다.　　　　　　　　　　**[답] ③**

14 신에너지 및 재생에너지 개발·이용·보급촉진법령에 따라 신·재생에너지 설비 설치의무기관으로서 정부출연기관이 되려면, 정부가 연간 최소 얼마 이상을 출연해야 하는가?

① 10억　　　　　　② 20억
③ 30억　　　　　　④ 50억

풀이 ◐

제16조(신·재생에너지 설비 설치의무기관) ① 법 제12조제2항제3호에서 "대통령령으로 정하는 금액 이상"이란 연간 50억원 이상을 말한다.　　　**[답] ④**

15 3[kW] 인버터의 입력범위가 25~35[V]이고, 최대 출력에서 효율이 89[%]이다. 최대 정격에서 인버터의 최대 입력전류는 약 몇 [A]인가?

① 97　　　　　　　② 114
③ 125　　　　　　　④ 135

풀이 ✏

최대 입력전류 $= \dfrac{\text{인버터 용량}}{\text{최소입력전압} \times \text{효율}}$

$= \dfrac{3 \times 10^3}{25 \times 0.89} = 134.83 ≒ 135$ **[답]** ④

16 다음 식은 경제성 분석방법 중 어떤 방법인가? (단, n : 사업기간, B : 편익, C : 비용, λ : 할인율이다.)

$$\sum_{t=0}^{n} \frac{B}{(1+\lambda)^t} = \sum_{t=0}^{n} \frac{C}{(1+\lambda)^t}$$

① 순현재가치 방법
② 내부수익률 방법
③ 비용편익비율 방법
④ 수명주기비용 분석방법

풀이 ✏

상기 식은 다음과 같은 비용편익비율(B/C ratio) 식이다.

$$\frac{\sum_{t=0}^{n} \dfrac{B}{(1+\lambda)^t}}{\sum_{t=0}^{n} \dfrac{C}{(1+\lambda)^t}} = 1$$ **[답]** ③

17 국토의 계획 및 이용에 관한 법령에 따른 개발행위허가 신청 시 첨부되는 서류로 틀린 것은?
① 토지분할인 경우 예산내역서
② 토지 형질변경의 경우 배치도
③ 공작물 설치인 경우 설계도서
④ 토석채취인 경우 공사 또는 사업관리 도서

풀이 ✏

시행규칙 제9조(개발행위허가신청서)
1. 토지의 소유권 또는 사용권 등 신청인이 당해 토지에 개발행위를 할 수 있음을 증명하는 서류.
2. 배치도 등 공사 또는 사업관련 도서(토지의 형질변경 및 토석채취인 경우에 한한다)
3. 설계도서(공작물의 설치인 경우에 한한다)
4. 당해 건축물의 용도 및 규모를 기재한 서류(건축물의 건축을 목적으로 하는 토지의 형질변경인 경우에 한한다)
5. 개발행위의 시행으로 폐지되거나 대체 또는 새로이

설치할 공공시설의 종류·세목·소유자 등의 조서 및 도면과 예산내역서(토지의 형질변경 및 토석채취인 경우에 한한다)
6. 법 제57조제1항의 규정에 의한 위해방지·환경오염 방지·경관·조경 등을 위한 설계도서 및 그 예산내역서(토지분할인 경우를 제외한다). **[답]** ①

18 전기사업법령에 따라 전기설비의 설치 및 사업의 개시 의무에 대한 사항으로 틀린 것은?
① 발전사업자는 최초로 전력거래를 한 날부터 60일 이내에 신고하여야 한다.
② 정당한 사유가 없는 한 준비기간은 10년의 범위에서 기후에너지환경부장관이 정하여 고시하는 기간을 넘을 수 없다.
③ 전기사업자는 허가권자가 지정한 준비기간에 사업에 필요한 전기설비를 설치하고 사업을 시작하여야 한다.
④ 허가권자는 전기사업을 허가할 때 필요하다고 인정하면 전기사업별 또는 전기설비별로 구분하여 준비기간을 지정할 수 있다.

풀이 ✏

발전사업자의 경우에는 최초로 전력거래를 한 날부터 30일 이내에 신고하여야 한다. **[답]** ①

19 전기실의 설치 부지선정 시 고려사항으로 틀린 것은?
① 침수의 우려가 없을 것
② 먼지가 없고 다습할 것
③ 기기의 반·출입이 편리할 것
④ 진동이 없고, 지반이 견고할 것

풀이 ✏

먼지가 없고 건조할 것. **[답]** ②

20 피뢰시스템-제1부 : 일반원칙(KS C IEC 62305-1 : 2012)에 따른 외부피뢰시스템에 해당하지 않는 것은?
① 수뢰부시스템   ② 인하도선시스템
③ 서지보호장치   ④ 접지극시스템

풀이 ○

외부피뢰시스템 : 수뢰부 시스템, 인하도선 시스템, 접지극 시스템

[답] ③

2과목
태양광발전 구성·선정

21 한국전기설비규정에 따라 전기저장장치를 전용건물에 시설하는 경우에 대한 설명이다. 다음 ( )에 들어갈 내용으로 옳은 것은?

> 이차전지는 벽면으로부터 ( )[m] 이상 이격하여 설치하여야 한다. 단, 옥외의 전용 컨테이너에서 적정 거리를 이격한 경우에는 규정에 의하지 아니할 수 있다.

① 0.5   ② 1.0
③ 1.5   ④ 2.0

풀이 ○

이차전지는 벽면으로부터 1[m]이상 이격하여 설치하여야 한다.

[답] ②

22 분산형전원 배전계통 연계 기술기준에 따라 분산형전원을 특고압 한전계통에 연계하는 경우 연계계통의 전기방식으로 옳은 것은?

① 교류 단상 22.9[kV]
② 교류 단상 154[kV]
③ 교류 삼상 22.9[kV]
④ 교류 삼상 154[kV]

풀이 ○

연계구분에 따른 계통의 전기방식
- 저압 한전계통 연계 : 교류 단상 220[V] 또는 교류 삼상 380[V] 중 기술적으로 타당하다고 한전이 정한 한 가지 전기방식
- 특고압 한전계통 연계 : 교류 삼상 22,900[V]

[답] ③

23 전력시설물 공사감리업무 수행지침에 따라 발주자는 설계변경 방침결정 요구를 받은 경우 설계변경에 대한 기술검토를 위하여 소속직원으로 기술검토팀(T/F팀)을 구성(필요시 민간전문가 구성)·운영 할 수 있으며, 이 경우 단순사항은 며칠 이내에 방침을 확정하여 책임감리원에게 통보하여야 하는가?

① 5   ② 7
③ 14   ④ 30

풀이 ○

발주자는 설계변경 방침결정 요구를 받은 경우 설계변경에 대한 기술검토를 위하여 소속직원으로 기술검토팀(T/F팀)을 구성(필요시 민간전문가 구성)·운영할 수 있으며, 이 경우 단순사항은 7일 이내, 그 이외의 사항은 14일 이내에 방침을 확정하여 책임감리원에게 통보하여야 한다.

[답] ②

24 전력시설물 공사감리업무 수행지침에 따라 감리원은 공사업자가 도급받은 공사를 「전기공사업법」에 따라 하도급 하고자 발주자에게 통지하거나, 동의 또는 승낙을 요청하는 사항에 대해서는 「전기공사업법 시행규칙」 별지 제20호서식의 전기공사 하도급계약 통지서에 관한 적정성 여부를 검토하여 요청받은 날부터 며칠 이내에 발주자에게 의견을 제출하여야 하는가?

① 5   ② 7
③ 14   ④ 30

풀이 ○

전기공사 하도급계약 통지서에 관한 적정성 여부를 검토하여 요청받은 날부터 7일 이내에 발주자에게 의견을 제출하여야 한다.

[답] ②

25 태양광발전소의 단선결선도에 작성하는 다음 그림기호의 명칭으로 옳은 것은?

① 차단기 접점
② 계기용 절환 개폐기
③ 시험용 전압 단자
④ 시험용 전류 단자

풀이 ○
- 시험용 전압 단자(PTT : Potential Test Terminal)
- 시험용 전류 단자(CTT : Current Test Terminal)

[답] ④

26 태양광발전시스템을 건축물에 설치하는 경우 설치부위에 따른 구분 중 지붕에 설치하는 형식으로 틀린 것은?

① 창재형   ② 지붕건재형
③ 지붕설치형   ④ 톱라이트형

풀이 ○
창재형은 유리창의 기능(투시, 채광 등)을 가지고 있는 모듈이다.   **[답] ①**

27 신재생발전기 송전계통 연계 기술기준에 따라 신재생발전기는 최소 출력 이상으로 발전기를 운전하는 경우 몇 분 평균값으로 측정된 유효전력 발전량이 규정된 값을 초과하지 않도록 출력상한을 조정 가능해야 하는가?

① 5   ② 10
③ 15   ④ 20

풀이 ○
신재생발전기는 최소 출력 이상으로 발전기를 운전하는 경우 10분 평균값으로 측정된 유효전력 발전량이 규정된 값을 초과하지 않도록 출력상한을 조정 가능해야 한다.   **[답] ②**

28 전력기술관리법령에 따라 시·도지사가 산업통상부령으로 정하는 바에 따라 그 등록을 취소만 명할 수 있는 설계업자 및 감리업자의 위반사항으로 옳은 것은?

① 다른 사람에게 등록증을 빌려 준 경우
② 이 법을 위반하여 형의 집행유예를 선고받고 그 유예 기간 중에 있는 사람
③ 거짓이나 그 밖의 부정한 방법으로 등록을 한 경우
④ 설계 또는 공사감리를 성실하게 하지 아니하

여 일반인에게 위해(危害)를 끼치거나 전력시설물을 현저히 부실하게 시공하게 한 경우

풀이 ○
- 등록을 취소하여야 하는 경우
  - 거짓이나 그 밖의 부정한 방법으로 등록을 한 경우
  - 등록기준에 미달한 날부터 1개월이 지난 경우
- 6개월 이내의 기간을 정하여 그 영업의 전부 또는 일부의 정지를 명할 수 있는 경우
  - 설계 또는 공사감리를 성실하게 하지 아니하여 일반인에게 위해(危害)를 끼치거나 전력시설물을 현저히 부실하게 시공하게 한 경우
  - 결격사유 중 어느 하나에 해당하게 된 경우
  - 다른 사람에게 등록증을 빌려 준 경우   **[답] ③**

29 태양 고도각 20°, 태양광발전 어레이 경사각 30°, 어레이 길이가 2[m]일 때 어레이 간 이격거리는 약 몇 [m]인가?

① 3.36   ② 4.48
③ 4.88   ④ 5.26

풀이 ○
$$이격거리(d) = \frac{어레이 길이(L) \times sin(경사각 + 고도각)}{sin(고도각)}$$
$$= \frac{2 \times sin(30+20)}{sin(20)} = 4.478 ≒ 4.48$$ **[답] ②**

30 폐쇄배전반 내 시설하는 고압케이블과 저압케이블 사이의 이격거리는 몇 [m] 이상이어야 하는가? (단, 상호 간에 견고한 내화성 격벽을 시설하거나, 상호 간에 난연성 케이블을 사용하여 접촉하지 아니하도록 시설할 경우는 그러지 아니하다.)

① 0.01   ② 0.05
③ 0.10   ④ 0.15

풀이 ○
KEC 334.7 지중전선 상호 간의 접근 또는 교차
1. 지중전선이 다른 지중전선과 접근하거나 교차하는 경우에 지중함 내 이외의 곳에서 상호 간의 이격거리가 저압 지중전선과 고압 지중전선에 있어서는 0.15[m] 이상, 저압이나 고압의 지중전선과 특고압 지중전선에 있어서는 0.3[m] 이상이 되도록 시설하여야 한다.   **[답] ④**

31 지반계측(KDS 11 10 15 : 2021)에 따라 계측의 목적을 효과적으로 확보하기 위해 수립하는 계측 계획서 작성 시 고려사항으로 틀린 것은?

① 계측결과의 해석방법

② 계측결과의 수집방법

③ 계측결과의 유지 관리에 활용방법

④ 계측결과의 폐기방법

풀이 ○

계측 계획서 작성 시 고려사항 : ① ~ ③이외

• 계측 대상 시설물(공사)의 개요 및 규모

• 계측 대상 시설물의 구조적 형태

• 계측목적, 계측항목, 계측범위, 계측위치, 계측방법 및 시스템의 구성

• 계측기기의 종류, 사양 및 수량, 검교정 계획

• 계측기기의 설치 유지관리 방법

• 계측자료의 보관, 활용 방법 및 체계

• 계측관리방법(위탁 또는 직영), 직영 관리 시 계측요원의 교육방법　　　　　　　　　**[답]** ④

32 전력기술관리법령에 따라 (설계업, 감리업) 등록신청서에 작성하는 등록사항으로 틀린 것은?

① 기술인력

② 자본금

③ 기간 및 금액

④ 보유장비(감리업만 해당함)

풀이 ○

등록신청서에 작성하는 등록사항 : ①, ②, ④항 이외

• 종류　　　　　　　　　　　　　　　　**[답]** ③

33 전력시설물 공사감리업무 수행지침에 따라 감리원은 공사업자로부터 시공상세도를 사전에 제출받아 공사업자가 제출한 날부터 7일 이내에 검토·확인하여 승인한 후 시공할 수 있도록 하여야 한다. 다음 중 고려하지 않아도 되는 것은? (단, 7일 이내에 검토·확인이 불가능한 때에는 사유 등을 명시하여 통보하고, 통보사항이 없을 때에는 승인한 것으로 본다.)

① 계산의 정확성

② 실제시공 가능 여부

③ 설계도면, 설계설명서 또는 관계 규정에 일치하는지 여부

④ 폐품 또는 발생물 유무 및 처리의 적정여부

풀이 ○

시공상세도 고려사항 : ① ~ ③항 이외

• 현장의 기술자가 명확하게 이행할 수 있는지 여부

• 안정성의 확보 여부

• 제도의 품질 및 선명성, 도면작성 표준에 일치 여부

• 도면으로 표시 곤란한 내용은 시공 시 유의사항으로 작성되었는지 등의 검토　　　　　**[답]** ④

34 정격용량이 250[W]인 태양광발전 모듈(8.1[A], 30.9[V])로 구성된 어레이(10직렬×30병렬)에서 태양광발전용 인버터까지의 거리가 120[m], 전선의 단면적이 75[mm2]일 때, 전압강하는 몇 [V]인가?

① 4.93　　　　　　　② 6.91

③ 11.99　　　　　　④ 13.84

풀이 ○

• 전압강하$(e) = \dfrac{35.6 \times 길이[m] \times 전류[A]}{1000 \times 전선의 단면적[mm^2]}$

$\qquad\qquad = \dfrac{35.6 \times 120 \times 243}{1000 \times 75} = 13.84$

※ 어레이 전류 = 전류×병렬 수= 8.1×30 = 243[A]

※ 어레이 전압 = 전압×직렬 수= 30.9×10 = 309[V]

　　　　　　　　　　　　　　　　　　[답] ④

35 설계감리업무 수행지침에 따라 설계감리원이 설계도면의 적정성을 검토함에 있어 확인하여야 하는 사항으로 틀린 것은?

① 도면 작성의 법률적 근거가 제시되었는지 여부

② 도면작성이 의도하는 대로 경제성, 정확성 및 적정성 등을 가졌는지 여부

③ 설계결과물(도면)이 입력 자료와 비교해서 합리적으로 되었는지 여부

④ 도면이 적정하게 해석 가능하게, 실시 가능하며 지속성 있게 표현되었는지 여부

풀이 ○

설계용역 성과검토 사항 : 상기 ② ~ ④항 이외
- 설계 입력 자료가 도면에 맞게 표시되었는지 여부
- 관련 도면들과 다른 관련 문서들의 관계가 명확하게 표시되었는지 여부
- 도면상에 사업명을 부여 했는지 여부　　　　**[답]** ①

36 전기설비기술기준에 따른 극저주파 전자계 (Extremely Low Frequency Electric and Magnetic Fields : ELF EMF)라 함은 0[Hz]를 제외한 몇 [Hz]이하의 전계와 자계를 말하는가?

① 100　　　　　　　② 200
③ 300　　　　　　　④ 400

풀이 ○

극저주파 전자계라 함은 0[Hz]를 제외한 300[Hz] 이하의 전계와 자계를 말한다.　　　　**[답]** ③

37 한국전기설비규정에 따라 고압 가공전선이 건조물과 접근하는 경우에 고압 가공전선의 건조물의 아래쪽에 시설될 경우 고압 가공전선과 건조물 사이의 이격거리는 몇 [m]이상이어야 하는가? (단, 전선이 케이블이 아닌 경우이다.)

① 0.4　　　　　　　② 0.5
③ 0.6　　　　　　　④ 0.8

풀이 ○

가공전선과 건조물 사이의 이격거리

종류	이격거리
저압가공전선	0.6m (전선이 케이블인 경우에는 0.3m)
고압가공전선	0.8m (전선이 케이블인 경우에는 0.4m)

[답] ④

38 건축일반용어(KS F 1526 : 2010)에 따른 제도 및 설계 용어 중 물체의 형상을 한 시점에서 보이는 대로 평면상에 나타낸 그림은?

① 투시도　　　　　　② 단면도
③ 상세도　　　　　　④ 투상도

풀이 ○

- 투시도 : 건축물 또는 물체를 원근법에 따라 입체적으로 공간을 잘 표현하기 위해 그린 도면
- 단면도 : 건축이나 물체를 절단하여 내부 생김새를 투영하여 묘사한 그림
- 상세도 : 건축물 또는 물체의 세부를 상세하게 나타내어 그린 도면　　　　**[답]** ④

39 기초 내진 설계기준(KDS 11 50 25 : 2021)에 따라 기초구조물의 내진 설계 시 얕은기초의 등가정적해석이 만족하여야 하는 기본사항으로 틀린 것은?

① 기초에 작용하는 등가정적하중은 기초지반과 상부구조물의 응답특성을 고려하여 결정한다.
② 액상화 영향을 고려하여 기초 및 지반의 안정성을 평가한다.
③ 얕은기초는 지지력, 전도, 활동에 대하여 안전하여야 하고, 변형 및 침하량이 허용치 이하이어야 한다.
④ 말뚝기초 주변 지반에 대하여 액상화 가능성, 말뚝머리의 횡방향 변위 및 침하, 말뚝 본체의 파괴가능성 등을 검토한다.

풀이 ○

말뚝기초는 얕은기초가 아니라 깊은기초이다.　**[답]** ④

40 다음은 한국전기설비규정의 안전을 위한 보호에서 전압 규정을 나타낸 것이다. (　)에 들어갈 내용으로 옳은 것은? (단, 안전을 위한 보호에서 별도의 언급이 없는 경우이다.)

> 가. 교류전압은 (　 ⓐ 　)(으)로 한다.
> 나. 직류전압은 (　 ⓑ 　)(으)로 한다.

① ⓐ 실효값, ⓑ 최대값
② ⓐ 실효값, ⓑ 리플프리
③ ⓐ 리플프리, ⓑ 실효값
④ ⓐ 최대값 ⓑ 실효값

풀이 ○
안전을 위한 보호에서 별도에 언급이 없는 한 다음의 전압 규정에 따른다.
가. 교류전압은 실효값으로 한다.
나. 직류전압은 리플프리로 한다. **[답] ②**

3과목
태양광발전 시공

41 콘크리트용 앵커 중 선설치 앵커(cast-in-place anchor)에 해당하지 않는 것은?
① 헤드 볼트 앵커　② 스터드 볼트 앵커
③ 언더컷 볼트 앵커　④ 갈고리 볼트 앵커

풀이 ○
• 선설치 앵커 : 헤드볼트, 헤드스터드, 갈고리 볼트
• 후설치 앵커 : 비틀림제어 확장 앵커, 변위제어 확장 앵커, 언더컷 앵커, 부착식 앵커 **[답] ③**

42 전력계통의 전압을 조정하는 조상설비 중 진상 또는 지상의 무효전력 조정이 가능한 것은?
① 단로기　② 동기조상기
③ 분로리액터　④ 전력용커패시터

풀이 ○
• 분로리액터 : 지상 무효전력을 공급하여 전압 조정
• 전력용커패시터 : 진상 무효전력을 공급하여 전압 조정
• 동기조상기(기계식) : 진상 또는 지상 무효전력을 공급하여 전압 조정
• 정지형 무효전력 보상장치(SVC, 반도체 소자 사용) : 진상 또는 지상 무효전력을 공급하여 전압 조정 **[답] ②**

43 저전압계전기의 정격전압 정정 시 정격전압의 몇 [%]범위에서 정정하는 것이 적당한가?
① 10~30[%]　② 35~55[%]
③ 60~80[%]　④ 90~100[%]

풀이 ○
수용가 수전설비의 보호계전기 정정지침

계전기명	용도	동작치정정
과전류계전기 (OCR)	단락보호	1) 한시요소 : 계약최대전력의 150[%]~170[%] 2) 순시요소 : 변압기 2차 3상 단락전류의 150[%]
과전압계전기 (OVR)	과전압운전 방지	정격전압의 130[%]
저전압계전기 (UVR)	무전압 또는 저전압시 분리용	정격전압의 70[%]

[답] ③

44 한국전기설비규정에 따라 덕트를 조영재에 붙이는 경우에는 덕트의 지지점 간의 거리를 몇 [m]이하로 하여야 하는가? (단, 취급자 이외의 자가 출입할 수 있도록 설비한 곳이다.)
① 1　② 2
③ 3　④ 5

풀이 ○
덕트를 조영재에 붙이는 경우에는 덕트의 지지점 간의 거리를 3[m](취급자 이외의 자가 출입할 수 없도록 설비한 곳에서 수직으로 붙이는 경우에는 6[m])이하로 하고 또한 견고하게 붙일 것. **[답] ③**

45 공사 중 발생 가능한 안전사고의 간접 원인이 아닌 것은?
① 인적 원인　② 기술적 원인
③ 교육적 원인　④ 관리적 원인

풀이 ○
• 직접 원인 : 인적 원인, 물적 원인
• 간접 원인 : 기술적 원인, 교육적 원인, 신체적 원인, 정신적 원인, 관리적 원인 **[답] ①**

46 순방향으로 바이어스된 베이스-이미터 트랜지스터 회로의 컬렉트 전류(i_C)가 4.65[mA], 베이스 전류(i_B)가 0.0465[mA]인 경우 DC 전류이득(β_{DC})은?
① 0.02　② 0.55
③ 10　④ 100

풀이 〇

• 전류이득(β_{DC}) : 컬렉터 전류를 베이스 전류로 나눈 것

$$\beta_{DC} = \frac{i_C}{i_B} = \frac{4.65}{0.0465} = 100$$

[답] ④

47 피뢰시스템의 등급이 Ⅳ인 경우 인하도선 사이의 최적 간격은 몇 [m]인가?

① 5
② 10
③ 15
④ 20

풀이 〇

KS C IEC 62305−3 표4−인하도선 사이의 최적 간격

등급	Ⅰ	Ⅱ	Ⅲ	Ⅳ
간격[m]	10	10	15	20

[답] ④

48 한국전기설비규정에 따라 배선설비의 접속 방법 선정 시 고려하는 사항으로 틀린 것은?

① 도체의 단면적
② 도체의 설치위치
③ 도체와 절연재료
④ 도체를 구성하는 소선의 가닥수와 형상

풀이 〇

KEC 232.3.3 전기적 접속
• 접속 방법은 다음 사항을 고려하여 선정한다.
 가. 도체와 절연재료
 나. 도체를 구성하는 소선의 가닥수와 형상
 다. 도체의 단면적
 라. 함께 접속되는 도체의 수

[답] ②

49 얕은기초(KCS 11 50 05 : 2021)에서 기초터 파기 및 바닥면 마무리에 대한 내용이다. 다음 ( ) 안에 알맞은 것은?

> 암반지지 기초의 경우 바닥면의 경사가 ( ) 이상인 경우 계단식 또는 톱니식으로 마무리하여야 한다.

① 1 : 1
② 1 : 2
③ 1 : 3
④ 1 : 4

풀이 〇

얕은기초(KCS 11 50 05 : 2021) 3.2.1 (5) 암반지지 기초의 경우 바닥면의 경사가 1 : 4이상인 경우 계단식 또는 톱니식으로 마무리하여야 한다.

[답] ④

50 1일 사용전력량이 240[kWh], 수용전력이 20[kW]인 수전설비의 부하율은 몇 [%]인가?

① 20
② 30
③ 50
④ 120

풀이 〇

$$부하율 = \frac{평균전력}{수용전력} \times 100$$

$$= \frac{1일사용전력량/24}{수용전력} \times 100[\%]$$

$$= \frac{240/24}{20} \times 100 = 50[\%]$$

[답] ③

51 태양광발전시스템에서 지락 발생 시 누전차 단기로 보호할 수 없는 경우가 발생하는 이유는?

① 인버터의 출력이 직접 계통에 접속되기 때문에
② 지락전류에 직류성분이 포함되어 있기 때문에
③ 태양광발전 어레이와 계통측이 절연되어 있지 않기 때문에
④ 태양광발전 어레이에서 발생하는 지락전류의 크기가 매우 크기 때문에

풀이 〇

교류회로에 사용되는 누전차단기는 태양광발전시스템의 직류성분이 포함되어 있어 교류회로 지락발생 시 누전차단기로 보호할 수 없는 경우가 발생하게 된다.

[답] ②

52 1[W · s]와 동일한 단위는?

① 1[J]
② 1[KW]
③ 1[kWh]
④ 860[kcal]

풀이 〇

1[W · s] = 1[J], 1[J/s] = 1[W]

[답] ①

53 다음 [보기]의 내용으로 알맞은 저압 배전방식은?

〈보기〉
- 변압기의 공급 전력을 서로 융통시킴으로서 변압기 용량 저감 가능
- 전압 변동 및 전력 손실 경감
- 부하의 증가에 대한 탄력적 대응
- 고장에 대한 보호방법이 적절하고 공급 신뢰도 향상
- 캐스케이딩 현상 발생

① 방사선 방식
② 저압 네트워크 방식
③ 저압 뱅킹 방식
④ 스포트 네트워크 방식

풀이 ◎

- 방사선 방식 장점 :
  ① 구성이 단순하다.
  ② 공사비가 저렴하다.
- 방사선 방식 단점 :
  ① 전압 변동 및 전력손실이 크다.
  ② 플리커 현상이 심하다.
  ③ 사고에 의한 정전 범위가 확대되기 때문에 신뢰성이 낮다.
- 네트워크 방식 장점 :
  ① 무정전 공급이 가능하여 공급 신뢰도가 높다.
  ② 플리커, 전압 변동률이 적다.
  ③ 전력 손실이 감소 된다.
  ④ 기기의 이용률이 향상된다.
  ⑤ 부하 증가에 대한 적응성이 좋다.
  ⑥ 변전소의 수를 줄일 수 있다.
- 네트워크 방식 단점 :
  ① 건설비가 비싸다.
  ② 특별한 보호장치를 필요로 한다.
- 스포트 네트워크 방식 특징 :
  ① 부하에 무정전 공급이 가능하다.
  ② 전압 변동률이 적다. **[답] ③**

54 3상 1회선 송전선로의 길이가 100[km], 작용커패시턴스 0.0088[μF/km], 주파수 60[Hz], 선간전압 154[kV]일 때, 충전전류는 약 몇 [A]인가?

① 29.5
② 39.6
③ 48.6
④ 59.5

풀이 ◎

충전전류(I_c)
$= 2\pi \times$주파수[Hz]$\times$작용커패시턴스[F]$\times$대지전압[V]
$= 2\pi \times 60 \times (100 \times 0.0088 \times 10^{-6}) \times \dfrac{154 \times 10^3}{\sqrt{3}}$
$= 29.48 ≒ 29.5$

※ 대지전압 $= \dfrac{선간전압}{\sqrt{3}}$ **[답] ①**

55 정전용량 5[μF]인 커패시터에 1000[V]의 전압을 가할 때 축적되는 전하(C)는?

① 2×10^{-2}
② 2×10^{-3}
③ 5×10^{-2}
④ 5×10^{-3}

풀이 ◎

전하량[C]$=$정전용량[F]$\times$전압[V]
$= (5 \times 10^{-6}) \times 1000$
$= 5 \times 10^{-3}$[C] **[답] ④**

56 한국전기설비규정에 따른 전선관시스템의 공사방법으로 틀린 것은?

① 케이블공사
② 금속관공사
③ 가요전선관공사
④ 합성수지관공사

풀이 ◎

KEC 표 232.2-3 공사방법의 분류

종류	공사방법
전선관 시스템	합성수지관공사, 금속관공사, 가요전선관공사
케이블트렁킹 시스템	합성수지몰드공사, 금속몰드공사, 금속트렁킹공사
케이블덕팅 시스템	플로어덕트공사, 셀룰러덕트공사, 금속덕트공사
케이블트레이 시스템	케이블트레이공사
케이블공사	고정하지 않는 방법, 직접 고정하는 방법, 지지선 방법

[답] ①

57 수 · 변전설비 중 저압 배전반의 뒷면 또는 점검면에서 사람이 통행할 수 있는 최소 거리는 몇 [m]이상이어야 하는가?

① 0.5   ② 0.6
③ 0.8   ④ 1.2

풀이 ○

수전설비의 배전반 등의 최소유지거리(KESC 370.6)

위치별 기기별	앞면 또는 조작계측면	뒷면 또는 점검면	열상호간 (점검하는 면)	기타의 면
특고압 배전반	1.7	0.8	1.4	–
고압 배전반	1.5	0.6	1.2	–
저압 배전반	1.5	0.6	1.2	–
변압기 등	0.6	0.6	1.2	0.3

[답] ②

58 다음 논리회로와 등가인 논리게이트는?

① OR   ② NOT
③ AND   ④ NAND

풀이 ○

논리게이트와 논리회로

논리게이트	논리회로
OR	A B ─[ ]─ Y
AND	A B ─[ ]─ Y
NOT	A ─[>○]─ Y A ─[ ]○─ X
NAND (NOT AND)	A B ─[ ]○─ Y

[답] ②

59 전기설비기술기준에 따른 저압전로의 절연성능에서 전로의 사용전압에 대한 절연저항의 기준으로 틀린 것은? (단, 절연저항은 전로와 대지 사이의 값이다.)

① SELV – 0.5[MΩ] 이상
② FELV – 1.0[MΩ] 이상
③ PELV – 2.0[MΩ] 이상
④ 500[V] 초과 – 1.0[MΩ] 이상

풀이 ○

기술기준 제52조 (저압전로의 절연성능)

전로의 사용전압[V]	DC 시험전압[V]	절연저항[MΩ]
SELV 및 PELV	250	0.5 이상
FELV를 포함한 500[V] 이하	500	1.0 이상
500[V] 초과	1,000	1.0 이상

[답] ③

60 신 · 재생에너지 설비 지원 등에 관한 지침에 따른 태양광발전 모듈의 시공기준에 대한 설명으로 틀린 것은?

① 모듈 전면의 음영이 최대화되어야 한다.
② 방위각은 그림자의 영향을 받지 않는 곳에 정남향설치를 원칙으로 한다.
③ 경사각은 현장 여건에 따라 조정하여 설치하여야 한다.
④ 단위 모듈당 용량에 따라 설계용량과 동일하게 설치할 수 없는 경우에 한하여 설계용량의 110[%]이내까지 가능하다.

풀이 ○

• 모듈의 일조면은 원칙적으로 정남향 방향으로 설치하여야 한다. 정남향으로 설치가 불가능할 경우에 한하여 정남향을 기준으로 동쪽 또는 서쪽 방향으로 45도 이내(공급인증서 발급대상 설비의 경우 60도 이내)로 설치하여야 한다. 다만, 기존 건축물의 지붕, 벽체 등과 평행하게 태양광 설비(BAPV형 또는 BIPV형)를 설치하는 경우에는 정남향을 기준으로 동쪽 또는 서쪽으로 90도 이내에 설치할 수 있다.
• 지붕 등 경사가 있는 건축물(공작물 포함)에 건물설치형 태양광 설비를 설치할 경우에는 모듈의 경사 및 방향이 건축물의 경사 및 방향과 최대한 일치되도록 설치하는 것을 권장한다.
• 모듈의 일조시간은 장애물로 인한 음영에도 불구하고 1일 5시간[춘계(3∼5월) · 추계(9∼11월)기준] 이상이어야 하며 전선, 피뢰침, 안테나 등 경미한 음영은 장애물로 보지 않는다.
• 모듈 설치 열이 2열 이상일 경우 앞 열은 뒷 열에 음영이 지지 않도록 설치하여야 한다. [답] ①

4과목
태양광발전 **유지·관리**

61 태양광 시스템용 배터리 충전 컨트롤러-성능 및 기능(KS C IEC 62509 : 2010)에 따라 배터리 수명 보호 요구조건의 권장 충전 단계에서 배터리 충전 컨트롤러는 주기적으로 배터리에 균등 충전을 제공하며, 균등 충전의 주기는 며칠 이상이어야 하는가?

① 3일
② 5일
③ 7일
④ 15일

풀이 ●

- 요구되는 충전 단계 : 최소한 태양광 배터리 충전 컨트롤러는 벌크와 부동 충전 단계가 있어야 한다.
- 권장 충전 단계 : 배터리 충전 컨트롤러는 주기적으로 배터리에 균등 충전을 제공해야 한다. 균등 충전의 주기는 7일 이상이어야 한다.
- ※ 벌크(부스트) 충전 : 배터리 충전 상태로 가능한 한 빨리 복원하기 위한 초기 충전 단계로서 태양광 발전기로부터 가능한 모든 충전전류 또는 배터리 충전컨트롤러(BCC)의 최대 정격전류가 배터리로 공급된다. **[답] ③**

62 태양광발전소 설비용량이 200[kW], SMP가 90[원/kWh], 가중치 적용 전 REC가 120[원/kWh], 1개월간 생산한 전력량이 10[MWh]일 때 발전수익은 얼마인가? (단, "SMP + 1REC가격 × 가중치" 계약방식이며, 일반부지에 설치하는 것으로 한다.)

① 1,750,000원
② 1,850,000원
③ 2,220,000원
④ 2,750,000원

풀이 ●

- 가중치 $= \dfrac{(99.999 \times 1.2) + (200 - 99.999) \times 1.0}{200}$

  $= 1.099999 \fallingdotseq 1.099$

- ※ 가중치는 소수점 넷째자리 이하는 절사한다.
- 발전수익 $= (90 + 120 \times 1.099) \times 10,000[\text{kWh}]$

  $= 2,218,800 \fallingdotseq 2,220,000$원 **[답] ③**

63 전기설비 검사 및 점검의 방법·절차 등에 관한 고시에 따른 사업용 태양광발전설비의 정기점검 시 종합검사의 검사항목에 해당하지 않는 것은?

① 종합연동시험
② 부하운전시험
③ 조상설비시험
④ 부지 및 구조물

풀이 ●

- 종합검사 항목 : 종합연동시험, 부하시운전(30분), 부지 및 구조물
- ※ 조상설비는 송·배전 계통에 적용된다. **[답] ③**

64 산업안전보건기준에 관한 규칙에 따라 물체의 낙하·충격, 물체에의 끼임, 감전 또는 정전기 대전(帶電)에 의한 위험이 있는 작업 시 착용하는 보호구는?

① 방열복
② 보안면
③ 안전화
④ 방진마스크

풀이 ●

- 물체가 떨어지거나 날아올 위험 또는 근로자가 추락할 위험이 있는 작업 : 안전모
- 높이 또는 깊이 2미터 이상의 추락할 위험이 있는 장소에서 하는 작업 : 안전대(安全帶)
- 물체의 낙하·충격, 물체에의 끼임, 감전 또는 정전기의 대전(帶電)에 의한 위험이 있는 작업 : 안전화
- 물체가 흩날릴 위험이 있는 작업 : 보안경
- 용접 시 불꽃이나 물체가 흩날릴 위험이 있는 작업 : 보안면
- 감전의 위험이 있는 작업 : 절연용 보호구
- 고열에 의한 화상 등의 위험이 있는 작업 : 방열복
- 선창 등에서 분진(粉塵)이 심하게 발생하는 하역작업 : 방진마스크 **[답] ③**

65 전기설비 검사 및 점검의 방법·절차 등에 관한 고시에 따라 사업용 태양광발전설비의 정기점검 시 태양광 전지의 수검자 준비자료 중 측정 및 점검기록표에 해당하지 않는 것은?

① 접지저항시험 성적서
② 절연저항시험 성적서
③ 절연내력시험 성적서
④ 보호장치 및 계전기시험 성적서

풀이 ●

태양전지 수검자 준비자료
- 단선결선도
- 태양광전지 트립 인터록 도면
- 시퀀스 도면
- 측정 및 점검기록표
  - 보호장치 및 계전기시험 성적서
  - 절연저항시험 성적서
  - 접지저항시험 성적서　　　　　　　[답] ③

66 전기안전관리법령에 따라 개인대행자가 전기안관리업무를 대행할 수 있는 태양광발전설비의 규모로 옳은 것은? (단, 원격감시 및 제어기능을 갖춘 경우이다.)

① 용량 100킬로와트 미만
② 용량 250킬로와트 미만
③ 용량 500킬로와트 미만
④ 용량 750킬로와트 미만

풀이 ●

- 안전공사 및 대행사업자(태양광발전설비)
  - 용량 1천킬로와트(원격감시 및 제어기능을 갖춘 경우 용량 3천킬로와트)미만
- 개인대행자(태양광발전설비)
  - 용량 250킬로와트(원격감시 및 제어기능을 갖춘 경우 용량 750킬로와트)미만　　　　[답] ④

67 인버터의 계통전압이 규정치 이상일 경우 인버터의 표시내용으로 옳은 것은?

① Utility Line Fault
② Line Over Voltage Fault
③ Inverter Over Current Fault
④ Line Phase Sequence Fault

풀이 ●

- Utility Line Fault : 정전시 발생
- Line Phase Sequence Fault : 계통전압이 역상일 때 발생
- Inverter Over Current Fault : 인버터 전류가 규정 값 이상으로 흐를 때 발생　　　　　[답] ②

68 태양광발전시스템 운영 시 비치서류가 아닌 것은?

① 건설 관련 도면　　　② 시방서 및 계약서
③ 송전 관계 일람도　　④ 구조물의 구조계산서

풀이 ●

송전 관계 일람도는 전기사업 허가신청서의 첨부서류 중 사업계획서 구비서류이다.　　　　[답] ③

69 태양광발전시스템의 운영방법에 대한 설명으로 틀린 것은?

① 모듈 표면의 온도가 높을수록 발전효율이 높으므로 강한 빛을 받도록 한다.
② 태양광발전설비의 고장요인이 대부분 인버터에서 발생하므로 정기적으로 정상 가동여부를 확인한다.
③ 모듈은 고압 분사기를 이용하여 정기적으로 물을 뿌려 이물질을 제거하여 발전효율을 높인다.
④ 구조물이나 구조물 접합자재에 부분적인 발청 현상이 있는 경우 녹 방지 페인트, 은분 등으로 도포를 해 준다.

풀이 ●

모듈의 표면 온도가 높을수록 발전효율은 감소한다.
　　　　　　　　　　　　　　　　　　[답] ①

70 산업안전보건법령에 따른 다음 안전보건 표지의 내용으로 옳은 것은?

① 고압전기 경고
② 레이저광선 경고
③ 방사성물질 경고
④ 폭발성물질 경고

풀이 ●

고압전기 경고	레이저광선 경고	방사성물질 경고	폭발성물질 경고
⚠	⚠	⚠	⚠

　　　　　　　　　　　　　　　　　　[답] ①

71 산업안전보건법령에 따라 작업내용 변경 시 일용근로자를 제외한 근로자를 대상으로 하는 안전보건교육의 교육시간은 몇 시간 이상인가?

① 1 　　　　　② 2
③ 3 　　　　　④ 5

풀이 ◉

시행규칙 [별표4] 근로자 안전보건교육

교육과정	교육대상	교육시간
채용 시 교육	일용근로자	1시간 이상
	일용근로자를 제외한 근로자	8시간 이상
작업내용 변경 시 교육	일용근로자	1시간 이상
	일용근로자를 제외한 근로자	2시간 이상

[답] ②

72 태양광발전 접속함(KS C 8567 : 2019)에 따른 절연 특성 시험 중 내전압 시험방법 시 서로 연결된 주 회로의 모든 극과 접지된 외함(절연성의 경우 외함의 금속박) 사이에 시험 전압 값을 인가 후 몇 초 동안 유지하여야 하는가?

① 3 　　　　　② 5
③ 10 　　　　　④ 30

풀이 ◉

내전압 시험방법 : 다음의 회로에 시험 전압 값으로 인가 후, 5s 동안 유지한다.
• 서로 연결된 주 회로의 모든 극과 접지된 외함 사이 인가
• 주 회로에 연결되지 않는 각 제어회로 및 보조 회로와 다음 사이에 인가
　－ 주회로
　－ 그 밖의 회로
　－ 노출 도전부(접지된 외함 포함) 　　　[답] ②

73 인버터의 육안점검 항목이 아닌 것은 ?

① 이상음, 이취, 발연
② 외함의 부식 및 파손
③ 가대의 부식과 녹슴
④ 외부배선(접속 케이블)손상

풀이 ◉

가대의 부식과 녹슴은 어레이 육안점검 항목이다.

[답] ③

74 절연용 방호구의 선정 및 관리 등에 관한 기술지침에 따라 덮개의 구조에 대한 설명으로 틀린 것은?

① 덮개를 설치하였을 때, 충전부는 노출되는 구조이어야 한다.
② 덮개의 두께는 일정하고 균일한 품질이어야 한다.
③ 2개 이상의 덮개를 연결하여 사용할 때, 연결과 분리가 간편하고 설치 및 해체가 용이해야 한다.
④ 덮개를 선로 등에 설치하였을 때, 회전되거나 탈락되지 않아야 하고 연결부가 분리되지 않은 구조이어야 한다.

풀이 ◉

상기 ② ~ ④ 이외 것
• 덮개는 형상이 바르고 내·외 표면은 흠, 균열 등의 결함이 없어야 한다.
• 덮개를 설치하였을 때, 충전부가 노출되지 않는 구조이어야 한다. 　　　[답] ①

75 태양광발전시스템의 계측 및 표시에 필요한 기기로 틀린 것은?

① 교류회로 전압을 측정하기 위한 분류기
② 검출된 전압, 전류, 전력 등의 데이터 전송을 위한 신호변환기
③ 계측 데이터를 복사, 보존하기 위한 기억장치
④ 일시 계측 데이터를 적산하여 평균값 및 적산값을 얻기 위한 연산장치

풀이 ◉

상기 ② ~ ④ 이외
• 순시발전량, 누적발전량, 석유 절감량, CO_2 삭감량 등을 표시하는 표시장치
• 전압, 전류, 주파수, 일사량, 기온, 풍속 등의 전기신호를 검출하는 검출기(센서) 　　　[답] ①

76 정전작업 중 조치사항에 대한 설명으로 틀린 것은?

① 개폐기의 관리
② 근접 활선에 대한 방호상태 관리
③ 작업지휘자에 의한 작업지휘
④ 검전기로 개로된 전로의 충전 여부 확인

풀이 ◉

- 정전작업 전 조치사항
  - 검전기로 개로된 전로의 충전여부 확인
  - 전로의 개로개폐기에 시건장치 및 통전금지 표지판 설치
  - 전력 케이블, 전력용커패시터 등의 잔류전하 방전
  - 단락접지기구로 단락접지
- 정전작업 중 조치사항
  - 작업지휘자에 의한 작업지휘
  - 개폐기의 관리
  - 단락접지의 수시 확인
  - 근접 활선에 대한 방호상태 확인
- 정전작업 후 조치사항
  - 단락접지기구의 철거
  - 시건장치 또는 표지판 철거
  - 작업자에 대한 위험이 없는 것을 최종 확인
  - 개폐기 투입으로 송전 재개　　　　　　**[답]** ④

77 건물일체형 태양광 모듈(BIPV)−성능평가 요구사항(KS C 8577 : 2016)에 따른 역전류 과부하 시험에서 과전류 보호 정격의 몇 [%]를 가하여 역전류가 모듈을 지나 흐르도록 하는가?

① 100　　　　　　② 115
③ 125　　　　　　④ 135

풀이 ◉

역전류 과부하 시험방법 : 시험 중인 모듈 상판을 아래로 하여 백색 박엽지 한 겹으로 덮은 두께 9[mm]의 부드러운 송판을 놓고, 모든 차단 다이오드를 단락시키고 직류 전원 공급장치의 양극 출력을 모듈 양극 단자에 연결하여, 모듈의 과전류 보호 정격의 135[%]를 가하여 역전류가 모듈을 지나 흐르도록 한다.　　　**[답]** ④

78 태양광발전시스템에서 사용되는 배선 케이블의 손상유무를 파악하는 육안점검 사항으로 틀린 것은?

① 배선의 저항
② 배선의 결선상태
③ 배선의 늘어짐
④ 배선의 변색 및 변형

풀이 ◉

배선의 저항은 육안점검으로 할 수가 없다.　　**[답]** ①

79 태양광발전용 인버터(계통연계형, 독립형)(KS C 8565 : 2024)에 따른 구조시험의 품질기준은 KS C 8565 규정을 만족하고 출력 전력, 전압, 전류는 실제값과 오차가 몇 [%] 이내이어야 하는가?

① 1　　　　　　② 3
③ 5　　　　　　④ 10

풀이 ◉

KS C 8565 규정을 만족하고 출력 전력, 전압, 전류는 실제값과 오차가 3[%]이내일 것.　　　　　**[답]** ②

80 태양광발전시스템을 운영하기 위하여 필요한 계측장비로 틀린 것은?

① Ⅳ checker
② 폐쇄력 측정기
③ 열화상 카메라
④ 솔라 경로추적기

풀이 ◉

태양광발전시스템 운영을 위한 계측장비 :
I−V Checker(모듈 분석기), 열화상 카메라, 솔라 경로추적기, 전력분석계, 절연저항계, 접지저항계, 누설전류측정기 등.
※ 폐쇄력 측정기는 급기 · 가압 · 제연설비의 부속실 등에 설치된 방화문의 폐쇄력과 개방력을 측정하는 기구이다.　　　　　　　　　　　　　**[답]** ②

※ 관련법령의 개정 및 한국전기설비규정(KEC)의 시행에 따라 기출문제의 내용을 개정 및 변경된 것으로 수정한 것입니다. 따라서 엔트미디어를 통해 제공되는 기출풀이 동영상(2013~2022)은 내용이 다를 수 있습니다. 따라서 본 교재의 내용으로 학습하시기 바랍니다.

1과목
태양광발전 사전검토

01 한국전기설비규정에 따라 지지물 중 철근콘크리트주의 수직 투영면적 1[m²]에 대한 갑종풍압하중은 몇 [Pa]인가? (단, 원형의 것이다.)
① 588
② 882
③ 1117
④ 1412

풀이 ○

풍압을 받는 구분			구성재의 수직 투영면적 1[m²]에 대한 풍압
목주			588 Pa
지지물	철주	원형의 것	588 Pa
		삼각형 또는 마름모형의 것	1,412 Pa
		강관에 의하여 구성되는 4각형의 것	1,117 Pa
	철근 콘크리트주	원형의 것	588 Pa
		기타의 것	882 Pa
	철탑	단주(완철류는 제외함) 원형의 것	588 Pa
		기타의 것	1,117 Pa
		강관으로 구성되는 것 (단주는 제외함)	1,255 Pa
		기타의 것	2,157 Pa

[답] ①

02 제도-표시의 일반원칙 제23부 : 건설 제도의 선(KS F ISO 128-23 : 2003)에 따른 가는 실선의 용도로 틀린 것은?
① 해칭선
② 짧은 중심선
③ 치수보조선
④ 무게 중심선

풀이 ○
가는 실선의 용도

• 보이는 면, 절단면, 단면에서 다른 종류의 재료 사이의 경계를 나타내는 선
• 해칭선
• 개구부, 구멍 및 오목한 부분을 나타내는 선
• 계획 초기 단계에서 모듈 격자를 나타내는 선
• 짧은 중심선
• 치수 보조선
• 치수선 및 치수선과 치수 보조선이 만나는 끝단 사선
• 지시선 등
[답] ④

03 신재생에너지 생산인증서(REP, Renewable Energy Point)의 발급 및 관리기관은?
① 한국전력공사
② 한국전력거래소
③ 한국신재생에너지센터
④ 한국전기안전공사

풀이 ○
한국신재생에너지센터장은 생산인증서(REP) 발급신청일부터 30일 이내에 「신재생에너지 생산인증서」를 대여사업자에게 발급하여야 한다. **[답] ③**

04 역류방지 다이오드(Blocking Diode)의 역할에 대한 설명으로 옳은 것은?
① 고장전류(과전류)가 흐를 때 차단한다.
② 태양광발전 모듈의 최적 운전점을 추적한다.
③ 태양광이 없을 때 축전지로부터 태양전지를 보호한다.
④ 태양광발전시스템용 인버터의 금속제 외함을 접지하는데 사용한다.

풀이 ○
• 역류방지 다이오드 : 독립형 태양광발전설비의 축전지로부터 태양전지로 역류되는 것을 방지하여 태양전지 보호.

• 바이패스 다이오드 : 음영 시 출력저하 방지 및 열점 (Hot spot) 방지.   **[답]** ③

05 다음과 같은 조건에서 독립형 태양광발전용 축전지 용량은 약 몇 [Ah]인가?

〈조건〉 − 1일 적산부하량 : 2.4[kWh]
       − 일조가 없는 날 : 10일
       − 공칭축전지 전압 : 2[V/cell]
       − 보수율 : 0.8
       − 축전지 직렬개수 : 48개
       − 방전심도 : 65[%]

① 394   ② 481
③ 540   ④ 601

풀이 ○

독립형 태양광 발전용 축전지 용량

$$C = \frac{L_d \times 10^3 \times D_r}{L \times V_b \times N \times DOD} [\text{Ah}]$$

$$= \frac{2.4 \times 10^3 \times 10}{0.8 \times 2.0 \times 48 \times 0.65} = 480.77 \doteqdot 481 [\text{Ah}]$$

여기서, L_d : 1일 적산 부하 전력량 [kWh]
             (※ 단위가 [kWh]이므로 10^3을 곱한 것임.)
       D_r : 일조가 없는 날의 일수 [일]
       L : 보수율(0.8)
       V_b : 축전지 공칭전압 [V] (※ 납축전지 2.0[V])
       N : 축전지 개수
       DOD : 방전심도 [%]   **[답]** ②

06 일반적으로 고장전류 중 가장 큰 전류는?

① 1선 지락전류   ② 선간 단락전류
③ 2선 지락전류   ④ 3상 단락전류

풀이 ○

고장전류의 크기 : 3상 단락전류 > 선간 단락전류 > 2선 지락전류 > 1선 지락전류   **[답]** ④

07 국토의 계획 및 이용에 관한 법령에 따라 개발행위 허가신청서 작성 시 신청내용에 해당하지 않는 것은?

① 기초변경   ② 토지분할
③ 물건적치   ④ 토지형질변경

풀이 ○

개발행위 허가신청서 작성 시 신청내용 : 공작물설치, 토지형질변경, 토석채취, 토지분할, 물건적치 **[답]** ①

08 일정전압의 직류전원에 저항을 접속하고 전류를 흘릴 때, 이 전류 값을 20[%] 증가시키기 위해서는 저항 값을 어떻게 하면 되는가? (단, 변경 전 저항 R_1, 변경 후 저항 R_2이다.)

① $R_2 \doteqdot 0.47 \times R_1$

② $R_2 \doteqdot 0.56 \times R_1$

③ $R_2 \doteqdot 0.67 \times R_1$

④ $R_2 \doteqdot 0.83 \times R_1$

풀이 ○

옴의 법칙에 의거 전압(V)=전류(I)×저항(R)에서 전류를 1.2배로 하기 위해서는 저항값을 1.2배로 감소시켜 주어야 한다.

$V = 1.2I \times \dfrac{R}{1.2}$ 이므로, $R_2 = \dfrac{1}{1.2}R_1 = 0.83R_1$ **[답]** ④

09 위도 36.5° 지역의 하지 시 남중고도는?

① 33°   ② 45°
③ 66°   ④ 77°

풀이 ○

위도가 36.5°인 지역의 하지 시 남중고도
  $= 90° -$ 위도 $+ 23.5°$
  $= 90° - 36.5° + 23.5° = 77°$ **[답]** ④

10 이미터 접지형 증폭기에서 베이스 접지 시 전류증폭률 α가 0.9이면, 전류이득 β는 얼마인가?

① 0.5   ② 0.9
③ 5.0   ④ 9.0

풀이 ○

• 전류 증폭률 α : 컬렉터 전류를 이미터 전류로 나눈 것
• 전류이득 β : 컬렉터 전류를 베이스 전류로 나눈 것
• α와 β 관계식

$$\beta = \left| \frac{\alpha}{\alpha - 1} \right| = \left| \frac{0.9}{0.9 - 1} \right| = 9.0$$ **[답]** ④

11 전기사업법령에 따라 사업계획서 작성 시 전기설비 개요에 포함되어야 할 태양광설비에 대한 사항으로 틀린 것은?

① 태양전지의 종류

② 집광판의 면적

③ 접속함의 설치장소

④ 인버터의 종류

풀이 〇

사업계획서 작성 시 전기설비 개요에 포함되어야 할 사항(태양광설비)

• 태양전지의 종류, 정격용량, 정격전압 및 정격출력

• 인버터(Inverter)의 종류, 입력전압, 출력전압 및 정격출력

• 집광판(集光板)의 면적 **[답]** ③

12 한국전기설비규정에 따라 주접지단자에 접속하기 위한 등전위본딩 도체는 설비 내에 있는 가장 큰 보호접지도체 단면적의 1/2이상의 단면적을 가져야 하고 구리도체인 경우 단면적은 몇 [mm²] 이상이어야 하는가?

① 2.5   ② 4

③ 6   ④ 16

풀이 〇

주접지단자에 접속하기 위한 등전위본딩 도체는 설비 내에 있는 가장 큰 보호접지도체 단면적의 1/2이상의 단면적을 가져야 하고 다음의 단면적 이상이어야 한다.

• 구리도체 6[mm²]

• 알루미늄 도체 16[mm²]

• 강철 도체 50[mm²] **[답]** ③

13 최대수용전력 1,000[kVA]이고 설비용량은 전등부하 500[kW], 동력부하 700[kVA] 이다. 이때 수용률은?

① 77.9[%]   ② 83.3[%]

③ 88.3[%]   ④ 90.6[%]

풀이 〇

수용률 : 수용가의 최대수용전력과 그 수용가가 설치하고 있는 설비 용량의 합계와의 비

$$수용률 = \frac{최대수용전력[kVA]}{총\ 설비용량[kVA]} \times 100[\%]$$

$$= \frac{1,000[kVA]}{(500+700)[kVA]} \times 100[\%]$$

$$= 83.33 ≒ 83.3[\%]$$ **[답]** ②

14 전기사업법령에 따라 발전사업을 하려는 자는 주민의 의견을 들으려는 경우 발전소가 입지하는 해당 지역을 주된 보급지역으로 하는 일간신문에 공고하고, 발전사업의 내용을 주민이 열람할 수 있도록 하여야 한다. 이때 공고 사항으로 틀린 것은?

① 발전사업 부지 소유자

② 발전사업 허가 신청자

③ 발전사업의 명칭, 위치 및 면적

④ 발전사업의 주요 내용(발전설비용량, 사업개시 예정일, 사업 운영기간 등)

풀이 〇

시행령 제4조의2(발전사업에 대한 의견 수렴절차)

발전사업을 하려는 자는 주민의 의견을 들으려는 경우 발전소가 입지하는 해당 지역을 주된 보급지역으로 하는 일간신문에 다음 각호의 사항을 공고하고, 발전사업의 내용을 주민이 열람할 수 있도록 해야 한다.

• 발전사업의 명칭, 위치 및 면적

• 발전사업의 주요 내용(발전설비용량, 사업개시 예정일, 사업 운영기간 등)

• 발전사업 허가 신청자

• 의견제출 기간 및 방법 **[답]** ①

15 신에너지 및 재생에너지 개발·이용·보급 촉진법령에 따른 신·재생에너지 공급의무자의 2026년도 의무공급량의 비율[%]은?

① 14.0[%]   ② 15.0[%]

③ 17.0[%]   ④ 19.0[%]

풀이 〇

신에너지 및 재생에너지 개발·이용·보급 촉진법 시행령 [별표 3]

연도별 의무공급량의 비율

연 도	2025	2026	2027	2028	2029	2030이후
의무비율[%]	14.0	15.0	17.0	19.0	22.5	25.0

[답] ②

16 AM(air mass) 값이 1.5일 때, 지표면에서 태양을 올려보는 각도는?

① 35.61   ② 41.81

③ 45.02   ④ 60.38

풀이 ◎

AM(air mass)값이 1.5일 때, 지표면에서 태양을 올려보는 각을 θ라 할 때, 각도는 다음과 같다.

$AM = \dfrac{1}{\sin(\theta)}$, $\theta = \sin^{-1}(\dfrac{1}{AM}) = \sin^{-1}(\dfrac{1}{1.5}) = 41.81$

[답] ②

17 전기공사업법령에 따라 전기공사 분리발주의 예외 사항에 해당하지 않는 것은?

① 공사의 성질상 분리하여 발주할 수 없는 경우

② 긴급한 조치가 필요한 공사로서 기술관리상 분리하여 발주할 수 없는 경우

③ 국방 및 국가안보 등과 관련한 공사로서 기밀 유지를 위하여 분리하여 발주할 수 없는 경우

④ 공사기간이 부족하여 준공기한 내에 공사를 완성할 수 없다고 발주자가 판단할 경우

풀이 ◎

시행령 제8조(분리발주의 예외)

1. 공사의 성질상 분리하여 발주할 수 없는 경우
2. 긴급한 조치가 필요한 공사로서 기술관리상 분리하여 발주할 수 없는 경우
3. 국방 및 국가안보 등과 관련한 공사로서 기밀 유지를 위하여 분리하여 발주할 수 없는 경우   [답] ④

18 국토의 계획 및 이용에 관한 법령에 따라 개발행위 허가 대상 중 토지의 형질변경에 해당하지 않는 것은?

① 절토(땅깍기)   ② 성토(흙쌓기)

③ 정지(땅고르기)   ④ 토지분할

풀이 ◎

시행령 제51조(개발행위허가의 대상)

① 법에 따라 개발행위허가를 받아야 하는 행위는 다음 각 호와 같다.

   1. 건축물의 건축 : 「건축법」 제2조제1항제2호에 따른 건축물의 건축

   2. 공작물의 설치 : 인공을 가하여 제작한 시설물(「건축법」 제2조제1항제2호에 따른 건축물을 제외한

다)의 설치

   3. 토지의 형질변경 : 절토(땅깍기)·성토(흙쌓기)·정지(땅고르기)·포장 등의 방법으로 토지의 형상을 변경하는 행위와 공유수면의 매립(경작을 위한 토지의 형질변경을 제외한다)

   4. 토석채취 : 흙·모래·자갈·바위 등의 토석을 채취하는 행위. 다만, 토지의 형질변경을 목적으로 하는 것을 제외한다.   [답] ④

19 3500[kW] 태양광 발전설비를 일반부지에 설치하는 경우 가중치는?

① 0.899   ② 0.977

③ 1.099   ④ 1.122

풀이 ◎

일반부지에 설치하는 경우 가중치

$= \dfrac{99.999 \times 1.2 + 2900.001 \times 1.0 + (3500-3000) \times 0.8}{3500}$

$= 0.9771 ≒ 0.977$ [답] ②

20 한국전력거래소의 수행업무가 아닌 것은?

① 전력계통의 설계에 관한 업무

② 회원의 자격 심사에 관한 업무

③ 전력거래량의 계량에 관한 업무

④ 전력시장의 개설·운영에 관한 업무

풀이 ◎

한국전력거래소의 수행업무

1. 전력시장의 개설·운영에 관한 업무
2. 전력거래에 관한 업무
3. 회원의 자격 심사에 관한 업무
4. 전력거래대금 및 전력거래에 따른 비용의 청구·정산 및 지불에 관한 업무
5. 전력거래량의 계량에 관한 업무
6. 전력시장운영규칙 등 관련 규칙의 제정·개정에 관한 업무
7. 전력계통의 운영에 관한 업무
8. 전기품질의 측정·기록·보존에 관한 업무   [답] ①

2과목
태양광발전 **구성·선정**

21 1000[kW] 태양광발전시스템 어레이의 직병렬 구성으로 가장 적합한 것은? (단, 인버터의 입력범위는 430~750[V]이며, 기타 조건은 표준상태이다.)

P_{mpp} : 250[W]	V_{mpp} : 30.5[V]
I_{mpp} : 8.2[A]	V_{oc} : 37.5[V]
I_{sc} : 8.4[A]	

① 19직렬 200병렬
② 19직렬 240병렬
③ 20직렬 200병렬
④ 20직렬 240병렬

풀이 ○

모듈의 최대 직렬 수 $= \dfrac{\text{PCS 입력전압의 최고값}}{\text{최저온도일 때 모듈의 개방전압}}$

$= \dfrac{750}{37.5} = 20[\text{직렬}]$

모듈의 병렬 수 $= \dfrac{\text{태양광 발전설비 용량[W]}}{\text{모듈의 직렬 수 × 모듈 1매분 출력[W]}}$

$= \dfrac{1000 \times 10^3}{20 \times 250} = 200[\text{병렬}]$

∴ 20직렬, 200병렬 **[답] ③**

22 신·재생에너지 설비의 지원 등에 관한 지침에 따라 태양광발전용 인버터에 대한 내용으로 옳은 것은 ?
① 태양광발전용 인버터는 KS 인증제품을 설치하여야 한다.
② 인버터에 연결된 모듈의 설치용량은 인버터 용량의 110[%]이내이어야 한다.
③ 인버터의 입력단(모듈출력)의 표시사항은 전압, 전류, 주파수가 표시되어야 한다.
④ 인버터는 실내 및 실외용으로 구분하여 설치하여야 하며, 실내용은 실외에 설치할 수 있다.

풀이 ○
• 인버터에 연결된 모듈의 설치용량은 인버터용량의 105[%] 이내이어야 한다.
• 인버터의 입력단(모듈출력)의 표시사항은 전압, 전류, 전력이 표시되어야 한다.
• 인버터는 실내 및 실외용으로 구분하여 설치하여야 하며, 실외용은 실내에 설치할 수 있다. **[답] ①**

23 태양광발전소 설비용량이 2700[kW], SMP가 200[원/kWh], 가중치 적용 전 REC가 150[원/kWh]인 경우 판매단가[원/kWh]는?
(단, "SMP+REC×가중치" 계약방식이며, 설치장소는 건축물을 이용하여 설치하는 것으로 한다.)
① 425
② 435
③ 500
④ 525

풀이 ○
판매단가 $= 200 + 150 \times 1.5 = 425[\text{원/kWh}]$
※ 건축물을 이용하여 설치하는 경우 가중치 : 1.5
[답] ①

24 국토의 계획 및 이용에 관한 법령에 따른 개발행위를 받지 아니하여도 되는 경미한 행위 중 토석채취에 대한 내용이다. 다음 (   )에 들어갈 내용으로 옳은 것은?

도시지역 · 자연환경보전지역 및 지구단위계획구역외의 지역에서 채취면적이 (Ⓐ)제곱미터 이하인 토지에서의 부피 (Ⓑ)세제곱미터 이하의 토석채취

① Ⓐ : 25, Ⓑ : 50
② Ⓐ : 50, Ⓑ : 100
③ Ⓐ : 250, Ⓑ : 500
④ Ⓐ : 500, Ⓑ : 1000

풀이 ○
시행령 제53조(허가를 받지 아니하여도 되는 경미한 행위) : 도시지역·자연환경보전지역 및 지구단위계획구역외의 지역에서 채취면적이 250제곱미터 이하인 토지에서의 부피 500세제곱미터 이하의 토석채취 **[답] ③**

25 태양광 모듈의 길이가 2[m], 모듈의 경사각이 37°, 앞 열과 뒷 열 간의 이격거리가 4.7[m]일 때, 태양의 고도각은? (단, 소수점 이하 셋째자리에서 반올림한다.)

① 18.42°　　　② 19.24°
③ 20.37°　　　④ 21.16°

풀이 ○

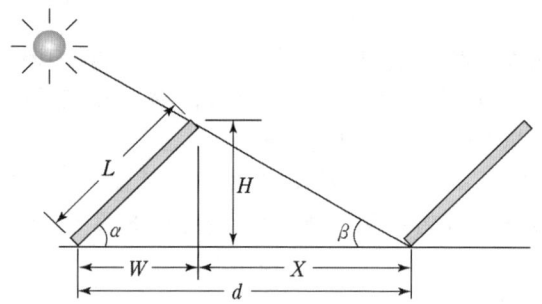

- $H = L \times \sin(\alpha) = 2 \times \sin(37) = 1.203 ≒ 1.20$
- $W = L \times \cos(\alpha) = 2 \times \cos(37) = 1.597 ≒ 1.60$
- $\beta = \tan^{-1}\left(\dfrac{H}{X}\right) = \tan^{-1}\left(\dfrac{H}{d-W}\right)$

$= \tan^{-1}\left(\dfrac{1.2}{4.7-1.6}\right) = 21.161 ≒ 21.16$　　**[답] ④**

26 250[W] 태양전지(8[A], 40[V])가 14직렬, 10병렬로 설치된 PV 어레이 단자함에서 인버터까지 거리가 100[m], 전선의 단면적이 16[mm²]일 때 전압강하율[%]은? (단, 어레이에서 어레이 단자함까지의 모듈 한 장 당 전압강하는 0.5[V]이다.)

① 2.5　　　② 3.3
③ 3.5　　　④ 3.9

풀이 ○

전압강하율$(\%e) = \dfrac{송전단전압(V_s) - 수전단전압(V_r)}{수전단전압(V_r)}$

$= \dfrac{e}{송전단전압-e}$

단자함 출력전류 I = 태양전지 전류 × 병렬수
$= 8 \times 10 = 80[\mathrm{A}]$

단자함 출력전압(송전단) $V_s = 39.5 \times 14 = 553[\mathrm{V}]$

전압강하 $e = \dfrac{35.6 \times L \times I}{1000 \times A} = \dfrac{35.6 \times 100 \times 80}{1000 \times 16} = 17.8[\mathrm{V}]$

(※ 태양전지는 직류 2선식 회로)

전압강하율$(\%e) = \dfrac{전압강하(e)}{송전단전압(V_r) - 전압강하(e)} \times 100[\%]$

$= \dfrac{17.8}{553 - 17.8} \times 100 ≒ 3.3[\%]$　　**[답] ②**

27 자연상태의 토량 1,000[m³]를 흐트러진 상태로 하면 토량은 몇 [m³]로 되는가? (단, 흐트러진 상태의 토량 변화율은 1.2, 다져진 상태의 토량 변화율은 0.90이다.)

① 883　　　② 900
③ 1200　　　④ 1333

풀이 ○

흐트러진 상태의 토량 = 자연상태의 토량
× 흐트러진 상태의 토량 변화율
= 1,000[m³] × 1.2
= 1,200[m³]　　**[답] ③**

28 태양광발전시스템의 피뢰설비를 회전구체법으로 할 경우 회전구체 반지름(r)은 몇 [m]인가? (단, 보호레벨은 Ⅲ등급으로 한다.)

① 20　　　② 30
③ 45　　　④ 60

풀이 ○

회전구체법으로 할 경우 보호레벨에 따른 회전구체 반지름

보호등급	회전구체 반경 r[m]
Ⅰ	20
Ⅱ	30
Ⅲ	45
Ⅳ	60

[답] ③

29 태양광 발전용 인버터(계통연계형, 독립형)(KS C 8565 : 2021)에 따른 계통연계형 태양광 인버터의 옥외 설치 시 IP(Ingress Protection rating) 등급은?

① IP 20 이상　　② IP 25 이상
③ IP 33 이상　　④ IP 44 이상

풀이 ○

KS C 8565(태양광 발전용 인버터(계통연계형, 독립형))

〈표 1〉 태양광 발전용 인버터의 분류

용도	형식	설치 장소	비고
계통 연계형	3상	실내/실외	실내형: IP20 이상
독립형	3상	실내/실외	실외형: IP44 이상 (KS C IEC 62093)

[답] ④

30 태양광 발전용 인버터(계통연계형, 독립형)(KS C 8565 : 2024)에 따른 정상특성시험 항목이 아닌 것은?

① 효율시험
② 내전압시험
③ 온도상승시험
④ 측정 오차 정확도 시험

(풀이 ○)

- 정상특성시험 : 측정 오차 정확도 시험, 교류 전압·주파수 추종 범위시험, 교류 출력 전류 변형률 시험, 온도상승시험, 효율시험, 대기손실시험, 자동 기동·정지시험, 최대전력추종시험, 출력전류 직류분 검출시험
- 내전압 시험은 절연성능시험이다. [답] ②

31 평지붕에 태양광발전시스템 설치를 위한 설계 검토 시, 평지붕의 적설하중 산정에 사용되지 않은 인자는?

① 온도계수
② 노출계수
③ 지붕면 외압계수
④ 지상적설하중의 기본값

(풀이 ○)

평지붕적설하중(S_f)

$$S_f = C_b \cdot C_e \cdot C_t \cdot I_s \cdot S_g \ (\text{kN/m}^2)$$

여기서, C_b : 기본지붕적설하중계수
C_e : 노출계수
C_t : 온도계수
I_s : 중요도계수
S_g : 100년 재현주기 기본지상적설하중 [답] ③

32 송전전력, 부하역률, 송전거리, 전력손실 및 선간전압이 같을 경우 3상 3선식에서 전선 한 가닥에 흐르는 전류는 단상 2선식의 경우의 몇 [%]가 되는가?

① 57.7
② 70.7
③ 115
④ 141

(풀이 ○)

송전전력, 부하역률, 송전거리, 전력손실 및 선간전압이 같을 경우 전선 한 가닥에 흐르는 전류(단상 2선식 기준)

전기방식	단상2선식	단상3선식	3상3선식	3상4선식
1선 전류	I_1 (100%)	$I_2 = \dfrac{I_1}{2}$ (50%)	$I_3 = \dfrac{I_1}{\sqrt{3}}$ (57.7%)	$I_4 = \dfrac{I_1}{3}$ (33.3%)

[답] ①

33 설계도면 작성 시 발전기의 전기도면 기호로 옳은 것은?

① RC
② Ⓖ
③ ▶|
④ Ⓣ

(풀이 ○)

룸 에어컨	발전기	정류기	소형변압기
RC	Ⓖ	▶|	Ⓣ

[답] ②

34 신재생발전기 계통연계기준에 따라 태양광 발전기 계통운영자가 지시하는 기능을 수행하기 위해 구비하여야 하는 무효전력 제어방식에 해당하지 않는 것은?

① 일정 입력전류 제어
② 일정 역률 제어
③ 일정 무효전력 출력제어
④ 전압 조정을 위한 무효전력 제어

(풀이 ○)

태양광발전기 계통운영자가 지시하는 기능을 수행하기 위해 구비하여야 하는 무효전력 제어방식 : 일정 역률 제어, 일정 무효전력 출력제어, 전압 조정을 위한 무효전력 제어 [답] ①

35 시방서에 대한 설명으로 틀린 것은?

① 공사시방서는 견적내역서를 기본으로 하여 작성한다.

② 공사시방서는 계약문서의 일부가 되기도 하며, 공사별, 공종별로 정하여 시행하는 시공기준이 된다.

③ 발주처가 공사시방서를 작성하는 경우에 활용하기 위한 시공기준은 표준시방서에 따른다.

④ 특별한 공사의 시공 또는 공사시방서의 작성에 활용하기 위한 종합적인 시공의 기준이 되는 것은 전문시방서이다.

풀이 ○

공사시방서는 표준시방서를 기본으로 작성한다. **[답] ①**

36 외기온도 30[℃]에서 태양광발전 모듈의 최대 출력전압은 약 몇 [V]인가?

| V_{mpp} : 41.3[V], | I_{mpp} : 7.74[A] |
| NOCT : 47[℃], | 전압온도계수 : −0.31[%/℃] |

① 36.34   ② 38.32

③ 40.54   ④ 42.35

풀이 ○

- $T_{cell} = T_{amb} + \dfrac{NOCT - 20}{800} \times 1000$

  $= 30 + \dfrac{47 - 20}{800} \times 1000 = 63.75[℃]$

- $V_{mpp(63.75℃)} = V_{mpp}\{1 + 온도계수(63.75 - 25)\}$

  $= 41.3\{1 + (-0.0031(63.75 - 25))\}$

  $= 36.338 ≒ 36.34[V]$ **[답] ①**

37 변환효율 13[%]의 100[W] 태양광발전 모듈을 이용하여 10[kW] 태양광발전 어레이를 구성하는 필요한 설치면적[m²]으로 적당한 것은?

(단, STC 조건이다.)

① 76   ② 77

③ 78   ④ 79

풀이 ○

- STC(표준시험조건)의 일조강도는 1,000[W/m²]이고,

- 효율 $= \dfrac{P_{max}}{일조강도 \times 면적}$ 에서

  면적 $= \dfrac{P_{max}}{일조강도 \times 효율} = \dfrac{10 \times 10^3}{1000 \times 0.13} = 76.93 ≒ 77[m^2]$

  [답] ②

38 분산형전원 배전계통 연계 기술기준에 의해 태양광발전시스템 및 그 연계 시스템의 운영시 태양광발전시스템 연결점에서 최대 정격 출력전류의 몇 [%]를 초과하는 직류 전류를 배전계통으로 유입시켜서는 안 되는가?

① 0.5   ② 0.7

③ 1.0   ④ 3.0

풀이 ○

태양광발전시스템 및 그 연계 시스템의 운영 시 태양광발전시스템 연결점에서 최대 정격 출력전류의 0.5[%]를 초과하는 직류 전류를 배전계통으로 유입시켜서는 아니 된다. **[답] ①**

39 단상 브리지 정류회로에서 전원전압이 220 [V]인 경우 출력전압의 평균값은 약 몇 [V]인가?

① 98   ② 120

③ 198   ④ 200

풀이 ○

단상 브리지(전파) 정류 파형의 평균값

$V_{avg} = \dfrac{2}{\pi} \times (실효값 \times \sqrt{2}) = \dfrac{2\sqrt{2}}{\pi} \times 220 = 198.17 ≒ 198$

[답] ③

40 전기설계 일반사항에서 실시설계 성과물 중 공사비 적산서와 가장 거리가 먼 것은?

① 내역서   ② 계산서

③ 산출서   ④ 견적서

풀이 ○

전기설계 일반사항에서 실시설계 성과물

실시설계 도서	설계설명서, 설계도면, 공사시방서
공사비 적산서	내역서, 산출서, 견적서
설계계산서	조도계산서, 부하계산서, 간선계산서, 용량계산서(변압기, 인버터, 모듈)

기타사항	관공서 협의기록, 관계자 협의기록, 기타 기록 (설계자문, 심의 등)

[답] ②

3과목

태양광발전 시공

41 옥외전기공사(KCS 31 60 05 : 2019)에 따른 지중전선로 시공방법으로 틀린 것은?

① 지중전선로는 콘크리트제 트로프 또는 기타 견고한 관에 넣어서 시설하여야 한다.

② 지중전선로의 전선은 케이블을 사용하고, 공사방법은 관로식·암거식 또는 직접매설방식으로 하여야 한다.

③ 지중전선로를 직접 매설 방식에 의하여 시설하는 경우, 설치장소(차도·인도 등)에 따라 깊이를 같게 하여야 한다.

④ 지중전선로를 관로식 또는 암거식에 의하여 시설하는 경우에는 차량·기타 중량물의 압력에 견디고 또한 물기가 스며들지 않도록 배관 또는 암거를 사용하여야 한다.

풀이 ◉

지중전선로를 직접 매설 방식에 의하여 시설하는 경우, 설치장소(차도·인도 등)에 따라 깊이를 달리하여야 한다.

[답] ③

42 태양전지 모듈 배선을 금속관공사로 시공할 경우의 설명으로 틀린 것은?

① 옥외용 비닐절연전선을 사용하여야 한다.

② 금속관 내에서 전선은 접속점을 만들어서는 안 된다.

③ 짧고 가는 금속관에 넣는 전선인 경우 단선을 사용할 수 있다.

④ 전선은 단면적 10[mm²]을 초과하는 경우 연선을 사용하여야 한다.

풀이 ◉

금속관 공사에 의한 저압 옥내배선은 다음 각 호에 따라 시설하여야 한다.

1. 전선은 절연전선(옥외용 비닐절연전선을 제외한다)일 것

2. 전선은 연선일 것. 다만, 다음의 것은 적용하지 않는다.
   가. 짧고 가는 금속관에 넣은 것
   나. 단면적 10[mm²](알루미늄선은 단면적 16[mm²]) 이하일 것

3. 전선은 금속관 안에서 접속점이 없도록 할 것

[답] ①

43 태양전지 전지판 연결공사에 대한 설명으로 틀린 것은?

① 전선의 연결부위는 전선관 내에서 연결하여야 한다.

② 전선관은 전기적, 기계적으로 확실히 접속한다.

③ 태양광 모듈 결선 시 Junction Box hole에 맞는 방수 커넥터를 사용한다.

④ 태양전지에서 옥내에 이르는 배선은 모듈전용선 F-CV선, TFR-CV선 등을 사용한다.

풀이 ◉

전선관 내에서의 연결(접속)은 허용되지 않는다. 전선의 연결(접속)은 접속함 내에서 이루어져야 한다.

[답] ①

44 지반이 연약하여 흙과 흙 사이에 시멘트 풀을 넣어서 지반을 튼튼하게 하는 지상형 어레이 설치 공법은?

① 스파이럴 공법   ② 스크류 공법
③ 레이밍 파일공법   ④ 보링그라우팅 공법

풀이 ◉

- 스파이럴(Spiral) 공법 : 콘크리트 기초와 다르게 토지에 직접 스파이럴 파일(나선형 구조물)을 삽입하는 공법
- 스크류(Screw) 공법 : 토지에 직접 스크류 파일을 삽입하는 공법
- 레이밍 파일(Ramming pile) 공법 : 토지에 직접 U형, C형, H형 단면 등의 파일 기초를 삽입하는 공법
- 보링그라우팅 공법 : 지반이 연약하여 흙과 흙 사이에 시멘트풀을 넣어서 지반을 튼튼하게 하는 공법

[답] ④

45 전기사업자가 전기품질을 유지하기 위하여 지켜야 하는 표준전압, 표준주파수와 허용오차에 관한 설명으로 틀린 것은?
① 표준전압 110볼트의 상하로 6볼트 이내
② 표준전압 220볼트의 상하로 13볼트 이내
③ 표준전압 380볼트의 상하로 20볼트 이내
④ 표준주파수 60헤르츠의 상하로 0.2헤르츠 이내

(풀이)

1. 표준전압 및 허용오차

표준전압	허용오차
110볼트	110볼트의 상하로 6볼트 이내
220볼트	220볼트의 상하로 13볼트 이내
380볼트	380볼트의 상하로 38볼트 이내

2. 표준주파수 및 허용오차

표준주파수	허용오차
60헤르츠	60헤르츠 상하로 0.2헤르츠 이내

[답] ③

46 얕은기초(KCS 11 50 05 :2021)에 따른 토공 작업 중 기초터파기 및 바닥면 마무리 방법이 아닌 것은?
① 기초바닥면은 평탄하게 마무리하여야 한다.
② 바닥면에 용수, 우수 등의 유입이 우려될 경우에는 배수처리를 하여야 한다.
③ 암반지지 기초의 경우 바닥면의 경사가 1 : 3 이상인 경우 계단식 또는 톱니식으로 마무리하여야 한다.
④ 바닥면이 암반일 경우에는 돌부스러기 등 이물질을 완전히 제거하여야 하고 토사일 경우에는 적절한 다짐장비로 충분한 다짐을 하여야 한다.

(풀이)
상기 ①, ②, ④이외
• 암반지지 기초의 경우 바닥면의 경사가 1 : 4 이상인 경우 계단식 또는 톱니식으로 마무리하여야 한다.
• 기초터파기 경사는 토질조건과 지하수의 상태 등에 따라 안전한 굴착면 경사를 유지하여야 하고 필요시 가설흙막이벽을 설치하여야 한다.

• 기초바닥재로 지름 80[mm]이상의 조약돌을 포설할 경우에는 막자갈 또는 쇄석 등의 채움재료로 간극을 메우고 소형 롤러 또는 램머 등으로 다짐을 하여야 한다.
• 기초바닥재로 자갈 또는 모래를 포설할 경우, 설계 포설면까지 재료를 포설한 후 소형 롤러, 램머 등으로 다짐을 하여야 하며, 설계 포설두께가 20[cm]이상으로 두꺼울 경우에는 한 층 다짐두께를 20[cm]이하로 층 다짐하여야 한다. [답] ③

47 지반공사의 시공기록 포함사항이 아닌 것은?
① 각종 조사 및 시험계획서
② 공사명, 공사개소, 사업주체, 시공자, 시행공정
③ 임시가설비의 배치와 능력, 시공방법, 기계기구
④ 완성된 기초공의 제원, 배치도, 구조도, 지반의 개요

(풀이)
상기 ②~④ 이외
• 각종 조사 및 시험성과
• 환경대책 및 안전대책
• 시공 중에 발생한 특수상황과 그 대책
• 각 공정의 시공기록, 사진 등 [답] ①

48 땅깎기(절토)(KCS 11 20 10 : 2020)에 따른 땅깎기 시공조건에 대한 설명으로 틀린 것은?
① 측선, 기면, 등고선 및 기준면을 확인하여야 한다.
② 설비시설의 철거 및 이설을 위해서는 설비관리자에게 통지하여야 한다.
③ 기존 설비시설은 위치와 상태를 확인하고 손상되지 않게 보호하여야 한다.
④ 수목, 잔디, 노두암, 최종조경의 일부로 남게 될 기타 물건은 매몰 시켜야 한다.

(풀이)
상기 ①~③ 이외
• 수목, 잔디, 노두암, 최종조경의 일부로 남게 될 기타 물건은 보호하여야 한다.
• 공사의 위치를 설정한 측량기준점 및 시공기면이 설

계도서에 명시된 것과 같은지 확인하여야 한다.

- 수준점, 측량기준점, 기존구조물, 기타 구역 내 시설물은 땅파기 장비 또는 자동차 통행으로 손상되지 않게 보호하여야 한다. [답] ④

49 공사의 상호관계를 명백하게 표시하기 위해 네트워크를 작성하고 관련 계산을 시도하여 여러 가지 검토가 가능한 공정관리 기법은?

① 막대그림표 　　② 좌표식 공정표
③ 네트워크 공정표 　④ 나무가지식 공정표

풀이 ○
- 막대그림표 : 공정을 종축에 공기를 횡축에 취하여 각각의 공사 기간을 선으로 표시한 것.
- 좌표식 공정표 : 직각 좌표축의 횡축에 공사기간을, 종축에 공사량·위치 등을 취하여 좌표로 표시하는 방법 [답] ③

50 전력 계통의 중성점 직접접지방식의 장점이 아닌 것은?

① 과도 안정도 증진된다.
② 보호 계전기의 동작이 신속하다.
③ 단절연이 가능하므로 절연레벨을 낮출 수 있다.
④ 1선 지락 시 전위상승을 억제하여 기계기구의 절연보호가 가능하다.

풀이 ○
비접지방식의 장점
- 과도 안정도 증진된다.
- 1선 지락 시에도 전기공급이 가능하다. [답] ①

51 태양광발전시스템 구조물의 설치공사 순서를 보기에서 찾아 옳게 나열한 것은?

〈보기〉 ㉠ 어레이 가대공사
　　　 ㉡ 어레이 기초공사
　　　 ㉢ 어레이 설치공사
　　　 ㉣ 점검 및 검사
　　　 ㉤ 배선공사

① ㉠ → ㉡ → ㉢ → ㉣ → ㉤
② ㉡ → ㉠ → ㉢ → ㉤ → ㉣
③ ㉢ → ㉤ → ㉣ → ㉡ → ㉠
④ ㉢ → ㉣ → ㉤ → ㉠ → ㉡

풀이 ○
구조물설치공사 순서 : 어레이 기초공사 → 어레이 가대공사 → 어레이 설치공사 → 배선공사 → 점검 및 검사 [답] ②

52 한국전기설비규정에 따라 고압 가공전선 상호 간의 이격거리는 몇 [m]이상이어야 하는가?

① 0.6
② 0.8
③ 1.2
④ 2.0

풀이 ○
고압 가공전선 상호 간의 접근 또는 교차(KEC 332.17)
고압 가공전선 상호 간의 이격거리는 0.8[m] (어느 한쪽의 전선이 케이블인 경우에는 0.4[m]) 이상, 하나의 고압 가공전선과 다른 고압 가공전선로의 지지물 사이의 이격거리는 0.6[m] (전선이 케이블인 경우에는 0.3[m]) 이상일 것. [답] ②

53 신전원설비공사(KCS 31 60 30 : 2019)에 따른 태양광발전설비 시공조건 중 반(panel)에 대한 설명으로 틀린 것은?

① 베이스용 형강은 기초볼트로 바닥면에 고정하여야 한다.
② 반류에는 고정된 베이스용 형강의 위에 반을 설치하고, 너트로 고정한다.
③ 수평이동 및 전도(넘어짐) 사고를 방지할 수 있도록 필요한 안전대책을 검토한다.
④ 패널 시공의 상세사항은 공사시방서에 따른다.

풀이 ○
반류에는 고정된 베이스용 형강의 위에 반을 설치하고, 볼트로 고정한다. [답] ②

54 한국전기설비규정(KEC)에 따른 지락차단장치 등의 시설에 관한내용이다. ( )안에 알맞은 것은?

> 특고압전로 또는 고압전로에 변압기에 의하여 결합되는 사용전압 ( )[V] 초과의 저압전로 또는 발전기에서 공급하는 사용전압 ( )[V] 초과의 저압전로에는 전로에 지락이 생겼을 때에 자동적으로 전로를 차단하는 장치를 시설하여야 한다.

① 60   ② 200
③ 400   ④ 600

풀이 ●
지락차단장치 등의 시설(KEC 341.12)
특고압전로 또는 고압전로에 변압기에 의하여 결합되는 사용전압 400[V] 초과의 저압전로 또는 발전기에서 공급하는 사용전압 400[V] 초과의 저압전로에는 전로에 지락이 생겼을 때에 자동적으로 전로를 차단하는 장치를 시설하여야 한다.   **[답] ③**

55 노튼의 정리와 등가변환 관계에 있는 것은?
① 중첩의 정리   ② 보상의 정리
③ 밀만의 정리   ④ 테브난의 정리

풀이 ●
• 테브난의 정리 : 어떠한 전압, 전류 전원과 저항이 포함된 회로를 하나의 전압 전원과 이에 직렬로 연결된 저항으로 나타낸 등가회로로 변환한 것
• 노튼의 정리 : 어떠한 전압, 전류 전원과 저항이 포함된 회로를 하나의 전류 전원과 이에 병렬로 연결된 저항으로 나타낸 등가회로로 변환한 것
• 노튼의 정리와 테브난의 정리는 서로 등가변환 관계에 있다.   **[답] ④**

56 산업안전보건기준에 관한 규칙에 따라 사업주가 근로자에게 미칠 위험성을 미리 제거하기 위하여 안전진단 등 안전성 평가를 진행하여야 하는 경우에 해당되지 않는 것은?
① 화재 등으로 구축물 또는 이와 유사한 시설물의 내력(耐力)이 개선되었을 경우
② 구축물 또는 이와 유사한 시설물의 인근에서 굴착·항타작업 등으로 침하·균열 등이 발생

하여 붕괴의 위험이 예상될 때
③ 구축물 또는 이와 유사한 시설물에 지난, 동해(凍害), 부동침하(不動沈下)등으로 균열·비틀림 등이 발생하였을 경우
④ 구조물, 건축물, 그 밖의 시설물이 그 자체의 무게·적설·풍압 또는 그 밖에 부가되는 하중 등으로 붕괴 등의 위험이 있을 경우

풀이 ●
• 화재 등으로 구축물 또는 이와 유사한 시설물의 내력(耐力)이 심하게 저하되었을 경우
• 오랜 기간 사용하지 아니하던 구축물 또는 이와 유사한 시설물을 재사용하게 되어 안전성을 검토하여야 하는 경우
• 그 밖의 잠재위험이 예상될 경우   **[답] ①**

57 수변전설비공사(KCS 31 60 10 : 2019)에 따른 전력퓨즈에 대한 설명으로 틀린 것은?
① 퓨즈가 차단할 수 있는 단락전류의 최대 전류 값으로 표시하여야 한다.
② 차단용량을 표시하는 경우 교류분의 대칭 실효값을 나타내어야 한다.
③ 정격전압은 3상 회로에서 사용가능한 전압한도를 표시하는 것으로 퓨즈의 정격전압은 계통 최대 상전압으로 선정한다.
④ 정격전류는 전력퓨즈가 온도상승 한도를 넘지 않고 연속으로 흘러 보낼 수 있는 전류 값이며 실효값으로 표시하여야 한다.

풀이 ●
퓨즈의 정격전압은 계통 최대 선간전압으로 선정한다.   **[답] ③**

58 교류의 파고율을 나타내는 관계식으로 옳은 것은?
① $\dfrac{실효값}{최대값}$ ② $\dfrac{최대값}{실효값}$
③ $\dfrac{실효값}{평균값}$ ④ $\dfrac{평균값}{실효값}$

풀이 ○

- 교류의 파형률 $= \dfrac{\text{실효값}}{\text{평균값}}$

- 교류의 파고율 $= \dfrac{\text{최대값}}{\text{실효값}}$ **[답] ②**

59 역률 개선을 통하여 얻을 수 있는 효과가 아닌 것은?

① 전압강하의 경감
② 설비용량의 여유분 증가
③ 배전선 및 변압기의 손실경감
④ 수용가의 전기요금(기본요금) 증가

풀이 ○

수용가의 전기요금(기본요금) 경감   **[답] ④**

60 태양광발전 모듈에서 인버터에 이르는 배선에 대한 설명으로 틀린 것은?

① 태양광발전 모듈에서 인버터에 이르는 배선은 극성별로 확인할 수 있도록 표시한다.
② 태양광발전 모듈에서 인버터에 이르는 배선에 사용되는 케이블은 피뢰도체와 교차 시공한다.
③ 태양광발전 어레이의 출력배선을 중량물의 압력을 받는 장소에 지중으로 직접매설식에 의해 시설하는 경우 1[m]이상의 매설깊이로 한다.
④ 태양광발전 모듈 간의 배선은 2.5[mm^2] 이상의 연동선 또는 이와 동등 이상의 세기 및 굵기의 것을 사용한다.

풀이 ○

태양광발전 모듈에서 인버터에 이르는 배선에 사용되는 케이블은 가능한 피뢰 도체와 떨어진 상태로 포설하며, 피뢰 도체와 교차시공하지 않도록 한다.   **[답] ②**

4과목
태양광발전 유지·관리

61 태양광발전(PV) 모듈(안전)(KS C 8563 : 2015)에서 옥외에 사용하는 부품에 대해 방수 등급을 결정하기 위한 장치는?

① IP 시험기
② 트래킹 시험기
③ 난연성 시험기
④ Hot wire coil ignition 시험기

풀이 ○

- IP 시험기 : 옥외에 사용하는 부품에 대해 방수 등급을 결정하기 위한 장치
- 트래킹 시험기 : 액체 오염 물질에 표면이 노출될 때 600[V]에 이르는 전압의 트래킹에 대한 고체 전기 절연 재료의 절연물의 내성을 측정하는 장치
- 난연성 시험기 : 플라스틱 등 특정 용도로 적용할 때 그 사용 용도의 적합성 여부를 미리 예측할 수 있도록 플라스틱 가연성을 시험하는 장치
- Hot wire coil ignition 시험기 : 시료의 발화를 일으키는 요구 시간을 특정함으로써 고체 전기 절연 재료의 절연성을 시험하기 위한 장치   **[답] ①**

62 분산형전원 배전계통 연계 기술기준에 따라 계통연계형 인버터의 주파수 범위가 57.5[Hz]미만 일 때 운전지속시간은 몇 초인가?

① 0.15   ② 0.16
③ 299   ④ 300

풀이 ○

비정상 주파수에 대한 분산형전원의 운전지속시간과 분리시간

주파수 범위 [Hz]	운전지속시간 [초]	분리시간 [초]
$f > 61.5$	–	0.16
$f < 57.5$	299	300
$f < 57.0$	–	0.16

[답] ③

63 2차 접근상태는 가공전선이 다른 시설물과 접근하는 경우에 그 가공전선이 다른 시설물의 위쪽 또는 옆쪽에서 수평거리로 몇 [m]미만인 곳에 시설되는 상태를 말하는가?

① 0.5
② 1.0
③ 2.0
④ 3.0

(풀이 ○)

2차 접근상태는 가공전선이 다른 시설물과 접근하는 경우에 그 가공전선이 다른 시설물의 위쪽 또는 옆쪽에서 수평거리로 3[m]미만인 곳에 시설되는 상태를 말한다.
[답] ④

64 전기용 고무장갑의 사용 범위에 대한 설명으로 틀린 것은?

① 고압 이하 충전부의 접속·절단 등을 작업할 경우
② 건조한 장소에서 고압전로에 접근이 어려운 경우
③ 정전작업 시 역송전으로 선로, 기기가 단락, 접지되는 경우
④ 활선상태의 배전용 지지물에 누설전류가 흐를 우려가 있는 경우

(풀이 ○)

전기용 고무장갑의 사용범위는 다음과 같다.
• 활선상태의 배전용 지지물에 누설전류가 흐를 우려가 있는 경우
• 고압 이하의 충전부의 접속·절단·점검 등의 작업
• 고압활선 또는 활선근접작업으로 감전이 우려되는 장소
• 우중 또는 습기가 많은 장소의 기중개폐기를 개방·투입할 경우
• 정전작업 시 역송전으로 선로, 기기가 단락, 접지되는 경우
• 습기가 많은 장소에서 고압전로에 감전이 우려되는 경우
• 기타 전격의 위험이 우려되는 장소
[답] ②

65 태양광발전용 인버터의 육안점검 항목에 해당하지 않는 것은?

① 배선의 극성

② 지붕재의 파손
③ 접지단자와의 접속
④ 단자대의 나사 풀림

(풀이 ○)

지붕재의 파손은 인버터의 육안점검과 무관하다.
[답] ②

66 태양광발전시스템의 구조물에 발생하는 고장으로 틀린 것은?

① 황색 변이
② 녹 및 부식
③ 구조물 변형
④ 이상 진동음

(풀이 ○)

황색 변이는 태양전지 모듈에서 발생하는 고장현상이다.
[답] ①

67 태양광발전시스템 직류용 커넥터 – 안전 요구사항 및 시험(KS C IEC 62852 : 2014)에 따라 잠금 장치 또는 스냅인 장치가 있는 커넥터는 최소 몇 [N]의 부하에 견뎌야 하는가?

① 20
② 35
③ 50
④ 80

(풀이 ○)

• 잠금 장치 또는 스냅인(snap-in) 장치가 있는 커넥터는 최소 80[N]의 부하에 견뎌야 한다.
• 잠금 장치 또는 스냅인(snap-in) 장치가 없는 커넥터는 최소 50[N]의 제거하는 힘을 견뎌야 한다. **[답]** ④

68 신재생에너지 설비 지원 등에 관한 지침에 따른 모듈 배선의 육안확인 판정기준으로 틀린 것은?(단, BAPV설비는 제외한다.)

① 가공전선로 지지물 설치
② 군별, 극성별로 별도 표시
③ 바람에 흔들림이 없게 단단히 고정
④ 배선 보호를 위해 경사지붕 및 외벽 표면에 전선처리 여부

(풀이 ○)

배선 보호를 위해 경사지붕 및 외벽 표면에 전선처리 여부는 BAPV에 해당된다.
[답] ④

69 전기설비 검사 및 점검 방법·절차 등에 관한 기술고시에 따라 태양광발전설비에서 보호장치의 정기검사 시 세부검사 내용으로 틀린 것은?
① 외관검사
② 절연저항
③ 보호장치시험
④ 제어회로 및 경보장치

풀이 ●
제어회로 및 경보장치는 전력변환장치 세부검사 내용이다. 　　　　　　　　　　　　　　　　　　[답] ④

70 태양광발전시스템의 신뢰성 평가 및 분석 항목에 대한 설명 중 틀린 것은?
① 운전 데이터의 결측 상황
② 정기점검, 개수정전, 계통정전 등의 수시정지 상황
③ 계측 트러블 – 컴퓨터 전원의 차단 및 조작오류
④ 시스템 트러블 – 인버터의 정지, 직류지락, 계통지락 등에 의한 시스템의 운전정지

풀이 ●
신뢰성 평가 및 분석 항목
① 시스템 트러블 : 인버터 정지, 직류지락, 계통지락, RCD트립, 원인불명 등에 의한 시스템 운전정지 등
② 계측 트러블 : 컴퓨터 전원의 차단, 컴퓨터의 조작오류, 기타 원인불명
③ 운전 데이터의 결측 상황
④ 계획정지 : 정전 등(정기점검·개수정전, 계통 정전) 　　　　　　　　　　　　　　　　　　[답] ②

71 산업안전보건법령에 따른 정지신호, 소화설비 및 그 장소, 유해행위의 금지표지 색채는?
① 녹색　　　　　　② 노란색
③ 파란색　　　　　④ 빨간색

풀이 ●
안전보건표지의 색도기준 및 용도(시행규칙 [별표 8])

색채	용도	사용례
빨간색	금지	정지신호, 소화설비 및 그 장소, 유해행위의 금지
	경고	화학물질 취급장소에서의 유해·위험 경고

색채	용도	사용례
노란색	경고	화학물질 취급장소에서의 유해·위험 경고 이외의 위험경고, 주의표지 또는 기계방호물
파란색	지시	특정 행위의 지시 및 사실의 고지
녹색	안내	비상구 및 피난소, 사람 또는 차량의 통행표지

[답] ④

72 전기안전관리자의 직무에 관한 고시에 따라 저압 전기설비중 반기마다 필수 측정항목은?
① 누설전류 측정　　　② 접지저항측정
③ 절연저항 측정　　　④ 절연내력 측정

풀이 ●
점검 종류별 측정 및 시험항목

구분	주기		
	분기	반기	연차
저압 전기설비			
– 절연저항 측정		필요시	필수
– 누설전류 측정	필요시	필요시	
– 접지저항 측정		필수	
고압이상 전기설비			
– 절연저항 측정			필수
– 접지저항 측정			필수
– 절연내력 측정			필수

[답] ②

73 토목시설물 중 절토부 점검 내용을 틀린 것은?
① 침하 발생 여부
② 인장균열 발생 여부
③ 급격한 지하수 용출 여부
④ 누수, 층 분리 및 박락, 백태 발생 여부

풀이 ●
• 절토부 점검 내용 : 상기 ①~③ 이외
　– 지속적인 낙석 발생 여부
• 콘크리트 옹벽 점검 내용
　– 옹벽 파손 및 손상 균열 발생 여부
　– 누수, 층 분리 및 박락, 백태 발생 여부
　– 철근 노출 발생 여부
　– 배수공 막힘 여부 　　　　　　　　　　　　[답] ④

74 전기설비 검사 및 점검의 방법절차 등에 관한 고시에 따라 전기수용설비 정기검사 중 보호장치 특성 시험항목으로 틀린 것은?

① 내압 시험
② 연동 시험
③ 최소 동작 시험
④ 한시 특성 시험

풀이 ○

내압 시험은 절연유 시험에 해당된다. [답] ①

75 신재생발전기 송전계통 연계 기술기준에 따라 신재생발전기는 유효전력의 출력을 계통운영자의 지시 후 5초 이내에 정격출력의 몇 [%]까지 출력을 감소할 수 있어야 하는가? (단, 연료전지 발전기는 제외한다.)

① 10   ② 20
③ 30   ④ 40

풀이 ○

신재생발전기는 유효전력의 출력을 계통운영자의 지시 후 5초 이내에 정격출력의 20[%]까지 출력을 감소할 수 있어야 한다. [답] ②

76 분산형전원 배전계통 연계 기술기준에 따라 계통지원 기능을 수행하는 분산형전원의 비상시 기능으로 틀린 것은?

① 출력 중단 기능
② 단독운전방지 기능
③ 유효전력 제한 기능
④ 계통과 전기적 분리 및 재연계 기능

풀이 ○

유효전력 제어 기능
• 전압−유효전력 제어 기능
• 주파수−유효전력 제어 기능
• 유효전력 제한 기능
• 출력 램프율 기능
• 소프트 스타트 램프율 기능 [답] ③

77 산업안전보건기준에 관한 규칙에 따라 사업주가 꽂음접속기를 설치하거나 사용하는 경우 준수사항을 틀린 것은?

① 해당 꽂음 접속기에 잠금장치가 있는 경우에는 접속 후 잠그고 사용할 것
② 서로 다른 전압의 꽂음접속기는 서로 접속되지 아니한 구조의 것을 사용할 것
③ 습윤한 장소에 사용되는 꽂음 접속기는 방우형 등 그 장소에 적합한 것을 사용할 것
④ 근로자가 해당 꽂음 접속기를 접속시킬 경우에는 땀 등으로 젖은 손으로 취급하지 않도록 할 것

풀이 ○

습윤한 장소에 사용되는 꽂음 접속기는 방수형 등 그 장소에 적합한 것을 사용할 것 [답] ③

78 태양광발전용 인버터의 절연성능시험 항목으로 틀린 것은?

① 내전압 시험
② 접촉 전류 시험
③ 절연저항 시험
④ 부하 불평형 시험

풀이 ○

• 인버터의 절연성능 시험 항목 : 절연저항 시험, 내전압 시험, 임펄스 내전압 시험, 접촉 전류 시험, 액세스 프로브 시험, IP시험, 보호 본딩 시험(접지연속성 시험), 공간거리와 연면거리 시험
• 내전기 환경시험 : 계통 전압 왜형률 내량 시험, 계통 전압 불평형 시험, 부하 불평형 시험 [답] ④

79 태양광 발전용 인버터(계통연계형, 독립형) (KS C 8565 : 2024)에 따른 누설 전류 시험의 품질기준은 교류 몇 [mA]를 초과하지 않아야 하는가?

① 3.5   ② 10
③ 15   ④ 30

풀이 ○

누설전류시험의 품질기준은 교류 3.5[mA] 또는 직류 10[mA]를 초과하지 않아야 한다. [답] ①

80 절연보호구의 선정 및 사용에 관한 기술지침에 따라 사용전압이 3500[V]를 초과하고 7000[V]이하의 작업에 사용하는 절연 고무장갑의 종별로 옳은 것은?

① D종   ② C종

③ B종   ④ A종

풀이 ◉

- A종 : 사용전압이 300[V]를 초과하고 교류 600[V] 또는 직류 750[V] 이하의 작업에 사용.
- B종 : 교류 600[V] 또는 직류 750[V]를 초과하고 3,500[V] 이하의 작업에 사용
- C종 : 3,500[V]를 초과하고 7,000[V] 이하의 작업에 사용   **[답]** ②

태양광발전시스템
2022년 4회 산업기사 기출문제

※ 관련법령의 개정 및 한국전기설비규정(KEC)의 시행에 따라 기출문제의 내용을 개정 및 변경된 것으로 수정한 것입니다. 따라서 엔트미디어를 통해 제공되는 기출풀이 동영상(2013~2022)은 내용이 다를 수 있습니다. 따라서 본 교재의 내용으로 학습하시기 바랍니다.

1과목
태양광발전 사전검토

01 전기공사업법령에 따라 공사업자는 등록사항 중 대통령령으로 정하는 중요 사항이 변경된 경우 그 사유가 발생한 날로부터 며칠 이내에 시·도지사에게 그 사실을 신고하여야 하는가?

① 15일   ② 30일
③ 45일   ④ 60일

풀이 ◐
시행규칙 제8조(등록사항 변경신고)
① 등록사항의 변경신고를 하려는 자는 그 사유가 발생한 날부터 30일 이내에 신고하여야 한다.   **[답] ②**

02 전기사업법령에 따라 기후에너지환경부장관은 산지관리법에 따른 산지에 태양광발전설비를 설치하여 전력거래를 하려는 발전사업자가 계절적 요인으로 복구준공이 불가피하게 지연되거나 부분 복구준공이 가능한 경우 등 대통령령으로 정하는 사유가 있는 때에는 몇 개월의 범위에서 사업정지 명령을 유예할 수 있는가?

① 3개월   ② 6개월
③ 9개월   ④ 12개월

풀이 ◐
법 제31조의2(산지에 설치되는 재생에너지 설비의 전력거래)
③ 기후에너지환경부장관은 산지관리법에 따른 산지에 태양광발전설비를 설치하여 전력거래를 하려는 발전사업자가 계절적 요인으로 복구준공이 불가피하게 지연되거나 부분 복구준공이 가능한 경우 등 대통령령으로 정하는 사유가 있는 때에는 6개월의 범위에서 사업정지 명령을 유예할 수 있다.   **[답] ②**

03 태양광발전 모듈에 대한 설명으로 틀린 것은?

① 일사량이 증가하면 개방전압이 증가한다.
② 일사량이 감소하면 단락전류가 감소한다.
③ 모듈 표면온도가 증가하면 개방전압은 증가한다.
④ 모듈 표면온도가 증가하면 단락전류가 증가한다.

풀이 ◐
모듈 표면온도가 증가하면 개방전압은 감소한다.
   [답] ③

04 신에너지 및 재생에너지 개발·이용·보급 촉진법령에 따라 하자보수의 대상이 되는 신재생에너지 설비 및 하자보수 기간 등은 무엇으로 정하는가?

① 행정안전부령   ② 재정경제부령
③ 국토교통부령   ④ 기후에너지환경부령

풀이 ◐
법 제30조의3(하자보수)
② 하자보수의 대상이 되는 신재생에너지 설비 및 하자보수 기간 등은 기후에너지환경부령으로 정한다.
   [답] ④

05 전기공사업법령에 따라 공사업자가 최근 5년간 몇 회 이상 영업정지처분을 받은 경우 등록취소가 되는가?

① 3회   ② 5회
③ 6회   ④ 7회

풀이 ◐
법 제28조(등록취소 등)

① 8.영업정지처분기간에 영업을 하거나 최근 5년간 3회 이상 영업정지처분을 받은 경우 등록취소 하여야 한다. **[답] ①**

06 태양광발전 모듈 1장의 출력이 158[W], 크기가 1.29[m]×0.99[m]이고, 지붕의 설치가능 면적이 20[m²]인 경우, 설치되는 태양광발전 모듈의 총 출력은 약 몇 [W]인가?

① 1844   ② 2370

③ 2588   ④ 3160

풀이 ●

총 출력 = 정수$\left(\dfrac{\text{설치가능 면적}}{\text{모듈의 크기}}\right)$×모듈 1장 출력

$= $ 정수$\left(\dfrac{20}{1.29 \times 0.99}\right) \times 158 = 15 \times 158 = 2370[\text{W}]$

[답] ②

07 태양광발전용 인버터의 전력변환효율이 다음과 같을 때 유로(변환)효율은 몇 [%]인가?

정격전력[%]	5	10	20	30	50	100
전력변환효율[%]	76	79	83	87	93	95

① 89.95   ② 90.10

③ 90.15   ④ 90.25

풀이 ●

유로효율 : 각 출력 5%/10%/20%/30%/50%/100%에서 효율의 비중을 0.03/0.06/0.13/0.10/0.48/0.20으로 두어 곱한 값을 합산하여 나타낸 효율.

유로효율 $= (76 \times 0.03) + (79 \times 0.06) + (83 \times 0.13)$
$\qquad\qquad + (87 \times 0.10) + (93 \times 0.48) + (95 \times 0.20)$
$\qquad = 90.15$ **[답] ③**

08 태양광발전용 인버터의 회로 구성에서 AC-DC 컨버터를 사용하는 방식은?

① 단권변압기 절연방식

② 고주파 변압기 절연방식

③ 상용주파 변압기 절연방식

④ 무변압기(트랜스리스) 절연방식

풀이 ●

태양광발전용 인버터의 절연방식에 따른 회로도는 다음과 같다.

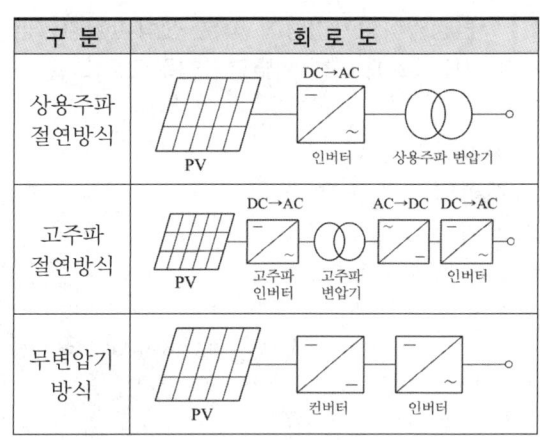

구 분	회 로 도
상용주파 절연방식	PV — DC→AC 인버터 — 상용주파 변압기
고주파 절연방식	PV — DC→AC 고주파 인버터 — 고주파 변압기 — AC→DC DC→AC 인버터
무변압기 방식	PV — 컨버터 — 인버터

[답] ②

09 국토의 계획 및 이용에 관한 법령에 따라 개발행위(변경) 허가신청서의 처리기간으로 옳은 것은?

① 7일   ② 15일

③ 30일   ④ 60일

풀이 ●

법 제57조 및 같은 법 시행령 제54조에 따라 개발행위 허가의 신청에 대하여 특별한 사유가 없으면 15일 이내에 허가 또는 불허가 처분을 하여야 한다. **[답] ②**

10 전기사업법령에 따른 일반용전기설비에 해당하는 것은?

① 저압에 해당하는 용량 10킬로와트 이하인 발전설비

② 저압에 해당하는 용량 20킬로와트 이하인 발전설비

③ 고압에 해당하는 용량 10킬로와트 이하인 발전설비

④ 고압에 해당하는 용량 20킬로와트 이하인 발전설비

풀이 ●

시행규칙 제3조(일반용전기설비의 범위)

• 저압에 해당하는 용량 75킬로와트 미만의 전력을 타인으로부터 수전하여 그 수전장소에서 그 전기를 사용하기 위한 전기설비

• 저압에 해당하는 용량 10킬로와트 이하인 발전설비

[답] ①

11 환경영향평가법령에 따른 전략환경영향평가의 정책계획에 대한 세부평가항목으로 틀린 것은?

① 입지의 타당성
② 계획의 연계성·지속성
③ 계획의 적정성·지속성
④ 환경보전계획과의 부합성

풀이 ◐
시행령 [별표1] 환경영향평가 등의 분야별 세부평가항목 1. 전략환경영향평가의 정책계획
• 환경보전계획과의 부합성
• 계획의 연계성·지속성
• 계획의 적정성·연속성 **[답] ①**

12 전기사업법령에 따라 사업허가 변경신청 시 처리절차로 옳은 것은?(단, 기후에너지환경부에 접수하는 경우이다.)

① 신청서 작성 및 제출 → 검토 → 접수 → 전기위원회 심의 → 허가증 발급
② 신청서 작성 및 제출 → 접수 → 검토 → 전기위원회 심의 → 허가증 발급
③ 신청서 작성 및 제출 → 전기위원회 심의 → 접수 → 검토 → 허가증 발급
④ 신청서 작성 및 제출 → 접수 → 전기위원회 심의 → 검토 → 허가증 발급

풀이 ◐
시행규칙 [별지 제3호서식] 사업허가 변경신청서

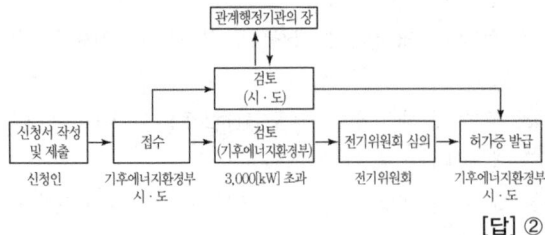

[답] ②

13 지방자치단체를 당사자로 하는 계약에 관한 법률에 의거하여 용역 표준계약서를 작성하고자 한다. 이때 필요한 붙임서류가 아닌 것은?

① 특별시방서
② 과업내용서
③ 산출내역서
④ 용역 입찰유의서

풀이 ◐
시행규칙 [서식9] 붙임서류
• 용역 입찰유의서 1부
• 용역계약 일반조건 1부
• 용역계약 특수조건 1부
• 과업내용서 1부
• 산출내역서 **[답] ①**

14 신에너지 및 재생에너지 개발·이용·보급 촉진법령에 따라 신·재생에너지 기술 사업화 지원신청서의 처리기간으로 옳은 것은?

① 30일
② 45일
③ 60일
④ 90일

풀이 ◐
시행규칙 [별지 제8호서식] 지원신청서
처리기간 : 90일 **[답] ④**

15 태양광발전시스템의 직류측 보호를 위해 태양광발전용 접속함에 설치하는 장치가 아닌 것은?

① 직류용 퓨즈
② 역류방지 다이오드
③ 바이패스 다이오드
④ 서지보호장치(SPD)

풀이 ◐
바이패스 다이오드는 태양전지 모듈의 단자함에 설치되며, 셀과 병렬로 연결되어 음영(그림자) 시 열점(Hotspot)을 방지하는 목적으로 설치된다. **[답] ③**

16 대기질량지수(Air Mass Index, AM)에 대한 설명으로 틀린 것은?

① 표준시험조건(STC)에서는 1.5의 AM을 사용한다.
② 태양이 바로 위에 떠 있을 시 구름이 없는 하늘과 공기압이 P_0 표준운전조건에서 1.0이다.
③ 태양이 바로 머리위에 있을 때에는 햇빛이 해면에 이를 때까지 지나오는 거리의 합으로 나타낸다.

④ 직달 태양광이 지구 대기를 통과하는 경로의 길이를 표준 상태의 대기압에 연직으로 입사되는 경로의 길이에 대한 비로 나타낸 것이다.

풀이 ◉

태양이 바로 머리위에 있는 경우 햇빛이 해면(Sea level)에 이를 때까지 지나오는 거리의 곱으로 나타낸다.

[답] ③

17 계통연계형 태양광발전시스템에 축전지를 부가함으로써 발생할 수 있는 장점이 아닌 것은?

① 계통전압의 안정화에 기여한다.

② 정전 발생 시 전력공급의 역할을 한다.

③ 태양광발전시스템의 수명을 연장한다.

④ 기후 급변 시나 계통부하 급변 시에 부하 평준화 역할을 한다.

풀이 ◉

계통연계형 태양광발전시스템과 축전지는 계통전압 안정화, 정전 시 비상부하에 전원공급, 부하급변 시 부하평준화 목적으로 사용되며, 태양광발전시스템의 수명 연장과는 관련성이 전혀 없다.

[답] ③

18 태양광발전부지의 연간 경사면의 일사량이 4,784[MJ/m²]이고 효율이 81[%]일 때, 일평균 발전량은 약 몇 [kWh/m²]인가?

① 1.329 　　　　　② 2.949

③ 3.648 　　　　　④ 4.884

풀이 ◉

$$일평균발전량 = \frac{연간\ 경사면의\ 일사량[MJ/m^2] \times 효율}{3.6[MJ] \times 365}$$

$$= \frac{4,784 \times 0.81}{3.6 \times 365} = 2.949[kWh/m^2]$$

※ 1[kWh] = 3.6[MJ]

[답] ②

19 신에너지 및 재생에너지 개발·이용·보급 촉진법령에 따라 집적화단지 조성사업의 실시기관으로 선정되려는 지방자치단체의 장이 집적화단지 개발계획을 수립하여 기후에너지환경부장관에게 제출할 때 포함되는 사항이 아닌 것은?

① 집적화단지의 위치 및 면적

② 집적화단지 조성사업의 개요 및 시행방법

③ 집적화단지 조성 및 기반시설 설치에 필요한 부지확보 계획

④ 그 밖에 집적화단지 조성에 필요하다고 신·재생에너지센터장이 인정하여 고시하는 사항

풀이 ◉

상기 ① ~ ③항 이외의 사항

• 집적화단지 조성사업에 대한 주민수용성 및 친환경성 확보 계획

• 그 밖에 집적화단지 조성에 필요하다고 기후에너지환경부장관이 인정하여 고시하는 사항

[답] ④

20 120[kWp] 태양광발전시스템을 밭에 설치하려할 때, REC가중치는 약 얼마인가?

① 1.15 　　　　　② 1.17

③ 1.18 　　　　　④ 1.19

풀이 ◉

일반부지에 설치하는 경우 가중치
(100[kW]부터 3,000[kW] 이하)

$$가중치 = \frac{99.999 \times 1.2 + (용량 - 99.999) \times 1.0}{용량}$$

$$= \frac{99.999 \times 1.2 + (120 - 99.999) \times 1.0}{120} = 1.166$$

※ 가중치는 소수점 넷째자리 절사가 원칙임.

[답] ②

2과목
태양광발전 구성·선정

21 한국전기설비규정에 따른 특고압 가공전선이 가공약전류전선 등 고압의 가공전선이나 고압의 전차선과 제1차 접근상태로 시설되는 경우 특고압가공전선로는 몇 종 특고압 보안공사를 하여야 하는가?

① 제0종 특고압 보안공사

② 제1종 특고압 보안공사

③ 제2종 특고압 보안공사

④ 제3종 특고압 보안공사

풀이 ●

특고압 전선로는 제3종 특고압 보안공사에 의할 것.

[답] ④

22 한국전기설비규정에 따라 분산형전원설비 사업자의 한 사업장의 설비 용량 합계가 몇 [kVA] 이상일 경우, 송배전계통과 연계지점의 연결 상태를 감시 또는 유효전력, 무효전력 및 전압을 측정할 수 있는 장치를 시설하여야 하는가?

① 75
② 150
③ 250
④ 300

풀이 ●

분산형전원설비 사업자의 한 사업장의 설비 용량 합계가 250[kVA] 이상일 경우, 송배전계통과 연계지점의 연결 상태를 감시 또는 유효전력, 무효전력 및 전압을 측정할 수 있는 장치를 시설할 것.

[답] ③

23 한국전기설비규정에 따라 태양광발전용 인버터로부터 변압기의 저압측까지 3상3선식, 최대 사용전압 370[V]로 배선되어 있는 경우, 변압기의 전로의 절연내력 시험전압은 몇 [V]인가? (단, 중성점이 비접지된 경우이다.)

① 450
② 475
③ 515
④ 555

풀이 ●

기구 등의 전로의 시험전압

종 류	시 험 전 압
1. 최대 사용전압이 7 kV 이하인 기구 등의 전로(중성점이 비접지된 경우)	최대 사용전압이 1.5배의 전압 (직류의 충전 부분에 대하여는 최대 사용전압의 1.5배의 직류전압 또는 1배의 교류전압) (500 V 미만으로 되는 경우에는 500 V)
2. 최대 사용전압이 7 kV를 초과하고 25 kV 이하인 기구 등의 전로로서 중성점 접지식 전로에 접속하는 것.	최대 사용전압의 0.92배의 전압

∴ 시험전압=370×1.5=555[V]

[답] ④

24 설계감리업무 수행지침에서 정의하는 용어 중 설계감리원 및 설계자가 승인 요청한 사항 등에 대하여 발주자가 설계감리원 및 설계자에게 또는 설계감리원이 설계자에게 서명으로 동의하는 것은?

① 승인
② 지시
③ 확인
④ 요구

풀이 ●

• 지시 : 발주자가 설계감리원 및 설계자에게 또는 설계감리원이 설계자에게 소관 업무에 관한 방침, 기준, 계획 등에 대하여 기술지도를 하고, 실시하게 하는 것
• 확인 : 발주자 또는 설계감리원이 설계자가 설계용역을 계약문서 대로 실시하고 있는지 및 지시·조정·승인 사항에 대한 이행 여부를 문서 등으로 확인하는 것
• 요구 : 계약당사자가 계약조건에 나타난 자신의 업무에 충실하고 정당한 계약수행을 위해 상대방에게 검토, 조사, 지원, 승인, 협조 등의 적합한 조치를 취하도록 의사를 밝히는 것

[답] ①

25 전력기술관리법령에 따라 전력시설물의 설치·보수 공사 발주자는 전력시설물의 설치·보수 공사의 품질 확보 및 향상을 위하여 누구에게 공사감리를 발주하여야 하는가?

① 전문설계업을 등록한 자
② 종합설계업을 등록한 자
③ 공사감리업을 등록한 자
④ 전기공사업을 등록한 자

풀이 ●

법 제12조(공사감리 등) ① 전력시설물의 설치·보수 공사 발주자는 전력시설물의 설치·보수 공사의 품질 확보 및 향상을 위하여 공사감리업의 등록을 한 자에게 공사감리를 발주하여야 한다.

[답] ③

26 분산형전원 배전계통 연계 기술기준에 따라 전기방식이 교류 단상 220[V]인 분산형전원을 저압 한전계통에 연계할 수 있는 용량은 몇 [kW] 미만으로 하는가?

① 75
② 100
③ 150
④ 200

풀이 ○

기준 제4조(연계 요건 및 연계의 구분)

6. 전기방식이 교류 단상 220[V]인 분산형전원을 저압 한전계통에 연계할 수 있는 용량은 100[kW] 미만으로 한다.　　　　　　　　　　　　　　　　[답] ②

27 전력시설물 공사감리업무 수행지침에 따라 책임감리원은 분기보고서를 작성하여 발주자에게 제출하여야 한다. 이때 보고서는 매 분기말 다음 달 며칠 이내로 제출하여야 하는가?

① 3　　　　　　② 5
③ 7　　　　　　④ 14

풀이 ○

수행지침 제17조(감리보고 등)

② 책임감리원은 분기보고서를 작성하여 발주자에게 제출하여야 한다. 보고서는 매 분기말 다음 달 7일 이내로 제출한다.　　　　　　　　　　　[답] ③

28 건축전기설비 일반사항(KDS 21 10 20 : 2019)에 따른 실시설계 성과물에 해당하지 않는 것은?

① 설계계산서　　　② 실시설계 도서
③ 공사비 적산서　　④ 기본설계 계획서

풀이 ○

실시설계 성과물
• 실시설계 도서 : 설계설명서, 설계도면, 공사시방서
• 공사비 적산서 : 내역서, 산출서, 견적서
• 설계계산서 : 조도계산서, 부하계산서, 간선계산서, 용량계산서(변압기, 발전기 등), 기타 계산서
• 기타 사항 : 관공서 협의기록, 관계자 협의기록, 기타 기록(설계자문, 심의 등)　　　　　　　[답] ④

29 저압 전기설비-제5-55부 : 전기기기의 선정 및 설치 – 기타 기기(KS C IEC 60364-5-55 : 2016)에 따라 제어회로의 공칭 전압은 몇 [V]를 초과하지 않는 것이 바람직한가?

① 12　　　　　　② 24
③ 220　　　　　④ 380

풀이 ○

직류 전원 계통 제어회로의 공칭 전압은 220[V]를 초과하지 않는 것이 바람직하다.　　　　　　[답] ③

30 다음과 같은 조건일 때 어레이와 어레이간의 최소 이격거리는 약 몇 [m]인가? (단, 경사고정식으로 정남향이다.)

- 어레이 길이(L) : 3[m]
- 어레이 경사각(θ) : 30°
- 설치지역의 위도(ϕ) : 35.5°

① 4.5　　　　　② 4.8
③ 5.1　　　　　④ 5.4

풀이 ○

이격거리$(d) = L\{\cos(\theta) + \sin(\theta) \times tan(\phi+23.5)\}$
$= 3\{\cos(30) + \sin(30) \times tan(35.5+23.5)\}$
$= 5.09 \fallingdotseq 5.1[m]$　　　　　[답] ③

31 전기설비기술기준에 따른 절연유에 대한 설명중 다음 (　)에 들어갈 내용으로 옳은 것은?

사용전압이 (　)kV 이상의 중성점 직접접지식 전로에 접속하는 변압기를 설치하는 곳에는 절연유의 구외 유출 및 지하 침투를 방지하기 위한 설비를 갖추어야 한다.

① 22.9　　　　　② 25.8
③ 70　　　　　　④ 100

풀이 ○

기술기준 제20조(절연유)
사용전압이 100[kV] 이상의 중성점 직접접지식 전로에 접속하는 변압기를 설치하는 곳에는 절연유의 구외 유출 및 지하 침투를 방지하기 위한 설비를 갖추어야 한다.　　　　　　　　　　　　　　[답] ④

32 콘크리트옹벽(KDS 11 80 05 : 2020)에서 콘크리트 옹벽의 안정해석 시 고려하는 하중의 종류로 해당되지 않는 것은?

① 콘크리트 옹벽에 간접 작용하는 외력
② 콘크리트 옹벽과 뒤채움재의 자중 등 고정하중
③ 배수가 되지 않는 조건에서는 수압과 부력
④ 콘크리트 옹벽에 작용하는 토압과 상재하중에 의한 토압증가량

풀이 ○

콘크리트 옹벽의 안정해석 시 고려하는 하중의 종류
- 상기 ② ~ ④항 이외
- 콘크리트 옹벽에 직접 작용하는 외력
- 지진에 의한 하중 등 　　　　　　　　　　**[답] ①**

33 전력시설물 공사감리업무 수행지침에서 공사 또는 감리업무가 원활하게 이루어지도록 하기 위하여 감리원, 발주자, 공사업자가 사전에 충분한 검토와 협의를 통하여 모두가 동의하는 조치가 이루어지도록 하는 것은?

① 협의　　　　　　　② 지시
③ 조정　　　　　　　④ 승인

풀이 ○

- 협의 : 여러 사람이 모여 서로의 의견을 의논하는 것
- 지시 : 발주자가 감리원 또는 감리원이 공사업자에게 발주자의 발의나 기술적·행정적 소관 업무에 관한 계획, 방침, 기준, 지침, 조정 등에 대하여 기술지도를 하고, 실시하게 하는 것
- 승인 : 발주자 또는 감리원이 공사 또는 감리업무와 관련하여, 이 지침에 나타난 승인사항에 대하여 감리원 또는 공사업자의 요구에 따라 그 내용을 서면으로 동의하는 것 　　　　　　　　　　**[답] ③**

34 최대 출력전압이 50[V] 전압온도계수가 −0.2 [V/℃]인 태양광발전 모듈이 있다. 이 모듈의 표면온도가 60[℃]일 때 직렬로 10장을 연결하였다면, 이때의 최대 출력전압은 몇 [V]인가? (단, STC조건이다.)

① 385　　　　　　　② 405
③ 430　　　　　　　④ 480

풀이 ○

- 60[℃]일 때 모듈의 최대 출력전압
$V_{mpp}(60℃) = V_{mpp} + 전압온도계수(60-25)$
$= 50 + (-0.2(60-25)) = 43[V]$
- 직렬로 10장 연결 시 최대 출력전압
$V_{mpp}(10직렬) = V_{mpp}(60℃) \times 10 = 43 \times 10 = 430[V]$
　　　　　　　　　　[답] ③

35 신재생발전기 송전계통 연계 기술기준에 따라 무효전력에 대한 정상상태 허용오차는 몇 [%] 이하여야 하는가?

① 2　　　　　　　② 3
③ 5　　　　　　　④ 10

풀이 ○

- 무효전력에 대한 정상상태 허용오차는 5[%]이하여야 함.
- 신재생발전기가 자체적으로 무효전력을 공급하기 어려운 경우 별도의 STATCOM, SVC 등의 무효전력 공급설비를 구비하여 무효전력을 공급할 수 있다.
　　　　　　　　　　[답] ③

36 태양광발전시스템의 발전량 향상을 위하여 다양한 추적방식이 있다. 추적방식 중 발전효율이 가장 높은 방법은?

① 단축 추적식　　　② 양축 추적식
③ 고정 경사고정식　　④ 고정 경사가변식

풀이 ○

발전효율 : 고정 경사고정식 < 고정 경사가변식 < 단축 추적식 < 양축 추적식 　　　　**[답] ②**

37 단선결선도 작성 시 일반적으로 사용하는 진공차단기(VCB)의 그림기호로 옳은 것은?

① ⌢　　　　　　② ─▭─
③ ─⊬─　　　　④ ─⊗─

풀이 ○

기호	명칭
─⌢─	기중 차단기(일반) ※ 기호 옆에 다음 글자를 부기한다. • 기중 차단기 ACB • 배선용차단기 MCB
─▭─	교류 차단기(일반) ※ 기호 옆에 다음 글자를 부기한다. • 기름 차단기 OCB • 진공 차단기 VCB • 공기 차단기 ACB • 가스 차단기 GCB
─⊬─	동력 조작의 단로기형 부하개폐기
─⊗─	동력 조작의 단로기(간단 표기)

　　　　　　　　　　[답] ②

38 전력기술관리법령에서 정의하는 용어 중 "발전설비"에 해당하지 않는 것은?
① 제어장치
② 발전된 전력을 공급하기 위한 전선로
③ 수력·기력·원자력·내연력 등 발전을 위한 기계적 설비
④ 전기기계·기구 중 주차단기의 2차측 단자까지의 설비

풀이 ●
시행령 제2조(정의)
3. "발전설비"란 다음 각 목의 설비를 말한다. 다만, 수력·기력(汽力)·원자력·내연력(內燃力) 등 발전을 위한 기계적 설비는 제외한다.
  가. 터빈(높은 압력의 액체·기체를 날개바퀴의 날개에 부딪히게 함으로써 회전하는 힘을 얻는 기계를 말한다)·수차 등으로부터 힘을 받아 전력을 생산하기 위한 발전기
  나. 상기 ①, ②, ④ **[답] ③**

39 전력시설물 공사감리업무 수행지침에 따라 감리업자는 감리용역 착수 시 착수신고서를 제출하여 발주자의 승인을 받아야 한다. 이때 착수신고서에 포함되지 않는 서류는?
① 공사 예정 공정표
② 감리업무 수행계획서
③ 감리비 산출내역서
④ 상주, 비상주 감리원 배치계획서

풀이 ●
착수신고서 첨부서류
상기 ② ~ ④ 이외
• 상주, 비상주 감리원 배치계획서와 감리원의 경력확인서
• 감리원 조직 구성내용과 감리원별 투입기간 및 담당업무 **[답] ①**

40 얕은기초 설계기준(일반설계법)(KDS 11 50 05 : 2021)에 따라 얕은기초의 설계 시 검토하여 결정하는 사항으로 틀린 것은?

① 기초지반이 침하나 전단파괴에 대하여 안전하도록 한다.
② 인접한 구조물에 침하, 균열, 손상 등이 발생하지 않아야 한다.
③ 과도한 침하나 부등침하가 발생하지 않도록 한다.
④ 기초가 경사진 지반에 설치될 경우 기초하중에 의한 비탈면 활동 및 지지력의 증가가 발생하지 않도록 한다.

풀이 ●
지지력 감소가 발생하지 않도록 한다. **[답] ④**

3과목 — 태양광발전 **시공**

41 PN 접합 다이오드에 순방향 바이어스 전압을 인가할 때의 설명으로 옳은 것은?
① 내부전계가 강해진다.
② 커패시턴스가 커진다.
③ 전위장벽이 높아진다.
④ 공간전하 영역의 폭이 넓어진다.

풀이 ●
PN 접합 다이오드에서 순방향바이어스 전압을 인가하면, 전하 축적 정전 용량(커패시턴스)은 커지고, 내부전계는 약해지며, 공간전하 영역의 폭이 좁아져 전위장벽은 낮아진다. **[답] ②**

42 진공차단기의 특징이 아닌 것은?
① 높은 압력의 공기가 발생하므로 소음이 크다.
② 접점의 소모가 적으므로 차단기의 수명이 길다.
③ 전류 재단현상이 발생하므로 개폐서지가 크다.
④ 소형경량으로 실내 큐비클에 설치가 가능하다.

풀이 ●
높은 압력의 공기를 사용하는 것은 공기차단기(ABB)이며, 진공차단기는 진공 중에서 차단하므로 소음이 적다. **[답] ①**

43 전압계가 일반적으로 가지고 있어야 하는 특성은?

① 낮은 감도   ② 높은 내부저항

③ 높은 인덕턴스   ④ 높은 커패시턴스

풀이 ○

고 정밀 전압계는 내부저항(임피던스)이 높아야 하고, 전류계는 내부저항(임피던스)이 낮아야 한다. **[답] ②**

44 한국설비규정에 따라 피뢰시스템은 전기전자설비가 설치된 건축물, 구조물로서 낙뢰로부터 보호가 필요한 것 또는 지상으로부터 높이가 몇 [m] 이상인 것에 적용하여야 하는가?

① 15   ② 20

③ 25   ④ 30

풀이 ○

피뢰시스템은 전기전자설비가 설치된 건축물, 구조물로서 낙뢰로부터 보호가 필요한 것 또는 지상으로부터 높이가 20[m] 이상인 것에 적용한다. **[답] ②**

45 내부저항이 1.0[Ω]인 1.5[V]전지 두 개를 병렬로 연결한 후 외부에 2.5[Ω]의 저항을 가지는 부하를 직렬로 연결하였다. 외부 회로에 흐르는 전류의 크기(A)는?

① 0.3   ② 0.5

③ 0.7   ④ 1.0

풀이 ○

- 전지 n개 병렬연결 시 : 전압은 변동이 없고, 내부저항은 $\frac{1}{n}$로 감소하고, 전류는 n배가 된다.
- 합성저항=내부저항 + 외부저항=$\frac{1.0}{2}+2.5=3[\Omega]$
- 외부에 흐르는 전류 $=\frac{전압}{합성저항}=\frac{1.5}{3}=0.5[A]$ **[답] ②**

46 신전원설비공사(KCS 31 60 30 : 2019)에 따라 설치하는 태양광발전용 파워컨디셔너에 대한 설명으로 틀린 것은?

① 상세사항은 설계도 및 공사시방서에 따른다.

② 운전·계측·이상상태 및 시스템 설정 등을 표시할 수 있는 표시장치가 있어야 한다.

③ 태양전지출력의 감시 등에 의해 자동운전이 가능하여야 한다.

④ 인버터의 입력전압범위를 넓게 하여 정상 운전 중 구름 및 기타 장애물에 의해 순간적인 그늘이 발생 시에는 인버터가 정지되어야 한다.

풀이 ○

인버터의 입력전압범위를 넓게 하여 정상 운전 중 구름 및 기타 장애물에 의해 순간적인 그늘이 발생 시에도 인버터가 정지되지 않도록 하여야 한다. **[답] ④**

47 전기안전관리법령에 따른 사용전검사 신청서의 처리절차로 옳은 것은?

① 신청서 작성 → 접수 → 검사 → 검토 → 결정 → 검사결과 통보

② 신청서 작성 → 접수 → 검토 → 검사 → 결정 → 검사결과 통보

③ 신청서 작성 → 검사 → 접수 → 검토 → 결정 → 검사결과 통보

④ 신청서 작성 → 검사 → 검토 → 접수 → 결정 → 검사결과 통보

풀이 ○

전기안전관리법 시행규칙 별지7호 서식 : 신청서 작성 → 접수 → 검토 → 검사 → 결정 → 검사결과 통보 **[답] ②**

48 한국전기설비규정에 따라 태양광발전 모듈에 접속하는 부하측의 전로를 옥내로 시설할 경우 적용할 수 있는 금속관 공사에서 금속관을 콘크리트에 매설할 때 사용하는 관의 최소 두께[mm]는?

① 0.7   ② 1.0

③ 1.2   ④ 2.0

풀이 ○

저압 옥내배선공사의 금속관 공사 시 관의 두께는 콘크리트에 매입하는 것은 1.2[mm]이상, 그 외는 1.0[mm]이상. 다만, 이음매가 없는 길이 4[m] 이하인 것을 건조하고 전개된 곳에 시설하는 경우에는 0.5[mm]까지로 감할 수 있다. **[답] ③**

49 직류 송전방식과 비교 했을 때 교류 송전방식의 장점이 아닌 것은?

① 안정도가 좋다.

② 전압의 승압·강압이 용이하다.

③ 회전자계를 쉽게 얻을 수 있다.

④ 교류방식으로 일관된 운용을 기할 수 있다.

풀이◉

직류 송전방식의 장점

• 안정도가 좋다.

• 송전효율이 높다.

• 유도장해가 작다.

• 절연레벨을 경감할 수 있다. **[답] ①**

50 계기용 변성기(표준용 및 일반 계기용)(KS C 1706 : 2019)에 따라 배전반용으로 사용되는 계기용 변성기의 계급으로 옳은 것은?

① 0.1급   ② 0.2급

③ 0.5급   ④ 3.0급

풀이◉

계기용 변성기의 계급

계급	호칭	중요 용도
0.1급	표준용	계기용 변성기의 시험용 표준기 또는 특별 정밀 계측용
0.2급		
0.5급	일반 계기용	정밀 계측용
1.0급		보통 계측용, 배전반용
3.0급		배전반용

[답] ④

51 태양광발전 구조물 기초터파기용 굴삭기계의 경비 중 손료에 해당하지 않는 항목은?

① 수송비   ② 정비비

③ 관리비   ④ 감가상각비

풀이◉

경비적산요령

• 기계경비 = 기계손료+운전경비+수송비+(조립 및 분해조립비)

• 기계손료 = 상각비+정비비+관리비

• 운전경비 = (연료, 전력, 윤활유 등) + 운전수 급여 + 소모품비 **[답] ①**

52 총 설비용량 80[kW], 수용률 75[%], 부하율 80[%]인 수용가의 평균전력은 몇 [kW] 인가?

① 29   ② 35

③ 43   ④ 48

풀이◉

평균전력 = 부하율×최대수용전력
= 부하율×(수용률×설비용량)
$= 0.8 \times (0.75 \times 80) = 48 [kW]$ **[답] ④**

53 연동연선의 단면적이 150[mm²]이고, 소선의 지름이 2.3[mm]이며, 4층 구조라고 할 때 소선의 가닥수는?

① 21   ② 39

③ 61   ④ 91

풀이◉

연선의 소선 총 가닥수$(N) = 3n(n+1)+1$
$= 3 \times 4(4+1)+1 = 61$

※ n : 소선의 층수 **[답] ③**

54 수변전설비공사(KCS 31 60 10 : 2019)에 따라 옥내 시공 시 시공조건에 대한 확인으로 틀린 것은?

① 기기의 중량을 산정하여 바닥강도를 확인하여야 한다.

② 기기 주위에는 유지관리 공간을 확인하여야 한다.

③ 전기실에는 물 배관·증기관·덕트(환기용 제외) 등을 시설하거나 통과시켜서는 안 된다.

④ 습기 또는 결로 등에 의한 절연상승의 우려가 있는 경우에는 적절한 공법으로 하여야 한다.

풀이◉

수변전설비공사 옥내 시공 시 시공조건

상기 ① ~ ③ 이외

• 습기 또는 결로 등에 의한 절연저하의 우려가 있는 경우에는 적절한 공법으로 하여야 한다.

• 변압기의 발열 등으로 실온이 상승될 우려가 있는 경우에는 환기구 또는 환기팬 등을 설치하여야 한다.

[답] ④

55 볼트 접합 및 핀 연결(KCS 14 31 25 : 2019)에 따른 볼트조임에 관한 일반사항으로 틀린 것은?

① 와셔는 볼트머리와 너트에 평행하게 놓아야 한다.

② 모든 볼트머리와 너트 밑에 각각 와셔 1개씩 끼우고, 볼트를 회전시켜 조인다.

③ 볼트의 끼움에서 본조임까지의 작업은 같은 날 이루어지는 것을 원칙으로 한다.

④ 볼트의 조임 작업 시 본조임은 원칙적으로 강우 및 결로 등 습한 상태에서 조임해서는 안 된다.

풀이 ◎

모든 볼트머리와 너트 밑에 각각 와셔 1개씩 끼우고, 너트를 회전시켜 조인다. **[답] ②**

56 가공 배선선로에 사용되는 전선의 구비 조건이 아닌 것은?

① 도전율이 클 것   ② 가공이 쉬울 것

③ 비중이 높을 것   ④ 기계적 강도가 클 것

풀이 ◎

전선의 구비 조건
상기 ①, ②, ④이외
• 비중이 작을 것
• 경제적일 것
• 부식성이 작을 것 **[답] ③**

57 한국전기설비규정에 따라 접지극은 동결 깊이를 감안하여 시설하되 고압 이상의 전기설비와 변압기 중성점 접지에 의하여 시설하는 접지극의 매설깊이는 지표면으로부터 지하 몇 [m] 이상으로 하는가?

① 0.5   ② 0.75

③ 1.0   ④ 1.2

풀이 ◎

접지극의 매설깊이는 지표면으로부터 지하 0.75 [m]이상으로 한다. **[답] ②**

58 지진구역 Ⅰ에서 태양광발전설비 기초구조물 시공에 적용되는 평균재현주기 500년의 지진 지반운동에 해당하는 지진 구역계수로 옳은 것은?

① 0.05   ② 0.07

③ 0.09   ④ 0.11

풀이 ◎

• 지진구역

지진구역	행정구역
Ⅰ	강원 북부, 제주 이외의 지역
Ⅱ	강원 북부※, 제주

※ 강원 북부(군, 시) : 홍천, 철원, 화천, 횡성, 평창, 양구, 인제, 고성, 양양, 춘천, 속초

• 지진구역계수 (평균재현주기 500년에 해당)

지진구역	Ⅰ	Ⅱ
지진구역계수	0.11	0.07

[답] ④

59 브릿지(Bridge) 정류회로에서 필요한 다이오드의 수는?

① 1개   ② 2개

③ 3개   ④ 4개

풀이 ◎

구분	전파정류(브릿지)	반파정류
회로구성	※ 다이오드 4개	※ 다이오드 1개
입력파형		
출력파형		

[답] ④

60 한국전기설비규정에 따라 수평 트레이에 다심케이블을 포설 시 벽면과의 간격은 몇 [mm] 이상 이격하여 설치하여야 하는가?

① 10   ② 20

③ 30   ④ 50

풀이 ○

벽면과의 간격은 20[mm] 이상 이격하여 설치하여야
한다. [답] ②

4과목
태양광발전 유지·관리

61 공정안전에 관한 근로자 교육훈련 지침에 따른 교육훈련계획에 포함되는 사항으로 틀린 것은?

① 교육훈련 비용
② 교육훈련시기, 횟수 및 시간
③ 교육훈련방법 및 강사
④ 교육훈련 목적, 범위, 대상, 방법 및 인원

풀이 ○

상기 ② ~ ④ 이외
• 교육훈련의 종류, 과정, 교육훈련과목 및 교육훈련 내용
• 교육훈련성과 측정 및 평가방법 [답] ①

62 안전장비 보관요령을 적합하지 않는 것은?

① 청결하고 습기가 없는 장소에 보관할 것
② 세척한 후 건조시키지 말고 보관할 것
③ 보호구는 사용 후 손질하여 깨끗이 보관할 것
④ 한달에 한번 이상 책임 있는 감독자가 점검할
   것

풀이 ○

세척한 후 완전히 건조시켜 보관할 것 [답] ②

63 태양광발전시스템 직류용 커넥터-안전 요구
사항 및 시험(KS C IEC 62852 : 2014)에 따라 커
넥터는 부하 없이 몇 회 동작 사이클 기계적 동작
을 만족하여야 하는가?

① 30
② 50
③ 80
④ 100

풀이 ○

커넥터는 부하 없이 50회 동작 사이클 기계적 동작을
만족하여야 한다. [답] ②

64 태양광발전소 설비용량이 3500[kW], SMP가
200[원/kWh], 가중치 적용 전 REC가 150[원/kWh]
인 경우 판매단가[원/kWh]는? (단, "SMP+ 1REC×
가중치" 계약방식이며, 일반부지에 설치하는 것으
로 한다.)

① 287
② 325
③ 347
④ 381

풀이 ○

• 가중치 계산

$$= \frac{(99.999 \times 1.2) + (2900.001 \times 1.0) + (3500 - 3000) \times 0.8}{3500}$$

$$= 0.97714 ≒ 0.977$$

• 판매단가 계산 = SMP+1REC × 가중치
$$= 200 + (150 \times 0.977)$$
$$= 346.55 ≒ 347$$ [답] ③

65 전기안전관리자의 직무에 관한 고시에 따라
저압 전기설비 점검에서 연차별로 반드시 실시하
여야 하는 측정으로 옳은 것은?

① 누설전류 측정
② 접지저항 측정
③ 절연저항 측정
④ 적외선 열화상 측정

풀이 ○

고시 제3조(안전관리규정의 작성)
• 누설전류 측정 : 필요 시(분기 또는 반기)
• 접지저항 측정 : 필수(반기)
• 절연저항 측정 : 필수(연차)
• 적외선 열화상 측정 : 필수(분기) [답] ③

66 태양광 시스템용 이차전지(KS C 8575 : 2021)
에 따른 일반적인 일일 사이클로 옳은 것은?

① 낮시간의 충전, 밤시간의 방전
② 낮시간의 충전, 밤시간의 충전
③ 낮시간의 방전, 밤시간의 방전
④ 낮시간의 방전, 밤시간의 충전

풀이 ○

• 일일사이클 : 낮시간의 충전, 밤시간의 방전
• 전형적인 일일 방전은 전지용량의 2[%]~20[%]이다.

[답] ①

67 태양전지 어레이의 육안점검 항목으로 틀린 것은?

① 가대의 부식 및 녹
② 가대의 접지연결 상태
③ 표면의 오염 및 파손
④ 이상음, 이취 및 진동유무

풀이 ○

태양전지 어레이는 구동부가 없으므로 이상음 진동이 발생하지 않는다. **[답] ④**

68 전기설비 검사 및 점검의 방법 · 절차 등에 관한 고시에 따라 사업용 태양광발전설비의 전력 변환장치 정기점검 시 수검자준비자료에 해당하지 않는 것은?

① 시퀀스 도면
② 단선결선도
③ 측정 및 점검 기록부
④ 공사계획인가(신고)서

풀이 ○

전력변환장치 정기점검 시 수검자준비자료 : 단선결선도, 시퀀스 도면, 제품 시험성적서, 측정 및 점검 기록표, 보호장치 및 계전기 시험 성적서, 절연저항시험 성적서, 접지저항시험 성적서, 절연내력시험 성적서, 경보회로시험 성적서, 부대설비시험 성적서, 접지계산서 및 설계도, DC지락차단장치 공인시험기관 시험성적서 **[답] ④**

69 굴착기 안전보건작업 지침에 따른 작업 중 준수사항에 대한 설명으로 틀린 것은?

① 운전자는 제조사가 제공하는 매뉴얼을 숙지하고 이를 준수하여야 한다.
② 운전자는 경사진 길에서의 굴착기 이동은 저속으로 운행하여야 한다.

③ 운전자가 작업 중 시야 확보에 문제가 발생하는 경우에는 유도자의 신호에 따라 작업을 진행하여야 한다.
④ 운전자는 경사진 장소에서 작업하는 동안에는 굴착기의 미끄럼 방지를 위하여 블레이드를 비탈길 상부 방향에 위치시켜야 한다.

풀이 ○

운전자는 경사진 장소에서 작업하는 동안에는 굴착기의 미끄럼 방지를 위하여 블레이드를 비탈길 하부 방향에 위치시켜야 한다. **[답] ④**

70 전기안전관리자 직무에 관한 고시에 따라 태양광발전설비 점검기록표에 작성하여야 하는 내용이 아닌 것은?

① 태양전지의 최대전력용량
② 전력변환장치의 구입일자
③ 전력변환장치의 정격용량
④ 전력변환장치의 입력전압범위

풀이 ○

전기안전관리자 직무에 관한 고시
[별지9호서식] 태양광발전설비 점검기록표

	형 식	
태양전지	최대전력용량	[kW]
	최대동작전압	[V]
	최대동작전류	[A]
전력 변환장치	형 식	
	정격용량	[kW]
	입력전압범위	~ [V]
	출력전압	[V]

[답] ②

71 태양광발전시스템의 청소 시 유의사항으로 틀린 것은?

① 문, 커버 등을 열기 전에는 주변의 먼지나 이물질을 제거한다.
② 절연물은 충전부 간을 가로지르는 방향으로 청소한다.
③ 청소걸레는 마른걸레를 사용하되 젖은 걸레

를 사용하는 경우 산성인 것을 사용한다.

④ 컴프레셔를 이용하여 공압을 사용하는 진공 청소기를 이용한 흡입방식을 사용하고, 토출 방식은 공기의 압력에 유의한다.

풀이 ◉

태양광 모듈을 세척할 때 또는 젖은 걸레를 사용하는 경우 중성 또는 약알칼리성 세제를 물에 희석하여 사용한다. [답] ③

72 점검계획 시 고려사항 중 다음의 내용에 해당하는 사항으로 옳은 것은?

> 일반적으로 신설 설비보다 오래된 설비가 고장 발생 확률이 높기 때문에 점검내용을 세분화하고 주기를 단축해야한다.

① 부하상태 ② 고장이력
③ 설비의 중요도 ④ 설비의 사용기간

풀이 ◉

"오래된 설비가 고장 발생 확률이 높기 때문에 점검내용을 세분화하고 주기를 단축해야한다."는 것은 설비의 사용기간이다. [답] ④

73 태양광발전시스템의 절연저항 측정 시 필요한 시험 기자재가 아닌 것은?

① 습도계 ② 온도계
③ 접지저항계 ④ 절연저항계

풀이 ◉

온도와 습도가 높으면 절연저항은 감소하므로 온도와 습도를 절연저항 측정 시 함께 측정하여 기록한다.
[답] ③

74 제어회로 배선의 육안점검 내용으로 틀린 것은?

① SA의 손상여부 확인
② 과열에 의한 이상한 냄새 여부 확인
③ 전선 지지물의 탈락여부 확인
④ 가동부 등의 연결전선의 절연피복 손상여부 확인

풀이 ◉

SA(Surge Absorber, 서지흡수기)는 뇌 또는 개폐서지로부터 전기기기를 보호하기 위한 것으로 제어회로가 아닌 주 회로에 설치된다. [답] ①

75 태양광발전소용 인버터(계통연계형, 독립형)(KS C 8565 : 2021)에 따른 교류 전압, 주파수 추종 범위시험에 대한 설명으로 옳은 것은?

① 출력 역률이 0.98이상일 것
② 출력 전류의 각 차수별 왜형률은 3[%]이내일 것
③ 출력 전류의 종합 왜형률은 3[%]이내일 것
④ 정격 주파수 60[Hz]에서 천천히 변화시켜, 59[Hz]와 61[Hz]에서 교류 출력 전력, 전류 왜형률, 역률 등을 측정한다.

풀이 ◉

• 출력 역률이 0.95이상일 것
• 출력 전류의 종합 왜형률은 5[%]이내일 것
• 정격 주파수 60[Hz]에서 천천히 변화시켜, 61.55[Hz]와 57.55[Hz]에서 교류 출력 전력, 전류 왜형률, 역률 등을 측정한다. [답] ②

76 건축물 내진설계기준(KDS 41 17 00 : 2019)에 따른 구조물의 내진안정성을 제고하기 위한 고려사항으로 틀린 것은?

① 가급적 수평재는 연속되어야 한다.
② 긴 장방형의 평면인 경우, 평면의 양쪽 끝에 지진력저항시스템을 배치한다.
③ 지진하중에 대하여 건물의 비틀림이 최소화되도록 배치한다.
④ 각 방향의 지지하중에 대하여 충분한 여유도를 가질 수 있도록 횡력저항시스템을 배치한다.

풀이 ◉

가급적 수직재는 연속되어야 한다. [답] ①

77 이동식 사다리의 제작과 사용에 관한 기술지침에 따라 사용 시 안전기준에 적합하지 않는 것은?

① 사다리를 출입문 앞에 설치해서는 안 된다.
② 사다리 사용 시 반드시 절연장갑과 절연장화를 착용하여야 한다.
③ 사다리는 작업장에서 위와 아래쪽으로 이동 시에만 사용한다.
④ 사다리 사용 시 작업장 주변에 쓰러질 수 있는 물질을 제거하고 작업환경을 개선하여 사용하여야 한다.

풀이 ●

상기 ①, ③, ④ 이외의 사용상 안전기준
• 사다리는 사용 전에 이상 유무를 확인한 후 사용되어야 한다.
• 작업장의 높이에 적합한 사다리를 사용하고, 높이가 사다리보다 높을 때 벽돌이나 박스 등을 이용하여 높이를 높여서는 안 된다.
• 짧은 사다리는 길이를 늘이기 위해 겹쳐 이어서는 안 된다.
• 사다리는 원래 의도된 목적 이외의 용도로 사용해서는 안 된다.
• 사용시 반드시 안전모와 안전대를 착용하여야 한다.
[답] ②

78 신 · 재생에너지 설비 지원 등에 관한 지침에 따라 태양광발전설비에 대해 단위시설별로 에너지생산량 및 가동상태를 확인할 수 있는 모니터링 설비를 설치하여야 하는 용량은 몇 [kW]이상인가? (단, 각 사업공고에서 모니터링 설비 설치 대상을 따로 정하고 있지 않는 경우이다.)

① 50 ② 100
③ 150 ④ 200

풀이 ●

다음 각 호의 설비에 대해 단위시설별로 에너지생산량 및 가동상태를 확인할 수 있는 모니터링 설비를 [별표 2]와 같이 설치하여야 하며, 용량은 단위사업별 설비용량을 기준으로 한다. 다만, 각 사업 공고에서 모니터링 설비 설치 대상을 따로 정하는 경우에는 해당 기준을 적용할 수 있다.
• 50[kW] 이상의 발전설비(수소 · 연료전지 : 1[kW] 초과설비)

• 200[m²] 이상의 태양열설비
• 175[kW] 이상의 지열 및 수열에너지설비 **[답] ①**

79 전기안전관리법령에 따라 전기안전관리자를 미선임 가능한 사업용 태양광발전소 최대 설비용량은?

① 10킬로와트 ② 20킬로와트
③ 50킬로와트 ④ 100킬로와트

풀이 ●

전기안전관리자의 선임 제외 대상 : 설비용량 20킬로와트 이하의 발전설비 **[답] ②**

80 인버터의 전자접촉기 이상신호가 발생한 경우 인버터에 표시되는 내용으로 옳은 것은?

① Inverter M/C Fault
② Inverter Ground Fault
③ Serial Communication Fault
④ Line Inverter Async Fault

풀이 ●

• Inverter M/C Fault : 전자접촉기 이상신호가 발생한 경우
• Inverter Ground Fault : 인버터에 누전이 발생한 경우
• Serial Communication Fault : 인버터와 HMI의 통신이 되지 않는 경우
• Line Inverter Async Fault : 계통과 인버터의 주파수 동기가 맞지 않는 경우 **[답] ①**

태양광발전시스템
2023년 1회 산업기사 예상문제

※ 2020년 4회부터 산업기사 필기시험이 CBT(컴퓨터 기반 시험)로 변경되어 응시자분들께서 제공한 기출문제와 적중 예상문제로 구성되었음을 알려드립니다.

1과목

태양광발전 사전검토

01 음영이 있는 외벽 등에 설치된 소형 태양광발전시스템에 가장 적절한 인버터는?

① 모듈 인버터
② 고전압 방식의 인버터
③ 중앙 집중식 인버터
④ 마스터−슬레이브 제어형 인버터

풀이 ○

모듈 인버터 방식(AC모듈)은 태양전지 모듈과 인버터가 통합된 형태의 모듈로 제 각기 최대전력추종제어 기능을 갖추고 있으며, 태양광발전시스템의 확장이 쉽고, 음영에 대한 영향을 최소화 할 수 있는 방식이다.

[답] ①

02 신에너지 및 재생에너지 개발·이용·보급 촉진법에서 신·재생에너지 설비가 아닌 것은?

① 태양에너지 설비　② 풍력 설비
③ 전기에너지 설비　④ 바이오에너지 설비

풀이 ○

신재생에너지법 시행규칙 제2조(신·재생에너지 설비)
1. 수소에너지 설비
2. 연료전지 설비
3. 석탄을 액화·가스화한 에너지 및 중질잔사유(重質殘渣油)를 가스화한 에너지 설비
4. 태양에너지 설비(태양광 설비, 태양열 설비)
5. 풍력 설비
6. 수력 설비
7. 해양에너지 설비
8. 지열에너지 설비
9. 바이오에너지 설비
10. 폐기물에너지 설비
11. 수열에너지 설비
12. 전력저장 설비

[답] ③

03 연료전지발전의 원리에 대한 설명으로 틀린 것은?

① 열과 전기에너지 발생
② 반응 생성물로 물이 생성
③ 연료극에 공급된 수소이온과 전자가 결합
④ 수소이온이 전해질 층을 통해 공기극으로 이동

풀이 ○

연료전지는 물의 전기분해 역반응을 이용한 것으로 연료극에 공급된 수소이온과 공기극에서 공급된 산소가 결합하여 전기를 생산한다.

[답] ③

04 다음 그림과 같이 태양광모듈 앞 남쪽에 나무가 있는 경우 음영의 영향을 받지 않기 위해서 이격거리(d)는 몇 [m]로 하여야 하는가?

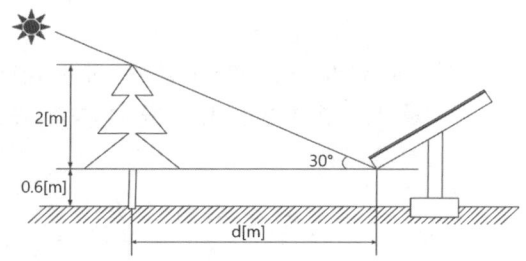

① 2.69
② 3.46
③ 4.13
④ 5.05

풀이 ○

$$d = \frac{2[m]}{\tan(30)} = 3.464 ≒ 3.46[m]$$

[답] ②

05 풍력발전의 출력제어 방식 중 바람방향을 향하도록 블레이드의 방향을 조절하는 제어방식은?

① 날개각 제어(pitch control)
② 위상 제어(Phase control)

③ 요 제어(yaw control)

④ 실속 제어(stall control)

(풀이)

- 요 제어(Yaw control) : 바람 방향을 향하도록 블레이드(날개)의 방향을 제어하는 것.
- 날개각 제어(Pitch control) : 날개의 경사각 조절로 출력을 능동적으로 제어하는 것.
- 실속 제어(Stall control) : 한계 풍속이상이 되었을 때, 양력이 회전날개에 작용하지 못하도록 날개의 공기역학적 형상에 의해 제어하는 것. **[답]③**

06 신에너지 및 재생에너지 개발·이용·보급촉진법에서 기본계획의 계획기간은 몇 년 이상으로 하는가?

① 1년　　　　　　② 3년

③ 5년　　　　　　④ 10년

(풀이)

기후에너지환경부장관은 관계 중앙행정기관의 장과 협의를 한 후 제8조에 따른 신·재생에너지정책심의회의 심의를 거쳐 신·재생에너지의 기술개발 및 이용·보급을 촉진하기 위한 기본계획을 5년마다 수립하여야 하며, 기본계획의 계획기간은 10년 이상으로 한다.**[답]④**

07 한국전기설비규정에 따라 발전소에는 계측하는 장치를 시설하여야 한다. 다음 중 계측하는 항목이 아닌 것은?

① 발전기의 전압

② 주요 변압기의 역률

③ 발전기의 고정자 온도

④ 특고압용 변압기 온도

(풀이)

발전소에서는 다음의 사항을 계측하는 장치를 시설하여야 한다.(KEC 351.6)

- 발전기·연료전지 또는 태양전지 모듈의 전압 및 전류 또는 전력
- 발전기의 베어링 및 고정자(固定子)의 온도
- 정격출력이 10,000 kW를 초과하는 증기터빈에 접속하는 발전기의 진동의 진폭
- 주요 변압기의 전압 및 전류 또는 전력
- 특고압용 변압기의 온도 **[답]②**

08 전기사업의 허가를 신청하는 자가 사업계획서를 작성할 때 태양광설비의 개요로 기재하여야 할 내용이 아닌 것은?

① 태양전지 및 인버터의 효율, 변환방식, 교류 주파수

② 태양전지의 종류, 정격용량, 정격전압 및 정격출력

③ 인버터의 종류, 입력전압, 출력전압 및 정격출력

④ 집광판(集光板)의 면적

(풀이)

사업계획서를 작성할 때 태양광설비의 개요에 포함되어야 할 내용

① 태양전지의 종류, 정격용량, 정격전압 및 정격출력

② 인버터(Inverter)의 종류, 입력전압, 출력전압 및 정격출력

③ 집광판(集光板)의 면적 **[답]①**

09 신에너지 및 재생에너지 개발·이용·보급 촉진법령에 따른 신·재생에너지 공급의무자의 2026년도 의무공급량의 비율[%]은?

① 14.0[%]　　　　② 15.0[%]

③ 17.0[%]　　　　④ 19.0[%]

(풀이)

신에너지 및 재생에너지 개발·이용·보급 촉진법 시행령 [별표 3]

연도별 의무공급량의 비율

연 도	2025	2026	2027	2028	2029	2030이후
의무비율[%]	14.0	15.0	17.0	19.0	22.5	25.0

[답]②

10 공장 지붕에 3,500[kW] 태양광발전설비를 설치할 경우 REC 가중치는?

① 1.496　　　　　② 1.428

③ 1.399　　　　　④ 1.356

(풀이)

$$REC\ 가중치 = \frac{3000 \times 1.5 + (설비용량 - 3000) \times 1.0}{설비용량}$$

$$= \frac{3000 \times 1.5 + (3500 - 3000) \times 1.0}{3500}$$
$$= 1.4285 \fallingdotseq 1.428$$

※ REC 가중치는 소수점 넷째 자리에서 절사한다.

[답] ②

11 자연 때문에 일어나는 기후변화가 아닌 것은?

① 화산활동

② 태양에너지의 변화

③ 온실가스와 에어로졸

④ 지구 공전궤도의 변화

풀이 ◉

자연에 의한 기후변화	기후에 의한 기후변화
• 태양에너지의 변화 • 지구공전궤도의 변화 • 화산폭발과 지각변동 • 대기, 해양, 육지의 상호작용에 의한 변화	• 온실가스 및 에어로졸 증가 • 환경변화(산림변화, 도시화, 토지이용 등) • 화석연료의 연소

[답] ③

12 태양광에너지발전의 장점이 아닌 것은?

① 무공해, 무한량, 무가격의 청정에너지원

② 고급 에너지이며 에너지 밀도가 낮은 에너지원

③ 기존의 화석에너지에 비해 지역적 편중이 적은 분산형 에너지원

④ 지구온난화 대책으로 탄산가스 배출을 저감할 수 있는 재생 가능 에너지원

풀이 ◉

태양광에너지발전의 단점

• 수요에 안정적 공급이 어려운 에너지원

• 고급 에너지이나 에너지 밀도가 낮은 에너지원

• 에너지 생산이 간헐적인 에너지원

[답] ②

13 수십 장의 태양전지 셀을 직렬로 연결하여 일정한 틀에 고정하여 구성한 것의 명칭은?

① 태양전지 프레임   ② 태양전지 어레이

③ 태양전지 모듈   ④ 태양전지 접속함

풀이 ◉

태양전지 모듈은 수십 장의 태양전지 셀을 직렬로 연결하여 일정한 틀에 고정하여 구성한 것으로 셀 수에 따라 소정의 전압과 출력을 얻을 수 있다.

[답] ③

14 신재생에너지의 중요성에 대한 설명과 무관한 것은?

① 기후변화협약 규제 대응

② CO_2 발생의 증가

③ 최근 유가의 불안정

④ 화석연료의 고갈문제 해결

풀이 ◉

신재생에너지는 과다한 초기투자비의 장애요인에도 불구하고, 최근 유가의 불안정, 화석연료의 고갈문제 해결, 기후변화협약 규제 대응 등 신재생에너지의 중요성으로 인하여 우리나라도 신재생에너지기술개발 및 보급사업 등 지원을 강화하고 있음.

[답] ②

15 분산형 전원 배전계통 연계기술 기준 중 단독운전 방지를 위한 가압중지 시간은 몇 초 이내로 하여야 하는가?

① 0.1   ② 0.2

③ 0.5   ④ 1.0

풀이 ◉

분산형 전원 배전계통 연계기술 기준 제17조(단독운전)에 의거 단독운전 상태가 발생할 경우 해당 분산형 연계시스템은 이를 감지하여 단독운전 발생 후 최대 0.5초 이내에 한전계통에 대한 가압을 중지해야 한다. [답] ③

16 다음 설명의 (   )안에 알맞은 내용은?

> 발전사업자가 발전용 전기설비용량을 변경하려 할 때 허가 또는 변경허가 용량의 (   ) 이하인 경우에는 주무부처 장관의 변경허가사항에 속하지 아니한다.

① 100분의 1   ② 100분의 5

③ 100분의 10   ④ 100분의 20

풀이 ◉

발전사업자의 전기사업 변경허가사항은 다음과 같다.

1. 사업구역 또는 특정한 공급구역
2. 공급전압
3. 발전사업 또는 구역전기사업의 경우 발전용 전기설비에 관한 다음 각 목의 어느 하나에 해당하는 사항
   가. 설치장소(동일한 읍·면·동에서 설치장소를 변경하는 경우는 제외한다)
   나. 설비용량(변경 정도가 허가 또는 변경허가를 받은 설비용량의 100분의 10 이하인 경우는 제외한다)
   [답] ③

17 국토의 계획 및 이용에 관한 법령에 따라 개발행위(변경) 허가신청서의 처리기간으로 옳은 것은?

① 7일   ② 15일
③ 30일   ④ 60일

풀이 ◎
법 제57조 및 같은 법 시행령 제54조에 따라 개발행위 허가의 신청에 대하여 특별한 사유가 없으면 15일 이내에 허가 또는 불허가 처분을 하여야 한다.   **[답] ②**

18 탄소중립기본법령에 따른 녹색기술에 해당하지 않는 것은?

① 기후변화대응 기술
② 신·재생에너지 기술
③ 에너지 이용 효율화 기술
④ 신·재생에너지 자립 기술

풀이 ◎
녹색기술 : 기후변화대응 기술, 에너지 이용 효율화 기술, 청정생산기술, 신·재생에너지 기술, 자원순환 및 친환경 기술 등 사회·경제 활동의 전 과정에 걸쳐 화석에너지의 사용을 대체하고 에너지와 자원을 효율적으로 사용하여 탄소중립을 이루고 녹색성장을 촉진하기 위한 기술을 말한다.   **[답] ④**

19 육상태양광발전사업 환경성 평가 시 고려사항 중 지형·지질에 해당하는 것은?

① 수목 차폐를 통한 경관영향 저감 가능 여부
② 태양광발전시설 조성 계획에 대한 주민 반대 등 민원 발생 여부

③ 발전사업 종료 이후 원상복구를 위한 기존 지형의 훼손최소화 방안
④ 배수로 산마루측구 집수정 침사지 등 시설물 설치 시, 소형동물 탈출을 위한 생태측구 설치 등의 보호대책 수립

풀이 ◎
육상태양광발전사업 환경성 평가 시 고려사항 중 지형·지질
• 발전사업 종료 이후 원상복구를 위한 기존 지형의 훼손최소화 방안
• 사업부지 조성, 진입로 및 관리도로의 개설로 인한 동물 이동경로 등 생태적 단절 지형 훼손 및 산사태 등 재해방지대책을 마련(적정 사면 경사도 및 식생복구 계획 등)   **[답] ③**

20 자연환경보전법령에 따른 자연환경 생태·자연도 등급 중 1등급 권역이 아닌 것은?

① 개발 또는 이용의 대상이 되는 지역
② 멸종위기 야생생물의 주된 서식지·도래지
③ 생물의 지리적 분포한계에 위치하는 생태계 지역
④ 생태계가 특히 우수하거나 경관이 특히 수려한 지역

풀이 ◎
• 1등급 권역 : 다음에 해당하는 지역
  − 멸종위기 야생생물의 주된 서식지·도래지 및 주요 생태축 또는 주요 생태통로가 되는 지역
  − 생태계가 특히 우수하거나 경관이 특히 수려한 지역
  − 생물의 지리적 분포한계에 위치하는 생태계 지역 또는 주요 식생의 유형을 대표하는 지역
  − 생물다양성이 특히 풍부하고 보전가치가 큰 생물자원이 존재·분포하고 있는 지역
• 2등급 권역 : 1등급 각목에 준하는 지역으로서 장차 보전의 가치가 있는 지역 또는 1등급 권역의 외부지역으로서 1등급 권역의 보호를 위하여 필요한 지역
• 3등급 권역 : 1등급 권역, 2등급 권역 및 별도관리지역으로 분류된 지역외의 지역으로서 개발 또는 이용의 대상이 되는 지역
• 별도관리지역 : 다른 법률에 따라 보전되는 지역 중 역사적·문화적·경관적 가치가 있는 지역이거나 도시의 녹지보전 등을 위하여 관리되고 있는 지역으로서 대통령령으로 정하는 지역   **[답] ①**

2과목

태양광발전 **구성·선정**

21 전력기술관리법령에서 정의하는 용어 중 "발전설비"에 해당하지 않는 것은?

① 제어장치

② 발전된 전력을 공급하기 위한 전선로

③ 수력 · 기력 · 원자력 · 내연력 등 발전을 위한 기계적 설비

④ 전기기계 · 기구 중 주차단기의 2차측 단자까지의 설비

풀이 ◯

시행령 제2조(정의)

3. "발전설비"란 다음 각 목의 설비를 말한다. 다만, 수력 · 기력(汽力) · 원자력 · 내연력(內燃力) 등 발전을 위한 기계적 설비는 제외한다.

  가. 터빈(높은 압력의 액체 · 기체를 날개바퀴의 날개에 부딪히게 함으로써 회전하는 힘을 얻는 기계를 말한다) · 수차 등으로부터 힘을 받아 전력을 생산하기 위한 발전기

  나. 상기 ①, ②, ④   **[답] ③**

22 다음 내용의 태양광시스템의 어레이 병렬 수는? (단, 태양광 원별시공기준에 따른다.)

- 시스템의 출력전력 : 30,000[W]
- 모듈의 최대출력 : 250[Wp]
- 1스트링의 직렬 수 : 15

① 6병렬

② 8병렬

③ 10병렬

④ 12병렬

풀이 ◯

$$병렬 \ 수 = \frac{시스템의 \ 출력전력[W]}{모듈의 \ 최대출력[W] \times 1스트링 \ 직렬 \ 수}$$

$$= \frac{30,000[W]}{250[W] \times 15} = 8 \qquad \textbf{[답] ②}$$

23 모듈에서 접속함 직류배선이 150[m]이며, 모듈 어레이 전압이 600[V], 전류가 12[A]일 때, 전압강하는 몇 [V]인가?
(단, 전선의 단면적은 4.0[mm²] 이다.)

① 13.56[V]   ② 14.36[V]

③ 16.02[V]   ④ 18.08[V]

풀이 ◯

태양광 모듈에서 인버터까지는 직류 2선식이므로,

$$전압강하 \ e = \frac{35.6 \times L \times I}{1,000 \times A} = \frac{35.6 \times 150 \times 12}{1,000 \times 4} = 16.02[V]$$

[답] ③

24 한국전기설비규정에 따라 피뢰기의 설치장소로 틀린 것은?

① 가공전선로와 지중전선로가 접속하는 곳

② 저압 가공전선로로부터 공급을 받는 수용장소의 인입구

③ 발전소 · 변전소 또는 이에 준하는 장소의 가공전선 인입구 및 인출구

④ 고압 및 특고압 가공전선로로부터 공급을 받는 수용장소의 인입구

풀이 ◯

피뢰기의 시설(KEC 341.13)

- 발전소 · 변전소 또는 이에 준하는 장소의 가공전선 인입구 및 인출구
- 특고압 가공전선로에 접속하는 341.2의 배전용 변압기의 고압측 및 특고압측
- 고압 및 특고압 가공전선로로부터 공급을 받는 수용장소의 인입구
- 가공전선로와 지중전선로가 접속되는 곳   **[답] ②**

25 다음 그림과 같이 설명되어지는 인버터 회로방식은?

태양전지의 직류출력을 DC-DC 컨버터로 승압하고, 인버터로 상용주파의 교류로 변환하는 방식이며, 회로구성은 태양전지 셀, 컨버터, 인버터로 구성되어 있다.

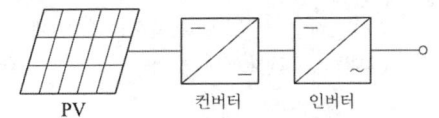

① 상용주파 변압기 절연방식
② 고주파 변압기 절연방식
③ 트랜스 방식
④ 트랜스리스 방식

풀이 ○

트랜스리스 방식은 태양전지의 직류출력을 DC–DC 컨버터로 승압하고, 인버터로 상용주파의 교류로 변환하는 방식이며, 회로구성은 태양전지 셀, 컨버터, 인버터로 구성되어 있다.　　　　　　　　**[답]** ④

26 250[W] 태양광발전 모듈의 가로와 세로 길이가 각각 1650[mm]와 960[mm]일 경우 변환효율은 약 몇 [%] 인가? (단, STC조건을 기준으로 한다.)

① 14.45
② 15.07
③ 15.37
④ 15.78

풀이 ○

모듈의 변환효율 $\eta = \dfrac{\text{최대출력}}{\text{일조강도} \times \text{모듈의 면적}} \times 100[\%]$

$\eta = \dfrac{250}{1000 \times (1.65 \times 0.96)} \times 100 = 15.78[\%]$　　**[답]** ④

27 다음 중 서지보호장치(SPD)의 정격을 나타내는 사항이 아닌 것은?

① 임펄스 전류
② 공칭 방전 전류
③ 전압 보호 레벨
④ 최대 연속 사용 전류

풀이 ○

• 임펄스 전류(I_{imp}) : 1등급 시험에 사용되는 10/350 μs 파형전류의 피크값(I_{peak}) 및 2등급 시험에 사용되는 8/20μs 파형전류의 최대값($I_{max'}$)
• 공칭 방전 전류(I_n) : SPD에 흐를 수 있는 8/20μs 파형전류의 파고값
• 전압 보호 레벨(U_p) : SPD가 과전압을 잔류전압으로 제한하는 능력으로 규정시험에서 SPD단자에 나타나는 순시전압의 최대값
• 최대 연속사용전압(U_c) : 연속적으로 SPD에 인가할 수 있는 최대전압의 실효값　　　　　　**[답]** ④

28 금속제 가요전선관공사에서 저압 옥내 배선의 시설조건에 적합한 것은?

① 전선관 안에서 접속한다.
② 옥외용 비닐 절연전선을 사용한다.
③ 단면적 25[mm²]의 단선을 사용한다.
④ 2종 금속제 가요전선관을 사용한다.

풀이 ○

금속제 가요전선관공사 시설조건(232.13.1)
• 전선은 절연전선(옥외용 비닐절연전선을 제외한다)일 것.
• 전선은 연선일 것. 다만, 단면적 10[mm²](알루미늄선은 단면적 16[mm²]) 이하인 것은 그러하지 아니하다.
• 가요전선관 안에는 전선에 접속점이 없도록 할 것.
• 가요전선관은 2종 금속제 가요전선관일 것　**[답]** ④

29 저압 계통 전체에 대해 중성선과 보호도체의 기능을 동일도체로 겸용한 PEN 도체를 사용하는 계통접지 방식은?

① IT 방식
② TT 방식
③ TN–C 방식
④ TN–S방식

풀이 ○

• IT 방식 : 충전부 전체를 대지로부터 절연시키거나, 한 점을 임피던스를 통해 대지에 접속시킨다. 전기설비의 노출도전부를 단독 또는 일괄적으로 계통의 PE 도체에 접속시킨다.
• TT방식 : 전원의 한 점을 직접 접지하고 설비의 노출도전부는 전원의 접지전극과 전기적으로 독립적인 접지극에 접속시킨다.
• TN–C 방식 : 그 계통 전체에 대해 중성선과 보호도체의 기능을 동일도체로 겸용한 PEN 도체를 사용한다.
• TN–S 방식 : 계통 전체에 대해 별도의 중성선 또는 PE 도체를 사용한다.　　　　　　　　**[답]** ③

30 시스템 전압 24[V], 축전지 설비용량 14400 [Wh]일 때 축전지용량[Ah]은 얼마인가?

① 600[Ah]
② 500[Ah]
③ 400[Ah]
④ 300[Ah]

풀이 ○

축전지 용량[Ah] $= \dfrac{\text{축전지 설비용량[Wh]}}{\text{시스템 전압[V]}}$

$$= \frac{14,400}{24} = 600[Ah] \qquad \text{[답] ①}$$

31 다결정 실리콘 태양전지에 대한 설명으로 틀린 것은?
① 단결정에 비하여 저렴하다.
② 단결정에 비하여 효율이 높다.
③ 가장 많이 사용되는 태양전지이다.
④ 반도체 IC 제조과정에서 발생한 불량 실리콘을 재사용한 것이다.

풀이 ◉
다결정은 단결정에 비하여 효율이 낮다. **[답] ②**

32 태양광전지 모듈의 전류-전압 특성곡선과 관계없는 것은?
① 개방전압 ② 최대출력 동작전류
③ 정격투입전류 ④ 최대출력 동작전압

풀이 ◉
태양전지 모듈의 전류-전압 특성곡선에는 개방전압, 단락전류, 최대출력 동작전압, 최대 출력 동작전류가 표시되며, 정격투입전류는 차단기의 정격을 나타낼 때 사용된다. **[답] ③**

33 어레이(단자함) 및 접속함 점검내용이 아닌 것은?
① 어레이 출력확인
② 절연저항 측정
③ 퓨즈 및 다이오드 소손 여부
④ 온도센서 동작확인

풀이 ◉
• 어레이(단자함)의 직류출력 확인.
• 접속함에는 ① 태양전지 어레이측 개폐기, ② 주 개폐기, ③ 서지보호 장치(SPD : Surge Protected Device), ④ 역류방지 소자, ⑤ 출력용 단자대, ⑥ 감시용 DCCT(Shunt), DCPT, T/D(transducer) 또는 Multi power transducer 등이 설치되고 이것에 대한 점검이 필요하다.
• 어레이 및 접속함의 절연저항은 정기점검 시 측정한다.
※ 외기 온도센서는 계측 및 표시설비의 구성요소이다. **[답] ④**

34 도체상호간 접속방법 선정 시 고려사항이 아닌 것은?
① 도체와 절연재료
② 도체의 단면적
③ 도체를 구성하는 소선의 가닥수와 형상
④ 도체의 허용전류

풀이 ◉
도체상호간 접속 방법은 다음 사항을 고려하여 선정한다.
• 도체와 절연재료
• 도체의 단면적
• 함께 접속되는 도체의 수
• 도체를 구성하는 소선의 가닥수와 형상 **[답] ④**

35 접지도체와 접지극의 접속방법으로 틀린 것은?
① 납땜 접속
② 압착 접속
③ 클램프 접속
④ 발열성 용접

풀이 ◉
접지도체와 접지극의 접속 : 접속부는 발열성 용접, 압착접속, 클램프 또는 그 밖에 적절한 기계적 접속장치에 의해야 한다. **[답] ①**

36 고압 옥측전선로의 전선으로 사용할 수 있는 것은?
① 케이블
② 절연전선
③ 다심형 전선
④ 나경동선

풀이 ◉
고압 옥측전선로의 시설(KEC 331.13.1)
가. 전선은 케이블일 것.
나. 케이블은 견고한 관 또는 트라프에 넣거나 사람이 접촉할 우려가 없도록 시설할 것.
다. 케이블을 조영재의 옆면 또는 아랫면에 따라 붙일 경우에는 케이블의 지지점 간의 거리를 2[m](수직으로 붙일 경우에는 6[m])이하로 하고 또한 피복을 손상하지 아니하도록 붙일 것. **[답] ①**

37 변압기의 Y-△ 결선방식의 특징이 잘못된 것은?

① △-△ 결선과 Y-Y 결선의 장점을 갖고 있다.
② 태양광발전 및 분산형 전원시스템에서는 이 방식을 사용한다.
③ 제2차 권선의 전압과 선간전압은 같다.
④ 60°의 위상변위가 있어서 1대가 고장이 발생 하면 전원 공급 불가능

풀이 ○
1차와 2차간 30° 위상차가 있어서 1대 고장이 발생하는 전원공급이 불가능하다. **[답]** ④

38 과전압 또는 과전류로서 나타나는 뇌전자기 임펄스(LEMP)에 의해서 발생하는 과도현상을 무엇이라고 하는가?

① 서지   ② 직격뢰
③ 유도뢰   ④ 과전압

풀이 ○
서지(Surge) : 과전압 또는 과전류로서 나타나는 뇌전자기 임펄스에 의해서 발생하는 과도현상 **[답]** ①

39 인버터 절연저항 측정 시 주의사항으로 틀린 것은?

① 정격에 약한 회로들은 회로에서 분리하여 측정한다.
② 정격전압이 입·출력과 다를 때는 높은 측의 전압을 선택기준으로 한다.
③ 절연변압기를 장착하지 않은 인버터는 제조 사의 추천방식으로 측정한다.
④ 입·출력단자에 주회로 이외의 제어단자 등이 있는 경우는 이것을 측정에서 제외한다.

풀이 ○
절연저항 측정 시 주의사항
• 정격전압이 입·출력과 다를 때는 높은 측의 전압을 절연저항계의 선택기준으로 한다.
• 입·출력단자에 주회로 이외의 제어단자 등이 있는 경우는 이것을 포함해서 측정한다.
• 측정할 때는 SPD 등의 정격에 약한 회로들은 회로에서 분리시킨다.

• 절연변압기를 장착하지 않은 인버터의 경우에는 제조 업자가 권장하는 방법에 따라 측정한다. **[답]** ④

40 최대 사용전압이 7,200[V]인 중성점 비접지 식 변압기의 절연내력 시험전압[kV]은?

① 9.0   ② 10.5
③ 11.5   ④ 12.5

풀이 ○
최대 사용전압 7[kV]초과 60[kV] 비접지식 변압기 절 연내력 시험전압 : 최대 사용전압의 1.25배의 전압(10.5 [kV] 미만으로 되는 경우에는 10.5[kV])
• $7,200 \times 1.25 = 9,000[V] = 9[kV]$
∴ 10.5[kV] 미만이므로 10.5[kV]로 한다. **[답]** ②

3과목   태양광발전 **시공**

41 금속제 케이블트레이의 종류가 아닌 것은?

① 펀칭형
② 메시형
③ 사다리형
④ 바닥개방형

풀이 ○
금속제 케이블트레이의 종류 : 사다리형, 펀칭형, 메시 형, 바닥밀폐형 **[답]** ④

42 지표면에 태양광설비를 설치하는 형태가 아닌 것은?

① 일반지상형
② 특수지상형
③ 농지형
④ 산지형

풀이 ○
지표면에 태양광설비를 설치하는 형태 : 일반지상형, 산지형, 농지형 **[답]** ②

43 역률을 개선하였을 경우 그 효과로 맞지 않는 것은?

① 전력손실의 감소

② 각종기기의 수명연장

③ 전압강하의 감소

④ 설비용량의 무효분 증가

풀이 ◑

역률을 개선 효과 : 전력손실의 감소, 설비용량의 여유도 증대, 전압강하의 감소, 각종기기의 수명연장, 전기요금의 절감, 설비용량의 무효분 감소 　　**[답] ④**

44 지상형 태양광설비 설치방식 중 지반이 연약하여 흙과 흙 사이에 시멘트풀을 넣어서 지반을 튼튼하게 하는 공법은?

① 스파이럴 공법

② 스크류 공법

③ 레이밍 파일 공법

④ 보링그라우팅 공법

풀이 ◑

- 스파이럴(Spiral) 공법 : 콘크리트 기초와 다르게 토지에 직접 스파이럴 파일(나선형 구조물)을 삽입하는 공법
- 스크류(Screw) 공법 : 토지에 직접 스크류 파일을 삽입하는 공법
- 레이밍 파일(Ramming pile) 공법 : 토지에 직접 U형, C형, H형 단면 등의 파일 기초를 삽입하는 공법
- 보링그라우팅 공법 : 지반이 연약하여 흙과 흙 사이에 시멘트풀을 넣어서 지반을 튼튼하게 하는 공법 　　**[답] ④**

45 전압 동요에 의한 플리커의 경감대책으로 전원 측에 실시하는 대책으로 틀린 것은?

① 전용 계통으로 공급한다.

② 단락용량이 적은 계통에서 공급한다.

③ 전용 변압기로 공급한다.

④ 공급 전압을 승압한다.

풀이 ◑

전압동요에 의한 플리커의 전원측 경감대책

- 전용 계통으로 공급한다.
- 단락용량이 큰 계통에서 공급한다.
- 전용 변압기로 공급한다.
- 공급 전압을 승압한다. 　　**[답] ②**

46 경간(S) 300[m], 전선 자체의 무게(W)가 1.11 [kg/m], 인장하중(T) 10,210[kg], 안전율 2.2인 선로의 이도(dip)는 약 몇[m]인가?

① 2.3　　　　　　② 2.7

③ 3.1　　　　　　④ 3.7

풀이 ◑

$$이도(D) = \frac{WS^2}{8 \times \frac{T}{안전율}} = \frac{1.11 \times 300^2}{8 \times \frac{10,210}{2.2}} = 2.69 ≒ 2.7$$ 　**[답] ②**

47 다음 중 가변용량 다이오드에 대한 설명으로 틀린 것은?

① PN접합의 정전 용량을 장벽 용량이라 한다.

② PN접합은 정전 용량의 콘덴서를 형성하고 있다.

③ 이 다이오드에 순바이어스를 걸면 그 전압의 크기에 따라 공핍층의 두께가 변한다.

④ 역전압에 의해 공핍층의 두께가 변하면 정전 용량이 변화한다.

풀이 ◑

가변용량 다이오드(Variable Capacitance Diode) : 장벽 용량을 가지는 다이오드로 역 바이어스를 걸면, 그 전압의 크기에 따라 공핍층의 두께가 변해 정전 용량이 변화하고, 기호는 다음과 같다.

[답] ③

48 어떤 교류 정현파 전압의 평균값이 191[V]일 때, 최대값은 몇[V]인가?

① 200　　　　　　② 250

③ 300　　　　　　④ 350

풀이 ◑

정현파 교류의 최대값$(V_m) = \frac{\pi V_{av}}{2} = \frac{\pi \times 191}{2} = 300[V]$

[답] ③

49 22.9[kV-y]배전선로에서 4,000[kVA]이하인 지점 또는 수용가 인입점에 설치하여 고장구간을 자동적으로 구분, 분리하는 개폐기의 약어는?

① ACB
② ASS
③ DS
④ COS

풀이 ◯

자동고장 구분 개폐기(ASS : Automatic Section Switch) : 22.9[kV-y]배전선로에서 4,000[kVA]이하인 지점 또는 수용가 인입점에 설치하여 고장구간을 자동적으로 구분, 분리하는 개폐기 **[답] ②**

50 직격뢰로부터 대상물을 보호하기 위한 외부피뢰시스템 중 수뢰부 시스템의 형식이 아닌 것은?

① 돌침
② 수평도체
③ 분산도체
④ 메시도체

풀이 ◯

수뢰부시스템 : 돌침, 수평도체, 메시도체의 요소 중에 한 가지 또는 이를 조합한 형식으로 시설 **[답] ③**

51 콘크리트 타설 전에 미리 심어놓은 앵커의 종류가 아닌 것은?

① 헤드볼트
② 헤드스터드
③ 언터컷 앵커
④ 갈고리볼트(L형)

풀이 ◯

• 선 설치 앵커의 종류 : 헤드볼트타입, 헤드스터드 타입, 갈고리볼트(L형), 갈고리볼트(J형)
• 후 설치 앵커의 종류 : 비틀림 제어 확장앵커, 변위제어 확장앵커, 언더컷 앵커, 부착식 앵커 **[답] ③**

52 말뚝재하시험(KCS 11 50 40 : 2021)의 용어 정의 중 말뚝과 지반의 속도 및 가속도에 의존한 저항을 무시할 수 있는 재하방법은?

① 정적재하
② 주기재하방법
③ 완속재하방법
④ 임의재하방법

풀이 ◯

• 정적재하 : 말뚝과 지반의 속도 및 가속도에 의존한 저항을 무시할 수 있는 재하방법
• 주기재하방법 : 하중을 주기별로 재하 및 제하하여 시험하는 재하방법

• 완속재하방법 : 하중을 단계적으로 증가시키며, 임의 하중단계에서는 일정 시간 지속하면서 하중을 재하하는 방법 **[답] ①**

53 두 개 이상의 기둥으로부터의 하중을 하나의 기초판을 통하여 지반으로 전달하는 구조체 형식의 기초는?

① 독립기초
② 복합기초
③ 확대기초
④ 전면기초

풀이 ◯

• 독립기초 : 기둥으로부터의 축력을 독립으로 지반 또는 지정에 전달토록 하는 기초
• 복합기초 : 두 개 이상의 기둥으로부터의 하중을 하나의 기초판을 통하여 지반으로 전달하는 구조체
• 확대기초 : 상부구조물의 기둥 또는 벽체를 지지하면서 그 하중을 말뚝이나 지반에 전달하는 기초 형식
• 전면기초 : 상부구조물의 여러 개의 기둥 또는 내력벽체를 하나의 넓은 슬래브로 지지하는 기초 형식 **[답] ②**

54 태양광발전시스템의 시공절차에 대한 순서로 옳은 것은?

① 현장여건분석 → 기초공사 → 기자재주문 → 시스템 설계 → 모듈설치 → 계통공사 → 시운전 및 점검
② 현장여건분석 → 시스템 설계 → 기자재주문 → 기초공사 → 계통공사 → 모듈설치 → 시운전 및 점검
③ 현장여건분석 → 기자재주문 → 시스템 설계 → 기초공사 → 모듈설치 → 계통공사 → 시운전 및 점검
④ 현장여건분석 → 시스템 설계 → 기자재주문 → 기초공사 → 모듈설치 → 계통공사 → 시운전 및 점검

풀이 ◯

태양광발전시스템의 시공절차 Flow
현장여건분석(설치조건, 환경여건, 전력여건) → 시스템설계(시스템 구성, 구조설계, 전기설계) → 구성요소 제작(기자재 구입) → 기초공사(접지공사) → 구조물설치(가대 설치) → 모듈설치 → 간선공사 (배선공사)→ 인버터(PCS)설치 → 시운전 → 운전개시 **[답] ④**

태양광발전시스템 2023년 1회 산업기사 **1041**

55 태양광 발전시스템을 저압배전선과의 계통연계 시 필요한 보호장치 중 발전설비의 고장을 보호하기 위한 보호장치는?

① 과전압계전기 　② 단락방향계전기
③ 과주파수계전기 ④ 부족주파수계전기

풀이 ◐
• 발전기 등의 보호장치(351.3)
 발전기에는 다음의 경우에 자동적으로 이를 전로로부터 차단하는 장치를 시설하여야 한다.
 가. 발전기에 과전류나 과전압이 생긴 경우 　**[답] ①**

56 어떤 건물에서 총 설비 부하용량이 850[kW], 수용률 60[%]라면, 변압기의 용량은 최소 몇 [kVA]로 하여야 하는가? (단, 설비부하의 종합역률은 0.75 이다.)

① 510 　　　　② 620
③ 680 　　　　④ 740

풀이 ◐

$$변압기\ 용량 = \frac{총\ 설비\ 부하용량[kW] \times 수용률[\%]}{종합역률[\%]}$$

$$= \frac{850 \times 60}{75} = 680[kVA]$$ 　**[답] ③**

57 태양광발전설비 중 벽 건재형의 특징이 아닌 것은?

① 주로 커텐월 등에 설치된다.
② 태양전지가 벽재로서 기능하는 타입이다.
③ 셀의 배치에 따라 개구율을 바꿀 수 있다.
④ 유리창의 기능(채광성, 투시성)을 보유하고 있는 타입이다.

풀이 ◐
벽 건재형의 특징
• 태양전지가 벽재로서 기능하는 타입이다.
• 주로 커텐월 등에 설치된다.
• 셀의 배치에 따라서 개구율을 바꿀 수 있다.
• 알루미늄 새시 등 지지공법이 여러 가지이므로 선택할 수 있다.
※ 유리창의 기능(채광성, 투시성)을 보유하고 있는 타입은 창재형의 특징이다. 　**[답] ④**

58 케이블트레이 선정 시 고려사항으로 틀린 것은?

① 지지대는 트레이 자체 하중과 포설된 케이블 하중을 충분히 견딜 수 있는 강도를 가져야 한다.
② 비금속제 케이블 트레이는 난연성 재료의 것이어야 한다.
③ 전선의 피복 등을 손상시킬 돌기 등이 없이 매끈하여야 한다.
④ 수용된 모든 전선을 지지할 수 있는 적합한 강도의 것이어야 한다. 이 경우 케이블 트레이의 안전율은 1.2 이상으로 하여야 한다.

풀이 ◐
수용된 모든 전선을 지지할 수 있는 적합한 강도의 것이어야 한다. 이 경우 케이블 트레이의 안전율은 1.5 이상으로 하여야 한다. 　**[답] ④**

59 전압이 설정값 이하로 되었을 때 동작하는 것으로 단락 고장검출 및 정전검출에 사용되는 계전기는?

① 선택계전기 　　② 비율차동계전기
③ 부족전압계전기 ④ 과전압계전기

풀이 ◐
부족전압(저전압)계전기 : 전압이 설정값 이하로 되었을 때 동작하는 것으로 단락 고장검출 및 정전검출에 사용되는 계전기 　**[답] ③**

60 태양광발전 어레이 시공이 끝나고 출력확인을 위해 가장 먼저 측정해야하는 것은?

① 개방전압 　　② 단락전류
③ 정격전압 　　④ 정격전류

풀이 ◐
태양광발전 어레이 시공 후 출력확인 순서
① 개방전압 측정 : 스트링의 개방전압을 측정하여 불균일에 따른 불량 모듈의 검출과 직렬 접속선의 결선누락 등을 확인할 수 있다.
② 단락전류 측정 : 스트링별 단락전류를 측정하여 불균일에 따른 모듈의 파손 등을 확인할 수 있다.
　[답] ①

4과목
태양광발전 유지·관리

61 안전모의 종류 중 물체의 낙하 또는 비래 및 추락에 의한 위험을 방지 또는 경감하고, 머리부위 감전에 의한 위험을 방지하기 위한 것은?

① AB
② AE
③ ABK
④ ABE

풀이 ⊙

• ABE : 물체의 낙하 또는 비래, 추락에 의한 위험을 방지 또는 경감하고 머리부위의 감전위험을 방지하기 위한 것
• AE : 물체의 낙하 및 비래에 의한 위험을 방지 또는 경감하고 머리부위의 감전위험을 방지하기 위한 것

[답] ④

62 태양광발전 접속함(KS C 8567 : 2019)에서 통상적으로 태양광발전 접속함을 실외에 설치할 때 보호등급으로 옳은 것은?

① IP20 이상
② IP35 이상
③ IP45 이상
④ IP54 이상

풀이 ⊙

접속함의 병렬 스트링 수에 의한 분류 및 보호등급

병렬 스트링 수에 의한 분류	설치장소에 의한 분류
소형(3회로 이하)	실내형 : IP54 이상
	실외형 : IP54 이상
중대형(4회로 이상)	실내형 : IP20 이상
	실외형 : IP54 이상

[답] ④

63 국제사회안전협회(ISSA) 5대 정전작업 안전 수칙이 아닌 것은?

① 작업 후 전원차단
② 전원투입 방지
③ 작업장소의 무전압 여부 확인
④ 단락접지

풀이 ⊙

국제사회안전협회(ISSA)의 5대 정전작업 안전수칙
• 작업 전 전원차단
• 전원투입의 방지
• 작업장소의 무전압 여부 확인
• 단락접지
• 작업장소의 보호

[답] ①

64 태양광발전시스템이 작동되지 않는 경우 응급조치 순서는?

```
가. 인버터 OFF 후 점검
나. 접속함 내부 차단기 OFF
다. 접속함 내부 차단기 ON
라. 인버터 ON
```

① 가 → 다 → 나 → 라
② 나 → 가 → 라 → 다
③ 다 → 라 → 가 → 나
④ 라 → 가 → 나 → 다

풀이 ⊙

태양광발전시스템 정지 시 응급조치 순서 : 접속함 내부차단기 OFF → 인버터 Off 후 점검 → 인버터 On → 접속함 차단기 On

[답] ②

65 태양광발전시스템에서 발전하지 못하거나 발전한 전력이 부하공급에 부족할 경우, 계통으로부터 부족한 전력 공급 유무를 확인할 수 있는 시험은?

① 제어회로 경보장치
② 단독운전 방지시험
③ 역방향운전 제어시험
④ 전력변환장치 자동 · 수동 절체시험

풀이 ⊙

태양광발전시스템에서 발전하지 못하거나 발전한 전력이 부하공급에 부족할 경우, 계통으로부터 부족한 전력 공급 유무를 확인할 수 있는 시험은 역방향운전 제어시험이다.

[답] ③

66 방향과 경사가 서로 다른 하부 어레이들로 구성된 태양광발전시스템의 인버터 운영방식으로 적합한 것은?

① 모듈형
② 분산형
③ 중앙집중형
④ 마스터-슬레이브형

풀이 ○

분산형 : 인버터를 방향과 경사가 서로 다른 하부 어레이 별로 각각 설치하는 방식 　　　　　**[답] ②**

67 다음과 같은 사항을 확인하기 위한 측정방법은?

> • 태양전지 스트링과 모듈 동작불량 확인
> • 태양전지 불량 모듈의 검출 및 직렬 접속선의 결선누락 등 확인

① 개방전압 측정
② 단락전류 측정
③ 접지저항 측정
④ 절연저항 측정

풀이 ○

• 개방전압 측정 : 스트링의 개방전압을 측정하여 불균일에 따른 불량 모듈의 검출과 직렬 접속선의 결선누락 등을 확인할 수 있다.
• 단락전류 측정 : 스트링별 단락전류를 측정하여 불균일에 따른 모듈의 파손 등을 확인할 수 있다. 　**[답] ①**

68 태양광발전 모니터링 프로그램의 기본 기능으로 틀린 것은?

① 데이터 계산기능
② 데이터 수집기능
③ 데이터 저장기능
④ 데이터 분석기능

풀이 ○

태양광발전 모니터링 프로그램의 기본 기능 : 데이터 수집기능, 데이터 저장기능, 데이터 분석기능, 데이터 통계기능 　　　　　　　　　　　　　　**[답] ①**

69 태양광발전시스템의 유지관리를 지원하기 위해 제공되는 운전지침서에 기술되어야 하는 사항으로 적합하지 않은 것은?

① 성능규격
② 기동에 관한 사항
③ 운전에 관한 사항
④ 비품 및 공구 List

풀이 ○

운전지침서에 기술되어야 하는 사항
• 성능규격 : 주요 기기의 설계 및 운전관련 자료 명시
• 기동 시 기기에 대한 연속적이며 단계적으로 수행하는 과정을 기술하여야 한다.
• 기동방법에는 최초기동, 정상기동, 보수 후 기동 등 운전 모드별로 분류되어 기술되어야 한다.
• 모든 기기 및 설비에 대한 기술적인 내용, 전반적인 규격이 명시된 도면과 향후 증설이나 교체 등에 참고가 될 수 있는 내용이 상세히 기술되어야 한다.
　　　　　　　　　　　　　　　　[답] ④

70 태양광 발전설비의 유지관리에 있어 인버터의 이상신호에 따른 조치가 틀린 것은?

① 한전 과전압(Line over voltage fault)-계통전압 확인 후 정상 시 5분후 재가동
② 인버터 출력전압(Inverter voltage fault)-인버터 및 계통전압 점검 후 운전
③ 인버터 과전류(Inverter over current fault)-계통전류 확인 후 정상 시 5분후 재가동
④ 한전 저주파수(Line under frequency fault)-계통주파수 확인 후 정상 시 5분후 재가동

풀이 ○

인버터 과전류(Inverter over current fault)-시스템 정지 후 고장부분 수리 또는 계통 점검 후 운전 **[답] ③**

71 정전작업 중 조치사항에 대한 설명으로 틀린 것은?

① 개폐기의 관리
② 근접 활선에 대한 방호상태 관리
③ 작업지휘자에 의한 작업지휘
④ 검전기로 개로된 전로의 충전 여부 확인

풀이 ○

- 정전작업 전 조치사항
  - 검전기로 개로된 전로의 충전여부 확인
  - 전로의 개로개폐기에 시건장치 및 통전금지 표지판 설치
  - 전력 케이블, 전력용커패시터 등의 잔류전하 방전
  - 단락접지기구로 단락접지
- 정전작업 중 조치사항
  - 작업지휘자에 의한 작업지휘
  - 개폐기의 관리
  - 단락접지의 수시 확인
  - 근접 활선에 대한 방호상태 확인
- 정전작업 후 조치사항
  - 단락접지기구의 철거
  - 시건장치 또는 표지판 철거
  - 작업자에 대한 위험이 없는 것을 최종 확인
  - 개폐기 투입으로 송전 재개   [답] ④

72 검출기에 의해 측정된 데이터를 컴퓨터 및 먼 거리로 전송하는 것은?

① 연산장치
② 표시장치
③ 기억장치
④ 신호변환기

풀이 ○

신호변환기(트랜스듀서)는 검출기(센서)로 검출된 데이터를 컴퓨터 및 먼 거리에 설치된 표시장치에 전송하는 경우에 사용한다.   [답] ④

73 태양광발전시스템의 계측·표시에 관한 설명으로 틀린 것은?

① 시스템의 소비전력을 낮추기 위한 계측
② 시스템에 의한 발전전력량을 알기 위한 계측
③ 시스템의 운전상태 감시를 위한 계측 또는 표시
④ 시스템의 기기 및 시스템의 종합평가를 위한 계측

풀이 ○

계측기기·표시장치의 설치 목적
① **시스템의 운전상태를 감시**하기위한 계측 또는 표시
② **시스템에 의한 발전 전력량**을 **파악**위한 계측
③ **시스템 기기 또는 시스템 종합평가**를 위한 계측

④ 시스템의 운전상황을 견학하는 사람 등에게 보여주고, 시스템의 홍보를 위한 계측 또는 표시   [답] ①

74 태양광 모듈 성능시험을 위한 표준시험조건 (STC) 중 기준 태양광 방사조도는 몇[W/m²]인가?

① 500   ② 800
③ 1000   ④ 2000

풀이 ○

표준시험조건(STC : Standard Test Condition)
- 소자접합온도 : 25[℃]
- 대기질량지수 : AM1.5
- 기준 태양광 방사조도 : 1,000[W/m²]   [답] ③

75 태양광발전시스템의 일상점검 점검항목이 아닌 것은?

① 인버터 – 통풍 확인
② 접속함 – 절연저항 측정
③ 인버터 – 표시부의 이상표시
④ 태양전지모듈 – 표면의 오염 및 파손

풀이 ○

일상점검은 계측기나 공구를 사용하지 않고 인간의 오감에 의해서 실시하는 점검이다. 절연저항을 측정하기 위해서는 절연저항계(메거)가 필요하다.
※ 접속함의 절연저항 측정은 정기점검 항목이다.
                    [답] ②

76 특고압 태양광발전시스템의 운전 시 조작방법으로 틀린 것은?

① Main VCB반 전압 확인
② 접속함, 인버터 DC전압 확인
③ AC측 차단기 On, DC측 차단기 On
④ AC측 차단기 On 후 즉시 인버터 정상작동여부 확인

풀이 ○

특고압 태양광발전시스템의 운전 시 조작방법
- Main VCB반 전압 확인
- 접속함, 인버터 DC전압 확인
- AC측 차단기 On, DC측 차단기 On
- 5분 후 인버터 정상작동여부 확인   [답] ④

77 도체의 저항, 두 점 사이의 전압(저압) 및 직류 전류(10[A]이하)를 측정할 수 있는 검사 장비는?

① 검전기
② 멀티미터
③ 절연저항계
④ 접지저항계

풀이 ●

멀티미터 (멀티테스터, 볼트/옴 미터 혹은 VOM) : 여러 가지의 측정 기능을 결합한 전자 계측기이다. 전형적인 멀티미터는 전압, 전류, 전기저항을 측정하는 능력은 기본적으로 가지는 기능이며, 장치에 따라 기타 측정 기능이 추가되기도 한다. **[답] ②**

78 결정질 태양전지모듈 외관검사에서 태양전지모듈 외관, 셀 등의 크랙, 구부러짐, 갈라짐 등의 이상유무를 확인하기 위해 몇 [lx] 이상의 광 조사 상태에서 검사하는가?

① 800　　　　　② 900
③ 1,000　　　　④ 1,100

풀이 ●

결정질 태양전지모듈 외관검사(KS C 8561-2016 6.1.1 검사방법)
1,000[lx] 이상의 광 조사상태에서 모듈외관, 태양전지 등의 크랙, 구부러짐, 갈라짐 등이 없는지를 확인하고, 태양전지 간 접속 및 다른 접속부분에 결함이 없는지, 태양전지와 태양전지, 태양전지와 프레임상의 접촉이 없는지, 접착에 결함이 없는지, 태양전지와 모듈 끝부분을 연결하는 기포 또는 박리가 없는지 등을 검사한다. **[답] ③**

79 시스템 성능평가의 분류로 틀린 것은?

① 신뢰성
② 사이트
③ 발전성능
④ 분석가격

풀이 ●

시스템 성능평가의 분류
① **구성요인의 성능·신뢰성** ② **사이트**
③ **발전성능** ④ **신뢰성** ⑤ **설치가격(경제성)** **[답] ④**

80 태양광발전시스템의 점검에서 유지보수 점검 종류가 아닌 것은?

① 일상점검
② 일시점검
③ 정기점검
④ 임시점검

풀이 ●

태양광발전시스템의 유지보수 점검의 종류 : 일상점검, 정기점검, 임시점검 **[답] ②**

※ 2020년 4회부터 산업기사 필기시험이 CBT(컴퓨터 기반 시험)로 변경되어 응시자분들께서 제공한 기출문제와 적중 예상문제로 구성되었음을 알려드립니다.

1과목 — 태양광발전 사전검토

01 한국전기설비규정에서 정의하는 "리플프리 직류"는 교류를 직류로 변환할 때 리플성분이 몇 [%](실효값) 이하 포함한 직류를 말하는가?

① 10 ② 13
③ 15 ④ 17

풀이 ◎
"리플프리직류"는 교류를 직류로 변환할 때 리플성분의 실효값이 10 [%]이하로 포함된 직류를 말한다. **[답] ①**

02 태양광발전시스템의 안전관리 예방업무가 아닌 것은?

① 시설물 및 작업장 위험방지
② 안전관리비 실행 집행 및 관리
③ 안전작업 관련 훈련 및 교육
④ 안전장구, 보호구, 소화설비의 설치, 점검, 정비

풀이 ◎
안전관리비 실행 집행 및 관리는 예산관리이다. **[답] ②**

03 신재생에너지 공급인증서의 발급 및 거래단위로서 공급인증서 발급대상설비에서 공급된 MWh 기준의 신재생에너지 전력량에 대해 가중치를 곱하여 부여하는 단위는?

① FIT(Feed In Tariff)
② RPS(Renewable portfolio Standard)
③ REC(Renewable Energy Certificate)
④ FERC(Federal Energy Regulatory Commission)

풀이 ◎
- FIT(Feed In Tariff) : 발전차액지원제도
- REC(Renewable Energy Certificate) : 신재생에너지 공급인증서의 발급 및 거래단위로서 공급인증서 발급대상설비에서 공급된 MWh 기준의 신재생에너지 전력량에 대해 가중치를 곱하여 부여하는 단위
- RPS(Renewable Portfolio Standard) : 화석연료를 사용하는 국내발전사업자가 2012년부터 총 발전량의 일정비율을 신재생에너지로 공급하도록 한 의무화 제도
- FERC(Federal Energy Regulatory Commission) : 미국 연방 에너지규제위원회 **[답] ③**

04 신재생에너지의 기술개발 및 이용보급 촉진을 위한 기본계획의 계획기간은?

① 3년 이상 ② 5년 이상
③ 10년 이상 ④ 20년 이상

풀이 ◎
기후에너지환경부장관은 관계 중앙행정기관의 장과 협의를 한 후 제8조에 따른 신·재생에너지정책심의회의 심의를 거쳐 신·재생에너지의 기술개발 및 이용·보급을 촉진하기 위한 기본계획을 5년마다 수립하여야 하며, 기본계획의 계획기간은 10년 이상으로 한다. **[답] ③**

05 주변환경 조건에서 발전량에 영향을 미치는 요건이 아닌 것은?

① 어레이 배치를 정남향으로 가능하여야 한다.
② 일조강도가 높고, 일조량의 변동이 적어야 한다.
③ 연평균 온도가 높은 지역일수록 발전량이 증가한다.
④ 대상지역의 일조량이 풍부하고, 일조시간이 길어야 한다.

풀이 ⊙

연평균온도가 낮은 지역일수록 발전량이 증가한다.

[답] ③

06 태양광발전을 위한 부지선정 시 일반적인 고려사항이 아닌 것은?

① 계통연계 가능성

② 일조량과 일조시간

③ 인근 태양광발전소와의 거리

④ 자연재해의 발생 가능 여부

풀이 ⊙

인근 태양광발전소와의 거리는 부지선정 시 일반적인 고려사항이 아니다.

[답] ③

07 조력(방조제 有), 기타 바이오에너지(바이오중유, 바이오가스 등), 발전설비를 통해 전력을 거래하는 경우 공급인증서 가중치는?

① 0.7   ② 1.0

③ 1.2   ④ 1.5

풀이 ⊙

조력(방조제 有), 기타 바이오에너지(바이오중유, 바이오가스 등), 발전설비를 통해 전력을 거래하는 경우 공급인증서 가중치 : 1.0

[답] ②

08 국토의 계획 및 이용에 관한 법령에 따라 개발행위 허가 대상 중 토지의 형질변경에 해당하지 않는 것은?

① 절토(땅깍기)   ② 성토(흙쌓기)

③ 정지(땅고르기)   ④ 토지분할

풀이 ⊙

시행령 제51조(개발행위허가의 대상)

① 법에 따라 개발행위허가를 받아야 하는 행위는 다음 각 호와 같다.

3. 토지의 형질변경 : 절토(땅깍기)·성토(흙쌓기)·정지(땅고르기)·포장 등의 방법으로 토지의 형상을 변경하는 행위와 공유수면의 매립(경작을 위한 토지의 형질변경을 제외한다)

[답] ④

09 전기사업의 허가를 신청하는 자가 사업계획서를 작성할 때 태양광설비의 개요로 기재하여야 할 내용이 아닌 것은?

① 태양전지 및 인버터의 효율, 변환방식, 교류 주파수

② 태양전지의 종류, 정격용량, 정격전압 및 정격출력

③ 인버터의 종류, 입력전압, 출력전압 및 정격출력

④ 집광판(集光板)의 면적

풀이 ⊙

사업계획서를 작성할 때 태양광설비의 개요에 포함되어야 할 내용

① 태양전지의 종류, 정격용량, 정격전압 및 정격출력

② 인버터(Inverter)의 종류, 입력전압, 출력전압 및 정격출력

③ 집광판(集光板)의 면적

[답] ①

10 대통령령으로 정하는 규모 이하의 발전설비를 갖추고 특정한 공급구역의 수요에 맞추어 전기를 생산하여 전력시장을 통하지 아니하고 그 공급구역의 전기사용자에게 공급하는 것을 주된 목적으로 하는 사업을 무엇이라 하는가?

① 전기사업   ② 송전사업

③ 배전사업   ④ 구역전기사업

풀이 ⊙

전기사업	발전사업·송전사업·배전사업·전기판매사업 및 구역전기사업
송전사업	발전소에서 생산된 전기를 배전사업자에게 송전하는 데 필요한 전기설비를 설치·관리하는 것을 주된 목적으로 하는 사업
배전사업	발전소로부터 송전된 전기를 전기사용자에게 배전하는 데 필요한 전기설비를 설치·운용하는 것을 주된 목적으로 하는 사업
구역전기 사업	대통령령으로 정하는 규모 이하의 발전설비를 갖추고 특정한 공급구역의 수요에 맞추어 전기를 생산하여 전력시장을 통하지 아니하고 그 공급구역의 전기사용자에게 공급하는 것을 주된 목적으로 하는 사업

[답] ④

11 신에너지 및 재생에너지 개발 · 이용 · 보급 촉진법의 목적으로 적당하지 않은 것은?

① 온실가스 배출의 감소
② 신재생에너지의 이용 · 보급 축소
③ 에너지 구조의 환경친화적 전환
④ 에너지의 안정적인 공급

풀이 ○

신에너지 및 재생에너지 개발 · 이용 · 보급 촉진법의 제정 목적
• 에너지원을 다양화
• 에너지의 안정적인 공급
• 에너지 구조의 환경친화적 전환
• 온실가스 배출의 감소　　　　　　　　　**[답] ②**

12 기후인자(climatic factor)에 해당하지 않는 것은?

① 위도
② 해류
③ 적설
④ 해발고도

풀이 ○

기후인자(climatic factor) : 기후는 기후요소뿐만 아니라 여러 가지 지리적 원인에 따라서도 상당한 영향을 받는데, 이러한 요소를 기후인자라 한다. 기후인자는 기후의 분포를 명백히 하는 데 매우 중요하다. 위도 · 해발고도 · 수륙 배치 · 해류 · 지형 및 해안으로부터의 거리 등이 이에 속한다.　　　　　　　　**[답] ③**

13 원하는 전기출력을 얻기 위해 단위전지를 수십 장, 수백 장 직렬로 쌓아 올린 연료전지의 본체는?

① 셀
② 스택
③ 개질기
④ 전력변환기

풀이 ○

연료전지 구성요소
• 본체(스택 stack) : 연료 개질 장치에서 들어오는 수소와 공기 중의 산소로 직류 전기와 물 및 부산물인 열을 발생시킨다.
• 연료 개질기(Fuel Reformer) : 화학적으로 수소를 함유하는 일반 연료(LPG, LNG, 메탄, 석탄가스 메탄올 등)로부터 연료 전지가 요구하는 수소를 많이 포함하는 가스로 변환하는 장치이다.

• 전력 변환 장치(Inverter) : 연료 전지에서 나오는 직류 전원을 교류 전원으로 변환시킨다.
• 주변보조기기(BOP: Balance of Plant) : 연료, 공기, 열회수 등을 위한 펌프류, Blower, 센서 등의 부속기기　　　　　　　　　　　　　　**[답] ②**

14 일사량과 어레이 경사각에 대한 설명으로 틀린 것은?

① 태양전지는 많은 일사량을 받도록 지면과 수평면에 설치한다.
② 지표면 확산 일사는 태양으로부터 산란, 반사 후 지상에 도달하는 일사이다.
③ 지표면 직달 일사는 태양으로부터 지상의 관측지점으로 직접 도달하는 일사이다.
④ 경사면 일사량은 어레이 경사각을 결정한다.

풀이 ○

태양전지가 많은 일사량을 받기 위해서는 모듈 표면과 직달 일사가 수직(90도)이 되어야 한다.　　**[답] ①**

15 기후위기 대응을 위한 탄소중립 · 녹색성장 기본법에서 정한 온실가스에 속하지 않는 것은?

① 메탄
② 육불화황
③ 일산화탄소
④ 아산화질소

풀이 ○

• 온실가스 : 적외선 복사열을 흡수하거나 재방출하여 온실효과를 유발하는 대기 중의 가스 상태의 물질로서 이산화탄소(CO_2), 메탄(CH_4), 아산화질소(N_2O), 수소불화탄소(HFCs), 과불화탄소(PFCs), 육불화황(SF_6)　　　　　　　　　　　　**[답] ③**

16 공사업자의 등록취소사항에 해당되지 않는 것은?

① 부정한 방법으로 공사업의 등록을 한 경우
② 시정명령 또는 지시를 이행하지 아니한 경우
③ 최근 5년간 3회 이상 영업정지 처분을 받은 경우
④ 공사업을 등록한 후 1년 이내에 영업을 시작하지 아니한 경우

풀이 ●

- 전기공사업 등록취소 사유
① 거짓이나 그 밖의 부정한 방법으로 "공사업의 등록" 및 "공사업의 등록기준에 관한 신고" 행위를 한 경우
② 타인에게 성명·상호를 사용하게 하거나 등록증 또는 등록수첩을 빌려 준 경우
③ 공사업의 등록을 한 후 1년 이내에 영업을 시작하지 아니하거나 계속하여 1년 이상 공사업을 휴업한 경우
④ 영업정지처분기간에 영업을 하거나 최근 5년간 3회 이상 영업정지처분을 받은 경우
- 전기공사업 6개월 영업정지 사유
① 대통령령으로 정하는 기술능력 및 자본금 등에 미달하게 된 경우.
② 공사업의 등록기준에 관한 신고를 하지 아니한 경우
③ 시정명령 또는 지시를 이행하지 아니한 경우
④ 해당 전기공사가 완료되어 같은 조에 따른 시정명령 또는 지시를 명할 수 없게 된 경우
⑤ 신고를 거짓으로 한 경우 **[답]** ②

---

17 분산형전원 배전계통 연계 기술기준에서 비정상 전압에 대한 분산형전원 분리시간으로 틀린 것은?

① $V \leq 50$: 0.5초
② $50 \leq V < 70$: 2.00초
③ $110 < V < 120$: 0.2초
④ $V \geq 120$: 0.16초

풀이 ●

비정상 전압에 대한 분산형전원 분리시간

전압범위 (기준전압에 대한 백분율[%])	분리시간 [초]
$V < 50$	0.5
$50 \leq V < 70$	2.00
$70 < V < 90$	2.00
$110 < V < 120$	1.00
$V \geq 120$	0.16

※ $110 < V < 120$: 0.2초 는 운전지속시간이다.**[답]** ③

---

18 기후에너지환경부장관이 정하여 고시하는 신·재생에너지의 가중치의 산정 시 고려 사항으로 틀린 것은?

① 전력 판매가
② 지역주민의 수용 정도
③ 전력 수급의 안정에 미치는 영향
④ 온실가스 배출 저감에 미치는 효과

풀이 ●

신재생에너지 가중치 결정 시 고려사항
① 환경, 기술개발 및 산업 활성화에 미치는 영향
② 발전 원가
③ 부존(賦存) 잠재량
④ 온실가스 배출 저감(低減)에 미치는 효과
⑤ 전력 수급의 안정에 미치는 영향
⑥ 지역주민의 수용(受容) 정도 **[답]** ①

---

19 발전사업자가 의무적으로 전압 및 주파수를 측정하여야 하는 횟수와 측정결과 보존 기간은?

① 매월 1회 이상 측정하고 1년간 보존
② 매월 1회 이상 측정하고 3년간 보존
③ 매년 1회 이상 측정하고 3년간 보존
④ 매년 1회 이상 측정하고 1년간 보존

풀이 ●

전기사업자 및 한국전력거래소는 다음 각 목의 사항을 매년 1회 이상 측정하여야 하며 측정 결과를 3년간 보존하여야 한다.
① 발전사업자 및 송전사업자의 경우에는 전압 및 주파수
② 배전사업자 및 전기판매사업자의 경우에는 전압
③ 한국전력거래소의 경우에는 주파수 **[답]** ③

---

20 3,000[kW]태양광 발전설비의 에너지 공급 인증서 가중치 중 건축물 등 기존 시설물을 이용할 경우 가중치는?

① 0.5
② 1.0
③ 1.5
④ 5.0

풀이 ○

태양광 발전 공급인증서 가중치 적용 기준

구분	공급인증서 가중치	대상에너지 및 기준	
		설치유형	세부기준
태양광 에너지	1.2	일반부지에 설치하는 경우	100[kW]미만
	1.0		100[kW]부터 3,000[kW]이하
	0.8		3,000[kW]초과부터
	0.5	임야에 설치하는 경우	
	1.5	건축물 등 기존 시설물을 이용하는 경우	3,000[kW]이하
	1.0		3,000[kW]초과부터
	1.6	유지의 수면에 부유하여 설치하는 경우	100[kW]미만
	1.4		100[kW]부터 3,000[kW]이하
	1.2		3,000[kW]초과부터

[답] ③

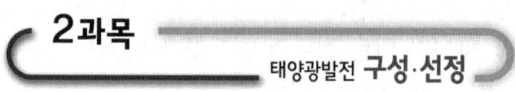

2과목
태양광발전 **구성·선정**

21 다음 그림과 같은 인버터 방식은?

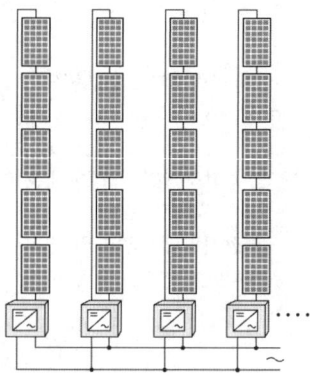

① 병렬 인버터 방식
② 스트링 인버터 방식
③ 중앙 집중형 인버터 방식
④ 마스터−스레이브 인버터 방식

풀이 ○

스트링 인버터 방식 : 파워컨디셔너(PCS) 시스템 구성 방식 중 각각의 스트링에 인버터를 설치하고, 각 인버터의 교류출력을 병렬로 연결하여 사용하는 구성방식

[답] ②

22 3상 3선식, 태양광발전시스템의 전압강하 계산식으로 옳은 것은? (단, e : 각 전선의 전압강하 [V], A : 전선의 단면적[mm²], L : 전선 1본의 길이[m], I : 전류[A])

① $e = \dfrac{35.6 \times L \times I}{1000 \times A}$　② $e = \dfrac{17.8 \times L \times I}{1000 \times A}$

③ $e = \dfrac{30.8 \times L \times I}{1000 \times A}$　④ $e = \dfrac{40.1 \times L \times I}{1000 \times A}$

풀이 ○

전선의 길이가 짧고 가는 경우의 전압강하계산식(간략식)

$$전압강하 \ e = \frac{K_1 \times 17.8 \times L \times I}{1,000 \times A}$$

여기서, K_1 : 배선방식에 따른 계수(단상 3선식 및 3상4선식 : 1, 3상3선식 : $\sqrt{3}$, 직류2선식 및 단상2선식 : 2)
3상3선식이므로

$$전압강하 \ e = \frac{\sqrt{3} \times 17.8 \times L \times I}{1,000 \times A} = \frac{30.8 \times L \times I}{1,000 \times A}$$ [답] ③

23 3상용 차단기의 정격차단용량은 그 차단기의 정격전압과 정격 차단전류와의 곱의 몇 배인가?

① 1.25　　　② $\sqrt{2}$
③ $\sqrt{3}$　　　④ 2.4

풀이 ○

3상용 차단기의 정격차단용량(P_s)
$P_s = \sqrt{3} \times$차단기 정격전압$\times$차단기 정격차단전류
P_s[MVA]$= \sqrt{3} \times V_n$[kV]$\times I_s$[kA] [답] ③

24 다음 그림은 독립형 태양광발전시스템이다. (A)의 명칭은?

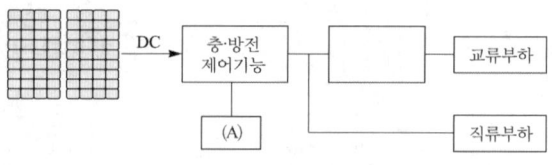

① 어레이　　　② 축전지
③ 컨버터　　　④ 인버터

풀이 ◎
독립형 태양광발전시스템의 구성도

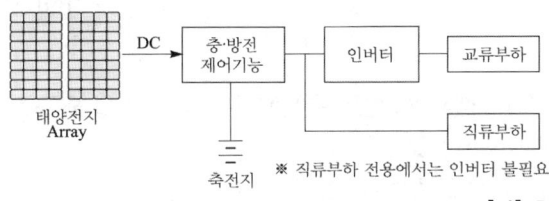

※ 직류부하 전용에서는 인버터 불필요

[답] ②

25 250W 태양광발전 모듈의 가로와 세로 길이가 각각 1650[mm]와 960[mm]일 경우 변환효율은 약 몇 [%]인가? (단, STC조건을 기준으로 한다)

① 14.45   ② 15.07
③ 15.37   ④ 15.78

풀이 ◎
모듈의 변환효율 $\eta = \dfrac{최대출력}{일조강도 \times 모듈의 면적} \times 100[\%]$

$\eta = \dfrac{250}{1000 \times (1.65 \times 0.96)} \times 100 = 15.78[\%]$

[답] ④

26 피뢰시스템 중 뇌격전류를 안전하게 대지로 전송하는 것은?

① 돌침   ② 감시시스템
③ 수뢰부시스템   ④ 인하도선시스템

풀이 ◎
피뢰시스템의 구성요소 용어 정의
• 수뢰부시스템 : 낙뢰를 포착할 목적으로 피뢰침, 망상 도체, 가공지선과 같은 금속 물체
• 인하도선시스템 : 뇌전류를 수뢰부시스템에서 접지극 시스템으로 흘리기 위한 도체
• 접지극시스템 : 뇌전류를 대지로 흘려 방출시키기 위한 도체 또는 금속 물체

[답] ④

27 최대사용전압 7[kV] 초과 25 [kV] 이하인 중성점 접지식 전로(중성선을 가지는 것으로서 그 중성선을 다중접지 하는 것에 한한다.)에서 절연 내력 시험전압은 최대사용전압의 몇 배 전압으로 시험하는가?

① 0.62   ② 0.74
③ 0.92   ④ 1.25

풀이 ◎
최대사용전압 7[kV] 초과 25[kV] 이하인 중성점 접지식 전로(중성선을 가지는 것으로서 그 중성선을 다중접지 하는 것에 한한다.)의 시험전압 : 최대사용전압의 0.92배의 전압

[답] ③

28 전선 기타 가섭선의 주위에 두께 6[mm], 비중 0.9의 빙설이 부착한 상태에서 갑종 풍압 하중의 2분의 1을 기초로 한 것은?

① 갑종 풍압하중   ② 을종 풍압하중
③ 병종 풍압하중   ④ 갑을종 풍압하중

풀이 ◎
풍압하중의 종별과 적용(KEC 331.6)
• 갑종 풍압 하중 : 구성재의 수직 투영 면적 1[m²]에 대한 풍압을 기초로 하여 계산한 것
• 을종 풍압 하중 : 전선 기타의 가섭선 주위에 두께 6[mm], 비중 0.9의 빙설이 부착한 상태에서 갑종 풍압 하중의 2분의 1을 기초로 하여 계산한 것.
• 병종 풍압 하중 : 갑종 풍압 하중의 2분의 1을 기초로 계산한 것

[답] ②

29 전기저장장치를 시설하는 곳에는 계측하여야 하는 항목이 아닌 것은?

① 이차전지의 전압   ② 이차전지의 전류
③ 이차전지의 전력   ④ 이차전지의 주파수

풀이 ◎
전기저장장치의 계측장치(KEC 512.2.10)
• 이차전지 출력 단자의 전압, 전류, 전력 및 충방전 상태
• 주요변압기의 전압, 전류 및 전력

[답] ④

30 태양광발전시스템 설계 시 최대출력이 200 [Wp]인 모듈을 120개를 설치하고, 인버터의 변환효율이 95[%]인 경우, 태양전지 어레이의 발전 가능 용량은 몇 [kWp]인가?

① 20.5   ② 22.8
③ 25.5   ④ 26.8

풀이 ◎
• 발전 가능 용량 (P)
= 모듈 1개의 최대출력 × 모듈의 개수 × 인버터의 효율

= 200[Wp]×120×0.95

= 22,800[Wp] = 22.8[kWp]　　　　　　**[답]** ②

---

31 태양전지는 어떤 효과에 의해 태양광에너지를 직접 전기에너지로 변환하는가?

① 정류　　　　　　② 태양복사

③ 광기전력　　　　④ 태양전도

풀이 ⊙

광기전력 효과 : 반도체의 p-n접합부나 정류작용이 있는 금속과 반도체의 경계면에 강한 빛을 입사시키면, 반도체 중에 만들어진 전자와 정공이 접촉전위차 때문에 분리되어 양쪽 물질에서 서로 다른 종류의 전기가 나타나는 '광기전력'이 발생하는 현상을 말한다.　**[답]** ③

---

32 PWM 인버터에 관한 설명으로 옳은 것은?

① 정류부에서 일정 직류전압을 만들고, 정현파에 가까운 파형이 되도록 전압과 주파수를 동시에 가변한다.

② 정현파의 양단 부근에는 전압의 폭을 넓히고 중앙부는 폭을 좁혀서 반사이클 사이에 몇 회 같은 방향으로 동작하게 된다.

③ 정류부에서 전류를 가변하여 리액터로 일정 전류를 만든다.

④ PWM 인버터는 전압원 인버터 밖에 없다.

풀이 ⊙

PWM 인버터의 정류부(Rectifier)에서는 교류를 직류로 변환하고, 인버터(Inverter)부에서 직류를 교류로 만든다.　　　　　　**[답]** ①

---

33 장거리 전력 전송에 고전압이 사용되는 이유는?

① 저전압보다 조절하기가 더 쉽다.

② 손실(I^2R)이 감소한다.

③ 전자기장이 강하다.

④ 작은 변압기가 사용된다.

풀이 ⊙

3상 전력 $P = \sqrt{3}\,VI$[W] 이고, 전력손실 $P_l = I^2R$[W]

이므로, 전력손실을 줄이기 위해서는 동일 전력에 대해 전압을 높여 전류를 낮추면 전력손실(I^2R)이 감소한다.　　　　　　**[답]** ②

---

34 태양광발전용 축전지가 갖추어야 할 요구조건이 아닌 것은?

① 과충전 및 과방전에 강할 것

② 에너지 저장 밀도가 높을 것

③ 중량 대비 효율이 높을 것

④ 자기 방전율이 높을 것

풀이 ⊙

축전지가 갖추어야 할 조건

① 자기 방전율이 낮을 것

② 에너지 저장밀도가 높을 것

③ 중량 대비 효율의 높을 것

④ 과충전 및 과방전에 강할 것

⑤ 가격이 저렴하고 장수명일 것　　**[답]** ④

---

35 태양광발전시스템의 분전함(접속함)에 설치되는 구성요소가 아닌 것은?

① 직류출력 개폐기　　② 피뢰소자

③ 누전 차단기　　　　④ 역류방지 소자

풀이 ⊙

접속함에는 **태양전지 어레이측 개폐기**, 주(**직류출력**) 개폐기, 피뢰소자(SPD : Surge Protective Device), **역류방지 소자, 출력용 단자대, 감시용 DCCT**(Shunt), **DCPT, T/D**(transducer) 또는 Multi power transducer 등이 설치된다.　　　　　　**[답]** ③

---

36 태양광 발전시스템을 저압배전선과의 계통연계 시 필요한 보호장치 중 발전설비의 고장을 보호하기 위한 보호장치는?

① 과전압계전기　　　② 단락방향계전기

③ 과주파수계전기　　④ 부족주파수계전기

풀이 ⊙

• 발전기 등의 보호장치(KEC 351.3)

　발전기에는 다음의 경우에 자동적으로 이를 전로로부터 차단하는 장치를 시설하여야 한다.

　가. 발전기에 과전류나 과전압이 생긴 경우　**[답]** ①

37 박막 실리콘 태양전지 설명 중 틀린 것은?

① 재료는 인듐을 사용한다.

② 실리콘의 사용량이 적어 저렴하다.

③ 아몰퍼스 실리콘 박막을 적층한 방식이다.

④ 텐덤형 실리콘 태양전지의 변환효율은 12 [%] 정도이다.

풀이 ○

박막 실리콘 태양전지의 재료는 실리콘(Si)을 사용한다. **[답] ①**

38 태양광발전시스템의 축전지 기능을 모두 나타낸 것은?

> ⓐ 전력저장
> ⓑ 재해 시 전력의 공급
> ⓒ 태양전지 출력전압 안정화
> ⓓ 발전전력 급변시의 버퍼 역할

① ⓐ, ⓑ, ⓒ ② ⓐ, ⓒ, ⓓ

③ ⓑ, ⓒ, ⓓ ④ ⓐ, ⓑ, ⓒ, ⓓ

풀이 ○

태양광발전시스템의 축전지(배터리)의 기능은 전력저장, 재해 시 전력의 공급, 태양전지 출력전압 안정화, 발전전력 급변시의 버퍼 역할 등을 수행한다. **[답] ④**

39 태양전지의 효율(η)과 관계가 없는 것은?

① 일조강도 ② 최대출력

③ 주변온도 ④ 태양전지 면적

풀이 ○

태양전지의 효율(η)

$$\eta = \frac{\text{최대출력[W]}}{\text{일조강도[W/m}^2] \times \text{태양전지 면적[m}^2]} \times 100[\%]$$

[답] ③

40 강압용 변압기의 부하단자(2차측)에 제3고조파 전압이 발생하는 결선은?

① △-Y ② △-△

③ Y-△ ④ Y-Y

풀이 ○

• Y-△, △-Y, △-△결선은 제3 고조파 전류가 △결선 내를 순환하여 정현파 교류 전압이 유기되어 기전력의 파형이 왜곡되지 않는다.

• Y-Y 결선은 제3고조파 전류의 통로가 없어 기전력의 파형이 제3고조파를 포함한 왜형파가 된다. **[답] ④**

3과목 ─ 태양광발전 시공

41 변전소의 설치 목적이 아닌 것은?

① 송배전선로 보호

② 전력 조류의 제어

③ 전압의 변성과 조정

④ 전력의 발생과 분배

풀이 ○

변전소의 설치 목적 : 발전전력 집중 연계, 수용가에 배분하고 정전의 최소화, 전압을 승압 또는 강압, 전력조류 제어, 송배전선로 보호, 전력손실 감소.

※ 발전소는 전력의 생산(발생)과 계통의 주파수를 일정 값으로 유지시킨다. **[답] ④**

42 태양전지 모듈과 인버터 간의 지중 전선로를 직접매설식으로 시설하는 경우 알맞은 공사 방법은?

① 중량물의 압력을 받을 우려가 있는 경우 1.0 [m] 이상 일반장소는 0.5[m] 이상 깊이로 매설한다.

② 중량물의 압력을 받을 우려가 있는 경우 1.2 [m] 이상 일반장소는 0.5[m] 이상 깊이로 매설한다.

③ 중량물의 압력을 받을 우려가 있는 경우 1.0 [m] 이상 일반장소는 0.6[m] 이상 깊이로 매설한다.

④ 중량물의 압력을 받을 우려가 있는 경우 1.2 [m] 이상 일반장소는 0.6[m] 이상 깊이로 매설한다.

풀이 ◎

지중전선로의 매설(KEC 334.1)
• 직접 매설식에 의하여 시설하는 경우 : 중량물의 압력을 받을 우려가 있는 경우 1.0[m] 이상, 일반장소는 0.6[m] 이상 깊이로 시설할 것
• 관로식에 의하여 시설하는 경우 : 중량물의 압력을 받을 우려가 있는 경우 1.0[m] 이상, 일반장소는 0.6[m] 이상 깊이로 시설할 것　　　　　**[답] ③**

43 접지저항을 저감시키는 시공방법으로 틀린 것은?
① 접지전극의 크기를 작게 한다.
② 접지전극의 상호간격을 크게 한다.
③ 접지전극을 땅속에 깊게 매설한다.
④ 접지전극 주변의 매설토양을 개량한다.

풀이 ◎

접지저항을 저감시키기 위해서는 접지전극의 크기를 크게 하여야 한다.　　　　　**[답] ①**

44 태양광발전시스템의 절연저항측정을 위한 측정회로는 다음 그림과 같다. 절연저항 측정방법 중 옳지 않은 것은? (단, 일사량이 없고, 위험예방 작업을 한 경우이다.)

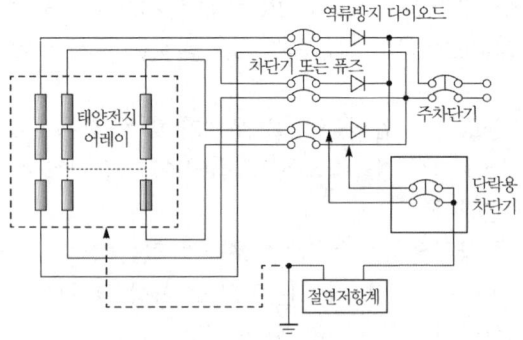

① 주 차단기를 개방(OFF)한다.
② 태양전지 스트링의 MCCB 또는 퓨즈를 개방(OFF)한다.
③ 절연저항계의 L측을 접지단자에, E측을 단락용차단기의 2차측에 접속하고 저항값을 측정한다.

④ 측정 종료 후에는 단락용 차단기를 반드시 OFF한다.

풀이 ◎

절연저항계(메거)의 E측을 접지단자에, L측을 단락용 차단기의 2차측에 접속하고 저항값을 측정한다.
　　　　　[답] ③

45 3상 계통에서 부하역률 0.8인 선로의 저항 손실은 부하역률이 0.9인 선로의 저항 손실에 비하여 약 몇 배인가?
① 1.2　　　　　② 1.3
③ 1.4　　　　　④ 저항 손실은 동일

풀이 ◎

3상 선로의 저항(전력) 손실(P_l)

$$P_l = 3I^2R = 3 \times \left(\frac{P}{\sqrt{3} \times V \times \cos\theta} \right)^2 \times \frac{\rho l}{A} \propto \frac{1}{\cos^2\theta}$$

$$\frac{P_{l-0.8}}{P_{l-0.9}} = \frac{\dfrac{1}{0.8^2}}{\dfrac{1}{0.9^2}} = \frac{0.81}{0.64} = 1.26 \fallingdotseq 1.3$$　　**[답] ②**

46 가공 배선선로에 사용되는 전선의 구비조건이 아닌 것은?
① 도전율이 클 것　　② 가공이 쉬울 것
③ 비중이 높을 것　　④ 기계적 강도가 클 것

풀이 ◎

전선의 구비 조건
상기 ①, ②, ④이외
• 비중이 작을 것　• 경제적일 것　• 부식성이 작을 것
　　　　　[답] ③

47 한국전기설비규정에 따른 전선관시스템의 공사방법으로 틀린 것은?
① 케이블공사
② 금속관공사
③ 가요전선관공사
④ 합성수지관공사

풀이 ◉

KEC 표 232.2-3 공사방법의 분류

종 류	공사방법
전선관 시스템	합성수지관공사, 금속관공사, 가요전선관공사
케이블 트렁킹시스템	합성수지몰드공사, 금속몰드공사, 금속트렁킹공사
케이블덕팅 시스템	플로어덕트공사, 셀룰러덕트공사, 금속덕트공사
케이블 트레이시스템	케이블트레이공사
케이블공사	고정하지 않는 방법, 직접 고정하는 방법, 지지선 방법

[답] ①

48 태양광발전설비 설치를 위한 현장실사 시 고려할 사항이 아닌 것은?

① 지형의 조건

② 축전지 용량

③ 원하는 태양광 용량 및 발전량

④ 모듈유형, 시스템 개념 및 설치방법에 관한 고객의 희망사항

풀이 ◉

축전지 용량은 설치를 위한 현장실사 시 고려사항이 아니다.　　　　　　　　　[답] ②

49 원별시공기준에 따라 태양전지 모듈은 사업계획서 상에 제시된 설치용량의 몇 [%] 범위 내에서 설치할 수 있는가? (단, 단위 모듈당 용량에 따라 설계용량과 동일하게 설치할 수 없는 경우이다.)

① 130　　　　　　② 120

③ 110　　　　　　④ 105

풀이 ◉

신재생에너지설비 원별시공기준

• 모듈의 설치용량은 사업계획서상의 모듈설계용량과 동일하여야 한다. 다만, 단위 모듈당 용량에 따라 설계용량과 동일하게 설치할 수 없는 경우에는 설계용량의 110[%] 범위 내에서 설치할 수 있다.　[답] ③

50 태양광발전시스템의 시공절차 중 간선공사의 순서로 가장 올바른 것은?

① 모듈 → 어레이 → 인버터 → 접속함 → 계통간선

② 모듈 → 어레이 → 접속함 → 인버터 → 계통 간선

③ 모듈 → 인버터 → 어레이 → 접속함 → 계통간선

④ 모듈 → 인버터 → 접속함 → 어레이 → 계통간선

풀이 ◉

시공절차 중 간선공사의 순서 : 모듈 → 어레이 → 접속함 → 인버터 → 계통 간선　　　[답] ②

51 토목 설계도면의 표시사항이 아닌 것은?

① 방위표　　　　　② 치수선

③ 단선결선　　　　④ 주기사항

풀이 ◉

단선결선도는 전기 설계도면의 표시사항이다.　[답] ③

52 흙의 육안분류법 중 손으로 쥐었다 놓을 때 (건조상태), "덩어리지나 가볍게 건드리면 흐트러짐"에 해당하는 것은?

① 모래　　　　　　② 실트

③ 모래질 실트　　④ 실트질 모래

풀이 ◉

실트질 모래(silty sand)

토립자의 육안적 판별과 일반적인 상태	손으로 쥐었다 놓음	
	건조상태	습윤상태
• 입상이나 실트나 점토가 섞여서 약간 점성이 있음 • 모래질의 특성이 우세함	• 덩어리가지나 가볍게 건드리면 흐트러짐	• 덩어리지며 조심스럽게 다루면 부서지지 않음

[답] ④

53 국내의 대용량 태양광발전시스템 전기공사 중 일반적인 옥외공사가 아닌 것은?

① 인버터 설치

② 전력량계의 설치

③ 태양전지 모듈간의 배선

④ 태양전지 어레이와 접속함간의 배선

풀이 ○

대용량 인버터는 일반적으로 전기실 내에 설치된다. 즉 옥내공사에 해당된다.　　　　　　　　　　**[답] ①**

---

54 태양광발전시스템 준공 시 인입구 배선의 점검사항으로 틀린 것은?
① 전선의 저항측정
② 규격전선 사용여부
③ 전선피복 손상여부
④ 배선공사 방법의 적합여부

풀이 ○

전선의 저항측정은 점검사항에 해당되지 않는다.
　　　　　　　　　　　　　　　　　[답] ①

---

55 태양전지 모듈의 검사 시 성능평가 요소가 아닌 것은?
① 충진율
② 개방전압
③ 방전종지전압
④ 전력변환효율

풀이 ○

• 태양전지 모듈의 성능평가 요소 : 개방전압(V_{oc}), 단락전류(I_{sc}), 최대 출력(P_{max}), 충진율(FF), 변환 효율(η)
• 방전종지(컷오프)전압 : 이차전지(배터리)의 방전시험에서 위험이 되지 않는 범위에서 방전을 위한 최소 전압　　　　　　　　　　　　　**[답] ③**

---

56 다음 그림과 같이 외등용 전선관을 지중에 매설하고자 한다. 터파기량 [m³]은? (단, 매설 길이는 200[m]이고, 전선관의 면적은 무시한다.)

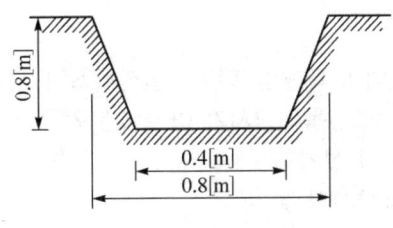

① 36
② 55
③ 78
④ 96

풀이 ○

$$터파기량(V) = \left(\frac{좁은폭 + 넓은폭}{2}\right) \times 높이 \times 길이 \ [m^3]$$

$$V = \left(\frac{0.4 + 0.8}{2}\right) \times 0.8 \times 200 = 96[m^3]　　\textbf{[답] ④}$$

---

57 계기용 변성기(표준용 및 일반 계기용)(KS C 1706 : 2019)에 따라 배전반용으로 사용되는 계기용 변성기의 계급으로 옳은 것은?
① 0.1급
② 0.2급
③ 0.5급
④ 3.0급

풀이 ○

계기용 변성기의 계급

계급	호칭	중요 용도
0.1급	표준용	계기용 변성기의 시험용 표준기 또는 특별 정밀 계측용
0.2급		
0.5급	일반 계기용	정밀 계측용
1.0급		보통 계측용, 배전반용
3.0급		배전반용

　　　　　　　　　　　　　　　　　[답] ④

---

58 전력계통의 안정도 향상대책으로 틀린 것은?
① 제동저항기를 설치한다.
② 전압변동을 작게 한다.
③ 직렬 리액턴스를 크게 한다.
④ 고속도 차단방식을 채용한다.

풀이 ○

안정도 향상대책
• 직렬리액턴스(X)를 작게 한다. (기기의 리액턴스를 적게, 복도체 방식, 직렬콘덴서)
• 전압변동을 작게 한다. (속응여자 방식, 계통의 연계)
• 계통에 주는 충격의 경감. (고속재폐로 방식, 차단기의 고속화, 중간 개폐소, 제동저항기 설치)
• 고장시 발전기 입출력의 불평형을 작게 한다. **[답] ③**

59 태양전지 모듈 간의 이격거리(X)는?

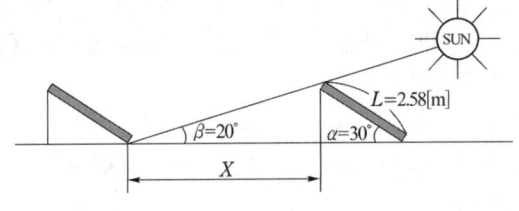

① 6.95　　　　② 5.87

③ 4.77　　　　④ 3.55

풀이 ○

일반적인 이격거리는 모듈의 앞과 앞, 또는 모듈의 뒤와 뒤 간의 이격거리(d)로 산출되나, 본 문제는 모듈 앞열의 뒤와 뒷열의 앞 간의 거리를 구하는 문제이다. 따라서 다음 식으로 계산해야 한다.

- $X = $ 이격거리(d) $-$ 모듈의 투영길이(x_1)

- 이격거리(d) $= L \times \dfrac{\sin(\alpha+\beta)}{\sin(\beta)} = 2.58 \times \dfrac{\sin(20+30)}{\sin(20)}$
  $= 5.779[\text{m}]$

- 모듈의 투영길이
  $(x_1) = L \times \cos(\alpha) = 2.58 \times \cos(30) = 2.234[\text{m}]$
  $\therefore X = 5.779 - 2.234 = 3.545 = 3.55[\text{m}]$　　　**[답]** ④

60 태양광발전 인버터의 직류측 회로를 비접지로 하는 경우 비접지 확인방법이 아닌 것은?

① 검전기로 확인

② 직류전압계로 확인

③ 멀티테스터로 확인

④ 활선접근경보기로 확인

풀이 ○

비접지 확인방법 : 검전기로 확인, 직류전압계로 확인, 멀티테스터로 확인　　　**[답]** ④

4과목　　　태양광발전 **유지·관리**

61 태양광 발전용 인버터의 누설전류 시험 시 품질기준은 교류 몇 [mA]를 초과하지 않아야 하는가?

① 3.5　　　　② 10

③ 15　　　　④ 30

풀이 ○

태양광 발전용 인버터의 누설전류 시험 시 품질기준은 교류 3.5[mA] 또는 직류 10[mA]를 초과하지 않아야 한다.　　　**[답]** ①

62 태양광발전시스템 성능평가를 위한 신뢰성 평가·분석항목 중 트러블에 관한 연결이 틀린 것은?

① 계측 트러블 : 컴퓨터 전원의 차단

② 시스템 트러블 : 인버터 정지

③ 시스템 트러블 : 계통 지락

④ 계측 트러블 : ELB 트립

풀이 ○

신뢰성 평가 분석항목

- 시스템 트러블 : 인버터 정지, 직류지락, 계통지락, RCD (=ELB) 트립, 원인불명 등에 의한 시스템의 정지
- 계측 트러블 : 컴퓨터 전원의 차단, 컴퓨터의 조작오류, 기타 원인불명　　　**[답]** ④

63 우박의 충격에 대한 결정질 실리콘 태양광발전 모듈의 기계적 강도를 시험할 경우 품질기준으로 최대 출력은 시험 전 값의 최소 몇 [%] 이상이어야 하는가?

① 88　　　　② 91

③ 95　　　　④ 97

풀이 ○

KS C IEC 61215(지상 설치용 결정계 실리콘 태양전지 (PV)모듈) 10.17.5에 의하면, 우박시험의 품질기준은 STC에서 최대출력전력의 저하가 시험 이전에 측정된 값의 5[%]를 초과해서는 안 된다. 즉 95[%]이상 이어야 한다.　　　**[답]** ③

64 안전모의 종류 중 물체의 낙하 또는 비래 및 추락에 의한 위험을 방지 또는 경감하고, 머리부위 감전에 의한 위험을 방지하기 위한 것은?

① AB ② AE
③ ABK ④ ABE

풀이 ◉

• ABE : 물체의 낙하 또는 비래, 추락에 의한 위험을 방지 또는 경감하고 머리부위의 감전위험을 방지하기 위한 것
• AE : 물체의 낙하 및 비래에 의한 위험을 방지 또는 경감하고 머리부위의 감전위험을 방지하기 위한 것

[답] ④

65 국제사회안전협회 5대 안전수칙 준수사항이 아닌 것은?

① 작업 후 전원차단
② 전원투입 방지
③ 작업장소의 무전압 여부 확인
④ 단락접지

풀이 ◉

국제사회안전협회(ISSA)의 5대 정전작업 안전수칙
• 작업 전 전원차단
• 전원투입의 방지
• 작업장소의 무전압 여부 확인
• 단락접지
• 작업장소의 보호

[답] ①

66 시스템 성능평가 분류 중 사이트 평가방법 항목으로 틀린 것은?

① 설치 단가 ② 설치 용량
③ 설치 형태 ④ 설치 대상기관

풀이 ◉

사이트 평가방법
① 설치 대상기관
② 설치 시설의 분류
③ 설치 시설의 지역
④ 설치 형태
⑤ 설치 용량
⑥ 설치 각도와 방위
⑦ 시공업자
⑧ 기기 제조사

[답] ①

67 태양광 발전설비의 운영 계획에서 계통연계가 필요한 경우 한국전력공사 지역 지점과 사전협의를 하여야 하는데 저압연계의 경우 몇 [kW]를 기준으로 하는가?

① 100[kW] 미만 ② 500[kW] 미만
③ 100[kW] 이상 ④ 500[kW] 이상

풀이 ◉

분산형전원 배전계통 연계 기술기준 제4조(연계 요건 및 연계의 구분)에 의거 저압연계용량은 500[kW] 미만이다.

[답] ②

68 고압 활선작업 시의 안전조치사항이 아닌 것은?

① 절연용 방호구 설치
② 절연용 보호구 착용
③ 단락접지기구의 철거
④ 활선작업용 기구 사용

풀이 ◉

단락접지기구의 설치 및 철거는 정전작업 시 감전사고 위험에 대한 안전조치사항이다.

[답] ③

69 태양광발전시스템에서 복사 에너지의 강도를 측정하기 위해 일반적으로 사용하는 계측기는?

① 풍속계 ② 온도계
③ 일사계 ④ 풍향계

풀이 ◉

일사계(solar meter) : 태양의 복사에너지의 강도를 측정하는 계측기로, 직달일사량을 측정하는 직달일사계, 전천일사량을 측정하는 전천일사계 등이 있다. **[답] ③**

70 전기안전관리자 직무에 관한 고시에 따라 태양광발전설비 점검기록표에 작성하여야 하는 내용이 아닌 것은?

① 태양전지의 최대전력용량
② 전력변환장치의 정격용량
③ 전력변환장치의 구입일자
④ 전력변환장치의 입력전압범위

풀이 ○

- 태양전지 : 형식, 최대전력용량, 최대동작전압, 최대동작전류
- 전력변환장치 : 형식, 정격용량, 입력전압범위, 출력전압 **[답] ③**

---

71 2,000[kWp] 태양광발전시스템을 일반부지에 설치하려할 때, REC가중치는 약 얼마인가?

① 0.99 ② 1.01
③ 1.09 ④ 1.12

풀이 ○

일반부지에 설치하는 경우 가중치(100kW부터 3,000kW이하)

$$가중치 = \frac{99.999 \times 1.2 + (용량 - 99.999) \times 1.0}{용량}$$

$$= \frac{99.999 \times 1.2 + (2000 - 99.999) \times 1.0}{2000}$$

$$= 1.009 \fallingdotseq 1.01$$

※ 가중치는 소수점 넷째자리 절사가 원칙임. **[답] ②**

---

72 태양광 발전시스템에서 고장 빈도가 가장 높고 출력에 영향을 미치는 기기는?

① PV 어레이 ② 인버터
③ 퓨즈 ④ 차단기

풀이 ○

태양광발전시스템의 고장원인 및 고장빈도가 가장 높은 것은 인버터이므로 정상 가동여부를 정기적인 점검으로 확인해야 한다. **[답] ②**

---

73 배전반 제어회로의 배선에서 일상점검 항목이 아닌 것은?

① 전선 지지물의 탈락 여부 확인
② 조임부의 이완 여부 확인
③ 과열에 의한 이상한 냄새 여부 확인
④ 가동부 등의 연결전선의 절연피복 손상 여부 확인

풀이 ○

배전반 제어회로의 배선의 일상점검 항목

대상	점검개소	목적	점검내용
제어회로의 배선	배선 전반	손상	가동부 등의 연결전선의 절연피복 손상여부 확인
			전선 지지물의 탈락여부 확인
		이상한 냄새	과열에 의한 이상한 냄새 여부 확인

[답] ②

---

74 전력시설물 공사감리업무 수행지침에 따라 감리원은 공사가 시작된 경우 공사업자로부터 착공신고서를 제출받아 적정성 여부를 검토하여 며칠 이내에 발주자에게 보고하여야 하는가?

① 3일 ② 7일
③ 15일 ④ 30일

풀이 ○

감리원은 공사가 시작된 경우에는 공사업자로부터 착공신고서를 제출받아 적정성 여부를 검토하여 7일 이내에 발주자에게 보고하여야 한다. **[답] ②**

---

75 사업용전기설비 중 태양광발전설비의 정기검사 시 태양광전지 본체 세부검사 내용으로 틀린 것은?

① 어레이
② 규격확인
③ 외관검사
④ 전지 전기적 특성시험

풀이 ○

사업용 태양광설비 정기검사 시 세부 검사내용(태양광 전지)

검사항목	세부검사내용	수검자 준비자료
2. 태양광 전지 ◦ 일반규격	◦ 규격확인	◦ 단선결선도
◦ 본체	◦ 외관검사 ◦ 전지 전기적 특성시험 – 개방전압 – 출력전압 및 전류 ◦ 어레이 – 절연저항, 접지저항	◦ 태양전지 트립인터록 도면 ◦ 시퀀스 도면 ◦ 측정 및 점검기록표 – 보호장치 및 계전기, 절연저항, 접지저항 시험성적서 ◦ 접지계산서 및 설계도

[답] ②

76 인버터에 'Solar Cell UV Fault'로 표시되었을 경우의 현상 설명으로 옳은 것은?

① 태양전지 전압이 규정치 이상일 때
② 태양전지 전압이 규정치 이하일 때
③ 태양전지 전류가 규정치 이상일 때
④ 태양전지 전류가 규정치 이하일 때

풀이 ○

파워컨디셔너의 이상신호 조치 방법

모니터링	파워컨디셔너 표시	현상 설명	조치사항
태양전지 저전압	Solar cell UV fault	태양전지 전압이 규정 이하일 때 발생, H/W	태양전지 전압 점검 후 정상 시 5분후 재기동

[답] ②

77 동작 불량의 스트링이나 태양전지 모듈의 검출 및 직렬 접속선의 결선 누락사고 등을 검출하기 위한 측정으로 옳은 것은?

① 단락전류 측정   ② 개방전압 측정
③ 절연저항 측정   ④ 정격전류 측정

풀이 ○

• 개방전압 : 동작 불량의 스트링이나 태양전지 모듈의 검출 및 직렬 접속선의 결선 누락사고 등을 검출하기 위한 측정
• 절연저항 : 모듈의 절연상태 확인을 위한 측정
• 단락전류 : 모듈의 오염, 크랙, 음영에 의한 전류감소 등을 확인하기 위한 측정

[답] ②

78 태양광발전시스템 성능평가 분류 중 사이트 평가방법 항목으로 틀린 것은?

① 발전 성능   ② 설치 용량
③ 설치 형태   ④ 설치 대상기관

풀이 ○

사이트 평가방법
① 설치 대상기관
② 설치 시설의 분류
③ 설치 시설의 지역
④ 설치 형태
⑤ 설치 용량
⑥ 설치 각도와 방위
⑦ 시공업자
⑧ 기기 제조사

[답] ①

79 태양광발전시스템에 사용되는 축전지의 일상점검 중 육안점검의 항목으로 틀린 것은?

① 전해액면 저하   ② 전해액의 변색
③ 외함의 변형   ④ 단자전압

풀이 ○

일상점검 중 육안점검은 공구, 계측기를 사용하지 않는 점검이다.   [답] ④

80 계통연계형 인버터의 주요기능에 해당하지 않는 것은?

① 충·방전 조정기능
② 단독운전 방지기능
③ 자동운전·정지기능
④ 최대전력 추종제어기능

풀이 ○

충·방전 조정기능은 독립형 인버터의 주요기능이다.
[답] ①

※ 2020년 4회부터 산업기사 필기시험이 CBT(컴퓨터 기반 시험)로 변경되어 응시자분들께서 제공한 기출문제와 적중 예상문제로 구성되었음을 알려드립니다.

1과목
태양광발전 사전검토

01 일반적으로 고장전류 중 가장 큰 전류는?
① 1선 지락전류　　② 선간 단락전류
③ 2선 지락전류　　④ 3상 단락전류

풀이 ◉
고장전류의 크기 : 3상 단락전류 > 선간 단락전류
> 2선 지락전류 > 1선 지락전류　　　**[답] ④**

02 전기공사업법령에 따라 공사업자는 등록사항 중 대통령령으로 정하는 중요 사항이 변경된 경우 그 사유가 발생한 날로부터 며칠 이내에 시·도지사에게 그 사실을 신고하여야 하는가?
① 15일　　　　　　② 30일
③ 45일　　　　　　④ 60일

풀이 ◉
시행규칙 제8조(등록사항 변경신고)
① 등록사항의 변경신고를 하려는 자는 그 사유가 발생한 날부터 30일 이내에 신고하여야 한다.　**[답] ②**

03 태양광발전용 인버터의 회로 구성에서 AC-DC 컨버터를 사용하는 방식은?
① 단권변압기 절연방식
② 고주파 변압기 절연방식
③ 상용주파 변압기 절연방식
④ 무변압기(트랜스리스) 절연방식

풀이 ◉
태양광발전용 인버터의 절연방식에 따른 회로도는 다음과 같다.

구 분	회 로 도
상용주파 절연방식	PV — DC→AC 인버터 — 상용주파 변압기
고주파 절연방식	PV — DC→AC 고주파 인버터 — 고주파 변압기 — AC→DC DC→AC 인버터
무변압기 방식	PV — 컨버터 — 인버터

[답] ②

04 신재생에너지 생산인증서(REP, Renewable Energy Point)의 발급 및 관리기관은?
① 한국전력공사
② 한국전력거래소
③ 한국신재생에너지센터
④ 한국전기안전공사

풀이 ◉
한국신재생에너지센터장은 생산인증서(REP) 발급신청일부터 30일 이내에 「신재생에너지 생산인증서」를 대여사업자에게 발급하여야 한다.　　　**[답] ③**

05 태양전지 모듈 선정 시 고려사항에 해당되지 않는 것은?
① 경제성　　　　　② 태양전지 셀의 크기
③ 변환효율　　　　④ 신뢰성

풀이 ◉
태양전지 모듈 선정 시 고려사항은 경제성, 신뢰성, 변환효율, Power Tolerance, 인증 등이다.　　**[답] ②**

06 기와, 착색 슬레이트, 금속지붕 등의 지붕재에 전용 지지기구와 받침대를 설치하여 그 위에 태양광발전 모듈을 설치하는 형태를 무엇이라고 하는가?

① 평지붕형   ② 경사 지붕형
③ 톱라이트형   ④ 지붕재 일체형

풀이 ○
기와, 착색 슬레이트, 금속지붕 등의 지붕재에 전용 지지기구와 받침대를 설치하여 그 위에 태양광발전 모듈을 설치하는 형태는 경사지붕형이다.   [답] ②

07 송전단 전압 66[kV], 부하 시 수전단 전압 60[kV], 무부하 시 수전단 전압 63[kV]인 경우 전압변동률은 몇 [%]인가?

① 4.87   ② 5.0
③ 9.21   ④ 10.0

풀이 ○
전압변동률
$$= \frac{\text{무부하시 수전단 전압} - \text{부하시 수전단 전압}}{\text{부하시 수전단 전압}} \times 100[\%]$$
$$= \frac{63-60}{60} \times 100 = 5.0[\%]$$
     [답] ②

08 다음 중 접속함 내부의 구성기기가 아닌 것은?

① 주 개폐기   ② 단자대
③ 바이패스소자   ④ 역류방지소자

풀이 ○
바이패스 소자는 모듈의 단자함에 설치된다.   [답] ③

09 태양광발전 전지의 표면에 입사한 태양에너지를 전기에너지로 변환하는 효율은?

① 압전변환효율
② 광전변환효율
③ 충전변환효율
④ 방전변환효율

풀이 ○
$$\text{광전변환효율} = \frac{\text{출력전기에너지}}{\text{입사광에너지}} \times 100[\%]$$
     [답] ②

10 태양광발전 전지의 전류–전압 곡선에 대한 설명 중 옳은 것을 모두 고른 것은?

〈보기〉
ㄱ. 전압이 0인 경우에 흐르는 전류를 단락전류라 한다.
ㄴ. 생산되는 전력이 최대인 경우의 전압을 개방전압이라 한다.
ㄷ. 곡선인자(fill factor)가 클수록 변환효율이 높아진다.
ㄹ. 부하저항이 클수록 변환효율이 높아진다.

① ㄱ, ㄴ   ② ㄱ, ㄷ
③ ㄱ, ㄴ, ㄷ   ④ ㄱ, ㄴ, ㄷ, ㄹ

풀이 ○
• 전압이 0인 경우에 흐르는 전류를 단락전류라 한다.
• 전류가 0인 경우의 전압을 개방전압이라 한다.
• 곡선인자(fill factor)가 클수록 변환효율이 높아진다.   [답] ②

11 다음 중 신에너지에 해당되지 않는 것은?

① 수소에너지
② 연료전지
③ 석탄을 액화 가스화한 에너지
④ 해양에너지

풀이 ○
• 신에너지 : 연료전지, 석탄액화가스화 및 중질잔사유 가스화, 수소에너지
• 재생에너지 : 태양(태양광, 태양열), 바이오, 풍력, 수력, 해양, 폐기물, 지열   [답] ④

12 공칭작동 태양전지 온도(NOCT)의 영향요소가 아닌 것은?

① 전지표면의 방사조도
② 주위온도
③ 풍속
④ 주변습도

풀이 ○
공칭작동 태양전지 온도(NOCT : Nominal Operating photovoltaic Cell Temperature)는 해가 남중(태양시

정오)하였을 때, 개방형 선반식 가대에 설치된 모듈에 햇빛이 연직으로 입사되고, **방사조도 800[W/m²], 기온 20[℃], 풍속 1[m/s]**인 표준기준 환경조건에서 전기적으로 개방회로 상태인 모듈 내부의 전지집합이 열적평형을 이루고 있는 상태의 평균온도 **[답] ④**

13 계통 연계형 인버터의 직류를 교류로 변환할 때 발생하는 변환효율 계산식은?

① $\dfrac{P_{AC}\ 출력전력}{P_{DC}\ 입력전력}$

② $\dfrac{P_{DC}\ 입력전력}{P_{AC}\ 출력전력}$

③ $\dfrac{P_{DC}\ 순간입력전력}{P_{PV}\ 최대순간\ PV\ 어레이\ 전력}$

④ $\dfrac{P_{AC}\ 순간출력전력}{P_{PV}\ 최대순간\ PV\ 어레이\ 전력}$

풀이 ○

인버터의 직류를 교류로 변환할 때 발생하는 변환효율 (Efficiency)은 P_{DC} 입력전력에 대한 P_{AC} 출력전력의 비로 나타낸다. **[답] ①**

14 태양광설비 3[MWp], 일일발전시간이 4.6시간인 경우 연간발전량은?

① 1095[MWh] ② 13.7[MWh]
③ 5037[MWh] ④ 328.8[MWh]

풀이 ○

년간발전량 = 태양광설비용량 × 일일발전시간 × 365일
　　　　　= 3[MW] × 4.6[h/일] × 365[일]
　　　　　= 5037[MWh] **[답] ③**

15 일사량과 어레이 경사각에 대한 설명으로 틀린 것은?

① 태양전지는 많은 일사량을 받도록 지면과 수평면에 설치한다.

② 지표면 확산 일사는 태양으로부터 산란, 반사 후 지상에 도달하는 일사이다.

③ 지표면 직달 일사는 태양으로부터 지상의 관측지점으로 직접 도달하는 일사이다.

④ 경사면 일사량은 어레이 경사각을 결정한다.

풀이 ○

태양전지가 많은 일사량을 받기 위해서는 모듈 표면과 직달 일사가 수직(90도)이 되어야 한다. **[답] ①**

16 태양전지의 직렬저항 증가에 의해 영향을 받는 요소는?

① 개방전압 감소 ② 누설전류 증가
③ 충진율 감소 ④ 단락전류 증가

풀이 ○

(1) 태양전지의 직렬저항 증가에 따른 그래프는 다음과 같다.

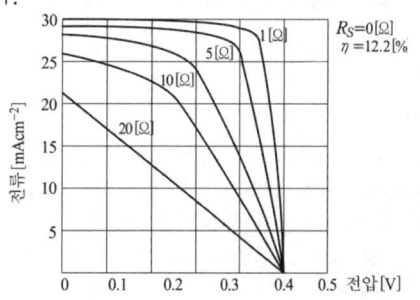

(2) 충진율$(FF) = \dfrac{V_{mpp} \times I_{mpp}}{V_{oc} \times I_{SC}}$ 이고, 직렬저항 증가에 따라 최대출력 시 전류(I_{mpp})가 감소하므로 충진율은 감소한다. **[답] ③**

17 태양전지 모듈 전면적 1000[m²]에서 방사조도 1000[W/m²]이고, 최대 출력이 100[kW]이면 변환 효율은 몇 [%]인가?

① 10 ② 15
③ 20 ④ 25

풀이 ○

태양전지의 변환효율(η)은

$\eta = \dfrac{최대출력(P_{\max})}{일조강도(E) \times 모듈면적(A)} \times 100[\%]$

　 $= \dfrac{100 \times 10^3}{1000 \times 1000} \times 100 = 10[\%]$ **[답] ①**

18 종합출력에 영향을 미치는 손실 요소가 아닌 것은?

① 모듈의 온도

② MPP 불일치

③ 실측 경사면 일사량

④ 인버터 손실

풀이 ○

태양광발전시스템의 출력에 영향을 미치는 요소는 모듈의 온도, MPP 불일치, 인버터 손실, 전압강하 손실, 모듈의 오염, 태양전지의 성능저하 등이다. **[답] ③**

19 태양광발전시스템을 완성하기 위하여 필요한 모듈을 직·병렬로 구성하게 되는데, 즉 직렬로 접속된 모듈 집합체의 회로를 무엇이라 하는가?

① 어레이

② 스트링

③ 모듈

④ 셀

풀이 ○

1) **셀(Cell)** : 태양전지의 최소단위

2) **모듈(Module)** : 셀(Cell)을 내후성 패키지에 수 십장 모아 일정한 틀에 고정하여 구성된 것

3) **스트링(String)** : 모듈(Module)의 직렬연결 집합 단위

4) **어레이(Array)** : 스트링(String), 가대를 포함하는 모듈의 집합 단위 **[답] ②**

20 국토의 계획 및 이용에 관한 법령에 따라 개발행위 허가 대상 중 토지의 형질변경에 해당하지 않는 것은?

① 절토(땅깍기)

② 성토(흙쌓기)

③ 정지(땅고르기)

④ 토지분할

풀이 ○

시행령 제51조(개발행위허가의 대상)

① 법에 따라 개발행위허가를 받아야 하는 행위는 다음 각 호와 같다.

1. 건축물의 건축 : 「건축법」 제2조제1항제2호에 따른 건축물의 건축

2. 공작물의 설치 : 인공을 가하여 제작한 시설물(「건축법」 제2조제1항제2호에 따른 건축물을 제외한다)의 설치

3. 토지의 형질변경 : 절토(땅깎기)·성토(흙쌓기)·정지(땅고르기)·포장 등의 방법으로 토지의 형상

을 변경하는 행위와 공유수면의 매립(경작을 위한 토지의 형질변경을 제외한다)

4. 토석채취 : 흙·모래·자갈·바위 등의 토석을 채취하는 행위. 다만, 토지의 형질변경을 목적으로 하는 것을 제외한다. **[답] ④**

2과목
태양광발전 **구성·선정**

21 태양전지 모듈의 배선을 지중으로 시공하는 경우의 설명으로 틀린 것은?

① 지중배선과 지표면의 중간에 매설표시 시트를 포설한다.

② 지중배관 시 중량물의 압력을 받는 경우 0.6[m] 이상의 깊이로 매설한다.

③ 지중매설배관은 배선용 탄소강 강관, 내충격성 경화비닐 전선관을 사용한다.

④ 지중전선로의 매설개소에는 필요에 따라 매설 깊이, 전선방향 등을 지상에 표시한다.

풀이 ○

지중전선로의 매설(KEC 334.1)

• 직접 매설식에 의하여 시설하는 경우 : 중량물의 압력을 받을 우려가 있는 경우 1.0[m] 이상, 일반장소는 0.6[m] 이상 깊이로 시설할 것

• 관로식에 의하여 시설하는 경우 : 중량물의 압력을 받을 우려가 있는 경우 1.0[m] 이상, 일반장소는 0.6[m] 이상 깊이로 시설할 것 **[답] ②**

22 직격뢰를 가정하고 10/350[μs]의 전류파형으로 시험하는 서지보호장치(SPD)의 분류는?

① Ⅰ등급 시험

② Ⅱ등급 시험

③ Ⅲ등급 시험

④ Ⅳ등급 시험

풀이 ○

• Ⅰ등급 시험 : 10/350[μs]의 임펄스 전류파형으로 시험하고, 직격뢰를 가정

• Ⅱ등급 시험 : 8/20[μs]의 임펄스 전류파형으로 시험하고, 유도뢰를 가정

• Ⅲ등급 시험 : 조합파(1.2/50[μs]의 전압파형과 8/20[μs]의 전류파형)로 시험하고, 반복 서지에 대응 **[답] ①**

23 금속제 가요전선관공사에서 저압 옥내 배선의 시설조건에 적합한 것은?

① 전선관 안에서 접속한다.

② 옥외용 비닐 절연전선을 사용한다.

③ 단면적 25[mm²]의 단선을 사용한다.

④ 2종 금속제 가요전선관을 사용한다.

풀이 ◐

금속제 가요전선관공사 시설조건(KEC 232.13.1)

• 전선은 절연전선(옥외용 비닐절연전선을 제외한다)일 것.

• 전선은 연선일 것. 다만, 단면적 10[mm²](알루미늄선은 단면적 16[mm²]) 이하인 것은 그러하지 아니하다.

• 가요전선관 안에는 전선에 접속점이 없도록 할 것.

• 가요전선관은 2종 금속제 가요전선관일 것 **[답]** ④

24 상(문자)과 전선의 색상 연결이 틀린 것은?

① L1 – 갈색   ② L2 – 검은색

③ L3 – 적색   ④ N – 파란색

풀이 ◐

전선의 식별(KEC 121.2)

상(문자)	L1	L2	L3	N	보호도체
색상	갈색	검은색	회색	파란색	녹색-노란색

[답] ③

25 다음과 같은 조건일 때 어레이와 어레이간의 최소 이격거리는 약 몇 [m]인가? (단, 경사고정식으로 정남향이다.)

- 어레이 길이(L) : 3[m]
- 어레이 경사각(θ) : 30°
- 설치지역의 위도(ϕ) : 35.5°

① 4.5   ② 4.8

③ 5.1   ④ 5.4

풀이 ◐

이격거리$(d) = L\{\cos(\theta) + \sin(\theta) \times \tan(\phi + 23.5)\}$
$= 3\{\cos(30) + \sin(30) \times \tan(35.5 + 23.5)\}$
$= 5.09 \fallingdotseq 5.1[m]$ **[답]** ③

26 태양광 발전시스템 설계 시 고려사항으로 틀린 것은?

① 설치방법 위치

② 설치방법 결정

③ 설치회사 결정

④ 설치면적 및 시스템 용량 결정

풀이 ◐

설계 시 고려사항 : 설치위치 결정, 설치방법 결정, 설치면적 및 시스템 용량 결정, 디자인 결정, 태양전지 모듈 선정, 인버터 선정, 어레이 구성 등.   **[답]** ③

27 특고압 가공전선이 삭도와 제2차 접근상태로 시설되는 경우, 특고압 가공전선로는 몇 종 특고압 보안공사를 하여야 하는가?

① 제0종 특고압 보안공사

② 제1종 특고압 보안공사

③ 제2종 특고압 보안공사

④ 제3종 특고압 보안공사

풀이 ◐

특고압 가공전선과 삭도의 접근 또는 교차(KEC 333.25)

• 제1차 접근상태로 시설되는 경우 : 특고압 가공전선로는 제3종 특고압 보안공사에 의할 것.

• 제2차 접근상태로 시설되는 경우 : 특고압 가공전선로는 제2종 특고압 보안공사에 의할 것   **[답]** ③

28 태양광 발전용 인버터(계통연계형, 독립형) (KS C 8565:2020)에 따른 계통연계형 태양광 인버터의 3상 실외형 설치 시 IP(Ingress Protection rating) 등급은?

① IP 20 이상   ② IP 25 이상

③ IP 33 이상   ④ IP 44 이상

풀이 ◐

KS C 8565(태양광 발전용 인버터(계통연계형, 독립형))

〈표 1〉 태양광 발전용 인버터의 분류

용도	형식	설치 장소	비고
계통 연계형	3상	실내/실외	실내형: IP20 이상
독립형	3상	실내/실외	실외형: IP44 이상 (KS C IEC 62093)

[답] ④

29 얕은 기초 설계기준(일반설계법)(KDS 11 50 05 : 2021)에 따라 얕은 기초의 설계 시 검토하여 결정하는 사항으로 틀린 것은?

① 기초지반이 전단파괴에 대하여 안전하도록 한다.

② 과도한 침하나 부등침하가 발생하지 않도록 한다.

③ 인접한 구조물에 침하, 균열, 손상 등이 발생하지 않아야 한다.

④ 기초가 경사진 지반에 설치될 경우 기초하중에 의한 비탈면 활동 및 지지력의 증가가 발생하지 않도록 한다.

풀이 ○

얕은기초의 설계는 다음 사항을 검토하여 결정한다.

• 기초지반이 전단파괴에 대하여 안전하도록 한다.

• 과도한 침하나 부등침하가 발생하지 않도록 한다.

• 기초가 경사진 지반에 설치될 경우 기초하중에 의한 비탈면 활동 및 지지력의 감소가 발생하지 않도록 한다.

• 인접한 구조물에 침하, 균열, 손상 등이 발생하지 않아야 한다. **[답] ④**

30 3,300[V]용 전동기의 절연내력시험은 몇 [V] 전압에서 권선과 대지 간에 연속하여 10분간 가하여 견디어야 하는가?

① 4,000 ② 4,950

③ 5,850 ④ 6,600

풀이 ○

발전기 · 전동기 · 조상기 · 기타회전기	7[kV] 이하	1.5배(최저 500[V])
	7[kV] 초과	1.25배(최저 10,500[V])

절연내력시험전압 $= 3,300 \times 1.5 = 4,950$[V] **[답] ②**

31 태양전지를 구성하는 최소단위는?

① 어레이 ② 스트링

③ 모듈 ④ 셀

풀이 ○

1) **셀(Cell)** : 태양전지의 최소단위.

2) **모듈(Module)** : 셀(Cell)을 내후성 패키지에 수 십장 모아 일정한 틀에 고정하여 구성된 것.

3) **스트링(String)** : 모듈(Module)의 직렬연결 집합 단위

4) **어레이(Array)** : 스트링(String), 가대를 포함하는 모듈의 집합 단위. **[답] ④**

32 설정된 최소 동작전류 이상의 전류가 흐르면 그 전류의 크기와 관계없이 즉시 작동하는 계전기로 보통 0.3초 이내에 작동 하도록 되어 있는 계전기는?

① 순한시 계전기 ② 정한시 계전기

③ 반한시 계전기 ④ 정반한시 계전기

풀이 ○

• 순한시 계전기 : 최소 동작 전류 이상의 전류가 흐르면 즉시 동작하는 계전기

• **정한시 계전기** : 정해진 값 이상의 전류가 흘렀을 때 동작 전류의 크기에는 관계없이 정해진 시간이 경과한 후에 동작하는 계전기

• 반한시 계전기 : 정해진 값 이상의 전류가 흘렀을 때 동작하는 시간과 전류값이 서로 반비례하여 동작하는 계전기 **[답] ①**

33 다음 그림과 같이 태양전지 모듈의 전류-전압 특성곡선을 나타낸다면, 이 태양전지 모듈의 충진율(Fill Factor)은?

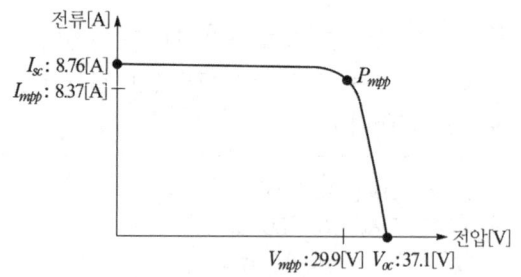

① 0.5 ② 0.64

③ 0.77 ④ 0.81

풀이 ○

$$FF = \frac{V_{mpp} \times I_{mpp}}{V_{oc} \times I_{sc}} = \frac{29.9 \times 8.37}{37.1 \times 8.76} = 0.77$$ **[답] ③**

34 다음 그림과 같은 인버터의 회로방식은 무엇인가?

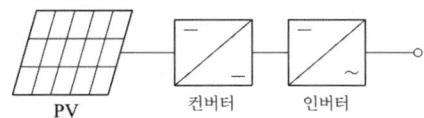

① 상용주파 변압기 절연방식
② 고주파 변압기 절연방식
③ 고조파 변압기 절연방식
④ 트랜스리스 방식

풀이 ◑

무변압기(트랜스리스)방식의 회로도이다.   [답] ④

35 태양전지 모듈 설치 시 감전방지책으로 옳은 것은?

① 작업 시에는 일반 장갑을 착용한다.
② 태양전지 모듈은 저압이기 때문에 공구는 반드시 절연처리 될 필요가 없다.
③ 강우 시 발전이 없기 때문에 작업을 해도 무관하다.
④ 태양광 모듈을 수리할 경우 표면을 차광시트로 씌워야 한다.

풀이 ◑

태양광 모듈 설치 시 감전사고 예방대책
① 작업전에 태양전지 표면에 차광막을 씌워 태양광을 차폐한다.
② 저압 절연장갑을 착용한다.
③ 절연처리된 공구를 사용한다.
④ 강우 시에는 작업을 금지한다.
⑤ 누전 위험장소에는 누전차단기 설치한다.   [답] ④

36 SF_6 가스를 사용하는 특고압 차단기는?

① OCB   ② ABB
③ VCB   ④ GCB

풀이 ◑

유입차단기 (OCB)	소호실에서 아크에 의한 절연유 분해가스의 열전도 및 압력에 의한 blast을 이용해서 차단
공기차단기 (ABB)	압축된 공기를 아크에 불어 넣어서 차단
진공차단기 (VCB)	고진공 중에서 전자의 고속도 확산에 의해 차단
가스차단기 (GCB)	고성능 절연 특성을 가진 특수 가스(SF_6)를 이용해서 차단

[답] ④

37 전력시설물 공사감리업무 수행지침에 따른 공사 감리원의 감리업무가 아닌 것은?

① 발주자의 권한 대행
② 공사의 품질확보와 향상에 노력
③ 공사의 계획, 발주, 설계, 시공 등 전반 업무 총괄
④ 품질관리, 공사관리, 안전관리 등에 대한 기술지도

풀이 ◑

공사감리 : 전기공사에 대하여 발주자의 위탁을 받은 감리업자가 설계도서, 그 밖의 관계서류의 내용대로 시공되는지 여부를 확인하고, 품질관리 · 공사관리 및 안전관리 등에 대한 기술 지도를 하며, 관계 법령에 따라 발주자의 권한을 대행하는 것을 말한다.   [답] ③

38 태양광발전시스템의 손실 인자가 아닌 것은?

① 음영   ② 효율
③ 모듈의 오염   ④ 모듈의 온도

풀이 ◑

손실 인자 : 음영, 모듈의 온도, 모듈의 오염 등 [답]②

39 지붕형 태양광발전시스템 어레이 기초공사에 포함되는 것은?

① 접지공사
② 방수공사
③ 구조물공사
④ 모듈 설치공사

풀이 ◑

지붕형 태양광발전시스템 어레이 기초공사에는 방수공사가 포함된다.   [답] ②

40 가공 전선로에 사용하는 지지물의 강도 계산에 적용하는 병종 풍압 하중은 갑종 풍압 하중에 대한 얼마를 기초로 하여 계산한 것인가?

① $\frac{1}{2}$ ② $\frac{1}{3}$

③ 1.5   ④ 2

풀이 ○

병종 풍압 하중 : 갑종 풍압의 2분의 1을 기초로 하여 계산한 것.   [답] ①

3과목 ～～～ 태양광발전 시공

41 사업용 태양광 발전설비 정기검사 항목이 아닌 것은?

① 변압기 검사   ② 접속함 검사

③ 태양전지 검사   ④ 전력변환장치검사

풀이 ○

사업용 태양광 발전설비 정기검사 항목 : 태양전지 검사, 전력변환장치 검사, 변압기 검사, 차단기 검사, 전선로(모선) 검사, 접지설비 검사, 종합연동시험 검사   [답] ②

42 계산 값이 항상 1 이상인 것은?

① 수용률   ② 부등률

③ 부하율   ④ 전압 변동률

풀이 ○

• 부등률(Diversity Factor)
$$= \frac{각 부하의 최대수요전력의 합[kW]}{합성최대수요전력[kW]} \geq 1 \text{ (항상 1이상)}$$
          [답] ②

43 태양광 발전(3[kW] 이하)의 에너지 공급 인증서 가중치 중 건축물 등 기존 시설물을 이용할 경우 가중치는?

① 0.5   ② 1.0

③ 1.5   ④ 5.0

풀이 ○

태양광 발전 공급인증서 가중치 적용 기준

구분	공급인증서 가중치	대상에너지 및 기준	
		설치유형	세부기준
태양광 에너지	1.2	일반부지에 설치하는 경우	100[kW]미만
	1.0		100[kW]부터 3,000[kW]이하
	0.8		3,000[kW]초과부터
	0.5	임야에 설치하는 경우	
	1.5	건축물 등 기존 시설물을 이용하는 경우	3,000[kW]이하
	1.0		3,000[kW]초과부터
	1.6	유지의 수면에 부유하여 설치하는 경우	100[kW]미만
	1.4		100[kW]부터 3,000[kW]이하
	1.2		3,000[kW]초과부터

          [답] ③

44 태양광구조물의 상정하중 계산 중 수직하중이 아닌 것은?

① 활하중   ② 풍하중

③ 고정하중   ④ 적설하중

풀이 ○

• 수직하중 : 고정하중(영구적으로 작용하는 하중), 적설하중, 활하중
• 수평하중 : 풍하중, 지진하중   [답] ②

45 결정질 실리콘 태양광발전 모듈(성능)(KS C 8561 : 2020)에 따른 습도-동결 시험에서 품질기준 중 최대 출력에 대한 내용으로 옳은 것은?

① 시험 전 값의 80[%] 이상일 것

② 시험 전 값의 85[%] 이상일 것

③ 시험 전 값의 90[%] 이상일 것

④ 시험 전 값의 95[%] 이상일 것

풀이 ○

습도-동결 시험에서 품질기준 : 최대 출력은 시험 전 값의 95[%] 이상일 것   [답] ④

46 태양광발전시스템의 시공 · 설계 시 고려하여 검토된 하중의 크기순으로 바르게 나열한 것은?

① 폭풍 시 > 적설 시 > 지진 시
② 지진 시 > 폭풍 시 > 적설 시
③ 폭풍 시 > 지진 시 > 적설 시
④ 지진 시 > 적설 시 > 폭풍 시

풀이 ◉

국내 태양광 구조물 적용 하중의 크기 : 폭풍 시 > 적설 시 > 지진 시 **[답] ①**

47 기초절연의 고장으로 인해 전기기기의 접근이 가능한 부분에 위험한 전압이 발생하는 것을 방지하기 위한 이중절연 또는 강화절연의 전기적 보호등급은?

① CLASS Ⅰ   ② CLASS Ⅱ
③ CLASS Ⅲ   ④ CLASS Ⅳ

풀이 ◉

전기적인 보호등급		기호
Class I	장치 접지됨	⏚
Class II	보호 절연(이중/강화 절연)	▢
Class III	안전 특별 저전압 (AC : 50[V]이하, DC : 120[V]이하)	◁◁◁

[답] ②

48 설계업자로부터 설계감리원이 착수신고서를 제출받고 적정성 여부를 검토할 서류는?

① 착수신고서
② 예정공정표
③ 검사요청서
④ 상세공정표

풀이 ◉

설계감리원은 설계업자로부터 착수신고서를 제출받아 다음 각 호의 사항에 대한 적정성 여부를 검토하여 보고하여야 한다.
① 예정공정표
② 과업수행계획 등 그 밖에 필요한 사항 **[답] ②**

49 가공전선의 구비조건으로 틀린 것은?

① 비중이 클 것   ② 내구성이 있을 것
③ 도전율이 높을 것   ④ 기계적 강도가 클 것

풀이 ◉

가공전선의 구비조건
• 경제적일 것   • 기계적 강도가 클 것
• 도전율(허용전류)이 클 것   • 비중(밀도)이 작을 것
• 가요성이 있을 것   • 부식성이 작을 것
• 내구성이 클 것   **[답] ①**

50 가교 폴리에틸렌 절연 비닐 시스 케이블을 나타내는 약호는?

① CV   ② DV
③ GV   ④ OC

풀이 ◉

• CV(=XLPE) : 가교 폴리에틸렌 비닐 시스 케이블
• DV : 인입용 비닐 절연전선
• GV : 접지용 비닐 절연전선
• OC : 옥외용 가교 폴리에틸렌 절연전선 **[답] ①**

51 밀폐형 건축물의 구조골조용 풍하중과 관련 사항이 없는 것은?

① 설계풍력   ② 노출계수
③ 외압계수   ④ 유효수압면적

풀이 ◉

밀폐형 건축물의 구조골조용 풍하중은 다음 식으로 계산한다.

$$W_f = P_f \times A[\text{kgf}]$$

여기서, P_f : 구조골조용 설계풍력
  A : 유효 수압면적[m^2]

구조골조용 설계풍력(P_f)은

$$P_f = (q_z \times G_f \times C_{pe1}) - (q_h \times G_f \times C_{pe2})$$

여기서, q_z : 지표면에서 임의 높이 Z에 대한 설계 속도압 [kgf/m^2]
  q_h : 지붕면의 평균높이 h에 대한 설계 속도압 [kgf/m^2]
  G_f : 구조골조용 가스트 영향계수
  C_{pe1} : 풍상벽의 외압계수
  C_{pe2} : 풍하벽의 외압계수 **[답] ②**

52 자연상태의 토량 1,000[m³]를 흐트러진 상태로 하면 토량은 몇 [m³]로 되는가?
(단, 흐트러진 상태의 토량 변화율은 1.2, 다져진 상태의 토량 변화율은 0.9이다.)
① 883   ② 900
③ 1200   ④ 1333

풀이 ●
흐트러진 상태의 토량
= 자연상태의 토량 × 흐트러진 상태의 토량 변화율
= 1,000[m³] × 1.2 = 1,200[m³]   **[답] ③**

53 토지에 직접 U형, C형, H형 단면 등의 파일 기초를 삽입하는 지상형 어레이 설치 공법은?
① 스파이럴 공법
② 스크류 공법
③ 레이밍 파일공법
④ 보링그라우팅 공법

풀이 ●
• 스파이럴(Spiral) 공법 : 콘크리트 기초와 다르게 토지에 직접 스파이럴 파일(나선형 구조물)을 삽입하는 공법
• 스크류(Screw) 공법 : 토지에 직접 스크류 파일을 삽입하는 공법
• 레이밍 파일(Ramming pile) 공법 : 토지에 직접 U형, C형, H형 단면 등의 파일 기초를 삽입하는 공법
• 보링그라우팅 공법 : 지반이 연약하여 흙과 흙 사이에 시멘트풀을 넣어서 지반을 튼튼하게 하는 공법   **[답] ③**

54 발전소와 전기수용설비, 변전소와 전기수용설비, 송전선로와 전기수용설비, 전기수용설비 상호간을 연결하는 선로는?
① 송전선로   ② 배전선로
③ 개폐소   ④ 발전선로

풀이 ●
"배전선로"란 다음 각 목의 곳을 연결하는 전선로와 이에 속하는 전기설비를 말한다.
① 발전소와 전기수용설비
② 변전소와 전기수용설비
③ 송전선로와 전기수용설비
④ 전기수용설비 상호간   **[답] ②**

55 책임감리원은 최종감리보고서를 감리기간 종료 후 며칠 이내에 발주자에게 제출하여야 하는가?
① 3일 이내
② 7일 이내
③ 14일 이내
④ 30일 이내

풀이 ●
전력시설물 공사감리업무 수행지침 제17조(감리보고 등)
③ 책임감리원은 최종감리보고서를 감리기간 종료 후 14일 이내에 발주자에게 제출하여야 한다.   **[답] ③**

56 태양전지 어레이를 설치하기 위한 기초의 요구 조건으로 틀린 것은?
① 허용 침하량 이상의 침하
② 설계하중에 대한 안정성 확보
③ 현장여건을 고려한 시공 가능성
④ 환경변화, 국부적 지반 쇄굴 등에 대한 저항

풀이 ●
기초의 요구조건
• 구조적 안정성 확보 : 설계하중에 대한 안정성 확보
• 허용침하량 이내 : 구조물의 허용 침하량 이내의 침하
• 최소의 근입깊이를 가질 것 : 환경변화, 국지적 지반 세굴 등에 저항
• 시공가능성 : 현장 여건 고려   **[답] ①**

57 접지저항은 대지저항률에 따라 크게 좌우된다. 대지저항률에 영향을 주는 요인으로 틀린 것은?
① 물리적 영향
② 온도적 영향
③ 계절적 영향
④ 흙의 종류나 수분의 영향

풀이 ●
대지저항률에 영향을 주는 요인 : 흙의 종류, 함수율, 온도(계절적)영향, 수분에 용해되어 있는 물질의 농도, 토양의 입자크기, 입자의 조밀성.   **[답] ①**

58 태양광발전시스템의 일반적인 시공 순서로 옳은 것은?

> ㉠ 모듈　　㉡ 어레이　　㉢ 인버터
> ㉣ 접속반　　㉤ 기기 간 배선

① ㉠ → ㉡ → ㉣ → ㉢ → ㉤
② ㉠ → ㉤ → ㉢ → ㉡ → ㉣
③ ㉠ → ㉣ → ㉤ → ㉡ → ㉢
④ ㉠ → ㉢ → ㉤ → ㉣ → ㉡

풀이 ○

태양광발전시스템의 시공 순서 : 기초공사 → 모듈 → 어레이 설치 → 접속반 설치 → 인버터 설치 → 기기 간 배선　　　　　　　　　　　　　**[답] ①**

59 3상 변압기 병렬운전 가능 결선방식이 아닌 것은?

① △-△와 △-△
② Y-△와 Y-△
③ △-Y와 △-Y
④ Y-△와 Y-Y

풀이 ○

3상 변압기 병렬운전 1차와 2차의 결선방식이 같아야 병렬운전을 할 수 있다. Y-△와 Y-Y 결선방식병렬운전이 불가능하다.　　　　　　　　　**[답] ④**

60 지상에 태양전지 어레이를 설치하기 위한 기초 형식 중 지지층이 얕은 경우에 사용하는 방식이 아닌 것은?

① 말뚝 기초
② 직접 기초
③ 독립 푸팅 기초
④ 복합 푸팅 기초

풀이 ○

• 얕은 기초(지지층이 얕은 곳) : 직접기초(독립기초), 복합기초, 전면기초, 연속기초, 확대기초, 독립 푸팅 기초, 복합 푸팅 기초.
• 깊은 기초(지지층이 깊은 곳) : 케이슨 기초, 말뚝 기초, 피어 기초　　　　　　　　　**[답] ①**

4과목
태양광발전 **유지·관리**

61 인버터에 'Line Over Frequency Fault'로 표시되었을 경우의 현상 설명으로 옳은 것은?
① 계통전압이 규정치 이상일 때
② 계통전압이 규정치 이하일 때
③ 계통주파수가 규정치 이상일 때
④ 계통주파수가 규정치 이하일 때

풀이 ○

파워컨디셔너의 이상신호 조치 방법

모니터링	파워컨디셔너 표시	현상 설명	조치사항
한전계통 고주파수	Line over frequency fault	계통주파수가 규정값 이상일 때 발생	계통전압 확인 후 정상시 5분 후 재가동

[답] ③

62 태양광 모듈의 유지관리 사항이 아닌 것은?
① 모듈의 유리표면 청결유지
② 음영이 생기지 않도록 주변정리
③ 케이블 극성 유의 및 방수 커넥터 사용여부
④ 셀이 병렬로 연결되었는지 여부

풀이 ○

모든 태양전지 모듈 내의 셀은 직렬로 연결된다. **[답] ④**

63 태양광발전용 인버터의 정상 특성 시험항목 중 독립형인 경우에는 해당되지 않는 시험 항목은?
① 측정 오차 정확도 시험
② 온도상승 시험
③ 누설전류 시험
④ 효율 시험

풀이 ○

태양광발전용 인버터의 정상 특성 시험항목

시험항목	독립형	계통연계형
a) 측정 오차 정확도 시험	○	○
b) 교류 전압, 주파수 추종 범위 시험	×	○
c) 교류 출력 전류 왜형률 시험	×	○
d) 온도 상승 시험	○	○
e) 효율 시험	○	○
f) 대기 손실 시험	×	○
g) 자동 기동·정지 시험	×	○
h) 최대 전력 추종 시험	×	○
i) 출력 전류 직류분 검출 시험	×	○

[답] ③

64 태양광발전시스템 성능평가를 위한 신뢰성 평가·분석항목 중 트러블에 관한 연결이 틀린 것은?

① 계측 트러블 : 컴퓨터 전원의 차단
② 시스템 트러블 : 인버터 정지
③ 시스템 트러블 : 계통 지락
④ 계측 트러블 : ELB 트립

풀이 ○

신뢰성 평가 분석항목
• 시스템 트러블 : 인버터 정지, 직류지락, 계통지락, RCD (=ELB) 트립, 원인불명 등에 의한 시스템의 정지
• 계측 트러블 : 컴퓨터 전원의 차단, 컴퓨터의 조작오류, 기타 원인불명

[답] ④

65 실리콘 단결정과 다결정 태양전지의 일반적인 설명 중 틀린 것은?

① 고온 작동 시 다결정의 출력감소가 크다.
② 단결정의 직렬저항성분이 작다.
③ 다결정 전지의 병렬성분이 작다.
④ V_{cc}(Open Circuit Voltage) 크기의 차는 작다.

풀이 ○

• 단결정과 다결정 모듈의 온도특성은 동일하다.
• 단결정의 직렬저항은 다결정의 직렬저항보다 작으며, 단결정의 병렬저항은 다결정의 병렬저항보다 커서 단결정의 출력이 높다.
• 단결정이나 다결정 모두 실리콘으로 만들어지므로 개방전압의 차이는 아주 작다.

[답] ①

66 성능평가 측정 중 시험 장치에 관한 설명이다. ( )안의 ㉠, ㉡에 들어갈 내용으로 옳은 것은?

> 항온항습장치는 태양광발전 모듈의 온도 사이클 시험, 습도·동결 시험, 고온고습 시험을 하기 위한 환경 챔버이며, KS C IEC 61215에서 규정하는 온도 (㉠)이내, 습도 (㉡) 이내이어야 한다.

① ㉠ ±2[℃], ㉡ ±2[%]
② ㉠ ±3[℃], ㉡ ±2[%]
③ ㉠ ±2[℃], ㉡ ±5[%]
④ ㉠ ±3[℃], ㉡ ±5[%]

풀이 ○

항온항습장치는 KS C IEC 61215에서 규정하는 온도 ±2[℃] 이내, 습도 ±5[%] 이내이어야 한다.　　[답] ③

67 전기안전관리자의 직무에 의거하여 태양광발전시스템 전기안전관리를 수행하기 위하여 계측장비를 주기적으로 교정하고 안전장구의 성능을 유지하여야 한다. 권장교정 및 시험 주기가 틀린 것은?

① 고압절연장갑 – 1년
② 절연안전모 – 2년
③ 저압검전기 – 1년
④ 고압·특고압 검전기 – 1년

풀이 ○

전기안전관리를 수행하기 위하여 계측장비를 주기적으로 교정하고 안전장구의 성능을 유지하여야 하며, 권장교정 및 시험주기는 1년이다.　　[답] ②

68 태양광발전시스템 유지보수를 위한 점검 계획 시 고려사항으로 틀린 것은?

① 설비의 사용기간
② 설비의 중요도
③ 설비의 상호 배치
④ 환경조건

풀이 ○

태양광발전시스템 점검 계획 시 고려사항 : 설비의 사용기간, 설비의 중요도, 환경조건, 고장이력, 부하상태　　[답] ③

69 안전모의 종류 중 물체의 낙하 또는 비래 및 추락에 의한 위험을 방지 또는 경감하고, 머리부위 감전에 의한 위험을 방지하기 위한 것은?

① AB
② AE
③ ABK
④ ABE

풀이 〇

• ABE : 물체의 낙하 또는 비래, 추락에 의한 위험을 방지 또는 경감하고 머리부위의 감전위험을 방지하기 위한 것
• AE : 물체의 낙하 및 비래에 의한 위험을 방지 또는 경감하고 머리부위의 감전위험을 방지하기 위한 것

[답] ④

70 태양광발전용 인버터의 효율시험에서 교류 전원을 정격전압 및 정격 주파수로 운전하고, 운전 시작 후 최소한 몇 시간 이후에 측정하여야 하는가?

① 2
② 3
③ 4
④ 5

풀이 〇

KS C 8565(태양광발전용 인버터) 8.5.5.1 효율시험 방법에서 교류 전원을 정격전압 및 정격 주파수로 운전하고, 운전 시작 후 최소한 2시간 이후에 측정한다.

[답] ①

71 전력변환장치(인버터) 검사 시 수검자 준비자료가 아닌 것은?

① 개폐기 인터록 도면
② 절연저항시험 성적서
③ 부대설비시험 성적서
④ 보호장치 및 계전기시험 성적서

풀이 〇

태양광 발전설비 중 전력변환장치 검사항목

검사항목	세부 검사내용	수검자 준비자료
◦ 일반규격	◦ 규격확인	◦ 전력변환장치 규격서
◦ 본체	◦ 외관검사 ◦ 접지 시공상태 ◦ 절연저항 ◦ 절연내력	◦ 단선결선도 ◦ 시퀀스 도면 ◦ 제품 시험성적서 ◦ 측정 및 점검기록표

검사항목	세부 검사내용	수검자 준비자료
◦ 본체	◦ 제어회로 및 경보장치 ◦ 전력조절부/Static 스위치 자동 · 수동절체 시험 ◦ 역방향운전 제어 시험 ◦ 단독운전 방지시험	−보호장치 및 계전기시험 성적서 −절연저항시험 성적서 −접지저항시험 성적서 −절연내력시험 성적서 −경보회로시험 성적서 −부대설비시험 성적서 ◦ 접지계산서 및 설계도 ◦ DC지락차단장치 공인시험기관 시험성적서

[답] ①

72 전기저장장치를 시설하는 곳에 시설해야하는 계측장치가 아닌 것은?

① 축전지 충 · 방전 상태
② 축전지 모듈의 내부온도
③ 주요변압기의 전압, 전류 및 전력
④ 축전지 출력 단자의 전압, 전류, 전력 및 충 · 방전 상태

풀이 〇

계측장치(KEC 512.2.3)
전기저장장치를 시설하는 곳에는 다음의 사항을 계측하는 장치를 시설하여야 한다.
• 축전지 출력 단자의 전압, 전류, 전력 및 충 · 방전 상태
• 주요변압기의 전압, 전류 및 전력

[답] ②

73 전로의 사용전압이 FELV를 포함한 500[V] 이하 이고, DC 시험전압이 500[V]일 때 절연저항값의 기준값은 몇 [MΩ] 이상 인가?

① 0.4
② 0.5
③ 1.0
④ 5.0

풀이 〇

전기설비기술기준 제52조(저압전로의 절연성능)

전로의 사용전압[V]	DC시험전압[V]	절연저항[MΩ]
SELV 및 PELV	250	0.5 이상
FELV를 포함한 500V 이하	500	1.0 이상
500V 초과	1,000	1.0 이상

[답] ③

74 태양광 발전설비 응급조치순서 중 차단과 투입순서가 옳은 것은?

> ㉠ 한전차단기
> ㉡ 접속함 내부 차단기
> ㉢ 인버터

① ㉠ – ㉡ – ㉢ – ㉢ – ㉡ – ㉠
② ㉠ – ㉢ – ㉡ – ㉡ – ㉢ – ㉠
③ ㉡ – ㉢ – ㉠ – ㉠ – ㉢ – ㉡
④ ㉢ – ㉡ – ㉠ – ㉠ – ㉡ – ㉢

풀이 ○

태양광 발전 시스템의 응급조치 방법
(1) 태양광 발전설비가 작동되지 않는 경우
  ㉮ 접속함 내부 DC 차단기 개방(Off)
  ㉯ AC 차단기 개방(Off)
  ㉰ 인버터 정지 확인[제어 전원 S/W가 있는 경우 제어 전용 S/W 개방(Off)]
  ㉱ 인버터 점검
(2) 점검완료 후 복귀 순서 – 점검 완료 후에는 역으로 투입
  ㉮ 제어 전원 S/W가 있는 경우 제어 전용 S/W 투입(On)
  ㉯ AC 차단기 투입(On)
  ㉰ 접속함 내부 DC 차단기 투입(On) **[답] ③**

75 독립형 태양광 발전시스템에서 부조일수의 설명으로 가장 옳은 것은?
① 정전된 일수를 말한다.
② 유지 보수를 위한 일수를 말한다.
③ 연속적으로 발전이 가능한 일수를 말한다.
④ 연속적으로 발전이 불가능한 일수를 말한다.

풀이 ○

부조일수 : 연속적으로 발전이 불가능한 일수를 말한다. **[답] ④**

76 신뢰성 평가 분석 항목 중 시스템 트러블로 옳은 것은?
① 컴퓨터의 조작오류
② 컴퓨터 전원의 차단
③ 인버터 정지
④ 프리즈

풀이 ○

신뢰성 평가분석 항목 중 시스템 트러블 : 인버터 정지, 직류지락, 계통지락, RCD트립, 원인불명 등에 의한 시스템 운전정지 등이 있다. **[답] ③**

77 분산형전원 배전계통 연계 기술기준에 따라 계통연계형 인버터의 주파수 범위가 57.5[Hz]미만 일 때 운전지속시간은 몇 초인가?
① 0.15 ② 0.16
③ 299 ④ 300

풀이 ○

비정상 주파수에 대한 분산형전원의 운전지속시간과 분리시간

주파수 범위 [Hz]	운전지속시간 [초]	분리시간 [초]
$f > 61.5$	–	0.16
$f < 57.5$	299	300
$f < 57.0$	–	0.16

[답] ③

78 전기안전관리자 직무에 관한 고시에 따라 태양광발전설비 점검기록표에 작성하여야 하는 내용이 아닌 것은?
① 태양전지의 최대전력용량
② 전력변환장치의 구입일자
③ 전력변환장치의 정격용량
④ 전력변환장치의 입력전압범위

풀이 ○

전기안전관리자 직무에 관한 고시
[별지9호서식] 태양광발전설비 점검기록표

	형 식	
태양전지	최대전력용량	[kW]
	최대동작전압	[V]
	최대동작전류	[A]
전력 변환장치	형 식	
	정격용량	[kW]
	입력전압범위	~ [V]
	출력전압	[V]

[답] ②

79 공정안전에 관한 근로자 교육훈련 지침에 따른 교육훈련계획에 포함되는 사항으로 틀린 것은?
① 교육훈련 비용
② 교육훈련시기, 횟수 및 시간
③ 교육훈련방법 및 강사
④ 교육훈련 목적, 범위, 대상, 방법 및 인원

풀이 ◉
상기 ② ~ ④ 이외
• 교육훈련의 종류, 과정, 교육훈련과목 및 교육훈련 내용
• 교육훈련성과 측정 및 평가방법　　　　　**[답] ①**

80 접지저항의 측정 방법이 아닌 것은?
① Wenner의 4전극법
② 보호 접지저항계 측정법
③ 전위차계 접지저항계 측정법
④ 콜라우시(Kohlrausch) 브리지법

풀이 ◉
접지저항 측정방법 : 콜라우시 브리지법, 전위차계 접지저항계 측정법, 클램프 온 측정법, Wenner의 4전극법　　　　　**[답] ②**

※ 2020년 4회부터 산업기사 필기시험이 CBT(컴퓨터 기반 시험)로 변경되어 응시자분들께서 제공한 기출문제와 적중예상문제로 구성되었음을 알려드립니다.

1과목 — 태양광발전 사전검토

01 신재생에너지 용어에 대한 설명이 잘못된 것은?

① 바이오에너지는 생물유기체를 변환시켜 기체, 액체, 고체의 연료로 규정한다.

② 석탄을 액화, 가스화한 에너지, 중질잔사유를 가스화한 에너지는 신에너지 범주에 속한다.

③ 석유, 석탄, 원자력 또는 천연가스 등의 에너지로서 대통령령으로 정한 에너지는 재생에너지이다

④ 폐기물에너지는 각종 사업장 및 생활시설의 폐기물을 변환시켜 얻어지는 기체, 액체 또는 고체의 연료이다.

풀이 ○

석유, 석탄, 원자력 또는 천연가스가 아닌 에너지로서 대통령이 정한 에너지는 재생에너지이다. **[답] ③**

02 에너지 및 재생에너지 개발·이용·보급촉진법에서 기본계획의 계획기간은 몇 년 이상으로 하는가?

① 1년
② 3년
③ 5년
④ 10년

풀이 ○

기후에너지환경부장관은 관계 중앙행정기관의 장과 협의를 한 후 제8조에 따른 신·재생에너지정책심의회의 심의를 거쳐 신·재생에너지의 기술개발 및 이용·보급을 촉진하기 위한 기본계획을 5년마다 수립하여야 하며, 기본계획의 계획기간은 10년 이상으로 한다. **[답] ④**

03 임야에 1,000[kW] 태양광발전설비를 설치할 경우 공급인증서 가중치는?

① 0.5
② 0.7
③ 1.0
④ 1.2

풀이 ○

임야에 설치된 태양광발전설비의 가중치는 용량에 관계없이 0.5이다. **[답] ①**

04 신재생에너지법령에 따라 3년 이하의 징역 또는 지원받은 금액의 3배 이하에 상당한 벌금에 해당하는 벌칙은?

① 거짓이나 부정한 방법으로 설비인증을 받은 자

② 거짓이나 부정한 방법으로 발전차액을 지원받은 자

③ 거짓이나 부정한 방법으로 공급인증서를 발급받은 자

④ 공급인증기관이 개설한 거래시장 외에서 공급인증서를 거래한 자

풀이 ○

법 제34조(벌칙)

• 거짓이나 부정한 방법으로 제17조에 따른 발전차액을 지원받은 자와 그 사실을 알면서 발전차액을 지급한 자는 3년 이하의 징역 또는 지원받은 금액의 3배 이하에 상당하는 벌금에 처한다.

• 거짓이나 부정한 방법으로 공급인증서를 발급받은 자와 그 사실을 알면서 공급인증서를 발급한 자는 3년 이하의 징역 또는 3천만원 이하의 벌금에 처한다.

[답] ②

05 신에너지 및 재생에너지 개발·이용·보급촉진법에 따라 신재생에너지 공급의무에 있어 공급의무자가 다음 연도로 공급의무의 이행을 연기할 수 있는 양은? (단, 공급의무의 이행이 연기된 의무공급량은 포함하지 아니한다.)

① 연도별 의무공급량의 100분의 10이내
② 연도별 의무공급량의 100분의 15이내
③ 연도별 의무공급량의 100분의 20이내
④ 연도별 의무공급량의 100분의 25이내

풀이 ◎

공급의무자는 법에 따라 연도별 의무공급량의 100분의 20을 넘지 아니하는 범위에서 공급의무의 이행을 연기할 수 있다. **[답] ③**

06 최대눈금이 50[V]인 직류전압계가 있다. 이 전압계를 사용하여 150[V]의 전압을 측정하려면 배율기의 저항은 몇 [Ω]을 사용하면 되는가? (단, 전압계의 내부저항은 5,000[Ω] 이다.)

① 1,000   ② 5,000
③ 10,000   ④ 15,000

풀이 ◎

배율기(multiplier)의 저항 : 전압의 측정 범위를 넓히기 위해 전압계에 직렬로 달아주는 저항을 배율기 저항이라고 하며, 회로는 다음과 같다.

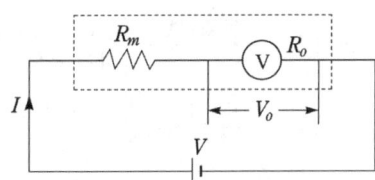

여기서, I : 전압계에 흐르는 전류[A]
R_o : 전압계 내부저항[Ω]
R_m : 배율기의 저항[Ω]
V : 측정하고자 하는 전압

$\dfrac{V}{V_o} = 1 + \dfrac{R_m}{R_o}$ 식으로부터

배율기의 저항
$R_m = \left(\dfrac{V}{V_0} - 1\right) \times R_o = \left(\dfrac{150}{50} - 1\right) \times 5,000$
$= 10,000[Ω]$ **[답] ③**

07 다음 중 신에너지에 해당되지 않는 것은?

① 수소에너지
② 연료전지
③ 석탄을 액화 가스화한 에너지
④ 해양에너지

풀이 ◎

• 신에너지 : 연료전지, 석탄액화가스화 및 중질잔사유 가스화, 수소에너지
• 재생에너지 : 태양(태양광, 태양열), 바이오, 풍력, 수력, 해양, 폐기물, 지열 **[답] ④**

08 태양광발전시스템의 접속함에 관한 설명으로 틀린 것은?

① 피뢰기(LA)가 설치되어 있다.
② 역류방지소자가 설치되어 있다.
③ 스트링 배선을 하나로 모아 인버터에 보내는 기기이다.
④ 보수, 점검 시 회로를 분리하여 점검을 용이하게 한다.

풀이 ◎

접속함에 설치되는 것은 서지보호장치(SPD : Surge Protective Device)이며, 피뢰기(LA : Lightning Arrester)는 특고압 전로의 뇌서지 저감장치이다.
[답] ①

09 서울시 교육청이 연면적 1500제곱미터의 공공도서관을 신축하기 위해 2026년 3월 건축허가를 신청하려고 한다. 이 건물의 설계 시 산출된 예상 에너지사용량의 최소 몇 [%] 이상을 신·재생에너지를 이용하여 공급되는 에너지를 사용하여야 하는가?

① 32   ② 34
③ 36   ④ 38

풀이 ◎

공공기관의 에너지사용량에 대한 신·재생에너지 공급의무 비율은 다음과 같다.
대상 : 건축물로서 신축·증축 또는 개축하는 부분의 연면적이 1천[m²] 이상인 건축물

신·재생에너지의 공급의무 비율(제15조제1항제1호 관련)

해당 연도	2020 ~ 2021	2022 ~ 2023	2024 ~ 2025	2026 ~ 2027	2028 ~ 2029	2030 이후
공급의무 비율(%)	30	32	34	36	38	40

[답] ③

10 기후에너지환경부장관이 정하여 고시하는 신·재생에너지의 가중치의 산정 시 고려 사항으로 틀린 것은?
① 전력 판매가
② 지역주민의 수용 정도
③ 전력 수급의 안정에 미치는 영향
④ 온실가스 배출 저감에 미치는 효과

풀이 ◉
신재생에너지 가중치 결정 시 고려사항
① 환경, 기술개발 및 산업 활성화에 미치는 영향
② 발전 원가
③ 부존(賦存) 잠재량
④ 온실가스 배출 저감(低減)에 미치는 효과
⑤ 전력 수급의 안정에 미치는 영향
⑥ 지역주민의 수용(受容) 정도 [답] ①

11 한전이 고객에게 전기를 공급하는 경우의 표준전압별 전압유지 범위 중 ( )에 해당하는 것은? 단, 주파수는 60(Hz)를 표준 주파수로 한다.

표준전압	유지범위
110[V]	110[V] ± 6[V] 이내
220[V]	220[V] ± ( )[V] 이내
380[V]	380[V] ± 38[V] 이내

① 10 ② 13
③ 15 ④ 22

풀이 ◉
전기사업법 시행규칙 [별표 3]
1. 표준전압 및 허용오차

표준전압	허용오차
110볼트	110볼트의 상하로 6볼트 이내
220볼트	220볼트의 상하로 13볼트 이내
380볼트	380볼트의 상하로 38볼트 이내

[답] ②

12 일사량이 3,500[kcal/m²]일 경우 이것을 [kWh/m²]로 환산하면 약 얼마인가?
① 3.65 ② 4.07
③ 5.26 ④ 5.32

풀이 ◉
1[kwh]=860[kcal]
$$단위\ 변환 = \frac{3,500[kcal/m^2]}{860[kcal]} = 4.069 ≒ 4.07[kWh/m^2]$$

[답] ②

13 PV 어레이 설치방향으로 맞게 설명한 것은?
① 지구 북반구−북향, 지구 남반구−남향
② 지구 북반구−북향, 지구 남반구−북향
③ 지구 북반구−남향, 지구 남반구−북향
④ 지구 북반구−남향, 지구 남반구−남향

풀이 ◉
태양전지 모듈 및 어레이의 설치방향(적도 기준)
• 북반구 : 남향
• 남반구 : 북향 [답] ③

14 지형변화지수를 나타내는 식으로 올바른 것은?

① $지형변화지수 = \dfrac{절토량(절토량[m^3]+굴착량[m^3])}{사업면적[m^2]}$

② $지형변화지수 = \dfrac{복토량(토공량[m^3]+성토량[m^3])}{사업면적[m^2]}$

③ $지형변화지수 = \dfrac{객토량(굴착량[m^3]+토공량[m^3])}{사업면적[m^2]}$

④ $지형변화지수 = \dfrac{토공량(절토량[m^3]+성토량[m^3])}{사업면적[m^2]}$

풀이 ◉
$$지형변화지수 = \frac{토공량(절토량[m^3]+성토량[m^3])}{사업면적[m^2]}$$

[답] ④

15 분산형전원에서 상용주파 변압기의 설치를 생략할 수 없는 경우는?

① 교류회로가 비접지인 경우

② 직류회로가 비접지인 경우

③ 고주파 변압기를 사용하는 경우

④ 교류출력 측에 직류 검출기를 구비하고 직류 검출 시에 교류출력을 정지하는 기능을 갖춘 경우

풀이 ○

인버터로부터 직류가 계통으로 유출되는 것을 방지하기 위하여 접속점과 인버터 사이에 상용주파수 변압기를 시설하여야 한다. 다만, 다음을 모두 충족하는 경우에는 예외로 한다.

가. 인버터의 직류 측 회로가 비접지인 경우 또는 고주파 변압기를 사용하는 경우

나. 인버터의 교류출력 측에 직류 검출기를 구비하고, 직류 검출 시에 교류출력을 정지하는 기능을 갖춘 경우.

[답] ①

16 공칭작동 태양전지 온도(NOCT)의 영향요소가 아닌 것은?

① 전지표면의 방사조도

② 주위온도

③ 풍속

④ 주변습도

풀이 ○

공칭작동 태양전지 온도(NOCT : Nominal Operating photovoltaic Cell Temperature)는 해가 남중(태양시 정오)하였을 때, 개방형 선반식 가대에 설치된 모듈에 햇빛이 연직으로 입사되고, **방사조도 800[W/m², 기온 20[℃], 풍속 1[m/s]인** 표준기준 환경조건에서 전기적으로 개방회로 상태인 모듈 내부의 전지집합이 열적평형을 이루고 있는 상태의 평균온도

[답] ④

17 조력발전의 특징에서 단점이 아닌 것은?

① 발전지점의 간만 변화를 예측하는 것이 가능하다.

② 조수 간만의 차가 심해야 하므로, 지역적으로 한정된 장소에만 적용할 수 있다.

③ 건설 및 개발비용이 많이 들고, 유지관리비가

높으며, 해양환경에 영향을 미친다.

④ 얻어지는 유효 낙차가 적고, 또한 간만의 변화가 연간 균일하지 않으므로 일정한 시간대에서는 발전할 수 없다.

풀이 ○

발전지점의 간만 변화를 예측하는 것이 가능한 것은 조력발전의 장점이다.

[답] ①

18 육상태양광발전사업 환경성 평가 협의 지침에서 입지 회피 지역에 대한 사항으로 잘못된 것은?

① 산사태위험 1, 2등급지

② 생태·자연도 4등급이면서 식생보전등급 Ⅲ 등급 이상인 지역

③ 생태경관보전지역, 야생생물보호구역, 습지보호지역, 상수원보호구역 등 환경보전관련 용도 등으로 지정된 법정보호지역

④ 멸종위기 야생생물 및 천연기념물 등 법정보호종의 서식지 및 산란처, 주요 철새도래지 등 법정보호종의 서식환경 유지를 위하여 보존이 필요한 지역

풀이 ○

입지를 회피해야 할 지역

• 백두대간 및 정맥 보호지역, 주요 산줄기 능선 축 중심으로부터 기맥은 좌우 각각 100[m] 이내, 지맥은 좌우 각각 50[m] 이내 지역

• 생태경관보전지역, 야생생물보호구역, 습지보호지역, 상수원보호구역, 유네스코 세계자연유산구역 등 환경보전관련 용도 등으로 지정된 법정보호지역

• 멸종위기 야생생물 및 천연기념물 등 법정보호종의 서식지 및 산란처, 주요 철새도래지 등 법정보호종의 서식환경 유지를 위하여 보존이 필요한 지역

• 생태·자연도 1등급 지역

• **생태·자연도 2등급이면서 식생보전등급 Ⅲ등급 이상인 지역**

• 산사태 및 토사유출 방지를 위하여 경사도 15˚ 이상이면서 식생보전등급 Ⅳ등급 이상인 지역

• 과도한 지형 훼손을 방지하기 위하여 지형변화지수 1.5 이상 발생이 예상되는 지역

• 생태·경관보전지역, 문화재보호구역 등 경관보전이 필요한 지역

• 산사태위험 1, 2등급지

[답] ②

19 기후요소의 시간적, 공간적 차이를 가져오는 원인은?

① 기후요소
② 기후인자
③ 기후변화
④ 기후변동

풀이 ◉

- 기후인자 : 기후요소의 시간적, 공간적 차이를 가져오는 원인으로 위도(緯度), 표고(標高), 해륙 분포, 해류(海流), 지형 따위가 있다.
- 기후요소 : 기후를 구성하는 여러 요소. 기온, 강수량, 풍향, 풍속, 습도, 구름양, 증발량, 일사량, 일조시간 따위가 있다.
- 기후변화 : 일정 지역에서 오랜 기간에 걸쳐서 진행되는 기상의 변화
- 기후변동 : 일정 지역에서 오랜 기간에 걸쳐서 나타나는 특징적인 기후의 변화　　　　**[답] ②**

20 기후에너지환경부장관의 전기사업 허가기준 사항 중 틀린 것은?

① 전기사업이 계획대로 수행될 수 있을 것
② 전기사업을 적정하게 수행하는데 필요한 기술능력이 있을 것
③ 전기사업을 적정하게 수행하는데 필요한 재무능력이 있을 것
④ 구역전기사업의 경우 특정한 공급구역의 전력수요의 50퍼센트 이상으로서 기후에너지환경부장관령으로 정하는 공급능력을 갖추고, 그 사업으로 인하여 인근 지역의 전기사용자에 대한 다른 전기사업자의 전기공급에 차질이 없을 것

풀이 ◉

- 구역전기사업의 경우 특정한 공급구역의 전력수요의 50퍼센트 이상으로서 대통령령으로 정하는 공급능력을 갖추고, 그 사업으로 인하여 인근 지역의 전기사용자에 대한 다른 전기사업자의 전기 공급에 차질이 없을 것　　　　**[답] ④**

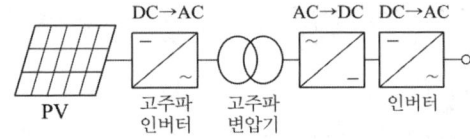

2과목
태양광발전 **구성·선정**

21 다음 회로도가 나타내는 태양광 인버터 회로 방식은?

DC→AC　　　AC→DC　DC→AC

PV　고주파　고주파　　　인버터
　　인버터　변압기

① 서브어레이 방식
② 트랜스리스(무변압기) 방식
③ 고주파 변압기 절연방식
④ 상용주파수 변압기 절연방식

풀이 ◉

고주파 변압기 절연방식 : 태양전지의 직류출력을 고주파 교류로 변환한 후, 소형 고주파 변압기로 절연한다. 그다음 일단 직류로 변환하고 다시 상용주파수 교류로 변환한다.　　　　**[답] ③**

22 계통연계 보호장치 중 인버터 내부에 내장되지 않는 계전기는?

① 저전압 계전기
② 과전압 계전기
③ 과주파수 계전기
④ 지락 과전압 계전기

풀이 ◉

지락 과전압 계전기 : 교류 3상 비접지 계통의 지락검출을 접지변압기(GVT)로 하는 경우 지락과전압 계전기를 사용한다.　　　　**[답] ④**

23 인버터의 단독운전방지 기능 중 능동적 방식에 해당하지 않는 것은?

① 부하 변동방식
② 주파수 시프트 방식
③ 무효전력 변동방식
④ 전압위상 도약 검출방식

풀이 ○
• 인버터의 단독운전방지 검출방식
1) 능동적인 검출방식 : 주파수 시프트 방식, 유효전력 변동 방식, 무효전력 변동 방식, 부하 변동 방식
2) 수동적 검출방식 : 전압위상 도약검출방식, 제3고조파 전압급증 검출방식, 주파수 변화율 검출방식
[답] ④

24 뇌서지 내성 및 노이즈 차단특성이 우수하나, 중량부피가 큰 인버터 절연방식은?
① 상용주파 절연방식
② 무변압기 절연방식
③ 고주파 절연방식
④ 접지 절연방식

풀이 ○

소분류	특 징
상용주파 절연방식	① 뇌서지 내성 및 노이즈 차단특성 우수 ② 중량 부피가 크다
고주파 절연방식	① 소형, 경량, 무변압기 방식에 비해 고가 ② 회로가 복잡
무변압기 방식	① 소형, 경량, 저가 ② 비교적 신뢰성 높음 ③ 고조파 발생 및 직류 유출 가능 ④ 직류 유출의 검출 및 차단기능 반드시 필요

[답] ①

25 단상 변압기의 3상 Y−Y결선에서 특징이 잘못된 것은?
① 기전력의 파형이 제3고조파를 포함한 왜형파가 된다.
② 권선 전압이 선간 전압의 3배이므로 절연이 용이하다.
③ 중성점을 접지하면 제3고조파 전류가 흘러 통신선에 유도장애를 일으킨다.
④ 1차, 2차 모두 중성점을 접지할 수 있으며 고압의 경우 이상 전압을 감소시킬 수 있다.

풀이 ○
권선 전압(상전압)은 선간 전압의 $\frac{1}{\sqrt{3}}$배 이므로 절연이 용이하다.
[답] ②

26 피뢰시스템−제1부 : 일반원칙(KS C IEC 62305−1 : 2012)에 따른 외부피뢰시스템에 해당하지 않는 것은?
① 수뢰부시스템
② 인하도선시스템
③ 피뢰등전위본딩
④ 접지극시스템

풀이 ○
외부피뢰시스템 : 수뢰부 시스템, 인하도선 시스템, 접지극 시스템
[답] ③

27 유도뢰를 가정하고 8/20[μs]의 전류파형으로 시험하는 서지보호장치(SPD)의 분류는?
① Ⅰ등급 시험
② Ⅱ등급 시험
③ Ⅲ등급 시험
④ Ⅳ등급 시험

풀이 ○
• Ⅰ등급 시험 : 10/350[μs]의 임펄스 전류파형으로 시험하고, 직격뢰를 가정
• Ⅱ등급 시험 : 8/20[μs]의 임펄스 전류파형으로 시험하고, 유도뢰를 가정
• Ⅲ등급 시험 : 조합파(1.2/50[μs]의 전압파형과 8/20[μs]의 전류파형)로 시험하고, 반복 서지에 대응
[답] ②

28 발전기, 전동기, 조상기 등 회전기의 절연 내력은 규정된 시험전압을 권선과 대지 사이에 계속하여 몇 분간 가하여 견디어야 하는가?
① 3분
② 7분
③ 10분
④ 30분

풀이 ○
권선과 대지 사이에 연속하여 10분간 가할 때 견디어야 한다.
[답] ③

29 옥내 저압 배선용 전선의 굵기는 연동선을 사용할 때 원칙적으로 몇 [mm²] 이상으로 규정되고 있는가?
① 1.5
② 2.5
③ 4.0
④ 6.0

풀이 ✪

저압 옥내배선의 사용전선(KEC 231.3.1)
• 저압 옥내배선의 전선은 단면적 2.5[mm²] 이상의 연동선 또는 이와 동등 이상의 강도 및 굵기의 것.

[답] ②

---

30 다음 태양전지 모듈 중 박막 계열의 모듈이 아닌 것은?

① CdTe 모듈
② GIGS 모듈
③ Amorphous Si 모듈
④ Multi-crystalline 모듈

풀이 ✪

Multi-crystalline 모듈은 다결정 실리콘 모듈임

[답] ④

---

31 다음 중 큐비클식 축전지 설비의 간격이 잘못 연결된 것은?

① 앞면 또는 조작면 - 0.8[m]
② 큐비클 이외의 발전설비와의 간격 - 1.0[m]
③ 큐비클 이외의 변전설비와의 간격 - 1.0[m]
④ 옥외에 설치할 경우 건물과의 간격 - 2.0[m]

풀이 ✪

축전지설비의 간격은 다음 표와 같다.

간격을 확보해야 할 부분	간격[m]
큐비클 이외의 발전설비와의 사이	1.0
큐비클 이외의 변전설비와의 거리	1.0
옥외에 설치할 경우 건물과의 사이	2.0
앞면 또는 조작면	1.0
점검면	0.6
환기면*	0.2

[답] ①

---

32 태양광발전 모듈의 출력전압과 출력전류에 영향을 주는 각 인자와의 연결로 옳은 것은?

① 전류 - 풍량, 전압 - 풍량
② 전류 - 일사량, 전압 - 일사량
③ 전류 - 일사량, 전압 - 온도
④ 전류 - 온도, 전압 - 일사량

풀이 ✪

결정질 실리콘 태양전지의 전류, 전압 영향인자
• 전류 : 일사량
• 전압 : 온도

[답] ③

---

33 단상 3선식, 태양광발전시스템의 전압강하 계산식으로 옳은 것은? (단, e : 각 전선의 전압강하[V], A : 전선의 단면적[mm²], L : 전선 1본의 길이[m], I : 전류[A])

① $e = \dfrac{35.6 \times L \times I}{1000 \times A}$ ② $e = \dfrac{17.8 \times L \times I}{1000 \times A}$

③ $e = \dfrac{30.8 \times L \times I}{1000 \times A}$ ④ $e = \dfrac{40.1 \times L \times I}{1000 \times A}$

풀이 ✪

전선의 길이가 짧고 가는 경우의 전압강하계산식

$$\text{전압강하 } e = \frac{K_1 \times 17.8 \times L \times I}{1,000 \times A}$$

여기서, K_1 : 배선방식에 따른 계수(단상 3선식 및 3상4선식 : 1, 3상3선식 : $\sqrt{3}$, 직류2선식 및 단상2선식 : 2)
단상 3선식이므로

$$\text{전압강하 } e = \frac{1 \times 17.8 \times L \times I}{1,000 \times A} = \frac{17.8 \times L \times I}{1,000 \times A}$$

[답] ②

---

34 태양전지 모듈의 종류에서 충진율이 가장 높은 것은?

① CdTe
② GIGS
③ 단결정 실리콘 태양전지
④ 다결정 실리콘 태양전지

풀이 ✪

충진율이 높은 순서
CdTe < CIGS < 다결정 실리콘 태양전지
< 단결정 실리콘 태양전지

[답] ③

---

35 위도가 35.5°일 때, 하지 시 남중고도는?

① 45° ② 59°
③ 78° ④ 87°

풀이 ○

절기별 태양의 남중고도

1) 춘·추분 시 남중고도 = 90°−위도
2) 하지 시 남중고도 = 90°−위도+23.5°
3) 동지 시 남중고도 = 90°−위도−23.5°
∴ 하지 시 남중고도=90°−35.5°+23.5°=78° **[답] ③**

---

36 태양광발전시스템에서 사용하는 CV(XLPE) 케이블의 최고 허용온도는 몇 [℃]인가?

① 60 ② 80
③ 90 ④ 100

풀이 ○

절연물의 허용온도(KEC 232.5.1)

절연물의 종류	최고허용 온도(℃)
열가소성 물질(PVC)	70(도체)
열경화성 물질[가교폴리에틸렌(XLPE) 또는 에틸렌프로필렌고무(EPR) 혼합물]	90(도체)
무기물(열가소성 물질 피복 또는 나도체로 사람이 접촉할 우려가 있는 것)	70(시스)
무기물(사람의 접촉에 노출되지 않고, 가연성 물질과 접촉할 우려가 없는 나도체)	105(시스)

[답] ③

---

37 태양광발전 모듈의 NOCT(공칭작동 태양전지 온도) 측정조건에 대한 설명으로 틀린 것은?

① 풍속 1.0[m/s]
② 주위온도 25[℃]
③ 방사조도 800[W/m^2]
④ 모듈 후면 개방상태

풀이 ○

주위온도 20[℃]이다. **[답] ②**

---

38 태양전지의 단락전류에 영향을 주는 요소가 아닌 것은?

① 개방전압
② 태양전지의 면적
③ 입사광 스펙트럼
④ 태양전지 광학적 특성

풀이 ○

태양전지의 단락전류에 영향을 주는 요소 :
① 입사광자 수
② 입사광 스펙트럼
③ 태양전지의 수집확률
④ 태양전지 면적
⑤ 태양전지의 광학적 특성 **[답] ①**

---

39 다음 중 Ⅱ−Ⅵ족 태양전지에 해당하지 않는 것은?

① CdS ② ZnS
③ GaAs ④ CuInSe$_2$

풀이 ○

• Ⅱ−Ⅵ(2-6)족 : CIS, CIGS, CdTe, CdS, ZnS, CuInSe$_2$
• Ⅲ−Ⅴ(3-5)족 : GaAs, InGaAs, AlGaAs, InGaP, AlGaInP **[답] ③**

---

40 단결정 실리콘 태양전지에서 가장 많은 전류를 생성하는 파장대역은?

① 자외선 ② 적외선
③ 가시광선 ④ 원적외선

풀이 ○

실리콘 태양전지는 파장이 380[nm] ~ 760[nm]인 가시광선 영역에서 가장 많은 전류를 생성한다. **[답] ③**

3과목

태양광발전 **시공**

---

41 주택 지붕형 태양전지 모듈 어레이를 설치하기 위해 가장 중요하게 고려해야 하는 사항은?

① 음영 ② 냉각조건
③ 설치각도 ④ 설치높이

풀이 ○

주택 지붕형 태양전지 모듈 어레이를 설치하기 위해 가장 중요하게 고려해야 하는 사항은 음영이다. **[답] ①**

42 태양광발전시스템의 시공절차에 대한 순서로 옳은 것은?

① 기초공사 → 자재주문 → 시스템 설계 → 모듈설치 → 계통공사 → 시운전 및 점검
② 시스템 설계 → 자재주문 → 기초공사 → 계통공사 → 모듈설치 → 시운전 및 점검
③ 자재주문 → 시스템 설계 → 기초공사 → 모듈설치 → 계통공사 → 시운전 및 점검
④ 시스템 설계 → 자재주문 → 기초공사 → 모듈설치 → 계통공사 → 시운전 및 점검

풀이 ◉
태양광발전시스템의 시공절차 Flow
현장여건분석(설치조건, 환경여건, 전력여건) → 시스템설계(시스템 구성, 구조설계, 전기설계) → 구성요소 제작(기자재 구입) → 기초공사(접지공사) → 구조물설치(가대 설치) → 모듈설치 → 간선공사 (배선공사)→ 인버터(PCS)설치 → 시운전 → 운전개시　　[답] ④

43 태양전지에서 옥내에 이르는 배선에 쓰이는 연결전선으로 적당하지 않은 것은?

① 모듈전용선
② GV전선
③ F-CV전선
④ TFR-CV전선

풀이 ◉
GV(접지용 난연 비닐 절연)전선은 접지용 또는 보호도체용으로 사용된다.　　[답] ②

44 단상변압기 3대를 Δ 결선으로 운전하던 중 1대의 고장으로 V결선된 경우, Δ 결선에 대한 V결선의 출력 비는 약 몇 [%] 인가?

① 57.7　　　　② 67.7
③ 87.7　　　　④ 97.7

풀이 ◉
단상변압기 1대의 용량을 P_1 이라고 하면,
출력비 $= \dfrac{\sqrt{3}\,P_1}{3\,P_1} \times 100[\%] = 57.73 \fallingdotseq 57.7[\%]$　　[답] ①

45 책임감리원은 최종감리보고서를 감리기간 종료 후 며칠 이내에 발주자에게 제출하여야 하는가?

① 3일 이내　　　　② 7일 이내
③ 14일 이내　　　　④ 30일 이내

풀이 ◉
전력시설물 공사감리업무 수행지침 제17조(감리보고 등)
③ 책임감리원은 최종감리보고서를 감리기간 종료 후 14일 이내에 발주자에게 제출하여야 한다.　　[답] ③

46 전선에 흐르는 전류가 1/2배로 되면 전력 손실은?

① 1/2배　　　　② 1/3배
③ 1/4배　　　　④ 1/8배

풀이 ◉
전력손실$(P_l) = I^2 R \propto I^2$, $P_l = \left(\dfrac{1}{2}\right)^2 = \dfrac{1}{4}$　　[답] ③

47 지붕에 설치하는 태양광발전 형태로 틀린 것은?

① 창재형
② 지붕 설치형
③ 지붕 건재형
④ 톱 라이트형

풀이 ◉
창재형은 벽설치형이다.　　[답] ①

48 갭형 피뢰기의 구성요소는 다음 중 어느 것인가?

① 특성요소와 콘덴서
② 특성요소와 직렬갭
③ 특성요소와 소호리액터
④ 특성요소와 역률보상장치

풀이 ◉
• 갭형 피뢰기의 구성요소 : ① 특성요소(SiC), ② 직렬갭, ③ 측로갭, ④ 분로저항, ⑤ 소호코일
• 갭리스형 피뢰기 구성요소 : 특성요소(ZnO)　　[답] ②

49 시공 과정에서 요구되는 기술적인 사항을 설명한 문서로서 구체적으로 사용할 재료의 품질, 작업순서, 마무리 정도 등 도면상 기재가 곤란한 기술적 사항을 표시해 놓은 시방서는?

① 특기시방서   ② 표준시방서

③ 기술시방서   ④ 일반시방서

풀이 ✪

• 특기시방서 – 공사에 특징에 따라 특기 사항 등을 규정한 시방서

• 표준시방서 – 모든 공사의 공통적인 사항을 규정

• 기술시방서 – 공사전반의 기술적인 사항을 규정

• 일반시방서 – 비기술적인 사항을 규정한 시방서

[답] ③

50 밀폐형 건축물의 구조골조용 풍하중과 관련 사항이 없는 것은?

① 설계풍력

② 노출계수

③ 외압계수

④ 유효수압면적

풀이 ✪

밀폐형 건축물의 구조골조용 풍하중은 다음 식으로 계산한다.

$$W_f = P_f \times A [\text{kgf}]$$

여기서, P_f : 구조골조용 설계풍력

    A : 유효 수압면적$[\text{m}^2]$

구조골조용 설계풍력(P_f)은

$$P_f = (q_z \times G_f \times C_{pe1}) - (q_h \times G_f \times C_{pe2})$$

여기서, q_z : 지표면에서 임의 높이 Z에 대한 설계 속도압$[\text{kgf/m}^2]$

    q_h : 지붕면의 평균높이 h에 대한 설계 속도압$[\text{kgf/m}^2]$

    G_f : 구조골조용 가스트 영향계수

    C_{pe1} : 풍상벽의 외압계수

    C_{pe2} : 풍하벽의 외압계수   [답] ②

51 옥상 및 지붕설치형에서 태양광 모듈의 설치방법 검토사항이다. 잘못된 것은?

① 시공, 유지보수 등의 작업은 단순할 것.

② 모듈 고정용 볼트, 너트 등은 하부에서 조일 수 있어야 한다.

③ 적설량이 많은 지역에서는 어레이와 건물의 적설하중을 고려한 대책을 수립한다.

④ 태양광모듈의 온도상승을 제한하기 위해서 지붕과 태양광모듈의 일정거리를 둔다.

풀이 ✪

모듈의 고정용 볼트, 너트 등은 상부에서 조일 수 있어야 한다.   [답] ②

52 경간(S) 200[m], 전선 자체의 무게(W)가 2[kg/m], 인장하중(T) 5,000[kg], 안전율 2인 선로의 이도(dip)는 약 몇[m]인가?

① 3   ② 4

③ 5   ④ 6

풀이 ✪

$$이도(D) = \frac{WS^2}{8 \times \dfrac{T}{안전율}} = \frac{2 \times 200^2}{8 \times \dfrac{5,000}{2}} = 4.0$$ [답] ②

53 계전기의 반한 시 특성이란?

① 동작 전류가 작을수록 동작 시간이 짧다.

② 동작 전류가 커질수록 동작 시간은 짧아진다.

③ 동작 전류에 관계없이 동작 시간은 일정하다.

④ 동작 전류가 커질수록 동작 시간이 길어진다.

풀이 ✪

• 반한 시 특성 : 동작 전류가 커질수록 동작 시간이 짧게 되는 특성

• 정한 시 특성 : 동작 전류의 크기에 관계없이 일정한 시간에 동작하는 특성

• 순한 시 특성 : 최소 동작 전류 이상의 전류가 흐르면 즉시 동작하는 특성

• 반한시 정한시 특성 : 동작 전류가 적은 동안에는 동작 전류가 커질수록 동작 시간이 짧게 되고, 어떤 전류 이상이면 동작 전류의 크기에 관계없이 일정한 시간에 동작하는 특성   [답] ②

54 설계감리업무 수행지침에 따른 설계감리의 업무범위가 아닌 것은?
① 설계감리 결과보고서의 작성
② 시공성 및 유지관리의 용이성 검토
③ 주요 기자재 및 지급자재의 검수 및 관리
④ 사업기획 및 타당성조사 등 전 단계 용역수행 내용의 검토

풀이 ○
설계감리원이 수행하여야 할 업무범위
1. 주요 설계용역 업무에 대한 기술자문
2. 사업기획 및 타당성조사 등 전 단계 용역 수행 내용의 검토
3. 시공성 및 유지관리의 용이성 검토
4. 설계도서의 누락, 오류, 불명확한 부분에 대한 추가 및 정정 지시 및 확인
5. 설계업무의 공정 및 기성관리의 검토·확인
6. 설계감리 결과보고서의 작성
※ 주요 기자재 및 지급자재의 검수 및 관리는 공사감리의 업무이다. **[답]** ③

55 변전실의 면적에 영향을 주는 요소로 틀린 것은?
① 수전전압 및 수전방식
② 변전실의 접지방식
③ 변전설비 시스템 방식
④ 건축물의 구조적 요건

풀이 ○
변전실의 면적에 영향을 주는 요소 : 수전전압 및 수전방식, 건축물의 구조적 요건, 변전설비 시스템 방식(변전설비 변압방식, 변압기 용량, 수량 및 형식), 설치기기와 큐비클의 종류 및 시방, 기기의 배치방법 및 유지보수 면적 **[답]** ②

56 케이블 트레이 및 부속재 선정 시 고려사항으로 옳은 것은?
① 전선의 피복에 돌기 등이 있어도 된다.
② 케이블 트레이의 안전율은 0.5이상으로 하여야 한다.
③ 비금속제 케이블 트레이는 방식성 재료의 것이어야 한다.

④ 비금속제 케이블 트레이는 난연성 재료의 것이어야 한다.

풀이 ○
케이블 트레이공사에 사용하는 케이블 트레이는 다음 각 호에 적합하여야 한다.
1. 수용된 모든 전선을 지지할 수 있는 적합한 강도의 것이어야 한다. 이 경우 케이블 트레이의 안전율은 1.5 이상으로 하여야 한다.
2. 지지대는 트레이 자체하중과 포설된 케이블 하중을 충분히 견딜 수 있는 강도를 가져야 한다.
3. 전선의 피복 등을 손상시킬 돌기 등이 없이 매끈하여야 한다.
4. 금속재의 것은 적절한 방식처리를 한 것이거나 내식성 재료의 것이어야 한다.
5. 측면(옆면) 레일 또는 이와 유사한 구조재를 취부 하여야 한다.
6. 배선의 방향 및 높이를 변경하는데 필요한 부속재 기타 적당한 기구를 갖춘 것이어야 한다.
7. 비금속제 케이블 트레이는 난연성 재료의 것이어야 한다. **[답]** ④

57 사용전검사 실시 전 준비사항으로 틀린 것은?
① 시공관리책임자의 입회
② 전기안전관리자의 입회
③ 시험성적서 등 해당 검사에 필요한 서류준비
④ 감리원의 기성검사원에 대한 사전검토 의견서

풀이 ○
감리원의 기성검사원에 대한 사전검토 의견서는 기성검사와 관련된 업무로 사용전검사와 관련이 없다. **[답]** ④

58 기초의 분류에서 푸팅기초와 관련이 없는 기초는?
① 연속 기초 ② 독립 기초
③ 복합 기초 ④ 말뚝 기초

풀이 ○
• 얕은기초 : 근입깊이(D_f)와 최소폭(B)의 비가 1.0 미만($D_f/B < 1.0$)인 것으로 독립, 복합, 연속기초
• 깊은기초 : 근입깊이(D_f)와 최소폭(B)의 비가 1.0 초과($D_f/B > 1.0$)인 것으로 말뚝, 피어, 케이슨 기초
※ 푸팅기초 = 얕은기초 **[답]** ④

59 BIPV을 포함한 태양전지모듈 설치 시 현장 점검 중 판정기준에 해당하지 않는 것은?
① 방수계획 수립 여부
② KS 인증 제품 및 시험성적서
③ 발전량 최대 생산 방안 수립 여부
④ 모듈 온도 상승에 따른 건축물 부자재 파괴방지

풀이 ●
BIPV형 준수사항
• KS 인증제품 또는 시험성적서
  (※ BIPV의 경우, 서류로 확인 가능)
• 모듈 온도 상승에 따른 건축물 부자재 파괴방지
• 발전량 저감 최소화 방안
• 방수계획을 수립   **[답]** ③

60 태양전지 모듈의 배선 연결 후, 확인 점검 사항이 아닌 것은?
① 각 모듈의 극성 확인
② 전압 확인
③ 플리커 확인
④ 단락전류의 측정

풀이 ●
태양전지 모듈의 배선 후 확인할 사항 중 태양전지 어레이 검사항목 : 극성확인, 전압확인, 단락전류확인, 비접지 확인
※ 플리커는 분산형전원의 전기품질기준(직류 유입 제한, 역률, 플리커, 고조파)중의 하나이다.   **[답]** ③

4과목
태양광발전 유지·관리

61 1REC는 몇 [kWh]인가?
① 1   ② 10
③ 100   ④ 1,000

풀이 ●
REC(Renewable Energy Certificate) : 신재생에너지 공급인증서의 발급 및 거래단위로서 공급인증서 발급대상설비에서 공급된 MWh(=1,000kWh) 기준의 신

재생에너지 전력량에 대해 가중치를 곱하여 부여하는 단위   **[답]** ④

62 접속함의 육안점검 항목으로 틀린 것은?
① 접지선의 손상
② 개방전압 측정
③ 단자대 나사의 풀림
④ 외함의 부식 및 파손

풀이 ●
육안점검은 계측기, 공구를 사용하지 않는 점검방법이다. 개방전압 측정은 계측기가 필요하다.   **[답]** ②

63 접지저항의 측정 방법이 아닌 것은?
① Wenner의 4전극법
② 보호 접지저항계 측정법
③ 전위차계 접지저항계 측정법
④ 콜라우시(Kohlrausch) 브리지법

풀이 ●
접지저항 측정방법 : 콜라우시 브리지법, 전위차계 접지저항계 측정법, 클램프 온 측정법, Wenner의 4전극법   **[답]** ②

64 안전교육 지도원칙 중 오관(감각기관)의 활용 중 효과치가 잘못된 것은?
① 미각효과 5[%]
② 촉각효과 15[%]
③ 청각효과 20[%]
④ 시각효과 60[%]

풀이 ●
오관(감각기관)의 활용 효과치 및 이해도

오관의 효과치	이해도
ⓐ 시각효과 60[%]	ⓐ 귀 : 20[%]
ⓑ 청각효과 20[%]	ⓑ 눈 : 40[%]
ⓒ 촉각효과 15[%]	ⓒ 귀 + 눈 : 60[%]
ⓓ 미각효과 3[%]	ⓓ 입 : 80[%]
ⓔ 후각효과 2[%]	ⓔ 머리 + 손, 발 : 90[%]

[답] ①

65 태양광 발전설비의 운영 계획에서 계통연계가 필요한 경우 한국전력공사 지역지점과 사전협회를 하여야 하는데 저압연계의 경우 몇 [kW]를 기준으로 하는가?

① 100[kW] 미만
② 100[kW] 이상
③ 500[kW] 미만
④ 500[kW] 이상

풀이 ○

제4조(연계 요건 및 연계의 구분)
분산형전원의 연계용량이 500[kW] 미만이고 배전용변압기 누적연계용량이 해당 배전용변압기 용량의 50% 이하이며 직전 1년간 평균 상시이용률 이하일 경우 저압계통에 연계할 수 있다. **[답] ③**

66 절연용 방호구가 아닌 것은?

① 고무판
② 핫스틱
③ 절연시트
④ 애자커버

풀이 ○

절연용 방호구 : 고무판, 절연관, 절연시트, 절연커버, 애자커버 등이 있다. **[답] ②**

67 전기안전관리대행사업자가 전기안전관리업무를 대행할 수 있는 전기설비의 규모가 아닌 것은?

① 용량 500킬로와트 미만의 발전설비
② 용량 1천킬로와트 미만의 전기수용설비
③ 용량 1천킬로와트 미만의 태양광발전설비
④ 용량 500킬로와트 미만의 비상용 예비발전설비

풀이 ○

전기안전관리업무 대행사업자 대행 범위
• 용량 1천킬로와트 미만의 전기수용설비
• 용량 300킬로와트 미만의 발전설비(비상용 예비발전설비는 용량 500킬로와트 미만)
• 태양에너지를 이용하는 발전설비(이하"태양광발전설비"라 함)로서 용량 1천킬로와트(원격감시 및 제어기능을 갖춘 경우 용량 3천킬로와트) 미만인 것 **[답] ①**

68 인버터에 'Line Over Frequency Fault'로 표시되었을 경우의 현상 설명으로 옳은 것은?

① 계통전압이 규정치 이상일 때
② 계통전압이 규정치 이하일 때
③ 계통주파수가 규정치 이상일 때
④ 계통주파수가 규정치 이하일 때

풀이 ○

파워컨디셔너의 이상신호 조치 방법

모니터링	파워컨디셔너 표시	현상 설명	조치사항
한전계통 고주파수	Line over frequency fault	계통주파수가 규정값 이상일 때 발생	계통전압 확인 후 정상시 5분 후 재가동

[답] ③

69 태양광발전 어레이의 구조물 설치 시 지반상태에 따른 해결책이 아닌 것은?

① 연약층이 깊을 경우 독립기초로 한다.
② 배면토의 강도정수가 부족할 경우 저판폭을 증가시키거나 사면경사도를 완화한다.
③ 지반의 허용지지력이 부족할 경우 저판폭을 증가시키거나 지반을 치환한다.
④ 지반의 지하수위가 높을 경우 지지력 저하로 침하가 발생할 수 있으므로 배수공을 설치한다.

풀이 ○

연약층이 깊을 경우 마찰말뚝을 사용한다. **[답] ①**

70 안전모의 시험성능기준 중 AE, ABE 관통거리는 몇 [mm] 이하이어야 하는가?

① 6.5
② 7.5
③ 8.5
④ 9.5

풀이 ○

안전모의 시험성능기준

항 목	시 험 성 능 기 준
내관통성	AE, ABE종 안전모는 관통거리가 9.5[mm] 이하이고, AB종 안전모는 관통거리가 11.1[mm] 이하이어야 한다.
충격흡수성	최고전달충격력이 4,450[N]을 초과해서는 안 되며, 모체와 착장체의 기능이 상실되지 않아야 한다.

항 목	시 험 성 능 기 준
내전압성	AE, ABE종 안전모는 교류 20[kV]에서 1분간 절연파괴 없이 견뎌야 하고, 이때 누설되는 충전전류는 10[mA] 이하이어야 한다.
내 수 성	AE, ABE종 안전모는 질량증가율이 1[%] 미만이어야 한다.
난 연 성	모체가 불꽃을 내며 5초 이상 연소되지 않아야 한다.
턱끈풀림	150[N] 이상 250[N] 이하에서 턱끈이 풀려야 한다.

[답] ④

71 동작 불량의 스트링이나 태양전지 모듈의 검출 및 직렬 접속선의 결선 누락사고 등을 검출하기 위한 측정으로 옳은 것은?

① 단락전류 측정
② 개방전압 측정
③ 절연저항 측정
④ 정격전류 측정

풀이 ◉

• 개방전압 : 동작 불량의 스트링이나 태양전지 모듈의 검출 및 직렬 접속선의 결선 누락사고 등을 검출하기 위한 측정
• 절연저항 : 모듈의 절연상태 확인을 위한 측정
• 단락전류 : 모듈의 오염, 크랙, 음영에 의한 전류감소 등을 확인하기 위한 측정 [답] ②

72 자가용 태양광발전설비의 정기검사 항목이 아닌 것은?

① 종합연동시험 검사
② 부하운전시험 검사
③ 전력변환장치 검사
④ 변압기본체 검사

풀이 ◉

자가용 태양광발전설비의 정기검사 항목 : 태양광전지 검사, 전력변환장치 검사, 종합연동시험 검사, 부하운전시험 검사 [답] ④

73 각 항목에서 가장 알맞은 측정 계측기가 잘못 표현된 것은?

① 배전선의 전류는 후크 온 미터를 사용한다.

② 절연재료의 고유저항은 클라우시 브리지를 사용한다.
③ 검류계의 내부저항은 휘트스톤 브리지를 사용한다.
④ 변압기의 절연저항은 메거(절연저항계)를 사용한다.

풀이 ◉

절연재료의 고유저항은 절연저항계(메거)를 사용한다. [답] ②

74 접속함은 보수 점검이 용이한 장소에 설치하여야 한다. 다음 중 틀린 것은?

① 접속함 설치위치는 어레이 근처가 적합하다.
② 접속함은 설계하중에 견디고 방수, 방부형으로 제작되어야 한다.
③ 접속함 출력부는 견고하게 고정을 하여 내부 충격에 전선이 움직이지 않도록 한다.
④ 접속함은 내부과열을 피할 수 있게 제작하여야 하고, 역류방지소자(다이오드)용 방열판은 다이오드에서 발생된 열이 접속부분으로 전달되지 않도록 충분한 크기로 하거나, 별도의 역류방지용 분전반을 설치하여야 한다.

풀이 ◉

접속함 입력부는 견고하게 고정을 하여 외부 충격에 전선이 움직이지 않도록 한다. [답] ③

75 태양광발전 시스템 준공 시 점검 할 부분이 아닌 곳은?

① 부하 점검
② 태양전지(어레이) 점검
③ 중계단자함(접속함) 점검
④ 인버터(파워컨디셔너) 점검

풀이 ◉

태양광발전 시스템은 발전설비이므로 부하가 없는 것이 일반적이다. [답] ①

76 태양광 모듈에 설치되어 있는 바이패스 다이오드(Bypass Diode)의 역할과 거리가 먼 것은?

① 내부의 직렬저항이 커질 때 작동한다.

② 그림자 효과가 발생할 때 쉽게 작동한다.

③ 병렬 Diode의 개수가 증가 할수록 쉽게 작동한다.

④ 전지 내부의 병렬저항이 작아질 때 쉽게 작동한다.

풀이 ○

모듈에 설치되는 바이패스 다이오드의 병렬 수가 증가하더라도 동작에 영향을 주지 않고, 셀에 음영이 발생될 때 동작한다. **[답] ③**

77 태양광 모듈 표면의 황변현상은 태양광 모듈 내부의 충진재(EVA)가 무엇과 화학 반응하여 변색되는 것을 말하는가?

① 습기   ② 적외선

③ 자외선   ④ 가시광선

풀이 ○

충진재(EVA)는 자외선에 장기간 노출되면 변색되고 방습성이 저하하는 문제가 발생된다. **[답] ③**

78 전기사업의 허가를 신청하는 자가 사업계획서를 작성할 때 태양광설비의 개요로 기재하여야 할 내용이 아닌 것은?

① 태양전지 및 인버터의 효율, 변환방식, 교류주파수

② 태양전지의 종류, 정격용량, 정격전압 및 정격출력

③ 인버터의 종류, 입력전압, 출력전압 및 정격출력

④ 집광판(集光板)의 면적

풀이 ○

사업계획서를 작성할 때 태양광설비의 개요에 포함되어야 할 내용

① 태양전지의 종류, 정격용량, 정격전압 및 정격출력

② 인버터(Inverter)의 종류, 입력전압, 출력전압 및 정격출력

③ 집광판(集光板)의 면적 **[답] ①**

79 태양광발전시스템의 계측과 표시의 목적으로 잘못된 것은?

① 시스템의 운전상태 감시를 위한 계측 또는 표시

② 사업자의 추가 설비 투자 산출을 위한 계측

③ 시스템에 의한 발전 전력량을 알기 위한 계측

④ 시스템 기기 또는 시스템 종합 평가를 위한 계측

풀이 ○

계측기구·표시장치의 설치 목적

① 시스템의 운전상태를 감시하기 위한 계측 또는 표시

② 시스템에 의한 발전 전력량을 알기위한 계측

③ 시스템 기기 또는 시스템 종합평가를 위한 계측

④ 시스템의 운전상황을 견학하는 사람 등에게 보여주고, 시스템의 홍보를 위한 계측 또는 표시 **[답] ②**

80 사업용 전기설비의 정기검사 항목 중 차단기 검사 시 수검자 준비 자료가 아닌 것은?

① 계기교정시험 성적서

② 경보회로시험 성적서

③ 부대설비시험 성적서

④ 절연저항시험 성적서

풀이 ○

차단기검사 시 수검자 준비 자료(정기검사)

○ 전회검사 성적서

○ 개폐기 인터록 도면

○ 계기교정시험 성적서

○ 경보회로시험 성적서

○ 절연저항시험 성적서 **[답] ③**

※ 2020년 4회부터 산업기사 필기시험이 CBT(컴퓨터 기반 시험)로 변경되어 응시자분들께서 제공한 기출문제와 적중예상문제로 구성되었음을 알려드립니다.

1과목
태양광발전 사전검토

01 1[kWh]를 [MJ]로 변환하면 몇 [MJ]인가?

① 10^3 ② 3.6
③ 860 ④ 3600

풀이 ◉

$1[kWh] = 1 \times 10^3[J/sec] \times 3600[sec]$
$\quad\quad = 3.6 \times 10^6[J] = 3.6[MJ]$
※ $[W] = [J/sec]$, $1[h] = 3,600[sec]$ **[답] ②**

02 태양 고도각에 대한 설명이다. 잘못 표현된 것은? (단, ϕ는 그 지방의 위도이다.)

① 춘·추분 시 남중고도는 $90° + \phi$ 로 표현한다.
② 남반구의 경우 하루 중 태양고도가 가장 높은 방향은 정북이다.
③ 북반구의 경우 하루 중 태양고도가 가장 높은 방향은 정남이다.
④ 태양의 남중고도가 가장 낮을 때(동지)는 $90° - \phi - 23.5°$ 로 표현한다.

풀이 ◉

춘·추분 시 남중고도는 $90° - \phi$로 표현한다. **[답] ①**

03 풍력발전기의 회전축 방향에 따른 분류에서 수직축 풍력터빈의 종류가 아닌 것은?

① 패들형
② 더치형
③ 사보니우스형
④ 크로스 플로우형

풀이 ◉

1) 수평축 풍력발전 : 프로펠라형, 더치형, 세일윙형,

플레이드형
2) 수직축 풍력발전 : 다리우스형, 사보니우스형, 크로스 플로우형, 패들형 **[답] ②**

04 연료전지 구성요소 중 개질기(Reformer)에 대한 설명으로 옳은 것은?

① 원하는 전기출력을 얻기 위해 단위전지를 수십에서 수백 장을 직렬로 쌓아 올린 본체
② 전해질이 함유된 전해질 판, 연료극, 공기극으로 구성된 장치
③ 수소가 함유된 일반연료(천연가스, 메탄올, 석탄 등)로부터 수소를 발생시키는 장치
④ 연료전지에서 나오는 직류를 교류로 변환시키는 장치

풀이 ◉

개질기(Reformer)는 수소가 함유된 일반연료(천연가스, 메탄올, 석탄 등)로부터 수소를 발생시키는 장치이다. **[답] ③**

05 기후에너지환경부장관이 신·재생에너지의 이용·보급을 촉진하기 위하여 필요하다고 인정하면 대통령령으로 정하는 바에 따라 진행하는 보급사업으로 틀린 것은?

① 정부와 연계한 보급사업
② 신기술의 적용사업 및 시범사업
③ 실용화된 신·재생에너지 설비의 보급을 지원하는 사업
④ 환경친화적 신·재생에너지 집적화단지 및 시범단지 조성사업

풀이 ◉

보급사업(법 제27조)
• 지방자치단체와 연계한 보급사업 **[답] ①**

06 기후에너지환경부장관은 전기사업자가 금지행위를 한 경우에는 전기위원회의 심의를 거쳐 대통령령으로 정하는 바에 따라 그 전기사업자의 매출액의 얼마 범위에서 과징금을 부과·징수할 수 있는가?

① 100분의 5
② 100분의 10
③ 100분의 15
④ 100분의 20

풀이 ○

허가권자는 전기사업자등이 법 제21조제1항에 따른 금지행위를 한 경우에는 전기위원회의 심의(전기신사업자와 허가권자가 시·도지사인 전기사업자의 경우는 제외한다)를 거쳐 대통령령으로 정하는 바에 따라 그 전기사업자등의 매출액의 100분의 5의 범위에서 과징금을 부과·징수할 수 있다. **[답] ①**

07 계통 주파수가 비정상 범위 내에 있을 경우 분산형전원은 해당 분리시간 내에 한전계통에 대한 가압을 중지하여야 한다. 주파수가 $f < 57.5$일 때 분산형전원 분리시간은?

① 0.11초
② 0.16초
③ 299초
④ 300초

풀이 ○

분산형전원 용량	주파수 범위 [Hz]	분리시간 [초]
	$f > 61.5$	0.16
용량무관	$f < 57.5$	300
	$f < 57.0$	0.16

[답] ④

08 분산형전원 배전계통연계 기술기준에 따라 분산형전원 연계시스템은 안정상태의 한전계통 전압 및 주파수가 정상범위로 복원된 후 그 범위 내에서 몇 분간 유지되지 않는 한 분산형전원의 재병입이 발생하지 않도록 하는 지연기능을 갖추어야 하는가?

① 1분
② 3분
③ 5분
④ 10분

풀이 ○

분산형전원 연계시스템은 안정상태의 한전계통 전압 및

주파수가 정상범위로 복원된 후 그 범위 내에서 5분간 유지되지 않는 한 분산형전원의 재병입이 발생하지 않도록 하는 지연기능을 갖추어야 한다. **[답] ③**

09 특고압 계통의 경우 해당 분산형전원의 변동 빈도를 정의하기 어렵다고 판단되는 경우의 순시 전압변동률은 몇 [%]로 적용하는가?

① 2
② 3
③ 5
④ 7

풀이 ○

특고압 계통의 경우, 해당 분산형전원의 변동 빈도를 정의하기 어렵다고 판단되는 경우에는 순시전압변동률 3[%]를 적용한다. **[답] ②**

10 분산형 전원 발전설비는 전력계통 연계지점에서 발전기 용량 정격 최대전류의 몇 [%] 이상인 직류전류를 전력계통으로 유입해서는 안 되는가?

① 0.5
② 1
③ 2
④ 3

풀이 ○

직류 유입 제한 : 분산형 전원 연결점에서 최대 정격 출력전류의 0.5[%]를 초과하는 직류 전류를 계통으로 유입시켜서는 안 된다. **[답] ①**

11 신에너지 및 재생에너지 개발·이용·보급촉진법에 따라 신재생에너지의 공급인증서에 포함되어야 하는 기재사항이 아닌 것은?

① 유효기간
② 신재생에너지 공급자
③ 수요전력의 예상량
④ 신재생에너지의 종류별 공급량 및 공급기간

풀이 ○

공급인증기관은 발급신청을 받은 경우에는 신·재생에너지의 종류별 공급량 및 공급기간 등을 확인한 후 다음 각 호의 기재사항을 포함한 공급인증서를 발급하여야 한다.
1. 신·재생에너지 공급자
2. 신·재생에너지의 종류별 공급량 및 공급기간
3. 유효기간 **[답] ③**

12 신재생에너지의 기술개발 및 이용보급 촉진을 위한 기본계획의 계획기간은?

① 3년 이상

② 5년 이상

③ 10년 이상

④ 20년 이상

풀이 ○

기후에너지환경부장관은 관계 중앙행정기관의 장과 협의를 한 후 제8조에 따른 신·재생에너지정책심의회의 심의를 거쳐 신·재생에너지의 기술개발 및 이용·보급을 촉진하기 위한 기본계획을 5년마다 수립하여야 하며, 기본계획의 계획기간은 10년 이상으로 한다. **[답]** ③

13 바이오에너지의 특징에서 장점이 아닌 것은?

① 에너지를 저장할 수 있다.

② 바이오매스 생산에 넓은 면적의 토지가 필요하다.

③ 물과 온도 조건만 맞으면 지구상 어느 곳에서나 얻을 수 있다.

④ 바이오매스는 재생이 가능하다. 종이나 비료 같은 다른 산물을 만들어서 재활용된다.

풀이 ○

바이오에너지의 단점
• 토지 이용 면에서 농업과 경합한다.
• 바이오매스 생산에 넓은 면적의 토지가 필요하다.
• 자원 매장량의 지역차가 크다.
• 문란하게 개발하면 환경파괴를 초래한다.
• 비료, 토양, 물 그리고 에너지의 투입이 필요하다. **[답]** ②

14 다음은 신·재생에너지 공급인증서의 거래 제한에 관한 기술이다. 틀린 것은?

① 공급인증서가 기존 방조제를 활용하여 건설된 조력(潮力)을 이용하여 에너지를 공급하고 발급된 경우

② 공급인증서가 석탄을 액화·가스화한 에너지 또는 중질잔사유를 가스화한 에너지를 이용하여 에너지를 공급하고 발급된 경우

③ 공급인증서가 발전소별로 4천[kW]를 넘는 수력을 이용하여 에너지를 공급하고 발급된 경우

④ 공급인증서가 폐기물에너지 중 화석연료에서 부수적으로 발생하는 폐가스로부터 얻어지는 에너지를 이용하여 에너지를 공급하고 발급된 경우

풀이 ○

공급인증서가 발전소별로 5천킬로와트를 넘는 수력을 이용하여 에너지를 공급하고 발급된 경우. **[답]** ③

15 공공기관 설치의무화제도에 따라 공공기관이 신축·증축 또는 개축하는 연면적 몇 [m²] 이상의 건축물에 대하여 예상에너지사용량의 공급의무비율 이상을 신재생에너지로 공급하여야 하는가?

① 500

② 1,000

③ 3,000

④ 5,000

풀이 ○

공공기관 설치의무화제도 대상건축물 : 신축·증축·개축하는 각 건축물의 연면적 1,000[m²] 이상 **[답]** ②

16 부지선정 시 일반적 고려사항 중 지정학적 조건에 해당하는 것은?

① 공해, 염해, 오염의 영향

② 장래 주변 환경 변화여부

③ 태풍 등 기상 재해 발생여부

④ 음영이 없어야 하며 적설량이 적어야 한다.

풀이 ○

설치 및 운영상의 조건에서 주변환경
• 수목의 영향
• 공해, 염해, 오염의 영향
• 태풍 등 기상 재해 발생 여부
• 장래 주변 환경 변화 여부 **[답]** ④

17 벌칙을 적용 할 때 공무원으로 보는 대상자가 아닌 것은?

① 설비인증 업무에 종사하는 설비인증기관의 임직원

② 건축물인증 업무에 종사하는 건축물인증기관의 임직원

③ 공급인증서의 발급·거래 업무에 종사하는 공급인증기관의 임직원

④ 혼합의무비율 이행을 효율적으로 관리하는 업무에 종사하는 관리기관의 임직원

풀이 ◐

벌칙 적용 시의 공무원 의제(법 제33조)

다음 각 호에 해당하는 사람은 공무원으로 본다.

• 공급인증서의 발급·거래 업무에 종사하는 공급인증기관의 임직원

• 설비인증 업무에 종사하는 설비인증기관의 임직원

• 신·재생에너지 연료 품질검사 업무에 종사하는 품질검사기관의 임직원

• 혼합의무비율 이행을 효율적으로 관리하는 업무에 종사하는 관리기관의 임직원　　　**[답]** ②

18 성층권으로 올라가 광분해 되어 성층권 오존을 파괴하면서 소멸하는 온실 가스는?

① 메탄　　　　　② 육불화황

③ 아산화질소　　　④ 염화불화탄소

풀이 ◐

아산화질소(N_2O)

• 대기 중 체류시간이 114년 되는 온실가스로 복사강제력의 6[%]를 차지한다.

• 발생원은 해양, 토양 등이 있으며 화석연료, 생태소각, 농업비료의 사용, 여러 산업공정에서 배출되는 인위적 기원 등이 있다. 아산화질소는 성층권으로 올라가 광분해 되어 성층권 오존을 파괴하면서 소멸된다.　**[답]** ③

19 소수력발전 시스템에 있어 가장 중요한 설비는?

① 수차　　　　　② 발전기

③ 변속기　　　　④ 흡출관

풀이 ◐

소수력발전은 물의 낙하차를 이용한 시설용량 10,000 [kW] 이하의 수력발전으로 수차(터빈)가 가장 중요한 설비이다.　　　　　　　　**[답]** ①

20 태양복사에 대한 설명으로 잘못된 것은?

① 태양고도가 수직일 때($\gamma_s = 90°$) AM = 1이다.

② 대기 중의 분자들에 의한 흡수로 태양 복사가 감소한다.

③ 대기 중의 오염물질에 의한 산란은 위치에 따라 심하게 변한다.

④ 태양복사의 흡수와 레일리(Rayleigh)산란은 태양고도가 높을수록 증가한다.

풀이 ◐

태양복사의 흡수와 레일리(Rayleigh)산란은 태양고도가 낮을수록 증가한다.　　　　　**[답]** ④

2과목

태양광발전 구성·선정

21 태양광 인버터의 회로 방식에 따른 분류에 해당되지 않는 것은?

① 상용주파 변압기 절연방식

② 고주파 변압기 절연방식

③ 트랜스리스 방식

④ 분산형 스트링 방식

풀이 ◐

인버터의 회로 방식 : 상용주파 변압기 절연방식, 고주파 변압기 절연방식, 무변압기(트랜스리스) 방식　**[답]** ④

22 모듈에서 접속함 직류배선이 50[m]이며, 모듈 어레이 전압이 600[V], 전류가 8[A]일 때, 전압강하는 몇 [V]인가? (단, 전선의 단면적은 4.0[mm²] 이다.)

① 1.56[V]　　　　② 2.56[V]

③ 3.56[V]　　　　④ 4.56[V]

풀이 ○

태양광 모듈에서 인버터까지는 직류 2선식이므로,

전압강하 $e = \dfrac{35.6 \times L \times I}{1,000 \times A} = \dfrac{35.6 \times 50 \times 8}{1,000 \times 4} = 3.56[\text{V}]$

[답] ③

23 과전류차단기로 저압전로에 사용하는 4[A] 이하 퓨즈(gG)의 용단특성에서 용단 시간이 60분일 때 용단전류는 정격전류의 몇 배인가?

① 1.25배　　　　② 1.5배
③ 1.6배　　　　④ 2.1배

풀이 ○

퓨즈(gG)의 용단특성(KEC 212.3.4)

정격전류의 구분	시간	정격전류의 배수	
		불용단전류	용단전류
4[A] 이하	60분	1.5배	2.1배
4[A] 초과 16[A] 미만	60분	1.5배	1.9배
16[A] 이상 63[A] 이하	60분	1.25배	1.6배
63[A] 초과 160[A] 이하	120분	1.25배	1.6배
160[A] 초과 160[A] 이하	180분	1.25배	1.6배
400[A] 초과	240분	1.25배	1.6배

[답] ④

24 태양광발전시스템 모듈의 고장으로 틀린 것은?

① 핫 스팟　　　　② 백화현상
③ 프레임 변형　　④ 버스바 과열

풀이 ○

- 핫 스팟 : 모듈 표면에 열점이 발생하여 전력생산을 저해하는 것.
- 백화현상 : 모듈 표면이 백색으로 변색되어 전력생산을 저해하는 것.
- 프레임 변형 : 모듈이 프레임이 변화되어 손상되는 것

[답] ④

25 태양광발전시스템을 저압 전력계통과 연계시 적정한 전압과 주파수를 벗어난 운전을 방지하기 위하여 설치하는 계전기가 아닌 것은?

① 과전압 계전기　　② 과전류 계전기
③ 과주파수 계전기　④ 저주파수 계전기

풀이 ○

보호장치 설치(연계 기술기준 제18조)
적정한 전압과 주파수를 벗어난 운전을 방지하기 위하여 과·저전압 계전기, 과·저주파수 계전기를 설치한다.

[답] ②

26 한국전기설비규정에서 22.9[kV] 특고압 가공전선로에서 건조물의 상부 조영재 옆쪽 또는 아래쪽에서 접근상태로 시설하는 경우 특고압 절연전선(다중접지를 한 중성선 제외)과 건축물의 조영재 사이의 최소 간격[m]은?

① 1.0　　　　　② 1.2
③ 1.5　　　　　④ 2.0

풀이 ○

25kV 이하인 특고압 가공전선로의 시설(KEC 333.32)
특고압 가공전선(다중접지를 한 중성선을 제외)이 건조물과 접근하는 경우에특고압 가공전선과 건조물의 조영재 사이의 간격은 다음 표에서 정한 값 이상일 것.
[표] 15kV 초과 25kV 이하 특고압 가공전선로 간격

건조물의 조영재	접근형태	전선의 종류	간격
상부 조영재	위쪽	나전선	3[m]
		특고압 절연전선	2.5[m]
		케이블	1.2[m]
	옆쪽 또는 아래쪽	나전선	1.5[m]
		특고압 절연전선	1.0[m]
		케이블	0.5[m]
기타의 조영재		나전선	1.5[m]
		특고압 절연전선	1.0[m]
		케이블	0.5[m]

[답] ①

27 태양전지 모듈의 열 발생 원인으로 틀린 것은?

① 정적 하중
② 모듈의 전기적 동작
③ 셀에서 적외선 흡수
④ 모듈 상부 표면으로부터의 반사

풀이 ○

정적(고정)하중은 열 발생 원인이 아니다.　　**[답] ①**

28 전력계통에서 3권선 변압기(Y-Y-△)에서 △결선을 사용하는 주된 이유는?

① 노이즈 제거
② 전력손실 감소
③ 2가지 용량 사용
④ 제 3고조파 제거

풀이 ●

△결선을 사용하는 주된 이유
- 제 3고조파 제거
- 무효전력보상설비의 설치
- 소내용 전원의 공급 [답] ④

29 태양광발전시스템의 접속함을 선정할 때 주의사항으로 틀린 것은?

① 정격입력전류는 최대전류를 기준으로 선정한다.
② 접속함 내부는 최소한의 공간을 차지하도록 한다.
③ 접속함의 정격전압은 태양전지 스트링의 개방시의 최대직류전압으로 선정한다.
④ 노출된 장소에 설치되는 경우 빗물, 먼지 등이 함에 침입하지 않는 구조로 한다.

풀이 ●

접속함 내부의 공간이 좁으면 방열에 취약점이 발생할 수 있어 적정 공간을 확보하여야 한다. [답] ②

30 실시간으로 변화하는 일사강도에 따라 태양광 인버터가 최대 출력점에서 동작하도록 하는 인버터의 기능은?

① 자동전류 조정 기능
② 단독운전 방지 기능
③ 자동운전 정지 기능
④ 최대전력 추종제어 기능

풀이 ●

일사량과 태양전지 표면온도에 따라 변동하는 태양전지의 출력에 대하여 태양전지의 동작점이 항상 최대 출력점을 추종하도록 변화시켜 태양전지에서 최대출력을 얻을 수 있도록 하는 제어 기능은 최대전력 추종제어 기능이다. [답] ④

31 다음은 태양전지의 변환효율 식은 다음과 같이 정의한다.

$$\eta = \frac{P_{output}}{P_{input}} = \frac{I_{max} \cdot V_{max}}{P_{input}} = \frac{I_{sc} \cdot V_{oc} \cdot FF}{P_{input}}$$

식에서 P_{output} 의미는?

① 최대 전압값
② 광전변환효율
③ 생산된 전기에너지
④ 태양전지에 입사되는 태양에너지

풀이 ●

- P_{input} : 태양전지에 입사되는 태양에너지[W]
- P_{output} : 태양전지에서 생산된 전기에너지[W]
- I_{max} : 최대 전류[A]
- V_{max} : 최대 전압[V]
- I_{sc} : 단락전류[A]
- V_{oc} : 개방전압[V]
- FF : 충진율 [답] ③

32 계통연계 시스템용 방재대응형 축전지를 설계하고자 한다. 평균 방전전류가 132[A], 용량환산계수가 26.7, 보수율이 0.8인 축전지의 용량은?

① 504.30[Ah]
② 440.55[Ah]
③ 373.75[Ah]
④ 281.95[Ah]

풀이 ●

방재대응형 축전지의 용량
$$C = \frac{KI}{L} = \frac{26.7 \times 13.2}{0.8} = 440.55[Ah]$$ [답] ②

33 태양광발전시스템을 완성하기 위하여 필요한 모듈을 직·병렬로 구성하게 되는데, 즉 직렬로 접속된 모듈 집합체의 회로를 무엇이라 하는가?

① 어레이
② 스트링
③ 모듈
④ 셀

풀이 ●

1) **셀(Cell)** : 태양전지의 최소단위
2) **모듈(Module)** : 셀(Cell)을 내후성 패키지에 수 십장 모아 일정한 틀에 고정하여 구성된 것
3) **스트링(String)** : 모듈(Module)의 직렬연결 집합 단위
4) **어레이(Array)** : 스트링(String), 가대를 포함하는 모듈의 집합 단위 [답] ②

34 스트링(String), 케이블(전선), 가대를 포함하는 모듈의 집합 단위는?

① 셀(Cell) ② 모듈(Module)

③ 어레이(Array) ④ 스트링(String)

풀이 ○

- **셀(Cell)** : 태양전지의 최소단위
- **모듈(Module)** : 셀(Cell)을 내후성 패키지에 수 십장 모아 일정한 틀에 고정하여 구성된 것
- **스트링(String)** : 모듈(Module)의 직렬연결 집합 단위
- **어레이(Array)** : 스트링(String), 가대를 포함하는 모듈의 집합 단위 **[답] ③**

35 PCS(Power Conditioning System)가 갖추어야 할 조건이 아닌 것은?

① 전력망 이상 발생 시 최대전력 추종 기능

② 태양광출력에 따른 자동운전, 자동정지 및 최대전력추종제어

③ 태양광발전설비 및 파워컨디셔너 자체고장진단 및 이상 발생시 자동정지기능

④ 태양광발전설비와 전력망(Grid)과의 병렬운전을 위한 주파수, 전압, 위상제어

풀이 ○

전력변환장치(PCS)의 기능은 다음과 같다.

- 태양광출력에 따른 자동운전, 자동정지 및 최대 전력추종 제어
- 태양광발전설비와 전력망(Grid)과의 병렬운전을 위한 주파수, 전압, 위상제어
- 발전전력의 품질의 제어
- 전력망 이상 발생 시 단독운전방지기능
- 태양광발전설비 및 파워컨디셔너 자체고장진단 및 이상 발생 시 자동정지 기능 **[답] ①**

36 다음 중 결정질 태양전지의 에너지 손실에서 가장 큰 부분은?

① 전면 접촉으로 초래된 반사와 차광

② 공간 전하 영역에서의 전지의 전위차

③ 장파장 복사에서 너무 낮은 광자 에너지

④ 단파장 복사에서 너무 높은 광자 에너지

풀이 ○

실리콘 결정질 태양전지의 에너지 손실

단파장 과잉 에너지(약 32[%]) > 장파장 투과(약 24[%]) > 전압인자 손실(약 16[%] > 반사와 차광(약 3~6[%]) **[답] ④**

37 다음 중 태양전지 모듈을 설치하는 데 면적을 가장 적게 차지하는 전지 재료는?

① 단결정 ② 다결정

③ 고효율 전지 ④ 비정질 실리콘

풀이 ○

1[kWp] 당 필요한 면적

전지의 재료	1[kWp] 당 필요한 면적[m²]
단결정	7~9
다결정	7.5~10
고효율 전지	6~7
비정질 실리콘	14~20

[답] ③

38 다음과 같은 효율 식과 관련이 있는 것은?

$$\frac{\text{운전최대출력[kW]}}{\text{일조량과 온도에 따른 최대출력[kW]}} \times 100[\%]$$

① 변환효율 ② 유로효율

③ 정격 효율 ④ 추적효율

풀이 ○

$$추적효율 = \frac{\text{운전최대출력[kW]}}{\text{일조량과 온도에 따른 최대출력[kW]}} \times 100[\%]$$

[답] ④

39 구성요소 성능평가에서 PCS 성능평가 항목은?

① 모듈효율 ② 최대전류

③ 종합 왜형률 ④ 평균출력

풀이 ○

- 모듈 성능평가 항목 : 평균출력, 최대전류, 최대전압, 모듈 효율
- PCS 성능평가 항목 : 변환 효율, 종합 왜형률, 역률, 최대출력 추종 **[답] ③**

40 태양전지 모듈과 인버터가 통합된 형태로서 태양광발전시스템 확장이 유리한 인버터 운전 방식은?
① 모듈 인버터 방식
② 스트링 인버터 방식
③ 병렬운전 인버터 방식
④ 중앙 집중형 인버터 방식

풀이 ⊙
모듈 인버터 방식의 특징
• 태양광발전시스템 확장이 용이
• 각 태양전지 모듈별로 MPP 동작 수행으로 최적의 발전량 생산 **[답] ①**

3과목
태양광발전 시공

41 산지에 태양광발전설비 설치 시 지반과 사면의 안전성 확보를 위한 조치가 잘못된 것은?
① 절토 및 성토 비탈면의 경우 저류조를 설치하여 침식방지를 한다.
② 비탈면 보호를 위한 녹화 등을 통해 비탈면의 안전을 도모하고 산사태를 방지할 수 있도록 하여야 한다.
③ 절토와 성토를 통해 부지를 조성할 경우에는 단계별로 충분히 다짐하여 지지력과 안전성을 확보하여야 한다.
④ 비탈면에 구조물(콘크리트 옹벽, 보강토 옹벽, 석축 등)을 설치할 경우에는 설계기준에 맞춰 계획하고 시공되도록 하여야 한다.

풀이 ⊙
저류조는 우천시 우수의 유출과 토사유출에 의한 태양광 발전설비 주변 수로 및 하류에 위치한 소하천 등의 범람, 퇴적 등을 방지하기 위해 임시 또는 영구 우수 저류조 등 저감시설을 설치하여야 한다. **[답] ①**

42 지상형 태양광발전설비에 사용되는 기초 공법 중 지반이 연약하여 흙과 흙 사이에 시멘트풀을 넣어서 지반을 튼튼하게 하는 공법은?
① 스파이럴 공법
② 스크류 공법
③ 레이밍 파일공법
④ 보링그라우팅 공법

풀이 ⊙
• 스파이럴(Spiral) 공법 : 큰크리트 기초와 다르게 토지에 직접 스파이럴 파일(나선형 구조물)을 삽입하는 공법
• 스크류(Screw) 공법 : 토지에 직접 스크류 파일을 삽입하는 공법
• 레이밍 파일(Ramming pile) 공법 : 토지에 직접 U형, C형, H형 단면 등의 파일 기초를 삽입하는 공법
• 보링그라우팅 공법 : 지반이 연약하여 흙과 흙 사이에 시멘트풀을 넣어서 지반을 튼튼하게 하는 공법 **[답] ④**

43 지상에 태양전지 어레이를 설치하기 위한 기초 형식 중 지지층이 얕은 경우에 사용하는 방식이 아닌 것은?
① 케이슨 기초
② 직접 기초
③ 독립 푸팅 기초
④ 복합 푸팅 기초

풀이 ⊙
• 얕은 기초(지지층이 얕은 곳) : 직접기초(독립기초), 복합기초, 전면기초, 연속기초, 확대기초, 독립 푸팅 기초, 복합 푸팅 기초.
• 깊은 기초(지지층이 깊은 곳) : 케이슨 기초, 말뚝 기초, 피어 기초 **[답] ①**

44 가공 배선선로에 사용되는 전선의 구비조건이 아닌 것은?
① 도전율이 클 것
② 가공이 쉬울 것
③ 비중이 높을 것
④ 기계적 강도가 클 것

풀이 ⊙
전선의 구비 조건
상기 ①, ②, ④이외
• 비중이 작을 것
• 경제적일 것
• 부식성이 작을 것 **[답] ③**

45 경간(S) 300[m], 전선 자체의 무게(W)가 1.12 [kg/m], 인장하중(T) 10,210[kg], 안전율 2.2인 선로의 이도(dip)는 약 몇 [m]인가?

① 2.3 ② 2.7
③ 3.1 ④ 3.7

풀이 ◉

$$이도(D) = \frac{WS^2}{8 \times \frac{T}{안전율}} = \frac{1.12 \times 300^2}{8 \times \frac{10,210}{2.2}} = 2.714 ≒ 2.7$$

[답] ②

46 태양전지 어레이용 지지대의 재질로서 사용되지 않는 것은?

① 티타늄
② 스테인리스 스틸
③ 알루미늄 합금
④ 용융아연 도금된 형강

풀이 ◉

지지대의 재질
• 용융아연 또는 용융아연−알루미늄−마그네슘합금 도금된 형강(단, 수상형의 경우 별도 규정 준수)
• 스테인리스 스틸(이하 "STS")
• 알루미늄합금

[답] ①

47 DC 12[V]의 전압을 측정하려고 10[V]용 전압계 두 개를 직렬로 연결하였을 때, 전압계 V_1의 지시는 몇 [V]인가? (단, 전압계 V_1, V_2의 내부 저항은 각각 8[kΩ], 4[kΩ]이다.)

① 4 ② 6
③ 8 ④ 10

풀이 ◉

직렬 저항의 전압분배

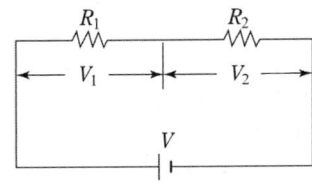

$$V_1 = \frac{R_1}{R_1 + R_2} \times V = \frac{8}{8+4} \times 12 = 8[V]$$

[답] ③

48 전자 빔의 열작용에 대한 기술로 틀린 것은?

① 전자 빔의 열작용은 금속 가공에 사용된다.
② 전자 빔의 속도는 가속 전압에 반비례한다.
③ 전자 빔에 의한 발생 열량은 전자 빔의 속도의 제곱에 비례한다.
④ 전자 빔이 물질에 충돌할 때 그 운동 에너지가 열에너지로 변하는 현상이다.

풀이 ◉

전자 빔의 속도는 가속 전압의 세기에 비례한다.

[답] ②

49 저압 뱅킹 배전 방식에서 캐스케이딩 현상이란?

① 전압 동요가 적은 현상
② 변압기의 부하 배분이 균일하지 못한 현상
③ 저압선이나 변압기에 고장이 생기면 자동적으로 제거되는 현상
④ 저압선의 고장에 의하여 건전한 변압기의 일부 또는 전부가 차단되는 현상

풀이 ◉

캐스케이딩 현상이란 저압 뱅킹 배전 방식으로 운전 중 건전한 변압기 일부가 고장이 발생하면, 부하가 다른 건전한 변압기에 걸려서 고장이 확대되는 현상을 말한다.

[답] ④

50 태양광발전시스템의 시공 시 태양전지 모듈의 설치를 위하여 운반하는 경우 주의사항으로 옳은 것은?

① 태양전지 모듈의 보호막을 벗겨서 운반한다.
② 태양전지 모듈을 인력으로 이동할 때에는 1인 1조로 한다.
③ 접속되어진 모듈의 리드선은 빗물 등 이물질이 유입되어도 된다.
④ 태양전지 모듈의 파손방지를 위해 충격이 가해지지 않도록 한다.

풀이 ◉

모듈 운반 시 주의사항
• 모듈의 이동시 반드시 2인 1조로 하여야 한다.
• 태양전지 모듈의 보호막을 벗기지 않고 운반한다.

- 접속되어진 모듈의 리드선은 빗물 등 이물질이 유입되지 않아야 된다.
- 태양전지 모듈의 파손방지를 위해 충격이 가해지지 않도록 한다. [답] ④

51 저압 배전선로의 네트워크 방식에 대한 설명으로 틀린 것은?

① 전력손실이 감소된다.
② 플리커, 전압변동률이 적다.
③ 특별한 보호 장치가 필요 없다.
④ 무정전 공급이 가능해서 공급 신뢰도가 높다.

(풀이)

저압배전선로의 네트워크 방식 특징(①, ②, ④ 이외)
- 기기의 이용률이 향상된다.
- 변전소의 수를 줄일 수 있다.
- 부하 증가에 대한 적응성이 좋다. [답] ③

52 변압기 보호장치 외관검사 항목이 아닌 것은?

① 변성기 2차 접지 위치 확인
② 계전기 단자와 대지 간 절연저항 측정
③ 내부 이물질 여부 및 스프링 변형 등의 적정여부 확인
④ 전원 공급방식과 결선 또는 계전기의 종류의 적합여부 확인

(풀이)

외관검사는 육안검사로 절연저항 측정과 같은 측정은 측정 시험항목이다. [답] ②

53 전력계통의 무효전력을 조정하여 전압조정 및 전력손실의 경감을 도모하기 위한 설비는?

① 보호계전장치
② 계기용변성기
③ 무효전력보상설비
④ 부하시 탭 절환장치

(풀이)

무효전력보상장치(구, 조상설비) : 무효 전력의 조정을 통하여 전압 조정이나 역률 개선 따위를 행하여 손실을 줄인다. [답] ③

54 태양광발전 모듈의 시공기준에 대한 설명으로 틀린 것은?

① 전선, 피뢰침, 안테나 등의 경미한 음영도 장애물로 본다.
② 모듈 설치 열이 2열 이상일 경우 앞 열은 뒷열에 음영이 지지 않도록 설치하여야 한다.
③ 모듈의 일조시간은 장애물로 인한 음영에도 불구하고 1일 5시간[춘계(3~5월)·추계(9~11월)기준] 이상이어야 한다.
④ 모듈의 설치용량은 사업계획서 상의 모듈 설계용량과 동일하여야 한다. 다만, 단위 모듈당 용량에 따라 설계용량과 동일하게 설치할 수 없는 경우에는 설계용량의 110[%] 범위 내에서 설치할 수 있다.

(풀이)

전선, 피뢰침, 안테나 등 경미한 음영은 장애물로 보지 않는다. [답] ①

55 변압기 2차측 간선의 지락사고를 검출하기 위해 사용하는 변성기는?

① PT
② CT
③ ZCT
④ OCR

(풀이)

ZCT(영상변류기)는 지락사고를 검출하기 위해 사용하는 변성기이다. [답] ③

56 차단기 외관검사 항목이 아닌 것은?

① 설치상태가 적합한지 확인
② 대지와의 간격이 적합한지 확인
③ 전선의 접속 상태가 적합한지 확인
④ 타 물체와의 간격 및 조작의 용이성 확인

(풀이)

차단기 외관검사 항목(①, ③, ④ 이외)
- 지지물과의 간격이 적합한지 확인
- 부싱의 균열 여부 및 부싱과 본체와의 접속부의 적정여부 확인 [답] ②

57 선간전압을 기준으로 전류의 방향이 일정범위 안에 있을 때 응동하는 것으로 루프계통의 단락사고 보호용으로 사용하는 계전기는?

① DR
② PR
③ OCR
④ DOCR

풀이 ○

방향과전류계전기(Directional Over Current Relay : DOCR) : 선간전압을 기준으로 전류의 방향이 일정범위 안에 있을 때 응동하는 것으로 루프계통의 단락사고 보호용으로 사용된다. **[답]** ④

58 태양광발전시스템의 배선공사에 사용되는 케이블 중 내연성이 가장 좋은 케이블은?

① ACSR(강심 알루미늄 연선)
② VV(비닐절연 비닐시스 케이블)
③ CV(가교 폴리에틸렌절연 비닐시스 케이블)
④ PNCT(에틸렌프로필렌고무절연 클로로플렌 시스 캡타이어 케이블)

풀이 ○

케이블의 특성 비교

케이블 종류	허용온도최고[℃]	내연성	열 변형성	내후성
CV	90	○	○	○
VV	60	○	△	○
PNCT	80	◎	△	○

[비고] ◎ : 우수, ○ : 양호, △ : 가능

[답] ④

59 태양광발전시스템의 시공절차 중 간선공사 순서로 가장 올바른 것은?

① 모듈 → 인버터 → 접속함 → 어레이 → 계통 간선
② 모듈 → 어레이 → 접속함 → 인버터 → 계통 간선
③ 모듈 → 어레이 → 인버터 → 접속함 → 계통 간선
④ 모듈 → 인버터 → 어레이 → 접속함 → 계통 간선

풀이 ○

태양광발전시스템 간선 시공절차 : 모듈 → 어레이 → 접속함 → 인버터 → 계통간선 **[답]** ②

60 케이블 트레이공사에 사용하는 케이블 트레이에 대한 설명으로 틀린 것은?

① 비금속제 케이블 트레이는 난연성 재료의 것이어야 한다.
② 전선의 피복 등을 손상시킬 돌기 등이 없이 매끈해야 한다.
③ 수용된 모든 전선을 지지할 수 있는 적합한 강도로 케이블 트레이의 안전율은 1.3 이상으로 하여야 한다.
④ 케이블 트레이가 방화구획의 벽, 마루, 천장 등을 관통하는 경우에 관통부는 불연성의 물질로 충전하여야 한다.

풀이 ○

케이블트레이의 선정(232.41.2) (①, ②, ④ 이외)
• 수용된 모든 전선을 지지할 수 있는 적합한 강도의 것이어야 한다. 이 경우 케이블 트레이의 안전율은 1.5 이상으로 하여야 한다.
• 지지대는 트레이 자체 하중과 포설된 케이블 하중을 충분히 견딜 수 있는 강도를 가져야 한다.
• 금속재의 것은 적절한 방식처리를 한 것이거나 내식성 재료의 것이어야 한다.
• 측면 레일 또는 이와 유사한 구조재를 부착하여야 한다.
• 배선의 방향 및 높이를 변경하는데 필요한 부속재 기타 적당한 기구를 갖춘 것이어 야 한다. **[답]** ③

4과목
태양광발전 **유지·관리**

61 태양광발전시스템의 점검에서 유지보수 점검 종류가 아닌 것은?

① 일상점검
② 일시점검
③ 정기점검
④ 임시점검

풀이 ○

태양광발전시스템의 유지보수 점검의 종류 : 일상점검, 정기점검, 임시점검 **[답] ②**

62 태양광발전소 운전 시 모듈에서 Hotspot 발생하면 나타나는 현상으로 가장 적절한 것은?

① 전지의 직렬(R_s) 및 병렬(R_{sh}) 저항이 감소한다.

② 전지의 직렬(R_s) 및 병렬(R_{sh}) 저항이 증가한다.

③ 전지의 직렬(R_s) 저항이 증가하고 병렬(R_{sh}) 저항이 감소한다.

④ 전지의 직렬(R_s) 저항이 감소하고 병렬(R_{sh}) 저항이 증가한다.

풀이 ○

모듈에 Hotspot 발생 되면 셀의 직렬저항이 증가하고, 병렬저항이 감소하여 바이패스 다이오드가 동작한다.
[답] ③

63 태양광발전소 운영 시 일부 스트링의 모듈 출력이 갑작스럽게 떨어졌을 경우 예측될 수 있는 상황과 거리가 먼 것은?

① 모듈 일부에 외부 환경에 의하여 그림자 효과가 발생하였다.

② 외부 충격에 의해 셀 및 모듈의 일부가 파손되어 출력이 감소하였다.

③ 바이패스(Bypass Diode)가 환경변화요인으로 작동하여 출력의 불균일이 발생하였다.

④ 충진재(EVA)로 수분 침투에 의해 금속전극의 부식이 발생하여 직렬저항이 증가하였다.

풀이 ○

충진재(EVA)로 수분 침투하면 병렬 저항이 낮아져 누설전류가 증가한다. **[답] ④**

64 태양광발전(PV) 모듈 안전 조건 시험요건에 해당하지 않는 것은?

① 화재 위험 시험

② 기계적 응력 시험

③ 전기 충격 위험 시험

④ 역전압 과부하 시험

풀이 ○

태양광발전(PV) 모듈 안전 조건 시험요건
• 화재 위험 시험
• 기계적 응력 시험
• 전기 충격 위험 시험 **[답] ④**

65 태양광 구조물 설계 및 설치방법이 잘못된 것은?

① 지지대 및 어레이 구조설계는 수직면에 설치

② 태양전지 출력이 최대가 될 수 있도록 지지대를 설계 제작, 설치

③ 어레이를 구성하는 태양전지모듈은 취급이 쉽고 점검정비가 용이하도록 설치

④ 하중이나 적설, 지진 등으로 인한 진동에 충분히 견딜 수 있는 기계적 강도를 가지고 있도록 설계

풀이 ○

태양광 구조물 설계 및 설치방법(②, ③, ④ 이외)
• 지지대 및 어레이 구조설계는 수평면에 설치하는 것을 원칙으로 한다.
• 태양전지모듈 설치장소의 위도, 태양광 입사각 등을 정확히 측정하여, 태양전지 출력이 최대가 될 수 있도록 지지대를 설계 제작, 설치해야 한다. **[답] ①**

66 태양광발전용 인버터 시험 항목에서 보호기능 시험이 아닌 것은?

① 단독운전 방지기능 시험

② 교류 전압, 주파수 추종범위 시험

③ 주파수 상승 및 저하 보호기능 시험

④ 출력 과전압 및 부족전압 보호기능 시험

풀이 ○

인버터 보호기능 시험항목
• 단독운전 방지 기능 시험
• 주파수 상승 및 저하 보호기능 시험
• 출력 과전압 및 부족전압 보호기능 시험
• 복전 후 일정시간 투입 방지 기능 시험
※ 교류 전압, 주파수 추종 범위 시험은 정상특성 시험에 해당된다. **[답] ②**

67 절연종류별 허용온도 기준에서 절연등급 E 종 의 열전대로 측정했을 때의 제한 온도[℃]는?

① 90 ② 105

③ 110 ④ 130

풀이 ●

절연등급(KS C IEC 60085 : 2007)

절연 등급 (KS C IEC 60085:2007)	열전대로 측정했을 때의 제한 온도 [℃]
등급 A종(105℃)	90
등급 E종(120℃)	105
등급 B종(130℃)	110
등급 F종(155℃)	130
등급 H종(180℃)	150
등급 N종(200℃)	165
등급 R종(220℃)	180
등급 S종(240℃)	195

[답] ②

68 신뢰성 평가 분석 항목 중 시스템 트러블로 옳은 것은?

① 컴퓨터의 조작오류

② 컴퓨터 전원의 차단

③ 인버터 정지

④ 프리즈

풀이 ●

신뢰성 평가분석 항목 중 시스템 트러블 : 인버터 정지, 직류지락, 계통지락, RCD트립, 원인불명 등에 의한 시스템 운전정지 등이 있다. [답] ③

69 태양광 발전용 접속함 IP 등급에서 표현이 잘못된 것은?

① 실내형 : IP30 이상

② 실외형 : IP54 이상

③ 소형(3회로 이하) : IP54 이상

④ 중대형(4회로 이상) : IP20 이상

풀이 ●

실내형은 IP20 이상이다. [답] ①

70 태양광 발전사업의 허가를 받기 위해 전기사업허가신청서와 함께 제출하는 사업계획서 내용 중 전기설비 개요에 포함되어야 할 사항으로 틀린 것은?

① 태양전지의 종류

② 인버터의 입력전압

③ 집광판의 설치단가

④ 태양전지의 정격출력

풀이 ●

사업계획서 내용 중 발전설비 개요

① 태양전지의 종류, 정격용량, 정력전압 및 정격출력

② 인버터의 종류, 입력전압, 출력전압 및 정력출력

③ 집광판의 면적

④ 발전소의 명칭 및 위치 [답] ③

71 변전설비공사의 하자담보책임기간은 몇 년인가?

① 1년 ② 2년

③ 3년 ④ 5년

풀이 ●

변전설비공사(전기설비 및 기기설치공사를 포함한다)의 하자담보책임기간은 3년이다. [답] ③

72 안전공사 및 대행사업자가 전기안전관리업무를 대행할 수 있는 전기설비의 규모가 아닌 것은?

① 용량 300킬로와트 미만의 발전설비

② 용량 1천킬로와트 미만의 전기수용설비

③ 용량 1천킬로와트 미만의 태양광발전설비

④ 용량 1천킬로와트 미만의 비상용 예비발전설비

풀이 ●

전기안전관리업무 대행사업자 대행 범위

• 용량 1천킬로와트 미만의 전기수용설비

• 용량 300킬로와트 미만의 발전설비(비상용 예비발전설비는 용량 500킬로와트 미만)

• 태양에너지를 이용하는 발전설비(이하"태양광발전설비"라 함)로서 용량 1천킬로와트(원격감시 및 제어기능을 갖춘 경우 용량 3천킬로와트) 미만인 것 [답] ④

73 태양광발전 모니터링 주요 설비에 속하지 않는 것은?

① 인버터 제어반
② 계통연계장치
③ 전력감시제어반
④ 현장 모니터링장치

풀이 ◉

태양광발전 모니터링 주요 설비
• 통신장치
• 전력감시 제어반
• 인버터 제어반
• 현장 모니터링 장치 : PC, 모니터
• 기상관측장치 : 수평 일사량계, 경사면 일사량계, 온도계, 풍속계, 풍향계 등 **[답]** ②

74 태양광발전시스템의 정전 시 운영조작 순서를 올바르게 나열한 것은?

┌─────────────────────────────────┐
│ ㉠ 한전 전원 복구 여부 확인
│ ㉡ 태양광 인버터 DC 전압 확인 후 운전 시 조작 방법에 의한 재시동
│ ㉢ 메인 VCB반 전압 확인 및 계전기를 확인하여 정전여부 확인 및 부저 OFF
│ ㉣ 태양광 인버터 상태 확인(정지)
└─────────────────────────────────┘

① ㉣ → ㉢ → ㉠ → ㉡
② ㉣ → ㉡ → ㉠ → ㉢
③ ㉢ → ㉠ → ㉡ → ㉣
④ ㉢ → ㉣ → ㉠ → ㉡

풀이 ◉

태양광 발전 시스템의 응급조치 방법
① 태양광 발전설비가 작동되지 않는 경우
  ㉮ 접속함 내부 DC 차단기 개방(Off)
  ㉯ AC 차단기 개방(Off)
  ㉰ 인버터 정지 확인[제어 전원 S/W가 있는 경우 제어 전용 S/W 개방(Off)]
  ㉱ 인버터 점검
② 점검 완료 후 복귀 순서 – 점검 완료 후에는 역으로 투입한다.
  ㉮ 제어 전원 S/W가 있는 경우 제어 전용 S/W 투입(On)
  ㉯ AC 차단기 투입(On)
  ㉰ 접속함 내부 DC 차단기 투입(On) **[답]** ④

75 신재생에너지 모니터링 설비 설치기준과 관계가 없는 것은?

① 전력량계 정확도 1[%] 이내이어야 한다.
② 인버터의 CT 정확도는 3[%] 이내이어야 한다.
③ 온도센서 정확도 $\pm0.3[℃](-20 \sim 100[℃])$ 미만 또는 정확도 $\pm1[℃](100 \sim 1,000[℃])$ 이내 이어야 한다.
④ 모니터링 설비 설치 대상은 100[kW] 이상의 발전설비이다.

풀이 ◉

모니터링설비 설치기준
• 모니터링 설비 설치 대상은 50[kW] 이상의 발전설비(수소 · 연료전지 : 1[kW] 초과설비)이다. **[답]** ④

76 200[kW] 태양광발전소의 일평균 발전시간이 3.52[h] 일 때, 연간 발전량[kWh]은?

① 145,870
② 185,430
③ 256,960
④ 279,000

풀이 ◉

연간 발전량 = 발전설비 용량[kW] × 평균 발전시간[h] × 365
= 200[kW] × 3.52[h] × 365
= 256,960[kWh] **[답]** ③

77 인버터에 'Solar Cell UV Fault'로 표시되었을 경우의 현상 설명으로 옳은 것은?

① 태양전지 전류가 규정치 이상일 때
② 태양전지 전류가 규정치 이하일 때
③ 태양전지 전압이 규정치 이상일 때
④ 태양전지 전압이 규정치 이하일 때

풀이 ◉

Solar Cell UV Fault 는 태양전지 전압이 규정치 이하일 때 표시된다. **[답]** ④

78 태양광발전 접속함(KS C 8567: 2024)에 따른 회로와 그 주변사이의 절연의 설계에 적용되는 것이 아닌 것은?

① 동작 전압

② 임시 과전압

③ 임펄스 정격전압

④ 최대 동작전류

(풀이 ○)

회로와 그 주변사이의 기본 절연, 부가 절연과 강화 절연은 다음에 따라 설계 된다.

• 임펄스 정격 전압

• 임시 과전압

• 동작전압   [답] ④

79 태양광 시스템용 배터리 충전 컨트롤러-성능 및 기능(KS C IEC 62509 : 2010)에 따라 배터리 수명 보호 요구조건의 권장 충전 단계에서 배터리 충전 컨트롤러는 주기적으로 배터리에 균등 충전을 제공하며, 균등 충전의 주기는 며칠 이상이어야 하는가?

① 3일   ② 5일

③ 7일   ④ 15일

(풀이 ○)

• 요구되는 충전 단계 : 최소한 태양광 배터리 충전 컨트롤러는 벌크와 부동 충전 단계가 있어야 한다.

• 권장 충전 단계 : 배터리 충전 컨트롤러는 주기적으로 배터리에 균등 충전을 제공해야 한다. 균등 충전의 주기는 7일 이상이어야 한다.

※ 벌크(부스트) 충전 : 배터리 충전 상태로 가능한 한 빨리 복원하기 위한 초기 충전 단계로서 태양광 발전기로부터 가능한 모든 충전전류 또는 배터리 충전컨트롤러(BCC)의 최대 정격전류가 배터리로 공급된다.   [답] ③

80 3500[kW] 태양광 발전설비를 일반부지에 설치하는 경우 가중치는?

① 0.899   ② 0.977

③ 1.099   ④ 1.122

(풀이 ○)

일반부지에 설치하는 경우 가중치

$$= \frac{99.999 \times 1.2 + 2900.001 \times 1.0 + (3500 - 3000) \times 0.8}{3500}$$

$$= 0.9771 ≒ 0.977$$ [답] ②

※ 2020년 4회부터 산업기사 필기시험이 CBT(컴퓨터 기반 시험)로 변경되어 응시자분들께서 제공한 기출문제와 적중 예상문제로 구성되었음을 알려드립니다.

1과목
태양광발전 사전검토

01 태양에너지의 장점으로 옳은 것은?
① 에너지 생산이 간헐적이다.
② 모든 지역에서 발전량이 동일하다.
③ 고급 에너지이나 에너지 밀도가 낮다.
④ 청정에너지로 석유나 석탄 같이 환경오염이 없다.

풀이 ●
①, ②, ③은 태양에너지의 단점이다. **[답] ④**

02 기후인자에 해당하지 않는 것은?
① 위도　　　　　② 적설
③ 해류　　　　　④ 수륙분포

풀이 ●
기후인자 : 위도, 수륙분포, 지형, 해류, 기압 등
[답] ②

03 서울지역의 위도가 37.5°일 때, 하지 시 남중고도는?
① 65.5°　　　　　② 70.0°
③ 76.0°　　　　　④ 78.5°

풀이 ●
절기별 태양의 남중고도
1) 춘·추분 시 남중고도 = 90°-위도
2) 하지 시 남중고도 = 90°-위도+23.5°
3) 동지 시 남중고도 = 90°-위도-23.5°
∴ 하지 시 남중고도=90°-37.5°+23.5°=76.0°
[답] ③

04 태양광발전소 부지 선정 시 고려 사항이 아닌 것은?
① 주위 음영 및 어레이 설치 방향 고려
② 발전부지의 경사면은 고려하지 않음
③ 구조물 설치 시 유지보수 편리성 고려
④ 태풍 피해를 최소화할 수 있는 부지 우선 고려

풀이 ●
발전부지의 경사면을 고려하여야 한다. 경사면이 급하면 부지 조성비용이 많이 발생한다. **[답] ②**

05 신에너지 및 재생에너지 개발·이용·보급 촉진법에 의거 기후에너지환경부장관이 청문을 통하여 내리는 처분으로 옳은 것은?
① 에너지등급 인증기관 취소
② 공급인증기관 지정 취소
③ REC 발급기관 지정 취소
④ REP 발급기관 지정 취소

풀이 ●
청문(법 24조)
기후에너지환경부장관은 다음 각 호에 해당하는 처분을 하려면 청문을 하여야 한다.
• 공급인증기관의 지정 취소
• 관리기관의 지정 취소 **[답] ②**

06 신재생에너지 공급인증서의 발급 및 거래단위로서 공급인증서 발급대상설비에서 공급된 MWh 기준의 신재생에너지 전력량에 대해 가중치를 곱하여 부여하는 단위는?
① FIT(Feed In Tariff)
② RPS(Renewable portfolio Standard)
③ REC(Renewable Energy Certificate)
④ FERC(Federal Energy Regulatory Commission)

풀이 ○
- FIT(Feed In Tariff) : 발전차액지원제도
- REC(Renewable Energy Certificate) : 신재생에너지 공급인증서의 발급 및 거래단위로서 공급인증서 발급대상설비에서 공급된 MWh 기준의 신재생에너지 전력량에 대해 가중치를 곱하여 부여하는 단위
- RPS(Renewable Portfolio Standard) : 화석연료를 사용하는 국내발전사업자가 2012년부터 총 발전량의 일정비율을 신재생에너지로 공급하도록 한 의무화 제도
- FERC(Federal Energy Regulatory Commission) : 미국 연방 에너지규제위원회 [답] ③

07 다음 중 신에너지에 해당되지 않는 것은?
① 수소에너지
② 연료전지
③ 석탄을 액화 가스화한 에너지
④ 해양에너지

풀이 ○
- 신에너지 : 연료전지, 석탄액화가스화 및 중질잔사유 가스화, 수소에너지
- 재생에너지 : 태양(태양광, 태양열), 바이오, 풍력, 수력, 해양, 폐기물, 지열 [답] ④

08 공급의무자별 의무공급량을 산정함에 있어 기준이 되는 발전량으로 신·재생에너지 발전량과 태양광 대여사업으로 설치된 설비에서 생산되는 발전량을 제외한 발전량을 무엇이라 하는가?
① 책임공급량
② 기준발전량
③ 의무공급량
④ 수요 발전량

풀이 ○
- 기준발전량 : 공급의무자별 의무공급량을 산정함에 있어 기준이 되는 발전량으로 신·재생에너지 발전량과 태양광 대여사업으로 설치된 설비에서 생산되는 발전량을 제외한 발전량을 말한다.
- 의무공급량 : 공급의무자가 연도별로 신·재생에너지 설비를 이용하여 공급하여야 하는 발전량을 말한다. [답] ②

09 석유정제업자 또는 석유수출입업자가 수송용 연료에 혼합하여야 하는 신·재생에너지 연료의 2025년 혼합의무비율은?
① 0.035
② 0.04
③ 0.045
④ 0.05

풀이 ○
신·재생에너지 연료의 혼합의무비율

해당 년도	수송용 연료에 대한 신·재생에너지 연료 혼합의무비율
2022 ~ 2023	0.035
2024 ~ 2026	0.04
2027 ~ 2029	0.045
2030년 이후	0.05

[답] ②

10 다음 그림의 태양광발전시스템에서 A의 명칭은?

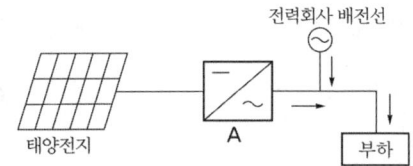

① 축전지
② 어레이
③ 컨버터
④ 인버터

풀이 ○
상기 그림은 계통연계형 태양광발전시스템이며, 그림에서의 A는 상용(한전)전원의 전압과 주파수의 교류를 만드는 인버터이다. [답] ④

11 풍력발전시스템의 부품 중 저속의 블레이드 회전수를 발전기용 고속회전수로 변환시키는 장치는?
① 로터
② 감속기
③ 증속기
④ 인버터

풀이 ○
느린 회전수(큰 토크)를 빠른 회전수(작은 토크)로 변환하는 동력전달장치는 증속기이다. [답] ③

12 관련 단위 중 틀린 것은?

① $1[kg \cdot m] = 9.8[J]$

② $1[J] = 0.24[kcal]$

③ $10^3[J/s] = 1[kW]$

④ $1[kWh] = 860[kcal] = 3.6 \times 10^6[J]$

풀이 ○

$1[J] = 1[W \cdot s] = 0.24[cal]$　　　　　　　**[답]** ②

13 태양열 발전의 특징에서 장점이 아닌 것은?

① 직접 에너지 비용이 들지 않는다.

② 이용 시 초기 장치 비용이 높게 든다.

③ 무공해 무한한 양의 청정에너지원이다.

④ 환경오염 물질의 배출이 없는 재생 가능한 에너지원이다.

풀이 ○

태양열 발전의 단점

• 이용 시 초기 장치 비용이 높게 든다.

• 고급에너지나 밀도가 낮아서 수집하여 이용하는데 경제성이 낮다.

• 에너지 생산이 간헐적이므로 계속적인 수용에 안정적 공급이 어렵다.　　　　　　　**[답]** ②

14 지표면 $1[m^2]$당 도달하는 태양광 에너지의 양을 나타낸 것은?

① 방사각　　　　　② 분광분포

③ 방사조도　　　　④ 대기통과량

풀이 ○

• 방사조도(일조강도) : 단위시간동안 표면의 단위면적에 입사되는 태양에너지를 말한다.

• 일조량(일사량) : 일정기간의 일조강도 햇볕의 세기를 적산한 값　　　　　　　　**[답]** ③

15 태양전지의 손실을 줄이기 위한 대책에서 전기적 손실을 줄이기 위한 대책이 아닌 것은?

① PN접합의 개선

② 표면 반사방지 코팅

③ 표면과 계면의 패시베이션(Passivation)형성

④ 전극의 높은 도전율 재료를 사용하여 저항손실 저감

풀이 ○

표면 반사방지 코팅은 광학적 손실을 줄이기 위한 대책이다.　　　　　　　　　　　**[답]** ②

16 분산형전원을 특고압 한전계통과 연계하기 위한 전기방식은?

① 교류 삼상 22.9[kV]

② 교류 삼상 66[kV]

③ 교류 삼상 154[kV]

④ 교류 삼상 345[kV]

풀이 ○

연계구분에 따른 계통의 전기방식

구 분	연계계통의 전기방식
저압 한전계통 연계	교류 단상 220V 또는 교류 삼상 380V 중 기술적으로 타당하다고 한전이 정한 한가지 전기방식
특고압 한전계통 연계	교류 삼상 22,900V

[답] ①

17 신에너지 및 재생에너지 기술개발 및 이용·보급에 관한 계획을 협의하려는 자는 그 시행 사업연도 개시 몇 개월 전까지 기후에너지환경부장관에게 계획서를 제출하여야 하는가?

① 1개월 전　　　　② 2개월 전

③ 3개월 전　　　　④ 4개월 전

풀이 ○

신·재생에너지 기술개발 등에 관한 계획의 사전협의(시행령 제3조)

신에너지 및 재생에너지 기술개발 및 이용·보급에 관한 계획을 협의하려는 자는 그 시행 사업연도 개시 4개월 전까지 기후에너지환경부장관에게 계획서를 제출하여야 한다.　　　　　　　　　　**[답]** ④

18 수상에 100[kW]미만 태양광발전설비를 설치 할 경우 공급인증서의 가중치는?

① 1.0　　　　　　② 1.2

③ 1.4　　　　　　④ 1.6

풀이 ○

유지 등의 수면에 부유하여 설치하는 경우 가중치

설비용량[kW]	가중치
100[kW] 미만	1.6
100[kW] 부터	1.4
3,000[kW] 초과부터	1.2

[답] ④

19 부하의 허용 최저전압이 92[V], 축전지와 부하간 접속선의 전압강하가 3[V]일 때 직렬로 접속한 축전지의 개수가 50개라면 축전지 한 개의 허용 최저전압은 몇 [V]인가?

① 1.5[V/cell]　　② 1.6[V/cell]
③ 1.8[V/cell]　　④ 1.9[V/cell]

풀이 ○

축전지 1개의 허용 최저전압($V_{\min}$)

$$V_{\min} = \frac{\text{부하의 허용최저전압} + \text{전압강하}}{\text{축전지의 개수}}$$

$$= \frac{92+3}{50} = 1.9[\text{V/cell}]$$

[답] ④

20 전기사업의 허가를 신청하는 자가 사업계획서를 작성할 때 태양광설비의 개요로 기재하여야 할 내용이 아닌 것은?

① 태양전지 및 인버터의 효율, 변환방식, 교류주파수
② 태양전지의 종류, 정격용량, 정격전압 및 정격출력
③ 인버터의 종류, 입력전압, 출력전압 및 정격출력
④ 집광판(集光板)의 면적

풀이 ○

사업계획서를 작성할 때 태양광설비의 개요에 포함되어야 할 내용
① 태양전지의 종류, 정격용량, 정격전압 및 정격출력
② 인버터(Inverter)의 종류, 입력전압, 출력전압 및 정격출력
③ 집광판(集光板)의 면적　　　　　　**[답] ①**

2과목

태양광발전 구성·선정

21 스트링(String), 케이블(전선), 가대를 포함하는 모듈의 집합단위는?

① 어레이(Array)
② 스트링(String)
③ 모듈(Module)
④ 셀(Cell)

풀이 ○

• **셀(Cell)** : 태양전지의 최소단위
• **모듈(Module)** : 셀(Cell)을 내후성 패키지에 수 십장 모아 일정한 틀에 고정하여 구성된 것
• **스트링(String)** : 모듈(Module)의 직렬연결 집합 단위
• **어레이(Array)** : 스트링(String), 가대를 포함하는 모듈의 집합 단위　　　　　　**[답] ①**

22 직류를 교류로 변환할 때 발생하는 손실은?

① 추적효율(η_{Tr})
② 변환효율(η_{Con})
③ 정격효율(η_{Inv})
④ 유로효율(η_{Euro})

풀이 ○

변환효율(η_{Con}) $= \dfrac{\text{출력 전력}(P_{AC})}{\text{입력 전력}(P_{DC})}$　　　　**[답] ②**

23 모듈의 병렬 수 계산방법이 아닌 것은?

① PCS의 용량 및 모듈의 직렬 수와 모듈 1매분의 최대 출력으로 산출한다.
② 신·재생에너지 센터 원별 시공기준의 적용을 검토한다.
③ 모듈의 개방전압 온도 계수를 고려한다.
④ 모듈의 직·병렬 수를 검토한다.

풀이 ○

모듈의 개방전압 온도 계수를 고려하는 것은 직렬 수 계산방법이다.　　　　　　**[답] ③**

24 축전지의 용어 정리가 잘못된 것은?

① 방전시간 : 예측되는 최장 백업시간으로 방재 대응형은 12시간에서 24시간 정도를 방전시 간으로 한다.

② 축전지는 수명이 있어 그 말기에도 부하를 만 족하는 용량을 결정하기 위한 계수로 보통 0.8로 선정한다.

③ 축전지의 부하특성곡선 : 시간에 따른 부하전 류의 증감을 나타낸 곡선이다.

④ 용량환산시간(K) : 방전시간, 축전지의 최고 온도 및 허용할 수 있는 최고전압에 의해 서 정해지는 시간[h], 축전지의 사양에 따라 제 공된다.

풀이 ●

용량환산시간(K) : 방전시간, 축전지의 최저온도 및 허 용할 수 있는 최저전압에 의해서 정해지는 시간[h], 축 전지의 사양에 따라 제공된다. **[답] ④**

25 태양전지 어레이를 설치하기 위한 기초의 요 구 조건으로 틀린 것은?

① 환경변화, 국부적 지반 쇄굴 등에 대한 저항

② 현장여건을 고려한 시공 가능성

③ 설계하중에 대한 안전성 확보

④ 허용 침하량 이상의 침하

풀이 ●

구조물의 허용 침하량 이내의 침하 **[답] ④**

26 태양전지 어레이의 출력 확인 방법이 아닌 것은?

① 단락전류의 확인

② 절연저항의 측정

③ 모듈의 정격전류 측정

④ 모듈의 정격전압 측정

풀이 ●

절연저항 측정은 어레이 출력 확인 방법과는 무관하고 절연상태를 확인하는 방법이다. **[답] ②**

27 변전소의 설치 목적이 아닌 것은?

① 전력 흐름(조류)의 제어

② 송배전선로 보호

③ 전력의 발생과 분배

④ 전압의 변성과 조정

풀이 ●

전력의 발생은 발전소의 설치 목적이다. **[답] ③**

28 태양광시스템에서 방화구획 관통부를 처리 하는 주된 목적은?

① 다른 설비로의 화재확산 방지

② 배전반 및 분전반 보호

③ 태양전지 어레이 보호

④ 인버터 보호

풀이 ●

방화구획 관통부를 처리하는 목적
• 다른 설비로의 화재확산 방지
• 연기(매연)확산방지 **[답] ①**

29 모듈 최대출력이 140[Wp], 1스트링 직렬매 수가 15직렬, 인버터 출력전력이 30,000[W]일 때, 태양광 어레이 병렬 수가 가장 적합한 것은?

① 13

② 14

③ 15

④ 16

풀이 ●

$$모듈의 \ 병렬 \ 수 = \frac{시스템출력전력 \times 1.05}{모듈의 \ 최대출력 \ \times \ 직렬수}$$
$$= \frac{30,000[\text{W}] \times 1.05}{140[\text{W}] \times 15} = 15[병렬]$$

※ "인버터에 연결된 모듈의 설치용량은 인버터 설치용 량의 105[%] 이내이어야 한다." **[답] ③**

30 태양광발전용 축전지가 갖추어야 할 요구조 건이 아닌 것은?

① 과충전 및 과방전에 강할 것

② 에너지 저장 밀도가 높을 것

③ 중량 대비 효율이 높을 것

④ 자기 방전율이 높을 것

풀이 ○

축전지가 갖추어야 할 조건
• 자기 방전율이 낮을 것
• 에너지 저장밀도가 높을 것
• 중량 대비 효율의 높을 것
• 과충전 및 과방전에 강할 것
• 가격이 저렴하고 장수명일 것　　　　[답] ④

31 태양전지의 최대 효율을 얻기 위해서는 등가 회로에서 직렬저항 값이 최소가 되어야 한다. 직렬저항과 관계없는 것은?
① 기판저항(Bulk Resistance)
② 누설저항(Shunt Resistance)
③ 표면저항(Sheet Resistance)
④ 접촉저항(Contact Resistance)

풀이 ○

누설저항은 병렬저항에 해당된다.　　　[답] ②

32 계통연계형 인버터의 기능에 해당하지 않는 것은?
① 단독운전 방지기능
② 자동운전 정지기능
③ 자동전류 조정기능
④ 최대출력 추종제어기능

풀이 ○

태양광발전용 인버터의 기능
• 자동운전 정지 기능
• 최대전력 추종제어기능
• 단독운전방지기능
• 자동전압 제어기능
• 직류검출 기능
• 직류 지락검출 기능　　　　　　　[답] ③

33 인버터는 태양전지에서 출력되는 직류전력을 교류전력으로 변환하고 교류계통으로 접속된 부하설비에 전력을 공급하는 기능을 한다. 그림과 같은 인버터 회로방식의 명칭으로 옳은 것은?

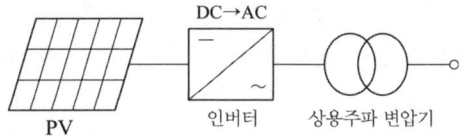

① 상용주파 변압기 절연방식
② 고주파 변압기 절연방식
③ 고조파 변압기 절연방식
④ 트랜스리스 방식

풀이 ○

그림의 인버터 방식은 상용주파 변압기 절연방식이다.　　　　　　　　　　　　　　[답] ①

34 태양전지는 어떤 효과를 이용한 것인가?
① 광기전력 효과
② 광증폭 효과
③ 광전자 방출효과
④ 광전도 효과

풀이 ○

광기전력효과는 어떤 종류의 반도체에 빛을 조사하면, 조사된 부분과 조사되지 않은 부분사이에 전위차(광기전력)를 발생시키는 현상으로 태양전지에 이용된다.　　　　　　　　　　　　　　[답] ①

35 태양전지 변환효율(η)과 직접적인 관계가 없는 것은?
① 주변온도
② 단락전류
③ 충진율(Fill Factor)
④ 태양전지 면적

풀이 ○

태양전지의 변환효율(η)은
$$\eta = \frac{최대출력(P_{max})}{일조강도(E)\times전지면적(A)}\times100[\%]$$
$$= \frac{충진율\times개방전압\times단락전류}{일조강도(E)\times전지면적(A)}\times100[\%]$$
　　　　　　　　　　　　　　[답] ①

36 STC 조건 하에서 다음과 같은 특성을 가진 결정질 태양전지 모듈의 온도가 −15[℃]일 때, 개방 전압은 몇 [V]인가? (단, 개방전압(V_{oc}) = 40 [V], 전압 온도계수(α) = − 0.25[V/℃]이다.)

① 40 　　　　　　② 50
③ 60 　　　　　　④ 70

풀이 ●

$V_{oc(온도)} = V_{oc} + (전지온도 − 25) \times 전압온도계수[V/℃]$

$V_{oc(−15℃)} = 40 + (−15 − 25) \times (−0.25) = 50[V]$ 　　**[답]** ②

37 대기 중에서 전자력을 이용하여 아크를 소호실 내로 유도해서 냉각하여 소호하는 차단기는?

① GCB 　　　　　② VCB
③ MBB 　　　　　④ ACB

풀이 ●

기중차단기 (ACB)	대기 중에서 아크를 길게 해서 소호실에서 냉각 차단
자기차단기 (MBB)	대기 중에서 전자력을 이용하여 아크를 소호실 내로 유도해서 냉각 차단
공기차단기 (ABB)	압축된 공기를 아크에 불어 넣어서 차단
진공차단기 (VCB)	고진공 중에서 전자의 고속도 확산에 의해 차단
가스차단기 (GCB)	고성능 절연 특성을 가진 특수 가스(SF_6)를 이용해서 차단

[답] ③

38 일반적으로 국내의 대용량 태양광발전시스템 전기공사 중 실내(옥내)공사가 아닌 것은?

① 분전반의 개조
② 인버터의 설치
③ 인버터에서 분전반까지의 배선
④ 태양전지 어레이와 접속함의 배선

풀이 ●

대용량 태양광발전시스템은 전기실을 갖추고, 분전반, 인버터, 변압기 등을 실내에 설치한다. 따라서 어레이와 접속함의 배선공사만이 실외공사가 된다. 　**[답]** ④

39 태양광발전발전시스템에서 전기흐름을 고려한 배선 순서로 바르게 나열한 것은?

> ㉠ 인버터에서 분전반 배선
> ㉡ 어레이와 접속함 배선
> ㉢ 모듈 배선
> ㉣ 접속함에서 인버터 배선

① ㉠ → ㉣ → ㉡ → ㉢
② ㉡ → ㉢ → ㉠ → ㉣
③ ㉣ → ㉢ → ㉡ → ㉠
④ ㉢ → ㉡ → ㉣ → ㉠

풀이 ●

태양광발전발전시스템에서 전기흐름을 고려한 배선 순서 : 모듈 배선 → 어레이와 접속함 배선 → 접속함에서 인버터 배선 → 인버터에서 분전반 배선
※ 소 용량(모듈)에서 대 용량(분전반 또는 배전반) 순서로 배선한다. 　　　　　　　　　　**[답]** ④

40 다음 ( )안의 알맞은 내용으로 옳은 것은?

> 태양광발전시스템은 상용 전력계통 연계 유무에 따라 독립형과 ( )으로 구분한다.

① 계통연계형 　　　② 단독연계형
③ 병렬연계형 　　　④ 복합연계형

풀이 ●

태양광발전시스템은 상용 전력계통 연계 유무에 따라 독립형과 계통연계형으로 구분한다. 　　**[답]** ①

3과목

태양광발전 **시공**

41 접지저항을 저감시키는 시공방법으로 틀린 것은?

① 접지전극의 크기를 작게 한다.
② 접지전극의 상호간격을 크게 한다.
③ 접지전극을 땅속에 깊게 매설한다.
④ 접지전극 주변의 매설토양을 개량한다.

풀이 ○

접지저항을 저감시키기 위해서는 접지전극의 크기를 크게 하여야 한다. [답] ①

42 관등회로의 사용전압이 400[V] 초과 1[kV] 이하인 경우, 전개된 건조한 장소에 적합하지 않은 배선은?

① 애자공사 ② 금속몰드공사
③ 플로어덕트공사 ④ 합성수지몰드공사

풀이 ○

관등회로의 공사방법(KEC 표 234.11-1)

시설장소의 구분		공사방법
전개된 장소	건조한 장소	애자공사·합성수지몰드공사 또는 금속몰드공사
	기타의 장소	애자공사
점검할 수 있는 은폐된 장소	건조한 장소	금속몰드공사

[답] ③

43 피뢰시스템 중 뇌격전류를 안전하게 대지로 전송하는 것은?

① 돌침 ② 감시시스템
③ 수뢰부시스템 ④ 인하도선시스템

풀이 ○

KS C IEC 62305-3(구조물의 물리적 손상 및 인명위험)
• 수뢰부시스템 : 낙뢰를 포착할 목적으로 피뢰침, 망상 도체, 가공지선과 같은 금속 물체
• 인하도선시스템 : 뇌전류를 수뢰부시스템에서 접지극 시스템으로 흘리기 위한 도체
• 접지극시스템 : 뇌전류를 대지로 흘려 방출시키기 위한 도체 또는 금속 물체 [답] ④

44 한국설비규정에 따라 고압 이상으로 수전하는 경우이고, 수용가 설비의 인입구로부터 기기까지의 거리가 120[m]일 때, 전압강하는 몇 [%]이하로 하여야 하는가? (단, 부하설비는 전동기이고, 기타 조건은 무시한다.)

① 3.2 ② 5.1
③ 6.2 ④ 8.1

풀이 ○

수용가설비의 전압강하(KEC 232.3.9)
다른 조건을 고려하지 않는다면 수용가 설비의 인입구로부터 기기까지의 전압강하는 다음 표의 값 이하이어야 한다.

설비의 유형	조명(%)	기타(%)
A - 저압으로 수전하는 경우	3	5
B - 고압 이상으로 수전하는 경우a	6	8

a 가능한 한 최종회로 내의 전압강하가 A 유형의 값을 넘지 않도록 하는 것이 바람직하다.
사용자의 배선설비가 100[m]를 넘는 부분의 전압강하는 미터 당 0.005[%] 증가할 수 있으나 이러한 증가분은 0.5[%]를 넘지 않아야 한다.

전압강하 $= 8 + (120 - 100) \times 0.005 = 8.1[\%]$ [답] ④

45 태양전지 어레이용 지지대의 재질로서 사용되지 않는 것은?

① 티타늄
② 스테인리스 스틸
③ 알루미늄 합금
④ 용융아연 도금된 형강

풀이 ○

지지대의 재질
• 용융아연 또는 용융아연-알루미늄-마그네슘합금 도금된 형강(단, 수상형의 경우 별도 규정 준수)
• 스테인리스 스틸(이하 "STS")
• 알루미늄합금 [답] ①

46 다음과 같은 경우 풍하중 구조계산에서 요구되는 중요도계수($I_W(T)$)는?

중요도 분류	초고층건축구조물
중요도계수 $I_W(T)$	( )

① 0.90
② 0.95
③ 1.00
④ 1.05

풀이 ○

건축구조물의 중요도 분류에 따른 중요도 계수(KDS 41 00 00: 2022 건축물 설계하중)

중요도 분류		중요도계수 $I_W(T)$
초고층건축구조물		1.05
특	1	1.00
2		0.95
3		0.90
초고층건축구조물은 50 층 이상 또는 200[m] 이상인 건축구조물		

[답] ④

47 수상 태양광 발전설비에 해당되지 않는 것은?

① 부력체
② 계류설비
③ 배수설비
④ 앵커시설

풀이 ○

수상형 설비 시공사항(시공지침)
수상형 태양광 발전설비(지지대, 부력체, 계류장치, 앵커시설, 송변전설비 등)를 설치할 때는 건축구조기준, 항만 및 어항 설계기준, 선박안전법 등 해당법령에 따라 풍하중, 적설하중, 자중, 군중하중, 파랑, 조류 등을 포함한 외력 등을 고려하여 안전성이 확보되도록 하여야 한다.   [답] ③

48 알루미늄 도체의 경우 주 접지단자에 접속하기 위한 보호등전위 본딩도체는 몇 [mm²] 이상이어야 하는가?

① 4
② 6
③ 10
④ 16

풀이 ○

보호등전위본딩 도체(KEC 143.3.1)
주접지단자에 접속하기 위한 등전위본딩 도체는 설비 내에 있는 가장 큰 보호접지도체 단면적의 1/2 이상의 단면적을 가져야 하고 다음의 단면적 이상이어야 한다.
가. 구리도체 6[mm²]
나. 알루미늄 도체 16[mm²]
다. 강철 도체 50[mm²]   [답] ④

49 태양광 원별시공기준 중 인버터에 관한 설명으로 잘못된 것은?

① 인버터는 실내 및 실외용을 구분하여 설치한다.
② 각 직렬군의 태양전지 개방전압은 입력전압 범위 안에 있어야 한다.
③ 모듈의 설치용량은 인버터의 설치용량의 103[%] 이내이어야 한다.
④ 인버터의 출력단 표시사항은 전압, 전류, 전력, 역률, 주파수, 누적발전량, 최대발전량 등이 표시된다.

풀이 ○

모듈의 설치용량은 인버터의 설치 용량의 105[%] 이내이어야 한다.   [답] ③

50 도선의 길이가 2배로 늘어나고, 지름이 1/2로 줄어들 경우 그 도선의 저항은?

① 4배 증가
② 4배 감소
③ 8배 증가
④ 8배 감소

풀이 ○

도선의 저항(R)은 $R = \rho \dfrac{l}{A} = \rho \dfrac{l}{\frac{\pi D^2}{4}}$ 에서

l, D를 제외한 모든 변수를 k로 치환하여 계산하면,

$R' = k \dfrac{l}{D^2} = k \dfrac{2l}{(\frac{1}{2}D)^2} = 8R$

∴ 저항은 8배 증가한다.   [답] ③

51 배전선로의 손실 경감과 관계없는 것은?

① 승압
② 역률 개선
③ 부하의 불평형 방지
④ 다중 접지방식의 채용

풀이 ○

배전선로의 손실 경감 : 승압, 부하의 불평형 방지, 역률개선, 고조파 저감
※ 다중접지방식의 채용 : 1선 지락 시 전위상승 억제 (절연비용 절감)   [답] ④

52 접지극의 물리적인 접지저항 저감방법이 아닌 것은?

① 접지극의 직렬접속

② 접지극의 치수확대

③ 접지극을 깊이 매설

④ MESH 공법

풀이 ◉

물리적인 접지저항 저감방법

• 수평공법 : 접지극의 병렬접속, 접지극의 치수확대, 매설지선 접지극 설치, 다중접지 시이트 설치, 메시(Mesh)공법

• 수직공법 : 접지봉 깊이 박기, 보링공법 **[답] ①**

53 경사도 계수 0.7, 노출계수 0.9, 기본 지붕적설하중 0.7이고 적설면적이 100[m²]일 때 적설하중은 얼마인가?

① 40.1

② 42.8

③ 44.1

④ 48.2

풀이 ◉

적설하중(S_s)은

$$S_s = C_s \cdot (C_b \cdot C_e \cdot C_t \cdot I_s \cdot S_g) \cdot A [\text{kN}]$$

여기서, C_s : 지붕경사도계수

C_b : 기본 적설하중계수,

C_e : 노출계수, C_t : 온도계수

I_s : 중요도 계수, S_g : 지상적설 하중

A : 적설면적[m²]

$\therefore S_s = 100 \times 0.7 \times 0.9 \times 0.7 = 44.1 [\text{kN}]$ **[답] ③**

54 가공전선로에 사용되는 전선의 구비조건으로 틀린 것은?

① 허용전류가 적을 것

② 내구성이 있을 것

③ 도전율이 높을 것

④ 기계적 강도가 클 것

풀이 ◉

가공전선로에 사용되는 전선의 구비조건

• 경제적일 것

• 기계적 강도가 클 것

• 도전율(허용전류)이 클 것

• 비중(밀도)이 작을 것

• 가요성이 있을 것

• 부식성이 작을 것

• 내구성이 클 것 **[답] ①**

55 어레이 음영 대책에 대한 설명이다. 잘못된 것은?

① 음영이 생기지 않도록 어레이를 배치한다.

② 인버터의 최대전력 추종제어 기능으로 출력 손실을 최대화 한다.

③ 부분 음영이 발생될 것을 대비해 일정한 셀 수마다 바이패스 다이오드를 설치한다.

④ 바이패스 다이오드 설치 시 역전압에 의해 흐르는 역전류는 바이패스 다이오드를 통해서 오염된 셀을 우회하므로 역 바이어스 전압을 생성하지 않게 된다.

풀이 ◉

인버터의 최대전력 추종제어 기능으로 출력 손실을 최소화 한다. **[답] ②**

56 태양전지 모듈 시공 시의 안전대책에 대한 고려사항으로 적절치 않은 것은?

① 절연된 공구를 사용한다.

② 강우 시에는 반드시 우비를 착용하고 작업에 임한다.

③ 안전모, 안전대, 안전화, 안전 허리띠 등을 반드시 착용하여야 한다.

④ 작업자는 자신의 안전 확보와 2차 재해방지를 위해 작업에 적합한 복장을 갖춰 작업에 임해야 한다.

풀이 ◉

강우 시에는 감전사고, 미끄러짐, 추락사고 등의 우려가 있으므로 작업을 금지한다. **[답] ②**

57 콘크리트 타설 전에 미리 심어놓은 앵커의 종류가 아닌 것은?

① 헤드볼트

② 헤드스터드

③ 언터컷 앵커

④ 갈고리볼트(L형)

풀이 O

- 선 설치 앵커의 종류 : 헤드볼트타입, 헤드스터드 타입, 갈고리볼트(L형), 갈고리볼트(J형)
- 후 설치 앵커의 종류 : 비틀림 제어 확장앵커, 변위제어 확장앵커, 언더컷 앵커, 부착식 앵커 **[답]** ③

58 태양전지 가대의 구조 설계 시 상정하중이 아닌 것은?

① 적설하중
② 지진하중
③ 고정하중
④ 온도하중

풀이 O

- 수직하중 : 고정하중(영구적으로 작용하는 하중), 적설하중, 활 하중
- 수평하중 : 풍 하중, 지진하중
※ 온도하중은 상정하중이 아님. **[답]** ④

59 지붕에 설치하는 태양광발전시스템 중 톱 라이트형의 특징이 아닌 것은?

① 채광 및 셀에 의한 차광효과도 있다.
② 중·고층 건물의 벽면을 유효하게 이용한다.
③ 셀의 배치에 따라서 개구율을 바꿀 수 있다.
④ 톱 라이트의 유리 부분에 맞게 태양전지 유리를 설치한 타입이다.

풀이 O

톱 라이트형은 저층 건물의 천장에 설치하는 태양광발전시스템의 설치형태이다. **[답]** ②

60 선로 구분 기능을 갖고 있는 개폐기에 수용가 측의 사고 발생 시 사고전류를 감지하여 자동으로 접점을 분리시켜 사고구간을 분리하는 것은?

① 자동부하 전환개폐기(ALTS)
② 자동고장 구분개폐기(ASS)
③ 리클로져(R/C)
④ 선로개폐기(LS)

풀이 O

- 자동부하 전환개폐기(ALTS) : 2회선 수전방식에서 주선로의 전원이 정전시 예비선로로 자동전환되는 3상 일괄조작 방식의 자동부하 전환 개폐기

- 자동고장 구분개폐기(ASS) : 선로 구분 기능을 갖고 있는 개폐기에 수용가 측의 사고 발생 시 사고전류를 감지하여 자동으로 접점을 분리시켜 사고구간을 분리하는 개폐기
- 리클로져(R/C) : 가공 배전선로 사고의 대부분은 조류 및 수목에 의한 접촉, 강풍, 낙뢰 등에 의한 플래시 오버사고로서 이런 사고 발생 시 신속하게 고장구간을 차단하고 사고점의 아크를 소멸시킨 후 즉시 재투입이 가능한 개폐장치
- 선로개폐기(LS) : 보안상의 책임 분기점에는 보수 점검 시 전로를 구분하기 위하여 설치하는 개폐기 **[답]** ②

4과목

태양광발전 **유지·관리**

61 우박의 충격에 대한 결정질 실리콘 태양광발전 모듈의 기계적 강도를 시험할 경우 품질기준으로 최대 출력은 시험 전 값의 최소 몇 [%] 이상이어야 하는가?

① 88
② 90
③ 92
④ 95

풀이 O

우박 시험 품질 기준(KS C 8561)
최대 출력: 시험 전 값의 95[%] 이상일 것. **[답]** ④

62 내전압용 절연장갑에서 3등급의 색상은?

① 갈색
② 빨간색
③ 흰색
④ 녹색

풀이 O

내전압용 절연장갑 색상 및 전압

등급	색상	최대사용전압[V]	
		교류	직류
00	갈색	500	750
0	빨간색	1,000	1,500
1	흰색	7,500	11,250
2	노란색	17,000	25,500
3	녹색	26,500	39,750
4	등색	36,000	54,000

[답] ④

63 건축물 · 구조물과 분리되지 않은 피뢰시스템인 경우, 병렬 인하도선의 최대간격은 Ⅳ 등급의 경우 몇 [m]로 하여야 하는가?

① 10　　　　　　② 15
③ 20　　　　　　④ 25

풀이 ●

인하도선시스템(KEC 152.2)
병렬 인하도선의 최대 간격은 피뢰시스템 등급에 따라 Ⅰ·Ⅱ 등급은 10[m], Ⅲ 등급은 15[m], Ⅳ 등급은 20[m]로 한다.　　　　　　**[답] ③**

64 주택에 시설하는 전기저장장치는 이차전지에서 전력변환장치에 이르는 옥내 직류 전로를 다음에 따라 시설하는 경우 옥내전로의 대지전압은 직류 몇 [V]까지 적용할 수 있는가?

> 가. 전로에 지락이 생겼을 때 자동적으로 전로를 차단하는 장치를 시설할 것
> 나. 사람이 접촉할 우려가 없는 은폐된 장소에 시설하여야 하며, 합성수지관공사, 금속관공사, 케이블공사의 규정에 준하여 시설할 것. 다만, 사람이 접촉할 우려가 있는 장소에 케이블공사에 의하여 시설하는 경우에는 전선에 방호장치를 시설할 것

① 150　　　　　　② 300
③ 600　　　　　　④ 750

풀이 ●

옥내전로의 대지전압 제한(KEC 511.1.3)
주택에 시설하는 전기저장장치는 이차전지에서 전력변환장치에 이르는 옥내 직류 전로를 다음에 따라 시설하는 경우 옥내전로의 대지전압은 직류 600[V] 까지 적용할 수 있다.　　　　　　**[답] ③**

65 태양광발전시스템이 운전되지 않을 경우 응급조치를 하여야 하는데, 운전 조작 방법의 순서로 옳은 것은?

> ㉠ 접속함 내부 직류차단기 투입(ON)
> ㉡ 교류차단기 투입(ON)
> ㉢ 접속함 내부 직류차단기 개방(OFF)
> ㉣ 교류차단기 개방(OFF)
> ㉤ 인버터 정지 후 점검하고 정상 시 재운전

① ㉠ → ㉡ → ㉢ → ㉣ → ㉤
② ㉡ → ㉠ → ㉢ → ㉣ → ㉤
③ ㉢ → ㉣ → ㉤ → ㉡ → ㉠
④ ㉢ → ㉣ → ㉤ → ㉠ → ㉡

풀이 ●

응급조치 운전조작 순서
① 접속함 내부 직류차단기 개방(OFF) → ② 교류차단기 개방(OFF) → ③ 인버터 정지 후 점검하고 정상 시 재운전 → ④ 교류차단기 투입(ON) → ⑤ 접속함 내부 직류차단기 투입(ON)　　　　　　**[답] ③**

66 공급인증서(REC) 가중치 산정 방법에서 건축물 등 기존 시설물을 이용하는 경우 태양광에너지 가중치 산정식이 옳은 것은?

① 100[kW] 미만 : 1.2
② 100[kW] 미만 : 1.6
③ 3000[kW]초과 부터 :
$$\frac{3,000 \times 1.5 + (용량 - 3,000) \times 1.0}{용량}$$
④ 100[kW] 부터 3,000[kW] 이하 :
$$\frac{99.999 \times 1.2 + (용량 - 99.999) \times 1.0}{용량}$$

풀이 ●

①, ④ : 일반부지
② : 유지의 수면에 부유하여 설치하는 경우　　**[답] ③**

67 태양광발전 접속함(KS C 8567 : 2024) 에 따라 부품 제조사가 규정하고 있는 정격 사용온도가 없을 때 커패시터−전해질 타입의 제한온도는 몇 [℃]인가?

① 60　　　　　　② 65
③ 90　　　　　　④ 105

풀이 ●

부품 제조사가 규정하고 있는 정격 사용온도가 없을 때 각 부품의 온도제한(KS C 8567: 2024)

재료 및 부품	제한 온도[℃]
커패시터 – 전해질 타입	65
커패시터– 전해질 타입 외	90
외부 연결을 위한 결선 단자대	60
외부 연결을 위한 도체가 존재하는 단자함 내 모든 지점	60
절연이 된 도체	도체의 정격 온도
퓨즈	90
인쇄 회로 기판(PCB)	105
절연물	90

[답] ②

68 계통 주파수가 비정상 범위 내에 있을 경우 분산형전원은 해당 분리시간 내에 한전계통에 대한 가압을 중지하여야 한다. 주파수가 $f < 57.0$일 때 분산형전원 분리시간은?

① 0.11초 　　　② 0.16초
③ 299초 　　　④ 300초

풀이 ○

분산형전원 용량	주파수 범위[Hz]	분리시간[초]
용량무관	$f > 61.5$	0.16
	$f < 57.5$	300
	$f < 57.0$	0.16

[답] ②

69 인버터를 방향과 경사가 서로 다른 하부 어레이 별로 각각 설치하는 방식은?

① 모듈형 　　　② 분산형
③ 집앙집중형 　　　④ 마스터–슬레이브형

풀이 ○

인버터를 방향과 경사가 서로 다른 하부 어레이 별로 각각 설치하는 방식은 분산형이다. [답] ②

70 인버터의 전자접촉기 이상신호가 발생한 경우 인버터에 표시되는 내용으로 옳은 것은?

① Inverter M/C Fault
② Inverter Ground Fault
③ Serial Communication Fault
④ Line Inverter Async Fault

풀이 ○

- Inverter M/C Fault : 전자접촉기 이상신호가 발생한 경우
- Inverter Ground Fault : 인버터에 누전이 발생한 경우
- Serial Communication Fault : 인버터와 HMI의 통신이 되지 않는 경우
- Line Inverter Async Fault : 계통과 인버터의 주파수 동기가 맞지 않는 경우 [답] ①

71 유지관리비의 구성요소가 아닌 것은?

① 일반관리비
② 부지매각비
③ 운용지원비
④ 보수비와 개량비

풀이 ○

유지관리비의 구성요소 : 유지비, 보수비, 개량비, 일반관리비, 운용지원비 [답] ②

72 선간전압이 100[kV]인 충전전로 인근에서 유자격자가 작업하는 경우 노출 충전부에 접근 한계거리 몇 [cm] 이내로 접근하거나 절연 손잡이가 없는 도전체에 접근할 수 없도록 하여야 하는가?

① 90 　　　② 110
③ 130 　　　④ 150

풀이 ○

유자격자가 충전전로 인근에서 작업하는 경우 접근한계거리

충전전로의 선간전압[kV]	충전전로에 대한 접근 한계거리[cm]
0.3이하	접촉금지
0.3초과 0.75이하	30
0.75초과 2이하	45
2초과 15이하	60
15초과 37이하	90
37초과 88이하	110
88초과 121이하	130
121초과 145이하	150
145초과 169이하	170

[답] ③

73 준공 시 태양전지 어레이의 점검항목이 아닌 것은?

① 가대 접지상태

② 프레임 파손 및 변형유무

③ 표면의 오염 및 파손상태

④ 전력량계 설치유무

풀이 ○

전력량계는 어레이 구성항목이 아니고, 계량설비이다.

[답] ④

74 파워컨디셔너의 일상점검 항목이 아닌 것은?

① 외함의 부식 및 파손

② 외부 배선의 손상여부

③ 이상음, 악취 및 과열 상태

④ 가대의 부식 및 오염 상태

풀이 ○

• 일상점검은 계측기나 공구를 사용하지 않고 인간의 오감에 의해서 실시하는 점검이다.

※ 가대는 파워컨디셔너의 구성요소가 아니라 어레이의 구성요소이다.

[답] ④

75 태양광발전 시스템의 계측 · 표시장치의 구성요소가 아닌 것은?

① 검출기   ② 연산장치

③ 신호변환기   ④ 파워 컨디셔너

풀이 ○

계측·표시장치의 구성요소 : 검출기(센서), 신호변환기(트랜스듀서), 연산장치, 기억장치

[답] ④

76 전기저장장치를 시설하는 곳에 시설해야하는 계측장치가 아닌 것은?

① 이차전지 충방전 상태

② 이차전지 모듈의 내부온도

③ 주요변압기의 전압, 전류 및 전력

④ 이차전지 출력 단자의 전압, 전류, 전력 및 충·방전 상태

풀이 ○

계측장치(KEC 511.2.10)

전기저장장치를 시설하는 곳에는 다음의 사항을 계측하는 장치를 시설하여야 한다.

• 이차전지 출력 단자의 전압, 전류, 전력 및 충방전 상태

• 주요변압기의 전압, 전류 및 전력

[답] ②

77 정기점검 중 내장기기 및 부속기기의 피뢰기 점검내용이 아닌 것은? (단, 점검개소는 외부 일반 이다.)

① 리드선 단자 등에 손상은 없는가?

② 애자 등의 균열, 파손, 변형은 없는가?

③ 부싱부의 균열, 파손이나 외함의 변형은 없는가?

④ 단자부의 볼트류 및 접촉부에 조임 이완은 없는가?

풀이 ○

정기점검 중 내장기기 및 부속기기의 피뢰기

점검개소	목 적	점검내용
외부 일반	볼트 조임 이완	단자부의 볼트류 및 접촉부에 조임 이완은 없는가?
	손상	애자 등의 균열, 파손, 변형은 없는가?
		리드선 단자 등에 손상은 없는가?
	오손	애자 등에 이물질, 먼지 등이 부착되지 않았는가?
	방전흔적	내부 컴파운드의 분출, 밀봉금속 뚜껑 등의 파손, 팽창, 섬락 등의 흔적은 없는가?

[답] ③

78 모니터링 시스템의 운영 점검사항으로 틀린 것은?

① 센서 접속 이상 유무

② 가대 등의 녹 발생 유무

③ 인버터 모니터링 데이터 이상 유무

④ 인터넷 접속 상태 및 통신단자 이상 유무

풀이 ○

가대는 어레이의 구성요소로 모니터링 시스템과는 관련이 없다

[답] ②

79 전기사업용 태양광발전소의 태양전지·전기설비 계통은 정기검사를 몇 년 이내에 받아야 하는가?

① 2   ② 3

③ 4   ④ 5

풀이 ●

정기검사 대상 전기설비 및 시기(전기안전관리법 시행규칙 [별표 4])

대 상		시 기
(5) 태양광설비		
	가) 태양광·전기설비계통	4년 이내
	나) 공유수면에 설치된 태양광발전소의 부지 및 구조물	2년 이내
(6) 연료전지·전기설비계통		4년 이내

[답] ③

80 태양광발전시스템 성능평가를 위한 신뢰성 평가·분석항목 중 트러블에 관한 연결이 틀린 것은?

① 계측 트러블 : 컴퓨터 전원의 차단

② 시스템 트러블 : 인버터 정지

③ 시스템 트러블 : 계통 지락

④ 계측 트러블 : ELB 트립

풀이 ●

신뢰성 평가 분석항목

• 시스템 트러블 : 인버터 정지, 직류지락, 계통지락, RCD (=ELB) 트립, 원인불명 등에 의한 시스템의 정지

• 계측 트러블 : 컴퓨터 전원의 차단, 컴퓨터의 조작오류, 기타 원인불명

[답] ④

※ 2020년 4회부터 산업기사 필기시험이 CBT(컴퓨터 기반 시험)로 변경되어 응시자분들께서 제공한 기출문제와 적중 예상문제로 구성되었음을 알려드립니다.

1과목 ─ 태양광발전 사전검토

01 연료전지 발전시스템 중 천연가스, 메탄올, 석탄, 석유 등을 수소가 많은 연료로 변환시키는 장치는?

① 스택
② 개질기
③ 단위전지
④ 전력변환장치

풀이 ●

연료전지 구성요소
• 본체(스택 stack) : 연료 개질 장치에서 들어오는 수소와 공기 중의 산소로 직류 전기와 물 및 부산물인 열을 발생시킨다.
• 개질기(Reformer) : 화학적으로 수소를 함유하는 일반 연료(LPG, LNG, 메탄, 석탄가스 메탄올 등)로부터 연료 전지가 요구하는 수소를 많이 포함하는 가스로 변환하는 장치이다.
• 전력 변환 장치(Inverter) : 연료 전지에서 나오는 직류 전원을 교류 전원으로 변환시킨다.
• 주변보조기기(BOP: Balance of Plant) : 연료, 공기, 열회수 등을 위한 펌프류, Blower, 센서 등의 부속기기
[답] ②

02 풍력발전기의 전력계통 연계방식에 따른 분류에 해당되는 것은?

① 날개각 제어
② 수평축
③ 요제어
④ 독립전원

풀이 ●

일반적인 풍력발전기의 분류

구 분	종 류	
구조상(회전축 방향)	· 수평축	· 수직축
운전방식	· 정속운전	· 가변속운전
출력제어방식	· 날개각제어	· 실속제어
	· 요 제어	

구 분	종 류	
전력계통 연계방식	· 독립전원	· 계통연계

[답] ④

03 일사량과 어레이 경사각에 대한 설명으로 틀린 것은?

① 태양전지는 많은 일사량을 받도록 지면과 수평면에 설치한다.
② 지표면 확산 일사는 태양으로부터 산란, 반사후 지상에 도달하는 일사이다.
③ 지표면 직달 일사는 태양으로부터 지상의 관측지점으로 직접 도달하는 일사이다.
④ 경사면 일사량은 어레이 경사각을 결정한다.

풀이 ●

태양전지가 많은 일사량을 받기 위해서는 모듈 표면과 직달 일사가 수직(90도)이 되어야 한다. [답] ①

04 신재생에너지의 중요성에 대한 설명과 무관한 것은?

① 화석연료의 고갈문제 해결
② CO_2 발생의 증가
③ 기후변화협약
④ 최근 유가의 불안정

풀이 ●

신재생에너지는 과다한 초기투자비의 장애요인에도 불구하고, 최근 유가의 불안정, 화석연료의 고갈문제 해결, 기후변화협약 규제 대응 등 신재생에너지의 중요성으로 인하여 우리나라도 신재생에너지기술개발 및 보급사업 등 지원을 강화하고 있음. [답] ②

05 신·재생에너지의 이용·보급을 촉진하기 위한 보급사업의 종류가 아닌 것은?

① 신기술의 적용사업 및 시범사업
② 지방자치단체와 연계한 보급사업
③ 실증단계의 신·재생에너지 설비의 보급을 지원하는 사업
④ 환경친화적 신·재생에너지 집적화단지 및 시범단지 조성사업

풀이 ◉
신재생에너지법 제27조(보급사업)
1. 신기술의 적용사업 및 시범사업
2. 환경친화적 신·재생에너지 집적화단지 및 시범단지 조성사업
3. 지방자치단체와 연계한 보급사업
4. 실용화된 신·재생에너지 설비의 보급을 지원하는 사업
[답] ③

06 태양광발전으로 전기를 생산하는 단가와 화석연료를 사용하는 기존 화력발전 단가가 같아지는 시기를 무엇이라 하는가?

① 스마트 그리드
② 마이크로 그리드
③ 그리드 패리티
④ 그리드 퀄리티

풀이 ◉
• 그리드 패리티(Grid parity) : 화석연료 발전단가와 신재생에너지 발전단가가 같아지는 시기를 말한다.
[답] ③

07 정부는 기후변화대응의 기본원칙에 따라 기후변화대응 기본계획을 수립 시행하여야 하는 바, 그 계획기간은 몇 년으로 하여야 하는가?

① 10   ② 20
③ 30   ④ 50

풀이 ◉
정부는 기후변화대응의 기본원칙에 따라 20년을 계획기간으로 하는 기후변화대응 기본계획을 5년마다 수립·시행하여야 한다.
[답] ②

08 국가기관, 지방자치단체, 공공기관, 그 밖에 대통령령으로 정하는 자가 신·재생에너지 기술개발 및 이용·보급에 관한 계획을 수립·시행하려면 대통령령으로 정하는 바에 따라 미리 누구와 협의를 하여야 하는가?

① 시·도지사
② 국가기술표준원장
③ 한국전력공사사장
④ 기후에너지환경부장관

풀이 ◉
국가기관, 지방자치단체, 공공기관, 그 밖에 대통령령으로 정하는 자가 신·재생에너지 기술개발 및 이용·보급에 관한 계획을 수립·시행하려면 대통령령으로 정하는 바에 따라 미리 기후에너지환경부장관과 협의하여야 한다.
[답] ④

09 석유정제업자 또는 석유수출입업자가 수송용 연료에 혼합하여야 하는 신·재생에너지 연료의 2026년 혼합의무비율은?

① 0.035   ② 0.04
③ 0.045   ④ 0.05

풀이 ◉
신·재생에너지 연료의 혼합의무비율

해당 년도	수송용 연료에 대한 신·재생에너지 연료 혼합의무비율
2022 ~ 2023	0.035
2024 ~ 2026	0.04
2027 ~ 2029	0.045
2030년 이후	0.05

[답] ②

10 연료전지발전의 원리에 대한 설명으로 틀린 것은?

① 열과 전기에너지 발생
② 반응 생성물로 물이 생성
③ 연료극에 공급된 수소이온과 전자가 결합
④ 수소이온이 전해질 층을 통해 공기극으로 이동

풀이 ○

연료전지는 물의 전기분해 역반응을 이용한 것으로 연료극에 공급된 수소이온과 공기극에서 공급된 산소가 결합하여 전기를 생산한다. [답] ③

11 일조량에서 지표면에 도달하는 태양복사는 무엇과 무엇으로 구성되는가?

① 산란 일조량과 총 일조량
② 산란 일조량과 직달 일조량
③ 직달 일조량과 수평면 일조량
④ 수평면 일조량과 경사면 일조량

풀이 ○

태양으로부터 지표면에 도달하는 태양복사는 산란 일조량과 직달 일조량으로 구성된다. [답] ②

12 단위면적당 일사량이 13,500[MJ]일 경우, 이것을 [kWh/m²]로 환산하면 약 얼마인가?

① 2,200 ② 2,540
③ 3,750 ④ 4,350

풀이 ○

단위 변환 $= \dfrac{13,500[\text{MJ/m}^2]}{3.6[\text{MJ}]} = 3,750[\text{kWh/m}^2]$

※ $1[\text{kWh}] = 1 \times 10^3 [\text{J/sec}] \times 3600[\text{sec}]$
$= 3.6 \times 10^6 [\text{J}] = 3.6[\text{MJ}]$ [답] ③

13 다음 그림의 태양광발전시스템에서 A의 명칭은?

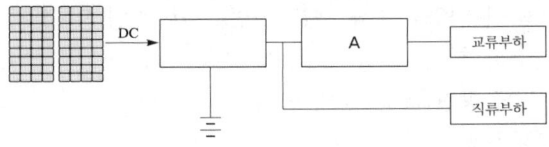

① 어레이
② 축전지
③ 인버터
④ 충·방전 제어장치

풀이 ○

독립형 태양광발전시스템의 블록도는 다음과 같다.

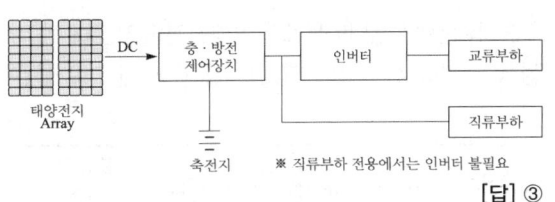

※ 직류부하 전용에서는 인버터 불필요 [답] ③

14 전기사업법에서 정의하는 "전기사업"의 구분으로 틀린 것은?

① 발전사업 ② 변전사업
③ 송전사업 ④ 구역전기사업

풀이 ○

전기사업 : 발전사업·송전사업·배전사업·전기판매사업 및 구역전기사업 [답] ②

15 태양광발전시스템을 계통에 접속하여 역송전 운전을 하는 경우에 전력전송을 위한 수전점의 전압이 상승하여 전력회사의 운용범위를 넘지 못하게 하는 인버터의 기능은?

① 자동운전 정지기능
② 계통연계 보호기능
③ 단독운전 방지기능
④ 자동전압 조정기능

풀이 ○

• 최대전력 추종제어 기능 : 인버터의 직류동작전압을 일정시간 간격으로 약간 변동시켜 그 때의 태양전지 출력전력을 계측하여 사전에 발생한 부분과 비교를 하게 되고 항상 전력이 크게 되는 방향으로 인버터의 직류전압을 변화시키는 기능
• 자동운전 정지기능 : 일조량이 확보되어 파워컨디셔너의 최저 구동전압 이상이 되면 자동으로 운전을 시작하고, 최저 구동전압이하로 일조량이 감소하면 자동으로 정지하여 대기모드 상태로 제어되는 기능
• 직류 검출제어기능 : 무변압기 방식에서 교류계통에 직류분이 함유되면 한전변압기 철심의 자기포화로 고조파 발생, 지락계전기 오동작 등의 문제를 일으키므로 파워컨디셔너 정격전류의 0.5[%]이내가 되도록 제어하는 기능
• 자동전압 조정기능 : 태양광발전소의 계통연계점의 전압이 한전이 유지해야할 전압의 유지범위를 벗어날 우려가 있을 때는 역송전 전력을 줄여 전압유지범위가 되도록 제어하는 기능. [답] ④

16 분산형전원 배전계통 연계 기술기준에서 비정상 전압에 대한 분산형전원 분리시간으로 틀린 것은?

번호	전압범위 (기준전압에 대한 백분율[%])	분리시간 [초]
①	$V < 50$	0.4
②	$50 \leq V < 70$	2.00
③	$110 < V < 120$	1.00
④	$V \geq 120$	0.16

풀이 ◉

비정상 전압에 대한 분산형전원 분리시간

전압범위 (기준전압에 대한 백분율[%])	분리시간 [초]
$V < 50$	0.5
$50 \leq V < 70$	2.00
$70 < V < 90$	2.00
$110 < V < 120$	1.00
$V \geq 120$	0.16

[답] ①

17 신에너지 및 재생에너지 기술개발 및 이용·보급에 관한 계획을 협의하려는 자는 그 시행 사업연도 개시 몇 개월 전까지 기후에너지환경부장관에게 계획서를 제출하여야 하는가?

① 1개월 전
② 2개월 전
③ 3개월 전
④ 4개월 전

풀이 ◉

신·재생에너지 기술개발 등에 관한 계획의 사전협의 (시행령 제3조)
신에너지 및 재생에너지 기술개발 및 이용·보급에 관한 계획을 협의하려는 자는 그 시행 사업연도 개시 4개월 전까지 기후에너지환경부장관에게 계획서를 제출하여야 한다.

[답] ④

18 신재생에너지 설비 설치의무기관 중 대통령령으로 정하는 비율 또는 금액 이상을 출자한 법인이란?

① 납입자본금의 100분의 30 이상을 출자한 법인

② 납입자본금의 100분의 50 이상을 출자한 법인

③ 납입자본금으로 30억원 이상 출자한 법인

④ 납입자본금으로 70억원 이상 출자한 법인

풀이 ◉

"대통령령으로 정하는 비율 또는 금액 이상을 출자한 법인"이란 다음의 법인을 말한다.
① 납입자본금의 100의 50 이상을 출자한 법인
② 납입자본금으로 50억원 이상을 출자한 법인

[답] ②

19 수소와 산소의 전기화학 반응을 통하여 전기 또는 열을 생산하는 설비는?

① 연료전지 설비
② 산소에너지 설비
③ 수소에너지 설비
④ 수소 및 산소에너지 설비

풀이 ◉

• 연료전지 설비 : 수소와 산소의 전기화학 반응을 통하여 전기 또는 열을 생산하는 설비

[답] ①

20 전기사업의 허가를 신청하는 자가 사업계획서를 작성할 때 태양광설비의 개요로 기재하여야 할 내용이 아닌 것은?

① 태양전지 및 인버터의 효율, 변환방식, 교류 주파수

② 태양전지의 종류, 정격용량, 정격전압 및 정격출력

③ 인버터의 종류, 입력전압, 출력전압 및 정격 출력

④ 집광판(集光板)의 면적

풀이 ◉

사업계획서를 작성할 때 태양광설비의 개요에 포함되어야 할 내용
① 태양전지의 종류, 정격용량, 정격전압 및 정격출력
② 인버터(Inverter)의 종류, 입력전압, 출력전압 및 정격출력
③ 집광판(集光板)의 면적

[답] ①

2과목

태양광발전 **구성·선정**

21 태양전지 출력은 일사강도와 태양전지 표면 온도에 따라 변동한다. 이런 변동에 대하여 태양 전지의 동작점이 항상 최대출력점을 추종하도록 변화시켜 태양전지에서 최대출력을 얻을 수 있는 제어는?

① 자동전류 조정 기능
② 단독운전 방지 기능
③ 자동운전 정지 기능
④ 최대전력 추종제어 기능

풀이 ◉
일사량과 태양전지 표면온도에 따라 변동하는 태양전지의 출력에 대하여 태양전지의 동작점이 항상 최대 출력점을 추종하도록 변화시켜 태양전지에서 최대출력을 얻을 수 있도록 하는 제어 기능은 최대전력 추종제어 기능이다. [답] ④

22 변환효율이 20[%]인 태양전지 모듈을 사용하여 6[kW]규모의 어레이를 옥상에 설치하려고 할 때 필요한 태양전지의 면적[m²]은?

① 20   ② 30
③ 40   ④ 50

풀이 ◉
$$태양전지 면적 = \frac{어레이 용량[kW]}{표준일조강도[kW/m^2] \times 변환효율}[m^2]$$
$$= \frac{6[kW]}{1[kW/m^2] \times 0.2} = 30[m^2]$$ [답] ②

23 태양전지 모듈의 표준시험조건(Standard Test Conditions)이 아닌 것은?

① 일조강도 1000[W/m²]
② 분광분포 AM 1.5
③ 소자접합온도 25[℃]
④ 주위 온도 20[℃]

풀이 ◉
표준시험조건(STC : Standard Test Condition)
• 소자접합온도 25[℃]
• 대기질량지수(분광분포) AM1.5
• 조사강도(일조강도) 1,000[W/m²] [답] ④

24 다음 회로도가 나타내는 태양광 인버터의 회로방식은?

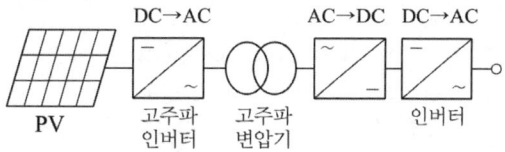

① 상용주파 절연방식
② 무변압기 절연방식
③ 고주파 절연방식
④ 접지 절연방식

풀이 ◉

구분	회로도
상용주파 절연방식	DC→AC 회로: PV – 인버터 – 상용주파 변압기
고주파 절연방식	DC→AC / AC→DC DC→AC 회로: PV – 고주파 인버터 – 고주파 변압기 – 인버터
무 변압기 방식	PV – 컨버터 – 인버터

[답] ③

25 태양전지의 전류-전압 특성의 측정으로부터 계산되는 파라미터가 아닌 것은?

① 직렬저항(series resistance)
② 개방전압(open circuit voltage)
③ 단락전류(short circuit current)
④ 곡선인자(fill factor)

풀이 ◎

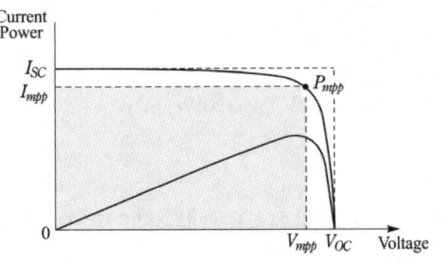

태양전지의 전류-전압 특성의 측정으로부터 계산되는 파라미터는 다음과 같다.

I_{SC} : 단락전류(short circuit current)

I_{mpp} : 최대출력 시 전류

V_{OC} : 개방전압(open circuit voltage)

V_{mpp} : 최대출력 시 전압

P_{mpp} : 최대출력

충진율(곡선인자, FF : fill factor)

$$FF = \frac{최대출력(P_{mpp})}{단락전류(I_{SC}) \times 개방전압(V_{OC})}$$

$$= \frac{I_{mpp} \times V_{mpp}}{단락전류(I_{SC}) \times 개방전압(V_{OC})}$$

[답] ①

26 그림은 PV(Photovoltaic) 어레이의 구성도를 나타낸 것이다. 전류 I[A]와 단자 A, B 사이의 전압[V]은?

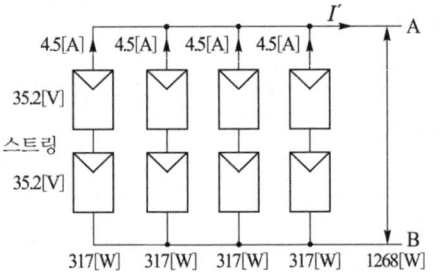

① 4.5[A], 35.2[V]

② 4.5[A], 70.4[V]

③ 18[A], 35.2[V]

④ 18[A], 70.4[V]

풀이 ◎

직렬연결은 전압이 상승하고, 병렬연결은 전류가 상승한다.

전류 = 4.5[A] × 4개 병렬 = 18[A]

전압 = 35.2[V] × 2개 직렬 = 70.4[V] [답] ④

27 다음 중 큐비클식 축전지 설비의 간격이 잘못 연결된 것은?

① 앞면 또는 조작면 - 2.0[m]

② 큐비클 이외의 발전설비와의 간격 - 1.0[m]

③ 점검면 - 0.6[m]

④ 환기면 - 0.2[m]

풀이 ◎

축전지설비의 간격은 다음 표와 같다.

간격을 확보해야 할 부분	간격[m]
큐비클 이외의 발전설비와의 사이	1.0
큐비클 이외의 변전설비와의 거리	1.0
옥외에 설치할 경우 건물과의 사이	2.0
앞면 또는 조작면	1.0
점검면	0.6
환기면*	0.2

[답] ①

28 축전지의 잔존용량을 표시한 것은?

① 보수율

② 방전시간

③ 방전심도

④ 용량환산시간

풀이 ◎

• 보수율 : 축전지의 수명

• 방전시간 : 예측되는 최장백업시간

• 방전심도 : 축전지의 잔존용량

• 용량환산시간 : 방전시간, 축전지의 최저온도 및 허용할 수 있는 최저전압에 의해서 정해지는 시간 [답] ③

29 계통연계형 인버터의 기능에 해당하지 않는 것은?

① 단독운전 방지기능

② 자동운전 정지기능

③ 자동전류 조정기능

④ 최대출력 추종제어기능

풀이 ◎

계통연계형 인버터의 기능

• 자동운전 정지 기능

• 최대전력 추종제어기능

• 단독운전방지기능

• 자동전압 제어기능

• 직류검출 기능

• 직류 지락검출 기능 [답] ③

30 STC 조건 하에서 다음과 같은 특성을 가진 결정질 태양전지 모듈의 온도가 −15[℃]일 때, 최대 전압은 몇 [V]인가? (단, 개방전압(V_{oc}) = 40[V], 전압 온도계수(α) = −0.25[V/℃]이다.)

① 45 　　　② 50

③ 55 　　　④ 60

풀이 ●

$$V_{oc(온도)} = V_{oc(STC)} + (\alpha \times (온도 - 25))$$
$$= 40 + (-0.25 \times (-15 - 25)) = 50[V] \qquad \text{[답] ②}$$

31 뇌 서지 등의 피해로부터 태양광발전시스템을 보호하기 위한 대책으로 적절하지 않은 것은?

① 뇌우 다발지역에서는 교류전원측으로 내뢰트랜스를 설치한다.

② 피뢰소자의 접지측 배선은 되도록 길게 유지하면서 설치한다.

③ 저압배전선에서 침입하는 뇌 서지에 대해서는 분전반에 피뢰소자를 설치한다.

④ 피뢰소자를 어레이 주회로 내부에 분산시켜 설치하고 접속함에도 설치한다.

풀이 ●

피뢰소자의 접지측 배선은 되도록 짧게 설치하여야 하며, 다음 그림의 $a + b = 0.5$[m] 이내로 하여야 한다. 이때에도 약 1[kV/m]이므로 0.5[kV] 정도 전압상승을 고려하여야 한다.

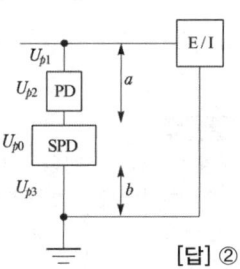

[답] ②

32 단상 변압기의 3상 Y−Y결선에서 특징이 잘못된 것은?

① 기전력의 파형이 제3고조파를 포함한 왜형파가 된다.

② 권선 전압이 선간 전압의 3배이므로 절연이 용이하다.

③ 중성점을 접지하면 제3고조파 전류가 흘러 통신선에 유도장애를 일으킨다.

④ 1차, 2차 모두 중성점을 접지할 수 있으며 고압의 경우 이상 전압을 감소시킬 수 있다.

풀이 ●

권선 전압(상전압)은 선간 전압의 $\dfrac{1}{\sqrt{3}}$ 배 이므로 절연이 용이하다. **[답] ②**

33 인버터 Data 중 모니터링 화면에 전송되는 것이 아닌 것은?

① 발전량

② 일사량

③ 입력측 전압, 전류, 전력

④ 출력측 전압, 전류, 전력

풀이 ●

인버터 Data는 입력(DC)측의 전압, 전류, 전력과 출력(AC)측의 전압, 전류, 전력, 주파수, 발전량, 누적발전량 등을 모니터링 화면에 전송한다. **[답] ②**

34 태양광발전용 인버터의 유로효율에 대한 관계식으로 옳은 것은?

① $\eta_{Euro} = 0.06 \cdot \eta_{5\%} + 0.03 \cdot \eta_{10\%} + 0.13 \cdot \eta_{20\%} + 0.10 \cdot \eta_{30\%} + 0.48 \cdot \eta_{50\%} + 0.20 \cdot \eta_{100\%}$

② $\eta_{Euro} = 0.03 \cdot \eta_{5\%} + 0.06 \cdot \eta_{10\%} + 0.10 \cdot \eta_{20\%} + 0.13 \cdot \eta_{30\%} + 0.48 \cdot \eta_{50\%} + 0.20 \cdot \eta_{100\%}$

③ $\eta_{Euro} = 0.03 \cdot \eta_{5\%} + 0.06 \cdot \eta_{10\%} + 0.13 \cdot \eta_{20\%} + 0.10 \cdot \eta_{30\%} + 0.48 \cdot \eta_{50\%} + 0.20 \cdot \eta_{100\%}$

④ $\eta_{Euro} = 0.03 \cdot \eta_{5\%} + 0.06 \cdot \eta_{10\%} + 0.13 \cdot \eta_{20\%} + 0.10 \cdot \eta_{30\%} + 0.20 \cdot \eta_{50\%} + 0.48 \cdot \eta_{100\%}$

풀이 ●

• 유로효율은 계통연계형 인버터에서 유럽의 기후에 대해 가중된 동적 효율을 말하며, 태양광발전용 인버터의 성능기준이 된다.

• 유로효율 $(\eta_{Euro}) = 0.03 \cdot \eta_{5\%} + 0.06 \cdot \eta_{10\%} + 0.13 \cdot \eta_{20\%} + 0.10 \cdot \eta_{30\%} + 0.48 \cdot \eta_{50\%} + 0.20 \cdot \eta_{100\%}$

[답] ③

35 태양광발전 접속함(KS C 8567:2024)의 접속함 분류표이다. ( )에 들어갈 사항은?

접속함 스트링 수	사용 장소
소형 / 중대형	실내형 / 실외형
위험선로 부하차단	과전류 보호기능
개별차단 / (A) 차단	스트링 / 스트링+(B)
과전압 보호기능	역류방지 다이오드
탑재 / 미탑재	탑재 / 미탑재

① A : 선택, B : 모듈
② A : 선택, B : 스트링
③ A : 동시, B : 스트링
④ A : 동시, B : 어레이

풀이 〇

접속함 스트링 수	사용 장소
소형 / 중대형	실내형 / 실외형
위험선로 부하차단	과전류 보호기능
개별차단 / 동시차단	스트링 / 스트링+어레이
과전압 보호기능	역류방지 다이오드
탑재 / 미탑재	탑재 / 미탑재

[답] ④

36 단상 2선식 저압 배전선의 길이가 100[m], 부하전류 40[A]인 경우 선간 전압강하를 2[V]로 유지하기 위해 필요한 전선의 공칭단면적[mm²]은?

① 50
② 70
③ 95
④ 120

풀이 〇

- 단상 2선식 전선의 단면적(A)

$$A = \frac{35.6 \times L[m] \times I[A]}{1,000 \times e[V]} = \frac{35.6 \times 100 \times 40}{1,000 \times 2} = 71.2[mm^2]$$

- 전선의 공칭단면적 : 1.5 / 2.5 / 4 / 6 / 10 / 16 / 25 / 35 / 50 / 70 / 95 / 120 / 150 등
※ 계산된 전선의 단면적(71.2)보다 상위의 공칭단면적(95)을 선정한다. [답] ③

37 다음 그림에서 태양광발전 모듈 간의 이격거리(D)는?

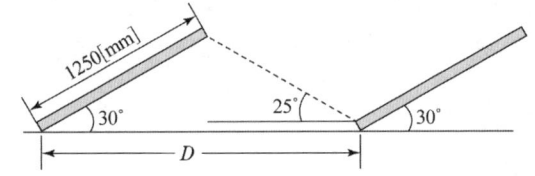

① 1.56[m]
② 1.85[m]
③ 2.00[m]
④ 2.42[m]

풀이 〇

이격거리(D)

$$D = \frac{\text{모듈의 길이}[m] \times \sin(\text{모듈의 경사각} + \text{발전한계각})}{\sin(\text{발전한계각})}$$

$$= \frac{1.25[m] \times \sin(30+25)}{\sin(25)} = 2.422 \fallingdotseq 2.42[m]$$ [답] ④

38 태양광발전시스템의 일반적인 시공 순서로 옳은 것은?

㉠ 모듈	㉡ 어레이	㉢ 인버터
㉣ 접속함	㉤ 계통간 간선	

① ㉠ → ㉡ → ㉣ → ㉢ → ㉤
② ㉠ → ㉡ → ㉢ → ㉣ → ㉤
③ ㉠ → ㉡ → ㉢ → ㉤ → ㉢
④ ㉠ → ㉡ → ㉤ → ㉢ → ㉣

풀이 〇

태양광발전시스템의 일반적인 시공 순서 : 모듈 → 어레이 → 접속함 → 인버터 → 계통간 간선 [답] ①

39 2종 금속제 가요전선관을 사용하는 경우로 습기가 많은 장소 또는 물기가 있는 장소에 시설하는 때에는 비닐 피복 몇 종 가요전선관을 사용하여야 하는가?

① 1종
② 2종
③ 3종
④ 5종

풀이 〇

KEC 232.13(금속제 가요전선관)
- 가요전선관은 2종 금속제 가요전선관일 것.
- 습기 많은 장소 또는 물기가 있는 장소에 시설하는 때에는 비닐 피복 가요전선관일 것. [답] ②

40 과전류트립 동작시간 및 특성(산업용 배선용 차단기)에서 정격전류가 63[A]초과이고, 동작시간이 120분일 때 동작 전류는 정격전류의 몇 배인가?

① 1.05 ② 1.2
③ 1.3 ④ 1.5

풀이 ○

과전류트립 동작시간 및 특성(산업용 배선차단기)

정격전류의 구분	시 간	정격전류의 배수 (모든 극에 통전)	
		부동작 전류	동작 전류
63 A 이하	60분	1.05배	1.3배
63 A 초과	120분	1.05배	1.3배

[답] ③

3과목

태양광발전 시공

41 기초판과 기둥으로 구성되고, 지지물의 응력을 개개별로 지지하는 기초로 건축물에 적용되는 기초의 종류는?

① 복합 기초 ② 연속 기초
③ 독립 기초 ④ 말뚝 기초

풀이 ○

독립기초는 지지물의 응력을 개개별로 지지하는 기초이다.

[답] ③

42 지상형 태양광발전설비 기초 공법을 선정할 때 고려해야 할 사항 2가지는?

① 토질상태, 지반여건
② 지반여건, 부력체
③ 배면환기, 지반여건
④ 배면환기, 토질상태

풀이 ○

지상형 태양광발전설비 기초 선정 시 토질상태와 지반여건을 고려하여 현장여건에 적합한 기초를 선정하여야 한다.

[답] ①

43 접속함에 대한 현장 점검표 상 판정기준이 잘못된 것은?

① 직사광선 노출이 적고, 소유자의 접근 및 육안확인이 용이한 장소에 설치하여야 한다.
② 접속함 및 접속함 기능을 포함한 인버터는 인증(KS C 8567) 받은 설비를 설치하여야 한다.
③ AC차단기(개폐기)의 설치를 확인하여야 한다.
④ 지락, 낙뢰, 단락 등으로 인해 태양광설비가 이상(異常)현상이 발생한 경우 경보등이 켜지거나 경보장치가 작동하여 즉시 외부에서 육안확인이 가능 하여야 한다.

풀이 ○

접속함에는 직류만 사용되므로 직류차단기가 설치되어 있는지 확인하여야 한다. [답] ③

44 지상형 태양광발전설비에 사용되는 기초 공법 중 토지에 직접 U형, C형, H형 단면 등의 파일 기초를 삽입하는 공법은?

① 스파이럴 공법
② 스크류 공법
③ 레이밍 파일공법
④ 보링그라우팅 공법

풀이 ○

- 스파이럴(Spiral) 공법 : 콘크리트 기초와 다르게 토지에 직접 스파이럴 파일(나선형 구조물)을 삽입하는 공법
- 스크류(Screw) 공법 : 토지에 직접 스크류 파일을 삽입하는 공법
- 레이밍 파일(Ramming pile) 공법 : 토지에 직접 U형, C형, H형 단면 등의 파일 기초를 삽입하는 공법
- 보링그라우팅 공법 : 지반이 연약하여 흙과 흙 사이에 시멘트풀을 넣어서 지반을 튼튼하게 하는 공법

[답] ③

45 평지붕에 태양광발전시스템 설치를 위한 설계 검토 시, 평지붕의 적설하중 산정에 사용되지 않은 인자는?

① 온도계수 ② 노출계수
③ 내압계수 ④ 중요도계수

풀이 ○

평지붕적설하중(S_f)

$$S_f = C_b \cdot C_e \cdot C_t \cdot I_s \cdot S_g \ (\text{kN/m}^2)$$

여기서, C_b : 기본지붕적설하중계수

C_e : 노출계수

C_t : 온도계수

I_s : 중요도계수

S_g : 100년 재현주기 기본지상적설하중

[답] ③

46 태양광발전시스템의 전기배선공사는 직류배선공사와 교류배선공사를 들 수 있다. 직류배선공사의 특징으로 옳은 것은?

① 교류배선공사보다 효율이 좋다.

② 감전위험이 크다.

③ 절연비용이 비싸다.

④ 아크소호에 유리하다.

풀이 ○

직류송전(배전)방식의 장·단점

장 점	단 점
• 송전(배전)효율이 좋다	• 회전자계를 쉽게 얻을 수 없다.
• 안정도가 좋다	
• 절연레벨을 경감할 수 있다.(절연비용 감소)	• 전류 0점이 없어 차단이 어렵다.
• 계통 연계가 쉽다. (전압 크기만 고려)	• 승압 및 강압이 곤란하다.
• 유도장해가 적다.	

[답] ①

47 건물일체형 태양광 발전 시스템(BIPV) 중 창재형의 특징은?

① 태양전지가 벽재로서 기능하는 타입

② 유리창의 기능을 보유하고 있는 타입

③ 지붕재에 태양전지 모듈을 부착시킨 타입

④ 개구부의 블라인드 기능을 보유하고 있는 타입

풀이 ○

창재형 BIPV의 특징

• 유리창의 기능(채광성, 투시성)을 보유하고 있는 타입

• 셀의 배치에 따라 개구율을 바꿀 수 있다. [답] ②

48 지붕 설치형 태양광발전설비의 설치에 대한 설명으로 틀린 것은?

① 태양전지는 지붕 중앙부에 놓는 것이 바람직하다.

② 태양전지 모듈의 접속은 전선 또는 커넥터 부착 전선 등을 사용한다.

③ 건축물은 고정하중, 적재하중, 적설하중, 지진 등에 대하여 안전한 구조를 가져야 한다.

④ 건축물을 건축하거나 대수선 하는 경우에는 지방자치단체장이 정하는 바에 따라 구조의 안전을 확인한다.

풀이 ○

지붕설치형 태양광발전설비의 설치 시 고려사항

• 설치장소 : 지붕중앙부가 처마 끝과 용마루의 풍력계수보다 낮으므로 태양광 모듈은 중앙부에 설치하는 것이 바람직하다.

• 하중 : 고정하중, 적재하중, 적설하중, 풍압, 지진 등에 대하여 안전한 구조 건축물을 건축하거나 대수선 하는 경우에는 대통령령으로 정하는 바에 따라 구조안전 확인 구조내력의 기준과 구조계산 방법 등에 관하여 필요한 사항은 국토교통부령으로 정한다.

• 설치방법 : 태양전지모듈 접속은 전선 또는 커넥터 부착 전선 등을 사용하여 확실히 한다. [답] ④

49 선로 구분 기능을 갖고 있는 개폐기에 수용가측의 사고 발생 시 사고전류를 감지하여 자동으로 접점을 분리시켜 사고구간을 분리하는 것은?

① 리클로져(R/C)

② 선로개폐기(LS)

③ 자동고장 구분 개폐기(ASS)

④ 자동부하 전환 개폐기(ALTS)

풀이 ○

• 리클로져(R/C) : 가공 배전선로 사고의 대부분은 조류 및 수목에 의한 접촉, 강풍, 낙뢰 등에 의한 플래시 오버사고로서 이런 사고 발생 시 신속하게 고장구간을 차단하고 사고점의 아크를 소멸시킨 후 즉시 재투입이 가능한 개폐장치.

• 선로개폐기(LS) : 보안상의 책임 분기점에는 보수 점검 시 전로를 구분하기 위하여 설치하는 개폐기.

• 자동고장 구분개폐기(ASS) : 선로 구분 기능을 갖고 있는 개폐기에 수용가 측의 사고 발생 시 사고전류를 감지하여 자동으로 접점을 분리시켜 사고구간을 분리

하는 개폐기
- 자동부하 전환개폐기(ALTS) : 2회선 수전방식에서 주선로의 전원이 정전시 예비선로로 자동전환되는 3상 일괄조작 방식의 자동부하 전환 개폐기　　**[답] ③**

50 어떤 건물에서 총 설비 부하용량이 850[kW], 수용률 60[%]라면, 변압기의 용량은 최소 몇 [kVA]로 하여야 하는가? 단, 설비부하의 종합역률은 0.75 이다.

① 510　　　　　② 620
③ 680　　　　　④ 740

풀이 ○

$$변압기\ 용량 = \frac{총\ 설비\ 부하용량[kW] \times 수용률}{종합역률}$$

$$= \frac{850 \times 0.6}{0.75} = 680[kVA]　　\text{[답] ③}$$

51 태양광 모듈의 원별시공기준에 대한 설명으로 올바른 것은?

① 단위 모듈당 용량에 따라 설계용량과 동일하게 설치할 수 없는 경우에는 설계용량의 105[%] 범위 내에서 설치할 수 있다.
② 방위각은 그림자의 영향을 받지 않는 곳에 정북향 설치를 원칙으로 한다.
③ 전선, 피뢰침, 안테나 등 경미한 음영은 장애물로 보지 않는다.
④ 모듈의 일조시간은 장애물로 인한 음영에도 불구하고 1일 4시간[춘계(3~5월) · 추계(9~11월)기준] 이상이어야 한다.

풀이 ○

- 단위 모듈당 용량에 따라 설계용량과 동일하게 설치할 수 없는 경우에는 설계용량의 110% 범위 내에서 설치할 수 있다.
- 공급인증서 발급 및 거래시장 운영에 관한 규칙에 따른 설비를 제외한 모든 태양광 모듈의 일조면은 원칙적으로 정남향 방향으로 설치하여야한다
- 모듈의 일조시간은 장애물로 인한 음영에도 불구하고 1일 5시간[춘계(3~5월) · 추계(9~11월)기준] 이상이어야 하며 전선, 피뢰침, 안테나 등 경미한 음영은 장애물로 보지 않는다.　　**[답] ③**

52 공사시방서가 담당해야 하는 역할이 아닌 것은?

① 입찰 청약서 평가의 기준
② 수급인과 발주자의 업무 분할
③ 클레임이나 분쟁 원인의 해석 기준
④ 입찰응찰서에 기재할 공사비와 공사기간 등의 산정기준

풀이 ○

공사시방서의 역할
- 입찰 청약서 평가의 기준
- 계약 범위 판단 기준
- 수급인과 발주자의 의무와 책임 규명
- 클레임이나 분쟁 원인의 해석 기준
- 입찰응찰서에 기재할 공사비와 공사기간 등의 산정기준
- 수급인의 수행된 기성을 평가하고 수급인의 이익 또는 직 · 간접비를 산정하는 기준
- 계약 체결 후 수급자의 의무 이행 및 약속(보장의 방책이 되며, 입찰 청약서 규정과 일치)을 정합시키는 역할　　**[답] ②**

53 전로의 사용전압이 FELV를 포함한 500[V] 이하 이고, DC 시험전압이 500[V]일 때, 절연저항값의 기준값은 몇 [MΩ] 이상이 되어야 하는가?

① 0.4
② 0.5
③ 1.0
④ 3.0

풀이 ○

전기설비기술기준 제52조(저압전로의 절연성능)

전로의 사용전압[V]	DC시험전압[V]	절연저항[MΩ]
SELV 및 PELV	250	0.5 이상
FELV를 포함한 500V 이하	500	1.0 이상
500V 초과	1,000	1.0 이상

[답] ③

54 케이블 트레이공사에 사용하는 케이블 트레이에 대한 설명으로 틀린 것은?

① 비금속제 케이블 트레이는 난연성 재료의 것이어야 한다.

② 전선의 피복 등을 손상시킬 돌기 등이 없이 매끈해야 한다.

③ 수용된 모든 전선을 지지할 수 있는 적합한 강도로 케이블 트레이의 안전율은 1.3 이상으로 하여야 한다.

④ 케이블 트레이가 방화구획의 벽, 마루, 천장 등을 관통하는 경우에 관통부는 불연성의 물질로 충전하여야 한다.

풀이 ●

케이블트레이의 선정(232.41.2) (①, ②, ④ 이외)

• 수용된 모든 전선을 지지할 수 있는 적합한 강도의 것이어야 한다. 이 경우 케이블 트레이의 안전율은 1.5 이상으로 하여야 한다.

• 지지대는 트레이 자체 하중과 포설된 케이블 하중을 충분히 견딜 수 있는 강도를 가져야 한다.

• 금속재의 것은 적절한 방식처리를 한 것이거나 내식성 재료의 것이어야 한다.

• 측면 레일 또는 이와 유사한 구조재를 부착하여야 한다.

• 배선의 방향 및 높이를 변경하는데 필요한 부속재 기타 적당한 기구를 갖춘 것이어 야 한다. **[답] ③**

55 계통연계 보호장치 중 역송전이 있는 저압연계시스템에서 설치가 필요한 계전기가 아닌 것은?

① 저전압 계전기

② 과전압 계전기

③ 과주파수 계전기

④ 지락 과전압계전기

풀이 ●

• 저압 연계시스템의 계통연계 보호장치 : UVR(저전압계전기), OVR(과전압계전기), UFR(저주파수계전기), OFR(과주파수계전기)

• 특고압 연계시스템은 저압 계통연계 보호장치에 추가로 OVGR(지락과전압계전기) 또는 OCGR(지락과전류계전기)이 필요하다. **[답] ④**

56 인버터의 외관검사 항목이 아닌 것은?

① 전력변환장치 설치 여부 확인

② 접지개소의 접속 상태 확인

③ 배전반의 계기, 경보장치 등 이상 유무 확인

④ 배전반의 접지간격 및 배선의 결선상태 확인

풀이 ●

배전반(보호 및 제어)의 절연간격 및 배선의 결선상태 확인 **[답] ④**

57 태양광발전시스템의 시공·설계 시 고려하여 검토된 하중의 크기순으로 바르게 나열한 것은?

① 폭풍 시 > 적설 시 > 지진 시

② 지진 시 > 폭풍 시 > 적설 시

③ 폭풍 시 > 지진 시 > 적설 시

④ 지진 시 > 적설 시 > 폭풍 시

풀이 ●

국내 태양광 구조물 적용 하중의 크기 : 폭풍 시 > 적설 시 > 지진 시 **[답] ①**

58 다음 중 태양광발전용 옥외 배선에 쓰이는 자외선에 내구성이 강한 전선으로 옳은 것은?

① 모듈용 전선

② 직류용 전선

③ UV 케이블

④ XLPE 케이블

풀이 ●

태양광발전용 옥외 배선에 쓰이는 자외선(UV : Ultra Violet) 케이블이 자외선에 내구성이 강한 전선이다. **[답] ③**

59 태양광발전시스템의 공사감리의 법적근거는?

① 전기사업법

② 전기공사업법

③ 전기설비기술기준

④ 전력기술관리법

풀이 ●

전력기술관리법 제12조(공사감리 등)

① 전력시설물의 설치·보수 공사 발주자는 전력시설물의 설치·보수 공사의 품질 확보 및 향상을 위하여 공사감리업의 등록을 한 자에게 공사감리를 발주하여야 한다. **[답] ④**

60 저압 옥내 배선을 할 때 합성수지관공사의 시설조건이 아닌 것은?

① 전선은 연선일 것.

② 전선은 합성수지관 안에서 접속점이 없도록 할 것.

③ 이중천장(반자 속 포함) 내에는 시설할 수 있다.

④ 전선은 절연전선(옥외용 비닐절연전선을 제외한다)일 것.

풀이 ◉

합성수지관공사 시설조건(KEC 232.11.1)

1. 전선은 절연전선(옥외용 비닐절연전선을 제외한다)일 것.

2. 전선은 연선일 것.

3. 전선은 합성수지관 안에서 접속점이 없도록 할 것.

4. 중량물의 압력 또는 현저한 기계적 충격을 받을 우려가 없도록 시설할 것.

5. 이중천장(반자 속 포함) 내에는 시설할 수 없다.

[답] ③

4과목

태양광발전 **유지·관리**

61 신재생에너지 공급인증서의 발급 및 거래단위로서 공급인증서 발급대상설비에서 공급된 MWh 기준의 신재생에너지 전력량에 대해 가중치를 곱하여 부여하는 단위는?

① FIT(Feed In Tariff)

② RPS(Renewable portfolio Standard)

③ REC(Renewable Energy Certificate)

④ FERC(Federal Energy Regulatory Commission)

풀이 ◉

• FIT(Feed In Tariff) : 발전차액지원제도

• REC(Renewable Energy Certificate) : 신재생에너지 공급인증서의 발급 및 거래단위로서 공급인증서 발급대상설비에서 공급된 MWh 기준의 신재생에너지 전력량에 대해 가중치를 곱하여 부여하는 단위

• RPS(Renewable Portfolio Standard) : 화석연료를 사용하는 국내발전사업자가 2012년부터 총 발전량의 일정비율을 신재생에너지로 공급하도록 한 의무화 제도

• FERC(Federal Energy Regulatory Commission) : 미국 연방 에너지규제위원회

[답] ③

---

62 태양광모듈의 고장유형과 검사방법이 잘못 연결된 것은?

① 결함 모듈 – 접지저항 측정

② 접촉점 – 입출력 측정

③ 적층판 파괴 – IV 곡선

④ 바이패스 다이오드 – 다기능측정

풀이 ◉

태양광모듈의 고장유형과 검사방법

• 적층판 파괴 : 육안검사, 다기능 측정, I-V곡선 측정

• 바이패스 다이오드 : 다기능 측정

• 접촉점 : 다기능 측정, 입출력 측정, I-V곡선 측정

• 결함모듈 : 육안검사, 다기능 측정, I-V곡선 측정, 절연저항 측정

[답] ①

---

63 독립형 태양광 발전시스템의 주요 구성장치가 아닌 것은?

① 충·방전 제어기

② 태양전지 모듈

③ 축전지 또는 축전지 뱅크

④ 송전설비 및 배전시스템

풀이 ◉

독립형 태양광 발전시스템의 주요 구성장치

① AC(교류) 부하 : 모듈, 접속함, 충·방전 제어기, 축전지, 인버터

② DC(직류) 부하 : 모듈, 접속함, 충·방전 제어기, 축전지

※ 송전설비 및 배전시스템은 전력계통(교류) 설비이다.

[답] ④

---

64 공장 지붕에 3500[kW] 태양광발전설비를 설치할 경우 REC 가중치는 약 얼마인가?

① 1.15   ② 1.35

③ 1.43   ④ 1.50

풀이 ○

건축물 등 기존 시설물을 이용하는 경우 태양광에너지 REC 가중치 산정 방법(3,000[kW]초과부터)

$$REC \ 가중치 = \frac{3000 \times 1.5 + (용량 - 3000) \times 1.0}{용량}$$

$$= \frac{3000 \times 1.5 + (3500 - 3000) \times 1.0}{3500}$$

$$= 1.428 ≒ 1.43 \qquad \text{[답] ③}$$

65 2종 정전기 안전화의 1개당 대전방지 성능 (저항)은?

① $0.1[M\Omega] < R < 10[M\Omega]$

② $0.1[M\Omega] < R < 30[M\Omega]$

③ $0.1[M\Omega] < R < 50[M\Omega]$

④ $0.1[M\Omega] < R < 100[M\Omega]$

풀이 ○

정전기 대전방지용 안전화 대전방지 성능

종류	1개당 전기저항[MΩ]	착화 에너지[mJ]
1종	0.1 ~ 100	0.1 이상의 가연성 물질 또는 증기(메탄, 프로판 등)
2종	0.1 ~ 10	0.1 미만의 가연성 물질 (수소, 아세틸렌 등 취급)

[답] ①

66 태양광발전시스템의 계측과 표시의 목적으로 잘못된 것은?

① 시스템의 운전상태 감시를 위한 계측 또는 표시

② 사업자의 추가 설비 투자 산출을 위한 계측

③ 시스템에 의한 발전 전력량을 알기 위한 계측

④ 시스템 기기 또는 시스템 종합 평가를 위한 계측

풀이 ○

계측기구·표시장치의 설치 목적

① 시스템의 운전상태를 감시하기 위한 계측 또는 표시

② 시스템에 의한 발전 전력량을 알기위한 계측

③ 시스템 기기 또는 시스템 종합평가를 위한 계측

④ 시스템의 운전상황을 견학하는 사람 등에게 보여주고, 시스템의 홍보를 위한 계측 또는 표시 [답] ②

67 금속선별, 전기제품 조립, 화학제품 선별, 반응장치 운전, 식품 가공업 등 비교적 경량의 물체를 취급하는 작업장으로서 날카로운 물체에 의해 찔릴 우려가 있는 장소의 작업용은?

① 경작업용

② 보통작업용

③ 중작업용

④ 강작업용

풀이 ○

- 경작업용 : 금속선별, 전기제품 조립, 화학제품 선별, 반응장치 운전, 식품 가공업 등 비교적 경량의 물체를 취급하는 작업장으로서 날카로운 물체에 의해 찔릴 우려가 있는 장소
- 보통작업용 : 기계공업, 금속가공업, 운반, 건축업 등 공구 가공품을 손으로 취급하는 작업 및 차량사업장의 기계 등을 운전 조작하는 일반작업장으로서 날카로운 물체에 의해 찔릴 우려가 있는 장소
- 중작업용 : 광업, 건설업 및 철광업에서 원료취급, 가공, 강재 취급 및 강재운반, 건설업 등에서 중량물 운반작업, 가공대상물의 중량이 큰 물체를 취급하는 작업장으로서 날카로운 물체에 의해 찔릴 우려가 있는 장소 [답] ①

68 시스템 성능평가 분류 중 사이트 평가방법 항목으로 틀린 것은?

① 발전성능

② 설치용량

③ 시공업자

④ 설치 대상기관

풀이 ○

사이트 평가방법

① 설치 대상기관

② 설치 시설의 분류

③ 설치 시설의 지역

④ 설치 형태

⑤ 설치 용량

⑥ 설치 각도와 방위

⑦ 시공업자

⑧ 기기 제조사 [답] ①

69 태양광발전 어레이의 구조물 설치방법이 잘못된 것은?

① 지지대 및 어레이 구조설계는 수직면에 설치하는 것을 원칙으로 한다.

② 어레이를 구성하는 태양전지모듈은 취급이 쉽고 점검정비가 용이하도록 설치한다.

③ 태양전지 출력이 최대가 될 수 있도록 지지대를 설계 제작, 설치해야 한다.

④ 하중이나 적설, 지진 등으로 인한 진동에 충분히 견딜 수 있는 기계적 강도를 가지고 있도록 설계한다.

풀이 ○

지지대 및 어레이 구조설계는 수평면에 설치하는 것을 원칙으로 한다. **[답] ①**

70 전기설비 활선장구와 점검사항이 잘못 연결된 것은?

① 보호구 및 방호구 : 기름, 이물질 등으로 오염되지는 않았는지 점검한다.

② 안전대 및 안전로프 : 섬유 로프의 마모, 절단, 풀림 상태를 점검한다.

③ 활선접근경보기 – 작동 시 정상적으로 경보음이 정지하는지 확인한다.

④ 절연 장구 – 절연 방호관, 절연 고무판 등 절연용 방호구가 변형되거나 손상되지 않았는지 점검한다.

풀이 ○

활선접근경보기 – 작동 시 정상적으로 경보음이 발생하는지 확인한다. **[답] ③**

71 태양광발전용 인버터의 정상 특성 시험항목 중 독립형인 경우에는 해당되지 않는 시험 항목은?

① 측정 오차 정확도 시험
② 온도상승 시험
③ 누설전류 시험
④ 효율 시험

풀이 ○

태양광발전용 인버터의 정상 특성 시험항목

시험항목	독립형	계통연계형
a) 측정 오차 정확도 시험	○	○
b) 교류 전압, 주파수 추종 범위 시험	×	○
c) 교류 출력 전류 왜형률 시험	×	○
d) 온도 상승 시험	○	○
e) 효율 시험	○	○
f) 대기 손실 시험	×	○

시험항목	독립형	계통연계형
g) 자동 기동·정지 시험	×	○
h) 최대 전력 추종 시험	×	○
i) 출력 전류 직류분 검출 시험	×	○

[답] ③

72 고압이상 개폐기 및 차단기와 MCCB의 투입 및 차단순서가 옳은 것은?

> Ⓐ 개폐기(IS)　　　Ⓑ 차단기(CB)
> Ⓒ COS　　　Ⓓ 배선용차단기(MCCB)

① 투입순서 : Ⓓ → Ⓒ → Ⓑ → Ⓐ
　차단순서 : Ⓐ → Ⓑ → Ⓒ → Ⓓ
② 투입순서 : Ⓒ → Ⓑ → Ⓐ → Ⓓ
　차단순서 : Ⓐ → Ⓑ → Ⓒ → Ⓓ
③ 투입순서 : Ⓒ → Ⓑ → Ⓐ → Ⓓ
　차단순서 : Ⓓ → Ⓑ → Ⓐ → Ⓒ
④ 투입순서 : Ⓒ → Ⓐ → Ⓑ → Ⓓ
　차단순서 : Ⓓ → Ⓑ → Ⓒ → Ⓐ

풀이 ○

고압이상 개폐기 및 차단기와 MCCB의 투입 및 차단순서
• 투입순서 : COS → 개폐기(IS) → 차단기(CB) → 배선용차단기(MCCB)
• 차단순서 : 배선용차단기(MCCB) → 차단기(CB) → COS → 개폐기(IS) **[답] ④**

73 태양광발전시스템의 유지보수 관점에서 말하는 점검의 종류로 틀린 것은?

① 일상점검
② 정기점검
③ 임시점검
④ 특별점검

풀이 ○

태양광발전시스템의 유지보수 점검의 종류 : 일상점검, 정기점검, 임시점검 **[답] ④**

74 태양광발전시스템의 성능평가의 대분류로 틀린 것은?
① 태양광발전시스템의 신뢰성
② 태양광발전시스템의 사이트
③ 태양광발전시스템의 발전전력 생산능력
④ 태양광발전시스템의 설비 폐기 비용

풀이 ○
시스템 성능평가의 대분류
① 구성요인의 성능·신뢰성
② 사이트
③ 발전성능
④ 신뢰성
⑤ 설치비용(경제성)   [답] ④

75 태양광 발전설비의 운영 계획에서 계통연계가 필요한 경우 한국전력공사 지역지점과 사전협회를 하여야 하는데 저압연계의 경우 몇 [kW]를 기준으로 하는가?
① 100[kW] 미만
② 100[kW] 이상
③ 500[kW] 미만
④ 500[kW] 이상

풀이 ○
제4조(연계 요건 및 연계의 구분)
분산형전원의 연계용량이 500[kW] 미만이고 배전용변압기 누적연계용량이 해당 배전용변압기 용량의 50% 이하이며 직전 1년간 평균 상시이용률 이하일 경우 저압계통에 연계할 수 있다.   [답] ③

76 태양광발전시스템에 적용하는 피뢰방식이 아닌 것은?
① 접지방식
② 돌침방식
③ 그물망도체방식
④ 수평도체방식

풀이 ○
피뢰시스템의 수뢰부 시설방법(피뢰방식)의 종류 : 돌침방식, 수평도체방식, 그물망(메시)도체방식   [답] ①

77 태양광발전시스템의 일상점검 점검항목이 아닌 것은?
① 인버터 – 통풍 확인
② 접속함 – 절연저항 측정
③ 인버터 – 표시부의 이상표시
④ 태양전지모듈 – 표면의 오염 및 파손

풀이 ○
일상점검은 계측기나 공구를 사용하지 않고 인간의 오감에 의해서 실시하는 점검이다. 절연저항을 측정하기 위해서는 절연저항계(메거)가 필요하다.
※ 접속함의 절연저항 측정은 정기점검 항목이다.
[답] ②

78 태양광발전시스템에 사용되는 축전지의 일상점검 중 육안점검의 항목으로 틀린 것은?
① 전해액면 저하
② 전해액의 변색
③ 외함의 변형
④ 단자전압

풀이 ○
일상점검 중 육안점검은 공구, 계측기를 사용하지 않는 점검이다.   [답] ④

79 전기안전관리자의 직무에 의거하여 태양광발전시스템 전기안전관리를 수행하기 위하여 계측장비를 주기적으로 교정하고 안전장구의 성능을 유지하여야 한다. 권장교정 및 시험 주기가 틀린 것은?
① 고압절연장갑 – 1년
② 절연안전모 – 2년
③ 저압검전기 – 1년
④ 고압·특고압 검전기 – 1년

풀이 ○
전기안전관리를 수행하기 위하여 계측장비를 주기적으로 교정하고 안전장구의 성능을 유지하여야 하며, 권장교정 및 시험주기는 1년이다.   [답] ②

80 태양광전지(KS C 8566:2015)에서 솔라 시뮬레이터 측정용 분광 복사계의 파장 간격은 몇 [nm] 이하이어야 하는가?

① 3   ② 5
③ 6   ④ 7

(풀이 ●)

솔라 시뮬레이터 측정용 분광 복사계의 파장 간격은 5 [nm] 이하이어야 한다.　　　　　　　　**[답]** ②

태양광발전시스템
2025년 2회 산업기사 예상문제

※ 2020년 4회부터 산업기사 필기시험이 CBT(컴퓨터 기반 시험)로 변경되어 응시자분들께서 제공한 기출문제와 적중예상문제로 구성되었음을 알려드립니다.

1과목
태양광발전 사전검토

01 건설공사 타당성 조사 지침에서 기술적 검토사항이 아닌 것은?
① 시설규모 검토
② 현지조사 검토
③ 평면 배치 검토
④ 구조물의 형식 및 공법 검토

풀이 ●
건설공사 타당성조사 지침의 기술적 검토 : 현지조사, 기초조사 및 현황자료 조사를 근거로 시설규모 검토, 구조물의 형식 및 공법 검토, 평면 배치 검토 등 해당 사업 시설계획 및 운영계획에 대한 최적 안을 제시하는 것
[답] ②

02 기후의 세 가지 요소로 기온, 강수량, 바람이 있으며, 대부분의 기후 구분은 이 세 가지 수치의 변화에 따라 구분된다. 이 현상은?
① 기후변동
② 기후인자
③ 기후변화
④ 기후요소

풀이 ●
• 기후요소 : 기후의 세 가지 요소로 기온, 강수량, 바람이 있으며, 대부분의 기후 구분은 이 세 가지 수치의 변화에 따라 구분되며, 기후를 결정하는 요인이다.
• 기후인자 : 기후요소의 분포에 관여하는 인자로서, 위도, 해발고도, 산맥과 바다의 분포, 해류, 격해도, 식생 등이 있다.
[답] ④

03 태양광발전시스템 건설 시 현장여건 분석내용이 아닌 것은?
① 환경 여건
② 전력 여건
③ 지정학적 조건
④ 설치 조건

풀이 ●
지정학적 조건은 부지 선정조건이다.
[답] ③

04 신재생에너지의 중요성에 대한 설명과 무관한 것은?
① 화석연료의 고갈문제 해결
② CO_2 발생의 증가
③ 기후변화협약
④ 최근 유가의 불안정

풀이 ●
신재생에너지는 과다한 초기투자비의 장애요인에도 불구하고, 최근 유가의 불안정, 화석연료의 고갈문제 해결, 기후변화협약 규제 대응 등 신재생에너지의 중요성으로 인하여 우리나라도 신재생에너지기술개발 및 보급사업 등 지원을 강화하고 있음.
[답] ②

05 각종 태양전지의 특징 중 장점이 아닌 것은?
① CIGS는 실리콘 재료에 영향을 받지 않고 색이 좋다.
② 염료감응형은 색을 선택할 수 있고 저렴하다.
③ HIT는 변환효율이 낮다.
④ 단결정 실리콘은 변환효율이 높다.

풀이 ●
실리콘 계열의 HIT(Hetero-junction with Intrinsic Thin)는 변환효율이 25[%]정도로 가장 높다.
[답] ③

06 지구온난화 지수가 가장 낮은 온실 가스는?

① 메탄
② 육불화황(SF_6)
③ 이산화탄소
④ 아산화질소

풀이 ○

• 지구온난화 지수

구분	배율	비고
이산화탄소	1	기준
메탄	21	
아산화질소	310	
수소불화탄소	1,300	
과불화탄소	7,000	
육불화황	23,900	

[답] ③

07 신재생에너지의 공급의무화에 대한 설명 중 맞는 것은?

① 공급의무자가 의무적으로 신재생에너지를 이용하여 공급하여야 하는 발전량의 합계는 총 전력생산량의 20[%] 이내의 범위에서 연도별로 대통령령으로 정한다.
② 공급의무자는 의무공급량의 일부에 대하여 다음 연도로 그 공급의무의 이행을 연기할 수 없다.
③ 공급의무자는 공급인증서를 구매하여 의무공급량에 충당할 수 있다.
④ 공급의무자의 의무공급량은 대통령령으로 정해진 바에 따라 고시한다.

풀이 ○

공급의무자가 의무적으로 신·재생에너지를 이용하여 공급하여야 하는 발전량의 합계는 총전력생산량의 10[%] 이내의 범위에서 연도별로 대통령령으로 정한다.

[답] ③

08 태양광발전시스템을 완성하기 위하여 필요한 모듈을 직·병렬로 구성하게 되는데, 즉 직렬로 접속된 모듈 집합체의 회로를 무엇이라 하는가?

① 어레이
② 스트링
③ 모듈
④ 셀

풀이 ○

1) **셀(Cell)** : 태양전지의 최소단위.
2) **모듈(Module)** : 셀(Cell)을 내후성 패키지에 수 십장 모아 일정한 틀에 고정하여 구성된 것.
3) **스트링(String)** : 모듈(Module)의 직렬연결 집합 단위
4) **어레이(Array)** : 스트링(String), 가대를 포함하는 모듈의 집합 단위.

[답] ②

09 다음 조건과 같이 태양광발전소를 건설할 때 개발행위허가 대상에 해당하지 않는 것은?

• 경사지를 절토하여 태양광발전소를 건설하는 경우
• 1개의 지번에 5개의 태양광발전소를 건설하는 경우
• 모듈 등 기자재의 반입 후 25일 이내 설치

① 토지의 분할
② 물건을 쌓아놓는 행위
③ 공작물의 설치
④ 토지의 형질변경

풀이 ○

물건을 쌓아놓는 행위 : 토지에 물건을 1개월 이상 쌓아놓는 행위에 대해서는 개발행위 대상이고, 25일 모듈을 쌓아놓는 행위는 개발행위 대상이 아니다.

[답] ②

10 기후에너지환경부장관이 신·재생에너지의 이용, 보급을 촉진하고자 신축·증축 또는 개축하는 건축물에 대하여 설계 시 산출된 예상에너지 사용량의 일정비율 이상을 신재생에너지를 이용하도록 신재생에너지설비를 의무적으로 설치하게 할 수 있는 단체에 해당하지 않는 것은?

① 신재생에너지 발전 개인사업체
② 국가 및 지방자치단체
③ 정부가 대통령령이 정하는 금액이상을 출연한 정부출연기관
④ 정부출자기업체

풀이 ○

신재생에너지설비 의무화 대상 단체
1. 국가 및 지방자치단체
2. 공공기관

3. 정부가 대통령령으로 정하는 금액 이상을 출연한 정부출연기관
4. 「국유재산법」 제2조제6호에 따른 정부출자기업체
5. 지방자치단체 및 공공기관, 정부출연기관 또는 정부출자기업체가 대통령령으로 정하는 비율 또는 금액 이상을 출자한 법인
6. 특별법에 따라 설립된 법인　　　　　**[답] ①**

11 태양전지 모듈을 구성하는 부품이 아닌 것은?

① 셀　　　　　　　② 프레임
③ 인버터　　　　　④ 프론트 커버

풀이 〇

태양전지 모듈 구성하는 부품 : 태양전지 셀, 프레임, 프론트 커버, 단자함, 백커버, 씰재, 충진재, 내부연결 전극, 출력리드선 등　　　　　　　**[답] ③**

12 파력발전의 특징에서 단점이 아닌 것은?

① 에너지 밀도가 크다.
② 입지조건이 까다롭다.
③ 대용량의 발전이 불가능하다.
④ 출력의 진폭이 크므로 출력의 조절이 불가능하다.

풀이 〇

파력발전의 단점
• 에너지 밀도가 작다.
• 입지조건이 까다롭다
• 대용량의 발전이 불가능하다.
• 발전량에 비해 시설비가 비싸다.
• 출력의 진폭이 크므로 출력의 조절이 불가능하다.
　　　　　　　　　　　　　　[답] ①

13 신재생에너지의 기술개발 및 이용보급 촉진을 위한 기본계획의 계획기간은?

① 3년 이상　　　　② 5년 이상
③ 10년 이상　　　　④ 20년 이상

풀이 〇

기후에너지환경부장관은 관계 중앙행정기관의 장과 협의를 한 후 제8조에 따른 신·재생에너지정책심의회의 심의를 거쳐 신·재생에너지의 기술개발 및 이용·보급을 촉진하기 위한 기본계획을 5년마다 수립하여야 하며, 기본계획의 계획기간은 10년 이상으로 한다.
　　　　　　　　　　　　　　[답] ③

14 단결정 실리콘 제조공정 순서로 옳은 것은?

① 실리콘입자 → 셀 → 웨이퍼 슬라이스 → 잉곳 → 모듈
② 실리콘입자 → 잉곳 → 셀 → 웨이퍼 슬라이스 → 모듈
③ 실리콘입자 → 웨이퍼 슬라이스 → 잉곳 → 셀 → 모듈
④ 실리콘입자 → 잉곳 → 웨이퍼 슬라이스 → 셀 → 모듈

풀이 〇

단결정 실리콘 제조공정 순서 : 실리콘 입자 → 잉곳 → 웨이퍼 슬라이스 → 셀 → 모듈　　**[답] ④**

15 위도가 32°인 지역에서 동지일 때 남중 고도는?

① 34.5°　　　　　② 45.5°
③ 55.5°　　　　　④ 65.5°

풀이 〇

동지일 때 남중고도 $= 90° - 위도 - 23.5°$
$\qquad\qquad\quad = 90° - 32° - 23.5°$
$\qquad\qquad\quad = 34.5°$　　　**[답] ①**

16 태양전지판 설치방향과 발전시간을 결정하는 요소는?

① 남중고도　　　　② 태양고도
③ 일조강도　　　　④ 태양의 방위각

풀이 〇

태양궤적과 태양전지판
• 태양의 방위각 : 태양전지판의 설치방향과 발전시간을 결정한다.
• 태양고도 : 태양전지판의 설치각도, 전면과 후면 태양전지판의 간격(이격거리)을 결정　　**[답] ④**

태양광발전시스템 2025년 2회 산업기사 **1141**

17 건설공사 타당성 조사 지침 용어의 정의 에 서 건설사업에 직접 소요되는 비용은?

① 총공사비   ② 총사업비
③ 공사비   ④ 사업비

풀이 ○

건설공사 타당성 조사 지침 용어정의
- "공사비"란 해당 건설사업에 직접 소요되는 비용으로 「예정가격 작성기준」에 근거한 공사원가를 말한다.
- "총공사비"란 공사비에 관급자재비는 포함하고, 토지 등의 취득·사용에 따른 보상비는 제외한 금액을 말한다.
- "총사업비"란 건설사업에 소요되는 모든 비용으로 공사비, 시설부대경비, 보상비 등을 합한 금액을 말한다.   **[답] ③**

18 신재생에너지 공급인증서의 발급 및 거래단위로서 공급인증서 발급대상설비에서 공급된 MWh 기준의 신재생에너지 전력량에 대해 가중치를 곱하여 부여하는 단위는?

① FIT(Feed In Tariff)
② RPS(Renewable portfolio Standard)
③ REC(Renewable Energy Certificate)
④ FERC(Federal Energy Regulatory Commission)

풀이 ○

- FIT(Feed In Tariff) : 발전차액지원제도
- REC(Renewable Energy Certificate) : 신재생에너지 공급인증서의 발급 및 거래단위로서 공급인증서 발급대상설비에서 공급된 MWh 기준의 신재생에너지 전력량에 대해 가중치를 곱하여 부여하는 단위
- RPS(Renewable Portfolio Standard) : 화석연료를 사용하는 국내발전사업자가 2012년부터 총 발전량의 일정비율을 신재생에너지로 공급하도록 한 의무화 제도
- FERC(Federal Energy Regulatory Commission) : 미국 연방 에너지규제위원회   **[답] ③**

19 건설공사 타당성 조사 지침에서 경제성 분석에 해당하는 사항이 아닌 것은?

① 내부수익률   ② 순현재가치(NPV)
③ 수익성지수(PI)   ④ 편익/비용비율(B/C)

풀이 ○

건설공사 타당성조사 지침 용어정의
- "경제성 분석"이란 국민경제 관점에서 장기적인 사회적 편익/비용비율(B/C), 순현재가치(NPV, Net Present Value), 내부수익률(IRR, Internal Rate of Return) 등을 분석하는 것을 말한다.   **[답] ③**

20 태양전지 모듈의 열 발생 원인으로 틀린 것은?

① 정적 하중
② 모듈의 전기적 동작
③ 셀에서 적외선 흡수
④ 모듈 상부 표면으로부터의 반사

풀이 ○

정적(고정)하중은 열 발생 원인이 아니다.   **[답] ①**

2과목   태양광발전 **구성·선정**

21 태양전지는 어떤 효과를 이용한 것인가?

① 광기전력 효과   ② 광증폭 효과
③ 광전자 방출효과   ④ 광전도 효과

풀이 ○

광기전력효과는 어떤 종류의 반도체에 빛을 조사하면, 조사된 부분과 조사되지 않은 부분사이에 전위차(광기전력)를 발생시키는 현상으로 태양전지에 이용된다.   **[답] ①**

22 태양전지의 최대출력이 300[W]이고, 태양전지 모듈의 면적이 3[m²]일 때 입력전력[W]은?

① 2,500   ② 3,000
③ 3,500   ④ 9,000

풀이 ○

태양전지의 입력전력 = 표준일조강도 × 면적
$$= 1,000[W/m^2] \times 3[m^2]$$
$$= 3,000[W]$$ **[답] ②**

23 화합물 반도체 태양전지 해당되지 않은 것은?

① GaAs, InP 는 고순도의 단결정 재료를 사용한다.

② 화합물 태양전지는 GaAs, InP, GaAlAs, GaInAs 등이 있다.

③ Ⅱ−ⅠⅤ족 태양전지는 $CuInSe_2$, CdS, CdTe, ZnS 등이 있다.

④ 효율향상을 위해 파장별로 박막형 적층한 적층형 박막 태양전지가 있다.

풀이 ◉

박막을 적층한 적층형 태양전지는 화합물 태양전지가 아니다.   [답] ④

24 단결정 실리콘 태양전지 제조에서만 사용되는 공정은?

① 인 도핑

② 방향성 고결

③ 인발 공정(Czochralski)

④ 반사방지막 코팅

풀이 ◉

• 단결정 : 인발 공정(Czochralski)
• 다결정 : 방향성 고결
• 공통 : 인 도핑, 반사방지막 코팅,   [답] ③

25 실리콘 태양전지의 재료 중 P형 반도체의 특성이 맞는 것은?,

① 전자가 다수 캐리어이다.

② 정공이 다수 캐리어이다.

③ 전자・정공 모두 다수 캐리어이다.

④ 전자・정공 모두 소수 캐리어이다.

풀이 ◉

• P형 반도체 : 정공이 다수 캐리어이다.
• N형 반도체 : 전자가 다수 캐리어이다.   [답] ②

26 계기용 계전기 기능상 설명 중 잘못 표현된 것은?

① 계기용변압기(PT) : 고전압을 저전압으로 변성하는 기기

② 계기용변류기(CT) : 소전류를 대전류로 변성하는 기기

③ 계기용 변압 변류기(MOF, PCT) : 한 탱크에 PT와 CT조합

④ 계기용 접지 변압기(GPT) : 영상전압을 검출하여 지락(접지) 계전기에 공급

풀이 ◉

계기용변류기(CT) : 대전류를 소전류로 변성하는 기기   [답] ②

27 계통연계 시스템용 방재 대응형 축전지를 설계하고자 한다. 평균 방전전류가 13.2[A], 용량환산계수가 26.7, 보수율이 0.8인 축전지의 용량은?

① 295.65[Ah]   ② 398.56[Ah]

③ 440.55[Ah]   ④ 530.25[Ah]

풀이 ◉

축전지 용량$(C) = \dfrac{\text{용량환산계수} \times \text{방전전류}}{\text{보수율}}$

$= \dfrac{26.7 \times 13.2}{0.8} = 440.55[Ah]$ [답] ③

28 다음 그림에서 이격거리(D)는 몇 [m] 인가?

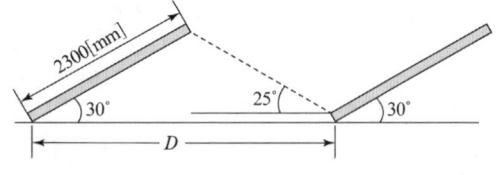

① 3.89   ② 4.18

③ 4.46   ④ 5.06

풀이 ◉

이격거리(D)

$D = \dfrac{\text{모듈의 길이[m]} \times \sin(\text{모듈의 경사각} + \text{발전한계각})}{\sin(\text{발전한계각})}$

$= \dfrac{2.3[m] \times \sin(30 + 25)}{\sin(25)}$

$= 4.458 ≒ 4.46[m]$ [답] ③

29 축전지의 사용연수 경과 및 사용조건에 따라 용량이 변화되는 것을 보상하는 보정값은 무엇인가?

① 보수율　　　　　② 방전심도
③ 용량환산시간　　④ 방전종지전압

풀이 ●

축전지는 사용연수의 경과나 사용조건의 변동 등에 의해 용량이 변화한다. 따라서 이 용량 변화를 보상하는 보정값으로써 보수율(0.8)을 기준치로 적용한다.

[답] ①

30 태양광발전시스템에서 개별 손실 인자가 아닌 것은?

① 음영　　　　　　② AC손실
③ 모듈의 오손　　④ 일사량 조건

풀이 ●

개별 손실은 태양광발전시스템 구성요소 단일의 손실로 일사량 조건은 개별손실이 아니라 시스템 손실이다.

[답] ④

31 태양광전지 효율(η)과 관계없는 것은?

① 태양복사
② 주변온도
③ MPP전력
④ 태양전지 면적

풀이 ●

$$\eta = \frac{P_{output}}{P_{input}} = \frac{P_{mpp}}{E \times A} = \frac{I_{sc} \cdot V_{oc} \cdot FF}{E \times A}$$

• P_{MPP} : MPP 전력[W]
• E : 태양복사[W/m²]
• A : 태양전지 면적[m²]
• I_{sc} : 단락전류[A]
• V_{oc} : 개방전압[V]
• FF : 충진율

[답] ②

32 태양전지 양단의 전압이 '0'일 때 흐르는 전류는?

① 충전전류　　　　② 방전전류
③ 단락전류　　　　④ 동작전류

풀이 ●

• 단락전류는 태양전지 양단의 전압이 '0'일 때 흐르는 전류를 의미한다.

[답] ③

33 공칭작동 태양전지 온도(NOCT)의 영향요소가 아닌 것은?

① 전지표면의 방사조도
② 주위온도
③ 풍속
④ 주변습도

풀이 ●

공칭작동 태양전지 온도(NOCT : Nominal Operating photovoltaic Cell Temperature)는 해가 남중(태양시 정오)하였을 때, 개방형 선반식 가대에 설치된 모듈에 햇빛이 연직으로 입사되고, **방사조도 800[W/m²], 기온 20[℃], 풍속 1[m/s]**인 표준기준 환경조건에서 전기적으로 개방회로 상태인 모듈 내부의 전지집합이 열적평형을 이루고 있는 상태의 평균온도

[답] ④

34 다음 그림과 같은 인버터 방식은?

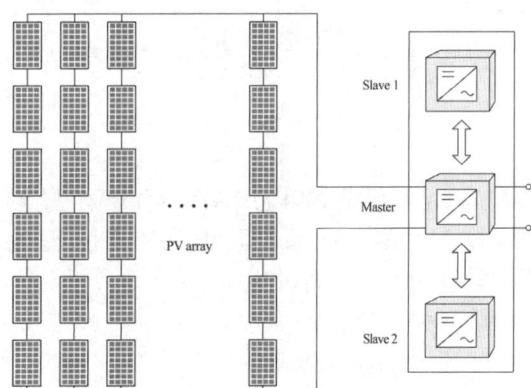

① 병렬연결 방식
② 모듈 인버터 방식
③ 마스터 슬레이브 방식
④ 스트링 인버터 방식

풀이 ●

마스터 슬레이브 방식 : 마스터 인버터는 낮은 복사량에서 작동하고, 복사량이 증가하여 마스터 인버터의 전력 한계에 도달하면, 다음 인버터(슬레이브)가 동작하는 방식이다.

[답] ③

35 직격뢰를 가정하고 10/350[μs]의 전류파형으로 시험하는 서지보호장치(SPD)의 분류는?

① Ⅰ등급 시험   ② Ⅱ등급 시험

③ Ⅲ등급 시험   ④ Ⅳ등급 시험

풀이 ○

- Ⅰ등급 시험 : 10/350[μs]의 임펄스 전류파형으로 시험하고, 직격뢰를 가정
- Ⅱ등급 시험 : 8/20[μs]의 임펄스 전류파형으로 시험하고, 유도뢰를 가정
- Ⅲ등급 시험 : 조합파(1.2/50[μs]의 전압파형과 8/20[μs]의 전류파형)로 시험하고, 반복 서지에 대응

[답] ①

36 최대 태양광전력을 교류로 변환시키기 위해 인버터가 최적 동작점을 자동으로 조정하는 특성을 가진 효율은?

① 정격효율(η_{INV})

② 유로효율(η_{Euro})

③ 변환효율(η_{CON})

④ 추적효율(η_{TR})

풀이 ○

$$추적효율 = \frac{운전최대출력[kW]}{일조량과\ 온도에\ 따른\ 최대출력[kW]} \times 100[\%]$$

[답] ④

37 특고압 가공전선이 건조물과 제1차 접근상태에 시설되는 경우에 특고압 가공전선로는 몇 종 특고압 보안공사를 하여야 하는가?

① 제1종 특고압 보안공사

② 제2종 특고압 보안공사

③ 제3종 특고압 보안공사

④ 제4종 특고압 보안공사

풀이 ○

특고압 가공전선과 건조물의 접근(KEC 333.23)

특고압 가공전선이 건조물과 제1차 접근상태로 시설되는 경우에는 제3종 특고압 보안공사에 의할 것.

[답] ③

38 최대 사용전압이 22.9[kV]인 중성선 접지식 가공전선로는 약 몇 [V]의 절연내력 시험전압으로 하는가?

① 16,577   ② 21,068

③ 22,900   ④ 30,654

풀이 ○

변압기 전로의 절연내력(KEC 135)

전력내력 시험전압 = 최대사용전압×0.92

               = 22,900×0.92 = 21,068[V]

[답] ②

39 과전류트립 동작시간 및 특성(산업용 배선용 차단기)에서 정격전류가 63[A]이하이고, 동작시간이 60분일 때 동작 전류는 정격전류의 몇 배인가?

① 1.05   ② 1.2

③ 1.3   ④ 1.5

풀이 ○

과전류트립 동작시간 및 특성(산업용 배선차단기)

정격전류의 구분	시간	정격전류의 배수 (모든 극에 통전)	
		부동작 전류	동작 전류
63 A 이하	60분	1.05배	1.3배
63 A 초과	120분	1.05배	1.3배

[답] ③

40 빙설이 적고 인가가 밀집한 도시에 시설하는 고압 가공전선로 설계에 사용되는 풍압하중은?

① 갑종 풍압하중

② 을종 풍압하중

③ 병종 풍압하중

④ 갑종 풍압하중과 을종 풍압하중 중 큰 것

풀이 ○

풍압하중의 종별과 적용(331.6)

지역구분	고온계절	저온계절
빙설이 많은 지방이외의 지방	갑종 풍압하중	병종 풍압하중
빙설이 많은 지방	갑종 풍압하중	을종 풍압하중
인가가 많이 연접되어 있는 장소에 시설하는 가공전선로 적용하는 풍압하중은 병종 풍압하중		

[답] ③

3과목

태양광발전 **시공**

41 흙의 육안분류법 중 토립자의 육안적 판별과 일반적인 상태에서 입상이나 실토나 점토가 섞여서 약간 점성이 있고 모래질의 특성이 우세함에 해당되는 것은?

① 모래

② 실트

③ 모래질 실트

④ 실트질 모래

풀이 ◯

흙의 육안분류법

구 분	토립자의 육안적 판별과 일반적인 상태
모래	– 개개의 입자크기가 판별되며 입상을 보임 – 건조상태에서 흩어져 내림
실트	– 세립사와 점토는 극소량을 함유하고 실트입자의 함량이 80%이상 – 건조되면 덩어리지나 쉽게 부서져서 밀가루 감촉의 가루가 됨
모래질 실트	– 적당량의 세립사와 소량의 점토를 함유하고 실트입자가 반 이상임 – 건조되면 덩어리가 쉽게 부서져서 가루가 됨
실트질 모래	– 입상이나 실트나 점토가 섞여서 약간 점성이 있음 – 모래질의 특성이 우세함
점토	– 건조되면 아주 딱딱한 덩어리가 됨 – 건조 상태에서 잘 부서지지 않음

[답] ④

42 공정계획에서 단위업무의 가중치를 감안하여 작성하는 공정표는?

① 납품 예정 공정표

② 시공 예정 공정표

③ 종합 예정 공정표

④ 기자재 제조 공정표

풀이 ◯

• 종합 예정 공정표 : 단위업무의 가중치를 감안하여 작성하는 것

• 시공 예정 공정표 : 공종별, 단위업무를 세부적으로 구분하는 것

[답] ③

43 축 방향력 $N = 20$[t]이고, 기초 자중이 2[ton]일 때 허용 지내력 $f_e = 10$[t/m²]이면 가장 경제적인 정방형 독립기초의 크기(L)는?

① 1.238

② 1.347

③ 1.483

④ 1.532

풀이 ◯

정방형 독립기초의 크기(L)

$$L = \sqrt{\frac{축방향력 + 기초하중}{허용지내력}} = \sqrt{\frac{20+2}{10}} = 1.483[m]$$

[답] ③

44 BAPV형 준수사항에서 배면환기를 위해 모듈의 프레임 밑면(프레임 없는 방식은 모듈의 가장 밑면)부터 가장 가까운 지붕면 및 외벽의 이격거리는 몇 [cm] 이상이어야 하는가?

① 10

② 15

③ 20

④ 30

풀이 ◯

배면환기를 위해 모듈의 프레임 밑면(프레임 없는 방식은 모듈의 가장 밑면)부터 가장 가까운 지붕면 및 외벽의 이격거리는 10[cm] 이상이어야 하며 배선처리는 바닥에 닿지 않도록 단단하게 고정해야 한다. [답] ①

45 지붕에 설치하는 태양광발전 형태로 틀린 것은?

① 창재형

② 지붕설치형

③ 톱라이트형

④ 지붕건재형

풀이 ◯

설치 부위	설치 방식	부가 기능
지 붕	지붕설치형	경사 지붕형
		평 지붕형
	지붕건재형	지붕재 일체형
		지붕재 형
	톱라이트 형	

※ 기타 설치형 : 창재형, 차양형, 루버형 [답] ①

46 지반이 연약하여 흙과 흙 사이에 시멘트 풀을 넣어서 지반을 튼튼하게 하는 지상형 어레이 설치 공법은?

① 스파이럴 공법
② 스크류 공법
③ 레이밍 파일공법
④ 보링그라우팅 공법

풀이 ●

- 스파이럴(Spiral) 공법 : 콘크리트 기초와 다르게 토지에 직접 스파이럴 파일(나선형 구조물)을 삽입하는 공법
- 스크류(Screw) 공법 : 토지에 직접 스크류 파일을 삽입하는 공법
- 레이밍 파일(Ramming pile) 공법 : 토지에 직접 U형, C형, H형 단면 등의 파일 기초를 삽입하는 공법
- 보링그라우팅 공법 : 지반이 연약하여 흙과 흙 사이에 시멘트풀을 넣어서 지반을 튼튼하게 하는 공법

[답] ④

47 지상에 태양전지 어레이를 설치하기 위한 기초 형식 중 지지층이 얕은 경우에 사용하는 방식이 아닌 것은?

① 말뚝 기초
② 직접 기초
③ 독립 푸팅 기초
④ 복합 푸팅 기초

풀이 ●

- 얕은 기초(지지층이 얕은 곳) : 직접기초(독립기초), 복합기초, 전면기초, 연속기초, 확대기초, 독립 푸팅 기초, 복합 푸팅 기초.
- 깊은 기초(지지층이 깊은 곳) : 케이슨 기초, 말뚝 기초, 피어 기초

[답] ①

48 케이블 트레이공사에 사용하는 케이블 트레이에 대한 설명으로 틀린 것은?

① 비금속제 케이블 트레이는 난연성 재료의 것이어야 한다.
② 전선의 피복 등을 손상시킬 돌기 등이 없이 매끈해야 한다.
③ 수용된 모든 전선을 지지할 수 있는 적합한 강도로 케이블 트레이의 안전율은 1.3 이상으로 하여야 한다.

④ 케이블 트레이가 방화구획의 벽, 마루, 천장 등을 관통하는 경우에 관통부는 불연성의 물질로 충전하여야 한다.

풀이 ●

케이블트레이의 선정(232.41.2) (①, ②, ④ 이외)

- 수용된 모든 전선을 지지할 수 있는 적합한 강도의 것이어야 한다. 이 경우 케이블 트레이의 안전율은 1.5 이상으로 하여야 한다.
- 지지대는 트레이 자체 하중과 포설된 케이블 하중을 충분히 견딜 수 있는 강도를 가져야 한다.
- 금속재의 것은 적절한 방식처리를 한 것이거나 내식성 재료의 것이어야 한다.
- 측면 레일 또는 이와 유사한 구조재를 부착하여야 한다.
- 배선의 방향 및 높이를 변경하는데 필요한 부속재 기타 적당한 기구를 갖춘 것이어 야 한다. **[답] ③**

49 전압이 일정값 이하로 되었을 때 동작하는 것으로서 단락 시 고장 검출용으로도 사용되는 계전기는?

① OVR
② UVR
③ OVGR
④ NSR

풀이 ●

- OVR(과전압계전기) : 전압의 크기가 일정치 이상으로 되었을 때 작동하는 계전기
- UVR(부족전압 계전기) : 전압이 일정값 이하로 떨어졌을 경우와 단락 고장 시 작동하는 계전기
- OVGR(지락과전압계전기) : 지락사고 시 발생되는 영상전압의 크기에 응동하도록 하는 계전기
- NSR(역상계전기) : 전력설비의 불평형 운전 등에 의한 역상분에 의해 동작하는 계전기 **[답] ②**

50 태양전지 외관검사 항목이 아닌 것은?

① 태양광전지의 변색, 파손, 오염 여부 점검
② 단자대의 누수·부식 및 절연재 손상 여부 확인
③ 태양광전지와 지지대의 전기적 접속(등전위 본딩) 확인
④ 절연저항 확인

풀이 ●

절연저항 확인은 외관검사 항목이 아니라 측정 검사항목이다. **[답] ④**

51 선로 구분 기능을 갖고 있는 개폐기에 수용가 측의 사고 발생 시 사고전류를 감지하여 자동으로 접점을 분리시켜 사고구간을 분리하는 것은?

① 자동부하 전환개폐기(ALTS)
② 자동고장 구분개폐기(ASS)
③ 리클로져(R/C)
④ 선로개폐기(LS)

풀이 〇

• 자동부하 전환개폐기(ALTS) : 2회선 수전방식에서 주선로의 전원이 정전시 예비선로로 자동전환되는 3상 일괄조작 방식의 자동부하 전환 개폐기
• 자동고장 구분개폐기(ASS) : 선로 구분 기능을 갖고 있는 개폐기에 수용가 측의 사고 발생 시 사고전류를 감지하여 자동으로 접점을 분리시켜 사고구간을 분리하는 개폐기
• 리클로져(R/C) : 가공 배전선로 사고의 대부분은 조류 및 수목에 의한 접촉, 강풍, 낙뢰 등에 의한 플래시오버사고로서 이런 사고 발생 시 신속하게 고장구간을 차단하고 사고점의 아크를 소멸시킨 후 즉시 재투입이 가능한 개폐장치.
• 선로개폐기(LS) : 보안상의 책임 분기점에는 보수 점검 시 전로를 구분하기 위하여 설치하는 개폐기.

[답] ②

52 한국설비규정에 따라 고압 이상으로 수전하는 경우이고, 수용가 설비의 인입구로부터 기기까지의 거리가 120[m]일 때, 전압강하는 몇 [%]이하로 하여야 하는가? (단, 부하설비는 전동기이고, 기타 조건은 무시한다.)

① 3.2   ② 5.1
③ 6.2   ④ 8.1

풀이 〇

수용가설비의 전압강하(KEC 232.3.9)
다른 조건을 고려하지 않는다면 수용가 설비의 인입구로부터 기기까지의 전압강하는 다음 표의 값 이하이어야 한다.

설비의 유형	조명(%)	기타(%)
A - 저압으로 수전하는 경우	3	5
B - 고압 이상으로 수전하는 경우[a]	6	8

[a] 가능한 한 최종회로 내의 전압강하가 A 유형의 값을 넘지 않도록 하는 것이 바람직하다.

사용자의 배선설비가 100[m]를 넘는 부분의 전압강하는 미터 당 0.005[%] 증가할 수 있으나 이러한 증가분은 0.5[%]를 넘지 않아야 한다.

전압강하 $= 8 + (120 - 100) \times 0.005 = 8.1[\%]$ **[답] ④**

53 태양광발전설비 설치를 위한 현장실사 시 고려할 사항이 아닌 것은?

① 지형의 조건
② 축전지 용량
③ 원하는 태양광 용량 및 발전량
④ 모듈유형, 시스템 개념 및 설치방법에 관한 고객의 희망사항

풀이 〇

축전지 용량은 설치를 위한 현장실사 시 고려사항이 아니다.   **[답] ②**

54 부하설비용량 600[kW], 부등률 1.2, 수용률 60[%]일 때의 합성최대수용전력은 몇 [kW]인가?

① 250   ② 300
③ 350   ④ 500

풀이 〇

① 최대수용전력 $=$ 설비용량 $\times$ 수용률
  $= 600 \times 0.6 = 360[\text{kW}]$
② 합성최대수용전력
  $= \dfrac{\text{각각 최대수용전력의 합}}{\text{부등률}} = \dfrac{360}{1.2}$
  $= 300[\text{kW}]$ **[답] ②**

55 3000[kW] 이하인 태양광에너지의 설치 시 건축물 등 기존 시설물을 이용할 경우 공급인증서 가중치는?

① 1.0   ② 1.2
③ 1.5   ④ 1.7

풀이 〇

건축물 등 기존 시설물을 이용하는 경우 태양광에너지 가중치 산정 방법

설치용량	가중치 산정식
3,000[kW] 이하	1.5
3,000[kW] 초과 부터	$\dfrac{3,000 \times 1.5 + (용량 - 3,000) \times 1.0}{용량}$

[답] ③

56 앵커의 종류에서 제자리위치 고정형 앵커의 종류가 아닌 것은?

① 헤드볼트   ② 헤드스터드
③ 갈고리볼트(L형)   ④ 언더컷 앵커

풀이 ◎

• 선 설치(제자리위치 고정형) 앵커 : 헤드볼트타입, 헤드스터드 타입, 갈고리볼트(L형), 갈고리볼트(J형) 타입
• 후 설치 앵커 : 슬리브확장 앵커, 쐐기확장 앵커, 언더컷 앵커, 변위제어확장 앵커   [답] ④

57 접지저항을 저감시키는 시공방법으로 틀린 것은?

① 접지전극의 크기를 작게 한다.
② 접지전극의 상호간격을 크게 한다.
③ 접지전극을 땅속에 깊게 매설한다.
④ 접지전극 주변의 매설토양을 개량한다.

풀이 ◎

접지저항을 저감시키기 위해서는 접지전극의 크기를 크게 하여야 한다.   [답] ①

58 태양전지 어레이용 지지대의 재질로서 사용되지 않는 것은?

① 티타늄
② 스테인리스 스틸
③ 알루미늄 합금
④ 용융아연 도금된 형강

풀이 ◎

지지대의 재질
• 용융아연 또는 용융아연-알루미늄-마그네슘합금 도금된 형강(단, 수상형의 경우 별도 규정 준수)
• 스테인리스 스틸(이하 "STS")
• 알루미늄합금   [답] ①

59 태양광발전시스템에 사용하는 CV 케이블의 최고 허용온도는 몇 [℃]인가?

① 60   ② 90
③ 100   ④ 150

풀이 ◎

CV(=XLPE) 케이블의 최고 허용온도 : 90[℃]   [답] ②

60 태양광발전시스템의 일반적인 시공절차에 대한 순서로 옳은 것은?

① 기초공사 → 자재주문 → 시스템 설계 → 모듈설치 → 간선공사 → 시운전 및 점검
② 시스템 설계 → 자재주문 → 간선공사 → 모듈설치 → 기초공사 → 시운전 및 점검
③ 자재주문 → 시스템 설계 → 기초공사 → 모듈설치 → 간선공사 → 시운전 및 점검
④ 시스템 설계 → 자재주문 → 기초공사 → 모듈설치 → 간선공사 → 시운전 및 점검

풀이 ◎

태양광발전시스템의 시공절차 Flow
현장여건분석(설치조건, 환경여건, 전력여건) → 시스템설계(시스템 구성, 구조설계, 전기설계) → 구성요소 제작(기자재 구입) → 기초공사(접지공사) → 구조물설치(가대 설치) → 모듈설치 → 간선공사 (배선공사) → 인버터(PCS)설치 → 시운전 → 운전개시   [답] ④

4과목   태양광발전 유지·관리

61 발전사업 수익 계산법이 잘못된 것은?

① 발전사업 예상수익 = SMP 예상 수익(원) × REC 예상 수익(원)
② 공급 인증서 발급량(REC) = (연간 발전량[kWh] / 1000[kWh]) × 가중치
③ SMP 예상 수익(원) = 예상 발전량[kWh] × 평균 SMP 가격[원/kWh]
④ REC 예상 수익(원) = 공급인증서 발급량(REC) × 평균 REC 가격(원/REC)

풀이 ○

발전사업 예상수익 = SMP 예상 수익(원) + REC 예상 수익(원)
[답] ①

62 태양광 모듈 표면의 황변현상은 태양광 모듈 내부의 충진재(EVA)가 무엇과 화학 반응하여 변색되는 것을 말하는가?

① 습기   ② 적외선
③ 자외선   ④ 가시광선

풀이 ○

충진재(EVA)는 자외선에 장기간 노출되면 변색되고 방습성이 저하하는 문제가 발생된다.
[답] ③

63 태양광전지 검사 시 수검자 준비 자료가 아닌 것은?

① 절연저항시험 성적서
② 부대설비시험 성적서
③ 태양광전지 트립 인터록 도면
④ 보호장치 및 계전기시험 성적서

풀이 ○

태양광발전설비 중 (태양광 전지) 수검자 준비자료
- 태양광 전지 규격서   • 단선결선도
- 태양광전지 트립 인터록 도면
- 시퀀스 도면   • 제품 시험성적서
- 측정 및 점검기록표
  - 보호장치 및 계전기 시험 성적서
  - 개방전압시험 성적서
  - 절연저항시험 성적서
  - 접지저항시험 성적서
- 접지계산서 및 설계도
[답] ②

64 다음 보기의 ( )안에 들어갈 내용으로 옳은 것은?

| 보기 |
태양광 발전설비로 용량( )[kW] 미만 소유자 또는 점유자가 안전공사 및 안전관리대행사업자에게 안전관리업무를 대행하게 할 수 있다. (단, 원격감시·제어기능을 갖춘 경우가 아닌 경우이다.)

① 500   ② 1,000
③ 1,500   ④ 2,000

풀이 ○

전기안전관리업무의 대행규모(전기안전관리법 시행규칙 제26조)
1. 안전공사 및 대행사업자: 다음 각 목의 어느 하나에 해당하는 전기설비(둘 이상의 전기설비 용량의 합계가 4천 500킬로와트 미만 경우로 한정한다)
   가. 전기수용설비: 용량 1천킬로와트 미만인 것
   나. 신에너지와 재생에너지를 이용하여 전기를 생산하는 발전설비 중 태양광발전설비: 용량 1천킬로와트(원격감시·제어기능을 갖춘 경우 용량 3천킬로와트) 미만인 것
   다. 전기사업용 신재생에너지 발전설비 중 연료전지발전설비(원격감시·제어기능을 갖춘 것으로 한정한다): 용량 500킬로와트 미만인 것 [답] ②

65 태양광발전(PV) 모듈 안전 조건 시험요건에 해당하지 않는 것은?

① 전기 충격 위험 시험
② 역전력 과부하 시험
③ 화재 위험 시험
④ 기계적 응력 시험

풀이 ○

- 태양광발전(PV) 모듈 안전 조건의 시험요건 : 전기 충격 위험 시험, 화재 위험 시험, 기계적 응력 시험, 구성 부품 시험
- 역전력 과부하 시험은 시험절차의 항목에 포함된 시험이다.
[답] ②

66 독립형 태양광 발전시스템에서 부조일수의 설명으로 가장 옳은 것은?

① 정전된 일수를 말한다.
② 유지 보수를 위한 일수를 말한다.
③ 연속적으로 발전이 가능한 일수를 말한다.
④ 연속적으로 발전이 불가능한 일수를 말한다.

풀이 ○

부조일수(number of sunless days)란 하루 종일 해가 비치지 않은 날의 수를 말하며, 태양광발전에서는 기후의 영향으로 발전이 불가능한 일수를 말한다. [답] ④

67 모니터링 설비 설치기준과 관계없는 것은?
① 전력량계 정확도 1[%] 이내이어야 한다.
② 모니터링 설비는 100[kW] 이상의 발전설비에 설치하여야 한다.
③ 계측설비 인버터는 CT 정확도가 3[%] 이내이어야 하며, 인증 인버터는 면제할 수 있다.
④ 온도센서 정확도 ±0.3[℃](−20~100[℃]) 미만 또는 정확도 ±1[℃](100~1,000[℃]) 이내이어야 한다.

풀이 ◐
- 50[kW] 이상의 발전설비(수소 · 연료전지 : 1[kW] 초과설비) 모니터링 설비를 설치하여야 한다.
- 계측설비 요구사항

계측설비	요구사항
인버터	CT 정확도 3% 이내
온도센서	정확도 ±0.3℃(−20~100℃)미만
	정확도 ±1℃(100~1000℃)이내
유량계, 열량계	정확도 ±1.5% 이내
전력량계	정확도 1% 이내

[답] ②

68 인버터에 고장이 발생하였을 때 계통의 이상 유무를 확인 후 정상 시 5분 후 재가동하는 경우가 아닌 것은?
① 한전 과전압   ② 한전 부족전압
③ 한전 계통역상   ④ 한전 저주파수

풀이 ◐
인버터가 계통전압 확인 후 정상 시 5분 후 재기동하는 경우
- 한전계통 전원정전   • 한전 과전압
- 한전 부족전압   • 한전 과주파수
- 한전 저주파수   [답] ③

69 전기사업법령에 따라 태양광발전시스템 정기점검에 대한 설명으로 틀린 것은?
① 저압이고 용량 50킬로와트 초과 100킬로와트 이하의 경우는 매월 1회 이상 점검하여야 한다.
② 저압이고 용량 200킬로와트 초과 300킬로와트 이하의 경우는 매월 2회 이상 점검하여야 한다.
③ 고압이고 용량 500킬로와트 초과 600킬로와트 이하의 경우는 매월 3회 이상 점검하여야 한다.
④ 고압이고 용량 600킬로와트 초과 700킬로와트 이하의 경우는 매월 3회 이상 점검하여야 한다.

풀이 ◐
용량별 점검횟수

	용 량 별	점검횟수
저압	1 ~ 300[kW] 이하	월 1회
	300[kW] 초과	월 2회
고압	1 ~ 300[kW] 이하	월 1회
	300[kW] 초과 ~ 500[kW] 이하	월 2회
	500[kW] 초과 ~ 700[kW] 이하	월 3회
	700[kW] 초과 ~ 1,500[kW] 이하	월 4회
	1,500[kW] 초과 ~ 2,000[kW] 이하	월 5회
	2,000[kW] 초과 ~ 2,500[kW] 미만	월 6회

[답] ②

70 접지저항의 측정방법이 아닌 것은?
① 보호 접지저항계 측정법
② 전위차계 접지저항계 측정법
③ 클램프 온(Clamp On) 측정법
④ 콜라우시(Kohlrausch) 브리지법

풀이 ◐
접지저항 측정방법 : 전위차계 접지저항계, 간이 접지저항계, 클램프 온, 콜라우시 브리지법 등   [답] ①

71 인버터의 절연저항 측정 시 주의사항으로 틀린 것은?
① SPD(SA) 등의 정격이 약한 회로들은 회로에서 분리하여 측정한다.
② 정격전압이 입 · 출력이 다를 때는 낮은 측의 전압을 선택기준으로 한다.
③ 입 · 출력단자에 주회로 이외의 제어단자 등이 있는 경우 이것을 포함해서 측정한다.
④ 절연변압기를 장착하지 않은 인버터는 제조사가 추천하는 방법에 따라 측정한다.

풀이 ○

정격전압이 입·출력이 다를 때는 높은 측의 전압을 선택기준으로 한다. **[답] ②**

72 계기용 변성기(표준용 및 일반 계기용)(KS C 1706 : 2019)에 따라 배전반용으로 사용되는 계기용 변성기의 계급으로 옳은 것은?

① 0.1급 ② 0.2급
③ 0.5급 ④ 3.0급

풀이 ○

계기용 변성기의 계급

계급	호칭	중요 용도
0.1급	표준용	계기용 변성기의 시험용 표준기 또는 특별 정밀 계측용
0.2급		
0.5급	일반 계기용	정밀 계측용
1.0급		보통 계측용, 배전반용
3.0급		배전반용

[답] ④

73 안전모 성능시험에서 내전압성이란 몇 [V] 이하의 전압에 견디는 것을 말하는가?

① 3,000 ② 5,000
③ 7,000 ④ 10,000

풀이 ○

내전압성이란 7,000[V] 이하의 전압에 견디는 것을 말한다. **[답] ③**

74 계통 주파수가 비정상 범위 내에 있을 경우 분산형전원은 해당 분리시간 내에 한전계통에 대한 가압을 중지하여야 한다. 주파수가 $f < 57.5$일 때 분산형전원 분리시간은?

① 0.11초 ② 0.16초
③ 299초 ④ 300초

풀이 ○

분산형전원 용량	주파수 범위[Hz]	분리시간[초]
용량무관	$f > 61.5$	0.16
	$f < 57.5$	300
	$f < 57.0$	0.16

[답] ④

75 인버터에 누전이 발생한 경우 인버터에 표시되는 내용으로 옳은 것은?

① Inverter M/C Fault
② Inverter Ground Fault
③ Serial Communication Fault
④ Line Inverter Async Fault

풀이 ○

- Inverter M/C Fault : 전자접촉기 이상신호가 발생한 경우
- Inverter Ground Fault : 인버터에 누전이 발생한 경우
- Serial Communication Fault : 인버터와 HMI의 통신이 되지 않는 경우
- Line Inverter Async Fault : 계통과 인버터의 주파수 동기가 맞지 않는 경우 **[답] ②**

76 태양광 발전용 인버터(KS C 8565: 2024)의 시험 중 절연성능 시험 항목이 아닌 것은?

① 내전압 시험
② 절연저항 시험
③ 효율 시험
④ 임펄스 내전압시험

풀이 ○

인버터의 절연성능 시험 항목 : 절연저항 시험, 내전압 시험, 임펄스 내전압 시험, 접촉 전류 시험, 액세스 프로브 시험, IP시험, 보호 본딩 시험(접지연속성 시험), 공간거리와 연면거리 시험. **[답] ③**

77 공정안전에 관한 근로자 교육훈련 지침에 따른 교육훈련계획에 포함되는 사항으로 틀린 것은?

① 교육훈련 비용
② 교육훈련시기, 횟수 및 시간
③ 교육훈련방법 및 강사
④ 교육훈련 목적, 범위, 대상, 방법 및 인원

풀이 ○

상기 ② ~ ④ 이외
- 교육훈련의 종류, 과정, 교육훈련과목 및 교육훈련 내용
- 교육훈련성과 측정 및 평가방법 **[답] ①**

78 19/1.8[mm]경동연선의 바깥지름은 몇[mm]인가?

① 9 ② 11

③ 13 ④ 15

풀이 ○

• 경동연선의 표기 : 소선수(19) / 소선지름($d = 1.8$)

• 소선수에 따른 층수(n)

소선수	7	19	37	69
층수(n)	1	2	3	4

• 바깥지름(D) = $(2n+1)d = (2 \times 2 + 1) \times 1.8 = 9$[mm]

[답] ①

79 고압 활선작업 시의 안전조치사항이 아닌 것은?

① 절연용 방호구 설치

② 절연용 보호구 착용

③ 단락접지기구의 철거

④ 활선작업용 기구 사용

풀이 ○

단락접지기구의 설치 및 철거는 정전작업 시 감전사고 위험에 대한 안전조치사항이다. **[답] ③**

80 특고압 태양광발전시스템의 운전 시 조작방법으로 틀린 것은?

① Main VCB반 전압 확인

② 접속함, 인버터 DC전압 확인

③ AC측 차단기 On, DC측 차단기 On

④ AC측 차단기 On 후 즉시 인버터 정상작동여부 확인

풀이 ○

특고압 태양광발전시스템의 운전 시 조작방법

• Main VCB반 전압 확인

• 접속함, 인버터 DC전압 확인

• AC측 차단기 On, DC측 차단기 On

• 5분 후 인버터 정상작동여부 확인 **[답] ④**

※ 2020년 4회부터 산업기사 필기시험이 CBT(컴퓨터 기반 시험)로 변경되어 응시자분들께서 제공한 기출문제와 적중 예상문제로 구성되었음을 알려드립니다.

1과목

태양광발전 사전검토

01 국토의 계획 및 이용에 관한 법률에서 개발행위 허가 사항에 해당하는 것이 아닌 것은?

① 토지 분할
② 공작물의 설치
③ 건축물의 분할
④ 토지의 형질 변경

풀이 ◎

제56조(개발행위의 허가) 개발행위 허가 대상 :
1. 건축물의 건축 또는 공작물의 설치
2. 토지의 형질 변경(경작을 위한 경우로서 대통령령으로 정하는 토지의 형질 변경은 제외)
3. 토석의 채취
4. 토지 분할(건축물이 있는 대지의 분할은 제외)
5. 녹지지역·관리지역 또는 자연환경보전지역에 물건을 1개월 이상 쌓아놓는 행위 **[답] ③**

02 석탄, 석유 등 화석연료의 연소, 삼림 훼손, 농업 활동 증가 등으로 대기 중 온실가스(이산화탄소, 메탄, 아산화질소, 불소화합물 등) 농도가 높아지면서 온실효과가 증가하여 발생하는 기후변화 현상은?

① 기후변화　　　　② 기후변동
③ 기후인자　　　　④ 지구온난화

풀이 ◎

문제 지문은 지구온난화에 대한 설명이다. **[답] ④**

03 연료전지 발전시스템 요소 중 원하는 전기출력을 얻기 위해 단위전지를 수십 장, 수백 장 직렬로 쌓아 올린 본체는?

① 개질기　　　　② 스택
③ 단위전지　　　④ 전력변환기

풀이 ◎

연료전지 구성요소
• 본체(스택 stack) : 연료 개질 장치에서 들어오는 수소와 공기 중의 산소로 직류 전기와 물 및 부산물인 열을 발생시킨다.
• 연료 개질기(Fuel Reformer) : 화학적으로 수소를 함유하는 일반 연료(LPG, LNG, 메탄, 석탄가스 메탄올 등)로부터 연료 전지가 요구하는 수소를 많이 포함하는 가스로 변환하는 장치이다.
• 전력 변환 장치(Inverter) : 연료 전지에서 나오는 직류 전원을 교류 전원으로 변환시킨다.
• 주변보조기기(BOP: Balance of Plant) : 연료, 공기, 열회수 등을 위한 펌프류, Blower, 센서 등의 부속기기 **[답] ②**

04 태양광발전설비 공작물을 설치하기 위하여 개발행위허가 주체가 아닌 것은?

① 시장
② 군수
③ 특별자치도지사
④ 국토교통부장관

풀이 ◎

제56조(개발행위의 허가) 개발행위 허가권자
대통령령으로 정하는 개발행위를 하려는 자는 특별시장·광역시장·특별자치시장·특별자치도지사·시장 또는 군수의 허가를 받아야 한다. **[답] ④**

05 개발행위 허가신청서 작성 시 입목벌채에 관한 신청 내용이 포함된 허가신청 사항은?

① 공작물설치　　　② 토지분할
③ 토지형질변경　　④ 토석채취

풀이 ○

개발행위 허가신청서의 허가신청 내용

공작물 설치	신청연적		중량
	공작물구조		부피
토지형질 변경	토지현황	경사도	토질
		토석매장량	
	입목식재 현황	주요수종	
		입목지	무입목지
	신청면적		
	입목벌채	수종	나무 수 그루
토석채취	신청면적		부피
토지분할	종전면적		분할면적
물건적치	중량		부피
	품명		평균적치량
	적치기간	년 월 일 부터 년 월 일까지 (개월간)	

[답] ③

06 수력발전설비 중 수차의 종류에서 프로펠러 수차가 아닌 것은?

① 벌브(Bulb) 수차

② 펠톤(Pelton) 수차

③ 카플란(Kaplan) 수차

④ 튜브라(Tubular) 수차

풀이 ○

• 충동수차 : 펠톤(Pelton)수차, 튜고(Turgo)수차, 오스버그(Ossberger)수차 등

• 반동수차 중 프로펠러 수차 : 카플란(Kaplan) 수차, 튜브라(Tubular) 수차, 벌브(Bulb) 수차, 림(Rim) 수차 **[답] ②**

07 정부는 기후변화대응의 기본원칙에 따라 기후변화대응 기본계획을 수립 시행하여야 하는 바, 그 계획기간은 몇 년으로 하여야 하는가?

① 10 ② 20

③ 30 ④ 50

풀이 ○

정부는 기후변화대응의 기본원칙에 따라 20년을 계획기간으로 하는 기후변화대응 기본계획을 5년마다 수립·시행하여야 한다. **[답] ②**

08 일사량의 정의 중 잘못된 것은?

① 태양으로부터 오는 태양 복사 에너지가 지표에 닿는 양

② 법선면 직달일사량은 입사면에 수직으로 도달하는 직달일사량이다.

③ 수평면 전일사량은 수평면 산란일사량과 수평면 직달일사량으로 구성된다.

④ 일사량은 태양광선에 직각으로 놓은 1제곱미터[m^2] 넓이에 1분 동안 복사되는 에너지의 양

풀이 ○

일사량은 태양광선에 직각으로 놓은 1제곱센티미터[cm^2] 넓이에 1분 동안 복사되는 에너지의 양 **[답] ④**

09 신재생에너지의 기술개발 및 이용보급 촉진을 위한 기본계획의 계획기간은?

① 3년 이상 ② 5년 이상

③ 10년 이상 ④ 20년 이상

풀이 ○

기후에너지환경부장관은 관계 중앙행정기관의 장과 협의를 한 후 제8조에 따른 신·재생에너지정책심의회의 심의를 거쳐 신·재생에너지의 기술개발 및 이용·보급을 촉진하기 위한 기본계획을 5년마다 수립하여야 하며, 기본계획의 계획기간은 10년 이상으로 한다.
[답] ③

10 신·재생에너지의 이용·보급을 촉진하기 위한 보급사업의 종류가 아닌 것은?

① 신기술의 적용사업 및 시범사업

② 지방자치단체와 연계한 보급사업

③ 실증단계의 신·재생에너지 설비의 보급을 지원하는 사업

④ 환경친화적 신·재생에너지 집적화단지 및 시범단지 조성사업

풀이 ○

신재생에너지법 제27조(보급사업)

1. 신기술의 적용사업 및 시범사업

2. 환경친화적 신·재생에너지 집적화단지 및 시범단지 조성사업

3. 지방자치단체와 연계한 보급사업

4. 실용화된 신·재생에너지 설비의 보급을 지원하는 사업 **[답] ③**

11 일사량이 4,520[kcal/m²]일 경우 이를 [kWh/m²]로 변환하면?

① 3.82

② 4.85

③ 5.25

④ 6.26

(풀이 ○)

• 1[kWh]=860[kcal]

• 단위 변환 $= \dfrac{4,520[\text{kcal/m}^2]}{860[\text{kcal}]} = 5.25[\text{kWh/m}^2]$ **[답]** ③

12 태양 고도각이 20°이고, 3[m] 높이의 장애물이 존재하는 경우 태양전지모듈을 장애물로부터 몇 [m] 이격시켜야 하는가?

① 5.65

② 6.85

③ 7.52

④ 8.24

(풀이 ○)

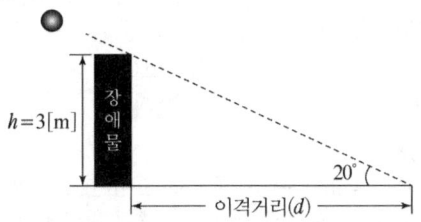

$\tan(20) = \dfrac{\text{장애물 높이}(h)}{\text{이격거리}(d)}$ 에서

이격거리$(d) = \dfrac{3}{\tan(20)} = 8.24$ **[답]** ④

13 특고압 분산형전원의 순시전압변동률이 올바른 것은?

① 1시간에 2회 초과 10회 이하인 경우 3[%]

② 1시간에 2회 초과 10회 이하인 경우 4[%]

③ 1일 4회 초과 1시간에 2회 이하인 경우 5[%]

④ 1일 4회 초과 1시간에 2회 이하인 경우 6[%]

(풀이 ○)

순시전압변동률 허용기준(분산형전원 배전계통 연계기술기준 제16조)

변동빈도	순시전압변동률
1시간에 2회 초과 10회 이하	3[%]
1일 4회 초과 1시간에 2회 이하	4[%]
1일에 4회 이하	5[%]

[답] ①

14 한전이 고객에게 전기를 공급하는 경우의 표준전압이 220[V] 일 때, 전압 유지범위는?

① ± 5[V] 이내

② ± 13[V] 이내

③ ± 20[V] 이내

④ ± 38[V] 이내

(풀이 ○)

표준전압	유지범위
110[V]	110[V] ± 6[V] 이내
220[V]	220[V] ± 13[V] 이내
380[V]	380[V] ± 38[V] 이내

[답] ②

15 전기공사의 시공 및 기술 관리의 내용으로 틀린 것은?

① 전기공사기술자의 기술자격·학력·경력의 기준 및 범위 등은 기후에너지환경부장관이 정한다.

② 공사업자는 전기공사기술자가 아닌 자에게 전기공사의 시공관리를 맡겨서는 아니된다.

③ 전기공사기술자로 인정을 받으려는 사람은 기후에너지환경부장관에게 신청하여야 한다.

④ 공사업자는 전기공사의 규모별로 전기공사 시공관리책임자를 지정한다.

(풀이 ○)

▶ 전기공사업법 제17조(시공관리)

• 공사업자는 전기공사기술자가 아닌 자에게 전기공사의 시공관리를 맡겨서는 아니 된다.

• 공사업자는 전기공사의 규모별로 대통령령으로 정하는 구분에 따라 전기공사기술자로 하여금 전기공사의 시공관리를 하게 하여야 한다.

▶ 전기공사업법 제17조(시공관리책임자의 지정)

• 공사업자는 전기공사를 효율적으로 시공하고 관리하게 하기 위하여 전기공사기술자 중에서 시공관리책임자를 지정하고 이를 그 전기공사의 발주자에게 알려야 한다.

▶ 전기공사업법 제17조의2(전기공사기술자의 인정)

• 공사기술자의 기술자격·학력·경력의 기준 및 범위 등은 대통령령으로 정한다.   **[답]** ①

16 전기사업법에 따른 용어의 뜻에서 전기사용자가 언제 어디서나 적정한 요금으로 전기를 사용할 수 있도록 전기를 공급하는 것을 말하는 것은?

① 선제적 공급　　　② 선별적 공급
③ 보편적 공급　　　④ 일반적 공급

풀이 ○

보편적 공급 : 전기사용자가 언제 어디서나 적정한 요금으로 전기를 사용할 수 있도록 전기를 공급하는 것

[답] ③

17 중질잔사유(中質殘渣油)를 가스화한 공정에서 얻어지는 연료의 범위로 옳은 것은?

① 메탄가스　　　② 합성가스
③ 고체가스　　　④ 바이오가스

풀이 ○

신·재생에너지 **연료의 기준 및 범위(시행령 제18조의12)**
1. 수소
2. 중질잔사유를 가스화한 공정에서 얻어지는 합성가스
3. 생물유기체를 변환시킨 바이오가스, 바이오에탄올, 바이오액화유 및 합성가스
4. 동물·식물의 유지(油脂)를 변환시킨 바이오디젤
5. 생물유기체를 변환시킨 목재칩, 펠릿 및 목탄 등의 고체연료

[답] ②

18 신·재생에너지 연료 혼합의무 불이행에 대한 과징금의 통지를 받은 자는 통지를 받은 날부터 며칠 이내에 과징금을 기후에너지환경부장관과 산업통상부장관이 정하는 수납기관에 내야 하는가?

① 30　　　② 45
③ 60　　　④ 90

풀이 ○

신·재생에너지 연료 혼합의무 불이행에 대한 과징금의 부과 및 납부(제26조의5)
과징금의 통지를 받은 자는 통지를 받은 날부터 30일 이내에 과징금을 기후에너지환경부장관과 산업통상부장관이 정하는 수납기관에 내야 한다.

[답] ①

19 의무공급량의 연도별 합계는 공급의무자의 지난 연도 총 전력생산량(신·재생에너지 발전량은 제외한다)의 합계에 따른 비율을 곱한 발전량 이상으로 한다. 2026년도 적용하는 비율은?

① 14.0[%]　　　② 15.0[%]
③ 17.0[%]　　　④ 19.0[%]

풀이 ○

연 도	2025	2026	2027	2028	2029	2030이후
의무비율[%]	14.0	15.0	17.0	19.0	22.5	25.0

[답] ②

20 공급인증서의 발급 및 거래단위로서 공급인증서 발급대상 설비에서 공급된 [MWh] 기준의 신·재생에너지 전력량에 대해 가중치를 곱하여 부여하는 단위는?

① REP　　　② REC
③ FIT　　　④ RPS

풀이 ○

REC(Renewable Energy Certificate) : 공급인증서의 발급 및 거래단위로서 공급인증서 발급대상 설비에서 공급된 [MWh] 기준의 신·재생에너지 전력량에 대해 가중치를 곱하여 부여하는 단위

[답] ②

2과목
태양광발전 **구성·선정**

21 한국전기설비규정에서 특고압 가공전선로의 지지물로 사용하는 철탑의 종류별 시공방법이 틀린 것은?

① 잡아 당김형을 전가섭선을 잡아당기는 곳에 사용하는 것.
② 보강형을 전선로의 직선부분에 그 보강을 위하여 설치
③ 직선형을 전선로의 5도 이하인 수평각도를 이루는 곳에 설치

④ 내장형을 전선로의 지지물 양쪽의 경간의 차가 큰 곳에 설치

풀이 ○

• 직선형 : 전선로의 직선부분(3° 이하인 수평각도를 이루는 곳을 포함한다. 이하 같다)에 사용하는 것. 다만, 내장형 및 보강형에 속하는 것을 제외한다.

[답] ③

---

22 특고압에 관한 사항이다. 옳은 것은?

① 특고압이란 4천[V]를 초과하는 전압

② 특고압이란 6천[V]를 초과하는 전압

③ 특고압이란 7천[V]를 초과하는 전압

④ 특고압이란 9천[V]를 초과하는 전압

풀이 ○

한국전기설비규정(KEC)에 따른 전압의 구분

• 저압 : 교류는 1[kV] 이하, 직류는 1.5[kV] 이하인 것

• 고압 : 교류는 1[kV]를, 직류는 1.5[kV]를 초과하고, 7[kV] 이하인 것

• 특고압 : 7[kV]를 초과하는 것

[답] ③

---

23 서지보호장치(SPD)의 설명이 옳지 않은 것은?

① 통신용 및 전원용이 있다.

② SPD 소자로서 탄화규소, 산화아연 등이 있다.

③ SPD는 반도체형과 갭형이 있고, 기능면으로 구별하면 억제형과 차단형으로 구분할 수 있다.

④ 단락전류 차단기능이 있다.

풀이 ○

단락전류 차단기능을 갖는 것 : 차단기, 퓨즈   [답] ④

---

24 다음 중 방전심도를 나타내는 식은?

① 방전심도 $= \dfrac{\text{실제 방전량}}{\text{축전지의 정격전류}} \times 100[\%]$

② 방전심도 $= \dfrac{\text{실제 방전량}}{\text{축전지의 정격전압}} \times 100[\%]$

③ 방전심도 $= \dfrac{\text{실제 방전량}}{\text{축전지의 정격용량}} \times 100[\%]$

④ 방전심도 $= \dfrac{\text{실제 방전량}}{\text{축전지의 부하}} \times 100[\%]$

풀이 ○

방전심도(Depth of discharge, DOD)는 축전지의 잔존용량을 나타내는 것으로 공식은 다음과 같다.

• 방전심도 $= \dfrac{\text{실제 방전량}}{\text{축전지의 정격용량}} \times 100[\%]$ [답] ③

---

25 PV 시스템에 미치는 음영 영향 인자가 아닌 것은?

① 모듈의 특성   ② 모듈의 상호 연결

③ 인버터 설계   ④ 음영 모듈의 수

풀이 ○

태양광발전 시스템의 음영 영향인자는 모듈과 관계가 있으며, 인버터 설계와는 관련이 없다.   [답] ③

---

26 다음 중 축전지의 공칭용량을 나타낸 식은?

• 방전전압 : V_n • 방전전류 : I_n

• 방전시간 : t_n • 방전주기 : T_n

• 공칭용량 : C_n

① $C_n = V_n \times t_n$ ② $C_n = I_n \times t_n$

③ $C_n = V_n \times T_n$ ④ $C_n = I_n \times T_n$

풀이 ○

축전지의 공칭용량은 지속적인 방전전류(I_n)와 방전시간(t_n)의 곱으로 표현된다.   [답] ②

---

27 저압 IT계통에서 적합하지 않은 것은?

① IT계통에서는 누전차단기를 이용하여 고장보호를 할 수 없다.

② 노출도전부는 개별 또는 집합적으로 접지하여야 한다.

③ 교류계통에서는 $R_A \times I_d \leq 50[V]$의 조건을 충족하여야 한다.

④ IT계통은 절연감지장치, 누설전류감시 장치를 사용할 수 있다.

풀이 ○

저압 IT 계통에서 누전차단기를 이용하여 고장보호를 할 수 있다. **[답] ①**

28 단상 2선식 저압 배전선의 길이가 90[m] 이고, 부하전류가 10[A] 일 때, 선간전압강하를 2[V]로 유지하기위한 전선의 굵기[mm²]는?

① 16   ② 35
③ 50   ④ 60

풀이 ○

단상 2선식 전선의 굵기(A)

$A = \dfrac{35.6 \times L \times I}{1000 \times e} = \dfrac{35.6 \times 90 \times 10}{1000 \times 2} = 16.02 \fallingdotseq 16[\text{mm}^2]$

[답] ①

29 주택의 전기저장장치의 축전지에 접속하는 부하 측 옥내배선을 시설하는 경우에 주택의 옥내전로의 대지전압은 직류 몇 [V] 이하이어야 하는가?

① 250   ② 500
③ 600   ④ 750

풀이 ○

옥내전로의 대지전압 제한(KEC 511.3)

주택의 전기저장장치의 축전지에 접속하는 부하 측 옥내배선을 다음에 따라 시설하는 경우에 주택의 옥내전로의 대지전압은 직류 600[V] 이하이어야 한다.

[답] ③

30 과전류트립 동작시간 및 특성(산업용 배선용 차단기)에서 정격전류가 63[A]이하이고, 동작시간이 60분일 때 부동작 전류는 정격전류의 몇 배인가?

① 1.05   ② 1.2
③ 1.3   ④ 1.5

풀이 ○

과전류트립 동작시간 및 특성(산업용 배선차단기)

정격전류의 구분	시간	정격전류의 배수(모든 극에 통전)	
		부동작 전류	동작 전류
63 A 이하	60분	1.05배	1.3배
63 A 초과	120분	1.05배	1.3배

[답] ①

31 태양광발전소의 단선결선도에 작성하는 다음 그림기호의 명칭으로 옳은 것은?

CTT

① 전자접촉기 접점
② 계기용 절환 개폐기
③ 시험용 전류 단자
④ 시험용 전압 단자

풀이 ○

- CTT : 시험용 전류 단자
- PTT : 시험용 전압 단자   **[답] ③**

32 빙설이 적고 인가가 많이 이웃 연결되어 있는 장소에 시설하는 특고압 절연전선 또는 케이블을 사용하는 특고압 지지물 설계에 사용하는 풍압하중은?

① 갑종 풍압 하중
② 을종 풍압 하중
③ 병종 풍압 하중
④ 갑종 풍압 하중과 을종 풍압 하중을 각 설비에 따라 혼용

풀이 ○

풍압하중의 적용(KEC 331.6)

- 인가가 많이 이웃 연결되어 있는 장소에 시설하는 가공전선로의 구성재 중 다음의 풍압하중에 대하여는 갑종 풍압하중 또는 을종 풍압하중 대신에 병종 풍압하중을 적용할 수 있다.   **[답] ③**

33 다음 회로도가 나타내는 태양광 인버터 회로방식은?

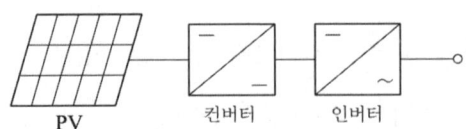

① 상용주파 변압기 절연방식
② 고주파 변압기 절연방식
③ 고조파 변압기 절연방식
④ 트랜스리스 방식

풀이 ⊙

그림의 인버터 방식은 트랜스리스(무변압기) 방식이다.

[답] ④

34 주택의 지붕형 태양전지 모듈 어레이를 설치하기 위해 가장 중요하게 고려해야 하는 사항은?

① 냉각조건 ② 설치각도

③ 음영요소 ④ 설치높이

풀이 ⊙

주택의 지붕형 태양광발전의 효율을 가장 많이 떨어 드리는 요소는 주변 음영요소이다.

[답] ③

35 다음 그림은 직류입력으로부터 교류 출력을 얻어내는 인버터의 동작원리를 설명하고 있다. 아래와 같은 출력파형을 얻기 위해 ⓒ 신호에 들어갈 스위치의 상태를 S_1-S_2-S_3-S_4의 순서에 맞게 나열한 것은?

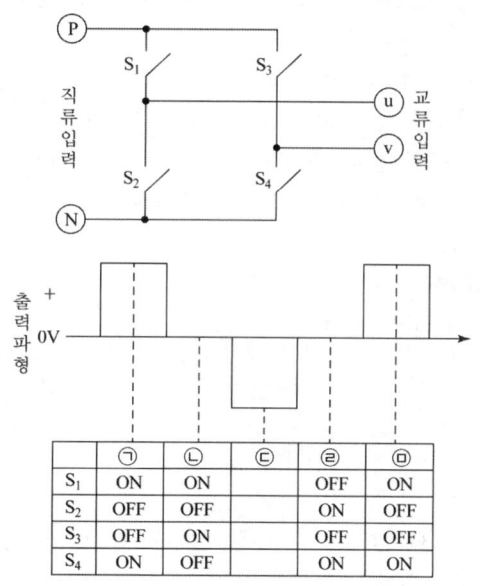

	⊙	ⓒ	ⓒ	ⓔ	ⓜ
S_1	ON	ON		OFF	ON
S_2	OFF	OFF		ON	OFF
S_3	OFF	ON		OFF	OFF
S_4	ON	OFF		ON	ON

① ON-OFF-OFF-ON

② ON-ON-OFF-OFF

③ OFF-OFF-ON-ON

④ OFF-ON-ON-OFF

풀이 ⊙

구분	⊙	ⓒ	ⓒ	ⓔ	⊙
S_1	on	on	off	off	on
S_2	off	off	on	on	off
S_3	off	on	off	off	off
S_4	on	off	off	on	on

[답] ④

36 변환효율과 추적효율의 곱으로 나타내는 효율은?

① 변환효율 ② 추적효율

③ 유로효율 ④ 정격효율

풀이 ⊙

정격효율은 변환효율과 추적효율의 곱으로 나타낸다.

[답] ④

37 다음 중 설치위치가 특고압반이 아닌 것은?

① MOF ② VCB

③ LBS ④ ACB

풀이 ⊙

• 특고압반 : LBS, PF, LA, MOF, VCB 등

• 저압반 : ACB, ATS, MCCB 등

[답] ④

38 태양전지 모듈의 표준 시험조건(STC)으로 맞는 것은?

① 모듈 표면온도 25[℃], 분광분포 AM 1.5, 방사조도 1,000[W/m²]

② 모듈 표면온도 25[℃], 분광분포 AM 1.0, 방사조도 1,500[W/m²]

③ 모듈 표면온도 20[℃], 분광분포 AM 1.5, 방사조도 1,500[W/m²]

④ 모듈 표면온도 20[℃], 분광분포 AM 1.0, 방사조도 1,000[W/m²]

풀이 ⊙

표준 시험조건(STC : Standard test Condition) : 모듈 표면온도 25[℃], 분광분포 AM 1.5, 방사조도 1,000[W/m²]

[답] ①

39 변압기의 △-△ 결선방식의 장점이 아닌 것은?

① 1상분이 고장 나면 나머지 2대로 V결선할 수 있다.

② 각 변압기의 상전류가 선전류와 대전류에 적당하다.

③ 변압비, 임피던스가 서로 달라도 순환전류가 흐르지 않는다.

④ 제3고조파 전류가 △결선 내를 순환하므로 교류전압을 유기하여 기전력 왜곡을 일으키지 않는다.

풀이 ⊙

변압비, 임피던스가 서로 달라도 순환전류가 흐르지 않는 결선방식은 **Y-Y 결선방식이다.**   [답] ③

40 다음 중 인버터의 용량산정계수(C_{INV})의 범위를 올바르게 표현한 것은?

① $0.9 < C_{INV} < 1.1$

② $0.85 < C_{INV} < 1.15$

③ $0.8 < C_{INV} < 1.2$

④ $0.83 < C_{INV} < 1.25$

풀이 ⊙

인버터의 최대출력을 나타내는 용량산정계수는 $0.83 < C_{INV} < 1.25$ 이다.   [답] ④

3과목

태양광발전 **시공**

41 보호도체의 종류 중 직류회로에서 중간도체 겸용 보호 도체는?

① PE 도체   ② PEL 도체

③ PEM 도체   ④ PEN 도체

풀이 ⊙

• PE : 보호도체

• PEL 도체 : 직류회로에서 선도체 겸용 보호도체

• PEM 도체: 직류회로에서 중간도체 겸용 보호도체

• PEN 도체 : 교류회로에서 중성선 겸용 보호도체
    [답] ③

42 시방서에 대한 설명이다. 잘못 짝지어진 것은?

① 시방서 : 비기술적인 사항을 규정한 시방서

② 공사 시방서 : 특정 공사를 위해 작성되는 시방서

③ 표준 시방서 : 모든 공사에 공통사항이 기록되는 시방서

④ 특기 시방서 : 시공 전반에 걸쳐 전문 분야에 대한 기술, 기능에 관한 기록

풀이 ⊙

• 일반 시방서 : 비기술적인 사항을 규정한 시방서

• 시방서 : 설계도면이나 그림으로 표현할 수 없는 사항을 기재한 문서   [답] ①

43 건물일체형태양광발전(BIPV) 중 창재형의 특징은?

① 태양전지가 벽재로서 기능하는 타입

② 유리창의 기능을 보유하고 있는 타입

③ 지붕재에 태양전지 모듈을 부착시킨 타입

④ 개구부의 블라인드 기능을 보유하고 있는 타입

풀이 ⊙

창재형(BIPV)의 특징

• 유리창의 기능(채광성, 투시성)을 보유하고 있는 타입

• 셀의 배치에 따라 개구율을 바꿀 수 있는 타입
    [답] ②

44 접속함에 대한 현장 점검표 상 판정기준이 잘못된 것은?

① DC용 퓨즈(gPV 타입)시설 설치 확인

② AC차단기(또는 개폐기) 설치 확인

③ 직사광선 노출이 적고, 접근 및 육안확인 용이한 장소 설치여부

④ 지락, 낙뢰, 단락 등으로 설비 이상(異常)현상 시 경보등 또는 경보장치 켜지는지 확인

풀이 ○

접속함은 직류측에 설치되므로 AC차단기의 설치 확인이 아니라 DC차단기의 설치 확인이다.　　**[답]** ②

45 밀폐형 건축물의 구조골조용 풍하중과 관련 사항이 없는 것은?

① 설계풍력　　　　② 노출계수

③ 외압계수　　　　④ 유효수압면적

풀이 ○

밀폐형 건축물의 구조골조용 풍하중은 다음 식으로 계산한다.

$$W_f = P_f \times A\,[\mathrm{kgf}]$$

여기서, P_f : 구조골조용 설계풍력

　　　　A : 유효 수압면적$[\mathrm{m}^2]$

구조골조용 설계풍력(P_f)은

$$P_f = (q_z \times G_f \times C_{pe1}) - (q_h \times G_f \times C_{pe2})$$

여기서, q_z : 지표면에서 임의 높이 Z에 대한 설계 속도압$[\mathrm{kgf/m}^2]$

　　　　q_h : 지붕면의 평균높이 h에 대한 설계 속도압$[\mathrm{kgf/m}^2]$

　　　　G_f : 구조골조용 가스트 영향계수

　　　　C_{pe1} : 풍상벽의 외압계수

　　　　C_{pe2} : 풍하벽의 외압계수　　**[답]** ②

46 태양광 발전설비에 피뢰침을 설치할 경우 돌침부의 몇 도 이내에 태양전지 어레이가 들어가도록 피뢰침을 설치하면 좋은가?(단, 태양광 구조물의 높이는 10[m] 이고, 보호등급은 IV등급이다.)

① 약 30　　　　　② 약 45

③ 약 60　　　　　④ 약 75

풀이 ○

피뢰시스템의 등급별 보호각(KS C IEC 62305-3)

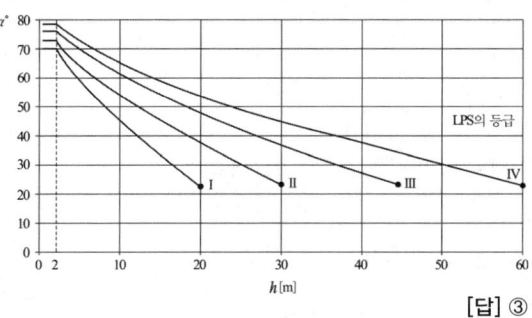

[답] ③

47 고압전로와 저압전로 혼촉 시 감전이나 화재 방지를 위한 접지의 종류는?

① 기기 접지　　　　② 계통 접지

③ 피뢰기 접지　　　④ 지락검출용 접지

풀이 ○

• 기기 접지 : 누전되고 있는 기기에 접촉되었을 때의 감전방지

• 계통 접지 : 고압전로와 저압전로 혼촉 시 감전이나 화재방지

• 피뢰기 접지 : 낙뢰로부터 전기기기의 손상방지

• 지락검출용 접지 : 누전차단기의 동작을 확실하게 하기 위한 접지　　**[답]** ②

48 태양전지 모듈 조립 시 주의사항으로 적합하지 않은 것은?

① 태양전지 모듈의 인력 이동시 2인 1조로 한다.

② 태양전지 모듈의 파손방지를 위해 충격이 가지 않도록 한다.

③ 태양전지 모듈과 가대의 접합 시 개스킷 등은 사용하지 않는다.

④ 접속하지 않은 모듈의 리드선은 빗물 등 이물질이 유입되지 않도록 보호테이프로 감는다.

풀이 ○

태양전지 모듈과 가대의 접합 시 전식방지를 위해 개스킷을 사용하여 조립한다.

※ 가대는 철($-440\,\mathrm{mV}$), 모듈은 알루미늄($-1662\,\mathrm{mV}$)으로 수소기준 전위차에 의해 전식이 발생하므로 개스킷을 사용하여야 한다.　　**[답]** ③

49 금속전선관의 굵기는 전선의 피복절연물을 포함한 단면적의 총합계가 관내 단면적의 몇 [%] 이하가 되어야 하는가? (단, 동일 굵기의 절연전선을 동일 관내에 넣는 경우이다.)

① 32　　　　　　② 40

③ 48　　　　　　④ 52

풀이 ○

전선관의 전선(케이블) 수용률

• 굵기가 다른 케이블을 배선할 경우 : 전선의 피복 절연물을 포함한 단면적이 전선관의 32[%] 이하

• 굵기가 동일한 케이블을 배선할 경우 : 전선의 피복 절연물을 포함한 단면적이 전선관의 48[%] 이하

[답] ③

50 태양광발전시스템을 전력계통과 연계하기 위한 변압기의 결선방법으로 가장 적당한 것은? (단, 인버터는 절연변압기를 사용하고 있는 경우이다.)

① Y-Y　　　　② Y-△

③ △-△　　　　④ △-Y

풀이 ○

분산형 전원(태양광발전시스템)을 배전계통 연계 시 변압기 결선방식은 Y-△이며, 변압기의 1차측(한전계통)은 Y결선이고, 2차측(인버터)은 △결선이다.　**[답] ②**

51 태양광 발전시스템의 어레이 설치 종류가 아닌 것은?

① 양축식　　　　② 일자식

③ 단축식　　　　④ 고정식

풀이 ○

태양광발전시스템 (어레이)구조물의 종류 : 고정식, 경사가변식, 단축식, 양축식　**[답] ②**

52 어떤 건물에서 총 설비 부하용량이 850[kW], 수용률 60[%]라면, 변압기의 용량은 최소 몇 [kVA]로 하여야 하는가? 단, 설비부하의 종합역률은 0.75 이다.

① 510　　　　② 620

③ 680　　　　④ 740

풀이 ○

$$변압기 용량 = \frac{총\ 설비\ 부하용량[kW] \times 수용률[\%]}{종합역률[\%]}$$

$$= \frac{850 \times 60}{75} = 680[kVA]$$

[답] ③

53 접지저항은 대지 저항률에 따라 크게 좌우된다. 대지 저항률에 영향을 주는 요소가 아닌 것은?

① 물리적 영향

② 계절적 영향

③ 온도적 영향

④ 흙의 종류나 수분의 영향

풀이 ○

대지 저항률에 영향을 주는 요소 : 토양의 종류나 수분 함유량 혹은 온도, 계절변동 이외에 토양에 함유된 수분에 용해된 물질과 그 물질의 농도, 그리고 토양의 입자의 크기, 조밀도 등　**[답] ①**

54 저압 배전선로의 구성 중 방사상 방식의 특징이 아닌 것은?

① 구성이 단순하다.

② 공사비가 저렴하다.

③ 전압변동 및 전력손실이 크다.

④ 사고에 의한 정전 범위가 좁다.

풀이 ○

방사상(수지식, Tree system)방식의 특징

• 배전변전소로부터 1회선을 인출하여 수용가에 공급
• 구성이 단순하다.
• 공사비가 저렴하다.
• 전압변동 및 전력손실이 크다.
• 정전범위가 넓다.
• 신규부하 증설이 쉽다.　**[답] ④**

55 직류 송전방식의 장점이 아닌 것은?

① 안정도가 좋다.

② 송전효율이 좋다.

③ 절연계급을 낮출 수 있다.

④ 회전자계를 쉽게 얻을 수 있다.

풀이 ○

직류송전(배전)방식의 장·단점

장점	단점
• 송전(배전)효율이 좋다 • 안정도가 좋다 • 절연레벨을 경감할 수 있다.(절연비용 감소) • 계통 연계가 쉽다.(전압 크기만 고려) • 유도장해가 적다.	• 회전자계를 쉽게 얻을 수 없다. • 전류 0점이 없어 차단이 어렵다. • 승압 및 강압이 곤란하다.

[답] ④

56 비상주 감리원의 업무에 해당하지 않는 것은?

① 중요한 설계변경에 대한 기술검토

② 설계변경 및 계약금액 조정의 심사

③ 근무상황판에 현장근무위치와 업무내용 기록

④ 정기적(분기 또는 월별)으로 현장 시공상태를 종합적으로 점검 · 확인 · 평가하고 기술지도

[풀이]

전력시설물 공사감리업무 수행지침 제5조(감리원의 근무수칙)

⑤ 비상주감리원은 다음 각 호에 따라 업무를 수행하여야 한다.

1. 설계도서 등의 검토
2. 상주감리원이 수행하지 못하는 현장 조사분석 및 시공상의 문제점에 대한 기술검토와 민원사항에 대한 현지조사 및 해결방안 검토
3. 중요한 설계변경에 대한 기술검토
4. 설계변경 및 계약금액 조정의 심사
5. 기성 및 준공검사
6. 정기적(분기 또는 월별)으로 현장 시공상태를 종합적으로 점검 · 확인 · 평가하고 기술지도
7. 공사와 관련하여 발주자(지원업무수행자 포함)가 요구한 기술적 사항 등에 대한 검토   **[답]** ③

57 공사감리업무를 수행하는 감리원에 대한 설명으로 틀린 것은?

① 공사업자의 의무와 책임을 면제시킬 수 있다.

② 계약조건과 다른 지시나 조치 또는 결정을 하여서는 안 된다.

③ 공사가 끝난 후 발주자와 출석요구가 있을 경우 이에 응하여야 한다.

④ 공사의 품질확보 및 질적 향상을 위하여 기술지도와 지원에 노력하여야 한다.

[풀이]

감리원은 공사업자의 의무와 책임을 면제시킬 권한이 없다.   **[답]** ①

58 인입되는 전압이 정정(설정)값 이하로 되었을 때 동작하는 것으로서 단락 고장검출 등에 사용되는 계전기는?

① 과전압 계전기   ② 부족전압 계전기

③ 역전력 계전기   ④ 접지 계전기

[풀이]

• 과전압 계전기 : 전압이 정정(설정)값 이상 시 동작

• 부족전압 계전기 : 전압이 정정(설정)값 이하 시 동작

   [답] ②

59 다음 중 태양광발전용 옥외 배선에 쓰이는 자외선에 내구성이 강한 전선으로 옳은 것은?

① 모듈용 전선   ② 직류용 전선

③ UV 케이블   ④ XLPE 케이블

[풀이]

태양광발전용 옥외 배선에 쓰이는 자외선(UV : Ultra Violet) 케이블이 자외선에 내구성이 강한 전선이다.

   [답] ③

60 태양전지 어레이의 구조물을 지상에 설치하기 위한 기초의 종류 중 지지층이 얕은 경우 사용하는 방식이 아닌 것은?

① 말뚝기초   ② 직접기초

③ 복합 푸팅 기초   ④ 복합기초

[풀이]

지지층의 깊이에 따른 기초의 분류

• 얕은 기초(지지층이 얕은 곳) : 직접기초(독립기초), 복합기초, 전면기초, 연속기초, 확대기초, 독립 푸팅 기초, 복합 푸팅 기초.

• 깊은 기초(지지층이 깊은 곳) : 케이슨 기초, 말뚝 기초, 피어 기초   **[답]** ①

4과목
태양광발전 유지·관리

61 전력변환장치 세부검사항목에 해당하지 않는 것은?

① 외관검사

② 절연저항

③ 절연유 내압시험

④ 단독운전 방지 시험

풀이 ◉

전력변환장치(인버터) 세부검사항목

- 외관검사
- 접지 시공상태
- 절연저항
- 절연내력
- 제어회로 및 경보회로
- 단독운전 방지시험
- 전력조절부/Static 스위치 자동·수동절체시험
- 역방향운전 제어시험 **[답]** ③

62 안전공사 및 대행사업자가 전기안전관리업무를 대행할 수 있는 전기설비의 규모가 아닌 것은?

① 용량 300킬로와트 미만의 발전설비
② 용량 1천킬로와트 미만의 전기수용설비
③ 용량 1천킬로와트 미만의 태양광발전설비
④ 용량 1천킬로와트 미만의 비상용 예비발전설비

풀이 ◉

전기안전관리업무 대행사업자 대행 범위

- 용량 1천킬로와트 미만의 전기수용설비
- 용량 300킬로와트 미만의 발전설비(비상용 예비발전설비는 용량 500킬로와트 미만)
- 태양에너지를 이용하는 발전설비(이하"태양광발전설비"라 함)로서 용량 1천킬로와트(원격감시 및 제어기능을 갖춘 경우 용량 3천킬로와트) 미만인 것 **[답]** ④

63 시설물을 관리하기 위해서 실시하는 일상점검, 정기점검, 청소, 보안 등에 필요한 비용이 포함되는 유지관리비의 구성요소는?

① 운용지원비
② 유지비
③ 일반관리비
④ 보수비와 개량비

풀이 ◉

- 유지비 : 시설물을 관리하기 위해서 실시하는 일상점검, 정기점검, 청소, 보안 등에 필요한 비용이 포함
- 운용지원비 : 유지관리에 필요한 기술자료의 수집, 기술의 연수, 보전기술개발의 제반비용 등
- 일반관리비 : 시설물을 유지하는데 소요되는 관리비로서 행정비, 관련세금, 보험료, 감가상각, 업무위탁 및 검사에 필요한 경비 등
- 보수비와 개량비 : 파손개소, 결함이 발생한 부분에 대한 사후보전을 위해 보수하는 비용과 개조 등을 위해 지출하는 비용 **[답]** ②

64 모니터링 시스템의 감시 및 제어 항목이 잘못 연결된 것은?

① 기상 – 일사량, 모듈온도, 외기온도, 풍속, 풍향
② 태양광 어레이 접속함 – AC 전압 및 전류, 발전량
③ 특고압(22.9[kV]) – VCB 단에서 측정하는 전압 및 전류, 발전량
④ 인버터 – 입력측(DC) 전압 및 전류, 발전량, 출력측(저압 AC) 전압 및 전류, 발전량

풀이 ◉

태양광 어레이 접속함 – DC 전압 및 전류, 발전량
[답] ②

65 다음 (   )에 들어갈 내용으로 맞는 것은?

- 임야에 태양광발전설비를 설치하는 경우 REC 가중치는 (가)이다.
- 유지의 수면에 부유하여 500[kW] 태양광발전설비를 설치하는 경우 REC 가중치는 (나)이다.

① (가) : 0.5, (나) : 1.5
② (가) : 0.5, (나) : 1.4
③ (가) : 0.7, (나) : 1.4
④ (가) : 0.7, (나) : 1.5

풀이 ◉

- 임야에 태양광발전설비를 설치하는 경우 REC 가중치는 0.5이다.
- 유지의 수면에 부유하여 500[kW] 태양광발전설비를 설치하는 경우 REC 가중치는 1.4 이다. **[답]** ②

66 시스템 성능평가의 분류로 틀린 것은?

① 신뢰성
② 사이트
③ 발전성능
④ 분석가격

풀이 ◉

시스템 성능평가의 분류
① **구성요인의 성능·신뢰성**
② **사이트**
③ **발전성능**
④ **신뢰성**
⑤ **설치가격(경제성)** **[답]** ④

67 인버터에 'Line Over Frequency Fault'로 표시되었을 경우의 현상 설명으로 옳은 것은?
① 계통전압이 규정치 이상일 때
② 계통전압이 규정치 이하일 때
③ 계통주파수가 규정치 이상일 때
④ 계통주파수가 규정치 이하일 때

풀이 ●

파워컨디셔너의 이상신호 조치 방법

모니터링	파워컨디셔너 표시	현상 설명	조치사항
한전계통 고주파수	Line over frequency fault	계통주파수가 규정값 이상일 때 발생	계통전압 확인 후 정 상시 5분 후 재가동

[답] ③

68 인버터 출력회로의 절연저항 측정방법으로 틀린 것은?
① 분전반 내의 분기 차단기를 개방
② 태양전지 회로를 접속함에서 분리
③ 직류단자와 대지 간의 절연저항 측정
④ 직류 측의 모든 입력단자 및 교류 측의 전체 출력단자를 각각 단락

풀이 ●

인버터 출력 회로의 절연저항 측정순서
① 태양전지 회로를 접속함에서 분리한다.
② 분전반 내의 분기차단기를 개방한다.
③ 직류측의 모든 입력단자 및 교류측의 전체 출력단자를 각각 단락한다.
④ 교류단자와 대지 간의 절연저항을 측정한다.
⑤ 측정결과의 판정기준을 전기설비기술기준에 따라 표시한다.

[답] ③

69 그림과 같은 부하 특성일 때 사용 축전지의 보수율(L)은 0.8, 최저 축전지 온도 5[℃], 허용 최저 전압이 1.06[V/셀]일 때 축전지의 용량[Ah]은? (단, $K_1 = 1.17$, $K_2 = 0.93$이다.)

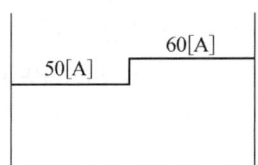

① 54.65　　　　　② 65.95
③ 77.75　　　　　④ 84.75

풀이 ●

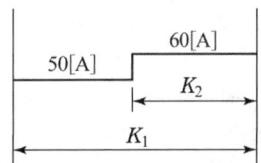

축전지 용량 $C = \dfrac{1}{L}\{K_1 I_1 + K_2(I_2 - I_1)\}$

$= \dfrac{1}{0.8}\{1.17 \times 50 + 0.93(60 - 10)\}$

$= 84.75[\text{Ah}]$

[답] ④

70 건축물 · 구조물과 분리되지 않은 피뢰시스템인 경우 병렬 인하도선의 최대간격은 피뢰시스템 등급에 따라 Ⅰ·Ⅱ 등급은 10[m], Ⅳ 등급은 20[m]일 때 Ⅲ등급은 몇[m]로 하여야 하는가?
① 15　　　　　② 20
③ 25　　　　　④ 30

풀이 ●

인하도선시스템(KEC 152.2)
병렬 인하도선의 최대 간격은 피뢰시스템 등급에 따라 Ⅰ·Ⅱ 등급은 10[m], Ⅲ 등급은 15[m], Ⅳ 등급은 20[m]로 한다.

[답] ①

71 다음 중 태양광발전 시스템 안전관리 예방업무에 속하는 것은?
① 안전관리비 실행 집행 및 관리
② 안전작업 관련 훈련 및 교육
③ 현장안전일지 등 기록의 작성 비치
④ 사고원인 및 경위조사와 대책 수립

풀이 ●

안전관리 예방업무
• 소화 및 피난 훈련
• 안전작업 관련 훈련 및 교육
• 안전장치 · 보호구 · 소화설비 설치, 점검, 정비
• 시설물 및 작업장 위험방지(펜스 등 위험방지시설 설치, 점검, 정비)

[답] ②

72 변전설비공사의 하자담보책임기간은 몇 년인가?

① 1년   ② 2년

③ 3년   ④ 5년

풀이 ○

변전설비공사(전기설비 및 기기설치공사를 포함한다)의 하자담보책임기간은 3년이다.   **[답]** ③

73 결정질 태양전지모듈 외관검사에서 태양전지모듈 외관, 셀 등의 크랙, 구부러짐, 갈라짐 등의 이상유무를 확인하기 위해 몇 [lx] 이상의 광 조사 상태에서 검사하는가?

① 800   ② 900

③ 1,000   ④ 1,100

풀이 ○

결정질 태양전지모듈 외관검사(KS C 8561)

1,000[lx] 이상의 광 조사상태에서 모듈외관, 태양전지 등의 크랙, 구부러짐, 갈라짐 등이 없는지를 확인하고, 태양전지 간 접속 및 다른 접속부분에 결함이 없는지, 태양전지와 태양전지, 태양전지와 프레임상의 접촉이 없는지, 접착에 결함이 없는지, 태양전지와 모듈 끝부분을 연결하는 기포 또는 박리가 없는지 등을 검사한다.   **[답]** ③

74 박막 태양광발전 모듈의 최대 출력 결정 시 품질기준으로 시험시료의 출력 균일도는 평균 출력의 몇 [%] 이내이어야 하는가?

① ±1   ② ±2

③ ±3   ④ ±4

풀이 ○

KS C 8562(박막 태양전지 모듈) 6.2.2 품질기준(초기)에서 시험시료의 출력 균일도는 평균 출력의 ±3[%] 이내일 것   **[답]** ③

75 태양광발전시스템 모듈의 고장으로 틀린 것은?

① 핫 스팟   ② 전선관 침수

③ 프레임 변형   ④ 황변현상

풀이 ○

태양전지 모듈의 고장원인 : 황변 현상, 버스바 산화, 연결부 부식, 백시트 에어 버블링, 핫 스팟   **[답]** ②

76 태양광발전시스템 성능평가를 위한 신뢰성 평가·분석항목 중 트러블에 관한 연결이 틀린 것은?

① 계측 트러블 : 컴퓨터 전원의 차단

② 시스템 트러블 : 인버터 정지

③ 시스템 트러블 : 계통 지락

④ 계측 트러블 : ELB 트립

풀이 ○

신뢰성 평가 분석항목

• 시스템 트러블 : 인버터 정지, 직류지락, 계통지락, RCD(=ELB) 트립, 원인불명 등에 의한 시스템의 정지

• 계측 트러블 : 컴퓨터 전원의 차단, 컴퓨터의 조작오류, 기타 원인불명   **[답]** ④

77 다음 중 축전지설비와 큐비클 이외의 발전설비와 간격은?

① 1.0[m]   ② 1.5[m]

③ 2.0[m]   ④ 2.5[m]

풀이 ○

축전지설비의 간격(이격거리)은 다음 표와 같다.

간격을 확보해야 할 부분	간격[m]
큐비클 이외의 발전설비와의 사이	1.0
큐비클 이외의 변전설비와의 거리	1.0
옥외에 설치할 경우 건물과의 사이	2.0
앞면 또는 조작면	1.0
점검면	0.6
환기면*	0.2

[답] ①

78 선간전압이 140[kV]인 충전전로 인근에서 유자격자가 작업하는 경우 노출 충전부에 접근 한계거리 몇 [cm] 이내로 접근하거나 절연 손잡이가 없는 도전체에 접근할 수 없도록 하여야 하는가?

① 110   ② 130

③ 150   ④ 170

풀이 ○

충전전로에서의 전기작업(규칙 제321조)

충전전로의 선간전압 (단위 : 킬로볼트)	충전전로에 대한 접근 한계거리 (단위 : 센티미터)
0.3 이하	접촉금지
0.3 초과 0.75 이하	30
0.75 초과 2 이하	45
2 초과 15 이하	60
15 초과 37 이하	90
37 초과 88 이하	110
88 초과 121 이하	130
121 초과 145 이하	150
145 초과 169 이하	170
169 초과 242 이하	230
242 초과 362 이하	380
362 초과 550 이하	550
550 초과 800 이하	790

[답] ③

79 내충격성 및 내압박성 시험방법에서 250[mm]의 낙하높이, (4.4±0.1)[kN]의 압축하중 시험에 해당하는 작업용 안전화는?

① 보통 작업용　　② 중작업용
③ 경작업용　　④ 강작업용

풀이 ○

안전화의 등급 및 시험방법

작업구분	내충격성 및 내압박성 시험방법
중작업용	1,000[mm]의 낙하높이, (15.0±0.1)[kN]의 압축하중 시험
보통 작업용	500[mm]의 낙하높이, (10.0±0.1)[kN]의 압축하중 시험
경작업용	250[mm]의 낙하높이, (4.4±0.1)[kN]의 압축하중 시험

[답] ③

80 리튬계 전기저장장치를 전용건물에 시설하는 경우에 전기저장장치 시설장소는 지표면을 기준으로 높이 22[m] 이내로 하고, 해당 장소의 출구가 있는 바닥면을 기준으로 깊이 몇 [m] 이내로 하여야 하는가?

① 7　　② 9
③ 15　　④ 20

풀이 ○

리튬계 전기저장장치를 전용건물에 시설하는 경우
(KEC 512.1.5)
- 전기저장장치 시설장소의 바닥, 천장(지붕), 벽면 재료는 「건축물의 피난·방화구조 등의 기준에 관한 규칙」에 따른 불연재료이어야 한다.
- 전기저장장치 시설장소는 지표면을 기준으로 높이 22[m] 이내로 하고 해당 장소의 출구가 있는 바닥면을 기준으로 깊이 9[m] 이내로 하여야 한다.
- 이차전지는 전력변환장치 등의 다른 전기설비와 분리된 격실에 설치하여야 한다.　　[답] ②

참고문헌

1. 태양광발전 기획 및 실무 / 한국신재생에너지협회 / 봉우근 외
2. 태양광발전 사업기획 및 추진전략 / 한국신재생에너지협회 / 봉우근 외
3. 태양광발전시스템 설계(이론과 실제) / 한국신재생에너지협회 / 봉우근 외
4. 태양광발전사업 실무향상 / 한국신재생에너지협회 / 봉우근 외
5. 태양광발전시스템 운영 및 유지관리 / 한국신재생에너지협회 / 봉우근 외
6. 신재생에너지와 에너지저장장치 융복합 / 한국신재생에너지협회 / 봉우근 외
7. 태양광발전설비 시공입문 / 한국전기공사협회 / 봉우근 저
8. 태양광발전설비 진단보수 / 한국전기공사협회 / 봉우근 저
9. 태양전지공학 / 도서출판 그린 / 이준신·김경해 공저
10. 일반건축물 신재생에너지 설비시스템 표준설계 가이드라인 / 신재생에너지센터
11. 분산형전원 배전계통 연계 기술기준 / 한국전력공사
12. 분산형전원 배전계통 연계 기술 가이드라인 / 한국전력공사
13. 신재생에너지 백서 / 산업통상부·에너지관리공단 신재생에너지센터
14. 태양광발전용어모음(2010) / 지식경제부 기술표준원
15. PV CDROM 태양광개론 / 한국에너지기술연구원 / 윤경훈 옮김
16. 태양광 발전시스템 점검·검사 기술지침(ESG-4002) / 한국전기안전공사
17. 전기설비기술기준 및 기술기준의 판단기준 해설서 / 대한전기협회
18. 한국전기설비규정(KEC) / 대한전기협회
19. 태양광발전시스템의 계획과 설계 / 기다리 / 이순형 저
20. 태양광발전시스템의 설계와 시공 / 옴사
21. 안전관리 행정실무 / 한국전력기술인협회
22. 신재생에너지 발전사업 안내서(한국에너지공단)
23. 신재생에너지 공급의무화(RPS)제도(한국에너지공단)
24. KS C IEC 62305-1~4 피뢰시스템(산업통상자원부 기술표준원, 2012)
25. 알기쉬운 태양광발전 제2판(문운당(박종화), 2011)
26. 전기설비관리 실무 해석(엔트미디어, 조규판, 김원수, 신태홍 공저)
27. 국가건설기준(KDS 31 10 30 : 2019)
28. 저압전기설비(IEC 60364)현장가이드(대한전기협회)
29. 마스터 건축전기설비기술사(Ⅰ~Ⅳ) / 엔트미디어 / 봉우근 외
30. KDS 2019(강구조기준, 설계하중, 풍하중)
31. 설계 감리업무, 전력시설물 공사감리업무 수행지침(산업통상자원부 고시)

32. 웹사이트

- https://www.standard.go.kr (국가표준인증 통합정보시스템)
- http://www.kemco.or.kr (한국에너지공단)
- http://www.knrec.or.kr (신재생에너지센터)
- http://www.law.go.kr (국가법령정보센터)
- https://astro.kasi.re.kr:444/index (한국천문연구원 천문우주지식정보)
- http://cafe.daum.net/rnenergy (마스터 신재생에너지발전설비)

마스터
신재생에너지 발전설비(태양광)
산업기사 필기

발　　　행 / 2025년 12월 30일

저　　　자 / 봉우근 편저
펴　낸　이 / 이 지 연
펴　낸　곳 / 엔트미디어
주　　　소 / 서울시 강서구 강서로 47-8 302호
　　　　　　(화곡동 평인빌딩)
전　　　화 / 02) 2608-8339
팩　　　스 / 02) 2608-8314
등록번호 / 제839-91-00430호

낙장 및 파본된 책은 구입서점이나 본사에서 교환해 드립니다.

ISBN : 979-11-92810-78-2 13560

값 / 33,000원